Chronik der Technik

Felix R. Paturi

Chronik der Technik

Chronik Verlag

Abbildungen auf dem Umschlag

Vorderseite (oben links beginnend)
Solarthermische Anlage mit Paraboloidkollektoren in Sulaibiyah (Kuwait)
Der erste Motorwagen von Gottlieb Daimler (l.) aus dem Jahr 1886; am Steuer Daimlers Sohn Adolf
Kohlenzeche in England (um 1790)
Atomexplosion auf einem US-Versuchsgelände
George Stephensons Lokomotive »Rocket« (Nachbildung, Deutsches Museum, München)
US-Astronaut Edwin Aldrin im Juli 1969 auf dem Mond
Das Weltraumlabor »Spacelab« in einer »Space Shuttle« genannten US-Raumfähre (Modellzeichnung)
Dampfhammer des britischen Erfinders James Nasmyth (um 1840)
Leonardo da Vinci (Selbstbildnis)
Bau einer Kirche im Mittelalter (Miniatur aus dem 15. Jahrhundert)
Faustkeile, die ältesten Steinwerkzeuge
Elektrisches Vermessen eines Integrierten Schaltkreises

Buchrücken (oben beginnend)
Hakenpflug im alten Ägypten (Wandgemälde in einer Grabkammer)
Grammophon des deutschen Erfinders Emil Berliner aus dem Jahr 1889
In sechsfacher Ausfertigung: Das britisch-französische Überschallpassagierflugzeug »Concorde«
Die älteste elektrische Eisenbahn, gebaut für die Gewerbeausstellung 1879 in Berlin von Werner Siemens

Rückseite (oben links beginnend)
Hoover-Staudamm in Nevada/USA
Futuristisches Auto-Design (BMW)
Nachbau der 1768 von Richard Arkwright erfundenen Baumwollspinnmaschine (»water frame«)
Cantilever-Brücke mit Stahlbeton-Kastenträger, freitragend vorgebaut
»Flying Cloud«, das bis dahin schnellste Segelschiff, um 1850 von Donald McKay gebaut (Gemälde von Peter Wood)
Kuppel des Doms von Florenz, erbaut von Filippo Brunelleschi im 15. Jahrhundert
Riesentanker auf der Hyundai-Werft bei Pusan (Süd-Korea)
Thomas Alva Edison aus den USA vor dem von ihm erfundenen Phonographen
Entwurf eines Perpetuum mobiles von Jacopo de Strada, um 1580 (aus: G. A. Boeckler, Theatrum machinarum novum, Nürnberg 1661)
Blick auf das Kernkraftwerk Biblis
Büroangestellte bei der Arbeit an einem grafikfähigen Personal Computer
Anlage für Experimente mit Laserstrahlen
Gleitflugversuch von Otto Lilienthal am Fliegeberg in Berlin-Lichterfelde (Sommer 1895)
Die weitgehend mit Fertigungsautomaten arbeitende Montagehalle 54 des VW-Werks in Wolfsburg
Ölbohrinsel »Statfjord C« vor der norwegischen Nordseeküste

Impressum

© Chronik-Verlag im Bertelsmann Lexikon Verlag
3., verbesserte Auflage 1989

Lektorat: Manfred Brocks, Dr. Michael Matthes, Bernd Uhlmannsiek
Bildredaktion: Margit Schramm, Christine Voges
Redaktionelle Abwicklung: Barbara Reppold-Hinz, Annette Retinski
Schutzumschlag: Roman Necki
Satz: Systemsatz, Dortmund
Druck: westermann druck GmbH, Braunschweig

ISBN 3-577-14335-5

Inhalt

Vorwort

Nicht die Technik beginnt mit dem Menschen, der Mensch beginnt mit der Technik. So jedenfalls sieht es die klassische abendländische Anthropologie. Sie belegt erstmals jene fortentwickelten Primaten mit dem Gattungsnamen Homo, die selbst Werkzeuge herstellten. Der Kulturepoche, die mit dem Homo habilis, dem »fähigen Menschen«, begann, gaben die Anthropologen einen Namen, der allein auf die Technik abhebt: Altsteinzeit. Es mag dahingestellt bleiben, ob wirklich das Behauen von Steinen durch den Homo habilis und später auch das Schnitzen von Werkzeugen aus Holz und Knochen durch den Homo sapiens die eigentlichen menschlichen Qualitäten ausmachen, trotzdem halten viele Prähistoriker an der technischen Gliederung der frühen Kulturepochen fest: Der Altsteinzeit folgten die Mittel- und Jungsteinzeit, dann die Bronze- und schließlich die Eisenzeit.

Solches Denken entsprang der aufgeklärten Geisteshaltung des 18. und 19. Jahrhunderts, mit der die eigentlichen Natur- und Ingenieurwissenschaften erst einsetzten. Zwar ist der Mensch dem Zeitalter der Aufklärung heute entwachsen, aber er hat nicht damit gebrochen, sondern darauf aufgebaut. So darf es nicht wundern, daß für die meisten westlich orientierten Menschen auch heute noch die Technik so etwas wie eine heilige Kuh ist: Die einen feiern sie als goldenes Kalb, die anderen wollen den suspekten Götzen am liebsten schlachten. Beides beruht auf Mißverständnissen, die das vorliegende Buch helfen kann auszuräumen.

Die Technik hat sich in einem schier endlosen Prozeß des Erprobens und Verbesserns und oft auch des Wiederverwerfens lebensnotwendiger Praktiken entwickelt. Epochale Innovationssprünge sind nicht die Regel, sondern eher die Ausnahme. Die klassische, an Personen festgemachte Geschichtsschreibung abendländischer Prägung führt zuweilen in die Irre, denn sie ist in erster Linie eine Auflistung von Erfindern. Sie stellt die Fülle der technischen Zufallsentdeckungen auf eine Ebene mit den wenigen wirklichen Erfindungen, und sie läßt das Heer jener Handwerker und Ingenieure im Schatten, die oftmals erst die Voraussetzungen für den technischen Fortschritt geschaffen haben. Denn nicht die Brüder Montgolfier haben den Heißluftballon erfunden, nicht John Boyd Dunlop hat den ersten Luftreifen angefertigt, nicht Alexandre Gustave Eiffel den Eiffel-Turm gebaut, nicht Nikolaus August Otto das Viertaktprinzip entdeckt, nicht Gottlieb Daimler den nach ihm benannten Wagen mit Benzinmotor gebaut, nicht die Brüder Wright haben den ersten Motorflug absolviert, sondern immer war die Zeit reif für die großen technischen Neuheiten.

Wer sich mit der Geschichte der Technik auseinandersetzt, wird zudem feststellen, daß dem Menschen zu keiner Zeit qualitativ mehr Technik zur Verfügung stand, als er wirklich brauchte. Im Gegenteil: Praktisch alle sog. technischen Krisen der Geschichte, die sich schon seit der Antike immer wieder in Umweltschäden, in Energieengpässen, Rohstoffverknappung und Verkehrsproblemen äußerten, sind die Folge von zu geringem, nicht von zu großem technischen Wissen. Quantitativ mag die Technik öfters gefährlich ausgeufert sein, an technischer Qualität herrschte und herrscht stets ein Defizit, gemessen an den Bedürfnissen der Zeit. Daß diese Bedürfnisse nicht konstant bleiben können, ist nicht zuletzt eine Folge der zunehmenden Weltbevölkerung. Die weltweit zehn Millionen Menschen um 4000 v. Chr. konnten mit einfachem Ackerbau, mit früher Viehzucht und den dazugehörigen Techniken ihren Lebensunterhalt bestreiten. Um Christi Geburt betrug die Weltbevölkerung etwa 150 Millionen. Ein wirklich rapides Bevölkerungswachstum setzte erst um 1800 ein, als eine Milliarde Menschen auf der Erde lebten. Jetzt erst bemühte sich der Mensch zwangsläufig auch um eine schnelle Vervielfältigung seiner technischen Fähigkeiten. Doch bis heute hinkt er hinter dem wünschenswerten Erkenntnisniveau her. Das ist der eine Grund für zahllose technische Pannen. Der zweite liegt in dem falschen Stellenwert, den der westliche Mensch der Technik seit der Aufklärung einräumt. Begeistert von seinen naturwissenschaftlich-intellektuellen Leistungen sieht er in der Technik viel öfter Selbstzweck als bloßes Mittel zum Zweck und verfolgt deshalb gelegentlich falsche Ziele. Erfreulicherweise liefert die intensive zeit- und sachgebietsübergreifende Beschäftigung mit der Geschichte der Technik auch einen Schlüssel für den richtigen Stellenwert der Technik im menschlichen Leben, denn was dem zeitgenössischen Betrachter zwangsläufig als das schwer verständliche, ja chaotisch wirkende Bruchstück einer durch die Gegenwart jäh abgebrochenen Reihe erscheint, verwandelt der historische Aufschluß in das logische Zwischenresultat einer langen Entwicklung.

Mit der »Chronik der Technik« wollen Verlag und Autor dem Leser durch den kalendarischen Aufbau des Werks, durch die sorgfältige Wichtung und Auswahl der immensen Stoffmenge, durch zahlreiche Querverweise und durch zwölf Übersichtsartikel Hilfsmittel geben, die Entwicklung der Technik von den Anfängen bis in unsere »Hightech«-Zeit selbst nachzuvollziehen.

Felix R. Paturi

◁ *Der erste Mensch ohne Sicherheitsleine im Weltraum: Am 7. Februar 1984 verläßt US-Astronaut Bruce McCandless II. die Raumfähre »Challenger« und schwebt mit Hilfe eines düsengetriebenen »Jet-Packs« frei im All*

Steinwerkzeuge und erste Gegenstände aus Metall

Von den Anfängen bis 3000 v. Chr.

Vom Australopithecus zum Homo sapiens

Nach Funden im Osten und Süden Afrikas liegt der Beginn der Altsteinzeit (Paläolithikum) rund drei Millionen Jahre zurück. Der Homo habilis – wohl das erste Lebewesen, das sich als Mensch bezeichnen läßt – bearbeitete als erster den Stein. Seine Werkzeuge bestanden aus einfachen Geröllstücken, die so behauen wurden, daß sie Schnittflächen erhielten.

Lange Zeit – der Homo habilis war noch nicht entdeckt – glaubten die Anthropologen, die aufgefundenen einfachen Steinwerkzeuge wären Artefakte, die dem Australopithecus zuzuschreiben seien, einem sog. Urmenschen in der Übergangsphase vom Tier zum Menschen, der etwa zur gleichen Zeit im gleichen Gebiet wie der Homo habilis lebte. Dem standen anatomische Merkmale der Australopithecinae entgegen. Insbesondere die starke Jochbeinbildung wies auf sehr kräftig entwickelte Kaumuskeln hin, was auf einen reinen Pflanzenesser schließen ließ. In dieses Bild paßte auch das Gebiß. Ein primitiver Pflanzenesser benötigte aber kaum scharfe Steinwerkzeuge, wie sie sonst typische Artefakte von frühen Jägern sind. Also suchten einige Forscher nach einem zeitgleich mit dem Australopithecus lebenden Gemischtköstler bzw. nach seinen Überresten. Als dann in den fünfziger Jahren unseres Jahrhunderts das britische Anthropologenehepaar Mary Douglas und Louis Seymour Leakey in Tansania und später auch in Kenia erste Schädelknochen des Homo habilis fand, löste sich das Rätsel: Der Homo habilis war ganz offensichtlich ein Gemischtköstler. Er benötigte also Jagdwerkzeuge: Steine zum Werfen oder auch Schleudern und scharfkantige Geröllbruchstücke zum Zerteilen der erlegten Beutetiere.

Den Australopithecinae und dem Homo habilis folgte zeitlich der Homo erectus, der »aufrechte Mensch«. Es ist nicht sicher, wie er sich aus seinen Vorfahren entwickelt hat. Manche Forscher halten ihn für einen Nachfahren des Australopithecus, wofür einige anatomische Merkmale sprechen, die der Homo habilis schon überwunden hatte. Als wahrscheinlicher gilt aber dennoch die Abstammung von Letzterem. Der Homo erectus tauchte in verschiedenen Rassen vor etwa zwei bis anderthalb Millionen Jahren an unterschiedlichen Stellen der Altweltkontinente auf, u. a. in Mitteleuropa, in Ost- und Südafrika und auf Java, wo sein Vorkommen durch Funde besonders gut belegt ist. Als jüngstes Mitglied der Art Homo erectus erschien vor etwa 500 000 bis 400 000 Jahren der »Pekingmensch« (Homo erectus pekingensis) im Gebiet der heutigen Volksrepublik China.

Die Werkzeuge des Homo erectus, der noch ohne Behausung als Jäger und Sammler in Steppen und Urwäldern lebte, bestanden aus Stein und dienten dem Ausgraben von Wurzeln und dem Erlegen und Zerteilen von Wild. Die Anthropologen nennen die noch roh und kunstlos zugehauenen Steine Abbevillien-Werkzeuge. Ihrer Benutzung ging vermutlich die Verwendung von Holzknüppeln und Ästen zum Schlagen und als Grabstöcke voraus. Vermutlich wurden Geröllsteine zum Werfen benutzt. Der Homo erectus lernte im Verlauf der Jahrhunderttausende, die Eigenschaften verschiedener Steinarten zu unterscheiden, und bevorzugte solche, die sich am besten zur Werkzeugherstellung eigneten: Feuerstein, Hornstein, Quarz, Jaspis, Obsidian und verschiedene Kristalle. Diese Mineralien lassen sich gut spalten, sind relativ hart und zeichnen sich durch scharfe Abschlagkanten aus. Verwendete der frühe Altsteinzeitmensch zunächst nur örtlich vorhandenes Material, so unternahm er im Jungpaläolithikum weite Wanderungen, um geeignete Rohstoffe zu finden. Möglicherweise entwickelte sich bereits auch so etwas wie ein Tauschhandel.

Neben Steinwerkzeugen benutzte der Homo erectus sehr wahrscheinlich auch schon Werkzeuge aus Röhren- und Schädelknochen, wobei er besonders die Röhrenknochen längs spaltete. Auch Tierzähne erfüllten den Zweck von Werkzeugen.

Aus dem Homo erectus gingen in verschiedenen Teilen der Welt in unterschiedlichen Ausprägungen die ersten Vertreter des Homo sapiens, des »vernunftbegabten« Menschen, hervor.

Der vernunftbegabte Mensch

In der Warmzeit zwischen der Mindel- und der Riß-Eiszeit, also vor etwa 350 000 bis 200 000 Jahren, lebte in Mittel- und Nordeuropa der Homo sapiens steinheimensis (so benannt nach einem ersten Fundort, Steinheim an der Murr). Seine Werkzeuge wiesen durchaus ästhetische Formgebung auf. Der Fachmann spricht vom »Acheuléen«-Stil. Neben Faustkeilen stellte der Steinheim-Mensch verschiedenartige Steinmesser und Steinscharrer her, daneben verwendete er bei der Jagd Holzkeulen und in Feuer gehärtete hölzerne Lanzen. Ob er selbst bereits über die Fähigkeit verfügte, Feuer zu entfachen, ist ungewiß. Wesentlich mehr spricht für die Theorie, daß er den Nutzen natürlich – etwa durch Blitzschlag – ausgebrochener Buschfeuer erkannte und versuchte, gefundene Feuer durch Nachlegen von Brennmaterial über längere Zeiträume am Brennen zu halten.

Vor rund 150 000 Jahren entwickelte sich der Homo sapiens neanderthalensis, der Neandertaler, dessen größte Verbreitung in die Zeit vor etwa 80 000 Jahren fällt. Sein Gehirn hatte bereits etwa die Größe des Gehirns moderner Menschen und war damit deutlich größer als das aller seiner Vorfahren. Der Neandertaler entwickelte ausgeprägte Kulte (Bestattungsrituale u. a.). Neben Steinwerkzeugen und -waffen, die er auch bereits Verstorbenen als Grabbeigabe mitgab, fertigte er erste Gebrauchsgegenstände für den Alltag: Einfache Fellkleider, die ihn in seinem Lebensraum am Südrand der eiszeitlichen Gletscherregionen vor Kälte schützten, und Geräte aus Holz, Knochen, Geweih, Horn, Leder usw. Mit

Sicherheit kannte der Neandertaler die Technik, Feuer zu entzünden, an dem er sich wärmte und mit dem er seine Speisen garte. Sein ausgeprägtes Formempfinden stellte er durch die Anfertigung erster Kunstgegenstände, kleiner einfacher Statuetten, deutlich unter Beweis.

Etwa zeitgleich mit dem Neandertaler lebten auf Java der noch etwas primitivere Solo-Mensch und in Südafrika der Rhodesien-Mensch. Von allen drei Rassen überlebte die letzte am längsten. Sie starb erst vor etwa 30 000 Jahren aus, während in Europa dem Neandertaler bereits vor 40 000 bis 35 000 Jahren eine neue Unterart des Homo sapiens folgte, die ihn möglicherweise ausrottete: Der vermutlich aus dem Osten eingewanderte Cromagnon-Mensch, ein erster Vertreter der Spezies Homo sapiens sapiens.

Der Mensch von Cromagnon

Der Cromagnon-Mensch entwickelte die Kunst der Steinwerkzeug-Herstellung erstmals zu großer Präzision. Er fertigte scharfe Speerspitzen, steinerne Messerklingen, perfekte Faustkeile, Axtkluppen und andere Gegenstände durch gezieltes Behauen und Absplittern. Außerdem lernte er, daß sich ein im Feuer erhitzter und dann langsam abgekühlter Stein leichter und genauer bearbeiten läßt. Er stellte hölzerne Speere und Lanzen her, die er mit pfeilförmigen Feuerstein- oder Obsidianspitzen versah oder auf die er knöcherne Harpunenköpfe mit zahlreichen Widerhaken setzte. Als listenreicher Jäger plante der Cromagnon-Mensch, der wohl als erster die zusammenhängende Rede beherrschte, den Großtierfang und stellte sich in Horden sogar den mächtigen Mammuts und gefährlichen Höhlenbären. Beim Fangen von Tieren arbeitete er bereits mit sorgfältig abgedeckten Fallgruben. Daneben betrieb er Fischfang und baute erste seetüchtige Boote.

Der Cromagnon-Mensch entdeckte im sog. Mittelacheuléen, daß die Herstellung von Steinwerkzeugen sich durch neue Verfahren verbessern ließ. Statt Schlagsteine zu verwenden, begann er, das steinerne Werkzeug mit weicheren Materialien zu bearbeiten: Mit zylindrischen Schlaggeräten oder Hämmern aus Holz, Knochen oder Geweih. Er benutzte auch Holz- oder Knochenmeißel und erreichte dadurch eine feinere, regelmäßigere, wenn auch weniger großflächige Bearbeitung als durch den direkten Schlag.

Der Cromagnon-Mensch lebte in Horden von 15 bis 30 Mitgliedern und errichtete erstmals in der Geschichte Behausungen und Siedlungen. Diese legte er in Mitteleuropa mit Vorliebe unter Felsüberhängen (Abris) und an Höhleneingängen an. Er befestigte den Boden mit Steinquadern und isolierte ihn so zugleich gegen Feuchtigkeit. Als Regenschutz fertigte er Dächer aus Blättern oder Stroh. Wo es an Halbhöhlen fehlte (etwa in den Ebenen Mitteleuropas und in der heutigen Sowjetunion), baute er halb in den Boden versenkte Familienhütten, deren Wände mit kräftigen Tierknochen verstärkt waren, in der Don-Gegend aber auch große kollektive Behausungen. Auch feste Zelte aus Häuten und Fellen kannte der Cromagnon-Mensch bereits.

Vergleichsweise hoch entwickelt war in der Cromagnon-Zeit die bildende Kunst, in erster Linie die Herstellung von Skulpturen und Halbreliefs aus Lehm oder Knochen, das Gravieren von Knochen und die Höhlenmalerei. Im Lager der Mammut-Jäger von Dolní-Véstonice in Mähren benutzten Cromagnon-Menschen den ersten bekannten Keramik-Brennofen der Welt. Sie formten kleine Statuetten aus einem Gemisch von Lehm und Knochenmehl und brannten diese Figürchen. Während erste künstlerisch ausgereifte Kleinplastiken im »Périgordien«-Stil bereits vor etwa 25

Jahrtausenden auftauchten, beschränkte sich um diese Zeit die Höhlenmalerei noch auf einfache Felsgravierungen. Einen Höhepunkt erlebte die monochrome und polychrome Wandmalerei vor rund 15 000 bis 10 000 Jahren in der Stilepoche des »Magdalénien« (Höhlen von Lascaux, Altamira u. a.). Als Farben benutzte der altsteinzeitliche Höhlenmaler Erdpigmente: Metalloxide, die er rein verwendete oder mit Wasser und tierischen Fetten anrührte. Er trug sie mit der Hand auf oder mit Pinseln aus Knochenröhrchen, in die er Tierhaarbüschel steckte. Er beherrschte sogar die Spritztechnik: Durch dünne Röhrenknochen blies er Farbpulver auf die feuchte Höhlenwand. Das Wasser band den Farbstaub. Daß derartige Malereien bis heute erhalten sind, ist zum Teil dem Kalkgehalt des Höhlenwassers zu verdanken: Die Bilder versinterten im Laufe der Zeit. Aus Grabbeigaben ist bekannt, daß der Cromagnon-Mensch auch handwerklich gefertigten Schmuck herstellte, der vermutlich Talismanfunktionen besaß: Ketten aus Muscheln und durchbohrten Zähnen, Armringe und Haarnetze.

Als Zeitgenossen des Cromagnon-Menschen mit vergleichbarem Entwicklungsstand zogen vor etwa 40 Jahrtausenden mongolische Homo sapiens-Rassen als wandernde Horden durch Asien. Über die damals noch bestehende Landbrücke an der Stelle der heutigen Bering-Straße drangen sie bis Alaska vor und besiedelten von dort aus zunächst Nordamerika, vor etwa 23 Jahrtausenden dann auch Mittel- und vor 14 bis 12 Jahrtausenden Südamerika. Die technischen Fähigkeiten dieser Stämme, aus denen später die Indios hervorgingen, entsprachen im großen und ganzen jenen der Cromagnon-Menschen.

Kulturelle Revolution im Neolithikum

Von der Altsteinzeit, die vom ersten Auftauchen der Frühmenschen vor rund drei Millionen Jahren bis zur Spätzeit der Cromagnon-Kultur um 10 000 v. Chr. reichte, unterscheidet sich grundsätzlich die Jungsteinzeit, die sich auf die Zeit zwischen etwa 10 000 und 3000 v. Chr. datieren läßt. Der britische Anthropologe John Lubbock prägte 1865 für die erste Epoche den Ausdruck »Paläolithikum« (griechisch »palaios« = alt und »lithos« = Stein), für die zweite den Begriff »Neolithikum« (»neos« = neu). 1892 bürgerte sich dann zusätzlich eine Bezeichnung für die Übergangszeit von etwa 10 000 bis 9000 v. Chr. ein: »Mesolithikum« (Mittelsteinzeit; »mesos« = mittel). Die zeitlichen Abgrenzungen variieren allerdings je nach den Gebieten, deren Entwicklungsstand man mit diesen Begriffen beschreiben will.

Auslösendes Moment für den grundlegenden kulturellen Wandel von der Alt- zur Jungsteinzeit war der einsetzende Anbau von Pflanzen, der erste Ackerbau. Er zog so einschneidende und weitreichende Veränderungen nach sich, daß die Prähistoriker von einer »neolithischen Revolution« sprechen. Der Ackerbau führte zu ortsgebundener Lebensweise und damit neuen Strukturen, zugleich aber auch zu einer explosiven Entwicklung neuer Techniken. Die Seßhaftigkeit erlaubte es, einerseits schwerere Werkzeuge anzufertigen, andererseits auch einen umfangreicheren »Gerätepark« anzulegen, als das bei einem Nomadenleben möglich gewesen wäre. Zugleich erforderte der sich bald entwickelnde Bau fester Siedlungen neue, spezielle Handwerkstechniken.

Die Zeit des Ackerbaus begann nicht gleichzeitig auf der ganzen Erde, sondern regional zeitlich stark versetzt, da die eiszeitliche Vergletscherung je nach Gebiet unterschiedlich lang anhielt. Erste ausgeprägte Ackerbaukulturen fanden sich um 8000 v. Chr. im Gebiet des »Fruchtbaren Halbmondes«, den hügeligen Ausläufern des Sagros- und Taurus-Gebirges, die im weiten Halbrund Mesopotamien umschließen, und etwa zeitgleich in Ostasien, in Mexiko und in Peru. Den Grund für die im Vergleich zur jahrhunderttausendelangen Geschichte des Menschen als Jäger und Sammler relativ plötzlich einsetzende Ackerbauwirtschaft sieht der britische Wissenschaftler Gordon Childe in weltweiten drastischen Klimaveränderungen nach der letzten Eiszeit, die zu einem Zusammenrücken größerer Menschengruppen in den noch fruchtbaren, also nicht ausgetrockneten und verödeten Regionen geführt haben soll. Der Historiker geht davon aus, daß die Bevölkerungsballung und die dadurch ausgelöste Verknappung an jagdbarem Wild die Menschen zum Ackerbau gezwungen haben. Dieser These stehen u. a. die Ansichten von Robert J. Braidwood (1960) entgegen, nach dessen Meinung die klimatischen Veränderungen keineswegs derart tiefgreifende Auswirkungen gehabt haben können, wie bisher angenommen. Nach seiner Theorie entwickelte sich der Ackerbau mehr oder weniger von selbst in besonders fruchtbaren Regionen, in denen Menschen, Tiere und Pflanzen seit längerem dauerhaft in ökologischem Gleichgewicht lebten, was zum Seßhaftwerden der Stämme anregte. Zudem wuchs im Gebiet des »Fruchtbaren Halbmondes« ein Gras, dessen Samen besonders groß waren und leicht geerntet werden konnten: Dieser »Wilde Weizen« wurde später zur wichtigsten Kulturpflanze der Alten Welt. Dem Agronomie-Wissenschaftler Jack R. Harlan gelang der Nachweis, daß der Wildweizen so dicht wuchs, daß eine Steinzeitfamilie in drei Wochen mit den ihr zur Verfügung stehenden Werkzeugen, ja sogar mit bloßen Händen, so viel Samenkörner ernten konnte, wie sie in einem Jahr verbrauchte. Schon dieses Sammeln aber bedingte ein Seßhaftwerden oder wenigstens ein Halbnomadentum, denn die großen Vorräte mußte man lokal speichern.

Nicht nur der Weizen wurde durch gezielte Ernten und immer wieder neue Aussaaten im Lauf der Jahrhunderte »domestiziert«, also durch genetische Auswahl zur Kulturpflanze. Der gleiche Prozeß veränderte in China um 4000 v. Chr. die Hirse und um 3000 v. Chr. den Reis. In Thailand reicht der Reisanbau sogar noch einige Jahrtausende weiter zurück. Dort wurden bereits um 7000 v. Chr. Ackerbohnen und eine Erbsensorte »domestiziert«. Etwa zur gleichen Zeit fanden sich Ansätze neolithischen Ackerbaus in Mexiko, wo die Indios Kürbis und Bohnen kultivierten. In der Zeit zwischen 5200 und 3400 v. Chr. machten in Mittelamerika die Mayas und Azteken den Mais zur Kulturpflanze. Um 3000 v. Chr. gab es in der Alten Welt als Kulturpflanzen Weizen, Gerste, Hafer, Linsen und Erbsen; in Amerika Kürbis, Avocado, Bohnen und Mais; in Ostasien Mandeln, Bohnen, Betelnüsse, Gurken, Erbsen, Weizen und auch Hirse.

Das wachsende Nahrungsangebot führte Hand in Hand mit der abnehmenden Zahl von Jagdunfällen und wegen des Rückgangs der Kindestötungen, die bei den nomadisierenden Jägern überlebensnotwendig gewesen waren, im Neolithikum weltweit zu einem beachtlichen Bevölkerungswachstum.

Erste frühe Zivilisationen entstanden, die neben der Feldwirtschaft schon sehr früh auch Viehzucht betrieben. Man tötete die besten Tiere nicht, sondern ließ sie zur Züchtung am Leben. Abgesehen vom Jagdhund, der vermutlich schon um 15 000 v. Chr. den Menschen begleitete, und vom Ren, das um 10 000 v. Chr. mit den Nomaden des nördlichen Eurasiens wanderte, hielten um 7000 v. Chr. Bauern in Anatolien und Persien als erste Haustiere Ziegen und Schafe. Ihnen folgten um 6000 v. Chr. in Anatolien und im Industal das Rind, um 6000 v. Chr. ebenfalls in Anatolien das Schwein, um 4000 v. Chr. in Ägypten der Esel und um 3000 v. Chr. in Sumer der Halbesel. Die Tierhaltung brachte vielseitigen Nut-

zen. Die Tiere lieferten Fleisch, Milch, Häute und Felle, Haare und Wolle, und Rinder und Esel eigneten sich zugleich als Zug- und Reittiere. Die Nutztierherden führten vielfach zur Transhumans, zum Wandern zwischen Sommer- und Winterweiden.

Häuser aus Lehm und Stein für Ackerbauern

Die ersten Häuser der seßhaft gewordenen Menschen glichen in ihrer Form den altsteinzeitlichen Fellzelten: Sie waren rund. Zunächst errichtete man auf einem kreisförmigen Fundament ein Gerüst aus Stangen, die mit Häuten oder Stroh abgedeckt wurden (ähnlich sehen noch heute die kasachischen Jurten aus); bald folgten die ersten Lehmbauten. Zunächst nur aus Lehm erreichtet, erhielten sie später einen festen Steinsockel. Neben dem Rundbau kam bereits im Neolithikum auch der Rechteckbau auf, der den Vorteil besaß, daß die Wohnfläche durch Anbauten leicht vergrößert werden konnte. Die Türen befanden sich meist nicht auf dem Niveau des Erdbodens, sondern wurden erhöht angelegt. Manchmal existierte als einziger Zugang ein einfacher Einstieg durch das Flachdach, der sich mit einer hölzernen Leiter erreichen ließ. Im Inneren des Hauses dienten Mauernischen als Wandschränke. Fußböden und Wände waren mit Stampflehm verputzt und mit Gips weiß getüncht. Als Schlafstellen fungierten erhöhte Bänke oder gewebte Matten, zuweilen auch regelrechte Steinkisten. Meist besaßen die Wohnungen gemauerte Feuerplätze.

Schon in den Frühphasen des Haus- und Siedlungsbaus fehlte es nicht an Befestigungsanlagen. Breite Gräben und oft mächtige, wallartige Aufschüttungen umgaben die Dörfer. Das vorgeschichtliche Jericho z. B. war von einer 1,75 m breiten und 3 m hohen Mauer aus übereinander geschichteten Steinen umschlossen, auf die innen eine Erdaufschüttung und außen ein 3 m tiefer und bis zu 9 m breiter Graben angrenzte.

Gegen Ende des Neolithikums errichtete man bereits Häuser aus Stein, Holz und luftgetrockneten Ziegeln. Sie umfaßten mehrere Räume und besaßen teilweise schon ein zweites Stockwerk. Die verschieden großen und auch uneinheitlich gebauten Häuser deuteten auf die beginnende soziale Differenzierung in der jungsteinzeitlichen Bevölkerung hin.

Je weiter die Ackerbaukulturen nach Norden vorstießen, desto mehr nahm die Neigung zum Bau größerer Häuser zu. So lebten die Bauern Mittel- und Nordeuropas in hölzernen Langhäusern von 30 bis 45, manchmal sogar bis zu 65 m Länge und 6 bis 7 m Breite. Sie besaßen Wände aus lehmbeworfenem Flechtwerk. Das steile Binsendach wurde von schweren Eichenbalken getragen.

Die neue Lebensweise brachte neue Techniken mit sich. Neben der Entwicklung der Lehm- und Steinbaukunst und des Zimmermannhandwerks erfuhr insbesondere die Art und Weise der Steinbearbeitung wichtige Verbesserungen. Der Mensch lernte, Stein nicht allein mehr oder weniger fein zu behauen, sondern ihn auch zu schleifen, zu polieren und zu durchbohren. Diese neuen Bearbeitungsverfahren erlaubten die Herstellung neuer steinerner Gebrauchsgegenstände: Messer und Beile, Steinmühlen, Schmuck und Gefäße. Weit verbreitet war ein kleines Beil, dessen Haue so geformt war, daß ihr Schwerpunkt möglichst nahe an der Schneide lag und die sorgfältig poliert und scharf geschliffen war. Dieses Werkzeug wurde nicht mit dem ganzen Arm, sondern aus dem Ellbogen heraus geschwungen und eignete sich besonders zum Fällen von Bäumen und zur Grobbearbeitung von Holzbalken oder auch verschiedenen Geräten aus Holz.

Eine besondere technische Neuheit der Jungsteinzeit war die Töpferei. Erstmals in ihrer Geschichte veränderten die Menschen handwerklich nicht nur die Form eines Materials, sie veränderten – von vereinzelten früheren Versuchen des Tonbrennens abgesehen – den Rohstoff strukturell. Die Erfindung der Keramik war eine Folge der bäuerlichen Vorratswirtschaft. Man benötigte dichte Gefäße zum Aufbewahren von Getreide einerseits sowie Öl und Flüssigkeiten andererseits. Das führte zur Korbflechterei und zur Töpferei. Die ersten keramischen Töpfe und Urnen fertigten die Menschen der Jungsteinzeit aus einem langen Tonwulst, aus dem sie das Gefäß spiralförmig aufbauten oder unmittelbar durch Kneten und freies Formen erzeugten. Anschließend wurde das weiche Material getrocknet und danach gebrannt. Um 3000 v. Chr. wurde im Mittleren Osten die Töpferscheibe erfunden, die, zunächst noch als einfache, auf einem Holzzapfen rotierende und von Hand angestoßene runde Holzplatte, die Herstellung tönerner Waren erleichterte und eine größere Formenvielfalt ermöglichte. Vermutlich waren es die Tonbrennöfen, die eine weitere folgenreiche technische Entwicklung einleiteten. In ihrer Glut erweichten Bunt- und Edelmetalle. Sie ließen sich dann zu dünnem Blech aushämmern. Erste Versuche dieser Art reichen bis etwa 8000 v. Chr. zurück. Erst um 6000 v. Chr. aber fand diese Technik in Persien weite Verbreitung. Um 4000 v. Chr. stellten Handwerker die ersten metallenen Werkzeuge her. Dabei bedienten sie sich vereinzelt bereits der Technik des Metallgusses in Lehmformen. Es hatte sich nämlich gezeigt, daß das gebräuchliche Kupfer durch eine Zugabe von Zinn leichter schmilzt und sich dann gießen läßt. Die Bronze war erfunden. Um 3000 v. Chr. blühte die Metallverarbeitung in den Städten Mesopotamiens auf. Um 4000 v. Chr. wurde bereits auch gelegentlich Eisen verarbeitet. Da es sich noch nicht schmelzen ließ, beschränkte man sich auf das Hämmern bzw. Schmieden von Meteoreisen.

Weitere technische Folgen der Entwicklung und des Ausbaus der Landwirtschaft im Neolithikum waren die Anlage erster Bewässerungskanäle, die Verwendung des hölzernen Scheibenrades (in Sumer) als Karrenrad für den Transport der Ernte, die Anlage von Karrenwegen und erster einfacher Balkenbrücken. In Mesopotamien entstanden um 4000 v. Chr. erste Schiffahrtskanäle. Befahren wurden sie mit einfachen Ruderbooten.

Die Wolle als ein Rohstoff, der erstmals durch die Tierzucht anfiel, führte um 5000 v. Chr. in Anatolien und in Palästina zur Entwicklung des Webens. Um die gleiche Zeit wurden in Mesopotamien erste Verfahren des Ledergerbens entwickelt. Mit Leder bereifte man zu dieser Zeit bereits vereinzelt Räder.

Neue Techniken wurden gegen Ende der Jungsteinzeit auch in der Landwirtschaft selbst praktiziert. Erstmals zogen um 3500 v. Chr. in Mesopotamien Ochsen den Hakenpflug, und zur selben Zeit kamen im heutigen Dänemark Feuersteinsicheln zur Getreideernte in Gebrauch.

Ausbreitung der neuen Lebensweise

Während sich in den klassischen Ackerbaugebieten (Mesopotamien, Ägypten und am Indus) im späten Neolithikum bereits die Entwicklung ausgeprägter städtischer Kulturen abzeichnete, zeigten sich in Europa Kulturen, die man als Ausstrahlung der Zivilisationen im Mittleren Osten und im Nordosten Afrikas auffassen kann. Zwei Formenkreise hoben sich dabei deutlich voneinander ab: Von Mesopotamien breitete sich die neue Lebensweise über das Schwarzmeergebiet und dann längs der Donau bis in das Zentrum Europas hinein aus; von Ägypten gelangte sie auf dem Seewege vor allem an die Küsten des westlichen Nordafrika, aber auch Frankreichs, Spaniens, Englands und Skandinaviens. Das erste Verbreitungsgebiet ist gekennzeichnet durch rein landwirtschaftliche Kulturen in den Niederungen der großen Ströme und technisch durch das Vorherrschen besonders gut entwickelter Keramik. Die ägyptische Strömung kennzeichnet eine Geisteshaltung, die von Anfang an stark mythologisch geprägt war und besonders dem Gedanken an ein Fortleben nach dem Tode zentrale Bedeutung einräumte. Ob sie eine Anregung zur Errichtung der Großsteinbauten, meist Grabanlagen, der Tumuli, Ganggräber, Dolmen und Menhire war oder ob der Großstein- oder »Megalith«-Gedanke in den westeuropäischen Küstenregionen selbst entstand (Bretagne oder Nordportugal?), ist umstritten. Fest steht, daß sich im westeuropäischen Megalithikum die technische Fähigkeit entwickelte, gigantische Steinblöcke zu bearbeiten und zum Teil über weite Entfernungen zu transportieren, wobei die dabei angewendeten technischen Prinzipien bis heute nicht völlig geklärt sind. Die ältesten dieser Megalith-Anlagen reichen in die Zeit um 4000 v. Chr. zurück, jüngere Großsteinbauwerke entstanden in Europa aber noch um 1000 v. Chr. und in Nordwestafrika (Westsahara, Senegambia) bis weit über die Zeitwende hinaus. Auf jeden Fall ist die Großsteinkultur Westeuropas eine Entwicklung der späten Jungsteinzeit. Und ganz sicher bewirkte sie auch die Entstehung neuer Techniken. Hierzu gehören die Anlage von Großsteinbrüchen, der Überland- und Schifftransport gewaltiger Monolithen von teilweise mehreren Tonnen Gewicht und die Erarbeitung geeigneter Hebetechniken, die wahrscheinlich von der Rampe bzw. der schiefen Ebene Gebrauch machten. Zugleich muß sich eine beachtliche Entwicklung des Vermessungswesens abgespielt haben, denn die Großsteinanlagen wurden nicht nur nach astronomischen Gesichtspunken angelegt und meist nach Gestirnen (vor allem Sonne, Mond, Venus und Sirius) ausgerichtet, sondern folgten in ihrem Grundriß bereits genau ausgemessenen geometrischen Konstruktionen.

Auf dem Weg zur Hochkultur

Hand in Hand mit der technischen Weiterentwicklung im Neolithikum verlief eine geistige Weiterentwicklung des Menschen. Die komplexer werdenden handwerklichen Fähigkeiten mußten überliefert und regelrecht gelehrt werden. Im Zuge beginnender Arbeitsteilung bildete sich eine eigene Gruppe der Handwerker. Soziale Strukturen mußten organisiert werden, aus der Landwirtschaft ergab sich die Notwendigkeit planvollen und vorausschauenden Wirtschaftens, und das alles erforderte eine zuverlässige Kommunikation. Erste Schriften entstanden. In Ägypten förderte vor allem die Erfassung von Gütern und Arbeitsleistungen für den Tempeldienst erste, noch symbolische Aufzeichnungen. Mit der Zeit nahm die Abstraktheit der Zeichen zu. Nicht nur einzelne Wörter, sondern klanglich ähnliche Begriffe wurden mit eigenen Zeichen ausgedrückt. So benutzten die Sumerer für das Wort Pfeil dasselbe Zeichen wie für das Wort Leben, das ähnlich ausgesprochen wurde. Nicht zuletzt die Entwicklung der Schrift begünstigte das Entstehen hoch entwickelter Stadtstaaten in Mesopotamien, Ägypten und Indien, wo bereits um 3500 v. Chr. der Hindugelehrte Panningrishee in Attrituwarum ein Schreibpapier aus Palmenmark erfand und zum Schreiben Griffel, Öl und Ruß verwendete. Der Weg aus der Prähistorie in die historische Zeit, das Zeitalter schriftlicher Überlieferungen und die Zeit der frühen Hochkulturen, war geebnet.

3000

3000–2901 v. Chr.

Um 3000. In Uruk, der ältesten Stadt des Reiches der Sumerer im südlichen Mesopotamien, werden größere Bauwerke aus ungebrannten, z. T. auch bereits aus gebrannten Lehmziegeln errichtet. Daneben werden im Bau Tonnägel verwendet. Ungebrannte Ziegel sind auch in Indien (Induskultur) in Gebrauch (→ 3000–2900).

In Mesopotamien wird die Bronze, eine Legierung aus 75 bis 95% Kupfer und 5 bis 25% Zinn, erfunden. Sie läßt sich besser erschmelzen als reines Kupfer und je nach Zusammensetzung in ihrer Härte und Geschmeidigkeit auf den gewünschten Verwendungszweck einstellen. Besonders vorteilhaft wirkt sich die Erfindung auf die Herstellung von metallenen Werkzeugen und gegossenen Plastiken aus. →

In Ägypten und Mesopotamien kommt das Glas in Gebrauch. Das neue Material wurde eher entdeckt als erfunden. Es entstand zunächst zufällig als mineralischer Schmelzfluß bei der Herstellung von Kupfer im Erdofen. →

Arbeiter in ägyptischen Steinbrüchen verwenden den Keil zum Spalten von Steinen.

In Ägypten wird Papyrus als Schreibmaterial benutzt. Das leichte Material ersetzt die bislang gebräuchlichen schweren und unhandlichen Tontafeln. Ausgefranste Papyrusfedern dienen dabei als Schreibpinsel. →

Die Ägypter konservieren und lagern Lebensmittel. Fleisch und Fisch werden durch Salzen und Trocknen haltbar gemacht. Korn wird in Speichern aufbewahrt.

Im Mittleren Orient kommt die Drechselbank in Gebrauch. Sie arbeitet nach dem Prinzip des Fidelbogens, wobei eine Schnur das Werkstück umwindet. Das Prinzip an sich ist alt (z. B. beim Feuerreiben schon in vorgeschichtlicher Zeit praktiziert); neu ist die spezielle Anwendung. →

In China ist der Sonnenschirm bekannt.

Im Mittleren Orient bedient man sich zum Mähen von Getreide der Sichel.

Ägyptische Baumeister verwenden zum Ermitteln der Lotrechten das Senkblei.

Im Niltal und an Euphrat und Tigris werden die ersten Staudämme zum Speichern von Hochwasser angelegt. Die Flüsse selbst erhalten Deiche. Künstliche Kanäle und Rückhaltebecken entstehen in den Überschwemmungsgebieten. Diese Maßnahmen dienen der Felder-Bewässerung außerhalb der Hochwasserperioden. →

In Ägypten sind mit der Erfindung der Holzsäge alle wichtigen Schreinereitechniken bekannt: Zapfen, Nuten, Schwalbenschwänzen, Furnieren, Holz kleben usw.

Die Sumerer kennen geschriebene Ziffern. Sie bedienen sich beim Rechnen des Dezimalsystems, das auf das Abzählen der Finger zurückgeht (→ 2779).

Etwa zur gleichen Zeit werden in Pakistan und auf Kreta die ersten Rohrleitungen für Bewässerungszwecke verlegt.

Im Mittleren Osten werden erstmals Pferde mit Zaumzeug und Geschirr eingespannt. Dabei spielt die neugefundene Legierung Bronze eine bedeutende Rolle.

Reich gestaltete Rollsiegel aus Ton werden in Vorderasien zum Signieren von Schriftstücken benutzt. →

In China und Sumer ist das chemische Element Antimon bekannt.

Das Goldschmiede-Gewerbe erlebt in Ägypten seine erste Blüte. Die Handwerker verstehen sich auf das Hämmern, Schmieden, Schweißen und Schneiden des Edelmetalls. →

In den präkeramischen Wohnstätten Perus sind Balkenkonstruktionen im Hausbau üblich.

3000–2900. Erste befestigte Städte entstehen im Zweistromland zwischen Euphrat und Tigris. →

2994. In Ägypten werden Nadeln aus Kupfer hergestellt.

2985. In Indien kommen zweirädrige Wagen (offene Karren) in Gebrauch (→ 2945).

2980. Die ersten Stadtstaaten entstehen in Ägypten. Sie entwickeln sich aus größeren Ansiedlungen von Ackerbauern längs des Niltals, die Gemeinschaftseinrichtungen für Felderbewässerung und Ernte schaffen und ihre Siedlungen gegen Nomaden durch Befestigungen sichern (→ 3000–2900).

2970. Nachdem schon um 3000 in Sumer vereinzelt gebrannte Ziegel in Gebrauch waren, erfinden jetzt auch die Baumeister der Induskultur das Ziegelbrennen (→ 3000–2900).

2954. An der Westküste des Libanon entsteht nördlich des heutigen Beirut die planmäßig angelegte Stadt Byblos, das heutige Djebeil (→ 3000–2900).

2945. In Sumer werden vierrädrige Wagen gebräuchlich. Für ihren Verkehr werden systematisch Straßen angelegt. Spurrinnen für die Räder werden dabei in den gewachsenen Fels gemeißelt oder gemauert. →

Ägyptische Krieger verwenden den Schild.

Sumerer gründen im südlichen Mesopotamien am Fluß Euphrat die Stadt Ur. Die Anlage geschieht planvoll (→ 3000–2900).

Um 2940. Der hölzerne Hakenpflug wird in Sumer benutzt. →

Um 2920. In Ägypten und Mesopotamien erreicht die Leinenweberei einen ersten Höhepunkt. →

2905. In Ägypten werden Spiegel aus poliertem Kupfer hergestellt.

Neue Legierung – Bronze

Um 3000. Die Sumerer in Mesopotamien entdecken die Technik, Bronze herzustellen. Bronze ist kein Grundmetall, sondern eine Legierung aus 75 bis 95% Kupfer und 5 bis 25% Zinn (heute enthält sie meist etwa 10% Zinn).

Die Technik, Bronze zu erschmelzen, setzt das Beherrschen des Metallgusses voraus, der im Zweistromland schon seit Jahrtausenden bekannt ist. Man verwendet eigens hierfür hergestellte Öfen von rund 2 x 2 m Innenraum und 4 m Höhe. In den Wänden befinden sich verzweigte Röhren. Die Sumerer nennen die neue Legierung »zabar«, geschrieben UD-KA-BAR, während sie für Kupfer den Ausdruck »urudu« gebrauchen. Unterschiedliche Zinnanteile ergeben Bronzen für verschiedene Verwendungszwecke:

Bronze mit etwa 5% Zinn ist weich und läßt sich kalt bearbeiten. Bronze mit 10% Zinn eignet sich besonders für die Werkzeugherstellung. 15 und mehr Prozent Zinn machen die Bronze hart und damit zu einem geeigneten Material für den Guß von Figuren. Gegenüber der Verwendung von reinem Kupfer hat Bronze den Vorteil, daß sie beim Gießen leichter fließt und auch mit Ecken und Kanten versehene Formen füllt, zudem wird die Oberfläche des Werkstücks glatter.

Schon bald nach der Entdeckung der bereits zwischen 786 und 900 °C schmelzenden Legierung, die eine hohe Korrosionsbeständigkeit aufweist, bringen es die Sumerer zu hoher Kunst in der Herstellung von Bronzestatuetten, die als Hohlguß gefertigt werden.

Goldhelm des Meskalamdug, gefunden bei Ausgrabungen in Ur; der wohl nur für zeremonielle Zwecke benutzte Helm aus Goldblech zeigt die hohe handwerkliche Kunst der Sumerer im 3. Jahrtausend v. Chr. (Kopie aus dem British Museum, London)

Goldbergbau in Nubien

Um 3000. In Ägypten sind bereits die Metalle Gold, Silber, Kupfer, Eisen und Blei bekannt. Besonders Kupfer und Gold werden bergmännisch gewonnen. Das Gold, von den Ägyptern »nub« genannt und vorwiegend aus dem Goldland »Nubien« (dem heutigen Äthiopien) stammend, war angeblich vom Gott Osiris entdeckt worden.

Um das meist in Quarzadern eingebettete Edelmaterial zu gewinnen, treiben Sklaven und Sträflinge mit Hammer und Spitzkeil Gänge in die Adern vor, die den Goldvorkommen folgen. Knaben unter 17 Jahren schleppen das abgeräumte Gestein heraus. Mit eisernen Stempeln zer-

stößt man es in Steinmörsern zu erbsenfeinem Bruch. Dieser Schrot wird anschließend in Mühlen zu Pulver zermahlen, das dann auf hölzernen Tischen mit Wasser angeschlämmt wird. Der feinere Sand wird dabei fortgespült, der schwerere, goldhaltige, bleibt zurück. Er wird mit Blei verschmolzen, wobei sich das Gold vom Ganggestein trennt. In einem zweiten, fünf Tage dauernden Schmelzgang verdampfen unter Zusatz von neuem Blei und Kochsalz die Verunreinigungen oder sie bilden mit dem im Gold enthaltenen Silber und dem Tiegelmaterial Schlacken. Zurück bleibt reines Gold.

Wasserwirtschaft an Nil und Euphrat

Um 3000. Mit dem Seßhaftwerden der Menschen genügt die Wasserversorgung aus Brunnen, Quellen und Flüssen mit jahreszeitlich stark wechselnder Schüttung nicht mehr. In Ägypten und Mesopotamien legen die Bauern deshalb allenthalben Kanal- und Wasserbevorratungssysteme an. Wasserlieferanten sind vor allem die großen Ströme: Nil, Euphrat und Tigris.

Die Ägypter legen quer zur Strömung des Nils Dämme an und teilen damit das Flußbett in große Bekken, zwischen denen der Strom eingedeicht ist. Die Becken sind sorgfältig eingeebnet und 400 bis 1700 ha groß. Von ihnen aus verlaufen Stichkanäle bis an den Rand der Wüste, wo sie wiederum Kanäle speisen, die parallel zum großen Strom verlaufen.

Im Herbst tritt der Nil wegen starker Regenfälle in seinem Quellgebiet über die Ufer und überschwemmt sein ganzes Tal. Während des Hochwassers öffnen die Bauern die Sperrdämme, die die Kanäle vom Nil trennen. Die künstlichen Wasserläufe und Becken füllen sich dann. Hat das Hochwasser seinen Maximalpegel erreicht, werden die Kanalmündungen wieder abgedichtet. Noch etwa zwei Monate nach dem Absinken des Nilpegels steht das gespeicherte Wasser in den Reservoiren 1 bis 2 m über dem Flußniveau. Die Wasservorräte genügen, um einjährige Feldkulturen zu versorgen: Getreide, Gemüse, Kräuter sowie Blumen.

Gleitkarrenspuren an den Dingli-Klippen (Abstand ca. 125 cm)

Tonmodell eines Ochsenkarrens aus dem 3. Jahrtausend v. Chr. (Syrien)

Die Anfänge des Straßenverkehrs

2945. Mit dem Aufkommen des Wagens geht in Mesopotamien der erste Straßenbau einher. Diese neuen Verkehrswege zeichnen sich durch in den Fels gemeißelte oder mit Quadersteinen eingefaßte Spurrillen für die Räder aus. Ähnliche Anlagen entstehen auch auf der Mittelmeerinsel Malta.

Mit dem Seßhaftwerden der Bauern in Mesopotamien, am Indus, in China und in Ägypten setzten Handelsbeziehungen zwischen den Niederlassungen ein, die immer stärker einen geordneten Landverkehr erforderlich machten. Seit dieser sog. Neolithischen Revolution weiteten sich auch die geregelten Nahverkehrswege aus.

Für Transporte benutzt man sowohl in Asien wie im Mittleren Osten vorwiegend Tragtiere: Esel, in der Induskultur auch das Trampeltier. Außerdem etablieren sich die ersten Handelskarawanen. Für den Nahverkehr kommen am Indus und etwa zeitgleich in Sumer im Süden Mesopotamiens Wagen mit Rädern in Gebrauch, in Indien sind es zweirädrige, in Sumer zwei- und vierrädrige Karren. Die Wagen werden entweder von Menschen, als Lastkarren auch von Ochsen gezogen. Ihre Räder sind volle Scheiben.

Auch in Ägypten wird Anfang des 3. Jahrtausends das Rad bekannt.

Experimente mit Sand und Soda: Glas

Um 3000. Zwischen 3200 und 3100 entdeckten Metallschmelzer in Ägypten mehr oder weniger zufällig das Entstehen eines neuen Materials in ihrem Ofen: Glas. Sie experimentierten gezielt, um den Prozeß der Glasbildung zu wiederholen und die dafür nötigen Bestandteile der Schmelze herauszufinden. Jetzt beherrschen sie die Kunst des Glasmachens und stellen erste Gegenstände, vor allem bunte Perlen und kleine Stäbchen, her.

Das altägyptische Glas besteht aus Kieselsäure, Kalzium und Natrium, ist also ein Kalknatronglas. Seine Gewinnung setzt die Fähigkeit voraus, Quarz (Kieselsäure) schmelzen

Diadem mit Glaseinlagen (um 2000; im Grab einer ägypt. Prinzessin)

zu können. Reiner Quarzsand verflüssigt sich erst bei etwa 1700 °C, bei Zusatz von Soda, Glaubersalz oder Pottasche schon bei rund 1200 °C. Dafür sind besondere Öfen mit Blasebalg-Belüftung erforderlich.

Wichtig ist aber ferner das Wissen um die Zusammensetzung des Schmelzflusses. Die ägyptischen Glasmacher vermischen Sand mit Kalk und Soda und schmelzen diesen Glassatz in einem Erdloch oder in einem Tontiegel. Vom erkalteten Glasblock wird der Tiegel abgesprengt und das neue Material freigelegt. Um es zu formen, wird es nochmals erhitzt und dann auf einer Unterlage gerollt.

Schreibmaterial aus Riedgras: Papyrus

Um 3000. In Ägypten erfinden Schriftgelehrte ein neues, leichtes Schreibmaterial. Es wird aus dem Mark der im Norden des Landes weit verbreiteten Riedgrasart Papyrus gewonnen. Die Stengel der 4 m hohen Staude werden in 40 cm lange Stücke zerschnitten und diese dann in Markstreifen zerlegt, die man zweischichtig kreuzweise flach aneinanderlegt und dann so lange mit einem Schlegel bearbeitet, bis der Saft sie zu einem homogenen Blatt verklebt. Wenn sie getrocknet sind, werden die einzelnen Blätter noch mit einem Holz- oder Elfenbeinwerkzeug geglättet.

Ruinenfeld der Stadt Uruk (des biblischen Erech) in Mesopotamien (im heutigen Irak) in der Nähe des Euphrat

Drechselbänke für Holzbearbeitung

Um 3000. Mit Drechselbänken, bei denen man sich das Prinzip des Fidelbogens zunutze macht, erzeugen Handwerker im Mittleren Orient Drehkörper aus Holz.

Der zu bearbeitende Holzrohling ist ein drehrunder Ast oder dünner Stamm. Er wird an beiden Enden zwischen Zapfen gespannt und an einem Ende kurz vor dieser Lagerung mit einer Schnur umwickelt. Die Enden der gut halbmeterlangen Schnur sind straff gespannt an einem Holzstab befestigt. Der Drechsler sitzt vor der Bank und bewegt mit der linken Hand den Holzstab quer zum Drehkörper hin und her, wodurch der Rohling in Rotation versetzt wird. Mit der rechten Hand führt der Handwerker einen metallenen Stechbeitel; ein Fuß dient dabei als Widerlager.

Geschickte Drechsler schaffen es, auf diese Weise pro Stunde über ein Dutzend Drehteile herzustellen.

Stadtgründungen im Zweistromland

3000 bis 2900. In Mesopotamien werden die ersten befestigten Städte gegründet. Das führt zu einer vergleichsweise raschen Entwicklung der Architektur und städtischer Infrastrukturen.

Umgeben von Wüsten, ist das fruchtbare Terrain im Zweistromland eng begrenzt, und die Menschen sind gezwungen, auf wenig Raum miteinander zu leben. Eine wichtige Voraussetzung für den Städtebau ist das bereits gut entwickelte Handwerk. Als erste planvoll angelegte Städte entstehen Uruk (das biblische Erech und heutige Warka) und Ur, beide am Euphrat, sowie Byblos (das heutige Djebeil, nördlich von Beirut). In den Städten gibt es größere Bauten aus ungebrannten und zum Teil auch bereits gebrannten Lehmziegeln. Bedeutend ist die große, etwa 9 km lange Befestigungsmauer von Uruk, deren Bau jetzt beginnt und sich über einige Jahrhunderte erstreckt. Durch sie wird die Stadt zum ersten abgeschlossenen, gegen kriegerische Einfälle von außen gesicherten Bezirk der Welt.

Das im dritten vorchristlichen Jahrhundert verfaßte Gilgamesch-Epos berichtet: »Die Mauer, rühmenswert in späten Tagen – In harter Fron ließ er [Gilgamesch] sie auferbauen.«

Abdrücke von Rollsiegeln aus Mesopotamien mit Ornamenten

Rollsiegel machen Signieren leichter

Um 3000. In Tontafeln eingedrückte Schriftstücke bedürfen in Vorderasien eines persönlichen Signums. Bisher geschah das durch Einprägen des Fingernagels oder eines Steinstempels. Jetzt ermöglicht das aus Kalk, Steatit, Knochen oder Halbedelstein gefertigte zylindrische Rollsiegel individuellere und meistens auch ansprechendere Signaturen, etwa kurze Gebete oder Angaben über den Besitzer.

Holzpflüge auf den Äckern der Sumerer

Um 2940. Zum Urbarmachen von Land, aber auch zum Ausbringen der Aussaat bedienen sich die Sumerer des hölzernen Hakenpfluges. Das Gerät besteht aus einer Zugstange, deren vorderes Ende mit Riemen am Gehörn von zwei Kühen befestigt ist und die an ihrem hinteren Ende den Hinterbaum, den eigentlichen hölzernen Pflugstab trägt. Dieser ist unten zugespitzt. Schwerere Pflüge dienen einer tieferen Umwälzung des neu zu erschließenden Bodens. Mit leichten Hakenpflügen wird das auf die Felder ausgestreute Saatgut mit Erde bedeckt.

Leinenweberei in Ägypten

Um 2920. Die schon seit vielen Jahrhunderten bekannte Kunst des Webens ist in Ägypten und Mesopotamien jetzt voll entwickelt.

Die bisherigen primitiven Vorformen des Webens, bei denen jeder einzelne Kettfaden an einem senkrecht in die Erde gesteckten Pflock befestigt war oder der Webstuhl nur aus zwei in den Boden geschlagenen Pfählen bestand, sind dem eigentlichen Webstuhl gewichen. Er besteht aus einem senkrechten – in Sumer zum Teil auch waagrechten – Holzrahmen. Querleisten verbinden oben und unten die beiden Hauptstreben. An der oberen Querleiste werden die Kettfäden angeknüpft. Um ihnen Spannung zu geben, bindet man in Mesopotamien, wo von oben nach unten gewebt wird, an jeden Kettfaden unten ein Tonkügelchen oder Metallgewicht an. In Ägypten dagegen, wo man in umgekehrter Richtung von unten nach oben webt, werden die Kettfäden unten an einem gemeinsamen Balken befestigt. In der Mitte des Webstuhls trennen zwei Balken die vordere und die hintere Reihe der Kettfäden so, daß sich der Schußfaden hindurchziehen läßt. Das »Weberschiffchen« besteht aus einem Stab, der unten und oben je eine Einkerbung aufweist, die den aufgewickelten Schußfaden aufnimmt.

2900—2801. In den Küstengebieten Europas (Iberische Halbinsel, Korsika, heutiges Süd- und Nordfrankreich, Niederlande und Belgien, Norddeutschland, Südskandinavien und Britische Inseln) werden die wichtigsten Bauten der Megalithkultur errichtet. Die riesigen steinernen Anlagen erfordern beträchtliches technisches Können auf dem Gebiet des Transports sehr großer Lasten. →

Um 2893. In Indien wird Luftmörtel verwendet. Es handelt sich dabei um einen steinartigen Baustoff, der aus Sand und einem Bindemittel, das unter Lufteinwirkung erhärtet, hergestellt wird. Der Mörtel dient in der Induskultur beim Palastbau zum Verfugen.

Um 2887. In Sumer werden Mühlsteine zum Getreidemahlen eingesetzt. →

2882. Im südlichen Mesopotamien wird beiderseits des Flusses Euphrat die Stadt Babylon als befestigte Siedlung mit planvoll angelegten Straßenzügen gegründet. →

Um 2847. In Indien entstehen die ersten Fayencen. Als Material dafür dient ein Halbporzellan, dessen wesentliches Merkmal in einer eingebrannten zinnoxidhaltigen Glasur besteht, die die Poren des keramischen Scherbens abdichtet. →

Um 2822. In der Induskultur, die sich im Industal, in der oberen Gangesebene und der heutigen indischen Provinz Gujarat bis zum Golf von Khambat und der Halbinsel Kathiawar am Indischen Ozean von einer Dorfkultur zur Hochkultur entwickelt, beginnt der planmäßige Straßenbau.

Um 2820. Ausgehend von China ersetzt das handgedrehte Hanfseil aus den Fasern der Cannabis sativa beim Binden die bisher ausschließlich gebräuchlichen Pflanzenranken und Lederriemen. →

In den von den Ägyptern unterhaltenen Kupferminen auf der Sinai-Halbinsel werden, bedingt durch den wachsenden Materialbedarf der Handwerker und als Rohstoff für die Bronze (→ um 3000), verstärkt die Kupfererze Malachit und Chrysokoll abgebaut und verhüttet. →

Um 2810. Auf dem Nil verkehren erstmals hölzerne Boote. Die besegelten Einmaster, die sich auch rudern lassen, lösen die bislang gebräuchlichen Papyrusboote ab. →

In Ägypten fertigen Goldschmiede aus massivem Golddraht Ketten zum Aufhängen von irdenen Krügen. →

Lanyon Quoit, ein Dolmen (megalithisches Steingrab) in Cornwall/England mit einer tonnenschweren Deckplatte

Megalithen in West- und Nordeuropa

2900 bis 2801. Vielerorts auf dem europäischen Kontinent, besonders auf der Iberischen Halbinsel, im heutigen Frankreich, in den Niederlanden, Belgien, Dänemark, Südskandinavien und Norddeutschland, aber auch im westlichen Mittelmeerraum und auf den Britischen Inseln, entstehen in der Blütezeit der Megalithkultur (»mega« = griechisch »groß«; »lithos« = »Stein«) Großsteinbauten. Tischförmige Steingräber (Dolmen), riesige künstliche Grabhügel (Tumuli) und Steinsetzungen in Form von einzelnen Obelisken (Menhire) oder Reihen und Kreise stehender Steine werden errichtet. Der Ursprung der Großsteinarchitektur ist ungeklärt. Zu den größten Tumuli gehören der Mont St. Michel bei Carnac mit 50 m Länge und 10 m Höhe, ebenfalls in der Bretagne der Tumulus von Gavrínis auf einem Inselchen bei Lamor Baden mit 60 m Durchmesser, der irische Tumulus von New Grange (115 m Durchmesser) und, allen voran, der künstliche Berg Silbury Hill beim heutigen Marlborough in England (um 2800) mit 45 m Höhe und einer Grundfläche von mehr 2 ha.

Zu den größten Menhiren gehören das kolossale Mal auf dem Champ Dolent in Nordfrankreich, eine senkrecht aufgestellte Steinsäule von 9,5 m Höhe und über 150 t Gewicht, ferner die drei Devil's Arrows bei Borough Bridge in Yorkshire und der (inzwischen umgestürzte) Menhir bei Locmariaquer in der Bretagne mit 347 t Gewicht und 20,3 m Höhe. Der 150 t schwere Menhir von Kerloas in der Bretagne stammt aus einem 2,5 km entfernten Steinbruch. Der Koloß wurde auf Rollen zu seinem Aufstellungsort befördert. Etwa 800 bis 1000 Männer bewerkstelligten den Transport. Megalithbauten erwähnt für die Zeit um 2800 auch das Alte Testament.

Halbporzellan in Indien erfunden

Um 2847. In Indien wird feinkörniges, gebranntes tonkeramisches Material aus roten oder ockerfarbenen Scherben erstmals mit weißer oder farbiger Zinnoxid-Glasur überzogen. Es handelt sich dabei um ein Halbporzellan, das viele Jahrhunderte später in Europa als Fayence bezeichnet wird. Charakteristikum für diese Ware ist das Antrüben der Glasur mit Zinnerz. Das bereits gebrannte tönerne Gefäß wird mit der Zinnschlämme bestrichen und ein zweites Mal gebrannt. Dabei schließt die Glasur die Poren.

Mit Bleierz glasierte Keramik gab es um 3300 bereits in Ägypten.

Megalithische Menhir-Bestattungsanlage, sogenannte Schiffssetzung (langgestrecktes Oval von stehenden Steinen als Schiffsumriß) in Südschweden

Ketten aus Gold halten Steinkrüge

Um 2810. Ägyptische Edelmetallschmiede stellen feingliedrige Ketten aus Gold als Henkel für steinerne Gefäße her. Sie sind in der Lage, das gelbe Metall zu Draht zu verarbeiten, zu schmieden und zu schweißen.

Das 2. Buch Mose berichtet über die ägyptische Drahtherstellung: ». . . Er schlug das Gold und schnitt es in Fäden.« Stärkeren Draht gewinnt man durch Schmieden. Längere Drähte werden noch nicht gezogen, sondern durch Zusammenschweißen geschmiedeter Stücke hergestellt. Einzelne Drahtstücke lassen sich zu Kettengliedern zusammenbiegen, die dann ihrerseits an den Enden verschweißt werden.

Das Getreidemahlen wird erleichtert

Um 2887. In Sumer werden Mühlsteine gebräuchlich. Gegenüber den bisher praktizierten Techniken des Zerstampfens oder Zerreibens bringen die Handmühlen Vorteile. Die Mahlvorrichtung besteht aus zwei Steinen; der untere liegt fest, der obere wird auf ihm horizontal herumgedreht. Anfangs hebt man den oberen Stein an, um neues Korn nachzufüllen, später wird der obere Mahlstein in der Mitte durchlocht und auf einen mit dem unteren Stein fest verbundenen Zapfen gesteckt. Das Getreide läßt sich durch das Loch neben dem Zapfen kontinuierlich nachschütten.

Kupferminen auf der Halbinsel Sinai

Um 2820. Die wohl schon seit mehreren Jahrhunderten auf der Halbinsel Sinai betriebenen ägyptischen Kupferminen werden im Zuge des aufblühenden Handwerks in erhöhtem Maße ausgebeutet.

Die wichtigsten Erze dieser Gruben sind Malachit und Chrysokoll, also Kupferkarbonate und Kupferhydrosilikate. Sie werden in Tiegel aus Quarz, Sand und Ton gefüllt und in Sandsteinöfen aufgeschmolzen. Die Aufbereitungsarbeiten für den Bronzegrundstoff sind recht umständlich und zeitaufwendig, zumal es sich um relativ wenig ergiebige Erze handelt (→ um 3000).

Holzboote auf dem Nil

Um 2810. Auf dem Nil verkehren Boote aus Holz. Sie treten zunehmend neben die bisher in Ägypten gebräuchlichen Papyrusboote und lösen diese bald ab.

Die ägyptischen Holzboote sind aus einzelnen Planken gebaut, die mit Hilfe einfacher Sägen hergestellt und mit Nägeln zusammengefügt werden. Der rohe Schiffskörper wird mit dem Dexel (einem Metallbeil mit gebogenem Holzheft), einem Glätter, Meißeln und Holzschlegeln ausgeformt und geglättet. Vom Heck zum Vordersteven verläuft ein Seil über das ganze Boot, das die Konstruktion vor dem Auseinanderbrechen bewahrt.

Die Nilboote lassen sich durch Ruder bewegen, können aber auch besegelt werden. Es sind zunächst Einmaster. Die Segel bestehen aus gewebter Leinwand (→ um 2920 v. Chr.), manchmal auch aus Palmblattmatten oder Papyrusgeflechten. Die Ruder zeichnen sich durch einen langen, runden Holzschaft aus, an dessen unterem Ende ein flaches Ruderblatt angebracht ist. Sie sind drehbar in Dollen (Ruderpflöcken) oder Ringen gelagert, die an der oberen Bordwand des Bootes befestigt sind.

Die Ruderer stehen, knien oder sitzen auf niedrigen Bänken. Ein Kommandant, der an erhöhter Stelle im Bug steht, gibt den Schlagrhythmus an. Gesteuert werden die hölzernen Nilboote durch ein oder zwei Ruder am Heck.

Wandmalerei um 1390 aus dem Grab des Pairi: Schiffswallfahrt nach Abydos

Die Stadt Babylon wird gegründet

2882. Im südlichen Mesopotamien entsteht Babylon als befestigte Anlage. Die eigentliche Stadt nimmt ein Gebiet von 18 × 18 km ein.

Ein Mauerngeviert soll die Neugründung der Planung nach unmittelbar umgeben, ein zweites parallel dazu in etwa 2,5 km Abstand entstehen. Außerdem umsäumen Mauern den diagonal durch die Stadt fließenden Euphrat. Die drei- bis viergeschossigen Häuser liegen an geraden Straßen, die parallel oder senkrecht zum Fluß angelegt werden. Jede zum Euphrat führende Straße endet an einer Pforte in der Ufermauer.

Hanfseil ersetzt den Lederriemen

Um 2820. In China gewinnt man aus der Hanfpflanze zähe Fasern. Handwerker drehen aus diesem Material die ersten Seile.

In der Urzeit benutzte der Mensch pflanzliche Ranken zum Binden. Bis zur Herstellung von Hanfseilen dienten allgemein Lederstreifen und Lederriemen, in Ägypten zum Teil auch Papyrusfasern diesem Zweck. Die neuen chinesischen Seile erweisen sich als sehr reißfest und witterungsbeständig. Sie werden vielfältig eingesetzt, erwerben sich aber vor allem in der Schiffahrt – für die Takelage der Segelboote – rasch einen festen Platz.

Um 2800. In Sumer werden die Oberflächen keramischer Gefäße auf unterschiedliche Weise verziert: Man versieht sie entweder mit einer Grundierung und bemalt sie darauf in meist roten oder schwarzen Tönen, oder man prägt Flach- und Hochreliefdarstellungen nach Art der Rollsiegelbilder in sie ein.

Als Wandschmuck werden in den Tempeln Uruks in Mesopotamien Ton- und Steinstiftmosaiken angebracht.

Im nördlichen Mesopotamien werden Opfergefäße aus Stein mit Perlmutterintarsien versehen.

Baumeister in Sumer errichten die erste Treppe aus Kalkstein. Sie führt zu den oberen Stockwerken eines mehrgeschossigen Hauses. →

Um 2780. In Ägypten bürgern sich langsam Bauten aus bearbeiteten Steinen ein. Sie sind für die Hochkulturen im östlichen Mittelmeerraum ein Novum. Bisher wurde sowohl in Mesopotamien wie am Nil nur mit Ziegelwerk gearbeitet.

2779. Gelehrte in der Induskultur verwenden erstmals ein eigenes Ziffernsymbol für die Null. →

2763. In Ägypten kommen flache Öllampen mit schwimmendem Docht zur Innenbeleuchtung in Gebrauch. →

Um 2750. Ägyptische Steinbildhauer beginnen mit der Herstellung größerer Statuen und Reliefs. Die Figuren sind betont eckig, kubisch oder zylindrisch gehalten, um das statische Element herauszuarbeiten.

In Mesopotamien werden Zisternen in den Höfen von Atriumhäusern angelegt. Größere Wasservorratsbecken entstehen an zentralen Stellen in den Städten. →

Die Stadtmauer von Uruk ist unter Großkönig Gilgamesch weitgehend fertiggestellt. Sie besitzt rund 900 aus plankonvexen Ziegelsteinen gemauerte Halbtürme (→ 3000 – 2900).

Um 2710. Auf dem Königsfriedhof in Ur in Mesopotamien gibt man einem gewissen Meskalamdug einen Goldhelm mit ins Grab. Der Helm ist äußerst kunstvoll aus dem massiven Edelmetall getrieben und stellt die Perücke seines verstorbenen Trägers dar.

In Sumer verfügt das Militär über schwere, grob gebaute Kriegswagen.

Um 2708. Ägyptische Edelmetallschmiede beherrschen die Kunst des Gold- und Silberschlagens. →

Öllampen für die Hausbeleuchtung

2763. In Ägypten werden in herrschaftlichen Häusern erstmals flache Öllampen mit schwimmenden Dochten zur Beleuchtung von Innenräumen verwendet.

Wohl die älteste Art der Innenbeleuchtung war das offene Herdfeuer, das später vom qualmenden Kienspan abgelöst wurde. Zur Zeit der ägyptischen Neuerung ist allgemein die Fackel in Gebrauch. Sie besteht aus Spänen, Weinlaub- oder Pflanzenfaserbündeln, die mit Pech, Asphalt oder Harzen imprägniert sind. Die Fackel qualmt meist stark und unangenehm.

Die neuen ägyptischen Lampen sind flache Schalen – vermutlich aus Glas oder Ton –, in die Öl gefüllt wird. Eine eigene Vorrichtung zum Halten eines Dochtes besitzen sie ebensowenig wie eine besondere Austrittsöffnung für den Docht. Dieser nämlich schwimmt frei im Öl. Die Schalen sind oval und meistens etwa 7 cm hoch. Neben solchen kleinen Lampen werden später auch größere »Stehlampen« entwickelt. Das sind etwa 1 m hohe Kalksteinständer, die an ihren oberen Enden eine flache Schale für das Lampenöl aufweisen. Auch bei ihnen schwimmt der Docht frei im Brennstoff.

Haustreppenbau aus Kalkstein oder Holz

Um 2800. *In Sumer und in Indien errichten Baumeister für mehrgeschossige Häuser die ersten Treppen. In Sumer ist das Baumaterial Kalkstein, in Indien (im Bild Mohendscho-Daro) Stein oder Holz.*
Die frühen Häuser haben sich wohl aus den Nomadenzelten entwickelt und waren zuerst rund, später rechteckig. Die indischen Häuser weisen noch beide Formen auf. In Mesopotamien tritt zum rechteckigen Haus der Atriumbau hinzu. Nur die Häuser reicher Bürger werden in beiden Kulturkreisen mehrgeschossig gebaut. Das macht erstmals in der Menschheitsgeschichte die Konstruktion von Treppen erforderlich.

Goldschlagen und Blattversilbern

Um 2708. In Ägypten kommt die Kunst des Gold- und Silberschlagens auf. Beide Edelmetalle sind in hohem Maße dehnbar und damit für diese Verarbeitung geeignet.

Die ägyptischen Gold- und Silberschläger legen auf eine Steinplatte, die als Amboß dient, die »Form«, einen Stapel aus dünnen Edelmetallblechen, die lagenweise mit Hautstücken wechseln. Diese Form hält der Handwerker in der Linken, während er mit der Rechten wieder und wieder mit einem schweren Stein auf die Bleche schlägt. Bei den Zwischenlagen handelt es sich (wahrscheinlich) um Pergament. Die für die Form verwendeten Bleche werden aus »Zainen«, aus gegossenen Stäbchen, durch Walzen gewonnen.

Das Blattgold wird für prachtvolle Goldschmiedearbeiten verwendet, auch werden Ziergegenstände mit Goldblech belegt. Das Blattsilber, später auch das Blattgold, wird in hauchdünnen Schichten (0,001 mm) auch zum Versilbern bzw. Vergolden nach dem Prinzip der Adhäsion benutzt. Holz wird mit Wachs überzogen, auf das man die Edelmetallblättchen aufbringt. Andere Materialien müssen zuvor mit Stuck belegt werden.

Zahlen und die Anfänge der Mathematik

2779. Indische Gelehrte benutzen erstmals die Zahl Null. Sie definieren also ein Ziffernsymbol für das »Nichts«. Die Zahl Null fügt sich in das indische Zahlensystem ein und ergänzt es zum Dezimalsystem, das freilich noch nicht die Zuordnung des Zahlenwertes der verschiedenen Ziffern in Abhängigkeit von ihrer Stellung innerhalb einer Zahl kennt, also z. B. von rechts nach links Einer, Zehner, Hunderter usw. Dieses Stellenwertsystem ist indes bereits bei den Sumerern in Mesopotamien in Gebrauch.

Weltweit bestehen um 2780 drei unterschiedliche Zahlensysteme, die alle noch sehr jung sind. Im indischen Raum ist ein System heimisch, das Zeichen für die Ziffern 1 bis 9 und die Null kennt. Ebenfalls über ein dekadisches System verfügen die Ägypter. Sie kennen Symbole für die Ziffern 1 bis 10 sowie für 100, 1000 und 10 000. Zahlenwerte bilden sie durch Nebeneinanderstellen der entsprechenden Anzahl dieser Symbole, z. B. $5 \times 10\,000 + 2 \times 1000 + 3 \times 100 + 9 \times 10 + 6 = 52\,396$.

Ein anderes Zahlensystem haben in Sumer die Babylonier entwickelt. Sie kennen ebenfalls Ziffernsymbole für 1 bis 10, daneben aber auch solche für 60, 600, 3600 und 36 000. Aus diesem 60er-System geht die Zeiteinteilung in 60 Minuten je 60 Sekunden pro Stunde hervor. Ebenso wie die Ägypter notieren auch die Sumerer die Zahlen durch Aneinanderschreiben der entsprechenden Anzahl einzelner Ziffern, z. B. $2 \times 3600 + 1 \times 600 + 1 \times 60 + 2 \times 10 + 4 = 7884$.

Sowohl die Sumerer wie die Ägypter beherrschen bereits die vier Grundrechenarten. Darüber hinaus können sie die zweite und dritte Potenz bilden und Quadratwurzeln ziehen. Schwierigkeiten haben alle drei Kulturvölker, wenn es um die Darstellung großer Zahlen und das Rechnen mit ihnen geht. Das liegt am Ursprung der verschiedenen Zahlensysteme – an der Fingerzahl der menschlichen Hände.

ZIFFERNZEICHEN (Anfang 3. Jt. v. Chr.)													
SUMER													
	1	2	3	4	5	6	7	8	9	10	60	600	3600	36 000
ÄGYPTEN													
	1	2	3	4	5	6	7	8	9	10	100	1000	10 000

Zisternen für die Wasserversorgung

Um 2750. In Mesopotamien verwenden Haushalte erstmals Zisternen zum Sammeln und Bevorraten von Trink- und Brauchwasser. Die Wasserbecken werden in den Innenhöfen der in Atriumbauweise errichteten Häuserblocks angelegt. Sie sammeln das Regenwasser, das auf die Innenhöfe und die angrenzenden Dächer niederfällt.

Größere Zisternen dienen der Bevorratung von Euphratwasser für Dürreperioden. Während der Zeit, in der der große Strom Hochwasser führt, leiten die Sumerer Flußwasser durch Kanäle in die Vorratsbecken, aus denen das Wasser dann wiederum in offene Brunnen gelangt. Dort kann jeder sein Wasser schöpfen. Nach der Hochwasserzeit, wenn der Pegel in den Zisternen sinkt, muß das Wasser mit Schaufelrädern in die öffentlichen Brunnen gehoben werden.

2697. Die chinesische Zeitrechnung beginnt. Verknüpft ist sie mit astronomischen Beobachtungen. So werden eine Sonnenfinsternis registriert und ein erstes Planetarium erstellt.

2694. In Indien ist der Drillbohrer bekannt. Er arbeitet nach dem Fidelbogen-Prinzip, wobei die Bogensaite um den Bohrer geschlungen ist. Durch Streichen des Bogens wird der Bohrer in Drehung versetzt. Das System gleicht dem der ägyptischen Drechselbank (→ um 3000).

Um 2670. In Ägypten erreicht die Metallgewinnung aus Erzen einen ersten Höhepunkt. Sie werden im Röstverfahren in Schmelzöfen verhüttet. →

Um 2650. In Mesopotamien und in Ägypten wird die Balkenwaage verwendet. Kleine Handwaagen dieser Bauart sind genau genug, um selbst Gewichte in der Größenordnung eines Zentigramms zu messen. →

2650. Dungi I., König von Ur, führt das Sexagesimalsystem (→ 2779) in der Zeitmessung ein. Er teilt den Monat in zwölf Tage zu 24 Doppelstunden, die er offenbar auch bereits in 60 Minuten mit jeweils 60 Sekunden unterteilt, denn die von ihm eingeführte babylonische Doppelelle (etwa 995 mm) entspricht recht genau der Länge des späteren Sekundenpendels für den 30. Breitengrad. →

Um 2630. Der chinesische Kaiser Huang Ti und seine Gemahlin Hsi Ling-shi begründen die Seidenraupen-Zucht und führen in China die Weberei und Stickerei ein. →

Am Hof des chinesischen Kaisers Huang Ti wird das Swa'n-p'a, das erste Rechenbrett, erfunden. Als Erfinder gilt der Minister Cheo'u-ly. Zugleich wird das erste arithmetische Lehrbuch, Kieuo-tschang, verfaßt.

Der Chinese Tient-tschen erfindet die Stangentusche. Rohstoff ist Nadelholzkohle. →

Der spätere Pharao Djoser läßt in Sakkara eine gemauerte Grabkammer (Mastaba) aufstocken und zu einer ersten Pyramide ausbauen. →

Um 2605. Ägyptische Fischer verwenden zum Fischfang die Harpune, die bisher nur bei der Jagd auf dem Festland gebräuchlich war. →

Die Ägypter bauen »echte« Gewölbebogen und damit auch Tonnengewölbe. Die Decksteine dieser Konstruktionen sind nach unten hin keilförmig gestaltet und stützen sich gegeneinander ab. →

Stufenpyramide von Sakkara, das Grabmal des Königs Djoser; von den ursprünglich sechs Stufen lassen sich heute noch fünf deutlich erkennen

Pyramidenbau in Sakkara

Um 2630. Der spätere ägyptische Pharao Djoser (Regierungszeit etwa 2609 bis 2590) läßt bei dem 18 km südlich von Gise gelegenen Ort Sakkara die erste große Pyramidenanlage errichten.

Das Bauwerk war nicht von Anfang an in seiner späteren Form geplant. Ausgangspunkt war eine Mastaba. Das ist ein aus Kalkstein oder Ziegeln mit geböschten Wänden gebautes, blockförmiges Mausoleum, das eine Grundfläche bis zu 20 × 50 m haben kann. König Djoser läßt erstmals eine kleinere Mastaba (7 × 28 m) in zwei Bauabschnitten aufstocken. Das fertige Bauwerk hat keine quadratische Grundfläche wie spätere Pyramiden, sondern mißt 118 × 140 m bei etwa 60 m Höhe. Es ist in sechs deutlich voneinander abgesetzten Stufen gemauert.

Diese Stufenpyramide ist kein isoliert zu betrachtendes Grabmonument, sondern der beherrschende Bau einer Reihe von Tempelanlagen. Der gesamte Gebäudekomplex umfaßt einen 275 × 545 m großen Bezirk, der von einer Mauer umgeben ist und ein verkleinertes Abbild des Pharaonenpalasts in Memphis darstellen soll.

Vom echten Bogen zum Tonnengewölbe

Um 2605. Beim Bau einer großen Mastaba (→ um 2630) läßt der ägyptische König Djoser einen überwölbten Durchgang anlegen. Es ist das erste bekannte Bauwerk, das nach dem Prinzip des »echten Bogens« errichtet ist.

Die seitlich aneinandergesetzten und von oben mit Kieseln und Schlammörtel verbundenen Ziegel verlaufen nach unten keilförmig gegeneinander. In die Tiefe verlängert, ergibt sich aus einer derartigen Bogenkonstruktion das sog. Tonnengewölbe. Solche überwölbten Räume kommen etwa zur selben Zeit auch in Gräbern von Ur in Mesopotamien auf.

Kalksteinstatue des ägyptischen Schreibers Heti um 2300 v. Chr.

Harpunen für den Fischfang im Nil

Um 2605. In Ägypten bedienen sich zu Beginn der 3. Dynastie die Nilfischer der Harpune. Das Prinzip dieser Jagdwaffe ist seit langem bekannt. Es entwickelte sich bereits in der Steinzeit, wurde aber bisher ausschließlich für die Jagd auf Landtiere eingesetzt.

Die ägyptischen Harpunen bestehen aus zwei voneinander trennbaren Teilen. Die eigentliche Wurfspitze ist am Ende gelocht und an einer Schnur befestigt. Die Schnur wiederum wird um den Speerschaft gewickelt und hält so die Spitze. Beim Wurf rollt sich die Schnur ab. Dringt die Harpunenspitze in das Wassertier ein, dann läßt sich die Beute mit Hilfe der Leine vergleichsweise bequem einholen.

Huang Ti fördert die Seidenweberei

Um 2630. In China begründen der legendäre Kaiser Huang Ti (2697 – 2597) und seine Gemahlin Hsi Ling-shi die Seidenweberei und Seidenstickerei.

Die Raupen des Seidenspinners verpuppen sich in feste elliptische Kokons von etwa 3 cm Länge. Diese werden in der Sonne getrocknet. Anschließend löst man in kochendem Wasser den Leim heraus, der die Fäden hält. Ein Spinnen erübrigt sich: Der endlose Faden läßt sich ohne weitere Aufbereitung abhaspeln und dann verweben.

Schwarze Tusche aus Sesamölruß

Um 2630. Unabhängig voneinander kommt in China und Ägypten der Gebrauch von Tusche auf. Zu ihrer Herstellung wird Sesamöl verbrannt und der Ruß mit Wasser oder Leimlösung verrührt.

Wegen des unangenehmen Geruchs des Ölrußes geben die Chinesen Moschus bei. Auf Papyrus ist die Tusche unlöslich. Zum Beschreiben anderer Materialien (z. B. Holz oder Stein) wird ihr in China Schildkrötenurin zugesetzt. Etwa um die gleiche Zeit erfindet der Chinese Tienttschen eine feste, wasserlösliche Tusche in Stangenform. Sie wird aus Nadelholzkohle oder verbranntem Lack gewonnen.

Maße und Gewichte für den Handel

Um 2650. Der zunehmende Handel in den frühen Hochkulturen, aber auch die Vorratswirtschaft, besonders die Unterhaltung herrschaftlicher Lagerhäuser, machen die Einführung untereinander vergleichbarer Maße für Gewicht und Rauminhalt erforderlich. Zugleich entwickeln sich auch Längen- und Wegemaße.

Die ältesten Einheiten finden sich in den monatlichen Bilanzen sumerischer Schreiber am Königshof. Die Journalführer verzeichnen auf Tontafeln regelmäßig Warenrechnungen, Kassenbelege, Personalbestandslisten und machen Aufstellungen über Warenbestände, Silber- und Kupfergeldvorräte. In Ägypten beschränkt sich die Buchführung im wesentlichen auf die Registrierung von Güterbeständen und die Verteilung von Gütern.

Als Naturalwährungseinheiten gelten in Mesopotamien Getreidehohlmaße. In den Aufzeichnungen finden sie sich als Ideogramme wieder. So besteht das geschriebene Symbol für die Währungs- und zugleich die Mengeneinheit aus dem Zeichen NIDA (= Gefäß) und dem Zeichen

SCHE (= Roggen). Während der sogenannten Schuppurak-Epoche, die bis etwa 2600 andauert, dient zwar Metall als Tauschmittel, sein Wert aber wird in Getreidemaßen ausgedrückt: 180 Getreidekörner (das entspricht ziemlich genau 8,4 g) sind ein Sekel. Das Getreidekorn ist dabei weniger eine Zähl- als eine Gewichtseinheit. Mit besonders empfindlichen Balkenwaagen lassen sich auch sehr kleine Gewichte wie

Ägyptische Gewichte um 2400 v. Chr. (Ägyptisches Museum in Berlin)

ein »halbes Korn« oder ein »viertel Korn« messen. Das sind 1 bis 2 Zentigramm. Als Darstellung der Waage im alten Ägypten gibt es eine Hieroglyphe, die ihre Form andeutet: Es ist ein einfacher Waagebalken, der in der Hand gehalten wird und in der Regel aus Holz besteht (→ um 1350 v. Chr.).

In der ersten Hälfte des dritten vorchristlichen Jahrtausends entwickeln sich in Mesopotamien und Ägypten auch die Grundlagen der Feldmeßkunst. Die großen Flüsse überfluten in den Hochwasserperioden ganze Landstriche und verwischen dabei die Grenzen der Felder. Nach dem Zurückweichen der Fluten müssen die Äcker neu vermessen werden. Das geschieht in Ägypten wie in Mesopotamien mit der Meßschnur.

Im Zweistromland kommt eine Vermessungsvorrichtung dazu, die aus einer Reihe von in den Boden gesteckten Pfählen besteht. Die Längen sind nicht einheitlich festgelegt, sondern können von Ort zu Ort variieren. Sie lehnen sich meist an Körpermaße (Schrittweite, Fußlänge, Handspanne usw.) an.

Babylonische Kalendertafel mit den Intervallen zwischen Neumonden

Zeitmessung nach Sonne und Mond

2650. Dungi I., König von Ur, entwickelt ein System der Sexagesimalteilung von Zeit und Raum, das für die gesamte Zeitmessung des Altertums vorbildlich wird. Es basiert auf dem Mondkalender. Davon ausgehend, stellen die Ägypter den wohl ersten Sonnenkalender der Menschheit auf.

Der Kalender von Dungi I. umfaßt jährlich zwölf Monate zu 30 Tagen. Jeder Tag ist in zwölf »Doppelstunden« unterteilt. Dieses Sexagesimalsystem geht auf die bei den Sumerern in Mesopotamien übliche Zählweise zurück (→ 2779). Ein neuer Monat beginnt, wenn nach dem Neumond erstmals die Mondsichel sichtbar wird.

Um nicht von der Nilflut überrascht zu werden, entwickelte man in Ägypten schon früh einen zuverlässigen Kalender. In Ägypten zählt das Jahr – von Nilüberschwemmung zu Nilüberschwemmung – 365 Tage und ist damit ein Sonnenjahr. Es wird mit dem Wort »rnpt« bezeichnet und mit einer Hieroglyphe dargestellt, die einen jungen Pflanzentrieb mit einer Knospe symbolisiert. Den Jahresbeginn bestimmen die Ägypter nach dem Sichtbarwerden des Fixsterns Sirius am Morgenhimmel (am 19. Juli), einem Datum, das ungefähr mit dem Einsetzen der Nilüberschwemmungen zusammenfällt. Das ägyptische Jahr umfaßt wie das sumerische zwölf Monate zu 30 Tagen, dazu kommen fünf zusätzliche Tage, um 365 zu erreichen. Jeder Tag ist in 24 Stunden geteilt.

Die Arbeit am Kalender ist die Hauptaufgabe der Astronomie, die in Ägypten hochentwickelt ist.

Kupfererzverhüttung im Nahen Osten

Um 2670. In Ägypten und auf Zypern hat die Kunst der Metallerzverhüttung einen hohen Stand erreicht. Von besonderer Bedeutung ist dabei die Gewinnung von Kupfer aus Pyrit nach dem Röstverfahren (→ um 3000; um 2820).

Man verwendet das Kupfererz selbst zum Bau von Öfen, in die unten zunächst Brennmaterial eingelegt wird. Darüber schichtet man das zu röstende Erz. Nach dem Anzünden beschränkt sich die Arbeit der Röster auf das Nachfüllen von Brennmaterial. Das Ende der Röstzeit erkennen sie daran, daß sich das Erz rot verfärbt hat.

Besonders fortschrittlich sind die Kupferöfen auf Zypern. Es sind hohe Schachtöfen, die von oben durch die Gicht (Ofenoberteil) abwechselnd mit Lagen aus Pyrit und Holzkohle beschickt werden. Der Schmelzvorgang wird nach dem Anzünden mit Hilfe von Blasebälgen beschleunigt.

Produkte dieser hüttenmännischen Kupfergewinnung sind reines Kupfer, Schlacke, Gichtschwamm und

Kupferstein. Das noch unreine Kupfer muß mehrmals umgeschmolzen werden. Das geschieht in Spezialöfen, aus denen das reine Kupfer zuletzt abgestochen und mit Hilfe von kaltem Wasser in Platten oder

Blöcken zum Erstarren gebracht wird. Nur etwa 15 bis 20% des Kupfergehalts der Erze lassen sich auf diese Art gewinnen. Die Schlacken enthalten nicht selten noch bis zu 50% Kupfer (→ 16. Jh. v. Chr.).

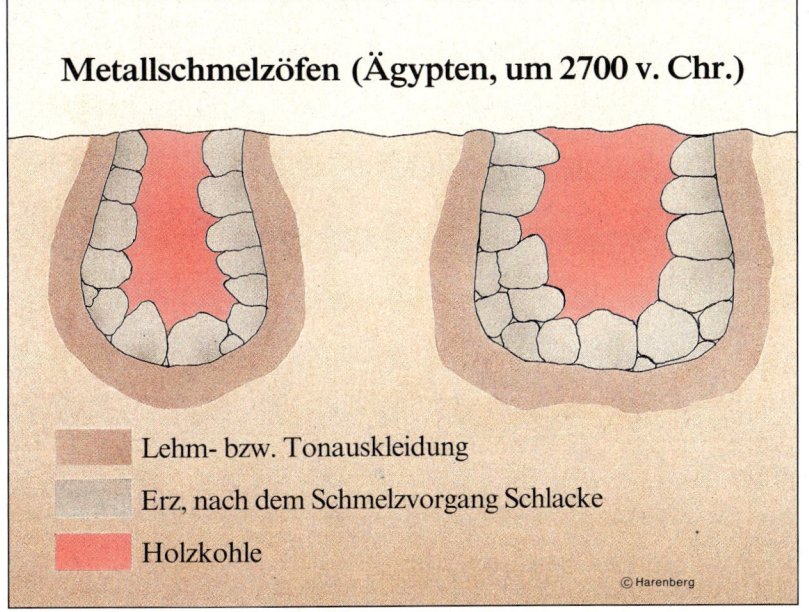

Metallschmelzöfen (Ägypten, um 2700 v. Chr.)

Lehm- bzw. Tonauskleidung

Erz, nach dem Schmelzvorgang Schlacke

Holzkohle

© Harenberg

Städte, aufblühendes Handwerk und Großbauten

Die frühen Hochkulturen 3000 bis 650 v. Chr.

Die Zeit der Metalle

Die Epoche vom 3. bis zum 1. vorchristlichen Jahrtausend hat die Entwicklung der Menschheit entscheidend geprägt. In weiten Teilen der Welt schloß sich der Mensch in großen Siedlungen zusammen. Um 3000 v. Chr. in Mesopotamien, Syrien, Ägypten und am Indus, gegen Mitte des 2. Jahrtausends auch auf Kreta, in Anatolien (Hethiter), in China und Mexiko und in der Mitte des 1. Jahrtausends in Griechenland, Japan und Peru entstanden ausgeprägte Hochkulturen. Gedanklich führte der Weg ein Stück weg von Magie und Mythos hin zu logischem Denken. Der organisierende, strukturierende und planende Menschenverstand war gefragt, umfangreicher Handel setzte ein, die alte Naturalwirtschaft wich der Geldwirtschaft. Technisch bestimmt wurden die Hochkulturen durch ihre beachtlichen Errungenschaften in der Architektur, durch Gewinnung von Rohstoffen im Bergbau und die Entwicklung von Verfahren zur Aufbereitung von Rohstoffen. Besonders die Verwendung von Metallen war es, die weit über die Grenzen der Hochkulturregionen ausstrahlte und zunehmend das Leben auch in anderen Bereichen der Erde, vor allem Europas und des westlichen Asiens, beeinflußte. Nicht von ungefähr sprechen die Archäologen von der Bronze- und der Eisenzeit – Bezeichnungen, die sich zwischen 1836 und 1890 durchsetzten.

Die frühen Hochkulturen, von denen die Benutzung vor allem der Legierung Bronze und später auch des Eisens ausging, sind gekennzeichnet durch die drei Elemente Stadt, Schrift und Handel. Die Städte waren größere befestigte Siedlungen mit Straßen, Tempeln, Palästen, Verwaltungsgebäuden, Vorrats- und Verkaufshäusern. Die Erwerbsgrundlage ihrer Bevölkerung war nicht mehr die Urproduktion (Jagd oder Ackerbau und Viehzucht), sondern Handwerk, Warenverkauf, Handel und Verkehr.

Natürlich waren die städtischen Siedlungen der frühen Hochkulturen nicht aus sich selbst heraus existenzfähig. Sie lebten im Warenaustausch mit dem bäuerlich-ländlichen Umfeld und auch den entfernter gelegenen, noch auf jungsteinzeitlicher Kulturstufe lebender Völker. Diese erhielten als Entgelt für Nahrungsmittel vor allem Werkzeuge und Geräte, Schmuck und Tongefäße.

Nach der Erfindung von Jagdmethoden mit Waffen und Fallen in der Altsteinzeit und der Seßhaftwerdung (Ackerbau und Viehzucht) in der Jungsteinzeit stellt der Übergang zu städtischem Leben in den frühen Hochkulturen den dritten revolutionären Schritt in der Entwicklung der Menschheit dar. Eine vergleichbare Zäsur findet dann erst wieder mit der Industriellen Revolution statt, die seit ihrem Beginn im Großbritannien des 18. Jahrhunderts bis heute fast alle Länder der Erde tiefgreifend verändert hat. Jeder dieser Brüche hatte sowohl technische, wirtschaftliche, soziale, politische und kulturelle Ursachen wie auch Folgen in diesen Bereichen.

Mesopotamien

Umgeben von Wüsten war das fruchtbare Land in Mesopotamien wie auch in Ägypten auf das engste zusammengedrängt. Um 3000 v. Chr. beherrschten die Mesopotamier das Kupferschmieden, sie kannten die Bronze, verarbeiteten die Metalle zu Schmuck und Kultgeräten, zu Gefäßen und Werkzeugen. Sie hatten den Wagen erfunden und bedienten sich tierischer Zugkraft, arbeiteten mit der Töpferscheibe, erzeugten Ziegel für den Bau und kannten das Siegel zur Kennzeichnung von Eigentum. Sie waren in der Lage, Stein zu schleifen und Edelsteine zu bearbeiten. Ihre Felder legten sie nicht selten in Terrassenbauweise an und bewässerten sie künstlich. In ihren Städten bauten sie massive Häuser, Tempel und Paläste und legten gepflasterte Straßen an.

Um die Städte besonders in kargen Zeiten gegen die nomadisierenden, in der benachbarten Wüste lebenden Horden verteidigen zu können, entstanden Befestigungsanlagen. Um 3000 v. Chr. machte eine große Mauer die Stadt Uruk (das biblische Erech und heutige Warka) zum ersten wirklich großen abgeschlossenen, gesicherten, mit Steinen befestigten Bezirk der Erde. Diese Mauer war 9,5 km lang, 3,5 m breit, besaß zwei Tore und 900 Halbkreistürme. Sie umfriedete einen Bereich von 2,5 km². In der ersten Hälfte des 3. Jahrtausends berichtete das Gilgamesch-Epos über dieses bautechnische Wunderwerk: »Held Gilgamesch erbaute Uruks Mauer, / Die mächtige, die da steht wie erdgegossen, / So lotrecht sind die Ziegel aufgetürmt. / Ersteiget Uruks Mauer, geht auf ihr, / Bewundernd ihren allgewaltigen Bau . . .« Das Epos berichtete weiter über die drückende Herrschaft des Königs, der Untertanen in Scharen zum Errichten der mächtigen Schutzmauer zwang: ». . . In harter Fron ließ er sie auferbauen, / Es wirkten hier die Männer Tag und Nacht.« Und zusammenfassend heißt es dort: »Was lebte, diente einzig nur dem Bau.«

Andere Mammutbauwerke entstanden in der ersten Hälfte des 3. Jahrtausends in Form der großen Tempelanlagen von Tell Asmar (Eschnunna), Tell Agrab und Chafadschi, alle in der Nähe von Babylon. Diese Bauwerke verkörperten gewissermaßen die gesellschaftliche Struktur: Ein theokratischer Staat war entstanden, geleitet von einem Gottkönig, dem Ensi. Er überwachte die Verwaltung, die Ackerbestellung und Ernährung, die Bauarbeiten und die Truppe, und er entlohnte auch die Arbeiter. Tontafeln berichten von seiner Macht, vom Import von Hölzern und Balken, von Edelsteinen, Blei, Kupfer, Zinn, von Silber, Gold und Asphalt. Der Ensi war zugleich der oberste Herr der Gelehrsamkeit. Ihm unterstanden die Tempelschreiber, die Tontafel-Bibliotheken und die Schulen, in denen Schreiben und Rechnen gelehrt wurde.

Um 2500 v. Chr. etablierte sich die Dynastie Ur I., aus der zahlreiche bedeutende, technisch subtil gefertigte Kunstwerke erhalten sind: Ein Wagen mit Pferden aus Tell Agrab, gearbeitet in Kupfer, kleine Skulpturen von Frauenköpfen aus Chafadschi, Beterfiguren aus Tell Asmar, eine Harfe mit Einlagen und der Goldhelm des Meskalamdug aus den Königsgräbern von Ur sowie ein Ziegenbock mit Lebensbaum, hergestellt aus reinem Gold.

Ägypten

Das erste ägyptische Reich, das sog. Alte Reich, entstand zwischen 3000 und 2900 v. Chr. Wie in Mesopotamien wurden Städte gegründet, doch überragten an architektonischer und bautechnischer Bedeutung die Pyramiden bei weitem den Bau der Häuser und Befestigungsanlagen. Ebenfalls wie in Mesopotamien galt der König als Gott. Hier aber richtete sich der Gotteskult nicht so sehr auf das Diesseits, sondern in erster Linie auf das Jenseits, auf die Welt der Toten. So kam es zum Bau der pyramidenförmigen Totenhäuser für die Könige. Sie waren das Abbild des Kosmos und somit wiederum ein Symbol des Lebens. Das erste Monumentalbauwerk dieser Art ließ um 2650 v. Chr. König Djoser in Sakkara errichten; weitere Pyramidenbauer (Snofru, Cheops, Chephren und Mykerinos) folgten. Allein die 146 m hohe Cheopspyramide besteht aus 6,5 Millionen t Stein, darunter 2,5 t schwere Wandblöcke, die mit nur einen halben Millimeter weiten Fugen zusammengesetzt sind. Archäologen schätzen, daß 100 000 Menschen 20 Jahre lang an diesem Werk arbeiteten.

Angestoßen durch die Errichtung solcher Monumentalbauten entwickelten sich auch in Ägypten neue Techniken: Der Abbau von Steinen und – in seiner Folge – auch von Erzen, verbesserte Transport- und Hebeverfahren für sehr schwere Lasten, insbesondere auch der Schiffstransport auf dem Nil, die Steinmetzkunst und Bautechniken. Letztere brachten auch eine Entwicklung der Mathematik mit sich, zumal die Pyramiden und die später entstehenden großen Tempelanlagen nicht nur nach architektonischen Gesichtspunkten erstellt wurden, sondern zugleich in ihrer Ausrichtung astronomischen Erwägungen gerecht werden sollten.

Wie in Mesopotamien entwickelten sich in Ägypten neben der hier vom Kultbau dominierten Stadt neue landwirtschaftliche Techniken: Bewässerungskanäle und Brücken, Wasservorratsspeicher und Tiefbrunnen. Im landwirtschaftlichen Alltag nicht benutzt wurde allerdings der Räderkarren, denn dieser blieb lange Zeit kultischen Zwecken vorbehalten.

Die Induskultur

Zwischen 3000 und 2500 v. Chr. bildete sich im Flußgebiet des Indus, im Nordwesten des heutigen Indien und Pakistan, die Induskultur aus. Sie entwickelte sich in engem Kontakt mit der mesopotamischen Hochkultur, bildete deren Elemente aber selbständig und eigenwillig fort. Bisher sind 20 Städte der Induskultur bekannt, darunter als wichtigste Zentren Mohendscho Daro, Harappa, Chanhu Daro, Amri und Janghar.

Harappa war ähnlich angelegt wie die Metropolen im Zweistromland. Die Häuser waren aus luftgetrockneten Ziegeln errichtet; es gab Straßen, Parkplätze, Verkaufsläden und auch schon ein großes Bad. Zur Wasserversorgung legte man Brunnen und Wasserleitungen an. Die Badeanlage verfügte über Schwimmbäder, Dampfbäder und Luftheizungen. Insgesamt bedeckte Harappa eine Fläche von wenigstens 2,5 km².

550 km südwestlich von Harappa und etwa 250 km nördlich von Karatschi lag, am Indus selbst, Mohendscho Daro. Die Mauern dieser Stadt ragen noch heute bis 8 m in die Höhe. Durch ihr Zentrum zog sich eine 800 m lange und 10 m breite, also für Karrenverkehr in beiden Richtungen angelegte Hauptstraße gradlinig von Norden nach Süden. Die mehrgeschossigen Häuser waren aus Ziegeln gemauert, die mit Mörtel oder Lehm verbunden wurden. Jedes Haus besaß Badezimmer, Toilette, eine Küche und einen Backofen. Die verdeckten Wasserabzugskanäle waren mit Kalk oder Gipsmörtel verfugt. Im Stadtzentrum befanden sich der Palast, Gasthäuser und ein öffentliches Bad.

An handwerklich-technischen Gegenständen brachten Ausgrabungen in den Städten der Induskultur Kämme, Rundknöpfe aus Kupfer und Bronze, Bronzespiegelchen, bronzene Rasiermesser, Bronzeäxte und Bronzebeile und zwei Schwerter aus Kupfer, daneben Halsbänder aus Kupfer, Gürtel, Schmuck aus Karneol, Jadeit, Jaspis, Onyx, einer Art Fayence, Glasperlen sowie Armringe und Armbänder zu Tage. Bekannt waren die Töpferscheibe, auf der Tongefäße hergestellt wurden, das Spinnen mit dem Spinnwirtel und die Technik des Webens.

Troja und Mykene

Das 2. vorchristliche Jahrtausend brachte in Ägypten und Mesopotamien ein Wiedererstarken der königlichen Macht, die hier wie dort vorübergehend durch Revolutionen, durch Kämpfe für die persönliche Freiheit der Untertanen, erschüttert war. Keine solch dominierende Zentralgewalt kannten dagegen in Europa die Zentren Kreta und Mykene, in Kleinasien Troja.

Auf Kreta entstand eine Seemacht mit gut ausgebauten Hafenstädten im Osten der Insel, die in intensive Handelsbeziehungen mit den Kulturen des Vorderen Orients trat. Der Höhepunkt der kretischen Kultur lag um 1600 v. Chr. Zahlreiche bedeutende Paläste entstanden um diese Zeit, u. a. in Knossos, in Hagia Triada und Phaistos. Die Anlagen zeugen – wie die ägyptischen Tempelbauten der Zeit – von einer bereits hochentwickelten Baukunst. Die technischen Inneneinrichtungen der Paläste und Wohnhäuser sowie die Geräte der verschiedenen Berufsstände hatten sich gegenüber den frühen Hochkulturen beachtlich weiterentwickelt und perfektioniert. Es gab Ölpressen und umfangreiche Ölvorratsspeicher, Öllampen, ein breites Angebot an keramischen Waren; in den Rüstkammern Dolche, Schwerter, Pfeile, Lanzen, Panzerrüstungen, Wagen und Pferdegeschirr. Ausgrabungen förderten ein reiches Werkzeugarsenal der Kupferschmiede, Waffenschmiede, Schneider, Töpfer, Zimmerleute, Bogenmacher, Schiffsbauer, Maurer, Böttcher, Holzfäller, Köche, Ruderer, Ärzte usw. zu Tage.

Der Ferne Osten und Altamerika

Unabhängig vom europäischen, mittelöstlichen und indischen Geschehen entwickelten sich die Hochkulturen Chinas und Japans, Mexikos und Perus. Auch hier vollzog sich der Übergang von der Naturalwirtschaft zur Geldwirtschaft, zur städtischen Kultur mit Arbeitsteilung und Schrift und Ausbildungswesen. Sowohl in Ostasien (Seidenstraße) wie in Südamerika (Königsstraße der Inkas) wurden Fernverkehrswege angelegt. Bei technischen Praktiken und Handwerksgegenständen des täglichen Lebens zeigen sich trotz der eigenständigen kulturellen Entwicklung dieser Gebiete erstaunliche Parallelen zu den entsprechenden Errungenschaften in Vorderasien und Europa. Allein die stilistischen Formen weichen mehr oder weniger stark voneinander ab.

Um 2553. Der ägyptische Pharao Cheops läßt bei Gise eine 148 m hohe Pyramide mit 232 m Grundkantenlänge errichten. Das Bauwerk umfaßt ein Volumen von 2 521 000 m³ und ist mit äußerster Präzision vermessen und erstellt. So sind die Fassadenquader von 2,5 t Durchschnittsmasse millimetergenau (0,09 % Maximalfehler auf der Nord- und Südseite, 0,03 % auf den anderen Seiten) bearbeitet. Die Unebenheiten des riesigen Granitfundaments liegen unter 0,004 % (→ um 2553 – um 2505).

Um 2550. Der ägyptische Pharao Snofru läßt bei Dahschur und Medum gewaltige Pyramiden errichten. Die Pyramide von Dahschur hat eine Grundfläche von 188 × 188 m und ist 97 m hoch. Sie ist als Knickpyramide gebaut, d. h. die Steigung ihrer Wände nimmt etwa auf halber Höhe des Bauwerks plötzlich ab. – Die Pyramide von Medum ist ein siebenstufiger Bau (→ um 2553 – um 2505).

In Ägypten entstehen die ersten Säulenbauten. Sie werden als Totentempel im Zusammenhang mit den Gräberfeldern erbaut, deren architektonische Höhepunkte die Pyramiden sind. Die ersten Säulen sind einfache Stützglieder von quadratischem Querschnitt ohne Basis und ohne Kapitell.

Um 2520. Für kultische Zwecke werden in Sumer Becher und Schalen aus getriebenem Gold und skulpturiertem Lapislazuli hergestellt. →

Um 2518. Der ägyptische Pharao Chephren läßt auf dem Gräberfeld von Gise eine Pyramide von 215 m Basiskantenlänge und 143 m Höhe errichten. Sie umfaßt 1 866 700 m³ Volumen (→ um 2553 – um 2505).

2513. In Ur in Mesopotamien bedienen sich Handwerker für feine Arbeiten der Pinzette.

Um 2510. In Ägypten und Mesopotamien beherrscht man die Technik des Bierbrauens aus Weizen, Gerste und Hirse. →

In den Städten der Hochkulturen des Mittleren und Fernen Ostens (Sumer und Induskultur) werden erste Abwasserkanalsysteme verlegt. In Mesopotamien ist bereits das Wasserklosett bekannt. →

Beim Bau der Tempelanlagen von Mohendscho-Daro (Indus- oder Harappakultur; im heutigen Pakistan) verwenden die Baumeister erstmals Asphalt.

Um 2505. Der ägyptische Pharao Mykerinos läßt in Gise eine 66 m hohe, neue Pyramide mit 108 m Basiskantenlänge erbauen (→ um 2553 – um 2505).

Kanalsystem für Abwässer

Um 2510. In den Hochkulturen des Mittleren und Fernen Ostens, also in den Städten Mesopotamiens und in der Indus-Kultur, besonders in den großen Tempelanlagen von Mohendscho-Daro (im heutigen Pakistan), werden für die Abwasserbeseitigung eigene Kanalsysteme angelegt. In Mesopotamien kommt das Wasserklosett in Gebrauch, das die Fäkalien direkt in die Abwasserkanäle spült.

Ein Fluch, den in der akkadischen Mythologie – die semitischen Akkader wanderten um 2600 in Babylonien ein – die Königin der Hölle gegen Asuschu-namir ausstieß, der die Göttin Ischtar aus der Unterwelt befreien wollte, weist auf eine Kanalisationsanlage hin: »Geh, Asuschunamir, ich verfluche dich mit dem Großen Fluch, und ich ausersehe dich für dieses unvertauschbare Schicksal: Der Bodensatz der Stadtkanalisation wird deine Nahrung sein, und in der Abtrittgrube der Stadt wirst du deinen Durst löschen . . .« Die Abtrittgrube der Stadt ist eine große Versatz- oder Klärgrube.

Bierherstellung im Vorderen Orient

Um 2510. In Ägypten und Mesopotamien ist neben dem Brot das Bier Hauptnahrungsmittel. In Ägypten gibt es für beides zusammen nur ein einziges Wort, das soviel wie »Brot-Bier« bzw. »Mahlzeit« bedeutet. In beiden Kulturen wird die gleiche Technik der Bierherstellung angewandt.

Das Brauverfahren ist einfach: Weizen-, Gersten- oder Hirsekörner werden geschrotet. Ein Viertel des Schrots wird angefeuchtet und in der Sonne erwärmt, der Rest wird nur sehr leicht angebacken, damit die Enzyme erhalten bleiben. Dazu werden die geschroteten Körner in kleine Formen gefüllt, denn Backöfen gibt es noch nicht. Die weichen Brote zerkleinert man und vermischt sie mit dem feuchtwarmen Schrot. Diese Masse läßt man zusammen mit Wasser gären. Der Vorgang wird durch Zugeben von Altbier beschleunigt. Danach wird das Bier gefiltert. Hergestellt werden acht verschiedene Bierarten.

In Ägypten unterliegt die Bierproduktion königlichem Monopol.

Die Abwasserkanäle in den sumerischen Städten sind verzweigt aufgebaut. Seitenkanäle, die bis unter die einzelnen Häuser führen, nehmen hier die anfallenden Abwässer auf. Die Kanäle bestehen teils aus Tonröhren, teils sind sie aus gebrannten Ziegeln gemauert und mit viereckigen Ziegelplatten abgedeckt. Sie weisen starkes Gefälle auf, um die Abwässer rasch in die Hauptkanäle abfließen zu lassen. Diese Seitenkanäle münden in etwa einem Drittel Höhe in die Hauptkanäle.

Von den Gebäuden selbst führen senkrechte Schächte in die Seitenkanäle. Diese Füllrohre sind oben durch große Platten abgedeckt, in deren Mitte sich jeweils eine runde Eingußöffnung befindet.

Die Hauptkanäle sind ebenfalls gemauert. Bei ihnen wird die Technik des Tonnengewölbes (→ um 2605) angewendet. Beim Bau bedient man sich spitzbogiger Lehrgerüste. Die Hauptkanäle verlaufen unter den gepflasterten Straßen und führen ihre Abwässer entweder direkt in die großen Flüsse oder in zentrale Versatz- oder Klärgruben.

Becher aus Gold und Lapislazuli

Um 2520. Für ihr Weiterleben im Jenseits werden den verstorbenen Königen der Sumerer prunkvolle kultische Geräte und Gefäße – Becher, Schüsseln und Näpfe – in die Gräber mitgegeben.

Diese Gefäße sind aus massivem Gold oder aus Lapislazuli gefertigt und keineswegs mit dem üblichen alltäglichen Gebrauchsgeschirr zu vergleichen. Die normalen Küchen- und Haushaltsgefäße sind keramische Becher, Schalen und Krüge, Kochkessel aus getriebenem Kupfer sowie aus Holz geschnitzte Becher und Schalen. Die Prunkgefäße für den Totenkult hingegen sind aus kostbarem Material gefertigt und in besonders aufwendiger Handarbeit – durchweg in wundervoll schlichten Formen – hergestellt und reich verziert.

Die Lapislazuli-Gefäße sind sorgfältig von Steinbildhauern gestaltet, die massiv goldenen Becher sind aus Goldplatten getrieben oder in Sandformen gegossen. Beide Techniken beherrschen die Goldschmiede Mesopotamiens.

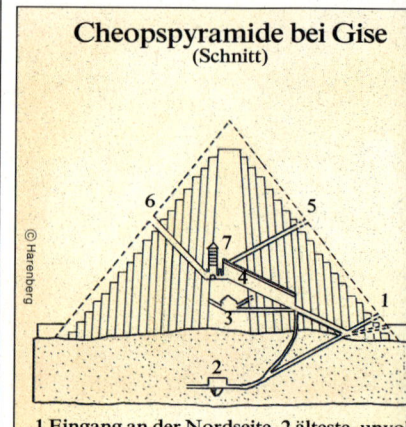

Cheopspyramide bei Gise
(Schnitt)

1 Eingang an der Nordseite, 2 älteste, unvollendete Grabkammer, 3 kleine Grabkammer mit unvollendeten Luftschächten, 4 „Große Galerie" mit 8,50 m hohem Kragsteingewölbe, 5 ursprünglich für die Grabkammer angelegter Luftschacht, 6 späterer Luftschacht der 5,80 m hohen Grabkammer mit Sarkophag und fünf Entlastungsräumen (7)

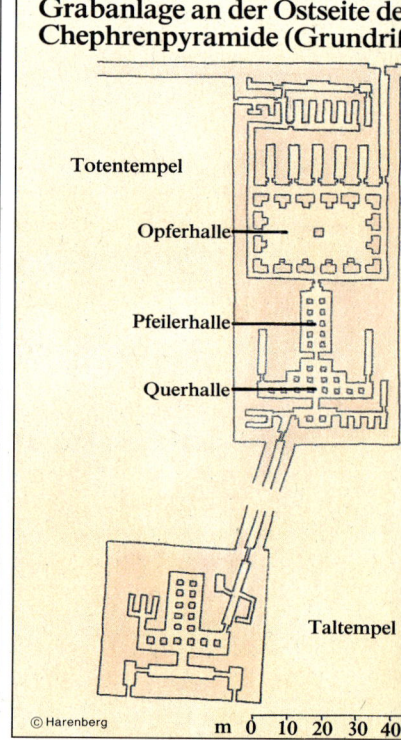

Grabanlage an der Ostseite der Chephrenpyramide (Grundriß)

Totentempel

Opferhalle

Pfeilerhalle

Querhalle

Taltempel

m 0 10 20 30 40

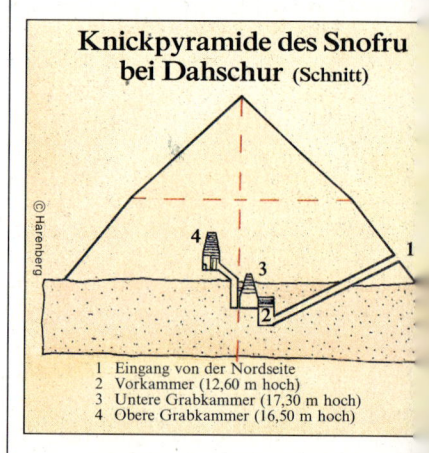

Knickpyramide des Snofru bei Dahschur (Schnitt)

1 Eingang von der Nordseite
2 Vorkammer (12,60 m hoch)
3 Untere Grabkammer (17,30 m hoch)
4 Obere Grabkammer (16,50 m hoch)

Die ägyptischen Pyramiden: Bauwerke für die Ewigkeit

Um 2553 bis um 2505. In Nordägypten lassen die Pharaonen Snofru, Cheops, Chephren und Mykerinos als Grabmonumente riesige Pyramiden erbauen. Sie stehen funktionell niemals allein, sondern sind jeweils der Hauptteil einer vollständigen Tempelanlage. Den Weg zu diesen Nekropolen weist ein vom Nil zum Wüstenrand führender Kanal von symbolischer Bedeutung (Reinigungsweg). Die erste Pyramide mit dem noch nicht klassischen quadratischen Grundriß ließ der ägyptische Pharao Djoser schon → um 2630 bei Sakkara errichten.

Die Snofru-Pyramide in Dahschur (um 2550) ist in Knickbauweise ausgeführt, d. h. die Steigung ihrer Wände nimmt etwa in halber Gebäudehöhe plötzlich ab. Offenbar sind die Gründe für diese Form Zeitdruck bei der Fertigstellung und ungenügender Baumaterialvorrat. Die Pyramide hat an der Basis eine Kantenlänge von 188 m und ist 97 m hoch. Eine zweite, siebenstufige Pyramide läßt Snofru um 2550 bei Medum errichten.

Die Cheopspyramide bei Gise (um 2553) ist das gigantischste dieser Bauwerke. Zur Zeit ihrer Fertigstellung hat sie 232 m Kantenlänge an der Basis und ist 148 m hoch. Sie ist innen in gelblichen Sandsteinquadern ausgeführt und außen mit sorgfältig eingepaßten schrägen Steinen aus blendend weißem Kalk verkleidet. Die schrägen Außenwände sind exakt glatt gearbeitet. Der Sockel und die inneren Grabkammern bestehen aus Granit. Das Bauwerk hat ein Gesamtvolumen von 2 521 000 m³.

Eine erste (unvollendete) Grabkammer liegt 30 m unterhalb des Erdbodens, eine zweite etwa 21 m über der Basis. Durch den zur zweiten Kammer führenden Gang erreicht man eine Halle, die zur eigentlichen Königsgrabkammer führt. Oberhalb dieses Herzstücks der Pyramide liegen übereinander fünf die Decke entlastende Hohlräume. Die Königsgrabkammer liegt etwa 43 m über der Basis. Von ihr führen zwei Lichtschächte schräg nach oben ins Freie.

Die Cheopspyramide ist offenbar nach exakten mathematischen und astronomischen Prinzipien errichtet. Ihr Grundmaß scheint ein »Pyramidenzoll« zu sein – eine Einheit, die auf einer vor dem Eingang der Königskammer angebrachten Granittafel wiedergegeben ist. 25 Pyramidenzoll ergeben ein »Pyramidenmeter«, das sind 0,635 m. (Die Namen der Maße stammen von dem Pyramidenforscher Piazzi Smyth.) Dieses »Pyramidenmeter« ist (zufällig?) der

zehnmillionste Teil des Polarradius der Erde. Die Seitenlänge der Cheopspyramide mißt 365,24 »Pyramidenmeter«, was der Anzahl der Tage im Jahr entspricht. Der Umfang der quadratischen Grundfläche (928,64 m) gleicht dem Umfang eines Kreises mit der Pyramidenhöhe (147,80 m) als Radius. Das spricht dafür, daß die Erbauer die Zahl Pi (3,1416) kannten.

Chephrenpyramide mit Sphinx im Vordergrund; Basisumfang: 928,64 m

Die Pyramide ist exakt in Nord-Südrichtung gebaut. Verschiedene ihrer äußeren und inneren Flächen sowie die zur Königsgrabkammer führenden Lichtstollen lassen astronomische Bezüge erkennen (Äquinoktialstand der Sonne, Pole der Ekliptik, Kulminationspunkt des Sirius, der die Göttin Isis verkörpert, usw.).

Die Pyramide ist aus 2,3 Millionen einzelnen Steinblöcken in 210 Schichten aufgebaut, eine Leistung, die rund 100 000 Arbeiter in 20 Jahren erbracht haben. Die Königskammer ist aus genau 100 geschliffenen und polierten Granitblöcken zusammengefügt. Das Material des zur Pyramidenverkleidung verwendeten Nummuliten-Kalksteins stammt aus den großen Steinbrüchen des Mokattam-Gebirges bei Kairo.

Die benachbarte Chephrenpyramide (um 2518 erbaut) ist mit 215 m Basiskantenlänge, 143 m Höhe und 1 866 700 m³ Rauminhalt kaum weniger beeindruckend. Sie zeigt jedoch keine astronomische Ausrichtung. Etwas kleiner ist die im selben Gräberbezirk von Gise um 2505 unter Mykerinos errichtete Pyramide. Sie ist bei 108 m Kantenlänge 66 m hoch.

Pyramiden bei Gise: Die Chephrenpyramide, flankiert von der Cheopspyramide und der Mykerinospyramide

Im altbabylonischen Nippur entstehen Multiplikationstabellen zum Ablesen größerer Multiplikationen und als Grundlage für astronomische Berechnungen über Sternbilder. Die von Astronomen bzw. Priestern ausgeführten Berechnungen liefern wichtige Daten für die Landwirtschaft.

Die Chinesen fertigen Behälter aus Bronze. Es handelt sich dabei um Schalen, Becher, Töpfe usw.

In Ägypten werden am Hof des Pharao Wäschereien betrieben. Unter Aufsicht eines Oberaufsehers wird die Wäsche im Wasserfaß mit Rhizinus und Salpeter geklopft, gespült, gewrungen und zum Trocknen aufgehängt. Die in der Rhizinuspflanze enthaltenen ätherischen Öle dienen dabei als Lösungsmittel für organische Verschmutzungen auf Fettbasis. Der Salpeter wirkt in bezug auf Eiweißflecken und mineralische Verunreinigungen als Waschmittel. Gewonnen wird der Salpeter aus tierischem und menschlichem Urin.

2463. In Mesopotamien verwendet man zum Getreideschneiden bronzene Sicheln. Sie gelten neben Bronzebeilen und Getreide auch als Zahlungsmittel.

2447. Die sumerische Stadt Ur erhält ein komplettes Kanalisationssystem (→ um 2420).

Um 2420. Sumerische Handwerker erfinden das Scharnier. Es dient zum Zusammenfassen längerer Texte auf Schreibtafeln aus Holz oder Elfenbein. Die auf diese Weise miteinander verbundenen Tafeln lassen sich wie ein Leporello falten.

In Sumer entstehen erste Kuppelbauten. Die Kuppeln werden als unechte Kuppeln, also aus Reihen immer weiter auskragender Ziegelsteine, gebaut. Im Gegensatz dazu entstehen Torbogen und Gewölbe bereits teilweise als echte Gewölbe. Verwendet werden als Baumaterial luftgetrocknete Lehmziegel. →

Um 2410. In Ägypten setzt die Hochseeschiffahrt ein. Isesi erreicht entlang der afrikanischen Küste wahrscheinlich das Somaliland. Es handelt sich dabei um eine Handelsreise, wie sie auf dem Nil seit längerem üblich sind. →

In Ägypten wird das Färben mit Indigo bekannt. Der Naturfarbstoff wird nicht einfach so verwendet, wie er vorkommt; er muß in einem umständlichen Verfahren aus der Indigofera-Pflanze, von der es rund 300 Arten gibt, gewonnen werden. →

Ägyptische Seeschiffahrt

Um 2410. Der Ägypter Isesi fährt mit einem Schiff durch das Rote Meer, die Meerenge Bab Al Mandab und den Golf von Aden nach Punt (an der Somaliküste?). Es ist eine Handelsfahrt, von der er Harze und Edelhölzer mitbringt. Die Reise gilt als erste Hochsee-Fernfahrt.

Isesi fährt mit seinem Schiff auf dem Weg nach Punt jedoch vorwiegend die Küste entlang und überquert kaum das offene Meer.

Ähnliche, kürzere Fahrten unternehmen die Ägypter regelmäßig mit 40 bis 50 m langen Schiffen nach Kepen, dem späteren Byblos, an der Libanonküste. Die 300 Seemeilen lange Fahrt dauert vier Tage.

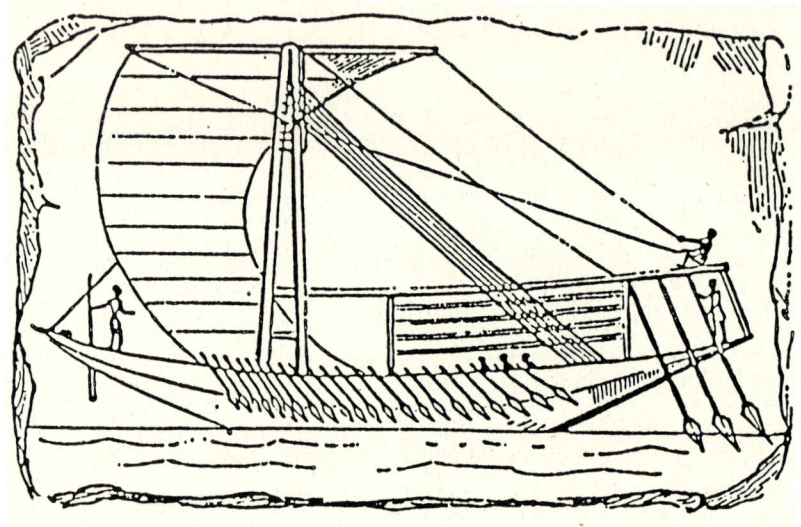

Darstellung eines Nilboots nach Vorbildern auf Wandskulpturen

Blauer Farbstoff entdeckt: Indigo

Um 2410. In Ägypten wird als neuer Farbstoff Indigo bekannt. Er läßt sich aus den Zweigen des Indigofera-Strauchs gewinnen. Von dieser Pflanzengattung gibt es rund 300 verschiedene Arten; am ergiebigsten ist Indigofera tinctoria.

Die Zweige des Strauchs werden mehrere Stunden gewässert, dann wird die Flüssigkeit in flache Gefäße abgegossen. Auf dem Boden setzt sich eine blaue Substanz ab, das Indigo, das getrocknet und in kleine Ziegel gepreßt wird. In erster Linie verwenden die Ägypter diesen intensiv blauen Farbstoff für ihre Wandmalereien.

Das Indigo wird bald neben Purpur und Safran, den beiden bisher verwendeten organischen Farben, zum wichtigsten Farbstoff. Purpur wird schon seit einigen Jahrhunderten aus den Körpersäften verschiedener im Meer lebender Purpurschnecken (Murex trunculus, Murex brandaris, Purpura haemostoma) gewonnen. Safran ist seit etwa 2500 zum Färben der Mumienbinden von Pharaonen in Gebrauch.

Architektur und Baukunst bei den Sumerern

Um 2420. In Sumer vollzieht sich eine zweite kulturelle Blüte. Sie geht mit Fortschritten in der Stadtplanung, Stadtbefestigung, Haus- und Palastbautechnik und mit generellem architektonischem Fortschritt einher. Weiter ausgebaut wird auch die Infrastruktur der Städte, besonders die Be- und Entwässerung und das Straßennetz. So erhält die Stadt Ur 2447 ein komplettes Kanalisationssystem (→ 3000–2900; um 250).

Besonderen Aufwand treiben die Sumerer bei der Anlage öffentlicher Bauten, besonders für religiös-kultische Zwecke, außerdem bei dem Bau herrschaftlicher Palastanlagen. Baumaterial im südlichen Mesopotamien, einem Land, das weder Steine noch Bauholz kennt, sind sonnengetrocknete Lehmziegel.

Die bemerkenswertesten architektonischen Anlagen sind die Tempel, wobei die Sumerer zwischen Wohn- und Erscheinungstempeln unterscheiden. Die Wohntempel werden als künstliche Stufenberge aufgemauert und sind der Öffentlichkeit im allgemeinen unzugänglich. Große Tempelanlagen, wie der Hochtempel von Chafadschi (östlich vom heutigen Bagdad), dessen Bau bereits um 2600 begonnen wurde,

Bronzebüste eines akkadischen Herrschers (vermutlich Sargon I.)

oder die Anlage von Obeid in der Nähe von Ur, schließen neben dem Erscheinungstempel selbst in einer großen äußeren Umfassungsmauer Unterkünfte für die Priester und eine Privatkapelle für den Herrscher ein. Die Tempelfassaden sind mit Bildfriesen aus Steinmosaiken und Hochreliefs aus Kupfer geschmückt, auf denen Tiere dargestellt werden. Torbogen und Durchgänge sind teils als echte Gewölbe (→ um 2605), teils als Kragbogen ausgeführt, bedeutende Eingangskonstruktionen zum Teil auch (ab etwa 2410) überkuppelt. Die Kuppeln werden noch durchweg als unechte Kuppeln, also mit ausgekragten Ziegelsteinen errichtet. Da solche Konstruktionen von oben nicht stark belastbar sind, wird manchmal über ihnen im Mauerwerk eine Schicht aus Ziegelröhren verlegt, oder es werden kleinere Hohlräume mit eingefügt, die entweder freibleiben oder mit leichtem Mauerwerk gefüllt werden.

2400

2400–2301 v. Chr.

Um 2400. In Südrußland floriert die Tripoljekultur. Gebaut werden befestigte Dörfer, deren Häuser in meist zwei konzentrischen Kreisen angeordnet sind (etwa 39 äußere und 8 innere Gebäude). Umgeben sind die Ortschaften von Flechtzäunen. Die Häuser sind rechteckig. Ihre Größe reicht von 16 m Länge und 5 m Breite bis zu 27 oder 30 m Länge und 6 bis 7 m Breite. Die Wände bestehen aus Stangengeflecht, das mit Hüttenlehm beworfen ist. Gedeckt sind die Häuser mit Giebeldächern aus Stroh. Die Mitte des Daches stützt ein massiver Pfosten. Die großen Gebäude sind in Wohnräume von etwa 4 m Seitenlänge unterteilt. Die Fußböden sind mit Ziegelplatten gepflastert oder aus Ton gestampft.

Längs der Handelswege besonders im Gebiet Frankreichs und auf der Iberischen Halbinsel, vor allem aber auch in den Küstenregionen, werden große steinerne Ganggräber angelegt. Manche der senkrechten Tragsteine sowie viele der Decksteine der Gänge wiegen mehrere Tonnen.

In Spanien wird in Silberbergwerken gediegenes Silber gewonnen. Manche Minen sollen so reich sein, daß bis zu einem Viertel des in den Adern abgebauten Materials reines Silber ist.

In der spanischen Provinz Almería entsteht am Fluß Andarax das Handelszentrum Los Milares. Wichtige Umschlaggüter der mit einem Wall befestigten Anlage sind Bernstein von der Ostsee, Schiefertafeln aus Portugal, Elfenbein, Perlen, Kämme und Schmucksteine aus Ägypten sowie Tongefäße aus Italien.

2397. In Nepur wird eine Wasserleitung verlegt.

2356. Häuser in Sumer werden erstmals mit Fenstern ausgestattet.

Der chinesische Kaiser Jao läßt am Jangtsekiang Bewässerungsanlagen für Reisfelder anlegen.

Um 2350. Der Bernstein, der in Europa und im Mittleren Osten als Handelsware geschätzt wird, gilt als zauberkräftig, weil er durch Reiben anziehend wird. Obwohl die physikalischen Zusammenhänge noch nicht erkannt werden, sind damit die statische Aufladung und die Kraftwirkung des elektrischen Feldes entdeckt.

Um 2310. In Mohendscho Daro am Indus existiert eine hochentwickelte Stadtkultur, die bereits den Müllschlucker kennt. →

Ruinenfeld von Mohendscho Daro, einer Metropole der Induskultur

Bedeutende Städte im Tal des Indus

Um 2310. Am Indus blüht eine ausgeprägte städtische Hochkultur. Ihre Zentren sind Mohendscho Daro, Harappa, Chanhu Daro, Amri, Janghar. Insgesamt umfaßt sie über 20 Städte. Neben Straßen, Plätzen, Brunnen, Wasserleitungen und unterirdischen Abwasserkanälen von Mannshöhe besitzen diese befestigten Siedlungen auch öffentliche Schwimm- und Dampfbäder sowie Verkaufsläden. Die Häuser bestehen aus luftgetrockneten Ziegeln. Harappa, am Induszufluß Ravi gelegen, bedeckt ein Stadtgebiet von 2,5 km². Mohendscho Daro (im heutigen Pakistan) ist von 8 m hohen Mauern umgeben und verfügt über eine ausgebaute 800 m lange und 10 m breite Hauptstraße, die Fahrzeugverkehr in beiden Richtungen zuläßt. Die mehrgeschossigen Häuser sind aus 26 × 12 × 6 cm großen Ziegeln gemauert und mit Holztreppen ausgestattet. Jedes Haus hat ein eigenes Badezimmer, Toilette, Küche und Backofen sowie verdeckte Kanalisation (→ um 2510). Häufig gibt es auch einen Müllschlucker. Im Zentrum der Stadt liegen mehrere Gasthäuser, ein Schwimmbad und der Herrscherpalast von 66 m Länge und 35 m Breite. Seine Mauern sind 1,5 m stark.

Wichtige Handwerksprodukte der Indusstädte sind neben Metall- und Halbedelsteinarbeiten, Metallspiegel, Glasperlen, Bronzewerkzeuge, Spinn- und Webwaren sowie auch Tongefäße.

2300

2300–2201 v. Chr.

Um 2300. Im Orient arbeiten Schmelzöfen, deren Glut mit Blasebälgen angefacht wird. Das sind zunächst noch keine luftgefüllten Säcke oder Faltenbälge, sondern sie bestehen im Grunde aus nichts anderem als einem langen Rohr, dessen Ende aus Ton besteht und mit einem engen Blasloch versehen ist. Beim Erschmelzen des Metalls stehen mehrere Männer um die Feuerstelle herum und fachen das Feuer an, indem sie durch die Rohre Luft hineinblasen. Bald entwickelt sich in Ägypten aber ein Blasebalg aus zwei Schalen, die von einem Stück Fell umschlossen sind. Dieser Blasebalg, der über zwei Bälge verfügt, läßt sich treten, und zwar – wie beim Radfahren – wechselweise mit beide Füßen, so daß ein kontinuierlicher Luftzug entsteht.

Um 2290. In Kleinasien sind Eisengeräte in Gebrauch. Sie sind allerdings noch nicht weit verbreitet, denn Eisen ist schwerer herzustellen und damit kostbarer als Silber und Gold oder die weicheren Gebrauchsmetalle Kupfer und Bronze. Eisen verdrängt das Kupfer zuerst dort, wo es weniger auf die Form als auf die Härte ankommt, also etwa bei Messern oder Waffen. →

Um 2250. In Kleinasien bildet sich unter sumerischem Einfluß eine hochstehende Metallbearbeitungskunst aus (→ um 2290).

In Nordspanien und im Süden der Britischen Inseln floriert der Zinn-Bergbau. Zinn wird unter Tage als Erz abgebaut und dann daraus erschmolzen.

In Osteuropa und Anatolien ist eine keramische Industrie weit verbreitet, die eine große Fülle verschiedener Formen hervorbringt: Kumpfgefäße, geschweifte Töpfe und Schalen, Kannen, Henkelkrüge, Deckelgefäße usw.

Noch immer sind Feuersteinwerkzeuge in Europa in Gebrauch. Da das Material an der Erdoberfläche verwittert, baut man es jetzt in fachmännisch angelegten Bergwerken ab. Zu den bedeutendsten dieser Anlagen gehört das englische Grime's Grave.

2220. Unter der Regierung des Kaisers Yü erfinden die Chinesen den Stahl. Stahl ist ein Eisen mit wenigstens 0,3% Kohlenstoff, das sich wegen dieses Zusatzes durch Abschrecken härten läßt. In Europa ist im Gegensatz zu China die Stahlherstellung praktisch unmöglich, weil hier phosphathaltige Torfmoorerze vorkommen, die zwar ein gut schweißbares, aber kein härtbares Eisen liefern.

Eisen – Material für Werkzeuge

Um 2290. In Indien, Mesopotamien und im Hochland von Kleinasien ist erstmals Eisen als Werkstoff in Gebrauch. Als hochwertiges Material besonders für Werkzeuge verwendet man das neuentdeckte Metall vermutlich zuerst am Indus, denn das Wort Eisen geht auf das Sanskritwort »Ajas« zurück.

Da die Eisenerzverhüttung noch nicht bekannt ist, sind die Handwerker auf das Schmieden von Meteoreisen angewiesen. Entsprechend selten und teuer ist der neue Werkstoff (→ 16. Jahrhundert v. Chr.).

Auch in Ägypten werden vereinzelt Gegenstände aus Eisen gefertigt. Sehr wahrscheinlich kennt man zumindest hier den Ursprung des Meteoreisens, denn man nennt es »Kupfer des Himmels«.

Mit Werkzeugen aus Eisen bearbeitete sphinxartige Skulptur in der Hethiterstadt Alacahüyük (Türkei)

Mit Eisenwerkzeugen hergestellte Steinreliefbilder in der Stadtmauer der Hethiterstadt Alacahüyük

Um 2200. In Mesopotamien wird Soda bzw. Pottasche hergestellt. Diese Substanz wird nicht nur zur Reinigung von Textilien, sondern auch zur Körperwäsche benutzt.

In Mesopotamien kommen Salben- und Ölgefäße aus sauber bearbeitetem Stein in Gebrauch, darunter vor allem solche aus Alabaster, aber auch aus härtesten Materialien wie Basalt oder Granit.

Im Orient bestehen Karawanen-Handelswege, auf denen als Zugtiere neben Maultieren und Eseln auch bereits Kamele (zweihöckrige Trampeltiere aus Innerasien) eingesetzt werden. In Mesopotamien unterscheidet man zwischen großen Handelskarawanen und kleinen Schnellgeleitzügen. Nur die Handelskarawanen werden von Karren begleitet. Sie können erheblichen Umfang annehmen. So sind zwischen dem kleinasiatischen Hochland und Assyrien Züge von rund 200 Lasttieren unterwegs, um Zinn zu transportieren.

In Europa besteht seit längerem ein ausgedehntes Netz von Fernhandelsstraßen, besonders Salz- und Bernsteinstraßen, daneben aber auch Straßen für andere Handelsgüter (Keramik und Metallwaren, Tuche, Farben, Elfenbein, Perlen, Schmuck usw.). – Zu den wichtigsten Verbindungen zählen folgende Strecken: Von der Deutschen Bucht längs der Elbe, über den Brenner und längs der Etsch bis zur Adria; von der Elbmündung zur Saale und weiter längs der Moldau oder der Elbe bis nach Passau; vom Samland über Schlesien, Ungarn, Serbien weiter nach Süden; von Passau donauaufwärts bis Regensburg und weiter über Würzburg und das Rhein-Main-Gebiet nach Frankreich und Spanien.

In den präkeramischen Wohnstätten Perus blüht eine Kultur, deren Hauptwerkstoff Holz ist. Neben Holzbalken werden auch Holzstützelemente in Form von entrindeten Stämmen mit einem Gabelstück am oberen Ende eingesetzt. Als hölzerne Gebrauchsgegenstände finden sich u. a. Geräte zum Spinnen und Weben. Verwendet werden die Anden-Holzarten Erle, Chillca und Zeder.

Um 2150. Die Ägypter machen den Nil bei Assuan dadurch schiffbar, daß sie den ersten Katarakt durch einen in den Granitfels gehauenen Kanal umgehen. →

2113. Unter König Ur-Nammu wird in der sumerischen Stadt Ur mit dem Bau eines Tempelturms begonnen. →

Zwei leichtbekleidete Schiffer mit Stakstangen zur Fortbewegung eines Bootes auf dem Nil; manche dieser Frachtschiffe sind bis zu 70 m lang

Kanal erleichtert die Nilschiffahrt

Um 2150. Gegen Ende der 6. oder zu Beginn der 7. Dynastie legen die Ägypter einen Kanal an, um den Nil im Gebiet des ersten Kataraktes schiffbar zu machen. Die technischen Voraussetzungen dazu bringen sie aus ihren jahrhundertelangen Erfahrungen im Bau von Kanälen zur Felderbewässerung mit (→ um 3000).

Im Fall des Nil-Ausbaus allerdings stellen sich beachtliche Schwierigkeiten in den Weg: Der Kanal führt teilweise durch den gewaltigen Granitfelsen bei Assuan. Vermutlich waren an den Arbeiten in der Vorbereitungsphase Feldmesser beteiligt, die die Trasse festlegten. Den künstlich erweiterten Schiffahrtsweg können Wasserfahrzeuge von mehr als 40 m Länge nutzen.

Für die Ägypter ist ein schiffbarer Zugang in das fruchtbare Niltal zwischen dem ersten und zweiten Katarakt von großer Bedeutung, denn im Osten wie im Westen ist das Land von unwirtlichen Wüsten umschlossen, im Norden vom Mittelmeer begrenzt. Nur im Süden findet sich neues Ackerland. Der Nilschiffahrt kommt auch deshalb überragende Bedeutung zu, weil Ägypten kaum über Land-Verbindungswege in Nachbarländer verfügt.

Ur-Nammu läßt Zikkurat von Ur bauen

2113. In der sumerischen Stadt Ur nimmt der König Ur-Nammu den Bau eines gewaltigen Tempelturms in Angriff, der jedoch erst nach 65 Jahren unter der Herrschaft von Ur-Nammus Nachfolger Schulgi vollendet wird.

Das in drei Stufen terrassenförmig angelegte Monument aus Lehmziegeln bezieht Reste einer früheren Tempelanlage ein. Seine Mauern werden mit dicken Lagen aus Flechtwerk und gedrehten Schilfseilen verstärkt. Drei gerade Freitreppen – zwei seitliche und eine zentrale – führen zum überkuppelten Portal der ersten Terrasse. Über eine vierte Treppe lassen sich die zweite und dritte Terrasse erreichen. Darauf baut sich der eigentliche Tempel auf.

Der Tempelturm – auch Zikkurat genannt – hat architektonische Vorbilder in altmesopotamischen Terrassenbauten und wird seinerseits vorbildlich für spätere Sakralbauten in Babylon und bei den Assyrern.

Typischer stufenförmiger Tempelturm aus Lehmziegeln in Mesopotamien: Die Zikkurat von Tschoga Sanbil (2. Jt.)

Frontansicht der Zikkurat von Tschoga Sanbil mit markantem Treppenaufgang; sie ähnelt der Zikkurat von Ur

2100

2100–2001 v. Chr.

Um 2100. In der Stadt Babylon errichten die Sumerer zahlreiche Monumentalbauwerke, darunter Tempelanlagen, Paläste, Türme, Terrassenbauten. Die Stadt als Ganzes ist befestigt angelegt, wobei ein Teil der Monumentalbauten außerhalb der Stadtmauern liegt. Diese Maßnahme soll bei inneren Unruhen Fluchtmöglichkeiten offenhalten. Gebaut wird vorwiegend mit gebrannten Ziegeln (→ um 2040).

Bei der Errichtung von Ziegelbauten bedient man sich im Mittleren Osten hölzerner Baugerüste. Man installiert dazu regelrechte Arbeitsbühnen, deren Balken die Mauern durchstoßen und auf der Gegenseite auf leiterähnlichen Gestellen aufliegen (→ um 2040).

Nach 2052. Während des Mittleren Reichs wird in Ägypten der Bau des Terrassentempels zu Theben in Angriff genommen. Er nimmt in verhältnismäßig später Zeit das alte Pyramidenmotiv (aus dem Alten Reich) wieder auf. Von einem Vorhof mit Pfeilerhallen als oberem Abschluß leitet eine Rampe zu einer Terrasse, auf der die Pyramide aufgebaut ist. 140 Säulen umgeben sie. Einem weiteren Säulenhof schließen sich ein Pfeilersaal und das Allerheiligste an. Ein 150 m langer unterirdischer Gang leitet in die Pharaonen-Grabkammer.

Um 2050. Gegen Ende der Pfahlbauzeit in der Schweiz (Pfäffiker See) ist die Verwendung von Federelementen bekannt. Dabei handelt es sich um elastische Eibenbogen von etwa 150 cm Länge. Auch einfache Bronzefedern werden verwendet.

2048. Der große Tempelturm von Ur (Zikkurat) ist fertiggestellt (→ 2113).

2047. Auf dem Nil verkehren Ruderboote.

Um 2040. Baumeister in Ur verwenden die ersten gebrannten und teilweise auch glasierten Ziegel. →

Um 2025. Mit Sonnen- und Sanduhren bestimmen Ägypter und Sumerer die Zeit. →

Um 2010. In China entstehen zentrale Baubüros, deren Aufgabe es ist, staatliche Neubauarbeiten und die Reparaturen an öffentlichen Gebäuden zu überwachen. Die einzelnen Funktionen der Büros sind schriftlich fixiert. Die Vorschriften beziehen sich auf die Wahl der Baumaterialien und auf die Bauweisen (Bauten aus Holz, Ziegeln mit Mörtel, gebrannter Erde usw.). Auch erste Arbeitszeitvorgaben sind hier schon verzeichnet.

Ziegel – gebrannt und auch glasiert

Um 2040. Sumerische Baumeister in der Stadt Ur verwenden erstmals gebrannte, zum Teil auch bereits glasierte Ziegel. Die Backsteine bleiben aber für den Bau herrschaftlicher Paläste und religiöser Zentren vorbehalten und werden auch dort nur für die Verkleidung der Außenflächen eingesetzt, weil sie sehr teuer sind.

Die Herstellung erfordert Brennmaterial, und in dem baumlosen Südmesopotamien stehen allenfalls dürre Sträucher und getrockneter Mist dafür zur Verfügung. Dementsprechend niedrig ist die Temperatur in den Brennöfen (550 bis 600 °C). Die gebrannten Ziegel sind deshalb noch relativ weich. Sie lassen sich mit dem Messer schneiden. Die porösen Backsteine werden mit heißem Erdharz (Asphalt) vermauert, das gut in die Poren eindringt und solide Verbindungen schafft. Die zuweilen aufgebrachten Glasuren bestehen aus Alkalisilikaten und Kalk und werden oft mit Kupferoxid blau eingefärbt. Damit sie gut fließen und auf dem Untergrund haften, muß das Ziegelmaterial selbst kieselsauer sein.

Für den gewöhnlichen Hausbau und für den Unterbau von repräsentativen Bauwerken werden luftgetrocknete, mit Strohhäcksel vermischte Lehmziegel verwendet. Dieses Baumaterial ist auch in Ägypten üblich. Das Stroh verleiht dem Ziegel eine wesentlich größere Bruchfestigkeit (19,75 kg/cm³ gegenüber 5,73 kg/cm³ ohne Stroh). Diese Festigkeitssteigerung auf etwa das Dreieinhalbfache beruht nicht auf der mechanischen Verstärkung des Ziegels durch die Stroh-

Elamitische Keilinschrift in Wandziegeln der Zikkurat von Tschoga Sanbil, einem Tempelturm etwa 25 km südöstlich von Susa im heutigen Iran

Ägyptischer Ofen zum Brennen von Lehmziegeln (mittleres Niltal)

fasern, sondern läßt sich chemisch erklären. Eine im Stroh enthaltene, der Gerbsäure verwandte Substanz verändert die Materialeigenschaften des Lehms. Statt des Strohs werden gelegentlich auch andere pflanzliche Stoffe zugesetzt: Blätter, Gräser oder Holzkohlestückchen.

In Ägypten sind die Ziegel genormt. Neben kleinen Einhandziegeln gibt es Backsteine in einer Größe von 30 × 15 × 7,5 cm zum Bau von Stadtmauern, Tempeln und Befestigungsanlagen. Gemauert wird im Kreuzverband; die Maurerkolonnen arbeiten dabei im Takt.

Wer Ziegel erzeugen will – sie werden von Hand in Holzkästen gegossen –, bekommt das Stroh von der Regierung zur Verfügung gestellt. Die frischen Ziegel müssen an der Sonne zwei bis fünf Jahre trocknen.

Zeitmessung mit Sonnen- und Sanduhr

Um 2025. Die Priester und zugleich Gelehrten Mesopotamiens und Ägyptens beherrschen die Kunst der Lang- und Kurzzeitmessung. Sie leiten die Kalenderdaten und Tageszeiten aus astronomischen Beobachtungen her.

Ein wichtiges Instrument ist dabei der sogenannte Gnomon, ein Stab, der senkrecht in die Erde gesteckt wird. An der Länge und Lage seines Schattens lassen sich die Zeitpunkte der Tag- und Nachtgleiche und der Sonnenwenden bestimmen. Auf der Bodenfläche um den

Stab sind die Tagesstunden markiert. Der Gnomon kann in Ägypten in Form eines Obelisken auch die Funktion einer öffentlichen Uhr einnehmen.

Eine andere Art der Sonnenuhr ist die ägyptische Schattenuhr. Sie besteht aus einem einfachen horizontalen Stab, an dessen Ende im rechten Winkel ein Querbalken angebracht ist. Bis zur Mittagsstunde wird sie so gelegt, daß sich dieser Querbalken am östlichen Ende des Stabes befindet und in Nord-Südrichtung weist. Am Nachmittag

wird die Sonnenuhr umgelegt, so daß sich der Querbalken am westlichen Ende des Stabs befindet. Der Schatten des Balkens gibt auf einer Skala die Uhrzeit an. Diese Art der Zeitmessung führt dazu, daß im Sommer die Tages-, im Winter die Nachtstunden länger sind. Die ägyptischen Stunden sind also kein konstantes Zeitmaß.

Anders ist es in Mesopotamien, wo die Priester die Stunde in 60 Minuten unterteilen und diese durch geeignete Kurzzeitmesser (Wasseruhren oder Sanduhren) bestimmen.

2000

2000–1901 v. Chr.

Um 2000. Im Mittelmeerraum wird der schon aus dem Alten Reich Ägyptens bekannte Waagbalken mit einem Standfuß versehen. – Die Waage ist für den Handel jeglicher Art von entscheidender Bedeutung, denn neben den Waren selbst wird auch das Entgelt – es handelt sich dabei meist um Metalle, Münzen gibt es noch nicht – gewogen. Die Handwaagen und die neuen Ständerwaagen arbeiten mit Bronzeschalen und sind sehr genau. Sie wägen so kleine Massen wie ein oder zwei Zentigramm (→ um 2650).

Babylonien erhält seine ersten Bewässerungskanäle. Zuvor gab es bereits Bewässerungskanäle in Ägypten; doch die im Zweistromland angelegten Systeme bedienen sich nicht nur des jährlichen Überschwemmungswassers, sondern schließen Ackerbaugebiete und Ortschaften über Kanalnetze an die großen Ströme an.

In Kleinasien entstehen die ersten Speichenräder. Wann und wo das Rad erfunden wurde, ist unklar, doch war es als Vollscheibenrad in Ägypten bereits um 2800 v. Chr. bekannt. Es wurde damals allerdings noch nicht zu Transportzwecken benutzt. Die neuen kleinasiatischen – assyrischen – Räder haben sechs bis acht Speichen und bestehen aus Bronze. →

In Babylon (heute Irak) benutzen die Sumerer Rechentabellen. – In China arbeitet man seit einigen Jahrhunderten bereits mit verschiedenen Rechenbrettern, bei denen meist Kugeln je nach ihrer Lage oder Farbe unterschiedliche Zahlenwerte darstellen.

Im Mittleren Reich sind in Ägypten sowohl das Löten wie das Schweißen (von Gold) bekannt. Verarbeitet werden kleine Gegenstände an einem mobilen Holzkohleherd mit »Mundgebläse«. →

Die ersten babylonischen Kalender, die den Mondphasen folgen, kommen in Gebrauch. Vermutlich teilen sie das Jahr in zwölf Monate zu je 30 Tagen à 12 »Doppelstunden« ein. Die Monatsanfänge sind durch das Auftauchen der Mondsichel nach Neumond festgelegt.

In Ägypten gibt es Türschlösser. →

Die schon → um 2025 erstmals von Priestern verwendeten Sonnenuhren kommen jetzt in Babylon und Ägypten allgemein – d. h. auf öffentlichen Plätzen – in Gebrauch. Meist sind es senkrechte Stäbe.

2000. Der ägyptische König Mentuhotep läßt einen Brunnen bohren und durch seinen Offizier Se'anch die Täler Hammamâts bewässern.

Das indogermanische Volk der Hethiter bildet in Kleinasien einen bedeutenden Staat mit der Hauptstadt Hattusa. Ihre Stadtmauer ist 6 km lang, die Stadt bedeckt 168 ha. Zugänglich ist sie durch mehrere Tore, darunter im Westen durch das eindrucksvolle Löwentor, im Osten durch das Königstor und im Süden durch das Sphinxtor. Diese Tore werden von rohen Steinsculpturen flankiert, die ihnen ihre Namen geben. In der unteren Stadt stehen mehrere Burgen als selbständige Befestigungsanlagen.

Eine Tontafel in Ur beschreibt den Prozeß des Schmiedens. Darüber hinaus ist von »Männersitzen aus Buchsbaum, mit Bronze überzogen« die Rede, von »einer Harfe aus Eichenholz, mit Bronze überzogen« oder von einem Bett aus Granatapfelholz mit Füßen in Form von Stierhufen, mit »Kupfer überzogen«. Das Herstellungsverfahren besteht darin, daß man Metallfolien um die zu verkleidenden Gegenstände herumhämmert und sie dann mit Nägeln oder Nieten aus Kupfer oder Bronze befestigt.

In der Gegend um den Neusiedlersee (heute Österreich/Ungarn) werden in einer Pfahlbausiedlung die ersten Metallspiegel hergestellt. Das Material ist polierte Bronze (→ um 3000). Diese Spiegel dienen vermutlich in erster Linie magischen Zwecken, werden also bei Ritualen eingesetzt. Um sein eigenes Abbild sehen zu können, bedient sich der Mensch – wie wohl schon seit Jahrtausenden – ruhiger Wasserflächen, die ein viel besseres Bild liefern, als die glänzenden kleinen Metallplättchen.

In Vorderasien und Indien verkehren auf den Binnengewässern »Guffas« oder »Curacles«, leichte Rundboote aus Weiden-, Halfagras-, Palmblattrippen- oder Schilfgeflecht, die mit Stoffen oder Häuten bespannt und mit Erdpech wasserdicht gemacht sind. Im Gangesgebiet gibt es auch Boote in Form halbrunder Tonschalen für nur eine Person, die mit einem Paddel fortbewegt werden.

Nach 2000. Auf griechischem Boden breitet sich die nichtgriechische, kretische oder minoische Kultur aus, die mit ihren Prachtbauten auf einen äußerst gediegenen Lebensstil schließen läßt. Die Paläste – allen voran der erste Palast von Knossos und der erste Palast von Phaestos, auf deren Grundmauern später Zweitanlagen entstehen – besitzen eine große Zahl von fresken-geschmückten Zimmern und Höfen, sind mit prunkvollen Badeanlagen ausgestattet und verfügen über Luftheizungs- und Schwemmkanalisationsanlagen. Umgeben werden sie von großzügigen Freitreppen und gepflasterten Prozessionswegen (→ um 1500 v. Chr.).

Um 1950. In Ägypten werden erstmals schwere Schlitten zum Transport von gewaltigen Steinen eingesetzt. Die Schlitten entstanden vermutlich aus untergelegten Hölzern, um in Sand und sumpfigem Gelände die Bodenreibung zu verringern. Statt die Hölzer jedesmal neu unterzulegen, werden sie nun miteinander und mit der Ladung verbunden. →

Eine Weiterentwicklung der altassyrischen Streitwagen: Zweispänner auf einem Alabasterrelief am Palast von Assurbanipal (um 650 v. Chr.) in Ninive

Erste Räder mit Speichen

Um 2000. Schnelle einachsige Streitwagen werden in Mesopotamien mit Speichenrädern versehen. Seit etwa 3200 gibt es Wagenräder. Bisher waren das hölzerne Vollräder, meist aus zwei oder drei Segmenten, die durch hölzerne oder bronzene Klammern oder auch Schnüre zusammengehalten wurden. Sie wurden einfach auf die Achse geschoben und dort durch Pflöcke, die man durch das Achsenende trieb, fixiert.

Für die Streitwagen im ständig von kriegerischen Auseinandersetzungen heimgesuchten Mesopotamien sind die Vollräder zu schwer: Sie verhindern die nötige Beweglichkeit. Man baut jetzt Räder mit sechs bis acht bronzenen Speichen. Sie gehen sternförmig von einer Nabe aus und werden von einer Holzfelge umschlossen. Die Felge wird zunächst aus einem einzigen Stück gebogen. Erst in späteren Zeiten bürgert sich die mehrteilige Felge ein, die durch einen eisernen Radkranz zusammengehalten wird.

Transport mit Schlitten

Um 1950. Schwertransporte werden in Ägypten und Assyrien auf Kufenschlitten durchgeführt.

Die älteste Darstellung eines hölzernen Schlittens zeigt die Beförderung einer ägyptischen Statue von 60 t Gewicht auf einem Schlitten, den 172 Männer ziehen. Damit die hölzernen Kufen besser gleiten und sich außerdem unter dem großen Druck nicht erhitzen, wird die Gleitbahn ständig mit Wasser begossen. Bei sehr schweren Transporten dient Schlamm als Gleitmittel.

Die Assyrer dagegen legen Querhölzer unter die Kufen. Ob es sich dabei um Rundhölzer handelt, die die Gleitreibung in eine rollende Reibung verwandeln, oder lediglich um eine Maßnahme, mit der die Auflagefläche der Schlittenkufen und damit die Reibung verringert werden soll, ist nicht gewiß.

In den gewachsenen Fels eingeschliffene prähistorische Doppelspuren auf der Mittelmeerinsel Malta

Holzschlüssel für neue Türschlösser

Um 2000. In Ägypten werden erstmals Türen mit Schlössern ausgestattet, die sich von außen nur mit einem Schlüssel öffnen lassen.

Die Entwicklung dieser neuen Technik vollzog sich schrittweise. Zunächst versperrte man Türen durch hölzerne Riegel, die sich von der Seite in ein Loch in der Türfassung oder in eine auf die Tür genagelte Klammer einschieben ließen. Man sichert die Riegel jetzt mit einem oder mehreren Bolzen, die von oben in Einkerbungen in den Riegel hineinfallen. Von innen lassen sich die Bolzen leicht anheben. Von außen werden sie mit einem Schlüssel bedient, einem geraden Stab mit ausgearbeiteten Erhebungen. Man schiebt ihn durch ein in die Tür eingelassenes Schlüsselloch und greift damit nach dem Bolzen.

Da die zunächst hölzernen Schlüssel oft brechen, werden sie bald aus härterem Material – aus Knochen und schließlich Metall – gefertigt.

Lötverbindungen und Schweißnähte

Um 2000. Ägyptische Handwerker löten und schweißen Gold bei der Herstellung von Schmuck und verzierten Brustplatten.

Die Technik des Lötens ist offenbar schon seit längerem bekannt. Gold und Silber werden mit Kupferlot verlötet. Bronzeteile lassen sich mit Lötzinn bei etwa 250 °C miteinander verbinden. Wichtig ist, daß an der Lötstelle keine Oxidation auftritt. Sie läßt sich durch ein geeignetes Reduktionsmittel verhindern. Die Ägypter verwenden dazu Alaun.

Etwas komplizierter ist die Schweißtechnik, die bisher nur für Gold bekannt ist. Voraussetzung sind Werkstücke mit verschiedenem Goldgehalt und dadurch verschiedenen Schmelzpunkten. Das anzufügende Teil mit niedrigerem Schmelzpunkt wird zunächst erhitzt, bis es plastisch wird. In diesem Zustand heftet man es an das Hauptteil. Anschließend kommt der zusammengefügte Gegenstand in einen kleinen, tragbaren Schweißherd, der mit Holzkohle geheizt und mit dem Mund angeblasen wird. Hier werden die beiden Einzelteile zu einer festen Einheit miteinander verschmolzen.

Um 1880. In Ägypten entstehen während der Regierungszeit von König Sesostris III. Brauereien und Gerbereien. Hiermit werden handwerkliche Tätigkeiten, die auch schon lange zuvor bekannt waren, technisch vervollkommnet und zugleich in Fachwerkstätten institutionalisiert. Gegerbt wird mit Fett für die »Sämischleder«, durch Abkochen mit Akazienschoten für alle andere Lederarten.

In Ägypten wird die Kunst des Tätowierens gepflegt. Beliebt sind Darstellungen von Tieren, die über den gesamten Körper verteilt sein können.

Um 1870. In Ägypten werden Boote aus Papyrus gebaut. Sie bestehen aus mehreren zusammengebundenen Papyrusbündeln, auf denen eine Plattform montiert ist. Darauf steht der Steuermann.

Um 1850. Im minoischen Reich auf Kreta entstehen Wandmalereien in der Art echter Fresken. Die Farben bestehen aus Kalk, Ocker, Kupfersilikat und Natrium. Ihr Aushärten wird mit Aluminiumsilikat beschleunigt. Sie werden in bis zu sieben Schichten aufgebracht.

In Assyrien entwickelt sich die erste Buchstabenschrift. Sie geht aus einer einige Jahrhunderte alten Silbenschrift hervor, die sich ihrerseits aus der schon im späten 4. Jt. v. Chr. entstandenen sumerischen Keilschrift entwickelt hatte. Um die gleiche Zeit entwickelt sich auch eine ägyptische Buchstabenschrift, deren Wurzel die ebenfalls aus dem 4. Jt. v. Chr. stammende Hieroglyphenschrift ist.

Um 1830. In Ägypten wird unter König Amenemhet III. ein bedeutender Tempelpalast gebaut, aus dessen Namen Lope-ro-hunt später das Wort »Labyrinth« entsteht. →

Um 1810. Die königliche »Drogerie« von Mari in Mesopotamien stellt unter Leitung eines »Chef-Parfümeurs« monatlich mehrere hundert Liter Destillate her. →

Im Palast von Mari besteht ein unterirdisches Abwassersystem aus Tonröhren. Es verbindet die einzelnen Baderäume mit der Kanalisation der Stadt.

Die schon seit etwa zwei Jahrhunderten in Kreta bekannte Töpferscheibe wird in Griechenland üblich. Diese »kretische Scheibe« besteht aus Ton, besitzt einen Durchmesser von etwa 40 cm und ist rund 5 cm stark. Als Erfinder gelten sowohl der Skythe Anacharsis wie der Korinther Hyperbios.

Labyrinth »Lope-ro-hunt«

Um 1830. Amenemhet III., ägyptischer Pharao der 12. Dynastie, läßt unweit vom Moerisee in der Oasenlandschaft Al Faijum im Niltal, die in einer Senke 44 m unter dem Meeresspiegel liegt, einen gewaltigen Tempelpalast anlegen, dessen Kernstück ein riesiges Labyrinth aus rund 3000 Gängen bildet. Dieses Wegenetz verbindet die zwölf Haupttempel und zahllose kleine Kapellen miteinander. Die Anlage heißt Lope-ro-hunt (woraus das spätere Wort Labyrinth hervorgeht).

Der Bau der ausschließlich aus Granitstein gearbeiteten Anlage von 305 × 278 m setzt beachtliche mathematische Fähigkeiten voraus. Von vier Pyramiden flankiert, führen 90stufige Treppen zu Göttersälen empor. Im Zentrum des gewaltigen Labyrinths befindet sich eine 3 m hohe, aus Smaragd gehauene Statue des Gottes Serapis. »Furchtbar im Geheimen thronend« ist im Labyrinth der stierköpfige Götze Minotaurus versteckt, zu dem ein schwer aufzufindender, langer Weg durch zahllose Räume führt, der auf das Gemüt der Besucher einwirken und dadurch ihre Furcht vor dem Götzen erhöhen soll.

Amenemhet III., Pharao der 12. Dynastie und Bauherr der Tempelpalastanlage bei Al Faijum mit ihrem gewaltigen mythologischen Labyrinth

Parfüm für den Herrscher

Hof im vorsargonischen Palast der altbabylonischen Stadt Mari mit Bassin und Prozessionsstraße

Um 1810. In der altbabylonischen Stadt Mari in Mesopotamien (heute Tell Hariri) arbeitet in dem 300 Räume umfassenden Herrscherpalast von Zimrilim eine königliche »Drogerie«, die mit einer Großdestillieranlage ausgestattet ist.

Unter der Leitung eines »Chef-Parfümeurs« werden hier monatlich mehrere hundert Liter Destillate hergestellt, über die das berühmte Archiv des Palasts – es umfaßt 20 000 Keilschrifttafeln – Auskunft gibt. Die Buchführung verzeichnet elf verschiedene Salben und Essenzen, u. a. solche aus Zedern, Zypressen, Oliven, Ingwer, Myrten und Weihrauch. Als Destilliergefäß dient eine große Vase mit einem rinnenförmigen Rand und einem Deckel. Beim Erhitzen sammelt sich das Destillat in der Rinne und tropft durch Löcher ab.

18. Jh. Amun-Re, dem König der Götter in der altägyptischen Religion, werden zahlreiche neue Tempelanlagen geweiht. →

Um 1750. Der Ägypter Ahmose lehrt in seinem »Papyrus Rhind« die mathematische Berechnung des Flächeninhalts von Feldern aus den einschließenden Seiten. →

Der assyrische König Schamschi-Addu erinnert in einem Brief aus Mari an eine von ihm getätigte Bestellung über »10 000 dicke Nägel, mit einem Gewicht von je 48 Gramm«. Wahrscheinlich handelt es sich um Bronze- oder Kupfernägel. Der Brief ist die erste gesicherte schriftliche Erwähnung von Metallnägeln. Bekannt sind Nägel aus Bronze oder Kupfer aber schon wesentlich länger, wie derartige Befestigungselemente in Bronzezeit-Särgen beweisen.

Um 1730. Zur klassischen Belagerungstechnik gehört es, vor den Mauern der belagerten Stadt Erdrampen aufzuschütten. Der assyrische König Schamschi-Addu schreibt zu diesem Thema anläßlich der Eroberung eines Ortes namens Nilimmar: »Es war notwendig, daß der Damm bis zur Höhe der Stadtmauer aufgeschüttet wurde, damit er diese Stadt einnehmen konnte.« Diese Belagerungstechnik ist so verbreitet, daß die assyrischen Mathematiker Formeln entwickeln, um das nötige Erd-Schüttvolumen zu ermitteln. Außer solchen Erdarbeiten sind in der Belagerungstechnik verschiedene Sturmleitern und Sturmböcke sowie Tor- und Mauerbrecher bekannt.

Um 1710. Im Archiv von Mari (Mesopotamien) findet sich ein Schreiben, aus dem der Gebrauch von Nieten hervorgeht. Es heißt dort: »Der Herr hatte mir folgenden Befehl erteilt: Wenn der zu vernietende Überzug angebracht ist, so soll man mich benachrichtigen, damit ich Fachkontrolleure sende, bevor die Nieten befestigt werden. Ich lasse daher den Herrn wissen, daß der zu vernietende Überzug angebracht ist: Der Herr soll mir nun die Fachkontrolleure senden, damit in ihrer Anwesenheit das Vernieten vorgenommen wird.«

In Babylon wird die Bruchrechnung erfunden (→ um 1750).

In Babylonien ist der später nach dem griechischen Philosophen Pythagoras benannte Lehrsatz über die Seiten eines rechtwinkligen Dreiecks bekannt. Zur gleichen Zeit kennen ihn auch die Kelten.

Neue Tempel für den König der Götter

18. Jahrhundert. In der Zeit der 12. Dynastie (1991–1786) unter Königen mit den Namen Amenemhet und Sesostris tritt in Ägypten eine bis dahin wenig bekannte Gottheit ihren Siegeszug zum religiösen Universalherrscher an: Amun, mit dem Sonnengott Re zu Amun-Re, dem König der Götter, verschmolzen. Für ihn werden Tempel gebaut, die neue Architekturformen zur Geltung bringen. In Karnak und Theben wird der bisher gewaltigste Tempelkomplex begründet, der fortan (über zwei Jahrtausende bis in die Römerzeit) ständig erweitert wird.

Als wichtigstes, jetzt dominierendes Bauelement tritt die Säule in den Vordergrund. Bisher war sie nur als Stützpfeiler von quadratischem Querschnitt ohne Basis und ohne Kapitell in den die Pyramiden begleitenden Tempelanlagen (→ um 2553 bis 2505) erschienen. Jetzt nimmt sie verschiedene Gestalten an. Sie erhält einen acht- bis sechzehneckigen Grundriß. Ihre Flächen sind kanneliert. Pflanzliche Vorbilder prägen ihre Erscheinung: Der Papyrus, der Lotus, die Palme. Die Papyrussäule fällt durch eine starke Einschnürung des Fußes auf, der aus Deckblättern herauswächst. Ihr Schaft ist kantig, ihr Kapitell erinnert an eine geschlossene Knospe. Die Lotussäule ähnelt dieser Form, hat aber keinen eingeschnürten Fuß und einen glatten Schaft.

Die Palmensäule zeichnet sich durch einen glatten Schaft und ein nach oben geöffnetes Kapitell aus. Zwischen den verschiedenen Formen gibt es zahlreiche Übergänge. Das Grundschema der Tempel des Mittleren Reichs knüpft an den ägyptischen Wohnhausgrundriß an, geht aber weit über diesen hinaus: Zwischen zwei Türmen liegt – von zwei Obelisken oder Statuen flankiert – das Eingangstor, das zu einem von Säulenhallen umgebenen Hof führt, an den sich dann noch ein großer Säulensaal anschließt. Dahinter liegt ein schmaler und tiefer Raum als »Allerheiligstes«, der nur bei besonderen Anlässen dem Hohepriester zugänglich ist. Dieser geheiligte Raum ist oft von zahllosen Gängen und kleineren Kapellen umgeben.

Den gesamten inneren Tempelbezirk umfaßt eine Mauer, außerhalb derer sich Wohnhäuser für Priester und Tempeldiener, Räume für Sklaven und Magazine für Opfergaben gruppieren. Der Bereich innerhalb der Mauer ist Ritualen vorbehalten.

Zwei der 134 Papyrussäulen im großen Säulensaal des Amun-Tempels in Karnak; der im 18. Jh. angelegte Tempel wird über viele Jahrhunderte erweitert

Der Ägypter Ahmose verfaßt Rechenbuch

Um 1750. Der ägyptische Schreiber Ahmose (Ahmes, Aahmesu) verfaßt ein erstes Lehrbuch der Algebra und Geometrie in Form eines Papyrus (nach seinem schottischen Entdecker später »Papyrus Rhind« genannt).

Der Autor erklärt u. a. die Flächenberechnung von Feldern aus den einschließenden Seiten und die Volumenberechnung (etwa von Pyramiden oder Kornspeichern), behandelt Brüche, beschreibt die arithmetische Reihe (z. B. 2, 4, 6, 8, 10, . . .), die geometrische Reihe (z. B. 2, 4, 8, 16, 32, . . .) und löst Gleichungen mit einer Unbekannten.

Mit dem »Papyrus Rhind« ist Ägypten als ein Land mit gut entwickelter Mathematik ausgewiesen. In Sumer beherrschte man sogar schon um 2000 die vier Grundrechenarten und das tabellarische Quadrieren und Wurzelziehen.

In Babylonien wird das Bruchrechnen etwa um 1710 erfunden. Außerdem kennen die Babylonier bereits einige geometrische Lehrsätze.

Zwei typische Rechenexempel des Schreibers Ahmose

1. »Wenn man dir sagt, ein Stück Land hat die Form eines abgeschnittenen Dreiecks [Trapez] mit den [beiden] Seiten khet 20, der Grundlinie khet 6, der Schnittlinie khet 4 – wie groß ist seine Fläche? – Addiere die Schnittlinie zur Grundlinie; das ergibt 10. Nimm die Hälfte von 10, nämlich 5, als die Seite eines Rechtecks. Multipliziere: 20 × 5. Das Ergebnis ist 100 Quadrat-khet.«

2. »Ein Haufen [also eine Anzahl von Gegenständen] zusammen mit einem Siebtel seiner selbst ergibt 19; wie groß ist der ursprüngliche Haufen?« Diese Aufgabe entspricht der Gleichung mit einer Unbekannten:

$x + {}^x/_7 = 19.$ Ahmose löst das Problem wie in Aufgabe 1 durch Erläuterung des Rechenweges.

Für das Bruchrechnen schließlich gibt der Autor Tabellen an.

1700

Um 1700. Hammurapi, der König von Babylon, beschreibt in einem Brief das Metall-Hüttenwesen. Er fordert u. a.: »Man soll 7200 Stück Holz mit einem Rauminhalt von je einem Drittel- bis einem Liter und einer Länge von ein bis zwei Metern schlagen. Man soll nicht trockenes Holz nehmen, sondern nur grünes Holz. Und man soll sich beeilen, damit die qurqurru [die Hüttenwerker, die das Metall herstellen] nicht unbeschäftigt bleiben.« Neben den »qurqurru« sind noch die »nappahu« bekannt, die das Metall weiterverarbeiten, also die Schmiede. Die Forderung, grünes Holz zu verwenden, läßt darauf schließen, daß das Holz nicht direkt zum Heizen der Schmelzöfen verwendet wird, sondern zuerst zu Holzkohle verarbeitet wird. Diese ergibt die für die Metallgewinnung erforderlichen höheren Temperaturen.

Indische Astronomen kennen 27 Sternbilder, beobachten die Planeten mit bloßem Auge und erklären deren Umlauf als Folge von Luftströmungen. →

In Ägypten lösen kreisförmige Flachsiegelköpfe mit Tiergestalten die seit → um 3000 gebräuchlichen, ursprünglich aus Mesopotamien stammenden Rollsiegel ab. Die Siegel dienen zum Schutz von Räumen (Versiegelung der Türen), Truhen und Krügen und zur amtlichen Beglaubigung von Dokumenten. Sie werden aus Elfenbein oder Stein (Granit, Basalt oder Diodorit) gefertigt. Beliebtestes Motiv ist der Skarabäus, der heilige Pillendreher-Käfer.

In der Harappakultur im Gebiet des Indus sind auch die nichtherrschaftlichen Haushaltungen mit Geschirr ausgestattet: Mit silbernen, kupfernen und bronzenen Gefäßen.

Im Armband der ägyptischen Königin Aahotep befindet sich das erste bekannte Stück Email. →

Um 1650. In Ägypten, im alten Orient, in Mykene und in China kommen Pferd und Streitwagen in Gebrauch. Die leichten Zweiradwagen werden auch für die Jagd benutzt. →

Im minoischen Raum findet das Schwert Verbreitung. Es ist gerade und zweischneidig und wird als Hieb- und Stichwaffe verwendet. Entwickelt hat es sich wohl aus dem in der Bronzezeit allgemein üblichen Dolch. Das Schwert wird in einer Scheide getragen, um die Verletzungsgefahr zu verringern. Gelegentlich kommen schon Krummschwerter vor.

1643. In Ägypten entstehen die ersten gegossenen Glasfiguren.

Ägyptischer König auf dem Streitwagen; deutlich erkennbar die leichten Speichenräder und der offene Kasten

Pferde ziehen einachsige Streitwagen

Um 1650. In Anatolien, Mesopotamien und Ägypten kommen leichte, einachsige Streitwagen in Gebrauch, die von zwei Pferden oder Wildeseln gezogen werden. Erste noch recht einfache Vorläufer dieser jetzt voll einsatzfähigen Gefährte gab es in Mesopotamien schon → um 2000.

Die Erfindung des Streitwagens als taktische Waffe geht sehr wahrscheinlich auf die Hethiter zurück.

Dieses kriegerische Volk tauchte um 2300 in Anatolien auf und weitet seit etwa 1700 seine Herrschaft über Syrien bis zum Sinai aus.

Die Wagen bestehen aus einem leichten, hinten offenen Kasten, den eine starre Achse trägt, zwei sechsspeichigen Rädern und einer Deichsel. Bei den ersten Modellen waren Räder und »Achse« fest miteinander verbunden. Die »Achse« drehte sich als umlaufende Welle in zwei

Gleitlagern. Bald aber nimmt sie die Funktion einer wirklichen, starken Achse ein. Diese Form der leichten sog. Streitbiga verbreitet sich bald auch in Assyrien und Ägypten. Die Assyrer bauen sechs- und achtspeichige Räder und befestigen oft an den Radnaben seitlich abstehende lange Sicheln. Solche Sichelwagen dienen dazu, als Vorhut breite Breschen in das feindliche Heer zu schlagen.

Email in Aahoteps Armreif

Um 1700. Im Armband der ägyptischen Königin Aahotep prangt als besonderer Schmuck ein Stück Email. Das Email ist ein erstarrter farbiger Glasüberzug.

Als Glasur auf Stein oder Keramik ist es schon alt. In ägyptische Gräber legte man als Beigabe schon um 4000 glasierte Perlen. Seit Beginn des Mittleren Reichs (um 2040) emaillierten die Ägypter steinerne Tierfigürchen und gebrannte Ziegel. Jetzt aber erst gelingt es, Bronze und Gold mit Email zu überziehen. Die Probleme der Haftung des Glasflusses am Metall sind weitaus größer als bei steinernem Trägerstoff, denn Metall ist nicht porös und dehnt sich unter Wärmeeinwirkung sehr viel stärker aus als der mineralische Werkstoff Glas.

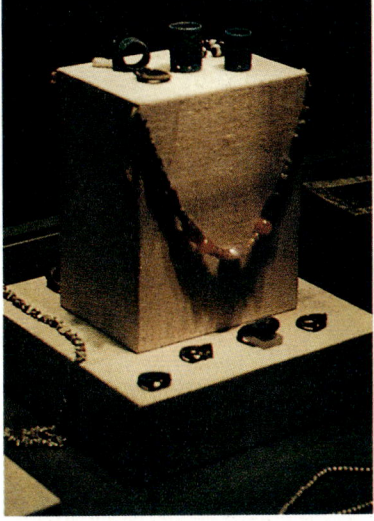
Altägyptischer Schmuck aus dem Ägyptischen Museum in Berlin

Beobachtung von Himmelskörpern

Um 1700. Astronomen in Mesopotamien und in Indien beobachten Planeten und Sterne und zeichnen ihre Positionen auf.

In Mesopotamien gelingt ohne optische Hilfsmittel die Entdeckung der Venus-Phasen. Als Bezugssystem für die Planetenbewegungen wird die Ekliptik, die scheinbare Bahn der Sonne am Himmel, herangezogen. Man teilt sie in zwölf Abschnitte, die wiederum sexagesimal (→ 2779) unterteilt werden. Die einzelnen Abschnitte erhalten Namen (Tierkreis).

Für genauere Gestirnsbeobachtungen verwenden die Mesopotamier ausgehöhlte Schilfröhren, mit denen sie Sonnen- und Mondfinsternisse vorhersagen können.

Um 1600. In Ägypten kommt der Blasebalg in Gebrauch.

Auf Kreta kommt das Färben mit Purpur auf. Der Farbstoff wird aus der Purpurschnecke gewonnen, einer Meeresschnecke, von der es verschiedene Arten gibt. Dazu wird das Fleisch zerschnitten, eingesalzen und in großen Kesseln gekocht. Die festen Stoffe werden abgeschöpft. Die verbleibende Flüssigkeit wird tagelang weiter eingekocht, bis die gewünschte Farbintensität erreicht ist. Purpur ist der erste beständige Gewebefärbstoff, der nicht mineralischer Natur ist.

In Ägypten wird Glas gezielt nach Rezepturen hergestellt. Das Verfahren des Glasmachens gliedert sich in zwei Abschnitte: In einer ersten Phase werden die Bestandteile des Glassatzes gemischt und in flachen Gefäßen in Backöfen auf maximal 750 °C erhitzt. Dabei verbacken (»fritten«) die Pulverteilchen miteinander. In der zweiten Phase wird die so gewonnene Masse gemahlen und anschließend bei Temperaturen von etwa 1100 °C geschmolzen. Dabei entsteht eine dickflüssige Glasmasse, die man entweder in Formen preßt oder zu Streifen streckt. Gelegentlich schließt sich ein weiterer Schmelzgang an, um Verunreinigungen aus der Glasmasse zu beseitigen, die sich nach dem ersten Schmelzen an der Oberfläche angesammelt haben. Gefertigt werden zunächst vor allem Perlen und Vasen (→ 15. Jh. v. Chr.).

Nach 1600. In Griechenland werden die gewaltigen achäischen Königsburgen (Mykene, Tiryns u. a.) errichtet, und in Kleinasien wird die Stadtanlage von Troja begründet.

Um 1580. In Ägypten kommen Wasserauslaufuhren in Gebrauch, bei denen abfließende Wasservolumina das Zeitmaß sind.

Um 1575. In Ägypten und Mesopotamien fertigt man künstliche Perlen aus Perlmutter. Die natürliche Perle ist noch unbekannt.

Um 1550. In Ägypten und Mesopotamien kommt der »Schaduf« auf, ein Schöpfmechanismus zur Felderbewässerung aus Wasserläufen. →

Um 1510. Die Hethiter in Anatolien erfinden die Eisenverhüttung (→ 16. Jh. v. Chr.).

In China werden Dreifüße aus Bronze gegossen.

In Kleinasien entdecken Schmiede die Schweißtechnik.

In Mesopotamien sind Seilrolle und Tretrad bekannt. →

Der Schaduf nutzt das Hebelgesetz aus

Um 1550. In Ägypten und Mesopotamien kommt der Schaduf, ein Hebel-Schöpfmechanismus zur Bewässerung von Feldern aus Wasserläufen, in Gebrauch.

Der Schaduf nutzt, mechanisch gesehen, das Hebelgesetz aus. Vier Grundelemente beherrschen die angewandte Mechanik in den Hochkulturen an Euphrat und Nil: Die schiefe Ebene, der Keil, die Rolle und der Hebel. Der Schaduf ist bereits eine komplexere Form einer Hebelkonstruktion: Auf einer gemauerten Säule ist ein zweiarmiger Hebel um eine horizontale Achse drehbar montiert. Er hat zwei unterschiedlich lange Arme. Der kürzere ist mit einem Gewicht (Stein) beschwert, das ausreicht, einen gefüllten Schöpfeimer am längeren Hebelarm zu heben. Der Betreiber des Schadufs arbeitet am längeren Arm. Er drückt ihn nieder, wenn das Gefäß entleert ist. Dabei gelangt dieses unter Wasser. Losgelassen, hebt es sich und kann in eine Bewässerungsrinne entleert werden. Arbeiten drei Männer an einem Schaduf, dann erreicht die Förderleistung dieser auch als Schwingbrunnen bezeichneten Vorrichtung bis zu 6 m³ Wasser pro Stunde.

Felderbewässerung mit Hilfe eines Schadufs; bis zu 6000 l Wasser können drei Männer mit diesem Hebel-Schöpfmechanismus pro Stunde fördern

In späteren Jahrhunderten bedienen sich im Zweistromland besonders die Babylonier und die Assyrer des Schadufs, während eine abgewandelte Bauart als »Picota« oder »Kupila« in Indien üblich wird. Bei diesen Geräten trägt der kürzere Hebelarm eine kurze Treppe, auf der ein Arbeiter abwechselnd empor- und niedersteigt.

Der Schaduf findet seinen Pendant im altägyptischen Baukran. Auch bei ihm werden Lasten am kürzeren Arm eines langen Hebels gehoben, dessen Drehachse am oberen Ende eines Mastes liegt. Allerdings wird hier der längere Hebelarm von mehreren Männern mit der Hand bedient, d. h. an zahlreichen Seilen senkrecht nach unten gezogen. Oft stehen die Männer dabei auf einer Treppe, damit sich der Hebelarm bis unter das Basisniveau des Mastes hinabziehen läßt.

Von der Seilrolle zum Tret- und Laufrad

Um 1510. In Mesopotamien findet das Rad, bisher nur als Wagenrad, als Töpferscheibe und als Spinnwirtel gebraucht, Eingang in die Mechanik, wird also beim technischen Umgang mit Kräften genutzt und zur Arbeitserleichterung eingesetzt. Der Reibungswiderstand wird auf die Rollreibung und die Lagerreibung reduziert.

Wichtig ist zunächst die Seilrolle für das Umlenken von Kräften ohne gleitende Seilreibung. Nicht sicher nachweisen läßt sich, ob die Seilrolle im Zweistromland und möglicherweise auch in Ägypten zu dieser Zeit schon für den einfachen Flaschenzug benutzt wird. Sehr wahrscheinlich ist dieses Prinzip aber ohne die Seilrolle bekannt, etwa in Form einer Seilschlaufe, die um die Spitze eines aufzurichtenden, auf einer geböschten Sandschüttung liegenden Obelisken geschlungen wird, während ein Ende des Seils z. B. an einer Tempeltoranlage befestigt ist und am freien Seilende gezogen wird.

Als erste Muskelkraftmaschinen benutzen die Bewohner Mesopotamiens hohle Räder von mehreren Metern Durchmesser, in deren Innerem (Tretrad) oder auf deren oberer Außenfläche (Laufrad) ein Mensch läuft. Die an der Radwelle anfallende Drehkraft wird zunächst vorwiegend zum Antreiben von Wasserschöpfwerken benutzt.

Rekonstruktion eines alten Tretrades aus Mesopotamien; das Rad dient zum Wasserheben; statt einer regulären Lauffläche zwischen zwei Radflanken sind hier leiterartige Zapfen verwendet, die beidseitig aus einem Rad herausragen; das Radzentrum ist als Quadrat ausgeführt

Eisen – erstmals aus Erz gewonnen

16. Jahrhundert. Etwa gleichzeitig erfinden die Inder und die Hethiter in Anatolien die Eisenerzverhüttung. Das bisher verwendete Eisen war geschmiedetes, seltenes Meteoreisen (→ um 2290).

Unter den Metallen spielte bisher das Kupfer die überragende Rolle (→ um 2820). Die zum Reduzieren der Kupfererze erforderlichen Schmelzöfen arbeiten mit Temperaturen von rund 1100 °C. Roheisen läßt sich aber erst bei 1225 °C gewinnen, wenn das erschmolzene Material aus der Beschickung und aus den Brenngasen Kohlenstoff aufnimmt. Da solch hohe Temperaturen noch nicht erreicht werden, erzeugt man Schmiedeeisen oder

Der Weg zum Eisen als Werkstoff

4. Jahrtausend: Meteoreisen wird in Ägypten als Schmuckgegenstand verwendet.
Um 2550: In die Cheopspyramide bei Gise wird ein Stück Meteoreisen eingebracht.
Nach 2500: In Indien wird Meteoreisen geschmiedet.
Um 2000: Die Babylonier verarbeiten Meteoreisen zu widerstandsfähigen Werkzeugen.
Um 1750: Ägypter holen aus Nubien erstmals Eisenerze.
Um 1660: In Babylon finden erste systematische Erzverhüttungsversuche statt.
Um 1510: Die Inder und die Hethiter verfügen über eine reguläre Eisenindustrie.

Stahl, was bereits bei Temperaturen über 700 °C in sogenannten Rennherden gelingt. Das sind im einfachsten Fall mit feuerfestem Material – Ton oder Ziegeln – ausgekleidete Erdmulden, die mit Holzkohle und Erz beschickt werden. Das erschmolzene Eisen bleibt, von Schlacken bedeckt, im unteren Teil des Ofens liegen oder wird durch Rinnen in eine tiefer gelegene Grube geleitet. Diese Eisenbrocken haben eine Masse von 7 bis 25 kg. Die Hethiter betreiben in ihrem Reich mehrere Eisenerz-Bergwerke. In Anatolien, im Kerngebiet des Hethiterreichs, erblüht bald eine eisenverarbeitende Industrie. Hergestellt werden Werkzeuge und Waffen, z. B. Speere.

15. Jh. In Ägypten steht die Glasherstellung in Blüte. →

Um 1500. In der Shang-Zeit ist in China Seidengewebe mit kunstvollen Rautenmustern bekannt. Die ältesten erhaltenen Seidenstoffe deuten auf eine beachtliche Perfektion in der Webtechnik hin.
Der dünne Naturseidenfaden wird zu Seidengarn verzwirnt. Allerdings erfordert die Seidenproduktion Zuchtanlagen für die Maulbeerspinner, deren Raupen die Seidenkokons herstellen (→ um 2630).

In Ägypten wird das Wachsausschmelzverfahren für den Metallguß erfunden. Um Metall zu sparen, stellen die Handwerker Statuen nicht mehr massiv her, sondern als Hohlkörper. Dazu fertigen sie zunächst einen Sandkern, den sie mit einer Wachsschicht überziehen. Darüber kommt noch ein Formmantel, ebenfalls aus Quarzsand. Das in diese Form gegossene flüssige Metall schmilzt das Wachs, verdrängt und ersetzt es.

In Knossos auf Kreta wird der zweite Palast fertiggestellt. Er verfügt über ein perfektes Abwasserröhrensystem. →

Als Flüssigkeitsheber ist in Ägypten – vermutlich ursprünglich aus Syrien oder Palästina stammend – der Siphon bekannt. Er besteht aus hohlen, rechtwinklig aneinandergefügten Schilfstengeln und wird dazu verwendet, Wein aus schweren Amphoren zu heben.

In den ägyptischen Tempeln erforschen Versuchsanstalten die Herstellung und Verarbeitung von Parfüms. Die Duftstoffe werden bevorzugt an feste Substanzen – z. B. an Wachs – gebunden. Beliebt sind kleine feste Parfümkegel, die Damen im Haar tragen. Die ägyptische Parfümindustrie ist über die Grenzen des Landes hinaus berühmt. Sie importiert Ingredienzien und exportiert Fertigprodukte (→ um 1810).

1490. In Israel ist der Löffel bekannt.

1475. Eine ägyptische Urkunde bestätigt den allgemeinen Gebrauch des Eisens. In den Tributlisten und Beuteverzeichnissen des ägyptischen Königs Thutmosis III. findet sich auch die erste Erwähnung des Metalls Blei.

Um 1450. Zur Regierungszeit des ägyptischen Königs Thutmosis III. (1490 – 1436) gelingt es Metallhandwerkern, Stahl herzustellen. Diese Technik war bisher nur in China bekannt.

Um 1425. In Ägypten werden aufrecht stehende Webstühle benutzt. →

Monumentalpalast in Knossos ist vollendet

Um 1500. Der Monumentalpalast von Knossos (Kreta) ist vollendet. Der Gebäudekomplex gruppiert sich um einen 27 × 59 m großen zentralen Hof, an den der Thronsaal grenzt. Architektonische Besonderheiten sind die mehrgeschossigen Säulenstellungen in der Außenfassade, im Innern eine kanalisierte Warmluftheizung, eine Schwemmkanalisation und kostspielige Badeeinrichtungen (Abb. l.: Teilweise rekonstruierte Halle am Nordeingang des Palastes; Abb. r.: Vorratskeller).

Fortschritte beim Weben

Um 1425. In Ägypten entwickelt sich der bisher im wesentlichen aus einem einfachen Holzrahmen (zwei senkrechte Pfähle mit oberem und unterem Querbalken) bestehende Webrahmen zum vertikalen Webstuhl weiter, an dem die Weberinnen auf Schemeln sitzend arbeiten (→ um 2920).
Der Webstuhl besteht aus einem großen Holzgestell. Eine beweglich angebrachte Stange stützt den Weberbaum. Die Kettfäden werden abwechselnd mit Stöcken gehoben, die sich durch einen Hebel betätigen lassen. Die Schußfäden werden nicht mehr mit einem einfachen glatten Holzschwert, sondern mit einem Weberkamm festgeklopft. Mit diesen Webstühlen läßt sich Stoff in einer Breite von bis zu 2 m herstellen.

Ursprünge des Webens in Ägypten (Rekonstruktion im Deutschen Museum in München); im 15. Jh. v. Chr. entwickeln sich aus diesen Anfängen reguläre Webstühle, bei denen die Kettfäden in einen festen Rahmen gespannt sind und durch Hebel wechselweise gehoben werden

Erster Höhepunkt der Glasmacherkunst bei den Ägyptern

15. Jahrhundert. In Ägypten erreicht die Kunst des Glasmachens einen hohen Standard. Bedingt durch die Entwicklung der Metallerzverhüttung und den dabei gesammelten Erfahrungen gelingt es nun, auch größere Glasmengen für längere Zeit flüssig zu halten.

Zwei Jahrtausende hindurch haben sich die Ägypter auf die Produktion farbiger Glasperlen und glasierter Waren beschränken müssen; jetzt können auch größere Gegenstände aus Glas hergestellt werden (→ um 3000).

Um 1500 beherrschen die Ägypter kunstvolle Techniken der Glasdekoration wie den Kammzug, den Überfang und das Schleifen. Beim Kammzug legt der Glaskünstler angeschmolzene farbige Glasfäden ringförmig um ein noch zäh-heißes Gefäß und zieht sie dann mit den weitgestellten Zinken eines speziellen Kamms zu Girlanden- oder Zickzackmustern auseinander. Die Überfangtechnik gestattet es den Ägyptern, doppelwandige Gefäße herzustellen, deren verschiedenfarbige Glaslagen beinahe blasenfrei aneinander liegen.

Das hohe Niveau der ägyptischen Hohlglasfertigung um 1450 zeigen die prächtigen Schalen und Becher des Pharaos Thutmosis III. Geformt werden die Hohlgläser nach der Sandkern-Methode, die in zwei Varianten praktiziert wird. Nach der ersten fertigen die Kunsthandwerker zunächst einen Lehm-Sand-Kern, den sie dann in die Glasschmelze tauchen und damit überziehen. Nach dem Erkalten kratzen sie den Lehm-Sand-Kern heraus und geben dem Glas durch Schleifen und Polieren seine endgültige Form.

Eine zweite Technik kommt ohne das Tauchen aus und liefert weitaus kunstvollere Gläser. Hierbei wickeln die Künstler verschiedenfarbige zähplastische Glasfäden, die sie mit Zangen aus der Schmelze ziehen, um einen Sand-Ton-Kern. Ist der Kern völlig umhüllt, wird das Gefäß über dem Feuer nochmals erhitzt und durch Wälzen auf Steinplatten geglättet. Anschließend lassen sich noch Muster in seine Oberfläche eindrükken. Das geschieht mit hölzernen Stempeln.

Blauer Glasbecher des Pharaos Thutmosis III. aus der Zeit um 1450 v. Chr.; Hohlgläser werden nach der sogenannten Sandkern-Methode geformt

Gegen Ende des 15. Jahrhunderts schließlich verstehen es die Ägypter, feine Becher, Schalen und Vasen durch regelrechtes Aufspinnen dünner Glasfäden auf die Sandkerne herzustellen. Zieht man Gläser verschiedener Farbe gemeinsam zu dünnen Fäden aus und taucht das Bündel in eine Glasschmelze, dann entstehen dickere Stäbe, von denen sich dünne Scheibchen abschneiden lassen. Im Querschnitt zeigen sich dabei je nach Anordnung der farbigen Fäden unterschiedliche Muster. Mosaikförmig verschmelzen die ägyptischen Glaskünstler solche Scheibchen miteinander (eine Technik, die in der Renaissance die Italiener unter der treffenden Bezeichnung »Millefiori« wieder aufnehmen).

Zahlreiche Glashütten und Werkstätten sind im ägyptischen Reich entstanden: In Tel-el-Amarna, in Theben, Lisht, Mensijeh und wahrscheinlich auch an anderen Orten. Mitte des 15. Jahrhunderts werden auch in Mesopotamien die ersten kunstvollen Sandkerngefäße gefertigt, manche von ihnen sind bis zu 40 cm groß. Wahrscheinlich tauschen die Ägypter und die Bewohner des Zweistromlandes ihre Glaswaren auf dem Handelswege aus.

Glas-Schminkgefäße in Palmsäulenform (l.), weintraubenförmiges Gefäß aus farbigem Glas (r.; 18. Dynastie)

1400

Um 1400. In Armenien und im südlichen Kaukasus kennt man die Erzeugung von Schweißstahl und die Verstählung von Oberflächen.

In Mykene werden Filigranarbeiten angefertigt, bei denen bereits sehr feine Metalldrähte Verwendung finden. Sehr wahrscheinlich sind sie gehämmert.

Bei der Anlage der Stadt Heliopolis verfahren die Ägypter nach zuvor erstellten Plänen. Das war bisher nicht üblich. Im allgemeinen wachsen städtische Anlagen planlos, oder eine Phase der planvollen Anlage findet erst im Rahmen von Erweiterungen bereits bestehender städtischer Anlagen statt. Heliopolis läßt gerade, breite, sich unter rechten Winkeln schneidende Straßen erkennen und zeichnet sich durch ebenso zielbewußt angelegte Märkte und andere öffentliche Plätze aus.

1392. Der Tempel von Luxor wird errichtet (→ 13. Jh. v. Chr.).

Um 1380. In ägyptischen Steinbrüchen werden riesige Steinblöcke freigelegt und abtransportiert, die bis zu 1000 t wiegen. →

Um 1360. Der Amun-Tempel von Karnak in Ägypten verfügt über die wahrscheinlich erste brauchbare Wasseruhr der Welt (→ 13. Jh. v. Chr.).

Um 1350. Während der Regierungszeit des Pharaos Amenophis IV. (Echnaton) kommt in Ägypten eine Schnellwaage mit Laufgewichten in Gebrauch. →

Um 1340. Der ägyptische König Tutanchamun (um 1357–1337) verfügt über eine fast ein Meter lange Kriegstrompete aus Silber, das kostbarer als Gold ist.

Zur Zeit König Tutanchamuns werden – als Rarität – in Ägypten erstmals durchsichtige Glasgegenstände bekannt. Bisher war man nur in der Lage gewesen, undurchsichtiges Glas herzustellen. Das lag an dem unvollständigen Schmelzvorgang des Glassatzes aufgrund der zu geringen verfügbaren Temperatur. Weil das Material nur zähflüssig wurde, konnten die unzähligen kleinen Gasbläschen aus seinem Inneren nicht entweichen: Das führte zu einer Trübung. Bisher hatte man deshalb fast durchweg versucht, das Glas durch Einfärben attraktiv zu machen. Das geschah meist durch Zusätze von Oxiden der Metalle Kupfer, Mangan, Eisen und Kobalt für blaue und violette Töne, Zinn für Weiß, Blei für Gelb und Kupfer für Rot (→ 15. Jh. v. Chr.).

Darstellung des Transportes eines Denkmalquaders in Ninive um 660 v. Chr.; die Transporte in Ägypten um 1380 verliefen (bis auf die Karren) ähnlich

Abbau eines Steinkolosses

Um 1380. In einem Kalksteinbruch bei Minia in Mittelägypten werden bis zu 1000 t schwere Steinblöcke für die Anfertigung von Monumentalfiguren abgebaut und fortgeschafft.

Ein etwa 8 × 8 × 22 m großer Steinklotz ist als Rohling für eine riesige Statue von König Amenophis III. vorgesehen. Zunächst wird das über diesem Felsbrocken lagernde Gestein losgebrochen und abgeräumt. Sodann treiben Hunderte von Arbeitern mit Hammer und Meißel rund um den Block einen 9 m tiefen Graben in das massive Gestein. Zum Teil bedienen sie sich dabei auch der Sprengwirkung von Holz-

keilen, die sie trocken in Felsspalten treiben und dann anfeuchten, wobei sich das Holz ausdehnt. Das Absprengen des Rohlings vom Untergrund erfolgt mit Hammer und Meißel. Dabei werden immer größere Steinblöcke untergelegt.

Der für die Amenophis-Statue vorgesehene Felsbrocken wird allerdings niemals an den ihm zugedachten Standort transportiert. Die Beförderung solch riesiger Kalk- und Granitklötze geschieht aber durchaus nicht selten. Sie erfolgt nicht mit mechanischem Hebezeug. Verwendet werden lediglich die schiefe Ebene, der Keil, lange Balkenhebel und Seilzüge.

Sockel der Kolossalstatuen des Pharaos Amenophis III. beiderseits des monumentalen Tors im Tempel des Gottes Amun-Re in Karnak (18. Dynastie)

Neue Schnellwaage mit Laufgewichten

Um 1350. Während der Regierungszeit des ägyptischen Königs Amenophis IV., der sich selbst Echnaton nennt, kommt die Schnellwaage mit Laufgewichten in Gebrauch. Etwa zur selben Zeit setzt sich diese Erfindung auch in Mesopotamien durch.

Die neue Schnellwaage ist eine Handwaage mit unterschiedlich langen Armen. An dem einen hängt eine Schale für das zu wägende Gut. Der längere Arm trägt ein Laufgewicht, das sich längs einer Gewichtsskala so weit verschieben läßt, bis sich der Waagbalken horizontal einpendelt. Auch Waagen, bei denen der Gewichtsarm eine feste Länge hat und die Waagschale mit der zu bestimmenden Last längs ihres Arms bewegt wird, sind gebräuchlich und verbreitet.

Zur Ermittlung sehr großer Lasten benutzt man die Hebelwaage, eine Gewichtsschalen-Standwaage mit unterschiedlich langen Waagarmen. Die im Handel gebrauchten Waagen werden etwa alle vier Monate von einem Staatsbeamten kontrolliert und gegebenenfalls neu geeicht. Gegen eine Gebühr erhalten sie einen Eichstempel.

Gewogen wird mit der Balkenwaage schon seit mehr als einem Jahrtausend. Mit dem zunehmenden Handel zu. Doch noch gibt es keine Münzen. Der Händler muß die Menge des als Zahlungsmittel geltenden Metalls jeweils auswiegen. An der syrischen Küste benutzt man dafür Handwaagen mit Bronzeschalen, die das genaue Auswiegen sogar von Bruchteilen eines Gramms erlauben.

In Ägypten wurde einige Jahrhunderte zuvor die Standwaage erfunden. Der hölzerne, meist mit Schnitzereien reich verzierte Waagebalken ist in der Mitte beweglich auf einem senkrechten Ständer gelagert. In der Höhe dieses Lagers besitzt er einen nach unten weisenden Zeiger. An der festen senkrechten Stütze ist ein Senklot angebracht, mit dem der Zeiger bei ausgeglichenen Waagschalen zur Deckung kommt. Die Gewichte sind kleine zylindrische Steine oder haben Tierform. Eingepunzte Gewichtszahlen bezeichnen wahrscheinlich Kornäquivalente (Anzahl von Getreidekörnern; → um 2650).

13. Jh. In Ägypten wird eine Vielzahl bedeutender Tempel vollendet. →

Um 1300. In Ägypten kommt der Draht in Gebrauch.

In Ägypten wird der Fischfang mit widerhakenbesetzten Angelhaken praktiziert. Haken ohne Widerhaken sind schon seit einigen Jahrhunderten bekannt. Je nach Fischart sind die Haken zwischen 8 mm und 18 cm lang. Daneben werden Fische mit Schleppnetzen und Reusen gefangen, die aus Weidenzweigen geflochten sind. Kleine Fische werden auch einfach mit dem Kescher gefangen.

1297. In China kommt der Glockenguß auf.

1291. Der mächtige Felsentempel von Abu Simbel entsteht (→ 13. Jh. v. Chr.).

1263. In Luxor wird die Säulenhalle gebaut (→ 13. Jh. v. Chr.).

1252. Eine 887 t schwere Ramses-Statue wird nach Assuan transportiert. Dabei sind bereits Hebezeuge in Gebrauch. Das monumentale Denkmal ist für den Transport mit Seilen auf einem hölzernen Schlitten festgebunden. Die Hebezeuge werden in Form von gewaltigen Hebeln angesetzt, um den Schlitten leichter über Hindernisse und Bodenunebenheiten zu wuchten (→ um 1950 v. Chr.; um 1380 v. Chr.).

Um 1250. In Ägypten werden die Ramses-Stadt und gewaltige Bauwerke (Säulentempel von Karnak, Felsentempel von Abu Simbel, Hof und Pylon des Luxortempels u. a.) fertiggestellt (→ 13. Jh. v. Chr.).

Zur Zeit des ägyptischen Königs Ramses II. lenken die Ägypter im Krieg zweirädrige Streitwagen mit sechsspeichigen Rädern (→ um 1650 v. Chr.).

Unter König Untasch-Gal wird der gewaltige Zikkuratkomplex von Tschoga-Zanbil östlich von Susa fertiggestellt. Es handelt sich um einen großen gemauerten Bau aus gebrannten Ziegeln, der in Stufen angelegt ist.

1250. König Ramses II. vollendet den von seinem Vater Sethos I. begonnenen Bau eines Schiffahrtskanals vom Nil zum Roten Meer. Obwohl er natürliche Seen einbezieht, fordert er gewaltigen Erdaushub. →

1249. In Karnak entsteht die Säulenhalle (→ 13. Jh. v. Chr.).

1227. Zwischen Ägypten und den »Seevölkern« spielt sich die erste Seeschlacht im Mittelmeer ab. Die Seevölker, deren Herkunft nicht völlig geklärt ist, die aber das ganze östliche Mittelmeer unsicher machen, versuchen, in die Nilmündung einzudringen. →

Das Relief des ägyptischen Tempels von Madinat-Habu zeigt eine Schlacht zwischen den Seevölkern (mit Hörnerhelmen und Rundschilden) und Ägypten

Seeschlacht vor Ägypten

1227. Zwischen Ägypten und den sogenannten Seevölkern, deren Herkunft ungewiß ist, sowie den ebenfalls gegen Ägypten vordringenden, in Palästina lebenden Philistern entbrennt eine der ersten Seeschlachten. Ägypten setzt erstmals reguläre Kriegsschiffe ein und wendet damit den Invasionsversuch bereits vor der Nilmündung ab.

Zunächst verwenden die Ägypter umgebaute Handelsschiffe. Die eigentlichen flachbödigen Kriegsschiffe sind schmaler und schneller als Handelsschiffe, besitzen ein Schanzkleid als Schutz und einen Rammsteven aus Bronze. Sie lassen sich segeln und rudern. Die Leitung des Einsatzes erfolgt erstmals vom Mastkorb aus. Neu bei der Besegelung sind die Gordinge (Taue zum Reffen der Segel) und die Geitaue zum seitlichen Bewegen schwenkbarer Ladebäume.

Die Seevölker setzen schwach gerundete, beinahe eckige Schiffe mit senkrecht aufgesetzten Steven ein, deren obere Enden Vogelköpfe zieren. Sie erweisen sich als den Ägyptern unterlegen.

Ein Kanal zum Roten Meer

1250. Der ägyptische König Ramses II. vollendet den bereits unter seinem Vater Sethos I. begonnenen Bau eines Schiffahrtskanals vom Nil zum Roten Meer.

Der Kanal beginnt bei der Siedlung Bubastis (dem heutigen Tell Basta) am östlichen Nil-Mündungsarm und führt über das Wadi Tumilat, den Timasee und die Amerseen nach Patumos am Golf von Sues. Er ist breit genug, daß sich in ihm zwei hochseetüchtige Schiffe ägyptischer oder phönizischer Bauart von jeweils mehr als 6 m Breite und 50 m Länge begegnen können. Hierbei handelt es sich vor allem um die »Seket« – Schiffe, die von den Ägyptern speziell für die Schiffahrt auf dem Roten Meer gebaut werden – und die nach dem gleichnamigen Hafen benannten »Kepen«.

Ramses II., der Bauherr des Kanals vom Nil zum Roten Meer (teilzerstörte Statue im Karnaktempel)

Reger Tempelbau im Pharaonenreich

13. Jahrhundert. In der 19. Dynastie Ägyptens entfaltet sich unter den Königen Sethos I. († 1304), Ramses II. († 1238) und mehreren Nachfolgern (bis 1200) eine besonders fruchtbare architektonische Epoche. Vielfach erweitern und vollenden diese Pharaonen Baukomplexe, die bereits ihre Vorfahren in Angriff genommen haben, vielfach schaffen sie auch Neues.

Dabei tauchen grundlegend neue architektonische Elemente wie etwa Sphinx-Alleen und sehr hohe Pyloneneingänge auf.

In erster Linie entstehen gigantische Tempelanlagen, deren Mauern vielfach Reliefs mit den Taten der Pharaonen zieren. Große Obelisken werden vor den Tempeln errichtet. Oft flankieren sie die Eingänge. Im Innern werden Kolossalstatuen der Herrscher aufgestellt. Beherrschendes architektonisches Element sind die Säulen, die meist mächtige Säulenhallen bilden.

Zu den imposantesten Anlagen zählen der Amuntempel in Theben-Luxor, der Große Amuntempel in Theben-Karnak, Tempel und Scheingrab von Sethos I. in Abydos, der Totentempel von Ramses II. (»Ramesseum«) in Theben und der Felsentempel Ramses II. bei Abu Simbel.

Der um 1550 begonnene Amuntempel von Luxor hat jetzt eine Länge von 260 m und eine Breite von 55 m. Er erhält ein Eingangstor mit Kolossalstatuen von Ramses II. und einen von 74 mächtigen Säulen flankierten Hof.

Der um 1520 begonnene Große Amuntempel von Karnak wird auf 360 × 118 m erweitert und mit 20 m hohen Freisäulen (oberer Kapitellumfang: 15 m) ausgestattet.

Eine bautechnische Höchstleistung stellt der 55 m tiefe, völlig aus dem Felsen gehauene Tempel von Abu Simbel dar, dessen Fassade vier 20 m hohe Sitzbilder von Pharao Ramses II. flankieren.

Ruinen des Amuntempels in Karnak; die Ausmaße der gigantischen Anlage: 360 m Länge, 118 m Breite; am Bau wirkten wenigstens sieben Könige mit

Deir el-Bahari, der renovierte Totentempel der Königin Hatschepsut in Theben; der Tempel aus Kalkstein ist zum Teil in den Berg hineingebaut

Säulensaal (sog. »Basilika«) des Großen Amuntempels in Luxor-Karnak; die Rundsäulen (Papyrussäulen) des Mittelschiffs sind 24 m hoch

Ruinen des Tempels von Ramses II. bei Theben; links davor eine Reihe von Osirispfeilern

Tempelanlagen von Luxor: Papyrussäulengang mit 74 Kolossalstatuen und Säulen von Ramses II.

Tempel von Ramses II. bei Abu Simbel (»Vater der Kornähre«); die Anlage ist aus dem Felsen gehauen

Um 1200. In Ägypten gibt es feuerfeste Waschkessel für Kochwäsche.

In Mykene ist das Türschloß mit Schlüssel, dem »neuen lakedämonischen Schlüssel«, in Gebrauch. Es ist das älteste bekannte Schloß, bei dem Riegel, Schlüsselloch und Schlüssel eine funktionelle Einheit bilden. Schon → um 2000 v. Chr. waren in Ägypten Türschlösser in Gebrauch. Dort entstanden dann um 1550 v. Chr. verschließbare Riegel. Zur gleichen Zeit verwendeten in Schwarzafrika die Stämme der Habbe und Yoruba, die über eine hochentwickelte Stadtkultur verfügten und mit Ägypten und der Ägäis in Verbindung standen, Fallriegelschlösser.

In der hethitischen Metropole Hattusa werden Pilgerstraßen gepflastert. Auf einem Unterbau von Ziegelsteinen werden dabei in einem Mörtel aus Kalk, Zement und Asphalt Kalksteinplatten verlegt. Dieser solide Aufbau des Straßenpflasters ist notwendig, um die Last der Prozessionswagen mit ihren schweren Götterstandbildern auszuhalten. – Um dieselbe Zeit entstehen grob gepflasterte Wege im heutigen Dänemark.

Im Palast des Königs Arzawa in Anatolien arbeitet eine Warmluftheizung.

In Mykene und auf Kreta verfällt die achäische Kultur, die beachtliche befestigte Palastanlagen hinterlassen hat. →

1184. Der griechische Dichter Aischylos erwähnt in seinem Drama »Agamemnon« einen Fackeltelegraphen zwischen Troja und Argos. Er übermittelte den Fall der Stadt Troja. →

Um 1170. In Madinat Habu werden vergoldete Masten als Blitzableiter eingesetzt. →

Um 1160. Der chinesische Kaiser Ching Wang schenkt den Gesandten von Tonkin und Tonkinchina sogenannte »Fsenan«, frei schwimmende Magnetnadeln, die als Kompaß genutzt werden. →

Um 1125. In China sind erste umfangreiche Landkarten in Gebrauch. Eine Karte umfaßt das gesamte Reich. Sie geht auf bereits vorhandene lokale Katasterpläne und Wälderkarten zurück. Im Gegensatz zu indischen Karten, die um dieselbe Zeit existieren, aber auf Palmfaserpapier gezeichnet und deshalb wenig haltbar sind, werden die chinesischen Karten zuweilen in Jade graviert.

Um 1110. Tiglatpilesar I. in Assur gründet eine Bibliothek, in der sich u. a. Aufzeichnungen über Astronomie, Mathematik und Medizin befinden.

Kreta: Paläste einer sterbenden Kultur

Um 1200. In Mykene und auf Kreta geht die achäische Kultur zu Ende. Der Ursprung dieser nichtgriechischen Kulturen, der kretischen oder minoischen auf der Insel Kreta und der mykenischen auf dem Peloponnes, ist nicht klar auszumachen. Im 15. vorchristlichen Jahrhundert begann hier wie dort eine rege Bautätigkeit. Als um 1400 die kretische und im frühen 12. Jahrhundert durch die Einfälle der Dorer von Norden auch die mykenische Kultur verfallen, hinterlassen sie eine Reihe architektonisch sehr bedeutsamer Palastanlagen.

Der Palast von Knossos ist der wichtigste und größte der kretischen Herrschersitze (→ um 1500 v. Chr.). Architektonisch am bemerkenswertesten ist dagegen der Palast von Phaistos am Westrand der Mesara in Mittelkreta (um 1500 v. Chr.) mit seinen großen Freitreppen im Westen und Norden. Interessant ist die mehrgeschossige Anlage der Wohnräume, die, durch keinerlei Befestigungswerk eingegrenzt, beinahe beliebig ausgebaut und erweitert werden konnten.

Während die Paläste Kretas allein dadurch geschützt sind, daß sie auf einer Insel liegen und damit schon auf See verteidigt werden müssen, weisen die Baukomplexe auf dem Peloponnes ringsherum gewaltige Schutzmauern auf. Der Palast von Mykene selbst ist eine ausgesprochene Zwingburg. Das »Schatzhaus«, in Wirklichkeit ein Familiengrab, gleicht mit seiner unechten unterirdischen Kuppel einem Schutzbunker.

Besonders wuchtig ist die königliche Residenz von Tiryns angelegt.

8 m starke Zyklopenmauern – einzelne Steine wiegen mehr als 10 t – umschließen sie.

Andere bedeutende Paläste stehen in Athen, Sparta, Theben und Pylos. Alle Anlagen zeugen von hoher Wohnkultur. Sie sind mit fließendem Brauch- und Abwasser, großzügigen Baderäumen und teilweise sogar mit Warmluftheizungen ausgestattet.

Das Löwentor in Mykene; die Palastanlage ist als Zwingburg im eroberten Land wehrhaft gestaltet und ringsum von Zyklopenmauern umgeben

Fackeltelegraphen übermitteln Sieg

1184. Mit Hilfe einer Kette von neun Signalfeuern sendet der griechische Heerführer Agamemnon seiner Ehefrau Klytämnestra die Nachricht vom Fall der Stadt Troja. Die Länge dieser Telegraphenlinie zwischen Troja in Kleinasien und Argos auf dem Peloponnes wird unterschiedlich angegeben: Es ist von 454, aber auch von 800 km die Rede. Je nach Linienführung sind beide Entfernungen denkbar.

Die einzelnen Fackelstationen liegen auf weithin sichtbaren Hügeln. Mit Hilfe von Rauchsignalen werden die Nachrichten von Station zu Station übermittelt. Dazu verbrennt man Substanzen, die einen starken Rauch entwickeln, z. B. mit Pech und Harzen getränkte Reiser oder alte Schiffstaue.

Diese Rauchtelegraphie wird seit langem angewendet, gestattet aber nicht die Übertragung frei formulierter Nachrichten.

Blitzableiter sichern ägyptische Tempel

Um 1170. Der ägyptische Pharao Ramses III. läßt am Tempel von Madinat-Habu und an dem von ihm erbauten Chonstempel in Theben (heute Karnak) Masten mit vergoldeten Spitzen anbringen. Sie haben die Funktion von Blitzableitern.

Neben den Umfassungsmauern sind die höchsten Partien der Tempel die Pylonen. Das sind gewaltige Portal-Fassadenanlagen. Der eigentliche Eingang wird von zwei nach oben sich verjüngenden Türmen mit rechteckigem Grundriß flankiert. Unmittelbar vor jedem dieser Türme sind zwei hohe Holzmasten mit Goldspitzen errichtet.

Daß die Gesetze der Blitzleitung durch Metall den Ägyptern durchaus bekannt sind, geht aus späteren Inschriften an den Tempeln von Edfu (3. Jahrhundert v. Chr.) und Dendera eindeutig hervor. Dort stehen ebenfalls mit Metall (hier Kupfer) beschlagene Holzstangen.

Magnetische Waage weist Südrichtung

Um 1160. In China werden unter den Chou-Fürsten sogenannte magnetische Waagen gebaut. In ihrem Vorderteil ist eine frei schwimmende Magnetnadel untergebracht, die die beweglichen Arme und Hände einer kleinen Figur darstellt und nach Süden weist.

Die Apparate werden »Fse-nan« (Andeuter des Südens) genannt. Daß sie mehr als nur Spielzeuge sind, geht daraus hervor, daß der Kaiser Ching Wang solche Geräte den Gesandten von Tonkin und Tonkinchina schenkt, damit diese sie als Kompaß nutzen und dadurch leichter ihren Heimweg durch die großen Ebenen finden.

Da die Chinesen wahrscheinlich nicht die Technik des Magnetisierens von Eisen beherrschen, sind sie auf natürliches Magnetmaterial angewiesen. Sie benutzen also vermutlich entweder Magnetit oder Magneteisenstein.

1100

1100—1001 v. Chr.

Um 1100. Der chinesische Kaiser Tschu-kong berechnet die Schiefe der Ekliptik zu 23° 52′.

Vom Felsengrab des ägyptischen Königs Ramses IV. entsteht ein auf Papyrus gezeichneter, ausführlicher Bauplan im Maßstab 1:28. Bauzeichnungen von vorchristlichen Monumentalbauten sind in den allerseltensten Fällen erhalten: Dies ist wahrscheinlich die älteste.

1099. In Tyros werden Wasserreservoire angelegt.

Um 1050. In Ägypten hat die Technik der Mumienkonservierung einen hohen Stand erreicht. Es werden sowohl Menschen (Herrscher, Mitglieder des Herrscherhauses, Priester und Priesterinnen usw.) wie auch heilige Tiere (z. B. Katzen) präpariert.
Zunächst werden die Eingeweide und andere Weichteile entfernt. Das kann auf verschiedene Weise geschehen. Einmal geht man mechanisch vor, wobei zum Teil Spezialwerkzeuge angewendet werden, etwa zum Auskratzen des Gehirns durch die Nasenlöcher. Das Körperinnere wird dann mit Palmwein und Spezereien ausgerieben. Anschließend wird der Körper für 70 Tage in »Natrum« (wahrscheinlich Kochsalzlauge) eingelegt. Nach einer anderen Technik erfolgt die Entfernung von Weichteilen und Fleisch rein chemisch durch Einfüllen von Zedernöl durch die Körperöffnungen, das in 70 Tagen alles Gewebe außer Haut und Knochen auflöst und dann herausgespült wird. Die so vorbereitete Leiche füllt man mit dauerhaften Stoffen wie Lehm, Sand und Sägemehl unter Zugabe von wohlriechenden Substanzen. Danach wird der Körper mit Binden umwickelt.

Um 1010. Der israelische König Salomo läßt einen Teil der Stadt Jerusalem mit einer großangelegten Wasserversorgung ausstatten. Diese künstlichen Teiche, die der König in den Hügeln Judäas anlegen läßt, dienen sowohl der Wasserversorgung der Stadt wie der Bewässerung. Die drei Teiche sind zwischen 8 und 19 m tiefe und zwischen 120 und 160 m lange Bassins. Sie werden von gefaßten Quellen gespeist und besitzen Vorrichtungen (Wasserschlösser) zur Regulierung des Wasserstandes. Untereinander sind diese Wasserspeicher durch Leitungen verbunden (→ um 710 v. Chr.).

Pontonbrücken und Brücken aus Stein verdrängen in Mesopotamien und Teilen Europas die bisher üblichen hölzernen Balkenbrücken. →

Brücken aus Stein und Tierbälgen

Um 1010. In Mesopotamien und in verschiedenen Teilen Europas (Mykene, Britische Inseln) haben steinerne Brückenkonstruktionen und Pontonbrücken die seit Jahrtausenden gebräuchlichen primitiven Balkenbrücken abgelöst.
Grundsätzlich werden gegen Ende des zweiten vorchristlichen Jahrtausends drei verschiedene Brückenbautechniken angewendet: Die Balkenbrücke, die Auslegerbrücke und die Pontonbrücke. Noch bedient man sich aber allenthalben weit eher der Furt als eines künstlichen Überwegs. Das gilt besonders für den Wagenverkehr.
Die Balkenbrücken, die bisher nur von Ufer zu Ufer spannten, erhalten jetzt Stützpfeiler und können damit auch breitere, allerdings nur flache Gewässer überwinden. Die Pfeiler können aus Stein sein, die Balken bestehen fast durchweg aus Holz. Nur im Südwesten des keltischen Englands (im heutigen Somerset) gibt es eine völlig aus Granit gefertigte Balkenbrücke. Diese sog. »Tarr Steps« über den Fluß Barle haben von einem steinernen Pfeiler zum anderen rund einen Meter Spannbreite. Die schwersten Deckplatten wiegen 5 t.

»Tarr Steps« über das Flüßchen Barle bei Winsford in Somerset; manche der um 1010 v. Chr. gesetzten Brückendecksteine sind etwa 5 t schwer

Auslegerbrücken baut man mit Holz- oder Steinbalken, die von beiden Ufern aus freischwebend vorgeschoben werden, während die aufliegenden Enden mit Gewichten beschwert sind. Wo sich die Ausleger in der Mitte treffen, werden sie miteinander verbunden. Derartige Brücken in Holzbauweise kommen in China auf. In Mykene und Epidauros sind Auslegerbrücken aus rohen Steinen mit geringer Spannweite bekannt, die in der Art von Kraggewölben gebaut sind.

Beliebig tiefe und breite Gewässer überquert Ende des zweiten vorchristlichen Jahrtausends nur die Pontonbrücke. Sie ist in Mesopotamien gebräuchlich. Die Pontons sind aneinander gebundene aufgeblasene Tierbälge, die im Wasser schwimmen. Auf ihnen liegen begehbare Planken.
Aus den Pontonbrücken entwickeln sich im Orient nach und nach die sog. Schiffsbrücken. Sie sind nicht stationär, sondern, besonders für militärische Bewegungen, mobil.

Technische Erfindungen erleichtern Alltag

Um 1050. Alle wesentlichen Werkzeuge für den Alltagsgebrauch – Axt, Hammer, Meißel, Säge, Bohrer, Mörser, Nähnadel usw. – sind schon seit sehr langer Zeit bekannt. Sie bestimmen weitgehend den technischen Alltag. Wichtig aber ist für das häusliche Leben außerdem eine Reihe von Verfahrenstechniken, die zum Teil Spezialwerkzeuge, zum Teil auch spezielle handwerkliche Kenntnisse und entsprechendes Geschick erfordern.
Von Bedeutung für den Alltag ist zum einen die Ledergerberei. Die früher verwendeten ungegerbten Felle faulten leicht und waren von nur geringer Haltbarkeit. Gegen Ende des zweiten vorchristlichen Jahrtausends ist die Lohgerberei mit Gerbsäure aus Pflanzensäften und Früchten (Periploca, Erle, Granatapfel, Eiche usw.) weit ver-

breitet. Umfangreiches Spezialwerkzeug (verschiedene Messer, Schaber, Ahlen und Nieten) wird dazu benötigt. Wichtig ist ferner

Ägyptische Grabmalerei aus dem 2. Jt.: Spannen der Web-Kettfäden

die Gewinnung von Ölen und Fetten. Die bekannteste Ölpflanze ist im Orient und in Ägypten der Ölbaum. Das Öl wird aus den unreifen Früchten mit speziellen Mühlen (Kollergängen) und Pressen (Flechtkörbe mit Steingewichten oder Hebelbalken) gewonnen.
Seife stellt man aus Ölen noch nicht her. Zur Körperreinigung wird Pottasche oder Soda verwendet, zum Teil auch Öl und Salbe, deren Überschuß mit Sand, Asche, Bims oder Schabern abgekratzt wird. Textilgewebe werden mit Pflanzenwurzeln (Seifenkraut u. a.) oder mit verfaultem Urin (Ammoniak) gereinigt. Zur Nahrungsmittelkonservierung bedient man sich der Lufttrocknung, des Räucherns, des Luftabschlusses, des Einsalzens oder der Kälte. Letztere speichert man über den Winter hinaus in Schneekellern.

1000

1000–901 v. Chr.

Um 1000. Die ersten Scheren aus Eisen werden hergestellt. Sie dienen der Schafschur. Mit ihnen läßt sich die Wolle erstmals in der Form eines zusammenhängenden Vlieses gewinnen. Bisher wurde sie büschelweise ausgekämmt oder mit Messern geschnitten. Erst die Kenntnis der Eisenherstellung ermöglicht es, Scheren anzufertigen. Die vor dem Eisen benutzten Metalle – Kupfer, Zinn, Bronze, Blei oder die Edelmetalle – waren nicht elastisch genug, um daraus Scheren herzustellen. Entweder wären die beiden Schermesser nach kurzem Gebrauch auseinandergebogen oder das gebogene Verbindungsstück wäre zerbrochen.

In der Pfahlbauzeit sind in Europa gehärtete Bronzesicheln mit Holzgriffen in Gebrauch. Die Sichel zum Getreidemähen ist an sich sehr alt. Schon um 3500 v. Chr. gab es Sicheln im jungsteinzeitlichen Dänemark. Die alten Ägypter und die Sumerer kannten die Sichel ebenfalls. Aber all diese frühen Sicheln waren keine Metallwerkzeuge. Sie bestanden aus scharfen Feuersteinstücken, die an einem Holzgriff festgebunden oder mit Asphalt festgekittet waren. – Jetzt erst kommen Metallsicheln in Gebrauch, die aus Bronze gegossen und mit anderen Metallzusätzen legiert werden, um ein härteres Material zu erhalten. Ihre Griffe sind der Hand des Benutzers ergonomisch angepaßt.

In China steigen die ersten Flugdrachen aus Papier oder Stoff auf. →

In Ägypten und anderen Ländern des Mittleren Ostens wird die Taubenpost zum Befördern von Briefnachrichten eingeführt.

In China ist zu Beginn der Chou-Dynastie die Armbrust bekannt. In primitiver Form ist sie möglicherweise noch weit älter. Sie hat sich aus Pfeil und Bogen dadurch entwickelt, daß man dem Pfeil eine Führung beim Abschuß gab. Die Armbrüste der Chou-Zeit bestehen aus einem Kolben, der an einem Ende einen breiten Bügel trägt, den der Schütze gegen seinen Bauch stemmt. Am anderen Ende des Kolbens ist horizontal ein Bronzebogen befestigt. Gegen das Widerlager des Kolbens am Körper läßt sich dessen Sehne gut spannen. Auf der Kolbenoberseite befindet sich eine Schußrinne, in die der Pfeil eingelegt wird. Gibt man die Sehne frei, dann katapultiert sie den Pfeil längs dieser Rinne zielgerichtet fort. In Europa entwickelt sich die Armbrust später unabhängig von dieser fernöstlichen Erfindung.

In der chinesischen Chou-Dynastie werden auf Wagen montierte Sturmleitern für die Belagerung von Städten bekannt.

Im Mittleren Osten kommt Stahl in Gebrauch. Im Fernen Osten wird dieses Material schon seit langem hergestellt. Stahl unterscheidet sich von gewöhnlichem Eisen dadurch, daß er weniger als etwa 1,5% Kohlenstoff enthält. Er läßt sich deshalb gut schmieden. Andererseits ist ein Mindestkohlenstoffgehalt von 0,3% erforderlich, damit das Metall durch Abschrecken härtbar wird. – Um diesen Kohlenstoffanteil zu erreichen, legt man in Geras in Palästina Eisenstäbe in Kistenöfen und läßt sie dort in Holzkohlepulver ca. eine Woche lang bei etwa 1000 °C glühen.

Um 950. Die Bewohner der Mittelmeerinsel Sardinien errichten die Nuraghen, etwa 12 000 Rundtürme aus unverfugten, riesigen Quadersteinen. →

Im babylonischen wie im assyrischen Raum sind unter der Bezeichnung »Kelek« bekannte Floßboote in Gebrauch. Sie werden aus aufgeblasenen Hammelhäuten – »Burdjuks« – hergestellt, die unter einem tragenden Gerüst aus Weidenruten oder anderem geschmeidigem Material befestigt werden. Darüber kommt eine Lage Bretter. Diese wiederum werden mit Stroh, Schilf oder Moos abgedeckt.
Derartige Keleks variieren sehr stark in ihrer Größe. Für schwere oder sperrige Lasten werden bis zu 2300 Burdjuks zu einem einzigen Schiff verarbeitet. Einzelne Burdjuks sind als Schwimmschläuche für Einzelpersonen in Gebrauch. Man bindet sie sich einfach unter den Bauch.
Die Keleks haben starren Booten gegenüber für die Binnenschiffahrt Vorteile: Sie sind sehr tragfähig, kentern nicht, haben einen sehr geringen Tiefgang und sind durch ihre hohe Elastizität sogar wildwassergeeignet, überwinden also Stromschnellen.
Während der Chou-Zeit taucht der Metallspiegel – unabhängig von seinem schon rund ein Jahrtausend andauernden Gebrauch in Europa – jetzt auch in China auf.

In Ägypten und im bronzezeitlichen Europa wird erstmals das sehr seltene Metall Antimon verarbeitet. Man stellt daraus Perlen her.

Um 910. Für Beleuchtungszwecke wird der Kienspan durch die Fackel ersetzt, die zunächst als schleuderbare Feuerwaffe im Krieg diente. Die Leuchtfackel, die im Mittleren Osten aufkommt, besteht aus einem oder mehreren zusammengebundenen Spänen, die dick mit Pech, Asphalt oder Harz bestrichen sind.

Obwohl man bereits aus Eisen erste Werkzeuge fertigt, werden grobe Holzarbeiten, insbesondere das Fällen, Spalten und in Form bringen der Stämme, generell noch immer mit steinernen Äxten ausgeführt. Da Holz für zahlreiche größere Konstruktionen (Häuser, Schiffe, Brücken, Karren, großes Kriegsgerät usw.) sowie als Brennmaterial eine entscheidende Rolle im Alltag spielt, muß hierbei häufig härteste körperliche Arbeit geleistet werden.

Der Nuraghe Losa bei Abbasanta auf Sardinien; erste astroarchäologische Untersuchungen lassen in der Großsteinanlage einen Sonnentempel vermuten

12 000 Zyklopentürme

Um 950. Die Bewohner der Mittelmeerinsel Sardinien errichten aus behauenen, riesigen Quadersteinen zyklopische Rundtürme. Die meisten dieser sogenannten Nuraghen stehen inmitten eines Hofes, der von einer ebenso gewaltigen Mauer umgeben ist.

Die Türme aus den oft tonnenschweren Steinen sind mehrgeschossig. Ihr Durchmesser bewegt sich zwischen etwa 10 und 15 m. Im Zentrum dieser Bauten liegt zu ebener Erde meist ein lichtloser Kuppelraum, umgeben von einem dunklen, kreisförmigen Gang, von dem aus eine Treppe in die oberen Stockwerke hinaufführt.

Die Tradition dieser Mammutbauten reicht möglicherweise schon einige Jahrhunderte zurück. Ihre große Zahl – es sind rund 12 000 – schließt aus, daß sie als Festungsanlagen dienen. Die geringe Bevölkerungsdichte der Insel läßt eine solche Deutung kaum zu. Auch um Wohnburgen kann es sich bei den lichtlosen, zugigen Gemäuern nicht handeln. Offenbar sind es Kultbauten, die zudem mit astronomischen Beobachtungen verknüpft sind, denn die Eingänge vieler Nuraghen weisen genau nach Süden, andere zum Ort des Sonnenaufgangs bei Wintersonnenwende oder zu den Aufgangsorten heller Sterne.

Flugdrachen an Chinas Himmel

Um 1000. In China und wahrscheinlich auch im pazifischen Raum ist der Flugdrachen bekannt. Er verkörpert die erste praktizierte Flugtechnik des Menschen.

Die chinesischen Drachen lassen sich in zwei Gruppen unterteilen: Einmal gibt es einfache Rechteckdrachen mit papier- oder stoffbespanntem Lattenrahmen, die wie ein Fallschirm über einen Mehrfachstropp an einer Führungsleine gehalten werden. Sie eignen sich zum Heben von Lasten bis zu einigen Dutzend Kilogramm. Zum anderen gibt es kleinere, figürlich geformte Drachen in Gestalt von Menschen, Tieren, Drachen usw.

Darstellung eines schlangenförmigen Drachens (aus dem Jahr 1405)

900

9. Jh. Im Salzburgischen werden die ersten Salzbergwerke angelegt. →

Um 900. In Ninive ist die Schrotsäge in Gebrauch, eine zweihändige Säge zum Schneiden von Baumstämmen.

Der Gebrauch von Eisenwerkzeugen beschränkte sich in Europa bisher auf Importgeräte. Jetzt setzt in Griechenland, im Salzkammergut und an anderen Stellen in Mitteleuropa eine eigene Fertigung ein. Das in Mitteleuropa verarbeitete »Bohnenerz« – es heißt so wegen seiner Kugelform – wird in Rennöfen verhüttet. Man legt sie an, indem man in einen Hang einen etwa zwei Meter tiefen Stollen treibt, dessen Wände mit Lehm ausgekleidet werden. Darüber wird aus einem Lehm-Sand-Gemisch ein Schacht errichtet, den man mit Steinplatten abdeckt. Der so aufgebaute Ofen faßt ein bis zwei Kubikmeter Erze. Belüftet wird er durch einen aus Steinplatten errichteten Kanal, der den Hangwind einfängt und dem Ofen zuführt. Ist der Ofen erst einmal in Glut, dann wird der Luftkanal bis auf eine kleine Öffnung von etwa sechs Zentimeter Durchmesser verschlossen. Durch den Ofenzug strömt die Luft sehr schnell durch diese Düse. So lassen sich Temperaturen von über 1000 °C erreichen, wenn mit Holzkohle gefeuert wird.

Um 875. Den Assyrern ist der zusammenklappbare Gestellschirm bekannt. Ähnliche Schirme kennen die Etrusker. Bei ihnen dienen etwa zehn Knochenstäbe, die in einen Halteknauf gesteckt werden, als Schirmspeichen. Bespannt sind die Schirme mit Tuch.

851. Der arabische Kaufmann Sulaiman berichtet über Porzellan in China. In seinen Aufzeichnungen heißt es u. a.: »Die Chinesen besitzen feinen Ton, aus dem man Schalen herstellt; diese haben, obwohl sie aus Ton sind, die Feinheit von Gläsern, in denen man die Spiegelungen des Wassers sieht.« Diese Porzellanmasse besteht aus einer Mischung von Ton, Kaolin und Feldspat. Hat das Kaolin keinen Quarzanteil, dann wird dem Gemenge Quarz noch getrennt zugesetzt. Der Feldspat dient nur als Flußmittel, weil der weiße Ton Kaolin selbst nicht schmilzt. – In Europa bemüht man sich vergeblich, das Porzellan nachzumachen.

850 – 830. Die Hethiter errichten den bedeutenden Tempelpalast Tell-Halav.

Um 850. Gold ist das erste Metall, das in Mittelamerika verarbeitet wird.

Salzgewinnung unter Tage in den Alpen

9. Jahrhundert. Im Dürrnberg bei Hallein und im Salzberg am Fuße des Plassen in Hallstatt (heute Oberösterreich) werden die ersten Untertage-Salzbergwerke angelegt. Spätere Ausgrabungen an diesen Stätten geben einer Epoche der älteren Steinzeit den Namen: Man nennt sie Hallstattkultur.

Abgebaut wird das sogenannte Kernsalz des Haselgebirges. Das Haselgebirge ist bergmännisch gesehen eine Mischung von Ton, Salz und Gips und stellt die eigentliche Salinarschicht des oberen Zech-

Salz – ein wichtiges Handelsgut

Die Meersalzgewinnung und die Salzausbeute aus Solequellen deckt den steigenden Bedarf der wachsenden Bevölkerung Europas und des Mittleren Ostens nicht mehr. So gewinnen die Salzbergbauzentren in den Ostalpen große wirtschaftliche Bedeutung. Salzhandelsstraßen entstehen. Die wichtigsten durchziehen nahezu flächendeckend ganz Mitteleuropa. Fernverbindungen versorgen den Mittelmeerraum. In Griechenland bilden sich größere Handelsdependancen und Umschlagplätze. Transportiert wird das Salz in genormten Tongefäßen.

Blick in die Grube des »Grüner Werks«, eines prähistorischen Hallstätter Salzbergwerks; deutlich sind hier Reste von Grubenholz zu erkennen

steins und der unteren alpinen Trias dar. Es enthält bis zu 80% Kochsalz. Dieser Schicht folgen die Stollen der Bergwerke in dem östlichen Teil der Alpen.

Schräge Gänge bis zu 300 m Tiefe und 3750 m Länge werden mit Bronzepickeln ausgehauen und mit großen Stempeln verzimmert. Das herausgelöste Gestein wird in Fellbutten abtransportiert. Nach dem Abbau schließen sich die Stollen zum Teil von selbst wieder, weil im Haselgebirge die in die künstlichen Hohlräume eindringende Luft durch ihre Feuchtigkeit den Ton zum Quellen bringt. In Dürrnberg werden in fünf Grubenfeldern, jeweils 90 bis 200 m unter Tage, im Laufe der Zeit insgesamt rund 5000 m Stollengänge angelegt. Der Umfang des unterirdischen Abbaus bei Hallstatt ist etwa ebenso groß.

Neben die Gewinnung von festem Steinsalz mit dem Pickel tritt schon bald die bergmännische Aussolung der Lagerstätten, also das Herauslösen des Salzes mit Wasser. Die Aufbereitung der Sole setzt Wärmeenergie voraus. Anders als im Mittelmeerraum, wo in flache Becken geleitetes Meerwasser durch die Sonnenwärme eingedampft wird, muß im Alpenraum künstlich geheizt werden. Dazu legt man flache, mit einer Rinne versehene Ziegel übereinander auf tönerne Trägerstangen. Unter diesem Gestell wird ein Feuer entzündet. Die von oben zugeleitete Sole fließt von Absatz zu Absatz und dampft dabei ein.

Tragsack aus Rinderhaut zum Transport des abgebauten Salzes

Prähistorisches Salzbergwerk mit Abbauspuren (o., parallele Rillen)

Mütze, aus dreieckigen Fellteilen genäht (Museum Hallstatt)

Um 800. In Mittelamerika entsteht die Pyramide von La Venta, die erste auf dem amerikanischen Kontinent. →

Die Stalldüngung löst in Mitteleuropa die Gründüngung ab.

An den griechischen Küsten sind Leuchtfeuer als Seezeichen für die Schiffahrt allgemein gebräuchlich.

In Babylonien beginnt die regelmäßige Aufzeichnung astronomischer Daten. Sie wird zur Basis der mathematisch hoch entwickelten chaldäischen Astronomie.

Nach 800. In Mittelamerika entwickeln die Olmeken, Vorfahren der Mayas, eine Methode, mit konkaven Spiegeln aus Magnetit Feuer zu entfachen. Diese Sonnenspiegel werden aber offenbar nur bei festlichen Anlässen verwendet, während im Alltag Feuer mit dem Feuerbohrer entzündet wird (→ um 640 v. Chr.).

2. Hälfte 8. Jh. Der griechische Dichter Homer berichtet von Goldschmieden und Bronzeschmieden, erwähnt geschlagenes Gold, schreibt von den Werkzeugen Hammer und Zange, Blasebalg und Schmelztiegel, Amboß und Amboßgestell. Er beschreibt das Zinn und das Blei und erwähnt das Härten des Stahls durch Ablöschen im kalten Wasser. Ferner berichtet er über die Töpferscheibe. →

Um 775. Die griechische Schrift entwickelt sich. Ihre Buchstaben gehen aus dem Phönizischen hervor und werden zunächst von rechts nach links geschrieben.

Um 750. Unter Kaiser P'ing Wang ist in China der Eisenguß hoch entwickelt. →

In Theben sind vier- und fünfgeschossige Häuser üblich. →

730. König Ahas von Juda erbaut eine große Sonnenuhr (Polos). Sie unterscheidet sich vom bisher üblichen Gnomon mit senkrechtem Schattenstab durch einen Stab parallel zur Erdachse.

717. Der römische König Numa Pompilius führt ein Mondjahr mit 355 Tagen und zwölf festen Monaten ein. Alle zwei Jahre sieht dieser Kalender einen 13. Monat als Schaltmonat »Mercedonius« vor.

Um 710. Der Assyrerkönig Sargon II. (721–705) besitzt ein Eisendepot von 176 t Gewicht. Teile davon liegen in Barrenform, Teile aber auch bearbeitet (z. B. als Ketten) vor. Der Vorrat des überaus wertvollen Metalls gilt als gewaltiger Schatz.

Jerusalem erhält einen Wassertunnel. →

Wohnhäuser mit fünf Geschossen

Um 750. In Theben, das der griechischen Mythologie zufolge von Kadmos gegründet wurde, ist der Bau vier- und fünfgeschossiger Wohnhäuser üblich.

Das griechische Haus ist aus den Hütten hervorgegangen, in denen sich nomadisierende Stämme am Fuß der Burghügel ansiedelten. Diese Hütten entwickelten sich aus dem Zelt und waren zunächst rund, ahmten aber bald als Rechteckbauten die Form der Paläste nach. Im 8. Jahrhundert ist das griechische Haus noch einfach. Es dient nur zum Schlafen, Zubereiten der Speisen und Aufbewahren der Vorräte. Weil die rechteckige Bauform aber in sich stabile Steinmauern zur Voraussetzung hat, lassen sich von der alten kegel- oder kuppelförmigen Dachgestalt abweichende Flachdächer als Balkenkonstruktionen einziehen. Damit war der Weg zur Balken-Zwischendecke vorgezeichnet, der nun zur Errichtung mehrgeschossiger Wohnhäuser führt.

Gußmonumente in China und Indien

Um 750. *Unter Kaiser P'ing Wang fertigen Handwerker in China eine 13 m hohe Pagode aus reinem Gußeisen. Das gewaltige Stück wird sehr wahrscheinlich nicht in einem einzigen Arbeitsgang hergestellt, weil die verfügbaren Schmelzöfen keine so große Kapazität besitzen. Vermutlich schweißen die begabten Handwerker die Pagode aus mehreren Teilen zusammen.*

Eine ähnlich große Eisenarbeit richteten schon etwa 50 bis 100 Jahre zuvor die Inder auf: Einen aus Gußeisenstücken zusammengeschmiedeten Obelisken, die sogenannte Kutubsäule in der Nähe des heutigen Delhi (Abb.). Er ist etwa 16 m lang, wobei 7 m über dem Erdboden aufragen, wiegt 17 t und ist so präzise verarbeitet, daß keine Schweißnähte zu sehen sind.

Diese asiatischen Eisenmonumente sind erstaunlich rostfrei.

Homer berichtet über den Stand der Technik

2. Hälfte 8. Jahrhundert. In seinen Hauptwerken, der Ilias, die den Verlauf des trojanischen Kriegs schildert, und der Odyssee, die die um zehn Jahre verzögerte Heimkehr des Helden Odysseus beschreibt, berichtet der im ionischen Kleinasien beheimatete Dichter Homer ausführlich über Handwerkstechniken und technische Gebrauchsgegenstände der behandelten Zeit. Beide Epen umfassen zusammen 28 000 Hexameter in jeweils 24 Büchern.

Die Werkstatt des Schmiedegottes Hephaistos ist nach Homer mit Hammer und Zange, Blasebalg und Schmelztiegel, Amboß und Amboßgestell ausgestattet. Gegossen werden Zinn und Blei. Gold und Bronze werden geschmiedet, das Gold auch gehämmert. Homer erwähnt auch das Härten des Stahls durch Ablöschen in kaltem Wasser und beschreibt stählerne Waffen.

Dem Dichter Homer zufolge hat der Korinther Hyperbios oder Talos, der Neffe des Daedalos, die Töpferscheibe erfunden.

Aus dem Orient stammen das »Geschirr« des Webstuhls und die Kunst der Buntwirkerei. In der Weberei wird zur Bearbeitung der Stoffe Olivenöl angewendet.

Im Zusammenhang mit religiösen Zeremonien und medizinischen Praktiken nennt Homer den Sandarak, das Harz einer Thuja-Art,

Homer (entstanden um 460/450)

das zu Räucherpulvern, Räucherkerzen, Salben und Pflastern verarbeitet wird. Er nennt auch die Dämpfe des brennenden Schwefels als Räucherwerk. Auch sie dienen sowohl kultischen wie medizinischen Zwecken.

Als Handelsartikel beschreibt Homer in der Ilias und Odyssee u. a. Schmuckstücke, die phönizische Handwerker aus Bernstein gearbeitet haben.

In der Odyssee ist auch von der Entwicklung landwirtschaftlicher Techniken die Rede: Nachdem man im Altertum zunächst die Gründüngung praktizierte, geht man bald zur Stalldüngung, also zur Nährstoffanreicherung des Bodens aus den Exkrementen der Haustiere über, der schließlich die Verwendung menschlicher Fäkalien folgt.

Im Zusammenhang mit den Seereisen der Helden von Troja und der Heimreise des Odysseus beschreibt der Dichter wiederholt Leuchtfeuer an den Meeresküsten, die als Navigationshilfen dienen sollen.

Früh-Hochkultur in Mexiko

Um 800. Bei La Venta im Westen der heutigen mexikanischen Provinz Tabasco errichten die Olmeken, kulturelle Vorfahren der Mayas, ein großes Kultzentrum. Architektonische Besonderheiten sind die vermutlich amerikanische Pyramide, bautechnisch meisterhaft angelegte Grabmonumente und Altäre. Der Transport massiver Basaltblöcke von den wenigstens 100 km entfernten Steinbrüchen weist auf einen hohen technischen und organisatorischen Entwicklungsstand hin. Gigantische, in Stein gehauene Köpfe und kunstvolle Jadefiguren zeigen das handwerkliche Können der Olmeken. Besonders interessant ist, daß diese Zivilisation den Gebrauch von Gummi kennt, lange bevor er sich anderswo auf der Welt einbürgert. Die Olmeken benutzen Kautschukprodukte zum Anfertigen von Bällen und Trommelschlegeln und als Material für wasserdichte Versiegelungen.

Hoch entwickelt sind darüber hinaus die Astronomie – die Olmeken verfügen zum Beispiel über einen präzisen, in Punkten und Strichen dargestellten Kalender – und auch die Mathematik.

La-Venta-Park mit Olmeken-Skulptur in Tabasco-Villahermosa (Mexiko); die monolithischen Riesenskulpturen der Maya-Vorfahren wiegen 6 bis 25 t

Wassertunnel des Hiskia

Um 710. Für die Wasserversorgung der Stadt Jerusalem läßt König Hiskia (727–669) einen Tunnel bauen, der das Wasser der Quelle Siloah zur Stadt leitet. Der s-förmige Tunnel ist 533 m lang. Seine Breite beträgt 60 bis 80 cm, seine Höhe an den beiden Ausgängen 180 und 300 cm, in der Mitte 46 cm, das Gefälle 30 cm. Die technische Meisterleistung des Baus liegt darin, daß der Tunnel von zwei Seiten her vorgetrieben wird und sich die Arbeitstrupps im Berg treffen.

Eine hebräische Inschrift erklärt:

»Als noch drei Ellen zu durchstechen waren, so vernahm man die Stimmen des einen, der dem anderen zurief; denn es war ein Spalt im Felsen von der südlichen Seite her. Und am Tage der Durchstechung schlugen die Steinhauer einander entgegen, Hacke auf Hacke. Da flossen die Wasser vom Ausgang in den Teich, 1200 Ellen weit. Um 100 Ellen war die Höhe des Felsens über dem Kopf der Steinhauer.«

Wie die Baumeister dieses Projekts die präzise unterirdische Vermessung bewerkstelligten, ist ungeklärt.

Um 700. Die von den Römern gebaute »Attische Triere« beherrscht als Kriegsschiff das Mittelmeer. →

In der späten Chou-Zeit werden in China Bronzespiegel benutzt.

Die Etrusker in Norditalien verwenden künstliche Gebisse aus Knochen oder Elfenbein. Die geschnitzten Zähne werden von einer goldenen Brücke zusammengehalten (→ nach 700).

Die Assyrer transportieren Steinkolosse auf dem Wasserweg mit Flößen, die teilweise von luftgefüllten Säcken getragen werden.

In Griechenland ist das Prinzip des Flaschenzugs bekannt. →

In der griechischen Welt beginnt der Bau bedeutender Tempel im dorischen Stil (Olympia, Selinunt, Paestum, Syrakus, Agrigent, Korinth).

Nach 700. Die etruskische Kultur geht ihrem Höhepunkt entgegen. Besonders ausgeprägt ist das Kunsthandwerk, vor allem die Bearbeitung von metallenen Schmuckgegenständen. →

692. Der griechische Kunstschmied Glaukos von Chios erfindet die Lötung von Eisen.

Um 690. Der assyrische König Sanherib (705–681) läßt zur Wasserversorgung seiner Hauptstadt Ninive ein Aquädukt errichten (→ 7. Jh. v. Chr.).

Um 685. Die Lyder in Kleinasien stellen aus Elektron (Blattgold) die ersten Metallmünzen her. →

Um 640. In Ninive werden Brenngläser aus Bergkristall verwendet. →

640. Als erstes Bauwerk ist der Heratempel in Olympia mit Dachziegeln gedeckt. →

620. In Rom wird unter Ancus Marcius die erste Brücke, der Pons Sublicius, gebaut. Die Brückendecke ruht auf hölzernen Pfählen (→ 7. Jh. v. Chr.).

In Mesopotamien entsteht die erste nachweisbare Brücke auf steinernen Pfeilern. Sie führt über den Euphrat. Als Erbauerin gilt Nitokris, die Mutter des babylonischen Königs Nebukadnezar II. (→ 7. Jh.).

614. In Babylon werden die Hängenden Gärten der Königin Semiramis angelegt.

Um 610. In Rom wird die Cloaca maxima angelegt. →

GEBOREN:

Um 625. Milet: Thales von Milet (†547), griechischer Naturphilosoph.

Um 610. Milet: Anaximander von Milet (†546, Milet), griechischer Naturphilosoph.

Leichteres Heben mit Flaschenzug

Um 700. Griechische Mechaniker entwickeln die Technik der Kraftvervielfachung mit Hilfe des sogenannten Flaschenzugs.

Beim Flaschenzug ist eine Seilrolle fest montiert, eine zweite an dem zu bewegenden Gegenstand befestigt. Ein Seil läuft von einem Fixpunkt erst über die bewegliche, dann über die feste Rolle. Zieht man am freien Ende, dann bewegt sich die Last nur halb so weit, wie das Seil eingeholt wird. Die an ihr angreifende Kraft verdoppelt sich dadurch gegenüber der ausgeübten.

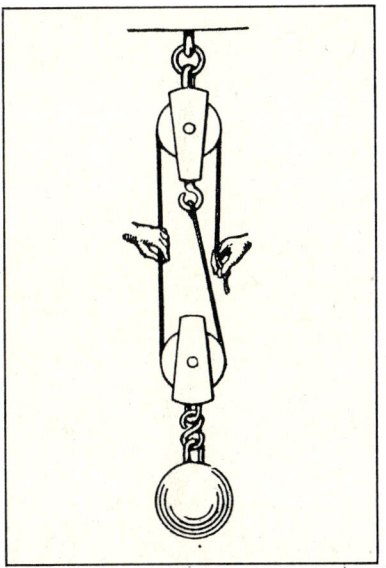

Skizze eines zweirolligen Flaschenzugs, wie er um 700 entwickelt wird

Mit Brenngläsern Feuer entfachen

Um 640. In Ninive (Assyrien) bedient man sich zum Feueranzünden geschliffener Bergkristallinsen. Ein Exemplar aus dem Palast des Assurnasirpal mißt 3,5 × 4 cm, ist 0,5 cm stark und hat eine Brennweite von 11,25 cm. Verwendet werden auch Hohlspiegel aus Bronze mit einem Blattsilber-Überzug.

Aus Mesopotamien gelangen die Brenngläser nach Griechenland, wo zu dieser Zeit Feuer üblicherweise noch mit Stahl, Stein und Zunder entfacht wird. Als »Stahl« dient ein beliebiges längliches Eisenstück. Als »Stein« ist neben dem Feuerstein auch Schwefelkies in Gebrauch. Zunder ist z. B. verkohlte Leinwand, Holzmehl, getrocknetes Gras oder Schwefelpuder.

Neue Brücken und Aquädukte vollendet

7. Jahrhundert. In Mesopotamien und im Mittelmeerraum entstehen die ersten ingenieurmäßig angelegten Brücken und Aquädukte: 691/90 erhält Ninive unter dem Assyrer-König Sanherib ein Aquädukt; 620 läßt Ancus Marcius die erste Brücke über den Tiber schlagen, den Pons Sublicius. Im selben Jahr vollenden babylonische Baumeister im Auftrag von Nitokris, der Mutter von König Nebukadnezar II., die erste bedeutende Brücke der Welt mit steinernen Pfeilern. Sie überquert den Euphrat.

Das Aquädukt, das der zusätzlichen Wasserversorgung der assyrischen Hauptstadt Ninive dient, ist eine 48 km lange Wasserleitung, die aus einem System von Brücken, Tunneln und Kanälen besteht. Das Hauptbauwerk dieser Leitung ist ein 9 m hoher, 21 m breiter und 262 m langer Steindamm, der ein Tal bei Jerwan überquert. Der Damm ist aus über zwei Millionen Steinquadern gemauert. In seinem Verlauf überbrücken fünf Bogen einen schmalen Fluß.

Die Euphratbrücke verbindet als erster großer und zugleich dauerhafter Brückenbau der Welt die beiden Stadthälften Babylons. Um diesen Bau ausführen zu können, leitete man den 900 m breiten Strom um, denn die Technik des Fundamentierens unter Wasser

Reste des assyrischen Aquädukts aus zum Teil würfelförmigen Kalksteinen, das zur Wasserversorgung der Hauptstadt Ninive angelegt wurde

ist noch unbekannt. Weit mehr als 100 Steinpfeiler werden im Flußbett aufgemauert, gegen die Strömung zugespitzt, so daß sich an ihrer Frontkante das Wasser leichter teilt. Über die oft nur wenige Meter voneinander entfernt stehenden Pfeiler wird aus Palmbalken die 9 m breite Brückenbahn verlegt. Schließlich wird das Bauwerk sogar überdacht. Wegen der sehr engen Durchflußöffnungen stellt die Brücke ein Strömungshindernis dar, was häufig zu Überschwemmungen führt.

Auch der Pons Sublicius in Rom ist eine auf lange Lebensdauer angelegte, aber aus rituellen Gründen aus Holz gefertigte Brücke. Der 3 m breite Pons ruht auf Pfählen. Die bis zu 50 cm starken, unten zugespitzten Pfähle sind paarweise von der Brückenbahn schräg nach außen weisend in den Flußuntergrund gerammt und oben mit Querbalken verbunden. Diese Trapezkonstruktion ist nicht nur verwindungssteif, sie wird auch durch die Strömung nicht zerstört, sondern zusätzlich befestigt.

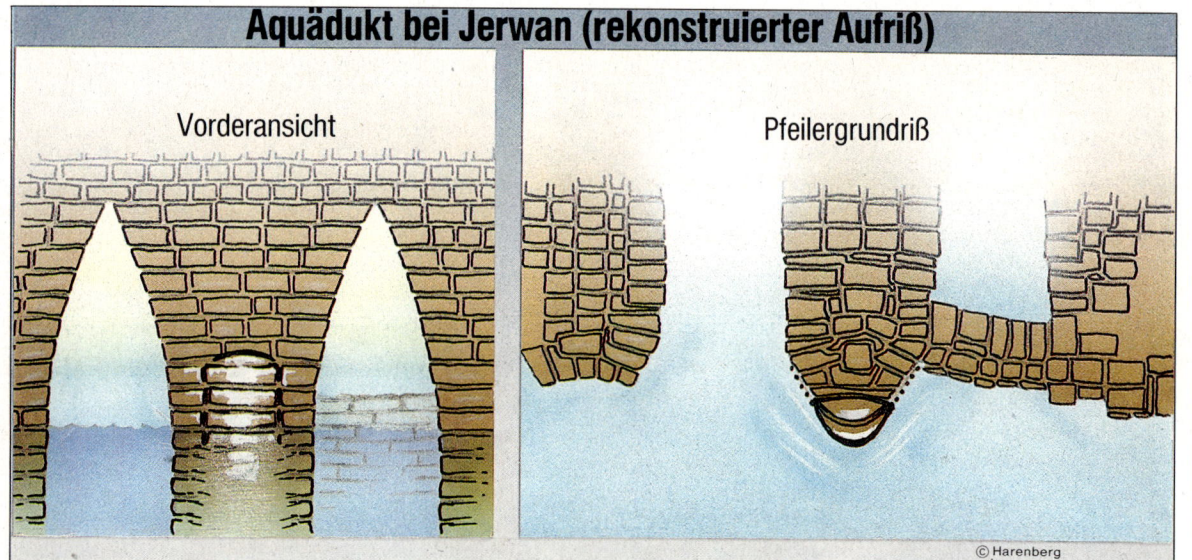

Aquädukt bei Jerwan (rekonstruierter Aufriß)

Vorderansicht

Pfeilergrundriß

© Harenberg

Rekonstruierte Ansicht des Aquädukts von Jerwan: Die Vorderansicht (links) zeigt zwei Spitzbogen in Kragsteintechnik, der Grundriß (rechts) läßt gut den vorgelagerten Wellenbrecher erkennen (das Quergemäuer ist jünger); die Kragtechnik erlaubt trotz der großen Länge des Gesamtbauwerks noch keine großen Spannweiten

Erstes Bauwerk mit einem Ziegeldach

640. Als das erste Bauwerk der Welt wird der Heratempel in Olympia auf der griechischen Halbinsel Peloponnes mit gebrannten Dachziegeln gedeckt.

Dieses »Heraion«, ein religiöser Kultbau, der auch im Rahmen der seit 776 alle vier Jahre abgehaltenen Olympischen Spiele eine Rolle bei Gottesdiensten und Opferfeiern spielt, ist ein hölzerner Fachwerkbau mit einfachem Giebeldach. Erst durch den Fachwerkbau mit seinen baustatisch voneinander völlig unabhängigen Wänden wird diese Dachform möglich. Die Giebelseiten werden von Gesimsen abgeschlossen. Sie sind aus vierkantigen Dachsparren aufgebaut, die oben mit Latten verschalt sind. Darauf liegen die gebrannten Dachziegel.

Zu unterscheiden sind Flachziegel, einfache Platten, die nur an den beiden Seitenrändern aufgebogen sind und dort blind aneinanderstoßen, und Deckziegel, die, halbzylindrisch geformt, über die aufgebogenen Ränder je zweier benachbarter Flachziegel gelegt werden. Die Flachziegel besitzen an ihrer Unterseite Nasen, mit denen sie in die Querlatten des Dachgebälks eingehängt und damit dort befestigt werden. Sie können aber auch – völlig glatt – mit Lehm auf dem ebenen Dach festgeklebt sein. Die Dachsparren ragen seitlich über das gedeckte Dach hervor (→ um 2040).

Metallmünzen aus Blattgold geformt

Um 685. Die Lyder in Kleinasien stellen erstmals Metallgeld her. Als Material für die Münzen verwenden sie »Elektron«, also Blattgold. Allerdings besitzen die Münzen noch keine Bild- oder Schriftprägung. Schon zuvor waren Edelmetalle als Währung in Gebrauch. Jedoch mußte ihr Äquivalent beim Handel durch Auswägen festgestellt werden (→ um 1350 v. Chr.). Außerdem variierte die Zusammensetzung der Metallstücke. Die Vorteile der geformten Münzen bestehen darin, daß sie nur noch gezählt werden müssen und daß der Herrscher, der sie ausgibt, für ihr Standardgewicht und die Reinheit des Materials garantiert. Das erleichtert den Handelsverkehr.

Abwasserkanalisation für die Stadt Rom

Um 610. Unter dem fünften König Roms, Lucius Tarquinius Priscus (616 – 578), entsteht eine funktionstüchtige städtische Entwässerungsanlage, die Cloaca maxima.

Die Kanalisation wird zunächst ohne einen oberen Verschluß ausgeführt und dient primär der Bachfassung und der Dränage des sumpfigen Bodens in der nur zwölf Meter über dem Meeresspiegel gelegenen Senke zwischen dem kapitolinischen, dem palatinischen und dem esquilinischen Hügel. In das Kanalsystem leitet man bald aber auch die Abwässer ein. Schließlich wird die nunmehr wegen der aufsteigenden Gerüche den Stadtbewohnern lästig werdende Anlage überdeckt. Der Querschnitt der Cloaca maxima, die ihren Namen von Cloacina, der Göttin des Abwassers, herleitet, wechselt stark. In der Nähe des Tibers, in den sie mündet, ist er am weitesten. Der Boden des Kanals ist mit Lava-Polygonsteinen gepflastert und damit ebenso aufgebaut wie die Straßen Roms. Die Seitenwände bestehen aus großen Tuffquadern, die in drei bis fünf Schichten übereinandergelegt sind. Die einzelnen Quader sind 1 m breit, 2,5 m lang und 0,8 m hoch. Die Fugen sind nicht vermörtelt. Zusammengehalten werden die Quadersteine mit in Blei vergossenen Eisenklammern. Die Kanaldecken sind als Tonnengewölbe ausgeführt, also aus Keilsteinen in sieben- bis neunfachen Lagen über einem Lehrgerüst zusammengefügt (→ um 2605). Stellenweise ist die Kanalisation auch nur mit starken Steinplatten abgedeckt, in manchen anderen Abschnitten mit einem Ziegelgewölbe geschlossen.

An zahlreichen Orten führen bautechnisch unterschiedlich ausgelegte Schächte in die Cloaca maxima hinab. Sie dienen der Abwassereinleitung aus den Häusern. Wie in Rom selbst, entstehen gegen Ende des 7. vorchristlichen Jahrhunderts auch in den römischen Provinzstädten erste Abwasser-Kanalanlagen.

Auch manche Kastelle werden damit ausgestattet. In den Feldlagern erfüllen die Kloaken mehrere Aufgaben: Sie nehmen die Abwässer auf, dränieren den Boden und leiten das Regenwasser aus den befestigten Anlagen ab. Oft führen sie in diesem Fall nicht bis zu einem Fluß, sondern enden mehr oder weniger zufällig und willkürlich blind vor den Kastellmauern im Freien oder münden als holzverschalte oder gemauerte Kanäle in einen Graben, der als geschlossener Ring das ganze Feldlager umgibt.

Überwölbte Mündung der Cloaca maxima in den Tiber; der ursprüngliche Bogen fiel ein und wurde in der Mitte des 2. Jahrhunderts v. Chr. restauriert

Um 700. Als überlegenes Kriegsschiff auf dem Mittelmeer bildet sich die attische Triere heraus. Sie wird von 170 Ruderern bewegt, deren Riemen beiderseits des Schiffes in drei parallelen Reihen ins Wasser tauchen. Vorne trägt die Triere einen metallenen Rammsporn. Taktik des Angriffs ist es, die Ruder des gegnerischen Schiffs durch einen längsseitigen Stoß zu zerbrechen, um das Schiff manövrierunfähig zu machen. Mit einem zweiten, breitseitigen Rammstoß wird es dann schließlich versenkt.

Modell einer attischen Triere im Museo Navale in La Spezia (Italien)

Wie die Bireme, ein Schiff mit zwei Ruderreihen, ist auch die Triere oder Trireme eine ursprünglich phönizische Konstruktion, die von den griechischen Schiffsbauern übernommen und im Laufe der Zeit verbessert wurde. Eine hohe Kunst stellt bei den Trieren die Koordination der Ruderbewegungen dar.

Handwerk und Technik bei den Etruskern in Mittelitalien

Nach 700. Vor reichlich zwei Jahrhunderten waren aus Kleinasien – wohl auf der Flucht vor einer Hungersnot – auf dem Seeweg die Thyrsener, später Etrusker genannt, nach Mittelitalien gekommen. Sie brachten eine eigene Kultur mit, die sie in Italien durch die Entwicklung neuer handwerklicher und technischer Fähigkeiten verfeinerten.

Im 7. Jahrhundert fallen in Mittelitalien vor allem die orientalischen Formen der Produkte etruskischer Herkunft auf. Bezeichnend dafür ist die sogenannte Bucchero-Keramik. Das sind schwach gebrannte, schwarze Tongefäße, die an Metallarbeiten erinnern und oft ein aufgelegtes Relief tragen. Bewunderns-wert sind darüber hinaus die Wandmalereien der Etrusker, die meist in Grabanlagen angebracht werden. Die Farben sind von besonderer Leuchtkraft und sehr hoher Lebensdauer.

Besonders gut beherrschen die Etrusker die Bearbeitung von Metallen. So fertigen sie kunstvoll verzierte Bronzespiegel, die bald im ganzen Mittelmeerraum hochgeschätzt werden, fein gearbeitete Schmuckstücke (vor allem Fibeln) in Bronze, Gold und Silber, gießen zierliche Bronzeskulpturen und eigenwillig geformte Metallgefäße. Die kunsthandwerklichen Fähigkeiten bewähren sich auch im praktischen Bereich: So stellen die

Etruskische Malerei in Tarquinia

Etrusker etwa künstliche Gebisse her, indem sie aus Knochen oder Elfenbein Zähne schnitzen, die von einer goldenen Brücke zusammengehalten werden.

Die etruskische Wirtschaft hat eine breite Basis: Sie fußt vor allem auf dem Handel mit Rohkupfer, -silber und -eisen aus eigenen Hüttenbetrieben und auf dem Verkauf metallener Fertigprodukte, besonders kunsthandwerklicher Natur, im gesamten Mittelmeerraum und in Mitteleuropa.

Die Etrusker gründen befestigte Städte: Darunter das heutige Chiusi, Cortona und Perugia. Sie bauen mächtige Gemäuer aus gewaltigen Steinblöcken.

Naturwissenschaften ohne technische Umsetzung

Die hellenistische Welt 650 v. Chr. bis 300 v. Chr.

Ursprünge der griechischen Staatenwelt

Als nach 1000 v. Chr. die Wanderungen der Dorer, die vom Norden auf die Balkanhalbinsel vorstießen, zum Stillstand kamen, setzte die Entwicklung einer politisch wie kulturell vielschichtigen Gemeinschaft ein, verbunden in erster Linie durch eine gemeinsame Sprache und Religion, differenziert durch Stammesbesonderheiten und die geomorphologische Vielfalt des neuen Lebensraumes – vom Gebirge bis zur Inselwelt. Um 650 v. Chr. war diese Entwicklung weitgehend abgeschlossen. Städte hatten sich als kulturelle und wirtschaftliche Zentren gebildet. Sie standen in engem Kontakt zueinander, dominiert von der Metropole Athen.

Der Handel: Existenzgrundlage der Griechen

Griechenland lebte vorwiegend vom Handel. Deshalb wurden kaum neue technische Prinzipien entwickelt, weder hinsichtlich der Rohstoffgewinnung und -verarbeitung noch auf den Gebieten des Handwerks oder des Verkehrs. Die Griechen übernahmen die technischen Erkenntnisse und die Art des Wirtschaftens der frühen Hochkulturen, verfeinerten und verbesserten sie, weiteten sie aus und beschleunigten ihren Ablauf. Schon bald bemächtigte sich der griechische Handel des gesamten östlichen Mittelmeers. Gut ausgebaut wurden bald die Warenumschlagplätze. Von den Seehäfen führten Anschlußfrachtrouten ins Binnenland weiter: Wasserstraßen und Karawanenwege. Große Handels- und Reedereigesellschaften blühten auf, und trotz der geringen Vielfalt der Waren gestalteten sich die Geschäfte äußerst lukrativ. Der Großteil der Fracht bestand aus Nahrungsmitteln und Rohstoffen wie Metall, Holz oder Stein einerseits und veredelten oder besonders wertvollen Waren wie Metallgeräten, Werkzeugen, Feinkeramik, Gold- und Silberwaren, Weihrauch, Elfenbein, Edel- und Halbedelsteinen andererseits. Bis ins 3. Jahrhundert v. Chr. änderte sich diese Frachtgutpalette qualitativ kaum. Die Quantitäten allerdings wuchsen kontinuierlich, besonders zur Zeit Alexanders des Großen. Der Handelsraum der griechischen Kaufleute blieb indes geographisch beschränkt. Der direkte Zugang zum Zinn aus den reichen südbritischen Vorkommen, zum baltischen Bernstein, zum mittelasiatischen Gold, zur chinesischen Seide, zu den indischen und arabischen Gewürzen, zum äthiopischen Elfenbein und Ebenholz war den Griechen versagt. Sie erhielten diese Waren nur durch die Vermittlung ausländischer Händler. Besonders lebhaft gestaltete sich indes der Handel mit Ägypten, von wo neben wahren Getreidefluten besonders der begehrte »Rohstoff« für Handelsverwaltungen, Staatsarchive, Bibliotheken und geistige Zentren kam: Papyrus. Daneben lieferte Ägypten feine Woll- und Leinenstoffe, fertige Kleidung, bestickt oder gefärbt.

Technik im Alltagsleben

Angeregt durch importierte Waren, entstanden auf griechischem Boden auch eigene Werkstätten. Man stellte auf der Töpferscheibe Keramik her und fand dabei zu neuen Stilen. Weite Verbreitung fanden vorwiegend braun und grau gehaltene megarische und samische Tongefäße mit Reliefverzierungen in den Farbtönen Bronze, Silber oder Gold. Eine bescheidene eigene Seidenindustrie entwickelte sich in Kos und an der Levante. In handwerklichem Gebrauch waren einfache Werkzeuge: Die handbetriebene Töpferscheibe, der Webstuhl und einfache handbetriebene Drechselbänke. An anderen arbeitsvereinfachenden Hilfsmitteln – vor allem mechanischen Vorrichtungen – fehlte es im Alltag. Sie fanden allenfalls im militärischen Bereich erste Anwendungen. Eine neue technische Dimension gab es in Form der Archimedischen Schraube für die Bewässerung von Feldern allenfalls in der Landwirtschaft. Im großen und ganzen dürfte die Arbeit – mit Ausnahme der Tätigkeit in den Bergwerken – eher langweilig als körperlich besonders schwer gewesen sein.

Bekannt war seit langem der Umgang mit der weichen Legierung Bronze und mit den Edelmetallen Gold und Silber; die Eisenverhüttung hingegen steckte noch in den Kinderschuhen. Gußeisen ließ sich nur in schlechter Qualität und mit mehr oder weniger ungewissen Ergebnissen herstellen. Die gefertigten massiven Platten waren nur für bestimmte Zwecke zu gebrauchen. Befestigungselemente aus Eisen beschränkten sich auf primitive Nägel und Klammern. Bolzen oder Eisenschrauben gab es nicht, gezogener Draht war unbekannt.

Im Bereich der Holzverarbeitung kannten die Griechen zwar von den Ägyptern praktisch alle mit einfachen Werkzeugen (Säge, Feile, Bohrer, Hobel, Meißel, Hammer usw.) ausführbaren Arbeitsgänge, doch ließen sich die meisten davon nur auf Weichholz anwenden, eben weil es an Werkzeugen aus Eisen fehlte und die weichen Bronzegeräte hartem Holz nicht gewachsen waren. Unbekannt war den Griechen z. B. auch die schon im alten Ägypten geübte Technik des Furnierens.

Was den technischen Alltag Griechenlands von jenem selbst primitiver Handwerkervölker unserer Zeit unterscheidet: Es gab keine haltbaren Seile oder Bindfäden, keine guten Klebstoffe, keine echten Schmiermittel, keine Konstruktionselemente wie Sprungfedern oder Rollenlager. Selbst einfache Kraftübersetzungen waren – außer dem Hebel – unbekannt oder im Alltag ungebräuchlich. Der Flaschenzug war zwar im Prinzip entdeckt, doch kaum ein Handwerker wußte sich seiner zu bedienen. An Übersetzungsgetrieben u. a. fehlte es völlig. Die vielgerühmten mechanischen Erfindungen einzelner griechischer Denker und früher Naturwissenschaftler, wie die »Dampfmaschine« Herons von Alexandria oder die pneumatischen und hydraulischen Geräte des Ktesibios in Alexandria und des Byzantiners Philon, blieben – da praktisch nicht genutzt – Spielzeuge. Die Wasserpumpen, Feuerlöscher, Wasseruhren und Wasserorgeln brachten ihren Erfindern zwar Subventionsgelder aus den Schatzämtern – besonders der reichen Ptolemäer – ein, aber ihr Einsatz beschränkte sich auf automatische Theater, belebte Puppen, Spielzeug-Warenautomaten und überraschende Effektmechanismen in Tempeln.

Krieg als Anstoß zu technischen Entwicklungen

Gab der griechische Alltag der Technik nur wenige Entwicklungsimpulse, so gelang das zum Teil dem Militärwesen. Könige und andere reiche Kunden gaben bei den Gelehrten des Landes Kriegsmaschinen in Auftrag, und sei es auch nur, um den eigenen Spieltrieb zu befriedigen oder militärische Größe demonstrieren zu können. Neue Belagerungsmaschinen wurden geschaffen, geschoßschleudernde Wurfgeräte konstruiert, die die Torsionselastizität dicker Bündel gewundener Frauenhaare ausnutzten. In den Heeren Alexanders des Großen und der hellenistischen Könige bewährten sie sich in der Tat im praktischen Einsatz: Sie waren in der Lage, 25 kg schwere Steinkugeln bis zu 150 m weit zu schleudern. Besondere Bewunderung erregte die große Helepolis (»Stadtnehmerin«), die Demetrios Poliorketes für die Belagerung von Rhodos bauen ließ. Es war ein 33 m hoher gepanzerter Holzturm, der auf einem Drehgestell auf acht hölzernen Rädern lief. Sein Nachteil: Der Einsatz erforderte eine 3400köpfige Bedienungsmannschaft. Der Turm war neungeschossig, wobei breite Treppen die einzelnen Stockwerke miteinander verbanden. In jeder Etage gab es überdachte Schießstände für Wurfmaschinen, sogenannte »Widder«. Das 100 m² große Flachdach des Belagerungsturms reichte weit über die Mauern der angegriffenen Stadt hinaus.
Zahlreiche nützliche Geräte soll Archimedes anläßlich der Belagerung von Syrakus durch die Römer erfunden haben. Manches aber wurde ihm sicher nur angedichtet. So spricht im Grunde nur sehr wenig dafür, daß er römische Schiffe mit großen Brennspiegeln angezündet hat.

Architektur und Straßenbau

Es ist unwahrscheinlich, daß die hellenistische Baukunst – selbst bei Tempeln und Palästen – technische Neuerungen aufzuweisen hatte. Die Veränderungen gegenüber anderen Kulturkreisen und gegenüber früheren Zeiten lagen hauptsächlich in der äußeren Formgebung und der inneren Raumaufteilung. Neu war das Eindecken mit Ziegeldächern, was aber kein baustatisches Novum bedeutete. Neu mögen die von Winkelbalken getragenen Balkone gewesen sein, wie dies spätere Fresken und Mosaike zeigen, doch läßt sich das nicht eindeutig nachweisen.
Auch im städtischen Straßenbau, im Ausbau der Fernverkehrswege und im Hafenbau gab es grundsätzlich keine technischen Neuerungen. Lediglich eine lange Mole, die den Hafen Alexandria mit der vorgelagerten Insel Pharos verband und die unter Alexander dem Großen entstand, sowie der fast 100 m hohe, von Sostratos aus Knidos gebaute Leuchtturm auf der Insel Pharos lassen sich als technische Glanzleistungen anführen. Vielleicht mag hierzu auch der Koloß von Rhodos gezählt werden, der als gigantische Helios-Figur die Hafeneinfahrt überragte und wohl ebenfalls als Leuchtturm fungierte. Er stand nicht lange an seinem Platz: Um 228 v. Chr. zerstörte ihn ein Erdbeben.

Naturwissenschaften im Aufschwung

Dem Mangel an praktischem technischen Fortschritt standen im alten Griechenland allerdings große Errungenschaften auf dem Gebiet der theoretischen Naturwissenschaften, der Chemie und Physik, der Mathematik, Astronomie, Biologie und Medizin gegenüber. Intensive Forschungsarbeiten und das Aufstellen wissenschaftlicher Theorien setzten besonders im 4. Jahrhundert v. Chr. ein und erreichten im 3. Jahrhundert ihren Höhepunkt. Erschienen zu Beginn Platon und Aristoteles als universelle Naturphilosophen, so taten sich später Männer wie Eukleides, Archimedes, Apollonius und Philon, Aristarchos und Hipparchos, Eratosthenes und Seleukos, Herophilos und Erasistratos bereits bis zu einem gewissen Grad als Spezialisten auf bestimmten wissenschaftlichen Fachgebieten hervor.
War Athen ein geistiges Zentrum philosophischer und geisteswissenschaftlicher Prägung, so stand auf naturwissenschaftlichem Sektor das hellenistische Alexandria im Vordergrund. Hier entstanden grundlegende Studien der Mathematik und Mechanik, der Astronomie, Botanik, Zoologie und Medizin.
Wohl ausgehend von der Erfindung und Entwicklung der Militärmaschinen im 4. Jahrhundert, wuchs das Interesse an der theoretischen Mechanik, wie sie vor allem die Alexandriner Ktesibios und Heron und der in Alexandria wirkende Byzantiner Philon pflegten und fortentwickelten. Schon Artistoteles kannte das Hebelgesetz, die Definition des Gleichgewichts und das Prinzip des Flaschenzuges. Ihm waren das Zahnrad und die Schraube ohne Ende vertraut. Kurz nach seiner Zeit wurden der Torsionsmechanismus bekannt, der hydrostatische Druck und schließlich darüber hinaus die Kraft komprimierter Gase und Dämpfe.
Wie erwähnt leiteten sich aus all diesen Erkenntnissen indes nur Geräte von Spielzeugcharakter ab. Weitaus größeren praktischen Nutzen gewannen Entwicklungen auf dem Gebiet der Meßtechnik. Neue geodätische Instrumente mit mikrometrischer Einstellung brachten beachtliche Fortschritte in der Geographie und Astronomie mit sich, führten zum Bau des Planetariums des Archimedes in Syrakus. Die Massenbestimmung kompliziert geformter Gegenstände gelang Archimedes aufgrund der Erkenntnis des Gesetzes vom Auftrieb und des spezifischen Gewichts. Aristoteles' Schüler Straton erklärte die Komprimierbarkeit der Gase und leitete daraus die Existenz des Vakuums ab.
Systeme zur Zeitmessung und zur Winkelmessung wurden entwickelt, akustische Schwingungen untersucht und die Gesetze der geometrischen Optik und auch der Lichtbrechung entdeckt. Zwar mathematisch unzureichend, aber im Prinzip richtig erklärte der Platon-Schüler Eudoxos von Knidos die kreisförmigen Bahnen der Planeten. Er berechnete den Erdumfang und stellte einen ersten Fixsternkatalog auf. Der Weg für die astronomischen und geographischen Erkenntnisse und Entwicklungen (Erddrehung, globales Koordinatennetz, Landkarten, Gezeitentheorie usw.) in den letzten Jahrhunderten v. Chr. war geebnet.
Eine besonders stürmische Entwicklung erlebte in Griechenland die Mathematik, insbesondere die Geometrie. Sie fand den Weg zum abstrakten Denken und behandelte Körpermodelle (Kugeln, Zylinder, Kegel usw.) ebenso wie trigonometrische Fragen, algebraische Methoden (Wurzelziehen) oder die Entwicklung der Exhaustions-Methode, der Betrachtung des unendlich Kleinen, durch Eudoxos. Zu praktischer Bedeutung für den Alltag gelangten indes auch die meisten dieser Erkenntnisse im griechischen Kulturraum noch nicht.

Um 600. Die Griechen benutzen zur Obstsaftgewinnung Fruchtpressen.

Phönizische Schiffer umrunden im Auftrag des ägyptischen Königs Necho erstmals Afrika. Für ihre Fahrt vom Arabischen Meerbusen bis zu den Säulen des Herkules (Gibraltar) benötigen die phönizischen Schiffer drei Jahre.

Der ägyptische König Necho läßt vom östlichen Nilarm einen Kanal zum Roten Meer bauen.

In Rom entsteht der erste steinerne Brückenbau, der Pons Salarius. →

Die Etrusker benutzen zum Getreidemahlen statt des bisher gebräuchlichen Mörsers Handmühlen mit einem waagerechten Mahlstein.

In Babylon arbeiten zur Zeit von König Nebukadnezar II. (605–562) Tonziegel-Brennkammern mit Temperaturen von 550 bis 600 °C.

594. Solon von Athen führt ein Mondjahr von zwölf Monaten mit abwechselnd 29 und 30 Tagen ein. Alle drei Jahre schaltet er einen Monat von 30 Tagen ein.

590. Tarquinius Priscus erweitert die Kanalisation der Stadt Rom. Zu den Abwasserleitungen kommt ein Dränagenetz, mit dem er den sumpfigen Boden der Stadt trockenlegt. Als Hauptwasserkanal bedient er sich dabei der Cloaca maxima (→ um 610 v. Chr.).

585. Der griechische Naturphilosoph Thales von Milet findet geometrische Gesetze über Dreiecksberechnung, Kreisfläche und Pyramidenhöhe (→ um 547 v. Chr.).

Als erster im Abendland beschreibt Thales von Milet magnetische Kräfte. Den Namen Magnet wählt er nach dem Fundort magnetischer Eisenerze, »Magnesia«, in Lydien (→ um 547 v. Chr.).

Thales von Milet beschreibt die Erde als eine auf dem Ozean schwebende Scheibe (→ um 547 v. Chr.).

580. Der Skythe Anacharsis erfindet den zweiarmigen Schiffsanker.

577. Die Griechen kennen die elektrostatischen Eigenschaften des Bernsteins.

Um 570. Anaximander von Milet findet die Schiefe der Ekliptik und entwirft eine kreisförmige Erdkarte (→ 546 v. Chr.).

Nebukadnezar II., König von Babylon, läßt durch einen 600 km langen Kanal die Sumpfgebiete der Euphratmündung entwässern.

Nach 550. In Persien entstehen die städtischen Anlagen von Pasargade und Persepolis. Sie stellen Höhepunkte der antiken Architektur dar. Beachtlich sind neben den statisch hervorragend gemeisterten eleganten Säulenkonstruktionen vor allem die zahlreichen Steinmetzarbeiten.

547. Anaximander von Milet erfindet den Erdglobus. Er entwirft verbesserte Erdkarten und stellt in Sparta einen Gnomon (Sonnenuhr) auf (→ 546 v. Chr.).

Um 532. Als erster übt Theodoros von Samos die Kunst des Edelsteinschleifens aus. Der Mathematiker, Techniker und Erfinder gilt auch als Erfinder der Bleiwaage, des Winkelmaßes und der Drehbank. →

532. Als eine der beachtlichsten technischen Schöpfungen des Altertums erbaut Eupalinos von Megara einen Tunnel von 1000 m Länge. Der Durchstich erfolgt von zwei Seiten her. Der Tunnel ist Teil der Wasserleitung von Samos. →

Pythagoras von Samos nennt die Zahl das Prinzip aller Dinge. Er stellt Hauptsätze der mathematischen Zahlentheorie auf, entwickelt ein System der Primzahlen, formuliert den Begriff der mathematischen Reihe und verfaßt eine Proportionenlehre. Als Satz des Pythagoras wird später das Verhältnis der Seiten eines rechtwinkligen Dreiecks bekannt, nämlich daß die Summe der Kathetenquadrate gleich dem Hypotenusenquadrat ist. Die Erkenntnis übernimmt Pythagoras allerdings von früheren Mathematikern aus Indien oder von den Kelten, die ihn beim Bau von Steinkreisen anwandten (→ um 570).

Pythagoras beschreibt die Erde als Kugel, die sich, wie auch die Sonne, der Mond und die Planeten, um ein Zentralfeuer dreht (→ um 570).

530. Der griechische Naturphilosoph Anaximenes, Schüler Anaximanders von Milet, lehrt, daß der Mond sein Licht von der Sonne entlehne.

Kleostratos von Tenedos beobachtet die Schatten des Idagebirges und schließt daraus auf die Sonnenwende.

527. In Athen wird der Zeustempel gebaut.

526. In Delphi wird der Apollotempel gebaut.

513. Darius I. von Persien läßt durch seinen Baumeister Mandroklos von Samos während seiner Eroberungszüge gegen die Skythen die erste Schiffsbrücke über den Bosporus schlagen.

GESTORBEN:

Um 547. Thales von Milet (* um 625, Milet), griechischer Philosoph und Mathematiker. →

546. Milet: Anaximander von Milet (* um 610, Milet), griechischer Naturphilosoph. →

525. Anaximenes von Milet (* 585, Milet), griechischer Naturphilosoph.

GEBOREN:

Um 585. Milet: Anaximenes von Milet († 525), griechischer Naturphilosoph.

Um 570. Samos: Pythagoras von Samos († um 480 [?], Metapont), griechischer Philosoph. →

Um 550. Ephesos: Heraklit von Ephesos († 480, Ephesos), griechischer Naturphilosoph.

Anaximander von Milet

Um 546. Im Alter von etwa 65 Jahren stirbt in seinem Geburtsort Milet der griechische Naturphilosoph und Geograph Anaximander. Als Schüler und Nachfolger des Thales von Milet (→ um 547 v. Chr.) stellte er ein umfassendes kosmisches Weltbild auf.

Anaximander sah das Universum als Weltall-Hohlkugel, in deren Mitte die scheibenförmige Erde frei schwebt. Seinen Vorstellungen zufolge war die Erde ursprünglich vollständig von Wasser bedeckt, aus dem sich später durch Austrocknung das Festland als zusammenhängende Insel erhob. Der gesamte Kosmos habe sich in Folge von Wirbelbewegungen aus dem chaotischen, grenzenlosen und unerfahrbaren Urstoff »Apeiron« durch Aufspaltung in die vier Elemente gebildet.

Anaximander fertigte außerdem die erste griechische Landkarte der bewohnten Erdgebiete und einen ersten Himmelsglobus an. Er wird als Begründer der wissenschaftlichen Geographie angesehen. Sein astronomisches Interesse galt im besonderen der Sonne, deren Lauf er mit einem Gnomon (Schatten-Sonnenuhr) verfolgte. So entdeckte er die Schiefe der Ekliptik.

Vorstellung Anaximanders von der Erde als ein frei im Raum schwebender flacher Zylinder, dessen Durchmesser dreimal so groß ist wie seine Höhe

Erfindungen in Samos

Um 532. In Samos tritt neben dem bedeutenden Mathematiker und Naturphilosophen Pythagoras als Mathematiker, Erfinder und Techniker Theodoros hervor. Er beschäftigt sich mit unterschiedlichen theoretischen Themen und praktisch-handwerklichen Gebieten. Darüber hinaus befruchtet er den technischen Alltag nicht nur durch eigene Erfindungen, sondern vor allem auch durch die Einführung aus Kleinasien stammender technischer Verfahren in Griechenland.

So übernimmt er offensichtlich von orientalischen Vorbildern die Drehbank (→ um 3000 v. Chr.), die Bleiwaage und das mit einem Schlüssel zu bedienende Türschloß, das in Ägypten schon seit der Zeit → um 2000 v. Chr. bekannt ist. Wichtig ist auch seine Einführung des Metallhohlgusses nach dem Wachsausschmelzverfahren in Griechenland, das er ebenfalls aus Kleinasien kennt. Zusammen mit seinem Landsmann Rhoikos verfeinert er das Verfahren so, daß sich auch große Gußstücke außerordentlich feinwandig herstellen lassen.

In Griechenland gelten diese neuen Errungenschaften als Erfindungen des Theodoros. Wirklich eigenständige Leistungen des vielseitigen Tüftlers sind die Einführung des Winkelmaßes in die Mathematik und die Entwicklung des Edelsteinschleifens, das sich allerdings zunächst nur auf das Bearbeiten und Glätten der natürlichen Flächen der Steine beschränkt.

Theodorus macht erstmals auch von der hygroskopischen Eigenschaft von Holzkohle Gebrauch, indem er mit ihr den Boden des Tempels von Ephesos austrocknet.

Philosoph Thales von Milet – einer der »Sieben Weisen«

Um 547. Im Alter von etwa 78 Jahren stirbt in Griechenland der als vielseitiger Naturforscher und hervorragender Philosoph, als weitgereister Kaufmann und einflußreicher Staatsmann hoch geschätzte Thales von Milet.

Thales, den Aristoteles später als »Oberanführer« oder »Ahnherr« der Philosophie bezeichnet und der seit dem 5. Jahrhundert als der erste der Sieben Weisen (des klassischen Altertums) gilt, stammt aus einer vornehmen miletischen Familie, die ihren Ursprung auf Kadmos, den Sohn des mythologischen phönizischen Königs Agenor, zurückführt. Durch kluge Ratschläge erwarb er sich politische Verdienste um seine Vaterstadt.

Was Thales zum ersten Naturphilosophen werden läßt, ist seine Erklärung der Weltentstehung, die nicht mehr auf mythologischen Vorstellungen fußt. Thales sieht kein göttliches Wesen, sondern das Wasser als Urgrund aller Dinge. Er geht dabei allerdings von

Thales von Milet (antike Büste)

beseelter Materie aus und erklärt mit seiner Lehre von der Stoffbelebung (»Hylozoismus« oder »Hylopsychismus«) z. B. Anziehungskräfte wie die des Magneten oder des geriebenen Bernsteins.

Auf die Frage, was das schwerste im Leben sei, antwortete er: »Sich selbst erkennen.«

Erkenntnisse und Gesetze des Naturforschers Thales von Milet

Thales' Tätigkeit als Naturphilosoph beruhte in erster Linie auf der Naturbeobachtung und der Ableitung von Gesetzmäßigkeiten aus den von ihm dabei entdeckten Zusammenhängen. Er lehrte, daß sich jegliche Philosophie allein auf die Beobachtung von Naturphänomenen aufbauen lasse und daß andere Methoden oder gar der Rückgriff auf das Übernatürliche von keinerlei Nutzen seien. Er wandte diese Überlegung besonders in der Astronomie und der Geometrie mit großem Erfolg an.

Auf Reisen durch Ägypten lernte er die Geometrie der Fläche kennen, die er mathematisch abstrahierte und zu einer reinen Geometrie der Linien weiterentwickelte. Dabei gelang es ihm, zahlreiche neue Lehrsätze zu formulieren, u. a. den nach ihm benannten »Satz des Thales«, der allerdings schon seit langem den Babyloniern bekannt war: »Alle Winkel, deren Schenkel durch die Endpunkte eines Kreisdurchmessers gehen und deren Scheitel auf dem Umfang des zugehörigen Kreises liegen, sind rechte Winkel.«

Die Astronomie, die Thales ebenfalls im Orient kennenlernte, befreite er von dem dort traditionellen astrologischen Beiwerk und führte sie auf ihre empirisch-naturwissenschaftlichen Grundlagen zurück. Dabei gelang ihm die genaue Vorhersage der Sonnenfinsternis vom 28. Mai 585 v. Chr. Thales sagte auch zuverlässig Nilüberschwemmungen und damit zusammenhängende reiche Erntejahre voraus.

Thales nutzte seine naturwissenschaftlichen Fähigkeiten auch praktisch: So mietete er im Winter vor einem guten Oliven-Erntejahr alle verfügbaren Ölpressen an, um sie dann – während der wirklich eintretenden reichen Ernte – mit großem Gewinn weiterzuvermieten.

Weltbild des griechischen Gelehrten Pythagoras von Samos

Um 570. Auf der Insel Samos, die zu dieser Zeit bereits einen hohen Stand technischer Zivilisation (Heratempel, Tunnelbohrungen usw.) erreicht hat, kommt der griechische Gelehrte Pythagoras zur Welt. Das Todesjahr von Pythagoras – er starb in Metapont in Unteritalien – ist nicht genau festzustellen. Es liegt um die Wende vom 6. zum 5. Jahrhundert.

Pythagoras bildet sich vielseitig durch Studien und Reisen. Sein Gegner Heraklit wirft ihm »Vielwisserei« vor. Als Erwachsener verläßt er seine Heimatinsel, um sich der Tyrannei des Polykrates zu entziehen und läßt sich im unteritalienischen Kroton nieder. Dort gründet er eine religiöse Bruderschaft, die versucht, die mythologisch fundierte Volksreligion mit naturwissenschaftlichen Erkenntnissen zu verknüpfen. Die Bruderschaftsregeln verlangen Mäßigkeit, Abhärtung, Treue gegenüber Göttern, Eltern, Freunden und dem Gesetz, die Beschäftigung mit

Pythagoras (Ulm, Münsterchor)

Musik und Mathematik und die Befolgung des »pythagoreischen Lebens«. Dazu gehört auch die tägliche Selbstprüfung: »Was tat ich? Worin fehlte ich?«

Angeblich gilt Pythagoras seinen Schülern als der vollkommene Weise und wird schon zu Lebzeiten als Gott verehrt.

Naturwissenschaftliche Lehren des großen Naturphilosophen

Der Naturphilosoph und Astronom Pythagoras gilt als Gründer der griechischen Mathematik. Der nach ihm benannte »Lehrsatz des Pythagoras«, der aussagt, daß in einem rechtwinkligen Dreieck die Fläche des Hypotenusenquadrats gleich der Flächensumme der beiden Kathetenquadrate sei, und die ihm ebenfalls zugeschriebene Erkenntnis, daß die Winkelsumme in jedem beliebigen Dreieck 180° beträgt, waren zweifellos schon viel früher bekannt (etwa den europäischen Megalithbauern und den Gelehrten Mesopotamiens).

Pythagoras ging es auch nicht in erster Linie um die Herleitung einzelner Lehrsätze. Er stellte vielmehr die Harmonie der Zahlen in den Mittelpunkt seines philosophischen Weltbilds. (Er prägte den Begriff »Philosophie«, indem er sich »philosophos«, Freund des Wissens, nannte). Jede der Grundzahlen 1 bis 10 verkörperte für Pythagoras besondere Kräfte, die im gesamten Kosmos (der Begriff »Kosmos« stammt von ihm) wirken. Das bewies sich für ihn in der Bewegung der Sterne, im harmonischen Zusammenklang musikalischer Töne oder sichtbar im Schwingen der Saite eines Musikinstruments.

Im wissenschaftlichen Sinne fruchtbar sind Pythagoras' astronomische Gedanken insofern, als sie erstmals nicht von einer Urmaterie, sondern von einem kosmischen Urgesetz ausgehen, nämlich von der unveränderlichen zahlenmäßigen Beziehung der Bestandteile der Welt untereinander. Intuitiv nahm Pythagoras damit spätere Erkenntnisse (Johannes Keplers Planetengesetze, das Periodensystem der Elemente nach Mendelejew usw.) vorweg, die diese Annahme eindrucksvoll untermauern.

In Griechenland und auch in Süditalien ist die dorische Säulenordnung der Tempel voll entwickelt

Gegen Ende des 6. vorchristlichen Jahrhunderts haben die dorischen Tempel Griechenlands ihre endgültige Form gefunden.

Ausgehend von der architektonischen Urform, dem mykenischen Megaron, dem hölzernen Haus des Stammesfürsten mit Steildach und einer Vorhalle, waren die frühen griechischen Tempel zunächst fassadenbezogene Bauwerke. Durch die Erfindung der Terrakottaziegel im 7. Jahrhundert (→ 640 v. Chr.) konnte die Dachneigung verringert werden. Etwa zur gleichen Zeit ersetzte Stein das Holz als Baumaterial. Die Tempel wurden auf Steinplattformen gestellt und bald mit Säulenreihen umgeben.

Gegen Ende des 6. Jahrhunderts ist eine gewisse Normung hinsichtlich der Gebäudeproportionen eingetreten. Festgelegt sind auch ganz bestimmte Materialkombinationen. Die typische dorische Säulenordnung, die sich herausgebildet hat, leitete eine sichtliche Verfeinerung der architektonischen Stilelemente ein. Die Höhe der kannelierten Säule, die von einem einfachen Kapitell gekrönt ist, beträgt das Fünf- bis Sechsfache ihres Durchmessers, der nach oben verjüngte Schaft ist leicht gebaucht (Der Kunsthistoriker spricht von einer »Entasis«. Das hebt die optische Täuschung auf, nach der eine gerade Säule nach innen gelehnt erscheint. Der Stylobat, also der gestufte Tempelunterbau, ist aus optischen Gründen ebenfalls leicht gewölbt. Das erleichtert zugleich den Wasserablauf (Abb.: l. Aphaiatempel in Ägina, nach 480; r. Tempel des Schmiedegottes Hephaistos auf der Agora, dem Marktplatz, am Fuß der Akropolis).

Steinerne Brücke überquert den Tiber

Um 600. Tarquinius Priscus läßt in Rom die erste steinerne Brücke, den Pons Salarius, über den Tiber schlagen. Zuvor hatte der hölzerne Pons Sublicius (→ 620 v. Chr.) den Tiber überquert. Die neue Brücke wurde erst nach Aushöhlung des religiösen Eisenbau-Verbots möglich, denn ihre Steine sind durch bleivergossene Eisenklammern miteinander verbunden. Ob die Fugen außerdem vermörtelt sind – etwa mit »Pozzuoli-Erde« –, ist ungewiß.

Gebaut wurde der Pons Salarius durch Aufmauern echter Gewölbebögen über Lehrgerüsten. Besonders auffällig sind die sehr hohen Bogenwölbungen, die eine steile Fahrbahnrampe erforderlich machen, die Brücke aber vor Zerstörung bei Hochwasser schützen.

Alte steinerne Brücke über den Tiber in Rom; erkennbar sind die Eisendrähte, die den über Lehrgerüsten gemauerten Bogen stabilisieren

1 km langer Tunnel für Wasserleitung

532. Als eine der beachtlichsten technischen Schöpfungen der Zeit gilt der Bau des 1000 m langen Wasserleitungstunnels in Samos auf der gleichnamigen Insel durch den Ingenieur Eupalinos von Megara.

Der Durchstich erfolgt nach vorherigem Nivellement von zwei Seiten. Dazu wurden die Höhen der beiden Stolleneingänge exakt ausgemessen. Die angewandte Methode ist unbekannt. Die Gesamtanlage ist von der Quelle bis zum Stolleneingang und vom Stollenausgang bis zu den Vorratsbecken in der Stadt vor der Entdeckung durch Feinde geschützt und bergmännisch bestens ausgeführt. Stellenweise unterstützen Ausmauerungen den Durchstich.

Um 500. In Mitteleuropa kommt Messing in Gebrauch.

Die Römer beleuchten ihre Häuser mit »sizilianischem Petroleum« (Erdöl). →

Die Kelten erzeugen in Kärnten Schweißstahl aus manganhaltigen Eisenerzen.

In der mitteleuropäischen La-Tène-Kultur gibt es Schachtöfen zur Metallverhüttung. Sie ersetzen die bisherigen Rennöfen (→ 16. Jh. v. Chr.). Die Schachtöfen zeichnen sich durch größere Erz-Füllmengen aus und erlauben auch höhere Schmelztemperaturen. Das wirkt sich positiv auf die Qualität des gewonnenen Eisens aus.

In Griechenland ist die Schere nachweislich bekannt.

Die mongolischen Nomadenvölker (Skythen) beherrschen die Filzherstellung. Sie fertigen aus diesem Material außer Zelten auch Gebrauchsgegenstände wie Schüsseln und Teller.

Im Tal von Pasyryk, am Rande der Inneren Mongolei, entsteht der erste bekannte Knüpfteppich. Er weist 3600 Knoten pro m² auf.

481. Herodot beschreibt optische Telegraphen und Schnellposten der Perser (→ um 450 v. Chr.).

480. Der griechische Arzt und Philosoph Alkmäon von Kroton nimmt erstmals eine Sektion zu wissenschaftlichen Zwecken vor und entdeckt dabei die Bedeutung des Gehirns als Steuerungsorgan für die Bewegungen der Glieder.

Nach 470. Der griechische Philosoph Leukipp von Milet begründet die Atomistik. Er liefert damit eine mechanische Welterklärung. →

460. Der Mathematiker Oenopides von Chios stellt einen Zyklus von 59 Jahren auf, um Sonnenjahr und Mondlauf miteinander in Einklang zu bringen (→ 432 v. Chr.).

Um 450. In Griechenland entstehen die »klassischen« Tempel. →

In Griechenland wird die 9,2 m lange und 9 m breite steinerne Straßenbrücke von Brauron gebaut.

In Antiochia wird die nächtliche Straßenbeleuchtung mit Fackeln eingeführt.

Empedokles von Akragas stellt den Lehrsatz auf, daß es keine Entstehung aus Nichts und kein Vergehen im Nichts gibt (→ 428 v. Chr.).

Kleoxenos und Demoklitos erfinden einen optischen Buchstabentelegraphen. →

444. Der Grieche Dionysius der Eherne veranlaßt den ersten Gebrauch von Kupfermünzen. →

432. Die Propyläen und der Parthenon auf der Akropolis in Athen sind vollendet (→ um 450 v. Chr.).

Der Athener Meton schlägt als Grundlage für die Zeitrechnung einen Zyklus von 19 Mondjahren vor, der zwölf gemeine Jahre zu

zwölf Monaten und sieben Schaltjahre zu 13 Monaten umfaßt. →

Um 430. Der griechische Bildhauer Kallimachos erfindet den Marmorbohrer.

427. Der griechische Philosoph Demokrit entwickelt seine Atomlehre (→ nach 470).

424. Bei der Belagerung von Delion benutzen die Böotier als Angriffsmittel Flammenwerfer.

Der griechische Bildhauer Kallimachos benutzt Asbest (»karpasischen Steinflachs«) als Dochtmaterial. Asbest ist ein faseriges silikatisches Material (Amphibole, Serpentin), das sich durch Feuerfestigkeit und Säurebeständigkeit auszeichnet. Seine Fasern sind spinnbar.

423. Der Lustspieldichter Aristophanes von Athen erwähnt in einer Komödie (»Die Wolken«) das Brennglas (Brennkristall) zum Feueranzünden.

422. Empedokles von Akragas erwähnt im Zusammenhang mit Gerichtsverhandlungen in Griechenland erstmals die Klepshydra, eine Wasseruhr zur Abmessung bestimmter Stundenfristen. →

420. Demokrit von Abdera lehrt, daß die Elemente der Materie, die Atome, sich nur nach Gestalt und Größe, nicht aber nach dem Stoff unterscheiden (→ nach 470).

Philolaos, ein Pythagoreer aus Kroton, stellt ein Weltsystem von zehn Körpern auf: Fixsternsphäre, Sonne, Mond, fünf Planeten, Erde, Gegenerde. Als Mittelpunkt des Systems gilt ihm ein Zentralfeuer.

410. Theodoros von Kyrene führt den Begriff des Irrationalen in die Mathematik ein. →

Nach 406. Kallimachos zu Athen entwickelt eine »ewige Lampe«. →

GESTORBEN:

Um 480. Ephesos: Heraklit (* um 550, Ephesos), griechischer Naturphilosoph. →

Um 480 (?). Metapont: Pythagoras von Samos (* um 570, Samos), griechischer Philosoph (→ um 570).

428. Lampsakos/Kleinasien: Anaxagoras (* um 500, Klazomenai), griechischer Naturphilosoph. →

Um 425. Halbinsel Peloponnos: Empedokles (* 483 oder 482, Agrigent/Sizilien), griechischer Naturphilosoph. →

GEBOREN:

Um 500. Klazomenai bei Izmir: Anaxagoras († um 428, Lampsakos), griechischer Naturphilosoph (→ 428).

483 oder 482. Agrigent/Sizilien: Empedokles († um 425, Halbinsel Peloponnes), griechischer Naturphilosoph.

Um 430. Tarent: Archytas von Tarent († um 345), griech. Mathematiker und Physiker.

Kein Ding entsteht planlos

Nach 470. Leukipp formuliert erstmals klar und deutlich das Kausalgesetz, auf dem alles naturwissenschaftliche und technische Denken fußt: »Kein Ding entsteht planlos, sondern alles aus Sinn und unter Notwendigkeit.«

Leukipp, entweder in Milet oder in Abdera, also in Thrakien an der Nordküste der Ägäis geboren, untermauert seine These mit einem mathematisch-mechanischen Weltbild, das um 425 sein großer Schüler Demokrit aus Abdera (geboren um 470) übernimmt und zu einem geschlossenen System ausbaut.

Diese Lehre geht im Gegensatz zu früheren philosophischen Anschauungen von der Existenz eines leeren Raumes aus. Die beiden Kausallogiker unterscheiden deshalb das »raumerfüllende Volle«, das eigentlich »Seiende«, vom »nicht seienden Leeren«. Das den Raum erfüllende Volle besteht aus unzähligen, mit dem bloßen Auge nicht wahrnehmbaren »Atomen«, also den »Unteilbaren«. Sie seien unvergänglich und unveränderlich und bestünden alle aus derselben Materie. Allerdings sind sie nach Ansicht von Leukipp und Demokrit unterschiedlich groß und unterschiedlich schwer. Alles Zusammengesetzte entstehe durch Zusammentreten von Atomen und vergehe durch ihr Auseinandertreten.

Alle Eigenschaften der Gegenstände lassen sich dieser These zufolge durch die unterschiedliche Anordnung der Atome sowie deren unterschiedliche Größe, Gestalt und Lage erklären.

Als »primäre Eigenschaften« allerdings kämen den Dingen nur ihre Schwere, ihre Dichtigkeit oder Undurchdringlichkeit und ihre Härte zu. Alle anderen, »sekundären« Eigenschaften wie Farbe, Wärme, Geruch oder Geschmack seien Scheineigenschaften, deren Ursachen nicht in den Dingen selbst, sondern in der Eigenart der menschlichen Sinne lägen.

Demokrit, Naturphilosoph und Mitbegründer der Atomistik aus der ostgriechischen Stadt Abdera

Sinnenlust kontra Logik

Um 410. Theodoros von Kyrene (Theodoros der Atheist) führt den Begriff des Irrationalen in die Mathematik ein.

Dem philosophischen Zeitgeist entsprechend befaßt sich der Naturphilosoph Theodoros mit den viel diskutierten Lehren Epikurs und der Hedoniker, die Sinnenlust und größtmöglichen Gewinn von Genuß in emotionsloser Freiheit fordern. Theodoros wendet dagegen ein, der Genuß allein sei als Ziel zu prekär und unberechenbar. Durch seine analytische Betrachtung des vorherrschenden pragmatisch-philosophischen Weltbilds findet der Kritiker zu einer stärker an naturwissenschaftlichem Denken orientierten Philosophie, in die er jetzt allerdings folgerichtig das Rechnen mit

dem Irrationalen einflicht. Für die Entwicklung der Mathematik hat das weitreichende Folgen. Denn auch hier führt er rein formalistisch den Begriff des Irrationalen ein.

Eine irrationale Zahl ist eine Zahl, die sich nicht als Quozient zweier ganzer Zahlen ausdrücken läßt. Erstmals stellen damit Zahlen ganz konkrete Punkte in einer mathematischen Reihe dar, deren Position innerhalb dieser Reihe sich indes selbst nicht exakt angeben läßt. Ein Beispiel ist die Zahl Pi. Das Exakte und zugleich doch nicht genau mathematisch Beschreibbare (es sei denn durch Hilfsausdrücke wie Wurzelzeichen oder Benennungen irrationaler Zahlen) wird damit zum Begriff in der mathematischen Wissenschaft.

Die »ewige Lampe« des Kallimachos

Nach 406. Nach einem Bericht des Griechen Pausanias brennt im Erechtheion zu Athen eine von dem Architekten Kallimachos konstruierte automatische Öllampe (sie ist dort über fünf Jahrhunderte in Betrieb!). Die Lampe ist aus Gold gefertigt und arbeitet mit automatisch nachgeführten Dochten aus einem asbeständlichen Stoff, dem sogenannten karpasischen Steinflachs von der Insel Kypros. Die Ölfüllung der Lampe reicht jeweils für ein ganzes Jahr Brenndauer aus.

Die Erfindung von Kallimachos kommt nicht von ungefähr. Der Baumeister und Dichter ist von der Entwicklung der Öllampen in seiner Zeit begeistert. Noch im 6. Jahrhundert hatte Herodot Lampen als eine ägyptische Besonderheit beschrieben: »Diese Lampen sind Gefäße voll Salz und Öl, und obendrauf schwimmt ein Docht« (→ um 2763). In Griechenland beleuchtete man zu dieser Zeit die Häuser noch mit Fackeln oder Feuerpfannen und -becken. Erst im 5. Jahrhundert setzt dann eine rasche Entwicklung der Öllampen ein. Zunächst werden ebenfalls offene Schalen mit schwimmenden Dochten verwen-

Griechische Öllampe aus dem 5. Jh. v. Chr.; der Lampenkörper ist aus gebranntem Ton gefertigt; innen und außen ist der Korpus des Öllämpchens mit konzentrischen Kreisen geschmückt, die mit schwarzem Firnis aufgemalt sind; das Original befindet sich im Römisch-Germanischen Museum in Köln

det. Die einfachsten entstehen auf der Töpferscheibe, bessere Ausführungen sind aus Bronze gegossen oder getrieben. In der zweiten Hälfte des Jahrhunderts erhalten die tönernen Lampen einen genau eingepaßten Deckel, der erst als Einzelstück gesondert gebrannt, dann aber wie das Unterteil mit speziellem Lampenton ausgekleidet und danach in einer Form mit ihm zu einer Einheit zusammengekittet wird. Anschließend wird die komplette Lampe nochmals gebrannt. Oft sind solche Öllampen kunstvoll verziert.

Die technischen Verbesserungen sind zwar nicht bedeutend, dafür aber sehr praktisch und effektiv: Die geschlossene Form verhindert ein Verschütten des Öls beim Gebrauch als Handlampe. Der herausgeführte und nicht mehr schwimmende Docht verhindert ein Entflammen der ganzen Öloberfläche. Bald werden Einfüllöffnung und Dochtöffnung getrennt, um Öl auch dann nachfüllen zu können, wenn die Lampe brennt. Die Dochtschnauze wird schließlich kanalförmig zur Dochtführung erweitert. Kallimachos berichtet sogar von einer Lampe mit 20 Dochten. Derart vieldochtige Lampen werden meist als Ampellampen aufgehängt. Andere Modelle lassen sich auf Sockel stellen oder an einem senkrechten Stab in ihrer Höhe verstellen.

Altgriechischer Fackeltelegraph; in der Mauer einer Visierscharte

Fernschreiber von Griechen erfunden

Um 450. Die Griechen Kleoxenos und Demoklitos erfinden die Telegraphie, die »Fernschrift« (griech. tele = fern, graphein = schreiben). Sie teilen das Alphabet in fünf Gruppen zu je fünf Buchstaben ein und übermitteln diese in zwei aufeinanderfolgenden Phasen durch je fünf Rauch- oder Fackelzeichen.

Praktisch läßt sich dieses Verfahren realisieren, wenn ein Fackelträger mit zwei Fackeln operiert. Eine bis fünf Hebungen des einen Arms geben die Buchstabengruppe an, die Hebungen des anderen Arms bestimmen eindeutig den Platz des einzelnen Buchstaben innerhalb dieser Gruppe.

Diese neue Art der Telegraphie unterscheidet sich qualitativ von der bisher gebräuchlichen Art der Rauch- oder Feuersignale. Bisher ließen sich keine frei formulierten Mitteilungen weitergeben. Es war nur möglich, zuvor abgesprochene Nachrichten zu bestätigen oder zu verneinen. Solche Feuersignale hatten den Fall der Stadt Troja nach Argos gemeldet (→ 1184 v. Chr.). Von diesen bisher gebräuchlichen optischen Meldesystemen berichtet auch um 470 v. Chr. der griechische Geschichtsschreiber Herodot aus Persien. Dort werden sie durch ein Schnellpostensystem unterstützt.

Der Nachteil der neuen »Fernschrift« von Kleoxenos und Demoklitos ist ihre Schwerfälligkeit. Längere Texte lassen sich nämlich nur langsam übermitteln.

Mondjahr kontra Sonnenkalender

432. Nachdem bereits um 460 v. Chr. der griechische Mathematiker Oenopides von Chion einen Zyklus von 59 Jahren aufstellte, um Sonnenjahr und Mondjahr miteinander in Einklang zu bringen, schlägt der Athener Meton jetzt als Grundlage für die Zeitrechnung einen Zyklus von 19 Mondjahren vor, der insgesamt zwölf gemeine Jahre zu zwölf Monaten und sieben Schaltjahre zu 13 Monaten umfaßt.

Im Mittel ist ein Jahr dieses Kalenders 365,263 Tage lang (gegenüber 365,2422 Tagen des exakten Sonnenjahrs). Meton geht bei seinem Kalender von unterschiedlichen Monatslängen (29 und 30 Tage) aus, da der Mondmonat 29,5 (exakt 29,5306) Tage lang ist. Der Fehler des Kalenders liegt bei nur 0,005%.

Wasser mißt die Redezeit

422. In Griechenland werden aus Paritätsgründen Rednern vor Gericht feste Sprechzeiten zugemessen. Dazu bedient man sich der Klepshydra (griech. kleptein = stehlen, hydor = Wasser).

Die Klepshydra, schon um 522 erfunden, ist ein unten und oben mit je einer feinen Öffnung versehener Stechheber, den man ins Wasser taucht, bis er sich füllt. Hält man die obere Öffnung zu, so läßt er sich ohne Wasserverlust herausheben, gibt man sie wieder frei, fließt das Wasser langsam ab. Wie der Physiker Empedokles von Akragas erwähnt, dient die Ausflußdauer jetzt zum Zeitmessen: Bei Gericht, aber auch im Haushalt, etwa beim Eierkochen. Ärzte zum Beispiel verwenden die Klepshydra als erstes Pulsmeßinstrument.

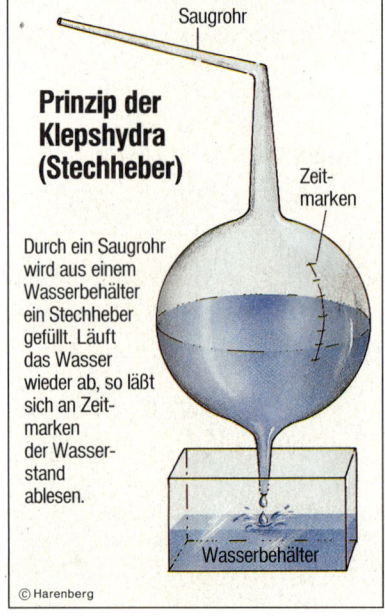

Prinzip der Klepshydra (Stechheber)

Saugrohr

Zeitmarken

Durch ein Saugrohr wird aus einem Wasserbehälter ein Stechheber gefüllt. Läuft das Wasser wieder ab, so läßt sich an Zeitmarken der Wasserstand ablesen.

Wasserbehälter

© Harenberg

Athen, der Parthenontempel (Heiligtum der Göttin Athene) auf dem Akropolis-Hügel; der Raum für das Götterbild ist genau 100 Fuß (Hekatombedos) lang

Tempelbau im griechischen Kulturkreis

Um 450. Überall im griechischen Kulturkreis entstehen große Tempelanlagen (»klassische« griechische Tempel). Die Anlagen sind meist geschlossene, von Mauern umgebene Kultbezirke, die durch eine Torhalle (Propylon) mit der Außenwelt verbunden sind.

Die Grundform der griechischen Tempel leitet sich vom Wohnhaus ab. Ihre Statik hat sich also aus dem Holzbau entwickelt. Die klassischen Tempel folgen vorwiegend dem Peripteros-Prinzip: Eine langgestreckte Cella mit zwei Vorhallen an den Längsseiten ist ringsum von einer Säulenhalle umgeben, die das weit ausladende Giebeldach trägt. Seltener sind Konstruktionen mit umlaufenden Säulenhallen; sie werden erst gegen Ende des 5. Jahrhunderts häufiger.

Die Tempel stehen meist auf einem dreistufigen Unterbau (Krepidoma), die oberste Stufe (Stylobat) trägt die Säulen. Die Cella ist im allgemeinen ein einfacher fensterloser Rechteckraum, bei größeren Anlagen enthält sie stabile Stützsäulenreihen, die das Dach mittragen.

Tempelanlagen der klassischen Zeit der griechischen Kultur

Um 450 entsteht in Olympia der Zeustempel mit einer dreischiffigen Cella, deren Inneres eine gewaltige, 13 m hohe Zeusplastik schmückt. Schon aus der ersten Hälfte des Jahrhunderts stammt der Parthenon in Athen, der Tempel der Athena Parthenos (= Jungfrau). Es ist ein Peripteros von 30,9 × 69,5 m mit sechsundvierzig 10,4 m hohen Säulen. Ebenfalls in Athen entsteht gegen Mitte des 5. Jahrhunderts das Hephaisteion, ein eher bescheidener Peripteros von nur 13,7 × 31,7 m (der allerdings von allen griechischen Tempeln der Nachwelt am besten erhalten bleibt).

Weitere bedeutende Tempelanlagen der klassischen Zeit sind der Heratempel in Selinunt, der Aphaiatempel in Ägina, der Concordiatempel und der Tempel der Juno Lacinia in Agrigent, der Tempel von Segesta auf Sizilien, der Apollotempel in Delphi, der Heratempel II im unteritalienischen Paestum und schließlich der Poseidontempel auf Kap Sunion.

Anaxagoras stirbt im Exil

428. Der aus Klazomenai in Kleinasien stammende griechische Naturphilosoph Anaxagoras stirbt im Exil in Lampsakos.

Anaxagoras' Hauptinteresse galt den Himmelserscheinungen, die er rein physikalisch zu erklären versuchte. Der umfassend gebildete Naturforscher und Mathematiker ging nicht wie andere griechische Philosophen von nur einem Urstoff aus, er nahm eine unbegrenzte Vielfalt qualitativ unterschiedlicher »Samen« oder »Keime« an, aus denen sich alle Dinge aufbauen. Vollkommen neu in seinem Denken ist die Postulierung eines vernünftigen und allmächtigen Prinzips, des »Nous«, das allerdings nicht persönlich oder im theologischem Sinne göttlich, sondern als unpersönlich gedachter Geist wirkt. Dieser besteht für sich allein, ist »mit nichts vermischt« und »das reinste von allen Dingen«. Dieser Geist gab Anaxagoras zufolge den Anstoß zur Entstehung einer zweckvoll geordneten, schönen Welt aus dem ursprünglichen Chaos. In dem Anstoß zum Werden erschöpft sich nach Anaxagoras auch die Wirksamkeit des Nous. Alle einzelnen Erscheinungen sah der Denker durch rein mechanische Zusammenhänge verursacht. So verstand er die Sonne nicht wie seine Landsleute als Gottheit, sondern lediglich als eine gewaltige glühende Steinmasse.

Als Gottloser aus der Metropole verbannt

Anaxagoras kam um 500 in Klazomenai bei Izmir zur Welt. Nach Athen zog er um 456. Drei Jahrzehnte lang übte er dort als Freund des Staatsmanns Perikles, des Euripides und anderer bedeutender Persönlichkeiten auf geistigem Gebiet großen Einfluß aus. Seine Ansicht, daß die Gestirne glühende Steinmassen seien, nahmen die Gegner seines Freundes Perikles zum Anlaß, ihn der Gottlosigkeit zu bezichtigen. Im hohen Alter zum Tode verurteilt, floh er 434 nach Lampsakos in Kleinasien (Abb.: Bronzemünze um 170 n. Chr.).

Philosoph Heraklit tot

Um 480. In seiner Heimatstadt Ephesos stirbt der bedeutende Naturphilosoph Heraklit. Er trat als strenger Ethiker und Mahner gegen Sittenverfall ebenso in Erscheinung wie als Kosmologe und Physiker, als Theoretiker und Empiriker, als Mystiker wie als Logiker.

Sein naturphilosophisches Weltbild mißt dem »Urfeuer« zentrale Bedeutung bei und geht von der Einheit der Gegensätze aus. Das kosmische Grundprinzip war für Heraklit eine alles umfassende Ordnung, die alles Geschehen in der Spannung der Gegensätze zu einem Ganzen eint. So fallen nicht nur Tag und Nacht zu einer Einheit zusammen, sondern etwa auch Wachen und Schlafen, Männliches und Weibliches, Hohes und Tiefes, Mischen und Trennen, Entstehen und Vergehen, Leben und Tod. In steter Bewegung, im Hin und Her, Auf und Ab, fänden sich die Gegensätze zur Einheit. Diese Grundordnung aller Dinge bezeichnete Heraklit als »Urfeuer«, das der Kosmos selbst »immer war, ist und sein wird, nach Maßen sich entzündend und verlöschend nach Maßen«. Die Entstehung des Kosmos sah Heraklit als ein »Wenden«, ein Umschlagen des »Feuers« in sein Gegenteil, das »Meer«, aus dem »Erde« und »Glutwind« hervortraten. Auch das Weltall ist einst aus Feuer geworden, und es wird sich dereinst wieder in Feuer auflösen.

Eigenwilliger Denker und Einzelgänger

Heraklit, einer der bedeutendsten Denker der griechischen Philosophie, kam um 554 in Ephesos als Sohn einer vornehmen Familie auf die Welt. Als Einzelgänger, Verachter der Massen und erklärter Gegner der Demokratie suchte er zeitlebens in Theorie und Praxis eigene, neue Wege. Seine philosophischen Schriften, die sich vorwiegend mit aphoristisch kurzen Bildern aus der Natur befassen, sind eigenwillig und dunkel formuliert. Im hohen Alter sonderte sich Heraklit völlig ab. Er zog sich in die Einöden der Berge zurück (Abb.: Bronzebüste, Neapel).

Trauer um Empedokles

Um 425. Im sechsten Lebensjahrzehnt stirbt in der Verbannung auf dem Peloponnes der einst vom Volk vergötterte Philosoph, Dichter, Redner, Ingenieur, Naturforscher, Arzt und Weihepriester Empedokles.

Als Naturphilosoph leugnete Empedokles, daß etwas aus Nichts entstehen oder sich in Nichts auflösen könne. Darüber hinaus bestritt er die Existenz des »Leeren«. Sein Interesse galt demzufolge dem Konkreten, den kosmisch-realen, physikalischen, technischen und mathematischen, aber auch den biologischen und anthropologischen Fragen. Die Begriffe »Entstehen« und »Vergehen« waren ihm zu abstrakt. Er kannte nur die »Verbindung« oder Mischung und die »Trennung« oder Entmischung der unendlich vielen kleinen Stücke, aus denen die Gegenstände und Lebewesen sich zusammensetzen. In seiner Gesamtmenge ist der Stoff unveränderlich. Vier »Wurzeln aller Dinge«, Feuer, Wasser, Luft und Erde, die zugleich göttliche Mächte sind, ruhen im Anfang in sich, durch das einende Band der »Liebe« zusammengehalten. Als trennendes Prinzip tritt der »Haß« hinzu, und die Diskrepanz zwischen »Liebe« und »Haß« führt nach Empedokles zur Bildung der Welt, wie auch der belebten Individuen.

Empedokles lehnte Herrscherwürde ab

483 oder 482 in der reichen sizilianischen Handelsstadt Akragas (Agrigent) geboren, entwickelte Empedokles seine Naturphilosophie als Synthese aus dem Gedankengut älterer Philosophen. Zwar schloß er sich den Freiheitsbestrebungen der Volkspartei seiner Heimatstadt an und verhalf dieser zum Sieg, lehnte aber als überzeugter Individualist die ihm angebotene Herrscherwürde ab. Lange Zeit vom Volk gefeiert, verlor er schließlich doch dessen Gunst und mußte fliehen (Abb.: Empedokles-Münze aus Selinus).

Um 400. Ein griechischer Künstler stellt auf der sogenannten Darius-Vase einen Schatzmeister an einem Rechentisch (Abax) dar. →

Hippokrates in Griechenland verwendet Seilwinden.

Die Pythagoreer Hiketas und Ekphantos aus Syrakus stellen die Lehre von der Achsdrehung der Erde auf (→ um 350 v. Chr.).

In Griechenland ist der Gebrauch von Erdgas verbreitet. →

In Griechenland werden Bronzefeilen verwendet.

In China wird Stahl durch Eintauchen von Schmiedeeisen in flüssiges Gußeisen erzeugt.

398. Im Krieg gegen Karthago setzen die Ingenieure von Dionysios I. von Syrakus erstmals Katapulte ein (→ 4. Jh. v. Chr.).

Um 390. Der Physiker Archytas von Tarent entdeckt die Abhängigkeit der akustischen Tonhöhe von der Schwingungszahl. →

Der griechische Philosoph Platon faßt Gase und Flüssigkeiten unter dem Begriff Fluida zusammen.

378. Philippos von Mende formuliert den trigonometrischen Satz, daß der Außenwinkel eines Dreiecks gleich der Summe der beiden gegenüberliegenden Innenwinkel ist.

374. Die Chinesen verwenden den Kompaß erstmals als reguläres Navigationsmittel. →

360. Der griechische Schriftsteller Äneas der Taktiker beschreibt einen Brandsatz aus Pech, Schwefel, Werk, Weihrauch und Kienspänen, der sich als Wurfgeschoß eignet (→ 4. Jh. v. Chr.). Außerdem führt er optisch-hydraulische Telegraphen ein. →

352. Die Architekten Satyros und Pythis schneiden Marmor mit Steinsägen.

Um 350. Herakleides Pontikos hält ein heliozentrisches Planetensystem für möglich. Zugleich entwickelt er eine Lichtwellentheorie. →

In Griechenland ist die Schraube bekannt. →

Eudoxos erkennt den Stillstand der Sonne im Planetensystem und fertigt die ersten Sterngloben an.

Um 332. Diades, Ingenieur unter Alexander dem Großen, erfindet zusammenlegbare Belagerungstürme (Helepolen), Sturmbrücken und Mauerbrecher. →

330. Aristaeos behandelt die Theorie der Kegelschnitte.

Aristoteles von Stagira verfaßt zahlreiche wissenschaftliche Schriften. Er nimmt die Existenz eines Weltäthers an. Er schließt aus dem Schatten bei Mondfinsternissen auf die Kugelform der Erde. Darüber hinaus führt Aristoteles für die Bezeichnung mathematischer Größen Buchstaben ein. Er lehrt die Schallträgerfunktion der Luft, den beschleunigten Fall frei fallender Körper, die Reibungserwärmung, den Schmelzvorgang und die Verschiedenheit der Schmelzpunkte einzelner Metalle. Außerdem kennt er ein Verfahren, Eisen aus Erzen durch mehrmals wiederholtes Schmelzen reiner darzustellen. Aristoteles berichtet über das Quecksilber und beschreibt ein Zahnradgetriebe (→ 322).

Eudemos von Rhodos schreibt ein erstes Geschichtsbuch der Geometrie, Arithmetik und Astronomie.

Um 320. Der Naturforscher Theophrast von Eresos schreibt ein Geschichtsbuch der Physik. Theophrast erwähnt eine Darstellung von Quecksilber durch Zerreiben von Zinnober mit Essig in kupfernen Gefäßen. Er beschreibt außerdem das Verzinnen des Eisens und die Bereitung von Bleiweiß. →

Theophrast berichtet davon, daß in der afrikanischen Wüste Tiefbrunnen von 600 Fuß erbohrt werden.

Der Grieche Dikaearchos mißt die Höhenwinkel von Bergen mit einem von ihm entwickelten dioptrischen Meßinstrument.

312. Der Zensor Appius Claudius erbaut die erste befestigte Straße des römischen Reichs, die Via Appia, von Rom nach Capua. Später wird sie über Beneventum bis Brundisium verlängert. →

310. Autolykos aus Pitane in Kleinasien verfaßt ein Lehrbuch zur Erklärung der scheinbar gegebenen Himmelsbewegungen.

308. Der Grieche Demetrios konstruiert einen geschlossenen »Kriegswagen« für zwei Mann (→ 4. Jh. v. Chr.).

Um 305. Appius Claudius baut die erste Wasserleitung Roms, die Aqua Appia. Die teils überirdisch, teils unterirdisch verlaufenden Kanäle sind durchweg wasserdicht gemauert.

Der Philosoph Epikur erweitert die Atomlehre Demokrits. →

304. Der athenische Kriegsbaumeister Epimachos baut für die Belagerung von Rhodos im Auftrag des Königs Demetrios Poliorketes einen 125 bis 135 Fuß hohen beweglichen Belagerungsturm (→ 4. Jh. v. Chr.).

GESTORBEN:

345. Archytas von Tarent (* um 430, Tarent), griechischer Mathematiker und Physiker (→ um 390).

322. Bei Chalkis/Euböa: Aristoteles (* 384, Stagira/Mazedonien), griechischer Naturwissenschaftler und Philosoph. →

GEBOREN:

384. Stagira/Mazedonien: Aristoteles († um 322, bei Chalkis/Euböa), griechischer Naturwissenschaftler und Philosoph (→ 322).

Um 310. Samos: Aristarchos von Samos († um 230), griechischer Astronom.

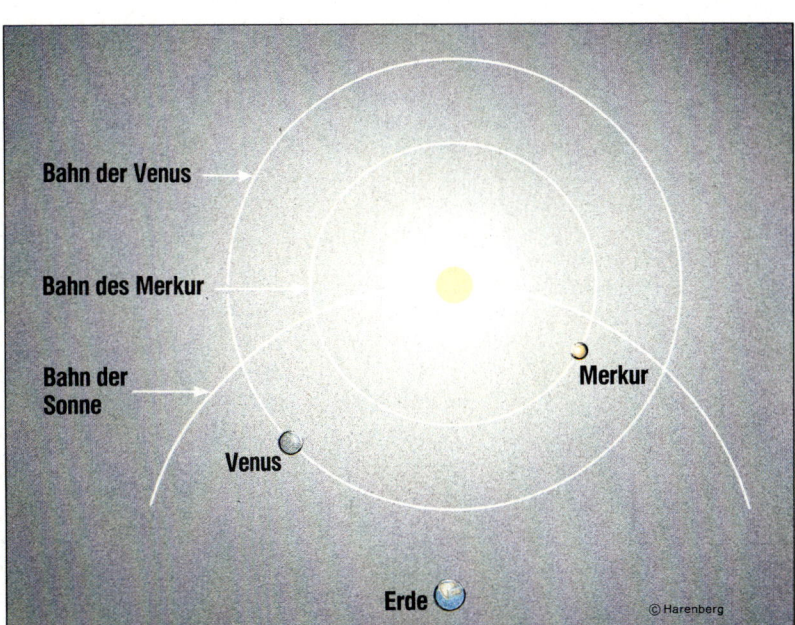

Modell des griechischen Philosophen Herakleides Pontikos, nach dem Merkur und Venus um die Sonne kreisen, die Sonne aber noch um die Erde

Die Erde als rund erkannt

Um 350. Bereits zu Beginn des 4. Jahrhunderts lehren die Pythagoreer Hiketas und Ekphantos aus Syrakus, daß die Erde rund sei und sich um ihre Achse drehe. Um 350 verkündet dann Herakleides Pontikos in seiner Schrift »Über die Vorgänge am Himmel« ausdrücklich, daß sich die Erde täglich einmal um ihre Achse drehe und der Fixsternhimmel feststehe, sich also für den Beobachter nur scheinbar um die Erde bewege. In diesem Zusammenhang spricht er auch vom Stillstand der Sonne. Er erklärt nicht nur Tag und Nacht durch die Erdrotation, er hält es auch für möglich, daß sich die Erde im Laufe des Jahres um die Sonne bewegt, wie er dies bei den Planeten Merkur und Venus erkennt.

Herakleides gehört der von Platon gestifteten älteren »Akademie« an, einer wissenschaftlichen Genossenschaft, zu der sich auch der hervorragende Mathematiker, Astronom und Geograph Eudoxos von Knidos gesellt. Dieser teilt Herakleides' Lehre vom Stillstand der Sonne innerhalb des Planetensystems und fertigt die ersten Sterngloben an. Die Schule führt zu einem neuen, in sich konsistenten astronomischen Weltbild.

Der älteste erhaltene Globus der Welt, der sog. »Atlante Farnese« (so benannt nach seinem früheren Aufstellungsort), aus der Zeit um 300 v. Chr., getragen vom knienden Atlas; auf der Marmorplastik, die nicht die Erde, sondern die Himmelskugel darstellt, sind 42 Sternbilder wiedergegeben

Mit Türmen gegen befestigte Städte

Um 332. Alexander der Große, der Sohn König Philipps II. von Mazedonien, läßt um 332 von seinem Kriegsbaumeister und Ingenieur Diades sogenannte Helepolen bauen. Das sind Belagerungstürme, die so groß sind, daß sie die Festungsmauern der feindlichen Städte weit überragen.

Die riesigen Kriegsmaschinen werden durch die Muskelkraft ihrer Insassen über große Treträder, Haspeln und Flaschenzüge fortbewegt. Auf diese Weise können sich die Belagerer gefahrlos den feindlichen Festungen nähern und über die Mauern in diese eindringen. Vor der phönizischen Stadt Tyros gibt Alexander den Befehl, als größte Helepole einen achträdrigen, 53 m hohen Turm mit 20geschossigem Aufbau in Stellung zu bringen.

Erfunden wurden diese beweglichen Belagerungsmaschinen im östlichen Hellas am Hof des Vaters von Alexander von dem mazedonischen Militäringenieur Poseidonios. Sie werden in verschiedenen Ausführungen gebaut. Besonders die kleineren, also leichter zu bewegenden Helepolen dienen nicht nur als Sturmbrücken zum Überwinden von Mauern, sondern auch als Mauerbrecher. Diese Maschinen erfahren bald größere Verbreitung.

Mazedonischer Belagerungsturm (Helepole)

Skizze einer sogenannten Helepole, eines griechisch-mazedonischen Belagerungsturms, der durch die Muskelkraft der Insassen vorwärts bewegt wird

Schiffsnavigation mit dem Kompaß

374. Über »magnetische Waagen« wurde im alten China schon → um 1160 v. Chr. berichtet. Zu dieser Zeit waren die in kleine Figuren eingearbeiteten Magneteisensteine noch ausgesprochene Seltenheiten. Jetzt setzen sich schwimmend gelagerte Magneten als reguläre Navigationshilfen für die Schiffahrt durch. Dabei handelt es sich um reine Nord-Südweiser, die noch nicht – wie später Kompasse – mit einer Windrose zu einer funktionalen Einheit verbunden sind.

Die schiefe Ebene wird »aufgerollt«

Um 350. Bei Keltern und anderen Pressen verwenden die Griechen als Element der Kraftverstärkung die Schraube. Sie hat hier die Funktion einer um eine zentrale Achse aufgewickelten schiefen Ebene, längs der sich die Achse, geführt durch eine Mutter mit entsprechendem Innengewinde, abwärtsbewegt, wenn man sie dreht.

Die Schraube ist also noch kein Befestigungselement, das den Nagel ersetzt. Dazu ist ihre Herstellung zu aufwendig: Die Holzgewinde müssen in mühsamer Arbeit von Hand gefertigt werden.

Geschütze für den Einsatz im Krieg

4. Jahrhundert. Mit einer Reihe neuer Konstruktionen verändern Erfinder die bisher zur Verfügung stehenden Kriegstechniken.

In Syrakus werden um 400 Torsionskatapulte bekannt. Im Krieg gegen Karthago setzen die Ingenieure von Dionysios I. von Syrakus erstmals derartige Geschütze ein, die Pfeile von 1,8 m Länge verschießen. Sie sollen die Feinde von den Mauern der belagerten karthagischen Kolonie Motya vertreiben. Bald werden auch Brandsätze geworfen oder verschossen. Um 360 beschreibt Äneas der Taktiker einen Brandsatz aus Pech, Schwefel, Werk, Weihrauch und Kienspänen, der als Wurfgeschoß eingesetzt wird.

Mit dem Aufkommen der Helepolen (→ um 332 v. Chr.) liegt auch der Gedanke an geschlossene und damit vor feindlichem Beschuß sichere Kriegswagen nahe. So kon-

struiert der Grieche Demetrios um 308 einen Angriffswagen für zwei Mann, von denen der eine lenkt, während der andere mit den Füßen die Hinterräder antreibt.

Besseren Schutz der Krieger vor geworfenen oder geschleuderten Geschossen bietet auch eine Erfindung des auf der italienischen Halbinsel beheimateten Marcus Furius Camillus. Er ersetzt die bisher üblichen ledernen Helme durch Hauben aus Eisen.

Zwei Hauptformen der griechischen Geschütze sind seit Anfang des Jahrhunderts bekannt: Das Katapult und die Balliste. Das Katapult ist eine große, fahrbare Wurfmaschine. Quer zum Chassis ist ein starkes Sehnen- oder Seilbündel befestigt, in dessen Mitte das Schaftende eines riesigen Holzlöffels gesteckt ist. Zunächst ist dieser Löffel in horizontaler Lage arretiert. Das

Seilbündel läßt sich mit beidseitigen Winden gegenüber dem Löffelschaft verdrallen. Löst man danach die Arretierung des Löffels, so schnellt dieser wie ein Hebel hoch, bis er – in Senkrechtstellung – gegen einen Querbalken stößt und dabei das in seiner Kelle liegende Wurfgeschoß fortschleudert. Die Reichweite derartiger Maschinen liegt bei 400 bis 500 m. Verschossen werden neben Pfeilen auch schwere Kugeln. Als »Polybolon« (griech. = »Vielwerfer«) ausgeführt, arbeitet das Katapult praktisch automatisch: Die Kurbel spannt die Geschützsehne nicht nur, sie fördert über eine Walze zugleich einen neuen Pfeil in eine Schußrinne vor dem Schleuderlöffel bzw. der Sehne und löst sodann den Abzug aus. Derartige Katapulte erfordern nur einen Mann Bedienung und arbeiten als Schnellfeuerwaffen.

Äneas erfindet den Wassertelegraphen

360. In seinem Buch »Von der Belagerungskunst« berichtet Äneas der Taktiker über seine Erfindung eines optisch-hydraulischen Telegraphen. Seine Grundidee ist die Fixierung der durch die bisherigen Fackeltelegraphen (→ um 450 v. Chr.) übermittelten Signale für eine spätere Ablesung.

Äneas stellt an den beiden Telegraphenstationen gleich große, mit gleichartigen Hähnen ausgestattete Wassergefäße auf. Mit einer Fackel werden Signale zum Öffnen und Wiederschließen der Hähne gegeben. In der so festgelegten Zeit sinkt der Wasserspiegel bis zu bestimmten Marken, denen gewisse, zuvor abgesprochene Nachrichten zugeordnet sind. Zwar lassen sich so nicht beliebige Nachrichten übermitteln, aber die Anzahl ist größer als beim Fackeltelegraphen.

Universaltechniker und Naturforscher

Um 320. Als Physiker, Chemiker, Botaniker und Arzt faßt Theophrast von Eresos in zahlreichen Schriften – besonders berühmt wird seine Doxographie (die Geschichte der Physiker von Thales bis Platon) – den naturwissenschaftlichen Kenntnisstand seiner Zeit zusammen.

Ganz besondere Aufmerksamkeit schenkt Theophrast der Chemie. So beschreibt er die Herstellung von Quecksilber durch Zerreiben von Zinnober mit Essig in Kupfergefäßen. Er erklärt auch das Verzinnen des Eisens und die Bleiweiß-Herstellung: Man legt Blei auf ein Gefäß voll Essig und umwickelt das ganze möglichst fest, so daß die Essigdämpfe das Blei angreifen. Das entstehende Bleiweiß wird dann abgekratzt und gesiebt.

Theophrast gibt darüber hinaus Anweisungen für das Ledergerben mit Stoffen aus der Rinde der Aleppo-Kiefer (das Produkt wird im 19./20. Jh. als »Cuir d'Alger« bekannt) und der Erle sowie aus Früchten (Granatäpfel, Eicheln usw.), beschreibt das Teerschwelen und das Brikettieren von Holzkohle mit Pech oder Teer als Bindemittel.

Die Atome können sich verbinden

Um 305. Der aus Samos stammende griechische Philosoph Epikur beruft sich auf die Atomlehre des Demokrit (→ nach 470 v. Chr.) und erweitert sie dahingehend, daß die unterschiedlichen Eigenschaften der verschiedenen Körper nur durch verschiedene Verbindungen gleichartiger Atome bedingt sind. Epikur nimmt damit die Erkenntnis des Zusammenschlusses von Atomen zu Molekülen vorweg.

Epikurs Bild von der Natur entspringt nicht in erster Linie naturwissenschaftlichem Interesse, sondern seiner ethischen Absicht, alle übersinnlichen Kräfte aus der Welterklärung zu verbannen. Das führt den Gelehrten zur Atomistik Demokrits, die er nun konsequent ausbaut. Er ist der Auffassung, daß es nur ein einziges Festes, im Wechsel der Dinge Beharrendes gibt, nämlich die einander sich gleichenden ewigen Atome. Entgegen Demokrit sieht er aber kein primäres richtungsloses Durcheinanderfliegen der Atome, sondern eine Art weitgehend gerichteten »Landregen«, der durch die Schwere dieser Partikel hervorgerufen ist.

Lichtwellentheorie des Herakleides

Um 350. Herakleides Pontikos, Wegbereiter des heliozentrischen Weltbilds (→ um 350 v. Chr.), lehrt, daß sich Licht als Wellenbewegung ausbreitet. Aufgrund der Überlegung, daß sich das Licht von der Sonne zur Erde bewegt, nimmt Herakleides eine Wellenbewegung oder Schwingung im Äther an, wie er sie vom Wasser oder – seit Archytas von Tarent (→ um 390 v. Chr.) – auch vom Schall kennt.

Herakleides ist Mitglied der »Akademie« in Athen, einer von Platon gegründeten philosophisch-naturwissenschaftlichen Genossenschaft, die fast ein Jahrtausend lang besteht (bis 529 n. Chr.) und vor allem Mathematiker, Astronomen und Geographen vereint. Mit seinen astronomischen Vorstellungen knüpft er an platonisches Gedankengut an. In seiner fundamentalen Schrift »Über die Vorgänge am Himmel« schreibt er bereits über die tägliche Achsdrehung der Erde, und er hält auch bereits eine Bewegung der Erde um die Sonne für möglich. An diese Ausführungen knüpft 19 Jahrhunderte später Nikolaus Kopernikus an (→ 24. 5. 1543).

Archytas entdeckt die Tonfrequenz

Um 390. Der Physiker Archytas von Tarent versucht die Mechanik mathematisch zu beschreiben. Dabei widmet er sich auch akustischen Phänomenen und entdeckt, daß die Höhe von Tönen immer direkt von der Schwingungszahl der Körper abhängt, die sie aussenden. Die Wurzeln der nach Pythagoras (→ um 570 v. Chr.) benannten Mathematikschule sind religiös-sittlicher Natur. Ihre großen Leistungen auf dem Gebiet der Musiklehre gehen auf Archytas zurück. Dem Grundgedanken der Pythagoreer folgend, betrachtet Archytas die Zahl als Grundprinzip in der Natur und kommt so dazu, sie auch als Maß musikalischer Harmonie zu suchen. Das führt ihn zur Erkenntnis des Zusammenhangs zwischen Saitenlänge, Schwingungszahl und Tonhöhe. Die Entdeckung, daß sich die Relation zwischen Saitenlänge und Tonhöhe als mathematisch bestimmbares Verhältnis formulieren läßt, ist als die erste Entdeckung eines »Naturgesetzes« zu werten. Allerdings ist diese wissenschaftliche Entdeckung noch deutlich von Phantasie und Mystik beeinflußt.

Schatzmeister zieht Bilanz am Rechentisch

Um 400. Ein griechischer Künstler stellt auf der sogenannten Darius-Vase einen Schatzmeister dar, der an einem Rechentisch oder Abax arbeitet.

Neben vielen anderen Darstellungen aus dem Leben des Perserkönigs Darius zeigt das Vasenbild auf der unteren Leiste auch den Schatzmeister, der mit einem tributpflichtigen Untertanen abrechnet, indem er auf einem Rechentisch Zahlensteinchen in die mit griechischen Zahlzeichen bezifferten Spalten legt.

Danach überträgt der Schatzmeister das Ergebnis seiner Rechnung auf eine Wachstafel.

Ein derartiges Rechenbrett ist auch die »Salaminische Rechentafel«, die wohl gegen Ende des 4. vorchristlichen Jahrhunderts entsteht. Auch auf ihr werden bewegliche Steinchen den Spalten und Zeilen mit griechischen Zahlzeichen zugeordnet.

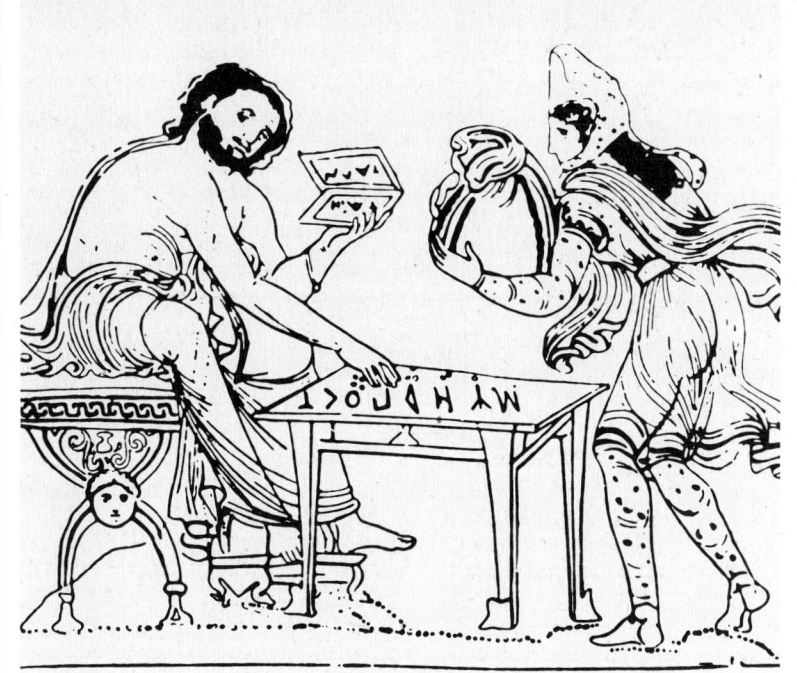

Skizze des Rechentischs auf der unteren Leiste der Darius-Vase

Ein brennbares Gas tief aus der Erde

Um 400. Der griechische Historiker Ktesias aus Knidos in Karien erwähnt den Gebrauch von Erdgas in seiner Heimat als Brennstoff bei Kulten und im Haushalt.

Ktesias ist seit etwa 405 für lange Jahre Leibarzt des Perserkönigs Artaxerxes II. Mnemon und hat als solcher Gelegenheit, altorientalische Traditionen und Techniken kennenzulernen, die er in einem umfangreichen Geschichtswerk beschreibt. Oft kommt er in Karien, der Küstenlandschaft des südwestlichen Kleinasien, auch mit den religiösen Vorläufern der Parsen in Kontakt, die im reinigenden Feuer den Inbegriff des Göttlichen sehen. Sie nutzen als erste die heimischen Erdgasquellen für ihre Kulte, denn der unsichtbare Brennstoff kommt der religiösen Praxis weit mehr entgegen als das alltägliche Holz oder getrockneter Mist. Wegen seines hohen Heizwerts findet das Erdgas aber auch bald im Alltagsleben Verwendung.

Philosoph Aristoteles stirbt vereinsamt auf der Insel Euböa

322. Im Alter von 62 Jahren stirbt der griechische Literat, Philosoph, Logiker, Metaphysiker, Naturforscher, Ethiker, Staats- und Kunstlehrer Aristoteles vereinsamt im Exil bei Chalkis auf Euböa.

Neben seinen populären Abhandlungen verfaßte Aristoteles zahlreiche naturwissenschaftliche Publikationen, u. a. acht Bücher über die »Physik«, vier Bücher »Vom Himmel«, zwei Bücher »Vom Entstehen und Vergehen«, vier Bücher über die »Meteorologie« und eine zehnbändige »Große Tiergeschichte«.

Zur Natur zählte Aristoteles alles, was den Grund zur Veränderlichkeit seines Zustands »in sich selbst trägt«. Die Physik faßte er als Lehre von der Bewegung oder Veränderung auf. Diese Veränderungen können dreierlei Art sein: Räumliche oder Ortsveränderungen, qualitative oder stoffliche Veränderungen und quantitative Veränderungen. Aristoteles legte so die Grundlage zur Gliederung der Naturwissenschaften in Mechanik, Chemie und Biologie.

Die Welt betrachtete er als seit ewigen Zeiten existent. Ihr vollkommenster Teil sei der vom Äther erfüllte Himmelsraum. Dann folgen für Aristoteles die Sphäre der Planeten und die unvollkommene und vergängliche »sublinarische« Welt, die Erdkugel, die er gleichwohl als den Mittelpunkt des Universums ansah.

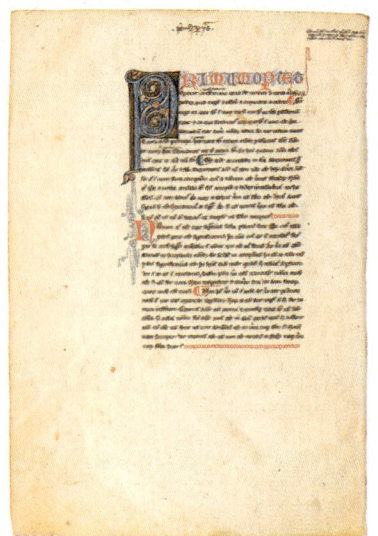
Aristoteles »Organum und Ethik« (Handschrift, Frankreich 13. Jh.)

Aristoteles, Anfang des Buches »De anima« (Italien, Anfang 14. Jh.)

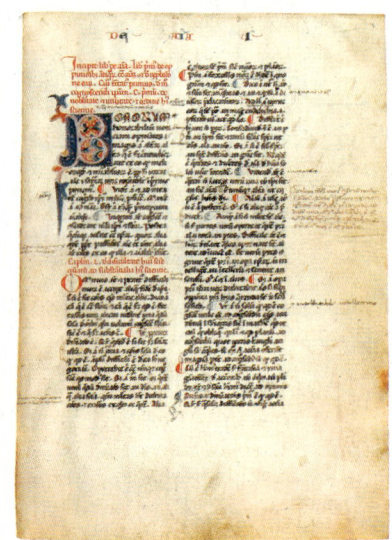
Aristoteles »Libri naturales« (italienische Handschrift, Anfang 14. Jh.)

Aristoteles (Rembrandt van Rijn)

Universalgelehrter und Erzieher von Alexander dem Großen

Aristoteles wurde 384 in dem unterentwickelten Stagira auf der thrakischen Chalkidike als Sohn eines Arztes geboren. Er verlor früh seine Eltern und kam als 17- bis 18jähriger nach Athen, wo er sich für zwei Jahrzehnte der Akademie Platons anschloß. Nach Platons Tod zog er zu dem Fürsten Hermias von Atarneus nach Assos in Kleinasien, dessen Nichte und Adoptivtochter Aristoteles heiratete. Ab 342 übernahm er am Hof des Königs Philipp von Mazedonien die Erziehung des 14jährigen Alexander. Um 335 kehrte er nach Athen zurück, lehrte zunächst im »Lykeion« und gründete dann vermutlich eine eigene Schule, den Peripatos. Möglicherweise entstand diese nach den von ihren Studenten benutzten Wandelgängen benannte Lehranstalt aber auch erst nach Aristoteles' Tod. Sicher aber errichtete er ein Museum für Naturhistorie und eine Bibliothek für Landkarten und Manuskripte, die auch seine eigenen Schriften enthielt. Nach dem Tode Alexanders (323) bezichtigten ihn die Athener der Gottlosigkeit. Er floh nach Chalkis auf Euböa, wo er im folgenden Jahr stirbt.

Römer pflastern erste Landstraße

312. Der Zensor Appius Claudius erbaut die erste befestigte Landstraße des Römischen Reichs, die Via Appia, von Rom nach Capua (später wird sie nach Brundisium verlängert und mißt dann 540 km bei 8 m Breite).

Der Unterbau der Straße besteht aus grobem, verfestigtem Kies, der Oberbau aus einer Lage glatter Quadersteine.

Die ursprüngliche Straße ist 4,30 m breit und erlaubt Reisegeschwindigkeiten von etwa 10 km in der Stunde. Die täglichen Reiseetappen – etwa der römischen Staatspost – liegen bei 50 bis 80 km.

Die befestigte Via Appia Antica südlich der Stadt Rom

Die grob gepflasterte Fahrbahn der Via Appia Antica

Tiefbrunnen in der Wüste Nordafrikas

Um 320. Theophrast von Eresos berichtet, daß in der afrikanischen Wüste Tiefbrunnen von 600 Fuß (etwa 200 m) erbohrt werden, deren Wasser man mit Göpelwerken in die Höhe fördert.

Über die Bohrtechnik erwähnt der griechische Historiker nichts Näheres. Bekannt ist aber, daß allein im Nildelta mehrere tausend Brunnen verschiedener Tiefe der Wasserversorgung dienen. Das Wasser wird mit einer Schöpfeimerkette gefördert, deren Seil – ein Palmbast-Strick – über eine Welle oder über ein Rad führt. Diese sogenannte »Sakije« ist ein Paternoster-Werk aus Tontöpfen. »Sie kann in 24 Stunden etwa 2 ha Land bewässern; im Schichtbetrieb reicht sie maximal für 20 ha.« Angetrieben werden die Schöpfwerke über Tret- oder Laufräder, zum Teil auch bereits über Göpel oder Erdwinden. Der Göpel überträgt die Antriebsarbeit von Menschen oder Tieren über Zahnräder – einfache Holzräder, in die Pflöcke gesteckt sind – auf die horizontale Paternoster-Welle.

Palette der Farben deutlich erweitert

4. Jahrhundert. Die griechischen Handwerker und Kunstmaler verfügen über eine reiche Farbpalette. Als Weiß stehen u. a. mit Milch angerührte Kreide und das künstlich gewonnene Bleiweiß (→ um 320 v. Chr.) zur Verfügung. Gelb sind Ocker und das aus Schwefelarsen bereitete Auripigment. Zahlreiche Rottöne liefern ebenfalls die Ockererden sowie gebrannte Ziegelerde. Gute – aber giftige – rote Farbe, die Mennige, erhält man durch Erhitzen von Bleiweiß. Dazu kommt der spanische Zinnober. Als Blau dient das »Ägyptisch-Blau«, das beim Brennen von Kupfererz mit Sand, Kalk und Soda entsteht. Ein teurer natürlicher blauer Farbstoff ist der »kyanos« (Zyan) aus Ägypten. Auch Indigo wird verwendet. Die wichtigsten grünen Farben liefern der Malachit aus Mazedonien, Armenien und Zypern, die Grünerde aus Smyrna und der Grünspan, den man aus Kupfer durch Einwirkung von Weinhefe erhält. Als Schwarztöne verwendet man in erster Linie Ruß, manchmal auch Holzteer.

300
300–201 v. Chr.

Um 300. Euklid formuliert sein mathematisches Lehrbuch »Elemente«. →

Der Grieche Erasistratos führt das Katheter zur künstlichen Entleerung der Blase ein.

In Babylon ist auf Sternwarten ein regelmäßiger astronomischer Beobachtungsdienst eingerichtet.

Bronzespiegel der Etrusker sind auch außerhalb Italiens begehrt. →

Seleukos Nikator beginnt mit dem Bau des Hafens von Seleukia Pieria, einem der bedeutendsten Werke griechischer Wasserbaukunst.

In Ägypten wird die Fußtöpferscheibe üblich. →

Um 290. Chares erbaut den 32 m hohen Koloß von Rhodos. →

Um 280. Sostratos baut den Leuchtturm von Pharos (→ um 290 v. Chr.).

Um 275. Straton von Lampsakos begründet die Experimentalphysik. →

263. Appius Claudius baut durch Ochsengöpel angetriebene Schaufelradschiffe.

Eumenes I. von Pergamon erfindet das Pergament. →

260. Philon von Byzanz beschreibt erstmals Wasserräder.

Aristarchos von Samos lehrt, daß die Sonne und die Fixsterne unbeweglich sind, daß sich die Erde um die Sonne bewegt und gleichzeitig um ihre eigene Achse dreht.

Der römische Edil Publius Claudius Pulcher läßt eine von ihm angelegte Straße erstmals mit Meilensteinen versehen.

Um 250. Ktesibios von Alexandria baut die erste Saugpumpe. →

Philon von Byzanz bedient sich der Handkurbel (→ um 210 v. Chr.).

Ktesibios verwendet Blattfedern zum Bau von Bronzefeder-Katapulten. Er konstruiert auch eine Wasseruhr. →

Die Chinesen der Chou-Epoche (403–221) verfügen über drei astronomische Kataloge mit insgesamt 1464 Sternen in 284 Sternbildern.

Dionysios von Alexandria erfindet ein automatisches Schnelladegeschütz für Pfeilgeschosse.

Der griechische Mathematiker und Physiker Archimedes von Syrakus befaßt sich u. a. mit den Inhalten von Kegel, Halbkugel und Zylinder, berechnet die Zahl Pi, quadriert Parabel und Ellipse und erörtet die Kubatur der Kugel, des Sphäroids und des Konoids. Er berechnet Quadratwurzeln durch Näherung und bereitet die spätere Integralrechnung vor, stellt die Hebelgesetze auf, erfindet die endlose Schraube, die Wasserschnecke (Archimedische Spirale) und komplizierte Flaschenzüge sowie ein Zahnradgetriebe mit Schneckenantrieb. Archimedes fertigt einen Himmelsglobus an, findet das Gesetz des hydrostatischen Auftriebs und formuliert den

Begriff des spezifischen Gewichts. Außerdem erkennt er die Bedeutung der Refraktion des Lichtstrahls. Zur Messung des Sonnendurchmessers bedient er sich des Dioptrlineals (→ 212 v. Chr.).

248. Die ersten Uhren arbeiten mit Zahnradantrieb.

241. Attalos I. von Pergamon führt in Griechenland die orientalische Goldwirkerei ein.

240. Eratosthenes von Kyrene stellt für die Erdkunde das System von Längen- und Breitengraden auf.

Um 230. In Griechenland ist die Kolbenspritze (für Klistiere) bekannt.

Der griechische Mechaniker Ktesibios von Alexandria baut erstmals pneumatische und hydraulische Geräte (→ um 250 v. Chr.).

Um 220. Shih Huang Ti unternimmt in China den ersten Versuch, Maße, Gewichte, Münzen und Schrift zu vereinheitlichen. →

Eratosthenes führt die Gradmessung der Winkel ein und errechnet den Erdumfang zu 2500 Stadien (= 44 250 km).

212. Shih Huang Ti vollendet die Große Mauer. →

Um 210. Apollonios von Perge ermittelt die Zahl Pi zu 3,14169. Zugleich entwickelt er einen Schnellrechner (Okytokion).

Philon von Byzanz erfindet eine Reihe hydraulischer und pneumatischer Geräte, unter anderem Wasserhebeapparate und Eimerbagger, entdeckt das Gesetz der kommunizierenden Röhren und die Urform des Thermometers, konstruiert eine Taucherglocke und verschiedene Automaten. Außerdem erfindet er das Kardanische Kreuzgelenk und beschreibt als erster auch die Eisengallustinte. →

In China wird in der Tsin-Epoche Aluminium (zu Gürtelschnallen) verarbeitet.

GESTORBEN:

Um 230. Aristarchos von Samos (* um 310, Samos), griechischer Astronom.

215. Rhodos (?): Apollonios von Rhodos (* um 295, Alexandria), griechischer Gelehrter.

212. Syrakus: Archimedes (* um 285, Syrakus), griechischer Gelehrter.

GEBOREN:

Um 295. Alexandria: Apollonios von Rhodos († 215, Rhodos [?]), griechischer Gelehrter.

Um 285. Syrakus: Archimedes († 212, Syrakus), griechischer Mathematiker, Physiker und Erfinder (→ 212).

Um 262. Perge/Kleinasien: Apollonios von Perge († um 190), griechischer Mathematiker und Astronom.

Etruskischer, gravierter Spiegel, die Geburt der Athena darstellend

Etrusker fertigen Qualitätsspiegel

Um 300. Die im mittleren und nördlichen Italien ansässigen, kunsthandwerklich sehr geschickten Etrusker stellen Handspiegel aus polierter Bronze her, die sich weit über die Grenzen Italiens hinaus großer Beliebtheit erfreuen. Etruskische Bronzespiegel gibt es schon seit mehr als zwei Jahrhunderten, ihren Höhepunkt erreicht die Kunst der Spiegelmacher aber erst im dritten vorchristlichen Jahrhundert.

Geschichte des Metallspiegels

2900–2800: Kupferspiegel in ägyptischen Gräbern

Um 2000: Ältester Gebrauchsbronzespiegel in der Pfahlbausiedlung Port-Alban am Neuenburger See

7. Jahrhundert: Polierte Bronzespiegel in China (in der späten Chou-Zeit) für Kultzwecke

Zentren der Spiegelindustrie sind Palestrina und Vulci. Die sehr fein gearbeiteten Bronzespiegelchen sind auf der Vorderseite poliert, auf der Rückseite sind Szenen aus der Mythologie oder aus dem Alltag eingraviert oder als Reliefs eingearbeitet. Häufig finden sich auf den Rükken der Metallscheiben von etwa 15 cm Durchmesser wie Engel geflügelte Figuren beiderlei Geschlechts. Die dünnen Bronzescheiben, aus denen die Spiegel gefertigt sind, werden im Massivgußverfahren hergestellt. Oft sind die Spiegel mit getrennt gearbeiteten, kunstvollen Handgriffen versehen. Sie werden in Etuis mit Klappdeckel geliefert.

Römischer Soldat erschlägt Archimedes

212. Bei der Eroberung von Syrakus erschlägt ein römischer Soldat Archimedes, den bedeutendsten griechischen Physiker, Mathematiker und Erfinder.

Archimedes tat sich besonders mit theoretischen und praktischen Arbeiten auf dem Gebiet der Mechanik hervor. Er gilt als bedeutendster Mathematiker seiner Zeit und nahm sogar Gedanken der Differentialrechnung vorweg. Er schrieb bemerkenswerte Arbeiten über die Berechnung von Kugeln, Kegeln und Zylindern, über die Geometrie des Kreises, des Konoids (es entsteht durch Rotation einer Kurve um eine Achse) und des Rotationsellipsoids oder Sphäroids. Er arbeitete über Spiralen und Flächen und berechnete die Quadratur der Parabel. Seine ausführlichen geometrischen Studien führten Archimedes zu einem neuen Bild der griechischen Himmelsmechanik.

Obgleich all diese Leistungen wichtige Grundlagen der späteren Mathematik und Geometrie darstellen, wurde Archimedes zu Lebzeiten eigentlich erst durch die Entdeckung physikalischer Gesetze und deren konsequente mechanisch-technische Anwendung bekannt. Berühmt wurde sein Satz: »Gebt mir einen Punkt und ich hebe die Welt aus den Angeln«, den er anläßlich der Entdeckung des Hebelgesetzes (Kraft × Hebelarm ist konstant) äußerte.

Wichtig für technische Entwicklungen seiner Zeit ist die Erfindung der nach ihm benannten »Archimedi-

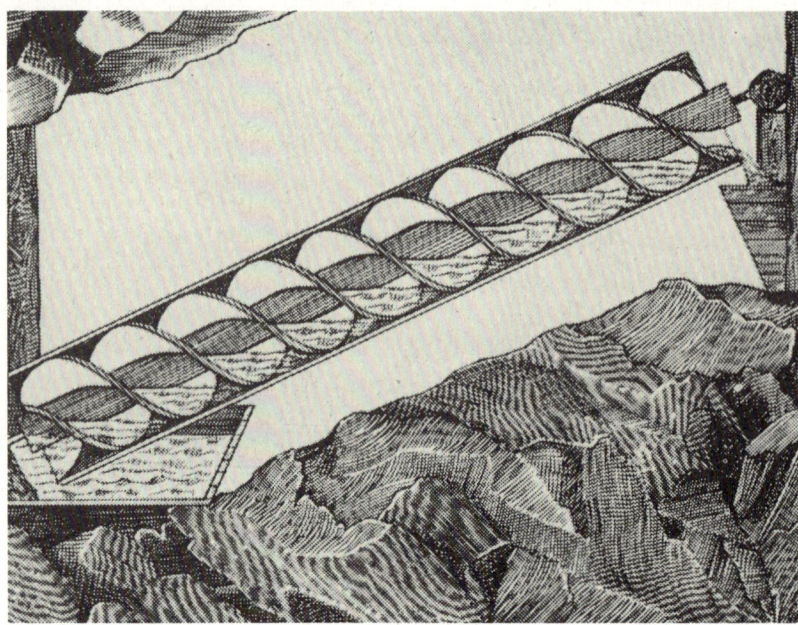

Wasserhebegerät, das die problemlose Weiterleitung von Wasser auch über Steigungen ermöglicht; eine der bedeutendsten Erfindungen des Archimedes

schen Schraube«, eines Geräts zum Wasserheben. Es läßt sich zum Entwässern von Schiffen oder als Bewässerungsapparat in der Landwirtschaft einsetzen (und findet noch zwei Jahrtausende nach seinem Tod Verwendung). Die gebräuchlichste Form dieser Bewässerungsschraube ist ein Rohr, das sich spiralförmig um eine zentrale Achse windet. Im Betrieb wird ein Ende des Rohrs unter Wasser gelegt. Die Achse weist unter einem bestimmten Winkel schräg nach oben, also über den Wasserspiegel hinaus. Dieser Winkel ist so zu wählen, daß der tiefste Teil eines

Schraubengangs niedriger liegt als der höchste des vorhergehenden. Dreht man die gesamte Vorrichtung mit einer Kurbel um die Längsachse, dann fördert sie in ihrem Innern Wasser nach oben.

Eine besondere theoretische Leistung auf dem Gebiet der Hydraulik ist dagegen Archimedes' Bestimmung der Auftriebskraft, die er als das Gewicht der verdrängten Flüssigkeitsmasse erkennt. Anläßlich dieser Entdeckung soll er sein berühmtes »eureka« (griech. = »ich hab's«) ausgerufen haben. Seither ist das Auftriebsgesetz auch als »Archimedisches Prinzip« bekannt.

Im Auftrag des tyrannischen Königs Hieron II. entwickelte er zahlreiche neuartige und leistungsstarke Kriegsmaschinen wie Wurfschleudern, Krane zum Hochheben und Vernichten von landenden feindlichen Schiffen oder Brennspiegel, die dem Herrscher 214 beim Angriff der Römer auf Syrakus während des zweiten Punischen Krieges (218 – 201) angeblich gute Dienste taten (→ 4. Jh. v. Chr.).

Archimedes wird schließlich ein Opfer des Kriegs. Während der Einnahme von Syrakus erschlägt ihn ein in Wut geratener römischer Soldat, als Archimedes den Legionär empört anherrscht: »Störe meine Kreise nicht!« Der Römer wollte eine in den Sand gezeichnete geometrische Figur des Archimedes mit den Füßen verwischen.

Wissenschaftler und Techniker am Königshof

287 in Syrakus geboren, erhielt Archimedes seine wissenschaftliche Ausbildung in Alexandria in Ägypten unter Konon von Samos. Anschließend kehrte er nach Syrakus zurück. Dort war er als Wissenschaftler und Techniker am Hofe des Königs Hieron II. tätig. Bekannt wurde er u. a. durch die Lösung einer Aufgabe, die ihm der Tyrann stellte: Er sollte herausfinden, ob eine neu gefertigte Krone aus reinem Gold bestand. Er löste das Problem durch die Bestimmung des spezifischen Gewichts über den Gewichtsverlust im Wasser.

Archimedes (römisches Mosaik)

Euklid: Fortschritte in der Geometrie

Um 300. Euklid, der wohl bedeutendste griechische Mathematiker, faßt in seinem epochalen 13bändigen mathematischen Lehrbuch »Elemente« die Erkenntnisse der frühen griechischen Mathematiker zusammen und formuliert zugleich weitergehende eigene Erkenntnisse.

Die ersten sechs Bände des Werks legen das Fundament für die gesamte (noch im 20. Jahrhundert gültige) Geometrie. Nicht nur die von ihm formulierten Theoreme – eingeschlossen die Fundamentalsätze über die Winkelsumme im Dreieck und die Kongruenz – sind für die Geometrie von grundlegender Bedeutung, auch die von ihm entwickelte Methodik zur logischen Ableitung von Theoremen aus Definitionen, Postulaten und Axiomen ist (bis in die Gegenwart) richtungweisend.

Euklid formuliert die ersten Lehrsätze der Zahlentheorie und die Grundgesetze der geometrischen Optik. Außerdem schreibt er über Themen wie Daten, Oberflächenteilung und Harmonielehre. Euklids geometrisches System ist so konsistent und vollständig, daß der Begriff »Euklidische Geometrie« mehr als zwei Jahrtausende lang als Synonym für »klassische Geometrie« steht.

Zwei der wichtigsten Erkenntnisse Euklids sind der »Euklidische Lehrsatz«, der besagt, daß im rechtwinkligen Dreieck das Quadrat über einer Kathete flächengleich dem Rechteck aus der Hypotenuse und der Projektion der Kathete auf die Hypotenuse ist (»Kathetensatz«), und der »Euklidische Algorithmus«, ein einfaches Verfahren zur Bestimmung des größten gemeinsamen Teilers zweier Zahlen.

Euklids Lehren werden richtungweisend für die Entwicklung von Mathematik und Geometrie in Griechenland. Diese Grundlagen ermöglichen darüber hinaus weitere Erkenntnisse durch andere Denker.

Kaiser Shih Huang Ti baut Große Mauer

212. Der chinesische Kaiser Shih Huang Ti läßt die älteren Schutzwehren der drei nördlichen Staaten seines Reichs (Ch'in, Chao und Yen) untereinander verbinden und zu der größten Schutzmauer der Erde ausbauen.

Das rund 2450 km lange Bauwerk schützt das Land vor Mongoleneinfällen. Etwa 300 000 Arbeiter beteiligen sich an seiner Errichtung. Die Mauer ist an den meisten Stellen 16,5 m hoch, am Fuß 8 und an ihrer Krone 5 m breit. Das Bauvolumen umfaßt etwa 300 Millionen Kubikmeter. Im Süden besteht es vorwiegend aus gestampftem Lehm, im Norden, bei Peking, aus Stein. In wechselnden Abständen überragen Wachttürme die Mauer.

Große Mauer in China; das 16,5 m hohe Bauwerk führt durch Bergland

Normierte Maße und Gewichte in China

Um 220. Kaiser Shih Huang Ti aus der Ch'in-Dynastie unternimmt in China den ersten Versuch, Maße, Gewichte, Münzen und Schrift zu vereinheitlichen.

Wichtigstes Eichmaß ist das »Schallrohr« (huang-tschung), eine Flöte, die 1200 Hirsekörner faßt, die wiederum 12 tschou wiegen. Untereinheit ist 1 lei (zehn Körner). 10 lei ergeben 1 tschou. 24 tschou heißen 1 liang. Entsprechend diesen Hohlbzw. Gewichtsmaßen, die auf kleinen Hebelwaagen bestimmt werden, sind die Geldäquivalente der Waren, die Münzen, benannt. Es gibt lei- und tschou-Münzen.

Physiker Ktesibios nutzt Wasserdruck

Um 250. Der griechische Ingenieur und Physiker Ktesibios von Alexandria beschäftigt sich mit den Kräften, die die Drücke von Luft und Wasser darstellen und nutzt sie in zahlreichen mechanischen Anwendungen. Ktesibios erfindet die Druckluftpumpe, die Feuerspritze, die Wasserorgel, pneumatische Bogengeschütze und diverse Zahnstangenmechanismen. Außerdem verbessert er die Wasseruhr (Klepshydra; → 422 v. Chr.) zu einem Präzisionszeitmesser für das ganze Jahr (→ um 250 v. Chr.).

Die aus Bronze gefertigte Feuerspritze des Ktesibios besteht aus zwei senkrechten Pumpenzylindern, die in ihrem unteren Teil durch ein horizontales Rohr untereinander verbunden sind. In dessen

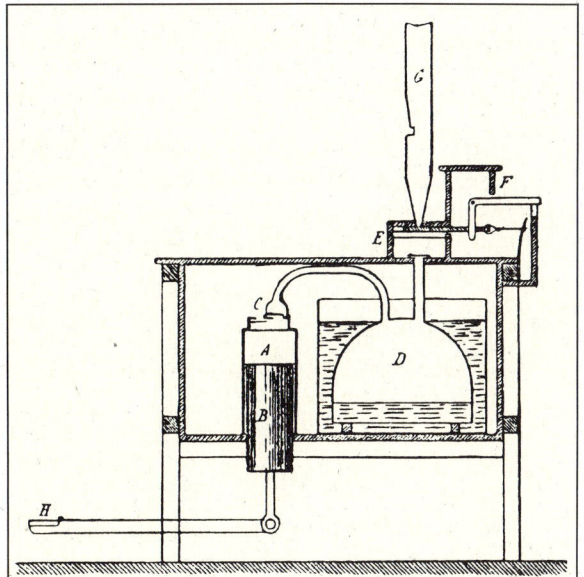

Wasserorgel; beim Niedertreten von H wird der Kolben B in A emporgedrückt; die Luft wird durch das Ventil C nach D gedrückt; die Luft in D drückt das Wasser nach unten und außen empor; der Wasserdruck bewirkt, daß die Luft in D und E durch die Orgelpfeife G strömt, sobald man durch Anschlagen von F die Verbindung zwischen E und G herstellt

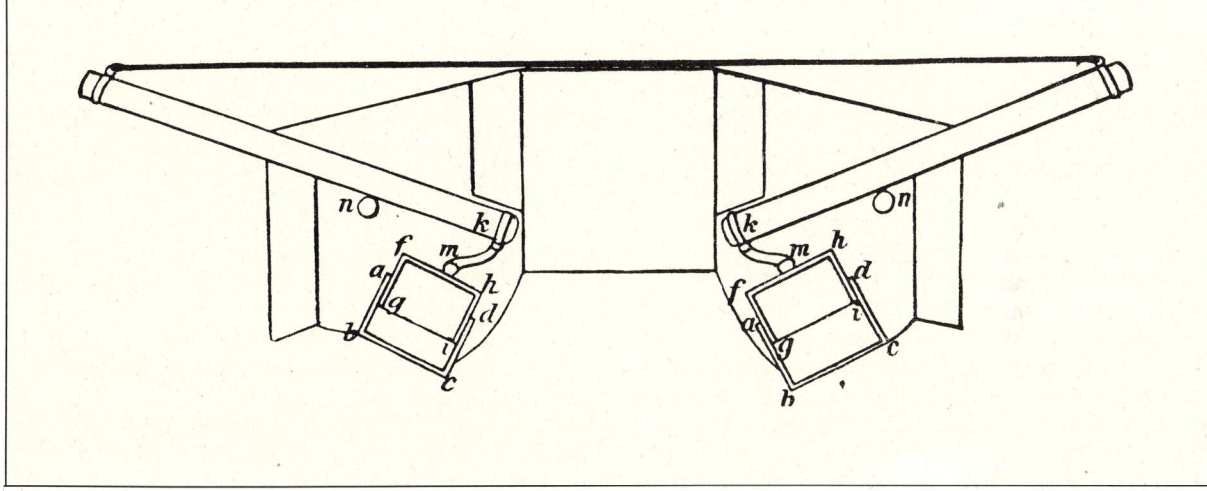

Luftspanner des Ktesibios; beim Anziehen der Sehne schieben sich die Kolben in den Zylinder, beim Loslassen schnellen sie durch den Druck der gepreßten Luft zurück, so daß die Sehne mit großer Gewalt das Geschoß fortschleudert

Mitte ist, senkrecht nach oben weisend, ein Windkessel montiert, der gegenüber den horizontalen Verbindungsrohren durch Ventilklappen abgedichtet ist. Durch Hebel werden zwei massive, mit Öl geschmierte geschliffene Kolben in den Pumpenzylindern abwechselnd auf und ab bewegt. Auf diese Weise füllt sich der Windkessel unter Druck mit einem Gemisch aus Luft und Wasser, das in den Zylindern komprimiert wird. Durch ein Steigrohr, das in den Windkessel ragt, drückt die komprimierte Luft das Wasser in die Höhe, wo es am oberen Ende als freier Strahl austritt. Luftdruck ist auch die treibende Kraft der Wasserorgel des Ktesibios. Die durch eine Kolbenpumpe komprimierte Luft gelangt in einen

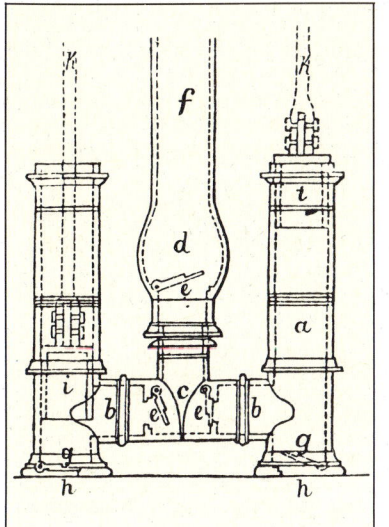

Hydraulische Feuerspritze des Ktesibios, rekonstruiert nach Vitruv

Kessel, aus dem sie Wasser in einen mit dem Kessel verbundenen Außenraum verdrängt. Der Kessel stellt damit einen Behälter für durch Wasserdruck erzeugte Preßluft dar, dem über ein Ventil die Luft zum Anblasen der Orgelpfeifen entnommen werden kann. Hydraulisch betätigt Ktesibios auch den Sehnenspannmechanismus von Geschützen. Er erreicht dadurch besser reproduzierbare Sehnenspannungen und gleichmäßigere Schußweiten als bei verdrallten Sehnen.

Die Kraft des Drucks nutzt Ktesibios auch beim Saugrohr aus, hier allerdings in Form des Unterdrucks. So erfindet er die Saugpumpe, die nun oft den bisher verwendeten Stechheber ersetzt. Sie dient u. a. zum Abfüllen von Getränken.

Ein über 2000 Jahre altes Papyrus aus Alexandria (Österreichische Nationalbibliothek in Wien)

Schreibmaterial aus Häuten: Pergament

263. Eumenes I., Herrscher von Pergamon, läßt aus Tierhäuten ein neuartiges Material zum Beschreiben entwickeln. Seine schnell wachsende Schriftensammlung und der mangelnde Papyrusnachschub aus Ägypten – der angeblich mit dem Neid von König Ptolemaios V. zusammenhängt – drängen dazu.

Leder wird zwar schon seit vielen Jahrhunderten beschrieben, und auch das neue Material besteht aus Tierhäuten, doch werden diese jetzt auf eine völlig neue Art bearbeitet: Die von Haaren und Fetten befreiten Felle werden mehrere Tage lang in einer Kalkgrube eingeweicht. Danach spannt man sie straff auf Holzrahmen und schabt sie mit einem Messer sauber. Sodann werden sie eingefeuchtet, mit Kreidestaub eingepudert und mit Bimsstein glattgerieben. Verwendet wird die Haut von Rindern, Eseln, Schafen, Ziegen und Schweinen. Das neue Material, das sich nach seiner Ursprungsstadt bald »Pergament« nennt, wird besonders fein, wenn man die Haut junger Tiere verwendet. Pergament ist glatter und wesentlich haltbarer als Papyrus (→ um 3000 v. Chr.).

Nachdem in der Mittelsteinzeit Stein und z. T. bereits Tontafeln als beschreibbares Material verwandt wurden, kamen um 3000 v. Chr. in Ägypten die ersten flexiblen Schriftträger aus dem Mark der Papyruspflanze auf. Um 2200 v. Chr. verwandten die Ägypter dann erstmals auch Lederrollen.

Präzise Messung der Zeit

Um 250. Ktesibios von Alexandria, ein griechischer Physiker und Erfinder (→ um 250 v. Chr.), baut eine äußerst präzise Wasser-Auslaufuhr, die Stunden, Tage (Tag und Nacht) und Jahre exakt anzeigt.

Herz der Uhr ist ein Stechheber (Klepshydra; → 422 v. Chr.) mit einer äußerst genau gearbeiteten Öffnung aus Gold oder einem durchbohrten Edelstein, durch die das Wasser gleichmäßig ausläuft und in einem darunter befindlichen Bekken einen Schwimmer hebt. Dieser trägt eine vertikal nach oben gerichtete Zahnstange, die in ein Räderwerk eingreift. Das Räderwerk seinerseits bewegt eine 1,25 m hohe Säule, auf deren Umfang – senkrecht von unten nach oben – 2 × 12 Stunden markiert sind. Am Fuß der Säule steht eine kleine Frauenskulptur, aus deren Augen ständig Tränen tropfen. Sie sammeln sich in einer senkrechten Röhre, in der sich wiederum der Schwimmer mit der Zahnstange befindet, die an ihrem oberen Ende eine zweite Frauenfigur langsam hebt. Diese zweite Figur weist mit einem Stab während ihres Emporsteigens längs der Säule auf die Stundenmarkierungen. Hat die Figur die 2 × 12 Stunden des Tages und der Nacht durchlaufen, dann öffnet sich an der Schwimmerröhre automatisch ein Ventil; das Wasser fließt ab, der Schwimmer sinkt, und die Zahnstange dreht über ein Räderwerk die zylindrische Säule um einen Tag weiter. Innerhalb eines Jahres dreht sie sich so einmal um ihre Achse. Zugleich sinkt die mit dem Schwimmer gekuppelte Anzeigefigur wieder auf die Stunde Null zurück. An der Säule wird außerdem jeder neue Tag von der Zunge einer sich emporreckenden Schlange markiert.

Wichtig bei dieser Konstruktion ist die Zuflußeinrichtung, in der stets ein konstanter Wasserspiegel herrschen muß, damit stets der gleiche Auslaufwasserdruck und damit die gleiche Auslaufgeschwindigkeit aufrecht erhalten werden. Ktesibios benutzt hierzu ein mit einem offenen Wasserhahn verbundenes Regulierbecken, in dem sich ein keilförmiger Schwimmer befindet. Steigt der Wasserspiegel im Regulierbecken zu weit, dann hebt sich der Schwimmer und verschließt den Hahn.

Die dem Altertum eigenen unterschiedlichen Längen der Tages- und Nachtstunden berücksichtigt die Skaleneinteilung an der Säule; die für jeden Tag des Jahres individuell gezeichnet ist. Bei dieser Art der Zeitmessung teilte man die Zeit zwischen Sonnenauf- und -untergang durch zwölf und erhielt die Länge der Tagstunden. Die Nachtstunden ermittelte man entsprechend.

Rekonstruktion der Wasseruhr des Ktesibios für das Deutsche Museum in München

Experimente als ein Weg der Erkenntnis

Um 275. Straton von Lampsakos, ein Schüler des Philosophen Aristoteles (→ 322 v. Chr.), begründet die Experimentalphysik.

Der überzeugte Materialist erregt durch seine physikalischen Experimente Aufsehen und weist Mechanikern wie Ärzten neue Wege der naturwissenschaftlichen Erkenntnis. Das Anschauen sei stets mit Denken, das Denken mit Anschauen verbunden, lehrt er. Mit dieser These tritt Straton dem Dualismus zwischen Geist und animalischer Seele, zwischen theoretischen Gedanken und materiellem Sein und damit dem Spiritualismus in der Philosophie entgegen.

Automatiklampe in Byzanz gebaut

Um 230. Weil das Einfüllen von Öl in die Behälter der Öllampen eine lästige Arbeit ist, versucht man seit längerem, die Leuchten aus größeren Vorratsbehältern zu speisen (→ nach 406 v. Chr.). Philon von Byzanz verbessert diesen Ölbehälter so, daß das Nachfüllen des Öls in die Lampen automatisch erfolgt.

Dazu konstruiert er die Lampe folgendermaßen: In der Mitte des mit Öl gefüllten Lampengefäßes ragt senkrecht ein dünnes Rohr auf, das an der Seite mit einem Loch versehen ist. Der Ölspiegel reicht bis über dieses Loch. Der obere Teil des Rohres ragt weit in den kugelförmigen Vorratsbehälter, der an seinem unteren Ende zwei dünne offene Ausflußtüllen aufweist, die in den Lampenbehälter münden. Oben hat der Vorratsbehälter eine hermetisch verschließbare Einfüllöffnung. Öl kann aus den Tüllen nur dann ausfließen, wenn im Raum über dem Ölspiegel atmosphärischer Luftdruck herrscht. Dieser Raum ist jedoch über das senkrechte Röhrchen mit dem seitlichen Loch so lange verschlossen, bis die brennende Lampe genug Öl verbraucht hat, um das Loch freizugeben. Dann strömt Luft ein, und es fließt so lange Öl aus, bis das Loch im Röhrchen wieder durch die Flüssigkeit geschlossen ist. Die Lampe Philons beweist, daß ihr Konstrukteur die physikalischen Gesetze des Luftdrucks genau kennt und optimal einzusetzen versteht.

Der Leuchtturm von Pharos bei Alexandria (Kupferstich von Johann Bernhard Fischer von Erlach von 1721)

Zwei technische Weltwunder sind errichtet

Um 290. In der Nähe des Hafens von Rhodos errichtet der griechische Bildhauer Chares von Lindos eine 32 m hohe kolossale Statue als weithin sichtbares Seezeichen. Nur etwa ein Jahrzehnt später (um 280) baut der griechische Architekt Sostratos ein anderes riesiges Navigationsmal, den Leuchtturm von Pharos. Nach dieser Stadt wird später in den romanischen Sprachen der Leuchtturm generell bezeichnet.

Der Koloß auf der Insel Rhodos ist keine Einzelerscheinung. Nach einem zeitgenössischen Bericht haben die Einwohner auf dem Eiland rund 3000 Statuen errichtet, davon 100 Kolossalstatuen.

Das als »Koloß von Rhodos« berühmte Weltwunder stellt den besonders verehrten Sonnengott Helios dar. Die Errichtung des Riesenstandbildes verschlingt die gewaltige Summe von 300 Talenten, also den Gegenwert von rund 10 000 Rindern. Der innen hohle Koloß ist aus einer Metallegierung gearbeitet und fungiert als Leuchtturm. Als er 56 Jahre nach seiner Errichtung durch ein Erdbeben in Trümmer gelegt wird, ist von 900 Kamelen die Rede, die

zum Fortschaffen des wertvollen Materials erforderlich seien.

Der Leuchtturm auf der Insel Pharos unweit der ägyptischen Stadt Alexandria wird von Sostratos unter der Herrschaft von Ptolemaios II. Philadelphos errichtet, dem zweiten Nachfolger Alexanders des Großen. Angaben über die Höhe schwanken zwischen 116 und 272 m. Die zweite Zahl scheint

übertrieben. Fest steht, daß auf einem quadratischen Unterbau von 69 m Höhe ein achteckiger Aufsatz von 38 m Höhe steht, auf dem wiederum ein 9 m hoher runder Turmschaft aufragt. An der Spitze des Turms brennt ständig ein Leuchtfeuer. Es wird behauptet, Sostratos habe das Fundament des Turmes aus glasigem Material fertigen lassen.

Koloß von Rhodos (Kupferstich, Joh. Bernhard Fischer von Erlach, 1721)

Töpferscheibe mit Pedal-Rad-Antrieb

Um 300. Die schon seit rund 3000 Jahren bekannte Töpferscheibe erfährt in Griechenland und Ägypten eine wesentliche technische Verbesserung. Sie wird nicht mehr einfach von Hand betrieben oder mit dem Fuß angestoßen und damit für eine begrenzte Zeit in Schwung versetzt, sondern jetzt kontinuierlich über einen Tretmechanismus angetrieben.

Ein Pedal ist an seinem dem Töpfer zugekehrten Ende um eine horizontale Achse drehbar gelagert, während sich das andere Ende frei bewegen kann. Hier setzt mit einem Gelenk ein Stab an, der auf der anderen Seite wiederum über ein Gelenk exzentrisch mit einer drehbar gelagerten vertikalen Scheibe verbunden ist. Wird das Pedal regelmäßig getreten, dann gerät diese Scheibe in eine Drehbewegung. Ihre Rotation überträgt sie wiederum über einen Mechanismus auf die horizontale, schwere eigentliche Töpferscheibe, die in der Mitte auf einem Zapfen gelagert ist.

Wasserkraft regt Erfindergeist an

Um 210. Der Physiker und Schriftsteller Philon von Byzanz beschäftigt sich eingehend mit der Mechanik des Wassers. Beschreibend faßt er zahlreiche Erfindungen und Entdeckungen seiner Zeit zusammen: Wasserheber, das Gesetz der kommunizierenden Röhren, das Thermoskop (ein Urmodell des Thermometers), intermittierende Brunnen, Druckpumpen, mehrfach durchbohrte Wasserhähne und zahlreiche Geräte zur Wasserförderung. Wichtig ist sein Bericht über eine Sirene, die von einem oberschlächtigen Wasserrad angetrieben wird. Erstmals nutzt dieses Rad die kinetische Energie (Strömungsenergie) des Wassers.

Philon tritt aber auch selbst als Erfinder in Erscheinung. Es befaßt sich neben der Hydraulik, in deren Rahmen er auch hygroskopische Kräfte nutzt, mit Mechanik und entdeckt dabei das Prinzip des Kardan- oder Kreuzgelenks, das zwei Stangen so miteinander verbindet, daß sie sich zwar in jeder Richtung gegeneinander schwenken lassen, Rotationskräfte aber starr übertragen.

Aquädukte und Straßen – Symbole technischer Blüte

Das Römische Weltreich 300 v. Chr. bis 400 n. Chr.

Pragmatischer Umgang mit Technik

»Was man mechanische Künste nennt, trägt ein gesellschaftliches Brandmal und wird in unseren Städten gänzlich mißachtet«, beschrieb um 400 v. Chr. Xenophon von Athen die geistige Haltung der Griechen gegenüber der Technik im modernen Sinn (das griechische Wort »Techne« = »können, vermögen« bezeichnete jegliche Handfertigkeit, auch etwa die des Taschendiebs). Die Griechen waren stolz auf »Episteme«, das theoretische Wissen und allenfalls seine gegenständliche Manifestation in physikalischem Spielzeug. Als die Römer sich anschickten, das griechische Erbe anzutreten, standen sie den mechanischen, hydraulischen und pneumatischen »Automaten« der Hellenen zwar staunend, aber verständnislos gegenüber. Sie hielten derartige Spielereien für nutzlos. Ihr Interesse galt allem praktisch Verwendbaren. So übernahmen sie denn das Wenige, das Griechenland an wirklichen technischen Neuerungen zu bieten hatte, und entwickelten es rein anwendungsbezogen weiter, meist ohne sich in irgendeiner Weise um theoretische Fundamente zu kümmern. Die Römer hielten nichts von Lehrsätzen, mit denen sich das spezifische Gewicht von Steinen bestimmen ließ; sie erfanden den Zement. Sie berechneten nicht die exakte Länge der Monate anhand des Laufs der Gestirne, sondern legten zeitweise sogar die Dauer von Monaten und Jahren von Fall zu Fall neu fest, um so die Regierungszeiten von Politikern zu beeinflussen. Die Römer waren Pragmatiker. Und diese neue Geisteshaltung war es in erster Linie, die Rom gegenüber Griechenland die Vormacht sicherte und die zur Entfaltung des Römischen Weltreichs führte.

Straßen- und Brückenbau

Als sich vor der Wende zum 3. Jahrhundert v. Chr. die Römer anschickten, ihr Reich zu gründen, war der Fernstraßenbau eine der ersten technischen Großaufgaben, die sie gezielt in Angriff nahmen. Dabei ergaben sich in der Anfangszeit immense praktische Schwierigkeiten. Das italienische Mutterland erwies sich als ausgesprochen verkehrsfeindlich. Wo es nicht gebirgig war, erstreckten sich ausgedehnte Sümpfe. Besondere Probleme bot schließlich der im Zuge der Reichsvergrößerung eroberte Alpenraum. So entwickelten die römischen Straßenbauingenieure bisher unbekannte neue Techniken. Sie erfanden den Bohlenweg auf eingerammten Pflöcken oder sogar schwimmenden Rosten, mit dem sie nicht zuletzt die berüchtigten Pontinischen Sümpfe durchquerten. Auf festem Boden legten sie Straßen mit neuartigem Unterbau an, der lange Standzeiten der Straßendecke garantierte. Im Gebirge entstanden kunstvoll ausgebaute Serpentinen und erste Straßentunnels. Noch heute wird ein 37 m langer Tunnel benutzt,

den Kaiser Vespasian im Zuge der Via Flaminia schlagen ließ. Über schmale Flüsse und über tiefe Schluchten spannten die römischen Straßenbauer zunächst hölzerne Stege und später generell sehr dauerhaft ausgebaute steinerne Bogenbrücken. Wo die Straßen sehr breite Flüsse kreuzten, richtete man anstelle von Brücken meist Fährdienste ein.

Als im 2. Jahrhundert n. Chr. das Römische Weltreich seine maximale Größe erreichte, verfügte es über mehr als 100 000 km gut ausgebaute Fernstraßen mit Meilensteinen, Pferde-Relaisstationen, Rasthäusern und Hotels. Straßenkarten mit wichtigen touristischen Angaben vereinfachten die Reiseplanung und erleichterten das Reisen selbst.

Hand in Hand mit dem Ausbau des Straßennetzes vollzog sich in Rom die technische Entwicklung geeigneter Wagen. Zahlreiche spezielle Typen wurden gebaut, darunter der von Rindern oder Maultieren gezogene schwere Lastwagen »Plaustrum«, der Langholztransporter »Sarracum«, verschiedene Kastenwagen, der Gepäck- und Troßwagen »Carrus« für das römische Heer, die schnellen Gefährte »Cisium« und »Essedum« für Kurierdienste, das luxuriöse »Pilentum« für die Geistlichkeit, das elegante »Carpentum« für reisende Damen usw. Die Reisekutschen waren gut gefedert, geräumig und teilweise sogar mit Schlafplätzen ausgestattet. Sie besaßen eine Einheitsspurweite von 1,43 m.

Städtische Anlagen

Angestoßen durch den Straßen- und Brückenbau entwickelte sich eine verfeinerte Wegscheidekunst, die zahlreiche neue Präzisionstechniken der Land- und Gebäudevermessung mit sich brachte. Diese kamen nicht zuletzt auch dem Bau großer städtischer und militärischer Anlagen zugute. Besondere Bedeutung hatten diese Vermessungstechniken beim Bau der römischen Aquädukte zur Frischwasserversorgung, bei der Anlage von städtischen Kanalisationssystemen oder bei der oft komplizierten Wasserführung z. B. in den öffentlichen Bädern, wo es stets auf die präzise Einhaltung oft winziger Gefälle über lange Strecken ankam.

Als besonders fruchtbar erwies sich im Alten Rom der Umgang mit neuen Baumaterialien. Er entsprach der neuen architektonischen Auffassung der Römer. Sie legten im Gegensatz zu den Griechen und den Hochkulturen am Nil und im Zweistromland keinen besonderen Wert auf einen in allen drei Dimensionen nach außen wirkenden Baukörper; sie versuchten, große Innenräume zu gestalten und diese äußerlich nur durch eine pompöse Fassade zu verblenden. Dieser Idee des äußeren Verkleidens wurde die Erfindung des Gußmauerwerks im 2. Jahrhundert v. Chr. gerecht. Nicht mehr auf Lehm und getrocknete oder gebrannte Ziegel oder auf große, präzise gearbeitete Steinquader allein war man angewiesen: Die Entdeckung des hydraulischen Mörtels, des Zements, erlaubte es, Holzverschalungen aus Brettern und Pfosten mit einem Gemenge aus Bruchsteinen (»caementa«) und Kalkmörtel (»opus caementicium«), zum Teil mit vulkanischer Asche vermengt, aufzufüllen. Die so gegossenen Wände wurden extrem hart und wetterfest. Die Masse band sogar unter Wasser ab. Wo die Gußmauern sichtbar waren, wurden sie fast immer verkleidet, sei es durch Putz oder durch eine Blendmauer. Fußböden deckte man gerne mit Mosaiken ein, die meist aus glasierten Ziegeln aufgebaut wurden.

Eine erstaunliche Entwicklung nahm in Rom die Heiztechnik. Die Griechen kannten außer aufgemauerten Küchenherden keine festen Öfen. Die Römer entwickelten nicht nur stationäre Heizquellen, sie erfanden auch die Zentralheizung – im 1. Jahrhundert v. Chr. die Fußboden- und im 1. Jahrhundert n. Chr. zusätzlich die Warmluft-Wandheizung. Moderne Versuche mit Nachbauten römischer Heizungsanlagen zeigen, daß sich nicht nur die Wärme gleichmäßig und zugfrei in den Räumen ausbreitete, sondern daß darüber hinaus auch der Umgang mit der Heizenergie sehr sparsam war: Der Brennwert des Feuerholzes wurde zu 90% genutzt.

Aufschwung der Mechanik

Im 3. Jahrhundert v. Chr. entwickelte Archimedes die Hebelgesetze. Der in Syrakus lebende Grieche schuf ein theoretisches Lehrgebäude über die seit Jahrtausenden wie selbstverständlich genutzte Kraftverstärkung mit dem Hebel, die Wirkung des Keils, den Gebrauch der schiefen Ebene und der Seilumlenkrolle. Er entwickelte eine ausgefeilte Theorie der Flaschenzüge mit den Kraftübersetzungen 2:1, 3:1 (»Trispastos«) und 5:1 (»Pentaspastos«). Er konstruierte auch einen »Polyspastos« (einen »Vielroller«), bei dem mehrere Seile parallel über zahlreiche Rollen liefen und damit die Kraft besonders schwerer Lasten untereinander aufteilten. Den praktischen Nutzen aus diesen theoretischen Arbeiten zogen die Römer, nicht die Griechen; denn den Römern gelang die technische Umsetzung; sie verfügten über entsprechend haltbare Seile, um die Zeitwende vorübergehend sogar über Drahtseile aus Bronze. Mit dem Polyspastos-Prinzip realisierten die Römer große Schwerlastkräne mit einem oder zwei schrägstehenden, von Seilen gehaltenen Standbäumen. Die meisten dieser Kräne ließen sich schwenken, und auf dem Deck eines Prunkschiffs des Kaisers Caligula war sogar ein Drehkran installiert, der sich auf einer runden, kugelgelagerten Plattform bewegte. Er blieb allerdings ein Einzelstück. Die Kugellagertechnik setzte sich nicht durch, weil es an geeigneten Methoden zur Kugelherstellung fehlte.

Zugute kamen die modernen mechanischen Einrichtungen in Rom vor allem auch dem Bergbau. Schon im 8. Jahrhundert v. Chr. hatten die Etrusker in Italien Kupfer, Zinn, Blei, Silber und Eisenerze abgebaut und verhüttet. Den Römern gelang aufgrund geeigneter Materialhebewerke, vor allem aber durch den Bau gewaltiger Schöpf- und Becherwerke zur Wasserhaltung das Abteufen weitaus tieferer Bergwerksschächte. Auf der Iberischen Halbinsel, wo sie die reichen Metallerzvorkommen nutzten, bauten die Römer bei San Domingo eine Grubenanlage, in der 14 übereinander angeordnete Schöpfräder das Wasser 40 m hoch förderten.

Als neue mechanische Maschinen wurden um 200 v. Chr. vermutlich im westlichen Mittelmeerraum die Drehmühlen erfunden, die in Rom zu jedem Haushalt gehörten. Sie mahlten das Getreide für die Bereitung des täglichen Brots. Römische Bäckereien verfügten über große Trichtermühlen oder Doppeltrichtermühlen, die meist von Hebeln gedreht wurden. Durch diese teilweise Mechanisierung der Handarbeit – der römische Bäcker Eurysakes soll sogar über eine Teigknetmaschine verfügt haben – entstanden Großbetriebe, z. T. regelrechte Brotfabriken. Diese Tendenz verstärkte sich noch, als spätestens im 1. Jahrhundert n. Chr. unterschlächtige Wasserräder erfunden wurden. Wassermühlenanlagen entstanden, nicht nur zum Getreidemahlen, sondern z. B. auch zum Zersägen von Steinen (im 4. Jahrhundert n. Chr.). Die Göpelwerke zum Wasserheben – im 3. Jahrhundert v. Chr. noch von Tieren angetrieben –, die Treträder und schließlich auch die Wassermühlen machten Kraftübertragungsmechanismen erforderlich. Römische Ingenieure realisierten sie durch die Konstruktion von geschnitzten Zahnradgetrieben.

Ein bedeutender neuer Kraftübersetzungsmechanismus entstand in Griechenland oder Italien etwa um die Mitte des 1. Jahrhunderts n. Chr.: Die Schraubenpresse. Man verwendete sie zum Gewinnen des Olivenöls, das zuvor mit Hebelpressen aus den Früchten gequetscht wurde, und vor allem zum Keltern des Weines.

Das Glas – ein kostspieliger Luxus

Eine technische Sonderstellung nahm im Römischen Reich das Glas ein. Bekannt war es zwar schon den alten Ägyptern, und auch in Mesopotamien fertigte man Schmuck und Gefäße aus Glas, doch gelang es erst in der Mitte des 1. vorchristlichen Jahrhunderts den Syrern durch Zusatz des Manganerzes Braunstein, transparente Gläser herzustellen. Um die gleiche Zeit entwickelten sie Öfen, die den Glasfluß stark genug erhitzten, um das Material so dünnflüssig werden zu lassen, daß man es durch Blasen zu Hohlglas formen konnte. Um die Zeitwende importierte das Römische Reich syrisches Glas. Zwar durchaus weit verbreitet, war es dennoch für den gemeinen Mann keineswegs erschwinglich. Für eines der berühmten murrinischen Gefäße, die der ehemalige Konsul Pompejus schon vor Christi Geburt von einem Feldzug gegen Mithridates VI. Eupator aus der Gegend des Schwarzen Meeres mitgebracht hatte, einen rot- und weißgefleckten Milchglas-Trinkbecher, zahlte Kaiser Nero nicht weniger als 300 Talente, nach heutiger Kaufkraft ein Millionen-Dollar-Betrag. Kein Wunder, daß sich bald überall im Römischen Reich, wo sich geeignete Sande fanden, Glasmacherwerkstätten etablierten. Die erforderliche Soda bezog man allerdings aus dem Orient, aus Syrien oder Ägypten. Die Gründer dieser Glasmanufakturen waren oft geschäftstüchtige Syrer, die schon damals erfolgreich versuchten, mit Markenartikeln zu handeln: Sie übertrugen von der Negativform eine Herstellerbezeichnung auf das Glas oder stempelten den Unternehmensnamen in das noch weiche Produkt ein. Verbreitet waren diese Betriebe über das ganze Reich. So stand etwa die Stempelsignatur CCAA für »Colonia Claudia Agrippinensis Augusta«, also für eine Werkstatt in Köln. Technisch war das Handwerk im Römischen Reich in jeder Hinsicht auf Perfektion bedacht, und so erstaunt es nicht, daß auch die verschiedenartigsten Glastechniken nach und nach höchste Vollkommenheit erreichten: Der Glasschliff und der Glasschnitt (Gemmen und Kameen), die Herstellung von farbigen Gläsern oder Zwischengoldgläsern, die Email-Glasmalerei, das Fertigen von transparenten Glasscheiben aus den Wänden geblasener Zylinder oder durch Schleudern. Einen Höhepunkt fand die römische Glaskunst schließlich in der Wende zum 4. Jahrhundert n. Chr. in den sog. Diatretgläsern, glockenförmigen Bechern oder Schalen ohne Fuß, die in einem Abstand von 5 bis 10 mm von einem farbigen, fein geschliffenen, fragilen Glasnetz umgeben sind.

Um 200. In Griechenland und Rom sind Eisenfeilen in Gebrauch. Mit ihnen läßt sich den bisher nur geschmiedeten eisernen Werkstücken eine glattere Oberfläche geben. Auch ermöglichen sie nachträgliche Formveränderungen der Teile. →

Der griechische Mathematiker Apollonios beschreibt Kegelschnitte. Er formuliert damit die mathematischen Gesetzmäßigkeiten von Parabeln, Ellipsen und Hyperbeln.

In Indien ist der Steigbügel bekannt.

192. In Europa bürgert sich das Hufeisen ein. Es ist aus Schmiedeeisen hergestellt und wird mit eisernen, ebenfalls geschmiedeten Nägeln an den Hufen der Pferde befestigt.

184. Marcus Porcius Cato Censorius (Cato der Ältere) gibt erstmals eine genaue Beschreibung des Luftmörtels als Mischung von einem Teil gelöschtem Kalk und zwei Teilen Sand. Der Mörtel bindet mit der Luftfeuchtigkeit ab, die der Kalk anlagert (→ um 150 v. Chr.).

Um 180. Eumenes II. Soter von Pergamon läßt im Rahmen der Wasserversorgung der Burg Pergamon eine mehrere Kilometer lange Druckwasserleitung anlegen, in der bis zu 20 Atmosphären Überdruck auftreten. Der hohe Druck rührt daher, daß die Leitung nicht über Aquädukte (→ 690 v. Chr.; 100 n. Chr.) geführt wird, sondern den Geländeformen folgt. Diese Bauart setzt wasserdichte Leitungen voraus. →

Am Tempel zu Edfu besagt eine Inschrift, daß dort Blitzableiter angebracht seien (→ 1170 v. Chr.).

170. Hypsikles von Alexandria teilt den Kreis in 360 Winkelgrade ein. Damit legt er eine Grundlage für die Trigonometrie in ihrer Vorform, der Chordenrechnung.

Um 150. Im Römischen Reich arbeitet ein Rauchtelegraphennetz von insgesamt 3000 römischen Meilen Ausdehnung. Die Telegraphentürme sind ständig besetzt. →

In Rom werden die ersten öffentlichen Thermen, also Hallenbäder mit beheiztem Wasser, angelegt.

Hipparchos von Nizäa beschreibt die Präzession der Äquinoktien, also das Pendeln der Punkte der Tag- und Nachtgleiche im Frühjahr und Herbst um den Himmelsäquator. Außerdem entwirft der berühmte Astronom ein Astrolabium, ein Instrument zur Beobachtung der Gestirne.

Die Römer erfinden den hydraulischen Mörtel. Er bindet mit Wasser ab, das er chemisch in seine Molekularstruktur einbaut.

Seleukos von Seleukeia beweist die heliozentrische Theorie des Aristarchos und erklärt Ebbe und Flut durch Einwirkung des Mondes (→ 2. Hälfte 2. Jh.).

146. Hipparchos von Nizäa in Bithynien, der bedeutendste Astronom des Altertums, begründet die ebene

und sphärische Trigonometrie. Er führt zur Bestimmung der Lage eines Punktes auf der Erde die geographische Länge und Breite ein. Der Nullmeridian seines Systems geht durch die Insel Rhodos.

132. Agatharchides von Knidos beschreibt die oberägyptischen Goldbergwerke. Die Bergwerke existieren dort vermutlich schon seit längerem, doch gibt der Grieche erstmals eine ausführliche und genauere Schilderung der Anlagen und Arbeitsweisen. →

124. Hipparchos von Nizäa stellt einen Sternkatalog auf und bestimmt dabei die Position der Sterne nach Längen- und Breitengraden.

121. Die Seidenstraße wird ausgebaut. Sie führt in einem nördlichen Zweig von Byzanz (Istanbul) am Südrand des Schwarzen Meeres entlang zum südlichen Kaspischen Meer und weiter nach Osten über die Mongolei und den Yümen-Paß nach Tschangan und Loyang in China. Ein südlicher Zweig führt vom östlichen Mittelmeer (Smyrna) durch Babylon und Nordpersien über den Khaiber-Paß nach Indien. Auf der Höhe des Khaiber-Passes ist eine Verbindung zur nördlichen Seidenstraße gegeben. – Transportiert werden auf der nördlichen Straße vor allem Seide, Pferde, Trauben, Tee, Papier und Jade, auf der südlichen Straße Pfirsiche, Teppiche, Gold, Wolle und Indigo.

116. Erster Springbrunnen ist der Heronsbrunnen in Rom.

114. Der Tempel Madinat Habu in Theben entsteht. Es ist ein Totentempel für Ramses III. mit Abmessungen von etwa 150 × 50 m. Hinter einem ersten großen Tor (Pylon) liegt ein von Papyrussäulen mit offenen Kapitellen umgebener Hof. Ein zweiter Pylon führt in einen zweiten Hof, der von Säulen mit geschlossenen Kapitellen umgeben ist. Es folgen eine Vorhalle und ein großer Säulensaal, danach drei weitere Säle.

107. Heron erfindet das Windrad.

GESTORBEN:

Um 190. Apollonios von Perge (* um 262, Perge/Kleinasien), griechischer Mathematiker und Astronom.

Um 125. Rhodos: Hipparchos von Nizäa (* um 196, Nikaia/Kleinasien), griechischer Astronom und Geograph.

Um 110. Athen: Apollodoros von Athen (* um 180, Athen), griechischer Gelehrter.

GEBOREN:

Um 196. Nikaia/Kleinasien: Hipparchos von Nizäa († um 125, Rhodos), griechischer Astronom und Geograph.

Um 180. Athen: Apollodoros von Athen († um 110, Athen), griechischer Gelehrter.

Schmiedearbeiten werden glatt gefeilt

Um 200. In Griechenland und im Römischen Reich sind Eisenfeilen zum Glätten in Gebrauch.

Die stark zunehmende Verwendung von Eisen im Alltag, besonders im Handwerk, führt zur Herstellung zahlreicher Eisenwerkzeuge. Sie werden geschmiedet und anschließend geschliffen und gefeilt. Als Schmirgelsteine dienen rotierende flachzylindrische Naturschleifsteine aus Kreta und Lakedonien, die durch Tretkurbeln angetrieben werden. Die feinere Oberflächenbearbeitung von Schmiedestücken, besonders aber auch das Glätten von Holz, geschieht jetzt mit eisernen Feilen und Raspeln, die flach oder mit quadratischem Querschnitt gearbeitet sind.

Auch die Feilen selbst sind geschmiedet. In den Rohling werden die Hiebe eingehauen, anschließend wird das Werkzeug gehärtet. Das geschieht durch Abschrecken des glühenden Eisens in kaltem Wasser oder einem anderen Härtungsmittel, etwa Bocksblut, dem Urin von Knaben oder Öl.

Der Goldbergbau in Ägypten nimmt zu

132. Der in Alexandria lebende griechische Historiker und Geograph Agatharchides von Knidos gibt eine genaue Beschreibung des Goldbergbaus in Oberägypten.

Die Goldnachfrage im Mittelmeerraum, angestoßen durch die hohe Goldschmiedekunst der Ägypter und Etrusker, führt zu einer regelrechten Sucht nach Gold im gesamten ägyptischen, griechischen und römischen Machtbereich. Der Goldbergbau in Ägypten (→ um 3000 v. Chr.) gelangt zu einer beachtlichen Blüte, und auch in Syrien beginnt der systematische Abbau.

Untertage erhitzt man goldhaltiges Gestein, damit es brüchig wird. Anschließend werden mit Keilen losgesprengte Brocken oder zum Einstürzen gebrachte Stollendecken noch im Berg oder am Stolleneingang zerstampft und durch Wasserläufe über Laubwerk oder Reisig gespült. Als schwerste Substanzen setzen sich die Golderze auf dem Untergrund ab. Anschließend werden sie chemisch aufgeschlossen, um reines Gold zu erhalten.

Mörtel wird viel haltbarer

Um 150. In Rom wird der hydraulische Mörtel erfunden. Er besteht aus gebranntem Kalk und den sogenannten Puzzolanen, einer Vulkanasche vom Vesuv. Dazu kommt Traß oder Ziegelmehl. Dieser Mörtel härtet mit Feuchtigkeit ab und wird hart wie Fels. Er wird bei zahlreichen bedeutenden römischen Bogen- und Gewölbekonstruktionen verwendet, weil er ihnen besonderen Halt verleiht.

Zuvor hatte man generell mit Luftmörtel gearbeitet, für den 184 v. Chr. Marcus Porcius Cato Censorius (Cato der Ältere) die Mischung angab: 1 Teil gelöschter Kalk auf 2 Teile Sand.

Mit hydraulischem Mörtel gemauert: Römische Villa Adriana

Hydraulischer Mörtel macht Bogen (hier in Ostia) besonders stabil

Telegraphennetz über 3000 Meilen

Um 150. Im Römischen Reich arbeitet ein Rauchtelegraphennetz von insgesamt 3000 römischen Meilen (4500 km) Ausdehnung. Dabei handelt es sich um ein optisches Signalnetz, das nur mit zuvor festgelegten Rauchzeichen, nicht mit frei formulierbaren Nachrichten arbeitet (→ um 450 v. Chr.). Die Übermittlung einzelner Buchstaben mit Hilfe der Rauchtelegraphie wäre zu zeitaufwendig.

Längs der Telegraphenlinien stehen jeweils auf Sichtweite voneinander entfernt Telegraphentürme, in denen Raucherzeuger untergebracht sind. Jeder Turm besitzt ein Rohr, das seitlich über das Dach in die Höhe ragt. Aus ihm quillt der Rauch hoch in die Luft. Hunderte derartige Türme gehören zum römischen Telegraphennetz, das wesentlich dazu beiträgt, ein sich so schnell ausdehnendes Reich regierbar zu halten, weil es die schnelle Übermittlung von Nachrichten ermöglicht. Jeder dieser Türme ist ständig von einer Wache besetzt und arbeitet in beiden Richtungen.

Römischer Telegraphenturm nach einer Darstellung auf der Trajanssäule in Rom; als Signalzeichen wird durch ein Rohr schwarzer Rauch geblasen

Druckwassersystem versorgt Pergamon

Um 180. Eumenes II. Soter, der Herrscher von Pergamon, läßt im Rahmen der Wasserversorgung der Burg Pergamon eine mehrere Kilometer lange Druckwasserleitung anlegen, in der bis zu 20 Atmosphären Überdruck auftreten.

Die große technische Leistung liegt in der Anlage eines druckfesten Röhrensystems. Das durch die Leitung geführte Wasser fließt von einem in 367,6 m Höhe auf dem Berg Hagios Georgios gelegenen Hochbehälter zunächst durch zwei tiefe, durch einen Hügelzug getrennte Täler (192 und 172 m) und wird dann in eine Zisterne in 332 m Höhe hinaufgedrückt. Der maximale Höhenunterschied liegt also bei 195,6 m. Die unterirdisch verlegte hölzerne Rohrleitung wird alle 1,2 m durch massive Lochsteine geführt, die ein Zerplatzen der Rohre verhindern. Diese quer zur Wasserleitung liegenden Steine sind 1,2 bis 1,5 m lang, etwa 0,6 bis 0,7 m hoch und 0,2 bis 0,25 m stark. Das Mittelloch dieser Steine hat einen Durchmesser von etwa 30 cm.

Astronomen prägen das kosmische Weltbild entscheidend

2. Hälfte 2. Jahrhundert. Das astronomische Weltbild der Zeit ist in erster Linie von den Erkenntnissen und Spekulationen des bedeutendsten griechischen Astronomen, Hipparchos von Nizäa, geprägt. Er setzt sich mit historischen astronomischen Denkmodellen eingehend auseinander und korrigiert sie. Dabei geht er insofern weit über die bisherigen Erkenntnisse hinaus, als er durch die Entwicklung der Trigonometrie, die er begründet, die mathematische und damit wissenschaftliche Basis für die Behandlung sphärischer Systeme schafft. Die Theorie stützt Hipparchos durch umfangreiche praktische Beobachtungen. So legt er einen mit genauen Ortsbestimmungen versehenen Katalog von 1080 Fixsternen an.

Das Hipparchos überlieferte astronomische Weltbild basierte in erster Linie auf der pythagoreischen Vorstellung von der kreisförmigen Bewegung der Planeten um das kosmische Zentralgestirn Sonne aus dem 6. Jahrhundert. In der ersten Hälfte des 4. Jahrhunderts hatte Eudoxos von Knidos diese Bewegung durch ein komplexes System »homozentrischer Sphären« zu erklären versucht (→ um 350 v. Chr.). Eudoxos hatte auch bereits einen ersten Fixsternkatalog aufgestellt und Versuche zur Berechnung des Erdumfangs unternommen, die Eratosthenes gegen Mitte des 3. Jahrhunderts wesentlich verbesserte. Eratosthenes entwarf auch bereits eine erste Karte der Erde mit Parallelen und Meridianen. Er setzte sich für die schon von Pythagoras vertretene, von Aristoteles um 300 aber heftig bestrittene Erddrehung ein. Auf sie aber stützte um 250 Aristarchos von Samos wiederum sein heliozentrisches Weltbild.

Die Auffassung von der Sonne im Zentrum des Alls findet ihren wohl überzeugendsten Vertreter für kurze Zeit um 150 in Seleukos von Seleukeia. Er gibt in Babylonien Beweise für die heliozentrische Theorie und erklärt Ebbe und Flut richtig durch die Einwirkung des Mondes. Leider stellt sich der als größter Sternbeobachter und Astromathematiker der Zeit geltende Hipparchos gegen ihn. Er verwirft das heliozentrische Weltbild zugunsten des alten geozentri-

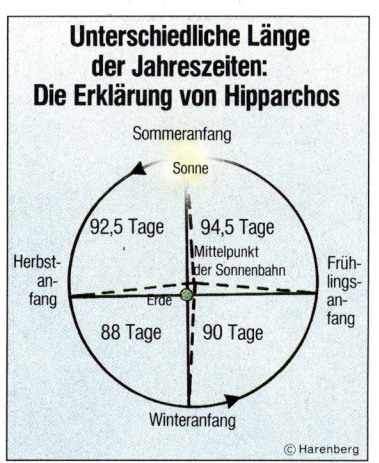

Unterschiedliche Länge der Jahreszeiten: Die Erklärung von Hipparchos

Sommeranfang
Sonne
92,5 Tage — 94,5 Tage
Herbstanfang — Mittelpunkt der Sonnenbahn — Frühlingsanfang
Erde
88 Tage — 90 Tage
Winteranfang
© Harenberg

Von dem griechischen Astronomen Hipparchos angenommene Umlaufbahn der Sonne um die Erde

schen, was ihn allerdings zu einem komplizierteren Rechenmodell führt. Er ermittelt Exzenterumlaufbahnen für Sonne und Mond um die Erde. Auf dieser Basis, die in mathematischer Hinsicht in sich durchaus widerspruchsfrei ist, gelangt er zu mehreren weit über seine Zeit hinausweisenden Erkenntnissen: Er bestimmt die Positionen von Städten genau durch Längen- und Breitenangaben, entdeckt die periodische Schwankung der Erdrotationsachse (Präzession) und legt mit seinen Erkenntnissen die Grundlagen der Trigonometrie. Dazu teilt er den Kreis in 360 Winkelgrade ein und verfaßt ausführliche Chordentafeln (die in etwa den späteren Sinus-Tabellen entsprechen). Wahrscheinlich kennt er auch die Ungenauigkeiten in der Mondbahn um die Erde.

Der Volkslehrer Poseidonius verbreitet die Lehren des Hipparchos und prägt damit das öffentliche astronomische Weltbild.

Um 100. Die Syrer entdecken die Kunst des Glasblasens. Das setzt die Beherrschung der Herstellung eines möglichst homogenen, vor allem weitgehend blasenfreien Glasflusses voraus. Man arbeitet mit über ein Meter langen Glasbläserpfeifen und kennt auch bereits das Hefteisen zum Formen des Glases. →

In China ist die Kurbel bekannt. Sie wird zunächst vorwiegend als Handkurbel verwendet, gelegentlich auch als Tretkurbel.

Poseidonios stellt geophysikalische und astrophysikalische Berechnungen auf und erwähnt die Möglichkeit, Indien mit einem Schiff durch eine Fahrt nach Westen zu erreichen.

89. In Rom werden die ersten Fußbodenheizungen installiert. Sie sind Bestandteil eines Zentralheizungssystems, das bereits etwa ein Jahrzehnt älter ist. →

87. Der römische Diktator Lucius Cornelius Sulla nimmt bei der Belagerung von Athen einen Minenangriff vor. Dazu läßt er die Stadtmauer unterminieren.

82. Auf der griechischen Insel Rhodos entsteht der nach seinem Fundort benannte »Computer« Antikythera, ein Astrolabium mit 32 Bronzezahnrädern und verschiedenen Skalen. →

Um 80. Mithridates erfindet die Wassermühle.

59. Der römische Konsul Gajus Julius Cäsar führt die Acta diurna, ein tägliches Nachrichtenbulletin, als erste Zeitung ein. Das Blatt berichtet über die Verhandlungen in den öffentlichen Körperschaften und ist zunächst rein nachrichtlich gehalten (wird aber später unter Kaiser Augustus auch zum Propagandamedium). Vervielfältigt wird die Zeitung durch Abschreiben. Das besorgen private Unternehmer, die den amtlichen Nachrichten auch andere aktuelle Informationen aus Rom hinzufügen und sich gleichfalls um den Versand in die Provinzen kümmern. In diesen Zeitungen gibt es auch bereits die ersten Bildberichte, etwa in der Art der Darstellungen auf Triumphbögen. Sie zeigen kaiserliche Kriegstaten.

54. Gajus Julius Cäsar läßt zur Überquerung des Rheins zwischen Koblenz und Andernach innerhalb von nur zehn Tagen die erste Bockbrücke errichten. Es ist eine Holzkonstruktion mit A-förmigen Doppelpfählen, die gegen die Strömung geneigt in das Flußbett gerammt sind und eine Balkenauflage tragen.

46. Gajus Julius Cäsar führt aufgrund der Berechnungen des alexandrinischen Astronomen Sosigenes eine Kalenderreform durch (Julianischer Kalender). – Gegen Ende der römischen Republik hatten die Priester die Gewohnheit, nach Belieben Schaltmonate einzufügen, um das Kalenderjahr dem Sonnenlauf anzupassen. Dabei wur-den gegen Bestechungsgelder auch Kalenderwünsche (Amtszeitverlängerung) von Politikern berücksichtigt, was zu einem kalendarischen Chaos führte. Um die gröbsten Unstimmigkeiten auszuräumen, verlängert Cäsar das Jahr 46 um ganze drei Monate auf 445 Tage. Gleichzeitig soll von nun an jedes Jahr 365 Tage lang sein und alle vier Jahre ein Schaltjahr von 366 Tagen eingelegt werden. Das durchschnittliche »julianische« Jahr ist damit mit 365 Tagen und 6 Stunden nur 12 Minuten länger als das tatsächliche Sonnenjahr von 365 Tagen, 5 Stunden und 48 Minuten.

31. In Rom entstehen erste Zementbauten.

Um 27. In Rom setzt sich der Bau von Kuppeln allgemein durch. Der größte Kuppelbau, das Pantheon (→ 120 n. Chr.) hat 43,5 m Durchmesser. →

25. Der griechische Architekturtheoretiker Vitruv (Marcus Vitruvius Pollio) beschreibt erstmals Wasserschöpfräder.

20. Vitruv beschreibt die Funktionsweise von Hebekranen.

19–9. Unter Herodes dem Großen wird in Cäsarea (Palästina) ein geräumiger Hafen angelegt, der später als Wunderwerk des Altertums gilt. →

18. Marcus Agrippa läßt als Statthalter von Gallien in Nîmes den Pont du Gard errichten. Das Aquädukt von Nîmes, das über den Pont du Gard führt, ist fast 50 km lang, hat ein mittleres Gefälle von 34 cm pro km und führt täglich etwa 20 000 m³ Wasser. Es ist auf seiner ganzen Länge wasserdicht ausgemauert und mit Steinplatten überdeckt. Der Pont du Gard selbst ist eine dreigeschossige Bogenbrücke aus ungemörtelt vermauerten Riesenquadern von bis zu sechs Tonnen Gewicht. Solch schwere Steine befinden sich z. T. in 40 m Höhe (→ 1. Jh. n. Chr.).

14. Der Lateran-Palast in Rom wird gebaut.

13. Vitruv (Marcus Vitruvius Pollio), Architekt und Ingenieur des Augustus, vollendet sein fundamentales Werk »De architectura« über Hoch- und Tiefbau sowie Maschinentechnik. →

10. Drusus (Nero Claudius Drusus Germanicus) läßt nach der Eroberung Holland planmäßig eindeichen und kanalisieren. Für diese Arbeiten kann sich Drusus auf Erfahrungen im Wasserbau in der Umgebung Roms und in Rom selbst stützen. Dort hatte man schon früher (→ um 610 v. Chr.) Feuchtgebiete trockengelegt und das Wasser in Kanälen abgeleitet. →

GEBOREN:

Um 60. Vitruv († um 10 n. Chr.), römischer Architekt und Ingenieur (→ 13 v. Chr.).

Syrische Alabastren aus der Zeit zwischen dem ersten vorchristlichen und dem dritten nachchristlichen Jh. mit Mustern u. a. in Kammzugtechnik

Die Kunst des Glasblasens

Um 100. In Sidon in Syrien entdecken Glasmacher die Kunst des Glasblasens. Um Glas mit der Pfeife formen zu können, müssen die Schmelzöfen viel höhere Temperaturen liefern als bisher, damit die Masse weniger zähflüssig wird.

Geschichte der Glasherstellung

Um 4000: Anfänge der Glasmacherei in Mesopotamien und Alexandrien.

Um 1650: Gußglas und Glasschleifen in Ägypten, Keilschrift-Tontafeln mit Glasmacherrezepturen in Babylon.

1500: Sandkerntechnik in Ägypten (→ 15. Jh. v. Chr.).

1400: Hohlgläser durch Aufspinnen von Glasfäden.

669 bis 633: Arsen als Glasreinigungs- und Zinnoxid als Glastrübungsmittel.

1. Jahrhundert: Entwicklung der wesentlichen Glasmacherwerkzeuge und Blasformen.

Verwendet werden Glasmacherpfeifen aus einem 1 bis 1,5 m langen Eisenrohr mit einem Holzgriff und einem Mundstück. Solche Blasrohre waren schon zuvor zum Anfachen von Schmiedefeuern bekannt. Damit wird jetzt ein Glasposten aus der Schmelze aufgenommen, der dann unter Drehen und Schwenken oder unter Abwälzen auf Holz- oder Steinplatten zunächst zu einem birnenförmigen Külbel aufgeblasen wird, dem sich dann – gegebenenfalls nach nochmaligem Erhitzen – mit Werkzeugen verschiedene Formen geben lassen.

Die in Syrien ansässigen Phönizier hatten die Technik des Glasmachens und Glasbearbeitens ursprünglich von den Ägyptern gelernt. Sie erweitern sie nicht nur in bezug auf das Glasblasen. Sie entdecken auch, wie sich das bisher ausschließlich undurchsichtige farbige oder milchig weiße Glas entfärben läßt: Ein Zusatz des Manganerzes Braunstein ermöglicht das. Durch diese zwei wesentlichen Errungenschaften erlangt die Stadt Sidon das Monopol auf dem Gebiet der Luxusglasfertigung.

Glasmacherpfeifen aus langen Eisenrohren mit Holzgriffen

Fußbodenheizung in römischen Villen

89. In Rom werden die ersten Fußbodenheizungen (»Hypocaustum«) installiert. Als Erfinder dieser Einrichtung gilt Sergius Arata.

Unter dem zu heizenden Zimmer befindet sich ein durchgehender Hohlraum von 80 bis 100 cm Höhe. Der darüber liegende Fußboden wird von zahlreichen, aus Ziegeln gemauerten Säulen getragen. Außerhalb des Gebäudes liegt die Heizkammer, von der ein Kanal zu dem Hohlraum unter dem Fußboden führt. Vor der Heizung ist unterflur ein oben offener Vorraum angelegt, das »praefurnium«, von dem aus der Ofen angeheizt wird. Auf der der Heizung gegenüberliegenden Seite des Hohlraums befinden sich Rohre, die den Rauch und die Heizgase ableiten. Oft sind auch die Wände des zu beheizenden Raums aus Hohlziegeln (»tubuli«) gemauert, die sich gleichsam als geschlossenes Röhrensystem an den Unterflurhohlraum anschließen. Sie können in etwa 1,5 m Höhe über dem Fußboden enden oder bis zum Dach hinaufreichen und dann ihrerseits als Rauchabzug dienen.

Erstes Rechenwerk auf Rhodos gebaut

82. Auf der griechischen Insel Rhodos bauen Mathematiker ein erstes mechanisches Rechenwerk (das später nach seinem Fundort »Antikythera« genannt wird). Es handelt sich dabei um ein Astrolabium mit 32 Bronzerädern und verschiedenen Skalen.

Das Gerät dient astronomischen Berechnungen. Einzugeben ist die Höhe eines Himmelskörpers, die vorher ebenfalls mit dem Instrument ermittelt werden kann. Sind dieser Wert sowie die geographischen Ortsdaten des Beobachters (Länge und Breite) eingestellt, dann zeigt das Rechenwerk aufgrund der sich ergebenden Räderstellung die Ortszeit, sofern die Sonne angepeilt wird. Im Fall der Beobachtung anderer Sterne lassen sich deren Bahndaten berechnen. Auch sonstige astronomische Aufgaben löst das auf Rhodos entwickelte Gerät, z. B. die Berechnung sphärischer Dreiecke, etwa zwischen dem Zenit, einem Himmelspol und einem beliebigen Himmelskörper.

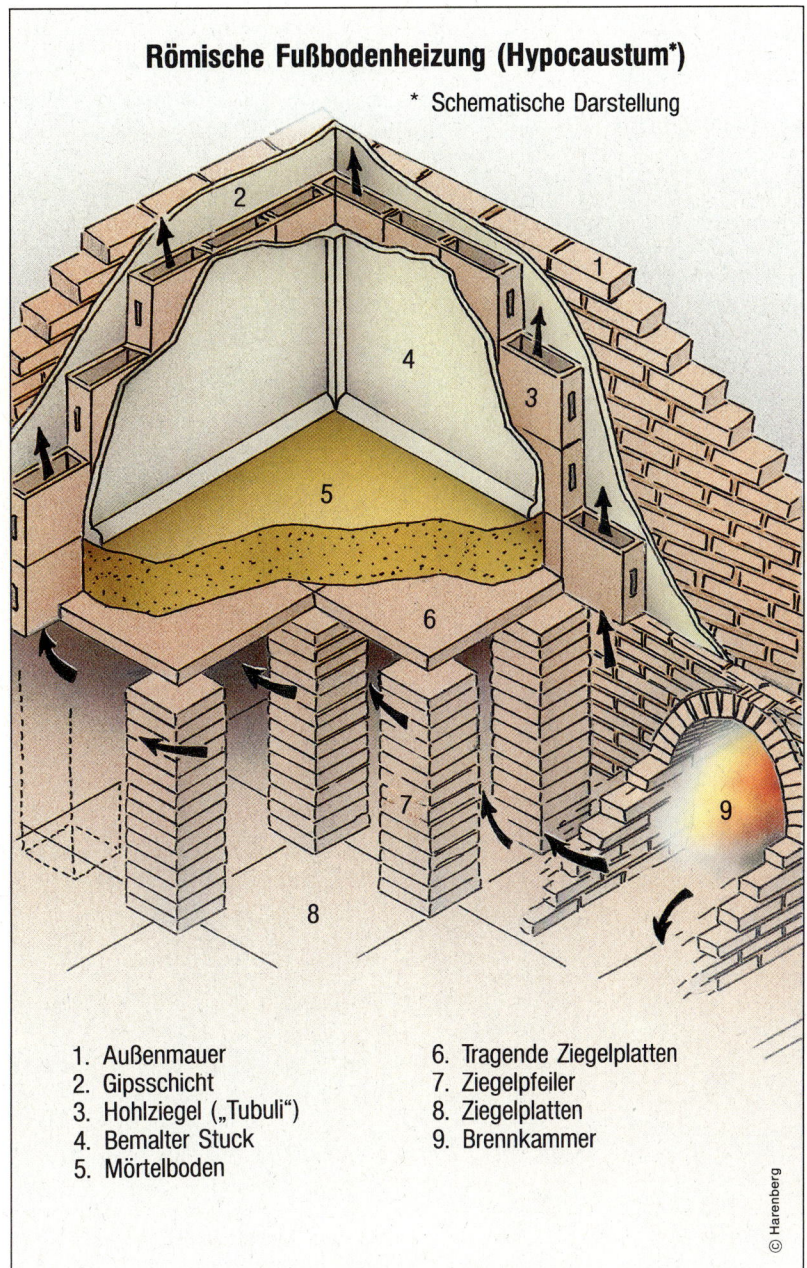

Römische Fußbodenheizung (Hypocaustum*)

* Schematische Darstellung

1. Außenmauer
2. Gipsschicht
3. Hohlziegel („Tubuli")
4. Bemalter Stuck
5. Mörtelboden
6. Tragende Ziegelplatten
7. Ziegelpfeiler
8. Ziegelplatten
9. Brennkammer

© Harenberg

Ein Großhafen in Cäsarea

19 bis 9. Herodes der Große läßt in Cäsarea (Palästina) einen geräumigen Hafen anlegen, den schon die Zeitgenossen als Wunderwerk rühmen. Der um den Hafen verlaufende Schutzdamm ist 20 Ellen (etwa 7 m) hoch. Er dient einerseits als Wellenbrecher, andererseits ist er auch das Fundament einer Mauer von angeblich 65 m Höhe.

Um ein derartiges Wasserbauwerk realisieren zu können, ist nicht nur eine geeignete Technik des Fundamentlegens unter Wasser nötig, auch die erforderlichen Baustoffe müssen verfügbar sein. Im Hafenbau der Zeit werden nur gelegentlich ungemörtelte Mauern unter Wasser ausgeführt. Um eine Mole zu bauen, stellt man zunächst provisorische Mauergevierte ins Wasser, die mit Sand und Erde abgedichtet werden. Diese als »Senkkästen« dienenden Konstruktionen werden dann ausgeschöpft, so daß die Molenfundamente direkt auf den Grund gemauert werden können. Verwendet wird dazu ein hydraulischer Mörtel (→ um 150 v. Chr.), der mit Sand und Steinen zu Beton angerührt wird und zusammen mit Wasser auf chemischem Wege felsenhart aushärtet. Gelegentlich werden Molenfundamente auch einfach als mächtige Schutzdämme aus großen Steinbrocken errichtet.

Vitruvius schreibt »De architectura«

13. Marcus Vitruvius Pollio, Architekt und Ingenieur des römischen Kaisers Augustus, vollendet sein zehnbändiges Werk »De architectura« über Hoch- und Tiefbau sowie Maschinentechnik. Nach einer Einleitung über die Qualifikation von Architekten behandelt der Autor alle Aspekte der Baukunst: Physik, Mathematik, Baustoffkunde, klimatologische und astronomische, ja sogar philosophische und die Musik betreffende Gesichtspunkte. Weitere Schwerpunkte sind mechanische Maschinen, Uhren, Geschütze und Wasserfördereinrichtungen sowie Städteplanung und die Errichtung öffentlicher Bauten.

In Rom werden Kuppeln gebaut

Um 27. Die Erfindung des hydraulischen Mörtels (→ um 150 v. Chr.) und damit des Zements führt in Rom zu einer architektonischen Blüte. Technisch besonders beeindruckend sind die großen Kuppelbauten, die in Rom entstehen. Die mächtigste Kuppel besitzt eine Höhe und einen Durchmesser von 43,5 m. Sie gehört zum Pantheon (→ 120 n. Chr.), das Marcus Agrippa auf dem Marsfeld errichten läßt.

Das Prinzip des echten Kuppelgewölbes ist nicht neu. Es wurde in der Diadochenzeit (seit 323 v. Chr.) entwickelt, gelangt aber erst jetzt infolge der neuen Baustoffe zu einer ersten Blüte.

Holland wird von Drusus eingedeicht

10. Der römische Feldherr Nero Claudius Drusus Germanicus läßt nach der Eroberung des Gebiets um die Ems-, Weser- und Rheinmündung das Küstengebiet der heutigen Niederlande systematisch eindeichen und mit Entwässerungskanälen durchziehen. Schon zuvor hatten die einheimischen Bataver ihr Land durch einfache Deiche vor Überschwemmungen bei Sturmfluten geschützt; Drusus' Anlagen dienen aber nicht nur als Überflutungsschutz, sondern sind Teil eines Trockenlegungsprogramms, wie es bei den Römern und Griechen durchaus üblich ist.

1. Jh. Im Römischen Reich werden zahlreiche Wasserleitungen zur Versorgung der Städte gebaut. →

Rom entwickelt sich zur Großstadt mit zahlreichen Tempeln, Kaiserpalästen, Villen, Bürgerhäusern und Ingenieurbauten. →

Um die Zeitenwende. In Teotihuacán besteht seit zwei Jahrhunderten ein religiöses Kultzentrum, in dem nun zwei gigantische Pyramidentempel gebaut werden. →

In Rom wird die Fensterscheibe erfunden.

Um 10. In Pompeji wird das Sprachrohr erfunden.

18. In Rom werden die ersten Drahtseile hergestellt.

Kochsalz wird erstmals aus Solequellen gewonnen und auch bergmännisch in Form von Steinsalz abgebaut. Das geschieht vorwiegend im Norden des Römischen Reiches (Alpen).

20. Vitruv (Marcus Vitruvius Pollio) erklärt den Ton als eine Bewegung der Luft. Er spricht von einer Ausbreitung in konzentrischen Kreisen gleich den Wellen des Wassers.

Vitruv beschreibt die Zugramme in einem Werk über die Baukunst.

Um 50. Der Baumeister Andronikos von Kyrrhos verwendet als ersten meteorologischen Apparat eine Windfahne auf einem dafür erbauten Turm in Athen. →

Kleomedes entdeckt die Brechung der Lichtstrahlen (→ 63 n. Chr.).

Athenaeos von Attalia in Pamphylien beschreibt eine Methode zur Filtration des Trinkwassers.

60. Der römische Dichter Lucius Annaeus Seneca d. J. verfaßt die »Quaestiones naturales«, das erste und einzige physikalische Lehrbuch der römischen Literatur.

63. Lucius Annaeus Seneca beschreibt, daß Buchstaben dann größer und klarer erscheinen, wenn man sie durch eine gläserne, mit Wasser gefüllte Kugel (»Schusterkugel«) betrachtet. →

64. Pedanios Dioskorides erwähnt die feste Soda für die Glasfabrikation, kennt den Realgar (Schwefelarsenik) und spricht von einer aus der Holzasche auszulaugenden wasserlöslichen Substanz (gelöste Pottasche; → 2. Hälfte 1. Jh.).

Pedanios Dioskorides berichtet über den Indigo als purpurfarbiges Färbemittel. Er gibt auch Methoden zur Herstellung von Lanolin und Terpentinöl an. Ferner erwähnt er die Darstellung von Ricinusöl, Mandelöl, Nußöl usw. (→ 2. Hälfte 1. Jh.).

Um 65. In Rom erfinden Baumeister das Kreuzgewölbe. →

66. Nach Berichten des älteren Plinius verwendet der kurzsichtige römische Kaiser Nero bei Gladiatorenkämpfen einen geschliffenen Smaragd als Augenglas. Es ist das erste Beispiel dieser Art.

Um 68. In China werden die ersten Hängebrücken gebaut. Es handelt sich dabei um ausgeplankte Fußgänger-Seilbrücken.

68. Der römische Kaiser Nero läßt den Bau des Kanals von Korinth in Angriff nehmen. Die Vollendung wird allerdings durch den Aufstand des Julius Vindex verhindert.

71. In Rom wird das Drehschloß erfunden.

77. Der römische Historiker und Schriftsteller Plinius d. Ä. (Gajus Plinius Secundus) beschreibt die bergbauliche Gewinnung von Silber und Gold. Er erklärt auch die Scheidung von Gold und Silber durch Quecksilber (Amalgamation). Den Diamanten, in Eisen gefaßt, beschreibt Plinius als Gravierwerkzeug. Er beweist die Krümmung der Erdoberfläche, berichtet ausführlich über Asbest (»Steinflachs«), erwähnt den Kattundruck mit gebeizten Mustern als ägyptisches Fabrikationsverfahren, beschreibt weiche und harte Seifen und erwähnt erstmals eine Kaiserschnittoperation an einer Toten (→ 2. Hälfte 1. Jh.).

78. Plinius erkennt, daß die Geschwindigkeit des Lichts nicht unendlich groß ist. Er beschreibt erstmals die Anwendung von Mähmaschinen auf gallischen Landgütern und berichtet über die Herstellung farbiger Tinten aus Purpur und aus Kermesbeeren, die bereits bei der Goldschreibkunst (Chrysographie) eine wichtige Rolle gespielt haben sollen (→ 2. Hälfte 1. Jh.).

80. Der römische Kaiser Titus vollendet das von seinem Vater Vespasian begonnene Amphitheater (Kolosseum) in Rom.

Um 94. Amerikanische Indios kennen das Rechnen mit der Zahl Null.

Um 97. Sextus Julius Frontinus intensiviert den Bau von Aquädukten und begründet eine neue Ära der Wasserversorgung der Städte. →

Um 99. Römer Bürger benutzen Spiegel mit Zinnfolien.

Hiskia, König von Juda, läßt im Zuge einer Wasserleitung zwischen dem Teich Siloah und der Quelle Gihon bei Jerusalem einen 531 Meter langen Felsentunnel herstellen. Der Durchbruch erfolgt mit Hilfe von Bronzewerkzeugen.

GESTORBEN:

Um 10. Vitruv (Marcus Vitruvius Pollio) (* um 60 v. Chr.), römischer Architekt und Ingenieur.

24. 8. 79. Stabiae/Pompeji: Plinius der Ältere (Gajus P. Secundus) (* 23 oder 24, Como), römischer Staatsmann und Gelehrter. →

GEBOREN:

23 oder 24. Como: Plinius der Ältere (Gajus P. Secundus; † 24. 8. 79), römischer Staatsmann und Gelehrter (→ 24. 8. 79).

Hochhäuser prägen Rom

1. Jahrhundert. Während die Römer in ihren Kolonien bei Stadtneugründungen außerordentlich systematisch vorgehen und Anlagen mit einem großzügigen, rechtwinklig aufgebauten Straßennetz ausführen, ist die organisch gewachsene Großstadt Rom eine architektonische wie städteplanerische Mißbildung.

Unter Kaiser Tiberius (42 v. – 37 n. Chr.) beklagt man, »daß die Höhe der Häuser sehr groß und die Straßen so eng seien, daß es weder einen Schutz gegen Feuergefahr noch eine Möglichkeit gäbe, bei einem Einsturz nach irgendeiner Seite hin zu entkommen.« An diesem Mißstand ändert auch der Brand Roms (18./19. 7. 64 n. Chr.) wenig, für den vermutlich Kaiser Nero verantwort-

Das 72 bis 80 n. Chr. gebaute Kolosseum in Rom (»Flavisches Theater«)

lich ist, denn als man die Stadt wieder aufbaut, ist die Bevölkerungszahl so groß und der Raum so knapp, daß überall in die Höhe gebaut wird.

Die Maximalhöhe der Neubauten ist durch ein Dekret des römischen Kaisers Augustus (63 v. Chr. – 14 n. Chr.) für Vorderhäuser auf 70 römische Fuß (etwa 22 m) festgelegt, was sechs bis sieben Stockwerken entspricht. Hinterhäuser und Hofgebäude werden oft wesentlich höher gebaut. So erwähnt der Chronist Martial eine Wohnung, zu der »200 Stiegen« führen.

Im Vergleich zu den hohen Gebäuden sind die Straßen Roms ausgesprochen schmal. Die größeren Hauptstraßen sind nicht mehr als 5 bis 6,5 m breit; belebte Geschäftsstraßen haben Pflasterbreiten von 4,5 m (Vicus Tuscus) bis 5,5 m (Vicus Jugarius).

Die Nebenstraßen haben ausgesprochen ländlichen Charakter. Sie sind ungepflastert, im Sommer staubig, im Winter durch feuchten Schlamm und Kot nur schwer passierbar. Die an ihnen liegenden Häuser sind aus Lehm gebaut und mit Stroh gedeckt. In den Wohngebieten außerhalb des Zentrums – also im größten Teil der Stadt – werden Landwirtschaft und Viehzucht betrieben.

Diesen vorwiegend ländlich-schmutzigen Gesamteindruck durchbrechen nur einzelne Prachtbauten wie das Pantheon (→ 120 n. Chr.), der Lateranpalast (14 v. Chr.) sowie mehrere öffentliche Bäder (Thermen) und ähnliche Anlagen.

Das Zentrum der Stadt Rom; rekonstruiertes Stadtbild mit Kolosseum

Der Aquäduktbau im Römischen Reich

Diokletians-Thermen: Kreuzgewölbe, von acht Granitsäulen getragen

Das Kreuzgewölbe setzt sich durch

Um 65. Römische Baumeister erfinden bei der Errichtung des Kolosseums in Rom das Kreuzgewölbe.

Das altbekannte Tonnengewölbe (→ 2605 v. Chr.) wird erstmals beim Bau des Amphitheaters zwischen den Backsteinrippen mit Zement gestreckt. Experimente mit Auflagerkräften beginnen. Dabei entsteht aus der kreuzförmigen Überschneidung zweier Tonnengewölbe das Kreuzgewölbe. Die Last verteilt sich hierbei nicht mehr gleichmäßig auf die tragenden Wände, sondern wird über vier Eckpunkte auf Bogen oder Pfeiler geleitet.

Wasserleitung in Rohren aus Blei

Um 97. Mit seiner Schrift über gehämmerte und verlötete Bleirohre begründet Sextus Julius Frontinus eine neue Ära der Wasserversorgung der Städte.

Die Rohre werden einfach aus Bleiblech um einen Kern zusammengebogen und an der Naht verlötet. Sie haben einen ovalen bzw. tropfenförmigen Querschnitt. Dem Bleilot wird gelegentlich eine geringe Menge von Zinn zugesetzt.

Unbekannt ist den Römern das große Gesundheitsrisiko bei der Leitung von Trinkwasser durch Rohre aus diesem giftigen Metall, das u. a. krebsauslösend wirkt.

1. Jahrhundert. In Rom und in den römischen Provinzen entstehen aufwendige Wasserversorgungssysteme für die städtischen Siedlungen. Da das Wasser oft von mehrere Dutzend Kilometer entfernten Quellen herbeigeführt werden muß und die Römer sich scheuen, Druckwasserleitungen zu verlegen (→ um 180 v. Chr.), die in der Lage wären, Höhenunterschiede im Gelände zu überwinden, bauen sie lange Leitungen mit gleichmäßigem geringem Gefälle. Das macht Tunnel und Aquädukte erforderlich. Während der Tunnelbau seit langem beherrscht wird, setzt der Bau von Aquädukten erst kurz vor der Zeitenwende ein und nimmt jetzt quantitativ wie qualitativ stark zu.

Allein zur Versorgung der Stadt Rom entstehen 14 Aquäduktfernleitungen. Die Aqua Marcia ist insgesamt 91,6 km lang; 11 km davon werden auf Aquädukten geführt. Von der 23 km langen Aqua Julia liegen 9,6 km auf Aquädukten. Die unter den Kaisern Claudius und Trajan gebaute Aqua Claudia besteht aus zwei auf lange Strecken parallel laufenden Aquädukten von zusammen mehr als 156 km Länge. Bedeutende Aquädukte entstehen auch in den Kolonien. Besonders berühmt werden u. a. der Pont du Gard in der Nähe des heutigen Nîmes in Südfrankreich und der Aquädukt von Segovia.

Die Aquädukte sind als schmale, hohe und dicht aneinander anschließende Bogen gebaut, über die die wasserführende Rinne läuft. Bogen und Rinnen sind gemauert. Die ersten Aquädukte sind meist aus mächtigen Steinquadern erstellt. Die Bogenöffnungen werden von Keilsteinen eingefaßt und innen gelegentlich noch durch eine Füllung aus Ziegelmauerwerk gestützt. In Höhe der Seitenpfeiler ist dieses Mauerwerk horizontal, in der Bogenwölbung radial geschichtet. Spätere Aquädukte sind durchgehend aus kleineren Steinen aufgemauert. Die Querschnitte der Wasserleitungsrinnen sind nicht einheitlich. Sie unterscheiden sich von Aquädukt zu Aquädukt oft erheblich. Im allgemeinen sind die Rinnen übermauert, um eine Verunreinigung des Wassers und seine Erwärmung durch die Sonne zu verhindern und um außerdem die Verdunstungsverluste möglichst gering zu halten. Auf mehrgeschossigen Aquädukten werden gelegentlich mehrere Wasserleitungen übereinander verlegt.

Die Fernleitungen führen das Wasser nicht direkt einem Verbrauchernetz zu, sondern einem Wasserschloß (»castellum«), dessen Inneres viergeteilt ist: Von einem Hauptbehälter führen Rohre in drei Nebenbehälter. Aus dem einen werden die städtischen Bäder gespeist, aus einem zweiten die Privathäuser. Der dritte Behälter nimmt das aus den beiden anderen überfließende Wasser auf. Aus ihm werden die öffentlichen Bassins und Springbrunnen versorgt.

Römischer Aquädukt in den fernen Kolonien; Wasserfernleitung in Segovia; die wasserführende Rinne läuft über die zahlreichen, gemauerten Bogen

Rekonstruktion der Kreuzung zweier Aquädukte (Aqua Marcia bzw. Julia und Claudia) an der Via Latina bei Rom

Glaskugel wirkt als Vergrößerungsoptik

63. Der römische Politiker und Philosoph Lucius Annaeus Seneca d. J. beschreibt, daß Buchstaben größer und klarer erscheinen, wenn man sie durch eine gläserne mit Wasser gefüllte Kugel betrachtet. Der Historiker Gajus Plinius Secundus (d. Ä.) erwähnt den Brennglas-Charakter solcher »Schusterkugeln«. Daß den Beobachtern der Zusammenhang zwischen den sichtbaren Effekten und der optischen Ursache bekannt sein dürfte, geht daraus hervor, daß der griechische Astronom Kleomedes bereits im Jahr 50 davon berichtet, er habe die Brechung von Lichtstrahlen entdeckt. Nicht bekannt sind indes die lichtsammelnde und die lichtstreuende Wirkung konvex und konkav geschliffener Gläser. Den einzigen Bericht über die Verwendung eines Augenglases gibt Plinius, der erwähnt, daß der kurzsichtige Kaiser Nero die Gladiatorenkämpfe durch einen (geschliffenen?) Smaragd beobachtet. Dabei dürfte es sich aber um die zufällige Entdeckung der optischen Eigenschaft eines Einzelstücks handeln.

Öle, Druckfarben, Tinten und Seifen

2. Hälfte 1. Jahrhundert. In Griechenland und Rom sind die für den Alltag nützlichen Grundlagen der organischen Chemie geläufig. Besonders der Grieche Pedanios Dioskorides und der römische Beamte und Gelehrte Gajus Plinius Secundus (der Ältere) berichten in den Jahren 64 bzw. 77/78 ausführlich von zahlreichen Verfahren und chemischen Reaktionen zur Herstellung im Alltag gebräuchlicher Substanzen.

So erwähnt Dioskorides die Erzeugung fester Soda für die Glasfabrikation. Er kennt den Realgar (Schwefelarsenik) und die Pottasche sowie die Methoden zur Erzeugung von Lanolin, Terpentin, Rhizinus-, Mandel- und Nußöl usw. Plinius beschreibt ausführlich den Kattundruck mit beizenden Farben und gibt Fabrikationsverfahren für verschiedene weiche und harte Seifen an. Außerdem berichtet er über die Herstellung diverser farbiger Tinten aus Purpur und aus Kermesbeeren, die bei der Goldschreibekunst (Chrysographie) eine wichtige Rolle spielen sollen.

Plinius gestorben

24. August 79. *Bei dem Versuch, als Kommandant der römischen Flotte die vom Vesuvausbruch betroffene Bevölkerung Pompejis zu retten, kommt Gajus Plinius Secundus (Abb.: Denkmal an der Kathedrale zu Como, um 1480) ums Leben. Plinius wurde berühmt durch seine naturwissenschaftlichen Publikationen.*

»Turm der Winde« in Athen errichtet

Um 50. Der Baumeister Andronikos von Kyrrhos in Syrien errichtet in Athen den »Turm der Winde«. Es ist die erste meteorologische Beobachtungsstation. Auf dem Turm installiert Andronikos eine Windfahne. Die Kenntnis der Windrichtung ist einmal für die Schiffahrt von Bedeutung, zum anderen läßt sie Wetterprognosen zu.

Der Ursprung der Meteorologie liegt in Griechenland und geht auf Denker wie Platon, Anaxagoras (→ 428 v. Chr.), Theophrast (→ um 320 v. Chr.) und Poseidonios zurück, die mit der alten Erklärung der Wettererscheinungen als göttliche Launen brachen und Regen, Gewitter, den Regenbogen, Schnee und Hagel rational zu erklären versuchten. Sie kamen über eine deskriptive Meteorologie indes kaum hinaus, weil sie die auslösenden Kräfte größtenteils noch in kosmischem Geschehen vermuteten. Erst Andronikos legt mit seiner Anlage die Basis für die empirische Meteorologie. Dazu gehört auch die Entwicklung einer wissenschaftlich-methodischen Beobachtungsweise.

Gewaltige Pyramidentempel entstehen in Mittelamerika

Um die Zeitenwende. In Teotihuacán in Mexiko existiert seit zwei Jahrhunderten ein religiöses Kultzentrum eines Volkes, das mit den Mayas in Verbindung steht. Hier werden jetzt zwei gigantische Pyramidentempel errichtet.

Der gesamte Kultbezirk der Stadtanlage umfaßt 7,5 km². Aus ihm heben sich die beiden mächtigsten Bauten, die Sonnen- und die Mondpyramide, heraus. Die Sonnenpyramide bedeckt eine Grundfläche von 222 × 225 m, ist 63 m hoch und hat einen Rauminhalt von einer halben Million Kubikmetern. Sie ist fünfstufig gebaut. An einer Seite führt eine breite Freitreppe bis auf die oberste Plattform.

Die Mondpyramide ist etwas kleiner. Über einer Grundfläche von 120 × 150 m ragt sie nur 43 m hoch auf. Auch sie ist fünfstufig angelegt und besitzt ebenfalls eine Freitreppe, die vor der Pyramide zunächst über ein vieretagiges Podest geführt ist.

Die Sonnenpyramide (vorn r.) und die Mondpyramide (hinten l.) in Teotihuacán, 40 km nordöstlich von Mexiko

Um 100. Heron von Alexandria berichtet über die physikalischen Eigenschaften der Körper, stellt hygroskopische Beobachtungen an, lehrt den Grundsatz der Lichtreflexion und formuliert hydraulische Gesetze. Der griechische Mathematiker und Mechaniker entwickelt ein einfaches Thermometer (Thermoskop), konstruiert verschiedene Öl- und Weinpressen, beschreibt eine Seilbahn sowie Krane und andere Hebevorrichtungen. Er erfindet den Heronsbrunnen (einen Springbrunnen) und den Windkessel, konstruiert einen Dampfkessel mit Innenfeuerung und ein Reaktionsröhrenkreuz (eine Turbine nach Art des Segnerschen Wasserrades). →

Kleomedes aus Griechenland beschreibt die astronomische Strahlenbrechung, die alle nicht im Zenit befindlichen Sterne höher erscheinen läßt, als sie in Wirklichkeit stehen.

105. Der Chinese T'sai Lun erfindet die Herstellung von Papier aus Seiden- und Leinenhadern. →

106. Gajus Julius Lacer schlägt im Auftrag des römischen Kaisers Trajan die 53 m hohe und 194 m lange berühmte Brücke über den Tagus bei Alcantara. →

110. Das Römische Reich verfügt über 75 000 km befestigte Straßen. →

120. Kaiser Hadrian läßt in Rom das Pantheon neu errichten. →

150. Der alexandrinische Astronom, Mathematiker und Geograph Claudius Ptolemäus gibt eine systematische Darstellung seines geozentrischen Weltbildes. Er schreibt sein berühmtes trigonometrisches und astronomisches Hauptwerk, den »Almagest« (→ um 170).

Um 160. Bei den Kelten lernen die Römer das hölzerne Faß zur Weinaufbewahrung kennen.

160. Der römische Schriftsteller Lucius Apulejus erwähnt erstmals die Verwendung von Wachs- und Talgkerzen bei kirchlichen Zeremonien. Im Haushalt wird noch für Jahrhunderte zur Beleuchtung der Kienspan verwendet. →

181. In Rom kommt der Dampfkochtopf auf.

GESTORBEN:

Um 170. Alexandria: Claudius Ptolemäus (* um 100, Ptolemais/Ägypten), alexandrinischer Naturwissenschaftler. →

GEBOREN:

Um 100. Ptolemais/Ägypten: Claudius Ptolemäus († um 170, Alexandria), alexandrinischer Naturwissenschaftler.

Brücke über tiefe Gebirgsschlucht

106. *Der römische Baumeister Gajus Julius Lacer schlägt auf der Iberischen Halbinsel (an der Grenze zwischen dem heutigen Spanien und Portugal (bei Alcantara) eine gewaltige Brücke über eine tiefe Schlucht. Mit sechs Bogen und 194 m Länge überspannt das aus schweren Steinen aufgemauerte Bauwerk in 40 m Höhe über dem mittleren Wasserspiegel den hier tief in den Felsen eingeschnittenen Tagus. Die Brücke ist die höchste Römerbrücke auf der Iberischen Halbinsel. Ihre Mitte ziert zu Ehren des römischen Kaisers Trajans ein 14 m hoher Triumphbogen (Abb.).*

Die römische Methode der Pfeilergründung auf festem Flußgrund beschreibt der Architekt Marcus Vitruvius Pollio (Vitruv) so: »Hierauf muß man ... Kästen aus eichenen Pfählen und mit Holzbändern zusammengeschlossen in das Wasser hinablassen und festrammen; dann muß man von den Querbalken aus den Grund ... ebnen und reinigen und aus Bruchsteinen vermittels eines Mörtels ... dort ausmauern und endlich den ganzen Raum innerhalb jener Kästen mit Mauerwerk ausfüllen.«

Befestigte Straßen im Römischen Reich

110. Das Römische Reich verfügt über 75 000 km befestigte Straßen. Die Straßenbautechnik hat einen beachtlichen Stand erreicht.

Die Anforderungen des ausgedehnten Römischen Reichs an ein gut ausgebautes Straßennetz sind groß. Die Regierbarkeit des großräumigen Reichs hängt davon ebenso ab wie der ausgedehnte Handel Roms. Vor allem aber müssen sich große Heere schnell über weite Entfernungen verschieben lassen. Um das Straßennetz systematisch anzulegen, arbeiten unter der Anleitung besonderer Straßenbaumeister sowohl die römischen Legionen wie auch zahlreiche Sklaven und unterworfene Völker.

Die Trassen der römischen Straßen folgen wo immer möglich der geradesten Linie. Um dies in die Praxis umzusetzen, werden Felsen gesprengt, Hügel abgetragen, Tunnel gebaut, Dämme aufgeschüttet und Sümpfe trockengelegt. Über unsicheren Böden sind die Straßen oft auf elastischen hölzernen Bohlenunterbauten verlegt. In besonders heiklen Fällen, etwa in Moorgebieten, wird der Untergrund durch dicht an dicht eingerammte lange Pfähle verfestigt.

Um die Fahrbahn aufzubauen, werden zunächst zwei zueinander parallel laufende Gräben ausgehoben, die die Straßen begrenzen und das Regenwasser ableiten sollen. Dann wird zwischen beiden Gräben die Erde ausgehoben, um Platz für den Straßenunterbau zu schaffen. Der Rand des Straßenbetts wird mit schweren Steinen gebildet, die die Fahrbahn von den Gräben trennen. Zwischen diesen Begrenzungen wird eine Lage größerer Steine aufgeschüttet; dann folgen weitere Steinschichten. Dabei achtet man darauf, eine gewölbte Straßendecke zu erzielen. Den abschließenden Belag bildet festgestampfter Sand oder Kies. Gelegentlich wird die unterste Lage der Straße statt aus schweren Steinen aus gestampfter Erde, aus Kalkmörtel oder hydraulischem Mörtel (→ um 150 v. Chr.) aufgebaut. Auch der Oberbau variiert: Vor allem in den Städten kommen mit Quadersteinen oder Fliesen gepflasterte Straßen vor. Manche Straßen sind mit unterirdischen Dränagen versehen.

Die Breite der Straßen ist sehr unterschiedlich. Sie reicht von 2 bis etwa 7 m. Die Breite richtet sich sowohl nach dem Verkehrsaufkommen wie nach Geländegegebenheiten. Größere Straßen werden gelegentlich von Fußsteigen begrenzt. Längs der Straßen gibt es allenthalben Meilensteine, Bänke und Trittsteine zum Besteigen von Reittieren.

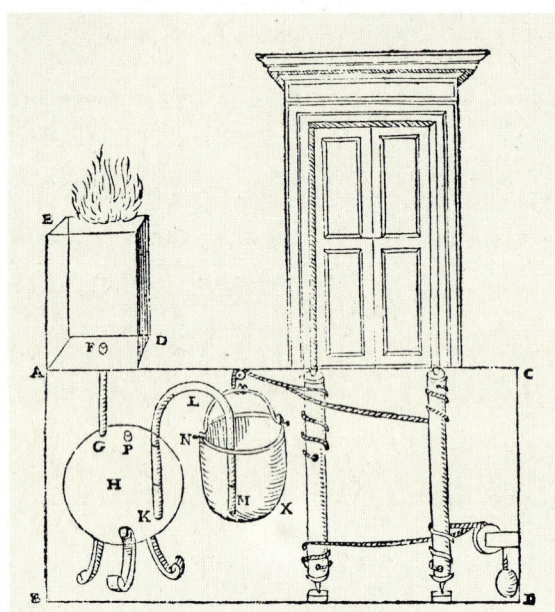

Automatischer Türschließer von Heron: Ein Opferfeuer wird entzündet und erwärmt die Luft in einem hohlen Altar; die Luft treibt Wasser aus einer Kugel in einen Eimer, der an einem Seil hängt; dieses Seil dreht die Achsen der Türen; beim Erlöschen des Feuers erfolgt der gleiche Vorgang umgekehrt (konstruiert um 110 n. Chr.)

Heron als Erfinder berühmt

Um 100. Der griechische Mathematiker und Mechaniker Heron von Alexandria wird nicht nur in seiner Heimat, sondern auch im Römischen Weltreich sowohl durch seine zahlreichen anwendungstechnischen Schriften wie durch eine große Reihe eigener Erfindungen berühmt. Seine wichtigsten Werke sind das Mathematikbuch »Metriká«, in dem er erstmals die »Heronische« Berechnung der Dreiecksfläche aus den Seiten angibt; die »Dioptriá« mit der Beschreibung geodätischer und astronomischer Instrumente, darunter eines Vorläufers des Theodoliten; die »Méchaniká« mit Konstruktionsanleitungen für Hebegeräte, Zahnradgetriebe, u. a. die »Pneumatiká«, in der hydropneumatische Systeme beschrieben werden.

Heron berichtet über die physikalischen Eigenschaften der Körper, stellt hygroskopische Beobachtungen an, lehrt den Grundsatz der Lichtreflexion und entwickelt ein einfaches Thermometer (»Thermoskop«). Er konstruiert verschiedene Öl- und Weinpressen, beschreibt eine Seilbahn sowie Krane. Er erfindet den Heronsbrunnen, einen Springbrunnen, konstruiert einen Dampfkessel mit Innenfeuerung und ein dampfkraftgetriebenes Reaktionsröhrenkreuz (im Prinzip die erste Dampfturbine). Des weiteren erfindet er einen Pantographen (ein vergrößerndes oder verkleinerndes mechanisches Zeichenkopiergerät) sowie Wegmesser für Wagen und Schiffe. Die Mathematik bereichert Heron durch die Auflösung quadratischer Gleichungen. Als Heronsball bekannt wird ein sinnreicher Sprühmechanismus: In einem elastischen, halb mit Flüssigkeit gefüllten Hohlkörper reicht von oben ein Röhrchen bis in Bodennähe. Durch Drücken dieses Balles wird die Luft über der Flüssigkeit komprimiert und treibt die Flüssigkeit aus.

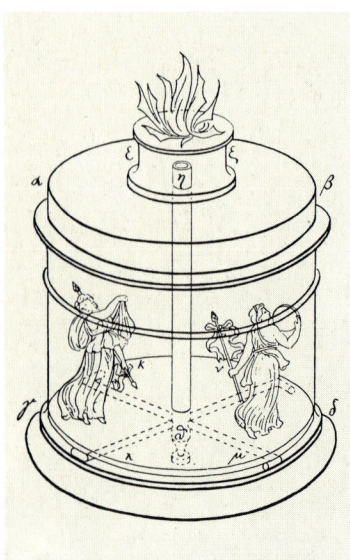

Herons Reaktionsturbinenkreuz

Der Astronom Ptolemäus

Um 170. Im Alter von etwa 70 Jahren stirbt in Canopus, nahe seiner Heimatstadt Alexandria, der große Naturwissenschaftler Claudius Ptolemäus. Er tat sich besonders durch sein literarisches Schaffen auf den Gebieten der Mathematik und Astronomie hervor. Sein 13bändiges Werk »Almagest« verzeichnet neben eigenen Erkenntnissen auch jene anderer Gelehrter der Zeit, insbesondere die des Hipparchos von Nizäa (→ 2. Hälfte 2. Jh. v. Chr.). Ein zentrales Thema des Almagest ist die Darstellung des »Ptolemäischen Weltbildes«. Nach ihm steht die Erde im Mittelpunkt des Kosmos; um sie kreisen sowohl die Sonne und der Mond wie auch die Planeten. Dieses Weltbild wird erst durch Nikolaus Kopernikus korrigiert (→ 24. 5. 1543).

Ptolemäus postuliert eine kugelförmige stationäre Erde. Eine große Kugel, das »primum mobile«, dreht sich täglich um dieses fixe Zentrum und trägt alle himmlischen Körper mit sich. Die Sterne sind an festen Positionen in die Oberfläche dieser Kugel eingebettet. Sonne, Mond und Planeten haben nach Ptolemäus allerdings zusätzliche Eigenbewegungen, die sich zu der Bewegung des »primum mobile« addie-

ren. Den jahreszeitlich unterschiedlichen Sonnenstand und die Mondphasen erklärt Ptolemäus damit, daß sich diese Gestirne exzentrisch um die Erde bewegen. Die Planeten dagegen wandern auf Kreisbahnen, sogenannten Epizyklen, um Mittelpunkte, die ihrerseits exzentrisch um die Erde kreisen. Nach Claudius

C. Ptolemäus

Ptolemäus bewegen sich damit sämtliche Himmelskörper auf exakt kreisförmigen Bahnen. Ihre scheinbaren Schleifenbahnen am Firmament führt er auf die oben erwähnten Exzentrizitäten zurück. Obwohl Ptolemäus aufgrund falscher Annahmen letztlich zu unhaltbaren Ergebnissen kommt, stellt sein Theoriegebäude eine in sich schlüssige mathematische Meisterleistung dar.

Ptolemäus befaßte sich auch mit kartographischen Fragen. Er hinterläßt ein Werk, in dem 8000 Orte nach Längen- und Breitengraden katalogisiert sind. Weitere Arbeiten betrafen Optik und Akustik.

Wachskerzen für religiöse Zwecke

160. Der römische Schriftsteller Lucius Apulejus erwähnt in einem Roman erstmals die Verwendung von Wachs- und Talgkerzen bei religiösen Zeremonien. Im Haushalt sind und bleiben noch (für viele Jahrhunderte) der Kienspan und die Öllampe gebräuchlich.

Kerzen gibt es in zwei Ausführungen: Fackelartige, die überwiegend aus Faserstoffen bestehen, die mit Talg oder ähnlichem Material imprägniert sind, und solche mit einem Docht. Bei der Herstellung der letzteren wird der Docht zuerst mit Schwefel imprägniert und anschließend wiederholt in den noch flüssigen Talg oder das Wachs getaucht. Beide Rohstoffe werden vorher sorgfältig aufbereitet, u. a. wiederholt gekocht und durchgeseiht. Der Docht besteht aus dem Mark einer Papyrusart. Die Kerzen werden in Lampen oder Leuchter aus Ton, Bronze oder Holz gestellt.

Papier aus Hadern in China erfunden

105. Dem Chinesen T'sai Lun gelingt die Herstellung von Papier aus Seiden- und Leinenhadern.

Das von T'sai Lun entwickelte Papier soll die teure Seide ersetzen, die in China als Schreibmaterial Verwendung findet. T'sai Lun experimentiert zunächst mit Baumrinde, Hanf, Lumpen und Netzwerk und stellt daraus filzartige Blätter her. Er umgeht das Seidenweben durch die Verwendung von Altstoffen oder Rohseidenfasern.

Den Gedanken, Hadernpapier zu fertigen, übernimmt er sehr wahrscheinlich aus dem Norden Thailands. Dort ist die Papiermacherei schon seit langem heimisch. Man verwendet die Rinde des Papiermaulbeerbaums, von dem man handbreite Rindenstreifen in Aschenlauge kocht und dann zu Faserbrei hämmert. Dieser wird auf einem Sieb fein verstrichen und entwässert. Er trocknet zu Papier.

Innenansicht des Pantheons in Rom; die 9 m weite, kreisrunde Aussparung in der Mitte der Kuppel ist die einzige lichtspendende Öffnung des Bauwerks

Pantheon neu aufgebaut

120. Unmittelbar nachdem das »Pantheon« (das »Hochheilige«) abgebrannt ist – ein mächtiger Kuppelbau, der bereits → 27 v. Chr. unter Marcus Agrippa für die sieben Planetengötter in Rom errichtet wurde –, läßt Kaiser Hadrian das Heiligtum neu aufbauen und dabei zum mächtigsten Kuppelbau der Zeit erweitern.

Die Anlage besitzt eine kreisförmige Grundfläche, über der auf einem zylindrischen Baukörper die 21,8 m hohe halbkugelförmige Kuppel aufgesetzt ist. Denkt man sich die Kuppel zu einer Vollkugel ergänzt, dann würde diese unten genau den Fußboden berühren. Die einzige Lichtquelle des 43,6 m ho-

hen Raumes ist eine kreisrunde Öffnung von 9 m Durchmesser im Kuppeldach. Das führt zu einer im gesamten Raum gleichmäßigen Beleuchtung. Das 6,2 m starke Mauerwerk der tragenden Zylinderkonstruktion ist zweischalig ausgeführt. Die äußere Schale ist geschlossen, die innere abwechselnd durch rechteckige und runde Nischen unterbrochen. Die vier Rundnischen liegen in den Hauptachsen, die Rechtecknischen diagonal dazu. Zum eigentlichen Innenraum hin sind die Nischen durch je zwei Säulen abgegrenzt. Die Kuppel selbst zeigt nur im Innern des Bauwerks ihre Halbkugelform. Außen erscheint sie überhöht.

200

200—299

Um 200. In Skandinavien sind Schlittschuhe mit Eisenkufen in Gebrauch.

Nach 200. In den römischen Kolonien entstehen bedeutende bautechnische Werke, etwa in Trier die Porta Nigra.

216. In Rom werden die Caracalla-Thermen gebaut. →

220. Der römische Beamte Sextus Julius Africanus beschreibt eine Methode, die Breite eines Flusses ohne unmittelbares Messen durch Abstecken rechtwinkliger Dreiecke zu ermitteln. (Das Verfahren ist heute noch in der Kriegstechnik gebräuchlich.)

Um 230. Claudius Aelianus beschreibt eingehend die vom Zitterrochen ausgehende »betäubende Wirkung« (Elektrizität), die vor ihm bereits Aristophanes, Platon, Aristoteles, Straton, Scribonius Largus, Plinius, Plutarch, Galen und Oppian erwähnten. Er stellt fest, daß die betäubende Wirkung sich auch noch dann bemerkbar macht, wenn man den Zitterrochen bereits aus dem Wasser genommen hat und dieses z. B. über eine Hand oder einen Fuß gießt.

Um 250. In China werden eiserne Hängebrücken gebaut. Sie ersetzen die in diesem Land schon seit langem bekannten, mit Laufplanken ausgelegten Seil-Hängebrücken.

Diophantos aus Alexandria trennt die Arithmetik von der Geometrie ab, als deren Bestandteil sie bisher stets angesehen wurde. Er begründet damit nach ägyptischem Vorbild eine eigenständige Algebra: Er stellt Gleichungen mit einer Unbekannten auf und gibt dafür exemplarische Lösungen an.

Im Römischen Reich entstehen gigantische Amphitheater, die besonders als Leistung der Bauakustik zu würdigen sind.

280. In Rom stehen 1797 Bürgerhäusern im »domus«-Stil 46 602 »insulae« oder Mietskasernen von drei bis sieben Stockwerken gegenüber.

284. In Alexandria kommt eine neue Zeitrechnung auf. Sie geht von der »Diokletianischen Ära« aus, die auch »Ära der Märtyrer« genannt wird. Ihr Anfangspunkt ist die Thronbesteigung des römischen Kaisers Gajus Valerius Diocletianus (29. 8. 284). Diese Zeitrechnung wird später von den christlichen Kopten übernommen.

Um 290. Pappos von Alexandria verfaßt ein geometrisches Sammelwerk. Er stellt u. a. bereits die später (seit dem 17. Jh.) als Guldinsche Regel bekannte Formel für Oberfläche und Rauminhalt von Rotationskörpern auf.

Caracalla-Thermen technisch perfekt

216. Kaiser Marcus Aurelius Antoninus, genannt Caracalla, vollendet den zehn Jahre zuvor begonnenen Bau der bis dahin größten öffentlichen Badeanlage Roms. Der Gesamtbau überdeckt ein Areal von 330 × 330 m. Das Schwimmbecken im Frigidarium (dem Kaltbad) mißt 17 × 51 m. Drei mächtige Kreuzgewölbe (→ um 65) von 23 m Spannweite und 33 m Höhe überdachen das Tepidarium (das lauwarme Bad). Das kreisrunde Caldarium (das heiße Bad) ist von einer Kuppel von 35 m Durchmesser überdeckt, die mit 49 m Scheitelhöhe sogar das Pantheon (→ 120) um 5 m überragt.

Ostapsis des Caldariums der Kaiserthermen in Trier; Thermen bauen die Römer auch in den Kolonien

Die römischen Thermen-Anlagen fassen jeweils verschiedene Badeeinrichtungen in großen Komplexen zusammen. Mächtige Gebäude wie die Caracalla-Thermen, die nicht nur in der Hauptstadt, sondern auch in den Metropolen der Provinzen entstehen, sind in Backstein errichtet und mit Marmorplatten verkleidet. Die gemusterten Fußböden sind mit farbigen Platten oder mit Mosaik ausgelegt. Die Bäder besitzen für Wasser und Raumluft unterirdische Zentralheizungen (Hypokausten; → 89 v. Chr.). Längs der Mittelachse reihen sich Frigidarium, Tepidarium und das meist als kuppelgewölbter Rundbau ausgeführte Caldarium. Massage-, Salb- und Gesellschaftsräume schließen sich symmetrisch an.

Handwerksprodukte für Bauern, Geistliche und Ritter

Das europäische Mittelalter 400 bis 1400

Vermächtnisse der Antike

Der Zerfall des Römischen Weltreichs um 400 (Teilung in Weströmisches Reich und Oströmisches Reich 395; schneller Niedergang Westroms) führte im gesamten Abendland zu einem einschneidenden sozialen Wandel. In den einstigen Kolonien trachtete man danach, eine Wiederbelebung der römischen Herrschaft zu verhindern. Das führte nicht zuletzt zur Vernichtung der von Rom über Jahrhunderte aufgebauten Infrastruktur. Die Fernstraßen und Rauchtelegraphenstrecken verfielen nicht nur, sie wurden aktiv zerstört. Was man beibehielt, waren technische Errungenschaften, die den Arbeitsalltag erleichterten, vor allem die besonders in der römischen Endzeit, also im 3. und 4. Jahrhundert, entstandenen Wasserkraftanlagen. Interessanterweise hatten sich solche Wassermühlen ohnehin vorwiegend in den Kolonien etabliert. Im Stammgebiet des Römischen Reichs (Italien) verzichtete man bewußt auf sie. So baute Rom im wesentlichen nur dort muskelkraftersetzende Anlagen, wo es ohnehin an Arbeitskräften fehlte, und das war besonders in Gallien und Britannien sowie den Gebieten an Rhein und Mosel der Fall. Hier blühten denn auch in der Folgezeit die Handwerksbetriebe, vor allem gefördert durch die Klöster, am ehesten wieder auf.

Neue Geräte und Anbaumethoden für die Landwirtschaft

Mit dem Verfall der städtisch orientierten römischen Kultur und dem Rückgang des Warenaustauschs über Fernstraßen mußten die Menschen allenthalben in Europa hinsichtlich ihrer Versorgung – vor allem mit Lebensmitteln und Kleidung – lokal autark werden. Das führte zu einer Weiterentwicklung besonders landwirtschaftlicher Techniken.

Ab dem 6. Jahrhundert bürgerte sich nach und nach als wichtigstes Gerät der schwere Pflug oder Beetpflug in Mitteleuropa ein, ein massives Werkzeug aus dem um diese Zeit noch immer extrem teuren Eisen, das von einem Zuggespann über den Acker geführt wurde. Eingeschirrt waren wie seit alters her bei schweren Wagen Ochsen; Pferde eigneten sich für die harte Aufgabe aus zwei Gründen nicht: Zum einen fehlte es an geeigneten kräftigen Rassen, zum anderen wurde die bei Ochsen mögliche Einschirrung der Gespanne im Joch der Anatomie der Pferde nicht gerecht; sie drückte auf Halsschlagader oder Luftröhre der Tiere. Erst als im 8. Jahrhundert die Kummet-Anschirrung erfunden wurde, bei der die Last auf Schultern und Brust drückt, eigneten sich auch Pferde für die Feldarbeit. Die Zucht schwerer Landpferde setzte ein, die dann etwa im 12. Jahrhundert greifbare Erfolge zeigte.

Im 9. Jahrhundert begannen die Bauern, ihre Felder außer mit dem Pflug auch mit der Egge zu bearbeiten. Um die gleiche Zeit wurde die Sense bekannt, mit der sich Gras rationeller und müheloser mähen ließ als mit den alten Sicheln. Die Sichel hatte sich seit der frühen Antike nicht weiterentwickelt. Es gab sie als Hakensichel und als Bogensichel mit gezähnter Schneide. Beide Geräte erforderten mühsame Schnittbewegungen. Gras und Getreide ließen sich mit ihnen nicht einfach abhauen. Das wurde erst durch die eisernen Bogensicheln mit glatter Schneide möglich, die im 12. Jahrhundert aufkamen.

Mit der vereinfachten Mähtechnik ließ sich mehr Winterfutter für die Tiere bereitstellen, und damit nahm die Tierhaltung zu. Zugleich erleichterte die Möglichkeit, mit Hilfe von Ochsen oder Pferden Weideland umzupflügen, die Entscheidung zur allgemeinen Einführung der Dreifelderwirtschaft, die im Laufe der Zeit das herkömmliche System des Wechsels von Frucht und Brache ablöste. Erstmals wurden im 12. Jahrhundert auch Felder – wenn auch noch in bescheidenem Ausmaß – gedüngt, und die neuen Sommergetreidearten erlaubten zwei Ernten im Jahr. Die weiterentwickelten Agrartechniken führten zu erheblichen Erntesteigerungen. Kamen noch in der Karolingerzeit auf eine Einheit Saatgetreide zwei Einheiten Kornernte, so betrug das Verhältnis im 13. Jahrhundert für Gerste bereits 8:1, für Roggen 7:1, für Weizen 5:1 und Hafer 4:1. Aus Frankreich liegen für das Artois für Weizen sogar Werte von 11:1 vor. Die Folge des steigenden Nahrungsmittelangebots war ein kräftiges Bevölkerungswachstum. Zwischen 1150 und 1200 nahm die europäische Bevölkerung um 20% zu. Zwar dezimierten zwischen dem 11. und dem 14. Jahrhundert immer wieder Pestepidemien die Menschheit in Europa, aber dennoch verdreifachte sich in diesem Zeitraum die Einwohnerzahl Frankreichs und Englands.

Wasser- und Windkraft fördern das Handwerk

Mit dem sich nach dem Verfall des Römischen Weltreichs stark ausweitenden Christentum wandelte sich die Einstellung zur körperlichen Arbeit. Galt sie in Rom als wenig erstrebenswerte Notwendigkeit und wurde sie deshalb nach Möglichkeit Sklaven und niedrigen Volksschichten aufgebürdet, so galt jetzt die Maxime »ora et labora« (»bete und arbeite«). Schon die erste klösterliche Ordensregel, erstellt von Benedikt von Nursia (480 bis 547), schrieb fest: »Müßiggang ist der Feind der Seele. Deshalb müssen sich die Brüder zu bestimmten Zeiten mit Handarbeit und wieder zu bestimmten Stunden mit der Heiligen Lesung beschäftigen.« Und: ». . . denn sie sind ja in Wahrheit erst dann Mönche, wenn sie gleich unseren Vätern und den Aposteln von der Arbeit ihrer Hände leben.« Die Klosterbrüder, intellektuell geschult, verrichteten die anfallende Arbeit aber nicht stumpfsinnig, sondern nutzten gegebene technische Möglichkeiten und entwickelten sie weiter. Zur wichtigsten Energiequelle der Klöster wurde dabei die

Wasserkraft. Das paßte auch sehr gut in das christliche Weltbild: »Macht euch die Erde untertan.« Die Mönche versuchten, Technik und Natur miteinander in Einklang zu bringen. Sehr gut illustriert das eine zeitgenössische Beschreibung der großen Klosteranlage von Clairvaux in Frankreich: »Der Teil des Flusses aber, der in die Abtei eindringt, soweit es die Mauer zuläßt, stürzt sich als erstes mit Macht auf die Mühle, wo er sich geschäftig tummelt, sowohl um das Korn unter dem Druck der Mühlsteine zu mahlen, als auch um das zarte Sieb zu bewegen, welches das Mehl von der Kleie trennt. Doch schon ist er im nächsten Haus, füllt den Kessel und übergibt sich dem Feuer, das ihn aufkochen läßt, um für die Mönche ein Getränk zu bereiten (gemeint ist das Bier). Sollte nämlich die Rebe den Fleiß des Winzers undankbar und mit Unfruchtbarkeit lohnen und ihm das Blut der Trauben verweigern, so springt sogleich die Tochter der Ähre ein. Doch kann sich der Fluß nicht für frei und ledig halten. Gleich neben der Kornmühle rufen ihn die Walker zu sich. Denn hat er den Brüdern beim Mahlen ihre Nahrung bereitet, so fordern sie ihn jetzt, an ihre Bekleidung zu denken. Er widerspricht auch nicht und weigert sich nicht, das zu tun, was man von ihm verlangt. Er hebt und senkt im Wechsel die schweren Stampfen und Hämmer, oder besser gesagt, die Holzfüße – denn dieses Wort paßt für das Hüpfen der Walkstöcke sehr viel besser – und erspart den Walkern große Mühen. Gnädiger Gott! Welchen Trost gewährst Du Deinen demütigen Dienern, damit nicht allzu großer Jammer sie niederdrückt! Wie sehr erleichterst Du Deinen Kindern, die bußfertig sind, die Mühsal und befreist sie vom Übermaß der Arbeit! Wie viele Pferde erschöpften ihre Kräfte, bei wie vielen Menschen ermüdeten die Arme während jener Arbeiten, die dieser freundliche Fluß, dem wir Kleidung und Nahrung verdanken, ohne unser Zutun für uns verrichtet! Er ersetzt unsere Mühen durch die seinen und erhofft nach aller schweren Last des Tages für sich nur einen einzigen Lohn: Die Erlaubnis, frei fortzusprudeln, nachdem er alles Verlangte erfüllt hat. So dreht er immer eiliger die vielen schnellen Räder, so stürzt er schäumend hinaus. Fast möchte man sagen, er selbst wird gemahlen, wird weicher. Doch danach tritt er in die Lohngerberei ein, wo er für die Schuhe der Brüder ebensoviel Fleiß und Mühe aufwendet wie zuvor; darauf teilt er sich in viele kleine Arme und eilt dienstfertig zu vielen verschiedenen Pflichten, sucht überall diejenigen auf, die seiner Dienste bedürfen, was immer es sei – ob Sieben, Seihen, Drehen oder Zerreiben, ob Gießen, Waschen oder Mahlen, er bietet seine Hilfe und verweigert sich nicht. Zuletzt, um vollen Dank zu ernten und nichts ungetan zu lassen, trägt er den Abfall fort und läßt alles sauber zurück.«

In welchem Maße das mittelalterliche Handwerk sich der Wasserkraft bediente, belegt eine Zahl aus England, wo im 11. Jahrhundert nicht weniger als 5624 Wassermühlen arbeiteten, eine je 50 Haushaltungen. So beeindruckend diese Zahl auch sein mag und so reichhaltig die Liste der Wasserkraftnutzung aus dem Kloster von Clairvaux auch wirkt, die große Ära der Wassermühlen brach erst im Hochmittelalter an. Die Zahl der Anwendungen wuchs rapide. Wasserräder trieben jetzt neben Getreide- und Walkmühlen auch Eisenhämmer und Sägemühlen, Flachsbrechmühlen, Zwirn- und Drahtmühlen und andere Kraftmaschinen.

Nicht immer war die Wasserkraft zuverlässig. Südlich der Alpen trockneten im Sommer bisweilen die Flüsse aus, nördlich der Alpen froren sie im Winter zu. Gegen Ende des 12. Jahrhunderts suchte man deshalb verstärkt nach Ersatzenergien. Zuweilen griff man wieder auf das alte Prinzip der Pferdemühlen zurück, in Küstennähe versuchte man es mit dem Bau von Gezeitenmühlen, vor allem aber setzte der Bau von Windmühlen ein. Zwar hatte es derartige Maschinen im 7. Jahrhundert schon in Persien gegeben, doch entwickelten sich in Europa völlig neuartige Systeme. Drehten sich in Persien die Windräder um eine vertikale Achse, so rotierten die europäischen Flügelräder um eine horizontale Achse, und – das war neu – sie ließen sich als Ganzes in den Wind drehen.

Lohnarbeit bei den Tuchmachern

Folgten die meisten Handwerke klösterlichem Brauch oder wurden sie lokal in den dörflichen Gemeinden ausgeübt, so entwickelten die Tuchmacher ab 1235 eine Sonderstellung in Europa. In diesem Jahr nämlich begründete der Orden der Humiliaten große Wolltuchwerkstätten in Florenz. Neu waren hierbei eine weitgehende Arbeitsteilung innerhalb des Gewerbes und eine strikte Trennung von Produktion und Vertrieb. Hatte bisher üblicherweise der Handwerker seine Waren selbst verkauft, so achteten die Humiliaten darauf, daß nur Laienbrüder oder ungeweihte Helfer (Konversen) die Handarbeit verrichteten, während allein dem Klerus die Organisation, die Überwachung und der Handel vorbehalten blieben. Große Walkmühlen und Tuchspannereien entstanden am Fluß Arno.

Bis zu Beginn des 15. Jahrhunderts hatte die Florentiner Wolltuchzunft die Arbeitsteilung so weit getrieben, daß sich nicht weniger als 26 getrennte Arbeitsgänge unterscheiden ließen. Natürlich blieb dieses Vorbild in Europa nicht ohne Nachahmer, denn die Tuchmacher in anderen europäischen Zentren wollten schließlich konkurrenzfähig bleiben. Diese Entwicklung der Arbeitsteilung führte zu zunehmender Abhängigkeit der Handarbeiter voneinander und besonders von den Organisatoren und Händlern. Aus freien Handwerkern wurden unselbständige Lohnarbeiter. Unternehmertum und arbeitende Unterschicht schieden sich voneinander. Bald weitete sich diese Kluft mehr und mehr aus.

Im 13. Jahrhundert leitete eine technische Erfindung einen weiteren Trend im Textilgewerbe ein: Der Pedalantrieb. Wo bisher die Wasserkraft große Mühlen bewegte, die zentrale Werkstätten erforderlich machten, konnten jetzt auch im kleinen Maßstab Heimarbeiter tätig werden. Das kontinuierlich rotierende Tretspinnrad stand am Anfang der textilen Produktionskette, der horizontale Tretwebstuhl, bei dem die Fachbildung und der Ladenanschlag mechanisch funktionierten, brachte Produktionssteigerungen und verbesserte Stoffqualitäten. Mit dieser »Industrialisierung« lange vor der Industriellen Revolution gerieten wie die Tuchmacher auch die Weber in die Abhängigkeit der Handelshäuser.

Der Siegeszug des Eisens

Zwar wurde schon im Altertum systematisch Eisenerz abgebaut und verhüttet, doch blieb Eisen als Werkstoff bis in die Karolingerzeit relativ rar. Es war teuer. Immer neue Eisenhütten entstanden erst mit dem zunehmenden Rüstungswesen allenthalben in Europa, und Mitte des 13. Jahrhunderts zählte man allein auf der Britischen Hauptinsel deren 150. Gegen Ende des Mittelalters erzeugte Europa jährlich nicht weniger als 60 000 t Roheisen. Zu dieser gewaltigen Steigerung der Produktion trugen nicht zuletzt neue Hüttentechniken bei, oder, besser gesagt, die zunehmende Nachfrage und die verbesserten Technologien förderten sich gegenseitig. Der wohl wichtigste Fortschritt in der Eisenproduktion vollzog sich schließlich gegen Ende des Mittelalters, der Übergang vom Schmiedeeisen zum Gußeisen.

Um 300. In Spalato (heute: Split), in der Nähe seines Geburtsortes Salona, läßt der römische Kaiser Diokletian den Diokletianspalast errichten. Seine grundlegende Gliederung folgt – und das ist in der römischen Architektur neu – der geometrischen Figur eines Straßenkreuzes. Sie steckt das Gebäuderechteck von 175 × 214 m ab. Der Palast liegt an der Küste. An der Meerseite schließt ihn ein Säulengang ab, die drei anderen Seiten sind stark befestigt. Je zwei achteckige Türme schützen die drei Tore.

In Indien entwickelt sich die Technik, Rohrzucker zu gewinnen. Dazu wird aus dem Zuckerrohr der Saft gepreßt und dann durch Kochen eingedickt.

326. In Rom wird die alte Peterskirche, die bekannteste frühchristliche Basilika, von Kaiser Konstantin gebaut.

330. An der Mosel arbeiten Sägemühlen (→ 4. Jh.).

359. Der Patriarch Hillel Hanassi der Jüngere in Tiberias führt den verbindlichen jüdischen Kalender ein.
Der jüdische Kalender geht an sich ungefähr auf das frühe zweite vorchristliche Jahrtausend zurück. Zu dieser Zeit kannte er auch bereits die siebentägige Woche, deren Wurzel wohl darauf zurückgeht, daß in Kleinasien die Zahl sieben als heilig galt. Außer dem Sabbat hatten die altjüdischen Wochentage noch keinen Namen. Sie wurden numeriert. In der Monatsteilung folgte der Kalender den Mondphasen, was wechselweise Monate von 30 und 29 Tagen ergab.
Hanassi kommt mit seiner Kalenderreform dem jüdischen Glauben entgegen, der im Kalender zahlreiche Besonderheiten berücksichtigt sehen will. Diese Ausnahmeregelungen (Dechijoth) führen zu einer Folge von sechs verschieden langen Jahren zu 353, 354, 355, 383, 384 und 385 Tagen.

Um 380. Unter der Dynastie der Ch'in wird in China der Schiffskompaß allgemein gebräuchlich.

385. Der römische Kaiser Theodosius I. führt den Reitsattel in Europa ein. In Asien (Indien) scheint er schon weit länger bekannt zu sein.

390. Der römische Geschichtsschreiber Ammianus Marcellinus beschreibt Brandbomben. Es handelt sich dabei um von Katapulten abgeschossene Brandsätze aus Werg, Harz Schwefel und Erdöl. →
Am Fluß Rur arbeiten Wassermühlen zum Schneiden von Steinblöcken (→ 4. Jh.).

Wasser als Energiequelle

4. Jahrhundert. Im Römischen Reich setzt sich die Nutzung der Wasserkraft in Handwerksbranchen durch. Sie ersetzt den bisher vorherrschenden Muskelkraftantrieb (Treträder, Handkurbeln, von Menschen oder Tieren betriebene Göpelwerke usw.).
Die neuen Wassermühlen arbeiten mit Wasserrädern, wie sie bereits Philon von Byzanz (→ um 210 v. Chr.) beschrieb und die im 1. Jahrhundert n. Chr. bereits hier und da als »Prototyp« arbeiteten. Jetzt werden die unterschlächtigen Wasserräder immer größer ausgeführt. Viele besitzen einen Durchmesser bis zu 30 m. Oft sind sie an Aquädukte (→ 1. Jahrhundert) angeschlossen. Die ersten Anlagen dieser Art betrieben Getreidemühlen. Im 4. Jahrhundert kommen dann Sägemühlen hinzu. So arbeiten an der Mosel mehrere wasserkraftbetriebene Holzmühlen.
390 erwähnt der römische Schriftsteller Decimus Magnus Augonius Wassermühlen an der Rur (Belgien), die einem Steinsägewerk als Antriebsaggregate dienen. Als Sägeblätter fungieren dünne Holzlatten, die durch Exzenter in Längsrichtung hin- und herbewegt werden und deren Stirnseiten als Schleifkanten mit Feuersteinspitzen belegt sind. Meist sind die Wassermühlen fest installiert, gelegentlich arbeiten sie auf Schiffen.

Alte Noria (Göpelwerk) auf der Mittelmeerinsel Mallorca, wo diese von Eseln betriebenen Wasserheber seit der römischen Zeit in Betrieb sind

Kämpfe mit Brandpfeilen

390. Der römische Geschichtsschreiber Ammianus Marcellinus beschreibt in seinem 23bändigen Werk »Res gestae« die zur Zeit üblichen »Malleoli«, Feuerpfeile, die mit Katapulten abgeschossen werden. Den Brandsatz derartiger Geschosse erklärt Flavius Vegetius Renatus in »Epitome Rei militaris«. Er besteht danach aus Werg, Harz, Schwefel und Erdöl.
Brandsätze in der Kriegsführung sind nicht neu. Bereits 360 v. Chr. beschrieb Äneas der Taktiker Feuertöpfe (→ 4. Jh. v. Chr.), die von Hand gegen die feindlichen Stellungen geschleudert wurden. Auch Katapulte sind seit längerem bekannt.

Neu ist die Kombination von beiden. Bisher war es nicht gelungen, brennende Körper mechanisch zu verschießen, da sie bei der schnellen Bewegung durch das Fortblasen der Flammengase sofort erloschen. Die neuen Feuerpfeile tragen ihr Brennmaterial deshalb nicht an der Oberfläche, sondern im Innern einer hinter der Spitze aufgesetzten spindelförmigen und auf beiden Seiten durchlöcherten Hülse. Allerdings können auch sie nicht mit maximaler Bogenspannung der verfügbaren Katapulte abgeschossen werden. Sie eignen sich nur für Überraschungsangriffe, denn sie lassen sich leicht löschen.

Um 400. In einem Brief erwähnt der griechische Dichter und Philosoph Synesios von Kyrene erstmals die hydrostatische Waage (Wasserwaage).
Synesios von Kyrene, ab 410 Bischof von Ptolemais, erwähnt erstmals das Skalenaraeometer unter dem Namen Baryllium. Dem Text des Briefes nach zu urteilen, muß das Instrument noch recht neu im Gebrauch sein. Es dient der Dichte- bzw. Konzentrationsmessung von Flüssigkeiten.

Der römische Schriftsteller Ambrosius Theodosius Macrobius gebraucht erstmals das Wort Ekliptik.

Der römische Militärschriftsteller Flavius Vegetius Renatus beschreibt optische Telegraphen, die mit beweglichen Balkenstücken arbeiten (→).

Flavius Vegetius Renatus beschreibt erstmals die Sackpumpe, eine kolbenlose Schiffspumpe.

Flavius Vegetius Renatus beschreibt in seinen »Abhandlungen über die Kriegskunst« eine zusammenlegbare, transportable Festungsleiter für Belagerungszwecke – die spätere »Nürnberger Schere«. →

In Indien sind Texte vorhanden, die die Existenz von quecksilberturbinen-getriebenen Flugapparaten beschreiben. Ähnliche Texte gibt es in China.

405. Der römische Dichter Aurelius Prudentius Clemens beschreibt in seinen Märtyrer-Hymnen die mit mehrfarbigem Glas gefüllten Bogenfenster der Paulskirche zu Rom. Es handelt sich hierbei um gefaßte Mosaiken aus farbigen Glasstückchen und nicht etwa um Glasmalerei (→ 880, 999).

409. Paulinus, Bischof von Nola, erfindet den Glockenguß. Vor seiner Erfindung wurden die Glocken geschmiedet oder getrieben. →

420. In Ravenna entsteht das Mausoleum der Galla Placidia mit seinen bedeutenden Mosaiken. – Die antike Mosaikkunst unterscheidet zwei Techniken: Das »opus tessellatum« (die »Würfeltechnik«) und das »opus vermiculatum«, eine mit winzigen Stückchen arbeitende Feintechnik.

430. Zosimos von Panopolis verbessert die chemische Destillation sowie metallurgische Prozesse und führt die Bezeichnung »Chemie« ein. →

450. Der Schriftsteller Olympiodor erwähnt die Anlage von Tiefbrunnen in Ägypten. Sie reichen 200 bis 500 Ellen (etwa 60 bis 170 m) tief in die Erde.

500
500 — 599

Eine neue Methode des Glockengießens

409. Von Paulinus, Bischof von Nola, wird gesagt, er habe den Glockenguß erfunden. Gesichert ist das nicht. Fest steht aber, daß jetzt die bisher geschmiedeten oder aus Metall getriebenen Glocken durch gegossene ersetzt werden. Die Kirche in Cimitile bei Nola rühmt sich später, den »ältesten Glockenturm in der Christenheit zu besitzen«.

Die Glocke als magisches Instrument zur Abwehr von Bösem ist alt. Bronzeglocken gab es mit Sicherheit schon um 850 v. Chr. in Ägypten und Babylon. In China reicht die Tradition der Glocke noch viel weiter zurück (2. Jahrtausend v. Chr.). In Griechenland trug, so berichtete Aristophanes um 400 v. Chr., der Nachtwächter ein Glöckchen bei sich. Aber erst als christliche Kirchenglocke nimmt ihre Größe beachtlich zu. Damit werden neue Herstellungspraktiken erforderlich. Die neue Methode des Glockengusses bedient sich des Verfahrens der verlorenen Form. Diese ist zweischalig und wird als Abguß eines Gipsmodells hergestellt.

Zosimos prägt den Begriff »Chemie«

430. Zosimos von Panapolis beschäftigt sich systematisch mit Prozessen der Destillation und Metallurgie und verhilft damit der chemischen Forschung zu einem beachtlichen Aufschwung. Für das Gebiet seiner Tätigkeit führt er die Bezeichnung »Chemie« ein.

Erste chemische Versuche unternahmen im 3. Jahrhundert bereits Griechen und Ägypter. Sie »weißten« Kupfer durch Arsen-, Zinn- oder Bleiverbindungen, »gilbten« Silber oder »doppelten« Gold. Als Ursache dieser Vorgänge sahen sie die »Masse«, die als bestimmte Substanz galt. Zosimos beendet derlei philosophische und mystische Spekulationen, indem er nunmehr gezielt experimentiert und als erster darauf achtet, daß die Ergebnisse seiner Arbeit, die er als naturwissenschaftlich erklärbare Erscheinungen deutet, exakt reduzierbar sind. Für Laborgeräte kann Zosimos auf die Produkte syrischer Glasmacher (→ um 100 v. Chr.) zurückgreifen, die jetzt u. a. geeignete geblasene Kolben liefern.

Vegetius: »Abhandlungen über die Kriegskunst«

Um 400. Der römische Militärschriftsteller Flavius Vegetius Renatus faßt in seinen »Abhandlungen über die Kriegskunst« den Stand der Militärtechnik seiner Zeit zusammen. Wichtigste Kriegsgeräte der Römer sind jetzt:

Lanzen und Speere: Diese Angriffswaffen sind 4,3 bis 5,5 m lang. Besonders weit verbreitet ist ein Wurfspeer mit Wurfschlinge, das sogenannte »pilum«.

Schwerter: Neben dem »pilum« sind es die Hauptwaffen der römischen Legionäre. Die ursprünglich aus Bronze gefertigten Schwerter bestehen jetzt aus Eisen oder Stahl, sind 60 bis 70 cm lang und heißen »gladius«.

Flammenwerfer: Das sind als Feuerpfeile mit Katapulten verschossene Brandsätze aus Erdöl, dem jetzt Schwefel oder Olivenöl, Kochsalz, Harze oder gebrannter Kalk beigemischt werden. Diese neue Mischung hat eine weitaus bessere Zündkraft als älteres Material und nennt sich »Medisches Öl« (→ 390).

Katapulte: Sie verschleudern jetzt eigens angefertigte Steinkugeln bis etwa 80 kg Gewicht. Das Standardmodell, der »Onager«, besitzt ein horizontal verlaufendes Spannsehnenbündel und einen senkrechten Hebelarm mit einer Schleuderschlinge. Gerne verwendet werden große Tonkugeln, die beim Aufprall zerplatzen.

Ramm- oder Sturmböcke: Das sind schwere, zum Teil fahrbare Holzkonstruktionen (→ um 332 v. Chr.), die jetzt an ihrem vorderen Ende meist Metallspitzen oder Mauerbohrer tragen und dem Zertrümmern von Festungstoren und -mauern dienen.

Sturmleitern: Mit ihnen lassen sich Mauern erklettern. Neu ist eine scherenförmig zusammenlegbare und damit leicht zu transportierende Leiter.

Taktische Einrichtungen: Hierzu gehören in erster Linie strategische Anlagen und Geräte, wie die »Semaphoren«, erste Balkentelegraphen, die jetzt neben die seit langem verwendeten Feuertelegraphen treten und speziell im Dienst der Militärs stehen.

Um 500. Der indische Astronom Arya-Bhatta, Vater der indischen Algebra, beschreibt ein Verfahren zum Ziehen von Quadrat- und Kubikwurzeln.

In China und Japan verwendet man zum Druck von Bildern Schablonen (→ 593).

Während der Zeit der indianischen Nazcakultur in Peru (um 200 – 600) entstehen die astronomisch orientierten Scharrbilder in der südperuanischen Wüste. Der Sinn der riesenhaften geometrischen und bildlichen Darstellungen ist unbekannt.

In der Maya-Stadt Copán findet ein astronomischer Kongreß mit dem Thema »Das Alter des Mondes« (gemeint ist die Länge des Mondmonats) statt. Ergebnis für die Mondmonatslänge: 29,53020 Tage (korrekter Wert: 29,53059 Tage).

Das dezimale Zahlensystem entsteht in Indien. →

520. Der griechische Philosoph Simplikios erklärt, daß die Himmelskörper deshalb nicht herunterfielen, weil ihr Umschwung (die Zentrifugalkraft) den Zug nach unten (die Schwerkraft) kompensiere.

525. Der Architekt Anthemios aus Tralles in Lydien findet den Brennpunkt der Parabel.

532. Nach den Berechnungen des in Rom lebenden skythischen Mönchs Dionysios Exiguus wird das Geburtsjahr Christi festgelegt und als Beginn der christlichen Zeitrechnung genommen. →

536. Belisar, der Feldherr des oströmischen Kaisers Justinian, legt während der Belagerung Roms durch die Ostgoten die ersten öffentlichen Schiffsmühlen auf dem Tiber an.

537. Die Architekten Anthemios von Tralles und Isidoros von Milet bauen die Hagia Sophia in Konstantinopel. →

556. Der oströmische Kaiser Justinian bemüht sich, die Seidenraupenzucht in Griechenland heimisch zu machen. Er läßt dazu auf dem Peloponnes große Maulbeerbaum-Plantagen anlegen.

558. Die durch ein Erdbeben eingestürzte Hagia Sophia in Konstantinopel (Istanbul) wird von Isidoros von Milet neu errichtet (→ 537).

575. Die erste Glocke in Deutschland wird gefertigt. Dieser sogenannte »Saufang« in der Cäcilienkirche zu Köln ist aus Eisenplatten vernietet.

Um 590. In Rom wird der Steigbügel neu erfunden, der schon vor Jahrhunderten in Indien in Gebrauch war.

593. Die Chinesen verwenden erstmals Druckstöcke. →

Abt in Rom legt den Zeitbeginn neu fest

532. Der römische Abt Dionysios Exiguus ersetzt das laufende Jahr 248 nach Diokletian im gebräuchlichen Julianischen Kalender durch das Jahr 532 nach Christi Geburt, die er per Definition festlegt.

46 v. Chr. hatte Gajus Julius Cäsar die zahlreichen unterschiedlichen und komplizierten Kalendersysteme im Römischen Reich durch den einheitlichen »Julianischen Kalender« ersetzt, dessen Normaljahr 365 Tage lang ist, während jedes vierte Jahr ein 366tägiges Schaltjahr ist. Cäsar lernte diesen Kalender wohl in Ägypten kennen, wo ihn 238 v. Chr. König Ptolemaios III. Euergetes eingeführt hatte.

Indische Münze aus dem 5. Jahrhundert, noch ohne Zahlenwertangabe

Inder entwickeln die Dezimalzahlen

Um 500. Der indische Astronom Arya-Bhatta fördert durch seine Entdeckung die Algebra in kaum schätzbarem Ausmaß.

Aus der Beschäftigung mit algebraischen Problemen entspringt ein neues Zahlensystem, dessen zehn Ziffern je nach ihrer Stellung innerhalb einer Zahl ein unterschiedlicher Wert zukommt. Die Verschiebung um eine Stelle nach links bedeutet die Verzehnfachung des Wertes. Dieses Dezimal- oder dekadische System hat nicht nur den Vorteil der einfacheren Zahlendarstellung, mit ihm läßt sich auch leichter und schneller rechnen als bisher.

Hagia Sophia in Konstantinopel fertiggestellt

537. Nach nur fünfjähriger Bauzeit vollenden die Baumeister Anthemios aus Tralles und Isidoros von Milet im Auftrag Kaiser Justinians den Bau der Hagia Sophia in Konstantinopel (dem heutigen Istanbul). Das kirchliche Bauwerk besticht durch seine gewaltige Kuppel von 56 m Höhe bei einem Durchmesser von 33 m. Sie überragt das Mittelquadrat des Zentralbaus, dem ein Langbau angegliedert ist. Im Osten und Westen schließen sich an den Zentralbau je eine halbkuppelüberwölbte Rundnische (eine sogenannte Konche) an, die ihrerseits von je drei kleineren Konchen eingefaßt werden. In der Querrichtung dienen Seitenschiffe mit Emporen als Lastträger. Die Basen sowohl der Hauptkuppel wie der Konchen umgeben Reihen kleiner Fenster (Abb.).

Bilddruckstock erfunden

593. In China werden erstmals Bilder und Schriften mit Hilfe von hölzernen Druckstöcken vervielfältigt. Die Erfindung stammt von buddhistischen Priestern, die religiöse Darstellungen, insbesondere Buddha-Bildnisse, spiegelverkehrt in Holz schneiden, einfärben und auf Seide oder Hadernpapier (→ 105) drucken. Als Stempel dienen hölzerne Würfel und Täfelchen. Bei dieser Technik erkennt der Bild- oder Schriftkünstler erst am fertigen Druck, ob die Darstellung seinen Ideen entspricht: Es werden keine gezeichneten Entwürfe hergestellt, die man dann seitenverkehrt in Holz arbeitet, sondern man schneidet das Bild sofort in den Druckstock. Eine spätere Korrektur des fertigen Stückes ist nicht möglich (→ 868).

Koreanische Schrifttypen, besonders haltbar aus Metall gearbeitet

600
600—699

600. Der spätere Papst (ab 604) Sabinianus führt das kirchliche Glockengeläut zum Anzeigen der Tagesstunden ein.

Nach 600. In China kommt erstmals in kleineren Mengen Papiergeld in Umlauf.

617. Während der Dynastie T'ang wird in China das Porzellan erfunden.

624. Isidor von Sevilla (Isidoros Hispalensis) beschreibt die Eichengallustinte und die Feder als Schreibwerkzeug. →

627. In Europa wird der Rohrzucker bekannt, den der oströmische Kaiser Heraklios auf einem Feldzug gegen den Perserkönig Chosroes II. erbeutet.

633. Indische Arithmetiker rechnen mit negativen Zahlen.

638. Der indische Mathematiker Brahmagupta entwickelt eine Positionsarithmetik, bei der einzelne Ziffern durch ihre Stellung einen höheren Zahlenwert erhalten. Fehlende Stellen füllt er durch Nullen.

639. Der muslimische Kalif Omar führt die islamische Zeitrechnung ein. Ihr Anfang wird auf den 15. Juli 622 gelegt, den Tag, an dem Mohammed (Muhammad), der Prophet des Islam, nach Ansicht Omars von Mekka nach Jatrib (Medina) floh. Diese »Hidschrat ar nabi« fand in Wirklichkeit bereits am 20. Juni 622 statt.
Der islamische Kalender ist ein Mondkalender. Der Beginn eines neuen Monats ist dabei nicht von vornherein festgeschrieben, sondern wird jedesmal neu durch Beobachten der Mondsichel nach dem Neumond bestimmt. Das islamische Jahr hat 354 Tage und ist in zwölf Monate eingeteilt.

645. Der arabische Feldherr Amr ibn el Ass vollendet einen Schiffahrtskanal zwischen Kairo und dem Roten Meer.

Um 650. In Mahabalipuram bei Madras in Südindien entstehen die fünf Rathas, monolithische Tempel. →

678. Der griechische Baumeister Kallinikos von Heliopolis erfindet einen Brandsatz, das »griechische Feuer«, das beim Hinzutreten von Wasser »explodiert«. Diese Eigenschaft geht auf den Zusatz von gebranntem Kalk zurück. Der Brandsatz wird von entscheidender Bedeutung im Kampf der Oströmer gegen die Araber.

681. Das Konzil zu Konstantinopel führt die byzantinische Weltära ein, einen Kalender, dessen 5509. Jahr mit dem ersten der christlichen Zeitrechnung übereinstimmt.

691. In Jerusalem wird der Felsendom errichtet. →

Das Porzellan tritt neben die Keramik

617. In der Zeit der T'ang-Dynastie wird in China das Porzellan erfunden. Porzellan entsteht aus einem Gemisch von Kaolin, Feldspat und Quarz durch Schmelzen und Brennen. Da Kaolin an sich nicht schmilzt, wird mit Quarz vermischter Feldspat als Flußmittel beigegeben. Vom späteren europäischen Porzellan unterscheidet sich das chinesische durch seinen weitaus höheren Feldspatanteil.

Die Herstellung geschieht folgendermaßen: Die Gemengebestandteile werden mehrfach gewaschen und in Klärbecken abgesetzt, danach so weit entwässert, daß ein fester Brei entsteht. Dieser wird in Becken mit den Füßen zu einem Teig gestampft, von dem man dann einzelne Stücke abschneidet. Die Portionen werden geschlagen und geknetet und schließlich auf Schieferplatten gerollt, bis der Teig glatt ist. Die anschließende Formgebung erfolgt auf Modellierdrehbänken oder – angeschlämmt – als Guß.

Vor dem Brennen wird die Glasur aufgebracht: Kalk oder Pflanzenasche mit Metallverbindungen. Die auf diese Weise vorbereiteten Stücke kommen in Sammelbehältern in glockenförmige, etwa 2 m breite Brennöfen. Der Brand läßt sich durch eine Öffnung neben dem Kamin beobachten, die Temperatur (1200 bis 1300 °C) durch die Art des Heizens steuern.

Neu für Schreiber: Feder und Tinte

624. Als erster erwähnt der Enzyklopädist und Kirchenlehrer Isidor von Sevilla in seinem technischen Werk »Originum s. etymologiarum libri XX« die Feder als Schreibwerkzeug. Dazu gibt er an, daß sich als Schreibflüssigkeit vorzüglich Tinte (»ad incaustum«) eignet, die sich aus dem Saft von Eichengalläpfeln herstellen läßt.

Die aus dem römischen Kulturkreis stammende Schreibfeder ist aus Metall gearbeitet und der älteren ägyptischen Rohrfeder, die unten wie ein Flötenmundstück zugespitzt war, nachgebildet. Sie steht als Schreibwerkzeug neben dem häufiger verwendeten traditionellen Griffel, mit dem man schon seit alters her auf Wachstafeln schreibt.

Eines der fünf vollkommen aus Granit gehauenen Rathas in Mahabalipuram (dem heutigen Mamalapuram) bei Madras an der südindischen Ostküste

Exzellente Steinmetzkunst

Um 650. In Mahabalipuram an der Ostküste Südindiens (nahe dem heutigen Madras) stellen Steinhauer fünf vollkommen aus riesigen Granitfelsblöcken herausgehauene Tempel sowie einige lebensgroße steinerne Tiere her, darunter einen Elefanten.

Vorbilder dieser monolithischen Tempel oder Rathas sind hölzerne Prozessionswagen und fahrbare Heiligenschreine. Die Umsetzung der kunstvollen, oft sehr großen Holzbauwerke in Granit bedeutet für den Architekten ein völlig neuartiges Verständnis für das Material Stein. Er baut nicht damit, er bearbeitet es wie Holz, er überträgt die Kunst der Holzschnitzerei auf den Felsblock und nimmt diesem so überraschend geschickt den Ausdruck des Schweren und Klotzigen. In der Nähe der Rathas entsteht zur gleichen Zeit das ebenfalls in Granit gehauene größte Flachrelief der Welt (27,4 × 9,1 m). Es zeigt den Fluß Ganges als Ursprung allen Lebens, vom Göttlichen bis zum Irdischen.

Die erste Kuppelmoschee

Die Omarmoschee (Felsendom) in Jerusalem: Achteckbau mit Kuppel

691. In Jerusalem wird unter Kalif Abd Al Malik über dem alten Tempel Salomos die Omarmoschee (der heutige »Felsendom«) fertiggestellt. Das Heiligtum erinnert in seiner Form an frühchristliche Zentralbauten bzw. an eine griechisch-römische Rotunde. Die mächtige Kuppel und der darunter befindliche Obergaden (zylindrischer Architekturteil) werden alleine von einer runden Säulenkolonnade getragen. Diesen zentralen Baukörper umfaßt ein eingeschossiger, überdachter Umgang von achteckiger Form. Das Innere der Moschee ist mit Marmorplatten und Mosaiken verkleidet, das Äußere mit mehrfarbigen Keramikfliesen. Diese Kacheln gehen auf die alten Zivilisationen des Mittleren Ostens zurück.

Um 700. Im Nordosten Spaniens wird der Hochofen für Gußeisen erfunden. →

707. In Damaskus beginnen die Bauarbeiten an der Großen Moschee.

Um 750. Der arabische Alchimist Geber (Dschabir Ibn Haijan) beschreibt erstmals die Kristallisation als Mittel zur Reinigung chemischer Präparate. Er gibt Vorschriften zur Darstellung von Schwefelsäure durch Destillation von Alaun, von Salpetersäure durch Erhitzen eines Gemisches aus Salpeter, Kupfervitriol und Alaun, sowie von Höllenstein an. Salmiak stellt er aus gefaultem Harn und Kochsalz dar. Dschabir beschreibt außerdem die arsenige Säure (Arsenik) und deren Gewinnung durch Verbrennen von Schwefelarsenik und erläutert chemische Reinigungsverfahren, z. B. für Essig oder Salz. Er lehrt die Legierung von Quecksilber mit Gold, Silber, Blei, Zinn und Kupfer und beschreibt zahlreiche Metall-Schwefelverbindungen und Metalloxide, darunter rotes Quecksilberoxid. →

In China kommt das drehbare hintere Steuerruder für Schiffe in Gebrauch.

In Ellora in Maharashtra entstehen die größten Felsentempel Indiens. In Mahabalipuram bei Madras wird etwa zur gleichen Zeit der Shoretempel errichtet. →

In China wird der Ta-Ming-Palast gebaut.

Um 760. In Isfahan (Persien) wird die Freitagsmoschee (Masjid-i Jum'a) errichtet. Wie bei allen großen Moscheen bestimmt hier die vielschichtige Funktion des Bauwerks die Architektur. Der Hauptraum (Haram) ist in Richtung Mekka orientiert und meistens breiter als tief, damit sich möglichst viele Gläubige beim Gebet in langen parallelen Reihen gen Mekka wenden können. Sein architektonisch wichtigstes Element ist die nach Mekka weisende Qibla-Wand mit der halb überwölbten Gebetsnische (Mihrab) in der Mitte. Die Haram-Halle ist von Säulenreihen getragen. Vor dem Haram liegt ein säulengesäumter Hof. Neben dem Haram umfaßt die Anlage Waschanlagen für die rituelle Reinigung, Speiseräume, ein Spital und ein Karawanserail.

GEBOREN:

Um 732. York: Alkuin († 19. 5. 804, Tours), angelsächsisch-fränkischer Gelehrter.

Um 780. Mainz: Hrabanus Maurus († 4. 2. 856, Mainz), deutscher Gelehrter und Erzbischof.

Erste Hochöfen verhütten Eisen

Um 700. Im Nordosten Spaniens wird der Hochofen für die Verhüttung von Eisen, der »Katalanische Schmelzofen«, erfunden.

Vor dieser Neuerung in der Verhüttung wurde in Europa das Eisen in flachen Öfen erschmolzen. Das Prinzip bestand darin, daß man das Eisenerz einfach auf eine Schicht glühender Holzkohle legte und das Feuer durch einen Windzug oder ein Gebläse anfachte, um höhere Temperaturen zu erzielen.

Der Katalanische Schmelzofen ist vertikal aufgebaut. Er besteht aus einem kurzen aus Steinen aufgemauerten Schacht. Im Unterteil wird eine Holzkohlenschicht in Brand gesetzt. Von oben wird der Schacht mit dem Eisenerz beschickt. Durch eine Öffnung unterhalb der Holzkohle läßt sich mit einem Balg Luft blasen. Der Vorteil dieses »Hochofens« liegt darin, daß sich jetzt größere Erzmengen auf einmal verarbeiten lassen. Allerdings sind die Temperaturen auch bei diesem Ofen noch zu niedrig, um flüssiges Eisen zu erschmelzen.

Ein historischer Rückblick

4. Jahrtausend v. Chr.: In Ägypten und Mesopotamien wird Meteoreisen durch Erhitzen und Hämmern geformt

Um 3000 v. Chr.: Ägyptische Schmiede fertigen aus Meteoreisen den ersten Eisenschmuck

2. Jahrtausend v. Chr.: Das Eisen verdrängt in Mesopotamien und im Mittelmeerraum nach und nach die weicheren Metalle Kupfer und Bronze. – Insbesondere die Hethiter in Anatolien verhütten Eisen aus Erzen in flachen Herden mit Holzkohle. Aus der Holzkohle nimmt das Eisen Kohlenstoff und Schlacke auf. Beides wird durch wiederholtes Hämmern entfernt. Das Produkt ist Schmiedeeisen

Um 700 v. Chr.: Troja und Ugarit werden bedeutende Handelszentren für Eisen aus Sachsen, Thüringen und Transsylvanien

Um 600 v. Chr.: In China gelingt die Erzeugung von Gußeisen. Die chinesischen Eisenerze sind sehr phosphorreich und schmelzen bereits bei niedrigeren Temperaturen als die europäischen und mesopotamischen Erze.

Muslime fördern Chemie

Um 750. Der arabische Alchimist Dschabir Ibn Haijan (in Europa Geber genannt) beschäftigt sich wie viele Muslime seiner Zeit mit naturwissenschaftlicher Forschung, die der Koran, das heilige Buch des Islam, explizit vorschreibt. Dschabir, der in Kufa und Bagdad arbeitet, forscht auf den Gebieten der Alchimie, Medizin, Mathematik, Astronomie und Astrologie sowie der Musik und folgt dabei Gedanken der Physik des Aristoteles (→ 322 v. Chr.). Der islamische Forscher beschreibt erstmals die Kristallisation als Mittel zur Reinigung chemischer Präparate. Er gibt genaue Vorschriften zur Darstellung von Schwefelsäure, Salpetersäure, Höllenstein, Salmiak, Arsenik und Eisenvitriol an. Er beschreibt die Legierungen von Quecksilber mit Gold, Silber, Blei, Zinn und Kupfer, ebenso zahlreiche Metalloxide, darunter u. a. rotes Quecksilberoxid und Metall-Schwefelverbindungen.

Dschabir legt die Grundlagen der Experimentalchemie, d. h. der Beobachtung chemischer Reaktionen unter künstlich herbeigeführten Bedingungen, innerhalb derer sich wahlweise Parameter verändern und die Auswirkungen dieser Änderungen verfolgen lassen. Dazu ent-

Arabischer Pharmazeut (»De Materia Medica«, Dioskurides, 1224)

wickelt er zahlreiche chemische und physikalische Verfahren zu Standardmethoden der Naturforschung: Das Oxidieren und Sulfurieren, das Evaporieren, Sublimieren, Kristallisieren, Kalzinieren, Filtrieren und die Destillation im Wasser- und Sandbad. Dabei entdecken die Araber u. a. die Gewichtszunahme der Metalle beim Oxidieren und Sulfurieren.

Monolith-Felsentempel entstehen in Ellora

Um 750. Hindus setzen die seit der Mitte des 4. Jahrhunderts bestehende buddhistische Tradition fort und meißeln bei Ellora im Westen Südindiens 17 Höhlentempel aus dem gewachsenen Stein. Der dem Gott Schiwa geweihte 30 m lange, vollkommen aus einem alleinstehenden schwarzen Vulkanfelsen gehauene Kailasatempel (Abb.), der von lebensgroßen Steinelefanten im Unterbau getragen wird, ist der größte Monolithbau dieser Art in der Welt (→ um 650).

800
800 — 899

Um 800. Auf Java entsteht der buddhistische Stufenbau Borobudur (→ 9. Jh.).

In Persien kommt die Herstellung von Knüpfteppichen zu hoher Blüte.

Alkuin, Bischof von Tours, erwähnt erstmals den Regenschirm. Der Schirm selbst ist schon seit etwa 1170 v. Chr. (in Asien) bekannt, hatte aber bisher nur die Funktion eines Sonnenschirms.

Ab 800. Araber bringen das dezimale Zahlensystem nach Europa (→ um 500).

822. Der venezianische Mönch Georgius aus Benevento baut im Auftrag des römischen Kaisers Ludwigs des Frommen eine Windorgel für den Aachener Dom.

847. In Samarra beginnen die Arbeiten an der Großen Moschee mit dem Malawiya-Minarett. Es ist die gewaltigste aller bisherigen Moscheen. Bautechnisch interessant ist vor allem ihr Minarett, ein riesiger konischer Rundturm aus gebrannten Ziegeln, der von einer stufenlosen Rampe schraubenförmig umgeben ist.

Um 850. Auf dem Monte Albán, einem Berg in Oaxaca (Mexiko), entsteht als Zentrum des schon über 13 Jahrhunderte alten Zapotekenreichs eine große Tempelstadt.

Pacificus, ein in Verona lebender Priester, konstruiert als erster von Gewichten angetriebene Räderuhren. →

868. In China erscheint das älteste gedruckte Buch der Welt, ein buddhistisches Sutra mit Illustration. →

Um 875. Alfred der Große, König von England, bedient sich der Kerzenuhr. →

879. In Kairo wird die Moschee des Ibn Tulun fertiggestellt. Sie ist eines der eindrucksvollsten Werke islamischer Architektur.

Um 880. In Bhubaneswar in Indien entsteht der Tempel von Brahmeswara (→ 9. Jh.).

Der arabische Arzt Ibn Firnas baut in Spanien eine Gleitflugmaschine, mit der er sich einige Zeit in der Luft hält, dann aber abstürzt.

880. Der Mönch Ratpert von Sankt Gallen gibt das erste geschichtliche Zeugnis über Glasmalerei. →

GESTORBEN:

19. 5. 804. Tours: Alkuin (* um 732, York), angelsächsisch-fränkischer Gelehrter. →

4. 2. 856. Mainz: Hrabanus Maurus (* um 780, Mainz), deutscher Gelehrter und Erzbischof. →

Erstes gedrucktes Buch erscheint

868. In China wird erstmals auf der Welt ein Buch gedruckt. Es handelt sich um ein buddhistisches Sutra mit Illustration.

Der Buchdruck in China geht auf den Druck von Holzstichen im 5. Jahrhundert (→ 593) zurück. Ein Text aus der »Geschichte der Sui« um 600 sagt dazu: »Außerdem fertigen sie [die Priester] mit Holz Abbilder, auf denen sie Sternbilder, die Sonne und den Mond gravieren. Während sie den Atem einhalten, . . . drucken sie [sie] ab.«

Das Bedürfnis, Bücher zu drucken, kommt im 9. Jahrhundert auf. In der T'angzeit entzünden sich gelehrte Dispute an der Frage der Authentizität alter Texte. Man beschließt, die als richtig erkannten Fassungen in Stein zu gravieren. Ab 837 entstehen derartige gemeißelte Aufzeichnungen. Dem bekannten Holzdruck folgend, werden später auch steinerne Druckplatten in Spiegelschrift gefertigt, um die kulturell bedeutenden Schriften vervielfältigen und als Volksdrucke verbreiten zu können. Das erwähnte Sutra ist mit Abstand das früheste Werk dieser Art. Zu einer ersten Buchdruckblüte kommt es erst im 10. Jahrhundert.

Der englische König benutzt Kerzenuhr

Um 875. Der englische König Alfred der Große mißt die Zeit nachweislich mit der Kerzenuhr.

Das Zeitmessen im Mittelalter ist eine Domäne der Mönche, die auf genaue Uhrzeiten angewiesen sind, weil sie ihre Gebetsstunden einhalten müssen. Im allgemeinen dienen dazu noch immer Wasser-Auslaufuhren (→ 422 v. Chr.), wie sie schon im alten Griechenland bekannt waren. In Europa frieren diese Uhren oft ein. Benediktinermönche erfinden daher für die kalte Jahreszeit die Kerzenuhr. Manche Quellen schreiben diese Erfindung dem englischen König selbst zu. Diese Uhren sind lange, zylindrische Wachskerzen, die außen Zeitmarkierungen tragen. Die brennenden Kerzen werden von Stunde zur Stunde um ein Markierungsintervall kürzer. Allerdings setzt ihr Betrieb eine Nachtwache voraus, die verlöschende Kerzen sofort ersetzt.

Hochblüte der asiatischen Tempelbaukunst in Borobudur auf Java und Brahmeswara in Indien

9. Jahrhundert. *Indien und Java erleben eine technisch außerordentlich hochentwickelte Phase des Tempelbaus. Zu den bedeutendsten Großbauten, die in diesem Jahrhundert entstehen, gehören der buddhistische Stufenbau Borobudur auf Java (Abb.: l.) und der riesige Tempel von Brahmeswara in Bhubaneswar (Abb.: r.) in der späteren Provinz Orissa. Der etwa aus dem Jahr 800 stammende Bau von Borobudur ist ein gigantischer Stupa (Reliquientempel), der in technisch perfekter Steinmetzarbeit aus dem Fels gehauen ist. Von außen nach innen steigt der quadratisch angelegte Bau hügelartig in sieben rechtwinkeligen und drei konzentrischen runden Terrassen an. Die runden Terrassen werden von 72 kleineren Stupas mit riesigen marmornen Buddhafiguren flankiert. Auf der obersten Plattform steht ein großer Zentralstupa als Symbol der Wahrheit. 5 km lange Reliefs zieren den 35 m hohen Bau. Ein Innenraum fehlt ganz. Das Hindu-Heiligtum von Brahmeswara aus dem späten 9. Jahrhundert besteht aus zwei miteinander verbundenen Gebäuden. Der kleinere Komplex dient als Versammlungshalle für die Gläubigen. Der größere Bau ist als mächtiger zylindrischer, oben konvex zulaufender und mit einem horizontalen linsenförmigen Riesengebilde aus Stein gekrönter Turm ausgeführt. Er stellt das Allerheiligste dar. Zu der Anlage gehört ein künstlich angelegter See. Innen und außen sind die Tempelgebäude mit reicher Steinmetzarbeit verziert. Im Heiligtum befinden sich Tausende von Schreinen (im 12. Jahrhundert werden 7000 gezählt).*

Gewichtsuhren in Verona konstruiert

Um 850. Pacificus, ein in Verona lebender Priester, konstruiert als erster Räderuhren, die von Gewichten angetrieben werden.

Das Zahnrad als Getriebebestandteil von Uhren ist nicht neu. Der Grieche Ktesibios benutzte es in seiner hydraulischen Uhr bereits → um 250 v. Chr. Und auch im Turm der Winde in Athen (→ um 50) gab es eine Wasseruhr mit einem Zahnradgetriebe. Neu bei Pacificus ist das Antriebsprinzip seiner Räderuhren: Ein sich über einen Seilzug langsam senkendes Gewicht setzt das Räderwerk in Gang. Daß diese frühen Räderuhren nicht gerade besonders genau arbeiten, wird verständlich, wenn man bedenkt, daß das sinkende Gewicht eine beschleunigte Bewegung bewirkt, sofern diese nicht durch eine Hemmung (die erst Ende des 13. Jahrhunderts erfunden wird) regelmäßig unterbrochen wird (→ 1288).

Erste Glasmalerei in Zürcher Kirche

880. Von dem Mönch Ratpert in Sankt Gallen in der Schweiz ist das erste geschichtliche Zeugnis über Glasmalerei überliefert.

Ratpert erwähnt die neue Art der Glasdekoration in einem Gedicht über die Fenster der im Jahr 875 errichteten Fraumünsterkirche in Zürich. Ausdrücklich weist er darauf hin, daß es sich nicht um Fenster aus farbigem Glas, sondern um bemalte Fenster handelt. Bunte Kirchenfenster gab es nämlich schon früher. So verglich der Dichter Aurelius Prudentius Clemens bereits 405 die Bogenfenster der Paulskirche in Rom mit Wiesen voller Frühlingsblumen. Diese Fenster waren aus verschiedenfarbigen Glasstücken zusammengesetzt.
Die offenbar in der Schweiz erfundene Glasmalerei übernehmen bald auch Glasmalerwerkstätten in süddeutschen Klöstern, etwa in Tegernsee (→ 999).

Hrabanus Maurus stirbt in Mainz

4. Februar 856. Im achten Lebensjahrzehnt stirbt in Mainz der deutsche Erzbischof und Gelehrte Hrabanus Maurus. Mit seinem 22bändigen Werk »De rerum naturis« hinterläßt er eine Realenzyklopädie der Wissenschaften.

Der andächtig betende Hrabanus Maurus (Miniatur um 840, Fulda)

Alkuin hinterläßt ein Universalwerk

19. Mai 804. In Tours stirbt im Alter von etwa 72 Jahren der aus northumbrischem Adel in York (England) stammende Universalgelehrte, Mönch und Lehrer Alkuin.
Alkuin war der Begründer und der Mittelpunkt eines Kreises von Gelehrten, Politikern und Dichtern, der sich um die Erneuerung der Wissenschaften des Altertums in der karolingischen Renaissance verdient machte. Alkuin knüpfte an spätantike Überlieferungen an und versuchte, neben den klassischen »freien Künsten« (Grammatik, Rhetorik, Dialektik und Musik) die naturwissenschaftlichen Disziplinen Arithmetik, Geometrie und Astronomie zu fördern, die während des christlichen Mittelalters jahrhundertelang praktisch aus dem Geistesleben verbannt waren. Auch Alkuin versuchte allerdings, die Naturwissenschaften in den Dienst der Theologie zu stellen.

Um 900. Arabische Gelehrte erfinden die Camera obscura. →

In Peking arbeiten die ersten Windmühlen. →

In China ist bereits das Schießpulver bekannt.

Der arabische Astronom Albatenius (Abu Abd Allah Muhammad Ibn Dschabir Ibn Sinan Al Battani), Statthalter in Syrien, beschreibt die Exzentrizität der Erdbahn und die Präzession der Tag- und Nachtgleiche. In die Trigonometrie führt er die Sinus- und die Kotangens-Funktionen ein.

Theophilus verfaßt sein berühmtes Buch vom Glasmachen.

904. Der Perser Al Rasi entwickelt seine Atomlehre.

Um 950. In Persien arbeiten Windmühlen (→ um 900).

Der arabische Arzt Rhazes beschreibt detailliert die Herstellung von Alkohol.

963. Die arabischen Zahlen verbreiten sich in Europa.

968. Die Chinesen kennen das Faden-Telefon. Sie versehen einen straff gespannten langen Faden beidseitig mit einem Resonanzkörper, der als akustisch-mechanisches Mikrophon und – auf der Gegenseite – als Lautsprecher wirkt.

972. In China werden erstmals Feuerwerksraketen gezündet.

980. Der persisch-arabische Mathematiker und Astronom Abul Wafa Al Busdschani entdeckt die zweite große Ungleichheit der Mondbahn, die Variation. In die Trigonometrie führt er die Tangens-Funktion ein. Zur Beobachtung von Gestirnen konstruiert Abul Wafa den ersten gemauerten Quadranten. – Sein Landsmann Nassir-Eddin fertigt einen Quadranten von etwa 3,5 m Radius in Kupfer und teilt ihn in Grade und einzelne Minuten.

990. Ibn Yunis, Astronom in Kairo, bedient sich zur Zeitbestimmung erstmals des Pendels. Das ist insofern sehr sinnvoll, als die Schwingungsdauer für kleine Pendelausschläge nur von der Pendellänge (und von der geographischen Breite), nicht aber vom Gewicht des Pendels abhängt. Das führt zu reproduzierbaren Zeitwerten.

999. Im Kloster zu Tegernsee wird vom Abt Gozbert eine guteingerichtete Glasmalerwerkstatt betrieben. →

GEBOREN:

Vor 980. Afschana bei Buchara: Avicenna (Abu Ali Al Husain Ibn Abd Allah Ibn Sina; † Juli 1037, Hamadan), persischer Arzt und Naturphilosoph.

Araber erfinden die »Camera obscura«

Um 900. Islamische Gelehrte erfinden das Abbildungssystem der Camera obscura und damit das optische Grundprinzip der Fotografie. Die Camera obscura (lat. = »dunkle Kammer«) dient arabischen Astronomen zum Beobachten der jährlichen Sonnenbahn am Himmel. Die Camera besteht aus einem geschlossenen, innen schwarz ausgeschlagenen Kasten, in dem sich eine Mattscheibe befindet oder dessen Rückseite eine Mattscheibe bildet. In der dieser Scheibe gegenüberliegenden Wand befindet sich ein kleines Loch. Lichtstrahlen, die von einem Gegenstand (z. B. der Sonne) auf die Camera fallen, werden an den Rändern des Lochs so gestreut, daß auf der Mattscheibe ein auf dem Kopf stehendes verkleinertes Bild des Gegenstands entsteht. Mit diesem Apparat beobachten die Araber Sonnenfinsternisse und Sonnenflecken, ohne dabei mit bloßem Auge in das helle Gestirn blicken zu müssen. In klaren Nächten lassen sich mit der Camera obscura sogar Strukturen auf der Oberfläche des Mondes erkennen.

Weiterentwickelte Camera obscura (um 1820); das von den Arabern erfundene optische Gerät wird bis ins 19. Jahrhundert als Zeichenhilfe verwendet

Neuer Antrieb für Mühlen: Windräder

Um 900. Im Gebiet um Peking und in Persien treiben die ersten Windräder Mühlenwerke an.

Außer bei Segelschiffen nutzten die alten Kulturvölker die Windenergie nicht. Der Gedanke, Windmühlen zu bauen, geht sehr wahrscheinlich auf die buddhistischen Gebetsmühlen zurück, die zunächst als kleine Handtrommeln durch Schleudern oder durch Drehen von Hand in Rotation versetzt wurden, um Gebetstexte in ihrem Inneren gen Himmel zu schicken. Um einen Dauerbetrieb zu erreichen, stattete man die Gebetsmühlen bald mit kleinen Windrädern aus.

Erfahrungen mit dieser Art des Antriebs sind es wohl, die jetzt zur Konstruktion großer Windmühlen in China führen, von wo sie sich rasch bis nach Persien ausbreiten. Die Windräder bestehen aus einer senkrechten Achse, an deren oberem Ende zwölf verstellbare Segel befestigt sind, deren Fläche je nach Windstärke verändert werden kann. Die Achse bewegt direkt den oberen von zwei Mahlsteinen.

Glasmalerei in Tegernsee

999. Schon vor etwas mehr als einem Jahrhundert (→ 880) hatte der Mönch Ratpert in Sankt Gallen erstmals das Glasmalen beschrieben. Seit dieser Zeit breitet sich diese Kunst rasch aus. Eine große Glasmalerwerkstatt richtet jetzt unter dem Abt Gozbert das Kloster Tegernsee ein. Die Klosterschüler beschäftigen sich mit der Herstellung gemalter Kirchenfenster. Die Scheiben sind aus einzelnen Stücken zusammengesetzt, weil die Herstellung von Tafelglas noch unbekannt ist. Die Glasmalerei ist wahrscheinlich eine Schweizer Erfindung (→ 880).

Farbig bemaltes Glasfenster (sog. Prophetenfenster) im Dom zu Augsburg aus der Werkstatt des Klosters Tegernsee; das Fenster stammt aus dem frühen 11. Jh. und ist eines der bekanntesten Werke der Tegernseer Glasmalerschule; bald entstehen überall in Deutschland Fachwerkstätten für Glasmalerei

1000

1025. Der Araber Albiruni (Abul Rihân Mohamed Ben Ahmed) entwickelt die sphärische Trigonometrie durch neue Lehrsätze weiter. Er findet die Summenformel für die geometrische Reihe, wobei er als Beispiel die sogenannte Schachfelderprogression nimmt, die, mit eins beginnend, jedem folgenden Feld eine doppelt so große Zahl wie dem vorhergehenden zuschreibt. Er löst auch das Problem der Dreiteilung des Winkels mittels der Konchoide, einer Kurve vierter Ordnung.

1030. Der Araber Alhazen (Ibn al Haitam) beschreibt korrekt den Luftdruck, dessen Existenz schon Aristoteles (→ 322 v. Chr.) kannte. Er berechnet erstmals die Höhe der Atmosphäre aus der Beobachtung der noch bestrahlten Wolken zum Zeitpunkt des Sonnenuntergangs.

1038. Alhazen (Ibn al Haitam) verwendet als erster Linsen – in Form von Kugelsegmenten – als Vergrößerungsgläser. Er spricht auch zum ersten Mal klar aus, daß die Quelle des Lichts beim Sehen nicht das Auge ist, sondern daß dieses nur die von den Objekten ausgehende Lichtstrahlung wahrnimmt. Er untersucht optische Phänomene wie die Lichtbrechung und die Lichtreflexion.

1040. Der Chinese Pi Cheng erfindet die beweglichen Lettern für den Textdruck. →

1044. Die Chinesen bringen Schießpulver aus Holzkohle, Schwefel und Salpeter zur Explosion (→ 1232).

1050. Der Mönch Theophilus Presbyter beschreibt die Herstellung des Tafelglases.

1054. Die Chinesen beobachten die Supernova, aus der der Crab-Nebel, 4000 Lichtjahre von unserem Sonnensystem entfernt, hervorgegangen ist. →

1070. Simon Seth beschreibt erstmals in Europa die Gewinnung des Kampfers aus dem Holz des in Japan und auf der Insel Formosa (Taiwan) heimischen Kampferbaumes.

1078. Der arabische Mathematiker Omar Alchaijami findet die Binomialreihe für ganze positive Exponenten, d. h. er entwickelt eine Reihenformel für Exponentialausdrücke: $(a + b)^n$.

1080. In Italien kommt der Gebrauch der Gabel auf, setzt sich aber kaum durch.

GESTORBEN:

Juli 1037. Hamadan/Persien: Avicenna (Abu Ali Al Husain Ibn Abd Allah Ibn Sina; * vor 980, Afschana bei Buchara), persischer Arzt und Naturphilosoph →.

Typenschriftsatz erfunden

1040. Der chinesische Alchimist Pi Cheng erfindet die beweglichen Lettern (→ 3. 2. 1468).

Schriftsatz fördert Kultureinheit

Schriftsatz und Druck erlauben die rasche Reproduktion wichtiger Texte, die bisher nur durch Abschreiben oder durch vollständiges Schneiden des gesamten Textes in Holz oder Stein als Druckvorlage möglich war. Die jetzt billigere Verbreitung von Massendrucken fördert die Sprachgewandtheit – Wortschatz, Orthographie und Grammatik – im Volk und hebt das allgemeine Bildungsniveau. Philosophische Weltbilder wie politisches Gedankengut können sich damit schneller verbreiten als bisher.

Der Hochdruck, also der Druck von erhabenen Druckstöcken, hat in China schon eine über 400jährige Tradition. Und diese wiederum geht auf die über zwei Jahrtausende alte Stempeltechnik zurück. Schon 1324 v. Chr. benutzten die Chinesen geschnitzte Namens- oder Siegelstempel aus Materialien wie Holz, Speckstein, Jade, Elfenbein oder Bambus. Als sich im 9. und 10. Jahrhundert der Buchdruck in China entwickelte (→ 868), damit größere Kreise mit klassischen Texten versorgt werden konnten, vergrößerte man im Prinzip nur die Druckstempel zu ganzen spiegelbildlich geschnitzten Blöcken von etwa 75 × 30 cm, die nacheinander auf viele Meter lange Papyrus- oder Pergamentrollen abgedruckt wurden.

Das fehlerlose Übertragen wichtiger Texte ist nicht nur langwierig, ein einziger Schnitzfehler macht auch einen kompletten Druckstock unbrauchbar. Pi Cheng entwickelt deshalb den Schriftsatz aus Standardtypen, die sich in Serien herstellen lassen. Die Schriftzeichen stehen jeweils für ganze Wörter, werden aus Lehm einzeln in negative Formen gepreßt oder gestrichen und dann gebrannt. Die fertigen Typen faßt Pi Cheng in einem Eisenrahmen zu Sätzen zusammen. Er fixiert diesen Schriftsatz mit einer klebrigen Masse.

Lehrgebäude des Arztes Avicenna

Juli 1037. Im Alter von etwa 60 Jahren stirbt der persische Arzt und Naturforscher Abu Ali Al Husain Ibn Abd Allah Ibn Sina. In Europa ist er als Avicenna bekannt.

Avicenna studierte Jura, Philosophie und Naturwissenschaften und lebte an verschiedenen Fürstenhöfen. Sein umfangreiches Gesamtwerk liegt in Arabisch und in lateinischen Übersetzungen vor. Es umfaßt beinahe alle Wissensgebiete der Zeit. Der berühmte Naturwissenschaftler dokumentierte indes nicht nur fremdes Gedankengut. Er selbst hinterläßt ein Lehrgebäude, in dem er aristotelisches mit neuplatonischem Gedankengut vereinte (→ 322 v. Chr.). Dabei verband er strengen Naturalismus mit islamischer Mystik und konfrontierte auf diese Weise die Theologie mit den »profanen Wissenschaften«.

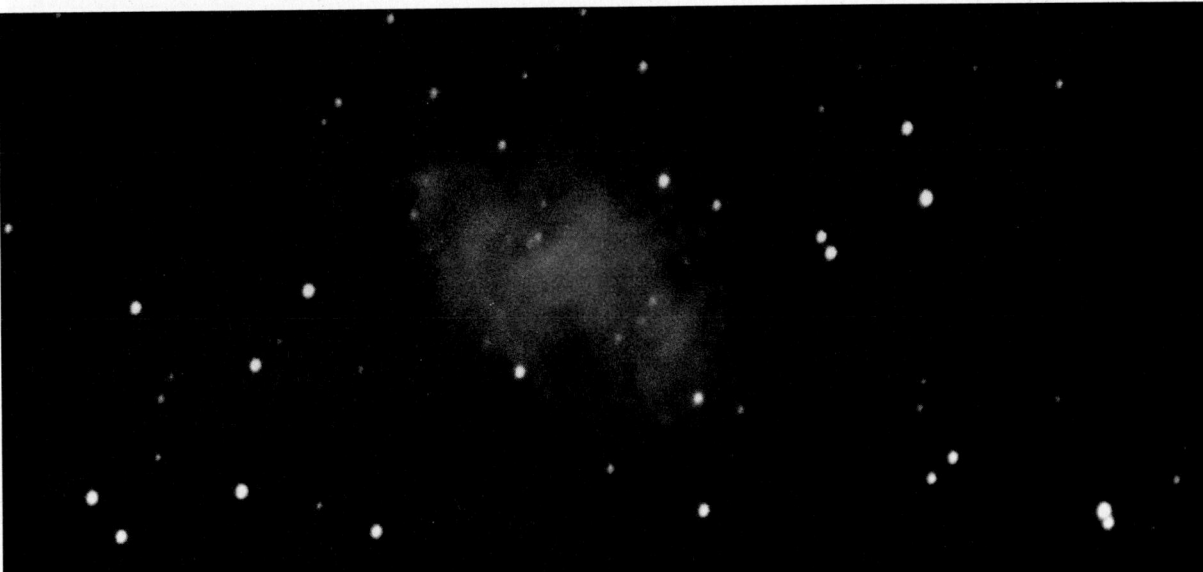

Chinesen sehen lichtstarke Explosion im All – der Crab-Nebel entsteht

1054. *Chinesische Astronomen beobachten die Supernova, aus der der 4000 Lichtjahre von der Erde entfernte Crab-Nebel hervorgeht.*
Das Phänomen, dessen Erklärung dem 20. Jahrhundert vorbehalten bleibt, stellt sich den Chinesen so dar: Im Sternbild Stier erscheint praktisch über Nacht ein neuer Stern, der sich an Lichtstärke durchaus mit der sehr hellen Venus messen kann und sogar am Tageshimmel zu erkennen ist. Die plötzliche Leuchtkraftänderung des Himmelskörpers entspricht einer Helligkeitszunahme von rund 20 Größenklassen. Die Chinesen und auch japanische Beobachter können die Erscheinung nicht deuten. (Heute weiß man, daß hier praktisch die gesamte Materie eines Sterns in Energie umgewandelt wurde, die als Licht- und Radiowellen abgestrahlt wird. Das Produkt dieser Explosion, der Crab-Nebel, expandiert seither mit 125 Millionen km pro Tag. – Abb.: Der Crab-Nebel heute.)

Um 1100. In vielen muslimischen Ländern werden Lebensmittel während des ganzen Sommers mit Eis gekühlt. →

Der Benediktiner Theophilus beschreibt erstmals die Technik des Glockengusses mit Lehmkern. →

1101. Das englische Yard wird als Längenmaß eingeführt. →

1105. In einer juristischen Schrift (französisches Diplom für den Benediktinerorden) werden erstmals in Europa Windmühlen beschrieben (→ um 900).

1113. Die Mönche des Klosters Klosterroda im Herzogtum Limburg betreiben als erste Steinkohlenbergbau. →

1121. Der arabische Gelehrte Alkhazini mißt das spezifische Gewicht von Flüssigkeiten mittels eines Araeometers und erfindet das Pyknometer, ein Wägefläschchen zur Dichtemessung von Flüssigkeiten.

Um 1150. In Kambodscha sind die Arbeiten am vielleicht größten Sakralbauwerk der Welt, dem Tempel Angkor Wat, in vollem Gang. →

In Nürnberg beginnen die später berühmten Glasschleifer und Goldschläger mit der Ausübung ihres Handwerks.

Bei Goslar im Harz kommt das Gesteinsbohren im Bergbau erstmals in Gebrauch.

1160. Der arabische Philosoph, Theologe, Jurist und Mediziner Averroes beobachtet erstmals in Marokko Sonnenflecken.

1163. Die Kirchenversammlung zu Tours verbietet Mönchen das Lesen physikalischer Schriften.

1166. In Europa wird die Zuckerrohrmühle erfunden.

1181. Der Mönch und Lyriker Guiot de Provins aus der Champagne erwähnt erstmals im Abendland die schwimmende Magnetnadel zur Bestimmung der Himmelsrichtung.

1190. In Ravensburg wird die erste deutsche Papiermühle gegründet. →

1192. In Volterra (Italien) entsteht das erste europäische Alaunwerk.

GESTORBEN:

11. 12. 1198. Marrakesch: Averroes (Ibn Roschd Abul Walid; * 1126, Córdoba), arabischer Mediziner, Philosoph und Schriftsteller.

GEBOREN:

1126. Córdoba: Averroes (Ibn Roschd Abul Walid; † 11. 12. 1198, Marrakesch), arabischer Mediziner, Philosoph und Schriftsteller.

Untersuchung von Mineralien durch einen Gesteinsforscher und zwei Bergmänner (aus dem »Steinbuch« von König Alfons dem Weisen von Kastilien)

Mönche bauen Kohle ab

1113. Die Mönche des Klosters Klosterroda im Herzogtum Limburg betreiben als erste auf dem europäischen Kontinent den Steinkohlenbergbau. Es handelt sich wohl um die erste bergmännische Steinkohlengewinnung der Welt. Verbrannt wurde – wahrscheinlich im Tagebau gewonnene – Steinkohle jedoch nachweislich schon im Jahr 852 in England, und zwar in der Abtei Peterborough.

Das blühende Handwerk der Schmiede und das expandierende Glasmachergewerbe verschlingen große Mengen an Brennholz. Nachdem weite Landstriche vollkommen gerodet sind, wird die Suche nach einem alternativen Feuerungsmaterial verstärkt. Die Mönche beginnen deshalb mit dem planmäßigen Steinkohlenbergbau unter Tage. Sie treiben nur etwa 1 m hohe und 1,2 bis 1,5 m breite Stollen in Kohlenflöze, in denen sitzend jeweils ein Hauer arbeitet. Abgebaut wird mit dem Pickel. Schlepper oder »Karrenläufer« fördern die gelöste Kohle aus den Stollen.

Außer beim Gewerbe, das auf den neuen Brennstoff angewiesen ist, erfreut sich die Steinkohle, die in den offenen Feuerstellen und primitiven Öfen mehr rußt als wärmt und als gesundheitsschädlich gilt, keines guten Rufs.

Theophilus gießt Lehmkernglocken

Um 1100. Der Benediktiner-Mönch Theophilus beschreibt erstmals die Technik des Glockengusses (→ 409) mit Lehmkern.

Der getrocknete Lehmkern ist die Innenform der Glocke. Auf ihn wird ein Mantel aus festem Fett aufgetragen, der genau der Wandstärke der Glocke entspricht. Auf die Fettschicht wird wiederum Lehm aufgelegt, anschließend eiserne Reifen, die der Form zusätzlichen Halt geben. Die so vorbereitete Form wird in eine Gießgrube gesenkt. Dann schmilzt man das Fett mit heißem Wasser heraus und füllt den entstehenden Hohlraum mit dem geschmolzenen Metall.

Kühlhäuser werden im Orient üblich

Um 1100. In vielen muslimischen Ländern steht während des ganzen Sommers Eis zum Kühlen von Lebensmitteln bereit.

Nachdem Fleisch in Mesopotamien schon vor rund 3000 Jahren in eisgefüllten Gruben frischgehalten wurde, ist die Technik, Kühlkeller und Kühlhäuser zu bauen, jetzt im gesamten muslimischen Kulturkreis gebräuchlich.

Beschickt werden die wärmeisolierten Vorratsräume mit Eis von Flüssen, vor allem aber mit zu Eis verdichtetem Stampfschnee, der den ganzen Sommer über nicht völlig schmilzt.

Das Yard und andere neue Längenmaße

1101. König Heinrich I. von England ersetzt die bisher als Normalmaß übliche Elle (Gyrd) durch die Länge seines Armes bis zur Spitze des Mittelfingers und bezeichnet diese neue Einheit als Yard. Damit beginnt die Abspaltung des englischen Maßsystems vom kontinentaleuropäischen. Hier ist weiterhin die Elle in Gebrauch. Daneben existieren auf dem Festland noch andere Längenmaße. Alle diese Maße sind »Naturmaße«, die sich auf Körperteile zurückführen lassen und je nach messender Person abweichende Längen ergeben.

In Europa, Indien, Babylonien und Kleinasien übliche Längenmaße

Längenmaß	Entsprechung	modernes Äquivalent
Gerstenkorn	–	etwa 1/3 mm
Daumen	27 Gerstenkorn	etwa 1 cm
Handbreit	9 Daumen	7 – 11 cm
Spanne	–	etwa 25 cm
Fuß, Schuh	–	25 – 34 cm
Elle	7 Handbreit	50 – 80 cm
Lachter, Klafter	6 oder 10 Fuß	1,5 – 2 m
Meile	–	etwa 7,5 km (die Römische Meile maß 1000 »Doppelschritte« oder rund 1500 m)
Yard (nur in England)	3 Fuß	etwa 90 cm (Ungefährwert, da Körpermaß)

Papiermühle in Betrieb

1190. In Ravensburg wird die erste deutsche Papiermühle in Betrieb genommen.

Der Chinese T'sai Lun hatte schon → 105 n. Chr. das erste Hadernpapier hergestellt. Diese Erfindung wurde im späten 8. Jahrhundert im arabischen Raum bekannt. 794 ging bei Bagdad die erste Papiermühle in Betrieb. Um 900 kam das Papier dann auch nach Europa: Durch die Muslime gelangte es zunächst nach Andalusien, wo die Araber ihrerseits eine bedeutende Papierindustrie aufbauten.

Ende des 12. Jahrhunderts wird die Papierherstellung in Mühlen auch im abendländischen Kulturkreis allgemein üblich. In der ersten deutschen Papiermühle werden mit Wasserkraft mechanische Stampfer angetrieben, die einen Papierbrei aus zerrissenen Fasern und Wasser herstellen. Die sehr feuchte Masse wird auf ein in einem Holzrahmen eingespanntes feines Sieb aus pflanzlichen oder tierischen Fasern aufgegossen. Das Wasser tropft ab. Zurück bleibt ein Blatt, das nur noch wenig Feuchtigkeit besitzt. Mit saugfähigen Zwischenlagen werden mehrere solcher Blätter zugleich anschließend in Pressen völlig entwässert und geglättet. Danach wird das Papier gelegentlich noch chemisch behandelt oder geleimt, damit die Tinte oder Druckfarbe nicht verfließt.

Weltgrößter Sakralbau

Um 1150. In Angkor in Kambodscha sind die Arbeiten am größten Sakralbau der Welt, dem Tempel Angkor Wat, in vollem Gang.

Die gigantische Anlage (1300 × 1500 m) ist der bautechnische Höhepunkt der Khmerarchitektur. Gegenüber großen Bauwerken der westlichen Welt fällt auf, daß der Tempel wie ähnliche asiatische Anlagen (→ 9. Jahrhundert) über keine großen Innenräume mit weit spannenden Decken verfügt. Der Grund ist darin zu sehen, daß die Hindu-Religion keine Gemeinschaftsgottesdienste wie das Judentum, das Christentum oder der Islam kennt und deshalb keine großen Versammlungsräume benötigt. Dafür ist die Anlage technisch auf maximale Größe der äußeren Gebäudeoberflächen konzipiert. Diese nämlich fungieren als Träger sorgfältig gemeißelter Flachreliefs mit mythologischer Thematik.

Der Tempel ist als eine Folge dreier von außen nach innen ansteigender kreuzförmiger Plattformen angelegt und symbolisiert so den Götterberg Mehru. Die Ecken der beiden inneren Plattformen flankieren hohe Türme, das Zentrum überragt ein etwa 65 m hoher Mittelturm. Als tragendes Bauelement fallen überall zahlreiche Säulen mit quadratischem Querschnitt auf.

Der Tempel von Angkor Wat, mit 1300 × 1500 m Grundfläche größter Sakralbau der Welt; bautechnische Glanzleistung der Khmer in Kambodscha

1202. Der italienische Mathematiker Fibonacci (Leonardo von Pisa) führt im Abendland den Gebrauch der indischen, der sogenannten arabischen Ziffern ein. →

1209. Die Synode zu Paris verbietet die Verbreitung der physikalischen Lehren des Aristoteles (→ 322 v. Chr.).

1232. Als ein Geschenk von Sultan Saladin an den römisch-deutschen Kaiser Friedrich II. gelangt erstmals eine Räderuhr nach Deutschland (→ 1288). Chinesische Kriegsfachleute erfinden eine Raketenwaffe. →

Um 1250. Der englische Naturphilosoph Roger Bacon und Marcus Graecus finden unabhängig voneinander heraus, daß Salpeter konventionellen Feuerwerkssätzen außerordentlich explosive Eigenschaften verleiht (→ 1232).

In Europa sind der Trittwebstuhl und der Schubkarren bereits in Gebrauch. →

1253. Wilhelm von Holland läßt die erste Kammerschleuse für die Schiffahrt bei Spaarndam erbauen.

1256. Johannes de Sacro Bosco veröffentlicht seinen »Tractatus de sphaera mundi«, für mehr als drei Jahrhunderte das Hauptlehrbuch der mathematischen Geographie. →

1260. Roger Bacon beschreibt, daß brennende Körper ohne Luftzufuhr erlöschen. →

1269. Pierre de Maricourt (Petrus Peregrinus Maricutensis) weist nach, daß Magneten zwei ungleiche Pole besitzen. →

1272. Borghesano aus Bologna erfindet die Seidenmühle. →

1288. Auf Westminster Hall in London arbeitet die erste Uhr mit Schlagwerk. →

1290. Van Lempoel gründet in Frankreich bei La Chapelle die erste Hütte zur Herstellung von Flaschen aus Grünglas. →

1298. Marco Polo berichtet über die chinesische Porzellanfabrikation. →

1299. Ausgehend von Pisa (Alexander von Spina) werden in Italien konvexe Brillen als Augengläser gebräuchlich. →

GESTORBEN:

15. 11. 1280. Köln: Albertus Magnus (Albert Graf von Bollstädt, Lauingen/Bayern) * um 1200; deutscher Naturforscher, Philosoph und Theologe.

GEBOREN:

Um 1200. Lauingen/Bayern: Albertus Magnus (Albert Graf von Bollstädt, † 15. 11. 1280), deutscher Naturforscher, Philosoph und Theologe.

Entwicklung der indisch-arabischen Ziffernzeichen   © Harenberg

Indien (Brahmi) 3. Jh. v. Chr.

Indien (Gwalior) 8. Jh. n. Chr.

Araber (Gobār) 11. Jh.

Europa 15. Jh.

Europa (Dürer) 16. Jh.

Neuzeit (Grotesk) 20. Jh.

1 2 3 4 5 6 7 8 9 0

Indische Ziffern in Europa eingeführt

1202. Der italienische Mathematiker Leonardo Fibonacci, der auch Leonardo von Pisa genannt wird, führt im Abendland die indischen, sogenannten arabischen Ziffern ein (→ um 500).

In seinem »Liber abaci« formuliert er erstmals die Reihensummationsformel. Er behandelt arithmetische und auch geometrische Reihen (also Zahlenreihen, bei denen sich jedes Glied durch die Addition einer Konstanten bzw. durch die Multiplikation mit einer Konstanten aus dem vorherigen entwickelt) und führt außerdem zum ersten Mal Zinseszinsrechnungen aus.

Fibonacci lernte die indischen Ziffern in Büchern des arabischen Gelehrten Muhammad Ibn Musa Al Chwarismi (aus seinem Namen entsteht später der Begriff Algorithmus) kennen, der sich für deren Anwendung im arabischen Raum einsetzte und eingehend das Addieren, Subtrahieren, Multiplizieren, Dividieren, Bruchrechnen usw. mit diesen Zahlen beschrieb. Im arabischen Orient setzte sich dieses Zahlensystem indes nicht durch. Auch in Europa verdrängt es nach Fibonacci die römischen Zahlen nur langsam, obwohl es diesen gegenüber viele Vorteile bietet. Es vereinfacht nicht nur grundsätzlich die praktische Ausführung der Grundrechenarten, sondern es erlaubt auch Dezimalbrüche, wenn man die Stellenhierarchie über die Einerstelle nach rechts fortführt.

Blau-weißer Porzellan-Schultertopf aus der Mitte des 14. Jahrhunderts; das blaue Dekor mit pflanzlichen Motiven ist Unterglasurmalerei

Porzellanherstellung in China

1298. Der venetianische Kaufmann und Weltreisende Marco Polo berichtet über den hohen Stand der chinesischen Porzellanherstellung.

Die Erfindung des Porzellans reicht in China in die Zeit der T'ang-Dynastie (618–907) zurück, und zwar ins frühe 7. nachchristliche Jahrhundert (→ 617). Die hohe Zeit des chinesischen Porzellans setzt jedoch erst mit dem Beginn der Yüan-Dynastie (1280–1368) ein.

Jetzt entwickelt sich auch die Kunst der Porzellanmalerei. Nach dem ersten Brand erhält das Porzellan einen Überzug aus Glasurmasse, die nach einem zweiten Brand den Gegenstand mit einer harten, glänzenden, farblosen Schicht überzieht. Für die farbige Gestaltung des Porzellans läßt sich entweder die Porzellanmasse selbst oder die Glasur einfärben. Verbreiteter ist jedoch die Porzellanmalerei unter oder über der Glasur. Die Aufglasurmalerei bietet eine reichere Farbpalette, ist aber – obwohl eingebrannt – weniger haltbar als die Unterglasurmalerei, bei der in der chinesischen Porzellanherstellung vorwiegend grüne (aus Kamille), rosa (aus Gold) und schwarze Farbtöne vorherrschen (→ 1710).

Chinesischer Porzellanteller aus dem frühen 15. Jahrhundert; typisch sind die Farbhaltung in Weiß und Kobaltblau und das florale Dekor am Rand des Tellers aus der Ming-Zeit; neben pflanzlichen Motiven zeigt die chinesische Glasmalerei oft auch Vögel und andere Tiere

Einsatz der ersten Bombe

1232. Als die Mongolen die chinesische Hauptstadt Pien-king belagern, läßt Kaiser T'ung-kiankang-mu die erste Bombe werfen. Wahrscheinlich ist es sein Heerführer Wei-sching, der die mit Sprengpulver gefüllte, eiserne Kugel außen an der Stadtmauer herabläßt und zur Detonation bringt. (Angaben, nach denen die Chinesen bereits früher über explosive Gemische verfügten, halten neueren Überprüfungen nicht stand.)

Sprengstoff auch in Europa

Um 1250 finden der englische Franziskanermönch Roger Bacon und unabhängig von ihm Marcus Graecus heraus, daß konventionelle Feuerwerkssätze durch das Beimischen von Salpeter explosive Eigenschaften erhalten.

Dazu T'ung-kian-kang-mu: »Damals hatte man ›huo'pa'u‹ mit Namen ›tschin-tie'n-liu‹ [›himmelserschütternder Donner‹]. Man gebrauchte dazu ein eisernes Gefäß, welches man mit ›yo‹ [Gemisch aus Salpeter, Naphta und Harzen oder aus Salpeter, Schwefel und Holzkohle] füllte. Sobald man Feuer angelegt hatte, flog der ›pa'u‹ auf, und das Feuer brach nach allen Seiten hervor. Sein Geräusch war wie der Donner und auf mehr als 100 Li [etwa 53 km] Entfernung hörbar. Er vermochte sein Feuer über eine Fläche von mehr als einer halben Hufe zu verstreuen. Dieses Feuer durchbohrte sogar eiserne Panzer, welche es traf … Außerdem hatten die Belagerten auch ›fei-huo-tsia‹ [›Pfeile des fliegenden Feuers‹]. Man brachte an dem Pfeil eine brennbare Substanz an; der Pfeil flog plötzlich vorwärts und verbreitete sein Feuer zehn Schritt breit …«

Bei den »Pfeilen des fliegenden Feuers« handelt es sich um die ersten Raketen, also Projektile, die nach dem Rückstoßprinzip fliegen. Neben diesen Raketen setzen sich, wie 1259 die Annalen der chinesischen Sung-Dynastie berichten, sogenannte Feuerrohre durch, die bereits Elemente der Pulverschußwaffe besitzen.

»Segen für arme Greise«

1299. Ausgehend von Pisa – wo sie Alexander von Spina fertigt – werden in Italien konvex geschliffene Gläser, Bergkristalle und Berylle als Augengläser gebräuchlich. Der erste Hinweis darauf findet sich in einem Schriftstück, in dem die Rede ist »von den neulich erfundenen Gläsern, Brillen genannt, einem wahren Segen für arme Greise mit schwachem Gesicht«.

Schon die ersten Brillen besitzen zwei Gläser in getrennten Fassungen, die über einen Steg – zuweilen mit zentralem Scharnier – miteinander verbunden sind. Sie werden direkt oder an einem seitlich befestigten Stiel mit der Hand vor die Augen gehalten.

Die Herstellung guter Augengläser ist von vielen Zufällen beim Glasmachen abhängig. Noch läßt sich die Glasqualität beim Erschmelzen kaum beeinflussen. Die meisten Stücke weisen Schlieren oder Luftblasen auf, und kaum eines ist vollkommen transparent. Optisches Glas mit bestimmbaren Brechungseigenschaften ist noch völlig unbekannt. So muß man aus dem zur

Geschliffene Bergkristalle aus dem 13. Jahrhundert als Lesehilfe

Verfügung stehenden Material sorgfältig für die Anfertigung von Brillen geeignete Stücke auslesen. Geschliffen wird mit Schleifrädern und Schmirgel. Weil zuerst ausschließlich konvex geschliffen wird, helfen die Brillen nur Weitsichtigen.

Maricourt erkennt die Magnetpolung

1269. Pierre de Maricourt, der sich lateinisch Maricutensis nennt, erforscht experimentell die anziehenden und abstoßenden magnetischen Kräfte. Dabei entdeckt er, daß sich bei Magneten zwei ungleiche Pole unterscheiden lassen. Der französische Gelehrte weist nach, daß die von beiden Polen ausgehenden Kräfte gleich stark sind, aber gegensätzlich und zugleich komplementär wirken: Die unterschiedlichen Pole zweier Magnete ziehen einander an, gleichartige Pole aber stoßen einander ab. Für seine Experimente verwendet Maricourt natürlichen Magneteisenstein.

Nur mit Luftzufuhr kann es Feuer geben

1260. Der englische Naturphilosoph Roger Bacon, genannt »doctor mirabilis« (»bewunderungswürdiger Lehrer«), der sich mit praktischen Studien befaßt und u. a. die sphärische Aberration (optischer Abbildungsfehler) bei Hohlspiegeln entdeckt, beschäftigt sich auch eingehend mit dem Verlöschen brennender Körper in verschlossenen Gefäßen. Dieses Phänomen schreibt Bacon dem Luftmangel zu. Damit gelingt ihm eine Grunderkenntnis der Chemie, denn er stellt fest, daß Brennen als chemische Reaktion zweier Partner (Brennstoff und Luft bzw. Luftsauerstoff) anzusehen ist. Bisher wurde Feuer als ein eigenes Element betrachtet.

Eine »Abhandlung über die Weltkugel«

1256. Der Engländer John Holywood, genannt Johannes de Sacro Bosco, gibt das Werk »Tractatus de sphaera mundi« (»Abhandlung über die Weltkugel«) heraus. Für drei Jahrhunderte stellt dieses Buch das Standardwerk der mathematischen Geographie dar.
Die Abhandlung befaßt sich in der Hauptsache mit Problemen der sphärischen Trigonometrie, behandelt die Berechnung von Kugeldreiecken und gibt praktische Anweisungen für die Navigation. Ein umfangreiches Tabellenwerk ergänzt die in diesem Buch vorgestellten mathematischen Formeln.

Der »Magier« stirbt in Köln

15. November 1280. In Köln stirbt im Alter von etwa 80 Jahren der aus Lauingen stammende Naturforscher, Theologe und Philosoph Albertus Magnus (fälschlich: Graf von Bollstädt).
Albertus war einer der vielseitigsten Gelehrten (Doctor universalis) seiner Zeit. 1229 wurde er Dominikaner; nach 1244 lehrte er an den Hochschulen von Paris und Köln. 1260 bis 1262 amtierte er als Bischof von Regensburg, danach wurde er päpstlicher Legat und Kreuzzugsprediger in Deutschland und Böhmen.
»Albert der Große« setzte sich entschieden für die Einführung des naturwissenschaftlichen aristotelischen Gedankenguts (→ 322 v. Chr.) in die christliche Philosophie ein, ein Werk, das sein großer Schüler Thomas von Aquin erfolgreich weiterführt. Durch seine wissenschaftlichen Arbeiten gelang es ihm, zahlreiche mythologische Vorstellungen zu widerlegen und durch rationale Erklärungen zu ersetzen. Wegen seines umfassenden und überragenden Wissens besonders auf

Albertus Magnus als Kirchenlehrer (zeitgenössische Darstellung)

den Gebieten der Physik, Mechanik und Chemie – Albertus hatte viele, zum Teil noch verbotene arabische und jüdische, naturwissenschaftliche Texte studiert – galt er seinen Zeitgenossen als Magier. 1931 erklärt die katholische Kirche ihn zum Kirchenlehrer, 1941 zum Patron der Naturwissenschaften.

Seidengewinnung jetzt automatisch

1272. Borghesano aus Bologna entwickelt die Seidenhaspel weiter und konstruiert das erste maschinell arbeitende Gerät, das den Seidenfaden unmittelbar vom Kokon abzieht und verzwirnt. Bisher wurde der Seidenfaden ausschließlich von Hand abgezogen, von Hand verdrallt, und rein manuell wurden auch zwei oder mehrere Fäden zu einem einzigen zusammengezwirnt. Borghesanos »Mulinierstuhl« (Seidenmühle) vereinfacht die Seidenherstellung erheblich.
Ausgangsmaterial für die Seidengewinnung ist der Kokon des Maulbeerspinners. Aus den 300 bis 500 Eiern, die das Weibchen dieses Falters legt, schlüpfen Raupen, die sich ausschließlich von den Blättern des Weißen Maulbeerbaumes ernähren und nach vier Häutungen in einen festen eiförmigen Kokon einspinnen. Durch Hitze wird die Puppe in dessen Innerem abgetötet, durch siedendes Wasser der Leim aus dem Kokon gelöst. Der Faden läßt sich dann ohne Spinnen abhaspeln und direkt verzwirnen.

Turmuhren greifen in das Alltagsleben ein

1288. Auf Westminster Hall in London arbeitet die erste Uhr mit Schlagwerk. Schon vier Jahre zuvor zeigte eine Turmuhr für jedermann sichtbar die Zeit an der Kathedrale von Exeter an, und nach 1290 zeigen zunächst in England und Italien, wenig später auch in Frankreich und Deutschland an mehr und mehr Rathaus- und Kirchtürmen Zifferblätter großer mechanischer Uhren den Stadtbewohnern die Zeit an.
Die neuen mechanischen Uhren sind weitaus komplizierter aufgebaut als die ersten Räderuhren (→ 850), und sie arbeiten wesentlich genauer. Ein an einer Schnur hängendes Gewicht treibt sie an, aber es bestimmt nicht unmittelbar die Laufgeschwindigkeit. Diese wird durch einen Mechanismus geregelt, den man Waaghemmung nennt. Der Erfinder ist unbekannt. Der Zug des Gewichts verursacht immer dann, wenn die Hemmung das Räderwerk in regelmäßigen Abständen freigibt, einen Vorwärtsruck. Erstmals entsteht so das Ticken der Uhren. Der Ruck wird auf das Zifferblatt übertragen. Es dreht sich, während der – einzige – Zeiger stillsteht. Die öffentlichen Uhren bringen ein neues bestimmendes Element in den Tagesablauf der Stadtmenschen. Hatten die manuell betriebenen Kirchenglocken nur die Gebetsstunden verkündet, so geben die Turmuhren jetzt den Arbeitsrhythmus vor: Aufstehen, Weg zur Arbeit, Pausen und den späten Feierabend.

Wells Cathedral Clock aus dem 14. Jh.; neben dem Räderwerk sind die Glocken und Aufzugsgewichte zu erkennen (Science Museum, London)

Neuer Erfindergeist: Freude am technisch Denkbaren

Die Renaissance 1400 bis 1600

Befreite geistige Kräfte

Hatten sich während des Mittelalters die Produktionstechniken orientiert am Bedarf der ständig wachsenden Bevölkerung Mitteleuropas fortentwickelt – und das besonders auf den für die alltägliche Versorgung wichtigen Gebieten der Landwirtschaft, der Textilindustrie und des Montanwesens –, so fehlte es doch oft an wirklichem Erfindergeist. Das Denken blieb weitgehend im klerikalen Bannkreis gefangen, und diesen prägte die Scholastik, nicht technisch-naturwissenschaftliches Denken. So wurden denn die Fortschritte in der Produktion bald mehr von einer neuen Wirtschaftsgesinnung als von technischer Innovation getragen. Eine Ausnahme machten allenfalls einige wegweisende Weiterentwicklungen im Hüttenwesen und im Bergbau. Sie hatten ihre Wurzeln vor allem in Süddeutschland und im Alpenraum. Mittelbar bereitete sich in der Zeit des Frühkapitalismus gegen Ende des Mittelalters dennoch eine Ära technischen Fortschritts vor. Das zunehmend vom städtischen Gewerbe, von Handel und Wirtschaft geprägte Denken überwand die zum Teil technikfeindliche Haltung des Klerus, der einerseits die Lektüre naturwissenschaftlicher Schriften gelegentlich mit allen Mitteln zu verhindern suchte, andererseits die Früchte der technischen Neuerungen gerne den Klöstern vorbehalten wollte.

Zur Verweltlichung des Denkens und einer »kapitalistischen« Wirtschaftsgesinnung gesellte sich speziell in Italien ein politisches Phänomen, das den neuen Geist stark förderte. Nach dem Untergang des Staufer-Imperiums hatten sich seit dem 13. Jahrhundert in Italien zahlreiche Stadtstaaten etabliert, an deren Spitze reiche, meist kommerziell orientierte Fürstenhäuser standen. In dem Maße, in dem sie zu Macht und Ansehen gelangten, versuchten sie, ihren erworbenen Reichtum auch zur Schau zu stellen. Das geschah auf doppelte Weise: Durch Größe und durch Modernsein. Bei diesem doppelten Bestreben waren die vermögenden Regionalherrscher auf Architekten, Bauingenieure und Techniker angewiesen, die über ausreichendes mechanisches Wissen verfügten, um die immensen Paläste und Kathedralen statisch sicher zu bauen oder etwa um die in Mode kommenden überlebensgroßen und viele Tonnen schweren Reiterstandbilder von Fürsten und Handelsherren in Bronze zu gießen.

1453 spielte ein weiteres, entscheidendes Ereignis der schnellen Entwicklung des aufkeimenden naturwissenschaftlich-technischen Denkens in die Hand: Die Einnahme Konstantinopels, des alten Byzanz, durch die Türken. Die dortigen Gelehrten flohen in Scharen nach Italien und brachten den reichen Schatz byzantinischer Schriften mit. Dieses umfangreiche Schrifttum umfaßte neben philosophischen und lyrischen Texten eine Flut naturwissenschaftlicher und technischer Traktate. Teils handelte es sich dabei noch um die im Mittelalter in Vergessenheit geratenen Werke an-

tiker Autoren, teils auch um Manuskripte aus der islamischen Welt, die vor allem ab dem 8. Jahrhundert die Naturwissenschaften intensiv pflegte. Hatte doch der durch den Propheten Mohammed in der zweiten Hälfte des 7. Jahrhunderts offenbarte Koran ausdrücklich das göttliche Gebot zur Naturforschung fixiert. So bewahrten die Muslime einerseits das tradierte antike Gedankengut, andererseits leisteten sie aber selbst – besonders in der Mathematik, Astronomie und Medizintechnik – eine Fülle innovativer Beiträge. All diese Schätze gelangten durch die geflohenen Byzantiner nach Italien und fielen dort auf denkbar fruchtbaren Boden.

Einheit von Kunst, Technik und Wissenschaft

Bezeichnend für die explosive Entwicklung technischen und wissenschaftlichen Denkens an den Höfen der Renaissancezeit war die Kopplung von Kunst und Technik. Das hatte durchaus pragmatische Gründe. Die zahlreichen italienischen Landesherren wollten in erster Linie – wie wohl die »Neureichen« aller Zeiten – kulturelle Größe demonstrieren, und das geschieht im allgemeinen nicht in Form rein technischer Prestigeobjekte. Die prunkvollen Palazzi Venedigs oder der mächtige Kuppelbau des Florentiner Doms sind Einheiten aus Kunst und Technik. Die gewaltigen bronzenen Reiterstandbilder bedurften zu ihrer Entstehung ebensosehr künstlerischer Kreativität wie technischen Wissens (Statik und Metallguß). So entstand in der Renaissance ein Berufsstand, der beide Disziplinen in sich vereinte, der Künstler-Ingenieur. Der Begriff »Ingenieur« selbst stammt aus dieser Zeit, abgeleitet aus dem lateinischen Wort »ingenium«, das so etwas meint wie den Geistesblitz, den klugen Einfall. Während aber der Ingenieur im Grunde nichts anderes war als ein konstruktiv tätiger Techniker, genoß der Künstler-Ingenieur größte Wertschätzung, zumal derartige doppelt begabte Menschen nicht allzu zahlreich waren. Sie wurden an die Fürstenhöfe gerufen und hatten dort Zugang zu den sorgfältig gehüteten alten Manuskripten. Im Zuge ihres Studiums gelang der Brückenschlag vom Künstlerischen und Technischen zur Naturwissenschaft. Wissenschaft, Technik und Kunst verschmolzen in den genialsten Denkern der Zeit zu einer Einheit. Niemand verkörperte das großartiger als das Universalgenie Leonardo da Vinci. Doch würde es die Verdienste der zahlreichen anderen Künstler-Ingenieure der Zeit schmälern, würde man Leonardo allein ob seiner Vielseitigkeit lobpreisen. Seine Einzigartigkeit lag in erster Linie in dem fast seherischen Weitblick, mit dem er zukünftige technische Lösungen im Prinzip vorwegnahm, die sich allerdings mit den handwerklichen Mitteln der Zeit vielfach noch gar nicht realisieren ließen.

Der wohl erste bedeutende Renaissance-Ingenieur ist in dem Italiener Mariano di Jacopo, genannt Tacolo (1382 bis nach 1453), zu sehen, dem »Archimedes von Siena«, der mit den ersten beiden umfangreichen technischen Schriften nach dem Mittelalter, seinen Traktaten »De ingeniis« und »De machinis«, Aufsehen erregte. Diese reich illustrierten Manuskripte behandelten neben zahlreichen kriegstechnischen Geräten eine Fülle praktischer Apparate und Geräte für Bau und Gewerbe.

War Tacolo noch kaum künstlerisch orientiert, so erschien in Filippo Brunelleschi (1377 bis 1446) der erste ausgeprägte Künstler-Ingenieur. Er brillierte vor allem mit der Konstruktion der Florentiner Domkuppel, die sich als erste weitspannende Kuppel nach seiner neuen Zweischalentechnik ohne Lehrgerüst frei aufmauern ließ. Zuvor sorgfältig berechnet, verkörperte sich bereits in dieser architektonischen Glanzleistung eine Synthese aus exakter Wissenschaft, Technik und Kunst. Brunelleschi war kaum weniger vielseitig als ein Jahrhundert später Leonardo. Wie dieser betätigte er sich nicht nur als Baumeister, sondern auch als Kunstmaler, Kriegsingenieur, Wasser- und Festungsbauer, Bildhauer und Erfinder. Eine seiner bedeutendsten Leistungen war die Entdeckung der Zentralperspektive für bildliche Darstellungen. Sie sollte hinfort nicht nur die Malerei grundlegend beeinflussen, sie wies auch den Weg zur dreidimensionalen exakten technischen Konstruktionszeichnung.

Am Mammutbauprojekt des Florentiner Doms arbeitete Brunelleschi natürlich nicht allein. Einer seiner Kollegen war Lorenzo Ghiberti (1378 bis 1455), wie Brunelleschi selbst ein gelernter Goldschmied. Er goß u. a. die berühmten schweren Bronzetüren des zum Florentiner Dom-Komplexes gehörenden Baptisteriums mit ihren zahlreichen imponierenden figürlichen Darstellungen und schuf in diesem Zusammenhang eine Metallgußhütte, die eine der bedeutendsten italienischen Bronzegießerschulen wurde.

Erkenntnisdrang, Experimentierfreude und Spieltrieb

Bezeichnend für die Zeit ist die enge Verquickung von Nützlichkeitsdenken, wissenschaftlicher Entdeckerfreude und reinem Spieltrieb. Und selbst bei primären Nützlichkeitserwägungen stand nicht so sehr die Absicht tatsächlicher technischer Realisation im Vordergrund, sondern eher das Herausfinden des technisch Möglichen. Dieser Geist der Zeit läßt sich hervorragend am Werk Leonardo da Vincis zeigen. Von Haus aus nicht gerade reich begütert – er war der uneheliche Sohn einer Bauerstochter und eines Notars –, war er auf berufliche Einkünfte angewiesen. Er pries seinen Dienstherren und möglichen Auftraggebern, zuerst dem Herzog von Mailand, später den venezianischen Dogen, den französischen Statthaltern von Mailand, den Medici in Rom und dem französischen König, technische Lösungen für durchaus zweckgerichtete Großprojekte an. Im Vordergrund standen dabei Kriegsmaschinen und militärische Bauten, von unzerstörbaren und transportablen Brücken, Vorrichtungen zum Trockenlegen gegnerischer Burggräben, diversen Bombarden (Belagerungsgeschützen), Schleudermaschinen und anderen Geschützen angefangen über phantastische Methoden, unterirdische Geheimgänge und Stollen selbst unter Gewässern hindurch praktisch lautlos vorzutreiben, bis zu Panzerwagen mit Schießpulvermotoren, Großkampfschiffen oder kompletten Schiffahrtskanälen und Festungsanlagen. Auffällig ist, daß die meisten dieser Pläne nicht einer gewissen Gigantomanie entbehrten, daß Leonardo sich dabei also kaum ernsthafte Gedanken um die ökonomische Realisierbarkeit seiner Vorschläge gemacht haben dürfte. So schlug er z. B. dem Herzog von Mailand die Anfertigung eines 7 m hohen Reiterstandbildes zu Ehren von dessen Vater, Francesco Sforza, vor und fertigte dafür sogar ein Tonmodell in Originalgröße an. Doch die für den Guß erforderlichen 52 t Bronze hätten das Budget des Fürsten gesprengt, und wahrscheinlich wäre der Guß dieser Kolossalplastik auch auf technische Grenzen gestoßen.

Die Unbekümmertheit gegenüber der praktischen Durchführbarkeit war keineswegs eine skurrile Eigenheit des Genies. Sie war dem Zeitgeist eigen. Zwar formulierte Leonardo selbst: »Wer die Praxis ohne die Theorie liebt, ist wie ein Seemann, der auf ein Schiff steigt und nicht weiß, wohin er gerät«, doch läßt sich dagegenhalten, daß es ebenso leichtsinnig wäre, perfekt navigieren zu können, ohne über ein mit Sicherheit schwimmfähiges Schiff zu verfügen. Genau dieses Risiko aber gingen die Künstler-Ingenieure der Renaissance nur allzu bereitwillig ein. Das Anliegen ihrer Auftraggeber war nicht selten kulturelles Imponiergehabe, ihr eigenes Anliegen aber war das Experiment, das Erweitern des technischen Horizonts durch das Durchkonstuieren aller nur denkbaren Möglichkeiten, das Trainieren flexiblen Erfindergeistes im kreativen Spiel. Der von den Ketten mittelalterlicher Scholastik befreite menschliche Intellekt erkannte nicht die Fesseln des praktisch Möglichen an, ihn interessierte nicht die vom Werkstoff und von den handwerklichen Möglichkeiten gesteckten Barrieren, er suchte primär seine eigenen konstruktiven Grenzen.

Die Wurzeln der technischen Literatur

Die vielfältigen Bestrebungen, das technische Geistesgut der Antike und des Orients aufzuarbeiten, und die Bemühungen um eigene mechanische und naturwissenschaftliche Erkenntnisse schlugen sich also zum großen Teil – außer vielleicht in der Architektur – nicht praktisch nieder. Um so stärker war der Drang der Künstler-Ingenieure der Renaissance, ihr Wissen literarisch unter Beweis zu stellen und mit den neuen Mitteln der Konstruktionszeichnung, insbesondere der perspektivischen, im Bild zu präsentieren. Dafür bestand in der Frühzeit der Renaissance lediglich die Möglichkeit des Manuskripts. Diese Produktionsweise beschränkte die Auflage technischer Bücher zunächst auf jeweils nur ein oder wenige Exemplare, was wiederum den Leserkreis stark einengte. Das wiederentdeckte antike Wissen und die neuen Erkenntnisse verbreiteten sich deshalb anfangs nur langsam. Sie blieben einigen wenigen Wissenschaftlern und Ingenieuren an den Höfen vorbehalten. Das änderte sich schlagartig, als sich zwischen 1465 und 1470 auch in Italien die Buchdruckerkunst entwickelte. Schon 1472 erschien in Verona ein erstes technisches Werk im Druck: »De re militari« von Roberto Valturio. Ihm folgte 1478 »De re aedificatoria« des Architekten, Malers und Musikers Leon Battista Alberti. 1487 lag erstmals als gedrucktes Buch Vitruvs »De architectura libri X« vor, was der breiten Öffentlichkeit den Zugang zum gesamten Wissen über Architektur und Maschinenbau zur Zeit von Kaiser Augustus ermöglichte und die weitere Entwicklung des Ingenieurwesens maßgeblich beeinflußte.

Mit Beginn des 16. Jahrhunderts erschienen in Europa technische Bücher auch nicht mehr allein in Latein, sondern in den einzelnen Landessprachen, erreichten damit also auch einen Personenkreis ohne höhere Bildung. Bedeutende Verbreitung erlangten u. a. nach 1540 das italienische Buch »Pirotechnica« von Vannoccio Biringuccio und nach 1557 die deutsche Ausgabe des im Vorjahr lateinisch erschienenen Standardwerkes über Bergbau und Hüttenwesen von Georg Agricola: »De re metallica«. Nachdem die Grundlagenwerke gedruckt waren, tauchten bald in zunehmendem Maße Fachbücher auf (Architektur, Mathematik und Alchimie).

Um 1300. Die Ära der mächtigen gotischen Kathedralen in Frankreich geht zu Ende. →

1302. Flavio Gioja aus Amalfi erfindet die Windrose für den Kompaß.

1306. Der Waffenschmied Rudolf erfindet in Nürnberg die Drahtziehmaschine, die für die Herstellung von Ritterrüstungen (Ringelpanzer) Bedeutung erlangt.

Der Missionar Vassou berichtet von dem Aufstieg eines mit Gas gefüllten Ballons in Peking.

1307. In England ist das Wachstuch, ein mit Leinölfirnis überzogenes Textilgewebe, in Gebrauch.

1309. In der Mailänder Basilika Sant' Eustorgia wird die erste mechanische Schlaguhr installiert.

1310. Der Araber Abulfeda berechnet die Erdoberfläche (zu 20 360 000 Quadratparasangen).

1313. In Deutschland wird das Schießpulver erstmals als Treibmittel von Geschossen in Pulverschußwaffen verwendet. Erfinder dieser Technik ist vermutlich der aus Köln oder Freiburg stammende Mönch und Alchimist Berthold der Schwarze (Bertholdus Niger).

1316. Travemünde verfügt über ein Talgkerzen-Leuchtfeuer zur Orientierung der Schiffe.

1318. Der Italiener Pietro Vesconte zeichnet die erste datierte Seekarte.

1321. Der jüdische Philosoph, Mathematiker und Astronom Levi Ben Gerson beschreibt in einem hebräisch verfaßten Werk, das im Folgejahr von Petrus de Alexandria unter dem Titel »De sinibus, chordis et arcubus« ins Lateinische übersetzt wird, erstmals ausführlich die Camera obscura (also fast 200 Jahre vor Leonardo da Vinci, dem diese Erfindung meist zugeschrieben wird). Eine einfache Form der Kamera war bereits → um 900 und offenbar sogar schon Aristoteles (→ 322 v. Chr.) bekannt.

1324. Die Chinesen benutzen hölzerne Stempel als Drucknegative.

1325. Der jüdische Philosoph, Mathematiker und Astronom Levi Ben Gerson erfindet den Jakobsstab, der im gesamten Mittelalter als geographisches Ortungsgerät auf See dient. →

1330. Philippe de Cacquerai stellt erstmals Mondglas her, eine Art Butzenscheibe, die als Fensterglas Verwendung findet. Im selben Jahr erfindet er das Crownglas. →

Thomas de Bradwardina publiziert sein Werk »Geometria speculativa«, das sich mit Vielecken und anderen geometrischen Figuren sowie mit der Lehre von den irrationalen Größen und der Stereometrie befaßt.

1331. Die deutschen Ritter von Spilimberg verwenden bei der Belagerung von Cividale im Friaul erstmals nachweislich Handfeuerwaffen und Geschütze (→ 1313).

1340. In Fabriano (Ancona) arbeitet die erste Papiermühle Europas für Leinenpapier.

1347. Aus Venedig kommen erste Nachrichten über Kaminfeuer mit Schornsteinen.

1350. Nach fast 300jähriger Bauzeit sind Dom, Baptisterium und Campanile (Glockenturm) von Pisa fertiggestellt.

In seiner »Weltchronik« bildet Rudolf von Hohenems erstmals eine Taucherglocke ab. →

1354. Peter IV. von Aragonien läßt einige seiner Kriegsschiffe zum Schutz gegen feindliche Waffen panzern, indem er sie mit einem Lederüberzug versehen läßt.

1360. Der französische Schriftsteller und Mathematiker Nicole Oresme führt Potenzen mit gebrochenem Exponenten ein. Bisher konnte bei Exponentialdarstellungen der Form a^n der Exponent n nur eine ganze Zahl sein; denn die Exponentenschreibweise bedeutet, daß die Zahl a n-mal mit sich selbst zu multiplizieren ist. Für einen gebrochenen Exponenten ist das nicht möglich. Nun lassen sich aber die a^n-Werte für konstante a-Werte und ganzzahlige n-Werte über n als diskrete Punkte auftragen und dann durch eine geschlossene Linie miteinander verbinden. Auf dieser Linie, die kontinuierlich die Funktion a^n abbildet, lassen sich natürlich auch Werte für alle nicht ganzzahligen n ablesen. Außerdem erfaßt Oresme erstmals wechselnde physikalische Daten (Temperatur- und Luftfeuchtigkeitsänderungen und andere meteorologische Werte) in der Form von Kurven. →

1364. Heinrich von Wick verbessert die Räderuhr durch die Erfindung von Hemmung und Unruhe. Auf Bestellung des französischen Königs Karl V. stellt er eine derartige, zusätzlich mit Schlagwerk versehene Uhr in Paris auf. →

1375. Der Italiener Catalani veröffentlicht eine Erdkarte, die für lange Zeit als die wichtigste Karte überhaupt gilt. Sie gibt allerdings nur das Mittelmeergebiet relativ maßstabsgetreu wieder.

1376. Nicholas Bataille in Arras stellt in den Jahren 1376 bis 1379 für Louis I. von Anjou den »Gobelin von Angers« her. Er ist mit 156 m Länge und 6 m Höhe der größte je gewebte Gobelinteppich.

1378. Der Augsburger Stückgießer Hans Aarau fertigt erstmals kommerziell die im Jahr 1326 in der Stadt Florenz erfundenen schmiedeeisernen Kugeln, die in Geschützen die bisher verwendeten Steinkugeln ablösen.

GEBOREN:

Um 1397. Mainz: Johannes Gutenberg (eigentl. Gensfleisch zur Laden genannt Gutenberg; † 3. 2. 1468, Mainz), deutscher Buchdrucker (→ 3. 2. 1468).

Schußwaffen erfunden

1313. Nachdem die Chinesen → 1232 explosive Chemikalienmischungen erfunden hatten und diese über die Araber schon bald auch nach Europa gelangt waren, wurden dort verschiedene, durch Sprengstoff raketenartig angetriebene Geschosse entwickelt. Dabei handelte es sich um schrotartig gekörntes Material. Zum Teil wurde dieses aus Bambus- oder Hartholzrohren abgefeuert. Wahrscheinlich der deutsche Mönch Berthold der Schwarze, genannt Bertholdus Niger oder Berthold Schwarz, vollzieht nunmehr den letzten, entscheidenden Schritt zur Entwicklung der Schußwaffe: Er verwendet den Sprengstoff als Treibmittel für größere Geschosse und erfindet damit die Handfeuerwaffen. Seither heißen die explosive Mischung aus Salpeter, Schwefel und Kohle Schießpulver, die Waffen Pulverbüchsen. Die Genter Annalen berichten: »In dit jaer [1313] was aldereerst ghewonden in Duutschland het ghebruuk der bussen [Büchsen] vón einem mueninck.«

Berthold der Schwarze hat zwar nicht selbst das Schießpulver erfunden, denn dieses war längst bekannt, er hat aber als Alchimist bei Versuchen, Gold aus »salpeter vnd schwebel vnd bly vnd öl« herzustellen, zunächst immer wieder Verpuffungen erlebt, daraufhin sein Arbeitsziel geändert und mit Sprengstoffen experimentiert, wobei er gezielt Blei und Öl durch Kohle ersetzte.

Der erste nachweisliche Gebrauch von Handfeuerwaffen im Krieg wird in einem Bericht über die Belagerung von Cividale im Friaul erwähnt, wo die beiden deutschen Ritter von Crusberg und von Spilimberg 1331 mit Pulverbüchsen kämpfen.

Berthold in seinem Laboratorium (nach einem Kupferstich von Gole)

Navigationshilfen für Seeschiffahrt

1325. Für die einfache und zuverlässige Ortsbestimmung auf See erfindet Levi Ben Gerson den Jakobsstab, der auch als Gradstock oder Kreuzstab bekannt wird. Das ist ein Winkelmeßgerät aus einem mit einer Skala versehenen Längsstab, auf dem sich ein kürzerer Querstab verschieben läßt. Mit ihm lassen sich die Standorte der Gestirne bestimmen. Mit Hilfe der 1252 durch Alfons X. von Kastilien in Toledo veranlaßten »Alfonsinischen Tafeln«, einem umfangreichen, von über 50 Astronomen erarbeiteten Verzeichnis von Sternorten, sind dann Rückschlüsse auf die Position des Beobachters möglich.

Bisher bedienten sich die Navigatoren der Quadranten, das sind Viertelkreise aus Hartholz, mit denen die Winkel besonders bei rauher See kaum sicher abzulesen waren.

Das erste Bild von einer Taucherglocke

1350. In der von ihm verfaßten »Weltchronik« bildet Rudolf von Hohenems, ein adliger Universalgelehrter aus dem Südwesten Deutschlands, als erster eine Tauscherglocke ab.

Inwieweit das Prinzip technisch wirklich neu ist, bleibt dahingestellt, da Philon von Byzanz bereits 210 v. Chr. ein ähnliches Gerät konstruiert haben soll. Fest steht, daß die Darstellung in der »Weltchronik« die erste Beschreibung einer Tauscherglocke im Mittelalter ist. Bekannt war indes bereits im Römischen Reich der Taucherhelm, den 375 Flavius Vegetius Renatus in seinem Werk »De Re Militari« behandelt. Vom Helm führte ein Atemschlauch zur Wasseroberfläche. In der Anwendung dürfte die Konstruktion auf erhebliche Probleme gestoßen sein.

Fensterscheiben aus Schleuderglas

1330. Der Franzose Philippe de Cacquerai erfindet eine neue Art, Fensterscheiben herzustellen: Das »Mondglas«. Da das Glaswalzen noch nicht bekannt ist, wurden Fensterscheiben bisher aus kleingeschnittenen einzelnen Wandteilen großer Glasblasen zusammengesetzt. Cacquerai formt aus der noch plastisch-heißen Blase durch schnelles Drehen und kräftiges Schleudern mit dem Hefteisen, an dem die Glasmasse haftet, große flache, runde Scheiben, in deren Mitte ein »Nabel« stehenbleibt. Aus diesen Scheiben schneidet er geeignete rechteckige oder sichelförmige (daher »Mondglas«) Stücke, die er mit Bleifassungen zu Fensterscheiben zusammenfügt.

Glasmacher beim Erhitzen einer bereits flachgeschleuderten Glasblase für die Herstellung von Mondglas (Darstellung aus dem Werk »Verrerie en bois«)

Oresme geht neue Wege der Algebra

1360. In seinem Werk »Algorismus proportionum« behandelt der französische Mathematiker Nicole Oresme die Darstellung von Temperatur- und Luftfeuchtigkeitsänderungen in Form graphischer Funktionen. Bei ihrer algebraischen Beschreibung verwendet er erstmals Potenzen mit gebrochenen Exponenten (die erst viel später im Rahmen der Funktionentheorie mathematisches Allgemeingut werden).
In der Algebra bedeutet bekanntlich $2^2 = 2 \times 2$ und $2^3 = 2 \times 2 \times 2$ oder, allgemein ausgedrückt, a^n die Zahl a n-mal mit sich selbst multipliziert. Bei Oresme muß der Exponent n keine ganze Zahl sein. Er kennt also Potenzen wie $2^{4,75}$ ($= 26,909$) oder $3^{0,16}$ ($= 1,192$).

In Frankreich geht eine Ära der Sakralarchitektur zu Ende

Um 1300. In Frankreich neigt sich die rund anderthalb Jahrhunderte während Ära des kunstvollen Baus mächtiger gotischer Kathedralen ihrem Ende zu.
Seit der Mitte des 12. Jahrhunderts setzten Architekten und Bauingenieure ausgehend von Frankreich für ganz Mitteleuropa neue technische Maßstäbe im Kirchenbau. Kühne baustatische Konzepte wurden entwickelt, die Bauwerke von außergewöhnlichen Dimensionen erlaubten.
Die erste größere gotische Kathedrale wurde 1163 begonnen: Notre-Dame in Paris. Etwa gleichzeitig entstand die Kathedrale von Laon. Dieser Frühgotik folgten hochgotische Kirchen in Chartres, Bourges, Reims, Amiens, Le Mans, Beauvais, Straßburg und zahlreichen anderen Städten.
In den Grundrissen fällt gegenüber älteren Gotteshäusern die starke Raumvereinheitlichung auf, bei der Langhaus und Chor dominieren. Die Seitenschiffe werden um das Chorpolygon herumgeführt. An diesen Umgang schließen sich radial mehrere Kapellen an. Das Querhaus ist wie das Langhaus meist dreischiffig und überragt dieses um ein bis zwei Gewölbejoche. Am Westende des Langhauses stehen über den Seitenschiffen meist zwei Türme. Die Seitenwände der oft sehr hohen Bauwerke lösen sich in schlanke Stützelemente auf, die die Traglast vergessen lassen.
Da lokale Architekten und Bauingenieure mit Konstruktion und Ausführung der gotischen Kathedralen überfordert waren, schlossen sich Künstler, Techniker und Bauhandwerker zu sogenannten Bauhütten zusammen. Diese Tradition setzte im 12. Jahrhundert ein und erlebt im 13. und 14. Jahrhundert ihre volle Blüte. Entgegen den Handwerkszünften sind die Bauhütten nicht ortsgebunden. Sie etablieren sich immer dort, wo ein Großbau auszuführen ist. Ihre Mitglieder sind nicht fest an eine Bauhütte gebunden. Die Hüttenordnung bindet sie aber daran, sich einem künstlerischen Bauplan unterzuordnen. Innerhalb der Bauhütten gibt es eine feste Hierarchie. Die Mitglieder tragen durch Konventionen festgelegte Trachten und befolgen strenge Hüttenrituale. Nach Fertigstellung eines Baus löst sich die Bauhütte auf, und ihre Mitglieder ziehen weiter.

Alltag in einer mittelalterlichen Bauhütte: Steinmetzarbeiten werden verrichtet und Baukonzepte besprochen

1400

1400. Luca Della Robbia erfindet zu Faenza die Fayence. →

Tädschong erfindet in Korea unabhängig von den Chinesen und dem späteren Johannes Gutenberg die beweglichen Metallettern (→ 3. 2. 1468).

1402. Die Kunstmaler Hubert und Jan van Eyck entwickeln die Ölfarben durch einen Zusatz von Harzfirnis zu geeigneten Farbstoffen für großflächige Bildmalerei. Durch den Zusatz trocknen die Farben gleichmäßiger, was zu einer fleckenlosen Pigmentierung führt und den Bildern Leuchtkraft, Glanz und Farbintensität verleiht. Außerdem werden die Bilder so überhaupt erst dauerhaft haltbar. →

1405. Der Kriegsbaumeister Kyeser beschreibt in seinem Buch »Bellifortis« erstmals Sprenggeschosse.

1411. In einer Handschrift der Wiener Hofbibliothek wird eine Seilbahn mit Förderkörben verzeichnet.

1420. Der Mongolenherrscher Ulug-Beg (1394 bis 1449) läßt in Samarkand eine Sternwarte errichten (→ 1471).

1438. Marianus Jacobus beschreibt den Taucheranzug mit Helm.

1440. Der deutsche Theologe Nikolaus von Kues (Nikolaus Krebs aus Kues an der Mosel) konstruiert einen Vorläufer des Hygrometers.

1446. Das Blatt »Die Geißelung« stellt den ersten datierten Kupferstich dar. →

Die 39,5 m weite Kuppel des Doms zu Florenz nach Plänen des italienischen Baumeisters Filippo Brunelleschi wird fertiggestellt. →

Um 1450. In Cuzco errichten die Inka Observatorien (→ 1471).

1450. Johannes Gutenberg stellt die Erfindung der Buchdruckerkunst der Öffentlichkeit vor (→ 3. 2. 1468).

1460. Der maurische Mathematiker Abul Hasan Ali ben Mohammed Alkalsâdi verwendet in der Arithmetik erstmals Wurzelzeichen und Gleichheitszeichen.

1463. Der deutsche Astronom und Mathematiker Regiomontanus (eigentl. Johannes Müller) begründet die moderne Trigonometrie (→ 6. 7. 1476).

1471. Der Nürnberger Bernhard Walther richtet die erste Sternwarte im christlichen Europa ein. →

1474. Karl der Kühne, Herzog von Burgund, verwendet bei der Belagerung von Neuss erstmals ein Kanonenboot.

1475. Regiomontanus (Johannes Müller) veröffentlicht neue astronomische Tafeln, die die seit Mitte des 13. Jahrhunderts gebräuchlichen Alfonsinischen Tafeln (→ 1252) ablösen und später von Christoph Kolumbus und Vasco da Gama für die Navigation benutzt werden (→ 6. 7. 1476).

1480. Der italienische Künstler Leonardo da Vinci erfindet den Lampenzylinder und den Fallschirm. →

Der Büchsenmacher Kaspar Zöllner in Wien schneidet erstmals gerade Züge in die sogenannte Seelenwand des Gewehrlaufs.

1484. Nicolas Chuquet verwendet erstmals die Potenzbezeichnungen »Million«, »Billion«, »Trillion«.

1489. Der Mathematiker Johann Widmann in Eger führt das » + « und das » – « ein (→ 1484).

1492. Der Kaufmann und Geograph Martin Behaim aus Nürnberg entwirft den ersten Erdglobus. →

1495/96. Auf Befehl König Heinrichs VII. von England wird in Portsmouth das erste Trockendock der Welt errichtet.

1438–1500. Die Inkas legen eine über 5000 km lange Straße an. →

GESTORBEN:

3. 2. 1468. Mainz: Johannes Gutenberg (eigentl. Gensfleisch zur Laden genannt Gutenberg; * um 1397, Mainz), deutscher Buchdrucker. →

6. 7. 1476. Rom: Regiomontanus (Johannes Müller, * 6. 6. 1436, Königsberg in Bayern), deutscher Mathematiker und Astronom. →

GEBOREN:

6. 6. 1436. Königsberg/Franken: Regiomontanus (eigentl. Johannes Müller) († 6. 7. 1476), deutscher Mathematiker und Astronom. →

15. 4. 1452. Vinci bei Florenz: Leonardo da Vinci († 2. 5. 1519, Schloß Cloux bei Amboise), italienisches Universalgenie. →

1460. Nürnberg: Peter Vischer d. Ä. († 7. 1. 1529, Nürnberg), deutscher Erzgießer.

21. 5. 1471. Nürnberg: Albrecht Dürer († 6. 4. 1528, Nürnberg), deutscher Maler.

19. 2. 1473. Thorn: Nikolaus Kopernikus († 24. 5. 1543, Frauenburg), Astronom.

6. 3. 1475. Caprese: Michelangelo Buonarroti († 18. 2. 1564, Rom), italienischer Bildhauer und Baumeister.

Um 1485. Nürnberg: Peter Henlein († September 1542, Nürnberg), deutscher Erfinder.

1491 (?). Bei Kayseri: Sinan († 1588, Konstantinopel), osmanischer Baumeister (→ 1588).

Um 1492. Staffelstein: Adam Ries (Riese; † 30. 3. 1559, Annaberg), deutscher Rechenmeister.

11. 11. (?) 1493. Einsiedeln/Schweiz: Philippus Aureolus Theophrastus Paracelsus (eigentl. Theophrastus Bombastus von Hohenheim; † 24. 9. 1541, Salzburg), deutscher Arzt und Naturforscher.

24. 3. 1494. Glauchau: Georgius Agricola (Georg Bauer; † 21. 11. 1555, Chemnitz), deutscher Naturforscher.

Fayenceschale aus Faenza (um 1580); zu dieser Zeit gibt es Fayence-Manufakturen in ganz Europa; die Ware aus Faenza ist aber besonders begehrt

Neue Keramik aus Faenza

1400. Der Italiener Luca Della Robbia aus Faenza erfindet eine neue deckende Glasur für Keramikwaren. Die damit überzogenen Produkte bürgern sich, nach der Ursprungsstadt benannt, unter der Bezeichnung Fayence in Europa ein.

Ton, Fayence, Porzellan, Glas

Alle vier Massen werden durch Brennen in geeigneten Öfen aus mineralischen Grundsubstanzen erzeugt. Gebrannter Ton besteht aus verbackenem feinstkörnigem Material und ist porös. Im Porzellan sind die winzigen Körnchen porenfrei durch geschmolzenes und kristallin erstarrtes Material miteinander versintert. Glas enthält überhaupt keine körnigen Substanzen; es besteht vollständig aus einer homogen erstarrten, nichtkristallinen Schmelze. Fayence entspricht in der Grundstruktur des Scherbens dem gebrannten Ton, dessen Poren aber oberflächlich durch einen glasigen Schmelzfluß ausgefüllt sind. Ton, Fayence und Porzellan werden unter dem Sammelbegriff Keramik zusammengefaßt.

Die farbige oder weiße, sehr harte und wasserdichte Glasur der »echten Fayence« wird unter Verwendung von Zinnoxid hergestellt. »Unechte Fayencen« oder Mezzofayencen sind unter der Bezeichnung Majolika schon vor Della Robbias Erfindung bekannt. Ihre Geschichte reicht weit zurück: Bereits die Babylonier und Perser hatten im Altertum glänzende, glasierte Tonkacheln gebrannt, eine Tradition, die später über das islamische Sizilien nach Italien gelangte, wo Faenza zu einem Fertigungszentrum solcher Kacheln aufstieg.

Der Produktname Majolika rührte von arabischen Manufakturen auf der Insel Mallorca her.

Diese frühen Mezzofayencen wurden im alten Orient zunächst mit einem aufgesinterten Gemisch aus Tonschlamm und Bleierz glasiert; später (um 800 v. Chr.) lernte man die blaue Kupfererzglasur und schließlich auch schon die weiße Glasur mit Zinnerz kennen. Die Zinnoxidrezeptur des Luca Della Robbia ist also eher eine Weiterentwicklung und Perfektionierung als eine neue Erfindung. Das verbesserte Verfahren Della Robbias, der mit sogenannten »Scharffeuerfarben« über der Glasur arbeitet, die beim Hochtemperaturbrennen mit der Glasur verschmelzen, erlaubt die Darstellung ganzer farbiger Gemälde nach Vorbildern großer Meister auf Geschirren.

Die Brüder van Eyck malen mit Ölfarben

1402. Zwei Brüder aus Flandern, die Kunstmaler Hubert und Jan van Eyck, entwickeln die Ölmalerei. Bisher war in der Tafelmalerei ausschließlich die Temperatechnik gebräuchlich, d. h. die Farben wurden mit einer Emulsion, vor allem mit Eiweiß, gebunden. Da Temperafarben matt auftrockneten, verlieh man ihnen im Mittelalter oft durch einen nachträglich aufgebrachten farblosen Firnis einen gewissen Glanz. Mit Öl gebundene Farben waren bisher mit Ausnahme einiger unzureichender Versuche um die Jahrtausendwende lediglich zum Anstreichen von Holzgeräten und ähnlichem bekannt. Die Brüder van Eyck können diese überkommenen Ölfarben nicht benutzen, da sie als reine Anstrichmittel zum Verlaufen neigen. Sie müssen ihre Künstlerfarben neu zusammensetzen, geeignete Öle auswählen und mit verschiedenen Füllstoffen und Pigmenten experimentieren, die sich gegenseitig weder in der Farbwirkung noch in der Beständigkeit beeinflussen und beim Trocknen nicht zu Rißbildung führen. Die Rezepturen sind oft recht umfangreich. Die Vorteile der Ölmalerei liegen zweifellos in feineren Farbabstufungen und der schnelleren Arbeitsweise (»Primamalerei«).

Druckplatte wird in Kupfer gestochen

1446. Ein namentlich nicht bekannter deutscher Meister sticht eine Serie von sieben Bildern in Kupfer. Die Motive behandeln die Passion Christi. Erhalten bleibt das Blatt mit dem Titel »Geißelung«. Die ausgefeilte Technik des Meisters deutet darauf hin, daß es schon längere Erfahrungen mit diesem Druckverfahren gibt. Wie seit Jahrtausenden Ornamente in Schmuck graviert werden, so ritzt der Kupferstecher mit dem Grabstichel Zeichnungen in eine Kupferplatte. Reibt man sie mit Druckerschwärze ein, dann haftet diese in den »gestochenen« Linien, während sie sich vom glatten Hintergrund abwischen läßt. Der Abdruck geschieht unter einer Presse auf feuchtes Papier, das die Farbe aus den Ritzen heraussaugt. Man spricht vom »Tiefdruck«.

Das Innere der Florentiner Domkuppel; die Innenschale der Kuppel erscheint als perfekt gerundete Kugelkalotte

39,5 m weite Domkuppel fertiggestellt

1446. Italienische Baumeister vollenden die 1420 nach den Plänen des Architekten Filippo Brunelleschi unter dessen Leitung in Angriff genommene 39,5 m weite Kuppel des Doms zu Florenz. Brunelleschi, am 15. April 1446 verstorben, erlebt die Fertigstellung seines Werkes allerdings nicht mehr.

Der große italienische Architekt schuf technisch Neues, indem er die Bautechniken der Gotik (→ um 1300) auf typisch klassische Baukörper anwendete. Er beschäftigte sich eingehend mit den Gewölbe- und Kuppelbauten des alten Rom, besonders mit dem Pantheon (→ 120). Mit dieser Synthese entwickelte Brunelleschi völlig neue Normen für den italienischen Kirchenbau. In den von ihm erbauten Florentiner Kirchen San Lorenzo und Santo Spirito finden sich die Grundrisse der römischen Basilika wieder, in der Kirche Santa Maria degli Angeli, der Pazzi-Kapelle und anderen Gotteshäusern lebt die Idee der antiken Zentralbauten wieder auf.

Bemühungen, über eine Vierung

Die äußere Schale der Domkuppel ist über die Kugelform hinaus überhöht

große Zentralräume zu verwirklichen, die in der Breite nicht nur dem Mittelschiff, sondern dem ganzen Langhaus der Kirche entsprechen sollten, gab es im Mittelalter schon vor Brunelleschi, etwa beim Dom von Siena oder der geplanten Kirche S. Petronio in Bologna. Unzureichende Baustatik vereitelte allerdings die Ausführung der im wahrsten Sinne des Wortes weitgespannten Pläne. Erst Brunelleschi gelang es, einen so gewaltigen Kuppelbau wie den Dom in Florenz zu realisieren: Er kombinierte die gotische Technik, schlanke tragende Rippen mit einer leichten Doppelschale zu verbinden, mit der römischen Methode, dem Mauerwerk durch Fischgrätmuster größere Stabilität zu verleihen. Durch die Doppelschalenbauweise ergibt sich inner- und außerhalb des Bauwerks ein anderer Eindruck von der Kuppel.

Gutenberg – ein Leben für den Buchdruck

3. Februar 1468. Im Alter von etwa 70 Jahren stirbt in Mainz verarmt und einsam der Erfinder des Buchdrucks mit beweglichen Lettern, Johannes Gensfleisch zur Laden, genannt Gutenberg. Seine Werkstatt ist verpfändet, die Rechte aus seinen Werken in erpresserischen Verträgen abgetreten. Im Jahr 1447 druckte Gutenberg erstmals nach einem Satz aus einzelnen gegossenen Typen einen kleinen Kalender.

Bei seiner Tätigkeit als bücherkopierender Verlagsschreiber war er den sogenannten »Blockbüchern« begegnet, die im Stempelverfahren seitenweise nach Holzschnitten hergestellt wurden (→ 868). Titel wie »Ars memorandi«, der »Entchrist«, der »Kalender des Johannes von Gmünd« oder die »Armenbibel« waren gerade in Umlauf gekommen. Sie brachten den Patriziersohn Gutenberg auf den Gedanken, rationeller mit beweglichen Lettern zu arbeiten.

1437 ließ er durch den Mainzer Drechsler Konrad Sasbach eine Druckerpresse nach seinen Vorstellungen bauen. Im Prinzip ähnelte sie einer hölzernen Weinkelter. Er selbst entwickelte Formen für den Guß von Bleilettern, was ihm so gut gelang, daß er 1445 über ein Handgießinstrument verfügte, das stündlich mehr als 100 Buchstaben lieferte. In Zeilen zusammengefügt und mit Blei hintergossen, ließen sich daraus exakt gleich hohe Druckseiten montieren und in Spannrahmen fixieren. Nach dem ersten Kalender von 1447 und einer lateinischen Schulgrammatik (1451) nahm Gutenberg als erstes größeres Werk den Druck seiner später berühmten Bibel in Angriff. Vier, später sechs Setzer arbeiteten mit 290 verschiedenen Zeichen. Jeder Setzer stellte täglich maximal eine zweispaltige Seite des insgesamt 1282seitigen Werks her. 1455 lagen 150 auf Papier und 35 auf Pergament gedruckte Exemplare vor. Weitere religiöse Werke folgten.

Schon wenige Jahre vor Gutenbergs Tod führen seine Schüler Konrad Sweynheim und Arnold Pannartz die Buchdruckerkunst in Italien ein. Nach 1468 verbreitet sich der Letternsatz in ganz Europa.

△ *Das obere Bild zeigt eine frühe Druckereiwerkstatt, wie sie nach Gutenbergs Erfindung der beweglichen Lettern bald vielerorts in Deutschland, aber auch in Italien und in Frankreich entstehen; links im Bild arbeiten Setzer an den Setzkästen, rechts sind zwei Buchdrucker an der Druckpresse beschäftigt*

◁ *Das Bild links gibt den Erfinder des Letternsatzes, Gutenberg, in einem zeitgenössischen Stich wieder*

▽ *Die beiden unteren Abbildungen sind Seiten aus der berühmten Gutenberg-Bibel mit 290 verschiedenen Schriftzeichen; von ihr existieren 1455 insgesamt 185 Exemplare, gedruckt auf Papier und Pergament*

Leonardo macht mit Ideen von sich reden

1480. Im Alter von 28 Jahren tritt der in Vinci bei Florenz geborene Leonardo, der seit 1472 zur Florentiner Malerzunft gehört, erstmals mit technisch-naturwissenschaftlichen Erkenntnissen und Erfindungen an die Öffentlichkeit. Er beschreibt den Grundgedanken des Lampenzylinders als Rauchfang für die Flamme, und er trägt die Idee des Fallschirms vor, mit dem sich »jedermann aus jeder beliebigen Höhe frei durch die Luft herunterlassen« könne.

1490 erklärt Leonardo da Vinci das aschgraue Licht der Mondscheibe, das sich immer dann beobachten läßt, wenn die Sichel nur noch sehr schmal ist, als doppelt reflektiertes Licht, das erst von der Sonne zur Erde läuft, von dieser auf den Mond geworfen wird und von dort schließlich zurückstrahlt. Im selben Jahr entdeckt und beschreibt Leonardo erstmals die Kapillarwirkung, das Hochsteigen von Flüssigkeiten in dünnen Röhrchen. Wenig später konstruiert er ein Hygrometer.

Bischof, Astronom und Mathematiker

6. Juli 1476. Im Alter von nur 40 Jahren stirbt in Rom der deutsche Mathematiker und Astronom Johannes Müller aus Königsberg in Bayern, genannt Regiomontanus. Schon als 11jähriger begann Regiomontanus mit astronomisch-mathematischen Studien in Leipzig; später zog er nach Wien. 1461 reiste er nach Rom, wo er Teile des »Almagest« von Claudius Ptolemäus (→ um 170) übersetzte und seine Dreieckslehre »De triangularis omnimodes libri quinque« verfaßte. In diesem Lehrbuch der Trigonometrie führt er die Tangensfunktion ein. 1467 bis 1471 arbeitete Regiomontanus in Ungarn bei Matthias I. Corvinus, danach als Leiter einer privaten Sternwarte und Druckerei in Nürnberg (→ 1471). 1475 veröffentlichte er Ephemeriden (Tafeln über den Stand der Gestirne), die die seit 1252 in der Navigation gebräuchlichen Alfonsinischen Tafeln (→ 1325) nach und nach ablösen. Im selben Jahr wurde er Bischof von Regensburg. Nach Rom berufen, arbeitete er später an der Kalenderreform des Papstes Sixtus IV. mit.

Der Intuhuatana von Machu Picchu, eine präkolumbianische astronomische Sonnenpeilanlage, die aus dem gewachsenen Fels herausgearbeitet ist; die obere Fläche des Gnomons ist um 29,3° gegenüber der Horizontalen geneigt

Sternwarten werden weltweit errichtet

1471. Der Nürnberger Patrizier Bernhard Walther richtet auf Vorschlag von Regiomontanus (→ 6. 7. 1476) in seiner Vaterstadt die erste Sternwarte im christlichen Europa ein. Bereits 50 Jahre zuvor (1420) ließ der Mongolenherrscher Ulug-Beg (1394 – 1449) in Samarkand eine Sternwarte erbauen, deren gemauerter Quadrant so hoch ist wie die Hagia Sophia in Konstantinopel (→ 537). – 1450 richteten die Inkas in Peru die sogenannten Sonnentürme als einfache Observatorien ein. Da die Astronomie seit ihren Anfängen bis zur Erfindung des Fernrohrs (→ 1608/09) eine Wissenschaft der Beobachtung mit bloßem Auge ist, verfügen die Observatorien des

Sternwarte des Ulug-Beg in Samarkand (Überreste)

1. Radius von 40,10 m
2. Erhaltener Teil des gemauerten Kreissektors, Teil des Quadranten

© Harenberg

15. Jahrhunderts natürlich noch über keine linsenoptischen Geräte. Wichtigstes Instrument ist der Quadrant, dessen Genauigkeit von seiner Größe abhängt. Er besteht aus einem vertikal aufgestellten Viertelkreis mit Gradeinteilung, längs der sich ein radial verlaufender schwenkbarer Peilstab bewegen läßt. Mit diesem Gerät wird die Höhe eines Gestirns bestimmt. Ein weiteres unentbehrliches Instrument ist die Armillarsphäre zur Bestimmung der äquinoktialen und ekliptischen Koordinaten, d. h. der Gestirnsstandorte zur Zeit der Tag- und Nachtgleiche und im Verhältnis zur Ekliptik.

Teilweise bewegliche Ringe der Armillarsphäre stellen die wichtigsten Kreise der Himmelskugel dar (den Himmelsäquator, den Azimutalkreis, die Ekliptik usw.).

Neben dem großen gemauerten Quadranten und den Armillarsphären verfügen die Sternwarten der Zeit über kleinere, tragbare Quadranten und Astrolabien.

Die Sonnentürme der Inkas unterscheiden sich deutlich von den morgen- und abendländischen Anlagen. Sie dienen als einfache, aber verblüffend genaue Peilanlagen zur Bestimmung der wichtigsten Sonnenpositionen (zur Tag- und Nachtgleiche sowie zur Zeit der Sommer- und Wintersonnenwende) im Laufe des Jahres und sind deshalb sog. Kalenderbauten, die neben ihrer astronomischen Bestimmung kultische Funktionen haben.

Die Nürnberger Sternwarte von Bernhard Walther, 1471 gegründet und kontinuierlich ausgebaut (nach einem Kupferstich aus dem 16. Jahrhundert)

Behaim baut erstes Modell der Erdkugel

1492. Der Nürnberger Kaufmann und Geograph Martin Behaim fertigt in seiner Heimatstadt den ersten realistischen Erdglobus.

Behaim, der seit langem als Geograph in den Diensten von König Johann II. von Portugal steht, zeichnet am Vorabend der Entdeckung der Neuen Welt durch Christoph Kolumbus (12. Oktober) den Erdapfel und skizziert damit zunächst den Globus. Die Idee, ein kugelförmiges Erdmodell herzustellen, ist alt. Sie stammt aus Griechenland, wo bereits 159 v. Chr. der Stoiker Krates von Mallos einen Erdglobus entwarf, der jedoch hinsichtlich der geographischen Details in keiner Weise der Realität entsprach. Krates zeichnete lediglich vier halbkreisförmige, durch einen meridionalen und einen äquatorialen Gürtelozean getrennte Kontinente ein.

Martin Behaim

Das Bild dieses in Pergamon aufgestellten Globus wurde in der byzantinischen Zeit zum Symbol des Anspruchs auf Weltherrschaft. Behaim versucht, die ihm bekannten Weltteile korrekt wiederzugeben, was ihm insoweit gelingt, als von den erforschten Gebieten (das sind Europa sowie große Teile Asiens und Afrikas) geographische Koordinaten vorliegen.

Der Erdglobus von Behaim mit Europa und Teilen Asiens und Afrikas

97

Zyklopisches Mauerwerk der Inka-Festung Sacsahuamán von Cuzco in Peru; die Anlage dient der Verteidigung der Inkahauptstadt in den Anden

Die Königsstraße der Inkas

1438 bis 1500. Zur Verteidigung der Inkahauptstadt Cuzco errichten 3000 Indios die zyklopische Bergfeste Sacsahuamán. Um diese Zeit bauen die Inkas auch eine 5200 km lange Königsstraße durch das äußerst schwer zu passierende Gelände der Anden. Noch bis ins 19. Jahrhundert bleibt die Straße die längste Hauptverkehrsader der Welt.

Die architektonischen Leistungen des Andenstammes können nicht hoch genug eingeschätzt werden, da die Bauten mit weitaus primitiveren Mitteln errichtet werden als die frühen asiatischen und europäischen Bauwerke. Die Inkas kennen z. B. das Rad nicht. Die bis zu 8 m großen Steinblöcke für den Festungsbau müssen daher auf Schlitten geschleppt und ohne Seilwinden gehoben werden. Da auch das Prinzip des Gewölbebaus unbekannt ist (→ 2605 v. Chr.; → 65 n. Chr.), überbrücken die Inkas die zahlreichen Flüsse im Verlauf ihrer alpinen Fernstraße mit Ausleger- und Pontonbrücken, während sie über tiefe Schluchten stabile Seil-Hängebrücken spannen.

Neben der durch das Hochgebirge führenden Königsstraße legen die Inkas im 15. Jahrhundert eine fast ebenso lange Küstenstraße in Nordsüdrichtung durch ihr großes Territorium an, das Ekuador, Peru, Bolivien sowie Teile Nordchiles und Argentiniens umfaßt.

Symbole beim Rechnen

1484. Der französische Mathematiker Nicolas Chuquet und der deutsche Rechenmeister Johann Widmann in Eger vereinfachen die Notierung beim Ausführen von Rechenaufgaben durch die Definition von mathematischen Formelzeichen und Potenzbezeichnungen. Chuquet arbeitet in seinem Rechenbuch »Le Triparty en la science des nombres« erstmals mit den Bezeichnungen »Million«, »Billion« und »Trillion«, um große Zahlen abkürzen und damit übersichtlicher schreiben zu können. 127,8 Trillionen liest sich viel besser als 127 800 000 000 000 000 000. Die Zusammenfassung von jeweils drei Dezimalstellen zu einer Einheit weist den Weg zur strengen Einhaltung des Dezimalsystems in Technik und Wissenschaft. Bisher hatte besonders das Meßwesen mit sehr unterschiedlichen Vielfachen gearbeitet, die aus den Naturmaßen (9 Daumen = 1 Handbreit; 7 Handbreit = 1 Elle; 6 Fuß = 1 Klafter usw.; → 1101) entsprangen.

Johann Widmann führt dann 1489 zur Vereinfachung der Schreibweise von Rechenanweisungen die Zeichen »+« (plus) und »–« (minus) ein. Bisher wurden die Operationen des Addierens und Subtrahierens sowie negative Zahlen verbal umschrieben.

1500
1500–1509

Um 1500. In Europa geht die große Epoche des Burgenbaus dem Ende entgegen. →

M. Giovanni Cavallina von Bologna erfindet die Reihensähmaschine.

In England werden Graphitstifte zum Schreiben auf Papier gebräuchlich.

In Nürnberg wird der Schraubstock erfunden.

In Japan wird das Rechenbrett »Soroban« eingeführt, das aus dem chinesischen »Suan-pan« entstanden ist und seinen Ursprung im alten römischen »Abakus« hat.

1504. Leonardo da Vinci erfindet die Feilenhaumaschine und den automatischen Schmiedehammer. Wie viele der Zeit vorausgreifende Erfindungen des italienischen Universalgenies werden diese Konstruktionen aber noch nicht praktisch verwertet (→ 2. 5. 1519).

In Florenz vollendet der Baumeister Cronaca den 1489 von Benedetto da Maiano begonnenen Palazzo Strozzi.

1505. Peter Henlein in Nürnberg ersetzt das Uhrgewicht durch die Feder und stellt Uhren so klein her, daß es möglich ist, diese in der Tasche zu tragen. →

Der deutsche Ritter Götz von Berlichingen erhält als Ersatz für seine abgeschossene rechte Hand eine 1,5 kg schwere eiserne Prothese. Dies ist eines der ersten verbrieften Beispiele für künstliche Gliedmaßen.

Sigismund von Maltiz erfindet das Naßpochwerk und die Mehlführung und begründet damit die bergmännische Aufbereitung von Grubenklein und sog. »armen« Erzen. →

1507. Fra Giocondo vollendet den Pont de Notre-Dame in Paris mit sechs Bogen von 9,5 bis 17,3 m Spannweite.

Im Zuge des Gotthardweges werden die Holzbrücken durch steinerne Brücken ersetzt.

1508. Die Dominikaner begründen in Santa Maria Novella in Florenz die erste Parfumfabrik.

1509. Leonardo da Vinci läßt nach seinen Plänen bei San Christoforo den ersten technisch perfekten Schleusenbau ausführen (→ 2. 5. 1519).

GEBOREN:

24. 9. 1501. Pavia: Geronimo (Girolamo) Cardano († 21. 9. 1576, Rom), italienischer Naturwissenschaftler.

30. 11. 1508. Vicenza: Andrea Palladio (Andrea di Pietro; † 19. 8. 1580, Vicenza), italienischer Baumeister.

Kleine Sackuhren von Peter Henlein

1505. Dem Nürnberger Schlosser Peter Henlein gelingt es erstmals, so kleine mechanische Uhren zu bauen, daß es möglich ist, diese in der Tasche zu tragen.

Die als »Sackuhren« bekannt werdenden, in Dosen eingebauten Uhren nutzen ein Antriebsprinzip, das im 15. Jahrhundert italienische Uhrmacher entwickelt haben. Schon gegen 1410 soll der Florentiner Baumeister Filippo Brunelleschi (→ 1446) Uhren und Wecker mit (wahrscheinlich spiralförmigen) Federn gebaut haben. Diese Federn ersetzen das bisherige Antriebsgewicht mechanischer Uhren. Der Gewichtsantrieb gestattete nur stationäre Räderuhren, weswegen die Zeitmesser bisher ausschließlich fest in Kirchen und Rathäusern eingebaut wurden (→ 1288).

Als teures, neuartiges Spielzeug kamen im 15. Jahrhundert in Herrscherhäusern die Zimmer- und Standuhren auf. Doch erst die Antriebsfeder erlaubte die Herstellung transportabler Räderuhren, die im 15. Jahrhundert die Taschensonnenuhren zu ersetzen begannen. Berühmt wurde um 1430 die sogenannte Burgunder Uhr.

Wirklich handliche Reiseuhren werden die mechanischen Zeitmesser erst mit der Entwicklung Henleins, die als gelungener Vorläufer der Taschenuhr anzusehen ist. Henleins Sackuhren, die man im Beutel mit sich trägt, schlagen jede Stunde und laufen mit einmaligem Federaufziehen rund 40 Stunden lang.

Vergoldetes Gehäuse einer Bisam-Apfel-Uhr von Henlein (um 1500)

Eine der bedeutendsten Festungsanlagen Europas in Carcassonne, entstanden in der Zeit vom frühen 13. bis 16. Jahrhundert; im Bild die äußere Mauer

Festungsbauten in Europa

Um 1500. Mit der Wende vom 15. zum 16. Jahrhundert geht in Europa eine gut drei Jahrhunderte währende Epoche des Baus bedeutender Burgen und Festungen zu Ende.
Als im 13. Jahrhundert Könige und Ritterorden mächtiger wurden, begannen sie mit der Konstruktion komplexer und belagerungssicherer Burganlagen. Bemerkenswerte frühe Beispiele finden sich in England an der Grenze zu Wales (1212 – 1320) und in den Kreuzfahrerstaaten, wo vor 1250 die Burgen der Johanniter entstanden.
Fallen bei den älteren Burgen die Bergfriede (Wohntürme) ins Auge, so entwickelten sich im späten 13. und 14. Jahrhundert die Burgen als ausgesprochene Verteidigungsanlagen mit Wehrgängen und Schießscharten. Mit der zunehmenden Durchschlagskraft der Angriffswaffen (→ 1313) wurden im 14. und 15. Jahrhundert die Außenmauern immer stärker, ein innerer Verteidigungsring überragte den äußeren, und die Türme in den Mauerzügen wurden gedrungener und massiver. Mit der steigenden Geschoßgröße und der immer stärker werdenden Feuerkraft der Angriffswaffen verloren die europäischen Burgen in der zweiten Hälfte des 15. Jahrhunderts zunehmend an Bedeutung. Eine der spätesten großen Burganlagen (Ende des 15. Jahrhundert) ist Manzanares el Real.

Neues aus dem Bergbau

1505. Sigismund von Maltiz erfindet das Naßpochwerk und die Mehlführung. Er begründet damit die bergmännische Aufbereitung von Grubenklein und »armen« Erzen.
Ein Pochwerk ist eine Anlage, die durch Schläge spröde Stoffe zerkleinert. Im Bergbau sind das zur Verhüttung vorgesehene Erze. Dabei fällt regelmäßig ein mechanisch (später auch hydraulisch) angetriebener Pochstempel auf einen harten Untergrund, die Pochsohle, und zertrümmert dabei das Gut. Beim Naßpochwerk des Sigismund von Maltiz erfolgt dieser Prozeß mit aufgeschlämmten Erzen, aus denen beim Zerkleinern schrittweise die leichteren entstehenden Stäube herausgewaschen werden. Dadurch ergibt sich schon beim mechanischen Aufschließen eine beachtliche Anreicherung des Metallgehalts der Erze. Auf diese Weise werden jetzt auch Erzvorkommen abbauwürdig, die bisher als zu metallarm galten. Die Zerkleinerung im Naßpochwerk führt schließlich bis zu pulverfeinem »Mehl«, das sowohl vor dem Trocknen wie danach besonderer Beförderungsvorrichtungen bedarf, die von Maltiz ebenfalls entwickelt. Geeignet sind diese Erfindungen für jede Art von Metallerzen; bevorzugt eingesetzt werden sie im Eisen- und Goldbergbau

1510. Der Österreicher Paul Dox erfindet die Reliefkarte.
Der Italiener Paolo Azzimina (eigentlich Paolo Rizzo) erfindet die im Mittelalter in Europa in Vergessenheit geratene Kunst des Tauschierens neu. Sie besteht im Aufschlagen von dünnen Gold- oder Silberfäden auf zu verzierende Oberflächen oder im Einlegen solcher Fäden in vorgestochene Linien.

1512. Albrecht Dürer erfindet die Ätzkunst.

1513. Urs Graf erfindet die Technik des Radierens, die sich vom Kupferstich dadurch unterscheidet, daß die Zeichnung nicht nur mit einem Stichel in das Metall eingegraben, sondern auch geätzt wird.

Nach 1514. Jacob Köbel in Heidelberg publiziert mehrere Rechenbücher, in denen er zwar weitgehend noch römische Zahlen verwendet – er nennt sie »gewenlich teutsch Zal« – aber auch schon arabische Ziffern (»Ziffern Zal«) benutzt.

1515. Leonardo da Vinci entdeckt bei der Erforschung der Hebelgesetze die Bedeutung der statischen Momente in der Mechanik (→ 2. 5. 1519).

1517. Der Nürnberger Uhrmacher Johann Kiefus (»Kuhfuß«) erfindet das Radschloß für Gewehre. Es tritt an die Stelle der bisher gebräuchlichen Lunte. →

Albrecht Dürer entwickelt die Grundlagen des späteren preußischen Befestigungssystems zum Schutz von Gebäuden gegen Angriffe mit Pulvergeschützen. Er sieht polygonale Anlagen mit Basteien und Kasematten vor.

Ein von dem italienischen Maler und Baumeister Raffael gemaltes Porträt Papst Leos X. läßt deutlich eine konkav geschliffene Brille erkennen: Augengläser zur Korrektur der Kurzsichtigkeit sind bekannt. Die ersten Brillen (→ 1299) waren konvex und halfen gegen Weitsichtigkeit.

1518. Leonardo da Vinci erforscht die Reibungskräfte. Er widmet sich dabei nicht nur der gleitenden und rollenden, sondern auch der drehenden oder Zapfenreibung (→ 2. 5. 1519).

Der Rechenmeister und Bergbeamte Adam Ries verfaßt sein Lehrbuch »Rechenung auff der linihen vnd federn«. →

Ries: »Rechenung auff der linihen«

1518. Der deutsche Rechenmeister und Bergbeamte Adam Ries (Riese) verfaßt sein epochales Lehrbuch »Rechenung auff der linihen«.
»Auf den Linien« rechnen bedeutet, das Rechnen mit den noch immer allgemein üblichen römischen Zahlen durch das Rechnen mit den indischen (arabischen) Zahlen zu ersetzen, die Leonardo Fibonacci schon → 1202 in Europa einzuführen versuchte. »Auf den Linien« meint damit auch die Einführung des Dezimal- und des Stellenwertsystems. Das alles ist längst bekannt, doch erst Adam Ries gelingt in der Zeit des Frühkapitalismus die Durchsetzung dieser Rechenweise.

Titelseite des 1550 erschienenen dritten Werks von Adam Ries

Gewehre feuern jetzt viel einfacher

1517. Der Nürnberger Uhrmacher Johann Kiefus oder Kuhfuß entwickelt das von ihm oder einem unbekannten Zeitgenossen erfundene Radschloß für Gewehre zu einem brauchbaren Zündmechanismus. Bisher bedienten sich die Schützen des Luntenschlosses, bei dem die Ladung durch eine im Hahn eingeklemmte Lunte entzündet wurde. Das Radschloß bedarf keiner äußeren Feuerquelle. Es zündet das Pulver, indem beim Abdrücken ein unter Drehspannung fixiertes Stahlrad in rasche Rotation gerät und aus einem Stückchen Feuerstein Funken schlägt.

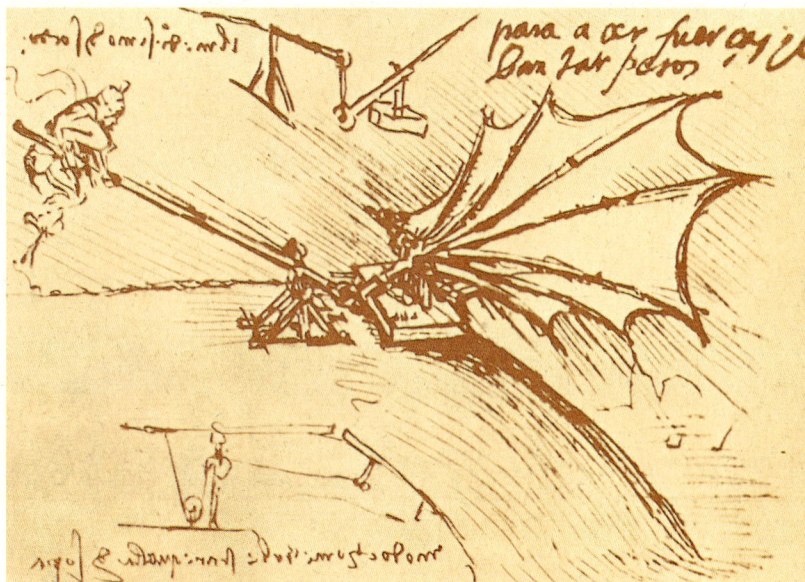

Ein früher Vorläufer des Helikopters: Leonardos Entwurf für eine Luftschraube, die allerdings aerodynamischen Anforderungen so nicht genügt

Skizze für einen Versuch zur Bestimmung der menschlichen Muskelkraft und des Schlagflügelauftriebs; Leonardo orientiert sich am Vogelflug

Leonardo da Vinci – ein Universalgenie

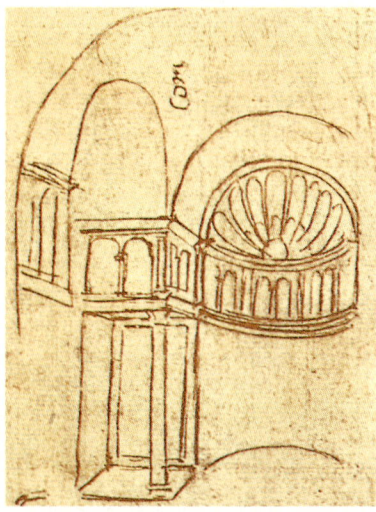

Entwurf für die Apsis des Doms in Como (Kgl. Sammlung in Windsor)

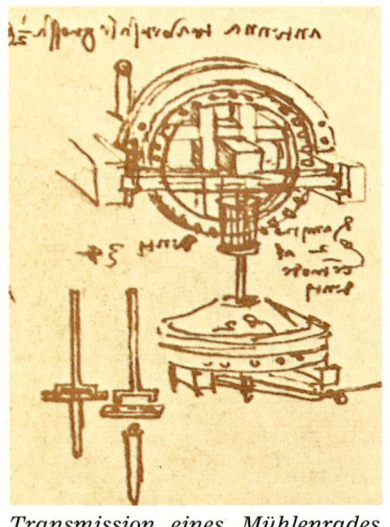

Transmission eines Mühlenrades mit umfangender Bandbremse

2. Mai 1519. Enttäuscht und verbittert stirbt Leonardo da Vinci im Alter von 67 Jahren auf Schloß Cloux in Amboise. Er lebte dort als Gast des französischen Königs Franz I., der ihm eine Altersrente ausgesetzt hatte. Gleichwohl haben seine Zeitgenossen das Universalgenie des Malers, Bildhauers, Lautenspielers, Ingenieurs, Kriegsbaumeisters, Konstrukteurs, Architekten, Städteplaners, Naturforschers und Anatoms nicht erkannt. Allein als bildender Künstler konnte er sich einen Namen machen. Von den Hunderten seiner Erfindungen, die weit über seine Zeit hinausweisen, wurde zu seinen Lebzeiten keine einzige praktisch realisiert.

Leonardo hinterläßt rund 7000 Seiten mit Tagebuchaufzeichnungen. Sie sind prall voll mit beschreibenden Texten und Skizzen der unterschiedlichsten Art. Neben anatomischen Studien finden sich Entwürfe für Kriegsmaschinen, neben rätselhaften Zahlenreihen stehen Konstruktionsstudien für Hubschrauber und Schaufelräder, Schwimmbagger, Flugapparate und einen Taucheranzug, unsinkbare Schiffe und eine Spiegelschleifmaschine, mehrläufige Gewehre und fahrbare Kräne. Dazwischen befinden sich Pläne für Abwasserkanalsysteme und in zwei Ebenen (für Fußgänger und Fahr-

zeuge) angelegte Städte, Skizzen phantastischer Landschaften, mathematische Rätsel, Grundgedanken für chemische Rauchbomben und Gasmasken, um sich vor diesen zu schützen. Vieles ist in Geheimschrift aufgezeichnet, andere Eintragungen hat der Linkshänder in Spiegelschrift notiert.

Obwohl kaum eine seiner Erfindungen über die Konstruktionszeichnung hinauskam, war der Denker aus Vinci bei Florenz eher Praktiker als Theoretiker. Er nannte sich selbst einen »discipolo della sperienza«, einen Schüler der Erfahrung. »Wer sich in der Dis-

kussion auf eine Autorität beruft, gebraucht nicht den Verstand, sondern sein Gedächtnis«, sagte er. Seine treibende Kraft war ein nie versiegender Erkenntnisdrang. Exemplarisch für seine Naturbeobachtung sind über 30 Leichensektionen, nach denen Leonardo – erstmals in der Geschichte – sorgfältige anatomische Zeichnungen anfertigte.

Trotz seiner fast seherischen Begabung für technische Wege der Zukunft befaßte sich Leonardo aber auch immer wieder mit der – sinnlosen – Konstruktion von Perpetua mobilia.

Leonardo kam am 15. April 1452 als unehelicher Sohn des Notars Ser Piero in Vinci bei Florenz auf die Welt. 1466 trat er in die Lehre des Malers Andrea Verrocchio, der sich dem neu entdeckten Prinzip der Perspektive widmete. Mit 30 Jahren erhielt er bei Ludovico Sforza, dem Herzog von Mailand, eine Anstellung als Festungsbaumeister. Bis 1495 plante er Straßen, Kanäle und Gebäude. Daneben übernahm er Aufträge als Kunstmaler. Über Mantua und Venedig kehrte Leonardo 1500 nach Florenz zurück. 1513 zog er nach Rom. Seinen Lebensabend verbrachte er in Schloß Cloux bei Amboise (Abb.: Selbstbildnis, Rötelzeichnung).

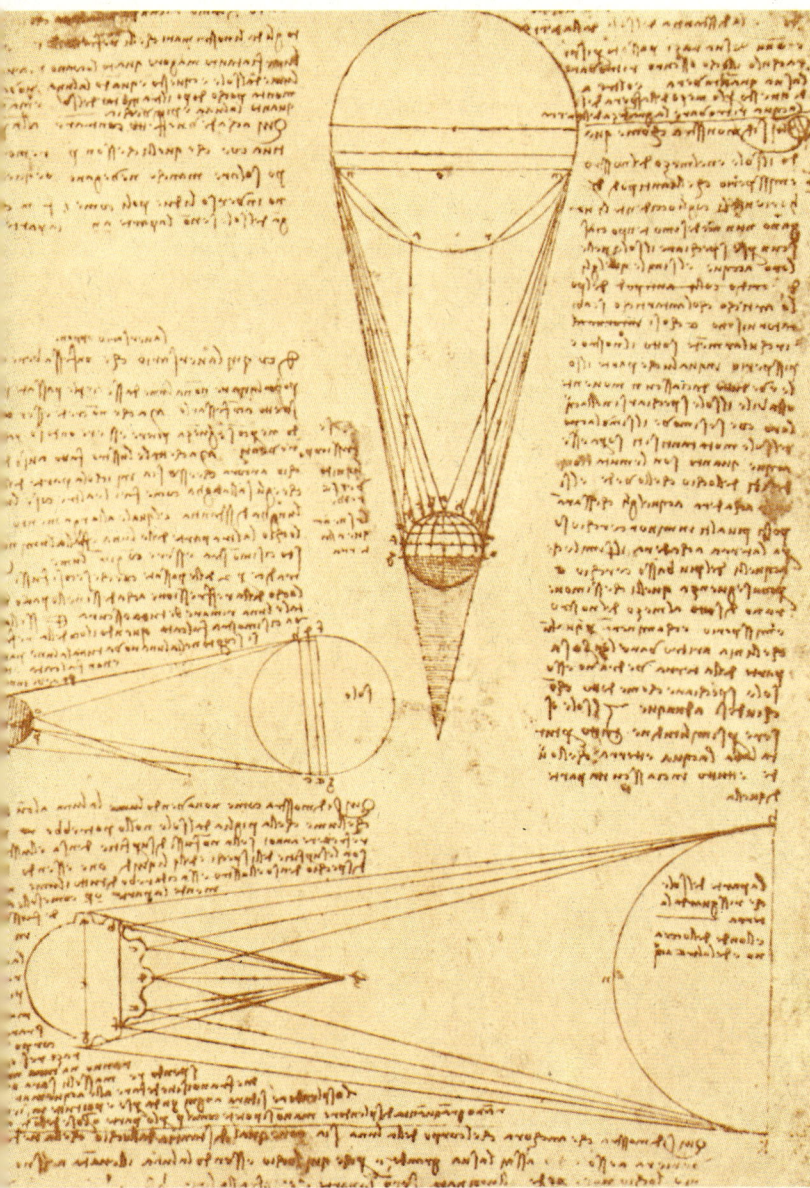

Astronomische Studie in der für Leonardo typischen, seitenverkehrten Schrift: Berechnung der Entfernung Sonne – Erde und der Größe des Mondes

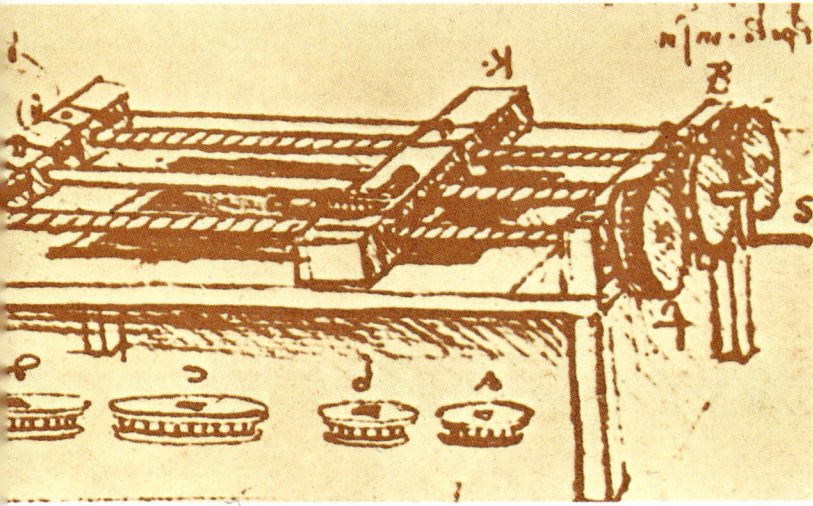

Entwurf für eine Gewindeschneidmaschine für Außen- und Innengewinde; die Realisierung scheiterte u. a. an den nötigen engen Toleranzen

Mit seinen Ideen war er der Zeit weit voraus

Als typischer Forscher der Renaissance bezieht Leonardo da Vinci sein Wissen nicht allein aus Büchern, wie das die Gelehrten des Mittelalters fast ausschließlich tun. Er beobachtet statt dessen die Realität und gibt sie wieder, als Maler ebenso wie als Naturforscher, als Anatom wie als technischer Erfinder. So stoßen denn auch die meisten seiner Ideen in Neuland vor.

Mechanik

Leonardo geht von akuten Problemen aus und sucht technische Lösungen. So entwirft er einen fahrbaren Kran, um den Bauarbeitern das Heben schwerer Lasten zu erleichtern. Dieser läuft auf einem Fahrgestell und wird oben an einem gespannten Draht geführt. Über eine Handkurbel mit Zahnradübersetzung läßt sich eine Seilwinde betätigen, die die Last hebt. Der Lasthaken hat eine automatische Fernauslösung.

Um Flüsse und auch Kanäle für Schiffe passierbar zu machen, konstruiert Leonardo einen schwimmenden Schaufelradbagger, der, von zwei vertäuten Kähnen getragen, den geförderten Schlamm in einen Lastkarren entlädt.

Konstruktionen dieser Art schlägt Leonardo nicht als grobe Konzepte vor, er löst alle Detailfragen und erfindet dabei eine Reihe neuer Maschinenelemente: Endlose Gewinde, Schneckengetriebe, eine Gelenkkette und verschiedene Rollen-, Kugel- und Scheibenlager.

Hydro- und Aerodynamik

Leonardo beschäftigt sich auch mit Pumpen und Wassermühlen. Nach dem Schaufelradprinzip erfindet er 1510 auch eine Warmluftmühle. Sie nimmt den Gedanken der Abwärmenutzung vorweg. Ein im Kamin eingebauter Schaufelrotor wird von den aufsteigenden heißen Rauchgasen in Drehung versetzt und treibt seinerseits über ein Zahnradgetriebe einen Bratspieß an. Im System verwandt, aber durch ein flüssiges Medium betrieben, ist die von Leonardo entwickelte Wasseruhr, der Vorläufer späterer Wasserdurchflußzähler.

Kriegsmaschinen und -geräte

In Mailand und später auch in Venedig, das mit der Türkei Krieg führt, entwirft Leonardo zahlreiche Geräte und Waffen für den Land- und Seekrieg. Darunter sind ein Panzerwagen, ein durch Handkurbeln bewegtes Muskelkraft-fahrzeug mit flachkegeliger Armierung, Einmann-Kriegsschiffe, Minen- und Rammboote, ein Unterseeboot, Kampftaucheranzüge und kugelsichere Westen.

Flugapparate

Der Gedanke, sich wie ein Vogel in die Luft erheben zu können, regt Leonardo zur Konstruktion von Einmann-Flugapparaten an. Er entwirft die Schwingenflügler (Ornithopter), die vor allem mit den Beinen angetrieben werden sollen, schon über Höhenruder verfügen und auf die Muskelkraft des Menschen berechnet sind. Daneben stehen Konstruktionen von Drehflügelmodellen (Hubschrauber), die für eine weiche Landung sogar schon Stoßdämpfer besitzen.

Städtebau und Architektur

Zahlreiche Skizzen und Textaufzeichnungen Leonardos behandeln die planvolle Anlage von Städten. Nach einem Entwurf sieht Leonardo großzügig aufgebaute Innenstädte vor, deren Verkehr in zwei Ebenen angelegt ist. Er schreibt dazu: »Auf der oberen Straße dürfen keine Fahrzeuge ... verkehren. Für Zugkarren und Lasten ... ist die untere Straße bestimmt.« Die Fußgängerzone ist – dem Standesdenken der Zeit entsprechend – dem Adel vorbehalten. Leonardo beschäftigt sich daneben auch mit architektonischen Modellen von Kirchen, Bürgerhäusern, Großstallungen und sogar Freudenhäusern. Auch hier widmet er sich – wie in der Mechanik – nicht zuletzt den Details: Etwa Treppenhäusern oder Zentralheizungsanlagen.

Anatomie

Leonardo setzt sich erstmals über das Tabu hinweg, tote menschliche Körper zu sezieren. Er bleibt bei seinen über 30 Leichensektionen aber nicht bei rein anatomischen Beobachtungen stehen, die er in sorgfältigen Zeichnungen dokumentiert; als mechanischer Denker berechnet er die Kraft der menschlichen und tierischen Muskulatur. In seinen Aufzeichnungen zur Anatomie der Tiere finden sich z. B. Sätze wie: »Untersuche die Zungenbewegungen des Spechtes!«

1520. Der deutsche Arzt und Naturforscher Philippus Aureolus Theophrastus Paracelsus erkennt das Zink als metallisches Element. Außerdem entwickelt er als erster ein Verfahren zur Bestimmung des Eisengehalts von Wasser. Der Forscher bedient sich dabei der Gallussäure. →

1522. Einen wesentlichen Beitrag zur Entwicklung einer regelmäßigen Naturbeobachtung leistet der Nürnberger Astronom Johann Werner, indem er in einem meteorologischen Beobachtungsbuch kontinuierlich sorgfältige Aufzeichnungen über das Wettergeschehen vornimmt.

1524. Der deutsche Rechenmeister Adam Ries (Riese) führt in die Arithmetik das Wurzelzeichen in seiner noch im 20. Jahrhundert üblichen Form ein (→ 1518).

1525. Albrecht Dürer stellt in seinem Werk »Underweysung der messung mit dem zirkel und richtscheyt in linien, ebnen vnd gantzen corporen« die exakten Regeln für die Konstruktion der Perspektive auf (→ 6. 4. 1528).

Jean Fernel ermittelt den Erdumfang zu 56 746 Toisen, was fast genau 40 000 km entspricht. Um dies zu erreichen, bestimmt er den Breitenunterschied zwischen Paris und Amiens astronomisch und mißt zugleich die Entfernung zwischen beiden Orten mit dem Meßrad aus. →

Der spanische Apotheker Felipe Guillen entwickelt ein der Sonnenuhr verwandtes Instrument mit einer Magnetnadel (»Brujula de variación«), mit dem sich die Deklination (die Magnetnadelabweichung) auf dem Meer ermitteln läßt. 1537 wird es von dem Portugiesen Pedro Nuñes noch wesentlich verbessert.

1526. Theophrastus Paracelsus führt in die chemische Labortechnik das Dampfbad ein, das später vor allem zu Destillationszwecken verwendet wird.

Um 1529. Der Nürnberger Hans Bullmann (nach anderen Quellen der Nürnberger Hans Ehemann) erfindet das Kombinationsschloß (Vorlegeschloß), daß sich ohne Schlüssel öffnen läßt.

GESTORBEN:

6. 4. 1528. Nürnberg: Albrecht Dürer (* 21. 5. 1471, Nürnberg), deutscher Maler, Grafiker und Kunstschriftsteller. →

7. 1. 1529. Nürnberg: Peter Vischer d. Ä. (* 1460, Nürnberg), deutscher Erzgießer. →

J. Fernel berechnet den Umfang der Erde

1525. Der Franzose Jean Fernel berechnet den Längengrad zu 56 746 Toisen. Das entspricht fast genau dem korrekten Wert für den Erdumfang von 40 000 km.

Fernel erhält sein Ergebnis, indem er den Breitenunterschied zwischen Paris und Amiens astronomisch bestimmt und parallel dazu die Entfernung beider Orte voneinander mit dem Meßrad ermittelt. Seine Messung ist die bisher exakteste.

Im Mittelalter hatte man keine derartigen Messungen und Berechnungen durchgeführt. Wohl aber hatte bereits im Altertum der Grieche Eratosthenes von Kyrene eine Meridianmessung zwischen Alexandria und Syene vorgenommen. Das Ergebnis, 5000 Stadien, lieferte, auf den gesamten Meridian umgerechnet, 250 000 Stadien. Das entspricht 44 250 km. Eratosthenes stellte seine Berechnung 220 v. Chr. an, 64 Jahre bevor Hipparchos von Nizäa die ebene und sphärische Trigonometrie begründete und die Begriffe der geographischen Länge und Breite einführte.

Peter Vischer d. Ä.

7. Januar 1529. *In seiner Vaterstadt Nürnberg stirbt im Alter von etwa 69 Jahren der Erzgießer Peter Vischer der Ältere (Abb. Selbstbildnis). Sein Hauptwerk, ein dreikuppeliger Schrein mit zwölf Apostelfiguren über dem Sebaldusgrab in Nürnberg, entstand in den Jahren 1507 bis 1519.*

Die Chemie kennt zwölf Elemente

1520. Die Alchimisten kennen zwölf verschiedene Grundstoffe. Es ist ihnen allerdings nicht bewußt, daß diese den Charakter chemischer Elemente besitzen (→ 1661).

Schon seit vorgeschichtlichen Zeiten bekannt ist das Eisen. Etwa 3000 v. Chr. entdeckten die Chinesen und Babylonier das Antimon. Im Altertum kamen sieben Elemente hinzu: Das Gold, der Kohlenstoff, das Kupfer, das Quecksilber, der Schwefel, das Silber, das Zinn. Um 550 v. Chr. entdeckten die Griechen das Blei. Im 6. Jahrhundert n. Chr. fanden die Perser das Zink, und im Jahr 1250 entdeckte Albertus Magnus das Arsen.

Als die Naturwissenschaftler der Renaissance nach dem Mittelalter wieder von religiösen Fragen weitgehend unbeeinflußte Forschung betrieben, bauten die Chemiker auf den schon im Altertum bekannten »Urstoffen« auf und arbeiteten bewußt mit diesen. Doch gelang es ihnen nicht, neue Elemente zu entdecken. Das bleibt dem 18. Jahrhundert vorbehalten.

Albrecht Dürer – Grafiker und Kunstdrucker

6. April 1528. Kurz vor der Vollendung seines 57. Lebensjahres stirbt in seiner Heimatstadt der aus Nürnberg stammende Maler und Grafiker Albrecht Dürer.

Dürer trat nicht nur als Künstler in Erscheinung, er bereicherte das grafische Gewerbe auch durch technische Neuerungen: Er entwickelte den Farbholzschnitt und den Kupferstich sowie die grafischen Druckverfahren zu bis dahin nicht gekannter technischer Reife. Den Bildaufbau beeinflußte er durch seine Proportionenlehre von den idealen Verhältnissen eines Körpers.

Dürer widmete sich auch rein technischen Fragen, besonders auf dem Gebiet der Architektur. So schrieb er Abhandlungen über die Kunst des Messens, Anweisungen zur Befestigung von Städten, Burgen und Palästen und ein Traktat über das Festungswesen. Als beweglicher Renaissance-Mensch wechselte er oft sein Domizil und lernte und lehrte im In- und Ausland. Vor allem die grafische Kunst der Renaissance in Italien beeinflußte ihn grundlegend. Er arbeitete in seiner Vaterstadt Nürnberg sowie auch in Colmar, Basel, Straßburg, Venedig, Dresden, Bologna, Ferrara und in den Niederlanden.

Dürer wurde am 21. Mai 1471 als Sohn eines aus Ungarn emigrierten Goldschmieds in Nürnberg geboren; er erlernte das Goldschmiedehandwerk und ging bei dem Maler Michael Wolgemut in die Lehre; im Jahr 1513 veröffentlichte er in Nürnberg seine berühmte Grafik Ritter, Tod und Teufel (Abb.).

1530
1530—1539

1530. Girolamo Fracastoro spricht als erster vom Magnetpol der Erde. →

Der Bildschnitzer Johann Jürgens in Wattenbüttel bei Braunschweig ersetzt den Handhaspel durch das Tretspinnrad. →

1531. Der deutsche Astronom Petrus Apian befaßt sich mit Sonnenbeobachtungen. Erstmals schlägt er vor, dafür besonders zur Betrachtung von Sonnenfinsternissen geschwärzte Blendgläser zu verwenden. Eine seiner wichtigsten astronomischen Entdeckungen ist, daß der Schweif von Kometen immer von der Sonne abgewendet ist.

1532. Helius Eobanus Hessus (eigentl. Eoban Koch), ein deutscher Humanist, beschreibt die Nürnberger Eisenmühle als erstes Walzwerk mit Streck- und Schneidewerk. →

1535. Der französische Kapitän Jean Fonteneau verbessert das Hochsee-Segelschiff in mehrfacher Hinsicht, u. a. erfindet er die Bramstenge.

1536. Der Gelehrte Gonzalo Hernandez de Oviedo y Valdas erwähnt in seiner »Allgemeinen Geschichte Indiens« erstmals den Kautschuk.

1537. Der italienische Mathematiker Niccolo Fontana (genannt Tartaglia) veröffentlicht die Werke »Della nuova scienza« und »Quesiti et inventioni diverse«. Er gibt darin ausführliche Berechnungen von Geschoßbahnen in Tabellenform wieder. Allerdings ist er von der korrekten Form der Wurfparabel, der die Projektile folgen, noch entfernt. Er nimmt eine kreisbogenförmige Bahn an. Gegenüber der bisherigen Auffassung, daß sich Geschosse geradlinig bis zu einem Scheitelpunkt bewegen, dann umschwenken und wiederum geradlinig schräg nach unten fliegen, ist seine Veröffentlichung eine wesentliche Verbesserung.

1538. Der Portugiese João de Castro entdeckt den Magnetismus von erzhaltigem Gestein an freistehenden, hochgelegenen Felsen in der Nähe von Bombay.

1539. Robert Broke, Sekretär Heinrichs VIII. von England, gelingt erstmals die Herstellung gegossener Bleiröhren für Wasserleitungen. →

Hieronymus Cardanus befaßt sich mit Wahrscheinlichkeitsproblemen in der Mathematik in seinem Werk »Practica Arithmeticae et mensurandi generalis«.

Der Astronom Alessandro Piccolomini veröffentlicht die erste Sternkarte.

Eisenmühle in Nürnberg

1532. Der deutsche Humanist Helius Eobanus Hessus beschreibt als erster ein Eisenblechwalzwerk mit Streck- und Schneideeinrichtungen. Er erläutert ausführlich die Arbeiten in der Nürnberger Eisenmühle. Dabei erklärt er, daß »durch das Gewicht der sich drehenden Räder das Eisen mit Kraft gestreckt werde«. Er beschreibt auch die Werkzeuge, mit denen die Mühlenarbeiter Schwarzblech schneiden. Seit etwa einem Jahrhundert ist in Europa das Gußeisen bekannt. Die zu seiner Herstellung verwendeten Schmelzöfen haben eine gewisse Ähnlichkeit mit den späteren Hochöfen. Die Belüftung erfolgt durch Wasserkraft: Wasserräder treiben Blasebälge, und diese versorgen die Öfen mit einem kontinuierlichen, starken Luftstrom. In den Schachtöfen nimmt das Eisen viel Kohlenstoff aus der Holzkohle auf, wodurch seine Schmelztemperatur sinkt. Das flüssige Metall tropft auf den Schachtboden. Es läßt sich leicht erneut schmelzen und in Formen gießen.

Ebenfalls mit Wasserkraft arbeitet die Nürnberger Mühle, die das in flache Tafeln gegossene Eisen mit Walz- und Streckwerken weiterverarbeitet. Das Wasserrad treibt über ein Zahnradgetriebe zwei Streckwalzen an. Zuvor erzeugte man Blech in – ebenfalls mit Wasserkraft betriebenen – Hammermühlen.

Eisenschmelzhütte nach einer Darstellung aus Sebastian Münsters »Cosmographia« von 1586; das Wasserrad betätigt den Blasebalg (r. im Bild)

Die Erde ist ein Magnet

1530. Als erster spricht der Italiener Girolamo Fracastoro den Gedanken aus, die Erde habe einen magnetischen Pol. (Daß sie deren zwei besitzt, entdeckt erst 1588 sein Landsmann Livio Sanuto.)

Die Feststellung Fracastoros geht auf seine Beschäftigung mit der Magnetnadel zurück, die seit Ende des Mittelalters auch in Europa zu einer allgemein verbreiteten Navigationshilfe in der Schiffahrt geworden ist (→ 374 v. Chr.). Im 11. Jahrhundert hatten die Chinesen den Schwimmkompaß erfunden, indem sie Magnetnadeln in Strohhalme steckten und diese in einer Schale mit Wasser treiben ließen. Gegen Ende des 13. Jahrhunderts erfanden unbekannte Seeleute die kardanische Aufhängung des Kompasses: Um zwei rechtwinklig zueinander stehende horizontale Achsen gleichzeitig beweglich, konnte die Magnetnadel bzw. das ganze Gerät unabhängig vom Schlingern des Schiffes stets eine horizontale Lage einnehmen.

Girolamo Fracastoro weiß, daß sich Magnete je nach Polung gegenseitig anziehen bzw. abstoßen. Da die Kompaßnadel offenbar von der Erde selbst in Nord-Südrichtung gebracht wird, folgert der Italiener, daß auch die Erdkugel einen magnetischen Pol besitzen müsse.

Spinnräder jetzt mit Tretvorrichtung

1530. Johann Jürgens in Wattenbüttel bei Braunschweig verbessert das Spinnrad. Der Bildschnitzer versieht es mit einer Tretvorrichtung.

Jahrtausendelang war das Handspinnen verbreitet. Die Spinnerin hielt einen Stab, den Rocken, um den lockere Fasern gewickelt waren, in der einen Hand. Mit der anderen zog sie einige Fasern ab und befestigte sie an einem zweiten Stock, der Spindel, die unten mit einem flachen runden Stein, der Wirtel, beschwert war. Versetzte sie die Spindel in Drehbewegung, dann verdrallte sich das lose Faserbündel und ließ sich schließlich als Garn auf die Spindel wickeln.

Im 13. Jahrhundert bürgerte sich in Europa das Spinnrad ein. Neuartig war der Antrieb der Spindel: Die Spinnerin drehte von Hand ein Schwungrad, das über einen Treibriemen die Spindel bewegte. Damit war allerdings noch kein kontinuierliches Spinnen möglich. Das erlaubte erstmals das Flügelspinnrad um 1480, das Jürgens jetzt auf Fußantrieb umrüstet.

Wasserleitungen aus gegossenem Blei

1539. Robert Broke, Sekretär bei König Heinrich VIII. von England, stellt die ersten gegossenen Bleiröhren für Wasserleitungen her.

Blei als Material für Wasserrohre benutzte schon vor dem Mittelalter in Rom Sextus Julius Frontinus (→ 97). Während die römischen Rohre aus Bleiblechtafeln zusammengebogen und verlötet waren, entwickelt Broke ein Verfahren, Bleiröhren als Ganzes zu gießen. Die neuerliche Beschäftigung mit Wasserröhren rührt daher, daß die Gewässer der Städte durch die Einleitung von Abwässern aus Handwerksbetrieben mehr und mehr verschmutzt werden und damit als Trinkwasserquelle ausfallen. Nach dem Untergang Roms war die Infrastruktur zerfallen. Über ein Jahrtausend lang schöpfte man das Wasser wieder aus Wasserläufen und Brunnen. Als diese Quellen verschmutzten, wurden – etwa ab dem 15. Jahrhundert – wieder Wasserleitungen angelegt, zuerst vorwiegend aus Holz. Brokes Erfindung erlaubt die rationelle Massen-Röhrenherstellung.

1540. Der italienische Naturforscher Geronimo Cardano versucht erstmals, das Gewicht der Luft zu bestimmen.

Der Glasmacher Christoph Schürer erfindet in Neudeck das blaue Kobaltglas.

Der Italiener Giovanni Ventura Rosetti veröffentlicht das erste Gesamtwerk über die Techniken des Färbens (»Plieto dell'arte de' tentori«).

1543. Nikolaus Kopernikus lehrt, daß die Sonne den Mittelpunkt des Planetensystems bildet (→ 24. 5. 1543).

1544. Das im Mittelalter nur für die Herstellung von Kanonenkugeln verwendete Gußeisen wird jetzt auch im größeren Umfang für die Produktion von Alltagsgeräten verwendet.

Der Mönch Michael Stifel begründet in seinem Hauptwerk »Arithmetica integra« die moderne Algebra.

1545. Geronimo Cardano erfindet die »cardanische« Aufhängung der Schiffskompasse.

1546. Der deutsche Naturforscher Georgius Agricola (eigentl. Georg Bauer) veröffentlicht sein Werk »De re metallica«, ein Handbuch über den gesamten Bergbau und das Hüttenwesen (→ um 1540). In diesem Buch bildet er u. a. erstmals eine Holzschraube ab.

Michelangelo Buonarroti übernimmt die Bauleitung des Petersdoms in Rom und entwirft für diese Kirche die ungewöhnlich große Kuppel von 42,5 m Durchmesser bei 127 m Höhe (→ 18. 2. 1564).

GESTORBEN:

24. 9. 1541. Salzburg: Philippus Aureolus Theophrastus Paracelsus (eigentl. Theophrastus Bombastus von Hohenheim; * 11. 11. [?] 1493, Einsiedeln/Schweiz), deutscher Arzt und Naturforscher. →

September 1542. Nürnberg: Peter Henlein (* um 1485, Nürnberg), deutscher Erfinder.

24. 5. 1543. Frauenburg: Nikolaus Kopernikus (* 19. 2. 1473, Thorn), Astronom. →

GEBOREN:

1540. Fontenay-le-Comte: François Viète (Franciscus Vieta; † 13. 2. [?] 1603, Paris), französischer Mathematiker.

14. 12. 1546. Knudstrup: Tycho Brahe († 24. 10. 1601, Prag), dänischer Astronom.

1548. Nola/Neapel: Giordano Bruno († 17. 2. 1600, Rom), italienischer Naturphilosoph.

Um 1548. Brügge: Simon Stevin († 1620, Den Haag), niederländischer Mathematiker, Physiker und Ingenieur.

Das Erbe des Paracelsus

24. September 1541. Im 48. Lebensjahr stirbt in Salzburg der Arzt, Naturforscher und Philosoph Philippus Aureolus Theophrastus Paracelsus (eigentl. Theophrastus Bombastus von Hohenheim).

Paracelsus begründete eine neue Richtung der Chemie, indem er mit der klassischen Alchimie des Altertums und Mittelalters brach und deren Zielsetzung, Metalle zu läutern und Gold herzustellen, verurteilte. Statt dessen suchte er als Arzt, möglichst reine Extrakte aus Mineralien wie aus Pflanzen zu gewinnen und diese exakt zu dosieren und gegebenenfalls in sorgfältig abgestuften Mengen zu mischen.

Diese neue Chemie, die »Iatrochemie«, die chemische Vorgänge im Körper für Krankheiten verantwortlich macht, ist der Anfang einer neuen Durchforschung der gesamten Stoffwelt nach »Arcana«, wie Paracelsus die heilkräftigen Substanzen nannte. Diese Extrakte aus mineralischen Säuren, Metallsalzen und Alkalien sowie aus der Pflanzenwelt sollen ein Zuviel oder Zuwenig eines Stoffes im kranken Körper ausgleichen oder diesen nähren und auch gleichzeitig reinigen.

»Machet nicht Gold, machet Medizin!« belehrte Paracelsus die Alchimisten und verbrannte am 24. Juni 1527 in Basel öffentlich die Schriften der bisher die Medizin dominierenden Ärzte Galen und Avicenna (→ Juli 1037). Er erklärte: »Ich scheit das, das nit arcanum ist, von dem, das arcanum ist, und gib dem arcano sein recht dosin.« Paracelsus legte damit die Grundlagen für die exakt messende, die zählende und wägende Chemie. Zugleich begründete er die Isolierung von Substanzen aus Stoffgemischen.

Medizinisches Ziel des Arztes Paracelsus war aber nicht einfach die chemische Kompensation des aus dem Gleichgewicht geratenen stofflichen Haushalts im menschlichen Körper, sondern dessen Wiedereingliederung in die Harmonie der Natur; denn er sah im Menschen keinen rein physiologischen Funktionsmechanismus, sondern eine Einheit aus Körper und Geist.

Arzt und Chemiker

Paracelsus (Abb.) wurde im November 1493 in Einsiedeln (Schweiz) geboren. Er studierte an zahlreichen Hochschulen und zog später als Bergwerkschemiker, Feldchirurg, Arzt, Professor, Schloßalchimist, Sektenprediger und Bettler in ganz Europa umher.

Kopernikus hinterläßt neues Weltbild

24. Mai 1543. In Frauenburg in Ostpreußen stirbt der 70jährige Astronom, Arzt und Jurist Nikolaus Kopernikus, der in Polen, Deutschland und Italien arbeitete. Das Ergebnis seines Lebenswerks ist eine tiefgreifende Änderung des astronomischen Weltbilds. Kopernikus verwarf die allgemein akzeptierte Vorstellung von der Erde als dem ruhenden Mittelpunkt des Universums (→ um 170) und ersetzte sie durch ein heliozentrisches System.

Kopernikus fand durch nüchternes Denken 1510

N. Kopernikus

die tragenden Pfeiler seines Weltgebäudes. Warum sollte nicht dem im All Enthaltenen, der Erde, eher eine Bewegung zuzuschreiben sein als dem Enthaltenden, dem All, selbst? Um die kosmischen Vorgänge zu vereinfachen, nahm Kopernikus, angeregt durch den griechischen Naturphilosophen Aristarchos von Samos (→ 2. Hälfte 2. Jh. v. Chr.), eine dreifache Bewegung der Erde an: In 24 Stunden kreist sie einmal um die eigene Achse, was die scheinbare Sonnenbewegung erklärt. Innerhalb eines Jahres umrundet sie wie die anderen Planeten die Sonne. Auch die Erdachse steht nicht still, sondern macht eine Präzessionsbewegung. Sein Hauptwerk »Sechs Bücher über die Kreisbewegungen der Weltkörper« aus dem Jahr 1516 veröffentlichte Kopernikus aus gutem Grund erst 1543: Als das dem Papst gewidmete Buch am Todestag des Astronomen die Kurie erreicht, läßt Paul III. es prompt auf den Index setzen.

Kopernikus: »Alle Bahnen umgeben die Sonne«

1510: »Der Mittelpunkt der Erde ist nicht der Mittelpunkt der Welt, denn es gibt nicht nur ein einziges Zentrum für alle himmlischen Bahnen. Alle Bahnen umgeben die Sonne, als stünde sie in aller Mitte . . . Alles, was an Bewegung am Fixsternhimmel sichtbar wird, ist nicht von sich aus so, sondern von der Erde aus gesehen.«

1543: »Der Bischof von Kulm hat mich oftmals ermahnt, ich solle dieses Buch, das bei mir nicht nur an die neun, sondern vielmehr schon über viermal neun Jahre verborgen gelegen hat, herausgeben und doch endlich an das Tageslicht lassen. Gleiches fordern von mir nicht wenige andere hervorragende und gelehrte Männer. Denn je widersinniger wohl den meisten meine Lehre von der Bewegung der Erde erschiene, um so größer würden Bewunderung und Dank sein, wenn durch die Veröffentlichung meiner Untersuchungen der Schein der Widersinnigkeit vor den hellerleuchteten Beweisen verschwinden würde . . .«

Mit diesen Worten widmet Kopernikus sein Werk Papst Paul III., der es dennoch verbietet.

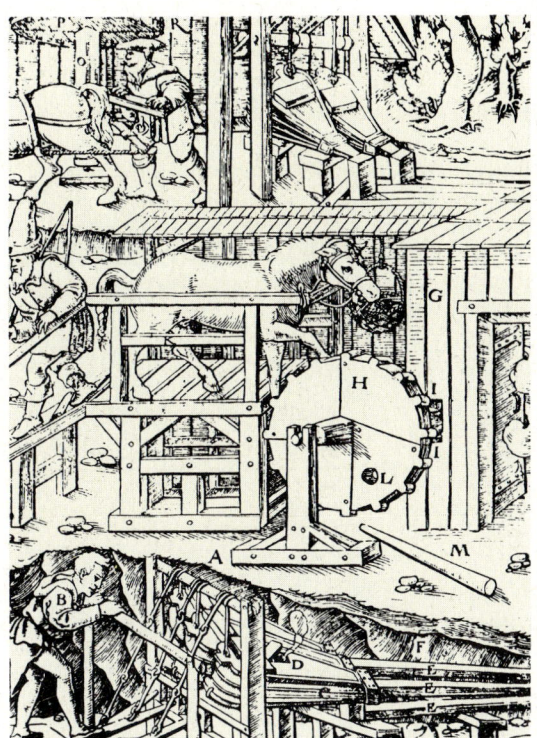

Aus Agricolas Handbuch über den Bergbau: Bewetterungsanlage zur Belüftung einer Grube

Schmelzer beim sogenannten Scheibenreißen (aus: Georgius Agricola, »De re metallica«, 1546)

Wasserkraftbetriebene Förderanlage eines Bergwerks (aus: G. Agricola, »De re metallica«, 1546)

Neue Techniken fördern den Bergbau und das Hüttenwesen

Um 1540. Im Bergbau und Hüttenwesen hat sich eine Reihe neuer Techniken etabliert. Der Aufschwung des Bergbaus geht auf den Frühkapitalismus seit etwa der Mitte des 15. Jahrhunderts zurück. Zu dieser Zeit stand einerseits genügend Kapital zur Verfügung, zum anderen dezimierten Pestepidemien das Heer billiger Arbeitskräfte, was eine zunehmende Mechanisierung im Bergbau erforderlich machte.

Montane Rohstoffquellen sucht man auf drei unterschiedliche Weisen: Durch Wiederaufnahme des Betriebs stillgelegter Gruben, durch Neuprospektion erzführender Berge und durch Verhüttung der Abraumhalden früherer Bergwerke. Alle drei Wege fördern neue Techniken.

Wichtig für die Ausbeutung alter Gruben sind vor allem die »Wasserkünste«, Einrichtungen zum Trockenlegen tiefer Schächte. Das sind u. a. die aus dem Brunnenbau seit langem bekannten Göpel mit Schöpfeimern an Paternosterwerken, die jetzt speziell für den Bergbau umkonstruiert werden. Ein originelles, sehr wirksames Verfahren arbeitet mit Holzröhren, in

Georgius Agricola (Georg Bauer)

denen an Seilzügen in regelmäßigen Abständen ausgestopfte Lederbälle angebracht sind, zwischen denen beim Hochziehen Wasser gefördert wird. Auch erste Kolbenpumpen werden eingesetzt. Um unrentabel gewordene alte Gruben wiederzubeleben oder alte Halden zu verhütten, entwickeln die Bergleute neue Aufschlußverfahren. Eingeführt werden mechanische Verfahren wie 'das

feine Zerkleinern in Erzmühlen, Pochwerken (→ 1505) usw. und die Wassersichtung. Auch neue chemische Prozesse – Amalgamieren der Erze mit Quecksilber oder Seigern, also Verschmelzen mit Blei – führen zu einer deutlich besseren Ausbeutung der Erze.

Der Grubenbau selbst wird durch die Verbesserung der Markscheidekunst – des Vermessungswesens – erleichtert.

Markieren der unteren Markscheide in einem am Berghang gelegenen Grubenfeld; fachmännisch: Das Sohleisen legen (Miniatur aus dem »Schwazer Bergbuch«, einer lateinischen Handschrift aus dem Jahr 1556 mit über 80 Miniaturen; Deutsches Museum, München)

Um 1550. Christoph Schürer, Glasmacher in Schneeberg in Schlesien, erfindet die Schmalte: Das Blaufärben des Glases durch Kobaltoxid. →

1550. Der deutsche Naturforscher Georgius Agricola (eigentl. Georg Bauer) gibt in seiner Schrift »De natura fossilium« die erste systematische Beschreibung von Mineralien.

Der Rechenmeister und Bergbeamte Adam Ries (Riese) verfaßt sein Werk »Rechenung nach der lenge . . .«.

Das Joachimsthaler Silberbergwerk führt mit sogenannten Stangenkünsten Pumpwerke ein.

1551. Erasmus Reinhold, Professor der Mathematik in Wittenberg, errechnet aufgrund der neuen Kopernikanischen Lehre die »Prutenischen Tafeln«. Diese ersten Planetentafeln werden zur Grundlage der Gregorianischen Kalenderreform. →

Der deutsche Astronom Rheticus verfaßt präzise, von zehn zu zehn Sekunden fortschreitende Tafeln aller sechs trigonometrischen Funktionen. →

Freiherr Hans Ungnad legt in Waltenstein in der Steiermark Hammerwerke an und stellt dort erstmals Weißblech her.

1554. Der niederländische Geograph Gerhardus Mercator verbessert die konische Landkartenprojektion des alexandrinischen Astronoms, Mathematikers und Geographen Claudius Ptolemäus (→ 1569).

1556. Der deutsche Schulmeister und Dichter Georg Fabricius beobachtet die Schwärzung des Chlorsilbers durch das Sonnenlicht. Diese Erkenntnis erlangt später für den fotografischen Prozeß Bedeutung. →

1558. Antoine Brulier erfindet das Stoß- oder Spindelwerk zum Münzen-Prägen.

Der italienische Physiker und Dramatiker Giovanni Battista della Porta verbessert die Camera obscura (→ um 900) wesentlich durch Anbringen einer Sammellinse und vergleicht diese Einrichtung mit Aufbau und Funktion des menschlichen Auges.

1559. In Spanien finden gestrickte Strümpfe zunehmend Verbreitung.

GESTORBEN:

30. 3. 1559. Annaberg: Adam Ries (Riese; * um 1492, Staffelstein), deutscher Rechenmeister (→ 1518).

21. 11. 1555. Chemnitz: Georgius Agricola (eigentl. Georg Bauer; * 24. 3. 1494, Glauchau), deutscher Naturforscher.

Mathematische Tafeln

1551. Innerhalb eines Jahres entstehen zwei für die Naturwissenschaften – besonders für die Mathematik und die Astronomie – wie für das Navigationswesen und die Zeitrechnung wichtige Tafelwerke.
Der deutsche Astronom Rheticus (eigentl. Georg Joachim von Lauchen) verfaßt zehnstellige, von zehn zu zehn Sekunden fortschreitende Tafeln der trigonometrischen Funktionen, die umfangreichsten und genauesten Tafeln dieser Art auf lange Zeit. Erstmals berücksichtigt er dabei alle sechs Winkelfunktionen: Sinus, Kosinus, Tangens, Kotangens, Kosekans (Reziprokwert des Sinus) und Sekans (Reziprokwert des Kosinus). Die Funktionen stellen Quotienten verschiedener Seiten im rechtwinkligen Dreieck in Relation zu bestimmten Winkeln dieses Dreiecks. (Das Werk wird erst 1596 unter dem Titel »Opus Palatinum de triangulis« von Valentin Otho herausgegeben.)
Erasmus Reinhold, Professor der Mathematik in Wittenberg, erstellt aufgrund der neuen Kopernikanischen Lehre (→ 24. 5. 1543) die ersten Planetentafeln, die er zu Ehren des Herzogs Albrecht von Preußen »Prutenische Tafeln« (Tabulae prutenicae coelestium motuum) nennt. Sie werden später zur Grundlage der Gregorianischen Kalenderreform, da sie sich zur astronomischen Zeitbestimmung eignen.

Schürer erfindet das tiefblaue Glas

Um 1550. Der Glasmacher Christoph Schürer in Neudeck bei Schneeberg in Schlesien entdeckt, daß ein Zusatz von geröstetem Kobalterz zum Glassatz – das ist das Gemenge der pulverförmigen Glasbestandteile vor dem Schmelzen – das fertige Glas tiefblau werden läßt. Das geröstete Erz, das sowohl Kobaltoxydul als auch Kobaltoxyduloxid enthält, heißt Zaffer, Saflor oder Kobaltsaflor.
Gemahlen kommt Kobaltglas als Smalte (Schmalte) in den Handel und dient u. a. in kleinen Mengen bei der Papierfertigung und Weißzeugproduktion als Mittel zum Blaufärben.

Böhmischer Becher aus blauem Glas (1599, Kunstmuseum Düsseldorf)

Das Licht wirkt chemisch

1556. Daß Sonnenlicht auch chemische Veränderungen auslösen kann, entdeckt der deutsche Schulmeister und Dichter Georg Fabricius bei Experimenten mit Chlorsilber. Wird diese Substanz dem Sonnenschein ausgesetzt, dann färbt sie sich schwarz.
Das Chlorsilber oder »Chromsilber« ist ein natürliches Mineral (Chlorargyrit, AgCl), das auch als Hornsilber oder Kerargyrit bekannt ist. Frisch gebrochen ist es farblos, unter Tageslichteinfluß verfärbt es sich bald grau, dann gelb und braun und schließlich schwarz. Es ist ein wichtiges Silbererz (bis zu 75% Silber) und wurde Fabricius durch den neu aufblühenden Silberbergbau bekannt. Seit gut einem Jahrhundert hat sich die Silbererzeugung in Europa etwa verfünffacht. Das Chlor und andere Verbindungspartner treibt man den kupfer- und silberhaltigen Erzen aus, indem man sie zunächst mit Blei verschmilzt (seigert). Silber und Blei lassen sich anschließend durch den sogenannten Treibprozeß trennen. Dabei wird von der Schmelze die oxidierende Bleiglätte abgeschöpft.
Die Entdeckung von Fabricius hat zunächst keine weiterreichende Bedeutung. Aus heutiger Sicht ist sie als die Grunderkenntnis der Fotochemie zu werten.

Um 1560. Nürnberger Chroniken nennen den Mechaniker H. Lobsinger als den Erfinder der Windbüchse (Luftgewehr). Andere Quellen nennen den Nürnberger Gester (oder Guter) als Erfinder (→ 1560–68).

Der Wittenberger Mathematikprofessor Erasmus Reinhold erkennt, daß die Bahnen von Mond und Merkur nicht kreisförmig, sondern elliptisch verlaufen (→ 1551).

1561. Barbara Uttmann aus Nürnberg führt im sächsischen Erzgebirge die Klöppelspitzenfabrikation ein. Es ist nicht sicher, ob sie diese Technik auch erfunden hat. Manches spricht dafür, daß das Klöppeln bereits um 1495 in Brabant bekannt war.

1564. William Rider begründet die Strumpfstrickerei in England. Die Technik des Strumpfstrickens ist wahrscheinlich eine spanische Erfindung, die allerdings nur wenige Jahrzehnte alt sein kann.

1566. Konrad Gesner aus Zürich erwähnt erstmals das Reißblei, den Bleistift.

1567. Der Herzog von Alba führt als Feuerwaffe an Stelle der Arkebuse die Muskete ein. Er läßt außerdem sein Heer mit den 1550 erfundenen Gewehrpatronen ausrüsten (→ 1560–68).

1568. Der Danziger Zeugmeister Veit Wulff von Senftenberg beschreibt in seinem Buch »Von allerlei Kriegsgewehr und Geschütz« ausführlich Pulverminen mit Fern- und Zeitzündung usw. (→ 1560–68).

Längs der niederländischen Küste werden im Auftrag des Herzogs von Alba Gruppen von Pfählen – sog. Duc d'Alben (später »Dukdalben«) – als Seezeichen und zum Festmachen von Schiffen eingerammt.

Der Franzose Jacques Besson konstruiert die erste Gewindeschneidmaschine. →

1569. Gerhardus Mercator erfindet die nach ihm benannte »Mercator-Projektion«. →

GESTORBEN:

18. 2. 1564. Rom: Michelangelo (eigentl. M. Buonarotti; * 6. 3. 1475, Caprese bei Arezzo), italienischer Bildhauer, Maler, Baumeister und Dichter. →

GEBOREN:

1560. Oxford: Thomas Harriot († 2. 7. 1621, Gut Sion bei London), englischer Mathematiker und Naturforscher.

15. 2. 1564. Pisa: Galileo Galilei († 8. 1. 1642, Arcetri bei Florenz), italienischer Naturwissenschaftler.

Die Kriegstechniken werden verbessert

1560 bis 1568. Drei Männer fördern die Entwicklung der Waffentechnik und ihre Verbreitung: Der Nürnberger Mechaniker H. Lobsinger, der 1560 die Windbüchse (Luftgewehr) erfindet (manche Quellen schreiben sie dem Nürnberger Gester oder Guter bereits 30 Jahre früher zu); der Herzog von Alba, Fernando Alvarez de Toledo, der 1567 sein Heer mit Musketen ausrüsten läßt; und der Danziger Zeugmeister Veit Wulff von Senftenberg, der 1568 ein Standardwerk »Von allerlei Kriegsgewehr und Geschütz« verfaßt.

Während Lobsingers Erfindung wegen der sehr geringen Durchschlagskraft der Kugeln aus seinem Gewehr kaum einen Einfluß auf die Kriegsführung gewinnt, erhöht das Fußvolk des Herzogs von Alba besonders dadurch seine Effizienz, daß es als erstes Heer generell mit den um 1550 erfundenen Gewehrpatronen ausgerüstet wird. Zugleich läßt Alba die bisher übliche Arkebuse, ein leichtes, aus dem alten Faustrohr (→ 1313) entwickeltes Hakengewehr, durch die längere und schwerere Muskete ersetzen, die doppelt so schwere Geschosse verfeuert und damit die jetzt üblichen verstärkten Ritterrüstungen durchschlägt.

Veit Wulff von Senftenberg behandelt viel weitere Bereiche der Schuß- und Sprengwaffen. Er beschreibt ausführlich Pulverminen mit Fern- und Zeitzündung, Selbstschußanlagen, Sprengbriefe, torpedoartige Sprenganlagen usw.

Maschine schneidet Gewinde aus Holz

1568. Der Franzose Jacques Besson baut die erste Gewindeschneidmaschine. Bisher wurden hölzerne Gewinde von Hand geschnitzt.

Schon Leonardo da Vinci (→ 2. 5. 1519) hatte eine Drehbank mit zwei Leitspindeln beschrieben, die er eigens zum Gewindeschneiden entworfen hatte. Diese wurde jedoch niemals gebaut. Besson arbeitet ebenfalls mit Leitspindeln. Er beschreibt diese Maschine in einem zehn Jahre später veröffentlichten Buch »Theatrum instrumentorum et machinarum«. Das Werk gehört zu den für die Zeit typischen sogenannten Maschinen-Büchern.

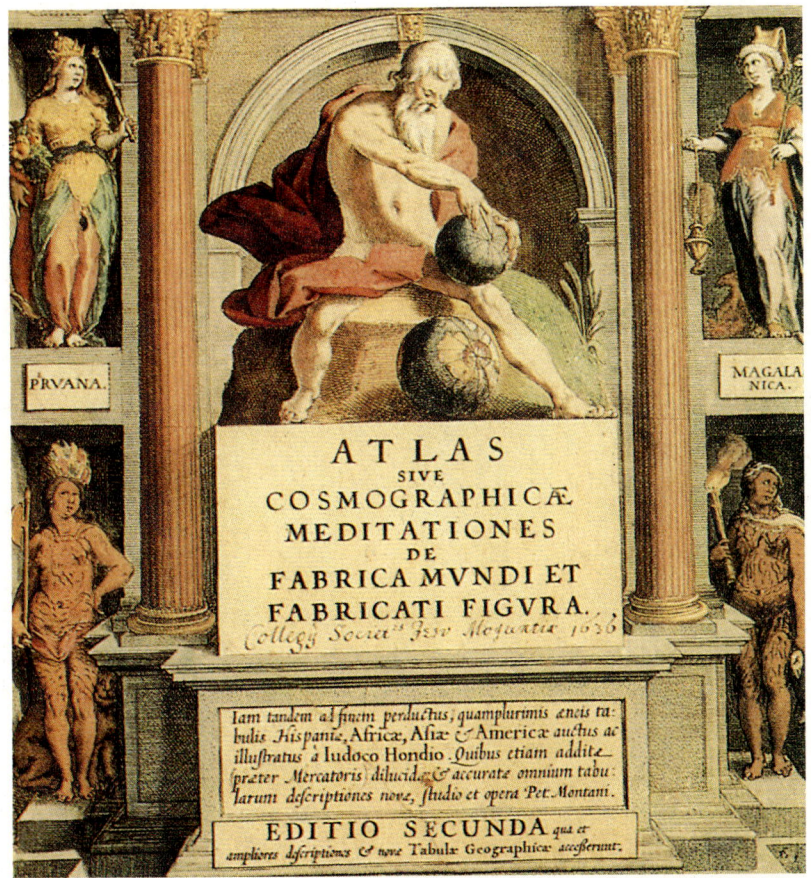

Das von Gerhardus Mercator 1595 vollendete umfassende Kartenwerk wird erstmals als Atlas bezeichnet (Titelblatt der zweiten Ausgabe von 1608)

Mercator-Karten für die Schiffahrt

1569. Der niederländische Geograph Gerhard Kremer, genannt Gerhardus Mercator, entwickelt die winkeltreue Kartenprojektion (Mercator-Projektion).

Diese geographische Darstellung der Erdoberfläche läßt sich sehr leicht verdeutlichen, wenn man sich den Globus in einen Hohlzylinder eingepaßt denkt, wobei die Pole in der Zylinderachse liegen und der Äquator bündig an der Zylinderwand anliegt. Jeder Punkt der Erdoberfläche wird nun auf der Außenwand des Zylinders dadurch abgebildet, daß er einfach radial nach außen projiziert wird. Anschließend wird der Zylinder in die Ebene abgewickelt.

Diese Art der Darstellung ergibt zwar mit zunehmender Entfernung vom Äquator immer stärkere Verzerrungen, ist aber für die Seefahrt von großer Bedeutung, weil sie winkeltreu ist: Die von den Navigatoren beim Anpeilen der Kurse ermittelten Peilwinkel auf der Mercator-Karte entsprechen exakt gleich großen Peilwinkeln.

Michelangelo – Meister der Renaissance

18. Februar 1564. In Rom stirbt der aus Caprese in der Toskana stammende Bildhauer, Maler, Dichter und Architekt Michelangelo Buonarroti-Simoni. Er verband architektonische und gestalterische Traditionen der Antike mit dem Stilempfinden seiner Zeit. Aus technischer Sicht beeindruckt sein Umgang als Bildhauer vor allem mit dem Marmor, aus dem er zahlreiche monumentale Figuren schuf. Diese Werke beeindrucken durch neue technische Praktiken vor allem bei der räumlichen Gliederung.

In Rom fand Michelangelo den Zugang zur Architektur u. a. durch seine Deckenfresken in der Sixtinischen Kapelle (die er auf einem hohen Gerüst auf dem Rücken liegend malte). Er entwarf die gewaltige Kuppel für die Peterskirche, wandelte den Kapitolsplatz zur ersten modernen Platzanlage der Welt um und baute dort den Konservatorenpalast. Zuvor hatte er die architektonisch kühne Treppe der Bibliotheca Laurenziana in Florenz entworfen und bauen lassen.

Bei der Gestaltung der Kuppel von St. Peter, für die bereits Vorentwürfe des Architekten Bramante vorlagen, orientierte sich Michelangelo an der Ausführung der Kuppel des Florentiner Doms von Filippo Brunelleschi (→ 1446). Er überhöhte diese Kuppel und stellte sie auf Doppelsäulenpaare, die als Widerlager fest mit der Mauer verbunden sind.

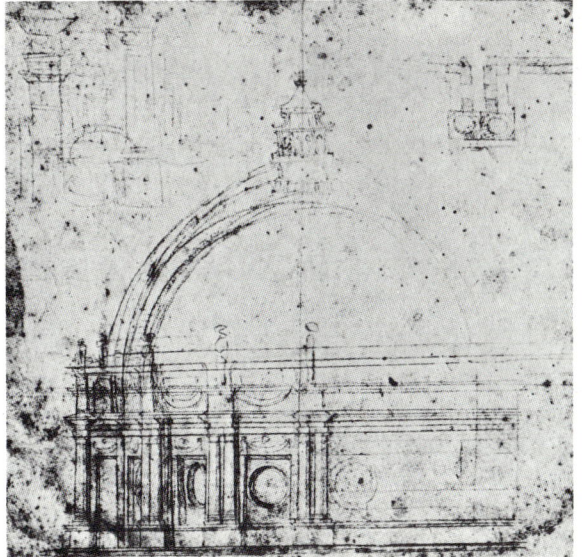

Studie von Michelangelo Buonarroti zur Architektur der Kuppel des Petersdoms in Rom; Michelangelo wurde bei seinen Entwürfen stark von der bautechnischen Ausführung der Kuppel des Doms von Florenz, der von Filippo Brunelleschi entworfen wurde, beeinflußt

Um 1570. Königin Elisabeth I. von England begründet die Zinnindustrie in Cornwall. →

Der Kunsthandwerker Fournier führt in Nürnberg eine Technik ein, die sich vor kurzem in León in Kastilien entwickelt hat: Die Fabrikation von Tressen, Borten, Stickereien usw. aus feinem Draht. Die Artikel werden als »Leonische Waren« bekannt.

1572. Der italienische Mathematiker Raffaele Bombelli findet ein Verfahren zum Ziehen von Quadratwurzeln: Er berechnet über Kettenbrüche Näherungswerte.

1572−74. Isaac Habrecht aus Schaffhausen erbaut die Kunstuhr im Straßburger Münster.

1573. Der Deutsche Samuel Zimmermann beschreibt in seinem Werk »Dialogus« ausführlich die Kartätschgranate. Sie ist mit der erst Anfang des 19. Jahrhunderts erfundenen Schrapnell-Granate weitgehend identisch.

1574. Der Deutsche Lazarus Ercker erwähnt in seinem Werk »Probekunst« erstmals den Zementstahl (allerdings noch nicht unter dieser Bezeichnung).

1576. Der dänische Astronom Tycho Brahe verbessert die astronomischen Beobachtungsinstrumente durch die Entwicklung eines besonderen Visiers und erreicht damit eine bisher unbekannte Präzision.

1577. William Bourne erfindet das Log zur Messung der Fahrgeschwindigkeit von Schiffen.

1579. Mathaeus Metz, Arzt in Langensalza, erfindet die sogenannten Gradierwerke zur Kochsalzgewinnung und baut das erste Gradierhaus in Bad Nauheim. →

Der italienische Architekt Giacomo Della Porta erfindet die Röhrentelegraphie. →

GESTORBEN:

21. 9. 1576. Rom: Geronimo (Girolamo) Cardano (* 24. 9. 1501, Pavia), italienischer Naturwissenschaftler.

GEBOREN:

27. 12. 1571. Weil/Württemberg: Johannes Kepler († 15. 11. 1630, Regensburg), deutscher Astronom.

1572. Rain/Bayern: Johann Bayer († 7. 3. 1625, Augsburg), deutscher Astronom und Rechtsgelehrter.

25. 7. 1575. Markt Wald/Mindelheim: Christoph Scheiner († 18. 7. 1650, Neisse), deutscher Mathematiker, Physiker und Astronom.

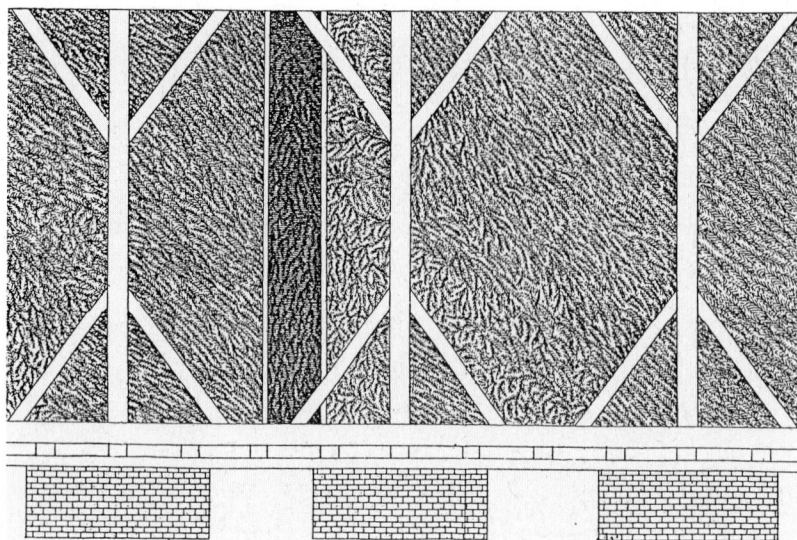

Die Konstruktionspläne des Gradierwerks von Bad Nauheim zeigen den Aufbau der Anlage aus einem Holzfachwerk, in das das Stroh eingelegt wird

Kochsalz aus Gradierwerk

1579. Der Arzt Mathaeus Metz in Langensalza entwirft erstmals Gradierhäuser zur Kochsalzgewinnung und baut erste Anlagen dieser Art in Bad Nauheim.

Vor Metz' Erfindung war die Gewinnung von Salz aus Bergwerken oder auch aus Solequellen ein sehr energieaufwendiger Prozeß. Ausgangsmaterial ist immer eine Salzlösung. Entweder bediente man sich natürlicher stark kochsalzhaltiger Quellen oder man leitete in Bergwerken unter Tage künstliche Wasserläufe durch Steinsalzlager und förderte das mit Salz gesättigte Wasser zu den Salinen. Dort wurde bisher die Sole in großen Kesseln eingedampft. Das verschlang gewaltige Mengen an Brennmaterial. Mit der stark zunehmenden Bevölkerung steigt nicht nur der Salzverbrauch, zugleich nimmt das verfügbare Brennholz rapide ab.

Die Gradierwerke des Arztes Metz ermöglichen dagegen aufgrund der großen Oberfläche ein Verdunsten des Wassers aus der Sole. Bei diesem Verfahren muß keine Energie zugeführt werden. Metz läßt die Salzlösung fein verteilt über hohe, dicht an dicht mit Strohbündeln vollgestopfte Holzfachwerkwände rieseln. Dabei verdunstet so viel Flüssigkeit, daß die Sole stark konzentriert wird. Schwerlösliche Mineralien fallen hier bereits in fester Phase aus.

Telegraphie durch Röhren aus Metall

1579. Der italienische Architekt Giacomo Della Porta schlägt vor, die menschliche Stimme durch Röhren über weite Entfernungen fortzuleiten. Diese »akustische Telegraphie« beruht nur zum Teil auf der Schallfortleitung im Innern der Röhre. Wesentlich ist die Übertragung der Schallwelle in der Röhrenwandung als sog. Körperschall. Die Schallgeschwindigkeit in Festkörpern ist viel höher als in Luft (z. B. 5100 m/s in Eisen gegenüber rund 332 m/s in Luft). Das bedeutet bei gleicher Frequenz eine entsprechend größere Wellenlänge, woraus eine größere Reichweite resultiert.

Die Zinnindustrie in Südengland floriert

Um 1570. Die englische Königin Elisabeth I. begründet die Zinnindustrie in Cornwall (Südwestengland), die sich rasch zu einem blühenden Gewerbe entwickelt.

Der Zinnstein wird in England zunächst in sogenannten Handkrählöfen, später in rotierenden Telleröfen und Zylinderöfen geröstet, das Röstgut durch Waschen und Behandeln mit Salzsäure oder verdünnter Schwefelsäure von fremden Metalloxiden befreit. Das so angereicherte Zinnerz wird mit Kohle in Schachtöfen reduziert. Anschließend muß das rohe Zinn (Werkzinn) noch gereinigt werden.

Um 1580. Bei Alicante wird die erste Gewichtsstaumauer gebaut.

François Viète begründet die Buchstabenrechnung. →

1582. Die Astronomen Tycho Brahe (→ 24. 10. 1601) und Johannes Kepler nehmen systematische meteorologische Aufzeichnungen vor.

Papst Gregor XIII. führt mittels einer Bulle die nach ihm benannte Kalenderreform durch (→ 1551).

Der deutsche Techniker Peter Maurice legt unter der London Bridge ein Pumpwerk an. →

1583. Der Mathematiker Thomas Finck aus Flensburg bedient sich erstmals der Bezeichnungen »Tangente« und »Sekante« in der Geometrie.

1585. Der dänische Astronom Tycho Brahe stellt ein Weltsystem mit der Erde als Mittelpunkt auf (→ 24. 10. 1601).

John Davis erfindet einen Quadranten für die Navigation in der Seeschiffahrt. →

Christoph Rothmann entdeckt in Kassel das Zodiakallicht, ein schwaches Leuchten am nächtlichen Himmel entlang der Ekliptik.

1586. Der italienische Mathematiker, Philosoph und Physiker Galileo Galilei konstruiert eine hydrostatische Waage zur Bestimmung des spezifischen Gewichts fester Körper.

Der niederländische Mathematiker Simon Stevin (Simon von Brügge) entdeckt das Parallelogramm der Kräfte. →

1587. Tycho Brahe, Astronom aus Dänemark, entwickelt in Uranienborg zahlreiche verbesserte Quadranten und andere astronomische Geräte für Präzisionsmessungen.

1588. Livio Sanuto spricht zuerst von zwei magnetischen Polen der Erde.

Der Schweizer Jost Bürgi erstellt eine Logarithmentafel, die aber erst 1620 veröffentlicht wird (→ um 1580).

1589. Galileo Galilei weist in Pisa nach, daß verschieden schwere Gegenstände gleich schnell fallen (→ vor 1618).

Der englische Student der Theologie William Lee baut den ersten Handkulierstuhl für die Strumpfwirkerei. →

GESTORBEN:

19. 8. 1580. Vicenza: Andrea Palladio (Andrea di Pietro; * 30. 11. 1508, Vicenza), italienischer Baumeister. →

1588. Konstantinopel: Sinan (* 1491 [?], bei Kayseri), osmanischer Baumeister. →

Pumpwerk für Londoner Wasserversorgung

1582. Der aus Deutschland stammende Techniker Peter Maurice baut an der Themse unter der London Bridge ein von einem großen Wasserrad angetriebenes Pumpwerk, das Wasser aus dem Fluß in das städtische Brauchwasser-Versorgungsnetz fördert. Die Anlage von Maurice gilt als erste dieser Art in England und wird für lange Zeit vorbildlich für die Wasserversorgungseinrichtungen großer Städte.

Das Londoner Wassernetz ist seit dem Niedergang des Römischen Reichs (→ 97) das erste in Europa. Aus Furcht davor, daß die römischen Imperialisten ihre Vormacht wiedergewinnen könnten, hatten die unterjochten Volksstämme in Europa nach ihrer Befreiung die Infrastruktur vernichtet, die sie als notwendige Basis für die Regierbarkeit eines großräumigen Reichs erkannt hatten. Während des ganzen Mittelalters bezogen die Bürger auch in Großstädten ihr Trink- und Brauchwasser eimerweise aus öffent-

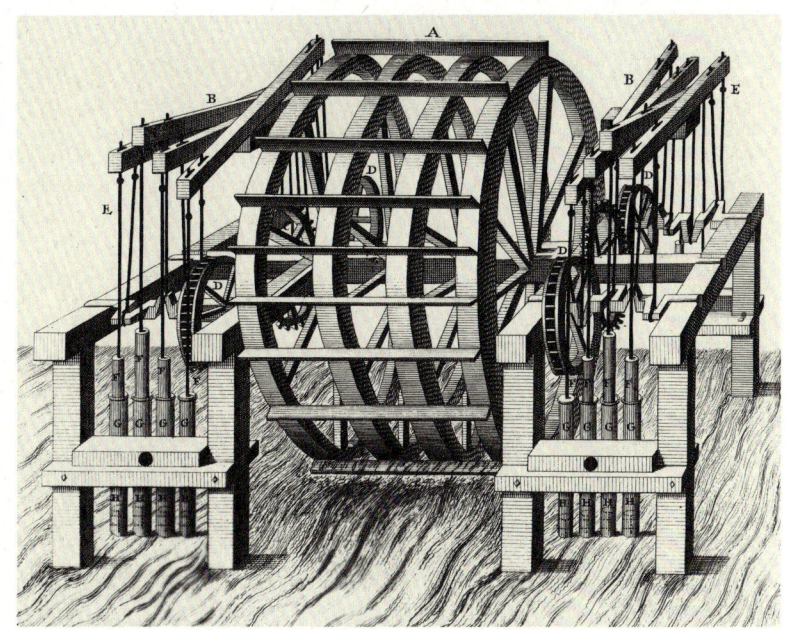

Grafische Darstellung des Pumpwerks unter der London Bridge, 1729

lichen oder privaten Brunnen. Meist wurde es aus den tiefen Brunnenschächten, die oben abgedeckt waren, kübelweise mit Seilwinden heraufbefördert. Die neue

Londoner Brauchwasserversorgung erspart nicht nur die mühsame Arbeit des täglichen Wasserholens, sie mindert auch das Risiko dubioser Wasserqualität.

Wegbereiter für den Klassizismus

19. August 1580. Im 72. Lebensjahr verstirbt der italienische Baumeister Andrea Palladio, dessen neuer klassizistischer Stil für Jahrhunderte die europäische und amerikanische Architektur mitprägt. Palladio, der eigentlich Andrea di Pietro heißt, errichtete Bauwerke mit wohlausgewogenen Proportionen und strengen Kompositionen aus monumentalen Säulen- und Arkadenreihen sowie an antike Tempel erinnernde Fassaden.

Der gelernte Steinmetz machte sich erstmals als 41jähriger einen Namen durch seinen Entwurf für das neue Rathaus in Vicenza, bei dem er auf Proportionen antiker Flächen und Räume zurückgriff. Seine bautechnischen Ideen stellte er in eigenhändig illustrierten Büchern vor: »L'antichità di Roma« (1554) und »Quatro libri dell'architettura« (1570). Zu seinen berühmtesten Bauten gehören zwei Stadtpaläste in Vicenza, die »Villa Rotonda« bei Vicenza und die Kirche »San Giorgio Maggiore« in Venedig.

Palladios Villa Palladina oder »Villa Rotonda« auf einem Hügel am Rand von Vicenza (etwa 1568); sie zeichnet sich durch vierstrahlige Symmetrie aus

Erneut Fortschritte in der Mathematik

Um 1580. Um mathematische Gleichungen in allgemeiner Fassung formulieren zu können, führt François Viète die Buchstabenrechnung ein. Sein Verdienst ist das Rechnen mit Buchstaben als variablen Platzhaltern für Zahlen.

Im Jahr 1588 erstellt der Schweizer Mathematiker Jost Bürgi die erste Logarithmentafel. Allerdings veröffentlicht er sie nicht (sie wird erst → 1620 gedruckt), weswegen später dem schottischen Laird John Napier of Merchiston die Erfindung der Logarithmen zugesprochen wird (→ 1594).

Eine Theorie der »schiefen Ebene«

1586. Die schiefe Ebene als Prinzip, schwere Gegenstände mit geringerem Kraftaufwand als beim senkrechten Heben nach oben zu befördern, war schon den alten Ägyptern bekannt. Ihre mathematische Theorie liefert jetzt Simon Stevin (Simon von Brügge).

Der niederländische Mathematiker löst das Problem algebraisch, indem er die Relation Zugkraft = Gewicht mal Sinus α erkennt, wobei α der Steigungswinkel der schiefen Ebene ist. Stevin entdeckt auch das Kräfteparallelogramm und damit die geometrische Lösung. Dabei zerlegt er das senkrecht wirkende Gewicht in eine rechtwinklig auf die schräge Ebene wirkende und eine parallel zu ihr gerichtete Kraft.

Neuer Quadrant in der Seeschiffahrt

1585. Der englische Kapitän John Davis erfindet den »Davis«-Quadranten als neues Navigationsgerät für die Seeschiffahrt.

Das auch »Backstaff« genannte Ortungsinstrument bürgert sich rasch ein, ohne indes den Jakobsstab (→ 1325), dessen Weiterentwicklung es im Grunde ist, völlig zu verdrängen. Zusammen mit dem 1577 erfundenen Log zur Geschwindigkeitsmessung der Schiffe sowie trigonometrischen Tafeln (→ 1551) ermöglicht der Davis-Quadrant rationelleres Navigieren. Für die Praxis bedeutet das direkte Kurse statt der Fahrt auf Längen- und Breitenkreisen.

Galilei konstruiert das Thermometer

Kuppeln und Minarette der 1550 begonnenen Sultan-Suleiman-Moschee, Istanbul; die Hauptkuppel hat bei 54 m Höhe einen Durchmesser von 25 m

Baumeister Sinans Werk

1588. In Kostantinopel stirbt im hohen Alter von etwa 97 Jahren der bedeutende osmanische Baumeister Sinan.

Er und seine Schüler prägten die islamische Architektur in der Türkei, indem sie alle klassischen Teile des traditionellen muslimischen Sakralbaus einer gewaltigen zentralen Kuppel unterordneten. In diesem Zusammenhang reduzierte Sinan sogar die Minare, bisher bedeutende eigenständige Bauelemente, zu schlanken Türmen. Dem Innenraum verlieh Sinan Klarheit und strenge geometrische Eleganz, indem er über einem Quadrat einen vollkommenen Kreis errichtete. Dies war bautechnisch nur durch die von Sinan entwickelte geschickte Anordnung von Strebemauern, Stützpfeilern und Bogen möglich. Sinans kompromißlose Monumentalbauten sind eine architektonisch konsequente Weiterentwicklung der Hagia Sophia (→ 537), besitzen aber im Unterschied zu dieser einen durch die Sozialfunktionen der Moschee bedingten Hof, um den sich zahlreiche Gebäude wie Schulen, Bäder, ein Hospital und Armenküchen gruppieren.

Zu Sinans bedeutendsten Bauwerken zählen die Suleiman-Moschee und die Mihrimah-Moschee in Istanbul und die Selimiye-Moschee in Edirne – wohl unbestritten sein bautechnisches Meisterwerk.

Theologe erfindet die Wirkmaschine

1589. Der englische Theologiestudent William Lee baut den ersten sogenannten Handkulierstuhl für die Strumpfwirkerei. Diese Erfindung ist so richtungweisend, daß sie auch noch im 19. Jahrhundert benutzt wird.

Unter Kulieren ist eine Art der Herstellung von Maschinentextil zu verstehen, bei der im Unterschied zum Stricken der Faden allen arbeitenden Nadeln zugeführt wird. Die Fäden kreuzen sich nicht wie bei Geweben rechtwinklig, sondern verschlingen sich in maschenförmigen Schleifen, wodurch das Produkt dehnbar und elastisch wird.

»Der Strumpfstriker und Strumpfwürker« (Johann Peter Voit, 1804)

1590. Die holländischen Brillenmacher Hans und Zacharias Janssen (Johannides) erfinden das aus einer Bikonvex- und einer Bikonkavlinse zusammengesetzte Mikroskop. →

Johann Praetorius, Professor in Altdorf bei Nürnberg, erfindet das schon im 3. Jh. v. Chr. bekannte, aber inzwischen vergessene Diopterlineal neu. Außerdem konstruiert er einen Meßtisch.

1591. Faustus Varantius baut die erste Baggermaschine. Sie wird durch Menschenkraft angetrieben.

1592. Galileo Galilei erfindet in Pisa das Gas- oder Luftthermometer. →

Der flämische Zeichner Joris Hoefnagel macht in Frankfurt am Main die ersten systematischen mikroskopischen Beobachtungen (→ 1590).

Der Holländer Cornelius Cornelisz van Uitgeest treibt Holzsägemühlen erstmals mit Windrädern an (→ Ende 16. Jh.).

1593. Servière erfindet die Kapselpumpe.

1594. Der Mathematiker John Napier, Laird of Merchiston in Schottland, stellt der Öffentlichkeit sein »natürliches Logarithmensystem« vor. →

1595. Der deutsche Mathematiker und Theologe Bartholomäus Pitiscus führt den Begriff »Trigonometria« ein.

Andreas Libavius (eigentl. Libau), Arzt und Chemiker aus Halle an der Saale, veröffentlicht das erste Lehrbuch der Chemie (»Alchemia e dispersis passim optimorum auctorum etc. collecta«).

1596. Der deutsch-niederländische Mathematiker Ludolph van Ceulen in Leiden berechnet die nach ihm benannte Kreisumfangszahl Pi auf 35 Dezimalstellen genau (Ludolphsche Zahl).

Simon Stevin, Mathematiker aus den Niederlanden, führt die Dezimalbruchrechnung ein.

In Saardam (Holland) arbeitet mit Wasserantrieb die erste bekannte Gattersäge (→ Ende 16. Jh.).

1597. Capo Bianco beschreibt erstmals die Kartusche in der Artillerie.

GEBOREN:

31. 3. 1596. La Haye-Descartes/Touraine: René Descartes († 11. 2. 1650, Stockholm), französischer Naturwissenschaftler und Philosoph (→ 11. 2. 1650).

1598. Bologna: Francesco Bonaventura Cavalieri († 3. 12. 1647, Bologna), italienischer Mathematiker und Astronom.

1592. Der italienische Astronom und Physiker Galileo Galilei (→ 8. 1. 1642) erfindet ein gläsernes Temperaturmeßgerät, das aus einer oben geschlossenen und unten röhrenförmig ausgezogenen Kugel besteht. Das offene Ende des senkrecht von der Glaskugel ausgehenden Röhrchens taucht in ein wassergefülltes Gefäß ein. Kühlt sich die Luft in der Kugel ab, dann steigt Wasser in der Glaskanüle nach oben und gibt den Temperaturunterschied an.

Diese Meßanordnung reagiert allerdings nicht nur auf thermische Schwankungen, sondern auch auf Luftdruckunterschiede. Zu genauen Messungen eignet sie sich nicht. Außerdem zeigt das Instrument nur Temperaturunterschiede und keine festen Meßpunkte an, da noch keine Temperaturskala zur Verfügung steht (→ 1714). Ein ähnlich unbrauchbares Instrument entwickelt etwa zur gleichen Zeit der Holländer Cornelius Drebbel. Galilei regt mit seiner neuen Erfindung jedoch Wissenschaftler an der Accademia del Cimento in Florenz an, geeignetere Instrumente zu entwickeln. Sie

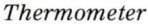

Thermometer

bauen bald beidseitig geschlossene gläserne Thermometer in Röhrenform, in denen Weingeist- und später auch Quecksilbersäulen dadurch die Temperatur anzeigen, daß sie sich in Abhängigkeit von der Temperatur ausdehnen oder zusammenziehen.

Galileis Schüler nutzen die Erkenntnis, daß Flüssigkeiten mit zunehmender Temperatur – bezogen auf ihr Volumen – leichter werden und schwimmenden Körpern weniger Auftrieb geben.

Kleines sichtbar gemacht

1590. Der holländische Brillenmacher Hans Janssen und sein Sohn Zacharias erfinden das zusammengesetzte Mikroskop (griech. »mikro« = »klein«, »skopein« = »sehen«), das aus einer Bikonvexlinse als Sammellinse und einer Bikonkavlinse als Streulinse aufgebaut ist. Die erste dient als Objektiv, die letztere als Okular.

Vor der Erfindung der beiden Janssens hatten die Forscher zur Untersuchung kleiner Dinge einfache Sammellinsen benutzt (→ 63). Die Möglichkeit, zwei Linsen zu kombinieren, um stärkere Vergrößerungen zu erreichen, erwähnte erstmals 1538 der italienische Arzt Girolamo Fracastoro (→ 1530). Doch erst

die niederländischen Brillenmacher verwirklichen seinen Gedanken. Diese frühen Mikroskope, die einfach in Pappröhrchen montiert sind, weisen beachtliche Schwächen auf, denn die Janssens sind noch nicht in der Lage, die Linsen nach optischen Abbildungsgesetzen zu berechnen. Auch läßt die Glasqualität zu wünschen übrig. Neben Verunreinigungen sind vor allem Schlieren problematisch.

Erste systematische mikroskopische Beobachtungen macht 1592 der flämische Zeichner Joris (Georg) Hoefnagel in Frankfurt am Main. Er veröffentlicht auf 50 Kupferstichtafeln zahlreiche Abbildungen von vergrößerten Insekten.

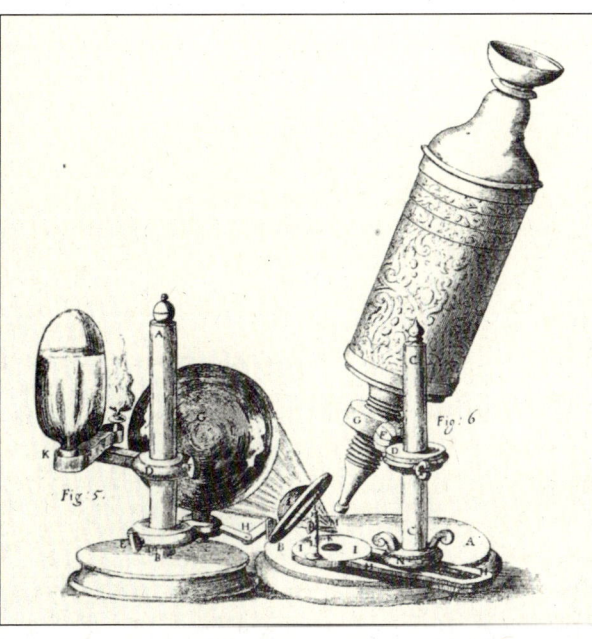

Die erste genauere Beschreibung des 1590 von Vater und Sohn Janssen erfundenen Mikroskops gibt der britische Wissenschaftler Robert Hooke gegen Ende des 17. Jahrhundert; der ausziehbare Tubus enthält drei Linsen, eine Augenlinse, eine Feldlinse zur Vergrößerung des Gesichtsfeldes und eine Objektivlinse

John Napiers Logarithmen

1594. Der Schotte John Napier, Laird of Merchiston, publiziert sein »natürliches Logarithmensystem«. Schon vor ihm hatte der Schweizer Jost Bürgi die Logarithmen erfunden (→ 1588), doch wird seine Arbeit erst 1620 veröffentlicht.

Der von Bürgi und Napier eingeführte Logarithmus stellt zunächst nichts anderes dar als die Umkehrung der Exponentenrechnung, wobei als Basis von beiden die Zahl zehn gewählt wird. Ein Beispiel verdeutlicht das: Ist $10^3 = 1000$, so ist der Logarithmus von 1000 (lg 1000) gleich 3. Auch für gebrochene Exponenten (→ 1360) ist diese Umkehrung möglich: $10^{2,35} = 223,872$ und

lg 223,872 = 2,35. Der enorme Vorteil der Logarithmen liegt darin, daß sich mit ihnen Multiplikationen auf Additionen und Divisionen auf Subtraktionen zurückführen lassen. Die Aufgabe $1000 \times 223,872$ läßt sich z. B. dadurch lösen, daß man lg 1000 zu lg 223,872, also 3 zu 2,35, addiert. Das Ergebnis, 5,35, ist der Logarithmus des gesuchten Produkts, das sich in der Logarithmentafel als 223 872 ablesen läßt. Das ist die Grundlage späterer mechanischer Analogrechenwerke, z. B. des Rechenschiebers (→ 1620), bei dem zur Ausführung der Multiplikation logarithmisch skalierte Stäbe einfach in ihrer Länge addiert werden.

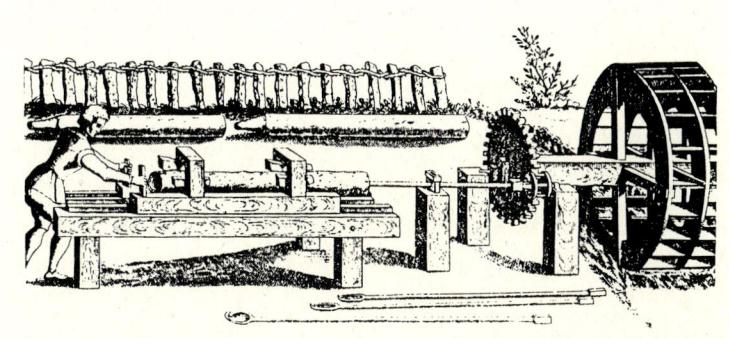

Von einem Wasserrad angetriebene Maschine zum Längsdurchbohren von Baumstämmen (für Wasserleitungen), vorgestellt von dem französischen Ingenieur Salomon de Caus in: »Les raisons de forces mouvantes«, 1615

Erste Werkzeugmaschinen

Ende des 16. Jahrhunderts. Werkzeugmaschinen beginnen allmählich die Handarbeit zu ersetzen oder zu erleichtern. Sie sind ein erster Schritt auf dem Weg zur Fertigung genau reproduzierbarer Produkte.

Eine der ersten Maschinen dieser Art war die Gewindedrehbank des Franzosen Jacques Besson (→ 1568). 1592 treibt der Holländer Cornelius Cornelisz van Uitgeest erstmals Holzsägemühlen mit Windrädern an. 1596 arbeitet in Saardam (Holland) die erste Gattersäge (mit Wasserantrieb). Diese Werkzeugmaschinen sind durchweg aus Holz gebaut, und daher ist ihre Präzision noch nicht sonderlich groß. In der zeitgenössischen technischen Literatur werden sie meist als regelrechte Wunderwerke gefeiert und in eher poetischer als nüchtern-technischer Manier beschrieben. Oft eilt der Erfindergeist, angeregt durch die ersten praktischen Erfolge, dem technisch Möglichen voraus: Werkzeugmaschinen werden konstruiert, die sich nicht bauen lassen oder die in der Praxis kaum den gewünschten Effekt erbrächten.

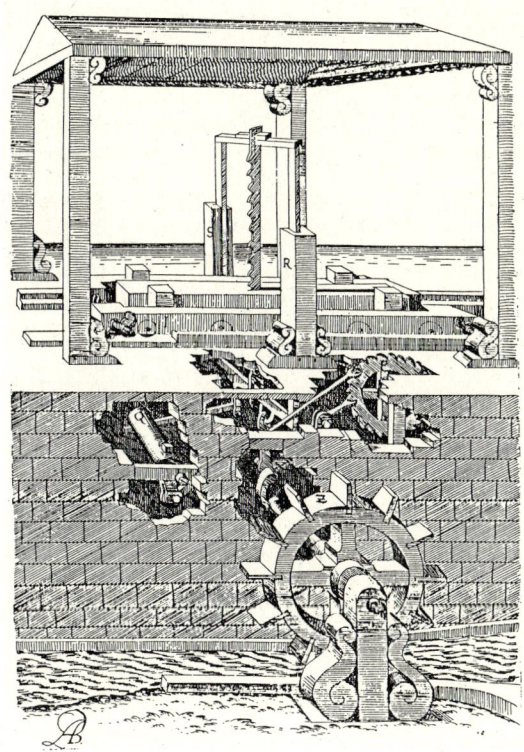

Darstellung einer Gattersäge in dem Werk »Schatzkammer Mechanischer Künste« des königlich-französischen und polnischen Ingenieurs Augustini de Ramelli aus dem Jahr 1620: ». . . Wie man mit Hülffe eines Flußes grosse stücke Höltzer zersegen und darvon Dielen oder Bretter leichtlich schneiden könne . . .«; das Wasserrad bewegt nicht nur das Sägeblatt, es bewirkt auch den Vorschub des zu bearbeitenden Holzstücks

Spezialisierung und wissenschaftliches Denken

Die frühe Neuzeit 1600 bis 1750

Vom »Alleskönner« zum Fachmann

Gegen Ende der Renaissance, stilistisch erkennbar an der Verfeinerung und Verkünstelung der Formen im Manierismus, zeichnete sich ein Trend vom Allgemeinen zum Speziellen, zur detaillierten Beschäftigung mit dem Subtilen ab. Im Bereich der Technik übte die inzwischen stark angewachsene Fülle bekannter Mechanismen und Maschinenelemente geradezu einen Zwang zur Spezialisierung aus. »Alleskönner«, wie es sie in der Blütezeit der Renaissance gab, wurden immer seltener. Im Zuge der sich im 17. Jahrhundert in Europa anbahnenden Spezialisierung bildeten sich zunächst technische Berufsgruppen, die innerhalb ihres Metiers im Vergleich zu späteren Spezialisten allerdings noch ein breites Aufgabenfeld bewältigen konnten. Dem »Militäringenieur« beispielsweise oblagen nicht nur die Konstruktion und der Bau von Waffen und Festungsanlagen, er war zugleich für die Landvermessung, den Straßen- und Wasserbau zuständig. Die »Mühlenbauer« befaßten sich mit beweglichen Apparaten und Kraftübertragungsmechanismen, etwa mit Wasser- und Windmühlen, aber auch mit der Anfertigung von Getrieben, einfachen Drehbänken, Textilmaschinen usw. »Zirkelschmiede« fertigten nicht nur verschiedenartige Meßinstrumente, sondern waren als Feinmechaniker im weitesten Sinne tätig. Die handwerklich feinsten Arbeiten blieben schließlich dem neuen Gewerbe der »Uhrmacher« vorbehalten. Wer sich mit chemischen Prozessen, etwa dem Glasmachen oder mit Metallurgie befaßte, nannte sich gern »Arkanist«, denn das Wort »arcanum« bedeutet soviel wie »Geheimnis«. Ihre Rezepturen verrieten die frühen Chemiker ebensowenig wie viele spätere Kollegen.

Neben den praktisch-technischen Berufen entwickelten sich im 17. und 18. Jahrhundert auch rein wissenschaftliche Disziplinen. Hatte der Universalist der Renaissance Forschung und Technik, Theorie und Praxis, in sich vereint, so machte sich jetzt eine erste Trennung beider Richtungen bemerkbar. Die Theoretiker arbeiteten zwar noch universell – sie waren meist Mathematiker, Physiker, Chemiker und Theologen in einem –, aber sie distanzierten sich mehr und mehr von praktischen technischen Aufgaben, insbesondere von der Produktion. Ihre Kontakte mit der Praxis beschränkten sich zunehmend auf das Experiment und auf die Entwicklung des Meßwesens.

Bezeichnend für den Weg zur reinen Wissenschaft einerseits und zur Verwissenschaftlichung der Technik andererseits waren zwei Phänomene der Zeit: Die Gründung von Akademien und das Erscheinen wissenschaftlicher und technischer Fachliteratur in größerem Umfang. Letztere hatte nichts mehr mit den »Probier-« und »Maschinenbüchern« der Renaissance gemein, die vorwiegend Kuriositäten präsentieren und damit unterhalten wollten. Die neuen Fachschriften waren – soweit sie die Technik betrafen – an-wendungsorientiert. Soweit es sich um wissenschaftliche Traktate handelte, trugen sie schon den Charakter von Lehrbüchern. In diesem Rahmen machte sich auch ein deutlicher Hang zu erschöpfenden enzyklopädischen Gesamtwerken bemerkbar, die systematisch ein ganzes Wissensgebiet behandelten. Eines der bekanntesten praktischen technischen Kompendien war das »Theatrum machinarum« (1724 und 1727) des Leipziger Mechanicus Jakob Leupold, der selbst eine feinmechanische Werkstatt unterhielt und als Hersteller wissenschaftlicher Instrumente intensiv mit Universitätsgelehrten zusammenarbeitete. Neben diesem umfassenden technischen Werk standen Gesamtdarstellungen von Teilgebieten wie »Die Kunst des Drechselns« (»L'art de tourner«), die 1701 der Franzose Charles Plumier veröffentlichte, oder die »Architectura mechanica of Moole-Boek« des Autors P. Linperch, die 1727 in Amsterdam erschien. Auch erste technische Lexika kamen auf den Markt, so z. B. 1704 und 1710 ein zweibändiges Werk von J. Harris in London: »Lexicon Technicon: Or an Universal English Dictionary of Arts and Sciences«. Den Höhepunkt des technisch-wissenschaftlichen Schrifttums der Zeit stellte dann – bereits im Vorfeld der Industriellen Revolution – die ab 1751 in 35 Bänden erscheinende und mit mehr als 3000 Kupferstichen illustrierte »Encyclopédie ou Dictionnaire raisonné des sciences, des arts et des métiers« der französischen Gelehrten Denis Diderot und Jean Le Rond d'Alembert dar.

Hand in Hand mit der Dokumentierung technischer und naturwissenschaftlicher Erkenntnisse vollzog sich die Institutionalisierung der Naturforschung. 1660 etablierte sich in London die »Royal Society for the Improvement of Natural Knowledge«, eine private britische Gelehrtengesellschaft, deren Anliegen es war, »das Wissen von den natürlichen Dingen und allen nützlichen Künsten [hier im Sinne von Techniken], Fabrikationszweige, mechanische Verfahrensweisen, Maschinen und Erfindungen durch Experimente zu verbessern . . .«. Mit ähnlicher Zielsetzung entstand 1666 als staatliche Institution in Paris die »Académie des sciences«, die u. a. 1695 beschloß, eine generelle Bestandsaufnahme aller in Frankreich bekannten gewerblichen Produktionsverfahren und technischen Hilfsmittel durchzuführen und in Text und Bild zu publizieren, ein ehrgeiziges Unterfangen, das allerdings erst ab 1761 in Form einzelner Fachschriften (»Descriptions des arts et métiers«) Früchte zeitigte. Immerhin erschienen dann bis 1789 nicht weniger als 121 Bände.

Zählen, messen, rechnen

Der Weg von verbreiteter technischer Spielerei wie in der Renaissance zur ernsthaften Spezialisierung führte auch vom quantitativen zum qualitativen Denken. Das erforderte den Übergang vom bloßen Größenvergleich zum exakten Messen. In der Praxis befruchteten sich bei diesem Wandel die technischen Möglichkeiten der aufkommenden Feinmechanik und die entstehende verfeinerte Metrik gegenseitig. Mehrere physikalische Größen wurden in dieser Zeit überhaupt erstmals skaliert und damit meßtechnisch erfaßbar. Hatte man bisher fast ausschließlich räumliche Größen und Kräfte gemessen, so entstanden jetzt Meßinstrumente und entsprechende Skalen für physikalische Größen wie Temperatur oder Druck. Ganz besondere Fortschritte machte die Zeitmessung. Bisher denkbar ungenau, erreichte man durch die Erfindung zahlreicher bedeutender neuer Uhrenmechanismen eine zunehmende Präzision, eine Entwicklung, die schließlich (1761) der Engländer John Harrison mit dem Bau eines sogenannten Chronometers krönte, das in 161 Tagen eine Gangabweichung von nur fünf Sekunden zeigte.

Die zählende und messende Denkweise in den Naturwissenschaften brachte erstmals exakt reproduzierbare Ergebnisse bei physikalischen und chemischen Experimenten mit sich, was eine Tür zur Entdeckung zahlreicher Naturgesetze aufstieß. Als Nebeneffekt förderte dieses Vorhaben aber auch die Mathematik. Je mehr Zahlen und Daten anfielen, desto mehr gab es zu rechnen. Die Entwicklung der Grundlagen der Statistik fällt ebenso in diese Zeit wie die der Grundlagen der mechanischen Datenverarbeitung. Eine erste Rechenmaschine – von antiken Konstruktionen abgesehen – baute schon 1623 der Tübinger Astronom, Mathematiker, Mechaniker und Lehrer für orientalische Sprachen Wilhelm Schickard. Allerdings konnte sie lediglich addieren. 1645 präsentierte dann der junge französische Philosoph und Mathematiker Blaise Pascal eine drei Jahre zuvor von ihm entwickelte Rechenmaschine, von der immerhin 15 Stück gebaut wurden und in den Handel kamen. Der große Wurf gelang 1671 dem deutschen Gelehrten Gottfried Wilhelm Leibniz mit der Erfindung der »Staffelwalze«, die es erlaubte, automatische Rechnungsüberträge von Dezimalstelle zu Dezimalstelle vorzunehmen. Dadurch konnte die Maschine alle vier Grundrechenarten ausführen, oder besser, sie hätte es gekonnt, wenn es damals möglich gewesen wäre, ihren komplizierten Mechanismus präzise genug zu fertigen.

Die Faszination der Zeit

Wer in mechanischen Kategorien denkt, der denkt auch in zeitlichen Abläufen. Ist dieses Denken noch jung und ungewohnt, dann übt es eine beachtliche Faszination aus. Diesem Zauber erlagen die Europäer im 17. Jahrhundert. Kein Wunder, daß die schon ab etwa 1550, vor allem aber nach 1600 gefertigten Tisch- und Taschenuhren, die nach der Erfindung des Federuhrwerks an die Seite der Turmuhren traten, geradezu den Charakter von Kultgegenständen gewannen. Dabei stand zunächst nicht einmal die präzise Zeitmessung im Vordergrund – sie wurde erst gegen Ende des 17. und vor allem im 18. Jahrhundert im Zusammenhang mit der Weiterentwicklung der Navigation zur See relevant. Die Taschenuhren bis etwa 1650 waren so ungenau, daß sie der Besitzer beinahe täglich mit Hilfe einer Sonnenuhr nachstellen mußte. Abweichungen von einer Viertel- oder einer halben Stunde im Lauf eines Tages galten durchaus als normal. Viel wichtiger als die Funktion des exakten Zeitmessers erschien der Symbolcharakter der Uhr. »Tempus fugit«, die Zeit flieht, oder ähnliche Metaphern zierten oft in kunstvoll ziselierten Lettern die prunkvollen Edelmetallgehäuse der Uhren. Das geschäftige Uhrwerk wurde für den Betrachter unmittelbar zum Räderwerk der Zeit und zum Räderwerk des Lebens schlechthin. War die Zeit abgelaufen, drohte grinsend der

Tod, und dessen Abbild fand man denn auch häufig auf Uhren. Man sprach vom Weltengetriebe wie vom Getriebe einer Uhr, und die Uhrmacher, die Qualitäten perfekter Kunsthandwerker mit denen geübter Feinmechaniker verbanden, bauten bald eindrucksvolle Mechanismen, die diesem mechanistischen Weltbild Rechnung trugen: Auf den Zifferblättern bewegten sich Sonne, Mond und Sterne als Teile des gewaltigen kosmischen Räderwerks.

Die intensive Beschäftigung mit immer neuen Uhrwerken führte auch zu meßtechnisch relevanten Verbesserungen. So baute 1657 der Holländer Christiaan Huygens die erste Pendeluhr, die sich durch eine bisher nicht erreichte Genauigkeit auszeichnete. Wenige Jahre später verbesserte er sie noch durch die Erfindung der Unruh als Gangregulator. 1690 führte dann der Engländer George Graham die Ankerhemmung ein. Und 1695 erfanden seine Landsleute Thomas Tompion und Eduard Barlow den Zylindergang.

Als die Uhr mehr und mehr zum reinen Zeitmesser wurde, verlor sie ihren Symbolcharakter und wurde seltener als Antriebsmechanismus für Figürchen und anderes bewegliches Beiwerk benutzt. Dafür aber gewannen die nun ihrerseits von der Uhr gelösten mechanischen Figuren Eigenleben. Schon in der Renaissance hatte man erste sogenannte Automaten angefertigt, lebensgroße Menschen- und Tierfiguren, die allerlei Bewegungen ausführen konnten. Im 18. Jahrhundert artete der Bau möglichst naturgetreuer Automaten, sogenannter Androiden, zu einer regelrechten Manie aus. Besonders der französische Ingenieur Jacques de Vaucanson und der Schweizer Uhrmacher Henri Louis Jacquet-Droz (der letztere erst um 1773) zeichneten sich auf diesem Gebiet aus. 1738 baute Vaucanson einen flötespielenden Schäfer und eine aus über 1000 Einzelteilen bestehende Ente, die sich nicht nur bewegte, sondern auch schnatterte, fraß und sogar verdaute. Das mechanistische Denken versuchte die Natur zu erklären, indem es sie nachzubilden trachtete.

Mit zunehmender Komplexität der »Androiden« entwickelten sich die Prinzipien der mechanischen Steuerungstechnik. Von dort zur halbautomatischen Steuerung von Webstühlen durch den Franzosen B. Bouchon (1725) und den Briten M. Falcon (1728) oder sogar zur Lochstreifensteuerung von Webstühlen durch den Franzosen Vaucanson (1741) war es nur ein kleiner Schritt.

Mechanisierung im Textilgewerbe

Vaucansons Lochstreifensteuerung für Webstühle geriet allerdings schnell wieder in Vergessenheit. Dennoch war es das Textilgewerbe, das schon im 16. und frühen 17. Jahrhundert die Industrielle Revolution zum Teil vorwegnahm. Die Wurzeln dieser Entwicklung reichen sogar schon bis ins späte 13. Jahrhundert zurück, als in Norditalien Mechaniker die wasserkraftgetriebenen Seidenzwirnmühlen so verbesserten, daß sie bis zu 240 Spindeln gleichzeitig bewegen konnten. Dieses über die Jahrhunderte praktisch unveränderte Prinzip gelangte im 18. Jahrhundert in Großbritannien zu großer Blüte. Im Betrieb der Gebrüder Lombe liefen beispielsweise um 1720 nicht weniger als 26 586 Spindeln.

1610 entwickelte der britische Geistliche William Lee eine Erfindung weiter, die er bereits 1589 gemacht hatte: Er baute einen sogenannten Handkulierstuhl zum automatischen Stricken von Strümpfen, der sich um die Mitte des 17. Jahrhunderts dann durchsetzte und dazu beitrug, Großbritannien eine frühe Blüte der Textilindustrie zu bescheren. Durch Industriespionage gelangte im 17. Jahrhundert auch die niederländische Erfindung einer automatischen »Bandmühle« zum Weben von Borten nach England.

1600

Um 1600. John Napier, Laird of Merchiston, entwickelt »Rechenstäbchen« als Multiplikationshilfe (→ 1620).

1600. Jost Bürgi aus der Schweiz erfindet die Dezimalbruchrechnung. →

Anton Möller konstruiert in Danzig die Bandmühle (Mehrfachweberei). →

Simon Stevin aus den Niederlanden baut einen Segelwagen für 28 Personen. →

1602. Der italienische Mathematiker und Physiker Galileo Galilei entdeckt, daß die Wurflinie eine Parabel ist (→ vor 1618).

1603. Der deutsche Astronom Johann Bayer veröffentlicht den ersten Sternatlas »Uranometria«.

1604. Johannes Kepler, Hofastronom des römisch-deutschen Kaisers Rudolf II. in Prag, gibt eine vollständige Theorie der Brillen und der Projektion des umgekehrten Bildes auf die Netzhaut.

1607. Latinus Tancredus entdeckt eine sehr wirksame Kältemischung aus Schnee und Salpeter.

1608. Der holländische Brillenmacher Hans Lipperhey beantragt ein Patent auf ein zweilinsiges Fernrohr (→ 1608/09).

1609. Galileo Galilei entdeckt das Trägheitsprinzip (→ vor 1618).

Johannes Kepler entdeckt seine beiden ersten Planetengesetze. Zugleich erkärt er die Anziehungskräfte zwischen Erde und Mond (→ 15. 5. 1618).

GESTORBEN:

17. 2. 1600. Rom: Giordano Bruno (* 1548, Nola), italienischer Naturphilosoph. →

24. 10. 1601. Prag: Tycho Brahe (* 14. 12. 1546, Knudstrup), dänischer Astronom. →

13. 2. (?) 1603. Paris: François Viète (* 1540, Fontenay-le-Comte), französischer Mathematiker.

GEBOREN:

17. (?) 8. 1601. Beaumont-de-Lomagne: Pierre de Fermat († 12. 1. 1665, Castres/Toulouse), französischer Mathematiker.

2. 5. 1602. Geisa/Fulda: Athanasius Kircher († 27. 11. 1680, Rom), deutscher Gelehrter.

20. 11. 1602. Magdeburg: Otto von Guericke († 11. 5. 1686, Hamburg), deutscher Naturwissenschaftler und Politiker.

15. 10. 1608. Faenza: Evangelista Torricelli († 25. Oktober 1647, Florenz), italienischer Physiker und Mathematiker.

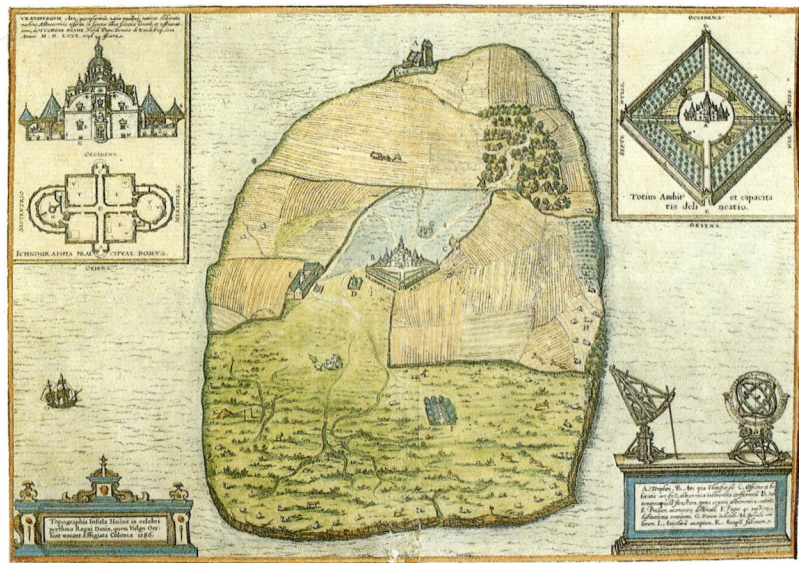

Skizze der »Uranienborg«, Tycho Brahes Sternwarte auf Ven; A = Kirche, B = Uranienborg, C = Werkstatt, D = unterirdischer Instrumentenraum

Optiker baut Ferngläser

1608/09. Der niederländische Brillenmacher Hans Lipperhey (oder Jan Lippersheim) aus Middelburg meldet am 2. Oktober 1608 ein Patent auf ein zweilinsiges Fernrohr an. Im Folgejahr entwickelt er das erste binokulare »Teleskop« (griechisch »tele« = »fern«, »skopein« = »sehen«).

Lipperhey entdeckte das Prinzip des Fernglases, als er bemerkte, daß eine Wetterfahne größer wirkte, wenn er sie durch eine Kombination aus einer bikonkaven und einer bikonvexen Linse ansah. Er fertigt umgehend ein röhrenförmiges Instrument mit dieser Anordnung.

1609 baut auch der italienische Physiker und Astronom Galileo Galilei, der von der Erfindung hört, ein solches Fernrohr. Er beobachtet damit den Sternenhimmel und macht sofort zahlreiche Entdeckungen: Er sieht die Berge und Krater auf dem Mond, er findet die vier Jupitermonde und die Venusphasen. Er beobachtet den Ring des Saturns, den er als zwei »merkwürdige Henkel« oder »Ohren« beschreibt. Er stellt fest, daß sich die Milchstraße aus einer immensen Zahl von Sternen zusammensetzt. Darüber hinaus entdeckt der Forscher Galileo Galilei die Sonnenflecken.

Der Astronom Tycho Brahe stirbt in Prag

24. Oktober 1601. In Prag stirbt der Hofastronom von Kaiser Rudolf II., der Däne Tycho Brahe, im Alter von 55 Jahren.

Als junger Mann widmete er sich zunächst Studien der Jurisprudenz, der Heilkunde und Alchimie. Doch veranlaßten ihn die Beobachtung einer Sonnenfinsternis und seine Entdeckung einer Nova (plötzliches Aufleuchten eines Sterns) in der Kassiopeia (1572) dazu, sich hinfort der Astronomie zu widmen. 1576 erhielt er vom Dänenkönig Friedrich II. die Sundinsel Ven als Lehen. Hier errichtete er die Observatorien »Uranienborg« und »Stjernborg« mit den größten astronomischen Instrumenten der Zeit. Das Fernrohr war ihm allerdings noch völlig unbekannt (→ 1608/09). Er führte die ersten regelmäßigen

Tycho Brahe

und langfristigen Sternenbeobachtungen Europas durch und verfaßte einen Fixsternkatalog von 1000 Gestirnstandorten.

1597 verließ Brahe Dänemark, arbeitete kurz in Rostock und Wandsbek und trat 1599 als Hofastronom in die Dienste von Kaiser Rudolf II. in Prag. Dort erarbeitete er ein neues astronomisches Weltbild.

Rasende Fahrt mit Stevins Segelwagen

1600. *Der niederländische Mathematiker Simon Stevin (Stevinus) baut einen Segelwagen (Abb.: Stich aus dem Gemeindearchiv von Den Haag) und bezwingt mit diesem Gefährt die 67,6 km lange Strecke von Scheveningen nach Petten in nur zwei Stunden. Bei der Rekordfahrt mit einer Durchschnittsgeschwindigkeit von 33,8 km/h befinden sich 28 Personen an Bord.*

Einer Straße kann sich der Segelwagen nicht bedienen, denn es fehlt an geeigneten ebenen und auch schlaglochfreien, befestigten Fahrbahnen. Er fährt auf dem flachen Nordseestrand.

Kosmologe Bruno als Ketzer verbrannt

17. Februar 1600. Auf Anordnung des Papstes wird auf dem Campo di Fiori in Rom der 52jährige aus Nola bei Neapel stammende Naturphilosoph Giordano (eigentlich Filippo) Bruno als Ketzer auf dem Scheiterhaufen verbrannt.

Bruno verfaßte – vor allem zwischen 1583 und 1585 in London – zahlreiche Schriften über Kosmologie, die die kirchlichen Dogmen grundsätzlich in Frage stellten. So nahm der große Naturphilosoph ein unendliches Weltall und die Existenz außerirdischer bewohnter Weltensysteme an. Er lehrte ein heliozentrisches Weltbild und sah in den Fixsternen ferne Sonnen.

Neues Rechnen mit Dezimalbrüchen

1600. Der Schweizer Mathematiker Jost Bürgi (→ 1588) erfindet unabhängig von dem Niederländer Simon Stevin, der diesen Gedanken schon 1596 formuliert hatte, die Dezimalbruchrechnung. Bürgi und Stevinus führen damit die Grundidee des indischen – sogenannten arabischen – Zahlensystems (→ 1202) konsequent weiter, die darin liegt, daß jeder Ziffer innerhalb einer Zahl je nach ihrer Stellung ein anderer Wert zukommt. Beim Dezimalbruch ist erstmals von der Einerstelle aus auch ein Verschieben nach rechts möglich.

Mehrfachwebstuhl arbeitet rationeller

1600. Anton Möller d. Ä. erfindet in Danzig die Bandmühle, einen Mehrfachwebstuhl, auf dem ein Arbeiter 16 oder mehr Bänder gleichzeitig herstellen kann.

Um dieselbe Zeit verbessert der Franzose Claude Dagon die Technik von Spezialwebstühlen, auf denen komplizierte Muster gefertigt werden. Bisher mußte ein Kind, das oben auf dem Webstuhl saß, die bis zu 100 Kettfadenkombinationen durch Heben und Senken von Holzschäften einstellen, an denen die Fäden angebunden waren. Dagons neuer Webstuhl erlaubt dem Kind diese Tätigkeit von einem Stuhl neben dem Weber aus. Es betätigt dabei einen Seilzugmechanismus.

1610
1610–1619

1610. Der Engländer Edmund Gunter hat die Idee, Multiplikationen und Divisionen mit Hilfe von aneinandergelegten logarithmisch geteilten Stäbchen durchzuführen. Das ist der grundlegende Gedanke für den Rechenstab (→ 1620).

Der italienische Mathematiker und Physiker Galileo Galilei macht zahlreiche astronomische und physikalische Entdeckungen (→ vor 1618).

1611. Der Prager Astronom Johannes Kepler erfindet das astronomische Fernrohr.

1612. Galileo Galilei lehrt in Florenz die Achsendrehung der Sonne (→ vor 1618).

In seinem Buch »De arte vitraria« beschreibt der Florentiner Glasmacher Antonio Neri das Bleikristallglas. →

1613. Der deutsche Jesuit Christoph Scheiner, Mathematiker, Physiker und Astronom, bestimmt die Rotationszeit der Sonne und die Lage des Sonnenäquators und beobachtet erstmals Sonnenfackeln.

1614. Der Grieche Demiscianus prägt die Begriffe »Teleskop« und »Mikroskop«.

Der schottische Mathematiker John Napier, Laird of Merchiston, publiziert in seinem Werk »Descriptio mirifici logarithmorum canonis« das Prinzip der von ihm erfundenen Logarithmen (→ 1620).

1616. Galileo Galilei formuliert seine Theorie von Ebbe und Flut (→ vor 1618).

Der dänische Anatom Thomas Bartholin beschreibt in einem Brief einen »Wasserharnisch« und fügt die Illustration einer Taucherglocke bei.

Jean Baptiste Morin stellt bei Untersuchungen in ungarischen Bergwerken erstmals fest, daß die Erdtemperatur mit zunehmender Tiefe steigt.

1617. Der Mathematiker Henry Briggs aus Oxford gibt die ersten 8- und 14stelligen Logarithmentafeln heraus (→ 1620).

John Napier aus Schottland erfindet ein Rechenbrett mit beweglichen Gliedern (→ 1620).

1618. Der niederländische Mathematiker und Physiker Willebrordus Snellius, Professor in Leiden, entdeckt die mathematische Abhängigkeit von Einfallswinkel und Brechungswinkel bei Lichtstrahlen.

15. 5. 1618. Johannes Kepler stellt sein drittes Gesetz der Planetenbewegungen auf. →

1619. Der Engländer Dud Dudley verwendet zur Eisengewinnung Steinkohle.

Keplers Planeten-Gesetze

15. Mai 1618. Der Württemberger Astronom Johannes Kepler (→ 15. 11. 1630) stellt das dritte und damit letzte seiner »Planeten-Gesetze« auf. Die beiden ersten veröffentlichte er bereits 1609.

Der Berufsmathematiker und Astronom Johannes Kepler war schon früh von seiner Lebensaufgabe überzeugt, er müsse die »Entelechie« (die sich im Stoff verwirklichende Form; etwas, das Ziel in sich selbst hat) des Planetensystems finden. Für ihn stand fest, daß Zahlenverhältnisse die Zeichensprache des Weltschöpfers seien.

Sein erster Versuch, die Harmonie des Planetensystems zu erklären, entpuppte sich als Irrtum, wie Tycho Brahes (→ 24. 10. 1601) Berechnung der genauen Marsbahn zeigte. Kepler sah durch die Planetenbahnen Kugelschalen so beschrieben, daß sich in jedem Zwischenraum einer der sogenannten fünf platonischen regulären Urkörper (Würfel, Tetraeder, Oktaeder, Dodekaeder und zwanzigflächiges Vielfach) einpassen ließe.

1609 formulierte Kepler in seiner »Neuen Astronomie« die ersten beiden Gesetze: »Die Bahnen der Planeten sind Ellipsen, in deren einem Brennpunkt die Sonne steht.« Und: »Die Verbindungslinie (der Leitstrahl) zwischen der Sonne und einem Planeten überstreicht in gleichen Zeiträumen gleiche Flächen der Bahnebene.« – 1618 erkennt Kepler sein drittes Planeten-Gesetz.

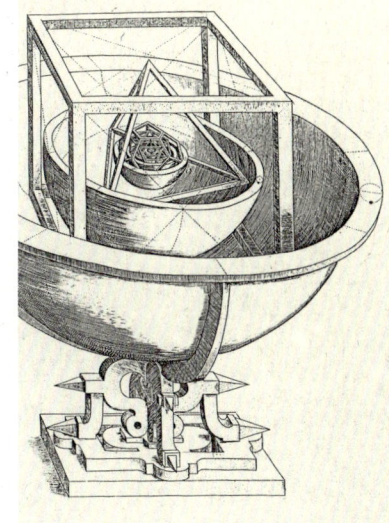

Die »Harmonie des Planetensystems«, wie Kepler sie zunächst sah

Es besagt, daß die Quadrate der Umlaufzeiten der Planeten sich so verhalten wie die Kuben (die dritten Potenzen) ihrer mittleren Entfernungen von der Sonne.

Keplers »Weltharmonik« von 1619 schließt mit den Worten: »Ich sage Dir Dank, Schöpfer Gott, weil Du mir Freude gegeben hast an dem, was Du gemacht hast, und ich frohlocke über die Werke Deiner Hände. Siehe, ich habe die Herrlichkeit Deiner Werke den Menschen, die meine Ausführungen lesen werden, offenbart, soviel von ihrem unendlichen Reichtum mein enger Verstand hat erfassen können.«

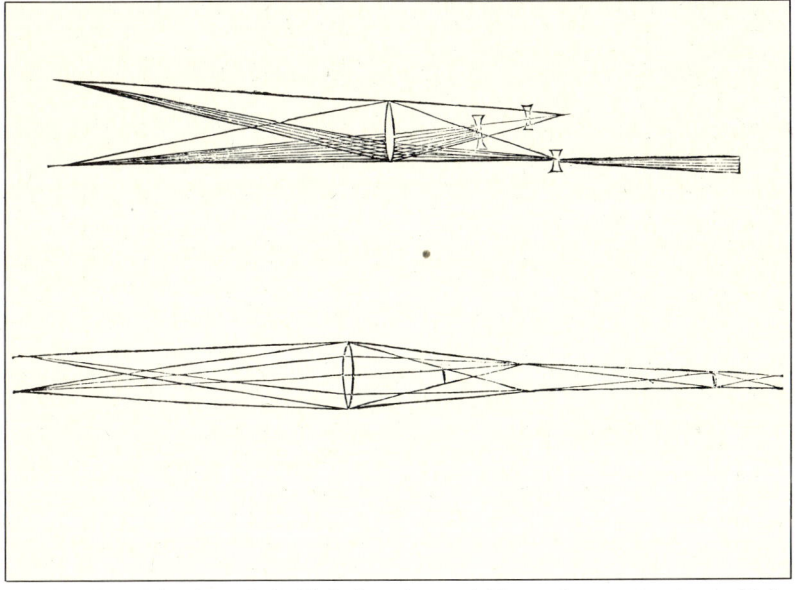

Keplersches (oben) und Galileisches (unten) Fernrohr, nach einem Holzschnitt aus Keplers Buch »Dioptrice«, das 1611 in Augsburg erschien

Die Erkenntnisse Galileis

Vor 1618. Der italienische Mathematikprofessor Galileo Galilei, der schon vor 1610 durch die rein theoretische Herleitung mechanischer Gesetze auf sich aufmerksam gemacht hatte, sammelt zahlreiche neue Erkenntnisse auf physikalischem und astronomischem Gebiet und erregt durch sein Eintreten für die Lehren des Kopernikus (→ 24. 5. 1543), die Papst Paul III. 1616 auf den Index der verbotenen Bücher setzte, großes Aufsehen (→ 8. 1. 1642).

Bereits 1602 hatte Galilei die Erkenntnis veröffentlicht, daß gleichlange Pendel unabhängig von ihrem Gewicht und ihrer Ausschlagweite gleich schnell schwingen. Wahrscheinlich im selben Jahr berechnete er die Wurflinie als parabolische Bahn. Zwischen 1604 und 1609 erkannte er, daß die Geschwindigkeit des fallenden oder auf einer schiefen Ebene abgleitenden Körpers proportional mit der seit dem Fallbeginn verstrichenen Zeit zunimmt (Fallgesetz). Spätestens 1609 erkannte Galilei das Prinzip der Massenträgheit, wonach ein Körper, auf den keine Kräfte wirken, entweder in Ruhe oder in gleichförmiger linearer Bewegung verharrt. Als er 1609 von der holländischen Erfindung des Fernrohrs erfuhr, baute er selbst ein ähnliches, aber verbessertes Instrument, mit dem er sofort zahlreiche astronomische Entdeckungen machte (→ 1608/09). Diese astronomischen Erkenntnisse sind es, die ihn 1611 dazu führen, die kopernikanische Lehre zu unterstützen.

1616 formuliert Galilei eine Theorie von Ebbe und Flut, die er in erster Linie auf die doppelte Bewegung der Erde (Rotation um die eigene Achse und um die Sonne) zurückführt. 1618 schließlich verbessert Galilei das zweiäugige Fernrohr von Hans Lipperhey erheblich (→ 1608/09) und ermöglicht so genauere astronomische Beobachtungen.

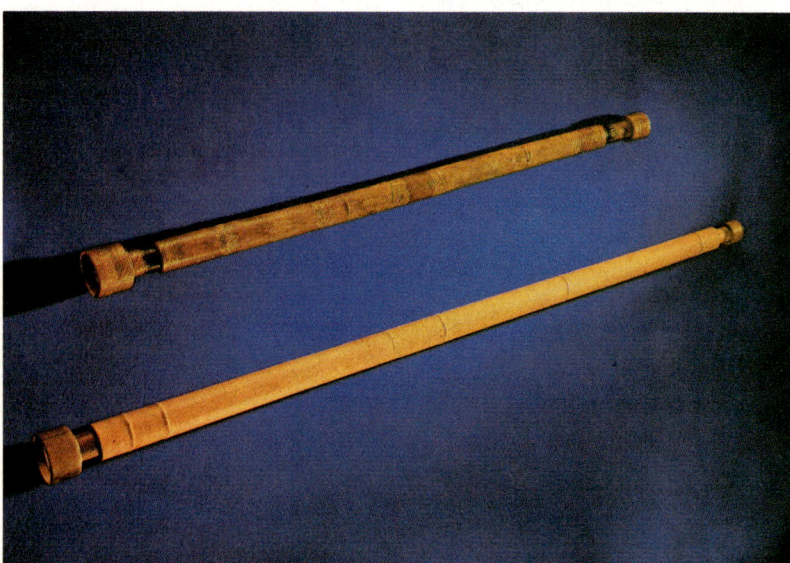

Galileis Fernrohre, basierend auf Lipperheys Erfindung der »optischen Röhre«; mit den selbstgebauten Instrumenten beobachtet Galilei den Himmel

Das alleredelste der Gläser

1612. Mit seinem Buch »De arte vitraria« trägt der Florentiner Glasmacher Antonio Neri erheblich zur Verbesserung der Glasbereitung bei. Unter anderem beschreibt er das ihm schon bekannte »Bleikrystallglas« als das »allerschönste und edelste« aller Gläser. Dabei ist das üblicherweise im Glas enthaltene Calcium großenteils durch Barium, Zink oder Blei, das Natrium z. T. durch Kalium ersetzt. Dieses Glas ist Vorläufer des 1674 von dem Engländer George Ravenscroft entwickelten optischen Bleiglases.

Neri gibt in seinem Buch zahlreiche neue Rezepturen für farbige frei- oder formgeblasene Glasobjekte an. Die Glasgefäße zeichnen sich durch charakteristische Muster aus bunten Glasfäden und durch phantasievolle Formen aus.

1620. Der englische Philosoph Francis Bacon erklärt die Wärme als Bewegung der kleinsten Teilchen eines Körpers.

Der Schweizer Jost Bürgi veröffentlicht seine schon im Jahr 1588 erstellten Logarithmentafeln. →

Der flämische Arzt und Naturforscher Johan Baptist van Helmont lehrt, daß chemische Substanzen in ihren Verbindungen weiterbestehen.

1622. Der niederländische Naturforscher Cornelius Drebbel baut im Unterseeboot, mit dem er, angetrieben von zwölf Ruderern, zwei Stunden lang in der Themse fährt.

1623. Der Tübinger Professor Wilhelm Schickard konstruiert eine zahnradgetriebene Rechenmaschine (→ 82 v. Chr.).

1624. Der Jesuit Jean Leurechon gebraucht erstmals das Wort »Thermometer«.

1627. Im Kampf gegen die Hugenotten werden bei der Belagerung von La Rochelle durch die Artillerie unter dem französischen Kardinal und Staatsmann Armand Jean du Plessis Richelieu anstelle von Rundkugeln erstmals zylinderförmige Langgeschosse verwendet.

Der Tiroler Caspar Weindel ist der erste, der im Bergbau Sprengungen einsetzt.

1629. Albert Girard führt den Gebrauch der Klammern in die Buchstabenrechnung ein (→ 1330).

GESTORBEN:

1620. Den Haag: Simon Stevin (* um 1548, Brügge), niederländischer Mathematiker, Physiker und Ingenieur.

2. 7. 1621. Gut Sion bei London: Thomas Harriot (* 1560, Oxford), englischer Mathematiker und Naturforscher.

7. 3. 1625. Augsburg: Johann Bayer (* 1572, Rain/Bayern), deutscher Astronom und Rechtsgelehrter.

GEBOREN:

19. 6. 1623. Clermont-Ferrand: Blaise Pascal († 19. 8. 1662, Paris), französischer Naturwissenschaftler und Philosoph.

8. 6. 1625. Parinaldo/Nizza: Giovanni Domenico Cassini († 14. 9. 1712, Paris), italienisch-französischer Astronom.

25. 1. 1627. Lismore: Robert Boyle († 30. 12. 1691, London), irisch-englischer Naturforscher.

14. 4. 1629. Den Haag: Christiaan Huygens († 8. 7. 1695, Den Haag), niederländischer Naturforscher.

Einfacher Rechnen mit neuen Stäbchen

1620. Jost Bürgi veröffentlicht seine schon 1588 erstellten Logarithmentafeln (→ um 1580). Unabhängig von dem Schweizer Mathematiker hatte im Jahr 1594 John Napier, der Laird of Merchiston aus Schottland, ebenfalls Logarithmentafeln aufgestellt, die zwischen 1610 und 1617 bereits praktische Anwendung in mechanischen Rechenhilfen gefunden hatten.

Schon um 1600 hatte Napier die Idee, »Rechenstäbchen« als praktische Multiplikationshilfe zu verwenden. 1610 stellte dann der Engländer Edmund Gunter logarithmisch geteilte Stäbchen her, mit denen sich Multiplikationen und Divisionen durch einfaches Aneinanderlegen ausführen ließen. Damit war bereits das Prinzip des späteren Rechenschiebers realisiert, den erst 1630 der britische Mathematiker William Oughtred entwickelte.

Da die Stäbchen zwar einfach zu handhaben waren, aber eine gewissen Ungenauigkeit mit sich brachten, gab 1617 Henry Briggs in Oxford die ersten umfangreichen 8- und 14stelligen Logarithmentafeln heraus. Der Mathematiker führte außerdem Napiers theoretische Arbeiten über Logarithmen weiter. Ebenfalls 1617 hatte Napier eine mechanische Rechenmaschine in Form eines Rechenbretts mit beweglichen Gliedern entwickelt (»Napier's bones« oder »Napiersche Rechenstäbchen«).

Napiers Original-Rechenstäbchen (»Napier's bones«) mit logarithmischer Teilung, erfunden 1617

1630. Der Nürnberger Augustin Kutter führt bei Büchsen Züge mit Drall ein.

Der deutsche Physiker Christoph Scheiner erfindet den Pantographen.

1631. Der französische Mathematiker Pierre Vernier erfindet den Nonius. →

23. 6. 1633. Vor dem Inquisitionsgericht in Rom schwört Galileo Galilei seinem heliozentrischen Weltbild ab. →

1635. Henry Gellibrand weist die zeitliche Variation der magnetischen Deklination nach.

Robert Mansell erschmilzt Glas erstmals mit Steinkohle und begründet die Bleiglasindustrie (→ 1612).

1636. Pierre Fermat begründet durch die Berechnung von Minima und Maxima mathematischer Funktionen die Infinitesimalrechnung.

Der Mathematiker Marin Mersenne berechnet die Geschwindigkeit des Schalls.

1637. Der französische Philosoph und Naturwissenschaftler René Descartes begründet die analytische Geometrie und führt außerdem die Begriffe »reell« und »imaginär« in die Mathematik ein.

Johannes Hevelius, Astronom in Danzig, erfindet das Spiegelfernrohr.

Die Holländer legen bei Brooklyn Flutmühlen an.

1638. Galileo Galilei entdeckt das Pendelgesetz, nach dem sich die Pendellängen wie die Quadrate der Schwingungszeiten verhalten. Er begründet außerdem die Elastizitäts- und die Festigkeitslehre (→ 22. 6. 1633; vor 1618).

Der französische Ingenieur Gérard Desargues begründet durch die Vorstellung, daß sich parallele Linien in der Unendlichkeit schneiden, die nichteuklidische Geometrie.

GESTORBEN:

15. 11. 1630. Regensburg: Johannes Kepler (* 27. 12. 1571, Weil), deutscher Astronom.

GEBOREN:

20. 10. 1632. East Knoyle/ Wiltshire: Christopher Wren († 25. 2. 1723, London), englischer Baumeister, Mathematiker und Astronom.

24. 10. 1632. Delft: Antonie van Leeuwenhoek († 26. 8. 1723, Delft), niederländischer Naturforscher.

18. 7. 1635. Freshwater/Isle of Wight: Robert Hooke († 3. 3. 1703), englischer Naturforscher.

Der Hofastronom Kepler

15. November 1630. Mit 58 Jahren stirbt in Regensburg der aus Weil stammende Astronom Johannes Kepler. Sein Hauptwerk ist die Formulierung der drei Planeten-Gesetze (→ 15. 5. 1618).

Der an evangelischen Klosterschulen auch in Theologie ausgebildete Naturwissenschaftler unterrichtete ab 1594 in Graz Mathematik. 1600 berief ihn der Astronomieprofessor Tycho Brahe (→ 24. 10. 1601), dem Kepler 1595 sein noch reichlich spekulatives und mystisches Kosmologiewerk »Weltgeheimnis« vorgelegt hatte, wegen seiner großen mathematischen Fähigkeiten nach Prag. Kepler wurde Brahes Nachfolger als kaiserlicher Hofastronom und Mathematiker bei Rudolf II. Mit seinen Schriften »Neue Astronomie« (1609), »Weltharmonie« (1619) und »Abriß der Kopernikanischen Astronomie« (1618 – 22) bestätigte er das heliozentrische Weltbild von Nikolaus Kopernikus (→ 24. 5. 1543). 1627 publizierte er die »Rudolfinischen Tafeln« der Planetenstandorte, die die »Prutenischen Tafeln« (→ 1551) ablösen. Kepler gewann auch auf dem Gebiet der Optik neue Erkenntnisse, die er 1604 in den »Grundlagen der geometrischen Optik« und 1611 in seinem Buch »Dioptik« beschrieb. 1611 entwickelte er ein astronomisches Fernrohr, das gegenüber dem Instrument von Hans Lipperhey (→ 1608/09) schärfere Bilder liefert.

Der Astronom Johannes Kepler (nach einem russischen Kupferstich)

Ein Franzose baut Meßinstrumente

1631. Der französische Mathematiker Pierre Vernier erfindet den später irrtümlich nach dem portugiesischen Mathematiker Pedro Nuñes benannten »Nonius«, eine Einrichtung zum Ablesen sehr kleiner Längen an mathematischen und meßtechnischen Instrumenten.

Von zwei parallel liegenden Stäben ist einer fortlaufend in gleiche Längeneinheiten (z. B. mm) geteilt. Der zweite Stab besitzt eine Skala, die so lang ist wie zehn Einheiten des ersten Stabes (also 10 mm), aber lediglich in neun gleiche Teile geteilt ist. Wird der Abstand zwischen dem nullten Teilstrich der zweiten Skala und dem unmittelbar vorhergehenden Teilstrich der ersten Skala als n Zehntelmillimeter angenommen, dann läßt sich n leicht ablesen, denn der n-te Teilstrich der zweiten Skala ist es, der sich am besten mit einem Teilstrich der ersten Skala deckt. So lassen sich mit bloßem Auge Längen annähernd auf ein Zehntelmillimeter genau messen.

Ein ähnliches Prinzip hatte vorher schon Pedro Nuñes in seiner Publikation von 1542 angedeutet.

Galilei wird vor das Inquisitionsgericht zitiert

23. Juni 1633. »Ich halte jene Meinung des Kopernikus nicht für wahr und habe sie nie für wahr gehalten.« Mit diesem unter Folterandrohung seitens des »Gerichts des Heiligen Offiziums« erzwungenen Lippenbekenntnis widerruft der 69jährige Mathematiker und Astronom Galileo Galilei im Kloster Santa Maria sopra Minerva in Rom seine wissenschaftliche Überzeugung und rettet dadurch sein Leben und sein künftiges Werk. Schon 1632 war Galilei vor dieses Gericht – also die Inquisition – zitiert worden.

Der Widerruf ist das Ende eines über 20jährigen Kampfes des Wissenschaftlers mit der katholischen Kirche um die Anerkennung der Kopernikanischen Lehre von einem heliozentrischen Weltbild (→ 1543), von dem er selbst überzeugt ist. Galilei, der bereits das Fernrohr (→ 1608) benutzt hatte und deshalb von den Bahnen der Planeten und ihrer Trabanten wußte (→ vor 1618), lehrte, daß Kopernikus »die Astronomie aus der Finsternis zum Licht geführt« habe. Das aber stand im krassen Widerspruch zur Grundanschauung der christlichen Kirche. Galilei wird zu lebenslänglichem Hausarrest verurteilt.

Gemälde des Prozesses gegen Galilei von einem unbekannten Meister; bei der Verhandlung urteilt das Gericht des »Heiligen Offiziums«

1640. In Bayonne wird das Bajonett erfunden.

William Gascoigne entwickelt ein Feinmeßgerät: das Schraubenmikrometer.

Daniel Stumpfelt erfindet die Steinkohlenverkokung. →

1641. Der deutsche Naturforscher und Staatsmann Otto Guericke erfindet und baut die erste Luftpumpe (→ 1654).

1642. Der französische Mathematiker Blaise Pascal stellt in Paris eine Maschine für achtstellige Additionen und Subtraktionen vor.

1643. Vincenzo Viviani erklärt wissenschaftlich, warum Saugpumpen Wasser nicht höher als 32 Fuß heben können. →

1644. Evangelista Torricelli, als Nachfolger Galileo Galileis neuer Hofmathematiker in Florenz, erfindet das Quecksilberbarometer. →

1645. Der Kapuzinermönch Anton Maria Schyrlaeus de Rheita konstruiert das terrestrische Fernrohr.

1648. Dem deutschen Chemiker Johann Rudolf Glauber gelingt erstmals die Beschreibung und Darstellung der Mineralsäuren und Salze.

Der deutsche Jesuit und Universalgelehrte Athanasius Kircher beschreibt das Hörrohr.

Blaise Pascal, Mathematiker, Physiker und Philosoph aus Clermont-Ferrand, und sein Schwager Périer weisen am Puy de Dôme die Existenz des Luftdrucks nach (→ 1643).

1649. Der Nürnberger Johann Hautsch baut einen Muskelkraftwagen. →

GESTORBEN:

8. 1. 1642. Arcetri bei Florenz: Galileo Galilei (* 15. 2. 1564, Pisa), italienischer Naturwissenschaftler. →

25. 10. 1647. Florenz: Evangelista Torricelli (* 15. 10. 1608, Faenza), italienischer Physiker und Mathematiker (→ 1644).

3. 12. 1647. Bologna: Francesco Bonaventura Cavalieri (* 1598, Bologna), italienischer Mathematiker und Astronom.

GEBOREN:

4. 1. 1643. Woolsthorpe/Grantham: Isaac Newton († 31. 3. 1727, Kensington/London), englischer Mathematiker, Physiker und Astronom.

1. 6. 1646. Leipzig: Gottfried Wilhelm Leibniz († 14. 11. 1716, Hannover), deutscher Universalgelehrter.

22. 8. 1647. Blois: Denis Papin († 1712, England), französischer Naturforscher und Erfinder.

Stumpfelt verkokt die Steinkohle

1640. Dem nicht näher bekannten Techniker Daniel Stumpfelt wird die Erfindung der Steinkohlenverkokung zugeschrieben.

Die Verkokung ist eine thermische Behandlung der Kohle bei Temperaturen zwischen 700 und 1300° C. Ausgangsmaterial muß eine gut backende Steinkohle sein, d. h. eine Kohle, die beim Erhitzen zunächst in einen plastischen Zustand übergeht und bei weiterem Erhitzen zu festen Brocken »verbackt«. Derartige Kohle besitzt anfänglich 15 bis 35% flüchtiger Bestandteile, vor allem Kohlenwasserstoffe, die bereits ab 250 °C abgespalten werden und als Gase entweichen. Ab 350 °C zersetzt sich die Kohle weiter. Neben fortgesetzter Gasabgabe wird jetzt Teer ausgetrieben. Halbkoks und schließlich Koks entsteht, der am Ende des Prozesses, nach 12 bis 30 Stunden, durch Berieseln mit Wasser abgelöscht wird. Koks ist ein hinsichtlich seiner gasförmigen und festen Abbrandrückstände saubereres und praktischeres Brennmaterial als Steinkohle.

Zirkelschmied baut einen Muskelkraftwagen

1649. *Der Nürnberger Zirkelschmied Johann Hautsch fertigt einen vierrädrigen Wagen an, der sich allein durch die Muskelkraft seiner Insassen fortbewegen läßt, also ohne vorgespannte Zugtiere. Die ausgesprochene Prachtkarosse erwirbt der schwedische Kronprinz Karl X. Gustav und läßt sie als attraktives Requisit in seinem Krönungszug mitfahren. Eine zeitgenössische Chronik beschreibt: »Eygentlicher Abriß mit aller Zier deß Triumphwagens welcher zu Nürmberg im 1649. Jahr ist gemacht worden von einem Meister Hans Hautsch | seines Alters 54 Jahr [ein Wagen,] welcher also frey gehet | wie er da vor Augen steht | vnd bedarff keiner Vorspannung wie ein ander Wagen . . .«*

Galileo Galilei stirbt blind unter Hausarrest

8. Januar 1642. In Arcetri bei Florenz stirbt der erblindete italienische Naturwissenschaftler Galileo Galilei (→ vor 1618; 23. 6. 1633) kurz vor Vollendung seines 78. Lebensjahres unter Hausarrest.

Jugend

Galilei wurde am 15. Februar 1564 in Pisa geboren. Er besuchte die Klosterschule von Vallombrosa bei Florenz. Ab 1581 studierte er erst Medizin und Philosophie, bald aber Mathematik und Physik an der Universität von Pisa.

Arbeit in Pisa und Padua

Durch eine Veröffentlichung über die Schwerpunkte von Festkörpern wurde der Florentiner Wissenschaftsmäzen Ferdinand von Medici auf Galilei aufmerksam; er verschaffte ihm 1589 eine Dozentenposition an der Universität von Pisa. Galileis Kritik an den physikalischen Lehren des Aristoteles machte ihn unter Kollegen verhaßt, 1591 wechselte er deshalb zur Universität von Padua, dozierte dort 18 Jahre lang und erwarb internationalen Ruhm.

Kritik an Ptolemäus

Ab 1609 widmete sich Galilei, angeregt durch die Erfindung des Fernrohrs (→ 1608/09), der Astronomie, bestätigte das kopernikanische Weltbild (→ 24. 5. 1543) und verwarf das von der Kirche in Rom favorisierte ptolemäische System (→ um 170). Im März 1610 publizierte er die Arbeit »Sidereus Nuncius« (Botschafter der Sterne), die er dem Großherzog der Toskana, Cosimo II. von Medici, widmete. Dieser stellte ihn als Hofphilosoph und -mathematiker an.

Verfolgt von der Inquisition

1611 reiste Galilei nach Rom und verfeindete sich ob seiner Lehren mit führenden Dominikanern. 1615/16 griff die Inquisition seine Veröffentlichungen an. 1623 provozierte Galilei den Jesuitenorden, als er die Arbeiten des Mönchs Orazio Grassi über die 1618 beobachteten drei Meteore widerlegte. In einer Komödie karikierte er sogar Papst Urban VIII. als wissenschaftlich ungebildeten »Simplicio«. 1633 ließ ihm dieser durch die Inquisition den Prozeß machen (→ 23. 6. 1633). Galilei mußte widerrufen. In seiner Villa in Arcetri bei Florenz machte er – unter Hausarrest stehend – weiterhin physikalische Entdeckungen.

Galileo Galilei (Porträt nach einem zeitgenössischen Stich)

Vincenzo Viviani entdeckt Luftdruck

1643. Der italienische Physiker Vincenzo Viviani geht Beobachtungen von Bergarbeitern auf den Grund, nach denen sich Wasser mit Saugpumpen nur bis rund 32 Fuß (etwas mehr als 9 m) hochpumpen läßt und entdeckt dabei den atmosphärischen Luftdruck.

Galileo Galilei (→ 8. 1. 1642) hatte aufgrund dieser Aussage, die nur für Saugpumpen gilt, vorausgesagt, daß sich bei der dichteren Flüssigkeit Quecksilber nur eine dem höheren Gewicht entsprechend geringere Saughöhe erreichen lassen würde. Viviani und sein Kollege Evangelista Torricelli (→ 1644) versuchen, das experimentell zu belegen. Sie füllen eine einseitig geschlossene Glasröhre mit Quecksilber, halten sie zu und drehen sie um. Als Viviani die Öffnung freigibt, fließt zwar Quecksilber aus, aber nur so viel, daß eine etwa 28 Zoll (76 cm) lange Säule im Rohr stehenbleibt. Eine Gegenkraft muß also das Metall in der offenen Röhre halten. Viviani sieht diese Kraft im Luftdruck der Atmosphäre.

Quecksilbersäule mißt den Luftdruck

1644. Der italienische Physikprofessor Evangelista Torricelli erfindet das Quecksilberbarometer.

Torricelli, der an Vincenzo Vivianis Versuchen bei der Entdeckung des Luftdrucks beteiligt war (→ 1643) und außerdem die Bemühungen seines Lehramtsvorgängers an der Universität von Padua, Galileo Galilei, um die Konstruktion eines Thermometers kennt (→ 1592), sieht eine Möglichkeit, nach Galileis Prinzip zwar nicht die Temperatur, wohl aber den Luftdruck zu messen. Galileis Thermometeranordnung glich im Prinzip dem Luftdruckversuch Vivianis, nur tauchte sein kugelförmiges, unten offen, in eine Düse auslaufendes und mit Wasser gefülltes Gefäß in ein zweites, oben offenes Wassergefäß. Torricelli arbeitet mit Quecksilber und eliminiert die Temperaturabhängigkeit des Geräts weitgehend dadurch, daß er ein sehr dünnes Röhrchen verwendet. Die sich einstellende Quecksilbersäulenhöhe in diesem Röhrchen dient ihm unmittelbar als Maß für den Luftdruck.

Um 1650. In Italien wird das Steinschloßgewehr erfunden. →

1650. Der kaiserliche Reitergeneral Gottfried Heinrich Graf zu Pappenheim konstruiert das Kapselgebläse mit zwei Drehachsen zur Förderung von Luft und Wasser (Zahnradpumpe).

Honoratius Fabry untersucht das Phänomen der Kapillarwirkung und stellt dabei fest, daß die Steighöhe einer Flüssigkeit umgekehrt proportional zum Röhrendurchmesser ist.

Der Italiener Francesco Maria Grimaldi entdeckt die Beugung des Lichts und die Interferenzerscheinungen.

1654. Der deutsche Apotheker und Chemiker Johann Rudolf Glauber publiziert seine Lehre von der »chemischen Verwandtschaft« (Affinität). →

Otto Guericke, deutscher Naturforscher und Staatsmann, führt dem Reichstag zu Regensburg sein berühmtes Experiment mit den sog. Magdeburger Halbkugeln vor. Seine Arbeiten werden bahnbrechend für die Lehre der Aerostatik. →

Der französische Naturwissenschaftler und Philosoph Blaise Pascal baut die mathematische Kombinationslehre und Wahrscheinlichkeitsrechnung zu einer wissenschaftlichen Disziplin aus (→ 19. 8. 1662).

1655. Christiaan Huygens, Physiker, Mathematiker und Astronom aus den Niederlanden, entdeckt den Titan, den größten der acht Saturnmonde.

1656. Christiaan Huygens erfindet die Pendeluhr. →

John Tradescant bringt unter der Bezeichnung »Mazer wood« erstmals Guttapercha nach London (→ 1847).

1658. Der Ingenieur Baker konstruiert in Holland eine Schiffshebemaschine. →

GESTORBEN:

11. 2. 1650. Stockholm: René Descartes (* 31. 3. 1596, La Haye-Descartes/Touraine), französischer Naturwissenschaftler und Philosoph. →

18. 7. 1650. Neisse: Christoph Scheiner (* 25. 7. 1575, Markt Wald/Mindelheim), deutscher Mathematiker, Physiker und Astronom.

GEBOREN:

27. 12. 1654. Basel: Jakob Bernoulli († 16. 8. 1705, Basel), Schweizer Mathematiker und Physiker.

8. 11. 1656. Haggerston/London: Edmond Halley († 25. 1. 1742, Greenwich/London), englischer Astronom.

Der 30jährige Krieg (zeitgenössisches Historiengemälde des niederländischen Künstlers Jan Asselijn; Herzog Anton Ulrich Museum, Braunschweig)

Neue Gewehre: Flinten

Um 1650. In Italien – möglicherweise auch in Frankreich – werden die ersten praktisch verwendbaren Steinschloßgewehre gebaut.

Die ersten Handfeuerwaffen gehen auf den Mönch Berthold den Schwarzen (→ 1313) zurück. Diese ersten Gewehre waren Vorderlader. Technische Fortschritte gab es seither auf dem Gebiet der Zündmechanismen. Zuerst zündete man die Pulverladung mit einer glimmenden Lunte, die durch ein Loch in den Lauf führte. Die anfangs frei am Gewehr hängende Lunte wurde im 15. Jahrhundert in einen Hebel eingeklemmt, was den Gebrauch vereinfachte. Mit Luntenschloßgewehren schlug Anfang des 16. Jahrhunderts das spanische Heer wiederholt französische Reitereinheiten. Im Jahr → 1517 erfand der Nürnberger Uhrmacher Johann Kiefus das Radschloß. Es bedurfte keines Anzündens der Lunte mehr, sondern schlug durch ein vorgespanntes und über den Abzug ausgelöstes eisernes Reibrad Funken aus Eisenkies oder Flint in eine Zündpfanne. Die Erfindung des Stein- oder Flintschlosses (wegen der Benutzung von Feuerstein oder Flint heißen die Gewehre ab jetzt »Flinten«) macht die Handfeuerwaffen noch schneller. Ein mit dem vorgespannten Abzug verbundener Feuerstein schlägt beim Abdrücken auf einer rauhen Eisenplatte Funken, die das Schießpulver zünden. Gegenüber den alten Mechanismen geschieht das Zünden jetzt auch zuverlässiger. Insbesondere die Luntenschlösser funktionierten beim Gebrauch der Waffen zu Pferde häufig nicht.

Drei Gewehre aus dem 16. und 17. Jahrhundert: oben Luntenschloßgewehr von A. Kötter von 1635; Mitte: Radschloßgewehr aus Sachsen von 1576; unten: Radschloßgewehr von J. G. Heusch von 1680; die Waffen sind 128, 106,5 und 116,2 cm lang

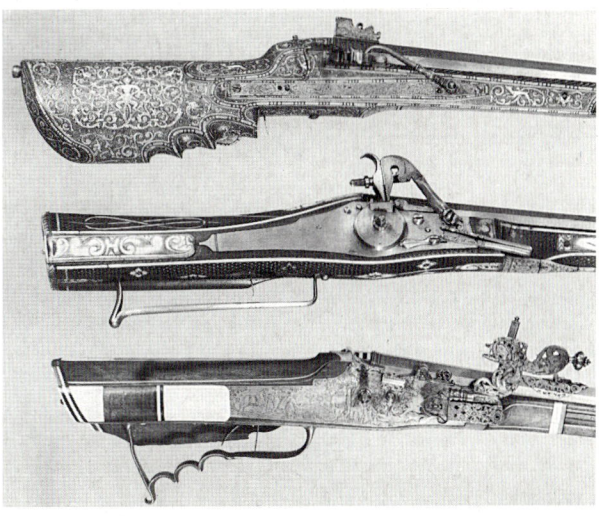

Guericke: Keine Angst vor der Leere

1654. Der Magdeburger Bürgermeister Otto Guericke führt in einem eindrucksvollen Experiment Friedrich Wilhelm, dem Großen Kurfürsten, die Existenz des luftleeren Raums vor. Das Vakuum galt bisher als physikalisch nicht realisierbar. Führende Wissenschaftler wie der am → 11. Februar 1650 verstorbene französische Naturphilosoph René Descartes hielten den leeren Raum selbst im Weltall für unmöglich. Sie glaubten an einen alles erfüllenden stofflichen Weltäther. Durch die ganze Natur gehe, so lehrten sie, ein »horror vacui«, eine kräftige Scheu vor der Leere, vor dem Nichts.

Otto Guericke begann bereits zwei Jahre vor der Entdeckung des Luftdrucks durch die Italiener Vincenzo Viviani und Evangelista Torricelli (→ 1643; 1644) mit praktischen Versuchen, einen leeren Raum zu erzeugen. Zunächst füllte er ein Faß vollständig mit Wasser, verschloß es luftdicht und wollte es leerpumpen. Als zwei Helfer mit aller Kraft versuchten, den Kolben aus dem angeschlossenen Pumpenrohr heraus-

zuzuziehen, rissen sie ihn mitsamt der ganzen Pumpe heraus. Guericke ließ die Befestigung verstärken. Diesmal ließ sich das Wasser zwar teilweise abpumpen, aber pfeifend schoß sofort Luft durch alle Ritzen des Fasses. Das Gesetz des »horror

Otto Guericke, Physiker und Bürgermeister der Stadt Magdeburg

vacui« ließ sich also zunächst nicht widerlegen. Ein luftleerer Raum ließ sich scheinbar nicht erzeugen. Nach einem zweiten Mißerfolg änderte Guericke Form und Material des leerzupumpenden Gefäßes. Er experimentierte mit einem Gebilde aus zwei exakt aufeinanderpassenden eisernen Halbkugeln. Über einen oben angebrachten Hahn war das Innere der Kugel mit einer – übrigens von Guericke selbst erfundenen – Kolbenluftpumpe verbunden. Diesmal sollte nämlich kein Wasser, sondern die Luft herausgepumpt werden. Das gelang nur anfänglich, dann zerbarst die Kugel mit einem lauten Knall, »wie man ein leinernes Tuch zwischen den Fingern zerknüllt«.

Erst eine zweite, wesentlich stabilere Kugelkonstruktion hält das Experiment aus: Diesmal ist die Eisenhülle stark genug, der Kraft des Luftdrucks zu widerstehen. In weiteren Experimenten ermittelt Guericke das Gewicht der eingeschlossenen Luft dadurch, daß er seine Kugeln vor und nach dem Leerpumpen wiegt.

Vakuum-Halbkugeln

1654 führt Otto Guericke vor dem Regensburger Reichstag in Anwesenheit Friedrich Wilhelms, des Kurfürsten von Brandenburg, des Großen Kurfürsten, sein Experiment mit den sogenannten Magdeburger Halbkugeln vor. Die luftdicht aneinandergesetzten Halbkugeln sind über einen Hahn mit einer Luftpumpe verbunden. Nachdem die Luft aus dem Innern der Kugel herausgepumpt ist, haften die beiden Kalotten mit derartiger Kraft aneinander, daß 16 starke Pferde – acht auf jeder Seite – nicht im Stande sind, den Druck der Luft zu überwinden, der die Halbkugeln zusammenhält (Abb.).

Mit diesem Experiment beweist Guericke nicht nur die Existenz des Vakuums, er demonstriert zugleich aufs neue die Existenz des atmosphärischen Luftdrucks (→ 1643) und belegt seine Erkenntnis, daß Luft elastisch ist. Seine Arbeiten sind bahnbrechend für die Lehre von der Aerostatik.

Chemische Verbindungen

1654. Der Chemiker Johann Rudolf Glauber formuliert seine Erkenntnisse von den Wirkungen der »chemischen Verwandtschaft« (Affinität) bei Reaktionen.

Glauber führt aus, daß die Zersetzung des Kochsalzes und Salpeters durch Schwefelsäure oder etwa die des Salmiaks durch Kalk oder Kali darauf beruhe, daß der eine Bestandteil zu dem Zersetzungsmittel eine größere Verwandtschaft habe (»es liebt und auch von ihm geliebt wird«) als zu seinem eigenen bisherigen Verbindungspartner. Er beschreibt auch, wie sich Schwefelantimon mit Sublimat zersetzt, was eine doppelte Verbindung andeutet. Glauber, ein Autodidakt und umherziehender praktischer Chemiker, lebt vom Handel mit dem in seinen Laboratorien gewonnenen Substanzen. Als Nachfahre des Paracelsus (→ 24. 9. 1541) in der Iatrochemie, jener wissenschaftlichen Richtung, die im gesunden und kranken menschlichen Organismus in erster Linie die Auswirkung unterschiedlicher chemischer Vorgänge im Körper sieht, studierte er die Reaktionen gelöster Metallsalze mit anderen Stoffen, insbesondere mit Säuren. U. a. entwickelte er dabei ein vereinfachtes Verfahren zur Gewinnung von Salzsäure, die ihm als Heilmittel gilt. Diese praktischen Arbeiten bildeten die Vorstufe seiner chemischen Erkenntnisse.

Descartes' Lebenswerk

11. Februar 1650. Kurz vor seinem 54. Geburtstag stirbt in Stockholm der französische Naturwissenschaftler und Philosoph René Descartes (Renatus Cartesius).

Vor seinem 33. Lebensjahr arbeitete Descartes auf militärischem Gebiet in Bayern und Nassau, zog dann durch Europa und ließ sich 1629 in Holland nieder. Neben erkenntnistheoretischen Schriften formulierte er zahlreiche physikalisch-mathematische Lehrsätze, darunter seinen Hauptsatz über die Energie und die Theorie der Korpuskularbewegung der Materie. Außerdem begründete er die Einführung von Funktionskurven im rechtwinkligen Koordinatensystem.

Der französische Philosoph und Mathematiker René Descartes

Zeitmessung jetzt mit Pendel möglich

1656. Der niederländische Naturforscher Christiaan Huygens erfindet die Pendeluhr. Durch das Pendelprinzip werden mechanische Uhren so ganggenau wie Gebrauchssonnenuhren.

Den Gedanken, das Pendel zum Zeitgeber für die Uhr zu machen, äußerte bereits 1636 und 1641 Galileo Galilei, der erkannte, daß die Dauer der Pendelschwingung nur von der Pendellänge abhängt, während weder Gewicht noch Pendelausschlag eine Rolle spielen. Der italienische Mathematiker und Physiker konnte seine Idee aber nicht mehr realisieren.

Eine Maschine hebt Schiffe in Kanälen

1658. Ein niederländischer Ingenieur namens Baker erfindet eine Schiffshebemaschine. Sie besteht aus einem großen wassergefüllten Kasten, in den nach Öffnen einer stirnseitigen Schleuse das Schiff einfahren kann. Über ein Hebewerk wird der gesamte Kasten auf ein neues Niveau gebracht. Die dabei aufzuwendende große Kraft wird vermindert durch Gegengewichte und Schwimmer, die dem Kasten Auftrieb geben.

Bisher wurden Höhenunterschiede in Schiffahrtskanälen durch die um 1373 in Italien erfundenen Zweikammerschleusen überwunden.

1660
1660—1669

1661. Der britische Physiker und Chemiker Robert Boyle stellt den Begriff der chemischen Elemente auf. →

1662. Unabhängig voneinander stellen Robert Boyle und der französische Physiker Edme Mariotte ein Gesetz über den Gasdruck auf. →

Friedrich Städler begründet die Nürnberger Bleistiftindustrie. →

1663. Otto Guericke macht mit Schwefelkugeln elektrostatische Versuche (→ 1654).

1665. Der englische König Karl II. läßt die Sternwarte von Greenwich bauen. →

Der englische Physiker Robert Hooke erklärt das Licht als schnelle und kurze vibrierende Bewegung.

Der dänische Mathematiker Thomas Walgenstein erfindet die Laterna magica und damit die Projektionskunst. →

1666. Der französische Ingenieur François Andréossy läßt für den Canal du Midi einen Schiffahrtstunnel sprengen. →

Der englische Physiker, Mathematiker und Astronom Isaac Newton erkennt den Korpuskularcharakter des Lichts. →

1667. Robert Boyle begründet die Tintenchemie und entdeckt die Farbindikatoren (→ 1661).

Robert Hooke, Sekretär der Royal Society in London, erklärt Wärme als lebhafte Molekularbewegung.

Der deutsche Universalgelehrte Gottfried Wilhelm Leibniz entwickelt eine leistungsfähige Rechenmaschine für die vier Grundrechenarten.

1668. In London werden die Straßen beleuchtet. →

1669. Der dänische Forscher Rasmus Bartholin entdeckt die Doppelbrechung des Lichts am isländischen Doppelspat.

Der Hamburger Kaufmann Hennig Brand entdeckt den Phosphor und stellt ihn aus Harn her.

Der Brite Isaac Newton weist die Richtigkeit seines Gravitationsgesetzes nach. →

GESTORBEN:

19. 8. 1662. Paris: Blaise Pascal (* 19. 6. 1623, Clermont-Ferrand), französischer Naturwissenschaftler und Philosoph. →

12. 1. 1665. Castres/Toulouse: Pierre de Fermat (* 17. (?) 8. 1601, Beaumont-de-Lomagne), französischer Mathematiker.

GEBOREN:

31. 8. 1663. Paris: Guillaume Amontons († 11. 10. 1705, Paris), französischer Physiker.

Boyle: Elemente und Verbindungen

1661. Der englische Naturforscher Robert Boyle erkennt das Wesen der chemischen Elemente.

Im Anschluß an Demokrit, Leukipp (→ nach 470 v. Chr.) und Petrus Gassendi stellt Boyle eine Korpuskulartheorie auf, nach der alle Stoffe aus kleinsten Teilchen bestehen. Durch Aneinanderlegen sich gegenseitig anziehender Teilchen verschiedener Stoffe kommen unterschiedliche Verbindungen zustande. Chemische »Elemente« sind Substanzen aus nur einer einzigen Korpuskelart, die sich also

Robert Boyle

durch chemische Reaktionen nicht zerlegen lassen. Ähnliche Ansichten wie Boyle hatte bereits 1642 Joachim Jungius in seinen »Principia corporum naturalium« geäußert. Doch schenkte man seinen Ausführungen keine Beachtung (→ 30. 12. 1691).

Zu früher Tod des Physikers Pascal

19. August 1662. Im Kloster Port-Royal in Paris stirbt – nur 39 Jahre alt – der aus Clermont-Ferrand stammende kongeniale Mathematiker, Physiker und Philosoph Blaise Pascal.

Als 16jähriger war er durch Arbeiten über Kegelschnitte aufgefallen. Nicht viel später konstruierte er eine Rechenmaschine. 1647 entdeckte er das Gesetz der kommunizierenden Röhren.

Blaise Pascal

Im selben Jahr untersuchte er die Druckverhältnisse in Flüssigkeiten und erkannte dabei die Möglichkeit, das Barometer (→ 1644) als praktisches Instrument für die Höhenmessung zu verwenden.

Bei seinen mathematischen Arbeiten entstand 1654 das »Pascalsche Dreieck« der in der Wahrscheinlichkeitsrechnung wichtigen sog. Binomialkoeffizienten.

Isaac Newton untersucht das Licht

1666. Auf seinem heimischen Landgut in Lincolnshire widmet sich der Student Isaac Newton physikalischer Grundlagenforschung und entdeckt dabei den Korpuskularcharakter des Lichts.

Angeregt durch die Beobachtungen des Italieners Francesco Maria Grimaldi, der um 1650 rötliche und bläuliche Ränder an Lichtstrahlen feststellte, die im Wasser gebrochen werden, und des Italieners Marcus Marci, der um 1648 mit Prismen experimentierte, kam Newton zu der Erkenntnis, daß sich das farblose Licht aus dem Spektrum farbigen Lichts zusammensetzt.

Newton zerlegt Sonnenlichtstrahlen, die er durch ein kleines rundes Loch in seinem Fensterladen in den verdunkelten Raum eintreten läßt, durch ein Glasprisma in die Spektralfarben. Mit einer Sammellinse führt er das farbige Lichtband wieder zu einem weißen Lichtfleck zusammen, den er durch ein zweites Prisma erneut spektral zerlegt. Durch dieses doppelte Experiment weist er nach, daß das von der Sammellinse durch Wiedervereinigung

Isaac Newton, britischer Landedelmann und Naturwissenschaftler

gewonnene farblose Licht dem ursprünglichen Sonnenlicht völlig gleicht. Da sich die einzelnen Lichtfarben im Glas ungleich stark brechen, so erkennt Newton, entsteht das bunte Spektrum. Der junge Ge-

lehrte erklärt seine Entdeckung damit, daß das Licht eine korpuskulare Strahlung sei, wobei er allerdings den irrigen Gedanken vertritt, jede Lichtfarbe sei durch andersartige Lichtteilchen hervorgerufen. Die Teilchen, die sich nach Newtons Auffassung von anderen Materiepartikeln in ihrer Natur grundlegend unterscheiden, unterliegen dem von ihm entdeckten Gravitationsgesetz, also der Massenanziehung (→ 1669). Sie werden durch diese bei der Brechung verschieden stark abgelenkt.

Newtons Korpuskulartheorie erklärt, warum Licht Vakuum durchdringt. Hingegen versagt sie bei dem Versuch, die bereits bekannten optischen Erscheinungen der Interferenz (Lichtwellenüberlagerung), der Diffraktion (Lichtbeugung an scharfen Kanten) und der Polarisation (innere Ausrichtung senkrecht zur Ausbreitungsrichtung unter bestimmten Bedingungen) zu verstehen. Sie lassen sich nur aus dem Wellencharakter des Lichts ableiten, wie ihn später Christiaan Huygens im Gegensatz zu Newton lehrt.

Newton beweist die Massenanziehung

1669. Mit Hilfe eines von Jean Picard erstmals verwendeten Fernrohrs mit Fadenkreuz beweist Isaac Newton sein bereits 1666 entdecktes Gravitationsgesetz durch astronomische Beobachtungen.

Das Gesetz besagt, daß ein und dieselbe Kraft, die Schwer- oder Gravitationskraft, die einerseits Gestirne in ihren Bahnen hält und andererseits das Zubodenfallen etwa eines Apfels bewirkt. Newton lehrt, daß alle Massen einander anziehen, und daß die Anziehungskraft proportional zu den Massen und umgekehrt proportional zu dem Quadrat ihrer gegenseitigen Entfernung ist; mathematisch ausgedrückt: $F = G \cdot m_1 \cdot m_2 / r^2$, wobei F die Anziehungskraft, m_1 und m_2 die Massen und r den Abstand bedeuten. G ist eine Grundkonstante der Natur, die Gravitationskonstante. Newton publiziert diese Formel (→ 1687).

König von England baut Observatorium

1665. König Karl II. von England läßt das astronomische Observatorium von Greenwich errichten. Die Entwürfe fertigt der Astronom und Architekt Sir Christopher Wren, unter dessen Leitung die Bauarbeiten nach Ablauf von zehn Jahren abgeschlossen werden.

Karl II. begründet das Observatorium am Südufer der Themse als Institution, deren Aufgabe die genaue Bestimmung der Längengrade mit astronomischen Mitteln sein soll. Als ersten Direktor benennt der König den Reverend John Flamsteed. Der durch Greenwich gehende Längengrad wird den Messungen später als Nullmeridian zugrunde gelegt. Die ersten ermittelten Daten sind reichlich ungenau, was auf primitive Meßmethoden zurückzuführen ist. Diese Situation ändert sich erst nach 1742, als James Bradley die instrumentelle Ausrüstung des Observatoriums in Greenwich wesentlich verbessert. Er macht die Station zum wissenschaftlichen Weltzentrum der astronomischen Navigation.

Reproduktion fotografischer Depeschen mit Hilfe einer Laterna magica während des Deutsch-Französischen Kriegs 1870/71 bei der Belagerung von Paris; mehr als 200 Jahre nach ihrer Erfindung wird die »Zauberlaterne« noch immer häufig von Militärs eingesetzt, um Texte vorzuführen

Magische Laterne projiziert Schattenbilder

1665. Der dänische Mathematiker Thomas Walgenstein erfindet die Laterna magica und damit die Projektionskunst. Sechs Jahre später beschreibt der Jesuitenpater Athanasius Kircher in der zweiten Auflage seines Werks »Ars magna lucis et umbrae« diese »magische Lampe« relativ ungenau. Seither wird er vielfach fälschlich als Erfinder genannt. Walgensteins Gerät besitzt bereits

alle wesentlichen Konstruktionsmerkmale der späteren Diaprojektoren: Eine Lichtquelle, einen Reflektor, eine Linse, eine Glasscheibe, die das transparente Bild trägt, das projiziert werden soll, und eine Bildwand, auf die das Schattenbild geworfen wird. Auch der innere Aufbau gleicht, obwohl noch sehr roh ausgeführt, den Projektionsapparaten späterer Zeiten: Auf einem gemeinsamen Sok-

kel sind das Lampengehäuse und als eigene Einheit der Projektionskopf mit der Linse montiert.

Die Laterna magica erfreut sich rasch großer Beliebtheit und findet bald weite Verbreitung. Projiziert werden in erster Zeit vor allem scherenschnittartige Schattenbilder und Schriften. Besonders Wissenschaftler und Militärs nutzen das Gerät, um bei Vorträgen Texte vorführen zu können.

Straßenlampen für das dunkle London

1668. Im Zentrum der Stadt London werden erstmals zahlreiche Öllampen zur nächtlichen Straßenbeleuchtung installiert.

Was für die Themsemetropole neu ist, hat eine lange Geschichte: Schon um 450 v. Chr. beleuchteten die Syrer ihre Stadtstraßen mit Fakkeln. In Rom erhellten in die Hauseingänge gehängte Öllampen die Straßen. In Córdoba beleuchteten die arabischen Eroberer um 900 kilometerlange Straßenzüge. Das restliche Europa allerdings kennt diese Nachtlichter – Öllampen an Wänden und auf Pfählen – erst seit dem 14. Jahrhundert. Grund für die Einführung der Londoner Straßenbeleuchtung ist die wachsende Zahl nächtlicher krimineller Delikte.

Schiffahrtstunnel in den Fels gesprengt

1666. Für den Canal du Midi läßt der Ingenieur François Andréossy in der südfranzösischen Provinz Languedoc erstmals einen Tunnel für eine Wasserstraße aus dem Fels sprengen.

Der Kanal, der den Atlantik mit dem Mittelmeer verbindet, ist 20 m breit, 239,5 km lang und besitzt 100 Schleusen und mehr als 100 Brücken. Der Malpas-Tunnel ist der erste Tunnel der Welt, der nicht in das Gestein geschlagen, sondern aus diesem herausgesprengt wird. Er ist 6,9 m breit, 8,4 m hoch und 157 m lang (Abb.: Tunneleingang). Fertiggestellt wird der gesamte Kanal 1681 nach 15jähriger Bauzeit.

Boyle entdeckt ein neues Naturgesetz

1662. Unabhängig voneinander stellen der britische Physiker und Chemiker Robert Boyle und der französische Physiker Edme Mariotte das später nach beiden Entdeckern benannte Boyle-Mariottesche Gesetz über den Gasdruck auf. Ein bedeutender Anteil an den Forschungen Boyles kommt dessen Landsmann und Fachkollegen Richard Townley zu.

Das Naturgesetz besagt, daß der Raum, den eine eingeschlossene Gasmenge einnimmt, im umgekehrten Verhältnis zum Gasdruck

steht. Oder, anders formuliert: »Je geringer der Gasdruck, um so größer das Gasvolumen; je größer der Druck, desto geringer das Volumen.« Voraussetzung für die Gültigkeit dieser Beziehung sind konstante Temperatur und sogenannte ideale Gase. Im Gegensatz zu den »idealen« Gasen weisen die realen Gase wegen ihrer Kondensierbarkeit je nach Temperatur geringe Beimischungen in flüssiger Phase (Nebel) auf. Allerdings entsprechen viele reale Gase, z. B. Luft, Wasserstoff und Helium, unter normalen

Bedingungen dem Boyle-Mariotteschen Gesetz mit großer Annäherung. Abweichungen zeigen sich besonders bei Kohlendioxid und bei komplex zusammengesetzten Dämpfen, besonders unter hohen Drücken. Diese Abweichungen hängen wiederum von der Temperatur ab. Für jedes Gas gibt es eine Temperatur, die sogenannte Boyle-Temperatur, bei der es auch bei sehr hohen Drücken noch der Boyle-Mariotteschen Beziehung genügt, z. B. – 164 °C für Wasserstoff, 54 °C für Luft, 500 °C für Kohlendioxid.

Gold erhofft – aber Phosphor entdeckt

1669. Der Hamburger Kaufmann Hennig Brand entdeckt den Phosphor bei einem Versuch, Gold aus Harn zu gewinnen.

In finanzielle Not geraten, entsinnt sich Brand des Alchimistenglaubens, in den menschlichen Ausscheidungen fänden sich Spuren der Urmaterie. Er dampft große Urinmengen in stundenlanger Destillation ein und erhält ein Pulver, das im Dunkeln schwach weißlich leuchtet. Er verkauft das Rezept an den Arzt Daniel Kraft, der die merkwürdige neue Substanz – den Phosphor – als Naturwunder an Fürstenhöfen und auf Jahrmärkten in ganz Europa vorführt. Lange bleibt die Rezeptur für Phosphor geheim.

In Geldnot versucht der Hamburger Kaufmann Brand, aus Urin Gold zu gewinnen; er findet jedoch einen Stoff, der im Dunkeln leuchtet: Phosphor

Städler begründet Bleistiftmanufaktur

1662. Der Nürnberger Friedrich Städler ernennt sich zum Bleistiftmacher und stellt in seinem Betrieb sog. Bley-Minen her, die in hölzerne Hüllen mit Vorschubmechanik gefaßt sind. In Wirklichkeit aber handelt es sich um Graphit aus bayerischen und böhmischen Lagerstätten. Städler gerät mit der Herstellung seiner Stifte vorübergehend in

Bleistiftmacher

Rechtsstreitigkeiten mit der Schreinerzunft. Neben den normalen Holzbleistiften bietet der Nürnberger Städler metallene Taschenmodelle mit Schraubmechanik, Doppelstifte mit Graphit an einem und Rötel am anderen Ende sowie exklusive Elfenbeinhalter an.

Nachdem man im Mittelalter zum Schreiben Blei, Zinn und Silber verwendete – Materialien, die nur einen dünnen verwischbaren Strich hinterließen –, kam in der Renaissance der Wachsstift auf. Mitte des 16. Jahrhunderts gewannen die Engländer dann aus den Graphitgruben von Borrowdale in Cumberland das neu entdeckte Schreibminenmaterial »Wasserblei«, und schon 1565 entwarf ein Zürcher Arzt einen hölzernen Minenhalter.

1670

1670–1679

1670. Samuel Morland erfindet das Sprachrohr.

Der englische Mathematiker, Physiker und Astronom Isaac Newton zerlegt das Sonnenlicht mittels eines Glasprismas (→ 1671/76).

Der »Holländer« für die Papierfabrikation wird erfunden. →

1671. Isaac Newton entwickelt die »Fluxionsrechnung« (→ 1671/76). Außerdem erfindet er das Spiegelteleskop (→ 1671/76).

1672. Jan van der Heyde erfindet in Amsterdam den genähten Segeltuchschlauch als Druck- und Saugschlauch für Feuerspritzen.

Der Deutsche Gottfried Wilhelm Leibniz entdeckt den elektrischen Funken. →

1673. Der deutsche Universalgelehrte Gottfried Wilhelm Leibniz entwickelt eine mechanische Rechenmaschine, deren bedeutendstes Bauelement die Staffelwalze ist.

Christiaan Huygens, in Paris lebender Physiker, Mathematiker und Astronom aus den Niederlanden, begründet die Theorie der Zentrifugalkraft. Zugleich ermittelt er die Beschleunigung beim freien Fall.

Rößler erfindet den cardanisch gelagerten Hängekompaß.

1674. Für seinen mit Überdruck arbeitenden Dampfkochtopf erfindet Denis Papin das Sicherheitsventil. →

George Ravenscroft erfindet in England das optische Flintglas.

Der dänische Astronom Ole Rømer gibt den Zähnen von Zahnrädern erstmals die Form von Epizykloiden. →

1676. Gottfried Wilhelm Leibniz bringt die von ihm erfundene Differentialrechnung in eine allgemein verständliche Form (→ 1671/76).

Isaac Newton findet die nach ihm benannten »Newtonschen Ringe« (→ 1671/76).

Der dänische Astronom Ole Rømer entdeckt in Paris, daß die Lichtgeschwindigkeit nicht unendlich groß ist (→ 1849).

1678. Robert Hooke, Physiker aus England, formuliert das Grundgesetz der Elastizitätslehre (Proportionalität von Spannung und Auslenkung). →

Der niederländische Naturwissenschaftler Christiaan Huygens interpretiert das Licht als elastische Wellenbewegung des Äthers. →

Ole Rømer konstruiert ein automatisches Planetarium.

1679. Der Chemiker Johann Kunckel von Löwenstern erfindet das echte Rubinglas (sog. »Kunckelgläser«). →

Spiegelteleskop und Newtonsche Ringe

1671/76. Schon → 1666 hatte Isaac Newton seine grundlegenden Gedanken über die Zusammensetzung des weißen Sonnenlichts aus einem farbigen Spektrum formuliert. Diese Erkenntnisse vertieft er jetzt und nutzt sie für praktische Anwendungen. Zum einen gelingt ihm der Bau eines neuartigen Fernrohrs – des Spiegelteleskops –, das den bisherigen Nachteil aller Teleskope, Bilder mit farbigen Rändern zu erzeugen, nicht mehr kennt. Zum an-

Der Weg zum Spiegelteleskop

1608 meldete der niederländische Brillenmacher Hans Lipperhey ein erstes Patent auf ein Fernrohr an (→ 1608/09). Sein Gerät bestand aus einer konkaven und einer konvexen Linse, die er zusammen in eine Röhre montierte.

Um die gleiche Zeit beanspruchten in der holländischen Stadt Middelburg auch andere Brillenmacher diese Erfindung für sich.

1609 erfuhr der italienische Astronom und Physiker Galileo Galilei von Lipperheys Erfindung, baute selbst ein ähnliches Instrument und entdeckte damit Strukturen auf dem Mond, den Saturnring und die vier größten Jupitermonde.

1611 baute Christoph Scheiner nach Entwürfen des deutschen Astronomen Johannes Kepler ein erstes astronomisches Fernrohr nur aus Sammellinsen, das ein umgekehrtes Bild liefert, was aber bei Himmelsbeobachtungen nicht stört.

deren entdeckt er die Natur der nach ihm benannten »Newtonschen Ringe«, also die Farben dünner Blättchen, Ölfilme usw.

Die frühen Teleskope lieferten durchweg recht mangelhafte Bilder. Zum Teil lag das an den Inhomogenitäten des verwendeten Glases (Schlieren, Luftblasen, Einschlüsse), vor allem aber störten die farbigen Ringe, die die vergrößerten Bilder der beobachteten Dinge umgaben. Als besonders lästig erwies sich das bei astronomischen Arbeiten, weil die bunten Ringe um die hellen Sterne vor dem dunklen Hintergrund besonders stark ins Auge fielen. Der junge Newton umgeht das, indem er die Idee des von Nicola Zucchi und James Gregory vorgeschlagenen Spiegelteleskops auf-

nimmt. Er fertigt erstmals ein solches Gerät an.

Der Hauptteil des Teleskops besteht aus einem kleinen Hohlspiegel von nur 25 mm Durchmesser, der einem sauber gearbeiteten Rasierspiegelchen gleicht. Dieser Spiegel bildet das Ende einer Röhre, deren andere, offene Seite in Richtung des zu beobachtenden Objekts weist. Der Spiegel wirft ein vergrößertes Bild in der optischen Achse des Instruments auf einen zweiten, plangeschliffenen Spiegel, der unter 45° die Achsrichtung diagonal schneidet. Der Benutzer des Spiegelteleskops beobachtet diesen zweiten Spiegel durch eine Sammellinse in der Seitenwand der Röhre.

Weil Spiegel im Gegensatz zu Linsen für alle Lichtfarben exakt gleiche Strahlengänge hervorrufen (Reflexionsgesetz »Einfallswinkel gleich Ausfallswinkel«), kommt es

beim Newtonschen Spiegelteleskop zu keinen Farbrändern der Bilder. Newton führt sein Instrument 1671 der Royal Society vor.

1676 befaßt sich der Professor für Mathematik in Cambridge mit den nach ihm benannten »Newtonschen Ringen«. Sie lassen sich sehr einfach beobachten, wenn man eine Glaslinse gegen eine ebene Glasplatte preßt. Um die Berührungsstelle herum entstehen konzentrische farbige Ringe. Dieses Phäno-

men läßt sich auch an dünnen Blättchen und Ölfilmen beobachten, wobei in diesem Fall die Ringe um Punkte mit minimaler oder maximaler Schichtdicke entstehen. Da Newton an seiner Korpuskulartheorie des Lichts festhält (→ 1666), kann er die Ringe zwar mathematisch beschreiben, nicht jedoch deren Natur als Welleninterferenzerscheinung erkennen (→ 1678).

Spiegelfernrohr von Isaac Newton; im Vergleich zu einem konventionellen Refraktor (Linsenfernrohr) von rund einem Meter Länge ist das Instrument mit nur 13,5 cm Zylinderlänge erstaunlich kurz, dafür aber nach der zeitgenössischen Technik noch wesentlich lichtschwächer als Linsenfernrohre mit gleicher Vergrößerung

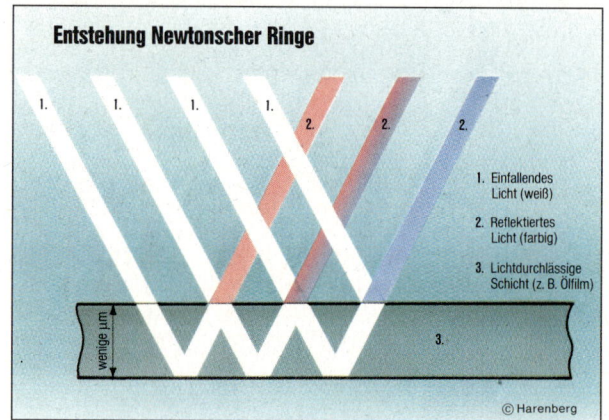

Entstehung Newtonscher Ringe

1. Einfallendes Licht (weiß)
2. Reflektiertes Licht (farbig)
3. Lichtdurchlässige Schicht (z. B. Ölfilm)

wenige µm

© Harenberg

»Newtonsche Ringe« an dünnen Schichten: Einfallendes Licht wird teils an der Außenfläche, teils an der Innenfläche reflektiert; dabei entstehen zwei zeitlich geringfügig versetzte Wellenzüge, die sich überlagern

Huygens erkennt Lichtwellennatur

1678. Der Niederländer Christiaan Huygens entwickelt eine Theorie, nach der sich das Licht wellenartig ausbreitet. Um seine Fortpflanzung im Vakuum zu erklären, nimmt er die Existenz eines elastischen Äthers im »leeren« Raum an, denn alle bis dahin bekannten Wellen – z. B. Wasserwellen, Schallwellen – benötigen ein Trägermedium.

Gegen die Lichtwellentheorie scheint zunächst zu sprechen, daß Wasser- und Schallwellen um Ecken laufen können, daß das Licht aber nur exakt geradeaus verläuft und scharfe Schatten wirft. Huygens findet zwei mögliche Erklärungen: Sehr kleine Wellen, die auf ein sehr großes Hindernis stoßen, laufen nicht um dieses herum. Die Lichtwellen müßten demnach also im Vergleich zu allen Festkörpern extrem kurz sein. Zum zweiten läßt sich vorstellen, daß von jedem Punkt einer Lichtwelle neue Wellen ausgehen, die parallel zur Ursprungswelle eine gerade Linie bilden. Farbiges Licht erklärt Huygens bereits richtig durch verschiedene Wellenlängen und nicht wie Newton als verschiedenartige Korpuskelströme. Wellen- und Korpuskularhypothese ergänzen einander.

Johann Kunckel von Löwenstern erfindet das »echte« Rubinglas

1679. *Der Chemiker Johann Kunckel von Löwenstern erfindet das »echte« Rubinglas.*

Nachdem jahrhundertelang Klarglas als Luxusglas galt und als Gebrauchsglas vor allem das grüne sogenannte Waldglas verwendet wurde, sind im 17. Jahrhundert in Mitteleuropa farbige Gläser sehr begehrt. Ihre Herstellung erfordert die genaue Einhaltung des vorgeschriebenen Temperaturverlaufs beim Wiedererhitzen der Glasschmelze nach dem Zufügen winzi- *ger Metallpartikel für die Farbgebung. Kunckels Goldrubinglas z. B. entsteht durch Beigabe kleinster Goldchloridteilchen. Wird das Glas ungenügend erhitzt, färbt es sich blaßgelb, bei Überhitzung wird es blau. Das genaue Procedere beschreibt Kunckel in seinem Buch »Ars vitraria experimentalis« oder »Die vollkommene Glasmacherkunst«.*

Die Abbildungen zeigen Deckelbecher aus Goldrubinglas um 1700; rechts mit einem vergoldeten Deckel.

Elektrische Funken im Labor von Leibniz

1672. Bei Experimenten mit einer etwa kindskopfgroßen Schwefelkugel, die er durch Reiben elektrisch auflädt, entdeckt der deutsche Universalgelehrte Gottfried Wilhelm Leibniz erstmals den elektrischen Funken. Die Kugel hatte Leibniz von dem Naturforscher Otto von Guericke erhalten.

Guericke hatte eine Schwefelkugel erschmolzen und mit dieser zahlreiche physikalische Versuche durchgeführt, über die er zusammenfassend in Buchform berichten will. Leibniz hatte von dem Projekt erfahren und Guericke mit der Bitte angeschrieben, ihm vorab Näheres mitzuteilen. Am 16. Juni 1671 übersandte ihm Guericke eine Schwefelkugel, und im Januar 1672 bestätigt Leibniz den Empfang. Er habe die Kugel vorerst nur flüchtig erproben können, dabei aber wohl die Wärme (durch Reiben) und die (elektrischen) Funken bemerkt.

Die Differentialrechnung

1671/76. Unabhängig voneinander entwickeln der britische Naturwissenschaftler Isaac Newton (1671) und der deutsche Universalgelehrte Gottfried Wilhelm Leibniz (vor 1676) die Differentialrechnung. Newton nennt sie Fluxionsrechnung.

Ziel der beiden Forscher ist es, die Schnelligkeit der Veränderung eines Vorgangs in Zeit und/oder Raum zu bestimmen.

Die Differentialrechnung bildet nicht nur eine wichtige Grundlage der Funktionentheorie, sondern auch die mathematische Basis großer Teile der theoretischen Physik.

Leibniz, der als einer der letzten Universalgelehrten gilt und international mit den bedeutendsten Wissenschaftlern Kontakte pflegt, bereichert 1673 die theoretische Naturwissenschaft auch durch die Erfindung einer Rechenmaschine mit Staffelwalze

Papierfabrikation jetzt rationalisiert

1670. In Holland wird eine neue Maschine für die Papierherstellung erfunden, die nach ihrem Ursprungsland bald allgemein als »Holländer« bezeichnet wird. Es handelt sich um ein Mahl- und Mischwerk in einem großen Trog, in dem der Papierbrei vor der Entwässerung bearbeitet wird.

In der Mitte des Behälters rotiert um eine horizontale Achse ein großes vertikales Rad, das je nach seiner Funktion in verschiedenen Phasen der Papierherstellung nur Umwälzschaufeln besitzt oder an seinem Umfang mit Reißwerkzeugen ausgestattet ist. So gibt es bald sehr spezielle Holländer: Mahlholländer zum Zerkleinern der gekochten Hadern und sonstiger Papierrohstoffe zu Papierbrei, Waschholländer zum Reinigen der noch flüssigen Papiermasse oder Bleichholländer, in denen der Brei mit Chlorkalk durchgewalkt wird.

Schnelleres Kochen mit Dampfdruck

1674. Der französische Physiker Denis Papin beobachtet, daß die Siedetemperatur des Wassers und anderer Flüssigkeiten vom Druck abhängt. Drücke über dem atmosphärischen Druck führen zur Siedepunktserhöhung. Papin macht von seiner Entdeckung Gebrauch: Er entwickelt einen Dampfkochtopf, den er 1681 in den Handel bringt.

In dem hermetisch abgeschlossenen Metalltopf, der mit einem von Papin erfundenen Überdruckventil ausgestattet ist, erhöht sich der Dampfdruck beim Kochen. Die höheren Dampfdrücke führen zu rascherem Garen der Speisen.

Zahnräder werden funktionstüchtiger

1674. Der dänische Astronom Ole Rømer fertigt erstmals Zahnräder mit Zähnen in epizykloidischer Form. Eine Epizykloide ist die Kurve, die ein Punkt auf dem Radius eines Kreises beschreibt, der auf einem zweiten Kreis abrollt.

Die Zykloidenverzahnung zeichnet sich durch gutes Ineinandergreifen der Zahnräder, lange Lebensdauer und günstige Flankenpressung der Zähne bei Belastung aus. Sie ist jedoch empfindlich gegen Abstandsänderungen der Zahnradachsen und besonders aufwendig in der Herstellung, die speziell geformte Werkzeuge erfordert.

Hooke begründet die Elastizitätslehre

1678. Der englische Physiker Robert Hooke erklärt in seiner Schrift »De potentia restitutiva« das von ihm entdeckte Gesetz der Proportionalität von Spannung und elastischer Auslenkung. Er formuliert damit erstmals den Grundgedanken der Elastizitätslehre.

Der Lehrsatz wird später als »Hookesches Gesetz« bekannt und besagt, daß jeder Körper einer mechanischen Deformation rücktreibende Kräfte entgegenstellt, die proportional mit der Verformung wachsen.

Die Proportionalitätskonstante zwischen Spannung und Dehnung wird heute als Elastizitätsmodul E oder – bei Federn – als Federkonstante D bezeichnet.

1680

1680 — 1689

1680. Der Engländer Clement erfindet die Ankerhemmung für Uhrwerke. →

Der gelähmte Uhrmacher Stephan Farfler baut in Altdorf bei Nürnberg einen dreirädrigen Muskelkraftwagen. →

Der Niederländer Christiaan Huygens erläutert in der Pariser Akademie seine 1673 erfundene Pulvermaschine. →

1682. Der französische Physiker Edme Mariotte entdeckt die Wärmestrahlung. →

1684. Lebion, ein Ingenieur aus Frankreich, baut durch die Verbindung von Fernrohr und Libelle das erste Nivellierinstrument. →

Der deutsche Astronom Johannes Hevelius konstruiert den Oktanten (→ 1684).

1686. Der englische Physiker und Astronom Halley findet die barometrische Höhenformel.

Der Universalgelehrte Gottfried Wilhelm Leibniz begründet die Integralrechnung. →

1687. Isaac Newton formuliert das Kraftgesetz »actio gleich reactio«. →

Der Mathematiker Erhard Weigel erfindet den mit Hilfe von Gegengewichten arbeitenden Fahrstuhl. →

1688. Der Holländer Meeuves Meindertszoon Bakker erfindet das Schiffshebewerk. →

Der französische Physiker Denis Papin veröffentlicht in den »Acta eruditorum« die von ihm 1681 erfundene Dampfmaschine (→ 1689).

1689. Der englische Ingenieur Thomas Savery erfindet die Dampfpumpe. →

GESTORBEN:

27. 11. 1680. Rom: Athanasius Kircher (* 2. 5. 1602, Geisa/Fulda), deutscher Jesuit und Gelehrter.

11. 5. 1686. Hamburg: Otto von Guericke (* 20. 11. 1602, Magdeburg), deutscher Naturwissenschafter und Politiker.

GEBOREN:

4. 2. 1682. Schleiz: Johann Friedrich Böttger († 13. 3. 1719, Dresden), deutscher Chemiker.

28. 2. 1683. La Rochelle: René Antoine Ferchault de Réaumur († 17. 10. 1757, Schloß Bermondière/Mayenne), französischer Naturwissenschafter.

24. 5. 1686. Danzig: Daniel Gabriel Fahrenheit († 16. 9. 1736, Den Haag), deutscher Physiker.

29. 1. 1688. Stockholm: Emanuel von Swedenborg († 29. 3. 1772, London), schwedischer Naturforscher.

Huygens konzipiert den Explosionsmotor

1680. In einer Eingabe an die Pariser Akademie beschreibt der niederländische Physiker und Astronom Christiaan Huygens eingehend die von ihm und Denis Papin 1673 erfundene Pulvermaschine. Es handelt sich dabei um einen Explosions-Hubmotor, der große Transversalkräfte erzeugt und als Vorgänger des Gasmotors (→ 1860) betrachtet werden kann.

Der Gedanke, eine Verbrennungskraftmaschine zu entwickeln, entsprang einem Experiment, das Huygens gemeinsam mit dem jungen französischen Arzt Denis Papin als dessen Assistent ausführte. Die beiden Forscher entzündeten in einem Metallzylinder Schießpulver, um auf diese Weise ein Vakuum zu erzeugen. Die Herstellung eines luftleeren Raums war → 1654 als erstem Otto von Guericke gelungen. Allerdings mußten sie feststellen, daß der Druck im Zylinder nicht fiel, sondern erheblich anstieg. Sie entwarfen daraufhin eine Explosionskraftmaschine, bei der sie das von Otto von Guericke für seine Luftpumpe entwickelte Kolbenprinzip nutzen wollten.

Die Eingabe von Huygens an die Akademie ist mit einem Angebot an König Ludwig XIV. verbunden: In einer verbesserten Ausführung soll die Maschine für die Wasserförderung der Brunnen von Versailles dienen. Ein Prototyp wird jedoch nicht gebaut.

Dampfmotoren in Kassel und London

1689. Nachdem sich der Explosionsmotor von Christiaan Huygens und Denis Papin als Fehlschlag erwiesen hatte (→ 1680), experimentierte Papin mit der Dampfkraft weiter. 1688/89 baut er für den Kurfürsten von Hessen einen Dampfmotor, der eine Pumpenanlage für Springbrunnen betreiben soll. Die in Kassel installierte Pumpe arbeitet einwandfrei, doch bricht wiederholt die Steigleitung. Inmitten der technischen Probleme erfährt Papin, daß der Londoner Ingenieur Thomas Savery eine ähnliche Anlage als Bergwerkspumpe gebaut habe (→ 1705).

Denis (Dionysius) Papin (nach einem zeitgenössischen Kupferstich)

Die Kraft aus dem Nichts

In den 80er und 90er Jahren des 17. Jahrhunderts häufen sich in Europa Versuche, die mit Luftdruck, Vakuum, Gasdrücken und Dampfdrücken zusammenhängen. Ausgelöst hat dies Otto von Guerickes Vakuumexperiment von → 1654. Ihm folgten zunächst rund zwei Jahrzehnte philosophischer Spekulation und physikalischen Rätselratens, bis der deutsche Philosoph und Mathematiker Gottfried Wilhelm Leibniz und der französische Arzt Denis Papin in den 80er Jahren erkennen, was Gas eigentlich ist.

Papin beginnt nun auch, die Eigenschaften von Dampf zu untersuchen und entdeckt dabei, daß abgekühlter Dampf zu Wasser kondensiert. Auch damit lassen sich Implosionen erzielen. Die rätselhafte »Kraft aus dem Nichts«, die Guerickes erste Vakuumgefäße mit lautem Knall zusammengequetscht hatte, ist jetzt in ihrer Natur enträtselt und damit beherrschbar geworden. Papin erkennt das und schreibt triumphierend, daß das, was er mit Schießpulver erreichen wollte, durch Erhitzen von Wasser und Abkühlen von Dampf einfacher und billiger zu erzielen sei. Er prophezeit der Dampfkraft eine große Zukunft.

Mit dem Kraftwagen sonntags zur Kirche

1680. Der querschnittgelähmte Uhrmacher Stephan Farfler (auch Farffler geschrieben) in Altdorf bei Nürnberg baut einen dreirädrigen und acht Jahre später einen vierrädrigen Muskelkraftwagen, um damit am Sonntag zum Gottesdienst fahren zu können. Die leichten Fahrzeuge haben Handkurbelantriebe mit Zahnradübersetzungen (Abb.).

Der Versuch, Muskelkraftwagen für einen breiteren Markt herzustellen, wurde oft unternommen (→ 1649), setzte sich aber wegen der in Europa schlechten Straßenzustände nicht durch, weil die Muskelkraft zur Überwindung der Bodenreibung kaum ausreichte.

Neue Geräte zum Peilen und Messen

1684. Der französische Ingenieur Lebion erfindet ein erstes Nivellierinstrument, das im Tiefbau die Peilung über größere Geländestrecken möglich macht.

Die Wasserwaage war bereits den Römern bekannt, und 1629 erwähnte der Italiener Giovanni Branca in einem Buch erstmals das Prinzip der Schlauchwaage, das mit kommunizierenden Röhren arbeitet, die durch einen Schlauch verbunden sind. Beide Instrumente aber ließen sich nur für kleinräumige Messungen einsetzen. Lebions Erfindung von 1684 ist eine mit einem Peilfernrohr (→ 1608/09) vereinigte Wasserwaage.

Die Erfindung des Oktanten, die ein Jahr später Johannes Hevelius gelingt, bereichert das Meßwesen auf dem Gebiet der Navigation. Die geographische Breite eines Orts wird dadurch bestimmt, daß man den Winkel zwischen dem Horizont und einem Himmelskörper mißt. Bislang geschah das mit sehr einfachen Instrumenten wie dem Jakobsstab (→ 1325). Der Oktant dagegen besitzt als Skala keinen Balken oder ähnliches, sondern einen Achtelkreis mit Winkelmaß. Ein Peilsystem, mit dem etwa die Sonne anvisiert wird, läßt sich gegenüber dem festen Kreisbogen minutengenau einstellen und die Stellung mit einem Nonius (→ 1631) ablesen.

Schiffshebewerk »Kamel«

1688. Der Holländer Meeuves Meindertszoon Bakker erfindet eine praktische Form des Schiffshebewerks (→ 1658; 1840). Mit der »Kamel« genannten Anlage lassen sich selbst große, seegängige Schiffe mit starkem Tiefgang aus der Zuidersee in ein Kanalsystem bringen.

Der wassergefüllte Trog, in den ein Schiff aus dem Oberwasser oder dem Unterwasser durch die zu öffnenden Stirnwände einschwimmen kann, ist an allen vier Enden über Führungsrollen mit hohen Führungstürmen verbunden, längs derer er sich heben und absenken läßt. Der Antrieb der Anlage erfolgt hydraulisch über Zahnräder und Ketten.

Die größten Seeschiffe, die diese Anlage bewegen kann, sind Dreimastsegler, die bei rund 13 m Breite etwa 30 m lang sind und rund 1000 t schwer sein können. Der in den Niederlanden verbreitetste Handelsschiffstyp dieser Klasse ist die sog. Fleute, entwickelt von Amsterdamer Schiffbauern.

Schiffshebewerk (Modell) nach dem von M. M. Bakker entwickelten Prinzip; Schwimmer in den wassergefüllten Türmen heben und senken den Trog

Neue Erkenntnisse von Isaac Newton

1687. Der englische Physiker Isaac Newton, der u. a. bereits → 1666 mit Arbeiten über die Natur des Lichts und → 1669 über die Gravitation von sich reden machte, veröffentlicht seine »Philosophiae naturalis principia mathematica«, ein Buch, in dem er zahlreiche neue physikalische Erkenntnisse ausspricht.

Hier publiziert Newton erstmals sein Gravitationsgesetz, das er zugleich erweitert. Er führt aus, daß alle Erscheinungen in der Natur von Kräften hervorgebracht werden, durch die entweder die Körper einander genähert oder voneinander entfernt werden. »Da aber diese Kräfte bisher unbekannt gewesen sind, so sind auch alle unsere Bemühungen, die Ursachen jener Erscheinungen zu finden, vergeblich gewesen!« Newton formuliert hier auch das Kraftgesetz (»actio gleich reactio«): »Die Wirkungen zweier Kräfte aufeinander sind stets gleich und von entgegengesetzter Richtung.« Er beweist den von Simon Stevin → 1586 nur angedeuteten Satz vom Kräfteparallelogramm. Ferner gibt er eine Formel für die Schallgeschwindigkeit in verschiedenen Medien und begründet eine Theorie über die Wellenausbreitung in elastisch-flüssigen Medien. Rechnerisch behandelt er die Reibungskräfte zwischen gegeneinander bewegten Flüssigkeitsschichten.

Leibniz: Integralrechnung

1686. Gottfried Wilhelm Leibniz begründet mit seiner Abhandlung »De geometria recondita et analysi indivisibilium atque infinitorum« die Integralrechnung. Er verwendet dabei erstmals im Druck auch das Integralzeichen »S«, das er bereits 1675 vorgeschlagen hatte. Zugleich erweitert Leibniz die mathematische Formelsprache durch Einführen des »·« als Multiplikations- und des »:« als Divisionszeichen.

Wie die Differentialrechnung (→ 1671/76) ist die Integralrechnung ein Teil der sogenannten Infinitesimalrechnung, einer Rechenmethode mit unendlich kleinen Größen. Beide, Integral- wie Differential-

rechnung, sind wichtige Hilfsmittel der Funktionenanalyse. Leibniz selbst prägt in diesem Zusammenhang den Begriff der mathematischen Funktion. Die Integralrechnung entsteht aus den Bemühungen, eine Fläche zu berechnen, die von einer horizontalen und zwei vertikalen Linien und einer durch eine Funktion ausgedrückten Kurve eingeschlossen wird. Dazu zerlegt Leibniz die Fläche in unendlich viele unendlich schmale rechteckige Streifen, deren Flächeninhalte sich mit Hilfe der Integralrechnung summieren lassen. Der Begriff »Integral« wird 1690 von Jakob Bernoulli geprägt.

Uhrwerke laufen wesentlich genauer

1680. Ein Engländer namens Clement erfindet für Uhren die Ankerhemmung oder die »Hemmung mit dem englischen Haken«. Bisher war die Spindelhemmung in Gebrauch. Die Hemmung ist zwischen dem Pendel bzw. der Unruh und dem Gehwerk der Uhr eingeschaltet, um den Ablauf des Räderwerks im Rhythmus der Periodendauer des Schwingsystems zu hemmen. Auf diese Weise läuft das Zeigerwerk synchron mit dem Schwingsystem. Da die Spindelhemmung eine größere eigene Trägheit aufweist als die neue Ankerhemmung, liefert Clements Erfindung einen genaueren Gang der Uhren.

Wärme durchdringt auch Glasscheiben

1682. Der französische Physiker Edme Mariotte aus Dijon entdeckt die Wärmestrahlung bei der Untersuchung des Durchgangs von Wärme durch Glasplatten.

Wärme kann sich auf dreierlei Weise ausbreiten: Durch Wärmeleitung, Konvektion und Strahlung. Bei der Leitung breitet sich die Wärme fortschreitend in einem Körper aus, die Strahlung durchdringt als infrarote Lichtwelle transparente Körper wie Gase oder Glas, die durchaus schlechte Wärmeleiter sein können. Unter Konvektion versteht man die Bewegung des Wärmeträgers selbst, z. B. bei Luftzug oder fließendem Wasser.

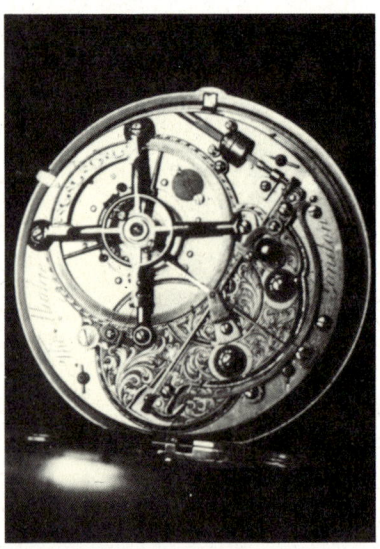

Massiv gearbeitetes Uhrwerk mit Ankerhemmung von 1759/60; von Thomas Mudge für König Georg III.

Der erste Fahrstuhl befördert Personen

1687. Der Mathematiker Erhard Weigel erfindet einen »Fahrsessel«, der sich schnell und mühelos über zwei Stockwerke bewegen läßt.

Das einem Stuhl gleichende Gerät, auf dem die zu befördernde Person sitzt, ist in einer drei Fuß (etwa 1 m) weiten Wandnische an Laufschienen montiert und durch ein Gegengewicht entlastet. Vermutlich betätigt der Benutzer selbst den Antrieb manuell, etwa durch Drehen einer Kurbel, die auf einen Übersetzungsmechanismus wirkt.

Der erste Fahrstuhl mit motorischem Antrieb verkehrt im Jahre → 1857 in einem New Yorker Geschäftshaus.

1690. Christiaan Huygens entdeckt die Polarisation des Lichts. Außerdem stellt der niederländische Physiker, Mathematiker und Astronom in seiner Schrift »Traité de la lumière« sein Prinzip der Elementarflächen (einhüllenden Flächen) auf, das besagt, daß jeder Materiepunkt eines schwingenden Systems – durch seine Bewegung – selbst zum Ursprung einer Elementarwelle wird. Aus der Überlagerung all dieser Elementarwellen entsteht die tatsächlich zu beobachtende Welle. Aufgrund dieses Gesetzes gelingt es ihm, mathematisch die Reflexion und Brechung des Lichtes zu erklären.

Der französische Benediktinerpater Dom Pierre Pérignon erfindet den Flaschenverschluß durch Korken. →

Der Mediziner Christian Günther Schellhammer erklärt den Ton erstmals als Schallwelle.

1691. John Tyzacke erhält ein Patent auf eine von ihm erfundene Waschmaschine. →

1693. Der Engländer J. Hardley erhält das erste Patent auf einen Wellenmotor, eine Maschine, die die Kraft von Meereswellen zum Betrieb einer Mühle nutzt. →

1695. Johann Lotting stellt erstmals (auf dem Daumen zu tragende) Fingerhüte her.

Der Brite Tompson erfindet die Zylinderhemmung der Uhr (→ 1680).

1698. Thomas Savery baut eine Wasserhebemaschine mit Dampfkraft-Antrieb.

1699. Guillaume Amontons stellt die Gesetze für die gleitende Reibung auf. Außerdem legt er der Akademie zu Paris das erste Projekt einer rotierenden Dampfmaschine vor.

GESTORBEN:

30. 12. 1691. London: Robert Boyle (* 25. 1. 1627, Lismore/Irland), irisch-englischer Naturwissenschaftler. →

8. 7. 1695. Den Haag: Christiaan Huygens (* 14. 4. 1629, Den Haag), niederländischer Naturforscher. →

GEBOREN:

24. 1. 1697. Breslau: Christian Freiherr von Wolff († 9. 4. 1754, Halle/Saale), deutscher Naturwissenschaftler und Philosoph.

10. 2. 1698. Le Croisic: Pierre Bouguer († 15. 8. 1758, Paris), französischer Naturwissenschaftler.

28. 9. 1698. Saint-Malo: Pierre Louis Moreau de Maupertuis († 27. 7. 1759, Basel), französischer Mathematiker und Physiker.

Flaschenkorken für den Champagner

1690. Pierre Pérignon, der Kellermeister der Benediktiner-Abtei Hautvillers in Frankreich, erfindet den Flaschenverschluß durch Korken (Rindenstücke der Korkeiche). Dom Pérignon entwickelt auch ein Verfahren zur Entfernung der Hefe aus dem Wein, ohne daß der Kohlensäuregehalt wesentlich vermindert wird. In den von ihm mit Korken versiegelten Flaschen läßt er den Wein weitergären und schafft damit die Grundlage für die Champagner-Herstellung.

In der Folgezeit werden die im Mittelmeerraum heimischen Korkeichen systematisch angebaut.

Waschmaschine in England erfunden

1691. Der Ingenieur John Tyzacke erhält ein englisches Patent auf eine Industriewaschmaschine. Das Gerät befreit die Textilien von den durch die Fabrikationsverfahren verursachten Verunreinigungen.

Wie die Hauswäsche hatte man zuvor auch in den Textilmanufakturen die neuen Stoffe von Hand gereinigt. Sie wurden entweder kalt in Flüssen oder Holzbottichen gewaschen oder in Kupfer- bzw. Gußeisenkesseln gekocht und dabei mit einem hölzernen Stampfer umgerührt. In Tyzackes handbetätigter Waschmaschine geschieht das Umwälzen in einer Trommel mit Kurbelantrieb.

Neuer Motor nutzt Energie der Wellen

1693. Der Engländer J. Hardley erhält ein Patent auf einen Motor, der die Energie der Meereswellen nutzt. Im flachen Meeresboden ist fest eine vertikale Führung verankert, längs derer sich mit der Brandung ein Schwimmer auf- und abbewegt. Über ein Gestänge wirkt er auf einen Exzenter, der schließlich ein Mühlrad antreibt.

Im Küstengebiet, in dem keine schnell fließenden Gewässer für den Betrieb von Wasserrädern zur Verfügung stehen, ist die Wellenkraftmaschine Ende des 17. Jahrhunderts neben der Windmühle die einzige Maschine, die die Muskelkraft ersetzen kann.

Lederschläuche für die Feuerwehr ersetzen die alten Wenderohre

Gegen Ende des 17. Jahrhunderts haben sich für Feuerlöscharbeiten in Europa allgemein Lederschläuche durchgesetzt. Jan van der Heiden, der Brandmeister der Amsterdamer Feuerwehr, verwendete sie erstmals 1673. Viele der in der Antike beherrschten mechanischen Techniken gerieten während des Mittelalters in Vergessenheit, so auch die schon von Ktesibios (→ 250 v. Chr.) erfundene Feuerspritze, die nach dem Prinzip der Druckpumpe arbeitete und später zur Grundaus-

stattung der römischen Feuerwehr gehörte. Während des Mittelalters griff man wieder auf Wassereimer und Äxte als Löschwerkzeuge zurück. 1655 erfand ein Nürnberger Zirkelschmied die Feuerspritze neu. Er baute eine Kolbenpumpe mit Hebelantrieb. 16 bis 20 Mann bedienten sie. Stoßweise wurde mit ihr Wasser durch ein Holzrohr gepumpt.

1690 stellt der Maler und Brandmeister Jan van der Heiden seine Erfindung in diesem Stich dar (Abb.).

Polhems Alphabet des Maschinenbaus

1696. Der österreichische Ingenieur Christopher Polhammer (ab 1716: Polhem) unterbreitet dem König von Schweden Pläne zur Errichtung eines Maschinenlabors, in dem gezielt einzelne Maschinenelemente entworfen und als Modelle gebaut werden sollen.

Der erste, der neben den gesamten Maschinen auch einzelne Maschinenteile zeichnete, war Leonardo da Vinci (→ 2. 5. 1519). Seine Methode wurde von anderen Renaissance-Ingenieuren und dem Arzt Georg Agricola aufgegriffen, der das Innere von Maschinen in auseinandergezogener Anordnung darstellte. Polhammer lernte diese Art der technischen Zeichnung während einer Reise durch England und Mitteleuropa von 1694 bis 1696 kennen und schätzen. Die Zerlegung von Maschinen in ihre einzelnen Elemente führt bei ihm zur Entwicklung eines »Alphabets des Maschinenbaus«. Er ist jedoch der Auffassung, daß Illustrationen weniger instruktiv für das Erlernen des Maschinenbaus und für neue Konstruktionen seien, als praktische Modelle.

Boyle – Bilanz seines Lebens

30. Dezember 1691. In London stirbt der britische Naturforscher irischer Herkunft Robert Boyle im Alter von 64 Jahren.

Boyle war der siebente Sohn des Earl of Cork. Der vielseitig interes-

Der Physiker und Chemiker Robert Boyle schätzte das Experimentieren

sierte Robert genoß die beste Ausbildung in Eton und Oxford und auf mehreren Studienreisen auf den Kontinent, bevor er sich auf seinem Landgut in Dorsetshire und in London eigene wissenschaftliche Laboratorien einrichtete. Sein Leben widmete er insbesondere zwei Zielen: Der Verwissenschaftlichung der Naturforschung und der Verkündung eines naturfreundlichen, bescheidenen Christentums.

Als Chemiker und Experimentalphysiker pflegte Boyle die streng induktiv-kritische Forschung. Seine Kernfrage »Was ist die Natur der Materie?« führte ihn zu einer Ablehnung der gängigen Elementenlehre und zur Wiederbelebung von Demokrits Vorstellung von den Atomen (→ 420 v. Chr.). Bei eingehenden Experimenten mit Gasen kam er der Entdeckung des Sauerstoffs nahe. Außerdem setzte er die Arbeiten des »ingenious gentleman Guericke« (→ 1654) über das Vakuum fort, verbesserte dessen Luftpumpe und entdeckte die Ausbreitung des Schalls im Vakuum.

Pendelforscher Huygens

8. Juli 1695. In seinem Geburtsort Den Haag stirbt im Alter von 66 Jahren der Physiker und Mathematiker Christiaan Huygens.

Huygens studierte zuerst Rechtswissenschaften, später Mathematik. Mit selbstberechneten und selbstgeschliffenen Teleskoplinsen entdeckte er 1655 den ersten Saturnmond, 1656 den Orionnebel und die wahre Gestalt des Saturnrings (→ 1608/09). 1657 erfand er dann die Pendeluhr. Um dieselbe Zeit erforschte er die Gesetze des Stoßes und der Zentrifugalkraft.

1663 wurde Huygens zum Mitglied der Royal Society, 1665 auch zum Mitglied der Französischen Akademie der Wissenschaften gewählt. 1673 erschien als sein Hauptwerk »Horlogium oscillatorium« (»Die Pendeluhr«), das neben der mathematischen Pendeltheorie und einer Uhrenkonstruktion Abhandlungen über die Zykloide und Gesetze der Zentralbewegung enthält. Zwei Jahre später erfand Huygens die Unruh. 1690 veröffentlichte er eine Arbeit, in der er seine Wellentheorie

Der niederländische Physiker und Mathematiker Christiaan Huygens

von → 1678 erläuterte, die an Beobachtungen der Doppelbrechung am isländischen Kalkspat anknüpfte. Bekannt wurde das »Huygensche Gesetz« über die Ausbreitung von Wellenfronten.

1700–1709

1700. Der französische Physiker Joseph Sauveur formuliert die Theorie der akustischen Schwebungen und gibt der Lehre vom Schall den Namen »Akustik«. →

1701. Der englische Naturwissenschaftler Isaac Newton erfindet den Spiegelsextanten.

Ole Rømer erfindet den Meridiankreis, ein astronomisches Instrument.

1702. Georg Ernst Stahl, Professor der Medizin in Halle an der Saale, formuliert die Ansicht, alle komplexen chemischen Substanzen seien aus verschiedenen Grundelementen aufgebaut.

Der Schweizer Johann Bernoulli formuliert »Das Prinzip von der Erhaltung aller lebenden Kräfte«. →

1705. Thomas Newcomen und John Cawley bauen auf der Grundlage eines Versuchs des Physikers Denis Papin aus dem Jahr 1689 eine wirtschaftlich arbeitende Dampfmaschine (Balanciermaschine). →

1707. Im Zuge des Gotthardweges wird das »Urnerloch« durchgeschlagen. →

Denis Papin konstruiert eine Hochdruckdampfmaschine zum Pumpen von Wasser (→ 1705). Am 27. September fährt er mit seinem ersten Dampfboot auf der Fulda von Kassel bis Münden. →

1708. Abraham Darby erfindet für den Eisenguß die Kastenformerei mit nassem Sand. →

8. 8. 1709. Der brasilianische Pater Bartolomeu Lourenço de Gusmão führt in Lissabon erstmals einen papierbespannten Heißluftballon vor. →

GESTORBEN:

3. 3. 1703. London: Robert Hooke (* 18. 7. 1635, Freshwater/Isle of Wight), englischer Naturforscher. →

16. 8. 1705. Basel: Jakob Bernoulli (* 27. 12. 1654, Basel), Schweizer Mathematiker und Physiker.

11. 10. 1705. Paris: Guillaume Amontons (* 31. 8. 1663, Paris), französischer Physiker.

GEBOREN:

27. 11. 1701. Uppsala: Anders Celsius († 25. 4. 1744, Uppsala), schwedischer Astronom und Physiker.

17. 1. 1706. Boston: Benjamin Franklin († 17. 4. 1790, Philadelphia), US-amerikanischer Naturwissenschaftler, Autor und Politiker.

15. 4. 1707. Basel: Leonhard Euler († 18. 9. 1783, Petersburg), Schweizer Mathematiker.

Das »Urnerloch« an der Straße über den Sankt-Gotthard-Paß in der Nähe von Andermatt (nach einem Schweizer Ölgemälde aus der Zeit um 1820)

Gotthard-Straßentunnel

1707. Als Teil des Gotthardweges wird in den Alpen das »Urnerloch«, der erste alpine Straßentunnel, durchgeschlagen.

Blühende Gewerbe, vor allem auf dem Gebiet der Baumwoll- und Seidenbandweberei, der Schappespinnerei, Strumpfstrickerei und Uhrenherstellung, machen die Schweiz zu einem wichtigen Handelspartner in Europa. Damit verbunden ist der Aufbau eines Straßennetzes, vor allem auch der Handelswege über den Alpenhauptkamm.

Im 17. Jahrhundert zogen Säumerzüge, regelrechte Karawanen, über die schmalen Paßwege Graubündens. Die Intensivierung des Güterverkehrs erfordert gut ausgebaute Verkehrswege sowie Versorgungs-, Beherbergungs- und Reparaturbetriebe an den Straßen. Dabei nimmt auch die Besiedlung in abgelegenen Bergregionen zu.

Da die Hochpässe während der kalten Jahreszeit oft sechs bis neun Monate lang geschlossen sind und außerdem ihre Überquerung im Sommer viel Zeit erfordert, verkürzt man den Schweizer Haupthandelsweg über die Zentralalpen durch einen ersten Tunnel, das sogenannte Urnerloch. Die Initiative für den alpinen Straßenbau liegt vielfach in den Händen von privaten Transportunternehmern.

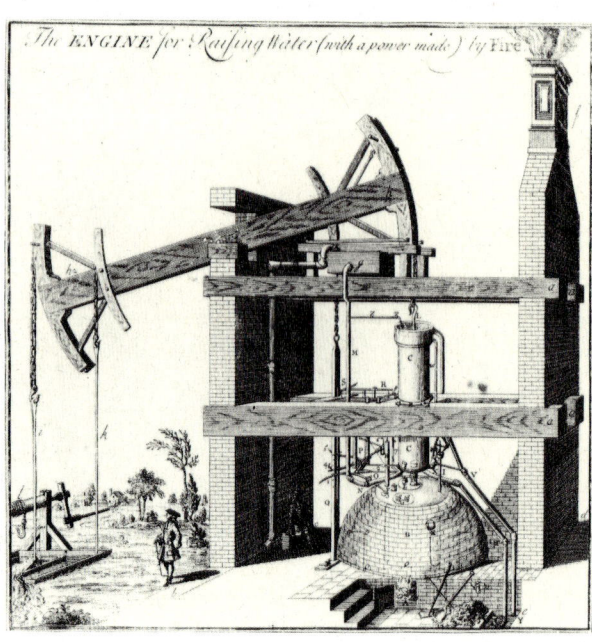

Zeitgenössische Darstellung der von Thomas Newcomen konstruierten atmosphärischen Kolben-Dampfmaschine in einem Kupferstich; der »Balancier« und die Gestänge übertragen die Kraft vom Arbeitszylinder auf die Pumpe in einem Bergwerksschacht; Maschinen dieser Art arbeiten in vielen Gruben

Sauveur begründet Lehre vom Schall

1700. Der französische Physiker Joseph Sauveur stellt die Theorie der Schwebungen auf, ermittelt die Hörbarkeitsgrenzen des Schalls für tiefe und hohe Frequenzen und macht stehende Wellen auf schwingenden Saiten durch Aufsetzen von Papierreiterchen sichtbar. Für die Lehre vom Schall führt er die Bezeichnung »Akustik« ein.

Die mathematischen Zusammenhänge bei der Tonerzeugung und der Ausbreitung des Schalls werden von drei charakteristischen Größen bestimmt: Der Frequenz, der Wellenlänge und der Schallgeschwindigkeit. Sauveur befaßt sich hauptsächlich mit den beiden ersten Größen. Die Wellenlänge bestimmt er dadurch, daß er auf einer schwingenden Saite die sogenannten Schwingungsknoten sucht, also jene Punkte, an denen die Saite in Ruhe ist, während sie in den »Schwingungsbäuchen« die jeweils größten Auslenkungen erfährt. An den Knoten lassen sich die Saiten berühren, ohne daß sich die Klangfarbe des abgegebenen Tons ändert. An diesen Stellen eingesetzte Papierreiter bleiben unbewegt. Die Wellenlänge läßt sich unmittelbar als die doppelte Distanz zwischen zwei derartigen Knoten bestimmen. Besonders interessant für Sauveur sind die sogenannten Schwebungen. Das ist die an- und abschwellende akustische Überlagerung zweier Töne mit sehr nahe beieinanderliegenden Frequenzen.

Die Dampfmaschine wird zuverlässiger

1705. Nachdem bereits → 1689 der französische Naturforscher Denis Papin und der Engländer Thomas Savery Experimente mit Dampfmaschinen durchgeführt hatten, bei denen ständig die Steigrohre oder Dampfkessel geplatzt waren, gelingt 1705 den Engländern Thomas Newcomen und John Cawley aufgrund der Papinschen Vorarbeiten erstmals der Bau einer wirtschaftlich und zuverlässig arbeitenden Dampfmaschine, einer sogenannten Balanciermaschine, deren Grundprinzip noch anderthalb Jahrhunderte überdauert.

Zwei Jahre später baut Papin die erste Hochdruckdampfmaschine.

Der erste Flugversuch des Heißluftballons, den der Brasilianer Bartholomeu Lourenço de Gusmão in Lissabon König Johann V. vorführt (zeitgenössische Darstellung des portugiesischen Kunstmalers Bernardino de Sousa Pereira)

Pater Gusmão erfindet Heißluftballon

8. August 1709. Der aus Brasilien stammende 23jährige Jesuitenpater Bartolomeu Lourenço de Gusmão führt dem portugiesischen König in dessen Palast in Lissabon den Aufstieg eines Heißluftballons vor. 74 Jahre vor den Brüdern Montgolfier (→ 5. 6. 1783) erfindet er damit das Fliegen mit einem Gerät, das wesentlich leichter ist als Luft.

Im selben Jahr erhält er auch ein portugiesisches Patent auf eine Flugmaschine, die schwerer als Luft ist. Vermutlich aber hat der Erfinder von dem starren Gleitflieger, den er »Passarola« nennt, nur ein Modell gebaut.

Über den Heißluftballon berichten Beobachter 1709: »Gusmãos Vorrichtung bestand aus einer kleinen Barke in Form eines Troges, bedeckt mit Segeltuch. Zusammen mit verschiedenen Destillaten, Quintessenzen und anderen Zuta-

ten stellte er ein Licht darunter und ließ das genannte Boot in der Sala das Embaixadas vor Seiner Majestät und vielen anderen Personen fliegen. Es stieg ein Stück empor und stieß gegen die Wand, kam dann zum Boden zurück und fing Feuer, als die Materialien durcheinander gerieten. Es setzte . . . alles, wogegen es stieß, in Brand . . . Seine Majestät war so gnädig, es nicht übelzunehmen.«

Eisenguß in Kästen mit feuchtem Sand

1708. Der Engländer Abraham Darby erfindet für den Eisenguß die Kastenformerei mit nassem Sand. Bisher hatte man allenfalls kleine verzierte Gegenstände in Formen aus fettem Lehm gegossen.

Nach dem neuen Verfahren wird das gewünschte Gußteil zuerst als Holzmodell hergestellt und in einer zwei- oder auch mehrteiligen Kastenform mit feuchtem Stampfsand umgeben. Der Kasten wird längs einer Trennfläche geöffnet und das Holzmodell entnommen. Nach erneutem Schließen der Form läßt sich durch einen Gußkanal das flüssige Eisen eingießen. Für jeden Guß wird eine neue Form gefertigt.

Die Technik des Gießens um 1700; die Formen (für 100pfündige Geschosse) sind allerdings noch keine Sandkästen (zeitgenössischer Stich)

Vielseitiger Physiker und Naturforscher

3. März 1703. Der aus Freshwater auf der Isle of Wight stammende englische Physiker und Naturforscher Robert Hooke stirbt in seinem 68. Lebensjahr in London.

Der vielseitige Forscher befaßte sich mit physikalisch-technischen Konstruktionen und Untersuchungen, mit Mikroskopie, meteorologischen und astronomischen Problemen und mit geologischen Fragen. Seine wohl bedeutendste Erkenntnis ist das nach ihm benannte Gesetz von der Proportionalität zwischen Kraft und elastischer Verformung (→ 1678). Seine physikalischen Forschungen brachten ihn in die Nähe der Wellenlehre. Er verbesserte die Funktionen physikalischer (Uhr, Luftpumpe, Mikroskop), meteorologischer und astronomischer Instrumente. Außerdem entwickelte er in London eine erste arithmetische Rechenmaschine.

Die Erhaltung der lebendigen Kräfte

1703. Der Schweizer Physiker Johann Bernoulli (Bruder des Mathematikers und Physikers Jakob B.) erhebt die bereits 1673 von Christiaan Huygens ausgesprochene Theorie von der Bewegung schwerer Körper zum Naturgesetz und nennt es »das Prinzip von der Erhaltung aller lebender Kräfte«.

Huygens hatte den Satz aufgestellt, daß stets »die Summe der Produkte der Massen und der Quadrate der von ihnen erreichten Geschwindigkeiten dieselben bleiben, die Massen mögen sich verbunden fortbewegen oder getrennt dieselbe Bewegung ausführen«. Was

Joh. Bernoulli

Bernoulli in dem von ihm formulierten Naturgesetz als »lebende Kräfte« bezeichnet, ist nicht mit dem späteren Kraftbegriff zu verwechseln. Gemeint ist bei ihm die Bewegungsenergie oder kinetische Energie. Der Energiesatz wird zu einer Grundlage der technischen Mechanik und einer modernen Naturphilosophie.

1710. Johann Friedrich Böttger stellt in Meißen das erste Hartporzellan Europas her. →

Jakob Christof Le Blon aus Frankfurt am Main erfindet den Dreifarbendruck. →

Der Holländer J. van der Mey und der deutsche Prediger Johannes Müller führen die Stereotypie ein. →

In London sind die Bauarbeiten an der St.-Pauls-Kathedrale nach 35 Jahren beendet. →

1711. Der Brite Thomas Newcomen baut die erste Dampfmaschine für den praktischen Betrieb (→ 1705).

Johann Justus Partels führt die Raumventilation ein. →

1713. Abraham Darby konstruiert den ersten Hochofen. →

1714. Gabriel Daniel Fahrenheit konstruiert die ersten brauchbaren Quecksilberthermometer. →

Gottfried Wilhelm Leibniz beschreibt den Fleischextrakt als nützlichen Proviant.

Henry Mill erhält ein englisches Patent auf eine – praktisch kaum brauchbare – Schreibmaschine.

1715. Johann Ernst Elias Bessler »erfindet« ein berühmtes Perpetuum mobile. →

1717. Der französische Arzt Gauthier baut den ersten Destillationsapparat für die Entsalzung von Meerwasser. →

Der Engländer Edmond Halley baut die erste einsatzfähige Taucherglocke. →

1718. Der französische Chemiker Étienne St. François Geoffroy stellt die ersten Affinitätstabellen auf. →

GESTORBEN:

1712. England: Denis Papin (* 22. 8. 1647, Blois), französischer Naturforscher und Erfinder.

14. 9. 1712. Paris: Giovanni Domenico Cassini (* 8. 6. 1625, Parinaldi/Nizza), italienisch-französischer Astronom.

14. 11. 1716. Hannover: Gottfried Wilhelm Leibniz (* 1. 7. 1646, Leipzig), deutscher Philosoph und Universalgelehrter. →

13. 3. 1719. Dresden: Johann Friedrich Böttger (* 4. 2. 1682, Schleiz), deutscher Chemiker.

GEBOREN:

19. 11. 1711. Denissowka: Michail W. Lomonossow († 15. 4. 1765, Petersburg), russischer Universalgelehrter.

16. 11. 1717. Paris: Jean Le Rond d'Alembert († 29. 10. 1783, Paris), französischer Mathematiker, Philosoph und Schriftsteller.

Neues Porzellan jetzt auch in Europa

1710. Dem Hofalchimisten des Kurfürsten August von Sachsen, Johann Friedrich Böttger, gelingt es als erstem in Europa, weißes Hartporzellan herzustellen.

Über zwei Jahrhunderte lang hatten europäische Keramiker, Glasmacher und Alchimisten vergeblich versucht, das vor 700 n. Chr. erfundene chinesische Porzellan (→ 617) nachzumachen, das seit der Yüan-Dynastie (→ 1298) in größeren Mengen hergestellt wurde und um 1500 auch nach Europa gelangte. – 1575 war es den Töpfern des Herzogs von Florenz zwar gelungen, aus einer Mischung aus Glas und Kaolin sogenanntes Weichporzellan herzustellen, aber dieses ließ sich qualitativ nicht mit dem chinesischen Produkt vergleichen.

Von dem jungen Alchimisten Böttger hatte August der Starke von Sachsen gehört, ihm sei die Erzeugung von Gold gelungen. Der Kurfürst ließ ihn gefangennehmen. In der Haft sollte er das begehrte Metall für den Landesherrn herstellen. Dabei kam Böttger mit dem Naturforscher Walther von Tschirnhaus in Kontakt, der ihn zu gezielten Experimenten anhielt. Böttger ersetzte in einem Weichporzellanansatz den Glasbestandteil durch Feldspat, erreichte auf diese Weise

Teekanne, Stangenvase und Deckeldose aus Böttgerporzellan (nach 1713)

eine vollständige Sinterung der Masse und erhielt damit das erste

Sake-Flaschen (Meißen, nach 1713)

echte Hartporzellan in Europa. Schon zwei Jahre nach dieser Erfindung stellt die später berühmte Meißener Manufaktur Porzellangegenstände in Serie her. Allerdings läßt sich die Rezeptur nicht lange geheimhalten. 1717 gelangt sie nach Wien, und auch dort entsteht sogleich eine Manufaktur.

Das Meißener Porzellanrezept enthält rund 50% Kaolin, der die Masse bindet und ihr beim Brennen Festigkeit verleiht. Dazu kommen 18 bis 30% Kalifeldspat und 12 bis 35% Quarz. Die Bestandteile werden in Steinmühlen fein gemahlen.

Daten zur langen Geschichte des Porzellans

▷ Um 3500 v. Chr.: Glasierte Tonwaren in Ägypten

▷ Um 1400 v. Chr.: Steingut, ein Tongemisch, das ohne Glasur bei 1100 °C bis 1200 °C glasig versintert, in China

▷ Um 700 n. Chr.: Hartporzellan in China erfunden, Herstellung nur in kleinsten Mengen

▷ Nach 1300: Blüte der chinesischen Porzellanindustrie während der Yüan-Dynastie

▷ 1575: Weichporzellan von den Töpfern von Francesco Medici in Florenz erfunden

▷ Ab 1680: Weichporzellanmengenfertigung (»Frittenporzellan«) in Frankreich.

Attische Halsamphore mit buntem Dekor (540 v. Chr.)

Chinesische Kultfigur aus Porzellan (nach 1550)

Kaffeekanne mit Türkenbunddeckel und Teekanne mit Adlerkopfausguß aus Hartporzellan (um 1710)

Verbesserungen im Druckereiwesen

1710. Zwei Erfindungen bringen neue Impulse für die Drucktechnik: Jakob Christof Le Blon aus Frankfurt am Main entdeckt die Möglichkeit des Dreifarbendrucks; und in Leiden führt der Holländer J. van der Mey zusammen mit dem deutschen Prediger Johannes Müller die Stereotypie ein.

Der Buchdrucker Le Blon findet das System des Dreifarbendrucks durch Zufall bei dem Versuch, bunte Bilder mit den sieben Farben des Spektrums zu vervielfältigen. Dabei stellt er fest, daß die drei Farben Rot, Blau und Gelb auch für die Wiedergabe aller Mischfarbtöne ausreichen. Er führt seine Farbdrucke aus, indem er drei Kupferplatten mit den entsprechenden Farbauszügen übereinanderdruckt. Diese Art der Farbmischung nennt man subtraktiv. Im Gegensatz zur sogenannten additiven Farbmischung, bei der selbständige Farbpartikel der drei Grundfarben Grün, Rot und Blau so dicht nebeneinanderstehen, daß sie das menschliche Auge nicht mehr trennen kann und sie als neuen Farbreiz interpretiert, ist die subtraktive Mischung ein wirklicher physikalisch-optischer Vorgang, bei dem das Licht nacheinander durch die verschiedenen Farbschichten gefiltert oder von

Schriftgießer bei Letternherstellung

diesen absorbiert und damit spektral verändert wird.

Die Stereotypie ist ein Verfahren zum raschen und preiswerten Vervielfältigen von Hochdruckformen, etwa beim Letternsatz (→ 3. 2. 1468). In feuchte Pappe wird die Originalplatte abgedrückt und der Abdruck sodann mit einer Bleilegierung ausgegossen. So entsteht das Stereo, die Duplikatdruckplatte. Das Verfahren von Mey und Müller ist eine Vorstufe hierfür. Sie hintergießen lediglich den fertigen Letternsatz mit Mastix, Gips oder mit einem niedrig schmelzenden Metall und erhalten so eine stereotypartige Druckplatte.

Druckerei in Frankreich um 1700; die nach einer Stereotypie gedruckte Abbildung stammt aus der »Encyclopédie« von Diderot und d'Alembert

Fahrenheit mißt die Temperatur genau

1714. Der aus Danzig stammende Physiker Gabriel Daniel Fahrenheit verbessert das von dem italienischen Gelehrten Galileo Galilei erfundene und von anderen italienischen Gelehrten weiterentwickelte Thermometer (→ 1592) erheblich.

Er benutzt ein mit der Ausdehnung von Quecksilber arbeitendes Thermometer, das 1657 die Dottores der Florentiner Accademia del Cimento entwickelt hatten und gestaltet das Instrument so um, daß die Luftdruckabhängigkeit vernachlässigt werden kann. Von besonderer Bedeutung ist Fahrenheits Einführung einer Temperaturskala, die bisher unbekannt war. Zuvor ließen sich deshalb keine absoluten Temperaturen angeben.

Die Erfindung der Skala stammt indes nicht von Fahrenheit selbst, sondern von Christiaan Huygens, der bereits 1665 vorschlug, als Fundamentalpunkte den Schmelzpunkt des Eises und den Siedepunkt des Wassers auf Meereshöhe zu Grunde zu legen. Fahrenheit wählt andere Fixpunkte: Die Temperatur einer Kältemischung (aus Eis, Wasser und Salmiak) setzt er gleich Null, den Gefrierpunkt des Wassers gleich 32 und dessen Siedepunkt gleich 212 Grad.

Raumventilatoren bringen Frischluft

1711. Johann Justus Partels entwickelt in Zellerfeld im Harz für Bergwerke einen Belüftungsventilator. Mit seiner Idee, Frischluft in geschlossene Räume zu fördern und damit zugleich die verbrauchte Abluft hinauszudrängen, ist er der Erfinder der Raumventilation. Zahlreiche Quellen nennen fälschlich Stephen Hales und Martin Friewald, die allerdings erst 1741 die Ventilation bei Krankenzimmern und Schiffen anwenden.

Schon drei Jahre nach Partels Erfindung behandelt der französische Gelehrte N. Gauger die Ventilation wissenschaftlich. Gauger macht seine Ausführungen in einer Abhandlung über die »Mechanik des Feuers« und unterstreicht besonders die große Bedeutung einer guten Durchlüftung von beheizten Wohnungen als Maßnahme gegen Infektionskrankheiten.

Taucherglocke jetzt reif für den Einsatz

1717. Der Engländer Edmond Halley baut die erste praktisch einsetzbare Taucherglocke (→ 1350). Der königliche Astronom von Greenwich (→ 1665) übertrifft mit seiner Konstruktion die des deutschen Ingenieurs Kessler aus dem 17. Jahrhundert. Seine Glocke besteht aus einem bleiverkleideten hölzernen Bottich ohne Boden, der, zusätzlich mit Bleigewichten

Edmond Halley

beschwert, an einem Seil senkrecht ins Wasser gelassen wird. Als Luftreserven dienen hölzerne, ebenfalls bleiverkleidete Fässer. Halley selbst testet seine Glocke auf einem Tauchgang in 18 m Wassertiefe.

Darby betreibt den Hochofen mit Koks

1713. Der englische Ingenieur Abraham Darby befaßt sich seit vier Jahren mit der Entwicklung eines neuen kohlenstoffreichen Brennstoffs für die Stahlerzeugung, um die immer rarer und teurer werdende Holzkohle zu ersetzen. Er wendet das von der Holzkohlenbereitung bekannte Verfahren des Schwelens, also eine unvollständige Verbrennung, auf gut backende Steinkohle an und erhält Koks.

Dieser im Unterschied zur Holzkohle festere Brennstoff erlaubt höhere Schüttungen von Heizmaterial und Erz im Ofen. Darby errichtet in Coalbrookdale einen ersten Hochofen. Für die Roheisenerzeugung bedeutet seine Erfindung einen gewaltigen Fortschritt. Damit macht Darby die englische Eisengewinnung unabhängig vom Holz und sichert ihren Fortbestand und ihre bevorstehende Blüte.

Leibniz propagiert den Fleischextrakt

1714. Der deutsche Universalgelehrte Gottfried Wilhelm Leibniz, der sich u. a. eingehend mit militärischen Fragen befaßt, erwähnt in den sogenannten »Utrechter Denkschriften« erstmals den Fleischextrakt. Die Rezeptur dafür ist nicht seine Erfindung, sondern geht wahrscheinlich auf Vorschläge zurück, die Leibniz von dem französischen Naturforscher Denis Papin (→ 1674) erhielt.

Leibniz erörtert in seinen Denkschriften ausführlich die Mittel, Truppen auf langen Märschen bei Kräften zu halten und empfiehlt dazu die »Kraft-Compositiones« (das sind Konserven) und besonders »das Extrakt aus Fleisch, dessen Komposition mir bekannt«.

Der pulverförmige Extrakt von Leibniz besteht aus eingedickter Fleischbrühe, hat allerdings nur einen geringen Nährwert.

Auf der Suche nach dem Perpetuum mobile

1715. Johann Ernst Elias Bessler, der sich Orffyreus nennt, baut in Merseburg und zwei Jahre später für den Landgrafen Karl von Hessen-Kassel auf Schloß Weißenstein zwei komplexe Perpetua mobiliae von 3,4 bzw. 3,5 m Höhe. Ihr hervorstechendes Merkmal sind große vertikale Räder, die sich ständig drehen und außerdem über einen Seilzug zentnerschwere Lasten heben können. Zahlreiche berühmte Gelehrte attestieren das gute Funktionieren der Maschine. Sogar Gottfried Wilhelm Leibniz (→ 1672; 14. 11. 1716), der die Unmöglichkeit eines Perpetuum mobile als Axiom (Grundsatz) aufgestellt hatte, setzt sich dennoch beredt für das Wunderrad ein. Auch der bedeutende Leidener Physiker Willem Jacobus 's Gravesande, der mit Leibniz die kinetische Energie als Produkt aus Masse und dem Quadrat der Geschwindigkeit berechnet, lehnt das Perpetuum mobile nicht gänzlich ab, weil, wie er sagt, die Naturgesetze nur unvollkommen bekannt seien. In Wirklichkeit ist die Maschine allerdings ein Schwindel. Sie wird aus dem Nebenraum manuell angetrieben.

Bezeichnend ist, daß selbst Naturwissenschaftler die Unmöglichkeit der ständigen antriebslosen Bewegung noch nicht mit völliger Sicherheit beweisen können. Reich an entsprechenden Experimenten sind besonders das Mittelalter und die Renaissance. So beschrieb Leonardo da Vinci (→ 2. 5. 1519) 1493/95 in seinem Codex Atlanticus Perpetua mobiliae.

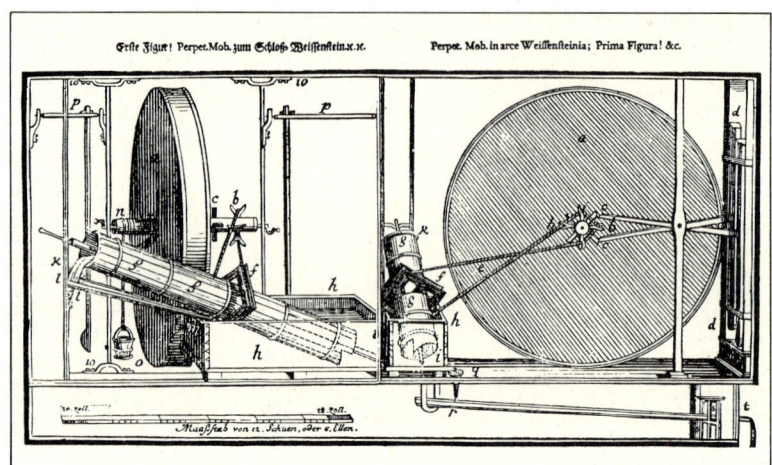

Perpetuum mobile von Orffyreus; die Maschine treibt eine Archimedische Schraube zum Wasserheben an; mit einem versteckten Antrieb wurde sie tatsächlich in Bewegung gesetzt (nach einem Holzschnitt aus dem Buch »Orffyreus: Das triumphirende Perpetuum mobile«, Kassel 1719)

Orffyreus; der Erbauer des berühmten Kasseler Perpetuum mobile hieß eigentlich Johann Ernst Elias Bessler; sein Pseudonym entwickelte er aus seinem Namen durch tabellarischen Buchstabentausch, wobei er die Buchstaben n bis z unter die Buchstaben a bis m schrieb (Kupferstich, C. Fritzsch, 1718)

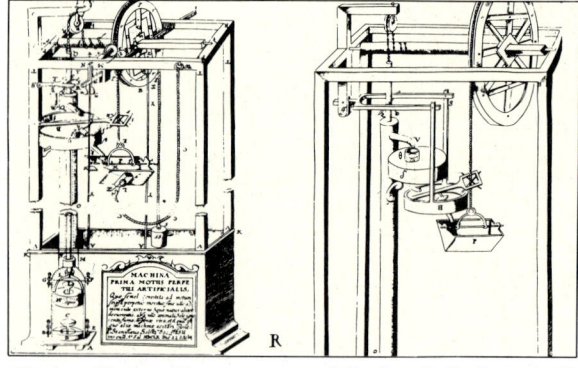

Hydraulisches Perpetuum mobile des Erfinders A. P. Stanislaus Solskis aus Krakau, um 1660; die Abb. stammt aus dem Buch »Technica curiosa« des Jesuitenpaters Caspar Schott (Würzburg 1664)

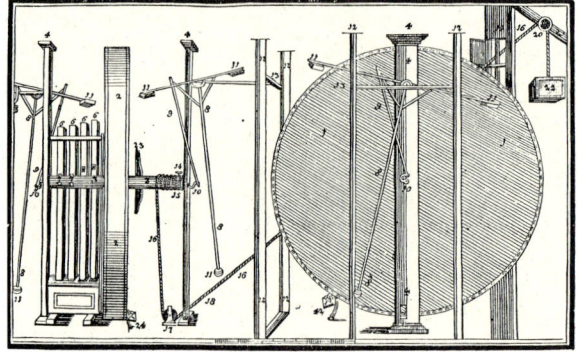

Ein weiteres Perpetuum mobile von Orffyreus; er zeigte es 1715 zu Merseburg; die Abb. aus dem Buch »Das triumphirende Perpetuum mobile« gibt links eine Seitenansicht, rechts die Frontalansicht wieder

Arzt destilliert auf See Meerwasser

1717. Der französische Schiffsarzt Gauthier baut erstmals einen Destillationsapparat zum Entsalzen von Meerwasser. Die Idee dazu stammt allerdings nicht von ihm. Sie ist älter. Schon 1516 hatte ein gewisser Gedetden vorgeschlagen, Seewasser durch Destillation trinkbar zu machen, und 1670 hatte ein Seefahrer namens Houton diesen Vorschlag wiederholt.

Das von Gauthier angefertigte Destillationsgerät entspricht im Prinzip noch dem schon im Mittelalter bekannten »Alembik« (zusammengesetzt aus dem arabischen Artikel »al« und dem griechischen Wort für Deckel: »ambik«). Der Alembik oder »Helm« ist ein gläsernes Gefäß, das dem modernen Destillierkolben gleicht. Es hat sich aus einem Dekkel mit Destillatablauf entwickelt, der über einen oben offenen Kolben gestülpt und mit dem Kolben selbst zu einer Einheit verbunden wird. Von Bedeutung wird die Meerwasserentsalzung vor allem für die Handelsschiffahrt.

Die Zuneigung unter den Elementen

1718. Der französische Chemiker Étienne St. François Geoffroy stellt erstmals chemische Affinitätstabellen auf. Er ordnet, wie er sagt, die verschiedenen Körper nach ihrer Verwandtschaft, also dem Grad der Bereitschaft, miteinander Verbindungen einzugehen. Geoffroy untersucht die Elemente systematisch auf ihre Verbindungsbereitschaft. Kenntnisse der Affinitäten, also des chemischen Reaktionsvermögens, sind wichtig für die Arbeit des Chemikers, denn sie lassen bis zu einem gewissen Grad chemische Reaktionen und deren Produkte voraussahnen. Besteht beispielsweise zwischen den Elementen X und Z eine größere Affinität als zwischen den Elementen Y und Z und trifft das Element X auf eine Verbindung WYZ, dann wird es das Y aus dieser Verbindung austreiben und an seine Stelle treten (WXZ) oder die Verbindung in eine WY-Verbindung und ein freies Z aufspalten, um sich dann selbst mit dem Z zu verbinden. Als Maß für die Affinität findet Geoffroy eine reaktionsenergetische Größe.

Die Sankt-Pauls-Kathedrale ist fertiggestellt

1710. *Nach 35jähriger Bauzeit vollendet der englische Baumeister Christopher Wren in London die St.-Pauls-Kathedrale. Zwischen der großen halbkugelförmigen Außenkuppel und einer inneren, 65 m hohen Flachkuppel fügte Wren eine konische, an einer Kette aufgehängte Ziegelkonstruktion ein, die zum Teil die äußere, bleigedeckte Holzkuppel abstützt. Die Kirche ist im Stil des englischen Palladianismus erbaut (Abb.).*

Letzter Universalgelehrter

14. November 1716. In Hannover stirbt im Alter von 70 Jahren der wohl letzte Universalgelehrte, Gottfried Wilhelm Leibniz.

G. W. Leibniz

Der Sohn eines Professors der Moralphilosophie bezog bereits mit 15 Jahren die Leipziger Universität und studierte Jura, Philosophie und Naturwissenschaften. Als 20jähriger wurde er zum Dr. jur. promoviert und trat als Diplomat in die Dienste des Mainzer Kurfürsten. Leibniz' naturwissenschaftliche Leistungen liegen vor allem auf dem Gebiet der Mathematik und der Physik. Er konstruierte Windpumpen zur Entwässerung von Bergwerken, entwickelte eine Rechenmaschine und fand heraus, daß sich jede Zahl durch eine Folge der Ziffern 0 und 1 ausdrücken läßt. Dieses Dualsystem ist die Grundlage der modernen Computeralgebra. Zeitgleich mit Isaac Newton entwickelte Leibniz die Differential- und Integralrechnung (→ 1671/76, 1686). 1700 begründete Leibniz die Berliner Akademie der Wissenschaften, deren erster Präsident er war. In anderen Städten wollte er ähnliches schaffen. Großen Einfluß auf das Weltbild seiner Zeit übte Leibniz durch seine Monadenlehre aus, nach der sich der Kosmos letztlich aus nicht teilbaren Kraftzellen von unterschiedlicher Qualität, den Monaden, aufbaut.

1720
1720 – 1729

Um 1720. Die Metallbohrmaschine und die Zahnradschneidmaschine kommen allmählich in Gebrauch.

1720. Der Brite John Cumberland erhält ein Patent auf ein Verfahren zum Biegen von Holz für den Schiffsbau.

Jonathan Sisson erfindet den Theodoliten.

1721. Der flämische Chirurg Jan Palfijn erfindet die Geburtszange. →

1725. Der Franzose Charles-François de Cisternay Dufay beobachtet, daß die Luft in der Nähe glühenden Metalls elektrisch leitend wird.

1727. Aufgrund einer Sternenbeobachtung durch Samuel Molyneux aus dem Jahr 1725 entdeckt der englische Astronom James Bradley die Aberration des Lichts. Dieses Phänomen nutzt er für die Berechnung der Lichtgeschwindigkeit.

Der Philologe Johann Heinrich Schulze stellt in Halle als erster Lichtbilder her: Er belichtet Kreideschlamm, den er mit Chlorsilber präpariert hat. →

1728. Falcon aus Lyon konstruiert einen Seidenwebstuhl mit Kartensteuerung für verschiedene Dessins. →

John Payne liefert die Grundidee für den späteren Martinsprozeß (→ 1864) in der Eisenverarbeitung und führt gleichzeitig mit Major Hanbury das Walzen von Eisenblechen in England ein. →

Henri Pitot erfindet das Winkelrohr zur Messung der exakten Strömungsgeschwindigkeit in Flüssigkeiten.

1729. Chester More Hall aus Essex stellt erstmals achromatische Linsen her, ohne aber das Geheimnis der Herstellung öffentlich preiszugeben.

14. 7. 1729. Stephen Gray errichtet in England die erste elektrische Freileitung. Der britische Naturwissenschaftler hatte zuvor den Unterschied zwischen elektrischen Leitern und Nichtleitern entdeckt. →

GESTORBEN:

25. 2. 1723. London: Sir Christopher Wren (* 20. 10. 1632, East Knoyle/Wiltshire), englischer Baumeister, Mathematiker und Astronom (→ 1710).

26. 8. 1723. Delft: Antonie van Leeuwenhoek (* 24. 10. 1632, Delft), niederländischer Naturforscher.

31. 3. 1727. Kensington (London): Sir Isaac Newton (* 4. 1. 1643, Woolsthorpe bei Grantham/Lincoln), englischer Mathematiker, Physiker und Astronom. →

Maschine erledigt Handwerksarbeit

Um 1720. Erste Metallbohrmaschinen und Zahnradschneidmaschinen kommen in Gebrauch. Kurz zuvor, in den ersten Jahren des 18. Jahrhunderts, wurden in Deutschland, England und Frankreich, vor allem aber in Schweden, die ersten Versuche unternommen, Metall maschinell zu bearbeiten. Ausgangspunkt waren die schon gut ausgereiften Holz-Drechselmaschinen. Nach ihrem Vorbild versuchte man, Bänke für das Eisendrehen zu konstruieren. Eine erste ausführliche Beschreibung derartiger Drehmaschinen findet sich in dem bereits 1701 erschienenen Werk »L'art de tourner« (»Die Kunst des Drehens«) von Charles Plumier. Auch der Schwede Christopher Polhem (→ 1696) betreibt eine Eisendrehbank. Sie wird von einem Wasserrad in Bewegung gehalten und besitzt eine Vorschubspindel für die Werkzeughalterung. Neben der langsam einsetzenden Nutzung der Dampfkraft beeinflußt vor allem die beginnende maschinelle Ausführung bisheriger Handarbeit die aufkeimende Industrialisierung in England.

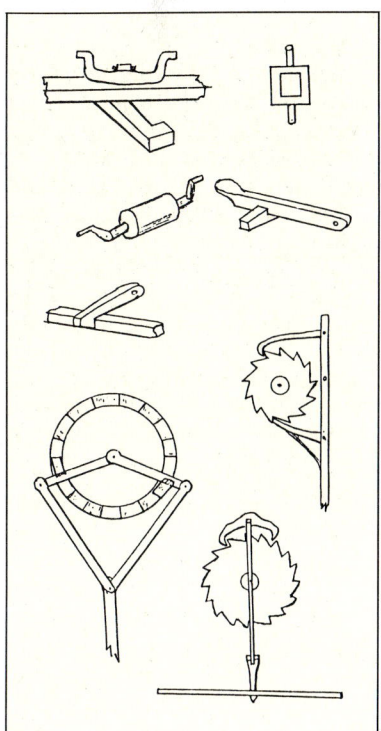

Maschinenelemente nach dem »Alphabet des Maschinenbaus« von dem Ingenieur Christopher Polhem (aus einem Skizzenbuch von Carl Johann Cronstedt, 1729)

Eine Zange hilft bei schweren Geburten

1721. Der flämische Mediziner Jan Palfijn erfindet die Geburtszange. Die in medizinhistorischen Werken gelegentlich erwähnte frühere Benutzung eines derartigen Geräts durch den 1560 geborenen englischen Arzt Chamberlen d. Ä. läßt sich nicht nachweisen.

Mit dem aus zwei löffelartigen Teilen bestehenden Instrument, das wie eine Schere aufgebaut ist, läßt sich eine Geburt in der Austreibungsphase beschleunigt beenden. Der in der mütterlichen Scheide steckende Kopf des Kindes wird zangenartig umfaßt und herausgezogen. Die Anwendung der Geburtszange sieht Palfijn dann als geboten an, wenn durch ein weiteres Hinauszögern der Geburt Mutter oder Kind gefährdet würden. In seltenen Fällen führt die Zange zu Schädelverformungen.

Elektrizität läßt sich mit Fäden fortleiten

14. Juli 1729. Zusammen mit seinem Freund Granvil Wheeler errichtet der englische Naturwissenschaftler Stephen Gray die erste elektrische Freileitung.

Gray hatte entdeckt, daß sich die Reibungselektrizität, die Otto von Guericke und Gottfried Wilhelm Leibniz an einer Schwefelkugel nachgewiesen hatten (→ 1672) und die schon im Altertum vom Bernstein her bekannt war, mittels Hanffäden (wenn sie feucht sind) fortleiten läßt.

Gray und Wheeler führen eine 200 m lange Hanfschnur von einem Fenster über Bohnenstangen weit ins Feld hinaus. Als Isolatoren, deren Eigenschaft sie ebenfalls erkennen, benutzen sie kurze Seidenfäden. Die Leitung überträgt die durch Reibung erzeugte Elektrizität einwandfrei.

Erste Lichtbilder der Geschichte in Halle

1727. Der Philologe Johann Heinrich Schulze stellt in Halle an der Saale erstmals durch Schwärzen von Chlorsilber Lichtbilder auf einer ebenen Grundlage aus weißem Kreideschlamm her.

Schulze greift dabei auf eine Entdeckung von Georg Fabricius zurück, der schon → 1556 beobachtet hatte, daß sich Chlorsilber im Sonnenlicht schwarz färbt. Schulze präpariert den Kreideschlamm mit Chlorsilber, um dieses auf einer ebenen weißen Fläche möglichst gleichmäßig verteilen zu können. Als Bildvorlage verwendet er undurchsichtiges Material, aus dem er Schriftzüge ausschneidet. Durch diese Schablone belichtet er im Sonnenschein den Chlorsilber-Kreideuntergrund. Er erhält die ersten – wenn auch noch nicht haltbaren – Fotografien.

John Payne walzt Eisen zu Blech aus

1728. Der Engländer John Payne schmilzt im offenen Frischherd Roheisen und Eisenschlacke zusammen mit Zuschlägen und nimmt damit die Grundidee des späteren Martin-Prozesses (→ 1864) vorweg. Gleichzeitig mit Major Hanbury führt er außerdem in England die Technik des Auswalzens von Eisen zu Blech ein.

Der Grundgedanke des von Payne entwickelten Verfahrens zielt darauf, durch Zusammenschmelzen von Schmiedeeisen und Roheisen Stahl zu gewinnen, der flexibler und zäher als Eisen ist. Dieses Ziel erreicht der Erfinder allerdings nicht ganz, denn der ihm zur Verfügung stehende Flammofentyp liefert keine ausreichend hohen Temperaturen. Hingegen ist das Produkt dazu geeignet, sich in mehreren Stufen auswalzen zu lassen.

Newton in der Westminster-Abtei beigesetzt

31. März 1727. In Kensington (London) stirbt der 1643 in Woolsthorpe bei Grantham geborene englische Mathematiker, Physiker und Astronom Sir Isaac Newton.

Als Schüler zeigte der schwächliche und kränkelnde Isaac, der eigentlich den Bauernhof seines schon früh verstorbenen Vaters übernehmen sollte, nur mäßige Leistungen. Seine große naturwissenschaftliche Begabung machte sich erst an der Universität Cambridge bemerkbar. Besonders unter der persönlichen Förderung seines Mathematikprofessors Isaac Barrow brachte der noch nicht 30jährige imponierende Leistungen zustande. 1669 übernahm er das Amt seines akademischen Lehrers und durchlief sodann eine beachtliche Karriere. 1703 wurde er Präsident der Royal Society.

Newton beschäftigte sich mit Alchimie und Chemie, Mathematik, Physik und Theologie. Die Mechanik bereicherte er durch seine drei »Newtonschen Axiome«: Das Trägheitsgesetz, das Beschleunigungsgesetz und das Gravitationsgesetz (→ 1669). Er veröffentlichte sie 1687 in seinen »Philosophiae naturalis principia mathe-

Der Physiker Sir Isaac Newton

matica«. Mit dem Gravitationsgesetz erklärte er sowohl die Planetengesetze Johannes Keplers (→ 15. 5. 1618) wie die Fallgesetze von Galileo Galilei (→ vor 1618).

Newton konstruierte ein Spiegelteleskop (→ 1671/76), entdeckte die Spektralfarben des Lichts (→ 1666) und fand wichtige Regeln der Aerodynamik und Akustik. Als Mathematiker entwickelte er die Differential- und Integralrechnung zur gleichen Zeit wie Gottfried Wilhelm Leibniz, aber unabhängig von dem deutschen Universalgelehrten.

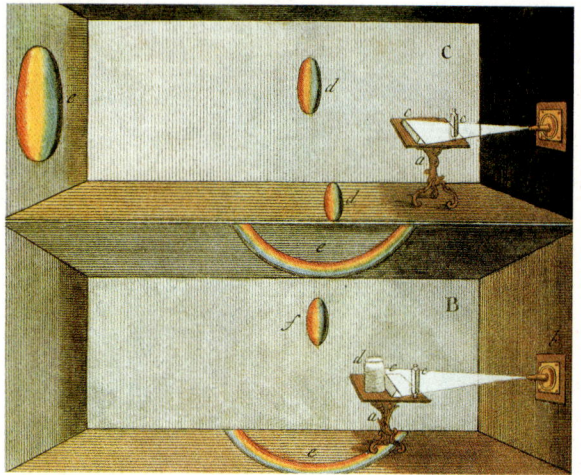

In eindrucksvollen Salonexperimenten bewies Isaac Newton, daß sich das Sonnenlicht aus zahlreichen Lichtarten zusammensetzt; er projizierte die mit Glasprismen gewonnenen Spektren an abgedunkelte Wände

Seidenwebstuhl mit Kartensteuerung

1728. Der französische Seidenweber M. Falcon baut in der Textilstadt Lyon einen neuen Webstuhl mit Programmsteuerung.

Durchbohrte Karten steuern je nach Dessin die Fadenführung. Schon drei Jahre zuvor hatte sein Landsmann Basile Bouchon dieses Prinzip entwickelt, jedoch statt der Lochkarte durchbohrtes Papierband verwendet, das sich aber als nicht haltbar genug erwies.

Bei beiden Vorrichtungen steuern die Löcher Haken, die das Heben und Senken der Kettfäden bewirken. Die Maschinen arbeiten halbautomatisch: Der Karten- oder Papierstreifenvorschub geschieht noch von Hand.

Weiterentwickelt werden die Webstühle aus Lyon von dem vielseitigen französischen Konstrukteur Jacques de Vaucanson, der sie wenig später zu vollautomatischen Maschinen macht. Seine Vorrichtung wird aber nicht allgemein bekannt (→ 1807; 1833).

Die Bedeutung der Lochkartenwebstühle liegt einmal in ihrem beachtlichen Beitrag zur Industrialisierung, zum anderen in der Erfindung der Steuerungstechnik, und zwar genau jener, nach der später die ersten Großrechenanlagen (Babbage, UNIVAC u. a.) arbeiten.

1730
1730—1739

1730. Thomas Godfrey, ein Glaser aus Philadelphia, erfindet den Spiegelquadranten. →

Der französische Naturwissenschaftler René Antoine Ferchault de Réaumur erfindet das Weingeistthermometer.

1731. Johann Joosten van Musschenbroek aus Holland konstruiert das Pyrometer. →

Der englische Optiker John Hadley baut den ersten Spiegelsextanten (→ 1730).

1733. John Kay verbessert den Webstuhl durch die Erfindung des Schnellschützen. →

1734. Der Schwede Emanuel von Swedenborg veröffentlicht das erste Handbuch der Eisenhüttenkunde.

Um 1735. Robert Boyles Lehre vom Aufbau aller Stoffe aus chemischen Elementen setzt sich durch. →

1738. Daniel Bernoulli aus der Schweiz entwickelt seine kinetische Gastheorie und die Lehre von der »Hydrodynamik«. →

Cassini de Thury, Maraldi und Lacaille errechnen die Schallgeschwindigkeit 332 m/sec. →

John Wyatt erfindet das Spinnen mit Walzen (→ 1733).

1739. John Clayton destilliert erstmals die Steinkohle. →

GESTORBEN:

16. 9. 1736. Den Haag: Daniel Gabriel Fahrenheit (* 24. 5. 1686, Danzig), deutscher Physiker.

GEBOREN:

23. 12. 1732. Preston/Lancashire: Sir Richard Arkwright († 3. 8. 1792, Cromford/Derbyshire), englischer Erfinder.

13. 3. 1733. Fieldhead/Yorkshire: Joseph Priestley († 6. 2. 1804, Northumberland), britischer Naturforscher.

4. 5. 1733. Dax/Landes: Jean Charles de Borda († 20. 2. 1799, Paris), französischer Physiker.

19. 1. 1736. Greenock/Strathclyde: James Watt († 19. 8. 1819, Heathfield/Birmingham), britischer Ingenieur und Erfinder.

25. 1. 1736. Turin: Joseph de Lagrange († 10. 4. 1813, Paris), französischer Mathematiker.

14. 6. 1736. Angoulême: Charles Augustin de Coulomb († 23. 8. 1806, Paris), französischer Physiker.

9. 9. 1737. Bologna: Luigi Galvani († 4. 12. 1798, Bologna), italienischer Naturforscher und Arzt.

15. 11. 1738. Hannover: Friedrich Wilhelm (William) Herschel († 25. 8. 1822, Slough/Buckinghamshire), deutschbritischer Astronom.

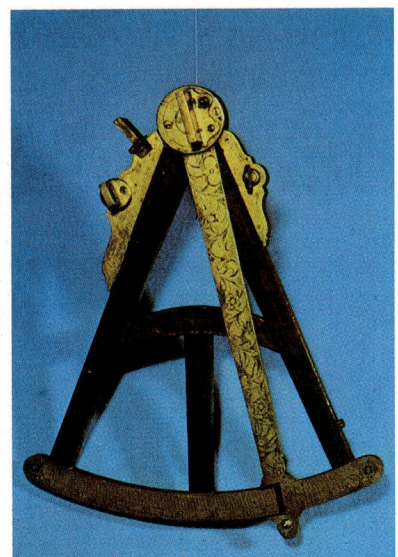

Hadleyscher Oktant mit zwei Spiegeln aus dem 18. Jahrhundert

Hängekompaß von 1760 in Luxusausführung für die Kapitänskajüte

Navigation mit Spiegeln

1730. Der britische Glaser Thomas Godfrey aus Philadelphia und ein Jahr später sein Landsmann, der Optiker John Hadley, greifen eine Idee von Isaac Newton aus dem Jahr 1701 auf und bauen Spiegelpeilgeräte zur Navigation auf See.

Das Kreispeilgerät hatte in der Form des Oktanten (→ 1684) Johannes Hevelius erfunden. Godfrey führt es als Spiegelinstrument, als Quadrant, also als Viertelkreis, aus. Hadley wiederum greift auf den Oktanten zurück. 1757 gestaltet der britische Marineoffizier John Campbell das Gerät zum Sextanten um.

Die wesentlichste Neuerung gegenüber dem Instrument von Hevelius ist eine Vorrichtung aus einem kleinen Fernrohr hinter einem festen, halbdurchlässigen Spiegel und einem großen drehbaren Spiegel, dessen Winkelstellung sich über einen Nonius (→ 1631) an der Kreisskala ablesen läßt. Damit können die für die Navigation wichtigen Sterne weitaus präziser angepeilt werden als bisher. Für die Praxis der Seeschiffahrt bedeutet dies, daß jetzt ebenfalls bei Nacht gefahren werden kann und daß sich auch längs Großkreisen navigieren läßt.

Musschenbroek mißt Hochtemperaturen

1731. Der Holländer Johann Joosten van Musschenbroek konstruiert das erste Pyrometer. Sein Prinzip besteht in der Ausdehnung eines Metallstabs beim Erhitzen.

Die Grundidee der exakten Temperaturmessung hatte → 1714 der deutsche Physiker Daniel Gabriel Fahrenheit mit seiner Gradskala geliefert. Diese Skala läßt sich über den Siedepunkt des Wassers (212 °F) hinaus erweitern. Die exakte Messung sehr hoher Temperaturen ist für eine Reihe technischer Verfahren wichtig, die nur beim genauen Einhalten der vorgeschriebenen Temperaturen die gewünschten Ergebnisse liefern. Dazu gehören etwa Metallschmelzprozesse, das Brennen von Keramik, das Glasschmelzen oder das Porzellansintern.

Die hohen Temperaturen glutflüssiger Substanzen lassen sich aber mit herkömmlichen Thermometern nicht bestimmen. Eine Methode hierfür ist die von Musschenbroek erfundene Pyrometrie, die berührungslose Fernmessung. Der Holländer setzt einen Metallstab unter streng reproduzierbaren Bedingungen (Abstand, Winkel etc.) in einiger Entfernung der Wärmestrahlung des glühenden Materials oder der Flammen in einem Ofen aus. Dabei erhitzt sich der Stab und dehnt sich aus. Wie beim Quecksilberthermometer ist die Ausdehnung ein Maß für die Temperatur.

Große Fortschritte der Textilindustrie

1733. Der Engländer John Kay verbessert den Webstuhl durch Einführen des mechanisch bewegten Schiffchens, des sogenannten Schnellschützen, anstelle des bisherigen Handschützen. Außerdem konstruiert er eine Schlagmaschine zur Auflockerung der Wolle vor dem Verspinnen. Fünf Jahre später (1738) erfindet sein Landsmann John Wyatt den »Spinning frame«, ein Gerät zum Spinnen mit Walzen. Die technischen Neuerungen von Kay und Wyatt stehen in unmittelbarem Zusammenhang miteinander. Kays fliegendes Weberschiffchen löst eine Revolution in der Textilindustrie aus. Ein einziger Weber kann jetzt gleichzeitig mehrere Maschinen bedienen und dabei Stoffe in verschiedenen Breiten we-

Walzenspinnmaschine des Modells »Spinning frame« von 1926

ben und dies wesentlich schneller als je zuvor. Die gewebten Stoffe werden zum preiswerten Massenartikel. Dadurch nimmt der Bedarf an Garn rasch zu, was Kay zur Konstruktion seiner Schlagmaschine bewegt, die das Handkardieren überflüssig macht.

Wyatts Erfindung ist ein erster Schritt zur Mechanisierung des Spinnens (→ 1530). Mehrere nebenund übereinander liegende kleine geriefte Streckwalzen ziehen die Baumwolle zwischen sich und dehnen sie aus. Am Ende der Vorrichtung braucht sie nur noch in Fäden abgezogen und verdrallt zu werden. Diese Art der Rohstoffaufbereitung weist den Weg zu der Mehrspindelspinnmaschine »Spinning Jenny«, die James Hargreaves 1764 erfindet.

Ein neues Verständnis von der Chemie

Um 1735. Es kommt nicht von ungefähr, daß sich in der ersten Hälfte des 18. Jahrhunderts die Entdeckungen chemischer Grundstoffe häufen: Die Lehren des englischen Naturforschers Robert Boyle zeigen Wirkung. 1733 beschreibt der schwedische Chemiker Georg Brandt erstmals das Element Kobalt, 1738 erkennt der spanische Staatsmann und Naturforscher Antonio da Ulloa das Platin, ein Jahr darauf findet der Deutsche Johann Heinrich Pott das Wismut, ohne es als Element zu erkennen. Aufschlußreich sind auch die Erläuterungen, die 1730 August Sigmund Frobenius zur Darstellung des Äthers gibt, der bei Raumtemperatur verdampft.

Schon vor mehr als einem halben Jahrhundert (1661) hatte der englische Naturforscher Robert Boyle in seinem Buch »Der skeptische Chemiker« gespottet: »Mir kommt es . . . immer so vor, als wären diese Chemiker in ihrem Suchen nach der Wahrheit der Besatzung der von König Salomo nach Tarschisch entsandten Flotte nicht unähnlich, die von ihren langen und mühseligen Fahrten nicht nur Gold und Silber und Edelsteine, sondern auch Affen und Pfauen mitbrachte.« Mit den »Affen und Pfauen« spielte Boyle auf die beiden Schulen der Chemiker seiner Zeit, die Alchimie und die Iatrochemie, an. Die Iatrochemie war aus der Medizin entstanden, um nicht länger Metalle zu läutern, wie das die Alchimisten taten, sondern »die Heilung der Natur durch die Natur«, durch chemische Substanzen zu erreichen. Boyle verwarf die drei »Prinzipien«, die die Iatrochemie aufgestellt hatte und die da »Schwefel, Quecksilber und Salz« hießen. Und er wandte sich vor allem entschieden gegen die Wurzel der Alchimie, die Lehre von den vier Elementen Luft, Feuer, Erde und Wasser. Er zerlegte eine große Zahl von Stoffen in ihre Bestandteile und fand nirgends »Prinzipien«, dafür aber gelangte er zu einem neuen Begriff der Elemente. So nämlich bezeichnete er völlig »homogene« Stoffe wie Gold oder Silber, »die nicht aus irgendwelchen anderen Körpern oder einer

Alembik, gläsernes Destilliergerät (Deutsches Museum, München)

Chemielabor (»Alchimistenküche«) aus dem frühen 18. Jh.

aus dem anderen zusammengesetzt sind.« Als künftiges Ziel der Chemie sah er es an, die »wahren« Elemente möglichst vollzählig zu finden und zu beschreiben.

Boyle war mit seinen Erkenntnissen seiner Zeit wissenschaftlich voraus. Jetzt aber, im frühen 18. Jahrhundert, finden seine Lehren mehr und mehr Anhänger. Immer neue Elemente werden beschrieben, und 1732 unterscheidet der Chemiker Hermann Boerhaave erstmals zwischen chemischen Verbindungen und »chemischen« Mischungen. Bei Verbindungen

Gläserne Laborgeräte aus dem 18. Jh. (Deutsches Museum)

von zwei oder mehreren chemischen Stoffen entstehen Stoffe mit grundsätzlich neuen Eigenschaften. Zugleich beginnen die Chemiker, verstärkt quantitativ zu arbeiten. Sie wägen und messen Temperaturen: 1730 entwickelt René Antoine Ferchault de Réaumur die nach ihm benannte Temperaturskala, und 1731 konstruiert Johann Joosten van Musschenbroek das erste Pyrometer. Und doch kommt es nochmals zu einem Rückschlag: In Deutschland entwickelt der Medizinprofessor Georg Ernst Stahl in Halle an der Saale die Phlogistontheorie, die besagt, daß die chemischen Substanzen eine unwägbare Kraft, das Phlogiston, enthalten. Die Lehre verbreitet sich rasch in ganz Europa. Sie ist ein Versuch, die Vorgänge der Verbrennung mit dem Austreiben des Phlogistons zu erklären. Aschen – Stahl nennt sie »Kalke« – sind danach die leeren Hüllen von Stoffen, aus denen das Phlogiston durch Verbrennung entwichen ist. Im Gegensatz zu den »Kalken« (sie entsprechen den Oxiden) stehen phlogistonreiche Materialien wie etwa die Holzkohle, die diesen »Feuerstoff« an andere Körper abgeben können. Die Phlogistonlehre verhindert, daß sich andere Ansätze weiterentwickeln, die sich auch mit der Erklärung gasförmiger Stoffe (z. B. Äther) beschäftigen.

Wie schnell ist der Schall in der Luft?

1738. Auf Veranlassung der Französischen Akademie der Wissenschaften unternehmen Cassini de Thury, Maraldi und Lacaille Versuche zur Ermittlung der Schallgeschwindigkeit. Als Meßstationen wählen sie das Pariser Observatorium, den Montmartre, Fontenay-aux-Roses und Monthlery. Auf einer der Stationen wird alle zehn Minuten eine Kanone abgefeuert, während Beobachter auf den anderen Stationen die Zeitdifferenzen zwischen dem Lichtblitz und dem Eintreffen des Schalls registrieren. Die Wissenschaftler errechnen als Schallgeschwindigkeit in atmosphärischer Luft 332 m/s.

Bernoulli begründet die Hydrodynamik

1738. Der Schweizer Physiker Daniel Bernoulli veröffentlicht sein grundlegendes Werk »Hydrodynamik«, in dem er die mathematische Theorie der Wasser- und Windräder und der Wasserpumpen und Wasserschrauben entwickelt. Erstmals unterscheidet er dabei genau zwischen hydrostatischem und hydrodynamischem Druck.

Bernoulli äußert auch bereits den Gedanken des Reaktionspropellers (Rückstoßprinzip), mit dem er Schiffe bewegen will.

Schließlich entwickelt er die kinetische Gastheorie: Die Gasmolekeln fliegen unabhängig voneinander nach allen Richtungen im Raum umher und prallen dabei fortwährend elastisch gegeneinander und gegen die Gefäßwände. Dadurch entsteht der Gasdruck.

Der Schweizer Physiker und Hydrodynamiker Daniel Bernoulli

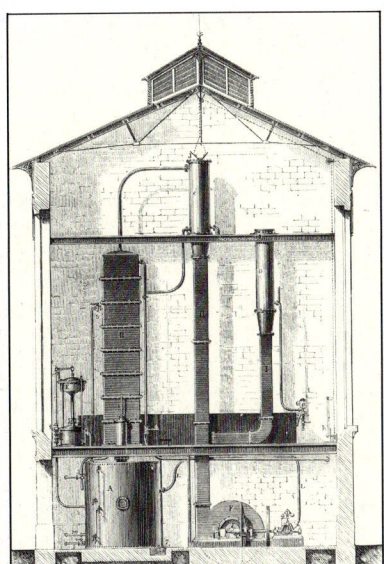

Anlage zur Destillation von Steinkohlenteer nach Savalle (um 1850)

Leuchtgas und Teer aus der Steinkohle

1739. Der Engländer John Clayton destilliert Steinkohle so sorgfältig, daß er eine Reihe verschiedener chemischer Bestandteile von Gas bis zu schwerem Teer erhält.

Schon am 19. August 1681 hatte der deutsche Chemiker und Volkswirtschaftler Johann Joachim Becher gemeinsam mit Henry Serle ein Patent auf die Gewinnung von Steinkohlenteer erhalten und danach die kommerzielle Vermarktung dieses Teers versucht. Ein Jahr später erwähnte Becher in seiner »Großen chymischen Concordantz« die Brennbarkeit des von ihm entdeckten Steinkohlengases. Insofern sind die Versuche Claytons nicht neu. Seine Arbeitsweise ist jedoch sorgfältiger, und ihm gelingt eine feinere Aufspaltung der Kohle in verschiedene Destillate, die er eingehend beschreibt.

Hatte die Entdeckung des sogenannten Leuchtgases durch Becher keine bedeutenden Auswirkungen – nur der Engländer Archibald Earl of Dundonald verwendete es vorübergehend zur Beleuchtung seiner Arbeitsstätte –, so haben die Arbeiten Claytons ein halbes Jahrhundert später praktische Folgen: Nach Versuchen der Universität Löwen (1785), die einen Hörsaal mit Kohlengas beleuchtet, installiert 1801 der Franzose Lebon in einem Pariser Wohnhaus eine erste Leuchtgasleitung für Heizungs- und Beleuchtungszwecke. Die Lichtausbeute ist allerdings dürftig (→ 1792).

1740

1740–1749

1741. Über den Fluß Tees in England wird die erste Kettenbrücke Europas gebaut. →

1742. Anders Celsius schlägt die Celsius-Temperaturskala vor. →

1743. Jean Le Rond d'Alembert formuliert das nach ihm benannte Prinzip. →

In Indien läßt Sawei Jai Singh II. das letzte von fünf großen Observatorien errichten. →

In Leipzig wird die erste Elektrisiermaschine gebaut. →

1745. Ewald Jürgen von Kleist erfindet die elektrische Verstärkungsflasche. →

1747. Georges Louis Leclerc de Buffon stellt einen großen Brennspiegel her. →

Leonhard Euler erfindet neue Mikroskoplinse. →

1749. Benjamin Franklin erfindet den Blitzableiter neu. →

GESTORBEN:

25. 1. 1742: Greenwich/London: Edmond Halley (* 8. 11. 1656, Haggerston/London), britischer Astronom.

25. 4. 1744: Uppsala: Anders Celsius (* 27. 11. 1701, Uppsala), schwedischer Astronom (→ 1742).

GEBOREN:

1740. Lancaster: Henry Cort († 23. 5. 1800, London), britischer Eisenindustrieller.

16. 2. 1740. Saluzzo/Piemont: Giambattista Bodoni († 29. 11. 1813, Parma), italienischer Buchdrucker.

1. 7. 1742. Oberramstadt/ Darmstadt: Georg Christoph Lichtenberg († 24. 2. 1799, Göttingen), deutscher Physiker.

9. 12. 1742. Stralsund: Carl Wilhelm Scheele († 21. 5. 1786, Köping), deutsch-schwedischer Chemiker.

24. 4. 1743. Marnham/Nottingham: Edmund Cartwright († 30. 10. 1823, Hastings), britischer Erfinder.

26. 8. 1743. Paris: Antoine Laurent de Lavoisier († 8. 5. 1794, Paris), französischer Chemiker.

1. 8. 1744. Bazentin/Picardie: Jean-Baptiste Lamarck († 18. 12. 1829, Paris), französischer Naturforscher.

6. 1. 1745. Vidalon-les-Annonay: Étienne Jacques de Montgolfier († 1. 8. 1799, Serrières/Ardèche), französischer Erfinder.

18. 2. 1745. Como: Alessandro Volta († 5. 3. 1827, Como), italienischer Physiker.

28. 3. 1749. Beaumont-en-Auge/Calvados: Pierre Simon Laplace († 5. 3. 1827, Paris), französischer Mathematiker.

Neue Skala für die Temperaturmessung

1742. Der schwedische Astronom Anders Celsius schlägt vor, die von dem deutschen Forscher Gabriel Daniel Fahrenheit → 1714 eingeführte Temperaturskala durch eine besser zu handhabende 100-Grad-Wärmeskala zu ersetzen. Den Siedepunkt des Wassers bezeichnet Celsius als 0 Grad, die Umwandlungstemperatur von Wasser zu Eis als 100 Grad.

Anders Celsius

Sein Landsmann, der Naturforscher Carl von Linné (nicht, wie oft behauptet, Morton Störmer aus Uppsala), kehrt diese neue Temperaturskala drei Jahre später um.

Dynamik-Probleme sind schnell gelöst

1743. Der französische Mathematiker Jean Le Rond d'Alembert stellt einen Lehrsatz über die Mechanik beschleunigter Systeme auf: »Wirken auf ein System miteinander verbundener Punkte Kräfte, die eine gewisse Beschleunigung hervorrufen, und fügt man solche Kräfte hinzu, welche, wenn die Punkte frei wären, die entgegengesetzten Beschleunigungen bewirken würden, so tritt Gleichgewicht ein.« Das »D'Alembertsche Prinzip« führt dynamische Probleme auf die Berechnung statischer Gleichgewichte zurück.

J. d'Alembert

Modell einer Kettenbrücke über die Regnitz in Bamberg, 1829; die erste europäische Kettenbrücke wird 1741 in England über den Tees gespannt

Kettenbrücke in Europa

1741. Über den Fluß Tees in Nordost-England wird bei Winch die erste europäische Kettenbrücke geschlagen. Sie ist 24,5 m lang und 0,7 m breit. Eine größere Breite ist nicht erforderlich, da sie ohnehin nur für Fußgänger geeignet ist. Bei der Überquerung mit Fuhrwerken würde eine derartige Konstruktion zu stark schwanken.

Hängebrücken sind der statischen Berechnung nach dem Stand der Technik leichter zugänglich als eiserne Bogenbrücken, an die sich die Ingenieure noch nicht heranwagen. Das Prinzip der Hängebrücke ist alt. In China sind Kettenbrücken seit langem in Gebrauch. In Europa waren sie bisher kaum bekannt. Lediglich der Geistliche Faustus Vrancic (Verantius) aus Sebenico in Dalmatien veröffentlichte um 1600 in seinem in Venedig erschienenen Werk »Machinae novae« erstmals einen Entwurf für ein derartiges Bauwerk. Im 17. Jahrhundert wurden daraufhin vereinzelt behelfsmäßige Seilbrücken errichtet.

Sawei Jai Singh II. hinterläßt monumentale Observatorien

1743. Der am 2. Oktober verstorbene Maharadscha Sawei Jai Singh II. ließ in Delhi (um 1724), Jaipur (1734), Mathura (nach 1734), Benares (1737) und Ujjain fünf gigantische astronomische Observatorien (»Yantras«) errichten. Die Anregung für die Bauten gab ihm das Observatorium des Ulug-Beg, das dieser 1437 in Samarkand gebaut hatte (→ 1471).

Am größten und bedeutendsten sind die Anlagen in Jaipur und Delhi. Über das Jaipur-Observatorium berichtet der Jesuiten-Pater Joseph Tieffenthaler um 1750: »Zuerst beim Eingang erblickt man darin die zwölf Zeichen des Thierkreises, die alle in große Zirkel vom reinsten Kalk geteilt sind. Ferner allerley astronomische Sphären-Schnitte nach der Polhöhe des Ortes, von 12 und mehr Pariser Fuß im Durchmesser; dann große und kleine Nachtgleichenuhren und Astrolabien, auch in Kalk geformet; und endlich die Mittagslinie und eine in einen sehr großen Stein geschnittene Horizontal-Sonnenuhr. Vorzüglich aber stellt sich eine sehr hohe und dicke Weltaxe dar, von Backsteinen und Kalk, in der Mittagsfläche . . . Der Schatten dieser riesenmäßigen Axe fällt auf einen ungeheuer großen astro-nomischen Quadranten . . . Neben diesem Quadranten sieht man einen doppelten Gnomon ebenfalls von Gyps; er ist in einem Zimmer eingeschlossen, worin er an beiden Seiten in die Höhe geht. Sobald es Mittag ist, so fällt der Sonnenstrahl durch zwey Löcher einer kupfernen Platte, und zeigt die Mittagshöhe an jedem Quadranten . . . Nicht weniger sind drey große an einem eisernen beweglichen Ringe hängende meßingerne Astrolabia zu merken, nebst einem meßingernen, mit einem Lineal versehenen und nach der Polhöhe errichteten Ringe, um die Abweichung der Sonne zu finden . . . Kleinere Werkzeuge übergehe ich. Zu den Unvollkommenheiten dieser Sternwarte gehört, daß der Gnomon, die Weltachse und andere Werkzeuge von Gyps sind und daher keine sehr genaue Beobachtung zu bewerkstelligen ist.« Die anderen vier Observatorien sind ähnlich eingerichtet.

Das »Miśra Yantra« (Misch-Instrument) in der Sternwarte »Yantar Mantar« in Delhi, gesehen von Südosten; in dem Gebäude sind nicht weniger als fünf verschiedene astronomische Großinstrumente vereint; die indischen Sternwarten der Mogulzeit waren Kalenderbauten, sie wurden benutzt, um die Positionen der Gestirne zu bestimmen

Die »Samrât Yantra«, in dem um 1724 unter Jai Singh II. erbauten Observatorium in Delhi; das »wichtigste Instrument« fungiert als Äquatorial-Sonnenuhr

Ein »Râ Yantra« zur Bestimmung der Koordinaten von Himmelskörpern im Delhi-Observatorium; die Mittelsäule steht auf einem Kreis aus 30 Segmenten zu 6 Grad

Die große Lust an elektrischen Schlägen

1745. Nachdem der Leipziger Professor Christian August Hausen → 1743 die erste Elektrisiermaschine gebaut hatte und diese jetzt in ganz Europa berühmt ist, versuchen der holländische Physikprofessor Pieter van Musschenbroek in Leiden und der deutsche Jurist Ewald Jürgen von Kleist in Danzig unabhängig voneinander, die mit diesen Apparaten gewonnene elektrische Ladung, die durch den ständigen Kontakt mit Luft schnell verlorengeht, im Innern eines Isolators zu konservieren. Beiden gelingt das mit Hilfe von Glasgefäßen, Kleist am 11. Oktober 1745, van Musschenbroek im Mai 1746.

Die Kleistschen oder Leidener Flaschen, wie sie bald heißen, sind die ersten elektrischen Kondensatoren, und schon 1746 findet Benjamin Wilson auch ein mathematisches Gesetz über ihre Kapazität.

Bestehen die ersten Flaschen nur aus wasser- oder quecksilbergefüllten Glasgefäßen, in die ein Draht von einer Elektrisiermaschine Ladung leitet, so geben die Engländer John Bevis und der Londoner Arzt, Botaniker und Apotheker Sir William Watson ihnen bereits 1746 einen effektiveren Aufbau: Sie belegen das Glas innen und außen mit Zinnfolie.

Die starken elektrischen Schläge, die von diesen Flaschen ausgehen, machen bald in ganz Europa Schlagzeilen und wollen von Tausenden neugieriger Menschen in den Salons und auf Jahrmärkten erlebt werden. »Elektriseur« wird in vielen Ländern ein einträglicher Hauptberuf.

Einer von ihnen schreibt: »Eben dieser erstaunliche Versuch [das Elektrisieren] nun brachte die Elektrizität in ein überaus großes Ansehen. Von dieser Zeit an war dieselbe der Gegenstand der allgemeinen Unterredung.«

Batterie von parallel zusammengeschalteten Kleistschen oder Leidener Flaschen mit Kugelfunkenstrecken im Deutschen Museum; dieser elektrische Ladungssammler stammt aus dem Besitz des Physikers Georg Simon Ohm; er diente ihm zum Experimentieren mit hohen Spannungen

Großer Sonnenofen entzündet Brett

1747. Der Franzose Georges Louis Leclerc de Buffon stellt 168 Planspiegel von jeweils 16 × 21 cm zu einem Hohlspiegel zusammen und benutzt ihn als Sonnensammler. Der über 5,6 m² große Parabolspiegel bündelt die Sonnenstrahlung so stark, daß es de Buffon gelingt, damit ein mit Teer bestrichenes Tannenbrett in 47 m Entfernung in Brand zu setzen.

Der französische Experimentalphysiker beherrscht damit eine Technik, von der bereits 532 Anthemios aus Tralles berichtete, der zusammen mit Isidoros von Milet die Hagia Sophia in Konstantinopel (Istanbul) erbaute (→ 537). Anthemios erwähnte in einer Schrift, daß man im Altertum wiederholt versucht hatte, feindliche Schiffe, die sich einem Hafen näherten, mit großen Brennspiegeln anzuzünden, die man aus einer Vielzahl kleiner Planspiegel zusammensetzte. Später wird diese Technik im französischen Sonnenofen von Odeillo wieder aufgegriffen (→ 1958).

Experimente mit Blitzen

1749. Der amerikanische Naturwissenschaftler und Politiker Benjamin Franklin (→ 17. 4. 1790) schlägt in einem Brief an Peter Collinson in London Versuche mit einem »elektrischen Drachen« über die Elektrizität der Gewitterwolken vor. Er vermutet, daß der elektrische Funken (→ 1672) und der Blitz wesensverwandt sind und daß sich demzufolge auch der Blitz durch elektrische Leiter (→ 14. 7. 1729) ableiten läßt. Aufgrund seiner Erkenntnisse erfindet er den Blitzableiter neu (→ um 1170 v. Chr.).

1752 weist der Franzose Thomas François Dalibard am 11. Mai während eines Gewitters in Marly bei Paris mit einer Metallstange und durch einen im Juni unternommenen Drachenversuch die Identität der Luftelektrizität mit der Elektrizität nach, die durch Elektrisiermaschinen gewonnen wird (→ 1743).

Franklin bereichert zugleich die Fachsprache: In Anlehnung an das Mündungsfeuer des Gewehrs, das er mit dem elektrischen Funken vergleicht, spricht er vom »Laden« und von der »Ladung« der Leidener Flaschen (→ 1745), bei deren gruppenweiser Zusammenschaltung in Anlehnung an die Zusammenfassung mehrerer Geschütze von einer »Batterie«.

Benjamin Franklin experimentiert mit dem »elektrischen Drachen«

Das Mikroskop wird leistungsfähiger

1747. Der Schweizer Mathematiker Leonhard Euler berechnet und realisiert erstmals ein zweilinsiges Mikroskopobjektiv (→ 1590). Mit dieser zusammengesetzten Linse erreicht er nicht nur Achromasie, er vermindert auch die sphärische Aberration der Mikroskope.

Unter Achromasie versteht man die Vermeidung von Farbfehlern in optischen Systemen. Bei nur einer Objektivlinse erzeugt Licht verschiedener Wellenlänge im Mikroskop Bilder in unterschiedlichen Ebenen. Das Gesamtbild wird dadurch unscharf und farbrandig. Bei Zweilinsern (»Achromaten«) aus je einer Konvex- und Konkavlinse aus unterschiedlich brechendem Glas fallen die Bilder für wenigstens zwei Lichtfrequenzen in einer Ebene zusammen. Für andere Frequenzen erfolgt eine weitgehende Angleichung der Bildebenen.

Die sphärische Aberration ist ein Abbildungsfehler, bei dem achsparallele Strahlen von einem Objektpunkt auf der Achse nicht in einem gemeinsamen Bildpunkt vereinigt werden, was zu Unschärfe führt.

Schöne Frau gibt elektrische Küsse

1743. Christian August Hausen in Leipzig baut auf Anregung seines Schülers Litzendorf eine erste Elektrisiermaschine: Eine drehbar gelagerte Glaskugel, die mit einem Kurbelgerät angetrieben wird, erzeugt Reibungselektrizität.

Sein Assessor Georg Mathias Bose macht das Gerät rasch bekannt. Wenn er Gesellschaften gibt, muß eine attraktive Dame den Begrüßungskuß anbieten. Weil sie über einen Draht mit einer Elektrisiermaschine im Nebenraum in Verbindung steht, aber auf einer nicht leitenden Unterlage postiert ist, erhält der so Begrüßte einen heftigen Schlag. Bose dichtet dazu: »Ein solch bezauberndes, anbetungswürdiges Kind – Wird elektrifiziert, so schnell als der Wind . . . – Berührt ein Sterblicher etwa mit seiner Hand – Von solchem Götter-Kind auch selbst nur das Gewand, – So brennt der Funken gleich, und fährt durch alle Glieder, – So schmerzhaft als es that, versucht ers dennoch wieder.«

Maschinelle Fertigung in Fabriken: Neue Ära beginnt

Industrielle Revolution in Großbritannien 1750 bis 1840

Die britische Textilindustrie

Die Einführung und Verbreitung der ersten halbautomatischen und automatischen Maschinen in der britischen Textilindustrie zu Beginn des 18. Jahrhunderts, allen voran der Seidenzwirnmühlen, der Bandmühlen und Handkulierstühle, löste bald so etwas wie eine Kettenreaktion aus. Mit der rasch zunehmenden Produktion fielen die Preise, die Nachfrage stieg auch bei den weniger begüterten Schichten der rapide wachsenden britischen Bevölkerung, und die Produktionsziffern schnellten weiter in die Höhe. Diese Entwicklung ging allerdings nur gut, solange es keine Engpässe bei den Zulieferern der jungen Textilindustrie gab und solange auch in den nachgeschalteten Arbeitsgängen mit dem Produktionstempo der automatisch arbeitenden Maschinen Schritt gehalten werden konnte. Das aber ließ sich zunächst nur durch Erhöhung der Beschäftigtenzahl in diesen Bereichen bewerkstelligen. In der Mitte des 18. Jahrhunderts erwies sich auch dieser Weg als Sackgasse. Um 1750 arbeiteten in England und Wales allein im Wollgewerbe rund 800 000 Menschen und damit etwa 27% aller Erwerbstätigen. Eine weitere Erhöhung der Produktivität in den Engpaßsektoren – vor allem in der Garnproduktion – ließ sich nur durch Maschinenarbeit anstelle von Handarbeit erreichen. Das war nicht leicht. Der bekannte Mechanismus der Seidenmühlen ließ sich keineswegs auf das Spinnen von Baumwolle oder Wolle übertragen, denn Seide liegt von Anfang an in langen, von den Kokons abgezogenen Fäden vor; sie muß nicht gesponnen, sondern nur gezwirnt werden. Die Rohfasern der Baumwolle und Wolle müssen dagegen zuerst gereinigt und gelockert, gekämmt bzw. kardiert, dann gezupft und vorgestreckt und schließlich versponnen werden. Der Kapazitätsengpaß lag zunächst beim sehr arbeitsintensiven Prozeß des Spinnens selbst. Ein normaler Handwebstuhl – von den automatischen Bandmühlen ganz zu schweigen – verarbeitete pro Zeiteinheit die Garnmenge, die sich in derselben Zeit auf vier bis zwölf Spinnrädern erzeugen ließ. Mechanisierung auf diesem Sektor war deshalb sehr wünschenswert: Die britische »Royal Society of Arts« schrieb 1761 einen Preis für ein Spinngerät aus, das wenigstens sechs Fäden gleichzeitig herstellen konnte. Es war nicht einfach, den manuellen Prozeß, der große Fingerfertigkeit und ständige Aufmerksamkeit erforderte, zu mechanisieren. 1764 erfand James Hargreaves, ein Handweber aus Stanhill (Lancashire), die »Spinning Jenny«, die als Prototyp acht Fäden zur gleichen Zeit versponn, 1769 bereits 16 Fäden verarbeitete und später mit 60 oder mehr Spindeln lieferbar war. Doch die Maschine entsprach noch keineswegs den Anforderungen der Textilindustrie: Zum einen verarbeitete sie nur Baumwolle – keine Wolle –, zum anderen lieferte sie nur weich gedrehte Garne, die sich allenfalls als Schuß-, aber nicht als Kettfäden eigneten.

Die Entwicklung schritt rasch fort. Schon 1768 baute Richard Arkwright nach Vorversuchen durch andere britische Ingenieure eine Spinnmaschine mit vorgeschalteten Strickwalzen (»Water-frame«), die fest gezwirnte Kettgarne lieferte und die sich mechanisch – nämlich mit Wasserkraft – antreiben ließ. Mit ihr eroberte die Maschinenspinnerei die Fabrik. 1779 kombinierte der Heimweber Samuel Crompton die Vorteile der »Spinning Jenny« und der »Water-frame« in der von ihm entwickelten Universalmaschine »Mule«. Sie lieferte wahlweise weiche oder feste Garne und das auf 20 bis 30 Spindeln gleichzeitig.

Die »Mule« besaß Handantrieb und, was für die weitere Entwicklung der britischen Textilindustrie ausschlaggebend war, sie benötigte für ihre Bedienung sehr erfahrene Facharbeiter. Die Unternehmer suchten deshalb nach Wegen, teure menschliche Arbeitskraft durch neue Mechanismen zu ersetzen. Das gelang in den 20er Jahren des 19. Jahrhunderts dem Maschinenbauer Richard Roberts mit seiner vollautomatischen Spinnmaschine »Selfactor«.

Nach und nach paßten die Konstrukteure die Spinnmaschinen auch der Wollverarbeitung an. Damit stellten sich neue Engpässe in der textilen Produktionskette ein. Jetzt war das Spinnen der schnellste Arbeitsgang bei der Garnherstellung. Es galt, das Lockern, das Kardieren oder Krempeln und das sog. Doublieren zu mechanisieren – Prozesse, die die Rohfasern für das eigentliche Spinnen vorbereiteten. Schließlich wuchs auch der Druck, das Weben selbst zu mechanisieren, denn die neuen automatischen Spinnmaschinen waren in der Lage, weit mehr Garn zu liefern, als die Handweber verarbeiten konnten. Diese technischen Herausforderungen zeitigten eine Reihe von Lösungen. Zwischen etwa 1775 und 1822 entstanden Kardier- und Doubliermaschinen, Vorspinnautomaten, Handwebstühle mit automatischer Weberschiffchenbewegung und schließlich mehrere patentierte Maschinenwebstühle. Britische Erfinder wie Edmund Cartwright, Richard Arkwright und William Horrocks machten sich dabei einen Namen. 1805 trug auch der französische Konstrukteur Joseph-Marie Jacquard seinen Teil zu der Entwicklung bei, indem er die 1728 von M. Falcon erfundene Lochkartensteuerung für das Musterweben automatisierte.

Entwicklung von Werkzeugmaschinen

Großbritannien gelang als erstem Staat der Übergang vom Agrarland zur Industrienation. Seit dem letzten Drittel des 18. Jahrhunderts setzte sich maschinelle Produktion in Fabriken mit zunehmendem Tempo durch. Technische Erfindungen und z. B. Kapitalbildung waren in diesem Prozeß nur zwei von vielen notwendigen Faktoren. Produktivitätssteigerungen in der Landwirtschaft machten es möglich, daß ein immer größerer Teil der landlosen Unterschichten außerhalb des Agrarsektors arbeiten konnte und auch mußte. Gleichzeitig war durch die schnell wachsende Bevölkerung ein immer größerer Absatzmarkt gegeben, den zudem die britischen Kolonien in Übersee vergrößerten. Diese Kolonien wiederum lieferten billige Rohstoffe, u. a. Baumwolle.

In dieser ersten Industriellen Revolution kam der Textilindustrie die Rolle eines Leitsektors zu. Der größte Industriezweig regte zur Industrialisierung auch in anderen Bereichen an, einerseits durch sein Vorbild, andererseits durch das von ihm angestoßene Wirtschaftswachstum und die von ihm ausgehende Massennachfrage. Z. B. mußten die Textilmaschinen gebaut werden. Gegen Mitte des 18. Jahrhunderts war das relativ unproblematisch. Man fertigte noch weitgehend aus Holz, und die geforderten Toleranzen waren noch nicht allzu eng. Mit zunehmender Kompliziertheit der mechanischen Verfahren wuchsen jedoch die Anforderungen an die Präzision der Maschinen, denn zahlreiche, oft komplizierte Maschinenteile mußten ja problemlos zusammenspielen. Als Maschinenwerkstoff Nummer eins löste jetzt Eisen das Holz ab. Das aber ließ sich bislang nur manuell bearbeiten, d. h. schmieden, feilen, sägen oder bohren. Das war ebenso anstrengend wie zeitraubend und unpräzise. Außerdem erlaubte es keine Serienfertigung und deshalb keine Lagerhaltung von Ersatzteilen.

Dieses Problem lösten britische Konstrukteurpioniere, unter ihnen Männer wie Henry Maudslay (1771–1831), Richard Roberts (1789–1864), Joseph Whitworth (1803–1887) und James Nasmyth (1808–1890). Sie entwickelten Werkzeugmaschinen, indem sie buchstäblich dem Fachhandwerker das Werkzeug aus der Hand nahmen und es von der Maschine selbst halten und führen ließen. Zwischen 1751 und 1760 hatte der Franzose Jacques de Vaucanson eine Drehbank aus Eisen mit einem Kreuzsupport aus Messing konstruiert. 1778 verbesserte sie der Londoner Jesse Ramsden zur Präzisionsmaschine mit Leitspindel. 1797 nutzte Maudslay das Leitspindelprinzip für die Konstruktion einer Drehbank, die erstmals Schrauben mit konstanter Steigung maschinell herstellen konnte. Mit Hilfe der jetzt herstellbaren Präzisionsgewinde ließen sich wiederum bessere Werkzeugmaschinen, darunter erstmals auch zufriedenstellend arbeitende Bohrmaschinen anfertigen.

Industriewerkstoff Eisen

Wie schon erwähnt, strahlte die rapide wachsende britische Textilindustrie auf andere Branchen aus. Stark davon betroffen war die Eisenindustrie. Die Textilmaschinen und die im Zusammenhang mit diesen gefertigten Werkzeugmaschinen verschlangen große Mengen Eisen. Dazu gesellte sich – unabhängig von der Textilindustrie – ein weiteres Phänomen. Der zunehmende Holzmangel zwang zur Verwendung von Eisen als neuem Industriewerkstoff, und heizen mußten sowohl die Haushaltungen wie die Handwerksbetriebe und Fabriken hinfort mit Steinkohle.

Daß gerade die Eisenhütten angesichts ihrer rapide wachsenden Produktionszahlen auf den neuen Brennstoff angewiesen waren, zwang zu neuen Schmelztechniken. Die Abgase des Brennmaterials durften nicht mehr mit dem flüssigen Roheisen in Kontakt kommen, wie das bei der Holzkohle der Fall gewesen war. Seit etwa 1760 wurden sukzessive die alten Frischherde durch Flammöfen ersetzt, das Puddelverfahren wurde eingeführt. Zur Herstellung von Spezialstählen bürgerte sich das Tiegelschmelzen ein. Im Zuge der hüttentechnischen Verbesserungen stellten sich bald auch zahlreiche brennstoffunabhängige produktionssteigernde Neuerungen ein. Am wichtigsten waren die Verbesserung des Hochofenprozesses durch die Einführung des Heißluft-Blasens, die Entwicklung der Eisenwalzwerke und der Sandkastenguß.

Vom Pferd zur Dampfkraft

Das rasante Wachstum der britischen Industrie führte zwangsläufig zu einer ebenso explosiven Steigerung des Gütertransports bzw. war z. T. nur deshalb möglich. Zur Verfügung stand im 18. Jahrhundert als »Kraftmaschine« aber praktisch nur das Pferd, und dessen Transportkapazität war denkbar gering. Auf den üblichen schlechten Landstraßen konnte ein Gespann von vier bis sechs Pferden allenfalls einen 1,5 t schweren Wagen ziehen, auf befestigten Straßen lag die Zuglast bei maximal 4 t. In den Kohlerevieren legte man deshalb schon bald Schienen-Pferdebahnen an. Rollten die Lastwagen nämlich mit Eisenrädern auf Eisenschienen, dann brachte ein einziges Pferd bis zu 8 t voran. Noch größer war die Leistung, wenn ein Pferd einen Schleppkahn durch einen Kanal zog. Auf diese Weise konnte es bis zu 30 t fortbewegen. Die Folge war ein intensiver Ausbau der Wasserwege. Schon 1760 zog sich ein Kanalnetz von rund 1000 Meilen durch England und Schottland, und 1830 hatte sich diese Zahl vervierfacht. Allein zwischen 1791 und 1794 wurde die Gründung von nicht weniger als 42 neuen Kanalbaugesellschaften registriert. Die entstehenden Anlagen waren alles andere als bloße Wassergräben. 20 Schiffahrtstunnels durchquerten Bergzüge, in mehr als 20 000 Schleusen konnten die Schiffe über Geländestufen gehoben und gesenkt werden, und wo der Höhenunterschied zu groß war, legte man schiefe Ebenen mit Schienenbahnen und Pferdezugstrecken an. Riesige gußeiserne Tröge führten die Kanäle über Täler und Flüsse.

Parallel zum Ausbau der Schiffahrtswege vollzog sich nach 1750 auch der Ausbau des Straßennetzes. Bis 1830 entstanden allein rund 22 000 Meilen neuer, privater, gebührenpflichtiger befestigter Fahrwege. Daneben baute man für Schwerlasten, besonders in den Gruben- und Hüttenregionen, das Schienennetz für Pferdebahnen aus, zumal es ja an Eisen nicht fehlte.

Um 1800 verfügte Großbritannien über rund 300 Meilen Eisenbahnstrecke, nur nicht über Lokomotiven. Nach der Erfindung der Dampfmaschine konnten sie aber nicht lange ausbleiben. Es ist oft behauptet worden, die Industrielle Revolution sei eine Folge der Dampfkraft; ohne die Dampfmaschine als industrielle Triebfeder sei ein Übergang vom Handwerk zur Fabrikfertigung nicht denkbar gewesen. Das stimmt nur zum Teil, selbst wenn man von den sozialen Voraussetzungen der Industrialisierung absieht: Schon die Griechen kannten die Dampfkraft, und der Franzose Denis Papin baute bereits 1690 den Prototyp einer atmosphärischen Kolbendampfmaschine. Ohne Eisen als billiger Massenwerkstoff, ohne Werkzeugmaschinen, ohne präzise Fertigungsmöglichkeiten für Kolben und Zylinder, Ventile, Gestänge, Exzenter, Fliehkraftregler usw. hätten Dampfmaschinen keine Verbreitung gefunden. Faktum ist, daß sich die ersten, vorindustriell gefertigten Dampfkraftmaschinen, etwa jene von Thomas Savery aus dem Jahre 1698 für die Entwässerung von Gruben gebaute, im großen Stil nicht durchsetzen konnten. Kaum erfolgreicher als Savery waren Thomas Newcomen im Jahre 1712 oder gar der berühmte Dampfmaschinenkonstrukteur James Watt um 1764. Erst als es ihm gelang, die Maschinen mit technischen Lösungen zu verbessern, die zum Teil erst mit der Industriellen Revolution möglich wurden, und als er sie präzise genug fertigen konnte, um hohe Wirkungsgrade zu erzielen, hatten diese Maschinen – die übrigens erstmals um 1780 Drehbewegungen ausführen konnten – praktische Erfolge. Erst jetzt gewannen sie als stationäre Kraftanlagen und ab 1830 – in George Stephensons Lokomotive Rocket – auch als Eisenbahnantriebe wirkliche praktische Bedeutung.

1750. Joseph Bartholomeus Kuchenreuter perfektioniert die Handfeuerwaffen. →

Johann Andreas von Segner, Arzt und Physiker, baut das erste Reaktionswasserrad. →

1751. Der deutsche Chemiker Axel Fredrik Cronstedt entdeckt das Element Nickel. →

1753. John Canton aus England entdeckt die elektrische Influenz. →

Der französische Chemiker Geoffroy jr. erkennt Wismut als Element (→ 1751).

1754. Der britische Eisenindustrielle Henry Cort baut das erste Eisenwalzwerk. →

1755. Jean André Deluc entdeckt die Schmelzwärme.

Der englische Chemiker Black entdeckt das Element Magnesium (→ 1751).

1757. Charles Cavendish baut erste Maximum- und Minimumthermometer.

1758. John Champion entwickelt in England ein Verfahren zur Gewinnung von Zink aus Zinkblende durch Rösten.

1759. Als erster schlägt John Robison (seinem Freund James Watt) den Gebrauch von Dampfkraft als Antrieb von Straßenwagen vor (→ 1781).

GESTORBEN:

9. 4. 1754. Halle/Saale: Christian Freiherr von Wolff (* 24. 1. 1697, Breslau), deutscher Naturwissenschaftler und Philosoph.

17. 10. 1757. Schloß Bermondière/Mayenne: René Antoine Ferchault de Réaumur (* 28. 2. 1683, La Rochelle), französischer Naturwissenschaftler.

15. 8. 1758. Paris: Pierre Bouguer (* 10. 2. 1698, Le Croisic), französischer Naturwissenschaftler.

27. 7. 1759. Basel: Pierre Louis Moreau de Maupertuis (* 28. 9. 1698, Saint-Malo), französischer Mathematiker und Physiker.

GEBOREN:

7. 7. 1752. Lyon: Joseph-Marie Jacquard († 7. 8. 1834, Oullins/Rhône), französischer Weber und Erfinder.

26. 3. 1753. North Woburn/Massachusetts: Sir Benjamin Thompson Rumford († 21. 8. 1814, Anteuil bei Paris), britisch-amerikanischer Chemiker und Physiker.

28. 4. 1753. Berlin: Franz Carl Achard († 20. 4. 1821, Kunern/Schlesien), deutscher Physiker und Chemiker.

13. 5. 1753. Nolay/Burgund: Lazare Nicolas Marguerite Carnot († 2. 8. 1823, Magdeburg), französischer Mathematiker.

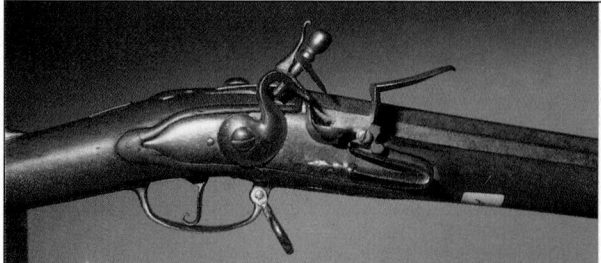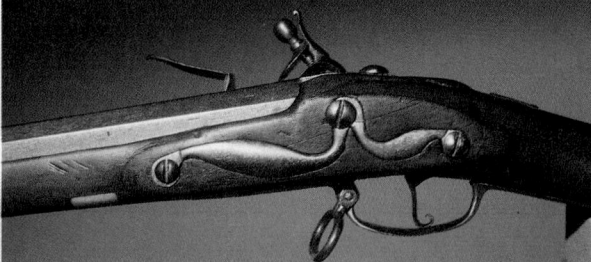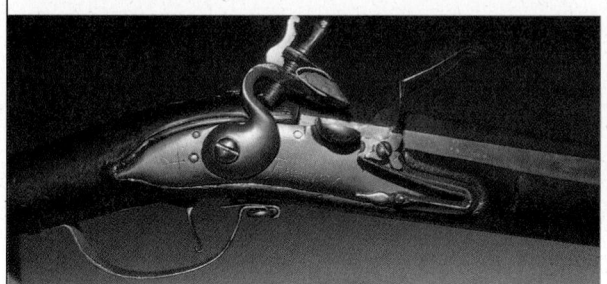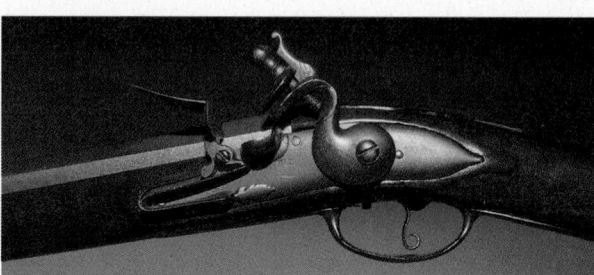

Die Handfeuerwaffen werden durch Serienfertigung zur Massenware

1750. *Der Regensburger Büchsenmacher Joseph Bartholomeus Kuchenreuter entwickelt die Gewehrproduktion von der individuellen Handwerkskunst zur Serienfertigung fort.*

Neben konstruktiven Änderungen, die eine rationale Massenherstellung ermöglichen, verbessert er die Handfeuerwaffen aber auch wesentlich in funktioneller Hinsicht. Seine Entwicklungen erleichtern die Fertigung des Steinschloßgewehrs (→ um 1650), bei dem ein mit dem Abzug gekoppelter Feuerstein Funken schlägt. Kuchenreuters Hauptverdienst liegt in der Vereinheitlichung der Teile, die dadurch austauschbar werden. Dies ermöglicht außerdem schnelle Reparaturen durch handwerkliche Laien und schlägt sich in deutlichen Kostenvorteilen bei der Herstellung der Feuerwaffen nieder (Abb.: Steinschloßgewehre aus dem süddeutschen Raum, zwischen 1720 und 1850, Bayerisches Armeemuseum, Ingolstadt).

Wissenschaftler verbessern Wasserräder

1750. Der deutsche Arzt und Physiker Johann Andreas von Segner baut das erste – von ihm bereits 1747 erfundene und nach ihm benannte – Reaktionswasserrad, das Vorbild für die spätere Reaktionsturbine (→ 1824). Angeregt durch diese Neuheit entwickelt der Schweizer Mathematiker Leonhard Euler eine ausführliche Theorie der Wasserräder, ihrer möglichen Formen und ihrer Wirkungsmechanismen. Als Folge seiner Berechnungen fordert er für solche Räder Leitapparate und gekrümmte Schaufeln.

Jedes Wasserrad setzt der Strömung einen Widerstand entgegen und erzeugt dadurch vor sich oder zwischen seinen Schaufeln einen Stau und damit einen Überdruck. Segner steigert diesen Wasserdruck ganz erheblich dadurch, daß er sein Wasserrad in ein geschlossenes Rohr einbaut. Auf diese Weise erhöht sich der Wirkungsgrad der Anlage um ein Vielfaches.

Segners Turbine arbeitet nach dem Reaktionsprinzip, das im Gegensatz zum Aktionsprinzip steht. Bei Aktionsturbinen, auch Gleichdruck- oder Durchstromturbinen genannt, wird die gesamte Energie vor dem Laufrad in Bewegungsenergie verwandelt, der Wasserdruck im Laufrad ist konstant. Bei der Reaktions- oder Überdruckturbine nimmt der Druck innerhalb des Laufrads von Schaufel zu Schaufel ab. Der Wirkungsgrad einer solchen Überdruckmaschine läßt sich dadurch weiter steigern, daß das Rohr, in dem sie eingebaut ist, hinter der Turbine noch ein Stück als Saugrohr weiterläuft.

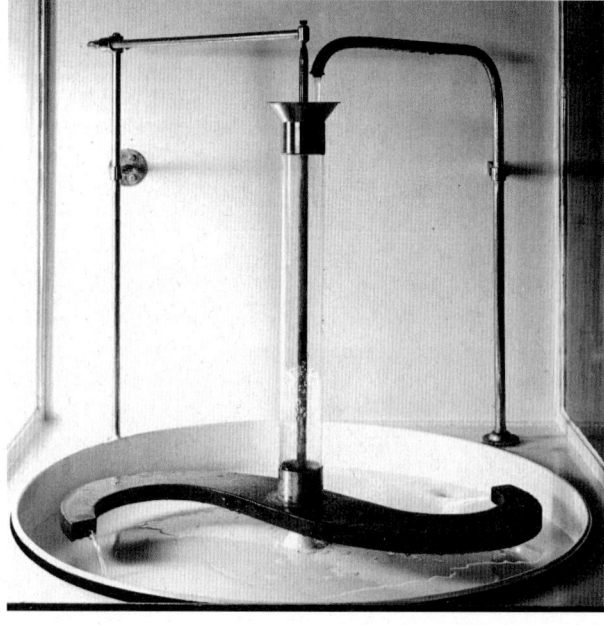

Modell des Segnerschen Reaktionswasserrades von 1750; das Wasser fließt von oben durch die hohle Welle in die beiden Flügel, durch die es in tangentialer Richtung ausströmt; dabei erzeugt es einen Rückstoß, der das Rad dreht; dieses Prinzip verwandte bereits Heron von Alexandria für seine Dampf-Reaktionsturbine

Chemiker entdecken drei neue Elemente

1751. Der deutsche Chemiker Axel Fredrik Cronstedt entdeckt das Element Nickel. Zwei Jahre später erkennt sein französischer Fachkollege Geoffroy jr. Wismut als Element. Und im Jahre 1755 entdeckt ein englischer Chemiker namens Black das Magnesium.

16 chemische Elemente bekannt

▷ Eisen (seit der Vorzeit bekannt)
▷ Antimon (seit etwa 3000 v. Chr. in China und auch in Babylon bekannt)
▷ Gold (im Altertum bekannt)
▷ Kohlenstoff (im Altertum bekannt)
▷ Quecksilber (im Altertum bekannt)
▷ Schwefel (im Altertum bekannt)
▷ Silber (im Altertum bekannt)
▷ Zinn (im Altertum bekannt)
▷ Zink (im 6. Jahrhundert in Persien entdeckt)
▷ Arsen (1250 von Albertus Magnus entdeckt)
▷ Phosphor (1669 von Hennig Brand entdeckt)
▷ Kobalt (1735 von Georg Brandt entdeckt)
▷ Platin (1735 von Antonio da Ulloa entdeckt)
▷ Nickel (1751 von Axel Fredrik Cronstedt entdeckt)
▷ Wismut (1753 von Geoffroy jr. entdeckt)
▷ Magnesium (1755 von Black entdeckt).

Elektrische Ladung läßt sich teilen

1753. Der Engländer John Canton entdeckt die elektrische Influenz, zu der der Schwede Johann Carl Wilke noch im selben Jahr eine theoretische Erklärung liefert.

Influenz ist die Trennung positiver und negativer elektrischer Ladung durch die Einwirkung eines elektrischen Feldes. Canton stellt sie in einem Experiment fest. An zwei nebeneinander von der Decke hängenden Leinenfäden hängt er Korkkügelchen auf. Führt er von unten einen negativ elektrisch geladenen Siegelwachsstab in die Nähe, dann entfernen sich die Kügelchen voneinander, da auf ihnen Ladungsteilung influenziert wird.

Eisenwalzwerk um 1838; links ein Hochofen mit Wasserkraft-Gebläse; der Walzenantrieb ist nicht gezeigt

Eisenwalzen konkurriert mit Schmieden

1754. Der Engländer Henry Cort entwickelt das Eisenwalzen, das sein Landsmann John Payne bereits → 1728 zur Blechherstellung eingeführt hatte, zur wichtigsten Umformungsmethode des Stahls zu hüttenmännischen Endprodukten (Flach-, Stab- und Profilstangen) weiter.

Cort nahm an, daß die bisher – von Payne abgesehen – ausschließlich angewandte Technik des Schmiedens von Hand oder mit einem Hammerwerk nicht leistungsfähig genug sein würde, den rasch wachsenden Stahlbedarf der Industrie zu decken, und suchte deshalb nach einem Verfahren, das höhere Ausstöße garantiert. Beim Handschmieden oder auch unter dem von einem Wasserrad angetriebenen Schmiedehammer muß das Werkstück unter harter körperlicher Arbeit von einem erfahrenen Facharbeiter sorgfältig geformt werden. Das von Cort entwickelte Walzwerk besorgt die Formgebung automatisch. Die körperliche Arbeit des Bedieners beschränkt sich auf das Einlegen des Eisenrohlings in die Rillen (Profile) der Walzen und das Entnehmen des Fertigprodukts. Damit läßt sich zum einen die Arbeitsgeschwindigkeit steigern, zum andern verlangt dieses Verfahren keine geschulten Fachkräfte mehr, und schließlich hängt auch die Zahl der herstellbaren Formen nicht mehr vom Geschick des Arbeiters, sondern nur noch von der Formgebung der Walzen ab.

Natürlich ist Corts erstes Versuchswalzwerk alles andere als technisch perfekt. Die neue Technik entwickelt sich aber in den kommenden Jahrzehnten rasch weiter. Um die Jahrhundertwende arbeiten die ersten Walzwerke mit Dampfantrieb, die Walzen verfügen über umschaltbaren Vor- und Rücklauf (→ 1792) und sind in Doppelwalzwerken zusammengefaßt.

Mit Corts Entwicklung des Stahlwalzens setzt auch die Suche nach neuen Stahlproduktionsmethoden ein, denn der zu walzende Stahl darf nicht spröde sein. Sie folgt ab etwa → 1783 zwei Grundprinzipien: Dem Ersetzen des Frischherds durch einen Flammofen, in dem der Verbrennungsherd mit der Kohle von dem Arbeitsherd mit dem Roheisen getrennt ist, oder dem Einsetzen eines Schmelztiegels in einen mit Kohle beheizten Flammofen.

Eisenwalzen um 1890; gegenüber Corts ersten Anlagen von 1754 kann diese Fabrik nicht nur Blech herstellen, sondern auch Profile walzen

1760. Der elsässische Universalgelehrte Johann Heinrich Lambert begründet die Photometrie (Lichtmessung).

1765. Leonhard Euler definiert das Trägheitsmoment. →

1766. Der Mathematiker Johann Heinrich Lambert führt die Hyperbelfunktionen ein. →

John Purnell erfindet in England die Walzendrahtzieherei. →

1767. Der Brite Reynolds baut die erste Bahn mit eisernen Spurschienen. →

James Watt konstruiert die erste Dampfmaschine mit zwei Arbeitshüben (→ 1781).

1768. Der Franzose Antoine Baumé führt zur Dichtemessung von Flüssigkeiten die »Baumé-Grade« ein.

Leonhard Euler definiert den Begriff der Wellenlänge. →

Der englische Weber James Hargreaves fertigt die nach seiner Tochter benannte Jenny-Spinnmaschine an (→ 1775 – 79).

1769. Richard Arkwright baut in Nottingham die erste brauchbare mit Wasserkraft arbeitende Spinnmaschine (→ 1775–79).

Der französische Erfinder Joseph Cugnot konstruiert einen Dampfwagen. →

Schloßbaumeister Manger installiert im Arbeitszimmer des preußischen Königs Friedrich des Großen die erste Warmluftheizung der Neuzeit. →

Wolfgang von Kempelen, ein umherziehender Bastler, baut eine Apparatur, die scheinbar Schach spielen kann. →

GESTORBEN:

15. 4. 1765. Petersburg: Michail Wassiljewitsch Lomonossow (* 19. 11. 1711, Denissowka), russischer Universalgelehrter.

GEBOREN:

7. 3. 1765. Chalon-sur-Saône: Joseph Nicéphore Niepce († 5. 7. 1833, Gras bei Chalon-sur-Saône), französischer Erfinder.

6. (?) 9. 1766. Eaglesfield/Cumberland: John Dalton († 27. 7. 1844, Manchester), britischer Naturforscher.

21. 3. 1768. Auxerre: Jean-Baptiste Joseph Fourier († 16. 5. 1830, Paris), französischer Mathematiker und Physiker.

23. 8. 1769. Montbéliard: Georges Baron de Cuvier († 13. 5. 1832, Paris), französischer Naturforscher.

14. 9. 1769. Berlin: Friedrich Heinrich Alexander Freiherr von Humboldt († 6. 5. 1859, Berlin), deutscher Naturforscher.

Eisenbahnschienen aus Gußeisen aus der Zeit um 1770; der abgebildete Gleisabschnitt wurde in einer Hütte im britischen Coalbrookdale gefertigt

Bahn läuft auf Schienen

1767. Der Brite Reynolds, Mitbesitzer der Coalbrookdale-Eisenwerke, baut die vermutlich erste eiserne Spurbahn. Ungesicherten Angaben zufolge könnte die erste Eisenschiene auch bereits 1728 in der englischen Grafschaft Cumberland verlegt worden sein. Auf jeden Fall handelt es sich bei der ersten Spurbahn um eine Werksbahn, die von Pferden bewegt wird.

Reynolds läßt Gußeisenschienen mit U-Profilen herstellen. Die einzelnen Schienenstücke sind 1,5 m lang, 11 cm breit und werden auf Holzschwellen verlegt.

Die Spurführung von Rädern oder Kufen ist sehr alt. Erste Zeugnisse liegen von der Insel Malta und aus Mesopotamien aus dem 3. Jahrtausend v. Chr. vor. Im 14. Jahrhundert kamen in Europa hölzerne Schienen für den Betrieb von Grubenbahnen in Bergwerksstollen in Gebrauch. Sie besaßen im allgemeinen einen U-förmigen Querschnitt. Die in ihnen laufenden Räder hatten keinen Radkranz.

Euler beschreibt das Trägheitsmoment

1765. Der Schweizer Mathematiker Leonhard Euler veröffentlicht in seinem Werk »Theoria motus corporum solidorum seu rigidorum« eine mathematische Beschreibung der rotierenden Bewegung und definiert dabei den Begriff des Trägheitsmoments.

Das Trägheitsmoment eines starren Körpers hängt von der Wahl der Drehachse ab. Es berechnet sich durch Integration (→ 1686) der unendlich vielen einzelnen Trägheitsmomente jedes einzelnen Massenpunkts des Körpers. Für die Trägheitsmomente der Massenpunkte gilt $J = dm \cdot r^2$, wobei dm das Massenelement des Punkts und r der Abstand von der Drehachse sind.

Das Trägheitsmoment spielt u. a. bei Festigkeitsberechnungen von Bauwerken eine große Rolle.

Lambert definiert Hyperbelfunktionen

1766. Der elsässische Mathematiker Johann Heinrich Lambert führt die hyperbolischen Funktionen ein. Seine (erst 1786 veröffentlichte) fundamentale Arbeit zur »Theorie der Parallellinien« nimmt die Grundgedanken der nichteuklidischen Geometrie vorweg.

Leiten sich die sogenannten Kreisfunktionen (Sinus, Kosinus, Tangens, Kotangens; → 1551) mathematisch aus der Projektion von Kreisabschnitten auf eine Koordinatenachse her, so wendet Lambert ein ähnliches Verfahren auf Hyperbelstücke an. Die neuen Funktionen nennt er Sinus hyperbolicus, Cosinus hyperbolicus usw. Sie lassen sich mathematisch einfach durch Potenzreihen und als Summen und Differenzen von Exponentialfunktionen darstellen.

Walzen jetzt auch zum Drahtziehen

1766. Nachdem → 1754 der Engländer Henry Cort das Eisenwalzen als neues Fertigungsverfahren in der Stahlindustrie eingeführt hatte, erhält sein Landsmann John Purnell jetzt ein Patent auf eine Walzendrahtzieherei. Ungefähr zur selben Zeit führt auch in Frankreich ein gewisser Fleur, Direktor der Münze in Besançon, das Walzendrahtziehen ein.

Bisher wurde Draht aus Eisen und anderen Metallen von Hand gezogen. Dieses Verfahren wurde vermutlich schon vor dem Jahr 1000 entwickelt. Drahtziehermetropolen waren im Mittelalter Augsburg und Nürnberg. Die Drahtmacher hämmerten zunächst einen dünnen Stab aus Gold oder Silber vorne spitz aus und zogen dann die Spitze durch eine feine Bohrung in dem sogenannten Zieheisen, einem Stück Gußeisen. Bis gegen Anfang des 15. Jahrhunderts wurde diese kraftfordernde Tätigkeit von Hand ausgeübt, danach übernahmen Wasserkraftmaschinen diese Funktion (→ 1532). Neben Edelmetallen verarbeiteten solche Anlagen erstmals auch Eisen zu Draht.

Die Erfindung von Purnell und Fleur beflügelt u. a. die Elektrizitätsforschung, die den billig werdenden Eisendraht als willkommenes Leitermaterial aufnimmt.

Undulationstheorie oder Wellenlehre

1768. Der Schweizer Mathematiker Leonhard Euler aus Basel faßt Arbeiten über die Ausbreitung von Wellen zusammen und begründet damit die Undulationstheorie oder Wellenlehre. In diesem Zusammenhang definiert er den Begriff der Wellenlänge. Er verwendet dafür den Ausdruck »Periodizität der Schwingung«.

Die Wellenlänge ist mit der Frequenz und der Ausbreitungsgeschwindigkeit einer Schwingung, etwa der Schallschwingung, verknüpft: $\lambda = v/f$. In dieser Formel sind v die Ausbreitungsgeschwindigkeit und f die Frequenz. λ ist die Wellenlänge. Ein Ton von 1000 Hertz hat also – da die Schallgeschwindigkeit 332 m/sec (→ 1738) beträgt – die Wellenlänge $\lambda = (^{332}/_{1000}$ m $= 0,332$ m.

Der Cugnotsche Dampfstraßenwagen für den Transport von Kanonen; wegen des frontal angebrachten eisernen Dampfkessels ist das Gefährt zu kopflastig und zu unbeweglich; auf seiner ersten Probefahrt 1769 geht es zu Bruch

Straßenwagen fährt mit Dampfmotor

1769. Nachdem schon 1759 John Robertson seinem Freund James Watt (→ 1781) den Gebrauch der Dampfkraft als Antrieb für Straßenwagen vorgeschlagen hatte, baut jetzt der französische Erfinder Joseph Cugnot einen derartigen Dampfwagen. Er baut ein dreirädriges »Automobil«.

Genaugenommen ist auch Cugnots Fahrzeug nicht das erste Dampfauto der Welt, denn bereits 1765 hatte der flämische Missionar Ferdinand Verbiest einen dampfgetriebenen Wagen durch Peking kutschiert: Ein vierrädriges Vehikel, in dem ein offenes Kohlenfeuer einen Wasserkessel aufheizte. Der Dampf trieb ein Turbinenrad (→ 1750) an. Cugnots Wagen verdient die Bezeichnung »Dampfauto« schon eher. Allerdings ist es noch recht leistungsschwach. Mit vier Personen besetzt, erreicht das erste Modell bei einer zwölfminütigen Vorführung eine Geschwindigkeit von nur 4 km/h. Dann ist der zuvor aufgeladene Dampfkessel leer. Ein zweites,

für den Transport von Kanonen konzipiertes Gefährt Cugnots fällt wesentlich stärker aus und erreicht 10 km/h, hat aber wegen des viel zu weit vorne liegenden Schwerpunkts eine so schlechte Straßenlage, daß es sich praktisch nicht lenken läßt. Schon auf einer Probefahrt fährt es, vom Konstrukteur selbst gesteuert, gegen eine Mauer und geht zu Bruch. Der Auftraggeber, das französische Militär, verliert daraufhin endgültig das Interesse an dem Projekt des Dampfwagens.

Zentralheizung für Friedrich den Großen

1769. Der Schloßbaumeister Manger installiert im Arbeitszimmer des Preußenkönigs Friedrichs des Großen im Neuen Palais in Potsdam die erste zentrale Warmluftheizung der Neuzeit. Die Heizkammer der Anlage befindet sich im Keller des Schlosses. In ihr wird Luft auf 50 °C erwärmt, die dann durch ihren eigenen Auftrieb vom Heizkessel in die oberen Räume steigt.

Die ersten Zentralheizungen wurden von den Römern angelegt. Um 100 v. Chr. ließ C. Sergius Orata von unten beheizbare Wannen bauen. Bald kamen die sogenannten Hypokausten in Gebrauch. Diese Unterflurwarmluftheizungen wurden z. B. in Pompeji und Olympia zur Wärmeversorgung von öffentlichen Bädern eingesetzt, in den Nordprovinzen des Reichs auch zur Wohnraumheizung (→ 89 v. Chr.).

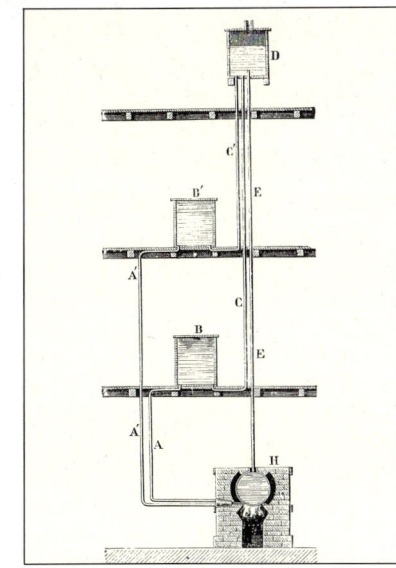

Prinzip der Warmwasser-Heizung im 19. Jahrhundert; die Potsdamer Anlage arbeitete noch mit Heißluft

Als Vorläufer der Zentralheizung in neuerer Zeit gelten Anlagen, die um 1713 in Frankreich und den Niederlanden gebaut wurden. Hier beschickte man von einer zentralen Feuerstelle im Vorraum separate Öfen in mehreren Zimmern. Durch diese Öfen führten Rauchgaszüge, die dann in einem Kamin endeten. 1716 wurden in England die ersten Warmwasser-Zentralheizungen erwähnt. Im Keller erhitztes Wasser stieg in einem Kreislauf durch den eigenen Auftrieb in einen Sammelbehälter auf dem Dachboden und fiel von dort durch Heizungsrohre in den Wohnräumen zurück in den Keller. Für diesen sogenannten Zwangsumlauf ist keine Umwälzpumpe erforderlich. Er beruht allein auf thermischer Konvektion. Die Rohre wurden mit Ziergittern verkleidet.

Scharlatan baut Schachspielautomat

1769. Der Bastler Wolfgang von Kempelen konstruiert eine Vorrichtung, die er als Schach spielenden Automaten vorstellt und mit der er von Fürstenhof zu Fürstenhof zieht, um sie der staunenden Öffentlichkeit vorzuführen.

Die Menschen des Spätbarock begeistern sich für mechanische Geräte, vor allem für Uhrwerke und aufziehbare Puppen und Tierfiguren aller Art (→ 1790). Von Kempelen nutzt diese Modeerscheinung durch seinen »Schachautomaten«, der sich nicht nur bewegt, sondern scheinbar auch Intelligenz beweist, denn er reagiert logisch auf die Züge seines menschlichen Gegenspielers. Das Gerät besteht aus einer lebensgroßen, als Türke verkleideten Puppe, die mit verschränkten Beinen vor einem kastenförmigen Tisch hockt, auf dessen Platte ein Schachbrett mit Figuren steht. Der Türke raucht in Spielpausen Pfeife. Er bietet in mehreren Sprachen Schach und kann den Kopf schütteln. Die Figur und der Tisch lassen sich öffnen, wobei komplizierte Räderwerke, Röhren und Metallgestänge sichtbar werden. Verborgen bleibt allerdings der in einer Nische im Tisch versteckte menschliche Schachspieler, der den »Automaten« bedient.

Die Öffentlichkeit ist begeistert, die Weltpresse feiert den Scharlatan Kempelen als großen Wissenschaftler.

Der schachspielende Automat des Wolfgang von Kempelen; im Inneren ist ein Mensch verborgen

1770. Der Franzose Antoine Laurent de Lavoisier formuliert das Gesetz von der Erhaltung der Materie. →

James Watt führt als Leistungseinheit die »Pferdestärke« ein. →

1771. Joseph Priestley und Carl Wilhelm Scheele entdecken etwa gleichzeitig den Sauerstoff (→ 1771–79).

Der deutsche Chemiker Christian Ehrenfried Weigel entwickelt den Gegenstromkühler. →

1772. Der Schotte Daniel Rutherford entdeckt den Stickstoff (→ 1771–79).

1774. Carl Wilhelm Scheele entdeckt das Element Chlor (→ 1771–79).

1775. Samuel Crompton entwickelt die Spinnmaschine weiter (→ 1771–79).

Der Italiener Alessandro Volta konstruiert das »Elektrophor«, eine Elektrizitätsquelle.

1776. David Bushnell baut den »Maine-Torpedo«, ein Unterseeboot. →

Der Brite Hatton erfindet die Holzhobelmaschine. →

1778. Georg Christoph Lichtenberg führt die Bezeichnung »positive« und »negative« elektrische Ladung ein. →

1779. Abraham Darby III. vollendet die erste eiserne Brücke (→ 1770).

GESTORBEN:

29. 3. 1772. London: Emanuel von Swedenborg (* 29. 1. 1688, Stockholm), schwedischer Naturforscher.

GEBOREN:

22. 1. 1775. Polémieux/Lyon: André Marie Ampère († 10. 6. 1836, Marseille), französischer Mathematiker und Physiker.

9. 8. 1776: Turin: Amedeo Graf Avogadro von Quaregna und Ceretto († 9. 7. 1856, Turin), italienischer Naturwissenschaftler.

30. 4. 1777. Braunschweig: Carl Friedrich Gauß († 23. 2. 1855, Göttingen), deutscher Naturwissenschaftler.

14. 8. 1777. Rudkøbing: Hans Christian Ørsted († 9. März 1851, Kopenhagen), dänischer Physiker und Chemiker.

6. 12. 1778. Saint-Léonard-de-Noblat: Joseph Louis Gay-Lussac († 9. 5. 1850, Paris), französischer Naturwissenschaftler.

17. 12. 1778. Penzance/Cornwall: Humphry Davy († 29. 5. 1829, Genf), britischer Chemiker.

20. 8. 1779. Väversunda/Ostergötland: Jöns Jacob Berzelius († 7. 8. 1848, Stockholm), schwedischer Chemiker.

Die Brücke über die Seine bei Neuilly in der Nähe von Paris, Jean Rodolphe Perronnets technisches Meisterwerk

Brücken über die Seine und den Severn

1770. Der französische Bauingenieur Jean Rodolphe Perronnet vollendet sein Meisterwerk, die Seine-Brücke bei Neuilly. Der Steinbau besitzt fünf Öffnungen von je 39 m Spannweite. Neun Jahre später stellt Abraham Darby III. in England nach sechsjähriger Bauzeit die erste Eisenbrücke der Welt fertig. Sie überspannt den Severn bei Coalbrookdale in Shropshire.

Perronnets Brücken krönen die über zweieinhalb Jahrhunderte während Steinbrückenbautradition der Renaissance, zu der Meisterwerke wie die Rialtobrücke in Venedig (1592) gehören. Seine neuen Konstruktionen zeichnen sich durch besonders flach gemauerte Bögen mit schmalen Pfeilern aus. Bei seinem Pont St.-Maxence über die Oise bei Paris beträgt die Stichhöhe nur ein Elftel der Spannweite, die Pfeiler sind nur so stark wie ein Zwölftel der Brückenbreite. Darbys äußerst stabile Eisenbrücke besteht aus fünf gußeisernen Rippen, die einen einzigen Rundbogen von 30 m Spannweite bilden. Als erste Eisenbrücke der Geschichte ist sie allerdings noch sehr materialaufwendig und deshalb unwirtschaftlich konstruiert.

Bereits gegen Ende des Jahrhunderts wird aber der Eiseneinsatz bei diesem Brückentyp auf etwas weniger als die Hälfte sinken.

Der Pont St. Maxence, der den Fluß Oise bei Paris überspannt; typisch für die Brücken von Jean Rodolphe Perronnet sind die flachen Bogen

Darbys gußeiserne Brücke über den Severn bei Coalbrookdale in Shropshire; die mächtige Eisenkonstruktion ist überdimensioniert

Weigels Destillationskühler

1771. Der deutsche Chemiker Christian Ehrenfried Weigel erfindet den Gegenstromkühler für die Destillation, der später fälschlich nach Justus von Liebig (→ 1831) benannt wird. Weigel stellt den Kühler zunächst aus Blech her, fertigt ihn aber schon ab 1773 aus Glas.

Bisher wurde mit dem noch aus dem Mittelalter stammenden Alembik destilliert (→ 1717), bei dem sich das Kondensat am Deckel bzw. an der oberen Begrenzung des Gefäßes bildete, an diesem ablief und durch ein Röhrchen nach außen abgeleitet wurde. Der neue Kühler verkürzt den Destillationsvorgang durch rascheres Kondensieren. Am oberen Rand des beheizten Destillierkolbens wird eine schräg abwärts führende doppelwandige Röhre angebracht.

Der innere Tubus ist mit dem Kolben verbunden, sein freies Ende führt zur Destillatvorlage (Destillatsammler). Durch den Raum zwischen innerem und äußerem Rohr strömt Kühlwasser in Gegenrichtung zum Fluß des Kondensats.

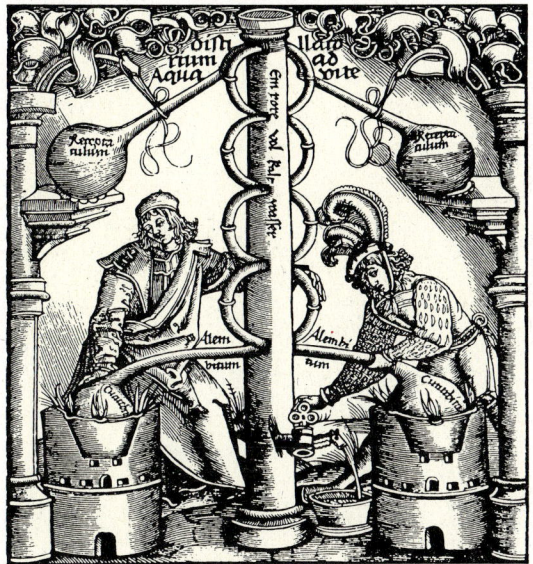
Destillationsverfahren vor der Erfindung des Gegenstromprinzips mit Hilfe des Alembiks (Stich)

Zahlreiche Gase entdeckt

1771 bis 1779. Während die Chemiker bis in die 60er Jahre des 18. Jahrhunderts ausschließlich feste chemische Elemente (→ 1751) kannten, entdecken sie jetzt eine Reihe gasförmiger Grundstoffe.

Die meisten dieser Entdeckungen werden in den 70er Jahren gemacht. Allerdings fand bereits 1766 der Engländer Henry Cavendish den Wasserstoff. Er identifizierte ihn als »eigentümliche Luftart« (elementares Gas), die entsteht, wenn man Eisen, Zinn oder Zink in verdünnter Schwefel- oder Salzsäure auflöst.

1771 entdecken Joseph Priestley und Carl Wilhelm Scheele etwa gleichzeitig, aber unabhängig voneinander, den Sauerstoff, Priestley durch Erhitzen von Salpeter in einem Gewehrlauf, Scheele durch Kondensieren von Quecksilberoxid. 1775 entdeckt Antoine Laurent de Lavoisier, daß Sauerstoff für die Verbrennung unentbehrlich ist.

1772 findet Daniel Rutherford den Stickstoff. 1774 erkennt Carl Wilhelm Scheele, daß das bei der Reaktion von Salzsäure mit Braunstein entstehende Chlor ebenfalls ein chemisches Element ist. Vor ihm hatten schon die Chemiker Johan Baptist van Helmont und Johann Rudolf Glauber Chlor als Ausdampfung von Königswasser erwähnt, es aber nicht als Elementargas beschrieben.

Der britische Physiker und Chemiker Joseph Priestley (Stich von 1864)

Explosive Entwicklung der Spinntechnik

1775 bis 1779. Samuel Crompton, ein 1753 geborener britischer Erfinder, entwickelt eine neue Spinnmaschine. Nachdem der englische Weber John Kay → 1733 das automatische Weberschiffchen erfunden hat, kommen die Spinnereien mit der Garnlieferung kaum nach. Da die Nachfrage zusätzlich durch das Bevölkerungswachstum und die beginnende Industrialisierung gesteigert wird, kommt es zu einer rapiden Weiterentwicklung der Spinnereitechnik in den 60er und 70er Jahren.

Den ersten bedeutenden Schritt unternahm 1764 James Hargreavs aus Lancaster mit seiner »Spinning Jenny«. Die Maschine konnte das Garn zuerst auf acht, später auf 16 Spindeln gleichzeitig verarbeiten. Es wurde in drei Arbeitsgängen – Strecken, Zwirnen, Aufwickeln – aus faserförmigem Vorgarn erzeugt, war aber noch recht weich. Hatte Hargreaves »Jenny« noch einen Kurbelrad-Handantrieb, so arbeitete 1769 die Spinnmaschine von Richard Arkwright bereits mit Wasserkraft und lieferte gut gezwirntes Garn. 1775 führt Arkwright auch das Aufbereiten der Rohfasern zu gekämmtem und in Laufrichtung gezogenem Vorgarn maschinell aus. Bisher geschah dies fast ausschließlich von Hand.

Den vorläufig (bis 1825) letzten Schritt in der Spinnmaschinenentwicklung stellt die Maschine des Webers Samuel Crompton vor. Sie vereinigt Elemente der Hargreave- und Arkwright-Maschinen und heißt deshalb als »Kreuzung« »Spinning Mule« (Mule = Maulesel). Sie arbeitet mit 48 Spindeln auf einem Laufwagen.

Rekonstruktion einer Jenny-Spinnmaschine für Handbetrieb nach einer zeitgenössischen Zeichnung (Deutsches Museum der Technik in München)

Die Materie geht niemals verloren

1770. Der französische Chemiker Antoine Laurent de Lavoisier stellt das Gesetz von der Erhaltung der Materie auf.

Er entdeckt es, als er einen bekannten Versuch wiederholt, bei dem sich vermeintlich Wasser in Erde umwandelt, wie noch Johan Baptist van Helmont und Robert Boyle (→ 30. 12. 1691) geglaubt hatten. Lavoisier kocht Wasser in einem verschlossenen Glasgefäß, findet aber, daß sich das Gewicht des Wassers nicht verändert, während die entstandene »Erde« ebensoviel wiegt, wie das Glasgefäß an Gewicht verliert. Er folgert, daß die »Erde« aus dem Glas stammt und sich nicht aus dem Wasser bildet. Seine zweite Folgerung ist für die Chemie von zentraler Bedeutung: Lavoisier schließt, daß bei chemischen Vorgängen nichts neu entsteht und nichts vergeht, sondern daß die Summe der an einer Reaktion beteiligten Materie eine konstante Größe ist. Diese Erkenntnis führt die Chemiker dazu, auch gasförmige Reaktionsprodukte zu beobachten.

Pferdestärke wird Leistungseinheit

1770. Der englische Mechaniker James Watt, der sich intensiv mit der Entwicklung von Dampfmaschinen befaßt (→ 1781), führt als Leistungseinheit für diese Antriebsaggregate die Pferdestärke HP (Horse power) ein, die sich wenig später im deutschen Sprachraum als PS (1 PS = 0,73549875 kW) einbürgert.

Eine Maschine, die 1 PS leistet, kann pro Sekunde ein 75 Kilopond schweres Gewicht 1 m hoch heben.

Hatton hobelt Holzbalken mit der Maschine

1776. Der englische Ingenieur Hatton erfindet die Holzhobelmaschine. Die Maschinisierung der Handwerksarbeit kann dadurch erfolgen, daß man das Werkzeug gleichsam der Maschine »in die Hand« gibt, wie etwa beim Holzbohren, sie kann aber auch ein grundsätzliches Umdenken erfordern, etwa beim Holzhobeln, wo die Rotation des Maschinenhobels das Hin- und Herbewegen des Handhobels ersetzt (Abb.: Hobelmaschine aus dem Jahr 1817; Science Museum, London).

Torpedo greift Schiff an

1776. Der US-amerikanische Marine-Ingenieur David Bushnell, der »Vater der Unterwasserkriegsführung«, baut für den Einsatz im amerikanischen Unabhängigkeitskrieg gegen das Mutterland Großbritannien auf Poverty Island im Connecticut River die »Turtle«, ein auch Maine-Torpedo genanntes Unterseeboot, das er dem Vizeadmiral Shuldham als geeignetes Transportmittel von Haftminen anbietet.

Das schildkrötenförmige Boot besitzt für einen Mann einen Luftvorrat für eine halbe Stunde. Es wird durch einen Handpropeller oder durch ein Ruder angetrieben. In der Praxis bewährt sich der Torpedo allerdings nicht, denn selbst ein sehr starker Mann vermag ihn unter Wasser nicht gegen Gezeiten- und sonstige Meeresströmungen voranzubewegen. Das Tauchboot wird gegen das in der Upper Bay ankernde Flaggschiff »Eagle« des britischen Admirals Richard Howe eingesetzt, doch kann Ezra Lee, der Kommandant der »Turtle«, die mitgeführte Haftmine an der kupferbeschlagenen Eagle nicht anbringen.

Die »positive« und »negative« Ladung

1778. Der Physiker und Schriftsteller Georg Christoph Lichtenberg führt für die »beiden Elektrizitäten« die schon → 1749 von Benjamin Franklin angeregten Bezeichnungen »positive« und »negative« Elektrizität ein und bezeichnet sie mit » + « und » – «.

Die Entdeckung der gegenpoligen elektrischen Ladungen machte 1730 der Franzose Charles-François de Cisternay Dufay, der von »Glas-« und »Harzelektrizität« sprach.

1780. Benjamin Franklin erfindet bifokale Brillengläser. →

In Frankreich wird das erste Drahtseil hergestellt. →

Die ersten Stahlfedern fertigt die britische Fa. Harrison. →

In den USA erfindet Oliver Evans einen Aufzug für Schüttgut. →

Fürstenberger erfindet in Basel das elektrische Feuerzeug. →

1781. James Watt verbessert die Dampfmaschine. →

30. 4. 1781. Archibald Earl of Dundonald erfindet einen neuen Verkokungsofen. →

1782. In Bristol wird ein neues Verfahren zur Herstellung von Bleischrot angewandt. →

1783. Henry Cort erfindet das Puddelverfahren zur Herstellung von Stahl aus Roheisen. →

5. 6. 1783. In Annonay lassen die Brüder Montgolfier einen Heißluftballon aufsteigen. →

1784. Edmund Cartwright baut den ersten Webstuhl. →

1785 — 90. In England errichtet Friedrich Wilhelm Herschel ein Riesenteleskop. →

1786. William Watson erläutert die Herstellung von rostfreiem Weißblech. →

30. 10. 1786. Luigi Galvani entdeckt die Berührungselektrizität. →

GESTORBEN:

18. 9. 1783. Petersburg: Leonhard Euler (* 15. 4. 1707, Basel), Schweizer Mathematiker. →

29. 10. 1783. Paris: Jean Le Rond d'Alembert (* 16. 11. 1717, Paris), französischer Mathematiker, Philosoph und Autor. →

21. 5. 1786. Köping: Carl Wilhelm Scheele (* 9. 12. 1742, Stralsund), deutsch-schwedischer Chemiker.

GEBOREN:

9. 6. 1781. Wylam/Northumberland: George Stephenson († 12. 8. 1848, Chesterfield), britischer Ingenieur.

22. 7. 1784. Minden: Friedrich Wilhelm Bessel († 17. 3. 1846, Königsberg), deutscher Astronom und Mathematiker.

6. 3. 1787. Straubing: Joseph Fraunhofer († 7. 6. 1826, München), deutscher Physiker.

18. 11. 1787. Gormeilles-en-Parisis: Louis Jacques Mandé Daguerre († 10. 7. 1851, Bry-sur-Marne), französischer Erfinder.

10. 5. 1788. Broglie/Eure: Augustin Jean Fresnel († 14. 7. 1827, Paris), französischer Ingenieur und Physiker.

16. 3. 1789. Erlangen: Georg Simon Ohm († 7. 7. 1854, München), deutscher Physiker.

Brillengläser mit zwei Brennweiten

1780. Der amerikanische Naturwissenschaftler und Forscher Benjamin Franklin (→ 17. 4. 1790) erfindet die bifokalen Brillengläser.

Zur Korrektur der Kurzsichtigkeit werden Konkavlinsen benötigt, zur Korrektur der Weitsichtigkeit oder Alterssichtigkeit Konvexlinsen. Oft treten beide Fehlsichtigkeiten gemeinsam auf, nämlich dann, wenn sich erbliche oder in jungen Jahren erworbene Kurzsichtigkeit mit der im Alter einsetzenden Weitsichtigkeit im Nahbereich überlagert. Die betroffene Person braucht dann sowohl eine Brille für das Sehen in die Ferne wie eine »Lesebrille«.

Der US-Amerikaner Benjamin Franklin löst dieses Problem, indem er einen großen oberen Bereich der Brillengläser konvex schleift, einen kleineren unteren aber konkav.

Der Naturforscher Benjamin Franklin, Erfinder der Bifokalbrille

Senkrechtförderung von Schüttgütern

1780. In den USA erfindet Oliver Evans den Elevator, einen Aufzug für den kontinuierlichen Transport von Schüttgut in Mühlen, im Bergbau, beim Löschen von Schiffen oder beim Beschicken von Silos.

Grundprinzip ist eine endlos umlaufende Kette, an der in gleichmäßigen Abständen Becher angebracht sind. Unten greift die Vorrichtung in das Schüttgut, wobei die Becher sich füllen. Am oberen Umkehrpunkt entleeren sie sich durch Schwer- und Fliehkräfte.

Kohlenverkokung im geschlossenen Ofen

30. April 1781. Archibald Earl of Dundonald erhält ein englisches Patent auf einen geschlossenen Verkokungsofen, der außerdem die Gewinnung der Nebenprodukte gestattet. In dem Patent führt der Lord neben Koks als Substanzen, die sich mit seinem Ofen aus Steinkohle erzeugen lassen, folgende Stoffe an: Teer, Pech, ätherische Öle, flüchtige Alkali, mineralische Säuren und Salze.

Obwohl sich der Ofen Dundonalds durchsetzt, kommt es nicht zu einer Erzeugung dieser Nebenprodukte. Lediglich Schmelzkoks und Teer werden gewonnen, und gelegentlich fangen die Mitarbeiter des Grafen, der selbst einen derartigen Ofen betreibt, auch das bei der Verkokung als erstes aus der Kohle entweichende Leuchtgas (→ 1739) auf, um damit seine Arbeitsräume zu beleuchten. Der Graf ist der erste, der – vier Jahre vor der Universität von Löwen in den Niederlanden – Leuchtgas wirklich zu Leuchtzwecken verwendet, obwohl das schon 1681 der deutsche Chemiker Johann Joachim Becher vorschlug. Die Gaslampen arbeiten allerdings nur mit offener Flamme.

Elektrische Experimente mit Froschschenkeln, angeregt durch die Zufallsentdeckung Galvanis von 1780

Versuchsreihen mit Froschschenkeln

30. Oktober 1786. Der italienische Anatom Luigi Galvani entdeckt die »Berührungselektrizität«: Er beobachtet, daß ein frisch präparierter Froschschenkel stark zusammenzuckt, wenn man einen Muskel und einen entblößten Nerv mit zwei verschiedenen Metallen berührt, die über einen Leiter miteinander verbunden sind.

Galvani, der darüber erst 1791 berichtet, deutet diese Erscheinung fälschlicherweise als tierische Elektrizität, wie sie vom Zitterrochen bekannt ist. Die zutreffende Erklärung gelingt erst seinem Landsmann Alessandro Volta, der 1789 den Versuch wiederholt und zu dem Schluß kommt, daß die elektrische Spannung durch die zwei verschiedenen Metalle hervorgerufen wird (sogenanntes galvanisches Element). Diese grundlegende Erkenntnis ist bahnbrechend für die spätere Entwicklung der Galvanik und der elektrischen Batterien.

Galvanis Beobachtung beruht auf einem Zufall: Bei einem Hörsaalexperiment bringt ein Student einen Froschschenkel über ein Messer mit einer Elektrisiermaschine in Verbindung. Der Froschschenkel zuckt. Der mit Elektrizität nicht sonderlich vertraute Anatom Galvani will dem auf den Grund gehen und beginnt umgehend mit einer langen Reihe von Experimenten, die schließlich am 30. Oktober 1786 in die eigentliche Entdeckung der »Berührungselektrizität« münden.

Galvani beschreibt seine Beobachtungen so: »Als ich einen Frosch in ein geschlossenes Zimmer gebracht, denselben ... auf eine eiserne Scheibe gelegt und den in das Rückenmark gesenkten Haken dem Eisen genähert hatte, erschienen die nämlichen Zusammenziehungen. – Ich versuchte nun alsogleich das nämliche mit anderen Metallen an verschiedenen Orten zu verschiedenen Stunden und Tagen, aber der Erfolg war immer derselbe, außer, daß die Zusammenziehungen nach der Verschiedenheit der Metalle auch verschieden waren, mit einigen heftiger, mit anderen schwächer.«

Meilensteine auf dem Weg zur Elektrotechnik

1672: Gottfried Wilhelm Leibniz, elektrischer Funken (→ 1672)
1675: Jean Picard, Leuchten (Gasentladung) im Vakuum
1725: Charles François de Cisternay Dufay, Luft in der Nähe glühender Metalle elektrisch leitend
1727/29: Stephen Gray, Leiter / Nichtleiter (→ 1729)
1730: Dufay, »Glas-« und »Harzelektrizität« (→ 1778)
1743: C. A. Hausen, Elektrisiermaschine (→ 1743)
1745/46: Ewald Jürgen Kleist und Pieter van Musschenbroek, Leidener Flasche (→ 1745)
1749: John Bevis und Sir William Watson, Leidener Flaschen mit Zinnfolien als Belägen und

A. Volta

der erste Scheibenkondensator
1753: John Canton, elektrische Influenz (→ 1753)
1767: Timothy Lane, Leidener Flasche mit Funkenkugeln als Spannungsmeßinstrument
1775: Alessandro Volta, »Elektrophor«, eine Art Plattenkondensator
1778: Georg Christoph Lichtenberg, »plus« und »minus« in der Elektrotechnik (→ 1778)
1785: Charles Augustin de Coulomb untersucht mit der erfundenen Drehwaage Kraftwirkungen elektrisch geladener Körper aufeinander und formuliert das »Coulombsche Gesetz« über diese Kräfte
1786: Abraham Bennet, Goldblatt-Elektroskop
1786/88: Coulomb, elektrische Ladungen nur an der Oberfläche von Körpern
1788: Tiberius Cavallo, Luftkondensator.

Qualitätsschrot in Massenfertigung

1782. William Wetts in Bristol erfindet ein genial einfaches Verfahren zur Herstellung von qualitativ hochwertigem Bleischrot. Er spricht von »Patentschrot«.

Wetts arbeitet mit einem Schrotturm von 30 bis 40 m Höhe. Von oben gießt er einfach geschmolzenes Blei herab. Das flüssige Metall zerspratzt durch die Fallbeschleunigung in der Luft in gleichmäßige kleine Tröpfchen, die sich während des weiteren Falls – gleichsam unter Schwerelosigkeit – ideal abrunden, dann abkühlen und noch in der Luft erstarren. Zum weiteren Abkühlen läßt der Erfinder den Schrothagel in ein Wasserbecken fallen, das sich im Boden des ansonsten leeren Turms befindet.

Schrot war bisher hinsichtlich Korngröße und Kornform sehr uneinheitlich und zudem sehr teuer, da die Bleikügelchen mühsam im Handschmelzverfahren hergestellt werden mußten.

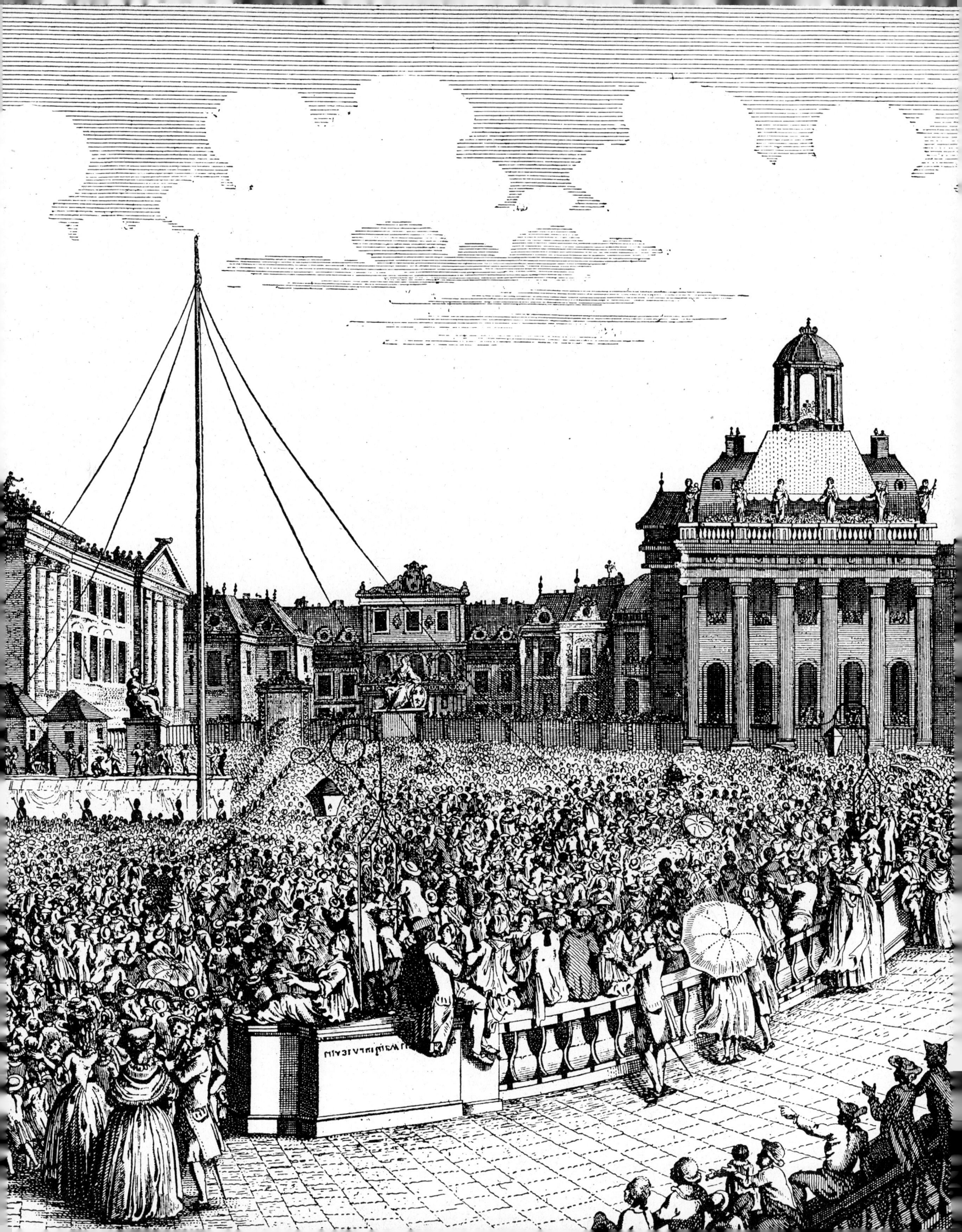

Freier Aufstieg in die Luft erfüllt Menschheitstraum

5. Juni 1783. Nach einem ersten Versuch mit einem heißluftgefüllten Seidensäckchen, das 1782 etwa 300 m hoch aufsteigt und 1500 m weit fliegt, bauen die Brüder Michel Joseph und Étienne Jacques de Montgolfier aus Annonay bei Lyon einen riesigen Ballon aus Leinwand und Papier und lassen ihn nun über einem Strohfeuer auf dem Marktplatz ihres Heimatortes vor einer begeisterten Menschenmenge aufsteigen. Der Ballon erreicht angeblich eine Höhe von 1830 m.

Am 19. September schicken die beiden französischen Papierfabrikanten in Anwesenheit von König Ludwig XVI. und Marie Antoinette einen neuen, kunstvoll verzierten Ballon in die Luft, der in einer Käfiggondel einen Hahn, eine Ente und sogar ein Schaf befördert und nach 2,5 km Fahrt sanft landet.

Mit königlicher Bewilligung tritt schließlich am 15. Oktober 1783 der 26jährige Physiker Jean-François Pilâtre de Rozier als erster Mensch eine Ballonfahrt an, die allerdings nur viereinhalb Minuten dauert. Der Fesselballon erreicht dabei eine

Montgolfier que l'Europe entière
Ne sauroit assez revérer,
A, des airs franchi la carrière.
Quand l'œil de ses rivaux cherche à la mesurer.

Dessiné et Gravé par De Launay le jeune;
d'après le Bas-relief de M. Bridan Sculpteur du Roi fait en 1788
pour servir de Modèle à la Médaille qui a été frappée en leur honneur.

Höhe von 26 m. Der erste Mensch, der an einem angeleinten Flugapparat aufsteigt, ist Pilâtre de Rozier damit allerdings nicht; dieser Ruhm gebührt ostasiatischen Drachenfliegern, die schon gegen Ende des 12. Jahrhunderts als Soldaten Aufklärungsaufstiege unternahmen.

Abbildung S. 152/153:
Zweiter Aufstieg einer Montgolfière am 19. September 1783 vom Hof des Versailler Schlosses vor angeblich mehr als 130 000 Menschen

Dann aber kommt es wirklich zu einer Premiere: Am 21. November 1783 gelingt Pilâtre de Rozier zusammen mit François L. d'Arlandes ein freier 25-Minuten-Aufstieg mit einer »Montgolfière« und eine sanfte Landung östlich von Paris.

Die Brüder Montgolfier hatten die Idee für ihr Vorhaben von der Beobachtung abgeleitet, daß Rauchgase im Kamin aufsteigen und verbrannte Papierfetzen in die Luft tragen. Sie wollten dieses »leichte Gas« in einer Hülle einfangen und hoff-

ten, daß es auch einen Ballon in die Luft heben würde. Von diesem Gedanken und ihren ersten Experimenten mit Seidensäckchen unterrichteten sie die Akademie der Wissenschaften in Paris, erhielten von dort aber nicht das erhoffte Geld für ihr Projekt. Statt dessen beginnt der Physikprofessor Jacques Alexandre César Charles selbst mit Ballonversuchen, benutzt dafür aber nicht Heißluft, sondern Wasserstoffgas, das ebenfalls leichter ist als Luft. Bereits am 27. August 1783 läßt er

△ *Landung des ersten bemannten Wasserstoffballons (»Charlière«) am 1. Dezember 1783 bei Nesle zwei Stunden nach dem Start in Paris: Herzog Louis Philippe Joseph de Chartres begrüßt die Ballonpioniere Jacques Alexandre César Charles (r.) und Nicolas-Louis Robert*

◁ *Das Ende der ersten »Charlière« am 27. August 1783: Entsetzte Bewohner des Dorfes Gonesse zerstören den unbemannten Wasserstoffballon*

◁◁ *Étienne Jacques de Montgolfier und sein Bruder Michel Joseph, gefeiert als Väter der Luftfahrt, auf einer Erinnerungsmünze*

einen mit Gummilösung imprägnierten Freiballon von 4 m Durchmesser mit Wasserstoffüllung von Paris aus starten. Entsetzte Bauern zerstören ihn nach der Landung mit Mistgabeln. Am 1. Dezember gelingt auch Charles ein freier bemannter Aufstieg. Er selbst und sein Landsmann Nicolas-Louis Robert, einer der beiden Erfinder der Gummi-Imprägnierung von Seide, erheben sich aus den Gärten der Tuilerien in Paris mit einem Ballon (»Charlière«) in die Luft.

Franzose fertigt die ersten Stahlseile

1780. Der französische Mechaniker Reignier stellt erstmals handgedrehte Stahlseile her. Er verwendet sie zunächst für Blitzableiter. Wenige Jahre später kommen sie aber auch im Bergbau in Gebrauch, und zwar zuerst im Harz, wo sie der Berghauptmann von Reden für die Grubenförderung einsetzt.

Die neuen Stahlseile sind reiß- und zugleich abriebfester als alle bisherigen Seile. Die Geschichte des flexiblen Befestigungs-, Schlepp- und Hebe-Elements reicht mehr als 10 000 Jahre zurück. Steinzeitmenschen fertigten erste Seile durch Zusammendrehen von Pflanzenranken oder Lederstreifen. Aus Lederriemen und den Fasern der Papyruspflanze stellten die Ägypter Taue für Arbeiten beim Pyramidenbau her. Solche Seile benutzten sie ebenso wie die Mesopotamier darüber hinaus für die Takelage und Verspannung ihrer Segelschiffe. Wenig später begann die Hanfseilproduktion in China (→ 2820 v. Chr.), die bis zur Zeitenwende auch im Westen Fuß faßte. Bis zum Jahr 1775, als der Engländer Richard Marsh eine Drallmaschine erfand und damit die manuelle Hanfseilfertigung ersetzte, änderte sich an den Seilen und dem Verfahren zu ihrer Herstellung so gut wie nichts.

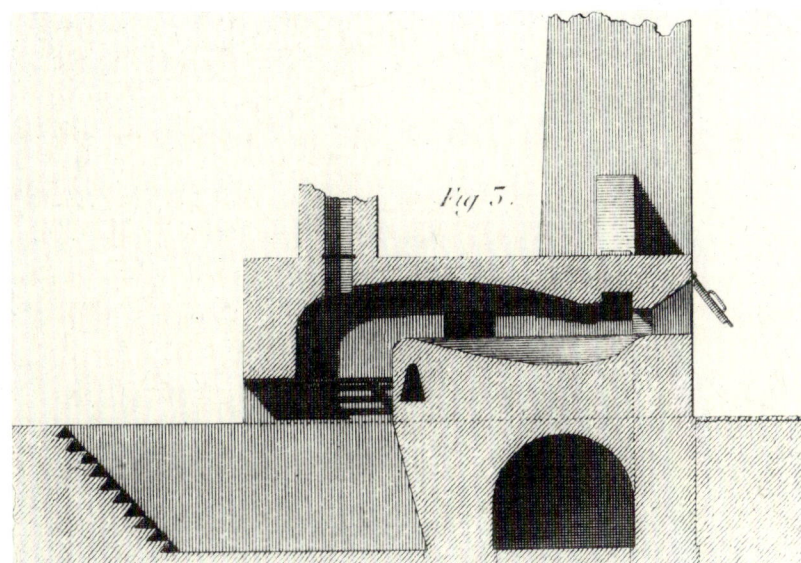

Querschnitt durch einen Puddelofen; rechts unten der Brennofen, dessen aufsteigende Hitze das Eisen flüssig hält (Stich aus dem Jahr 1800)

Corts Puddelverfahren

1783. Der 43jährige britische Hammer- und Walzwerksbesitzer Henry Cort erfindet in Lancaster das Puddelverfahren. Damit läßt sich aus Roheisen sowohl Stahl wie auch Schmiedeeisen herstellen.

Schon in den 60er Jahren hatte man wegen des Holzkohlemangels und des gleichzeitig stark anwachsenden Baustahlbedarfs nach geeigneten Verfahren gesucht, das alte Herdfrischverfahren, für das man Holzkohle benötigt, durch den Gebrauch von Flamm- oder Tiegelöfen zu umgehen, die Steinkohle oder Koks verbrennen (→ 1754). Das Puddel-Patent bringt eine Lösung: In einem Flammofen ohne Gebläse, der ausschließlich mit Steinkohle beheizt wird, kommt das Roheisen nur mit der Verbrennungshitze, nicht mit der Kohle selbst in Kontakt. Der weitere Prozeß entspricht dem altbekannten Herdfrischen: Der zähflüssige Metallbrei wird kräftig gerührt und dabei entkohlt.

Als Mathematiker weltweit berühmt

18. September 1783. In Petersburg stirbt 76jährig der seit 16 Jahren völlig erblindete Schweizer Mathematiker Leonhard Euler.

Neben Mathematik hatte Euler Theologie wie auch Medizin und Sprachen des Orients studiert. Der Petersburger Universität verhalf er durch seine wegweisenden Erkenntnisse auf den Gebieten der Mathematik

Leonhard Euler

der Astronomie und Physik zu Weltruhm. Grundlegend waren auch seine Arbeiten über die Analysis des Unendlichen, die Variations- und Differentialrechnung und über Zahlentheorie. Euler ist Mitbegründer der wissenschaftlichen Strömungslehre (Hydrodynamik). Er hinterläßt 28 größere Werke, 750 Abhandlungen und mehrere populäre Lehrbücher.

Mathematiker und Philosoph gestorben

29. Oktober 1783. In seiner Heimatstadt Paris stirbt der ständige Sekretär der französischen Akademie der Wissenschaften, Jean Le Rond d'Alembert, kurz vor der Vollendung seines 66. Lebensjahres.

D'Alembert arbeitete als Mathematiker und als Naturwissenschaftler und hinterläßt Erkenntnisse auf den Gebieten der Differential- und Integralrechnung, der Zahlen- wie auch der Funk-

Jean d'Alembert

tionentheorie sowie der Mechanik und der Astronomie. Zahlreiche seiner Publikationen behandeln auch historische und musikalische und allgemein naturwissenschaftlich-philosophische Themen. Sein bedeutendstes wissenschaftliches Werk ist die Abhandlung über Dynamik (»Traité de dynamique«, 1743), in der er das D'Alembertsche Prinzip veröffentlichte (→ 1743).

Chladni macht Schallschwingungen sichtbar

1787. Dem deutschen Physiker Ernst Florens Friedrich Chladni gelingt der Nachweis, daß eine Platte niemals als Ganzes schwingt, wenn sie angestoßen oder durch Töne in Resonanz gebracht wird. Sie teilt sich immer in mehrere für sich schwingende Regionen auf, die durch Knotenlinien getrennt sind. Diese Knotenlinien macht Chladni sichtbar, indem er die Platte mit trockenem feinem Quarzsand bestreut. Auf den schwingenden Gebieten wird der Sand durch die Vibration fortgeschleudert. Er sammelt sich an den ruhenden Stellen, den Knotenlinien. Dadurch entstehen auf den Platten scharfe, regelmäßig gezeichnete Figuren, die Chladnischen Klangfiguren.

Demonstriert seine Klangfiguren: Ernst Florens Friedrich Chladni

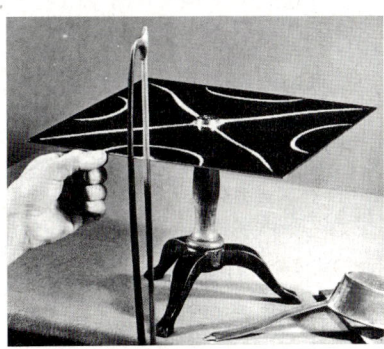

Chladnis Experiment: An den Knotenlinien sammelt sich der Sand

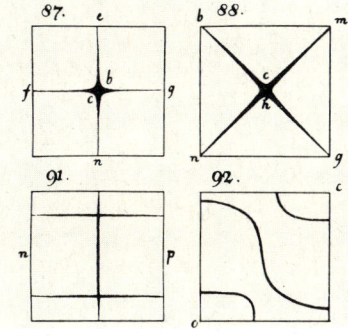

Klangfiguren, abgedruckt in einem Buch von E. F. F. Chladni (1787)

Dampfmaschine technisch ausgereift

1781. Der britische Ingenieur und Erfinder James Watt, der sich seit 1763 mit der Entwicklung der Dampfmaschine beschäftigt – 1769 entwickelte er dafür einen vom Zylinder getrennten Kondensator –, versieht diese Kraftmaschine mit einem Planetengetriebe und einem Schwungrad und befähigt sie damit erstmals zu Rotationsbewegungen.

Die Wattsche Dampfmaschine, eine doppeltwirkende Niederdruckmaschine; das Schwungrad wird über ein Getriebe bewegt (Modell von 1790)

Dem Dampfkessel gibt er eine rechteckige Form (»Kofferdampfmaschine«). 1784 entwickelt Watt die Parallelogrammführung und konstruiert hiermit den Fliehkraftregler zur Konstanthaltung der Drehzahl. Damit ist die Dampfmaschine technisch so ausgereift, daß sie als Kraftmaschine eingesetzt werden kann. Watt denkt an praktische Anwendungen, u. a. an den Bau eines Dampfhammers.

Die ersten Versuche, eine Dampfmaschine zu konstruieren, gehen auf den französischen Naturforscher Denis Papin zurück, der, an-

geregt durch Otto von Guerickes Versuche mit dem Luftdruck (→ 1654) → 1689 das Prinzip der atmosphärischen Dampfmaschine erfand. Er baute einen Messingzylinder mit einem Kolben, erhitzte Wasser im Zylinder, bis der entstehende Dampf den Kolben bis gegen eine Sperre durch den geschlossenen Zylinder schob. Entfernte er die Wärmequelle, dann kondensierte der Dampf wieder. Es bildete sich ein Vakuum, und der äußere Luftdruck preßte den Kolben in den Zylinder zurück. Im selben Jahr entwickelte Thomas Savery eine atmosphärische Dampfpumpe zum Entwässern von Bergwerken. Er ließ Dampf in einen Behälter strömen und spritzte dann Wasser ein. Durch Kondensation entstand Unterdruck, wodurch das Grubenwasser in den Behälter gesaugt wurde. Nach dem erneuten Öffnen eines Ventils strömte wiederum Dampf in den Kessel und drückte durch ein

zweites Ventil das eingesaugte Wasser nach oben in ein Steigrohr.

Die erste wirkliche Dampfmaschine realisierte → 1705 der Schmied Thomas Newcomen in Devon zusammen mit John Cawley (auch Calley geschrieben). Diese sogenannte Balanciermaschine arbeitete mit einem getrennten Dampfkessel. Ihre Kolbenstange wirkte auf ein Ende eines »Balanciers«, eines Waagbalkens. Strömte Dampf in den Zylinder, dann hob sich der Kolben, wurde Wasser eingespritzt, kondensierte der Dampf, und der Luftdruck stieß den Kolben in den Zylinder zurück. Am anderen Ende betätigte der Balancier eine Pumpe. Bei zwölf Hüben in der Minute förderte die Pumpe 540 l Wasser. Ihr Wirkungsgrad lag allerdings nur bei etwa einem Prozent der Heizleistung.

1765 trennte der schottische Apparatebauer James Watt den Kondensator vom Zylinder. Dadurch mußte der starkwandige Zylinder nicht immer wieder gekühlt werden, was zu 75% Energieeinsparung führte. Den Zylinder selbst isolierte Watt thermisch und heizte ihn mit Abwärme vor, um die Wärmeverluste zu verringern. Statt des atmosphärischen Luftdrucks, der den Kolben zurückstieß, besorgte Dampfdruck dies in Watts Modellen ab 1782: Watt leitete Dampf an beide Seiten des Kolbens. Man sprach von der doppeltwirkenden Niederdruckmaschine. Auch sie war noch als Balanciermaschine ausgebildet.

Als Watt 1781 die Auf-Ab-Bewegung über ein Planetengetriebe (später über eine Kurbelstange) in Drehbewegung umsetzt und die dabei entstehenden Totpunkte durch Einführung des Schwungrads überwindet, wird die Dampfmaschine für den Betrieb industrieller Maschinen interessant. Allerdings ändert die Maschine je nach verlangter Abtriebsleistung noch in einem zu weiten Spielraum ihre Drehzahl. Watt nutzt deshalb das einfache Prinzip des Fliehkraftreglers: Wächst die Drehgeschwindigkeit, dann treibt die höhere Zentrifugalkraft zwei um eine Achse rotierende Metallkugeln nach außen. Diese Bewegung überträgt sich über eine Parallelogrammführung und ein Gestänge auf eine Drosselklappe, die die Dampfzufuhr reduziert.

Ab 1787 finden Dampfmaschinen Eingang in die Textilindustrie.

James Watt (Lithographie nach einem Gemälde des britischen Malers W. Beechy)

Watt – ein Leben für die Dampfkraft

Der 1736 geborene James Watt begann seine berufliche Laufbahn als »Konstrukteur mathematischer Instrumente« an der Universität von Glasgow. Dort kam er auch in Berührung mit einem Modell der Newcomenschen Balanciermaschine, die eines Tages repariert werden mußte. Nachdem ein Londoner Uhrmacher die Maschine nicht hatte reparieren können, übernahm Watt die Aufgabe, die ihn sofort zu mehreren entscheidenden Verbesserungsvorschlägen anregte. Das Resultat war die Reduktion des Kohlebedarfs auf knapp ein Drittel.

Watt meldete 1769 zusammen mit dem Industriellen John Roebuck, der einen entsprechenden Prototyp finanzierte, ein Patent auf »eine neue Methode zur Senkung des Dampf- und Brennstoffverbrauchs bei Feuermaschinen« an. Als Roebuck wenig später in finanzielle Schwierigkeiten geriet, ging Watt eine Partnerschaft mit dem Fabrikanten Matthew Boulton aus Soho bei Birmingham ein. Boulton erreichte die Verlängerung des Patents, das 1783 auslaufen sollte, bis 1800. 1775 gründete er zusammen mit Watt die bald wirtschaftlich sehr erfolgreiche Fabrik Boulton & Watt für Antriebsmaschinen.

Cartwrights mechanischer Webstuhl

1784. Nachdem der französische Seeoffizier De Genne 1678 einen mechanischen Webstuhl konstruiert hatte, der sich nicht als gebrauchsfähig erwies, und sein Landsmann Jacques de Vaucanson 1745 ebenfalls mit dem Entwurf einer Webmaschine erfolglos blieb, konzipiert und baut der mechanisch versierte englische Geistliche Edmund Cartwright jetzt den ersten wirklich funktionierenden mechanischen Webstuhl, der wenig später automatisiert wird (→ 1807).

Zwar hatte schon → 1733 John Kay das Weberschiffchen (den Schnellschützen) erfunden und damit die Webtechnik revolutioniert, doch wirkte sich dies nicht sofort in größerem Umfang auf die Textilindustrie aus. Die Weber konnten damit zwar wesentlich schneller arbeiten als bisher, doch wurden immer noch gut ausgebildete Fachkräfte benötigt, die das Webmuster bestimmten.

Stärker mechanisiert ist der Produktionspro-

zeß in der Seidenweberei, was jedoch in ihrer Vorstufe, der Seidenspinnerei, begründet ist. Die Rohseide liegt, vom Kokon des Seidenspinners abgezogen, von Anfang an als Faden vor und braucht nur noch gezwirnt zu werden. Wolle und Baumwolle haben dagegen Rohstoffe in losen Fasern, die erst versponnen werden müssen. Das Verspinnen dieser Materialien zu Garnen kam erst viel später als die Verarbeitung von Seide auf (→ 1530). Lange Zeit behinderten die gelernten Leinen- und Wollweber die Entwicklung mechanisierter Webstühle, weil sie den Verlust ihrer Arbeitsplätze fürchteten. Aufgrund

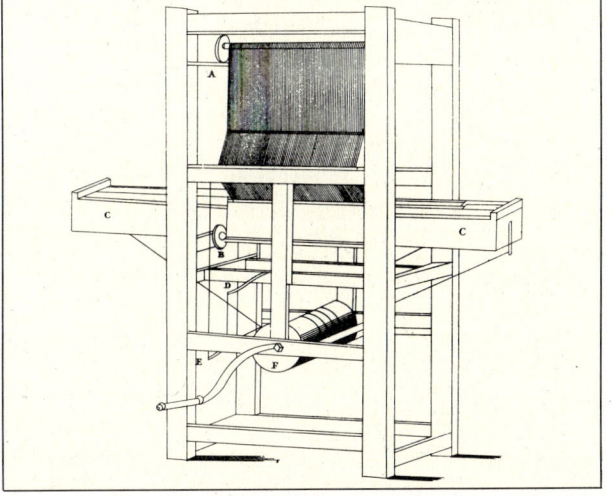

Edmund Cartwrights Webstuhl in der Patentschrift (1785)

des Widerstands der Handwerker mußten noch zu Beginn des 18. Jahrhunderts Textilunternehmer vereinzelt Bandwebmaschinen, die durch Wasserkraft oder Pferdegöpel angetrieben wurden, wieder auf Handkurbelantriebe umrüsten. Erst Kays Schnellschütze und die Zunahme der Bevölkerung in England forcierten die Mechanisierung der Baumwoll- und Wollspinnerei, weil dadurch immer mehr Garn benötigt wurde. Das wachsende Angebot an maschinell hergestellten und damit billigen Garnen wiederum gab Anstöße zu einer weiteren Mechanisierung des Webstuhls.

Mit Cartwrights Erfindung ist das Spektrum der mechanischen Leinen- und Wolltextilmaschinen so vollständig, daß dem Aufschwung der englischen Textilindustrie in technischer Hinsicht nichts mehr im Wege steht. Dieser Industriezweig wird im letzten Drittel des 18. Jahrhunderts zum tragenden Pfeiler der britischen Wirtschaft. Als sogenannter Leitsektor gibt er wichtige Impulse zur Durchsetzung der Industrialisierung auf breiter Front. Die Mechanisierung in der Textilindustrie beflügelt den gesamten Maschinenbau. Die gegenüber Handwerksgeräten und einfachen Maschinen schwerer zu bewegenden Massen bringen bald ein Umdenken der Konstrukteure aller industriellen Branchen mit sich.

Herschels Riesenteleskop besitzt 120 cm Öffnung und 12 m Länge

Astronom Herschel baut Riesenteleskop

1785 bis 1790. Friedrich Wilhelm Herschel, ein ehemaliger Militärmusiker aus Hannover, der sich in Großbritannien mit Leidenschaft der Astronomie widmet, verbessert technisch und optisch das von Isaac Newton bereits → 1671/76 erfundene Spiegelteleskop und eröffnet diesem Instrument eine neue Zukunft, indem er ihm riesige Dimensionen verleiht.

Die gewaltigste seiner zahlreichen Konstruktionen ist ein Spiegelteleskop, das er zwischen 1785 und 1790 in England errichtet. Es hat einen Durchmesser von 1,22 m, ist 12,2 m lang und besitzt eine Brennweite von rund 11 m. Das Rieseninstrument ist in eine große, pyramidenförmige Holzgitterkonstruktion eingebaut. Das Ende des Rohrs mit dem empfindlichen Hohlspiegel ist durch ein Bretterhaus geschützt, das zugleich die Meßapparaturen beherbergt. Der Astronom sitzt in einem hölzernen Gitterkasten über dem Instrument und beobachtet das zu ihm reflektierte lichtstarke Himmelsbild durch ein Okular.

Der englische König und Kurfürst von Hannover, Georg III., verfolgt den Bau des Spiegelteleskops persönlich. Kurz vor der Fertigstellung führt er den Erzbischof von Canterbury zu Herschels Anlage und geleitet ihn gebückt durch das noch am Boden liegende mächtige Rohr. »Kommen Sie, Eminenz«, kommentiert er, »ich will ihnen den Weg zum Himmel zeigen.«

Die Fortschritte in der Webereitechnik ziehen technische Verbesserungen in der Baumwollaufbereitung nach sich

Neue Schreibfedern aus Stahl gefertigt

1780. Die Firma Harrison in Birmingham fertigt die ersten Schreibfedern aus Stahl. Allerdings neigen die gestanzten Federn noch zum Klecksen und Kratzen.

Wie schwierig die Produktion guter Metallfedern ist, beweist u. a. die Tatsache, daß vor Harrison andere Hersteller erfolglos versuchten, den Gänsefederkiel durch Messing oder Stahl zu ersetzen. Andreas Ludwig in Oberbayern und Johann Neudörffer aus Nürnberg mißlang schon 1579, Johann Janssen in Aachen und Johann Heinrich Bürger in Königsberg 1748 die Fertigung von Metallfedern.

Elektrofeuerzeug in Basel erfunden

1780. Ein gewisser Fürstenberger erfindet in Basel das elektrische Feuerzeug. Der Apparat arbeitet mit Wasserstoffgas, das sich in einem geschlossenen Behälter aus einer Reaktion von Zink mit verdünnter Schwefelsäure entwickelt. Wenn man einen Hahn öffnet, zündet der Funken eines Elektrophors das Gas. Die Flamme wird dann auf den Docht einer Kerze übertragen. Das Elektrophor ist ein 1775 von dem italienischen Physiker Alessandro Volta konstruierter elektrischer Kondensator, der durch Peitschen mit einem Fuchsschwanz aufgeladen wird.

Das verzinkte Blech rostet nicht mehr

1786. Nachdem bereits 1742 der Franzose Malouin entdeckt hatte, daß sich Eisenblech durch Verzinken vor Rost schützen läßt, gibt der Engländer William Watson jetzt genaue Anweisungen für die Herstellung dieses Weißblechs: Die zu verzinkenden Eisenbleche oder auch anders geformte Eisenteile müssen zuerst blank gescheuert werden. Danach entfettet man sie in einer Säure (z. B. verdünnter Schwefelsäure). Anschließend wird das Blech in Salmiaklösung und schließlich in ein stark erhitztes Zinkbad getaucht. Die Salmiakbehandlung dient der Kontaktvermittlung zwischen dem Eisen und dem flüssigen Zink.

1790
1790 — 1799

1790. Nicolas Jacques Conté und Joseph Hardtmuth begründen die Bleistiftindustrie. →

Jean Charles de Borda ermittelt die Erdbeschleunigung. →

Einen neuen Rostschutz entdeckt der Brite James Keir. →

1791. Nicolas Leblanc findet ein Verfahren zur großindustriellen Sodaherstellung. →

1792. Claude und Ignace Urbain Chappe entwickeln ein System optischer Telegraphen. →

Der Brite John Wilkinson erfindet das Kehrwalzwerk. →

1793. Samuel Bentham erfindet die Kreissäge. →

Alessandro Volta stellt die nach ihm benannte Spannungsreihe der Metalle auf. →

1794. Philip Vaughan erfindet das Kugellager. →

Den Kupolofen entwickelt John Wilkinson. →

1796. Joseph Bramah erfindet die hydraulische Presse. →

Alois Senefelder entwickelt die Lithographie. →

James Parker erfindet den hydraulischen Zement. →

1798. Richard Trevithick baut eine Hochdruckdampfmaschine (→ um 1799). →

1799. Alexander von Humboldt konstruiert eine Frischluftmaske für Bergarbeiter. →

GESTORBEN:

17. 4. 1790. Philadelphia: Benjamin Franklin (* 17. 1. 1706, Boston), US-amerikanischer Naturwissenschaftler. →

3. 8. 1792. Cromford/Derbyshire: Sir Richard Arkwright (* 23. 12. 1732, Preston/Lancashire), britischer Erfinder.

8. 5. 1794. Paris: Antoine Laurent de Lavoisier (* 26. 8. 1743, Paris), französischer Chemiker. →

4. 12. 1798. Bologna: Luigi Galvani (* 9. 9. 1737, Bologna), italienischer Naturforscher.

20. 2. 1799. Paris: Jean Charles de Borda (* 4. 5. 1733, Dax/Landes), französischer Physiker.

24. 2. 1799. Göttingen: Georg Christoph Lichtenberg (* 1. 7. 1742, Oberramstadt/Darmstadt), deutscher Physiker.

1. 8. 1799. Serrierès/Ardèche: Étienne Jacques de Montgolfier (* 6. 1. 1745, Vidalon-les-Annonay), französischer Erfinder.

GEBOREN:

27. 4. 1791. Charlestown: Samuel Morse († 2. 4. 1872, New York), US-Erfinder.

22. 9. 1791. Newington: Michael Faraday († 25. 8. 1867, London), britischer Physiker.

Erdanziehung bestimmt

1790. Bereits 1735 hatte der Franzose Jean Jacques Mairan die Bestimmung der Beschleunigung eines Körpers beim freien Fall aus der Schwingungsdauer von Pendeln vorgeschlagen. Erst jetzt aber führt sein Landsmann Jean Charles Borda entsprechende Experimente und Berechnungen durch. Er ermittelt, bezogen auf die Meereshöhe und die geographische Breite von Paris, eine Beschleunigung von $9{,}80896\ \text{m/s}^2$.

Borda folgt dabei der von Mairan als Koinzidenzmethode bezeichneten Prozedur. Die Schwingungsdauer T eines mit kleinen Ausschlägen schwingenden Pendels hängt allein von der Pendellänge l und der Erdbeschleunigung g ab. Rechnerisch ist $T = 2\,\pi\,\sqrt{l/g}$. Diese mathematisch ermittelte Zeit ist mit tatsächlich gemessenen Werten zu vergleichen. Da die Pendellänge bekannt ist, kann man die Erdbeschleunigung nach Umformen der Gleichung sehr einfach errechnen: $g = 4\,\pi^2 \cdot l/T^2$.

Meter wird Längenmaß

1792. Der französische Theologe Gabriel Mouton hatte schon 1670 als natürliches Längengrundmaß die Minute eines Meridiangrades vorgeschlagen, die er »Mille« nennen wollte. Jetzt beschließt eine aus Mitgliedern der Französischen Akademie der Wissenschaften bestehende Kommission, den 40millionsten Teil des durch Paris gehenden Längengrads als Maßeinheit festzusetzen. Beteiligt an dieser Entscheidung sind die prominenten Mathematiker Jean Charles Borda (→ 1790), Joseph Louis Lagrange, Pierre Simon de Laplace, Gaspard Monge und Concordet.

Dem Beschluß folgen praktische Gradmessungen, mit denen zunächst die Geometer Mechain und Delambre zwischen Dünkirchen und Barcelona beginnen. Die Arbeiten dauern bis zum Jahr 1800 (→ 29. 11. 1800) und führen dann zur Festlegung der neuen Längeneinheit Meter.

Automaten imitieren Menschen und Tiere

1790. *Der Mechaniker H. L. J. Droz und sein Bruder P. J. Droz konstruieren und fertigen zahlreiche sogenannte Androiden. Androiden sind mechanische Automaten in Mensch- oder Tiergestalt, die in den Salons sehr beliebt sind. Sie enthalten aufziehbare Federuhrwerke und imitieren die typischen Bewegungen der dargestellten Figuren. Menschen-Androiden z. B. tanzen, verbeugen sich, bewegen den Kopf, spielen verschiedene Musikinstrumente, trinken oder rauchen.*

Die abgebildete Klavierspielerin (Abb.) aus der Werkstatt Droz ist eines der perfektesten Beispiele mechanischer Puppen des 18. Jahrhunderts.

Aufbau optischer Telegraphennetze

1792. Die Brüder Claude und Ignace Urbain Chappe aus Frankreich entwickeln gemeinsam mit den Ingenieuren Delaunay und Breguet ein optisches Telegraphensystem. Ein Jahr später stellt Claude Chappe das fertig konzipierte System dem Konvent der jungen französischen Republik vor. Er hat in Frankfurt am Main Modelle von Türmen bauen lassen, sogenannte Semaphoren, auf deren Spitzen bewegliche Arme durch ihre Stellung Zahlen repräsentieren, die Wörter oder Sätze bedeuten. Noch 1793 werden die Arbeiten an der ersten Flügeltelegraphenstrecke zwischen Paris und Lille begonnen, 1794 wird sie eingeweiht.

Von nun an schreitet die Installation von optischen Telegraphenlinien in Europa rasch voran. Schon 1794 errichtet der Mechaniker Böckmann die erste Linie Deutschlands von Karlsruhe aus, nachdem hier bereits 1785 ein gewisser Bergstrasser ein optisches Telegraphennetz vorgeschlagen hatte. Böckmanns Linie nimmt am 22. November 1794 den Dienst auf.

1796 geht die erste englische Linie zwischen Dover und Portsmouth in Betrieb. 1798 entstehen in Frankreich und Deutschland zwei längere Überlandlinien. Die Brüder Chappe eröffnen eine Semaphoren-Strecke zwischen Paris und Straßburg und verbinden insgesamt 29 französische Städte über 534 Stationen. In Deutschland wird als erste längere Telegraphenlinie die Verbindung Berlin – Frankfurt am Main eingerichtet.

1796 installiert Augustin de Bétancourt zwischen Madrid und Aranjuez einen ersten elektrischen Telegraphen (→ 150 v. Chr.; 1579).

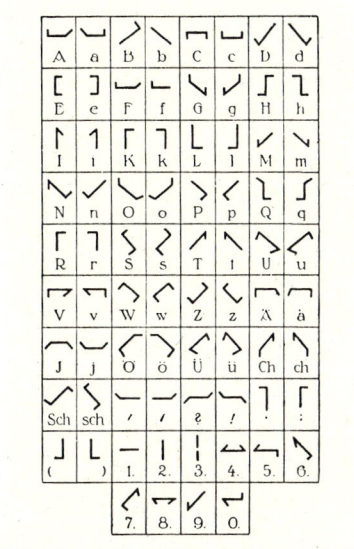

Das Alphabet des optischen Telegraphensystems der Gebrüder Chappe

Einer der ersten Chappe-Telegraphen auf dem Dach des Louvre

Vortrag über Gaslicht (1803)

Leuchtgas beginnt sich durchzusetzen

1792. Nachdem → 1781 der englische Graf Archibald Dundonald erstmals seine Arbeitsräume mit dem im eigenen Koksofen anfallenden Steinkohlengas beleuchtet hatte, installiert William Murdoch 1792 erst im kleinen, ab dem Jahr 1798 dann im großen Rahmen Kohlengas-Beleuchtungsanlagen in der Maschinenfabrik Boulton & Watt (→ 1781; 1784).

In Frankreich fertigt 1792 Philippe Lebon erstmals Leuchtgaslampen (»Thermolampen«). 1799 betreibt er den Leuchtturm von Le Havre mit Gaslicht. Er gewinnt das Gas allerdings aus Holz.

Neuer Rostschutz für blankes Eisen

1790. Der englische Fabrikant James Keir in Westbromwich entdeckt die Möglichkeit, Eisen zu »passivieren«. Er stellt fest, daß zwar schwache Salpetersäure Eisen angreift, also zum Oxidieren bringt, daß sie dem Eisen aber nichts anhaben kann, wenn es zuvor in hoch konzentrierte Salpetersäure getaucht wird.

Das Phänomen läßt sich chemisch erklären. Die starke Säure verursacht eine sehr dünne, unsichtbare, porenfreie Oxidschicht auf dem Eisen, die das Metall vor Sauerstoffzutritt und damit vor weiterer Korrosion und zugleich vor anderen chemischen Zersetzungen schützt (→ 1786).

Umschmelzen von Eisen

1794. John Wilkinson in Brosley in der englischen Grafschaft Shropshire erfindet den Kupolofen zum Umschmelzen des Roheisens für den Gebrauch in Gießereien.

Der Kupol- oder Kuppelofen ist als schachtförmiger Zylinder aufgebaut, mit feuerfesten Steinen ausgemauert und mit Stahlblech umhüllt. Der 2,5 bis rund 9 m hohe Ofen hat eine lichte Weite zwischen 50 und 150 cm. Er wird an der »Gicht« (das ist die Einfüllöffnung am Oberteil des Schachtes) kontinuierlich mit Roheisen, Koks und Zuschlägen beschickt. Das flüssige Eisen läßt sich unten am Ofen abstechen. Es läuft direkt in die Gußform (→ 1708) oder in einen Vorherd, wo es bis zum Gebrauch flüssig gehalten wird.

Kupolofen beim Abstich von Gußeisen in eine Form; über dem Ofen ist die Beschickungsanlage installiert (Historisches Archiv der Krupp Hüttenwerke AG, Essen)

Kehrwalzwerk für die Blechfertigung

1792. Der englische Techniker John Wilkinson, der in Brosley in Shropshire ein Stahlwerk betreibt, erfindet das Kehrwalzwerk zur rationelleren Herstellung von Eisenblech. Seine Entwicklung knüpft an das → 1754 von Henry Cort eingeführte Eisenwalzwerk an.

Corts Apparat arbeitet mit zwei Walzen, deren Drehrichtung nicht geändert werden kann. Nach jedem Durchlauf muß deshalb das schwere Walzgut auf die Einzugsseite des Werks zurückgetragen oder über die Walzenanlage gehoben werden. Dieser Arbeitsgang entfällt beim Kehrwalzwerk: Nach der Verringerung des Walzenabstands wird das Walzgut durch die Walzen selbst zurückbefördert.

Wilkinson verbessert das Eisenwalzwerk noch in einer weiteren Hinsicht: Erstmals betreibt er eine derartige Anlage nicht mehr mit Wasser- sondern mit Dampfkraft. Er bedient sich dazu einer Maschine der Firma Boulton & Watt (→ 1781; 1784).

Volta untersucht elektrische Elemente

1793. Der italienische Physiker Alessandro Volta untersucht systematisch die von ihm im Anschluß an Luigi Galvanis Froschschenkelversuche (→ 30. 10. 1780) entdeckte Berührungselektrizität, die beim Kontakt zweier unterschiedlicher Metalle entsteht.

Er stellt dabei die später nach ihm benannte Spannungsreihe der Metalle auf. Unabhängig von Volta entwickelt der in Kiel arbeitende Physiker Christian Heinrich Pfaff zur gleichen Zeit wie dieser eine ähnliche Spannungsreihe. Pfaff erkennt auch, daß bei Vergrößerung der Metallplatten die »elektrische Wirkung« zunimmt.

Da Volta noch über kein Spannungsmeßgerät verfügt, benutzt er ein anderes Hilfsmittel zur Bestimmung der »elektromotorischen Kraft«: Seine Zunge. Er vergleicht sorgfältig die Intensitäten der Geschmacksempfindungen, die je zwei verschiedene auf die feuchte Zunge gedrückte Metalle auslösen und stellt dabei folgende Ordnung fest: Zink – Zinn – Blei – Eisen – Messing – . . . – Platin – Gold – Silber – Graphit. Je weiter zwei Stoffe in dieser Reihe voneinander entfernt stehen, um so intensiver wird der »Stromgeschmack«. Der Strom fließt jeweils vom weiter links zum weiter rechts stehenden Glied der Spannungsreihe.

1794 erweitert Volta seine Spannungsreihe auf mindestens 28 Substanzen, darunter neben Metallen auch auf Metallverbindungen.

Alessandro Volta führt dem Ersten Konsul Napoleon Bonaparte (l.) im National-Institut zu Paris am 7. November 1801 seine elektrische Säule vor

Erfinder des nützlichen Blitzableiters ist tot

17. April 1790. In Philadelphia stirbt 84jährig der aus Boston stammende amerikanische Naturwissenschaftler, Politiker und Schriftsteller Benjamin Franklin. Der vielseitige Wissenschaftler begann seine berufliche Laufbahn mit 17 Jahren als Druckerlehrling. 20 Jahre später lebte er als etablierter Verleger der »Pennsylvania Gazette«, Herausgeber eines weit verbreiteten Jahrbuchs, bekannter Politiker und beliebter Essayist und Satiriker in Philadelphia. 1743 gründete er die American Philosophical Society, 1751 die University of Philadelphia. Neben seiner Tätigkeit als Politiker betrieb Franklin intensive naturwissenschaftliche Forschungen, vor allem auf dem Gebiet der Elektrizität. Er entdeckte die Spitzenentladung und nutzte diese Erkenntnis für den Bau von Blitzableitern (→ 1749), nachdem er die elektrische Natur der Blitze in Drachenversuchen nachgewiesen hatte. »Kann das Wissen um diese Kraft der blanken Metallspitzen nicht der Menschheit für den Schutz der Häuser, Kirchen und Schiffe usw. gegen Blitzschlag nützlich werden, wenn es uns lehrt, auf den höchsten Stellen solcher Bauten aufrechtstehende, nadelspitze Eisenstäbe, vergoldet gegen Rostwirkung, aufzupflanzen und von ihrem Fuß aus an der Außenseite entlang einen Draht in den Boden oder ins Wasser hineinzulenken?« formulierte er damals.

Daneben beschäftigte sich Franklin mit Wärmestrahlung, Licht, Magnetismus und Hydrodynamik. Seine politische Laufbahn fand u. a. 1776 einen Höhepunkt, als Benjamin Franklin die amerikanische Unabhängigkeitserklärung mitunterzeichnete.

Benjamin Franklin, 1736 bis 1751 Schriftführer des Parlaments von Pennsylvania; 1753 bis 1774 Generalpostmeister für alle nordamerikanischen Kolonien; 1776 bis 1785 Gesandter in Paris; nach 1785 Gouverneur von Pennsylvania

Kugellager-Prinzip wird neu erfunden

1794. Der Brite Philip Vaughan entdeckt das Prinzip des Kugellagers neu, das bereits in der Antike bekannt war, aber während des Mittelalters in Vergessenheit geriet.

Weder vor noch nach Vaughan konnte sich (bis 1883) dieser Lagertyp durchsetzen, weil man seine Herstellung technisch nicht beherrschte. Die Kugeln – bei den Römern waren sie noch aus Holz, jetzt sind sie aus Stahl – müssen von Hand gerundet und gefeilt werden und sind deshalb alles andere als präzise. Außerdem sind sie extrem teuer. Diese Situation ändert sich erst → 1833, als Philipp Moritz Fischer die erste automatische Kugelschleifmaschine baut. Bis dahin gerät das Kugellager noch mehrfach in Vergessenheit und wird mehrfach neu erfunden, etwa durch Techniker wie Louis Thirion (1862) und Jean Suriray (1869).

Lauflager ohne Kugeln waren als Achslager um 3500 v. Chr. in Ägypten bekannt. Die Kelten, Griechen, Perser und Römer setzten zwischen Radnabe und Achse rollenförmige Hölzer und eiserne Elemente, die sich als Verschleißteile auswechseln ließen. Nach dem Mittelalter beschäftigte sich als erster um 1500 Leonardo da Vinci mit Rollen- und Kugellagern (→ 2. 5. 1519).

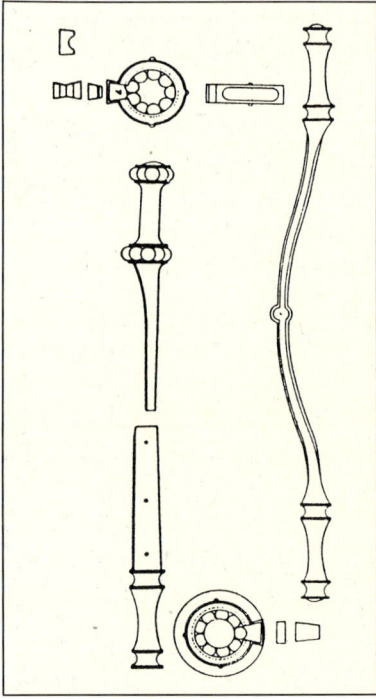

Vollkugelige Rillenkugellager nach Vaughans Patent von 1794

![Dampfmaschinen im Bergbau]

Die Dampfmaschinen bewähren sich im Bergbau als Antriebe für Wasserhaltungspumpen

Um 1799. *Nachdem James Watt → 1781 die Dampfmaschine zur technischen Reife gebracht hatte, entwickelt sich diese Maschine ständig weiter. So baut der britische Erfinder Richard Trevithick im Jahr 1798 eine erste universell einsetzbare Hochdruckdampfmaschine.*

Watt selbst fertigt 1799 die erste ganz aus Eisen gebaute Dampfmaschine. Ebenfalls 1799 erfindet William Murdoch den Dampfmaschinenschieber zur automatischen Ventilsteuerung und den Kreisexzenter zum einfache-

ren Umwandeln der Kolbenhubbewegung in eine Drehbewegung. Im praktischen Einsatz bewähren sich die weiterentwickelten Dampfmaschinen zunehmend im Bergbau, zunächst in erster Linie als Pumpen-Antriebsaggregate für die Entwässerung der tiefen Schachtsohlen, bald aber auch als Fördermaschinenantriebe.

Abgebildet ist eine Kohlenzeche in Großbritannien um 1790. Die Dampfmaschine treibt hier zwei Förderanlagen an.

Neue Bleistiftminen aus Graphit und Ton

1790. Seit → 1662 der Nürnberger Friedrich Städler die Bleistiftindustrie begründete, werden diese Schreibgeräte mit Minen aus reinem Graphit gefertigt. Jetzt finden etwa zeitgleich der Pariser Mechaniker Nicolas Jacques Conté und der Österreicher Joseph Hardtmuth heraus, daß sich durch Mischen von geschlämmtem Graphit mit Ton weitaus bessere Bleistiftminen herstellen lassen.

Die neuen Minen sind feinkörniger und schreiben, ohne zu kratzen. Außerdem lassen sich durch unterschiedliche Mischungsverhältnisse zwischen Graphit und Ton verschiedene Härtegrade der Minen einstellen. Die Minen sind jetzt fest in die beiden Hälften eines hölzernen Griffes eingeklebt, was erstmals Bleistiftspitzen erforderlich macht.

Soda – Rohstoff für die Seifenindustrie

1791. Der französische Chemiker Nicolas Leblanc findet ein Verfahren zur großindustriellen Sodaherstellung aus Kochsalz, Glaubersalz, Kohle und Kreide. Die Urheberschaft ist allerdings umstritten. Manche französische Quellen sprechen diese Entwicklung Michel Jean Jérome Dizé zu.

Das neue, billige Verfahren kommt nicht nur dem ständig wachsenden Bedarf der gesamten chemischen Industrie an dem kohlensauren Salz Soda entgegen, es verhilft vor allem der Seifenindustrie zu einem gewaltigen Aufschwung. Bisher hatte diese Branche sich damit beholfen, ihre Produkte aus der kaliumhaltigen Holz- und Pottasche herzustellen. Jetzt kann sie billig die weitaus bessere, festere Natronseife auf Natriumbasis herstellen.

Sägemaschinen

1793. *Samuel Bentham regt den Bau neuer Holzverarbeitungsmaschinen an: Kreissägen (Abb.), Langlochbohr- und Holzstemmaschinen. Die Kreissäge wird sofort, die anderen Geräte erst um 1820 gebaut.*

Zement-Rezeptur wiederentdeckt

1796. Der Engländer James Parker erzeugt aus natürlichem hydraulischem Kalk durch Brennen und Pulverisieren einen Wassermörtel, den er in Anlehnung an den römischen Mörtel schließlich »Roman-Zement« nennt.

Der in Rom zwischen 200 v. und 400 n. Chr. besonders bei Wasserbauten häufig verwendete, mit Wasser aushärtende Beton aus Kalk und vulkanischer Asche war mit dem Untergang des Weltreichs ganz in Vergessenheit geraten.

Den Gedanken, wieder Zement herzustellen, griff nach der römischen Zeit erstmals 1756 der englische Ingenieur John Smeaton auf, dem es bei einen Leuchtturmbau gelang, ungebrannten Kalk mit einer ganz bestimmten Tonart zu hydraulischem Mörtel zu vereinen.

Hydraulik als neuer Kraftverstärker

1796. Zwei Männer beschäftigen sich auf sehr unterschiedliche Weise mit hydraulischen Kräften, der Engländer Joseph Bramah und der Franzose Michel Joseph de Montgolfier (→ 5. 6. 1783). Bramah nutzt das Pascalsche Prinzip der gleichförmigen Druckausbreitung in Flüssigkeiten, das dieser 1660 aufgestellt hatte, und erfindet die hydraulische Presse. Montgolfier entwirft den hydraulischen Widder oder Stoßheber, eine Wasserfördereinrichtung, die den Stoß von mit starkem Gefälle fließendem Wasser als treibende Kraft nutzt, um einen Teil des Wassers über den ursprünglichen Wasserspiegel zu heben.

Die hydraulische Presse Bramahs arbeitet nach der physikalischen Erkenntnis, daß sich Flüssigkeitsdruck als Kraft pro Fläche ausdrücken läßt. Setzt man also eine Flüssigkeit dadurch unter Druck, daß man etwa einen Kolben gegen die Flüssigkeit in ein Rohr preßt, dann muß man, um einen bestimmten Druck zu erreichen, eine um so größere Kraft aufwenden, je größer die Querschnittsfläche des Zylinders ist. Der erzeugte Druck wirkt dann im gesamten abgeschlossenen Flüssigkeitsvolumen. Bringt man an anderer Stelle derselben Apparatur einen zweiten Zylinder mit einem Kolben an, dann drückt die Flüssigkeit diesen Kolben mit einer Kraft nach außen, die wiederum mit dem Zylinderquerschnitt wächst. Hat also etwa der Zylinder des mechanisch angetriebenen Kolbens 1 cm², der des hydraulisch ausgetriebenen Kolbens dagegen 10 cm² Querschnitt, dann tritt zwischen mechanisch aufgewandter und hydraulisch erzeugter Kraft eine Verzehnfachung auf. Wird die so gewonnene Kraft in Arbeit umgesetzt, dann ist selbstverständlich die hydraulische Arbeit nicht größer als die aufgewandte mechanische Arbeit. Da sich Arbeit als Kraft × Weg berechnen läßt, muß der mit geringerer Kraft vorgeschobene Kolben in dem erwähnten Beispiel also – abgesehen von Wirkungsgradverlusten – den zehnfachen Weg des arbeitleistenden Kolbens zurücklegen. Das Prinzip der hydraulischen Presse von Joseph Bramah ist es also, geringe Kräfte bei langen Hüben in große Kräfte bei kleinen Hüben zu verwandeln. Das entspricht dem Hebelgesetz, denn auch der Hebel übersetzt die kleinere Kraft am längeren Arm in eine größere Kraft am kürzeren Arm (→ 1550 v. Chr.).

Die Maschinen setzen sich rasch als äußerst praktischer Ersatz für die Schraubenpresse durch, etwa zum Heben von Lasten (auch moderne Werkstattwagenheber arbeiten so), als Packpresse oder zum Ausziehen eingerammter Pfähle. Hydraulische Kraftverstärker besitzen gegenüber Hebeln und Schrauben den Vorteil, sich leicht fernsteuern zu lassen.

Der Chemiker Antoine Laurent de Lavoisier (nach einem alten Stich)

Vater der modernen Chemie hingerichtet

8. Mai 1794. Im 51. Lebensjahr wird in seinem Geburtsort Paris Antoine Laurent de Lavoisier als vorrevolutionärer Generalsteuerpächter auf der Guillotine hingerichtet.

Lavoisier ersetzte die reichlich zufälligen Experimentiermethoden der Alchimisten durch systematisch durchgeführte Versuche und exakte Messungen und Wägungen bei allen Reaktionen. So gelang es ihm u. a., die sogenannte Phlogiston-Lehre zu widerlegen, die Verbrennungsvorgänge auf die Gegenwart eines Feuerstoffs (Phlogiston) zurückführte. Statt dessen wies er die Bedeutung des Sauerstoffs für die Verbrennung nach.

Ein Atemgerät für Arbeiten unter Tage

1799. Der deutsche Naturforscher Alexander von Humboldt bemängelt die schlechten und gesundheitsschädlichen Luftverhältnisse an den unterirdischen Arbeitsplätzen in Gruben und versucht, Abhilfe zu schaffen. Er konstruiert eine dicht am Gesicht anliegende Maske für Bergarbeiter, die über einen Schlauch mit einem Frischlufttornister oder einem auf einem Wagen nachgeführten imprägnierten Sack mit sauberer Atemluft verbunden ist. Für sehr schlecht ventilierte Gruben entwickelt von Humboldt ein Verfahren, die Luft mit reinem Sauerstoff anzureichern.

Alois Senefelder erfindet die Lithographie

1796. Bei dem Versuch, für seine schriftstellerischen Produkte ein billiges Vervielfältigungsverfahren zu finden, entwickelt der Österreicher Alois Senefelder die Lithographie oder den Steindruck (griech. »lithos« = Stein). Es ist das erste Flachdruckverfahren. Die druckenden Linien und Flächen liegen in einer Ebene mit der Druckplatte.

Senefelder benutzt als Trägermaterial Steinplatten aus Solnhofener Kalkschiefer, der sowohl Fett wie Wasser aufsaugt, zwei Substanzen, die sich jedoch nicht untereinander vermischen. Wird auf diesem Stein mit fetter Farbe oder Ölkreide geschrieben oder gezeichnet und die gesamte Druckplatte anschließend mit Wasser befeuchtet, dann benetzt das Wasser den Stein nur an den nicht mit Farbe oder Kreide getränkten Stellen. Streicht man nun fette Druckerfarbe über die Platte, so nehmen jetzt die wasserbenetzten Stellen diese Farbe nicht an, während sie an den anderen Partien haftet. Bei nachfolgendem Druck wird die Farbe auf Papier übertragen. Die Lithographie setzt sich zuerst in der Kunst durch.

Lithographische Sternpresse; mit ihr wird das Papier gleichmäßig gegen die Lithographie gedrückt

Die Buchvignette zu Alois Senefelders Erfindung des Steindruckes zeigt die Vorbereitung der Lithographie

1800

Die französischen Chemiker Antoine-François de Fourcroy, Nicolas Louis Vauquelin, Louis Jacques Thenard und Hachette entdecken, daß sich dünne Drähte durch elektrischen Strom erwärmen und zum Glühen bringen lassen.

Der deutsch-britische Astronom Friedrich Wilhelm Herschel entdeckt die Ultrarotstrahlung. →

Der Uhrmacher Jörgensen erfindet in Kopenhagen das Metallthermometer.

Robert Meares konstruiert in Frome (Somersetshire) eine mit Scheren arbeitende Mähmaschine, die Grundform aller späteren Mähmaschinen (→ 1805; 1851).

Der italienische Physiker Alessandro Volta erfindet die nach ihm benannte Voltasche Säule (Batterie; → 1802).

Thomas Young, Arzt in London, entdeckt die Interferenz des Lichtes.

Robert Fulton aus den USA führt im Hafen von Brest das von ihm erbaute U-Boot »Nautilus« vor. →

Der britische Politiker und Wissenschaftler Charles Earl Stanhope konstruiert die nach ihm benannte Buchdruckerpresse aus Eisen.

2. 5. Antony Carlisle und William Nicholson vollziehen die bereits 1789 von Paet van Trootswijk und Deimann praktizierte elektrolytische Spaltung des Wassers in Wasser- und Sauerstoff nach. →

6. 5. Der britische Physiker Anthony Carlisle entdeckt die Verfärbung von Lackmuspapier durch elektrischen Strom.

29. 11. Nach einer Gradmessung zwischen Dünkirchen und Barcelona führt eine Kommission der Académie Française unter Leitung des französischen Mathematikers und Astronomen Pierre Simon Laplace die Definition des Meters ein. →

GESTORBEN:

23. 5. London: Henry Cort (* 1740, Lancaster), englischer Eisenindustrieller.

GEBOREN:

11. 2. Melbury House/Dorset: William Henry Fox Talbot († 17. 9. 1877, Lacock/Wiltshire), britischer Naturwissenschaftler.

31. 7. Eschersheim/Frankfurt am Main: Friedrich Wöhler († 23. 9. 1882, Göttingen), deutscher Chemiker.

29. 12. New Haven/Connecticut: Charles Nelson Goodyear († 1. 7. 1860, New York), US-amerikanischer Chemiker und Techniker.

Eine Kommission in Frankreich definiert die Längeneinheit »Meter«

29. November 1800. *Nach der von den Franzosen Pierre François André Mechain und Jean Baptiste Joseph Delambre seit → 1792 zwischen Dünkirchen und Barcelona durchgeführten Gradmessung führt eine Kommission unter Leitung des Mathematikers Pierre Simon Laplace jetzt die Definition der Längeneinheit »Meter« offiziell ein. Das Meter, festgesetzt als 40millionster Teil des durch Paris gehenden Längen-grads, wird per Gesetz in Frankreich verbindlich als Längennormal vorgeschrieben. Bereits am 22. Juni 1799 ließ Étienne Lenoir im Stadtarchiv von Paris einen aus Platin gefertigten Meterstab sowie ein ebenfalls aus Platin hergestelltes Massennormal von 1 kg hinterlegen. Das Kilogramm ist eine durch Vereinbarung frei gewählte Maßeinheit (Abb.: Gewichts- bzw. Massennormale aus verschiedenen Epochen).*

Zusammensetzung von Wasser erforscht

2. Mai 1800. Nachdem es bereits 1789 den Experimentalphysikern Paet van Trootswijk und Deimann in Holland erstmals gelungen war, Wasser durch elektrischen Strom in »brennbare Luft« (Wasserstoff) und »Lebensluft« (Sauerstoff) zu zerlegen, wiederholen jetzt die britischen Physiker Anthony Carlisle und William Nicholson diesen Versuch und begründen damit die Elektrolyse im wissenschaftlich-technischen Sinn.

Die beiden Forscher arbeiten nicht nur qualitativ, sondern auch quantitativ. Sie finden heraus, daß sich Wasser aus zwei Volumenteilen Wasserstoff und einem Volumenteil Sauerstoff zusammensetzt.

Bei der elektrolytischen Zersetzung des Wassers tauchen zwei Elektroden als elektrische Pole in die Flüssigkeit. Im Wasser liegt immer ein geringer Prozentsatz des Wasserstoffs und des Sauerstoffs in Ionenform vor. Unter der elektrischen Spannung wandern die negativen

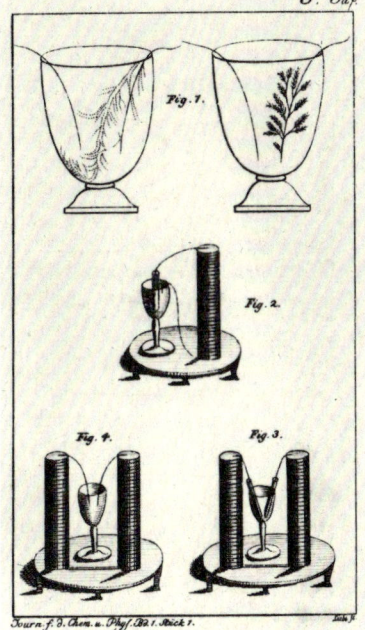

Elektrolyseversuche von Lodovico G. Brugnatelli (Kupferstich von 1806, Deutsches Museum München)

Ladungsträger (die Sauerstoffionen) zur positiven Elektrode, die positiven (Wasserstoffionen) zur negativen Elektrode und sammeln sich dort als Gase. Zugleich zerfallen bei der Elektrolyse im Wasser neue H_2O-Moleküle in Ionen, um den konstanten Ionen-Prozentsatz aufrecht zu erhalten.

Die moderne Physik gibt später zusätzliche Erklärungen zum Aufbau des Wassermoleküls: Es ist asymmetrisch und besitzt ein beträchtliches Dipolmoment (elektrische Eigenschaft). Wasser hat die Eigenschaft, Elektrolyte in ihre Ionen zu zerlegen und zeichnet sich darüber hinaus durch eine geringe Eigendissoziation aus. Auch ohne elektrolytische Zerlegung enthält Wasser deshalb kleine Mengen von H^+- (und OH^-)-Ionen, weshalb es elektrischen Strom leitet. Auch bei hohen Temperaturen zerfällt Wasser in seine Elemente. So sind bei 2200 °C 4 Prozent des Wassers in Moleküle gespalten.

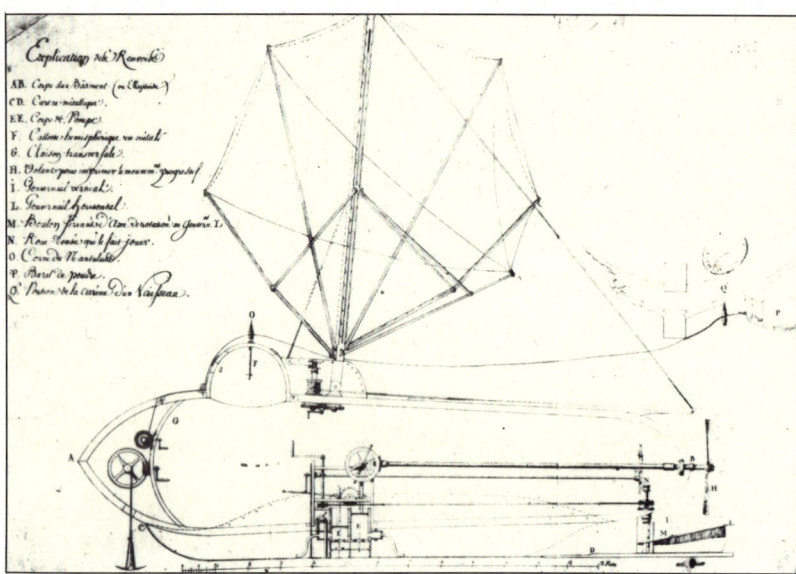

Querschnittszeichnung von Robert Fultons Unterseeboot »Nautilus« von 1800; der Segelmast kann bei Unterwasserfahrt abgeklappt werden

Napoleon bestellt U-Boot

1800. Im Auftrag des französischen Marineministeriums stellt der US-Amerikaner Robert Fulton nach dreijähriger Bauzeit ein zigarrenförmiges U-Boot fertig, das er »Nautilus« nennt. Der Rumpf des Bootes besteht aus Kupfer. Er ist 6,48 m lang und 1,94 m breit. Das 1-Mann-Tauchboot wird mit einer Handkurbel angetrieben, die über ein Zahnradgetriebe und eine Welle eine Schraube am Heck in Bewegung setzt. Neu an Fultons U-Boot ist ein Tiefenruder. Für die Überwasserfahrt läßt sich das Boot besegeln. Bei Tauchfahrt wird das Segel gereeft, der Mast umgelegt. Fulton führt die »Nautilus« am 3. Juni 1801 dem französischen Marineministerium vor der Reede von Le Havre zwar erfolgreich vor, erhält aber keine weiteren Aufträge, »da die Beherrscher der See dieselbe [die Erfindung] nicht wünschen, weil sie ihnen, wenn sie Erfolg hätte, die Herrschaft rauben könnte«.

Herschel entdeckt unsichtbares Licht

1800. Der Astronom Friedrich Wilhelm Herschel entdeckt die Ultrarotstrahlung (= Infrarotlicht) bei einem Experiment, in dem er die einzelnen Bereiche des Sonnenlichtspektrums mit dem Quecksilberthermometer untersucht. Herschel spaltet Sonnenlicht mit einem Prisma in die Spektralfarben (→ 1666) auf und mißt die Temperaturen der verschiedenen farbigen Lichtzonen. Zu seiner Überraschung stellt er fest, daß das Thermometer unmittelbar im Anschluß an den Rotbereich des sichtbaren Spektrums am stärksten steigt. Er schließt daraus richtig, daß sich hier eine für das menschliche Auge unsichtbare Licht- bzw. Wärmestrahlung bemerkbar macht, die er »Ultrarot«, also »jenseits von Rot« nennt. (Die neuere Bezeichnung »Infrarot« nimmt auf die Lichtfre-

Friedrich Wilhelm Herschel, Astronom, Physiker und Mathematiker

quenz Bezug. Diese Frequenz ist um so kleiner, je weiter man im gesamten Spektrum des Lichts von der violetten zur roten Seite fortschreitet. Die Bezeichnung »Infrarot« bedeutet »kleiner als Rot«.)

Der Brite Hatchett entdeckt das Element Niob.

James Finlay überspannt mit einer der ersten modernen Hängebrücken den Jacob's Creek in Pennsylvania. →

Johann Wilhelm Ritter entdeckt die Wirkung der ultravioletten Sonnenstrahlen auf Chlorsilber und begründet damit die Fotochemie.

Der französische Ingenieur und Erfinder Lebon erhält das erste Patent auf einen Gasmotor mit elektrischer Zündung.

Der deutsche Physiker und Chemiker Franz Carl Achard erfindet die Rübenzuckerfabrikation und baut die erste Zuckerfabrik in Kunern in Schlesien auf.

Die Engländer Matthew Boulton und James Watt benutzen das Gußeisen, das in der Architektur schon vom Brückenbau her bekannt ist, erstmals als Konstruktionselement im Hochbau. →

Marc Isambard Brunel, in England lebender Ingenieur aus Frankreich, erfindet die Kronsäge, eine zylindrisch geformte Lochsäge mit endständiger Verzahnung.

Die französischen Chemiker Clément und Désormes ermitteln erstmals die Zusammensetzung des Kohlenoxids aus seinen Elementen Kohlenstoff (C) und Sauerstoff (O) und geben Gewichtsprozente an.

Mit seinem neuen Auto gelingt dem britischen Ingenieur Richard Trevithick der Durchbruch zum wirtschaftlich arbeitenden Dampfstraßenwagen. →

Der deutsche Mathematiker und Astronom Carl Friedrich Gauß findet eine neue, einfache Methode, die Planetenbahnen zu bestimmen.

Johann Georg Repsold errichtet in seiner Privatsternwarte in Hamburg einen Meridiankreis von vier Metern Durchmesser. →

Der deutsche Pharmazeut Valentin Rose d. J. aus Berlin entdeckt das doppeltkohlensaure Natron.

Paul Louis Simon konstruiert das erste Galvanoskop.

Der britische Naturwissenschaftler Thomas Young entdeckt den Astigmatismus des Auges.

1. 1. Der italienische Astronom Giuseppe Piazzi entdeckt Ceres und damit den ersten Planetoiden.

GEBOREN:

19. 4. Groß-Särchen/Lausitz: Gustav Theodor Fechner († 18. 11. 1887, Leipzig), deutscher Physiker und Philosoph.

Ritter entdeckt das ultraviolette Licht

1801. Der deutsche Physikochemiker Johann Wilhelm Ritter knüpft an die Versuche von Georg Fabricius (→ 1556) und Johann Heinrich Schulze (→ 1727) an und findet heraus, daß eine unsichtbare Lichtstrahlung, im Spektrum jenseits der sichtbaren violetten Strahlen, Chlorsilber am intensivsten schwärzt.

Die Zufallsentdeckung von Fabricius, daß das Mineral Chlorargyrit, das auch als Chlorsilber, Hornsilber oder Kerargyrit bekannt ist, sich bei Tageslicht von farblos über grau, gelb und braun, schließlich schwarz verfärbt, war für diesen zunächst ohne jede praktische Bedeutung.

Das Licht im Gesamtgefüge der elektromagnetischen Strahlung

Bezeichnung	Frequenz
Niederfrequenz	$10 - 10^5$ Hz
Langwelle	um 10^5 Hz
Mittelwelle	um 10^6 Hz
Kurzwelle	um 10^7 Hz
Ukw	um 10^8 Hz
Mikrowelle	$5 \times 10^8 - 10^{13}$ Hz
Infrarot	$10^{12} - 4 \times 10^{14}$ Hz
Sichtbares Licht	$4 \times 10^{14} - 7,5 \times 10^{14}$ Hz
Ultraviolett	$7,5 \times 10^{14} - 7,5 \times 10^{16}$ Hz
Röntgenstrahlung	$7,5 \times 10^{16} - 10^{22}$ Hz
Höhenstrahlung	$10^{22} - 10^{25}$ Hz

Eine Anwendungsmöglichkeit fand Schulze durch die Abbildung von Negativschablonen auf einem Gemisch aus Chlorsilber und Kreideschlamm. Doch auch diese wurde nicht weiter genutzt.

Ritter untersucht das Phänomen der Chlorsilberschwärzung erstmals systematisch. Er wird zum Vater der Fotochemie. Besonders sorgfältige Versuche stellt Ritter hinsichtlich der Wirkung der verschiedenen Spektralbereiche des Lichts auf das helligkeitsempfindliche Mineral an. Daß er dabei einen Wellenbereich jenseits des sichtbaren Violetts entdeckt, verwundert ihn nicht besonders. Hatte doch erst kürzlich Friedrich Wilhelm Herschel (→ 1800) die Infrarotstrahlung gefunden. Ritter nennt in Analogie zu Herschels Ultrarot das unsichtbare Licht jenseits des violetten Endes des Spektrums »Ultraviolett«.

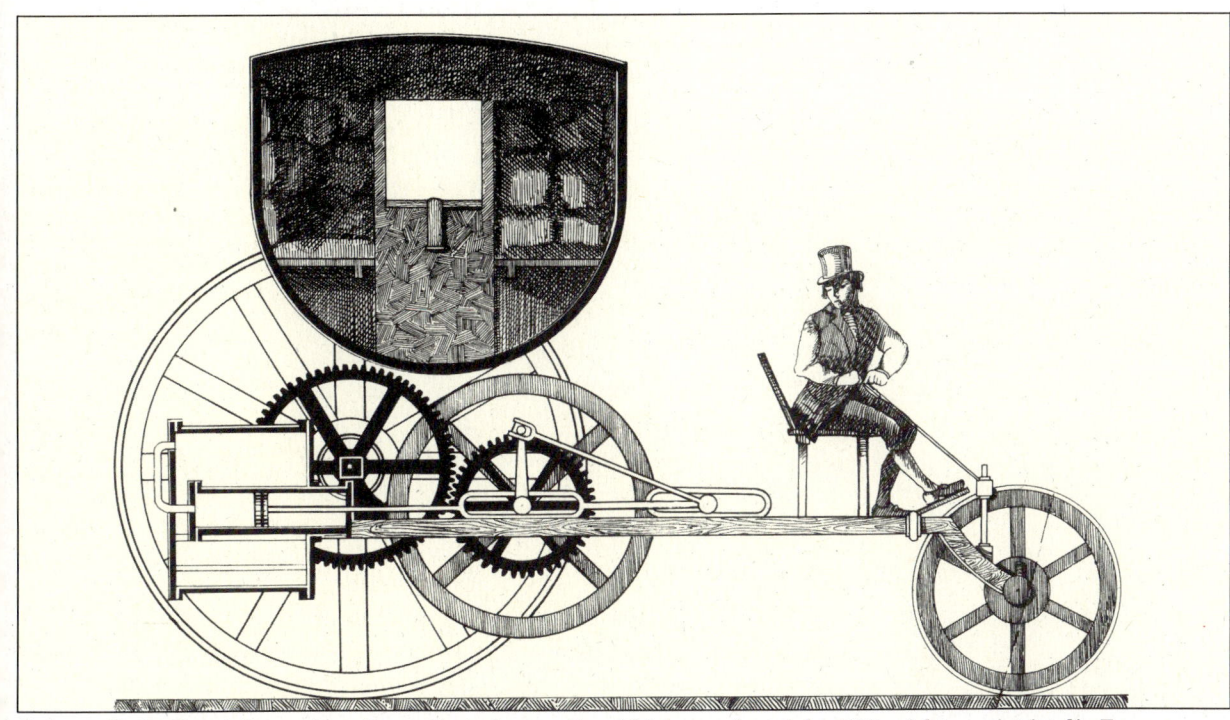

Schematische Darstellung einer Dampfkutsche von Trevithick aus dem Jahr 1802; nicht gezeigt ist die Feuerung

Straßenwagen mit Dampfdruck-Antrieb

1801. Nachdem der Brite Richard Trevithick bereits 1800 eine Hochdruckdampfmaschine für Bergwerke entwickelt hatte, baut er ein solches Aggregat jetzt in ein Auto ein. Schon zwei Jahre später verkehren zahlreiche Dampftaxis in London.

Trevithicks Wagen kann mehrere Personen mit einer Geschwindigkeit von 15 km/h befördern. Er stellt den bisherigen Höhepunkt einer Reihe von Pionierfahrzeugen mit Dampf- oder Pulvermotorantrieb

dar und leitet eine neue Ära im Dampfautobau ein.

Den ersten Straßendampfwagen, eine Kanonenzugmaschine, baute → 1769 Nicolas Cugnot. 1784 ließ sich der Brite James Watt (→ 1781) für ein dampfgetriebenes Fahrzeug eine Kraftübertragung für drei unterschiedliche Fahrgeschwindigkeiten patentieren. Im selben Jahr baute sein Landsmann William Murdoch ein funktionierendes Dampfwagen-Modell. 1787 erhielt in den USA Oliver Evans ein Patent

auf einen Hochdruckdampfmaschinen-Antrieb für Straßenwagen. 1788 setzte Robert Fourness in dem von ihm konstruierten Dampfmotor erstmals Kolben mit drehbar angelenkten Pleuelstangen ein. Und 1791 entwarf Nathan Read in den Vereinigten Staaten einen Wagen, der von zwei Dampfmaschinen über einen Zahnstangenmechanismus angetrieben werden sollte. Alle vor Trevithick gebauten Modelle hatten ein ungünstiges Leistungsgewicht und waren kaum fahrtauglich.

Privatsternwarte arbeitet in Hamburg

1801. In Hamburg errichtet der Feinmechaniker Johann Georg Repsold ein Observatorium, dessen Besonderheit in einem Meridiankreis von 4 m Durchmesser liegt.

Der Meridiankreis ist ein wichtiges astronomisches Instrument zur Messung der Rektaszension und der Deklination der Himmelskörper. Diese beiden Größen sind die Koordinaten eines Gestirns am Himmel. Die Deklination ist der Winkelabstand des astronomischen Objekts vom Himmelsäquator, die Rektaszension der Winkel zwischen dem Frühlingspunkt und dem Schnittpunkt des Himmelsäquators mit dem Stundenkreis des Gestirns.

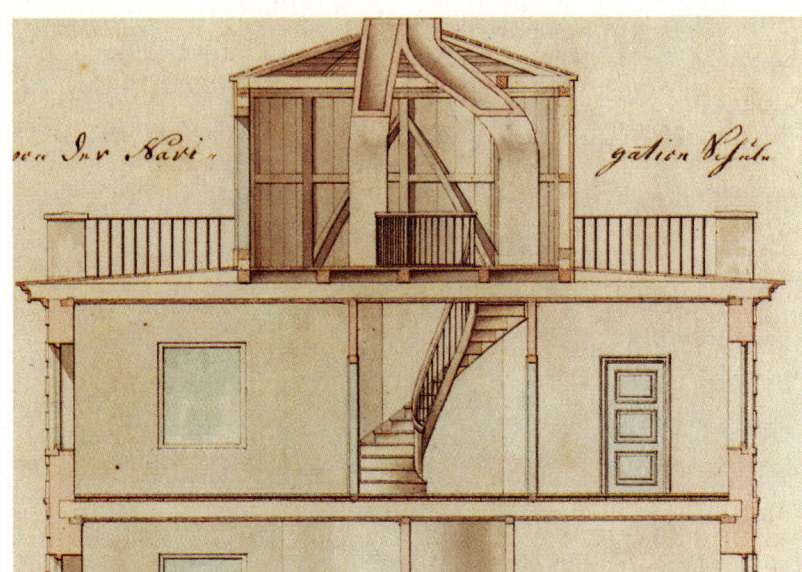

Schnittbild des Hamburger Observatoriums (Anfang des 19. Jh.); im Erdgeschoß liegen Wohn-, darüber Arbeitsräume, oben der Beobachtungsraum

Gußeisen: Das neue Material im Hochbau

1801. Die Engländer Matthew Boulton und James Watt, die gemeinsam eine Dampfmotorenfabrik betreiben (→ 1781), verwenden das in der Architektur seit mehr als zwei Jahrzehnten schon im Brükkenbau eingesetzte Guß- und Schmiedeeisen jetzt erstmals auch im Hochbau.

Der Industrielle Lord Sheffield betonte bereits 1786, »daß die Schöpfungen, die England James Watt und Henry Cort [→ 1783] verdankt, den Verlust Amerikas mehr als ausgleiche, denn durch die Leistungen seiner Ingenieure ist England in der eisenerzeugenden und -verarbeitenden Industrie allen Ländern überlegen«.

England ist das erste Land der Welt, das Eisen in größerem Maße als Baustoff verwendet.

Lange Hängebrücke über Jacob's Creek

1801. Mit einer der ersten ingenieurwissenschaftlich berechneten Hängebrücken überspannt der US-amerikanische Architekt James Finlay den Jacob's Creek in Pennsylvania.

Gegenüber den seit etwas mehr als zwei Jahrzehnten besonders in England gebauten gußeisernen Bogenbrücken, die vom Materialeinsatz her regelmäßig überdimensioniert sind, lassen sich Hängebrücken baustatisch leichter berechnen. Der Architekt kann das Kräftespiel der einzelnen Bauglieder recht genau verfolgen. Ein erster relativ einfacher Optimierungsgedanke entspringt dabei der mathematischen Funktion der sogenannten Kettenlinie, die eine Ideallinie der Seile bzw. Ketten einer Hängebrücke beschreibt. Finlays 21,5 m lange Brücke wird erstmals auch von Fahrzeugen benutzt. Bei früheren Hängebrücken (→ 1741) war das nicht möglich, da sie zu sehr schwankten. Finlay verhindert das Schwanken, indem er die Fahrbahn versteift und an den zwei Pfeilern des Tragwerks aufhängt. Die über die Pfeiler geführten Ketten aus Eisenstäben sind im Flußufer fest verankert. Die erste stärkerem Straßenverkehr gewachsene Hängebrücke baut 1824 Thomas Telford in Wales über die Menai Strait.

In dem südmährischen Ort Znaim verwendet der Chemiefabrikant Zuchas Winzer erstmals Gasherde zur Zubereitung von Essen.

Im Turm der Michaeliskirche zu Hamburg und im Bergwerksschacht von Schlebusch führt der deutsche Naturforscher Johann Friedrich Benzenberg Fallversuche zum Nachweis der Erddrehung aus.

Der Franzose Jean Pierre Joseph d'Arcet führt erstmals in großem Maßstab die Gold- und Silberscheidung durch Schwefelsäure aus. →

Jacques Alexandre César Charles baut das erste Gerät zur Projektion nichttransparenter Objekte. →

Der Chemiker John Dalton stellt das nach ihm benannte Partialgasdruck-Gesetz auf.

Der britische Chemiker Humphry Davy nimmt auf Papier, das mit Chlorsilber präpariert ist, optische Bilder aus dem Sonnenmikroskop auf.

Anders Gustav Ekeberg entdeckt das Element Tantal.

Der französische Ingenieur Albert Mathieu schlägt erstmals eine Untertunnelung des Ärmelkanals zwischen England und Frankreich vor. →

William Hasledine Pepys erfindet den Gasometer. →

Der Werkszimmermeister Ursz erfindet in Nagyag in Siebenbürgen die zylindrische Vibrations-Sortiertrommel. →

Der britische Naturforscher Thomas Wedgwood fertigt von Pflanzenblättern und anderen Naturobjekten Lichtpausen auf mit Silbernitrat behandeltem Papier an.

Friedrich Winzler aus Znaim beginnt, Leuchtgas zur Städtebeleuchtung zu verwenden.

William Hyde Wollaston beobachtet erstmals die dunklen Streifen (Spektrallinien) im Sonnenspektrum (→ 1814).

Hellwig, Tihavsky und Leyteny erfinden in Wien die galvanische Zink-Kohle-Batterie.

Der britische Ingenieur Richard Trevithick (→ 1801) und sein Vetter Vivian erhalten ein Patent auf eine Hochdruckdampfmaschine ohne Kondensation.

Auf dem schottischen Forth-Clyde-Kanal macht die »Charlotte Dundas« Probefahrten. Das Schiff wird zum ersten wirtschaftlich erfolgreichen Schaufelraddampfer. →

GEBOREN:

6. 2. Gloucester: Charles Wheatstone († 19. 10. 1875, Paris), britischer Physiker und Erfinder.

Projektzeichnung für den Ärmelkanal-Tunnel von 1802; konstruiert sind lediglich die zwei Fahrröhren, nicht ihre Einbettung in den Meeresboden

Ärmelkanal-Tunnel geplant

1802. Der französische Ingenieur Albert Mathieu entwirft als erster Pläne für die Untertunnelung des Ärmelkanals zwischen England und Frankreich. Auftraggeber für seine Untersuchungen und Planungen ist der französische Erste Konsul Napoleon Bonaparte. Zwar stimmt der britische Außenminister Charles James Fox dem Projekt grundsätzlich zu, doch bleibt es bei der Planung.

Die detaillierten Entwürfe Mathieus sehen einen zweiröhrigen Tunnel mit Fahrbahnen für Pferdegespanne vor. Zwar hatte der in der Baustatik erfahrene Architekt die Kenntnisse seiner Zeit im Tunnelbau berücksichtigt, doch nahm er keine geologische Untersuchungen an Ort und Stelle vor. Bei einer praktischen Ausführung wäre der Entwurf stabiler Röhrenprofile von keinem großen Nutzen gewesen.

Neuer Gasspeicher gebaut

1802. Der Engländer William Hasledine Pepys erfindet das Gasometer zur Speicherung von Gas. Steinkohlengas wird in immer größerem Umfang für die Beleuchtung und zum Heizen in der Industrie verwendet. Daraus ergibt sich die Notwendigkeit, dieses Gas zu bevorraten. Das muß möglichst unter konstantem Druck geschehen. Pepys' Gasometer entspricht dieser Forderung dadurch, daß es das Gas unter einer großen Glocke speichert, die – unten offen – in Wasser schwimmt und je nach Gasmenge unterschiedlich tief eintaucht.

Die zwölf Gasometer in den Gaswerken von La Visette bei Paris; die vertikal beweglichen Glocken sind seitlich durch Eisengerüste geführt; deutlich zu erkennen ist ihre variable Schwimmhöhe in Abhängigkeit vom Füllvolumen

Sortieren mit der Vibrationstrommel

1802. Der Werkzimmermeister Ursz aus Nagyag in Siebenbürgen erfindet die praktische Vibrations-Sortiertrommel.

Die zu sortierenden Teile – etwa Schrauben – werden in einen zylindrischen Metalltopf gelegt. Über einen Exzenterantrieb wird der Topf in Schwingungen versetzt, die die Teile zunächst gegen die Wand und an dieser längs einer schraubenförmigen Bahn aufwärts bewegen. Die Bahn ist so gestaltet, daß Teile, die nicht in der gewünschten Lage – z. B. Schrauben oder Niete mit dem Kopf nach oben – in sie einlaufen, wieder auf den Topfboden zurückfallen.

Der französische Physiker Jacques Alexandre César Charles

Charles projiziert Bilder auf die Wand

1802. Der französische Physiker Jacques Alexandre César Charles erfindet das Episkop. Mit diesem Gerät lassen sich Objekte vergrößert auf eine weiße Wand projizieren, die nicht transparent ist.

Die Konstruktion von Charles arbeitet mit einer starken Lichtquelle, die das abzubildende Objekt beleuchtet. Das von dem Gegenstand reflektierte Licht wird durch einen Projektionsspiegel in die Horizontale umgelenkt und von einem Objektiv auf einer Wand in einigen Metern Entfernung stark vergrößert abgebildet. Bisher ließen sich nur transparente Bildvorlagen projizieren (→ 1665).

Die Maschinenanlage des Dampfschiffs »Charlotte Dundas« (nach einer Darstellung aus B. Wooderofts Buch »Steam Navigation« aus dem Jahr 1848)

Erfolg für den Raddampfer

1802. Auf dem schottischen Forth-Clyde-Kanal unternimmt der Schaufelraddampfer »Charlotte Dundas« Probefahrten. Das Schiff ist der erste wirtschaftlich arbeitende Raddampfer der Welt. Die ihn antreibende Dampfmaschine ist in der Mitte des 10 m langen Rumpfes montiert und betätigt ein Heckschaufelrad.

Die »Charlotte Dundas« ist nicht der erste Schaufelraddampfer. Das erste funktionsfähige Dampfschiff baute 1783 der Franzose Claude François Dorothée de Jouffroy d'Abbans. Auch dieses Schiff hatte einen Schaufelradantrieb am Heck.

Der Nachteil des Heckantriebs, der schon einige Jahrzehnte später durch paarige Schaufelräder auf beiden Seiten des Schiffs ersetzt wird, liegt in der schlechten Manövrierfähigkeit der Schiffe. Der Kurs läßt sich nur durch Steuerruder ändern, während bei den späteren Modellen eine beachtliche Beweglichkeit dadurch erreicht wird, daß ein Schaufelrad vorwärts, das andere rückwärts drehen kann.

Mit der wirtschaftlich arbeitenden »Charlotte Dundas« des Konstrukteurs William Symington wird das Ende der Segelschiffära eingeläutet. Allerdings vollzieht sich der Rückzug der Großsegler nur sehr langsam über Jahrzehnte hin.

Elektrischer Strom von erster Batterie

1802. Die Chemiker Hellwig, Tihavsky und Leyteny erfinden in Wien die galvanische Zink-Kohle-Batterie.

Das Prinzip der Batterie oder »galvanischen Zelle«, bei der zwei Elektroden aus verschiedenen Materialien in einen festen oder flüssigen Elektrolyten (eine Substanz mit freien Ladungsträgern) eintauchen und zwischen sich elektrische Spannung aufbauen, erfand bereits 1800 Alessandro Volta. Seine »Voltaische Säule« bestand aus paarweise in Salzsäure getauchten Zink- und Silberplatten. Die Wiener Erfinder ersetzen das Silber durch Kohle. Die Batterie lebt dadurch länger.

D'Arcet scheidet Gold und Silber

1802. Der französische Chemiker Jean Pierre Joseph d'Arcet scheidet erstmals in großem Maßstab Gold und Silber voneinander, die in Erzen oft gemeinsam vorkommen. Als Scheidemittel verwendet er Schwefelsäure. D'Arcets Erfindung begründet später eine Industrie.

Daß die Schwefelsäure Silber auflöst, Gold aber nicht angreift, hatten schon 1678 Kunckel und 1753 Scheffer nachgewiesen. Es war ihnen aber nicht gelungen, ein geeignetes Verfahren in industriellem Maßstab zu praktizieren, zumal die Schwefelsäureproduktion seinerzeit noch nicht die ausreichenden Mengen preiswert liefern konnte.

Interesse an Erfindungen

Mit dem Übergang zur industriellen Gesellschaft wendet sich das menschliche Interesse mehr dem vordergründigen Alltagsgeschehen zu. Forscher und Konstrukteure beschreiben in lebhaften Bildern dem überwiegend faszinierten Lesepublikum in Zeitungsnotizen, Broschüren und Memoiren ihre aufregenden Erfahrungen mit naturwissenschaftlichen Erkenntnissen und technischen Konstruktionen.

So berichtet etwa der Apotheker Justus Sprenger: »Im Anfang des November 1801 verkündeten die Zeitungen, daß durch Anwendung der Voltaischen Säule [→ 1793] das Gehör eines Tauben hergestellt sey. Ein hiesiger Einwohner, Vater eines taubstummen Jünglings, welcher wußte, daß ich eine Voltaische Säule besaß und manche Versuche damit angestellt hatte, um ihre chemischen Wirkungen zu erforschen, bat mich inständig, doch an seinem unglücklichen Sohne zu versuchen, ob nicht auch dessen Taubheit abgeholfen werden könne. Ich wagte mein eigenes Gehör zuerst daran und ließ den Strom einer Säule, die aus 70 metallenen Doppelplatten bestand, so lange, als ich es aushalten konnte, durch die beiden Ohren gehen und schloß, daß das, was mir keinen unleidigen Schmerz und keinen Schaden brachte, als Mittel angewendet werden dürfte, einen Taubgeborenen mit dem Gehör zu beglücken. Ich versuchte mein Mittel, und es gelang. In 14 Tagen, vom 15ten November v. J. an, ward dem Stocktauben das Gehör hergestellt. – Ohne mein Zuthun wurde diese Thatsache weit umher bekannt und dieses hatte zur Folge, daß ich bald von mehreren Taubstummen und Harthörigen umringt wurd, die zudringlich von der Anwendung meines Mittels Hülfe erwarteten.«

Auch über die weithin bewunderten Wissenschaftler selbst berichten die Medien. So schreibt der Arzt Paris in einem Bericht über den prominenten britischen Chemiker Humphry Davy:

»Um diese Zeit war Davy so berühmt, daß sich Personen von höchstem Rang um die Ehre seiner Gesellschaft rissen ... Sein größter Mangel war Zeit, und seine Mittel, diese zu sparen, brachten ihn oft in lächerliche Lagen und verführten ihn zu den wunderlichsten Gewohnheiten. In der Eile zog er oft frische Wäsche an ohne die alte auszuziehen, und es ist festgestellt wor-

Alessandro Volta führt Napoleon Bonaparte seine elektrische Säule vor

den, daß er zuweilen nicht weniger als fünf Hemden und ebensoviele Paar Strümpfe übereinander angehabt hat. Seinen Freunden entlockte er oft Ausrufe des Erstaunens über die Geschwindigkeit, mit welcher seine Korpulenz zu- und abnahm.«

Um die Wissenschaftler anzuspornen, stellt die Berliner Akademie der Wissenschaften Preisaufgaben wie: »Wirkt die Elektrizität auf Stoffe, die gähren und wie? – Befördert oder hindert sie die Produkte derselben? – Wie ließe sich durch elektrische Materie die Kunst, Wein zu machen, das Bier- und Essigbrauen und das Destillieren des Weingeistes vervollkommnen? – Preis: Eine Goldmedaille, 50 Dukaten werth.«

1803

Der Geistliche Sigmund Adam erfindet im Kloster St. Zeno bei Reichenhall eine praktische Liniiermaschine.

In Hameln entdeckt der Physiker Basse die elektrische Leitfähigkeit des Erdbodens.

Der Franzose Charles Dallery erhält ein Patent auf einen vierrädrigen Dampfwagen mit Wechselgetriebe (→ 1801).

Stahlschreibfedern produziert als erster der britische Unternehmer Wise. →

Als erste eiserne Brücke Frankreichs wird die Pariser Louvre-Brücke eingeweiht. →

Jöns Jacob von Berzelius und Wilhelm Hisinger setzen die Elektrolyse erstmals zur Gewinnung reiner Metalle ein. →

Nach zweijähriger Bauzeit beendet der französische Ingenieur Gayant den Tunnel des Kanals von St. Quentin. →

Der Brite Thomas Johnson erfindet die Kettenschermaschine, die erheblich zur weiteren Mechanisierung des Webstuhls beiträgt (→ 1807).

Der britische Ingenieur C. Nixon verwendet auf der Wallbottle Mine bei Newcastle upon Tyne erstmals Schienen aus Schmiedeeisen. →

Johann Wilhelm Ritter, in Jena lehrender Physiker und Chemiker, erfindet die trockene Volta-Säule, also die Trockenbatterie. →

Der britische Oberst Henry Shrapnel entwickelt die nach ihm benannten Schrapnell-Geschosse. →

Smithson Tennant, Professor für Chemie in Cambridge, entdeckt die chemischen Elemente Iridium und Osmium.

Der britische Naturforscher William Hyde Wollaston entdeckt das Element Palladium.

Der Ingenieur Woodhouse aus Großbritannien entwickelt Eisenbahnschienen mit U-förmigem Profil. →

Nach einem Meteoritenschauer vom 26. April in der Normandie erkennt die Französische Akademie unter dem Vorsitz des Physikers Jean Baptiste Biot endgültig die kosmische Natur der Meteoriten an.

In London verkehren die ersten Dampftaxis. →

Richard Trevithick baut die erste funktionierende Dampflokomotive. →

GEBOREN:

12. 5. Darmstadt: Justus Liebig († 18. 4. 1873, München), deutscher Chemiker.

29. 11. Salzburg: Christian Doppler († 17. 3. 1853, Venedig), österreichischer Mathematiker und Physiker.

Trevithick baut erste Dampflokomotive mit Hochdruckdampfmaschine

1803. *Der britische Ingenieur Richard Trevithick baut die erste funktionsfähige Dampflokomotive. Sie arbeitet mit einer Hochdruckdampfmaschine.*
Der Erfinder hat die Feuerung und damit die Dampferzeugung gegenüber konventionellen Dampfmaschinen dadurch verbessert, daß er den Abdampf durch den Kamin der Feuerung leitet, was den Zug erhöht. Die Maschine wird im Februar 1804 in den Pen-y- *Darren-Eisenwerken in Südwales eingesetzt. Sie wiegt 8 t und kann einen 10 t schweren Zug von fünf Wagen, der mit 70 Personen besetzt ist, mit einer Geschwindigkeit von 8 km/h ziehen. Die 14,5 km lange Gleisstrecke ist dem Gewicht der Lokomotive jedoch nicht gewachsen. Da die Schienen auf Holzbohlen (→ 1803) ohne Unterbau verlegt sind, sinken sie ein (Abb.: Dampflokomotive aus dem Jahr 1804).*

Eisenbrücke in Frankreich

1803. Als erste eiserne Brücke Frankreichs wird in Paris die Louvre-Brücke eingeweiht.

Hatten die Briten bereits 1779 (→ 1770) die erste Eisenbrücke der Welt über den Severn gebaut und danach weitere ähnliche Konstruktionen errichtet, so bringt der französische Eisenbrückenbau als neues Element die Einbeziehung statischer Berechnung in die Planung mit sich. Mit der Louvre-Brücke beginnt in Frankreich eine Ära systematischermathematisch-stati-

scher Untersuchungen über den Brückenbau. Die Kräftespiele in gewölbten Konstruktionen werden genau erfaßt; in Zug-, Scherungs- und Bruchversuchen bestimmen die Ingenieure Materialwerte. Sie lösen damit Reibungs- und Kohäsionsprobleme und Fragen des Biegeverhaltens.

Viele französische Brückenbauer machen sich jetzt und in der Folgezeit große Namen, unter ihnen Charles Auguste Coulomb und Louis Marie Henri Navier.

Als erste eiserne Brücke Frankreichs wirkt der Pont du Louvre über die Seine in Paris mit seinen flach gespannten Bogen ausgesprochen elegant, ein Beweis für den konstruktiv sparsamen Umgang mit dem Material

Eisenbahnschienen aus Schmiedeeisen

1803. Auf der Wallbottle Mine bei Newcastle upon Tyne verlegt der britische Ingenieur C. Nixon für eine Werksbahn erstmals Schienen aus Schmiedeeisen. Sie sind wesentlich haltbarer als die bisher verwendeten gußeisernen Winkelprofil-Schienen, wie sie etwa 1776 Benjamin Curr verlegte. Die ersten Gußeisenschienen hatte → 1767 Reynolds in U-Profil-Form gebaut.

Curr-Schiene

Nixon fertigt seine Schienen noch in der Form der von Curr erfundenen Winkelprofile.

Einen Schritt weiter in der Entwicklung geht im selben Jahr sein Landsmann Woodhouse, der wiederum zum U-Profil zurückfindet, seine Schienen mit kastenförmigem Querschnitt aber nicht auf Schwellen verlegt, sondern direkt in die Straßenoberfläche einbettet.

Neue Kartätschen von Henry Shrapnel

1803. Der britische Oberst Henry Shrapnel entwickelt die seit dem 16. Jahrhundert bekannten Granatkartätschen zu wesentlich effektiveren Angriffswaffen mit größerer Zerstörungskraft weiter.

Die bisherigen Kartätschen sind gußeiserne Hohlgeschosse mit Bleikugelfüllung, die beim Aufschlagen krepieren und ihren Inhalt ausschleudern. Shrapnel versieht die Geschosse mit einem sogenannten »temperierten« Zünder, also einem Zünder mit vorbestimmter Brennzeit, die so eingestellt ist, daß die Kartätschen noch vor dem Aufschlagen in der Luft explodieren und ihren Kugelhagel von oben auf den Gegner schleudern.

Die neuen Geschosse des englischen Obersten werden erstmals im Jahr 1808 in der Schlacht bei Vimeira eingesetzt und zeigen dabei ihre verheerende Wirkung. Schon bald heißen sie allgemein »Shrapnels« und bürgern sich als Hauptgeschoß der Feldartillerie ein. Sie finden noch bis ins 20. Jahrhundert hinein Verwendung.

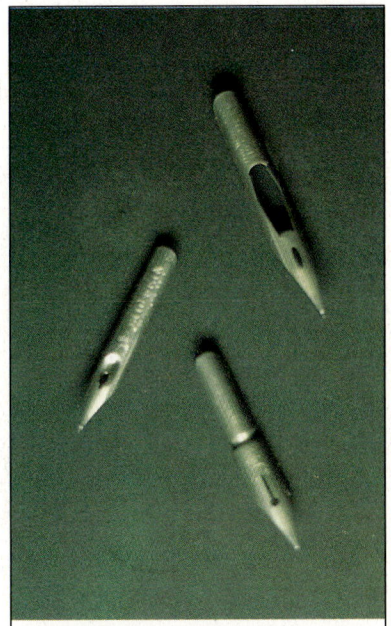

Stahlschreibfedern

1803. Wiederholt hatten Erfinder in Deutschland und in Großbritannien ohne Erfolg versucht, gebrauchsfähige Stahlschreibfedern (→ 1780) herzustellen. Jetzt fertigt der englische Fabrikant Wise erstmals Qualitätsfedern (Abb.).

Metallgewinnung im Elektrolysebad

1803. Die Chemiker Jöns Jacob von Berzelius aus Schweden und Wilhelm Hisinger aus Deutschland stellen im Labor erstmals reine Metalle aus deren Salzen auf elektrolytischem Wege dar. Zugleich bestätigen sie die Beobachtung des britischen Chemikers William Cruikshank, daß bei der Elektrolyse von Kochsalzlösung am negativen Pol Ätznatron entsteht.

Die Grundlage für die Elektrolyse, also die Zerlegung gelöster Salze in ihre Ionenbildner, lieferte 1800 William Cruikshank mit seiner Konstruktion des elektrischen Trogapparats. Er senkte mehrere Doppelplatten parallel in einen Trog und goß in die sich bildenden Kammern eine Flüssigkeit. Damit hatte er das Grundprinzip der galvanischen Anlage erfunden. Die Doppelplatten aus verschiedenen Metallen erzeugen eine Volta-Spannung (→ 1800), fungieren also auch ohne äußeren Stromanschluß als Elektroden, zu denen die in der Flüssigkeit gelösten positiven bzw. negativen Salzionen wandern.

[Three Divisions of the Shield of the Thames Tunnel.]

Rechteckiger Vortriebsschild, von Marc Isambard Brunel eingesetzt

Erster Tunnelbau erfolgreich beendet

1803. Als Teil des Kanals von St. Quentin vollendet ein französischer Tiefbauingenieur namens Gayant den Tunnel von Tronquoy. Er stellt damit den ersten Tunnelbau von größerer Breite durch einen sandigen, druckreichen Bergzug fertig und begründet so den modernen Tunnelbau.

Das Projekt wurde erstmals 1769 von seinem Landsmann und Fachkollegen Laurent in Angriff genommen, aber vier Jahre später wegen technischer Schwierigkeiten wieder eingestellt. Gayant nahm die Arbeiten 1801 erneut auf. Die technische Leistung Gayants liegt in seinem System, den Tunnel im Zuge des Baufortschritts zugleich auszubauen, um den Gebirgsdruck im lockeren Material abzufangen. Die Untertagearbeiten werden durchweg noch von Hand ausgeführt. Erst 1825 gelingt es dem englischen Ingenieur französischer Herkunft Marc Isambard Brunel, eine Tunnelbaumaschine zu entwickeln, die sich als Bohrschild mit Schraubwinden durch weiche Untergründe vorarbeiten kann. Unmittelbar hinter dem Schild mauert Brunel den Tunnel mit Ziegeln aus, damit das unsichere Bodenmaterial nicht einstürzt. Angeregt zu seiner Tunnelbautechnik wird Brunel durch die Beobachtung der Bohrmuschel Teredo navalis, die sich in den Sand des Meeresbodens eingräbt.

Trevithicks Taxiunternehmen mit Dampfstraßenwagen in der Stadt London

1803. Der britische Dampfkraftpionier Richard Trevithick, der → 1801 ein erstes funktionierendes Straßenfahrzeug mit Hochdruckdampfmaschinen-Antrieb gebaut hatte, betreibt – eher zur Verbreitung seiner Maschinen denn als kommerzielles Vorhaben – in London ein kleines Taxiunternehmen. Zugleich mit der ersten Dampflokomotive, die er 1803 baut, fertigt er eine Reihe kleiner Dampfstraßenwagen an, die er auf Londons Straßen für den individuellen Personenverkehr einsetzt. Seine Fahrzeuge funktionieren zwar gut, können sich aber nicht recht durchsetzen, weil der Straßenzustand in der Stadt derart miserabel ist, daß die Wagen kaum Fußgängertempo erreichen. Fahrten über das Stadtgebiet hinaus sind z. Z. praktisch ausgeschlossen (Abb.: Dampfkraftwagen von Church 1814 auf der Linie London – Birmingham).

Michael Siegmund Frank begründet die seit dem 17. Jahrhundert verlorengegangene Technik des Glasmalens neu und legt den Grundstein für die (später berühmten) Nürnberger Glasmalerwerkstätten.

Joseph-Marie Jacquard, Seidenweber aus Lyon, erfindet eine Maschine zur Herstellung von Netzen (→ 1807).

Georg von Reichenbach baut die erste Feilmaschine. →

Die deutschen Chemiker Martin Heinrich Klaproth und Wilhelm Hisinger sowie der schwedische Chemiker Jöns Jakob von Berzelius entdecken unabhängig voneinander das Cerium.

Der britische Ingenieur Richard Trevithick baut in Camborne einen mit Dampfkraft angetriebenen »Feuerwagen«, der nicht an Gleise gebunden ist. Ferner fertigt er zusammen mit Andrew Vivian eine Schwerlast-Lokomotive an, die von einer Hochdruckdampfmaschine angetrieben wird (→ 1803).

Walter, ein britischer Ingenieur, entwirft erstmals eine eiserne Drehbrücke.

Der britische Naturforscher William Hyde Wollaston beobachtet erstmals an Palladiumsalz-Kristallen den Dichroismus, eine Eigenart einachsiger Kristalle, durch sie hindurchtretendes Licht zu verfärben.

In England erfindet Duncan die »Tambouriermaschine« (eine Nähmaschine). Im selben Jahr erfinden auch Stone und Henderson eine Nähmaschine.

Ein Ingenieur namens Brand baut in England den ersten aus Eisen hergestellten Pflug.

Francisco Salva konstruiert in Barcelona einen elektrischen Telegraphen, der für jeden Buchstaben eine eigene Übertragungsleitung benötigt (→ 1833).

9. 9. Die französischen Wissenschaftler Joseph Louis Gay-Lussac und Jean-Baptiste Biot unternehmen eine Ballonfahrt bis in 7376 m Höhe, analysieren dort die Luft und beobachten eine Temperaturabnahme von je ein Grad pro 174 m Höhe. →

GESTORBEN:

6. 2. Northumberland/Pennsylvania: Joseph Priestley (* 13. 3. 1733, Fieldhead/Yorkshire), britischer Naturforscher und Theologe.

GEBOREN:

23. 6. Breslau: Johann Friedrich August Borsig († 6. 7. 1854, Berlin), deutscher Industrieller.

10. 12. Potsdam: Carl Gustav Jakob Jacobi († 18. 2. 1851, Berlin), deutscher Mathematiker.

Mit Gas-Freiballon Höhenrekord erreicht

9. September 1804. Die französischen Naturwissenschaftler Joseph Louis Gay-Lussac und Jean-Baptiste Biot erreichen mit einem Wasserstoff-Freiballon eine Höhe von 7376 m (Abb.). Ziel der Forscher ist die Untersuchung der atmosphärischen Temperatur und Feuchtigkeit. Auf ihrer Höhenfahrt gelingt ihnen eine Grundsatzentdeckung: Der englische Physiker und Chemiker John Dalton hatte angenommen, daß sich die Luft in höheren Regionen aufgrund ihres geringeren Eigengewichts anders zusammensetzt als in Bodennähe, wo Dalton zufolge die schwereren Gase vorherrschen müßten. Gay-Lussac und Biot nehmen in großer Höhe Luftproben, die Gay-Lussac später zusammen mit seinem Kollegen Louis Jacques Thénard im Labor analysiert. Die Wissenschaftler stellen dabei fest, daß Daltons Annahme nicht zutrifft.

Werkzeugmaschinen erobern Industrie

1804. Der deutsche Ingenieur Georg von Reichenbach erfindet die Feil- oder Metallhobelmaschine. Sie soll eine langwierige Handarbeit mechanisieren. Im Gegensatz zu Bohrmaschinen oder Drehbänken wird bei ihr nicht einfach ein Werkzeug »der Maschine in die Hand gegeben«, sondern eine völlig neuartige Maschine entwickelt.

An der Wende zum 19. Jahrhundert beginnt die systematische Entwicklung von Werkzeugmaschinen, und bis etwa 1830 sind alle wesentlichen Erfindungen auf diesem Gebiet gemacht. – Bisher wurden nur einige spanabhebende Verfahren mit rotierenden Werkzeugen oder Werkstücken – Handbohrmaschine und Drehmaschine (→ 1568) – mechanisiert. Von Reichenbach setzt mit seiner Metallhobelmaschine erstmals einen translatorischen Bewegungsablauf, den des Feilens, maschinell um. Seine Konstruktion besteht in einem festen Bett, längs dem sich auf zwei parallelen Schwalbenschwanzführungen ein massiver Schlitten leichtgängig verschieben läßt. Auf einer darüber befindlichen Brücke ist das Hobeleisen eingespannt, dessen Halte-

rung sich über Spindeltriebe horizontal und vertikal verstellen läßt. Damit ist die Möglichkeit des Vorschubs gegenüber dem Werkstück gegeben, das auf dem Schlitten fest aufgespannt wird. Der Antrieb geschieht manuell durch ein schwungvolles Hin- und Herschieben des Schlittens mit dem Werkzeug.

Weit entwickelt ist um 1804 auch bereits die Drehmaschine, die in ihrer grundlegenden Form der Engländer Henry Maudslay 1797 konstruierte. Auch sie verfügt über ein Bett in Form zweier Schwalbenschwanzführungen, auf dem sich der rotierende Werkstückhalter, ein fester Widerlagerdorn und dazwischen die Halterung für den Drehstahl verschieben lassen. Letzterer wird mit einem Leitspindelvorschub bewegt. Diese Art des mechanischen Vorschubs erlaubt eine recht präzise Bewegung des Werkzeugs.

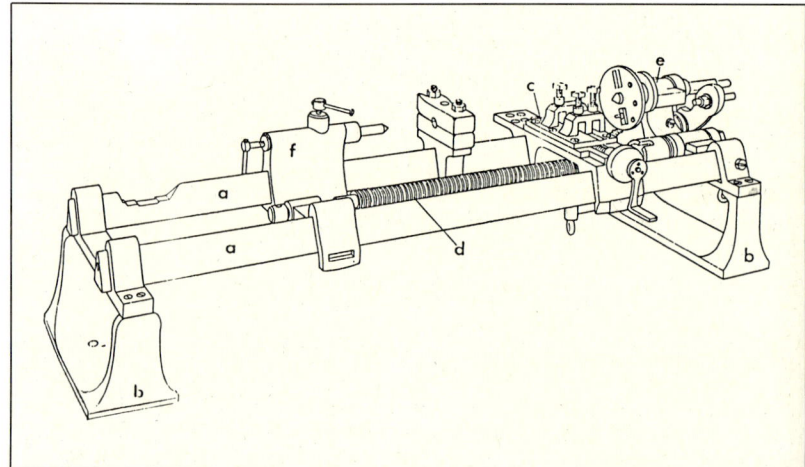

Spezialdrehbank von Henry Maudslay von 1797 zum Herstellen von Schrauben (Gewindebolzen); das Werkstück wird zwischen e und f eingespannt

1805

Der deutsche Apotheker Friedrich Wilhelm Adam Sertürner entdeckt das Morphium.

William Bell stellt in Derby erstmals Messerklingen durch Walzen statt – wie bisher üblich – durch Schmieden her.

Der französische Ingenieur Derodé-Biémont entwickelt die Billy-Spinnmaschine zur Zylinderspinnmaschine weiter, indem er ein Walzenpaar einführt, das den Spindeln das Vorgespinst zuführt.

Lodovico Gasparo Brugnatelli führt die erste galvanische Vergoldung durch. →

Der Engländer John Hartop erfindet die Luppenquetsche. Mit ihr befreit er die vom Frischherd kommenden Eisenluppen von ihrer Schlacke und preßt sie zu einem Block zusammen.

Der Franzose J. Chr. L. Chancel erfindet die Tauch- oder Tunkzündhölzchen, deren präparierte Köpfe sich beim Eintauchen in konzentrierte Schwefelsäure entzünden. →

Für den Einsatz der von dem britischen General William Congreve seit 1800 entwickelten Brandraketen werden in verschiedenen europäischen Armeen besondere Raketenabteilungen eingerichtet. →

Der Engländer Thomas Plucknett erfindet eine Mähmaschine für Getreide und Gras.

Ein französischer Ingenieur namens Gillot legt die Grundlagen zur elektrischen Fernzündung von Minen (→ 1847).

Die Briten Hobson und Sylvester aus Sheffield stellen fest, daß sich Zink bei 100 bis 150 °C walzen läßt und geben dadurch der zinkverarbeitenden Industrie einen beachtlichen Auftrieb. →

Der englische Techniker Stone erfindet den Schneidbrenner. →

Der Engländer Joseph Bramah erfindet die sogenannte Rundsiebmaschine für die Papierherstellung (→ 1806).

Der französische Seidenweber Joseph-Marie Jacquard führt gestanzte Karten zur mechanischen Steuerung von Webstühlen ein (→ 1807).

GEBOREN:

4. 8. Dublin: William Rowan Hamilton († 2. 9. 1865, Dunsink), irischer Mathematiker und Physiker.

19. 11. Versailles: Ferdinand Marie Vicomte de Lesseps († 7. 12. 1894, La Chênaie), französischer Ingenieur und Diplomat.

21. 12. Glasgow: Thomas Graham († 16. 9. 1869, London), britischer Chemiker.

Neue Raketen verändern Kriegsführung

1805. Der britische General William Congreve baut einen neuen Raketentyp, nach ihm Congreve-Rakete genannt. Die europäischen Heere richten dafür eigens Raketenabteilungen ein.

Zu ersten Einsätzen kommt es 1806, als von Schiffen innerhalb einer halben Stunde 200 Congreve-Raketen auf Boulogne abgefeuert werden, und 1807 bei einer Großoffensive gegen Kopenhagen.

Congreves Brandgeschosse arbeiten wie moderne Feuerwerks-Leuchtraketen. Sie bestehen aus röhrenförmigen Blechgehäusen mit Schießpulverfüllung und wiegen rund 16 kg.

Mit Congreves Wiederentdeckung der Kriegsrakete (→ 1232) taucht auch bald der Gedanke des Einsatzes von schwimmenden Raketen auf. Besonders ein Torpedokonstrukteur namens Paixhans unternimmt in den folgenden Jahren eingehende Versuche. Diese Raketentorpedos bewegen sich auf der Wasseroberfläche. Sie sollen feindliche Schiffe nicht in Brand setzen, sondern mit ihren Chloratpulver-Ladungen leck schießen.

Zum einen ist aber die Explosivkraft an der Wasseroberfläche weitaus geringer als in größerer Wassertiefe, zum anderen ist ein Loch in der Schiffswand in Höhe der Wasserlinie nicht so gefährlich wie ein Leck im Boden.

Congrevesche Kriegsraketen im Einsatz in der Schlacht von Waterloo am 18. Juni 1815; Großbritannien verwendet die neuen Waffen gegen Frankreich

Schneidbrenner zertrennt Stahl

1805. Der britische Techniker Stone erfindet den Schneidbrenner. Stone läßt Steinkohlengas (→ 1739) und Sauerstoff aus zwei Düsen austreten und zündet beide Gase im Punkt ihres Zusammentreffens. Das Ergebnis ist eine extrem heiße Flamme, die in der Lage ist, auch hochwertige Stähle zu schmelzen. Doch der Schmelzvorgang allein genügt nicht, um den Stahl zu schneiden. Das flüssige Metall würde beim Abkühlen – also unmittelbar nach dem Weiterwandern der Flamme – wieder verschweißen. Stone arbeitet daher mit Sauerstoffüberschuß. Das Brenngas benötigt nur einen Teil des verfügbaren Sauerstoffs. Der Rest verbrennt bei der hohen Temperatur den geschmolzenen Stahl in der Schnittfuge.

Das Verfahren eignet sich für die meisten Stahlsorten. Hoch legierte Stähle fordern einen Zusatz von Eisenpulver und Flußmitteln. Der von Stone entwickelte Brennschneider wird noch ausschließlich von Hand geführt, später übernehmen auch Brennschneidemaschinen, deren Köpfe nach Schablonen geführt werden, das Stahltrennen.

Einfach vergolden mit Volta-Batterie

1805. Der Italiener Lodovico Gasparo Brugnatelli führt erstmals eine galvanische Vergoldung durch. Er legt dazu eine Silbermedaille in eine Knallgold-Cyankali-Lösung und benutzt sie als Elektrode einer Voltaschen Batterie (→ 1800). Bisher vergoldete man Metall durch Auflegen von Blattgold oder Aufstreichen von Goldamalgam und anschließendes Glühen (»Feuervergoldung«). Im Gegensatz zu diesen mechanischen und thermischen Verfahren haftet die galvanisch aufgebrachte Goldschicht wesentlich besser.

Galvanisches Vergolden mit Batteriestrom im 19. Jahrhundert

Aufschwung für die Zinkindustrie

1805. Die Engländer Hobson und Sylvester aus Sheffield entdecken, daß sich Zink bei einer Erwärmung auf nur 100 bis 150 °C leicht zu Blech auswalzen läßt, und verhelfen durch diese an sich einfache Feststellung der Zinkindustrie, die daraufhin ohne Schwierigkeiten Bleche fertigen kann, zu einem beachtlichen Aufschwung.

Vor allem die britische Industrie profitiert von dem neuen Verfahren, da Cornwall über reiche Zinklagerstätten verfügt, die seit geraumer Zeit unter Tage abgebaut werden. Zu Blech ausgewalzt, eignet sich das bei Temperaturen unterhalb 450 °C leicht lötbare Material besonders zur Herstellung von nichtrostenden Gefäßen und Behältern. Das reine Metall überzieht sich in der Luft von selbst rasch mit einer porenfreien, fest haftenden unsichtbaren Schutzschicht aus Zinkoxid und basischem Zink-Carbonat, die es gegen Luftsauerstoff und Wasser relativ beständig macht. Von Säuren und Basen wird Zink allerdings unter Entwicklung von Wasserstoff angegriffen; sie zerstören die Schutzschicht.

Technik für den Landwirt

1805. Der Engländer Thomas Plucknett konstruiert eine funktionsfähige Mähmaschine für Getreide und Gras.

Plucknett nimmt damit eine Idee wieder auf, die schon im 1. Jahrhundert n. Chr. die Gallier in Frankreich umgesetzt hatten. Sie arbeiteten mit Messerwagen, an deren Vorderseite eiserne Zähne die Ähren von den Halmen trennten und in einen Kasten warfen. Wie zahlreiche frühere Techniken geriet auch die Mähmaschine im Mittelalter in Vergessenheit. Erst um 1790 konstruierte ein Engländer erneut eine Mähmaschine, bei der die Räder eines einachsigen Wagens zwei rotierende Sensen antrieben. Diese Lösung war allerdings sehr gefährlich. Plucknetts Gerät – es schneidet mit frontalen Messern die Ähren knapp über dem Boden ab – ist der Beginn einer zukunftsweisenden Mechanisierung der Getreideernte. Schon kurz nach 1780 entwickelte der Schotte Andrew Meikle eine neuartige Dreschmaschine. Während die wenigen älteren Konstruktionen versuchten, die Dreschflegel mechanisch nachzuahmen, arbeitet sein Mechanismus mit zwei Einzugswalzen und einer rotierenden Dreschtrommel innerhalb eines Dreschkorbes. Dieses System setzt sich generell durch.

Britische Grasmähmaschine aus dem frühen 19. Jh.; das Gerät wird von einem Pferd oder Ochsen gezogen und vom Bauern an den zwei Griffen geführt; die Walze treibt über eine Zahnradübersetzung das Messerrad (vorn) an

Zündhölzer machen Feuer

1805. Der Franzose J. Chr. L. Chancel erfindet die Tauch- oder Tunkzündhölzchen. Das sind kleine Holzstäbchen, deren eines Ende mit einem Gemisch aus Schwefel, chlorsaurem Kali (Kaliumchlorat) und Gummi oder Zucker überzogen ist. Taucht man das so präparierte Ende in konzentrierte Schwefelsäure, dann entzündet sich das chlorsaure Kali. Es setzt den Schwefel in Brand und dieser das Holz.

Das Kaliumchlorat entdeckte der deutsche Chemiker Johann Rudolf Glauber bereits im 17. Jahrhundert. 1786 stellte es der Franzose Claude Louis Berthollet rein dar und bemerkte dabei, daß die darin vorkommende Säure mehr Sauerstoff als Chlor enthält. Der Franzose wies nach, daß Gemische aus chlorsauren Salzen und brennbaren Substanzen bei

Druck- oder Stoßeinwirkung explosionsartig verbrennen.

In der Geschichte des Feuermachens stellt Chancels Erfindung einen beachtlichen Fortschritt dar. Nachdem der Mensch über mehrere hunderttausend Jahre das natürliche, durch Blitzschlag gezündete Feuer nutzte, indem er Feuerstellen permanent pflegte, lernte er um 12 000 v. Chr. durch Aneinanderschlagen von Feuersteinen und eisenhaltigen Mineralien Funken zu erzeugen und damit trockenes Gras oder Laub zu entzünden. Um 8000 v. Chr. erfand der Steinzeitmensch den Feuerquirl.

Im Mittelalter machte man mit der Zunderbüchse Feuer. Staubtrockene Stoffreste oder Holzmehl wurden durch Funken von Feuersteinen auf Eisen direkt gezündet (→ 1780).

Die französischen Mathematiker und Physiker Pierre François André Méchain und Jean Baptiste Joseph Delambre schaffen die wissenschaftliche Grundlage für das metrische Maßsystem. →

Zwischen der Dorotheen-Halde und der Dorotheen-Erzwäsche bei Clausthal im Harz wird der erste gußeiserne Schienenstrang des Kontinents verlegt.

Die Franzosen Cuchet und Montfort erhalten in Paris ein Patent auf einen Wasserfilter: Mit dieser Vorrichtung wird in den öffentlich aufgestellten »Fontaines marchandes« Seinewasser gereinigt und als Trinkwasser verkauft.

Moritz Friedrich Illig erfindet in Erbach die Harzleimung des Papiers. →

Der französische Mathematiker Adrien Marie Legendre findet unabhängig von dem deutschen Mathematiker, Astronomen und Physiker Carl Friedrich Gauß die sogenannte Methode der kleinsten Quadrate.

Joseph von Utzschneider gründet in Benediktbeuern eine Kunstglashütte, die vorwiegend Glas für optische Zwecke erzeugt. →

Der Engländer Ralph Wedgewood erfindet das »karbonisierte Papier« (Kohlepapier).

Der britisch-amerikanische Chemiker und Physiker Benjamin Thompson Earl Rumford erfindet die Kaffeemaschine.

Der Franzose Frédéric Japy in Colmar baut eine Fertigungsmaschine für Holzschrauben und eine Präzisionsfräsmaschine, die in der Lage ist, winzige runde und eckige Distanzstifte für Taschenuhren herzustellen.

Als erster publiziert der deutsche Geograph Karl Ritter physikalische Landkarten (»Sechs Karten von Europa«). Eingetragen sind u. a. die Verbreitung von Wald und Kulturgewächsen und die Polargrenzen der Bäume und Sträucher (67. Breitengrad).

Die französischen Physiker Dominique François Jean Arago und Jean-Baptiste Biot stellen erstmals in genaueren Messungen die Dichte der Gase – bezogen auf Luft – und die Dichte der Luft – bezogen auf Wasser – fest. Für die Dichte der Luft ermitteln sie 0,001299075 Kilogramm pro Liter.

9. 10. die von dem französischen Ingenieur Nicolas Céard erbaute Simplonstraße durch die Alpen wird eingeweiht. →

GESTORBEN:

23. 8. Paris: Charles Augustin de Coulomb (* 14. 6. 1736, Angoulême), französischer Physiker. →

Fortschritte in der Papierherstellung

1806. Zwei Erfindungen erleichtern die Papierherstellung. Nachdem 1805 der Brite Joseph Bramah ein Patent auf eine sogenannte Rundsieb- oder Zylindermaschine erhalten hatte, entwickelt jetzt Moritz Friedrich Illig in Erbach die Harzleimung des Papiers, die erstmals ein wenig saugendes Papier liefert.

Bramahs Rundsiebmaschine ersetzt die erst 1803 von Bryan Donkin erfundene Längssiebmaschine, die ihrerseits eine Verbesserung der 1799 von dem französischen Papierarbeiter Louis Robert entwickelten Papierschüttelmaschine darstellte. Das Prinzip von Donkins Maschine besteht darin, daß auf ein endloses, über mehrere Walzen laufendes Drahtgewebe der Papierbrei – das sogenannte Ganzzeug – kontinuierlich in breitem Strom aufgegossen wird. Durch das Entwässern auf dem Sieb formt sich ein fortlaufendes Papierband.

Bei Bramahs Rundsiebmaschine ist die Papierformeinrichtung ein mit einem Drahtsieb umkleideter Zylinder, der zum Teil im Ganzzeugbehälter selbst liegt und sich um die eigene Achse dreht. Dadurch entfällt das Aufschütten des Papierbreis. Am langsam rotierenden Zylinder bleibt ein Ganzzeugfilm haften, der vom Netz aus der Masse herausgehoben wird und durch Abtropfen entwässert. Am oberen Ende des Zylinders läßt sich die feuchte Papierrohbahn abnehmen.

Papierwerkstatt um die Wende vom 18. zum 19. Jahrhundert; in den Bottichen wird das Papier verleimt

Kaiser Napoleon I. fördert den Bau von Paßstraßen im Westalpengebiet

9. Oktober 1806. *Als erste der von dem Kaiser der Franzosen, Napoleon I., angeregten Alpenstraßen wird nach sechsjähriger Bauzeit die Simplonstraße eingeweiht. Im September 1800 beschloß Napoleon, daß der Weg zwischen Brigg im Schweizer Kanton Wallis und Domodossola in Piemont für Kanonen befahrbar gemacht werden solle. So entstand unter dem* *Straßen- und Brückenbauingenieur Nicolas Céard eine 7 bis 8 m breite, kühn angelegte Bergstraße mit maximalen Steigungen von 10%. Ihren höchsten Punkt erreicht die 65 km lange Straße rund 10 km südöstlich von Brigg bei 2005 m (Abb.: Die Simplonstraße mit der Ganterbrücke im Hintergrund in der Nähe des Ortes Berisal im Jahr 1811).*

Maßsystem wissenschaftlich aufgebaut

1806. Die französischen Mathematiker Pierre François André Méchain und Jean-Baptiste Joseph Delambre erarbeiten eine wissenschaftliche Grundlage für das metrische Maßsystem. Die Wissenschaftler gehen von dem in Paris hinterlegten »Urmeter« aus, das den 40millionsten Teil des Längengrades durch Paris darstellt (→ 29. 11. 1800). Dieses Urmaß aus Platiniridium ist ein Stab von 4 × 25,3 mm Querschnitt. Als Längennormal gilt er bei 0 °C. Für Vielfache und Teile dieses Meters benutzen die Mathematiker das Dezimalsystem und gebrauchen zur Benennung Vorsilben: Kilometer, Dezi-, Zenti- und Millimeter.

Vom Meter leiten die Wissenschaftler die Volumeneinheit Kubikdezimeter (dm^3) ab, die sie Liter nennen. Davon wiederum leitet sich die Masseneinheit Kilogramm (kg) her. Das ist die Masse von 1 dm^3 Wasser bei 4 °C. Als davon unabhängige Basiseinheit fügen Méchain und Delambre als Zeiteinheit die Sekunde, den 86 400sten Teil des mittleren Sonnentages, hinzu.

Dem hinterlegten Meternormal aus Platiniridium – ursprünglich aus Platinschwamm – entsprechend werden in Paris Prototypen auch für die Volumen- und die Masseneinheit hinterlegt.

Als später der deutsche Astronom Friedrich Wilhelm Bessel nachweist, daß der zehnmillionste Teil des Erdquadranten um 0,22883 mm kürzer ist als das in Paris hinterlegte Urmeter, wird das Meter unabhängig vom geophysikalischen Maß neu als die Länge des Pariser Platinnormals definiert.

Historische Entwicklung der Längeneinheiten

In früherer Zeit maß man Längen durch Einheiten, die dem menschlichen Körper entlehnt waren (»Schritt«, »Fuß«, »Elle«, »Fingerbreit« usw.; → 1101). Dem großen Vorteil, daß diese Naturmaße überall verfügbar sind, stand der Nachteil der geringen Übereinstimmung gegenüber. Deshalb versuchte man schon früh, wenigstens lokale Normungen vorzunehmen. In Stadt- und Staatsbereichen wurden Einheiten festgelegt, und der Allgemeinheit wurde die Kontrolle durch öffentlich zugängliche Vergleichsmaßstäbe (z. B. am Rathaus) ermöglicht. Mit zunehmendem Fernhandel, vor allem aber mit der intensiveren Beschäftigung mit den Naturwissenschaften, kam das Bestreben auf, das Längenmaß von menschlicher Willkür zu lösen und nur von der Natur abhängig zu machen. Der niederländische Physiker und Astronom Christiaan Huygens schlug zunächst vor, die Länge des Sekundenpendels – die grob genommen auch 1 m beträgt – als Einheit zu verwenden. Diese aber ändert sich von Ort zu Ort geringfügig. So entstand erstmals im Jahr → 1791 der Plan, den zehnmillionsten Teil des Erdquadranten als verbindliches Maß zu nehmen und andere Maße darauf zurückzuführen.

(→ 1612)

Spezialglashütte für optisches Glas

1806. In Benediktbeuern eröffnet Joseph von Utzschneider eine Kunstglashütte, die in erster Linie optische Gläser erschmilzt (→ 1612). Bisher widmeten sich die Glashütten ausschließlich der Erzeugung von Gebrauchs- und Luxusglas, d. h. sie produzierten Glasflaschen, Weithalsgefäße, Laborgläser und mehr oder weniger kunstvolle Trinkgefäße und Schalen. Optische Geräte aber erfordern besonders schlierenfreie Gläser mit unterschiedlichen Brechungswerten (→ 1592), um hinsichtlich der Farbneutralität und Verzerrungsfreiheit optimale Linsensysteme etwa für Mikroskope herstellen zu können.

Führender Physiker Frankreichs ist tot

22. August 1806. In Paris stirbt rund sechs Wochen nach seinem 70. Geburtstag einer der bedeutendsten Physiker des 18. Jahrhunderts, Charles Augustin de Coulomb.

Die wichtigsten Arbeiten des Wissenschaftlers galten der mathematischen Behandlung der Maschinen, der Festigkeit, Statik, Reibung und Torsion. Coulomb erfand die Drehwaage und maß mit ihr u. a. erstmals elektrische Ladungskräfte. So fand er auch das nach ihm benannte elektrostatische Grundgesetz, das die Kräfte zwischen Ladungen beschreibt.

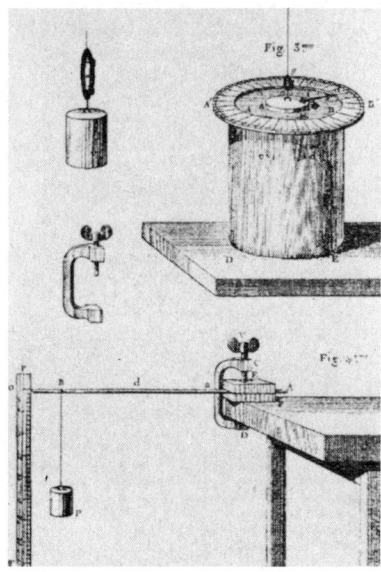

Untersuchungen zur Torsion und Biegefestigkeit durch den Physiker Charles Augustin de Coulomb

1807

Der Pariser Koch François Appert erfindet ein Sterilisationsverfahren für Nahrungsmittel. →

Der britische Chemiker Humphry Davy entdeckt die Elemente Kalium und Natrium.

Die britischen Chemiker Allen und Pepys verbrennen Holzkohle, Graphit und Diamant und weisen nach, daß dabei jedesmal (annähernd) die gleichen Mengen Kohlendioxid entstehen. Sie kommen damit der Entdeckung nahe, daß alle drei Substanzen aus reinem Kohlenstoff bestehen.

Die Chemiker Jöns Jacob Berzelius aus Schweden und Wilhelm Hisinger aus Deutschland untersuchen eingehend das Phänomen der Elektrolyse. Sie stellen fest, daß der elektrische Strom gelöste neutrale Salze und zahlreiche andere chemische Verbindungen in ihre Bestandteile zerlegt und daß diese sich an den Elektroden ansammeln: Am negativen Pol die brennbaren Stoffe (Alkalien und Erden), am positiven Pol der Sauerstoff, die Säuren und die oxidierten Stoffe. Außerdem finden sie heraus, daß die Mengen der zerlegten Stoffe sowohl zur »Menge« der Elektrizität wie zur elektrischen Leitfähigkeit der Lösung proportional sind (→ 1800, 1803).

Alexander John Forsyth erfindet in Belhelvic das Perkussionsgewehr. →

Der Schweizer Isaac de Rivaz stellt ein funktionstüchtiges Fahrzeug her, für dessen Antrieb in einem Zylinder Gas elektrisch gezündet wird.

Der Engländer S. Orgill erfindet den mechanischen Handkettenwebstuhl.

Der britische Naturwissenschaftler Thomas Young erkennt die Gleichartigkeit von Licht- und Wärmestrahlung. Sie unterscheiden sich nur dadurch, »daß die Wärmeschwingungen langsamer sind als die des Lichtes«.

Thomas Young führt in der Mechanik den Elastizitätsmodul ein. →

Der Ziegelfabrikant Hattenberg baut in Petersburg die erste Maschine, die von einem kontinuierlich ausfließenden Tonstrang Ziegel abschneidet.

Der Franzose Louis Puissant führt den Begriff »Topographie« in der kartographischen Geländedarstellung ein und gibt ihr eine wissenschaftliche Grundlage. Unter Topographie versteht man die Erfassung und Wiedergabe des Geländes mit seinen Formen und den auf ihm befindlichen Objekten wie Gebirgen, Gewässern, Straßen und Gebäuden.

Gewehr wird zuverlässiger

1807. Alexander John Forsyth erfindet in Belhelvic in Großbritannien das Perkussionsgewehr, das die alten, unzuverlässigen Steinschloßgewehre ablöst.

Die ersten Handfeuerwaffen entstanden in Westeuropa im 14. Jahrhundert. Wie die Kanonen der Zeit waren sie Vorderlader. Pulver und Kugel wurden mit Ladestöcken in den Lauf geschoben. Gewehre dieser Art können wegen des komplizierten Ladens nur zwei bis drei Schuß pro Minute abgeben. Auch das 1517 von dem Nürnberger Uhrmacher Johann Kiefus verbesserte Radschloßgewehr arbeitete mit einem Torsionsmechanismus, der beim Abdrücken des Gewehrs ausgelöst wurde und ein Stahlrad in Rotation versetzte, das aus einem Stückchen Feuerstein Funken schlug. An seine Stelle trat das 1630 erfundene Stein- oder Batterieschloßgewehr, bei dem ein in den Hahn geklemmter Feuerstein durch seinen Schlag gegen den Pfannendeckel Funken erzeugt und damit die Pulverladung zündet.

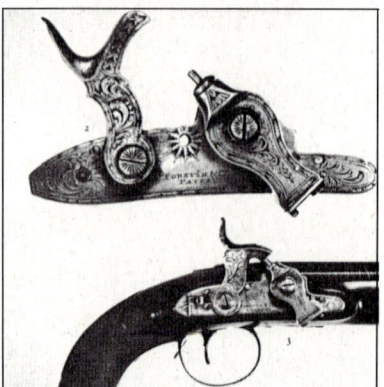

Perkussionsschloß nach Forsyth an einer Pistole aus Großbritannien

Das neue Perkussionsgewehr ist weitaus zuverlässiger. Es zündet, indem ein Stahlstift oder ein Stechhahn auf ein Knallpräparat schlägt, z. B. ein Gemisch aus Kaliumchlorat und Schießpulver. Erst 1815 aber bringt Joseph Egg in London diese Zündmischung in Form von kupfernen Zündhütchen auf den Markt, die 1821 sein Landsmann Wright mit dem noch effektiveren Knallquecksilber füllt (→ 1650; 1750; 1828).

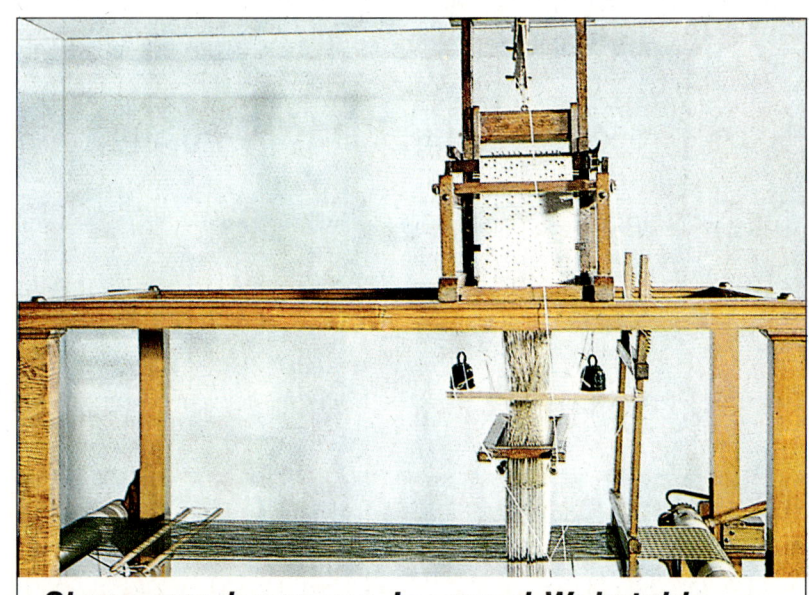

Siegeszug des neuen Jacquard-Webstuhls

1807. *Der 1805 von dem Franzosen Joseph-Marie Jacquard erheblich verbesserte Musterwebstuhl setzt sich durch. Jacquard automatisierte den »Harnisch« zum Weben komplizierter Muster. Diese Vorrichtung steuert über ein Paket gelochter Pappkarten, deren Wechsel durch einfaches Niedertreten eines Fußhebels möglich ist, den komplexen Mechanismus eines Schnüre- und Platinensystems, das eine jeweils unterschiedliche Anzahl von Kettfäden abwechselnd zur Fachbildung für den Schußfaden hochzieht. Bisher mußte dieser Mechanismus bei jeder Musteränderung von Hand neu eingestellt werden. Die neue Konstruktion hat inzwischen viele alte Webstühle verdrängt (Abb.: Ein Vorgängermodell von Joseph-Marie Jacquard aus dem Jahr 1801).*

Young definiert den Elastizitätsmodul

1807. Der britische Physiker und Ingenieur Thomas Young definiert den für zahlreiche Konstruktionen wichtigen Elastizitätsmodul. Elastizität ist die Eigenschaft fester Körper, eine durch äußere Krafteinwirkung entstandene Formänderung nach dem Aufhören der Krafteinwirkung wieder rückgängig zu machen. Vor Young hatte man in diesem Zusammenhang nur Zugkräfte berücksichtigt. Young schließt erstmals Druckkräfte in seine Betrachtung ein. Das speziell für die Dehnung formulierte Hookesche Gesetz (→ 1678) besagt, daß die Formänderung der wirkenden Kraft proportional ist. Den dabei auftretenden Proportionalitätsfaktor definiert Young nunmehr als Elastizitätsmodul E, während er bei Schubkräften von einem Schubmodul G spricht. Beide Module sind als Rückstellkräfte pro Durchschnittsfläche nach einer Auslenkung definiert. Für zahlreiche Stoffe bestimmt Young diese Module als Materialkenngrößen.

Appert konserviert die Lebensmittel

1807. Der Pariser Koch François Appert erfindet ein Verfahren, leicht verderbliche Lebensmittel zu konservieren. Er erhitzt sie auf 100 °C und verschließt sie danach sofort in luftdichten Gefäßen. Dieses »Appertieren« ist die Grundlage der späteren Konservenindustrie. Mangels anderer hermetischer Verschlußmechanismen füllt Appert die stark erhitzten Lebensmittel in Gläser ab und versiegelt diese mit einer Korkschicht. Schon wenig später übernimmt der britische Kaufmann Peter Durand die Methode und führt dabei die verzinnte Konservendose aus Weißblech ein. 1811 gründen dann die Engländer Bryan Donkin und John Jall die erste Lebensmittelkonservenfabrik. Damit entsteht in Cornwall, das über große Zinnvorkommen verfügt, ein neuer Industriezweig. Vor Appert bestanden die Konservierungsmethoden für Lebensmittel in uralten Praktiken: Trocknen, Einsalzen, Einlegen in Essig oder Öl oder auf Eis legen (→ 1100). 1860 erklärt Louis Pasteur das Appertieren wissenschaftlich.

1808

Der britische Chemiker Humphry Davy baut die erste elektrische Bogenlampe. →

Marc Isambard Brunel, britischer Ingenieur französischer Herkunft, konstruiert eine fortschrittliche Furnierschneidemaschine mit horizontal liegenden Messern (→ 1814).

Humphry Davy entdeckt die Elemente Calcium, Barium, Strontium, Magnesium und Bor und stellt sie als erster – auf elektrolytischem Wege – chemisch rein dar.

Die britischen Ingenieure Marc Isambard Brunel und Henry Maudslay bauen die erste von einer Dampfmaschine angetriebene Holzsägemühle. →

Samuel Clegg erfindet die chemische Reinigung des Leuchtgases mit Kalkmilch.

John Dalton stellt eine Theorie über den Aufbau der Elemente und chemischen Verbindungen aus Atomen nach einfachsten Zahlenverhältnissen auf. Außerdem gibt der britische Naturforscher ein einfaches Verfahren für Atomgewichtsbestimmungen an. →

Louis Joseph Gay-Lussac, Physiker und Chemiker aus Frankreich, stellt das Gesetz der multiplen Volumina für Gase auf, nach dem das Volumen einer Verbindung aus verschiedenen Gasen in einem ganzzahligem Verhältnis zu den Volumina der einzelnen Verbindungspartner steht. Darüber hinaus erkannte er bereits im Jahr 1802, daß das Gasvolumen abhängig ist von der Temperatur. Aus diesem später als Gay-Lussacsches Gesetz bekannten Lehrsatz ermittelt er jetzt den absoluten Temperaturnullpunkt (–273 °C).

Julien Le Roy baut in Paris die Strickmaschine »Tricoteur français«. →

Der englische Ingenieur William Newberry erfindet die Bandsäge zur Bearbeitung von Holz.

In Portsmouth nimmt Marc Isambard Brunel die erste Produktionsstraße für Fließarbeit in Betrieb. Auf ihr werden Taljenblöcke für Segelschiffe hergestellt. →

Der Engländer Robert Ransome stellt in Ipswich Eisenpflüge aus genormten Teilen her.

Der österreichische Chemiker Alois Beckh von Widmannstätten entdeckt die nach ihm benannten, auf glatt poliertem Meteoreisen durch Ätzen zu erzeugenden Figuren.

Januar 1808. Die »Claremont« nimmt als erstes Dampfschiff der Welt den Liniendienst (zwischen New York und Albany) auf. →

Das von Robert Fulton 1807 gebaute und ein Jahr später in Dienst gestellte Schaufelraddampfschiff »Claremont« (aus »Illustrated London News«)

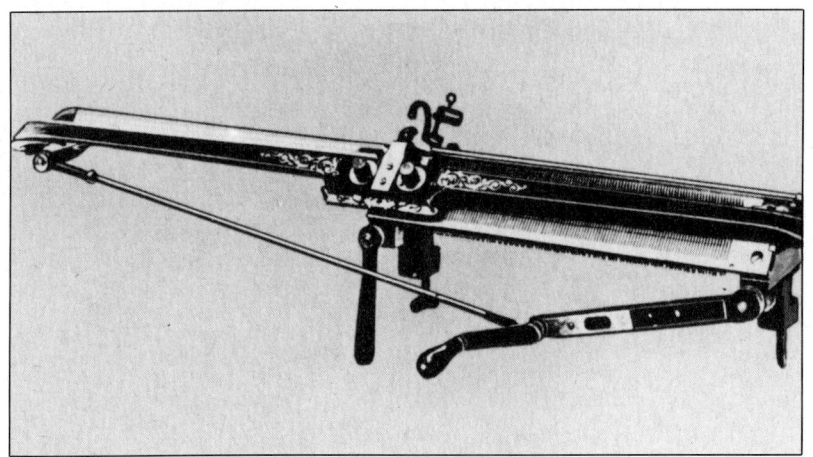

Strickmaschine aus dem 19. Jahrhundert; die Maschine liefert Endlosstrickereien in der Breite des sog. Kammes in uniformer Maschenart

Dampfkraftgetriebene Bandsäge aus dem frühen 19. Jh.; die Leistung der Dampfmaschine wird per Wellen- und Riementransmission übertragen

Liniendienst mit Ruderrad-Dampfer

Januar 1808. Als erstes Dampfschiff der Welt nimmt die »Claremont« den Liniendienst auf. Der Ruderdampfer verkehrt zwischen New York und Albany.

Der US-amerikanische Ingenieur Robert Fulton hatte die »Claremont« seit 1803 entwickelt. Am 17. August 1807 gelang ihm die erste Dauerfahrt auf dem Hudson River von New York nach Albany. Das Schiff benötigte für die 150 Meilen (etwa 241 km) 32 Stunden auf dem Hinweg und 30 Stunden für die Rückfahrt. Die »Claremont« mißt $40 \times 5,5$ m und ist 100 t groß. Ihre Einzylinderdampfmaschine der Firma Boulton & Watt leistet 20 PS.

Le Roy konstruiert die Strickmaschine

1808. Der Pariser Konstrukteur Julien Le Roy erfindet die erste Strickmaschine, die als »Tricoteur français« bekannt wird.

Bisher ließen sich aus Maschen aufgebaute Textilien maschinell nur durch Wirken (= Kulieren) erzeugen (→ 1589). Das Stricken wurde ausschließlich in Handarbeit ausgeführt. Die Kulierstühle arbeiten entweder rund, stellen also gewirkte »Schläuche« her, oder sie liefern flache Bahnen. Le Roys Strickmaschine erzeugt nur flache Stoffe.

Dampfkraft hält in Industrie Einzug

1808. Für das Arsenal in Woolwich entwickeln die Ingenieure Marc Isambard Brunel und Henry Maudslay die erste von einer Dampfmaschine angetriebene Holzsägemühle (»Dampfmühle«).

Die Dampfkraft, die → 1781 zuerst die Bergwerke als Entwässerungspumpen- und Fördermaschinenantrieb eroberte und dann als Schiffsmaschine und Fahrzeugmotor Aufsehen erregte, hält jetzt auch in der Industrie ihren Einzug. Zunächst werden einzelne, schwere Bearbeitungsmaschinen damit betrieben, die früher von Wasserrädern bewegt wurden.

Dampfmaschinen der britischen Firma Boulton & Watt leisten einen wesentlichen Beitrag zur Industrialisierung Großbritanniens.

Fließarbeit ist eingeführt

1808. In der Werft der englischen Hafenstadt Portsmouth nimmt der britische Ingenieur französischer Herkunft Marc Isambard Brunel die erste Produktionsstraße der Welt in Betrieb. Auf ihr werden Taljenblöcke für die Takelage von Segelschiffen hergestellt. Die Einführung der Fließarbeit ist eine unmittelbare Folge der nunmehr einsetzenden Massenfertigung.

Der industrielle Fortschritt ist nicht zuletzt damit verbunden, daß die Menschen mobiler werden. Fuhr → 1808 das erste Liniendampfboot der Welt zwischen New York und Albany, so verkehren in den USA bereits 1812 50 Linienschiffe. 1823 sind es in Amerika rund 300 und in England über 160. Auch die Hochseeschiffahrt, die noch ganz im Zeichen des Segelschiffs steht, nimmt so rapide zu, daß Brunel eigens halbautomatische Maschinen für die Herstellung der in riesigen Stückzahlen nachgefragten Takelage-Blöcke – besonders für Kriegsschiffe – konstruiert und damit die Fertigungsstraße aufbaut. Jährlich liefert die von Henry Maudslay betriebene Anlage etwa 100 000 Stück.

Jeder Arbeiter verrichtet jetzt nur noch einen einzigen Arbeitsgang. Dadurch produzieren zehn Mann jetzt so viele Taljenblöcke wir zuvor 110 Arbeiter.

Licht aus der Elektrizität

1808. Der Engländer Humphry Davy, der sich intensiv mit elektrischen Experimenten befaßt, erfindet die elektrische Bogenlampe.

Davy verbindet zwei Kohlenstäbe mit den Polen einer galvanischen Batterie (→ 1800; 1803) und nähert sie einander so weit, daß die elektrische Spannung den schmalen Luftspalt zwischen ihnen ionisiert. Ein Funke schlägt über und Strom fließt. Dabei erhitzt sich die Anordnung derart, daß ein hell leuchtender Lichtbogen entsteht. Davy kann seine Entdeckung nicht praktisch nutzen. Die Kohlen brennen zu schnell ab, und mit wachsendem Spalt zwischen den Kohlestücken erlischt der Lichtbogen.

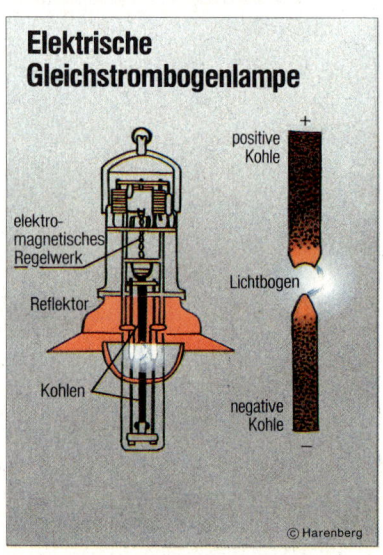

Elektrische Gleichstrombogenlampe

positive Kohle +

elektromagnetisches Regelwerk

Reflektor

Lichtbogen

Kohlen

negative Kohle −

© Harenberg

Atomgewichte bestimmt

1808. Der britische Physiker John Dalton stellt eine Theorie über den Aufbau der Elemente und chemischen Verbindungen aus Atomen auf. Er lehrt, daß sich die Atome nach einfachsten Zahlenverhältnissen miteinander verbinden, führt den Begriff »Atomgewicht« ein und gibt zugleich ein einfaches Verfahren an, die relativen Gewichte der Atome zu bestimmen.

Das Arbeiten mit Atomgewichten setzt die theoretische Annahme voraus, daß jeder chemische Grundstoff aus einer und nur einer unveränderlichen Atomart von festem Gewicht aufgebaut ist.

Als Bezugsgröße für die relativen Atomgewichte wählt Dalton das Gewicht des Wasserstoffatoms. Er bezeichnet es mit »1«. Dem 16mal so schweren Sauerstoffatom kommt somit z. B. das Atomgewicht 16 zu. Atomphysikalisch erklärt sich Daltons im Prinzip richtige Feststellung daraus, daß der Atomkern aus praktisch gleich schweren Protonen und Neutronen aufgebaut ist, die natürlich immer nur in ganzzahligen Vielfachen auftreten können. Später erkennt man, daß Daltons Theorie nur als Näherung gilt, da die meisten Elemente Isotopengemische sind und ihre mittleren Atommassen (man spricht dann nicht mehr von Atomgewichten) je nach dem Isotopenanteil von geraden Zahlen abweichen.

Der britische Ingenieur Joseph Bramah baut für die Bank von England die erste Banknoten-Pagiiniermaschine. →

Eckardt erfindet den Metall-Schleuderguß, mit dem sich Eisenhohlteile ohne Verwendung eines inneren Formkerns herstellen lassen. →

Johann Nepomuk Fuchs entdeckt im Erdölvorkommen am Tegernsee natürliches Paraffin.

T. Williamson konstruiert eine spezielle Sämaschine (Kapselsämaschine) für die Reihensaat von klein- und rundkörnigem Saatgut (Raps, Mohn, Senf usw.). Ein Schieber im Gerät kann stufenweise die Löcher in der Kapsel schließen, so daß damit die genaue Dosierung der Samenkornmenge gewährleistet ist.

John Heathcoat erfindet in Nottingham die sogenannte Bobbinetmaschine zur großindustriellen Herstellung von Tüll.

Der Brite William Losh entwickelt Eisenbahnschienen mit schrägem Verbindungsstoß, die 1814 bei der Grubenbahn der Zeche Killingworth von dem britischen Dampflokomotivenpionier George Stephenson eingesetzt werden.

Der britische Astronom John Frederick William Herschel beobachtet an planparallelen Platten die Interferenz des Lichtes (→ 1959).

Samuel Thomas von Sömmerring erfindet einen elektrischen Telegraphen: Der deutsche Arzt und Naturforscher läßt durch elektrischen Strom über große Entfernungen Wasser elektrolytisch zersetzen. Er übermittelt telegraphische Botschaften über 3,5 km. →

Der britische Naturforscher William Hyde Wollaston erfindet ein Instrument (Reflexionsgoniometer) zur genauen Messung von Kristallwinkeln.

In Massachusetts wird die erste befahrbare Kettenbrücke (Spannweite 68 m) fertiggestellt. Sie überspannt den Fluß Merrimack.

Der englische Amateurwissenschaftler George Cayley baut das erste größere Gleitflugzeug. →

Unter der Bezeichnung »Astrallampe« entwickelt der Mechaniker Bordier-Marcet in Paris eine neuartige Öllampe von besonders langer Brenndauer. Sie zeichnet sich vor allem durch sehr sparsamen Gebrauch aus.

GEBOREN:

12. 2. Shrewsbury: Charles Robert Darwin († 19. 4. 1882, Down bei Beckenham), britischer Naturforscher.

Zentrifugalkraft beim Eisengießen

1809. Ein deutscher Ingenieur namens Eckardt erfindet den Metallschleuderguß. Er schlägt vor, ohne inneren Modellkern Hohlkörper dadurch herzustellen, daß man das flüssige Metall in eine schnell rotierende Form gießt. Unter dem Einfluß der Zentrifugalkraft legt sich das Metall an die Innenwände der Form an, wo es erstarrt.

Beim Metallguß sind grundsätzlich drei Möglichkeiten zu unterscheiden: Das Schwerkraftgießen, bei dem der flüssige Werkstoff eine Form durch sein eigenes Gewicht füllt, das Spritz- oder Druckgießen, wobei der Werkstoff unter Druck in die Form eingebracht wird (dieses Verfahren wird erst im 20. Jahrhundert praktiziert) und der Schleuderguß nach Eckardt. Die Toleranzen, die sich beim Schleudergußverfahren erreichen lassen, hängen vor allem vom Material und der Form ab. Sie liegen zwischen 5 und 1 mm. Diese Werte entsprechen denjenigen des Schwerkraftgusses. Wesentlich exakter ist der Druckguß.

Engländer baut das erste Gleitflugzeug

1809. Nachdem der Brite George Cayley bereits 1804 Studien über die aerodynamischen Eigenschaften des Flugdrachens angestellt und ein erstes kleines Gleitflugmodell gebaut hatte, fertigt er jetzt einen Gleiter in voller Größe, der einen Menschen tragen soll.

Schon lange hatte der Mensch davon geträumt, sich wie ein Vogel in die Lüfte zu erheben, aber diesen Traum zu wörtlich verstanden. Selbst geniale Konstrukteure wie Leonardo da Vinci (→ 2. 5. 1519) gaben die Experimente mit Schwingflüglern nicht auf. Erst Cayley findet den Weg zum Starrflügelgleiter. Sein erstes Modell von 1804 war ein an einer langen Stange befestigter bogenförmiger Kastendrachen, wobei die Stange sowohl die Zelle wie die Tragflügel unterstützte. Das Heck ließ sich bewegen. Mit einem verschiebbaren Gewicht an der Nase konnte man den Schwerpunkt verstellen. Das von Cayley 1809 gebaute Gerät ist ähnlich konstruiert, aber größer. Mit einem Knaben an Bord gelingen diesem Gleiter mehrere Luftsprünge.

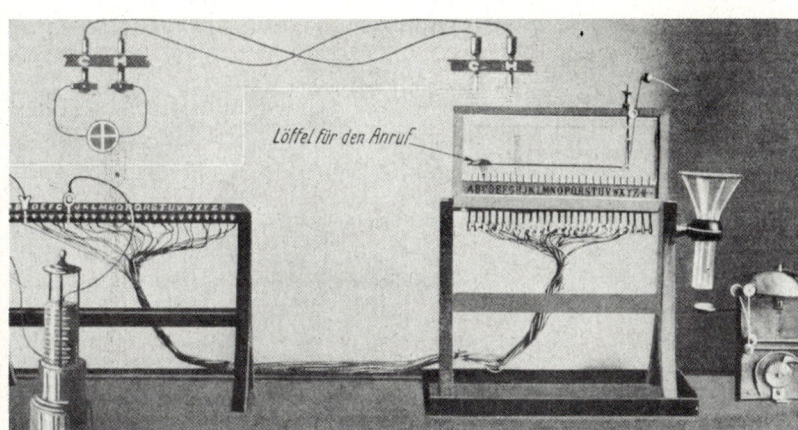

Elektrischer Telegraph von Samuel Thomas von Sömmerring aus dem Jahr 1809 (r.: Empfänger mit Anruf-Vorrichtung, l.: Volta-Säule)

Elektrisch telegraphieren

1809. Samuel Thomas von Sömmerring baut in München einen elektrischen Telegraphen, mit dem es gelingt, über größere Entfernungen Nachrichten zu übermitteln. Daß das Gerät praktisch keine Chancen hat, sich durchzusetzen, liegt an seinem komplizierten Aufbau: Es benötigt nicht weniger als 35 Übertragungsdrähte.

Sömmerring

Sömmerring übernahm das technische Prinzip von Francisco Salva, der es bereits 1804 in Barcelona erfand und realisierte. Sömmerring verwendet lediglich stärkere Batterien und kann deshalb eine 3,5 km lange Strecke überbrücken. Salvas Telegraph benutzt für jeden Buchstaben eine eigene elektrische Leitung sowie eine gemeinsame Rückleitung. Jeder Draht ist mit einer Elektrode verbunden, die in einem Glasröhrchen mit angesäuertem Wasser steckt. Die zweiten Elektroden aller Gläser sind gemeinsam an die Rückleitung angeschlossen. Gibt Salva auf eine bestimmte Leitung einen Stromstoß, dann führt das am anderen Ende zu einer Elektrolyse: Im zugehörigen Röhrchen steigen Gasblasen auf und weisen damit auf den übertragenen Buchstaben hin.

Das relativ umständliche Verfahren, bei dem hauptsächlich das Zeichenerkennen sehr langwierig ist, findet erstaunlicherweise außer Sömmerring noch zahlreiche weitere Nachahmer.

Numerierte Banknoten

1809. Der Brite Joseph Bramah erfindet eine Banknoten-Paginiermaschine und baut das erste Gerät dieser Art für die Bank von England. Papiergeld wurde in kleineren Mengen erstmals im 7. Jahrhundert in China, in größeren Mengen dann im 11. Jahrhundert in der Mongolei in Umlauf gebracht. In Europa fand es zuerst 1661 in Stockholm Eingang. Bald wurden die Scheine numeriert, zunächst mit Handstempeln.

Herstellung von Banknoten in der Bank von England in London; um die Numerierung der Geldscheine zu vereinfachen, erfindet Joseph Bramah eine Paginiermaschine

Nach siebenjähriger Bauzeit ist die Paßstraße über den Mont Cenis fertiggestellt.

Der US-Amerikaner Barnett erfindet das Nageln der Schuhe mit Metallstiften. Es verkürzt die Schuhherstellung erheblich, weil es den langwierigen Prozeß des Handnähens ersetzt. Ausgewertet wird das Patent zuerst in Paris durch den Fabrikanten Gergonne. Die Schuhstifte bestehen aus Eisen, Messing oder Kupfer und haben keinen Kopf. 1839 werden sie – wahrscheinlich zuerst durch Krantz in Dresden – durch Holzstifte ersetzt.

Der deutsche Strumpfwirker Balthasar Krems baut die erste funktionierende Kettenstichmaschine (Nähmaschine). →

Michel Eugène Chevreul untersucht den Prozeß der Verseifung und trägt damit entscheidend zur Entwicklung der Seifenindustrie bei. →

Der britische Chemiker Humphry Davy weist nach, daß es sich bei Chlor um ein chemisches Element handelt.

J. C. Deyerlein konstruiert in London eine Röhrenpreßmaschine. Seine Tonröhren können sich jedoch gegen gußeiserne Wasserleitungsröhren nicht durchsetzen.

Der französische Mechaniker und Industrielle Philippe Henri de Girard erfindet die erste Flachsspinnmaschine.

Lambert aus Paris konstruiert die erste gebrauchsfähige Brotteigknetmaschine. →

George Medhurst aus England erfindet die pneumatische Rohrpost. →

Pratt verwendet als erster die – stationäre – Dampfmaschine in der Landwirtschaft. Die Kraftübertragung erfolgt dabei mit Endlosketten.

Joseph Strasser erfindet in Wien den nach ihm benannten Straß, eine Edelsteinimitation.

Der deutsche Buchdrucker Friedrich Gottlob Koenig erhält in London das Patent für eine dampfgetriebene eiserne Druckpresse.

Der deutsche Mechaniker Friedrich Wilhelm Breithaupt baut in Kassel die erste genau arbeitende Kreisteilmaschine.

Der Brite Samuel Brown führt bei der Herstellung von Eisenketten erstmals in der Industrie die Endprüfung des Produktes ein. Er belastet jede produzierte Kette, um fehlerhaft geschweißte Glieder herauszufinden und sie zu ersetzen.

Johan Gottlieb Gahn, Chemiker aus Schweden, erfindet die Laufgewichte zum genauen Austarieren zweiarmiger Waagen.

Fortschritte in der Seifenindustrie

1810. Der Franzose Michel Eugène Chevreul erforscht mit wissenschaftlichen Methoden die chemischen Vorgänge bei der Verseifung und begründet damit die Entwicklung der modernen Seifenindustrie. Der früheste Hinweis auf die Verwendung von Seife ist ein sumerisches Rezept aus dem 3. Jahrtausends v. Chr.: Eine Mischung von einem Teil Öl mit fünfeinhalb Teilen Pottasche. Bis zum Anfang des 19. Jahrhunderts verwendete man in Europa Weichseife aus tierischem Fett und Buchenasche sowie Kernseife aus Pflanzenölen und Soda, das man in erster Linie aus verbrannten Meeresalgen gewann. Chevreul verseift Fette (z. B. Rindertalg) bei 80 bis 100 °C mit Natronlauge oder neutralisiert Fettsäure mit Natronlauge oder Sodalösung. Dem entstehenden »Seifenleim« entzieht er mit Kochsalz das Wasser. Dabei spaltet sich der Leim in einen »Seifenkern« und eine wäßrige Lösung von Kochsalz oder Natronlauge bzw. Glycerin.

Die pneumatische Rohrpost erfunden

1810. Der Engländer George Medhurst schlägt ein Konzept zum Fortbewegen von Gegenständen in geschlossenen Röhren vor. Er will die zu transportierenden Artikel in zylindrische Kartuschen legen, die exakt in das Rohr passen. Aus dem Rohr selbst soll anschließend die Luft gepumpt werden. Bei dieser Anordnung preßt der äußere, atmosphärische Luftdruck die Kartusche durch das Rohr.

Das Luftleerpumpen langer Rohre läßt sich nur mit Vakuumpumpen gewaltiger Pumpleistung bewerkstelligen, weil die erforderliche Saugleistung nicht nur vom Rohrvolumen und dem gewünschten Grad des Vakuums abhängt, sondern auch von der Form des Vakuumbehälters. Ein langes Gefäß mit geringem Querschnitt erfordert wesentlich größere Pumpleistungen als ein Kugelgefäß. Auch läßt sich in einem dünnen Rohr bei weitem kein so hohes Endvakuum erreichen wie in einer Kugel. Die später realisierten Rohrpostsysteme arbeiten deshalb nicht mit Unter-, sondern mit Überdruck.

Nähen mit der Maschine

1810. Der deutsche Strumpfwirker Balthasar Krems baut die erste funktionssichere Kettenstichnähmaschine.

Mit dem Gedanken, eine Nähmaschine zu entwickeln, beschäftigten sich schon um 1755 Charles F. Weisenthal und um 1790 Thomas Saint. Die Versuche dieser Konstrukteure blieben jedoch erfolglos.

Die grundlegende Erfindung für die Realisierung der Nähmaschine ist eine Nadel mit dem Öhr in unmittelbarer Nähe der Spitze. Eine derartige Nadel braucht nicht mehr vollständig durch den Stoff gezogen zu werden; es genügt, sie nur kurz einzustechen und wieder herauszuziehen. Dabei bildet sich unter dem Stoff eine Fadenschlinge. Der nächste Einstich führt dann durch diese Schlinge hindurch. Krems' Maschine wird von Hand mit einer Drehkurbel angetrieben.

Nach dem Durchbruch, den Krems mit seiner Kettenstichmaschine auf dem Gebiet des maschinellen Nähens erzielt hat, beschäftigen sich auch zahllose andere Konstrukteure mit der neuen Technik. Einer Erfindung des Wiener Schneiders Joseph Madersperger von 1830 bleibt der wirtschaftliche Erfolg versagt, wohingegen sich ab dem Jahr 1831 eine Weiterentwicklung der Kremsschen Maschine durch den Franzosen Barthélemy Thimonier durchsetzt.

Diese Krems-Nähmaschine dient zum Vernähen der eingeschlagenen Kanten von Zipfelmützen mit Kettenstichen; ein Rad mit Stiften hält das Material

Kaum Technik im Haushalt

1810. Während vor allem in England die Betriebe sich um die Wende zum 19. Jahrhundert und in dessen ersten Jahrzehnten mehr und mehr Werkzeugmaschinen und automatische Vorrichtungen zunutze machen und in zunehmendem Maße auch von der Dampfkraft profitieren, ändert sich selbst in diesem technisch fortschrittlichsten Land im Haushalt wenig. Bezeichnend ist, daß sogar neue Erfindungen auf diesem Gebiet in ganz Europa, wie die Konstruktion einer gut funktionierenden Teigknetmaschine durch den Pariser Lambert, nur im Gewerbe Eingang finden.

Die Körperpflege geschieht generell noch mit kaltem oder in Kesseln aufgewärmtem Wasser in Holzbottichen oder Schüsseln, die mit einer Kanne gefüllt werden. Für die Wäsche, die in Metallkesseln gekocht wird, stehen zum Glätten schwere gußeiserne Bügeleisen zur Verfügung, die man auf der Herdplatte erhitzt. Dieser Typ löste im 18. Jahrhundert das seit etwa 1600 benutzte hohle »Bolzeneisen« ab, in das durch eine hintere Schiebeklappe ein im Herdfeuer rotglühend gemachter Eisenbolzen geschoben wurde. Die Raumheizung erfolgt mit gußeisernen Holz- und Kohleöfen oder Herden. Zur Beleuchtung dient generell die Wachskerze.

1811

Der britische Ingenieur und Erfinder Bryan Donkin und sein Landsmann John Jall gründen in Cornwall die erste Lebensmittelkonservenfabrik.

Nur 30 Jahre nach der erfolgreichen Einführung der Dampfmaschine arbeiten in England mehr Menschen in Fabriken, Werkstätten und im Handel als in der Landwirtschaft. →

Amedeo Avogadro Graf von Quaregna und Ceretto formuliert das nach ihm benannte »Avogadrosche Gesetz«. →

Bellange und Brunet konstruieren die erste große Eisenkuppel – von 39 m lichter Spannweite – in Paris.

Bei der Herstellung von Traubenzucker entdeckt Gottlieb Sigismund Constantin Kirchhoff in Petersburg das chemische Prinzip der katalytischen Wirkung. →

Bernard Courtois entdeckt in Paris das Element Jod.

Der deutsche Drucker Friedrich Koenig erfindet und konstruiert gemeinsam mit dem deutschen Mechaniker Andreas Friedrich Bauer die Zylinderdruckmaschine oder Schnellpresse für den Buchdruck.

Friedrich Krupp gründet in Essen eine kleine Gußstahlfabrik. →

Der Mineraloge Friedrich Mohs stellt die nach ihm benannte Skala zur Bestimmung der Mineralhärte auf.

Der Idee eines Spaniers namens Salva aus dem Jahr 1795 folgend, führen der deutsche Arzt und Naturforscher Samuel Thomas von Sömmerring und Schilling von Canstadt erstmals »submarine« Telegraphie durch: Sie legen einen Telegraphendraht durch die Isar (→ 1809).

Der Engländer James White erhält ein Patent auf die erste Maschine zur automatischen Mengenfertigung von Eisendrahtstiften.

Die Mechanisierung der Textilindustrie bedroht die Existenzgrundlage traditioneller Textilhandwerker: In Großbritannien kommt es zu Maschinenstürmereien.

Der Mineraloge und Chemiker Wilhelm August Lampadius führt als erste (kleinere) kommunale Gasbeleuchtungsanlage in Deutschland jene in Freiberg in Schlesien ein.

31. 5. Albrecht Ludwig Berblinger, der »Schneider von Ulm«, unternimmt einen Flugversuch, der jedoch mißlingt. →

GEBOREN:

30. 3. Göttingen: Robert Wilhelm Bunsen († 16. 8. 1899, Heidelberg), deutscher Chemiker.

Zeitgenössische Schadenfreude über den Sturz des »Schneiders von Ulm«

Gleitflugversuch endet in der Donau

31. Mai 1811. Der Ulmer Schneidermeister Albrecht Ludwig Berblinger stürzt bei dem Versuch, mit selbstgebastelten Flügeln von einem eigens errichteten hohen Holzgerüst im Gleitflug herabzuschweben, bei Ulm in die Donau.

Der »Schneider von Ulm« ist nicht der erste, dem ein solches Mißgeschick widerfährt: 1503 stürzte der italienische Gelehrte G. B. Danti bei einem gleichartigen Versuch ab. 1507 brach sich der Schotte John Damian bei einem »Flug« mit Adlerfederschwingen ein Bein. Und 1742 fiel der 62jährige Marquis de Bacqueville bei einem Flugversuch in Paris auf ein Seine-Boot.

Physiker Avogadro entdeckt Gasgesetz

Der italienische Physiker und Chemiker Amedeo Avogadro Graf von Quaregna und Ceretto entdeckt das nach ihm benannte Gasgesetz: »Gleiche Mengen aller Substanzen enthalten im gasförmigen Zustand bei gleichem Druck und gleicher Temperatur die gleiche Anzahl von Atomen oder Molekülen.«

Streng genommen trifft das Gesetz nur auf sogenannte ideale Gase zu, die sich von den realen Gasen dadurch unterscheiden, daß reale Gase kondensieren und deshalb immer auch einen geringen Anteil an fein verteilten winzigen Tröpfchen enthalten.

Bedeutung der Industrie als Arbeitgeber

Krupp stellt Blöcke aus Gußstahl her

1811. Die zunehmende Mechanisierung der Industrie beunruhigt in England Handwerker und die zahlreichen von Verlegern abhängigen Arbeiter. Es kommt zu ersten Maschinenstürmereien. Besonders die Anlagen der in der Mechanisierung am weitesten fortgeschrittenen Textilindustrie, Spinn-, Web- und Strickmaschinen, werden von aufgebrachten Menschen zerstört, die um ihre Arbeitsplätze fürchten.

Die industrielle Revolution

Wurden 1780 8000 t Rohbaumwolle importiert, so sind es 1830 bereits 100 000 t. Hatte 1780 die britische Steinkohlenproduktion 6,4 Millionen t betragen, so wächst sie bis 1826 auf 21 Millionen. Die Eisengewinnung steigt von 68 000 t im Jahr 1788 auf eine halbe Million t 1825. Die britische Gesamteinfuhr lag 1793 bei 18,7 Millionen Pfund Sterling, 1815 beträgt sie 60 Millionen. Die entsprechenden Zahlen für die Ausfuhr sind 20,3 und 65 Millionen Pfund. Genauso rasch wie die Wirtschaft wächst aber auch die britische Bevölkerung: Von 7,9 Millionen im Jahr 1750 über 10,9 Millionen im Jahr 1800 auf fast 21 Millionen in der Mitte des 19. Jahrhunderts.

Die rasch wachsende Industrie bringt zwar zahlreiche neue Arbeitsplätze mit sich, bedroht aber ganze Zweige des seit Jahrhunderten gewachsenen zünftigen und unzünftigen Handwerks in seiner Exi-

»Coalbrookdale bei Nacht«; dargestellt ist das Zentrum der Kohle-, Stahl- und Eisenindustrie auf den Britischen Inseln (Gemälde von P. J. de Loutherbourg)

stenz. Den Verheißungen der Industriellen, Wohlstand für alle zu schaffen, stehen in der Praxis der 16-Stunden-Arbeitstag und niedrigste Löhne entgegen. Der schottische Nationalökonom Adam Smith hatte mit seinem schon vor der Jahrhundertwende erschienenen Werk »Reichtum der Nationen« wohl eher den Reichtum der beherrschenden Klasse prophezeit.

Trotz der ausgesprochen harten Arbeitsbedingungen in der Industrie kam es schon während der zweiten Hälfte des 18. Jahrhunderts zu einer mehr und mehr zunehmenden Landflucht: Für die stark anwachsende Bevölkerung konnte die Landwirtschaft nicht genügend

Arbeitsplätze bereitstellen, zumal auch in Ackerbau und Viehzucht sich mit dem Einsatz von Maschinen kapitalintensive Großbetriebe durchsetzen. Außerdem wurde den zahlreichen Landlosen durch die Einhegung von Gemeindeland die Existenzgrundlage entzogen. In den Städten sammeln sich Arbeiterscharen, die immer mehr zu anonymen Mitgliedern millionenköpfiger Industriezentren werden.

Da die besonders stark aufstrebenden Industriezweige, die Textilindustrie, die Montanindustrie und der Maschinenbau sehr kapitalintensiv sind, kommt es zu immer größeren Industriebetrieben, kleinere Firmen gehen zugrunde.

1811. Der Kaufmann Friedrich Krupp eröffnet in Essen eine Gußstahlfabrik. Nach längeren Versuchen gelingt es ihm 1816, durch Zusammengießen des Inhalts zahlreicher Schmelztiegel in eine einzige große Gußform schwere Gußstahlblöcke herzustellen. Er eröffnet seinem kleinen Gießereibetrieb damit einen neuartigen Zugang zur Schwerindustrie und legt die Basis für ein Weltunternehmen.

Die Herstellung von viele Tonnen schweren Stahlblöcken stieß bisher auf erhebliche Schwierigkeiten. Stahl wird nach dem von Henry Cort entwickelten Puddelverfahren (→ 1788) hergestellt, bei dem höchstens zwei »Puddler« an einem Herd arbeiten können. Da sie die schwere zähflüssige Masse mit einer langen Stange umrühren und das zu Schmiedeeisen gegossene Roheisen, die Luppe, ohne Maschinenkraft herausziehen müssen, darf die Herdfüllung aufgrund der begrenzten menschlichen Kraft rund 12 kg nicht übersteigen.

Kirchhoff entdeckt Katalysator-Effekt

1811. Gottlieb Sigismund Constantin Kirchhoff stellt in Petersburg Traubenzucker durch Kochen von Stärkemehl mit verdünnter Schwefelsäure her. Dabei entdeckt er die katalytische Wirkung eines Stoffes bei chemischen Reaktionen. Ein Katalysator ist eine Substanz, die chemische Reaktionen beschleunigt oder überhaupt erst ermöglicht, ohne selbst an den Reaktionen beteiligt zu sein. Er bleibt also chemisch unverändert. Der Katalysator beeinflußt weder den Reaktionsmechanismus selbst noch das chemische Gleichgewicht bei Reaktionsende, sondern nur die Reaktionszeit.

Katalysatoren können gasförmig, flüssig oder fest sein. Von homogener Katalyse (den Begriff prägt und erklärt 1835 der schwedische Chemiker Jöns Jacob Berzelius) spricht man, wenn Katalysator und Reaktionspartner im gleichen Aggregatzustand vorliegen, von heterogener Katalyse, wenn etwa die Reaktionspartner feste Substanzen sind, der Katalysator aber ein Gas oder eine Flüssigkeit ist.

Die alten Bersham Eisenwerke in Großbritannien mit Hochofen und Gießereigebäude (zeitgenössische Zeichnung)

Der in Paris tätige Schweizer Büchsenmacher Samuel Pauli erfindet die geschlossene Hinterladerpatrone (→ 1828).

Der französische Chemiker und Physiker Pierre Louis Dulong entdeckt das sehr lichtbeständige Chromgelb.

William und Edward Chapman entwickeln eine Ketten-Eisenbahn (→ 12. 8. 1812).

Eduard Howard führt die Vakuumpumpe mit Rezipient in die technische Fertigung ein: Er verwendet sie als Teil einer Anlage zur Zuckerherstellung.

Der deutsche Astronom Heinrich Wilhelm Matthias Olbers entdeckt, daß die Schweifmaterie der Kometen sich von der Sonne abwendet.

Georg von Reichenbach und Joseph Fraunhofer erfinden die tonnenförmig geschliffene Glaslibelle. →

Dem britischen Erfinder Samuel Crompton gelingt die technische Weiterentwicklung seiner »Mule« zu einer Hochleistungsspinnmaschine. →

Der britische Ingenieur Richard Trevithick baut die erste Lokomobile (→ 1825).

Der Franzose Jacques Etienne Bérard entdeckt die Polarisation der Wärmestrahlung durch Reflexionsversuche an Glasspiegeln.

Die britischen Ingenieure Bradbury und Weaver konstruieren eine automatische Stecknadel-Fertigungsmaschine. Sie staucht Drahtstückchen zu kleinen Kugeln und steckt die so geformten Köpfe auf die Nadeln auf.

Der britische Physiker Sir David Brewster zeigt, daß sich mit einer Kombination aus zwei Prismen aus dem gleichen Glas Licht ohne spektrale Aufteilung brechen läßt. Seiner Erkenntnis folgt die Entwicklung eines farbkorrekten Vergrößerungsgerätes, das aus vier planen Prismen aufgebaut ist.

5. 8. Mit der ersten Fahrt der »Comet« zwischen Glasgow und Greenock, einem 40 Fuß langen Schiff, das Henry Bell bei Wood & Co. in Glasgow bauen ließ, beginnt die europäische Liniendampfschiffahrt.

12. 8. Der britische Bergwerksingenieur John Blenkinsop nimmt in der Middleton-Grube in Yorkshire die – von ihm konstruierte und gebaute – Lokomotive (mit Zahnstangenantrieb) in Betrieb. Es ist die erste Lokomotive, die regelmäßig zum Einsatz gelangt. →

GEBOREN:

26. 4. Essen: Alfred Krupp († 14. 7. 1877, Essen), deutscher Industrieller.

Erste Zahnradbahn der Welt in Betrieb

12. August 1812. In Middleton in Großbritannien wird die erste – nach einem Patent von John Blenkinsop gebaute – Zahnradbahn der Welt in Betrieb genommen.

Die von dem britischen Ingenieur Richard Trevithick im Februar 1804 vorgestellte erste Lokomotive löste sofort weitere Entwicklungen aus (→ 1803). In einer Zeit ständig wachsender Transportbedürfnisse wird die Suche nach einem leistungsfähigeren Ersatz für Zugpferde verstärkt. Doch geht es dabei nicht ohne Umwege. Weil die ersten Lokomotiven relativ leicht waren und deshalb besonders an Steigungen oder beim Ziehen schwerer Wagen auf den Schienen rutschten, zweifelte man, ob die Reibung zwischen Rad und Schiene den Verkehr schwerer Züge auf Gleisen überhaupt erlaube. Folgerichtig konstruierte Blenkinsop eine Zahnradlokomotive und entsprechende Schienen, auf deren Außenseiten Eisenzähne angeschweißt sind. Die erste Lokomotive dieser Art – sie heißt »Prince Regent« – stellt Blenkinsop nun vor. Drei weitere

Eisenbahnzug mit einer Blenkinsopschen Lokomotive von 1812; der Antrieb erfolgt noch nicht durch bloße Radreibung, sondern nach dem Zahnradprinzip.

folgen 1813. Alle vier Maschinen nehmen erfolgreich den regulären Betrieb (bis 1835) auf.

Das vermeintliche Reibungsproblem führt noch zu anderen technischen Umwegen: William und Edward Chapmans Lokomotive hangelt sich mit Hilfe einer Kette voran. Und William Brunton entwickelt sogar eine Lok ganz ohne Räder; sie stelzt wie ein Elefant auf Beinen und Füßen voran.

Spinnmaschine verbessert

1812. Die von Samuel Crompton weiterentwickelten Spinnmaschinen produzieren ebenso viele Fäden wie vier Millionen althergebrachter Handspinnräder in derselben Zeit. Ein einziger Arbeiter kann an einer Crompton-Maschine gleichzeitig bis zu 10 000 Spindeln bedienen.

Das Grundprinzip seiner Spinnmaschine »Mule« hatte Crompton schon 1779 realisiert (→ 1775/79). Damals arbeitete die Maschine aber

erst mit 48 Spindeln. Auch beim neuen Modell laufen die Spindeln auf einem Laufwagen auf Schienen hin und her und halten das Vorgarn stets gestreckt. In der einen Laufrichtung werden die Fäden verzwirnt, in der anderen aufgewickelt. Der »Mule« erzeugt feines, gleichmäßiges und festes Garn. 1825 entwickelt der britische Ingenieur R. Roberts die Maschine zu einem vollautomatisch arbeitenden »self actor« weiter.

Spinnmaschine »Mule« von Samuel Crompton, Nachbau eines frühen Modells mit nur zwei Garnspindeln; vermutlich heißt die Maschine »Maulesel«, weil sie eine Kreuzung der Spinnmaschinen von Richard Arkwright und James Hargreaves ist

Neue Wasserwaage zeigt Horizontale

1812. Der deutsche Mechaniker und Ingenieur Georg von Reichenbach und Joseph Fraunhofer, Optiker und Physiker aus München, erfinden die tonnenförmig geschliffene Glaslibelle, eine Sonderform der Wasserwaage, die es erstmals gestattet, die Horizontallage in allen Richtungen gleichzeitig festzustellen.

Wann die Wasserwaage erfunden wurde, ist ungewiß. Sicher war sie im Prinzip bereits den Römern bekannt, die beim Bau ihrer Aquädukte (→ 1. Jh.) kleine tragbare wassergefüllte Rinnen verwendeten. 1629 erwähnte der Italiener Giovanni Branca die Schlauchwaage. Und 1661 erfand der Franzose Melchisédech Thévenot die mit einem leicht gebogenen Glasröhrchen arbeitende moderne Wasserwaage.

J. Fraunhofer

1813

Karl Friedrich Drais von Sauer-bronn, ein Forstmeister aus Mannheim, erfindet einen Mus-kelkraftwagen. →

Deacon erfindet in London die hohlen Ziegelsteine für leichte Mauern und später auch Gewöl-bekonstruktionen.

Die Optiker Paul Louis Gui-nand aus der Schweiz und Joseph Fraunhofer aus Mün-chen vervollkommnen das von dem englischen Glastechniker George Ravenscroft 1674 erfun-dene Flintglas so weit, daß es sich zur Fertigung großer opti-scher Linsen eignet.

Der deutsche Physiker und Mineraloge Christian Samuel Weiß begründet die mathemati-sche Kristallometrie.

William Hyde Wollaston gelingt es, Platindraht bis zu etwa einem tausendstel Milli-meter Stärke auszuziehen. Der britische Naturforscher hat dafür ein besonderes techni-sches Verfahren erfunden.

Der britische Ingenieur Tho-mas Brunton baut eine Maschi-ne für die serienmäßige Produk-tion von Ankerketten. Seine Firma exportiert diese Ketten bald in alle Welt.

Robert Buchanan, Ingenieur aus Schottland, erfindet das sogenannte Buchanansche Ruderrad. Es ist ein Schiffs-schaufelrad mit beweglichen Schaufelflächen, die sich beim Rotieren automatisch senk-recht stellen, also auch senk-recht in das Wasser eintauchen.

In Bolley gründet der Brite Benjamin Law die erste Fabrik zur Herstellung von sog. Shoddy. Shoddy ist eine Recycling-Wol-le, gefertigt aus gereinigten und zerfaserten Wollumpen.

Der Ingenieur Franz Joseph von Gerstner veröffentlicht eine Abhandlung mit dem Titel: »Ob und in welchen Fällen der Bau schiffbarer Kanäle Eisen-wegen oder gemachten Straßen vorzuziehen sei.« Die Schrift ist eine der ersten ausführlichen Wirtschaftlichkeitsunter-suchungen im Verkehrswesen. Sie gewinnt für den Ausbau besonders des mitteleuropäi-schen Eisenbahnnetzes große Bedeutung.

GESTORBEN:

10. 4. Paris: Joseph de Lagran-ge (* 25. 1. 1736, Turin), französi-scher Mathematiker.

29. 11. Parma: Giambattista Bodoni (* 16. 2. 1740, Saluzzo/ Piemont), italienischer Buch-drucker. →

GEBOREN:

19. 1. Charlton bei Hitchin: Sir Henry Bessemer († 15. 3. 1898, London), britischer Ingenieur und Erfinder.

Forstmeister Drais entwickelt Laufrad

1813. Der badische Forstmeister Karl Friedrich Drais von Sauer-bronn beschäftigt sich in Mann-heim mit der Konstruktion eines Muskelkraftwagens (→ 1680) und entwickelt eine Fahrmaschine, die ohne Pferde läuft, sich aber wegen der miserablen Straßenverhältnisse der Zeit bald als völliger Mißerfolg erweist. Dennoch hält Drais am Grundgedanken der rollenden Fort-bewegung durch Muskelkraft fest. Der Fußgänger, so hatte Drais er-kannt, hebt bei jedem einzelnen Schritt seinen Schwerpunkt und verbraucht dabei unnötig Energie. In einem Wagen oder auf einem Laufrad ist das nicht der Fall. Das Problem lag einzig darin, die Straße mit ihrem losen Sand und Kies, ih-ren Schlaglöchern und ihrem Schlamm zu überlisten. Dafür gab es nur eine einzige Lösung: Das

Lenkbares Laufrad, 1817 von Drais gebaut (Deutsches Museum, München)

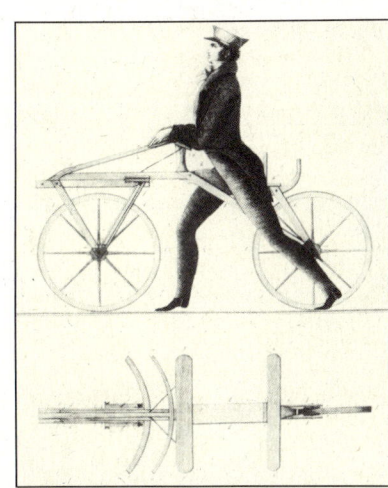

Abbildung aus einem von Karl F. Drais selbst konzipierten Werbepro-spekt für sein Laufrad von 1817

Fahrzeug mußte einspurig sein. Zwei Räder haben einen nur halb so großen Reibungswiderstand wie vier, und mit einem einspurigen Ge-fährt läßt sich immer die beste Stelle der Fahrbahn nutzen. Die konsequente Erfindung macht Drais vier Jahre später, also 1817: Das lenkbare Laufrad oder soge-nannte »Velociped«.

Das Drais-Laufrad ist eine Holz-konstruktion. Ein waagrechter Balken bildet den Hauptteil des Rahmens. Unter dessen Vorderteil befindet sich das durch V-förmige Stützen schwenkbar gelagerte Vorderrad, am hinteren Ende ist ein länglicher, lederüberzogener Sitz montiert. Vor dem Sattel liegt quer ein sogenann-

tes Balancierbrett, auf das der Fah-rer, der das Rad durch weit auslada-ende Laufschritte fortbewegt, seine Unterarme stützt.

Die Laufmaschine von Drais er-reicht Geschwindigkeiten von 10 bis 15 km/h. Im Sommer 1817 legt Drais damit die 50 km von Karlsruhe nach Kehl in nur vier Stunden zurück. Die Pferdepost braucht für diese Strecke die vierfache Zeit. Am 1. Au-gust desselben Jahres berichtet die »Karlsruher Zeitung«, Drais sei »in einer kleinen Stunde« von Mann-heim bis zum Schwetzinger Rat-haus gefahren, normalerweise »vier Poststunden Weges«. Ohne große Anstrengung 13 bis 15 km pro Stunde zu fahren, das ist für die Journalisten eine Sensation. »Die

Laufmaschine von Drais ist eine der wichtigsten Erscheinungen auf dem Gebiet der mechanischen Wis-senschaften, über deren Brauchbar-keit beinahe ganz Teutschland in diesem Augenblick zu Gericht sitzt«, kommentiert die Presse zu-sammenfassend.

Allerdings handelt es sich bei die-sem überschwenglichen Lob für die Draisine keineswegs um die Mei-nung der breiten Öffentlichkeit im Heimatland des Freiherrn.

Mit seiner Erfindung stößt Drais bei seinen Zeitgenossen in Deutsch-land eher auf Unverständnis als auf Begeisterung. Im Gegensatz zu späteren Eisenbahnen bewegt diese Art der Fortbewegung nicht die Gemüter.

Karl Friedrich Drais über sein »Velociped«

»Beschaffenheit und Eigen-schaften.

Diese Erfindung ist aus dem ein-fachen Gedanken entstanden, einen auf zwei Rädern befestig-ten Sitz mittels der Füße fortzu-bewegen.

1.) Berg auf geht die Maschine, auf guten Landstraßen, so schnell, als ein Mensch in star-kem Schritt.

2.) Auf der Ebene, selbst sogleich nach einem starken Gewitterre-gen, wie die Staffetten der Po-sten, in einer Stunde 2.

3.) Auf der Ebene, bei trockenen Fußwegen, wie ein Pferd im Ga-lopp, in einer Stunde gegen 4.

4.) Berg ab, schneller als ein Pferd in Carrière . . .

Zur Grundlage meiner Theorie bediente ich mich des sehr be-kannten Mechanismus des Rades und wendete dasselbe in einfach-ster Weise auf den Gang des Men-schen an. Mit Bezug auf die Kraft-ersparniss kann man also diese Erfindung mit der (sehr alten) Erfindung der gewöhnlichen Wa-gen vergleichen . . .«

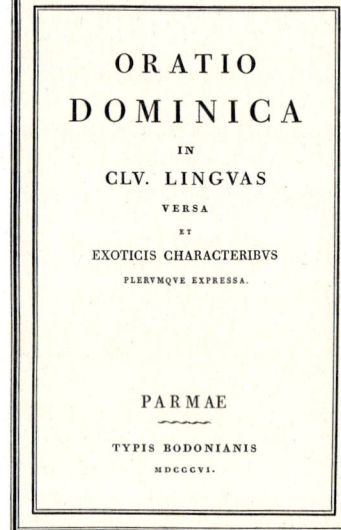

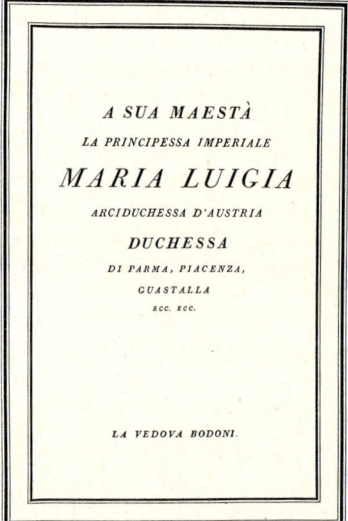

Beispiele für die klassizistische Antiqua von Giambattista Bodoni

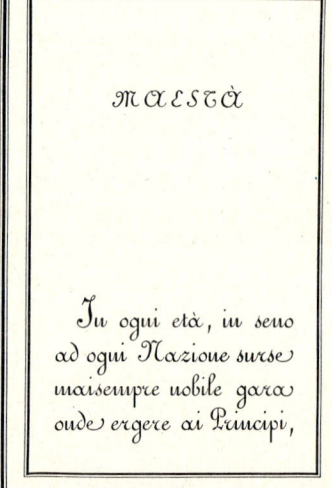

L.: Druckbuchstaben von Bodoni, die den Charakter einer Handschrift nachempfinden; r.: die klassische Antiqua in Kursivschrift

Der Schriftschneider Bodoni

29. November 1813. In Parma stirbt im 74. Lebensjahr der aus Saluzzo im Piemont stammende Buchdrucker und Schriftschneider Giambattista Bodoni.

Bodoni leitete zunächst die herzögliche Druckerei in Parma und unterhielt ab 1791 eigene graphische und Druckbetriebe. Seine Arbeiten qualifizierten ihn als den wegweisenden Buchgestalter und -drucker des Klassizismus. Eine der Spezialitäten Bodonis war die Herausgabe in Druck und Papier erlesen ausgestatteter Werke der Antike. Er verlegte u. a. bibliophile Ausgaben der Ilias des Homer sowie Werke von

Horaz und Vergil. Daneben gestaltete und schnitt Bodoni zahlreiche neue Schrifttypen.

In seinem postum (1818) veröffentlichten Werk »Manuale tipografico« stellt Bodoni nicht weniger als 373 verschiedene Schriftarten vor, für die er die einzelnen Buchstaben sämtlich selbst geschnitten hatte. Besonders die Antiqua-Schrift »Bodoni« findet später dauerhafte und weite Verbreitung. Bodoni ist einer der letzten bedeutenden handwerklich arbeitenden Buchdrucker. Genutzt werden Bodonis Schriften u. a. von Friedrich Gottlob Koenig in London (→ 14. 11. 1814).

1814

Cochot, ein Ingenieur aus Frankreich, beendet seine 15jährigen Entwicklungsarbeiten an einer Furniermaschine mit horizontal (statt wie bisher vertikal) arbeitender Säge. Er baut damit die erste zuverlässig arbeitende Furniermaschine. →

Der schwedische Chemiker Jöns Jakob Berzelius veröffentlicht die ersten Atomgewichtstafeln.

Colin und Gaultier de Claubry entdecken, daß Jod in Gegenwart selbst geringster Stärkemengen eine Reaktion eingeht, die eine intensive Blaufärbung hervorruft. Der deutsche Arzt und Chemiker Friedrich Stromeyer schlägt deshalb vor, Jod als Nachweismittel für Stärke zu verwenden.

Joseph Fraunhofer entdeckt unabhängig von dem britischen Naturforscher William Hyde Wollaston (1802) die dunklen Streifen im Sonnenspektrum. Er findet, indem er das Spektrum im Fernrohr betrachtet, über 500 dieser Spektralunterbrechungen (»Fraunhofersche Linien«). Außerdem konstruiert der deutsche Optiker und Chemiker ein zweilinsiges Fernrohrobjektiv aus je einer Kron- und einer Flintglaslinse, das praktisch keine Farbstreuung aufweist. →

Der bayerische Trigonometer J. M. Hermann erfindet das Linearplanimeter.

1. 4. Nachdem sich im Jahr 1810 die erste Gasgesellschaft Londons, die Chartered Company, etabliert hatte, werden jetzt die ersten Londoner Gaslaternen in der Kirchengemeinde St. Margareths in Betrieb genommen. →

29. 10. Als erstes Kriegsdampfschiff läuft die von dem US-Ingenieur Robert Fulton gebaute »Fulton the First« in New York vom Stapel (→ 1808).

14. 11. Als erster Zeitungsdruck auf einer Schnellpresse entsteht eine Ausgabe der Londoner »Times«. →

GESTORBEN:

21. 8. Auteuil bei Paris: Benjamin Thompson Earl of Rumford (* 26. 3. 1753, North Woburn/ Massachusetts), britisch-US-amerikanischer Naturwissenschaftler.

GEBOREN:

19. 7. Hartford/Connecticut: Samuel Colt († 10. 1. 1862, Hartford/Connecticut), US-amerikanischer Erfinder und Industrieller.

30. 7. Hamburg: Johann Georg Halske († 18. 3. 1890, Berlin), deutscher Elektrotechniker.

25. 11. Heilbronn: Julius Robert Mayer († 20. 3. 1878, Heilbronn), deutscher Mediziner.

»Beim Lesen der in London erscheinenden Tageszeitung ›Times‹«

Times-Verlag druckt mit Schnellpresse

14. November 1814. Der Verleger der in London erscheinenden Tageszeitung »The Times« nimmt als erster eine sogenannte Schnellpresse in Betrieb. Die Maschine von dem deutschen Buchdrucker Friedrich Gottlob Koenig wurde 1810 in London patentiert und zwei Jahre später von ihm und Andreas Friedrich Bauer verbessert.

Der Weg zur Dampfpresse

1436 bis 1455: Johannes Gutenberg erfindet die beweglichen Lettern und druckt die ersten Bücher (→ 1468).

1477: Die »Cosmographia« von Claudius Ptolemäus erscheint als erstes Werk mit Tiefdruck-Landkarten.

1710: Jakob Christof Le Blon entwickelt den Vierfarbdruck (→).

1725: William Ged erfindet die Stereotypie, die Druckplattenvervielfältigung.

1798: Alois Senefelder erfindet die Lithographie (→).

Die dampfgetriebene Maschine arbeitet mit einer Walze, unter der sich pendelnd die Druckform bewegt. Zwei weitere Walzen tragen die Farbe auf die Form auf. Ein Greifer legt das frische Papier um die erste Walze, die es zum Druck gegen die Form preßt. Anschließend faßt der Greifer den bedruckten Bogen und legt ihn in die Auslage ab.

Zahlreiche Linien im Sonnenspektrum

1814. Der 27jährige bayerische Optiker Joseph Fraunhofer entdeckt die zahlreichen dunklen Linien im Spektrum des Sonnenlichts neu, die bereits 1802 der britische Physiker William Hyde Wollaston gefunden hatte. Sie waren allerdings damals schnell in Vergessenheit geraten. Fraunhofer beschäftigt sich jetzt systematisch mit diesem merkwürdigen Phänomen.

Der junge Bayer, dem die Wissenschaft zahlreiche Fortschritte auf dem Gebiet optischer Gläser und Geräte verdankt, erforscht schon seit langem intensiv Erscheinungen, die mit dem Licht zusammenhängen. So schuf er äußerst präzise gefertigte Loch- und Strichmasken, um Interferenzen zu erzeugen. Meist beobachtete er die durch Lichtbeugung oder Wellenüberlagerungen erzeugten Figuren mit einem von ihm gebauten, hochauflösenden Theodolitfernrohr.

Als Fraunhofer das → 1666 von Isaac Newton entdeckte Sonnenspektrum mit diesem vergrößernden Instrument untersucht, erkennt er, daß es an vielen Stellen durch dunkle senkrechte, verschieden stark ausgeprägte Linien unterbrochen ist. Er zählt mehr als 500 davon und bezeichnet die auffällig-

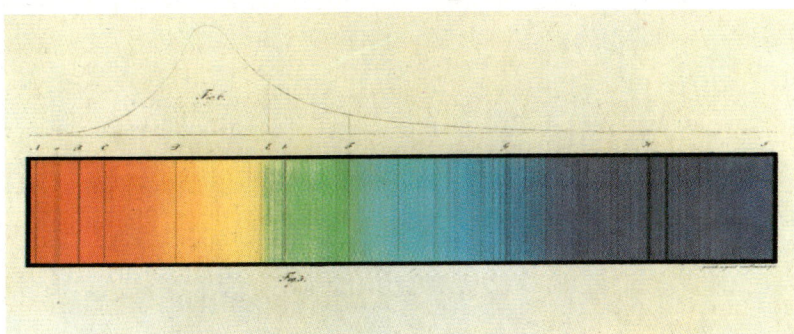

Von Joseph Fraunhofer selbst gezeichnetes und handkoloriertes Spektrum des Sonnenlichts; sorgfältig hat er die Spektrallinien eingezeichnet

Der deutsche Lichtforscher und Optiker Joseph Fraunhofer

sten mit den Buchstaben A bis H. Auch im Licht der Venus und anderer Gestirne findet er solche Striche. Fraunhofer fällt auch auf, daß im Spektrum der Ölflamme genau dort, wo sich im Sonnespektrum eine von ihm mit B bezeichnete ausgeprägte dunkle Doppellinie zeigt, eine besonders helle Linie erscheint. Robert Bunsen und Gustav Kirchhoff erklären dieses Phänomen (→ 1860): Helle Linien sind Emissions-, dunkle Linie Absorptionslinien. Sie entstehen, wenn weißes Licht auf Atome chemischer Elemente trifft und deren Elektronen Energie aufnehmen (Absorption) oder beim glühenden Stoff abgeben (Emission).

Furniermaschine arbeitet ganz genau

1814. Ein französischer Ingenieur namens Cochot beendet seine 15jährigen Entwicklungsarbeiten an einer neuen Furniermaschine mit horizontal arbeitender Säge.

Die Technik des Furnierens praktizierten schon 2800 v. Chr. ägyptische Tischler, die auf Möbel oder die Deckel von Prunksärgen dünne Edelholzblättchen leimten. Die Handwerker am Nil benutzten für die Furnierherstellung Handschälmesser, eine Technik, die sich bis 1808 nicht wesentlich änderte. In diesem Jahr beschäftigte sich in England Marc Isambard Brunel mit der Konstruktion mehrerer Furnierschneidemaschinen, die er anfangs nicht mit Sägen, sondern mit einem horizontal liegenden Messer ausstattete, das so breit war wie die Bohle, aus der die Furniere geschnitten werden sollten. Später verwendete Brunel Kreissägen mit besonders feinen Blättern. Doch erst Cochots Konstruktion, eine gerade, horizontal liegende Säge mit nach unten gekehrten Zähnen, bringt befriedigende Ergebnisse. Sie liefert Sägefurniere in der Breite des Stammes. Das Schälfurnier kommt erst Anfang des 20. Jahrhunderts auf.

Erstes Gaslicht für Londons Straßen

1. April 1814. Nachdem sich bereits 1810 die erste Gasgesellschaft Londons, die Chartered Company, etabliert hatte, werden jetzt im Londoner Kirchspiel St. Margareths die ersten Gas-Straßenlampen der Stadt in Betrieb genommen.

Schon 1802 erhielt Friedrich Winzler (anglisiert Winsor) aus Znaim ein Privileg vom britischen König Georg III., Leuchtgas (→ 1792) zur Städtebeleuchtung zu verwenden. Die von ihm nun entzündeten Gaslampen bestehen im Prinzip nur aus einem am Ende geschlossenen Rohrstutzen mit kleinen Löchern, aus denen das Gas ausströmt. Einen Glühstrumpf (→ 1885) besitzen sie noch nicht und sind deshalb entsprechend lichtschwach (Abb.: Eine Karikatur von 1809 zu den ersten Gaslichtvorführungen).

Jöns Jacob Berzelius führt Symbole für die chemischen Elemente ein. →

In Böhmen baut Josef Bozek ein Vierradfahrzeug mit Niederdruckdampfmaschine.

Humphry Davy, 1812 wegen seiner Verdienste um die Naturwissenschaften geadelt, entwickelt die Sicherheits- oder Grubenlampe. →

Samuel Clegg erfindet den sog. Stadtdruckregler, einen Gasdruckregulator, der an den Übergabestellen zum Verbraucher den Druck des Stadtgases der Verbrauchsmenge anpaßt.

Zur Reproduktion von bildlichen Darstellungen, Formularen und Schrift entwickelt H. W. Eberhard die Zinkographie. Dabei werden Druckplatten aus Zink für den Hoch- oder Tiefdruck durch Ätzen vorbereitet.

In London erfindet Joseph Egg die kupfernen Zündhütchen, die sich bald gegenüber allen bisherigen Perkussionszündungen durchsetzen. Gefüllt sind diese Initialzünder mit einer Mischung aus Schießpulver und chlorsaurem Kali (→ 1807).

Die deutsche Hütte Lauchhammer produziert als erste emaillierte Geschirre.

John Ford erfindet das Biegewalzwerk. Es besteht aus drei Walzen, deren parallele Achsen durch die Eckpunkte eines Dreiecks laufen. Die Maschine bringt Kesselbleche in die gewünschte gebogene Form.

Der Deutsche Samuel Lucas entdeckt die Eigenart des Silbers, im geschmolzenen Zustand das 22fache seines eigenen Volumens an Luftsauerstoff zu adsorbieren.

Als erstes europäisches Kriegsdampfschiff läuft die »Congo«, ein britisches Kanonenboot, vom Stapel. →

Joseph Louis Gay-Lussac entdeckt das Cyan. Der französische Physiker und Chemiker faßt es als Radikal auf, also als eine aus verschiedenen Elementen zusammengesetzte Gruppe, die sich in Verbindungen wie ein Element verhält.

Der Wiener Instrumentenmacher Johann Nepomuk Mälzel erfindet das Metronom.

Die ersten sog. Bouillon- oder Suppentafeln stellt Johann Friedrich Westrumb her.

1. 6. Die von Robert Fulton aus den USA gebaute »Fulton the First«, das erste Kriegsdampfschiff, unternimmt Probefahrten (→ 1815).

GEBOREN:

2. 11. Lincoln/Großbritannien: George Boole († 8. 12. 1864, Ballintemple/Irland), britischer Mathematiker.

Die »Demologus«; als US-amerikanischer Vorgänger der europäischen »Congo« das erste dampfgetriebene Kriegsschiff

Kriegsdampfschiffe laufen erstmals aus

1815. Als erstes Kriegsdampfschiff Europas läuft das britische Kanonenboot »Congo« vom Stapel. Bereits am 29. Oktober 1814 war in New York die von Robert Fulton gebaute »Fulton the First« fertiggestellt worden, das erste eigens als Kriegsschiff konstruierte Dampfschiff (→ 1808).

Fultons Schiff ist eine mit 30 Kanonen bewaffnete 47 m lange und 17 m breite Doppelrumpf-Fregatte, die für die Verteidigung des New Yorker Hafens bestimmt ist. Obwohl sich die »Fulton the First«, die später in »Demologus« umgetauft wird, in der Praxis nicht bewährt, leitet

sie eine neue Ära der Kriegsführung zu Wasser ein, da sie zur technischen Weiterentwicklung des Kriegsschiffs anregt.

Die »Demologus« hat sich als Dampfkatamaran – man spricht von »Dampffloß« – aus der Floßschiffahrt entwickelt. Ihre zweirümpfige Bauweise garantiert geringen Tiefgang, so daß sich auch seichte Gewässer befahren lassen. Die Maschine ist, einer Idee Patrick Millers von 1788 folgend, zwischen den Rümpfen montiert. Im Gegensatz dazu lehnt sich die britische »Congo« an Konstruktionen wie die des 1814 in England gebauten Fährschiffs »Mar-

gery« an. Die Briten favorisieren Einrumpfschiffe im klassischen Segelschiffstil, die beidseitig von je einem großen mitschiffs montierten Schaufelrad angetrieben werden.

Besonders in Großbritannien erreichen Konstruktion und Bau neuer Dampfschiffe um 1815 einen ersten Höhepunkt, der auch zum Export führt. So verkehrt schon 1816 die in »Elise« umbenannte »Margery« auf der Seine. Im selben Jahr verkehrt auf dem Rhein als Deutschlands erster Dampfer die britische »The Defiance«, während in Berlin die beiden ersten deutschen Schaufelraddampfer gebaut werden.

Sicherheitslampen für die Bergarbeiter

1815. Der britische Chemiker Sir Humphry Davy (→ 1808) erfindet die Grubenlampe. Etwa zeitgleich konstruiert sein Landsmann George Stephenson ein technisch ganz ähnliches Gerät.

Das Prinzip beider Lampen ist gleich: Ein um die offene Flamme gelegtes Drahtnetz kühlt die von dem Feuer ausgehenden heißen Gase beim Passieren der engen Maschen so weit ab, daß deren Temperatur nicht mehr zum Zünden der »schlagenden Wetter« in den Stollen ausreicht. Stephensons Konstruktion verhindert durch geeigneten Zug, daß sich das Drahtnetz selbst bis zur Rotglut erhitzt.

Der schwedische Grundlagenforscher der Chemie Jöns J. Berzelius

Kurzsymbole für chemische Elemente

1815. Der schwedische Chemiker Jöns Jacob Berzelius führt symbolische Kurzbezeichnungen für die chemischen Elemente ein, nachdem er diese bereits 1811 systematisch benannt hatte.

Die neuen Kurzzeichen (»H« für Wasserstoff, »O« für Sauerstoff, »C« für Kohlenstoff usw.) führen zu einfacheren, formelhaften Darstellungen chemischer Reaktionen und gestatten die übersichtliche Notierung selbst komplex zusammengesetzter Moleküle, mit deren Entstehung und Aufbau sich Berzelius intensiv beschäftigt. So stehen etwa H_2O für das Wassermolekül oder CO_2 für das Kohlendioxid.

1816

Der Engländer George Manby erfindet den Handfeuerlöscher.

Der französische Chemiker und Physiker Pierre Louis Dulong und Alexis Thérèse Petit, Physikprofessor in Paris, erfinden die äußerst präzisen Gewichts- und Ausflußthermometer. Sie beruhen auf der Volumen- bzw. Gewichtsmessung von Flüssigkeitsüberschüssen, die durch Ausdehnung bei Temperaturerhöhung aus einem randvollen Gefäß verdrängt werden.

In Berlin baut der Hütteninspektor Schmahel in der Königlichen Eisengießerei nach Entwürfen seines Kollegen Kriegar die erste Dampflokomotive auf dem europäischen Festland.

René Théophile Hyacinthe Laennec aus Frankreich erfindet das Stethoskop. →

Die Manufaktur Matelin stellt in Paris Porzellanwaren als erste in einem Preßverfahren her. Ein Gußverfahren entwickelt dagegen die Porzellanmanufaktur in Sèvres. →

Der Brite Pott fertigt in Chelsea (London) für den amputierten Marquis von Anglesey ein künstliches Bein an, das für spätere Prothesen dieser Art vorbildlich wird.

Der französische Chemiker Charles Derosne erfindet das Phosphorzündmittel. Später nutzt es Kammerer für die Entwicklung von Phosphorzündhölzchen.

In London konstruiert Francis Ronalds den ersten elektrischen Zeigertelegraphen. Angetrieben wird das Gerät durch elektrostatische Kräfte. Es kennt 20 verschiedene Zeichen (→ 1833).

Robert Salmon baut in Wobarn (Großbritannien) die erste brauchbare Heustreu- und -wendemaschine.

Der Ingenieur Lee errichtet in Großbritannien die erste Drahtseilhängebrücke.

Ein unbekannter Ingenieur erfindet die Metalldrückbank.

Der Musiker Heinrich Stölzel aus Pleß in Schlesien erfindet die Ventile der Blechblasinstrumente.

9. 5. Der französische Erfinder Joseph Nicéphore Niepce entdeckt ein fotografisches Ätzdruckverfahren, die Wiedergabe von Bildern auf lichtempfindlich gemachtem Asphalt (Heliographie). →

GEBOREN:

11. 9. Weimar: Carl Zeiss († 3. 12. 1888, Jena), deutscher Unternehmer.

13. 12. Lenthe/Hannover: Werner Siemens († 6. 12. 1892, Berlin), deutscher Erfinder und Unternehmer.

Die ersten Bilder im Fotodruck erzeugt

9. Mai 1816. Dem Franzosen Joseph Nicéphore Niepce gelingt erstmals die Wiedergabe von Bildern auf lichtempfindlich gemachtem Asphalt nach dem von ihm erfundenen Ätzdruckverfahren, der sogenannten »Heliographie«.

Bereits → 1556 hatte Georg Fabricius die Schwärzung von Chlorsilber durch Sonnenlicht beobachtet und → 1727 Johann Heinrich Schulze die ersten flüchtigen Lichtbilder durch einfaches Bedecken einer Kreideschlamm-Chlorsilberschicht mit Schablonen und anschließendes Belichten erzeugt. Damit war eine wichtige chemische Grundlage für die Fotografie gelegt.

Von Niepce mit einer Irisblende ausgerüstete Camera obscura

Die einzige erhaltene Fotografie von Niepce von 1826 ist zugleich die älteste erhaltene Fotografie der Welt; Belichtungszeit: Acht Stunden

Schon → um 900 erfanden islamische Gelehrte das Abbildungssystem der Lochkamera, das im 16. Jahrhundert durch Leonardo da Vinci verbessert wurde. Kurz danach setzte man an die Stelle des Lochs dieser Camera obscura auch schon Linsen. 1802 legten die Briten Thomas Wedgwood und Humphry Davy Blätter u. a. auf lichtempfindliches Papier und bildete sie unfixiert ab.

Erst Niepce kombiniert die alten chemischen und optischen Verfahren, indem er mit einer Kamera Negativbilder aufnimmt. Er fotografiert als erstes Motive vor dem Fenster seines Arbeitszimmers: Eine Scheune, ein Backhaus und einen Taubenschlag. Erstaunlicherweise erscheinen seine Bilder in Farbe. Allerdings kann auch er sie zunächst nicht fixieren. Das gelingt ihm erstmals 1826, als er die erste erhaltene Fotografie der Geschichte herstellt. Er belichtet eine mit einer Art lichtempfindlichem Asphalt beschichtete Zinnplatte von 16,5 × 21 cm acht Stunden lang. An den belichteten Stellen bleicht das Pech aus und wird hart. An den unbelichteten Stellen wäscht es Niepce mit Terpentin aus. Um den Kontrast zu erhöhen, dunkelt er diese Flächen anschließend mit Joddampf nach. Das Motiv des Bildes ist wiederum ein Blick aus seinem Arbeitszimmerfenster. Merkwürdig verteilt sind auf dieser ersten Fotografie Licht und Schatten, da während der extrem langen Belichtungszeit natürlich die Sonne wanderte.

Porzellan-Gießverfahren

1816. Die Porzellanmanufaktur in Sèvres stellt erstmals Porzellan im Gießverfahren her. Zur gleichen Zeit entwickelt auch die Pariser Manufaktur Matelin einen neuen Weg der Porzellanproduktion: Sie preßt das Rohmaterial in metallene Formen. Als Ausgangsmaterial verwendet Matelin dünne Platten (sogenannte Schwarten) oder auch Klumpen aus der noch ungebrannten Porzellanmasse, die in Formen eingelegt und von entsprechend gestalteten Stempeln zu Tellern, Tassen usw. gepreßt werden. Gegenüber der bisherigen Handformerei ist das eine erhebliche Rationalisierung.

Die Firma in Sèvres stellt zunächst nur flache Porzellanplatten in Serie her, wobei die relativ dünnflüssige Rohmasse in Gipsformen gegossen wird. Später (ab 1850) produziert sie auch andere Objekte: Zum Beispiel Tassen, Teller usw.

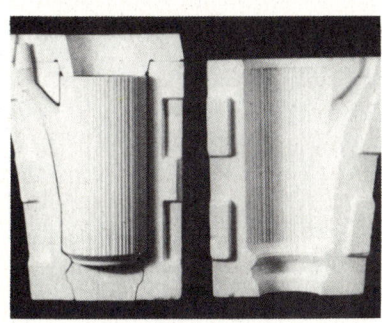

Porzellanguß im 20. Jahrhundert in einer mehrteiligen Gipsform

Schüchterner Arzt erfindet Stethoskop

1816. Der französische Mediziner René Théophile Hyacinthe Laennec erfindet das Stethoskop und begründet mit diesem Instrument die exakte Diagnostik von Herz- und Lungenkrankheiten.

Seine Erfindung verdankt er einem Zufall: Als sich der schüchterne Mann nicht traut, sein Ohr zum Abhören der Herztöne auf den entblößten Oberkörper einer Patientin zu legen, nimmt er als »Distanzhalter« eine Röhre aus zusammengerolltem Papier. Er stellt überrascht fest, daß dieses Rohr die Töne akustisch erheblich verstärkt. Er verbessert dieses Verfahren, indem er an der Röhre beidseitig Paßstücke anbringt.

1817

Der schwedische Chemiker Johan August Arfwedson entdeckt das Element Lithium.

Der britische Mathematiker und Physiker Peter Barlow begründet die mechanische Festigkeitslehre durch entsprechende Versuche an Metallen, Holz, Steinen und Zement.

Der US-Tiefbauingenieur Witt Clinton beginnt mit dem Bau des Erie-Kanals zwischen Huron- und Eriesee.

Jöns Jacob Berzelius, Chemiker aus Schweden, entdeckt das Element Selen.

Der britische Chemiker und Physiker John Frederic Daniell entdeckt, daß man von Ätzfiguren auf die innere Struktur von Kristallen rückschließen kann. Den Anstoß zu dieser Erkenntnis geben ihm die 1808 von dem österreichischen Naturforscher Alois von Widmannstätten entdeckten Figuren, die beim Anätzen der Schliffflächen von Eisenmeteoriten entstehen.

Der französische Physiker Jean-Baptiste Biot entdeckt die Drehung der Polarisationsebene des Lichtes (Zirkularpolarisation) im Quarzkristall.

Abraham-Louis Breguet erfindet das Bimetall- bzw. Trimetall-Thermometer. →

George Clymer konstruiert die Columbiapresse für den Buchdruck, bei der die herkömmliche Schraubenspindel durch ein Hebelwerk ersetzt ist (→ 1846).

Der Chemiker Sir Humphry Davy entdeckt die katalytische Wirkung des Platins. →

Der badische Forstmeister Karl Friedrich Drais von Sauerbronn, der 1813 das Laufrad erfunden hat, stellt es jetzt in einer verbesserten Version vor.

Joseph Fraunhofer, Optiker und Physiker aus Straubing, erfindet eine zweilinsige Lupe, die nach ihm benannt wird. →

Die Chemiker Friedrich Stromeyer in Göttingen und Carl Samuel Leberecht Hermann aus Schönebeck entdecken das Element Cadmium.

Seth Hunt erfindet in den USA eine Maschine, die Stecknadeln in einem einzigen Arbeitsgang herstellt.

Der deutsche Mineraloge und Chemiker Wilhelm August Lampadius veröffentlicht das erste Lehrbuch der Elektrochemie. →

Dietrich Uhlhorn aus Grevenbroich erfindet einen Tachometer, der nach dem Fliehkraftprinzip arbeitet. →

Der britische Naturforscher William Hyde Wollaston erfindet das Siedethermometer zur äußerst exakten Luftdruckmessung.

Tachometer mißt Geschwindigkeit

1817. Der deutsche Maschinenbauingenieur Dietrich Uhlhorn erfindet in Grevenbroich einen Tachometer für Lokomotiven.

Zunächst wollte er ein Meßinstrument bauen, das die Geschwindigkeit der Bewegung fester oder flüssiger Körper so anzeigt, daß sich auch die geringsten Änderungen schnell und sicher wahrnehmen lassen. Er realisiert das mit dem Prinzip des Fliehkrafttachometers: Ein auf einer Welle befestigter Schwungring wird durch die Fliehkraft entgegen einer Federkraft gespreizt. Zum Einsatz in Lokomotiven bringt das Instrument erstmals 1844 der Ingenieur Deniel.

Exaktere Messung von Temperaturen

1817. Der Franzose Abraham-Louis Breguet aus der Schweiz erfindet ein Metallfederthermometer (Trimetallthermometer).

Das temperaturempfindliche Element ist eine Spiralfeder aus ganzflächig zusammengelöteten dünnen Streifen von Platin, Gold und Silber. Diese Metalle besitzen sehr unterschiedliche Temperaturausdehnungskoeffizienten. Deshalb ändert sich mit zu- oder abnehmender Temperatur die Federkrümmung besonders stark. Breguet befestigt ein Federende an einem Gehäuse, am anderen montiert er einen freien Zeiger, der auf einer Skala die Temperatur sehr genau anzeigt.

Der britische Chemiker Humphrey Davy (r.) mit einem Helfer bei der Arbeit in seinem Labor; hier entdeckt er die katalytischen Eigenschaften des Platins

Neue Lupe von Fraunhofer

1817. Der bayerische Optiker Joseph Fraunhofer entwickelt eine neue Lupe, die aus zwei Linsen aufgebaut ist. Sie erzeugt bei stärkeren Vergrößerungen weitaus schärfere und farbreinere Bilder als die bisher üblichen Einlinser.

Lupen sind konvexe Linsen geringer Brennweite, die kleine Gegenstände als vergrößertes virtuelles aufrechtstehendes Bild wiedergeben. Dabei treten die üblichen Abbildungsfehler von Einlinsensystemen, farbige Mehrfachkonturen und Unschärfe in den Randregionen, um so mehr in Erscheinung, je stärker die Lupe vergrößert. Die Abbildungsfehler machen sich allerdings erst bei stärkeren Vergrößerungen bemerkbar. Fraunhofer kompensiert die Fehler weitgehend durch zwei plankonvexe Linsen, die er in geeignetem Abstand mit den gewölbten Seiten gegeneinander montiert. Die Gläser haben unterschiedliche Brechungsindices.

Die Vergrößerung durch eine Lupe ist etwa gleich dem Verhältnis der sog. deutlichen Sehweite des menschlichen Auges (normalerweise etwa 250 mm) zur Linsenbrennweite. Eine Linse mit der Brennweite 50 mm vergrößert demnach 250/50 = 5fach. In diesem Bereich fallen die Abbildungsfehler noch kaum ins Gewicht.

Lampadius: Vater der Elektrochemie

1817. Der Chemiker Wilhelm August Lampadius gibt das erste Lehrbuch der Elektrochemie heraus und führt damit diesen Begriff ein.

Elektrochemie ist das Teilgebiet der physikalischen Chemie, das sich mit chemischen Reaktionen befaßt, bei denen Elektronen über einen äußeren Stromkreis von einem Reaktionspartner zum anderen wandern, also nicht, wie sonst in der Chemie üblich, direkt von Molekül zu Molekül. Läuft die Reaktion von selbst ab, kann auf diese Weise chemische Bindungsenergie in elektrische Energie umgesetzt werden, anderenfalls muß Strom von außen zugeführt werden.

Katalysatorwirkung bei Platin entdeckt

1817. Der britische Chemiker Humphry Davy entdeckt die katalytischen Eigenschaften (→ 1811) des Platins. Der Wissenschaftler stellt fest, daß erwärmter Platindraht in Gemengen von Sauerstoff oder Luft mit Wasserstoff, Kohlenoxid usw. von selbst zu glühen beginnt und daß bei diesem Vorgang das Gasgemisch verbrennt.

Das Metall Platin, das 1750 R. Watson als chemisches Element nachwies, absorbiert in feiner Verteilung – oder als dünner Draht – Sauerstoff. Diesen gibt es bei Erwärmung wieder ab, was in vielen Fällen die Oxidation brennbarer Substanzen einleitet oder beschleunigt, die mit dem Platin in Kontakt gebracht werden, denn in unmittelbarer Drahtnähe liegt der Sauerstoff in höherer Konzentration vor.

Davy beobachtet die Katalysatorwirkung von Platin an Wasserstoff und Kohlenmonoxid. Wenn die brennbaren Gase mit der praktisch reinen Sauerstoffatmosphäre in der Nähe des Platindrahts in Kontakt kommen, oxidieren sie sofort – wenn auch ohne offene Flamme. Bei der chemischen Reaktion wird Wärme frei, die den Draht weiter erhitzt. Der Prozeß beschleunigt sich selbst, bis der Draht schließlich zu glühen beginnt.

Die Katalysatorwirkung des Platins wird später in zahlreichen chemisch-technischen Prozessen von großer Bedeutung sein, so etwa beim Auto-Katalysator.

1818

Der US-amerikanische Ingenieur Eli Whitney erfindet für die Herstellung von Handfeuerwaffen eine einfache Fräsmaschine mit einem rotierenden Schneidwerkzeug.

Der französische Chemiker Henri Braconnot und sein Kollege Simonin aus Paris erfinden die Stearinkerze. →

Francesco de Lardarel legt künstliche Seen zur Borsäuregewinnung an und begründet die geothermische Industrie in Italien. →

Die Dampfschiffahrt auf Rhein und Elbe beginnt.

Der Londoner Maschinenbauer Faveryear erfindet die Schäl-Furniermaschine. →

Der deutsche Mathematiker, Astronom und Physiker Carl Friedrich Gauß konstruiert Fernrohrobjektive, die für mindestens zwei Wellenlängen keine sphärische Aberration und für mindestens zwei Zonen keine chromatischen Fehler aufweisen (→ 1608, 1896).

Der britische Physiker Henry Kater bestimmt die Erdbeschleunigung: 9,80896 m/sec².

Der Zahnarzt L. Regnart benutzt erstmals Amalgam für Zahnfüllungen.

Der holländische Arzt Peter de Riemer erfindet den Gefrierschnitt im Zusammenhang mit anatomischen Untersuchungen an Leichen.

Die »Savannah« wird fertiggestellt. Der Dreimaster überquert bei seiner 26tägigen Fahrt von Savannah nach Liverpool 1819 als erster Dampfer den Atlantik. →

Der französische Chemiker Louis Jacques Thenard entdeckt das Wasserstoffsuperoxid und das Kobaltblau.

Joseph Louis Gay-Lussac, Physiker und Chemiker aus Frankreich, stellt erstmals fest, daß Wasser bei gleichem Druck in Glasgefäßen bei einer höheren Temperatur siedet als in Metallgefäßen (was mit der Adhäsion des Wassers an der Gefäßwand zusammenhängt).

Der französische Mathematiker und Techniker Xavier Charles Thomas konstruiert in Colmar eine Multiplikationsmaschine, die auch Wurzelziehen und Potenzieren kann und trigonometrische Rechnungen ausführt. →

GEBOREN:

3. 12. Lichtenheim/Bayern: Max Pettenkofer († 10. 2. 1901, München), deutscher Hygieniker.

24. 12. Salford/Manchester. James Prescott Joule († 11. 10. 1889, Sale/London), britischer Physiker.

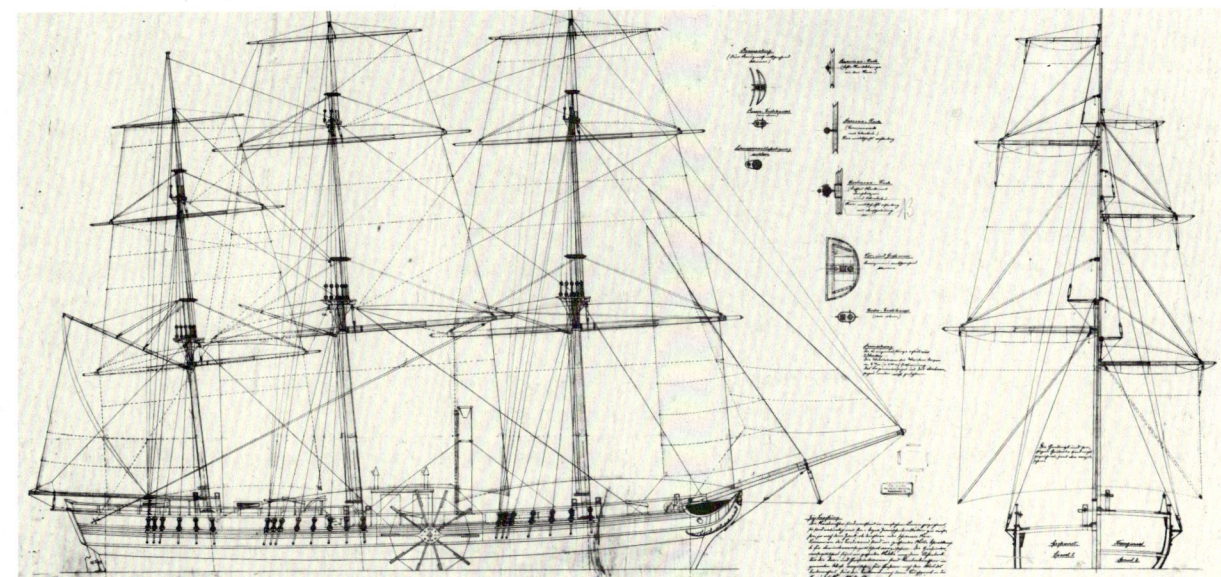

Das Dampfschiff »Savannah« wirkt mit seiner aufwendigen Takelage auf den ersten Blick noch wie ein reiner Segler

Dampfschiff überquert den Atlantik

1818. Nach den ersten Versuchen Robert Fultons (→ Januar 1808) und anderer Dampfschiffpioniere stellt die New Yorker Werft Francis Pikket den 36,53 m langen und 7,9 m breiten Raddampfer »Savannah« fertig, der 1819 als erstes Dampfschiff der Welt den Atlantik von Savannah in Georgia nach Liverpool überquert.

Die Transatlantikschiffahrt ist ein stark wachsender Verkehrszweig, seit nach der Unabhängigkeitserklärung der USA von 1776 mehr und mehr Europäer in die Vereinigten Staaten auswandern.

Die Transatlantikfahrt war bisher Sache der Segelschiffe, bei denen die Passagezeiten von den Windver-

Eisen im Schiffbau eingesetzt

Nicht nur die Dampfkraft hält im Schiffbau Einzug. Auch ein neues Material findet mehr und mehr Verwendung: Das Eisen beginnt Holz als klassischen Werkstoff im Schiffsbau zu verdrängen. Zunächst wird es zur Verstärkung des Rumpfs verwendet. Nach 1810 werden eiserne Knie- und Diagonalbänder beliebte Verbindungselemente. Um 1818 setzt die Compositbauweise ein: Eiserne Spanten mit Holzverplankung.

---

hältnissen abhängen. Die »Savannah« ist im Prinzip ebenfalls noch ein Segelschiff. Sie ist als Fregatte getakelt und besitzt eine Einzylinder-Niederdruckdampfmaschine von nur 30 PS. Während der Atlantikfahrt vom 24. Mai bis zum 20. Juni 1819 steht diese Maschine nur 80 Stunden unter Dampf. Um unter Segeln bessere Fahrt zu machen, lassen sich überdies die seitlich montierten Schaufelräder abnehmen.

Als die »Savannah« beim südirischen Cape Clear europäische Gewässer erreicht, meldet die Küstenwache ein brennendes Schiff: Die Dampfmaschine stößt mächtige schwarze Rauchwolken durch den Kamin. Die Überfahrt wird als Weltsensation gefeiert.

Fertigung erster Rechenmaschinen

1818. Nach dem Prinzip der schon 1673 von Gottfried Wilhelm Leibniz entwickelten Staffelwalze für die vier Grundrechenarten konstruiert Xavier Charles Thomas in Colmar eine Rechenmaschine, die auch Wurzelziehen, Potenzieren und trigonometrische Reihen berechnen kann. Sie arbeitet zuverlässig und auf 20 Stellen genau.

In Paris beginnt Thomas 1821 mit der Serienfertigung. Bis 1878 verkauft er 1500 Stück. Daß die Maschinen nicht schon zu Leibniz' Zeiten hergestellt werden konnten, lag an der damals noch recht mangelhaften Fertigungstechnik.

Die »Sirius«, ein 703 t großes britisch-amerikanisches Dampfschiff von 1838, demonstriert den Fortgang der Entwicklung: Die Reduktion der Segel

Erdwärmenutzung durch den Conte de Lardarel (um 1850); von den Türmen aus werden Bohrungen niedergebracht

Lardarel nutzt vulkanische Dämpfe aus

1818. Der erst vor wenigen Jahren aus Frankreich nach Italien eingewanderte Francesco de Lardarel gründet (bis 1835) in der Nähe der Dörfer Montecerboli, Castelnuovo, Sasso, Serrazzano, Lustignano, Lago und Monterotondo in der Toskana Fabriken zur chemischen, später auch geothermischen Ausnutzung der überall in dieser Region vorkommenden postvulkanischen Teiche und Dämpfe.

Anfangs gewinnt Lardarel Borsäure aus den »Lagonen«, den Seen, in deren Wasser aus der Erde quellender Dampf brodelt. Er läßt die Borlösung zunächst in mit Holz geheizten Eisenbehältern verdampfen und dann in Holzöfen auskristallisieren. Wenig später setzt er hierfür direkt die Erdwärme aus den »Soffionen«, den Heißdampfquellen, als Prozeßwärme ein. Zu diesem Zweck läßt er über den »Lagonen« gemauerte Kuppeln errichten. Der Dampf wird so gezwungen, durch eine kleine Öffnung zu entweichen. Dadurch entsteht genügend Druck, um die Kessel zu erhitzen.

Diese erste geothermische Energienutzung der Geschichte veranlaßt den Grafen dazu, mit Sonden gezielt nach Erddampf zu suchen, den er zunächst weiterhin hauptsächlich als chemischen Rohstoff nutzt. Später werden die »Soffionen« auch als Basis thermoelektrischer Kraft-

werksanlagen genutzt, die weite Teile Italiens mit Strom versorgen. Die von Lardarel gewonnene Borsäure hat als Industrierohstoff vielfältige Bedeutung, u. a. werden Salze der Borsäure als Waschhilfsmittel, bei der Herstellung von Glasuren und Emaillen sowie als Flußmittel beim Löten und beim Metallschmelzen verwendet.

Seinen geologischen Ursprung hat das Erdwärmegebiet in der Toskana in alten, erloschenen Herdvulkanen, die sich oft noch viele Jahrtausende lang durch sogenannte postvulkanische Phänomene – Thermalwasservorkommen, Dampfquellen usw. – bemerkbar machen. Herdvulkane sind Vulkane, die aus abgeschlossenen unterirdischen Magmaherden gespeist werden, wie etwa der Vesuv.

In dem Gebiet zwischen Massa Marittima, Volterra und Siena gewannen schon von 1260 bis zum Ende des 16. Jahrhundert die Alchimisten der Renaissance wichtige Rohstoffe aus den »Lagonen«: Schwefel, Vitriol und Alaun. Die Kaufleute der Stadt Volterras vertrieben diese Substanzen damals in den toskanischen Republiken.

Natürliche oder erbohrte Dampfquellen (Soffiones) läßt Lardarel in halbkugelförmigen, gemauerten Gebäuden einschließen; aus einer oberen Ableitung wird Dampf, aus einem unteren Abfluß das borhaltige Wasser aus der Kuppel geführt; das Wasser wird mit Erdwärme verdampft

Faveryear schält Endlosfurniere

1818. Während Furniere bisher durch Zersägen rechteckiger Holzbohlen mit Parallelschnitten gewonnen wurden (→ 1814), schält der Londoner Maschinenbauer Faveryear jetzt mit einer von ihm konstruierten Spezialvorrichtung zylindrische Holzblöcke spiralig von außen nach innen. Der Block rotiert dabei langsam um eine eiserne Achse. Ein gerades, zur Zylinderachse paralleles Messer setzt tangential an und schneidet nach dem Drehbankprinzip ein dünnes, sehr langes und leicht geradezupressendes Furnier aus dem Stamm.

Das Schälen liefert eine völlig andere Furniermaserung als das bisher angewandte Furnierschneiden. Weil beim Schälen stets gleiche Holzzonen des Stammes beieinander bleiben, ist das Bild ruhiger.

Stearin-Verbindung ersetzt Kerzenwachs

1818. Der Pariser Chemiker Henri Braconnot und sein Kollege Simonin ersetzen das in der Kerzenfertigung übliche Bienenwachs durch das chemische Gemisch Stearin.

Noch immer wird als Lichtquelle in den Haushalten, in der Industrie und in öffentlichen Gebäuden in erster Linie die Kerze verwendet. Die Jahr für Jahr in vielen Millionen Exemplaren verbrannten Kerzen werden seit dem 11. Jahrhundert in Frankreich, seit dem 14. Jahrhundert auch in Deutschland (Hamburg) von den Mitgliedern eigener Kerzenzieherinnungen

Simonin

hergestellt. Verwendeten die Römer noch Kerzen aus einer Mischung von Pech, Talg und Wachs, die allerdings nur öffentlichen Einrichtungen, Gotteshäusern und hochgestellten Personen vorbehalten waren, so bestand die Kerze seit dem Mittelalter praktisch ausschließlich aus Bienenwachs.

Das Stearin ist ein Nebenprodukt der jungen Seifenindustrie (→ 1810), ein wasserunlösliches Gemisch aus Stearin- und Palmitinsäure.

1819

Der deutsche Werkzeug- und Büchsenmacher August Siebe erfindet in Großbritannien den Taucheranzug aus Segeltuch mit Metallhelm. →

Die beiden französischen Physiker Pierre Louis Dulong und Alexis Thérèse Petit entdecken eine Gesetzmäßigkeit, nach der das Produkt aus spezifischer Wärme und Atomgewicht für alle Elemente im festen Aggregatzustand etwa gleich ist.

Friedrich Wilhelm Bessel, Astronom und Mathematiker aus Deutschland, gibt sog. Refraktionstafeln heraus. Das sind Tabellen zur Korrektur der durch die atmosphärische Strahlenbrechung hervorgerufenen Fehler bei astronomischen Beobachtungen.

Der dänische Astronom Christopher Hansteen findet die mathematische Gesetzmäßigkeit der magnetischen Fernwirkung heraus.

Ein britischer Ingenieur namens Brockedon entwickelt ein neues Verfahren zur Herstellung dünner Gold- und Silberdrähte: Er zieht sie durch feine, in Edelsteine (Rubin, Saphir) gebohrte Löcher.

Der englische Ingenieur John Loudon MacAdam entwickelt ein Straßenbefestigungssystem, das nach ihm »Macadamisieren« benannt wird (→ 1854).

Der französische Chemiker Henri Braconnot stellt Glukose her, indem er Schwefelsäure auf Zellulose einwirken läßt, ein Prozeß, der später bei der Gewinnung von Alkohol aus Holz und Flechten in den baltischen Ländern Bedeutung erlangt.

Der französische Mechaniker Montgolfier erfindet die hydraulische Packpresse.

Der deutsche Mathematiker und Ingenieur Georg von Reichenbach vervollkommnet den Meridiankreis. Das verbesserte Gerät wird rasch zum Hauptinstrument der Sternwarten. →

Der Mathematiker Ferdinand Karl Schweikart erkennt, daß es auch nichteuklidische Geometrien gibt. Er nennt sie »Astralgeometrien«.

Der Schwede Henrik Johan Walbeck berechnet erstmals die Erdabplattung und findet als Ergebnis 1/302,8.

GESTORBEN:

19. 8. Heathfield/Birmingham: James Watt (* 19. 1. 1736, Greenock/Strathclyde), britischer Ingenieur und Erfinder. →

GEBOREN:

18. 9. Paris: Jean Bernard Léon Foucault († 11. 2. 1868, Paris), französischer Physiker.

Dampfkraftpionier Watt

19. August 1819. In Heathfield/Birmingham stirbt im Alter von 83 Jahren der britische Ingenieur und Erfinder James Watt.

Watt, der als Feinmechaniker ausgebildet war, widmete fast seine gesamte berufliche Tätigkeit der Entwicklung der Dampfmaschine. Ausgehend von Thomas Newcomens Dampfmaschine (→ 1705), konstruierte er 1765 den ersten wirtschaftlich arbeitenden Prototyp.

James Watt

1775 gründete er zusammen mit dem Fabrikanten Matthew Boulton eine Dampfmaschinenfabrik in Soho bei Birmingham, die zunächst ein verbessertes Modell in den Handel brachte und in der Folgezeit ständig weiterentwickelte. Sie bot den Minen und der Industrie ihre Maschinen z. T. in einer Art Leasing-Verfahren an. Watts Dampfmaschinen leiten zwar nicht die industrielle Revolution ein, beschleunigen diese aber.

Watt benutzte bei der Dampfmaschine erstmals den Dampfdruck selbst – statt wie bisher den atmosphärischen Druck – zur Arbeitsgewinnung, indem er die Kondensationsphase aus dem Zylinder hinausverlegte. Außerdem setzte er erstmals die Hin- und Herbewegung des Dampfmaschinenkolbens in eine Rotationsbewegung um. 1782 bis 1784 konstruierte er die doppelt wirkende Niederdruck-Dampfmaschine, die er mit der von ihm entwickelten Parallelogrammführung der Kolbenstange, dem Planetengetriebe und dem Fliehkraftregler ausstattete.

Neben seinen Verdiensten auf dem Gebiet der Dampfkraft erwarb sich James Watt auch auf dem chemischen Sektor Ruhm: Er entdeckte bei seinen Experimenten, daß Wasser kein Element, sondern eine chemische Verbindung ist.

Taucheranzug

1819. *August Siebe entwickelt den Taucheranzug aus wasserdicht imprägniertem Segeltuch mit einem schweren, aufschraubbaren Metallhelm. Durch einen Schlauch läßt sich Luft in Anzug und Helm pumpen (Abb.).*

Neuer Meridiankreis für die Sternwarten

1819. *Georg von Reichenbach vervollkommnet den Meridiankreis und beliefert den berühmten Königsberger Astronomen Friedrich Wilhelm Bessel mit einem solchen astronomischen Winkelmeßinstrument. Es erweist sich als so nützlich, daß es in der Folgezeit rasch generell in allen bedeutenden Sternwarten eingeführt wird (Abb.: Teilkreis eines Instruments von 1820).*

Bessel, ein Verfechter der quantitativen, rechnerischen Astronomie, erklärt später als deren Hauptaufgabe, »Regeln für die Bewegung jedes Gestirns zu finden«. In diesem Zusammenhang ist der von Reichenbach verbesserte Meridiankreis, mit dem sich äußerst präzise die Positionen der Sterne und Planeten bestimmen lassen, das wohl wichtigste astronomische Instrument der Zeit überhaupt. Mit seinem Standortkatalog von 75 000 Sternen und einem Tafelwerk über die Eigenbewegung der Fixsterne begründet Bessel die exakte Positionsastronomie.

1820

Erkenntnisse in der Strom-Meßtechnik

1820. Der Däne Hans Christian Ørsted, der Franzose André Marie Ampère und der Deutsche Johann Salomo Christoph Schweigger schaffen mit aufeinander aufbauenden Erkenntnissen die Grundlagen des elektromotorischen Prinzips und damit zugleich der Strom-Meßtechnik.

Zunächst macht Ørsted die Entdeckung, daß eine geschlossene stromdurchflossene Leiterschleife eine Kraftwirkung auf Magnetnadeln ausübt. Salomo Schweigger, der die Ørstedschen Experimente wiederholt, findet heraus, daß sich die Ablenkung der Magnetnadel verstärkt, wenn man statt eines einzelnen Drahtrings, wie ihn Ørsted verwendet, viele Drahtwindungen um die Magnetnadel legt. Er spricht vom Multiplikatorprinzip. Damit lassen sich erstmals auch ganz schwache Ströme erkennen und messen.

In Weiterführung der Ørstedschen Versuche entdeckt Ampère, daß sich stromführende Leiter durch in die Nähe gebrachte Magnete bewegen lassen und daß darüber hinaus auch zwei stromführende Leiter aufeinander Magnetkräfte ausüben. Er weist nach, daß sich jeder Magnet durch geeignete stromdurchflossene Leiteranordnungen ersetzen läßt und umgekehrt jeder stromdurchflossene Leiter durch passend gewählte Magneten. Für den Ausschlag der Magnetnadel unter dem Einfluß elektrischer Ströme leitet Ampère eine mathematische Gesetzmäßigkeit her (die sog. »Ampèresche Schwimmerregel«).

Ampère denkt auch an die Möglichkeit, durch elektrischen Strom Magnetnadeln auszulenken und auf dieser Basis einen Telegraphen zu konstruieren.

Diese Anregung wiederholen 1828 St. Amand in Frankreich und 1829 Gustav Fechner in Deutschland. 1832 baut P. L. Schilling in Canstadt einen Fünfnadeltelegraphen nach diesem Prinzip (→ 1833).

Kettenschiffahrt auf der Saale; Schiff und die längs im Flußbett verlegte Kette stammen von der deutschen Maschinenfabrik und Schiffswerft Uebigau

Flußschiffe an der Kette geschleppt

1820. Die Franzosen Tourasse und Courteaut aus Lyon führen auf der Saône die Kettenschiffahrt ein, die sich von dort aus rasch über ganz Europa verbreitet. In Deutschland wird sie auf dem Main und auf der Elbe praktiziert.

Bereits 1732 hatte der Marschall Moritz von Sachsen diese »Tauerei« vorgeschlagen, erzielte damit seinerzeit aber keine Erfolge.

Das Prinzip ist einfach: Auf dem Flußboden liegt eine Kette, längs derer sich das Schiff »entlanghangelt«. Antrieb für diesen Mechanismus ist ein Wasserrad, das die Strömungsenergie der Flüsse sowohl bei Berg- wie bei Talfahrt nutzt.

Eisenbahnschienen gewinnen Profil

1820. Der britische Ingenieur John Birkinshaw stellt im Bedlington-Eisenwerk in Durham die ersten aus Schmiedeeisen gewalzten Eisenbahnschienen her. Er revolutioniert damit den Gleisbau.

Die Möglichkeit, Schmiedeeisen zu walzen, hatte → 1754 Henry Cort eröffnet, → 1792 entwickelte dann John Wilkinson das Reversierwalzwerk. Mit geeigneten Profilwalzen stellt Birkinshaw Schienen her, die für eine Führung der von ihm verwendeten Spurkranzräder optimiert sind. Zuvor verwendete man als Schienen einfache Winkelprofile oder in den Boden eingelassene U-Profile (→ 1767; 1803).

Burr preßt Röhren aus massivem Blei

1820. Thomas Burr erfindet in Shrewsbury ein technisches Verfahren, Bleiröhren durch einen Preßvorgang herzustellen.

Zunächst gießt Burr geschmolzenes Blei in einen starkwandigen hohlen Eisenzylinder. Dort läßt er es erstarren. Unter hohem Druck preßt er es anschließend mit einem Kolben durch eine verengte Öffnung am Ende des Zylinders. Durch die dabei auftretenden gewaltigen Kräfte wird das Blei plastisch. Das Gefüge beginnt zu fließen; es reißt von innen her auf und bördelt sich nach dem Austritt nach außen auf. So entsteht ein nahtloses Rohr von theoretisch beliebiger Länge.

Ziegelbrennen in geschlossenen Öfen

1820. Der hessische Ziegelbrenner Walmann nimmt in Ossenheim einen der ersten geschlossenen Ziegelöfen in Betrieb.

Von altersher wurden Ziegel in frei aufgeschichteten Haufen gebrannt, die sich lediglich in der Form ihrer Anlage unterschieden. Noch 1722 und 1724 erhielten die Engländer Thomas Miller und W. Rhodes Patente auf derartige Meiler. Um 1800 kamen dann die sogenannten Feldbrandöfen auf. Das sind rechteckige, oben offene Gemäuer, die 1820 Walmann zum geschlossenen regelrechten Ziegelbrennofen fortentwickelt. Er sorgt u. a. für gleichmäßigere Brände.

1821

In der Nähe der südfranzösischen Stadt Les Baux-de-Provence wird das Aluminiumerz Bauxit entdeckt. →

Der französische Physiker Dominique François Jean Arago erfindet die »Arretieruhr« (Stoppuhr).

Cocker und Higgins aus Manchester entwickeln den ersten brauchbaren »Flyer« (Spindelbank) für die Baumwollspinnerei.

Der britische Chemiker Sir Humphry Davy entdeckt die Ablenkung des Lichtbogens durch Magnete.

Dem Jenaer Chemiker Johann Wolfgang Döbereiner gelingt die Synthese von Ameisensäure, die bisher nur als tierisches Produkt bekannt war.

Michael Faraday gelingt die Konstruktion eines um einen festen Magneten kreisenden stromdurchflossenen Leiters. Er schafft damit die Grundlage für den Elektromotor. →

Joseph Fraunhofer berechnet erstmals die Wellenlängen der verschiedenen Lichtfarben. →

Augustin Jean Fresnel führt in die Lichtwellenlehre den Begriff der Transversalschwingung ein und erklärt damit das Reflexionsgesetz. Außerdem erfindet der französische Ingenieur und Physiker die nach ihm benannte, aus ringförmigen Zonen aufgebaute Fresnel-Linse, die zunächst zur Bündelung von Leuchtturmfeuern Verwendung findet.

Der dänische Physiker und Chemiker Hans Christian Ørsted äußert als erster die (richtige) Vermutung, daß Licht eine elektromagnetische Erscheinung sei. →

In Boston erfindet Parker die Passig-Drehmaschine, die in der Lage ist, unrunde Gegenstände zu drechseln (zum Beispiel Gewehrschäfte, Hutformen, Stiefelformen).

Der deutsche Physiker Johann Christian Poggendorff entwickelt das Drehspul-Meßinstrument.

Thomas Johann Seebeck entdeckt das Thermo-Element. →

GESTORBEN:

20. 4. Kunern/Schlesien: Franz Carl Achard (* 28. 4. 1753, Berlin), deutscher Physiker und Chemiker.

GEBOREN:

16. 5. Okatowo/Kaluga: Pafnuti Lewowitsch Tschebyschow († 8. 12. 1894, Petersburg), russischer Mathematiker.

31. 8. Potsdam: Hermann Helmholtz († 8. 9. 1894, Charlottenburg), deutscher Naturwissenschaftler.

Lichtwellenlänge bekannt

1821. Der bayerische Optiker und Physiker Joseph Fraunhofer untersucht die Beugungserscheinungen des Lichts durch enge Öffnungen und berechnet aus den Beugungsspektren erstmals die Wellenlänge für verschiedene Lichtfarben.

Aufgrund seiner Erkenntnisse beschäftigen sich ebenfalls 1821 auch der dänische Physiker Hans Christian Ørsted und der französische Straßenbauingenieur Augustin Jean Fresnel mit der Lichtwellenlehre. Ørsted äußert erstmals den später als richtig erkannten Gedanken, daß das Licht eine elektromagnetische Erscheinung sei.

Fresnel führt in die Wellenlehre den Begriff der Transversalschwingung ein und erklärt mit ihr auf mathematische Weise das Reflexionsgesetz. Den Transversalschwingungen stehen als zweite Wellenausbreitungsmöglichkeit die Longitudinalwellen entgegen. Während letztere in der Ausbreitungsrichtung selbst schwingen – wie Schallwellen –, schwingen Transversalwellen senkrecht zur Ausbreitungsrichtung.

Ebenfalls 1821 erfindet Fresnel die aus ringförmigen konvexen Zonen aufgebaute »Fresnel-Linse«, die zur Bündelung von Lichtstrahlen vor allem bei Leuchtturmfeuern eingesetzt wird.

Daß sich die lichtphysikalischen Entdeckungen gerade jetzt häufen, ist kein Zufall. Bis 1803 hatten viele Wissenschaftler geglaubt, das Licht sei physikalisch erforscht. In die-

Optiker Joseph Fraunhofer aus Bayern (zeitgenössisches Farbporträt)

sem Jahr entdeckte der reiche Londoner Arzt und Universalgelehrte Thomas Young in einer Reihe aufsehenerregender Versuche, daß zwei dicht beieinander liegende punktförmige Lichtquellen auf einen in einiger Entfernung stehenden Schirm dort, wo sich ihr Licht überschnitt, ein System von dunklen und hellen Streifen zeichneten, die Wasserwellenüberlagerungen in einem Teich glichen. Die Wellen des Lichts löschten sich bald aus, bald verstärkten sie einander. Young nannte die Erscheinung Interferenz. Das Phänomen machte zahlreiche Physiker wieder auf das Licht aufmerksam.

Grundprinzip des elektrischen Motors

1821. Anknüpfend an die Untersuchungen des französischen Physikers und Mathematikers André Marie Ampère von → 1820 über die Ablenkung von Magnetnadeln durch elektrische Ströme und die Arbeiten von Dominique François Jean Arago, der ebenfalls 1820 entdeckte, daß Eisen in der Nähe eines stromdurchflossenen Leiters magnetisch wird und daß Nadeln im Zentrum einer elektrischen Spule je nach Wicklungsrichtung ihre magnetische Polarität ändern, entdeckt Michael Faraday das Grundprinzip des Elektromotors: Einen um einen Permanentmagneten ständig kreisenden elektrischen Leiter (→ 1829).

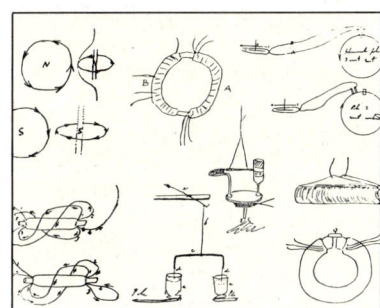

Michael Faraday registriert seine tausend Experimente peinlich genau in einem Zeichen- und Notizbuch

Bereits im Folgejahr macht sich Faraday Gedanken, ob sich das Prinzip nicht auch umkehren ließe, ob man also aus Magnetismus Elektrizität gewinnen könne. Einschlägige Versuchsreihen führen aber erst → 1831 zum Erfolg.

Das Aluminiumerz Bauxit entdeckt

1821. In der Nähe der südfranzösischen Stadt Les Beaux-de-Provence in den Südalpen wird ein bisher unbekanntes Aluminiumerz entdeckt, das später nach dieser Fundstelle »Bauxit« genannt wird. Es entwickelt sich in der Folgezeit zum industriell wichtigsten Aluminiumerz.

Der Bauxit ist ein weißgraues, gelbliches, rotes oder braunes mineralisches Gemenge (Gestein) aus Alumogel, Diaspor, Boehemit, Hydrargillit, Tonmineralien u. a. Daneben enthält er 12 bis 30% Wasser. Sein Aluminiumanteil liegt in Form von Aluminiumoxid (Al_2O_3) vor, von dem er bis zu 65% enthalten kann. Bauxit ist ein Verwitterungsprodukt aus Roterden oder Laterit.

Außer für die Aluminiumgewinnung läßt sich das neue Mineralgemenge zum Brennen feuerfester Ziegel und später auch zur Herstellung von künstlichem Korund (→ 1897) und von Katalysatorträgern verwenden.

Gewonnen wird Aluminium aus dem Bauxit in zwei Stufen: Zunächst werden Aluminiumhydroxide mit Natronlauge aus dem fein gemahlenen Bauxit herausgelöst und sodann zu Aluminiumoxid geröstet. Dieses wird anschließend in Kryolithschmelze gelöst und in dieser elektrolytisch in Sauerstoff und Aluminium zersetzt.

Aluminium, später das technisch wichtigste Leichtmetall, ist mit 8,1 Gewichtsprozenten am Aufbau der Erdkruste beteiligt.

Elektrischer Strom aus Wärme-Energie

1821. Der deutsche Physiker Thomas Johann Seebeck entdeckt das Thermo-Element.

Als Seebeck eine Wismutscheibe auf eine Kupferscheibe legt und die Scheiben zwischen die Enden eines »Multiplikatordrahtes« (→ 1820), also einer Leiterspule, bringt, stellt er fest, daß immer dann, wenn er mit der Hand die Scheiben berührt, eine Magnetnadel in der Spule leicht ausschlägt. Seebeck erkennt, daß die Wärme seiner Hand die auslösende Energie der »magnetischen Wirkungen« ist. Diese Feststellung macht ihn zum Entdecker der Thermo-Elektrizität, die er »Thermomagnetismus« nennt.

1822

André Marie Ampère, Mathematiker und Physiker aus Frankreich, konstruiert das Solenoid-Spuleninstrument.

Als erster wendet der englische Arzt F. Bush eine Saugpumpe zur Entleerung des Magens bei Vergiftungen an.

Einer Idee des Parisers Pierre Simon Ballanche folgend, baut William Church die erste Letternsetzmaschine. →

Jean-Baptiste Joseph Baron de Fourier entwickelt zur mathematischen Beschreibung der Wärmeausbreitung in Festkörpern die nach ihm benannten Reihen. ›

Der französische Ingenieur und Physiker Augustin Jean Fresnel entdeckt durch den nach ihm benannten Spiegelversuch die Interferenzstreifen (→ 1862).

Der Berliner Hofrat Simon Kremser stellt vor dem Brandenburger Tor in der preußischen Hauptstadt mehrsitzige Mietwagen auf. →

Einem Vorschlag des deutschen Chemikers Friedrich Christian Accum aus dem Jahr 1815 folgend, errichten die Briten Longstaffe und Dalston in der Nähe von Leith die erste Teerdestillationsanlage.

Der französische Chemiker Anselme Payen reinigt erstmals Trinkwasser mit Tierkohle.

Die beiden deutschen Mechaniker Alois Quintenz aus Straßburg und Johann Baptist Schwilgué erfinden die Dezimal-Brückenwaage. →

In Wien erfindet H. Weilhöfer den Röhrchenhobel zur rationellen Herstellung von Zündhölzern.

Bergrat Albrecht aus Clausthal verwendet erstmals Drahtseile als Förderseile im Bergwerk.

In England läuft das erste eiserne Dampfschiff, die »Aaron Manby«, vom Stapel. →

11. 9. Das Heilige Offizium in Rom beschließt, daß die kopernikanische Theorie frei verkündet werden darf. →

GESTORBEN:

25. 8. Slough/Buckinghamshire: Sir Friedrich Wilhelm (William) Herschel (* 15. 11. 1738, Hannover), britischer Astronom deutscher Herkunft.

GEBOREN:

2. 1. Köslin: Rudolf Julius Clausius († 24. 8. 1888, Bonn), deutscher Physiker.

16. 2. Birmingham: Francis Galton († 17. 1. 1911, London), britischer Naturforscher.

27. 12. Dôle: Louis Pasteur († 28. 9. 1895, Paris), französischer Naturwissenschaftler.

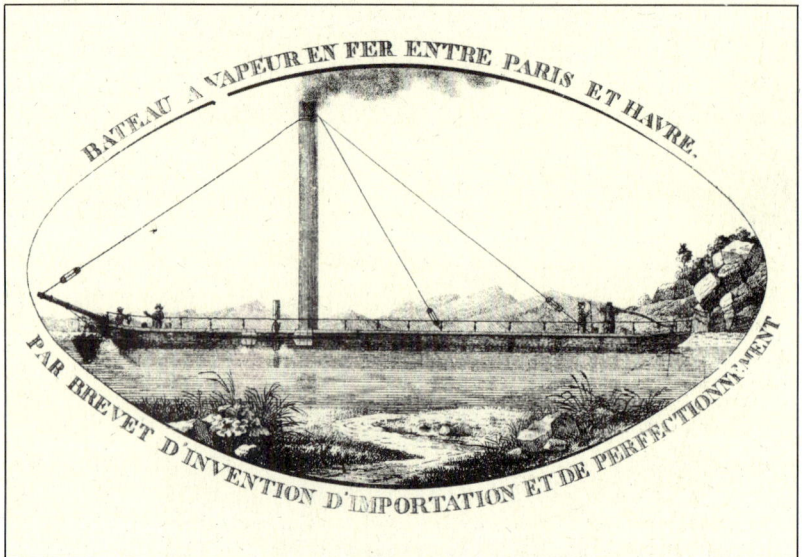

Die »Aaron Manby« auf einem zeitgenössischen Druck; für die Flußschifffahrt konzipiert, verfügt das aus Eisen gebaute Schiff nicht über Zusatzsegel

Sog. Spazier-Kalesche aus dem frühen 19. Jahrhundert; auffällig bei diesem Modell ist das ausgeprägt geschweifte Langbaumgestell für gute Federung

Das Ziel von William Church: Die aufwendige Handsetzerei aus den Setzkästen (hier ein zeitgenössischer Stich) weitgehend zu automatisieren

Erstes Dampfschiff aus Eisen gebaut

1822. Als erstes vollständig aus Eisen gebautes Dampfschiff läuft bei den Horseley Iron Works in Großbritannien die 22 m lange, 30 PS starke »Aaron Manby« vom Stapel. Sie wurde am Kanal zusammengebaut und ist für die Seine-Schiffahrt bestimmt.

Eisen gestattet wegen seines 10- bis 40mal so großen Elastizitätsmoduls (→ 1807) größere Längen und schärfere Linien im Schiffsbau als Holz. Ließen sich bei Holzschiffen nur Längen-Breiten-Verhältnisse von 3:1 bis maximal 4:1 erzielen, so lassen sich bei den neuen Eisenschiffen Verhältnisse von 6:1 oder sogar 8:1 erzielen.

Droschken vor dem Brandenburger Tor

1822. Der Berliner Hofrat Simon Kremser stellt in seiner Heimatstadt vor dem Brandenburger Tor mehrsitzige Pferdewagen auf, die bald als »Kremser« bekannt werden und die alten sogenannten »Torwagen« ablösen.

Die Kremser, im Zeitalter der Dampfwagen im Grunde ein Anachronismus, erfreuen sich als Ausflugsgefährte ins Grüne bei den Berlinern größerer Beliebtheit als lärmende Dampfautos. Allerdings sind die neuen Droschken weitaus besser gefedert als Pferdekutschen älterer Bauart. Die Wagen des Hofrats sind Vorläufer der Omnibusse.

Church entwickelt eine Setzmaschine

1822. Nachdem der Franzose Pierre Simon Ballanche bereits 1815 die Idee zu einer automatischen Letternsetzmaschine hatte, konstruiert der US-amerikanische Erfinder William Church jetzt die erste Maschine dieser Art.

Churchs Gerät läßt sich über eine Reihe von knopfförmigen Tasten bedienen, die beim Niederdrücken die zugehörigen gegossenen Schriftzeichen aus einem Magazin in eine Satzzeile rutschen lassen. Im großen Rahmen setzt sich die Maschine allerdings noch nicht durch. Die Zeilen, in denen die Buchstaben lose nebeneinander stehen, sind schwer zu handhaben (→ 1884).

Reiner Katholizismus, nur ohne Christentum

11. September 1822. Das Heilige Offizium in Rom verkündet, daß die kopernikanische Lehre (→ 24. 5. 1543) der Bewegung der Erde um die Sonne frei verbreitet werden darf.

Die Entscheidung bedeutet einen Sieg der Naturwissenschaften über die kirchliche Dogmatik. »Ob nicht Natur zuletzt sich doch ergründe?« fragt der an sich religiös eingestellte Johann Wolfgang von Goethe und deutet damit an, daß die Erkenntnisse der Naturwissenschaften vielleicht doch eines Tages alle Geheimnisse der Schöpfung würden lüften können.

Ein geschlossenes philosophisches Lehrgebäude über die Ablehnung der Theologie durch den »Positivismus« liefert jetzt der französische Rationalist Auguste Comte mit seinem »Dreistadiengesetz«. Im Stadium der Unwissenheit und Angst klammert sich der blinde, zweifelnde Mensch an die Theologie und glaubt an die Möglichkeit absoluter Erkenntnis. Sozial führt das zu einem totalitären Kirchenstaat mit theokratischem Recht.

Der theologischen folgt eine metaphysische Epoche der Loslösung von der Kirche. An die Stelle übernatürlicher Kräfte (Gott) treten abstrakte Kräfte, Begriffe und Entitäten, verkörpert in der Natur. Im gesellschaftspolitischen Bereich entspricht der metaphysischen Phase ein Zeitalter revolutionärer Umwälzungen (Französische Revolution).

Im dritten, dem »positiven« Stadium versucht der Mensch, durch Beobachtungen und den Gebrauch seiner Vernunft die Gesetze der Ähnlichkeit und Aufeinanderfolge in den für ihn erkennbaren Fakten zu formulieren. Das ist der vollständige Ersatz der Theologie durch die empirischen Naturwissenschaften, deren Funktion es nach Comte ist, »savoir pour prévoir!«, zu wissen, um vorherzusehen. Für den politischen Alltag bedeutet das, die faktische Regierung in die Hände der Rationalisten zu legen, in die Hände von Bankiers, Kaufleuten, Fabrikanten und Landwirten.

Dem Feudalismus der theologischen Epoche entspricht nach Comte als Gesellschaftsform der positiven Epoche die industrielle Organisation der Arbeit. In der Wissenschaft und der Wirtschaft sieht er die bestimmenden Mächte der Gesellschaft der Zukunft. Die Menschheit selbst ist das »große Wesen« (Grand Étre), das der Rationalist Comte in einem religiösen Kult verehren will, sozusagen in einem »reinen Katholizismus, nur ohne Christentum«, wie ein Kritiker bemerkt.

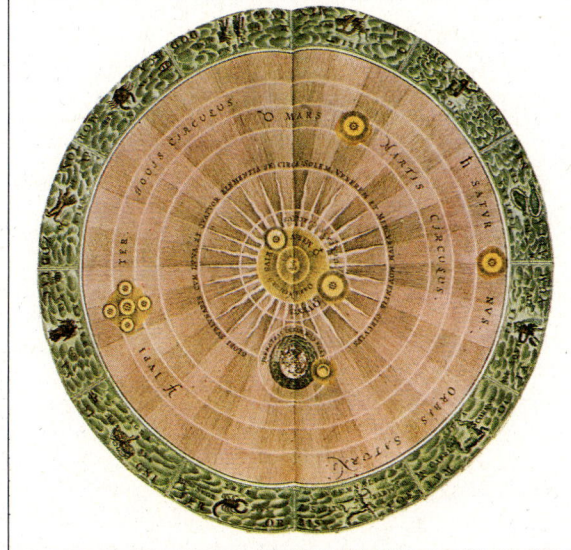

Das kopernikanische Modell von einem heliozentrischen Weltbild: Im Zentrum die Sonne, nach außen folgen die Bahnen des Merkur, der Venus, der Erde, des Mars, des Jupiters und des Saturns; Uranus, Neptun und Pluto waren z. Z. von Kopernikus noch nicht entdeckt

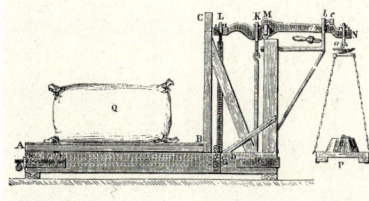

Brückenwaage für schwere Lasten; sie arbeitet nach dem Hebelprinzip

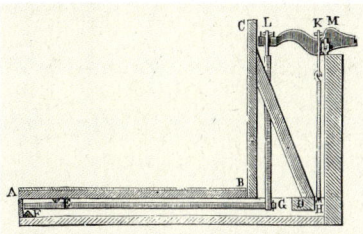

Brückenwaage im Querschnitt; zu erkennen ist die Kraftübertragung

Hohe Meßpräzision mit Brückenwaage

1822. Die deutschen Mechaniker Alois Quintenz und Johann Baptist Schwilgué erfinden in Straßburg die Dezimalbrückenwaage, die ein einfaches und sehr präzises Messen von großen Gewichten gestattet.

Die Brückenwaage besitzt eine Plattform, auf die sich das Wägegut stellen läßt. Diese Plattform ist über eine Parallelogrammführung mit einem am Rahmen der Waage montierten Waagebalken verbunden, der im Fall der Tafelwaage gleicharmig, im Fall der neu erfundenen Dezimalwaage ungleicharmig ist. Bei der Tafelwaage wirkt auf jeden Hebelarm eine Tafel, so daß man das Wägegut wie bei der alten Balkenwaage durch gleich schwere Gewichte kompensieren muß. Bei schweren Gütern ist das recht umständlich. Bei der Dezimalwaage ist der Hebelarm, auf den die Gegengewichte wirken, zehnmal so lang wie der, auf den das Wägegut wirkt. Für das Wägen bedeutet das, daß sich mit den aufgelegten Normalgewichten jeweils die zehnfachen Gewichte messen lassen.

Noch praktischer sind Tafelwaagen mit Laufgewichten. Bei diesem Waagetyp wird der Gewichtsausgleich nicht durch zusätzliches Auflegen von Normgewichten erreicht, sondern durch Verändern des längeren Hebelarms beim Verschieben eines Laufgewichts. Damit wird der Meßbereich besonders groß.

1827 führt Johann Friedrich H. Rollé die Arretierung der Waage bei Nichtgebrauch ein.

Mathematik der Wärmeausbreitung

1822. Der französische Physiker und Mathematiker Jean-Baptiste Joseph Baron de Fourier arbeitet auf dem Gebiet der Wärmeausbreitung und entwickelt zu deren mathematischer Erfassung in seinem Buch »Théorie analytique de la chaleur« die nach ihm benannten »Fourierschen Reihen«.

In der Physik spielen häufig sich periodisch wiederholende Vorgänge eine Rolle, vor allem bei Schwingungen und der Ausbreitung von Wellen. Um derartige Phänomene mathematisch behandeln zu können, muß man sie zunächst in Form einer Funktion darstellen. Fourier findet eine universelle Ausdrucksform für solche periodischen Funktionen als unendliche trigonometrische Reihe: $f(x) = \frac{1}{2}a_0 + a_1 \cos x + b_1 \sin x + a_2 \cos 2x + b_2 \sin 2x + \ldots$ In dieser Reihe, die trotz ihrer unendlichen Länge einen festen, endlichen Wert repräsentiert, lassen sich die Faktoren a_n und b_n durch Integrale (→ 1686) berechnen.

Die Fourier-Reihen werden später besonders für die mathematische Behandlung komplexer elektromagnetischer Schwingungen in ihrer Erweiterung zur »Fourier-Transformation« bedeutend. Damit lassen sich nur schwer lösbare Aufgaben in leichter zu berechnende umwandeln, indem man z. B. eine von der Zeit abhängige Funktion in eine frequenzabhängige verwandelt.

Der französische Mathematiker Jean-Baptiste J. Baron de Fourier

1823

Der badische Forstmeister Karl Friedrich Freiherr Drais von Sauerbronn erfindet eine Schreibmaschine. →

Der ungarische Mathematiker Janos Boljai entwickelt eine in sich konsistente nichteuklidische Geometrie.

André Marie Ampère findet die »Kardinalformel der Elektrodynamik«. →

Der Brite Samuel Brown erhält ein Patent auf eine atmosphärische Gaskraftmaschine. Er bezwingt mit einem Vierradfahrzeug, das von einem solchen zweizylindrigen Unterdruck-Gasmotor angetrieben wird, den Shooter's Hill in London. →

Der Kunsttischler Barnes in Cornwall erfindet die Trennscheibe. Das ist eine dünne, schnell rotierende Schleifscheibe zum Zerteilen von Stein, Stahl, Eisen und anderen harten Materialien

Der britische General und Erfinder Sir William Congreve erfindet das nach ihm benannte Farbdruckverfahren.

Jean-Baptiste Biot ermittelt als Körperschallgeschwindigkeit im Gußeisen 3475,5 m/sec.

Humphry Davy und Michael Faraday gelingt es als ersten, Kohlensäure unter Druck zu verflüssigen. →

Die Brüder Dubinin errichten in Mosdok (Rußland) die erste Petroleumdestillationsanlage. →

Joseph Fraunhofer, Optiker und Physiker aus München, entdeckt im Spektrum des Sirius und einiger anderer Sterne dunkle Linien, wie er sie bereits → 1814 im Sonnenspektrum gefunden hatte.

Als erstem gelingt es Charles Makintosh, Stoffe durch Kautschuk wasserdicht zu machen. Er löst hierfür den Kautschuk in Steinkohlenteeröl. →

James Muspratt führt die industrielle Fertigung von Soda nach dem Leblanc-Verfahren von → 1791 ein.

Pow und Fawcus erfinden die Patentankerwinde (Gangspill mit vertikaler Achse).

Der Münchner Tischler Angelo Sabadini baut die erste – hölzerne – Pillendrehmaschine.

Nach fünfjähriger Bauzeit ist die Splügenpaßstraße über die Alpen fertiggestellt.

GESTORBEN:

2. 8. Magdeburg: Lazare Nicolas Marguerite Carnot (* 13. 5. 1753, Nolay), französischer Mathematiker und Politiker.

30. 10. Hastings: Edmund Cartwright (* 24. 4. 1743, Marnham/Nottingham), britischer Erfinder.

Kohlensäure läßt sich verflüssigen

1823. Den britischen Physikern Humphry Davy und Michael Faraday gelingt es erstmals, Kohlensäuregas bzw. Kohlendioxid unter hohem Druck zu verflüssigen.

Das schon zu Beginn des 17. Jahrhunderts durch Johan Baptist van Helmont entdeckte Kohlensäuregas läßt sich grundsätzlich auf zwei Arten vom gasförmigen in den flüssigen Zustand überführen: Durch Abkühlen auf Temperaturen unter $-78,5\,°C$ bei Normaldruck oder durch hohe Drücke bei Raumtemperatur. Bei 20 °C zum Beispiel wird Kohlendioxid unter rund 56 Atmosphären Druck flüssig.

Petroleum wird in Stufen destilliert

1823. Die russischen Brüder Dubinin richten in Mosdok die erste Petroleumdestillationsanlage ein.

Das Petroleum oder Erdöl ist ein flüssiges Gemisch aus Kohlenwasserstoffen und Kohlenwasserstoffabkömmlingen. Es enthält einfache Verbindungen wie Methane, aber auch komplexe kolloide Stoffe. Die Erdöldestillation, die Grundlage der Petrochemie, zerlegt das Gemisch in Gruppen gleicher Flüchtigkeit – grob klassifiziert in Leichtöle, Schweröle und Asphalt. Diese Stofftrennung ist aufgrund ihrer unterschiedlichen Siedepunkte keine chemische Umwandlung.

Arbeitssaal in einer Kautschukfabrik gegen Mitte des 19. Jahrhunderts; um diese Zeit ist bereits das Vulkanisieren des Rohgummis (→ 1839) bekannt

Browns Gaskraftmaschine

1823. Der Engländer Samuel Brown realisiert erstmals das Prinzip eines atmosphärischen Gasmotors (→ 1860; 1863) und erhält ein Patent auf diese Maschine. Die Zündung des Gasgemisches erfolgt durch eine außerhalb des Zylinders brennende Zündflamme.

Browns Maschine ist die Weiterentwicklung und praktische Verwirklichung einer Idee des britischen Geistlichen William Cecil von 1820. Brown baut bis 1826 vier Gasmotoren, die in Kraftwerken eingesetzt werden, sowie Antriebe für einen Versuchswagen (1823) und ein Motorboot (1827).

Die Idee, einen mit Leuchtgas arbeitenden Verbrennungsmotor zu entwickeln, stammt aus dem Jahr 1800 und geht auf Philippe Lebon d'Humersin zurück. Er entwarf Maschinen, bei denen die Verbrennung ein Vakuum erzeugt, gegen das der atmosphärische Luftdruck wirkt, äußerte bereits aber auch den Gedanken an einen Explosionsgasmotor, der den Verbrennungsdruck direkt nutzen sollte.

Als 1801 der Franzose d'Humersin ein Patent auf seine Verbrennungskraftmaschine erhielt, führte das zu einer Konkurrenzbewegung gegenüber der Dampfmaschine. 1816 baute dann der schottische Geistliche Robert Stirling einen gut funktionierenden Heißluftmotor mit äußerer Feuerung.

Kardinalformel der Elektrodynamik

1823. Der französische Physiker André Marie Ampère findet eine mathematische Formel für die mechanische Anziehung und Abstoßung zwischen zwei stromdurchflossenen elektrischen Leitern, die als »Kardinalformel der Elektrodynamik« bekannt wird.

Die Kraft zwischen zwei Leitern ist proportional zu der Länge des Leiterabschnitts sowie zu beiden Strömen in den Leitern und umgekehrt proportional zum Leiterabstand. Die Kraft hängt außerdem linear von der Permeabilität ab, der »Durchlässigkeit« des Materials zwischen den Leitern.

Imprägnieren mit gelöstem Kautschuk

1823. Nach erfolglosen Versuchen von Besson und Peal (1791), Johnson (1797), Champion (1811), Clark (1815) und Thomas Hancock (1820), Textilien durch Kautschuk wasserdicht zu machen, gelingt dies jetzt Charles Makintosh. Er löst den Kautschuk in Steinkohlenteeröl und verklebt mit dieser Lösung zwei aufeinander gelegte Stoffbahnen. Mit dem Zweischichtverfahren verhindert er, daß die Textiloberfläche von dem Naturkautschuk, der sich noch nicht vulkanisieren (→ 1839) läßt, klebrig wird.

Kautschukrohstoff ist Latex, ein Milchsaft, der in verschiedenen tropischen Pflanzen vorkommt.

Schreibmaschine mit Typenhebeln

1823. Der badische Forstmeister Karl Friedrich Freiherr Drais von Sauerbronn (→ 1813) entwickelt die erste Schreibmaschine mit vier Typenhebeln. Er nennt sie »Schnellschreibclavier«. Die vier Hebel gestatten den Abdruck von insgesamt 16 verschiedenen Lettern.

Drais faßt einige Buchstaben wie b/p, c/k/q/g zu jeweils einem Zeichen zusammen. Die Ansteuerung der Drucktypen über die Tasten erfolgt über einen Code. Die möglichen Kombinationen aus null, eins, zwei, drei oder vier Hebeln stellen jeweils einen Buchstaben ein, der dann durch einen Auslösehebel angeschlagen wird.

Der schwedische Chemiker Jöns Jacob Berzelius entdeckt die Elemente Silicium und Zirkonium.

In Europa kommen die ersten Gaskochöfen auf.

Der Brite Hancock stellt als erster Kunstleder her.

Joseph Aspdin entwickelt in Leeds den Portlandzement. →

Der französische Ingenieur Claude Burdin bezeichnet ein von ihm konstruiertes Wasserrad erstmals als »Turbine«. →

Nicolas Léonard Sadi Carnot, Ingenieur und Physiker, stellt die Lehre vom thermischen Kreisprozeß auf und trägt damit wesentlich zur Entwicklung der Heißluftmaschine bei. Er formuliert den nach ihm benannten Satz: »Die bewegende Kraft der Wärme ist unabhängig von den Wirkungsmitteln, welche dazu dienen, dieselbe hervorzubringen, ihre Menge ist lediglich durch die Temperatur der Körper bestimmt, zwischen denen sich als letztes Ergebnis die Übertragung der Wärme vollzieht.« →

Ein Erfinder namens Dallas konstruiert in London die erste Steinhaumaschine für das Abrichten größerer ebener Flächen.

In London baut Crosley einen Luftdruckmesser, der die gemessenen Werte automatisch aufzeichnet.

Der deutsche Chemiker Johann Wolfgang Döbereiner erfindet das Platinfeuerzeug. Das Platin dient beim Zünden als Katalysator (→ 1817).

Augustin Pierre Dubrunfaut findet einen Weg zur Herstellung von Spiritus aus Zuckerrüben.

Der britische Chemiker Sir Humphry Davy schützt die kupfernen Schiffsbeschläge dadurch vor Korrosion, daß er sie galvanisch mit Platten von elektrisch positiveren Metallen (z. B. Zink oder Eisen) verbindet. Durch die entstehende galvanische Spannung wird das Kupfer negativ und so gegen Oxidation unempfindlich.

Jacob Perkins aus den USA konstruiert ein Dampfgewehr, das pro Minute 250 bis 420 Schuß abgibt. Das Gewehr ist zwar nicht kriegstauglich, bildet aber eine Grundlage für spätere Maschinengewehre.

Der englische Ingenieur W. Pontifex erfindet ein Gerät zur Messung fließender Wassermengen.

GEBOREN:

26. 6. Belfast: William Thomson (ab 1892: Lord Kelvin; † 17. 12. 1907, Nethergall bei Largs), irisch-britischer Physiker.

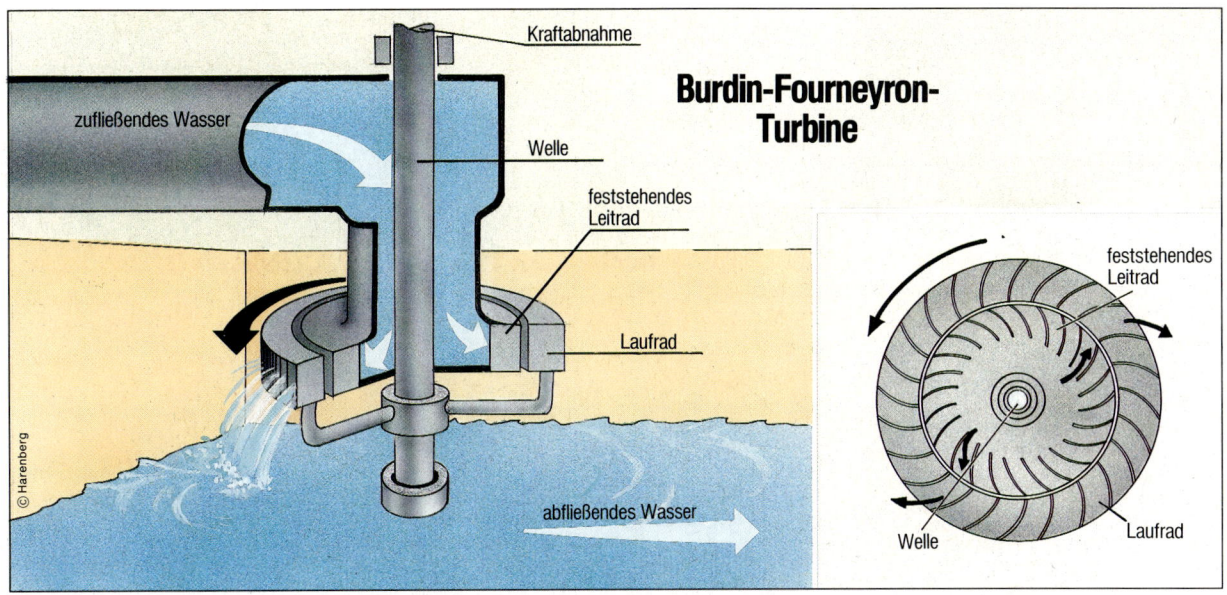

Burdin-Fourneyron-Turbine

Kraftabnahme · zufließendes Wasser · Welle · feststehendes Leitrad · Laufrad · abfließendes Wasser · feststehendes Leitrad · Welle · Laufrad

© Harenberg

Vom Wasserrad zur Reaktionsturbine

1824. Der französische Ingenieur Claude Burdin entwickelt ein neuartiges Wasserradprinzip und spricht in diesem Zusammenhang 1826 erstmals von einer »Turbine« (lat. »turbo« = Wirbel).

Die französische Société d'Encouragement pour l'Industrie Nationale hatte einen Preis von 6000 Francs für die Konstruktion eines Wasser-rades ausgesetzt, das zur Energieversorgung der Industrie einsetzbar sein sollte. Burdins Entwurf erfüllt diese Bedingungen nicht, den Wettbewerb gewinnt sein Schüler Benoit Fourneyron.

Fourneyrons Konstruktion besteht aus zwei konzentrischen Schaufelrädern. Das feststehende innere Rad hat gekrümmte Leitschaufeln, die das Wasser gegen die Laufschaufeln des äußeren Rades, des Läufers, leitet. Die Maschine hat den erstaunlich hohen Wirkungsgrad von 80 bis 85%. Ihr Nachteil liegt darin, daß die Leitschaufeln beim Verlassen des Wassers Turbulenzen erzeugen, die das Rad – bei bestimmten Fließgeschwindigkeiten des Wassers – bremsen.

Thermodynamik entsteht

1824. Der Franzose Nicolas Léonard Sadi Carnot entwickelt die Lehre vom thermischen Kreisprozeß und trägt damit wesentlich zur Entwicklung der Heißluftmaschine und des Kältekreislaufs bei.

Der Carnotsche Kreisprozeß ist ein Gedankenexperiment, bei dem an einem idealen Gas (→ 1662) nacheinander vier Zustandsänderungen beschrieben werden: 1. Expansion bei konstanter Temperatur unter Wärmezufuhr und mechanischer Energieabgabe; 2. Expansion ohne Wärmezufuhr mit Abkühlung und mechanischer Energieabgabe; 3. Kompression bei konstanter Temperatur mit Aufnahme mechanischer Energie und Wärmeabgabe; 4. Kompression unter Erwärmung mit mechanischer Energieaufnahme.

Nach Phase 4 ist der Ausgangszustand wieder erreicht.

Aus diesem Gedankenexperiment läßt sich die durch eine ideale Wärmekraftmaschine theoretisch maximal gewinnbare mechanische Arbeit errechnen.

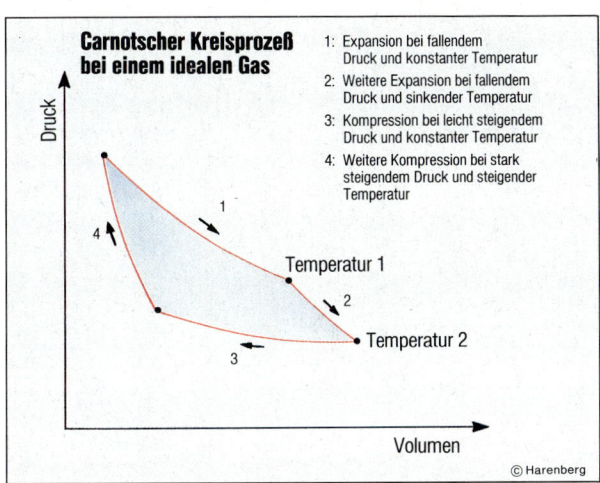

Carnotscher Kreisprozeß bei einem idealen Gas

Druck · Volumen

1: Expansion bei fallendem Druck und konstanter Temperatur
2: Weitere Expansion bei fallendem Druck und sinkender Temperatur
3: Kompression bei leicht steigendem Druck und konstanter Temperatur
4: Weitere Kompression bei stark steigendem Druck und steigender Temperatur

Temperatur 1 · Temperatur 2

© Harenberg

Aspdin entwickelt Portlandzement

1824. Der britische Maurermeister Joseph Aspdin entwickelt in Leeds den Portlandzement.

Aspdin geht von Versuchen aus, die zwischen 1813 und 1818 in Paris Louis Joseph Vicat gemacht hatte, um den natürlichen hydraulischen Kalkstein, der die Grundlage des »Roman Zements« (→ 1796) ist, durch Gemenge von Kalk und Ton zu ersetzen. Vicats Experimente blieben unbeachtet, bis sich jetzt Aspdin ihrer annimmt. Er brennt ein exakt dosiertes Gemisch aus Kreide, also dem reinsten in der Natur vorkommenden Kalk, und besonders ausgewähltem Tonmergel. Dabei stellt er den ersten künstlichen hydraulischen, also unter Wasseraufnahme abbindenden Zement her. 1844 verbessert der Londoner Baumeister Isaac Johnson den Prozeß noch dadurch, daß er die Brennofentemperatur soweit erhöht, daß das Gemisch versintert. Es muß anschließend zu Zementpulver gemahlen werden.

Der Brite Sir George Cayley läßt sich eine endlose Gleiskette für Fahrzeuge patentieren.

Louis Braille, 1812 im dritten Lebensjahr erblindet, erfindet in Frankreich die nach ihm benannte Blindenschrift.

Der schwedische Chemiker Jöns Jacob Berzelius stellt erstmals metallisches Tantal dar.

Der englische Physiker William Sturgeon erfindet den Elektromagneten. →

Marc Isambard Brunel, ein britischer Ingenieur französischer Herkunft, entwickelt für den Tunnelbau einen ersten Bohrschild zum Durchbohren weichen Gesteins und weicher Erdmassen (→ 1842).

Der britische Chemiker und Physiker Michael Faraday entdeckt bei der Destillation fetter Öle das Benzol. →

In Manchester erfindet Houldsworth das Differentialgetriebe (zur Regulierung der Spulenbewegung bei Baumwollspindelbänken). →

James Kay erfindet das Naßspinnen des Flachses und ermöglicht damit das Spinnen sehr feiner Garne.

Der italienische Physiker Leopoldo Nobili entwickelt ein gegen den Erdmagnetismus unempfindliches Galvanometer.

Ein Ingenieur namens Phipps erfindet den »Egoutteur«, eine Hohlwalze zum Eindrucken von Wasserzeichen in Papier.

Johann Nepomuk von Fuchs erfindet das Wasserglas und versucht damit, die Holzteile des Münchner Theaters gegen Feuer zu schützen. →

In Deanstone erfindet ein gewisser Smith die Röhrendrainage. →

Der deutsche Physiker Wilhelm Eduard Weber weist an Stimmgabeln die Interferenz der Schallwellen nach. Zusammen mit seinem Bruder, dem Anatomen und Physiologen Ernst Heinrich Weber, veröffentlicht er ein grundlegendes Buch zur Wellenlehre (→ 1865).

In Wednesbury vervollkommnet Whitehouse die 1808 von Benjamin Cook und Henry Osborne erfundenen geschweißten, schmiedeeisernen Röhren und stellt sie mit großem wirtschaftlichem Erfolg in seinem eigenen Betrieb her.

27. 9. Auf der Strecke Stockton – Darlington in England wird die erste öffentliche Dampfeisenbahnlinie in Betrieb genommen. →

GEBOREN:

6. 6. Barmen: Friedrich Bayer († 6. 5. 1880, Würzburg), deutscher Industrieller.

Eröffnung der Strecke Albany – Schenectady in den USA am 9. August 1831 für den Personenverkehr

Der erste Personenzug der Welt fährt

27. September 1825. Robert Stephenson, der Sohn des britischen Dampflokomotivenpioniers George Stephenson, eröffnet die erste öffentliche Dampfeisenbahnlinie für Personenverkehr. Sie verbindet Stockton mit dem 39 km entfernten Darlington.

Hinter der von George Stephenson gebauten Lokomotive »Locomotion« laufen der Tender, sechs mit Kohle beladene Güterwagen und ein Personenwagen für die Ehrengäste. Ihm folgen 21 eigens für die Einweihung der Strecke mit Sitzbänken versehene Güterwagen und schließlich sechs weitere Kohlenwagen. Die gesamte Anhängelast liegt bei 70 t. Die Lokomotive bewältigt die Fahrt mit 10 km/h ohne große Schwierigkeiten, bleibt allerdings wegen der Menschenmenge an und auf dem Schienenstrang unterwegs mehrmals stehen.

Wegweisend ist unter anderem die Spurweite der Schienen, die mit 4 Fuß 8 1/2 Zoll (= 1,435 m) zur Grundlage des europäischen Eisenbahnnetzes wird.

Natürlich weist die »Locomotion« noch technische Mängel auf. Knapp drei Jahre nach der Jungfernfahrt, am 1. Juli 1828, kommt es sogar zu einer Kesselexplosion.

Der Schienenstrang zwischen Stockton und Darlington dient in der Anfangszeit nicht allein Dampfzügen. Wie eine Straße steht er – gegen Gebühr – jedermann zur Verfügung. Neben Stephensons Dampflok verkehren bald Dampflokomotiven anderer Gesellschaften, aber auch Pferdekutschen und Postkutschen auf der eingleisigen Strecke. Weil auch diese Kutschen mit Spurkranzrädern auf den Schienen laufen, sieht eine Verordnung vor, daß sie den Dampfzügen grundsätzlich an Rangierstellen ausweichen müssen. Wer auf offener Strecke bei einem Aufeinandertreffen zurücksetzen muß, das regeln Markierungssteine auf halber Höhe zwischen den Ausweichstellen. Der Streckenabschnitt Stockton – Darlington ist nur ein Teilstück der geplanten Verbindung von Shildon – über Stockton – nach Darlington. Doch das schwierige, bergige Gelände läßt es Stephenson ratsam erscheinen, auf starken Steigungs- und Gefällestrecken auf die Dampflokomotive zu verzichten und dort ortsfeste Antriebsmaschinen mit Zugseilen oder – im Gefälle – einfachem Schwerkraftbetrieb vorzusehen.

Die Strecke Stockton – Darlington dient zwar auch der Personenbeförderung, vor allem aber soll die Eisenbahn billig Kohlen transportieren und damit den Standortnachteil der Killingworth-Zeche ausgleichen. Im Gegensatz zu anderen Gruben kann man sie nicht mit Schiffen erreichen. Trotz des vorwiegenden Zechenbetriebs liegt die Bedeutung der Premiere im ersten Einsatz eines Zuges zur Personenbeförderung.

Die »Locomotion«, George Stephensons Antriebsmaschine für den neuen Personenzug, der die englische Stadt Stockton mit Darlington verbindet

Elektromagnet in England gebaut

1825. Der Engländer William Sturgeon baut den ersten Elektromagneten. Die Voraussetzungen liefern Erkenntnisse der französischen Physiker André Marie Ampère (→ 1820) und Dominique François Jean Arago.

Ampère begnügte sich mit der Vorhersage, daß man mit einer stromdurchflossenen Spule – einem »Solenoid« – Eisennadeln magnetisch machen könne. Und Arago kontrollierte die Aussage, indem er ein Stück Stahldraht in eine Spule legte. Doch erst Sturgeon umwickelt ein massives hufeisenförmiges Eisenstück mit isoliertem Draht.

Faraday entdeckt Benzol

1825. Bei der im Labor durchgeführten Destillation fetter Öle entdeckt der britische Physiker und Chemiker Michael Faraday das Benzol und das für die spätere Erkenntnis der Polymerbildung (→ 1936) wichtige Buten (Butylen). Die aromatische Verbindung Benzol ist eine farblose Flüssigkeit, die mit starker Flamme brennt. Ihr kommt später eine große Bedeutung als Zwischenprodukt in der chemischen Industrie zu.

Faraday entdeckt das Benzol, als er das bei der Öldestillation gewonnene Leuchtgas kondensiert. Dabei fällt auch der gasförmige Kohlenwasserstoff Buten an. Es erlangt später eine Bedeutung bei der Herstellung von polymeren Isolier- und Dichtmitteln.

Der Physiker (Elektrotechniker) und Chemiker Michael Faraday

Smith legt feuchtes Gelände trocken

1825. Ein Engländer namens Smith erfindet in Deanstone die Röhrendrainage.

Hatte man bisher feuchtes Gelände durch offene Gräben entwässert, die regelmäßig freigehalten werden mußten und die Nutzung des Grundes einschränkten, so leitet Smith den Wasserüberschuß im Boden durch unterirdische durchlöcherte Drainröhren ab. Zu den Sammelsträngen von 6 bis 16 cm Durchmesser führen Saugstränge mit 4 bis 5 cm Durchmesser. Beide werden mit leichtem Gefälle in frostsicherer Tiefe verlegt.

Ausgleichsgetriebe für Textilmaschinen

1825. Der Ingenieur Houldsworth erfindet in Manchester das Ausgleichs- oder Differentialgetriebe neu, das er zur Regulierung der Spulenbewegungen bei Baumwollspindelbänken verwendet.

Bei dieser Getriebeart wird das Antriebsmoment gleichmäßig auf zwei rotierende Wellen verteilt, auch wenn diese mit unterschiedlichen Drehzahlen umlaufen. Das Differentialgetriebe wurde schon im 3. Jahrhundert v. Chr. in China bei Kompaßwaagen eingesetzt, auf denen eine Holzfigur unabhängig von der Fahrtrichtung mit dem Arm stets in dieselbe Himmelsrichtung wies.

Holzkulissen gegen Feuer imprägniert

1825. Der Münchner Johann Nepomuk von Fuchs entwickelt ein Verfahren, um die hölzernen Kulissen und Bühnenbauten des Theaters seiner Heimatstadt mit einem Wasserglasüberzug zu versehen, der teilweise auch in das Holz eindringt. Fuchs will auf diese Weise das trockene Holz schwer entflammbar machen, also Theaterbränden vorbeugen.

Die als Wasserglas bezeichneten wasserlöslichen Alkalisilikate werden durch Schmelzen von Quarzsand mit Alkalicarbonaten bei 1300 bis 1600 °C hergestellt.

1826

Antoine Jérome Balard entdeckt das Brom.

Der deutsche Chemiker Otto Unverdorben stellt erstmals Anilin her. →

Jean Victor Poncelet und Claude Burdin erfinden je eine Turbine, die jeweils nach ihnen genannt wird.

Godard baut in Amiens die erste brauchbare Wollkämmmaschine.

Friedrich Harkort baut in Wetter den ersten modernen Hochofen.

Georg Simon Ohm bestimmt die elektrische Leitfähigkeit verschiedener Materialien. Er findet das Ohmsche Gesetz: »Die Stromstärke ist proportional der elektromotorischen Kraft und umgekehrt proportional dem Widerstande.« →

Jean Victor Poncelet und Gustave Gaspard de Coriolis führen den Begriff der Arbeit als Produkt aus Kraft und Weg in die theoretische Mechanik ein. →

Der österreichische Techniker Joseph Ressel erfindet die Schiffsschraube.

Der Österreicher Alois Senefelder erfindet die Farblithographie. Im gleichen Jahr entwickelt er auch den Mosaikdruck, ein Druckverfahren, bei dem sich farbige Bilder durch einen einzigen Arbeitsgang herstellen lassen. →

Nach siebenjähriger Bauzeit vollendet Thomas Telford eine Kettenbrücke über den Menaikanal mit der bis dahin unerreichten Spannweite von 176 m. →

Für Sprungfedermatratzen setzen sich Schraubenfedern durch.

Der Engländer H. C. Lacy in Manchester erfindet die Gummifederung, die die bisher übliche Stahlfederung bei Kutschen ersetzt.

Der französische Fotopionier Joseph Nicéphore Niepce verfertigt die erste fotografische Aufnahme, die bis heute erhalten ist. Die Belichtungszeit beträgt acht Stunden (→ 9. 5. 1816).

14. 3. Der englische Konstrukteur Neville erhält das erste Patent auf einen Flammenrohrkessel. →

GESTORBEN:

7. 6. München: Joseph von Fraunhofer (* 6. 3. 1787, Straubing), deutscher Optiker und Physiker.

GEBOREN:

17. 9. Breselenz/Hannover: Bernhard Riemann († 20. 7. 1866, Selasca/Lago Maggiore), deutscher Mathematiker.

Spannung = Strom mal Widerstand

1826. Georg Simon Ohm aus Erlangen, Oberlehrer in Köln, ermittelt in zahlreichen Versuchen zur elektrischen Leitfähigkeit von Drähten das nach ihm benannte  Ohmsche Gesetz, das die gesamte Elektrotechnik seiner Zeit auf eine neue Basis stellt. Ohm formuliert das Gesetz noch nicht in der später bekannten Form $U = R \times I$,

Georg S. Ohm

sondern als $X = k \times w \times a/l$. Dabei ist X die Stromstärke, die Ohm »Stärke des Übergangs« nennt; k nennt er die »Leitungsgüte«, w ist der Drahtquerschnitt und l die Drahtlänge. Den Quotienten $1/(k \times w)$ nennt er auch noch nicht »elektrischen Widerstand«, sondern »reduzierte Länge«; a schließlich ist die elektrische Spannung zwischen den Leitungsenden.

Arbeit = Kraft mal zurückgelegter Weg

1826. Die französischen Physiker und Ingenieure Jean Victor Poncelet und Gaspard Gustave de Coriolis führen in der Mechanik den Begriff der Arbeit ein: Sie definieren ihn als Produkt aus Kraft und Weg.

Die beiden Wissenschaftler räumen damit Unklarheiten aus, die sich bisher immer wieder durch unsaubere Formulierungen in Veröffentlichungen auf dem Gebiet der theoretischen Mechanik ergaben.

Für die Arbeit benutzte bereits 1717 Johann Bernoulli die Bezeichnung »Energie«. Für die

J. V. Poncelet

»lebendige Kraft«, die er der Arbeit gleichsetzte, verwendete dann 1807 Thomas Young ebenfalls die Bezeichnung »Energie«. Mitte des 19. Jahrhunderts unterscheidet der Brite William John Macquorn Rankine die potentielle und die kinetische Energie.

Eine Stangen- und Handpresse für seine Lithographie ließ sich Alois Senefelder bereits 1801/02 patentieren

Otto Unverdorben entdeckt das Anilin

1826. Der deutsche Chemiker Otto Unverdorben, der umfangreiche Experimente mit Harzen durchführt, entdeckt bei seinen Arbeiten auch das Anilin (Aminobenzol, Phenylamin), eine ölige, farblose, sich an der Luft gelb bis braun färbende Flüssigkeit mit basischen Eigenschaften. Anilin wird in der chemischen Industrie eines der wichtigsten Zwischenprodukte bei der Herstellung aromatischer Verbindungen. Aus Anilin werden später Polyurethane (→ 1936), Kautschukzusätze, Farbstoffe (Anilinfarben) und Pharmazeutika hergestellt.

Unverdorben untersucht eine sehr große Anzahl von Harzen, die meist durch Oxidation aus flüchtigen Ölen entstehen und keine chemisch reinen Substanzen, sondern mehr oder weniger komplexe Stoffgemenge sind. Dabei findet er u. a. heraus, daß sich das Benzoeharz aus vier verschiedenen Harzen sowie einigen aromatischen Säuren – hauptsächlich Benzoesäure – zusammensetzt. Die Benzoesäure gewinnt später eine große Bedeutung für die Lebensmittelkonservierung. Ein weiteres Produkt aus Unverdorbens Harzforschung ist der Copalfirnis, in Leinöl gelöstes Copalharz. Er eignet sich zum Schutz von Gemälden und zum Lackieren von Holz. Der Lack ist recht widerstandsfähig, da das Copal aus verschiedenen Harzen besteht, die sich gegenüber unterschiedlichen Lösungsmitteln nicht gleich verhalten.

Senefelders Lithographie jetzt farbig

1826. Der österreichische Erfinder Alois Senefelder stellt sein Steindruckverfahren zur Vervielfältigung farbiger Bilder vor. Bereits → 1796 hatte er die Schwarzweiß-Lithographie entwickelt, das erste Flachdruckverfahren.

Die Farblithographie erfordert drei oder vier Druckplatten von ein und demselben Motiv, die deckungsgleich angefertigt werden müssen.

Beim Vierfarbdruck (→ 1710) müssen die Farbauszüge Gelb, Rot, Blau und Schwarz passergleich übereinander auf das Papier gebracht werden. Senefelder entwickelt deshalb zunächst eine Methode, die Motive auf alle Kalkschieferplatten deckungsgleich zu übertragen. Er fertigt eine Handzeichnung auf Papier an und kopiert diese dann in einer Art Durchschlagverfahren auf die

Steinplatten. Nachdem die Umrisse der beabsichtigten Zeichnung wiedergegeben sind, kann das Ausmalen der Farbplatten mit geeigneten Fettstiften oder Wachsfarben beginnen. Dabei muß der Künstler sehr genaue Kenntnisse von der Wirkungsweise der subtraktiven Farbmischung (→ 1710) beim späteren Druck besitzen.

Der Lithographie-Farbdruck geschieht zu Senefelders Zeit ausschließlich von Hand. Dabei liegen die Kalkschieferplatten nebeneinander auf einem flachen Bett. Zwei Drucker pressen sorgfältig die zu bedruckenden Bögen nacheinander auf die verschiedenen Platten.

Weil sich die Steinplatten für den Mehrfarbendruck bald als sehr unhandlich erweisen, arbeitet Senefelder an einer einfacheren Farbdrucktechnik. Er entwickelt – ebenfalls 1826 – den Mosaikdruck als wesentlich besser handhabbare Technik. Hierbei werden die Druckformen gemäß der gemalten Vorlage aus vielen kleinen, verschiedenfarbigen Täfelchen zusammengesetzt, deren pastöse Massen beim Druck in einer der Buchdruckpresse ähnlichen Vorrichtung genügend Farbstoff an chemisch angefeuchtetes Papier abgeben.

Plakat von Toulouse-Lautrec, einem Anhänger der Farblithographie

Alois Senefelder, der Erfinder der Lithographie und Farblithographie

In einer Anilinfarbenfabrik; Apparate zur Herstellung von Anilinblau

Harkort baut ersten modernen Hochofen

1826. Der deutsche Unternehmer Friedrich Harkort baut in Wetter an der Ruhr den ersten Hochofen ohne Rauhgemäuer: 16 m hoch, nur von eisernen Reifen umgeben und innen mit Schamotte ausgekleidet.

Die ersten Hochöfen mit Koks- statt Holzkohlenfeuerung setzte 1709 in Coalbrookdale in England Abraham Darby ein. Harkort verbessert diesen Typ. Durch die neue Bauform erreicht er größere Bauhöhen und damit eine größere Kapazität. Das Prinzip bleibt erhalten: Durch die Gicht, die obere Füllöffnung des Ofens, wird dieser mit dem Eisenerz, mit Koks und Kalkstein beschickt. Von unten wird durch Düsen kalte Luft in den Ofen geblasen. Der Koks brennt unter dieser Luftzufuhr bei 1600 °C, entzieht dem Eisenerz Sauerstoff und reduziert es auf diese Weise zu Roheisen. Verunreinigungen verbinden sich mit dem Kalk zu Schlacke. Das flüssige Eisen wird im »Gestell« unter dem Ofen bei einer Temperatur von 1250 bis 1450 °C abgestochen.

Wenige Jahre später führt James Beaumont Neilson in Schottland das Blasen mit heißer statt kalter Luft ein und spart dadurch bis zu 60 % Brennstoff.

Die Harkortsche Fabrik auf Burg Wetter um 1834; hier arbeiten die ersten Hochöfen ohne Rauchgemäuer (Gemälde von Alfred Rethel)

Bessere Kessel für Dampfmaschinen

14. März 1826. Der Konstrukteur Neville in England erhält das erste Patent auf einen Flammenrohrkessel für Dampfmaschinen.

Der Dampferhitzer bei den bisher gebauten Maschinen bestand meist aus nichts anderem als einem großen, liegenden Wasserkessel. Darunter brannte das Kohlenfeuer, das seine Wärme auf doppelte Weise an den Kessel abgab: Durch Wärmestrahlung aus der Glut und durch direkten Kontakt mit den Flammen. In beiden Fällen wurde so immer nur die der Kesselwand anliegende Wasserschicht direkt geheizt. Die Wärmeverteilung im Wasser erfolgte durch natürliche Konvektion. Neville verbessert den Wärmeübergang dadurch erheblich, daß er die Kontaktfläche wesentlich vergrößert. Er zieht durch den Kessel zahllose horizontale Kupferrohre von 70 bis 80 mm Durchmesser, durch die die Flammen und heißen Abgase der Feuerung geleitet werden. Das vergrößert die Wärmetauscherflächen und verteilt die Hitze im Wasser gleichmäßig.

Das Prinzip sichert am → 6. Oktober 1829 der von George Stephenson gebauten Dampflok »Rocket« den Sieg über Konkurrenz-Konstruktionen.

Längste Kettenbrücke der Welt über die Menai Strait gespannt – Tragketten aus 17 952 Gliedern

1826. *Nach siebenjähriger Bauzeit vollendet Thomas Telford eine Kettenbrücke über die Menai Strait (Abb.) mit der bisher größten Spannweite von 176 m. Die Brücke über die Meerenge in der Irischen See zwischen der Nordwestküste von Wales und der Insel Anglesey wird von Ketten aus insgesamt 17 952 Puddeleisengliedern (→ 1788) getragen. Die Konstruktion verschlang 2186 t Eisen und kostet rund 120 000 Pfund Stirling.*

Die Fundamente der 46,5 m hohen Pfeiler hatte Telford im Caisson-Verfahren, also mit Senkkästen, gelegt. Die Tragketten wurden von einem

Floß aus mit Seilwinden hochgehievt. An ihnen hängen in 1,5 m Abstand Eisenstäbe, die die 9 m breite hölzerne Fahrbahn tragen.

Thomas Telford macht auch Versuche mit Drahtseilen. Er hätte sie wegen der größeren Festigkeit und besseren Flexibilität den Ketten vorgezogen, doch machten ihm das die Produktionsengpässe für Stahlseile unmöglich. Lieferant für die eisernen Kettenglieder ist die berühmte Hazeldine-Hütte in der englischen Grafschaft Shropshire. Alle 17 952 Glieder wurden speziell für diesen Zweck einzeln in Formen gegossen.

Giovanni Battista Amici, ein Italiener, erfindet die Immersionslinse für Mikroskope. →

William Hancock baut in London größere Dampfomnibusse für bis zu 16 Personen.

Der Franzose André Marie Ampère begründet die Elektrodynamik durch seine Theorie der elektromagnetischen Vorgänge.

Wenzel Batka führt in Prag die Email- und Porzellanschilder zum Anschrauben ein.

Der Schotte Robert Brown entdeckt die Molekularbewegung in Flüssigkeiten. →

Der Physiker Jean Daniel Colladon und Carl Franz Sturm messen die Fortpflanzungsgeschwindigkeit des Schalls im Wasser, sie beträgt 1435 m/sec.

Augustin Jean Fresnel erklärt die Polarisation des Lichtes schwingungstheoretisch. Im gleichen Jahr entwickeln Fresnel und François Arago das Gesetz der Interferenz des polarisierten Lichts.

John Frederick William Herschel entdeckt die Spektrallinien von Strontium, Natrium, Kalium und anderen Stoffen im Licht der Flamme. →

Hoyau konstruiert in Paris eine automatische Maschine zur Herstellung von Haken und Ösen.

Der Hüttentechniker Per Lagerhjelm in Stockholm wird durch die Konstruktion einer Maschine zur Prüfung der Festigkeit des Eisens zum Mitbegründer moderner Materialprüfungsverfahren.

Die Franzosen Real und Pichon bauen die erste mehrstufige Aktionsturbine.

Dem deutschen Chemiker Friedrich Wöhler gelingt es, reines Aluminium in größeren Mengen darzustellen. →

Johann Karl Wilhelm Zahn macht die ersten Versuche mit dem Druckverfahren Chromolithographie.

GESTORBEN:

5. 3. Paris: Pierre Simon Marquis de Laplace (* 28. 3. 1749, Beaumont-en-Auge/Calvados), französischer Mathematiker und Astronom.

5. 3. Como: Alessandro Giuseppe Antonio Graf Volta (* 18. 2. 1745, Como), italienischer Physiker.

14. 7. Paris: Augustin Jean Fresnel (* 10. 5. 1788, Broglie), französischer Ingenieur und Physiker.

GEBOREN:

25. 10. Paris: Pierre Eugène Marcelin Berthelot († 18. 3. 1907, Paris), französischer Chemiker.

Mikroskope verbessert

1827. Der Italiener Giovanni Battista Amici erfindet die Immersionslinse für Mikroskope, die wesentlich stärkere Vergrößerungen als bisher ermöglicht.

Wie später Ernst Abbe (→ 1872) zeigt, ist die mit einem Lichtmikroskop maximal erreichbare Auflösung durch die Lichtwellenlänge (λ) und die sogenannte numerische Apertur des Objektivs (A) bestimmt. Zwei Objektpunkte lassen sich unter dem Mikroskop nur dann getrennt erkennen, wenn ihr Abstand größer ist als λ/A. Die numerische Apertur hängt vom Öffnungswinkel des Objektivs und vom Lichtbrechungsindex des Stoffes zwischen Objekt und Objektivlinse ab. Der Index für Luft ist 1,000292, für Wasser 1,3332. Amici füllt deshalb den Raum zwischen Objekt und Mikroskopobjektiv mit Wasser aus. Er taucht das Objektiv ein (»Immersion«). Dadurch erhöht sich die Apertur um rund ein Drittel. Konnte das Lichtmikroskop bisher kleinste Objekte von etwa 0,4 µm sichtbar machen, so geht diese Grenze jetzt auf 0,3 µm herab.

Nach 1873 verbessert Ernst Abbe im Auftrag der Optischen Werke Carl Zeiss in Jena die Immersionsmikroskopie erheblich: Er ersetzt das Wasser durch höher brechendes Öl und erhält Vergrößerungsfaktoren von rund 2000. Abbe verwendet klare Öle, wie z. B. Zedernöl.

Spektrallinien von Elementen entdeckt

1827. Der britische Astronom John Frederick William Herschel entdeckt die Spektrallinien von Strontium, Natrium, Kalium und anderen Elementen: Flammen verfärben sich bei Anwesenheit dieser Stoffe auf typische Art und Weise. Herschel, der mit verschieden gefärbten Flammen experimentiert und dementsprechend helle Spektrallinien sieht, kann diese leicht jenen Elementen zuordnen, mit denen er das Lichtspektrum der Flammen verändert (→ 1827). Das Phänomen der dunklen Spektrallinien im Sonnenlicht hatte → 1814 der Optiker und Physiker Joseph Fraunhofer beschrieben.

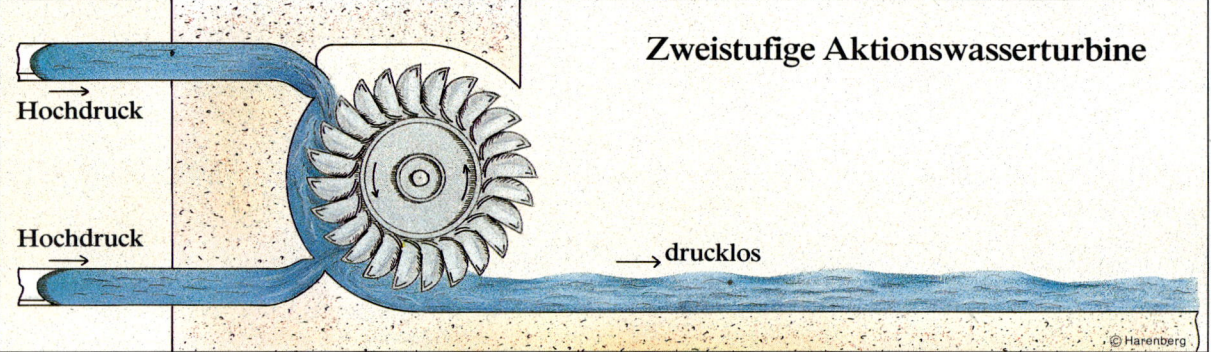

Zweistufige Aktionswasserturbine

Hochdruck

Hochdruck

→ drucklos

© Harenberg

Aktionswasserturbinen-Prinzip von französischen Ingenieuren entwickelt

1827. *Die Franzosen Real und Pichon bauen erstmals mehrstufige Aktionswasserturbinen.*

Das Prinzip läßt sich vereinfacht an einer Drehtür erklären. Ein Mensch, der durch sie hindurchgeht, bewegt ein Türblatt während der ganzen Passage mit etwa gleicher Kraft. Das entspricht dem Prinzip der Reaktionsturbine. Ein mit Wucht gegen ein Türblatt geschleuderter Gegenstand versetzt die Tür dagegen nur mit einem einzigen Impuls in Drehbewegung, wobei er seine ganze Bewegungsenergie abgibt. Das entspricht dem Prinzip der Aktions- oder Freistrahlturbine. Sie eignet sich also nur für große Wasserfallhöhen. Die beiden Ingenieure beschleunigen das die Turbine beaufschlagende Wasser zusätzlich durch Düsen, deren sie gleich mehrere an verschiedenen Stellen des Radumfangs gegen die Schaufeln richten.

Rätselhafte Bewegung

1827. Der schottische Biologe Robert Brown entdeckt die ständige Bewegung kleinster Teilchen in Flüssigkeiten. Diese Erscheinung wird später nach ihm benannt.

Brown widmet sich intensiv der mikroskopischen Forschung. Sein Hauptarbeitsgebiet ist die Untersuchung interzellulärer Vorgänge und Stoffaustausche. Vermutlich beim Untersuchen von Pflanzensäften stellt er fest, daß sich kleinste, in Flüssigkeiten schwebende feste Teilchen ständig planlos bewegen, also ohne eine bestimmte Richtung zu bevorzugen. Je kleiner die Teilchen sind und je wärmer die Flüssigkeit ist, desto intensiver ist die Bewegung, die als eine Art Vibration erscheint, wobei es oft zu elastischen Stößen zwischen den einzelnen Teilchen kommt.

Später läßt sich die Ursache dieser rätselhaften Bewegung nachweisen, die sich auch bei Rauch und Nebel zeigt. Sie besteht in Stößen der Flüssigkeits- bzw. Gasmoleküle, die sich nach der mechanischen Wärmetheorie dauernd heftig und unregelmäßig bewegen. Seitdem spricht man auch von der »Brownschen Molekularbewegung«.

Aluminium wird rein gewonnen

1827. Dem deutschen Chemiker Friedrich Wöhler gelingt es erstmals, Aluminium in größeren Mengen rein darzustellen.

Ausgangsstoff ist das von Hans Christian Ørsted im selben Jahr gefundene Chloraluminium, das der schwedische Chemiker erhält, wenn er Tonerdehydrat mit Kohlenpulver und Zuckersirup in einer Porzellanröhre in einem Chlorgasstrom auf Rotglut erhitzt. Das Aluminiumchlorid sublimiert als blätterig-kristalline Masse in den kälteren Teilen des Rohres.

Der schwedische Chemiker Jöns Jacob von Berzelius entdeckt das Element Thorium.

Friedrich Wöhler und Antoine Alexandre Brutus Bussy entdecken das Element Beryllium.

Der Franzose Onésiphore Pecqueur erhält ein Patent auf einen vierrädrigen Dampfwagen mit Differentialantrieb.

Nikolaus Dreyse erfindet das Zündnadelgewehr. →

Der Franzose Seguin entwickelt den Lokomotivkessel.

Dem Engländer H. James gelingt die Probefahrt mit einer Dampfdroschke für 20 Personen zwischen Forest und London. Er erreicht dabei eine Durchschnittsgeschwindigkeit von 7,5 km/h. →

Der Brite John Bell erfindet eine verbesserte Mähmaschine.

Carl Friedrich Gauß, deutscher Mathematiker und Physiker, stellt das »Prinzip des kleinsten Zwanges«, ein Grundgesetz der Mechanik, auf.

Francesco Graf Lardarel (→ 1818) gelingt es, am Monte Cerboli in der Toskana künstliche Soffionen, das sind postvulkanische Erddampfquellen, zu erbohren.

Der Biochemiker Joseph Needham erfindet in England die Filterpresse.

Der Brite James Simpson macht die ersten größeren Versuche, das von den Wasserwerken gelieferte Wasser künstlich durch Sand zu filtrieren.

Dem Chemiker Friedrich Wöhler gelingt es, den sonst nur als Produkt lebender Organismen bekannten Harnstoff zu synthetisieren. →

William Hyde Wollaston, britischer Naturforscher, findet ein rationelles Verfahren, kompaktes Platin aus dem Platinschwamm herzustellen, worauf sich eine größere Platinindustrie entwickelt.

Der französische Ingenieur Jean-Victor Poncelet konstruiert ein unterschlächtiges Wasserrad mit gekrümmten Schaufeln.

Der Londoner Baumeister Richard Walker erfindet das Wellblech. →

Der französische Mathematiker und Physiker Jean Baptiste Joseph Fourier bestimmt erstmals die Wärmeleitfähigkeit verschiedener Festkörper.

Josua Heilmann, ein deutscher Spinnereibesitzer, erfindet die Plattstich-Strickmaschine.

Der britische Hüttentechniker James Beaumont Neilson findet heraus, daß sich bei Industrieöfen Brennmaterial sparen läßt, wenn man den Wind vor Eintritt in den Ofen erhitzt.

Großdampfdroschken verkehren in England

1828. *Die Engländer Gurney und James bauen riesige Dampfstraßenwagen für den Personenverkehr. Die Gefährte lehnen sich konstruktiv an Pferdeprunkkutschen an, besitzen Heck- (bei Gurney, Abb.) oder Unterflurdampfmaschinen (bei James) und benötigen zwei Mann Bedienung – einen Lenker und einen Heizer. Karossen dieser Art bieten in einer Kabine sechs und auf Bänken im Freien weiteren 15 Passagieren Platz. Ihre Geschwindigkeit liegt bei rund 7,5 km/h. Manche Gurneydampfwagen dienen nur als Zugmaschinen.*

Harnstoff synthetisiert

1828. Dem deutschen Chemiker Friedrich Wöhler aus Frankfurt am Main gelingt es, den sonst nur als Produkt lebender Organismen bekannten Harnstoff zu synthetisieren. Harnstoff ist das wichtigste Endprodukt des menschlichen Eiweißstoffwechsels.

Bisher ging man von der Existenz einer sogenannten »Lebenskraft« aus, die unerläßlich für zahlreiche chemische Reaktionen in der belebten Natur sein sollte. Insbesondere war man davon überzeugt, daß sich organische Substanzen ohne Einwirkungen dieser göttlichen Kraft grundsätzlich nicht künstlich herstellen ließen.

Wöhler bewerkstelligt die Harnstoffsynthese, indem er das Ammoniaksalz der 1822 von ihm entdeckten Cyansäure in Wasser löst und die Lösung anschließend eindampft. Dabei führt er die anorganische Substanz Kaliumcyanid (KNC) zunächst durch Oxidation in Kaliumcyanat ($KNCO$) über, das mit der Cyansäure (NH_4Cl) unter Abgabe von Kaliumchlorid (KCl) Ammoniumcyanat (NH_4NCO) bildet. Durch Erhitzen entsteht daraus der als »organisches« Stoffwechselprodukt bekannte Harnstoff ($NH_2\text{-}CO\text{-}NH_2$). Diesen Prozeß nennen die Chemiker Ammoniak-Addition.

Wöhlers Reaktion hat auch praktischen Wert. Synthetischer Harnstoff gewinnt später als industriell hergestelltes Düngemittel größere Bedeutung. Außerdem bewährt er sich als Eiweißersatz in Futtermitteln für Wiederkäuer.

Wellblechprinzip erhöht Festigkeit

1828. Der Londoner Baumeister Richard Walker erfindet das Wellblech.

Walker gründet in Rotherhithe eine Fabrik, in der die Wellen einzeln in das Blech eingeprägt werden. 1844 rationalisiert John Spencer die Wellblechherstellung dadurch wesentlich, daß er das Produkt im Profilwalzwerk herstellt, wobei er ganze Blechtafeln auf einmal bearbeitet.

In welch erheblichem Maße das Wellen dünner Blätter oder Bleche die Biegesteifigkeit des Materials in Querrichtung erhöht, zeigen einfache Versuche mit zickzackartig gefaltetem Papier: Dabei lassen sich bei beidseitig freier Auflage Tragkraftgewinne von mehr als dem Hundertfachen nachweisen.

Gewehre feuern jetzt mit Patronen

1828. Nachdem → 1805 der schottische Geistliche Alexander Forsyth das Perkussionsschloß entwickelt hatte, erfindet jetzt der Deutsche Nikolaus von Dreyse das Zündnadelgewehr, bei dem ein Schlagbolzen die Zündladung im Inneren des Laufs zur Explosion bringt.

Mit dem Zündnadelgewehr lassen sich die 1827 erfundenen Patronen verfeuern, die Zünd- und Treibladung sowie Geschoß in einer Hülse vereinigen.

Zündnadelgewehr, zum Laden geöffnet; r. die Kammer mit dem Nadelbolzen

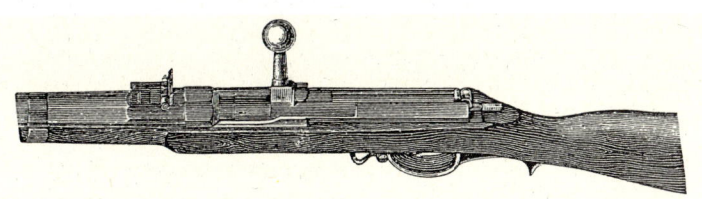

Das gleiche preußische Zündnadelgewehr, bereits geschlossen und gespannt

1829

Abel Shawk erfindet in New York die Dampffeuerspritze. Das erste Gerät dieser Art baut der Londoner Maschinenbauer John Braithwaite. →

Der Amerikaner Austin Burth entwickelt eine Schreibmaschine. Der »Typographer« verfügt jedoch noch über keinen automatischen Papiervorschub. Bei der Maschine sind die einzelnen Typen an den Enden von Hebeln befestigt.

Die erste Räderhobelmaschine zur maschinellen Herstellung von Zahnrädern wird von der deutschen Firma Glavet & Sohn in Betrieb genommen.

Der Papierfabrikant Leopold Franke in Weddersleben verbessert die Qualität des maschinell hergestellten Papiers entscheidend dadurch, daß er in der Papiermaschine einen in der Papiermasse rotierenden vertikalen Zylinder als Knotenfänger anbringt (→ 1806).

Der französische Mathematiker Augustin Louis Cauchy findet die nach ihm benannte Formel für die Dispersion des Lichts.

Ingenieur Jedlicka konstruiert den ersten Elektromotor. →

Der französische Physiker Gustave Gaspard de Coriolis findet die für die Mechanik bedeutende Coriolissche Formel (Coriolis-Kraft).

Peter Gustav Lejeune-Dirichlet führt in Berlin die ersten mathematisch exakten Untersuchungen über trigonometrischen Reihen durch.

Gustav Theodor Fechner konstruiert einen elektrischen Telegraphen mit 24 Nadeln und 48 Drähten.

Der Schriftsetzer Genoux erfindet in Lyon die Papierstereotypie. Er klopft mehrschichtig verleimtes Seidenpapier in den Letternsatz und erhält nach dem Trocknen eine Negativform für die Druckplatte.

Alexander von Humboldt gelingt es, ein Netz geomagnetischer Beobachtungen über die ganze Erde auszudehnen.

Barthélemy Thimonier erfindet den einfachen Kettenstich und konstruiert für seine Ausführung eine geeignete Kettenstichmaschine.

6. 10. Auf einer Lokomotivenwettfahrt zwischen Liverpool und Manchester trägt mit Abstand George Stephensons »Rocket« den Sieg davon. →

GESTORBEN:

29. 5. Genf: Sir Humphry Davy (* 17. 12. 1778, Penzance/Cornwall), britischer Chemiker.

18. 12. Paris: Jean-Baptiste de Lamarck (* 1. 8. 1744, Bazentin/Picardie), französischer Naturforscher.

George Stephensons siegreiche Lokomotive »Rocket« (»Rakete«) nach einem Gemälde aus dem Jahr 1830; für die Zeit hochmodern ist der Röhrenkessel

»Rocket« gewinnt Lokomotiv-Rennen

6. Oktober 1829. Die von dem britischen Ingenieur George Stephenson konstruierte Lokomotive »Rocket« gewinnt souverän ein ausgeschriebenes Lokomotiven-Wettrennen über 3 km bei Liverpool. Die leer kaum mehr als 3 t schwere »Rocket« befördert einen Wagen mit 30 Reisenden mit einer Geschwindigkeit von 40 bis 48 km/h. Als Dampferzeuger verfügt die Lokomotive über einen von Henry Booth konstruierten Röhrenkessel, wie ihn → 1826 der Ingenieur Neville erfunden hatte.

Noch wenige Monate zuvor verhöhnte die berühmte britische »Quarterly Review« Stephensons Behauptung, er könne eine 32 km/h schnelle Lokomotive bauen, mit den Worten: »Selbst wenn man allen Versicherungen von der Gefahrlosigkeit Glauben schenken wollte, könnte man doch eher annehmen, daß die Einwohner von Woolwich sich auf einer Congreveschen Rakete (→ 1805) abfeuern ließen, als daß sie sich einer so schnell fahrenden Maschine anvertrauten.«

Textilindustrie in England ist weit entwickelt

Wie schnell technischer Fortschritt eine ganze Branche verändern kann, zeigt die rasch anwachsende englische Textilindustrie, die als Leitsektor die industrielle Revolution in England trägt. Zuerst verdrängten die mehr und mehr perfektionierten Textilmaschinen (→ 1807; 1808; 1810; 1812) durch die mit ihnen billig gefertig-

Arbeiten in einer Webstube im frühen 19. Jahrhundert nach einer Lithographie von 1835; gewebt wird hier noch mit dem Handwebstuhl

ten Baumwollerzeugnisse die heimischen Woll- und Leinenprodukte vom Markt. Das zog eine beachtliche Ausweitung des Baumwollhandels und der Baumwollpflanzungen im britischen Weltreich nach sich. Besonders die USA, in der Schwarze als billige Arbeitskräfte zur Verfügung stehen, profitieren von dem englischen Boom.

In England werden die Textilfabriken immer größer, was mit einem grundsätzlichen Wandel ihrer Struktur einhergeht. Dampfmaschinen treiben über Transmissionswellen und Riemenantriebe Dutzende von Maschinen in großen Fabrikhallen an, und die weitgehend mechanisierte Herstellung von Garnen und Geweben wird zu einem höchst arbeitsteiligen Prozeß. Das kommt der Qualität und Quantität gleichermaßen zugute, kostet aber zunächst Arbeitsplätze.

Erforderte die Herstellung von einem Kilogramm Garn um 1760

Jedlicka entwickelt den Elektromotor

1829. Ein Ingenieur namens Jedlicka konstruiert den ersten Elektromotor. Ob er seine Entwürfe in die Praxis umsetzen kann, ist unsicher. Überhaupt ist nur wenig über den Erfinder bekannt.

Die Erfindung des Elektromotors wird fälschlicherweise allgemein Moritz Hermann Jacobi aus Petersburg zugeschrieben und auf 1834 und bis 1838 datiert. Jacobi baut um diese Zeit den ersten arbeitsfähigen Elektromotor.

Zwar konstruiert Jedlicka erstmals einen Elektromotor als komplette Maschine, doch ist er wiederum nicht der Entdecker des elektromotorischen Prinzips. Dieses geht auf Michael Faraday zurück. Als der britische Physiker und Chemiker für die »Annals of Philosophy« einen Beitrag über die Geschichte des Elektromagnetismus schreiben sollte, überprüfte er alle Experimente selbst, von denen er berichtete. Dabei stellte er fest, daß die Magnetnadel von einem stromdurchflossenen Leiter nicht angezogen wird wie von einem Pol, sondern sich quer zu ihm stellt (→ 1821). Er

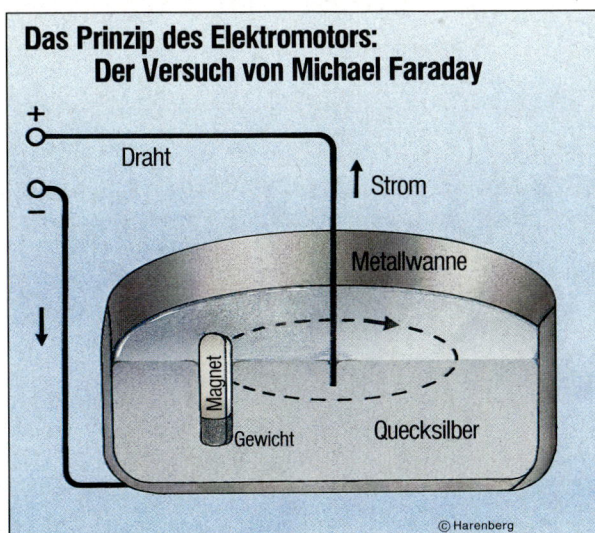

**Das Prinzip des Elektromotors:
Der Versuch von Michael Faraday**

+ — Draht — Strom — Metallwanne — Magnet — Gewicht — Quecksilber

© Harenberg

Die Versuchsanordnung, mit der der Physiker und Chemiker Michael Faraday das Prinzip des elektromotorischen Antriebs entdeckte (Erklärung im Text); Faraday wurde 1791 in London geboren; seit 1813 war er Laborgehilfe an der Royal Institution; 1825 wurde er deren Direktor

suchte die Ursache dafür in zwei entgegengesetzten Kräften und versuchte nun, den Einfluß einer dieser Kräfte auszuschalten. Das gelang ihm auf folgende Weise: Ein mit einem Platingewicht einseitig beschwerter kleiner Stabmagnet schwamm senkrecht in einer mit Quecksilber gefüllten Schale. In die Mitte der Schale tauchte Faraday einen Draht. Sobald durch diesen Strom floß, begann der Magnet, den Draht schwimmend zu umkreisen. Hielt Faraday den Magneten fest, kreiste das Drahtende um ihn. Damit war die Entdeckung des elektromotorischen Antriebs gelungen. Mangels geeigneter Stromquellen spielt der Motor aber erst später eine praktische Rolle.

Feuerwehr löscht mit Dampfspritzen

1829. Der New Yorker Ingenieur Abel Shawk erfindet die Dampffeuerspritze, die nach seinen Plänen der Londoner Maschinenbauer John Braithwaite anfertigt. Wenige Monate später baut auch John Ericson ein derartiges Gerät.

Die von Braithwaite hergestellt Maschine wird von einer Dampfpumpe mit zwei Zylindern angetrieben, die 10 PS (etwa 7,5 kW) leistet und pro Minute 650 l Wasser fördern kann. Der Spritzenwagen wird von Pferden gezogen.

Die erste Feuerspritze mit manuellem Pumpenantrieb erfand bereits → um 250 v. Chr. der Grieche Ktesibios; → 1655 konstruierte ein Nürnberger Zirkelschmied eine derartige Druckpumpe neu; sie wurde von 16 bis 20 Mann betätigt, die einen gewaltigen Pumpenschwengel auf- und niederbewegten, und pumpte Wasser stoßweise durch ein langes Holzrohr. Zwischen 1721 und 1725 baute Richard Newsham dann kontinuierlich arbeitende Handspritzen, die mehrere Männer mit Hand- und Tretkurbeln bedienen mußten.

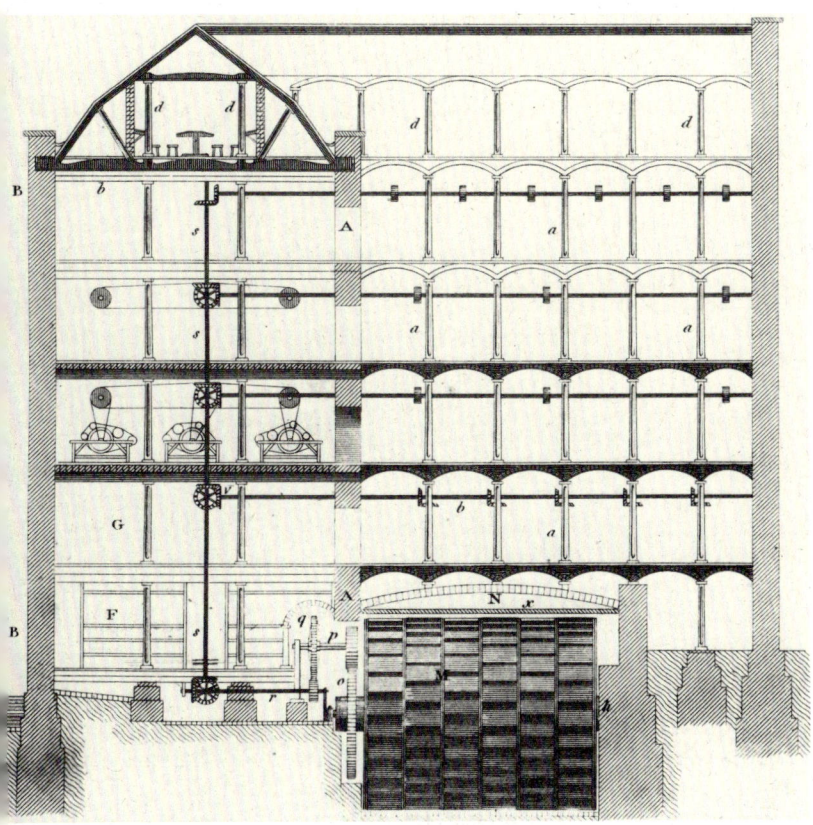

Schematische Darstellung einer Baumwollfabrik in Belper (Derbyshire); angetrieben wird die gesamte Anlage von einer einzigen Wasserkraftanlage

auf dem Tretspinnrad rund 100 und seine Verarbeitung auf dem Handwebstuhl etwa 250 Arbeitsstunden, so sinken diese Werte bis 1829 auf rund 5 für das Spinnen und 50 für das Weben.

Die Arbeitsteilung ist die Voraussetzung der Mechanisierung und ebnet damit später auch der Automation den Weg. Diese kündigt sich schon in den Steuerungsmechanismen etwa des Jacquard-Webstuhls (→ 1807) und anderer Textilmaschinen an, die mit Lochkarten arbeiten. Das Prinzip wird später zur Grundlage der ersten Computer-Programmspeicher.

Technisch und organisatorisch erfassen Arbeitsteilung und Mechanisierung alle Zweige der Textilindustrie: Das Waschen und Mischen der Rohfasern; das Lockern und Reinigen; Kardieren, Krempeln bzw. Kämmen; Strecken oder Doppeln und Vorspinnen; Verzwirnen und Feinspinnen; und schließlich das Verarbeiten der Garne zu gewebten, gewirkten oder gestrickten Stoffen.

Je nach Konjunkturlage kommt es aber auch zu Massenentlassungen.

Stationen der Textilindustrie

Um 7000 v. Chr.: Spinnen mit Rokken und Spindel

Um 5000 v. Chr.: Erste einfache Webstühle (→ 2920 v. Chr.)

Um 1500 v. Chr.: Hochwebstühle

Um 1000 v. Chr.: Flachwebstühle

13. Jh.: Spinnräder in Europa

1530: Spinnräder mit Fußantrieb →; C. Dangons Musterweben

1600: Bandwebmühle von Anton Möller →

1733: John Kays automatisches Weberschiffchen →

Um 1764: James Hargreaves' »Spinning Jenny« →

1769: Von Wasserrädern angetriebene Spinnmaschinen von Richard Arkwright →

1775: Automatische Kämm-Maschine von Richard Arkwright

1779: »Spinning-Mule«-Maschine von Samuel Crompton →

1785/86: Mechanischer Webstuhl von Edmund Cartwright (→ 1784)

1807: Lochkartengesteuerter Webstuhl von J.-M. Jacquard →

1825: Vollautomatisierung der »Spinning Mule« durch R. Roberts.

Antoine Alexandre Brutus Bussy gelingt die Herstellung von reinem Magnesiummetall.

Die Compagnie des Cristalleries de Baccarat führt das Preßglas ein. →

Gourney konstruiert als Vorform der Rippenheizrohre die nach ihm benannten Hohlzylinder-Batterien.

Der deutsche Physiker Georg Simon Ohm mißt erstmals die elektromotorische Kraft (Spannung) in Stromkreisen.

Karl von Reichenbach erkennt die große wirtschaftliche Bedeutung des 1809 von Johann Nepomuk von Fuchs entdeckten Paraffins. Außerdem entwickelt der Chemiker den Verkohlungs- oder Meilerofen, der die herkömmlichen Kohlenmeiler ersetzt. →

Nach vierjähriger Bauzeit vollendet der Brite George Stephenson auf der Eisenbahnstrecke Liverpool – Manchester den ersten Eisenbahntunnel.

In Amerika wird die Fräsmaschine entwickelt.

Der Deutsche Fredrik Rudberg entdeckt den eutektischen Charakter von Legierungen, d. h., deren Eigenschaft, mehrere Schmelz- bzw. Erstarrungspunkte zu besitzen. →

Der schwedische Chemiker Nils Gabriel Sefström entdeckt das Element Vanadium.

Philander Shaw sprengt erstmals Felsen mit Sprengladungen in Bohrlöchern. →

Der britische Physiker William Henry Fox Talbot begründet die Spektralanalyse.

Wilhelm Weber, ein deutscher Physiker, äußert erstmals die Idee, Tonschwingungen direkt aufzuzeichnen.

Nach zehnjähriger Bauzeit ist die Gotthardpaßstraße fertiggestellt.

Der britische Admiral Thomas Cochrane erhält ein Patent auf eine Doppeltür mit Luftschleuse, die Arbeiten unter Wasser ermöglichen soll.

Der Amerikaner J. Thorpe erfindet die Ringspinnmaschine.

Der Schotte Andrew Ure erhält ein Patent auf den ersten Thermostaten. Er dient der Temperaturüberwachung in seiner Whiskybrennerei.

15. 9. Zwischen Manchester und Liverpool wird die erste Dampfeisenbahn der Welt für Personenverkehr in Betrieb genommen.

GESTORBEN:

16. 5. Paris: Jean-Baptiste Joseph Baron de Fourier (* 21. 3. 1768, Auxerol), französischer Mathematiker und Physiker.

Bohrmannschaft im Mansfelder Kupferschieferbergbau um 1895; auf dieselbe Weise treibt Philander Shaw die Löcher für seine Sprengladungen vor

Phil Shaw sprengt Felsen

1830. Philander Shaw begründet die moderne Felssprengtechnik. Er bringt tiefe Bohrlöcher im festen Gestein an und füllt sie mit Schießpulver. Die Ladungen zündet er durch Funken aus der Leidener Flasche (→ 1745/46).

Ein Jahr später (1. Juni 1831) teilt er seine Erfahrungen einem Professor Hare mit, der sofort ähnliche Experimente aufnimmt und dabei die Glühzündung erfindet. Hare erhitzt einen Widerstandsdraht mit Strom aus einer galvanischen Batterie (→ 1800, 1803) bis zur Rotglut. Diese Art der Zündung wird später außer bei Sprengungen z. B. auch bei Verbrennungsmotoren angewandt.

Felssprengungen an sich sind keine Erfindung des 19. Jahrhunderts. Erwähnt wird das »Schießen« in deutschen Bergwerksakten schon um 1620, und über englische Untertagesprengungen liegen Berichte von 1673 vor. Allerdings blieben die seltenen Gesteinssprengungen damals auf den Bergbau beschränkt. Im Tunnel- und Straßenbau werden sie erst durch das verbesserte Verfahren Shaws allgemein üblich.

Rationellere Glasfertigung

1830. Die Compagnie des Cristalleries de Baccarat führt das um 1810 in England erfundene Preßglas auf dem europäischen Markt ein.

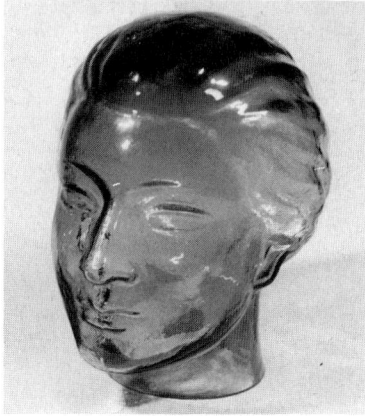

Preßglaskopf vor 1850; nach 1830 wurden solche Objekte Mode

Zunächst waren es Schalen und Teller, die zwischen einer konkaven Metallform und einem in diese hinabgesenkten konvexen Stempel entstanden. 1827 gelang es zwei US-amerikanischen Hütten in Cambridge (Massachusetts) und Boston, Hohlglas zu pressen, und 1830 preßt ein Unternehmen in Kensington (Philadelphia) erstmals sogar Flaschen. Im Gegensatz zu späteren maschinell geblasenen Flaschen (→ 1859) haben sie eine Preßnaht.

Infolge einer groß angelegten Marktoffensive der französischen Firma und englischer Initiativen überflutet jetzt billiges Glas Europa, zunächst allerdings noch in historisierenden Formen. So ziert Johann Wolfgang von Goethes Arbeitszimmer eine gepreßte Napoleon-Büstenflasche aus Opalglas.

Reichenbach fördert die Paraffin-Chemie

1830. Der Chemiker Karl von Reichenbach in Blansko (Mähren) erkennt die große wirtschaftliche Bedeutung der 1809 von Johann Nepomuk von Fuchs im Tegernseer Erdöl gefundenen fettartigen Substanz, die er als das Kohlenwasserstoffgemisch Paraffin identifiziert. Paraffin ist kein einheitlicher Stoff, sondern ein Gemenge verschiedener wachsartiger Substanzen, die später in der Chemie als Alkane bezeichnet werden. Unterscheiden lassen sich Weichparaffine, die unter 50 °C schmelzen, und Hartparaffine mit Schmelzpunkten über 50 °C. Beide sind wasserabstoßend, reaktionsträge und ungiftig.

Reichenbach findet das Paraffin jetzt auch im Holzteer, und J. B. Dumas weist es 1835 im Steinkohlenteer nach. Paraffin erlangt später als Zusatz von Schmier- und Putzmitteln, in der Lebensmittelkonservierung, zum Beschichten von Papier und Gewebe und in der Medizin als Grundlage für Salben und Pasten große Bedeutung.

Legierungen mit Mischkristallen

1830. Fredrik Rudberg untersucht Metallegierungen und entdeckt dabei, daß diese Stoffgemische Schmelz- und Erstarrungspunkte aufweisen, die wesentlich unter jenen der einzelnen Komponenten liegen.

Rudberg kann sich dieses Phänomen, das er ausführlich beschreibt, noch nicht erklären. Den physikalischen Hintergrund der Erscheinung erkennt erst 1875 Frederick Guthrie, der sich um diese Zeit in umfangreichen Versuchen mit den Erstarrungspunkten von gemischten Salzlösungen beschäftigt. Guthrie prägt für solche Lösungen den Begriff der eutektischen Mischungen. Sie stellen gleichsam einen Übergang zwischen mechanischem Gemisch und chemischer Verbindung dar.

Der Eutektikum genannte Zustand bezeichnet ein charakteristisches Gefüge zweier oder mehrerer, in flüssiger Phase vollständig mischbarer Stoffe, die zusammen bei gleicher Temperatur erstarren und in einer Mischstruktur auch gemeinsam auskristallisieren.

1831

Das erste L-Eisen und damit zugleich das erste Profileisen wird in einer britischen Eisenhütte gewalzt.

Giuseppe Belli erfindet die Influenzelektrisiermaschine.

Jöns Jacob von Berzelius, schwedischer Chemiker, führt den Begriff der »Isomerie« in der Chemie ein.

Jean Robert Bréant und A. Payne erfinden die pneumatische Druckimprägnierung von Holz gegen Fäulnis und Insektenfraß.

Paul Erman macht erstmals exakte Temperaturbeobachtungen in einem Bohrloch und stellt eine Temperaturzunahme von 1 °C je 100 Fuß Tiefe fest. Das entspricht etwa 3 °C je 100 m.

William Henry entdeckt die physiologische Ursache der Desinfektion durch Hitze.

Der Kasseler Oberbergrat Henschel erfindet das »Feuern mit beladenem Wind«, eine Methode, Kohlen- und Holzkohlenstaub im Luftstrom zu verbrennen.

John B. Jervis baut in New York die erste Lokomotive mit Drehgestell.

Der Schotte James Bowman Lindsay telegraphiert 1600 m weit über den Tay-Fluß, wobei er sich des Wassers als elektrischem Leiter bedient.

Der Physiker Macedonio Melloni erklärt die Wärmestrahlung als eine dem Licht verwandte Wellenbewegung.

Der Engländer Payne erfindet das Taschen-Pedometer, einen Schrittzähler.

Der französische Chirurg Charles Gabriel Pravaz entwickelt die nach ihm benannte Spritze für subkutane Injektionen. →

Der französische Chemiker Eugène Soubeiran und der Deutsche Justus Liebig entdecken gleichzeitig das Chloroform. →

Turner erfindet in Aurelius (Nordamerika) die Dreschmaschine.

Mit dem Gurneyschen Wagen nimmt J. Squire zwischen Gloucester und Cheltenham (60 km) den ersten regelmäßigen Automobildienst auf.

Ein Uhrmacher namens Winnerl konstruiert das erste Chronoskop, eine Uhr zum Messen sehr kleiner Zeitabschnitte.

27./29. 8. Der Brite Michael Faraday entdeckt die magnetische Induktion. →

GEBOREN:

13. 6. Edinburgh: James Clerk Maxwell († 5. 11. 1879, Cambridge), britischer Physiker und Chemiker.

Das »Analytische Laboratorium« von Justus Liebig in Gießen nach einer Zeichnung von Wilhelm Trautschold (1842)

Justus Liebig und sein Gießener Labor

1831. Der deutsche Chemiker Justus Liebig entdeckt, zeitgleich mit dem Franzosen Eugène Soubeiran, in seinem Gießener Labor das Chloroform (Trichlormethem).

Während einer zweijährigen Studienreise nach Paris (1822/23) hatte der junge Liebig die Methoden moderner chemischer Forschung und die Einrichtung von Chemielabors bei Forschern wie Joseph Louis Gay-Lussac, Louis Jacques Thénard und Michel Eugène Cherreul kennengelernt. Dort hatte er auch erfahren, daß die große zukünftige Aufgabe der Chemie das Erschließen des Organischen sei. Mit persönlichem Einsatz, Begeisterung für sein Arbeitsgebiet, dessen Schwerpunkt bald die chemische Wechselwirkung zwischen Pflanze und Boden wurde, begann der 1803 geborene Dozent im Jahr 1824, in Gießen ein großes Laboratorium einzurichten, das für 28 Jahre eine berühmte internationale Stätte chemischer Forschung wird.

Viele der von ihm und seinen zahlreichen Mitarbeitern benutzten Analysegeräte entwickelt Liebig selbst. Als besonders wertvoll erweist sich sein aus fünf kugelförmigen Gläsern bestehender Kaliapparat für die Analyse komplex aufgebauter organischer Stoffe. Ausgiebigen Gebrauch macht Liebig beim Destillieren auch vom Gegenstromkühler, der, obgleich nicht von ihm erfunden (→ 1771), bald seinen Namen trägt: »Liebigscher Kühler«. Derartige Geräte fertigt Liebig, der eigens dafür das Glasblasen erlernte, mit großem Geschick selbst. Liebig und seine Mitarbeiter machen zahlreiche neue Erkenntnisse: Sie entdecken die Zusammensetzung des Bittermandelöls und anderer organischer Säuren, der Aldehyde, des Chlorals usw. Liebig entwickelt auch Rezepturen für Kunstdünger, etwa ein Gemisch aus Kali, phosphorsauren Salzen und dem an Stickstoff reichen Ammoniak für Getreidefelder. Seine Leistungen auf dem Gebiet der Agrikulturchemie machen ihn zu einem Reformer der Landwirtschaft.

Strom aus Magnetismus

27./29. August 1831. Nach siebenjähriger Arbeit und Hunderten von Fehlversuchen entdeckt Michael Faraday die magnetische Induktion.

Der britische Physiker ging von zwei Überlegungen aus: 1. Wenn ein Strom Magnetismus erzeugt (→ 1825), kann dann nicht auch ein Magnet Strom erzeugen? – 2. Wenn statische elektrische Ladungen in anderen Körpern Ladungsverschiebungen, also Ströme, auslösen (Influenz, → 1753), kann dann nicht auch bewegte elektrische Ladung, also Strom, in benachbarten Leitern wiederum Strom erzeugen? Faraday findet eine erste Versuchsanordnung, die das bestätigt. Er versieht einen Eisenring mit zwei getrennten Wicklungen. Schickt er durch die eine Strom, dann wird der Eisenkern magnetisch und induziert im Moment des Ein- und Ausschaltens einen Stromstoß in der anderen Wicklung.

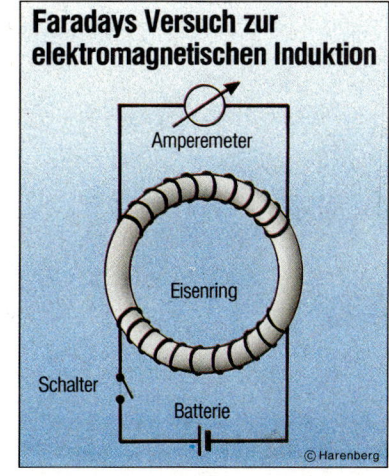

Faradays Versuch zur elektromagnetischen Induktion

Amperemeter

Eisenring

Schalter

Batterie

© Harenberg

Behandlung mit Injektionsspritze

1831. Der französische Chirurg Charles Gabriel Pravaz erfindet die Spritze mit Hohlnadel für subkutane Injektionen.

Medikamente ließen sich bisher nur auf drei Arten dem Körper zuführen: Orales Einnehmen, anale Anwendung (Suppositorien) und Einreibungen, bei denen die Wirkstoffe langsam durch die Haut in die Körperflüssigkeiten eindringen. Mit der Injektion wird erstmals ein Weg beschritten, Pharmaka schnell und gezielt in das Lymphsystem zu bringen, was vor allem bei akut bedrohlichen Krankheitsprozessen von großer Bedeutung ist. Der zeitraubende Umweg über Magen oder Darm, bei dem sich außerdem Wirkstoffe durch den Einfluß von Fermenten verändern können, entfällt.

1832

André Marie Ampère erfindet den »Kommutator« oder Stromwender zum Gleichrichten von Wechselströmen. →

Michael Faraday entdeckt die elektrische Induktion durch den Erdmagnetismus.

Sir Charles Fox erfindet die Zungenweiche für Gleisverzweigungen. →

Der Ingenieur Galle erfindet die nach ihm benannte Antriebskette.

Der Pariser Waffenfabrikant Lefaucheux erfindet ein Hinterlader-Jagdgewehr.

Der Techniker Lüdersdorf stellt fest, daß Schwefel dem in Terpentin gelösten Kautschuk die Klebrigkeit nimmt. Auf dieser Feststellung beruht später Goodyears Erfindung der Vulkanisation (→ 1839).

Auf Anregung von André Marie Ampère baut der Pariser Mechaniker Hippolyte Pixii eine erste Wechselstrom-Generatormaschine. →

Gleichzeitig, jedoch unabhängig voneinander, erfinden Joseph Antoine Ferdinand Plateau und Simon Stampfer die stroboskopische Scheibe. →

Der Graf de Sassenay beutet die Asphaltlager von Seyssel (Frankreich) aus und begründet die Asphaltindustrie. →

Trevany in Wien erfindet Zündhölzer ohne Phosphor, die als »Congrevesche Streichhölzer« bekannt werden.

Der 1609 begonnene Bau des Kanals zwischen Nord- und Ostsee wird vollendet. →

In Deutschland wird der Stabilisierungskreisel für Schiffe bei unruhiger See bekannt. Wer das Instrument wann erfunden hat, ist ungeklärt.

Die englische Maschinenfabrik Ransomes in Ipswich stellt erstmals serienmäßig Walzen-Rasenmäher her.

1. 8. Zwischen Linz und Budweis wird die erste deutsche Dampfeisenbahn (zum Salztransport) eingesetzt.

GESTORBEN:

13. 5. Paris: Georges Baron de Cuvier (* 23. 8. 1769, Montbeliard), französischer Naturforscher.

GEBOREN:

14. 6. Holzhausen/Taunus: Nikolaus August Otto († 26. 1. 1891, Köln), deutscher Ingenieur.

17. 6. London: Sir William Crookes († 4. 4. 1919, London), britischer Chemiker und Physiker.

15. 12. Dijon: Gustave Alexandre Eiffel († 28. 12. 1923, Paris), französischer Bauingenieur.

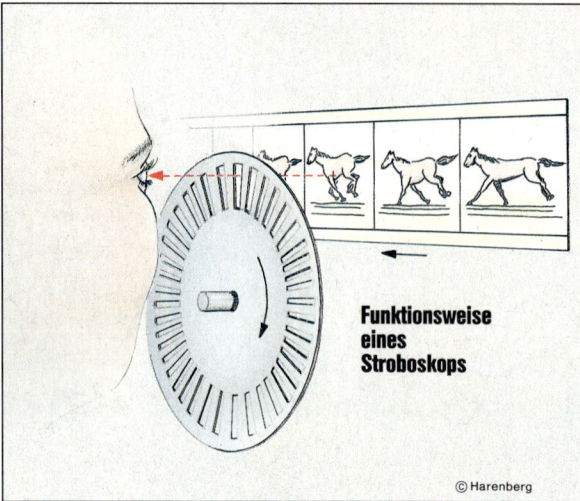

Funktionsweise eines Stroboskops

© Harenberg

Stroboskop: Bilder lernen laufen

1832. *Unabhängig voneinander erfinden Joseph Antoine Ferdinand Plateau und Simon Stampfer die stroboskopische Scheibe.*
Durch regelmäßig angeordnete Schlitze auf einer rotierenden Scheibe oder einem Zylinder werden Bildfolgen betrachtet, wobei der Eindruck kontinuierlicher Bewegung entsteht (Abb.).

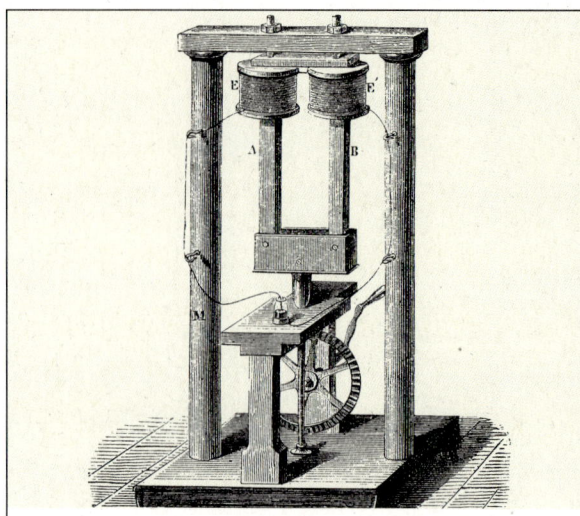

Erster Wechselstromgenerator

1832. *Der französische Mechaniker Hippolyte Pixii baut den ersten Wechselstromgenerator (Abb.). Um eine vertikale Achse rotiert ein Doppelmagnet, dessen Pole in einem System von zwei Spulen, die als Anker auf ein hufeisenförmiges Stück Eisen aufgewickelt sind, durch Induktion (→ 1831) Wechselstrom erzeugen.*

Ein Kanal verbindet Nord- und Ostsee

1832. Der 1609 unter dem schwedischen König Karl IX. begonnene Bau des Eider-Kanals zwischen Nord- und Ostsee wird beendet.
Der Kanal, der im frühen 17. Jahrhundert nicht fertiggestellt werden konnte, da der Bau von Kammerschleusen noch nicht beherrscht wurde, ist nicht identisch mit dem späteren Kaiser-Wilhelm-Kanal. Der 1832 eröffnete Wasserweg ist rund 100 km lang, hat eine Tiefe von 3 m und eine Sohlenbreite von weniger als 20 m.
Hatten im 18. Jahrhundert Daniel Bernoulli, Leonhard Euler und andere Mathematiker ein theoretisches Gebäude der Hydrodynamik erstellt, so zeigt sich jetzt, daß die Theorie der Wirklichkeit nicht genügt. Besonders die Kanalufer entsprechen keineswegs idealen Bedingungen. Die theoretische Hydraulik arbeitet mit reibungslosen, nicht komprimierbaren »idealen« Flüssigkeiten. Die Praktiker des Wasserbaus müssen ihr ingenieurmathematisches Rüstzeug selbst erarbeiten. Zahlreiche Wasserbauer machen sich in dieser Zeit einen Namen: Eytelwein, Weisbach, Bazin u. a. Diese Ingenieure treten meist auch durch die Publikation von Wasserbaulehrbüchern besonders in Erscheinung.

Einschwimmen der Schleusentore in Holtenau bei Kiel (1914); der östliche Beginn des 1832 fertiggestellten Eider-Kanals und des Kaiser-Wilhelm-Kanals (am 20. 6. 1895 eröffnet, Erweiterung bis 1914) fallen zusammen

Erster Gleichrichter für Wechselstrom

1832. Die von dem französischen Mechaniker Hippolyte Pixii gebaute Generatormaschine erzeugt erstmals in der Geschichte der Elektrotechnik Wechselstrom (→ 1832). Das veranlaßt André Marie Ampère, für die Pixii-Maschine einen Stromwandler oder Kommutator zu entwickeln, der den Wechselstrom in Gleichstrom umwandelt. Seine Einrichtung besteht aus einem drehrunden Läufer, an dessen Umfang durch Nichtleiter voneinander getrennte leitende Segmente angeordnet sind, die beim Rotieren an den beiden Polen der Generatormaschine schleifen.

Sassenay begründet Asphaltindustrie

1832. Der Graf de Sassenay beutet die von ihm erworbenen Asphaltlager von Seyssel aus und begründet damit die Asphaltindustrie.
Die natürlichen, südwestlich von Genf an der Rhône gelegenen Asphaltvorkommen wurden bereits 1797 entdeckt. Naturasphalt oder Bitumen entsteht durch Eintrocknen von Erdöl (Destillation). Die zähe Masse ist meist mit Sand vermischt. Sassenay stabilisiert den Asphalt zusätzlich durch Beigaben von erbsengroßem Kies. Das Material wird zunächst als Fußbodenbelag verwendet, findet bald aber auch Eingang im Straßenbau, wo es heiß verarbeitet wird.

Eisenbahnweichen werden sicherer

1832. Charles James Fox erfindet die Zungenweiche für Gleisverbindungen. Erst sie macht das Befahren von Schienenabzweigungen auch bei höheren Geschwindigkeiten problem- und gefahrlos.
Die äußeren Backenschienen laufen im Weichenbereich ohne Unterbrechung durch. Zwischen ihnen liegen die Zungenschienen, die vom »Herzstück«, also von dort, wo die Innenschienen zusammenlaufen, v-förmig zu den Außenschienen leiten, aber immer nur an einer zungenförmigen anliegen. Mit Hilfe einer Querstange lassen sich die Zungenschienen von einer Backenschiene zur anderen umlegen.

Ritchie konstruiert den ersten rotierenden Elektromotor.

Friedlieb Ferdinand Runge, ein deutscher Industriechemiker, entdeckt im Steinkohlenteer das Anilin.

In Zellerfeld im Harz erfinden die Ingenieure Dörrell und Albert die im Bergbau wichtige Fahrkunst. Zuerst eingeführt wird sie im Spiegelthaler Hoffnungsschacht. →

Der britische Physiker Michael Faraday entdeckt das elektrolytische Grundgesetz, das die Proportionalität der abgeschiedenen Ionenmenge zur Stromstärke ausdrückt. Außerdem stellt Faraday fest, daß die aus verschiedenen Quellen stammenden Elektrizitäten identisch sind.

Der in Göttingen wirkende Mathematiker Carl Friedrich Gauß stellt erstmals ein absolutes Maßsystem auf (»Mm-Mg-S-System«). →

Carl Friedrich Gauß und Wilhelm Eduard Weber erfinden das Spiegelgalvanometer. Mit diesem Instrument als Anzeigegerät errichten sie eine elektromagnetische Telegraphenverbindung in Göttingen. →

Gauß und Weber errichten in Göttingen das erste erdmagnetische Observatorium der Welt.

Der Österreicher Alois Senefelder erfindet den Ölfarbendruck, eine Abart der Chromolithographie.

Charles Babbage konstruiert einen »analytischen Rechenautomaten« und wird damit zum geistigen Vater der Digital-Rechenautomaten mit Programmsteuerung. Seine Idee stößt aber noch auf große fertigungstechnische Schwierigkeiten. →

Der britische Lokomotivenbauer Robert Stephenson konstruiert die erste Dampfbremse.

Der Franzose Brossard-Vidal erfindet das Ebullioskop, das sich besonders zur Bestimmung des Alkoholgehalts von Wasser-Alkohol-Gemischen eignet. Es geht davon aus, daß solche Gemische bei konstantem Mischungsverhältnis einen konstanten Siedepunkt haben.

18. 8. Der Dampfer »Royal William« überquert als erstes Dampfschiff den Atlantik von West nach Ost (18. 8. – 12. 9.).

GESTORBEN:

5. 7. Gras/Chalon-sur-Saône: Joseph Nicéphore Niepce (* 7. 3. 1765, Gras), französischer Erfinder.

GEBOREN:

21. 10. Stockholm: Alfred Nobel († 10. 12. 1896, San Remo), schwedischer Chemiker und Ingenieur.

Schachthängebank mit Kübelförderung, Fahrt und – r. vorne – Fahrkunst; Rekonstruktion eines Bergwerks im Deutschen Museum der Technik unter Verwendung von Originalteilen aus dem Serenissimorum-Schacht bei Goslar

Grubenschacht-Fahrkunst

1833. Die Bergbauingenieure Dörell und Albert führen im Spiegelthaler Hoffnungsschacht bei Zellerfeld im Harz die sogenannte Fahrkunst ein.
Durch den gesamten Schacht bewegen sich gegenläufig zwei Stangen dicht nebeneinander in langen Hüben langsam gegenläufig auf und ab. Beide Stangen tragen Quersprossen. Mit ihrer Hilfe können Bergleute in beiden Richtungen den Schacht befahren, indem sie immer bei Hubwechsel von einer Stange zur anderen umsteigen.
Vorläufer dieses Systems führte bereits 1694 Christopher Polhem in den Bergwerken von Falun in Schweden ein.

Das Prinzip der Fahrkunst: Beide Stangen bewegen sich gegenläufig

Neues Maßsystem von Gauß formuliert

1833. Der deutsche Mathematiker Carl Friedrich Gauß stellt in seiner berühmten Abhandlung »Intensitas vis magneticae terrestris ad mensuram absolutam revocata« das Millimeter-Milligramm-Sekunde-System (»Mm-Mg-S«) auf, das erste absolute Maß- oder besser Einheitensystem.
Gauß geht bei diesem System von Basiseinheiten aus (mm, mg, s), die voneinander unabhängig sind. Alle anderen Einheiten lassen sich als Potenzprodukte aus den Basiseinheiten ableiten, z. B. Geschwindigkeitseinheit = mm/s; Krafteinheit = $mg \cdot mm/s^2$, Stromstärke = $1/(mm^2 \cdot mg^2 \cdot s)$.

Rechenmaschine programmgesteuert

1833. Der britische Mathematiker Charles Babbage entwickelt die erste Rechenmaschine mit Programmsteuerung und wird damit zum geistigen Vater der Digitalrechenautomaten.
Die Konstruktion sieht folgende Baugruppen vor: Ein automatisches Rechenwerk für die Grundrechenarten nach dem Prinzip des dekadischen Zählwerks, einen Zahlenspeicher für tausend 50stellige Zahlen, eine Lochkartensteuereinheit, ein Dateneingabegerät für Zahlen und Rechenvorschriften und eine Datenausgabevorrichtung mit Druckwerk. Auch verzweigte Programme sieht Babbage bereits vor.

Ein eisenzeitlicher kelto-gallischer Wacht- und Signalposten

Die Tour Magne bei Nîmes, röm. Mausoleum und Signalturm (1. Jh. v. Chr.)

Versuche mit akustischer Telegraphie von Dom Gauthey, Frankreich 1782

Optischer Telegraphenturm bei Condé (Frankreich), eingeweiht 1794

Carl Friedrich Gauß (r. unten) und Wilhelm Eduard Weber (l. oben) arbeiten mit dem von ihnen erfundenen Nadeltelegr

Der seit 1807 in Göttingen lehrende deutsche Astronom, Mathematiker und Physiker Carl Friedrich Gauß

Der 1804 geborene deutsche Physiker Wilhelm Eduard Weber, seit 1831 Professor in Göttingen

Elektro-Kommunikation

1833. Ein Jahr zuvor, 1832, hatte der russische Diplomat Baron Pawel Schilling in Berlin einen Nadeltelegraphen konstruiert, bei dem elektrischer Strom durch eine Magnetspule fließt und diese eine Magnetnadel als Signalzeichen bewegt. Jetzt richten die Göttinger Professoren Carl Friedrich Gauß und Wilhelm Eduard Weber eine derartige Anlage mit Stationen in der Sternwarte der Universität und im rund 2,7 km entfernten Physikalischen Institut ein. Diese elektrische Telegraphenanlage benötigt nur zwei Drähte und nicht wie der von Samuel Thomas von Sömmerring → 1809 gebaute elektrogalvanische Telegraph für jeden Buchstaben einen.

In einem Brief vom 20. November 1833 an seinen Freund Olbers beschreibt Gauß die Göttinger Telegraphenanlage so: »Ich weiß nicht, ob ich Ihnen schon früher von einer großartigen Vorrichtung, die wir hier gemacht haben, schrieb. Es ist eine galvanische Kette zwischen der Sternwarte und dem physikalischen Kabinett durch Drähte in der Luft über die Häuser weg oben zum Johannisturm hinauf und wieder herab gezogen. Die ganze Drahtlänge wird etwa 8000 Fuß sein. An beiden Enden ist sie mit einem Schweiggerschen Multiplikator (→ 1820) verbunden, bei mir von 170 Gewinden, bei Weber im physikalischen Kabinett von 50 Gewinden, beide um einpfündige Magnetnadeln geführt, die nach meinen Einrichtungen aufgehängt sind. Ich habe eine einfache Vorrichtung ausgedacht, wodurch ich augenblicklich die Richtung des Stromes umkehren kann, die ich Kommutator nenne.

Wenn ich so taktmäßig an meiner galvanischen Säule operiere, so wird in sehr kurzer Zeit die Bewegung der Nadel im physikalischen Kabinett so stark, daß sie an eine Glocke anschlägt, hörbar in einem anderen Zimmer. Dies ist jedoch mehr Spielerei. Die Absicht ist, daß die Bewegungen gesehen werden sollen, wo die äußerste Akkuratesse, d. h. Genauigkeit erreicht werden kann.

Wir haben diese Vorrichtung bereits zu telegraphischen Versuchen gebraucht, die sehr gut mit ganzen Wörtern oder kleineren Phrasen gelungen sind.

Diese Art zu telegraphieren hat das Angenehme, daß sie von Wetter und Tageszeit ganz unabhängig ist. Jeder, der das Zeichen gibt und der dasselbe empfängt, bleibt in seinem Zimmer, wenn er will, bei verschlossenen Fensterläden. Ich bin überzeugt, daß bei Anwendung von hinlänglich starken Drähten auf diese Weise mit einem Schlage von Göttingen nach Hannover oder von Hannover nach Göttingen telegraphiert werden könnte.«

Stationen der Telegraphie

1184 v. Chr.: Rauchtelegraphen melden den Fall Trojas nach Argos
Um 450 v. Chr.: Fackelzeichenalphabet in Griechenland (→)
360 v. Chr.: Aeneas berichtet über Wassertelegraphen (→)
Um 150 v. Chr.: Rund 4500 km Rauchtelegraphennetz in Rom (→)
1579: Akustische Telegraphie durch lange Röhren in Italien (→)
17. Jahrhundert: Signalflaggen auf See; Trommelsignale beim Militär, Trommelsignale in Afrika
1792: Optische Telegraphie mit Semaphoren in Frankreich (→)
1804: Galvanischer Telegraph von Francisco Salva in Barcelona (→ 1809)
1809: Galvanischer Telegraph von Samuel Thomas von Sömmerring (→)
1832: Nadeltelegraph von Pawel Schilling (mehrere Nadeln)
1833: Nadeltelegraph von Gauß und Weber

Zwei Jahre nach der Installation schlägt Weber der Leipzig-Dresdener Eisenbahngesellschaft den Bau einer Eisenbahntelegraphenanlage vor. Sie ließe sich leicht realisieren, denn als Rückleitung könne man die Schienen verwenden. Doch findet Webers Vorschlag zunächst keine Beachtung, da man noch zu sehr mit den Kinderkrankheiten der Dampfeisenbahn beschäftigt ist, die in Deutschland erst → 1835 eingeführt wird. Überdies verfügt man über optische Signalanlagen. Weitaus aktiver ist das Ausland. Im Februar 1837 schreibt der US-amerikanische Kongreß einen Wettbewerb für einen mechanisch-optischen Telegraphen aus, dessen Sieger der Maler Samuel Finley Breeze Morse ist (→ 1840).

...en; Weber sendet, Gauß liest den Galvanometerausschlag mit dem Fernrohr ab

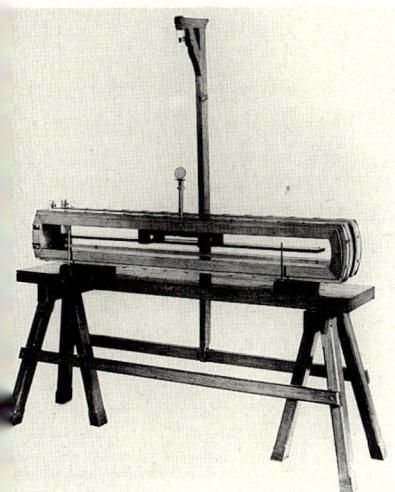

Empfänger des 1833 von Gauß und Weber gebauten Nadeltelegraphen

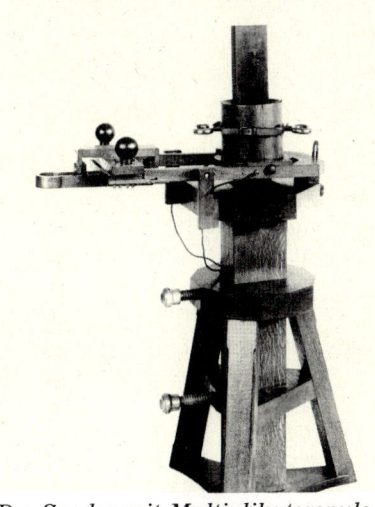

Der Sender mit Multiplikatorspule des Gauß-Weber-Nadeltelegraphen

1834

Philo Penfield Steward erhält in Ohio ein Patent auf einen freistehenden Küchenherd. In England gibt es erste gußeiserne Küchenherde nach 1830. →

Der Deutsche Moritz Hermann Jacobi konstruiert den Prototyp aller rotierenden Elektromotoren. →

Der Hannoversche Oberbergrat W. A. Julius Albert entwickelt ein Verfahren zur Herstellung gedrehter Drahtseile, die zuerst im Oberharzer Bergbau Verwendung finden und sich rasch international einbürgern.

Michael Faraday führt in der Elektrotechnik bis heute gebräuchliche Bezeichnungen ein: Elektrolyse, Elektrolyte, Elektroden, Anode, Kathode, Anion, Kathion, Ionen. →

William Marr in London erfindet den feuerfesten Geldschrank. →

M. Mothes entwickelt in Paris die – aus Leim gefertigten – Kapseln zum Einschließen flüssiger Arzneimittel.

Nachdem der französische General H. J. Paixhans 1822 eine Bombenkanone erfunden hatte, verweist er nunmehr auf die Notwendigkeit der Eisenpanzerung von Kriegsschiffen.

Jean Charles Athanase Peltier findet den nach ihm benannten »Peltier-Effekt«, der es erlaubt, durch elektrische Ströme Kälte zu erzeugen. →

Der Chemiker Ernest Sellique in Paris gewinnt durch Destillation aus bituminösem Schiefer Leuchtöle, für die er auch geeignete Mineralöllampen in den Handel bringt. →

Dem französischen Chemiker A. Thilorier gelingt erstmals die Herstellung von Kohlensäureis.

Michael Thonet, einem Möbelfabrikanten aus Boppard, gelingt es, Möbel aus gebogenem Holz herzustellen. →

Der britische Werftingenieur Williams erfindet die wasserdichten Schotten für den Schiffbau.

GESTORBEN:

7. 8. Oullins/Rhône: Joseph-Marie Jacquard (* 7. 7. 1752, Lyon), französischer Weber und Erfinder.

GEBOREN:

7. 1. Gelnhausen: Johann Philipp Reis († 14. 1. 1874, Bad Homburg), deutscher Physiker.

8. 2. Tobolsk: Dmitri Iwanowitsch Mendelejew († 2. 2. 1907, St. Petersburg), russischer Chemiker.

17. 3. Schorndorf: Gottlieb Wilhelm Daimler († 6. 3. 1900, Stuttgart), deutscher Ingenieur und Industrieller.

Der erste funktionsfähige Elektromotor, gebaut von dem deutschen Ingenieur Moritz H. Jacobi; r. der Läufer mit dem Magneten, l. der Stromwender.

Erster Elektromotor läuft

1834. Der deutsche Ingenieur Moritz Hermann Jacobi baut in Petersburg den ersten arbeitsfähigen Elektromotor. Bereits → 1821 hatte der britische Physiker Michael Faraday das Prinzip der elektromagnetischen Drehbewegung entdeckt, und → 1829 hatte ein Ingenieur namens Jedlicka einen Elektromotor konstruiert, der allerdings kaum bekannt wurde.

Jacobi erzeugt mit einem Elektromagneten (→ 1825) ein Feld, das im Prinzip dem eines Permanentmagneten gleicht, sich aber umpolen läßt. Ein Stabmagnet zwischen den Polen dreht sich deshalb bei jedem Stromwechsel um 180 °C. Wird die Stromrichtung nach jeder Halbumdrehung umgeschaltet, was der Motorläufer mit Schleifringen selbst besorgt, dann beginnt der Magnetstab zu rotieren. → 1838 betreibt Jacobi ein Elektroboot.

Neuer Geldschrank trotzt dem Feuer

1834. William Marr baut in London den ersten feuerfesten Geldschrank. Er besteht aus zwei großen eisernen Kästen. Sie lassen sich so ineinanderfügen, daß rundum ein Zwischenraum von 8 bis 10 cm freibleibt. Diesen Raum füllt Marr mit zerstoßenem Marmor, Porzellan oder gebranntem Ton.

Die Wirkungsweise des Safes von Marr beruht auf der schlechten Wärmeleitung des porösen Materials in dem Zwischenraum. Zum einen leiten die keramischen Substanzen die Flammenhitze schlecht, zum anderen sind die zwischen dem körnigen Material eingeschlossenen Lufträume so klein, daß es aus Gründen der Molekularkinetik nicht zu konvektivem Wärmeübergang kommt.

Einer direkten Beflammung des Safes allerdings hält der Inhalt nicht allzulange stand.

Thonets Holzmöbel

1834. *Nachdem u. a. schon 1794 Vidier in London Holz gebogen hatte, indem er es dämpfte und in Salzlösungen geschmeidig machte, stellt jetzt der Deutsche Michael Thonet auf diese Weise Möbel her (Abb.).*

Faraday prägt die Elektro-Fachsprache

1834. Der britische Physiker und Chemiker Michael Faraday führt zahlreiche neue elektrochemische Begriffe ein, um die Fülle der Entdeckungen und Erfindungen der vergangenen drei bis vier Jahrzehnte eindeutig benennen zu können. So definiert er die Ausdrücke Elektrolyse, Elektrolyt, Elektrode, Anode, Kathode, Ionen, Anion und Kation.

Elektrolyse ist die chemische Veränderung eines Elektrolyten beim Anlegen einer elektrischen Spannung an zwei Elektroden, die in die Schmelze oder Lösung des Elektrolyten eintauchen. Die Elektroden sind unter Gleichspannung stehende Leiterenden, die dem Elektrolyten Strom zuführen. Die positive Elektrode nennt Faraday Anode, die negative Kathode. Der Elektrolyt ist ein molekularer Stoff, der geschmolzen oder in – meist wäßriger – Lösung ganz oder teilweise in Ionen zerfällt. Die Ionen wiederum sind elektrisch positiv (Kationen) oder negativ (Anionen) geladene Atome oder Moleküle, die sich im Elektrolyten frei bewegen können und als Ladungsträger bei der Stromleitung zu den jeweiligen Elektroden wandern, wo sie sich ansammeln.

Mineralöl-Lampen in Paris entwickelt

1834. Der französische Chemiker Ernest Sellique destilliert bitumenhaltigen Schiefer und erhält dabei Teer. Bei der weiteren Destillation des Teers fällt u. a. ein mineralisches Leichtöl an, das mit heller Flamme verbrennt.

Ab 1840 kommt das Produkt als Leucht- oder Lampenöl in den Handel. Sellique entwickelt zugleich eine geeignete Öllampe zum Verbrennen dieser Substanz.

Erdöl kommt in der Natur in unterirdischen Flüssigkeitsdepots, in Ölsanden – mit denen es innig vermischt ist – und als bituminöse Imprägnierung von Ölschiefern vor. Große Lagerstätte der letzten Art besitzt neben Frankreich auch Deutschland (Messel bei Darmstadt). Das schwere Rohöl läßt sich thermisch aus dem porösen Gestein austreiben. Das Grundmaterial wird im Tagebau gewonnen.

Kälte durch Elektrizität

1834. Der französische Uhrmacher Jean Charles Athanase Peltier findet heraus, daß sich durch elektrischen Strom nicht nur Wärme erzeugen läßt (Widerstandsheizung), sondern auch Kälte.

Der Erfinder demonstriert dieses später »Peltier-Effekt« genannte Phänomen mit zwei kreuzweise aufeinandergelöteten Stäben aus Antimon und Wismut. Noch besser wirken Anordnungen, bei denen an einen Metallstab beidseitig je ein Stück des anderen Metalls angelötet ist. Fließt Strom durch dieses Gebilde, so erwärmt sich die eine Lötstelle, während sich die andere abkühlt. Die Wärmemenge, die durch den Peltier-Effekt – also nicht durch die überlagernde Widerstandsheizwirkung – aufgenommen bzw. erzeugt wird, ist proportional zum Strom und zur Zeitdauer.

Die umgekehrte Erscheinung hatte 1821 der Physiker Thomas Johann Seebeck entdeckt: Hält man die beiden Verbindungsstellen zweier zu einem Kreis geschlossener Stücke aus verschiedenem Metall auf unterschiedlichen Temperaturen, dann fließt in dem Kreis ein »Thermostrom«. 1838 zeigt der Physiker Lenz, daß sich durch die thermoelektrische Kälteerzeugung sogar Wasser zum Gefrieren bringen läßt. Im 20. Jahrhundert erkennt man, daß der Effekt mit Halbleitern verstärkt werden kann.

Küchenherd aus dem Jahr 1803

Petroleum-Küchenlampe

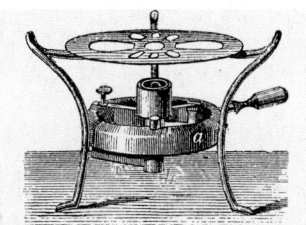

Gaslampe nach Jöns J. Berzelius

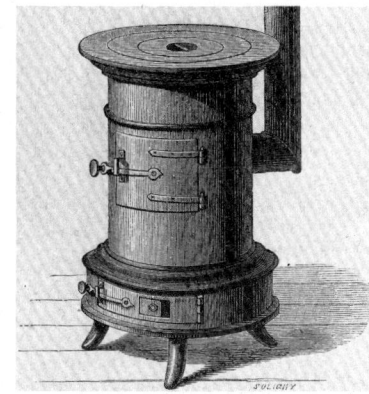

Eiserner Zimmer-Kanonenofen

Technische Haushaltsgeräte

In den 1830er Jahren werden zahlreiche neue Haushaltsgeräte erfunden (→ 1810).

Einen großen Wandel erfährt die Heizung. 1834 erhält Philo Penfield Steward ein Patent auf einen freistehenden Küchenherd aus Gußeisen. Der neue Herd heizt rascher an als die alten gemauerten Herde und strahlt auch die Wärme besser ab.

Ebenso erobern gußeiserne zylindrische »Kanonenöfen« die Wohnzimmer.

Die Handkaffeemühle wird entwickelt, und Fleisch läßt sich neuerdings im Fleischwolf zu Mett zerkleinern. Der neu erfundene Teppichklopfer hält den Bodenbelag staubfrei. Die Kerze wird zum Teil von Leuchtöllampen abgelöst (→ 1834).

Im Bad liefern erstmals Badeöfen mit geschlossenen Kesseln Heißwasser auf bequeme Weise. Dem Wäschewaschen dient seit neuestem das geriffelte Waschbrett. Vereinzelt gibt es Waschküchen.

Der deutsche Chemiker Justus Liebig entwickelt ein Verfahren zur Herstellung von versilberten Glasspiegeln. →

Der Ingenieurkapitän Coignet konstruiert aufgrund einer Idee des französischen Physikers Charles Augustin de Coulomb eine Aufzugsmaschine, die das Körpergewicht des Menschen für Arbeitszwecke nutzbar macht.

Anläßlich der Konstruktion eines Präzisions-Magnetometers erfindet Carl Friedrich Gauß das Prinzip der Bifilaraufhängung. Derart gehaltene bewegte Systeme können nur in einer Ebene schwingen, dagegen aber keine Torsionsschwingungen ausführen.

W. Keene erfindet eine erste brauchbare Maschine zum Ausbringen von pulverförmigem Dünger.

John Melling entwickelt das Kugelventil. Es ersetzt in Pumpen die bisherige unzuverlässige konische Ventil.

Samuel Finley Breeze Morse aus den USA erfindet den Schreibtelegraphen (→ 1840).

Siméon Denis Poisson ermittelt die Gesetze der Wärmeleitung in festen Körpern.

Der belgische Arzt Louis Joseph Seutin erfindet den Kleisterverband zum Schienen von Knochenbrüchen.

Der Architekt Stamm baut bei Vegesack die erste schmiedeeiserne Brücke. Gußeiserne Brücken existieren bereits.

Dem Österreicher Peter von Tunner gelingt es, im Puddelofen Stahl herzustellen.

Wilhelm Eduard Weber schlägt vor, die Eisenbahnschienen als Rückleitung für elektrische Telegraphen zu verwenden.

5. 5. Zwischen Brüssel und Mechel wird die erste belgische Dampfeisenbahnstrecke eröffnet.

14. 8. Jacob Perkins erhält ein Patent auf die erste Äthereismaschine.

7. 12. Zwischen Nürnberg und Fürth wird die erste deutsche Dampfeisenbahn mit der von Robert Stephenson gebauten Lokomotive »Adler« in Betrieb genommen. →

GEBOREN:

14. 3. Savigliano: Giovanni Virginio Schiaparelli († 4. 7. 1910, Mailand), italienischer Astronom.

31. 10. Berlin: Adolf Ritter von Baeyer († 20. 8. 1917, Starnberg), deutscher Chemiker.

25. 11. Dunfermline/Schottland: Andrew Carnegie († 11. 8. 1919, Lenox), US-amerikanischer Industrieller.

Glasspiegel werden jetzt versilbert

1835. Der deutsche Chemiker Justus Liebig (→ 1831) entwickelt ein Verfahren zur Herstellung von versilberten Glasspiegeln. Bisher wurden sie mit dem giftigen Quecksilber unterlegt.

Liebigs Verfahren ist nicht einfach, setzt sich aber dauerhaft durch: Zunächst werden die Scheiben gewaschen und dann mit einer Zinnchlorürlösung »aktiviert«. Das erleichtert den Versilberungsprozeß. Die eigentliche Versilberungslösung besteht aus Silbernitrat, Ammoniak, Ätznatron oder Ätzkali und destilliertem Wasser. Sie wird unmittelbar vor dem Aufspritzen auf das Glas mit einer traubenzucker-

Justus Liebig am Kaliapparat in seinem Münchner Laboratorium, 1866

haltigen Lösung gemischt, die dafür sorgt, daß auf dem Glas das Silber in winzigen Kristallen als reines Metall ausfällt. Diese kleinen Kriställchen vereinigen sich mit dem Zinniederschlag aus der Vorbehandlung zu einer fest am Glas anhaftenden Schicht, die bereits bei einer Stärke von nur 0,0005 mm vollkommen undurchsichtig ist. Um eine gewisse Stabilität zu erreichen, läßt Liebig den Metallfilm aber auf wenigstens 0,01 mm anwachsen. Anschließend wird er in einem ähnlichen Prozeß mit einer Kupferschicht abgedeckt. Dann folgt noch eine Schutzlackierung, und der Spiegel ist fertig. Die Herstellung erfolgt von Hand. Vor dem Prozeß muß das Gußglas allerdings sorgfältig plangeschliffen werden.

»Deutschlands erste Eisenbahn mit Dampfkraft 1835«

7. Dezember 1835. Vormittags gegen 9 Uhr wird in Nürnberg ein Gedenkstein mit der Inschrift »Deutschlands erste Eisenbahn mit Dampfkraft 1835« enthüllt, und unmittelbar danach tritt diese erste deutsche Dampfeisenbahn zur Beförderung von Personen ihre nur 20 730 bayerische Fuß (6050 m) lange Fahrt vom Nürnberger Vorort Gostenhof nach Fürth an. Die sog. Ludwigsbahn geht damit in Betrieb.

Die Lokomotive heißt »Adler« und wurde unter der Fabriknummer 118 in der Lokomotivenfabrik von Robert Stephenson (→ 1825; 1835) in Newcastle in England gebaut. Sie ist knapp 7 m lang und leistet rund 40 PS. Etwa 200 Personen in neun Wagen nehmen an der Eröffnungsfahrt teil. Lokführer ist der Engländer William Wilson, sein Heizer der Nürnberger Johann Georg Hieronymus. Die spektakuläre Fahrt, zu der Tausende von Zuschauern gekommen sind, dauert nicht länger als 9 Minuten. Das Durchschnittstempo liegt also bei 40 km/h.

Später freilich, im regulären Betrieb, drosselt die Gesellschaft der nach dem bayerischen König benannten »Ludwigsbahn« das Tempo des Dampfwagens, um den Verschleiß zu mindern. Die Fahrzeit von Endstation zu Endstation beträgt dann fahrplanmäßig 15 Minuten bei Dampfkraft und 25 Minuten bei Pferdefahrten. Die Ludwigsbahn ist nämlich von Anfang an für gemischten Betrieb vorgesehen. Im ersten Jahr stehen 2364 Dampffahrten rund 6100 Pferdefahrten gegenüber, und bis 1856 bleibt dieser Traktionswechsel die Regel. Erst 1862 wird der Pferdebetrieb endgültig eingestellt.

Obwohl die Lokomotive und ihr Führer aus England stammen, ist die Bahn doch auch eine deutsche Angelegenheit. Alle neun Wagenkasten – drei der ersten, vier der zweiten und zwei der dritten Klasse – stammen von Nürnberger und Fürther Wagnermeistern. Die Untergestelle lieferte die Eisenfabrik Späth, ortsansässige Sattlermeister sorgten für die Innenausstattung. Die Schienen walzte die Eisenhütte Remy & Konsorten in Rasselstein bei Neuwied. Verlegt sind sie auf gußeisernen Lagern, sogenannten »Stühlen«, die auf Sandsteinblöcken montiert sind. Diese großen Blöcke sind in den Boden eingelassen, ragen aber rund 35 cm über die Erdoberfläche hinaus. Teilweise ersetzen Holzblöcke die Sandsteine.

Dem neuen Fortbewegungsmittel stehen anfangs weite Kreise der Bevölkerung ablehnend gegenüber. Vor allem Ärzte befürchten, die Fahrgäste würden aufgrund der hohen Geschwindigkeit geisteskrank. Die bayerische Ludwigsbahn ist zwar die erste öffentliche Dampfeisenbahnlinie Deutschlands für Personenverkehr, doch gab es hier bereits weitaus früher Dampfloks und Pläne für Dampfeisenbahnstrecken. 1830 eröffnete eine Linie zwischen dem Himmelfürster Erbstollen in Überruhr und dem Ort Niederbonsfeld südlich von Essen ihren Betrieb. Sie war für Dampflokomotivenverkehr vorgesehen, doch hatte die Obrigkeit die Konzession versagt, und so blieb es auch hier bei Pferdebetrieb.

Wirkliche Dampfeisenbahnen verkehrten allerdings in Deutschland schon ab 1815 im oberschlesischen Kohlenrevier und ab 1817 im Saarland. Die Lokomotiven dieser reinen Werksbahnen waren von der Königlichen Eisengießerei in Berlin den englischen Blenkinsop-Maschinen (→ 1812) nachempfunden und hatten große technische Probleme.

Eröffnung der ersten deutschen Dampfeisenbahnlinie für Personenverkehr auf der Strecke Nürnberg – Fürth (6 km)

Der »Lokomotiv« von Nürnberg

»Auf den Achsen von Vorder- und Hinterrädern wie ein anderer Wagen ruhend, hat er (der ›Lokomotiv‹) mitten zwischen diesen zwei größere Räder, und diese sind es, welche von der Maschine eigentlich in Bewegung gesetzt werden. Wie? läßt sich zwar ahnen, aber nicht sehen. Zwischen den Vorderrädern erhebt sich, wie aus einem verschlossenen Rauchfang, eine Säule von ungefähr 15 Fuß Höhe, aus welcher der Dampf sich entladet. Zwischen den Vorder- und Mittelrädern erstreckt sich ein gewaltiger Zylinder nach den Hinterrädern, wo der Herd und Dampfkessel sich befindet, welcher von einem zweiten . . . Wagen aus mit Wasser gespeist wird. Dieser hintere Wagen nämlich, auf welchem . . . das Brennmaterial ist, hat auch einen Wasserbehälter . . .« (aus: Stuttgarter Morgenblatt).

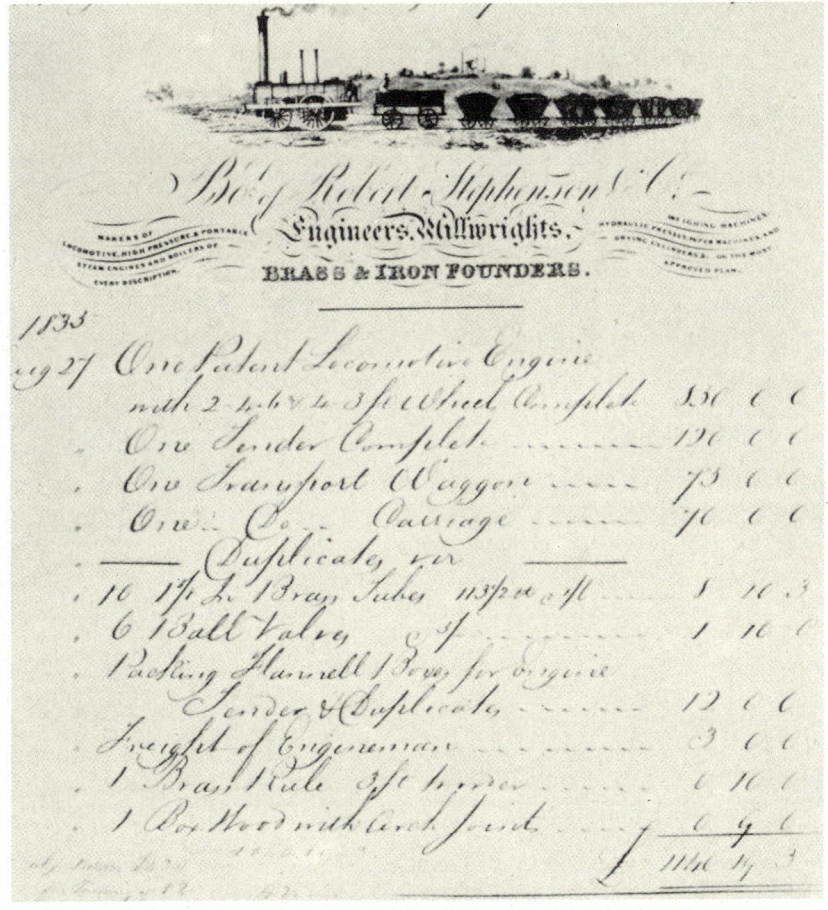

△ *Paßt auf ein einziges Blatt: Originalrechnung für die Lokomotive »Adler«*
◁ *Der »Adler«, die erste deutsche Lokomotive zur Beförderung von Personen*

Triumphe der Eisenbahn

1835. Als am 3. Mai die erste Staatseisenbahn der Welt auf dem belgischen Schienenweg von Mecheln nach Brüssel den Betrieb aufnimmt und am → 7. Dezember die deutsche Eisenbahnverbindung von Nürnberg nach Fürth eröffnet wird, bestehen in England schon Dampfeisenbahnstrecken von 720 km Länge, und in den USA befahren dampfgetriebene Züge fahrplanmäßig ein über 1500 km ausgedehntes Netz.

Die Entwicklung der Dampfeisenbahn ist eng verbunden mit der Person des Briten George Stephenson,

Der englische Erfinder und Konstrukteur George Stephenson

der am → 27. September 1825 die erste erfolgreiche Eisenbahnlinie der Welt mit Personenverkehr zwischen Stockton und Darlington eröffnete. Stephenson hatte am 23. Juni 1823 unter dem Namen seines Sohns die erste Lokomotivenfabrik der Welt, die »Robert Stephenson Co.« in Newcastle, begründet und wandte sich selbst mehr und mehr vom Lokomotivbau ab und dem Streckenbau zu. Den Durchbruch brachte die am 15. September 1830 fertiggestellte Eisenbahnverbindung von Liverpool nach Manchester. Bedeutend an dieser Strecke sind nicht allein die Lokomotiven (→ 6. 10. 1829), bedeutend ist auch die Trassenführung.

Der 26 Meilen lange Schienenweg weist bereits alle Merkmale moderner Eisenbahnstrecken auf: Ausschließlichen Lokomotivbetrieb, zweigleisigen Ausbau, Bahnhöfe,

einen 1,25 Meilen langen Tunnel unter der Stadt Liverpool, Viadukte, Dämme, in den Fels gesprengte Schneisen und eine Trasse mit solidem Fundament durch das besonders schwierige Gelände des ausgedehnten Katzen-Moors.

Nach englischem Vorbild entstehen überall in Europa und vor allem in den USA Streckenpläne. In Deutschland setzt sich neben dem

---

Die ersten Dampfeisenbahnen

1804: Richard Trevithicks Hüttenwerksbahn von Merthyr Tydfil (→)
1812: John Blenkinsops Zahnradbahn auf der Middleton-Kohlengrube (→ 12. 8. 1812)
1813: Erste Lokomotive George Stephensons (»Mylord«)
1823: Erste Lokomotivenfabrik von Stephenson gegründet
1825: Dampfpersonenzug Stockton – Darlington von Stephenson (→ 27. 9. 1825)
1829: Lokomotivenrennen von Rainhill mit dem Sieger »Rocket« (→ 6. 10. 1829); Verbindung Baltimore – Ellicots Mills in USA
1830: Liverpool-Manchester-Bahn
1835: Erste Verbindungen in Belgien und Deutschland (→ 7. 12. 1835); 720 km Eisenbahnschienen in England, über 1500 km in den USA
1837−39: Erste Dampfbahnen in Frankreich, den Niederlanden, Italien, Österreich und Kuba

---

Ingenieur Joseph von Baader und dem Stahl- und Maschinenbauunternehmer Friedrich Harkort vor allem der Nationalökonom und Wirtschaftspolitiker Friedrich List für ein ausgedehntes Eisenbahnnetz ein: Es soll als »Katalysator« die 36 deutschen Teilstaaten durch eine gemeinsame Infrastruktur einander näherbringen.

Allein 1835 und 1836 werden in England, Deutschland, Frankreich und den USA 200 »Eisenbahnunternehmungen auf Aktien« gegründet. Besonders in den USA geht der Eisenbahnbau rasch voran: Die erste Linie verbindet seit dem 28. Dezember 1829 Baltimore mit dem nur 24 km entfernten Ellicots Mills. Wenige Jahre später nimmt in den USA die längste Eisenbahnlinie der Welt über 1670 km von Boston (Massachusetts) nach Greensboro (Georgia) den Betrieb auf.

Zeitgenössisches Schabkunstblatt zur Illustration früher Dampfeisenbahnzüge: Dargestellt sind nicht die ersten Eisenbahnen generell, denn dabei handelte es sich um Schienenbahnen mit Pferdetraktion oder um dampfgetriebene Züge zur reinen Güterbeförderung in britischen Grubenanlagen. Das Bild zeigt die Züge der ersten großen Eisenbahnstrecke für den öffentlichen Personenverkehr, der Liverpool-Manchester-Bahn: Oben ein Zug mit Wagen der ersten Klasse. Jeder dieser geschlossenen Wagen hat einen eige-

nen Namen. Die Bauform erinnert noch sehr stark an Postkutschen bzw. an die alten Wagen der Pferdebahnen. In der zweiten Reihe sind Wagen der zweiten und dritten Klasse dargestellt. Sie sind generell oben offen und unterscheiden sich hauptsächlich in drei Punkten: In der äußeren Gestaltung, in der Ausführung der Holzbänke und in der Wagenunterteilung bei den Drittklaßwagen. Auf dem Tender der Lokomotive dieses Zuges ist ein großes liegendes Faß zu erkennen; es enthält das Wasser für die Dampfmaschine.

Die dritte Reihe zeigt Güterwagen. Auch sie sind generell offen. Nässeempfindliche Waren werden mit Planen zugedeckt. Umfangreicheres Reisegepäck wird unmittelbar von den Passagieren begleitet. In der untersten Reihe ist ein Zug mit Viehwagen dargestellt. Zwei Bauformen lassen sich unterscheiden: Einfache offene Wagen mit umlaufendem Holzzaun zur Beförderung von Großtieren (Rindern und Pferden) und zweigeschossige, rundum geschlossene Käfigwagen für Kleintiere (Schafe, Ziegen, Geflügel usw.)

Der deutsche Erfinder Bracken-burg baut das erste Automobil mit Explosionsmotor. →

Der britische Städteplaner Latham legt bei Croydon die ersten Rieselfelder an. →

Der amerikanische Oberst Cowdin erfindet die Dampframme.

Der britische Chemiker Humphry Davy entdeckt das Acetylen.

Nikolaus Dreyse, Fabrikant aus Sömmerda, konstruiert die ersten kriegstauglichen Hinterladergewehre. Er revolutioniert damit die Bewaffnung der Armeen. →

MacDowall baut die erste Dampfsägemaschine.

Der Wiener Schneidermeister Joseph Madersperger entwickelt eine Nähmaschine, bei der sich das Öhr an der Nadelspitze und der Unterfaden in einem Schiffchen befindet. →

Der Pariser Ingenieur Penzoldt erfindet die Wäschetrockenschleuder.

Der in den USA als Ingenieur tätige Engländer John Plumke erarbeitet Baupläne für eine transamerikanische Eisenbahnlinie vom Atlantik zum Pazifik.

In Rotterdam erbaut Gerhard Moritz Röntgen die beiden ersten eisernen Kriegsschiffe.

Sorel, ein Erfinder aus Paris, schützt als erster durch Verzinken Eisen vor Korrosion in Süß- und Salzwasser.

In München entwickelt Karl August Steinheil die »Steinheilschrift« für schreibende Telegraphen.

Der britische Chemiker und Physiker John Frederic Daniell erfindet das Zink-Kupfer-Element (elektrische Batterie) mit einer porösen Scheidewand im Elektrolyten, der dadurch in eine »Erreger-« und eine »Oxidationsflüssigkeit« getrennt wird. Zweck der Konstruktion ist es, die Entwicklung polarisierender und damit leistungsvermindernder Gase zu verhindern.

Der Schotte James Nasmyth, der in Manchester eine Gießerei zur Herstellung von Werkzeugmaschinen einrichtet, entwickelt die Shapingmaschine, eine Werkzeugmaschine zum Hobeln von Eisen und verschiedenen Nichteisenmetallen.

25. 10. In Paris wird ein 5000 Zentner schwerer Obelisk aufgestellt, der 1831 von Luxor in Ägypten nach Frankreich transportiert worden war. →

GESTORBEN:

10. 6. Marseille: André Marie Ampère (* 22. 1. 1775, Polémieux/Lyon), französischer Mathematiker und Physiker.

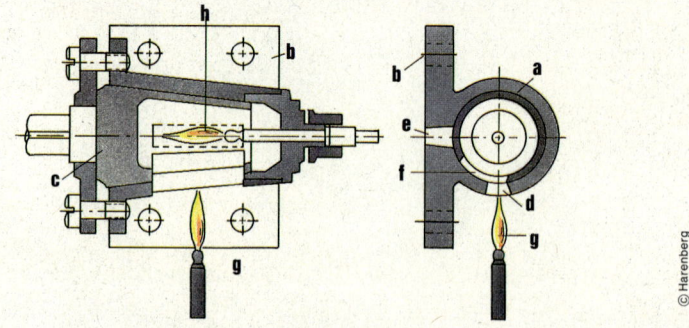

Flammenzündung für Gasmotoren (Patent von William Barnett)

Im Hahngehäuse **a**, mit dem Flansch **b** am Zylinder des Gasmotors befestigt, läuft das Hahnküken **c** mit gleicher Drehzahl wie die Kurbelwelle um. Die Gasflamme **h** entzündet die Gasflamme **g**, wenn sich die Öffnungen **d** und **f** decken, und an dieser wiederum entzündet sich bei Deckung der Öffnungen **e** und **f** die eintretende Zylinderladung. Die Druckwelle löscht die Flamme **h** und der Vorgang beginnt erneut (Patent von 1838)

Daß sich die Ingenieure schon in der ersten Hälfte des 19. Jh. mit Verbrennungsmotoren befaßten, zeigt auch dieses Patent einer Zündung von 1838

Auto mit Explosionsmotor

1836. Der deutsche Konstrukteur Brackenburg baut das erste Auto mit einem Explosionsmotor als Antriebsmaschine. Der Motor verbrennt Wasserstoff mit reinem Sauerstoff.

Gegenüber den bisher üblichen Dampfmotoren hat die Maschine keine nennenswerte Vorteile. Zwar ist sie scheinbar abgasfrei, denn das Verbrennungsprodukt ist reines Wasser, doch treten Umweltbelastungen bereits bei der Produktion des Wasserstoffes auf. Die auf dem Verbrennungsgasdruck beruhende Motorleistung liegt nicht höher als jene bei den Hochdruckdampfmaschinen der Zeit, und im Betrieb ist ein Auto mit Gasmotor gefährlicher als ein Dampfmotorwagen. Bei einem Unfall kann bei letzterem zwar der Dampfkessel platzen und Schaden anrichten, die Explosion eines Wasserstoffbehälters ist aber weitaus dramatischer. Brackenburgs Maschine setzt sich nicht durch.

N. Dreyse baut praxistaugliche Hinterlader

1836. Der deutsche Fabrikant Nikolaus Dreyse, der bereits → 1828 ein Patent auf ein Vorderladergewehr erhalten hatte, das erstmals mit dem von ihm erfundenen Zündnadelmechanismus Geschosse aus Einheitspatronen verfeuerte, bringt das erste wirklich funktionstüchtige Hinterladergewehr auf den Markt. Diese Erfindung führt bald zu einer völligen Umwälzung in der Bewaffnung der Armeen.

Dreyses Hinterlader-Zündnadelgewehr verschießt 31 g schweres Langblei vom Kaliber 15,43 mm. Die Mündungsgeschwindigkeit der Waffe liegt bei 296 m/s. 1841 wird es zur Standardwaffe der preußischen Armee.

Erfolglose Versuche mit Hinterladergewehren wurden bereits im 15. Jahrhundert gemacht. Einen

für Jagdzwecke – nicht für militärische Einsätze – geeigneten Hinterlader entwickelte 1832 der französische Gewehrfabriksdirektor Pauli. Das Gewehr wird von Lefaucheux in Paris hergestellt. Das Rohr dieses Gewehrs läßt sich mit einem Scharnier niederklappen und in dieser Stellung von hinten laden.

Zündnadelgewehr aus dem Jahr 1871 aus der Fertigung von Nikolaus Dreyses Sohn F. v. Dreyse in Sömmerda

Nähmaschine mit Garnschiffchen

1836. Der Wiener Schneidermeister Joseph Madersperger erfindet ein neues Nähmaschinenprinzip. Seine Maschine arbeitet mit zwei getrennten Fäden, wobei der eine von oben mit einer Nadel, die an ihrer Spitze ein Öhr aufweist, durch den Stoff gestochen wird, während der andere unterhalb der miteinander zu vernähenden Stoffbahnen in einem hin- und herbewegten Schiffchen zugeführt wird. Damit ist das Prinzip der modernen Nähmaschine erfunden (→ 1851). Doch bei der Konstruktion und Fertigung steht Madersperger noch vor erheblichen Schwierigkeiten. Seine Nähmaschine bleibt unvollkommen.

Die Schlüsselerfindung der Nadel mit dem endständigen Öhr von dem Deutschen Balthasar Krems (→ 1810) rief neben Madersperger, der schon um 1830 ein erstes Modell entwickelt hatte, auch andere Konstrukteure auf den Plan: Ebenfalls 1830 baute der Franzose Barthélemy Thimonier ein vorübergehend erfolgreiches Modell. Und 1833 arbeiteten der US-Amerikaner Walter Hunt und sein Fabrikant George Arrowsmith erstmals mit getrennter Ober- und Untergarnzuführung. Diesen Gedanken nimmt jetzt Madersperger mit dem von ihm konstruierten Schiffchen wieder auf.

Errichtung des Obelisken von Luxor auf der Pariser Place de la Concorde am 25. 10. 1836 mit eigens dafür konstruiertem schwerem, hölzernem Hebezeug

Obelisk in Paris errichtet

25. Oktober 1836. Nachdem 1831 der 250 t schwere Obelisk von Luxor in Ägypten nach Paris transportiert worden war, wird er jetzt auf der Place de la Concorde aufgerichtet. Die ursprünglich von Pharao Ramses II. in Theben bei Luxor aufgestellte Granitsteinsäule mit quadratischem Querschnitt ist ein Geschenk des ägyptischen Regenten. Bereitete schon der Schiffs- und Überlandtransport der mächtigen Steinsäule große Schwierigkeiten,

so stellt auch das Aufrichten die französischen Techniker vor erhebliche Probleme: Es erfordert einen Großeinsatz von Hebezeugen aller Art. Ramses II. hatte die Säule um 1250 v. Chr. als einen von zwei Portalobelisken vor dem Tempel zu Theben mit Hilfe der schiefen Ebene von Tausenden von Sklaven in die Vertikale bringen lassen.
Im 19. Jahrhundert gelangen ägyptische Obelisken auch nach London, Berlin, Rom, Florenz und New York.

Rieselfelder für Croydon

1836. Der englische Städtearchitekt Latham legt für die Abwasserreinigung der Stadt Croydon erstmals Rieselfelder an. Die Idee zu diesem Wasseraufbereitungskonzept stammt von seinem Landsmann Chadwick.
Die fäkalienreichen Abwässer der Städte wurden bisher ungeklärt in die Flüsse geleitet. Die Rieselfeldermethode macht sich die Filterwirkung der Böden und die biologische Selbstreinigung des Grundwassers zunutze. Organische Verschmutzungen werden praktisch vollständig abgebaut. Die Abwässer von Croydon »verrieselt« Latham einfach auf weite, brachliegende Felder vor der Stadt, wo sie versickern. Die im Grundwasser lebenden Kleinst- und Mikroorganismen, vor allem Bakterien und Pilze, wandeln unter Kohlendioxidfreisetzung die organischen Wasserverunreinigungen

in körpereigene Substanz um. Diese chemische Umstrukturierung erfolgt in mehreren Stufen. In einem Liter Bodenwasser in den Rieselfeldern leben etwa zehn Milliarden Bakterien und Millionen anderer Kleinstorganismen.

Vor der Anlage der ersten Rieselfelder wurde das Abwasserproblem so gelöst; nur Schirme boten Schutz

Der englische Werkzeug- und Büchsenmacher August Siebe stellt seinen »Skaphander« genannten verbesserten Taucheranzug mit Helm vor.

Der US-Amerikaner Samuel Finley Breeze Morse erhält ein Patent auf den ersten praktisch einsetzbaren Fernschreiber.

Nach 13jähriger Arbeit gibt der Astronom Wilhelm von Struve ein Werk über Doppelsterne heraus, das Mikrometermessungen von 2710 derartigen Objekten enthält.

G. Aimé erkennt den Einfluß des Druckes auf das sich einstellende Stoffgleichgewicht bei chemischen Reaktionen.

Der britische Physiker David Brewster entdeckt den »Asterismus«, eine besondere Art der Lichtbrechung, bei verschiedenen Materialien wie Flußspat, Topas, Granat.

Der Buchhändler James Chalmers aus Dundee erfindet die gummierte Briefmarke.

Marc Antoine Augustin Gaudin in Paris gelingt die Herstellung künstlicher Edelsteine, vor allem des Rubins.

Karl Anton Henschel in Kassel erfindet die nach ihm benannte Henschel-Turbine. →

Moritz Hermann Jacobi erfindet in Petersburg die Galvanoplastik, ein Verfahren zum Kopieren dreidimensionaler Gegenstände durch Galvanisieren.

Der Physiker Charles G. Page in Salem (Massachusetts) stellt erstmals fest, daß sich durch elektrischen Strom Eisenstäbe zum Aussenden von Tönen bringen lassen. Seine Erkenntnis ist der erste Schritt zur Erfindung des Telefons (→ 26. 10. 1861; 14. 2. 1876).

Der französische Physiker Claude Servais Mathias Pouillet entwickelt das Galvanometer zu einem praktisch verwendbaren Stromstärke-Meßinstrument fort.

Der französische Chemiker Ernest Sellique stellt die ersten Paraffinkerzen her.

26. 8. In Frankreich geht zwischen Paris und St. Germain die erste französische Eisenbahn in Betrieb.

GEBOREN:

9. 5. Rüsselsheim: Adam Opel († 8. 9. 1895, Rüsselsheim), deutscher Maschinenbauer und Unternehmer.

8. 7. Konstanz: Ferdinand Graf von Zeppelin († 8. 3. 1917, Berlin), deutscher Luftfahrtpionier.

23. 11. Leiden: Johannes Diderik van der Waals († 8. 3. 1923, Amsterdam), niederländischer Physiker.

Henschel verbessert Fourneyron-Turbine

1837. Die 1826 im Rahmen einer öffentlichen Ausschreibung in Frankreich von Benoit Fourneyron entwickelte Wasserturbine (→ 1824) hat sich auch international durchgesetzt. U. a. arbeitet sie seit 1835 auch in St. Blasien im Schwarzwald. Jetzt verbessert sie der Deutsche Karl Anton Henschel grundlegend und erzielt dadurch deutlich höhere Wirkungsgrade.
Fourneyron hatte das Grundprinzip der Reaktionsturbine entwickelt. Er folgte dabei den hydromechanischen Erkenntnissen der führenden französischen Wasserwissenschaftler des 18. Jahrhunderts. Das Wasser, das in seiner Turbine zunächst

Schnittmodell einer Henschel-Turbine aus dem 19. Jahrhundert

ein stehendes inneres Schaufelrad durchströmt und von diesem auf die Laufschaufeln eines äußeren, rotierenden Rades gelenkt wird, an das es seine Energie langsam abgibt, gerät beim Übergang vom einen Rad zum anderen in Turbulenzen, die Energie verbrauchen und den Lauf der Turbine bremsen. Henschel vermeidet dies, indem er die Leitschaufeln oberhalb des Laufrads statt in dessen Zentrum anordnet.
1841 wird die erste Henschel-Turbine in einem Steinbearbeitungsbetrieb in Braunschweig eingesetzt. Dort sieht sie später der französische Ingenieur Jonval, der sie in seinem Heimatland kopiert und 1843 sogar patentieren läßt. Seither ist die Henschel-Turbine auch als Jonval-Turbine bekannt.

Moritz Hermann Jacobi bewegt in Petersburg mit seinem → 1834 gebauten Elektromotor ein mit zwölf Personen besetztes Boot auf der Newa. →

William Barnett erfindet eine Antriebsmaschine, die Gas vor der Zündung verdichtet. Sie ist als Vorläufer des Benzinmotors anzusehen (→ 1836).

David Bruce baut die erste praktisch verwendbare Maschine für den Massenguß von Buchdrucklettern.

Der Franzose Jacques Daguerre führt die Arbeiten des am 5. Juli 1833 verstorbenen Joseph Nicéphore Niepce fort und erfindet die »Daguerreotypie«. →

William Fairbairn baut die erste Nietmaschine für die Herstellung von Dampfkesseln und Eisenschiffen.

Jobard unternimmt in Brüssel Versuche, Kohle im Vakuum durch elektrischen Strom zu Beleuchtungszwecken zum Glühen zu bringen.

Théophile Jules Pelouze entdeckt das Grundprinzip zur Herstellung der Schießbaumwolle.

John Penn erfindet die Kulissensteuerung für Dampfmaschinen.

Der französische Physiker Claude Servais Mathias Pouillet ermittelt mit dem von ihm konstruierten »Pyrheliometer« die Oberflächentemperatur der Sonne. →

Robertson in London baut die erste Filzmaschine Europas (die Erfindung scheint aber aus Amerika zu stammen).

Der französische Arzt Tabarié entwickelt einen »Cloche pneumatique« genannten Luftkompressor, um Asthmatiker und andere Kranke mit komprimierter Luft zu behandeln.

Der Franzose Benoit Fourneyron, der 1827 als erster Wasserturbinen zum Antrieb von Maschinen in Fabriken eingesetzt hatte, stellt in St. Blasien im Schwarzwald eine Wasserturbine mit 45 kW Leistung auf.

April. Der 400 PS starke britische Raddampfer »Great Western« mit einer Dampfmaschine der Firma Maudslay fährt in 15 Tagen von Bristol nach New York und eröffnet damit die regelmäßige transatlantische Dampfschiffahrt. →

18. 4. Der britische Elektrotechniker William Fothergill Cooke erhält ein Patent auf den ersten tragbaren elektrischen Telegraphenapparat.

GEBOREN:

18. 2. Turany/Mähren: Ernst Mach († 19. 2. 1916, München), österreichischer Physiker, Philosoph und Psychologe.

»Daguerreotypomanie« in aller Welt

1838. Der Franzose Louis Jacques Mandé Daguerre stellt die von ihm und Joseph Nicéphore Niepce entwickelte Fotografie auf Silberplatten der Öffentlichkeit vor.

1826 war es Niepce gelungen, das erste fotografische Bild der Geschichte zu fixieren, einen Blick aus dem Fenster seines Arbeitszimmers (→ 1816). Um dieselbe Zeit experimentierte Jacques Daguerre, ein begabter Zeichner, Lebemann und Seiltänzer, ebenfalls mit lichtempfindlichen Substanzen, ohne allerdings über die wissenschaftlichen Kenntnisse von Niepce zu verfügen. Über seine Versuche informierte Daguerre Niepce in Briefen, und 1826 besuchte er diesen in Chalon. Eigentlich hätte der trickreiche Bonvivant dem stillen Landadligen und Wissenschaftler Niepce suspekt sein müssen, zumal er diesem gegenüber schon einmal ein Gemälde als selbst angefertigte Fotografie ausgegeben hatte. Aber die beiden tauschten in der Folgezeit ihre Erfahrungen aus. Niepce schlug Daguerre sogar die Gründung einer gemeinsamen Firma vor, was dieser jedoch ablehnte. Beide experimentierten mit Joddämpfen, die sich auf einer Silberschicht kondensieren ließen. Die so erhaltenen Platten erwiesen sich als sehr lichtbeständig.

1833 starb Niepce, und Daguerre ging nun allein daran, die Erfindung auszuwerten. Sein eigener Beitrag besteht aber nur in der Methode der Fixierung, die er 1837 entdeckte. 1838 bittet er den prominenten Naturwissenschaftler Dominique François Jean Arago, »seine« Erfindung anläßlich einer gemeinsamen Sitzung der Akademien der Wissenschaften und der Künste in Paris vorzustellen. Das geschieht am 7. Januar 1839. Arago legt der französischen Regierung nahe, das Verfahren von Daguerre, der inzwischen in London ein Patent auf seinen Namen anmeldet, für 200 000 Francs zu erwerben.

Schon eine Stunde nach Aragos Ausführungen verzeichnen die Optikerläden in Paris beachtliche Umsätze. Ein Augenzeuge berichtet: »Nach einigen Tagen sah man auf allen Plätzen von Paris dreibeinige Guckkästen vor Kirchen und Palästen aufgepflanzt. Jedermann polierte seine Silberplatten, sogar die Gemüsehändler opferten einen Teil ihrer Mittel auf dem Altar des Fortschritts.« In wenigen Wochen verbreitet sich diese »Daguerreotypomanie« in aller Welt.

Die erste von Jacques Daguerre auf einer Silberplatte aufgenommene Fotografie nach dem von ihm und Joseph Nicéphore Niepce entwickelten Verfahren

Fotografie auch in Großbritannien erfunden

1838. Zeitgleich mit Jacques Daguerre experimentiert auch der englische Parlamentarier, Wissenschaftler und Hobbyzeichner William Henry Fox Talbot mit fotografischen Verfahren. Auch ihm gelingt eine einschlägige Erfindung, und fast exakt zur selben Zeit wie Daguerre stellt er sie der Öffentlichkeit vor (am 31. 1. 1839).

Talbot benutzte die Camera obscura (→ um 900) als Zeichenhilfe. Schon 1833 träumte er davon, »wie hübsch es doch wäre, daß sich diese natürlichen Bilder dauerhaft dem Papier mitteilten und darauf verblieben«. Ab 1834 unternahm er Versuche nach dem Vorbild Thomas Wedgwoods, der mit der Lochkamera kurz vor 1800 Silhou-

Fotopionier Henry Fox Talbot

etten auf lichtempfindlichen Silberverbindungen abgebildet hatte. Talbot gelingt es, solche Bilder mit Salzlösung oder – besser noch – mit Natriumthiosulfat zu fixieren. Statt einmaliger Positive fertigt er Negative an, von denen sich im Kontaktverfahren durch Sonnenbelichtung beliebig viele Abzüge herstellen lassen, was mit Daguerres Verfahren unmöglich ist. Außerdem liefert die »Talbotypie« oder, wie Talbot sie selbst nennt, die »Kalotypie« seitenrichtige Bilder, während die Daguerreotypien seitenverkehrt sind. Die Vorzüge der Talbotypie führen dazu, daß sich dieses Verfahren bald generell gegenüber der Daguerreotypie durchsetzt.

Die »Great Western«, das erste im Liniendienst eingesetzte Dampfschiff für Transatlantikfahrten; die beiden Schaufelräder haben jeweils 8,5 m Durchmesser

Transatlantik-Dampfschiffahrt beginnt

April 1838. Als erster Liniendampfer überquert die 400 PS starke »Great Western« den Atlantik von Bristol nach New York. Das von dem britischen Ingenieur Isambard Kingdom Brunel gebaute Dampfschiff, 1320 t schwer und 72 m lang, benötigt dafür 15 Tage. Bis 1844 wird es auf Transatlantikrouten eingesetzt und überquert dabei 70mal den Ozean.

Zwar hatte schon 1819 als erstes Dampfschiff der Welt der 36,53 m lange Raddampfer »Savannah« den Atlantischen Ozean bezwungen (→ 1818), doch war dieses Schiff noch eher eine Fregatte mit Hilfsmaschine (30 PS) als ein richtiger Ozeandampfer. Auch kam es damals noch nicht zu einem regelmäßigen Transatlantik-Liniendienst.

Die Dampfschiffe vor Brunels »Great Western« eigneten sich nicht für große Fahrten. Sie konnten weder genug Frischwasservorräte tanken noch ausreichend Kohle für die Maschinen bunkern. Zwar hatte 1834 der englische Ingenieur Samuel Hall ein Patent auf den Oberflächenkondensator erhalten, mit dem sich der Maschinendampf wieder in frisches Brauchwasser verwandeln ließ, doch war damit nur eine Seite des Problems gelöst. Erst Brunels Dampfschiff »Great Western« hat die nötige Ladekapazität und verfügt über einen ausreichend starken Antrieb, um die für Atlantikfahrten erforderliche Reichweite zu garantieren und zugleich so vielen Passagieren Platz zu bieten, daß es sich wirtschaftlich einsetzen läßt.

Fahrt mit Dampf- und Windkraft: Die von Isambard K. Brunel gebaute 72 m lange »Great Western« auf einer Darstellung aus dem Jahr 1838

Vom Dampfboot zum Ozeandampfer

1783: Erstes funktionsfähiges Dampfschiff der Welt von Claude de Jouffroy d'Abbans

1802: Erster wirtschaftlicher Schaufelraddampfer »Charlotte Dundas« (→)

1807: Robert Fultons 100-t-Dampfer »Clermont« (→ 1808)

1814: Doppelrumpf-Dampfer »Fulton The First« (→ 1814/15)

1818: Erste Atlantiküberquerung eines Dampfschiffs (»Savannah«) (→)

1822: 43 m langer Raddampfer »James Watt«; erstes völlig aus Eisen gebautes Dampfschiff »Aaron« (→)

1825: Die 475 t große »Enterprise« dampft und segelt von England nach Indien

1834: Oberflächenkondensator von Samuel Hall (→ 1838)

1838: Isambard Kingdom Brunels »Great Western«

1839: Erstes Dampfschiff mit der 1835 von Francis Pettit Smith erfundenen Schraube

1839

Das erste Boot mit Elektro-Antrieb

1838. Der deutsche Physiker und Ingenieur Moritz Hermann Jacobi, der → 1834 den ersten Elektromotor gebaut hatte, stellt jetzt eine größere derartige Maschine her und benutzt sie als Antrieb für ein mit zwölf Personen besetztes Motorboot von 8 m Länge und 2,6 m Breite.

Schon 1835 hatte der Ingenieur Sibrandus Stratingh in Göttingen zusammen mit einem gewissen Bekker erfolgreich versucht, Jacobis elektromagnetische Maschine zum Antrieb eines Straßenwagens zu verwenden, und ein Jahr später hatte Giuseppe Domenico Botto in Turin ein ähnliches Elektromobil gebaut. Beide Erfinder scheiterten am Problem der Stromquellen, der elektrischen Batterien. 1837 erfand der Londoner Chemiker John Frederic Daniell ein galvanisches Zink-Kupfer-Element, doch selbst diese noch von William Robert Grove verbesserte Batterie liefert so teuren Strom, daß Jacobi, der sie verwendet, seine Bootsfahrten auf der Newa aufgeben muß.

Pouillet mißt die Sonnentemperatur

1838. Der französische Physiker Claude Servais Mathias Pouillet mißt mit dem von ihm erfundenen »Pyrheliometer« die von der Sonne abgestrahlte Wärmemenge und berechnet daraus die Oberflächentemperatur dieses Gestirns auf 5958 °C. Im Vergleich zum korrekten Wert von 6058 °C ist sein Ergebnis erstaunlich gut.

Pouillets Instrument wandelt die Strahlungsenergie in Wärmeenergie um, die sich thermometrisch messen läßt. Daraus läßt sich die direkte, also die ungestreut durch die Atmosphäre dringende Sonnenstrahlung berechnen und aus ihr die Solarkonstante, jene Energiemenge, die bei mittlerer Entfernung Erde – Sonne je Zeiteinheit senkrecht auf eine Flächeneinheit an der Grenze der Erdatmosphäre fällt. Pouillet ermittelt 1357 »Wärmeeinheiten pro Sekunde«, was dem korrekten Wert der Solarkonstanten von 1,36 Kilowatt/m² recht gut entspricht. Aus diesem Wert schließlich ermittelt er mit Hilfe der Strahlungsgesetze die effektive Oberflächentemperatur der Sonne.

Der US-Amerikaner Isaac Babbit erfindet eine Metallegierung aus Zinn, Kupfer, Antimon und Blei, die sich besonders gut zur Herstellung von Lagern eignet.

Der Physiker und Jurist William Robert Grove entwickelt das sogenannte Knallgaselement, eine Brennstoffzelle, in der Wasserstoff und Sauerstoff miteinander reagieren.

Der schottische Werkzeumacher James Nasmyth erfindet den Dampfhammer. →

Der deutsche Werkzeugmaschinenbauer Bodmer entwickelt die Karusselldrehbank.

George Biddel Airy erfindet einen kompensierbaren Kompaß, der auch auf Eisenschiffen korrekt arbeitet.

Der britische Physiker Michael Faraday definiert die Dielektrizitätskonstante. Sie erlangt schon bald für Produktion von Seekabeln Bedeutung.

Marc Antoine Augustin Gaudin gelingt es, reines Quarzglas zu erschmelzen. →

Der US-amerikanische Ingenieur Gilbert erfindet das Schwimmdock für Schiffsreparaturen. →

Der Chemiker und Techniker Charles Goodyear aus den USA entdeckt das Vulkanisieren des Kautschuks durch Imprägnieren mit Schwefel und anschließendes Erhitzen. →

J. G. Hofmann erfindet die Zahnradformmaschine.

Der deutsche Chemiker Carl Gustav Mosander weist das Element Lanthan nach, dessen Existenz er schon 1826 vermutet hatte.

Christian Friedrich Schönbein entdeckt eine bei der Entladung elektrischer Batterien entstehende, intensiv riechende Gasart. Er nennt sie »Ozon«. →

Der deutsche Physiker und Astronom Karl August Steinheil, Professor in München, überträgt elektrisch die Zeit von einer Mutteruhr auf mehrere andere Uhren.

Der schottische Schmied Kirkpatrick Macmillan baut das erste Zweirad mit Pedalen. →

William Henry Fox Talbot entdeckt, daß Bromsilber eine höhere Lichtempfindlichkeit als Chlorsilber hat, und verwendet Gallussäure als Entwickler für Papiernegative. Der britische Physiker und Chemiker nennt sein Verfahren »Lichtzeichnung«, mit dem er einen wesentlichen Beitrag zur Verbesserung der Fotografie leistet (→ 1838).

14. 10. Der 1838 von G. und J. Rennie in London gebaute erste erfolgreiche Schraubendampfer, die »Archimedes«, geht auf Jungfernfahrt.

Der von dem Schotten Nasmyth entwickelte und gebaute schwere Dampfhammer, Wegbereiter der Gesenkschmiedekunst, nach einem Gemälde von 1843

Nasmyths Dampfhammer

1839. Der Schotte James Nasmyth baut einen ersten gewaltigen Dampfhammer. Längs einer Doppelführung hebt sich, von einer Dampfmaschine bewegt, ein viele Tonnen schwerer Eisenblock über das zur Rotglut erhitzte Werkstück und fällt dann mit Wucht auf dieses herab. Besondere Bedeutung kommt dieser Anlage als Wegbereiter der Technik des Gesenkschmiedens zu.

Den Anstoß zur Erfindung des Dampfhammers gaben Probleme beim Bau des riesigen Dampfschiffes »Great Britain«, an dem Isambard Kingdom Brunel arbeitet (→ 1845). Der Ozeanriese soll mit 1500 PS Maschinenleistung von einer Schiffsschraube angetrieben werden. Mit den herkömmlichen Techniken des handwerklichen Schmiedens, des Profilwalzens und des Eisengusses aber läßt sich die riesige Schraubenwelle nicht herstellen. Die mächtige Schiffsschraubenwelle wird schließlich noch nicht mit dem von Nasmyth entwickelten und gebauten Dampfhammer gefertigt, sondern zusammengesetzt.

Vulkanisierter Kautschuk

1839. Charles Goodyear aus den USA entdeckt ein Verfahren zum Vulkanisieren von Kautschuk: Er imprägniert ihn mit Schwefel und erhitzt ihn anschließend.

Fünf Jahre lang hatte Goodyear erfolglos versucht, Naturkautschuk vom zäh-klebrigen Zustand in einen dauerelastischen zu überführen. Der Ehesegen hing wegen der ständigen kostspieligen und unsauberen Experimente schief. Aus Furcht vor seiner Frau, der er versprochen hatte, nicht weiter zu experimentieren, wirft er bei deren unerwartetem Heimkommen den mit Schwefelblume durchgekneteten Rohkautschuk ins Kaminfeuer, um ihn auf diese Weise verschwinden zu lassen. Zu seinem Erstaunen bläht sich wenig später vulkanisiertes Gummi im Ofen.

Charles Goodyear bei seinen häuslichen Experimenten mit Kautschuk

Glas aus reinem Quarz erschmolzen

1839. Dem Franzosen Marc Antoine Augustin Gaudin gelingt es, aus reinem Quarz Glas zu erschmelzen. Üblicherweise wird Glas als erstarrte, nicht auskristallisierte Schmelze aus verschiedenen Komponenten (→ um 3000 v. Chr.) hergestellt. Bei Einkomponentenglas aus reiner Kieselsäure (= Quarz) liegt der Schmelzpunkt wesentlich höher. Daneben erfordert seine Herstellung eine weitaus größere Reinheit des Materials. Das von Gaudin produzierte Quarzglas erlangt später aufgrund seiner besonderen Eigenschaften – extreme Hitzebeständigkeit, äußerst geringe Wärmedehnung, hohe UV-Durchlässigkeit – in der Technik als Spezialglas große Bedeutung. Es bewährt sich besonders als Material für Hochtemperatur-Thermometer mit einem Meßbereich bis zu 1000 °C, wobei das sonst übliche Quecksilber durch eine Gallium-Legierung ersetzt wird.

Schwimmdock erfunden

1839. Der US-amerikanische Schiffsbauer Gilbert fertigt das erste Schwimmdock, um Schiffe für Reparaturen ihres normalerweise unter der Wasserlinie liegenden Rumpfteils hochheben zu können.

Schon 1687 hatte der Holländer Meeuves Meindertszoon Bakker das sogenannte »Kamel« erfunden, eine Hebevorrichtung für große Schiffe, mit der er tiefgehende Wasserfahrzeuge aus der Zuidersee in höher gelegene Kanäle hob. Gilbert verbindet zwei derartige Kamele – im Prinzip große flutbare Holzkästen – fest

Schwimmdock mit eingedocktem Schraubenschiff

miteinander und bringt sie unter das schwimmende Schiff. Durch Belüftung der Kamele wird es hochgehoben. Später werden einzelne Schwimmdocks in großen Dimensionen – etwa von Johann Wilhelm Klawitter – hergestellt.

Schönbein entdeckt neue Gasart: Ozon

1839. Bei der Entladung elektrischer Batterien entdeckt der deutsche Chemiker Christian Friedrich Schönbein eine bisher unbekannte, intensiv riechende Gasart, die er »Ozon« nennt.

Schon 1792 hatte der Physiker Martin von Marum den eigentümlichen Geruch bemerkt, der entsteht, wenn ein elektrischer Funke durch eine mit Sauerstoff gefüllte Röhre schlägt, ohne sich dieses Phänomen jedoch erklären zu können. Schönbein findet später (1844) heraus, daß sich Ozon auch herstellen läßt, wenn Phosphor auf Sauerstoff einwirkt. Er erkennt, daß sich Ozon aus normalem Sauerstoff entwickelt. Diesen Vorgang nennt er »Ozonisieren«.

In der Tat ist Ozon nichts anderes als Sauerstoff, allerdings nicht in der üblichen zweiatomigen, sondern in einer kürzerlebigen dreiatomigen Molekülform.

Laufrad des Briten Denis Johnson aus dem Jahr 1820, von seinem Erfinder »Hobby-Horse« genannt

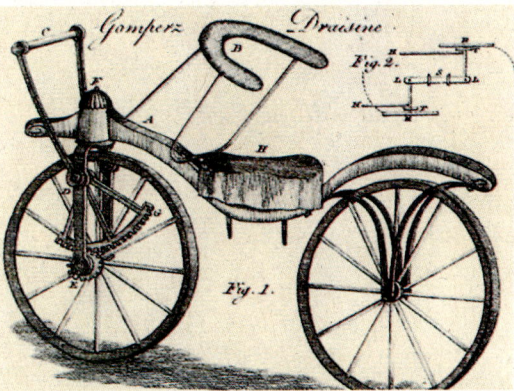
Mit Handhebelvorderradantrieb ausgestattete Draisine von Louis Gompertz, patentiert 1822

Das erste Fahrrad mit Pedalen, gebaut 1839 von dem schottischen Schmied Kirkpatrick Macmillan

Vom Draisschen Laufrad zum Pedalenfahrrad von Macmillan

1839. Der schottische Schmied Kirkpatrick Macmillan baut das erste Fahrrad mit Pedalen.

Karl Friedrich Drais von Sauerbronn wurde oft gefragt, warum er die von ihm um → 1813 erfundenen Zweiräder (Draisinen) nicht mit einem Handhebel- oder -kurbelantrieb baue, wie er seit Jahrhunderten von Muskelkraftwagen her bekannt war. »In den Beinen«, verteidigte Drais sein System des direkten Abstoßens von der Erde, »wohne mehr Kraft als in den Armen.«

Was Drais ablehnte, versuchten andere. Die ersten Experimente mit einem mechanischen Antrieb des Laufrads reichen bis 1817 zurück. Aber die Modelle waren zu kompliziert, um sich praktisch verwirklichen zu lassen. Eine realisierbare, wenn auch sehr kraftraubende Lösung fand 1821 der Engländer Louis Gompertz. Er versah eine Draisine mit einem Handhebel-Zahnradmechanismus, der das Vorderrad antrieb. Die Lenkstange war an zwei langen Hebeln befestigt, die sich um ein

Laufräder aus Dresden, 1817

Gelenk am oberen Ende der Radgabel drehen konnten. Sie ließ sich nach vorn stoßen und wieder zurückziehen. Eine der beiden Stangen bewegte ein Zahnradsegment, das seinerseits beim Zurückziehen ein mit der Vorderachse verbundenes Ritzel antrieb. Beim erneuten Vorstoßen unterbrach ein Freilauf diese Kraftübertragung.

Diese Idee greift Macmillan jetzt wieder auf. Er verwirklicht zum ersten Mal den Hinterradantrieb und baut damit einen Vorläufer moderner Fahrräder.

Auf dem Weg zur großindustriellen Massenproduktion

1840 bis 1900

Siegeszug der Kraftmaschinen

Die von England ausgehende Industrielle Revolution erfaßte in der ersten Hälfte des 19. Jahrhunderts auch die kontinentaleuropäischen Länder und die USA. Die allenthalben wachsende Industrie brauchte thermische und mechanische Energie in bisher nicht gekanntem Ausmaß. Dennoch bürgerte sich die Dampfmaschine, die sich ja als Kind der Industriellen Revolution besonders anbot, auf dem Kontinent nur relativ langsam ein. Das lag z. T. an der infolge des unzureichenden Transportnetzes in vielen Regionen noch sehr teuren Steinkohle. Nicht selten verschlangen die Transportkosten ein Vielfaches des Grubenpreises der Kohle. Erst mit dem Ausbau der nationalen Eisenbahnnetze ab den vierziger Jahren des 19. Jahrhunderts änderte sich die Situation. Trotz einer allgemeinen Dampfmaschineneuphorie entwickelte sich auch die Wasserkraft technisch zügig weiter: Ein Übergang vom Wasserrad zur Wasserturbine vollzog sich. Bedeutende Turbinenkonzepte entwickelten zwischen 1830 und 1880 u. a. Benoit Fourneyron und Jean Victor Poncelet in Frankreich, Karl Anton Henschel in Deutschland und James Bicheno Francis sowie Lester Allen Pelton in den USA. Schon Mitte des 19. Jahrhunderts gaben einzelne große Turbinenanlagen bis zu 800 PS Wellenleistung ab.

Auch die Dampfmaschinenentwicklung – führend blieb hier die britische Firma Boulton & Watt – machte im Lauf des 19. Jahrhunderts beständig Fortschritte. Hatten die alten Maschinen von Thomas Newcomen zu Beginn des Jahrhunderts nicht mehr als etwa 5 % des Dampfes in kinetische Energie umsetzen können, so lag der thermomechanische Wirkungsgrad der Dreifachexpansions-Dampfmaschinen an der Wende zum 20. Jahrhundert schon bei 23 % und damit weit über der von Automobil-Verbrennungsmotoren, wie sie ein halbes Jahrhundert später eingesetzt wurden.

In den 1880er Jahren trat eine andere Dampfkraftmaschine ihren Siegeszug an, die Dampfturbine. 1883 konstruierte der Schwede Gustaf de Laval, 1884 Charles Algernon Parsons derartige Maschinen. Sie hoben den Wirkungsgrad auf insgesamt 30 bis 40 % und ließen sich noch viel größer bauen als selbst die mächtigsten Schiffs-Kolbendampfmaschinen. Allein die Dampfturbine des deutschen Passagierschiffs »Imperator« gab mit 61 000 Wellen-PS etwa ebensoviel Leistung ab wie alle 1855 in Preußen installierten ortsfesten Dampfmaschinen zusammen.

Das Jahr 1860 brachte eine neue gebrauchsfähige Kraftmaschine: Den Gasmotor. Dem Franzosen Étienne Lenoir war es gelungen, einen ersten doppelt wirkenden Kolben-Explosionsmotor mit elektrischer Zündung zu bauen. Die Maschine lieferte zwar nur 2 PS mechanische Leistung, wies aber ein großes Entwicklungspotential auf. Schon zwölf Jahre später konnte Nikolaus August Otto, Konstrukteur bei der Gasmotorenfabrik Deutz, den ersten wirklich funktionierenden Viertakt-Gasmotor vorstellen. Bei derselben Firma arbeitete zeitweise auch der berühmte Benzinmotorenkonstrukteur Wilhelm Maybach, dem es in den 1880er Jahren – von Gottlieb Daimler angeregt – gelang, zeitgleich mit Carl Benz erste Kraftfahrzeug-Benzinmotoren zu bauen. Ein knappes Jahrzehnt später, 1897, schuf dann Rudolf Diesel seinen Verbrennungsmotor mit Kompressionsselbstzündung.

In den 1860er Jahren hatte sich bereits eine weitere Kraftmaschine angekündigt: Der Elektromotor. Er setzte allerdings die Existenz geeigneter Stromquellen voraus. Seit 1800 der italienische Physiker Alessandro Graf Volta sein säulenförmiges Gleichstromelement erfunden hatte, gab es zwar – ständig verbessert – Batterien, doch für den Elektromotor waren sie zu leistungsschwach und zu teuer. Nicht der von Michael Faraday erfundene Gleichstrommotor bürgerte sich deshalb als industrielle Antriebsmaschine ein, sondern erst der robuste und leistungsstarke Wechselstrommotor (1879), nachdem es Werner von Siemens 1866 gelungen war, mit dem von ihm entdeckten dynamoelektrischen Prinzip Wechselstromgeneratoren zu bauen. Als dezentrale Kraftmaschine hatte aber auch der Wechselstrommotor erst eine Chance zu größerer Verbreitung, als in den neunziger Jahren erste elektrische Freileitungsnetze installiert wurden.

Wachsende Verkehrsnetze

Die Einführung der Dampfmaschine zog einen tiefgreifenden Wandel im Verkehr nach sich. Betroffen waren der Wasser- und der Landverkehr gleichermaßen, doch während sich die dampfgetriebenen Schienenfahrzeuge nach 1840 in allen jungen Industrienationen relativ rasch durchsetzten, benötigten die Hochseedampfschiffe eine etwas längere Anlaufphase. Das hatte drei Gründe. Einmal sind Schiffe relativ langlebig. Es dauert also geraume Zeit, bis eine Schiffsgeneration die andere ablöst. Zum zweiten gab es zahlreiche florierende Segelschiffwerften, die sich natürlich gegen das Dampfschiff zunächst wehrten, bevor sie ihre Fertigung schließlich umstellten. Und außerdem besaß das Dampfschiff eine weitaus stärkere Konkurrenz als die Dampflokomotive. Mußte diese sich gegenüber der Pferdekraft behaupten, so trat das Dampfschiff gegen den Wind als Triebkraft der Segler an. Schneller als das Schiff trat die Dampfeisenbahn ihren Siegeszug an. Unterstützt von den britischen Eisenbahnbauern legte ab 1834 auf dem Kontinent zunächst Belgien ein Schienennetz an, kurz darauf folgten Deutschland und Zug um Zug weitere Staaten. Wenige Jahrzehnte später waren in Mitteleuropa und den USA flächendeckende Netze entstanden. Als zu Beginn der 1890er Jahre erste Heißdampflokomotiven (die Erfindung geht auf die 1850er Jahre zurück) gebaut wurden, stieg der Wirkungsgrad schlagartig um bis zu 50 %, und erste Schnellzugstrecken entstanden.

Parallel zum Schienenverkehr brachte die zweite Hälfte des 19.

Jahrhunderts erste experimentelle Ansätze im motorisierten Individualverkehr zu Lande. In den sechziger Jahren häuften sich Versuche mit Dampfautomobilen.

Schon lange vor dem Auto spielte ein anderes Individualverkehrsmittel eine entscheidende Rolle: Das Fahrrad. Anfang des 19. Jahrhunderts als Laufrad erfunden, entwickelte es sich ab den fünfziger Jahren mehr und mehr zum vollwertigen Massenverkehrsmittel für jedermann.

Die Entwicklung der Massenkommunikation

Die Industriegesellschaft ist eine städtische Gesellschaft und damit eine Bildungsgesellschaft. Im Zuge der Industrialisierung wich das Analphabetentum zurück. Der größte Teil der Bevölkerung in den technisierten Ländern konnte im 19. Jahrhundert lesen und schreiben, und damit vervielfältigte sich der Bedarf an Lektüre, an Büchern, Zeitschriften und Tageszeitungen. Schon im 18. Jahrhundert reichten die Kapazitäten der üblichen Handdruckerpressen längst nicht mehr aus, die Nachfrage zu decken. 1811 war zwar die Zylinderdruckmaschine auf den Markt gekommen, die pro Stunde 800 Seiten bedrucken konnte, doch auch ihr Ausstoß war angesichts des Leseeifers der Städter äußerst bescheiden. 1814 bewältigte die Druckerei der Londoner »Times« mit einer neuen Maschine erstmals 2000 Seiten in der Stunde. Der große Durchbruch gelang aber erst um 1846, als in England Augustus Applegath und in den USA Richard Hoe die ersten Rotationsmaschinen in Betrieb nahmen. Sie lieferten bis zu 20 000 Druckseiten stündlich, allerdings mit 25 Mann Bedienungspersonal.

Nach der Erfindung und Einführung des guttaperchaisolierten Stromkabels durch Werner von Siemens in den 1840er Jahren setzte der weltweite Siegeszug der elektrischen Telegraphie ein, der innerhalb etwa dreier Jahrzehnte die alten optischen Telegraphennetze aus dem 18. Jahrhundert verdrängte. 1875 umspannten bereits 400 000 km Telegraphenkabel den Globus, 1905 waren es genau dreimal soviel.

War das Telegraphennetz auf kodierte Nachrichten, in Form von Morsezeichen, angewiesen, so machte das 1861 von Philipp Reis erfundene und in der Folgezeit von Alexander Graham Bell und den Siemens-Werken verbesserte Telefon die unmittelbare verbale Fernkommunikation möglich, ab 1899 durch Mihajlo Pupins Erfindung der Kompensationsspule auch über beachtliche Distanzen. Zum universellen Kommunikationsgerät in Handel und Industrie wurde das Telefon schließlich, als man gegen Ende des 19. Jahrhunderts erste Selbstwählknotenämter einrichtete.

Fortschritte im Hüttenwesen

Weitaus stärker als die Nachfrage nach jedem anderen Werkstoff wuchs in der zweiten Hälfte des 19. Jahrhunderts der Bedarf an Eisen und Stahl. Zwar hatte sich um 1840 generell das Puddelverfahren in der Eisen- und Stahlproduktion Großbritanniens und Kontinentaleuropas eingebürgert und damit die frühere Abhängigkeit von den schwedischen und russischen Eisenhütten beseitigt, doch war das Puddeln im Grunde noch eine vorindustrielle Herstellungsmethode, die schwerste körperliche Arbeit beim Umrühren des glutflüssigen Metalls mit langen Stangen erforderte. Zugleich benötigte die Roheisen- und mehr noch die Stahlgewinnung um 1840 einen immensen Einsatz an Koks. Zunächst versuchte man deshalb gegen Mitte des 19. Jahrhunderts, eine bes-

sere Wärmeökonomie zu erreichen. Das führte zu technischen Verbesserungen an den Hochöfen. Einen ersten wirklichen Umschwung zum industriellen Hüttenwesen bedeutete 1856 die Erfindung der Konverterbirne durch den Briten Henry Bessemer. In ihr ließ sich geeignetes Roheisen mit Luft durchblasen und in großem Stil in Stahl verwandeln. Die ersten, nach 1860 gefertigten Bessemer-Birnen faßten 2 t, um 1900 standen 20-t-Konverter zur Verfügung. Ebenfalls in den sechziger Jahren entwickelten die Franzosen Émile und Pierre Martin und der Deutsche Wilhelm Siemens den Siemens-Martin-Regenerativofen, mit dem sich auch minderwertige Eisensorten, ja sogar Schrott, zu äußerst hochwertigem Stahl verarbeiten ließen.

Nach 1880, als sich elektrischer Strom in großem Stil durch die Generatoren erzeugen ließ, tauchten dann schließlich Elektroschmelzöfen auf, die sich besonders für die Herstellung legierter Spezialstähle eigneten. Zugleich revolutionierte der elektrische Strom die Kupferindustrie.

Wege zur Massenproduktion

War es in der Zeit der Industriellen Revolution in erster Linie darum gegangen, die Handarbeit durch Maschinenarbeit zu ersetzen, um die aufkeimenden Großgewerbebetriebe von der teuren und manchmal unzuverlässigen menschlichen Arbeitskraft unabhängig zu machen und um überhaupt fertigungstechnisch einen industriellen Qualitätsstandard zu erreichen, so stand den Unternehmern gegen Ende des 19. Jahrhunderts als Hauptziel die Massenproduktion vor Augen. Den Vorreiter machte hierbei wiederum die Textilindustrie, die ohnehin über einen beachtlichen Entwicklungsvorsprung gegenüber anderen Branchen verfügte. Statt der Wagen-Spinnmaschinen und »Selfactors«, die um 1850 rund 500 g Garn pro Arbeitsstunde lieferten, arbeiteten um 1900 elektrische Ringspinnmaschinen mit etwa der vierfachen Leistung. Hatten die mechanischen Webstühle um 1830 für die Erzeugung von 100 m Gewebe rund 70 Stunden benötigt, so lieferten die Mehrstuhlwebmaschinen um 1850 dieselbe Stoffmenge bereits in etwa 30 Stunden und die Maschinen mit Northrop-Spulenwechslern um 1900 in etwa zehn Stunden.

Einen Engpaß in der Textilfertigung stellte Mitte des Jahrhunderts das Kleidernähen dar. Bis dahin bewerkstelligten es Schneider von Hand in Heimarbeit. 1846 gelang es Elias Howe erstmals, eine Nähmaschine auf den Markt zu bringen, mit deren Hilfe eine Näherin ebensoviel leisten konnte wie zuvor fünf. Zwei Jahrzehnte später war die Arbeitsgeschwindigkeit nochmals um den Faktor zwölf gewachsen. Die Erfindung der Nähmaschine führte aber nicht nur zu einer Rationalisierung in der Textilindustrie, sie begründete erstmals auch die Großserienfertigung von Maschinen, denn Nähmaschinen wurden in beachtlichen Stückzahlen gebraucht. Allein im Jahr 1870 fertigte die auf diesem Sektor führende US-Firma Singer nicht weniger als 465 000 Nähmaschinen. Ihre Präzisionseinzelteile wurden ebenfalls von Maschinen hergestellt. Als gegen 1890 der Markt weitgehend mit Nähmaschinen gesättigt war und der Absatz stagnierte, stellten sich die meisten Produzenten auf die Massenherstellung von Fahrrädern um. Etwa ab 1880 reihte sich als dritte Maschine die Schreibmaschine in die Serie großindustriell produzierter Massen-Präzisionsartikel.

Möglich wurde die Fertigung technisch anspruchsvoller Maschinen in riesigen Stückzahlen durch eine Entwicklung, die Eli Whitney in den USA bei der Erzeugung von Gewehrschlössern eingeleitet hatte: Die völlige Austauschbarkeit von Einzelteilen.

1840

In Großbritannien arbeiten etwa 10 000, in den Niederlanden rund 8000 Windmühlen. →

Die britischen Ingenieure James Anderson und Brownhill bauen für den Great-Western-Kanal das erste hydraulisch arbeitende Schiffshebewerk. →

Bayley entwickelt in London die von einem zentralen Stellwerk fernbedienbaren Eisenbahnsignale.

Der deutsche Chemiker Robert Wilhelm Bunsen entwickelt eine Batterie mit Zink- und Kohleelektroden. →

Der Engländer Burnett erfindet die Profilhobelmaschine für die Holzverarbeitung.

Dem Chemiker De la Rive gelingt die galvanische Kupfer- und Messingvergoldung. →

Alexandre Donné begründet die Mikrofotografie.

Der britische Physiker und Jurist William Robert Grove stellt eine Vakuum-Glühlampe her, in der als Glühkörper eine Platinspirale leuchtet. →

James Prescott Joule berechnet die Wärmeleistung des elektrischen Stroms als proportional zu dem Produkt aus dem Widerstand und dem Quadrat der Stromstärke.

Der Amerikaner T. Kingsland entwickelt für die Papierfabrikation den »Ganzholländer« (eine Zentrifugalstoffmühle).

Samuel Finley Breeze Morse aus den USA erfindet den »Morse-Taster« und entwickelt das nach ihm benannte Strich-Punkt-Alphabet. →

Der Engländer Murray überzieht die Oberflächen von Nichtleitern mit Graphit und ermöglicht damit ihren Einsatz bei galvanischen Reproduktionen. →

Anselme Payen stellt als erster aus Holz Zellulose her. →

Der Pariser Fabrikant Tallois erfindet das nach ihm benannte »Talmigold«.

Nach 1840. Die Gründer der Firma Pratt und Whitney in Amerika entwickeln die Revolverdrehbank.

GEBOREN:

23. 1. Eisenach: Ernst Abbe († 14. 1. 1905, Jena), deutscher Physiker und Sozialreformer.

5. 2. Dreghorn/Ayrshire: John Boyd Dunlop († 23. 10. 1921, Dublin), irischer Tierarzt und Erfinder.

31. 3. Keyford/Somerset: Sir Benjamin Baker († 19. 5. 1907, Pangbourne/Berkshire), britischer Ingenieur.

14. 10. Rinteln/Weser: Friedrich Wilhelm Georg Kohlrausch († 17. 1. 1910, Marburg), deutscher Physiker.

Dampfwagen (Amédée Bollée, um 1880; Daimler-Benz-Archiv)   *Dampfauto (Rickett, um 1860; Daimler-Benz-Archiv)*

Blühende Geschäfte mit Dampfwagen

1840. Seit der britische Ingenieur Richard Trevithick 1802 die erste »Straßenlokomotive« mit einer doppeltwirkenden Hochdruckdampfmaschine gebaut hatte, die in London großes Aufsehen erregte, ging den Ingenieuren der Dampfwagen nicht mehr aus dem Sinn. In den USA nahm Oliver Evans seine Konstruktionen von 1772 und 1786 wieder auf und konnte schon 1804 »vor den Augen von wenigstens 20 000 Zuschauern durch die Straßen von Philadelphia bis an den Schuylkill-Fluß« fahren. Um 1820 widmeten sich zahlreiche Techniker der Konstruktion leistungsstärkerer Dampfmaschinen und versuchten, die immer noch beachtlichen Schwierigkeiten im Kesselbau zu überwinden. Der

Neue Techniken für Batterien erfunden

1840. Verschiedene Physiker und Chemiker versuchen die Volta-Batterie (→ 1800; 1802) weiterzuentwickeln. Vor allem die Telegraphie (→ 1833) erfordert geeignete Stromquellen. Ziele sind höhere Spannungen, größere Leistungen und das Verhindern der »Polarisation«, einer Gegenspannung, die zum Teil durch Wasserstoffablagerung an den Platten zustande kommt.

John Frederic Daniell verwendete 1836 zwei Elektrolyte (Zink- und Kupfersulfatlösungen), die er erst durch eine Ochsengurgel, später durch eine Tonzelle trennte. Auf diese Weise beseitigte er die Polarisation. Jetzt setzen Versuche mit Kohlenelektroden als Partner des Zinks ein, dies führt zu einer Erhöhung der Batteriespannung.

Cooper verwendet Graphit, Christian Friedrich Schönbein Retortenkohle. Den Durchbruch erreicht der deutsche Chemiker Robert Wilhelm Bunsen, der aus Koks- und Steinkohlengrus mit Sirup stabile Platten und zylindrische Gefäße preßt. Als Elektrolyten seiner Batterien verwendet er Chromsäure bzw. konzentrierte Salpeter- und verdünnte Schwefelsäure. Die zylindrische Zinkelektrode steht in einem porösen Tonzylinder innerhalb des Kohlegefäßes.

Herstellung von Zellulose gelingt

1840. Dem französischen Chemiker Anselme Payen gelingt es erstmals, aus dem Rohstoff Holz Zellulose zu gewinnen.

Payen erzeugt den Zellstoff, der zu 99% aus Zellulose besteht, durch chemisches Aufschließen des Holzes. Geeignet ist besonders das Stammholz von Nadelbäumen. Nach dem Entfernen der Rinde wird das Holz sorgfältig zerkleinert. Anschließend löst Payen mit Salpetersäure das Lignin heraus, eine unter Lichteinwirkung vergilbende Substanz, die dem Holz seine Festigkeit verleiht. Das geschieht bei etwa 125 bis 145 °C. Nach dieser Prozedur muß der noch durch Ligninreste dunkel gefärbte Zellstoff gewaschen und anschließend mit Chlor gebleicht werden. Zellstoff bzw. Zellulose gewinnt als Halbstoff in der Industrie bald größere Bedeutung. Aus ihm lassen sich z. B. Papier, Pappe und Viskosefasern fertigen, er eignet sich auch als Füll- oder Dämmstoff.

Chemisch gesehen ist Zellulose ein Polysaccharid, also ein dem Zucker verwandter Stoff. In der Pflanzenwelt ist Zellulose als Gerüstsubstanz weit verbreitet. Holz besteht zu 40 bis 50% aus Zellulose, Stroh nur zu etwa 30%, Baumwolle aber bis zu 95%.

Vakuum-Glühlampe

1840. *Der britische Ingenieur William Robert Grove (Abb. nach einem Holzschnitt) erfindet eine Vakuum-Glühlampe, in der eine Platinspirale durch Strom nach der Art der Widerstandsheizung bis zur Weißglut kommt.*

Schon 1835 behauptete der schottische Lehrer James Bowman Lindsay, auf diese Weise mit elektrischem Strom Licht erzeugt zu haben, doch läßt sich die Richtigkeit seiner Aussage nicht überprüfen. Neu bei Grove ist der Vakuum-Kolben, der verhindern soll, daß das glühende Metall mit dem Luftsauerstoff oxidiert.

Erste Ausfahrt des Dampfwagens von Nicolas Joseph Cugnot im Jahr 1769

2 t schwere Dampfkutsche des Briten Goldsworthy Gurney für 18 Personen

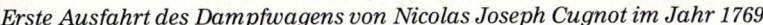

Dampfdruck stieg auf fünf, in Einzelfällen sogar auf 20 Atmosphären. Auch der Karosseriebau machte Fortschritte. Neue Wagenfederungen trugen den schlechten Straßenverhältnissen Rechnung. Walter Hancock tat sich durch den Bau besonders großer Dampfwagen hervor. 1835 fertigte er ein Fahrzeug, das 20 Reisende in der Zugmaschine und weitere 30 Personen in vier angehängten Postkutschen mit 16 km/h befördern konnte. Manche seiner Wagen waren bis 30 km/h schnell. Im Sommer 1831 faßte eine Kommission für die Einführung der Dampfkraft in öffentlichen Verkehrsmitteln zusammen, »daß in der Verwendung der Dampfkraft für den Verkehr auf den Landstraßen eine der wichtigsten Verbesserungen zu sehen sei«. Um 1840 liefern dann zahlreiche Hersteller mit bekannten Namen praxistaugliche Dampfwagenmodelle: In England Gurney, Burstall & Hill, Hancock, Nasmyth, Napier, James, Fraser, Ogle & Summers, Heaton, Macerone, Scott Russel u. a.; in Frankreich die Firma Dietz; in Italien Bordino; in den USA Fisher.

Morse stellt Telegraphenalphabet auf

1840. Der US-amerikanische Kunstmaler Samuel Finley Breeze Morse verbessert die elektrische Telegraphie (→ 1833) durch die Aufstellung eines eigenen Telegraphenalphabets grundlegend.

Morse beteiligte sich mit großem Erfolg an einem im Februar 1837 vom US-amerikanischen Kongreß ausgeschriebenen Wettbewerb für einen mechanisch-optischen Telegraphen. Zunächst stellte er ein unvollkommenes Modell eines schreibenden Telegraphen aus Teilen einer Malerstaffelei und einer Wanduhr vor. Die Zeichen wurden ausgesendet, indem man mit Zeichentypen besetzte Schienen unter einem zweiarmigen Tastenhebel hindurchzog. Im Empfänger zeichnete ein am Anker eines Elektromagneten befestigter Bleistift die Signale auf einem durch ein Uhrwerk bewegten Papierstreifen auf. Nun vereinfacht Morse den Sender durch die später nach ihm benannte Taste, mit der er Buchstaben und Ziffern codiert. Diese »Morsezeichen« bestehen aus Folgen von kurzen und langen Signalen. Ein ähnliches Telegraphenalphabet hatte allerdings schon 1829 der Amerikaner Swain vorgeschlagen. Morses Alphabet wird 1865 vom Welttelegraphenverein übernommen und in seine endgültige Form gebracht.

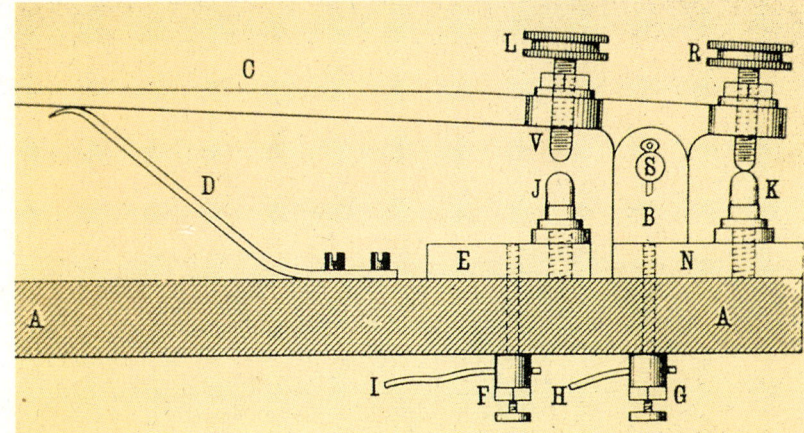

Die Taste – sog. Hebschlüssel – des Morseschen Telegraphenapparates

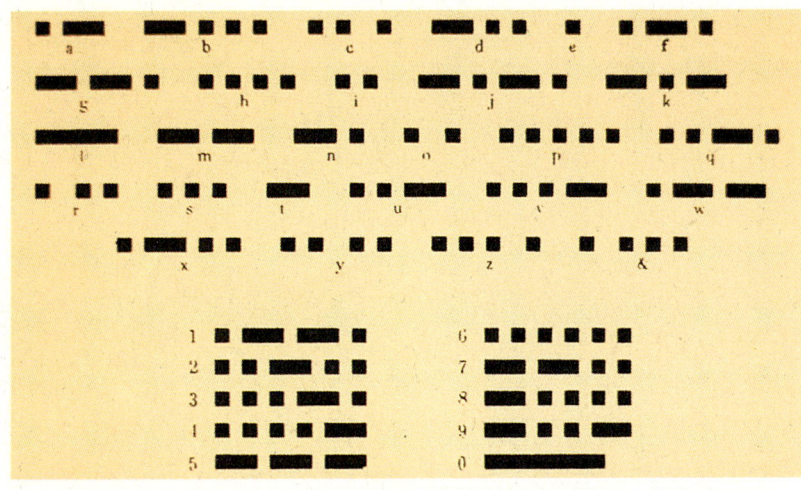

Der Zeichencode – die sog. Punkt-Strich-Schrift – des Morse-Alphabets

Strom beschichtet glatte Oberflächen

1840. Nach ersten galvanotechnischen Versuchen durch Johann Wilhelm Ritter (1800) und William Hyde Wollaston (1802) gelingt es jetzt John Wright in Birmingham, metallische Gegenstände als Elektroden in Cyankali-Bädern galvanisch zu versilbern. Auf ähnliche Weise vergoldet der Chemiker De la Rive Kupfer und Messing.

Die beiden Erfinder führen elektrischen Strom aus Batterien (→ 1840) von außen an die galvanischen Bäder heran. Er wird nicht, wie → 1805 von Ludovico Gasparo Brugnatelli praktiziert, durch die Volta-Spannung zwischen den Elektroden selbst erzeugt. Damit ist die Basis für die moderne galvanische Oberflächenbeschichtung gelegt.

Ebenfalls 1840 erweitert der Engländer Murray die neue Technik durch die Entwicklung der Galvanoplastik, die bereits der deutsche Ingenieur Moritz Hermann Jacobi (→ 1834) angeregt hatte. Er bestreicht nichtmetallische Gegenstände mit Graphit und macht ihre Oberflächen dadurch elektrisch leitend. Galvanisch lassen sie sich jetzt mit Metallen beschichten. So gelingen ihm plastische Kopien von Holzschnitten, Gipsabgüssen u. a. 1841 stellt Rudolf Böttger die erste Galvanokopie eines Kupferstichs her.

Die Ära der Windmühlen geht zu Ende

1840. Mit der zunehmenden Verbreitung der Dampfkraft setzt ein Niedergang der Windmühlen ein. Zwar arbeiten in den Niederlanden noch rund 8000, in Großbritannien sogar fast 10 000 Windräder, doch verlieren sie mehr und mehr an Bedeutung.

Die ersten Windmühlen kamen → um 900 in Persien auf. Im 11. Jahrhundert drangen die Windmühlen nach Europa vor, wo sie im 13. Jahrhundert allgemein verbreitet waren. Handelte es sich im 13. Jahrhundert um sogenannte Bockwindmühlen, bei denen das ganze Mühlenhaus auf drehbaren Lagern auf einem festen Unterbau aus Holz oder Stein ruhte und sich als komplette Einheit in den Wind drehen ließ, so kamen im frühen 15. Jahrhundert die »Holländer-Mühlen« oder »Turmwindmühlen« in Gebrauch, bei denen sich nur die Haube mit den Flügeln um eine vertikale Achse drehen ließ, während der Unterbau fest war. Die Leistung solcher Holländer-Mühlen mit 15 m langen Flügeln liegt bei etwa 30 Kilowatt.

Auch die Haube der Turmwindmühlen wurde zunächst noch von Hand in den Wind gedreht. Erst 1745 erfand der Engländer Edmund Lee ein Hilfswindrad, das sich normalerweise auf der windabgekehrten Seite der Mühle befindet und deshalb stillsteht. Dreht der Wind, dann erreicht er auch dieses Rad und setzt es in Bewegung. Über ein Untersetzungsgetriebe bewegt das Rad dann die Mühlenhaube so lange, bis es selbst wieder auf der Leeseite steht und keinen Windantrieb mehr erhält.

Daten zur Windkraft

Um 900: Besegelte Windräder mit senkrechten Achsen in Persien (erste Windmühlen)

11. Jahrhundert: Windmühlen in Europa

13. Jahrhundert: Bockwindmühlen oder Deutsche Windmühlen mit waagrechter Windradachse und vollständig drehbarem Mühlenhaus

Frühes 15. Jahrhundert: Erste Turmwindmühlen mit drehbaren Hauben

Um 1745: Hilfsrad dreht das Windrad automatisch in den Wind

1772: Automatisch verstellbare Flügelflächen

1840: In Großbritannien arbeiten rund 10 000, in den Niederlanden etwa 8000 Windmühlen

Damit die Windradflügel bei Sturm nicht beschädigt werden, lassen sich ihre Flächen verändern. Es gab zwei prinzipiell unterschiedliche Konstruktionen: Flügel mit Segeltuchbespannung, die sich bei zu starkem Wind reffen ließ, und solche mit verstellbaren Holzjalousien. 1772 befestigte der schottische Mühlenbauer Andrew Meikle die Jalousienblätter an Federn, die sie normalerweise geschlossen hielten. Voller Sturm überwand die Federkraft, so daß ein Teil des Luftstroms ungenutzt durch die Flügel strich.

Die Windmühlenkonstruktionen beeinflußten stark den Maschinenbau. Besonders die Handwerker, die im 18. Jahrhundert die immer größer werdenden Windmühlenanlagen errichteten und regelmäßig warteten, waren keine »Kunstmeister« mehr, sondern die Vorgänger der Maschinenbau-Ingenieure. Sie arbeiteten nach den Gesetzen der klassischen Mechanik und erfanden zahlreiche neue Maschinenelemente. Vor allem Steuer- und Regelmechanismen, die später bei der Entwicklung vollautomatischer Anlagen Bedeutung erlangten, entstanden in Zusammenhang mit den neuen Windmühlenkonstruktionen.

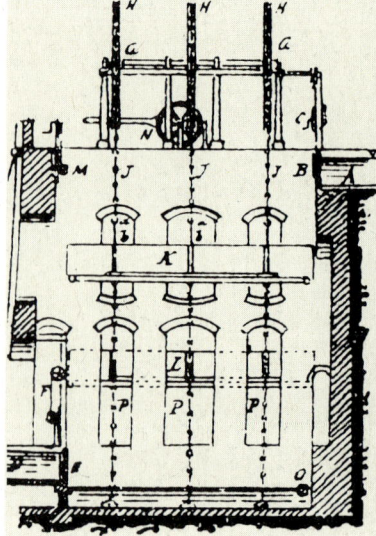

Prinzipdarstellung des Schiffshebewerks im Great-Western-Kanal

Schiffe werden hydraulisch bewegt

1840. Die Ingenieure James Anderson und Brownhill bauen im Great-Western-Kanal in England das erste hydraulische Schiffshebewerk. Die Konstruktion entspricht der des ein Jahr später vom Schiffsbauer Edwin Clark in London errichteten hydraulischen Docks.

In ein Bassin sind zwei parallele Reihen einander gegenüberstehender hohler, gußeiserner Säulen senkrecht eingelassen. In jeder Säule ist eine hydraulische Kolbenpresse (→ 1796) montiert. Alle Pressen werden von einer gemeinsamen Druckpumpe gespeist. Je zwei einander gegenüberstehende Säulen auf den Bassinseiten tragen mit ihren Preßkolben an Ketten einen armierten Balken. Die Balken aller 18 oder mehr Säulenpaare verlaufen parallel quer durch das Becken. Auf ihnen ruht ein großer wassergefüllter Trog (im Falle des Docks ein flutbarer Ponton). Balken mit Trog werden durch Ablassen von Wasser aus den hydraulischen Pressen gesenkt. Durch Steuerungshähne an den Pressen läßt sich das Gebilde exakt horizontal positionieren. Der Trog wird jetzt stirnseitig geöffnet und das Schiff eingefahren. Nach Schließen des Trogs heben die hydraulischen Pressen die gesamte Last in die Höhe. Am obersten Punkt schwimmt das Schiff im Falle des Hebewerks aus dem Trog, im Falle des Docks wird das gesamte, trockengelegte Ponton in ein Arbeitsbassin eingeschwommen.

Von Henry Fox Talbot 1845 fotografierte Windmühle am Gatehouse der St. Benet's Abbey in Norfolk; immer häufiger werden Windmühlen stillgelegt, weil sie mit den Dampfmaschinen nicht konkurrieren können

1841

Nach fünfjähriger Bauzeit vollendet der britische Architekt Joseph Paxton das erste größere Gewächshaus, das Treibhaus von Chatsworth in Derbyshire, mit mehr als 7000 Quadratmetern Glas (→ 1850).

Da sich die fotografischen Belichtungszeiten auf eine bis fünf Minuten verkürzt haben, kommen erstmals Porträtfotografien auf.

Der deutsche Astronom und Mathematiker Friedrich Wilhelm Bessel berechnet aus zehn Grundmessungen verbesserte geophysikalische Daten, die lange Zeit als die besten gelten: Äquatorialhalbmesser = 6 377 397 m; Polarhalbmesser = 6 356 079 m; Erdabplattung = 1 : 299,1528.

Boucherie erfindet die Imprägnierung des Holzes mit Kupfervitriol. Der hydrostatische Druck der Imprägnierflüssigkeit ist die treibende Kraft des »Boucherisierens«.

Edwin Clark baut das erste schwimmende Trockendock mit hydraulischem Schiffshebemechanismus (→ 1839; 1840).

Eine Eisenbahntechniker-Versammlung in Birmingham vereinbart farbige Lichtzeichen: Rot = Halt; Grün = Vorsicht; Weiß = freie Fahrt. →

Der britische Flugzeugpionier Sir George Cayley schlägt die Installation von automatischen Eisenbahnsignalen vor, die durch den Räderdruck des vorüberfahrenden Zuges über ein Hebelwerk auf »Halt« geschaltet werden sollen.

Der britische Landwirt Fleming begründet die Produktion von Superphosphaten als Düngemittel. →

Alfred Krupp fertigt in Essen das erste Geschützrohr aus Gußstahl (→ 1892).

Dem Franzosen Eugène Péligot gelingt die Darstellung von metallischem Uran.

Johann Christian Poggendorff erfindet das erste brauchbare Ohmmeter (Meßgerät für elektrische Widerstände).

Der Franzose De Ruolz überzieht erstmals Metalle galvanisch mit Messing.

Der englische Fabrikant Ryder konstruiert eine Schmiedemaschine zur Herstellung von Eisennägeln.

Der englische Fabrikant Joseph Whitworth begründet ein einheitliches Maßsystem für Schrauben. →

Friedrich Gottlieb Keller entwickelt den sogenannten Holzschliff für die Papierfabrikation.

24. 6. Die Borsigschen Werkstätten in Berlin stellen ihre erste Lokomotive her. →

Versuch einer Rekonstruktion der 2 A1-Lokomotive »Borsig« der Berlin-Potsdamer Eisenbahn, Fabrik-Nr. 1, 1841

Erste Lokomotiven deutscher Hersteller

24. Juni 1841. Die Berliner Schwermaschinenfabrik August Borsig liefert ihre erste Lokomotive aus. Sie heißt nach dem Hersteller »Borsig«. Noch im selben Jahr stellt Emil Kessler in Karlsruhe seine erste Lok »Badenia« fertig. Als Dritter begründet Joseph Anton von Maffei in München eine Lokomotivfabrik.

Bereits 1839 baute die »Hüttengewerkschaft und Handlung Jacobi, Haniel & Huyssen« die Lokomotive »Ruhr« in Deutschland (→ 7. 12. 1835).

Eisenbahn führt Lichtsignale ein

1841. Eine Eisenbahntechniker-Versammlung in Birmingham vereinbart als Streckensignale farbige Lichtzeichen: Rot bedeutet Halt, Grün Vorsicht, und Weiß steht für freie Fahrt.
Solange die Strecken noch nicht mit derartigen Ampelanlagen ausgestattet sind, können ersatzweise auch Handzeichen gegeben werden. Dabei entspricht ein beliebiger, rasch geschwungener Signalgegenstand dem Haltegebot. Ein langsam geschwungener Körper heißt

Handlampe

Vorsicht bzw. langsame Fahrt, und ein unbewegter Signalkörper steht für »Ordnung«, also für freie Fahrt. Nachts werden Lampen verwendet. Zugleich legt die Versammlung fest, daß jeder Zug und auch jede alleinfahrende Lokomotive bei Dunkelheit vorne mit einem weißen und hinten mit einem roten Licht gekennzeichnet sein muß.

Phosphatdünger in der Landwirtschaft

1841. 1840 hatte Justus Liebig vorgeschlagen, die Wirksamkeit von Knochenmehl als Dünger durch einen Schwefelsäurezusatz zu erhöhen. Die Säure wandelt den schwerlöslichen phosphorsauren Kalk in leichtlösliche Phosphate um. Der britische Landwirt Fleming nimmt diese Anregung jetzt in abgewandelter Form auf, indem er die englischen Koprolithe (versteinerter Kot prähistorischer Tiere) mit Schwefelsäure aufschließt. Das ist der Anfang der Phosphat-

Justus Liebig

herstellung. In der Folgezeit verwandeln andere Unternehmer Knochenphosphat mit Schwefelsäure in »Superphosphat«, unter ihnen Lawes in England und Julius Kühn in Deutschland. Ab 1845 produziert Lawes in London das Superphosphat mit vollautomatisch arbeitenden Schneckenmischwerken in horizontalen Trommeln.

Einheitsmaßsystem für Schrauben

1841. Der englische Fabrikant Joseph Whitworth entwickelt ein einheitliches Maßsystem für Schrauben. Er begründet damit die Normung dieses Maschinenelements.
Bei Holz- und Metallschrauben, die bisher von Hersteller zu Hersteller völlig unterschiedlich produziert wurden, vereinheitlicht er die Profile und das Steigungsmaß. Sein Maßsystem, das später BSW (British Standard Whitworth) genannt wird, hält sich in den angelsächsischen Ländern

J. Whitworth

beinahe etwa eineinhalb Jahrhunderte lang. Whitworth, der sich 1835 eine Plandrehmaschine patentieren ließ, die so erfolgreich war, daß er ein Unternehmen für den Bau von Werkzeugmaschinen gründen konnte, ist ein Präzisionsfanatiker. So entwickelt er u. a. auch ein Längenmeßgerät, das bis auf ein tausendstel Zoll genau mißt.

W. H. Phillips versucht in England erfolglos den Bau eines Hubschraubers mit Dampfrückstoß-Antrieb an den Rotorenden.

Nach dem großen Brand der Stadt Hamburg vom 5. bis 8. Mai 1842 entsteht beim Wiederaufbau das erste größere unterirdische Kanalsystem der Neuzeit. →

Der deutsche Ingenieur Werner Siemens entwickelt das erste kommerzielle Verfahren der Galvanotechnik und verkauft es an die Firma Elkingtons in Birmingham.

Carl Gustaf Mosander entdeckt das Element Erbium.

Dem Chemiker Rudolf Christian Böttger gelingt in Frankfurt am Main die galvanische Vernickelung.

Ludwig August Colding stellt fest, daß mechanische Arbeit in Wärmeenergie umgewandelt werden kann. James Prescott Joule ermittelt das mechanische Wärmeäquivalent, und der deutsche Mediziner Julius Robert Mayer stellt den Satz über die Äquivalenz von Wärme und Arbeit und das Gesetz von der Erhaltung der Energie auf. →

Der Techniker Samuel Colt aus den USA erfindet den Trommelrevolver. →

Der österreichische Physiker Christian Doppler findet den nach ihm benannten akustischen »Doppler-Effekt«. →

Einer Konstruktion von James Nasmyth aus dem Jahr 1839 folgend, bauen die Creuzot-Werke in Frankreich erstmals einen schweren Dampfhammer.

Thomas Richardson erfindet in Liverpool die Fadenheftmaschine für Buchbinderarbeiten.

Der britische Fabrikant Joseph Whitworth erfindet eine Schraubenschneidemaschine.

25. 3. Nach 18jähriger Bauzeit stellt Marc Isambard Brunel mit seinem Schildvorbausystem den 1100 m langen Tunnel unter der Themse zwischen Wapping und Rotherhithe fertig, der später für die Untergrundbahn benutzt wird. →

2. 10. Nach vierjähriger Arbeit ist die Kirchenuhr im Straßburger Münster fertiggestellt.

GEBOREN:

17. 5. Eschweiler: August Thyssen († 4. 4. 1926, Essen), deutscher Industrieller.

11. 6. Berndorf/Oberfranken: Carl von Linde († 16. 11. 1934, München), deutscher Ingenieur und Industrieller.

12. 11. Langford Grove/Essex: John William Strutt Lord Rayleigh († 30. 6. 1919, Terlin Place/Essex), britischer Physiker.

Modell der 1842 fertiggestellten Themse-Untertunnelung aus dem Jahr 1826; das Hebewerk wurde nicht ausgeführt

Brunel-Tunnel unterquert die Themse

25. März 1842. Nach 18jährigem Bau unter der Leitung des britischen Ingenieurs französischer Abstammung Sir Marc Isambard Brunel wird ein 1100 m langer Tunnel fertiggestellt, der zwischen Wapping und Rotherhithe die Themse unterquert. Neu ist nicht nur die Untertunnelung eines Flusses, sondern auch der von Brunel eigens für dieses Bauwerk entwickelte Schildvortrieb.

Beim Schildvorbausystem wird ein an seiner Stirnseite mit einer gezahnten Schneide versehener Stahlzylinder von der Querschnittsgröße des späteren Tunnels mit hydraulischen Pressen vorgeschoben. Die Pressen werden durch Verspreizen im jeweils bereits fertiggestellten Tunnelteil abgestützt. Im Schutz des Zylinders wird das Tunnelgewölbe ausgemauert.

Der Arbeitsraum läßt sich – wie dies wenig später James Henry Greathead verwirklicht – durch eine Wand am Tunneleingang abdichten und unter Überdruck setzen, damit kein Wasser eindringt. Brunel arbeitete allerdings noch nicht so. Elfmal brach deshalb die Themse in den begonnenen Bau ein, aber immer wieder gelang es Brunel, die größeren und kleineren Leckstellen abzudichten und die Baustelle leerzupumpen. Probleme dieser Art waren bisher völlig unbekannt, da vor diesem Projekt immer nur trockenes Gestein durchbrochen wurde.

Durch Brunels Tunnel wird später eine U-Bahn-Strecke verlegt.

Die Energie geht niemals verloren

1842. Der deutsche Mediziner Julius Robert Mayer stellt den Satz von der Äquivalenz von Wärme und Arbeit auf: »In allen Fällen, wo durch Wärme Arbeit entsteht, wird eine der erzeugten Arbeit proportionale Wärmemenge verbraucht, und umgekehrt kann durch Verbrauch einer ebenso großen Arbeit dieselbe Wärmemenge erzeugt werden« (Hauptsatz der mechanischen Wärmetheorie).

Gleichzeitig weist Mayer nach, daß Energie in allen ihren Formen unzerstörbar ist. Sie läßt sich lediglich von einer Erscheinungsform in eine andere überführen (Energieerhaltungs-Gesetz).

[handschriftliche Notiz] Wahrheit bedarf zur Anerkennung nicht vieler Worte, [...]

H. J. R. Mayer.

△ *»Wahrheit bedarf zur Anerkennung nicht vieler Worte . . .«, notiert Mayer als Leitsatz; sein Gesetz von der Erhaltung der Energie stößt zunächst auf einhellige Ablehnung in der Fachwelt; erst nach 1862 wird seine Leistung gewürdigt*

◁ *Mayer erhielt die Anregung zu seinem Energiesatz während einer Ostindienreise 1840/41; als Schiffsarzt beobachtete er im warmen Klima eine geringere Oxidation des Blutes zur Wärmeerzeugung im Körper*

Hamburg bekommt Kanalisationssystem

1842. Nach dem Brand Hamburgs vom 5. bis 8. Mai 1842 lassen die Städteplaner beim Wiederaufbau das erste größere unterirdische Kanalnetz der Neuzeit verlegen.

Während schon im Altertum die Stadt Rom großzügige Abwasserkanalisationen besaß und im 9. bis 12. Jahrhundert auch in den Andenkulturen derartige Abwassernetze gebaut wurden, entleeren in Europa seit dem Mittelalter nur die Reichen ihre Aborte in Jauchegruben. Der weitaus größte Teil der Fäkalien fließt in offenen Kanälen ungeklärt in die Flüsse. Dies begünstigt den Ausbruch schwerer Cholera- und Typhusepidemien in den Städten, die im Zuge der Industrialisierung schnell anwachsen. Eine hygienischere Form der Kanalisation ist dringend erforderlich.

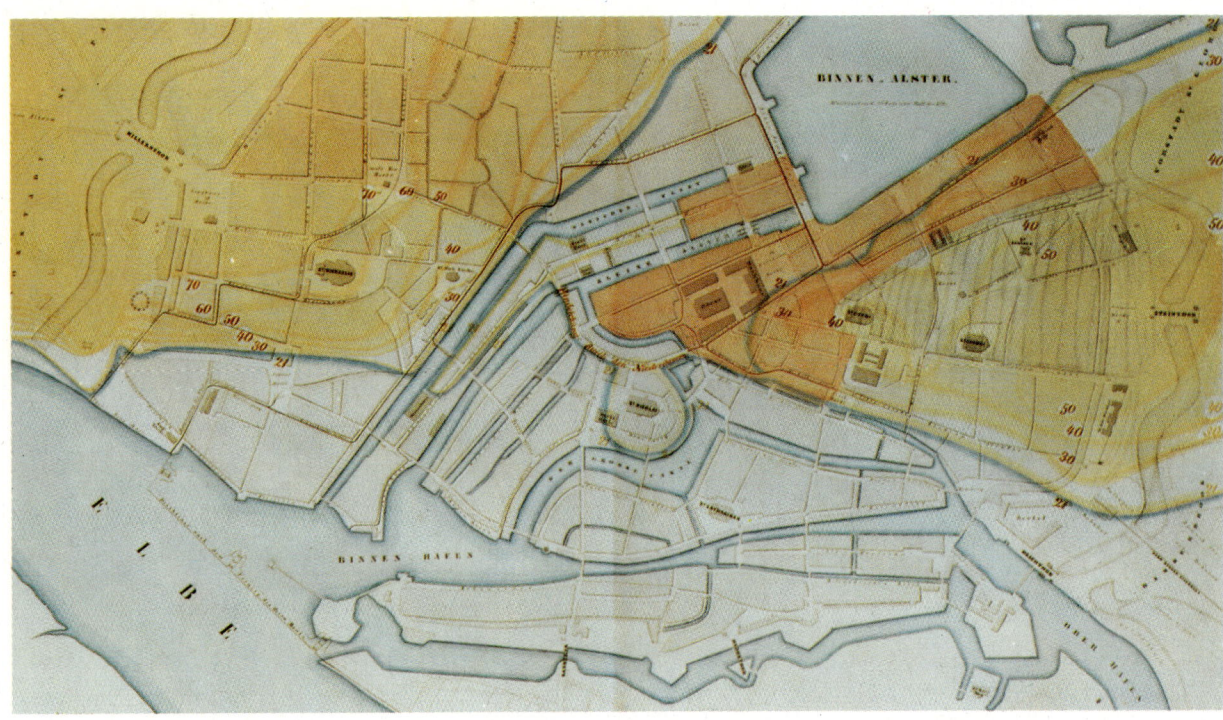

Plan der Stadt Hamburg (Ausschnitt); rot eingezeichnet der Distrikt, der entwässert werden soll

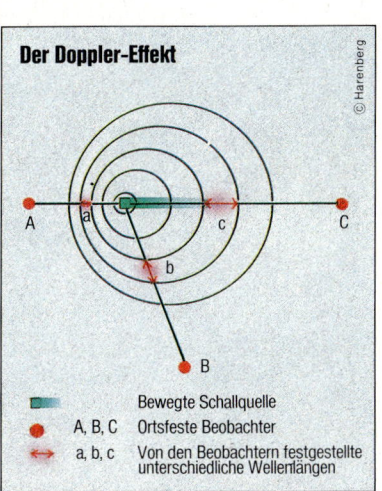

Der Doppler-Effekt © Harenberg

- ●━━━ Bewegte Schallquelle
- ● A, B, C Ortsfeste Beobachter
- ↔ a, b, c Von den Beobachtern festgestellte unterschiedliche Wellenlängen

Warum der Schall die Frequenz ändert

1842. Der österreichische Physiker Christian Doppler findet den nach ihm benannten »Doppler-Effekt«, der erklärt, warum für einen ortsfesten Beobachter die Tonhöhe einer bewegten Schallquelle von deren Geschwindigkeit und Richtung abhängig ist.

Wie Doppler nachweist, erreichen die Schallschwingungen einer auf einen stehenden Beobachter zulaufenden Geräuschquelle diesen in dichterer Folge als die einer sich entfernenden Quelle.

Über den Dopplereffekt lassen sich Geschwindigkeiten entfernter Schall- oder auch Lichtquellen (z. B. Gestirne) berechnen.

Samuel Colt erfindet den Trommelrevolver

1842. Der US-amerikanische Techniker Samuel Colt entwickelt den ersten Revolver, allerdings für zunächst nur zwei Schuß. 1845 legt ihn Adams Deane für wiederholte

Mehrschüssige Waffen

1555 beschrieb Leonhard Fronsperger in seinem »Kriegsbuch« erstmals ein »Orgel-« oder »Hagelgeschütz«, das aus der Zeit zwischen 1480 und 1550 stammt. Es war ein aus fünf Feuerrohren zusammengesetztes Gerät. 1584 baute Nikolaus Zurkinden in Bern ein Schnelladegewehr mit drehbarer Ladetrommel, das die Grundidee Colts vorwegnahm.

1718 erhielt der Londoner Rechtsanwalt James Puckle ein Patent auf ein Repetiergewehr, das über ein Trommelmagazin mit neun Kammern verfügte. Bei einer Vorführung gab es 1722 in sieben Minuten 63 Schuß ab. Dieses Modell ist aber eher ein Vorläufer des Maschinengewehrs als des Trommelrevolvers.

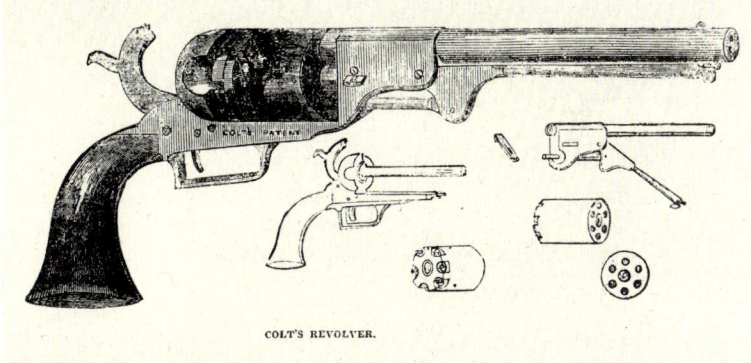

Samuel Colts Revolver in seiner durch Adams Deane verbesserten, bereits sechsschüssigen Ausführung, wie sie ab 1845 hergestellt wird

Walzenbewegung und dadurch für eine größere Schußfolge aus. Schon als 14jähriger hatte Colt als Matrose angeheuert. Während langer Deckwachen fertigte er ein Holzmodell seiner repetierenden Feuerwaffe an. 1836 meldete er die Erfindung zum Patent an, doch erst 1842 stellt er ein wirklich funktionierendes Exemplar her. Im Prinzip handelt es sich dabei um eine Repetierwaffe, deren wichtigstes Element ein um seine Längsachse drehbarer Zylinder ist, in den als Längsbohrungen einzelne Kammern eingearbeitet sind. Diese Kammern nehmen sowohl die Pulverladungen wie auch die Geschoßkugeln auf. Die Kammern lassen sich einzeln vor den Lauf drehen und getrennt leerfeuern. Colt wandte dieses System auch auf Gewehre an, allerdings ohne kommerziellen Erfolg. Seine ersten Zweikammerrevolver spielten vorübergehend bereits im Florida-Krieg von 1837 eine Rolle. Als seine eigenen weiteren Entwicklungen und die Konstruktion Deanes den Bau eines einwandfrei funktionierenden sechsschüssigen Modells erlauben, gründet er die Colt Werke in seiner Heimatstadt Hartford in Connecticut.

Mit seinem Unternehmen wird er zu einem der reichsten Männer Amerikas. 1843 erfindet Colt eine zweite neue Waffe: Die ferngezündete Seemine.

Der Schotte Alexander Bain schlägt vor, Bilder elektrisch punkt- und zeilenweise abzutasten um sie telegraphisch zu übertragen. Das ist der Grundgedanke des Telekopierens. Er kann seinen Vorschlag indes nicht technisch realisieren.

Nach vierjähriger Bauzeit läuft die von Isambard Kingdom Brunel vollständig aus Eisen gebaute »Great Britain« vom Stapel (→ Juli 1845).

Der deutsche Chemiker Robert Wilhem Bunsen erfindet das Fettfleckphotometer.

Emil Drescher beschreibt erstmals Füllfederhalter, die nach seinem Bericht allerdings schon im 18. Jahrhundert bekannt gewesen sein sollen.

Der Wiener Mechaniker Faber konstruiert und baut eine Sprechmaschine, die wesentlich besser arbeitet als jene von Wolfgang von Kempelen aus dem Jahr 1788 (→ 1769).

Franz Fleckes und Joseph Kindermann erfinden ein Verfahren, Erdbohrschächte wasserdicht zu verkleiden.

Marc Antoine Augustin Gaudin legiert erstmals Platin mit Iridium.

Irving erfindet in London die Kopier-Schnitzmaschine.

Samuel Finley Breeze Morse beantragt beim Schatzsekretär der Vereinigten Staaten die Verlegung eines transatlantischen Telegraphenkabels.

Elisha Graves Otis baut einen Trockenbagger, der in zwölf Stunden 1100 Kubikmeter Erdreich ausheben und verladen kann und damit die Arbeit von 180 Mann ersetzt. →

Edward Palmer in London und Volkmer Ahner in Leipzig erfinden die Glyphographie, ein galvanoplastisches Verfahren zur Erzeugung von Buchdruckplatten.

Charles Wheatstone erfindet die nach ihm benannte »Wheatstonesche Brücke«, eine Schaltung zur Messung von elektrischen Spannungen und Widerständen. →

Der Engländer Sir John Bennet Lawes gründet in Deptford bei London eine Fabrik zur Herstellung von Phosphaten als Düngemittel. Die Produktion von Superphosphat nimmt Edward Packard in Suffolk auf (→ 1841).

GESTORBEN:

19. 9. Paris: Gaspard Gustave de Coriolis (* 21. 5. 1782, Paris), französischer Physiker und Ingenieur.

GEBOREN:

11. 12. Clausthal/Harz: Robert Koch († 27. 5. 1910, Baden Baden), deutscher Bakteriologe.

Um 1840 wird Dampfkraft auch im Tiefbau eingesetzt, hier beim Bau des Kilby-Tunnels der London-Birmingham-Bahn

Riesenbagger ersetzt gut 180 Arbeiter

1843. Beim Bau der Pazifik-Bahn in den USA kommt erstmals der 1838 von Elisha Graves Otis konstruierte Trockenbagger – man spricht von einem »Dampf-Excavator« oder einer »Dampfschaufel« – zum Einsatz. Die zahlreichen neuen Eisenbahnstrecken und Schiffahrtskanäle in Europa und den USA verlangen nach rationelleren Tiefbaumethoden als der Erdbewegung mit Pickel und Schaufel. Der Bagger von Otis ist das erste Großgerät, das auf diesem Gebiet Handarbeit ersetzt. Der Dampf-Excavator arbeitet mit einer Maschine von 22,86 cm Zylinderdurchmesser und 30,47 cm Kolbenhub bei 90 bis 110 Kolbenspielen pro Minute. Er bewährt sich auch im Dauereinsatz. In zwölfstündiger Arbeit kann er 1100 m³ Mergelton ausgraben, heben und laden, was der Leistung von 180 kräftigen Männern entspricht. Zur Bedienung des Baggers sind nicht mehr als zwei Arbeiter erforderlich. In Frankreich kommt ein ähnliches Gerät (»Terrassier Locomoteur«) zum Einsatz.

Eine Tiefbaumaschine anderer Natur entwickelt 1846 Robert Stephenson, der Sohn des berühmten englischen Eisenbahnpioniers George Stephenson (→ 27. 9. 1825). Er konstruiert einen Dampfhammer zum Einrammen von Eisenpfählen zur Brückengründung. Bisher arbeitete man mit handgetriebenen Fallbären. Mit Stephensons Dampframme gelingt es, einen über 10 m langen Profileisenpfahl in der erstaunlich kurzen Zeit von nur vier Minuten in den Boden zu treiben.

Charles Wheatstone, der Erfinder der Widerstands-Meßbrücke und zahlreicher Telegraphensysteme; neben seinen elektrotechnischen Entwicklungen beschäftigte sich Wheatstone, Physikprofessor am King's College in London, vor allem mit der Akustik, besonders der Schallübertragung und dem Phänomen der stehenden Schallwellen

Neue Schaltung in der Meßtechnik

1843. Der Engländer Charles Wheatstone erfindet die nach ihm benannte Widerstands-Meßbrückenschaltung.

Bisher maß man elektrische Spannungen und Widerstände indirekt über Strommessungen. Diese Methode verfälscht die Meßwerte in vielen Fällen, weil durch das Meßgerät selbst Strom fließt.

Bei der Wheatstone-Brücke wird die zu messende Größe in dem Moment ermittelt, in dem durch das Anzeigeinstrument selbst kein Strom fließt, was sich durch Verändern eines Regelwiderstandes in einem Parallelzweig zum eigentlichen Meßzweig erreichen läßt.

1844

1844

John Spencer aus Birmingham erhält ein Patent auf die Herstellung von Wellblech mit Hilfe von Profilwalzen.

Mit der Erfindung der Vulkanisierung des Gummis findet das Gummi-Präservativ in Europa große Verbreitung.

Der schottische Elektriker Alexander Bain konstruiert die erste elektrische Uhr.

Der englische Ingenieur Bruxton betreibt erstmals eine Preßluft-Steinbohrmaschine.

Der Engländer Robert Lucas Chance baut die ersten Glasstrecköfen mit kontinuierlichem Betrieb. →

Ellijah Galloway fertigt eine Decke aus mit Kautschuk und Guttapercha verklebten Korkteilchen und liefert damit den Grundgedanken für die Linoleumherstellung.

Zwischen Mainz-Kastel und Wiesbaden nimmt William Fardely die erste elektromagnetische Telegraphenlinie mit nur einem Draht in Betrieb (→ 1833).

Der Engländer Hunt fixiert fotografische Bilder auf Chlorsilberpapier mit Eisenvitriol statt Gallussäure.

Die Kaiser-Ferdinand-Nordbahn führt die Innenbeleuchtung für Nachtzüge ein. →

John Mercer erfindet die »Mercerisation«, ein Verfahren, Baumwollfasern durch Natronlauge fester, dicker und durchsichtiger zu machen.

Samuel Finley Breeze Morse und William Fardely erfinden das Relais. →

Der irische Astronom William Parsons Rosse erbaut in Castletown (Irland) ein Riesenspiegelteleskop von 16,2 m Länge und 1,83 m Durchmesser.

Der Oberbaurat Severin und der Baurat Steenke nehmen den Bau des Oberländischen Schiffskanals zwischen Osterode und Elbing in Angriff und machen hierbei erstmals von der »geneigten Ebene« Gebrauch. →

4.–6. 6. Schlesische Leinenweber verwüsten die Häuser von zwei Fabrikanten. →

GESTORBEN:

27. 7. Manchester: John Dalton (* 6. [?] 9. 1766, Eaglesfield/Cumberland), britischer Naturforscher.

GEBOREN:

20. 2. Wien: Ludwig Eduard Boltzmann († 5. 9. 1906, Triest), österreichischer Physiker.

25. 11. Karlsruhe: Carl Friedrich Benz († 5. 4. 1929, Ladenburg), deutscher Ingenieur und Industrieller.

Glasstreckofen in England entwickelt

1844. Robert Lucas Chance in England konstruiert die ersten Glasstrecköfen mit kontinuierlichem Betrieb.

Im Rahmen der Mechanisierung entwickelte man um 1830 Streckglasspezialöfen für die Glasschmelze. Sie arbeiteten intermittierend wie Metallschmelztiegel. Erst die Öfen von Chance stellen kontinuierlich Glasschmelze für die Streckglasproduktion zur Verfügung. Streckofen und Kühlraum sind kreisförmig gebaut. Auch der Kühlraum ist geheizt, damit die fertig gestreckten Glastafeln langsam und spannungsfrei erstarren können.

Die Herstellung von Flachglas für Fensterscheiben und Spiegel war seit eh und je problematisch. Glas läßt sich leicht blasen, und das beherrschten schon die Syrer (→ 100 v. Chr.). Flachglas stellte man seit dem Mittelalter in Form von Butzenscheiben, ab dem 14. Jahrhundert (→ 1330) auch als Mondglas her. In beiden Fällen wird zunächst eine Glasblase erzeugt – für die Butzenscheiben eine kleinere, für das Mondglas eine größere. Beim Butzen drückt man diese einfach flach, beim Mondglas wird sie auf Metergröße flach ausgeschleudert.

Im 17. Jahrhundert entwickelten dann die venezianischen Spiegelmacher das sogenannte Streckglas.

Gußtisch zum Ziehen von Flachglas aus dem Ofen; die Glastafel läuft in noch rotglühendem Zustand auf einem Rollenband aus dem Ofen und wird mit einer Handwalze und einem Lineal gestreckt und geglättet; in diesem Zustand lassen sich mit Dornen auch noch Blasen aufstechen; danach gelangt die Scheibe in einen Abkühlofen

Das Glas wurde zunächst in lange Zylinderformen geblasen, die man längs aufschnitt. Die Endkalotten wurden abgeschnitten. Das zylindrische Mittelstück ließ sich anschließend zu einer Platte ausrollen. Es wurde wieder erhitzt und anschließend gewalzt.

Schon gegen Ende des 17. Jahrhunderts kam eine weitere Methode der Flachglasproduktion auf. Der Franzose Bernard Perrot führte sie 1687 nach dem römischen Vorbild des Glasgusses ein. Er goß geschmolzenes Glas auf einen Eisentisch mit erhöhten Kanten und walzte es mit einem Metallstab glatt.

Dieses Glas eignete sich wegen seiner rauhen Unterseite jedoch nicht als Fensterglas, es war nicht genügend durchsichtig.

So greifen die Fenstermacher im 19. Jahrhundert – noch immer sind fast ausschließlich Butzen und Mondglas im Gebrauch – wieder auf das Streckglasprinzip zurück.

Österreichische Eisenbahn verfügt jetzt über Innenbeleuchtung

1844. Nachdem schon 1842 in den Personenwagen britischer Eisenbahnlinien Innenbeleuchtung für Nachtfahrten installiert worden war, verkehrt jetzt auch auf dem Kontinent eine Bahn mit dieser Einrichtung: Die seit 1837 betriebene Kaiser-Ferdinand-Nordbahn (Abb.) in Österreich. Installiert sind Lampen mit offener Flamme.

Die Kaiserliche Staatsbahn, die zunächst nur auf der 144 km langen Strecke zwischen Wien und Brünn pendelte, ist seit 1841 bis Olmütz und Stockerau ausgebaut und erhält 1848 Anschluß an die ungarische Zentralbahn. Die luxuriös eingerichtete Bahn mit ihren Salonwagen gilt als ausgesprochenes Prestigeprojekt der Donaumonarchie.

Ferngesteuerter elektrischer Schalter

1844. Unabhängig voneinander erfinden Samuel Finley Breeze Morse und William Fardely das Relais – einen elektrischen Schalter, mit dem sich u. a. der Morsesche Schreibtelegraph (→ 1840) wesentlich verbessern läßt.

Bereits → 1820 hatte André Marie Ampère das Prinzip des Elektromagneten entdeckt, → 1825 hatte William Sturgeon es praktisch realisiert. Der U-förmige Elektromagnet ist die Grundlage für das Relais. Ein federnd befestigtes Blechplättchen vor den Polen dieses Magneten wird angezogen, sobald man den Strom einschaltet und beim Ausschalten von der Feder wieder zurückgeholt. Diese Hin- und Herbewegung benutzen die Erfinder Morse und Fardely zum Schalten eines an dem Blechplättchen isoliert angebrachten elektrischen Kontaktes.

Ein derartiges Relais ist vielseitig verwendbar. Man kann es z. B. als Stromverstärker einsetzen: Ein schwacher Strom durch die Spulen magnetisiert den Eisenkern, während der Relaiskontakt Starkstrom

weiterschaltet. Das Relais läßt sich natürlich auch fernsteuern. Außerdem liefert der Kontakt steile Einschalt- und Ausschaltflanken, er definiert also z. B. die Länge der Morsezeichen äußerst exakt.

Replik des zweiten Telegraphen von Samuel Finley Breeze Morse aus dem Jahr 1846; links im Bild das elektromagnetische Relais, bei dem der Eisenkern in einer Spule bei Stromfluß den gefederten horizontalen Eisenbügel anzieht und damit einen Kontakt schaltet

Galloway erfindet den Linoleumbelag

1844. Ellijah Galloway fertigt eine Decke aus Korkteilchen, die er mit Guttapercha verklebt, und stellt damit erstmals Linoleum her. Er nennt das Produkt »Kamptulikon«. Guttapercha wird aus dem Milchsaft von Palaquium-Bäumen – sie sind in Malaysia und Indonesien heimisch – gewonnen. Im Gegensatz zu Naturkautschuk ist es hart und hornartig, geht aber bei 70 bis 100 °C in einen plastischen Zustand über und läßt sich dann z. B. durch Kneten oder auch durch Walzen verarbeiten.

Später wird Linoleum als dauerhafter, elastischer Belag für Fußböden, Tische u. a. aus Korkteilchen mit Leinölfirnis und Harzen oder auch verharzendem Sojabohnenöl hergestellt und eingefärbt. Das später geprägte Wort Linoleum nimmt auf das Leinöl Bezug.

Weberaufstand in Schlesien

4. bis 6. Juni 1844. Wie schon vor Jahrzehnten in England kommt es auch in Deutschland zu Aufständen und Verzweiflungstaten schlechtbezahlter Textilheimarbeiter, deren Existenzgrundlage durch die Konkurrenz maschinell hergestellter Garne und Textilien bedroht ist: In Langenbielau und Peterswalden verwüsten schlesische Leinenweber die Häuser zweier Textilverleger.

Mit erheblicher zeitlicher Verzögerung gegenüber England, dem Stammland der industriellen Revolution, ergreift der technische Fortschritt das in zahllose Einzelstaaten zersplitterte Deutschland und andere kontinentaleuropäische Staaten. Die an Rohstoffe und Energie gebundene Industrialisierung setzt vor allem im Rheinland, an der Ruhr, in Sachsen und im oberschlesischen Kohlengebiet ein.

Blick in eine idealisiert dargestellte Webstube (Lithographie, um 1835); gewebt wird hier auf traditionelle Art mit dem Handwebstuhl

Schiffe über Land schleppen

1844. Der Oberbaurat Severin und der Baurat Steenke beginnen mit dem Bau des Oberländischen Kanals in Ostpreußen zwischen Osterode und Elbing.

Nicht alle Höhenzüge lassen sich für den Kanal durchstechen. So machen die beiden Wasserbauingenieure vom System der »geneigten Ebene« Gebrauch, einem Verfahren, das es erlaubt, Schiffe über Geländerücken hinweg zu befördern. Dazu werden die

Schiffe entweder direkt auf Rollwagen verladen, die noch im Wasser auf Schienen unter sie fahren, oder in fahrbare Schleusenkammern eingeschwommen. Die Wagen oder Kammern werden dann von stationären Dampfmaschinen an Ketten oder Seilen auf Schienen über Land gehievt. Eine erste kleine Trockenförderanlage dieser Art hatte bereits 1788 William Reynolds im Kanal von Ketley eingerichtet.

Die Schiffseisenbahn – mit Dampfkraft über Zugseile gezogen – überwindet einen Höhenzug auf der Strecke des Oberländischen Kanals bei Elbing

1845

Der Brite Edward Chrimes erfindet das erste zuverlässig arbeitende Schwimmerventil.

Der deutsche Chemiker Robert Wilhelm Bunsen begründet die Gasanalyse, untersucht die Gichtgase und liefert damit die wissenschaftliche Basis des Hochofenprozesses. →

Ernst Carl Claus entdeckt das Element Ruthenium.

Der britische Physiker Michael Faraday äußert den Gedanken, daß Licht, Wärme und Elektrizität wesensgleiche Naturkräfte seien.

Josua Heilmann erfindet die Baumwollkämmaschine, die das bisherige Kratzen der Baumwolle überflüssig macht.

Starr führt in London das erste elektrische Glühlicht, einen Kandelaber mit 26 Lampen, vor.

Der britische Astronom Sir John Frederick William Herschel und der britische Physiker David Brewster entdecken die Fluoreszenz.

John Bennet Lawes erfindet in London den Schneckenmischer.

Der britische Zecheningenieur Middleton erfindet und konstruiert eine Steinkohlen-Brikettpresse.

Der US-amerikanische Erfinder und Maler Samuel F. B. Morse konstruiert ein manometrisches Tiefenmeßgerät für Tiefseelotungen.

Wilhelm und Werner Siemens stellen aus gemahlenem Quarzsand und Kalkstein mit Wasserglas Kunststeine her.

Der US-amerikanische Techniker Thomas J. Sloan erfindet einen Automaten zur Herstellung von Holzschrauben.

Die US-Eisenbahngesellschaft South-Western stellt als erste Eisenbahngesellschaft der Welt ihren elektrischen Telegraphen gegen Gebühren dem Publikum zur Verfügung.

Charles Wheatstone und William Fothergill Cooke ersetzen die Permanentmagnete bei der elektromagnetischen Maschine (→ 1829; 1834) durch Elektromagnete.

Richard Hoe aus den USA erhält ein Patent auf die erste Rotationsdruck-Maschine (→ 1846).

Juli. Die »Great Britain« läuft zu ihrer ersten großen Fahrt aus. →

GEBOREN:

3. 3. Petersburg: Georg Cantor († 6. 1. 1918, Halle/Saale), deutscher Mathematiker.

27. 3. Lennep/Remscheid: Wilhelm Conrad Röntgen († 10. 2. 1923, München), deutscher Physiker.

Der erste Transatlantik-Liniendampfer mit Schraubenantrieb: Die »Great Britain« von Isambard Kingdom Brunel

Eiserner Riesendampfer

Juli 1845. Isambard Kingdom Brunels zweiter Ozeanriese, die »Great Britain«, geht erstmals auf große Fahrt. Das schon zwei Jahre zuvor vom Stapel gelaufene Schiff ist mit 98 m Länge noch wesentlich größer als die → 1838 fertiggestellte »Great Western«, die seinerzeit alle bis dahin gebauten Schiffe überbot.

Die »Great Britain« ist 3618 t groß, als erstes von Brunels Schiffen ganz aus Eisen gebaut und wird von vier einzylindrigen Maschinen mit zusammen 1500 PS Leistung über eine Schraube angetrieben. Auch sie besitzt noch eine Hilfsbesegelung an sechs Masten.

Die Reise, zu der das modern mit Schlingerkiel und Balanceruder ausgestattete Schiff ausläuft, geht mit 360 Passagieren und 600 t Ladung an Bord über den Atlantik. Allerdings erweisen sich die Maschinen trotz ihrer hohen Leistung als zu schwach: Die Überfahrt nimmt mit 14 Tagen und 21 Stunden viel Zeit in Anspruch. Als auf der Rückreise ein Schraubenflügel bricht, erweist sich die Hilfsbesegelung als rettendes Element. 1846 übersteht die »Great Britain« eine Grundberührung unbeschadet, da der doppelschalige Eisenboden das Schiff vor Leckage schützt.

Kunststeine der Gebrüder Siemens

1845. Die beiden deutschen Erfinder Wilhelm und Werner Siemens stellen künstliche Steine aus gemahlenem Quarzsand, Kalkstein und Wasserglas her. Sie werden vor allem beim Hausbau verwendet. Wasserglas ist ein Sammelbegriff für glasklare, wasserlösliche Alkalisilikate. Es wird durch Schmelzen von Quarzsand mit Alkalicarbonaten bei 1300 bis 1600 °C hergestellt. Bereits 1840 hatte Frédéric Kuhlmann Wasserglas mit Kreide oder gepulvertem Kalkstein verknetet und zu künstlichen Steinen erstarren lassen.

Robert Bunsen entwickelt Gasanalyse

1845. Der deutsche Naturwissenschaftler Robert Wilhelm Bunsen entwickelt die chemische Gasanalyse. Er wendet sie zuerst auf die Gichtgase in Eisenhüttenwerken an und gelangt damit zu einer wissenschaftlichen Theorie des Hochofenprozesses.

Bunsens Gasanalyse erfaßt Gase und Gasgemische qualitativ und quantitativ. Gasgemische müssen dabei zuerst in ihre Bestandteile bzw. Bestandteilgruppen getrennt werden. Das geschieht stufenweise. Zunächst werden durch Schütteln mit verdünnter Salzsäure die alkalischen Gase (z. B. Ammoniak und gasförmige Amine) gebunden. Das verbleibende Gasgemisch wird mit Kalilauge geschüttelt, die die sauren Gase (z. B. Kohlenoxid, Chlor,

Vater der Gasanalyse: Der deutsche Naturwissenschaftler Robert Wilhelm Bunsen, Professor in Marburg

Schwefelwasserstoff) bindet. Übrig bleiben neutrale Kohlenwasserstoffe. Die einzelnen Gase findet Bunsen durch spezielle Nachweisreaktionen. Quantitativ werden die Gasanteile durch Wägen (Gravimetrie) festgestellt. So lassen sich etwa die Gewichte der Schwefelsäure und der Kalilauge vor dem Lösen von Gasen und danach bestimmen. Die Gasanalyse gewinnt Bedeutung beim Optimieren von Verbrennungsprozessen und anderen thermischen Reaktionen, bei denen Gase eine Rolle spielen. In Feuerungsanlagen z. B. sind der Sauerstoff- und Kohlenmonoxidgehalt des Rauchgases ein direktes Maß für den Luftüberschuß. Daraus ergeben sich Hinweise auf die wirtschaftlichste Art der Verbrennung.

1846

William George Armstrong erfindet den hydraulischen Akkumulator, baut den ersten hydraulischen Kran und konstruiert die ersten hydraulischen Aufzüge. →

Der schottische Uhrmacher und Elektriker Alexander Bain erfindet den Papierlochstreifen zur schnelleren Nachrichteneingabe in seinen elektrochemischen Telegraphen.

Der Engländer Farthing erfindet die maschinelle Glasbläserei. →

Der deutsche Chemiker Christian Friedrich Schönbein entdeckt die Schießbaumwolle.

Die britischen Ingenieure Augustus Applegath und Edward Cooper entwickeln die Rotationsschnellpresse. →

Kühn erfindet in Meißen die erste chemische Feuerlöschbombe.

Thomas Hancock erhält ein Patent auf die Herstellung von Kautschuk- und Guttaperchaformteilen. Seine Erfindung ist neben der Vulkanisation (→ 1839) Grundlage der Kautschukindustrie.

Getreidehändler legen in den USA erstmals große oberirdische Silos an, die rasch in der ganzen Welt Verbreitung finden. →

Auguste Laurent definiert die Begriffe Molekül, Atom und Äquivalent. →

Wilhelm Siemens erfindet den mit Selbstunterbrechung arbeitenden elektrischen Rasselwecker.

Armstrong Thomas Romney Robinson entwickelt das Kugelanemometer. →

Der Brite Smart konstruiert und baut eine automatische Schnellpresse für den Lithographie-Druck. →

Die Briten Soutter und Hammond erfinden die pneumatische Pfahlramme.

Der Brite J. W. Starr entwickelt Glühlampen mit Fäden aus Platin und anderen Metallen und schließlich mit Kohlefäden.

Robert W. Thomson, ein schottischer Fabrikant, erfindet den luftgefüllten Gummiring für Wagenräder. →

Der deutsche Physiker Wilhelm Eduard Weber, Professor in Leipzig, publiziert das für die Elektrotechnik bedeutsame, nach ihm benannte Webersche Gesetz. Außerdem entwickelt er das Elektrodynamometer zur Wechselstrom- und Gleichstrommessung.

GESTORBEN:

17. 3. Königsberg: Friedrich Wilhelm Bessel (* 22. 7. 1784, Minden), deutscher Mathematiker und Astronom.

Maschinell geblasenes Glas

1846. Der Engländer Farthing erfindet die Maschinenglasbläserei. Er komprimiert Luft mit Druckpumpen und stellt diese in Preßluftbehältern zur Verfügung. Die Glasbläser müssen jetzt nur noch mit hölzernen Werkzeugen oder Glasformen der zähflüssigen Masse die

Moderne Anlage zum maschinenunterstützten Glasblasen; das Blasen des Glasmachers wird im »Manipulator« durch Preßluft verstärkt (20. Jh.)

endgültige Gestalt geben. Neben die schon seit der Erfindung des Glasblasens in Syrien (→ um 100 v. Chr.) gefertigten Trinkgefäße und Flaschen traten im Laufe der Jahrhunderte zahlreiche neue Hohlgläser, die jetzt zum Teil in großen Mengen gebraucht werden. In erster Linie sind das Kolben und verschiedene Geräte für chemische Labors und die chemische Industrie, Lampenzylinder (1799 hatte der französische Bauingenieur Philippe Lebon ein Patent auf eine kombinierte gläserne Gaslampe und Heizung erhalten) und natürlich die großen Hohlzylinder, die man längs aufschneidet, um ihre Wand zu Flachglas auszuwalzen (→ 1844). All diese Dinge wurden bisher in anstrengender Arbeit mundgeblasen.

Die Maschinenglasbläserei setzt sich bis zum Ende der 1870er Jahre in den Glashütten durch. Zu den Pionierbetrieben gehört die Hütte im französischen Clichy.

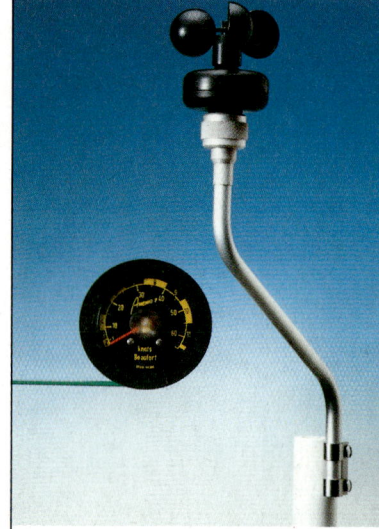

Windstärkemesser

1846. Der Engländer Armstrong Thomas Romney Robinson entwickelt für die Windstärkemessung das Kugelanemometer. Die Skala ist in km/h bzw. m/s geeicht (Abb.: Modernes Instrument).

Armstrong baut hydraulische Maschinen

1846. Der englische Ingenieur William George Armstrong erfindet den hydraulischen Akkumulator, baut den ersten hydraulischen Kran und konstruiert die ersten hydraulischen Aufzüge.

Armstrong will verfügbare Mittel energetisch und wirtschaftlich so rationell wie möglich nutzen. So ist sein hydraulischer Akkumulator ein Druckwasserreservoir, das von

einer relativ schwachen, aber kontinuierlich arbeitenden Pumpe aufgebaut wird, um bei Bedarf kurzzeitig hohe Leistungen zur Verfügung stellen zu können, etwa zum Betrieb hydraulischer Pressen.

Von einem solchen »Kraftsammler« gepuffert, arbeitet auch Armstrongs hydraulischer Hafenkran, den er am Hafenkai von Newcastle upon Tyne zum Be- und Entladen

von Schiffen aufstellt. Bei seinen hydraulischen Aufzügen erreicht er eine sparsame Arbeitsweise dadurch, daß er mehrere Tragzylinder installiert, die je nach der Masse der Förderlast gleichzeitig oder abwechselnd arbeiten. Armstrong stattet auch erstmals hydraulisch betriebene Kolbenpumpen (»Wassersäulenmaschinen«) mit Kurbelwelle und Schwungrad aus.

Modell eines hydraulisch betätigten Krans des britischen Ingenieurs und Waffenfabrikanten William G. Armstrong aus dem Jahr 1846; zu erkennen sind im Bild zwei Hydraulikzylinder, von denen der linke über einen Ketten-Rollenzug die Last hebt und senkt, während der rechte (im Bild zentral) den Kranarm über einen Zahnstangenantrieb dreht; die Hydraulikzylinder ihrerseits werden von einer Dampfmaschine angetrieben, die hier nicht abgebildet ist

Laurent definiert chemische Begriffe

1846. Der französische Chemiker Auguste Laurent führt seine Definition der Begriffe »Atom«, »Molekül« und »Äquivalent« ein.

Die Begriffe Atom und Molekül wurden vorher nicht einheitlich verwendet. Nach Laurent ist ein Molekül »die kleinste Menge einer Substanz, deren man bedarf, um eine Verbindung zustande zu bringen«. Als Atom definiert er »die kleinste Quantität eines Elements, die in zusammengesetzten Körpern vorkommt«. Und »Äquivalente« bedeuten nach seiner Begriffsbestimmung »gleichwertige Mengen analoger Substanzen«.

Die Äquivalenz ist ein gedachter Bruchteil 1/z eines Atoms oder Moleküls, wobei z angibt, wie oft eine bestimmte Eigenschaft dort auftritt. Z. B. ist in bezug auf Wasserstoff das Äquivalent der Schwefelsäure $z = 2$, weil ein H_2SO_4-Molekül zwei H-Ionen abgeben kann.

Erste Luftbereifung für Wagenräder

1846. Der schottische Fabrikant Robert W. Thomson erfindet den luftgefüllten Gummischlauch für die Bereifung von Wagenrädern.

Thomsons Luftreifen besteht aus einem geschlossenen, hart aufgeblasenen Gummischlauch, der außen zum Schutz mit einer Segeltuchhülle umgeben ist. Die Lauffläche des Rades ist zusätzlich mit Leder überzogen. Diese pneumatischen Reifen dämpfen die Stöße auf den unebenen Straßen weit besser als die konventionellen Eisen- oder Vollgummireifen, doch lassen sie sich nur sehr schwer auswechseln, weil sie fest mit dem Rad verbunden sind. Darüber hinaus sind sie sehr teuer. Thomsons Erfindung setzt sich deshalb nicht durch und gerät in Vergessenheit.

Erst → 1888 erfindet der irische Tierarzt John Boyd Dunlop den Luftreifen erneut. Er umhüllt den aufgepumpten Schlauch mit einem Mantel aus imprägnierter Leinwand. Zum Nachfüllen von Luft entwickelt er das Einlaßventil. Dunlop entwickelt seinen pneumatischen Reifen zwar für ein Fahrrad, sein Patent gewinnt jedoch schnell Bedeutung auch für die Bereifung von Autorädern.

Frühe Getreide-Großsiloanlage in der Nähe von Chicago; das Getreide wird in den hohen Betontürmen mit rundem Querschnitt gelagert, eingefüllt wird es von oben mit Elevatoren (Saughebern), die sich im rechten Gebäude befinden, entnommen wird es von unten; wird in Silos Futter (z. B. gehäckseltes Halmgut) gelagert, dann ist es unter dem Druck des eigenen Gewichts so komprimiert, daß es sich meist nur mit einer Silofräse entnehmen läßt

Erste Getreidesilos in Amerika erbaut

1846. In den USA legen Getreidehändler erstmals oberirdische Silos an, die sich von den USA rasch über die ganze Welt verbreiten.

Die Silos gestatten es, große Mengen schüttbarer Rohstoffe – neben Getreide z. B. auch Erz oder Kohle – auf kleinem Raum feuchtigkeits- und lichtgeschützt sowie frostfrei einzulagern. Geeignete Vorrichtungen bzw. Bauformen dieser Hochspeicher gestatten rasches und einfaches Füllen und Entleeren. Schnell entwickeln sich verschiedene Typen: Großraumsilos, Zellensilos mit getrennten Lagerschächten und Reihensilos mit mehreren vertikalen Kammern.

Rotationspressen für die Druckereien

1846. Der Engländer Smart entwickelt eine Schnellpresse für den lithographischen Druck (→ 1796), die mit Ausnahme der Papierzufuhr und -entnahme automatisch arbeitet. Die Maschine führt auch das Benetzen und Abwischen der steinernen Druckplatte aus. Sie ist die erste automatische Offset-Presse.

Schon 1845 erhielt Richard Hoe aus den USA ein Patent auf die erste moderne Rotationspresse. Bei ihr werden die Spalten mit Keilen, die als Kolumnenrichtmaße fungieren, an einen großen umlaufenden Zylinder montiert. Eine derartige Schnellpresse für den Hochdruck nimmt 1848 die in London herausgegebene »Times« in Betrieb. Diese Maschine ist nach Hoes Prinzip von den englischen Ingenieuren Augustus Applegath und Edward Cooper verbessert.

Die Rotationsmaschine arbeitet noch mit Einzelblattzuführung, doch bedruckt sie – bei 25 Mann Bedienungspersonal – schon 8000 bis 20 000 Blatt pro Stunde.

Nur wenige Jahre später, 1851, gelingt es dem britischen Konstrukteur Th. Nelson, die Rotationsmaschine für den Druck von der endlosen Papierrolle einzurichten. Die Engpässe bei der Zeitungsproduktion entstehen jetzt nicht mehr beim Druck, sondern beim Schneiden und Falzen (→ 1850) sowie beim Umstellen auf andere Formate. Zeitprobleme bringt auch noch das Setzen der Lettern von Hand mit sich, das erst → 1884 Ottmar Mergenthaler mechanisiert.

Diese Steindruckpresse von J. Mannhardt aus dem Deutschen Museum entstand 1848 aufgrund der Smartschen Erfindung

Der italienische Chemiker Ascanio Sobrero stellt als erster Nitroglyzerin oder Sprengöl her. →

Der US-amerikanische Naturwissenschaftler John William Draper stellt ein nach ihm benanntes Gesetz auf, das die Temperatur flüssiger oder fester Substanzen mit deren Aussendung von Wärme- bzw. Lichtstrahlen verschiedener Farbe in Relation setzt. →

Armand Hippolyte Louis Fizeau und Léon Foucault finden aufgrund von Interferenzversuchen die Wellenlänge der Wärmestrahlung.

Als erste Eisenbahngesellschaft führen die Hannoverschen Staatsbahnen den Morseschen Schreibtelegraphen ein (→ 1840).

Der deutsche Physiker Gustav Robert Kirchhoff stellt die nach ihm benannten »Kirchhoffschen Gesetze« über die Verzweigung elektrischer Ströme in Leitungsnetzen mit unterschiedlichen Widerständen auf. →

Nachdem Justus von Liebig chemische Versuche an Muskelfleisch vorgenommen hatte, weist er auf die Bedeutung des Fleisches für die menschliche Ernährung hin und fördert die (allerdings schon bekannte) Fabrikation von Fleischextrakt, wofür er die großen Viehbestände Südamerikas nutzbar machen will.

Anton Schrötter entdeckt den roten amorphen Phosphor, der zum Ausgangspunkt für die Produktion von Sicherheitszündhölzern wird.

Werner Siemens konstruiert und baut eine Maschine zur Herstellung von isolierenden Guttapercha-Umhüllungen für Leitungsdrähte. Außerdem erfindet er den Typendrucker, aus dem sich später der Ferndrucker entwickelt. →

François Hippolyte Walferdin untersucht durch Temperaturmessungen in der Tiefsee, in Bohrlöchern und in Tiefbrunnen die geothermischen Verhältnisse und findet eine Wärmezunahme von 1 °C je 32,3 m.

Joseph Whitworth konstruiert die erste Straßenkehrmaschine.

Der Mechaniker Carl Zeiss stellt in Jena eine aus zwei kombinierten Glaslinsen zusammengesetzte Lupe her, die 120fach linear vergrößert und sehr scharfe Bilder liefert.

Für eine Brücke stellt Squire Whipple den ersten Fachwerkträger aus Eisen her.

GEBOREN:

11. 2. Milan/Ohio: Thomas Alva Edison († 18. 10. 1931, West Orange/N.Y.), US-amerikanischer Ingenieur und Erfinder.

Nitroglyzerin entdeckt

1847. Der italienische Chemiker Ascanio Sobrero stellt in Paris erstmals den hochbrisanten Sprengstoff Nitroglyzerin her.

Sobrero mischt Glyzerin mit Salpeter- und konzentrierter Schwefelsäure. Sehr hoch konzentrierte Salpetersäure reagiert mit Ölen heftig und entflammt sogar dabei. Allerdings ist ihre Darstellung nicht einfach. Leichter ist es, verdünnte Salpetersäure zu verwenden und ihr konzentrierte Schwefelsäure beizumischen. Die stark hygroskopische Schwefelsäure entzieht der gelösten Salpetersäure Wasser und konzentriert sie auf diese Weise. Der Reaktion mit Öl oder – besser noch – Glyzerin steht jetzt nichts mehr im Wege. Das war schon 1747 bekannt, als Guillaume François Rouelle (der Ältere) an der Akademie der Wissenschaften in Paris die Reaktion beschrieb.

Neu an Sobreros Verfahren ist, daß der Chemiker es nicht zum Entflammen und damit zum ruhigen Abbrennen des Glyzerins kommen läßt, sondern die Mischung bei so tiefen Temperaturen vornimmt, daß eine Nitrierung des Glyzerins zu Nitroglyzerin erfolgt. Diese Substanz ist derart brisant, daß ihre Verwendung als Sprengstoff zu gefährlich ist. Nitroglyzerin wird daher zunächst nur in kleinsten Mengen als Heilmittel bei Herzkrankheiten eingesetzt (→ 1867).

Mit Nitroglyzerin gesprengte Betonmauer im Berliner U-Bahnhof am Wittenbergplatz (Anfang 20. Jh.); anfangs wird Sprengöl als Heilmittel verwandt

Licht als Maß der Wärme

1847. Der Engländer John William Draper formuliert ein Gesetz, das besagt, daß feste oder flüssige Körper bei Temperaturen bis zu 525 °C Strahlen aussenden, die für das menschliche Auge nicht sichtbar sind. Dabei handelt es sich um Wärmestrahlung bzw. Infrarotlicht (→ 1800). Bei weiterem Ansteigen der Temperatur folgen sichtbare, zunächst dunkelrote Lichtstrahlen. Mit zunehmender Hitze kommen nacheinander Hellrot, Orange, Gelb, Grün, Blau und schließlich Violett hinzu, bis die Abstrahlung bei 1200° bis 1300 °C schließlich alle Spektralfarben umfaßt. In diesem Stadium ist Weißglut erreicht.

Drapers Erkenntnisse sind die Basis der Pyrometrie, der berührungslosen Oberflächentemperaturmessung glühender Materialien in Wissenschaft und Industrie.

Die später entwickelten Strahlungspyrometer eignen sich besonders bei Temperaturen über 1400 °C für die Messung bewegter oder schwer erreichbarer Objekte oder bei raschem Temperaturwechsel. In solchen Geräten vergleicht man optisch die beobachtete Farbe mit jener eines elektrisch beheizten Drahtes. Sind beide Farben gleich, gibt der Heizstrom ein direktes Maß für die Temperatur des Objekts. Die Genauigkeit liegt bei ± 10%.

Berechnung von elektrischen Netzen

1847. Der deutsche Physiker Gustav Robert Kirchhoff findet die nach ihm benannten mathematischen Gesetze für die Strom- und Spannungsverteilung in elektrischen Netzwerken.

Seine Knotenregel besagt, daß in jedem Verzweigungspunkt von Leitern die Summe der zufließenden gleich der Summe der abfließenden Ströme ist.

Die zweite Kirchhoffsche Regel (Maschenregel) lautet: In jedem geschlossenen Stromkreis ist die Summe der elektromotorischen Kräfte (eingespeisten Spannungen) gleich der Summe aller Spannungsabfälle an Widerständen.

Siemens begründet die Kabelindustrie

1847. Der deutsche Erfinder und Unternehmer Werner Siemens baut eine Maschine, die Leitungsdrähte mit Guttapercha (→ 1844) überzieht und dadurch isoliert.

Die preußische Regierung läßt ein erstes Erdkabel dieser Art zwischen Berlin und Großbeeren verlegen, an dem Siemens zahlreiche Beobachtungen und Messungen für den praktischen Kabelbetrieb vornimmt. Dabei erweist sich, daß die verwendete Guttapercha nicht grundwasserfest ist und bald zerstört wird. Siemens berichtet über seine Ergebnisse drei Jahre später vor der Königlichen Akademie der Wissenschaften in Berlin.

Werner Siemens als Seconde-Lieutnant der Artillerie (um 1842)

1848

Der Schlosser Linus Yale aus Philadelphia/USA konstruiert ein Zylinderschloß. →

Die »Times« in London stellt die erste moderne Rotationspresse (→ 1846) auf. Sie ist von zwei Ingenieuren der Zeitung, Augustus Applegath und Edward Cooper, konstruiert und bedruckt 10 000 Bogen pro Stunde.

Der englische Ingenieur Appold baut die erste brauchbare Zentrifugalpumpe.

Der Franzose Blanquard-Evrard führt mit Eiweißschichten präpariertes »Albuminpapier« in die Fotografie ein. →

Der Chemiker Rudolph Christian Böttger erfindet die Sicherheitszündhölzer. →

In Hörde bei Dortmund erfindet der deutsche Eisenhüttenengenieur Reiner Daelen das Universalwalzwerk für Stabeisen mit rechteckigem Querschnitt.

Die französischen Physiker Jean Bernard Léon Foucault und Duboscq konstruieren die erste brauchbare Kohlebogenlampe. →

Der Maschinendirektor Kirchweger in Hannover verbessert die Windräder so, daß die Flügel stets von selbst die günstigste Richtung gegen den Wind einnehmen.

Ein Ingenieur namens Morgan in Manchester konstruiert die erste Kerzengießmaschine für kontinuierlichen Betrieb.

Claude Nicéphore Niepce de Saint-Victor verwendet für fotografische Aufnahmen Glasplatten, die er mit jodkaliumhaltigem Eiweiß überzieht und mit Silbernitrat sensibilisiert. →

Der deutsche Erfinder und Unternehmer Werner Siemens verlegt das erste Guttapercha-Seekabel (ein Minenzündkabel) im Kieler Hafen. →

Nachdem Gottfried Wilhelm Leibniz 1702 und Zeiher 1760 einfache Federbarometer konstruiert hatten, entwickelt Lucien Vidie jetzt das moderne Aneroid-Kapselbarometer.

Der britische Fabrikant Thomas Hancock stellt die ersten Vollgummibälle (hier: Golfbälle) her.

GESTORBEN:

7. 8. Stockholm: Jöns Jacob Freiherr von Berzelius (* 20. 8. 1779, Väversunda/Ostergötland), schwedischer Chemiker.

12. 8. Chesterfield: George Stephenson (* 9. 6. 1781, Wylam), britischer Ingenieur.

GEBOREN:

23. 5. Anklam/Pommern: Otto Lilienthal († 10. 8. 1896, Berlin), deutscher Ingenieur und Flugpionier.

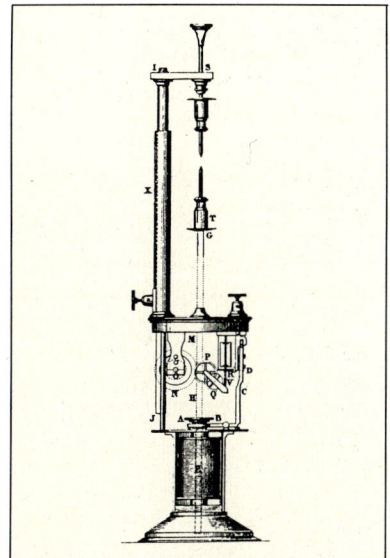

Prinzip der Kohlebogenlampe der Franzosen Foucault und Duboscq

Der Physiker Jean Bernard Léon Foucault, einer der Erfinder

Brauchbare Bogenlampe

1848. Die französischen Physiker Jean Bernard Léon Foucault und Duboscq konstruieren und bauen die erste brauchbare Kohlebogenlampe.

Das Prinzip der elektrischen Bogenlampe entdeckte bereits → 1808 der Engländer Humphry Davy, konnte es aber seinerzeit nicht praktisch realisieren. Davy hatte die Pole einer hochgespannten Voltaischen Säule an Kohlestücke geklemmt und die Kohlen einander soweit genähert, bis das elektrische Feld, das von der Spannung zwischen den Polen aufgebaut wurde, die Luft ionisierte und damit elektrisch leitend machte. Dadurch konnte ein Lichtbogen zwischen den Kohlen überspringen, der allerdings so heiß war, daß er die Kohlen rasch verbrannte: Ihr Abstand wurde schnell größer, der Bogen erlosch deshalb. Foucault und Duboscq arbeiten mit längeren Kohlestäben und kalkulieren den Abbrand mit ein. Um ein Vergrößern des Spalts und damit ein Abreißen des Lichtbogens zu verhindern, befestigen sie eine Kohlenelektrode starr, während sie die zweite über einen von einem Uhrwerk bewegten Mechanismus kontinuierlich der ersten nähern. Der Vorschub ist regulierbar.

Später gewinnen die Kohlebogenlampen wegen ihres besonders hellen und rein weißen Lichts Bedeutung als Projektionslampen.

Unterwasserminen im Kieler Hafen

1848. Der Kieler Hafen wird mit modernen, elektrisch ferngezündeten Unterwassersprengkörpern vermint. Als Zündkabel werden die von Werner Siemens entwickelten Guttaperchakabel (→ 1847) verwendet, die damit zugleich die ersten Seekabel sind. Sie werden später als Telegraphenseekabel verwandt.

Seeminen behandelte erstmals ausführlich der Italiener Bartolomeo Crescentio 1607 in seinem Buch »Nautica Mediterranea«. Die von ihm beschriebenen Minen wurden allerdings schon gezündet in das Wasser geworfen und explodierten lediglich submarin.

Sicherheitszünder gegen Brandgefahr

1848. Der deutsche Chemiker Rudolf Christian Böttger stellt Sicherheitszündhölzer mit der Zündmasse an einem, der Reibmasse am anderen Ende her.

Böttger fertigt den Zündkopf aus sauerstoffreichen Substanzen und die Reibfläche aus dem 1847 entdeckten roten Phosphor an. Vor dem Benutzen werden die Hölzchen in zwei ungleich lange Stücke zerbrochen und das kürzere (mit dem Phosphor) am längeren gerieben.

Ähnliche Hölzer hatte bereits 1845 der Schwede G. E. Pasch erfunden, weshalb sie auch als Schwedenhölzchen bekannt werden.

Fotoplatten mit Eiweißbeschichtung

1848. Claude Nicéphore Niepce de Saint-Victor, ein Neffe des Erfinders der Fotografie (→ 1816; 1838), verwendet zum Fotografieren Glasplatten, deren lichtempfindliche Schicht ein Überzug aus jodkaliumhaltigem Eiweiß ist. Diese Schicht sensibilisiert er mit Silbernitrat. Nach dem Belichten entwickelt er die Platten mit Gallussäure und fixiert sie mit Bromkalium.

Die Beschichtung mit schaumig geschlagenem Eiweiß lag für Niepce Jr. nahe: Er ist Koch. Sein Verfahren liefert zwar schärfere Bilder als die jetzt allgemein gebräuchliche Talbotypie (→ 1838), dafür sind die Platten aber mechanisch sehr empfindlich. Ebenfalls 1848 führt der Franzose Blanquard-Evrard eiweißbeschichtetes Fotopapier ein.

Claude Nicéphore Niepce de Saint-Victor, Koch und Fotograf

Sicherheitsschloß in Amerika gefertigt

1848. Der Schlosser Linus Yale aus Philadelphia in den USA konstruiert das moderne Zylinder-Sicherheitsschloß.

Die Anregung dazu gab ihm die Erfindung des Londoner Ingenieurs Joseph Bramah, der bereits 1784 ein erstes Zylinderschloß zum Patent angemeldet hatte: Sein Schlüssel mit Schlitzen und Aussparungen griff in federnde Sperrsegmente des Zylinders ein, so daß er sich als Ganzes drehen ließ.

Yales verbesserte Konstruktion zeichnet sich vor allem durch Einfachheit und die Möglichkeit preisgünstiger Massenfertigung aus.

Der in den USA lebende britische Ingenieur James Bicheno Francis erfindet die nach ihm benannte Turbine mit laminarer Wasserströmung. →

Mit dem 1809 von dem britischen Flugzeugpionier George Cayley erfundenen Gleitflugzeug hebt als erster ein zehnjähriger Junge von einem Hügel aus vom Boden ab.

Der französische Gärtner Joseph Monier erfindet das »Monieren« genannte Armieren von Beton mit Eisendraht. →

Der US-Amerikaner Walter Hunt erfindet die Sicherheitsnadel.

Eugene Bourdon konstruiert das nach ihm benannte Bourdonsche Spiralbarometer. →

Die deutschen Eisenhüttenigenieure Bremme und Lohage stellen in Haspe in Westfalen erstmals Puddelstahl her. Das Verfahren setzt sich bald international durch. →

Der 27jährige deutsche Physiker Rudolf Clausius aus Köslin ermittelt die gesetzmäßigen Beziehungen zwischen Druck und Temperatur und zeichnet erstmals Siedekurven.

César Mansuète Despretz baut den ersten elektrischen Ofen mit Tiegelelektrode: Er nutzt damit die Temperatur des elektrischen Lichtbogens für Schmelzprozesse aus. →

Jacques Joseph Ebelmen gelingt die Herstellung von künstlichem Spinell und anderen künstlichen Mineralien.

Die Geschwindigkeit des Lichts beträgt nach einer Messung des Franzosen Armand Hippolyte Louis Fizeau 313 000 km/s. →

Der Physiker James Prescott Joule bestimmt das Arbeitsäquivalent der Wärme. →

Kilner erfindet die Rundfräsmaschine zur Bearbeitung von Eisenbahnradreifen.

Der irische Chemiker Rees Reece entwickelt in Kildare ein für die Großindustrie geeignetes Verfahren der Torfverarbeitung auf Ammoniak, Holzgeist, Mineralöl und Paraffin.

Andrew Shanks erhält ein britisches Patent auf ein verbessertes Verfahren für den Metallschleuderguß (→ 1809).

Der Telegrapheningenieur J. H. Wilkins macht Versuche mit drahtloser Telegraphie. Es handelt sich wahrscheinlich um elektromagnetische Induktion.

22. 8. Österreich bombardiert Venedig mit Hilfe von frei fliegenden Heißluftballons. →

GESTORBEN:
24. 3. Jena: Johann Wolfgang Döbereiner (* 13. 12. 1780, Bug bei Hof), deutscher Chemiker.

Turbine weiterentwickelt

1849. Der 1833 in die Vereinigten Staaten eingewanderte britische Ingenieur James B. Francis entwickelt die Fourneyron-Turbine (→ 1824) weiter, so daß sie nicht nur physikalisch verbessert wird, sondern auch technisch solider zu fertigen ist. Damit bringt er eine Kraftmaschine auf den Markt, die sich wenige Jahrzehnte später als Standardantrieb hydraulischer Kraftwerke durchsetzt.

Benoit Fourneyrons Maschine wurde bereits vor 1830 von dem Franzosen Jean Victor Poncelet theoretisch und praktisch 1838 von Samuel B. Howd in den USA dadurch verbessert, daß das Laufrad nach innen und das feststehende Leitrad nach außen verlegt wurde. Weitere Verbesserungen nahm der Engländer James Thomson vor, der verstellbare Leitschaufeln und gekrümmte Laufschaufeln einführte. In dieser Form fertigt Francis die Turbine, die er selbst so weit perfektioniert, daß ihr Wirkungsgrad rund 90% erreicht.

Originalgetreuer Nachbau der sog. Francis-Turbine, eine Wasserkraftmaschine für Fallhöhen bis etwa 450 m (Standort: Deutsches Museum, München); bei dieser Überdruckturbine erfolgt die Druckumsetzung vornehmlich im Laufrad; ihr Wirkungsgrad liegt um etwa 10% höher als bei den Turbinen des französischen Ingenieurs Benoit Fourneyron, dessen ab 1826 gebaute Wasserkraftmaschinen mit zwei konzentrischen Schaufelrädern allerdings auch schon bereits einen sehr beachtlichen Wirkungsgrad von etwa 80% erreichten

Arbeitsäquivalent der Wärme ermittelt

1849. Der britische Physiker James Prescott Joule, Privatgelehrter und Brauereibesitzer, vergleicht in kalorimetrischen und mechanischen Messungen die Arbeit oder Energie, die einer bestimmten Wärmemenge entspricht und bestimmt den Umrechnungsfaktor zwischen mechanischen und kalorischen Energieeinheiten. Als Arbeitseinheit definiert Joule 1 m² × kg/s² (später ein »Joule« genannt). Das mechanische Wärmeäquivalent bestimmt er mit 4,184 mechanischen Energieeinheiten pro Kalorie (Wärmeeinheit).

Aneroidbarometer mißt den Luftdruck

1849. Der französische Ingenieur Eugene Bourdon entwickelt die nach ihm benannte Barometerdose für Luftdruckmessungen. Er biegt ein federndes Metallröhrchen von zweiseitig abgeflachtem Querschnitt in Kreisform. Dieses Röhrchen verändert seine Krümmung federnd mit Schwankungen des äußeren Luftdrucks. Ein Übersetzungsmechanismus überträgt die Röhrchenbewegungen auf einen Zeiger.

Das Prinzip dieses sogenannten Aneroidbarometers hatte schon 1702 Gottfried Wilhelm Leibniz in einem Brief formuliert. 1848 hatte der Franzose Lucien Vidie mit einer evakuierten Kapsel aus dünnem Messingblech diese Idee in die Praxis umgesetzt. Vidie eichte sein Gerät durch Vergleichsmessungen mit Quecksilberbarometern (→ 1644).

Lichtgeschwindigkeit neu gemessen

1849. Der Franzose Armand Hippolyte Louis Fizeau ermittelt mit einem neuen Meßverfahren als Geschwindigkeit des Lichts 313 000 km/s. (Der genaue Wert liegt bei 299 792 456,2 ±1,1 m/s).

Eine erste Bestimmung gelang 1672 bis 1675 dem dänischen Astronomen Ole Rømer durch sorgfältiges Messen der Zeiten, zu denen der innerste Jupitermond von der Erde aus gesehen in den Schatten des Planeten tritt. Schon Rømer ermittelte rund 300 000 km/s.

Fizeau gelingt die erste Lichtgeschwindigkeitsmessung im Bereich der Erde. Er läßt einen Lichtstrahl durch eine der Lücken am Umfang eines rotierenden gezahnten Rades hindurch auf einen 9 km entfernten Spiegel fallen. Dann stellt er die Rotationsgeschwindigkeit eines zweiten Zahnrads so ein, daß der auf dieses fallende reflektierte Strahl genau auf einen Zahn trifft, also für einen dahinter stehenden Beobachter unsichtbar wird. Rechnerisch läßt sich aus diesem Experiment die Lichtgeschwindigkeit mit 42 219 geographischen Meilen pro Sekunde (313 000 km/s) bestimmen. 1854 unternimmt der Franzose Léon Foucault einen ähnlichen Versuch. Er folgt dabei einer Methode, die 1834 der britische Physiker Charles Wheatstone entwickelt hatte, als dieser die Dauer des Entladungsfunkens der Leidener Flasche (→ 1745/46) und des Blitzes mit Hilfe eines rasch rotierenden Spiegels bestimmte. Die Meßmethode berücksichtigt die Winkelabweichung des reflektierten Lichtstrahls. Foucaults Ergebnis: 40 160 geographische Meilen bzw. 298 000 km/s. Weitere Messungen nach derselben Methode nimmt dann 1878 der US-Physiker Albert Abraham Michelson vor.

Puddelwerk in Sterkrade; Puddeln bedeutet: Rühren des glutzähen Metalls mit langen Stangen, damit die Gase entweichen (MAN GHH/Archivbild)

Auch Stahl wird gepuddelt

1849. Nachdem bereits → 1788 der Engländer Henry Cort das Puddelverfahren für die Schmiedeeisenerzeugung aus Roheisen eingeführt und damit das alte Herdfrischverfahren abgelöst hatte, gelingt den Eisenhütteningenieuren Bremme und Lohage im westfälischen Haspe jetzt auch die Herstellung von legiertem Puddelstahl.

Die physikalischen und chemischen Vorgänge sind im Prinzip die gleichen wie beim Puddeln von Eisen. Unter Stahl versteht man schmiedbares Eisen mit weniger als etwa 1,5% Kohlenstoffgehalt. Insofern ist auch Corts Schmiedeeisen ein – allerdings unlegierter – Stahl. Bremme und Lohage stellen jetzt besonders reine, sogenannte Qualitätsstähle und Edelstähle her, die sowohl unlegiert als auch legiert (etwa mit Mangan oder Silicium) sein können.

Gärtner erfindet Beton-Monierung

1849. Der 26jährige französische Gärtner Joseph Monier erfindet das »Monieren«. Darunter versteht man das Armieren und Verstärken von Beton mit Eisendraht.

Beton ist sehr druckfest, doch hält er nur schlecht großen Zugbeanspruchungen stand. Damit ist er auch empfindlich gegen Biegespannungen. Wird beispielsweise eine auf zwei Seiten frei aufliegende Betonplatte in ihrer Mitte belastet, dann dehnt sich ihre Unterseite und reißt, denn Beton ist nicht elastisch. Durch ein eingegossenes Eisengitternetz läßt sich die Platte armieren, so daß sie dem Zug standhält. Solche Stahlbetonkonstruktionen zeichnen sich durch enorme Festigkeitswerte aus.

Monier entdeckte dieses Armierungsprinzip in der Natur selbst. Der Gärtner stellte fest, daß Pflanzen wenig belastbares Gewebe durch eingelagerte zähelastische oder verholzte Stränge oder regel-

Einlegen von Moniereisen in Beton

rechte Gitternetze statisch stabilisieren. Beim Versuch, Pflanzkübel aus Beton herzustellen, bettet er deshalb mit großem Erfolg die später in der ganzen Welt nach ihm benannten »Moniereisen« mit ein. Ohne die Entdeckung bzw. Erfindung Moniers wären sämtliche großen Betonbauten späterer Zeiten nicht denkbar.

Schmelzen mit Lichtbogen

1849. Der Franzose César Mansuète Despretz erkennt die Möglichkeit, die hohe Temperatur des elektrischen Lichtbogens (→ 1808) technisch zu nutzen. Er stellt aus Retortenkohle ein zylindrisches Gefäß her und benutzt es als positiven elektrischen Pol, also als Anode. Die Kathode, den negativen Pol, bildet ein Kohlenstab, den Despretz mitten in den Zylinder einführt. Zwischen beiden Elektroden (Polen) erzeugt er einen Lichtbogen. Diese Konstruktion ist der erste elektrische Ofen mit Tiegelelektrode.

Der Lichtbogen wird erzeugt, indem man mit einer starken Stromquelle die durch Funken ionisierte Luft zwischen den Polen durch Thermo-Ionisation leitend hält. Die Funken entstehen durch Funkenüberschlag zwischen den Elektroden oder werden künstlich zugeführt.

Im Lichtbogen herrschen Temperaturen von 7000 °C und mehr. Damit lassen sich schnell und wesentlich sauberer als in Flammöfen Schmelzprozesse durchführen. Der Lichtbogenofen mit Tiegelelektroden gewinnt später große Bedeutung in der Stahlindustrie. 1878 schlägt Wilhelm Siemens diese Anwendung vor, und 1902 baut der Franzose Paul Héroult einen solchen Ofen. Diese späteren industriellen Tiegelelektrodenöfen sind mit riesigen Graphitelektroden ausgestattet. Zwischen den Elektroden und der Beschickung (Stahl- und Eisenschrott oder Roheisen) wird ein Lichtbogen entzündet, der das Metall schmilzt. Das Produkt ist ein besonders reiner Edelstahl, wie ihn Öfen mit offenem Feuer nicht liefern. Einblasen von Sauerstoff steigert die Qualität weiter.

Einsatz eines französischen Beobachtungsballons 1794 in der Schlacht bei Fleurs (Miniatur auf einer Schnupftabakdose, Science Museum, London)

Luftangriff auf Venedig

22. August 1849. Die österreichische Armee bombardiert die Stadt Venedig aus frei fliegenden Heißluftballons. Es handelt sich dabei um den ersten Angriff aus der Luft. Die Österreicher werfen Brandbomben auf die Lagunenstadt.

Der französische Physiker Jean-François Pilâtre de Rozier, der 1783 als erster mit einem Heißluftballon aufgestiegen war (→ 5. 6. 1783), hatte auf einer seiner späteren Fahrten André Giraud de Vilette mitgenommen, der an das »Journal

de Paris« schrieb: »Von jenem Augenblick an war ich überzeugt, daß dieses kostengünstige Gefährt für eine Armee von großem Wert sein müsse – geeignet für die Erkundungen der Stellungen des Gegners, seiner Bewegungen, seiner Marschrouten, seiner taktischen Vorteile, seiner Pläne . . .«

Zum ersten militärischen Einsatz eines Beobachtungsballons kam es am 26. Juni 1794 durch die Franzosen in der Schlacht von Fleurs (Belgien) gegen die Österreicher.

Das Eisenbahnnetz in Europa erreicht eine Länge von über 23 000 km. →

Der englische Optiker John Benjamin Dancer erfindet den Mikrofilm. →

Der schottische Chemiker James Young stellt als erster Paraffin aus Kohle her. →

Beim Bau der Midway-Brücke bei Rochester wird die erste Druckluftgründung durchgeführt. →

Der Engländer Black erfindet eine automatische Papierfalzmaschine, die in einer Stunde 2000 Oktavbögen falzt. →

William Cranch Bond stellt die erste Fotografie (Daguerreotypie) des Mondes her. →

Einen verbesserten Induktionsapparat baut der Deutsche Daniel Rühmkorff. →

Robert Wilhelm Bunsen, Professor für Chemie in Marburg, erfindet den nach ihm benannten Bunsenbrenner.

Der deutsche Physiker Rudolph Clausius formuliert den zweiten Hauptsatz der mechanischen Wärmetheorie. →

Lewis Cubitt errichtet nach den Entwürfen von Joseph Paxton das Hauptgebäude des Kristallpalasts für die Weltausstellung in London. →

Léon Foucault beweist mit einem Pendelversuch im Meridiansaal der Pariser Sternwarte die Achsdrehung der Erde. →

Gorrie baut die erste Kompressorkältemaschine zum Kühlen von Räumen. →

Der französische Fotograf Le Gray erfindet das die Fotografie revolutionierende Kollodiumverfahren. →

Friedrich Adolf Müller stellt in Lauscha künstliche Augen aus Glas her. →

Der Techniker T. Vicars baut in Liverpool einen Backofen für kontinuierlichen Betrieb. →

Der Fabrikant Wolf in Schweinfurt stellt erstmals Nickeleisen kommerziell her. →

Der deutsche Ingenieur Wilhelm Bauer konstruiert und baut die ersten deutschen Unterseeboote, die »Brandtaucher«. →

23. 8. Ein Telegraphenkabel durch den Ärmelkanal geht in Betrieb. →

GESTORBEN:

9. 5. Paris: Joseph Louis Gay-Lussac (* 6. 12. 1778, Saint-Léonard-de-Noblat), französischer Physiker und Chemiker.

GEBOREN:

6. 6. Fulda: Karl Ferdinand Braun († 20. 4. 1918, New York), deutscher Physiker.

Sir Joseph Paxtons »Kristallpalast« für die Londoner Weltausstellung von 1851 (Vorderansicht, Haupteingang)

Neue Architektur aus Stahl und Glas

1850. Für die Weltausstellung 1851 in London erstellt der Bauunternehmer Lewis Cubitt nach den Plänen des britischen Architekten Sir Joseph Paxton den »Kristallpalast«, eine grandiose verglaste Eisenskelettkonstruktion. Paxton, der sich zuvor u. a. mit dem Bau von Gewächshäusern befaßt hatte, erschließt mit dem Ausstellungsgebäude völlig neue Wege der Baustatik und damit der architektonischen Gestaltung.

Der Kristallpalast überdeckt als fünfschiffige Halle mit gestaffeltem Querschnitt 72 000 m². In der Mitte durchdringt ein 24 m hohes Querschiff die Anlage. Das Stahlgerüst bilden gekrümmte Tragrippen und waagrechte Fachwerkträger. Abgedeckt ist der Kristallpalast mit einem gläsernen Faltwerk, dessen Scheiben genormt sind.

Paxton schwebte bei seiner Konstruktion ein gigantischer, fast gewichtslos wirkender Baukörper vor. Er plante deshalb den Einsatz von sehr viel Glas. Zwar hatte er bereits 1837 das damals größte Gewächshaus der Welt aus Glas und Eisen gebaut, doch ließ sich dessen Konstruktion nicht auf den geplanten großen Hallenbau übertragen. Er hätte zu massiv und wuchtig gewirkt. Ein Vorbild für den architektonisch neuartigen Kristallpalast fand Paxton, der in jungen Jahren leidenschaftlicher Hobbygärtner war, schließlich in der gefachten Rippenversteifung auf der Unterseite der riesigen Blätter einer tropischen Wasserlilie: Der Victoria amazonica.

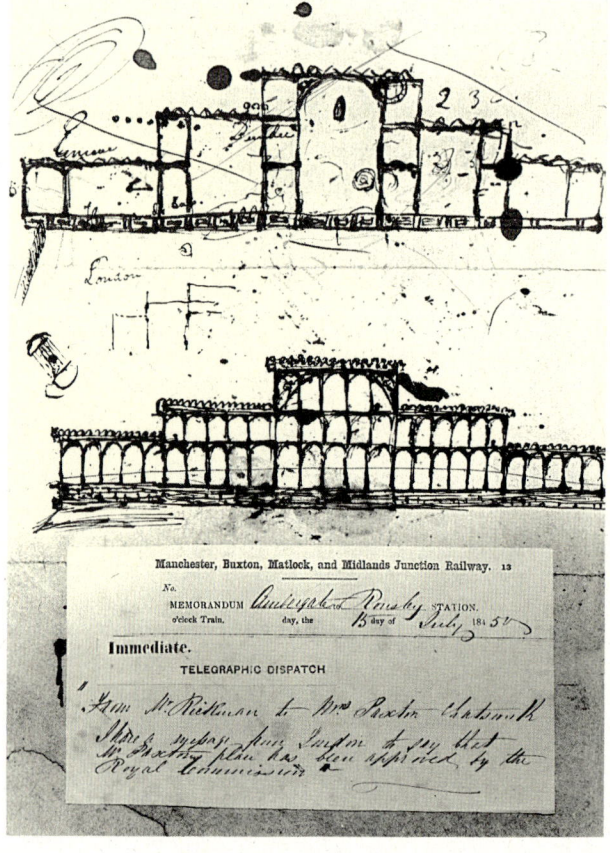

Die beiden Original-Entwurfszeichnungen, wie sie Sir Joseph Paxton für den Messebau für die Weltausstellung von 1851 in London, den »Kristallpalast«, auf einem Blatt Schmierpapier angefertigt und für die Ausschreibung an die Royal Commission gesandt hatte; darunter ist ein Antworttelegramm der Kommission an Sir Paxton abgebildet, das die Annahme seines Entwurfs und der zugehörigen Pläne bestätigt

Brückenbau-Fortschritte

1850. Im Brückenbau werden zwei neue Konstruktionsprinzipien angewendet: Der eingespannte Brückenbogen und der Kastenträger. Außerdem werden zum ersten Mal Brückenfundamente mit einem Druckluftverfahren gegründet.

Den Kastenträger verwendet als erster der britische Eisenbahningenieur Robert Stephenson. Der Kastenträger ist im Grunde nichts anderes als ein Brückenbalken. Bei Stephensons neuer Eisenbahnbrücke über den Menai-Kanal (Britannia-Brücke) sind diese Träger mächtige Stahlröhren mit rechteckigem Querschnitt. Die Eisenbahnschienen verlaufen im Inneren dieser hohlen Kästen. Insgesamt vier Röhrenabschnitte, deren zwei längste je 140 m weit spannen, überqueren die Meerenge. Unterstützt werden sie von den Widerlagern an den Ufern und von drei Türmen mit rechteckigem Grundriß. Die Kästen sind zu einer 460 m langen Gesamtröhre starr verbunden.

Beim Bau der Midway-Brücke bei Rochester wird die erste Druckluftgründung durchgeführt. 1841 entwickelte der französische Minenningenieur Triger ein Verfahren zum Abteufen von Kohlenschächten mit einem unten offenen und oben geschlossenen Zylinder aus Eisenblech. Da das Innere unter Druck stand, konnten Bergarbeiter ohne Gefahr eines Wassereinbruchs im Zylinder arbeiten. 1843 verbesserte der Engländer Pott dieses Verfahren dadurch, daß er eine oben mit einem Deckel verschlossene Gußeisenröhre bei Atmosphärendruck versenkte und sie dann mit einem großen Vakuumrezipienten verband. Die Röhre saugte sich regelrecht in den Untergrund, bevor sie wieder belüftet wurde. Nach dieser Methode und dem Trigerschen Druckluftverfahren arbeitet jetzt John Wright bei der Gründung der Midway-Brücke.

Gebräuchliche Brückentypen

▷ Balken- und Auslegerbrücken: Die Brückendecke bilden auf Pfeiler aufgelegte, auslegende Balken, z. B. Fachwerk-, Bogen- oder Kastenträger.
▷ Hängebrücken: Die Brückendecke ist an Seilen oder Ketten abgehängt, die am Ufer befestigt sind und z. T. über hohe Türme verlaufen.
▷ Bogenbrücken: Hier wird die Brückendecke von gemauerten, in Beton gegossenen oder gespannten oder aus Eisen verstrebten Bögen getragen.

Schon 1849 war es ebenfalls Stephenson, der aus dem von Squire Whipple entwickelten Fachwerkträger den eingespannten Brückenbogen machte. Das ist ein bogenförmiger Stahlträger mit einem waagrechten Zugband, das verhindert, daß sich der Bogen spreizt. Dieser Bogenträger wird wie ein Balken einfach mit seinen Enden aufgelegt.

Das Innere der Zentralhalle des »Kristallpalastes«; deutlich zu erkennen ist die Auflösung der Metallkonstruktion des Dachs in ein feines Rippenwerk

Gesamtansicht der Ausstellungshallen von Nordwesten; die fünfschiffige, gestaffelte Halle wird zentral von der quer liegenden Haupthalle gekreuzt

Erste Fotografien der Mondoberfläche

1850. William Cranch Bond aus den USA und der Brite Warren de la Rue stellen erste Fotos des Mondes, Daguerreotypien (→ 1838), her.

Schon bald nach Erfindung der Fotografie bedienten sich auch die Wissenschaftler der neuen Abbildungsmöglichkeit. Bereits 1839 gelang es, Bilder durch das Mikroskop aufzunehmen; 1843 sogar schon mit 100facher Vergrößerung. Die Astronomen fotografierten seit den Anfängen der Fotografie durch Fernrohre, um auch lichtschwache Objekte sichtbar zu machen. Die jetzt veröffentlichten Fotos von der Mondoberfläche erregen großes allgemeines Interesse.

Fotografien mit dem Kollodiumverfahren

1850. Der Franzose Le Gray erfindet das Kollodiumverfahren. Schon 1851 wendet es Frederick Scott Archer in London in großem Stil an. Diese Neuheit verdrängt sowohl die Daguerreotypie (→ 1838) wie William Henry Fox Talbots Kalotypie (→ 1838). Das Kollodiumverfahren vereinigt die Schärfe des ersten mit dem Vorteil des zweiten Verfahrens, Abzüge herstellen zu können. Kollodium ist eine zähflüssige Nitrozellulose-Lösung. Mit ihr beschichtet Le Gray Glasplatten und macht sie dann mit Silbernitrat lichtempfindlich. Allerdings müssen diese Platten naß in die Kamera eingelegt werden.

Das Dach des »Kristallpalasts« ließ Paxton in größeren Einheiten am Boden vorfertigen und sodann mit schwerem Hebezeug an Ort und Stelle verbringen

Die Lokomotiven-Montagehalle der »Maschinen-Bau-Anstalt und Eisengiesserei von A. Borsig« in Moabit bei Berlin; der Stich zeigt die Fertigung von Lokomotiven am 8. Juni 1853; August Borsig, der vor wenigen Jahren den Betrieb eröffnet hatte, beschäftigt zu dieser Zeit bereits rund 1000 Mitarbeiter

Die Eisenbahnnetze weiten sich aus

1850. Europa durchziehen exakt 23 504 km Eisenbahnschienen. In Deutschland beträgt das Streckennetz 6044 km, in England 10 653 km. Demgegenüber verfügen die Vereinigten Staaten schon über 14 515 km Schienenwege.

Bahnlinien auf dem Kontinent

1835: Mechelen – Brüssel (Belgien); Nürnberg – Fürth (→ 7. 12. 1835)
1837: Paris – St. Germain (Frankreich); Petersburg – Zarskoje Selo (Rußland); Kaiser-Ferdinand-Nordbahn (Österreich; → 1844)
1839: Neapel – Portici (Italien)
1844: Altona – Kiel
1846: Pest – Waitzen (Ungarn)
1847: Zürich – Baden (Schweiz)
1848: Barcelona – Mataro

Der Ausbau der Eisenbahnstrecken erfolgte in den europäischen Ländern sehr unterschiedlich. Als einziger Staat verfolgte Belgien von Anfang an ein planvolles Konzept, das König Leopold I. nach einer Expertise des britischen Eisenbahnpioniers George Stephenson selbst entwickelte. Für Deutschland (Friedrich List), für die Habsburgische Donau-Monarchie (Xaver Riepel) und für die Schweiz (Robert Stephenson) existieren zwar ebenfalls Netzplanungen, doch berücksichtigen diese weder verkehrsgeographische noch volkswirtschaftliche Überlegungen. In den übrigen Staaten Europas kann von einer Planung prak-

tisch nicht gesprochen werden. Nur in der Anfangsphase folgten die großen Linien den Hauptverkehrsströmen. Nur in der Anfangsphase folgten die großen Linien den Hauptverkehrsströmen, bald bestimmten fast ausschließlich Spekulation und Wettbewerb die Anlage neuer Strecken.

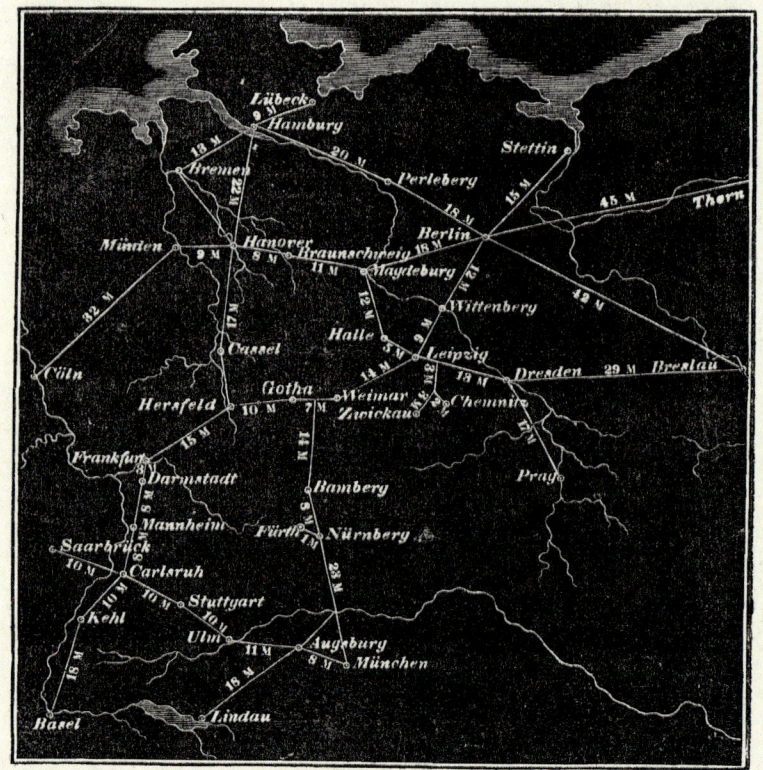

Streckenplanung der deutschen Eisenbahnen im »Pfennig-Magazin« von 1835

Eisenbahnbau und Industriespione

Mit der Ausweitung des europäischen Streckennetzes wächst in den Ländern des Kontinents der Wunsch, eigene Lokomotivfabriken einzurichten (→ 1841), um Englands Monopol zu sprengen. Zwar geben sich die britischen Lokomotivbauer, etwa George und Robert Stephenson, sehr verschlossen, doch gelingt es den kontinentalen Europäern immer wieder, Industriespione in die englischen Werke einzuschleusen.

Einer der prominentesten frühen Industriespione ist der Dresdner Professor Johann Andreas Schubert, der bereits 1834 auf Kosten des sächsischen Staats nach England reiste und sich eingehend mit der Liverpool-Manchester-Bahn (→ 1835) beschäftigte. Er zeichnete aus dem Gedächtnis zahlreiche Pläne, die er dann der sächsischen Industrie zur Verfügung stellte. Eine direkte Folge war der Bau der Lokomotive »Saxonia« in Übigau bei Dresden.

Österreich und die Schweiz beziehen ihr Lokomotivbau-Know-how auf ähnlich pragmatischem Wege meist aus den USA. Andere europäische Länder beziehen später ihr Wissen aus mehreren Herstellerländern.

Telegraphie sprengt die Landesgrenzen

23. August 1850. Die Briten James und John W. Brett weihen ihre 25 Meilen lange Guttapercha-Telegraphenleitung ein. Das Seekabel durch den Ärmelkanal verbindet Dover mit Calais (→ 1847; 1848). Schon im Mai 1850 war die elektrische Telegraphenlinie (→ 1840) zwischen Berlin und Ostende in Betrieb genommen worden. Für Deutschland ist es die erste grenzüberschreitende Verbindung.

Schon bald nach seiner ersten Bewährungsprobe versagt das Seekabel zwischen England und Frankreich den Dienst. Es ist gegen mechanische Beschädigungen nicht besonders geschützt: Die Guttaperchahülle scheuert auf dem Meeresboden auf. Die Gebrüder Brett gehen sofort an die Verlegung eines neuen, diesmal vieradrigen Kabels, das schon ein Jahr später fertiggestellt wird. Im Gegensatz zum ersten Kabel ist es nicht nur mit Guttapercha isoliert, sondern zusätzlich mit Hanf umwickelt und durch einen Eisendrahtmantel geschützt. Es wird 1851 mit nationalen Telegraphenleitungen nach London und Paris zusammengeschaltet.

Zum ersten Mal zeigen sich aber auf der langen Gesamtstrecke merkwürdige Störerscheinungen, die die Telegraphenzeichen in eigentümlicher Weise verzögern und verzerren, zum Teil sogar ganz verwischen. Dieser Effekt hängt mit der elektrischen Aufladung von Kabeladern zusammen, die sich gegeneinander wie die Platten eines Kondensators verhalten (→ 1745/46). Ein einwandfreier Telegraphiebetrieb ist erst möglich, als man die Zeichenübertragungsrate erheblich herabsetzt und zum Empfang der Zeichen in den Telegraphenstationen besondere Kunstschaltungen installiert.

Seit der Einführung des Telegraphenalphabets durch Samuel Morse (→ 1840) setzt sich die elektrische Telegraphie rasch international durch. Die Verfechter der etablierten optischen Telegraphennetze (→ 1792) verloren ihre Argumente, nachdem Morse im Mai 1844 eine Linie zwischen Baltimore und Washington mit dem historischen Telegramm »What God has Wrought« (»Wie Großes hat Gott geschaffen«) eröffnen konnte. Wenig später waren die USA mit einem Netz von Telegraphendrähten überzogen.

Der Kabelkongreß – die Begründer der ersten Gesellschaft zur Auslegung eines Ozeankabels; in der Bildmitte im Hintergrund Samuel F. B. Morse

Ein Seekabel wird an Land gezogen; da der Auslegedampfer nicht ins Flachwasser fahren kann, wird das Kabel auf einem flachen Boot herangeschafft

Reparaturarbeiten an Seekabel

Monarch lobt den Fernschreibvater

1850. Bayernkönig Ludwig II. beglückwünscht Carl August Steinheil mit den launischen Worten: »Seien Sie froh, daß Sie nicht vor 200 Jahren gelebt haben. Man hätte Sie als Hexer verbrannt!«

Steinheil hatte 1838 den Telegraphen von Carl Friedrich Gauß und Wilhelm Eduard Weber (→ 1833) mit einer Schreibfeder ausgestattet und ihn damit zum ersten Fernschreiber gemacht.

Zweiter Hauptsatz der Wärmelehre

1850. Der deutsche Physiker Rudolph Clausius formuliert den zweiten Hauptsatz der mechanischen Wärmetheorie (Thermodynamik): »Wärme kann niemals von selbst aus einem kälteren in einen wärmeren Körper übergehen.«

Dieser sogenannte »Entropiesatz« besagt für die technische Praxis, daß sich der von selbst verlaufende Wärmeübergang von höheren zu tieferen Temperaturen (Wärmeleitung) oder die Erzeugung von Wärme durch Reibung nicht rückgängig machen lassen, ohne daß andere Veränderungen in der Natur zurückbleiben. Aus dem Entropiesatz folgt deshalb auch, daß sich die beim Absenken der Temperatur von T1 auf T2 freigesetzte Wärmeenergie niemals vollständig in mechanische Energie umwandeln läßt. Der Energie-Umwandlungswirkungsgrad η ist maximal $\eta = 1 - T2/T1$.

Kompressor kühlt warme Räume ab

1850. Der englische Physiker und Ingenieur Gorrie baut die erste offene Kaltluftmaschine zur Kühlung von Räumen. Das Prinzip hatte bereits 1834 der britische Astronom John Herschel entwickelt. 1851 fertigt der nach Australien ausgewanderte Glasgower Drucker James Harrison eine geschlossene Kompressorkühlmaschine, die statt mit Luft mit Äther arbeitet und in einer Brauerei in Bendigo installiert wird. Die Kältemaschinen folgen physikalisch dem Carnotschen Kreisprozeß (→ 1824). Gorrie komprimiert die Luft, wobei sie sich erhitzt, läßt sie wieder auf Umgebungstemperatur abkühlen und dann in den zu kühlenden Raum strömen. Bei der Expansion entzieht sie ihm Wärme. Harrison komprimiert anstelle von Luft Äther, der dabei flüssig wird. Bei der folgenden Expansion nimmt er begierig Wärme von der Umgebung auf. Es folgt die erneute Kompression außerhalb des Kühlraums, wobei der Äther sich unter Wärmeabgabe wieder verflüssigt. Praktisch setzt sich Harrisons Kühlanlage aber nicht durch, denn noch ist es billiger, Natureis in Kühlschiffen aus Amerika nach Australien zu schaffen.

Veredeltes Eisen ist vor Rost geschützt

1850. Zwei neue Rostschutzverfahren kommen auf den Markt. Zum einen bedienen sich in Frankreich die Unternehmer Roseleur und Boucher erstmals im industriellen Maßstab der galvanischen Verzinnung. Sie vergüten auf diese Weise gußeisernes Geschirr. Zum anderen stellt der Fabrikant Wolf in Schweinfurt erstmals Nickeleisen kommerziell her.

Schon im 14. Jahrhundert wurde erstmals – in Deutschland – verzinntes Weißblech gefertigt. Dies geschah durch sogenanntes Feuerverzinnen, wobei das zunächst mit Säuren entfettete und mit Flußmitteln behandelte Eisenblech in ein schmelzflüssiges Zinnbad getaucht wurde. Roseleur und Boucher bauen dagegen große galvanische Bäder (→ 1840), in die die ebenfalls mechanisch oder chemisch vorbehandelten gußeisernen Gegenstände als Kathoden eingehängt werden. Die Lösung des Bades enthält Zinnsalze, z. B. Zinnsulfat oder Zinnchlorid, deren Zinn-Ionen sich an der Kathode sammeln und als Überzug ansetzen. Das Eisen wird dadurch vor Rost geschützt.

Wolfs Nickelstahl zeichnet sich wie alle Legierungen mit Nickel durch hohe Korrosionsbeständigkeit aus. Zugleich weist er größere Zähigkeits- und Festigkeitswerte als unlegierter Stahl auf.

Falzmaschine zum Drucksachenfalten

1850. Der Engländer Black erfindet und baut eine automatische Papierfalzmaschine, die pro Stunde 2000 Oktavbögen falzen kann. Oktav (8°) ist ein Buchformat, bei dem der übliche Druckbogen in acht Blätter (16 Seiten) geteilt ist.

Bei Blacks Maschine bewegen sich in horizontaler und vertikaler Ebene dünne, aber starre Eisenblätter, die die vor ihnen liegenden Bögen durch ihnen gegenüberliegende Spalten zwängen. Dabei wird das Papier »gebrochen«. Nach jedem Bruch gelangt es in ein Walzenpaar, das den Falz »niederlegt«, also scharf preßt und dadurch stabilisiert. Nach dem letzten Walzenpaar legt ein Greifer den gefalzten Bogen ab. Die neue britische Falzmaschine arbeitet vollautomatisch.

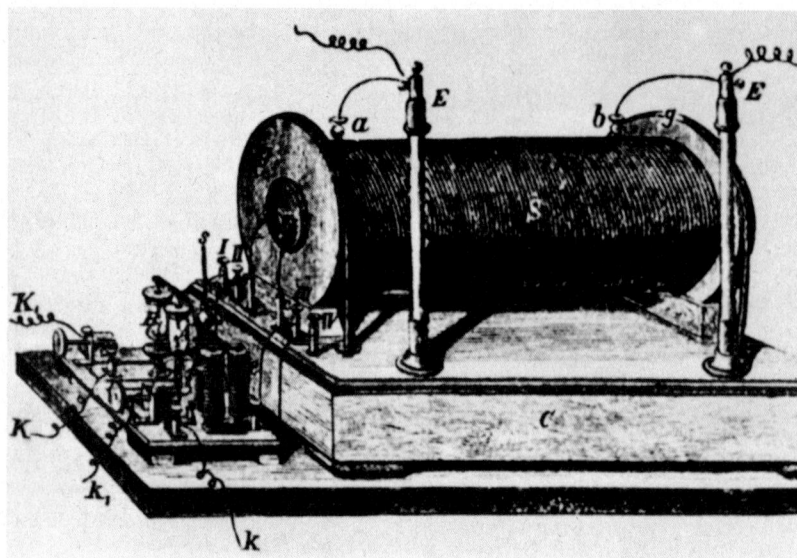

Induktionsapparat nach Daniel Rühmkorff: Es ist ein Transformator, bei dem der Gleichstrom in der Primärwicklung intermittierend unterbrochen wird

Funken aus der Maschine

1850. Dem deutschen Mechaniker Daniel Rühmkorff gelingt es, einen Induktionsapparat zu bauen, der die Spannung von sieben hintereinandergeschalteten Bunsenelementen – das sind Zink-Kohle-Batterien (→ 1840) – in Hochspannung verwandelt und Funken wie eine Elektrisiermaschine (→ 1743) liefert. Rühmkorff benutzt das Induktionsprinzip, das Michael Faraday am → 27./29. August 1831 entdeckte. Er bewickelt einen Eisenkern mit zwei Spulen, wobei die Primärwicklung 40 m lang, die Sekundärwicklung 80 000 m lang ist. Die Batteriespannung, die er an die Primärwicklung legt, zerhackt er mit einem Quecksilberunterbrecher in schnell pulsierende Gleichspannung. Auf diese Weise arbeitet sein Induktionsapparat wie ein Transformator, der sekundärseitig über 20 kV liefert. Diese Spannung genügt, um Funken von 25 cm Länge zu ziehen.

Aus dem Rühmkorff-Induktor entwickeln → 1882 die beiden US-amerikanischen Physiker Gaulard und Gibbs die ersten kernoffenen Wechselstromtransformatoren.

Young gewinnt Paraffin aus Kohle

1850. Dem schottischen Chemiker James Young gelingt es erstmals, Paraffin aus Kohle herzustellen.

Das Gemenge aus verschiedenen wachsartigen Substanzen fand schon 1809 Johann Nepomuk von Fuchs im Erdöl von Tegernsee. Der deutsche Chemiker Karl von Reichenbach (→ 1830) wies es erstmals 1835 im Steinkohlenteer nach.

James Young gewinnt das Paraffin aus dem Teer der schottischen Bogheadkohle, aus Braunkohle und auch aus bituminösem Schiefer. Dies hatte Ferdinand Runge 1842 in Deutschland vergeblich versucht. 1849 hatte Rees Reece in Irland aus Torf Paraffin erzeugt. Das Paraffin wird ab sofort zur Hauptsubstanz in der Kerzenfertigung (→ 1818) und ersetzt damit das Bienenwachs.

Erste Mikrofilme in England belichtet

1850. Der englische Optiker John Benjamin Dancer erfindet den Mikrofilm. Dancer stellt zahlreiche winzige Diapositive her. Bekannt wird ein Bild, das die britische Königin Viktoria im Familienkreis zeigt. Der Fotograf faßt es in einen Fingerring. Der durchsichtige, als Lupe geschliffene Stein des Rings dient als Vergrößerungsglas.

Praktische Bedeutung erhält der Mikrofilm im Deutsch-Französischen Krieg von 1870/71. Im belagerten Paris, von dem Otto von Bismarck glaubt, es sei von der Außenwelt abgeschnitten, werden rund 100 000 Kassiber auf Mikrofilmen aufgenommen und von Brieftauben aus der Stadt gebracht. Sie bereiten u. a. die Einrichtung einer Luftbrücke mit Heißluftballons vor.

Foucault beweist die Erddrehung

1850. In einem Pendelversuch im Meridiansaal der Pariser Sternwarte beweist der französische Physiker Léon Foucault die Achsdrehung der Erde.

217 Jahre nachdem Galileo Galilei vor dem Heiligen Offizium seiner Lehre von der Erdrotation abschwören mußte (→ 22. 6. 1633), liefert Foucault den letzten und wohl augenfälligsten Beweis der Erddrehung. Der Versuch ist einfach. An einem viele Meter langen Draht befestigt der Physiker eine mit Blei gefüllte Eisenkugel und lenkt dieses Pendel längs einer darunter gezeichneten Linie aus. Das Pendel schwingt viele Stunden lang, bevor es zum Stillstand kommt. Dabei sieht man, daß es mit der Zeit aus der ursprünglich markierten Schwingungsebene herauswandert. Langfristig beschreibt es eine gut zu beobachtende Rosettenbahn. Seine Ablenkung erfährt das Foucaultsche Pendel durch die sogenannten Coriolis-Kräfte. Diese bewirken auf der Nordhalbkugel eine Rechts-, auf der Südhalbkugel dagegen eine Linksablenkung bewegter Körper und lassen sich so vorstellen, daß die Erde sich unter dem bewegten Pendel wegdreht.

1851 wird der Versuch in ganz Europa bekannt und vielfach – vor allem in hohen gotischen Kirchen wie dem Kölner Dom – nachgemacht.

Augennachbildung aus Glas gefertigt

1850. Der Glasmacher Friedrich Adolf Müller stellt in Lauscha kunstvolle Glasaugen her.

Glasaugen beschrieb erstmals 1561 der französische Chirurg Ambroise Paré, ohne allerdings zu erwähnen, wer sie erfand. Sehr wahrscheinlich ging die Fabrikation der ersten Augenprothesen von Venedig aus und war später in Paris heimisch. Zur Perfektion bringt sie aber erst Müller, der sie in zahlreichen einzelnen Schritten fertigt: Er strukturiert weißliche Hohlglaskörper mit feinsten farbigen Glas- und Goldrubinfäden, die beinah perfekt Iris, Pupille und Blutäderchen imitieren. Müllers kunstvoll gefertigte Glasaugen sind um 30% leichter und wesentlich tränenresistenter als ältere Implantate.

George Biddell Airy erfindet die hydraulische Bremse, die in der Folgezeit vorwiegend als Öldruckbremse im Maschinenbau Verwendung findet. →

Amberger erfindet die elektrische Wirbelstrombremse. →

Der Königsberger Astronom Barkowski fotografiert erstmals die Sonnenkorona. →

C. L. Daboll erfindet das Nebelhorn.

Moses G. Farmer in Newport und Thomas Hall in Boston unternehmen erste Versuche mit einem elektrischen Antrieb für Eisenbahnen. →

Obed Hussey aus Cincinnati und Cyrus Hall MacCormick aus Chicago stellen in London von ihnen entwickelte Mähmaschinen vor. →

Die Werft Robert Napier in Glasgow nimmt das erste Eisenbahn-Fährschiff in Betrieb. →

Der italienische Optiker Ignazio Porro erfindet das Teleobjektiv. →

Die Firma Siemens & Halske führt in Berlin telegraphische Feuermelder ein.

Der britische Bildhauer und Fotograf Frederick Scott Archer führt die Glasplatte als Trägermaterial für das fotografische Negativ ein.

Der deutsche Metallurg Jacob Mayer erfindet in Bochum den Stahlformguß.

Der nach Australien ausgewanderte Glasgower Drucker James Harrison verwirklicht mit Äther den ersten Kältekreislauf. Er kühlt Bier. →

Die beiden Schneider William Grover und William Baker aus Boston erhalten ein Patent auf eine Nähmaschine. Außerdem erhält der New Yorker Mechaniker Isaac Meritt Singer das Patent für eine verbesserte Schiffchennähmaschine. →

28. 9. James und John Brett verlegen ein vieradriges Guttapercha-Telegraphenkabel durch den Ärmelkanal zwischen Dover und Sangatte, das am 13. November in Betrieb genommen wird und bis ins 20. Jahrhundert hinein betriebsfähig bleibt (→ 23. 8. 1850).

GESTORBEN:

18. 2. Berlin: Carl Gustav Jakob Jacobi (* 10. 12. 1804, Potsdam), deutscher Mathematiker.

9. 3. Kopenhagen: Hans Christian Ørsted (* 14. 8. 1777, Rudkøbing), dänischer Physiker und Chemiker. →

10. 7. Bry-sur-Marne: Louis Jacques Mandé Daguerre (* 18. 11. 1787, Cormeilles-en-Parisis), französischer Erfinder.

Das erste Eisenbahnfährschiff überquert die Meeresbucht Firth of Forth

1851. *Die schottische Werft Robert Napier in Glasgow richtet die erste Eisenbahnfähr- oder Trajektanlage ein. Sie überquert die Meeresbucht Firth of Forth an der schottischen Ostküste.*

Für den Fährbetrieb baut Napier eigens das Schiff »Leviathan«. Es besitzt ein Flachdeck mit tunnelförmiger Brücke. Da sich der Antrieb aus konstruktiven Gründen nicht am Heck befinden kann, hat das Schiff keine Schraube, sondern zwei große seitliche

Schaufelräder. Auf dem Deck verlaufen drei parallele Gleisstücke, die zusammen 30 Güterwagen Platz bieten. Napier richtet auch die zugehörigen Ladekais ein. Sie sind mit Seilzuganlagen ausgestattet, mit denen sich die Wagen an Bord befördern lassen.

Der Heimathafen des Fährschiffs »Leviathan« ist der Industrieort Granton (Abb). Ein Jahr später wird ein zweites Trajekt über den Firth of Forth eingerichtet, das von Dundee ausgeht.

Großglocken aus Gußstahl

1851. Jacob Mayer, dem Besitzer der Bochumer Gußstahlfabrik, gelingt es erstmals, aus Stahlguß komplizierte und besonders große Gegenstände herzustellen. Aufsehenerregend sind vor allem seine Gußstahlglocken.

Den Eisenformguß erfand → 1708 der Brite Abraham Darby. Damit ließen sich bisher aber nur kleine Teile fertigen. Die Schwierigkeiten, große Teile in Stahl zu gießen, bestehen in der starken Gasentwicklung, dem beachtlichen Schwund der abkühlenden Stücke und – wegen des hohen Schmelzpunkts von Stahl – dem zu raschen Erstarren des Materials in der Form.

Von Jacob Mayers »Bochumer Verein« gefertigte Gußstahlglocke von 3,13 m Durchmesser und 15 t Masse für die Pariser Weltausstellung von 1867

Neue mechanische und Elektrobremsen

1851. Der britische Astronom George Biddell Airy erfindet das Prinzip der hydraulischen Bremse, die sich im Maschinen- und besonders im Fahrzeugbau später als Öldruckbremse durchsetzt. Im selben Jahr schlägt der deutsche Ingenieur Amberger erstmals vor, elektrischen Strom zum Bremsen zu benutzen. Diese Technik wird als Wirbelstrombremse bekannt.

Die hydraulische Bremse funktioniert im Prinzip wie die hydraulische Presse (→ 1796). Sie wirkt als Bremskraftverstärker: Wird ein Kolben von der Querschnittsfläche 1 cm² gegen einen hydraulischen Puffer gedrückt, dann liefert ein Bremskolben von 10 cm² Fläche, der mit diesem Puffer kommuniziert, die zehnfache Bremskraft.

Bei der Wirbelstrombremse rotiert eine Metallscheibe (Kupfer oder Aluminium) zwischen den feststehenden Polen eines Elektromagneten. Wird dieser eingeschaltet, dann induziert er Wirbelströme in der bewegten Scheibe, die so gerichtet sind, daß sie den Magneten mitzunehmen versuchen.

Von einem Pferdegespann gezogene Mähmaschine aus den Vereinigten Staaten um die Mitte des 19. Jahrhunderts

Mähmaschinen kommen zum Einsatz

1851. Die Maschinenbauer Obed Hussey aus Cincinnati und Cyrus Hall MacCormick aus Chicago führen auf der Londoner Weltausstellung neue Mähmaschinen vor. Sie arbeiten so gut, daß sie sich bald auch international durchsetzen.

Bereits in den 1830er Jahren hatte MacCormick eine von einem Pferdegespann gezogene Mähmaschine entwickelt. Sein jetzt erheblich ver-

bessertes Modell arbeitet mit horizontal bewegten Schlitzschermessern. Vor dem Mähbalken, an dem die Schermesser angebracht sind, teilen horizontale Metallfinger die Halme in Büschel, die von den Messerklingen abgeschnitten werden. Die Maschine sammelt die geschnittenen Halme dann zu Bündeln, die von Hand zu Garben gebunden werden können. Die Messer werden

über einen Kurbeltrieb von einem Rad bewegt, das selbst wiederum über ein Kegelradgetriebe von einem auf dem Boden mitlaufenden Treibrad angetrieben wird. Für die normale Straßenfahrt lassen sich die Messer auskuppeln.

Die neuen Mähmaschinen eignen sich ausschließlich für die Getreideernte, für die Grasmahd kommen sie nicht in Frage.

Porros Teleobjektiv für die Fotografie

1851. Der italienische Ingenieuroffizier Ignazio Porro entwickelt für fotografische Zwecke das erste Teleobjektiv. Bisher fotografierte man entfernte Objekte wie den Mond (→ 1850) einfach durch normale Fernrohre.

Porros Fotoobjektiv langer Brennweite besteht aus zwei Linsengruppen: Einer vorderen lichtsammelnden und einer hinteren zerstreuenden. Nach dem Durchgang durch die vordere Gruppe laufen die Lichtstrahlen auf einen Brennpunkt zu. Die hintere Gruppe liegt noch vor diesem Brennpunkt.

Das Porrosche Teleobjektiv wird 1869 von Borie, de Tournemire und J. Traill Taylor verbessert. Porro selbst meldet bereits → 1852 in Großbritannien und auch in Frankreich Patente auf ein neues Prismenteleskop an, eine Parallelentwicklung zu seinem Teleobjektiv.

Nähmaschine verbessert

1851. In den USA wird die Nähmaschine verbessert. Einmal erhalten die beiden Bostoner Schneider William Grover und William Baker ein

Patentierte Nähmaschine aus den Vereinigten Staaten von Amerika

Patent auf eine Maschine, die in der Lage ist, doppelten Kettenstich auszuführen. Sie eignet sich besonders für Ziernähte. Zum anderen entwickelt Allen Benjamin Wilson in Michigan eine Nähmaschine mit einem runden Schiffchen, das das Untergarn rascher fördern kann und deshalb insgesamt schnelleres Arbeiten ermöglicht. Und schließlich meldet der New Yorker Mechaniker Isaac Meritt Singer eine von Grund auf neu konzipierte Schiffchennähmaschine zum Patent an. Sie läßt sich alternativ mit einer Handkurbel oder über eine Trittplatte mit Riemenscheibe antreiben. Neu ist vor allem der Stoffvorschub: Ein federnder Fuß drückt den Stoff auf den Maschinentisch, und ein gezahntes Rad fördert ihn zwischen den einzelnen Stichen weiter. Die Vorschubgeschwindigkeit ändert sich automatisch in Abhängigkeit von der gewählten Stichlänge.

Telegraphisches Feuermeldenetz

1851. Die Firma Siemens & Halske führt in Berlin telegraphische Feuermelder ein.

1847 ließ der damals 31jährige Werner Siemens von dem Berliner Universitätsmechaniker Johann Georg Halske das Modell eines neuen, von ihm entwickelten Zeigertelegraphen bauen. Im Gegensatz zu älteren Modellen anderer Erfinder (→ 1840) arbeitete in seinem Empfänger kein Uhrwerk mehr, das den Telegraphenstreifen weiterbewegt, sondern ein Laufwerk, das mit dem Sender synchronisiert ist.

Die »Telegraphen-Bau-Anstalt Siemens & Halske«, gegründet 1847, wurde zunächst beim Aufbau des preußischen Staatstelegraphennetzes tätig. Nach Auseinandersetzungen mit der Telegraphenbehörde findet die junge Firma einen neuen Markt für ihre Produkte: Sie baut das Berliner Feuermeldenetz mit Untergrundkabeln auf.

Säulen-Feuermelder der Firma Lorenz AG (spätes 19. Jahrhundert)

Fotos von Sonnenkorona

1851. Bei einer totalen Sonnenfinsternis gelingt es dem Astronomen Barkowski in Königsberg erstmals, die Sonnenkorona fotografisch abzubilden, und zwar auf einer Daguerreotypie (→ 1838).

Die Korona umgibt die Sonne kranzartig und läßt sich mit dem bloßen Auge nur während einer totalen Sonnenfinsternis beobachten. Die Koronaforschung ist später von großer Bedeutung für die Erklärung der energetischen Vorgänge auf der Sonne und für die Beobachtung der Sonnenrotation.

Da sich die Korona zunächst nur – mit dem bloßen Auge wie mit der Kamera – bei totalen Sonnenfinsternissen beobachten läßt und da eine Sonnenfinsternis durch das Verdekken der Sonnenscheibe durch den Mond hervorgerufen wird, sind die Beobachter in der Mitte des 19. Jahrhunderts nicht sicher, ob die Korona der Sonne oder dem Mond zuzuordnen ist.

Sonnenkorona (1851)

Die Korona erscheint als weiter und ziemlich gleichmäßiger Ring von blassem weißem Licht, der die Sonne umgibt. Er ist überlagert von den Sonnenfackeln oder Protuberanzen.

Elektrobahnen in England und USA

1851. Moses G. Farmer in Newport (Wales) unternimmt Versuche mit einem elektrischen Eisenbahnantrieb. Etwa zeitgleich treibt Thomas Hall in Boston ein Schienenfahrzeug mit einem Elektromotor an, der über eine Stromschiene von einer ortsfesten Batterie aus versorgt wird.

Die erste Elektrolokomotive baute 1840 Johann Philipp Wagner aus Fischbach in Nassau. Sie zog einen handwagengroßen Anhänger mit etwa 7 km/h drei Stunden lang auf einem Schienenkreis herum, bis die Batterie erschöpft war. Der Versuch, das Modell in reale Eisenbahndimensionen umzusetzen, scheiterte. 1841 baute der Schotte Robert Davidson eine 5 t schwere Lok mit elektrisch bewegten Kolben, die 6 t Nutzlast zog. Aufgebrachte Dampflokfahrer zerstörten die Elektrolokomotive.

Eindrucksvoll ist auch die Vorführung eines Professors Charles Grafton Page. Seine Maschine legt am 29. April 1851 vor Regierungsexperten bei Washington 9 km zurück. Doch nicht eine der Lokomotiven kann ernsthaft mit den Dampfloks konkurrieren. Die Versuche werden eingestellt (→ 1879).

Ørsted: Physiker und Naturphilosoph

9. März 1851. In Kopenhagen stirbt im 74. Lebensjahr der dänische Physiker und Chemiker Hans Christian Ørsted. Zu den großen Verdiensten des Naturphilosophen, Physikprofessors und Leiters der Technischen Hochschule von Kopenhagen gehört die im Erfahrungsaustausch mit dem

Hans C. Ørsted

deutschen Physiker Johann Wilhelm Ritter gefundene Erkenntnis, daß zwischen Elektrizität und Magnetismus ein Zusammenhang besteht. Der Beweis dafür gelang Ørsted 1820, als er zeigte, daß eine Magnetnadel durch einen von Strom durchflossenen Leiter abgelenkt wird. Diese Entdeckung bildet die Grundlage der Lehre vom Elektromagnetismus und damit der gesamten modernen Elektrotechnik. Ørsted erfand außerdem ein Meßgerät für die Kompressibilität von Flüssigkeiten. Darüber hinaus verfaßte er zahlreiche natur- und geisteswissenschaftliche Schriften.

1852

Charles Nelson Goodyear erfindet das Hartgummi (Ebonit). →

Der britische Physiker und Chemiker Michael Faraday entdeckt experimentell das Kraftfeld von Magneten. →

Wilhelm Funcke aus Hagen erfindet die Mutterpresse zur Fabrikation der Schraubenmuttern. →

Frederick W. Howe verbessert James Nasmyths Fräsmaschine aus dem Jahr 1840. →

Die Franzosen Lemercier, Barreswill und Davanne erfinden die Fotolithographie, einen Vorläufer des Lichtdrucks (→ 1867).

Der Mechaniker Périn entwickelt in Paris die moderne Bandsäge. →

M. V. Pernolet legt die Grundlagen für das Flotationsverfahren bei der Mineral-Aufbereitung.

Der Italiener Ignazio Porro entwickelt das Prismenfernrohr. →

Ferdinand Reich bestimmt durch Versuche mit Drehwaagen die Dichte der Erde. Er ermittelt als Wert 5,583 kg pro Kubikdezimeter.

Tottière Schweppe erfindet in Angers die Holz-Langlochbohrmaschine zur Herstellung hölzerner Wasserleitungsröhren.

Der Nürnberger Maschinenbauer Ludwig Werder entwickelt die erste universelle Materialprüfmaschine. →

Der Brite William Henry Fox Talbot erfindet die Halbtonätzung und legt damit die Basis für die Reproduktion von Fotografien im Zeitungsdruck.

William Thomson erfindet die Wärmepumpe. Sie erlangt zunächst keine praktische Bedeutung: Brennmaterial ist billig, und es gibt noch keine geeigneten Elektrokompressoren. →

James Thomson erfindet die Wasserstrahlpumpe. →

Elisha Graves Otis aus den USA erfindet eine Sicherheitsvorrichtung für Förderkörbe (→ 1857).

24. 9. Henri Giffard steigt mit einem spindelförmigen Gasballon auf. Der Ballon wird von einer dampfgetriebenen Luftschraube bewegt. →

GEBOREN:

30. 8. Rotterdam: Jacobus Henricus van't Hoff († 1. 3. 1911, Berlin), niederländischer Chemiker und Physiker.

2. 10. Glasgow: Sir William Ramsay († 23. 7. 1916, High Wycombe/Buckinghamshire), britischer Chemiker.

15. 12. Paris: Antoine Henri Becquerel († 25. 8. 1908, Le Croisic/Loire-Atlantique), französischer Physiker.

Faraday macht das Magnetfeld sichtbar

1852. Der britische Physiker und Chemiker Michael Faraday experimentiert seit rund drei Jahrzehnten unermüdlich mit Permanent- und Elektromagneten. Jetzt entdeckt er, daß sich Eisenfeilspäne auf einem Blatt Papier, unter dem ein Permanentmagnet liegt, in merkwürdigen Kurven anordnen, die von einem Pol des Magneten in weiten Bögen zum anderen Pol verlaufen.

Faraday stellt die Theorie auf, daß der ganze den Magneten umgebende Raum in einen besonderen Zustand versetzt ist, den er »Feld« nennt und dessen Verteilung durch den Verlauf der »Kraftlinien« be-

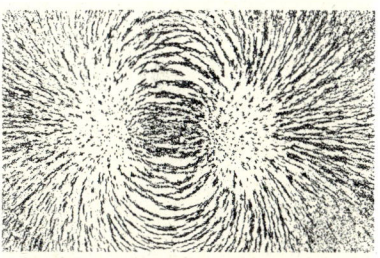

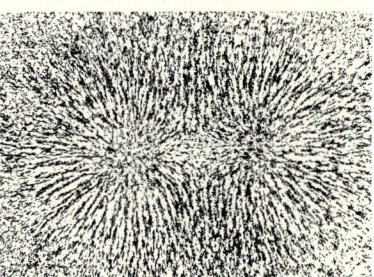

Zwei ungleichnamige (oben) und zwei gleichnamige (unten) Magnetpole

stimmt ist, längs derer sich die Eisenfeilspäne anordnen. Unter »Kraftlinien« versteht Faraday Kurven, die an jeder Stelle des Raums die Richtung der dort wirkenden magnetischen Kraft besitzen. Er weitet diesen Begriff vom magnetischen Feld aus und spricht etwa auch von elektrischen Kraftlinien oder Gravitationskraftlinien.

Die Methode, magnetische Felder durch Eisenfeilspäne sichtbar zu machen, hat auch praktischen Nutzen. Sie liefert bei komplizierten Anordnungen vom Hufeisenmagneten bis zu aus zahlreichen Einzelmagneten zusammengesetzten Systemen eine hervorragende Möglichkeit, sich optisch schnell einen zuverlässigen Eindruck vom gesamten, durch die Überlagerungen entstandenen Feld zu verschaffen.

Vom Freiballon zum Motor-Luftschiff

24. September 1852. Der französische Luftfahrtpionier Henri Giffard startet in Paris mit einem von ihm selbst gebauten Einmannluftschiff und fährt damit 27 km weit über Versailles hinweg nach Trappes. Er erreicht dabei eine durchschnittliche Reisegeschwindigkeit von 8 km/h. Giffards Luftschiff ist ein 43,9 m langer spindelförmiger Gasballon mit einem Rauminhalt von 2492 m³ Inhalt, den eine dampfmaschinengetriebene Luftschraube bewegt. Triebwerk und Pilot befinden sich in einer untergehängten Gondel. Giffards Konstruktion ist das erste bemannte motorisierte Luftschiff der Geschichte.

Das Antriebsaggregat ist eine von Giffard selbst konstruierte Dampfmaschine. Sie wiegt 45 kg, gibt eine Leistung von 3 PS (2,2 kW) ab und dreht einen Dreiblattpropeller von 3,35 m Durchmesser mit maximal 110 U/min. Steuern läßt sich Giffards Luftschiff durch einen »Kiel«, ein dreieckiges, vertikal am Heck angebrachtes Segel.

Die Luftfahrt von Paris nach Trappes findet bei Windstille statt. Schon geringste Luftbewegungen hätten das Gefährt mit seiner schwachen Maschine abgetrieben.

Das zigarrenförmige Luftschiff von Henri Giffard; der Luftfahrer steht auf einer Plattform; der herabhängende Anker soll bei der Landung helfen

Auch die Manövrierfähigkeit läßt zu wünschen übrig, denn bei der niedrigen Reisegeschwindigkeit ist die Wirkung des vergleichsweise kleinen Dreiecksegels nur gering.

Seit den Freiballonaufstiegen der Brüder Montgolfier (→ 5. 6. 1783) fehlte es nicht an Versuchen, die Ballons zu steuern oder mit Muskel-kraft anzutreiben. Dabei wurde zunächst allerdings außer acht gelassen, daß bei nicht angetriebenen Ballons eine Steuerung durch Seiten- oder Höhenruder deshalb physikalisch völlig unmöglich ist, weil der Ballon immer die gleiche Geschwindigkeit wie der ihn treibende Luftstrom hat.

Thomson erfindet die Wärmepumpe

1852. Der britische Physiker William Thomson (ab 1892: Lord Kelvin) erfindet das Prinzip der Wärmepumpe. Mit ihr läßt sich beispielsweise ein Gebäude heizen oder Brauchwasser erwärmen, indem man der Außenluft, dem Erdreich oder einem Gewässer (Fluß, See oder Grundwasser) Wärmeenergie entzieht, diese nach dem Carnot-schen Kreisprozeß (→ 1824) auf ein höheres thermisches Niveau »pumpt« und dann durch einen Wärmeträger (Warmluft oder Warmwasser) in das Gebäude leitet. Um diesen Effekt zu erzielen, wird ein Gas, z. B. Freon, in einem Kompressor verflüssigt. Dabei wird Wärme von hohem Temperaturniveau frei, die hinsichtlich der Energiebilanz die im Kompressor aufgewandte mechanische Energie bei weitem übersteigt.

Das Flüssiggas strömt dann durch ein Rohrsystem in einen Wärmetauscher außerhalb des Gebäudes, wobei es Niedertemperatur-Wärmeenergie aufnimmt und dadurch wieder verdampft. Der Kreislauf beginnt von neuem.

Die Wärmepumpe erlangt zunächst keine praktische Bedeutung, da einerseits Brennmaterial billig ist und weil andererseits noch keine geeigneten Elektrokompressoren zur Verfügung stehen.

Prinzip der Wärmepumpe

WÄRMEPUMPE

Verdichter
Kältemittel wird verdichtet und erhitzt sich dabei

T L

Verdampfer
Kältemittel verdampft unter Wärmeaufnahme aus der Außenluft

Verflüssiger
Kältemittel verflüssigt sich unter Wärmeabgabe an das Heizwasser

Außenluft
+6 °C
0 °C   +60 °C
+2 °C
0 °C   +40 °C

Expansionsventil
Kältemittel entspannt sich und kühlt sich dabei ab

HEIZUNGSKREISLAUF

Heizwasser
+50 °C

Heizkörper

+35 °C

© Harenberg

Eine Maschine prüft Material-Qualitäten

1852. Der Nürnberger Maschinenbauer Ludwig Werder stellt die erste universelle Materialprüfmaschine her.

Werder hatte bereits früher ein Gerät entworfen, das die einzelnen Teile eiserner Brücken auf ihre Zugbelastbarkeit überprüfte. Jetzt entwickelt er es zu einer universellen Maschine weiter, die sich durch einfache Handgriffe auf zahlreiche einzelne Prüffunktionen umstellen läßt. Sie testet Materialien auf Zerdrücken, Zerreißen, Verbiegen, Verdrehen, Zerknicken und Abscheren. Erste Modelle der Werderschen Maschine entfalten Kräfte bis zu einer Million Newton (entspricht 100 t), spätere Modelle bringen es in Sonderausführungen bis auf fünf Millionen Newton.

Die Materialprüfung hat weitreichende Auswirkungen auf die Konstruktion von Maschinenelementen und tragenden Elementen im Ingenieurbau. Mußte man bisher aus Gründen der Sicherheit die meisten metallischen Konstruktionselemente überdimensionieren, so ist jetzt ein gezieltes Berechnen des Sicherheitsfaktors von Konstruktionen aufgrund der bekannten Materialwerte möglich. Die Maschinen- und Bauteile werden dadurch nicht nur kleiner; auch durch die geeignete Wahl etwa von Profilnormen läßt sich Material einsparen.

Entsprechend den Anforderungen unterscheidet man bald Prüfungen zur Feststellung von Materialwerten sowie Stück- und Stichprobenprüfungen in der Fertigung.

Prismen machen Fernrohre kürzer

1852. Der italienische Ingenieuroffizier Ignazio Porro (→ 1851) meldet in Großbritannien und Frankreich Patente auf ein neues Teleskop an, bei dem er den Lichtstrahlengang mit Prismen umlenkt. Dadurch wird das Fernrohr nicht nur wesentlich kürzer und handlicher, Porro erreicht mit seinem Prismensystem auch eine Aufrichtung des im Keplerschen oder astronomischen Fernrohr (→ 1608) auf dem Kopf stehenden Bildes.

Porros Instrument wird bald von seinem Mitarbeiter J. G. Hofmann und von Emil Busch verbessert.

Goodyear erfindet Ebonit

1852. Der US-Amerikaner Charles Goodyear, der → 1839 ein Verfahren zum Vulkanisieren von Naturkautschuk durch Schwefelbeimischung und anschließendes Erhitzen entdeckt hatte, erfindet das Hartgummi. Er nennt es Ebonit. Goodyear erhält das neue Material, indem er dem Kautschuk mehr Schwefel beimischt – bis zu 30% –, als das zum Vulkanisieren notwendig wäre. Anschließend erhitzt er das gut durchgeknetete Gemenge auf 150 °C. Zur Erhöhung von Härte und Elastizität fügt er später außerdem noch Schellack – ein hartes, zähes, in Alkohol lösliches Harz aus dem Sekret der in Indien und Birma heimischen Lackschildlaus – zu. Das Hartgummi eignet sich zur Herstellung zahlreicher Gegenstände,

die zuvor aus Holz, Horn, Metall usw. angefertigt wurden. Besonders gute Eigenschaften weist es als Isolator für Telegraphen-Freileitungen auf, denn es ist ein besserer Nichtleiter als irgendein anderer, bisher bekannter, leicht zu bearbeitender Werkstoff und widersteht zugleich hervorragend den Witterungseinflüssen.

Ebonit läßt sich im Gegensatz zu normalem Gummi spanabhebend bearbeiten (drehen, bohren, schleifen) und auf Hochglanz polieren. Da es außerdem ungiftig und zugleich säureresistent – also auch unempfindlich gegen Körpersäfte – ist, findet es bald auch Verwendung bei der Herstellung medizinischer Geräte. Einen großen Markt gewinnen aus Ebonit gesägte Kämme.

Muttern werden zu einer Massenware

1852. Wilhelm Funcke, Fabrikant aus Hagen, erfindet eine Presse zur Massenproduktion von Schraubenmuttern. Die Herstellung einer Mutter dauert nur wenige Sekunden. Zylindrische Schrauben und Muttern aus Metall sind seit der Mitte des 16. Jahrhunderts bekannt. Zuerst fertigte man sie einzeln auf hölzernen Drehbänken. 1797 konstruierte der Londoner Henry Maudslay eine spezielle Gewindeschneidmaschine, und im Folgejahr baute David Wilkinson eine Drehmaschine, die in etwa sieben Minuten eine Schraube oder eine Mutter herstellen konnte.

Neue Bandsäge ist technisch ausgereift

1852. Der Pariser Mechaniker Périn vervollkommnet die 1808 von dem englischen Ingenieur William Newberry erfundene Bandsäge. Maschinell angetrieben arbeiteten bisher nur Gatter- und Kreissägen. Während die Kreissäge keine tiefen Schnitte ausführen kann, hat die Gattersäge den Nachteil, daß bei ihr auf jeden Arbeitshub ein Rückwärtshub folgt. Das verdoppelt die Sägezeit und gibt rauhe Schnittflächen, weil beim »Zurücksägen« die Zähne das Holz nur abschaben. Die Bandsäge verbindet die Vorteile beider Sägearten, ohne deren Nachteile aufzuweisen.

Wasserstrahl saugt Luft

1852. Der englische Ingenieur James Thomson erfindet die Saugstrahl- oder Wasserstrahlpumpe. Thompson läßt einen Wasserstrahl unter Druck aus einer Düse in ein konzentrisches Rohr strömen. Das Rohr ist gegen den Düsenhals bis auf eine Saugöffnung abgedichtet, am anderen Ende aber weit geöffnet. Unmittelbar nach dem Ausströmen aus der Düse reißt der sich ausweitende Wasserstrahl Luft mit sich. Das Mitreißen der Luft erzeugt einen Sog im Rohrraum auf der Höhe der Düse. Über die hier angebrachte Saugöffnung lassen sich Rezipienten luftleer pumpen.

Vor Thomson verwandte der britische Ingenieur Richard Trevithick dieses Saugprinzip schon beim sogenannten Blasrohr seiner Dampfwagen und Lokomotiven. Er nutzte dabei die saugende Wirkung des Dampfstrahls aus, die erstmals bereits um 1570 der französische Baumeister Philibert Delorme (de l'Orme) beschrieben hatte.

Sechs Jahre nach Thomson befördert der französische Erfinder Henri Giffard (→ 24. 9. 1852) nach demselben Prinzip durch einen »Injektor« das Speisewasser der Dampfmaschine durch den Dampfdruck in den Kessel.

Latimer Clark legt zwischen der International Telegraph Company und der Börse in London eine Rohrpostanlage an. →

Der britische Physiker William Thomson (später Lord Kelvin of Largs) veröffentlicht seine Theorie des elektrischen Schwingkreises. →

John Fowler beginnt mit dem Bau einer unterirdischen Eisenbahn in London. →

Der englische Chemiker E. Gaine erfindet das Pergamentpapier.

Julius Wilhelm Gintl in Wien erfindet das elektrische Gegensprechen und zeigt, daß es möglich ist, in einer Leitung mehr als ein Telegramm gleichzeitig zu befördern. →

Der Amerikaner James erfindet den Funkenfänger für Industrieschornsteine.

Die englischen Techniker Johnson und Atkinson entwickeln eine »Komplettgießmaschine« zur Herstellung von verwendungsfertigen Buchdrucklettern. →

Alfred Krupp gelingt es erstmals, ungeschweißte Gußstahl-Radreifen durch Walzen herzustellen. →

Matthew Fontaine Maury führt die ersten systematischen Tiefseelotungen durch und begründet die Meeres-Geographie. Seine Arbeiten haben für die Verlegung von Seekabeln für Telegraphennetze große Bedeutung.

In Stockholm baut Georg Scheutz eine druckende Rechenmaschine, deren Prinzip sich aus einer Idee des Londoner Mathematikers Charles Babbage (→ 1833) herleitet.

Nach 13jähriger Arbeit ist es Gevers van Endegeest gelungen, das Haarlemer Meer in Holland, einen 22 km langen, 11 km breiten und 4,5 m tiefen Binnensee, trockenzulegen.

Der Konstrukteur Charles Brown erfindet die Ventilsteuerung für die Dampfmaschine. →

Der Deutsche Philipp Moritz Fischer baut das erste Fahrrad mit Tretkurbeln. →

GESTORBEN:

17. 3. Venedig: Christian Doppler (* 29. 11. 1803, Salzburg), österreichischer Mathematiker und Physiker.

GEBOREN:

18. 7. Arnheim: Hendrik Antoon Lorentz († 4. 2. 1928, Haarlem), niederländischer Physiker.

21. 9. Groningen: Heike Kamerlingh Onnes († 21. 2. 1926, Leiden), niederländischer Physiker.

Ventilsteuerung für die Dampfmaschine

1853. Charles Brown, Chefkonstrukteur bei der Schweizer Maschinenfabrik von Johann Sulzer, erfindet die sogenannte Sulzer-Ventilsteuerung für Dampfmaschinen. Bekannt wird sie allerdings erst 1867, als die Firma Sulzer sie auf der Pariser Weltausstellung der Öffentlichkeit vorstellt.

Als Abschlußorgan des Dampfzylinders verwendet Brown vier als Röhrenventile ausgebildete Doppelsitzventile. Bei liegenden Zylindern sind die beiden Einlaßventile oben, die Auslaßventile unten an den Zylinderenden angebracht. Die Ventile werden von einer parallel zum Zylinder laufenden Steuerwelle rhythmisch geöffnet und geschlossen. Diese Steuerwelle wird über ein

Charles Brown, von 1851 bis 1871 leitender Ingenieur bei Johann Sulzer

Paar konischer Zahnräder von der Kurbelwelle angetrieben. Die Ventile werden durch Nockenscheiben auf der Steuerwelle über eine Stange geöffnet. Sollen sie schließen, dann wird die Stange einfach zurückgezogen; eine Feder drückt die Ventile gegen ihren Sitz. Mit dieser Einrichtung läßt sich die Leitung der Maschine direkt über die Dampfzufuhr steuern.

Dieser ersten, noch nicht allen Anforderungen gerecht werdenden Sulzer-Steuerung folgt 1878 eine zweite, verbesserte, die als »neue Sulzer-Steuerung« bekannt wird und sich so bewährt, daß sie zur Standardsteuerung für große Dampfmaschinen wird.

Alfred Krupp walzt Gußstahl-Radreifen

1853. Nach zahlreichen, zuerst an Bleiringen angestellten Versuchen gelingt es dem Essener Stahl- und Eisenfabrikanten Alfred Krupp als erstem, ungeschweißte Gußstahlreifen durch Walzen herzustellen. Die neuen Reifen erhöhen die Sicherheit und erlauben höhere Geschwindigkeiten. Zugleich wächst die Lebensdauer der Reifen, da es keine Bruchstellen an Schweißnähten mehr geben kann.

Der Eisenbahnbetrieb mit seinen im Vergleich zu den althergebrachten Fuhrwerken größeren Achslasten und wesentlich höheren Geschwindigkeiten stellt völlig neue Anforderungen an die Fahrwerke. So entstanden schon bald die sogenannten Radsätze, die die Räder mit den Achsen starr vereinigen. Die Räder selbst wurden ursprünglich aus einzelnen gegossenen Segmenten zusammengesetzt und von kreisförmig gebogenen, an den Enden verschweißten Stahlreifen zusammengehalten.

Krupp löst mit seiner Erfindung des nahtlosen Radreifens neue Entwicklungen aus. Schon im Jahr 1855 stellt auch der Bochumer Verein nahtlose Reifen her. Seine Reifen aus Gußstahl werden in Formen gegossen. Und 1856 entwickelt sich schließlich in England das sogenannte Schmiede- und Lochverfahren. Es wird später zur Standardmethode der Radreifenherstellung. Beachtliche Probleme bringt an-

Alfred Krupp (Ölporträt; Original in der Villa Hügel in Essen)

fangs die Befestigung der Radreifen auf dem Radkörper mit sich. Zunächst werden sie verschraubt oder vernietet. Doch diese Verbindungen sind wenig dauerhaft: Die Nieten oder Schrauben halten den auftretenden Zentrifugalkräften nicht stand, und sie sind auch nicht auf Dauer den bei Kurvenfahrten und bei Wärmeausdehnung der Räder durch Bremsen auftretenden Schwerkräften gewachsen. Eine Lösung zeichnet sich erst in den 70er Jahren des 19. Jahrhunderts ab. Der nahtlose Radreifen wird auf etwa 200 °C erhitzt; dabei dehnt er sich aus und läßt sich auf den Radkörper ziehen, wo er bei Abkühlung fest aufschrumpft.

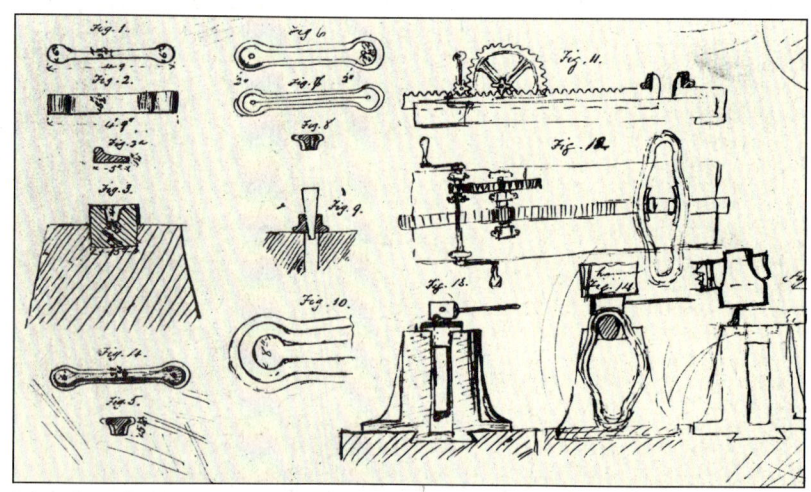

Eigenhändige Skizzen von Alfred Krupp zur Erfindung der nahtlosen Eisenbahn-Radreifen und ihrer Herstellung aus ungeschweißtem Gußstahl

Rohrpostanlage für die Londoner Börse

1853. Der Engländer Latimer Clark baut die erste Rohrpostanlage zwischen der International Telegraph Company und der Londoner Börse. Die Sendungen werden in zylindrische Kapseln eingelegt und diese mittels eines Unterdrucksystems durch die Röhren gesaugt.

Das von Clark verwirklichte Prinzip hatten bereits → 1810 George Medhurst und 1826 John Vallance vorgeschlagen, ohne es aber selbst realisieren zu können.

Lange Röhren luftleer zu pumpen, ist technisch besonders schwierig. Ab einer gewissen Länge ist das – abhängig vom angestrebten Vakuum – nur noch durch mehrere Saugpumpen längs der Leitung zu bewerkstelligen. Allein von einem Ende her ist es nicht möglich.

Eröffnung einer Londoner Rohrpostanlage; zwischen dem Distriktsbüro in der Eversholt-Straße und Euston-Bahnhof werden Postsäcke transportiert

Der Unternehmer Alfred Krupp

Als 1826 der Vater von Alfred Krupp starb, führte der erst 14jährige die kleine elterliche Eisengießerei zusammen mit seiner Mutter und zwei Arbeitern weiter. Durch Übernahme moderner Techniken, etwa des Bessemer- und des Siemens-Martin-Verfahrens (→ 1815; 1864), und durch zahlreiche eigene Erfindungen macht er die Firma zu einem Großunternehmen. Dabei nutzt er geschickt auch die internationale Wirtschaftslage und industrielle Trends aus. Besonders von der Eisenbahnentwicklung profitiert er.

Weit über die Landesgrenzen hinaus wird er 1851 bekannt, als er auf der Londoner Weltausstellung einen über 2 t schweren Block aus Tiegelgußstahl vorstellt. Seither befaßt er sich zunehmend mit der Herstellung von Rüstungsgütern. Bekannt werden seine zum Teil extrem großen Gußstahlkanonen (→ 1892).

Später steigt Krupp auch in das Hüttenwesen ein und erwirbt Kohlen- und Erzgruben. Da er auch weiterverarbeitende Betriebe angliedert, kontrolliert er die Herstellung von der Rohstoffgewinnung bis zum fertigen Produkt.

In London beginnt der U-Bahn-Bau

1853. Der britische Ingenieur John Fowler beginnt mit dem Bau einer unterirdischen Eisenbahnstrecke in London und konstruiert dafür eine spezielle Lokomotive.

Fowler kann mit seinem Projekt an die Erfahrungen der Londoner Tunnelbauer anknüpfen. Er bedient sich des Schildvortriebverfahrens (→ 1842) und mauert die Tunnelbauten im Schutz des Schildes aus.

Noch um 1845 hatte in Deutschland Joseph Meyers »Großes Conversations-Lexikon für die gebildeten Stände« vermerkt: »... Die früheren Vorurth. gegen Tunnels, wegen ihres schädlichen Einflusses auf die Gesundheit ec. sind übrigens überall geschwunden und gehören in das Reich des absoluten Irrthums.«

Telegraphenleitung mehrfach genutzt

1853. Der österreichische Physiker Julius Wilhelm Gintl zeigt in Wien, daß es möglich ist, über eine Telegraphenleitung gleichzeitig mehrere Telegramme zu befördern, und zwar auch in entgegengesetzte Richtungen (»Gegensprechen«).
Für die gleichzeitige Übertragung über eine Leitung bieten sich verschiedene Möglichkeiten an. Da noch generell mit Gleichspannung gearbeitet wird, sind für verschiedene Telegramme entweder Zeichen mit unterschiedlichen Signalspannungen möglich oder eine zeitliche Schachtelung der Signale ineinander. Beim Gegensprechen ist es wichtig, daß die Signale nicht von der Sendestation selbst empfangen werden. Gintl ermöglicht das mit sogenannten »Kompensationsbatterien«, d. h. er erzeugt die Signale im Sender getrennt sowohl als positive wie als negative Spannungsimpulse und sorgt durch eine geeignete Schaltung dafür, daß nur die eine der beiden Spannungen auf die abgehende Leitung gelangt, während beim Empfänger beide anstehen, sich also gegenseitig aufheben.

Philipp M. Fischers Tretkurbeln für Fahrräder

1853. Nachdem der schottische Schmied Kirkpatrick Macmillan → 1839 das Draissche Laufrad (→ 1813) mit Trethebeln für Hinterradantrieb ausgestattet hatte, erfindet jetzt der deutsche Instrumentenbauer Philipp Moritz Fischer in Oberndorf bei Schweinfurt die Tretkurbel, die er direkt an die Achse des Vorderrades eines hölzernen, eisenbereiften Zweirads montiert (Abb.). Unabhängig voneinander erfinden 1860/61 die Franzosen Pierre Michaux und Pierre Lallement den Tretkurbelantrieb noch einmal (→ 1855).

»Über abklingende elektrische Ströme«

1853. Der irische Physiker William Thomson (ab 1892: Lord Kelvin of Largs) veröffentlicht in London seine mathematische Untersuchung »Über abklingende elektrische Ströme«, in der er seine Theorie des Schwingkreises darstellt.
Der Schwingkreis ist die Grundlage der späteren Hochfrequenztechnik und der drahtlosen Telegraphie. Zugleich legt Thomson damit die Basis für die Berechnung aller elektrischen Stromkreise mit Ohmschen Widerständen, Kapazitäten (Kondensatoren) und Induktivitäten (Spulen).
Thomson führt aus, daß in einem Stromkreis mit Kapazitäten und Induktivitäten unter gewissen Bedingungen elektrische Schwingungen

Thomsons Schwingungsformel

Sind R der Ohmsche Widerstand, C die Kapazität und L die Induktivität, dann schwingt der Kreis mit einer Frequenz $f_0 = 1/(2 \pi \sqrt{LC})$. Diese »Thomsonsche« Schwingungsformel läßt sich mit der Formel für die Pendelfrequenz vergleichen: $f_0 = 1/(2 \pi \sqrt{lg})$, wobei l die Länge des Pendels und g die Erdbeschleunigung sind.

Buchdrucklettern aus der Gießmaschine

1853. Die englischen Techniker Johnson und Atkinson bauen eine »Komplettgießmaschine«, mit der sich vollautomatisch Buchdrucklettern gießen lassen. Die Maschine bricht auch selbständig den Anguß ab, schleift die Lettern plan, schneidet ihren Fuß aus, schleift die Rückseite auf gleichmäßige Typenhöhe und setzt die fertigen Typen schließlich reihenweise ab. Sie liefert täg-

lich bis zu 30 000 Typen. Wenig später entwickelt Küstermann in Berlin die Maschine weiter.
Erfunden wurden die beweglichen Lettern zwischen 1040 und 1050 von dem chinesischen Alchimisten Pi Cheng (→ 1040). Er goß sie aus Lehm und brannte sie. 1403 unterhielt König T'ai Tsung von Korea die erste Gießerei für Metalltypen. Da jede Type ein ganzes Wort dar-

stellte, brauchte man derer sehr viele. Reduziert wurde die Anzahl, als sich um 1430 in Korea ein phonetisches Buchstabenalphabet entwickelte.
1437 konstruierte Johannes Gutenberg in Mainz ein Handgießinstrument zur Letternherstellung (→ 3. 2. 1468). Sein Verfahren blieb bis zur Erfindung von Johnson und Atkinson praktisch unverändert.

auftreten, die den Pendelschwingungen ähnlich sind. Beim Entladen eines Kondensators über eine Induktionsspule fließt die elektrische Energie nicht einfach ab, sondern wird zum großen Teil in der Spule gespeichert, so daß diese den vollständig entladenen Kondensator anschließend entgegengesetzt gepolt wieder auflädt. Dieses Spiel der Entladung und Wiederaufladung wiederholt sich so lange, bis die elektrische Energie, die bei ihrem Hin- und Herpendeln im Stromkreis eine gewisse Erwärmungsarbeit leistet, vollständig in Wärme umgesetzt ist. – An seinen Endpunkten liegt beim schwingenden Pendel alle Energie als potentielle Energie (»Lageenergie«) vor. Das entspricht der vollen Aufladung des Kondensators. Beim Durchgang durch den tiefsten Punkt besitzt das Pendel ausschließlich kinetische Energie (»Bewegungsenergie«). Das entspricht dem entladenen Kondensator und dem maximalen Stromfluß in der Spule.

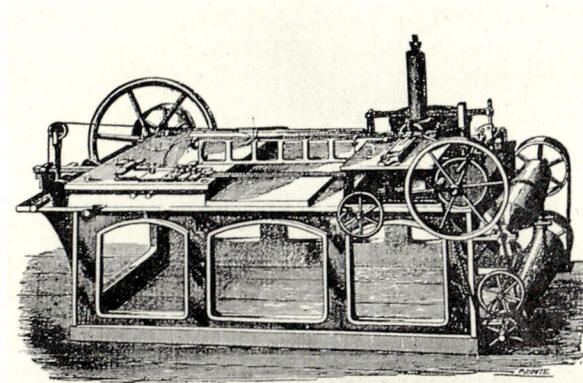

J. R. Johnsons »Komplettgießmaschine«, mit der sich vollautomatisch Buchdrucklettern herstellen lassen

Verbreitet ist Mitte des 19. Jahrhunderts neben dem Buchdruck die Lithographie (Abb.: Lithographischer Betrieb)

1854

Wilhelm Joseph Sinsteden erfindet den elektrischen Akkumulator. →

Der US-Amerikaner Chambers konstruiert eine Düngerstreumaschine, die sich bald allgemein durchsetzt. →

Der deutsche Physiker Julius Plücker erfindet die nach dem Bonner Hersteller Heinrich Geißler »Geißlersche Röhren« genannten Gasentladungslampen. →

Der Engländer Gibson erfindet die Sprengringbefestigung der Radreifen auf dem Rade.

Der Ingenieur A. Merian versieht die Chaussee von Travers nach Pontarlier erstmals mit einer Asphaltdecke. →

Der Deutsche Friedrich Adolph Nobert fertigt Interferenzgitter mit 443 bis 3544 Linien pro mm zur Prüfung des Auflösungsvermögens von Mikroskopen an.

Paul Pretsch erfindet die Fotogalvanographie (oder Heliographie) zur galvanoplastischen Herstellung von Tiefdruckplatten.

Werner Siemens erfindet den sogenannten Sechsrollenmotor (Tellermaschine), einen Elektromotor, bei dem sechs im Kreis angeordnete Elektromagneten zyklisch erregt werden.

Der englische Mathematiker George Boole entwickelt die Binäralgebra. →

Der deutsche Mechaniker Heinrich Goebel stellt eine verbesserte Glühbirne her und beleuchtet damit seine Werkstatt. →

Der italienische Ingenieuroffizier Ignazio Porro verwendet erstmals Glasprismen in optischen Instrumenten und leitet damit die Entwicklung der Prismenferngläser ein.

Der englische Kapitän Ross Ward erfindet die erste brauchbare Schwimmweste.

17. 7. Die erste Gebirgseisenbahn, die Semmeringbahn in Österreich, nimmt den Betrieb auf. →

GESTORBEN:

6. 7. Berlin: Johann Friedrich August Borsig (* 23. 6. 1804, Breslau), deutscher Industrieller.

7. 7. München: Georg Simon Ohm (*16. 3. 1789, Erlangen), deutscher Physiker. →

GEBOREN:

12. 7. Waterville/New York: George Eastman († 14. 3. 1932, Rochester/New York), US-amerikanischer Erfinder und Industrieller.

5. 11. Carcassonne: Paul Sabatier († 14. 8. 1941, Toulouse), französischer Chemiker.

Die 41 km lange Semmeringbahn bezwingt als erste Eisenbahnlinie Gebirge

17. Juli 1854. *Die österreichische Semmeringbahn, mit deren Streckenbau im Jahr 1848 begonnen worden war, nimmt als erste durch gebirgiges Gelände verlaufende Eisenbahnlinie der Welt ihren regulären Betrieb auf (Abb.).*

Die 41 km lange Strecke von Gloggnitz nach Mürzzuschlag erreicht bei 899 m über dem Meeresspiegel im 1428 m langen Semmeringtunnel ihre höchste Stelle. Unterwegs passiert sie 14 weitere Tunnel und überquert 16 teilweise kühn angelegte Steinbogenviadukte. In einem Wettbewerb auf der bereits 1851 fertiggestellten Nordrampe konkurrierten vier Lokomotiven aus Belgien, München, Wiener Neustadt und Wien. Für den regulären Betrieb wird dann aber von der Firma Engerth eine neue, speziell für den Einsatz im Gebirge vorgesehene Lokomotive entwickelt.

Erster Asphaltstraßenbau in Frankreich

1854. Der Ingenieur A. Merian versieht als erste die Chaussee von Travers nach Pontarlier in Frankreich mit einer Asphaltdecke. Er läßt den Asphalt, den er durch Erhitzen zu Pulver zerkleinert hat, in gleichmäßiger Schicht auf den Oberbau der Landstraße aufbringen und anschließend festwalzen.

Über den Staub, der auf Chausseen aufgewirbelt wurde, klagte man schon zu Zeiten des Pferdewagens. Mit dem Aufkommen der Dampfwagen wurde die Situation unerträglich. Erste Abhilfe schaffte 1819/20 der britische Wegebaubeamte John Loudon McAdam, der die Straßendecke aus etwa 7 cm großen Steinen in Packlagen aufschüttete und sie dann einfach mit Kies abdeckte (»Makadamisieren«).

Merians Idee, Straßen zu asphaltieren, setzt sich zuerst in Frankreich und in Süddeutschland, aber bald auch in Italien durch. Während man in Deutschland fast ausschließlich städtische Straßen asphaltiert, baut man in Frankreich und in Italien auch viele Überlandstraßen auf diese Weise aus. Zunächst verwendet man natürlichen Asphalt aus Trinidad und vom Toten Meer und beutet auch ein kleines Vorkommen in der Nähe des Dorfes Limmer bei Hannover aus. Schnell geht man aber dazu über, Kalkstein mit Bitumen zu vermengen und die Masse zu stampfen. Das Gemisch wird auf Schotter-, Pflaster- oder Betonunterlagen aufgetragen. Es bleibt etwas weich und dämpft damit den Verkehrslärm, vor allem aber dämpft es die Straßenunebenheiten, so daß die Pferde- und Dampfwagen mit ihren eisernen Reifen weicher laufen.

Entwicklung des Straßenbaus in den Ländern Europas

9. Jahrhundert v. Chr.: In den orientalischen Großreichen werden die militärisch wichtigen Straßen als erste mit einem festen Untergrund versehen.

6. bis 3. Jahrhundert v. Chr.: Das alte Griechenland verfügt nicht über befestigte Landstraßen.

3. Jahrhundert v. Chr. bis 2. Jahrhundert n. Chr.: Die Römer entwickeln den Landstraßenbau zu mustergültiger Höhe. Die befestigten Fahrbahnen werden sorgfältig nivelliert und möglichst geradlinig angelegt. Das Netz beträgt schließlich über 100 000 km.

4. bis 17. Jahrhundert: Das europäische Straßennetz verfällt.

18. Jahrhundert: Die bisherigen Feld- und Karrenwege erhalten – vor allem in Frankreich – feste Unterbauten und Schotterdecken.

1819/20: Das Makadamisieren der Straßen kommt auf.

1854: Erste Straßen mit Asphaltdecken werden angelegt.

1865: Bei Edinburgh erhält die erste Straße eine Betondecke.

Sinsteden erfindet den Akkumulator

1854. Der Militärarzt Wilhelm Joseph Sinsteden entdeckt den elektrochemischen Effekt, der das Grundprinzip des Bleiakkumulators darstellt.

Bei dem Versuch, Schwefelsäure galvanisch zu zersetzen, verwendet Sinsteden Blei-Elektroden. Er beobachtet, daß sich beim Stromfluß die positive Elektrode mit Bleisuperoxid bedeckt und dadurch in der Voltaschen Spannungsreihe (→ 1800) stärker negativ wird als die Kathode des Bades. Schaltet er die äußere Stromquelle ab und verbindet er die beiden Elektroden über einen Stromkreis, dann fließt in diesem ein weitaus kräftigerer Strom in Gegenrichtung bis sich das Superoxid wieder zersetzt hat.

1859 macht ohne Kenntnis des Sinstedenschen Experiments der französische Physiker Raymond Louis Gaston Planté dieselbe Beobachtung und benutzt sie zur Herstellung von sogenannten »Sekundärelementen«, »Akkumulatoren« oder »Stromsammlern«.

Georg Simon Ohm – Physiker und Lehrer

7. Juli 1854. Im Alter von 65 Jahren stirbt in München der deutsche Physiker Georg Simon Ohm.

Der Sohn eines Erlanger Schlossermeisters studierte an der Universität seiner Vaterstadt drei Semester Mathematik und Physik und wurde dann Lehrer an einer Privatschule in Bern. Nach 1811 promovierte er in Erlangen zum Dr. phil. Nach verschiedenen Lehrtätigkeiten

Georg S. Ohm

in Bamberg zog er nach Köln, wo er → 1826 das Ohmsche Gesetz (Spannung = Stromstärke × Widerstand) fand. Danach lebte er bei seinem Bruder in Berlin, wo er »die galvanische Kette mathematisch bearbeitete«. 1833 wurde er Physikprofessor in Nürnberg und 1852 in München. Seit dieser Zeit beschäftigte er sich vor allem mit Vorgängen bei der Überlagerung von Lichtwellen (»Interferenz«).

Die Glühbirne verbessert

1854. Der deutsche Mechaniker Heinrich Goebel stellt eine verbesserte Glühbirne her und beleuchtet damit seine Werkstatt.

Die erste Vakuumglühbirne mit einem leuchtenden Platindraht fertigte bereits → 1840 der britische Ingenieur William Robert Grove an, doch besaß seine Konstruktion keine große Lebensdauer. 1845 erhielt der US-Amerikaner J. W. Starr ein Patent auf eine evakuierte Glaskolbenlampe, in der elektrisch beheizte Kohlefäden glühten. Der Engländer Joseph Swan nahm den Gedanken auf und baute mehrere derartige Lampen, gab aber seine Versuche bald wieder auf.

Goebels Erfindung stellt die erste auch praktisch einsetzbare Glühbirne dar. Der Mechaniker verwendet eine luftleer gepumpte Glasglocke, in der als Leuchtkörper eine verkohlte Bambusfaser zur Gelbglut gelangt. Doch setzt sich auch diese Erfindung nicht durch, weil es noch an zuverlässigen und preiswerten Stromquellen fehlt.

Erst mit zwei praktisch zeitgleichen

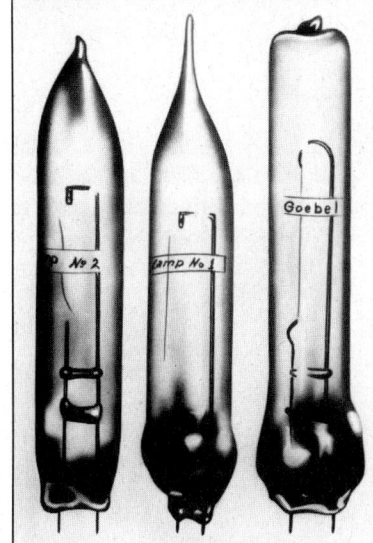
Erste Glühlampen von Heinrich Goebel aus dem Jahr 1854

Entwicklungen des Engländers Swan und des US-Amerikaners Thomas Alva Edison gelingt dem elektrischen Glühlicht der Durchbruch, zumal Edison für die nötigen Elektrizitätswerke sorgt (→ 1878).

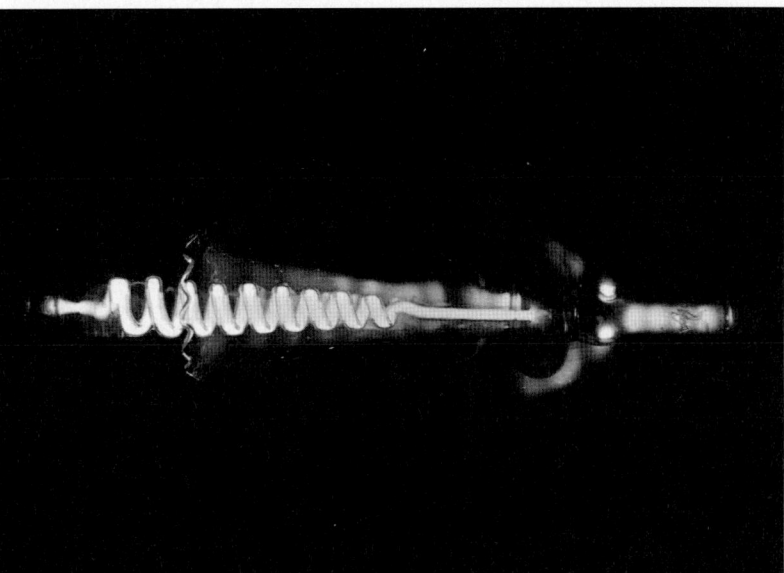

Plücker erfindet die Gasentladungslampe

1854. Der deutsche Physiker Julius Plücker erfindet die nach dem Bonner Hersteller Heinrich Geißler »Geißlersche Röhre« benannte Gasentladungslampe (Abb.: Geißlersche Röhre).
Die bis auf wenige Millimeter Quecksilbersäule luftleer gemachten Glasröhren besitzen an ihren Enden zwei Elektroden, die Plücker mit den Sekundärwicklungen eines Rühmkorff-Induktors (→ 1850) verbindet. Bei Stromdurchgang leuchtet das Gas je nach seiner Zusammensetzung mattweiß oder in verschiedenen Pastellfarben auf. Durch Ionenleitung werden infolge molekularer Vorgänge in den Geißlerschen Röhren Photonen frei, die als Licht in Erscheinung treten.

Boole entwickelt die Binäralgebra

1853. Der englische Mathematiker George Boole führt als erster logische Verknüpfungen in algebraische Gleichungen ein und legt damit den Grundstein der modernen Computerlogik.

Boole geht vom dualen Zahlensystem aus, wie es Gottfried Wilhelm Leibniz entwickelt und am 15. März 1679 als »dyadisches Zahlensystem« veröffentlicht hatte (→ 14. 11. 1716). Ein weiterer Vorläufer war Carl Drais (→ 1813). Boole deutet die »1« im Dualsystem als »Ja« oder »richtig«, die »0« als »Nein« oder »falsch« und führt die folgenden logischen Operanden ein: »und« (&), »oder« (v), »nicht« (Überstreichung).

Typische Verknüpfungen seiner Binäralgebra sind damit:

$0 \& 0 = 0; \quad 0 \& 1 = 0; \quad 1 \& 1 = 1;$
$0 \vee 0 = 0; \quad 0 \vee 1 = 1; \quad 1 \vee 1 = 1;$
$\bar{1} = 0; \quad \bar{0} = 1; \quad \bar{0} \vee 0 = 1; \quad 1 \& \bar{1} = 0;$
$\bar{1} \& \bar{1} = 0; \quad (0 \vee 1) \& (1 \vee 0) = 1.$

Dazu ergeben sich allgemein gültige Regeln wie:

$\overline{a \& b} = \bar{a} \vee \bar{b}; \qquad \overline{\bar{a} \vee \bar{b}} = a \& b;$
$a \& b = \overline{\bar{a} \vee \bar{b}}; \quad a \vee b = \overline{\bar{a} \& \bar{b}}.$

Maschine verteilt Dünger auf Feldern

1854. Der britische Maschinenbauer Chambers entwickelt eine Streumaschine, die getrockneten und zerkleinerten Dünger gleichmäßig verteilt auf Felder ausbringt. Sie setzt sich allgemein durch und gilt noch zu Beginn des 20. Jahrhunderts als beste Maschine dieser Art. Schon im frühen 19. Jahrhundert schenkte man dem Düngen der Felder große Aufmerksamkeit. Infolge der industriellen Revolution zogen in ganz Europa immer mehr Menschen vom Land in die Städte, andererseits nahm die Bevölkerung in der medizinisch besser versorgten Industriegesellschaft rascher zu als zuvor. Immer weniger Bauern mußten deshalb immer mehr Menschen ernähren. Der gesteigerte Lebensmittelbedarf läßt sich nur durch höhere Bodenerträge befriedigen. Besonders der deutsche Chemiker Justus von Liebig (→ 1831) leistete Pionierarbeit auf dem Gebiet der Erforschung der Düngerwirksamkeit. Die schwere Arbeit der Verteilung großer Naturdüngermengen auf den Feldern übernimmt jetzt Chambers' Maschine.

Um 1855. Unabhängig von Moritz Fischer (→ 1854) versieht der Franzose Pierre Michaux das Laufrad (→ 1813) mit Tretkurbeln. →

1855. Ferris in New York erfindet die Petroleumlampe. – Benjamin Silliman versieht sie mit Docht und Zugzylinder. →

Der Pariser Töpfer Bellay führt das Schablonenformen auf der Töpferscheibe ein. →

Henry Bessemer erfindet das nach ihm benannte Verfahren zur Herstellung von Stahl. →

Giovanni Caselli erfindet den Kopiertelegraphen (Pantelegraph). →

John Fowler entwickelt den Dampfpflug weiter. →

Der Franzose Guieysse führt die Schiffspanzerung ein. →

David Edward Hughes erfindet einen Typendruck-Telegraphen. →

Die Ingenieure Jones und Lanson bauen die erste Revolverdrehbank. →

Friedrich von Kobell erfindet das Stauroskop (Polarisationsapparat). →

Der Franzose Lambot fertigt Schiffsplanken aus Zementmörtel mit Eiseneinlagen. →

Jules Antoine Lissajous konstruiert das »Vibrationsmikroskop«. →

Die britische Firma Humber gibt dem Fahrrad seine endgültige Form durch die Entwicklung des Parallelogrammrahmens, des sog. »Humber-Rahmens« (→ 1813; um 1855).

Ein Brite namens Hansom konstruiert die vermutlich erste Kartoffelerntemaschine.

Der Ingenieur Lohse erbaut große Gitterbrücken über Nogat und Rhein. Er errichtet die Elbbrücke bei Hamburg. →

Der Brite J. Cowan erhält ein Patent auf einen dampfgetriebenen Panzer.

Der italienische Ingenieur Ravizza baut in Novarra eine erste Schreibmaschine mit Farbband.

Der Italiener Luigi Palmieri baut messende Seismographen. →

GESTORBEN:

23. 2. Göttingen: Carl Friedrich Gauß (* 30. 4. 1777, Braunschweig), deutscher Naturwissenschaftler.

GEBOREN:

5. 1. Fond du Lac/Wisconsin: King Camp Gillette († 10. 7. 1932, bei Los Angeles), US-amerikanischer Erfinder und Industrieller.

7. 5. München: Oskar von Miller († 9. 4. 1934, München), deutscher Techniker.

Bessemer verbilligt Stahl

1855. Der englische Erfinder Henry Bessemer entwickelt die nach ihm benannte »Bessemer-Birne«, einen Konverter für die Stahlproduktion.

Das saure Futter des stählernen Behälters begünstigt die Schlackenbildung. Die vom Boden her zugeführte Luft verbrennt die Verunreinigungen im geschmolzenen Roheisen. Der Konverter liefert

Bessemer-Konverter

Roheisenfüllung

Wind

Windkasten

Düsenboden

© Harenberg

schweißbaren Stahl mit 0,25% Kohlenstoffanteil, der nur noch 6 bis 7% des bisherigen Tiegelstahls kostet und sogar billiger als Schmiedeeisen ist.

Das Entkohlen des flüssigen Roheisens wird bereits in den Puddelöfen (→ 1788) dadurch erreicht, daß man Frischluft vorbeistreichen läßt. Bessemer versucht, diesen Prozeß zu intensivieren. Er entwirft dazu ein birnenförmiges Großgefäß aus Stahl und kleidet es feuerfest aus. Durch Zufall verwendet er dabei saures Material, und als Beschickung wählt er Roheisen ohne nennenswerten Phosphor- und Schwefelgehalt. Das Ergebnis ist eine chemische Reaktion, bei der Wärme frei wird, so daß sich der Konverterinhalt ohne weiteres Heizen von 1200 °C (Hochofentemperatur) auf 1530 °C (Schmelzpunkt des reinen Eisens) erhitzt. Ein einziger Bessemer-Konverter liefert in 20 Minuten den Tagesausstoß eines Puddelofens und erspart die schwere körperliche Arbeit des Puddelns (umrühren). Bessemer erfindet seinen Konverter bei dem Bemühen, Stahl schneller und in größeren Mengen als bisher zu erzeugen.

Henry Bessemer – ein Erfindergenie

Henry Bessemer ist ein notorischer Erfinder. Auf seinen Namen sind 117, zum größten Teil industriell verwertbare Patente registriert.

Vor allem die Einkünfte aus einer Maschine zur Herstellung von Bronzestaub zum Beschichten von Oberflächen gestattet ihm die Beschäftigung mit zahlreichen neuen Konstruktionen auf den Gebieten der Typengießerei, der Herstellung von Glas, der Eisenbahnbremsen und anderem.

H. Bessemer

Sein größter Erfolg, die Stahlverhüttung in der Bessemer-Birne, ist um so erstaunlicher, als Bessemer kein Hüttenfachmann ist. Er erkennt aber sofort die große Bedeutung seiner Erfindung.

Stahlproduktion im Bessemer-Werk: Nach der Veredelung in der sog. Bessemer-Birne wird der Stahl in Tiegel gegossen

Lohses mächtige eiserne Fachwerkbrücken überqueren die Nogat, den Rhein und die Elbe

1855. Der deutsche Ingenieur Lohse erbaut große Gitterbrücken über die Nogat bei Marienburg und über den Rhein bei Köln. Nach einem völlig neuen Konstruktionsplan errichtet er die Elbbrücke Hamburg/Harburg. Auf keinem anderen Gebiet des Hochbaus treten die Entwicklung der Berechnungsmethoden und der Wandel in der statischen Auffassung so sichtbar in Erscheinung, wie bei den großen eisernen Fachwerkbrücken in der zweiten Hälfte des 19. Jahrhunderts. In den 50er und 60er Jahren entsteht vor allem in Deutschland und in den USA eine ganze Reihe neuer Trägersysteme, die oft nach ihren Erfindern benannt werden und alle zu ganz charakteristischen Brückengestalten führen. Während man in Amerika und England (Abb.: Eisengitterbrücke in Newcastle) die Knotenpunkte der Brücken als Gelenke ausbildet, bevorzugen die deutschen Ingenieure starr vernietete Verbindungen, weil diese der statischen Berechnung leichter zugänglich sind. Unter den Brückenbauingenieuren treten neben Lohse vor allem Friedrich August von Pauli und – einige Jahre später – Johann Wilhelm Schwedler und Heinrich Gottfried Gerber hervor.

Großschleusen am Sault-Ste.-Marie-Kanal

1855. Der US-Bundesstaat Michigan stellt den Sault-Sainte-Marie-Kanal zwischen dem Huronsee und dem Oberen See fertig, einen Binnenschiffahrtsweg mit zahlreichen Großschleusenanlagen. Der Kanal ist ein Teil des St.-Lorenz-Seewegs. An der Stelle des neuen Kanals hatten schon 1799 britische Pelzhändler einen Schiffahrtsweg eingerichtet, der etwas weiter nördlich verlief. Er wurde 1814 bei kriegerischen Auseinandersetzungen zerstört. Die neue Binnenwasserstraße muß u. a. die Stromschnellen des Ste.-Marie-Flusses umgehen, die etwa 14 Meilen unterhalb des Oberen Sees über 6 m weit hinabstürzen. Der Kanal überwindet den Höhenunterschied in einer der größten Kammerschleusen der Welt. Die große »Soo«-Schleusenanlage besteht aus einem ober- und einem unterwasserseitigen Vorhafen, dem sog. Oberhaupt und dem Unterhaupt, die die Schleusentore fassen, und der eigentlichen Schleusenkammer. Die Kammer läßt sich entweder direkt durch die Tore hindurch fluten und entleeren oder über kurze Umwegkanäle, die um die Schleusenhäupter herumgeführt sind. Neben der Soo-Schleuse gibt es im Kanal vier weitere Schleusenanlagen.

Zur Zeit der Anlage des Wasserwegs geht man in der Binnenschiffahrt weltweit vom »Treideln« ab, also vom Schleppen der hochseegängigen Schiffe durch Pferde oder Dampflokomotiven von Land aus, und führt eigene kleine Schleppschiffe ein, die die Ozeanriesen ziehen und zugleich den Kanallotsen an Bord haben.
Der neue Kanal entwickelt sich in dem rohstoffreichen, dünnbesiedelten Gebiet schnell zu einem wichtigen Ferntransportweg und wird später zu einer der meistbefahrenen Wasserstraßen der Welt. Transportgüter sind Eisenerz, daneben aber auch große Mengen von Kohle, Kalksteinen, Schotter, Bauholz und später auch Öl.
Von Anfang Dezember bis spät in den April hinein kann der Kanal allerdings wegen Eisgangs nicht befahren werden.

Schleuse in Südfrankreich, ähnlich aufgebaut wie die »Soo«-Schleuse (USA)

Neue Materialien für den Schiffbau

1855. Zwei französische Ingenieure beschreiten neue Wege im Schiffbau. Zum einen erhält der Schiffbauer Lambot ein Patent auf die Herstellung von Schiffsplanken aus Zementmörtel mit Eiseneinlagen (→ 1849). Natürlich lassen sich auf diese Weise nur kleinere Boote herstellen, die in der Binnenschiffahrt eingesetzt werden. Zum anderen entwirft sein Fachkollege Guieysse auf Anregung des Ingenieurs Dupuy de Lôme für den Krimkrieg erstmals schwimmende Panzerbatterien. Das sind mit Stahlplatten verkleidete, beschußsichere Schiffe. Bereits 1834 hatte der Franzose Paixhans die Schiffspanzerung gefordert, da die hölzernen Schiffe immer wieder durch Strandbatterien leckgeschossen wurden. Die zunächst drei französischen Panzerbatterien, die Schiffe »Tonnante«, »Lave« und »Devastation«, die als Vorläufer der modernen Schlachtschiffe gelten, bewähren sich im Krimkrieg. Am 9. September greifen sie erfolgreich die russischen Fortbatterien an. Die Folge ist die bisher größte Selbstversenkung in der Geschichte der Schiffahrt durch die Russen. Sie vernichten ihre Schwarzmeerflotte (117 Schiffe).

Drehbank wird zum Fertigungsautomat

1855. Unabhängig voneinander entwickeln Elisha K. Root und Samuel Colt (→ 1842) einerseits und die Ingenieure Jones und Lanson andererseits die Drehbank zur Revolverdrehbank weiter.

Eine ähnliche Maschine konstruieren auch – möglicherweise sogar schon einige Jahre früher – die Gründer der US-amerikanischen Firma Pratt und Whitney.

Das Prinzip der Revolverdrehbank besteht darin, an einem drehbaren Werkzeugträger, dem Revolverkopf, mehrere unterschiedliche Drehwerkzeuge anzubringen und sie nacheinander in Arbeitsstellung zu bringen. Dadurch müssen die Werkstücke nicht für jeden Bearbeitungsgang auf andere Drehmaschinen umgespannt bzw. immer wieder die Profildrehstähle gewechselt werden. Das erspart nicht nur Zeit, es führt auch zu exakt gleichen Fertigungsteilen. Die zunehmend enger werdenden Fertigungstoleranzen sind insbesondere bei Serienprodukten von großer Bedeutung, weil die Einzelteile ganzer Bauserien damit austauschbar werden.

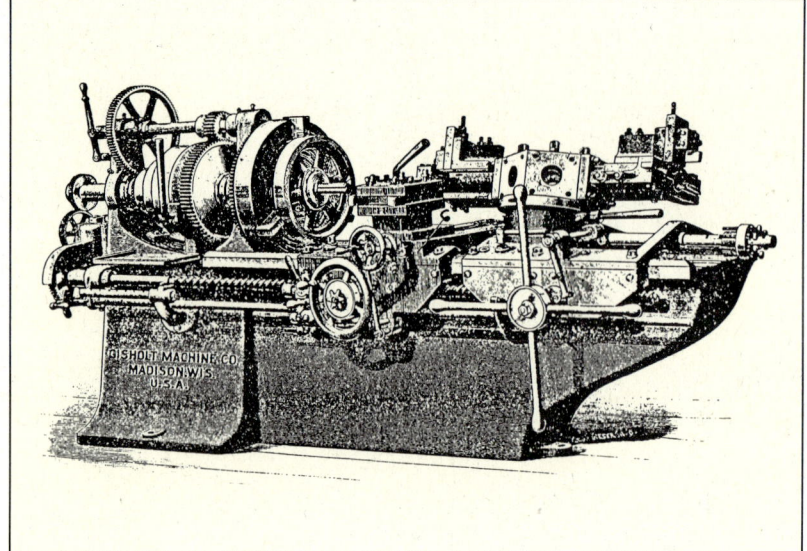

Revolverdrehbank der US-Firma Gisholt Machine Co. aus der zweiten Hälfte des 19. Jahrhunderts; der Revolverkopf ist schräg zur Drehachse montiert

Die Revolverdrehbank stellt auch den ersten Schritt von der Einzweck-Werkzeugmaschine zum Fertigungsautomaten dar.

1873 entwickelt Christopher M. Spencer aus den USA die Revolverdrehbank zum »Hartford-Werkzeugautomaten« weiter, bei dem Nocken Hebel steuern, die die Werkstücke nachschieben und die Werkzeuge wechseln. Spencers Automat stellt zunächst Schrauben, Muttern, Zahnräder usw. für Nähmaschinen in großen Mengen her.

Darüber hinaus gründet Spencer aber bald die Hartford Machine Screw Company, deren Werkzeugautomaten vorbildlich für die Ausbildung dieses Maschinenzweiges werden und zur weltweiten weiteren Entwicklung handgesteuerter Werkzeugmaschinen beitragen.

Seismograph zeigt Erdbebenstärke an

1855. Der italienische Physiker Luigi Palmieri baut den ersten Seismographen, der die Stärke und die Dauer von Erdbeben anzeigt und registriert.

Palmieris Instrument besteht aus mehreren U-förmigen, quecksilbergefüllten Glasröhren. Erdstöße bringen das schwere flüssige Metall zum Schwingen. Es überträgt seine Bewegung auf Schwimmer, die mit Schreibfedern verbunden sind. Die Federn wiederum verzeichnen die Ausschläge auf einer umlaufenden, mit Papier bespannten Trommel.

Etwa zur gleichen Zeit konstruiert auch der Wiener Meteorologe Karl Kreil einen Seismographen. Sein Gerät ist ein in allen Ebenen frei bewegliches schweres Pendel, das über einen leichten Übersetzungsmechanismus ebenfalls mit einer Schreibfeder verbunden ist. Auch dieses Pendel zeichnet die seismischen Vorgänge auf.

Die Vulkanologen versprechen sich von den Seismographen neue Möglichkeiten der Vorhersage von Vulkanausbrüchen, sehen ihre Erwartungen aber nicht bestätigt.

Das Vibrationsmikroskop

1855. Der französische Physiker Jules Antoine Lissajous konstruiert in Besançon ein Instrument zum Aufzeichnen von Schwingungen in Kurvenform. Hermann von Helmholtz bezeichnet das Gerät als »Vibrationsmikroskop«.

Diese entstehenden typischen Schwingungsbilder werden später als Lissajous-Figuren bezeichnet, und zwar völlig unabhängig vom Aufzeichnungsverfahren (also etwa auch die Schwingungsbilder von Elektronenstrahloszillographen; → 1889). Sie gewinnen besondere Bedeutung in der elektrischen Nachrichtentechnik.

Als Schwingungsgeber verwendet Lissajous gestrichene Stimmgabeln. Sein Instrument arbeitet optisch mit oszillierenden Spiegeln, die einen von der Stimmgabel reflektierten Lichtstrahl in zwei Ebenen ablenken und auf eine Bildwand projizieren.

Mathematisch gesehen lassen sich die Lissajous-Figuren als Überlagerungen zweier zueinander senkrecht verlaufender periodischer Bewegungen mit gleichen oder unterschiedlichen Frequenzen betrachten. Die Form der Lissajous-Figuren hängt vom Amplituden- und Frequenzverhältnis sowie von der Phasendifferenz ab. Geschlossene Figuren entstehen nur, wenn der Quotient der beiden Frequenzen eine rationale Zahl ist.

Lissajous-Figuren

1:2   Frequenzverhältnis   1:3
Vertikalachse   Horizontalachse

© Harenberg

Neuer Telegraphendrucker

1855. Der Engländer David Edward Hughes erfindet einen elektrischen Typendrucktelegraphen, der mit »fliegendem Druck« arbeitet. Die einzelnen Typen sind am Umfang eines Rades angeordnet, das ständig rotiert. – Der Apparat wird erst 1866 in Deutschland und 1868 auf internationalen Telegraphenlinien zum Betrieb zugelassen.

Der Mechanismus von Hughes' Drucktelegraphen arbeitet elektromagnetisch. Der Apparat kann pro Minute etwa 180 Zeichen abdrucken. Das Gerät ist mit einem Dechiffriermechanismus ausgestattet, der die ankommenden Stromzeichen auswertet und den Elektromagneten so steuert, daß dieser immer in dem Moment anzieht, in dem der erkannte Buchstabe auf dem rotierenden Typenrad vor ihm steht.

Der »Hughes-Telegraph« in Betrieb: Ein Arbeitstisch im Inlandsaal des Haupttelegraphenamtes in Berlin

Erfinder streiten um Tretkurbelfahrrad

Um 1855. Der französische Wagenbauer Pierre Michaux beschäftigt sich mit der Konstruktion eines Fahrradantriebs.

Die Trethebel des schottischen Schmieds Kirkpatrick Macmillan (→ 1838) und die Vorderradtretkurbeln des Schweinfurter Instrumentenbauers Philipp Moritz Fischer (→ 1853) kennt er nicht. So skizziert er zunächst Konstruktionsentwürfe. Einmal denkt er an eine Exzenterkurbel am Hinterrad, die mit einer langen Handstange gedreht werden muß. Später kommt er auf die Idee, das Rad anzutreiben, wie einen Schleifstein: Mit Tretkurbeln.

Wann dieses »Später« ist, darüber gehen die Meinungen auseinander. Ursprünglich ist stets vom Jahr 1855 die Rede. 1893 versichert jedoch Michauxs Sohn Henry in einem Brief, das Jahr 1861 sei korrekt. Fest steht, daß Pierre Michaux in seiner Erfindung Zukunftschancen sieht und eine Fertigung für Tretkurbelfahrräder einrichtet. Er baut den Rahmen bald aus Eisen statt aus Holz und befestigt den Sattel federnd auf einem schwach gebogenen Stahlband. Außerdem bringt er bereits eine gegen den Radreifen drückende Hinterradbremse an. Bei seinen praktischen Arbeiten unterstützt ihn sein Sohn Ernest.

Fertigt Michaux sein erstes Tretrad in der Tat erst 1861, dann kommt ihm ein anderer Franzose

Ernest Michaux, der Sohn des französischen Fahrradbauers Pierre Michaux, mit einem eisernen Tretkurbelfahrrad (»Michauline«) von 1868

zuvor: Der Schmied und Karosseriebauer Pierre Lallement aus Pont-à-Mousson, der nach eigenen Angaben 1860 eine erste einspurige Draisine mit Tretkurbeln baut: Er habe bei einem Trödler aus Nancy für wenig Geld ein altes Laufrad gekauft und daran den von ihm erdachten Antrieb ausprobiert. Die Pedale seien einfa-

che Buchsbaumspulen gewesen, durch die er Eisenstäbe gesteckt habe. Aber die primitive Maschine liefe und habe sich bewährt. Freunde hätten ihm vorgeschlagen, sein Fahrrad in Paris vorzuführen, und das sei 1863 auf dem Boulevard Saint-Martin geschehen. Fest steht, daß Lallement in diesem Jahr Michaux kennenlernt und sich entschließt, dessen Mitarbeiter zu werden. Er selbst will auch in der Werkstatt des Pariser Wagners das erste Zweirad mit Tretkurbelantrieb gebaut haben. Michaux und Lallement fertigen vorübergehend gemeinsame »Michaulinen«, bevor Lallement nach Amerika auswandert. Zusammen mit einem Partner, James Carrol, fabriziert er in Ausonia die ersten Fahrräder der Neuen Welt. 1866 erhält er ein Patent auf diese amerikanischen Maschinen. Aber der erhoffte kommerzielle Erfolg bleibt ihm in den USA versagt. Mittellos kehrt er 1867 nach Paris zurück, wo Michaux inzwischen glänzende Geschäfte mit dem Fahrrad macht und als Erfinder des Tretkurbelantriebs gefeiert wird.

»Fahrrad von 1855«, wahrscheinlich von Lallement um 1864 gebaut

Dampfpflug jetzt reif für die Praxis

1855. Der britische Erfinder John Fowler entwickelt den Dampfpflug zur praktischen Einsatzreife.

Bereits 1810 hatte ein Konstrukteur namens Pratt von stationären Dampfmaschinen aus Erdbearbeitungsmaschinen an Ketten über den Acker gezogen. Fowler verlegt ein Seil über Rollen um drei Seiten des Feldes; die vierte Seillänge folgt der jeweils zu pflügenden Furche. Das Seil zieht den Pflug. Es wird von der Dampfmaschine einseitig auf einer großen Trommel aufgewickelt, am anderen Ende von einer ebensolchen abgespult.

Petroleumlampe in Amerika erfunden

1855. Der US-Amerikaner Benjamin Silliman erfindet die Petroleumlampe mit nachführbarem Docht und Zugzylinder.

Petroleum wurde erstmals 1819 zum Beleuchten von Gruben in Galizien verwendet. 1837 erfand ein gewisser Beale eine Petroleumlampe ohne Docht, aber mit einer Gebläsevorrichtung, die dem Erdöldestillat genügend Frischluft zuführte, damit es einwandfrei brennen konnte. Sillimans Lampe führt der Flamme den Brennstoff durch die Saugwirkung des Dochts zu. Im Glaszylinder entsteht durch die aufsteigenden heißen Verbrennungsgase ein Sog, der von unten die notwendige Frischluft heranführt.

Scheibentöpferei wird mechanisiert

1855. Der Pariser Keramikproduzent Bellay führt für das Formen Schablonen ein und ermöglicht damit Serienfertigung.

Bisher wurde auf der rotierenden Scheibe von Hand gearbeitet. Der plastisch formbare Ton wurde mit Handflächen und Fingern während des Drehens hochgezogen und gestaltet. Bellay mechanisiert diese Arbeit mit seinen Schablonen. Mit ihnen lassen sich keramische Massenartikel von einheitlichen Standardformen herstellen. Zugleich wird die Fertigung wesentlich beschleunigt, zumal sich Teller, Tassen usw. gleichzeitig innen und außen bearbeiten lassen.

1856

In Zlatno (Ungarn) erfindet ein Chemiker namens Pantotsek irisierendes Glas. →

Richard Archibald Broomann in England erhält ein Patent auf das pilgerschrittweise Auswalzen dickwandiger Hohlkörper zu dünnwandigen Rohren. →

Der Zecheningenieur Carvès richtet auf der Kokerei von Lebrun in Commentry (Frankreich) den ersten Koksofen ein, der die Gewinnung der Nebenprodukte Teer und Ammoniak zuläßt.

Thomé de Gamond schlägt die Untertunnelung des Ärmelkanals für eine Schienenverbindung Englands mit dem Kontinent vor. →

August Leonhardi in Dresden erfindet die sog. Alizarintinte, die eine völlige Umwälzung in der Tintenfabrikation bewirkt.

Justus von Liebig entwickelt ein Verfahren zur Vergoldung von Hohlkörpern.

Der englische Ingenieur Robert Mallet stellt einen Riesenmörser von 91,5 cm Seelenweite, den sogenannten Palmerstonmörser, her. →

Der 18jährige Student William Henry Perkin entdeckt das Mauvein, die erste praktisch verwertete Anilinfarbe. →

Friedrich Siemens führt den von ihm und seinem Bruder Wilhelm konstruierten Regenerativ-Gasofen in die Glasfabrikation ein. →

Werner Siemens erfindet den Zylinderinduktor und den Magnet-Induktionszeigertelegraphen. →

Werner Siemens erfindet den Doppel-T-Anker. →

Nach dem Prinzip des erst vor kurzem erfundenen Bunsenbrenners baut die englische Firma Pettit and Smith den ersten brauchbaren Gasofen.

Hamilton Smith erfindet die Schnellfotografie (Ferrotypie).

Wilhelm Zenker erfindet die Farbfotografie.

Der Engländer Joseph Whitworth entwickelt ein Meßgerät, das bis zu 1/40 000 mm genau messen kann. →

GESTORBEN:

9. 7. Turin: Amedeo Graf Avogadro von Quaregna und Ceretto (* 9. 8. 1776, Turin), italienischer Physiker und Chemiker.

GEBOREN:

13. 5. Remscheid: Reinhard Mannesmann († 20. 2. 1922, Remscheid), deutscher Techniker und Industrieller.

18. 12. Cheetham Hill/ Manchester: Sir Joseph John Thomson († 30. 8. 1940, Cambridge), britischer Physiker.

Probleme mit Großmörser

1856. Der britische Ingenieur Robert Mallet baut ein kurzrohriges Steilfeuergeschütz – einen Mörser – von 91,5 cm innerer Rohrweite. Diese Kanone, die als »Palmerstonmörser« bekannt wird, ist jedoch bereits nach dem vierten Schuß unbrauchbar.

Trotz des Mißerfolges ist der Mörser ein wichtiger Schritt in der Weiterentwicklung der Kanone. Der Trend geht seit langem dahin, immer größere Geschütze herzustellen. Mallets Riesenkonstruktion beweist eindeutig, daß sich eine Wirkungssteigerung der Kanonen nicht durch bloße Kalibervergrößerung erreichen läßt.

Versuche, gigantische Geschütze zu bauen, gab es schon früher: Das älteste Beispiel stammt von 1382, als Marguerite l'Enragée von Gent aus Eisenstäben, die mit Ringen faßdaubenartig zusammengeschweißt waren, eine Kanone von 64 cm Seelenweite fertigte, die 320 kg schwere Steinkugeln verschoß. 1411 goß

Einer der Großmörser der Zeit: Das Riesengeschütz vom Mont Valerien

Faule Mette in Braunschweig ein 67-cm-Rohr aus Bronze, das mit 375 kg schweren Kugeln feuerte.

Archibald Broomann walzt Eisenrohre

1856. Der britische Ingenieur Richard Archibald Broomann erhält ein britisches Patent auf eine Walzenmaschine, die dickwandige Hohlkörper pilgerschrittartig zu nahtlosen dünnwandigen Rohren umformt.

Broomann erhitzt die kurzen Rohlinge auf Rotglut und drückt sie gegen einen dicken, vorne kegeligen Dorn. Mit drei schrägstehenden Walzen schiebt er ihn unter ständigem Ausweiten weiter auf den Dorn. Die Walzen liefern sowohl die Vorschubkräfte wie die Radialkräfte zum Dünnwalzen der Rohrwand. Weil das Werkstück durch Walzenreversierung periodisch vom Streckdorn gelöst werden muß, kommt der Eindruck der pilgerschrittartigen Bewegung zustande. Die Gebrüder Mannesmann verbessern dieses Verfahren → 1885 so, daß sich massive Stäbe direkt zu Rohren auswalzen lassen.

Siemens-Brüder – Erfinder und Unternehmer

1856. Werner Siemens, der sich schon → 1847 einen Namen machte, als er zusammen mit dem Berliner Universitäts-Mechanikus Johann Georg Halske die »Telegraphen-Bau-Anstalt von Siemens & Halske« gründete, die seine Konstruktion eines Zeigertelegraphen aus demselben Jahr kommerziell verwertete, tritt durch zwei neue Erfindungen in Erscheinung. Zugleich machen seine Brüder Friedrich und Wilhelm – der sich später in England William nennt – mit eigenen technischen Innovationen von sich reden.

Werner Siemens erfindet den Zylinderinduktor als Herz eines neuen Magnet-Induktions-Zeigertelegraphen, der noch im selben Jahr bei der Bayerischen Staatsbahn und der Bayerischen Ostbahn eingeführt wird. Und er erfindet den Doppel-T-Anker, den er im Zusammenhang mit diesem Telegraphen erstmals anwendet. Der Anker ersetzt den bisherigen Scheibenanker und bewährt sich später besonders in der ebenfalls von Werner Siemens erfundenen Dynamomaschine (→ 1866). Erst

Werner Siemens
Seine Haupterfindungen sind ein neues Galvanisierverfahren (1841), ein druckender Zeigertelegraph (1847), die Guttapercha-Kabelisolation (→ 1848), das Seekabel und der Dynamo (1866). 1888 wird er vom deutschen Kaiser geadelt.

Friedrich Siemens
Der jüngste der drei Siemens-Brüder (geb. 1826) erfindet die Regenerativfeuerung zusammen mit Wilhelm (geb. 1823). Ab 1852 vertritt er die Telegraphenfirma seines Bruders Werner (geb. 1816) in Rußland und begründet das dortige Telegraphennetz.

Wilhelm Siemens
Er ist der Erfinder des Siemens-Martin-Verfahrens (→ 1864), das die Stahlfertigung revolutioniert. Er gründet 1858/65 die englische Firma »Siemens & Halske«. In England nennt er sich William und wird 1883 geadelt.

diese macht die Erzeugung von Starkstrom und damit die industrielle Nutzung der elektrischen Energie möglich. Werner Siemens verlegt in aller Welt Telegraphenleitungen und Seekabel und konstruiert → 1879 die ersten Modelle einer Elektrolokomotive, 1880 einen elektrischen Fahrstuhl und im Jahr 1881 eine elektrische Straßenbahn (→ 1884).

1877 wirkt er am Entstehen des deutschen Patentgesetzes mit;

1887 beteiligt er sich an der Gründung der »Physikalisch-Technischen Reichsanstalt«.

Friedrich und Wilhelm Siemens entwickeln den Regenerativgasofen, der es gestattet, Gase bei besonders hohen Temperaturen zu verbrennen. Sie greifen dabei ein Prinzip auf, das schon 1816 Robert Stirling bei dem von ihm konstruierten Dampfmotor verwendete: Die Wiederverwertung der Abwärme. Bereits 1705 hatte sie

Student erfindet die Anilinfarbe

1856. Der 18jährige Chemiestudent William Henry Perkin entdeckt bei der Behandlung von Anilinsulfat mit Kaliumbichromat den ersten Anilinfarbstoff, das violette Mauvein oder »Perkin-Violett«. Es ist der erste praktisch verwendete künstliche Farbstoff. Zunächst wird mit ihm Seide gefärbt.

Die verfügbaren Farbstoffe hatten sich seit dem Altertum bzw. seit prähistorischen Zeiten kaum geändert. Noch um 1850 färbte man ausschließlich mit Naturfarben, vor allem aus Pflanzenteilen (Indigo, Krapp) und tierischen Organismen (Purpurschnecke, Kochenille- und Kermeslaus). Um 1850 kamen Chromsalze aus Beizmittel hinzu, die die Farbstoffe licht- und waschechter machten. Perkin legt die Basis für die Entwicklung der Chemiefarben. Im Lauf der Zeit werden rund 7000 künstliche Farbstoffe entdeckt.

Neue Planung für Ärmelkanal-Tunnel

1856. Der Franzose Thomé de Gamond schlägt die Untertunnelung des Ärmelkanals für eine Schienenverbindung von England mit dem Kontinent vor. Schon → 1802 gab es diesbezügliche Pläne in Frankreich für Pferdeverkehr.

Gamond entwickelt ein sorgfältig ausgearbeitetes Konzept. Es sieht vor, zunächst 13 künstliche Inseln im Kanal aufzuschütten, durch sie Schächte abzuteufen und auf diese Weise die Anlage des Tunnels vom Meeresboden aus zu ermöglichen. Was die Franzosen gutheißen, trifft indes in England auf politischen Widerstand. 1858 lehnt der britische Premier Henry John Temple Palmerston entsprechende Anträge kurz und lakonisch ab: »Wir werden nicht bei der Verkürzung einer Entfernung mitarbeiten, die ohnehin schon viel zu kurz ist.« Nichtsdestoweniger gibt es bereits 1865 neue Baupläne, diesmal auf

Zeitgenössische Querschnittszeichnung des geplanten Kanaltunnels

Initiative des Briten Lord Hawkshaw, der zusätzlich zu konstruktiven Studien auch geologische Untersuchungen durch Sondierungen im Kalkuntergrund bei der Stadt Calais veranlaßt.

Irisierendes Glas in Ungarn gefertigt

1856. Der Glas-Chemiker Pantotsek in der Glasfabrik im ungarischen Zlatno entwickelt ein Verfahren, Glaswaren mit irisierenden Überzügen zu versehen. Er beschichtet die Oberflächen mit einer dünnen Haut von durch Metalle leicht gefärbtem Wismutoxid, die im durchfallenden Licht kaum sichtbar ist, während das von ihr reflektierte Licht in allen Regenbogenfarben schillert.

Das Irisieren des Glases erschien den Glasmachern des 19. Jahrhunderts zunächst als Geheimnis. Sie beobachteten es häufig bei alten ägyptischen und römischen Glasgefäßen und schrieben es einer geheimen oder in Vergessenheit geratenen Rezeptur zu. In Wirklichkeit beherrschten die alten Glasmacher keine derartige Kunst. Ihre Gläser irisierten nicht. Der Effekt entstand erst über Jahrhunderte durch Verwitterungserscheinungen.

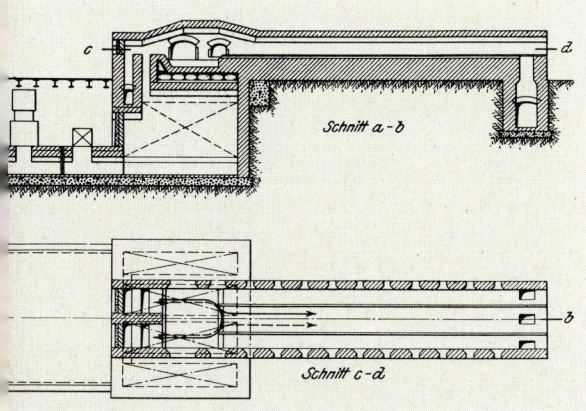

Siemens-Regenerativ-Gasstoßofen, um 1860

Siemens-Zeigertelegraph, 1847 erfunden

Induktionsmaschine mit Doppel-T-Anker (1856)

Gottfried Wilhelm Leibniz in einem Brief an Denis Papin für dessen Dampfmaschine vorgeschlagen. Die Gebrüder Siemens heizen nach diesem Regenerativprinzip mit den Abgasen eines Gasofens die Frischluft und das Gas der Feuerung vor. Durch dieses Verfahren erhöht sich die Ofentemperatur von 1000 bis 1200 °C auf rund 1700 °C. Friedrich Siemens führt einen derartigen Regenerativgasofen noch im selben Jahr in der Glasindustrie ein, die dadurch bald einen erheblichen Aufschwung verzeichnet. Sie kann neue Glassorten erschmelzen.

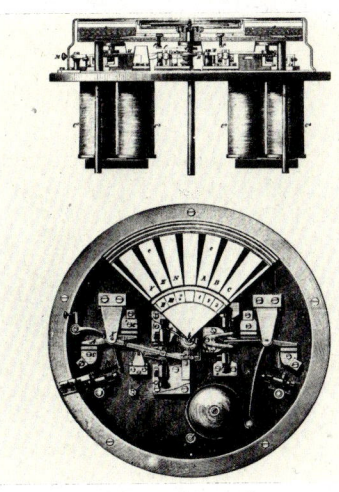

Siemens-Zeigertelegraph von 1847

Erste Siemens-&-Halske-Werkstatt

Siemens-Elektrolok in Berlin

1857

Meßtechnik wird immer präziser

1856. Der englische Maschinenbauingenieur Joseph Whitworth entwickelt ein Präzisionslängenmeßgerät, das eine Genauigkeit von $^1/_{400}$ mm besitzt. Es ist kein Serieninstrument, sondern ein speziell angefertigter Meßschraubenmechanismus mit einer Schraube von äußerst geringer Steigung.

Übliche industrielle Längenmeßgeräte der Zeit sind verschiedene, mit Mikrometerschrauben einstellbare Meßzirkel für Innen- und Außenmaße, deren Genauigkeit im Millimeterbereich liegt. Für exaktere Messungen verwendet man häufig feste Lehren, z. B. Endmaße und Drahtlehren, die als Präzisionsvergleichsmaße zur Verfügung stehen. Einfach zu handhaben sind auch Schieblehren und Fühlhebel, die mit Noniusteilung (→ 1631) auf rund $^1/_{10}$ mm genau messen und vor allem die sehr präzisen Mikrometerschrauben, bei denen manche Modelle das Ablesen von $^1/_{100}$ mm gestatten und auch $^1/_{200}$ mm noch gut zu schätzen sind.

Neue Erkenntnisse in der Fotochemie

1856. Dem deutschen Chemiker Wilhelm Zenker gelingt es erstmals, farbige Fotografien herzustellen. Er verwendet hierfür besonders lichtempfindliches Chlorsilberpapier (→ 1727). Im selben Jahr entwickelt der Engländer Hamilton Smith die sogenannte Schnellfotografie oder Ferrotypie.

Zenker untersucht das Phänomen seiner Farben wissenschaftlich und gelangt bald zu der Erkenntnis, daß es in Analogie zu stehenden Schallwellen auch stehende Lichtwellen geben müsse. Er geht davon aus, daß derartige stehende Wellen in der fotografischen Schicht, auf die sie auftreffen, das Silberchlorid zu metallischem Silber reduzieren, das wegen seiner Dünne als durchsichtiger und gleichzeitig spiegelnder Film wirkt und deswegen Farbeffekte zeigt.

Smith arbeitet bei seiner Ferrotypie mit schwarz lackiertem, asphaltüberzogenem Eisenblech, das er nach dem Kollodiumverfahren (→ 1850) naß belichtet. Die Methode liefert Negative, die auf dem schwarzen Grund wie Positive erscheinen.

Der Franzose Allardi versieht die bisher manuell oder mit dem Fuß angetriebene Töpferscheibe mit Dampfantrieb und Riemenvorgelege.

Der britische Ingenieur Donny erfindet Lampen, die als Sprühbrenner schwere Öle und Ölrückstände verbrennen und als »Lucigenlampe, Jupiterlicht, Wellslicht« usw. große Verbreitung finden.

Der tschechische Physiker Hajech formuliert die Gesetze der Schallbrechung beim Übergang aus einem Medium in ein anderes.

Der deutsche Physiker Hermann von Helmholtz entwickelt das Telestereoskop, das später besonders als Distanzmesser große Bedeutung erlangt.

Der deutsche Baumeister Friedrich Eduard Hoffmann entwickelt durch seine Konstruktion des ersten vollkommenen Ringofens die kleinhandwerkliche Ziegelherstellung zur industriellen Großfertigung weiter. →

Der deutsche Chemiker August Kekulé von Stradonitz entwickelt die Valenztheorie für chemische Elemente. →

Der Genfer Uhrmacher Georges Auguste Leschot erfindet den diamantbesetzten Drehbohrer. Diamantbohrer werden noch im selben Jahr versuchsweise beim Mont-Cenis-Tunnelbau als Steinbohrer eingesetzt.

Die Schiffbauwerft der Gebrüder Samuda verwendet erstmals Stahl anstelle des Eisens im Schiffbau.

C. G. Hunaus errichtet in der Lüneburger Heide den ersten Ölbohrturm. →

In einem New Yorker Geschäftshaus verkehrt der erste Personenaufzug. →

Dem französischen Maler Léon Scott de Martinville gelingt es erstmals, Schallwellen aufzuzeichnen.

Friedrich Siemens, zusammen mit seinem Bruder Wilhelm Erfinder des Regenerativflammofens, baut in Berlin einen Glasofen mit Leuchtgasfeuerung (→ 1856).

A. F. Svanberg konstruiert das erste elektrische Widerstandsthermometer.

Der Mathematiker Gabriel Lamé entwickelt in Paris die Reihendarstellung durch die nach ihm benannten Laméschen Funktionen. Als mathematisches Hilfsmittel in der theoretischen Physik führt er krummlinige Koordinaten ein.

GEBOREN:
22. 2. Hamburg: Heinrich Rudolf Hertz († 1. 1. 1894, Bonn), deutscher Physiker.

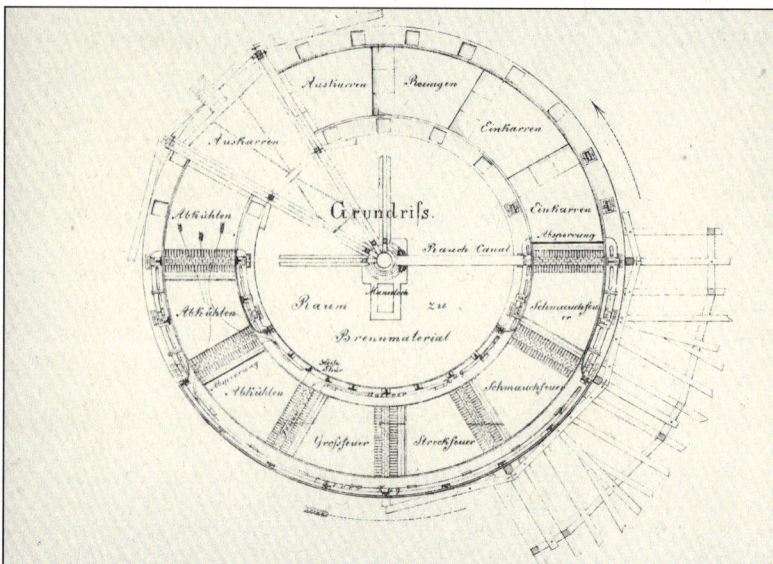

Ofen für die industrielle Fertigung von Ziegeln

1857. Der Deutsche Friedrich Eduard Hoffmann entwickelt einen Ringofen (»Hoffmann-Lichtscher Ringofen«) zum Ziegelbrennen im industriellen Maßstab. Bisher wurden Ziegel nur in handwerklichen Kleinbetrieben in Kästen geformt und dann in offenen oder geschlossenen Öfen zu Haufen aufgesetzt und in einem einmaligen Prozeß gebrannt. Hoffmanns Ringofen arbeitet erstmals kontinuierlich, wobei die Wärme der schon gebrannten Steine ständig auf neue, noch ungare Ware übertragen wird. Auch die Formgebung geschieht maschinell (Abb.: Patentzeichnung aus dem Jahr 1858).

Erste Bohrungen nach Öl

1857. Der Deutsche G. C. Hunaus führt in der Lüneburger Heide in Wietze bei Hannover die ersten planmäßigen Bohrungen nach Erdöl durch. Im selben Jahr werden in Rumänien zwei Ölquellen durch Graben mit Hacke und Schaufel erschlossen. Erdöldestillate sind besonders als Brennstoffe für die Raumheizung und als Leuchtöl für Lampen gefragt.

In seinem Werk »De re metallica« beschrieb → 1556 der deutsche Mineraloge Georgius Agricola, wie man Erdöl an Sickerstellen abschöpfen und durch Erhitzen eindicken könne, um daraus ein Material zum Kalfatern von Schiffen und zum Imprägnieren zu gewinnen. Gegen 1650 wurde das Erdöl dann erstmals destilliert. Man gewann daraus Wagenschmiere, Lack- und Farbbindemittel, Lampenöl und andere Produkte. → 1850 stellte der schottische Chemiker James Young das Lampenöl Paraffin aus Schieferkohle her. Es kommt um 1860 auf den Markt. In den USA entwickelte der Brite Abraham Gesner daraufhin ein Konkurrenzprodukt, das er Kerosin nannte (nicht zu verwechseln mit dem späteren Flugzeugtreibstoff) und durch Destillation aus Asphaltgestein gewann, indem er Asphaltdämpfe kondensieren ließ. Die Ende der 1850er Jahre niedergebrachten Ölbohrungen bilden den ersten Schritt zum Aufbau einer Petroleumindustrie.

Rekonstruierte Bohrtürme (um 1860) im Erdölmuseum in Wietze

1858

Kekulé formuliert die Valenztheorie

1857. Der deutsche Chemiker August Kekulé von Stradonitz entwickelt eine Theorie, die den chemischen Elementen bestimmte »Wertigkeiten« oder »Valenzen« zuspricht, nach denen sie sich miteinander verbinden.

Kekulé setzt die Wertigkeit des Wasserstoffatoms, das niemals mehr als ein anderes Atom binden kann, gleich »1«. Die Valenzzahlen anderer Atome geben an, wie viele Wasserstoffatome das betrachtete Atom binden oder in einer Bindung ersetzen kann. So ist der Sauerstoff zweiwertig, weil er – etwa im Wasser (H_2O) – zwei Wasserstoffatome binden kann. Stickstoff ist dreiwertig, Kohlenstoff vierwertig usw. Es gibt auch zahlreiche Elemente, die verschiedene Wertigkeiten aufweisen können, etwa das Eisen (Fe), das im Eisen-II-Oxid (FeO) zweiwertig ist (weil ein Eisenatom ein zweiwertiges Sauerstoffatom bindet), im Eisen-III-Oxid (Fe_2O_3) aber dreiwertig (zwei Eisenatome auf drei zweiwertige Sauerstoffatome).

Personenaufzug in New Yorker Haus

1857. Die von Elisha Graves Otis in New York gegründete Otis Steam Elevator Company installiert in dem fünfstöckigen Gebäude des Porzellanwarengeschäfts E. V. Haughwout & Co. am Broadway den ersten Personenaufzug der Welt. Der Lift wird von einer Dampfmaschine angetrieben und kann sechs Personen mit einer Geschwindigkeit von 10 m/min befördern. Die Erfindung leitet alsbald den Hochhausbau ein.

Otis war Maschinenmeister in einer New Yorker Bettgestellfabrik. Dort wurden schwere Maschinenteile mit Dampfseilwinden in höhere Geschosse gehievt. Um Gefahren bei einem Seilriß auszuschalten, erfand Otis 1852 eine Sicherungsvorrichtung, die darin bestand, daß er das Zugseil an einer gebogenen Bandfeder oben am Förderkorb befestigte. An der Schachtwand verlief senkrecht eine Zahnstange. Riß das Förderseil, so sprang die Feder los und griff mit ihren Enden in die Zähne, so daß der Korb zum Stehen kam. Das ist die Erfindung auch für die Sicherung des Personenaufzugs.

Der preußische Telegraphendirektor Etienne von Chauvin erfindet den Doppelglocken-Porzellanisolator für Telegraphenfreileitungen.

Der deutsche Chemiker August Kekulé von Stradonitz veröffentlicht eine für die Entwicklung der organischen Chemie wichtige Abhandlung über die Vierwertigkeit des Kohlenstoffs und legt damit die Grundlage für die organische Chemie.

Theodore de Kock schlägt vor, die in Fabrikabwässern enthaltenen Fette zurückzugewinnen. Er stellt ein entsprechendes Verfahren vor. →

Zu Verbesserung der Festigkeitswerte von Eisen legiert der Metallurge Oxland dieses Metall mit Wolfram. →

Pouncey in Birmingham entwickelt ein Fotokopierverfahren mit einer lichtempfindlichen Schicht aus Gummiarabicum, chromsauren Salzen und Pigmenten. Er nennt es »Gummidruck«.

Gustav Wiedemann erklärt den Aufbau von Magneten aus winzigen Elementarmagneten.

Friedrich Siemens baut in Liesing bei Wien den ersten Wannenofen für die Glaserzeugung mit Gasheizung.

Der Engländer Charles Wheatstone erhält ein Patent auf einen Telegraphen, der Morsezeichen auf Lochband registriert.

Die Engländer Isambard Kingdom Brunel und John Scott Russell bauen als ersten Ozeanriesen die 18 914 t große »Great Eastern«. →

Der deutsche Industrielle Friedrich Eduard Hoffmann erfindet einen kontinuierlich arbeitenden Porzellan-Brennofen, den sogenannten Ringofen.

Der amerikanische Fabrikant Hamilton Smith aus Pittsburgh, Pennsylvania, baut die erste mechanische Trommelwaschmaschine. →

Der Brite Thomas Rickett baut die erste von mehreren leichten Dampfkutschen.

5. 8. Das erste transatlantische Kabel wird verlegt, über das am 7. August das erste Telegramm von der Alten zur Neuen Welt übermittelt wird. →

GEBOREN:

18. 3. Paris: Rudolf Christian Diesel († 29. 9. 1913, ertrunken im Ärmelkanal), deutscher Ingenieur und Erfinder.

23. 4. Kiel: Max Planck († 4. 10. 1947, Göttingen), deutscher Physiker.

1. 9. Wien: Carl Auer von Welsbach († 4. 8. 1929, Schloß Welsbach), österreichischer Chemiker und Erfinder.

Kabel durchquert Atlantik

5. August 1858. Nach einem Mißerfolg im Jahr 1857 wird unter Leitung von Samuel Canning und Charles Bright am 5. August die erste, 3745 km lange Kabelverbindung zwischen England und Amerika fertiggestellt. Sie funktioniert bis zum 1. September, versagt dann aber. Schon am 10. März 1854 hatte der amerikanische Großkaufmann Cyrus West Field die »New York-Newfoundland and London Telegraph Company« mit dem Ziel gegründet, eine Telegraphenkabelverbindung zwischen Europa (England) und den USA herzustellen. Nach einem 1855 mißglückten Versuch stellte seine Gesellschaft 1856 die Teilverbindung von New York nach Neufundland fertig, die streckenweise als Kabel (unter Wasser), streckenweise als Freileitung verläuft.

Die ebenfalls von Field gegründete »Atlantic Telegraph Company« in

Erstes Übersee-Telegramm

»Europe and America are united by telegraph. Glory to God in the highest; on earth peace, good-will towards men.« – (»Europa und Amerika sind telegraphisch verbunden. Ehre sei Gott in der Höhe; Friede auf Erden, den Menschen ein Wohlgefallen.«)

---

bungsströme (Ströme, die durch die Änderung von elektrischen Feldern verursacht sind, etwa in einem Kondensator) haben die Isolation durchschlagen, und Meerwasser ist eingedrungen. Damit ist der Leiter im Kabel galvanisch mit dem Rückleiter (dem Seewasser) verbunden. Ein neues Projekt wird in Angriff genommen, doch wegen des amerikanischen Bürgerkriegs erst 1866 zu Ende geführt.

Zug (24 Wagen) mit dem sog. Ostpreußen-Seekabel beim Start in Köln

London beauftragte er 1856, ein leicht bewehrtes, einadriges Kabel von Valentia (Irland) zum 2640 km fernen Neufundland als reines Seekabel in 3500 m mittlerer Meerestiefe zu verlegen. Die ersten Versuche im Jahr 1857 mißglückten zweimal, weil das Kabel riß. Erst 1858 gelingt das Vorhaben. Ein erstes Telegramm am 7. August verkündet die Verbindung zwischen Europa und Amerika und preist Gott. Doch schon wenige Tage später sinkt der Isolationswiderstand, und am 1. September versagt das Kabel endgültig. Dielektrische Verschie-

Als Zeichenempfänger arbeitet das erst 1858 von William Thomson erfundene sog. Sprechgalvanometer. Es besteht aus einem Nadelgalvanometer (einem Strommesser [→ 1820], wie ihn 1821 der deutsche Physiker Christian Poggendorf entwickelte), an dessen Magnetnadel ein kleiner Spiegel angebracht ist. Dieser reflektiert das durch eine Linse gebündelte Licht einer Petroleumlampe und wirft es auf einen Schirm mit Gradeinteilung. Beim Telegraphieren wandert der Lichtpunkt auf dem Schirm entsprechend den Galvanometerausschlägen.

Fett-Recycling aus Industrieabwässern

1858. Der Chemiker Theodore de Kock schlägt erstmals vor, aus Industrieabwässern die darin enthaltenen Fette wiederzugewinnen.

Vor allem in der Textilindustrie fallen in den Abwässern Wollfett und Spicköle an. Spicköle sind Substanzen, mit denen beim Spinnen die Rohfasern behandelt werden, um u. a. ihre Gleiteigenschaften zu verbessern. De Kock versetzt die Abwässer mit Mineralsäuren, die die Fette binden. Die auf diese Weise ausgeschiedene Masse, das sog. »Magma«, preßt er zunächst kalt, dann heiß und gewinnt so die Öle zurück, die anschließend noch geklärt und gebleicht werden.

Wolfram veredelt Eisen

1858. Um die Festigkeitswerte von Eisen und Stahl zu verbessern, legiert der deutsche Chemiker und Metallurge Oxland diese Metalle mit Wolfram.

Wolfram ist ein weiß glänzendes, bei höheren Temperaturen walz-, zieh- und schmiedbares Material, das sich relativ beständig gegenüber Chemikalien verhält. Es ist zu nur 0,0064% in der Erdkruste enthalten und damit weitaus seltener als etwa Chrom. Industriell gewonnen wird Wolfram vor allem aus den Erzmineralien Wolframit, in dem es zusammen mit Eisen und Mangan vorkommt, und Scheelit, einem Calcium-Wolframoxid. In Eisen- und Stahllegierungen erhöht es die Verschleiß- und Warmfestigkeit und vor allem die Härte.

1821 hatte der Franzose Berthier den Chromstahl erfunden: Durch einen geringen Prozentzusatz an Chrom erreichte er eine beachtliche Erhöhung von Festigkeit und Härte von Stahl. Er fertigte aus dieser Legierung vor allem Werkzeuge und Sicherheitsplatten für Geldschränke. Oxland findet mit Wolfram einen noch besseren Legierungspartner für Stahl. Später legieren Frederick Taylor und Maunsel White den Wolframstahl zusätzlich mit Chrom und Molybdän, durch einen besonderen Schmelzprozeß erhalten sie den sog. »Schnelldrehstahl« (→ 1900).

Wäsche waschen in Trommelmaschine

1858. Der US-amerikanische Fabrikant Hamilton Smith aus Pittsburgh (Pennsylvania) baut die erste Trommelwaschmaschine.

1782 hatte der Londoner Tapezierer Henry Sidgier eine Vorform konstruiert. Er setzte eine Trommel aus Holzruten in einen sechseckigen hölzernen Trog. Die Trommel ließ sich mit einer Kurbel drehen. Bei Smiths Apparat steht die Trommel senkrecht, und der Handkurbelantrieb betätigt einen Wäschestampfer in ihrem Inneren. Später stattet Smith seinen mechanischen Waschkessel mit einem Umkehrgetriebe aus, das den Stampfer abwechselnd vor- und zurückbewegt.

Riesendampfer aus Eisen läuft vom Stapel

1858. Das von Isambard Kingdom Brunel und John Scott Russell gebaute, bisher größte Dampfschiff der Welt, die vollkommen aus Eisen konstruierte »Great Eastern«, läuft vom Stapel.

Mit 210,92 m Länge und 27 400 t Gewicht, angetrieben von zwei gewaltigen Dampfmaschinen mit je 4200 PS Leistung, ist das Schiff technisch, aber auch wirtschaftlich seiner Zeit weit voraus. Für das Verkehrsaufkommen ist es mit einer Kapazität von 4000 Passagieren und 6000 t Ladung wesentlich zu groß. Die »Great Eastern« erweist sich als Fehlinvestition und muß später als Kabelleger eingesetzt werden.

Die »Great Eastern« ist das einzige je gebaute Schiff, das sowohl über zwei seitliche Schaufelräder wie über eine Schraube am Heck verfügt. Außerdem läßt es sich noch an sechs Masten besegeln.

Der Dampfer scheint von Anfang an vom Unheil verfolgt zu sein: Auf der Probefahrt tötet eine Kesselexplosion zehn Menschen. Auf der ersten großen Fahrt von Southampton nach New York ertrinkt der Kapitän. Auf der zweiten Reise läuft das Schiff auf felsigen Grund, auf der dritten gehen Schaufelräder und Ruder zu Bruch. Der englische Konstrukteur Isambard Brunel erträgt diese Fehlschläge nicht und stirbt wenig später an psychischer Überlastung.

Maschinerie zum Verlegen von Seekabeln an Bord des Dampfschiffes »Great Eastern« von Isambard K. Brunel

Der Prince of Wales besucht die »Great Eastern« anläßlich der Inspektion eines Transatlantik-Seekabels

Der Riesendampfer »Great Eastern« nach einem Gemälde im britischen National Maritime Museum in London

Das britische Patentamt registriert ein Patent für eine Flaschenblasmaschine mit einer Kapazität von täglich 400 Stück. →

Der Franzose Ferdinand Carré baut eine Kältemaschine, in der flüssiger Ammoniak verdampft wird.

In der Nähe von Aix-en-Provence wird die erste moderne Talsperre fertiggestellt. →

Robert Wilhelm Bunsen und Gustav Kirchhoff begründen die Spektralanalyse. →

Der Engländer Warren de la Rue entwickelt die Druckfarbe für den Vervielfältigungsapparat (»Hektograph«). →

Moses G. Farmer installiert in seinem Haus in Newport die erste elektrische Hausbeleuchtungsanlage (42 Platin-Glühlampen).

Der französische Ingenieur Fleur-Saint-Denis arbeitet beim Bau der Kehler Rheinbrücke erstmals mit Caissons (Senkkästen).

Im Chausseebau ersetzt der Franzose Lemoine die Pferde-Straßenwalzen durch Dampfwalzen. →

Der Fotograf Paul Nadar und der Luftschiffer Eugène Godard machen von einem Fesselballon aus erstmals Luftaufnahmen für militärische Aufklärung. →

Der französische Physiker Gaston Planté erfindet den elektrischen Akkumulator.

Julius Plücker entdeckt die Kathodenstrahlen. →

Friedrich Schnirch erbaut die erste Kettenbrücke für Eisenbahnbetrieb, sie führt über den Donaukanal bei Wien. →

28. 8. Edwin L. Drake erbohrt in Pennsylvania in 22 m Tiefe die erste größere Petroleumquelle. →

24. 11. Die von dem französischen Ingenieur Dupuy de Lôme konstruierte erste Hochseepanzerfregatte »La Gloire« läuft in Toulon vom Stapel.

GESTORBEN:

6. 5. Berlin: Friedrich Heinrich Alexander Freiherr von Humboldt (* 14. 9. 1769, Berlin), deutscher Naturforscher.

GEBOREN:

3. 2. Rheydt: Hugo Junkers († 3. 2. 1935, Gauting), deutscher Flugzeugbauer und Industrieller.

19. 2. Wyk/Uppsala: Svante August Arrhenius († 2. 10. 1927, Stockholm), schwedischer Physikochemiker.

15. 5. Paris: Pierre Curie († 19. 4. 1906, Paris), französischer Physiker und Chemiker.

Erster größerer Erdölfund in Pennsylvania/USA

28. August 1859. *In den USA, besonders in Pennsylvania, werden erstmals größere unterirdische Erdölvorkommen entdeckt: In Oil Creek bei Titusville bringt der Unternehmer Edwin Laurentine Drake die erste Bohrung von 22 m Tiefe nieder. Drakes holzverkleideter Bohrturm ist 20 m hoch. In ihm arbeitet eine Dampfmaschine, die einen in der Mitte drehbar gelagerten Balken bewegt. An einem Ende des Balkens ist ein Gestänge angebracht, an dessen unterem Ende sich ein Bohrwerkzeug durch Auf- und Abbewegungen in den Boden frißt (Abb.: Frühe Ölbohrtürme in Pennsylvania).*

Kathodenstrahlen entdeckt

1859. Der Bonner Professor Julius Plücker entdeckt die Kathodenstrahlen und ihre magnetische Ablenkbarkeit.

Bereits → 1854 hatte Plücker die Gasentladungsröhre erfunden, die der Glasbläser Heinrich Geißler für ihn fertigte. Geißler erfand dazu eine Quecksilber-Vakuumpumpe, mit der er die neuen Glasröhrenmodelle auspumpte, die er in großer Formenvielfalt herstellte. In den stark evakuierten Röhren zeigen sich »Lichtsäulen«, die von der Kathode und von der Anode ausgehen. Plücker stellt fest, daß sich diese »Säulen« mit Magneten ablenken lassen. Außerdem zeigt sich, daß das grüne, von der Kathode ausgehende Lichtbündel auf der gegenüberliegenden Glaswand einen leuchtenden Fleck erzeugt. Johann Wilhelm Hittorf, ein Schüler Plückers, bringt zwischen Kathode und Leuchtfleck einen Draht und bemerkt, daß dieser einen Schatten wirft. Damit steht fest, daß von der Kathode Strahlen ausgehen. Hittorf und Plücker nennen sie »Glimmstrahlen«. Erst 1876 bezeichnet sie der deutsche Physiker Eugen Goldstein als »Kathodenstrahlen«. Weil sie sehr scharfe Schatten zeichnen, hält man sie zunächst für von grundsätzlich anderer Natur als Lichtstrahlen. Dieses Phänomen rührt indes nur von ihrer hohen Strahlungsenergie her.

Zeitgenössische Darstellung zu einem britischen Versuch mit Kathodenstrahlen (1860)

Sonnenforschung mit Spektralanalyse

1859. Die deutschen Wissenschaftler Robert Wilhelm Bunsen und Gustav Kirchhoff begründen die Spektralanalyse.

Seit der Entdeckung der Spektrallinien im Sonnenspektrum durch Joseph von Fraunhofer (→ 1814) haben sich zahlreiche internationale Wissenschaftler mit diesem Phänomen theoretisch und in praktischen Experimenten auseinandergesetzt. Robert Wilhelm Bunsen und Gustav Kirchhoff bleibt die Entdeckung vorbehalten, daß jede verdampfende Substanz, in eine Flamme gebracht, und jeder glühende Dampf charakteristische Spektrallinien erzeugen. Aus der Untersuchung von Linienspektren ziehen die beiden Wissenschaftler Schlüsse auf die an seiner Entstehung beteiligten Elemente. Die Methode bewährt sich besonders, wenn die zu untersuchenden Materialien Laboranalysen nicht zugänglich sind, etwa weil sie weit entfernt sind, wie astronomische Objekte, z. B. die Sonne (→ 1861).

Hektographie mit neuen Druckwalzen

1859. Der englische Fotograf Warren de la Rue entwickelt ein Verfahren, elastische Buchdruckwalzen aus Leim und Glyzerin zu fertigen. So entsteht die Walzenmasse, die für den als »Hektograph« bekannt werdenden Vervielfältigungsapparat gebräuchlich ist. Die »Hektographie« wird bald zum Standardverfahren für Handvervielfältigungen mit kleinen Auflagen.

1787 hatten der britische Wissenschaftler und Politiker Charles Earl of Stanhope und der Techniker Walker in London die erste eiserne Buchdruckpresse mit Walzen zum Einfärben des Satzes gebaut. Erstmals ließ sich damit der Druckvorgang mit nur einer Hand ausführen. Zugleich kam man mit nur einem Arbeitsgang aus. 1819 hatte dann ein Konstrukteur namens Gannal die festen Walzen durch elastische Walzen ersetzt, indem er einen hölzernen Kern mit einem Glyzerin-Gelatine-Gemisch heiß umgoß. Später verwendete man Massen aus Sirup und Leim. De la Rue ersetzt diese Massen jetzt durch Leim und Glyzerin.

Glasblasmaschine stellt Flaschen her

1859. Das britische Patentamt registriert ein Schutzrecht für eine Flaschenblasmaschine mit täglich 400 Stück Durchsatz.

Während schon vor einigen Jahren Weithalsgefäße, z. B. gläserne Becher und manche Laborgeräte, maschinengeblasen – aber noch handgeformt – wurden (→ 1856), bläst die neue Maschine ihre Produkte in eine zweiteilige hölzerne Form, die nach dem Erstarren der Flasche auseinandergenommen wird. Mit dieser Entwicklung geht eine Umgestaltung der Flaschen einher: Ihre Form wird der neuen Fertigungstechnik angepaßt. Typisch dafür sind die langhalsigen Weinflaschen, die bald auf den Markt kommen (→ 1899).

Aufklärungsballon liefert Fotografien

1859. Im Auftrag von Napoleon III., dem Kaiser der Franzosen, unternimmt der Luftschiffer Eugène Godard zusammen mit dem Fotografen Paul Nadar in der Schlacht von Solferino einen Aufstieg in einem Fesselballon. Nadar macht zahlreiche Luftaufnahmen von den gegnerischen Stellungen. Er betreibt damit als erster fotografische Luftaufklärung.

In der Nähe von Mantua kämpfen die verbündeten Franzosen und Sarden gegen die Österreicher. Die Auswertung von Nadars Fotos führt zu einer strategischen Überlegenheit, die entscheidend zum Sieg der Verbündeten beiträgt. Napoleon gewinnt in der Schlacht Savoyen und Nizza.

Straßenwalze jetzt mit Dampfantrieb

1859. Der französische Straßenbauingenieur Lemoine ersetzt die bisher üblichen Pferdestraßenwalzen durch Dampfwalzen.

Die von Tieren oder Menschen gezogene Walze ist die älteste Straßenbaumaschine. Sie existierte schon während der Antike in Ägypten. 1725 bildete der deutsche Mechaniker Jakob Leupold in seinem »Theatrum Machinarium« eine erste eiserne Straßenwalze ab, aber erst 1787 ersetzt der Franzose De Cessart die früher üblichen hölzernen und steinernen Walzen in großem Stil durch solche aus Gußeisen. Sein Landsmann, der Tiefbauingenieur Polonceau, benutzte sie ab 1830, um nacheinander verschiedene Straßenschichten festzuwalzen.

Moderne Talsperre in Südfrankreich

1859. In der Nähe der südfranzösischen Stadt Aix-en-Provence wird die erste moderne Talsperre fertiggestellt. Sie dient der Trinkwasserversorgung.

Der französische Architekt De Sazilly und wenig später auch sein Fachkollege und Landsmann Delocre fassen Staumauern erstmals nicht nur als statisches Problem (Sicherheit gegen Gleiten und Kippen), sondern als Aufgabe der Festigkeitsberechnung auf. Sie versuchen deshalb, die Spannungen in der Mauer zu ermitteln. Das führt zu neuen Profilformen. Delocre schlägt außerdem bei engen Tälern einen leicht bogenförmigen Grundriß vor. Damit wird der Wasserdruck besser abgefangen.

Die erste Stahlkabelbrücke, erbaut 1855 von dem Deutschen August Röbling: Diese Eisenbahnbrücke verbindet US-amerikanische und kanadische Linien

Erste Kettenbrücke für Eisenbahnverkehr

1859. Friedrich Schnirch erbaut die erste Kettenbrücke für Eisenbahnbetrieb. Die Brücke über den Donaukanal bei Wien besitzt freitragende, durch Strebglieder versteifte Kettenwände.

Eisenbahnbrücken wurden bisher nur als eiserne Bogenbrücken, vor allem aber als Balkenbrücken verschiedener Form (Fachwerkbrücke, Bogenträger, Kastenträger usw.) gebaut (→ 1850).

Die erste Stahlkabelbrücke spannte 1855 der deutsche Ingenieur Johann August Röbling über die Niagara-Schlucht.

Erste Eisenbahnbrücke über den Rhein bei Mainz, gebaut 1860 – 1862; verwendet wurden eingespannte Bogenträger

Das Fotografieren bietet immer mehr Menschen eine Existenzgrundlage. →

Der Brite Robert Whitehead erfindet den Torpedo mit eigenem Antrieb. →

Emil Erlenmeyer unterscheidet erstmals zwischen gesättigten und ungesättigten chemischen Verbindungen. →

Der Engländer Harrison erfindet das Weitwinkelobjektiv. →

In Narbonne entwickelt der Franzose Kirkham ein Verfahren zur großindustriellen Erzeugung von Wassergas. →

Der französische Erfinder Étienne Lenoir erhält ein Patent auf einen doppelt wirkenden Gasmotor. →

Der Italiener Antonio Pacinotti baut in Florenz den ersten Gleichstrommotor. →

In Frankreich entwickelt der Glasmacher Pellat ein neues Verfahren zur Herstellung von Hohlglas. Es ist eine Vorform der Hohlglasfertigung durch Pressen. →

Der Ingenieur Sternberg errichtet bei Koblenz die erste große Eisenbahn-Bogengitterbrücke (→ 1859).

John Williams entwickelt in New York den Linearmotor (für die Rohrpost).

Die Handbohrmaschine mit Spiralbohreinsätzen kommt auf.

Der britische Ingenieur Edward Alfred Cowper erfindet den »Cowperapparat« zum Vorwärmen des Blaswindes am Hochofen.

Das thermische Krackverfahren zur Aufbereitung von Erdöl wird bekannt.

Der US-amerikanische Ingenieur L. O. Colvin erhält ein Patent auf die erste Melkmaschine.

Januar. Der deutsche Erfinder und Unternehmer Werner Siemens beendigt die Verlegung eines 5500 km langen Seekabels von Sues über Aden und Maskat bis an die Indusmündung.

18. 7. Der Brite Warren de la Rue und der Italiener Angelo Secchi machen die ersten Fotos von Sonnenprotuberanzen. →

GESTORBEN:

1. 7. New York: Charles Nelson Goodyear (* 29. 12. 1800, New Haven/Connecticut), US-amerikanischer Chemiker und Techniker.

GEBOREN:

20. 5. München: Eduard Buchner († 13. 8. 1917, Focsani/Rumänien), deutscher Chemiker.

22. 8. Lauenburg/Pommern: Paul Nipkow († 24. 8. 1940, Berlin), deutscher Ingenieur.

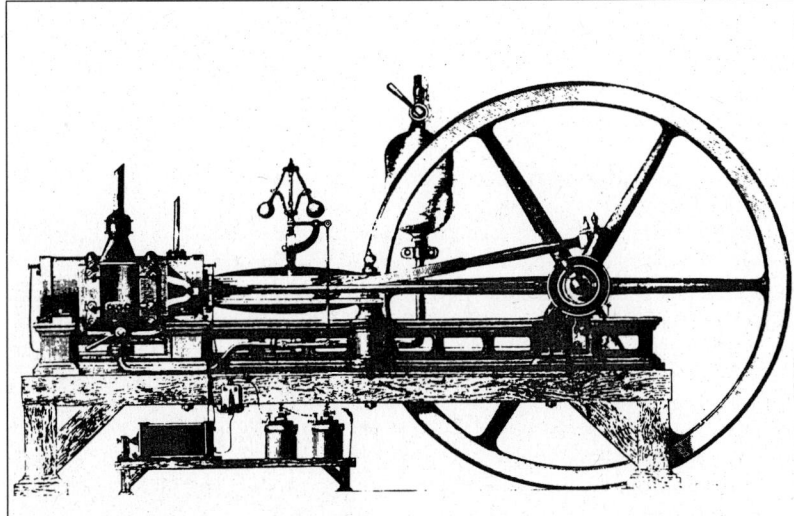

Prinzipzeichnung des doppeltwirkenden Gasmotors von Étienne Lenoir, der ersten praxistauglichen Verbrennungskraftmaschine aus Serienfertigung

Motoren für die Industrie

1860. Zwei neue Kraftmaschinen werden erfunden: Der Franzose Étienne Lenoir stellt einen doppeltwirkenden Gasmotor – eine Verbrennungsmaschine – vor, und der italienische Physiker Antonio Pacinotti baut in Florenz den ersten Gleichstrommotor.

Mit dem Lenoir-Motor beginnt die Geschichte der praxistauglichen Verbrennungskraftmaschinen aus Serienfertigung. Im Prinzip folgt der Motor der doppeltwirkenden Dampfmaschine (→ 1781). Er arbeitet ohne Verdichtung. Die Verbrennung findet abwechselnd über und unter dem Kolben statt. Entsprechend verfügt der Motor über zwei Gaseinlässe und zwei Auspufftöpfe. Gasein- und -auslaß werden durch Schieber gesteuert. Gezündet wird das Gas von einem elektrischen Induktionsapparat (→ 1850) über einen Zündverteiler und Zündkerzen. Problematisch ist, daß die Schieber sehr heiß werden und sehr viel Schmierung benötigen. Scherzhaft spricht man von einem »rotierenden Ölklumpen«.

Im Grunde ist kein Element der Maschine wirklich neu, doch das Prinzip, das Explosionsgemisch erst innerhalb des Zylinders zu erzeugen, wird patentiert. Daß die Lenoir-Maschine dennoch berühmt wird, liegt an ihrer Praxistauglichkeit und ihrer Verfügbarkeit in großen Stückzahlen.

Antonio Pacinottis Gleichstrommotor, der sich auch als Dynamo betreiben läßt, besteht aus einem ringförmigen Eisenanker, um den gleichmäßig verteilt Spulen gewickelt sind, deren Drahtenden an mehreren ebenfalls ringförmig angeordneten und voneinander isolierten Kupfersegmenten angeschlossen sind, die Pacinotti Kollektoren (Stromsammler) nennt. Der Anker rotiert zwischen den Polen eines hufeisenförmigen, von einer Batterie gespeisten Elektromagneten. Pacinottis Maschine bleibt zunächst sowohl von den Technikern wie von den Wissenschaftlern unbeachtet, bis → 1869 der aus Lüttich stammende Elektrotechniker Zénobe Théophile Gramme eine Ringankermaschine erfolgreich auf den Markt bringt.

Erster Gleichstrommotor: Die Ringankermaschine von A. Pacinotti

Kirkham erzeugt Wassergas aus Koks

1860. Mit einem neuen Verfahren legt der Franzose Kirkham den Grundstein für die großindustrielle Wassergaserzeugung.

Wassergas entsteht bei der Vergasung fester Brennstoffe – vor allem von Kohle und Koks – mit Wasserdampf und Luft.

Bisher wurde das Brenngas nur in kleinen Mengen produziert, indem man Koks in Retorten von außen erhitzte und dann mit Wasserdampf behandelte. Um den schlechten Wärmeübergang bei diesem Verfahren zu vermeiden, läßt Kirkham den Koks im Innern der Retorte teilweise verbrennen.

Jetzt auch Hohlglas aus der Presse

1860. Nachdem die Compagnie des Cristalleries de Baccarat schon → 1830 Preßglas eingeführt hatte, bemüht man sich jetzt, auch Hohlglas, also Becher, Karaffen, Flaschen usw., durch Pressen zu erzeugen. Den ersten Schritt auf diesem Weg geht der französische Glasmacher Pellat, der Hohlformen entwickelt, in denen sich plastisch-heiße Glaskugeln zu Flaschen aufblasen lassen (→ 1859). Aus der Pellatschen Grundidee entwickeln Glashütten in den Vereinigten Staaten von Amerika sehr schnell ein Verfahren, das ganz ohne die Glasbläserpfeife auskommt.

Arten chemischer Verbindungen

1860. Der deutsche Chemiker Emil Erlenmeyer unterscheidet zwischen gesättigten und ungesättigten Verbindungen.

Erlenmeyer knüpft an das → 1857 von August Kekulé von Stradonitz aufgestellte Valenz-Prinzip an, nach dem ein und dasselbe Atom je nach seiner Beteiligung an einer chemischen Verbindung unterschiedliche »Wertigkeiten« zeigen kann. Ist es nicht in seiner höchstmöglichen Valenz gebunden, dann bleibt es auch innerhalb der Verbindung noch bedingt reaktionsfähig. Verbindungen mit freien Wertigkeiten nennt Erlenmeyer »ungesättigt«; Verbindungen, in denen alle Valenzen belegt sind, nennt er »gesättigt«.

Fotograf im Atelier bei der Belichtung einer Aufnahme (um 1880)

Modefotograf in Turin (Abbildung in einem Modeblatt, Oktober 1895)

Der Ehemann fotografiert, seine Frau flirtet (Glosse, um 1843)

1860. Der Engländer Harrison entwickelt das erste Weitwinkelobjektiv, das nach ihm benannte »Harrison-Kugelobjektiv«.

Weitwinkelobjektive sind Linsensysteme sehr kurzer Brennweite, die durch ihren entsprechend großen Bildwinkel (über 60°) einen weiten Objektausschnitt auf der fotografischen Platte abbilden. Harrisons Objektiv ist ein Zweilinsensystem, wobei die konvexen Außenflächen beider Linsen Kugelkalotten ein und derselben (gedachten) Kugel sind. Die Innenflächen der Linsen sind konkav geschliffen.

Die Fotografie wird kommerzialisiert

1860. Die Fotografie startet zu ihrem kommerziellen Siegeszug. Praktizierten zuvor weitgehend Hobbyfotografen, etablieren sich jetzt mehr und mehr Berufsfotografen. In Frankreich greift besonders die Mode der »Cartes de visite« um sich, kleiner, auf Pappkarton aufgezogener Porträtfotografien, die in großen Mengen hergestellt werden. Allein in der Hauptstadt Paris arbeiten über 30 000 Menschen direkt oder indirekt in dieser Branche.

Neben den Porträtfotografen, die in Ateliers arbeiten, betreiben die Standfotografen an vielbesuchten Ausflugszielen und Sehenswürdigkeiten ein lukratives Geschäft. Erleichtert wird das Handwerk der Berufsfotografen seit dem Vorjahr durch eine Entdeckung des Heidelberger Professors Robert Wilhelm Bunsen, der von der extremen Lichtstärke brennender Magnesiumdrähte berichtete. Jetzt nutzen die Fotografen das Metall für Blitzlichtfackeln.

Auch andere fotografische Berufe entstehen. Da ein Heer von Kunstmalern durch das neue Medium mit einem Schlag arbeitslos geworden ist, satteln viele von ihnen jetzt zur Fotografie um und beweisen dort ihren Einfallsreichtum: → 1859 fertigte der Pariser Fotograf Paul Nadar die erste Luftaufnahme seiner Heimatstadt an; die ersten Foto-Reportagen entstehen; und in der Kriminalistik spielt schon jetzt die Fotografie als Beweismittel eine große Rolle. Die erste Fotomontage wurde 1857 angefertigt.

Weitwinkelkamera von Th. Sutton mit dem Objektiv nach Harrison

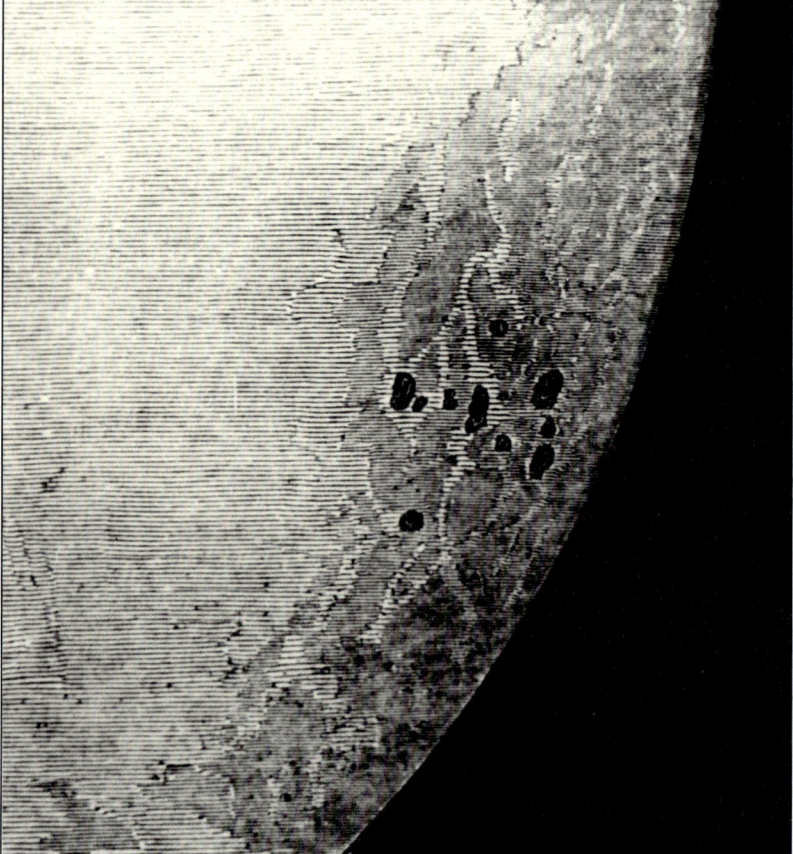

18. Juli 1860. *Mit zwei Aufnahmen von der Sonnenfinsternis gelingt der Himmelsfotografie ein Durchbruch: Dem vor allem durch seine Mondaufnahmen (→ 1850) berühmten englischen Astrofotografen Warren de la Rue und dem Italiener Angelo Secchi gelingt es in Rivabellosa und in Desierto de las Palmas (Spanien), erstmals die Sonnenprotuberanzen zu fotografieren und damit erstens deren reale Existenz nachzuweisen und zweitens ihre Zugehörigkeit zur Sonne zu belegen. Außerdem lassen sich auf den Fotografien die Sonnenflecken gut als Vertiefungen in der Sonnenoberfläche erkennen, während ihre Ränder als Böschungen erscheinen (Abb.: Zeichnerische Darstellung der Sonnenflecken, 1860).*

Schon → 1851 hatte Barkowski bei einer Finsternis die Sonnenkorona fotografiert.

Fischtorpedos von Robert Whitehead

1860. Der Brite Robert Whitehead konstruiert die ersten frei beweglichen Torpedos mit eigenem Antrieb und Sprengkopf, die sogenannten Fischtorpedos. In den Folgejahren entwickelt er sie mit dem österreichischen Fregattenkapitän Johann Luppis von Raumer zu einer gefürchteten Waffe weiter.

Ansätze für Torpedokonstruktionen gehen weit zurück. 1420 hatte ein Professor Fontanas in Padua schwimmende Sprengsätze gebaut, 1620 der Holländer Cornelius Drebbel schwimmende Explosivmaschinen entwickelt. Das Wort »Torpedo« prägte → 1800 Robert Fulton aus den USA, der Sprengkörper vor ein Tauchboot montierte.

1861

Der Engländer Thomas Moy entdeckt durch einen Zufall das Prinzip des Tragflächenboots.

Franz-Fritz Freiherr von Dücker baut in Bad Oeynhausen die erste Drahtseil-Schwebebahn. →

Der französische Ingenieur Germain Sommeiller erfindet den Preßluftbohrer und setzt ihn erstmals beim Bau des Mont-Cenis-Tunnels ein.

Der Heidelberger Professor Robert Wilhelm Bunsen und der deutsche Physiker Gustav Robert Kirchhoff entdecken das Element Rubidium. Außerdem entdeckt William Crookes das Element Thallium. →

Marc Antoine Augustin Gaudin führt die Jodsilber- und Chlorsilberemulsionen in die Fotografie ein. →

Der englische Lokomotivingenieur John Haswell führt das Preßschmieden in die Eisenfabrikation ein. Haswells erste Schmiedepresse arbeitet mit einem Druck von 800 t.

Matthaeus Hipp, ein deutsch-schweizerischer Erfinder, konstruiert ein elektrisches Pendel für Uhren.

Spektraluntersuchungen von Gustav Robert Kirchhoff belegen die Existenz von Eisen, Calcium, Magnesium, Natrium, Chrom, Gold, Silber, Quecksilber, Aluminium und Cadmium in der Sonnenatmosphäre. →

Der Franzose Étienne Jules Marey erfindet den Kardiographen. →

Der englische Physiker James Clerk Maxwell führt in Anlehnung an einen Gedanken des britischen Naturwissenschaftlers Thomas Young aus dem Jahr 1807 das Farbensystem auf drei Grundfarben zurück.

Der Chemiker Ernest Solvay entwickelt das Ammoniak-Sodaverfahren. →

16. 9. Alfred Krupp baut in Essen einen Dampfhammer von 50 t Fallgewicht. →

26. 10. Der Gelnhausener Physiker und Lehrer Johann Philipp Reis führt dem Physikalischen Verein in Frankfurt am Main das von ihm erfundene Magnettelefon vor. →

GEBOREN:

5. 2. Frankenthal/Pfalz: August von Parseval († 22. 2. 1942, Berlin), deutscher Ingenieur.

15. 2. Fleurier: Charles Édouard Guillaume († 13. 6. 1938, Paris), französisch-schweizerischer Physiker.

23. 9. Albeck/Ulm: Robert Bosch († 12. 3. 1942, Stuttgart), deutscher Industrieller.

26. 9. Barmen: Carl Duisberg († 19. 3. 1935, Leverkusen), deutscher Chemiker und Industrieller.

Der von Alfred Krupp entwickelte Dampfhammer »Fritz«, von Zeitgenossen als »technisches Weltwunder« bestaunt

Schwermaschinen bearbeiten Stahl

16. September 1861. Der Essener Unternehmer Alfred Krupp nimmt den von ihm konstruierten schweren Dampfhammer »Fritz« in Betrieb, der bald als »Weltwunder« gilt. Der Hammerblock, der mit Dampfkraft über einen Übersetzungsmechanismus angehoben wird, hat eine Masse von 30 und später 50 t. Die Maschine ist derart solide konstruiert, daß sie sich 50 Jahre lang im Betrieb bewährt.

Der Dampfhammer, den Krupp hier in gewaltigen Dimensionen und neuer Konstruktion präsentiert, ist eine Erfindung des schottischen Maschinenbauers James Nasmyth (→ 1839). Die schwere Ramme wird parallelgeführt in einem Gestell hochgehoben. Beim Herabfallen ist eine zusätzliche Beschleunigung durch Dampfdruck möglich. Das Obergesenk schlägt mit großer Wucht auf einen Amboß, auf dem sich als »Untergesenk« eine Form befinden kann, in die das Werkstück hineingehämmert wird.

Krupp fertigt auch andere große Schmiedemaschinen, so – später – eine dampfhydraulische Schmiedepresse von 15 000 t in Dreizylinderkonstruktion zur Bearbeitung von Rohblöcken bis zu 300 t. Die Maschine knüpft an die Erfindung der hydraulischen Presse des Engländers Joseph Bramah von 1795 an. Den Dimensionen der Kruppschen Bearbeitungsmaschinen entsprechen die Werkstücke. Schon 1855 erregte Krupp auf der Pariser Weltausstellung Aufsehen mit einem Block aus Tiegel-Gußstahl von 5000 kg. Aus derartigen Blöcken lassen sich beispielsweise massive Schiffskurbelwellen oder Geschützrohre schmieden.

1862 weiht Krupp das erste große Bessemer-Stahlwerk auf dem europäischen Festland ein (→ 1855). Damit schafft er die Voraussetzung zur Massenproduktion von Stahl. Zugleich gründet Krupp eine »Probieranstalt« für ständige Werkstoffprüfungen, deren Hauptinstrument eine auf der Londoner Weltausstellung erworbene Kirkaldysche »Zerreißmaschine« ist (→ 1852).

Dampfhydraulische Schmiedepresse von 15 000 t in Dreizylinderkonstruktion zur Verarbeitung von Rohblöcken bis zu 300 t der Firma Krupp in Essen

Volksschullehrer erfindet das Telefon

26. Oktober 1861. Der deutsche Volksschullehrer Johann Philipp Reis aus Gelnhausen in Hessen führt in einer Sitzung der Physikalischen Gesellschaft in Frankfurt am Main das erste – von ihm erfundene – Magnettelefon vor.

Das Gerät besteht aus einem Geber und einem Empfänger, die durch zwei Leitungen miteinander verbunden sind. Der Geber ist in einfacher Form dem menschlichen Ohr nachgebildet. Als Membran – die dem Trommelfell entspricht – dient eine tierische Blase. Das Mikrophon bilden zwei federnde Metallstreifen, die so eingestellt sind, daß sie sich bei ausgebauchter Membran leitend berühren. Der Empfänger besteht aus einem schlanken, mit einer Spulenwicklung umgebenen Eisenstab. Durch die Spule fließt der sogenannte Sprechstrom. Dieser wird im Geber dadurch erzeugt, daß der Strom aus einer Batterie über die beiden Metallstreifen geleitet wird, die ihn beim Besprechen der Membran in Impulse verwandeln. Der Eisenstab im Empfänger wird durch den Sprechstrom in der Spule zu Longitudinalschwingungen angeregt, die einen leisen Ton verursachen. Diese Erscheinung des »galvanischen Tönens« hatte bereits 1837 Ch. G. Page aus den USA beobachtet, aber nicht näher untersucht. Nach dem Sitzungsbericht des Physikalischen Vereins gelingt Reis mit seinem »Telefon« sowohl die Übertragung von Tönen wie auch der menschlichen Stimme, die teilweise gut verständlich ist. Später verbessert der Engländer Jeates das Mikrophon dadurch, daß er im Geber eine Strom leitende Flüssigkeit als veränderlichen Widerstand verwendet (→ 14. 2. 1876).

Philipp Reis baut seine physikalischen Apparate in einer als Werkstatt eingerichteten Scheune; hier macht er erste Sprechversuche zum Schulhaus

Erfindet den Kardiographen: Der Physiologe Étienne Jules Marey

Marey registriert die Herzströme

1861. Der französische Physiologe Étienne Jules Marey erfindet den Kardiographen zur Untersuchung der Herztätigkeit. Das handliche Instrument trägt wesentlich zur Erforschung der Herzfunktion bei und bewährt sich auch als klinisches Diagnosegerät.

Jedes lebende Organ und jeder arbeitende Muskel erzeugt elektrische Ströme. Marey nimmt mit Elektroden, die auf die Körperoberfläche gesetzt werden,

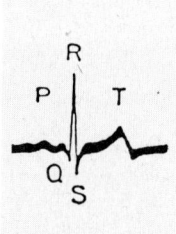

Herzstromkurve

diese Ströme ab und läßt sie in einem ausreichend empfindlichen Galvanometer mit Schreibvorrichtung aufzeichnen. Die Elektroden werden in einem Dreieck rund um das Herz oder an Armen und Beinen befestigt. Die von Marey festgestellte typische Herzstromkurve besteht aus einer kleinen Vorhofzacke (P), einem dreizackigen (Q, R, S) Kammerkomplex und einer Nachschwankung (T). Die Vorhofzacke zeigt sich im Kardiogramm positiv, die Kammerzacken negativ-positiv-negativ und die Nachschwankung beim gesunden Herzen positiv. Man kann einem solchen Kardiogramm u. a. entnehmen, ob das Herz genügend Sauerstoff erhält, ob es regelmäßig arbeitet oder ob es irgendwie geschädigt ist.

Neue chemische Elemente entdeckt

1861. Nachdem die beiden deutschen Naturwissenschaftler Gustav Robert Kirchhoff und Robert Wilhelm Bunsen mit Hilfe des Spektroskops im Vorjahr bereits das chemische Element Cäsium entdeckt hatten, finden sie nun das Rubidium. Außerdem entdeckt der britische Physiker und Chemiker William Crookes das Thallium.

Kirchhoff und Bunsen entwickelten → 1859 aus der Erkenntnis, daß sich in Flammen der Dampf von chemischen Elementen bei der spektralen Zerlegung des Lichts in Form ganz spezieller Spektrallinien bemerkbar macht, das Spektroskop. Es zeigt das Flammenspektrum vor dem Hintergrund einer Wellenlängenskala, so daß sich die Spektrallinien lokalisieren lassen. Mit diesem Gerät entdecken die Wissenschaftler nicht nur die neuen Elemente, es gelingt Kirchhoff auch, in der Sonnenatmosphäre Eisen, Calcium, Magnesium, Natrium, Gold, Chrom, Silber, Quecksilber, Aluminium und Cadmium nachzuweisen.

Solvay gründet Sodawerk

1861. Der Belgier Ernest Solvay entwickelt die technischen Voraussetzungen für die großindustrielle Erzeugung von Soda nach dem sogenannten Solvay-Verfahren. Dabei werden in eine Kochsalzlösung Ammoniak und Kohlendioxid eingeleitet. Es entsteht festes Natriumhydrogencarbonat, das durch Glühen in Soda übergeht.

Bis 1850 wurde Soda durch Verbrennen von kochsalzhaltigen Meerespflanzen gewonnen. Danach praktizierte man das nach seinem Erfinder benannte Leblanc-Verfahren, bei dem zunächst Kochsalz mit Schwefelsäure in Natriumsulfat überführt wird. Dieses wird mit Kohle zu Natriumsulfid reduziert und schließlich mit Kalkstein in Soda umgewandelt. Das Solvay-Verfahren ist einfacher. Es wurde im Prinzip schon 1836 von John Thom in England vorgeschlagen und seitdem immer wieder technisch erprobt, z. B. durch H. G. Dyar und J. Hemming (1838) oder Schlösing und Rolland (1855), doch erfolgreich ist erst der belgische Entdecker Solvay. Er konstruiert die für die großtechnische Ausführung der Reaktion erforderlichen mechanischen Einrichtungen und entwickelt das Ammoniak-Soda-Verfahren zu einer dem Leblanc-Soda-Verfahren ebenbürtigen Technik.

Brennofen zur industriellen Herstellung von Soda (19. Jahrhundert)

Schnelleres Fotografieren

1861. Der Franzose Marc Antoine Augustin Gaudin führt die Jodsilber- und Chlorsilber-Emulsionen in die Fotografie ein. Trotz der damit verbundenen Fortschritte weisen die fotografischen Schichten immer noch Mängel auf.

Schon → 1848 hatte der französische Physiker Claude Niepce de Saint-Victor Jodkalium und Silbernitrat in geschlagenem Eiweiß verwendet und damit scharfe Bilder auf empfindlichen Platten erhalten; → 1850 hatte der französische Chemiker Gustave Le Gray Kollodium mit Silbernitrat für Licht sensibilisiert. Gaudin verwendet statt des Nitrats erstmals Silberhalogenide und steigert dadurch die Empfindlichkeit.

Die Belichtungszeiten werden auf wenige Sekunden verkürzt.

Das hat nicht zuletzt bedeutende Folgen für die Praxis. Hatte schon im Januar 1839 (→ 1838) nach einem Vortrag des renommierten französischen Naturwissenschaftlers Dominique François Jean Arago der Porträtmaler Paul Delaroche vorausgesagt »Von heute an ist die Malerei tot!«, so wechselt jetzt, nachdem sich die Belichtungszeiten so drastisch verkürzen, in der Tat etwa die Hälfte aller französischen Porträtmaler, Kupferstecher, Lithographen und Silhouettenmaler zum lukrativen Beruf des Fotografen über. Zugleich nehmen die ersten Bildreporter ihre Tätigkeit auf.

Dückers Drahtseilbahn

1861. Der Bergbeamte Franz-Fritz Freiherr von Dücker konstruiert in Bad Oeynhausen Drahtseilbahnen für den Transport von Material – besonders von industriellen Schüttgütern wie Kohle oder Erz. Da sie sich praktisch bewähren, entstehen bald in ganz Deutschland Anlagen nach Dückers Plänen.

Dückers Bahnen sind Schwebebahnen, die an Tragseilen hängen. Im Gegensatz dazu stehen die Standseilbahnen, bei denen seilgezogene Wagen auf Schienen laufen, und Hängebahnen, bei denen die Wagen an Tragschienen hängen.

Abgesehen von einfachen Seilzügen, mit denen man schon im Altertum Flüsse überwand, baute 1644 Adam Wybe die erste Seilschwebebahn: Sie beförderte kleine Gondeln auf den Danziger Bischofsberg. Die modernen Bahnen Dückers sind erst nach der Erfindung des Stahlseils (→ 1780) möglich, dessen Herstellung im 19. Jahrhundert mechanisiert wurde. Dücker baut seine Schwebebahnen mit einem kombinierten Trag- und Zugseil. Die kleinen offenen Gondeln sind dabei fest am Seil montiert.

Spätere Seilschwebebahnkonstruktionen benutzen getrennte Trag- und Zugseile. Das stabilere Tragseil steht fest, während das Zugseil über Seilscheiben umläuft und die Gondeln mitnimmt, die auf Rollen am Tragseil entlanglaufen.

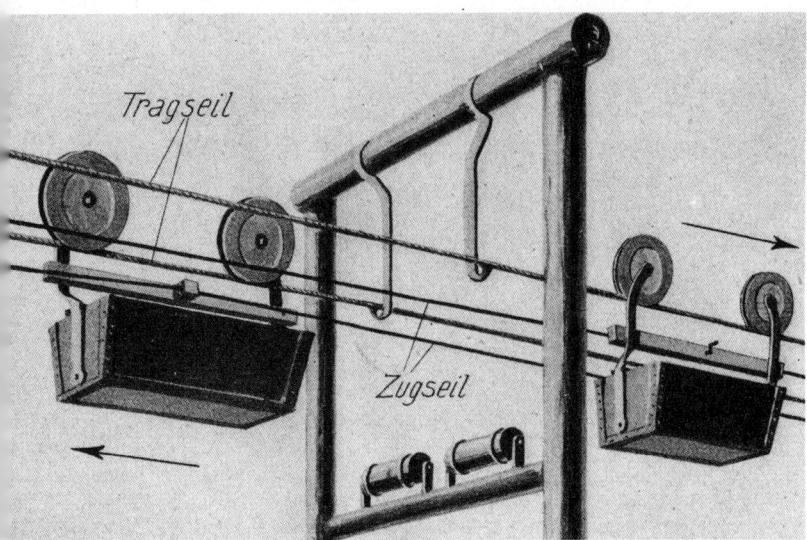

Drahtseilbahn zum Schüttgütertransport in Metz, 1872; im Gegensatz zu Dückers Seilbahnen werden hier schon getrennte Trag- und Zugseile verwendet

1862

Die Firma Krupp errichtet das erste Bessemer-Stahlwerk auf dem europäischen Kontinent.

Die Mechaniker John F. Allen und Charles T. Porter zeigen auf der Londoner Industrieausstellung die ersten schnelllaufenden Dampfmaschinen, die sich in der Praxis bewähren. →

Der französische Ingenieur Alphonse Beau de Rochas entwickelt den Viertaktmotor. →

Auf der Londoner Weltausstellung zeigt der englische Ingenieur Carr die 1860 von ihm erfundene Schleudermühle zum Zerkleinern von Erzen, Quarz, Knochen, Beton usw. →

J. und W. Dudgeon bauen das erste Schiff mit zwei Schrauben, den Dampfer »Flora«.

Die englischen Ingenieure Firth, Donnisthorpe und Ridley erfinden in Leeds die Schrämmaschine für den Kohlebergbau. →

Der englische Chemiker Alexander Parks stellt den ersten Kunststoff, das nach ihm benannte Parkesin, her. →

Stereofotografien – vor allem solche ferner Länder – erfreuen sich international großer Beliebtheit. →

Auf eine Idee des Wiener Technikers Purkinje aus dem Jahr 1825 zurückgreifend, wird in Lyon eine erste Standseilbahn nach Croix Rousse eingerichtet (→ 1861).

In Dungeness an der Südküste Englands arbeitet der erste Leuchtturm mit elektrischem Licht. →

Der US-amerikanische Ingenieur Joseph R. Brown konstruiert die Universal-Fräsmaschine.

A. C. Kirk baut die erste Kältemaschine mit geschlossenem Kreislauf.

Untersuchungen des Industriellen Eugen Langen an granulierter Hochofenschlacke führen zur Herstellung von Eisen-Portlandzement. →

Der Chemiker Friedrich Wöhler stellt erstmals Acetylen dar. →

GESTORBEN:

10. 1. Hartford/Connecticut: Samuel Colt (* 19. 7. 1814, Hartford), US-amerikanischer Erfinder und Industrieller.

GEBOREN:

23. 1. Königsberg: David Hilbert († 14. 2. 1943, Göttingen), deutscher Mathematiker und Physiker.

7. 6. Preßburg: Philipp Lenard († 20. 5. 1947, Messelhausen), deutscher Physiker.

2. 7. Wigton/Cumberland: William Henry Bragg († 12. 3. 1942, London), britischer Physiker.

Arbeiten unter Tage im Flöz mit dem sogenannten Schrämspieß

Schrämmaschine für den Kohlebergbau

1862. In der englischen West-Ardsley-Kohlengrube werden die ersten Schrämmaschinen eingesetzt. Sie nehmen dem Hauer, der bisher unter Tage mit dem Pickel Ganggestein und Kohle löste, die schwere Handarbeit ab.

Die Maschinen wurden von den englischen Ingenieuren Firth, Donnisthorpe und Ridley in Leeds konstruiert. Sie arbeiten mit hauenden Werkzeugen. 1866 entwickeln Garrett, Marshall & Co. in Leeds Kohlenschrämmaschinen mit stoßenden Werkzeugen; ab 1874 bringen Winstanley, Barker u. a. Abbaumaschinen mit schneidenden Werkzeugen auf den Markt.

Parks erzeugt den ersten Kunststoff

1862. Der englische Chemiker Alexander Parks stellt den ersten Kunststoff, das nach ihm benannte Parkesin, her.

Das neue Material ist hart und elfenbeinartig. Ausgangsstoff für seine Erzeugung ist Nitrozellulose. Rein ist diese Substanz hart und spröde. Parks gelingt es, sie durch einen Zusatz von Kampfer geschmeidig zu machen. In warmem Zustand läßt sich das Parkesin plastisch verformen. Der Kampfer hat dabei die später in der Kunststofffertigung allgemein gebräuchliche Funktion eines Weichmachers. Parkesinteile lassen sich pressen.

Die Dampfmaschine läuft nun schneller

1862. Auf der Londoner Industrieausstellung erregt eine horizontal gebaute Dampfmaschine, die der Mechaniker John F. Allen und der frühere Jurist Charles T. Porter gebaut haben, allgemeine Bewunderung. Sie erhält drei Preismedaillen. Das besondere an der Maschine ist ihre sehr hohe Rotationsgeschwindigkeit von 150 Umdrehungen pro Minute. Bisher waren Drehzahlen von etwa 50 üblich; der deutsche Arzt und Konstrukteur Ernst Alban und sein Kollege Perkins hatten es angeblich einmal auf 80 – in einem kurzzeitigen Versuch sogar auf 150 Umdrehungen – gebracht.

Die Porter-Allen-Maschine hat bei 203 mm Zylinderdurchmesser 609 mm Hub und leistet 28 PS. Wenig später bieten die beiden Konstrukteure ihren Schnelläufer sogar in einer Ausführung mit 350 Touren an, was einer Kolbengeschwindigkeit von 3,5 m/s entspricht. Die Lei-

Horizontal gebaute, schnellaufende Dampfmaschine des Amerikaners G. H. Corliss, Philadelphia 1876; sie folgt dem Vorbild von Allen und Porter

stungspalette der angebotenen Maschinen reicht von 20 bis 700 PS.

Die neuen Schnelläufer stoßen zunächst allenthalben auf Skepsis. Man befürchtet ungenügende Betriebssicherheit. Das ändert sich aber schnell. Mit der Erfindung des elektrischen Dynamos (→ 1867) wird die Forderung nach einer schnellaufenden Antriebsmaschine laut: Sie soll mechanische Energie in elektrische verwandeln.

Französisches Patent auf Viertaktmotor

1862. Der französische Ingenieur Alphonse Beau de Rochas erfindet den Viertaktmotor, baut ihn aber nicht. Da er ihn jedoch patentieren läßt, kommt es später zu Patentstreitigkeiten mit dem Deutschen Nikolaus August Otto, der den »Ottomotor« nach demselben Prinzip realisiert (→ 1876).

Die Anregung, sich mit der Verbesserung des Verbrennungsmotors zu beschäftigen, kam Beau de Rochas

durch die Verkaufserfolge des Gasmotors von Étienne Lenoir (→ 1860). Diese Maschine, die viel Gas verbraucht, aber nur eine geringe Leistung erbringt, arbeitet ohne Kompression. Trotz dieses Nachteils und trotz der großen Konkurrenz durch die Dampfmaschine fand sie weite Verbreitung.

Beau de Rochas' Motor arbeitet in vier Phasen. Zunächst bewegt sich der Kolben abwärts und saugt dabei

das Brenngas-Luft-Gemisch in den Zylinder. In einem zweiten Hub wandert der Kolben wieder nach oben und verdichtet das Gemisch. Kurz nachdem der Kolben seinen oberen Umkehrpunkt erreicht hat, wird das Gemisch gezündet. Die Explosion treibt den Kolben nach unten zurück. Hierbei leistet die Maschine Arbeit. In einem vierten Hub wandert der Kolben erneut nach oben und stößt die Verbrennungsgase aus.

Langen verbessert Portland-Zement

1862. Der deutsche Industrielle Eugen Langen beobachtet erstmals an granulierter Hochofenschlacke der Friedrich-Wilhelms-Hütte in Troisdorf hydraulisches Verhalten. Er sieht in dieser Schlacke deshalb einen geeigneten Zement-Zuschlagstoff. Aus seiner Idee resultiert der Eisen-Portland-Zement.

Den ersten künstlichen hydraulischen Zement hatte → 1824 der Engländer Joseph Aspdin aus gebrannter Kreide und Kalkmörtel hergestellt. Er nannte sein Produkt Portland-Zement, weil es nach dem Abbinden in Farbe und Härte dem in England als Baumaterial beliebten Steinen aus den Brüchen von Portland ähnelte. 1844 verbesserte dann der Londoner Baumeister Isaac Johnson den Herstellungsprozeß, indem er die Brennofentemperatur so weit erhöhte, daß das Material schmolz. Die entstehende Schlacke wurde zermahlen.

Friedrich Wöhler entdeckt Acetylen

1862. Der deutsche Chemiker Friedrich Wöhler synthetisiert als erster das Acetylen.

Der Chemieprofessor erhitzt Calcium (Ca) zusammen mit Kohlenstoff (C) und erhält dabei Calciumcarbid (CaC_2). Bringt er das Carbid mit Wasser zusammen, dann zerfällt es. Dabei entweicht das gasförmige Acetylen (C_2H_2), ein ungesättigter (→ 1860) Kohlenwasserstoff, der sehr reaktionsfreudig ist. Unter Druck oder bei Verflüssigung zerfällt Acetylen explosionsartig. Gemische von 2,3 bis 82% Acetylen mit Luft explodieren bei Zündung.

Das Acetylen gewinnt in der Zukunft große Bedeutung auf mehreren Gebieten. Als Lampengas für bewegliche Lichtquellen, wie die Fahrradlampen, wird es aus Carbid direkt in der Leuchte erzeugt. Als Brennstoff beim autogenen Schweißen liefert es zusammen mit reinem Sauerstoff eine extrem heiße Flamme (3000 bis 3500 °C). Als Ausgangsstoff für Produkte der chemischen Industrie bleibt es bis Mitte des 20. Jahrhunderts von Interesse. Außerdem lassen sich die Wasserstoff-Atome des Acetylens durch Metalle ersetzen, wobei hochexplosive Acetylenide entstehen.

Einlaßventil — **Zündkerze** — **Viertaktmotor** — **Auslaßventil**

Zylinder — Kolben — Pleuel — Kurbelwelle

© Harenberg

1. Der abwärtsgleitende Kolben saugt das Brenngas-Luft-Gemisch durch das Einlaßventil in den Zylinder

2. Der aufwärtsgleitende Kolben verdichtet das Gemisch, an der Zündkerze springt ein Funke über

3. Der Zündfunke bringt das Gemisch zur Explosion. Diese treibt den Kolben nach unten; es wird Arbeit geleistet

4. Das Auslaßventil öffnet sich. Der aufwärtsgleitende Kolben stößt die verbrannten Gase aus

Mühlen zerkleinern harte Substanzen

1862. In London führt der englische Ingenieur Carr auf der Weltausstellung die 1860 von ihm erfundene Schleudermühle zum Zerkleinern von harten Materialien wie etwa Erze, Quarz, Knochen oder auch Beton vor.

In der Mühle, die der Erfinder »Desintegrator« nennt, rotieren gegenläufig mit großer Geschwindigkeit zwei Scheiben, an denen pendelnd Schlagbolzen befestigt sind. Während konventionelle Mühlen das zu zerkleinernde Gut in irgendeiner Weise einziehen (z. B. mit Hilfe von Walzen oder Schnecken) und durch starre Maschinenteile zerdrücken, zerquetschen oder zerreiben, führen die Schlagbolzen in Carrs Maschine gegen das Mahlgut weitgehend elastische, sehr energievolle Schläge. Damit gelingt es, auch mittelgrobe bis grobe Materialien zu zerkleinern, die sich in die üblichen Mühlen gar nicht einziehen lassen.

Elektroleuchtturm

1862. An der Südküste Englands wird der erste elektrische Leuchtturm in Betrieb genommen. Lichtquelle ist eine Glühbirne (→ 1854; Abb.: Alter Leuchtturm auf Spurn Point).

Stereofotografien kommen groß in Mode

1862. Eine deutsche Firma, die Stereofotografien anbietet, registriert den Verkauf von fast einer halben Million derartiger Bilder. Seit der Mitte des 19. Jahrhunderts finden sie wachsenden Absatz.

Das Verfahren verlangt sowohl nach einer Kamera mit zwei Objektiven (Abb.: Französische Kamera, 1860) wie nach einem besonderen Betrachtungsgerät. Durch beide Linsensysteme der Kamera, die etwa im Augenabstand nebeneinanderstehen, wird getrennt fotografiert. Beim Kopieren werden die beiden Bilder in festem Abstand nebeneinandergesetzt. Im zweilinsigen Betrachtergerät sieht jedes Auge nur das »seiner« Aufnahmeoptik entsprechende Bild. Bei einiger Übung vereint das Gehirn beide Bildeindrücke zu einem einzigen mit räumlicher Wirkung.

August Wilhelm von Hofmann und Cherpin entdecken das Anilingrün. Eusèbe entdeckt das Anilingelb.

Der US-amerikanische Erfinder William A. Bullock erhält das erste Patent auf eine Rotationspresse zum Buchdruck auf Endlospapier. →

Die deutsche Maschinenfabrik Buckau baut den ersten eisernen Bagger mit Dampfantrieb.

Der deutsche Chemiker Adolph Frank fabriziert erstmals Kalidünger und bringt ihn in den Handel.

Der Frankfurter Maschinenbauer Giovanni Martignoni führt in Deutschland den Spiralbohrer ein. →

Die Brüder Paul und Wilhelm Mauser verbessern das Zündnadelgewehr zum deutschen Infanteriegewehr M/71.

Die deutschen Chemiker Ferdinand Reich und Hieronymus Theodor Richter entdecken in Freiberg das Metall Indium.

Wilhelm Siemens, Leiter der britischen Vertretung der Firma Siemens & Halske aus Berlin, schlägt erstmals die Gas-Fernheizung für die Stadt Birmingham von einer Heizzentrale aus vor, erhält jedoch nicht die Zustimmung des Parlaments.

Die Firma Souffrice & Co. in St. Denis bei Paris errichtet die erste Anlage zur Rückgewinnung technisch brauchbarer Abfallfette aus dem Seine-Wasser.

In Luxemburg baut Jean Joseph Étienne Lenoir einen leuchtgasbetriebenen dreirädrigen Wagen. →

Joseph Wilbrand, ein deutscher Chemiker, entdeckt das Trinitrotoluol (TNT). →

Die 420 t schwere »Plongeur«, das erste mechanisch angetriebene Unterseeboot, läuft in Frankreich vom Stapel. Außerdem baut Horace Hunley aus den USA einen großen eisernen Kessel zu einem gepanzerten Unterseeboot um. →

10. 1. In London wird die U-Bahn in Betrieb genommen. Sie ist die erste Anlage dieser Art in der Welt. →

GEBOREN:

30. 4. Berlin: Max Skladanowsky († 30. 11. 1939, Berlin), deutscher Erfinder und Filmproduzent.

17. 6. Winterthur: Charles Eugène Lancelot Brown († 2. 5. 1924, Montagnola bei Lugano), Schweizer Techniker und Industrieller.

30. 7. Dearborn/Michigan: Henry Ford († 7. 4. 1947, Detroit), US-amerikanischer Automobilindustrieller.

Spiralbohrer wird in Frankfurt erfunden

1863. Der in der Stadt Frankfurt am Main lebende italienische Maschinenbauer Giovanni Martignoni erfindet den modernen Spiralbohrer mit gefräster Nut.

Schon in den 20er Jahren des 19. Jahrhunderts waren zum Metallbearbeiten Vorformen des Spiralbohrers aufgekommen, etwa der Steirische Schneckenbohrer – ein Hohlbohrer mit schraubenförmig ausgezogener Spitze –, der Schraubenbohrer, der aus einem längsverdrallten Stahlstreifen entstand –, oder der gewundene Bohrer, bei dem ein Metallband in der Form eines Schraubengewindes um einen zylindrischen Kern gewickelt wurde. Der Spiralbohrer ist zwar effektiver als seine Vorgänger, läßt sich aber schwerer herstellen: Bei ihm müssen die gedrallten Nuten in einen runden Metallstab gefräst werden. Das ist erst seit 1861 auf einfache Weise möglich.

TNT – hochbrisanter neuer Sprengstoff

1863. Der deutsche Chemiker Joseph Wilbrand entdeckt das Trinitrotoluol, einen hochbrisanten Sprengstoff. Gegenüber bisherigen Explosivstoffen hat die neue Substanz, die bald unter der Abkürzung »TNT« von sich reden macht, den großen Vorteil, daß sie sich gefahrlos handhaben läßt.

TNT wird aus Toluol erzeugt, das chemisch ähnlich aufgebaut ist wie Benzol (→ 1825). Toluol wie auch Benzol sind Bestandteile des Steinkohlenteers. Durch Destillation des Teers läßt sich Toluol als wasserhelle Flüssigkeit gewinnen. Durch Nitration entsteht TNT, das in Form gelblicher Kristalle anfällt. TNT läßt sich problemlos erhitzen und gießen. Es ist ungefährlich im direkten Umgang, weil es sich weder durch Erschütterungen noch durch Schläge oder direkte Zündversuche zur Explosion bringen läßt. Nur durch Initialsprengstoffe läßt es sich zünden – entweder als Einzelsubstanz oder zusammen mit Hexogen oder Ammoniumnitrat. Das Prinzip der Initialzündung hatte 1862 der schwedische Chemiker Alfred Nobel entwickelt. TNT wird in der Folgezeit zum wichtigsten militärischen Explosivstoff.

Das 420 t große französische Unterseeboot »Le Plongeur« (»Der Taucher«),
nach einer Skizze von M. A. Cavol; das Boot besitzt einen Preßluftantrieb

Die Station Farringdon-Road der neuen Londoner Untergrundbahn der
»Metropolitan-and-London,-Chatham,-and-Dover-Railway«-Gesellschaft

U-Boot mit Motorantrieb

1863. In Frankreich läuft die 420 t große »Plongeur«, das erste U-Boot mit Motorantrieb (Preßluft), vom Stapel. Gebaut haben es Simon Borgeois und Charles Brun. Außerdem baut der US-Amerikaner Horace Hunley in Amerika einen großen eisernen Kessel zu einem gepanzerten Unterseeboot um.

Die Unterseeboote vor der »Plongeur« waren durchweg mit Muskelkraftantrieb ausgestattet (→ 1800), z. B. die »Brandtaucher« des deut-

schen Konstrukteurs Wilhelm Bauer aus dem Jahr 1850.

Weil Dampfmaschinen wegen des offenen Feuers unter Wasser nicht verwendbar sind, arbeitet die »Plongeur« mit einem preßluftbetriebenen Kolbenmotor. Aufgrund des geringen mitgeführten Druckluftvorrats ist die Reichweite unter Wasser jedoch gering; auch die Geschwindigkeit und die Stabilität lassen zu wünschen übrig. Über Wasser verkehrt das Boot mit Dampfantrieb.

Drei Stationen der bis 1884 ausgebauten Londoner Metropolitan Underground Railway: Paddington Junction, Chapel St. Edgeware, Baker Street

Rotationspresse für Endlospapier

1863. Der US-amerikanische Erfinder William A. Bullock erhält ein Patent auf die erste Rotationspresse zum Druck von Büchern auf Endlospapier. Seine Maschine kann in einer Stunde 16 km Papier beidseitig bedrucken.

Das erste Patent auf eine Rotationsdruckmaschine erhielt 1845 Richard Hoe aus den USA (→ 1846), und drei Jahre später arbeitete die Londoner »Times« mit einer derartigen, von Applegath und Cowper konstruierten Maschine, doch bedruckte sie nur Einzelbögen. Vorbild für alle zukünftigen Rotationsmaschinen wird das Modell von Bullock. Eine Maschine nach seinen Plänen arbeitet erstmals 1865 in den USA beim »Philadelphia Inquirer«. Ende der 1880er Jahre erhalten die Bullock-Maschinen automatische Falz- und Schneideeinrichtungen.

Straßenwagen mit Verbrennungsmotor

1863. In der belgischen Provinz Luxemburg baut Jean Joseph Étienne Lenoir die von ihm → 1860 erfundene Verbrennungskraftmaschine in verbesserter Ausführung in einen dreirädrigen Wagen ein.

Treibstoff ist Leuchtgas. Der Kolbenmotor ist unterflur über der Hinterachse in einen Kasten montiert. Er treibt über eine Kurbelstange und einen Exzenter ein Kettenrad mitten unter dem Wagen an, von dem eine Gliederkette zu einem zweiten Kettenrad auf der Hinterachse führt. Der Gasverbrauch der Maschine ist sehr hoch.

Der Belgier und spätere Franzose Lenoir ist nicht der einzige, der sich mit derartigen Konstruktionen beschäftigt. Seit 1858 experimentiert u. a. auch F. Hugon, der Direktor der Pariser Gasanstalt, mit einer solchen Maschine.

Zeitungsillustration zur Fahrt des ersten öffentlichen Zuges bei der Abfahrt von der Station Bishop Road in Paddington am 10. Januar 1863

Inspektionsfahrt der Gesellschafter der Metropolitan anläßlich der Einweihung der Untergrundlinie; erkennbar sind die zwei verschiedenen Spurweiten

Londoner Metropolitan eröffnet U-Bahn-Netz

10. Januar 1863. Die Londoner Metropolitan-Eisenbahn nimmt die erste Untergrundbahn-Anlage der Welt in Betrieb. Lediglich einige Probestrecken derselben Gesellschaft wurden schon zwei Jahre zuvor freigegeben.

Der Londoner U-Bahn liegt der Gedanke zugrunde, die innerstädtischen Bahnen soweit wie möglich aus dem Straßenverkehr auszuklammern. Sowohl die Schienenstränge wie die dampfenden und lärmenden Zugmaschinen stören. 1832 hatte man in New York erste Versuche mit Dampfstraßenbahnen unternommen und mußte die Schienen – die über die Straßenoberfläche hinausragten – umgehend wieder abreißen. Erst 1853 wurde auf einer einzigen New Yorker Strecke – zwischen der Innenstadt und Harlem – der Straßenbahnverkehr wieder aufgenommen. Seit 1855 verkehrt die erste europäische Straßenbahn in Paris unter der Bezeichnung »Chemin de fer Amèricain«.

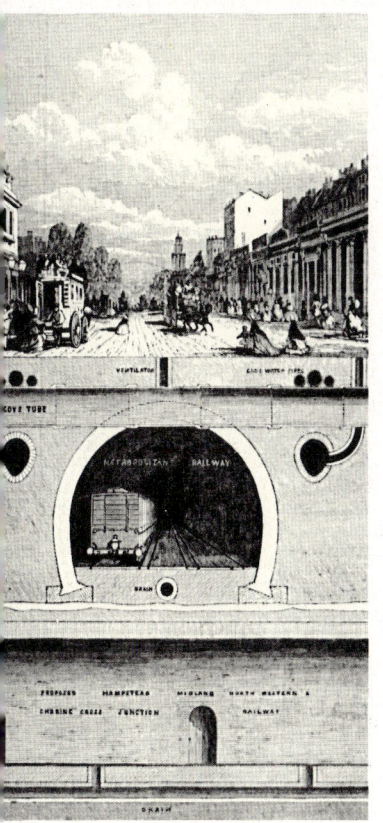

Trassenführung der U-Bahn unter der Tottenham-Court-Road

London geht andere Wege, zumal man in England spätestens seit Isambard Kingdom Brunel den Tunnelbau (→ 1842) perfekt beherrscht. Die Londoner U-Bahn-Anlage ist großzügig konzipiert. Die breiten Tunnel haben grob gesehen einen flach elliptischen Querschnitt. Zwei Gleise laufen in ihnen parallel. Jedes Gleis ist sowohl mit Normalspur- wie mit Breitspurzügen befahrbar, hat also drei parallele Schienen.

Die Tunnel sind im Schildvortriebverfahren gebaut und mit umfangreichen Luftabzugsanlagen und Entlüftungsschornsteinen versehen, denn bis 1890 halten ausschließlich Dampflokomotiven den Verkehr der Metropolitan aufrecht. Die Wände der Tunnel sind durchgehend ausgemauert. Auch der Untergrund ist durch konkaves Mauerwerk befestigt. Darunter und darüber liegen Drainagerohre. Auf dem gemauerten Fundament liegt der Fahrbahnoberbau, in den die Schienen eingelassen sind.

Die Anlage wird später weiter ausgebaut. Geplant ist schon 1863 ein »Inner Circle«, der 1884 fertiggestellt wird. Er umfaßt dann eine unterirdische Strecke von 21 km, die das Stadtzentrum unterquert und 27 Stationen bedient. 12,6 km davon werden von der Metropolitan Railway betrieben, 6,5 km unterhält die Distrikteisenbahn. Den Rest des Schienennetzes bauen beide Gesellschaften gemeinsam. Die Kosten sind sehr hoch. Sie liegen, umgerechnet auf deutsche Währung, zwischen 7,1 und 23,2 Millionen DM pro Kilometer (nach der Kaufkraft von 1881). Aber selbst diese Belastung tragen die Unternehmer, denn sie macht sich bezahlt. Nach nur kurzer Zeit der Skepsis akzeptiert die Londoner Bevölkerung ihre U-Bahn mit Begeisterung und macht reichlich von ihr Gebrauch, nicht zuletzt, weil ihre Anlagen – besonders die Stationen – sehr freundlich und großzügig, ja prunkvoll, ausgeführt sind.

Wilhelm und Friedrich Siemens entwickeln das Herdfrischverfahren, eine neue Methode zur industriellen Stahlherstellung (→ 1856).

Der englische Physiker James Clerk Maxwell weist auf die theoretisch mögliche Existenz von Radiowellen hin (→ 1887).

Dem Pariser Chemieprofessor Pierre Eugène Marcelin Berthelot gelingt die Synthese der sog. aromatischen Kohlenwasserstoffe. →

Den Technikern Felten und Guilleaume gelingt in Mühlheim am Rhein nach langwierigen Experimenten die Herstellung von Gußstahldrahtseilen.

Der britische Astronom John Frederick William Herschel veröffentlicht einen Generalkatalog von 5079 astronomischen Nebeln. →

Der Franzose Aimé Laussedat begründet die Fotogrammetrie, mit deren Hilfe sich Landkarten aus fotografischen Terrainbildern herstellen lassen. →

Die Brüder Émile und Pierre Émile Martin eröffnen der Stahlindustrie neue Möglichkeiten durch das Zusammenschmelzen von Roheisen und Schmiedeeisen zu Siemens-Martin-Stahl. →

Augustin Mouchot konstruiert eine solarenergiegespeiste Pumpe für Berieselungszwecke, die in Algerien zum Einsatz gelangt.

G. Parry erfindet die Schlackenwolle durch Einblasen von Dampf in flüssige Schlacke.

Der Artilleriehauptmann Eduard Schultze stellt in Potsdam das erste Nitro-Schießpulver her.

Der Techniker Hugo Adolf von Steinheil erfindet in München den Aplanat, ein Foto-Objektiv das sich bei mittlerer Lichtstärke durch tiefenkorrekte Abbildung und große Randschärfe auszeichnet. →

Der englische Ingenieur und Industrielle Joseph Whitworth erfindet den Stahl-Druckguß.

GESTORBEN:

8. 12. Ballintemple/Irland: George Boole (* 2. 11. 1815, Lincoln/England), britischer Mathematiker und Logiker.

GEBOREN:

13. 1. Gaffken/Ostpreußen: Wilhelm Wien († 30. 8. 1928, München), deutscher Physiker.

25. 6. Briesen/Westpreußen: Walther Nernst († 18. 11. 1941, Muskau/Oberlausitz), deutscher Physiker.

5. 10. Besançon: Louis Jean Lumière († 6. 6. 1948, Bandol/Var), französischer Physiker und Industrieller.

Fortschritte in der organischen Chemie

1864. Dem französischen Chemiker Pierre Eugène Marcelin Berthelot gelingt die Synthese der sog. aromatischen Kohlenwasserstoffe.

Der Pariser Professor gehört zu den bedeutendsten Chemikern des 19. Jahrhunderts. Durch seine Synthesen organischer Verbindungen aus einfachen Bausteinen kann er die immer noch häufig vertretene Ansicht endgültig widerlegen, daß zur Bildung organischer Substanzen die Mitwirkung lebender Organismen notwendig sei (→ 1828). Er untersucht die Bindungswärme organischer Stoffe und prägt die Begriffe »endotherm« und »exotherm«. Die Forschungsergebnisse dokumentiert er in seinem Hauptwerk »Chimie organique fondée sur la synthèse« (1860).

Die aromatischen Kohlenwasserstoffe oder Aromaten synthetisiert Berthelot durch Destillation von benzoesauren und fettsauren Salzen. Die Aromaten sind zyklische organische Verbindungen, die nur aus Benzolmolekülen – sog. Benzolringen – aufgebaut sind, deren freie Valenzen (→ 1857) mit CH_3-Gruppen (beim Äthylbenzol auch CH_2-CH_3) belegt sind. Der Benzolring besteht aus sechs in einer ringförmig geschlossenen Kette aneinandergebundenen Kohlenstoffatomen (C), deren freie Valenzen mit je einem Wasserstoffatom (H) abgesättigt (→ 1860) sind. Er hat also die Formel C_6H_6. Die H-Atome lassen sich durch CH_3-Gruppen substituieren. Durch Ersetzen eines H-Atoms entsteht Toluol (→ 1863), ersetzt man zwei, bildet sich Xylol. Wird ein H-Atom durch eine CH_2-CH_3-Kette ersetzt, ergibt sich Äthylbenzol. Benzolringe lassen sich auch aneinanderlagern, etwa zwei Ringe zu Naphthalin oder drei Ringe zu Anthracen.

Das 20-Fuß-Spiegelteleskop von John Frederick William Herschel am Fuß des Tafelberges bei Kapstadt in Südafrika, errichtet im Jahr 1834

Astronom Herschel druckt Nebelkatalog

1864. Der britische Astronom John Frederick William Herschel veröffentlicht einen Generalkatalog von 5079 astronomischen Nebeln.

Schon der Vater John Fredericks, Friedrich Wilhelm (William) Herschel, hatte mit seinen Riesenteleskopen (→ 1785) bis 1802 nicht weniger als 2313 kosmische Nebel und 197 Sternhaufen vermessen und registriert und die Milchstraße als einen Sternnebel erkannt. Seit 1834 setzt Herschel die Arbeit seines Vaters mit einem im selben Jahr gebauten 20-Fuß-Spiegelteleskop bei Kapstadt fort. Zahlreiche Nebel zeichnet er minuziös von Hand nach dem Teleskopbild ab.

Neuer Stahlofen von Siemens und Martin

1864. Wilhelm und Friedrich Siemens entwickeln einen neuen Frischherd für die Stahlerzeugung, der nach dem von ihnen → 1856 erfundenen Verfahren der Regenerativgasfeuerung arbeitet.

Der Ofen besitzt auf jeder Seite eine aus feuerfesten Ziegeln gemauerte Heizkammer. Beide Kammern werden jeweils abwechselnd von den Abgasen erhitzt und wärmen dann ihrerseits das Gas-Frischluft-Gemisch vor. Die dadurch erreichbaren viel höheren Ofentemperaturen erlauben erstmals auch die Wiederaufbereitung von Schrott zu Stahl. Den ersten Ofen dieser Art bauen die französischen Brüder Pierre Émile und Émile Martin (daher Siemens-Martin-Stahl).

Landkarten nach Terrain-Fotografien

1864. Der Franzose Aimé Laussedat begründet die Fotogrammetrie. Er entwickelt den Formelapparat (Algorithmus), mit dem sich u. a. fotografische Terrain-Aufnahmen in Landkarten umsetzen lassen.

Die Zeichnung von Landkarten nach Fotografien – besonders nach Luftaufnahmen – wird später zum Hauptanwendungsgebiet der Fotogrammetrie; Laussedat entwickelt seine Rechenmethoden jedoch zunächst für Fotografien unterschiedlichster Objekte. Er schafft ein geometrisches Verfahren, mit dem sich aus beliebiger Perspektive mit beliebiger Brennweite aufgenommene Körper auf dem Papier in Grund- und Aufriß maßstabsgetreu darstellen lassen.

Foto-Objektiv jetzt wesentlich besser

1864. Der Münchner Techniker Hugo Adolf von Steinheil entwickelt den Aplanat, ein Foto-Objektiv, das sich bei mittlerer Lichtstärke durch große Randschärfe, weitgehende Verzerrungsfreiheit und Farbreinheit sowie durch volle Orthoskopie, also tiefenkorrekte Abbildung, auszeichnet.

Steinheil stellt den Aplanat in drei verschiedenen Ausführungen her: Für Gruppenfotos, für Landschaftsaufnahmen und als Weitwinkelaplanat (→ 1860).

Darüber hinaus berechnet Steinheil auch eine aplanatische Lupe für 24fache Vergrößerung, die aus einer bikonvexen Kronglaslinse besteht, an die beiderseits Flintglaslinsen angekittet sind.

1865

Julius Baur führt den von Berthier 1821 erfundenen Chromstahl in der Industrie ein.

Matthaeus Hipp realisiert auf Stationen der Vereinigten Schweizerbahnen erstmals elektrisch gesteuerte Weichen.

Benjamin Berkeley Hotchkiss erfindet eine Revolverkanone, die in der Minute 33 Schuß von 510 Gramm Gewicht abgeben kann.

Der deutsche Chemiker August Kekulé von Stradonitz führt die Begriffe »Ortho-, Meta- und Paraverbindung« in die organische Chemie ein.

Nach neunjährigen Versuchen gelingt es Samuel Cunliffe Lister, Seidenabfälle zu Seidensamt zu verarbeiten.

Der englische Physiker James Clerk Maxwell stellt die elektromagnetische Lichttheorie auf. →

Der französische Chemiker Louis Pasteur konserviert Wein durch Erwärmen auf 45 bis 50 °C und erfindet damit das »Pasteurisieren«. →

In den USA verlegt Samuel van Syckle die erste brauchbare Petroleum-Pipeline. →

M. Thévenon versieht in Lyon erstmals ein Fahrrad mit Vollgummireifen.

Der Engländer Traill Taylor erfindet das Magnesiumblitzlicht für die Fotografie. →

Unabhängig voneinander entwickeln Albert Voigt aus Kappel bei Chemnitz und Isaac Gröbli Stickmaschinen.

Der deutsche Industrielle Werner Siemens installiert in Berlin die erste deutsche Rohrpostanlage.

Der Ingenieur Gotthilf Hagen veröffentlicht in Berlin sein zehnbändiges »Handbuch der Wasserbaukunst«, das für das gesamte Gebiet des Wasserbauwesens wegweisend ist.

Der englische Brückenbauer Peter Barlow erhält ein Patent für eine neuartige Schildvortriebsmaschine zum Tunnelbau (→ 1842).

GESTORBEN:

2. 9. Dunsink: Sir William Rowan Hamilton (* 4. 8. 1805, Dublin), irischer Mathematiker und Physiker.

GEBOREN:

1. 4. Wien: Richard Adolf Zsigmondy († 23. 9. 1929, Göttingen), deutscher Chemiker.

25. 5. Zonnemaire/Zierikzee: Pieter Zeeman († 9. 10. 1943, Amsterdam), niederländischer Physiker.

12. 10. Manchester: Arthur Harden († 17. 6. 1940, London), britischer Biochemiker.

Maxwell-Theorie vom Licht

1865. Der englische Physiker James Clerk Maxwell entwickelt die elektromagnetische Lichttheorie, nach der Licht und elektrische Schwingungen grundsätzlich wesensgleich sind.

Der britische Physiker James Clerk Maxwell (nach einer Lithographie)

Ausgangspunkt für Maxwells theoretische Überlegungen ist die Tatsache, daß in den Wechselbeziehungen zwischen Magnetismus und Elektrizität eine bestimmte Größe, die sog. »kritische Geschwindigkeit« auftritt, die 1857 die deutschen Physiker Rudolf Kohlrausch und Wilhelm Weber als identisch mit der Lichtgeschwindigkeit ermittelt hatten. Diese auch als »Webersche Zahl« bekannte Größe tauchte auf, als Weber eine Maßeinheit für den elektrischen Strom definieren wollte. Sie gibt die Ausbreitungsgeschwindigkeit der Elektrizität an. Maxwell geht deshalb davon aus, daß elektrische Schwingungen und Lichtwellen von demselben Medium (»Äther«) fortgeleitet werden. Er deutet Licht als eine elektrische Schwingung transversal (quer) zur Ausbreitungsrichtung. Im Prinzip ist seine Erkenntnis richtig. Daß es auch ohne Äther geht, lehrt später die Relativitätstheorie.

Erdöl fließt durch Pipeline

1865. Der US-Amerikaner Samuel van Syckle verlegt zwischen einer Ölquelle namens Pithole und der nahegelegenen Millors Farm die erste brauchbare Erdölpipeline. Außerdem installiert sein Landsmann Henry Harley eine Rohrleitung für Rohöl, die sich ebenfalls bewährt. Schon 1860 hatten zwei Amerikaner – J. D. Karns und Hutchinson – versucht, Petroleum durch Rohre zu leiten, jedoch ohne Erfolg. Die Leitungen waren undicht.

Die Anlagen von Syckle und Harley finden bald Nachahmer. Nachdem → 1859 der Amerikaner Edwin L. Drake die ersten planmäßigen Ölbohrungen in Pennsylvania niedergebracht hatte, wurden rasch große Erdöllager in den Vereinigten Staaten entdeckt. Sie wirtschaftlich auszubeuten, brachte nicht zuletzt Transportprobleme mit sich. Die Erfindung der Pipeline hilft sie lösen. Sie zieht schon bald einen Erdöl-Boom in der Neuen Welt nach sich.

Beginn der Erdölförderung in den USA: Der erste Bohrturm bei Titusville in Pennsylvania, den Edwin L. Drake 1859 anlegte und mit Holz verkleidete

Der Chemiker Louis Pasteur, Erfinder des »Pasteurisierens«

Chemiker erfindet das Pasteurisieren

1865. Der französische Chemiker Louis Pasteur macht Wein durch Erhitzen auf 45 bis 50 °C haltbar und erfindet damit das »Pasteurisieren«. Das Konservierungsverfahren wird bald auf zahlreiche Getränke und Lebensmittel angewendet.

Pasteur gelingt der Nachweis, daß Keime eine der wesentlichsten Ursachen für Erkrankungen und Todesfälle sind. Bisher glaubte man, daß giftige Gase Krankheiten verbreiten. Pasteur kann außerdem unter dem Mikroskop zeigen, daß sich Hefen, die u. a. die Weingärung verursachen, und Mikroben, die die Milchgerinnung einleiten, durch wiederholtes mäßiges Erhitzen abtöten lassen.

Künstliches Licht für die Fotografen

1865. Der Engländer Traill Taylor erfindet das Magnesiumblitzlicht. Nachdem 1859 der deutsche Physiker Robert Wilhelm Bunsen und der britische Chemiker Henry Enfield Roscoe auf die Leuchtkraft von brennenden Magnesiumdrähten hingewiesen hatten, benutzte erstmals William Crookes derartige Drähte zum Verkürzen der Belichtungszeit. Trail Taylor entwickelt das Verfahren zum regulären Blitzlicht weiter, indem er Magnesiumpulver zusammen mit salpetersaurem oder übermangansaurem Kali in eine Flamme bläst.

Der Typendrucktelegraph des Engländers David Edward Hughes (→ 1855) wird in Deutschland zugelassen.

Der schwedische Physiker Anders Jonas Ångström führt in die Physik die Ångström-Einheit (ÅE) ein, die er als Maß für die Lichtwellenlänge benutzt.

Nach einjähriger Arbeit wird die Verlegung eines zweiten Transatlantik-Telegraphenkabels abgeschlossen, da das acht Jahre zuvor verlegte Kabel defekt war und keinen einwandfreien Nachrichtenverkehr zuließ (→ 1858).

Der Schweizer Henri Nestlé nimmt in Cham die erste Kondensmilch-Fabrik in Betrieb. →

Johann Heinrich Gottfried Gerber erfindet in Nürnberg Brückenträger mit freischwebenden Stößen. Eine erste aus diesen Elementen aufgebaute Auslegerbrücke wird 1867 bei Bamberg über die Regnitz gespannt.

Der französische Eisenbahningenieur Georges Leclanché erfindet das nach ihm benannte Leclanché-Element, eine Trokkenbatterie. →

J. E. Lundström entwickelt die modernen Streichhölzer, phosphorfreie Hölzchen in Schiebeschachteln mit seitlichen Reibflächen aus amorphem Phosphor. →

Der US-amerikanische Erfinder Benjamin Chew Tilghman entwickelt in Philadelphia ein Verfahren zur Zellstoffherstellung. →

Der Franzose Antoine Bonnaz erfindet eine Tambouriermaschine für die Herstellung von Tüll- und Mullgardinen, die sich für Heimarbeit eignet. Die mit Hakennadeln arbeitende Maschine leistet pro Minute 1800 Stiche (gegenüber 20 bis 25 Stichen bei Handarbeit).

Das Königliche Feuerwerkslaboratorium zu Spandau entwickelt zunächst für die Kriegstechnik Achsenstabraketen, stellt diese dann aber der deutschen Gesellschaft zur Rettung Schiffbrüchiger zur Verfügung. Aus den Stabraketen wird ein Automat konstruiert, der Rettungswurfleinen schleudert.

GESTORBEN:

20. 7. Selasca/Lago Maggiore: Bernhard Riemann (*17. 9. 1826, Breselenz), deutscher Mathematiker.

GEBOREN:

19. 4. Amsterdam: Henri Wilhelm August Deterding († 4. 2. 1939, St. Moritz), niederländischer Industrieller.

12. 12. Mülhausen/Elsaß: Alfred Werner († 15. 11. 1919, Zürich), Schweizer Chemiker.

Herstellung von Zellstoff

1866. Benjamin Chew Tilghman entwickelt in Philadelphia ein Verfahren zur Zellstoffherstellung, das 1874 von Alexander Mitscherlich und Carl Daniel Ekman zur technischen Reife weiterentwickelt wird. Schon → 1840 war es dem französischen Chemiker Anselme Payen gelungen, durch chemisches Aufschließen Zellstoff zu gewinnen. Er löste mit Salpetersäure das Lignin aus dem Holz und bleichte den Rohzellstoff mit Chlor. Tilghman und seine Nachfolger behandeln erhitztes Holz in großen Kesseln unter Druck mit schwefliger Säure und schwefligsauren Salzen (Calciumbisulfit). Sie erhalten reinen, weißen Zellstoff, sogenannten Sulfitzellstoff, der sich gut für die Papierherstellung eignet.

Je nach dem Grad der »Delignifizierung«, also des Ligninabbaus, entsteht Halb-, Hochausbeute-, Voll- oder Chemiezellstoff.

Besonders die Zellulose, aus der Zellstoff hauptsächlich besteht, erlangt chemische Bedeutung.

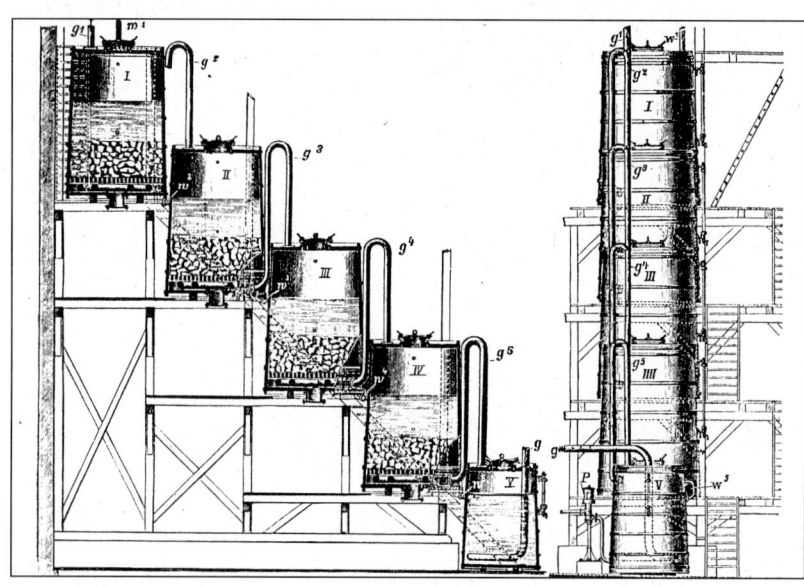

Großchemische Zellstoffgewinnung; in Terrassen sind Sulfitlaugen-Bottiche angeordnet, durch die unter Druck schweflige Säure geleitet wird

Strom aus Trockenbatterie

1866. Der französische Eisenbahningenieur Georges Leclanché erfindet das nach ihm benannte Leclanché-Element, eine Trockenbatterie. Das von dem italienischen Physiker Alessandro Volta → 1800 erfundene »Element«, die elektrische Batterie, war schon mehrfach technisch verbessert worden. Volta hatte Silber- und Zinkelektroden in Salzwasser benutzt. Der erste Fortschritt bestand in der Verwendung von Säuren statt Salzwasser, was zwar zu einer besseren Stromausbeute führte, aber auch zur Wasserstoffabscheidung an den Kupferplatten, durch die Cruikshank das Silber ersetzt hatte. Dadurch entstand eine »Gegenspannung«. Der Engländer John Frederic Daniell verwendete zwei durch eine halbdurchlässige Membran (Diaphragma) getrennte Elektrolyten und vermied dadurch die Wasserstoffabscheidung. → 1840 ersetzte der deutsche Chemiker Robert Wilhelm Bunsen das Kupfer durch Kohle. Lange waren seine Zink-Kohle-Batterien mit Chromsäure als Elektrolyt die leistungsfähigsten.

Leclanché preßt das Kohlepulver zusammen mit Manganoxid und verwendet es als die eine, Zink als die andere Elektrode. Elektrolyt ist bei ihm Salmiaklösung, die er aber nicht in flüssiger Form verwendet, sondern als feuchte Paste. Diese Trockenbatterien zeichnen sich durch geringen Innenwiderstand und damit hohe Stromabgabe, lange Lebensdauer (bis zum völligen Aufbrauchen der Zinkelektrode) und praktisch keine innere Gegenspannung aus. Sie setzen sich bald generell durch und verdrängen alle anderen Typen vom Markt.

Sicherheitszünder in Reibschachteln

1866. Der schwedische Zündholzfabrikant J. E. Lundström aus Jönköping verbessert die Sicherheitszündhölzer. Seine Hölzchen lassen sich leichter handhaben, als die → 1848 von Rudolf Christian Böttger erfundenen Streichhölzer.

Böttger hatte die Hölzchen an beiden Enden beschichtet: An dem einen mit einer sauerstoffreichen Substanz, am anderen mit amorphem rotem Phosphor. Wollte man sie benutzen, dann mußte man sie an einer vorgeprägten Knickstelle auseinanderbrechen und das kürzere am längeren Stück reiben. Lundström beschichtet nur eine Seite seiner Hölzer. Dafür verwendet er eine Mischung aus einem Brennstoff (z. B. Antimonsulfid), einem Sauerstoffträger (z. B. Kaliumchlorat) und Farb- sowie Bindemittel. Die Reibfläche bringt er an einer Außenseite der Schachtel an. Sie enthält neben dem leicht entzündlichen roten Phosphor Bindemittel und Glaspulver zum Erhöhen der Reibungswärme.

Mit Lundströms Erfindung ist die Entwicklung der Sicherheitszündhölzer praktisch abgeschlossen. Sie entzünden sich nur an der dafür vorgesehenen Reibfläche und sind ungiftig. Bisher waren sie meist mit Kaliumchlorat und giftigem weißem Phosphor hergestellt worden.

Kondensmilchfabrik in Cham eingeweiht

1866. Henri Nestlé nimmt in Cham (Schweiz) die erste Kondensmilchfabrik Europas in Betrieb.

Kondensmilch ist eine haltbare Milch, die durch Eindicken mittels Wasserentzug im Vakuum bei 45 bis 50 °C aus Voll- oder Magermilch hergestellt wird. Nach dem Abfüllen in Weißblechdosen wird sie zur Konservierung etwa 20 Minuten lang auf 110 °C erhitzt.

Als erster meldete 1835 der britische Anwalt Newton ein Patent auf die Erzeugung von Kondensmilch an, das allerdings nicht kommerziell genutzt wurde. 1849 entwickelte der US-Amerikaner Ebenezer N. Horsford ein ebensolches Verfahren, das 1853 sein Assistent Gail Borden in verbesserter Form in den USA einführte. Auch die Nestlé-Anlage folgt dem amerikanischen Verfahren.

1867

Der deutsche Chemiker Adolf Baeyer beschreibt erstmals den Unterschied zwischen Kondensation und Polymerisation in der organischen Chemie. →

Alfred Krupp baut in Essen für die Pariser Weltausstellung eine Gußstahl-Hinterladerkanone mit 50 000 kg Rohrgewicht für 480 kg Geschoßgewicht. →

Der britische Chirurg Joseph Lister erfindet das »Catgut«, ein chirurgisches Garn aus Darmsaiten, das sich nach einiger Zeit im Körper selbst auflöst. →

Ein Engländer namens Madison konstruiert die ersten Räder mit radial angeordneten Stahlspeichen. →

Die deutschen Ingenieure Nikolaus Otto und Eugen Langen entwickeln eine atmosphärische Gaskraftmaschine. →

Werner Siemens, Ingenieur und Unternehmer aus Berlin, entdeckt das Dynamoprinzip. →

Der in England lebende deutsche Industrielle Wilhelm Siemens schlägt erstmals die in-situ-Vergasung von Steinkohle vor. →

C. Tessié du Motay erfindet die Fotolithographie (Lichtdruck). →

Elihu Thomson aus den USA erfindet das elektrische Widerstandsschweißen. →

Der norwegische Mathematiker und Technologe Cato Maximilian Guldberg formuliert zusammen mit dem norwegischen Chemiker Peter Waage das chemische Massenwirkungsgesetz. →

Charles Wheatstone, ein englischer Physiker, erfindet die Lochstreifen-Telegraphie. →

In New York werden zur Entlastung des Straßenverkehrs Hochbahnen angelegt. →

1. 1. Der schwedische Chemiker Alfred Nobel stellt erstmals Dynamit, eine Mischung aus Nitroglyzerin und einem Absorptionsmittel (Kieselgur), industriell her. →

GESTORBEN:

25. 8. London: Michael Faraday (* 22. 9. 1791, Newington), britischer Naturwissenschaftler.

GEBOREN:

16. 4. Millville/Indiana: Wilbur Wright († 30. 5. 1912, Dayton/Ohio), US-amerikanischer Flugpionier.

11. 6. Marseille: Charles Fabry († 11. 12. 1945, Paris), französischer Physiker.

7. 11. Warschau: Marie Curie († 4. 7. 1934, Sancellemoz/Savoyen), französische Physikerin und Chemikerin.

Hochbahnen zur Entlastung des Straßenverkehrs in der Großstadt New York

1867. In New York hat man sich nach jahrzehntelangen Versuchen mit Straßen- und Stadtbahnen dazu entschieden, Nahverkehrsschienenstrecken vorwiegend als Hochbahnen anzulegen und damit den immer dichter werdenden Straßenverkehr wirksam zu entlasten. Ab 1867 gehen jährlich mehr und mehr Neubaustrecken in Betrieb.

In New York verkehrte 1832 die erste Dampfstraßenbahn der Welt. Allerdings wurden ihre Gleise schon kurz nach der Einweihung aus der Fourth Avenue wieder entfernt, weil sie über Fahrbahnniveau lagen und den Straßenverkehr gefährdeten. Erst die neue Hochbahn (l.: Teilstück in der Bovery, r.: am Central Park) findet allgemeine Zustimmung.

Leuchtgas aus der Zeche

1867. Wilhelm Siemens schlägt in England erstmals die in-situ-Vergasung von Steinkohle und die Fortleitung des dabei unter Tage entstehenden Leuchtgases durch Rohrnetze zu den Verbrauchern vor. Das Verfahren wird besonders für mit konventionellen Mitteln nicht abbauwürdige Kohlegruben diskutiert. Kohlevergasung zu Methan kann exotherm (mit Energieüberschuß) oder endotherm (unter Energiezufuhr) erfolgen. Beim endothermen Verfahren reagiert bei über 900 °C Kohlenstoff mit Wasser: Kohlenmonoxid und Wasserstoff entstehen. Weiterer Kohlenstoff verbindet sich sodann mit dem Wasserstoff zu Methan (CH_4). Das entstandene Heizgas ist also eine Mischung aus Methan und Kohlenmonoxid. Nach dem Vorschlag von Siemens sollen sich diese Reaktionen an Ort und Stelle (»in situ«) unter Tage abspielen.

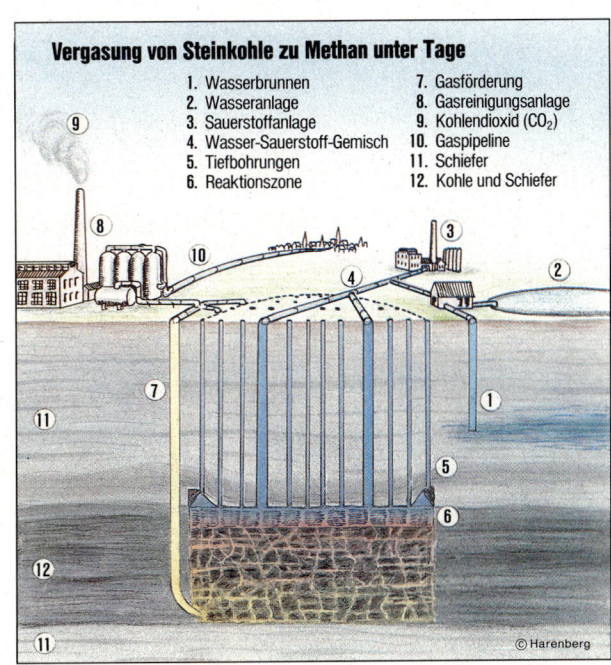

Vergasung von Steinkohle zu Methan unter Tage

1. Wasserbrunnen
2. Wasseranlage
3. Sauerstoffanlage
4. Wasser-Sauerstoff-Gemisch
5. Tiefbohrungen
6. Reaktionszone
7. Gasförderung
8. Gasreinigungsanlage
9. Kohlendioxid (CO_2)
10. Gaspipeline
11. Schiefer
12. Kohle und Schiefer

© Harenberg

Grundlagen der Kunststoffchemie

1867. Der deutsche Chemiker Adolf Baeyer beschreibt erstmals den Unterschied zwischen Kondensation und Polymerisation in der organischen Chemie und schafft damit die Grundlagen der Kunststoffchemie. Baeyer erklärt die Kondensation als Zusammenschluß von Molekülen zu Großmolekülen durch Kohlenstoffbindung. Polymerisation nennt er die Vereinigung durch Sauerstoff- oder Stickstoffbindung. Er weist darauf hin, daß für die Synthese von organischen Substanzen nur die Kondensation von Bedeutung ist. Schließen sich bei der Kondensation Moleküle zusammen, dann werden regelmäßig einfache Moleküle wie Wasser oder Alkohol abgespalten. Wiederholte Kondensation führt zu langen Molekülketten und wird Polykondensation genannt. Bei der Polymerisation lagern sich nach Ingangsetzen des Prozesses (durch Wärme, Strahlung oder Initiatorstoffe) ungesättigte (→ 1860) Moleküle unter Ausnutzung der freien Valenzen (→ 1857) aneinander an, meist ohne daß dabei Restmoleküle abgespalten werden.

Nobel erfindet den Sprengstoff Dynamit

1. Januar 1867. Die Firma Alfred Nobel & Co. aus Schweden stellt erstmals Dynamit her, das ihr Inhaber kurz zuvor erfunden hat.

Alfred Nobel hatte bereits vor Jahren mit Nitroglyzerin experimentiert (→ 1847), das als gelbes Öl in kleinen Mengen als Mittel gegen Kopfschmerzen auf dem Markt war. Er hatte dessen Sprengkraft wiederentdeckt und festgestellt, daß sich durch Zusatz von 10% Nitroglyzerin die Wirkung von Schießpulver (→ 1313/1331) auf das Doppelte erhöhen ließ. 1864 erhielt er ein Patent auf diese Erfindung.

Alfred Nobel

In der kleinen väterlichen Fabrik in Heleneborg begann man daraufhin mit der Nitroglyzerin-Produktion. Bald ereigneten sich beim Umgang mit dem brisanten Öl mehrere schwerste Unfälle. Nobel versuchte deshalb, die gefährliche Flüssigkeit zunächst mit Holzspiritus zu verdünnen, kam dann aber auf den Gedanken, 75% Nitroglyzerin mit 0,5% Soda in 24,5% ausgeglühter Kieselgur zu verkneten. Das »Gurdynamit« oder Dynamit ist damit erfunden. Es ist in der Handhabung weit ungefährlicher als reines Sprengöl, hat aber die gleiche Sprengkraft. Es setzt sich sofort weltweit durch.

Die erste liegende Dynamomaschine der Firma Siemens & Halske von 1867; die hintere breite Wicklung ist die Erregerwicklung des Elektromagneten

Billiger Strom aus Dynamo

1867. Werner Siemens entdeckt das dynamoelektrische Prinzip und erfindet die Dynamomaschine.

Bereits → 1831 hatte der britische Chemiker und Physiker Michael Faraday das Gesetz der elektrischen Induktion aufgestellt. Hippolyte Pixii, Jacobi, Stöhrer u. a. hatten sich vergeblich darum bemüht, den Induktor in eine technisch sinnvolle Maschine zu verwandeln. Das gelang erst Siemens 1856. Nun entdeckt er das dynamoelektrische Prinzip und nutzt es technisch durch einen Induktor, bei dem der Doppel-T-Anker (→ 1856) mit sehr engem Luftspalt zwischen den Polschuhen eines Elektromagneten aus Weicheisen läuft. Den im drehenden Anker erzeugten Strom verwendet Siemens zugleich als Erre-

gerstrom für die Feldmagnete, indem er einen einzigen Stromkreis aus Ankerwicklung, Erregerwicklung und äußerem Stromkreis bildet. Zur Einleitung der gegenseitigen Verstärkung von Ankerstrom und Magnetfeld genügt der Restmagnetismus (→ 1881) im Eisenkern der Elektromagnetspule.

Andere Techniker, wie der Engländer Charles Wheatstone, beschäftigen sich mit ähnlichen Konstruktionen, doch nur Siemens erkennt die große Bedeutung der Entdeckung. Am 17. Januar 1867 formuliert er: »Der Technik sind gegenwärtig die Mittel gegeben, elektrische Ströme von unbegrenzter Stärke auf billige und bequeme Weise überall da zu erzeugen, wo Arbeitskraft disponibel ist.«

Riesenkanone mit 50-Tonnen-Rohr

1867. *Für die Pariser Weltausstellung baut die Essener Firma Alfred Krupp eine 1000-Pfünder-Kanone, einen Hinterlader, dessen Rohr allein 50 t auf die Waage bringt. Es ist aus Gußstahl gefertigt. Die mächtige Kanone ist für Geschosse von 480 kg konzipiert. Die zum Abfeuern dieser Masse erforderliche Pulverladung beträgt nicht weniger als 75 kg.*

Im Grunde ist das Riesengeschütz gar nicht als Kriegswaffe, sondern als Demonstrationsobjekt technischer Fähigkeiten gedacht (Abb.: Die Kruppsche Riesenkanone auf der Pariser Weltausstellung).

Elektroschweißen bei über 2000 °C

1867. Der US-amerikanische Techniker Elihu Thomson erfindet das elektrische Widerstandsschweißen. Thomson arbeitet mit hochgespannten Wechselströmen, die er auf 1 bis 4 Volt herabtransformiert. Dabei stehen ihm Stromstärken von mehreren tausend Ampere zur Verfügung. Zum Schweißen von Eisen nutzt er die Tatsache aus, daß Strom elektrische Leiter dort, wo ihr Widerstand erhöht ist, besonders stark erhitzt. Seine Elektroschweißgeräte erzeugen Temperaturen von 2000 °C und mehr.

Das Fahrrad erhält Speichen aus Stahl

1867. Ein Engländer namens Madison versieht die Räder des Fahrrads erstmals mit stählernen druckbelasteten Radialspeichen.

Schon 1826 hatte Theodore Jones solche Speichen vorgeschlagen; er konnte sie aber technisch nicht realisieren. Bisher wurden die eisenbereiften Felgen grundsätzlich mit Holzspeichen an der Radnabe befestigt. Am 5. Mai 1802 hatte sich George Frederick Bauer zwar eine Felgenaufhängung an Lederriemen, Stricken oder Ketten patentieren lassen, sie setzte sich jedoch nicht durch.

Von Madisons Drahtspeichen macht vor allem das englische Fahrradwerk von W. F. Reynolds und J. A. Mays Gebrauch.

Operationsgarn löst sich im Körper auf

1867. Der britische Chirurg und Medizinprofessor Joseph Lister führt unter der Bezeichnung »Catgut« ein neues Garn für Operationsnähte ein.

Das Garn ist aus Darmsaiten hergestellt, besteht also aus organischem, körperverwandtem Material. Deshalb hat es gegenüber den bisher meist gebrauchten Seidenfäden den Vorteil, daß es im Laufe der Zeit von den Körpersäften aufgelöst wird. Vor allem bei Nähten im Körperinneren, z. B. an Muskeln oder Bändern oder etwa der Bauchdecke, entfällt damit nach der Operation eine zweite Öffnung der Haut zur Entfernung der Fäden.

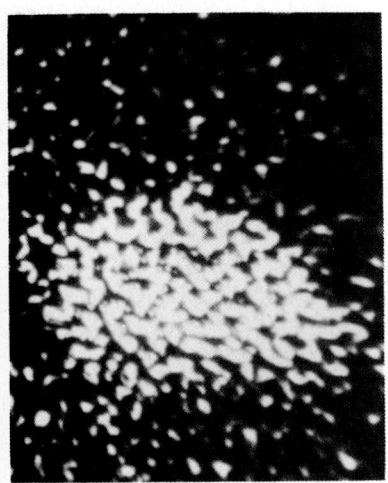
Lichtdruck: Kein Raster, Runzelkorn-Wiedergabe der Tonwerte

Motay entwickelt Farblithographie

1867. C. Tessié du Motay erfindet die Fotolithographie.

1832 hatte William Henry Fox Talbot herausgefunden, daß mit Chromaten behandelter Leim bei der Belichtung unlöslich wird. Der britische Physiker und Chemiker benutzte zuerst die Chromgelatine als fotochemisches Schutzmittel bei Stahlätzungen und legte damit den Grund für die »Heliogravüre« (→ 1878) und die Autotypie (→ 1881). 1855 erkannte der Franzose Alphonse Louis Poitevin, daß der belichtete Chromatleim fette Schwärze annimmt.

Jetzt besinnt sich C. Tessié du Motay dieses Verfahrens und wendet darauf die lithographische Drucktechnik (→ 1796) an.

Neuer Telegraph liest Lochstreifen

1867. Der britische Physiker Charles Wheatstone bringt den von ihm im Prinzip schon 1858 erfundenen Lochstreifentelegraphen zur technischen Einsatzreife.

Seit der Kinderzeit der elektrischen Telegraphie (→ 1840) bemüht man sich darum, die Nachrichten so schnell wie möglich zu übertragen. Das Geschwindigkeitslimit lag dabei bisher in der manuellen Eingabe der Telegraphenzeichen. Wheatstone stanzt die gesamte Nachricht zunächt als den Morsezeichen (→ 1840) entsprechende Löcher in ein Papierband, das der Sender elektromechanisch abtastet und dabei bis 100 Wörter pro Minute überträgt.

1868

Benjamin Waddy Maughan, ein Londoner Innenausstatter, konstruiert den ersten gasbeheizten Warmwasserbereiter für den Haushalt.

J. B. Obernetter führt das Chlorsilber-Kollodiumpapier zur Herstellung fotografischer Positiv-Abzüge ein.

Die britische Thames Iron Works und Shipbuilding Company in Blackwall baut das bisher größte preußisch-deutsche Panzerschiff, die Panzerfregatte »König Wilhelm«.

Der deutsche Industrielle Friedrich Siemens erfindet den kontinuierlich arbeitenden Wannenofen mit Regenerativ-Gasfeuerung für die Massenfabrikation von Glas.

C. Tessié du Motay erfindet ein Verfahren zur kontinuierlichen Gewinnung von Sauerstoff aus der Luft.

Der Berliner Ingenieur und Unternehmer Werner Siemens entwickelt zum Messen von Spannungen, Stromstärken und Widerständen ein Elektro-Universalmeßgerät. →

P. Weiskopf, ein Kunstglaser in Morchenstein in Böhmen, produziert erstmals in großem Rahmen »Glaswolle«. →

In London werden versuchsweise Signalarme mit roten und grünen Gaslampen zur Verkehrsregelung eingeführt. →

Der österreichische Seeoffizier Johann Luppis von Rammer erfindet den Torpedo mit Selbstantrieb (→ 1860).

Der französische Astrophysiker Pierre Jules C. Janssen entdeckt das Element Helium im Sonnenspektrum.

GESTORBEN:

11. 2. Paris: Jean Bernard Léon Foucault (* 18. 9. 1819, Paris), französischer Physiker.

GEBOREN:

31. 1. Germantown: Theodore William Richards († 2. 4. 1928, Cambridge/Massachusetts), US-amerikanischer Chemiker.

22. 3. Morrison/Illinois: Robert Andrews Millikan († 19. 12. 1953, Pasadena), US-amerikanischer Physiker.

10. 8. Flensburg: Hugo Eckener († 14. 8. 1954, Friedrichshafen), deutscher Luftfahrtpionier.

12. 10. Winningen/Koblenz: August Horch († 3. 2. 1951, Münchberg), deutscher Automobilkonstrukteur und Industrieller.

5. 12. Königsberg: Arnold Sommerfeld († 26. 4. 1951, München), deutscher Physiker.

9. 12. Breslau: Fritz Haber († 29. 1. 1934, Basel), deutscher Chemiker.

Meßgerät für Elektrizität

1868. Werner Siemens fertigt ein Universal-Galvanometer zum Messen von Spannungen, Strömen und elektrischen Widerständen.

Die Messung elektrischer Spannungen gelang schon früh über die Messung der Kräfte, die elektrische Ladungen aufeinander ausüben. Als problematischer erwies sich die Strommessung. Der französische Physiker und Mathematiker André Marie Ampère sprach von der »Intensität« des Stroms und nannte sie dann »Eins«, wenn zwei von gleich starken Strömen durchflossene Leiter der Länge 1 cm parallel zueinander im Abstand von 1 cm aufeinander eine Kraft von »1 Gramm« (Massenkraft) ausüben (das entspricht 221,4 Ampere). Bald ging man dazu über, die Kraft eines von dem Meßstrom durchflossenen Elektromagneten auf eine Magnetnadel mit der Drehwaage zu messen.

1846 erfand dann der deutsche Physiker Wilhelm Eduard Weber das »Elektrodynamometer« mit einer festen und einer beweglichen Magnetspule. Von seinem Instrument zum Galvanometer von Werner Siemens führen konstruktive Verbesserungen (→ 1843).

Das Siemens-Universal-Galvanometer aus dem Jahr 1868; die Meßbereichsumschaltung erfolgt durch verschiedene Widerstandseinsätze und Brücken

Glasfäden werden zu feiner »Wolle«

1868. Der Kunstglasmacher P. Weiskopf produziert in Morchenstern in Böhmen erstmals in großem Rahmen »Glaswolle« aus verfilzten Glasfäden als Filter-, Verpackungs- und Wärmedämmaterial.

Die Kunst, Glas zu feinen Fäden auszuziehen, praktizierten zunächst die venezianischen Glasmacher. Sie stellten auf diese Weise die berühmten Millefiori-Gläser her. 1850 brachte J. de Brunfaut in Wien die Technik, feinste Glasfäden auszuspinnen, zu höchster Vollendung. Weiskopfs Verdienst ist es, die großtechnischen Anwendungsmöglichkeiten der Glaswolle zu erkennen und zu nutzen.

In London regeln Ampeln den Verkehr

1868. In der Londoner Innenstadt werden an einer Kreuzung erstmals versuchsweise Signalarme mit roten und grünen Gaslampen zur Verkehrsregelung eingesetzt. Rot bedeutet Halt, Grün freie Fahrt. Nach nur kurzem Probebetrieb explodiert die Anlage. Ein Polizist kommt dabei ums Leben. Weitere Versuche werden erst 1914 in Cleveland (US-Bundesstaat Ohio) angestellt.

Was für den Straßenverkehr neu ist, hat indes Vorläufer bei der Eisenbahn. Schon → 1841 hatte die Eisenbahntechniker-Versammlung in Birmingham rote, grüne und weiße Streckensignale für Halt, Vorsicht und freie Fahrt vereinbart.

1869

Johann Friedrich Trefz, ein Turnlehrer aus Stuttgart, baut das erste Fahrrad mit Hinterradantrieb.

Der US-Amerikaner John Wesley Hyatt erfindet das Zelluloid.

Der US-amerikanische Ingenieur George Westinghouse erhält ein Patent auf die Druckluftbremse. →

Der belgische Elektrotechniker Zénobe Théophile Gramme erfindet den Dynamo mit Ringanker, der kontinuierlich Gleichstrom erzeugt. →

Das galvanische Vernickeln kommt auf. →

Die französischen Brüder Ernest und Pierre Michaux erhalten ein Patent auf das erste Kraftrad. →

Die Brüder Decker bereichern die Drehmaschine durch die Schlittenführung auf Leitschienen (Support).

Dmitri I. Mendelejew und Julius Lothar Meyer entdecken unabhängig voneinander die Periodizität in der Reihe der Atomgewichte chemischer Elemente. →

M. Meyer fertigt in Paris erstmals Fahrräder aus Eisen. →

Der deutsche Industrielle Wilhelm Siemens und der deutsche Physiker Karl Ferdinand Braun erfinden unabhängig voneinander das elektrische Pyrometer.

Der Franzose Suriray ersetzt die einfachen Achslager der Fahrräder durch Rollen- und Kugellager. →

Der österreichische Physiker Adalbert von Waltenhofen formuliert den Begriff der magnetischen Sättigung.

John Walter III. baut für die »Times«-Druckerei eine Schnellpresse, die 11 000 doppelseitig bedruckte Bogen pro Stunde liefert. →

17. 11. Der 161 km lange Sueskanal wird nach zehnjähriger Bauzeit für die Schiffahrt freigegeben. →

GESTORBEN:

16. 9. London: Thomas Graham (* 21. 12. 1805, Glasgow), britischer Chemiker.

GEBOREN:

14. 2. Glencorse/Edinburgh: Charles Thomson Rees Wilson († 15. 11. 1959, Carlops/Edinburgh), britischer Physiker und Naturphilosoph.

3. 9. Laibach: Fritz Pregl († 13. 12. 1930, Graz), österreichischer Chemiker.

23. 11. Kopenhagen: Valdemar Poulsen († 6. 8. 1942, New York), dänischer Radiotechniker.

30. 11. Stenstorp: Nils Gustaf Dalén († 9. 12. 1937, Stockholm), schwedischer Ingenieur.

Durchsticharbeiten bei der Anlage des Sueskanals in einer Bergregion nach einem zeitgenössischen Stich

Sueskanal für Schiffahrt freigegeben

17. November 1869. Nach zehnjähriger Bauzeit wird der Sueskanal zwischen dem Mittelmeer und dem Roten Meer eingeweiht. Die Spitze eines Konvois übernimmt die französische Jacht »L'Aigle« mit der Kaiserin Eugénie von Frankreich, dem Khediven von Ägypten, dem Kaiser von Österreich und den Königen von Preußen, Rußland und den Niederlanden an Bord.

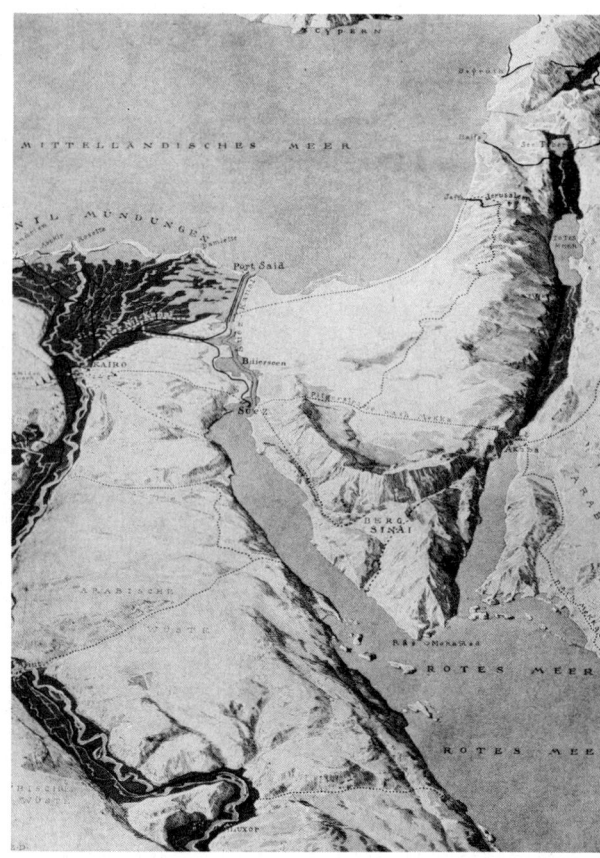

Der Kanal ist 161 km lang, 61 bis 91 m breit und 11 m tief. Zur eigentlichen Länge kommen noch 10 km Reede-Kanäle von Port Said und Sues hinzu. Die Wasserstraße benutzt in ihrem Verlauf auch natürliche Gewässer: Den Timsahsee sowie den Großen und Kleinen Bittersee. Sie verkürzt den Seeweg von Europa nach Asien gegenüber der bisherigen Route um das Kap der Guten Hoffnung um rund 4500 Seemeilen.

Schon → 1250 v. Chr. hatte der ägyptische König Ramses II. einen Schiffahrtskanal vom Nil zum Roten Meer anlegen lassen. 518 v. Chr. hatte der Perserkönig Darius I. die inzwischen verfallene Wasserstraße wieder hergestellt. An derselben Stelle plante 1798 der damalige französische General Napoleon Bonaparte während seines Ägyptenfeldzuges einen künstlichen Wasserweg, um Frankreich einen direkten Zugang zu den asiatischen Gewässern zu sichern. Er legte seine Pläne aber zu den Akten, als sein Landvermesser La Père fälschlich behauptete, der Wasserspiegel des Mittelmeeres läge 32 Fuß über dem des Roten Meeres. Zwar klärte 1830 Captain Chesney den Vermessungsfehler auf, doch hatte man inzwischen den Bau einer Eisenbahnverbindung zwischen Kairo am Mittelmeer und Sues am Roten Meer dem Kanalprojekt vorgezogen.

Erst im Jahr 1854 gewann das Finanzgenie Ferdinand Marie Vicomte de Lesseps, Vizekonsul Frankreichs in Alexandria, den ägyptischen Vizekönig Muhammad Said Pascha für das Vorhaben.

Am 25. April 1859 begann die Sueskanal-Gesellschaft mit den Arbeiten. 3000 Kamele und Esel sorgten allein für den Transport von Trinkwasser für die Kanalbauer durch die Wüste. Bei Fertigstellung der Wasserstraße belaufen sich die Baukosten auf 454 Millionen Francs. Obwohl sich der Kanal wirtschaftlich amortisiert, entspricht die Benutzung in den ersten Jahren keineswegs den Erwartungen. 1870 passieren ihn nur 486 Dampfer mit 26 738 Passagieren. 1871 bleibt die Fracht um 239 000 t hinter der prognostizierten 1 Million t zurück. Einen Hauptgrund für die zurückhaltende Benutzung des Kanals sieht man in der Furcht vieler Europäer vor dem feuchtheißen Klima im Gebiet der Arabischen Halbinsel. Viele Passagiere nehmen lieber den Umweg um das Kap der Guten Hoffnung in Kauf.

Das periodische System der Elemente

1869. Der russische Chemiker Dmitri I. Mendelejew und der deutsche Chemiker Julius Lothar Meyer entdecken unabhängig voneinander die Periodizität in der Reihe der Atomgewichte chemischer Elemente. Mendelejew prognostiziert aufgrund dieser Erkenntnis das Vorhandensein noch unbekannter Elemente.

In den 50er Jahren des 19. Jahrhunderts waren die Chemiker sich uneinig darüber, wie sich die Atomgewichte verschiedener Elemente bestimmen ließen. Das führte zu ungenauen Formelangaben von molekularen Verbindungen. Zwar war John Daltons Atomgewichtetafel eine gewisse Hilfe, doch unterschied der britische Naturforscher noch nicht sauber zwischen Atomen und Molekülen. 1858 entsann sich der italienische Chemiker Stanislao Cannizzaro des Avogadroschen Gesetzes über Gase (→ 1811). Mit ihm ließen sich die Molekulargewichte von Gasen und daraus deren Zusammensetzung bestimmen. 1860 trug Cannizzaro seine Argumente öffentlich vor. Das regte Mendelejew zu seiner systematischen Klassifikation an. Jetzt publiziert er sein nach Atomgewichten geordnetes periodisches System der Elemente. Es wird sofort ins Deutsche übersetzt und in Europa allgemein bekannt. Viele Wissenschaftler begegnen ihm jedoch mit Skepsis, als in einer zweiten Fassung (die im Januar 1871 publiziert wird) Mendelejew erstmals freie Plätze in sein System einfügt. Dort fehlen

```
ОПЫТЪ СИСТЕМЫ ЭЛЕМЕНТОВЪ.

ОСНОВАННОЙ НА ИХЪ АТОМНОМЪ ВѢСѢ И ХИМИЧЕСКОМЪ СХОДСТВѢ.

                        Ti = 50    Zr = 90    ? = 180.
                        V = 51     Nb = 94    Ta = 182
                        Cr = 52    Mo = 96    W = 186.
                        Mn = 55    Rh = 104,4 Pt = 197,1
                        Fe = 56    Rn = 104,1 Ir = 198.
                     Ni = Co = 59  Pl = 106,6 O = 199.
          H = 1                    Cu = 63,4  Ag = 108   Hg = 200.
          Be = 9,4 Mg = 24        Zn = 65,2  Cd = 112
          B = 11   Al = 27,1      ? = 68     Ur = 116   Au = 197?
          C = 12   Si = 28        ? = 70     Sn = 118
          N = 14   P = 31         As = 75    Sb = 122   Bi = 210?
          O = 16   S = 32         Se = 79,1  Te = 128?
          F = 19   Cl = 35,6      Br = 80    I = 127
    Li = 7 Na = 23 K = 39         Rb = 85,4  Cs = 133   Tl = 204
                   Ca = 40        Sr = 87,6  Ba = 137   Pb = 207
                   ? = 45         Ce = 92
                 ?Er = 56         La = 94
                 ?Yl = 60         Di = 95
                 ?In = 75,6       Th = 118?

                                      Д. Менделѣевъ
```

Periodisches System von Mendelejew, Originaltitel: »Spekulatives System der Elemente, basierend auf Atomgewichten und chemischen Ähnlichkeiten«

Elemente mit den zu diesen Plätzen gehörigen Atomgewichten. Mendelejew schließt, daß es diese Elemente geben müsse und daß sie nur noch nicht entdeckt seien.

Seit langem hatten die Wissenschaftler versucht, einen Zusammenhang zwischen Atomgewichten und physikalischen sowie chemischen Eigenschaften von Elementen zu finden. Mendelejew und Meyer erkennen solche Beziehung. Sie stellen die 63 bekannten Elemente in Reihen zusammen, so daß Elemente mit ähnlichen Valenzen (→ 1857) untereinander stehen, und finden heraus, daß sich die Substanzen in den Reihen in ihrem physikalischen und chemischen Verhalten ähneln. Mit steigenden Atomgewichten ergeben sich periodische Zu- und Abnahmen der Valenzen parallel zu periodischen Veränderungen der Stoffeigenschaften. Anhand der deutlichen Periodizität der physikalischen und chemischen Eigenschaften sagt Mendelejew das Verhalten der noch unentdeckten Elemente Gallium, Scandium, Germanium usw. voraus, eine Prophezeiung, die sich innerhalb von 15 Jahren als zutreffend erweist.

Der Weg zu einer mathematischen Chemie

»Die relativen Gewichte der letzten Teilchen sowohl der einfachen wie der zusammengesetzten Stoffe zu ermitteln sowie die Zahl der Atome, die ein zusammengesetztes Teilchen bilden, zu bestimmen . . .«, das forderte der Engländer John Dalton bereits 1808. Schon 1797 hatte der französische Apotheker Joseph Louis festgestellt, daß das Gewichtsverhältnis der Elemente in einer chemischen Verbindung unveränderlich ist. Dalton ergänzte dieses »Gesetz der einfachen Proportionen« durch das der »multiplen Proportionen«, nach dem sich Elemente auch in mehr als einem Zahlenverhältnis miteinander verbinden können. Verbindungen wurden zu einfachen, nach bestimmten Zahlen gesetzmäßig zusammengefügten Gruppen von Elementatomen. Dem italienischen Physiker und Chemiker Amedeo Avogadro gelang es 1811, aus der Dichte von Gasen die Molekulargewichte zu bestimmen. Aber erst 1860 verschafft Stanislao Cannizzaro dieser Methode Eingang in die Wissenschaft. Hier knüpfen Dmitri I. Mendelejew und Julius Lothar Meyer an.

Dmitri Mendelejew und Julius L. Meyer

Dmitri Iwanowitsch Mendelejew kam am 8. Februar 1834 als Sohn des Gymnasialrektors von Tobolsk in Sibirien auf die Welt. Als er noch im Kindesalter war, erblindete sein Vater, und seine Mutter eröffnete eine Glasmanufaktur, um die große Familie über Wasser zu halten. Ein Brand zerstörte die kleine Fabrik.

Mendelejew

Mit ihrem jüngsten Sohn Dmitri verließ sie Sibirien und brachte ihn an der Universität in St. Petersburg unter. Er wurde Semesterbester, setzte seine Studien in Deutsch und Französisch fort und erhielt nach seinem Examen eine Professur an derselben Universität. Sein Lehrbuch »Die Grundlagen der Chemie« gilt als bester Text, den bisher ein russischer Chemiker geschrieben hat. Mendelejew stirbt am 2. Februar 1907 in St. Petersburg.

J. L. Meyer

Julius Lothar Meyer wurde am 19. August 1830 in Varel in Oldenburg geboren. Nach seinem Studium der Chemie wurde er 1866 in Eberswalde Professor der Naturwissenschaften. Zwei Jahre später wechselte er zur Technischen Hochschule Karlsruhe, wo er bis 1876 lehrt. Dann folgt er einem Ruf an die Universität Tübingen. Hier ist er bis zu seinem Tod am 11. April 1895 tätig. Seine bedeutendste wissenschaftliche Leistung ist neben der Formulierung eines periodischen Systems der Elemente die Erarbeitung einer Kurve, die den Zusammenhang zwischen Atomvolumina und Atomgewichten zeigt.

Rotationsdruckmaschine mit horizontal liegenden Rollen, entwickelt von dem »Times«-Besitzer John Walter III.

Rotationsmaschinen für Tageszeitungen

1869. Die »Times«-Druckerei in London ersetzt die → 1848 von Applegath und Cowper gebaute Rotationsdruckpresse mit vertikal laufenden Walzen durch eine wesentlich schnellere und modernere Maschine, die in der Stunde 11 000 Bogen auf beiden Seiten bedrucken kann. Die Presse – eine Verbesserung der alten Maschine durch den Besitzer der »Times«, John Walter III. – hat zwei horizontal liegende Formzylinder und

acht Druckzylinder. Sie ähnelt im Prinzip der Presse von William Bullock aus den USA (→ 1863). Für die Stundenleistung einer derartigen Maschine würde Johannes Gutenberg, der Erfinder des Buchdrucks mit beweglichen Metalllettern, → 1468 über ein halbes Jahr lang benötigt haben.

Die Rotationsmaschinen wären wohl kaum gebaut worden, wenn dafür nicht ein großer Bedarf bestünde. Bereits kurz vor der Mitte

des 19. Jahrhunderts begannen die Tageszeitungen, die Buchproduktionen zu überflügeln. Sogar Sonnabend nacht wurde noch gedruckt, denn das »Sunday Paper« gehörte mittlerweile zum Lebensstil. Als es zur Auflagenexplosion der Tageszeitungen kommt, hat die Londoner »Times« bereits lange Tradition. Sie wurde 1785 von John Walter I. gegründet. Sein Sohn, John Walter II., machte sie ab 1805 per Definition zum »Register der Zeitereignisse – unabhängig von jeglicher Partei«. 1814 nahm er die erste dampfgetriebene Maschinenpresse der Welt in Betrieb. Er organisierte ein Korrespondentennetz mit Brieftauben- und später Telegraphenverbindungen. Nach Einführung der Applegath-Rotationspresse ging die Auflage bald auf 50 000 Stück und überflügelte jede Konkurrenz. Aber erst die neue Maschine von John Walter III. macht die »Times« zur größten und angesehensten Zeitung Europas. »Wenn die ›Times‹ etwas behauptet und die Bibel sagt das Gegenteil, dann glauben 500 von 510 Menschen der ›Times‹«, klagt ein englischer Geistlicher. 1871 erreicht das Blatt mit 62 193 Exemplaren verkaufter Auflage täglich rund 150 000 Leser.

Die erste Rollenrotationsmaschine in Deutschland, vorgestellt von der Maschinenfabrik Augsburg auf der Weltausstellung in Wien 1873

Vernickeln schafft bessere Oberflächen

1869. Das galvanische Aufbringen von Gold, Silber, Zinn, Zink und Chrom wird schon seit längerem praktiziert (→ 1805; 1840). Jetzt setzt sich mehr und mehr auch das galvanische Vernickeln durch. Die entsprechenden Bäder enthalten neben den Nickelsalzen noch chemische Zusätze.

Die Nickelüberzüge, oft zusätzlich leicht verchromt, werden einerseits wegen ihrer dekorativen Wirkung und als Schutz gegen Korrosion eingesetzt, andererseits wegen ihrer guten mechanischen Eigenschaften, wie z. B. Härte und Glätte.

Grammes Dynamo liefert Gleichstrom

1869. Der Belgier Zénobe Théophile Gramme erfindet den Dynamo mit Ringanker, der kontinuierlich Gleichstrom erzeugt.

Mit der → 1867 von Werner Siemens erfundenen Dynamomaschine gelang es noch nicht, sowohl hohe wie schwankungsfreie Gleichspannungen zu erzielen, was jedoch für die Übertragung und Nutzung der Elektrizität in Lampen und Kraftmaschinen unbedingt nötig ist. Der Grund dafür lag im alten Zylinderanker mit seinem Kommutator. Grammes Ringanker sorgt nicht nur für konstante Spannungen, er verhindert auch die starke Erhitzung der Dynamomaschine.

Westinghouse baut Luftdruckbremse

1869. George Westinghouse aus den USA erhält ein Patent auf die Luftdruckbremse. Sie wird bei der Eisenbahn eingeführt.

Die »atmosphärische Eisenbahnbremse« von Westinghouse ist eine Verbesserung des schon um 1864 von Charles Kendall erfundenen pneumatischen Bremssystems, das sich jetzt in die Lokomotive integrieren läßt. Zuvor war ein eigener Bremswagen erforderlich. Bereits 1854 hatte es eine von Ezra Miles und Henry Bessemer entwickelte hydraulische Bremse, bei der der Lokomotivendampf auf ein Wasserreservoir drückte, erstmals ermöglicht, alle Wagen des Zuges zugleich zu bremsen.

Traifine von 1817.   Belocipède von 1869.   Segelvelocipède im Flachland.   Gebirgsvelocipède.

Poftvelocipède.   Landwirthfchaftsvelocipède vulgo Schubkarrocipède.   Nordpolvelocipède.   Waffervelocipède mit Schwimm- und Proviantapparat.

Nachtwächterocipède.   Milchkarrocipède.   Zweispänniges Volontärvelocipède.   Begräbnißvelocipède.

Die Leipziger »Illustrirte Zeitung« vom 3. Juli 1869 amüsiert sich über die Entwicklung des Fahrrades und skurrile Einfälle der Fahrradkonstrukteure

Neuheiten erleichtern das Radfahren

Radfahrschulen sind große Mode

1869. Mit der Konstruktion des Hinterrad-Antriebs gelingt dem Stuttgarter Turnlehrer Johann Friedrich Trefz die wesentlichste Verbesserung des Fahrrads seit der Erfindung des Tretkurbelantriebs durch Philipp Moritz Fischer (→ 1835) und Ernest Michaux (→ 1855). Zwar hatte auch der schottische Schmied Kirkpatrick Macmillan mit seinem Trethebel bereits → 1839 das Hinterrad angetrieben, doch ist dieser Mechanismus der Tretkurbel, mit der Trefz die Hinterräder antreibt, weit unterlegen.

Außerdem machen zwei US-Amerikaner Versuche mit Macmillan-Rädern: F. Estell in Richmond (Indiana) und Calvin Witty in Brooklyn im Staat New York. Sie verbessern das schottische Rad, bleiben aber bei den Trethebeln.

Der Schwabe Trefz, der sein heckgetriebenes Tretkurbelrad »Calcorota« nennt, findet zwar selbst keine Möglichkeit zur Produktion, doch entsteht auf seine Anregung die »Erste deutsche Vélocipède-Fabrik C. F. Müller« in Stuttgart.

Auch in Frankreich gibt es große Fortschritte auf dem Gebiet des Fahrrads. Michaux (→ 1855) eröffnet in Paris eine große Zweiradfabrik, und auf der internationalen Velo-Ausstellung am 5. November wimmelt es geradezu von interessanten Konstruktionen, die fast alle in späteren Jahren Bedeutung erlangen: Leichte Ganzmetallmaschinen, Rohrrahmen, Eisenfelgen mit Drahtspeichen und Vollgummireifen, Vorderradbremse, Vorderradfederung, Schutzblech, Freilauf, Geschwindigkeits-Wechselgetriebe mit zwei und vier Gängen, Kugellager und Räder mit vergrößertem Antriebsrad.

Darüber hinaus wird eine der wichtigsten Neuentwicklungen der ganzen Fahrradgeschichte vorgestellt: Das Guilmet-Meyer-Rad, Vorbild des modernen Fahrrads späterer Zeiten. Wie das Trefz-Rad hat es eine Tretkurbel, die jedoch nicht über Stangen und Kurbeln auf das Hinterrad wirkt, sondern zum ersten Mal über eine endlose Antriebskette. Der perfekte Hinterradantrieb ist erfunden, kann sich aber im Schatten der inzwischen angelaufenen Michaux-Serienproduktion frontangetriebener Räder nicht durchsetzen. Das lenkt die Fahrradentwicklung zunächst in eine Sackgasse: Dem Bau des Hochrades.

Die Michaux-Räder kennen nämlich keine Übersetzung durch die Kettenradgrößen. Um sie schneller zu machen, bietet sich nur eine Vergrößerung des angetriebenen Vorderrades – bis zu rund 250 cm Durchmesser – an. Wegen seines sehr hoch gelegenen Schwerpunktes ist beim Hochrad die Gefahr von gefährlichen Stürzen groß.

»Die meiste Verbreitung hat jedenfalls das Vélocipède in den Vereinigten Staaten von Amerika gefunden. Dort sind mehr als 30 Patente auf verschiedene Constructionen genommen und förmliche Schulen zur Einübung im Vélocipèdereiten eingerichtet worden. In New York allein hat man über 5000 Schüler gezählt, welche solche Anstalten besuchen; diese Schulen sind, wie die Restaurationen, zu allen Stunden des Tags offen und fortwährend so besucht, daß die vorhandenen Vélocipèdes nicht ausreichen, um jeden, der sich derselben bedienen will, zu befriedigen . . .« (Leipziger »Illustrirte Zeitung« vom 20. März 1869). Ähnliche Fahrschulen entstehen auch in Europa.

1870

In New York gehen die ersten öffentlichen elektrischen Feuermelder in Betrieb.

Der englische Ingenieur Edward Alfred Cowper erfindet die auf Zug belasteten Drahtspeichen für Fahrräder (→ 1867).

Der Engländer Morrison erfindet die Zahnarzt-Bohrmaschine. →

Die Schweizer Riggenbach, Näff und Zschokke erbauen die Zahnradbahn auf die Rigi in der Schweiz. →

Thomas William Twyford, ein Töpfer aus Stoke-on-Trent in England, stellt die ersten Wasserklosetts aus Keramik mit Siphonverschluß her. →

Die Entwicklung der Ganzmetallpatrone für moderne Präzisionswaffen ist abgeschlossen.

Der US-amerikanische Schmied John Deere baut den ersten Stahlpflug. →

Ausgehend von Großbritannien bürgern sich Gasgeräte zum Heizen und Kochen mit Leuchtgas (→ 1792) ein.

Die bereits 1806 von dem englischen Rechtsanwalt John Carey vorgeschlagenen Sprinkleranlagen für größere Bürohäuser, Hotels, Fabriken usw. setzen sich in der Praxis durch.

Der irische Physiker John Tyndall führt den Mitgliedern der Königlichen Gesellschaft in London die Totalreflexion des Lichtes in einem bogenförmigen Wasserstrahl vor. →

In Deutschland setzt sich das metrische System durch (→ 1800).

Der Brite James Starley baut in Coventry das erste Hochrad mit Drahtspeichenrädern (→ 1869).

Der britische Physiker Sir William Thomson (später Lord Kelvin) und Kapitän Rung messen unabhängig voneinander nach einem neuen Verfahren die Wassertiefe der Meere. Statt wie bisher direkt mit dem Lot arbeiten sie jetzt mit Bathometern, die primär den Wasserdruck in der Tiefe registrieren.

Hugh Young aus den USA erfindet die Gatter-Diamantsäge zum Zerschneiden harten Gesteins.

24. 12. Nach 13jähriger Bauzeit vollenden Germain Sommeiller, Sebastiano Grandis und Severino Grattoni den 13,05 km langen Mont-Cenis-Tunnel, bei dessen Bau die erste Druckluftübertragungsanlage zum Betrieb der Gesteinsbohrmaschinen eingesetzt wurde. →

GEBOREN:

30. 9. Lille: Jean Baptiste Perrin († 17. 4. 1942, New York), französischer Physikochemiker.

Erste Bergbahn Europas: Mit Dampfkraft von Vitznau auf die Rigi

1870. Der Schweizer Nikolaus Riggenbach baut zusammen mit den Konstrukteuren Näff und Zschokke die erste Bergbahn Europas auf die Rigi im Schweizer Kanton Zug (Abb.: Modellnachbau).
Vorbild ist die erste Bergbahn der Welt, die 1869 in Betrieb genommene Zahnradbahn auf den 1917 m hohen Mount Washington in New Hampshire, USA. Die Zahnstange von Nikolaus Riggenbachs Bergbahn ist als U-Profilschiene, in der die Zähne stehen, zwischen den Fahrgleisen verlegt.

Tunnel durch den Mont Cenis gebohrt

24. Dezember 1870. Nach 13jähriger Bauzeit vollenden Germain Sommeiller, Severino Grattoni und Sebastiano Grandis den Mont-Cenis-Eisenbahntunnel.

Dieser zweite Alpentunnel nach dem nur 1428 m langen österreichischen Semmering-Tunnel (→ 1854) war zunächst 12 200 m lang, mußte aber wegen eines Bergrutsches auf 13 623 m verlängert werden. Neu in technischer Hinsicht war die Verwendung von Preßluftgesteinsbohrern, die Sommeiller eigens für die Arbeiten entwickelte. Um sie mit der Druckluft zu versorgen, die vor dem Tunnel komprimiert wurde, entstand zugleich die erste Druckluftübertragungsanlage der Welt.

Der nach der alten Schmalspurbahn über den Mont-Cenis-Paß benannte Tunnel, der in Wirklichkeit den 25 km entfernten 2528 m hohen Col de Fréjus unterquert, wurde von beiden Enden aus vorgetrieben. Die Röhren treffen in der Mitte mit erstaunlicher Genauigkeit aufeinander. Der südliche Tunneleingang bei Bardonecchia liegt 1269 m, der nördliche bei Modana 1130 m und der Scheitelpunkt im Tunnel 1295 m über Normalnull.

Der Tunnel, dessen Bauzeit ohne die Technik des Preßluftbohrers Jahrzehnte betragen hätte und der sich deshalb nur mit diesem neuen Werkzeug realisieren ließ, macht die Schmalspurbahn mit 1100 mm Spurweite entbehrlich, die erst am 23. Mai 1868 zwischen St. Michel de Maurienne im Fürstentum Savoyen und Susa im sardischen Piemont eröffnet worden war.

Einsatz pneumatischer Bohrmaschinen beim Durchbruch des Mont-Cenis-Eisenbahntunnels; rechts im Bild ist der Transport-Schienenwagen zu sehen, der die Druckluftbehälter transportiert

1871

John Deere baut ersten Stahlpflug

1870. Der US-Amerikaner John Deere führt den Ganzstahlpflug ein, bei dem die Pflugschar und das Streichblech zu einem Stück verschmolzen sind.

Dieser neue Pflug wird zum wichtigsten Werkzeug der Siedler in Nordamerikas Westen. Er trägt dazu bei, das Brachland der Prärie in eines der fruchtbarsten Landwirtschaftsgebiete der Welt zu verwandeln. Wenig später tritt er seinen Siegeszug um die Welt an.

Wasserstrahl als »Kabel« für Licht

1870. Der irische Physiker John Tyndall entdeckt die Totalreflexion des Lichtes in einem bogenförmigen Wasserstrahl.

Aus dem Verhältnis der Brechzahlen von Licht in Wasser und Luft berechnet sich der »Grenzwinkel«. Fällt Licht im Innern des Wasserstrahls flacher als dieser Winkel gegen die Oberfläche des Strahls, dann kann es aus diesem nicht austreten und wird wie von einem Kabel weitergeleitet (→ 1955).

Zahnarzt-Bohrmaschine

1870. Ein englischer Zahnarzt namens Morrison erfindet die Zahnbohrmaschine mit Handkurbelantrieb und Seilzugübertragung.

Das Gerät wird eingesetzt, um von Karies befallene Zähne auszubohren, bevor man sie mit Gold oder einem anderen Edelmetall, Silberamalgam oder einem geeigneten hydraulischen Zement verschließt. Das ist zum einen notwendig, um die kariösen Zahnschmelz- und Zahnbeinpartien restlos zu entfernen, zum anderen, um eine für die Verankerung der Füllung geeignete Form des Hohlraums zu erzeugen. Der Bohrer stellt damit einen wichtigen Fortschritt auf dem Gebiet der Zahnkonservierung dar. Bisher wurden von Karies befallene Zähne im allgemeinen so lange nicht behandelt, bis sie brachen oder stark schmerzten. Dann zog man sie.

Verbesserte Zahnarzt-Bohrmaschine nach Morrison mit Fußbetrieb

Sprinkleranlagen als Feuerschutz

1870. In Bürohäusern, Hotels, Fabriken usw. setzen sich Sprinkleranlagen durch, die bereits 1806 der englische Rechtsanwalt John Carey vorgeschlagen hatte. Die Anlagen, die Brandschäden verhindern sollen, bestehen aus in den Raumdecken verlegten Wasserleitungen, an denen flächendeckend Sprühköpfe angebracht sind. Diese sind mit Bolzen aus einer niedrigschmelzenden Metallegierung verschlossen, die bei ungewöhnlichem Temperaturanstieg die Sprühköpfe freigeben. Ebenfalls um 1870 verbessert der französische Arzt François Carlier den Handfeuerlöscher, den 1816 George Manby erfunden hatte.

Wasserklosett mit Siphonverschluß

1870. Der englische Töpfer Thomas William Twyford stellt in Stoke-on-Trent die ersten Wasserklosetts aus glasierter Keramik mit Siphonverschluß her.

Einfache Spülklosetts waren schon um 2500 v. Chr. in Mesopotamien bekannt. Ein weit verbreitetes Spülklosett aus Metall mit Spülkasten, Zugkette und metallenem Klappenverschluß des Beckens konstruierte 1775 der Engländer Alexander Cummings. Drei Jahre später erhielt der englische Ingenieur Joseph Bramah ein Patent auf einen verbesserten Geruchsverschluß. Endgültig löst aber erst Twyfords Siphon die Geruchsprobleme.

Der britische Mediziner Richard Leach Maddox entwickelt das fotografische Trockenplatten-Verfahren mit Gelatine-Bromsilber-Emulsion. →

Benjamin Chew Tilghman aus den USA erfindet das Sandstrahlgebläse. →

In den Vereinten Staaten von Amerika werden die ersten Federkernmatratzen hergestellt.

Der deutsche Physiker Ernst Abbe entwickelt ein Refraktometer zur Bestimmung des Lichtbrechungsindexes von Flüssigkeiten innerhalb weniger Minuten. Das bei Carl Zeiss in Jena gebaute Instrument benötigt nur minimale Flüssigkeitsmengen (→ 1872).

Ein Eisenbahningenieur der US-amerikanischen Great-Eastern-Bahn namens Barker entwickelt ein hydraulisches Bremssystem, für das der Druck zentral in einem Akkumulator auf der Lokomotive gespeichert wird, das aber dezentral an allen Radsätzen des Zuges wirkt (→ 1869).

Der deutsche Physiker Hermann Helmholtz versetzt mit einem Elektromagneten eine Stimmgabel in Schwingung und erhält auf diese Weise einen relativ frequenzstabilen Tonfrequenzgenerator.

Der Ingenieur F. A. Klusemann baut in Sudenburg die ersten brauchbaren Rübenschnitzelpressen für die Zuckerindustrie.

Der französische Chemiker Jean-François Persoz entdeckt das Anilinschwarz, das er durch Zerstäuben einer Lösung von Kaliumbichromat und einem Anilinsalz unmittelbar auf der zu färbenden Faser erzeugt – eine Methode, die auch verfahrenstechnisch neu ist.

Der deutsche Chemiker Gustav Rose entdeckt, daß konzentrierte Salzlösungen hygroskopisch (wasseranziehend) wirken. So verwandelt er mit Hilfe einer Kochsalzlösung Gips in Anhydrit.

21. Mai. Die erste Zahnradbahn Europas (auf den Rigi von Vitznau aus) wird in Betrieb genommen (→ 1870).

GEBOREN:

6. 5. Cherbourg: François Auguste Victor Grignard († 13. 12. 1935, Lyon), französischer Chemiker.

19. 8. Dayton/Ohio: Orville Wright († 30. 1. 1948, Dayton/Ohio), US-amerikanischer Flugpionier.

30. 8. Brightwater bei Nelson/Neuseeland: Ernest Rutherford († 19. 10. 1937, Cambridge), britischer Physiker.

Neue Methode zur Flächenbehandlung

1871. Der US-amerikanische Erfinder Benjamin Chew Tilghman entwickelt das Sandstrahlgebläse zur Oberflächenbearbeitung.

Dabei wird durch Preßluft mit hohem Druck feinster Quarzsand in einem gezielten Strahl aus einer Düse gegen das zu bearbeitende Werkstück geschleudert. Tilghman verwendet sein neues Verfahren zunächst, um Dekors auf Glaswaren zu erzeugen, indem er das Glas mit einer Schablone abdeckt und die freien Partien bestrahlt. Es entstehen matte Figuren auf glänzendem Grund oder umgekehrt. Bald wird das Sandstrahlen aber auch zur Bearbeitung von Eisen- und später von Steinoberflächen herangezogen. Neben dem reinen Mattieren der Fläche zeigen sich schnell auch andere Anwendungsmöglichkeiten: Reinigen, Entrosten, Aufrauhen, Glätten, Verfestigen usw.

Trockene Emulsion für Fotoplatten

1871. Richard Leach Maddox, ein britischer Arzt, entwickelt ein zuverlässiges Trockenplattenverfahren für die Fotografie. Er verwendet als lichtempfindliche Schicht eine Gelatine-Bromsilber-Emulsion.

Schon kurz nach der Einführung des Kollodiumverfahrens (→ 1850), bei dem die Platten naß in die Kamera eingelegt werden mußten, experimentierte man mit verschiedenen Trockenplattenverfahren. Allerdings forderten die ersten Verfahren derart lange Belichtungszeiten, daß sie sich nicht durchsetzen konnten. Im Gegensatz dazu reichen für das Material von Maddox wegen seiner hohen Lichtempfindlichkeit schon sehr kurze Belichtungszeiten. Außerdem brauchen die Trockenplatten – anders als beim Kollodiumverfahren – nicht sofort nach der Aufnahme entwickelt zu werden.

Die Maddoxsche Emulsion erlaubt bald auch die Anfertigung von Abzügen von Negativen in der Dunkelkammer nach nur kurzer und relativ schwacher Belichtung. Bisher mußte das Fotopapier stundenlang dem Sonnenlicht ausgesetzt werden. Das neue Verfahren erweist sich darüber hinaus als preiswert.

Ernst Abbe, Physikprofessor an der Universität von Jena, entwickelt die exakte Theorie des Mikroskops. →

Der deutsche Chemiker Adolf Baeyer entdeckt, daß zwei Moleküle eines aromatischen Kohlenwasserstoffs mit einem Aldehyd-Molekül unter Wasserabspaltung kondensieren. Dieses Verfahren ist wichtig für die Herstellung hochmolekularer Kohlenwasserstoffe.

Der Brite Baxter konstruiert eine Kleindampfmaschine für den Haushalt. →

Georg Cantor, Mathematik-Professor in Halle, begründet die Mengenlehre. →

Der Mechaniker Selling baut in Würzburg eine Rechenmaschine mit Tastatur, die Wetzer in Pfronten so verbessert, daß sie das Resultat ausdruckt. →

Eadweard Muybridge aus England fotografiert erstmals Bewegungsabläufe. →

Nach einer Konstruktion des Engländers Charles Wilson wird in Las Salinas in Chile eine erste solarbetriebene Salzwasser-Destillationsanlage errichtet. →

Paul Hänlein, ein deutscher Luftfahrtkonstrukteur, treibt in Brünn erstmalig einen (50 m langen, walzenförmigen) Luftballon mit einer Gasmaschine an. Er erreicht Geschwindigkeiten von 5,2 m/s.

Die unter Beteiligung von 20 Staaten in Paris tagende Internationale Meterkonferenz beschließt, neue Normale für Meter und Kilogramm aus Platiniridium herzustellen. →

GESTORBEN:

2. 4. New York: Samuel F. B. Morse (* 27. 4. 1791, Charlestown/Massachusetts), US-amerikanischer Erfinder.

24. 12. Glasgow: William John Macquorn Rankine (* 5. 7. 1820, Edinburgh), britischer Ingenieur und Physiker.

GEBOREN:

4. 1. Wien: Edmund Rumpler († 7. 9. 1940, Neu Pollow/Rostock), österreichisch-deutscher Flugzeugbauer.

6. 2. Bern: Robert Maillard († 5. 4. 1940, Genf), schweizerischer Ingenieur.

18. 5. Trelleck/Monmouthshire: Bertrand Russell († 2. 2. 1970, Penrhyndeudraeth/Wales), britischer Mathematiker und Philosoph.

1. 7. Combrai: Louis Blériot († 1. 8. 1936, Paris), französischer Flugzeugpionier.

13. 8. Karlsruhe: Richard Martin Willstätter († 3. 8. 1942, Muralto/Locarno), deutscher Chemiker.

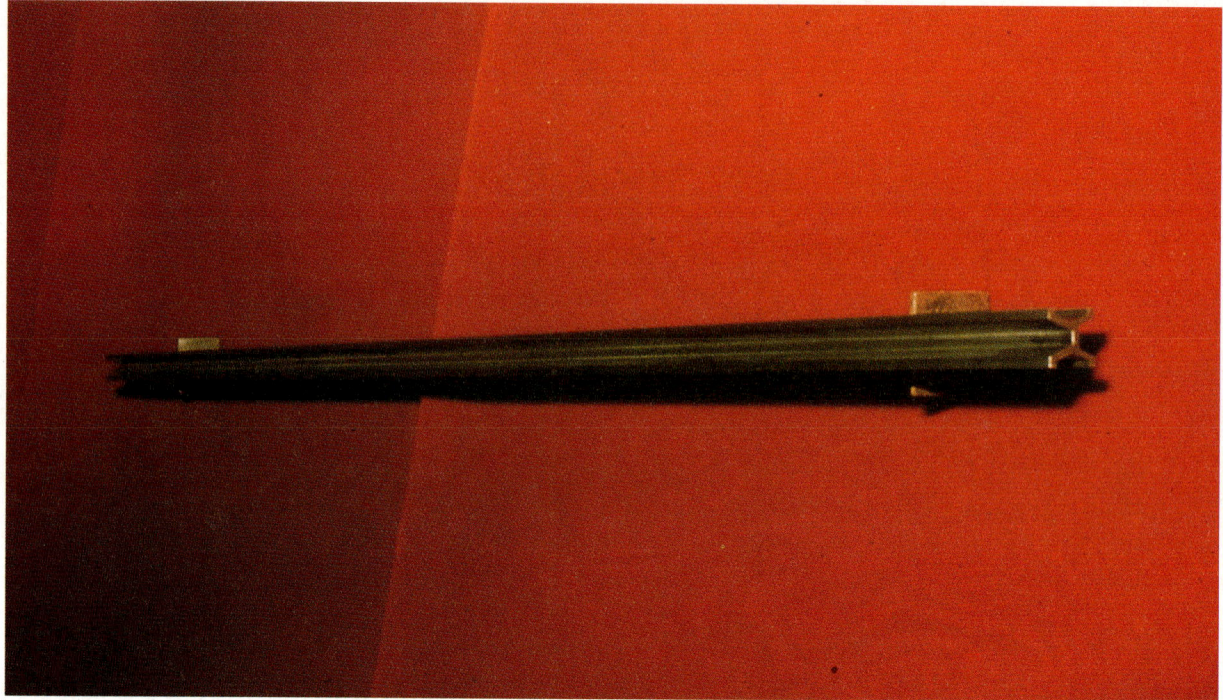

Das internationale Meter-Normal aus Platin-Iridium-Legierung (90% Pt, 10% Ir), hinterlegt in Sèvres bei Paris

Meterkonferenz schafft neue Normale

1872. Die Internationale Meterkonferenz in Paris, an der 20 Staaten beteiligt sind, beschließt, für das Meter und das Kilogramm neue Normale aus Platiniridium anzufertigen und diese in Paris zu hinterlegen (→ 1800). Außerdem wird die Einrichtung eines internationalen Maß- und Gewichtsbüros in Sèvres bei Paris vereinbart.

20 an den Verhandlungen beteiligten Staaten. Sie führen damit in ihren Hoheitsgebieten das metrische Maßsystem verbindlich ein. Die anderen Teilnehmerstaaten empfehlen zwar dessen Anwendung, schreiben sie aber nicht gesetzlich vor, was sich in der Praxis so auswirkt, daß sich die metrischen Einheiten dort nicht durchsetzen (USA

und Großbritannien). Die Meterkonvention von 1875 zieht die Gründung zahlreicher einzelner nationaler Organisationen nach sich. Die Generalkonferenz für Maße und Gewichte (Conférence Générale des Poids et Mesures; CGPM) wird höchste internationale Instanz für die Definition von Einheiten im Meßwesen.

Signatarstaaten der Konvention

Belgien, Bulgarien, Dänemark, Deutschland, Finnland, Frankreich, Griechenland, Italien, Niederlande, Norwegen, Portugal, Rumänien, Rußland, Schweden, Schweiz, Spanien und Ungarn.

Das neue Urmeter ist ein Stab aus einer Legierung von 90% Platin und 10% Iridium. Der x-förmige Querschnitt soll den Einfluß von Durchbiegungen ausschalten. Das Urkilogramm ist ein Zylinder aus der gleichen Legierung von 39 mm Höhe und 39 mm Durchmesser.

An die Mitgliedsstaaten der Konvention sollen gleiche Urbilder vergeben werden, die von Zeit zu Zeit mit den Pariser Originalen verglichen werden sollen.

Als drei Jahre später die Internationale Meterkonvention abgefaßt wird, unterzeichnen sie 17 von den

Die Einheiten des metrischen Systems

Länge: Meter (m)
Fläche: Quadratmeter (m²)
Volumen: Kubikmeter (m³)
Liter (1 l = 1000 cm³)
Masse: Kilogramm (kg)
Zeit: Sekunde (s)
Geschwindigkeit: Meter pro Sekunde (m/s)
Beschleunigung: (m/s²)
Gewicht, Kraft: (m · kg/s²)
Dichte: (kg/m³)
Druck, Spannung: Atmosphäre (1 at = 1 m · kg/[s² · cm²])
Arbeit, Energie: (m² · kg/s²)
Leistung: (m² · kg/s)
Drehmoment: (m² · kg/s²)
Trägheitsmoment: (m² · kg)
Lichtwellenlänge: Ångström (1 Å = 10^{-10} m)
Ladungsmenge: Coulomb bzw. Amperesekunde (C bzw. A · s)
Stromstärke: Ampere (A)

Spannung: Volt (V)
Widerstand: Ohm (Ω)
Elektrische Arbeit: Wattsekunde (W · s)
Elektrische Leistung: Watt (1 W = 1 V · A)
Kapazität: Farad (A · s/V)
Elektrische Feldstärke: Volt/Meter (V/m)
Magnetische Feldstärke: Ampere/Meter (A/m)

Die elektrischen Einheiten Ampere und Volt lassen sich aus den metrischen durch Umrechnung ableiten, wobei allerdings Definitionsfragen eine Rolle spielen. Es bilden sich dafür später zwei unterschiedliche elektrische Einheitensysteme, ein sogenanntes »elektrostatisches« und ein »elektrodynamisches« System heraus.

Abbe und Zeiss optimieren Mikroskope

1872. Ernst Abbe entwickelt die Theorie des Mikroskops. Außerdem verbessert er die Mikroskopobjektive und führt eine befriedigende Mikroskopbeleuchtung ein.

Abbe ist Professor an der Universität in Jena und hält seit 1866 enge Verbindung mit dem Hofmechanikus und Inhaber der optischen Werkstätte, Carl Zeiss. Seit dieser Zeit ist er unermüdlich mit der Verbesserung der von Zeiss gefertigten optischen Geräte beschäftigt. Dabei dringt er in wissenschaftliches Neuland vor: Die Erforschung der optischen Gesetze, nach denen Lichtstrahlen im Mikroskop wirksam werden. Mit seiner bahnbrechenden Theorie des Mikroskops und der mikroskopischen Bilderzeugung schafft Abbe sich und Carl Zeiss einen Namen weit über die Grenzen Deutschlands hinaus.

Zu seinen Arbeiten am Mikroskop gehört neben der Entwicklung eines speziellen Beleuchtungsapparates für Auf- und Durchlicht auch die Konstruktion eines Refraktometers zur schnellen und zuverlässigen Ermittlung der Lichtbrechung und -streuung. Zugleich konstruiert Abbe den mikroskopischen Komparator, ein zweiäugiges Meßmikroskop, mit dem sich geringste Längenabweichung eines Teils gegenüber einem gleichzeitig betrachteten Normteil feststellen lassen.

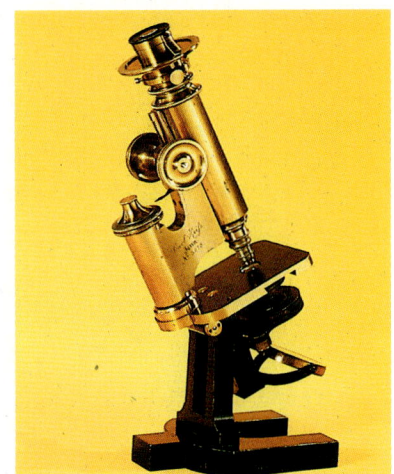

Der Feinmechaniker Carl Zeiss

Carl Zeiss kam am 11. September 1816 in Weimar zur Welt. Mit 30 Jahren richtete er in Jena eine feinmechanische Werkstatt ein, in der er vorwiegend Mikroskope und optische Linsensysteme für die naturwissenschaftliche Fakultät der Jenaer Universität herstellte. Zusammen mit Ernst Abbe entwickelt er ab 1867 das Unternehmen zum größten Konzern für optische Geräte (Abb.: Nach den Berechnungen von Abbe hergestelltes Zeiss-Mikroskop von 1872). Nach der Gründung der »Jenaer Glaswerke« widmet sich die neue Firma auch der Produktion optischer Gläser.

Der Physiker Ernst Abbe

Ernst Abbe wurde am 23. Januar 1840 in Eisenach geboren. Seit 1870 ist er als Physikprofessor an der Universität von Jena tätig. Schon mit 27 Jahren war er wissenschaftlicher Direktor der optischen Werke des Universitätsmechanikers Carl Zeiss. 1875 wird er dessen Teilhaber und 1889 Alleininhaber der Firma, die ihm Weltruhm verdankt (Abb.: Handschriftliche Seite aus Abbes analytischen Berechnungen zum Mikroskop). 1884 gründet er mit Otto Schott und Carl Zeiss zusammen die »Jenaer Glaswerke Schott und Genossen« (→ 1882).

Rechenmaschine druckt Resultate

1872. Nachdem 1850 in den USA die erste Addiermaschine mit Tastatur entwickelt worden war, baut ein Mechaniker namens Selling in Würzburg eine Maschine mit Tastatur, die alle vier Grundrechenarten beherrscht. Ein gewisser Wetzer in Pfronten entwickelt das Gerät derart weiter, daß es die Resultate der Rechnungen auf einem Papierstreifen ausdruckt.

Damit ist die Grundlage für die Serienherstellung von Rechenmaschinen in Deutschland gelegt.

Cantor entwickelt die Mengenlehre

1872. Der aus Dänemark stammende deutsche Mathematiker Georg Cantor entwickelt die »Mannigfaltigkeitslehre«, die später als Mengenlehre bekannt wird.

Die Mengenlehre untersucht Eigenschaften von Punktmengen durch Abstraktion von der konkreten Natur ihrer Elemente. Sie liefert Denkanstöße für die mathematische Grundlagenforschung. Auf ihr baut später u. a. die Topologie auf.

Cantor löst mit seinem theoretischen Lehrgebäude den heftigen Widerstand der Fachwelt aus; sein profiliertester Gegner ist der Mathematiker Leopold Kronecker.

Fotografie liefert Bewegungsstudien

1872. Der englische Fotograf Eadweard Muybridge macht bei dem Rennstallbesitzer Leland Stanford in Kalifornien erstmals Serienaufnahmen, die einen für das menschliche Auge nicht auflösbaren Bewegungsablauf in Phasen festhalten.

Muybridge löst mit seinen Bildern die alte Streitfrage, ob Pferde alle vier Hufe gleichzeitig vom Boden abheben können: Sie können! Für seine Serienfotografie konstruiert der britische Fotograf besondere Kameras mit Uhrwerkauslösung. Für die Bildserie werden die Kameras mit Unterbrecherkontakten in Gang gesetzt, die mit quer über die Rennbahn gespannten Fäden verbunden sind. In schneller Folge löst das Pferd selbst die Kontakte von 10 bis 14 Kameras aus. Veröffentlicht werden die Bildfolgen erst 1878.

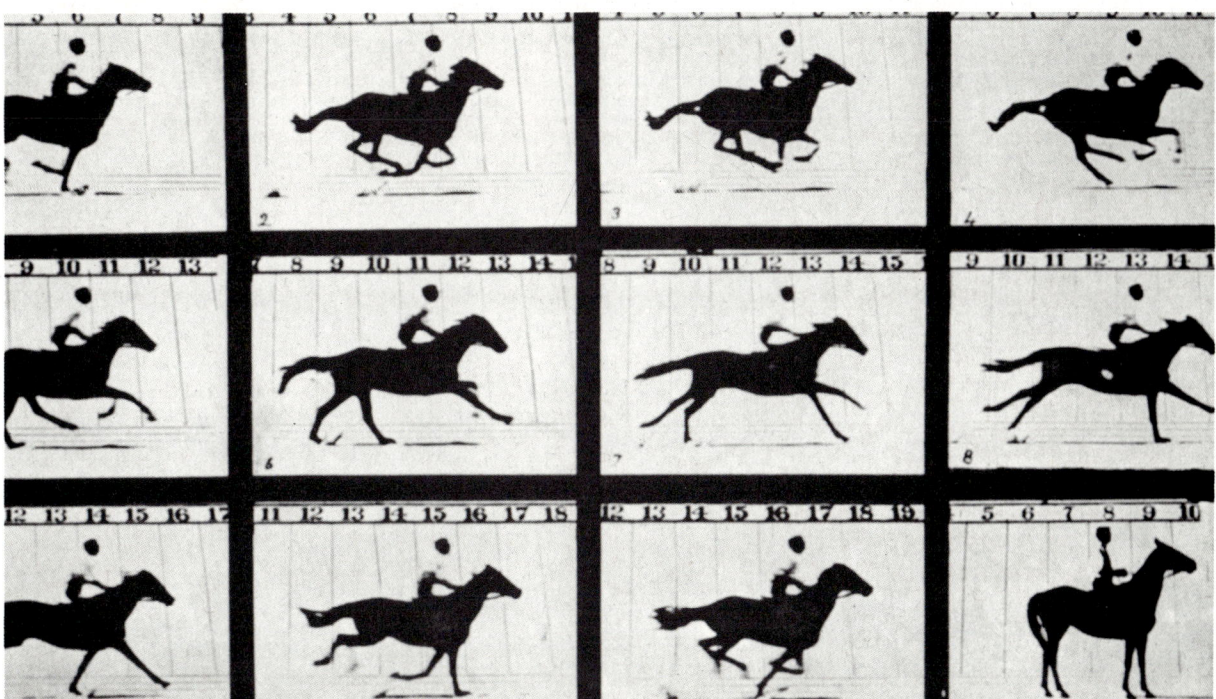

Mit einer Fotoserie beweist Eadweard James Muybridge, daß Rennpferde alle vier Füße gleichzeitig vom Boden heben

Technisierung im Haushalt

1872. Im Haushalt setzen sich kaum neue Techniken durch (→ 1834), doch wird eine Reihe schon seit Jahrzehnten bekannter Geräte qualitativ verbessert.

Im Bereich der Küche halten mehr und mehr die Kühlschränke Einzug, die meist allerdings noch mit Eis beschickt werden. Der »Eismann« verteilt es in die Haushalte. Die Herde werden besonders in der Zugführung verbessert und erhalten sogenannte »Gatzel«, herausnehmbare, eingesenkte Rechteckbehälter zur Heißwasserbereitung. Für die Wäschepflege setzen sich neben den Waschkesseln die handbetriebenen Trommelwaschmaschinen durch; Wandwaschbecken mit Wasseranschluß und Hähnen beginnen die alten Keramikschüsseln und Kannen zu ersetzen. Im Bereich der Körperpflege finden die Naßrasierapparate mit Klinge immer weitere Verbreitung.

In der Beleuchtung beginnen Gas- und Petroleumlampen die Kerzen abzulösen. Das Gas, das über Rohrnetze zu den Haushaltungen geleitet wird, benutzt man auch bereits als Energieträger für Gasheizkörper und Kochherde.

Handbetriebene hölzerne Bottichwaschmaschine mit Wäscherührwerk, um 1900; schon vor diesem Modell waren Trommelwaschmaschinen in Betrieb

Sonne entsalzt Wasser

1872. Nach einer Konstruktion des englischen Ingenieurs Charles Wilson wird in Las Salinas in Chile die erste solarenergiebetriebene Wasser-Entsalzungsanlage gebaut.

Die Anlage verarbeitet kein Meerwasser, obwohl das technisch durchaus möglich wäre. Sie wird mit Flußwasser gespeist, das allerdings einen so hohen Salzgehalt aufweist, daß es sich als Brauchwasser nicht nutzen läßt.

Wilson hat 64 flache Becken mit leicht geneigten Glasscheiben überdeckt. In die Becken wird das Zulaufwasser geleitet. Es verdunstet und kondensiert an den Glasscheiben, die von der Außenluft gekühlt werden. Der Kühleffekt läßt sich steigern, wenn man über die Scheiben Frischwasser leitet, das sie zu-

gleich staubfrei hält. Auf der Unterseite der Scheiben läuft das Kondensat – im Prinzip destilliertes Wasser – ab und sammelt sich an den Scheibentraufen in Rinnen, die es zu Vorratsbecken leiten.

Die Anlage liefert bei sonnigem Wetter, das in diesem Gebiet die Regel ist, täglich 19 000 l Trinkwasser. Die im Zulauf gelösten Salze setzen sich in den Becken ab und müssen von Zeit zu Zeit entfernt werden. Über Sonnenenergienutzung denken die Techniker schon seit einiger Zeit nach. So hatte bereits 1861 der Franzose Augustin Mouchot einen solarenergiebetriebenen Dampfmotor entwickelt und 1869 das erste Buch über Sonnenenergienutzung veröffentlicht. Man erprobte auch Solar-Bewässerungspumpen.

1873

Der deutsche Chemiker Herrmann Wilhelm Vogel macht Fotoschichten dadurch für Gelb und Grün empfindlich, daß er das Bromsilber mit organischen Farbstoffen überzieht. Er entwickelt damit die ersten orthochromatischen Schichten.

Heinrich Caro, ein deutscher Chemiker aus Posen, entdeckt die Eosinfarbstoffe. →

Die Franzosen Croissant und Brétonnière entdecken die Sulfinfarben. →

Nachdem schon im 18. Jahrhundert Mairan und Dufay mit Lichtmühlen experimentiert hatten, konstruiert der Engländer William Crookes jetzt ein sehr empfindliches Radiometer (Lichtmühle) mit einseitig geschwärzten Flügeln. →

Der deutsche Elektrotechniker Friedrich von Hefner-Alteneck erfindet den Trommelanker für die Dynamomaschine und ersetzt damit den »Grammeschen Ring« (→ 1869).

Unter der Bezeichnung »Petroleummotor« baut Julius Hock einen Benzinmotor.

Der US-Amerikaner Joseph Glidden meldet in De Kalb (Illinois) den Stacheldraht zum Patent an. →

Der englische Physiker James Clerk Maxwell entdeckt den Lichtdruck, also den Druck der elektromagnetischen Strahlung. →

Der britische Kabelingenieur Willoughby Smith entdeckt in Valencia das Solarelement (Selenzelle). →

Der Signal-Service in Washington errichtet auf dem Pike's Peak in den Rocky Mountains in 4321 m Höhe das erste Bergobservatorium der Welt. Die Anlage dient meteorologischen und astronomischen Messungen. →

Der Franzose Amédée Bollée d. Ä. stellt seine erste funktionstechnische Dampfkutsche (»L'Obéissante«) fertig.

GESTORBEN:

18. 4. München: Justus Freiherr von Liebig (* 12. 5. 1803, Darmstadt), deutscher Chemiker.

GEBOREN:

15. 2. Augsburg: Hans Karl August Simon von Euler-Chelpin († 6. 11. 1964, Stockholm), deutsch-schwedischer Chemiker.

26. 8. Council Bluffs/Indiana: Lee de Forest († 30. 6. 1961, Hollywood), US-amerikanischer Radiotechniker.

23. 10. Hudson/Massachusetts: William David Coolidge († 3. 2. 1975, Schenectady/New York), US-amerikanischer Physiker.

Chemiker entdecken neue Farbstoffe

1873. Zwei neue Farbstoffamilien werden bekannt. Zum einen entdeckt der deutsche Chemiker Heinrich Caro die Eosinfarben, die, wie sich drei Jahre später herausstellt, Abkömmlinge des Fluoresceins sind. Zum anderen erhalten die Franzosen Croissant und Brétonnière durch Verschmelzen organischer Substanzen mit Schwefelalkalien schwefelhaltige Farbstoffe, sog. Sulfinfarben, die sich besonders zum Einfärben pflanzlicher Textilfasern in Braun, Grau und Schwarz eignen.

Entwicklung der Farbstoffe

Bis etwa 1850 bediente sich der Mensch ausschließlich farbiger Erden sowie pflanzlicher und tierischer Farben. Dann kamen Chromsalze zum Lichtechtmachen der Farben auf.

Im Jahr → 1856 synthetisierte William Henry Perkin den ersten Chemiefarbstoff, das purpurne Mauvein, eine künstliche Anilinfarbe.

1858 fand August Wilhelm von Hofmann das Anilinrot »Fuchsin«.

1860 synthetisierte Charles Girard und Georges de Laire das Anilinblau.

1863 entdeckten von Hofmann und Cherpin das Anilingrün und Eusèbe das Anilingelb.

1864 stellte Carl A. Martius erstmals das Anilinbraun her.

1869 gelang Karl Graebe und Karl Liebermann die Synthese eines Pflanzenfarbstoffs, des Alizarins.

Die Eosinfarben Caros gehören chemisch zur Triphenylmethangruppe und entstehen durch Einwirken von Brom auf Fluorescein. Es sind intensive Rottöne, die sich vor allem beim Färben von Papier und zur Herstellung von Lacken sowie roter Tinte bewähren. 1876 stellt der deutsche Chemiker Adolf Baeyer das intensiv grüne Fluorescein durch Erhitzen von Resorcin und Phthalsäureanhydrid rein dar. Er gewinnt damit das wichtigste Ausgangsmaterial zur technischen Erzeugung der meisten Phthalsäurefarbstoffe. Caros Eosinfarben erweisen sich dabei als Tetrabromfluorescein und niedrigere Bromierungsstufen der von Baeyer erzeugten Substanz.

Observatorium in den Rocky Mountains

1873. *Der Signal-Service in Washington errichtet das erste Bergobservatorium der Welt für meteorologische und astronomische Beobachtungen und Messungen. Die Anlage liegt in 4321 m Höhe auf dem Pike's Peak in den Rocky Mountains im Westen der Vereinigten Staaten. Regelmäßig registriert werden Luftdruck, Temperatur, Feuchtigkeit, Windrichtung, Windstärke, Bewölkungsart und Bewölkungsgrad sowie astronomische Daten. Für astronomische Beobachtungen ist die Anlage besonders wichtig, weil die störende Dunsthülle in Erdnähe hier praktisch nicht mehr vorhanden ist (Abb.: Geöffnete Kuppel des Observatoriums).*

Stacheldraht für Amerikas Weiden

1873. Der US-Amerikaner Joseph Glidden aus De Kalb (Illinois) meldet Dutzende von verschiedenen Stacheldrahtausführungen zum Patent an und baut erstmals Maschinen, die diese Drahttypen herstellen. Erfunden hatte den Stacheldraht schon 1868 Gliddens Landsmann Michael Kelly, der ihn allerdings noch nicht produzierte.

Der Stacheldraht verändert das Leben der Farmer im amerikanischen Westen. Die Siedler umzäunen ihre Wohngebiete, die Rancher zerschneiden die Drähte regelmäßig wieder, um ihr Vieh über das Land treiben zu können. Es kommt zu heftigen Auseinandersetzungen.

1876 stellt Glidden die Qualität seiner Drähte durch das Einfrieden von Weideland für die besonders kräftigen Langhornrinder unter Beweis. Ein wahrer Stacheldraht-Boom ist die Folge. Zwischen 1874 und 1890 werden über 1000 verschiedene Drahttypen patentiert.

Die einfachsten Stacheldrähte bestehen aus einem Metallband, dessen Rand in regelmäßigen Abständen zu Spitzen ausgestanzt ist. Das Band ist längs verdrallt. Andere Banddrähte besitzen Sägezahnränder. Weitere einfache Drähte bestehen aus dünnem Rundmaterial mit einmal herumgewickelten, an beiden Enden zugespitzten kurzen Drahtstücken.

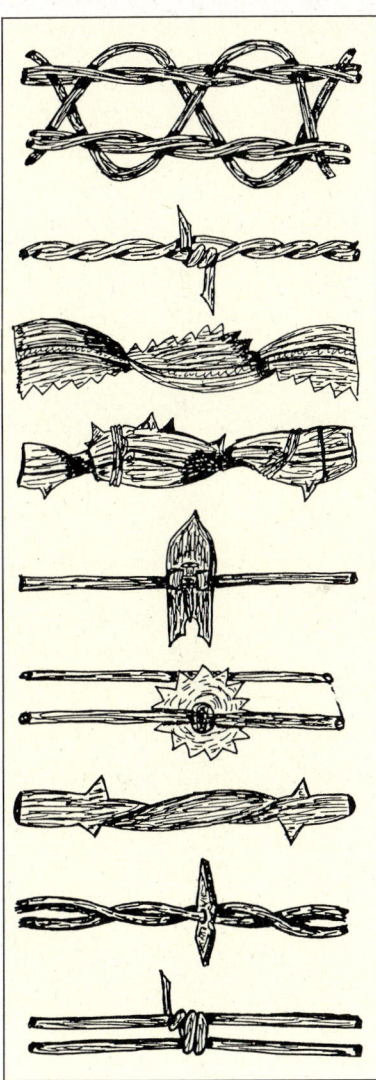

Verschiedene Stacheldrahtmodelle aus den Vereinigten Staaten von Amerika zwischen 1873 und 1890

Licht verändert das Selen

1873. Der englische Kabelingenieur Willoughby Smith und sein Mitarbeiter May entdecken die Eigenschaft des Selens, bei Belichtungsänderungen seinen elektrischen Widerstand zu verändern.

Smith schreibt über seine Entdeckung: »Mit Hilfe des Mikrophons kann man das Laufen einer Fliege so weit hören, daß es dem Trampeln eines Pferdes auf einer hölzernen Brücke gleichkommt, aber noch viel wunderbarer war es, als ich mit Hilfe des Telefons einen Lichtstrahl auf ein Stück Metall (er meint damit das Selen) fallen hörte.«

1817 hatte der schwedische Chemiker Jöns Jacob von Berzelius rotes kristallines Selen entdeckt. Es ist elektrisch nichtleitend, kann aber durch Umschmelzen in seine glasigschwarze, graphitartige Modifikation überführt und damit leitend gemacht werden, was 1851 der deutsche Physiker Johann Wilhelm Hittorf nachgewiesen hatte.

Kraft des Lichts entdeckt

1873. Der englische Physiker James Clerk Maxwell entdeckt den Lichtdruck, also den Druck, den elektromagnetische Strahlung beim Auftreffen auf Körper ausübt. Außerdem baut William Crookes ein sehr empfindliches Radiometer, eine Lichtmühle mit einseitig geschwärzten Flügeln, die Maxwells Erkenntnis praktisch zu bestätigen scheint. Man glaubt, daß das Licht, das auf die schwarzen Flächen auftrifft und dort stärker absorbiert wird, auf diese Flächen einen stärkeren Druck ausübt als auf die hellen Rückseiten der Mühlenflügelchen und die Mühle dadurch in Drehung versetzt. Erst im 20. Jahrhundert zeigt sich, daß zwar Maxwells Erkenntnis richtig, die Lichtmühlentheorie aber falsch ist. Die Luft vor der schwarzen Seite erhitzt sich in der Sonne stärker und ihre Moleküle prallen deshalb mit größerem Impuls auf die schwarze Fläche als auf deren Rückseite auf. Dadurch erhalten die Flügelchen des Sonnenrades einen Rückstoßimpuls. Bereits im Jahr 1747 hatten die französischen Physiker Mairan und Dufay mit ähnlichen Lichtmühlen experimentiert.

Maxwell stützt seine Lichtdrucktheorie in seiner Schrift »Treatise on electricity and magnetism« auf sog. Molekularwirbel, die bei der Ausbreitung des Lichts entstünden (→ 1865). Den wahren Grund für den Lichtdruck, den Korpuskularcharakter des Lichtes, kennt er noch nicht. Ihn erkennt erst → 1905 der deutsche Physiker Albert Einstein.

1874

Um 1874. Der Wassermotor findet weite Verbreitung – vor allem in Haushalten. →

1874. Die Remington Small Arms Company in Ilion (US-Bundesstaat New York) bringt die erste in Serie hergestellte Schreibmaschine auf den Markt. →

Der Brite Samuel Fox erfindet den Regenschirm mit zusammenlegbarem Stahlgerippe, den sog. »Brolly«.

Doberschinsky rationalisiert in Breslau die Brotindustrie durch die Konstruktion eines Ofens, der täglich 2000 Brote von zwei Kilogramm Gewicht backt.

Als erste bedeutende nach der Methode des freien Vorbaus errichtete Stahlbrücke stellt James B. Eads die St.-Louis-Brücke über den Mississippi fertig.

Der US-amerikanische Erfinder Thomas Alva Edison entwickelt das erste brauchbare Verfahren zum Doppelsprechen und Vierfachsprechen auf Telegraphenleitungen.

Der Erfinder Elisha Gray aus den USA stellt einen »elektromusikalischen« Apparat zur Übermittlung von Tönen eines elektrischen Klaviers her. Er überträgt Konzerte auf eine Entfernung von 457 km.

Der französische Physiker Étienne Jules Marey konstruiert einen graphischen Apparat zur selbsttätigen Aufzeichnung schneller Bewegungen, zum Beispiel der Gangarten von Tieren (→ 1872).

Im Bühnenfestspielhaus zu Bayreuth setzt der deutsche Komponist Richard Wagner erstmals den Orchestergraben durch. →

James Clerk Maxwell gelingt die Bestimmung des absoluten Atomgewichts einiger Elemente, z. B. des Wasserstoffs und des Urans. →

Der US-Amerikaner William Sturgeon entwickelt erstmals sogenannte trockene Kompressoren, die wasserdampffreie Preßluft liefern.

In der Landvermessung setzt sich das von Wittmann, Sandoz, Lasailly, Ott und anderen entwickelte Meßrad durch.

GESTORBEN:

14. 1. Friedrichsdorf/Bad Homburg: Johann Philipp Reis (* 7. 1. 1834, Gelnhausen), deutscher Physiker.

GEBOREN:

25. 4. Bologna: Guglielmo Marconi († 20. 7. 1937, Rom), italienischer Physiker und Ingenieur.

27. 8. Köln: Carl Bosch († 26. 4. 1940, Heidelberg), deutscher Chemiker.

Tastenschreibmaschine des Südtiroler Konstrukteurs Peter Mitterhofer; sie ist noch weitgehend aus Holz gefertigt und deshalb nicht serienreif

Schreibmaschine in Serie

1874. Die Remington Small Arms Company bringt die erste serienmäßig hergestellte Schreibmaschine auf den Markt. Sie ist nach einem Patent der US-Amerikaner Christopher Latham Sholes und Carlos Glidden aus dem Jahr 1867 gefertigt. In ihrer äußeren Erscheinung gleicht sie bereits den späteren Büroschreibmaschinen, nur ist sie noch wesentlich größer.

Frühere Schreibmaschinenmodelle hatten 1808 der Italiener Pellegrino Turri, → 1823 Karl Friedrich Freiherr Drais von Sauerbronn, 1829 der US-Amerikaner William Austin Burt, 1855 der Italiener Ravizza (mit Farbband) und 1864 der Südtiroler Peter Mitterhofer gebaut.

Erst die Remington-Maschine, auf der die Buchstaben nach der Häufigkeit im Gebrauch verteilt sind, bewährt sich im Büro und läßt den Beruf des Typisten aufkommen.

Wassermotor treibt Haushaltsgeräte an

Um 1874. In den 70er Jahren des 19. Jahrhunderts verbreitet sich, besonders in den Haushalten, ein Antriebsaggregat, das später – durch den Siegeszug der Elektromotoren – fast vollkommen in Vergessenheit gerät: Der Wassermotor. Er wird an die Wasserleitung angeschlossen und vor allem in Städten und Gebieten mit guter Wasserversorgung häufig angewendet.

Die meisten Motoren dieser Art sind wie kleine Freistrahlturbinen (→ 1880) gebaut, doch gibt es auch andere Typen. Schon seit einigen Jahren betreibt man Ventilatoren und Maschinen zum Schlagen von Schlagsahne mit Wassermotoren. Jetzt bürgern sie sich auch als Antriebe für Waschmaschinen, Wäschewringmaschinen, Eismaschinen und sogar Nähmaschinen ein.

Wassermotoren werden auch außerhalb des Haushalts verwendet, etwa für den Betrieb von Blasebälgen für Kirchenorgeln. Größere Modelle mit Turbinenrädern bis 125 cm Durchmesser arbeiten in Werkstätten, Druckereien, Bäckereien usw. Die Firma Backus Bros. & Co. fertigt Wassermotoren, die über Transmissionswellen und Treibriemen zahlreiche Maschinen in einer einzigen Werkstatt antreiben.

Die kleinen Wassermotoren von 20 bis 30 cm Durchmesser für den Haushalt behaupten sich bis in die Zeit des Ersten Weltkriegs auf dem internationalen Markt.

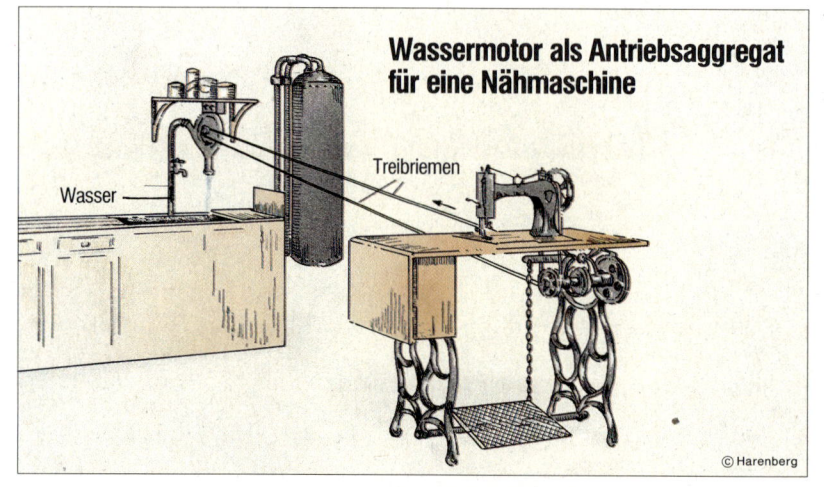

Wassermotor als Antriebsaggregat für eine Nähmaschine

Wasser — Treibriemen

© Harenberg

Maxwell bestimmt Masse von Atomen

1874. Der englische Physiker James Clerk Maxwell versucht, die absoluten Massen der Atome einiger Elemente zu ermitteln. So stellt er fest, daß 435 Trilliarden ($435 \cdot 10^{24}$) Wasserstoffatome ein Gramm ausmachen, während vom schwersten bekannten Atom, Uran, nur 1,8 Trilliarden nötig sind.

Diese Zahlen weichen stark von den tatsächlichen Werten ab. In Wirklichkeit entsprechen einem Gramm rund $6 \cdot 10^{23}$ Wasserstoffatome. Maxwell irrt sich beim Wasserstoff um den Faktor 725, beim Uran um den Faktor 716. Die Massenrelation zwischen beiden Atomarten erfaßt er in etwa richtig.

Maxwell geht bei seinen Bestimmungen von der von dem italienischen Physiker und Chemiker Amedeo Avogadro angegebenen Zahl der Moleküle pro Mol (in Deutschland auch als Loschmidt-Konstante bekannt) aus, die für alle Stoffe gleich ist. Unter Mol versteht man (abweichend von der 1971 festgesetzten neuen Definition) das sog. Grammolekül, d. h. die Masse eines Stoffes in Gramm, die dem chemischen Atomgewicht (→ 1808) entspricht, also etwa 12 g für Kohlenstoff, da Kohlenstoff das Atomgewicht 12 besitzt.

Technik in der Welt des Theaters

1874. Zwei große Musikbühnen-Neubauten sind vollendet: Die Pariser Oper und das Bühnenfestspielhaus in Bayreuth.
In Theaterhäusern liegt unter der eigentlichen – für den Zuschauer sichtbaren – Bühne jeweils die sogenannte Unterbühne. Ein Teil des Bühnenbodens (etwa zwei Drittel) ist in Form von zwei, drei oder mehr Versenkungsflächen gebaut, die als Ganzes auf langen Säulen hydraulisch in die Unterbühne befördert werden können, wo sie sich von verschiedenen Arbeitsebenen und Dekorationswagen aus rasch umdekorieren lassen. Ebenfalls im Bereich der Unterbühne befindet sich am vorderen Bühnenrand der Souffleurkasten.

Streit um Orchestergraben

Ein durch den deutschen Komponisten Richard Wagner eingeführtes, lange heftig umstrittenes Novum im Musiktheater ist der Orchestergraben vor und z. T. unter der Bühne. Im Bayreuther Festspielhaus ist das Orchester in Stufen (die lautesten Instrumente am stärksten) versenkt und damit teilweise verdeckt. Wagner, der den Klangkörper des Orchesters durch neue Instrumentierung revolutioniert, will durch die Plazierung im Graben die Akustik des Orchesters verbessern. Zugleich verdrängt er damit aber auch die Musiker von der Bühne.

Mehrere Stockwerke über der Bühne liegt der Schnürboden. Hier stehen auf einem Stahlgitterwerk zahlreiche Winden, mit denen an langen Seilen Kulissen, Wolkenattrappen und andere Bühnendekorationen herabgelassen werden können. Um den Raum zwischen Schnürboden und Bühne laufen auf halber Höhe peripher ein oder mehrere Arbeitsgalerien um, von denen aus sich die Kulissen in die Seile hängen lassen und die Bühnenbeleuchter (und später auch Projektorenbediener) operieren. Ein vertikaler breiter Schacht über und vor der Bühnenfront nimmt schließlich noch zahlreiche Vorhänge auf, die aus ihm herabgelassen werden können.

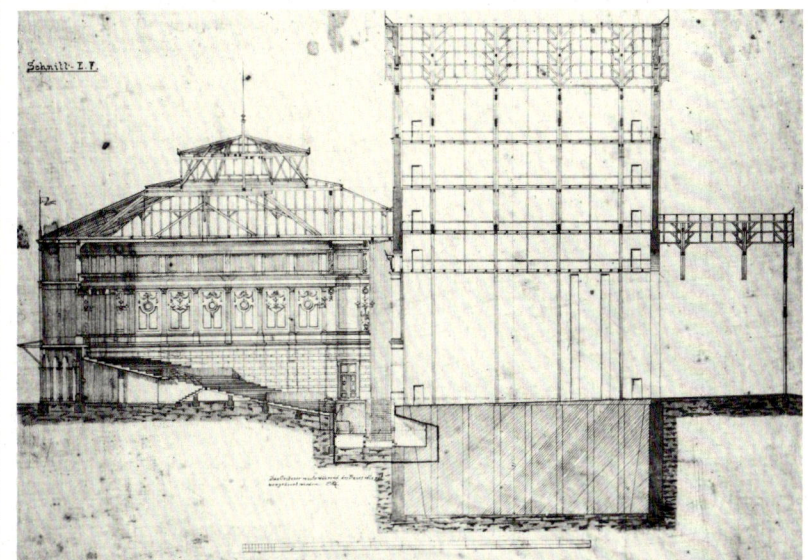

△ *Das Bayreuther Festspielhaus (kolorierter Holzschnitt nach einem Gemälde von Louis Sauter); Richard Wagner ließ allerdings die Fassadenornamente der seitlichen Türme später entfernen*

◁ *Original-Bauplan des Bayreuther Festspielhauses; gut zu erkennen ist der Orchestergraben zwischen Bühne und Zuschauerraum, der einer wesentlich größeren Zahl von Musikern Platz bietet als bisher üblich, sie aber auch von der Bühne verdrängt*

▽ *Innenansicht des Bayreuther Festspielhauses (1876), während einer Aufführung von »Rheingold« (nach einer Skizze von L. Bechstein)*

De Löhr erfindet in Wien die Automatiktaschenuhr. →

Der Berliner Mechaniker und Optiker Carl Bamberg erfindet den Fluid-Kompaß.

Dem deutschen Chemiker Barff gelingt in Vordernberg die Herstellung von Koks aus Braunkohle.

J. D. Everett publiziert im Auftrag der British Association in London ein neues absolutes Maßsystem, das sog. CGS-System, das sich, mit Ausnahme Großbritanniens, international durchsetzt. →

Der britische Ingenieur Alfred Fryer konstruiert in Leeds die erste brauchbare Müllverbrennungsanlage. →

William Hillebrand und Norton stellen durch Elektrolyse die Elemente Cerium und Lanthan erstmals rein dar.

Der französische Chemiker François Lecoq de Boisbaudran entdeckt das Element Gallium, dessen Existenz sein russischer Fachkollege Dmitri I. Mendelejew schon → 1869 mit seinem Periodensystem der Elemente vorhergesagt hatte.

Carl Paul Gottfried Linde konstruiert eine Ammoniak-Eismaschine. →

Für den Zugbetrieb im Gotthardtunnel führt der Franzose Ribourt Lokomotiven ein, die von Preßluftmotoren angetrieben werden. →

Der US-Amerikaner Steel konstruiert die erste automatische Zweikammer-Luftdruckbremse (für die Eisenbahn). Unabhängig davon entwickelt auch George Westinghouse aus den USA eine automatische Luftdruckbremse. →

Nachdem schon Mitte der 1850er Jahre in England gewelltes Blech zum Dachdecken verwendet worden ist, entwickelt C. L. Wesenfeld in Barmen jetzt das eigentliche, selbsttragende Wellblech.

2. 6. Der schottische Taubstummenlehrer Alexander Graham Bell erfindet den Membranlautsprecher für sein Telefon (→ 1876).

22.−27. 5. In Gotha wird die SPD gegründet. →

GESTORBEN:

19. 10. Paris: Sir Charles Wheatstone (* 6. 2. 1802, Gloucester), britischer Physiker und Erfinder.

GEBOREN:

4. 2. Freising: Ludwig Prandtl († 15. 8. 1953, Göttingen), deutscher Physiker.

3. 9. Maffersdorf/Böhmen: Ferdinand Porsche († 31. 1. 1951, Stuttgart), deutscher Autokonstrukteur.

In England wird Müll im Ofen verbrannt

1875. Der britische Ingenieur Alfred Fryer konstruiert die erste große Müllverbrennungsanlage der Welt an der Meanwood Road in Leeds. Vorversuche wurden 1873 in Manchester unternommen. Die neue Anlage wird von der Firma Manlove und Alliott gebaut, wobei Verbesserungen gegenüber Fryers Konzept durch die Ingenieure Jones, Darley und Nichols berücksichtigt werden.

Der von Fryer konzipierte Großofen arbeitet exotherm, d. h. er benutzt zum Verbrennen die Heizenergie des Mülls selbst. Geeignete Sauerstoffzufuhr und sinnvoll gelegte Züge sorgen für hohe Verbrennungstemperaturen. Diesem sog. »Destructor« fügt Jones noch seinen »Kremator« hinzu. Hierin streichen die Verbrennungsabgase über glühenden Koks und durch enge Öffnungen stark erhitzten Mauerwerks, was dazu führt, daß bisher noch nicht oder nur unvollständig verbrannte Gase völlig verbrennen. Im Kremator verwandelt sich beispielsweise Kohlenmonoxid in Kohlendioxid. Außerdem verbrennt hier ein großer Teil des Flugrußes zu Kohlendioxid.

Der Industrie- und vor allem Hausmüll ist besonders in Ballungsgebie-

Müllproblem in England: Die offenen Müllkippen werden von Armen nach Lebensmitteln durchsucht (Stich aus »Harper's Weekly« vom 29. September 1866)

ten seit langem zu einer Umweltbelastung allerersten Ranges geworden. Wo immer neue Industrien entstehen, wuchern riesige Wohngebiete mit verheerenden sanitären Bedingungen, in denen immense Müllmengen anfallen. In den sich rapide ausdehnenden Städten Großbritanniens und auch des Kontinents kommt es immer wieder zu Seuchenepidemien.

Der feste Müll unterscheidet sich in seiner Zusammensetzung deutlich vom Hausmüll, der 100 Jahre später anfällt. Es herrschen Küchen- und Gartenabfälle, Asche und Sand vor. Daneben fallen nur kleine Mengen an Papier und Pappe, Textilien, Holz, Leder, Glas und Metall an. Der Müll wird generell auf wilde Deponien verbracht und verbrennt dort häufig stinkend und qualmend.

Druckluft treibt Maschinen an

1875. Die Verwendung der 1861 von Germain Sommeiller erfundenen Preßluftbohr- und -schlaggeräte für den Bau des → 1870 vollendeten Mont-Cenis-Tunnels löste eine Welle neuer Konstruktionen aus. Vor allem beim 1872 in Angriff genommenen Gotthard-Tunnel-Ausbruch (→ 1881) werden Preßluftwerkzeuge vermehrt eingesetzt. Z. B. sind sechs bis acht Bohrer auf einem Bohrwagen montiert. Die Preßluft wird in Druckkesselwagen von Lokomotiven herbeigebracht, die selbst von Preßluftmotoren angetrieben werden. Konstrukteur dieser Lokomotiven ist der Franzose Ribourt, der Vorschlägen von Baader (1822) und Henschel (1833) folgte. Die 1875 erstmals eingesetzten Gotthard-Förderlokomotiven werden von einem 14-Atmosphären-Behälter versorgt. Ein Druckminderventil reguliert den Arbeitsdruck auf drei Atmosphären.

Verwendung von Druckluftgeräten beim Tunnelbau unter der Themse

Bereits 1874 entwickelte der US-Amerikaner Sturgeon den ersten Trockenkompressor, der wasserdampffreie Preßluft liefert. George Westinghouse aus den USA konstruiert nun neue Eisenbahn-Druckluftbremsen (→ 1851).

Englands Alleingang im Meßwesen

1875. Im Auftrag der British Association entwickelt und veröffentlicht J. D. Everett ein neues absolutes Maßsystem. Es ist gleichsam eine Antwort auf die Vereinbarungen, die 20 Staaten → 1872 in Paris während der Internationalen Meterkonferenz ausgehandelt hatten.

In Paris legte man als Grundmaße für Länge und Masse das Meter und das Kilogramm fest. Everett setzt sich mit großem Nachdruck für die Grundeinheiten Zentimeter und Gramm ein. Diese Einheiten sind für die Technik, das Handwerk und die Naturwissenschaften sinnvoller, denn Maschinenteile, Möbelbretter oder Laborversuchsanordnungen mißt man gewiß vorteilhafter in cm als in m. Folgerichtig setzt sich dieses CGS-System (Centimeter, Gramm, Sekunde) bis Mitte des 20. Jahrhunderts in Forschung und Technik international durch – nur nicht in Großbritannien!

Kälte aus dem Ammoniak-Kompressor

1875. Der deutsche Ingenieur Carl Linde konstruiert eine Ammoniak-Eismaschine mit Dampfmaschinen-Kompressor. Sie arbeitet nach dem Prinzip des Carnotschen Kältekreislaufs (→ 1824) mit zusätzlicher Kondensationsphase.

Der Kreislauf spielt sich in einem geschlossenen System ab. Das flüssige Ammoniak verdunstet in einem Röhrenapparat und nimmt dabei aus dem Eisschrank Wärme auf. Die entstehenden Dämpfe werden von einer Pumpe angesaugt und in den Kondensator gepreßt, wo sie unter Druck und Wärmeentzug durch umfließendes Kühlwasser wieder zu Flüssigkeit kondensieren. Dabei gibt das Ammoniak die im Eisschrankinneren aufgenommene Wärmemenge wieder ab. Danach kehrt die Flüssigkeit in den Verdampfer zurück: Der Kreislauf beginnt aufs neue.

Eine gleichartig arbeitende Kältemaschine hatte – wirtschaftlich erfolglos – bereits 1851 der englische Drucker James Harrison in Australien gebaut (→ 1850). Er verwendete

Die erste Kältemaschinenanlage für einen Schlachthof: 1883 rüstet Carl Linde den Schlachthof Wiesbaden mit seiner Ammoniak-Eismaschine aus

Äther als Kältemittel. Der kommerzielle Erfolg ist erst Linde beschieden, der bald Schlachthöfe und dann auch Haushalte mit Kühlschränken beliefert.

Gehbewegung zieht Taschenuhr auf

1875. Der Wiener Uhrmacher De Löhr erfindet die automatische Taschenuhr. Ihre Feder zieht sich durch die Körperbewegung des Benutzers auf.

Die von einer leicht gelagerten rotierenden Schwungmasse kommenden pendelnden oder kreisförmigen Bewegungen werden durch ein Getriebe so auf das Federhaus übertragen, daß sie – über eine Ratsche – die Feder aufziehen. Sobald die als Schleppfeder ausgebildete Zugfeder zu stark gespannt wird, gleitet sie im Federhaus durch. Nach Ablauf der Feder um einen kleinen Betrag wird die Uhr selbsttätig wieder aufgezogen. Dadurch ist die Uhrfeder immer exakt gleich stark gespannt und gibt so stets die gleiche Antriebskraft an das Laufwerk ab. Automatische Uhren sind aus diesem Grund sehr ganggenau.

Industrielles Profitstreben treibt technische Entwicklung voran

Der Übergang vom Handwerk zur industriellen Technik ist seit der beginnenden Nutzung der Dampfkraft (→ 1781) in Europa und den USA zwar langsam, aber mehr oder weniger ungeordnet, ja chaotisch verlaufen. Die Ausnutzung mechanischer Arbeitskräfte hatte die industrielle Massenproduktion eingeleitet und rasch zu einer völligen Umstrukturierung der technischen Fertigung geführt. Die erforderlichen neuen Anlagen waren und sind wesentlich teurer als die Werkzeuge des Handwerkers. Voraussetzungen für neue Industrieunternehmen sind vor allem Finanzkraft und wirtschaftliches Denken und nicht mehr in erster Linie Erfindungsgeist und technisches Wissen. Patente lassen sich kaufen, Techniker anstellen. Damit ändern sich auch die den Fortschritt treibenden Kräfte. Nicht mehr Erfinder und Wissenschaftler sind es, sondern nach Rendite strebende Rechner. Dementsprechend nimmt der Anteil der reinen Erfindungen an der Innovation zugunsten gezielter Auftragskonstruktionen ab, die auf Vergrößerung der Anlagen und damit der Materialdurchsätze, Rationalisierung von Prozessen, Beschleuni-

gung der Herstellungsverfahren usw. zielen. Dieses forcierte, aber planlose und durch das Gewinnstreben gesteuerte Industriewachstum führt zwangsläufig immer wieder zu Wirtschaftskrisen, dann zu einem weltweiten großen Einbruch auf beinahe allen Märkten im Jahr 1873. Um eine bessere Verzinsung des eingesetzten Kapitals zu erreichen, wurden fieberhaft neue Verfahren, vor allem in der Rohstoff-, der Stahl- und Schwermaschinenindustrie, zu

großindustrieller Reife getrieben. Die Produktionszahlen wachsen rapide; der Konkurrenzdruck steigt unaufhaltsam; die Preise verfallen. Der Rationalisierungsdruck und damit die Notwendigkeit, die industrielle Fertigungstechnik noch weiter voranzutreiben, nimmt überproportional zu.

Die Produktionszahlen sprechen eine beredte Sprache: Erzeugte 1860 ein Arbeiter 20,3 t Roheisen, so stellt er 1884 etwa 156 t her. Umfaßte das Eisenbahnnetz Europas

1850 erst 23 500 km, so sind es 1875 fast 150 000 km. Auch in der Preisentwicklung spiegelt sich z. T. technischer Fortschritt (Massenfertigung, kostengünstige Verfahren). Kostete in Deutschland 1873 eine Tonne Schienen- oder Bessemerstahl 366 Mark, so sind es schon 1877 gut 128 Mark. Im gleichen Zeitraum fallen die Preise für Spiegeleisen von 234 auf 66, für Gießereieisen von 156 auf 60 Mark. Die Krise führt hier und da zu Schutzzöllen.

Alfred Krupp (* 26. 4. 1812, Essen; † 14. 7. 1887, Essen) baute den 1811 von seinem Vater Friedrich gegründeten Betrieb zur weltgrößten Gußstahlfabrik aus (u. a. Kanonen)

Friedrich Bayer (* 6. 6. 1825, Barmen; † 6. 5. 1880, Würzburg) gründete nach einer Tätigkeit als Chemiekaufmann 1863 in Barmen die Farbenfabriken »Friedrich Bayer & Co.«

Isaac Merit Singer (* 27. 11. 1811, Pittstown; † 23. 7. 1875, Torquay) verbesserte 1851 die Nähmaschine und gründete 1863 in New York die »Singer Manufacturing Co.«

Werner Siemens (* 13. 12. 1816, Lenthe bei Hannover; † 6. 12. 1892, Berlin), erfolgreich als Erfinder und Unternehmer, gründete 1847 die »Telegraphenbauanstalt Siemens & Halske«

Industriearbeiter organisieren sich

22.–27. Mai 1875. In Gotha schließen sich der 1863 gegründete Allgemeine Deutsche Arbeiterverein und die seit 1869 bestehende Sozialdemokratische Arbeiterpartei zur Sozialistischen Arbeiterpartei Deutschlands zusammen. Damit tritt im Deutschen Reich die organisierte Gegenwehr der Arbeiter gegen politische Benachteiligung, materielle Ausbeutung und bedrückende Arbeitsbedingungen im Handwerk und vor allem in den sich stark ausbreitenden Fabriken in eine neue Phase.

Der Zusammenschluß schafft Voraussetzungen für die Vereinigung der beiden konkurrierenden sozialistischen Gewerkschaftsverbände und ihren späteren Aufstieg zu Massenorganisationen. Bisher verfügen die Einzelverbände nur über vergleichsweise wenig Mitglieder.

Die Arbeit in der Industrie ist hart, schmutzig und aufreibend. In England, dem Vorreiter der Industrialisierung, protestieren u. a. dagegen schon seit etwa 1820 Arbeiter in Massenstreiks. Der Rückstand Deutschlands – erst ab etwa 1850 setzte sich hier die Industrie mit zunehmendem Tempo durch – spiegelt sich auch im Protestverhalten der Arbeiter. Erst zu Beginn der 1870er Jahre kommt es zu bedeutenderen und größeren Streikwellen der in Handwerk und Industrie beschäftigten Menschen.

Seit ihren Anfängen zog die Industrie – in den verschiedenen Ländern zu unterschiedlichen Zeitpunkten – wie ein Magnet billige Arbeitskräfte an. Diese rekrutieren sich aus der stark anwachsenden ländlichen Bevölkerung, städtischen Unterschichten und Gesellen, deren große Zahl das traditionelle Handwerk bei weitem nicht mehr aufnehmen kann.

Arbeit in den Fabriken empfinden viele Handwerker als Abstieg und wehren sich dagegen, solange es ihnen möglich ist. In Deutschland sind es vor allem Handwerksgesellen, die zu Führern der sich ab etwa 1860 formierenden Arbeiterbewegung werden. Sie knüpfen damit z. T. an die alte Tradition der Gesellenvereinigungen an.

»Das Eisenwalzwerk« (Gemälde ▷ von Adolph von Menzel, 1875, Nationalgalerie, Berlin/Ost)

In Mailand wird das erste moderne Krematorium in Betrieb genommen. →

Der US-Amerikaner Woodward stellt in Cleveland Pflastersteine aus Hochofenschlacke her.

Der US-amerikanische Ingenieur Allen stellt erstmals Eisenbahnräder aus Preßpapier her, der Engländer Mansell solche aus Holzscheiben.

In Breteuil bei Sèvres nimmt die Generalkonferenz für Maße und Gewichte ihre Tätigkeit auf (→ 1872).

Der Engländer Henry J. Lawson erhält ein Patent auf das sogenannte Sicherheitsfahrrad, ein Niederrad (→ 1879).

Der russische Physiker Pawel Nikolajewitsch Jablotschkow erfindet seine »elektrische Kerze«, eine Lichtbogenlampe.

Der schwedische Chemiker Fredrik L. Nilson entdeckt das Element Scandium.

Der US-Amerikaner Courtenay erfindet die Heulbojen.

Die beiden deutschen Physiker August Kundt und Emil Warburg erfinden eine Methode der Molekulargewichtsbestimmung über die Messung der spezifischen Wärme, die sie wiederum durch Kundtsche Staubfiguren (Schwingungsfiguren) über die Schallgeschwindigkeit bestimmen.

Der Mediziner J. Leiter erfindet das Rektoskop. →

Der deutsche Ingenieur und Unternehmer Werner Siemens mißt die Fortpflanzungsgeschwindigkeit der Elektrizität in einem eisernen Telegraphendraht (240 000 km/s).

Den deutschen Chemikern Ferdinand Tiemann und Karl Reimer gelingt die Synthese von Vanillin.

14. 2. Der aus Schottland stammende US-amerikanische Physiologe Alexander Graham Bell und der Erfinder Elisha Gray aus den USA melden Patente für ihre neuentwickelten Telefone an. →

9. 5. In Köln wird der Viertaktmotor getestet, den der deutsche Ingenieur Nikolaus August Otto unabhängig von dem Franzosen Alphonse Beau de Rochas (→ 1862) erfunden hat. →

GEBOREN:

23. 1. Hamburg: Paul Otto Hermann Diels († 7. 3. 1954, Kiel), deutscher Chemiker.

27. 11. Mürzzuschlag: Viktor Kaplan († 23. 8. 1934, Unterach/Attasee), österreichischer Maschinenbauingenieur.

25. 12. Berlin: Adolf Otto Reinhold Windaus († 9. 6. 1959, Göttingen), deutscher Chemiker.

Der erste stationäre Viertaktmotor von Nikolaus August Otto, gebaut von der Gasmotoren-Fabrik Deutz bei Köln

Otto baut den ersten Viertaktmotor

9. Mai 1876. Die Techniker der Gasmotoren-Fabrik Deutz untersuchen durch Erstellen eines Arbeitsdiagrammes den ersten praktisch realisierten Viertaktmotor der Welt. Gebaut hat ihn kurz zuvor Nikolaus August Otto, der kaufmännische Leiter der Fabrik. In die Position des Kaufmanns hatte den begeisterten Ingenieur sein psychisch weitaus robusterer Kollege Gottlieb Daimler (→ 1883) gedrängt.

Otto hatte das Viertaktprinzip unabhängig von dem französischen Ingenieur Alphonse Beau de Rochas (→ 1862) bereits → 1861 erfunden, versäumte aber damals, es zum Patent anzumelden, weil er noch keinen deutlichen Weg sah, es in die Praxis umzusetzen. Anfang 1876 fand er die technische Lösung beim Betrachten eines Fabrikschornsteins: »Ich sagte mir, zerstreue ein Expl.(osivgas) in vorher angesaugter oder im Zylinder belassener Luft, dann wird sich ein Gemisch bilden, wie dir der Rauch heute zeigt. An der Ausströmstelle des Schornsteins dicht und von da ab entfernt mehr und mehr verdünnt.« Unmittelbar nach dieser Erkenntnis baute Otto seinen Viertaktmotor, der auf Anhieb gut lief.

Am 23. März 1876 beschloß der Aufsichtsrat der Gasmotoren-Fabrik einen Patentantrag einzureichen. Am 4. August 1877 gibt das Kaiser-

Nikolaus August Otto

liche Patentamt dem Patentantrag unter der Nr. 532 statt. Aber 1886/89 werden das nicht auf Ottos Namen, sondern auf die Gasmotoren-Fabrik Deutz eingetragene Grundpatent und ein Folgepatent in zwei Gerichtsbeschlüssen weitgehend aufgehoben. Hauptgrund dafür ist die frühere Veröffentlichung von Beau de Rochas, die Otto nicht gekannt hatte. Der Erfinder ist schwer enttäuscht. Daran ändert auch die Feststellung des Reichsgerichts nichts, daß Otto für die praktische Ausführung des Viertaktmotors keinen Vorläufer hatte.

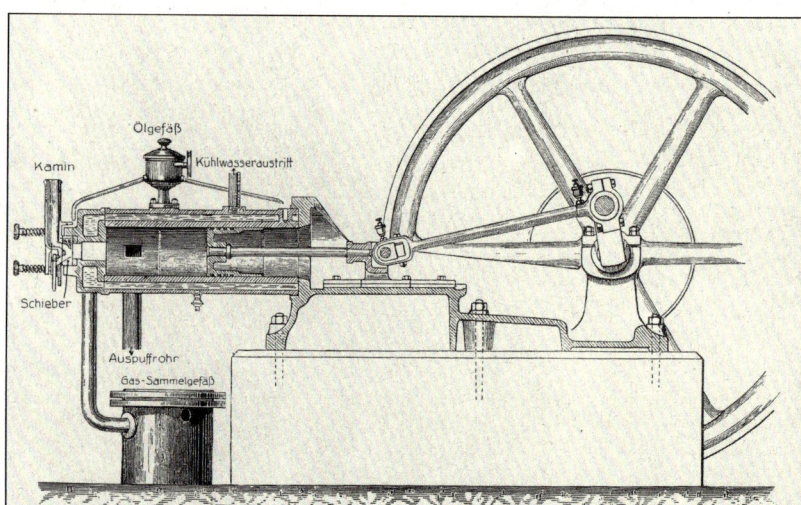

Schnittdarstellung des von der Gasmotoren-Fabrik Deutz gebauten Verbrennungsmotors; der einzige Zylinder der Maschine ist liegend angeordnet

Alexander Bell verhilft dem Telefon zum Durchbruch

14. Februar 1876. Unabhängig voneinander melden die beiden US-Amerikaner Elisha Gray aus Chicago und der aus Schottland stammende Physiologe Alexander Graham Bell Patente auf neue Telefone an.

Gray hatte sein Gerät im Prinzip schon 1874 erfunden. Sein Geber gleicht dem von Johann Philipp Reis (→ 26. 10. 1861), ist allerdings verbessert durch das von dem Engländer Jeates entwickelte Flüssigkeitsmikrofon. Im Empfänger verwendet Gray eine elektromagnetisch gesteuerte Membran.

Bell arbeitet sowohl im Sender wie im Empfänger mit Membranen, die vor einem mit Drahtwindungen umwickelten Stahlmagneten schwingen. Diese Anordnung ist nicht nur einfach, sie macht auch sowohl im Sender wie im Empfänger eine Batterie entbehrlich. Wie Bell selbst berichtet, waren seine ersten Versuche Mißerfolge. Erst nach langem Experimentieren fand er die richtigen schwingenden Massen, und der erhoffte Effekt stellte sich ein. Am 2. Juni 1875 gelang es ihm, erstmals einen Ton elektrisch zu übertragen. Neun Monate später – Bell hat sein Patent schon angemeldet – machen technische Verbesserungen, die in der Patentschrift noch gar nicht berücksichtigt sind, die Übertragung der menschlichen Sprache möglich. Am 10. März 1876 hört Bells Laborgehilfe Thomas A. Watson in seinem Arbeitszimmer den ersten Satz, der mit Bells Telefon übertragen wird: »Watson, kommen Sie hierher, ich brauche Sie nötig.« Trotz des technischen Erfolgs bleibt das Telefon Bells anfänglich völlig unbeachtet. Als Kommunikationsmittel kann es sich niemand so recht vorstellen. Sogar auf der Weltausstellung, die 1876 in Philadelphia stattfindet, schenkt man der dort installierten Telefonanlage zunächst kaum Beachtung. Erst als der Kaiser von Brasilien es entdeckt und sein reges Interesse bekundet, bedenkt die Ausstellungsleitung Bells Exponat mit einer goldenen Medaille.

Bell ist zur Weiterentwicklung motiviert. Er experimentiert mit Fernverbindungen. Am 9. Oktober kommt ein erstes Gespräch über 3200 m zwischen Boston und Cambridge zustande. Bell bietet sein

Bereits 1876 gibt Alexander Graham Bell in Boston/Salem eine Telefonkonferenz über eine Distanz von 22 km

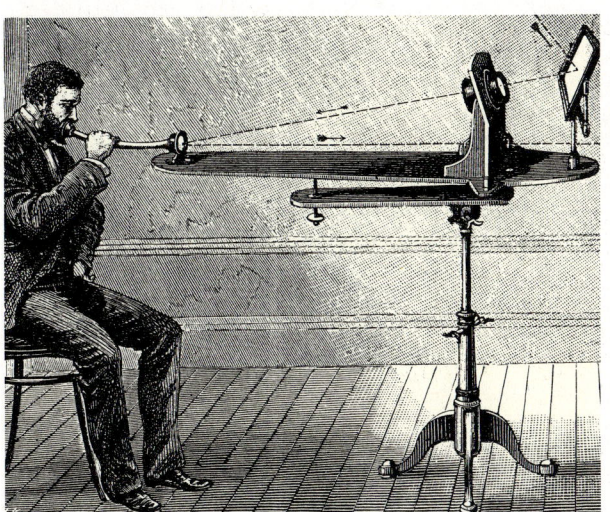

Bell entwickelte auch ein »Photophon« mit Lichtton

Tonübertragungsversuche von Bell mit Richtmikrophon

Der berühmte »Scientific American« berichtete über Bells Fernsprecher

Telefonsystem der US-amerikanischen und der britischen Regierung an. Das britische Post Office antwortet, daß die Amerikaner vielleicht so ein Ding brauchen könnten, daß die Engländer aber über genügend kleine Jungen verfügten, um schriftliche Mitteilungen zu überbringen.

Im Folgejahr, am 9. Juli 1877, gründet Bell zusammen mit Watson, G. Hubbard und Sanders die »Bell Telephone Company, Gardina G. Hubbard Trustee« in Boston und nimmt die Fertigung von Telefonapparaten in großem Umfang auf. Die Gesellschaft verkauft die Geräte aber nicht, sondern vermietet sie. Ab 1878 nennt sie sich dann »Bell Telephone Company«, die schließlich

1889 unter Einbeziehung der Grayschen Patentrechte in die am 28. Februar 1885 gegründete »American Telephone and Telegraph Company« in New York aufgeht. Deren Ziel ist es, Telefonverbindungen in ganz Nordamerika zu betreiben.

Im Frühjahr 1877 nimmt sich in Deutschland Werner Siemens des Bellschen Telefons an, verbessert es technisch und leitet zusammen mit dem Generalpostmeister Heinrich von Stephan dessen Einführung in die Wege. Die Bell-Gesellschaft versucht, diesen von ihr nicht lizenzierten Nachbau zu verhindern, was ihr aber nicht gelingt, denn das erste deutsche Patentgesetz tritt erst einige Monate später, am 1. Juni 1877, in Kraft (→ 1877).

Krematorium in Mailand eröffnet

1876. Im italienischen Mailand nimmt das erste moderne Krematorium seinen Betrieb auf. Der Sarg mit dem toten Körper wird in einen Flammraum aus Schamott und Asbest gesenkt und bei extrem hoher Temperatur verbrannt. Der Prozeß dauert 50 bis 80 Minuten. Zurück bleiben zwei bis vier Kilogramm mineralischer Asche.

Leichenverbrennung war vor der christlichen Ära außer in Ägypten, China und Judäa weltweit verbreitet, erfolgte in alten Zeiten aber einfach auf dem Scheiterhaufen unter offenem Himmel. Mit der Ausbreitung des Christentums wurde sie von dem christlichen Beerdigungsritual ersetzt. Erst der Druck der im Industriezeitalter rapide wachsenden Bevölkerung brachte die kirchlichen Vorschriften ins Wanken. Einerseits gibt es in den meisten Großstädten Europas kaum noch genügend Platz auf den Friedhöfen, zum anderen droht bei den häufigen Seuchenepidemien in den Ballungsräumen immer wieder Ansteckungsgefahr durch Leichen.

Dem Krematorium in Mailand folgen bald ähnliche Anlagen in anderen europäischen Großstädten. Dabei setzt sich die Technik durch, den Sarg mit feinem Heizöl zu übersprühen und diesen Ölnebel zu entzünden, was besonders hohe Verbrennungstemperaturen ergibt.

Ärzte leuchten den Mastdarm aus

1876. Der Mediziner J. Leiter konstruiert ein von ihm »Rektoskop« genanntes Instrument, mit dessen Hilfe er den Mastdarm für Untersuchungen ausleuchten kann. Als Lichtquelle dient eine kleine elektrische Glühlampe.

Das Rektoskop ist mit einem Metallröhrchen und einem Spiegel ausgestattet, was den Einblick erleichtert. Zusätzlich ist eine Luftzuleitung vorgesehen, mit der sich der Mastdarm vom After aus aufblasen bzw. entfalten läßt.

Die Mastdarmspiegelung gewinnt in der Diagnostik bald große Bedeutung. Sie gestattet die schnelle und einfache – wenngleich schmerzhafte – Untersuchung auf Erkrankungen des Enddarms, besonders auf Mastdarmkrebs.

1877

Thomas Alva Edison aus den USA erfindet den Phonographen und das Kohlekörnermikrofon. →

In Deutschland meldet Emil Berliner ein Patent auf ein Tauchspulenmikrofon an.

Dem französischen Physiker und Technologen Louis Paul Cailletet gelingt die Verflüssigung von Sauerstoff (→ 1878).

Der Fabrikant Paul Ehrlich konstruiert in Leipzig-Gohlis mechanische Musikinstrumente. →

Der Italiener Enrico Forlanini baut ein Schraubenfliegermodell.

Ludwig Nobel läßt in Schweden nach seinen Entwürfen den ersten Tankdampfer (»Zoroaster«) bauen. →

Adolph Bleichert trennt bei Drahtseilbahnen erstmals Zugseil und Tragseil (→ 1861).

Der deutsche Mediziner Robert Koch entwickelt ein Verfahren zur Konservierung, Färbung und Mikrofotografie von Bakterien.

Der schwedische Chemiker und Industrielle Alfred Nobel erfindet die Sprenggelatine. →

Nach zwölfjähriger Bauzeit ist die Geschäftspassage »Galleria Vittorio Emanuele« in Mailand vollendet. →

Der deutsche Ingenieur und Unternehmer Werner Siemens erfindet das Bleimantelkabel.

Strong erzeugt erstmals in industriellem Maßstab Wassergas (→ 1860).

Werdermann konstruiert eine elektrische Lampe mit zwei Elektroden. →

12. 11. In Friedrichsberg bei Berlin wird das erste deutsche Telegraphenamt mit Fernsprechbetrieb eingerichtet. →

GESTORBEN:

17. 9. Lacock/Wiltshire: William Henry Fox Talbot (* 11. 2. 1800, Melbury House/Dorset), britischer Physiker und Fotopionier.

GEBOREN:

19. 3. Freiburg im Breisgau: Franz Fischer († 1. 12. 1948, München), deutscher Chemiker.

4. 6. Pforzheim: Heinrich Otto Wieland († 5. 8. 1957, München), deutscher Chemiker.

7. 6. Widnes/Lancashire: Charles Glover Barkla († 23. 10. 1944, Edinburgh), britischer Physiker.

1. 9. Birmingham: Francis William Aston († 20. 11. 1945, Cambridge), britischer Chemiker.

2. 9. Eastbourne: Frederick Soddy († 22. 9. 1956, Brighton), britischer Chemiker.

Thomas Alva Edison mit seinem »neuen Phonographen« von 1888, der gegenüber dem ersten Modell von 1877 schon wesentlich verbessert ist

Sprechmaschine erfunden

1877. Thomas Alva Edison aus den USA erfindet den Silberpapierphonographen, der die menschliche Stimme und auch Musik aufzeichnen und wiedergeben kann.

Edison beschäftigt sich seit Monaten mit dem Bellschen Telefon (→ 14. 2. 1876) und entwickelt dafür zunächst ein Kohlemikrofon, mit dem sich die Reichweite des Telefons erheblich steigern läßt. Bei dem Versuch, Morsezeichen (→ 1840) auf einem Papierband zu registrieren, um sie anschließend von einem Telegraphen automatisch übetragen zu lassen (→ 1867), versieht er die Metallmembran eines Telefonmikrofons mit einem Stahlstift, dessen Spitze einen paraffingetränkten Papierstreifen berührt, der um eine Walze gewickelt ist. Vor der Membran konzentriert ein Schalltrichter den Ton. Die Walze wird mit einer Handkurbel gedreht und gleichzeitig über ein Schraubengewinde langsam längs einer Achse verschoben. Schwingt die Membran infolge auffallender Schallwellen, dann ritzt die Spitze der Stahlnadel die Paraffinschicht auf dem Papierstreifen unterschiedlich stark. Wird die Anordnung nun wieder in die Ausgangsstellung ge-

bracht und die Walze gedreht, dann folgt die Stahlnadel der Ritzspur und versetzt ihrerseits die Membran in Schwingungen. Die Geräusche, die sie dabei abgibt, werden durch den Schalltrichter verstärkt. Das erste Wort, das Edison mit dem Gerät aufzeichnet und wiedergibt, ist ein zweimaliges »Hallo!«.

Da die Paraffinschicht sehr weich ist und sich die Aufnahmen deshalb nur schlecht abspielen lassen, greift Edison zu starkem Staniolpapier. Die Wiedergabe verbessert sich dadurch, und die Walze läßt sich etwa drei- bis viermal abspielen. Edison kann nun auch Musik aufnehmen. Als erstes nimmt er das Kinderlied »Mary hatte ein weißes Lamm, sein Fell war weiß wie Schnee . . .« auf. Edison sieht für seine Erfindung eine große kommerzielle Zukunft voraus. Schon 1857 hatte der französische Maler Léon Scott de Martinville einen »Phonautographen« konstruiert, in dem er auf der Mitte einer besprochenen Membran eine Schweineborste als Schreibstift anbrachte. Sie zeichnete die Schallschwingungen auf rußgeschwärztes, um einen Zylinder gewickeltes Papier. Die Aufzeichnung ließ sich aber nicht wiedergeben.

Erster Schritt zum Schraubenflieger

1877. Der Italiener Enrico Forlanini baut ein Schraubenfliegermodell, dessen Rotor er mit einem kleinen Dampfmotor antreibt. Vorbild sind die seit längerem bekannten Kinderspielzeuge, bei denen einfach ein Propellerblatt in Rotation versetzt wird, das dann waagerecht in der Luft fliegt und mehrere Meter hoch aufsteigen kann.
Forlaninis motorisch betriebenes Fluggerät erreicht in 20 Sekunden eine Höhe von 13 m. Sein Traum, es zu praktischen Zwecken einzusetzen, erfüllt sich aber nicht.

Neue elektrische Lampen erfunden

1877. Die Firma Gebrüder Siemens & Co. in Charlottenburg bei Berlin und – unabhängig von ihr – der deutsche Ingenieur Werdermann entwickeln zwei neue elektrische Lampen.
Siemens verfolgt das Lichtbogenprinzip (→ 1848), das die Firma durch die Erfindung der Dochtkohle verbessert. Dabei sind die Kohlestäbe längs durchbohrt. In die Bohrung ist die Dochtmasse aus Kohlenstaub und geeigneten Bindemitteln eingepreßt.
Werdermanns Erfindung ist eine Glüh-Lichtbogenlampe, bei der ein stiftförmiges Kohlestück leicht gegen eine scheibenförmige Kohlenelektrode drückt.

Maschinen spielen auch Musikstücke

1877. Der Fabrikant Paul Ehrlich in Leipzig-Gohlis erfindet mehrere mechanische Musikinstrumente (Klaviere u. a.), die alle nach demselben Prinzip arbeiten. Sie tasten durchlöcherte Metallscheiben ab. Die Löcher sind in radialen Streifen auf die rotierende Scheibe gestanzt. Jedes Loch steht für eine Note. Die Tonhöhe ist durch den Abstand von der Scheibenmitte gegeben. Die Geräte können polyphon spielen, wenn auf einer Radiallinie mehrere Löcher ausgestanzt sind. Über Noppen, die in die vorbeilaufenden Löcher eingreifen, werden einseitig eingespannte Stahlblechzungen unterschiedlicher Länge (Tonhöhe) zum Schwingen gebracht.

Das Haupttelegraphenamt zu Berlin; hier gehen auch die ersten deutschen Fernsprecheinrichtungen in Betrieb

In Berlin arbeitet das erste Fernsprechamt

12. November 1877. In Friedrichsberg bei Berlin geht das erste deutsche Telegraphenamt mit Fernsprecheinrichtung in Betrieb. Es nimmt auf seinem Leitungsnetz probeweise den Telefonbetrieb auf, und das Publikum richtet erste private Sprechstellen mit Siemens-Telefonen – das Stück zu 5 Mark – ein. Im Jahr 1880 werden dann in Mühlhausen im Elsaß und im Januar 1881 in Berlin die ersten deutschen Fernsprechvermittlungsämter (Handvermittlung) eingeweiht.
Der deutsche Generalpostmeister Heinrich von Stephan hatte von einem Londoner Telegraphenbeamten Anfang 1877 zwei Bell-Telefone (→ 14. 2. 1876) geschenkt bekommen. Da es in Deutschland zur Zeit von Bells Erfindung noch kein einheitliches Patentrecht gab, beschloß er zusammen mit dem Ingenieur und Unternehmer Werner Siemens, den Rechts-

schutz zu ignorieren. Am 6. November 1877 schrieb Siemens einen Brief an seinen Bruder Carl: »Werde wohl nächstens ein Telephonpatent beantragen. Wir sind mitten in den Versuchen und ich glaube, wir werden Bell bald sehr übertreffen. Am besten geht noch immer das alte Berliner Weihnachtsmarkt-Telephon, zwei Waldteufel mit den Strippen zusammengebunden (gemeint ist das Fernsprechen über eine straff gespannte feuchte Schnur mit zwei Dosen an den Enden). Das wird seit vielen Jahren in den Weihnachtsbuden verkauft. Wir Esel haben zwar das Wunder des deutlichen Verstehens auf 60 Fuß und mehr Entfernung angestaunt, aber die Sache nicht verfolgt, auch dann nicht, als Reis (→ 26. 10. 1861) es elektrisch zu machen versuchte!« Die Firma Siemens & Halske erhält bereits am 14. Dezember 1877 ein deutsches Patent auf ein von Siemens technisch verbessertes Telefon, bei dem die schwingenden Teile magnetisch im Gleichgewicht sind. Von November bis Jahresende verkauft die Firma Tausende ihrer neuen Telefone. Ende Dezember liegt die Tagesproduktion bereits bei 700 Stück. Und selbst damit ist die Nachfrage nicht zu decken.

Im Kellergeschoß eines Berliner Fernsprechamtes kommen 250paarige Straßentelefonkabel an; sie werden hier in 50paarige Kabel aufgeteilt

Erdölbeförderung mit Tankschiffen

1877. Ludwig Nobel, der Bruder des schwedischen Dynamit-Erfinders Alfred Nobel (→ 1. 1. 1867), läßt nach seinen Plänen das erste Einhüllen-Tankschiff der Welt, die »Zoroaster«, bauen.

Nach den ersten Ölbohrungen in den USA (→ 1859) stellte sich sofort das Problem des Weitertransports. Über Land geschah das bald mit Pipelines (→ 1865). Auf See versuchte man es zunächst mit Segelschiffen, die als Teil ihrer Ladung Rohölderivate in Barrels (Fässern) mitführten. Eine erste volle Ölladung beförderte 1861 die 224 t große Brigg »Elisabeth Watts« von Amerika nach London: 901 Barrels Petroleum aus Erdöl und 428 Barrels aus Kohle gewonnenes Öl. Die Barrelfrachten nahmen rasch an Zahl und Größe zu. Diese Transportart erwies sich als unrentabel, und man suchte Wege zur Bulk-Fracht, also zum Verladen in einem einzigen großen Tank. Einfache Tank-im-Tank-Schiffe bauten ab 1874 russische Konstrukteure. Sie sind gefährlich, weil das flüssige Öl den Schiffen die Stabilität nimmt und weil es sich bei Wärme ausdehnt und hochexplosive Gase bildet.

Nobels Tankschiffe »Moses« und die verbesserte »Zoroaster« sind bereits Einhüllentanker. Die Kielräume sind vom Maschinenraum durch wassergefüllte Doppelwände getrennt, die das Durchsickern des Öls in den Kessel- und Maschinenraum und zugleich die starke Erwärmung des Öls verhindern.

Das deutsche Öltankschiff »Glückauf« (1886 – 1893), der erste Überseetanker

1893 gebautes Tankschiff »Deutschland« von 103,50 m Länge, 13,30 m Breite und einem Tiefgang von 9,03 m (beladen); Kapazität: 3710 BRT

Das im Jahr 1883 vom Stapel gelaufene Petroleum-Tankschiff »Chicwell« wurde von der Reederei A. Suart in Großbritannien gebaut (Fotografie aus dem Besitz des National Maritime Museum, Greenwich/London)

1877. Der schwedische Chemiker und Industrielle Alfred Nobel mischt Nitroglyzerin mit Kollodiumbaumwolle zum neuen Explosivstoff Sprenggelatine.

Schon → 1867 hatte Nobel das Dynamit erfunden, indem er das äußerst gefährlich zu handhabende, hochbrisante ölige Nitroglyzerin an das poröse Material Kieselgur band. Die Kieselgur dämpft allerdings die Sprengkraft des reinen Nitroglyzerins etwas, und Nobel sucht seit längerem einen Weg, das explosive Öl an ein anderes Material zu binden. Er dachte dabei u. a. an Schießbaumwolle oder Nitrozellulose, den als Pulver oder in flockiger Form bekannten Salpetersäureester der Zellulose, der sich durch Nitrieren von Zellstoff (→ 1840) erzeugen läßt. Doch das Produkt wäre nicht so sicher zu handhaben wie Dynamit, weil die Schießbaumwolle selbst schlag- und reibungsempfindlich ist. Trockene Schießbaumwolle verpufft sogar beim bloßen Erhitzen.

Bei Arbeiten in seinem Pariser Laboratorium schneidet sich Nobel eines Tages in den Finger, und er versorgt die Wunde mit Kollodium, einer watteähnlichen, chemisch behandelten Zellulose. Sie bildet ein Häutchen. Schießbaumwolle und die pulverförmige Kollodiumwolle, aus der das Kollodium gewonnen wird, sind chemisch eng verwandte Stoffe. Nobel unternimmt noch in der Nacht Versuche, Nitroglyzerin mit 6 bis 8% Kollodiumwolle zu vermischen. Die Masse geliert. Nobel hat die Sprenggelatine erfunden. Sie entwickelt eine noch stärkere Sprengkraft als das reine Nitroglyzerin und läßt sich wie Dynamit fast gefahrlos befördern. Außerdem ist sie wasserfest, kann also auch zu Unterwassersprengungen eingesetzt werden. Wegen ihrer ungeheuren Sprengkraft gebraucht man sie später vor allem bei Gesteins- und Felssprengungen im zivilen Einsatz, also etwa beim Durchbruch von Tunnels oder beim Anlegen von Bergwerksschächten und -stollen. Im militärischen Einsatz verdrängt sie ebensowenig wie Dynamit das Schießpulver und das TNT (→ 1863). Sie explodiert zu schnell, um Feuerwaffen damit zu laden. Die Rohre würden zerrissen, bevor sich ein Schuß lösen könnte. Vermarktet wird das Produkt ab 1885.

Die zentrale Kreuzung der beiden sich rechtwinklig schneidenden Galleria-Passagen ist weitspannend überkuppelt

Galleria – Denkmal politischer Einigung

1877. Nach zwölfjähriger Bauzeit wird in Mailand die Geschäftspassage »Galleria Vittorio Emanuele I« nach einem Entwurf des italienischen Architekten Giuseppe Menzoni fertiggestellt.

Die Pläne stammen aus der Zeit unmittelbar nach der Befreiung Italiens von der Herrschaft Österreichs. Architekt und Volk verstehen den Monumentalbau als politisch-nationales Monument.

Der Grundriß der überdachten Geschäftshäuser-Galerie ist bewußt als lateinisches Kreuz gehalten und zeigt außerdem das Wappen des Königshauses von Savoyen. Die Einkaufspassage verbindet in einer Achse zwei kleine Straßen, in der anderen zwei Plätze miteinander.

Die Eingänge von den Plätzen her sind als hochgezogene Triumphbögen im römisch-antiken Stil gebaut. Der Längsarm mißt fast 200, der Querarm mehr als 100 m. Der Kreuzungspunkt ist ein Achteck. Alle vier Trakte werden von einem verglasten Skelettdach aus Stahlträgern überwölbt. Das Zentrum überspannt eine mächtige, von Stahlstreben getragene Glaskuppel, deren Scheitel 40 m über dem Boden der Passage liegt.

Die Seitenwände der Galleriearme bilden viergeschossige gewaltige Geschäftshäuser mit mehr als 1200 Räumen. Im Erdgeschoß werden sie als Geschäfts- und Ausstellungsflächen, Cafés und Restaurants genutzt. Darüber liegen zwei Etagen mit Büro- und Klubräumen usw. Vor dem zweiten Obergeschoß laufen durch alle Arme der Gallerie durchgehende eisenvergitterte Balkons. Das oberste Stockwerk ist für Wohnungen reserviert.

Die immense Passage ist durch die Glasüberdachung tagsüber hell ausgeleuchtet. Abends spenden 600 Gaslampen Licht. Und zu festlichen Anlässen erstrahlt die Anlage im Glanz von 2000 Lampen.

Zum ersten Mal in der Architekturgeschichte sind hier ganze Straßen überdacht. Kleinere überdachte Passagen gibt es im regenreichen Großbritannien schon seit rund einem halben Jahrhundert. Deshalb beschäftigte der Architekt Spezialisten einer britischen Baufirma.

Neue Impulse für die Architektur

Die schon in der ersten Hälfte des 19. Jahrhunderts einsetzende Verwendung von Eisen als Baumaterial griff vom ursprünglichen Anwendungsgebiet im Brückenbau um die Mitte des Jahrhunderts auf den Hochbau über. Erste großartige Verwirklichung fand sie in Gebäuden wie Joseph Paxtons Kristallpalast (→ 1850). Das neue Material führt einen tiefgreifenden Wandel in der gesamten Architekturauffassung herbei. Seine hohe Zug- und Biegefestigkeit und die von jener des Steines und des Holzes völlig abweichende Art der Bearbeitung erlauben einen neuen Baustil.

Bisher ging man generell von der geschlossenen Masse des Baustoffs, von seiner dreidimensionalen Erscheinung, aus. Eine gewisse Ausnahmestellung kam allenfalls der Gotik zu, die versuchte, die tragenden Elemente auf das unbedingt Notwendige zu reduzieren. Doch auch sie fand ihre Ausdrucksmittel in dreidimensionalen Formen: Profilierten Gewölberippen, Kapitellen, Gesimsen, Strebepfeilern usw. Den Bauelementen aus Stahl fehlt die dritte Dimension. Ihre Formen sind ebene oder gewölbte Flächen. Neben die im Material begründete Ursache für neue Architekturformen treten innere Gründe für einen Stilwandel: Die Baumeister sind zu mathematisch konstruierenden Ingenieuren geworden, die ihre Aufgaben als die Lösung von Festigkeitsproblemen und in dem ökonomischen Umgang mit dem Material sehen. In den 1870er Jahren zerfällt die Baukunst regelrecht in zwei Richtungen: Den zweckgebundenen Ingenieurbau und die auf Repräsentation angelegte »Architektur«. Nur in wenigen Monumentalbauten gelingt noch eine Synthese aus beidem: In der Pariser Bibliothek von Sainte Geneviève (1850), im Pariser Kaufhaus »Au Bon Marché« (1876) oder in der Galleria Vittorio Emanuele II.

Der US-amerikanische Geistliche Hannibal Goodwin benutzt erstmals dünne Zelluloidfilmbänder als fotografische Schichtträger.

Auf Anregung von J. W. Stephenson baut der deutsche Physiker Ernst Abbe die ersten Mikroskope mit homogener Immersion. →

Dem englischen Physiker und Chemiker James Dewar gelingt die Verflüssigung der Luft. →

Thomas Alva Edison erfindet die Bleisicherung. →

Der deutsche Chemiker Konstantin Fahlberg, Professor in Baltimore, entdeckt das Saccharin.

Theodor Fleitmann entdeckt, daß Nickel durch Zusatz von Magnesium walz- und schweißbar wird. →

Die Maschinenfabrik Augsburg fertigt erstmals eine Schnellpresse für den Illustrationsdruck (Tiefdruck).

Etwa gleichzeitig konstruieren Schreiber und Salomon in Wien, Gunzburger in St. Denis und Perrier in Paris Federmotoren mit aufziehbaren Spiralfedern und Räderwerk für den Antrieb von Nähmaschinen.

Dem Schweizer Chemiker Raoul Pierre Pictet gelingt die Verflüssigung des Wasserstoffs. →

Der französische Lehrer Augustin Mouchot führt auf der Pariser Weltausstellung einen solarbetriebenen Kühlschrank vor. Bereits 1861 hatte er sich einen Solarmotor patentieren lassen.

Der Österreicher Karl Klietsch wendet erstmals das Prinzip des Kupferstichs zur Reproduktion von Fotografien an. →

Der englische Chemiker Sidney Gilchrist Thomas nützt die phosphorhaltige Schlacke der industriellen Stahlerzeugung als Dünger. →

Der Schotte Dugald Clerk baut den ersten Zweitaktmotor. →

25. 6. W. E. Sawyer erhält zusammen mit Man in New York ein Patent auf die Verteilung von elektrischem Strom von einer Zentralstation aus.

Dezember. Unabhängig voneinander erfinden der Engländer Joseph Wilson Swan und Thomas Alva Edison die elektrische Glühlampe. →

GESTORBEN:

20. 3. Heilbronn: Julius Robert von Mayer (* 25. 11. 1814, Heilbronn), deutscher Mediziner.

GEBOREN:

7. 11. Wien: Lise Meitner († 27. 10. 1968, Cambridge), österreichische Kernphysikerin.

Auf dem Weg zur elektrischen Glühbirne

Dezember 1878. Der Engländer Joseph Wilson Swan stellt der Chemischen Gesellschaft von Newcastle eine von ihm gebaute elektrische Glühbirne vor. Ein Vierteljahr zuvor hatte in den USA Thomas Alva Edison damit begonnen, systematisch eine elektrische Glühbirne zu entwickeln.

Beide Erfinder arbeiten voneinander unabhängig, beide kennen aber das gesamte Spektrum der Vorversuche seit 1841. F. Moleyns arbeitete 1841 mit Platindrahtspiralen; 1845 erhielt der US-Amerikaner J. W. Starr ein Glühlampenpatent. Andere Erfinder folgten. Die erste brauchbare Glühbirne stellte → 1854 der deutsche Mechaniker Heinrich Goebel her, doch fehlten ihm noch zuverlässige Stromquellen. 1860 befaßte sich dann Swan mit dem elektrischen Glühlicht, aber seine Lampen waren extrem

Th. A. Edison

Joseph W. Swan

kurzlebig. 1865 erfand der deutsche Chemiker Hermann Sprengel eine Quecksilber-Vakuumpumpe, mit der sich die Lampenkolben besser evakuieren ließen. Swan nahm daraufhin seine Arbeiten wieder auf,

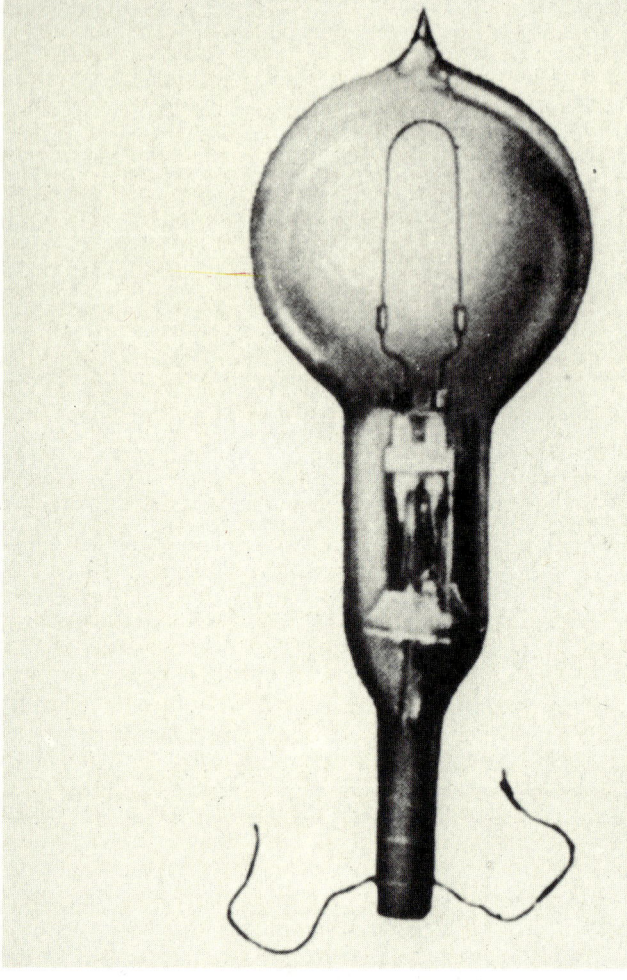

Das erste von Thomas Alva Edison vorgestellte kommerzielle Glühlampenmodell aus dem Jahr 1879 besitzt eine Glühwendel aus verkohlten Bambusfasern

und jetzt führten sie zum Erfolg. Edison experimentiert noch mit verschiedenen Fadenmaterialien: Kohle, verkohltem Papier, Holzfasern, Platin, Iridium, Barium, Rhodium, Ruthenium, Titan, Zirkonium und vielen anderen mehr. Erfolgreich ist er erst am 19. Oktober 1879, als er verkohlte Baumwollfäden verwendet.

Erbitterter Kampf um Lampen-Patentrechte

Die Parallelentwicklungen des Engländers Joseph Wilson Swan und des US-Amerikaners Thomas Alva Edison führen zu einem erbitterten Kampf um die Verwertungsrechte. Sowohl Swans längliche, evakuierte Birne, in der eine verkohlte Bambusfaser glüht, wie auch Edisons runder Glaskolben mit länglichem Hals von 1879, der ebenfalls luftleer gepumpt ist und dessen Glühfaden aus Baumwollgarn besteht, das durch Erhitzen in Kohlenstoff verwandelt ist, sind praktisch einsatzfähig, wenn-

gleich beide nur eine Brenndauer von rund 40 Stunden haben.

Swan meldet erst 1880 ein Patent an. Edison gründet bereits am 1. Oktober 1880 zusammen mit anderen Wissenschaftlern eine Glühlampenfabrik, Swan erst 1881 eine englische Fertigungsgesellschaft für seine Birnen. Edison hat größeren wirtschaftlichen Erfolg, bis Swan 1883 ein Zusatzpatent auf eine Methode zur Herstellung von wesentlich verbesserten Glühfäden erhält, die darin besteht, daß man in Essigsäure gelöste Nitro-

zellulose durch feine Düsen preßt. Die auf diese Weise produzierten Glühfäden leuchten nicht nur heller, da sie stärkeren Strömen auf Dauer standhalten, sie sind auch weniger bruchempfindlich. Daraufhin können die erbitterten Konkurrenten nicht mehr gegeneinander arbeiten. Sie schließen einen Gesellschaftsvertrag und gründen die Edison & Swan Electric Light Company und die Deutsche Edison Gesellschaft, die spätere AEG.

Die Aktienkurse der Gaslichtgesellschaften fallen sofort weltweit.

Bleisicherungen für Stromkreise

1878. Der US-amerikanische Erfinder Thomas Alva Edison entwickelt die Bleisicherung zur Verhütung von Kurzschlüssen in elektrischen Beleuchtungsanlagen.

Immer wieder muß Edison beim Experimentieren mit seinen Glühlampen erleben, daß der empfindliche Glühfaden aus verkohltem Papier oder aus verkohlten Holz- oder Gewebefasern (→ Dezember 1878) bricht, daß die Drahtzuleitungen aufeinanderfallen oder daß die Isolation der Drahtzuführungen in den Glaskolben defekt wird. Dabei kommt es zu Kurzschlüssen. Das ist besonders für die Stromquelle, den Dynamo (→ 1867), schädlich. Die Wicklungsdrähte schmelzen durch, oder es kommt zu einem Wicklungsschluß. Edison findet Abhilfe, indem er in den Stromkreis einen Stöpsel mit einem Bleidraht einfügt, der bei einem Anstieg der Stromstärke mit Sicherheit zuerst durchschmilzt und sich leicht ersetzen läßt. Dabei kommt es nicht einmal zum vollen Kurzschluß, da der Draht bereits unterhalb des Kurzschlußstroms schmilzt.

Fleitmann schweißt Nichteisenmetalle

1878. Dem deutschen Ingenieur Theodor Fleitmann gelingt es, Nikkel mit Nickel oder auch Nickel mit Eisen und Stahl zu verschweißen. Bisher suchte man erfolglos ein befriedigendes Verfahren zum Schweißen der meisten sogenannten Buntmetalle – das sind alle in sich oder in einer Legierung farbigen Schwermetalle außer Eisen. Durch Schweißen einwandfrei verbinden ließen sich neben Eisen und Stahl nur die Edelmetalle und weiche Metalle wie Blei oder Zinn. Fleitmann entdeckt, daß Nickel durch einen Zusatz von Magnesium schweißbar wird. So gelingt es ihm, Bleche aus Eisen, Stahl und Nickelkupfer herzustellen, die auf einer oder auf beiden Seiten durch Schweißprozesse mit Nickel plattiert sind. Das Verfahren ist eine sog. Preßschweißung, bei der sich die an der Preßstelle erhitzten Metalle durch Stauchen vereinen. Diese Art des Schweißens ist – bei Edelmetallen und Eisen – das älteste Schweißverfahren überhaupt.

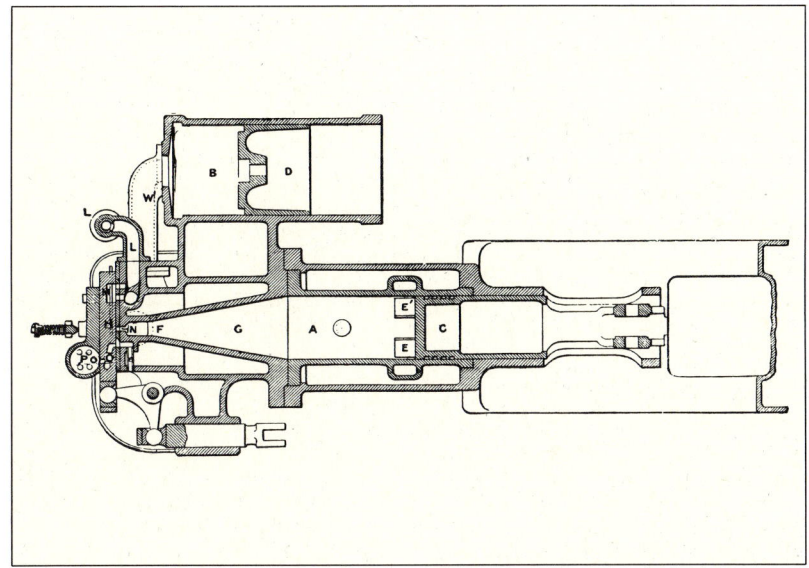

Querschnitts-Konstruktionszeichnung des ersten Gas-Zweitaktmotors; entwickelt hat die Maschine der schottische Ingenieur Dugald Clerk

Der erste Zweitaktmotor

1878. Der schottische Ingenieur Dugald Clerk baut den ersten Zweitaktmotor. Obwohl sich der zwei Jahre zuvor von Nikolaus August Otto erstmals realisierte Viertaktmotor (→ 1876) bestens bewährt, versuchen verschiedene Konstrukteure, ein anderes Verbrennungsmotorenprinzip zu finden, nicht zuletzt aus patentrechtlichen Gründen. Bei dem von Clerk erstmals praktizierten Zweitaktprinzip erfolgen die vier Arbeitsgänge – Verdichten, Ansaugen, Überströmen und Ausströmen – in nur zwei Kolbenhüben. Bewegt sich der Kolben nach oben, dann komprimiert er das Kraftstoff-Luftgemisch und saugt gleichzeitig frisches Gemisch in das Kurbelgehäuse unter dem Zylinder. Nach dem Zünden des verdichteten Gemischs bewegt sich der Kolben unter Arbeitsleistung im zweiten Takt nach unten. Dabei preßt er das frische Gemisch aus dem Kurbelgehäuse durch einen Übertragungskanal in den Zylinder über sich, aus dem zugleich die Verbrennungsgase ausströmen.

Der Zweitaktmotor kommt mit weniger beweglichen Teilen als der Viertaktmotor aus. Er läuft aber unruhiger und verbraucht mehr Treibstoff als der Motor von Otto.

Das Verflüssigen von Gasen gelingt

1878. Dem englischen Physiker James Dewar gelingt es, Luft zu verflüssigen. Er kühlt sie mit Kohlensäureschnee ab und komprimiert sie dabei auf 100 Atmosphären. Danach mindert er den Druck wieder. Durch die Ausdehnung wird Energie verbraucht, und die Temperatur fällt um etwa 200 °C ab. Die Luft kühlt auf −194 bis −198 °C ab und verflüssigt sich. Außerdem gelingt dem Schweizer Chemiker Raoul Pierre Pictet die Wasserstoffverflüssigung bei −252,8 °C.

Schon im Vorjahr war es dem Physiker Louis Paul Cailletet aus Frankreich gelungen, Sauerstoff zu Nebel zu kondensieren.

Hochofenschlacke als Phosphatdünger

1878. Der englische Chemiker Sidney Gilchrist Thomas entdeckt, daß beim Windfrischen während der Stahlerzeugung aus phosphatreichen Erzen Phosphor frei wird. Er nutzt die phosphorhaltige Schlacke als wertvolles Düngemittel. Das Material wird von ihm industriell zu Pulver gemahlen und kommt als Thomas-Mehl auf den Markt.

Die Phosphatdüngung wird infolge der immer intensiveren Ausnutzung der Böden durch die Landwirtschaft in den Industrieländern mit ihren ständig wachsenden Bevölkerungsdichten erforderlich.

Neues Immersionsmikroskop von Abbe

1878. Auf Anregung von J. W. Stephenson stellt der deutsche Physiker Ernst Abbe das erste Mikroskop mit homogener Immersion her (→ 1872).

Ein Immersionsmikroskop hatte bereits → 1827 der Italiener Giovanni Battista Amici gebaut. Das Prinzip beruht darauf, daß sich zwischen dem zu betrachtenden Präparat und dem Deckglas sowie auch zwischen dem Deckglas und dem Mikroskop-Objektiv keine Luft, sondern eine wasserklare Flüssigkeit befindet. Dadurch vergrößert sich die sogenannte numerische Apertur des Mikroskops, die linear von der Lichtfrequenz abhängt. Diese ist in Flüssigkeit größer als in Luft. Die Apertur ist wiederum ein direktes

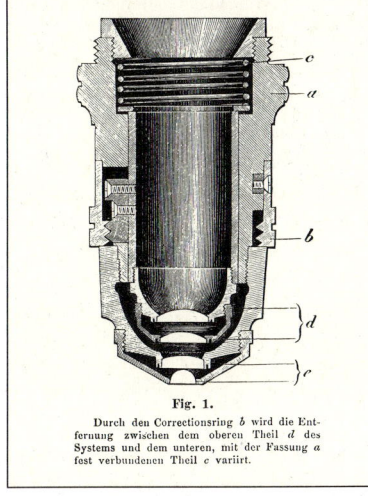

Schnitt durch ein homogenes Immersionsobjektiv von E. Abbe, 1878

Kriterium für die mit dem System erreichbare Vergrößerung.

Neu bei Abbes Immersionsmikroskop ist die Verwendung von Glasarten mit gleichen Brechungsindices für das Deckglas und das Objektiv. Außerdem hat auch das Immersionsmedium – Abbe verwendet Zedernholzöl – den gleichen Brechungsindex. Der Strahlengang des Lichts vom betrachteten Objekt bis in die Objektivlinse ist an keiner Stelle gebrochen, was der Abbildungsqualität zugute kommt. Zugleich ist die Lichtwellenlänge im Zedernholzöl noch größer als im von Amici verwendeten Wasser. Auf diese Weise erreicht Abbe eine bisher noch nicht erzielte lineare Vergrößerung von rund 2000:1.

Der Brite William Henry Fox Talbot, Erfinder der Halbtonätzung

Fotoreproduktion im Kupfertiefdruck

1878. Der Österreicher Karl Klietsch wendet das seit dem 15. Jahrhundert bekannte Prinzip des Kupferstichs (→ 1446) in abgewandelter Form auf die Reproduktion von Fotografien an. Er nennt das neue Verfahren Heliogravüre (→ 1873) oder Zylindertiefdruck.

Klietsch kopiert zunächst ein Diapositiv auf chromiertes Gelatinepigmentpapier. Wiederum fotografisch wird diese Kopie auf eine lichtempfindlich gemachte Kupferplatte übertragen. Die belichteten Partien verhärten dabei je nach Belichtungsintensität (also je nach Helligkeit des Bildes) unterschiedlich stark. Wird die Platte anschließend mit geeigneten Chemikalien geätzt, dann werden die hellen Stellen kaum angegriffen, die dunklen dagegen tief abgetragen. Klietsch folgt dabei in etwa dem 1852 von dem englischen Naturwissenschaftler William Henry Fox Talbot entwickelten Prinzip der Halbtonätzung, bei dem nicht die ganze Fläche, sondern nur Rasterpunkte geätzt werden. Das auf diese Weise entstehende Raster nimmt dann um so mehr Druckfarbe auf, je dunkler eine Bildpartie ist. Der Druckzylinder selbst dient als Druckstock.

Die Heliogravüren liefern sehr präzise Illustrationsdrucke. Für die Wiedergabe farbiger Bildvorlagen werden später vier getrennte Druckzylinder mit je einer Farbe des Dreifarbendrucks (→ 1710) plus Schwarz verwendet.

1879

Der französische Elektrotechniker Marcel Deprez baut die erste Gasmaschine für Lokomotiven. →

Mit der Installation von 115 Bambusfaser-Glühlampen auf dem Dampfer »Columbia« realisiert der US-amerikanische Erfinder Thomas Alva Edison die erste elektrische Beleuchtungsanlage (→ 1878).

Der britische Physiker James Prescott Joule definiert als Einheit der Wärmemenge jene thermische Energie, durch die ein Kilogramm Wasser von 15,5 auf 16,5 °C erwärmt wird.

Der Engländer Henry John Lawson bringt das Sicherheitsfahrrad mit Kettenübersetzung auf den Markt. →

James Ritty, ein Barbesitzer aus Dayton, erfindet die Registrierkasse. →

Der französische Chemiker Paul Émile Lecoq de Boisbaudran entdeckt das Element Samarium, sein schwedischer Kollege Per Theodor Cleve die Elemente Thulium und Holmium. →

Der englische Ingenieur R. E. B. Crompton beleuchtet sein Haus in London ausschließlich elektrisch, mit Bogenlampen.

Nach einer Konstruktion von Sir Thomas Bouch wird über den Firth of Tay in Mittelschottland die bisher längste Brücke der Welt gebaut. Das 3 km lange Bauwerk ruht auf gußeisernen Pfeilern.

Der englische Erfinder George Lane-Fox erhält ein Patent auf einen elektrischen Kochtopf.

31. 5. Die Firma Siemens nimmt in Berlin die erste elektrische Bahn in Betrieb. →

29. 11. Charles Ezra Scribner erhält ein Patent auf einen Mehrfachumschalter, der die Vermittlung von Telefongesprächen zwischen einer Vielzahl von Teilnehmern gestattet.

GESTORBEN:

5. 11. Cambridge: James Clerk Maxwell (* 13. 6. 1831, Edinburgh), britischer Physiker.

GEBOREN:

8. 3. Frankfurt am Main: Otto Hahn († 28. 7. 1968, Göttingen), deutscher Chemiker.

14. 3. Ulm: Albert Einstein († 18. 4. 1955, Princeton/New Jersey), deutsch-amerikanischer Physiker.

26. 4. Dewsbury/Yorkshire: Owen Williams Richardson († 15. 2. 1959, Alton/Hampshire), britischer Physiker.

9. 10. Koblenz: Max von Laue († 24. 4. 1960, Berlin), deutscher Physiker.

Die erste elektrische Eisenbahn, gebaut von der Firma Siemens & Halske im Jahr 1879, vorgeführt auf der Gewerbeausstellung in Berlin

Elektrobahn dank Dynamo

31. 5. 1879. Werner Siemens führt auf der Berliner Gewerbestellung die erste elektrische Lokomotive vor, die ihren Strom über einen Schleifkontakt – einen Drahtbesen – von einer eigenen Stromschiene und nicht aus einer mitgeführten Batterie bezieht.

Elektrische Lokomotiven hatten schon andere Konstrukteure gebaut: 1840 der Buchhalter Johann Philipp Wagner, 1841 der Schotte Robert Davidson und ein Deutscher namens Stöhrer, 1844 der Engländer Little, → 1851 Farmer & Hall sowie Professor Charles Grafton Page. Sie alle scheiterten am Fehlen einer geeigneten Energiequelle. Erst die Dynamomaschine von Werner Siemens (→ 1867) liefert die geeignete elektrische Antriebskraft in beinahe beliebiger Leistung.

So ging der deutsche Ingenieur 1878 an den Bau einer elektrischen Grubenbahn für eine Mine bei Cottbus. Als der Auftrag zurückgezogen wurde, verwandelte er die halbfertige Lokomotive in eine Zugmaschine für die Berliner Messebahn, die drei Wägelchen mit je sechs Personen auf einem 300-m-Rundkurs im Fußgängertempo herumzieht.

Die Lokomotive der ersten elektrischen Eisenbahn ist kaum mehr als ein Fahrgestell mit Motor; die Achse des Motorankers liegt parallel zum Gleis

Fast 70 chemische Elemente bekannt

1879. Mit der Entdeckung dreier neuer Elemente steigt die Gesamtzahl der bekannten chemischen Grundstoffe auf 68. Gefunden werden: Das Samarium (Sm) mit der Ordnungszahl 62 von Paul Émile Lecoq de Boisbaudran, das Holmium (Ho) mit der Ordnungszahl 67 und das Thulium (Tm) mit der Ordnungszahl 69 von Per Theodor Cleve aus Schweden.

1775 kannten die Chemiker nicht mehr als 17 elementare Substanzen, von denen neun schon im Altertum rein gewonnen wurden (→ 1771/75). Während der vergangenen rund 100 Jahre sind 48 neue Elemente bekannt geworden.

Registrierkasse gegen Diebstahl

1879. Der Barbesitzer James Ritty erfindet in Dayton (Ohio) die Registrierkasse. Sie soll dem Bargelddiebstahl seitens seiner Angestellten einen Riegel vorschieben.

Mit Tastenhebeln lassen sich auf einer Tafel die Rechnungsbeträge in Dollar und Cent anzeigen. Ein Räderwerk addiert die einzelnen Beträge und stanzt die Summe in Löchern kodiert in einen Papierstreifen mit mehreren Spalten. So geben etwa acht Löcher in der 50-Cent-Spalte acht Verkäufe in der Höhe dieses Betrages an. Später koppeln

Übersetzung fürs Fahrrad

1879. Nachdem bereits 1878 Thomas Shergold aus Gloucester ein sogenanntes Sicherheitsfahrrad mit zwei gleichgroßen Rädern und Hinterrad-Kettenantrieb gebaut hatte, bringt der Engländer Henry John Lawson nun sein »Safety« (Patent 1876) auf den Markt. Es besitzt eine Kettenradübersetzung.

Nachdem die Michaux-Fahrräder mit Vorderrad-Tretkurbelantrieb (→ 1855) den Markt erobert hatten, kam in zunehmendem Maße der Wunsch auf, schneller fahren zu können. Der direkte Antrieb ohne jegliche Übersetzung ließ das nur durch die Vergrößerung des angetriebenen Rades zu. Diese Entwicklung vollzog sich in England, wo vor allem James Starley und William Hillman ab 1872 immer gewaltigere

Erste Lokomotive mit Gasmotor

1879. Der französische Elektrotechniker Marcel Deprez baut die erste Lokomotive mit Verbrennungsmotor. Treibstoff ist Gas.

Der Konstrukteur entwirft dafür einen völlig neuen Motor, der weder der allgemein verbreiteten Dampfmaschine (→ 1803) noch dem Viertakt- (→ 1876) oder Zweitaktprinzip (→ 1878) folgt. Das komprimierte Gas gelangt in den Zylinder und leistet dort zunächst allein durch seine Expansion Arbeit. Erst nach der Dekompression wird dem Gas Luft zugeführt, und es entsteht ein explosives Gemisch, das anschließend gezündet wird und ein zweites Mal Arbeit leistet.

Registrierkasse der National Cash Register Company (USA), um 1900

US-amerikanische Erfinder den Eingabemechanismus mit einem Verschluß der Bargeldschublade der Kasse, der nur bei Buchungen öffnet.

Hochräder herausbrachten. Der Radradius war zunächst nur durch die Beinlänge der Benutzer begrenzt. Später verlegte man den Tretkurbelmechanismus über Gestänge von der Radnabe weg höher hinauf. Der Raddurchmesser wuchs bis auf 2,5 m (1878). Das führte zu halsbrecherischen Stürzen. So entsann man sich wieder eines Übersetzungsgetriebes, das Starley – als Zahnradgetriebe – schon 1871 realisiert hatte. Der Durchbruch zu mehr Sicherheit gelingt aber erst mit den Kettenrad-Übersetzungen der Konstrukteure Shergold und Lawson – ein Weg, der dann um 1887 mit Lawsons Modell »Rover III.« zur Bauform des modernen Fahrrads mit seinem typischen Trapezrahmen führt.

1880

Der US-amerikanische Ingenieur Lester Allen Pelton erfindet die nach ihm benannte Aktionsturbine. →

Der Engländer Eadweard Muybridge projiziert mit einer Spezialvorrichtung seine bewegten Bilder, die er schon → 1872 aufgenommen hatte. Außerdem konstruiert er einen Fotoapparat, der extrem kurze Belichtungszeiten bis zu 1/2000 sec gestattet. →

Die französischen Physiker Pierre und Paul Jacques Curie entdecken den piezoelektrischen Effekt. →

In den Vereinigten Staaten von Amerika wird der moderne, zusammenlegbare Fallschirm erfunden. →

In Europa und den USA kommen Münztelefone in Gebrauch. →

Der Erfinder Thomas Alva Edison aus den USA entdeckt die Glühemission in Vakuumröhren.

Der Ingenieur Holly realisiert in Lockport das erste Dampffernheizwerk zur Versorgung von Wohnhäusern mit Wärme. →

John Hopkinson, ein britischer Ingenieur, erfindet das Dreileitersystem zur wirtschaftlichen (verlustarmen) Fortleitung elektrischer Energie.

Der Ingenieur Mayrhofer erfindet pneumatische Uhren, die von einer Zentrale aus durch Luftdruck bewegt werden.

A. H. Payne erfindet die Schnellpresse für den Vielfarbendruck.

Der deutsche Ingenieur und Unternehmer Werner Siemens erfindet die Dynamo-Kurzschlußbremse für elektrisch angetriebene Kraftfahrzeuge und Züge. Außerdem baut er den ersten elektrisch angetriebenen Fahrstuhl und damit die erste elektrisch angetriebene Hebemaschine. →

Der amerikanische Physiker Trowbridge telegraphiert in Cambridge (USA) drahtlos durch elektrodynamische Induktion über eine Distanz von 1600 m. →

Der Physiker Adalbert von Waltenhofen erfindet die Wirbelstrombremse. Eine Scheibe aus Kupfer oder Aluminium dreht sich zwischen den Polen eines Elektromagneten. Wirbelströme in der Scheibe üben die Bremswirkung aus.

GESTORBEN:

6. 3. Hombruch/Dortmund: Friedrich Harkort (* 25. 2. 1793, Hagen), deutscher Industrieller und Politiker.

6. 5. Würzburg: Friedrich Bayer (* 6. 6. 1825, Barmen), deutscher Industrieller.

Besondere Kristalle liefern Elektrizität

1880. Die Physiker Pierre und Paul Jacques Curie entdecken den piezoelektrischen Effekt.

Die beiden Franzosen sprechen von »Druckelektrizität«, denn beim Drücken oder Ziehen bestimmter Kristalle (Quarz oder Turmalin) in gewissen Richtungen sammeln sich an den Angriffsflächen der Kraft elektrische Ladungen.

Umgekehrt lassen sich die Kristalle zu mechanischen Schwingungen anregen, wenn man an denselben Flächen zwei Metallelektroden anlegt und sie mit Wechselspannung beaufschlagt.

Piezoelektrisch lassen sich später Zündfunken für Feuerzeuge und Gasanzünder erzeugen. Mit Kristallen kann man Hochfrequenzschwingungen auslösen, die bei der drahtlosen Telegraphie (→ 1893) eine große Rolle spielen.

1932 baut die Firma Neufeld & Kuhnke in Kiel den ersten piezoelektrischen Lautsprecher, der elektrische Schwingungen in akustische Schwingungen umsetzt.

Fernwärme aus dem Dampfheizwerk

1880. In Lockport errichtet der Ingenieur Holly das erste Dampffernheizwerk. Es versorgt über Rohrsysteme mehrere Wohnhäuser zentral mit Heißdampf, der im Kesselhaus der Anlage erzeugt wird.

Besondere Probleme stellen bei den ersten Versuchen die gewaltigen mechanischen Spannungen dar, die durch die thermische Ausdehnung der Rohre entstehen. Holly vermeidet schädliche Auswirkungen dieses Effekts durch geeignete Rohrführung. Er sieht in gewissen Abständen Entlastungsschleifen vor.

Die Fernwärmetechnik bringt aber auch noch andere Probleme mit sich. Selbst bei guter Isolation sind die Übertragungsverluste groß. Dadurch beschränkt sich die maximale wirtschaftliche Leitungslänge auf etwa 40 km, was bei genereller Einführung des Fernheizprinzips zu einer unvertretbar hohen Dichte von Heizwerken führen würde. Zum anderen trocknen im Boden verlegte Leitungsrohre durch ihre Wärmeabgabe das Erdreich stark aus, was zu einer Versteppung landwirtschaftlicher Nutzflächen führt.

Pelton entwickelt Freistrahlturbine

1880. Der Ingenieur Lester Pelton aus den USA konstruiert eine Aktions- oder Freistrahlturbine, die als Pelton-Turbine bekannt wird. Sie nutzt besonders die Energie aus großer Höhe fallenden Wassers.

Die bisher verwendeten Wasserturbinen sind meist Reaktions- oder Überdruckmaschinen (→ 1849). Sie eignen sich vorzüglich zur Nutzung der Kraft von Wasserläufen mit einer geringen Fallhöhe und großer Wasserführung.

Die Aktionsturbine – erstmals von Leonardo da Vinci (→ 2.5.1519) vorgeschlagen und im 16. Jahrhundert in einfacher Form von Jakob de Strada gebaut – ist im Prinzip ein Löffelrad: Das in die Löffel schießende Wasser gibt unmittelbar beim Aufprall praktisch seine gesamte Energie an das Rad und fließt dann drucklos ab. Der Wirkungsgrad der Pelton-Turbine liegt zwischen 90 und 95%. Sie ist eine typische Hochgebirgsturbine für Wasserfallhöhen von 350 m und mehr. Das Wasser wird kurz vor dem Aufprallen auf die Löffel durch Düsen geleitet, was die Geschwindigkeit des Strahls noch erhöht. Weil die Pelton-Turbine aufgrund ihres Prinzips als ausgesprochener Schnelläufer arbeitet, genügt ein einziger treibender Wasserstrahl meist nicht. Ihr Laufrad wird des-

Laufräder von Pelton-Turbinen für verschiedene Gefälle, Wassermengen und Drehzahlen; deutlich sind die typischen löffelförmigen Schaufeln zu sehen

halb fast immer gleichzeitig an mehreren Stellen tangential mit Wasser »beschossen«, so als würden drei oder vier Mann gleichzeitig in die Speichen eines Wagenrads greifen, um es flottzumachen.

Die Düsenöffnungen, aus denen das Druckwasser hervorschießt, lassen sich leicht vergrößern oder verkleinern. Das geschieht durch Metallzylinder mit kegeligen Enden, die mittels eines Handrads per Spindel-

trieb von innen den Düsenöffnungen genähert werden. Auf diese Weise kann man die Drehzahl des Turbinenrads regeln.

Die Kennzahl, die darüber Auskunft gibt, wann welcher Turbinentypus in Frage kommt, läßt sich wie folgt berechnen: $n_q = n \cdot Q^{1/2} \cdot H^{-3/4}$. Dabei sind n die Turbinendrehzahl (1/min), Q der Wasserstrom (m^3/s) und H die Fallhöhe (m). Für $n_q = 1,2 \ldots 12$ kommen Pelton-Turbinen in Frage.

Fortleitung des Stroms in drei Phasen

1880. Der englische Ingenieur John Hopkinson erfindet das Dreiphasensystem zur wirtschaftlichen Fortleitung elektrischer Energie über größere Entfernungen.

Was mit Gleichstrom problemlos gelang – die Fernübertragung durch Kabel –, war mit Wechselstrom problematisch. Störende Effekte auf der Leitung riefen ein derartig unsauberes Frequenzgemisch hervor, daß sich mit Strom, der über größere Distanzen geleitet wurde, kein Motor mehr betreiben ließ. Deshalb hatten 1878 Werner Siemens, 1879 der US-Amerikaner Bailys und 1880 der französische Elektrotechniker Marcel Deprez versucht, ein geeignetes Wechselstrom-Fernübertragungssystem zu entwickeln. Sie blieben jedoch erfolglos.

John Hopkinson findet einen Weg, drei phasenversetzte Wechselströ-

me, die zeitlich nacheinander im Generator erzeugt werden, über drei getrennte Leiterpaare zu übertragen. Ab 1882 verbessert der serbische Elektriker Nikola Tesla das

Mehrphasen-Stromsystem und nutzt es auch kommerziell. Er zeigt darüber hinaus, daß sich die drei Rückleiter zu einem zusammenfassen lassen (→ 1887).

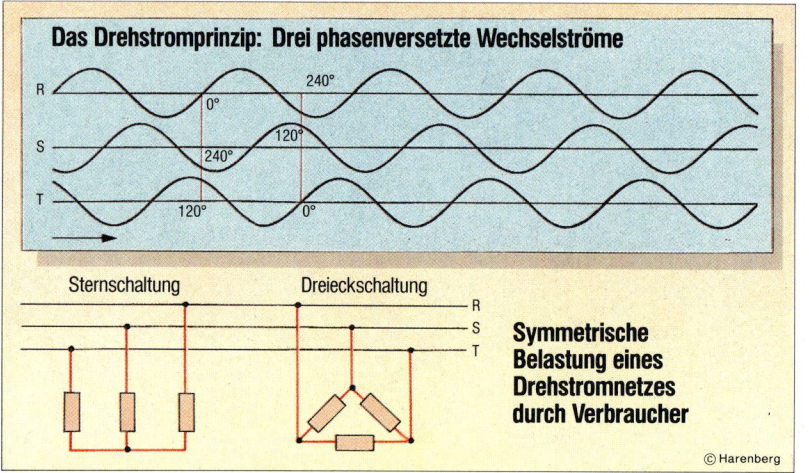

Bremsenergie wird wiedergewonnen

1880. Werner Siemens erfindet die »Dynamo-Kurzschlußbremse« für elektrisch angetriebene Straßenwagen und Lokomotiven.

Beim Motor wird elektrische Energie eingespeist, die er in mechanische verwandelt; der Dynamo arbeitet genau umgekehrt. Bei der neuen Bremse von Siemens wirkt der Antriebsmotor des Fahrzeugs während des Bremsvorgangs vorübergehend als Dynamo. Er nimmt also mechanische Arbeit auf – d. h. er bremst – und erzeugt damit Strom, der zur Beheizung der Wagen verwendet oder wieder in das Netz eingespeist wird.

Münzfernsprecher in Europa und USA

1880. Erst seit 1876 läßt sich das Telefon praktisch benutzen (→ 14.2. 1876), doch fehlt es generell an Fernsprechämtern. Im Deutschen Reich arbeitet nur in Berlin eine an das Telegraphenamt gebundene Versuchszentrale (→ 12.11.1877). Darüber hinaus gibt es auch in den USA erste Netze mit provisorischer Amtsvermittlung. Doch bürgern sich bereits jetzt die ersten öffentlichen Münzfernsprecher – zunächst in Postämtern und anderen öffentlichen Gebäuden – ein.

Neuer Fallschirm in USA entwickelt

1880. In den Vereinigten Staaten wird der moderne, zusammenlegbare Fallschirm erfunden.

Bereits 1306 sollen Akrobaten im alten China mit Fallschirmen von Türmen gesprungen sein. Erste Zeichnungen des Fallschirms sind von Leonardo da Vinci aus dem Jahr 1480 (→ 1480/90) erhalten. 1793 sprang der Franzose Louis Lenormand mit einer Art Regenschirm von einem hohen Turm in Montpellier, und 1797 sprang André Jacques Garnerin in Paris vor einer größeren Zuschauermenge von einem Freiballon ab.

Im Gegensatz zu den neuen Fallschirmen aus den USA waren diese Vorläufer alle mit Rippen versteift. Sie ließen sich nicht zusammenlegen und waren deshalb schwer zu transportieren.

Energie fließt drahtlos

1880. Der US-amerikanische Physiker Trowbridge errichtet die erste drahtlose Telegraphieverbindung über 1600 m in einer Versuchsanlage in Cambridge (USA).

Es handelt sich dabei um die (induktive) Übertragung elektrischer Energie ohne Stromleiter frei durch die Luft, nicht um eine Funkverbindung. Die Tonübertragung kommt mit Hilfe von zwei langen Drahtleitungen zustande. Durch den einen Draht fließt der Sprechstrom eines Mikrophons, im anderen wird ein Strom induziert, der durch einen Membranlautsprecher fließt und die Signale aus dem ersten Stromkreis hörbar macht. Die Induktion ist eine elektrische Kupplung, wobei das den Strom im ersten Draht umhüllende elektromagnetische Feld im zweiten Draht eine entsprechende Ladungsträgerbewegung, also einen Strom, hervorruft (→ 1831).

Schon 1879 hatte der angloamerikanische Erfinder David Edward Hughes eine Energieübertragung mit elektromagnetischen Wellen beobachtet, als er in einem Magnetkopfhörer, mit dem er sich von seinem Haus bewegte, das Knacken einer Funkenstrecke hörte, die in seinem Labor arbeitete. Er schloß daraus richtig, daß die Funkenstrecke elektrische Energie abstrahlte.

Die Serienfotografie aus dem Jahr 1882, aufgenommen mit dem »fotografischen Gewehr« von Étienne Jules Marey, zeigt einen Bewegungsablauf

Die Bilder lernen laufen

1880. Der Engländer Eadweard Muybridge, der → 1872 die ersten Serienfotografien vorgenommen hatte, stellt ein von ihm entwickeltes Verfahren vor, mit dem sich die Bilder durch schnelles Nacheinanderprojizieren wieder zu einem scheinbaren Bewegungsablauf zusammenfassen lassen.

Mit den in den vergangenen Jahren entwickelten Chromsilber-Emulsionen gelangen Muybridge extrem kurze Belichtungszeiten bis hinunter zu $1/6000$ Sekunde. Dadurch zeigten seine einzelnen Momentaufnahmen keine Bewegungsunschärfe. Nach den einzelnen Aufnahmen fertigt der Fotograf Zeichnungen an, die er am Rand einer runden, drehbaren Glasscheibe anbringt. Die Scheibe montiert er konzentrisch zu einer ebenso großen Scheibe, die am Umfang Schlitze trägt und in Gegenrichtung rotiert. Mit einer geeigneten Lichtquelle durchleuchtet er die vorbeidrehenden Schlitze und Bilder und leitet den Projektionsstrahl durch ein abbildendes Linsensystem auf eine Projektionswand. Dort entsteht für den Betrachter der Eindruck einer fortlaufenden Bewegung. Die einzelnen Phasen des Bewegungsvorgangs werden in schneller Folge abgebildet, rascher als das menschliche Auge – bzw. das auswertende Nervensystem – den Bildwechsel auflösen kann.

1881

Der Gotthard-Tunnel durch die Alpen wird vollendet. →

Der französische Physiologe und Physiker Jacques Arsène d'Arsonval entwickelt das Drehspul-Spiegelgalvanometer.

James Alfred Ewing prägt den Begriff Hysteresis und meint damit das magnetische Beharrungsvermögen, das der deutsche Physiker Emil Warburg bei der Untersuchung der Magnetisierungswärme entdeckte. →

Samuel Pierpoint Langley, Astrophysiker mit Lehrstuhl in Pittsburgh, konstruiert zur Messung sehr kleiner Wärmemengen das Bolometer.

Georg Meisenbach, Besitzer einer Nürnberger Kunstanstalt, erhält ein Patent auf das fotografische Reproduktionsverfahren Autotypie. →

Magnus Volk baut in England das erste fahrbereite Elektromobil. Außerdem konstruiert der Franzose Jeantaud einen Elektrowagen, der von 21 Batterien gespeist wird. →

Der deutsche Ingenieur und Unternehmer Werner Siemens baut die erste elektrische Straßenbahn.

In Godalming (England) wird das erste Elektrizitätswerk der Welt (Wasserkraftwerk) in Betrieb genommen. →

In Mülhausen (Elsaß) und Berlin werden die ersten deutschen Telefon-Ortsnetze eingerichtet.

Der US-Amerikaner Frederick W. Taylor führt in einem Stahlwerk erste Zeitaufnahmen und Studien der Bewegungsabläufe der Arbeiter durch. →

20./21. 9. Der erste Elektrikerkongreß in Paris nimmt die Einheiten Ampere, Coulomb, Farad, Ohm und Volt an. Außerdem beschließt er die Einführung des absoluten elektromagnetischen (CGS-) Maßsystems. →

GEBOREN:

31. 1. Brooklyn/New York: Irving Langmuir († 16. 8. 1957, Falmouth/Massachusetts), US-amerikanischer Physiker und Chemiker.

23. 3. Worms: Hermann Staudinger († 8. 9. 1965, Freiburg im Breisgau), deutscher Chemiker.

27. 7. Höchst am Main: Hans Fischer († 31. 3. 1945, München), deutscher Chemiker.

1. 10. Detroit: William E. Boeing († 28. 9. 1956, Puget Sound/Washington), US-amerikanischer Flugzeugkonstrukteur.

22. 10. Bloomington/Illinois: Clinton Joseph Davisson († 1. 2. 1958, Charlotteville), US-amerikanischer Physiker.

Ummagnetisieren mit Energieverlust

1881. Der deutsche Physiker Emil Warburg untersucht die sogenannte Magnetisierungswärme, die beim Magnetisieren eines Stücks Eisen in einer wechselstromdurchflossenen Spule (→ 1825) auftritt. Dabei stellt er fest, daß sich diese nicht allein auf die Induktionsströme (→ 1831), die als Wirbelströme im Eisen fließen, zurückführen lassen, sondern auch auf die Magnetisierungsarbeit, die beim ständigen Phasenwechsel des Wechselstroms aufgebracht werden muß. Sie zeigt sich als Differenz zwischen elektrischer und magnetischer Energie.

Warburgs Erkenntnis basiert auf folgender Beobachtung: Magnetisiert man ein Stück Eisen in einer Spule erst in einer Richtung und anschließend in der Gegenrichtung, dann bleibt dabei der im Eisen erzeugte Magnetismus stets hinter der magnetisierenden Kraft zurück. James Alfred Ewing bezeichnet dieses magnetische Beharrungsvermögen als »Hysteresis«.

Elektrische Maße werden amtlich

20./21. September 1881. In Paris nimmt der erste Elektrikerkongreß nach Vorschlägen der deutschen Physiker Carl Friedrich Gauß (bereits verstorben) und Wilhelm Eduard Weber nicht nur das CGS-Maßsystem (→ 1875) als verbindlich für seinen Fachbereich an, er legt zugleich auch die elektrischen Maßeinheiten Ampere, Coulomb, Farad, Ohm und Volt fest.

▷ 1 Ampere (A) ist der Strom, der bei der Elektrolyse von Silbersalzen in einer Sekunde 1,118 mg Silber abscheidet.

▷ Ein Coulomb (C) ist die Ladung, die 1,118 mg Silber unabhängig von der Zeit abscheidet. Daraus ergibt sich: $1\,C = 1\,A \cdot sec$.

▷ Ein Volt (V) wird über die Spannung eines Normalelements (1,01865 V) festgelegt.

▷ Das Maß für den Widerstand ist das Ohm (Ω). Ein Ohm ist der Widerstand, in dem eine Spannung von 1 V einen Strom von 1 A erzeugt. Also: $1\,\Omega = 1V/1A$.

▷ Die Kapazität wird in Farad (F) als Ladung pro Spannung definiert: $1\,F = 1C/1V$.

Südportal des 15 002 m langen, später zweigleisig ausgebauten Eisenbahntunnels unter dem St.-Gotthard-Paß

Längster Eisenbahntunnel der Welt

1881. Nach knapp zehnjähriger Bauzeit ist der 15 002 m lange Tunnel unter dem St.-Gotthard-Paß der Schweizer Alpen fertiggestellt.

Der erste Spatenstich wurde am 4. Juni 1872 getan. Bereits am 29. Februar 1880 trafen sich die von Norden und Süden gegeneinander vorgetriebenen Stollen. Die letzte trennende Felswand fiel. In den Jahren 1880/81 wurde der Tunnel voll ausgebaut und der Schienenstrang gezogen. Aus finanziellen Gründen legte man die Strecke nur eingleisig und nicht wie zunächst geplant zweigleisig an. Am 1. Januar 1882 fährt die erste Bahn durch den Tunnel. Zunächst wird für fünf Monate nur ein provisorischer Dienstgut- und Postverkehr aufrechterhalten. Der offizielle Eisenbahnbetrieb mit Anschluß an die nord- und südalpinen Schienennetze wird am 1. Januar 1883 aufgenommen.

Bei den Arbeiten bediente man sich der von Germain Sommeiller entwickelten und schon beim Bau des Mont-Cenis-Tunnels (→ 1870) verwendeten Preßluftwerkzeuge. Die Vermessungs- und Bauarbeiten waren Präzisionsarbeiten. Zunächst trieb man von Norden und Süden her Richtstollen vor, was im Norden durch den anstehenden Granit mit weichen Kalkeinlagerungen gleichmäßiger möglich war als auf der Tessiner Seite, wo mehrfache starke Wassereinbrüche den Bau behinderten und äußerst hartes Gestein mit massiven Quarzbänken durchbrochen werden mußte. Als die beiden jeweils leicht ansteigenden Stollen sich trafen, betrug der vertikale Versatz lediglich 5 cm, die horizontale Abweichung 32 cm. Der Scheitelpunkt des Tunnels liegt 1151 m über dem Meeresspiegel.

Durch den Tunnel führt der europäische Hauptverkehrsweg in Nord-Süd-Richtung. Er verbindet nicht nur die Schweizer Kantone nördlich und südlich des Alpenhauptkamms, er ist eine Handelsschlagader zwischen Nordeuropa und Italien. Aus diesem Grund trug die Schweiz die Baukosten und die Bauverantwortung nicht allein. Zur Durchführung des Projekts hatte sich am 6. Dezember 1871 in Luzern die Gotthardbahn-Gesellschaft konstituiert. Ihr gehören die Schweiz, Italien und Deutschland an. Sie plante auch die insgesamt 266 km langen nördlichen und südlichen Zufahrtsstrecken zu dem Tunnel.

Abschluß der Durchstoßarbeiten des Gotthard-Tunnels am 29. Februar 1880; die von Norden und Süden vorgetriebenen Stollen hatten nur 32 cm Versatz

Streckenarbeit ist harte Fronarbeit

Während der Arbeiten am Gotthard-Tunnel kam es wegen der harten Arbeitsbedingungen zu spontanen Streiks. Als Streckenbauer im Juni 1875 ihre Arbeit niederlegten, erschoß die Miliz zwei der streikenden Männer.

Die Verhältnisse beim Streckenbau in der Schweiz schilderte am 13. April 1845 die »Eisenbahn-Zeitung«:

»Der Eisenbahnbau hat immer ein Zusammendrängen größerer Massen von Handlangern, Tagelöhnern, Gesellen usw. zu einzelnen Punkten der Bahn zur Folge. Die oft aus weiter Ferne zusammengeströmten Arbeiter können aber auf den einzelnen Baustellen oder in deren Nähe nicht immer genügend Herberge, noch weniger zu jeder Zeit eine gesunde und nahrhafte Verköstigung finden . . . Hier findet denn fast immer ein Einlagern in Zelten und Hütten, Scheunen und Ställen neben unregelmäßiger Verköstigung statt. Selbst aber da, wo Herberge und Verköstigung wohl zu finden wären, wird die Erlangung einer gesunden und kräftigen Nahrung nur zu oft durch Verteuerung der Preise erschwert, während die Arbeiter selbst meist bereitwilliger sind, ihr Geld zur Anschaffung geistiger Getränke als zum Ankauf der ihnen so nöthigen Nahrungsmittel zu verwenden. Die Folgen solcher Mängel können dann keine anderen als häufige Erkrankungen sein, welche aber leider zu neuen Verlegenheiten führen. Die öffentlichen Landkrankenhäuser sind nicht immer in der Nähe nicht immer erreichbar für die Erkrankten. Diese selbst sind in der Regel mittellos. Die Gemeinden, welche die Verpflichtung haben, für die in ihren Gemarkungen erkrankten Fremden zu sorgen, haben selten ersprießliche Einrichtungen, und oft auch nicht die Mittel dazu, besonders, wenn dergleichen Fälle häufiger vorkommen, wie dies . . . an der Bahnlinie nicht ausbleiben kann.«

Erstes Kraftwerk liefert Gleichstrom

1881. In Godalming in der englischen Grafschaft Surrey nimmt die Lederfabrik Pullman das erste Elektrizitätswerk der Welt in Betrieb. Die kleine Stromzentrale ist ein Wasserkraftwerk, das seine Energie dem Fluß Wey entnimmt. Die Reaktionsturbine (→ 1849) treibt unmittelbar einen Dynamo (→ 1867) an, der Gleichstrom liefert.

Pullman verkauft den größten Teil des Stroms an die Stadt Godalming. Er wird in erster Linie für eine elektrische Straßenbeleuchtungsanlage verwendet. Doch lassen sich auch schon Privathaushalte an die Stromversorgung anschließen. Elektrisches Licht ist aber noch unwirtschaftlich und unzuverlässig. Strom ist weitaus teurer als Gas,

und ständig müssen defekte Glühbirnen (→ Dezember 1878) ausgewechselt werden, weil ihre Lebensdauer noch sehr gering ist. Schon 1884 stellt das kleine Kraftwerk seinen Betrieb ein.

1882 liefern zwei neue Kraftwerke Strom. Beide errichtet die Edison Company. Eine Anlage geht schon im Januar in London ans Netz. Sie versorgt das Postamt von St. Martin le Grand, eine Kirche und ein Wirtshaus mit Strom für Beleuchtungsanlagen. Ihr Dynamo wird nicht von einer Wasserturbine, sondern von einer Dampfmaschine angetrieben. Er liefert bei 110 Volt Betriebsspannung genügend Leistung für 1000 Edison-Glühbirnen. Die zweite Anlage geht in New York in Betrieb. Sie arbeitet technisch gleich, besitzt aber bereits sechs Dynamomaschinen und kann damit 6000 Edison-Glühlampen versorgen. Als erstes Kraftwerk arbeitet diese Anlage wirtschaftlich.

Die Kraftwerke liefern Gleichspannung, weil man auch mit dem Betrieb von Elektromotoren rechnet, es aber noch an geeigneten Wechselstrommotoren fehlt.

Modell von Edisons Pearl Street Power Station in New York von 1882

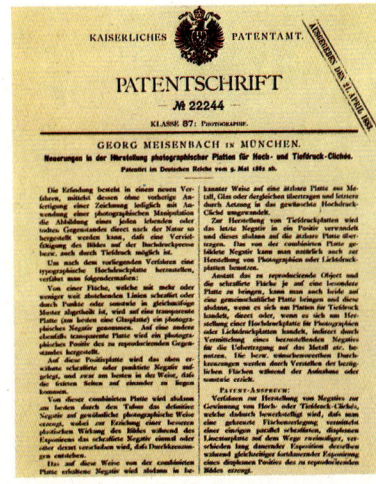

Die Patentschrift für Georg Meisenbachs Autotypie-Verfahren, 1882

Meisenbach druckt nach Bildvorlagen

1881. Der Münchener Besitzer einer Druckanstalt Georg Meisenbach erhält ein Patent auf ein fotografisches Reproduktionsverfahren, die Autotypie. Es lehnt sich an die Halbtonätzung von William Henry Fox Talbot aus dem Jahr 1852 und die Heliogravüre (→ 1878) an.

Der Weg zur Autotypie

1782 entdeckte A. Hagemann in Bremen die Lichtempfindlichkeit des Guajakharzes. Der Physiker Jean Senebier untersuchte daraufhin die Veränderung von Harzen im Licht. Mastix, Sandarak usw. bleichen aus, Gummigutt, Ammoniakharz, Guajak u. a. werden dunkler. Wichtig für die Autotypie: Verschiedene Harze verlieren ihre Löslichkeit in Terpentin und flüchtigen Ölen.
1852 entdeckte William Henry Fox Talbot, daß mit Chromaten behandelter Leim durch Belichtung unlöslich wird.
1855 stellte Alphonse Louis Poitevin schwarze Pigmentbilder durch Härtung chromatbehandelten Leims bei Belichtung her (→ 1855).
1878 erfand Karl Klietsch in Wien die Heliogravüre (→ 1878).

Meisenbach zerlegt die fotografischen vollen Flächen in Linien und Punkte und macht die Bilder dadurch für den Flachdruck (Zink-, Stein- und Kupferdruck) geeignet (→ 1796). Für die Autotypie ätzt er die gerasterten Foto-Bildvorlagen und erhält dadurch tief- bzw. buchdruckgeeignete Druckplatten.

Taylor untersucht die Arbeitsabläufe

1881. Der US-amerikanische Chefingenieur Frederick Winslow Taylor führt im Midway Stahlwerk in Philadelphia erste Zeitaufnahmen durch und untersucht die Bewegungsabläufe der Arbeiter. Er gilt als der Begründer der »wissenschaftlichen Betriebsführung«.
Taylors Ziel ist nicht allein die Rationalisierung der Arbeit, um höhere Produktionszahlen zu erreichen. Ihm schwebt vor, durch eine »geistige Revolution« in den Betrieben »sozialen Frieden« zu schaffen. Er sieht im »Trödeln« in vielen amerikanischen Fabriken einen Ausdruck für Unzufriedenheit und schlechtes Betriebsklima.
Mit seinen Bewegungsstudien zur Arbeitsoptimierung verquickt Taylor Lohnanreizsysteme, Personalauslese und gezielte Ausbildung. Sein Differentiallohnsystem mißt den Lohn nach einem Leistungsschlüssel. Die Bewegungsstudien und Zeitaufnahmen sollen den Arbeitern zeigen, wie sie am effektivsten tätig werden können.

Jeantauds Elektrowagen

1881. Der Franzose Jeantaud konstruiert und baut einen schweren Straßenwagen mit elektromotorischem Antrieb. Den Strom liefern 21 Batterien. Das Elektroauto hat gegenüber dem Dampfmobil (→ 1840) entscheidende Vorteile – u. a. die einfachere Bedienung.

Jeantauds Elektrowagen und etliche Nachfolgemodelle werden von Gaston Comte et Marquis de Chasseloup-Laubat finanziert und gefahren, der 1898/99 mit Elektroautos von Jeantaud zwei Geschwindigkeitsweltrekorde (63,149 und 92,696 km/h) erringt.

Chassis eines frühen Kraftwagens mit elektromotorischem Antrieb; das ganze Mittelteil des Wagens nimmt ein großer Akkumulatorenkasten ein

1882

Der Fotograf und Erfinder Ottomar Anschütz aus Lissa kombiniert die Serienfotografie des Engländers Eadweard Muybridge (→ 1880) mit dem Stroboskop und erreicht damit eine verbesserte Wiedergabe von Bewegungsabläufen. →

Ottó Titusz Bláthy, Max Karl Déri und Carl Zipernowsky entwickeln den elektrischen Transformator. →

Thomas Alva Edison aus den USA konzipiert unterirdische Stromverteilungsnetze für elektrische Beleuchtung. Er bettet Kupferleiter in Kanäle ein, die mit Asphalt ausgegossen werden.

Frank Jacob führt in London den sog. Phantomkreis für mehrere gleichzeitige Gespräche auf Telefonleitungen ein. →

C. Wolf konstruiert in Zwickau eine Sicherheitslampe zur Schlagwetteranzeige. →

Ernst Abbe und Otto Schott entwickeln in Jena das »Jenaer Glas« (Borosilikatglas). →

In Berlin wird zur Straßenbeleuchtung die um 1850 erfundene elektrische Bogenlampe eingeführt. →

Dem französischen Physiologen Étienne Jules Marey gelingt es, mit seinem »fotografischen Gewehr« Serienaufnahmen von fliegenden Vögeln zu machen. →

Henry Seely erfindet in New Jersey ein elektrisches Bügeleisen mit offenem Lichtbogen.

GESTORBEN:

19. 4. Down bei Beckenham: Charles Robert Darwin (* 12. 2. 1809, Shrewsbury), britischer Naturforscher.

23. 9. Göttingen: Friedrich Wöhler (* 31. 7. 1800, Frankfurt am Main), deutscher Chemiker.

GEBOREN:

21. 4. Cambridge/Massachusetts: Percy Williams Bridgman († 20. 8. 1961, Randolph/New York), US-amerikanischer Physiker.

27. 7. Woburn/Buckinghamshire: Geoffrey de Havilland († 21. 5. 1965, London), britischer Flugzeugbauer.

26. 8. Hamburg: James Franck († 21. 5. 1964, Göttingen), deutscher Physiker.

30. 9. Neustadt a. d. Weinstraße: Hans (Johannes) Geiger († 24. 9. 1945, Potsdam), deutscher Physiker.

5. 10. Worcester/Massachusetts: Robert Goddard († 10. 8. 1945, Baltimore), US-amerikanischer Physiker.

11. 12. Breslau: Max Born († 5. 1. 1970, Göttingen), deutscher Physiker.

Neue optische Spezialgläser aus Jena

1882. Der Glasmacher Otto Schott und die Inhaber der Optischen Werkstätte in Jena (→ 1872), Ernst Abbe, Carl Zeiss und Rudolph Zeiss, beginnen mit der Fertigung optischer Gläser. Die physikalischen Anforderungen formuliert und kontrolliert der Physiker Abbe, die chemischen und glastechnischen Probleme löst Otto Schott. Carl Zeiss arbeitet als Feinmechaniker und Konstrukteur der optischen Geräte (→ 1890).

In zwei Abhandlungen aus den Jahren 1874 und 1878 hatte Abbe formuliert, welche Richtung die Glasschmelze nehmen müsse, um die Bedürfnisse der praktischen Optik zu erfüllen. U. a. führte er aus: »Die Fabrikanten optischer Gläser charakterisieren ihre Erzeugnisse, wie wenn sie zu Schiffsballast bestimmt wären, durch das spezifische Gewicht. Da hierbei die entscheidenden optischen Merkmale der Glasarten in ihren feineren Abstufungen völlig verhüllt bleiben, so gibt es daraufhin weder eine sichere Verständigung zwischen dem praktischen Optiker und dem Glasfabrikanten, noch hat dieser selbst in jenen Bestimmungen eine sichere Kontrolle über die Qualität und die Gleichförmigkeit seiner Produkte . . . Wie die Theorie auf das Bestimmteste nachweist, hängt die weitere Vervollkommnung der meisten optischen Instrumente durchaus nicht ab von der Erzeugung immer schwererer Flintgläser, sondern vielmehr von der Herstellung solcher Glasflüsse, bei welchen der mittlere Brechungsindex und die Dispersion andere Verhältnisse haben als bei den gangbaren Arten von Crown und Flint. Wie sollte aber ein Fortschritt in dieser Richtung möglich sein, wenn die Beteiligten sich nicht in den Stand setzen, die optischen Merkmale im einzelnen zu studieren?« – In »diesen Stand« setzte sich durch jahrelange zähe Arbeiten Otto Schott, der bis April 1882 systematisch nicht weniger als 225 chemisch unterschiedliche Gläser erschmolz. Abbe registrierte in einem Brief: »Ihre Probeschmelzungen eröffnen eine Mannigfaltigkeit in der Abstufung des optischen Charakters, die sich bei der Einförmigkeit des bisher Bekannten kaum hoffen ließ . . .« In den Probeschmelzungen LXXVIII und XCIII findet Abbe zwei Gläser, die sich erstmals zu vollkommen achromatischen optischen Systemen zusammenstellen lassen. Beide Gläser sind mit Borsäure erschmolzen und führen zur bedeutenden Familie der optischen Borosilikatgläser.

Glasmacher im Jenaer Glaswerk Schott & Genossen bei der sog. »Himmelfahrt«, dem Bewegen flüssigen Glases (um die Jahrhundertwende)

Ernst Abbe *(* 23. 1. 1840 in Eisenach, † 14. 1. 1905 in Jena) ist Professor für Physik in Jena (1870 bis 1896) und Leiter der dortigen Sternwarte (seit 1878). Er tritt als Wissenschaftler, Unternehmer und Sozialreformer hervor. Sein Spezialgebiet ist die wissenschaftliche Optik, die er durch seine Berechnungen von Linsensystemen besonders für Mikroskope begründet. U. a. baut er neue Immersionsmikroskope.*

Carl Zeiss *(* 11. 9. 1816 in Weimar, † 3. 12. 1888 in Jena) richtete 1846 in Jena eine optische Werkstätte ein, die vor allem für die Universität Mikroskope und Linsen fertigt. Daneben liefert Zeiss aber auch Brillen und optische Geräte für jedermann. Durch die wissenschaftliche Mitarbeit von Ernst Abbe kann der Mechaniker die bis dahin besten optischen Geräte der Welt herstellen.*

Otto Schott *(* 17. 12. 1851 in Witten an der Ruhr, † 27. 8. 1935 in Jena) studierte an der Technischen Hochschule Aachen und der Universität Leipzig. 1875 promovierte er an der Universität Jena zum Doktor der Chemie. Sein Lebenswerk gilt der Glasforschung. Wichtig sind die zahlreichen neuen Glassorten, die er erschmilzt, besonders für die Entwicklung der Optik.*

Der Wechselstrom wird transformiert

1882. Die ungarischen Elektrotechniker Ottó Titusz Bláthy, Max Karl Déri und Carl Zipernowsky bauen die 1880 von Lucien Gaulard und dem US-Physiker Josiah Willard Gibbs entwickelte Induktionsspule zum Transformator um.

Gaulard hatte, ähnlich wie vor ihm Daniel Rühmkorff (→ 1850), Wechselstrom von einer Spule niedriger Wicklungszahl zu einer Spule höherer Wicklungszahl auf einem offenen Eisenkern hochtransformiert. Die neuen Transformatoren arbeiten mit geschlossenem Kern.

Benzinlampe meldet Gefahr unter Tage

1882. In Zwickau konstruiert C. Wolf eine Sicherheitslampe, die unter Tage rechtzeitig vor schlagenden Wettern warnt.

Die Lampe verbrennt Benzin, und ihre Flamme ist auf ein winziges bläuliches Küppchen reduziert. Bei einem Gehalt von nur 1% Grubengas in der Luft verlängert sich die Flamme, und eine sogenannte Aureole wird sichtbar. Später verbessert Wolf die Lampe noch durch einen Magnetverschluß, so daß sie sich nicht unbeabsichtigt unter Tage öffnen läßt und damit selbst zum Risiko wird. Schlagwetterexplosionen haben bisher zahlreiche Todesopfer gefordert.

Drei Ferngespräche über zwei Leitungen

1882. Frank Jacob erhält in London ein Patent auf den sogenannten Phantom-Fernsprechkreis.

Bisher brauchte man für die Übermittlung jedes einzelnen Telefongesprächs eine eigene Doppelleitung. Jacob entwickelt eine sogenannte Gabelschaltung, mit der er zwei Leitungspaare, über die je ein Telefonat läuft, zur zeitgleichen Übertragung eines dritten Gesprächs nutzt. Die zwei Leitungen der ersten Verbindung dienen für die dritte als gemeinsamer Hinleiter, die zwei Leitungen der zweiten Verbindung als gemeinsamer Rückleiter. Unter Verwendung der Erde als Rückleiter lassen sich sogar vier voneinander unabhängige Gespräche führen.

Elektrische Lampen für Berlins Straßen

1882. Nachdem der deutsche Ingenieur und Unternehmer Werner Siemens schon anläßlich der Berliner Gewerbeausstellung 1879 mit zahlreichen in Reihe geschalteten elektrischen Bogenlampen (→ 1848) die Kaiserpassage beleuchtet hatte, installiert seine Firma Siemens & Halske jetzt nach einer Genehmigung durch die Stadtverwaltung elektrische Beleuchtungsanlagen in der Leipziger Straße, am Potsdamer Platz und in der Kochstraße. Alle Leitungen und Lampen gelten als Versuchsobjekte.

Ursprünglich hatte Werner Siemens geglaubt, daß das elektrische Licht niemals das Gaslicht werde verdrängen können. Erst die Glühlampe des US-Erfinders Thomas Alva Edison (→ Dezember 1878) und ihre explosionsartige Verbreitung sowie die von Friedrich von Hefner-Alteneck 1878 in Berlin entwickelte Differentialbogenlampe überzeugten ihn vom Gegenteil.

Siemens installiert in Berlin sowohl Glüh- wie auch Bogenlampen. Die guten Erfahrungen mit beiden Systemen ermuntern den Stadtrat dazu, schrittweise die elektrische Beleuchtung im gesamten Zentrum Berlins einzuführen (Abb.: »Erste elektrische Straßenbeleuchtung in Berlin«, Gemälde, C. Saltzmann, 1884).

Erste Schritte auf dem Weg zum Film

1882. Ottomar Anschütz aus Lissa und der Franzose Étienne Jules Marey bedienen sich der Serienaufnahmen von Bewegungsabläufen des englischen Fotografen Eadweard Muybridge (→ 1872; 1880) und entwickeln Betrachtungs- bzw. Projektorsysteme, um diese Bildfolgen als fortlaufende Bewegungen wiedergeben zu können. Marey konstruiert anschließend ein »fotografisches Gewehr«, um selber Bewegungsphasen in rascher Folge fotografieren zu können.

Anschütz greift bei seiner Projektorkonstruktion auf bekannte Techniken zurück, die er lediglich miteinander vereint. Er bedient sich des → 1832 von dem belgischen Physiker Joseph Antoine Ferdinand Plateau und Simon Stampfer erfun-

Mit Mareys »fotografischem Gewehr« aufgenommener Vogelflug

denen Stroboskopsystems und beleuchtet danach intermittierend Muybridges Aufnahmen.

Der Physiologe und Mediziner Marey übernimmt zunächst von Muybridge die runden Glasscheiben und auch dessen Projektorsystem, entwickelt zusätzlich aber eine Kamera in Form einer Flinte, die Serienbilder selbsttätig in rascher Folge (zwölf Aufnahmen pro Sekunde) bei nur $1/720$ Sekunde Belichtungszeit auf einer derartigen Scheibe abbildet. Weil die Scheibe aber nur wenige Bilder zuläßt, geht Marey später auf viele Meter lange Papierbänder auf Spulen über, für deren Serienbelichtung er eigene Kameras und Filmprojektoren (→ 1890) entwickelt. Erstmals führt er Bewegungen in Zeitlupe vor.

1883

Maybach entwickelt »Daimler«-Motor

1883. Der 37jährige Konstrukteur Wilhelm Maybach entwickelt und baut in einem Gartenhaus der Villa von Gottlieb Wilhelm Daimler in Cannstatt bei Stuttgart den ersten schnellaufenden Benzinmotor.

Nikolaus August Otto, Wilhelm Maybach und Gottlieb Daimler arbeiteten bis Ende 1881 gemeinsam in der Gasmotorenfabrik Deutz, wo Otto → 1876 erstmals das Viertaktprinzip technisch verwirklichte. Nach Daimlers Entlassung am 28. Dezember 1881 drängte dieser den ihm von früher verpflichteten Chefkonstrukteur Maybach, ebenfalls die Firma zu verlassen, richtete ihm in einem alten Gewächshaus in Cannstatt eine Werkstatt ein und beauftragte ihn, einen schnellaufenden Benzinmotor zu konstruieren. Als das Maybach nach zwei Jahren angestrengter Arbeit gelingt, steht noch das Viertaktpatent von Otto im Wege. Mit einem juristisch trickreich formulierten Schutzrechtantrag umgeht Daimler dieses Patent. Auf den Schnelläufer wird ein neues Patent registriert, allerdings nicht auf den Namen des Konstrukteurs Maybach, sondern auf Daimlers Namen. Die Idee, den Benzinmotor weitaus schneller laufen zu lassen als bisher, stammt von Daimler, der damit kleinere Bauformen bei gleicher Leistung realisiert sehen wollte. Nur so war es möglich, das angestrebte Ziel zu erreichen, den Benzinmotor als nichtstationäre Maschine zu bauen und als Fahrzeugantrieb zu verwenden.

△ Der erste schnellaufende Benzinmotor, konstruiert und gebaut 1883 von W. Maybach; der Motor eignet sich als Fahrzeugantrieb

◁◁ Wilhelm Maybach, Konstrukteur des schnelllaufenden Motors

◁ Gottlieb W. Daimler, der Maybach den Anstoß zu seiner Entwicklung gab

Das setzte aber eine völlige Neukonstruktion voraus.

Neu an der Maybach-Maschine ist neben der hohen Drehzahl, die Daimler vorgeschlagen hatte und die eine weitaus kleinere Bauweise als bei Ottos Maschine erlaubt und den Motor dadurch tauglicher zum Kraftwagenantrieb macht (→ 1885; 1886), vor allem der von Maybach erfundene Schwimmervergaser. Außerdem ist Maybachs Motor mit der Glührohrzündung ausgestattet, auf die Leo Funck das Patent besitzt.

Erstes Auto mit Explosionsmotor

1883. Der Franzose Édouard Delamare-Debouteville baut das erste Auto mit Explosionsmotor. Es wird am 12. Februar 1884 patentiert.

Der Spinnereiunternehmer aus Fontaine-le-Bourg fertigt zusammen mit seinem Meister Léon Malandin einen Gasmotor nach dem Vorbild von Nikolaus August Otto (→ 1876). Er erprobt ihn als Fahrzeugantrieb in einem hölzernen Dreirad. Das Leuchtgas wird in zwei Lederbehältern mitgeführt. Auf der ersten Fahrt reißt die Gasleitung. Das Vehikel explodiert. Nach einem zweiten erfolglosen Versuch gibt Deboutteville die Fahrzeugentwicklung jedoch auf.

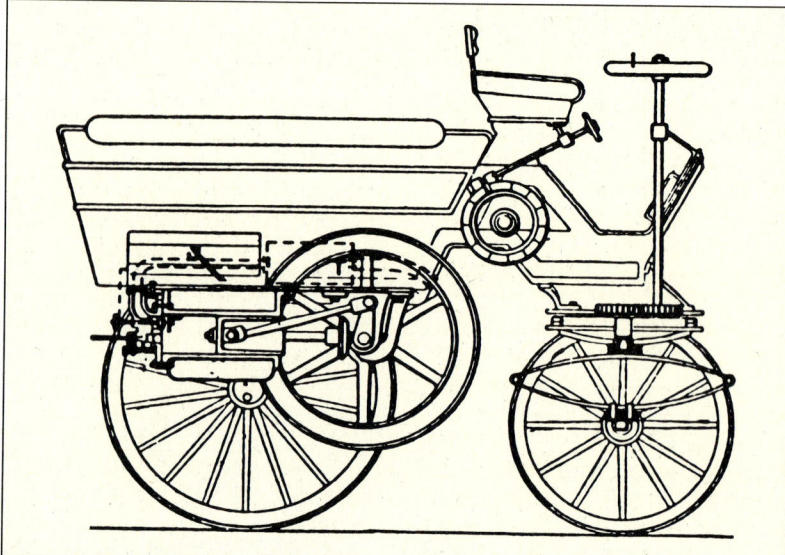

Der Versuchswagen des französischen Spinnereiunternehmers Édouard Delamare-Deboutteville mit einem Explosionsmotor über der Hinterachse

»Kugel-Fischer« fördert Lagertechnik

1883. Der Sohn jenes Philipp Moritz Fischer aus Oberndorf bei Schweinfurt, der → 1853 erstmals ein Tretkurbelfahrrad für den eigenen Gebrauch gefertigt hatte, erfindet eine spitzenlose Kugelschleifmaschine, die es gestattet, gehärtete Stahlkugeln von bisher unbekannter Präzision herzustellen. Friedrich Fischer, schon zu Lebzeiten als »Kugel-Fischer« apostrophiert, legt damit den Grund für die moderne Kugellagerentwicklung.

Der Mechanikergeselle Fischer richtete 1872 in Schweinfurt eine Reparaturwerkstatt für Nähmaschinen ein und wandte sich auch der Fahrradherstellung zu. Er stattete seine Produkte mit Kugellagern aus und war dabei auf Importkugeln aus Großbritannien angewiesen, die teuer und schlecht waren. Weder hatten sie einen einheitlichen Durchmesser, noch waren sie exakt kugelrund.

Nach jahrelangem Experimentieren und Konstruieren gelingt es Fischer, eine »Kugelmühle« zu bauen, die gehärtete Stahlkugeln auf eine Toleranz von ±0,01 mm bearbeitet. Auf selbstgebauten Leisten-Sortiermaschinen nimmt Fischer unter den Fertigprodukten noch eine hochpräzise Auswahl vor.

Ob Fischer ein Vorbild hatte, ist ungewiß. Gelegentlich wird behauptet, daß seine Idee für das spitzenlose Kugelschleifen durch die »Schusser-« oder »Märbel«-Mühlen angeregt war. Diese Mühlen, die besonders im Salzburger Land und

Die erste spitzenlose Kugelschleifmaschine von Friedrich Fischer

mancherorts auch im bayerischen Alpengebiet schon seit dem 17. Jahrhundert vorwiegend an Bergbächen installiert waren und von einem kleinen Wasserrad angetrieben wurden, rundeten Marmorkiesel zu den beliebten Spielkugeln. Nachweislich hatte auch im Schweinfurter Raum gegen Ende des 18. Jahrhunderts ein Kugelmüller namens Gademann vorübergehend eine solche kleine Anlage betrieben. Zwar ist das technische Prinzip mit dem von Fischer entwickelten verwandt, aber das exakte Schleifen der ungleich härteren Stahlkugeln stellte Fischer auf jeden Fall vor wesentlich schwierigere Probleme.

Kugelfertigung in der Ersten Automatischen Gußstahlkugelfabrik, vorm. Friedrich Fischer AG, um 1900: Arbeiten in der Trockenschleiferei

Dampfturbine treibt Dynamomaschine

1883. Der schwedische Ingenieur Carl Gustaf de Laval erfindet die nach ihm benannte Laval-Aktionsturbine. Es ist die erste Dampfturbine und zugleich die erste Kraftwerksturbine.

Dynamos zur Elektrizitätserzeugung verlangen nach schnellaufenden Antriebsmaschinen. Wo es keine Wasserkraft gibt, stehen bisher nur die langsamen Kolbendampfmaschinen zur Verfügung. Laval wendet das Prinzip der Aktions-Wasserturbinen auf die Dampfkraft an. Wie die Wasserstrahlen bei der Pelton-Turbine (→ 1880) beaufschlagen hier Dampfstrahlen das Schaufelrad an mehreren Stellen des Umfangs tangential.

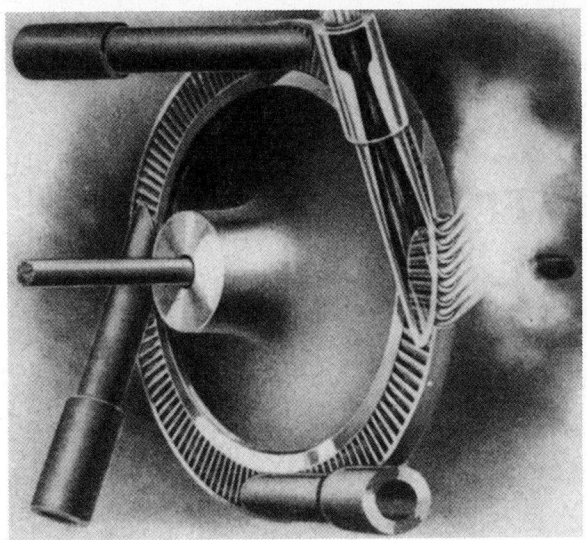

Prinzip der Laval-Dampfturbine; an vier (oder mehr) Stellen des Turbinenrades treffen Dampfstrahlen in tangentialer Richtung (schräg von der Seite) das Rad; die Schaufeln sind quer zum Rad gekrümmt, leiten den Dampfstrahl also um, so daß er das Rad auf der anderen Seite in Gegenrichtung nahezu drucklos wieder verläßt

Elektroschmelzöfen auf dem Vormarsch

1883. In England bauen Sir William Siemens und der Ingenieur Hutington den ersten großtechnischen, elektrischen Schmelzofen. Der Kohlentiegel ist eine Elektrode, der Strom fließt durch die zu schmelzende Masse. Ihre Erhitzung erfolgt teils durch Widerstands-, teils durch Lichtbogenheizung.

Schon → 1849 hatte der Franzose César Mansuète Despretz den ersten elektrischen Lichtbogenofen mit einer Tiegelelektrode aus Kohle gebaut. Daß sich diese neue Technik damals nicht in großem Maßstab durchsetzen konnte, lag an dem Fehlen geeigneter leistungsfähiger Stromquellen.

Neue Messung der Sonnentemperatur

1883. Samuel Pierpoint Langley aus den USA bestimmt mit dem 1881 von ihm erfundenen Bolometer die Solarkonstante zu »3 Calorien« (was mit Sicherheit eine falsche Maßeinheit ist), ermittelt aus diesem dubiosen Wert aber die Oberflächentemperatur der Sonne mit 6427 °C relativ genau (→ 1838). Er findet, daß die Energie der Sonnenstrahlung ungleichmäßig über das Spektrum verteilt ist.

Das Bolometer ist ein Gerät zur Messung kleinster Lichtstrahlungsenergien aufgrund der Änderung des elektrischen Widerstands reiner Metalle mit der Temperatur.

Lorentz formuliert Elektronentheorie

1883. Der niederländische Physiker Hendrik Antoon Lorentz, Professor in Leiden, entwickelt eine Theorie, nach der submaterielle Teilchen (Elektronen) die Träger der elektrischen Ladung sind.

Lorentz steht mit seinem Gedanken nicht allein. Schon 1881 hatte der deutsche Physiker Hermann von Helmholtz formuliert: »Wenn wir von der Hypothese ausgehen, daß sich die elementaren Stoffe aus Atomen zusammensetzen, dann kommt man nicht um den Schluß herum, daß auch die Elektrizität ... aus definierbaren Elementarteilchen besteht, welche sich wie elektrische Atome verhalten.«

Superlative des Brückenbaus in Großbritannien und den Vereinigten Staaten von Amerika

1883. In Schottland wird die nach Plänen der Bauingenieure John Fowler und Benjamin Baker gebaute gigantische Eisenbahn-Gitterbrücke über den Firth of Forth eingeweiht. In den USA stellt nach 14jähriger Bauzeit der Ingenieur Washington Röbling die von Stahlkabeln getragene Brooklynbrücke in New York fertig. Konstruiert hatte diese Hängebrücke sein 1869 verstorbener Vater Johann August Röbling, der 1831 aus Deutschland in die USA ausgewandert war. Ebenfalls in den Vereinigten Staaten wird die von C. C. Schneider konzipierte, freischwebend vorgebaute Balkenbrücke (sog. »Cantilever«-Bauweise) über den Niagara vollendet. Bei dieser Auslegertechnik halten sich jeweils zwei »Balken« beidseits eines Unterstützungspunktes die Waage.

Wie die Niagarabrücke ist auch die Firth-of-Forth-Brücke nach dem Auslegerprinzip gebaut. Sie überspannt frei zwei Abschnitte von je 521,2 m. Die Brooklyn-Straßenbrücke ist die bisher am weitesten gespannte Hängebrücke (486 m). Sie wird von rund 2000 km Stahldraht gehalten. Der Draht ist zu Kabeln von 40 cm Durchmesser zusammengefaßt und über zwei 88 m hohe Pfeiler gespannt (Abb. l.: Brücke über den Firth of Forth bei Edinburgh; r.: Brooklyn-Straßenbrücke in New York).

Edison vermarktet die Glühfadenlampe

1883. Nachdem dem britischen Erfinder Joseph Wilson Swan ein Patent für die Herstellung von verbesserten Glühfäden erteilt worden ist, schließen sich seine Firma und die Gesellschaft von Thomas Alva Edison zur Edison & Swan Electric Company zusammen (→ 1878), die der geschäftstüchtige Erfinder aus den USA dominiert. Edison weiß, daß Glühbirnen nur als Massenartikel Geld einbringen und daß sie sich nur in großen Stückzahlen verkaufen lassen, wenn die erforderliche Infrastruktur – Kraftwerke und Stromnetze – für ihren Betrieb vorhanden sind. Mit gewaltigem finanziellem Aufwand beginnt die Gesellschaft, beides aufzubauen.

Edison startete mit einem werbewirksamen Geschäft: Er stattete den Handelsdampfer »Columbia« mit 250 Glühlampen aus. Dann begann er mit dem Aufbau von Elektrizitätswerken in aller Welt. Seine ersten Kraftzentralen entstanden 1882 in Berlin und New York (→ 1881). Die ersten Glühbirnen bot er so billig wie möglich an: Für 50 Cents. Pro Birne setzte die Firma 60 Cents zu. Der Unternehmensverlust belief sich bald auf 15 000 US-Dollar. Die Firma erhöhte den Verkaufspreis auf 70 Cents, aber der Verlust stieg weiter. Gegen den Widerstand der Gesellschafter setzte Edison den Preis wieder auf 50, dann sogar auf 47 Cents herab. Daraufhin wuchs der Umsatz rapide. Edison beginnt jetzt, städtische Leitungsnetze zu verlegen: Er umgibt die kupfernen Leitungen, die vom Werk in die Stadt führen, mit isolierenden Massen wie Asphalt, legt sie in Eisenrohre und installiert sie unterirdisch.

Um den Verkauf bei den Stromkunden zu messen, erfindet er einen Elektrizitätsmesser. Das Gerät arbeitet elektrolytisch. Die Menge der Zersetzungsprodukte einer Zinkplatte zeigt die in den Lampen verbrauchte elektrische Energie an.

Blasen der Glühlampen-Glaskolben in der ältesten Produktionsstätte der AEG in Berlin in der Schlegelstraße (1890/91); Jahresausstoß: Eine Million Stück

Maßeinheit für die Stärke des Lichts

1883. Der österreichische Physiker Friedrich von Hefner-Alteneck konstruiert die nach ihm benannte Hefnerlampe, deren Lichtstrahlung von der Physikalischen Versuchsanstalt unter der Bezeichnung »Hefnerkerze« (HK) in Deutschland als elektrische Lichtstärkeeinheit definiert wird. 1896 wird die Einheit gesetzlich verbindlich eingeführt und erst am 1. Juli 1942 durch die photometrische Einheit »Neue Kerze« abgelöst. Auch Österreich und die skandinavischen Länder führen die Hefnerkerze ein.

Die Hefnerlampe, die eine Farbtemperatur von etwa 1930 K liefert, ist eine mit Amylacetat brennende Dochtlampe, die als Meßnormal mit einer Flammenhöhe von 40 mm arbeiten muß. Außerdem muß sie horizontal aufgestellt sein.

In anderen Ländern wird statt der Hefnerkerze die Lichtstärkeeinheit »Internationale Kerze« benutzt. Ihr Normal ist ein eindeutig definierter Satz von Kohlefadenlampen.

Die ab 1942 als Lichtstärkeeinheit geltende Neue Kerze (NK) hat die Leuchtdichte des schwarzen Körpers bei der Temperatur des erstarrenden Platins (2042 K) als Normal.

1884

Automat in London verkauft Postkarten

1883. Percival Everitt baut einen diebstahlsicheren Münzautomaten, der Postkarten verkauft, und stellt dieses Gerät in London auf.

Schon im 17. Jahrhundert verkauften in britischen Gasthöfen Automaten Tabak, doch waren sie nicht diebstahlsicher. Die Münze öffnete nur eine Klappe zum Entnehmen der Ware, die der Kunde wieder schließen mußte. Everitts Postkartenautomat hingegen gibt nur jeweils eine einzige Karte frei.

Die ersten Münzautomaten konstruierte der Grieche Heron im 1. Jahrhundert n. Chr. Sie sollten Weihwasser im Tempel verkaufen, wurden aber wohl nie gebaut.

Der erste Wolkenkratzer: Das 60 m hohe Monadnock Building in Chicago

Wolkenkratzer in Chicago gebaut

1883. Der Architekt John Wellborn Root errichtet in Chicago den ersten Wolkenkratzer, das 17 Stockwerke hohe Monadnock Building. Schon im Römischen Reich baute man bis zu 35 m hoch. Das war allerdings unrentabel, denn die Grundmauern mußten bei der großen Last unvertretbar breit sein. Erst der Skelettbau, der im Mittelalter ansatzweise mit dem Holzfachwerk und den Rippenkonstruktionen gotischer Kathedralen aufkam, eröffnete neue Wege.

Mit dem rund 60 m hohen Monadnock Building kündigt sich der Stahlskelettbau an, der schon 1884 in Chicago voll ausgeprägt ist.

George Westinghouse erbohrt auf seinem Privatgrundstück in 500 m Tiefe Erdgas. →

Mit der Konstruktion der »Linotype« löst der Württemberger Ottmar Mergenthaler in Cincinnati die Probleme des mechanischen Schriftsetzens. →

Der britische Ingenieur Charles Algernon Parsons konstruiert in Newcastle upon Tyne eine verbesserte Dampfturbine zur direkten Kupplung mit Dynamomaschinen (→ 1883; 1894).

Sebastian Zianide de Ferranti, ein britischer Elektrotechniker italienischer Herkunft, erfindet das Koaxialkabel für die Nachrichtenübertragung. →

Der deutsche Chemiker und Industrielle Otto Schott entwickelt das Jenaer Normalglas, das die Konstruktion sehr zuverlässiger Thermometer gestattet (→ 1882).

Der deutsche Ingenieur Paul Gottlieb Nipkow erfindet den ersten Bildabtaster. →

Der Franzose Hilaire Bernigaud Graf von Chardonnet de Grange, erfindet die Kunstfaser Reyon. →

Lewis Edson Waterman stellt in New York den ersten brauchbaren Füllfederhalter her. →

In Richmond (Virginia) fährt die erste elektrische Straßenbahn mit Stromzuführung durch eine Oberleitung. →

8. 8. George Eastman, ein US-amerikanischer Fotograf, beantragt ein Patent auf den Rollfilm. →

9. 8. Das bemannte, elektromotorisch angetriebene, halbstarre Luftschiff »La France« unternimmt seine erste Fahrt. →

Oktober. Auf einem in Washington abgehaltenen Kongreß einigen sich fast alle Nationen darauf, den Meridian von Greenwich bei London als Anfang für die Zählung der geographischen Länge und als Grundmeridian für die Weltzeitzonen zu betrachten.

GEBOREN:

28. 1. Lutry/Waadt: Auguste Piccard († 25. 3. 1962, Lausanne), Schweizer Physiker.

24. 3. Maastricht: Peter Debye († 2. 11. 1966, Ithaca/New York), US-amerikanischer Physiker und Physikochemiker.

14. 5. Kempten/Allgäu: Claude Dornier († 5. 12. 1969, Zug/Schweiz), deutscher Flugzeugkonstrukteur.

30. 8. Valbo: The (Theodor) Svedberg († 26. 2. 1971, Koppaberg), schwedischer Chemiker.

11. 10. Goldschmieden/Breslau: Friedrich Bergius († 30. 3. 1949, Buenos Aires), deutscher Chemiker.

In den USA Erdgas in 500 m Tiefe erbohrt

1884. Bei einer Bohrung auf seinem Privatgrundstück stößt der US-amerikanische Ingenieur und Unternehmer George Westinghouse in 500 m Tiefe auf Erdgas. Erdgasquellen sind schon sehr lange bekannt. Dies ist jedoch die erste Erbohrung des Gases.

Durch Bohrung erschlossene Gaslager stehen stets unter hohem Druck, zum Teil bis 400 Atmosphären. Das Gas besteht vorwiegend aus Methan, kann aber auch wechselnde Mengen anderer Bestandteile – z. B. Äthan, Propan, Stickstoff oder Kohlendioxid – enthalten. Nach Westinghouses Bohrung wird Erdgas zunehmend als Heiz- und Beleuchtungsgas verwendet. Es ersetzt in idealer Weise das aus Kohle gewonnene Steinkohlen-, Leucht- oder Wassergas (→ 1792).

Je nach Lagerstätte wechselt die Zusammensetzung des Erdgases. Grundsätzlich unterscheidet man später zwischen Sauergas mit mehr als einem Volumenprozent Schwefelwasserstoffanteil und Süßgas, das keinen Schwefelwasserstoff und weniger als zwei Volumenprozent Kohlendioxid enthält.

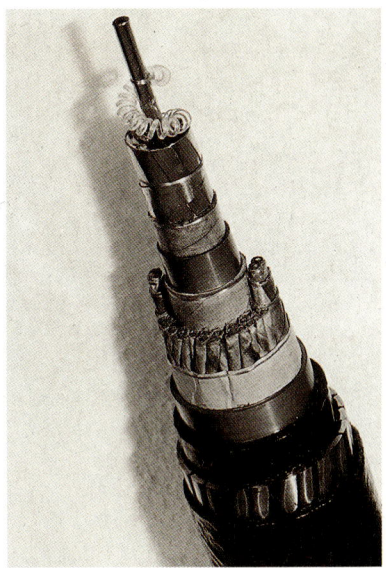

Modernes Vielleiter-Koaxialkabel für Fernseh- und Fernsprechbetrieb

Geringere Verluste durch neues Kabel

1884. Sebastian de Ferranti erfindet das Koaxialkabel, bei dem eine Leitung den Kern eines Kabels bildet, während die zweite um sie isoliert herumgesponnen ist. Dieser Kabeltyp kennt keine Energieabstrahlung und überträgt deshalb Strom mit geringsten Verlusten.

Luftschiff »La France« fährt voll kontrolliert

9. August 1884. *Die französischen Hauptleute Charles Renard und A. C. Krebs bauen das 50,3 m lange, 1869 m³ große Luftschiff »La France« und gehen damit auf Jungfernfahrt.*

Das torpedoförmige Luftfahrzeug mit untergehängter Gondel wird von einem 9-PS-Elektromotor über einen Propeller von 7 m Durchmesser angetrieben. Es absolviert als erstes Luftschiff eine voll kontrollierte Fahrt über Chalais-Meudon, wobei es einen Rundkurs von 8 km Länge bewältigt und eine Maximalgeschwindigkeit von 23,5 km/h erreicht. Bisher war es nicht gelungen, Luftschiffe, im Grunde nichts anderes als längliche Gasballons (→ 1804) mit Schraubenantrieb, zufriedenstellend zu steuern, also zu »kontrollieren«. Die verschiedenen »Ruder«-Konstruktionen eigneten sich dafür nicht (Abb.: Renards Lenkballon »La France« nach einer zeitgenössischen Abbildung).

Mergenthaler automatisiert Schriftsatz

1884. Mit seiner »Linotype«-Maschine realisiert der Württemberger Uhrmacher Ottmar Mergenthaler in Cincinnati (USA) den automatischen Zeilensatz.

Der Setzer schreibt die Texte Zeile für Zeile auf einer Tastatur. Bei jedem Anschlag fällt eine metallene Negativ-Buchstabenform über ein Führungsschienensystem in eine Sammelschiene. Unmittelbar nachdem eine Zeile auf diese Weise fertiggesetzt ist, wird ihre Negativform mit flüssigem Blei ausgegossen. So entsteht ein »Bleistempel« für den Hochdruck.

Nach dem Guß der Zeile werden die Buchstabenformen von einem automatischen Sortiersystem wieder in ihre Behälter abgelegt. Die fertigen Bleizeilen müssen anschließend von Hand in Rahmen zu Druckseiten montiert werden.

Für den Buch- und Zeitungsdruck ist Mergenthalers Maschine ein großer Fortschritt. Mit ihr lassen sich je nach Schriftgröße stündlich ungefähr 5000 bis 7000 Lettern setzen und in Zeilen gießen.

Bisher mußten die einzelnen Drucktypen aus dem Setzkasten von Hand herausgesucht und spiegelbildlich zu Zeilen montiert werden. Dieses System der beweglichen Lettern hatte zwischen 1040 und 1050 der chinesische Alchimist Pi Cheng (→ 1040) mit gebrannten Lehmtypen erstmals realisiert. 1437 konstruierte Johannes Gutenberg in Mainz dann sein Handgießinstrument zur Herstellung von Metallettern (→ 3. 2. 1468).

Erst → 1853 verbesserten die Engländer Johnson und Atkinson die Gutenbergsche Technik, indem sie eine »Komplettgießmaschine« für Buchdrucklettern bauten.

Schriftsetzer bei der Arbeit an einer Linotype-Maschine; über der Tastatur sind die schachtförmigen Magazine zu erkennen, die die Typen enthalten

Linotype-Bleisatz

Während der Setzer das Manuskript (1) auf der Tastatur (2) tippt, fallen aus dem Magazin (3) die Matrizen zum Sammler (4). Der Elevator (5) bringt die Zeilen zum Bleiguß. Zeile für Zeile reiht sich im Schiff (6). Ein zweiter Elevator (7) bringt die Formen zurück in den Ablagemechanismus (8), der sie im Magazin verteilt.

Reyon – künstliche Seide aus Frankreich

1884. Der französische Chemiker Hilaire Bernigaud Graf von Chardonnet de Grange, ein Schüler von Louis Pasteur, erfindet die Kunstseide »Rayonne« (Reyon).

Bernigaud verwendet für die Herstellung Schießbaumwolle (Nitrozellulose; → 1840). Er löst sie in einem geeigneten Mittel auf und spritzt die Lösung durch feine Düsen. Verdunstet das Lösungsmittel, dann bleiben dünne Fäden zurück, die versponnen werden können. Sie müssen anschließend noch chemisch behandelt werden, um die Nitrozellulose in Zellulose zurückzuverwandeln.

Schon → 1883 hatte der Engländer Joseph Wilson Swan im Prinzip das gleiche Verfahren erfunden, aber nicht dessen Möglichkeiten erkannt, die synthetischen Fasern zu Garn zu verspinnen und daraus Textilien anzufertigen. Er verwendete die Kunstfasern, die er durch Verbrennen in Kohlenstoff verwandelte, als Glühfäden in seinen elektrischen Birnen (→ Dezember 1878).

Nipkow überträgt Bilder

1884. Der deutsche Ingenieur Paul Nipkow überträgt Bilder mit einem elektrischen Bildabtaster.

Sowohl das Abtasten wie die Wiedergabe geschehen mit Hilfe der runden Nipkow-Scheibe, die von einem Punkt des Umfangs aus schneckenförmig nach innen in festen Abständen Löcher aufweist. Sie dreht sich zwischen dem abzubildenden Gegenstand und einer fotoelektrischen Zelle (→ 1873). Nacheinander gelangt durch jedes Loch ein Lichtstrahl von einer anderen Partie des Gegenstands auf die Selenzelle. Diese moduliert einen elektrischen Strom, der anderenorts eine Glühbirne speist. Das heller oder dunkler werdende Licht dieser Lampe wird durch die Löcher einer synchron drehenden zweiten Nipkow-Scheibe im Empfänger auf eine Projektionswand geworfen, wo ein Bild des Gegenstands erscheint.

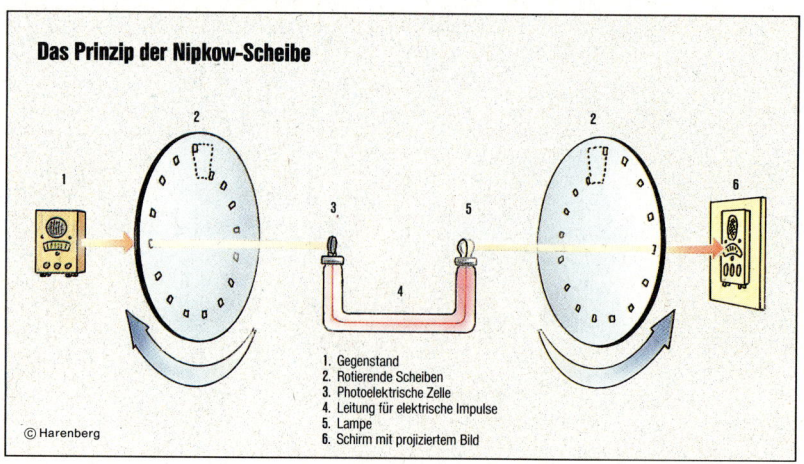

Das Prinzip der Nipkow-Scheibe

1. Gegenstand
2. Rotierende Scheiben
3. Photoelektrische Zelle
4. Leitung für elektrische Impulse
5. Lampe
6. Schirm mit projiziertem Bild

© Harenberg

Tintenvorrat für die Schreibfeder

1884. Der US-amerikanische Versicherungskaufmann Lewis Edson Waterman erhält ein Patent auf den Füllfederhalter.

Einen Federhalter mit Tintenreservoir hatte schon um 1780 der Leipziger Mechaniker Scheller erfunden. Aber er war kaum besser als die Schreibröhrchen mit Tintenspeicher, die schon im alten Ägypten und Rom in Gebrauch waren. Sie schrieben unregelmäßig und klecksten. Als Waterman ein derartiges Gerät 1873 einem Versicherungsklienten zum Unterzeichnen eines Vertrages reichte, floß die Tinte aus. Der Kunde schloß bei einer anderen Agentur ab. Waterman und sein Bruder konstruierten daraufhin den Füllhalter »Regular«, bei dem die Tinte durch einen feinen Kanal nach dem Gesetz der Kapillaren gleichmäßig zur Feder gelangt. Nachgefüllt wird der Tintenvorrat im hohlen Holzschaft zunächst mit einer Pipette, später fügt Waterman den Saugkolben zum Tintentanken in einem Zylinder hinzu.

Leichter Fotografieren mit Rollfilmen

8. August 1884. Der US-amerikanische Trockenplattenhersteller George Eastman und sein Partner William H. Walker melden in Rochester den Rollfilm, einen dazugehörigen Rollenhalter, der an die meisten handelsüblichen Fotoapparate paßt, sowie eine besondere Rollfilmkamera zum Patent an. Das Schutzrecht wird schließlich am 5. Mai 1885 erteilt.

Der Hauptanspruch der beiden Erfinder ist so formuliert: »Apparat zum Belichten biegsamen fotografischen Filmes mit zwei parallel zueinander angeordneten Spulen für den Film, wobei die eine Spule mit Brems- und Reibungsmitteln und die andere mit den filmstraffenden Federmitteln versehen ist.«

Mit dieser Erfindung beginnt das Zeitalter des Rollfilms, der auch die Voraussetzung für die erste erfolgreiche Amateur-Schnappschußkamera ist, die Eastman im Jahr 1888 unter der Bezeichnung »Kodak No. 1« vorstellt.

Bisher wurde ausschließlich auf Plattenmaterial fotografiert. Das erforderte den Wechsel des lichtempfindlichen Materials nach jeder einzelnen Aufnahme. Da das im Dunkeln geschehen mußte, blieb den Fotografen nichts anderes übrig, als ständig zumindest einen großen, absolut lichtdichten Sack mit sich zu führen. Diesen Umstand und die entsprechende Arbeit erspart die neue Rollfilmtechnik. Nach jeder Belichtung braucht der Film jetzt nur noch weitergespult zu werden. Das geschieht im Bruchteil einer Sekunde. Sofort ist der Fotoapparat wieder aufnahmebereit. Auf jeder Eastman-Walker-Filmrolle lassen sich 100 Bilder belichten.

Der Rollfilm besteht aus einer Papierrolle, die mit einer lichtempfindlichen Emulsion beschichtet ist. Auf der Schicht entstehen Negative. Um sie auf Positivpapier umzukopieren, muß allerdings die lichtempfindliche Schicht nach dem Entwickeln sorgfältig vom Trägerpapier des Rollfilms gelöst werden. Der Amateur ist damit überfordert. Eastman richtet deshalb den ersten Entwicklungsservice der Welt ein, der ab 1888 seine Dienste anbietet. Das Labor entlädt die komplett einzusendende Kamera, entwickelt und trennt den Film und fertigt die Papierkopien an. Zusammen mit 100 kreisrunden Fotografien erhält der Kunde seinen mit einem neuen Rollfilm geladenen Fotoapparat wieder zurück.

Das Umkopieren von den Negativen geschieht nicht in der Dunkelkammer, sondern in einem Dachlabor mit großen Fensterscheiben: In Kontaktrahmen wird das Positivpapier im Sonnenlicht belichtet.

Mit dem Eastman-Verfahren und -Service wird die Fotografie jedermann zugänglich. Das Zeitalter der Hobbyfotografie beginnt. Zugleich wenden sich die Berufsfotografen, die jetzt schneller arbeiten können, neuen Themen zu. Einen Vorläufer des Rollfilms setzte schon → 1882 für Serienaufnahmen der Franzose Étienne Jules Marey ein.

Oberleitungs-Straßenbahn zwischen Frankfurt/M. und Offenbach (1884)

Straßenbahn fährt mit Oberleitung

1884. In den USA verkehrt in Richmond (Virginia) die erste elektrische Straßenbahn mit Stromzuführung durch eine Oberleitung. Das System aus einem einfachen Fahrdraht und Stromrückführung durch die Schiene hatte Franklin Julian Sprague erfunden.

Geschichte der Straßenbahn

▷ 1832 verkehrte in New York für kurze Zeit die erste (Pferde-)Straßenbahn der Welt

▷ 1853 wurde eine neue Pferdebahnstrecke von New York nach Harlem eingeweiht

▷ 1855 verkehrte in Paris die erste Pferdestraßenbahn Europas

▷ 1873 debütierte in San Francisco die Kabel-Straßenbahn mit stationärem Dampfantrieb

▷ 1877 wurde in Kassel eine Dampfstraßenbahnlinie zur Wilhelmshöhe eröffnet, die wegen der Rauchbelästigung aber bald ihren Betrieb einstellen mußte

▷ 1879 führte Werner Siemens die erste elektrische Lokomotive vor (→ 1879)

▷ 1881 eröffnete Werner Siemens die ersten elektrisch betriebenen Straßenbahnstrecken in Berlin und Paris.

Der US-Amerikaner George Eastman, Begründer der Kodak-Werke

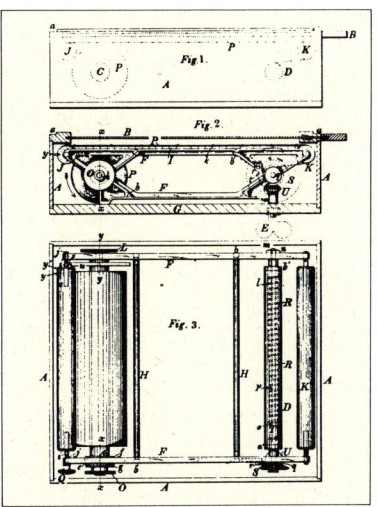

Patentzeichnung für die erste Rollfilmkamera von George Eastman

Außerdem nehmen in den USA neben elektrischen Straßenbahnen auch straßenbahnartige Überlandbahnen ihren Betrieb auf.

Kann auf alle um 1884 gängigen Plattenkameras aufgesetzt werden: Der Eastman-Walker-Rollenhalter (l.)

Kodak-»Bilderfabrik« (1894): Mit Kontaktrahmen werden von Negativen Bilder im direkten Sonnenlicht kopiert

1885

Der österreichische Physiker Carl Auer von Welsbach erfindet das Gasglühlicht. Außerdem entdeckt er die Elemente Neodym und Praseodym. →

Die beiden französischen Physiker Louis Paul Cailletet und Bouty und unabhängig von ihnen ihr polnischer Kollege Zygmunt Florenty von Wróblewski entdecken die Supraleitfähigkeit der Metalle. →

Die Firma Humber gibt dem Fahrrad durch Entwicklung des Parallelogrammrahmens (Humber-Rahmen) seine endgültige Form.

Das Rover-Sicherheitsfahrrad kommt auf den Markt.

Der britische Ingenieur James Bobson erfindet den Gashammer, einen mechanischen Hammer, der durch Gasexplosionen in einem Zylinder bewegt wird.

Die Brüder Reinhard und Max Mannesmann erfinden in Remscheid das Schrägwalzverfahren, mit dem sich aus vollen Blöcken nahtlose Röhren herstellen lassen. →

Die Firma Schüchtermann & Kremer aus Dortmund nimmt – nach US-amerikanischem Vorbild – die Produktion von Streckmetall für den Hochbau auf. →

Die Firma Siemens Brothers mit Sitz in London installiert in ihrer Werkstatt den ersten elektrisch betriebenen Drehkran.

Der britische Physiker Sir William Thomson (ab 1892: Lord Kelvin) erfindet die nach ihm benannte Widerstandsmeßbrücke. →

Der deutsche Ingenieur Carl Friedrich Benz konstruiert in Mannheim das erste funktionsfähige Fahrzeug mit Benzinmotor (→ 1886).

Zur Kontrolle der Arbeitszeit in Fabriken kommt die Stechuhr auf. →

Der Physiker N. N. von Bernardos erfindet das elektrische Lichtbogenschweißen. →

Der Pforzheimer Heribert Bauer erfindet den Druckknopf. →

15. 8. Das erste Berliner Elektrizitätswerk für Stromabgabe an Privatpersonen geht in Betrieb. →

November. Gottlieb Wilhelm Daimler und Wilhelm Maybach bauen ein mit einem Benzinmotor ausgerüstetes Motorrad. →

GEBOREN:

1. 8. Budapest: George Karl de Hevesy (†5. 7. 1966, Freiburg im Breisgau), ungarisch-dänischer Chemiker.

7. 10. Kopenhagen: Niels Hendrik David Bohr (†18. 11. 1962, Kopenhagen), dänischer Physiker.

Ein Motorrad knattert durch Cannstatt

November 1885. Das erste mit einem schnellaufenden Verbrennungsmotor ausgestattete Fahrzeug, ein Zweirad, geht auf seine 3 km lange Jungfernfahrt von Cannstatt nach Untertürkheim bei Stuttgart. Mit ihm beweisen die deutschen Ingenieure Wilhelm Maybach und Gottlieb Wilhelm Daimler, daß sich ihr → 1883 entwickelter Viertaktmotor so klein bauen läßt, daß er sich bei 0,5 PS Leistung für den Einbau in ein Fahrzeug eignet.

Ein Zeitgenosse berichtet: »Wenn der Motor in Gang gesetzt werden soll, so wird unter dem Glührohr die kleine Flamme angezündet und der Motor mittels der Kurbel einmal gedreht; diese Vorbereitung ist in einer Minute geschehen. Der Motor arbeitet ruhig, da zur Dämpfung des Auspuffs in die Auspuffleitung ein Auspufftopf eingeschaltet ist. Soll das Fahrrad in Bewegung gesetzt werden, so besteigt der Fahrer dasselbe, ergreift das Steuer und bringt den Motor mit dem Fahrrad in Verbindung. Das geschieht durch den

Als erstes mit einem schnellaufenden Verbrennungsmotor ausgestattetes Fahrzeug absolviert das Maybach-Daimler-Motorrad 1885 Probefahrten

Hebel, die Schnur und die Spannrolle; durch diese wird nämlich der Treibriemen gegen die Scheibe angezogen. Die Riemenscheiben dienen zur Erzielung verschiedener Geschwindigkeiten; wird der Treibriemen in die obere Lage gebracht, so fährt das Fahrrad langsam, von der unteren Lage aus erzielt man ein schnelleres Fahren . . .«

Dampfwagen haben technischen Vorsprung

Wenige Jahre bevor sich Wilhelm Maybach oder sein Sohn Karl mühen, mit dem ersten Verbrennungsmotor-Zweirad mit Eisenbereifung die drei Kilometer lange Strecke zwischen Cannstatt und Untertürkheim zu bewältigen, hatte der französische Dampfwagenhersteller Amédée Bollée bereits ohne größere Pannen eine

Fernfahrt von Paris nach Wien über z. T. miserable Pisten zurückgelegt. Doch der Wagen war gut gefedert. Seine Maschine lag geschützt unter einer frontalen Motorhaube. Die Hinterräder wurden über Ketten angetrieben.

Diese technisch sehr weit entwickelte »La Mancelle« (»Das Mädchen von Le Mans«) kann jedermann für 12 000 Francs kaufen. Und Bollée ist keineswegs der einzige Dampfwagenhersteller in den 80er Jahren. Zuverlässige Dampfautos liefern in Europa und den USA u. a.: Yarrow, Cooke, Tangye, Thompson, Carrett & Marshall, Inshaw, Prew, Mackenzie, Todd, Ravel, De Dion-Bouton, Trépardoux, Dugdgeon, Roper, Reed.

Vorstellung von der Entwicklung des Dampfwagenverkehrs nach einem Gemälde im frühen 19. Jahrhundert

Dampfomnibus für 14 Passagiere, der seit 1833 in London zwischen Paddington und Moorgate verkehrte

Kaum Widerstand: Die Supraleitung

1885. Die französischen Physiker Louis Paul Cailletet und Bouty und unabhängig von ihnen der polnische Physiker Zygmunt Florenty von Wróblewski, der an der Universität Krakau erstmals Sauerstoff und Stickstoff in größeren Mengen verflüssigt (→ 1878), untersuchen die elektrische Leitfähigkeit verschiedener Metalle bei Temperaturen in der Nähe des absoluten Nullpunkts. Dabei finden sie heraus, daß der Widerstand mit abnehmender Temperatur sinkt, um in der Nähe von −273 °C plötzlich auf einen äußerst niedrigen, nicht mehr meßbaren Wert abzufallen. Die drei Forscher entdecken damit die elektrische »Supraleitung«.

Physikalisch bedeutet das die Möglichkeit der verlustfreien Übertragung selbst stärkster Ströme in dünnen Leitungen.

Wichtig wird diese Technik später bei starken Elektromagneten und für die Entwicklung schneller Computer (→ 1911; 1987).

Elektro-Schweißen mit dem Lichtbogen

1885. Der Physiker N. N. von Bernardos entwickelt das Prinzip des Lichtbogenschweißens.

Die zu verbindenden Werkstücke aus Eisen oder Stahl werden auf Stoß aneinandergelegt und als eine Elektrode mit einer leistungsstarken Spannungsquelle verbunden. Die zweite Elektrode bildet ein Schweißdraht, den der Schweißer mit einer isolierten Zange hält. Nähert er das Drahtende den Werkstücken, dann ensteht ein elektrischer Lichtbogen (→ 1808). Er erhitzt sowohl die Werkstücke wie den Schweißdraht bis zum Schmelzen. Das vom Stab abtropfende flüssige Metall fließt in den Spalt zwischen den Werkstücken, vereint sich mit deren geschmolzenen Rändern und erstarrt nach dem Weiterführen der Drahtelektrode.

Das Lichtbogenschweißen findet bald im Stahlbau ausgedehnte Anwendungsgebiete. Vor allem die Nietverbindungen lassen sich durch Schweißnähte ersetzen.

Zeitgenössisches Werbeplakat für den Gasglühstrumpf von Carl Auer

Hellweißes Licht aus Gasglühstrumpf

1885. Der österreichische Physiker Carl Auer Freiherr von Welsbach erfindet den Gasglühstrumpf aus mit Thorium- und Ceriumoxid getränkter Gaze. Die Flamme wird dadurch hellweiß.

Genaue Bestimmung kleiner Widerstände

1885. Der britische Physiker Sir William Thomson (ab 1892: Lord Kelvin) erfindet die später nach ihm benannte elektrische Brückenschaltung (»Thomsonsche Doppelbrücke«) zur genauen Bestimmung sehr kleiner Widerstände zwischen einem und einem Millionstel Ohm. Gegenüber der Wheatstoneschen Meßbrücke (→ 1843) hat sie einen zusätzlichen Hilfszweig aus einem festen und einem veränderlichen Widerstand, mit dem die Widerstände der Zuleitung aus der Messung eliminiert werden können. Der zu messende Widerstand wird zunächst kurzgeschlossen, dann gleicht man die Brücke mit zwei Regelwiderständen auf Stromlosigkeit des Meßinstruments ab. Danach wird der zu messende Widerstand eingeschaltet und die Brücke mit einem dritten Regelwiderstand erneut auf Stromlosigkeit im Instrument gebracht. Der gesuchte Widerstand ist gleich dem am dritten Regelwiderstand eingestellten Wert.

Die »Städtischen Electricitäts-Werke« liefern in Berlin Strom für Straßenlampen und für jedermann

15. August 1885. *Das seit 1884 erbaute erste öffentliche Kraftwerk Berlins auf dem Grundstück Markgrafenstraße 44 wird in Betrieb genommen. Es ist die erste größere elektrische Zentrale. Von hier aus beliefert die 1884 gegründete »Städtische Electricitäts-Werke AG« jeden, der in ihrem Einzugsbereich Strom haben möchte. 1885 hat das Werk 28 Abnehmer, 1886 sind es bereits 156. Der Preis pro kWh liegt bei etwa 80 Pfennig zuzüglich verschiedener Grundgebühren. Die Kunden beziehen ausschließlich Lichtstrom.*
Als → 1882 in Berlin die ersten elektrischen Straßenlampen in der Leipziger Straße, am Potsdamer Platz und in der Kochstraße in Betrieb gingen, lieferten den Strom nur lokale dampfelektrische Kleinkraftwerke (»Centralen«), deren Leistung ungefähr auf die Zahl der angeschlossenen Lampen abgestimmt war. Nach und nach entstanden zusätzlich mehrere

»Blockstationen«, die private Geschäftsleute mit Lichtstrom versorgten. Im September 1884 wurde die Blockstation im Keller des Hauses Friedrichstraße 85, Ecke Unter den Linden, zur Stromversorgung des Café Bauer, einiger anderer Gaststätten und mehrerer Läden eingeweiht. Vier Dampfmaschinen liefern hier bei einer Drehzahl von 275 Umdrehungen pro Minute jeweils 65 PS. Jede treibt einen Gleichstromgenerator an. Das genügt für den Betrieb von 1800 Glüh- und 18 Bogenlampen.
Solche Blockstationen sind Nachfolger der ersten, versuchsweise betriebenen »Centralstationen«. Bald reicht ihre Leistung aber nicht aus (Das linke Bild zeigt das von der »Städtischen Elektricitäts-Werke AG« betriebene Kraftwerk in der Markgrafenstraße, das rechte die private Blockstation in der Friedrichstraße).

Antriebsmaschine eines Mannesmann-Walzwerks für nahtlose Röhren; die Dimension der Anlage läßt auf die erforderlichen großen Kräfte schließen

Walzen nahtloser Rohre

1885. Aus massiven Blöcken walzen erstmals die Brüder Reinhard und Max Mannesmann in Remscheid nahtlose Rohre. Sie verwenden dabei ein Schrägwalzwerk, ähnlich dem, das → 1856 der Engländer Archibald Broomann erfand.

Im Gegensatz zu dem Verfahren der Brüder Mannesmann war Broomann von kurzen, dickwandigen Hohlkörpern ausgegangen, die er dünnwandig auswalzte und dabei gleichzeitig in die Länge streckte.

Den Anstoß zu ihrer Entwicklung gab den Brüdern aber nicht Broomann, sondern eigene Dreiwalzen-Maschinen, die Rundteile wie Bolzen oder Kurbelstangen herstellten. Immer wieder kam es im Inneren der Teile zu Rissen und Gefügeauflockerungen. Die Brüder ermittelten die Ursachen und verstärken bewußt die auslösenden Effekte. Ergebnis ist ein dreiwalziges Schrägwalzwerk, das glühende Metallvollkörper in nahtlose Rohre umformt.

Neue Elemente für den Hausbau

1885. Der Architekt Mack erfindet in Ludwigsburg sogenannte Gipsdielen, und die Baufirma Schüchtermann & Kremer in Dortmund nimmt – nach amerikanischem Vorbild – die Produktion von Streckmetall für den Hochbau auf.

Beide Bauelemente sind Repräsentanten der neuen Leichtbauära. Wirkte bisher die Oberfläche der statischen Elemente, der Bausteine, Fachwerke, Stahlskelett- oder Betonwände selbst oder allenfalls eine dünne Putzschicht als optischer Rahmen für ein Gebäude, so lassen sich die tragenden Konstruktionen jetzt durch leichte großflächige Elemente verschalen: Die Wände mit den Gipsdielen – das sind mit Gips imprägnierte Binsen- und Bambusmatten –, die Decken mit abgehängten Metallnetzen (Streckmetall), die den Putz tragen.

Stechuhr kontrolliert

1885. *Um die Arbeitszeit in Fabriken zu überwachen, wurden bisher meist zehn Minuten nach Arbeitsbeginn die Werkstore geschlossen. Jetzt kommt die Stechuhr (Abb.) auf, die auf Karten die Anwesenheitszeiten aufstempelt.*

Der Franzose Blot erfindet das »Trottoir roulant«, einen rollenden Gehsteig.

Ernst Abbe, Otto Schott und Carl und Rudolph Zeiss gelingt durch Herstellung neuer Glasflüsse die Fertigung der »Apochromate«, lichttechnisch höchstwertiger Linsen für Mikroskope (→ 1882).

Ashley und Arnell konstruieren eine Glasblasmaschine, die in zehn Stunden bis zu 1000 Flaschen anfertigen kann.

Gottlieb Wilhelm Daimler und Wilhelm Maybach bauen das erste Benzinmotorboot (→ November 1885).

Der französische Admiral Fleuriais erfindet das »Kollimator-Gyroskop«, das in Verbindung mit einem Sextanten als »Kreiselsextant« zur Ortsbestimmung auf See dient.

Eugen Goldstein, ein deutscher Physiker aus Gleiwitz, entdeckt die positivgeladenen »Kanalstrahlen« (Ionenstrahlen) in einer Vakuumröhre.

Der Industrielle August Friedrich Siemens erfindet das Drahtglas.

Der Ingenieur Hermann Hollerith aus den USA entwickelt eine elektromechanische Sortier- und Zählmaschine zum Auswerten von Lochkarten. →

Clemens Alexander Winkler, Professor in Freiberg (Sachsen), entdeckt das Germanium.

In Frankreich wird der Sprengstoff Pikrinsäure erfunden.

Carl Friedrich Benz erhält ein Patent auf sein Automobil. Unabhängig von ihm bauen auch Gottlieb Daimler und Wilhelm Maybach ein Auto mit Verbrennungsmotor.

Der deutsche Baumeister W. Döhring erfindet den vorgespannten Beton. →

Paul Émile Lecoq de Boisbaudran, ein französischer Chemiker aus Cognac, entdeckt das Element Curium.

Ferdinand Frédéric Henri Moissan, Chemieprofessor in Paris, entdeckt das Element Fluor.

Unabhängig voneinander entwickeln der US-Amerikaner Charles M. Hall und der Franzose Paul Louis Héroult elektrolytische Verfahren zur industriellen Aluminiumerzeugung. →

28. 10. In New York wird die Freiheitsstatue eingeweiht. →

GEBOREN:

13. 9. Bufford/Chesterfield: Sir Robert Robinson († 8. 2. 1975, Great Missenden bei London), britischer Chemiker.

3. 12. Örebro: Karl Manne Georg Siegbahn († 26. 9. 1978, Stockholm), schwedischer Physiker.

Gespannter Beton ist zugbelastbar

1886. Der deutsche Baumeister W. Döhring erfindet den vorgespannten Beton.

Beton besitzt von Natur aus eine hohe Druckfestigkeit, ist aber nur gering auf Zug belastbar. Der Franzose Joseph Monier begegnete dem durch Einlegen von Armierungseisen (→ 1849). Wird die Zugspannung aber so groß, daß sie die eingelegten Eisendrähte elastisch dehnt, dann reißt der Beton trotz dieser Armierung. Döhring bettet in der Richtung der im Betonteil zu erwartenden Zugspannung Stahldrähte ein, die er vor dem Abbinden des Betons stark vorspannt. Ihre Spannung bleibt auch im fertigen Bauteil erhalten und kompensiert äußere Zugkräfte. Auf diese Weise lassen sich bis zu 70% Stahl und bis zu 40% Beton bei gleichbleibender Festigkeit einsparen.

1904 verbessert der französische Bauingenieur Eugène Freysinnet das Betonvorspannen weiter, indem er die Stahleinlage berechnet.

Aluminium aus der Mengenproduktion

1886. Unabhängig voneinander entwickeln der US-Amerikaner Charles M. Hall und der Franzose Paul Louis Héroult elektrolytische Verfahren zur industriellen Aluminiumerzeugung.

Aluminium ist eines der häufigsten Elemente in der Erdkruste, läßt sich aber nur schwer gewinnen, weil es in seinen Erzen sehr feste chemische Bindungen eingeht. Als Hüttenrohstoff eignet sich nur der Bauxit, der Aluminiumoxid (Tonerde) enthält. Benannt ist er nach dem südfranzösischen Städtchen Les Baux, wo man ihn 1821 entdeckte.

Die erste Darstellung von reinem Aluminium aus Bauxit gelang 1825 im Labormaßstab dem dänischen Chemiker Hans Christian Ørsted, in etwas größerem Rahmen um 1855 dem Franzosen Henri Étienne Sainte-Claire Deville durch Erhitzen des Erzes mit Natrium.

Den großtechnischen Durchbruch bringt erst die Vermengung des Bauxits mit Kryolith (aus Grönland), das Schmelzen der Mischung und das anschließende elektrolytische Zerlegen (→ 1803) der Schmelze in ihre chemischen Bestandteile.

Freiheitsstatue der USA

28. Oktober 1886. US-Präsident Stephen Grover Cleveland weiht die auf der Bedloe's Insel vor dem Hafen von New York aufgestellte Freiheitsstatue ein. Das gewaltige Monument ist ein Werk des Elsässer Künstlers Frédéric Auguste Bartholdi, der es 1874 entwarf. Es wurde den Vereinigten Staaten vom französischen Volk geschenkt.

Technische Daten der Statue

Die Statue ist 46 m hoch und 225 t schwer. Ihr stählerner Rahmen ist mit über 300 Kupferplatten verkleidet. Sie ist auf einem 27 m hohen Podest verankert, das auf einem 20 m hohen Betonfundament ruht. Im Innern führt ein Lift zur Basis der Figur, eine Treppe zur Strahlenkrone und eine Leiter zur Fackel.

Die ersten Pläne für die Freiheitsstatue faßte 1865 der französische Historiker Édouard René Lefebvre de Laboulaye, ein großer Bewunderer der US-amerikanischen Bürgerrechtsbewegung und ihres Siegs im soeben beendeten Unabhängigkeitskampf. 1875 etablierte sich unter seiner Präsidentschaft eine franko-amerikanische Gesellschaft zur Ausführung des Projekts einer Freiheitsstatue. 1883 war die Freiheitsstatue fertiggestellt. Ihre tragende Konstruktion hatte das Architekturbüro von Alexandre Gustave Eiffel entworfen, die äußere Formgebung war das Werk Barthol-

dis. Die Gesamtkosten von etwa 250 000 US-Dollar wurden privat aufgebracht.

1877 etablierte sich in den USA ein privates Komitee für den Unterbau auf der Bedloe's Insel, die in Liberty Island unbenannt wurde. Der Sockel ist – für 300 000 US-Dollar Baukosten – 1886 vollendet.

Die Statue trägt in ihrer Rechten eine Fackel, in der Linken eine Tafel, die die Unabhängigkeitserklärung darstellt. Eine Inschrift lautet: »Ein Geschenk des Volkes der Republik Frankreich an das Volk der Vereinigten Staaten. Diese die Welt erleuchtende Freiheitsstatue erinnert an die Allianz der zwei Nationen beim Erreichen der Unabhängigkeit der Vereinigten Staaten von Amerika und bezeugt ihre dauerhafte Freundschaft.«

Bald wird die Freiheitsstatue an der New Yorker Hafeneinfahrt zum Symbol der USA besonders für Einwanderer aus Europa, die hier eine neue Existenz suchen. 1903 wird diese Bedeutung durch ein Gedicht von Emma Lazarus unterstrichen, das auf der Tafel im Sockel eingelassen wird: »The New Colossus«. Die letzten Zeilen besagen sinngemäß übersetzt: »Gebt mit eure müden, eure armen, eure bedrängten Massen, die sich danach sehnen, frei zu atmen; die unglücklichen Zurückgestoßenen eurer überbevölkerten Gestade. Schickt sie, die Hoffnungslosen, Leidgeprüften zu mir; ich erhebe meine Lampe neben der goldenen Tür!«

Vertikale Lochkarten-Sortiermaschine von Hermann Hollerith (1908); ein Abtastmechanismus öffnet je nach Lochung der Karten Sortierklappen

Lochkarte speichert Daten

1886. Der Bergwerksingenieur Hermann Hollerith, Sohn deutscher Auswanderer aus der Pfalz, entwickelt in den USA eine elektromagnetische Sortier- und Zählmaschine zur Auswertung von Lochkarten. Bereits 1805 hatte der französische Seidenweber Joseph-Marie Jacquard Lochkarten verwendet (→ 1807). Er benutzte sie als Programmträger für seinen Webstuhl. Hollerith erschließt der gelochten Karte ein neues Anwendungsgebiet als Datenspeicher, der sich maschinell lesen läßt. Hollerith hatte Gelegenheit, an der US-Volkszählung von 1880 mitzuarbeiten. Er empfand das manuelle Auswerten statistischer Angaben als zeitraubend und

geisttötend. Vermutlich angeregt durch John Shaw Billings kam er auf die Idee, die Zählkärtchen anstelle von Kreuzen mit Löchern in den einzelnen Fragefeldern zu versehen, sofern die jeweilige Antwort positiv war. Für die Lochung entwickelt er eigene Stanzapparate. Um die so gespeicherten persönlichen Daten zu lesen, konstruiert Hollerith einen elektrischen Kontaktapparat. Legt man eine Lochkarte in den Apparat ein, dann schließen Abfühlstifte durch jede vorhandene Lochung einen Stromkreis. Jedem Stromkreis ist ein magnetisches Zählwerk zugeordnet, das bei Stromfluß einen Schritt weiterzählt (→ 1890).

Die Freiheitsstatue auf der Liberty-Insel vor der Hafeneinfahrt von New York; das gewaltige Monument ist ein Geschenk Frankreichs an die USA

Die ersten Benzinautos von Maybach/Daimler und Benz

1886. Unabhängig voneinander bauen Carl Friedrich Benz in Mannheim und das Ingenieur-Unternehmer-Gespann Wilhelm Maybach/Gottlieb Wilhelm Daimler in Cannstatt bei Stuttgart die ersten Fahrzeuge mit Benzinmotor.

Im Gegensatz zu Maybach/Daimler, denen es vor allem um die Entwicklung eines universell einsetzbaren Motors und nicht ausschließlich um den Bau eines Fahrzeugs selbst geht, war Carl Benz von Anfang an in erster Linie an der Konstruktion eines völlig neuen Verkehrsmittels interessiert. Während Maybach also seinen neuen Motor (→ 1883) in eine von Daimler erworbene, nur geringfügig umgebaute hölzerne Pferdekutsche einbaut, schafft Benz ein von Grund auf neu konstruiertes leichtes, stählernes Dreirad. Benz erkannte im Viertaktmotor

den geeigneten Antrieb, besaß aber im Gegensatz zu Daimler Skrupel, sich über Nikolaus August Ottos

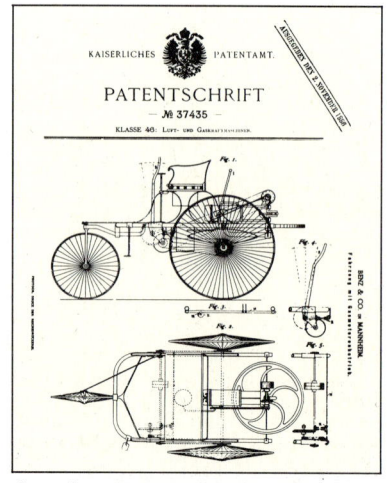

Aus dem Patent für den Motorwagen von Carl Benz (28. Februar 1886)

Patent auf diesen Motor (→ 9. 5. 1876) einfach hinwegzusetzen bzw. dieses zu umgehen. So entwickelte er erst eine leichte Zweitaktmaschine. Aus der Literatur war ihm ein Zweitaktmotor des Briten Dugald Clerk aus dem Jahre 1876 bekannt. Er verbesserte ihn wesentlich. Während Clerk das brisante Benzindampf-Luftgemisch schon außerhalb des Kolbens in der Pumpe erzeugte, wo es vorzeitig explodieren konnte, verwendete Benz getrennte Ladepumpen für Gas und Luft. Benz ließ seinen neuen Motor zunächst als stationäre Maschine patentieren. Als jedoch Ottos Patent durch Daimler fiel, konstruierte er in Eile einen 0,8 PS starken Viertaktmotor mit Summer-Zündung, mit dem er schließlich seinen »Patentmotorwagen« von 1886 ausstattet, der bereits ein Differen-

tial, ein Riemengetriebe und auch Vollgummibereifung besitzt.

Gottlieb Daimler dagegen schwebte vor allem eine umfassende Motorisierung des Verkehrs vor. Er geht dabei pragmatischere Wege als Benz. Deshalb läßt er der Einfachheit halber von einem Wagenbauer eine deichsellose hölzerne Pferdekutsche in der Art eines »American« bauen und für die Motormontage herrichten. Maybach adaptiert dafür den von ihm entwickelten Motor als Kutschenantrieb in einer 1,1 PS-Version. Das geschieht relativ einfach mit zwei Flachriemenübertragungen zu einer Zahnradübersetzung, die zwei Gänge und einen dazwischen liegenden Leerlauf besitzt. Ein Jahr später ersetzt Maybach den Luftkühler durch einen Wasser-Lamellenkühler am Heck des Fahrzeugs.

Benzinmotorwagen

Die Autos mit Benzinmotor von Carl Friedrich Benz (Abb. S. 322) und Maybach/Daimler (Abb. oben) lassen schon rein äußerlich die unterschiedliche Philosophie ihrer Erbauer erkennen. Benz geht es um die Entwicklung eines völlig neuen Straßenfahrzeugs. Er verzichtet auf Äußerlichkeiten und paßt statt dessen Chassis, Lenkung, Motoraufhängung, Kraftübertragung und Federung den neuen Aufgaben an. Gottlieb Wilhelm Daimler verfolgt mit seinem Gefährt andere Ziele: Er legt Wert auf einen zuverlässigen, leichten und leistungsstarken Motor und benutzt den hölzernen Kutschwagen dazu, die Verwendbarkeit des von Wilhelm Maybach entwickelten Motors zu demonstrieren.

Carl Friedrich Benz (* 25. 11. 1844 in Karlsruhe; † 4. 4. 1929 in Ladenburg) studierte am Polytechnikum Karlsruhe Maschinenbau. 1883 gründete er die Benz & Cie. Gasmotorenwerke mit Sitz in Mannheim, 1886 wird sein dreirädriger Motorwagen patentiert

Wilhelm Maybach (* 9. 2. 1846 in Heilbronn; † 29. 12. 1929 in Stuttgart) studierte Maschinenbau. Wie Gottlieb Wilhelm Daimler arbeitete er von 1872 bis 1881 in der Gasmotorenfabrik Deutz. Ab 1882 ist er für Daimler tätig und entwickelt den ersten schnellaufenden Benzinmotor

Gottlieb Wilhelm Daimler (* 17. 3. 1834 in Schorndorf; † 6. 3. 1900 in Cannstatt) studierte am Polytechnikum in Stuttgart Maschinenbau. Von 1872 bis 1881 war er technischer Direktor der Gasmotorenfabrik Deutz und entwickelte dort den Ottomotor zur Serienreife weiter

1887

Der schwedische Physikochemiker Svante August Arrhenius weist nach, daß bei der
elektrolytischen Dissoziation
Salze in wässeriger Lösung in
Ionen zerfallen. →

Nikola Tesla, ein US-amerikanischer Physiker serbischer Herkunft, erfindet den mehrphasi-
gen Wechselstrom-Induktions-
motor. →

Die erste deutsche Telefonfern-
leitung verbindet die Städte
Berlin und Hamburg.

Der US-Amerikaner Tolbert
Lanston präsentiert der Öffent-
lichkeit die von ihm erfundene
Buchstabensetzmaschine
»Monotype« (→ 1884).

Ludwig Stuckenholz baut in
Wetter an der Ruhr den ersten
elektrischen Laufkran. →

Die Central-Pacific-Bahn richtet bei San Francisco die bisher
größte Trajektanlage der Welt
ein. →

Die Helios Elektrizitäts-Aktien-
Gesellschaft baut erstmals
Gleichstrommaschinen mit
Kurzschlußläufer.

Heinrich Rudolf Hertz weist
experimentell die Existenz der
von dem 1879 verstorbenen britischen Physiker James Clerk
Maxwell bereits theoretisch
beschriebenen elektromagnetischen Wellen nach. →

George Mortimer Pullman baut
in den USA den ersten Luxuszug, der zusammenhängende
Salon-, Speise-, Schlaf- und
Rauchwagen mitführt. →

26. 9. Der Elektroingenieur
Emil Berliner aus Hannover
meldet seine Erfindung des
Grammophons zum Patent
an. →

GESTORBEN:

14. 7. Essen: Alfred Krupp
(* 26. 4. 1812, Essen), deutscher
Industrieller.

18. 11. Leipzig: Gustav Theo-
dor Fechner (* 19. 4. 1801, Groß-
Särchen/Lausitz), deutscher
Physiker und Philosoph.

GEBOREN:

22. 7. Hamburg: Gustav Hertz
(† 30. 10. 1975, Ost-Berlin), deutscher Physiker.

12. 8. Wien: Erwin Schrödinger
(† 4. 1. 1961, Wien), österreichischer Physiker.

13. 9. Vukovar: Leopold Ružićka
(† 26. 9. 1976, Mammern/
Thurgau), kroatisch-schweizerischer Chemiker.

19. 11. Canton/Massachusetts:
James Batcheller Sumner († 12.
8. 1955, Buffalo/New York), US-
amerikanischer Biochemiker.

23. 11. Weymouth: Henry
Gwyn-Jeffreys Moseley († 10. 8.
1915, Halbinsel Gelibolu/Tür-
kei), britischer Physiker.

Elektromagnetische Wellen entdeckt

1887. Der deutsche Physiker Heinrich Hertz beweist die Existenz der
schon → 1865 von James Clerk Maxwell theoretisch beschriebenen
elektromagnetischen Wellen.

Hertz erzeugt elektrische Schwingungen mit Hochfrequenz bis zu 300
Millionen Schwingungen pro Sekunde. Dabei beobachtet er Fun-
kenüberschläge an einer galvanisch
nicht angeschlossenen Funkenstrecke. Er untersucht deren Entstehung, und es gelingt ihm, mit
einer ersten Parabolantenne die
»Strahlen elektrischer Kraft« – wie
er die elektromagnetischen Wellen
noch nennt – mehr als 10 m weit
durch den Raum zu übertragen.

George Pullman baut Luxus-Eisenbahnzug

1887. Der US-Amerikaner George
Mortimer Pullman baut den ersten
Luxuszug, der aus durchgehenden
Salon-, Speise-, Schlaf- und Rauch-
wagen besteht.

Als Pullman 1864 seinen ersten
Schlafwagen baute, brachte ihm das
den Spott der Eisenbahnexperten
ein. In den Folgejahren machte sich
seine Idee aber bezahlt.

In den USA, in England und auf
dem europäischen Kontinent vermietet sein Unternehmen Luxus-
wagen an die Eisenbahngesellschaf-
ten. Jetzt geht er dazu über, ganze
Züge auszustatten.

Elektro-Laufkran in Hamburger Werft

1887. Ludwig Stuckenholz baut in
Wetter an der Ruhr für eine Hamburger Schiffswerft den ersten elektrisch betriebenen Laufkran.

Elektrische Drehkräne fertigten
schon 1885 in London die Firma Siemens Brothers und 1886 die Maschi-
nenbaufabrik Hopkinson. Bei einem großen Laufkran kommt zur
Antriebskonstruktion für den Dreh-
turm und den Greifer der Antrieb
für das Laufwerk hinzu. Dies setzt
die Lösung des Gleichlaufproblems
der Räder auf beiden, weit voneinander getrennten Schienen voraus.
Bei separaten Antriebsaggregaten
müssen diese äußerst präzise synchronisiert werden, damit sich die
Laufwerke nicht verkanten.

Heinrich Hertz, der Entdecker der elektromagnetischen Wellen

Früher Schlafwagen, den George Mortimer Pullman bereits 1869 bauen ließ

Solano-Fährschiff befördert Eisenbahn

1887. Die Central-Pacific-Bahnge-
sellschaft richtet bei San Francisco
die Solano-Eisenbahnfähre ein. Sie
bleibt für lange Zeit die größte Trajektanlage der Welt.

Die ersten Eisenbahnfährschiffe
verkehrten schon ab → 1851 in
Schottland. Mehrere Linien wurden
ab 1872 in Dänemark zum Überqueren der zahlreichen Belte zwischen
den verschiedenen dänischen Inseln in Betrieb genommen.

Das Solano-Fährschiff überquert
einen 1600 m breiten Meeresarm
und kann auf seinen vier parallelen
Gleisen einen kompletten Eisenbahnzug, bestehend aus Lokomotive, Tender und 24 Personen- oder
48 Güterwagen, befördern.

Tesla erfindet den Dreiphasen-Motor

1887. Nachdem → 1880 der Brite
John Hopkinson herausgefunden
hatte, daß sich drei gegeneinander
phasenverschobene Wechselströme leichter übertragen lassen als
normaler Wechselstrom, erfindet
jetzt der serbische Elektrotechniker
Nikola Tesla den Dreiphasen-Wech-
selstrom-Induktionsmotor.

Hopkinson hatte vorgeschlagen, die
drei phasenversetzten Ströme in einem Dynamo zu erzeugen. Tesla
hatte 1882 einen derartigen Dreh-
stromgenerator gebaut. In seinem
Motor läßt er die drei Stromphasen
so auf den Anker einwirken, daß ein
rotierendes Magnetfeld entsteht,
das den Anker dreht.

Salze zerfallen in Lösung zu Ionen

1887. Der schwedische Physikochemiker Svante August Arrhenius, der sich seit 1883/84 (Habilitationsschrift) mit der Elektrolyse (→
1800) beschäftigt, faßt in seinem
Hauptwerk seine Theorie über die
elektrische Leitfähigkeit von Salzlösungen zusammen.

Schon 1857 hatte der deutsche Physiker Rudolf Clausius vermutet, daß
vereinzelte Moleküle in den Elektrolyten, also den leitenden Lösungen, in »Teilmoleküle« zerfallen. Arrhenius weist nach, daß die Salzmo-
leküle in positiv geladene Kationen
und negativ geladene Anionen zerfallen, die den elektrischen Strom
dadurch leiten, daß sie selbst im
Lösungsmittel wandern.

Emil Berliners Grammophon; Abbildung zur Patentschrift des Kaiserlichen Patentamtes mit der Nummer 45048 vom 8. November 1887

Schallplatte statt Walze

26. September 1887. Der in Hannover geborene Deutsch-Amerikaner Emil Berliner meldet seine Erfindung des Grammophons zum Patent an. Es stellt eine wesentliche Weiterentwicklung des Phonographen von Thomas Alva Edison (→ 1877) dar. Das Gerät arbeitet nicht mehr mit zylindrischen Tonträgern, sondern mit Schallplatten.

Wie Edison benutzt auch Berliner zum Aufzeichnen der Tonschwingungen eine Kombination aus Schalltrichter, schwingender Membran und Schreibstift. Im Gegensatz zu Edison verwendet Berliner aber keine Tonwalzen, auf denen der Stift eine Rille ritzt. Er setzt eine rotierende Glasscheibe ein, die mit einer Schicht aus Ruß und Leinöl überzogen ist. Nach der Aufzeichnung härtet er die Schreibschicht mit Schellack. Die entstandene Struktur überträgt er nach dem Verfahren der Heliogravüre (→ 1878) auf eine Zinkplatte. Wenig später vereinfacht er die Methode, indem er direkt auf die Zinkplatte schreibt. Er beschichtet sie mit einer Lösung von Bienenwachs in Benzin und läßt die Nadel das Metall freikratzen. Die Rille ätzt er dann mit Säure in die Platte.

Berliner verkauft im Gegensatz zu Edison Phonogeräte, die sich ausschließlich zur Wiedergabe eignen, und stellt die Platten selbst her. Bei seinen Plattenspielern mit Federwerkantrieb folgt die Abtastnadel der spiraligen Tonrille vom Zentrum der Platte nach außen.

Schon ab dem Jahr → 1892 kann Berliner Schallplatten als Massenprodukte liefern, da es ihm gelingt, von einer Vaterplatte Schellackkopien herzustellen.

Preßplatte von Berliner, 1897

E. Berliner, Gründer der Deutschen Grammophon Gesellschaft (1898)

Der russische Elektroingenieur Michail O. Doliwo-Dobrowolsky erfindet den ersten brauchbaren Drehstrommotor. →

Hermann Aron, ein deutscher Physiker und Industrieller, konstruiert einen Elektrizitätszähler. →

Nach vergeblichen Versuchen von dem Physiker Sir Charles Vernon Gaudin (1839) und Marc Antoine Augustin Gautier (1878) gelingt es Boys, reines Quarzglas herzustellen.

Der deutsche Physiker Heinrich Rudolf Hertz weist die wesensmäßige Gleichheit von elektromagnetischen Wellen und Lichtwellen nach (→ 1887).

Der US-Ingenieur Frederick Eugene Ives entwickelt ein Gerät zur Projektion farbiger Diapositive. →

Die Firma Schneider & Co. stellt in Creuzot Nickelstahl für die Panzerfabrikation her. →

Der US-amerikanische Kunsthandwerker Louis Comfort Tiffany erfindet in New York das Opaleszenzglas. →

Auf dem Bürgenstock in der Schweiz wird die erste elektrische Seilbahn errichtet.

Der Tierarzt John Boyd Dunlop aus Belfast stellt die ersten praktisch einsetzbaren Luftreifen der Öffentlichkeit vor. →

Unabhängig von Gottlieb Wilhelm Daimler und Carl Friedrich Benz baut Siegfried Marais, ein gebürtiger Mecklenburger, in Wien einen eigenen Motorwagen (→ 1886).

GESTORBEN:

24. 8. Bonn: Rudolf Julius Emanuel Clausius (* 2. 1. 1822, Köslin), deutscher Physiker.

3. 12. Jena: Carl Zeiss (* 11. 9. 1816, Weimar), deutscher Unternehmer.

GEBOREN:

24. 1. Grunbach/Weiblingen: Ernst Heinrich Heinkel († 30. 1. 1958, Stuttgart), deutscher Flugzeugkonstrukteur.

16. 7. Amsterdam: Frits Zernike († 10. 3. 1966, Naarden), niederländischer Physiker.

13. 8. Helensburgh/Schottland: John Logie Baird († 14. 6. 1946, Bexhill/Sussex), britischer Fernsehpionier.

7. 11. Trichinopoli (Tiruchirapalli): Chandrasekhara Venkata Raman († 21. 11. 1970, Bangalore), indischer Physiker.

10. 11. Pustomasowo/Kalinin: Andrei Nikolajewitsch Tupolew († 23. 12. 1972, Moskau), sowjetischer Flugzeugbauer.

17. 12. Sohrau/Schlesien: Otto Stern († 17. 8. 1969, Berkeley/Kalifornien), deutsch-amerikanischer Physiker.

Erster brauchbarer Drehstrommotor

1888. Nachdem der US-Physiker Nikola Tesla → 1887 den Dreiphasen-Wechselstrommotor im Prinzip erfunden hatte, baut jetzt der junge russische Ingenieur und spätere Chefingenieur der AEG, Michail Doliwo-Dobrowolsky einen ersten, in der Praxis als Antriebsmaschine verwendbaren Drehstrommotor von 0,1 PS Leistung. Die Maschine fährt einwandfrei hoch und arbeitet fast geräuschlos.

War bisher von dreiphasigem Wechselstrom die Rede, so spricht Doliwo-Dobrowolsky ausdrücklich von Drehstrom.

Tesla benötigte ursprünglich zur Übertragung der drei Stromphasen

Erster Dreiphasen-Drehstrommotor von Doliwo-Dobrowolsky (Nachbau)

insgesamt sechs Leitungen. 1888 zeigt er, daß vier Leitungen genügen: Er faßt die drei Rückleitungen zusammen. Außerdem erfindet er die sogenannte Stern-Stern-Schaltung für das Dreiphasensystem, bei der Generator und Motor nur noch drei Leitungen verbinden.

Hier knüpft Doliwo-Dobrowolskys Drehstrommaschine an. Das im Motoranker erzeugte umlaufende Magnetfeld, das den Anker stets mitzunehmen versucht und ihn dadurch in Rotation versetzt, braucht zu seiner Erzeugung keinen Kommutator und keinen Kollektor mehr, wie es bei den alten Gleichstrommaschinen (→ 1860) erforderlich war. Damit entfallen auch Schleifringe und Bürsten. Der Drehstrommotor ist deshalb robuster und weniger störanfällig.

John Dunlop erfindet den Luftreifen neu

1888. Der irische Veterinär-Chirurg John Boyd Dunlop erfindet den Luftreifen neu. Er benutzt ihn zuerst zum Federn der Räder eines Dreirads für seinen Sohn John.

Schon 1845 hatte der Engländer Robert William Thomson den luftgefüllten Reifen erfunden und darauf ein Patent erhalten (→ 1846). Seine Pneus hatte er mit kautschuk- oder guttapercha-imprägnierter Leinwand luftdicht gemacht. Sie setzten sich aber nicht durch und gerieten rasch in Vergessenheit.

Ab 1865 bürgerte sich Gummi (→ 1839) als Reifenmaterial ein und verdrängte langsam die alten Stahlbänder. Man verwendete ausschließlich Vollgummi. Thomsons Patent war völlig in Vergessenheit geraten. Für leichtere Fahrzeuge, vor allem für Fahrräder, Rollstühle usw., wollte Dunlop leichtere und dennoch gut federnde Räder entwickeln. Dieser Gedanke brachte ihn auf den »Pneumatic«, auf den er nun ein britisches Patent bekommt. Dunlop benutzt einen aus einer hohlen Gummiröhre bestehenden Reifen, der mit Stoff oder »Kanevas« umwickelt ist, um dem Luftdruck zu widerstehen. Dieser Mantel ist wiederum mit

Zeichnung des ersten von John Boyd Dunlop hergestellten Luftreifens für das Dreirad seines Sohnes John; dargestellt ist der Pneu im Querschnitt; er ist auf die Hohlfelge (C) aufgezogen und im wesentlichen aus Textilgewebe (B) mit einer Gummiimprägnierung (A) aufgebaut

Gummi imprägniert, um ihn vor Verschleiß auf der Straße zu schützen. Der Hohlrohrreifen wird auf der Radfelge mit »dafür bestgeeigneten Mitteln« befestigt und dann mit einer Luftpumpe gefüllt. Dafür sieht Dunlop eine kleine Röhre mit einem »Nicht-Rücklauf-Ventil« vor. Schon die ersten Versuche verlaufen so vielversprechend, daß die Belfaster Fahrradfirma von R. W. Edlin

und Finley Sinclair den Erfinder begeistert unterstützt. Dunlop fertigt mehrere »Pneu-Bicycles« und gewinnt den Rennfahrer W. Hume dafür, sich damit an Wettfahrten zu beteiligen, was 1889 geschieht. Trotz schlechter Kondition besiegt Hume mit den neuen Reifen überlegen alle Favoriten der Rennsaison. Der Siegeszug der Dunlop-Reifen läßt sich danach nicht mehr aufhalten.

Dunlops Tochter Jean berichtet

»Eigentlich war es mein Bruder Johnny, dem es zu verdanken ist, daß mein Vater den Reifen erfand, ohne den heute kein Fahrzeug mehr denkbar ist. Mein Bruder hatte ein Dreirad geschenkt bekommen, und in einem unbedachten Augenblick sagte der Vater zu ihm, daß er ihm die schnellsten Räder der Welt für sein Gefährt bauen könne – wenn er wolle. Daß er dann auch wirklich wollte, dafür sorgte mein Bruder. Beide zogen sich in sein Schlafzimmer zurück. Ich erinnere mich sehr wohl, daß meine Mutter höchst bestürzt war, als sie nach ein paar Tagen die Unordnung in dieser ›Notwerkstatt‹ feststellte, in der es von Gummi- und Tuchstreifen, Leim, Holz, Scheren ... nur so wimmelte. Völlig außer Fassung geriet sie, als Streifen amerikanischen Ulmenholzes in der Badewanne versenkt wurden, wo sie sich vollsaugen sollten, damit man sie besser biegen konnte ...«

Ein zuverlässiger neuer Stromzähler

1888. Der Physiker Hermann Aron konstruiert einen mechanischen Elektrizitätszähler als Meßinstrument für den Stromverbrauch. Bisher benutzte man zur Messung der verbrauchten elektrischen Leistung meist die von Thomas Alva Edison in den USA entwickelte Methode (→ 1883), die Menge des festen Metalls zu ermitteln, das der zum Verbraucher geleitete Strom aus einem galvanischen Bad ausscheidet. Diese Methode ist aber in mehr als einer Hinsicht unbefriedigend: Erstens muß der Meßwert mühsam durch Wägen ermittelt werden, zum zweiten muß das Elektrolysebad ständig gewartet werden. Aron folgt einem 1882 von den Engländern Ayrton und Perry vorgeschlagenen Prinzip, das deren Landsmann Shoolbred vergeblich umzusetzen versucht hatte: Er läßt den Strom elektromagnetisch auf eines von zwei gleichgehenden Uhrpendeln einwirken und ermittelt deren Gangunterschied.

Projektor für farbige Dias

1888. Der Ingenieur Frederick Eugene Ives aus den USA setzt ein 1861 von dem britischen Physiker James Clerk Maxwell entwickeltes Verfahren zur Projektion farbiger Diapositive in ein technisches Gerät um: Das »Photochromoskop« oder »Chromoskop«, das er erfolgreich vermarktet.

Das Verfahren geht vom Schwarzweißfilm aus. In Anlehnung an die Gedanken des britischen Naturwissenschaftlers Thomas Young, der 1807 die Farbauflösung im menschlichen Auge untersucht hatte, führte Maxwell das Farbensystem auf drei Grundfarben zurück. Das brachte ihn zum additiven Dreifarbenverfahren (→ 1826). Er fotografierte durch drei Farbfilter ein Motiv je einmal in den Grundfarben Gelb, Rot und Blau und projizierte die positiven Farbauszüge mit denselben Filtern übereinander.

Ives arbeitet mit Fotonegativen in den Farben Rot, Grün und Violett und kopiert diese sodann positiv auf mit Chromgelatine beschichtete

Glasplatten um. Er verwendet also für seinen Dreifachprojektor Diapositive in drei Farbauszügen, die er – ebenfalls durch Filter – zu einem Farbbild vereint.

Der 1879 verstorbene britische Physiker James Clerk Maxwell

Nickelstahl schützt Panzer noch besser

1888. Die Firma Schneider & Co. in Creuzot stellt nach einem Patent von Henri Schneider Nickelstahlplatten her, die sich bei Probeschüssen als hervorragendes Material zur Panzerung erweisen. Der legierte Stahl wird im Siemens-Martin-Ofen (→ 1864) erschmolzen. Er besteht aus 59 Teilen Stahl, 36 Teilen Nickel, drei Teilen Kohlenstoff und zwei Teilen Mangan.

Die Panzerfahrzeuge, die bisher gebaut wurden, gingen weitgehend auf eine Konstruktion des Engländers J. Cowan zurück, der 1855 ein Patent auf einen schildkrötenartigen, von einer Dampfmaschine angetriebenen Panzerwagen erhalten hatte. Derartige Fahrzeuge sind in den Armeen aber kaum im Einsatz. Die bisher zur Verfügung stehenden Materialien machen sie zu schwer, und ihr Antrieb ist zu schwach. Erstmals im Burenkrieg in Südafrika (1899 – 1902) setzt die britische Armee systematisch Dampfpanzer ein.

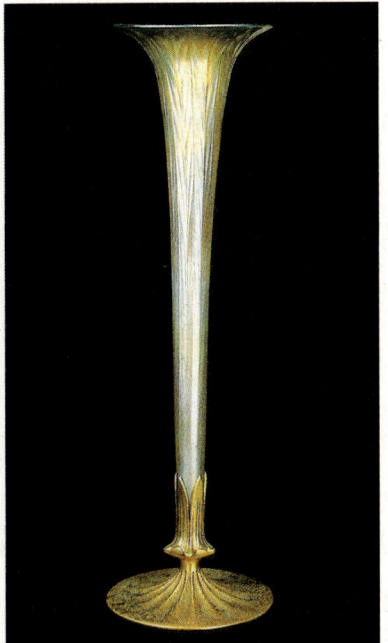

Zwei Vasen aus irisierendem Glas von Louis Comfort Tiffany um 1900; links ein 46,5 cm hoher Kelch mit Bronzefuß, rechts ein 28,5 cm hoher Blütenkelch

Berühmt durch Favrile-Glas

1888. Der US-amerikanische Kunsthandwerker Louis Comfort Tiffany arbeitet in New York an der Entwicklung seines »Fabrile«-Glases, das er um 1893 perfektioniert und dann »Favrile«-Glas nennt. Tiffany besuchte 1870 Ägypten und schwärmt seitdem für die altägyptischen Gläser mit ihren irisierenden Oberflächen. Diesen Effekt – der im Laufe der Jahrtausende durch Verwitterung entstanden ist – versucht Tiffany künstlich zu schaffen. Er erreicht das, indem er die erhitzte Oberfläche seiner Gläser mit Metallsalzen beschichtet. Er färbt die Glasobjekte mit blauen, grünen, goldenen oder rosa Lüsterfarben und dekoriert sie oft mit Blumenmustern und gekämmten Glasfäden in Wirbelmustern. Seine Erzeugnisse machen ihn weltberühmt (→ 1856).

Neben dem Favrile-Glas gehören die »Glyzerinlampen« zu Tiffanys bekanntesten Schöpfungen aus Glas

Irisierende Glasvase von L. C. Tiffany, um 1900

Vase von 1907; rotes, goldirisierendes Glas

Vase aus irisierendem »Lavaglas«, um 1900

In New York findet die erste Hinrichtung auf dem elektrischen Stuhl statt. →

Der deutsche Ingenieur Emil Capitaine entwickelt einen mit hoher Luftverdichtung arbeitenden Zweitakt-Verbrennungsmotor, der als Vorläufer des Dieselmotors anzusehen ist (→ 1892).

Der US-amerikanische Erfinder Thomas Alva Edison verbessert seinen Phonographen dadurch, daß er die Zinnfolie durch einen Wachszylinder ersetzt und den Aufnahmeapparat vom Wiedergabeapparat trennt (→ 1877).

Das Pariser Ingenieurbüro von Alexandre Gustave Eiffel stellt den Eiffelturm fertig. →

Oskar Frölich erfindet den Oszillographen. →

Der britische Naturforscher Francis Galton erfindet den »Galtonapparat«. →

Otto Lehmann beschäftigt sich mit den von dem Botaniker Friedrich Reinitzer entdeckten Substanzen Cholesterylbenzoat und Jodsilber und bezeichnet diese chemischen Verbindungen als »fließende Krystalle«. →

Ludwig Mond, ein britischer Chemiker und Industrieller deutscher Herkunft, behandelt Kohle mit Wasserdampf. Er gewinnt dabei Heizgase (Mondgas) und 50% des gesamten Stickstoffs der Kohle in Form von Ammoniak.

Die Ingenieure Gottlieb Wilhelm Daimler und Wilhelm Maybach bringen einen Zweizylindermotor und ein Viergang-Schubradgetriebe auf den Markt (→ 1886).

Der Leichenbestatter Almon Brown Strowger erfindet in Kansas City die automatische Telefonzentrale. →

Der US-amerikanische Fotograf und Industrielle George Eastman fertigt die ersten Rollfilme aus Zelluloid (→ 1890).

Im Hotel Bernina in der Nähe von St. Moritz arbeitet der erste Elektroherd der Welt.

Der deutsche Ingenieur Otto Lilienthal veröffentlicht sein Buch »Der Vogelflug als Grundlage der Fliegekunst«. →

GESTORBEN:

11. 10. Sale/London: James Prescott Joule (* 24. 12. 1818, Salford/Manchester), britischer Physiker.

GEBOREN:

25. 5. Kiew: Igor Sikorski († 26. 10. 1972, Easton/Connecticut), sowjetisch-US-amerikanischer Flugzeugkonstrukteur.

30. 7. Murom: Wladimir Kosma Zworykin († 29. 7. 1982, Princeton), sowjetisch-US-amerikanischer Physiker.

Forscher entdecken die Flüssigkristalle

1889. Der deutsche Physiker Otto Lehmann untersucht die von dem österreichischen Botaniker Friedrich Reinitzer erstmals dargestellten chemischen Verbindungen Cholesterylbenzoat und Jodsilber: Er bezeichnet diese Substanzen als »fließende Krystalle«.

1888 hatte Reinitzer das Cholesterylbenzol entdeckt und dabei beobachtet, daß diese merkwürdige chemische Substanz bei 145 °C schmilzt, aber erst bei Temperaturen über 179 °C zu einer klaren Flüssigkeit wird. Bei Temperaturen über 145 °C und unter 179 °C sieht der Stoff milchig-trübe aus. Lehmann untersucht das Phänomen

Flüssige Kristalle der Firma Merck und das von Otto Lehmann veröffentlichte Buch zum Thema

und erkennt, daß das Cholesterylbenzol zwischen der flüssigen und der festen auch noch eine dritte Phase besitzt. Er spricht von flüssiger Kristallisation.

Die chemische Industrie in Deutschland nimmt sich sofort der fließenden Kristalle an, ohne allerdings im geringsten zu ahnen, ob sie sich praktisch verwerten lassen. Sie liefert die Stoffe an Forschungslabors. Erst viel später erlangen derartige Substanzen große Bedeutung für die »LCD« abgekürzte Flüssigkristallanzeige.

Maurice Koechlin baut den Eiffelturm

1889. Für die Pariser Weltausstellung von 1889 stellt nach nur zweijähriger Bauzeit das Architekturbüro Eiffel den nach dieser Firma benannten Eiffelturm als Hauptattraktion fertig. Projektverfasser und Konstrukteur ist der Schweizer Bauingenieur Maurice Koechlin, der Chef des Bureau d'études der Firma Eiffel, also nicht etwa Alexandre Gustave Eiffel selbst. Der 300 m hohe Stahlturm (1957 wird er durch die Installation einer Fernsehantenne auf 320,8 m erhöht) ist das zur Zeit höchste Bauwerk der Welt.

Die Stadt Paris hatte den Entwurf Koechlins unter 700 konkurrierenden Vorschlägen ausgewählt. 1000 Fuß (rund 300 m) Höhe mit einem Bauwerk zu erreichen, galt unter den Architekten lange Zeit als fachliche Herausforderung. Mit seiner Stahlgitterkonstruktion aus Profilträgern stellt sich ihr Koechlin auf überzeugende Weise.

Der Turm steht auf einer quadratischen Grundfläche von 125 m Kantenlänge. Er ruht auf vier Pylonen, von denen jede in einem eigenen Fundament verankert ist. Die Bögen im Basisbereich des Turms haben keine statische, sondern nur eine dekorative Funktion als Eingangsportal zum Messegelände. Die 7175 t schwere Konstruktion aus rund 15 000 Einzelteilen wird durch zweieinhalb Millionen Nieten zusammengehalten.

In den Turm sind drei Plattformen eingearbeitet, eine in 57, eine in 115, die dritte in 276 m Höhe. Hier sind Restaurants, Bars und Souvenirläden eingerichtet. Deren Verglasung weist den architektonischen Weg zur Blendwand: Sie besteht aus vorgehängten – nicht eingelegten – Glasscheiben.

Nach dem Stand der Technik vermochte nur eine Stahlskelettkonstruktion den äußeren und inneren Kräften, die auf ein 300 m hohes Gebäude wirken, standzuhalten. Der Winddruck ist immens. Und allein die Materialspannung zwischen Sonnen- und Schattenseite führt durch die Wärmedehnung des Eisens an heißen Tagen zu einer Auslenkung der Turmspitze um ungefähr 30 cm.

»Beleuchtung des Eiffelturms ▷ während der Weltausstellung von 1889« (Stich von Georges Garen)

Stand der Arbeiten am Eiffelturm am 18. Juli 1887; auf Fundamenten, die die Last später schräg in den Beton einleiten, entsteht das erste Bein

Stand der Arbeiten im Januar 1888: Die erste Plattform ist erreicht; neben der Turmkonstruktion selbst sind zahlreiche Gerüstverstrebungen zu sehen

Stand der Arbeiten beim Erreichen der mittleren Plattformen; das Büro Eiffel ließ alle Bauphasen vom Pariser Fotografen Durandelle dokumentieren

Gustave Eiffels Büro fertigt Stahlskelettbauten in aller Welt

Der französische Bauingenieur Alexandre Gustave Eiffel (* 15. 12. 1832, † 28. 12. 1923) unterhält in Paris ein Architekturbüro, das mit seinen Stahlskelett- und sonstigen Stahlbauten Weltruhm erwirbt. Besonders aktiv ist Eiffels Büro auf dem Gebiet des Stahlbrückenbaus. Als große technische Leistungen gelten die 165 m weit spannende Truyèrebrücke, sowie mehrere Brücken- und Schleusenkonstruktionen im Zuge des 1914 eröffneten Panamakanals. Das Büro tritt dabei speziell durch seine neuartigen baudynamischen (Windlast u. a.) Berechnungen hervor. Im Zusammenhang mit dem Eiffelturm errichtete das Büro für die Pariser Weltausstellung von 1889 auch die Maschinenhallen auf dem Marsfeld. Wie schon Sir Joseph Paxtons Kristallpalast (→ 1850) wendet sich auch dieser Messebau von den klassizistischen Formen der Zeit ab. Er besteht fast ausschließlich aus Stahl und Glas. Die riesigen Bögen seines Skeletts erreichen eine Höhe von 45 m und eine Spannweite von rund 115 m.

Bei seinen Stahlträgerarbeiten kann das Architekturbüro u. a. auf die Erfahrungen beim Bau der Gitterbrücke über den Fluß Douro in Portugal (1875) und des französischen Garabit-Viadukts von 1884 zurückgreifen.

Kaum eine der berühmten Konstruktionen stammt von Eiffel selbst. Hat Maurice Koechlin den Eiffelturm konzipiert und konstruiert, so stammen die berühmten Maschinenhallen von dem französischen Architekten Ferdinand Dutert und dem Bauingenieur Contamin. Auf diese Weise bedient sich das geschäftstüchtige Büro des jeweils neuesten Stands bautechnischen Wissens: Koechlin z. B. ist Schüler des deutschen Nestors des Stahlbaus und eigentlichen Begründers des »graphischen Stils« in der Architektur, Karl Culmann (1821 – 1881), der als Professor am Eidgenössischen Polytechnikum in Zürich lehrte. Ohne Culmanns theoretische Arbeiten wären die Projekte von Eiffels Mitarbeitern nicht denkbar.

Das Pariser Architekturbüro erhält auch zahlreiche Aufträge im Ausland. So baut es beispielsweise eine Stahlgitter-Großliftanlage, die in Lissabon zwei Stadtteile miteinander verbindet.

Alexandre Gustave Eiffel

Der Vogelflug als Grundlage des Fliegens

1889. Der 41jährige deutsche Ingenieur Otto Lilienthal veröffentlicht sein Buch »Der Vogelflug als Grundlage der Fliegekunst«.

Lilienthal verfolgt seit längerem theoretisch die Möglichkeit des freien Flugs für den Menschen. Er kennt die verschiedenen Versuche seiner Vorgänger, von der Antike über Leonardo da Vinci (→ 2.5.1519) und die Turmspringer wie den »Schneider von Ulm« (→ 1811) bis zu den zahlreichen Konstrukteuren von Gleitflügelmodellen in der zweiten Hälfte des 19. Jahrhunderts. Im Gegensatz zu diesen (Sir George Cayley, Graf Ferdinand d'Estero, Francis Wenham, Horatio Philipps, John Montgomery u. a.) ist er zunächst fest davon überzeugt, daß nur die möglichst minuziöse Nachbildung der beweglichen Flügel des Vogels zum Erfolg führen kann. Daß seine Vorgänger es mit Gleitmodellen allenfalls auf kleine Hopser brachten, führt er auf das – in seinen Augen untaugliche – Starrflügelprinzip zurück.

Erstmals stellt Lilienthal in seinem Buch ausführliche ingenieurwissenschaftliche Berechnungen und Konstruktionen über alle Aspekte des Vogelflugs und seiner Nachbildung durch den Menschen an, bevor er 1891 selbst erste praktische Flugversuche unternimmt (→ 1901), die ihn später aber doch zu starren Flügeln führen.

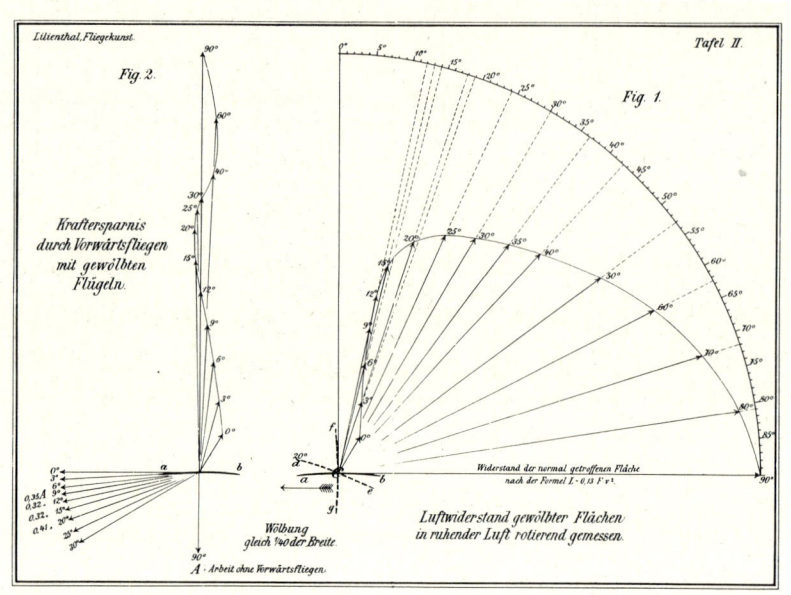

Der Vogelflug
als Grundlage der Fliegekunst.

Ein Beitrag
zur
Systematik der Flugtechnik.

Auf Grund
zahlreicher von O. und G. Lilienthal ausgeführter Versuche
bearbeitet von

Otto Lilienthal,
Ingenieur und Maschinenfabrikant in Berlin.

Mit 80 Holzschnitten, 8 lithographierten Tafeln und 1 Titelbild in Farbendruck.

Berlin 1889.
R. Gaertners Verlagsbuchhandlung
Hermann Heyfelder.
SW. Schönebergerstrasse 26.

△ In zahlreichen, ingenieurmäßig berechneten Zeichnungen und Diagrammen behandelt Otto Lilienthal in seinem Buch »Der Vogelflug als Grundlage der Fliegekunst« technische und physikalische Fragen wie hier die »Krafterparnis durch Vorwärtsfliegen mit gewölbten Flügeln« oder den »Luftwiderstand gewölbter Flächen in ruhender Luft«

◁ Titelblatt der 1889 in Berlin bei der Verlagsbuchhandlung R. Gaertner erschienenen ersten Ausgabe von Otto Lilienthals Buch

Oszillograph zeigt Wechselstromkurve

1889. Der deutsche Physiker Oskar Frölich untersucht Wechselströme und entwickelt ein oszillographisches Verfahren, um deren Kurvenform aufzuzeichnen.

Dazu verwendet Frölich ein Telefon, durch das er die Wechselströme leitet. An der Membran des Mikrophons befestigt er einen kleinen Spiegel, auf den er einen eng gebündelten Lichtstrahl lenkt. Der Spiegel reflektiert den Strahl, dem Phasengang des Stroms folgend, unter wechselndem Winkel auf eine Projektionswand, wo die Kurvenform sichtbar wird (→ 1855).

Galton erfindet Zufallsapparat

1889. Der Engländer Francis Galton entwickelt den später nach ihm benannten »Galtonapparat«, mit dem sich statistische Verteilungsfunktionen (Gaußsche Glockenkurve u. a.) demonstrieren lassen.

Das Gerät besteht aus einem geneigten Brett, auf das im Schachbrettraster Stifte genagelt sind. Läßt man vom oberen Rand kleine Kugeln einlaufen, dann werden diese beim Herabrollen an den Stiften mit gleicher Wahrscheinlichkeit nach links oder rechts gestreut und sammeln sich in vertikalen Fächern am Fuß des Brettes.

Das Telefon wird diskreter

1889. In Kansas City (USA) erfindet der Leichenbestatter Almon Brown Strowger die automatische Telefonvermittlung und erhält darauf ein US-Patent.

Bisher wurden Telefonate (→ 1877) zwischen den einzelnen Gesprächspartnern ausschließlich handvermittelt. Die Telefonapparate verbanden den Benutzer direkt mit dem »Fräulein vom Amt«. Diese Dame stellte die gewünschte Verbindung manuell durch »Stöpseln« her. Dafür stand ihr der »Klappenschrank« zur Verfügung, an dem der Anschluß jedes einzelnen Teilnehmers an einer Steckbuchse endete. Die Buchsen waren mit den Telefonnummern gekennzeichnet. Die Telefonistin verband die Buchse des Anrufers mit der Buchse des Angerufenen durch ein Kabelstück.

Strowger argwöhnte, daß die Damen vom Amt, wenn ihm ein Sterbefall telefonisch gemeldet wurde, gegen Provision andere Bestattungsunternehmer informierten. Diese mögliche Indiskretion will er verhindern, indem er das »Fräulein vom Amt« durch unbestechliche Technik ersetzt.

Die Strowger-Zentrale erlaubt jedem Telefonteilnehmer, durch das kodierte Drücken dreier Knöpfe an seinem Gerät über eine Kombination von elektromagnetisch betätigten Kontakten in der Zentrale automatisch zu dem gewünschten Gesprächspartner durchgeschaltet zu werden. Später entwickeln Strowgers Partner die Wählscheibe, die entsprechende Impulsfolgen aussendet, die dann in der Zentrale dekodiert werden (→ 1915).

Tod auf elektrischem Stuhl

1889. In New York findet die erste Exekution auf einem sogenannten elektrischen Stuhl statt.

Das Verfahren wird eingeführt, weil

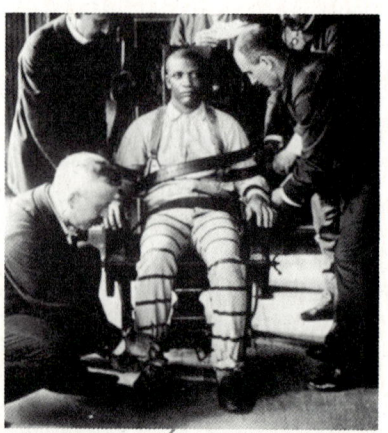

Delinquent auf dem elektrischen Stuhl (Fotografie von 1900)

man es als besonders humane Hinrichtungsart betrachtet. Dies gilt indes wahrscheinlich eher für den Scharfrichter als für den Delinquenten. Schmerzfrei ist diese Todesart zunächst keineswegs. Die optimale Kombination aus Spannung und Frequenz muß erst in langen »Versuchen« gefunden werden.

Gleichstrom bis zu 300 Volt wirkt kaum tödlich, selbst hochgespannte hochfrequente Ströme nur selten. Dagegen können 60-Hertz-Ströme schon bei 110 Volt zum Tode führen. Todesursache ist bei relativ niedrigen Wechselspannungen Herzversagen durch Koordinationsstörungen im Herzmuskel, während die für den elektrischen Stuhl bevorzugten hohen Spannungen zu Atemlähmungen und zum Tod durch Ersticken führen.

1890

Die Firma Maffei in München baut für die Gotthardbahn eine sechsachsige Verbund-Tenderlokomotive. →

James Dewar und Redwood, zwei US-Chemiker, erhalten ein Patent auf ein Verfahren und Apparate zum Ausführen des Crack-Prozesses. →

Der US-amerikanische Erfinder Elisha Gray konstruiert den Telautographen zur elektrischen Fernübertragung von Bildern. →

Max Levy stellt in New York Rasternetze für die Autotypie mit bis zu 3000 Punkten pro Quadratzentimeter her. →

Der französische Chemiker und Fabrikant Auguste Lumière und die Eastman Company bringen die sogenannten Rollfilms in den Handel. →

Die Eisenbahnbrücke über den Firth of Forth in Schottland wird fertiggestellt (→ 1883).

Der deutsche Chemiker Otto Schott entwickelt das erste temperaturwechselbeständige Glas, das in Millionen von Gaslaternen Verwendung findet. →

Bei der Volkszählung in den USA bestehen die von Hermann Hollerith entwickelten Lochkartenmaschinen ihre erste Bewährungsprobe. →

Étienne Jules Marey, ein französischer Physiologe, baut die erste funktionsfähige Filmkamera. →

Der russische Schulleiter Konstantin E. Ziolkowski stellt erstmals eine Theorie des Raketenantriebs auf. →

9. 10. Clément Ader, Erfinder und Flugpionier aus Frankreich, unternimmt mit seinem fledermausähnlichen Flugapparat »Eole« einen ersten kurzen Gleitflug (→ 1889).

GESTORBEN:

18. 3. Berlin: Johann Georg Halske (* 30. 7. 1814, Hamburg), deutscher Elektrotechniker.

GEBOREN:

31. 3. Adelaide: William Lawrence Bragg († 1. 7. 1971, Ipswich/Suffolk), britischer Physiker.

6. 4. Kediri/Java: Anthony Herman Gerard Fokker († 23. 12. 1939, New York), niederländischer Flugzeugkonstrukteur.

8. 10. Bremen: Heinrich Focke († 25. 2. 1979, Bremen), deutscher Flugzeugkonstrukteur.

10. 11. Altona/Hamburg: Carl Friedrich Borgward († 28. 7. 1963, Bremen), deutscher Industrieller.

18. 12. New York: Edwin Howard Armstrong († 1. 2. 1954, New York), US-amerikaner Elektrotechniker.

Größte Verbundlokomotive der Welt – von Maffei für die Gotthardbergbahn

1890. Die Firma Maffei in München baut für die Gotthard-Bahn (→ 1881) eine sechsachsige Verbund-Tenderlokomotive (Abb.), die bisher größte Lok der Welt.
In den 1870er Jahren waren auf Bergstrecken Gelenklokomotiven aufgekommen, die sich den kurvenreichen Strecken besser anpaßten. Ende der 80er Jahre des 19. Jahrhunderts entwickelte der Schweizer Anatole Mallet diesen Typ weiter zur »Verbundlokomotive«, bei der die im Gelenk beweglichen Dampfleitungen nur Niederdruck führen. Nach diesem Prinzip ist auch die bei Maffei unter Anton Hammel gefertigte Gotthard-Zugmaschine konstruiert. Das Vorbild dieser Lokomotive führt bald in den USA zu noch weitaus größeren Mallet-Maschinen. Diese meist sechsachsigen Zugmaschinen gehören zu den gewaltigsten Dampflokomotiven, die je gebaut werden.

Amerikaner kracken Rohöl

1890. Die US-amerikanischen Chemiker James Dewar und R. Redwood erhalten ein Patent auf ein Verfahren und eine Anlage zum thermischen Kracken von Erdöl.
Bei der üblichen fraktionierten Destillation von Rohöl wird dieses in seine verschieden schwerflüchtigen Bestandteile vom Heizgas bis zum Schweröl bzw. zu teerigen Substanzen zerlegt. Damit ist die Ausbeute an Heizöl fest durch die Zusammensetzung des Rohöls vorgegeben. Anders beim Kracken: Dieser Prozeß spaltet hochmolekulare organische Verbindungen thermisch in Kohlenwasserstoffe mit kleineren Molekülen auf. Das Kracken läßt sich so steuern, daß die Ausbeute an Heizöl steigt. Zum anderen lassen sich damit die schwer verwertbaren Rückstände der üblichen Rohöldestillation nutzen.
Das Verfahren beruht einfach darauf, daß man die Öldämpfe, die sich beim Erhitzen an den Wänden der Destillationsgefäße niederschlagen, dort leicht überhitzt, was zu thermischer Spaltung ihrer Moleküle führt. Ein ähnliches Verfahren mit gleicher Zielsetzung hatte nach Vorversuchen durch die US-Amerikaner Williams (1860), Young (1865) und Packham (1869), im Jahr 1887 der Chemiker Krey entwickelt, der Braunkohlenteer, Erdölrückstände, Stearinpech usw. unter Überdruck destillierte. Durch geeignete Druckerhöhung kommt es zu einer steuerbaren Siedepunktserhöhung und damit ebenfalls zu thermischem Kracken.

Rohölkrackanlage einer modernen Raffinerie in Ingolstadt

Lehrer beschreibt Raketentriebwerk

1890. Der russische Mathematiklehrer Konstantin E. Ziolkowski stellt eine Theorie des Raketenantriebs auf und begründet damit die Raketenwissenschaft.
Bereits 1881 hatte der Deutsche Hermann Ganswindt eine Konstruktion eines noch reichlich phantasievollen Raumfahrzeugs gegeben, das allerdings schon das wesentliche Prinzip des Raketenantriebs durch Rückstoß vorwegnahm.
Die Ideen Ziolkowskis werden – ausgehend von seinem Jugendtraum – zunehmend realistischer, und der

K. E. Ziolkowski

Lehrer untermauert sie schließlich mathematisch-wissenschaftlich: Er beschreibt steuerbare Triebwerke für Raketen, erklärt die in Experimenten mit Hühnern ermittelten Auswirkungen hoher Beschleunigungen auf Lebewesen, und entwirft künstliche Satelliten, die er »Sputnik« nennt.

Glas widersteht Kälteschock

1890. *Otto Schott (Abb.), Chemiker in Jena, entwickelt das erste temperaturwechselresistente Glas, ein Borosilikatglas (→ 1882), das bald als Zylindermaterial für Millionen von Gaslampen Verwendung findet.*
Oft steigen beim Auer-Glühstrumpf (→ 1885) die Temperaturen an der Zylinderwand bis in die Nähe der Glaserweichung. Das Glas muß aber auch den beim Erlöschen auftretenden Temperatursturz aushalten.

Marey baut erste Filmkamera

1890. *Der französische Physiologe Étienne Jules Marey übernimmt die von George Eastman entwickelten neuen Rollfilme (→ 1890), die keine Papierträger mehr besitzen, sondern aus transparentem Zelluloid bestehen, und verwendet sie in einer von ihm erfundenen »chronofotografischen Filmkamera« (Abb.: Bilder aus einem Marey-Film von 1890), einer verbesserten Version seines fotografischen Gewehrs (→ 1882).*

Rollfilme für Amateurmarkt

1890. *George Eastman verbessert den 1884 von ihm erfundenen Rollfilm (→ 8. 8. 1884) dadurch, daß er als Trägermaterial Zelluloid verwendet und nicht mehr Papier, von dem nach dem Entwickeln des Negativs die gehärtete Gelatine-Bildschicht sorgfältig abgelöst werden muß. Mit dem neuen Film und seinem inzwischen etablierten Entwicklungsservice erobert Eastmans Firma große Märkte (Abb.: Von George Eastman angebotene Amateurkamera).*

Datenerfassung mit Hollerith-Maschine

1890. Die → 1886 von Hermann Hollerith, einem US-Amerikaner deutscher Abstammung, entwickelte Lochkartenmaschine zum Auszählen und Auswerten von statistischen Daten besteht bei der Volkszählung in den USA ihre erste große Bewährungsprobe.
Während nach der Volkszählung von 1880, bei der die Daten von etwa 50 Millionen Menschen erfaßt wurden, 500 Helfer nahezu sieben Jahre damit beschäftigt waren, die Ergebnisse auszuwerten, bewältigt Hollerith die Angaben von rund 62 Millionen Menschen mit 43 Maschinen in nur vier Wochen.
Außerdem findet nach dem Vorbild der USA auch in Österreich eine Volkszählung statt, bei der sich ebenfalls Lochkartenmaschinen von Hollerith hervorragend bewähren. Ein gleiches Projekt in Deutschland stößt aber aus sozialpolitischen Gründen zunächst auf Widerspruch. Mit der Einführung der Maschinen würde ein großer Teil des für die manuelle Auszählung nötigen Personals arbeitslos.

Fortschritte beim Druck

1890. Max Levy verbessert in New York die Autotypie (→ 1881) qualitativ erheblich durch die Realisierung sehr feiner Raster.
Die Autotypie arbeitet nach dem Prinzip der Halbtonätzung. Diese hatte 1852 der britische Naturwissenschaftler William Henry Fox Talbot erfunden. Der Physiker und Chemiker versuchte, ein Verfahren zum Abdruck von Bildern in Zeitungen zu entwickeln. Da die bisher üblichen Druckverfahren nur zwei Töne, nämlich Weiß und Schwarz, kennen, Bildwiedergaben aber den Druck von fein abgestuften Grauwerten erforderlich machen, suchte er nach einem geeigneten Weg, mit den konventionellen Hochdruckmitteln auch Halbtöne auf das Papier zu bringen. Er fand die Lösung in der Aufrasterung der Bildvorlage. Mit Hilfe winziger, verschieden großer schwarzer Punkte konnte er verschiedene Schwärzungsgrade des Papiers erzielen und damit den Eindruck verschieden starker Grautöne hervorrufen. Levy gelingt es, diese Punktraster sehr fein auszuführen. Er erreicht bis zu 3000 Punkte je Quadratzentimeter, indem er eine Glasplatte mit Ätzgrund abdeckt, mit einer Maschine Linien in diesen einritzt, das Glas an den freigelegten Stellen ätzt und schließlich nach Abwaschen des Ätzgrundes die feinen Rillen mit Email ausfüllt. Um das Punktraster zu erzeugen, legt er zwei Glasplatten mit eingeätzten Linien kreuzweise übereinander.

Autotypie-Druckplatte von Georg Meisenbach aus dem Jahre 1881

Fernschreibsender eines »Telautographen« der Firma Mix & Genest

Bildübertragung mit Telautograph

1890. Elisha Gray aus den USA erfindet den Telautographen zur elektrischen Bildübertragung. Er zerlegt die Zeichenstiftbewegungen in zwei rechtwinklig zueinander stehende Komponenten, die er in Widerstands- und damit in Stromänderungen umsetzt. Im Empfänger steuern die getrennt übertragenen Stromkomponenten einen Zeichenstift, der sich analog bewegt.

1891

Der britische Physiker George Johnstone Stoney schlägt für die Elementarteilchen, die elektrische Ladung tragen, die Bezeichnung »Elektronen« vor. →

Der russische Elektrotechniker Michail O. Doliwo-Dobrowolski errichtet zwischen Lauffen am Neckar und Frankfurt am Main die erste Übertragungsanlage für hochgespannten Drehstrom. →

Der österreichische Physiker Ernst Lecher beobachtet erstmals stehende Wellen auf Leitungen.

Max Mannesmann, ein Industrieller aus Remscheid, erhält ein Patent auf das Pilgerschritt-Walzverfahren zum Auswalzen von Rohren (→ 1885).

Albert Abraham Michelson, ein US-amerikanischer Physiker polnischer Abstammung, erfindet das Interferometer zur Bestimmung der Wellenlänge des Lichts.

Nach Plänen des deutschen Physikers Ernst Abbe stellt Carl Zeiss leistungsfähige Binokularfernrohre her (→ 1882).

Der deutsche Ingenieur Otto Lilienthal beginnt mit Gleitflugversuchen (→ 1889).

Das erste unter Wasser verlegte Telefonkabel (zwischen England und Frankreich) wird in Betrieb genommen.

In den Vereinigten Staaten erhält Thomas Alva Edison Patente auf ein »Kinetoskop«, einen Filmprojektor, und eine Filmkamera, die der US-amerikanische Erfinder »Kinetograph« nennt (→ 28. 12. 1895; 1896). Schon 1888 hatte ihm Eadweard Muybridge vorgeschlagen, seine Serienfotografien (→ 1872) und Edisons Phonographen (→ 1877) zu sprechenden Bildern zu vereinen.

Der französische Chemiker Hilaire Bernigaud Graf von Chardonnet de Grange beginnt mit der kommerziellen Herstellung der von ihm → 1884 erfundenen und 1889 erstmals für die Erzeugung von Textilstoffen verwendeten Kunstfaser.

GESTORBEN:

26. 1. Köln: Nikolaus August Otto (* 14. 6. 1832, Holzhausen), deutscher Ingenieur.

GEBOREN:

8. 1. Oranienburg: Walter Wilhelm Bothe († 8. 2. 1957, Heidelberg), deutscher Physiker.

5. 7. Yonkers/New York: John Howard Northrop († 27. 5. 1987, Arizona), US-amerikanischer Biochemiker.

20. 10. Manchester: Sir James Chadwick († 23. 7. 1974, Pinehurst/Cambridge), britischer Physiker.

Präzisionskleinteile aus Serienfertigung

Die Industrie braucht immer mehr Präzisionskleinteile in großen Stückzahlen. Zu konkurrenzfähigen Preisen und mit akzeptablen Fertigungstoleranzen lassen sie sich nur in Großserien herstellen. Da es noch keine Fertigungsautomaten für mehrstufige Produktionsprozesse gibt, entstehen Maschinensäle mit größeren Gruppen gleichartiger Werkzeugmaschinen, die alle für jeweils nur einen einzigen Arbeitsgang (Abb.: mechanische Stahlkugelfertigung [→ 1883]) fest eingestellt sind.

Überlandleitung für Strom

1891. Zwischen Lauffen am Nekkar und Frankfurt am Main errichtet Michail O. Doliwo-Dobrowolski die erste Übertragungsanlage für hochgespannten Drehstrom (→ 1880). Der russische Elektrotechniker realisiert damit erstmals eine Strom-Fernleitung.

Die Leitung dient zunächst experimentellen Zwecken. Doliwo-Dobrowolski betreibt am Ende der fast 200 km langen Freileitung Drehstrommotoren. Er weist darauf hin, daß die Motoren mit größerem Drehmoment anlaufen, wenn man beim Hochfahren in den Ankerstromkreis Regelwiderstände schaltet. Die AEG nimmt die Serienproduktion dieser Motoren auf.

Drehstrommotor an der ersten Hochspannungs-Fernleitung

Stoney prägt den Begriff »Elektron«

1891. Der britische Physiker George Johnstone Stoney, der schon 1874 auf der »British Association« in Belfast vorgetragen hatte, daß sich der elektrische Strom aus lauter kleinen Ladungsteilchen zusammensetzen müsse, die er »elektrische Atome« nannte, prägt für diese elementaren Ladungsträger die Bezeichnung »Elektronen«.

Er knüpft damit u. a. an die Ausführungen des deutschen Physikers Hermann von Helmholtz an, der in der Elektrizität so etwas wie ein sehr feines Gas sieht, dessen kleinste Teilchen sich in Festkörpern bewegen können wie Wasser in einem Schwamm (→ 1897).

Pferdebahn prägt das Städtebild in Europa

Obwohl in mehreren europäischen Städten seit den 1880er Jahren Dampfstraßenbahnen verkehren (Hamburg, Karlsruhe, Duisburg, München, Paris usw.) und sich auch schon die ersten elektrischen Straßenbahnen bewähren (Berlin, → 1884), sind die am meisten verbreiteten öffentlichen Verkehrsmittel in Europas Großstädten immer noch die Kutschen und seit den 60er Jahren des 19. Jahrhunderts die Pferdestraßenbahnen. Selbst in London bedient die Hochbahn nur die Strecke zwischen dem Stadtzentrum und den Außenbezirken (Abb.: Die letzte Bonner Pferdebahn, 1909).

1892

Die Chemiker Charles Frederick Cross, Edward John Bevan und Clayton Beadle entdecken die Viskose. →

Die beiden deutschen Wissenschaftler Oswald Gerloff und Georg Meißner fotografieren mit einer Spezialkamera erstmals am lebenden Menschen die Netzhaut des Auges. →

In Paruschowitz bei Rybnik in Oberschlesien wird das bislang tiefste Bohrloch angelegt. →

A. Kühlewein erfindet den Asbestzement. →

Der Österreicher Ernst Lecher bestimmt die Fortpflanzungsgeschwindigkeit der elektromagnetischen Wellen. →

Der Physiker Pollak entwickelt einen mechanischen Wechselstromgleichrichter. →

Die Firma Siemens & Halske legt in Berlin die erste Trolleybus-Versuchsstrecke an. →

Der deutsche Kraftfahrzeugingenieur Wilhelm Maybach entwickelt die Spritzdüsenvergaser mit Schwimmer. →

Almon Brown Strowger, ein US-amerikanischer Elektrotechniker, erfindet den Heb-Drehwähler für Selbstwähl-Fernämter. →

Mit der großtechnischen Herstellung von Acetylen versucht Thomas L. Wilson dieses Gas als Beleuchtungsmittel durchzusetzen. →

Der deutsche Ingenieur Rudolf Diesel erhält ein Patent auf den nach ihm benannten Motor. →

Der US-amerikanische Elektroingenieur Emil Berliner entwickelt ein Verfahren, Schallplatten von einer »Vaterplatte« zu vervielfältigen. →

Der Schotte James Dewar und der Deutsche Reinhold Burger entwickeln gemeinsam die Thermosflasche. →

24. 4. Bei einer Vorführung in Gegenwart des deutschen Kaisers Wilhelm II. schießt ein neuentwickeltes Geschütz der Krupp Stahlwerke 20 km weit. →

GESTORBEN:

6. 12. Berlin: Werner von Siemens (* 13. 12. 1816, Lenthe/Hannover), deutsche Erfinder und Unternehmer.

GEBOREN:

3. 5. Cambridge: George Paget Thomson († 10. 9. 1975, Cambridge), britische Physiker.

15. 8. Dieppe: Louis Victor de Broglie († 24. 12. 1976, Paris), französischer Physiker.

6. 9. Bradford: Edward Victor Appleton († 21. 4. 1965, Edinburgh), britische Physiker.

10. 9. Wooster/Ohio: Arthur Holly Compton († 15. 3. 1962, Berkeley/Kalifornien), US-amerikanischer Physiker.

Verbrennungsmotor ohne Zündkerzen

1892. Der 34jährige deutsche Maschinenbau-Ingenieur Rudolf Diesel beantragt ein Patent (erteilt 1893) auf einen Verbrennungsmotor, der ohne Zündkerzen mit Selbstentzündung des Treibstoffs arbeitet.

Der Motor kommt nicht nur ohne elektrische Zündanlage aus, er benötigt auch keinen Vergaser. Er arbeitet in zwei oder vorzugsweise so in vier Takten: Zunächst gleitet der Kolben im Zylinder abwärts. Dabei saugt er lediglich Frischluft an. Im zweiten Takt wandert der Kolben nach oben und verdichtet die Luft derart stark, daß sie sich auf 700 bis 900 °C erhitzt. In die komprimierte, heiße Luft wird sodann der Treibstoff (schwer entflammbare Kohlenwasserstoffe, sog. Dieselöl) eingespritzt, der sich sofort selbst entzündet und im dritten Hub den Kolben unter Arbeitsleistung zurücktreibt. Im vierten Hub gleitet der Kolben wieder nach oben und stößt die Verbrennungsabgase aus.

Rudolf Diesel, der Erfinder des Schwerölmotors (Dieselmotor)

Wegen der sehr hohen Kompression müssen die Zylinderwände und der Kolben äußerst massiv gebaut werden, damit sie den großen auftretenden Kräften standhalten. Die er-

Patenturkunde für Diesels selbstzündende Verbrennungskraftmaschine

sten Dieselmotoren eignen sich deshalb nicht als Antrieb für Kraftfahrzeuge. Sie werden in der Industrie und besonders in Kraftwerken zunächst stationär betrieben (→ 1896).

Neuer Maybach-Vergaser

1892. Der deutsche Ingenieur Wilhelm Maybach baut als Antrieb für Autos den sog. Phoenix-Motor (→ 1886). Die entscheidende Verbesserung gegenüber bisherigen Motoren stellt dabei der von Maybach erfundene Spritzdüsenvergaser dar, den der technische Direktor der Daimler-Motoren-Gesellschaft 1893 noch weiterentwickelt. Mit ihm ist eine den veränderlichen Motorleistun-

gen entsprechende, rasche und elastische Anpassung der Gemischbildung möglich, die zu einem höheren Wirkungsgrad führt. Maybachs neuer Vergasertyp ist außerdem wesentlich kleiner als die alten Oberflächenvergaser.

Die Benzinzerstäubung geschieht durch den Aufprall eines Treibstoffstrahls gegen einen getreppten Kegel bei gleichzeitiger Luftbeimischung.

SPRITZDÜSENVERGASER

1. Kraftstoff-Zuführung
2. Luft-Zuführung
3. Nadelventil
4. Schwimmer
5. Kraftstoff
6. Spritzdüse
7. Prallplatte
8. Drosselklappe
9. Kraftstoff-Luftgemisch zum Motor

© Harenberg

Funktionszeichnung zu Maybachs Spritzdüsenvergaser: Die Kraftstoffvergasung erfolgt in einem Luftstrom, indem aus der Spritzdüse Benzin austritt und gegen einen Prallplattenkonus strömt; damit dies stets unter gleichem Druck geschieht, wird das Benzin zuvor in einem Behälter durch ein Schwimmerventil niveaugeregelt

In Berlin verkehren Oberleitungsbusse

1892. Die Firma Siemens & Halske legt in Berlin Versuchsstrecken für Oberleitungsomnibusse an. Ein erster Versuchs-Trolleybus war schon 1882 über den nicht ausgebauten Kurfürstendamm gerattert – ein umgebauter Jagdwagen, der Strom aus einer Oberleitung bezog.

Motorisch angetriebene öffentliche Verkehrsmittel setzen sich gegenüber den Pferdefahrzeugen in zahlreichen Großstädten nur langsam durch (→ 1891). Zunächst waren es die dröhnenden und stinkenden Dampfmotoren, die in den dicht bevölkerten Innenstädten auf Proteste stießen. Straßenbahngleise einschließlich der anfangs benutzen Stromabnehmerschienen ließen sich in den engen Straßenschluchten oftmals nicht verlegen, und der Bau von Untergrundbahnen war sehr zeitraubend und aufwendig. Mit der Oberleitung (→ 1884), dem Fahrdraht, entfiel zwar das Problem der gefährlichen stromführenden Schienen auf Fahrbahnhöhe, aber die störenden Gleise blieben in engen Straßen ärgerlich. So versucht es die Firma Siemens & Halske erfolgreich mit elektrischen Bussen, die nicht an ein Schienennetz gebunden sind.

Beton wasserdicht mit Asbestzement

1892. Der Ingenieur A. Kühlewein erfindet den Asbestzement. Dieses neue Material, das neben Zement das faserige Mineral Asbest – aus Kanada – enthält, bindet zu einem völlig wasserdichten Beton ab. Es bewährt sich schon bald als Baustoff zur Herstellung von Kalt- und Heißwasserbassins, von Schwimmbecken, Zisternen usw.

Asbest ist ein helles bis dunkelgrünes feinfaseriges Silikatmineral, das chemisch sehr resistent ist. Es brennt nicht und ist unempfindlich gegen viele Säuren und Laugen. Außerdem ist Asbest ein schlechter Wärmeleiter und schmilzt erst bei 1100 °C (Hornblende-Asbest) bzw. 1500 °C (Serpentin-Asbest).

Asbestzement ist zug- und biegefest und eignet sich deshalb hervorragend zur Herstellung von dünnwandigen Formkörpern wie Wellplatten, Rohren, extrudierten Profilen, Blumenkästen usw.

Garnspinnen aus flüssiger Lösung

1892. Die Chemiker Charles Frederick Cross, Edward John Bevan und Clayton Beadle entdecken die »Viskose«, eine Lösung von Zellulosenatriumxanthogenat in vierprozentiger Natronlauge. Der gelöste Stoff wird aus Zellulose, Natronlauge sowie Schwefelkohlenstoff hergestellt.

Die flüssige Viskose eignet sich zur Herstellung von Kunstfasern. Sie läßt sich durch feine Gold- oder Platindüsen in ein Koagulationsbad aus Schwefelsäure, Natrium- und Zinksulfat pressen. Dabei fallen die in ihr enthaltenen 5 bis 9% Zellulose als feine Fäden aus, die sich zu Viskosegarn verspinnen lassen. Die Fäden müssen nachbehandelt werden, nämlich entsäuert, entschwefelt, gebleicht, gewaschen und getrocknet werden. Das Viskosegarn entwickelt sich bald zu einer beliebten Chemiefaser für verschiedenste Anwendungszwecke.

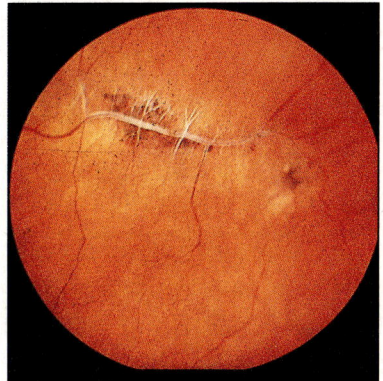

Netzhaut fotografiert

1892. *Den deutschen Wissenschaftlern Oswald Gerloff und Georg Meißner gelingt es erstmals, die Netzhaut des Auges (Abb.) beim lebenden Menschen zu fotografieren. Da die Netzhaut im Augenhintergrund liegt, muß sie mit einem Spezialobjektiv durch die Pupille hindurch bei gleichzeitiger Ausleuchtung des Augeninneren fotografiert werden.*

Elektromagnetische Wellenausbreitung

1892. Der österreichische Physiker Ernst Lecher errechnet die Fortpflanzungsgeschwindigkeit elektromagnetischer Wellen (→ 1887). Sie beträgt danach 299 800 bis 299 900 km/s.

Sein deutscher Fachkollege Heinrich Hertz hatte diese Geschwindigkeit aus Messungen von Frequenz und Wellenlänge zu niedrig mit 280 000 km/s angegeben. Lecher arbeitet mit zwei Kondensatoren, einem Rühmkorff-Induktor (→ 1850), einer Kugelfunkenstrecke und zwei parallelen Kupferdrähten, auf denen er durch oszillierende Entladungen an der Funkenstrecke stehende Wellen erzeugt. Zwischen zwei Drahtenden legt er eine Geißlersche Röhre (→ 1854), die abwechselnd aufleuchtet und erlischt, wenn er einen Kurzschlußbügel auf den Drähten verschiebt. Er ermittelt so die Entfernung zwischen Wellenknoten und -bäuchen.

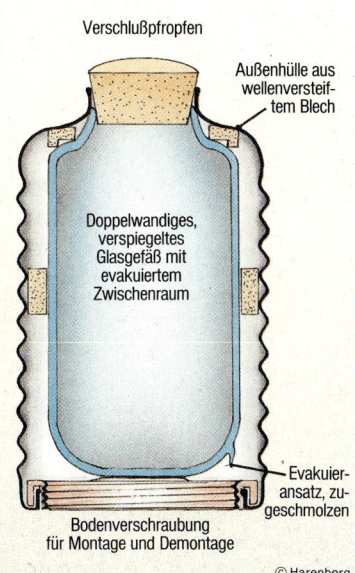

Prinzip der Thermosflasche

Verschlußpfropfen

Außenhülle aus wellenversteiftem Blech

Doppelwandiges, verspiegeltes Glasgefäß mit evakuiertem Zwischenraum

Evakuieransatz, zugeschmolzen

Bodenverschraubung für Montage und Demontage

© Harenberg

Thermosflaschen

1892. *James Dewar aus Schottland und der Deutsche Reinhold Burger entwickeln die Thermosflasche, bei der die Verspiegelung der Glaswände die Wärmestrahlung reflektiert und der luftleere Zwischenraum Wärmeleitung und Konvexion verhindert.*

Wechselstrom verdrängt Gleichstrom

1892. Ein deutscher Physiker namens Pollak erfindet in Frankfurt am Main einen mechanischen Gleichrichter, mit dem es ihm gelingt, Wechselstrom so in intermittierenden Gleichstrom zu verwandeln, daß sich damit Akkumulatoren (→ 1854) aufladen lassen. Mit einem rotierenden Mechanismus – analog zu dem Kollektor des Gleichstromdynamos (→ 1867) – polt der Gleichrichter jede zweite Halbwelle des Wechselstroms um.

Seit Ende der 1880er Jahre ersetzt der Wechselstrom in zunehmendem Maß den Gleichstrom. Der Durchbruch war mit der Entwicklung des Dreiphasensystems gelungen (→ 1880). – Im April 1878 erhielt die Firma Siemens & Halske das erste deutsche Patent auf eine Wechselstrom-Dynamomaschine. Die Maschine ließ sich kleiner bauen als der Gleichstromdynamo und arbeitet zuverlässiger; die Spulenwicklungen konnten besser isoliert werden, und deshalb konnte man den Wechselstromgenerator auch für höhere Spannungen auslegen. Weil es im Unterschied zur Gleichstrommaschine keine empfindlichen Kollektoren mehr gab, durften auch die Ströme höher gewählt werden. Den offensichtlichen Vorteilen der

Wechselstromdynamo- und Erregermaschine der Berliner Firma Siemens & Halske, wie sie um die Jahrhundertwende in Kraftwerken zum Einsatz kommt

Wechselstromerzeugung standen scheinbare Nachteile bei ihrem Gebrauch gegenüber. Der Bau von Wechselstrommotoren stieß anfänglich auf erhebliche Schwierigkeiten. Die meisten Experten – unter ihnen so berühmte Elektrotechniker wie der Franzose Marcel Deprez – gaben dem Wechselstrom im Gegensatz zum Gleichstrom keine Zukunftschancen.

So wurden denn zunächst Gleichstromkraftwerke gebaut. Das hat sich seit der Erfindung des Drehstrommotors grundlegend gewandelt. Die neuen Zentralen liefern ausschließlich Wechselstrom, der vorwiegend nachgefragt wird; nur zum Wiederaufladen der mobilen Stromquellen, der Akkumulatoren, eignet er sich natürlich nicht. Hier schafft Pollaks Erfindung Abhilfe.

Geschütz von Krupp schießt 20 km weit

24. April 1892. Ein neuentwickeltes Geschütz für 215-kg-Geschosse der Stahlwerke von Friedrich Alfred Krupp in Essen erreicht in Gegenwart von Kaiser Wilhelm II. eine Weite von 20 km.

Nach der Einführung des gezogenen Laufs versuchte man in Großbritannien, Frankreich, Italien und den USA größere Schußweiten bei gleichzeitig schwereren Geschossen durch Kalibervergrößerung zu erreichen. Im Gegensatz dazu arbeitet Krupp mit schlankeren Rohren, verlängertem Lauf und höheren Mündungsgeschwindigkeiten aufgrund gesteigerter Ladungen.

Licht aus Acetylen

1892. Nachdem schon → 1862 Friedrich Wöhler erkannt hatte, daß Acetylen mit heller Flamme brennt, erzeugt Thomas L. Wilson in den USA dieses Gas jetzt großtechnisch für die Beleuchtung (Abb.: Acetylen-Fahrradlampe, um 1923).

In Oberschlesien tiefstes Bohrloch

1892. Auf Anregung von Bergrat Köbrich aus Schönebeck wird in Paruschowitz bei Rybnik in Oberschlesien das bislang tiefste Bohrloch der Welt niedergebracht. Gebohrt wird mit Vollschnittbohrkronen. Die Sohle liegt 2003,34 m unter der Erdoberfläche.

Köbrich mißt in dem Loch eine Zunahme der Temperatur mit der Tiefe von 12° bis 69 °C.

Das bis dahin tiefste Bohrloch wurde in Schladebach bei Merseburg angelegt. Es reichte 1768,04 m weit hinab. Auch hier hatte man eine Temperatursteigerung mit fortschreitender Tiefe festgestellt.

Hebdrehwähler

1892. Almon Brown Strowger, der → 1889 die automatische Gesprächsvermittlung erfand, stellt den von seinen Partnern entwickelten Hebdrehwähler vor, der in der Zentrale Impulse von Telefonwählscheiben (Abb.) verarbeitet.

Kopien von Schallplatten

1892. In Serie fertigt der Erfinder der Schallplatte und des Grammophons (→ 1887), Emil Berliner, jetzt seine Tonträger.

Der Elektroingenieur aus den USA erzeugte seine Schallplatten bisher durch Beschreiben einer Zinkplatte mit einem am Mikrofon befestigten Metallgriffel und anschließendes Einätzen der Rillen. Doch mußte noch immer jede Platte einzeln hergestellt werden. Wollte man mehrere Platten mit demselben Inhalt produzieren, dann mußte der Sprecher oder Sänger seine Darbietung für jede einzelne Aufnahme wieder-

holen. Den Klang von Orchestern konzentrierte Berliner mit riesengroßen Schalltrichtern.

Jetzt arbeitet Berliner mit »Vaterplatten«. Er stellt von der Originalplatte ein nickelüberzogenes Kupfernegativ her. Mit dieser Form preßt er Positive aus vulkanisiertem Gummi. Doch das Material bewährt sich für Schallplatten nicht, weil es sich beim Gebrauch schnell verzieht und abnutzt.

1895 ersetzt Berliner es durch Schellack und ermöglicht damit, die Schallplatte als Massenartikel auf den Markt zu bringen.

1893

Auf dem Mont Blanc wird das höchstgelegene meteorologische Observatorium Europas in Betrieb genommen. →

Der französische Ingenieur De Place erfindet einen »Schiseophon« genannten Apparat zur Materialuntersuchung von metallischen Werkstücken. →

Hubert von Herkomer, ein deutsch-englischer Grafiker, erfindet die Monotypie, eine besondere Art des Kupferdrucks (→ 1446).

Auf der elften Weltausstellung in Chicago werden durch einen Elektrikerkongreß die Einheiten Henry, Joule und Watt festgelegt. →

Der englische Telegraphen-Ingenieur William Preece erkennt, daß ein stromdurchflossener Leiter in einem anderen Leiterkreis Induktionsströme erzeugen kann. Nach diesem Verfahren stellt er eine telegraphische Verbindung über 8 km Entfernung her. →

Jesse W. Reno, ein New Yorker Industrieller, installiert im Cortland-Street-Bahnhof einen Personenschrägaufzug. →

Auf dem 5075 m hohen Chachani in der Nähe von Arequipa in Peru installiert der US-amerikanische Metereologe Abbott Lawrence Rotch das bisher am höchsten gelegene Observatorium der Welt. →

Die Firma W. Spindler in Berlin führt den Tetrachlorkohlenstoff in die chemische Reinigungstechnik ein. →

Nikola Tesla, ein US-amerikanischer Physiker serbischer Herkunft, entdeckt Wellenphänomene bei hochgespannten Strömen hoher Frequenz, das sog. »Tesla-Licht«. →

Edward D. Libbey aus den USA erfindet die Glasfasern. →

Der Ingenieur Whitcomb L. Judson aus den USA erfindet den Reißverschluß. →

In verschiedenen Ländern werden »Kinetoskopsalons« mit Münzautomaten eingerichtet, die sich eines Patents von Thomas Alva Edison aus den USA (→ 1891) bedienen.

Der französische Physiologe Étienne Jules Marey erhält ein Patent auf einen Projektor, einen Vorläufer des modernen Kinoprojektors.

6. 8. Nach neunjähriger Bauzeit eröffnet die Société internationale du Canal maritime de Corinth den 6,3 km langen Kanal durch den Isthmus von Korinth.

GEBOREN:

29. 4. Walkerton/Indiana: Harold Clayton Urey († 6. 1. 1981, La Jolla/Kalifornien), US-amerikanischer Chemiker.

Zerstörungsfreie Werkstoffprüfung

1893. Der französische Ingenieur De Place erfindet einen Apparat zur zerstörungsfreien Prüfung von metallischen Werkstücken auf verborgene Lunker, Risse, Spannungen usw. Er untersucht damit Wellen, Achsen, Radreifen, Eisenbahnschienen, Geschützrohre u. a. und stellt Materialfehler bis zu 18 cm tief unter der Oberfläche fest.

Dieses »Schiseophon« ist eine Kombination von Mikrofon und Telefon. Dazu kommt eine »Perkussionsvorrichtung«, die an der Oberfläche des Untersuchungsgegenstands trommelnde Töne erzeugt. Das Mikrofon nimmt die reflektierten Schallwellen auf und macht sie im Telefon hörbar.

Libbey stellt in USA Garn aus Glas her

1893. Der US-Amerikaner Edward D. Libbey führt in Chicago ein Kleid aus schwarzer Seide mit eingewebten Glasfasern vor.

Feine Glasfäden für seine Glaswolle erzeugte schon → 1868 der böhmische Glasmacher P. Weiskopf. Libbeys Textilglas muß besonders flexibel sein, was Glasfilamente von nur 5 bis 18 μm Durchmesser voraussetzt. 50 oder mehr dieser Glasseidenfäden werden zu Glasspinnfäden zusammengefaßt. Durch Verdrallen entsteht daraus Glasseidengarn, das sich zu Glasseidenzwirn zusammendrehen läßt.

Garn aus feinsten Glasfasern für die Herstellung von Textilien

Das in 4347 m Höhe westlich des Mont-Blanc-Hauptgipfels errichtete meteorologische Vallot-Observatorium

Neue elektrische Einheiten definiert

1893. Auf der elften Weltausstellung in Chicago legt der dort tagende Elektrikerkongreß per Definition verbindlich die Einheiten Henry, Joule und Watt fest.

Nach der neuen Definition ist 1 Henry (H) die Einheit der elektrischen Induktivität. Sie gibt die induzierte Spannung pro Stromänderung in der Zeiteinheit an: $1\,H = 1\,Volt\,(V) \cdot 1\,s/1\,Ampere\,(A)$.

1 Joule (J) ist die Arbeit, die geleistet wird, wenn die Kraft von 1 Newton (N) längs des Weges von 1 m wirkt: $1\,J = 1\,Nm = 1m^2kg/s^2$.

1 Watt (W) ist die elektrische Leistung, die 1 Ampere bei 1 Volt Spannung an einem Widerstand erbringt: $1\,W = 1\,V \cdot 1\,A$.

Meteorologen forschen im Hochgebirge

1893. Zwei meteorologische Observatorien, die hinsichtlich ihrer Höhenlage Superlative darstellen, nehmen ihre Arbeit auf.

Am Mont Blanc wird in 4347 m Höhe das Vallot-Observatorium eingerichtet. Noch höher liegt die neue Forschungsstation bei Arequipa im Südwesten Perus. Sie befindet sich auf dem 5075 m hohen Andenberg Chachani. Eingerichtet hat sie Abbot Lawrence Rotch.

Die Anlage der Forschungsstationen in so extremen Höhen ist eine technische wie menschlich-physische Höchstleistung. Das gesamte Bau- und Einrichtungsmaterial muß zusätzlich zur Ausrüstung des Bergsteigerteams auf tagelangen Anstiegen über weite Gletscherfelder und zum Teil über spaltenreiche Eisbrüche getragen werden.

Die Wetterstationen in den Hochgebirgen (→ 1873) helfen entscheidend, das meteorologische Fachwissen zu erweitern. Die Vorgänge in der Atmosphäre sind nur aus ihrem dreidimensionalen Zusammenhang zu verstehen und nicht allein aus dem Geschehen an der Erdoberfläche zu erklären. Wetterballone – auch bemannte Aufstiege (→ 1894) – tragen zur Kenntnis der meteorologischen Prozesse in großen Höhen aber nur wenig bei, weil die Bobachtungszeiträume sehr kurz sind. Typische Wetterentwicklungen erstrecken sich über viele Stunden und Tage, und klimatische Beobachtungen setzen monatelange fortlaufende Messungen voraus. Hierbei sind die ständig arbeitenden Höhenstationen, die mit automatischen Einrichtungen – wie Niederschlagsmeßgefäßen – und registrierenden Instrumenten ausgestattet sind, eine große Hilfe. Die Stationen müssen nicht ständig besetzt sein. Es genügt, wenn die registrierenden Instrumente ein- bis zweimal monatlich abgelesen werden.

Tesla entdeckt ein merkwürdiges Licht

1893. Nikola Tesla entdeckt ein eigentümliches Phänomen bei Wechselströmen hoher Spannung und hoher Frequenz. Der aus Serbien stammende US-Physiker zeigt, daß einpolige Glühlampen aufleuchten, wenn man sie einem stromdurchflossenen Leiter nähert, und daß luftleere Glasröhren ohne jede Elektrode glimmen, wenn man ein Ende festhält und das andere in die Nähe des Hochfrequenzleiters bringt. Außerdem stellt er fest, daß hochfrequente Ströme vom menschlichen Körper geleitet werden, ohne diesem zu schaden.

Rolltreppe für den New Yorker Bahnhof

1893. Der New Yorker Industrielle Jesse W. Reno installiert im Cortland-Street-Bahnhof seiner Heimatstadt einen Personenschrägaufzug in Form eines Transportbandes.

Das Förderband ist eine Endloskette von Platten, die unter einem Winkel von 25 bis 30° auf- bzw. abwärts läuft. Während der Beförderung stehen die Personen auf den längsgerillten Platten.

Gleichartige Anlagen werden 1894 am Kai von Coney Island und 1896 im Kaufhaus Siegel Cooper installiert. 1898 baut Reno ein solches Band im Londoner Kaufhaus Harrods. Rolltreppen mit waagerechten Stufen kommen erst 1911 auf.

Die sogenannte Stufenbahn, eine frühe Form der Rolltreppe, wie sie 1893 in den USA erfunden wurde; hier auf der Pariser Weltausstellung von 1900

Preece telegraphiert über 8 km drahtlos

1893. Der englische Telegrapheningenieur William Preece erkennt, daß es möglich ist, durch Induktion drahtlos zu telegraphieren. Ein modulierter Strom in einer Leiterschleife induziert in einer zweiten geschlossenen Schleife, die mit der ersten nicht leitend verbunden ist, einen ebenso modulierten Strom. Preece gelingt es, eine derartige Anordnung so zu optimieren, daß er eine telegraphische Verständigung bis zu 8 km Entfernung erzielt. Preece knüpft damit an Erkenntnisse des US-Physikers Trowbridge an (→ 1880). Seine Versuche regen bald andere Ingenieure zu eigenen Experimenten an (→ 1894).

1894

Chemische Reinigung in Berlin gegründet

1893. Die Firma W. Spindler in Berlin führt das chemische Reinigen mit Tetrachlorkohlenstoff ein. Tetrachlorkohlenstoff ist eine einfache Kohlenstoffverbindung, bei der alle vier Valenzen (→ 1857) des Kohlenstoffatoms mit Chloratomen besetzt sind. Es ist eine farblose, schwere, nicht brennbare und in Wasser unlösliche, giftige Flüssigkeit, die sehr gut Fette und andere organische Substanzen löst. Sie eignet sich zur sogenannten »Trockenreinigung«, weil das damit behandelte Textil nicht mit Wasser in Berührung kommt, das bei empfindlichen Kleidungsstücken die Form verdirbt oder die Größe ändert.

Naßreinigungsanlage, die noch ohne Tetrachlorkohlenstoff arbeitet

W. Judson erfindet den Reißverschluß

1893. Der Ingenieur Whitcomb L. Judson erfindet in Chicago eine Vorform des Reißverschlusses, die aus einer Reihe von Haken auf der einen und Ösen auf der anderen Seite besteht. Zieht man einen Schieber darüber, dann hängen sich die Haken in die Ösen ein.
Judson verwendet seinen Verschluß nur für Schuhe. Allerdings weist er noch erhebliche technische Mängel auf. Anfang des 20. Jahrhunderts verbessert der aus Schweden stammende US-Amerikaner Gideon Sundbäck den Reißverschluß (Patent 1906) durch ineinandergreifende Zähne.

Der US-Amerikaner Augustine Sackett meldet die Gipskartonplatte, ein Leichtbauelement mit beachtlicher Druck-, Biege- und Zugfestigkeit, zum Patent an. →

Der Deutsche Verein zur Förderung der Luftschiffahrt in Berlin läßt einen unbemannten Registrierballon für meteorologische Beobachtungen (»Cirrus«) bis zu 18 450 m Höhe aufsteigen (→ 4. 12. 1894).

Die französische Firma Métropole bringt das erste kettenlose Fahrrad mit Kardanwelle auf den Markt. →

Henry Hill aus Nottingham führt eine vollautomatische Strickmaschine ein, die auf dem Lochkarten-Steuerungssystem basiert.

Die Marine Steam Turbine Co. baut das erste Schiff mit Dampfturbinenantrieb. →

Der britische Ingenieur Hiram Stevens Maxim baut einen Flugdrachen mit 540 m² Flügelfläche, 3,625 t Gesamtgewicht und einem Dampfmotor von 360 PS.

Der italienische Ingenieur und Physiker Guglielmo Marchese Marconi sendet erstmals Radio-Funksignale. →

Der deutsche Physiker Ernst Abbe erfindet unabhängig von dem italienischen Optiker Ignazio Porro (→ 1854) das Prismenfernglas und beginnt mit der Serienfertigung.

Die britischen Chemiker William Ramsay und John William Strutt Rayleigh entdecken das Element Argon.

4. 12. Der deutsche Meteorologe und Aeronaut Joseph Arthur Stanislaus Berson erreicht im Freiballon eine Höhe von 9155 m. →

GESTORBEN:

1. 1. Bonn: Heinrich Rudolf Hertz (* 22. 2. 1857, Hamburg), deutscher Physiker.

8. 9. Charlottenburg: Hermann von Helmholtz (* 31. 8. 1821, Potsdam), deutscher Naturwissenschaftler.

7. 12. La Chênaie: Ferdinand Marie Vicomte de Lesseps (* 19. 11. 1805, Versailles), französischer Diplomat und Ingenieur.

8. 12. Petersburg: Pafnuti Lwowitsch Tschebyschow (* 16. 5. 1821, Okatowo/Kaluga), sowjetischer Mathematiker.

GEBOREN:

25. 6. Hermannstadt/Siebenbürgen: Hermann Julius Oberth, deutscher Physiker.

26. 11. Columbia/Missouri: Norbert Wiener († 18. 3. 1964, Stockholm), US-amerikanischer Mathematiker.

Funksignale ausgestrahlt

1894. Der Italiener Guglielmo Marchese Marconi sendet als erster Funksignale. Der 20jährige Autodidakt Marconi experimentiert mit den → 1888 von Heinrich Hertz entdeckten elektromagnetischen Wellen. Er baut einen Sender (Hertzschen Funkenerzeuger) und einen Empfänger, der dem 1890 von Édouard Branly entdeckten Effekt folgt, daß Radiowellen Eisenspäne »kohärieren«, also sie zusammenschließen und elektrisch leitend machen. Genügend kräftige Funken senden so starke elektromagnetische Wellen aus (→ 1880), daß der Empfänger noch in 3 km Entfernung anspricht und dort eine Signalglocke läutet (→ 1902).

Der Italiener Guglielmo Marconi; er sendet die ersten Funksignale

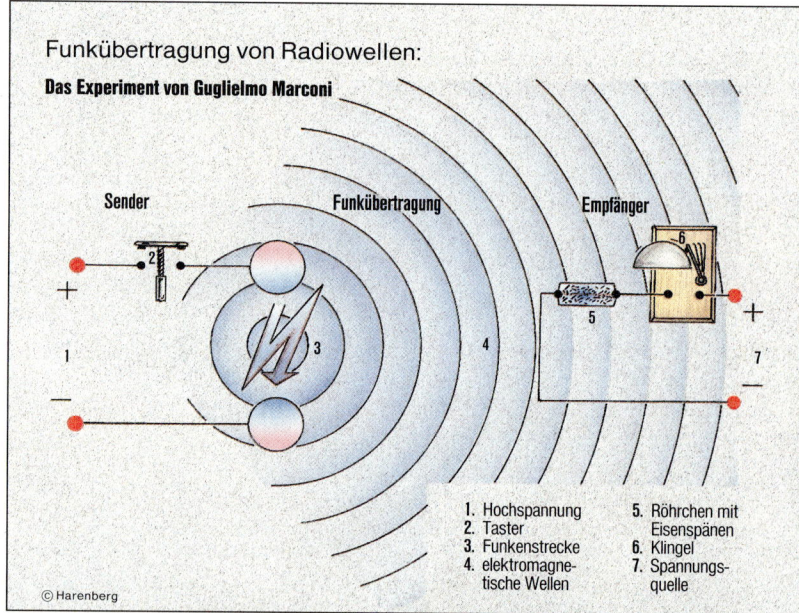

Funkübertragung von Radiowellen:

Das Experiment von Guglielmo Marconi

Sender · Funkübertragung · Empfänger

1. Hochspannung
2. Taster
3. Funkenstrecke
4. elektromagnetische Wellen
5. Röhrchen mit Eisenspänen
6. Klingel
7. Spannungsquelle

© Harenberg

Neu: Dampfturbine als Schiffsantrieb

1894. Die Marine Steam Turbine Co. baut in Großbritannien das erste Schiff mit Dampfturbinenantrieb (→ 1883), die »Turbinia«.
Das nur 30,48 m lange und 2,28 m breite 42-t-Dampfschiff ist ein Experimentalgefährt, in dem der britische Ingenieur Sir Charles Algernon Parsons seine entscheidend verbesserte Radialturbine ausprobieren will. 1897 gelingt ihm eine überzeugende Demonstration. Sein Schiff erreicht mit dem neuen Antrieb 34,5 Knoten. Das bisher schnellste Kriegsschiff mit klassischem Kolbendampfmaschinenantrieb erreichte allenfalls 27 Knoten.

Kraftübertragung mit Kardanwelle

1894. Die französische Firma Métropole der Gesellschaft Marié & Compagnie bringt ein kettenloses Fahrrad mit Kraftübertragung durch eine Kardanwelle auf den Markt. Das Rad heißt »Acatène«. Es setzt sich international durch.
Kurz zuvor hatte die belgische Fabrique Nationale d'Armes de Guerre in Lüttich, die neben Waffen auch Fahrräder herstellt, ein ähnliches Fahrrad mit Kardanwelle gebaut, blieb aber beim Vermarkten ebenso erfolglos wie der Erfinder dieser Kraftübertragung, Samuel Miller, der erstmals 1882 ein Dreirad damit ausstattete.

Maschine arbeitet vollautomatisch

1894. Henry Hill aus Nottingham führt für die Schiffchenstickmaschine das von dem französischen Seidenweber Joseph-Marie Jacquard 1805 für Webstühle entwickelte Lochkarten-Steuerungssystem ein (→ 1807).

Hills Verfahren spart die Arbeitskraft des Maschinenbedieners, macht aber die des Lochkartenschlägers erforderlich. Das Lochschema muß erarbeitet und dann präzise ausgestanzt werden. Da diese Arbeit sehr zeitaufwendig ist und einen qualifizierten Fachmann erfordert, ist der Einsatz der vollautomatischen Stickmaschinen nur bei Massenfertigung rentabel.

Mit Wetterballons bis zu 18 km Höhe

4. Dezember 1894. In einem Freiballon erreicht Joseph Arthur Stanislaus Berson eine Höhe von 9155 m. Der deutsche Meteorologe und Aeronaut sammelt bei diesem Aufstieg Wetterdaten.

Um meteorologisch wichtige Daten in großen Höhen zu gewinnen, lassen auch andere Wetterbeobachter 1894 Ballons aufsteigen. Der unbemannte Registrierballon »Cirrus« des Deutschen Vereins zur Förderung der Luftschiffahrt in Berlin stößt bis in 18 450 m Höhe vor.

Von den Ballons aus werden Messungen der Temperatur, des Luftdrucks und der Luftfeuchte vorgenommen (→ 1804).

Gipskartonplatte als Leichtbauelement

1894. Der US-Amerikaner Augustine Sackett erhält ein Patent auf die Gipskartonplatte.

Bei der Herstellung werden gebrannter Gips, Wasser und verschiedene Zuschlagstoffe, die Härte und Abbindezeit des Gipses beeinflussen, miteinander vermengt und auf den Unterkarton aufgebracht. Walzen verteilen den Gipsbrei gleichmäßig und drücken anschließend den Oberkarton fest.

Die als Sandwich aufgebauten Leichtbauelemente weisen trotz ihrer geringen Stärke eine beachtliche Druck-, Biege- und auch Zugfestigkeit auf.

Die Schweinfurter Pëzisions-Kugel-Lager-Werke Fichtel & Sachs beginnen mit der Fabrikation kugelgelagerter Fahrradnaben (→ 1883).

Der deutsche Physiker Ernst Abbe konstruiert ein Bildumkehrsystem für das terrestrische Fernrohr.

Die Maschinenfabrik Rhein und Lahn stellt Betonmaschinen her, die stündlich bis zu 40 m³ Fertigbeton liefern. →

Die Brüder André und Édouard Michelin verwenden erstmals Luftreifen an einem Auto.

Der Deutsche Wilhelm Fein erfindet in Stuttgart die elektrische Handbohrmaschine. →

An den Niagarafällen in den USA wird das erste größere Wasserkraftwerk gebaut. →

Der aus Deutschland stammende US-Elektroingenieur Emil Berliner bringt die Schellack-Schallplatte auf den Markt (→ 1892).

Die Franzosen Albert Marquis de Dion und Georges Th. Bouton entwickeln einen leichten Einzylindermotor mit Kurbelgehäuse aus Aluminium für Motorräder. →

Charles Fey baut in San Francisco den ersten Spielautomaten.

7. 5. Der russische Elektroingenieur Alexandr Popow verwendet erstmals das von ihm erfundene Empfangsgerät für elektrische Wellen (Dipolantenne). →

20. 6. Nach achtjähriger Bauzeit wird der nach den Plänen des Ingenieurs Otto Friedrich Bernhard Baensch angelegte Kaiser-Wilhelm-Kanal (Nord-Ostsee-Kanal) eröffnet.

8. 11. Wilhelm Conrad Röntgen entdeckt die X- oder Röntgenstrahlen. →

28. 12. Auguste und Louis Jean Lumiére zeigen in Paris die ersten Kinofilme. →

GESTORBEN:

8. 9. Rüsselsheim: Adam Opel (* 9. 5. 1837, Rüsselsheim), deutscher Maschinenbauer und Unternehmer.

28. 9. Villeneuve-L'Etang/Paris: Louis Pasteur (* 27. 12. 1822, Dôle), französischer Naturwissenschaftler.

GEBOREN:

15. 1. Helsinki: Artturi Ilmari Virtanen († 11. 11. 1973, Helsinki), finnischer Biochemiker.

12. 5. Niagara Falls/Kanada: William Francis Giauque († 28. 3. 1982, Berkeley), US-amerikanischer Physikochemiker.

8. 7. Wladiwostok: Igor Jewgenjewitsch Tamm († 12. 4. 1971, Moskau), sowjetischer Physiker.

Filmprojektionsapparat der Brüder Lumière aus dem Jahre 1897; die Vorrichtung über dem Objektiv nimmt verschieden große Filmrollen auf

Kino-Weltpremiere in Paris

28. Dezember 1895. Die Brüder Louis Jean und Auguste Lumière veranstalten in Paris die erste kommerzielle Filmvorführung. Nach nur drei Wochen belaufen sich ihre Tageseinnahmen auf 2500 Francs.

Das von den Brüdern Lumière verwendete Vorführgerät ähnelt weitgehend dem Filmprojektor, den 1891 Thomas Alva Edison in den USA erfunden, aber im Ausland nicht zum Patent angemeldet hatte. In der Absicht, seinen Projektor für bewegte Bilder zu verbessern, hatte sich der Engländer Eadweard Muybridge (→ 1872) an Edison gewandt. Muybridge wollte das Gerät, das er wegen seiner Projektion von Tierbewegungsstudien »Zoopraxiskop« nannte, gerne mit Edisons Phonographen (→ 1877) kombinieren, um damit »sprechende Bilder« vorführen zu können.

Edison zeigte sich zunächst uninteressiert, weil er in einem Filmprojektor im Gegensatz zu seinem Phonographen nur ein Mittel billiger Unterhaltung sah. Später beschäftigte er sich dann doch mit dem Vorschlag; 1891 meldete er ein eigenes »Kinetoskop« und einen dazugehörigen »Kinetographen«, eine Filmkamera, zum Patent in den USA an. Das Kinetoskop war kein Filmprojektor, sondern ein Betrachtungsgerät für bewegte Bilder, das jeweils nur von einer Person benutzt werden konnte. Der innere Aufbau des Kinetoskops entsprach aber bereits weitgehend dem späterer Filmprojektoren: Ein endloser, 35 mm brei-

Die Brüder Auguste (links) und Louis Jean (rechts) Lumière

ter Zelluloidfilm mit Randperforation lief über zahlreiche Walzen im Zickzack (um den Film in ganzer Länge unterbringen zu können) um. Zwischen zwei größeren Führungsrädern passierte er eine Betrachtungsoptik, der gegenüber eine Lichtquelle leuchtete. Ein schlitzförmiger Drehverschluß unterbrach den Lichtstrahl im Bildrhythmus. Der Film lief mit einer Geschwindigkeit von 46 Bildern pro Sekunde. Die Gesamtvorführung dauerte nur 15 Sekunden (→ 1896).

Die Gebrüder Lumière gehen einen entscheidenden Schritt weiter. Sie machen aus dem Kinetoskop einen Filmprojektor, der Bilder von Rollen vorführt.

Röntgen entdeckt unsichtbare Strahlen

8. November 1895. Wilhelm Conrad Röntgen, Professor für Physik an der Universität Würzburg, entdeckt eine dem Licht verwandte, aber unsichtbare elektromagnetische Strahlung, die die Fähigkeit besitzt, feste Körper zu durchdringen. Er nennt sie X-Strahlen.

Röntgen beschäftigt sich mit Kathodenstrahlen, die der Physiker Julius Plücker → 1859 entdeckt hatte und die sich in Geißlerschen Röhren (→ 1854) beobachten lassen. In diesen fast luftleer gepumpten Röhren muß ein geringer Luftrest verbleiben, weil sich sonst keine neuen Ionen bilden können und eine Entladung nicht einsetzen würde.

Seit Plücker und Johann Heinrich Wilhelm Geißler hat man die Kathodenstrahlröhren wesentlich verbessert. Aus den Kathoden treten die Elektronenstrahlen relativ gut gebündelt aus. Sie durchfliegen die Röhre geradlinig mit großer Geschwindigkeit. Diese Geschwindigkeit ist von der Spannung, die an die Röhre angelegt wird, abhängig. Bei 1000 Volt beträgt sie 18 700 km/s, bei 100 000 Volt 165 000 km/s und bei einer Million Volt liegt sie mit 285 000 km/s fast bei der Lichtgeschwindigkeit.

Mit derartigen Glühkathodenröhren experimentiert Röntgen. Er konzentriert den Elektronenstrom mit einer hohlspiegelförmigen Kathode auf eine möglichst kleine Fläche der gegenüberliegenden Glasröhrenwand, umhüllt die ganze

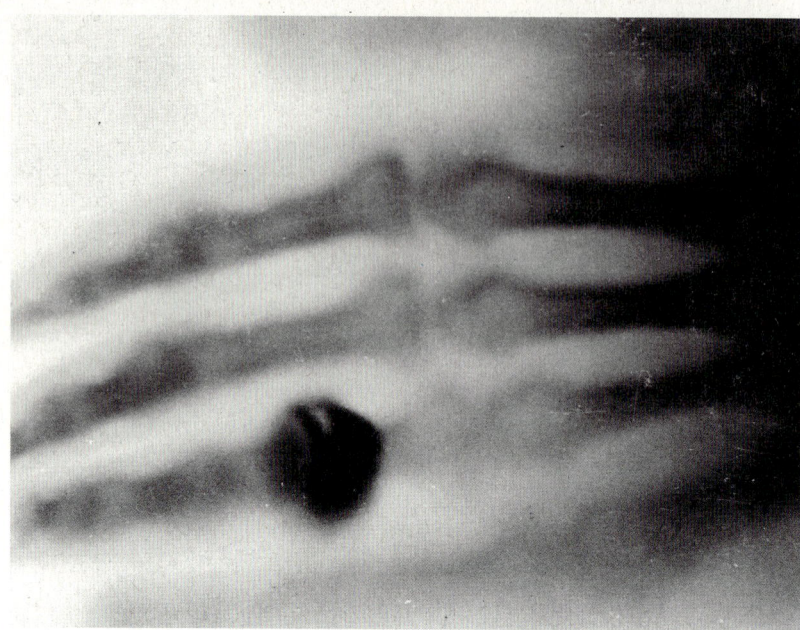

1914 im Physikalischen Institut der Universität Freiburg mit Hilfe von Röntgenstrahlen aufgenommene Hand; ähnliche Bilder fertigte auch Röntgen an

Röhre mit schwarzem Papier und verdunkelt das Laboratorium. Dabei entdeckt er Merkwürdiges: Ein in der Nähe stehender, mit einer speziellen Masse (Bariumplatincyanür) bestrichener Schirm beginnt grünlich zu leuchten. Da die Kathodenstrahlen die Röhrenwand nicht durchdringen und Strahlen sichtbaren Lichts nicht durch die schwarze Papierhülle gelangen können, muß eine noch unbekannte Strahlung aus der Röhre dringen. Überrascht nimmt Röntgen den Leuchtschirm in die Hand und bringt ihn näher an

die Röhre heran. Das Licht wird stärker, und plötzlich sieht der Forscher auf dem Schirm die Knochen seiner Finger, mit denen er den Schirm hält. Die unsichtbaren Strahlen durchdringen also nicht nur das schwarze Papier, sondern auch seine Hand. Röntgen experimentiert mit einem 1000 Seiten dicken Buch, mit einem Kartenspiel und 2 bis 3 cm dicken Tannenbrettern. Die neuen Strahlen aus der Röhre durchdringen alles. Sie gehen genau von der Stelle aus, an der die Kathodenstrahlen von innen die Glaswand der Röhre treffen.

In den folgenden Tagen erforscht Röntgen systematisch die Eigenschaften der X-Strahlen, wie er sie nennt. Er hält fest, daß sie von Kathodenstrahlen grundsätzlich verschieden sind, von diesen aber erzeugt werden, sobald sie auf eine Glaswand oder ein anderes Hindernis, z. B. eine Metallplatte im Röhreninneren, stoßen. Die Strahlen breiten sich geradlinig nach allen Seiten aus, ionisieren die Luft und lassen sich im Gegensatz zu den Kathodenstrahlen nicht magnetisch ablenken. Sie durchdringen alle Stoffe, die leichten besser als die schweren. Fast undurchlässig ist eine Bleiplatte von 1,5 mm Stärke. Die Strahlen wirken nicht nur auf einen Leuchtschirm, sondern auch auf fotografische Platten, auch wenn diese in Kassetten eingeschlossen sind.

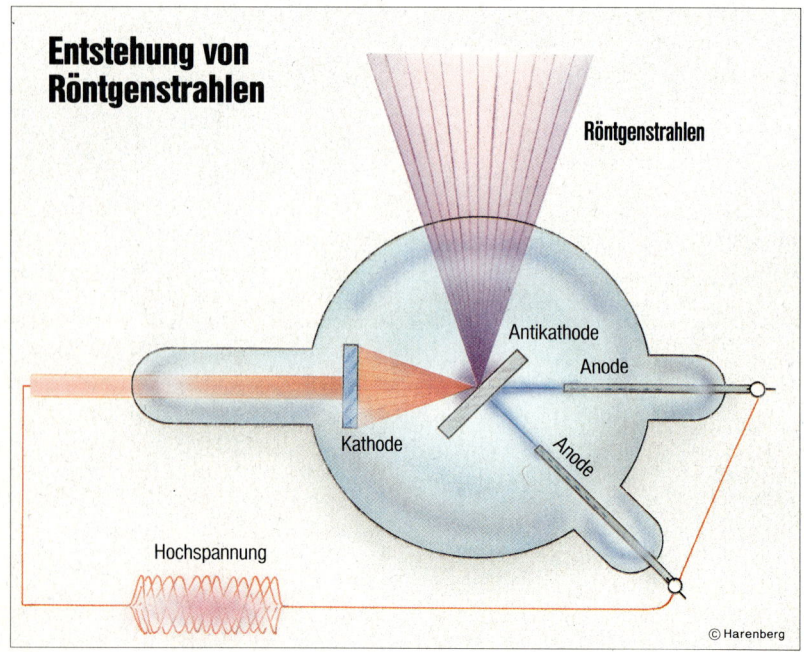

Entstehung von Röntgenstrahlen

Röntgenstrahlen

Antikathode

Anode

Kathode

Anode

Hochspannung

© Harenberg

Das erste größere Wasserkraftwerk an den Niagarafällen im Bau

1895. *An den Niagara-Wasserfällen wird auf US-amerikanischer Seite das erste größere Wasserkraftwerk gebaut. Eingeweiht wird es 1896.*

Die erste größere Drehstromanlage, die in den Vereinigten Staaten in Betrieb ging, war eine dampfbetriebene Zentrale, die 1893 anläßlich der Weltausstellung in Chicago erstmals Strom lieferte.

Die Anlage am Niagara verfügt über drei große

Aggregate aus Turbinen und Zwei-Phasen-Dynamomaschinen (Abb.) von je 4000 Kilowatt Leistung. Der Strom wird zum 40 km fernen Buffalo geleitet.

Im Gegensatz zu den Dampfkraftwerken müssen die Generatorsätze in Wasserkraftwerken mit sehr aufwendigen Drehzahlregeleinrichtungen ausgestattet sein, da sie bei schwankendem Wasserdruck sonst leicht unkontrollierbar hochlaufen würden.

Maschinenfabrik baut Betonmischer

1895. Die Maschinenfabrik Rhein und Lahn stellt Betonmischer her, die stündlich bis zu 40 m³ gebrauchsfertigen Beton liefern.

Mit den Erfindungen des Betonmonierens (→ 1849) und vor allem des Spannbetons (→ 1886), die zugleich die Schalenbauweise einleiteten, wuchs der Betonverbrauch gewaltig. Mehr und mehr werden Betonstreben und -pfeiler zu tragenden Elementen. Besonders im Brückenbau findet der Stahlbeton rasch Eingang. Kleine und mittelgroße Brücken lassen sich daraus billiger und schneller errichten als Eisengitterbauwerke. Allerdings kommt es zunächst öfters zu spektakulären Unfällen und Zusammenbrüchen von Brücken, oft aufgrund schlechter Durchmischung von Sand und Zement. Sowohl der Wunsch nach gleichmäßigerem Mischen wie der wachsende Betonbedarf schaffen rasch einen großen Markt für die Betonmischmaschinen.

Funkantenne von Popow

7. Mai 1895. Der russische Elektroingenieur Alexandr S. Popow verwendet erstmals die von ihm erfundene Funkantenne. Diesen einfachen Empfänger für Funksignale hatte er unabhängig von dem Italiener Guglielmo Marchese Marconi (→ 1894) entwickelt. Damit leistet Popow einen wichtigen Beitrag zur Entwicklung des Radios.

Popow konstruierte zunächst ein Gerät, das elektrische Störungen in der Atmosphäre (Gewitter) registrieren kann. Er benutzt sie als hoch in die Luft ragenden leitenden Stab, um die Energie von Gewittern einzufangen. Dabei stellt er fest, daß dieses Gerät auch künstlich erzeugte elektromagnetische Wellen empfängt. 1897 überträgt er auf dem Petersburger Universitätsgelände in Morseschrift zu Ehren des Entdeckers der elektromagnetischen Wellen (→ 1888) drahtlos die Worte »Heinrich Hertz«. Dies ist die erste Funktelegraphie.

Nachbau des von Alexandr S. Popow konstruierten Gewitterempfängers (Rückseite); die Klingel ertönt, wenn elektromagnetische Wellen eines Gewitters über die Antenne empfangen werden

Weitere Fortschritte im Motorrad-Bau

1895. In Puteaux in Frankreich entwickeln der Unternehmer Albert Marquis de Dion und der Konstrukteur Georges Th. Bouton einen leichten, schnellaufenden Einzylindermotor und benutzen ihn als Antriebsaggregat für ein Dreirad. Nachdem → 1885 Wilhelm Maybach und Gottlieb Daimler ein nicht sonderlich gebrauchstüchtiges erstes Motorrad gebaut hatten und die Ingenieure Hildebrand und Wolfsmüller 1894 ebenfalls ein wenig erfolgreiches Motorrad konstruierten und erprobten, ist die Maschine von De Dion und Bouton das erste wirklich brauchbare Motorrad.

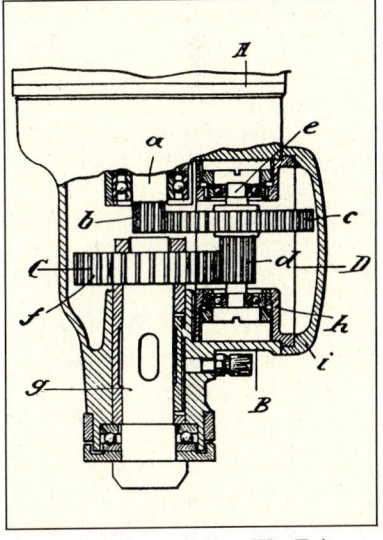

Patentzeichnung von W. Fein zu einer späteren Elektrobohrmaschine

Handbohrmaschine arbeitet elektrisch

1895. Wilhelm Fein erfindet in Stuttgart die elektrische Handbohrmaschine. Er setzt an die Drehachse eines kleinen in einem Gehäuse gekapselten Elektromotors ein Spannfutter für Bohrwerkzeuge (→ 1863) mit drehrundem Schaft.

In Serienfertigung geht die elektrische Handbohrmaschine erst 1905. Dann wird sie von der Duke Electric Company (USA) gefertigt. 1917 erwirbt die Firma Black & Decker Zusatzpatente für die Verwendung eines Universalmotors für Gleich- und Wechselstrom, für ein zwischen Motor und Bohrfutter geschaltetes Getriebe und für einen Flügelventilator auf der Antriebswelle zum Kühlen des Motors.

1896

Der deutsche Astronom Friedrich Simon Archenhold errichtet in Berlin das mit 21 m Länge bisher größte Fernrohr. →

Martin Leo Arons, ein deutscher Physiker, baut in Berlin die erste funktionierende Quecksilberdampflampe. →

Karl Lautenschläger, Bühnentechniker in München, erfindet die Drehbühne. →

Der britische Physiker Ernest Rutherford erfindet einen Empfänger für elektrische Wellen (→ 7. 5. 1895).

Der Engländer William Reylly erhält ein Patent auf eine Gangschaltung in der Hinterradnabe des Fahrrads (→ 1894).

Thomas Alva Edison aus den USA baut zusammen mit seinem Techniker William Dickson das »Kinetophon« (auch »Kinetophonograph«). Es gestattet, einen 15 m langen Endlosfilmstreifen mit Sprache und Musik zu unterlegen. →

Die britische Firma W. Arnold and Son in Kent baut das erste Auto mit elektrischem Anlassermotor, den »Arnold Sociable«.

Der italienische Kinderarzt Scipione Riva Rocci erfindet das Blutdruckmeßgerät mit Quecksilbermanometer.

Der britische Ingenieur Frederick Lanchester baut ein Auto mit Planetengetriebe. →

24. 2. In einer Mitteilung an die Pariser Akademie gibt der französische Physiker Antoine Henri Becquerel die Entdeckung einer von Uran ausgehenden Strahlung bekannt. →

9. 8. Der deutsche Gleitflugpionier Otto Lilienthal stürzt nach mehr als 2000 gesteuerten, bis zu 300 m weiten Gleitflügen, die er im Verlauf von fünf Jahren ausgeführt hatte, ab und stirbt tags darauf (→ 1889).

GESTORBEN:

10. 8. Berlin: Otto Lilienthal (* 23. 5. 1848, Anklam/Pommern), deutsche Ingenieur und Flugpionier.

10. 12. San Remo: Alfred Nobel (* 21. 10. 1833, Stockholm), schwedischer Chemiker und Industrieller. →

GEBOREN:

15. 4. Saratow: Nikolai Nikolajewitsch Semjonow († 28. 9. 1986, Moskau), sowjetischer Chemiker.

27. 4. Burlington/Iowa: Wallace Hume Carothers († 29. 4. 1937, Philadelphia), US-amerikanischer Chemiker.

7. 6. Newburyport/Massachusetts: Robert Sanderson Mulliken († 31. 10. 1986, Arlington/Virginia), US-amerikanischer Physiker.

Becquerel entdeckt die Radioaktivität

24. Februar 1896. Der französische Physiker Antoine Henri Becquerel entdeckt die Radioaktivität. Wilhelm Conrad Röntgens Entdeckung der X-Strahlen (→ 8. 11. 1895) regt Becquerel zu eigenen Forschungen an. Er versucht festzustellen, ob solche Strahlen auch von fluoreszierendem Material wie Uransalzen ausgehen. Er legt Uransalz auf eine in schwarzes Papier gehüllte Fotoplatte. Sie wird geschwärzt. Das beweist, daß das Mineral eine durchdringende Strahlung aussendet, die man bald Becquerelstrahlung nennt. Marie Curie bezeichnet dieses Phänomen → 1898 als Radioaktivität.

Arons konstruiert Quecksilberlampe

1896. Der deutsche Physiker Martin Leo Arons konstruiert in Berlin eine Lampe, die aus einer U-förmigen Vakuumröhre besteht, deren beide nach unten gerichtete Schenkel Quecksilber enthalten, das über Platindraht mit einer Stromquelle verbunden werden kann. Legt man an die Drahtenden Spannung an, dann fließt Strom durch das Quecksilber und den im U-Bogen vorhandenen Quecksilberdampf, der zu glühen beginnt und intensiv fahlweißes Licht abstrahlt.

Technisch ist die Quecksilberdampflampe neu, theoretisch entwickelte sie in unvollkommener Form schon 1860 der Engländer Way.

Motorwagen mit Planetengetriebe

1896. Der englische Ingenieur Frederick Lanchester baut einen Motorwagen mit Planetengetriebe zum Wechseln der Vorwärtsgänge.

Das Planetengetriebe (erfunden 1781) nutzte schon der britische Erfinder James Watt (→ 1819), um die Kolbenhubbewegung seiner Dampfmaschine in eine rotierende Bewegung zu verwandeln. Ein an der Schubstange befestigtes Zahnrad (»Planet«) kreist um ein zentrales »Sonnenrad«, das es dreht.

Im Auto läßt sich das Getriebe leichter schalten als das bisher übliche – mit Schieberädern arbeitende – Wechselgetriebe des französischen Konstrukteurs René Panhard.

Edisons Kinetophon für den Tonfilm

1896. Thomas Alva Edison kombiniert sein Kinetoskop zum Betrachten von Filmstreifen, das von ihm 1891 auf Anregung des britischen Tierserienfotografen Eadweard Muybridge (→ 1872) entwickelt worden war, mit seinem Phonographen (→ 1877) zu einem Licht-Ton-Gerät, das er Kinetophon oder Kinetophonograph nennt.

Das Gerät projiziert die laufenden Bilder nicht, es gestattet nur das Betrachten durch jeweils eine einzige Person. Für kurze Zeit wird es als Münzautomat zur Attraktion, gerät aber bald in den Schatten der Stummfilmkinos der Brüder Lumière aus Frankreich (→ 28. 12. 1895) und damit in Vergessenheit.

Atelieraufnahme für Edisons Kinetoskop; der Originalton der relativ großen Szene wird durch einen Schalltrichter gesammelt; rechts die Filmkamera

Größtes Fernrohr der Welt in Berlin

1896. Der Berliner Astronom Friedrich Simon Archenhold baut mit Unterstützung der Firma C. Hoppe ein 21 m langes astronomisches Fernrohr, das er in Treptow bei Berlin aufstellt. Der Linsendurchmesser beträgt 70 cm.

Dieser längste Refraktor der Erde repräsentiert einen neuen Instrumententyp. Die bisher übliche runde Kuppel ist durch ein Schutzrohr ersetzt, das Okular nach einer Idee des Franzosen Antoine Joseph François Yvon-Villarceau von 1872 in den Schnittpunkt der beiden Achsen verlegt. Dadurch wird das Fernrohr besonders preiswert.

Erste Drehbühne im Residenztheater

1896. Karl Lautenschläger erfindet die Drehbühne und installiert die erste Anlage dieser Art im Münchener Residenztheater.

Bisher machte der Szenenwechsel bei Theateraufführungen wegen der erforderlichen Umdekoration der Bühnen stets längere Pausen notwendig, sofern man sich nicht auf nur geringfügige, eher symbolische Veränderungen im Bühnenbild beschränkte. Die schwere, durch einen Elektromotor bewegte Drehbühne erlaubt den Szenenwechsel in wenigen Sekunden. Die Drehbühne mit Szenenrückwand wird einfach um 180° gedreht.

Das Vermächtnis von Alfred Nobel

10. Dezember 1896. In San Remo stirbt der 63jährige schwedische Chemiker und Industrielle Alfred Nobel, der Erfinder des Dynamits (→ 1867) und anderer sprengtechnischer Neuheiten (→ 1877).

Bestürzt, daß seine Ideen nicht, wie ihm vorschwebte, ausschließlich zu friedlichen Zwecken benutzt wurden, beschloß er, sein Vermögen von 31 Millionen Schwedischen Kronen in den Dienst der freien Wissenschaft zu stellen. Es fließt in eine Stiftung, deren Zinserträge jährlich als Auszeichnung für besondere Verdienste in Wissenschaft und Kultur vergeben werden.

1897

Im Hafen der nordfranzösischen Stadt Ploumanach werden erste Ebbe-und-Flut-Kraftmaschinen in Betrieb genommen. →

Der deutsche Chemiker Hans Goldschmidt erhält bei der Herstellung reiner Metalle aus ihren Oxiden als Abfallprodukt den künstlichen Korund. →

Leo Graetz, Physikprofessor in München, erfindet den nach ihm benannten Gleichrichter für Wechselströme. →

Der Fabrikant Wilhelm Krische und der Techniker Adolf Spitteler erfinden das »Galalith«. →

R. H. Robertson baut in New York das mit 129,4 m bisher höchste Geschäftshaus. →

Guglielmo Marchese Marconi, der italienische Ingenieur und Physiker, telegraphiert über Funk von La Spezia an den 16 km entfernten Panzerkreuzer »San Martino«. →

Nach mißglückten früheren Versuchen anderer Optiker gelingt Carl Zeiss nunmehr die Konstruktion eines Stereo-Mikroskops (→ 1882).

Der deutsche Ingenieur und Automobilpionier Carl Friedrich Benz entwickelt den Zweizylinder-Boxermotor.

Der deutsche Physiker Karl Ferdinand Braun erfindet die Kathodenstrahlröhre. →

Der deutsche Ingenieur Rudolf Diesel baut den nach ihm benannten (Diesel-)Motor. →

30. 4. Der britische Physiker Joseph John Thomson endeckt das bereits → 1891 von seinem Landsmann George Johnstone Stoney theoretisch vorhergesagte Elektron. →

11. 6. Robert Bosch erhält ein Patent auf die Magnetzündung für Explosionsmotoren. →

GEBOREN:

17. 5. Christiania (Oslo): Odd Hassel († 13. 5. 1981, Oslo), norwegischer Chemiker.

27. 5. Todmorden: John Douglas Cockcroft († 18. 9. 1967, Cambridge), britischer Kernphysiker.

16. 6. Berlin: Georg Wittig († 26. 8. 1987, Heidelberg), deutscher Chemiker.

19. 6. London: Cyril Norman Hinshelwood († 9. 10. 1967, London), britischer Chemiker.

12. 9. Paris: Irène Joliot-Curie († 17. 3. 1956, Paris), französische Kernphysikerin.

9. 11. Cambridge: Ronald George Wreyford Norrish († 7. 6. 1978, Cambridge), britischer Physikochemiker.

18. 11. London: Patrick Maynard Stuart Blackett († 13. 7. 1974, London), britischer Physiker.

Elektronenstrahl zeichnet und schreibt

1897. Der deutsche Physiker Karl Ferdinand Braun erfindet die sogenannte Braunsche Röhre, die zur Grundlage der elektronischen Bilderzeugung wird.

Schon → 1859 hatte der Bonner Professor Julius Plücker die Kathodenstrahlen entdeckt und auch herausgefunden, daß sie sich magnetisch ablenken lassen. Physiker wie Johann Wilhelm Hittorf, William Crookes, Pulury, Heinrich Rudolf Hertz und Philipp Lenard haben die Kathodenstrahlröhren dann weiterentwickelt.

Karl Ferdinand Braun

Braun, geboren am 6. Juni 1850 in Fulda, studierte Mathematik und Physik und war seit 1876 Professor an mehreren deutschen Universitäten, zuletzt ab 1895 in Straßburg. 1874 entdeckte er die Gleichrichterwirkung aus Sulfiden.
Später entwickelt er den Kristalldetektor-Empfänger und 1913 die erste Rahmenantenne.
1909 erhält er für seine Verdienste um die drahtlose Telegraphie zusammen mit dem italienischen Physiker und Ingenieur Guglielmo Marchese Marconi (→ 1902) den Nobelpreis für Physik. Braun stirbt am 20. April 1918 in New York.

Ferdinand Braun; er entdeckte u. a. auch den Gleichrichtereffekt

Modell des ersten in Deutschland hergestellten elektronischen Fernseh-Bildempfängers (unter Verwendung einer Braunschen Röhre; 1906)

Auch Braun experimentiert mit Kathodenstrahlröhren. Er verwendet einen kolbenförmigen Typ, bei dem die Kathode sich am schmalen Ende befindet, während die Anode auf etwa halber Höhe des Glaskolbens seitlich angebracht ist. Legt man Hochspannung an die Elektroden, dann treten Elektronen aus der Kathode und fliegen geradlinig an der Anode vorbei zur gegenüberliegenden Röhrenwand. Diese Wand bestreicht Braun mit einer fluoreszierenden Farbe, die dort, wo der Elektronenstrahl auftritt, hell aufleuchtet. Den Lichtfleck verkleinert Braun dadurch quasi zu einem Punkt, daß er den Elektronenstrahl durch ein System von Elektromagneten wie Licht durch eine Sammellinse auf die Glaskolbenwand fokussiert. Durch an den Elektromagneten und an zwei Paar Ablenkplatten angelegte unterschiedlich einstellbare Spannung kann Braun den feinen Elektronenstrahl und damit den Lichtfleck auf der fluoreszierenden Schicht ablenken. Er hat damit einen regelrechten elektronischen Schreibstrahl erfunden. Wandert der Lichtpunkt schnell genug über den Leuchtschirm und ist die fluoreszierende Beschichtung so gewählt, daß sie relativ lange nachleuchtet, dann entstehen auf dem Schirm durch die Bewegung des Lichtpunkts zusammenhängende Linien. Sie eignen sich zum Sichtbarmachen schneller elektrischer Schwingungsvorgänge, wenn die variable Spannung – zu Hochspannung transformiert – an die Spulen der Ablenkmagneten und -platten gelegt wird. Das ist das Prinzip des Elektronenstrahloszilloskops. Als Meßinstrument zeigt es auf seinem Bildschirm den zeitlichen Verlauf elektrischer Spannungen, die ihrerseits irgendwelche schnell verlaufenden Vorgänge repräsentieren können. Mittels eines auf den Leuchtschirm aufgetragenen Rasters lassen sich die Spannungskurven genau ausmessen. Üblicherweise legt man die zu messende Spannung an die vertikalen Ablenkplatten und schließt an die horizontalen Ablenkplatten eine periodisch mit der Zeit ansteigende Spannung (»Sägezahn«). Während der Strahlrücklaufzeit wird die Röhre »dunkelgetastet«.
Aus der Erfindung der Braunschen Röhre entwickelt sich später auch die Fernsehbildröhre (→ 1950).

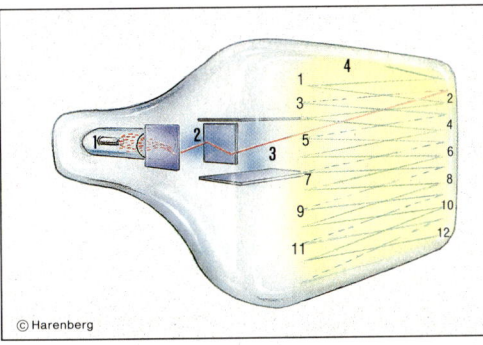

Braunsche Röhre

1 Kathode
2 Ablenkplatten
3 Elektronenstrahl
4 Leuchtschirm

© Harenberg

Der erste, 1897 gebaute Dieselmotor ist eine stationäre Kraftmaschine; ab → 1912 werden solche Maschinen auch mobil – in Lokomotiven – eingesetzt

Erster Bosch-Niederspannungs-Magnetzünder für einen ortsfesten Gasmotor aus dem Jahr 1887; das Gerät war kommerziell noch nicht verwertbar

Erster Dieselmotor gebaut

1897. Nach vierjähriger Versuchsarbeit stellt der deutsche Ingenieur Rudolf Diesel den ersten Verbrennungsmotor nach dem von ihm → 1892 erfundenen Prinzip fertig. Die Maschine erweist sich von Anfang an als viel stärkerer Konkurrent für die Dampfmaschine als der Ottomotor (→ 9. 5. 1876). Geldgeber und ihre technischen Berater eilen zur Maschinenfabrik Augsburg, für die Diesel freiberuflich tätig ist, um Lizenzen zu erwerben.

Der Motor hat gegenüber dem Ottomotor drei entscheidende Vorteile: Er ist robuster, weil er aus weniger Teilen besteht; er ist in der Lage, Schweröl zu verbrennen, das billiger ist als Benzin; und er hat einen besseren Wirkungsgrad. Der Ottomotor setzt die Heizenergie des Benzins in den 1890er Jahren zu 13% in mechanische Arbeit um, der Dieselmotor auf Anhieb zu 26%. Für Diesel selbst ist dieses Ergebnis zwar enttäuschend, hatte er doch mit 75% gerechnet, aber seine Maschine ist dennoch mehr als konkurrenzfähig. Nur die sehr hohe Verdichtung von 30:1 und das Einspritzen von Kraftstoff im Moment der höchsten Luftverdichtung bereiten noch konstruktive Schwierigkeiten. Deswegen müssen die ersten Dieselmotoren sehr groß gebaut werden.

Mehr noch als der Ottomotor hat der Motor von Diesel Auswirkungen auf die industrielle Konstruktion und Entwicklung solcher Maschinen. Derart komplexe Triebwerke beinhalten statische, dynamische, thermische, pneumatische und chemische Probleme und lassen sich nicht mehr allein durch »Basteln« oder bloßes Probieren optimieren und auch nicht am Reißbrett konstruieren. In zunehmendem Maße richtet die Maschinenindustrie deshalb Forschungslaboratorien und Testanlagen ein.

Magnetzündung erfunden

11. 6. 1897. Der Stuttgarter Feinmechaniker Robert Bosch erhält ein Patent auf die Niederspannungs-Magnetzündung für Verbrennungsmotoren (→ 9. 5. 1876; 1897).

Die bisher verbreitetste Zündung für Kraftfahrzeugmotoren war die von Wilhelm Maybach und Gottlieb

Feinmechaniker Robert Bosch

Daimler (→ 1886) verwendete Glührohrzündung, die zwar gut funktioniert, aber nicht ungefährlich ist. Die Motorenhersteller suchten nach einer sichereren Zündung. Der deutsche Automobilpionier Carl Friedrich Benz formulierte es so: »Bleibt der Funke aus, dann ist alles umsonst, dann helfen die geistreichsten Konstruktionen nicht.« Er selbst verwendete eine recht unvollkommene Batteriezündung.

Robert Bosch entwickelte in jahrelanger zäher Arbeit die Magnetzündung, deren Prinzip er schon 1887 gefunden hatte, die aber erst 1896 technisch durchentwickelt ist. Auf den Markt kommt sie 1898. Bei dieser Zündung erzeugt ein von der Kurbelwelle angetriebener rotierender Magnet durch Induktion (→ 1831) die notwendige hohe Zündspannung in einer Spule.

In Renneinsätzen beweist die neue Zündung rasch ihre Überlegenheit.

Leo Graetz schaltet Gleichrichter neu

1897. Neben den mechanischen Gleichrichtern (z. B. dem → 1892 von dem Frankfurter Physiker Pollak entwickelten) sind auch bereits statische Gleichrichter bekannt. So hatte der deutsche Physiker Karl Ferdinand Braun (→ 1897) entdeckt, daß Sulfide Strom gleichrichten, indem sie ihn nur in einer Richtung passieren lassen. Für die Wechselstromgleichrichtung bedeutet dieses Verfahren das Abschneiden aller negativen Halbwellen. Der Münchener Physikprofessor Leo Graetz entwickelt eine Schaltung, die vier derartige »Halbweg«-Gleichrichter zusammenfaßt.

Dieser »Graetz«-Gleichrichter polt die negativen Halbwellen um. Die Schaltung besteht aus zwei in gleicher Richtung in Serie liegenden Gleichrichtern, die zu einem zweiten, gleich aufgebauten Zweig gleichsinnig parallelgeschaltet sind. Zwischen den in Serie geschalteten Gleichrichtern jedes Zweigs wird die Wechselstromquelle angeschlossen. An den beiden Endpunkten der Parallelschaltung läßt sich der Gleichstrom abnehmen. Eine Serienschaltung aus Widerstand und Kondensator zwischen den Gleichstromklemmen linearisiert die Gleichspannung weitgehend.

Funktelegramm über 16 km an Kriegsschiff

1897. *Guglielmo Marchese Marconi (→ 1894) führt im Beisein des italienischen Königs die Funktelegraphie vor: Er sendet drahtlos ein Telegramm von der Werft in La Spezia über 16 km an den Panzerkreuzer »San Martino«. Am 14. Mai 1897 telegraphiert er über 5 km zwischen Lavernock Point und der Insel Flatholm im Bristolkanal (Abb.).*

Solche Demonstrationen nimmt der italienische Physiker und Ingenieur später u. a. zwischen Dover und Wimereux vor.

Schon 1890 hatte Édouard Branly den »Kohärer« erfunden, der auf 30 m Entfernung Wellen vom Hertzschen Oszillator, einer Funkenentladungsstrecke, empfing. Diesen Kohärer hatte der Engländer Oliver Lodge 1894 verbessert und dabei das Resonanzprinzip, die Abstimmung der Senderantenne und die induktive Kopplung von Antenne und Empfänger beschrieben. Auch andere Physiker arbeiteten an der Übertragung elektromagnetischer Wellen. Erst Marconi und Alexandr S. Popow (→ 7. 5. 1895) gehen daran, mit dem Sender Nachrichten zu übermitteln.

Goldschmidt erzeugt künstlichen Korund

1897. Dem Essener Chemiker Hans Goldschmidt gelingt die Produktion von künstlichem Korund. Er benutzt dieses Aluminiumoxid zur Herstellung von Keramik.

Die Zielsetzung Goldschmidts galt zunächst nicht der Korunderzeugung. Er suchte ein Verfahren zur Reduktion von oxidischen Metallerzen zu reinen Metallen. Schon die Chemiker Friedrich Wöhler, Henri Étienne Sainte-Claire-Deville u. a. versuchten, Metalloxide zusammen mit Aluminium zu erhitzen, um den Sauerstoff aus den Oxiden an das Leichtmetall zu binden. Aber erst Goldschmidt gelingt die gefahrlose, kontrollierte Reduktion dadurch, daß er das Gemisch nicht von außen, sondern von innen her entzündet. Er stellt auf diese Weise reines Chrom, Kobalt, Mangan, Molybdän und Nickel her. Der Korund fällt als Abfallprodukt an.

Ein Kunststoff aus Magermilch-Quark

1897. Der Fabrikant Wilhelm Krische und der Techniker Adolf Spitteler erfinden das Kunsthorn oder »Galalith«, einen aus dem Frischkäse der Magermilch gewonnenen Kunststoff. Die Substanz läßt sich vor dem Aushärten leicht formen. Es ist das erste billige Synthetikmaterial. Aus ihm werden bald Kämme, Knöpfe, Schranktürgriffe, Stricknadeln u. a. hergestellt.

Zur Produktion von Galalith wird der durch Fermentierung der Magermilch mit Lab gewonnene Quark zunächst durch verschiedene Zusätze geschmeidig gemacht. Dann gibt man der Masse, etwa durch Pressen, die gewünschte Form. Anschließend wird sie in eine Formaldehyd-Lösung getaucht, in der sie aushärtet. Allerdings dauert das Aushärten mehrere Wochen, bei dickwandigen Gegenständen sogar mehrere Monate.

Gezeitenkraftwerk in Nordfrankreich

1897. Im französischen Ploumanach werden erstmals Ebbe-und-Flut-Kraftmaschinen in Betrieb genommen. Das mit Turbinen und Dynamomaschinen arbeitende Kraftwerk liefert Elektrizität.

Die rein mechanische Nutzung der Gezeitenkraft geht vermutlich auf das 3. Jahrhundert zurück, als im Hafen von Dover in England eine Gezeitenmühle gearbeitet haben soll. Mit Sicherheit ging um 1130 im Mündungsgebiet des Ardour in Frankreich eine Wassermühle in Betrieb, und ein Jahrhundert später arbeiteten mehrere derartige Anlagen bei Venedig. 1582 legte Peter Morice eine Ebbe-und-Flut-Pumpe an, die aber schon wenig später wieder stillgelegt wurde.

Um die Wasserkraft zu verstärken, trennt man Buchten oder Flußmündungen mit Dämmen bis auf einen Durchlaß vom offenen Meer ab.

Höchstes Haus der Welt in New York

1897. R. H. Robertson baut in New York das bisher höchste Geschäftshaus. Der »Wolkenkratzer« hat 30 Stockwerke über Straßenhöhe und mißt 129,4 m.

Bei der Errichtung des Monumentalgebäudes wandte man die schon in Chicago erprobte Stahlskelettbauweise an (→ 1883). Meist werden die unteren Stockwerke durch gußeiserne Pfeiler und schmiedeeiserne Träger besonders stabil ausgeführt, während man die oberen Geschosse als normales Stahlskelett errichtet. Die Bauzeiten sind überraschend kurz. Das kommt daher, daß die raumtrennenden Wände in den einzelnen Etagen nicht mit der Bauhöhe sukzessive fortschreitend eingezogen werden müssen, sondern, sobald das tragende Stahlskelett steht, alle gleichzeitig und unabhängig voneinander errichtet werden können.

1898

Die Firma Polysius baut den ersten betriebsfähigen Zementdrehofen.

Der Chemiker Carl Auer von Welsbach aus Österreich erfindet die Osmiumglühlampe. →

Die Eheleute Marie und Pierre Curie entdecken das Radium und das radioaktive Isotop des Wismut. Marie Curie entdeckt außerdem das Polonium. →

Der deutsche Physikprofessor Walther Nernst erfindet die nach ihm benannte Glühlampe. →

Die dänischen Elektriker Pedersen und Valdemar Poulsen erfinden den automatischen Telefonanruf-Aufzeichner. Außerdem erhält Poulsen ein Patent auf die Magnettonaufzeichnung. →

Die britischen Chemiker William Ramsay und Morris William Travers entdecken das Xenon, das Neon und das Krypton.

Der Engländer Oliver Lodge erfindet den Lautsprecher. →

In Swissvale (USA) entwickelt W. J. Miller eine vollautomatische Glaspresse. →

Der deutsche Physiker Karl Ferdinand Braun entwickelt den aus einer Funkenstrecke und einem geschlossenen Schwingkreis bestehenden Sender. →

Der deutsche Elektrotechniker Adolf Slaby baut einen Telegraphensender von 21 km Reichweite (→ 1897).

Der Brasilianer Alberto Santos-Dumont verwendet als Antrieb für ein von ihm gebautes Luftschiff erstmals einen Benzinmotor (→ 1884).

Charles Carpenter, ein Kellner in Minneapolis, erfindet das elektrische Bügeleisen mit Heizspirale.

Der britische Ingenieur James Gibb erfindet das Tischtennisspiel mit hohlen Zelluloidbällen. →

GESTORBEN:

15. 3. London: Sir Henry Bessemer (* 19. 1. 1813, Charlton), britischer Ingenieur und Erfinder.

GEBOREN:

11. 2. Budapest: Leo Szilard († 30. 5. 1964, San Diego), ungarisch-US-amerikanischer Physiker.

26. 6. Frankfurt am Main: Willy Messerschmitt († 15. 9. 1978, München), deutscher Flugzeugkonstrukteur.

29. 7. Rymanov/Galizien: Isidor Isaac Rabi, polnisch-US-amerikanischer Physiker.

26. 11. Helsa/Kassel: Karl Ziegler († 11. 8. 1973, Mühlheim an der Ruhr), deutscher Chemiker.

Das Ehepaar Curie entdeckt das Radium

1898. Nach der Entdeckung der Röntgenstrahlen (→ 8. 11. 1895) und der Becquerelstrahlen (→ 24. 2. 1896) beginnt das Ehepaar Curie in Frankreich mit systematischen Untersuchungen der Strahlung, die von der Pechblende – sie enthält Uran – ausgeht. Dabei entdecken sie das weit stärker strahlende Element Radium und das radioaktive Isotop des Wismuts.

Der Chemiker und Physiker Pierre Curie beschäftigte sich zuvor mit den magnetischen Eigenschaften von Metallen. Seine Frau, Marie Sklodowska Curie, ist ebenfalls Physikerin. Die Curies wenden den von Pierre und seinem Bruder Paul Jacques entdeckten Effekt der Piezoelektrizität (→ 1880) zur Messung der Radioaktivität – wie sie die Becquerelstrahlung nennen – an und stellen fest, daß in manchen Uranerzen weitaus intensivere Strahler als das Uran selbst vorkommen. Im Juli gelingt ihnen die Isolierung des radioaktiven Elements Polonium,

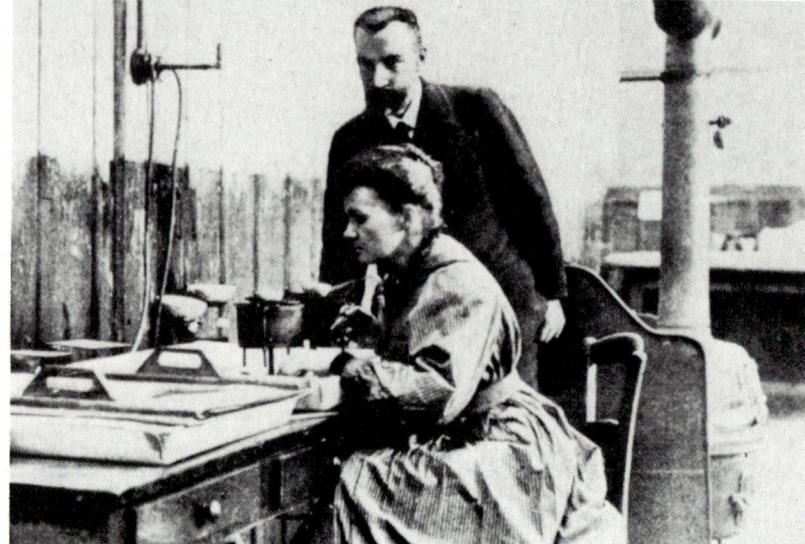

Marie und Pierre Curie; das in Frankreich lebende Physiker-Ehepaar entdeckt im Labor die radioaktiven Elemente Polonium und Radium

das Marie nach ihrer polnischen Heimat benennt, im Dezember entdecken sie als Spurenelement das stark strahlende Radium. Sie importieren daraufhin viele Tonnen Pechblende aus Böhmen und isolieren daraus in vierjähriger Arbeit ein Zehntelgramm reinen Radiums.

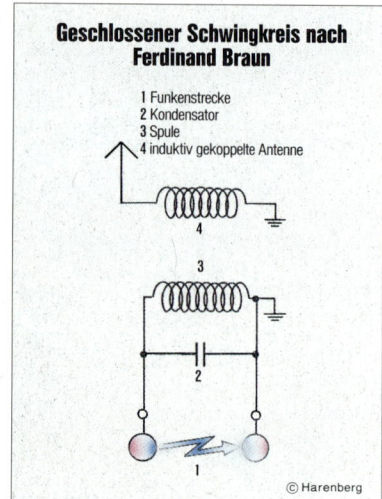
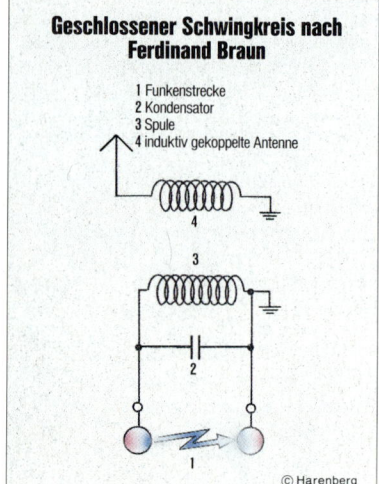

Schwingkreis im Telegraphensender

1898. Der deutsche Physiker Karl Ferdinand Braun (→ 1897) führt in der drahtlosen Telegraphie den geschlossenen Schwingkreis ein. Bisher erzeugte man elektromagnetische Wellen einfach mit einer Funkenstrecke (→ 1887). Braun kombiniert sie mit einem Schwingkreis aus Spule und Kondensator (→ 1853) und koppelt ihn mit einer Antenne. Damit lassen sich elektromagnetische Wellen in bestimmte Richtungen abstrahlen.

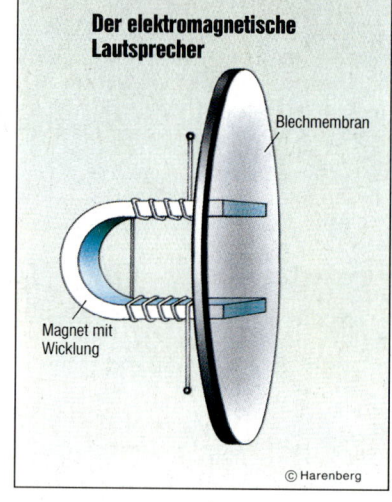

Lautsprecher von Lodge erfunden

1898. Der englische Physiker Oliver Lodge erfindet den magnetodynamischen Lautsprecher. Bisher verwendete man als Lautsprecher Mikrophone mit Grammophonschalltrichter. Lodge läßt die Anziehungskraft eines von dem tonfrequenten Strom durchflossenen Elektromagneten auf eine Blechmembran wirken, die so in Schwingungen versetzt wird. Später wird die Membran durch einen Schwinganker und eine Papiermembran ersetzt.

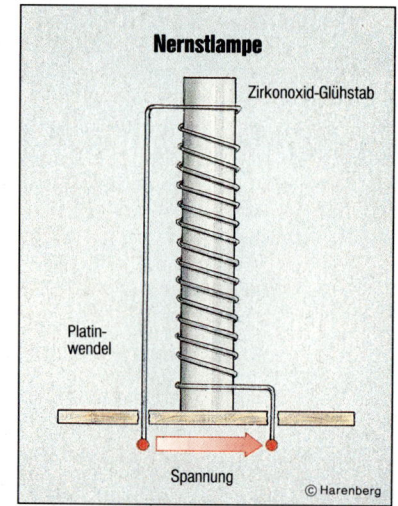

Neue Glühlampen brennen länger

1898. Der Österreicher Carl Auer von Welsbach erfindet die Osmium-Glühlampe, und Walther Nernst entwickelt eine Lampe, deren Glühkörper von Luft umgeben ist. Osmium in der Glühlampe hat eine wesentlich höhere Lebensdauer als die bisher üblichen Kohlenstoffkörper (→ 1878). Die Nernstlampe besteht aus einem 10 bis 30 mm langen Zirkonoxidstab, der durch eine elektrisch geheizte Platinspirale zum Glühen gebracht wird.

Zementdrehofen für Massenfertigung

1898. Die deutsche Firma Polysius baut den ersten betriebsfähigen Zementdrehofen. Dieses Verfahren wird zur Grundlage der gesamten Zementtechnologie.

Die Bestandteile des Zements (→ 1862), gemahlener Kalk oder Kreide, Hochofenschlacke und unterschiedliche Zuschlagstoffe, müssen gebrannt werden. Das besorgt der leicht geneigte Drehrohrofen im Dauerbetrieb. Das Material, dem die Flamme eines Brenners entgegenschlägt, läuft kontinuierlich durch den Ofen.

Automatische Glaspresse

1898. In Swissvale (USA) entwickelt W. J. Miller die erste vollautomatisch arbeitende Glaspresse (→ 1860). Bereits 1897 hatte die Firma Corning in den USA die erste Maschine zum Ziehen von Glasröhrchen für Thermometer direkt aus der Schmelze gebaut.

Beide Maschinen arbeiten mit einem größeren Vorrat glutflüssigen Glasmaterials, der je nach der Entnahmemenge kontinuierlich ersetzt wird. Durch ein Dosierventil tropft im Falle des Preßglases die für das jeweilige Produkt erforderliche Glasmenge ab. Sie fließt hier direkt in eine Form und wird hier von oben, der gleichzeitig die zweite Formhälfte darstellt, niedergepreßt (→ 1907).

Moderne Glaspreßmaschine der Mainzer Glaswerke Schott

Bälle für Spiel und Sport

1898. Bertram Work aus den USA entwickelt den modernen Golfball aus Gummi. Gleichzeitig erfindet der englische Ingenieur James Gibb das Tischtennisspiel und stellt dafür Zelluloidbälle her.

Die Geschichte des Ballspiels reicht bis vor die Antike zurück. Bereits 2000 v. Chr. warf man mit Steinkugeln nach Kegeln. Luftgefüllte Bälle – Schweinsblasen – kamen im 2. Jahrhundert in Griechenland auf. Die von Natur aus ovalen Blasen wurden über glühenden Kohlen in der Mitte zusätzlich geweitet, um eine Kugelform zu erzielen. Im 7. Jahrhundert spielten die Maya in Mittelamerika mit Naturkautschukbällen, die prall mit Hanf- oder Sisalfasern gefüllt waren. Eine frühe Form des Fußballs ist aus dem 12. Jahrhundert überliefert, als man versuchte, mit Blättern, Federn oder Haar ausgestopfte Schweinslederbälle gegen von einem Spieler verteidigte Kirchentore zu spielen.

Im 16. Jahrhundert überzog man dann in Europa ovale Schweinsblasen erstmals mit einer Lederaußenhaut. Diese Bälle ähnelten den späteren Rugby-Bällen.

Anfang des 17. Jahrhunderts waren in England und Holland federgefüllte Ledergolfbälle in Gebrauch; 1848 kam der Guttapercha-Golfball auf. 1869 verdrängten Billardkugeln aus Zelluloid die alten Elfenbeinkugeln. Und 1873 erschien der flanellüberzogene Gummi-Tennisball.

Aufzeichnung von Telefonanrufen

1898. Der dänische Elektroingenieur Valdemar Poulsen und sein Mitarbeiter Pedersen verbinden den Phonographen (→ 1877) mit dem Telefon und nennen das kombinierte Gerät Telegraphon oder Telephonograph. Es kann Gespräche selbsttätig aufzeichnen. Die registrierten Texte lassen sich später über den Telefonhörer abhören.

In Verbindung mit dieser Konstruktion macht Poulsen die Grundlagenerfindung der Magnettonaufzeichnung. Als Tonträgermaterial verwendet er Stahldraht.

Dem britischen Physiker und Chemiker Sir James Dewar gelingt die Herstellung von Sauerstoff- und Wasserstoffeis. →

Die Optischen Werke von Carl Zeiss in Jena erfinden den stereoskopisch arbeitenden Distanzmesser. →

Der serbische Elektroingenieur Mihajlo Pupin erfindet die nach ihm benannte Selbstinduktionsspule zur Verbesserung der Übertragungsleistungen von Fernsprechleitungen. →

Der für die Daimler-Motoren-Gesellschaft in Stuttgart arbeitende deutsche Konstrukteur Wilhelm Maybach entwickelt für die Kühlung von Automotoren den sog. Bienenwabenkühler. →

Der Franzose Amédée Bollée d. J. stellt den ersten Monobloc-Motor vor, bei dem der Zylinderblock alle vier Zylinder umschließt. →

Michael Joseph Owen, ein US-amerikanischer Industrieller, erfindet die Flaschenblasmaschine (→ 1898; 1907)

Der französische Zauberkünstler Georges Méliès stellt die ersten Trickfilme her (→ 1901).

Der französische Ingenieur François Hennebique stellt den Pont de Châtellerault aus Beton fertig. Diese Brücke ist der Wegbereiter der modernen Stahlbetonkonstruktionen. →

Da alles, was es zu erfinden gebe, bereits erfunden sei, bittet das US-Patentamt in New York um seine Schließung. →

27. 3. Der italienische Ingenieur und Physiker Guglielmo Marchese Marconi stellt die erste drahtlose Telegraphieverbindung zwischen England und Frankreich her (→ 1897).

29. 4. Mit 105,876 km/h stellt der belgische Rennfahrer Camille Jenatzy mit seinem Elektroauto »La Jamais Contente« den Geschwindigkeitsrekord für Automobile auf. →

3. 8. Die Station Rothstock der Jungfraubahn in den Berner Alpen wird eingeweiht.

Dezember. In Berlin wird die elektrische U-Bahn in Betrieb genommen. →

GESTORBEN:

16. 8. Heidelberg: Robert Wilhelm Bunsen (* 30. 3. 1811, Göttingen), deutscher Chemiker.

GEBOREN:

13. 3. Middletown/Connecticut: John Hasbrouck Van Vleck († 27. 10. 1980, Cambridge/Massachusetts), US-amerikanischer Physiker.

4. 5. Rüsselsheim: Fritz von Opel († 8. 4. 1971, Sankt Moritz), deutscher Industrieller und Raketenpionier.

M. Pupin verbessert Telefonreichweite

1899. Der serbische Elektroingenieur Mihajlo Pupin erfindet die nach ihm benannte Selbstinduktionsspule zur Kompensation von Telefonkabel-Kapazitäten.

Parallele Fernsprechleitungen (Hin- und Rückleitung) lassen sich als die Beläge eines Kondensators auffassen. Da Kondensatoren Wechselstrom leiten, kommt es zu Verlusten der Telefonströme. Bei langen Leitungen ist diese Dämpfung beachtlich, und über mehr als 100 km Freileitung ließ sich deshalb bisher nicht telefonieren. Kondensatorkapazitäten lassen sich aber durch die Induktivitäten von Spulen für jeweils bestimmte Frequenzbereiche kompensieren. Davon macht Pupin Gebrauch, indem er in regelmäßigen Abständen Spulen in die Telefonleitungen legt. Auf diese Weise lassen sich die Telefonreichweiten für Erdkabelleitungen auf 66 und für Freileitungen auf etwa 600 km erhöhen.

Zeiss baut optischen Entfernungsmesser

1899. Die Optischen Werke von Carl Zeiss (→ 1872) in Jena entwickeln ein stereoskopisch arbeitendes Distanzmeßinstrument.

Das Gerät besteht aus einer quer zum Betrachter liegenden Meßbasis, an deren beiden Enden je ein Objektiv in Richtung Meßgegenstand weist. Die unter einem mehr oder weniger spitzen Winkel einfallenden Meßstrahlen werden in der Basis durch optische Mittel (Spiegel, Prismen, Linsen) zum Zentrum geleitet, wo sie durch zwei Okulare beidäugig beobachtet werden können. Der Zielbereich erscheint für den Beschauer dreidimensional und – durch die im Vergleich zu seinem Augenabstand größere Meßbasis – in der Tiefe sehr gedehnt. In das Gerät eingebaut ist eine verstellbare Meßmarke oder eine feste Meßskala. Sie ist so konstruiert, daß auch sie für den Beobachter im Raum zu stehen scheint. Die Marke läßt sich mit einem Rändelrad scheinbar in der Tiefe verstellen und damit auf gleiche Höhe mit dem Meßobjekt bringen. An einer Skala des Rändelrades kann die Entfernung abgelesen werden. Das Gerät hat u. a. militärische Bedeutung.

Geschwindigkeitsrekord: Mit dem Auto mehr als 100 km in der Stunde

29. April 1899. *Der belgische Elektroingenieur und Rennfahrer Camille Jenatzy stellt mit seinem Elektroauto »La Jamais Contente« (Abb.) bei Achères den Geschwindigkeitsrekord für Automobile auf. Mit 105,876 km/h fährt er als erster schneller als Tempo 100. Entworfen hat das annäherungsweise stromlinienförmige Rekordfahrzeug Léon Auscher.*

Von sich reden machten schon 1898 die Elektrowagen des Franzosen Gaston de Chasseloup-Laubat. Am 18.

Dezember 1898 erzielte der adlige Rennfahrer bei Achères in der Nähe von Paris mit 63,149 km/h den offiziellen Geschwindigkeitsweltrekord für Automobile. Konstruiert hatte das Fahrzeug die Firma Jeantaud. Vier Monate später, am 4. April 1899, stellte der Graf seinen eigenen Rekord mit 92,696 km/h mit demselben Auto ein. Nur 25 Tage später fährt dann Jenatzy über 100 km/h schnell, ohne nennenswerte Federung und . . . völlig ohne Bremsen!

Maybach erfindet Bienenwabenkühler

1899. Der deutsche Konstrukteur Wilhelm Maybach (→ 1866) verbessert die Kühlung für Automobile durch den Bienenwabenkühler.

Bisher war die Motorenkühlung immer ein besonderes Problem. Die Lösungsversuche waren oft eigenwillig. So hatte man beispielsweise beim Daimler-Stahlwagenmodell von 1898 den ganzen – hohlen – Rahmen des Fahrzeugs mit in das Wasserkühlsystem einbezogen. 1897 wurde als erste akzeptable Lösung der Maybachsche Röhrchenkühler bekannt. Aber erst der Bienenwabenkühler, mit dem 1900 das Daimler-Modell »Phoenix« ausgerüstet wird, arbeitet zufriedenstellend und ungefährlich. Er erlaubt erstmals Motorleistungen von 10 PS und mehr. Dieser Kühler beeinflußt auch das Aussehen der Autos: Durch seine Frontanordnung führt er zur typischen »Schnauze«.

An sich ist die Bezeichnung »Bienenwabenkühler« nicht ganz korrekt, denn seine Röhrchen sind nicht sechs- sondern vierkantig.

Berlin bekommt U-Bahn

Dezember 1899. In Berlin werden die ersten Strecken der elektrischen Untergrundbahn eingeweiht. 1897 war mit dem Bau des U-Bahnnetzes begonnen worden. Schon 1880 hatte Werner von Siemens eine Unterflurbahn für Berlin geplant.

Die erste Untergrundbahn der Welt war → 1863 in London als Dampfbahn in Betrieb gegangen. Die erste elektrische U-Bahnanlage wurde 1896 – von der Berliner Firma Siemens & Halske gebaut – in Budapest eingeweiht (→ 1851).

Ausschachten der U-Bahn-Trasse in der Tauentzienstraße in Berlin (um 1900); die Strecken wurden nicht als Tunnel gebohrt, sondern als Gräben gebaut

Britischer Chemiker läßt Gase erstarren

1899. Dem britischen Physiker und Chemiker Sir James Dewar gelingt es, flüssige Luft und wenig später auch flüssigen Sauerstoff und Wasserstoff (→ 1878) durch Kompression und Entspannung so weit abzukühlen, daß die Flüssiggase zu Eis erstarren.

Der Gefrierpunkt von Sauerstoff liegt bei −218,83 °C. Wasserstoff wird bei −259,20 °C fest, nur 6,42° unter seiner Verflüssigungstemperatur. Mit der bloßen weiteren Abkühlung ist es aber nicht getan. Dem Flüssiggas muß zusätzlich die der Schmelzwärme entsprechende Energiemenge entzogen werden.

Wegbereiter für den Stahlbetonbau

1899. Als erste große Stahlbetonkonstrution, die technisch ausgereift ist, stellt der französische Ingenieur François Hennebique die Brücke von Châtellerault fertig. Zwar wurden schon vorher immer wieder kleinere und mittelgroße Brücken aus Stahlbeton gebaut, doch kam es öfters zu Einstürzen der kaum berechneten frei spannenden Teile, sofern die Anlagen nicht ohnehin erheblich überdimensioniert waren.

Ein Architekturchronist sagt: »Der Hauptgedanke der Hennebiqueschen Erfindung ist das vollkommen Monolithische seiner Ausführungen . . . Mit ihnen beginnt eine neue Zeit für den Eisenbetonbau.«

»Alles Erfindbare ist jetzt erfunden«

1899. Der Leiter des US-Patentamtes in New York wendet sich in einem Schreiben an die ihm vorgesetzte behördliche Dienststelle, den Bürgermeister. In seinem Brief bittet er um die Schließung seines Amtes, da alles, was es zu erfinden gebe, jetzt erfunden sei. Mit weiteren Erfindungen von Bedeutung sei nicht mehr zu rechnen. Die von ihm geleitete Einrichtung verliere also ihre Bedeutung.

Dem Antrag wird nicht stattgegeben. Offensichtlich sind höhere Instanzen der Ansicht, daß auch das 20. Jahrhundert noch technische Neuerungen mit sich bringen kann.

Die Verschmelzung von Forschung und Technik

1900 bis 1940

Gegenseitige Befruchtung von Wissenschaft und Technik

Schon gegen Ende des 19. Jahrhunderts bahnte sich eine gegenseitige Befruchtung von Naturwissenschaften und Technik an. Die Keimpunkte lagen keineswegs in der Industrie, die ihr Entstehen nicht den Physikern und Chemikern, sondern eher den Mechanikern und Technikern verdankt; sie lagen in den Universitäten. Hier kam es in immer stärkerem Maße zur Zusammenarbeit von forschenden Wissenschaftlern mit technischen Hilfskräften. Hatten die experimentierenden Physiker und Chemiker bisher ihre einfachen Laborgeräte selbst gebastelt, so überforderten die steigenden Ansprüche an Präzision schließlich ihre handwerklichen Fähigkeiten, und auch zeitlich waren sie nicht mehr in der Lage, Hilfs- oder gar Meßapparaturen anzufertigen. An den Universitäten etablierten sich wissenschaftliche Gerätebauer mit ihren Werkstätten. Aus ihrer praktischen Erfahrung heraus konnten sie den forschenden Wissenschaftlern manchen guten Hinweis auf das technisch Mögliche geben.

Die gegenseitige Befruchtung von Naturwissenschaften, Technik und Industrie intensivierte sich in den ersten Jahrzehnten des 20. Jahrhunderts ungemein. Dies läßt sich gut am Beispiel der Spezialisierung veranschaulichen. Oft wird behauptet, im 20. Jahrhundert habe eine zunehmende Spezialisierung infolge der Diversifikation der Naturwissenschaften eingesetzt und die Industrie sei der große Integrator all dieser immer weiter aufgeschlüsselten und dabei immer schmaler werdenden Wissensbereiche. Das Gegenteil trifft eher zu. Die industrielle Fertigung, die Praxis also, erforderte die Spezialisierung viel eher als die theoretische Wissenschaft. Im 19. Jahrhundert war das noch umgekehrt, hier teilten sich die Naturwissenschaften in mehr und mehr Fachbereiche auf. Die Grundlagenforschung wurde vielseitiger. Die Industrie hingegen verlangte für ihre Fertigungsanlagen kaum mehr als das Grundwissen von Allround-Konstrukteuren. Aber gerade die zunehmende Fülle wissenschaftlicher Detailkenntnisse ließ die theoretischen Wissenschaftler immer wieder nach globalen Zusammenhängen suchen, zumal sich solche in einigen universellen Naturgesetzen – etwa dem Gesetz der Erhaltung der Energie – oder etwa den Maxwellschen Gleichungen für die Verbindung variabler elektrischer und magnetischer Felder schon angekündigt hatten. Während in den Naturwissenschaften die Suche nach übergreifenden Theorien verstärkt wurde, was schon in den ersten vier Jahrzehnten des 20. Jahrhunderts zur neuen Atomlehre, der Quantentheorie und der Quantenmechanik führte, spezialisierte sich jetzt die Technik rapide. Daß dies wiederum zur Gründung zahlreicher neuer Zweige der angewandten Wissenschaften führte, die es bisher nur in Ansätzen gegeben hatte, macht noch einmal den Einfluß der industriellen Fertigung auf die wissenschaftliche Spezialisierung deutlich. Die typischen Ingenieurwissenschaften, außerhalb des klassischen Elfenbeinturms der reinen Grundlagenforschung stehend, bildeten sich heraus: Die Hochfrequenz- und die Nachrichtentechnik, die Aerodynamik, die Werkstoffkunde, die Vakuumtechnik, der Maschinenbau mit Teilbereichen wie Maschinenelementen, Elektromaschinen, Verbrennungskraftmaschinen usw., die Tief- und Hochtemperaturtechnik, Verkehrstechnik und unzählige andere Gebiete mehr. Ähnliches gilt für die Chemie. Diese anwendungsorientierten Forschungsbereiche entstanden z. T. zuerst in Industrielabors.

Die rasch fortschreitende Spezialisierung in den Ingenieurwissenschaften wirkte bald auf die reinen Wissenschaften zurück, denn sie machte den Bau zunehmend komplexer Meß- und Analysegeräte und großer Forschungsanlagen möglich, mit dem die Grundlagenforscher ihre Probleme experimentell behandeln konnten. Das wiederum führte zur Spezialisierung auch in den klassischen Wissenschaften. Die bald außerordentlich komplex werdenden Einzelexperimente konnte der Optiker, Elektrotechniker, Atomphysiker, analytische Chemiker usw. als Generalist nicht mehr – oder zumindest nicht mehr allein – durchführen. Die Wissenschaft selbst wurde technisiert.

Atome und Quanten – die »neue« Physik

Im Zusammenhang mit der zunehmenden Spezialisierung stand die Entwicklung der Atomphysik. »In der Geschichte der Wissenschaft gibt es wohl wenige Erkenntnisse, die in der kurzen Zeit eines Menschenalters so außerordentliche Folgen hatten wie Plancks Entdeckung des elementaren Wirkungsquantums«, beurteilte der große schwedische Atomphysiker Niels Bohr die Formulierung der Quantenhypothese durch Max Planck im Jahre 1900. Daß sich Planck überhaupt mit physikalischen Prozessen im atomaren Bereich befaßte, hatte seine Ursache in der Entdeckung der »X-Strahlen« durch Wilhelm Conrad Röntgen zur Jahreswende 1895/96, zu einer Zeit, als viele Physiker überzeugt waren, daß es auf der Landkarte ihres Fachgebiets keine weißen Flächen mehr gebe. Die Röntgenstrahlen, deren Natur als elektromagnetische Wellen erst 1911 die Physiker Max von Laue, Walther Friedrich und Paul Knipping in München nachweisen konnten, waren zunächst unerklärlich und zogen das Interesse zahlreicher Physiker auf sich. Max Planck brachten seine theoretischen Betrachtungen zu der Erkenntnis, daß sich kleinste Energiemengen nur in Quanten manipulieren – z. B. absorbieren oder abstrahlen – ließen und nicht »stufenlos«. In einer Zeit, in der manche Physiker noch nicht einmal vom Aufbau der Materie aus einzelnen Atomen überzeugt waren, erwies sich Plancks Einsicht als Sensation. Sie revolutionierte das physikalische Weltbild, insbesondere als 1914 James Franck und Gustav Hertz das Plancksche Strahlungsquant im Experiment praktisch nachweisen konnten.

Angeregt durch Röntgens Entdeckung und die Plancksche Hypothese entwickelte sich in wenigen Jahrzehnten die moderne Atomphysik. 1913 begründeten William Henry Bragg und William Lawrence Bragg die Röntgenstrahlspektroskopie, die erstmals Einblicke in die atomare Struktur der Kristalle und damit der Festkörper generell gestattete. Aus der Beschäftigung mit den Röntgenstrahlen erwuchsen auch die Entdeckung der Radioaktivität durch Antoine Henri Becquerel in Paris und in ihrer Folge die Entdeckung der radioaktiven Elemente Polonium und Radium durch Marie Curie noch kurz vor der Jahrhundertwende. Schon 1902 stellte Ernest Rutherford die atomare Theorie für den radioaktiven Zerfall auf. Im folgenden Jahrzehnt erkannte man die Natur der Alpha-, Beta- und Gammastrahlen. Man machte sich Gedanken über den inneren Aufbau der Atome und die darin herrschenden Kernkräfte. Die Analyse der Materiebausteine vollzog sich zwischen 1900 und 1932 in zwei Phasen. Die erste endete 1911 mit dem Rutherfordschen Atommodell, das Kerne und Elektronenhüllen spezifizierte. Die zweite Phase gelangte unter Anwendung der Planckschen Quantentheorie – primär durch Niels Bohr, James Franck und Gustav Hertz – zum Lehrgebäude der Quantenphysik, das in der Lage war, auch bisher ungeklärte atomphysikalische Phänomene und kernchemische Reaktionen zu erklären.

Mit der – zunächst theoretischen – Einführung des masse- und ladungslosen Neutrinos gelang Enrico Fermi 1934 die Erklärung des Massendefekts bei der Vereinigung von Elementarteilchen zu einem Atomkern. Der Verlust an Masse beruht auf der Umwandlung eines Teils der Masse in Energie. Die Grundlage für Fermis Erkenntnis bildete die 1905 von Albert Einstein im Rahmen seiner speziellen Relativitätstheorie aufgestellte Beziehung zwischen Masse und Energie (Energie gleich Masse mal Quadrat der Lichtgeschwindigkeit). Als Otto Hahn und Fritz Straßmann 1938 die Kernspaltung entdeckten, sollte der Massendefekt große Bedeutung gewinnen. Er trat in der Materie- und Energiebilanz als gewaltige radioaktive Strahlungsenergie in Erscheinung. Dieses Phänomen nutzte Enrico Fermi, als er 1942 in Chicago den ersten Kernreaktor der Welt in Betrieb nahm.

Neue Erkenntnisse in der klassischen Physik

In einer Abhandlung über die Entwicklung der Physik im 20. Jahrhundert schrieb Walter Gerlach 1960 sehr zutreffend, es sei kein Akt der Thermodynamik, wenn ein Arzt mit einem Thermometer die Körpertemperatur seines Patienten messe. Genausowenig lassen sich zahlreiche neue physikalische Erkenntnisse des frühen 20. Jahrhunderts der sog. neuen Physik zuschreiben, nur weil sie mit deren Methoden und aufgrund ihrer Erfahrungen gewonnen wurden. Für Technik und Industrie setzte weiterhin allein die klassische Physik (Mechanik, Thermodynamik, Optik, Akustik und Elektrizitätslehre) neue Maßstäbe. Diese Gebiete entwickelten sich zwischen 1900 und dem Zweiten Weltkrieg rapide weiter. Wichtige Erkenntnisse ließen sich in der mechanischen Festigkeitslehre und Materialkunde verzeichnen. Der dort gemachte Wissensfortschritt und die Weiterentwicklung der Aerodynamik, die zur Entdeckung des »Grenzschichtphänomens« zwischen einer Fläche und vorbeiströmender Luft (1901) durch Ludwig Prandtl führte, lieferten die theoretischen Grundlagen zum Flugzeugbau. Auf diesem Gebiet, wie auch im aufstrebenden Kraftfahrzeugbau, spielten besonders auch die Entwicklung warmfester und elastischer Legierungen sowie die beachtlichen Fortschritte auf dem Feld der Tribologie eine große Rolle.

Die physikalische Kreisellehre brachte die Erfindung des Kreiselkompasses durch Hermann Anschütz-Kaempfe, der die sichere Steuerung von Flugzeugen und Schiffen gestattet. In der Akustik setzte die technische Erzeugung von Ultraschall neue Maßstäbe, was in Kombination mit Errungenschaften der Hochfrequenztechnik u. a. zur praktischen Anwendung der von Pierre Curie 1880 entdeckten Piezoelektrizität führte. Die Wärmelehre bemächtigte sich zunehmend der Tiefst- und Hochtemperaturforschung, was u. a. zur Untersuchung des Phänomens der Supraleitfähigkeit in der Nähe des absoluten Temperaturnullpunkts ab 1911 und später der Suprafluidität des Heliums führte. In der Optik entwickelte sich u. a. die Interferenzspektroskopie.

Einschneidende Neuerungen ergaben sich auf dem Gebiet der Elektrotechnik durch die praxisbezogene Weiterentwicklung der Kathodenstrahlröhre, die Präzisionsmessung der Elektronenladung (Robert Andrews Millikan 1916) und die Entwicklung der Glühkathode. Aus diesen Grundlagen gingen die Oszillographen- und Fernsehröhren und die von Lee De Forest erfundene eigentliche Elektronenröhre, der elektronische Verstärker, hervor. Weitere technische Folgen waren u. a. die Entwicklung der modernen drahtlosen Nachrichtenübertragung, das Radar, die Rechenautomaten und – durch die Röhrenrückkopplung – der Siegeszug der Regelungstechnik.

Die neuen Erkenntnisse der klassischen Physik hatten auch Auswirkungen auf andere naturwissenschaftliche Disziplinen. So führten die wesentlich verbesserten Mikroskope – bis hin zum Phasenkontrast- und zum Elektronenmikroskop – zu einer explosiven Vermehrung biologischer und medizinischer Erkenntnisse. So erlaubten die Gesetzmäßigkeiten des radioaktiven Zerfalls erstmals genaue Altersbestimmungen in der Geologie, der Biologie und der Archäologie. So gestattete die chemische Spektralanalyse für die Kunstgeschichte bedeutsame Präzisionsuntersuchungen. Die Fotooptik und die Fotochemie führten einerseits zur fotogrammetrischen Forschung vom Flugzeug aus, andererseits z. B. zum mikrofotografischen Ausloten zahlreicher wissenschaftlicher und technischer Fachbereiche.

Wissenschaftliche Großchemie

Noch mehr als auf dem Gebiet der Physik gingen seit etwa 1900 auf dem Sektor der Chemie Wissenschaft und Technik Hand in Hand. Einerseits war die chemische Forschung weitgehend auf technische Geräte und Anlagen angewiesen: Die acht 1900 noch unbekannten Elemente Hafnium, Rhenium u. a. ließen sich nur durch die Röntgenspektroskopie und radioaktive Methoden entdecken, die Transurane sogar nur in großen Beschleunigeranlagen erzeugen. Andererseits lagen der Industrialisierung chemischer Prozesse stets die Erkenntnisse der Laborforschung zugrunde, oft gepaart mit verfahrenstechnischem Wissen.

Wichtig auf dem Gebiet der Anorganik wurden Anfang des Jahrhunderts die Bor- und Siliziumchemie und 1909 besonders die von Fritz Haber und Carl Bosch entwickelte Synthese von Ammoniak aus Luftstickstoff und Wasserstoff. Wichtig auf dem organischen Sektor war die Entdeckung, Untersuchung und schließlich Synthese zahlreicher Naturstoffe, besonders von Farben, Vitaminen und Hormonen. Eine überragende Bedeutung errang nach 1909, als Fritz Hofmann mit der Synthese von Methylkautschuk (Buna) erstmals wirkliche Riesenmoleküle produzierte, schnell die Makromolekularchemie. Sie ist die Wurzel der Petrochemie und des gesamten Kunststoffzeitalters.

1900

Der Mediziner Schumburg macht Wasser durch Behandlung mit Brom keimfrei. →

Frederick Winslow Taylor und Maunsel White entwickeln den »Schnelldrehstahl«. →

Otto Walkhoff entdeckt die physiologische Wirkung des radioaktiven Elements Radium. →

Carl Gräf erhält ein Patent für ein Auto mit Vorderradantrieb.

In Frankreich wird das Autogenschweißen entwickelt. →

Der deutsche Chemiker Friedrich Ernst Dorn entdeckt das Element Radon.

Auf der Pariser Weltausstellung sind mit Ton gekoppelte Filmprojektoren und Großbildwände eine Sensation (→ 28. 12. 1895; 1901).

Der deutsche Unternehmer Ernst Sachs erfindet die Torpedofreilaufnabe. →

Der deutsche Physiker Max Planck veröffentlicht seine Quantentheorie. →

Die Brüder Orville und Wilbur Wright konstruieren in Dayton (USA) eine Flugmaschine mit Benzinmotor (→ 1903).

Der englische Chemiker Frederic Stanley Kipping stellt erstmals Silikon her. →

Das erste Auto mit einem Lenkrad statt des bisher üblichen Lenkstocks oder Steuerknüppels stellt die französische Automobilfirma Panhard und Levassor her. →

Für die bisher schnellste Überquerung des Atlantiks wird dem HAPAG-Dampfer »Deutschland« das Blaue Band zugesprochen. →

2. 7. Das Zeppelin-Luftschiff LZ 1 geht auf Jungfernfahrt. →

1. 9. Die erste deutsche transatlantische Kabellinie wird in Betrieb genommen.

GESTORBEN:

6. 3. Cannstatt/Stuttgart: Gottlieb Wilhelm Daimler (* 17. 3. 1834, Schorndorf), deutscher Ingenieur und Industrieller.

GEBOREN:

8. 3. Hoboken/New York: Howard Hathaway Aiken († 14. 3. 1973, Saint Louis), US-amerikanischer Mathematiker.

19. 3. Paris: Frédéric Joliot-Curie († 14. 8. 1958, Paris), französischer Physiker.

25. 4. Wien: Wolfgang Pauli († 15. 12. 1958, Zürich), österreichisch-US-amerikanischer Physiker.

5. 6. Budapest: Dennis Gabór († 9. 2. 1979, London), ungarisch-britischer Physiker.

3. 12. Wien: Richard Kuhn († 31. 7. 1967, Heidelberg), österreichisch-deutscher Chemiker.

Das Starrluftschiff Zeppelin LZ 127 »Graf Zeppelin« über Friedrichshafen am Bodensee

Zeppelin LZ 1 geht auf Jungfernfahrt

2. Juli 1900. Nach langer harter Arbeit von Ferdinand Graf von Zeppelin und seinem Mitkonstrukteur Theodor Kober startet das Luftschiff LZ 1 in Friedrichshafen am Bodensee zu seiner Jungfernfahrt. Die bereits 1874 erschienene Schrift des damaligen Generalpostmeisters des Norddeutschen Bundes, Heinrich Stephan, »Weltpost und Luftschiffahrt«, hatte den deutschen Generalleutnant der Kavallerie – so der Dienstgrad Zeppelins – veranlaßt, »ein lenkbares Luftschiff mit mehreren hintereinander angeordneten Tragkörpern« zu konstruieren, für das ihm am 31. August 1895 das Kaiserliche Patentamt Schutz erteilte.

Mit 128 m Länge und 11,73 m Durchmesser faßt das durch ein Aluminiumskelett versteifte Luftschiff 11 327 m³ Gas. Zwei 16-PS(11,8 kW)-Daimler-Motoren treiben es an. Bei der ersten Fahrt gibt es Probleme mit der Steuerung, und fast wäre der Luftriese bei der Landung zerbrochen. Ein Vierteljahr später, am 17. Oktober, steigt das LZ 1, technisch verbessert, erneut auf. Es landet diesmal sicher, aber die erreichte Geschwindigkeit bleibt mit 5 km/h hinter den Erwartungen zurück. Nach einer dritten, ebenso enttäuschenden Fahrt läßt Zeppelin das LZ 1 abwracken. Das LZ 2 ist fünf Jahre später startklar (→ 1937).

△ *Das Luftschiff LZ 1 im Bau; das Leichtbaugerippe ist bereits teilweise mit der imprägnierten Außenhaut bespannt; Stabilität gibt der fertigen Konstruktion erst die Gasfüllung, wie die unter dem eigenen Gewicht verzogenen Längsverstrebungen ahnen lassen*

◁ *Ferdinand Graf von Zeppelin, geboren am 8. Juli 1837 in Konstanz am Bodensee, besaß zwar eine technische Hochschulbildung, schlug aber zunächst eine militärische Laufbahn ein, die er 1891 beendete, um sich ganz der Entwicklung seines Starrluftschiffs widmen zu können; schon seit Jahren plante er ein starres, lenkbares und motorgetriebenes Luftschiff für den Personen- und Güterverkehr auf Langstrecken*

Radiumstrahlung zerstört Gewebe

1900. Otto Walkhoff aus Deutschland stellt erstmals fest, daß die vom Radium ausgehende, radioaktive Strahlung (→ 1898) biologische Gewebe zerstören kann.

Wie sich später erweist (→ 1902), sendet das Radium drei unterschiedliche Strahlenarten aus: Die Alpha-Strahlung (etwa 75% der Gesamtstrahlung) läßt sich magnetisch nur schwer ablenken und wird von Luft und auch von Festkörpern leicht absorbiert. Die

Otto Walkhoff

Beta-Strahlung (etwa 20%) verhält sich etwa wie die Kathodenstrahlen (→ 1859), ist aber durchdringender als diese. Die Gamma-Strahlung (etwa 5%) ist sehr hart und durchdringt sogar 10 cm starke Bleiplatten. Sie ist physiologisch besonders gefährlich. Gamma-Strahlung tötet Bakterien und ruft auf Haut Verbrennungen hervor.

Max Planck revolutioniert Physik-Weltbild

1900. Der deutsche Physiker Max Planck erarbeitet die Quantentheorie, die sich mit dem Verhalten mikrophysikalischer Systeme (Moleküle, Atome, Elementarteilchen u. a.) befaßt. Diese Theorie revolutioniert das physikalische Weltbild.

Als junger Professor studierte Planck wie viele seiner Kollegen die Strahlung schwarzer Körper. Mehrere Wissenschaftler stellten Gleichungen auf, die die Verteilung der Strahlungsintensität über das Spektrum beschrieben. Doch galten einige Gleichungen nur für niedrige Frequenzen, andere nur für hohe.

Planck findet eine Gleichung, die für den gesamten Frequenzbereich gültig ist. Er hat eine Theorie entwickelt, die auf einem neuen, zunächst unverständlich erscheinenden Modell der Materie beruht. Es geht von der Emission elektromagnetischer Strahlung (z. B. Wärmestrahlung oder Licht) in Form von einzelnen kleinen Partikeln aus, die später Quanten

Der deutsche Physiker Max Planck, geboren am 23. April 1858 in Kiel, ist 1900 Professor in Berlin

genannt werden. Die Strahlung ist also nicht kontinuierlich. Die jedem Quantum zugehörige Energie (E) ergibt sich als Produkt aus Strahlungsfrequenz (v) und einer Universalkonstanten (h). Es ist also $E = h \cdot v$. Die Konstante h

wird später als Plancksches Wirkungsquantum bekannt. Sie ist eine Fundamentalkonstante des Universums.

Plancks Theorie, daß strahlende Energie in Quantenform abgegeben wird, ist so revolutionär, daß viele Wissenschaftler zunächst gar nicht ihre Tragweite erkennen. Selbst Planck gefallen die Ergebnisse seiner Arbeit nicht.

Die Einführung der Quantentheorie ist ein Wendepunkt von der klassischen zur modernen Physik. Später erklären die Nobelpreisträger für Physik Albert Einstein und Niels Bohr mit ihrer Hilfe vieles, was die Physiker des 19. Jahrhunderts nicht verstanden.

Ironischerweise hatte Planck zu Beginn seiner Laufbahn als Physiker vom Dekan der Physikalischen Fakultät in München gehört: »Physik ist ein Erkenntniszweig, der jetzt in etwa vollständig ist. Die wichtigen Entdeckungen sind alle gemacht. Es lohnt sich kaum noch, in das Gebiet der Physik einzudringen.«

Turbine verdrängt die Dampfmaschine

1900. Der französische Ingenieur Auguste Rateau stellt auf der Pariser Weltausstellung eine neue mehrstufige Dampfturbine (→ 1883) vor, die ihm schon 1896 patentiert wurde. Mit ihr gelingt ihm der wirtschaftliche Durchbruch für diese Maschinengattung. Außerdem nimmt die britische Firma Parsons & Co. die bisher größte Dampfturbine – ihre Leistung beträgt sensationelle 1000 kW – in einem deutschen Kraftwerk in Elberfeld in Betrieb. Zugleich plant der US-Amerikaner Charles Gordon Curtis, der 1895 ein Patent auf die Kombination einer Aktions- mit einer Reaktionsturbine (→ 1827) erhielt, den Bau einer 5000-kW-Curtis-Turbine mit senkrechter Achse. Alle drei Entwicklungsrichtungen bewähren sich, und alle drei Patente führen zur Vergabe zahlreicher internationaler Lizenzen.

Besonders interessant ist das Konzept von Rateau. Der französische Erfinder teilt die Spannung des Dampfes in mehrere Stufen, zwischen denen der Druck jeweils

gleichmäßig abnimmt. Dadurch kann seine Turbine ohne Leistungsverlust langsamer laufen. Unter seinen Lizenznehmern sind die Firma Sauter, Harlé & Cie. und die tschechischen Skodawerke.

Um 1890 begannen die Dampfturbinen mit den Dampfmaschinen zu konkurrieren. Um 1910 haben die Turbinen die Dampfmaschinen in der Industrie als Antriebsaggregate praktisch verdrängt.

Deutsche Zwillings-Tandem-Dampfmaschine auf der Pariser Weltausstellung 1900; die im Werk Augsburg der MAN gebaute Maschine leistet 2000 PS

»Schnelldrehstahl« für neue Werkzeuge

1900. Die Ingenieure Frederick Winslow Taylor und Maunsel White aus den USA legieren Stahl mit Titan, Wolfram, Molybdän und/oder Chrom und entwickeln so den sog. »Schnelldrehstahl«. Wichtig bei diesem Legierungsvorgang (→ 1830) ist nicht nur die Zusammensetzung, sondern auch der Schmelzprozeß, durch den der Stahl wesentlich widerstandsfähiger wird.

Die US-Firma Bethlehem Steel Co. bringt das neue Material, das besonders für schneidende Werkzeuge Verwendung findet, auf den Markt. In Versuchsreihen mit dem Schnelldrehstahl stellt R. A. Hadfield später fest, daß mit Zunahme des Wolframgehalts von 0,1 bis 16,18% die Zugfestigkeit kaum, die Druckfestigkeit aber erheblich steigt.

1906 verbessern Taylor und White ihren Stahl durch Zusatz von Vanadium. Mit dem dabei entstehenden Neuschnellstahl oder Rapidstahl lassen sich höhere Schnittgeschwindigkeiten erreichen und härtere Werkstoffe bearbeiten als bisher.

Keimfreies Wasser mit Hilfe von Brom

1900. Ein deutscher Mediziner namens Schumburg entwickelt ein Verfahren zum Entkeimen von Trinkwasser auf chemischem Wege. Er stellt fest, daß freies Brom alle im Wasser befindlichen Bakterien innerhalb von fünf Minuten abtötet. Da Brom gesundheitsschädlich ist, muß es nach dem Entkeimen neutralisiert werden. Das erreicht Schumburg durch Zugabe von schwefelsaurem Natron.

Das Entkeimungsverfahren ist besonders für die Trinkwasserversorgung in den Tropen wichtig. Schon im 19. Jahrhundert hatte der deutsche Hygieniker Max von Pettenkofer gelehrt, daß die Ausbreitung zahlreicher Seuchen – darunter der Cholera und des Typhus – auf Verunreinigungen des Trinkwassers zurückzuführen seien.

Neue Fahrradnabe von Fichtel & Sachs

1900. Der deutsche Fahrradhersteller Fichtel & Sachs bringt eine Freilaufnabe – ab 1903 heißt sie Torpedo-Nabe – für Fahrräder auf den Markt, die bald Weltruhm erlangt.

Werbung für die Fichtel-&-Sachs-Fahrrad-Freilaufnabe von 1903

Schon 1867 wurde in Frankreich das erste Freilaufpatent registriert. Danach boten mehrere Hersteller in Frankreich, Großbritannien und den USA Räder mit Freilauf an, aber die Käufer trauten der neuen Technik nicht. Die Naben setzten sich nicht durch. Erst die Konstruktion von Fichtel & Sachs erobert den Markt; ihr Freilauf ist, um der noch verbreiteten Skepsis vorzubeugen, abschaltbar.

Eisen verbinden mit Autogenschweißen

1900. Der französische Metallurge Edmond Fouché u. a. entwickeln das Autogenschweißen.

Beim Schweißen von Eisen oder anderen Metallen muß das Material an den Rändern der beabsichtigten Verbindung aufgeschmolzen werden. In dieses Schweißbad wird meist ein Draht oder Stab aus gleichem Material zum Ausfüllen des Spalts am Stoß eingeschmolzen. Die erforderliche Hitze läßt sich elektrisch (→ 1867; 1885) oder durch Verbrennen von Gas erzeugen. Beim Autogenschweißen geschieht das durch Verbrennen von Acetylen (→ 1862) oder Wasserstoff mit reinem Sauerstoff im Schweißbrenner, einem sog. Daniellschen Hahn aus zwei ineinandergesteckten Röhren mit gemeinsamer Brenndüse, der beide Gase zusammenführt.

Kipping entdeckt Familie der Silikone

1900. Bei Versuchen, kunststoffartige Verbindungen nicht aus Kohlenstoff-, sondern aus Siliziumketten aufzubauen, entdeckt der englische Chemiker Frederic Stanley Kipping die Familie der Silikone. Das sind flüssige, kautschukartige oder feste, ungiftige Stoffe, die sich durch hohe Wärmebeständigkeit und Unempfindlichkeit gegenüber den meisten Chemikalien auszeichnen. Sie eignen sich als Wärmeträger- und Hydraulikflüssigkeit, als Poliermittel und als Trennmittel. Silikongummi und Silikonharze sind wegen ihrer physikalischen Eigenschaften gute Dichtmassen, Schutzlacke und Isolierharze in der Elektrotechnik (→ 1936).

Kipping verwertet seine Entdeckung allerdings nicht. Die industrielle Produktion setzt erst 1942 ein.

Erste Automobile mit Lenkrädern

1900. Als erster Motorwagenhersteller bringt die französische Firma Panhard und Levassor ein Auto mit Lenkrad auf den Markt. Diesem Vorbild folgt bereits 1901 die britische Firma Humber, die schon Einspeichenlenkräder baut (wie sie erst etwa 50 Jahre später der Autohersteller Citroën in Frankreich wiederentdeckt).

Bisher besaßen die Wagen meist eine Außenlenkung, einen Lenkstock neben der offenen Karosserie, der direkt mit der Vorderachse verbunden war, oder auch Lenkstangen wie das Fahrrad. Wagen wie die britischen »Lanchester«, die noch nach 1900 mit seitlich montierten Lenkhebeln ausgestattet werden, verlieren bald an Bedeutung, da sich das Fahren mit einem Lenkrad als leichter erlernbar erweist.

Der 16 502 BRT große Doppelschraubendampfer »Deutschland«, schnellstes Schiff zwischen Europa und Nordamerika

Blaues Band für HAPAGs »Deutschland«

1900. Der von der deutschen Reederei HAPAG betriebene, mit vier Schornsteinen versehene Doppelschraubendampfer »Deutschland« erringt das »Blaue Band« für die bisher schnellste Transatlantikfahrt. Das 16 502 BRT große Schiff mit seinem 37 800 PS starken Antrieb erreicht auf der Ost-West-Fahrt eine Durchschnittsgeschwindigkeit von 23,15 Knoten (kn); auf der Rückfahrt beträgt sie 23,36 kn (43,3 km/h).

Wann das Blaue Band – das es als konkrete Trophäe niemals gab – aufkam, ist unsicher. Auf jeden Fall geht die Idee auf britische Reeder zu Beginn des 19. Jahrhunderts zurück, als für die schnellste Fahrt von London nach Australien ein blauer Wimpel gestiftet wurde. Die ersten Bewerber um das Blaue Band für die schnellste Transatlantikfahrt waren noch hölzerne Schaufelraddampfer. Der Kampf um die bald begehrte Auszeichnung wurde schnell zur Demonstration technischer Neuerungen. Nur dreimal (zweimal 1851 und 1884) erwiesen sich vor 1897 Schiffe von US-Reedern als die schnellsten, sonst fiel das Blaue Band bis dahin ausnahmslos britischen Reedern zu. Von 1897 bis 1906 liegen durchweg deutsche Schiffe in dem Wettbewerb um die schnellste Atlantiküberquerung vorn.

Menschheitsträume und Utopien werden nun Wirklichkeit

An der Schwelle zum 20. Jahrhundert geraten jahrtausendealte Menschheitsträume und Utopien in den Bereich der Realität. Der Mensch löst sich durch gezielte Ausnutzung der Naturgesetze, die von der Wissenschaft vorwiegend im 19. Jahrhundert erkannt wurden, aus den engen Grenzen des klassischen mechanischen Denkens. Er beginnt, Barrieren von Zeit und Raum niederzureißen, die früher als unüberschreitbar galten. Er gewinnt Einblicke in Zusammenhänge, die ihm seine fünf Sinne allein niemals erschließen würden. Und er lernt, mit mathematischer Präzision zwischen Möglichem und Unmöglichem zu unterscheiden. Zwar gibt es noch immer Versuche, das Perpetuum mobile zu erfinden, doch verfolgen nur noch unbelehrbare Träumer derartig unrealistische Ziele. Die Wissenschaftler haben längst schlüssig bewiesen, warum es solche Mechanismen niemals geben kann.

Die Grenzen des Machbaren haben sich verschoben. Früher galt als unmöglich, was sich technisch nicht realisieren ließ. Jetzt setzt die Theorie die Grenzen. Wenn die technischen Voraussetzungen für eine Lösung – noch – nicht gegeben sind, dann heißt das noch lange nicht, daß eine Vorstellung utopisch sein muß. Es gilt dann eben, die Lösungsmechanismen in zäher Arbeit zu entwickeln.

Das neue physikalisch-technische Weltbild, das das alte vordergründig mechanische Denken ablöst, führt zu einem Wandel in der Art, technisch Neues zu schaffen. Mehr und mehr löst die Ingenieurkonstruktion, die Arbeit in Entwicklungslabors und die gezielte Berechnung, das freie Erfinden und das technische Experimentieren ab. Immer seltener werden damit Zufallserfindungen. Für die meisten großen Menschheitsträume, die seit der Existenz des Homo sapiens als Utopien angesehen wurden, gibt es jetzt Lösungen oder zumindest Lösungsansätze:

Der Mensch hat gelernt, sich in die Luft zu erheben, und er ist dabei, das erste Vordringen in den Luftraum (mit Ballons und Gleitflugzeugen) gezielt mit verkehrstechnologischen Planungen zu verbin-

»Station der Lufttaxis am Turm Saint-Jacques« (Karikatur zur Luftfahrteuphorie von Albert Robidia, 1883)

Zukunftsvorstellung von der Verkehrsentwicklung in den Großstadtzentren (Karikatur aus dem Jahr 1890)

den. Erste kühne Denker befassen sich sogar schon ernsthaft mit Raumfahrtprojekten.

Der Mensch hat gelernt, große Distanzen – weitaus schneller als mit seiner eigenen Muskelkraft oder Zug- und Reittieren – mit mechanischen Maschinen zu überwinden. Eisenbahnnetze umspannen die Welt, und der Siegeszug des Automobils steht kurz bevor.

Mit der Dampfkraft und neuerdings mit der Elektrizität stehen dem Menschen schier unerschöpfliche und für vielseitige Anwendungen einsetzbare Energieformen überall dort zur Verfügung, wo er sich ihrer bedienen will. Be-

sonders der Strom macht ihn unabhängig von den leistungsschwachen Göpelwerken und Tretmühlen, aber auch von Wasserrädern. Mit Strom läßt sich antreiben, heizen, schweißen, bearbeiten, telegraphieren und telefonieren.

Die Kommunikationstechnik ist dabei, die bislang bestehenden Grenzen von Zeit und Raum zu sprengen; mit ihrer Hilfe können schon bald drahtlose Mitteilungen in kürzester Zeit um den Erdball geschickt werden. Und die Mittel, Nachrichten kurzfristig in beinahe beliebiger Menge zu vervielfältigen, sind auch gegeben.

Mit den Lochkartenmaschinen Hermann Holleriths lassen sich gewaltige Informationsmengen schnell und mühelos auswerten. Vergängliches, wie Schall und flüchtige Bilder, läßt sich konservieren. Hochleistungsmikroskope, Riesenteleskope, Zeitlupenaufnahmen oder gar Röntgenstrahlen vermitteln dem Menschen Einblicke in die Welt des Kleinsten und des Entferntesten, lösen Zeitvorgänge auf, die sein Auge nicht mehr verfolgen kann, oder lassen ihn gar durch Festkörper sehen.

Eine Schau der technischen Superlative der Zeit ist die Pariser Weltausstellung auf dem Champ-de-Mars, dominiert vom Eiffelturm (1900)

1901

Die Stadt Cardiff baut die modernsten Dockeinrichtungen der Welt, die Barry-Docks. →

Vivian B. Lewes entwickelt die »Autocarburation« zum Vergasen von Steinkohle zu Wassergas.

Wilhelm Ostwald publiziert grundlegende Studien über die chemische Katalyse. →

Die Suche nach Erdöl in Amerika und auch im Nahen Osten wird forciert. →

Der erste Daimler-Wagen Marke Mercedes wird gebaut. →

Der US-Amerikaner King Camp Gillette erfindet den Rasierapparat mit auswechselbarer Stahlklinge.

Der britische Ingenieur Cecil Booth erfindet den Staubsauger mit Filtersack (→ um 1901).

1. 3. Das erste Teilstück der Schwebebahn in Elberfeld (heute Wuppertal) wird in Betrieb genommen. →

31. 7. Anläßlich einer wissenschaftlichen Ballonfahrt bewältigen die deutschen Meteorologen Arthur Berson und Reinhard Süring die bislang größte mit einem Freiballon erreichte Höhe von 10 500 m (→ 1894).

14. 8. Gustav Weißkopf (Gustave Whitehead) führt den ersten Motorflug durch. →

12. 12. Um 12.30, 13.10 und 14.20 Uhr empfängt der italienische Physiker Guglielmo Marchese Marconi die ersten drahtlosen Funkzeichen über den Atlantik (→ 1897; 1902).

GESTORBEN:

10. 2. München: Max von Pettenkofer (* 3. 12. 1818, Lichtenheim bei Neuburg), deutscher Hygieniker.

GEBOREN:

28. 2. Portland/Oregon: Linus Carl Pauling, US-amerikanischer Chemiker.

18. 5. Chicago: Vincent du Vigneaud († 11. 12. 1978, White Plains/New York), US-amerikanischer Biochemiker.

8. 8. Canton/South Dakota: Ernest Orlando Lawrence († 27. 8. 1958, Palo Alto/Kalifornien), US-amerikanischer Physiker.

29. 9. Rom: Enrico Fermi († 28. 11. 1954, Chicago), italienischer Physiker.

5. 12. Chicago: Walt Disney († 15. 12. 1966, Burbank/Kalifornien), US-amerikanischer Filmproduzent.

5. 12. Würzburg: Werner Heisenberg († 1. 2. 1976, München), deutscher Physiker.

20. 12. Tuscaloosa/Alabama: Robert Jemison van de Graaff († 16. 1. 1967, Boston), US-amerikanischer Ingenieur und Physiker.

Neuartige Bahn schwebt über der Wupper durch Elberfeld

1. März 1901. In Elberfeld (später zu Wuppertal eingemeindet) wird das erste, 4,5 km lange Teilstück einer Schwebebahn für Personenverkehr in Betrieb genommen. Die neue Hochbahn schwebt auf weite Strecken längs über den Fluß Wupper (Abb. l.), zum Teil auch über städtische Straßen (Abb. r.).

Als geistiger Vater dieses Verkehrsmittels gilt der 1895 verstorbene Ingenieur Eugen Langen. Das Konzept der Schwebebahn geht in erster Linie auf eine Kostenanalyse zurück. Ein Streckenkilometer kostet durch-

schnittlich 1,5 Millionen Mark. Dem stehen rund drei Millionen Mark pro Kilometer bei anderen Hochbahnen und fünf bis zehn Millionen Mark bei Untergrundbahnen gegenüber. Das Tragsystem der zweispurigen Bahn und die Stromschienen sind an kräftigen, als umgekehrte U-Bögen gestalteten, 8 bis 12 m hohen Doppel-T-Stahlprofilträgern aufgehängt. Die Durchschnittsgeschwindigkeit der Bahn liegt mit Aufenthalten bei 30 km/h. Am Eröffnungstag benutzen mehr als 10 000 Fahrgäste die Bahn.

Modernste Docks der Welt

1901. Die britische Stadt Cardiff (Wales) baut neben den schon bestehenden Bute-Docks und den Penarth-Docks die mit modernsten Einrichtungen ausgestatteten Barry-Docks. Hier können Schiffe mit 2000 t Ladung innerhalb von 24 Stunden anlegen, gelöscht werden und mit Kohle neu befrachtet wieder aus dem Hafen auslaufen. Besonders beeindruckend sind die schnellen Beladeanlagen für Kohle. Das schwarze Schüttgut wird durch hydraulische Aufzüge oder durch Krane auf Plattformen gehoben und direkt in die Schiffe gekippt.

Die Docks von Cardiff in einer zeitgenössischen Darstellung; das Gemälde zeigt Liniendampfschiffe, die Kohle aus Wales für die Verschiffung nach New York und Boston laden; bis zu 25 Dampfer lassen sich simultan beladen

Suche nach Erdöl in West und Ost

1901. Im Zuge zunehmender Verbreitung des Automobils wächst der Bedarf an Benzin und damit an Rohöl rapide. Das führt zu fieberhafter Suche nach neuen Erdölressourcen. Neuentdeckte Öl- und Erdgaslager werden rasch und zum Teil mit neuen technischen Methoden und Verfahren erschlossen.

In großem Rahmen setzt die Ölförderung in Mexiko ein. Auch in den arktischen Gebieten der USA und Kanadas werden Öl- und Gaslager erschlossen. Im Nahen Osten etablieren sich die ersten – von westlichen Unternehmern gegründeten – Erdölfördergesellschaften.

Auf dem Spindeltop-Ölfeld in Texas wird erstmals das sog. Rotary-Bohrverfahren angewendet. Die Methode wurde 1884 von Robert Beart in Großbritannien erfunden. Sie arbeitet mit einem Bohrmeißel am Ende eines hohlen Stahlgestänges, das im Bohrloch gedreht wird. Durch das Rohr wird als Spülmittel Wasser – später Schlamm – hinabgepumpt und damit das abgetragene Material außerhalb des Rohrs nach oben gefördert. Das Spülmittel kühlt gleichzeitig die Bohrkrone.

Heckansicht des motorisierten Whitehead-Gleitflugzeugs »No. 21« aus dem Jahr 1901; auf dem Schoß des Erbauers sitzt sein kleines Töchterchen Rose

Gustave Whitehead fliegt das erste Mal mit Motorkraft

14. August 1901. Vor mehr als 20 Augenzeugen gelingt dem Deutschamerikaner Gustav Weißkopf – seit seiner Übersiedlung in die USA nennt er sich Gustave Whitehead – der erste – allerdings ungesteuerte – Motorflug der Geschichte. Vor der Jahrhundertwende arbeitete der gelernte Schlosser und Matrose möglicherweise mit Otto Lilienthal zusammen, der bei Berlin Gleitflugversuche durchführte (→ 1889). 1895 baute Whitehead in den USA sein erstes eigenes Gleitflugzeug. Doch als Visionär, der den Himmel der Zukunft voller Flugzeuge sah, ahnte er, daß nur motorgetriebene Flugzeuge eine Chance als Luftverkehrsmittel haben würden. In Pittsburgh (Pennsylvania) baute er einen ersten dampfkraftgetriebenen Flugapparat. Der Jungfernflug endete mit dem Absturz. Die Polizei wies ihn und seine Frau nach diesem Unfall mit großem Sachschaden aus der Stadt.

Im Sommer 1900 zogen die Whiteheads nach Bridgeport (Connecticut). Dort entstand das Modell »Nr. 21« mit einem von Whitehead selbst konstruierten und gebauten Benzinmotor. Mit dieser Maschine gelingt ihm nun der erste Motorflug.

Das Flugzeug weist schon etliche Merkmale späterer Konstruktionen auf. Es hat bereits einen geschlossenen Rumpf und ein Fahrwerk. Die Flügel lassen sich zusammenklappen. »Nr. 21« bieten neben dem Piloten einem Passagier Platz.

Wenig später, am 17. Januar 1902, legt Whitehead mit seinem Modell »Nr. 22« einen Flug über sieben Meilen Distanz zurück. Seine technische Vielseitigkeit dokumentiert sich in einer Reihe von Erfindungen und technischen Aktivitäten. So arbeitet er auch als erster an verstellbaren Propellern für ein leichtes Motorgleitflugzeug mit zurückgeklappten Tragflächen, konstruiert eine Betonstraßenbaumaschine und baut die ersten Betonpisten der Vereinigten Staaten von Amerika. In der Folgezeit baut er Ein- bis Achtzylinder-Flugmotoren. Er experimentiert mit Horizontalzylindern und Wasserkühlung.

1903 überflügelt Whitehead technisch die PR-tüchtigen Brüder Orville und Wilbur Wright, die lange Zeit als erste Motorflieger gelten (→ 17. 12. 1903). Erst 1964 fordern Luftfahrthistoriker, daß diese technikhistorische Leistung Gustave Whitehead zuzuschreiben ist.

Gustav Weißkopf, der sich nach seiner Auswanderung in die Vereinigten Staaten Gustave Whitehead nennt

Octave Chanute, dessen Doppeldeck-Gleitflugzeuge Vorbilder für die ersten Motorflieger wurden

Der Flugpionier Otto Lilienthal schuf die ingenieurtechnischen Grundlagen des Gleitfluges

Der Franzose Clément Ader baute bereits 1886 einen Motorgleiter mit Dampfmotor (»Aeole«), der kurz abhob

Otto Lilienthal bei einem Gleitflugversuch vom »Flughügel« am Stadtrand von Berlin-Lichterfelde (um 1894); das Modell besitzt starre Flügel

Gleitflieger von Igo Etrich (1906); das unbemannte Modell von 12 m Spannweite transportiert einen etwa 70 kg schweren Sandsack als Ballast

Der riesige, 3629 kg schwere Maxim-Doppeldecker hob 1894 mit vier Mann an Bord kurz von Eisenbahnschienen ab, bevor er gegen eine Leitschiene prallte

Vom Gleiter bis zum ersten Motorflugzeug

Wenn man von den ersten Entwürfen Leonardo da Vincis (→ 2. 5. 1519) und den erfolglosen frühen Versuchen geflügelter Turmspringer (→ 1811) absieht, ist die Geschichte des Fliegens vom ersten Gleitflugmodell bis zum Motorflug von Gustave Whitehead und darüber hinaus zu den präzise gesteuerten Flügen der Brüder Wright 1903 relativ kurz (→ 17. 12. 1903).

An der Schwelle zu ernsthaften Flugversuchen stand der Engländer Sir George Cayley (→ 1809). Schon 1804 erprobte er ein Gleitflugmodell an einem kreisenden Arm. 1807 arbeitete er an einem Heißluft- und einem Schießpulvermotor. 1843 entwarf er einen Hubschrauber (»Convertiplane«) mit zwei horizontalen und zwei vertikalen Rotoren. Wirklich in die Luft erhob sich sein Dreidecker-Hanggleiter von 1849, mit dem ein zehnjähriger Junge einige Meter vom Boden hochkam, als mehrere Helfer das Fluggerät an einem Seil gegen leichten Wind zogen.

Der nächste Gleitflugpionier war Cayleys Anhänger William Samuel Henson, der sich 1843 einen »Dampfflugwagen« patentieren ließ. Der Eindecker sollte zwei von einer 25-PS-Dampfmaschine angetriebene Propeller haben. Gebaut wurde das Gerät nie, weil sich eine entsprechend leichte Dampfmaschine nicht herstellen ließ. Aber dieser »Ariel«, ein Passagierflugzeug von 45,72 m Spannweite, hätte, wie spätere Konstrukteure versicherten, mit einem geeigneten Triebwerk durchaus fliegen können.

1857/58 konstruierte der französische Marineoffizier Felix du Temple de la Croix einen genialen Eindecker, der als Modell mit einem Uhrwerkantrieb gut startete, flog und landete. Erst 20 Jahre später ließ du Temple die Maschine in natürlicher Größe mit 17 m Spannweite bauen. Sie besaß Höhen- und Seitenruder, ein einziehbares Fahrgestell und einen Heißluftmotor. Im Jahr 1874 machte der Flugapparat mit einem Seemann als Pilot an einem flachen Hang bei Brest den ersten motorisierten Luftsprung der Fluggeschichte.

Einige Jahre später gelang ein ähnlicher motorisierter Hopser in Rußland mit einem Dampfflugzeug von Alexandr Fedorowitsch Mozhaiski. Der 15-PS-Motor stammte aus Großbritannien. 1876 »flogen« auch noch andere Maschinen rund 20 bis 30 m weit. Am 9. Oktober 1890 will der Franzose Clément Ader – wie er später behauptete – mit einer von ihm konstruierten Maschine Luftsprünge gemacht haben.

1894 hob ein riesiges Doppeldeckerflugzeug des Briten Sir Hiram Stevens Maxim, angetrieben von zwei 180-PS-Maxim-Heißluftmotoren, mit vier Mann Besatzung bei einem Tempo von 68 km/h

Orville Wright; ihm und seinem Bruder gelingt 1903 der Motorflug

von Eisenbahnschienen ab. Die 3,5 t schwere Maschine rammte eine Leitschiene und ging zu Bruch. Maxim sah das Experiment trotzdem als Erfolg an.

Im Jahr → 1889 veröffentlichte Otto Lilienthal sein Buch über den Vogelflug, 1891 baute er sein erstes Gleitflugzeug mit starren Tragflächen, und bis 1896 fertigte er fünf weitere Eindecker-Gleiter. Er startete durch Anlaufen mit den eigenen Beinen und erreichte Flugweiten von 90 bis 230 m. Nach Hunderten von Gleitflügen stürzte er am 9. August 1896 ab und fand dabei den Tod.

Whitehead, der mit Lilienthal zusammengearbeitet hatte, tritt mit dem ersten erfolgreichen Motorflug 1901 dessen Erbe an.

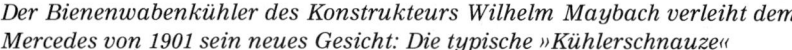

Der Bienenwabenkühler des Konstrukteurs Wilhelm Maybach verleiht dem Mercedes von 1901 sein neues Gesicht: Die typische »Kühlerschnauze«

Porsches erstes Automobil, gebaut von der Firma Lohner; der Motor dieses ungewöhnlichen Fahrzeuges ist in die Radnaben der Vorderräder integriert

Serienautomobile aus Deutschland und Frankreich

1901. Nach den ersten Versuchen, Straßenwagen mit Benzinmotoren anzutreiben (→ 1886), ist jetzt in einem kleinen Kreis der Bevölkerung die Skepsis gegenüber den neuen Verkehrsmitteln gewichen. Schon gibt es genügend Kunden, um Automodelle in Serie zu fertigen. Neben den Erfinderfirmen des Benzinautos, der Daimler-Motoren-Gesellschaft mit ihren Maybach-Wagen, und dem Benz-Werk, profilieren sich auch andere Hersteller wie in Deutschland Ferdinand Porsche mit dem »Lohner-Wagen« mit in die Naben der Vorderräder integrierten Elektromotoren.

Die ersten Autos für den Markt wurden aber bezeichnenderweise nicht in Deutschland, sondern im technischen Erfindungen gegenüber aufgeschlosseneren Frankreich in Lizenz gefertigt. Zwischen 1890 und 1900 baute Panhard & Levassor gegen 20% Lizenzgebühren Daimlerwagen, fertigte Armand Peugeot Daimler-Autos. Graf Albert de Dion und sein Partner Georges Bouton bauten Daimler- und Benzmaschinen nach und entwickelten bald hervorragende eigene Triebwerke. Im Jahr 1898 gründete schließlich in einer kleinen Werkstatt in Billancourt bei Paris Louis Renault sein späteres Imperium.

Schon im ersten Jahr verkaufte Renault 60 Autos, Ende 1900 hatte er 200 Wagen ausgeliefert. 1903 beschäftigt er auf einem 13 000 m² großen Gelände 600 Arbeiter. Die schon etablierte Konkurrenz ist noch erfolgreicher. De-Dion-Bouton fertigt 1902 etwa 30 000 Motoren.

In Deutschland ist Carl Benz besonders rege. Nachdem es Gottlieb Daimler gelungen war, seine Lizenzen in Frankreich in großem Stil zu vermarkten und Benz in diesem Land zu spät mit Verhandlungen begann, mußte er engagierter als sein Konkurrent auf die eigene Fertigung setzen. Das gelang auch. 1894 verkaufte das Werk 67 Autos; ein Jahr später 135. Im Jahr 1898 betrug der Umsatz 434 und 1899 dann 572 Wagen. Bald bot die Firma ein ganzes Programm an, von einem kleinen, offenen Drei-PS-Velo für zwei Personen bis zu einem zwölfsitzigen 15-PS-Break. 1899 präsentierte sich das Unternehmen als stattliche Aktiengesellschaft mit drei Millionen Mark Kapital.

Mit den ersten Rennen um 1900 änderten sich die Marktkriterien. Nicht mehr allein auf komfortable, solide gebaute Karossen – deren Idealbild sich noch an den alten Pferde-Equipagen orientierte – war dem Käufer gelegen, er wollte jetzt einen schnellen Wagen. Hatte doch Camille Jenatzy am → 29. April 1899 mit seiner »La Jamais Contente« die Geschwindigkeit von 100 km/h überschritten. Die neue Welle kam aus Frankreich und brachte vor allem deutsche Lieferanten in Zugzwang. Bei Benz sinkt die Produktionszahl von 603 Wagen im Jahre 1900 auf 385 im Jahr 1901. Benz setzt auf ein breitgefächertes Angebot, um den Marktanteil zurückzugewinnen: 1901 bietet die Firma nicht weniger als zehn verschiedene Modelle an, von 5-PS-Zweisitzern bis zu schweren 20-PS-Breaks. Doch es gilt, die Meinung von Carl Benz, »50 km/h sind genug«, zu revidieren. Die Autos werden schneller, die Produktionszahlen steigen.

Weitsichtige Kritik am Auto

1903 äußert der vielgelesene deutsche Autor Otto Julius Bierbaum: »Die Ästhetik des Automobils steckt noch im Anfangsstadium. Man kann sagen: Seine Schönheit leidet augenblicklich darunter, daß seine Konstrukteure noch nicht völlig das Pferd vergessen haben – nämlich das Pferd vor dem Wagen. Unsere Automobile sind ästhetisch noch keine Laufwagen. Sie sehen aus wie Zugwagen ohne Zugtiere. Ein Laufwagen soll aber selbst Gefühl genug haben, auszusehen wie eine Maschine. Und die kann schön sein. Organisch aus dem Mechanismus und dem Chassis heraus muß das wachsen. Ich bin mir sicher: Vor einem richtigen Laufwagen in diesem Sinn werden auch die Gäule nicht so fatal scheu werden, denen es offenbar nur auf die Nerven geht, keine Pferde vor einem Wagen zu sehen, der doch im übrigen ganz den Anschein eines Zugwagens hat.« – Schon in wenigen Jahren entwickelt das Exterieur der Autos in der Tat eigenen Charakter.

Geburtsstunde der Marke »Mercedes«

1901. *Das erste »Mercedes«-Modell kommt auf den Markt: 1895 stand die Daimler-Motoren-Gesellschaft vor dem finanziellen Ruin. Da forderte der österreichisch-ungarische Honorarkonsul in Nizza, Emil Jellinek, konstruktive Veränderungen und – für das neue Modell – den Austausch des im Ausland nichtssagenden Markennamens »Daimler« gegen den klangvollen Namen seiner eigenen Tochter »Mercedes« (Abb.), um den Umsatz in Frankreich anzukurbeln.*

Erfindungen auf dem Weg zum Automobil

Ob sich der mit Sicherheit uralte Gedanke, einen Wagen mit einem mechanischen Antrieb auszustatten, als Erfindung bezeichnen läßt, ist mehr als fraglich. Die ersten einsatzfähigen Autos setzten allerdings eine Vielzahl von Erfindungen voraus.

Da ist neben dem schnellaufenden Viertaktmotor (→ 1883; 9. 5. 1876) einmal der Vergaser, der kontinuierlich das Benzin-Luft-Gemisch aufbereiten soll. Ihn erfand zwischen 1864 und 1874 der Österreicher Siegfried Marcus, der schon damals mit Benzinmotoren experimentierte. Sein Vergaser versprühte den flüssigen Kraftstoff mit rotierenden Bürsten. Die Grundform des modernen Spritzdüsenvergasers erfand später Wilhelm Maybach (→ 1892). Schon 1870 stattete Marcus einen Benzinmotor auch mit einer elektromagnetischen Zündung aus, die Robert Bosch → 1897 verbesserte. Noch zehn Jahre früher, 1860, erfand der aus Belgien stammende französische Mechaniker Jean Joseph Étienne Lenoir die Zündkerze. Robert Bosch verbessert sie 1902 fertigungstechnisch. Im selben Jahr entwickelt der Bosch-Mitarbeiter Gottlob Honold die zuverlässige Hochspannungs-Magnetzündung.

Für die Kraftübertragung in Autos meldete 1884 der britische Ingenieur James Slater die Rollenkette zum Patent an, 1895 der Schweizer Hans Renold eine geräuschlose Zahnkette. Und im Jahr 1898 lagerte der Berliner Joseph Vollmer erstmals Getriebewellen mit Kugellagern (→ 1883).

Problematisch war anfangs die Motorkühlung. 1897 fand Wilhelm Maybach eine akzeptable Lösung mit dem Röhrchenkühler, den er → 1899 zum sog. »Bienenwabenkühler« verbesserte.

1902 erhält der Brite Frederick Lanchester ein Patent auf die Scheibenbremse. 1907 führt der Nesseldorfer Waggonbau – später Tatra – die Trommelbremse ein. Schon 1895 hatte zwar der Deutsche Hugo Mayer hydraulische Autobremsen entwickelt, diese jedoch werden erst später von dem US-Amerikaner Malcolm Lockheed vermarktet.

Fiat-Wagen Typ 3 1/2 HP (mit einem 3,5-PS-Motor) aus dem Jahre 1889; das Fahrzeug sieht noch aus wie eine Pferdekutsche ohne Vorspann; die Beifahrer sitzen dem Chauffeur gegenüber; gesteuert wird der Wagen mit einer Lenkstange auf der Steuersäule; der Bremshebel liegt außen

Stanley-Steamer-Modell aus dem Jahr 1902; an Bord illustre Fahrgäste: Der Fotopionier George Eastman (M.) mit Freunden

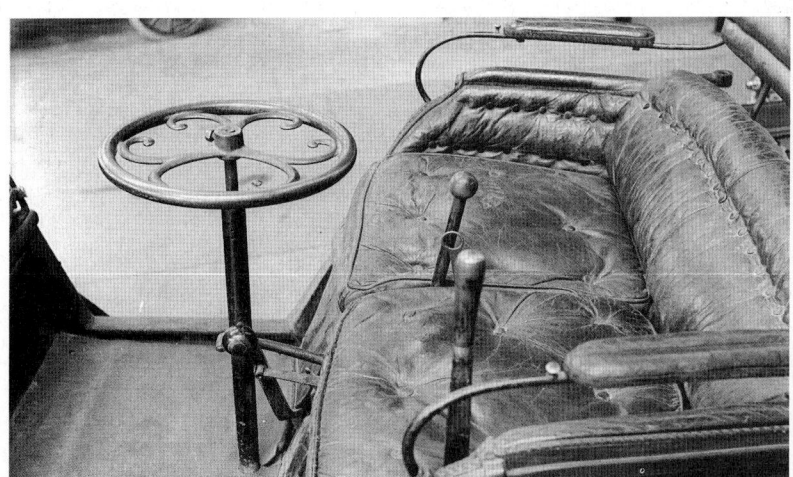

Eine der modernsten Entwicklungen bei diesem Mercedes aus dem Jahr 1901 ist neben dem Lenkrad, das hier schon die Stelle der bisher üblichen Lenksäule oder Lenkstange einnimmt, die Lenkradschaltung; bei den frühen Automobilen befanden sich die Schalthebel meist außen

Beleuchtung für Nachtfahrten: Automobillampe an einem von der deutschen Firma Benz gebauten Motorwagen aus dem Jahr 1897

Automobilfertigung in den Daimler-Werken in Stuttgart kurz nach 1900; die Fahrzeuge werden noch in rein handwerklicher Manier zusammengebaut, weshalb sich Abweichungen von Wagen zu Wagen ergeben

Fließfertigung von Daimler-Modellen im Jahr 1908: Jeder Arbeiter macht nur noch wenige, bestimmte Handgriffe; weil die einzelnen Wagen auf diese Weise fast identisch werden, kann man Normersatzteile verwenden

Die Kinos erobern ein Millionenpublikum

Ostwald untersucht chemische Katalyse

1901. Die ersten Kinos, die ausschließlich Filme vorführen, sind die sogenannten »Nickel-Odeons« in den Vereinigten Staaten von Amerika. Ihr Name spielt auf den Eintrittspreis von einem »Nickel« (5 Cents) an.

Nachdem die Brüder Louis Jean und Auguste Lumière am → 28. Dezember 1895 in Paris erstmals öffentlich Kinofilme vorgeführt hatten, breitete sich die Lichtspielhausidee rasch in vielen Staaten aus. Zuerst zeigten Theater neben Bühnenaufführungen regelmäßig auch Filme. Seit der Weltausstellung in Paris im Vorjahr bürgern sich in den Kinos Großbildwände von 15 m Höhe und 21 m Breite ein. Einer der beliebtesten Filme ist »Cyrano de Bergerac«, der sogar – auf Phonographen-

Filmplakat, das für den Kinematographen der Brüder Lumière wirbt, die mit der Eröffnung des ersten Lichtspielhauses am 28. Dezember 1895 in Paris öffentliche Filmvorführungen populär gemacht hatten

walzen – vertont ist. Überall werden Stummfilme und auch schon aktuelle Reportagen gedreht. Eine der ersten Filmberichterstattungen entstand schon 1896, als der Reporter und Kameramann Félix Mes-

guisch für Lumière in Paris den Besuch des Zaren Nikolaus II. im Film festhielt, und 1898 drehte Georges Méliès den Untergang des Schlachtschiffs »Maine« als Trickfilm in einem Aquarium.

1901. Der deutsche Chemiker Wilhelm Ostwald veröffentlicht eine Studie über die chemische Katalyse (→ 1811; 1817), also über die Erscheinung, daß gewisse Substanzen eine chemische Reaktion allein durch ihre Anwesenheit erheblich beschleunigen können.

Ostwald findet heraus, daß sich die katalytische Beeinflussung nicht auf das Reaktionsgleichgewicht auswirkt, sondern ausschließlich auf die Geschwindigkeit, mit der die Reaktion abläuft. Vor seiner Erkenntnis hatte man dagegen oft vermutet, daß Katalysatoren das Reaktionsergebnis auch quantitativ mitbestimmen, also zu einer höheren Ausbeute an gewissen Reaktionsprodukten führen.

Erfindungen machen Hausarbeit leichter

Um 1901. Die Elektrizität findet Eingang in die Haushalte. Neben elektrischem Licht gibt es auch schon die ersten kleinen mit Strom betriebenen Haushaltsgeräte. Für den Antrieb schwererer Maschinen reichen die in den einzelnen Wohnungen verfügbaren Leistungen aber noch nicht. So müssen etwa die hölzernen Rührflügel-Waschmaschinen, die 1901 auf den Markt kommen, noch mit der Hand betrieben werden.

Mit Strom arbeiten dagegen schon die ersten Bügeleisen, die auf Patente um 1880 zurückgehen und jetzt langsam ewas ungefährlicher werden. Verbreitet ist aber auch noch eine rein mechanische – etwas monströse – »Schwingmangel« zum Plätten der Wäsche.

1900 kamen Preßluftmaschinen britischer Hersteller auf den Markt, die der Hausfrau beim Abstauben der Böden helfen sollten. Sie wirbelten den Schmutz jedoch nur auf. 1901 bringt der Brite Cecil Booth den ersten elektrischen Vakuumreiniger mit riesigen Dimensionen heraus, der den Staub in einen Filterbeutel saugt. Im selben Jahr führt Booth Staubsaugerwagen ein, die von der Straße her den Staub aus den Wohnungen saugen: Die dafür nötigen Schläuche werden durch die Wohnungsfenster ins Innere der Räume verlegt.

Staubsauger-Pferdewagen von Cecil Booth; die Maschine kann aus vier Wohnungen gleichzeitig über lange Schläuche den Staub absaugen

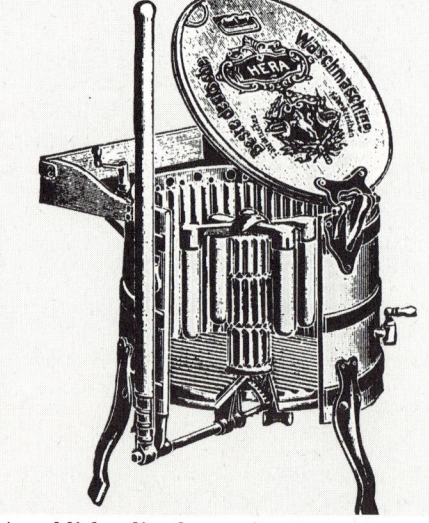

Angeblich die beste in Deutschland: Rührflügel-Waschmaschine aus Holz

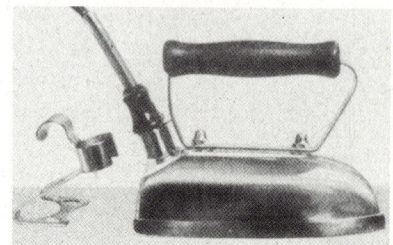

Elektrischer Brat- und Backofen (l. oben), Elektro-Bügeleisen (l. unten), Preßluft-Staubsauger (M.), Elektro-Staubsauger der Fa. Miele (r.)

Die Chemiker Emil Fischer und Carl Harries entwickeln die Vakuumdestillation. →

Das deutsche Segelschiff »Preußen« läuft vom Stapel. →

Der Konstrukteur Paul Mauser verbessert seine schon 1896 erfundene Repetierpistole. →

Die Firma Carl Zeiss aus Jena bringt das »Tessar«-Objektiv auf den Markt. →

Der Schwede Ernst Danielson erfindet den Synchronmotor. →

Besonderen Eindruck auf der Düsseldorfer Industrieausstellung machen die Exponate der Firma Krupp. →

Die Firma George Blickensderfer fertigt in Connecticut die erste elektrische Schreibmaschine. →

Der britische Physiker Ernest Rutherford und Frederick Soddy entdecken, daß radioaktive Elemente spontan zerfallen. →

Die Transsibirische Eisenbahn wird in Betrieb genommen. →

Für den drahtlosen Nachrichtenverkehr mit Seeschiffen werden in Großbritannien und im Deutschen Reich Funkstationen eingerichtet. →

Von Vancouver nach Neuseeland wird ein rund 14 500 km langes Seekabel verlegt. →

12. 6. Der deutsche Physiker und Erfinder Otto von Bronk meldet ein Patent für das Farbfernsehen an (→ 1925).

4. 9. Bei der Eisenbahn verdrängt der Drehstrombetrieb die Gleichstromnetze. →

GESTORBEN:

22. 11. Essen: Friedrich Alfred Krupp (* 17. 2. 1854, Essen), deutscher Industrieller.

GEBOREN:

10. 2. Amoy/China: Walter Houser Brattain, US-amerikanischer Physiker.

22. 2. Boppard: Friedrich (Fritz) Wilhelm Straßmann († 22. 4. 1980, Mainz), deutscher Chemiker.

3. 5. Gebweiler: Alfred Henri Frédéric Kastler, französischer Physiker.

10. 7. Königshütte: Kurt Alder († 20. 6. 1958, Köln), deutscher Chemiker.

8. 8. Bristol: Paul Adrien Maurice Dirac († 20. 10. 1984, Tallahassee/Florida), britischer Physiker.

10. 8. Stockholm: Arne Wilhelm Kaurin Tiselius († 29. 10. 1971, Uppsala), schwedischer Chemiker.

13. 8. Lahr: Felix Wankel, deutscher Maschinenbauer.

17. 11. Budapest: Eugene Paul Wigner, ungarisch-US-amerikanischer Physiker.

Gesamtansicht der Kruppschen Gußstahlfabrik in Essen, r. unten die IX. Mechanische Werkstatt, die größte zusammenhängende Werkhalle der Welt; l. M. der firmeneigene Güterbahnhof, von dem aus Gleise zu den Werkstätten führen

Großer Aufschwung der Stahlindustrie

1902. Die Leistungsfähigkeit der europäischen Stahlindustrie demonstriert eindrucksvoll die Essener Firma Krupp auf der Industrieausstellung in Düsseldorf. Das Unternehmen stellt fertigungstechnische Superlative aus:

Erstes Exponat ist ein 26,8 m langes, 3,5 m breites, 38,5 mm starkes, 29,5 t schweres Kesselblech. Mit 93,8 m² Fläche ist es die größte Eisenplatte, die jemals ausgewalzt wurde. Zweites Exponat ist die größte bisher erzeugte Panzerplatte von 13,16 m Länge, 3,4 m Breite und 30 cm Stärke. Sie ist 106 t schwer und wurde aus einem 130-Tonnen-Gußstahl-Rohblock hergestellt. Drittes Exponat ist schließlich eine 45 m lange, in einem einzigen Stück aus einem 80 t schweren Tiegelgußstahlblock gefertigte Schiffswelle, zu deren Guß 490 Arbeiter 1768 Tiegel zusammentrugen. Aus der Welle ist längs mit einem Ringbohrer ein Kernstück ausgebohrt, das in einem Stück herausgezogen wurde. Die fertige Hohlwelle wiegt 52 700 kg.

Die erstaunlichen Leistungen in der Stahlindustrie gehen in erster Linie auf die fabrikinternen neuen Schwertransportanlagen – Laufkatzen, Krane usw. – zurück. Sie ermöglichen größere Volumina bei den Herstellungsmaschinen. Faßten die ersten Bessemerbirnen (→ 1855) rund 2 t Material, so nehmen die jetzt gebräuchlichen 20 t auf. Die Chargen der Siemens-Martin-Öfen (→ 1864) sind von ursprünglich 4 auf 50 bis 100 t gewachsen. Die modernen Öfen verarbeiten nicht nur Erze, sondern auch Alteisen, das vor allem im Eisenbahnbetrieb in Form abgefahrener Schienen und Räder reichlich anfällt.

Entscheidend für die Leistungssteigerung sind die zunehmenden Rationalisierungsmaßnahmen und Konzentrationsbestrebungen in der Stahlindustrie. Großhütten in Deutschland und den USA versuchen, die unterschiedlichen Produktionsstufen von der Erzverhüttung bis zur Formgebung des Halbfertigprodukts in einen einzigen betrieblichen Ablauf zusammenzufassen. Sowohl in technischer als auch ökonomischer Hinsicht ist die Bearbeitung vom Erz über den Stahl bis zum Walzprodukt »in einer Hitze«, also ohne jedesmal das Material erkalten zu lassen und dann erneut zu erhitzen, gewinnbringend. Auch diese Neuerung wurde erst durch die schweren innerbetrieblichen Transportanlagen möglich, die fortlaufend die gewaltigen Stahlkörper bewegen können. Damit wird zugleich die körperliche Arbeit in den Stahlwerken leichter.

Tiegelstahlguß bei Krupp in Essen; die 210 m lange Halle ist mit 17 Schmelzöfen bestückt; jeder Ofen kann rund 100 Tiegel mit je 45 kg Stahleinsatz aufnehmen; bei voller Auslastung sind in der Halle 465 Mann beschäftigt

Transsibirische Eisenbahn eröffnet

1902. Die russische Regierung nimmt die Transsibirische Eisenbahn von Moskau über Irkutsk und Baikal bis zur Mandschurei in Betrieb. Im Osten schließt die Linie an die chinesische Ostbahn und die Mandschurische Eisenbahn an. Die Gesamtlänge des durchgehenden Schienenstrangs beträgt 9003 km. Noch sind die Arbeiten, die 1891 begannen, nicht völlig abgeschlossen. Der Linienausbau bis Wladiwostok wird erst 1916 beendet.

Da die südliche Umgehung des Baikalsees wegen des gebirgigen Geländes und der geologischen Verhältnisse auf extreme Schwierigkeiten stieß, wird der See zunächst durch eine Fährlinie überwunden. Zwei Schiffe – sie stammen aus Großbritannien – tun hier bereits seit 1900 Dienst.

Die Transsibirische Eisenbahn wurde und wird unter härtesten Bedingungen gebaut (→ 1881). Unzäh-

Die Transsibirische Eisenbahn führt, da ihre Züge sehr lange unterwegs sind, u. a. auch einen Kapellenwagen für kirchliche Andachten mit

lige Arbeiter, vor allem Sträflinge, verloren beim Bau der Strecke ihr Leben. Allerdings unterscheiden sich die Anforderungen beim Bau der Linie durch das unwirtliche Sibirien kaum von denen bei anderen neuen Fernbahnstrecken durch Extremgelände, etwa in Nord- oder auch in Südamerika.

Noch Ende des 20. Jahrhunderts gilt die »Transsib« als das größte je realisierte Eisenbahnprojekt.

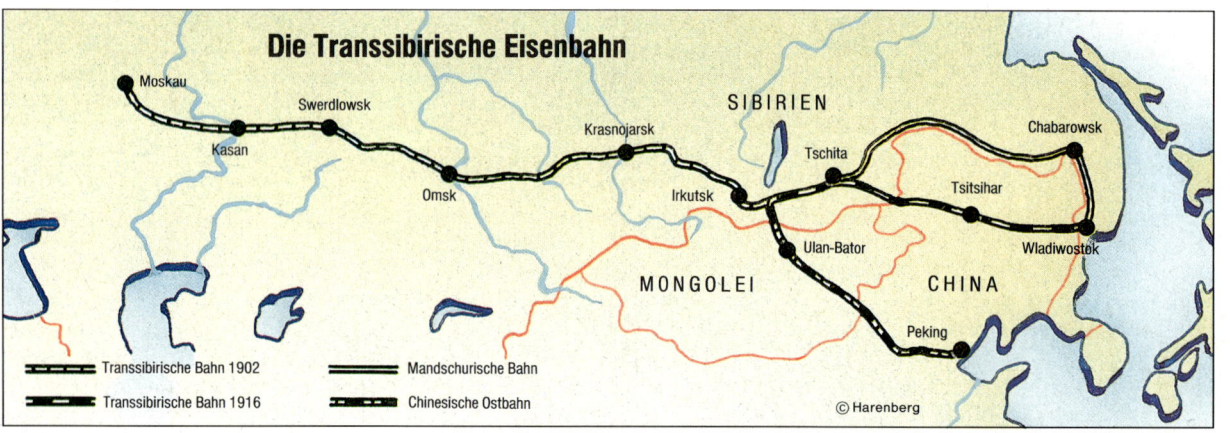

Die Transsibirische Eisenbahn

Moskau, Swerdlowsk, Kasan, Omsk, Krasnojarsk, Irkutsk, SIBIRIEN, Tschita, Tsitsihar, Chabarowsk, Ulan-Bator, Wladiwostok, MONGOLEI, CHINA, Peking

▬▬▬ Transsibirische Bahn 1902   ▬▬▬ Mandschurische Bahn
▬▬▬ Transsibirische Bahn 1916   ▬▬▬ Chinesische Ostbahn

© Harenberg

Chemische Elemente können zerfallen

1902. Der in Neuseeland geborene britische Physiker Ernest Rutherford und sein Mitarbeiter Frederick Soddy machen die sensationelle Entdeckung, daß aus Uran ein neues Element entsteht, wenn es Alpha-Teilchen abgibt. Das Atom (griech. »atomos« = »ungeschnitten«, »unteilbar«) erweist sich damit überraschend doch als teilbar. Es verliert seinen Status als kleinstes Partikel der Materie. Rutherfords Erkenntnis besagt, daß Elemente durch die Aussendung von Strahlen zu anderen Elementen mit kleineren Atomen zerfallen, diese wiederum zu neuen Elementen werden usw. Die Kette beginnt mit dem Uran und ende nach Zwischenstufen beim Blei (→ 1906).

Rutherford wird durch seine Entdeckung zum »Vater der Atomphysik«. Der Sohn eines Radmachers und Bauern studierte als Stipendiat in Neuseeland und Großbritannien (Cambridge). An der Universität in Montreal begannen seine physikalischen Entdeckungen mit der Feststellung, daß die von radioaktiven Stoffen abgegebenen Strahlen (→ 24. 2. 1896; 1898) unterschiedlicher Natur seien. Er nannte die positiv geladenen Strahlen Alpha-Teilchen, die negativ geladenen Beta-Teilchen. Als 1900 der französische Physiker Paul Ulrich Villard nachwies, daß manche Strahlen nicht durch das elektromagnetische Feld beeinflußt werden, erkannte Rutherford darin elektromagnetische Wellen und nannte sie Gamma-Strahlen.

Drehstrombetrieb bei der Eisenbahn

4. September 1902. Die Veltlinbahn von Lecco nach Sondrio in Italien nimmt auf 106,3 km Strecke den Drehstrombetrieb (3000 Volt und 15 Hertz) auf. Es ist nicht die erste Drehstromanlage, wohl aber eine der bedeutendsten in der Frühzeit der Drehstrombahnen: Sie bildet die Stammlinie des ersten großen Drehstromnetzes der Welt.

Erste Versuche gehen auf die Schweizer Lokomotivbauer Eugène Lancelot Brown und Walter Boveri (1895) zurück. Der Drehstrom läßt sich entgegen dem bisher verwendeten niedervoltigen Gleichstrom auf Hochspannung transformieren.

Pistolen feuern mehrfach

1902. Der deutsche Konstrukteur Paul Mauser verbessert seine schon 1896 erfundene Repetierpistole. Die kleine Handfeuerwaffe läßt sich mit einem Magazin von zehn Patronen laden. Nach dem Auslösen des ersten Schusses folgen die restlichen Schüsse automatisch. Die Feuergeschwindigkeit liegt bei 60 Schuß in 30 Sekunden.

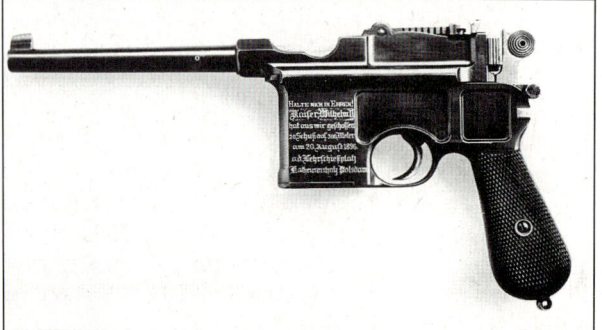

Rückstoß-Selbstladepistole C 96, entwickelt von Paul Mauser 1896, ein Vorläufer des Modells von 1902; mit der abgebildeten Waffe schoß u. a. der deutsche Kaiser Wilhelm II.

Wechselstrommotor läuft exakt synchron

1902. Ernst Danielson aus Schweden erfindet den Synchronmotor. Bei dem → 1887 von dem US-Elektrotechniker Nikola Tesla entwickelten Induktionsmotor läuft der Rotor mit einem gewissen »Schlupf« hinter dem antreibenden Drehfeld her. Danielson ersetzt den nichtmagnetischen Anker des Induktionsmotors durch einen Dauer- oder einen Elektromagneten und erhält damit einen Motor, der schlupffrei mit einer exakt der Stromfrequenz entsprechenden Drehzahl rotiert. Der Motor ist überall dort vorteilhaft, wo es auf präzise Drehzahl ankommt (→ 1918).

Zwei große Segler laufen vom Stapel

1902. Auf der Werft von Johann G. Tecklenborg in Geestemünde läuft eines der größten Segelschiffe aller Zeiten, das von Georg W. Claussen geschaffene Fünfmastvollschiff »Preußen«, vom Stapel. Das stolze Schiff ist 5081 BRT groß, 133,5 m lang, 16,4 m breit und hat 10,25 m Tiefgang. Die Gesamtfläche seiner 48 Segel übertrifft mit 5560 m² die jedes anderen bisher gebauten Schiffs. Der längste der fünf Maste mißt nahezu 31 m. In den USA verläßt der 8000 BRT große Schoner »Thomas W. Lawson« mit 19 Segeln an sieben Masten die Werft.

Obwohl seit langem Dampfschiffe über alle Weltmeere fahren, ist die Ära der großen Segelschiffe noch nicht zu Ende. Die größten Schiffe entstehen sogar erst um 1900.

Bis 1875 waren die Segler normalerweise mit drei Masten ausgestattet. Die schönsten dieser sogenannten Clipper entstanden um 1850. 1875 kam – erstmals bei der 1614 BRT großen »County of Peebles« – ein vierter Mast dazu. Zwei Jahre später schlug die Geburtsstunde der echten Viermastbark. In den 1890er Jahren tauchten schließlich die gewaltigen Fünfmast-Rahsegler auf, von denen insgesamt aber nur sieben Stück gebaut werden. Diese Windjammer – so heißen die Fünfmastschiffe, sofern sie ohne Hilfsmotor auskommen – können noch lange gegen die dampfende Konkurrenz bestehen. Sie werden vor allem zum Transport leichter, langlebiger Güter (z. B. Tee) eingesetzt.

Modell des britischen Siebenmastschoners »Thomas W. Lawson«, fertiggestellt 1902 (Science Museum, London)

Das Fünfmastvollschiff »Preußen«, eines der größten und schönsten Segelschiffe aller Zeiten; Stapellauf: 1902

Vakuum statt Hitze beim Destillieren

1902. Die deutschen Chemiker Emil Fischer und Carl Harries entwickeln die Vakuumdestillation.

Als Vakuumpumpe dient eine sogenannte Geryk-Pumpe. Bei dieser 1874 von Robert Gill konstruierten und jetzt der Glühlampenproduktion dienenden Maschine wird die Luft durch Öl verdrängt. Mit ihr lassen sich Drücke von 0,25 mm Quecksilber (Hg) erzeugen. Sie liegen weit unter dem Wasserdampfdruck bei Raumtemperatur (bei 20 °C rund 18 mm Hg). Das bedeutet, daß unter diesem Vakuum Wasser und andere Flüssigkeiten ohne erhitzt zu werden verdampfen.

Nobelobjektiv für Kameras

1902. Die Optischen Werke von Carl Zeiss in Jena bringen das bald weltberühmte »Tessar«-Kameraobjektiv auf den Markt.

Paul Rudolph, Mitarbeiter der Firma Zeiss (→ 1872), suchte ein leistungsfähiges Objektiv einfacher Bauart für die mit der Jahrhundertwende aufkommenden zahlreichen Handkameras verschiedener Hersteller. Es gelang ihm, unter Anwendung sparsamster optischer Mittel ein vierlinsiges Objektiv hoher Abbildungsgüte mit der Lichtstärke 1:6,3 zu berechnen. Den Aufbau des »Tessar« beschreibt ein Katalog der Firma Zeiss:

»Das Tessar ist ein unsymmetrisches Doublet und besteht aus vier Linsen, welche durch die Blende in zwei Paare geschieden werden, von denen das eine aus zwei einzelstehenden, das andere Paar aus zwei miteinander verkitteten Linsen zusammengesetzt ist. Die zwischen dem einen Paar befindliche Luftlinse hat die Form einer sammelnden Glaslinse, so daß sie zerstreuend wirkt; die Kittfläche des anderen Paares hat sammelnde Wirkung. Diese Gegensätzlichkeit der Brechungswirkung der zugewandten Linsenflächen der Glieder eines Doublets ist das Korrekturmittel für die anastigmatische Ebenung des Bildes.«

Schreibmaschine arbeitet elektrisch

1902. Die Firma George Blickensderfer in Connecticut baut die erste elektrische Schreibmaschine.

Eine Ideallösung ist die Maschine noch keineswegs. Aber sie verdeutlicht die Suche nach einem Gerät mit leichterem Anschlag. Die mechanischen Maschinen (→ 1884) sind noch sehr schwergängig.

Schon Thomas Alva Edison aus den USA versuchte, die Schreibmaschine elektrisch anzutreiben. Aber seine »Edison Electric« von 1871 erfüllte die Erwartungen ebensowenig wie die elektrischen Schreibkugeln des dänischen Pastors Malling-Hansen aus derselben Zeit.

Drahtlose Nachrichten an Hochseeschiffe

1902. Bei der britischen und deutschen Marine werden die ersten Funkstationen zum drahtlosen Nachrichtenverkehr mit Seeschiffen eingerichtet.

Die Experimente des Italieners Guglielmo Marchese Marconi von → 1897 lösten rasch eine fieberhafte Entwicklung der drahtlosen Telegraphie aus. Besonders Marconi selbst trieb die Arbeiten auf diesem Gebiet voran. 1899 gelang es ihm, drahtlos über den Ärmelkanal zu telegraphieren, und zwei Jahre später stellte er die erste Verbindung über den Atlantik her: Am 12. Dezember 1901 um 12.30 Uhr Ortszeit empfing der 27jährige Ingenieur in Neufundland das vereinbarte Morsezeichen für den Buchstaben »S«. Die Signale hatte eine Maschine im britischen Poldhu produziert, und eine zwischen zwei 50 m hohen Masten gespannte Antenne aus 60 Kupferdrähten hatte sie gesendet.

Viele Ingenieure hielten die Nach-

Funkstation des Seedienstes auf Helgoland im Jahr 1901; zur Mannschaft des Senders gehören (von l. nach r.:) A. Köpsel, F. Braun und J. Zenneck

Georg Graf von Arco, Abteilungsleiter bei AEG, unternahm erste funktechnische Versuche schon 1897 zusammen mit Adolf Slaby in Berlin

richt von der Funkverbindung über den Atlantik für eine Zeitungsente. Elektromagnetische Wellen könnten sich, so meinten sie, nur geradlinig ausbreiten und nicht der Erdkrümmung folgen. Auch Marconi fand keine Erklärung dafür, er hatte es einfach auf einen Versuch ankommen lassen. Die Reflexion der Strahlen an den (wie man später herausfand) ionisierten oberen Schichten der Atmosphäre kannte er noch nicht. Schon ein Jahr nach dem Experiment des Italieners arbeiten die ersten kommerziellen Funkanlagen.

Ein weites Netz von Seekabeln umspannt gesamten Erdball

1902. Die britische Regierung läßt ein 14 516 km langes Seekabel von Vancouver über Fanning und die Fidschi-Inseln nach Queensland und Neuseeland verlegen.

Das neue Kabel schließt eine Lücke in dem immer dichter werdenden Seekabelnetz, das sich seit der Erfindung des mit dem kautschukähnlichen Guttapercha ummantelten Unterwasserkabels durch Werner Siemens (→ 1848) durch die Ozeane und zahlreiche Binnenmeere wie die Ostsee und das Mittelmeer spannt.

Zwischen 1854 und 1902 verlegte allein die deutsche Telegraphenverwaltung 104 Seekabel, die meisten davon allerdings im deutschen Küstenbereich zu den Nord- und Ostseeinseln. 73 Kabel wurden im selben Zeitabschnitt von italienischen und anderen Gesellschaften im Mittelmeer installiert.

40 Kabel brachte die britische Firma Siemens & Brothers für britische, französische, russische, US-amerikanische, mexikanische, osmanische und andere internationale Telegraphengesellschaften in aller Welt aus. Weltweit sind 1902 rund 380 000 km Seekabel verlegt.

Das Kabelschiff »Faraday«; gebaut in den Jahren 1873/74 nach Plänen der Brüder Siemens von der Werft von William Froude; es verlegt für Siemens & Brothers Seekabel in aller Welt

Verlegen eines Seekabels im Bodensee vom Heck eines Kabeldampfers aus im Sommer des Jahres 1906

1903

GEBOREN:

26. 2. Imperia: Giulio Natta († 2. 5. 1979, Bergamo), italienischer Chemiker.

27. 11. Oslo: Lars Onsager († 5. 10. 1976, Coral Gables/ USA), norwegisch-US-amerikanischer Physikochemiker.

5. 12. Tonbridge/Kent: Cecil Frank Powell († 9. 8. 1969, Bellamo/Comer See), britischer Physiker.

6. 12. Dungarvan/Waterford: Ernest Thomas Sinton Walton, irischer Physiker.

28. 12. Budapest: John von Neumann († 8. 2. 1957, Washington), US-amerikanischer Mathematiker.

Kitty Hawk: Erster gelenkter Motorflug

17. Dezember 1903. Orville Wright gelingt in den USA der erste gesteuerte Motorflug. Er dauert nur zwölf Sekunden und überbrückt nicht mehr als 36 m, doch noch am selben Tag glücken drei weitere gesteuerte Flüge, davon einer von 49 Sekunden mit über 260 m.

Zwar sind diese Flugversuche in den Kill Devil Hills bei Kitty Hawk im US-Staat Ohio kürzer als die Flüge, die Gustave Whitehead in den Jahren → 1901 und 1902 durchführte, aber die von Orville und seinem Bruder Wilbur Wright gebaute Maschine »Flyer 1« läßt sich im Gegensatz zu Whiteheads Flugzeug präzise steuern.

Die leichte Zweidecker-Maschine, mit der die Brüder Orville und Wilbur Wright am 17. Dezember 1903 ihre ersten gelenkten Motorflüge unternehmen

Brinell mißt die Festkörper-Härte

1903. Johan August Brinell entwickelt ein System und darüber hinaus außerdem eine – später nach ihm benannte – Skala für die Messung der Härte von Festkörpern.

Der schwedische Metallurg drückt eine harte Stahlkugel von 2,5 oder 10 mm Durchmesser (D) zehn Sekunden lang unter einer Last von F = $30 \cdot D^2$ (kp/mm²) gegen die Prüffläche und mißt anschließend den Durchmesser des Eindruckkreises. Das Verhältnis Prüflast/Eindruckfläche definiert er als »Brinellhärte« (HB). Sie ist für Stahl näherungsweise proportional zur Fließgrenze und damit zur Zugfestigkeit.

Curtis verbessert die Dampfturbine

1903. Nach einem Patent des US-amerikanischen Konstrukteurs Charles Gordon Curtis von 1895 fertigt die Firma General Electric Co. in Schenectady im US-Staat New York eine 5000-kW-Dampfturbine.

Bei der von Curtis entwickelten Kombination des Aktions- und Reaktionsprinzips strömt der Dampf auf einen Läufer mit feststehenden Leitschaufeln. Diese ändern die Richtung des Dampfes, der gleichzeitig entspannt.

Die Großturbine arbeitet, um Platz zu sparen, mit einer senkrechten Achse, was ein besonders entwickeltes Lager mit Hochdruckschmierung erforderlich macht.

Seifenproduktion wird beschleunigt

1903. Adolph Klumpp erfindet in Lippstadt eine Kühlpresse für die Seifenfabrikation. Sie ermöglicht es, die flüssige, heiße Seife durch Kaltwasserkühlung in einer knappen Viertelstunde erstarren zu lassen. In der gleichen Zeitspanne wird die Seifenmasse portioniert, in handliche Stücke gepreßt, mit einem Prägestempel versehen und versandfertig gemacht.

Vor der Einführung der Klumppschen Kühlpresse nahm die Seifenfertigung ein bis zwei Wochen in Anspruch. Die Seife kühlte als schlechter Wärmeleiter unter Raumtemperatur nur langsam ab.

Hochfrequenz mit Lichtbogen erzeugt

1903. Der dänische Physiker Valdemar Poulsen entwickelt einen Sender für elektromagnetische Wellen, indem er dafür einen besonderen, von ihm erfundenen Hochfrequenzgenerator einsetzt.

Poulsen erzeugt die Hochfrequenz über einen kontinuierlich arbeitenden Lichtbogen. Der Physiker erhält auf diese Weise zeitlich relativ konstante Radiowellen.

Drei Jahre später überlagert der Kanadier Reginald Aubrey Fessenden die in einem Poulsensender erzeugten Wellen mit dem Sprechstrom aus einem Mikrophon (→ 1906). Das erlaubt die erste drahtlose Sprachübertragung.

Kreisel von Schlick dämpft das Rollen

1903. In einen deutschen Turbinenschnelldampfer wird erstmals der von Ernst Otto Schlick erfundene Schiffskreisel zur Dämpfung von Schlinger- und Rollbewegungen des Schiffes eingebaut.

Der kardanisch aufgehängte Kreisel rotiert stets in derselben, zur Erdoberfläche festen Ebene. Über elektro-hydraulische Übertragungseinrichtungen steuert er Schlingertanks und später auch Stabilisatorflossen. Weil er die typischen Stampfbewegungen dampfmaschinengetriebener Schiffe ebenfalls kompensiert, setzt sich im deutschen Schiffbau die Dampfturbine nur schleppend durch (→ 1900).

In sechs Stunden rund um die Erde

11. Juli 1903. Die Pariser Zeitschrift »Temps« gibt ein Telegramm rund um die Erde auf, das die Strecke von 60 000 km von 11.35 Uhr bis 17.55 Uhr durchläuft.

Daß ausgerechnet eine Zeitung dieses sensationelle Telegraphenexperiment – ein großer Teil der Verbindung läuft durch Seekabel (→ 1902) – durchführt, kommt nicht von ungefähr: Zeitungen und Zeitschriften sind Hauptkunden der Telegraphengesellschaften.

Schon vor Jahrzehnten führte die Telegraphie zur Einrichtung von Presseagenturen wie Reuters (1851) und Associated Press (1848).

Kühne Bergbahn über den Albula

1903. Die Rhätische Bahngesellschaft stellt unter Bauleitung von F. Hennings die Albulabahn von Thusis nach St. Moritz fertig. Die Bahn hat eine Spurweite von nur 1 m und gehört mit ihren zahlreichen Viadukten zu den kühnsten Bergbahnanlagen der Alpen.

Die Bahnlinie überquert die Rhätischen Alpen in einem Tunnel von 5866 m Länge. Berühmt wird der Landwasserviadukt, der zwischen zwei Tunneln auf dem Streckenabschnitt Davos-Filisur in 88 m Höhe über das Flüßchen Landwasser führt. Er ist aus Kalksandsteinquadern gemauert und hat eine größte Bogenspannweite von 85 m.

1914 überspannt im Zuge der Rhätischen Bahn die erste große Betonbogenbrücke der Welt 96 m.

Die Trasse der Rhätischen Bahn bei Preda in der Schweiz; sie zeichnet sich durch zahlreiche Viadukte aus

Bewegliche Eisenbahnbrücken über Flüsse und Kanäle

1903. Seit 1886 sind die ersten beweglichen Eisenbahnbrücken der Welt in Norddeutschland über den Jade-Ems-Kanal bei Sande, die Eider bei Friedrichstadt und die Hunte bei Elsfleth sowie in Süddeutschland im Mannheimer Industriehafen entstanden.

Wo Eisenbahnlinien oder auch Straßen Wasserwege kreuzen, gibt es Probleme beim Brückenbau. Die Schiffe müssen in der Höhe genügend Freiraum für Masten, Kamine, Ladebäume oder auch hoch gebaute Kommandobrücken vorfinden. Das läßt sich durch Hochbrücken sicherstellen, doch sind bei relativ geringem Verkehrsaufkommen bewegliche Brücken wirtschaftlicher.

Nach der Art der Bewegung lassen sich vier Systeme unterscheiden: Drehbrücken, die sich um eine senkrechte Achse drehen; Klappbrücken, die um eine waagrechte Achse hochklappen; Hubbrücken, bei denen ein Teil des Überbaus an parallelen Führungen senkrecht gehoben wird; und Schiebebrücken, die in Längsrichtung waagrecht zurückgeschoben werden.

Zunächst wurden als bewegliche Brücken Eisenbahndrehbrücken realisiert. Den ersten deutschen Anlagen dieser Art folgt 1907 Europas größte Eisenbahndrehbrücke in den Niederlanden – auf der Strecke Amsterdam – Zaandam über den Nordseekanal.

Die Klappbrücken feiern ebenfalls 1907 mit einem Eisenbahnüberweg über den Küstenkanal bei Friesoythe in Deutschland ihre Premiere. Hubbrücken kommen noch später auf, und Schiebebrücken erlangen für den Eisenbahnbetrieb kaum jemals Bedeutung.

Bewegliche Eisenbahnbrücken sind schließlich auch die Schiffsbrücken, die nicht auf Pfeilern, sondern auf dicht nebeneinander verankerten Schiffen ruhen. Das Mittelteil dieser Brücken kann ausgeschwommen werden. Eine erste derartige Brücke überquerte schon 1865 den Rhein bei Maxau.

Bewegliche Eisenbahnbrücke über die Eider bei Friedrichstadt; links die Fahrbahn, rechts der schwenkbare Mittelteil der Brücke über dem Fahrwasser

Das Ultramikroskop zeigt sogar Moleküle

1903. Ein von Henry Friedrich Wilhelm Siedentopf und Richard Zsigmondy bei der Firma Zeiss erfundenes Ultramikroskop erreicht die Auflösung von einem millionstel Meter. Es macht erstmals große Moleküle sichtbar.

Normalerweise können Lichtmikroskope derartig winzige Dimensionen nicht mehr auflösen. Die beiden Erfinder helfen sich mit einer neuartigen Lichttechnik. Sie beleuchten das Objekt von der Seite. Die Lichtstrahlen werden gestreut und erscheinen als helle Punkte. Ähnlich starke Vergrößerungen lassen sich allenfalls mit dem Immersionsmikroskop erreichen (→ 1878).

Eisenbahn über 200 km/h schnell

6. Oktober 1903. Ein Triebwagen der Studiengesellschaft für elektrische Schnellbahnen erreicht in Versuchen auf einer Strecke bei Berlin die Geschwindigkeit von 201 km/h. Am 25. Oktober werden sogar 208 km/h registriert.

Auf einem Gleis der Militärbahn Marienfelde – Zossen mit seitlicher Fahrleitung, die mit 10 000 Volt und variabler Frequenz bis zu 60 Hertz gespeist wird, unternimmt die Studiengesellschaft zunächst mit einem Hochspannungsmotor, dann – erfolgreicher – mit Transformator und Niederspannungsmotor ihre Fahrversuche.

Kleinste Mengen werden bestimmbar

1903. An der Universität Warschau entdeckt der russische Biologe Michail Zwet die Möglichkeit der Chromatographie. Mit ihr lassen sich kleinste Mengen organischer Stoffe aus Gemischen abtrennen und bestimmen.

Das Prinzip der Chromatographie besteht in der Ausnutzung des Wechsels eines Stoffes von einer beweglichen Phase (Gas, Flüssigkeit) in eine stationäre Phase durch Adsorptions- und Lösungsvorgänge. In der mobilen Phase werden die einzelnen Gemischkomponenten verschieden schnell transportiert und können so mechanisch voneinander getrennt werden.

Kupferelektrolysebäder der Norddeutschen Affinerie Aktiengesellschaft in der Elbstraße in Hamburg (um 1908)

Elektrolyse zur Gewinnung von Reinmetall

1903. Der deutsche Chemiker Heinrich Wohlwill erfindet in Hamburg ein Verfahren zur elektrolytischen Herstellung von Kupferoxydul.

Wie sein Vater Emil widmet sich Heinrich Wohlwill der elektrochemischen Aufbereitung vor allem von Kupfererzen für die 1866 gegründete Norddeutsche Affinerie. Das Unternehmen sollte als Großkupferhütte die Erze auch auf Edelmetalle hin verhütten, denn viele Kupfererze enthalten nennenswerte Anteile an Gold, Silber, Platin, Wismut. Dafür entwickelte die Firma mehrere geeignete Verfahren zur Edelmetallscheidung.

Zwar wurden die Verfahren zur elektrolytischen Kupfer- und Reingoldgewinnung von der Norddeutschen Affinerie bereits 1876 bzw. 1878 praktiziert, doch verbessert sie Heinrich Wohlwill jetzt entscheidend durch Überlagerung des Gleichstroms mit Wechselstrom in Bädern und macht sie dadurch erstmals auch für sehr blei- und rohsilberhaltige Erze verwendbar.

Obwohl kurz nach der Jahrhundertwende der Reinkupferbedarf aufgrund der heftig expandierenden Elektro-Industrie sehr groß ist, bringt das Edelmetallgeschäft der Norddeutschen Affinerie die größten Gewinne. Zwar war seit

Elektrolytisch gewonnene Reinmetalle scheiden sich oft in kristalliner Form ab: Bei den schillernden Kristallen handelt es sich um Feinwismut

1866 die jährliche Kupferproduktionsmenge von 200 auf 2000 t im Jahr 1900 gestiegen, doch drängt um 1903 die amerikanische Konkurrenz mit ebenfalls elektrolytisch gewonnenem Kupfer aus billig arbeitenden Großanlagen auf den Markt. Die Kupferproduktion bei der Norddeutschen Affinerie sank bis 1903 auf 800 t. Um so mehr floriert das Edelmetallgeschäft: Etwa 100 t goldhaltiges Silber scheidet die Hamburger Gesellschaft im Jahr, und gleichzeitig raffiniert sie auf elektrolytischem Wege 3 t Gold. Daneben gewinnt und reinigt das Werk fast 300 t Blei und größere Mengen an Wismut. Diese beachtlichen Metallmengen werden von nur 150 bis 200 Mann Belegschaft erzeugt, ein Beweis dafür, wie effektiv die elektrolytischen Bäder Wohlwills trotz der an sich noch primitiven Anlagen arbeiten.

Die elektrolytische Reinkupfergewinnung eignet sich auch vorzüglich zum Recycling.

1904

Richard Kühn entwickelt die Quecksilberdampflampe mit Quarzglas. →

In den USA entwickelt der Elektroingenieur Daniel McFarlane Moore die Leuchtstoffröhre. →

Der deutsche Physiker Christian Hülsmeyer entwickelt ein Echolot, das mit elektromagnetischen Wellen arbeitet. →

Die Werft Workman, Clark & Company in Belfast baut den ersten Turbinendampfer (»Victorian«) für den transatlantischen Verkehr.

Die deutschen Chemiker Hans Friedenthal und Eduard Salm verwenden Farbindikatoren zur Bestimmung des Wasserstoffionengehalts von Lösungen. →

Der britische Physiker John Ambrose Fleming erfindet die Diode. →

In Larderello in Italien wird das erste Erdwärmekraftwerk der Welt gebaut. →

Der deutsche Physiker Arthur Rudolf Wehnelt meldet die Gleichrichterröhre zum Patent an. →

Der deutsche Techniker Caspar Hermann und der US-Amerikaner Ira W. Rubel erfinden unabhängig voneinander den Flach- oder Offsetdruck. →

Heinrich Koppers entwickelt den halbgeteilten Koksofen, die Grundlage für alle späteren Koksofensysteme. →

Der deutsche Physiker Otto Lehmann veröffentlicht in Leipzig sein Werk »Flüssige Kristalle« (→ 1889).

Die deutsche Maschinenfabrik Augsburg-Nürnberg (MAN) baut das erste Großdieselmotor-Kraftwerk der Welt in Kiew. →

Nach fünfjähriger Bauzeit ist der gigantische Getreidespeicher in Genua fertiggestellt. →

Der Deutsche Arthur Korn erfindet das Telekopiergerät.

GEBOREN:

22. 4. New York: Julius Robert Oppenheimer († 18. 2. 1967, Princeton), US-amerikanischer Physiker.

28. 7. Nowaja Chigla/Woronesch: Pawel A. Tscherenkow, sowjetischer Physiker.

16. 8. Ridgeville/Indiana: Wendell Meredith Stanley († 15. 6. 1971, Salamanca), US-amerikanischer Biochemiker.

1. 10. Wien: Otto Robert Frisch († 22. 9. 1979, Cambridge), österreichisch-britischer Physiker.

22. 11. Lyon: Louis Eugène Felix Néel, französischer Physiker.

25. 12. Hamburg: Gerhard Herzberg, deutsch-kanadischer Chemiker.

Dieselkraftwerk in Kiew eingeweiht

1904. In Kiew nimmt das erste – von der Maschinenfabrik Augsburg-Nürnberg (MAN) gebaute – Großdieselkraftwerk der Welt den Betrieb auf.

Im Augsburger Werk gelang es unter Immanuel Lauster und Heinrich Buz, die Kinderkrankheiten des Dieselmotors (→ 1892) zu überwinden und derartige Maschinen mit immer größeren Zylindereinheiten herzustellen. In Kiew arbeiten sechs Vierzylinder-Viertakt-Dieselmotoren mit je 400 PS Leistung. Der Zylinderdurchmesser beträgt 450 mm, der Kolbenhub 680 mm. Die angeschlossenen Dynamomaschinen liefern Strom für die Straßenbahn.

Elektrizität aus dem Erdwärmekraftwerk

1904. In Larderello (→ 1818) in der Toscana wird das erste Erdwärmekraftwerk der Welt gebaut. Initiator ist Prinz Piero Ginori Conti.

Die installierten Dampfturbinen treiben Generatoren, die mehrere hundert Kilowatt elektrischer Leistung abgeben. Sie arbeiten unmittelbar mit dem Dampf, der bei 150 bis 200 °C mit Drücken von vier bis fünf Atmosphären aus dem Boden strömt. Manche dieser Quellen liefern stündlich rund 25 t Dampf.

Die zunächst kleine Anlage wird zur Basis späterer Großkraftwerke, die dann u. a. den größten Teil der italienischen Staatsbahnen mit Strom versorgen.

Koppers entwickelt neuen Koksofen

1904. Heinrich Koppers entwickelt den halbgeteilten Koksofen, der die Grundlage für die meisten späteren Koksofensysteme darstellt.

Koks wird nach der Erfindung des deutschen Technikers bei großen Kokereien oder Gaswerken in horizontalen Kammeröfen von 12 m Länge, 4 bis 6 m Höhe und 45 cm Breite, bei kleineren Gaswerken in Vertikalkammeröfen gewonnen. Die Öfen werden von den Längswänden her beheizt.

Koks (→ 1713), ein Rückstand bei der Kohlenschwelung (teilweise Verbrennung bei gedrosselter Sauerstoffzufuhr), ist ein wichtiges Heizmaterial im Hüttenwesen.

Röhre richtet Strom gleich

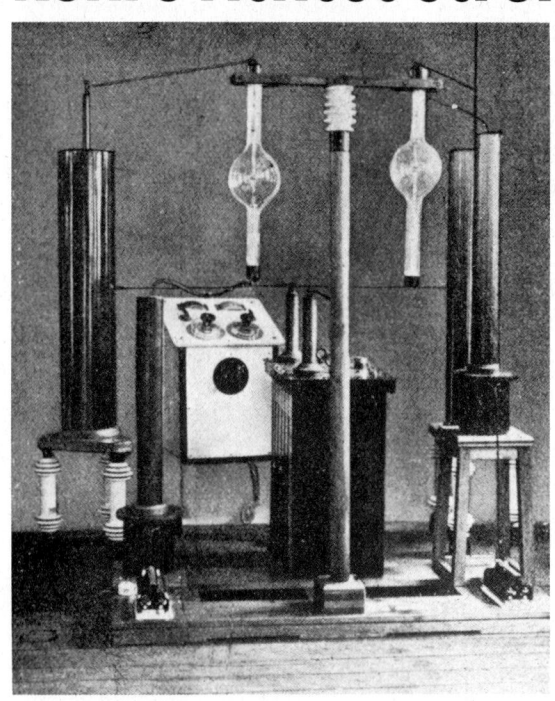

Röhrenbestücktes Gleichspannungsgerät »Eresco«

1904. Der deutsche Physiker Arthur Rudolf Wehnelt entdeckt, daß in Gasentladungsröhren (→ 1854) angebrachte Kathoden, die aus den Oxiden eines Erdkalimetalls bestehen oder damit beschichtet sind, negative Ionen aussenden. Aufgrund dieser Eigenschaft leiten die Röhren den Strom nur in einer Richtung. Sie lassen sich deshalb als elektrische »Ventile« bzw. Gleichrichterröhren verwenden.

Ursprünglich wurde Strom mit sogenannten Kommutatoren mechanisch gleichgerichtet (→ 1832).

Neue Lampe bräunt mit UV-Strahlen

1904. Der Ingenieur Richard Kühn entwickelt die Quecksilberdampflampe (→ 1896) mit Quarzglas, die von der Firma W. C. Heraeus in Hanau hergestellt wird.

Glühender Quecksilberdampf strahlt neben sichtbarem Licht auch UV-Licht (→ 1801) ab, das von normalem Glas weitgehend absorbiert, von Quarzglas (→ 1839) aber kaum zurückgehalten wird. Die Lampe dient z. B. als »Höhensonne« kosmetischen Zwecken.

Quarzglas ist ein Einkomponentenglas, das ausschließlich aus Siliziumdioxid besteht. Es ist das einzige Einkomponentenglas mit technischer Bedeutung. Diese beruht vor allem auf seiner geringen Wärmedehnung (ungefähr $0,5 \cdot 10^{-6}$/K), seiner hohen Temperaturbelastbarkeit bis etwa 1000 °C und seiner extrem hohen Durchlässigkeit für UV-Strahlung.

Kaltes Licht aus der Gasentladungsröhre

1904. Der US-Elektroingenieur Daniel McFarlane Moore entwickelt die Geißlersche Gasentladungsröhre (→ 1854) zur Gebrauchslichtquelle weiter und schafft damit den Vorläufer der Leuchtstoffröhre.

Wichtige Voraussetzung für eine optimale und gleichbleibende Lichtausbeute ist die Konstanthaltung des niedrigen Innendrucks in der Röhre. Hier liegt die eigentliche Erfindung von Moore. Er erreicht

diese Konstanz durch eine sinnreiche, recht einfache elektromagnetische Regelung.

Der Leuchteffekt in der Gasentladungsröhre rührt nicht von der Erhitzung der eingeschlossenen Gasreste, sondern von der Energieabsorption aus dem elektrischen Feld und der Anregung der Gaspartikel. Im Grunde unterscheidet sich die Gasentladungslampe nicht von einer elektrischen Bogenlampe

(→ 1808; 1848), nur arbeitet sie nicht bei atmosphärischem Druck, sondern im weitgehenden Vakuum. Hier ist die Gasionisation durch die Elektrizität über große Distanzen leichter herbeizuführen.

Ein Sonderfall der Gasentladungslampe ist die später entwickelte Glimmlampe oder Glimmröhre, die nicht durch einen Lichtbogeneffekt, sondern durch Glimmentladung Lichtstrahlen aussendet.

Indikatoren zeigen den Säuregrad an

1904. Hans Friedenthal und Eduard Salm bestimmen den Wasserstoffionengehalt von Lösungen mit Hilfe von Farbindikatoren, z. B. Lackmus, einem Pflanzenfarbstoff, der sich in saurem Milieu blau, in alkalischem rot färbt.

Die Konzentration von Wasserstoffionen ist ein Maßstab dafür, wie sauer bzw. alkalisch eine Lösung ist. 1912 führt der Däne Søren Sørensen als Maßstab den pH-Wert ein, den negativen dekadischen Logarithmus der Wasserstoffionenkonzentration (z. B. für 10^{-3} Mol Ionen/Liter also pH = 3). Bei sauren Lösungen liegt der pH-Wert unter 7, bei alkalischen darüber.

Fleming erfindet Gleichrichterröhre

1904. Nicht nur der Deutsche Arthur Wehnelt erfindet → 1904 eine Gleichrichterröhre. In den Laboratorien des italienischen Physikers Guglielmo Marchese Marconi entwickelt der Brite Ambrose Fleming die eigentliche Diode.

Schon seit 1890 untersuchte Fleming den sog. Edisoneffekt, den der US-amerikanische Erfinder Thomas Alva Edison 1880 und 1882 beschrieben hatte. Bei seinen Glühlampenexperimenten (→ 1878) stellte Edison fest, daß zwischen dem Glühfaden und einer Platte im Lampeninneren ein schwacher Strom fließt. Fleming optimiert den Vorgang durch eine geeignete Röhrenform und erhält die Diode.

Wellenecho mißt Entfernung genau

1904. Der deutsche Hochfrequenztechniker Christian Hülsmeyer erfindet ein »Telemobiloskop« für die Verkehrsüberwachung.

Das Gerät arbeitet als eine Art Echolot mit Hertzschen Wellen (→ 1887). Es mißt die Laufzeit elektromagnetischer Wellen von einem Sender bis zu einem Metallgegenstand, von dem sie reflektiert werden, und zurück. Aus den Meßdaten läßt sich die Entfernung zwischen Sender und Gegenstand berechnen. Das Instrument ist die Grundlagenerfindung für die ab 1931 entwickelten Radargeräte.

Offsetdruck kommt auf

1904. Zwei Techniker entwickeln unabhängig voneinander den Offsetdruck: Der Deutsche Caspar Hermann und der Druckereibesitzer Ira W. Rubel aus Nutley in New Jersey. Rubels Konstruktion einer Offsetmaschine geht auf eine Zufallser-

Caspar Hermann an der von ihm konstruierten Offsetmaschine

kenntnis zurück: Einer seiner Arbeiter vergaß, in das Druckwerk einer Hochdruck-Rotationsmaschine Papier einzuführen; die Farbe von der Farbwalze mit ihren Hochdruckformen zeichnete sich auf der Gummiwalze ab, die in der Maschine als Unterlage für die Papierrolle diente. Als der Drucker wieder Papier einführte, bemerkte Rubel, daß sich der Gummiabdruck auf das Papier übertrug. Er entwickelte daraufhin die dreiwalzige Offsetmaschine, bei der die Farbe zuerst von der Druckwalze auf ein Gummituch und von dort auf das Papier übertragen wird.

Hermann geht den historisch folgerichtigeren Weg. Er entwickelt die Methode des Offsetdrucks aus der altbekannten, → 1796 von dem Österreicher Alois Senefelder erfundenen Lithographie. Auch diese ist ein Flachdruckverfahren. Bereits Senefelder dachte daran, den Stein als Druckplatte durch eine Metallunterlage zu ersetzen, konnte das aber technisch noch nicht realisieren, weil ihm geeignete Bearbeitungsverfahren fehlten.

Die vier großen Druckverfahren

Der Hochdruck ist das älteste Druckverfahren. Bei ihm sind die zu druckenden Zeichen erhaben. Den Hoch- oder Buchdruck verwendeten schon vor Johannes Gutenberg (→ 3. 2. 1468) die Chinesen (→ 593).

Der Tiefdruck, bei dem die druckenden Elemente durch Gravieren oder Ätzen tiefgelegt sind, trat als Kupfer- und Stahlstich (→ 1446), Radierung und Heliogravüre (→ 1878) neben den Hochdruck.

Der Siebdruck, den die Chinesen seit Jahrhunderten kennen, wurde Ende des 19. Jahrhunderts in Europa und den USA eingeführt. Durch eine Schablone über einem feinmaschigen Sieb wird die pastöse Siebdruckfarbe auf ein Gewebe gepreßt.

Beim Offsetdruck, der auf Senefelders Lithographie (→ 1796) zurückgeht, liegen drukkende und nichtdruckende Elemente in einer Ebene.

Getreidegroßspeicher in Genuas Hafen

1904. Der deutsche Bauunternehmer Philipp Helfmann, der 1896 die »Actien-Gesellschaft für Hoch- & Tiefbau« gegründet hatte, vollendet im Hafen von Genua den Bau eines gewaltigen Getreidespeichers.

Das unmittelbar an die breite Stirnseite eines Hafenbeckens grenzende Gebäude ist eines der ersten Eisenbeton-Großbauwerke. Es ist bereits mit pneumatischen Förderanlagen zum schnellen Löschen des Getreides aus den Schiffen ausgestattet. Die genuesische Großspeicheranlage ist über ihre volle Breite sechsgeschossig ausgeführt. Ein turmartiger Mitteltrakt ragt sogar noch zwei Geschosse höher auf.

Der Bau ist ein typisches Beispiel für die internationale Zusammenarbeit mehrerer Unternehmer unter der Ägide einer federführenden Gesellschaft. Das Projekt wird von »Hochtief« schlüsselfertig zum Festpreis von 3,25 Mio Schweizer Franken übergeben, ein für die Zeit noch unübliches Vorgehen.

Das gewaltige Getreidesilo-Gebäude an der Stirnseite des Hafenbeckens von Genua, gebaut von der deutschen »Actien-Gesellschaft für Hoch- & Tiefbau« von Ph. Helfmann, der späteren »Hochtief AG«; das im Zentrum achtgeschossige Bauwerk beherbergt neben den Speichern auch Büroetagen

Die Überwindung der klassischen Physik

1905. Albert Einstein formuliert die spezielle Relativitätstheorie. Der als Patentprüfer in Bern arbeitende deutsche Physiker leitet damit eine Revolutionierung der Grundlagen bisheriger Physik ein. Die klassische Physik entwickelte sich von Galileo Galilei (→ 8. 1. 1642) über Christiaan Huygens (→ 8. 7. 1695) und Isaac Newton (→ 31. 3. 1727), die ihr die mechanischen Grundlagen gaben, bis zu Leonhard Euler (→ 18. 9. 1783), Louis Lagrange, William Rowan Hamilton und James Clerk Maxwell (→ 1865), die den mathematischen Unterbau lieferten. Sie arbeitet mit den Größen Zeit und Raum, und allein an ihnen wollte sich 1881 der US-Physiker Albert Abraham Michelson in einem heftig diskutierten Experiment orientieren, als er versuchte, die Geschwindigkeit der Erde in Relation zum ruhenden Äther des Weltalls zu ermitteln. Er wendete dabei das Prinzip des Dopplereffekts (→ 1842)

Albert Einstein (r., mit seinen Freunden Conrad Habicht [l.] und Maurice Solovine), geboren 1879, studierte in Zürich und arbeitet als Patentprüfer in Bern; sein mit der Relativitätstheorie geschaffenes neues physikalisches Weltbild wird zunächst von Fachkollegen bestritten

auf Lichtwellen an. Das Ergebnis war negativ: Die Lichtgeschwindigkeit erwies sich als unabhängig von der Bewegung des Beobachters. Einstein leitet aus diesem Versuch die physikalischen Konsequenzen ab: Es gibt keine absolute Bewegung im Raum und deshalb auch keinen Äther. Alle Inertialsysteme (s. unten) sind gleichberechtigte Bezugssysteme für die Beschreibung physikalischer Vorgänge.

Relativitätstheorie und ihre Konsequenzen

Die Lichtgeschwindigkeit ist unabhängig vom Bewegungszustand des als Bezugssystem benutzten Inertialsystems immer gleich groß (Ein Inertialsystem ist ein als ruhend oder gleichförmig bewegt angenommenes, also sich nicht beschleunigt bewegendes System). Daraus ergeben sich mathematisch die 1899 von dem niederländischen Physiker Hendrik Antoon Lorentz aufgestellten sog. Lorentz-Transformationen, mit deren Hilfe sich die mechanischen Vorgänge in einem Inertialsystem in deren mathematische Beschreibung in einem anderen, relativ zu diesem bewegten Inertialsystem umrechnen lassen. Dabei tritt immer wieder das Verhältnis v/c auf, mit v als Geschwindigkeitsdifferenz der beiden Systeme und c als Lichtgeschwindigkeit.

Aus den Umrechnungsgleichungen folgt, daß Messungen von Längen und Zeiten und damit auch von Geschwindigkeiten abhängig vom Bezugssystem des Beobachters unterschiedliche Ergebnisse liefern müssen.

Mißt ein Beobachter die Zeit in seinem eigenen System (A) und vergleicht sie mit der Zeit, die in einem an ihm vorbeiziehenden Inertialsystem (B) verstreicht, so stellt er fest, daß völlig gleich arbeitende Uhren im relativ zu ihm bewegten System (B) langsamer gehen (»Zeitdilation«), und zwar im Verhältnis $\sqrt{1 - v^2/c^2} : 1$. Da beide Systeme gleichberechtigt sind, macht auch ein Beobachter im zweiten System (B) bezüglich einer Uhr im ersten System (A) die gleiche Feststellung: Sie geht langsamer als seine eigene Uhr.

Damit ist auch der Begriff der Gleichzeitigkeit relativiert: Zwei Ereignisse, die an verschiedenen Orten stattfinden und von einem bestimmten Beobachter als gleichzeitig erkannt werden, sind es für einen relativ zu jenem bewegten Beobachter nicht.

Auch ist ein relativ zu einem Beobachter bewegter Körper in Bewegungsrichtung verkürzt, und zwar um so mehr, je schneller er sich bewegt. Schließlich folgt aus der speziellen Relativitätstheorie, daß auch die Masse eines Körpers keine absolute Größe ist. Sie wächst mit der Geschwindigkeit, mit der sie sich relativ zu einem Inertialsystem bewegt.

Einsteins wichtigste Erkenntnis schließt sich hier unmittelbar an: Die Ruhemasse m_0 ist nur eine besondere Erscheinungsform der Energie E_0. Zwischen ihnen gilt die Beziehung $E_0 = m_0 c^2$.

Einsteins Gleichungen beschreiben die Relativität

$\triangle t$ sei ein Zeitintervall im Inertialsystem A, $\triangle t'$ ein zugehöriges Intervall im System B, das sich gegenüber A mit der Geschwindigkeit v bewegt; c ist die Lichtgeschwindigkeit. Es gilt für Messungen im System A: $\triangle t = \triangle t' / \sqrt{1 - v^2/c^2}$; und für Messungen im System B: $\triangle t = \triangle t' / \sqrt{1 - v^2/c^2}$. Für die Längen l im System A und l' im System B gilt je nach Beobachter: $l = l' \cdot \sqrt{1 - v^2/c^2}$ bzw. $l = l' \cdot \sqrt{1 - v^2/c^2}$. Für die Masse m eines Körpers, der sich relativ zum Beobachter bewegt, gilt: $m = m_0 / \sqrt{1 - v^2/c^2}$, wobei m_0 die Ruhemasse ist. Dieser entspricht die Energie $E_0 = m_0 c^2$.

Franzosen bauen erste Gasturbine

1905. Die französischen Ingenieure Marcel Armengaud und Charles Lemale bauen eine Laval-Turbine (→ 1883) in eine Gasturbine um. Einen Gedanken zur Gasturbine äußerte 1897 der Schwede Nils Gustaf Dalén in einem Brief: »Stell Dir einen Ofen vor! Wenn Du durch das Ofenloch bläst, geht der Rauch durch den Schornstein hinaus. Das Interessante an der Sache ist aber, daß 3 m³ Gase oben hinausgehen, wenn Du nur 1 m³ Luft unten zuführst. Mit anderen Worten gesagt, könnte eine Pumpe oben in den Abgasen unten eine andere Pumpe zur Frischluftzufuhr antreiben. Nun, wenn diese Pumpen durch Turbinen ersetzt werden . . .«

Der Norweger Egidius Elling baute schon 1884 eine Gasturbine, aber erst 1903 gibt eine seiner Maschinen mechanische Leistung ab. Dagegen arbeitet die französische Turbine sofort wirtschaftlich.

Stromlinienlok von Maffei: Die bayerische S 2/6 (Nummer 3201), 1906 unter Anton Hammel gebaut, erreicht 1907 mit 157 km/h Rekordgeschwindigkeit

Züge mit Stromlinienform

1905. Ingenieure der französischen Eisenbahngesellschaft Chemin de Fer Paris-Lyon-Mediterranée konstruieren erstmals stromlinienförmige Schnell- und Personenzuglokomotiven. In Deutschland beginnen die Lokomotivbauunternehmen Henschel & Sohn in Kassel und auch J. A. Maffei in München mit dem Bau stromlinienförmiger Zugtriebköpfe nach französischem Vorbild (→ 1921).

Die Stromlinienverkleidungen der Lokomotiven sind so gewählt, daß die an ihnen vorbeistreichende Luft keine Wirbel oder Wellen bildet.

Einstein enträtselt den sog. Fotoeffekt

1905. Der deutsche Physiker Albert Einstein erklärt in seiner Schrift »Über einen die Umwandlung und Erzeugung des Lichts betreffenden heuristischen Gesichtspunkt« den Fotoeffekt, das Herauslösen von Elektronen aus dem Inneren einer beleuchteten Metalloberfläche durch die Absorption von Licht. Diese Arbeit enthält die Entdeckung der Lichtquanten.

Einstein zieht damit einerseits die letzte Konsequenz aus Max Plancks Entdeckung des Wirkungsquantums (→ 1900), zum anderen steht die Erkenntnis im Einklang mit seiner speziellen Relativitätstheorie (→ 1905): Da die Lichtstrahlung eine gewisse Energie verkörpert, kommt ihr nach der Energie-Masse-Korrelation $E = mc^2$ auch ein Massenäquivalent zu, und dieses kann nur in Quanten auftreten. Folglich muß sich auch das Licht aus Quanten zusammensetzen (→ 1917).

Omnibusse ergänzen städtische Personenbeförderung

19. November 1905. In Berlin wird der öffentliche Autobusverkehr aufgenommen. Die neuen Kraftomnibusse haben 16 Sitzplätze im Innern und 18 auf dem Verdeck, außerdem drei Stehplätze. Damit ist die Entwicklung des öffentlichen städtischen Verkehrsnetzes vorläufig abgeschlossen. Während der Nacht verkehren weiterhin Pferdebusse.

Der Personenbeförderung stehen in den Großstädten jetzt sechs Arten von mechanischen Verkehrsmitteln zur Verfügung, die sich alle innerhalb der vergangenen fünf Jahrzehnte entwickelt haben: Die Straßenbahn (→ 1884), die Untergrundbahn (→ 1899), die Hochbahn (→ 1901), das Taxi, der Trolleybus (→ 1892) und schließlich der Kraftomnibus. Das zuletzt aufgeführte letzte öffentliche Verkehrsmittel ist, da es weder an Schienen noch an Oberleitungen gebunden, zugleich das flexibelste. Der Omnibus hat darüber hinaus die längste Vorgeschichte: Die ersten Busse fuhren mit Pferdekraft, jüngere Modelle dann auch mit Dampfkraft.

Schon ab März 1662 verkehrten in Paris – für 15 Jahre – auf fünf Strecken anfangs sechs- und später achtsitzige Omnibusse. Danach tauchte der Pferdebus erst im 19. Jahrhundert fast gleichzeitig in London, Paris und Berlin (→ 1822) wieder auf. 1868 gründete sich die Allgemeine Berliner Omnibus-Aktiengesellschaft (»Aboag«). Sie verfügte über 257 Busse und 1089 Pferde. 1895 verkehrten die ersten Nachtomnibusse in Berlin. 1898 machten Elektrobusse mit Akkumulatorenbetrieb Probefahrten.

Petroleum- und Benzindepots wie dieses um 1905 sind eine Voraussetzung für den motorisierten Straßenverkehr, besonders auch für die Linienbusse

Jungfernfahrt eines Kraftomnibusses mit Ehrenjungfrau (um 1905); typisch sind das offene Fahrerhaus des Büssing-Busses und der Kettenantrieb

Schwimmdocks der Kieler Howaldtswerke mit zusammen gut 3000 t Hebekraft (Anfang 20. Jh.)

Die Werftanlage von Bremer Vulkan in Vegesack bei Bremen; gebaut wurde sie in den Jahren 1903/04

S. M. Großer Kreuzer »Fürst Bismarck« auf der Helling: Die Spanten werden aufgestellt

Werften stellen auf Turbinenschiffe um

1905. Nachdem schon 1903 das britische Kanalfährschiff »Queen« mit einer 7500-PS-Turbine ausgestattet worden war und 1904 als erste Dreischraubenliner die 10 629 BRT große »Victorian« und die 10 754 BRT große »Virginian« mit 12 000-PS-Turbinen vom Stapel liefen, sticht jetzt der 19 566 BRT große Cunard-Liner »Carmaria« mit Brown-Turbinen für 21 000 Wellen-PS in See. Er ist bisher das überzeugendste Modell der neuen Schiffsgeneration. Das Ende der alten Dampfschiffe ist nicht mehr fern. Die großen britischen und schon bald auch die deutschen Werften richten sich auf den Bau der neuen Turbinenschiffe ein.

Über das erste Turbinenschiff der Welt, die »Turbinia« (→ 1894) berichtet ein Augenzeuge: »Ich erinnere mich gut – gerade als die alte, schäbige Königsyacht ›Victoria and Albert‹ mit der Königin an Bord anläßlich des diamantenen Jubiläums der Queen durch die Kolonnen der Schiffe der Flottenschau von Spithead fuhr, tauchte plötzlich so ein Ding auf, weit hinten auf dem Wasserspiegel. Es flitzte, schnaufte und schäumte durch die langen Reihen der Schiffe wie ein wild gewordener Puck. Es lief schneller als alles, was bisher auf dem Wasser schwamm ...«

Die neuen Schiffe brechen in die Zeit des technischen Höhepunkts der von Dampfmaschinen angetriebenen Schiffe ein. So baute noch 1902/03 die deutsche Werft Vulkan die riesigen Passagierschiffe »Kaiser Wilhelm II.« und »Kaiser Wilhelm der Große«. Das letztere wird von vierzylindrigen Dreifach-Expansionsmaschinen getrieben, besitzt 14 Kessel und 104 Feuerstellen und verbraucht stündlich 20 t Kohle. Die »Kaiser Wilhelm II.« hat sogar vier Maschinen und braucht rund 160 Heizer.

Vom Schaufelrad zur Dampfturbine

Bereits → 1802 liefen die ersten Raddampfer mit Holzrumpf und Zweizylinder-Balanciermaschinen vom Stapel. Sie wurden bis 1856 gebaut.

Zwischen 1856 und 1865 besaßen die Raddampfer einen Eisenrumpf (erstmals → 1822) und wurden von Zweizylinder-Verbunddampfmaschinen angetrieben. Das waren entweder stehende, oszillierende oder schrägliegende Dampfmaschinen. 1865 bis 1880 war die Zeit der Einschraubendampfer mit Eisenrumpf und Drei- oder Vierzylinder-Verbunddampfmaschinen. 1880 bis 1885 legten die Werften Zweischraubenschiffe mit Stahlrümpfen und Zweifach-Expansionsmaschinen mit drei oder vier Zylindern auf Kiel. 1885 bis 1895 stachen Zweischraubenschiffe mit zwei oder drei Kesseln und Drei- bzw. Vierzylinder-Dreifach-Expansionsmaschinen in See. 1896 bis 1906 entstanden Zweischraubenschiffe mit vier Kesseln, angetrieben von Vier- oder Fünfzylinder-Vierfach-Expansionsmaschinen.

Nach Vorversuchen in den letzten Jahren des 19. Jahrhunderts begann 1901 die Umstellung auf Turbinenschiffe.

Modell des schon 1894 fertiggestellten ersten Turbinenschiffes der Welt, der »Turbinia«; um die Turbinenanlage zu zeigen, ist die Steuerbordflanke aufgeschnitten; die »Turbinia« war schneller als alle Schiffe mit Dampfmaschine

1906

Die Deutsche Akustik-Gesellschaft entwickelt das erste tragbare elektrische Hörgerät. →

In Nauen bei Berlin wird eine Station für Funktelegraphie in Betrieb genommen.

Techniker in Rußland (Boris Rosing) und Deutschland (Max Dieckmann und Gerhard Glage) testen die ersten Fernsehsysteme im Laborbetrieb. →

Robert von Lieben meldet ein Patent auf ein »Kathodenstrahlrelais« an. →

H. H. C. Dunwoody aus den USA entdeckt die Gleichrichtereigenschaften von Kristallen. →

Bei Untersuchung der Zerfallsprodukte radioaktiven Urans stellt der US-Physiker und -Chemiker Bertram Borden Boltwood fest, daß Blei Endprodukt der Zerfallsreihe ist. →

Die Germaniawerft in Kiel läßt das erste Unterseeboot für die deutsche Marine vom Stapel. →

Im US-Bundesstaat Kalifornien produziert Benjamin Holt als erster serienmäßig Gleiskettentraktoren mit Dampfantrieb. →

Alfred Wilm, ein deutscher Hütteningenieur, erfindet das Duraluminium. →

26. 5. Der Ingenieur August Franz Max von Parseval unternimmt den ersten Aufstieg mit einem lenkbaren »unstarren« Luftschiff (→ 2. 7. 1900).

24. 12. Dem kanadischen Physiker Reginald Aubrey Fessenden gelingt es, einen gesprochenen Text drahtlos zu übertragen. Die von ihm dafür benutzte Funkstation in Massachusetts (USA) strahlt damit die erste Radiosendung aus (→ 1906).

GESTORBEN:

19. 4. Paris: Pierre Curie (* 15. 5. 1859, Paris), französischer Physiker und Chemiker.

5. 9. Duino/Triest: Ludwig Eduard Boltzmann (* 20. 2. 1844, Wien), österreichischer Physiker.

GEBOREN:

31. 3. Kioto: Schinitschiro Tomonaga († 8. 7. 1979, Tokio), japanischer Physiker.

28. 6. Kattowitz: Maria Goeppert-Mayer († 20. 2. 1972, San Diego), deutsch-US-amerikanische Physikerin.

2. 7. Straßburg: Hans Albrecht Bethe, US-amerikanischer Physiker.

23. 7. Sarajevo: Vladimir Prelog, jugoslawisch-schweizerischer Chemiker.

6. 11. Paris: Luis Federico Leloir, argentinischer Chemiker.

25. 12. Heidelberg: Ernst August Friedrich Ruska, deutscher Physiker.

Auftakt der Elektronik-Ära

1906. Drei Erfindungen tragen dazu bei, das Zeitalter der Elektronik einzuleiten: Zum einen die Entdeckung der Gleichrichtereigenschaften von Kristallen durch den US-Wissenschaftler H. H. C. Dunwoody, zum anderen die Patentierung des »Kathodenstrahlrelais« (Verstärkerröhre) des österreichischen Physikers Robert von Lieben und des »Audions« (Triode) seines Kollegen Lee De Forest aus den USA. Während die Erkenntnis Dunwoodys sich erst später in der Halbleiterentwicklung auswirkt, haben die Elektronenröhren Liebens und De Forests unmittelbare Folgen für die Radiotechnik. De Forest geht von einer Idee des deutschen Physikers Philipp Lenard aus, der in eine Elektronenröhre (→ 1859) ein Metallgitter einfügte, mit dessen Hilfe er die Bewegungen durch den Fotoeffekt (→ 1905) befreiter Elektronen beobachtete. De Forest setzt ein solches Gitter zwischen die Elektroden der Diode (→ 1904) und spannt es schwach mit Gleichspannung vor. Mit geringfügigen Spannungsänderungen kann er den Elektronen-

Die Audionröhre oder Triode des US-Amerikaners Lee De Forest

strom in der Röhre erheblich verändern. Das ist das Prinzip der elektronischen Verstärkung.

Lieben macht seine grundsätzlich gleiche Erfindung der Dreigitterröhre unabhängig von dem Amerikaner De Forest.

Erste Versuche mit Radio und Fernseher

1906. Aufgrund seiner Erfindung der elektronischen Verstärkerröhre 1906 gilt Lee De Forest als »Vater des Radios«. Hatte der italienische Physiker Guglielmo Marchese Marconi die drahtlose Telegraphie entwickelt (→ 1896), so liefert der US-Physiker das entscheidende Bauteil zur drahtlosen Übertragung von Sprache und Musik. Er baut seine »Audion« genannte Verstärkerröhre zur Radioröhre um.

Allerdings gebührt das Verdienst der ersten drahtlosen Sprachübertragung dem Kanadier Reginald Aubrey Fessenden, der am 24. Dezember 1906 mit dem von Valdemar Poulsen aus Dänemark (→ 1903) erfundenen Lichtbogensender in Massachusetts sprachmodulierte Rundfunkwellen überträgt.

Außerdem werden in Laborversuchen erste Bildübertragungssysteme getestet: In Rußland arbeitet Boris Rosing mit der Nipkow-Scheibe (→ 1884) und in Deutschland experimentieren Max Dieckmann und Gerhard Glage mit der Braunschen Bildröhre (→ 1897).

Das Uran zerfällt über Radium zu Blei

1906. In den USA untersucht der Physiker und Chemiker Bertram Borden Boltwood die radioaktive Zerfallsreihe des Urans (→ 1902) und stellt als letztes, schließlich stabiles Element dieser Reihe das Blei fest. Fälschlich betrachtet er allerdings auch das Helium als ein Uran-Zerfallsprodukt.

Boltwood geht bei seinen Untersuchungen nicht empirisch vor. Er schließt deduktiv durch Analysen der Zusammensetzung verschiedener Uranerze. Schon 1905 hatte er festgestellt, daß unabhängig von der geographischen Herkunft der Erze das Massenverhältnis von Uran zu Radium immer konstant ist, woraus er folgerte, daß das Radium ein Zerfallsprodukt des Urans sein müsse. Nun findet er heraus, daß der Bleigehalt von Uranerzen zwar bei allen Proben derselben Herkunft gleich, aber bei unterschiedlicher geographischer Herkunft verschieden ist. Allerdings ist der Bleianteil um so größer, je älter ein Minerallager geologisch ist. Er schließt daraus, daß das Blei das Endprodukt der Zerfallsreihe sein müsse, da es sich als einziges in der ganzen Reihe kumuliert.

Außerdem untersucht Boltwood eine Aktinium-Lösung im Labor und stellt nach mehreren Monaten eine deutliche Vermehrung des Radiumgehalts fest. Er faßt deshalb das Aktinium richtig als Muttersubstanz des Radiums auf.

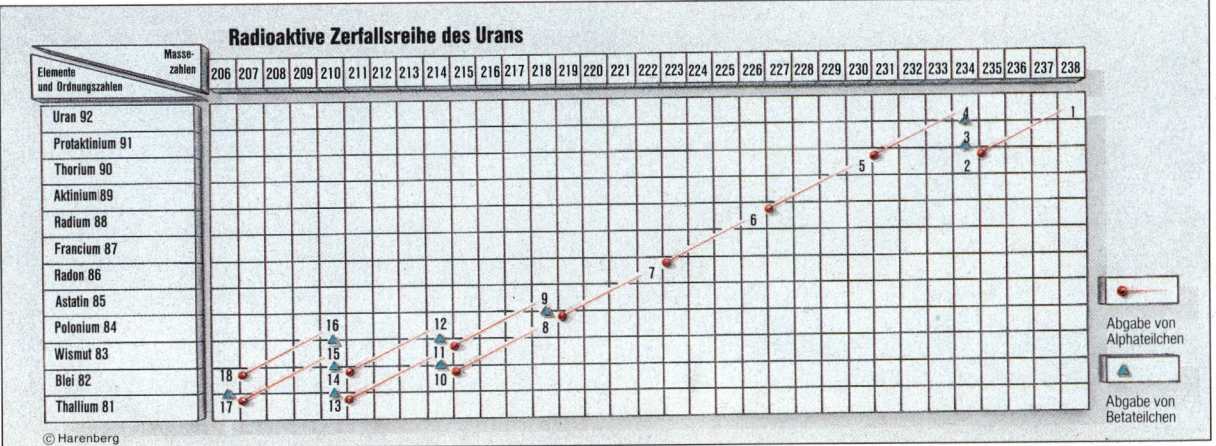

»U-Boot-Wesen« kein Unsinn mehr: Germaniawerft baut »U 1« für die kaiserliche Marine

1906. »U 1« (Abb.), das erste Unterseeboot für die deutsche Marine, läuft bei der Germaniawerft in Kiel vom Stapel. Noch 1899 lobte die Schiffbautechnische Gesellschaft die kaiserliche Marine, daß sie sich auf kostspielige und langwierige Versuche mit U-Booten nicht einlasse. 1902 begann Deutschland jedoch wieder mit U-Boot-Konstruktionen nach Plänen des Franzosen d'Equevilley (→ 1863). Erste Versuchsfahrten wurden durchgeführt. 1904 beauftragte der preußische Marineminister und Staatssekretär im Reichsmarineamt, Alfred von Tirpitz, den Marineingenieur Gustav

Berling mit einer U-Boot-Neukonstruktion. Dieser bekennt später: ». . . Ich hatte bisher das U-Boot-Wesen für einen großen Unsinn gehalten.« Die »U 1« wurde in nur einem Jahr mit einem Etat von 1,5 Millionen Mark gebaut. Es ist ein Zweischalenboot, das für 30 m Tauchtiefe ausgelegt ist. Die »U 1« wird monatelang intensiv erprobt und übersteht dabei auch eine 18tägige Fahrt um das berüchtigte Kap Skagen. Die Weltöffentlichkeit wird auf U-Boote aufmerksam, als die »Illustrated London News« die erste Innenaufnahme eines U-Boots publiziert.

Elektrisches Gerät erleichtert Hören

1906. Nachdem schon 1901 die britische Königin Alexandra ein erstes – noch unhandliches – elektrisches Hörgerät benutzt hatte, das mit Netzstrom arbeitete, bringt die Deutsche Akustik-Gesellschaft in Berlin jetzt ein tragbares Gerät aus Mikrophon und Telefon heraus, das mit einer Trockenbatterie arbeitet.

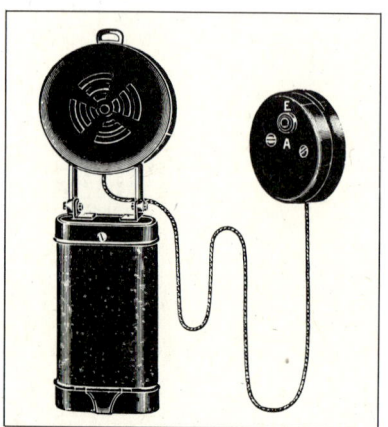

Elektrisches Westentaschen-Hörgerät »Akustik« aus der Zeit um 1910

Wilm entwickelt hartes Leichtmetall

1906. Der deutsche Ingenieur Alfred Wilm entwickelt das Duraluminium oder »Dural«. Es handelt sich dabei um eine Aluminiumlegierung mit Kupfer und Magnesium, die sich härten läßt. Damit schafft der Erfinder ein im Maschinenbau sehr vielseitig verwendbares Leichtbaumaterial, das sich im Schiffbau und später vor allem im Flugzeugbau bewährt. Schon während des Ersten Weltkriegs baut der Luftfahrtpionier Hugo Junkers ein Dural-Flugzeug. Aber auch viele Gebrauchsgegenstände werden bald aus Dural gefertigt.

Reines Aluminium hat eine Dichte von 2,70 g/cm³. Duraluminium ist mit 2,75 bis 2,87 g/cm³ nur unwesentlich schwerer, weist aber erheblich bessere Festigkeitswerte auf. So lassen sich durch geeignetes Legieren die Zugfestigkeit von 8 auf über 85 kg/mm², die Brinellhärte (→ 1903) von 22 auf rund 80 kg/mm² und die Streckgrenze von etwa 3 auf über 25 kg/mm² steigern.

Gleiskettenfahrzeug für die Artillerie der britischen Armee (1908)

Traktoren mit Gleisketten

1906. Der US-Amerikaner Benjamin Holt bringt in Kalifornien serienmäßig produzierte Gleiskettentraktoren mit Dampfantrieb auf den Markt.

Erfunden hatte das Gleiskettenprinzip 1825 Sir George Cayley. Der britische Gutsbesitzer entwarf eine aus breiten, flachen Gliedern zu-

sammengefügte Endloskette, die über zwei Radkränze abrollt. Bei beidseitigen Gleisketten verteilt sich das Fahrzeuggewicht auf eine große Fläche: Das Gefährt sinkt auf weichem Grund daher nicht so leicht ein. Gebaut wurden derartige Fahrzeuge bisher allerdings nur in Einzelstücken.

1907

Dem russischen Physiker Boris B. Golizyn und J. Willp gelingt es, den sogenannten Dopplereffekt (→ 1842) auch beim Licht nachzuweisen.

Der Ingenieur Everett Mac-Adam erfindet einen elektrischen Lichtpausapparat. →

Michael Owen konstruiert in den USA eine automatische Flaschenblasmaschine. →

Die Singer-Nähmaschinen-Gesellschaft errichtet ein 186,5 m hohes Wohnhaus. →

Boris Rosing gelingt es in St. Petersburg erstmals, mit seinem »Kathoskop« mehrere Bilder pro Sekunde zu übertragen (→ 1906).

Der französische Chemiker Georges Urbain und der Österreicher Carl Freiherr Auer von Welsbach entdecken das Element Lutetium.

Die Brüder Auguste und Louis Jean Lumière aus Frankreich legen den Grundstein für die Farbfotografie. →

Sven Wingquist erfindet das zweireihige Pendelkugellager, das bald auf dem Weltmarkt dominiert (→ um 1907).

13. 9. Der französische Konstrukteur Paul Cornu hebt mit dem von ihm gebauten Hubschrauber mit zwei Rotoren erstmals vom Boden ab. An der Entwicklung eines Hubschraubers arbeitet auch sein Landsmann Louis Breguet. →

GESTORBEN:

2. 2. St. Petersburg: Dmitri I. Mendelejew (* 8. 2. 1834, Tobolsk), russischer Chemiker.

18. 3. Paris: Pierre Eugène Marcelin Berthelot (* 25. 10. 1827, Paris), französischer Chemiker.

19. 5. Pangbourne/Berkshire: Sir Benjamin Baker (* 31. 3. 1840, Keyford/Somerset), irisch-britischer Ingenieur.

17. 12. Nethergall/Largs: William Lord Kelvin of Largs (* 26. 6. 1824, Belfast), britischer Physiker.

GEBOREN:

20. 1. Hamburg: Manfred Baron von Ardenne, deutscher Physiker.

23. 1. Tokio: Hideki Jukawa († 8. 9. 1981, Kioto), japanischer Physiker.

25. 6. Hamburg: Johannes Hans Daniel Jensen * († 11. 2. 1973, Heidelberg), deutscher Kernphysiker.

18. 9. Redondo Beach/ Kalifornien: Edwin Mattison McMillan, US-amerikanischer Physiker.

2. 10. Glasgow: Alexander Robertus Todd, britischer Chemiker.

Hubschrauberflugversuch

13. September 1907. Der Franzose Paul Cornu versucht in der von ihm gebauten Maschine den ersten bemannten Hubschrauberflug. Bereits am 24. August war sein Landsmann Louis Breguet zu einem Fesselflug mit seinem »Gyroplane« gestartet. Beide Experimente sind aber wenig erfolgreich.

Cornu baute zunächst 1906 ein 12,7 kg schweres Modell mit 15,9 kg Tragkraft. Der 2-PS-Motor wog nur 6,8 kg. Die Maschine besaß zwei Rotoren. Nachdem diese Stahlrohrkonstruktion sich leidlich bewährt hatte, baute Cornu 1907 einen Hubschrauber mit zwei Rotoren von je 6 m Durchmesser und einem 24-PS-Motor. Er hebt nun mit dem Piloten zusammen in der Tat ab – jedoch nur 30 cm hoch.

Noch bescheidener fällt das Experiment von Breguet und seinem Mitkonstrukteur Professor Richet aus. Ein Augenzeuge berichtet: »Die Maschine, welche mit ihrem ›Fahrer‹ etwa 577 kg wog, wurde in Duai getestet. Sie erwies sich als fähig, mehrere Male vom Boden abzuheben. Einmal stieg sie ziemlich plötzlich, bewegte sich 100 m oder mehr nach vorn und landete in einem Rübenfeld, wobei sie beträchtliche Beschädigungen erlitt.« Die Maschine fliegt noch nicht stabil. Vier Männer müssen sie vom Boden her mit Stangen halten, um sie vor dem seitlichen Abkippen zu bewahren.

Höchstes Wohnhaus

1907. Die Singer-Nähmaschinengesellschaft errichtet in New York auf dem Broadway das bisher höchste Wohnhaus (Abb.: Teilansicht). Das schlanke Stahlskelett-Gebäude besitzt über dem Erdniveau 47 Stockwerke und ist 186,5 m hoch.
1910 legt Woolworth in der Nähe den Grundstein zu einem mit 232 m Höhe noch größeren Bauwerk.

Der Hubschrauber des Franzosen Paul Cornu; um das Rotieren des Tragflüglers um die eigene Vertikalachse zu verhindern, besitzt er zwei Rotoren

Siegeszug der Wälzlagertechnologie

Um 1907. Seit Friedrich Fischer, bald bekannt als »Kugel-Fischer«, → 1883 in Schweinfurt seine Stahlkugelschleifmaschine erfand, hat allein das britische Patentamt fast 1000 Patentanmeldungen lediglich für verschiedene Fahrrad-Kugellager verzeichnet.

Nicht nur Kugel-, auch andere Wälzlager finden um 1907 große Verbreitung, denn nicht alle Lagerprobleme lassen sich mit Kugellagern lösen. Verschiedene Wälzlagertypen entwickeln sich. Neben den Kugeln werden Zylinderrollen, Nadelrollen, Kegelrollen und symmetrische sowie asymmetrische Tonnenrollen verwendet. Während in Europa die Fischer Aktiengesellschaft führend bleibt, macht in den USA besonders nach 1902 der Lagerhersteller Henry Timken von sich reden, der zunehmend die Autoindustrie mit Wälzlagern beliefert.

Stahlkugelschleifmaschine für spitzenloses Schleifen nach der Konstruktion von Friedrich Fischer

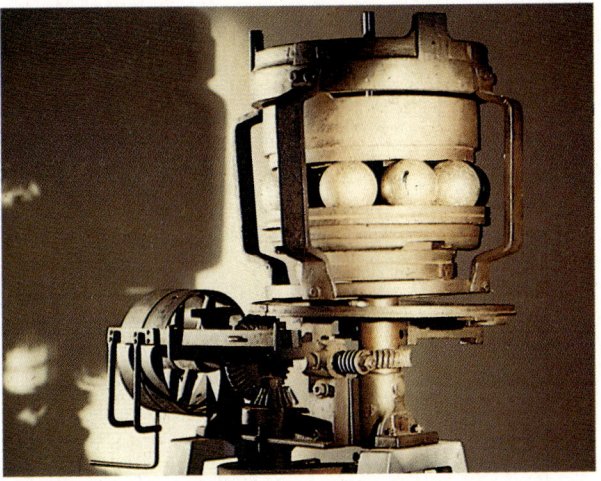

Die erste von Friedrich Fischer, genannt »Kugel-Fischer«, angefertigte Kugelschleifmaschine (Ende des 19. Jh.)

Dreifarbige Fotografie der Brüder Lumière, hergestellt nach dem 1907 von ihnen entwickelten Verfahren; Trägermaterial ist nicht Papier, sondern Glas

Fotografien werden farbig

1907. Die Brüder Louis Jean und Auguste Lumière aus Frankreich stellen das von ihnen seit 1903 entwickelte Autochrome-Verfahren vor, mit dem sich farbige Fotografien anfertigen lassen.

Die beiden Chemiker und Fabrikanten, die am → 28. Dezember 1895 das erste Kino eröffnet hatten, arbeiten mit beschichteten Glasplatten. In die Schichten sind winzige rot, grün und blau gefärbte Stärkekörnchen eingebettet, die als Lichtfilter dienen, also jeweils nur Licht bestimmter Wellenlänge passieren lassen. Das Ergebnis sind Glasdiapositive.

Zwar wurden in Frankreich und auch in England bereits zwischen 1860 und 1870 vereinzelt Verfahren zur Farbfotografie entwickelt, doch ihre Ergebnisse befriedigten in keiner Weise. Das neue System ist das erste praktisch brauchbare.

In den nächsten Jahren werden noch weitere Farbverfahren entwickelt, darunter eine Methode des deutschen Ingenieurs H. Junk, die Duxochrom-Bilder der Bremer Firma Johannes Herzog & Co. und die Uvatypie des Fotochemikers Arthur Traube. Sie alle finden jedoch nur vorübergehend Absatz.

MacAdam erfindet Lichtpausapparat

1907. Der Ingenieur Everett MacAdam erfindet einen elektrischen Lichtpausapparat. In dem Gerät befinden sich zwei Quecksilberdampflampen (→ 1896) als Lichtquellen. Sie sind in einem rotierenden Glaszylinder angebracht, um den – wie um eine Walze – zugleich das transparente Original wie auch das lichtempfindliche Blatt für die Kopie umlaufen.

Das Verfahren arbeitet nach dem Prinzip der fotografischen Kontaktkopie. Das Trägermaterial für das Duplikat wird durch das Original hindurch belichtet. Anschließend gibt ein Walzenwerk das Original wieder aus, während die Kopie in eine Entwicklungs- und Fixierungseinrichtung gelangt.

Flaschen aus der Glasblasmaschine

1907. Michael Owen nimmt in den USA eine Hochleistungsmaschine zum Blasen von Glasflaschen in Betrieb. Die Anlage geht auf Entwicklungen aus dem Jahr 1898 zurück und ist von Owen noch verbessert worden (→ 1852).

Die Maschine arbeitet automatisch, indem sie aus einem Vorrat von Glasschmelze die erforderliche Glasmenge portioniert, in einen vorgeheizten Blasraum abfüllt und von dort mit Druckluft in eine vorgeheizte zweischalige Form bläst. Nach dem Erkalten wird die Form geöffnet und die Flasche entnommen. Angaben über die Leistung variieren von 13 000 Liter- bzw. 15 000 Halbliterflaschen in 24 Stunden bis zu 2500 Flaschen pro Stunde.

Dem niederländischen Physiker Heike Kamerlingh Onnes gelingt es in Leiden, Helium bei −268 °C zu verflüssigen.

Das »Metallanstrich-Syndikat« in Berlin entwickelt ein neues Verfahren zum Feuer-Verzinnen, Feuer-Verzinken und Feuer-Verbleien. →

In den Vereinigten Staaten wird das erste Ford-Modell T produziert (→ 1913).

Der US-Physiker William David Coolidge stellt Glühlampen mit Wolframdraht her. →

Der US-amerikanische Funkingenieur Lee De Forest benutzt in der Sendestation des Pariser Eiffelturms zum erstenmal Trioden (→ 1906).

Der schweizerische Chemiker Jacques Edwin Brandenberger erfindet das Zellophan. →

Der deutsche Physiker Alfred Heinrich Bucherer weist experimentell den Massengewinn schneller Elektronen nach und belegt damit Albert Einsteins Relativitätstheorie. →

Die Anglo-Iranian Oil Co. erschließt die ersten iranischen Erdöllager.

Die französische Firma Sizaire et Nadin baut die ersten Automobile mit einzeln aufgehängten Vorderrädern. →

Die Firma Delco baut in den USA erstmals Zündanlagen für Pkw, die mit Zündspule und Verteiler arbeiten. →

Dem deutschen Chemiker Fritz Haber gelingt die Ammoniaksynthese im Laborversuch (→ 1909).

GESTORBEN:

25. 8. Le Croisic: Antoine Henri Becquerel (* 15. 12. 1852, Paris), französischer Physiker.

GEBOREN:

15. 1. Budapest: Edward Teller, ungarisch-US-amerikanischer Physiker.

22. 1. Baku: Lew Dawidowitsch Landau († 1. 4. 1968, Moskau), sowjetischer Physiker.

2. 3. Neustadt/Weinstraße: Walter Bruch, deutscher Fernsehpionier.

7. 5. Nürnberg: Max Grundig, deutscher Unternehmer.

23. 5. Madison/Wisconsin: John Bardeen, US-amerikanischer Physiker.

30. 5. Norrköping: Hannes Alfvén, schwedischer Physiker.

23. 10. St. Petersburg: Ilja Michailowitsch Frank, sowjetischer Physiker.

17. 12. Grand Valley/Colorado: Willard Frank Libby († 8. 9. 1980, Los Angeles), US-amerikanischer Chemiker und Geophysiker.

Relativitätstheorie praktisch bewiesen

1908. Der deutsche Physiker Alfred Heinrich Bucherer weist in Experimenten den Massengewinn schneller Elektronen nach. Seine Versuche belegen die Richtigkeit von Albert Einsteins spezieller Relativitätstheorie, die der deutsche Physiker → 1905 veröffentlichte.

Bucherer findet heraus, daß die Masse der Elektronen von ihrer Geschwindigkeit abhängt. Mit diesem Beweis, daß sich Masse und Energie ineinander umwandeln lassen, werden die klassischen Sätze über die Erhaltung der Energie (→ 1703) und der Materie (→ 1770) hinfällig. Es gibt nur noch ein Gesetz von der Erhaltung von Energie plus Materie.

Transparentfolie aus der Schweiz

1908. Dem Schweizer Chemiker Jacques Edwin Brandenberger gelingt die Herstellung geschmeidiger, vollkommen transparenter Folien aus Zellulose. Er gibt ihnen den Handelsnamen Zellophan.

Das Verfahren gleicht der Reyonherstellung (→ 1884). Aus Holzschnitzeln wird durch Herauslösen des Zellstoffs zunächst eine Viskoselösung erzeugt. Diese preßt Brandenberger durch schmale Schlitzdüsen in ein Säurebad. Dort vollzieht sich die Umwandlung in das Zellglas bzw. Zellophan.

Neuheiten aus der Automobilindustrie

1908. Eine Reihe von Verbesserungen hat die Automobilbranche zu vermelden: Die französische Firma Sizaire et Nadin führt die erste Vorderrad-Einzelaufhängung aus. Sie setzt sich aber noch nicht generell durch und wird erst 1931 wieder von Peugeot aufgenommen. Delco baut in den USA erstmals Zündanlagen, die mit Zündspule und Verteiler arbeiten.

In den Vereinigten Staaten stellt die Firma Schebler den ersten Zwölfzylinder-V-Motor für Pkw vor. Ebenfalls in den USA werden die ersten Kraftwagen mit Innenraumheizung ausgeliefert. Die dafür erforderliche Wärme wird den heißen Abgasen in einem Wärmetauscher vor dem Auspuff entnommen.

Oberflächenbeschichtung

1908. In Berlin etabliert sich ein »Metallanstrich-Syndikat«, das ein neues Verfahren zum Beschichten von Metallgegenständen mit Zinn, Zink oder Blei einführt.

Die Gegenstände, deren Oberfläche auf diese Weise zu vergüten ist, werden mit dem Pinsel mit einer Suspension kleinster Zinn-, Zink- oder Bleiteilchen bestrichen. Nach dem Auftrocknen der Masse wird die noch nicht haftende, feinkörnige Metallschicht mit einer Lötlampe oder einer Gasflamme aufgeschmolzen. Die Schicht verläuft und verlötet sich mit dem Trägermaterial. Als Kontaktvermittler dienen Substanzen, die in der aufgetragenen flüssigen oder pastösen Suspension enthalten sind. Das Ergebnis sind gleichmäßige, dichte und gut haftende Überzüge.

Metallbeschichtungen mit Zinn, Zink, Blei oder auch Edelmetallen wurden bisher ausschließlich auf zwei Arten praktiziert: Durch sogenanntes Feuerverzinken, -verzinnen und -vergolden (→ 1786) oder durch galvanische Abscheidung von Metallionen (→ 1840; 1869). Das neue Verfahren zeichnet sich durch große Einfachheit aus.

Die klassische Methode des Vergoldens im Feuer ist sehr aufwendig

Glühlampe mit Wolframdraht

1908. Dem US-amerikanischen Erfinder William David Coolidge gelingt es, Glühlampen mit Wolframleuchtdrähten herzustellen. Seit der Aufnahme der Glühlampenfertigung durch Joseph Wilson Swan und Thomas Alva Edison (→ 1883) hatte sich deren wesentliches Teil, der Glühkörper, bis 1902 praktisch nicht verändert. Man verwendete die von Swan entwickelten Glühfäden, die man durch Verpressen von in Essigsäure gelöster Nitrozellulose durch feine Düsen erzeugte. Das Material wurde anschließend einfach verkohlt.

Der österreichische Erfinder des Gasglühstrumpfes (→ 1885), Carl Freiherr von Auer von Welsbach, sah im elektrischen Glühlicht eine bedrohliche Konkurrenz für seine Gaslampen und wendete sich deshalb Entwicklungen auf diesem neuen Gebiet zu. Er schuf 1902 erstmals elektrische Lampen mit einem Glühelement aus Osmiumdraht. Der Schmelzpunkt dieses Metalls liegt mit 2500 °C sehr hoch, so daß es bei Weißglut noch stabil ist. Wesentlich später, nämlich erst bei 3380 °C, schmilzt Wolfram, doch ist dieses Material derart spröde, daß es sich nicht ohne weiteres zu Drähten ziehen läßt, weshalb Auer darauf verzichtete, es zu verwenden. Das gelingt erst Coolidge, der zunächst aus Wolframpulver dünne Stäbe preßt. Diese Stäbe erhitzt er und schmiedet sie. Danach lassen sie sich zu Draht ausziehen. Das Wolframglühelement setzt sich bald allgemein durch.

Osram-Glühlampe von 1915

Der deutsche Chemiker Carl Bosch verbessert die von seinem Fachkollegen Fritz Haber entwickelte Ammoniaksynthese zu einem großtechnischen Verfahren. →

Das Benzinfeuerzeug mit Feuerstein und geriffeltem Eisenzündrad entwickelt der Chemiker Carl Freiherr von Auer von Welsbach. Der Österreicher hatte bereits 1904 künstliche Feuersteine aus Cereisen hergestellt.

Im Londoner Palace-Varieté-theater werden erstmals Farbfilme nach dem »Kinemacolor«-Verfahren gezeigt. →

Der französische Chemiker Édouard Benedictus entwickelt Zweischeiben-Sicherheitsglas mit einer zwischengefügten Zelluloidschicht.

Leo Hendrik Baekeland entwickelt den von ihm schon 1907 erfundenen Kunststoff Bakelit zur Fertigungsreife. →

In den USA kommt der erste elektrische Toaster auf den Markt. →

Für die Auswertung der Volkszählung von 1910 werden im Deutschen Reich Hollerith-Zählanlagen eingerichtet. →

In München-Schwabing und Hildesheim werden die ersten automatischen Telefonämter Deutschlands in Betrieb genommen. →

Im US-Bundesstaat Kalifornien arbeitet eine mit Solarenergie gespeiste Pumpanlage.

Der Wiener Konstrukteur Edmund Rumpler gründet die erste Flugzeugfabrik in Deutschland.

In Berlin wird die Maschinenhalle der AEG-Turbinenfabrik fertiggestellt. →

Der deutsche Chemiker Fritz Hofmann erfindet den synthetischen Kautschuk.

10. 3. Der Franzose Emile Aubrun beendet den ersten Nachtflug erfolgreich.

25. 7. Der französische Flugpionier Louis Blériot überquert mit einem selbstkonstruierten Eindecker als erster den Ärmelkanal (→ März 1910).

September. Der US-Physiker Robert Andrews Millikan veröffentlicht seine Ergebnisse zur Bestimmung der Ladung des Elektrons (→ 1891).

16. 11. In Frankfurt am Main wird das erste Luftverkehrsunternehmen der Welt, die »Deutsche Luftschiffahrts AG« (Delag, Vorgänger der Deutschen Lufthansa) gegründet.

28. 12. Robert Goddard, Physiker an der Clark Universität in Massachusetts, veröffentlicht die ersten theoretischen Arbeiten über Raketentriebwerke. →

Baekeland erfindet Hartkunststoff

1909. Der seit 1889 in den USA lebende belgische Chemiker Leo Hendrik Baekeland entwickelt ein Verfahren zur Herstellung des ersten hochvernetzten duroplastischen Kunststoffs, des sog. Bakelits.

Als um die Jahrhundertwende manche Naturstoffe knapp wurden – Kautschuk und verschiedene Naturharze gehörten dazu –, begannen die Chemiker, verbesserte und preiswerte synthetische Werkstoffe zu suchen. Der Deutsche Blumer experimentierte mit ersten Kondensationsprodukten aus Phenol und Formaldehyd als Bernsteinersatz, Otto Röhm mit Acrylpolymeren (→ 1928), Fritz Hofmann gelingt 1909 die Kautschuk-Synthese.

Vom Parkesin zum Bakelit

Die Entwicklung der Kunststoffe begann → 1862 mit dem Parkesin, das Alexander Parks aus Nitrozellulose herstellte. 1869 stellte John W. Hyatt aus den USA Billiardbälle aus Zellulose statt aus Elfenbein her und erfand dabei das Zelluloid. 1872 entdeckte der deutsche Chemiker Adolf von Baeyer die Kunstharze aus Phenol und Formaldehyd, untersuchte sie aber nicht; → 1897 stellten die deutschen Chemiker Krische und Spitteler erstmals den Kasein-Kunststoff »Galalith« her. Zwischen 1904 und 1909 entwickelte Baekeland die ersten Thermoplaste.

Was anderen nur ansatzweise möglich ist, bringt als erster Baekeland zu Wege: Die Kondensation der beiden Reaktionspartner Phenol und Formaldehyd unter Verwendung von Katalysatoren zu einem hochmolekularen Produkt. Damit erfindet er zugleich das allgemeine Prinzip für die Herstellung aller duroplastischen Kunststoffe. Es besteht darin, zunächst definierte, oligomere (also nur durch die Verbindung weniger Moleküle entstandene) schmelz- und verformbare Zwischenstufen – die sog. Kunstharze – zu synthetisieren, die in der zweiten, eigentlichen Formgebungsstufe unter Druck und höherer Temperatur in den hochpolymeren (also sehr großmolekularen), unschmelzbaren Zustand der fertigen Kunststoffe gebracht werden.

Chemiker synthetisieren das Ammoniak

1909. Der deutsche Chemiker Fritz Haber verbessert seine im Vorjahr erstmals im Laborversuch gelungene Ammoniaksynthese. Sein Fachkollege Carl Bosch entwickelt das Verfahren zur Betriebsreife weiter. Die großtechnische Ammoniakherstellung beginnt.

Haber suchte seit Jahren eine Methode, den Stickstoff der Luft mit Wasserstoff zu verbinden, auf diese Weise Ammoniak zu erzeugen und damit eine brauchbare Grundsubstanz für die Düngemittelfabrikation zu gewinnen. Die Voraussetzungen für die Reaktion der beiden Gase miteinander findet er erst jetzt: Höchste Drücke bei mittleren Temperaturen und die Gegenwart eines geeigneten Katalysators.

Bosch entwickelt die großtechnische Fertigungsmethode. Er leitet Wasserdampf über rotglühenden Koks und spaltet ihn so in Sauerstoff und Wasserstoff. Den Stickstoff gewinnt er durch Destillation aus flüssiger Luft (→ 1878). Wasserstoff und Stickstoff werden im Volumenverhältnis 3:1 gemischt und unter 200 Atmosphären Druck bei 500 °C mit einem Eisenkatalysator in Kontakt gebracht. Ein Teil der Gase verbindet sich zu Ammoniak.

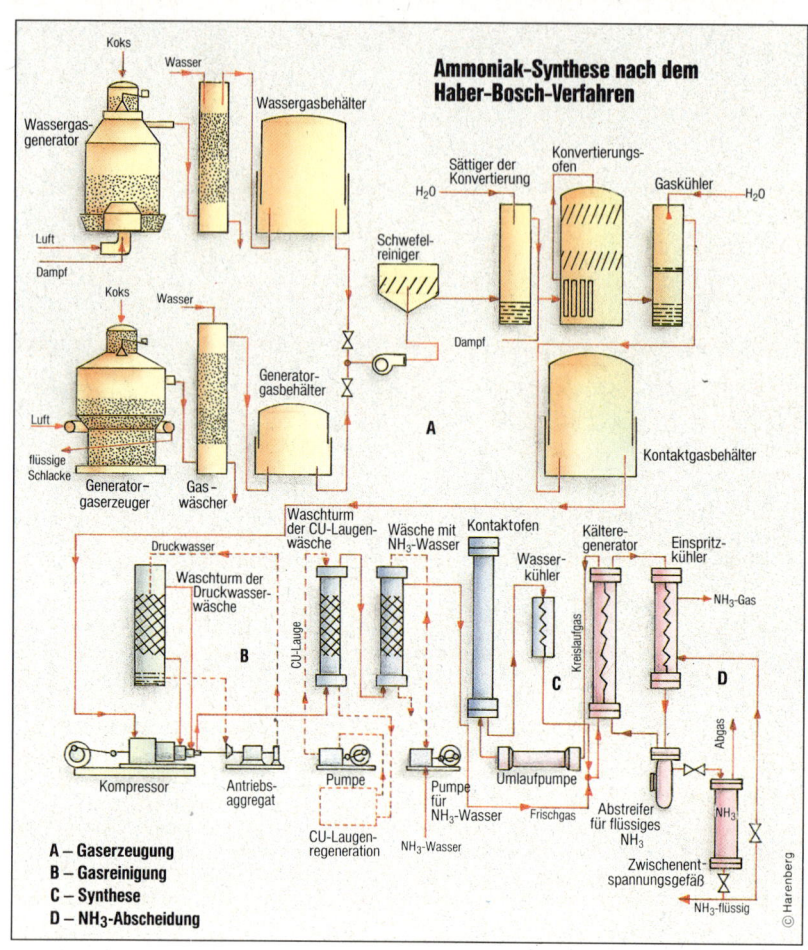

Ammoniak-Synthese nach dem Haber-Bosch-Verfahren

A – Gaserzeugung
B – Gasreinigung
C – Synthese
D – NH$_3$-Abscheidung

Die Chemiker Fritz Haber und Carl Bosch

Fritz Haber wurde am 9. Dezember 1868 in Breslau geboren. Er studierte an der Technischen Hochschule in Karlsruhe Chemietechnik. 1911 wird er Direktor des Kaiser-Wilhelm-Instituts für physikalische Chemie und Elektrochemie. Seine Methode zur Ammoniakgewinnung macht Deutschland im Vorfeld des Ersten Weltkriegs unabhängig von natürlichen Nitraten. Während des Kriegs organisiert er die chemische Kriegsführung. 1918 erhält er »für die Synthese von Ammoniak aus dessen Elementen« den Nobelpreis für Chemie. Als Jude muß er 1933 Deutschland verlassen. Er stirbt am 29. Januar 1934 in Basel.

Carl Bosch, geboren am 27. August 1874 in Köln, begann nach seinem Studium der Chemie 1899 bei der Badischen Anilin- und Soda-Fabrik mit Arbeiten zur Ammoniakgewinnung. Mit der großtech-

nischen Realisierung der Ammoniaksynthese nach Habers Verfahren legt er die Basis für eine gewaltige weltweite landwirtschaftliche Ertragssteigerung. Zusammen mit Friedrich Bergius erhält er 1931 den Nobelpreis für Chemie. 1937 wird er Präsident der Kaiser-Wilhelm-Gesellschaft. Am 26. April 1940 stirbt er in Heidelberg.

C. Bosch, für die Ammoniaksynthese 1931 mit dem Nobelpreis geehrt

Der deutsche Chemiker und Nobelpreisträger von 1918 Fritz Haber

Goddard beschreibt Raketentriebwerke

28. Dezember 1909. An der Clark Universität im US-Bundesstaat Massachusetts veröffentlicht der Physiker und Ingenieur Robert Hutchins Goddard die ersten theoretischen Arbeiten über Raketentriebwerke.

Der später als »Vater der Rakete« bezeichnete Goddard publiziert 26 von ihm erdachte Methoden zum Raumflug, darunter Modelle für verschiedene Flüssigtreibstoffraketen mit Treibstoffgemischen wie Flüssigwasserstoff und Flüssigsauerstoff, Stickstofftetroxid und Äthan, Systeme zur Kühlung der Düse und Entwürfe für mehrstufige Raketen. Wenig später plant er Solarenergietriebwerke, Weltraumkameras, automatische Steuerungen, Mondfahrt- und schließlich auch Planetenlandemanöver.

Goddards Interesse an der Raumfahrt weckten schon 1898 utopische Fortsetzungsgeschichten in der »Boston Post«, darunter der Roman »Krieg der Welten« von Herbert George Wells. Am 19. Oktober 1899 entschied die mathematisch-physikalische Erkenntnis, daß es möglich sei, auf den Mars zu fliegen, seine ganze weitere Laufbahn.

Londoner Theater führt Farbfilme vor

1909. Im Londoner Varietétheater »Palace« werden erstmals nach dem »Kinemacolor«-Verfahren gedrehte Spielfilme in Farbe gezeigt. Den Prozeß erfand bereits 1906 der Fotograf George Albert Smith.

Der Wunsch, Kinofilme in Farbe vorführen zu können, führte zunächst zur mühsamen Handkolorierung von Schwarzweißfilmen. Smith nimmt die Bilder dagegen bereits mit Farbfiltern auf. Er arbeitet aber aus technischen Gründen nur mit zwei Farben, die er additiv mischt. Er belichtet den Film durch ein rotierendes Rot-Grün-Filter und arbeitet bei der Vorführung ebenfalls mit einem entsprechenden Projektor, vor dessen Optik ein Rotor abwechselnd ein rotes und ein grünes Filter bewegt. Auf diese Weise läßt sich wie bisher normales Schwarzweiß-Filmmaterial verwenden, das allerdings abwechselnd nur die jeweiligen Farbauszüge aufzeichnet und bei der Wiedergabe zeigt.

Neu im Haushalt: Toaster und Filter

1909. In den USA bringt die General Electric Company den elektrischen Toaster auf den Markt. Das neue Elektrogerät besteht aus einer Platte, in die blanke, um Glimmerstreifen gewickelte Heizdrähte integriert sind, die durch den elektrischen Strom zur Rotglut gebracht werden. Die Brotscheiben werden nur einseitig geröstet, müssen deshalb also nach der halben Röstzeit von Hand gewendet werden.

Eine weitere Haushaltsneuheit kommt – schon 1908 erfunden – in Deutschland auf den Markt: Das Papierkaffeefilter. Das Patent hält die Dresdner Hausfrau Melitta Bentz.

Das erste Kaffeefilter mit Papiereinsatz, erfunden von der Dresdner Hausfrau Melitta Bentz; die Idee stammt schon aus dem Jahr 1784

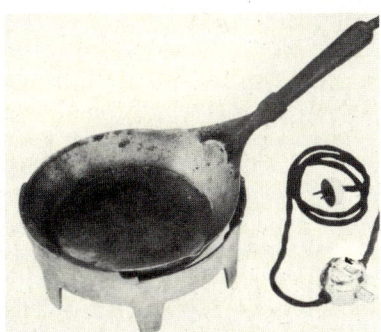

In den Vereinigten Staaten 1911 auf dem Markt: Elektrisch beheizbare Bratpfanne von der Firma Westinghouse mit Stromkabel und Schalter

Das Problem, den Kaffeesatz und die Aromastoffe voneinander zu trennen, beschäftigte seit langem ein Heer von Kaffeefreunden in aller Welt. Alle herkömmlichen Filter nahmen dem Kaffee entweder das Aroma, hielten nur einen Teil des Satzes zurück oder gaben selbst Geschmacksstoffe ab.

Erfinder Hermann Hollerith

Lochkartenanlage aus dem Jahr 1911 bei den Bayer-Werken in Leverkusen

Von der Lochkarte zur Datenverarbeitung

1909. Die Vorbereitungen für die Einrichtung von Hollerith-Zählanlagen (→ 1886; 1890) für die deutsche Volkszählung von 1910 laufen auf vollen Touren. Zugleich stellen sich auch schon erste Industriegroßunternehmen auf Lochkarten-Datenverarbeitungsanlagen ein. Eine erste Großanlage dieser Art geht 1911 bei der Farbenfabrik Bayer in Leverkusen in Betrieb.

Eine Lochkartenanlage besteht in ihrer Grundausstattung aus Kartenlocher, Kartenprüfer, Sortiermaschine und Tabelliermaschine. Auf dem Locher werden die Daten manuell gelocht. Zur Kontrolle wird die Lochkarte in den Kartenprüfer eingelegt. Man tastet dieselben Daten nochmals ein und prüft, ob die Lochungen mit den neuen Angaben übereinstimmen. Die Sortiermaschine besteht aus einer Abfühlstation und meist 13 Ablagefächern, zwölf für die Lochungen in einer Spalte und eines für ungelochte Spalten. Eine Abfühlbürste in der Abfühlstation wird auf die zu sortierende Spalte gestellt. Sie bewirkt die Ablage der Karten in die ihrer Lochung entsprechenden Fächer. Bei mehrstelligen Sortierbegriffen (z. B. Kontonummern oder Jahrgängen) sind mehrere Sortierdurchläufe erforderlich.

Die Tabelliermaschine ist im Prinzip ein Räderaddierwerk mit mehrstelliger elektromagnetischer Anzeige. Später kommt noch ein Schreibwerk hinzu. Die weitere Entwicklung der Anlage bringt bald zahlreiche Ergänzungsmaschinen wie Mischer, Summenstanzer, Rechenlocher und Rechenwerke hervor.

Erste elektrische Lochkartenapparatur mit Zählwerken (eines für jede Lochspalte), Einstempellocher, Kontaktpresse und Sortierkasten

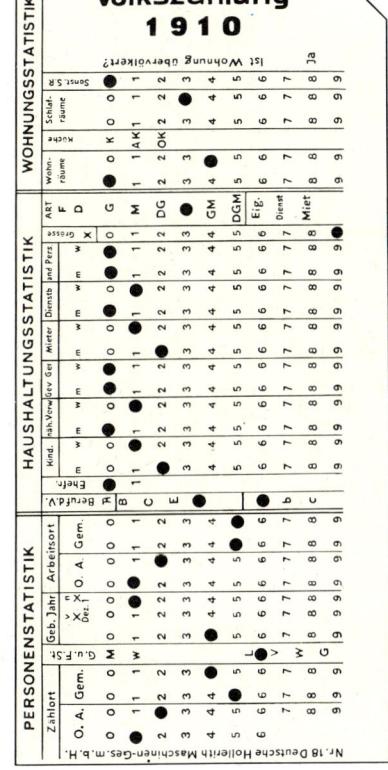

Lochkarte für die Auswertung der deutschen Volkszählung von 1910

Turbinenfabrik: Steinfassade mit Stahlskelett

1909. *Der Architekt Peter Behrens stellt in Berlin für die Turbinenfabrik der Firma AEG eine neue Maschinenhalle (Abb.) fertig, die ein Musterbeispiel für die Welle konstruktiver Neuerungen im Ingenieurbau zu Beginn des 20. Jahrhunderts darstellt.*

Die Konstruktion, unter deren Steinfassade sich ein gewaltiges Eisenskelett (Stahlgelenkbinder-Konstruktion) verbirgt, wurde statisch von Oskar Lasche, dem Direktor der Turbinenfabrik, berechnet. Am architektonischen Entwurf sind als Berater Baumeister von Weltrang beteiligt: Ludwig Mies van der Rohe, Walter Gropius und Le Corbusier.

Selbstwählfernmeldeamt

1909. Die beiden ersten deutschen Selbstwählfernmeldeämter nehmen ihren Betrieb auf. Eine Anlage für Ortsgespräche wird in Hildesheim eingeweiht, ein Großstadt-Fernsprechamt für die automatische Vermittlung von zunächst 2500 Teilnehmern in München-Schwabing.

Das Strowger-System (→ 1889), das noch immer Kinderkrankheiten zeigt, eignete sich nicht ohne weiteres für eine breite Einführung in Deutschland. Die Berliner Firma Siemens & Halske verbesserte dieses System für automatische Telefonvermittlung entscheidend. Das Zentralbatterieamt in München leitet die Automatisierung im Fernsprechverkehr Europas ein.

Erstes Selbstanschluß-Großstadt-Fernsprechamt in München-Schwabing

1910

Der aus Wien stammende Physiker Robert von Lieben versieht seine 1906 entwickelte Quecksilberdampf-Röhre mit einem Gitter. Die Lieben-Röhre wird Grundlage der Funkempfänger (→ 1906).

Der britische Physiker Ernest Rutherford entdeckt den Atomkern und das Proton. →

Viktor Kaplan, ein Ingenieur aus Österreich, erfindet die nach ihm benannte Turbine.

Charles Franklin Kettering, ein Ingenieur aus Ohio, erfindet den elektrischen Starter.

Hugo Junkers erhält ein erstes Patent auf Nur-Flügel-Flugzeuge (→ März 1910).

Edmund Rumpler baut in Berlin sein berühmtes Flugzeug »Taube« (→ März 1910).

Die Firma Bayer stellt den ersten großtechnisch produzierbaren Synthese-Kautschuk, »Methylkautschuk«, her.

Der Rotationstiefdruck findet zunehmende Verbreitung (→ um 1910).

März. In London findet die erste große Luftfahrtausstellung statt. Sie dokumentiert den Fortschritt in der Flugzeugentwicklung. →

16. 3. Der »Blitzen-Benz«-Rennwagen erreicht als schnellstes Fahrzeug der Welt 228,1 km/h. →

12. 11. Der US-Pilot Eugene B. Ely startet mit einem Doppeldecker erstmals von Bord eines Schiffes aus (→ März 1910; 18. 1. 1911).

GESTORBEN:

17. 1. Marburg: Friedrich Wilhelm Georg Kohlrausch (* 14. 10. 1840, Rinteln), deutscher Physiker.

27. 5. Baden Baden: Robert Koch (* 11. 12. 1843, Clausthal/Harz), deutscher Bakteriologe.

4. 7. Mailand: Giovanni Virginio Schiaparelli (* 14. 3. 1835, Savigliano), italienischer Astronom.

GEBOREN:

9. 2. Paris: Jacques Lucien Monod († 31. 5. 1976, Cannes), französischer Biochemiker.

13. 2. London: William Bradford Shockley, US-amerikanischer Physiker.

1. 3. London: Archer John Porter Martin, britischer Chemiker.

11. 6. Saint-André: Jacques Cousteau, französischer Meeresforscher.

19. 6. Sterling/Illinois: Paul John Flory, US-amerikanischer Chemiker.

22. 6. Berlin: Konrad Zuse, deutscher Ingenieur und Industrieller.

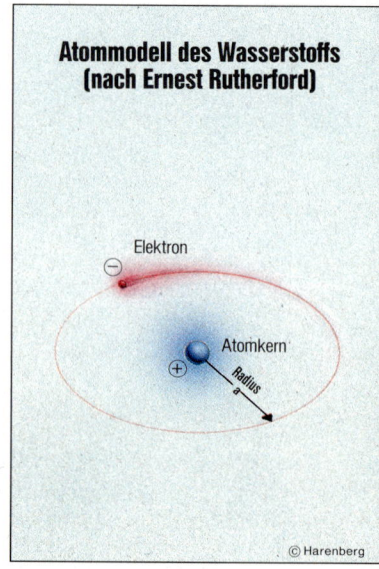

Atommodell des Wasserstoffs (nach Ernest Rutherford)

© Harenberg

Rutherford entdeckt Proton als Atomkern

1910. Der britische Physiker Ernest Rutherford beschäftigt sich seit mehreren Jahren mit der Alpha-Strahlung (→ 1902). Er findet dabei heraus, daß die Alpha-Teilchen ihrer Elektronen beraubte Heliumatome sind. Die einfachsten positiven Strahlen, so schließt er aus dem Periodensystem der Elemente (→ 1869), müßten infolgedessen aus Wasserstoffkernen bestehen. Er nennt diese geforderten Partikel Protonen.

E. Rutherford

Rutherford beschoß dünne Goldfolien mit Alpha-Strahlen. Die meisten Alpha-Teilchen flogen glatt hindurch, einige wenige aber wurden unter großen Ablenkwinkeln hart gestreut. Rutherford beschreibt dieses Phänomen als »fast so unglaublich, als würden Sie eine 15-Zoll-Granate auf ein Stück Papiergewebe feuern und sie käme zurück und würde Sie treffen.« Er schloß daraus, daß irgendwo im Atom ein massiver positiv geladener Bereich sein müsse. Rutherford entwickelt ein Atommodell, nach dem jedes Atom in seinem Zentrum einen winzigen positiv geladenen Kern besitzt, der alle Protonen des Atoms und damit fast die gesamte Atommasse zusammenfaßt. In den äußeren Regionen bewegen sich danach nur sehr leichte Elektronen (→ 1928).

Qualität durch Tiefdruck

Um 1910. Der Rotationstiefdruck setzt sich durch, nun vor allem auch beim Bedrucken von Verpackungsmaterial. Seit längerem schon drucken die großen Zeitungen mit dieser Technik ihre Bildbeilagen.

Der Schriftsatz favorisierte seit Johannes Gutenbergs Zeiten (→ 3. 2. 1468) den Druck mit erhabenen Druckformen. Einen weiteren Aufschwung erhielt der Hochdruck durch die Linotypemaschine (→ 1884). Einzellettern für den Tiefdruck hat es dagegen nie gegeben. Dennoch ist die Tiefdruckmaschine sehr alt: Ein Engländer namens Thomas Bell erhielt schon 1783 ein Patent auf »eine neue, besondere und verbesserte Art und Weise für das Drucken von ein, zwei, drei,

vier, fünf und mehr Farben . . . auf Leinen oder auf irgendeine andere Ware . . .« Die Bell-Maschine enthielt bereits alle Elemente der späteren Rotationstiefdruckmaschinen: Die Druckform war ein Zylinder, die Druckvorlage eine endlose Bahn, ein Farbschiff trug die dünnflüssige Farbe auf, und ein hin- und herbewegtes »Rakel« streifte die überschüssige Farbe ab. Die Druckunterlage war ein Eisenkern mit auswechselbarem Kupferüberzug. Gebaut wurde eine erste derartige Maschine um 1847, fast zur gleichen Zeit wie die erste Rotationshochdruckmaschine (→ 1846) für den Stoffdruck. 1860 wurde erstmals eine Tiefdruckmaschine für Papierdruck patentiert. Der Franzose Auguste Godchaux druckte damit liniierte Schulhefte.

Wahrscheinlich haben diese frühen Tiefdruckrotationsmaschinen sogar die Entwicklung der Hochdruckmaschine beeinflußt. Trotzdem konnten sie sich lange nicht richtig durchsetzen, denn Text ließ sich leichter setzen als seitenweise gravieren. Erst jetzt, mit dem rapide zunehmenden großtechnischen Einsatz fotografischer Verfahren, mit denen sich auf einfache Weise geätzte Tiefdruckplatten herstellen lassen, finden auch die Tiefdruckrotationsmaschinen mit ihren graphisch hochwertigen Produkten zunehmend Verbreitung.

»Illustrated London News« 1913, gedruckt in Rotationstiefdruck

Ansicht der Montagehalle für Rotationsdruckmaschinen im Werk Augsburg der deutschen Maschinenfabrik Augsburg-Nürnberg (MAN), um 1900

Autos für die Feuerwehr

Um 1910. In Europa und den USA kommen Feuerwehrspritzenwagen mit Benzinmotoren in Gebrauch. Noch 1906 hatte ein »Sachverständiger« geäußert, daß die Verwendung »benzingetriebener Explosionsmotoren einem automobilen Feuerwehrbetrieb für alle Zeiten entge-

gensteht«. 1907 wurde in Gaggenau die erste voll motorisierte Feuerlöschspritze von Daimler ausgeliefert. Auch die Spritze selbst wird vom Benzinmotor angetrieben. Das Fahrzeug bewährt sich ausgezeichnet. Schon wenige Jahre später setzt es sich allgemein durch.

Vollmotorisierte Feuerlöschspritze aus dem Daimler-Werk Gaggenau (1907)

Geschwindigkeitsrekord

16. 3. 1910. Der »Blitzen-Benz«-Rennwagen stellt mit 228,1 km/h in Daytona (USA) einen Geschwindigkeitsrekord auf. Selbst Schnellbahnen sind langsamer (→ 1903).

Die Firma Benz, die bisher niemals Wert auf Geschwindigkeitsrekorde gelegt hatte, mußte Anfang des 20. Jahrhunderts feststellen, daß sich für die Konkurrenz Rennsiege durch höhere Umsätze bezahlt machten. Sie entschloß sich deshalb, beim »Brüsseler Weltmeisterschafts-Geschwindigkeits-Meeting« von 1909 mit einem »Giganten« anzutreten. Unter Chefingenieur Hans Nibel baute sie den 1908 erstmals eingesetzten Rennwagen »Blitzen-Benz« um. Das Ergebnis ist ein Kraftprotz mit einem 200 PS starken 21,5-Liter-Vierzylindermotor. Die Zylinder haben 185 mm-Bohrun-

gen und 200 mm Kolbenhub. Der 1,2 t schwere Wagen war auf Anhieb 193,116 km/h schnell, schaffte bei einem zweiten Start im selben Jahr 202,653 km/h und verbessert seinen Schnitt schließlich mit Bob Burman aus den Vereinigten Staaten am Steuer auf 228,1 km/h.

Rekordrennwagen »Blitzen-Benz«

Bei seiner Überquerung des Ärmelkanals zwischen Dover und Calais am 25. Juli 1909 kreuzt Louis Blériot nahe der britischen Küste eine U-Boot-Gruppe

Von den Anfängen des Motorflugs zur ersten Luftfahrtschau

März 1910. Die »Society of Motor Manufacturers and Traders« und der Aero Club veranstalten in London die erste große Luftfahrtausstellung. Außerdem findet noch im gleichen Jahr auch in Paris eine Luftfahrtschau statt, veranstaltet von der »Locomotion Ariénne«. Beide Ausstellungen zeigen den beachtlichen Fortschritt in der Flugzeugentwicklung, seit am → 17. Dezember 1903 Orville Wright in den USA mit dem von seinem Bruder Wilbur und ihm selbst gebauten »Flyer 1« der erste voll gesteuerte Motorflug gelungen war.

1903 beschäftigte sich in den USA neben den Brüdern Wright auch der Astrophysiker Samuel Pierpoint Langley mit dem Motorflug. Sein »Aerodrome« zeichnete sich durch den ersten – von seinem Assistenten C. M. Manly gebauten – Sternmotor (52 PS, fünf Zylinder) aus. Zweimal versuchte Langley mit der 16,46 m langen Maschine den Potomac zu überfliegen, zweimal stürzte er in den Fluß, wobei die Maschinen zu Bruch gingen.

Einen kaum flugfähigen, aber in mancher Hinsicht richtungweisenden Eindecker baute der Neuseeländer Richard Pearse im Jahr 1904. Das Flugzeug besaß ein Schwenktriebwerk, eine Luftschraube mit verstellbarer Steigung, einen Heckmotor zum Drehmomentausgleich, Querruder, Nasenklappen und Radbremsen.

Dem ersten Flugzeug der Wrights von 1903 folgte 1905 der erfolgreichere, 388 kg schwere Doppeldekker »Flyer III«, ein Flugzeug, das sich mit einem 21-PS-Vierzylinderreihenmotor und zwei Propellern über 30 Minuten mit rund 50 km/h Reisegeschwindigkeit in der Luft halten konnte.

In Europa gab es noch 1908 nichts Vergleichbares. 1906 unternahm der Däne Jacob Ellehammer Versuche mit einem 180 kg schweren Anderthalbdecker-Flugzeug und erreichte eine Geschwindigkeit von 56 km/h. Die Sache hatte allerdings einen Haken: Von der kleinen Insel Lindholm, auf der er lebte, traute sich der Däne mit dem Flugzeug nicht fort. So flog er, an ein Seil gefesselt, im Kreis.

Ebenfalls 1906 unternahmen in Europa der Brasilianer Alberto Santos-Dumont (am 23. Oktober) und der Rumäne Traian Vuia – allerdings sehr kurze – Motorflüge.

Der Franzose Louis Blériot, der in seinem Flugzeug Nr. XI als erster den Ärmelkanal überquerte

Traian Vuia benutzte einen Kohlensäure-Gasmotor.

1907 baute der Franzose Louis Blériot u. a. eine moderne Eindecker-Zugpropellermaschine, machte mit ihr aber eine Bruchlandung; und sein Landsmann Henri Farman flog mit einem umgebauten Voisin-Doppeldecker 1 km weit.

1908 gingen dann – wenig erfolgreich – schon über ein Dutzend Flugzeuge auf Jungfernflug. Die Maschinen von Blériot, Santos-Dumont, Gabriel Voisin, Henri Farman und Alliot Verdon Roe aus dem folgenden Jahr schnitten schon wesentlich besser ab. Am 25. Juli 1909 gelang Louis Blériot mit seinem Modell XI erstmals die Überquerung des Ärmelkanals. Zwei Tage später erreichte Hubert Latham mit einer »Antoinette VII« die Rekordhöhe von 155 m.

Am 31. Dezember 1910 schließlich – die Zahl der Maschinen läßt sich kaum noch nennen – gelingt Samuel Franklin Cody der Flug von London nach Manchester (→ 18. 1. 1911; 1918).

Wilbur Wright demonstriert über dem Truppenübungsplatz von Auvours in Frankreich im August 1908 vor europäischen Militärs seinen Doppeldecker

Der brasilianische Flugzeugkonstrukteur Alberto Santos-Dumont, der ab 1906 mit selbstgebauten Maschinen seine ersten Motorflüge absolvierte

Sein Flugzeug »Numéro 14 bis« ließ Alberto Santos-Dumont von einem Ballon in die Luft heben, da ein eigener Start zunächst problematisch war

Das Flugzeug des Dänen Jacob Ellehammer, mit dem der Konstrukteur 1906 den ersten Motorflug in Europa unternahm – gefesselt an einem Seil

Der Beginn von Hubert Lathams gescheitertem Kanalflug: Die »Antoinette IV« verläßt am 19. Juli 1909 die französische Küste in Richtung England

Die Rumpler-»Taube« von 1911 ist einem tropischen Lianen-Flugsamen nachgebaut, an den der Konstrukteur einen Taubenschwanz ansetzte

Tunnel unterquert die Elbe in Hamburg

1911. Nach vierjähriger Bauzeit wird in Hamburg der 448,5 m lange Elbtunnel eröffnet. Er verbindet St. Pauli mit den auf einer Insel zwischen Süder- und Norderelbe liegenden Stadtteilen Veddel und Wilhelmsburg.

Der 1901 geplante Elbtunnel ist der erste Flußtunnel (→ 1842) Kontinentaleuropas und zugleich der erste Fahrstuhltunnel der Welt. Die beiden durch getrennte, je 6 m weite Röhren verlaufenden Fahrbahnen lassen sich nicht durch geneigte Fahrrampen, sondern nur durch vier Aufzüge und Treppenhäuser erreichen. Die Kapazität der Fahrstühle, die auch Lastwagen befördern, ist beachtlich. Sie sind in der Lage, pro Jahr rund 10 Millionen Fußgänger, etwa 2,5 Millionen Radfahrer, 500 000 Pkw und 100 000 Lkw zu befördern.

Der Bau des Tunnels war nicht allzu aufwendig: Die Kosten belaufen sich auf 10,7 Millionen Mark und liegen damit in derselben Größenordnung, wie die für das Hamburger Rathaus (10 Millionen). Die Tunneloberdecke liegt in der Mitte nur 6 m unter der Elbsohle. Weil das Flußbett der hier bei mittlerem Niedrigwasser immerhin noch 10 m tiefen Elbe vorwiegend aus losem Sand besteht, ließ sich der Bau nicht durch normales Vollschnittbohren ausführen. Man arbeitete im Schildvortrieb und mußte die Technik der Caisson-Bauweise, also der Druckluftschleuse, anwenden. Ohne diese Maßnahme wäre mit Lockermaterial- und besonders mit Sickerwassereinbrüchen zu rechnen gewesen. Die Caisson-Bauweise wurde zuerst für Brückengründungen 1778 von

dem britischen Ingenieur John Smeaton verwendet und 1831 von seinem Landsmann Lord Thomas Cochrane technisch verbessert. Für den Bau des Unterwassertunnels unter der Themse in London (1825 – 1843) ließ sie sich zunächst noch nicht einsetzen. In Deutschland bediente man sich des Druckschleusenverfahrens erstmals 1859 beim Bau der Rheinbrücke bei Kehl.

Der »Durchschlag des östlichen Elbtunnels« am 29. März 1910; vollausgebaut ist der berühmte Hamburger Tunnel unter der Elbe ein Jahr später

Hess entdeckt die Höhenstrahlung

1911. Der österreichische Physiker Victor Francis Hess entdeckt zusammen mit seinen deutschen Kollegen Werner Kolhörster und A. Gockel bei Ballonaufstiegen in 2000 und 5000 m Höhe die kosmische oder Höhenstrahlung. Hinweise auf ihre Existenz hatten schon 1899 die deutschen Physiker Julius Elster und Hans Geitel und 1900 Charles Thomson Rees Wilson bei Entladungsexperimenten gefunden.

Die kosmische Strahlung ist eine sehr energiereiche Strahlung aus dem Weltall, die aus allen Richtungen auf die Erdatmosphäre trifft. Zu etwa 85% besteht sie aus Protonen (Wasserstoffkernen), zu 14% aus Alpha-Teilchen (Heliumkernen) sowie aus schwereren Atomkernen (→ 1910). Daneben besitzt sie auch kleinere nukleare Partikel wie Elektronen (→ 1883) und eine Röntgen- (→ 1895) und Gammastrahlenkomponente (→ 1902).

Erstes Fernsehbild rein elektrisch

1911. Dem russischen Physiker Wladimir Kosma Zworykin, Assistent von Boris Rosing in St. Petersburg (→ 1906), gelingt erstmals die Übertragung eines Fernsehbildes mit ausschließlich elektrischen Geräten: Es zeigt vier weiße Bänder auf schwarzem Grund.

Boris Rosing, der grobe geometrische Muster mit der Braunschen Röhre übertrug, benötigte zu deren Abtastung noch ein rotierendes Spiegelrad. Doch schon 1908 schlug der schottische Röntgeningenieur A. A. Campbell Swinton ein rein elektronisches Fernsehsystem vor. In diese Richtung zielen Zworykins Versuche. Der Weltkrieg und die Revolution in Rußland 1917 unterbrechen seine Arbeiten. 1919 emigriert Zworykin in die USA, wo er → 1923 den ersten vollelektronischen Bildabtaster baut und damit die eigentliche Grundlage für das Fernsehen schafft.

Supraleitung wird wiederentdeckt

1911. Der niederländische Physiker Heike Kamerlingh Onnes entdeckt die Supraleitfähigkeit von Metallen in der Nähe des absoluten Temperaturnullpunkts (− 273,15°C) neu (→ 1885).

Kamerlingh Onnes verflüssigte Helium bei 4,2 Kelvin (− 268,95 °C). Dann versuchte er, es zu verfestigen, indem er den Raum oberhalb der Flüssigkeit luftleer pumpte. Dadurch senkte sich der Dampfdruck, und die Temperatur ging auf etwa 1 Kelvin zurück, also auf 1° über dem absoluten Nullpunkt. Das Helium wurde nicht fest, sondern noch dünnflüssiger! Es tritt eine »Superfluidität« ein. Mit dem flüssigen Helium kühlt der Holländer Metalle – zuerst Quecksilber – ab und stellt fest, daß deren elektrischer Widerstand dabei praktisch Null wird. Im Jahr 1933 gelingt der Nachweis, daß Supraleiter kein Magnetfeld besitzen (→ 1987).

Aufrüstung mit Riesengeschützen aus deutscher Produktion – Reichweiten von mehr als 100 km

Um 1911. *Im Vorfeld des Weltkriegs entwickelt die deutsche Schwerindustrie – allen voran die Essener Firma Krupp (Abb.: Panzerbearbeitungswerkstatt; Gemälde von Otto Bollhagen) – gewaltige Geschütze. Fernfeuerwaffen mit Reichweiten von 100 km und darüber werden jetzt erstmals einsetzbar: Moderne Nachrichtenmittel wie Funkgeräte und Telefon sowie Schall- und Lichtmeßverfahren und die Luftaufklärung durch die soeben entwickelten Flugzeuge ermöglichen genaue Zielfestsetzungen in derartig großen Distanzen. Krupp entwickelt u. a. ein Langrohrge-* *schütz, von dem 1918 fünf Exemplare vier Monate lang im Wechsel von Laon aus das 108 km entfernte Paris beschießen. Ihre mit Rohrartillerie nie wieder erreichte Schußweite von 120 km ergibt sich aus der hohen Mündungsgeschwindigkeit von 1600 m/s. Ebenfalls bei Krupp wird die »Dicke Bertha«, ein 42-cm-Mörser, entwickelt, der 1914 in Dienst gestellt wird und über eine bis dahin nicht erreichte Durchschlagskraft verfügt. Geschütze dieser Dimensionen besitzen auch technische Nachteile: Sie haben eine sehr geringe Schußfolge, und die Rohre verschleißen schnell.*

Ausschußeisen wird wiederverwendet

1911. Die 1876 gegründete Duisburger Kupferhütte nimmt einen Kupolofen in Betrieb, dessen Aufgabe nur darin besteht, Ausschußroheisen in eine verkaufsfähige Form umzuschmelzen. Damit macht das Unternehmen einen wesentlichen Schritt bei der Wiederverwendung von Rohstoffen.

Schon bei der Gründung des Unternehmens wurde Recycling als wesentliches Ziel definiert. Das Werk sollte die sogenannten Abbrände, Rückstände, die bei der Schwefelkiesröstung anfallen, aufarbeiten, um dadurch die Schwefelsäureproduktion zu verbilligen. Aus diesen Abbränden gewinnt die Hütte neben Eisen auch Kupfer, Zink und Blei und in kleineren Mengen Kobalt, Gold und Silber.

Fotografisch vermessen

1911. Der deutsche Physiker Carl Pulfrich nutzt fotografische Raumbilder zur Geländevermessung. Ein Verfahren, mit dem sich Fotografien maßstabsgetreu in unverzerrte Grund- und Aufrisse umsetzen lassen, entwickelte schon → 1864 der Franzose Aimé Laussedat. Nach den großen Fortschritten der Luftfahrt kann Pulfrich jetzt die Methode zur Landvermessung und Kartenherstellung einsetzen.

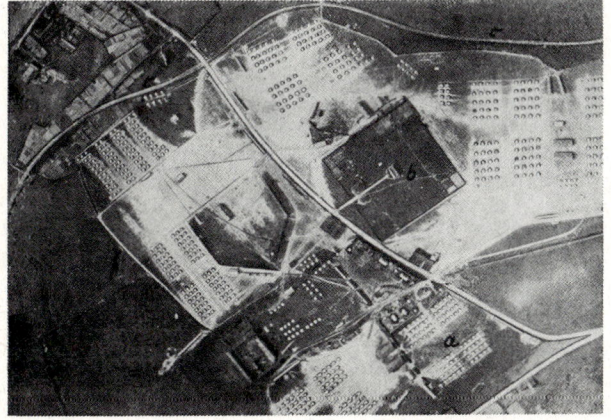

Wie gut sich Luftaufnahmen zum Anfertigen von geographischen Karten eignen, läßt dieses frühe militärische Aufklärungsfoto ahnen; es zeigt ein britisches Zeltlager (a: abgebrochene Zelte; b: Funkstation; c: Kleinbahn)

Rasche Fortschritte in der Luftfahrt

18. Januar 1911. Eugene B. Ely aus den USA gelingt mit seinem Curtiss-Doppeldecker als erstem die Landung auf dem Deck eines Schiffes. Weitere Pionierleistungen im Verlauf des Jahres machen den raschen Fortschritt in der Luftfahrt deutlich (→ 1910).

Am 18. Februar findet von Allahabad in Indien aus der erste offizielle Postflug der Welt statt. Am 12. April fliegt der Franzose Pierre Prier erstmals nonstop von London nach Paris. Am 18. Juni und 22. Juli werden die ersten großen nationalen und internationalen Luftrennen in Frankreich und England veranstaltet. Am 22. Oktober schließlich unternimmt der italienische Hauptmann Piazza den ersten militärischen Aufklärungsflug (→ 22. 8. 1849).

1912

Der schottische Physikprofessor Charles Thomson Rees Wilson erfindet die Nebelkammer. →

Eine der ersten automatischen Steuervorrichtungen (Autopilot) wird erfolgreich auf einem Curtiss-Flugboot eingesetzt. →

Unabhängig voneinander erfinden Lee De Forest, Irving Langmuir, Edwin Howard Armstrong und Alexander Meißner das System der elektronischen positiven Rückkopplung.

Der US-amerikanische Autoindustrielle Walter P. Chrysler führt die Lack-Einbrennkabine in der Fertigung ein.

Dem deutschen Chemiker Fritz Klatte gelingt in der Chemischen Fabrik Griesheim die erste technische Herstellung von PVC in Emulsion. →

Der Deutsche Max von Laue und andere Physiker entdecken die atomare Gitterstruktur.

Die Firma Krupp entwickelt in Essen nichtrostende, säure- und hitzebeständige Stahllegierungen. →

14./15. 4. Der aufgrund seiner Bauweise als unsinkbar geltende Passagierdampfer »Titanic« geht auf seiner Jungfernfahrt im Atlantik unter. Als Antwort auf diese Katastrophe entwickelt der deutsche Physiker Alexander Behm das Echolot. →

1. 8. Die Station Jungfraujoch der Jungfraujochbahn (3454 m Höhe) wird dem Betrieb übergeben.

September. Die Preußisch-Hessische Staatsbahn nimmt die erste Diesellokomotive in Betrieb. →

GESTORBEN:

30. 5. Dayton/Ohio: Wilbur Wright (* 16. 4. 1867, Millville/Indiana), US-amerikanischer Flugpionier.

17. 7. Paris: Jules Henri Poincaré (* 29. 4. 1854, Nancy), französischer Mathematiker.

GEBOREN:

23. 3. Wirsitz/Posen: Wernher Freiherr von Braun († 16. 6. 1977, Alexandria/Virginia), deutsch-US-amerikanischer Physiker.

19. 4. Ishpeming/Michigan: Glenn Theodore Seaborg, US-amerikanischer Physiker.

25. 5. London: Herbert Charles Brown, US-amerikanischer Chemiker.

28. 6. Kiel: Carl Friedrich von Weizsäcker, deutscher Physiker und Philosoph.

30. 8. Taylorville/Illinois: Edward Mills Purcell, US-amerikanischer Physiker.

30. 6. Schwerin: Ludwig Bölkow, deutscher Flugzeugbauer.

Ein Fenster zur Welt der Atome

1912. Der schottische Physiker Charles Thomson Rees Wilson erfindet die Nebelkammer. Er beobachtet, daß radioaktive Strahlung in seiner Nebelkammer regelrechte Tröpfchenketten erzeugt: Spuren geladener Elementarteilchen.

1894 beobachtete der Sohn eines Schafzüchters Sonnenstrahlen in den Wolken am Gipfel des höchsten schottischen Bergs, des Ben Nevis. Er begann im Cavendish Laboratorium Experimente mit künstlichem Nebel durchzuführen, der aus Wasserdampf an Staubteilchen kondensierte. Wilson fand heraus, daß in staubfreier Luft Ionen zur Tröpfchenbildung führen. Nach der Entdeckung der Röntgenstrahlen (→ 8. 11. 1896) schickte er diese durch reinen Wasserdampf und erhielt ebenfalls Kondensationseffekte.

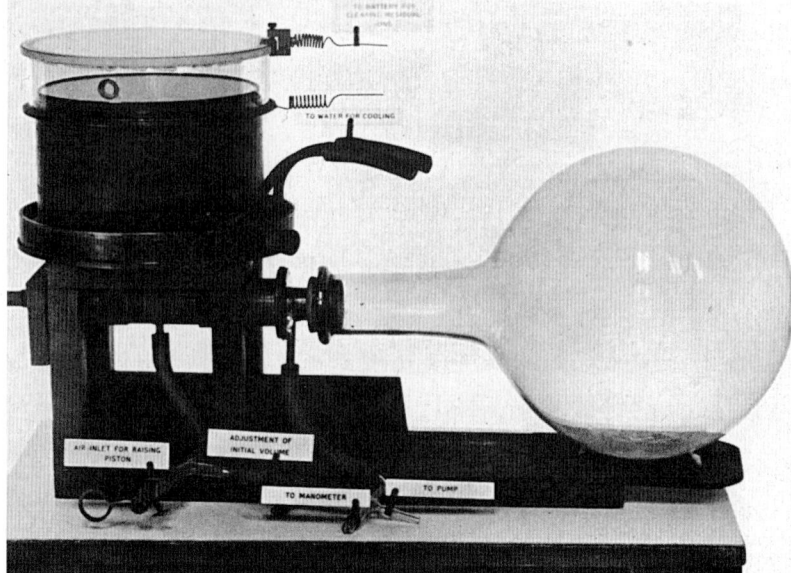

Nach Wilsons Entwurf 1911 im Cavendish-Laboratorium hergestellte Nebelkammer; die Beobachtungskammer ist der Topf (l. oben), der bei Betrieb geschlossen ist; durch eine Vakuumpumpe (Anschluß M. unten) läßt er sich evakuieren; störende Rest-Ionen in seinem Innern werden elektrostatisch (Stromanschlüsse am Topf) abgefangen; durch den Topfboden läuft Kühlwasser

Erste Lokomotive mit einem Dieselmotor

September 1912. Die Preußisch-Hessische Staatsbahn nimmt die erste Diesellokomotive in Betrieb. Schon während der Entwicklung seines Motors (→ 1892) dachte Rudolf Diesel daran, Lokomotiven mit diesem Antrieb auszustatten. Aber erst 1906 begann er mit systematischen Vorarbeiten. 1907 gründete er zusammen mit dem deutschen Eisenbahningenieur Adolf Klose und der Maschinenfabrik Gebrüder Sulzer in Winterthur die »Gesellschaft für Thermo-Lokomotiven«. Das Unternehmen entwickelte zunächst auf dem Papier eine 1500-PS-Diesellokomotive. 1909 erhielt es einen Auftrag von den Preußischen Staatseisenbahnen, für die Diesels Gesellschaft zusammen mit dem Lokomotivhersteller Borsig in Berlin die erste 1000-PS-Großdiesellok baut.

Die Maschine unternimmt zunächst einige Probefahrten, bei denen sich das Kühlsystem als Schwachpunkt erweist (→ 1929).

Die erste je gebaute Diesellokomotive bei Probefahrten im Jahre 1913; der Vierzylindermotor leistet 1000 PS

Schiffskatastrophe fordert neue Sicherheitsmaßstäbe

14./15. April 1912. Auf ihrer Jungfernfahrt von Southampton (England) nach New York sinkt die »Titanic«, das bisher größte und luxuriöseste Passagierschiff der Welt. Nach einer Kollision gegen 23.40 Uhr mit einem Eisberg südlich der Großen Neufundlandbank geht der Dampfer um 2.20 Uhr im Atlantik unter. 1503 Menschen (von 1308 Passagieren und 898 Mann Besatzung) finden den Tod.

Erste Konsequenz: Das Echolot

Unmittelbar nach dem Untergang der »Titanic« schlägt der englische Physiker Lewis Fry Richardson vor, Eisberge im Dunkeln oder im Nebel durch das Echo aufzuspüren, das sie zurückwerfen. US-amerikanische Radiotechniker entwickeln entsprechende Geräte noch 1912. Ebenfalls in diesem Jahr erfindet der deutsche Physiker Alexander Behm das Echolot, das vom Schiff aus Schallwellen nach unten zum Meeresboden sendet. Aus deren Echolaufzeit läßt sich die Wassertiefe berechnen.

Kurz vor der Kollision meldet der Mastausguck der »Titanic«: »Eisberg voraus«. Das trotz vorheriger Eiswarnungen unter Volldampf voraus fahrende Schiff wendet hart nach Backbord. Der Bug dreht am Eisberg vorbei, die Flanke der »Titanic« aber wird auf 90 m Länge aufgeschlitzt. Sechs der wasserdichten Abteilungen werden aufgerissen. Fünf Minuten nach Mitternacht werden die ersten Rettungsboote klargemacht. Die Anzahl der Rettungsboote erweist sich selbst für das nur mit 1308 statt 2603 möglichen Passagieren besetzte Schiff als wesentlich zu gering. Die Katastrophe ist auf menschliches Versagen zurückzuführen und zwingt zum Überdenken der Sicherheitstechnik in der Passagierschiffahrt. Die »Titanic« galt als unsinkbar. Sie hatte über die gesamte Länge einen Doppelboden, vorne ein massives Kollisionsschott und dahinter 16 wasserdichte Abteilungen. Fünf davon konnten im Falle einer Havarie vollaufen, ohne daß das Schiff sank. Offenbar nahmen die verantwortlichen Besatzungsmitglieder die Eisberggefahr deshalb nicht ernst.

Die letzten dramatischen Minuten des Untergangs der »Titanic« (kolorierte Zeichnung des Malers Willy Stöwer)

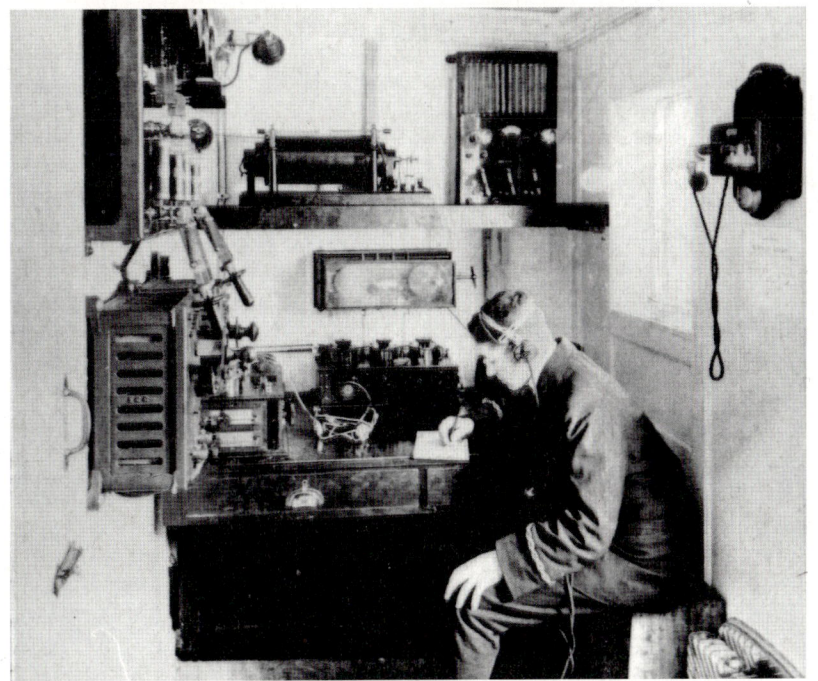

Der Funkraum eines Transatlantik-Linienschiffs zu Beginn des 20. Jahrhunderts; er gleicht weitgehend der Funkerkabine an Bord der »Titanic«

Die »Titanic« – das bisher größte Schiff

Die 46 329 BRT große »Titanic« wurde von der irischen Werft Harland & Wolff als zweites von drei Schwesterschiffen gebaut. Sie lief am 31. Mai 1911 vom Stapel und wurde am 2. April 1912 ausgeliefert. Der Luxusliner war mit 268,98 m Länge und 28,19 m Breite das größte Schiff der Welt und bot 2603 Passagieren Platz.

Angetrieben wurde die »Titanic« von drei Schrauben mit zusammen 51 000 PS Leistung. Sie war etwa 23 Knoten schnell und damit nicht das schnellste Schiff der Welt.

57 Millionäre waren an Bord. In den Tresoren der »Titanic« liegen Diamanten im Wert von über 500 Millionen Mark.

1912

Polyvinylchlorid in Deutschland erzeugt

1912. Die deutschen Chemiker Fritz Klatte und Zacharias melden ein Patent auf ein Verfahren zur Herstellung des Kunststoffs Polyvinylchlorid (PVC) an.

1835 war dem Franzosen Henri Victor Regnault bei Experimenten mit Acetylen (→ 1862) die Erzeugung von Vinylchlorid gelungen. Die deutschen Wissenschaftler erkennen, daß sich daraus durch Polymerisation ein fester Kunststoff gewinnen läßt. Das PVC ist hart, brüchig und schwer zu formen. Zu einem vielseitigen Kunststoff wird es erst 1943 unter Zusatz von Weichmachern (→ 1935).

Neue nichtrostende Stähle entwickelt

1912. Die Firma Krupp in Essen entwickelt in ihren Labors neue nichtrostende, säure- und hitzebeständige Chrom-Nickel-Stähle, die unter Patentschutz gestellt werden. Die Markenbezeichnungen sind »Nirosta«, »VA«, »V2A« und »V4A«. Die neuen Stahllegierungen finden rasch Verwendung vor allem bei der Herstellung von chemischen Laborgeräten, von Kochgeschirr und anderem Haushaltsgerät.

1913 entwickelt auch der britische Metallurg Henry Brearly nichtrostende Chromstähle.

Flugzeug fliegt mit einem Autopiloten

1912. Der US-amerikanische Ingenieur Elmer Ambrose Sperry erfindet eine der ersten automatischen Steuervorrichtungen (Autopilot) für Flugzeuge. Sie wird auf einem Curtiss-Flugboot erprobt.

Der Autopilot ist ein kardanisch aufgehängter Stabilisierungskreisel. Ändert die Maschine ihre Schräglage, ihre Neigung oder Flugrichtung, so verschiebt sich die Drehebene des Kreisels gegenüber dessen Gehäuse. Durch die Abweichung werden Steuervorgänge ausgelöst, die das Flugzeug so bewegen, daß der alte Zustand wieder hergestellt wird.

Nach demselben Prinzip entwickelt die Sperry Gyroscope Company 1915 unbemannte, über Funk ferngesteuerte Bombenflugzeuge.

388

1913

In Berlin wird mit dem Bau der AVUS begonnen. Die Betonstraße wird zum Vorbild des späteren Autobahnnetzes in Deutschland. →

Irving Langmuir, Physikochemiker aus Brooklyn, füllt Glühbirnen mit Stickstoff und Argon als Schutzgase.

Der dänische Physiker Niels Hendrik David Bohr entwickelt ein neues Atommodell. →

Der englische Metallurg Henry Brearley entdeckt, daß Stahl durch einen Chromzusatz nichtrostend wird (→ 1912).

Henry Ford, Autokonstrukteur und Gründer der Ford Motor Company, führt in seiner Automobilfabrik in Detroit das Montagefließband ein. →

Der Physiker Alexander Meißner erfindet den Röhrensender mit Rückkopplung. →

Der französische Ingenieur René Lorin erhält ein Patent auf den ersten Düsenmotor.

Der belgische Chemiker A. Reychler erfindet die Chemiewaschmittel. →

Frederick Soddy, Chemieprofessor in Oxford, prägt den Begriff »Isotopen«. Damit bezeichnet man die verschiedenen Atomarten eines chemischen Elements.

Der deutsche Chemiker Friedrich Bergius entwickelt ein Verfahren zur Kohlehydrierung. →

Das erste viermotorige Flugzeug, die »Russki Witjas« des russischen Konstrukteurs Igor Sikorski, absolviert seinen Jungfernflug.

Dem US-Chemiker William Merriam Burton von der Standard Oil Co. gelingt das erste Kracken von Rohöl durch Hitze und Druck (→ 1890).

Die Firma Lagonda baut in Großbritannien erstmals Personenkraftwagen mit selbsttragender Karosserie. →

William David Coolidge, ein US-amerikanischer Physiker, erfindet die Vakuum-Röntgenröhre.

Ernst Leitz, ein deutscher Mechaniker und Optiker, entwickelt das Stereo-Mikroskop.

Der deutsche Physiker Wolfgang Gaede erfindet die Diffusions-Vakuumpumpe.

GESTORBEN:
29. 9. Im Ärmelkanal: Rudolf Christian Karl Diesel (* 18. 3. 1858, Paris), deutscher Ingenieur und Erfinder.

GEBOREN:
12. 7. Los Angeles: Willis Eugene Lamb, US-amerikanischer Physiker.

4. 9. Chicago: Stanford Moore († 23. 8. 1982, New York), US-amerikanischer Biochemiker.

Automobil-Übungsstraße

1913. Im Grunewald bei Berlin beginnen die Bauarbeiten an der »Automobil-Verkehrs-und-Übungs-Straße«, kurz AVUS genannt.

Nachdem der schrullige englische Multimillionär und Architekt Hugh Fortescue Locke-King in Italien ein großes Straßenrennen verpaßte, weil er zu spät zu der Veranstaltung erschien, ließ er 1906/07 in unmittelbarer Nähe seines Landsitzes südwestlich von London den 4,3 km langen Brooklands Motor Course, die erste Autorennbahn, bauen. Dort konnten die Briten nicht nur Rennen abhalten, sondern auch ihre Fahrer trainieren. Der deutsche Kaiser Wilhelm II. will seinem Reich eine ähnliche Anlage bescheren. Planungen für Deutschlands erste Autobahn beginnen 1909.

Der durch den Krieg unterbrochene Bau wird erst Ende 1920 vollendet. Offizielle Einweihung ist am 19. September 1921. Mit 19,6 km Länge wird die zweimal 8 m breite Rennpiste mit ihrem 25 cm dicken Belag, die zu Kriegsbeginn fast fertig ist, zum Vorbild aller Autobahnen und Highways. Kreuzungsfrei und mit einem 8 m breiten grünen Mittelstreifen zieht sie sich durch den Grunewald. Ihrer Zeit voraus sind auch die Begleiterscheinungen beim AVUS-Bau: Umweltschützer protestieren gegen die Rodungen.

Südschleife der AVUS-Autobahn im Grunewald während der Bauarbeiten

Verbesserungen am Auto

1913. In Großbritannien baut die Firma Lagonda erstmals Pkws mit selbsttragender Karosserie, die Firma Reo in den USA führt den Schalthebel zwischen den Vordersitzen ein, und ebenfalls in Amerika kommen seilzugbetätigte Fahrtrichtungsanzeiger auf.

Seit → 1901 brachte die Autoentwicklung zahlreiche neue Details: 1902 führte Renault die Trommelbremse ein, der Engländer Frederick William Lanchester erhielt ein Patent auf die Scheibenbremse. Robert Bosch verbesserte die 1860 von Étienne Lenoir erfundene Zündkerze. Truffault aus Paris führte den Reibungsstoßdämpfer ein. Maudslay in England brachte einen Motor mit einer obenliegenden Nockenwelle und Druckschmierung auf den Markt. 1903 bremste die niederländische Firma Spyker erstmals alle vier Räder eines Pkw. Ader baute in Paris den Achtzylinder-V-Motor. 1904 brachte Napier in England einen erfolgreichen Sechszylinder heraus. Sturtevant fertigte in den USA erste Dreigang-Automatikgetriebe. Die französische Firma Motobloc kombinierte Motor und Getriebe zu einer Einheit.

1907 ging bei Rolls-Royce der Silver Ghost in Fertigung.

Wagen mit Vorderrad-Einzelaufhängung, Zwölfzylindermotoren und Innenraumheizung kamen im Jahr → 1908 auf den Markt.

1909 führten die Blériot-Werke in Frankreich abblendbare Carbid-Autoscheinwerfer ein. Ab 1912 liefert die US-Firma Cadillac Serienfahrzeuge mit elektrischem Anlasser und elektrischer Beleuchtung.

Ford nimmt das erste Montagefließband in Betrieb

1913. Der US-Automobilfabrikant Henry Ford, der die Arbeitsgänge in seinem Detroiter Unternehmen schon seit Jahren zu vereinfachen sucht, führt das Montagefließband ein. Bänder laufen zwar schon seit Jahren im Großschlachthof von Chicago, aber Fords Fließband ist das erste in einem industriellen Montagebetrieb.

Fords Grundsätze für die Montage lauten: »1. Ordne Werkzeuge wie Arbeiter in der Folge der bevorstehenden Verrichtungen, so daß jedes Teil während des Prozesses der Zusammensetzung einen möglichst geringen Weg zurückzulegen hat.

2. Bediene dich der Gleitbahnen oder anderer Transportmittel, damit der Arbeiter nach vollendeter Verrichtung das Teil, an dem er gearbeitet hat, stets an den gleichen Fleck – der sich selbstverständlich an der handlichsten Stelle befinden muß – niederlegen kann. Wenn möglich nutze die Schwerkraft aus, um das betreffende Teil dem nächsten Arbeiter zuzuführen.

3. Bediene dich der Montagebahnen, um die zusammenzusetzenden Teile in handlichen Zwischenräumen an- und abfahren zu lassen.«

Diese einfachen Regeln schalten den größten Teil an Leerlauf und unproduktiver Arbeit – das Überlegen, was als nächstes zu tun ist oder das Suchen und Heranholen von Material und Werkzeugen – aus. Zugleich wird teures Fachpersonal entlastet, andererseits werden auf diese Weise Arbeitsplätze für Ungelernte geschaffen.

Die Folgen der Fließbandeinführung beeindrucken: Montierte noch 1912 ein einziger Arbeiter einen Schwungradmagneten in rund 20 Minuten, so teilt jetzt eine bewegliche Montagebahn diesen Prozeß auf 29 verschiedene Arbeitsplätze auf. Die Zeit für den Zusammenbau sinkt damit auf 13 Minuten 10 Sekunden und später durch Höherlegen des Bandes sogar auf nur 5 Minuten. Das Zerlegen der Motormontage in 48 Arbeitsgänge verringert die Zeit auf ein Drittel. Beim Zusammenbau des Chassis reduziert sich die Montagezeit von durchschnittlich 12 Stunden 8 Minuten auf nur 1 Stunde 33 Minuten.

Ford überfordert die Arbeiter dabei nicht. Für jedes Fließband ermittelt er das optimale Lauftempo sehr sorgfältig.

Sofort lieferbar!

Ford-Tourenwagen
4 Zylinder, 20 HP, komplett...... **Mark 3975.—**
Bester Wagen für schlechteste Wege! (Zoll und Fracht Mark 210.— extra.)

△ Ford-Automobilwerbung aus dem »Weltspiegel«, Jahrgang 1912; vorgestellt wird der Ford-Tourenwagen mit einer 20 PS starken Vierzylindermaschine; auf den 70 bis 75 km/h schnellen Wagen gibt der Hersteller volle fünf Jahre Garantie

◁ Im Rahmen der Fertigung des Typs »Stuttgart« werden im Daimler-Werk Untertürkheim Montagekarren eingesetzt, Vorläufer des Fließbandes; allerdings kennt man hier noch nicht die Rationalisierung und hohe Arbeitsteilung, wie sie in den Vereinigten Staaten – vor allem bei Ford – praktiziert werden

▽ Endmontage von Personenwagen des Modells »T« im Betrieb Highland Park (Detroit, USA) bei Ford; die beiden großen Baueinheiten (Chassis und Karosserie) kommen zusammen

Die Produktions-Philosophie Henry Fords

Erklärtes Ziel des Automobilindustriellen Henry Ford ist es, die Menschen durch Mechanisierung und sinnvolle Organisation der Arbeitsabläufe von unnötig harter Arbeit zu befreien, zugleich durch höhere Produktivität ihre Einnahmen zu steigern und schließlich, durch Ankurbeln der Wirtschaft über niedrige Produktpreise, die Armut und die Massenarbeitslosigkeit einzudämmen. Als einziges legitimes Ziel der Arbeit betrachtet Ford die Produktion.

In der Praxis führt Fords Credo zu einer Reihe scheinbar widersprüchlicher Forderungen: Er will die Produkte verbessern und dadurch zu geringeren Fertigungszeiten kommen. Das heißt, daß sich ein Produkt um so rationeller herstellen läßt, je ausgereifter sein technisches Konzept ist.

Ford will die Produktpreise senken und dadurch höhere Löhne ermöglichen. Geringe Preise erhöhen den Umsatz. Das führt zu größeren Gewinnen und erlaubt höhere Löhne. Damit wächst die Kaufkraft, was dem Umsatz erneut zugute kommt. Mengenfertigung schließlich ermöglicht eine wirtschaftlichere Herstellung, und wieder sinken die Produktpreise, und die Löhne können nach Fords Vorstellung aufgrund höherer Gewinne steigen.

Ford will menschliche Arbeit durch Maschinenarbeit ersetzen und dadurch nach oben beschriebenem Muster die Arbeitslosigkeit abbauen. Rationellere Fertigungsmethoden kommen dem Unternehmen zugute. Es wird expandieren, und die Folge ist eine Fülle neuer Arbeitsplätze.

Ford fordert weitgehende Reinvestition der Gewinne und dadurch höhere Gewinnausschüttungen. Auf ein Wort reduziert heißt Fords Philosophie: Wachstum. Ford fordert größtmögliche Lebensdauer der Produkte und dadurch erhöhten Absatz. »Du sollst die Konkurrenz nicht beachten«, formuliert er dieses Prinzip anders.

Da er Monopole als unsittliche Erpressung des Kunden verabscheut, ist es sein Grundsatz, eine marktbeherrschende Position nicht auszunutzen und damit die Käufer an sich zu binden.

»... das Produkt bezahlt die Löhne, und die Leitung organisiert ...«

In seinen Memoiren faßt Ford zentrale Gedanken zusammen: »Wir müssen die Ungleichheit der menschlichen Begabung als Voraussetzung anerkennen. Wenn jede Verrichtung unseres Betriebes Können erforderte, wäre unser Betrieb niemals zustandegekommen. Geschulte Arbeiter hätten sich in den Mengen, wie wir sie dann benötigt hätten, nicht in hundert Jahren heranziehen lassen. Zwei Millionen gelernter Arbeiter wären außerstande, mit der Hand auch nur annähernd unsere tägliche Produktionsmenge zu schaffen. Keiner vermöchte außerdem eine Million Mann zu dirigieren. Wichtiger aber noch ist die Tatsache, daß die Produkte dieser Millionen isolierter Hände sich nie und nimmer zu einem der Kaufkraft entsprechenden Preise herstellen lassen würden. Aber selbst wenn es möglich wäre, eine derartige Massenanhäufung sich vorzustellen und eine richtige Anleitung und Zusammenarbeit zu erzielen, so bedenke man das Areal, das zu ihrer Aufnahme erforderlich wäre! Wie groß wäre allein die Anzahl, die nicht mit produktiver Arbeit, sondern ausschließlich damit beschäftigt wäre, die Produkte der anderen von einer Stelle zur anderen zu schaffen? Ich sehe keine Möglichkeit, unter solchen Verhältnissen den Betreffenden mehr als 10 bis 20 Cent Tageslohn zu zahlen – denn natürlich ist es in Wirklichkeit nicht der Arbeitgeber, der die Löhne zahlt ... Das Produkt bezahlt die Löhne, und die Leitung organisiert die Produktion so, daß das Produkt dazu imstande ist.«

Den Kritikern seiner Arbeitsmethoden entgegnet Ford: »Menschen mit, sagen wir, schöpferischer Begabung, denen infolgedessen jegliche Monotonie ein Greuel ist, neigen sehr leicht zu der Ansicht, daß ihre Mitmenschen ebenso ruhelos sind, und spenden ihr Mitgefühl ganz unnötigerweise dem Arbeiter, der tagaus, tagein fast die gleiche Verrichtung tut. ... Die erste Bedingung ist, daß kein Arbeiter in seiner Arbeit überstürzt werden darf, – jede erforderliche Sekunde wird ihm zugestanden, keine einzige darüber hinaus.« Und schließlich resümiert er beinahe überrascht: »Ich ahnte nicht ... daß eine so streng durchgeführte vielfältige Teilung möglich war; aber mit der wachsenden Produktion der vermehrten Abteilungen hörten wir auf, Automobile zu produzieren und wurden eine Fabrik zur Herstellung von Automobilteilen.«

Henry Ford und sein Sohn Edsel stellen sich im Erfolgsmodell »F«, das noch vor der großen Rationalisierung entstand, dem Fotografen (1904)

Röhrensender mit Rückkopplung (Schwingaudion) von A. Meißner

Röhrensender für verbesserten Funk

1913. Der in Wien geborene deutsche Physiker Alexander Meißner erfindet in Berlin den Röhrensender mit Rückkopplung, das »Schwingaudion«. Damit schafft er ein Prinzip der einfachen sauberen Überlagerung der Trägerfrequenz eines Senders mit der Sprechfrequenz. Er meldet das Verfahren 1914 zum Patent an. Später beanspruchen mehrere Erfinder die Idee eines nach diesem Prinzip arbeitenden Empfängers für sich: Der Deutsche Läut (1916), der Franzose Lucien Lévy (1917) und der britische Major Edwin Armstrong (1918).

Neues Atommodell von Niels Bohr

1913. Der dänische Physiker Niels Hendrik David Bohr entwickelt sein später berühmtes Atommodell. Erste Hinweise auf die Struktur des Atoms gab → 1910 der Engländer Ernest Rutherford. Bohr wendet die Quantentheorie (→ 1900) auf die Erklärung des Wasserstoffspektrums (→ 1827) an. Das führt ihn zu einem Schema für die Anordnung der Elektronen in Atomen: Sie rotieren danach in konzentrischen Kreisbahnen um den Atomkern. Springt ein Elektron durch äußere Energiezufuhr in eine energiereichere Kreisbahn, dann wird beim späteren Zurückfallen Überschußenergie frei, die das Atom als Energiequant abgibt.

Der Chemiker Friedrich Bergius, Erfinder der Kohleverflüssigung

Bergius gelingt die Kohleverflüssigung

1913. Der deutsche Chemiker Friedrich Bergius entwickelt ein erstes Verfahren zur Kohlehydrierung, also zur Gewinnung flüssiger Kohlenwasserstoffe aus Kohle und Wasserstoff. M. Pier bei der I.G. Farbenchemie bringt das Verfahren unter Verwendung von Katalysatoren zur technischen Reife.

Die Kohleverflüssigung liefert Leichtöle und vor allem Benzin. Nach dem Ersten Weltkrieg macht sie Deutschland weniger abhängig von Rohölimporten. Zwischen 1927 und 1945 arbeiten in Deutschland zwölf große Hydrierwerke.

Chemiewaschmittel viel besser als Seife

1913. Der belgische Chemiker A. Reychler erfindet die Chemiewaschmittel, die wesentlich gründlicher reinigen als Seife.

Diese Waschmittel enthalten Moleküle mit hydrophilen, also wasseranziehenden, und hydrophoben, wasserabstoßenden Atomgruppen. In den hydrophoben Bereichen setzen sich Fett und andere Schmutzpartikel fest. Die hydrophilen Partien beseitigen die Oberflächenspannung des Wassers und damit die Tropfenbildung. Die Waschmittel dringen deshalb tief ins Gewebe ein und lösen dort den Schmutz heraus. Als erstes Produkt dieser Art kommt 1917 in Deutschland »Nekal« auf den Markt.

1914

Der Hochseefischfang wird durch den Einsatz von Treib- oder Zugnetzen revolutioniert (→ um 1914).

Der deutsche Unternehmer Friedrich Harth entwickelt das moderne Segelflugzeug. →

Im britischen Manchester wird die erste vollbiologische Kläranlage der Welt in Betrieb genommen. →

Der US-Amerikaner Elmer Sperry erfindet den Stabilisierungskreisel für Flugzeuge.

Ein Sender in Laeken strahlt zwischen März und Juli die ersten regulären Rundfunksendungen aus (→ 1916).

In Cleveland (US-Bundesstaat Ohio) wird die erste dauerhaft arbeitende Verkehrsampel aufgestellt. →

Deutsche Wissenschaftler stellen erstmals Wolframkarbid her, einen Werkstoff, der fast so hart wie Diamant ist. →

Der britische Ingenieur Malcolm Loughead (später Lockheed) entwickelt die hydraulische Öldruckbremse (→ 1928).

Der von der Essener Firma Krupp gebaute 42-cm-Mörser »Dicke Bertha« wird in Dienst gestellt. →

Als erste große Betonbogenbrücke der Welt mit Stahlarmierung wird der Viadukt über die Plessur bei Langwies in der Schweiz fertiggestellt.

Ein Vertrag zwischen den seefahrenden Nationen schreibt bindend die – je nach Schiffsgröße unterschiedliche – Zahl der Rettungsboote vor. Die Vereinbarung ist eine Folge des »Titanic«-Untergangs (→ 14./15. 4. 1912)

1. 1. Der erste planmäßige, tägliche Linienflugdienst der Welt (von St. Petersburg nach Tampa, beide in Florida) nimmt den Betrieb auf. →

24. 6. Nach fünfjähriger Bauzeit ist der ursprünglich zwischen 1885 und 1897 angelegte Kaiser-Wilhelm-Kanal ausgebaut und auf 98,7 km Länge erweitert. →

15. 7. In den Berner Alpen wird der 14 612 m lange Lötschberg-Eisenbahntunnel eingeweiht.

15. 8. Nach 35jähriger Bauzeit wird der Panamakanal für den Schiffsverkehr freigegeben. →

29. 8. Hermann Dreßler wirft erstmals aus einem Flugzeug Bomben ab, und zwar auf Paris (→ 1911; 22. 8. 1848; S. 392).

GEBOREN:

19. 5. Wien: Max Ferdinand Perutz, österreichisch-britischer Chemiker.

28. 10. Liverpool: Richard Laurence Millington Synge, britischer Biochemiker.

Panamakanal eingeweiht

15. August 1914. Nach 35jähriger Bauzeit fährt das erste Schiff durch den Panamakanal.

Nach der Vollendung des Sueskanals (→ 1869) suchte dessen Erbauer, Ferdinand Marie Vicomte de Lesseps, eine neue Aufgabe. Er wollte mit Hilfe einer Wasserstraße durch die mittelamerikanische Landenge den Pazifik mit dem Atlantik verbinden. Dem Projekt standen die mörderischen Arbeitsbedingungen in Panama entgegen: Plötzliche Überschwemmungen von tropischen Dimensionen und das Gelbfieber in den Mangrovensümpfen.

Als Lesseps 1894 starb, war seine »Compagnie Universelle du Canal Interocéanique« am Ende. 1904 mußte sie schließlich an die USA verkauft werden. Zu dieser Zeit hatten die Arbeiten bereits 40 000 Malaria- und Gelbfieberopfer gefordert. Der Skandal setzte sich fort: In der US-Regierung gab es heftige Auseinandersetzungen wegen der Arbeitsvergabe an unerfahrene Baufirmen. Die anfallenden Kosten von 80 Millionen Pfund allein nach der Übernahme des Projekts sind gigantisch. Zeitweise waren bis zu 85 000 Arbeiter im Einsatz, im Durchschnitt waren es 14 000.

Der fertige, 81,6 km lange Wasserweg mit seinen zahlreichen Schleusen erspart der Schiffahrt den langen Weg um das Kap Hoorn, der zudem als sehr gefährlich gilt.

Schon vor seiner Erweiterung war der Nord-Ostsee- oder Kaiser-Wilhelm-Kanal mit mächtigen Schleusenanlagen ausgestattet; hier ein Tor von 1894

Neuer Nord-Ostsee-Kanal

24. Juni 1914. Der Kaiser-Wilhelm-Kanal zwischen Nord- und Ostsee wird nach Ausbauarbeiten neueröffnet. Der Wasserweg durch Schleswig-Holstein ist die meistbefahrene und damit bedeutendste künstliche Wasserstraße der Welt.

Der Kanal wurde von 1885 bis 1897 gebaut und dann bei seinem Ausbau zwischen 1909 und 1914 auf 98,7 km Länge erweitert. Er hat jetzt eine Tiefe von 11 m, so daß ihn ab sofort auch Ozeanriesen passieren können.

Die Wasserstraße, die sich von der Elbmündung bei Brunsbüttel zum Hafen Holtenau bei Kiel erstreckt, hat zunächst vor allem strategische Bedeutung. Sie erlaubt der deutschen Flotte, ihre Schiffe innerhalb der eigenen Hoheitsgewässer von der Ost- zur Nordsee zu verlegen, was besonders die britischen Interessen bedroht. Daneben hat der Kanal aber auch große wirtschaftliche Bedeutung, vor allem für Hamburg und Kiel. Er verkürzt den Wasserweg von der Nord- zur Ostsee um 250 Seemeilen (463 km).

1914 werden in Deutschland noch weitere künstliche Wasserstraßen eingeweiht: Am 17. Juni der 56 km lange Hohenzollernkanal zwischen Havel und Oder, der Berlin mit Stettin verbindet; am 9. Juli der 38 km lange Rhein-Herne-Kanal zwischen dem Rhein bei Duisburg und dem Dortmund-Ems-Kanal bei Datteln, der dem Kohletransport zum Duisburger Hafen dient.

Täglich Linienflug innerhalb Floridas

1. Januar 1914. Der erste planmäßige, tägliche Linienflugdienst der Welt wird im US-Bundesstaat Florida zwischen St. Petersburg und Tampa aufgenommen. Betreut wird die Strecke durch die Benoist Company mit einem Flugboot vom Typ Benoist XIV. Die einmotorige Maschine startet um 10.00 Uhr mit dem Piloten Tony Jannus an Bord. 23 Minuten später hat sie die Tampa-Bucht überquert und landet. Schon Ende März kann die Linie auf 1024 Passagiere zurückblicken.

Erneute Versuche mit Verkehrsampeln

1914. In Cleveland (US-Bundesstaat Ohio) wird die erste regulär arbeitende Ampel für den Straßenverkehr in Betrieb genommen. Schon → 1868 hatte man, damals in der Londoner Innenstadt, versuchsweise eine Ampelanlage aufgestellt. Sie arbeitete mit Signalarmen, bestückt mit roten und grünen Gaslampen, explodierte aber bereits nach nur kurzem Probebetrieb. Seither gab es weltweit keine weiteren Versuche dieser Art. Erst jetzt beginnt man in den USA, den Verkehr tatsächlich durch eine Ampel zu regeln. Wieder stehen Rot für »Halt« und Grün für »Freie Fahrt«. Aber mit Schwenkarmen gibt man sich nicht mehr ab. Verwendet werden stationäre elektrische Lampen mit vorgesetzten Farbfiltern.

Wolframkarbid fast so hart wie Diamant

1914. Deutsche Metallurgen stellen erstmals Wolframkarbide (WC und W_2C) her. Dieses dunkelfarbige Material ist äußerst hart und hochschmelzend. Es eignet sich für den Besatz von schneidenden und spanenden Werkzeugen zur Erhöhung der Standzeit, zur Bearbeitung sehr harter Werkstoffe sowie als Schleif- und Poliermittel.

Das auch als Hartmetall oder Widia bekannte Material entsteht durch einen Sinterprozeß. Es hat bei 20 °C eine Druckfestigkeit von mehr als 600 kg/mm² und eine Brinellhärte (→ 1903) von rund 1700 kg/mm². Zum Vergleich: Die Brinellhärte von Eisen beträgt 60 kg/mm².

Fischfang mit Treibnetz

Treibnetze zum Fischfang

Um 1914. In aller Welt revolutioniert der Einsatz von Treib- oder Zugnetzen den Hochseefischfang. Mit dem Treibnetz lassen sich Fischschwärme in größerer Wassertiefe fangen. Das aufgespannte Netz wird vom Fischdampfer als Schleppnetz direkt über dem Meeresgrund oder als Treibnetz in einer beliebigen Tiefe – dort, wo die größten Schwärme zu erwarten sind – durch das Wasser gezogen. Damit wird der Hochseefisch zu einem billigen Volksnahrungsmittel.

Erste Segelflugzeuge fliegen in der Rhön

1914. Der deutsche Unternehmer Friedrich Harth entwickelt ein Segelflugzeug mit guten Flugeigenschaften, das bereits die Hauptmerkmale der späteren Luftgleiter trägt. Berichtet wird von einem Flug über 843 m in einer Minute und 52 Sekunden.

Seit drei oder vier Jahren ziehen Gymnasiasten und Studenten aus Darmstadt in ihrer Freizeit unter der Leitung von Hans Gutermuth regelmäßig in die Rhön und widmen sich hier der technischen Lösung eines Problems, das bisher als unlösbar galt: Dem Fliegen ohne Motor (→ 17. 12. 1903).

Der ausbrechende Weltkrieg unterbricht diese Entwicklung, die aber nach dieser Zäsur in Deutschland um so lebhafter wieder aufgegriffen wird, da der Friede von Versailles den Deutschen die Weiterentwicklung von Motorflugzeugen bis auf weiteres untersagt.

Das vom größten deutschen Rüstungswerk, der Firma Krupp, hergestellte Riesengeschütz »Dicke Bertha«; sehr große Kanonen sind wegen des umfangreichen Bedienungspersonals sehr langsam in der Schußfolge

Europas Industrie rüstet für den Weltkrieg

1914. Die Industrien der europäischen Großmächte intensivieren nicht nur ihre wehrtechnische Fertigung, sie warten zugleich mit zahlreichen kriegsbezogenen technischen Neuheiten auf. Neben der Verbesserung der schweren Geschütze besonders durch Krupp (→ 1911) werden vor allem die Automatikfeuerwaffen perfektioniert und die Kriegsführung aus der Luft vorbereitet.

Aufmerksamkeit erregte besonders das neue Maschinengewehr (→ 1902) von Hiram Stevens Maxim aus den USA. Bisher war allen automatisch feuernden Waffen folgendes gemeinsam: Von Hand wurde ein Hebel bewegt oder eine Kurbel gedreht; dieser Mechanismus führte die Patronen zu, feuerte sie ab, warf die Hülsen aus oder wechselte die Läufe. Maxim nutzt darüber hinaus den Rückstoß zum automatischen Laden und Feuern aus. 1914 stehen den deutschen Truppen 12 500 derartige MG (Großbritannien erst 110 Stück) zur Verfügung.

Schon das erste Kriegsjahr bringt Bombenflüge: Am 29. August wirft Hermann Dreßler Bomben über Paris ab, und der russische Flugzeugbauer Igor Sikorski arbeitet fieberhaft an einem eigens konstruierten Bombenflieger.

Blick in die Einlaufgalerie der Kläranlage Frankfurt-Niederrad nach der Erweiterung von 1904, der ersten Großbeckenanlage auf dem Kontinent

Biologische Kläranlage

1914. In Manchester wird die erste vollbiologische Kläranlage der Welt in Betrieb genommen.

Schon gegen Ende des 18. Jahrhunderts hatte der Londoner Chemiker William Dibdon die rein biologische Abwasserklärung mit Bakterien vorgeschlagen. Die biologische Behandlung entspricht im Prinzip der natürlichen Selbstreinigung der Gewässer, wobei sich die Zusammensetzung der die Verunreinigungen zersetzenden Mikroorganismen weitgehend und rasch sowohl quantitativ wie qualitativ den schwankenden Abwasserzusammensetzungen anpaßt. Wichtigste Kleinstlebewesen sind aerobe Bakterien. Vorrangig für den biologischen Prozeß ist, daß die Abwässer genügend Sauerstoff sowie Mineralstoffe wie Phosphor und Stickstoff enthalten, während Giftstoffe die Mikroorganismen abtöten können.

Ungenügender Sauerstoffgehalt läßt sich durch Versprengen oder Verrieseln des Abwassers ausgleichen. Das Wasser soll möglichst großflächig mit der Luft in Kontakt kommen und aus ihr Sauerstoff aufnehmen. Auch künstliche Belüftung bei gleichzeitiger guter Durchmischung ist möglich. Der Sauerstoffeintrag wird in späteren Anlagen durch Rohrleitungen in den Klärbecken vorgenommen. Der Reinigungsgrad in vollbiologischen Anlagen nimmt mit der Schlammkonzentration zu. Er liegt bei 80 bis 95%.

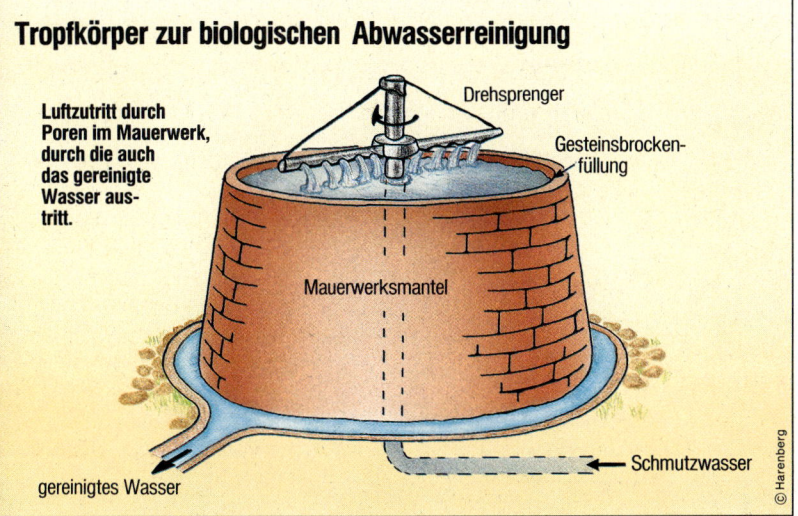

Tropfkörper zur biologischen Abwasserreinigung

Luftzutritt durch Poren im Mauerwerk, durch die auch das gereinigte Wasser austritt.

Drehsprenger

Gesteinsbrockenfüllung

Mauerwerksmantel

gereinigtes Wasser

Schmutzwasser

©Harenberg

1915

Erstmals werden moderne Fliegerbomben mit Zünder, Sprengstoff enthaltendem Stahlkörper und Stabilisierungsflossen hergestellt (→ S. 394).

Jagdflugzeuge werden mit Maschinengewehren bestückt. Eine erste Maschinen des Typs ist die deutsche Fokker E-1.

In den Vereinigten Staaten von Amerika kommen Backöfen mit Thermostat in den Handel.

Der deutsche Physiker Walter Schottky entwickelt die Viergitter-Röhre (→ 1904).

In den USA wird das erste Patent für das elektromechanische Telefon-Wählsystem »Crossbar« erteilt (Bau der ersten Anlagen nach 1926). →

Der deutsche Physiker Albert Einstein publiziert seine allgemeine Relativitätstheorie. →

Nach fünfjähriger Entwicklungsarbeit wird in Milwaukee eine große Abwasserkläranlage nach der sogenannten Aktivschlamm-Methode in Betrieb genommen (→ 1914).

Tschechische Forscher erproben erstmals eine gravimetrische Vermessungsmethode zur Entdeckung unterirdischer Erdölvorkommen. →

Durch die Pupinisierung (→ 1899) gelingt es erstmals, eine transkontinentale Sprechverbindung (New York – San Francisco) herzustellen.

In der Schlacht von Ypern setzt das deutsche Militär erstmals Giftgas (Chlorgas) ein (→ S. 394).

Die deutsche Maschinen Fabrik Augsburg-Nürnberg (MAN) baut den ersten wasserlosen Scheiben-Gasbehälter.

19. 1. Der erste Zeppelin-Luftangriff (auf England) wird geflogen (→ S. 394).

Februar. Die deutsche Infanterie setzt als Nahkampfwaffe erstmals moderne Flammenwerfer ein (→ S. 394).

3. 3. Das National Advisory Committee for Aeronautics (NACA), die Vorgängerorganisation der US-Weltraumbehörde NASA, wird gegründet.

12. 12. Das erste Ganzmetalleindecker-Flugzeug, »Junkers J1«, geht auf Jungfernflug.

GESTORBEN:

10. 8. An den Dardanellen: Henry Gwyn-Jeffreys Moseley (* 23. 11. 1887, Weymouth), britischer Physiker.

GEBOREN:

15. 2. New York: Robert Hofstadter, US-amerikanischer Physiker.

28. 7. Greenville: Charles Hard Townes, US-amerikanischer Physiker.

Relativitätstheorie verallgemeinert

1915. Albert Einstein entwickelt die allgemeine Relativitätstheorie, die das Relativitätsprinzip noch umfassender behandelt als seine schon → 1905 formulierte spezielle Relativitätstheorie.

Während die Betrachtungen der speziellen Relativitätstheorie für Inertialsysteme, also mit konstanter Geschwindigkeit bewegte Systeme gilt, betreffen die Behauptungen der allgemeinen Relativitätstheorie auch beschleunigte Systeme. Das setzt die Annahme von Gravitationsfeldern voraus. Entscheidend ist in dieser Theorie die Äquivalenz schwerer und träger Massen, nach der ein Physiker in einem abgeschlossenen System die Auswir-

A. Einstein, seit 1914 Direktor des Berliner Kaiser-Wilhelm-Instituts

kungen einer gleichförmigen Beschleunigung des Systems nicht von der eines homogenen Schwerefeldes unterscheiden kann. Diese physikalische Erfahrung ist auf Struktureigenschaften von Zeit und Raum zurückzuführen, auf die sich nicht mehr allein die Gesetze der klassischen (Euklidischen) Geometrie anwenden lassen. Das Vorhandensein von Gravitationsfeldern bedingt vielmehr eine »Krümmung« der vierdimensionalen Raum-Zeit-Welt. Diese Krümmung ist ortsabhängig unterschiedlich.

Im Unterschied zur speziellen Relativitätstheorie läßt sich die allgemeine Relativitätstheorie experimentell nur schwer überprüfen.

Schwerkraftmesser zeigen Erdöllager an

1915. Tschechische Geologen erproben als erste eine gravimetrische Vermessungsmethode zur Auffindung von Erdölvorkommen. Die Anziehungskraft der Erde ist an ihrer Oberfläche nicht überall gleich. Sie ändert sich mit der Dichte der Gesteine, Erze usw. Allerdings handelt es sich dabei um minimale Schwankungen, die sich nur mit feinfühligen Torsionswaagen und Gravimetern, also Schweremessern, feststellen lassen. Mit derartigen Instrumenten kann man messen und wägen, was sich geologisch unter der Erdoberfläche erwarten läßt. Hunderte von Messungen in einem bestimmten Gebiet ergeben ein Bild von den oft sehr komplizierten unterirdischen Verhältnissen. Sie lassen sich in Diagrammen und Umrißkarten darstellen. Da Erdöllager meist an bestimmte geologische Formationen gebunden sind, können Fachleute anhand der Daten Vermutungen über Vorkommen anstellen oder solche von vornherein ausschließen.

Neues Verfahren für Telefonvermittlung

1915. In den USA wird das erste Patent für das elektromechanische Fernmeldevermittlungsverfahren »Crossbar« erteilt. Eine Anlage nach diesem Prinzip entsteht allerdings erst 1926 in Schweden.
Die »Crossbar«- oder Kreuzschienenverteiler arbeiten rationeller als die bisher verwendeten Wähler. Ein Wähler verbindet die Leitung eines Anrufers mit der des Angerufenen dadurch, daß ein Kontaktarm je Wählimpuls einen Schritt weiterwandert. Normale Drehwähler machen das durch Rotation in nur einer Ebene, Hebdrehwähler in einer von zehn übereinanderliegenden Kontaktebenen. Jeder Wähler kann nur eine einzige Verbindung gleichzeitig herstellen. Anders der Koordinatenkoppler: Hier liegen die Anrufleitungen auf parallelen horizontalen Schienen, die abgehenden Leitungen auf ebenfalls parallelen vertikalen Schienen. Es entsteht ein Kreuzraster. Elektromagnete verbinden je nach Wählimpulsen einzelne Kreuzungsstellen. Solche Verteiler können mehrere Verbindungen gleichzeitig schalten.

Neu in der Kriegsführung: Gepanzerte Gleiskettenfahrzeuge; über 2895 Tanks verfügen gegen Ende des Weltkriegs allein Franzosen und Briten

Die neuentwickelten Panzerwagen sind äußerst geländegängig

Die Rüstungstechnik verschärft den Krieg

1914 bis 1918. Neue militärtechnische Entwicklungen zu Lande, zu Wasser und in der Luft geben der Kriegsführung ein verändertes Gesicht.
Durch die neuen Schnellfeuerwaffen der Artillerie wird der Stellungskampf zur Massenvernichtung: Abertausende von Infanteristen kommen ums Leben. Gegenseitige Belagerungen sind zwar noch Stand der militärischen Ausbildung, aber nicht mehr Stand der Technik. Diese hat sich auf Fernangriffe eingestellt. Kanonen, besonders Langrohrgeschütze (→ 1911) mit Reichweiten von 100 km, der Bombenabwurf aus dem Flugzeug und der zunehmende Einsatz von Unterseebooten könnten die Angriffe räumlich und zeitlich weitgehend unvorhersehbar machen.

Besonders viele technische Neuerungen betreffen die Marine und die Militärfliegerei. Schon im Vorfeld des Kriegs – ab etwa 1905 – entstanden zahlreiche neuartige Kriegsschiffe. Die am 3. Oktober 1906 von der britischen Admiralität unter Sir John Fischer in Dienst gestellte »Dreadnought« war seinerzeit das mit 21,5 Knoten schnellste und mit 279 mm dicken Stahlplatten am stärksten gepanzerte Schiff der Welt, zugleich aber auch das Schiff mit der schwersten Artillerie. Schon bald gab es einer ganzen neuen Generation von Kriegsschiffen seinen Namen. 1907 antworteten die Deutschen mit der 18 900 t großen Nassau-Klasse, 1909 die USA mit 22 400-t-Schiffen der Delaware-Klasse mit 30,5-cm-Kanonen an Bord, 1910 Frankreich mit den Kanonenbooten der 23 500 t großen Jean-Bart-Klasse. 1914 führten die USA als revolutionäre Neukonstruktion die ölbeheizten Schiffe der Nevada-Klasse ein, die mit 406-mm-Panzerung und entsprechender Bewaffnung auf Gefechtsentfernungen von mehr als 9100 m eingerichtet sind. Großbritannien bot ähnliches. Das Deutsche Reich rüstet die Marine inzwischen mit mächtigen, 26,5 Knoten schnellen und mit schwerer Artillerie bewaffneten Panzerkreuzern aus.

1910 entstand in Deutschland die erste Militärfliegerschule, 1912 stellten England und Frankreich Luftstreitkräfte auf. Doch zu Kriegsbeginn kamen zunächst noch Zeppeline (→ 1900) zum Einsatz. Am 19. Januar 1915 werden die ersten großen Luftangriffe der Geschichte mit Zeppelinen auf England geflogen.

Am 5. Oktober 1916 kommt es dann zum ersten Luftkampf der Geschichte: Ein bewaffneter französischer Aufklärer schießt an der Marne ein deutsches Flugzeug ab. Eine neue Epoche der Kriegsführung beginnt.

Ein deutsches U-Boot übernimmt Torpedos; zu Kriegsbeginn gab es 21 solche Boote, weitere 370 kommen später zum Einsatz, 400 bleiben im Bau

Doppeldecker-Jagdflugzeuge greifen feindliche Beobachtungsballons an

Doppeldecker-Kampfflieger der französischen Luftstreitkräfte im Einsatz

Die erste Landung eines Flugzeugs mit Fahrwerk (Typ Sopwith Pub) auf dem Flugzeugträger »Furious« der britischen Kriegsmarine am 2. August 1917

Noch ist der Zeppelin für die Luftangriffe nicht wegzudenken; die russische Darstellung zeigt ein Bombardement durch deutsche Zeppeline

Vernichtung mit Hilfe von Feuer und Giftgas

Im Herbst 1914 brach die französische Armee in den Argonnen westlich von Verdun das Völkerrecht durch den überraschenden Einsatz von Flammenwerfern als Vernichtungswaffen. Deutschland reagiert 1915 mit einem ebenso dubiosen Gegenschlag. An der belgischen Westfront bei Ypern werfen deutsche Soldaten Bomben mit dem Atemgift Chlorgas. Sie selbst verfügen über ausgereifte Atemschutzmasken, die eng am Gesicht anliegen und mit Holzkohle- bzw. Kalkfiltern ausgestattet sind.

Bereits zwei Wochen später besitzen auch die Briten – allerdings grobe – Gasmasken aus einem Baumwollkissen, das Mund und Nase bedeckt und mit einer neutralisierenden Salzlösung getränkt ist. Gegen Kriegsende verfügen alle in den Krieg verwickelten Nationen über Atemgeräte. Doch inzwischen (ab 1917) setzt Deutschland Senfgas ein, das an allen unbedeckten Körperstellen zu schweren Verletzungen führt. Senfgas verbrennt die Haut und zerstört das Augenlicht.

Deutsche Einheit beim Gasmaskenappell; die ersten Masken schützen nur gegen Atemgifte, nicht gegen das später verwendete Hautgift Senfgas

Die deutsche Firma Agfa bringt Farb-Fotoplatten auf den Markt (→ 1903).

Als der deutsche Funkoffizier Hans Bredow (der spätere »Vater des deutschen Rundfunks«) während des Krieges an der Front die erste Radio-Unterhaltungssendung überträgt, wird ihm das als »grober Unfug« verboten. →

Großbritannien entwickelt das »Hydrophon«, ein Unterwassermikrophon zur Ortung deutscher U-Boote (Sonar-Technologie). →

Die FIAT-Werke in Turin bauen den mit 2300 PS bisher stärksten Schiffsdieselmotor der Welt.

Der US-amerikanische Chemiker Gilbert Newton Lewis entdeckt die Elektronenbindung (→ 1913).

Guglielmo Marchese Marconi, ein italienischer Physiker und Radiotechniker aus Bologna, entwickelt einen Sender für gerichtete Kurzwellen.

In den Vereinigten Staaten werden Bremsleuchten für Autos eingeführt.

Der Konstrukteur Karl Maybach, der 1909 mit seinem Vater Wilhelm die Maybach Motorenbau GmbH gegründet hatte, entwickelt den ersten leistungsfähigen, serienmäßig hergestellten Höhenflugmotor (Typ »Mb IVa«). →

Die Friedrich Krupp Germaniawerft baut das erste Unterwasserfrachtschiff der Welt, die »Deutschland«. →

Die Gesamttrasse der Transsibirischen Eisenbahn (von Moskau bis Wladiwostok 9297 km) ist fertiggestellt (→ 1902).

Die Stadt Chemnitz erhält die erste Automobildrehleiter der Welt. Alle Leiterbewegungen werden mit direktem Antrieb über den Benzinmotor des Fahrzeugs ausgeführt.

GESTORBEN:

19. 2. Haar/München: Ernst Mach (* 18. 2. 1838, Turany/Mähren), österreichischer Physiker, Philosoph und Psychologe.

23. 7. High Wycombe/Buckinghamshire: Sir William Ramsey (* 2. 10. 1852, Glasgow), britischer Chemiker.

GEBOREN:

26. 3. Monessen/Pennsylvania: Christian Boehmer Anfinsen, US-amerikanischer Biochemiker.

30. 4. Gaylord/Michigan: Claude Elwood Shannon, US-amerikanischer Mathematiker und Informatiker.

11. 7. Atherton/Australien: Alexandr Michailowitsch Prochorow, sowjetischer Physiker.

Der überdimensionierte und überverdichtete Höhenflugmotor, den Wilhelm Maybachs Sohn Karl für Flugzeuge bis etwa 6000 m Gipfelflughöhe baut

Höhenflugmotor erprobt

1916. Karl Maybach, der Sohn Wilhelm Maybachs (→ 1886), baut und testet den ersten Höhenflugmotor. Maybach war zu der Überzeugung gekommen, daß es falsch sei, einen Flugzeugmotor nach der Leistung am Boden zu konstruieren. Er muß seine volle Leistung in größerer Höhe abgeben. Nur das würde zu kürzeren Steigzeiten und größeren Flughöhen führen. Mit dem Typ Mb IVa schafft er einen gemessen an normalen Flugmotoren überdimensionierten und überverdichteten Motor von 245 PS, der in 2000 m über Normalnull seine Leistungsspitze erreicht. Um ihn zu erproben, baut er auf dem 1800 m hohen Wendelstein, zu dem eine Zahnradbahn führt, auf eigene Kosten einen Prüfstand. Der Motor bewährt sich bestens. 1917 findet ein Konkurrenzflug mit einer 260-PS-Rumpler-Maschine statt. Sie erreicht in 42 Minuten ihre Maximalhöhe von 5000 m. Das Flugzeug mit dem Maybach-Motor schafft diese Höhe in 24,5 Minuten und steigt dann weiter bis zu einer Gipfelhöhe von 6000 m auf. 1917 läuft die Serienfertigung an. Schon vor Beginn des Ersten Weltkriegs hatte Maybach den deutschen Militärbehörden die Entwicklung eines Höhenflugmotors vorgeschlagen, war aber auf völliges technisches Unverständnis bei den Beamten gestoßen. Er führte die Entwicklung deshalb privat durch.

Radiounterhaltung ist »grober Unfug«

1916. Zwar strahlte bereits zwischen März und Juli 1914 ein Sender in Laeken die ersten offiziellen Rundfunkprogramme aus, und auch ein Sender auf dem Eiffelturm übertrug schon 1914 für kurze Zeit Musik, doch populär wird das Radio erst jetzt durch eine eigenmächtige Handlung eines deutschen Funkoffiziers: Hans Bredow, später Gründer des deutschen Rundfunks, findet den rein dienstlichen Funkverkehr langweilig und strahlt auf eigene Faust an der Front Unterhaltungssendungen aus. Bei seinen Funkerkollegen findet das sofort großen Anklang. Seine Vorgesetzten verbieten ihm diese Kurzprogramme aber als »groben Unfug«.

Handels-U-Boot bricht Blockade

1916. Das Deutsche Reich nimmt das erste Unterwasser-Frachtschiff der Welt in Betrieb, die »U 155« oder »Deutschland«. Das 1680 t große Schiff wurde eigens dafür gebaut, die Fernblockade der Briten, mit der Deutschlands Kriegsgegner dem Deutschen Reich Material- und Lebensmittelimporte unmöglich machen wollten, zu brechen.

Bald erweist sich der Frachtraum des Schiffs mit nur 791 Nettoregistertonnen als so unwirtschaftlich klein, daß es nicht weiter eingesetzt wird. Zudem ist auch das Unterschwimmen der Blockade nicht ungefährlich, denn 1915/16 entwickeln britische Ingenieure das »Hydrophon«, ein Unterwassermikrophon.

In den Vereinigten Staaten wird der erste Farbfilm in Technicolor vorgeführt. →

Der Italiener Guglielmo Marchese Marconi beginnt mit Ultrakurzwellen zu experimentieren (→ 4. 8. 1917).

Albert Einstein, Direktor des Kaiser-Wilhelm-Instituts für Physik in Berlin, zeigt, daß zur Beschreibung der Wechselwirkung zwischen Materie und elektromagnetischer Strahlung die Stimulation der Atome durch ein elektromagnetisches Feld und damit deren Energiebilanz zu berücksichtigen ist. →

Die französischen Professoren Henri Abraham und Eugène Bloch entwickeln einen Röhren-Oszillator (»Multivibrator«) für 1000 Hertz (→ 4. 8. 1917).

Für das Abdichten von Unterseeboot-Batteriekästen wird erstmals Methylkautschuk verwendet.

E. C. Wente erfindet das Kondensatormikrophon.

Nach schweren Unglücksfällen in der Bauphase wird die Ausleger-Eisenbahnbrücke über den St.-Lorenz-Strom bei Quebec fertiggestellt. →

Das 100-Zoll-Teleskop auf dem Mount Wilson in Kalifornien ist fertiggestellt. →

19. 1. Im Wacker-Werk Burghausen wird erstmals synthetisches Aceton erzeugt.

4. 8. Der Franzose Lucien Lévy meldet einen Überlagerungsempfänger zum Patent an. →

GESTORBEN:

8. 3. Berlin: Ferdinand Graf von Zeppelin (* 8. 7. 1837, Konstanz), deutscher Luftfahrtpionier.

31. 3. Marburg an der Lahn: Emil Adolph von Behring (* 15. 3. 1854, Hansdorf), deutscher Bakteriologe. →

13. 8. Focsani/Rumänien: Eduard Buchner (* 20. 5. 1860, München), deutscher Chemiker.

20. 8. Starnberg: Adolf Ritter von Baeyer (* 31. 10. 1835, Berlin), deutscher Chemiker. →

GEBOREN:

25. 1. Moskau: Ilya Prigogine, belgischer Physikochemiker.

24. 3. Oxford: John Cowdery Kendrew, britischer Molekularbiologe.

10. 4. Boston: Robert Burns Woodward († 8. 7. 1979, Cambridge/Massachusetts), US-amerikanischer Chemiker.

7. 9. Sidney: John Warcup Cornforth, australisch-britischer Chemiker.

9. 12. Council/Idaho: James Rainwater, US-amerikanischer Kernphysiker.

Verbesserte Radiotechnik

4. August 1917. Lucien Lévy meldet in Frankreich zwei Patente auf einen Überlagerungsempfänger an, den er unabhängig von dem deutschen Funktechniker Alexander Meißner (→ 1913) und seinem Landsmann Läut erfunden hat. Außerdem entwickeln 1917 die französischen Professoren Henri Abraham und Eugène Bloch einen Röhrenoszillator (»Multivibrator«) zur Erzeugung einer gleichmäßigen Frequenz von 1000 Hz. Der Italiener Guglielmo Marchese Marconi (→ 1897) beginnt, mit Ultrakurzwellen (UKW) zu experimentieren.

Die Länge der Ultrakurzwellen liegt bei nur 10 cm bis 1 m. Im Vergleich dazu besitzen die bisher verwendeten Kurzwellen Längen von 10 bis 100 m. Während die Kurzwellen in der Ionosphäre reflektiert werden und dadurch sehr große Reichweiten haben, verhalten sich die Ultrakurzwellen wie Licht: Ihre Reichweite entspricht der optischen Sicht. Deshalb müssen UKW-Senderantennen sehr hoch montiert sein. Der Vorteil von UKW ist der sehr große verfügbare Frequenzbereich. Auf UKW können viele Sender arbeiten, ohne einander zu stören. Die große Bandbreite ist auch eine Voraussetzung für brillante Übertragungsqualität im UKW-Bereich.

Schaltung eines Einkreis-Rundfunkempfängers mit Triode

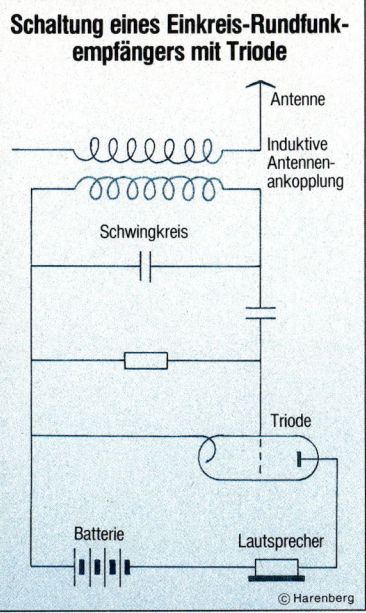

© Harenberg

Serumforscher Emil von Behring

31. März 1917. In Marburg an der Lahn stirbt zwei Wochen nach seinem 63. Geburtstag der Serumforscher Emil Adolph von Behring. Behring, der als Professor in Halle und Marburg wirkte, fand 1890 zusammen mit seinem japanischen Kollegen Schibasaburo Kitasato heraus, daß die Blutflüssigkeit – das Serum – von Tieren und Menschen nach einer Infektionskrankheit Antikörper enthält,

Emil v. Behring

die vor einer neuen Infektion mit derselben Krankheit schützen. Aufgrund dieser Erkenntnis entwickelten die beiden Wissenschaftler die Technik der Seruminjektion. Zusammen mit dem deutschen Mediziner Paul Ehrlich begründete Behring ein Verfahren zur industriellen Herstellung von Serumimpfstoffen. 1904 gründete er in Marburg die Behring-Werke.

Farbenpapst Baeyer stirbt in Starnberg

20. August 1917. In Starnberg stirbt der 1835 in Berlin geborene Adolf Ritter von Baeyer.

Baeyer wurde 1868 an der Universität Berlin Professor für organische Chemie, lehrt ab 1872 in Straßburg und wurde 1875 Nachfolger von Justus von Liebig in München. Einen Großteil seiner Arbeitskraft widmete er der Herstellung künstlicher Farben. 1878 gelang ihm die Vollsyn-

Adolf v. Baeyer

these der blauen Indigos (→ um 2410 v. Chr.), der seit rund 4000 Jahren als Pflanzenfarbstoff bekannt ist. Mit seiner Entdeckung der Strukturformel des Indigos 1883, war die Basis für ein schnelles Wachstum der Farbenindustrie gelegt. Seine »Baeyersche Spannungstheorie« über die chemische Stabilität ringförmiger Kohlenwasserstoffe trug zur Beurteilung der Farbbeständigkeit bei.

Das Turmteleskop auf dem Gipfel des Mount Wilson in Kalifornien

Der erste Kinofilm in »Technicolor«

1917. In den Vereinigten Staaten wird der erste in Farbe hergestellte Kinofilm vorgeführt. »The Gulf Between« ist nach dem Technicolor-Verfahren hergestellt.

Schon zuvor wurden zwar Filme in Farbe gezeigt, es handelte sich aber bei diesem Cinemacolorverfahren (→ 1909) um Schwarzweißmaterial, das sowohl abwechselnd durch zwei verschiedene Farbfilter aufgenommen wie auch projiziert wurde. Der erste Technicolor-Film zeigt dagegen die Farben bereits auf dem Filmstreifen und läßt sich deshalb mit normalen Filmprojektoren vorführen. Allerdings kann auch er zunächst nur zwei Farben wiedergeben (→ 1936).

Riesenteleskop in den USA

1917. Im Observatorium auf dem Mount Wilson in Kalifornien wird ein astronomisches Fernrohr mit 100 Zoll (153 cm) Spiegeldurchmesser in Betrieb genommen.

Die 1904 von George Ellery Hale gegründete Station, deren Hauptaufgabe es ist, die Sonne im Zusammenhang mit einem größeren Programm zum Studium der stellaren Entwicklung zu erforschen, verfügt damit jetzt über zwei Teleskoptürme von 20 und 50 m Höhe, zwei Spiegelteleskope mit 60- und 100-Zoll-Spiegeln und eine Reihe kleinerer Instrumente.

Die Station liegt mit 1900 m hoch genug, um nur selten Störungen durch Nebel oder Dunst zu erfahren, befindet sich aber noch nicht in der Zone unliebsamer Höhenstürme. Mit Hilfe der Anlage werden neue astrophysikalische Erkenntnisse gewonnen u. a. über die magnetischen Polaritäten von Sonnenfleckengruppen, die Form und Bewegung von Protuberanzen, die Atmosphäre von Sonne, Sternen und Planeten und die interstellare Materie. Seit 1905 tritt das Mount Wilson Observatorium durch regelmäßige wissenschaftliche Publikationen an die Öffentlichkeit. Zu den Schriftenreihen gehören solche über Entfernungsdaten und Bewegungen von Sternen und Sternhaufen, Helligkeitsabstimmungen sowie Formen und Strukturen extragalaktischer Sternensysteme und Nebel.

Die Schauspielerin Grace Darmond in »The Gulf Between«, dem ersten Kinofilm in Technicolor

Die Technicolor-Filme sind nicht in Farbe direkt auf das transparente Filmmaterial aufgenommen. Die zweifarbigen Bilder werden in einem Druckverfahren erzeugt.

Ausleger-Brückenbau in der Zeit um den Ersten Weltkrieg; typisch ist der freitragende Vorbau der Gitterträger

Brückenbau technisch weiter verbessert

1917. Die Ausleger-Eisenbahnbrücke über den St.-Lorenz-Strom bei Quebec ist fertig. Ihre Hauptöffnung beträgt 549 m.

Am 23. Januar 1890 überquerte der erste Zug die damals als technisches Wunder angesehene stählerne Gitterträgerbrücke über den Firth of Forth nordwestlich von Edinburgh (→ 1883). Nur zehn Jahre nach der Vollendung dieses gigantischen Stücks Stahlarchitektur nahm die Canadian National Railroad einen noch weiter spannenden Eisenbahnbrückenbau in Angriff: Eine Auslegerbrücke über den St.-Lorenz-Strom. Ihre Hauptöffnung zwischen den beiden rautenförmigen Auslegerelementen war auf 594 m geplant. Die jetzt fertiggestellte Brücke, die im Grundprinzip auf die 1866 dem bayerischen Ingenieur Johann Gottfried Heinrich Gerber patentierte Ausleger- bzw. Cantilever-Bauweise zurückgeht, ist die bisher beeindruckendste Konstruktion dieser Art. Bei solchen Auslegerbrücken liegen die tragenden Elemente (»Balken«) nicht einfach mit ihren Enden auf zwei Widerlagern auf, sondern kragen über diese hinaus.

Eisenbahn-Hochbrücken entstanden und entstehen um 1917 auch in Deutschland. Es gilt, den zum Wasserweg für Großschiffe ausgebauten Kaiser-Wilhelm-Kanal (→ 24. 6. 1914) zu überspannen. Eine erste feste Brücke, die seegehenden Schiffen Durchfahrt gewährt, entstand zwischen 1911 und 1913 bei Rendsburg. Ihre Höhe von

Brücke über den Nord-Ostsee-Kanal bei Rendsburg, erbaut 1912 bis 1914; die lichte Höhe über dem Wasser beträgt 42 m (Modell, Maßstab 1:100)

42 m erfordert Anfahrtsrampen von über 4 km Länge. Dadurch wird die Rendsburger Eisenbahn-Hochbrücke zur längsten Brücke Deutschlands. Sie ist mit aufgelegten Stahlgitterträgern gebaut. Die gesamte Brücke ist über 4700 m lang, die reine Stahlkonstruktion mißt 2485 m. Getragen wird das 140 m lange Zentralstück der Brücke von zwei 69 m hohen Pylonen, die auf Pfeilern mit 17 m tiefen Fundamenten ruhen.

Eine ähnliche Brücke über den Nord-Ostsee-Kanal entsteht auf der Bahnlinie Hamburg – Husum bei Hochdonn. Sie wird im Jahr 1920 vollendet.

Unglücksfälle beim Bau

Beim Bau der Brücke über den St.-Lorenz-Seeweg kam es zu schweren Zwischenfällen: Am 27. August 1907 knickte der Stab eines Auslegerträgers. Am 11. September 1916 brach ein tragendes Element einer Hilfskonstruktion für das Einschwimmen des Verbindungsteils zwischen beiden Auslegerrauten. Der 195 m lange und 5000 t schwere Bogenträger fiel in die Fluten und versank. Die Ursache für diese Unglücksfälle suchte man in unzureichender Berechnung der Elemente.

Rätsel um das Licht: Wellen oder Strahlen

1917. Der deutsche Physiker Albert Einstein zeigt, daß zur Beschreibung der Wechselwirkung zwischen Materie und elektromagnetischer Strahlung die Anregung der Atome durch ein elektromagnetisches Feld und damit deren Energieabgabe oder Energieabsorption berücksichtigt werden müssen.

Die von Isaac Newton aufgestellte Theorie, Licht sei eine Korpuskularstrahlung (→ 1666), hatte die Physik fallen lassen, weil sich mit der Annahme der Wellennatur des Lichts (→ 1865) dessen Ausbreitung besser mathematisch behandeln ließ. Die Anwendung der Quantenmechanik auf die elektromagnetische Strahlung durch Einstein führte schon → 1905 zur Erklärung des fotoelektrischen Effekts. Sorgfältige Messungen der Maximalenergie, die Elektronen innerhalb von Molekülen oder Atomen bei der Wechselwirkung mit elektromagnetischen Wellen erhalten oder abgeben, widersprechen aber dem Wellengedanken. Sie deuten auf einen korpuskularen Charakter des Lichts und der Hertzschen Wellen. Nach dieser überraschenden Erkenntnis haben Licht und andere elektromagnetische Strahlungen sowohl Wellen- wie Korpuskularcharakter, was das physikalische Weltbild stört und »fotoelektrisches Paradoxon« genannt wird. Dem rationalen Denken widersprechend, müssen die Physiker akzeptieren, daß es also auch zwischen Lichtwellen und Röntgenstrahlen keinen prinzipiellen Unterschied gibt.

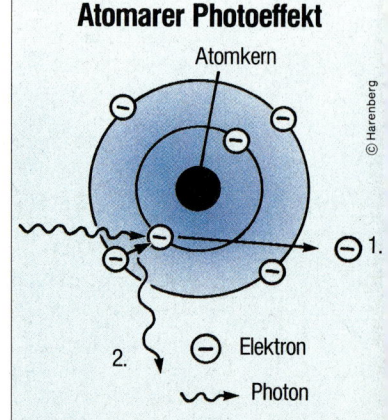

Atomarer Photoeffekt

Atomkern

1.

2. Elektron

Photon

1. Ein Lichtquant (Photon) kann ein Elektron aus der Atomhülle herausschlagen und für die Leitung von Elektrizität verfügbar machen.
2. Ein Elektron in der Atomhülle sinkt auf ein niedrigeres Energieniveau ab und strahlt die freiwerdende Energie in Form eines Photons ab

1918

Die britische Royal Navy setzt den ersten Flugzeugträger mit flachem Deck ein. →

Der US-amerikanische Funkoffizier Edwin Howard Armstrong entwickelt den ersten brauchbaren Überlagerungsempfänger (»Superheterodynempfänger«) für den Rundfunkempfang. →

In Frankreich entsteht ein neuer Industriezweig: Die serienmäßige Produktion von Elektronenröhren. →

Der US-Amerikaner Henry Ellis Warren stellt die ersten funktionstüchtigen elektrischen Uhren her. →

In England wird von der Versuchsstation des britischen Admiralstabs in Harwick das Sonar-System (sound navigation and ranging-system) entwickelt. Dieses Schallortungsverfahren ermöglicht die Berechnung von Hindernisentfernungen im Wasser und in der Luft.

Die erste Funkverbindung rund um den Erdball gelingt von der Funkstation im sächsischen Nauen aus.

Der deutsche Flugzeugkonstrukteur Hugo Junkers meldet das Tiefdeckerflugzeug zum Patent an.

Ein von der Essener Firma Krupp gebautes 21-cm-Langrohrgeschütz erreicht die Rekordschußweite von 130 km (→ 1911).

Januar. Die Preußisch-Hessische Staatsbahn führt als erste Bahn Europas Güterzüge mit durchgehenden, selbsttätig wirkenden Bremsen (Kunze-Knorr-Bremse) ein. →

GESTORBEN:

6. 1. Halle/Saale: Georg Cantor (* 3. 3. 1845, Petersburg), deutscher Mathematiker.

20. 4. New York: Karl Ferdinand Braun (* 6. 6. 1850, Fulda), deutscher Physiker.

GEBOREN:

12. 2. New York: Julian Seymour Schwinger, US-amerikanischer Physiker.

20. 4. Lund: Kai Manne Siegbahn, schwedischer Physiker.

11. 5. New York: Richard Phillips Feynman, US-amerikanischer Physiker.

13. 8. Rendcombe/Gloucestershire: Frederick Sanger, britischer Biochemiker.

8. 9. Gravesend: Derek Harold Richard Barton, britischer Chemiker.

27. 9. Brighton: Martin Ryle († 14. 10. 1984, Cambridge), britischer Astrophysiker.

10. 11. München: Ernst Otto Fischer, deutscher Chemiker.

Flugzeugträger kommen zum Einsatz

1918. Nachdem 1910 Eugene B. Ely aus den USA mit einem Doppeldecker erstmals vom Deck eines Schiffes startete und am 18. Januar 1911 ein Landemanöver mit Seilabfangsystem auf dem Kreuzer »Pennsylvania« geflogen war (→ 1911), bauen jetzt die britische Royal Navy und die kaiserlich-deutsche Marine reguläre Flugzeugträger.

Zunächst handelt es sich dabei um umgebaute Schiffe, wie das ehemalige Kriegsschiff »Furious«. Die italienische »Argus« wird 1918 als erstes Schiff mit einem völlig flachen, 168 × 20 m großen Flugdeck für 20 Maschinen, einem Hallendeck und hydraulischen Fahrstühlen gezielt zum Flugzeugträger ausgestattet. Andere Flugzeugträger sind die britische »Eagle« (1917) und die kleine deutsche »Karlsruhe« (1918).

Die britische »Eagle«, ursprünglich als Schlachtschiff für Chile gebaut, nach ihrer Umrüstung (1921 – 1924) zum Flugzeugträger mit Flachdeck

Röhrenmassenproduktion

1918. In Frankreich ist ein neuer Industriezweig entstanden. Für die »Télégraphie Militaire« (TM) fertigt die Industrie allein 1918 mehr als 300 000 Elektronenröhren.

Ein französischer Soldat namens Pichon, während des Krieges 1870/71 desertiert, hatte es in Deutschland zum Patentchef der Gesellschaft Telefunken unter dem Funkpionier Georg Graf von Arco gebracht. Bei Kriegsausbruch 1914 ging er zurück nach Frankreich und verlangte ein Gespräch mit dem Chef des militärischen Funkdienstes, Ferrié, dem er eine aus Deutschland mitgebrachte Triode (→ 1906) vorlegte.

Ferrié ließ die für den Funk bedeutende Röhre in einem Radiolaboratorium in Lyon untersuchen und in Zusammenarbeit mit den Grammont-Werkstätten weiterentwickeln. Biguet, Produktionschef der Lyoner Firma Bocuze, organisierte schon 1915 – trotz einiger Schwierigkeiten mit dem Luftleerpumpen – die industrielle Fertigung der Röhre. Schon 1916 stellte die Firma über 100 000 »TM«-Röhren her.

Besondere Bedeutung kam dabei der 1912 von dem US-Amerikaner Irving Langmuir entwickelten Hochvakuum-Triode »Pilotron« zu. Langmuir selbst schrieb dazu: »Wir haben herausgefunden, daß diese Pilotrons entscheidende Vorteile gegenüber den bisher verwendeten Audions aufweisen. Legten wir eine Anodenspannung von 250 Volt an, so erhielten wir eine weitaus höhere Verstärkung als Lee De Forest (→ 1906) sie je erreicht hat; und wir arbeiteten noch dazu mit wesentlich größeren Leistungen. In der Folge entdeckten wir noch eine zusätzliche Eigenschaft des Pilotrons: Seine außerordentliche (elektrische Stabilität . . .«

Die vom 1. März 1912 an nach einer Erfindung von Robert von Lieben gebaute erste Verstärkerröhre

Entwicklung der Elektronenröhre

1880 hatte Thomas Alva Edison beobachtet, daß sich das Glas seiner Kohlefaden-Glühlampe (→ 1878) durch Teilchenwanderung schwärzte. 1883 fand der US-Erfinder heraus, daß in evakuierten Glaskolben mit zwei Elektroden Strom von der Glühkathode zur Anode fließt (sog. Edisoneffekt). 1897 entdeckte der britische Physiker Sir Joseph John Thomson die Elektronen als negativ geladene Elementarteilchen (→ 1883)

Th. A. Edison

und wies nach, daß sie bei hohen Temperaturen aus der negativ geladenen Kathode austreten. Sie bewegen sich zur Anode. Im Jahre 1904 ließ sich der Brite John Ambrose Fleming eine derartige Diode als elektrischen Gleichrichter patentieren; → 1906 setzten der US-Amerikaner Lee De Forest und der Österreicher Robert von Lieben eine dritte Elektrode als Gitter zwischen Kathode und Anode.

Neues Bremssystem für Eisenbahnzüge

Januar 1918. Die Preußisch-Hessische Staatsbahn führt als erste Bahn Europas Güterzüge mit durchgehenden Bremsen ein.

Die von Georg Knorr und Bruno Kunze entwickelte Druckluftbremse ist »mehrlösig«, bremst also alle Wagen unabhängig voneinander. Dadurch werden harte Stöße zwischen den Waggons vermieden.

Bremsventil einer pneumatischen Bremsanlage für die Eisenbahn

Neuer Radioempfänger

1918. Unabhängig voneinander entwickeln der US-amerikanische Funkoffizier Edwin Howard Armstrong und der deutsche Physiker Walter Schottky funktionsfähige Superheterodyn-Empfänger, deren Prinzip im wesentlichen bereits → 1917 der Franzose Lucien Lévy beschrieben hatte.

Im »Superhet« oder »Super«, wie dieser Überlagerungsempfänger (→ 1913) auch kurz genannt wird, braucht der Empfängerschwingkreis nur grob auf die Empfangsfrequenz abgestimmt zu werden. Sie wird mit einer im Empfänger selbst erzeugten Oszillatorfrequenz in einer Mischstufe überlagert und in eine konstante Zwischenfrequenz (ZF) umgewandelt. Auf diese lassen sich die Schwingkreise im ZF-Teil fest abstimmen.

W. Schottky mit der von ihm 1915 erfundenen Tetrode (Schirmgitterröhre), einer vielseitigen Elektronenröhre für Verstärker- und Sendeschaltungen; der 1886 geborene Physiker hatte bereits 1914 den sog. Schottky-Effekt bei Glühemissionen entdeckt und findet nun das Superhet-Prinzip

Elektrische Uhren werden zuverlässig

1918. Der US-amerikanische Elektromechaniker Henry Ellis Warren entwickelt die ersten zuverlässigen elektrischen Uhren.

Schon 1840 baute der schottische Uhrmacher Alexander Bain eine elektrische Uhr, indem er ein Uhrenpendel nicht von der Schwerkraft eines Gewichts, sondern von einem batteriegespeisten Elektromagneten antreiben ließ. Er schlug auch bereits vor, die Impulse von einer Zentraluhr zu mehreren bloßen Anzeigewerken zu übertragen. Diese Idee wurde 1900 realisiert.

Warren, der als Vater der elektrischen Zeitmessung gilt, betrieb 1914 erstmals eine Uhr mit elektromotorischem Antrieb. Er verwendete Gleichstrom aus einer Batterie, stellte aber fest, daß der Gleichstrommotor nicht ganggenau arbeitete. So experimentiert er seit 1916 mit Wechselstrommotoren. Seine Uhren besitzen Synchronmotoren, deren Ganggenauigkeit allein von der exakten Einhaltung der Netzfrequenz abhängt.

1919

Der spanische Techniker Juan de la Cierva entwickelt den Tragschrauber oder Autogiro, ein Zwitter aus Propellerflugzeug und Hubschrauber.

Der Deutsche Walther Bauersfeld entwirft ein Projektionsplanetarium (→ 1923).

W. H. Eccles und F. W. Jordan erfinden den »Flip-Flop«, einen bistabilen Kippschalter aus zwei Trioden. →

Der englische Physiker Francis William Aston baut das erste Massenspektrometer.

Robert Hutchins Goddard, Raketentechniker und Physikprofessor in Worcester (Massachusetts), beschreibt in seinem Buch »Eine Methode zum Erreichen extrem großer Höhen« Flüssigkeitsraketen (→ 1909).

Die Firma Hispano-Suiza stellt erstmals Fahrzeuge mit servounterstützten Vierradbremsen vor (→ 1928).

Ernest Rutherford gelingt die erste künstliche Kernumwandlung. Beim Beschuß von Stickstoff mit Alpha-Teilchen (Heliumkernen) wandeln sich unter Freisetzung jeweils eines Protons Stickstoffkerne in Kerne eines Isotops des Sauerstoffs um (→ 1910; 1924; 1928).

Die Firma Pertrix entwickelt das System Chlor-Magnesium, das neben dem älteren Salmiaksystem eine der beiden Säulen für die Entwicklung der Trockenbatterie darstellt. →

14./15. 6. Mit einer Vickers »Vimy« überqueren die britischen Flugpioniere Sir John William Alcock und Arthur Whitten-Brown als erste den Atlantik im Nonstopflug. →

25. 6. Das erste Ganzmetall-Verkehrsflugzeug der Welt, die »Junkers F 13«, geht auf Jungfernflug (→ 14./15. 6. 1919).

2.–13. 7. Das britische Luftschiff »R 34« überquert den Nordatlantik in beiden Richtungen (→ 14./15. 6. 1919).

GESTORBEN:

4. 4. London: Sir William Crookes (* 17. 6. 1832, London), britischer Chemiker und Physiker.

30. 6. Terlin Place/Essex: John William Strutt Lord Rayleigh (* 12. 11. 1842, Langford Grove/Essex), britischer Physiker.

11. 8. Lenox/Massachusetts: Andrew Carnegie (* 25. 11. 1835, Dunfermline/Schottland), US-amerikanischer Industrieller.

15. 11. Zürich: Alfred Werner (* 12. 12. 1866, Mülhausen/Elsaß), Schweizer Chemiker.

GEBOREN:

9. 12. USA: William Nunn Lipscomb, US-amerikanischer Chemiker.

Elektronischer Schalter erfunden

1919. Die Physiker W. H. Eccles und F. W. Jordan entwickeln den bistabilen Kippschalter oder »Flip-Flop« aus zwei Trioden (→ 1906).

In dieser Schaltung ist immer eine der beiden Dreigitterröhren gesperrt, während die andere Strom führt. Dieses Prinzip läßt sich nicht nur als elektronischer Schalter zum wechselweisen Aus- und Einschalten von Strömen einsetzen; da es in beiden Stellungen stabil ist, sich aber leicht durch einen Steuerimpuls umschalten läßt, eignet es sich auch hervorragend als Binärspeicher für Ja-Nein-Informationen, wie sie in der digitalen Datenverarbeitung üblich sind.

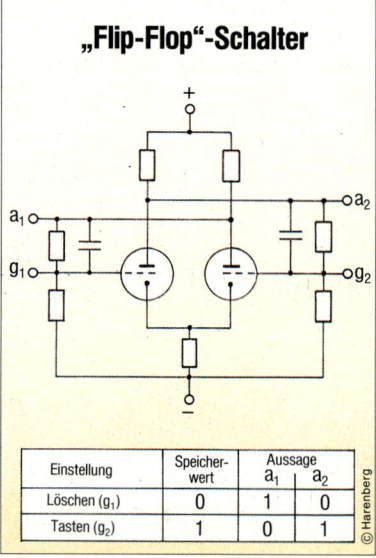

„Flip-Flop"-Schalter

Einstellung	Speicherwert	Aussage	
		a_1	a_2
Löschen (g_1)	0	1	0
Tasten (g_2)	1	0	1

© Harenberg

Pertrix verbessert die Trockenbatterie

1919. Die Firma Pertrix stellt für Trockenbatterien (→ 1866) das System Chlor-Magnesium vor, das neben dem älteren Salmiaksystem für lange Zeit Grundlage von Trockenbatterien ist.

Der bisher wichtigste Batterietyp ist das Leclanché-Element mit Zink- und Kohleelektroden, einem ammoniumchloridhaltigen Elektrolyten und Braunstein als »Depolarisator«. Es gibt theoretisch eine Nennspannung von 1,54 Volt (V) bei einer Kapazität von 101,7 Amperestunden (Ah)/kg ab. Das Magnesiumelement mit negativer Magnesiumelektrode und Magnesiumbromid als Elektrolyt liefert theoretisch maximal 2,04 V bei 122,7 Ah/kg.

Eine »Junkers F 13« der Junkers Luftverkehr AG; die 1919 von Professor Hugo Junkers entwickelte und in seiner Firma gebaute »F 13« ist das erste zivile Ganzmetallflugzeug der Welt mit geschlossener Passagierkabine; zuvor saßen die Fluggäste in offenen Maschinen

Ein Doppeldecker vom Typ »LVG C.VI« der Deutschen Luft-Reederei; die ungemein manövrierfähigen und bei fast jedem Wetter flugsicheren Maschinen dieses Typs werden wegen ihrer hohen Ladekapazität gerne als Transportflugzeuge verwendet, wie auf diesem Postflug

Für die Reisen in ihren offenen Maschinen stellt die Aircraft Transport & Travel Gesellschaft den Passagieren Mäntel, lederne Fliegermützen, Handschuhe, Brillen und bei kaltem Wetter sogar Gummiwärmflaschen zur Verfügung; im Bild eine Maschine vom Typ »D.H.9B« mit Fluggästen

Erste Atlantiküberquerung

14./15. Juni 1919. Den britischen Flugpionieren John William Alcock und Arthur Whitten-Brown gelingt der erste Nonstop-Flug über den Atlantik. Mit ihrer Vickers »Vimy« starten Pilot und Navigator in Saint John's auf Neufundland und landen nach einer Flugzeit von 16,5 Stunden bei Clifden in Irland. Sie gewinnen damit den bereits 1913 von der britischen Tageszeitung »Daily Mail« gestifteten Preis von 10 000 Pfund Sterling für die erste Nonstop-Überquerung des Atlantiks.

Auf Neufundland waren insgesamt zwölf Teams zum Kampf um den Preis angetreten. Als erste überflogen Albert Cushing Read und seine Besatzung den großen Teich mit einem Flugboot Curtiss-»NC-4«, allerdings mit Zwischenlandung auf den Azoren (16.–31.5.). Vom 2. bis 13. Juli überquert das britische Luftschiff »R 34« den Atlantik in beiden Richtungen. Am 7. August fliegt E. C. Hoy erstmals über die kanadischen Rocky Mountains. In der Zeit vom 12. November bis 10. Dezember schließlich bewältigen die australischen Brüder Keith und Ross Smith die Strecke England – Australien in einer Vickers »Vimy«.

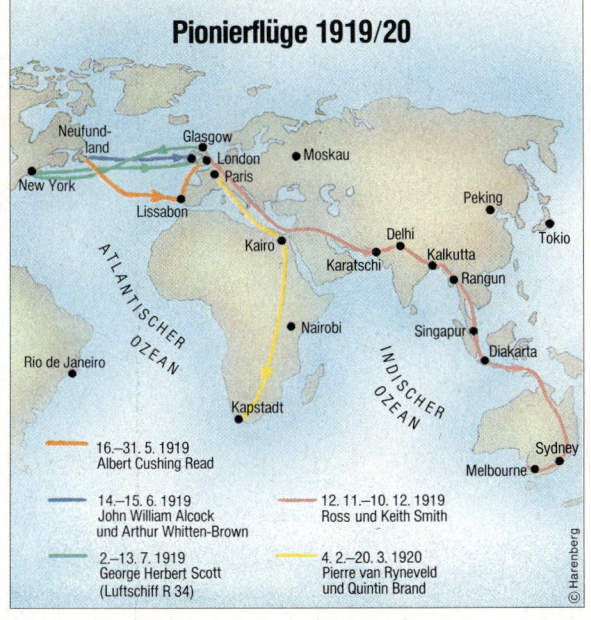

Pionierflüge 1919/20

16.–31. 5. 1919
Albert Cushing Read

14.–15. 6. 1919
John William Alcock
und Arthur Whitten-Brown

2.–13. 7. 1919
George Herbert Scott
(Luftschiff R 34)

12. 11.–10. 12. 1919
Ross und Keith Smith

4. 2.–20. 3. 1920
Pierre van Ryneveld
und Quintin Brand

Das legendäre Flugboot »NC-4« von Curtiss, mit dem vom 16. bis 31. Mai 1919 erstmals die Überquerung des Atlantiks auf dem Luftweg (mit Zwischenlandung auf den Azoren) gelingt

1920

Für Tiefbohrungen wird der Rotary-Bohrmeißel mit Hartmetallzähnen versehen. Er durchdringt damit alle Gesteinsarten. →

Unter Verwendung von Elektronenröhren entsteht eine Plattenspielergeneration hoher Wiedergabequalität (→ 1887; 1892).

Die Otis Elevator Company baut die erste Rolltreppe mit waagrechten, vertikal versetzten Stufen. Frühere Konstruktionen (→ 1893) hatten keine Stufen, sondern arbeiteten nach dem Prinzip der schiefen Ebene. →

Die Arbeiten des englischen Physikers Francis William Aston über die Packungsdichte der Atomkerne weisen aus, daß die Spaltung sehr großer als auch die Fusion kleiner Atomkerne zu mittelgroßen Kernen (sie sind am »kompaktesten«) Energie liefert (→ 1938).

Der britische Astronom Sir Arthur Stanley Eddington stellt die These auf, daß die Sonnenenergie aus der Reaktion subatomarer Partikel hervorgehe. →

Michael Owen entwickelt in den USA den ersten Vollautomaten zum maschinellen Blasen von 102 000 Glasflaschen pro Tag (→ 1907).

Hochspannungskabel mit Öl- oder Druckgasisolation werden entwickelt (→ um 1920).

Ein Auto der Firma Duesenberg stellt mit 246,4 km/h den Geschwindigkeitsrekord auf.

Die Duisburger Kupferhütte beginnt als erste damit, in großem Rahmen Zink aus Schwefelkies-Abbrand zurückzugewinnen (→ 1911).

Der deutsche Pilot Schröder hält den neuen Höhenweltrekord mit 10 093 m Flughöhe.

Das erste Echolot wird eingesetzt (→ 14./15. 4. 1912).

Die Eisenbahnlinie über den Gotthard wird elektrifiziert.

2. 11. In Philadelphia (USA) wird ein Radiosender mit der Kurzbezeichnung KDKA eingeweiht – die erste regelmäßig arbeitende Rundfunkstation der Welt (→ Herbst 1922).

GEBOREN:

11. 3. Dordrecht/Niederlande: Nicolaas Bloembergen, US-amerikanischer Physiker niederländischer Herkunft.

10. 7. San Francisco: Owen Chamberlain, US-amerikanischer Physiker.

29. 9. Mitcham/Surrey: Peter Dennis Mitchell, britischer Biochemiker.

6. 12. Stainford/York: George Porter, britischer Chemiker.

Neue Kabel für die Stromfernleitung

Um 1920. Der Bau immer größerer Kraftwerksanlagen erfordert neue Technologien zur wirtschaftlichen Übertragung des Stroms mit Fernleitungen.

Mit steigender Spannung sinken die Leitungsverluste. Kabel für hochgespannte Ströme verlangen besondere Isolationsmaßnahmen. Die Elektroindustrie findet verschiedene Möglichkeiten: Für normale Kabel werden Isolierwickel aus mineralölgetränktem Papier verwendet; Kabel für Betriebsspannungen über 50 Kilovolt isoliert man mit einem Ölmantel zwischen Leiter und äußerer Isolierung oder mit einer Hülle aus Druckgas, die den Leiter konzentrisch umgibt.

Vermutung über Energie der Sonne

1920. Der britische Astronom und Astrophysiker Sir Arthur Stanley Eddington stellt die Vermutung auf, daß die Sonnenenergie aus der Reaktion subatomarer Partikel hervorgehe.

Eddington geht von einer solaren Strahlungsleistung von $3,9 \cdot 10^{20}$ Megawatt aus. Sie läßt sich nicht aus einem Verbrennungsvorgang erklären. Da durch die Relativitätstheorie von Albert Einstein die Möglichkeit der Umwandlung von Materie in Energie bekannt ist (→ 1905), schließt Eddington – richtig – auf subatomare Prozesse.

Rotary-Bohrmeißel für Tiefbohrungen

1920. Für Tiefbohrungen wird der vor kurzem entwickelte Rotary-Bohrmeißel erstmals mit Hartmetallzähnen versehen. Er durchdringt damit alle Gesteinsarten.

Beim Rotary-Verfahren erfolgt die Kraftübertragung auf die Sohle des Bohrloches gleichzeitig drehend und drückend. Dabei kann man mit einem Kernbohrer oder mit einem Bohrmeißel arbeiten. Während der Kernbohrer an seiner Stirnseite nur eine ringförmige Bohrkrone besitzt, die das Gestein röhrenförmig abträgt und einen festen Bohrkern hinterläßt, zerstört der Bohrmeißel das Gestein auf der gesamten Querschnittsfläche.

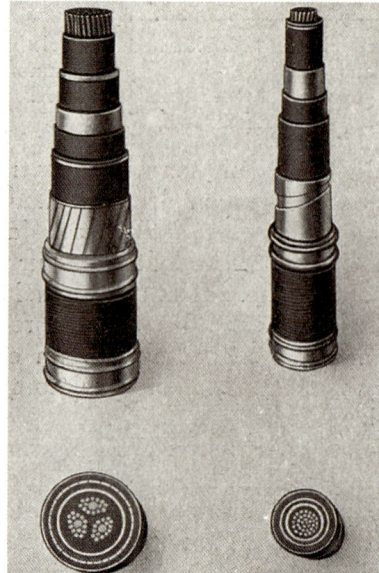

Drehstromkabel mit Papierisolation (l.); Kabel mit Gummiisolation (r.)

Erste Rolltreppe in New York gebaut

1920. Die Otis Elevator Company in New York baut die erste Rolltreppe mit waagrechten Stufen.

Schon 1893 hatte Jesse W. Reno am Kai von Coney Island in New York ein schräges Personenförderband in Betrieb genommen. Später baute seine Firma in den USA und England weitere ähnliche Anlagen. Bereits 1912, als Otis die Firma Reno aufkaufte, hielt sie ein Schutzrecht auf bewegliche Treppen mit waagrechten Stufen, jedoch mit seitlichen Zu- und Abgängen. Die neue Rolltreppe besitzt gerade Zu- und Abgänge und einen Handlauf.

Kopf eines Rotary-Bohrmeißels moderner Bauweise (um 1985)

1921

Die Schweizer Brüder Henri und Camille Dreyfus beginnen in Großbritannien und in den Vereinigten Staaten mit der Produktion von Acetat- oder Kunstseidefasern, die sie bereits während des Ersten Weltkriegs entwickelt hatten. →

Albert Wallace Hull prägt in der »Physical Revue« den Ausdruck »Magnetron«. Der US-Physiker versteht darunter eine Elektronenröhre zur Erzeugung bzw. Verstärkung von Mikrowellen, in der durch Verlängerung der Elektronenbahn eine technisch verwertbare Elektronenlaufzeit (»Laufzeitröhre«) erzielt wird. →

Die deutsche Firma Heinrich Lanz baut in Mannheim unter der Bezeichnung »Bulldog« den ersten Rohöl-Traktor. Der Schlepper besitzt eine 15-PS-Maschine und Stahlräder. →

William Draper Harkins, Chemieprofessor aus den USA, definiert den Begriff »Neutron« (→ 1910).

Der US-amerikanische Chemiker Thomas Midgeley entdeckt, daß Bleitetraäthyl das »Klopfen« von Verbrennungsmotoren unterdrückt.

In Berlin wird das »Reichskuratorium für Wirtschaftlichkeit in Industrie und Handwerk« (später »Rationalisierungskuratorium der deutschen Wirtschaft«) gegründet. →

New York verfügt über eine Million Telefonanschlüsse.

Der deutsche Chemiker Friedrich Bergius realisiert sein Verfahren zur Kohleverflüssigung zu Benzin in großtechnischem Maßstab (→ 1913).

Edmund Rumpler überträgt die Stromlinienform vom Flugzeug auf das Auto. Der Konstrukteur aus Österreich produziert eine kleine Serie tropfenförmiger Wagen. →

Die Kienzle Uhrenfabriken AG entwickelt den ersten Fahrtenschreiber für Autos, den »Autograph«.

Mit dem DKW-Fahrrad-Hilfsmotor gelingt der Durchbruch zur Verwendung des Zweitakters im Motorradbau. →

19. 9. In Berlin wird die AVUS-Rennbahn eröffnet (→ 1913).

GESTORBEN:

23. 10. Dublin: John Boyd Dunlop (* 5. 2. 1840, Dreghorn/Ayrshire), irischer Tierarzt und Erfinder.

GEBOREN:

5. 5. Mount Vernon/New York: Arthur Leonard Schawlow, sowjetisch-US-amerikanischer Physiker.

14. 7. Springside bei Todmorden/Yorkshire: Geoffrey Wilkinson, britischer Chemiker.

Hull verlängert die Elektronenlaufzeit

1921. In der »Physical Revue« beschreibt der Elektrotechniker und Physiker Albert Wallace Hull aus den USA erstmals das Magnetron, eine Elektronenröhre mit zylindrischer Anode und einer direkt geheizten Kathode für die Elektronenemission. Der Elektronenstrom wird hier nicht durch die Spannung an einem Gitter (→ 1906), sondern durch ein Magnetfeld gesteuert.

Das Magnetron arbeitet als sog. Laufzeitröhre, in der eine verzögerte Welle entlang der Anode um eine zentrale Kathode läuft. Die Elektronen werden durch elektrische und magnetische Felder zu einer fast kreisförmigen Bahn um die Kathode gezwungen, bevor sie schließlich zur Anode gelangen. In die Anode sind sog. Bandleitungsresonatoren integriert, die miteinander über Streufelder gekoppelt sind. Dadurch entsteht eine in sich geschlossene Verzögerungsleitung. Die Verzögerung bedeutet, daß die elektrischen Wellen in einem bestimmten, beim Magnetron schmalbandigen Frequenzbereich hier mit einer gegenüber der Geschwindigkeit im freien Raum reduzierten Geschwindigkeit laufen. Einfach ausgedrückt: Im Magnetron werden der Weg und damit die Laufzeit der Elektronen zwischen den Elektroden soweit verlängert, daß sie in den Bereich einer physikalisch nutzbaren Größenordnung kommen. Solche Röhren werden zunächst für Radarsender, später auch für Mikrowellenherde, industrielle Hochfrequenzerwärmung u. a. verwendet (→ 1936).

57-Kilowatt-Magnetron für Frequenzen von 16,3 bis 16,9 Gigahertz

Unverwüstlicher Rohöltraktor »Bulldog«

1921. Die Firma Heinrich Lanz in Mannheim bringt den ersten einsatzfähigen Ackerschlepper mit Rohölmaschine mit der Bezeichnung »Bulldog« auf den Markt.

Der Einzylinder-Glühkopfmotor der Zugmaschine leistet bei 500 Umdrehungen/min 15 PS. Vorgewärmt wird der Glühkopf zunächst mit einer Lötlampe, später mit einer elektrisch beheizbaren Glühspirale. Das Fahrzeug besitzt Stahlräder. Diese haben einen breiten flachen Stahlmantel, um den konzentrisch ein zweiter, wesentlich schmalerer Stahlmantel gelegt ist. Zwischen beiden sind im Zickzack Stahlplatten montiert. Auf festem Untergrund rollt der Traktor auf dem äußeren Stahlring, auf dem Acker kommen die schrägen Platten wie rotierende Schaufeln zum Einsatz. Bisher rutschten die Räder von Zugmaschinen auf glatten, schmierigen oder weichen Böden derart, daß fast die Hälfte der Motorleistung durch den Schlupf-, Wühl- und Fahrwiderstand verlorenging. Man hatte sich mit Greifern an den Rädern beholfen, die bei der Fahrt auf der Straße abmontiert werden mußten. Versuche mit Vollgummi- oder Hochdruckreifen brachten keine Erfolge. So erweist sich der praktisch einsetzbare, unverwüstliche »Bulldog« auf Anhieb als Erfolg. Seine Vorderräder tragen zwei Drittel des Gesamtgewichts, was ein Aufbäumen bei starkem Anziehen verhindert. Der Vierradantrieb und die Knicklenkung, die der Traktor ab 1923 besitzt, sind konzeptionell der Zeit voraus. Gebaut werden nur 100 Stück. Eine weitere Fertigung wird durch die Inflation verhindert.

Der Lanz-Bulldog; um in der Antriebsmaschine den toten Punkt zu überwinden – es handelt sich um einen Einzylinder –, ist ein Schwungrad erforderlich

Schweizer Brüder produzieren Kunstseide

1921. Die Brüder Camille und Henri Dreyfus aus der Schweiz nehmen in England und den USA die Produktion von Acetatfasern oder Kunstseide auf.

Schon während des Ersten Weltkriegs hatten sie Firmen gegründet, die einen von ihnen entwickelten synthetischen Spannlack aus Acetylzellulose für die Stoffbespannung von Flugzeugflügeln herstellten. Jetzt stellen sie die Fabrikation auf Kunstseide um. Sie spritzen die Lacklösung durch Spinndüsen. Nach dem Spritzvorgang verdampft das Lösungsmittel. Zurück bleibt eine Faser, aus der sich Zwirne und Garne herstellen lassen. Die Brüder Dreyfus geben ihrer neuen Textilfaser die Markenbezeichnung Celanese.

Vorausgegangen sind der Acetatseide andere Kunstfasern. Bereits → 1884 stellte der französische Chemiker Hilaire Bernigaud, Graf von Chardonnet de Grange, erstmals aus Nitrozellulose oder Schießbaumwolle Reyon her. Das gleiche Verfahren hatte schon 1883 der Brite Joseph Wilson Swan entdeckt, aber nicht zur Kunstfaserproduktion, sondern zur Fertigung der Glühkörper seiner Glühbirnen (→ 1878) angewendet. Bernigaud stellte sein Reyon erstmals 1889 auf der Pariser Weltausstellung vor und nahm 1891 die kommerzielle Fertigung auf; → 1892 erfanden die Engländer Charles Cross und Ernest Bevan die Zellulosefasern, die gegenüber dem Reyon den Vorteil haben, daß sie nicht brennen.

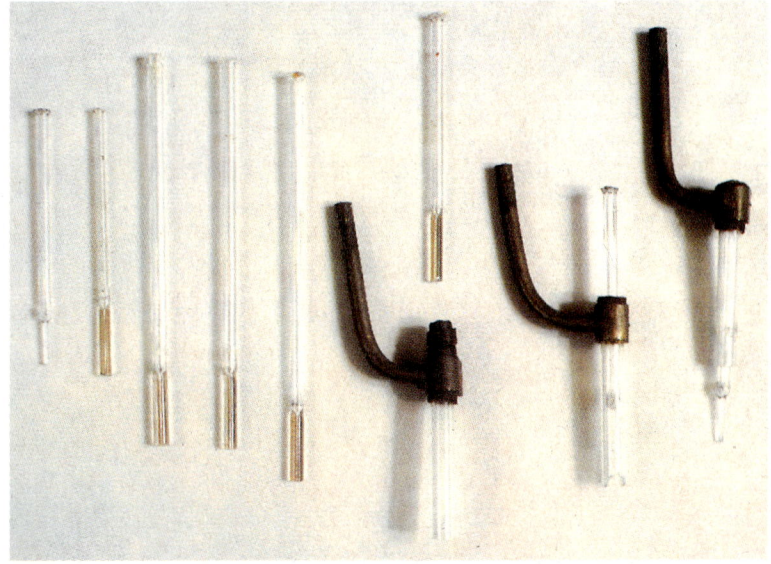

Spinndüsen, mit denen Hilaire Bernigaud um 1884 experimentierte

Rumpler konstruiert Stromlinienauto

1921. Edmund Rumpler bringt in kleiner Serie einen stromlinienförmigen Personenwagen in Tropfenform auf den Markt.

Der österreichische Konstrukteur hatte das hyper-aerodynamische Fahrzeug bereits 1920 konzipiert und dabei die im Eisenbahnbetrieb erprobte Stromlinienform (→ 1905) auf die Karosserie des Pkw übertragen. Sein Fahrzeug zeichnet sich durch einen cw-Wert von 0,28 aus, der selbst mehr als 50 Jahre später von anderen Autos nicht erreicht wird. Der cw-Wert oder Luftwiderstandsbeiwert ist eine dimensionslose Kennzahl für die aerodynamische Güte einer Fahrzeugform.

Der sog. »Tropfenwagen« des österreichischen Automobil- und Flugzeugkonstrukteurs Edmund Rumpler; die Form soll den Luftwiderstand minimieren

Reichskuratorium für Wirtschaftlichkeit

1921. In Berlin wird das »RKW«, das »Reichskuratorium für Wirtschaftlichkeit in Industrie und Handwerk« (heute: »Rationalisierungskuratorium der deutschen Wirtschaft«) gegründet. Die Organisation knüpft ideologisch an die Gedanken Henry Fords (→ 1913), aber auch Frederick Winslow Taylors (→ 1881) an. Obwohl diese beiden industriellen bzw. betriebswirtschaftlichen Ideologien entgegengesetzten Grundhaltungen entspringen – Ford wollte nach eigener Aussage die Arbeiter soweit wie möglich entlasten, Taylor wollte ihre Arbeitskraft soweit wie möglich ausnutzen –, führt das Ergebnis, die Rationalisierung, zu gleichen Maßnahmen, zur »Anwendung technischer und

organisatorischer Methoden, die auf ein Mindestmaß an Kraft- und Stoffverlust hinauslaufen, . . . wis-

Henry Ford und sein Sohn Edsel

senschaftliche Organisation der Arbeit, Normung sowohl der Stoffe, wie auch der Erzeugnisse, Vereinfachung der Verfahren und Verbesserung der Transport- und Absatzmethoden«.

Das RKW erarbeitet Systeme zur Vereinheitlichung von Konstruktionen (Typung), von Bauteilen (Normung) und für die Fertigung (Fließarbeit). Derartige Rationalisierungsmaßnahmen wirken sich vor allem im Maschinenbau, auf dem Elektro-, dem Verkehrs- und dem Kommunikationssektor aus. Sie finden aber auch schon bald in wirtschaftlichen Zusammenschlüssen und in betriebswirtschaftlichen Untersuchungen zur Umgestaltung der Produktionsorganisation ihren Niederschlag.

Zur wirtschaftlichen Betriebsführung gehört gute Facharbeiterausbildung: AEG-Lehrwerkstatt 1920

Websaal (1925); an die Stelle des alten Transmissionsantriebs treten Elektromotoren für jede Maschine

1922

Die Ingenieure Walther Bauersfeld aus Berlin und Franz Dischinger aus Heidelberg entwickeln die Stahlbetonschalenkonstruktion. Sie bedient sich dünnwandiger, gekrümmter Wandelemente hoher Stabilität bei geringer Masse. →

Die deutschen Ingenieure Hans Vogt, Jo Benedict Engl und Joseph Massolle drehen in Berlin den ersten Tonfilm. Bild und Ton sind dabei auf demselben Filmstreifen registriert. →

Der deutsche Chemiker Hermann Staudinger begründet die Makromolekular-Chemie und stellt eine Theorie der Polymere auf, die zur wissenschaftlichen Grundlage der Kunststoffchemie wird. U. a. definiert er den Staudinger-Index, der die Viskosität von Polymeren mit deren Molekulargewicht in Beziehung setzt. →

Edwin Howard Armstrong erfindet den Pendelrückkopplungsempfänger. Der Radiotechniker aus den USA verbessert damit maßgeblich die Empfangsqualität von Rundfunksendungen (→ Herbst 1922).

Die italienische Firma Lancia baut ein Auto (Typ »Lambda«) mit selbsttragender Karosserie in Integralbauweise.

Der sowjetische Ingenieur Kapeljuschnikow erfindet den Turbinenbohrer.

September. Zwei Forscher des US-amerikanischen Naval Aircraft Radio Laboratory in Anacostia entdecken die Reflexion von Funksignalen an Eisenbetongebäuden (Grundlagenerkenntnis für die Radarentwicklung).

1. 9. »Komintern«, der erste Radiosender in der Sowjetunion, geht in Betrieb (→ Herbst 1922).

6. 11. Der erste französische Radiosender beginnt mit der Ausstrahlung seines Programms (→ Herbst 1922).

14. 11. Die BBC in London beginnt damit, aktuelle Rundfunkprogramme auszustrahlen, die durch Kristalldetektoren empfangen werden können (→ Herbst 1922).

GESTORBEN:

20. 2. Remscheid: Reinhard Mannesmann (* 13. 5. 1856, Remscheid), deutscher Techniker und Industrieller.

GEBOREN:

19. 6. Kopenhagen: Aage Niels Bohr, dänischer Physiker.

22. 9. Hofei/Anhwei: Chen Ning Yang, chinesisch-US-amerikanischer Physiker.

14. 12. Usman bei Woronesch: Nikolai Gennadjewitsch Bassow, sowjetischer Physiker.

Der Rundfunk wird kommerzialisiert

Herbst 1922. Am 1. September geht »Komintern«, der erste russische Radiosender in Betrieb. Am 6. November debütiert der erste französische Radiosender: »Radiola«. Am 14. November wird in London die British Broadcasting Company (BBC) gegründet.

Die Entwicklung der Funktechnik (→ 1902), zu der 1922 Edwin Howard Armstrong mit der Erfindung des sog. Pendelrückkopplungsempfängers entscheidend beiträgt, und die Idee, diese Technik mit Radiosendungen kommerziell zu nutzen, sind nicht unmittelbar miteinander verschwistert. Schon lange vor der Erfindung des italienischen Physikers Guglielmo Marchese Marconi gab es eine Urform des Rundfunks: Das Radio per Telefon. Am 2. April 1877 wurde in den USA ein Konzert von Philadelphia über Telefon und eine Telegraphenleitung nach New York übertragen und konnte dort mitgehört werden.

In den 1890er Jahren begann die kommerzielle Nutzung dieser Technik: In Budapest konnten von 1893 an bis zu 6500 Abonnenten von einer Telefonprogrammstation täglich zwölf Stunden lang Musik, Nachrichten, Marktberichte und »Telefondramen« abrufen. London, Paris, Newark und Chicago übernahmen diese Telefonprogramme nur wenig später.

Jetzt erst löst der Rundfunk sie ab. Die erste Radiostation der Welt nahm 1920 ihren Betrieb in den USA auf. Harry P. Davis, Vizepräsident der Firma Westinghouse und begeisterter Amateurfunker – es gibt deren weltweit Zehntausende –, erkannte die Möglichkeiten des Radios als Massenmedium. Im Oktober 1920 beantragte er eine Sendelizenz und erhielt sie unter dem Rufzeichen KDKA. Schon im November stand die Anlage, denn Davis wollte unbedingt Berichte von den Präsidentenwahlen übertragen. Am 2. November ging die erste Wahlsendung der Welt in den Äther. KDKA wurde erste Radiostation. Davis kam damit der American Marconi Company zuvor, die schon 1916 einen Sender plante.

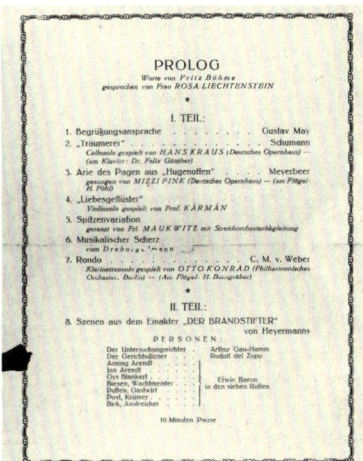

»Programm für die Uraufführung akustischer Filme« von 1922

Rundfunkgerät (»Neutrodyn«) zur Unterhaltung und Information am Wassersportplatz Siemenswerder an der Havel bei Berlin (um 1928)

Riesenmoleküle werden erforscht

1922. Der deutsche Chemiker Hermann Staudinger begründet die Makromolekular-Chemie. Insbesondere stellt er eine Theorie der Polymere auf, die zur wissenschaftlichen Grundlage der Kunststoffchemie wird. Er führt u. a. den Staudinger-Index ein, der eine Beziehung zwischen Viskosität und Molekulargewicht angibt.

Als Makromoleküle bezeichnet Staudinger Riesenmoleküle aus mehreren hundert oder tausend Atomen, die miteinander durch gleichartige Verbindungen zu linearen, verzweigten oder vernetzten Ketten verknüpft sind. Makromolekulare Stoffe, die durch Verknüpfung gleicher einfacher Strukturelemente aufgebaut sind, heißen Hochpolymere oder einfach Polymere. Zu ihnen gehören die meisten Kunststoffe. Derartige Stoffe können auf unterschiedliche Art und Weise entstehen (→ 1936).

Stahlbetonbauten aus Schalenkonstruktionen

1922. *Die deutschen Ingenieure Walther Bauersfeld und Franz Dischinger entwickeln die Stahlbeton-Schalenbauweise (→ 1899). Schalenbauwerke (Abb.: Großer Sportpalast, Rom, 1960) zeichnen sich durch dünnwandige Tragwerke mit einfach- oder doppeltgekrümmten Oberflächen aus. Derartige Konstruktionen haben den Vorteil großer Materialersparnis. Zugleich sind sie bei hoher Stabilität vergleichsweise leicht, kommen also auch mit weniger Fundamentmaterial aus.*

Der erste Kinofilm mit Lichttonspur

1922. Die deutschen Ingenieure Hans Vogt, Jo Benedict Engl und Joseph Massolle drehen in Berlin den ersten Film mit integrierter Lichttonspur. Der Streifen heißt »Der Brandstifter« und ist ein Einakter von Herman Heijermans.

Bei diesem sogenannten Lichttonverfahren werden die Schallwellen in elektrische Signale umgesetzt, die wiederum eine ihren Schwankungen entsprechend codierte Spur am Rand des Filmstreifens erzeugen. Die Spur ist transparent auf schwarzem Grund, läßt sich also durchleuchten. Die Helligkeitsschwankungen des Lichts lassen sich bei der Projektion wieder in akustische Signale umwandeln.

Die drei Ingenieure verbessern auch die Mikrophone und Lautsprecher und entwickeln eine verzögerungsfrei arbeitende Glimmlampe zum Umsetzen von Strom- in Lichtschwankungen.

Der russische Physiker Wladimir Kosma Zworykin entwickelt den ersten elektronischen Bildabtaster (Ikonoskopröhre) und eine zugehörige Bildwiedergaberöhre. Er kann damit einfache Bildstrukturen übertragen (→ 19. 12. 1923).

Für das Deutsche Museum in München erbaut die Firma Carl Zeiss in Jena nach einem Patent von Walther Bauersfeld aus dem Jahr 1919 das erste Projektionsplanetarium. →

Dem US-amerikanischen Physiker Charles Francis Jenkins gelingt die Übertragung von Fernsehbildern des US-Präsidenten Warren Gamaliel Harding von Washington nach Philadelphia. →

Louis de Broglie, ein französischer Physiker, veröffentlicht seine Wellenmechanik.

Der niederländische Physiker Dirk Coster entdeckt zusammen mit seinem ungarischen Fachkollegen George de Hevesy das Element Hafnium.

Hermann Julius Oberth, ein deutscher Physiker aus Siebenbürgen, veröffentlicht das Buch »Die Rakete zu den Planetenräumen«, in dem er Konstruktionsformeln zum Bau und Betrieb einer interplanetarischen Rakete vorstellt. →

In den USA wird Pratts verbleiter Äthyl-Kraftstoff eingeführt, um das Klopfen der Ottomotoren zu verringern. →

Der erste Lkw mit Dieselmotor wird von der Maschinenfabrik Augsburg-Nürnberg (später M·A·N) gebaut. →

Der schwedische Chemieprofessor Theodor Svedberg erfindet die Ultrazentrifuge.

27. 6. Die erste erfolgreiche Luftbetankung gelingt anläßlich der Aufstellung des Weltrekords im Dauerflug durch den US Army Air Service.

GESTORBEN:

10. 2. München: Wilhelm Conrad Röntgen (* 27. 3. 1845, Lennep), deutscher Physiker.

8. 3. Amsterdam: Johannes Diderik van der Waals (* 23. 11. 1837, Leiden), niederländischer Physiker.

28. 12. Paris: Alexandre Gustave Eiffel (* 15. 12. 1832, Dijon), französischer Bauingenieur.

GEBOREN:

10. 3. Merriam/Nebraska: Val Fitch, US-amerikanischer Physiker.

13. 12. Indianapolis: Philipp Warren Anderson, US-amerikanischer Physiker.

Elektronische Bildröhre

19. Dezember 1923. Der in die USA emigrierte russische Physiker Wladimir Kosma Zworykin (→ 1911) meldet ein Patent auf die erste vollelektronische Fernsehbildröhre an. Er nennt sie »Kineskop«.

Mit dieser Röhre gelingt Zworykin zwar nur die Übertragung eines Kreuzes, aber der Wissenschaftler arbeitet bereits an einer durchaus revolutionären Fernsehröhre, dem »Ikonoskop«. Der Direktor der Westinghouse-Gesellschaft, für die Zworykin arbeitet, findet die Übertragung des Kreuzes zwar vergnüglich, fordert den Erfinder aber auf, an etwas Nützlichem zu arbeiten, an etwas, das sich kommerziell verwerten ließe.

Die Anfänge von Zworykins Arbeiten sind technisch in der Tat alles andere als perfekt, aber sie sind insofern richtungsweisend, als die gesamte Bildübertragungskette bereits elektronisch funktioniert. Neben einer Aufnahmeröhre (einem elektronischen Bildabtaster) entwickelt Zworykin auch eine Bildwiedergaberöhre.

In den Folgejahren verbessert er das Ikonoskop (→ 1925) wesentlich. Dessen Vorführung 1929 am Institute of Radio Engineers in Rochester wird schließlich zum vollen

Wladimir K. Zworykin mit seiner ersten Fernsehröhre »Ikonoskop«

Erfolg. Später erinnert sich der russische Fernsehtechniker Dimitri Strelkoff an diese Entwicklung: »Das Ikonoskop bedeutete eine Revolution für das Fernsehen. Aber es hatte einen Fehler: Es erzeugte einen störenden Nebeneffekt, einen schwarzen Fleck auf dem Bild, der nur durch verschiedene künstliche Methoden beseitigt werden konnte. Aber ohne das Ikonoskop hätten sich höchstwahrscheinlich die anderen Fernsehröhren nicht so rasch entwickeln können.«

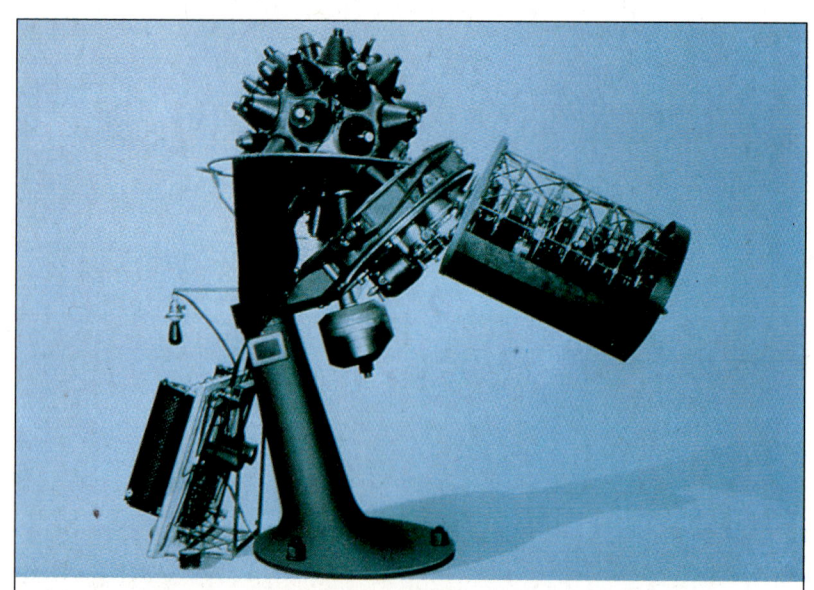

Planetarium simuliert Himmelsbewegungen

1923. Die Firma Carl Zeiss in Jena baut nach einem Patent des deutschen Ingenieurs Walther Bauersfeld aus dem Jahr 1919 das erste Projektionsplanetarium. Das Instrument (Abb.), das die Bewegungen der Sterne und Planeten im Zeitraffer von innen auf einen kuppelförmigen Projektionsschirm abbilden kann, wird im Deutschen Museum der Technik in München aufgestellt.

Fernsehbild von Präsident Harding

1923. Während die Anhänger der »Braunschen Schule«, die Fernsehbilder rein elektronisch übertragen wollen (→ 19. 12. 1923), mit ihren Entwicklungen noch in den Kinderschuhen stecken – ihnen gelingt mit Mühe die unsaubere Übertragung von einfachen Bildelementen –, feiern die Verfechter der Nipkow-Scheibe (→ 1884) erste spektakuläre Erfolge. Der Amerikaner Charles Francis Jenkins überträgt zunächst ein stehendes Bild von US-Präsident Warren G. Harding über eine Entfernung von rund 200 km von Washington nach Philadelphia. 1925 gelingt es ihm, ein bewegtes Bild zu senden und zu empfangen. Nach Nipkow werden die Bilder per Telefondraht übertragen. Die Anhänger dieser Technik geben sich euphorisch. Schon 1922 prophezeite der schwedisch-US-amerikanische Elektroingenieur Ernst Frederick Werner Alexanderson, daß man eines Tages – dank Fernsehen – die Boxweltmeisterschaften in der ganzen Welt werde sehen können. Er ahnte die Sackgasse der Nipkow-Technik nicht: 30 Bildzeilen und $12 \frac{1}{2}$ Bilder pro Sekunde, mehr läßt sich mit den Mitteln der Zeit nicht realisieren.

»Die Rakete zu den Planetenräumen«

1923. Der aus Hermannstadt in Siebenbürgen stammende deutsche Physiker Hermann Julius Oberth publiziert das Buch »Die Rakete zu den Planetenräumen«.

In der Einleitung faßt der Autor zusammen, daß nach dem Stand von Wissenschaft und Technik der Bau von bemannten Raketen möglich sei, die den Anziehungsbereich der Erde verlassen könnten. Unter gewissen wirtschaftlichen Bedingungen könne sich der Bau solcher Maschinen lohnen, meint Oberth: »Solche Bedingungen können in einigen Jahrzehnten eintreten.«

»In der vorliegenden Schrift möchte ich diese Behauptungen beweisen ...«, erklärt Oberth. Mathematisch streng und exakt, tritt er diesen Beweis verbal und rechnerisch an. Ausgehend von den Naturgesetzen leitet er die Formeln zum Bau und Betrieb einer interplanetarischen Rakete ab.

Erster Lastkraftwagen mit einem Dieselmotor (der deutschen Firma M·A·N) aus dem Jahr 1923; die Maschine arbeitet mit direkter Kraftstoffeinspritzung

LKW mit Dieselmotor

1923. Die Maschinenfabrik Augsburg – Nürnberg baut das erste Straßenfahrzeug mit Dieselmotor (→ 1897). Der Antrieb des Lastkraftwagens hat bei 900 Umdrehungen/min eine Leistung von 40 PS.

Bisher wurde der Kraftstoff mit Druckluft in den Verbrennungsraum des Dieselmotors eingeblasen. Der Leistungsaufwand für den Antrieb des dafür erforderlichen Kompressors betrug bis zu 15% der Motorleistung. Technisch ausgereifte Kraftstoffpumpen standen noch nicht zur Verfügung. Das ändert sich jetzt. Metallisch abgedichtete Pumpen kommen auf und erlauben den Bau kompressorloser Dieselmotoren. Die Pumpe fördert den Kraftstoff direkt in den Brennraum. Damit werden die Motoren einfacher, kleiner und zugleich billiger.

Verbleiter Kraftstoff gegen Motorklopfen

1923. In den USA wird verbleiter Äthyl-Kraftstoff eingeführt, um das sogenannte »Klopfen« der Ottomotoren zu verringern.

Das Klopfen des Viertaktmotors (→ 1862), ein hämmerndes oder klingelndes Geräusch, entsteht dadurch, daß ein Teil des Luft-Kraftstoff-Gemischs sich von selbst entzündet und explosionsartig verbrennt. Dabei treten Druckspitzen im Zylinder auf, die einerseits die Leistung des Motors verringern, andererseits die Maschine beschädigen können. Das Klopfen nimmt bei niedriger Drehzahl und gleichzeitig hoher Belastung des Motors zu, hängt aber auch von der Zusammensetzung des Treibstoffs ab. Durch einen Zusatz von Bleialkylen unter 1% läßt sich, wie der US-Amerikaner Pratt herausgefunden hatte, die Klopfneigung erheblich verringern. Bleialkyle sind allerdings sehr giftige Verbindungen.

Servobremse und Scheibenwischer

1923. In den Vereinigten Staaten werden die ersten elektrischen Scheibenwischer für Autos hergestellt. Außerdem bringt die Firma Farman die Servobremse heraus.

Der rasch zunehmende Straßenverkehr verlangt eine Verbesserung der Sicherheitsmaßnahmen. Das bedeutet einmal die Sorge für bessere Sicht auch bei schlechtem Wetter, zum anderen aber die Konstruktion zuverlässiger Bremsen. Zwar hatte 1895 der Deutsche Hugo Mayer die hydraulische Bremse erfunden. Doch war es ihm damals nicht gelungen, sie auch zu vermarkten. Dieses Verdienst gebührt dem britischen Ingenieur Malcolm Loughead (Lockheed), der jetzt ein von ihm entwickeltes Hydraulikbremssystem herausbringt. 1924 baut Chrysler es erstmals – als »luxuriöses Extra« – in seine Wagen ein. Es konkurriert mit dem Bremskraftverstärker Farmans.

Der österreichische Ingenieur Viktor Kaplan beendet seine Entwicklungsarbeiten an der nach ihm benannten Turbine, die auch bei sehr geringem Wasserdruck noch mit gutem Wirkungsgrad arbeitet. →

Dem Briten Ernest Rutherford, einem der ersten und bedeutendsten Forscher auf dem Gebiet der Kernphysik, gelingt es, mit Alpha-Teilchen Protonen aus Atomkernen zu schlagen. →

Der österreichische Physiker Wolfgang Pauli entwickelt das Modell des Kern-Spins. →

Goodyear Tire & Rubber Co., das größte Unternehmen der Welt auf dem Gebiet der Reifen- und Gummiproduktion, führt in den USA bei Pkw der Firma Chrysler den Niederdruck-Ballonreifen ein.

Die erste Distanzbestimmung zwischen der Erde und einem astronomischen Objekt außerhalb der Milchstraße, dem Andromeda-Nebel, gelingt. Die ermittelte Entfernung beträgt rund eine Million Lichtjahre. →

Eines der größten Wasser-Speicherkraftwerke in Deutschland, das Walchensee Kraftwerk am Nordrand der Alpen, wird in Betrieb genommen. →

Der deutsche Physiker Hans Riegger erfindet den elektrodynamischen Lautsprecher. →

Über die Schlei bei Lindaunis wird die derzeit größte Klappbrücke der Welt gebaut (weitere derartige Brücken entstehen 1950 und 1954).

Der deutschen Firma Consortium für elektrochemische Industrie GmbH gelingt erstmals die industrielle Herstellung des monomeren Vinylacetats. →

In Deutschland wird der Polyvinylalkohol entdeckt und daraus die erste vollsynthetische Faser gesponnen. Polyvinylalkohol wird auch zur Basis für das Auto-Sicherheitsglas. →

28. 9. Mit der Landung an ihrem Ausgangspunkt Santa Monica (US-Bundesstaat Kalifornien) beenden drei »World Cruisers« (DWC) den ersten Flug um die Erde. Die Torpedomaschinen des US-Konstrukteurs und Industriellen Donald Wills Douglas waren am 6. April gestartet und westwärts um die Nordhalbkugel geflogen (→ 10. 8. 1938).

GESTORBEN:

2. 5. Montagnola/Lugano: Charles Eugène Lancelot Brown (* 17. 6. 1863, Winterthur), schweizerischer Techniker und Industrieller.

GEBOREN:

11. 5. Fowey/Cornwall: Antony Hewish, britischer Astronom.

Kernumwandlung, Atomspinmodell

1924. Dem britischen Physiker Ernest Rutherford (→ 1910) gelingt eine Atomkernumwandlung. Sein österreichischer Kollege Wolfgang Pauli entwickelt das Modell des Spins im Atom.

Der eindeutige Zustand eines Elektrons im Atomverband läßt sich durch verschiedene Zahlen beschreiben, z. B. durch Angabe seines Drehimpulses, der die »Intensität« seiner Rotation um den Atomkern ausdrückt und seines »Spins«, des Drehimpulses seiner Eigenrotation. Pauli findet heraus, daß zwei Elektronen innerhalb eines Atoms niemals die gleichen »Quantenzahlen« (Drehimpulse) und Spinzahlen haben können (»Pauli-Verbot«).

Rutherford gelang bereits 1919 die erste künstliche Kernreaktion, als er Stickstoffkerne durch Alpha-Teilchen zu Wasserstoff- und Sauerstoffisotopen zertrümmerte. Jetzt gelingt es ihm, mit Alpha-Teilchen Protonen aus Atomkernen herauszuschießen (→ 1938).

Der bedeutende schwedische Atomphysiker Niels Bohr würdigt beim Tod Rutherfords dessen Arbeiten mit den Worten, er habe, wie Galileo Galilei, »die Wissenschaft in einem ziemlich anderen Zustand hinterlassen, als er sie vorfand«.

Rutherford selbst ist sich seiner Beteiligung am Aufbau eines neuen Weltbildes bewußt; denn als ein Physiker zu ihm sagt »Sie sind ein glücklicher Mann, immer ganz oben auf dem Wellenkamm«, hält er entgegen: »Ja – ich habe die Welle gemacht, nicht wahr?«

Der österreichische Atomphysiker Wolfgang Pauli im Hörsaal

Großspeicherkraftwerk in Oberbayern

Im Schaltraum des Kraftwerks wird bestimmt, in welcher Betriebsart die Anlage laufen soll; sie kann »Grundlast fahren«, in Hochverbrauchszeiten »Spitzenstrom« liefern oder bei Stromüberschuß im Netz rasch vollkommen abgeschaltet werden

Das Turbinenhaus des Walchenseewerks; rechts daneben erkennt man die vom Überwasser kommenden Rohrbahnen und das sog. »Wasserschloß«

1924. Am Nordrand der Alpen wird das Walchensee-Kraftwerk, eines der ersten Großwasserkraftwerke, in Betrieb genommen. Dieses Speicherkraftwerk nutzt den Höhenunterschied zwischen Walchen- und Kochelsee (200 m).

Hatte das erste größere Wasserkraftwerk der Welt an den Niagarafällen (→ 1895) eine Leistung von vier Megawatt, so leistet das neue deutsche Kraftwerk rund das Zehnfache. Jährlich kann es 300 000 Megawattstunden abgeben. Ausgebaut wird das Kraftwerk in folgenden Stufen: Von Januar bis Oktober 1924 gehen vier Drehstromgeneratoren mit zusammen 72 Megawatt Leistung in Betrieb, zusätzlich gehen zwischen April 1924 und August 1925 vier Einphasengeneratoren mit 52 Megawatt ans Netz.

Speicherkraftwerke wie das Walchenseewerk eignen sich besonders, um elektrische Energie in Verbundnetze mit tageszeitlich sehr unterschiedlichem Bedarf einzuspeisen. Als sog. Spitzenlastkraftwerke können sie im Bedarfsfall innerhalb weniger Minuten vom Stillstand auf volle Leistungsabgabe hochgefahren werden, was sie z. B. von Heizkraftwerken grundlegend unterscheidet. Während Grundlastkraftwerke – z. B. Laufwasser- und Braunkohle-Elektrizitätswerke rund um die Uhr arbeiten, kommen Spitzenlastkraftwerke nur während der kurzen Zeiten besonders hohen Strombedarfs zum Einsatz.

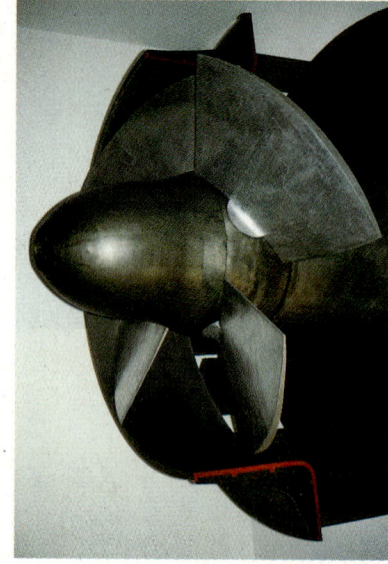

Das typische Laufrad einer Kaplan-Turbine für geringen Wasserdruck

Kaplan-Turbine für kleinen Wasserdruck

1924. Der österreichische Ingenieur Viktor Kaplan entwickelt die »Kaplan-Turbine«, die auch bei sehr geringem Wasserdruck noch mit gutem Wirkungsgrad arbeitet.

Zwei Typen von Wasserkraftwerken sind zu unterscheiden: Beim Speicherkraftwerk resultiert die Wasserenergie hauptsächlich aus der hohen Strahlgeschwindigkeit und damit dem hohen Druck. Hier werden zumeist Pelton-Turbinen (→ 1880) eingesetzt.

Laufkraftwerke mit Kaplan-Turbinen liegen zumeist an langsam strömenden Flüssen.

Mehr als 1 Million Lichtjahre entfernt

1924. Erstmals gelingt es einem internationalen Astronomenteam, den Abstand der Erde zu einem kosmischen Objekt außerhalb der Milchstraße zu bestimmen. Danach beträgt die Entfernung rund eine Million Lichtjahre (korrekt: 1,8).

Das Sternbild Andromeda, in dem der spiralförmige Nebel liegt, ist das der Milchstraße benachbarte Sternsystem. Als Lichtjahr wird die Entfernung bezeichnet, die das Licht innerhalb eines Jahres zurücklegt. Das sind rund 9460,5 Milliarden km. Erste kosmische Entfernungsmessungen innerhalb der Milchstraße stellte schon 1838 der deutsche Astronom und Mathemiker Friedrich Wilhelm Bessel an.

Neues Lautsprecherprinzip

1924. Der deutsche Physiker Hans Riegger erfindet den elektrodynamischen Lautsprecher.

Bisher verwendete man die → 1898 erfundenen elektromagnetischen Lautsprecher. Bei ihnen zieht ein vom Tonfrequenzstrom durchflossener Elektromagnet im Rhythmus der Tonschwankungen eine Blechmembran an. Bei späteren Modellen wird diese Membran durch einen frei vor den Polen des Magneten schwingenden eisernen Anker ersetzt, der fest mit einer flach trichterförmigen Papiermembran verbunden ist, die als klangabstrahlender Körper wirkt. Beim elektrodynamischen Lautsprecher dagegen wird die Ablenkung eines stromdurchflossenen Leiters in einem Magnetfeld ausgenutzt. Dieser Lautsprechertyp besteht im wesentlichen aus einem Dauermagneten, z. B. aus Aluminium-Nickel-Kobalt (später auch aus Ferrit) mit einem ringförmigen Luftspalt. In diesem Luftspalt liegt eine vom tonfrequenten Strom durchflossene Spule, die als Ganzes durch die Wechselwirkung zwischen dem von ihr erzeugten Feld und dem Feld des Magneten in Schwingungen versetzt wird. Sie ist mit einer in etwa konusförmigen Membran verbunden, die als eigentlicher Schallkörper die akustischen Schwingungen abstrahlt. Beim elektrodynamischen Lautsprecher werden nichtlineare Verzerrungen bei der Schallwiedergabe zum größten Teil vermieden.

Neue Verfahren im Kunststoffsektor

1924. Der deutschen Firma Consortium für elektrochemische Industrie GmbH gelingt erstmals die großtechnische Herstellung des monomeren Vinylacetats. Das ist eine Vorstufe bei der Produktion von Polyvinylacetat, einem sehr licht- und wetterbeständigen synthetischen Bindemittel für Dispersionsfarben und Klebstoffe.

Ebenfalls in Deutschland wird der Polyvinylalkohol entdeckt, aus sich vollsynthetische Fasern spinnen lassen. Polyvinylalkohol wird auch zur Basis von Sicherheitsglas (Verbundglas) für Autoscheiben. Aus ihm werden glasklare Folien gefertigt, die man zwischen zwei Glasscheiben einbettet.

1925

Um 1925. Weltweit werden Fernleitungen für elektrische Energie aufgebaut. →

Fahrbare Kompressoren und Druckluftwerkzeuge, die insbesondre im Tiefbau Verwendung finden, setzen sich durch. →

1925. Im Rahmen von Erdölbohrungen wird nach dem sog. Seilschlagverfahren in Pennsylvania das tiefste Bohrloch bis auf 2 366 m niedergebracht.

Die Pioniere der Fernsehtechnik Max Dieckmann und August Karolus in Deutschland, John Logie Baird in Großbritannien und Charles Jen Kins in den USA ermöglichen die ersten öffentlichen Fernsehvorführungen (→ 1928).

John Logie Baird, in Schottland geborener Fernsehtechniker, gründet die Television Ltd., die erste Fernsehgesellschaft der Welt (→ 1923).

Mit der von dem deutschen Feinmechaniker Oskar Barnack entwickelten »Leica« führt die Firma Leitz die erste Kleinbildkamera ein. →

Der US-Techniker Joseph Maxfield erfindet in den Bell Telephone Laboratories das elektrische Mikrophon. →

Zur Herabsetzung des Innenwiderstandes von Senderöhren versieht der deutsche Physiker Walter Schottky diese Röhren mit einem zusätzlichen engmaschigen Schirmgitter.

Wladimir Kosma Zworykin, in den Vereinigten Staaten lebender russischer Physiker, erhält ein Patent auf Farbfernsehröhren. →

Die deutschen Physikochemiker Walter Noddack und Ida Eva Tacke entdecken das Element Rhenium.

Der deutsche Physiker Werner Karl Heisenberg erklärt mit seiner Quantenmechanik mikrophysikalische Vorgänge. →

In den USA arbeiten Mähdrescher, die von nur zwei Personen bedient werden müssen (→ um 1925).

Franz Fischer und Hans Tropsch entwickeln das Niederdruckverfahren zur Gewinnung von Benzin aus Kohle. →

25. 1. Nach Versuchsfahrten in der Sowjetunion trifft die von der Firma Esslingen gebaute Lokomotive mit einem 1200-PS-Dieselmotor der Maschinenfabrik Augsburg-Nürnberg in Moskau ein. Sie ist die erste Diesellok, die günstigere Leistungs- und Verbrauchswerte als eine etwa gleich starke Dampflokomotive erreicht (→ 1929).

GEBOREN:

12. 3. Osaka: Leo Esaki, japanischer Physiker.

Neues Weltbild der Physik

1925. Der deutsche Physiker Werner Karl Heisenberg entwickelt die Quantenmechanik zum Verständnis mikrophysikalischer Vorgänge, die seine deutschen Kollegen Max Born und Pascual Jordan vervollkommnen (→ 1925 – 1930).
Formelmäßig ähneln die Gesetze der Quantenmechanik jenen der klassischen Mechanik, doch gehen sie von vollkommen anderen Voraussetzungen aus. Die klassische Mechanik legt ihrem Denken als stetig angenommene Vorgänge zu Grunde, die Quantenmechanik setzt jedes Geschehen aus einer Vielzahl einzelner – winziger – sprunghafter Änderungen, sogenannter Quantensprünge, zusammen. Kommen in der klassischen Mechanik Ort, Energie und Impuls in jedem Augenblick eines Vorgangs ganz bestimmte Werte zu, so ersetzt sie die Quantenmechanik durch Werte von statistisch wechselnder Wahrscheinlichkeit. Erst die Mittelung der Daten (Energien, Impulse usw.) aller Quanten eines Systems ergibt die Werte für das Gesamtsystem. In seiner »Unschärfe-

Werner Karl Heisenberg – er entwickelt die Quantenmechanik

relation« beweist Heisenberg 1927, daß sich Ort und Impuls eines Elementarteilchens niemals zugleich mit beliebiger Genauigkeit bestimmen lassen und daß deshalb auch exakte Vorausberechnungen von Vorgängen der Mikromechanik nicht möglich sind. Der Grund: Die exakte Messung des Ortes verändert den Impuls eines Teilchens.

Fernleitungen und Stromverbundnetze

Um 1925. In aller Welt werden elektrische Fernleitungen aufgebaut. In Deutschland entsteht das erste bedeutende 110-Kilovolt-Stromverbundnetz. 1926 wird die erste 220-kV-Freileitung installiert. In Frage kommt nur Hochspannung, weil dabei die Übertragungsverluste geringer bleiben als in Niederspannungsnetzen.

Verlegt werden unterirdische Kabel (→ 1920) und Freileitungen. Als Leitungsmaterial wird bevorzugt Kupfer verwendet, daneben auch das wesentlich billigere Aluminium, das aber nur etwa 60% der elektrischen Leitfähigkeit des Kupfers besitzt. Die Freileitungen werden an Isolatoren aus Porzellan, Glas oder Steatit an die Auslegerarme von Stahlgittermasten gehängt. Bei hohen Spannungen werden oft zwei oder vier Leiter für jede Phase in einigem Abstand parallel zueinander verlegt und in regelmäßigen Intervallen leitend miteinander verbunden. Durch diese Maßnahme lassen sich die Abstrahlungsverluste weiter verringern.

Neues Verfahren zur Treibstoffsynthese

1925. Die deutschen Chemiker Franz Fischer und Hans Tropsch entdecken ein neues chemisches Verfahren, unter Niederdruck aus Synthesegas verschiedene flüssige Kohlenwasserstoffe, darunter Benzin, zu erzeugen. Da sich Synthesegas aus Kohle herstellen läßt, stellt die Fischer-Tropsch-Synthese ein neues Verfahren zur Kohleverflüssigung (→ 1913) dar.
Der Prozeß der Synthese von Ketten-Kohlenwasserstoffen spielt sich bei Temperaturen zwischen 220 und 340 °C und Drücken von 20 bis 25 Atmosphären ab. Großtechnisch läßt sich das Verfahren in zwei unterschiedlichen Prozessen praktizieren. Im sog. Arge-Prozeß mit Festbettreaktoren entstehen neben Benzin vorwiegend Paraffine. Im sog. Synthol-Prozeß mit Flugstaubbett bilden sich außerdem geringe Mengen von Alkohol und anderen Sauerstoffverbindungen.
Die Synthesereaktion verläuft nach der chemischen Gleichung $xCO + 2xH_2 = (CH_2)_x + xH_2O$. Die auf diese Weise hergestellten Kraftstoffe sind teurer als Erdölprodukte.

Dennoch wird das Verfahren in Deutschland bald industriell eingeführt, um politisch von Erdölimporten unabhängig zu werden.
Dieselöl aus der Fischer-Tropsch-Synthese zeichnet sich außer durch seine hohe Reinheit durch gute Zündwilligkeit aus.
Synthetisches Methanol, das aus der Synthese gewonnen werden kann, ist ein Vorprodukt für die chemische Industrie.

Die geistigen Väter der Fischer-Tropsch-Synthese für flüssige Kohlenwasserstoffe: Die Chemiker Franz Fischer (links) und Hans Tropsch (rechts)

US-Patent auf eine Farbfernsehröhre

1925. Ein US-Patent auf eine von ihm entwickelte Farbfernsehröhre erhält der russische Physiker Wladimir Kosma Zworykin.

Ein erstes, wirtschaftlich erfolgloses Farbfernsehpatent hatte schon 1902 der deutsche Physiker Otto von Bronk erhalten. Zworykin greift das Verfahren wieder auf und entwickelt die von ihm erfundene Fernsehröhre Ikonoskop (→ 19. Dezember 1923) entsprechend weiter, jedoch im wesentlichen auch ohne ein kommerziell verwertbares Ergebnis. Das Ikonoskop ist im Prinzip eine Kathodenstrahlröhre (→ 1897), deren Schirm sich aus einer Fülle einzelner Emissionsfotozellen aufbaut. Diese Zellen sind auf einer Glimmerplatte aufgebracht und von einer leitenden Elektrode gestützt. Das zu übertragende Bild wird auf dieses Mosaik projiziert. Der Elektronenstrahl tastet systematisch nacheinander alle Punkte dieses Mosaiks ab. Mit einem derartigen System ein Farbmischverfahren zu entwickeln, wirft große technische Probleme auf.

Kleinbildkamera belebt Amateurfotografie

1925. *Die Firma Leitz in Wetzlar bringt die bereits ab 1913 von dem deutschen Feinmechaniker und Leitz-Entwicklungskonstrukteur Oskar Barnack konstruierte Kleinbildkamera »Leica« (Abb.) auf den Markt und setzt damit neue Maßstäbe in der Amateurfotografie. Durch Weiterentwicklungen auf dem Gebiet des Filmmaterials wurde der Bau einer Präzisionskamera mit dem Bildformat 24 × 36 mm möglich.*
Neue, zugleich sehr lichtempfindliche und feinkörnige Filmbeschichtungen erlauben bei gleicher Bildqualität weitaus kleinere Negativformate als bisher. Dadurch ist der Weg zur kompakten »Leica« geebnet, mit der sich pro Filmspule 36 Bilder aufnehmen lassen.

Mikrophone werden leistungsfähiger

1925. Der Elektrotechniker Joseph Maxfield aus den USA entwickelt in den Bell Telephone Laboratories das elektrische Mikrophon.

In Telefonen benutzte man bisher Kohlemikrophone (→ 1877), die nur ein recht begrenztes Frequenzband der Schallschwingungen aufnehmen und außerdem stets ein gewisses Rauschen durch die Bewegung der Kohlekörnerchen erzeugen. Auch altern diese Mikrophone. Als Mikrophon für Schallplattenaufnahmen verwendete man große Trichter, die die Schallwellen zu einer kleinen schwingenden Metallplatte leiteten, an der sich der metallene Schreibstift zum Ritzen der Vaterplatte (→ 1892) befand.

Das von Maxfield entwickelte Mikrophon arbeitet elektrisch. Eine kleine Spule schwingt, vom Schall getroffen, im Feld eines Permanentmagneten. Dadurch wird in der Spule ein Strom induziert, der anschließend in einer Triode (→ 1906) verstärkt wird. Er erzeugt – elektromagnetisch – eine mechanische Kraft im Plattenschneidgerät.

Industrie-Methoden in der Landwirtschaft

Um 1925. In der Landwirtschaft wird körperliche Arbeit zunehmend durch Maschinen ersetzt. In den Vereinigten Staaten arbeiten z. B. Mähdrescher, für deren Bedienung zwei Personen ausreichen. Damit zeichnet sich immer deutlicher ein Wandel der Landwirtschaft ab, der gewissermaßen dem Vorbild industrieller Rationalisierung (→ 1921) folgt.

Obwohl bereits zur Jahrhundertwende dem Landwirt zahlreiche Maschinen zur Verfügung standen – der stählerne Motorpflug, selbstbindende Mähmaschinen, Drill- und Sämaschinen und Göpeldreschwerke – blieb die Landarbeit bis in die 1920er Jahre im Grunde härteste Körperarbeit. Die Wende zu einer stärkeren Mechanisierung und Automatisierung in der Landwirtschaft setzt Mitte der 1920er Jahre ein. Der Traktor (→ 1921) wird mit dem von dem britischen Industriellen Harry George Ferguson entwickelten Dreipunkteanbau und einer Kraft-

zapfwelle zur universellen Antriebseinheit für alle Feldmaschinen, für Hebe- und Fördereinrichtungen. Auf den Höfen hält die Elektrizität Einzug. Sie treibt Höhen- und Gebläseförderer, Sackaufzüge, Saatgutreiniger und -trockner, Heu- und Strohpressen, Melkmaschinen, Brunnenpumpen, Zentrifugen und Haushaltsmaschinen. Die Zahl der Arbeitskräfte auf den Bauernhöfen sinkt.

Auf einer britischen Landwirtschaftsausstellung: Kombi-Erntemaschine (r.) und ein Sammler für gemähtes Schnittgut (auf dem linken Wandbild)

Druckluft: Antrieb für viele Werkzeuge

Um 1925. Fahrbare Kompressoren und Druckluftwerkzeuge setzen sich auf breiter Front durch.

Erstmals verwendet wurden Preßluftbohrwerkzeuge 1857 von dem französischen Tiefbauingenieur Germain Sommeiller (→ 1875).

Jetzt bürgern sich kleine fahrbare Kompressoren, die auf Lkw verladen oder von diesen geschleppt werden können, vor allem im Straßenbau ein. Bekannt wurden erste Modelle bereits 1912. Besonders der Preßlufthammer findet rasch weite Verbreitung. Mit Stoß- und Schlagbewegungen hilft er, alte Fahrbahndecken aufzureißen, steinigen Untergrund zu lockern, Altbauten abzureißen usw. Das Gerät arbeitet mit einem durch Druckluft hin- und herbewegten Kolben, der rhythmisch auf einen harten, beweglich gelagerten Metallmeißel schlägt.

Die Druckluftwerkzeuge sind wesentlich robuster als Elektromaschinen. Sie sind weitgehend schmutz- und feuchtigkeitsunempfindlich und kennen keine Überlastungs- und Kurzschlußprobleme.

1926

Die chemische Reinigung Eldec Company stell in New York das erste Dampfbügeleisen her.

Der Deutsche Hans Busch begründet die Elektronenoptik als selbständige wissenschaftliche Disziplin. Der in Jena lehrende Physikprofessor entwickelt eine magnetische Linse in Form eines rotationssymmetrischen Feldes zur Bündelung von Elektronenstrahlen. →

Der Norweger Erik Rotheim erfindet die Sprühdose (→ 1941).

Der Japaner Hidetsugu Yagi entwickelt zusammen mit Shintaro Uda die Yagi-Antenne, einen Dipol mit Reflektoren und Direktoren, der bald zur klassischen Fernsehantenne wird. →

Die erste 220 Kilovolt-Stromleitung wird in Betrieb genommen (→ um 1925).

Der US-amerikanische Ingenieur J. H. Niemann erfindet den mechanischen Drehmomentverstärker (wichtig für mechanische Analogrechner).

Das von der Firma Krupp entwickelte Hartmetall »Widia« wird erstmal als Schneidstahl in einer Werkzeugmaschine eingesetzt. →

16. 3. Der US-amerikanische Physiker Robert Hutchins Goddard startet die erste Flüssigtreibstoffrakete. Sie ist rund drei Meter lang, wiegt 2,72 kg und wird von einem Gemisch aus Benzin und flüssigem Sauerstoff angetrieben.

1. 5. Die Deutsche Lufthansa eröffnet die erste Nachtflugstrecke für Passagierverkehr: Berlin – Königsberg.

GESTORBEN:

21. 2. Leiden: Heike Kamerlingh Onnes (* 21. 9. 1853, Groningen), niederländischer Physiker.

4. 4. Schloß Landsberg/Essen: August Thyssen (* 17. 5. 1842, Eschweiler), deutscher Industrieller.

10. 6. Barcelona: Antonio Gaudí (eigentl. A. Gaudí y Cornet; * 25. 6. 1852, Reus), spanischer Architekt. →

GEBOREN:

29. 1. Jhang Maghiana: Abdus Salam, pakistanischer Physiker.

30. 6. New York: Paul Berg, US-amerikanischer Biochemiker.

9. 7. Chicago: Benjamin Roy Mottelson, US-amerikanischer Physiker.

21. 9. Cleveland/Ohio: Donald Arthur Glaser, US-amerikanischer Physiker.

24. 11. Schanghai: Tsung Dao Lee, chinesisch-US-amerikanischer Kernphysiker.

Robert Goddard startet in Massachusetts erste Flüssigtreibstoffrakete

16. März 1926. *Nach jahrelangen Versuchen gelingt es dem US-Physiker Robert Hutchins Goddard, von einer Farm in Auburn (Massachusetts), die erste Flüssigtreibstoffrakete zu starten (Abb. links). Sie wiegt leer 2,72 kg, mit Benzin und flüssigem Sauer-* *stoff betankt 4,74 kg. Die Rakete ist rund 3 m lang und enthält außer den Tanks einen 60 cm langen Raketenmotor. Sie legt in 2,5 s Flugzeit eine Strecke von 56 m bei 12,5 m maximaler Flughöhe zurück (Abb. rechts: Raketenstartturm von Goddard aus dem Jahr 1927).*

Magnetlinse für Elektronenstrahlen

1926. Der deutsche Physiker Hans Busch begründet die Elektronenoptik als selbständige wissenschaftliche Disziplin.

Daß sich Elektronenstrahlen durch magnetische Felder ablenken lassen, ist nicht neu (→ 1897). Busch berechnet die Elektronenbahnen in einem rotationssymmetrischen Feld und zeigt, daß sie dort ähnlich verlaufen wie Lichtstrahlen in rotationssymmetrischen optischen Systemen. Der in Jena lehrende Physikprofessor beweist, daß sich Elektronenstrahlen durch magnetische Linsen ebenso präzise fokussieren lassen wie Lichtstrahlen durch optische Sammellinsen.

Im Forschungszentrum der AEG in Berlin setzt eine breite Grundlagenforschung ein, an der vor allem der Ingenieur Max Knoll und der Student Ernst Ruska beteiligt sind. Andererseits widmet sich der Direktor des Danziger Physikalischen Instituts, Carl Wilhelm Ramsauer, elektronenoptischen Forschungen. Die Berliner Arbeiten führen → 1931 zum ersten Elektronenmikroskop.

Yagi erfindet neue Fernsehantenne

1926. Der japanische Physiker Hidetsugu Yagi erfindet zusammen mit seinem Fachkollegen Shintaro Uda die Yagi-Antenne, die bald zur typischen Fernsehempfangsantenne wird.

In Empfangsantennen erzeugt das vom Sender abgestrahlte elektromagnetische Feld eine hochfrequente Wechselspannung, die im Empfänger weiterverarbeitet wird. Für den UKW- und Fernsehempfang benutzt man sogenannte Dipole, waagrechte symmetrische Antennen, weil die ausgesandten Feldlinien zur Vermeidung von Zündstörungen durch Kraftwagen u. a. waagrecht polarisiert sind. Die Empfangsleistung läßt sich beim Dipol durch einen zweiten, elektrisch nicht angeschlossenen Dipol (Reflektor) hinter der Antenne vergrößern. Die Antenne erhält dadurch eine Richtwirkung. Yagis Erfindung beruht darin, daß er außer diesem Reflektor vor dem Empfangsdipol weitere Dipole ohne Zuleitung (Direktoren) anbringt. Auch sie steigern die Richtwirkung.

Neue Maschinen als Folge von »Widia«

1926. Das bei der Firma Krupp in Essen entwickelte neue Hartmetall »Widia«, eine Legierung aus Chrom, Wolfram, Titan oder Molybdän mit ihren Karbiden (→ 1914) wird erstmals als Schneidstahl in einer Werkzeugmaschine eingesetzt.

Eine Entwicklung, die schon mit der Einführung der Schnellstähle (→ 1900) einsetzte, erfährt dadurch eine starke Beschleunigung: Die neuen, harten spanabhebenden Werkzeuge erlauben wesentlich höhere Schnittgeschwindigkeiten. Dadurch übertragen sie aber auch Kräfte auf ihre Halterung und auf die Lager der Werkzeugmaschinen, die um ein Vielfaches höher sind als die bisher bekannten Belastungen dieser Maschinenelemente. Die alten Werkzeugmaschinen genügen den Anforderungen durch die neuen Werkzeugmaterialien nicht mehr. Sie erbringen die geforderten dynamischen Eigenschaften nicht, sind zu schwach oder verschleißen zu schnell. Die Folge ist eine rasch einsetzende Welle neuer Werkzeugmaschinenkonstruktionen.

Gaudís Jugendstilarchitektur

10. Juni 1926. Im Alter von 73 Jahren stirbt in Barcelona Antonio Gaudí (A. Gaudí y Cornet). Der spanische Architekt trat vor allem als Gestalter hervor, der die Imitationen des Historismus durch einen eigenen Stil überwand: Eine Parallele zum mitteleuropäischen Jugendstil.

Gaudí war aber nicht nur Architekt, sondern auch ein genialer Bauingenieur, der spielerisch die technischen Möglichkeiten der Baumaterialien voll ausschöpfte. Er schuf in Anlehnung an Strukturformen der Natur, oft aber auch an eine phantastische Märchenwelt, organisch-dynamische Baukörper, die eine geschlossene Einheit aus Raum, konstruktiver Ausführung und Dekor bilden. Neben seinem Hauptwerk, der berühmten – unvollendeten – Kirche »Sagrada Familia« in Barcelona, experimentierte er im dortigen Parque Güell mit Häusern und einer Parkarchitektur, die zum Teil den Gesetzen der Schwerkraft zu spotten scheint. Besonders in Säulengalerien verkehrt er optisch die Funktion des Tragens scheinbar in eine Funktion des Hängens und die vertikale Stütze zu einer schräg im Raum stehenden Strebe, deren Sinn provokant-fragwürdig scheint.

Portalfront der unvollendet gebliebenen Kathedrale »Sagrada Familia« des katalanischen Architekten Antonio Gaudí in Barcelona (Spanien)

1927

Die US-Ingenieure Herbert Eugene Ives und Frank Gray übertragen Fernsehbilder über Telefonleitungen. →

Der Pilot und spätere US-amerikanische Fliegergeneral James Doolittle unternimmt den ersten Blindflug und die erste Instrumentenlandung im Nebel (→ 20./21. 5. 1927).

In Deutschland wird der erste vollwertige synthetische Kautschuk Buna erfunden. →

Auf der Pariser Industriemesse wird das automatische Telefon vorgeführt.

G. J. M. Darrieus konstruiert seinen patentierten Windrotor mit senkrechter Achse. →

Die Anglo-Iranian Oil Co. erschließt die erste große irakische Ölquelle. →

Der US-amerikanische Elektroingenieur Harold Stephen Black erfindet den Gegenkopplungs-Verstärker. →

Das deutsche Forschungsschiff »Meteor« kehrt von einer zweijährigen Forschungsreise aus dem Südatlantik zurück, wo es ozeanographische Messungen vorgenommen hat. →

In der Stuttgarter Weißenhofsiedlung veranstaltet der Deutsche Werkbund unter der Leitung von Ludwig Mies van der Rohe eine Ausstellung, die neue Baumethoden, Baumaterialien und Wohnformen vorstellt (Stahlskelettbau u. a.). →

Als erste Eisenbahnstrecke der Welt wird die 51 km lange Strecke Toledo – Berwick von einem Fernsteuerstellwerk für Weichen und Signale zentral bedient. →

Der New Yorker Biologe und Genetiker Hermann Joseph Muller löst bei der Drosophila (Taufliege) gezielt Mutationen durch Röntgenstrahlen aus. →

15. 5. Die deutschen Reichsbehörden (Bahn, Post, Reichswehr) führen die 24-Stunden-Zeitzählung ein.

20./21. 5. Der US-amerikanische Postpilot Charles August Lindbergh überquert mit seinem einmotorigen Ryan-Eindecker »Spirit of St. Louis« im Alleinflug den Atlantik von New York nach Paris. →

14./15. 10. Der erste Nonstopflug über den Südatlantik (von St. Louis, Senegal, nach Port Natal, Brasilien) gelingt (→ 20./21. 5. 1927).

GESTORBEN:

2. 10. Stockholm: Svante August Arrhenius (* 19. 2. 1859, Uppsala), schwedischer Physikochemiker.

GEBOREN:

9. 5. Bochum: Manfred Eigen, deutscher Chemiker.

Mutationen durch Röntgenstrahlen

1927. Der US-Biologe Hermann Joseph Muller löst bei der Taufliege (Drosophila) gezielt Genmutationen durch Röntgenstrahlen aus.

Die Versuche weisen auf eine weitere Gefahr der Röntgenstrahlen hin (→ 8. 11. 1895). Bekannt waren bisher beim Menschen der sogenannte Röntgenkater, eine der Seekrankheit ähnelnde akute allgemeine Schädigung, sowie die mögliche Zerstörung des Blutes, Hautschäden und Gewebezerstörungen bis hin zu Geschwüren und Krebs. Mit genetischen Schäden ist vor allem bei chronischer Einwirkung kleinerer Strahlenmengen auf die Keimdrüsen zu rechnen.

Bald Fernsehen für jedermann?

1927. Ein Team der Bell Telephone Company in den USA unter Leitung von Herbert Eugene Ives und Frank Gray stellt ein von ihm entwickeltes elektromechanisches Fernsehsystem vor. Es arbeitet mit der Nipkow-Scheibe (→ 1884; 1923).

Ives überträgt Darbietungen einer Stepptänzerin auf einem New Yorker Hochhaus per Telefondraht. Euphorisch berichtet die »New York World«, daß es wohl nur noch zehn Jahre dauern werde, bis das Fernsehen in alle Häuser komme.

Empfangsqualität im Radio gesteigert

1927. Durch die Erfindung des Gegenkopplungsverstärkers, die etwa zeitgleich, aber unabhängig voneinander, in den Niederlanden Klaas Posthumus und in den USA Harold Stephen Black machen, werden die Empfangsqualität und die Stabilität der Rundfunkempfänger und auch der Fernsprechverbindungen wesentlich verbessert.

Die Verstärkereigenschaften werden damit weitgehend unabhängig von Temperatureinflüssen und Fertigungsstreuungen bei den elektronischen Bauelementen.

Das Prinzip beruht darauf, daß ein Teil der Verstärker-Ausgangsspannung zum Eingang zurückgeführt und dort von der Eingangsspannung (Gitterspannung; → 1906) subtrahiert wird.

Pionierleistungen in der Motorfliegerei

20./21. Mai 1927. Auf der Strecke New York – Paris überquert Charles August Lindbergh aus den USA als erster den Atlantik nonstop im Alleinflug. Weitere Pionierflüge anderer Piloten folgen im Verlauf des Jahres: Der spätere US-Fliegergeneral James Harold Doolittle absolviert bei Nebel die erste Instrumenten-Blindlandung. Am 14./15. Oktober gelingt Dieudonné Costes und Joseph Le Brix der erste Nonstopflug über den Südatlantik. Lindberghs 33½stündiger Flug ist der 13. Transatlantikflug, aber der erste Alleinflug. Die Maschine ist die »Spirit of St. Louis« vom Typ Ryan »NYP« mit einem 237-PS-Wright-J-5C-Whirlwind-Neunzylinder-Sternmotor. Nur 14 Tage später überquert auch Clarence D. Chamberlin den Atlantik allein und fliegt mit seiner Bellanca »Columbia« 483 km weiter als Lindbergh, bis Deutschland. Der erste Südatlantikflug dauert nur 19 Stunden und 50 Minuten. Er führt von St. Louis im Senegal über 3420 km nach Natal in Brasilien und ist ein Teil eines sechsmonatigen Fluges rund um die Welt. Am 11. April 1928 gelingt es den deutschen Piloten Hermann Köhl und Ehrenfried Günther Freiherr von Hünefeld zusammen mit dem irischen Kapitän James C. Fitzmaurice, den Atlantischen Ozean auf der viel schwierigeren Ost-West-Route zu überfliegen.

Charles Lindberghs berühmtes Hochdeckerflugzeug »Spirit of St. Louis«, unmittelbar nach seiner Rückkehr aus Europa in die Vereinigten Staaten

In New York wird Lindbergh (l. auf dem Rücksitz) enthusiastisch gefeiert

Neuer synthetischer Kautschuk erfunden

1927. In Deutschland wird der erste vollwertige Synthese-Kautschuk entwickelt: »Buna«. 1928 beschreibt der Chemiker Karl Waldemar Ziegler diese Substanz.

Schon während des Weltkriegs experimentierten deutsche Chemiker mit der Erzeugung eines synthetischen Gummis (»Methylkautschuk«), der sich aber nicht bewährte. Buna entsteht durch Polymerisation (→ 1936) von Butadien-Molekülen zu Molekülketten in Gegenwart von Natrium als Katalysator (→ 1811; 1901). Aus den beiden jeweils ersten Buchstaben dieser Substanzen leitet sich auch der Produktname her. Das Butadien ist ein dem nicht vulkanisierten Naturkautschuk chemisch verwandter, ungesättigter Kohlenwasserstoff.

Darrieus' neuer Windrotor

1927. Ein neues Windrotorkonzept realisiert der französische Erfinder G. J. M. Darrieus nach seinem Patent von 1925.

Dreiflügeliger Darrieus-Windrotor moderner Bauart von Dornier; Höhe 21 m, Nennleistung 30 Kilowatt

Darrieus greift auf das rund 1000 Jahre alte Prinzip der persischen Windmühle mit einer senkrechten Achse zurück. Bei einem ersten Modell setzt er an das Ende der Achse eine rotierende Querstange an, die an jedem Ende einen schmalen senkrechten Flügel trägt. Später werden Darrieus-Rotoren so ausgeführt, daß die beiden gegenständigen Flügel als schmale biegsame Streifen bauchig vom oberen zum unteren Ende der Drehachse verlaufen. Im Wind bewegen sie sich wie – vertikal – geschwungene Springseile.

Darrieus-Windrotoren liefern weniger Energie als gleichgroße klassische Windräder, arbeiten aber völlig unabhängig von der Windrichtung, werden bei Sturm nicht zerstört und sind billig.

Fernsteuerstellwerk für die Eisenbahn

1927. Als erste Eisenbahnstrecke der Welt wird der 51 km lange Schienenweg zwischen Toledo und Berwick (US-Bundesstaat Ohio) von der New York Central Railroad Company von einem Fernsteuerstellwerk aus zentral bedient. Gesteuert werden damit alle Weichen und Signale dieser Linie.

Die Stellwerktechnik, die sich seit Mitte des 19. Jahrhunderts entwickelte, arbeitete zunächst mit mechanischer Befehlsübertragung (Seilzüge, Hydraulik, Pneumatik) und ab 1891 auch elektrisch, immer aber nur im Nahbereich. Die neue Anlage bedient erstmals eine gesamte Fernstrecke.

Vermessungen im südlichen Atlantik

1927. Das deutsche Forschungs- und Vermessungsschiff »Meteor« kehrt von einer zweijährigen Forschungsreise aus dem Südatlantik zurück, wo es ozeanographische Messungen vorgenommen hat.

Die erste Phase wissenschaftlicher ozeanographischer Untersuchungen hatte im Dezember 1872 die britische Dampfkorvette »Challenger« eingeleitet, als sie zu einer 1274-tägigen weltumspannenden Forschungsreise antrat. Sie legte 69 000 Seemeilen auf allen Ozeanen zurück und nahm mit dem reichhaltigen Bordinstrumentarium ozeanographische, geophysikalische und biologische Untersuchungen vor. Die »Meteor« kann rund ein halbes Jahrhundert später verbesserte Meßverfahren einsetzen. Das Schiff der deutschen Reichsmarine vermißt mit Hilfe des Echolots (→ 14./15. 4. 1912) die Gestalt des südatlantischen Meeresbodens, Schichtungen, Strömungen und Zirkulationen der Wassermassen sowie die Temperatur-, Feuchte- und Windverteilung in der Atmosphäre über dem Meer. Auch die Geologie des Meeresbodens wird – durch Probeentnahmen – untersucht. Biologische Forschungen befassen sich mit dem Leben im bereisten Seegebiet. Die Ergebnisse der »Meteor«-Expedition schlagen sich in zahlreichen voluminösen Forschungsberichten nieder, die bald international ausgewertet werden und auch international Nachahmer finden.

Demonstration des modernen Bauens

1927. In der architektonisch modernen Stuttgarter Weißenhofsiedlung veranstaltet der Deutsche Werkbund unter der Leitung von Ludwig Mies van der Rohe eine Ausstellung, die neue Formen des Wohnbaus und dessen Konstruktion (u. a. Stahlskelettbau) zum Thema hat und dabei auch neue Baumethoden, Baumaterialien und Vorschläge zur Normung vorstellt. An der Exposition beteiligen sich die meisten international führenden Architekten der sog. Moderne, unter ihnen Le Corbusier, Walter Gropius, Peter Behrens, Hans Poelzig, Jacobus Johannes Pieter Oud, Hans Scharoun und Max Taut.

Der 1907 gegründete Deutsche Werkbund setzt sich wie die mittelalterlichen Bauhütten (→ 1300) für die Verwendung solider Werkstoffe und deren gediegene handwerkliche Verarbeitung ein. Im Gegensatz zur Jugendstilarchitektur, die er überwinden will, bezieht er die technischen Möglichkeiten der Maschinenarbeit, der industriellen Fertigung und der Normung und Typisierung in seine Betrachtungen ein.

Eine bedeutende moderne Künstlergruppe, der auch Architekten angehören, formierte sich ebenfalls schon vor 1927 in den Niederlanden unter dem Namen »De Stijl«. Sie ist weniger pragmatisch und deshalb auch weniger produktiv als der Deutsche Werkbund und ergeht sich vor allem in ästhetischen und theoretischen Überlegungen.

Wichtige Dokumente des Hochbaus um die Mitte der 1920er Jahre sind neben der Weißenhofsiedlung in Stuttgart das Bauhaus in Dessau (1925/26), das Verwaltungsgebäude der Farbwerke Hoechst (1920/26), der Karl-Marx-Hof in Wien (1927/30), die Antoniuskirche in Basel (1926), die Frankfurter Großmarkthallen (1926/27), Corbusiers Villa Stein in Garches (1927) oder das Stuttgarter Warenhaus Schocken (1926/27).

Mies van der Rohe beeinflußt Bauwesen

1927. Der deutsche Architekt Ludwig Mies van der Rohe findet mit der Wohnbauausstellung in der z. T. von ihm entworfenen Stuttgarter Weißenhofsiedlung internationale Anerkennung.

Wie der große Schweizer Baumeister Le Corbusier ist Mies van der Rohe Autodidakt, vervollkommnete seine Selbstausbildung aber entscheidend durch die praktische Tätigkeit in den Ateliers von bedeutenden Architekten wie Hendrik Petrus Berlage, Peter Behrens und Bruno Paul. Bereits um 1920 überzeugte er durch – allerdings nicht realisierte – Entwürfe von Hochhäusern aus Stahlbeton und Glas, vor allem durch ein Stahlbeton-Bürohaus mit durchgehenden Fensterbändern. Sein Hauptanliegen ist es,

Blick auf Gebäude der Weißenhofsiedlung am Südosthang des Killesberges in Stuttgart; die Einheimischen nennen die Siedlung »Klein Marokko«

Typisch für die Architektur der Einzelhäuser in der Weißenhofsiedlung: Der Baukörper wirkt dreidimensional und nicht fassadenbezogen

Reihenhäuser; sie stehen für optimale Raumausnutzung im Kubus

einen einheitlichen, in sich geschlossenen Baukörper zu schaffen, den »Einraum« mit nur wenigen unterteilenden Wandlamellen. Dabei geht sein Stilempfinden nicht zum Massiven, sondern zum Leichten. Die Boden- und Deckenelemente seiner Konstruktionen erscheinen wie schwebende Platten, die an dünnen Stützen eher aufgehängt als ruhend wirken. Später wird Mies van der Rohe zum leidenschaftlichen Verfechter transparenter und scheinbar schwereloser Glaskuben und reiner struktureller Details.

Bekannt werden nach der Weißenhofsiedlung schon 1929 der deutsche Pavillon auf der Weltausstellung in Barcelona und 1930 das Privathaus »Tugendhat« in Brünn.

Trotz der geschlossenen Bauformen wirken die Reihenhäuser auf dem Stuttgarter Killesberg nicht schwer und klotzig, sondern eher leicht

Typische Tankstelle aus der Zeit zwischen den Weltkriegen (hier 1928)

Der pferdegezogene Tankwagen (Abb. 1906), Vorläufer der Benzintankstellen

Ölfelder in Persien und im Irak erschlossen

1927. Die Anglo-Iranian Oil Company erschließt die erste große Ölquelle im Irak. Außerdem entdeckt die Turkish Petroleum Company, zu der auch das britisch-persische Unternehmen gehört, Öl in Kirkuk im nördlichen Irak. Damit beginnt die Ölförderung aus einem der mächtigsten und bedeutendsten Lagergebiete der Welt.

In den 90er Jahren des 19. Jahrhunderts vermuteten Geologen Öl in Persien, aber zahlreiche Probebohrungen unter schwierigen Bedingungen blieben erfolglos. 1903/04 stieß man schließlich auf Öl, aber das Vorkommen war für eine Nutzung zu klein. Erst am 26. Mai 1908 fand sich in Persien Öl in wirtschaftlichen Mengen. Die Bohrungsarbeiten mußten aber wegen Krankheiten, Gasvergiftungen, Gasausbrüchen und Explosionen abgebrochen werden. Erst 1909 bohrte man weiter und begann mit dem Bau einer ersten Raffinerie in Abadan am Schatt-el-Arab, die 1913 betriebsfertig war. Während des Ersten Weltkriegs wurde das Explorationsprogramm von britisch-deutsch-türkischen Unternehmen unter Schwierigkeiten vorangetrieben. Beachtliche Erweiterungen gab es ab 1917. 1923 erschloß die gemeinsame Gesellschaft das neue persische Ölfeld bei Naft Khaneh. Mit den Arbeiten des Jahres 1927 greift das Ölgeschäft im Mittleren Osten erstmals über Persien hinaus. Damit wird der Persische Golf auch seitens anderer Anrainer für die Ölschiffahrt bedeutend.

Verlegung einer Pipeline im neu erschlossenen Ölfeld im Irak durch die Anglo-Iranian Oil Company

Bohrarbeiten in einem Erdölgebiet in Persien (1925)

Vision von der Zukunft des Verkehrs in der satirischen Zeitschrift »Simplicissimus« vom 25. April 1927

Vom Tankwagen zur Tankstelle

Die Erdölprodukte, vor allem das Benzin, müssen flächendeckend verteilt werden, denn die Endverbraucher sind meist weit verstreute Kleinabnehmer.

Man benutzt dafür zunächst das gewohnte Verteilernetz, das die Petroleumwirtschaft (Lampenbrennstoff usw.) aufgebaut hat. Auch 1927 sind die Haupttransportbehälter Holzfässer und die wichtigsten Transportmittel Pferdetankwagen. Sie bringen den Abnehmern Petroleum und Benzin in die hölzernen Vorratstanks im Keller. 1923 wurde in Hannover die erste öffentliche Tankstelle Deutschlands gebaut. In den USA gab es schon Jahre früher Tankstellen. Träger des Tankstellennetzes sind zunächst in erster Linie die alten privaten Transportunternehmen.

John Logie Baird, ein Fernseh-techniker aus Schottland, führt erstmals farbige Fernsehbilder vor. →

Die deutschen Physiker Hans Geiger und Walter Müller erfinden den Geiger-Müller-Zähler. →

Die erste drahtlose transatlantische Telefonverbindung wird in Betrieb genommen.

Der deutsche Physiker Julius Lilienfeld beschreibt die Funktion des Feldeffekttransistors. →

Edwin Howard Armstrong aus New York schlägt für Rundfunkübertragungen die Frequenzmodulation vor. →

Der deutsche Techniker Fritz Pfleumer meldet das Magnettonband zum Patent an. →

In Großbritannien werden die ersten Fernseh-Heimempfänger gebaut. →

Der Berliner Hans Haupt erfindet den zusammenlegbaren Regenschirm »Knirps«. →

Der sowjetische Atomphysiker George Gamow schlägt vor, Atome mit Protonen statt mit Alpha-Teilchen zu beschießen, und entwickelt den Grundgedanken des Teilchenbeschleunigers. →

Paul Adrien Maurice Dirac, Physiker aus Bristol und Mitbegründer der Quantenmechanik, schließt aufgrund theoretischer Überlegungen auf die Existenz des Positrons, des Antiteilchens zum Elektron. →

Der deutsche Physiker und Mathematiker Arnold Sommerfeld begründet die Theorie der freien Elektronen quantentheoretisch (→ 1925–1930). →

Fritz von Opel, deutscher Ingenieur und Industrieller, überrascht die Öffentlichkeit mit Raketenautos. →

Die Cadillac Motor Car Company baut in Detroit erste Autos mit Synchrongetriebe. →

Der deutsche Chemiker W. Bauer erfindet das Polymethacrylat (später »Acrylglas«). →

Die Firma Krupp in Essen baut die größte Schmiedepresse der Welt (15 000 t Preßdruck). →

11. 6. Der Deutsche Fritz Stamer unternimmt mit seiner »Ente«, einem raketengetriebenen Segelflugzeug, den Jungfernflug.

GESTORBEN:

4. 2. Haarlem: Hendrik Antoon Lorentz (* 18. 7. 1853, Arnheim), niederländischer Physiker.

2. 4. Cambridge/Massachusetts: Theodore William Richards (* 31. 1. 1868, Germantown), US-amerikanischer Chemiker.

30. 8. München: Wilhelm Wien (* 13. 1. 1864, Gaffken/Ostpreußen), deutscher Physiker.

Beschuß von Atomkernen

1928. Der sowjetische Atomphysiker George Gamow schlägt vor, Atomkerne nicht mit Alpha-Teilchen zu beschießen, wie das sein britischer Kollege Ernest Rutherford → 1910 getan hatte, sondern statt dessen Protonen zu verwenden. Sein Ziel ist es, Experimente, in denen Atomkerne durch Teilchenbeschuß umgewandelt werden, effektiver zu machen und eventuell nutzbare Energie aus derartigen Kernreaktionen zu gewinnen.

Protonen besitzen nur ein Viertel der Masse von Alpha-Teilchen (Heliumkerne), woraus eigentlich auf eine weniger effektive Kollision zu schließen wäre. Andererseits besitzen Protonen (Wasserstoffkerne) nur die Hälfte der positiven Ladung von Alpha-Teilchen, die sich aus zwei Protonen und zwei Neutronen zusammensetzen. Deshalb würden sie von den beschossenen Kernen nicht so stark abgestoßen werden. Außerdem sind Protonen leichter verfügbar als Alpha-Teilchen. Um sie zu gewinnen, muß man lediglich Wasserstoffatome ionisieren, d. h. sie ihres einzigen Elektrons berauben. Allerdings haben auf diese Weise gewonnene Wasserstoffkerne oder Protonen nur eine sehr geringe Energie. Um als »Geschosse« in Frage zu kommen, muß man sie beschleunigen. Da sie aber elektrisch positiv geladen sind, ist das durch äußere elektrische oder magnetische Felder durchaus möglich, da diese Ladungsträger ablenken. In einem entsprechend konstruierten Magnetfeld lassen sich Protonen in einer Kreisbahn herumführen und dabei ständig beschleunigen. Schließlich sind sie so schnell, daß sie auf einen Atomkern zerstörender wirken, als die viermal so großen Alpha-Teilchen. All diese Überlegungen sprechen für die Anwendung von Protonen in atomphysikalischen Experimenten. Mehrere Physiker beginnen damit, nach Gamows Vorschlag sog. Teilchenbeschleuniger zu konstruieren. Die britischen Atomphysiker John Douglas Cockcroft und Ernest Thomas Sinton Walton bauen 1929 den ersten. Er beschleunigt die Protonen stark genug, um Kernreaktionen auszulösen (→ 1930).

Transistorprinzip theoretisch erkannt

1928. Der deutsche Physiker Julius Lilienfeld leitet aus rein theoretischen Erkenntnissen die Funktion des Feldeffekttransistors (→ 1934) her und legt damit einen wichtigen Grundstein für die spätere Halbleitertechnik.

Der Transistor erfüllt wie die Triode (Dreigitter-Elektronenröhre; → 1906) die Funktion eines elektronischen Schalters oder Verstärkers. Wie die Triode hat auch der Transistor drei Anschlüsse: Zwei für den Stromdurchgang, einen zum Anlegen eines veränderlichen Potentials, mit dem der fließende Strom gesteuert wird. Im Gegensatz zur Röhre handelt es sich beim Transistor aber um ein Festkörpersystem, in dem die Ladungsträger nicht frei durch ein Vakuum wandern, sondern in Form von Elektronen oder »Löchern« durch einen sogenannten Halbleiter.

Während im »bipolaren« Transistor beide Leitungsarten (Elektronen und Löcher) eine Rolle spielen, leitet der Feldeffekttransistor nur Elektronen oder nur Löcher.

John Bairds Fernsehen erregt Aufsehen

1928. Die britische Industrie unternimmt Vorstöße zur Einführung des Fernsehens. Sie beginnt damit, Heimfernsehempfänger zu produzieren. Zur Popularisierung tragen spektakuläre Versuche bei: John Logie Baird überträgt am 8. Februar erstmals ein Fernsehbild über den Atlantik von London nach New York. Die durch ein Seekabel überbrückte Distanz beträgt rund 6000 km. Außerdem gelingt dem schottischen Fernsehmechaniker auch die Übertragung farbiger Fernsehbilder (→ 1925), was für ihn technisch nicht allzu problematisch ist, denn er arbeitet nach wie vor mit der Nipkow-Scheibe (→ 1884).

Die Weltpresse feiert Bairds Experiment als Sensation. Die Fernsehübertragung in die USA löst ungerechtfertigten Optimismus aus. Im Grunde beweist sie die technischen Grenzen der Nipkow-Scheibe, nicht ihre Zukunftschancen. Mit 30 Zeilen und $12\frac{1}{2}$ Bildern pro Sekunde ist die Kapazität des Übertragungsweges bereits voll ausgeschöpft.

Baird arbeitet gezielt auf den Publikumserfolg hin, da er anders seine

Auf der Berliner Funkausstellung 1928 präsentiert: Das Wunder des Fernsehens wie es der Ungar Dénes von Mihály technisch realisierte; international erregen aber Versuche in den USA und Großbritannien mehr Interesse

Entwicklungen nicht finanzieren kann. Im Oktober 1925 gelang ihm erstmals die Übertragung eines Gesichts per Fernsehen im Auftrag des Warenhausbesitzers Selfridge. Allerdings war das elektromechanisch wiedergegebene Konterfei nicht das Porträt eines Menschen, sondern einer Bauchrednerpuppe. Kein Mensch hätte das heiße Licht ausgehalten, das Baird für seine erste »Sendung« benutzte. Wenig später arbeitete er auch mit dem – schlechter ausgeleuchteten – Porträt eines 15jährigen Büroboten. Die Öffentlichkeit nahm lebhaften Anteil an den Experimenten, und die British Broadcasting Company (BBC) finanzierte Baird die Entwicklung eines Versuchsprogramms, das zwischen 1931 und 1932 gesendet wird. Baird überträgt dann u. a. das Derby von Epsom. Zahlreiche Briten können das sportliche Ereignis zu Hause an den ersten ausgelieferten Empfängern mitverfolgen – allerdings mehr schlecht als recht.

Neuigkeiten aus der Automobilindustrie

1928. In den USA bringt die Ford Motor Company (→ 1913) ein neues Auto auf den Markt, das Vierzylindermodell »A«. Vom Vorgängermodell »T« hat die Firma seit 1908 nicht weniger als 15 Millionen Exemplare verkauft. Neu auf den US-amerikanischen Markt kommt auch ein Modell der Detroiter Cadillac Motor Car Company, das erste Auto der Welt mit Synchrongetriebe. Außerdem gehen die Hersteller dazu über, die Blankteile nicht mehr aus Nickel zu fertigen, sondern sie zu verchromen.

Seit → 1913 hat es im Automobilbau zahlreiche kleinere und größere Verbesserungen gegeben. Die wichtigsten davon: 1914 entwickelte der britische Ingenieur Malcolm Loughead (später Lockheed) die Öldruckbremse für Lkw. Sie garantiert gleichmäßige Bremskraft auf alle Räder. 1915 kamen erste, noch manuell angetriebene Scheibenwischer auf den US-Markt, die → 1923 von elektrischen Modellen abgelöst wurden. 1919 stellte die Firma Hispano-Suiza erstmals Fahrzeuge mit servounterstützten Vierradbremsen vor. Und im selben Jahr brachte Isotta-Fraschini in Italien das erste Auto mit einem Achtzylinder-Rei-

Nach dem Auslaufen des Ford-Modells »T«, von dem 15 Millionen gebaut wurden, geht 1928 (hier im Werk Berlin) das neue Modell »A« in Serie

henmotor heraus. Hydraulische Bremsen für Pkw führte 1921 die US-amerikanische Nobelwagenfirma Duesenberg ein.

1922 beschäftigte man sich bei Lancia in Italien mit der selbsttragenden Karosserie. Die Firma verwirklichte sie erstmals bei ihrem Modell »Lambda«. 1923 konstruierte der österreichische Ingenieur Ferdinand Porsche erstmals Kompressormotoren für Automobile. In Deutschland entwickelte man 1924

Sicherheitsglas aus zwei Scheiben mit zwischengelegter Polyvinylalkohol-Folie, die jetzt durch eine Polymethacrylat-Einlage ersetzt wird (→ S. 418). 1925 lieferte die Stuttgarter Firma Robert Bosch die ersten elektrischen Fahrtrichtungsanzeiger für die Autoindustrie. Im selben Jahr kamen in den USA die Stoßstangen auf. Und 1926 bürgerten sich – ebenfalls in den USA – die »Silentblock«-Gummibuchsen zur federnden Motoraufhängung ein.

Mit 195 Stundenkilometer über die AVUS: Fritz von Opels Raketenauto

1928. *Der deutsche Ingenieur Fritz von Opel, ein Enkel des Automobilindustriellen Adam Opel, überrascht die Öffentlichkeit mit Raketenautos.*

Am 11. April erprobt für ihn der Testfahrer Kurt Volkhart auf dem Rüsselsheimer Betriebsgelände der Opel-Werke einen Wagen mit vier Schub- und vier Dauerbrandraketen (Abb.). Das Automobil bringt es dabei auf eine Geschwindigkeit von 120 km/h. Am 23. Mai erleben 3000 geladene Gäste auf der Berliner

AVUS (→ 1913) Opels Raketenauto »RAK 2«, das mit dem Konstrukteur am Steuer in zweiminütiger Fahrt mit Tempo 195 km/h dahinrast. Nach diesem äußerst kurzen Spektakel sind die 24 Feststoffraketen leer. 120 kg Brennstoff sind verbrannt. Als noch im selben Jahr das »RAK 3« startet, verzichtet man auf den Fahrer. Unbemannt schießt das Raketenauto auf Schienen dahin und erreicht 281 km/h. Fritz von Opel verfolgt das Konzept als Flugzeugantrieb weiter.

Frequenzmodulation für den Rundfunk

1928. Edwin Howard Armstrong, der sich schon → 1918 um die Einführung des Überlagerungsempfängers verdient gemacht hatte, schlägt für die Übertragung von Rundfunksendungen das Prinzip der Frequenzmodulation (FM) vor. Bisher hatte man die Amplitude moduliert (AM). Dabei wird die Amplitude der hochfrequenten Trägerschwingung (Sendefrequenz) durch die niederfrequenten Schwingungen einer Nachricht beeinflußt. Die positiven Halbwellen der Niederfrequenz vergrößern die Amplituden der Hochfrequenzschwingung, die negativen verkleinern sie.

Bei der Frequenzmodulation wird statt der Amplitude die Frequenz der Trägerschwingung im Rhythmus der Nachrichtenfrequenz geändert. Die FM erfordert wesentlich breitere Übertragungsfrequenzbänder. Um einen einzigen Ton zu übertragen, benötigt die AM 9, die FM 150 kHz. Dafür liefert die FM-Übertragung eine weitaus bessere Empfangsqualität. Stör- und Nebengeräusche fallen fort. Für HiFi-Stereorundfunk wird später ausschließlich Frequenzmodulation eingesetzt (→ 1954).

Magnetband zum Patent angemeldet

1928. Der deutsche Techniker Fritz Pfleumer meldet das Magnetband zum Patent an.

Die Idee, den Magnetismus zum Aufzeichnen von Tönen zu verwenden, hatte 1898 der dänische Physiker Valdemar Poulsen. Er verwendete einen Stahldraht, der rasch an einem Elektromagneten vorbeilief. Der Magnet erhielt seinen Erregerstrom aus einem Mikrophon. Der vorbeilaufende Draht wurde dabei je nach Stärke des Mikrophonstroms unterschiedlich stark magnetisiert. Lief der Draht ein zweites Mal an der jetzt stromlosen Magnetspule vorbei, dann induzierte er einen Strom in der Spule, der in einem Kopfhörer wiederum die ursprünglichen Töne hervorrief.

Das System von Poulsen wurde zwar in der Fachwelt allgemein bekannt, aber erst Pfleumers Idee, den Draht durch ein Band zu ersetzen, führt zu einer kommerziellen Nutzung des Verfahrens.

Organischer Kunststoff so klar wie Glas

1928. Der deutsche Chemiker W. Bauer entdeckt etwa gleichzeitig mit britischen und spanischen Wissenschaftlern, daß sich aus den Abkömmlingen der Acrylsäure durch Polymerisation (→ 1936) ein glasklarer Kunststoff herstellen läßt, der gegenüber dem Glas den Vorteil hat, daß er nicht splittert.

Dieses Material – die Chemiker sprechen von Polymethacrylat (PMMA) – wird 1933 bei Röhm & Haas als »Plexiglas« zur Marktreife gebracht, in England 1935 als »Perspex« bekannt. Es zeichnet sich durch gute Witterungsbeständigkeit aus und besitzt eine etwa sechsmal so große Schlagfestigkeit wie Glas.

Ab 1933 wird es als »Acrylglas« zu einem viel verwendeten Material. Es ersetzt Glas besonders dort, wo es auf Schlagfestigkeit und Sicherheit vor Splittern ankommt. So werden daraus bald Schutzbrillen, Autowindschutz- und Flugzeug-Cockpitscheiben, Zeichengeräte und Uhrgläser hergestellt.

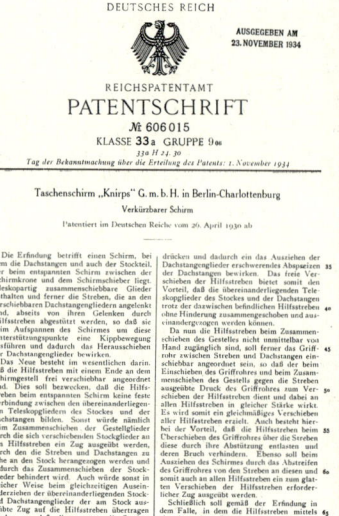

Auf der Erfindung des Polymethacrylats baut 1933 die industrielle Produktion von Acryl- oder Plexiglas auf

Streichinstrumente aus dem Jahr 1937, gefertigt aus Plexiglas der deutschen chemischen Fabrik Röhm GmbH

Zähler registriert Elementarteilchen

1928. Die deutschen Kernphysiker Hans Geiger und Walter Müller erfinden das Geiger-Müller-Zählrohr zum Nachweis und zur Zählung einzelner subatomarer Partikel, z. B. Elektronen oder Gammaquanten.

Das Zählrohr ist im Prinzip eine Ionisationskammer, eine mit stark verdünntem Gas gefüllte dünnwandige Röhre, durch die sich ein dünner Draht zieht. Dieser ist gegenüber dem Gehäuse auf einige tausend Volt positiv aufgeladen und wird deshalb von einem starken elektrischen Feld umgeben. Ein in das Zählrohr dringendes Teilchen bildet durch Ionisation Elektronen, die in der Nähe des Drahtes durch Stoßionisation weitere Elektronen auslösen. Diese äußern sich als Stromstoß, der über einen Verstärker gemessen wird.

Bei niedriger Spannung arbeitet das Geiger-Müller-Zählrohr als Proportionalzähler, der die Teilchenenergie mißt. Bei hoher Spannung registriert es nur die Zahl der auslösenden Teilchen ohne Rücksicht auf deren Art und deren Energie.

Größte Schmiedepresse

1928. Die Firma Krupp in Essen baut die größte Schmiedepresse der Welt. Die gigantische Maschine mit 15 000 t Preßdruck ist eine Spezialanfertigung. Die mit der Presse ab 1929 gefertigten Behälter dienen u. a. der Erzeugung von Ammoniak nach dem Verfahren von Fritz Haber und Carl Bosch (→ 1909) oder der Synthese von Treibstoff aus Synthesegas nach Franz Fischer und Hans Tropsch (→ 1925).

Die 15 000-t-Schmiedepresse von Krupp ermöglicht u. a. die Herstellung von großen Hochdruckkesseln aus Stahl; derartige feuerfeste Großgefäße werden in der chemischen Industrie als Behälter verwendet, in denen sich Syntheseprozesse unter hohem Druck und bei hohen Temperaturen abspielen (z. B. Erzeugung von Ammoniak)

Mini-Regenschirm

1928. Der Berliner Hans Haupt erfindet den »Knirps«, einen zusammenlegbaren Regenschirm (Abb.: Patentschrift 1934). Haupt faltet den Schirm nicht nur zu dessen zentraler Stange hin zusammen, er schiebt Stange und Stahlspeichen außerdem in Längsrichtung zusammen.

Der Schirm – mit Bambusgerippe und Blätterdach – war schon um 1000 v. Chr. in China bekannt. Als Regenschirm fungierte er allerdings erst im alten Rom. Um 1730 bespannte man in Paris Regenschirme erstmals mit wasserdichten Stoffen.

Im Jahr 1874 erhielt der britische Erfinder Samuel Fox ein Patent auf ein zusammenlegbares Schirmgerippe.

Englischer Physiker beschreibt Positron

1928. Aus rein theoretischen Überlegungen schließt der englische Atomphysiker Paul Adrien Maurice Dirac auf die Existenz des Positrons, eines Antiteilchens zum (negativen) Elektron.

Dirac geht von einem vollständig mit Elektronen besetzten Kontinuum negativer Energiezustände (»Dirac-See«) aus. Unbesetzte Zustände (»Löcher«) in diesem Kontinuum sieht er als Teilchen gleicher Masse und gleicher Ladung wie die Elektronen, nur mit umgekehrtem Ladungsvorzeichen. Diese nennt er Positronen (→ 1932).

1929

Der US-Amerikaner Philip Drinker erfindet die eiserne Lunge. →

Die BBC in London beginnt mit regelmäßigen Versuchsfernsehsendungen. In Berlin ist es der ungarisch-deutsche Ingenieur Dénes von Mihály, der die ersten Sendungen überträgt.

Werner Forßmann, Professor der Chirurgie in Mainz, entwickelt den Herzkatheter. →

Der deutsche Psychiater Hans Berger erfindet die Elektroenzephalographie, ein Verfahren zur Aufzeichnung der Gehirnströme. →

Der US-amerikanische Uhrmacher und Elektrotechniker Warren Alvin Marrison erfindet in New Jersey die Quarzuhr. →

Hermann Julius Oberth, ein Raketenforscher aus Siebenbürgen, schreibt das Buch »Wege zur Raumschiffahrt«.

Für die Schiffsnavigation kommen die ersten Funkfeuer und die ersten richtempfindlichen Antennen als Drehrahmenpeiler in Gebrauch.

In Deutschland wird die erste Großdiesellokomotive für die Vereinigten Staaten gebaut. →

Die Polymerisation von Vinylchlorid wird in der Fachliteratur erstmals beschrieben.

Die deutsche Firma Bayer stellt erstmals synthetische Polyesterharze her. →

Die Gütersloher Firma Miele baut die erste elektrisch angetriebene Haushalts-Geschirrspülmaschine Europas. →

16. 7. Das Passagierschiff »Bremen« geht auf Jungfernreise und erringt auf Anhieb das »Blaue Band« für die schnellste Atlantiküberquerung. →

25. 7. Das von den deutschen Dornier-Werken gebaute Riesenflugboot »Do X« startet zu seinem Jungfernflug. →

GESTORBEN:

5. 4. Ladenburg: Carl Friedrich Benz (* 25. 11. 1844, Karlsruhe), deutscher Ingenieur und Industrieller.

4. 8. Schloß Welsbach/Kärnten: Carl Freiherr Auer von Welsbach (* 1. 9. 1858, Wien), österreichischer Chemiker und Erfinder.

23. 9. Göttingen: Richard Adolf Zsigmondy (* 1. 4. 1865, Wien), deutscher Chemiker.

GEBOREN:

31. 1. München: Rudolf Ludwig Mößbauer, deutscher Physiker.

5. 4. Bergen: Ivar Giaever, norwegisch-US-amerikanischer Physiker.

15. 9. New York: Murray Gell-Mann, US-amerikanischer Physiker.

Mit einem Katheter in das lebende Herz

1929. Der deutsche Arzt Werner Forßmann erfindet den Herzkatheter. In einem Selbstversuch beweist er, daß sich mit diesem Instrument gefahrlos Herzuntersuchungen durchführen lassen.

Forßmann entwickelt den Katheter, um damit Herzfehler zu erkennen und Herzerkrankungen diagnostizieren zu können. Er führt eine Sonde in die Armvene ein und schiebt sie in dieser langsam – unter Kontrolle am Röntgenschirm – soweit vor, bis ihre Spitze in die Herzkammer eindringt. Sie mißt in verschiedenen Teilen des Herzens den Druck und entnimmt Blutproben für die Messung der Sauerstoff- und Kohlendioxidkonzentration.

Insbesondere bei angeborenen Herzfehlern kann man mit dem Katheter die genaue Lage der Mißbildung bestimmen und damit eine Operation optimal vorbereiten. Mit dem schlauchförmigen Katheter lassen sich auch Kontrastmittel in das Herz einspritzen, deren Weg durch das Herz man mit Röntgengeräten verfolgen kann.

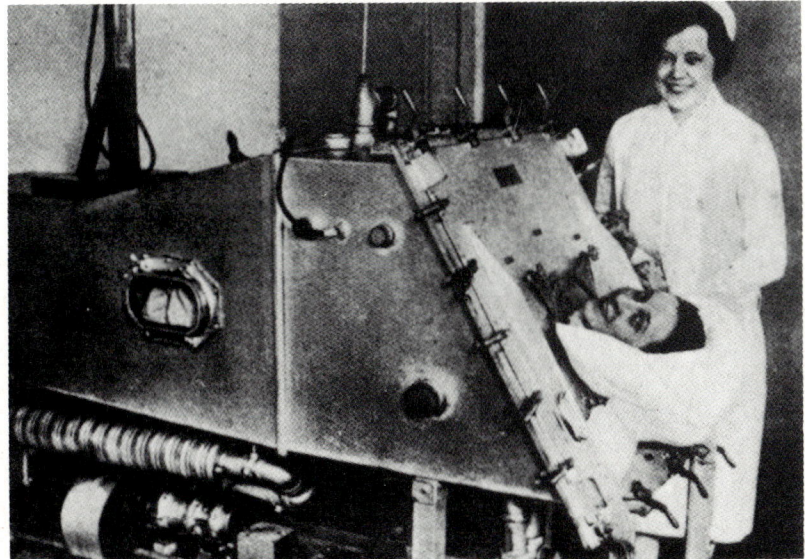

1931 wird erstmals die »eiserne Lunge«, wie sie 1929 dem US-Amerikaner Philip Drinker patentiert wird, praktisch in den Kliniken eingesetzt

Eiserne Lunge entwickelt

1929. Der US-Ingenieur Philip Drinker erfindet ein Beatmungsgerät, die eiserne Lunge. Das Gerät beatmet die nicht arbeitende Lunge von völlig gelähmten Patienten. Es besteht aus einer Metallkammer, die den Körper des Patienten bis zum Hals einschließt. In dieser Kammer wechseln rhythmisch Über- und Unterdruck. Dadurch wird die Lunge zusammengepreßt und auseinandergedehnt. Die Frequenz entspricht dem normalen Atemrhythmus.

Psychiater mißt die Ströme des Gehirns

1929. Der deutsche Psychiater Hans Berger erfindet die Elektroenzephalographie. Ihm gelingt die Darstellung der Aktionsströme des Gehirns, die er mittels Elektroden von der Kopfhaut ableitet und als Kurven aufzeichnet. Das auf diese Weise gewonnene Elektroenzephalogramm (»EEG«) wird zu einem bedeutenden diagnostischen Hilfsmittel bei der Erkennung von Hirnerkrankungen, z. B. Tumoren. Eine wichtige Rolle spielt es vor allem auch bei der Diagnose der Epilepsie. Schon bald werden mit diesem Aufzeichnungsverfahren auch die Aktionsströme des gesunden Gehirns untersucht. Man erkennt ausgesprochen charakteristische Frequenzgänge. Eine mehr oder weniger regelmäßige Sinusschwingung von etwa 10 Hertz kennzeichnet geistige Ruhe. Bei reger geistiger Tätigkeit – z. B. beim Lösen einer Rechenaufgabe – wechseln sogenannte tonische und klonische Phasen einander ab. Die tonische Phase signalisiert die eigentliche Denkarbeit durch wesentlich erhöhte Frequenz bei gleichzeitig verminderter Amplitude. Unmittelbar nach Lösung der Aufgabe setzt die klonische Phase ein, die dem Bild bei geistiger Ruhe entspricht. Die Elektroenzephalographie wird zur selbständigen Wissenschaft.

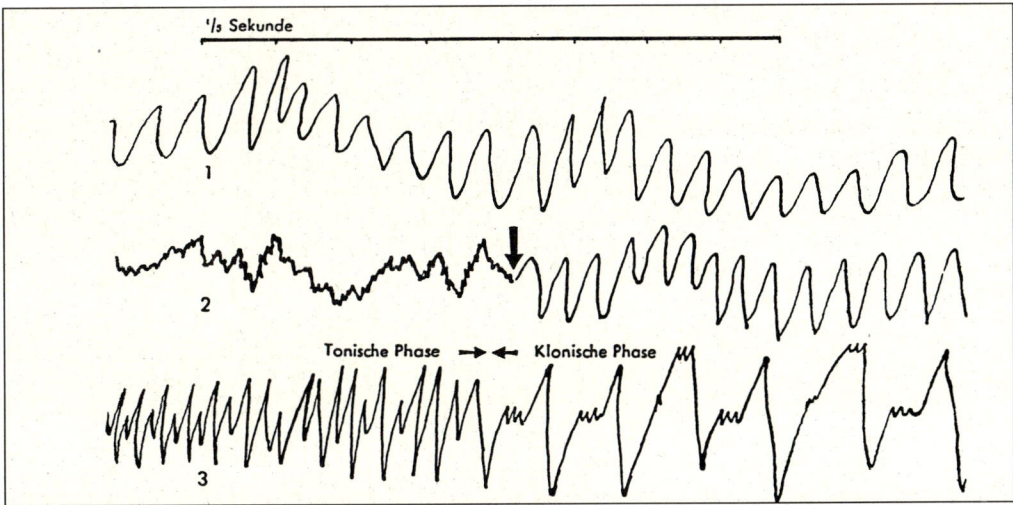

Hirnströme bei geistiger Ruhe (1), beim Lösen einer Rechenaufgabe (2) mit nachfolgendem Ausruhen (ab Pfeil) und in Form von Krampfströmen (3; bei Epilepsie oder während eines Schocks)

Deutsche Großdiesellokomotive für USA

Quarzuhr mißt die Zeit äußerst präzise

1929. Die erste in den Vereinigten Staaten eingesetzte Großdiesellokomotive stammt aus dem Deutschen Reich. Sie ist mit einem 1450-PS-Motor der Essener Firma Krupp ausgestattet und besitzt auch ein mechanisches Getriebe von Krupp. Wenig später stellt die Canadian National Railroad eine Doppellokomotive mit zwei Dieselmotoren von insgesamt 2660 PS in Dienst.

Die erste deutsche Großdiesellokomotive wurde im → September 1912 fertiggestellt, doch unternahm sie lediglich einige Probefahrten, bei denen sich herausstellte, daß der Übergang zwischen dem Anfahren mit Druckluft und dem anschließenden reinen Dieselbetrieb erhebliche technische Schwierigkeiten bereitete. Während des Kriegs wurden die Versuche mit dieser Lok eingestellt. Ende 1920 wurde sie verschrottet, ohne jemals planmäßig eingesetzt worden zu sein. Impulse für die Weiterentwicklung der Diesellok kamen Anfang der 20er Jahre aus der Sowjetunion, wo Partei- und Regierungschef Wladimir I. Lenin einen technischen Wettbewerb ausgeschrieben hatte. Dort entstand allerdings nur eine einzige, von J. M. Haekel konstruierte, zwölfachsige Diesellok, die von einem ehemali-

Dieselmotor mit 1450 PS Leistung, hergestellt von der Essener Firma Krupp für die erste in den Vereinigten Staaten eingesetzte Großdiesellokomotive

gen 1030-PS-U-Boot-Motor angetrieben wurde. Sie bewährte sich nicht und wurde ab 1926 nur noch als stationäre Stromerzeugungsanlage benutzt. Im Zusammenhang mit den Wettbewerben bestellte die Sowjetunion aber zwei Großdieselloks aus Deutschland, darunter eine Maschine mit einem 1200-PS-M·A·N-Motor und Brown-Boveri-Elektrik, die im Herbst 1924 ausgeliefert wurde. Als erste Diesellok der Welt erreichte sie 1925 günstigere Leistungs- und Verbrauchswerte als

eine etwa gleich starke Dampflokomotive der damals modernsten Bauart. Sie bewährte sich im Linienverkehr und war lange Zeit die einzige brauchbare Diesellok der Welt. Im Depot Ljublino bei Moskau, in dem sie stationiert war, richtete man für ihre Wartung eigens eine Dieselwerkstätte ein. Bis zum 1. März 1927 legte sie insgesamt 86 000 km zurück, seit August 1925 im planmäßigen Linienverkehr. Auch die zweite an die UdSSR gelieferte Diesellok bewährte sich.

1929. Der US-amerikanische Uhrmacher Warren Alvin Marrison erfindet in New Jersey die Quarzuhr. Die Basis für Marrisons Erfindung lieferten bereits → 1880 die Brüder Pierre und Paul Jacques Curie aus Frankreich mit der Entdeckung des piezoelektrischen Effekts. Sie fanden heraus, daß manche Kristalle zu Schwingungen mit konstanter Frequenz angeregt werden, wenn man an zwei bestimmte, einander gegenüberliegende Flächen eine Wechselspannung anlegt.

Marrison verwendet Quarzkristalle, deren Schwingungen er in einen Strom entsprechender Frequenz verwandelt. Durch eine Frequenzteilerschaltung läßt sich diese relativ hohe Stromfrequenz herabsetzen. Den niederfrequenten Strom verwendet der Erfinder zum Antrieb eines kleinen Synchronmotors (→ 1902).

Die Zeitmeßgenauigkeit ist beachtlich. Die Gangabweichung einfacher Quarzuhren liegt bei nur 0,0001 bis 0,000001 %. Das entspricht in etwa Ungenauigkeiten zwischen 30 und 0,3 s während eines ganzen Jahres. Wird der Quarz auf konstanter Temperatur gehalten, laufen die Uhren noch genauer.

Die »Bremen« erringt das »Blaue Band«

16. Juli 1929. *Das deutsche Passagierschiff »Bremen« (Abb.) geht mit Auslaufen aus Bremerhaven auf Jungfernfahrt und erringt dabei das »Blaue Band« für die schnellste Atlantiküberquerung (→ 1900).*
Das 51 656 BRT große Zweischornsteinschiff, das schon am 16. August 1928 in Bremen von Stapel gelaufen war, ist mit 28,5 Knoten nicht nur ein sehr schneller Expreß-Liner, es besticht auch durch seine unaufdringliche, ästhetische Eleganz, sowohl in der Form der äußeren Linien wie in der komfortablen Innenausstattung.

Dornier-Werke bauen Riesenflugboot »Do X«

25. Juli 1929. *Das größte Motorflugzeug seiner Zeit, die von den deutschen Dornier-Werken gebaute »Do X« (Abb.), geht auf Jungfernflug. Am 21. Oktober befördert die Maschine die größte Menschenzahl, die bis dahin je an Bord eines Flugzeugs war: 158 Fluggäste und elf Besatzungsmitglieder. Das Wasserflugzeug wird von zwölf 525-PS-Siemens-Jupiter-Motoren angetrieben, die ebenso viele hölzerne Vierblattpropeller in sechs Tandemgondeln über den Tragflächen antreiben. Vorgesehen ist das große Wasserflugzeug für den Langstreckeneinsatz.*

Elektrogeräte im Haushalt

Um 1929. Eine Reihe neuer Elektrogeräte hält Einzug in den Haushalt: Die Geschirrspülmaschine, der Küchenmixer, verbesserte Staubsauger (→ 1901), Elektrogeräte mit thermostatischer Temperatursteuerung und halbautomatische Haushaltswaschmaschinen.

Die ersten serienmäßigen Kleinelektromotoren zum Antrieb von Haushaltsmaschinen entstanden um 1924. Zunehmend werden sie in verschiedenartige Geräte eingebaut. Ab 1927 erschienen in Europa die ersten Systemstaubsauger. Es waren mit leistungsstarken Gebläsen ausgestattete Kesselmodelle, die ähnlich wie ein großer Stahlkochtopf mit Deckel aussahen. Eine Vielzahl von Zusatzdüsen, Bürsten und Striegeln ermöglichte fast alle groben Reinigungsarbeiten im Haushalt – bis hin zur Tierpflege.

1929 bringt die deutsche Firma Miele die erste elektrisch angetriebene Haushalts-Geschirrspülmaschine Europas auf den Markt. Ein Schaufelrad sprüht das Spülwasser über das Geschirr. Auf Knopfdruck wird das Wasser abgepumpt. Diese Geräte setzen sich zunächst hauptsächlich in Gasthäusern und Cafés durch, denn kaufkräftigen Privathaushalten stehen billige Arbeits-

Miele-Geschirrspülmaschine mit unten angeflanschtem Elektromotor

kräfte für Hausarbeiten in ausreichendem Maß zur Verfügung.

1930 erfährt die Haushaltswaschmaschine eine tiefgreifende Verbesserung: Der bis dahin übliche Holzbottich wird – ebenfalls von Miele – durch einen Metallbehälter ersetzt. Dem Komfort dient bei Elektroheizungen ab 1930 der Thermostat. Wird eine vorgewählte Temperatur unterschritten, dann schließt ein Bimetallschalter (→ 1817) einen Kontakt und schaltet die Heizung selbsttätig ein.

Polyesterharze erfunden

1929. Die Firma Bayer stellt in Leverkusen mit dem Kunststoff »Alkydal« das erste synthetische Polyesterharz her. Die Gruppe der Alkydharze eignet sich besonders zur Erzeugung von Lacken, Isoliermassen und Klebstoffen mit hoher Witterungsbeständigkeit.

Die Polyesterharze sind eine ebenso vielseitige wie wichtige Kunststoffgruppe. Sie entstehen durch Polykondensation (→ 1936) aus sog. mehrbasischen Karbonsäuren (z. B. Phthalsäure, Terephthalsäure, Maleinsäure, Adipinsäure, Zitronensäure) mit mehrwertigen Alkoholen (z. B. Glykol oder Glyzerin). Je nach der Wahl der Ausgangsstoffe lassen sich gesättigte oder ungesättigte (→ 1860) Polyester herstellen. Die gesättigten Polyester sind chemisch nicht weiter reaktionsfähig. Sie gehören zu den Thermoplasten, also jenen Kunststoffen, die bei Erwärmung weich werden und schließlich schmelzen. Der Chemiker nennt sie

auch »lineare« Polyester. Die ungesättigten Polyester sind von Natur aus meist flüssig bzw. harzig und werden deshalb als Polyesterharze bezeichnet. Zu ihnen gehört auch das »Alkydal«. Polyesterharze sind sog. Duromere oder Duroplaste, bei denen die einzelnen Riesenmoleküle nicht wie ein Gewirr unverbundener Fäden nebeneinander liegen, sondern wie ein räumliches Netzwerk miteinander verbunden sind. Im Gegensatz zu den Thermoplasten lassen sich die Duromere, wenn sie einmal ausgehärtet sind (grob gesagt, wenn die »Verharzung« abgeschlossen ist), nicht mehr thermisch umformen.

Die ungesättigten Polyesterharze werden bis zur Verarbeitung flüssig gehalten. Ihre Härtung oder Vernetzung wird erst beim Endverarbeiter durch die Zugabe eines sog. Härters eingeleitet. Manchmal wird dieser Vorgang durch einen »Beschleuniger« zeitlich forciert.

Wissenschaftler am Massachusetts Institute of Technology nehmen den ersten großen Analogrechner in Betrieb. →

Der deutsche Physiker Manfred Baron von Ardenne konstruiert in Berlin einen elektronischen Leuchtschirmabtaster zur Aufnahme und Wiedergabe von Bildern (→ 1931).

Die US-Firma Technicolor stellt erstmals einen Farbfilm vor, der alle Farben wiedergibt. →

Der US-amerikanische Ingenieur Richard Drew entwickelt den Klebstreifen.

Wissenschaftler entwickeln in Deutschland die ersten Nachtsichtgeräte: Restlichtverstärker und Infrarotgeräte. →

Die deutsche Firma Loewe bringt bei ihren Mehrfachröhren bis zu drei Röhrensysteme und zusätzlich passive Bauelemente in einem einzigen Röhrenkolben unter. →

Der US-amerikanische Physiker Ernest Orlando Lawrence baut einen Teilchenbeschleuniger, das »Cyclotron«. →

Frank Whittle, ein britischer Konstrukteur, erhält ein Patent auf sein Strahltriebwerk. →

In der Landwirtschaft setzen sich elektrisch betriebene Melkmaschinen wie der Miele-Einzelmelkeimer durch. →

In der Automobilindustrie werden erstmals große Stahlformteile tiefgezogen. →

Der britische Physiker Paul Adrien Maurice Dirac sagt die Existenz von Antimaterie vorher (→ 1928).

Die Firma Bayer stellt »Perbunan«, den ersten öl- und kraftstoffbeständigen Synthesekautschuk, her.

In den USA bringt Marcellus Jacobs Windturbinen mit integriertem elektrischem Dynamo auf den Markt.

8. 7. Die Bayerische Zugspitzbahn von Garmisch-Partenkirchen zum Schneefernerhaus wird eröffnet. →

13. 10. Das Transportflugzeug Junkers Ju 52/1m unternimmt seinen Jungfernflug (→ 1930).

4. 12. In einem Brief an die Eidgenössische Technische Hochschule Zürich sagt der österreichische Physiker Wolfgang Pauli die Existenz des »Neutrons« vorher (später als Neutrino bezeichnet; → 1953).

GESTORBEN:

13. 12. Graz: Fritz Pregl (* 3. 9. 1869, Laibach), österreichischer Chemiker.

GEBOREN:

28. 2. New York: Leon N. Cooper, US-amerikanischer Physiker.

Lawrence baut das erste »Cyclotron«

1930. Der US-amerikanische Physiker Ernest Orlando Lawrence baut einen Teilchenbeschleuniger, den er »Cyclotron« nennt. Er folgt damit einem Gedanken seines sowjetischen Kollegen George Gamow (→ 1928).

Den ersten Teilchenbeschleuniger hatten schon 1929 die britischen Physiker John Douglas Cockcroft und Ernest Thomas Sinton Walton unter der Bezeichnung »elektrostatischer Beschleuniger« gebaut.

Lawrence benutzt einen Felderzeuger, der die Protonen in langsam größer werdende Kreisbahnen lenkt, wobei sie mit jedem Umlauf mehr Energie gewinnen, bis sie schließlich mit der maximalen Energie in gerader Linie aus dem elektrischen Feld herausschießen. Dieses Cyclotron ist die Basis für eine rapide Weiterentwicklung. Rasch wird es vergrößert, der Magnet wird stärker und der Aufbau komplexer.

Lawrences erstes Cyclotron hat nur einen Durchmesser von rund 25 cm. Später werden Anlagen von 2 km Durchmesser und mehr gebaut. Sie heißen dann Protonen-Synchrotron (→ 1959) und liefern über eine millionmal so große Teilchenenergien wie das erste Cyclotron.

Von der Windmühle zum Kleinkraftwerk

1930. In der nordamerikanischen Landwirtschaft arbeiten mehrere Millionen Windturbinen. Die von ihnen abgegebene Kraft wird mechanisch genutzt, etwa zum Antrieb von Brunnenpumpen oder Bewässerungsanlagen. Jetzt bringt der US-Amerikaner Marcellus Jacobs sogenannte Windgeneratoren auf den Markt. Das sind Windturbinen mit integriertem elektrischem Dynamo, die unmittelbar elektrischen Strom liefern.

Die Kleinanlagen versorgen einzelne Haushalte, vor allem abgelegene Höfe und Farmen.

Jacobs, Sohn eines Viehzüchters in Montana, verwendet dreiflügelige Propeller, die den Flugzeug-Luftschrauben gleichen. Sie rotieren wesentlich schneller als die herkömmlichen Flügelmühlen und Windpumpen. Solch hohe Drehzahlen sind für den Antrieb von Dynamomaschinen unerläßlich.

Großcomputer arbeitet in Cambridge

1930. Am Massachusetts Institute of Technology in Cambridge (USA) nimmt eine Wissenschaftlergruppe unter Leitung des US-Elektroingenieurs Vannevar Bush den ersten – elektromechanisch arbeitenden – großen Analogrechner in Betrieb.

Mit dem Bau von Rechenmaschinen beschäftigen sich die Mathematiker schon seit Jahrhunderten. Erste Rechenmaschinen, die Software- (Logiksysteme) und Hardware-Elemente vereinigten, bauten bereits im 17. Jahrhundert Wilhelm Schickard, Blaise Pascal und Gottfried Wilhelm Leibniz, im 18. Jahrhundert Anton Braun und Philipp Matthäus Hahn.

1833 wartete dann der britische Mathematiker Charles Babbage mit dem ersten Rechenautomaten-Konzept auf. Er kannte das dekadische Zählrad und die Lochkarte, und als praktischem Mathematiker waren ihm die Methoden vertraut, umfangreiche Rechenprozesse in eine Folge von Einzelschritten zu zerlegen. Er konstruierte zunächst die »Difference Engine«, eine Maschine, die nach dem numerischen, sog. Differentialprinzip arbeitete und zur Berechnung und Überprüfung mathematischer Tabellen gedacht war. 1822 führte er ein kleines

Der sogenannte Differentialanalysator von V. Bush am Massachusetts Institute of Technology ist ein elektromechanisch arbeitender Großrechner

Arbeitsmodell für zwei Differenzen und acht Dezimalstellen vor. Er wandte sich dann einer Maschine für sieben Differenzen und 20 Dezimalstellen zu, scheiterte aber an Problemen bei der Fertigung des komplizierten Zahnradgetriebes. Um 1833 entwarf er das Konzept seiner »Analytical Engine«, der ersten digitalen Rechenmaschine. Sie wurde nie gebaut. Der Entwurf sah aber bereits die wesentlichen Komponenten der modernen Datenverarbeitung vor: Eine Recheneinheit

(»mill«), einen Zahlenspeicher (»store«), eine umfassende Steuereinheit mit Lochkarten sowie Datenein- und -ausgabegeräte. Das Programm sollte bedingte Verzweigungen aufgrund logischer Entscheidungen beherrschen. Für rund 100 Jahre ging die Kenntnis von Babbages Entwicklungen verloren. Erst seit Ende der 1920er Jahre widmet man sich in Deutschland (→ 1936; 12. 5. 1941) und den USA wieder der Entwicklung von programmgesteuerten Rechenautomaten.

Tiefgezogene Teile im Automobilbau

1930. In der Automobilindustrie können erstmals große Stahlformteile tiefgezogen werden. Dieses Verfahren gewinnt Bedeutung für die billige Massenherstellung von Karosserieteilen wie Kotflügeln oder Autodächern. Beim Tiefziehen wird ein entsprechend großer Stahlblechzuschnitt durch einen Stempel oder durch elastische Medien wie Gummikissen oder Flüssigkeiten in eine Ziehmatrize oder einen Ziehring hineingezogen oder an einen starren Stempel angelegt. In der Umformzone verhindert ein Niederhalter die Bildung von Falten.

Wichtig beim Ziehen ist die gleichmäßige Querschnittsabnahme, um eine gleichmäßige Wandstärke zu erzielen. Bei stärkeren Querschnittsabnahmen geschieht das Tiefziehen in mehreren Zügen.

Gearbeitet wird auf großen Kurbeloder hydraulischen Pressen. Entscheidend für die Tiefziehfähigkeit ist die Materialzusammensetzung des verwendeten Blechs. Die Industrie entwickelt zugleich mit der Einführung großer Tiefziehteile deshalb geeignete Testverfahren, um die Tiefziehfähigkeit der eigens dafür eingestellten Metallegierungen zu ermitteln.

Von der Quantenphysik zur Quanten- und Wellenmechanik

1925−1930. Den Schritt von der Quantenphysik Max Plancks (→ 1900) zum mathematischen Gebäude der Quantenmechanik vollzog → 1925 vor allem Werner Heisenberg. Der deutsche Physiker schuf damit ein neues physikalisches Weltbild, das es gestattet, die mikrophysikalischen Zusammenhänge, die Strukturen und Vorgänge im Atom und die Feinstruktur elektromechanischer Wellen zu ergründen. Dies geschah weitgehend in den Jahren zwischen 1925 und 1930.

Zunächst entwickelte aber – ebenfalls 1925 – der österreichische Physiker Erwin Schrödinger die Wellenmechanik. Er baute auf der Existenz von Materiewellen auf, eine Erscheinung, die der französische Physiker Louis de Broglie 1924 vorhergesagt hatte, und die sich 1927 als zutreffend erwies: An Elektro-

nen- und Atomstrahlen (z. B. Neutronenstrahlen) lassen sich ebenso wie an Lichtstrahlen (→ 1817) Interferenzerscheinungen (Wellenüberlagerungen) beobachten, die eine Wellennatur dieser Strahlen beweisen, obwohl andersartige Experimente unzweifelhaft deren korpuskulare Natur zeigen. Hier setzte Schrödinger mit seiner Wellenmechanik an, die insbesondere einen Zugang zum Verhalten der Elektronen in Atomen lieferte.

Die sogenannte Schrödinger-Gleichung der Wellenmechanik ist eine Differentialgleichung, die die Quantenzahl der Elektronen (→ 1924) als sogenannte Eigenfunktionen liefert. Schrödinger selbst faßte seine Wellenmechanik als klassische Wellentheorie der Materie auf. Später interpretierte sie Max Born dann mit Methoden der Statistik und zeigte auf diese Weise, daß sie sich grundlegend von den Vorstellungen der klassischen Physik, d. h. der Mechanik, unterscheidet. Scheinbar war hier

Erwin Schrödinger im Jahr 1956

neben der Quantenphysik ein zweiter Zugang zu den Gesetzen der Mikrophysik gefunden worden. Zwischen 1926 und 1930 zeigte sich aber, daß trotz des völlig verschiedenen mathematischen Formalismus beide Systeme einander entsprechen.

1928 erweiterten die Physiker Oskar Klein aus Schweden und Walter Gordon aus Deutschland einerseits und Paul Adrien Maurice Dirac aus Großbritannien andererseits die Schrödingersche Wellengleichung, indem sie quantenmechanische relativistische (→ 1905) Bewegungsgleichungen für Elektronen aufstellten, die auch für Geschwindigkeiten der Elektronen nahe der Lichtgeschwindigkeit gelten. Dirac erfaßte dabei auch den Spin (→ 1924) der Elektronen und damit ihr sogenanntes magnetisches Moment.

Nachtsichtgeräte in Deutschland gebaut

1930. Deutsche Wissenschaftler entwickeln mit Restlichtverstärkern und Infrarotgeräten die ersten sogenannten Nachtsichtgeräte. Restlichtverstärker arbeiten elektronisch. Sie intensivieren das Licht selbst extrem schwacher Quellen wie der Sterne oder das nächtliche Zodiakallicht. Damit lösen diese Geräte auch im für das menschliche Auge fast völligen Dunkel

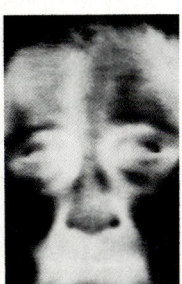

Thermogramm

Kontraste auf und zeigen diese auf einem geeigneten Bildschirm an. Infrarotsichtgeräte arbeiten sogar dort, wo keinerlei Licht mehr verfügbar ist. Sie werten die Wärmeabstrahlung von Lebewesen und Gegenständen aus. Wo die Wärmeabstrahlung keine genügend großen Kontraste ergibt, lassen sich diese durch den Einsatz von Infrarotscheinwerfern erhöhen. Infrarotgeräte orten gezielt etwa Menschen aufgrund ihrer Körperwärme oder auch Fahr- und Flugzeuge aufgrund ihrer Motorenwärme.

Erste integrierte Röhrenschaltung

1930. Die Firma Loewe bringt bei den von ihr gebauten Mehrfach-Elektronenröhren zwei oder drei Röhrensysteme und zusätzlich passive Bauelemente (Widerstände, Spulen, Kondensatoren) in einem einzigen Röhrenkolben unter. Damit ist der Grundgedanke der integrierten Schaltung realisiert.

Etwa 1917 kamen – angeregt durch Walter Schottky und Irving Langmuir – die Tetroden auf, die ein Gitter mehr als die Trioden (→ 1906) besaßen, um höhere Verstärkung zu erreichen. Bald folgten Fünfgitterröhren (Pentoden) nach dem Holländer Bernard Tellegen, Sechsgitterröhren (Hexoden) usw. Die Pentoden waren für die Empfängertechnik ebenso wichtig wie die Trioden für den Sender.

Immer wieder erwiesen sich Schaltungen als sinnvoll, in denen wie beim Flip-Flop (→ 1919) oder beim gegengekoppelten Verstärker (→ 1927) zwei gleichartige Röhren eingesetzt werden. Oft ist es dabei wichtig, daß beide Röhren möglichst gleiche Kennwerte besitzen, was aber wegen der Fertigungsstreuung nicht immer gegeben ist. Es lag daher nahe, für derartige Anwendungen zwei selbständige Röh-

Loewe-Radioapparat mit einer von der Firma gebauten Mehrfachröhre

rensysteme in einem einzigen Kolben unterzubringen. So entstehen zunächst Doppeltrioden und Doppelpentoden. Bald kombiniert man aber auch verschiedene Röhrensysteme miteinander, etwa eine Triode mit einer Pentode, eine Doppeldiode mit einer Triode usw. Da in gewissen Röhrenschaltungen immer wieder auch gleichartige passive Bauelemente (Gittervorwiderstände usw.) vorkommen, verlegt man auch diese Elemente in die Röhre selbst.

Fiberglasproduktion in USA angelaufen

1930. An ein Verfahren des US-amerikanischen Industriellen Edward Drummond Libbey aus dem Jahre 1893 anknüpfend, werden in den USA Methoden zur kommerziellen Herstellung von Fiberglas entwickelt. Die Produkte sind Textilglas, Glaswolle (→ 1868) usw.

Die feinen Glasfasern treten direkt aus winzigen Düsen am Boden der Schmelzwanne aus. Sie lassen sich zwirnen und zu Garn verarbeiten. Gegenüber normalen Textilfasern und auch feinen Drahtgeweben besitzen sie einige erhebliche Vorteile, die sie für spezielle Einsatzgebiete prädestinieren: Sie sind formbeständig und witterungsfest, sie rosten nicht, lassen sich nicht entflammen und sind leicht zu reinigen. Als typische Fiberglasprodukte erscheinen auf dem Markt bald brandsichere Vorhänge, verrottungsfeste Gewebe für Schiffssegel u. a., aber auch chemikalienresistente Filterwolle für die Industrie, Isoliermaterialien usw. Matten aus Fiberglas, die aus miteinander verfilzten Fasern, aus kreuzweise gelegten Strängen oder aus verwebtem Material bestehen, werden später als Versteifungsmaterial für Polyesterharze (→ 1929) verwendet.

Technicolor: Filmmaterial für alle Farben

1930. Die ersten farbigen Kinofilme (→ 1917) konnten nur zweifarbig produziert und vorgeführt werden. Jetzt präsentiert die US-amerikanische Technicolor-Gesellschaft ein Verfahren, das drei Grundfarben und damit – über entsprechende Farbmischungen – alle Farben wiedergibt.

Das neue Filmmaterial hat einen glasklaren Träger und wird dreifarbig bedruckt. Der Farbfilm setzt sich aber keinesfalls sofort durch. Zunächst werden Zeichentrickfilme von Walt Disney aufgenommen. Erst 1935 entsteht der erste abendfüllende Kinofilm in voller Farbe: »Becky Sharp«.

Über viele Jahre hatte Herbert T. Kalmus sein Technicolor-Verfahren von zweifarbigen Streifen zum Dreifarbenfilm weiterentwickelt. Aber es gelingt ihm zunächst nur, den bis dahin trotz seiner schon 1926 gezeichneten »Mickey Mouse« praktisch unbekannten Phantasten Walt Disney für seine Projekte zu gewinnen. Den großen Durchbruch des Farbfilms bringt erst im Jahr 1937 Disneys abendfüllender Zeichentrickfilm »Schneewittchen und die sieben Zwerge«.

Szene aus Walt Disneys weltweit berühmt gewordenem Zeichentrickfilm in Farbe: »Schneewittchen und die sieben Zwerge« nach einem Grimm-Märchen

Melkmaschinen

1930. *Nachdem seit 1860 immer wieder Erfinder mit mechanischen Unterdruckmelkmaschinen experimentiert hatten, bietet die deutsche Firma Miele jetzt elektrische Einzelmelkeimer (Abb.) an, die sich bald durchsetzen.*

Die »Ju 52« startet zum Jungfernflug

1930. In Abstimmung mit der Deutschen Lufthansa und im Auftrag des Flugzeugkonstrukteurs und Industriellen Hugo Junkers baut der Luftfahrtingenieur Ernst Zindel die zunächst einmotorig entworfene, dann aber dreimotorig ausgeführte Transportmaschine »Ju 52«. Von diesem Maschinentyp, der bald in verbesserter Ausführung Weltruhm erlangt, werden insgesamt 4000 Stück für den zivilen Verkehr gebaut und von zahlreichen Fluggesellschaften im internationalen Luftverkehr eingesetzt. Bis zum Ende des Zweiten Weltkriegs bleibt die »Ju 52« das Standardflugzeug der Deutschen Lufthansa.

Im Bau von Ganzmetallflugzeugen besitzen die Junkers-Werke weltweit die längste Erfahrung. Schon 1919 hatten sie mit der »F 13« das erste freitragende Ganzmetallverkehrsflugzeug als Tiefdecker gebaut. Zahlreiche weitere Metallflugzeuge folgten. Die »Ju 52« ist wellblechbeplankt und läßt sich deshalb besonders leicht bauen.

Den legendären Ruf der »Ju 52« begründen später zahlreiche Berichte, vor allem aus dem Zweiten Weltkrieg, in dem 5000 Stück des Typs Ju 52/3m in Einsatz waren, über die robuste Natur dieser typischen Allwettermaschine. Mit ihr gelingt die erste Überfliegung des Pamir-Gebirges. Sie fliegt noch mit einem halb abgebrochenen Flügel, startet und landet mit 52 Personen an Bord, obwohl sie nur für 20 zugelassen ist, und ist kaum störanfällig.

Das aufgrund seiner Sicherheit und Wirtschaftlichkeit wohl bekannteste deutsche Verkehrsflugzeug, die Junkers »Ju 52«, ab 1933 im Liniendienst

Eröffnung der Teilstrecke Garmisch – Eibsee (19. Dezember 1929)

Zahnradbahn auf den Zugspitzgipfel

8. Juli 1930. Die Zahnradbahnlinie zum Zugspitzgipfel wird eröffnet. Sie ist mit Zahnstangen nach Nikolaus Riggenbach ausgerüstet. Die Riggenbachzahnstange gleicht einer schmalen Eisenleiter, in deren Sprossen das Zahnrad der Lok eingreift. Daneben sind gebräuchlich: Die Doppelzahnstange nach Lochner, die links und rechts von einer zentralen Stange seitlich herausragende Zähne besitzt; die Strub-Zahnstange mit einer senkrecht hochstehenden einfachen Zahnreihe; und die Lamellenzahnstange von Abt, bei der zwei schmale Strub-Stangen nebeneinander liegen, deren Zähne gegenseitig auf Lücke stehen.

Patent auf Strahltriebwerk für Flugzeug

1930. Der britische Konstrukteur Frank Whittle erhält ein Patent auf das von ihm bereits im Jahr 1928 entwickelte Strahltriebwerk für Flugzeuge.

Gasturbinen wurden schon vor den Flügen der Brüder Wright (→ 17. 12. 1903) als Flugzeugantrieb ins Auge gefaßt, ließen sich aber bisher nicht realisieren. Eine praktikable Flugzeug-Strahlturbine konstruierte erstmals 1921 ein französischer Ingenieur namens Guillaume. Sie wurde aber nicht gebaut.

Das von Whittle vorgeschlagene Triebwerk besteht aus einem Verdichter, der komprimierte Luft in eine Brennkammer schickt. Dort verbrennt unter konstantem Druck Kerosin und liefert eine kontinuierliche Strömung heißen Gases, das eine Turbine beaufschlagt. Diese treibt über eine mechanische Kupplung den Kompressor. Es verbleibt aber ein großer Überschuß an energiereichem Heißgas, das unmittelbar für den Reaktionsantrieb des Flugzeugs zur Verfügung steht. Das Gas wird in einer passend geformten Düse entspannt und dadurch stark beschleunigt, bevor es das Flugzeug verläßt und dabei den antreibenden Rückstoßeffekt erzielt. Die erste Strahlturbine dieser Art ist erst 1933 nach jahrelangen Versuchen einsatzbereit.

Schon 1924 begann auch A. A. Griffith, sich mit der Konstruktion von Gasturbinen zu befassen. Er hatte allerdings nicht das Strahltriebwerk im Sinn, sondern eine Turbine, die über ein Untersetzungsgetriebe die Luftschraube drehen sollte. Außerdem sollte sie bei gleichem Baugewicht und bei gleichem Kraftstoffverbrauch höhere Leistungen erbringen als ein Kolbenmotor und zugleich für bessere Flugeigenschaften sorgen. Auch die Griffith-Konstruktionen werden erst später – 1937 – realisiert.

Antriebsmaschine und Ansicht des Zahnradsystems der Zugspitzbahn

Der britische Konstrukteur Frank Whittle (r.) erklärt einem Wirtschaftsjournalisten Aufbau und Funktion eines seiner frühen Düsentriebwerke

1931

1931

Die Engländer W. A. S. Butement und P. E. Pollard statten erstmals ein Schiff mit einem Radargerät aus. →

Der deutsche Elektrotechniker Max Knoll erfindet zusammen mit seinem Studenten Ernst Ruska das Elektronenmikroskop. →

In Deutschland nehmen Manfred Baron von Ardenne und Sigmund Loewe erste Versuche mit dem elektronischen Fernsehen in Angriff. →

Die American Telephone and Telegraph Company führt das erste Fernschreibsystem für private Teilnehmer ein.

Die deutsche Firma Junkers bringt den Wasserdurchlauferhitzer auf den Markt. →

Die Firma Krupp erhält ein Patent auf das sog. Rennverfahren zur Aufbereitung eisenarmer Erze.

Nach 15 Monaten Bauzeit ist in New York das Empire State Building (381 m, mit Fernsehturm fast 450 m) fertig. →

Die erste vom Menschen induzierte Kernumwandlung wird von den britischen Physikern John Douglas Cockcroft und Ernest Thomas Sinton Walton ausgelöst. →

Das Deuterium, ein natürliches Isotop des Wasserstoffs, wird von dem US-Chemiker Harold Clayton Urey und seinen Mitarbeitern entdeckt. →

Die IG Farbenindustrie in Ludwigshafen produziert einen dem PVC verwandten Kunststoff, der von der Dynamit Nobel AG zum sogenannten Astralon verarbeitet wird.

Die Firma Brown, Boveri & Cie (BBC) baut den ersten wirtschaftlich arbeitenden Axialverdichter der Welt.

13. 3. Karl Poggensee gelingt bei Berlin der erste erfolgreiche Abschuß einer Feststoffrakete in Europa (→ 1931).

21. 6. Ein propellergetriebener Schienenzeppelin erreicht auf der Strecke Berlin – Hamburg die Rekordgeschwindigkeit von 230 km/h. →

GESTORBEN:

18. 10. West Orange (New York): Thomas Alva Edison (* 11. 2. 1847, Milan/Ohio), US-amerikanischer Ingenieur und Erfinder.

GEBOREN:

22. 3. New York: Burton Richter, US-amerikanischer Physiker.

31. 5. Oak Park/Illinois: John Robert Schrieffer, US-amerikanischer Physiker.

29. 9. Chicago: James Cronin, US-amerikanischer Physiker.

Nukleare Überraschungen

1931. Mit Hilfe eines 1929 entwickelten Protonenbeschleunigers (→ 1930) gelingt es den britischen Physikern John Douglas Cockcroft und Ernest Thomas Sinton Walton, die erste durch künstlich erzeugte und beschleunigte Partikel hervorgerufene Kernreaktion (→ 1924) auszulösen. Sie schießen Protonen auf ein Lithium-7-Atom und spalten dessen Kern in zwei Helium-4-Kerne (Alpha-Teilchen).

Schon 1930 erzielten der deutsche Physiker Walter Bothe und sein Mitarbeiter Herbert Becker einen nuklearen Überraschungseffekt, als sie das Leichtmetall Beryllium mit Alpha-Teilchen bombardierten. Der Teilchenhagel löste eine Strahlung aus, die genau so lange andauerte wie der Beschuß. Die Strahlung war so erstaunlich durchdringend, wie das bisher nur von Gammastrahlen (→ 1902) bekannt war. Folglich hielten die beiden deutschen Forscher sie auch für solche.

Im Jahr → 1932 stellt das französische Physikerehepaar Frédéric und Irène Joliot-Curie fest, daß die rätselhafte Strahlung in der Lage ist, Protonen aus Atomkernen herauszuschießen. 1934 weist dann James Chadwick rechnerisch nach, daß Gammastrahlen dies nicht vermögen. Der britische Physiker erkennt in der neuen Strahlung einen Strom von Neutronen, die er damit zugleich entdeckt.

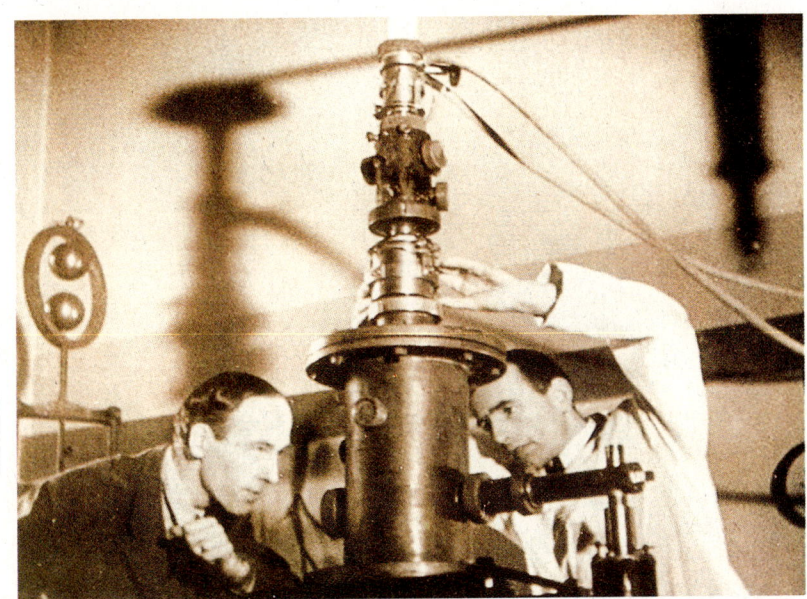

Ernst Ruska (l.) und Max Knoll mit dem von ihnen erfundenen Elektronenmikroskop (Foto 1944); ab 1939 wurden die Instrumente in Serie gebaut

Das Elektronenmikroskop

1931. Nach jahrelangen Experimenten mit elektronenoptischen Systemen gelingt dem deutschen Elektrotechniker Max Knoll und seinem Studenten Ernst Ruska der Bau des Elektronenmikroskops. Dieses Gerät macht auch Teilchen sichtbar, die kleiner sind als die Wellenlänge des Lichts und deshalb von diesem nicht mehr abgebildet werden können.

Elektronenwellen (→ 1930) sind einerseits wesentlich kurzwelliger als Licht, zum anderen lassen sie sich aber wie dieses bündeln und ablenken (→ 1926). Aufgrund dieser Überlegungen bauen Knoll und Ruska mit Magnetlinsen ein mikroskopisches System, das allerdings zunächst keine stärkeren Vergrößerungen liefert als gute Lichtmikroskope (→ 1872; 1903).

Erst 1934 gelingt es, Elektronenmikroskope zu konstruieren, deren Auflösungsvermögen das des Lichtmikroskops übertrifft.

Da das Auge die Elektronenstrahlen nicht wahrnehmen kann, arbeitet das Elektronenmikroskop mit einem fluoreszierenden Bildschirm, den die Elektronen zum Leuchten anregen, oder mit fotografischen Platten, die vom Elektronenbild geschwärzt werden (→ 1933).

Urey entdeckt ein Wasserstoff-Isotop

1931. Der US-Chemiker Harold Clayton Urey und seine Mitarbeiter entdecken das Deuterium, ein natürliches Isotop des Wasserstoffs. Isotope sind Atomkerne mit gleicher Protonenzahl, aber unterschiedlicher Neutronenzahl und damit unterschiedlicher Massenzahl (→ 1932). Sie gehören zum gleichen chemischen Element und lassen sich mit chemischen Methoden nur schwer voneinander trennen, weil die chemische Natur eines Atoms von seiner Elektronenhülle bestimmt wird, deren Struktur wiederum fast ausschließlich von der Protonenzahl abhängt. Kernphysikalisch unterscheiden sich isotope Atomkerne außer in ihrer Masse auch in ihrem Spin (→ 1924), in ihrem magnetischen Moment und in ihrem Volumen.

Während »normale« Wasserstoffatomkerne aus nur einem Proton bestehen, besitzen Deuteriumatome im Kern ein Proton und ein Neutron, weshalb man Deuterium auch »schweren Wasserstoff« nennt.

Experimente mit Feststoffraketen

1931. In Europa starten erstmals Feststoffraketen. Sie werden von den Deutschen Reinhold Tiling und Karl Poggensee gebaut.

Nachdem sich gezeigt hatte, daß sich das System der Flüssigkeitsrakete (→ 1909) nicht ohne weiteres von Versuchsmodellen auf größere Flugkörper übertragen ließ, experimentierten verschiedene Konstrukteure mit Feststoffraketen.

In der Nähe von Osnabrück entwickelt Tiling Schwarzpulverraketen. Im April 1931 startet er sechs derartige Flugkörper, von denen einer in 150 m Höhe explodiert, während zwei weitere 500 bis 750 m Höhe erreichen und einer bis etwa 1800 m aufsteigt. Die maximalen Brennzeiten liegen bei 11 s, die Höchstgeschwindigkeiten bei 1100 km/h. Eine verbesserte Version erreicht etwa 10 km Höhe.

Poggensee baut die erste Feststoff-Forschungsrakete, die mit einem Höhen- und Geschwindigkeitsmesser ausgestattet ist und beim ersten Startversuch am 13. März in der Nähe von Berlin 450 m Höhe erreicht.

Wolkenkratzer der Superlative in USA

1931. In der Fifth Avenue im New Yorker Stadtteil Manhattan wird das von der Architekturfirma Shreve, Lamb & Harmon Associates entworfene, rund 450 m hohe Empire State Building vollendet.

Der Bau ist ein Wolkenkratzer der Superlative. 1860 Treppenstufen führen vom Straßenniveau zum obersten, 102. Stockwerk. 72 Fahrstühle verkehren in Schächten von insgesamt 12 km Länge mit Fahrgeschwindigkeiten zwischen 220 und 450 m/min. Im Haus, in dem 16 000 Personen arbeiten, werden später 5600 km Telefonleitungen verlegt. Der Bau wiegt 365 000 t; 60 000 t davon sind Stahl, genug für eine doppelgleisige Eisenbahnstrecke von New York nach Baltimore. Der Bau umfaßt ein Volumen von zwölf Millionen m³ und steht auf einer Grundfläche von 650 000 m². Im Erdgeschoß ist eine komplette Geschäftsstadt untergebracht. Das Fundament reicht 20 m tief in den Boden und ist unmittelbar auf gewachsenem Fels gegründet. Gewaltige Klimaanlagen im zweiten Untergeschoß wälzen die gesamte Raumluft des Gebäudes sechsmal pro Stunde um. Die Aussicht von der 102. Etage reicht bis zu 130 km.

Das 450 m hohe Empire State Building gilt als ein Wahrzeichen der Innenstadt von New York; das Hochhaus gründet direkt auf gewachsenem Fels

Erstmals Schiff mit Radar ausgerüstet

1931. Die Engländer W. A. S. Butement und P. E. Pollard statten zum ersten Mal ein Schiff mit einem – einfachen – Radargerät aus.

Ein erstes Patent auf ein »Telemobiloskop« (→ 1904) zur Verkehrsüberwachung durch Funkwellen, die von dem Metall der Kraftfahrzeuge reflektiert werden, erhielt schon 1905 der deutsche Elektroingenieur Christian Hülsmeyer. Ein solches Gerät wurde aber nicht gebaut.

1922 schlug dann Guglielmo Marchese Marconi aus Italien, der Erfinder der drahtlosen Telegraphie (→ 1897), vor, Schiffe bei schlechter Sicht durch Radiowellenechos zu orten. Dieser Idee folgen nun Butement und Pollard. Sie fertigen zunächst nicht mehr als ein Versuchsgerät an. Die elektromagnetischen Wellen werden scharf gerichtet ausgesendet, und mit derselben Richtantenne wird das Echo aufgefangen. Aus der Laufzeit läßt sich die Entfernung zum Objekt berechnen; die Strahl- und Empfangsposition der Antenne zeigt dessen exakte Richtung an. Als Radarantennen werden Parabolspiegel verwendet, gegen die ein sogenannter Hornstrahler die auszusendenden Wellen richtet (→ 14./15. 4. 1912).

Erfolgreiche Versuche mit vollelektronischer Übertragung von Fernsehbildern in Berlin

1931. *In Berlin nehmen Manfred Baron von Ardenne (Abb. r., mit John Logie Baird [l.]) und Sigmund Loewe erste erfolgreiche Versuche mit elektronischen Fernsehübertragungen vor. Außerdem konstruiert der in die USA emigrierte russische Elektroingenieur Wladimir Kosma Zworykin die erste brauchbare elektronische Bildaufnahmeröhre.*

Das Prinzip von Zworykins Röhre ist noch dasselbe wie bei seinem ersten Ikonoskop (→ 1911; 19. 12. 1923): Das zu übertragende Bild wird auf ein 10 cm² großes Glimmerplättchen in einer Elektronenstrahlröhre projiziert, *wo es ein Mosaik aus winzigen Fotozellen (→ 1873) aktiviert. Dadurch entstehen in diesen Elementen Spannungsänderungen, die verstärkt und in ein Bildsignal umgewandelt werden. Der von der Röhre erzeugte Elektronenstrahl wird so abgelenkt, daß er zeilenweise die Bildelemente abtastet und ihre ursprüngliche Spannung wiederherstellt.*

Manfred von Ardennes elektronischer Lichtbildabtaster von 1930 arbeitet ähnlich. Dem deutschen Physiker gelingt damit jetzt die erste befriedigende vollelektronische Übertragung eines Fernsehbildes (Abb. l.).

Ein Zeppelin auf Schienen

21. Juni 1931. Unter starken Sicherheitsvorkehrungen legt ein von den deutschen Flugzeugkonstrukteuren Franz Kruckenberg, Kurt Stedefeld und Willi Black gebauter, propellergetriebener Eisenbahntriebwagen die Strecke Hamburg – Berlin in nur 98 Minuten zurück. Er erreicht eine Höchstgeschwindigkeit von 230 km/h und stellt damit einen Geschwindigkeitsweltrekord für Landfahrzeuge auf (→ 1910).

Das Schienenfahrzeug ist eine in jeder Hinsicht ausgereifte Konstruktion. Kruckenberg hat nicht nur den Antrieb entworfen, einen riesigen hölzernen Heckpropeller, der von einem nur 550 PS starken Benzinmotor bewegt wird, er hat dem Triebwagen auch eine aerodynamisch optimale Stromlinienform gegeben und die wissenschaftlichen Grundlagen für extremen Leichtbau in die Praxis umgesetzt.

Der Propellertriebkopf des von den deutschen Flugzeugkonstrukteuren F. Kruckenberg, K. Stedefeld und W. Black gebauten »Schienenzeppelins«

Fernschreibnetz in den USA in Betrieb

1931. Die American Telephone and Telegraph Company führt in den USA das erste Fernschreibnetz für private Teilnehmer ein.

Das System arbeitet technisch äußerst einfach. Die Geräte stehen bei den Teilnehmern und sind wie Telefone mit einer Zentrale verbunden, die die Gesellschaft unterhält. Wie beim Telefonverkehr lassen sich die einzelnen Anschlüsse der Teilnehmer gegenseitig anwählen. Ist die Verbindung hergestellt, dann ist das sendende mit dem empfangenden Schreibgerät unmittelbar gekoppelt. Was auf der Sendermaschine getippt wird, erscheint als Ausdruck auf der Empfängermaschine. 1932 entsteht in Europa ein ähnliches Fernschreibnetz. Später wird die Übertragungszeit dadurch herabgesetzt, daß die Texte zunächst auf Lochstreifen gespeichert und von dort eingelesen und übertragen werden.

Durchlauferhitzer liefert Warmwasser

1931. Die deutschen Junkers-Werke bringen den ersten betriebssicheren Wasser-Durchlauferhitzer auf den Markt.

Das Gerät arbeitet mit einer Gasfeuerung. Die Gasflammen umströmen dünne Wasserrohre, in denen das Wasser aufgeheizt wird. Das Heizgas kann aus Sicherheitsgründen – bis auf die Menge für ein immer brennendes kleines Zündflämmchen – nur ausströmen, wenn die Wasserleitung geöffnet ist.

Schon früher – seit 1868 in Großbritannien – gab es Durchlauferhitzer, doch waren diese zum Teil sehr gefährlich. Bei den ersten Modellen kam das Wasser direkt mit den offenen Flammen in Kontakt und wurde durch die giftigen Gase verunreinigt. Ab 1880 führte man das Wasser durch Rohre. Erste Sicherheitsvorrichtungen gegen unbeabsichtigtes Gasausströmen wurden schließlich 1896 erfunden.

1932

Als größte aus Fertigteilen freitragend vorgebaute Brücke wird die Brücke über die Hafenbucht von Sydney fertiggestellt. →

Die deutsche Firma Agfa bringt die ersten Farb-Diapositivfilme auf den Markt. →

Der US-Radioingenieur Karl Jansky entdeckt Radiowellen aus dem Weltall. →

Wie schon zwei Jahre zuvor der deutsche Physiker Walther Wilhelm Georg Bothe und sein Mitarbeiter Herbert Becker entdecken jetzt Frédéric und Irène Joliot-Curie aus Frankreich eine Strahlung, die sie für Gamma-Strahlen halten, die aber James Chadwick als Neutronenstrahlung erkennt (→ 1931).

Werner Karl Heisenberg erarbeitet eine nukleare Interaktionstheorie. →

Carl David Anderson, Physikprofessor in Pasadena, entdeckt das 1928 von Paul Dirac geforderte Positron. →

Der britische Physiker John Douglas Cockcroft und sein irischer Kollege Ernest Thomas Sinton Walton bauen in Cavendish den ersten Linearbeschleuniger (→ 1931).

Mit der Theorie stabiler rückgekoppelter Schwingungsvorgänge legt der schwedische Elektrotechniker Harry Nyquist die Grundlagen der Kybernetik. →

Der deutsche Triebwagen »Fliegender Hamburger« erreicht 160 km/h (→ 21. 6. 1931).

Wernher von Braun beginnt mit der Entwicklung einer Flüssigkeitsrakete.

Der österreichische Ingenieur G. Tauschek erhält ein Patent auf die magnetische Informationsspeicherung. →

Der niederländische Physiker Frederik Zernike veröffentlicht das Prinzip des Phasenkontrasts in der Mikroskopie.

18. 8. Der Schweizer Physikprofessor Auguste Piccard erreicht in einem Ballon eine Höhe von mehr als 16 km. →

GESTORBEN:

14. 3. Rochester/New York: George Eastman (* 12. 7. 1854, Waterville/New York), US-amerikanischer Erfinder und Industrieller.

10. 7. Bei Los Angeles: King Camp Gillette (* 5. 1. 1855, Fond du Lac), US-amerikanischer Erfinder und Industrieller.

GEBOREN:

21. 3. Boston: Walter Gilbert, US-amerikanischer Biophysiker und Molekularbiologe.

5. 12. New York: Sheldon Lee Glashow, US-amerikanischer Physiker.

Die Teilchenphysik wird komplexer

1932. Der deutsche Physikprofessor Werner Karl Heisenberg (→ 1925) stellt neue Theorien über die Partikelverteilung und die Kräfte im Atomkern auf.

1930 hatte der deutsche Physiker Walter Bothe Beryllium mit Alpha-Teilchen beschossen und dabei eine zunächst für Gammastrahlung gehaltene Sekundärstrahlung erzeugt. Nun wiederholt das Ehepaar Irène und Frédéric Joliot-Curie diese Versuche. Der britische Physiker James Chadwick erkennt in der Strahlung einen Strom ungeladener Teilchen, deren Masse etwa jener der Protonen entspricht und die er Neutronen nennt (→ 1931).

Für Heisenberg ist die Entdeckung des Neutrons Anlaß zu einer Theorie, nach der sich Atomkerne nicht – wie bisher angenommen – aus Protonen und Elektronen zusammensetzen, sondern aus Protonen und Neutronen. Der Unterschied scheint zunächst nicht gravierend, denn Heisenberg stellt sich ein Neutron als die Kombination eines Protons mit einem Elektron vor. Aber die neue Theorie erklärt, warum die meisten Atomkerne stabil sind. Positiv geladene Protonen müßten sich gegenseitig vehement abstoßen. Nach Heisenberg werden sie durch die Neutronen zusammengehalten. Dabei muß bei leichten Atomen auf jedes Proton im Kern mindestens ein Neutron kommen, bei schwereren Atomen müssen die Neutronen überwiegen. Bei sehr schweren Atomen genügt keine noch so große Neutronenzahl. Sie sind allesamt radioaktiv, ihre Kerne zerfallen von selbst.

Mit Heisenbergs neuer Theorie lassen sich auch Isotope besser verstehen und beschreiben. Die Zahl der Protonen im Atomkern ist die Ordnungszahl eines Elements, die der Protonen plus Neutronen z. B. seine Massenzahl. So gibt es etwa die Sauerstoffisotope O-16, O-17 und O-18, die alle die Atomzahl 8, aber unterschiedliche Massenzahlen besitzen. Bei der Betrachtung anziehender und abstoßender Partikelkräfte macht sich Heisenberg auch Gedanken über elektromagnetische und Gravitationskräfte und schließt aus theoretischen Erwägungen auf die Existenz von masselosen Vermittlerteilchen dieser Kräfte: Photonen und Gravitronen.

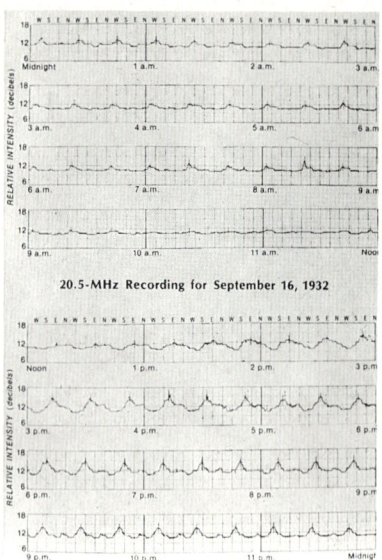

Janskys Empfangsaufzeichnungen für 20,5 Megahertz vom 16. 9. 1932

Rätselhafte Wellen aus dem Weltall

1932. Der US-amerikanische Ingenieur Karl Jansky macht die wohl bedeutendste Entdeckung der Astrophysik und Kosmologie im 20. Jahrhundert: Er beobachtet erstmals aus dem Weltall kommende Radiowellen.

Jansky schließt eine Radioantenne an eine Verstärkeranlage, um die statischen Aufladungen zu erforschen, die durch Gewitter in Kurzwellenanlagen auftreten können. Dabei beobachtet er ein ständiges gleichmäßiges Geräusch, dessen Ursprung er sich zunächst nicht erklären kann. Bei Experimenten mit Richtantennen stellt er schließlich fest, daß der Sender, von dem dieses Geräusch als elektromagnetische Wellen ausgeht, am Himmel liegt, genauer gesagt im Sternbild des Schützen, in dessen Richtung sich das Zentrum der Milchstraße befindet. Jansky veröffentlicht seine Beobachtungen, stößt aber in den Kreisen der Astronomen auf bloßes Unverständnis. Nur der Radioingenieur Grote Reber aus den USA (→ 1937) geht der Sache nach und baut das erste Radioteleskop, mit dem er Radiowellen aus den Sternbildern Schütze, Schwan und Cassiopeia nachweisen kann.

Und noch eine Sensation hält das Weltall parat. Der US-Physiker Carl David Anderson entdeckt in der kosmischen Höhenstrahlung (→ 1911) die → 1928 von Paul Adrien Maurice Dirac theoretisch geforderten Positronen.

Magnettrommelspeicher

1932. Der österreichische Ingenieur G. Tauschek entwickelt für die Datenverarbeitung in Anlehnung an das Magnettonverfahren (→ 1928) den Magnettrommelspeicher, der ihm 1933 patentiert wird.

Auf den Mantel einer rotierenden Trommel ist ein ferromagnetischer Lack aufgetragen. In geringem Abstand von der Trommel (10 bis 30 μm) sind Schreib- und Lesekopf angebracht. Die Köpfe bestehen jeweils aus einem hufeisenförmig zusammengebogenen Streifen hochpermeablen Materials, das als Kern eines Elektromagneten von einer Spule umwickelt ist. In ihrem Spalt – dort, wo sich die Schenkel des »Hufeisens« beinahe berühren – befindet sich eine unmagnetische Einlage. Zum Beschreiben werden durch die Kopfwicklung kurze Stromimpulse geschickt. Das dabei im Polschuh entstehende Magnetfeld magnetisiert den gerade unter dem Kopf liegenden Bereich der Trommel bis zur positiven Sättigung. Auf der Trommel wird so der Wert »Eins« geschrieben. Der Wert »Null« wird durch einen kurzen Stromimpuls in Gegenrichtung aufgezeichnet, wobei der betroffene Trommelbereich gegenphasig magnetisiert wird.

Bei Drehung der Trommel wird, jedesmal wenn ein in der einen oder anderen Richtung magnetisierter Fleck unter dem Lesekopf vorbeiläuft, in dessen Wicklung ein positiver oder negativer Stromimpuls induziert (→ 1831). Dieser Lesestrom wird einem Verstärker zugeführt. Das Lesen beeinflußt die gespeicherte Information nicht. Sie wird erst durch Überschreiben mit einer neuen Information gelöscht.

In der praktischen Ausführung wird der Mantel der Trommel in zahlreiche einzelne Spuren eingeteilt und jeder Spur ein separater Schreib- und ein Lesekopf zugeordnet. Zwei Extraspuren enthalten die Datenadressen.

Eine Trommel von etwa 20 cm Länge und 10 cm Durchmesser speichert bei Drehzahlen zwischen 6000 und 15 000 Umdrehungen/min etwa 500 000 Bits (Null-Eins-Impulse). Die maximale Zugriffszeit liegt bei vier bis zehn Millisekunden.

Werbung für den neuen Agfacolor-Film für farbige Diapositive

Kleinbildfilm für farbige Diapositive

1932. Die deutsche Firma Agfa bringt den Linsenraster-Film, einen ersten Kleinbildfilm für Farbdias, heraus. Die Blankseite des Films ist mit mikroskopisch kleinen Zylinderlinsen bedeckt (→ 1936).

Nyquist legt Grundlagen der Kybernetik

1932. Mit der Entwicklung der mathematisch begründeten Theorie stabiler rückgekoppelter Schwingungsvorgänge legt Harry Nyquist aus Schweden die wissenschaftliche Grundlage der Kybernetik.

Die Idee zur Behandlung von Rückkopplungsvorgängen entnimmt Nyquist der Röhrenverstärkertechnik. Insbesondere gegengekoppelte (→ 1927) Verstärker von elektrischen Schwingungen zeigen ein wesentlich stabileres Verhalten als normale Verstärker. Verallgemeinert bedeutet der Begriff der Rückkopplung die Beeinflussung eines Geschehens durch die Rückwirkung seiner Folgen auf den weiteren Verlauf des Geschehens (später nennt man das auch »Feedback«). Dieses Prinzip erweist sich bald als grundlegend für die Theorie der meisten Regelvorgänge in Technik, Kommunikations-, Informations- und Systemtheorie, aber auch Biologie, Medizin, Psychologie, Soziologie usw. Im zunächst von Nyquist betrachteten elektrotechnischen Bereich ist die Rückkopplung die Rückführung eines Teils des Ausgangssignals eines Verstärkers auf dessen Eingang auf elektrischem, akustischem oder optischem Weg. Dabei ist zwischen Mit- und Gegenkopplung zu unterscheiden, je nachdem ob das rückgeführte Signal zum Eingangssignal addiert oder von diesem subtrahiert wird. Die Mitkopplung wirkt schwingungsverstärkend, weswegen dieses Prinzip häufig in Oszillatoren verwendet wird. Die Gegenkopplung wirkt dämpfend und eignet sich dazu, Schwingungen zu stabilisieren.

Serienfertigung von Nyquist-Empfängern in einem deutschen Betrieb in den 1930er Jahren; diese Produktion läßt auf die weite Verbreitung schließen

Ballonfahrt bis in die Stratosphäre

18. August 1932. Zusammen mit dem belgischen Physiker M. Cosyns steigt der Schweizer Physikprofessor Auguste Piccard in einer kugelförmigen Druckkabine, getragen von einem Ballon mit Spezialhülle, bis in 16 201 m Höhe – also bis in die Stratosphäre – auf. Zwölf Stunden später landet der Ballon bei Volta am Gardasee.

Bereits am 27. Mai 1931 hatte Piccard – damals in Begleitung des Ingenieurs Paul Kipfer – mit einem von ihm konstruierten Luftgefährt aus Ballon und Druckkabine eine Höhe von 15 781 m erreicht und war dann nach einer 16stündigen Fahrt auf dem Gurgler Ferner im österreichischen Ötztal gelandet. Der Ballon hieß nach dem finanzierenden Unternehmen, dem belgischen Fonds Nationale de la Recherche Scientifique, »FNRS« und hatte 14 000 m³ Rauminhalt. Den selben Ballon verwendet Piccard auch diesmal, allerdings zusammen mit einer verbesserten Druckkapsel.

Den Wissenschaftlern gelingen auf ihren beiden Fahrten, die sie in bis-

A. Piccard (l.) und sein Assistent Paul Kipfer nach der Landung

her unerreichte Höhe emporführen, erstmals Strahlungsmessungen in der Stratosphäre. Darüber hinaus beweisen sie praktisch, daß der Aufenthalt in größeren Höhen in Druckkabinen für Menschen gefahrlos ist, daß einem künftigen Luftverkehr in Luftkabinen-Flugzeugen in dieser Hinsicht also nichts im Wege steht.

Die 1932 erbaute Harbour-Bridge in Sydney, Neusüdwales (Australien); der zentrale, freitragend vorgebaute Stahlgitterbogen überspannt 503 m

Rekorde im Brückenbau

1932. Als größte aus Fertigteilen freitragend vorgebaute Brücke wird die Brücke über die Hafenbucht von Sydney in Australien vollendet. Sie hat eine Bogenspannweite von 503 m. Außerdem werden die Bauarbeiten an der George-Washington-Hängebrücke über den Hudson in den USA beendet, die frei 1067 m

überspannt. Konstruiert hat sie der Schweizer Othmar Hermann Ammann. Wie die bereits 1931 vollendete, 510 m weit gespannte Killvan-Kull-Brücke in New York besitzt die Bogenbrücke von Sydney eine Eisenkonstruktion, bei der die Fahrbahn von einem Bogentragwerk abgehängt ist.

Chemiker der britischen Firma Imperial Chemical Industries entdecken bei Experimenten das Polyäthylen. →

In Europa und Japan werden Ferrite (Ferritkernspeicher u. a.) entwickelt und hergestellt. Es sind Keramiken auf Eisenoxidbasis. →

Clarence M. Zener weist an Dioden bei Betrieb in Sperrichtung den von verschiedenen Forschern 1929 vorhergesagten Tunneleffekt nach. →

Hexoden, Superhet-Empfänger, Schwundregelung und Richtstrahlen für Kurzwellensender kommen auf. →

Die ersten 16-mm-Tonfilmprojektoren arbeiten. →

Robert Jemison van de Graaf baut den ersten Bandgenerator zur Erzeugung von Hochspannung. →

Das deutsche Telexnetz nimmt seinen Betrieb auf. →

Die ersten Volksempfänger für Kurzwellensendungen werden gebaut. →

Die deutsche Firma Metzeler stellt brauchbare Autoreifen aus dem neuen synthetischen Kautschuk »Buna« anstelle von Naturgummi her. →

Die deutschen Physiker Bodo von Borries und Ernst August Friedrich Ruska veröffentlichen erste Bilder mit einem Elektronenmikroskop. →

Die deutsche Firma Leitz integriert die Anwendung aller mikroskopischen Verfahren, einschließlich der Mikrofotografie, in einem Kameramikroskop. →

Röntgengeräte finden in der Medizin zunehmende Verbreitung. →

3. 4. Der Marquess of Clydesdale und D. F. McIntyre gelingt erstmals ein Flug über den Mount Everest. →

15. 5. Der Dieseltriebzug »Fliegender Hamburger«, der Hamburg und Berlin in nur 137 min verbindet, macht weltweit Schlagzeilen. →

29. 5. Der erste Schleuderstart einer Dornier Wal vom Dampfer »Westfalen« gelingt mit der Großkatapult-Anlage K 6. →

31. 12. Das Jagdflugzeug »Rata« des sowjetischen Konstrukteurs Nikolai N. Polikarpow, der erste freitragende Tiefdecker mit einziehbarem Fahrgestell und geschlossenem Führersitz, geht auf Jungfernflug.

GEBOREN:

29. 4. München: Arno Allan Penzias, deutsch-US-amerikanischer Physiker.

3. 5. New York: Steven Weinberg, US-amerikanischer Physiker.

Generator erzeugt Hochspannung

1933. Der US-amerikanische Physiker Robert Jemison van de Graaff entwickelt einen Bandgenerator zur Erzeugung von Hochspannung bis zu mehreren Millionen Volt bei Maximalleistungen von rund 1 kW. Das Gerät ist eine Weiterentwicklung der Influenzmaschine (→ 1743). Ein isoliert aufgestellter Leiter wird durch ein über Walzen laufendes endloses Band aufgeladen, das seinerseits an anderer Stelle elektrische Ladung aufnimmt.

Der Van-de-Graaff-Generator findet bald Verwendung in der Kernphysik zur Erzeugung starker elektrischer Felder für die Beschleunigung geladener Teilchen (→ 1928).

Zener entdeckt den Tunneleffekt

1933. Der US-amerikanische Physiker Clarence M. Zener weist für Dioden (→ 1904) bei Betrieb in Sperrichtung den von verschiedenen Forschern bereits 1929 vorhergesagten Tunneleffekt nach.

Unter diesem Effekt versteht die Physik die Überwindung eines Hindernisses durch ein Teilchen mit geringerer Energie, als hierzu nach der klassischen Mechanik aufgebracht werden müßte. Nach der Quantenmechanik (→ 1925) ist dies indes statistisch möglich.

Der Tunneleffekt spielt auch beim Durchscheinen von Licht durch dünne Materieschichten eine Rolle.

Magnetmaterial auf Keramikbasis

1933. In Europa und Japan werden sogenannte Ferrite entwickelt, keramische Materialien mit magnetischen Eigenschaften.

Die Ferrite bestehen aus Kristallen von Eisen-II-Oxid und einem oder mehreren Oxiden zweiwertiger (→ 1860) Metalle, etwa Mangan, Nickel, Zink, Kupfer, Kobalt oder Magnesium. Sie besitzen eine sehr kleine elektrische Leitfähigkeit und kennen deshalb praktisch überhaupt keine Wirbelstromverluste.

Ferrite finden bald als Spulenkerne von Ferritantennen in der Rundfunktechnik und als Ferritkernspeicher (→ 1950) in der Datenverarbeitung Verwendung.

Leitz: Fortschritte der Mikrofotografie

1933. Die Firma Leitz integriert die Anwendung aller optisch-mikroskopischen Verfahren – die bisherigen mikrofotografischen Erfahrungen eingeschlossen – in einem Kameramikroskop. Es kommt dem immer stärker werdenden Wunsch nach exakter Dokumentation des Beobachteten in der Welt des Allerkleinsten entgegen. Außerdem veröffentlichen Bodo von Borries, Ernst Ruska, Ernst Brüche und Max Knoll die ersten fotografischen Aufnahmen mit dem von Ruska und Knoll → 1931 vorgestellten Elektronenmikroskop.

Die neuen Entwicklungen im Hause Leitz gehen nicht zuletzt auf die → 1925 auf den Markt gebrachte Kleinbildkamera Leica zurück, die im selben Unternehmen entwickelt wurde. Die »Mikas«-Mikroskopkupplung vereinigte zunächst die Kamera und das Mikroskop zu einem integralen Ganzen. Diese Kombination wurde von Leitz systematisch weiterentwickelt. Daraus resultiert schließlich ein flexibles Kameramikroskop für das Bildformat 24 × 36 mm.

Die Mikrofotografie wird im Hause Leitz schon lange gepflegt. Der erste Entwurf für einen unabhängigen, für jedes Mikroskop geeigneten »mikrophotographischen Apparat« stammte aus dem Jahr 1880. Der große Mikroforscher Robert Koch schrieb damals: »Die fotografische Aufzeichnung von Mikroorganismen ist für ihre Erforschung von größter Wichtigkeit ... Der Urheber einer Mikrofotografie eliminiert jeden subjektiven Einfluß auf die Wiedergabe des Objekts ...«

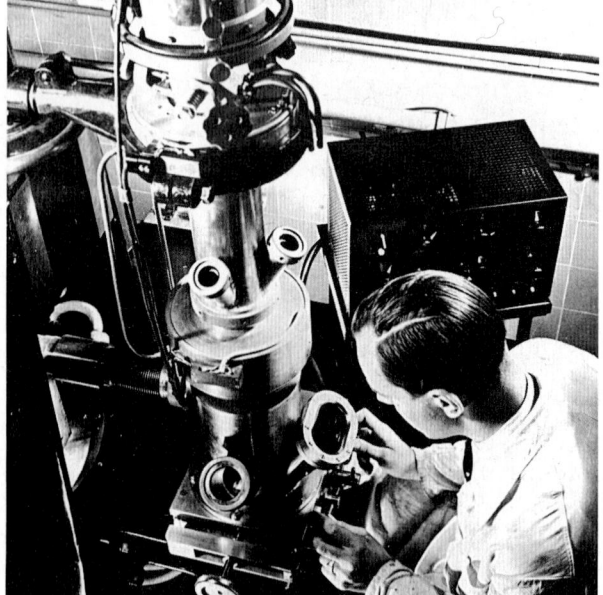

Elektronenmikroskop für 30 000fache Vergrößerung, gebaut 1938 bei Siemens; mit derartigen Großinstrumenten lassen sich nicht nur direkte Beobachtungen anstellen, sondern auch Mikrofotografien aufnehmen; für den Gebrauch an Licht- und Elektronenmikroskopen entwickelt die optische Industrie jetzt Spezialkameras

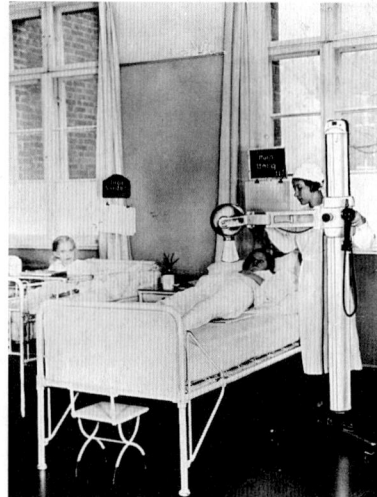

Siemens-Röntgenkugel für Hospitale und die Praxis des Facharztes

Röntgengeräte in der Medizinpraxis

1933. Seit Wilhelm Conrad Röntgen seine gewebedurchdringenden Strahlen entdeckte (→ 1895), sind fast vier Jahrzehnte vergangen. Inzwischen hat die Röntgendiagnostik mit speziell entwickelten klinischen Geräten breiten Eingang in die Arbeit des Arztes gefunden.

Volksempfänger – Radios für jedermann

1933. In Deutschland kommen die Volksempfänger, Kurzwellenradios für jedermann, auf den Markt.

Die neue Radiogeneration bedient sich schon einer ganzen Zahl erst in den letzten Jahren entwickelter Elemente der Rundfunktechnik. Sie arbeiten nach dem Superhet-Prinzip (→ 1918), sind mit Hexoden (→ 1930) bestückt und verfügen über eine Schwundregelung, d. h. sie gleichen selbständig kurzzeitige Schwächungen des Empfangssignals aus. Derartige Erscheinungen können durch das gleichzeitige Eintreffen zweier Wellenzüge auftreten, von denen der eine direkt vom Sender kommt, während der andere von der Ionosphäre reflektiert ist, und die sich dann gelegentlich gegenphasig überlagern. Im Empfänger gleicht man das dadurch aus, daß man den Gleichspannungsanteil der Wellen zur automatischen Regelung der Verstärkung heranzieht.

Verbessert wurden auch die Kurzwellensender, die jetzt mit Richtstrahlern ihre Sendeleistung ganz gezielt in bestimmte Empfangsgebiete abgeben können.

Die plötzliche Ausbreitung des Massenrundfunks durch den Volksempfänger ist indes keine direkte Folge der verbesserten Techniken. Sie hat propagandistische Wurzeln. Nicht umsonst hat der nur 75 Mark teure »Volksempfänger« die Typenbezeichnung »VE 301«. Die Zahl weist auf die Machtübernahme Adolf Hitlers am 30. Januar 1933 hin. Die Nationalsozialisten hatten das Gerät geordert. Es ist so aufgebaut, daß es keine ausländischen Sender empfangen kann, und die Juristen der Nation erklären es als unpfändbar. Noch 1926 stand in den Richtlinien der Reichsrundfunkgesellschaft: »Der Rundfunk dient keiner Partei«. Doch der neue flächendeckende Rundfunk ist gelenkt vom Reichspropagandaminister Joseph Goebbels. Empört legt Hans Bredow (→ 1916), der Vater und bisherige Leiter des Deutschen Rundfunks, alle Ämter nieder. An den Volksempfängern aber sitzen nun Millionen von Zuhörern und lauschen den völkischen Tiraden.

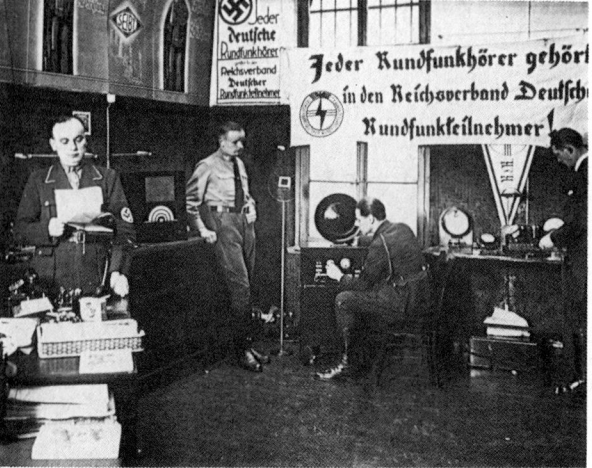

Ab 1933 stellt der Rundfunk im Deutschen Reich ein Machtinstrument dar: Kreisrundfunkstelle in Duisburg

Erstes Telexamt in Berlin, eingeweiht im Oktober 1933 (Foto 1935)

Deutschland weiht das Telexnetz ein

1933. Nachdem bereits 1931 in den USA private Fernschreibnetze in Betrieb gingen, eröffnet das deutsche Postministerium jetzt das »Telex«-Netz. Jeder kann einen Anschluß beantragen. Die Geräte müssen privat beschafft werden. Angeschlossen werden sie aber von der Post an das posteigene Netzwerk.

Vielseitiger neuer Kunststoff entdeckt

1933. Chemiker der britischen Imperial Chemical Industries entdecken das Polyäthylen. Ab 1939 geht es in Massenproduktion.

Äthylen ist ein aus Erdöl oder Erdgas gewonnenes farbloses organisches Gas. Durch Polymerisation (→ 1936) läßt es sich zu zwei unterschiedlichen Kunststoffgruppen verarbeiten, je nachdem, bei welchem Druck der Prozeß verläuft. Bei sehr hohen Drücken (1000 bis 3000 Atmosphären) erhält man Polyäthylen geringer Dichte (0,915 bis 0,935 g/cm³), bei normalem Druck entsteht Polyäthylen hoher Dichte (0,935 bis 0,970 g/cm³).

Die britischen Chemiker entdecken das Hochdruckpolyäthylen, das nicht ganz so verschleißfest ist wie das Niederdruckpolyäthylen. Dafür läßt es sich aber hervorragend weiterverarbeiten. Beinahe alle für Thermoplaste bekannten Verfahren kommen in Frage: Spritzgießen, Extrudieren, Blasformen, Umformen, Kalandrieren, Pressen und Rotationsgießen.

Hochdruckpolyäthylen ist sehr vielseitig verwendbar: Im Bauwesen

Dank seiner physiologischen Unbedenklichkeit läßt sich Hochdruckpolyäthylen u. a. vielseitig in der Kosmetikbranche und im Haushalt einsetzen

etwa in Form von Abdeck- oder Abdichtungsfolien, Formauskleidungen, Eimern, Mörtelpfannen, Rohren und Fittings; in der Verpackungsindustrie als Folien aller Art, Transportbehälter, Flaschen, Tuben oder Dosen; im Maschinen- und Fahrzeugbau zur Herstellung von Griffen, Bedienungsknöpfen, Kappen, Dichtungen, Auskleidungen, Rohren und Balgen; in der Elektrotechnik für die Isolierung von Fernmelde- und Hochspannungskabeln, als Kabelmäntel und -muffen, Armaturen, Installationsrohre und Verteilerdosen.

Erster Katapultstart eines Flugzeuges vom Deck eines Schiffes gelungen

29. Mai 1933. *Mit der Großkatapultanlage »K 6« gelingt erstmals der Schleuderstart eines Flugzeugs vom Deck eines Schiffes aus (Abb.). Die derart in die Luft beförderte Maschine ist die 8 t schwere Dornier Wal »Monsun«, ein Postflugzeug mit 23,20 m Spannweite und 2000 km Reichweite, das Mutterschiff ist die »Westfalen«. Zwar hätte die niedrige Geschwindigkeit der Flugzeuge vor dem Zweiten Weltkrieg auch normale Starts von einem Schiffsdeck zugelassen, doch leitet der Katapultstart eine neue Entwicklungsrichtung – vor allem für spätere Kampfflugzeuge – ein. Nach dem Experiment trifft die Firma Heinkel alle Vorbereitungen für regelmäßige Schleuderstarts im transatlantischen Postflugverkehr.*

Erste Höhenflüge über den Everest

3. April 1933. Der Marquess of Clydesdale und dem britischen Leutnant D. F. McIntyre gelingen die ersten Flüge über den höchsten Berg der Welt, den 8848 m hohen Mount Everest.

Die beiden Piloten fliegen verschiedene Maschinen. Die Marquess steuert eine Westland »PV-3«, der Leutnant eine Westland »Wallace«. Die Maschinen beweisen damit ein ausgezeichnetes Höhenflugverhalten (→ 1916), denn sie müssen über dem Gebirge auch in großen Höhen noch genügend Steigkraft besitzen, um Fallwinden zu begegnen.

Schnellverbindung Hamburg – Berlin

15. Mai 1933. Mit dem Sommerfahrplan nimmt die Reichsbahn erstmals eine planmäßige Schnellverbindung zwischen Hamburg und Berlin in Betrieb. Der aus zwei Wagen bestehende Dieseltriebzug »Fliegender Hamburger« bewältigt die 287 km lange Strecke in 137 min, also mit einer Durchschnittsgeschwindigkeit von über 125 km/h. Er sorgt weltweit für Schlagzeilen. Der »Fliegende Hamburger« begründet nicht nur das deutsche »Intercity«-Netz, er ruft auch in aller Welt Nachahmer auf den Plan. Bald verkehren in den USA ebenfalls schnelle Dieseltriebwagen.

Die rund 100 Sitzplätze des mit zwei Maybach-Motoren von je 410 PS ausgestatteten Schnelltriebwagens sind meist schon wochenlang im voraus ausgebucht.

Neue Autoreifen aus Synthesegummi

1933. Die deutsche Firma Metzeler stellt erstmals praktisch einsetzbare Autoreifen aus dem noch relativ neuen synthetischen Kautschuk »Buna« (→ 1927) her.

Metzeler setzt damit eine Entwicklung fort, die kurz vor dem Ersten Weltkrieg begann, als die Naturgummiressourcen zu knapp wurden, um die schnell wachsende Nachfrage zu decken. Damals experimentierte man vergeblich mit der Wiederaufbereitung von Altgummi, nach 1916 auch mit ersten Kunstkautschuktypen.

Die Glühbirne mit doppelt gewendeltem Glühfaden wird von mehreren Firmen auf den Markt gebracht. →

Der Deutsche Hans Plendl erfindet das Funknavigationssystem »Knickebein«. →

Der englische Straßenbauingenieur Percy Shaw erfindet den Rückstrahler (Katzenauge).

Die deutsche Wehrmacht setzt den »Panzer I«, den ersten sog. »Blitzkriegpanzer«, ein. →

Der deutsche Physiker O. Heil meldet den Feldeffekt-Transistor zum Patent an. →

Dem Ehepaar Frédéric und Irène Joliot-Curie gelingt die Umwandlung von Atomen in Atome höherer Ordnungszahl durch Alphastrahlenbeschuß. →

Enrico Fermi entdeckt die Wirkung der langsamen Neutronen, mit denen er Uran bombardiert. Damit leitet der italienische Physiker die Erzeugung in der Natur nicht vorkommender Elemente ein (→ 1938). →

Der amerikanische Physiker Willard Harrison Bennett arbeitet eine Theorie über sogenannte magnetische Flaschen zum Einschluß von Plasma aus (»Pinch-Effekt«). →

A. Lysholm stellt zwei Propeller-Strahlturbinen als Flugzeugantriebe vor (→ 1930).

Der erste Diesel-Pkw wird gebaut (→ 1923).

Die Großglockner-Hochalpenstraße wird nach vierjähriger Bauzeit eingeweiht. →

Hermann Kemper erhält Grundlagenpatente zum magnetischen Schwebeverfahren (Magnetbahn). →

23. 10. Francesco Agello stellt mit dem Wasserflugzeug MC 72 der italienischen Firma Macchi den Geschwindigkeits-Weltrekord (709,209 km/h) auf. Er ist noch heute (1988) für Wasserflugzeuge mit Propellerantrieb ungebrochen. →

GESTORBEN:

29. 1. Basel: Fritz Haber (* 9. 12. 1868, Breslau), deutscher Chemiker.

9. 4. München: Oskar von Miller (* 7. 5. 1855, München), deutscher Techniker.

4. 7. Sancellemoz/Savoyen: Marie Curie (* 7. 11. 1867, Warschau), französische Chemikerin und Physikerin.

23. 8. Unterach/Attersee: Viktor Kaplan (* 27. 11. 1876, Mürzzuschlag), österreichischer Maschinenbauingenieur.

16. 11. München: Carl Paul Gottfried von Linde (* 11. 6. 1842, Berndorf/Oberfranken), deutscher Ingenieur und Industrieller.

Atomkerne vergrößert

1934. Dem französischen Kernphysikerehepaar Frédéric und Irène Joliot-Curie gelingt die Umwandlung von Atomen in Atome mit höherer Ordnungszahl.

Nachdem Werner Heisenberg den Aufbau der Atomkerne aus Protonen und Neutronen erkannte (→ 1932), ist es leichter geworden, die Umwandlung von Elementen durch Teilchenbeschuß zu verstehen. Wird durch ein Alpha-Teilchen ein Proton aus einem Atomkern herausgeschossen, dann vermindern sich dessen Ordnungs- und dessen Massenzahl um je eins. Verliert ein Atom ein (aus zwei Protonen und zwei Neutronen bestehendes) Alpha-Teilchen, dann vermindert sich seine Ordnungszahl um zwei, seine Massenzahl um vier. Die Joliot-Curies beschießen Bor-, Aluminium- und Magnesiumatome mit Alpha-Teilchen und stellen eine Massenzunahme fest. Die Aluminium-27-Atome z. B. wandeln sich in radioaktive Atome eines Phosphorisotops mit der Massenzahl 30 um. Da Aluminium die Ordnungszahl 13, Phosphor aber die Ordnungszahl 15 besitzt, übernimmt der Aluminiumkern bei dieser Reaktion aus dem Alpha-Teilchen zwei Protonen und ein Neutron. In der Natur kommt Phosphor-30 nicht vor. So gelingt den Joliot-Curies zum ersten Mal die künstliche Erzeugung eines radioaktiven Elements.

Irène und Frédéric Joliot-Curie bei der Arbeit in ihrem Labor

Magnete bündeln Plasma

1934. Der US-Physiker Willard Harrison Bennett arbeitet eine Theorie zum Einschluß von Plasma in »magnetische Flaschen« aus.

Unter einem Plasma verstehen die Physiker ein sehr heißes ionisiertes Gas, das sich aus Ionen, freien Elektronen und neutralen Teilchen zusammensetzt. Bei angelegter Spannung wandern die positiven und negativen Ladungsträger in entgegengesetzte Richtungen. Strom fließt. Bennett stellt fest, daß genügend große elektrische Ströme in diesem Plasma zunächst einmal parallele Stromfäden bilden. Diese sind, wie jeder Leiter, von einem Magnetfeld umgeben. Dadurch ziehen sich die Stromfäden gegenseitig an, und das Plasma schnürt sich so zu einem engen Bündel zusammen, das, sofern es eine Röhre füllt, schließlich von einem Vakuum umgeben wird. Bei diesem Zusammenschnüren, das als »Pinch-Effekt« bekannt wird, erhitzt sich das Plasma zusätzlich stark. Es gibt die Wärme aber nicht an die Röhrenwände ab, da es mit diesen wegen des umgebenden Vakuums keinen Kontakt besitzt. Der Pinch-Effekt wird später im Zusammenhang mit magnetischen Flaschen für die Kernfusionsforschung (→ 1951) bedeutsam.

Der Feldeffekt-Transistor

1934. Der deutsche Physiker O. Heil meldet den Feldeffekt-Transistor zum Patent an.

Der Transistor ist ein mit drei Elektroden ausgestattetes Festkörpersystem zur Verstärkung oder Schaltung von Signalen, das ähnlich arbeitet wie eine Triode (→ 1906). Im Jahr 1923 entdeckte der russische Physiker O. Lossev, daß ein Zinkoxidkristall als selbständiger Oszillator arbeitet, wenn man ihn in einen elektrischen Schwingkreis einbindet und mit einer Spannung von einigen Volt ansteuert.

1928 beschrieb dann der deutsche Physiker Julius Lilienfeld die prinzipielle Funktion des Feldeffekt-Transistors, und 1930 meldete der US-Amerikaner H. C. Weber ein System zum Patent an, mit dem sich die Elektronenemission in Festkörpern steuern ließ.

Heils Feldeffekt-Transistor besteht aus einem Stück Kristall, das entweder Elektronen oder »Löcher« (→ 1928) leitet, dem sogenannten Kanal mit zwei Anschlüssen, der »Quelle« (»Source«) und der »Senke« (»Drain«). In diesen Kanal sind von zwei gegenüberliegenden Seiten her Zonen aus anderem Material eingelagert (»dotiert«), die – miteinander verbunden – die Steuerelektrode (»Gate«) bilden. Legt man an dieses Gate Gleichspannung an, dann lassen sich mit ihr die Breite des Kanals und damit der Ladungsträgerstrom durch diesen Kanal zwischen 0 und 100% steuern.

Glühbirne ist jetzt technisch perfekt

1934. Mit der Entwicklung des doppelt gewendelten Glühdrahtes, der sich jetzt allgemein durchsetzt, erreicht die Glühbirne – zumindest für das kommende halbe Jahrhundert – ihren typischen Aufbau.

Entwicklung der Glühbirne

1848: Kohlefadenlampe von J. W. Starr

1854: Glühlampenversuche des Deutschen Heinrich Goebel (→)

1878/79: Vakuumlampen von Sir Joseph Wilson Swan und Thomas Alva Edison (→ 1878)

1898: Osmiumglühfaden von Carl Freiherr von Auer von Welsbach (→)

1908: Wolframlampe von William David Coolidge (→)

1913: Gewendelter Wolframdraht und Schutzgasfüllung von Irving Langmuir

Seit → 1908 der US-Amerikaner William David Coolidge ein Verfahren fand, Wolframdraht zu bearbeiten, wurden die Birnen mit Glühfäden aus diesem Material ausgestattet. Jetzt gelingt es, eine höhere Lichtdichte dadurch zu erreichen, daß man den Draht doppelt wendelt. Er wird zuerst schraubenförmig um einen flexiblen dünnen Stab gewickelt. Dieser wird anschließend um einen stärkeren Stab gewickelt. Danach werden beide Stäbchen chemisch aufgelöst. Erfinder ist Irving Langmuir aus den USA.

Hochalpenstraße am Großglockner fertig

1934. Zum Jahresende wird eine der phantastischsten Alpenstraßen nach vierjähriger Bauzeit fertiggestellt. Sie führt über das 2506 m hohe »Hochtor« am Großglockner und überwindet als einzige Straße den Gebirgszug der Hohen Tauern, den sie damit zugleich touristisch erschließt. Mit 7 m Fahrbahnbreite, prächtig ausgebauten Kehren und maximal zwölf Prozent Steigung ist die Straße die für die Zeit modernste im Alpenraum.

Da die 33,3 km lange Strecke nur während der fünf Sommermonate befahrbar ist, wird sie erst 1935 eingeweiht, in diesem Jahr aber bereits von 130 000 Personen befahren.

Die Großglockner-Hochalpenstraße (Foto aus dem Jahr 1935) verläuft hoch über der »Pasterze«, dem Gletscherstrom zu Füßen des Großglockners

Kemper entwickelt eine Magnetbahn

1934. Der Hannoveraner Hermann Kemper baut ein Versuchsmodell, mit dem er das elektromagnetische Schweben demonstriert. Von einem durch Rückkopplung (→ 1932) geregelten Elektromagneten wird eine Last von 210 kg in der Schwebe gehalten. Ausführlich behandelt der Erfinder die Möglichkeiten einer praktischen Anwendung seiner Entdeckung.

Schon 1890 hatte der britische Techniker Elihu Thomson die »elektroinduktive Abstoßung« beschrieben; und 1914 hatte der Franzose Emile Bachelet erste – sehr unvollkommene – Modelle nach diesem Prinzip vorgeführt (→ 1971).

Techniker rüsten für kriegerische Auseinandersetzung

1934. Neue technische Entwicklungen, die militärisches Töten »rationeller« machen, lassen das Gesicht eines künftigen Krieges bereits ahnen. Sie ermöglichen eine schnellere und gezieltere Vernichtung der Gegner als bisher und erlauben Zerstörungen neuen Umfanges. Damit wächst vor dem Hintergrund einer verstärkten Aufrüstung, vor allem in Europa, auch die Bedrohung der Zivilbevölkerung, die bereits 1914 bis 1918 in hohem Ausmaß in den Krieg einbezogen wurde.

Das Jahr 1934 bringt in Deutschland entscheidende technische »Fortschritte« in dieser Richtung: Der »Panzer I« ist ein erstes schnelles und mit 5,5 t erstaunlich leichtes, geländegängiges Kettenfahrzeug mit Maschinengewehrbewaffnung. Schon 1935 folgt ihm der 10 t schwere »Panzer II« mit einem 20-mm-Geschütz und einer Straßengeschwindigkeit von fast 50 km/h.

Das System »Knickebein« ist eine Erfindung des Ingenieurs Hans Plendl und dient der exakten Funknavigation bei nächtlichen Bombenflügen. Ein Doppelantennensender peilt mit Funkstrahlen das Ziel an. Sie leiten den Piloten durch morsezeichenartige akustische Signale. 1940 wird es bei Angriffsflügen auf London erprobt. Die Briten antworten wenig später mit einem Störsender.

Der deutsche Panzer-Kampfwagen II (in der Ausführung A, B oder C) kurz vor Ausbruch des Zweiten Weltkriegs in der 1. Panzerdivision

Panzer-Kampfwagen I (Ausf. B), bei einer Parade zu Hitlers Geburtstag 1937

Der Panzerkreuzer »Deutschland« mit einer Tragfähigkeit von 10 000 t, ausgerüstet mit den modernsten Waffen der Zeit, liegt mit seiner Tonnage knapp unter dem zulässigen Höchstmaß der Friedensverträge von Versailles

1935

Neue Kabel für die Nachrichtentechnik

1935. In Deutschland werden Koaxialkabel (→ 1884) für die Konzentrierung von Telefonaten auf Fernstrecken und die Übertragung von Fernsehsignalen eingesetzt. Koaxialkabel sind konzentrische Doppelleitungen, wobei der eine, massive Leiter isoliert von einem zweiten, röhrenförmigen umgeben ist. Durchmesser sind 5 mm (später 2,6 mm) für den Innen- und 18 mm (später 9,4 oder 9,5 mm) für den Außenleiter. Der Innenleiter besteht aus Draht, später auch aus Litze. Der Außenleiter ist entweder ein geschlossenes Rohr oder ein Drahtgeflecht-Schlauch.

Koaxialkabel zeichnen sich gegenüber Paralleldrahtleitungen durch einen günstigeren Querschnitt für den Stromfluß und durch das Fehlen von Energieabstrahlung aus. Sie eignen sich für die Übertragung sehr hoher Frequenzen und daher breiter Frequenzbänder. Sie können deshalb wesentlich mehr Telefonate gleichzeitig übertragen als herkömmliche Telefonleitungen. Die ersten verlegten Koaxialkabel besitzen zugleich einen Beipack aus symmetrischen Leitungen. Sie sind für ein Vielkanal-Telefonsystem mit 200 Kanälen und für Fernsehübertragungen (geplant sind 441 Zeilen) bestimmt.

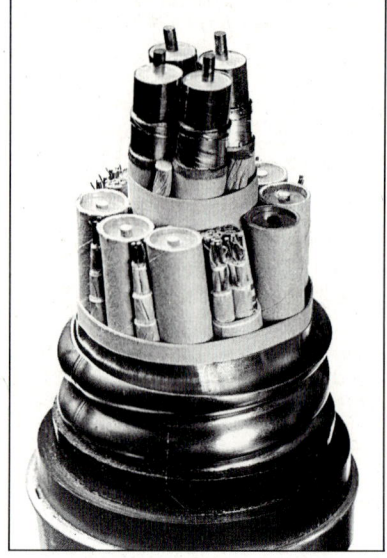

Mehradriges, koaxial aufgebautes Kabel für Nachrichtenverkehr

Richter-Skala für Erdbebenstärke

1935. Der amerikanische Seismologe Charles Francis Richter entwickelt die nach ihm benannte »Richter-Skala« zum Messen der Erdbebenstärken. Die nach oben offene Skala erlaubt erstmals die objektive Erfassung der bei einem Erdbeben freigesetzten Energie mit Hilfe von Seismographen.

Als Maß gilt die »Magnitude«. Um sie zu ermitteln, mißt man in 100 km Entfernung vom Epizentrum (das ist der Punkt an der Erdoberfläche senkrecht über dem Erdbebenherd) die Ausschläge eines genormten Seismometers. Der dekadische Logarithmus der Maximalamplitude ist die Magnitude (M). Erdbeben von $M = 2,5$ sind fühlbar, ab $M = 4,5$ richten sie leichte Schäden an, ab $M = 7$ können sie katastrophale Auswirkungen zeitigen. Der logarithmischen Skala gemäß bedeutet die Steigerung von M um eins eine Verzehnfachung der freigesetzten Energie, die bei $M = 6$ einer Energie von $6 \cdot 10^{13}$ Joule entspricht.

Ferdinand Porsche konstruiert VW-Prototyp

1935. Im Auftrag Adolf Hitlers baut der bekannte, aus Österreich stammende Kraftfahrzeugkonstrukteur Ferdinand Porsche für das Deutsche Reich den ersten Prototyp einer neuen Fahrzeuggattung, deren Philosophie er bereits 1931 erarbeitete und auf eigene Kosten technisch vorbereitete: Einen solide konstruierten und gleichzeitig preiswerten Kompaktwagen für jedermann.

Erste Versuche, die Porsche ab 1931 zusammen mit dem Motorradhersteller Zündapp durchführte, scheiterten daran, daß die Zündapp-Ingenieure sein Konzept nicht verstanden und seine technischen Pläne bis zur Unbrauchbarkeit abwandelten. Durch Hitlers funktionelle und auch materielle Unterstützung gelingt Porsche – außer beim Benzinverbrauch – die Verwirklichung seiner Ziele: 1. Wenigstens 100 km/h Dauergeschwindigkeit (im Vorgriff auf das geplante Autobahnnetz, → 1913). 2. Platz für vier bis fünf Personen. 3. Benzinverbrauch unter 8 l pro 100 km.

4. Luftkühlung. 5. Verkaufspreis unter 1000 Reichsmark.

1936 werden die drei ersten Testwagen ausgeliefert. Sie besitzen luftgekühlte Vierzylinder-Boxermotoren mit 984 cm³ Hubraum und ein Kompressionsverhältnis von 1:5,8. Ihre Leistung: 22 PS. In einem Mammut-Testprogramm legen sie innerhalb von 70 Tagen jeweils 50 000 km zurück. Bevor das Auto in Serienfertigung geht, soll die Firma Daimler-Benz weitere 30 Testvolkswagen bauen.

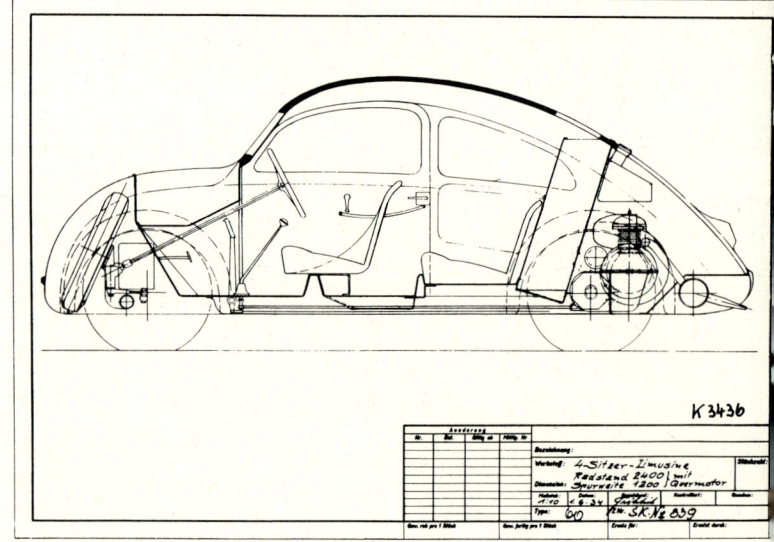

Konstruktionszeichnung für eine viersitzige Limousine mit Quermotor, 2400 mm Radstand und 1200 mm Spurweite aus Porsches Büro (1. 6. 1934)

Druckvergasung von Kohle

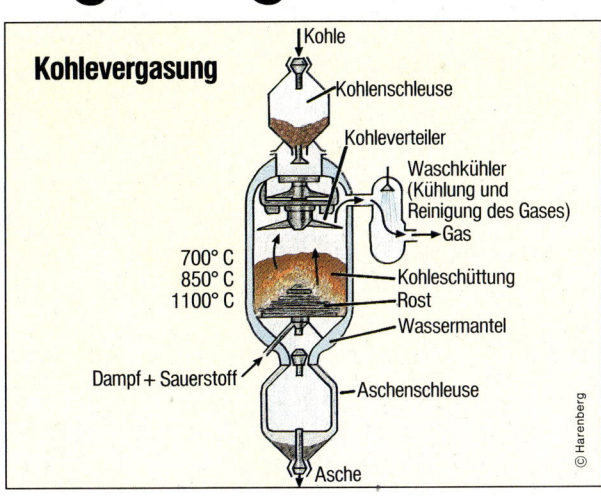

Kohlevergasung

Kohle
Kohlenschleuse
Kohleverteiler
Waschkühler (Kühlung und Reinigung des Gases)
Gas
700° C
850° C
1100° C
Kohleschüttung
Rost
Wassermantel
Dampf + Sauerstoff
Aschenschleuse
Asche
© Harenberg

1935. Einer Anregung des Berliner Lehrstuhlinhabers für Brennstofftechnik, Professor Drawe, folgend, entwickelt die deutsche Firma Lurgi seit 1930 den sogenannten Lurgi-Druckvergasungs-Prozeß, den die Chemiker Danulat und Hubmann jetzt betriebsreif machen.

Drawe hatte erkannt, daß ein gasförmiger Brennstoff in Haushalt und Industrie, unter Druck durch Sauerstoff-Vergasung erzeugt und unter Druck fortgeleitet, große Vorteile gegenüber den bis dahin meistens verwendeten festen und auch den flüssigen Brennstoffen hat. Als Rohstoff für diese Gaserzeugung kam nur Kohle, und zwar minderwertige Kohlesorten und nicht etwa teure Kokskohle, in Frage. Stadtgas gibt es bisher nur als Nebenprodukt der Verkokung. Das von Lurgi entwickelte Verfahren gestattet den Bau von Großanlagen für die Verarbeitung der billigen mitteldeutschen Braunkohle, die sowohl Stadtgas wie auch Synthesegas für die chemische Industrie liefern.

Großwindkraftwerk in der Sowjetunion

Um 1935. Am Schwarzen Meer nehmen russische Ingenieure ein Windkraftwerk von 100 kW elektrischer Leistung in Betrieb. Das zweiflügelige Rad der Kraftanlage hat einen Durchmesser von etwa 30 m. Um die gleiche Zeit beschäftigen sich auch zahlreiche Konstrukteure in Deutschland und den USA mit dem Entwurf von großen Windgeneratoranlagen. In Deutschland plant Herman Honeff 400 m hohe Gittermasttürme mit je fünf Turbinen mit senkrechten Achsen. Eine Gruppe von derartigen Türmen soll 50 Megawatt Leistung liefern. Die Anlage wird nie gebaut.

In den USA bereitet Palmer C. Putnam erstmals einen Windgenerator für Wechselstrom vor – bisher lieferten die Windräder Gleichspannung –, der direkt ins Netz eingespeist werden soll. 1941 wird eine derartige Anlage mit einem Zweiflügelrotor gebaut. In drei Wochen liefert sie 82 000 kWh. Dann geht sie bei Sturm zu Bruch.

Optische Systeme jetzt reflexarm

1935. Bei Zeiss in Jena wird die reflexvermindernde Vergütung für optische Systeme erfunden. Die Firma entwickelt ein Verfahren zum Vakuumbedampfen von Gläsern.

Um Lichtverluste an der Grenzfläche herabzusetzen, gibt es im wesentlichen zwei Verfahren: Beim sogenannten subtraktiven Verfahren wird die Oberfläche z. B. durch chemische Prozesse so verändert (angeätzt), daß ein inhomogener Lichtübergang entsteht. Die Glasfläche erscheint dann matt.

Beim sogenannten additiven Verfahren werden dünne Schichten auf die Glasoberfläche aufgebracht. Das kann durch Tauchen in eine Lösung geschehen, aus der sich – vorwiegend – Metalloxide auf der Oberfläche niederschlagen, oder durch Bedampfung im Vakuum. An beiden Grenzflächen der hauchdünnen Schicht entstehen Reflexionen derart, daß sie sich gegenseitig durch Interferenzen weitgehend auslöschen.

Mit der Versuchsreihe VW 30 beginnt endgültig das »Käfer«-Konzept; konzipiert hatte Ferdinand Porsche einen ähnlichen Typ schon 1934

Der Porsche »Typ 32« aus dem Jahr 1934 läßt das »Käfer«-Konzept ahnen; er hatte einen luftgekühlten 1,45-Liter-Boxermotor von 20 PS im Heck

Die ersten VW-Modelle besaßen noch keinerlei Heckscheiben; an ihrer Stelle befand sich eine Reihe von Lüftungsschlitzen für den Motorraum

Erste regelmäßige Fernsehsendungen

1935. *In Berlin wird der erste reguläre vollelektronische Fernsehbetrieb der Welt eröffnet. Ein Sender strahlt dreimal wöchentlich zwei Stunden lang ein auf Film aufgenommenes Programm aus.*
Das Bild hat nur 180 Zeilen. Paradoxerweise heißt der Sender »Paul Nipkow«, obwohl er sich dessen mechanischen Bildübertragungssystems (→ 1884) nicht bedient. 1936 strahlt der Sender erste Bildreportagen – von den Olympischen Spielen in Berlin – aus. Die Industrie liefert erste Empfänger (Abb.: Telefunken 1935).

Tonbandgeräte für Rundfunkanstalten

1935. *Zwei deutsche Unternehmen, die AEG und und die I. G. Farben, entwickeln gemeinsam ein Kunststoffband mit einer magnetisierbaren Eisenoxidbeschichtung. Das dünne, leichte und sehr flexible Material ersetzt die → 1928 aufgekommenen Stahlbänder für die Magnettonaufzeichnung. Mit dieser Entwicklung werden Tonbandgeräte (Abb.: Labormuster des »Magnetophon« der AEG und seine Erbauer 1935) technisch sinnvoll. Sie werden zuerst bei Rundfunkanstalten zur Vorbereitung von Programmen und zum Mitschneiden von Direktsendungen eingeführt.*

Die Ultrakurzwelle geht auf Sendung

1935. In Deutschland arbeitet der erste Ultrakurzwellensender. Schon 1934 hatte sich in Großbritannien der Fernsehpionier Isaac Shoenberg mit Ultrakurzwellen (UKW)-Sendeanlagen beschäftigt.
UKW ist eine wichtige Voraussetzung für die rein elektronische Übertragung von scharfen Fernsehbildern. Die erforderliche hohe Zeilenzahl setzt eine beachtliche Übertragungsbandbreite voraus, wie sie nur im ultrakurzen Wellenbereich zur Verfügung steht.
Da sich Ultrakurzwellen ähnlich verhalten wie Licht, breiten sie sich geradlinig aus. Sie lassen sich weder bündeln noch reflektieren. Ihre Reichweite entspricht in etwa der Sichtweite. Deshalb müssen die Sendeantennen auf Bergen oder hohen Antennentürmen stehen. Die geringe Reichweite der UKW-Sender verhindert aber auch eine gegenseitige Störung, so daß sogar in einem kleinen Land viele UKW-Sender örtlich getrennt parallel arbeiten können (→ 4. 8. 1917).

Materialprüfung mit Ultraschall

1935. Ein Verfahren für die zerstörungsfreie Materialprüfung mit Ultraschall entwickelt der russische Ingenieur Sergei J. Sokolow.
Unter Ultraschall versteht man Schallwellen mit Frequenzen über 16 bis 20 kHz. Für den Menschen sind diese akustischen Wellen nicht hörbar. Bei 500 MHz beträgt die Ultraschallwellenlänge (in Luft) etwa 0,6 µm und entspricht damit jener des grünen Lichts. Nach Sokolow wird Ultraschall, der sich im Gegensatz zum Licht auch in Festkörpern ausbreitet, zur Ermittlung von versteckten Einschlüssen, Rissen oder Hohlräumen in Werkstoffen herangezogen. Das zu untersuchende Material wird dazu von einem Geber her durchstrahlt. Die vom Empfänger aufgenommenen Schallwellen werden als »Sonogramm« auf einem Bildschirm sichtbar gemacht und geben dem Experten Aufschlüsse über die Art der Unregelmäßigkeiten. Mit dem Verfahren lassen sich außer Störstellen auch Materialspannungen untersuchen.

Elektrische Orgel aus Nordamerika

1935. Der US-amerikanische Ingenieur Laurens Hammond erfindet die »Hammond-Orgel«. Für jeden Ton besitzt sie eine rotierende Zahnscheibe aus Stahl, die in einer Tonspule eine tonfrequente Wechselspannung induziert (→ 1831).

John H. Hammond an der von Laurens Hammond entwickelten Orgel

Durchbruch in der Raketenentwicklung

1935. Robert Hutchins Goddard gelingt in Neu-Mexiko bei seinen Raketenversuchen der erste Durchbruch (→ 1909).
Am 8. März fliegt eine Goddard-Rakete nach einer Motorbrennzeit von zwölf Sekunden mit 1125 km/h als erstes Projektil dieser Art schneller als der Schall. Am 28. März gelingt einer von Goddard gebauten, 4,5 m langen Rakete von 35,6 kg Leergewicht ein knapp 4000 m weiter Flug mit einer Scheitelhöhe von 1460 m. Und am 31. Mai erreicht einer seiner Flugkörper fast 2300 m Höhe.
Goddards Versuche machen seit Jahren international Schlagzeilen. Durch sie angeregt, experimentieren u. a. auch in England und Deutschland Ingenieure mit Raketen. Unter ihnen befinden sich die später weltbekannten Raumfahrtexperten Wernher von Braun und Eugen Sänger. Letzterer mißt in Brennversuchen Auspuffgeschwindigkeiten von fast 3000 m/s und Brennkammerdrücke von mehr als 50 Atmosphären (→ 1936).

Polyvinylchlorid in Mengenfertigung

Carothers gelingt die Nylon-Synthese

1935. Der deutsche Chemiker G. Wick findet in Bitterfeld ein Verfahren, Polyvinylchlorid (→ 1912) bei Temperaturen über 150 °C zu verarbeiten, und leitet damit dessen Massenproduktion ein.

PVC erweist sich bald als einer der wichtigstens Kunststoffe überhaupt. Das hängt damit zusammen, daß es sich in den verschiedensten Einstellungen, von hart bis gummi-

Dränagerohre aus PVC (Hostalit der Hoechst AG); das Material ist langzeitbeständig gegen aggressive Abwässer und die Bestandteile des Erdbodens

Anwendungsgebiete des PVC

Hart-PVC: Rohre aller Art, Bauprofile, Fassadenelemente, Folien und Klebebänder, Kabel- und Luftführungskanäle, Behälter für die chemische und Nahrungsmittelindustrie, Armaturen, Pumpen u. a.

Weich-PVC: Fenster- und Türdichtungen, Handläufe, Fußbodenbeläge, Folien aller Art, Falttüren, Tankauskleidungen, Rohre und Schläuche, Dichtungen aller Art, Behälter, Kabelisolierungen und -mäntel, Kunstleder, Spielzeug, Arbeitsschuhe, Koffer, lederähnliche Bekleidungen, Vorhänge, Schlauchboote, Bucheinbände u. a.

weich, herstellen läßt. Ausgangsmaterial ist Vinylchlorid, ein Gas, das man um 1935 noch in erster Linie aus Acetylen (→ 1862) und Salzsäure gewinnt. Nach dem Zweiten Weltkrieg wird dieses »Karbidverfahren« durch die Entwicklung der Petrochemie (→ 1937) zurückgedrängt. Dann wird Erdöl zum wichtigsten PVC-Rohstoff. PVC läßt sich

auf drei verschiedene Weisen polymerisieren. Beim fertigen Kunststoff sind Weich- und Hart-PVC zu unterscheiden, je nachdem, ob dem Material Weichmacher zugesetzt sind oder nicht. Weich-PVC läßt sich je nach Art und Menge des Weichmachers von hart bis weich gummiartig variieren, Hart-PVC ist immer hart und zäh.

1935. Der amerikanische Chemiker Wallace Hume Carothers entwickelt zusammen mit seinen wissenschaftlichen Mitarbeitern systematisch Kunstseide. Das Produkt der Arbeit ist ein neues synthetisches Material, das er Nylon nennt. Die Forscher untersuchten zunächst den molekularen Aufbau der Naturseide, um diesen chemisch nachzuahmen. Dabei fanden sie zwei Verbindungen, die Adipinsäure und das Hexamethylendiamin, die sich beide aus Benzol gewinnen lassen und durch Polykondensation (→ 1936) Moleküle bilden, die den Naturseidemolekülen sehr nahe kommen. 1938 entwickelt der US-Konzern du Pont de Nemours ein Verfahren für die großtechnische Nylon-Herstellung.

Obwohl ursprünglich für synthetische Textilfasern vorgesehen, wird Nylon bald auch zur Herstellung massiver Plastikteile verwendet, etwa für die Anfertigung von Lagern, Scharnieren, Dichtungen oder Zahnrädern. Derartige bewegliche Teile sind wartungsarm, da sie nicht geschmiert werden müssen.

Kunststofformung durch Spritzgießen

Um 1935. In der kunststoffverarbeitenden Industrie kommt das Verfahren der Kunststoffteilefertigung im Spritzguß auf.

Nach diesem Verfahren lassen sich selbst kompliziert geformte Teile wirtschaftlich herstellen. Granulierter thermoplastischer Kunststoff wird in einem Zylinder erwärmt und anschließend unter hohem Druck durch eine Düse in den Hohlraum einer gekühlten Form (Spritzgußwerkzeug) gespritzt. Nach dem Erkalten wird das fertige Teil dem Werkzeug entnommen. Eine Nachbehandlung der Fertigteile durch Schleifen, Polieren, Bohren oder Fräsen erübrigt sich.

Weil Spritzgußwerkzeuge meist relativ teuer sind, lohnt sich das Spritzgießen allerdings in der Regel nur für die Herstellung großer Serien von Kunststoffteilen.

Für das Verarbeitungsverfahren kommen zunächst nur Thermoplaste in Frage, u. a. also Polyvinylchlorid (→ 1912; 1935), Polyäthylen, Polyamide, Polypropylen.

Riesenstaudamm am Colorado-Fluß

1935. *An der Grenze zwischen Nevada und Arizona wird im Black oder Boulder Canyon der gewaltige Hoover-Staudamm (Abb.) fertiggestellt. Der Bau des Damms soll helfen, die Wirtschaftskrise in den USA zu überwinden.*

Das 221 m hohe und 379 m lange Bauwerk aus 3,36 Millionen Kubikmetern Beton staut den Colorado-Fluß zu einem der größten künstlichen Seen der Welt, dem Lake Mead, auf. Das Gewässer ist 184 km lang und an der breitesten Stelle fast 13 km breit.

Der 37,5 Milliarden Kubikmeter fassende Süßwasserspeicher sorgt für die Bewässerung von über 800 000 ha Farmland. Das mit dem Dammbau gekoppelte Wasserkraftwerk, das 1936 in Betrieb geht, hat eine elektrische Leistung von 1250 MW. Es produziert Elektrizität für Teile der US-Bundesstaaten Nevada und Arizona und einen großen Bereich des südlichen Kalifornien.

Die deutsche Wehrmacht richtet in Peenemünde auf der Ostseeinsel Usedom eine Versuchsanstalt für Raketenforschung ein. →

G. F. Metcalf und W. C. Hahn entwickeln das Klystron. →

Die Amerikaner Carl David Anderson und Seth Henry Neddermeyer entdecken in der kosmischen Strahlung (→ 1911) die Myonen, instabile Elementarteilchen.

Der Franzose R. Valtat weist darauf hin, daß bei Verwendung von Dualzahlen Rechenmaschinen erheblich vereinfacht werden können. →

Sowjetische Ingenieure entwickeln die hydromechanische Abbaumethode für Kohle.

Erstmals werden 3-D-Filme zum Betrachten mit Polarisationsbrillen vorgeführt. →

Otto Bayer arbeitet an der Entwicklung der Polyurethane, einer neuen Familie von Kunststoffen. →

Der englischen Firma ICI gelingt die Herstellung von Hochdruck-Polyäthylen (→ 1933).

Wallace Hume Carothers (→ 1935), Chemiker bei de Pont de Nemours in den USA, meldet ein erstes Patent auf dem Gebiet der Polyamide an. →

Die Gummiindustrie beginnt, Autoreifen, Keilriemen, Planen, Schläuche aus Chemiefasern herzustellen. →

Der neue Agfacolor-Film bietet ein bahnbrechendes Verfahren der Farbfotografie auf der Grundlage subtraktiver Farbmischung (zuvor additive Farbmaterialien). →

Der Agfa-Chemiker Koslowsky findet den »Goldeffekt«. Durch Golddotierung läßt sich die Filmempfindlichkeit ohne Kornvergröberung auf das Vierfache steigern. →

Frits Zernike, Physikprofessor in Groningen, entwickelt das Phasenkontrastmikroskop.

Der Fiat 500, der kleinste Personenkraftwagen der Welt, geht in den Großserienbau.

26. 6. In Bremen gelingt der erste Freiflug des Zwillingsrotor-Hubschraubers Focke-Achgelis Fw 61 mit Pilot Ewald Rohlfs (→ 1937).

GESTORBEN:

1. 8. Paris: Louis Blériot (* 1. 7. 1872, Combrai), französischer Flugpionier.

GEBOREN:

10. 1. Houston/Texas: Robert Woodrow Wilson, US-amerikanischer Astrophysiker.

27. 1. Ann Arbor: Samuel Chao Chung Ting, US-amerikanischer Physiker.

Dualsystem in der Datenverarbeitung

1936. Der Franzose R. Valtat meldet ein Patent an, das das Prinzip einer mit Dualzahlen arbeitenden Rechenmaschine beschreibt. Etwa zur gleichen Zeit beginnt der Deutsche Konrad Zuse mit der Entwicklung einer mechanisch arbeitenden, programmgesteuerten dualen Rechenmaschine, der »Zuse 1« (→ 12. 5. 1941). Nach den Erkenntnissen Valtats und Zuses bringt das Dualsystem erhebliche Vereinfachungen beim maschinellen Rechnen mit sich.

Das duale oder binäre Zahlensystem wurde schon 1679 von Gottfried Wilhelm Leibniz (→ 14. 11. 1716) entwickelt, und → 1854 hatte der Engländer George Boole dazu ein algebraisches System aufgebaut, das außer der Addition und Multiplikation auch die sog. logischen Verknüpfungen »UND«, »ODER« und »NEGATION« zuläßt. Im Gegensatz zur Dezimaldarstellung von Zahlen kommt das Dualsystem mit wesentlich einfacheren Speicherelementen aus. Um ein Dezimalsystem mechanisch oder elektrisch zu registrieren, ist ein Schalter mit zehn möglichen verschiede-

Einen mechanischen Demonstrationsapparat (Modell einer Stellen-Übertragungseinrichtung) für binäre Arithmetik baut 1936 die Firma Philips

nen Stellungen erforderlich. Eine Dualzahl benötigt zu ihrer Darstellung nur einen bistabilen Schalter. Das kann ein einfacher, umzulegender Hebel sein, ein Ein-Ausschalter (z. B. ein Relais) oder ein bistabiler elektronischer Kippschalter (→ 1919). Zählräder mit zehn Zähnen, Zählrollen und komplexe Zahnradgetriebe entfallen.

Da sich mit den logischen Grundoperationen UND, ODER und NEGATION technisch alle Zahlenrechnungen und logischen Verknüpfungen darstellen lassen, wie Zuse nachweist, läßt sich jedes programmgesteuerte Rechenwerk im Prinzip allein aus einer Vielzahl ansteuerbarer bistabiler Schaltelemente aufbauen.

Versuchsanstalt für Raketenforschung

1936. Die deutsche Wehrmacht richtet in Peenemünde auf der Ostseeinsel Usedom eine Heeresversuchsanstalt für Raketenforschung ein.

Am 5. Juni 1927 gründeten Raumfahrtenthusiasten in Berlin einen »Verein für Raumschiffahrt«, der sich zum Ziel setzte, die Ideen von Hermann Oberth (→ 1923) in die Praxis umzusetzen. Zu den Gründungsmitgliedern gehörten Maximilian Valier, Walter Neubert und andere. Später stieß auch Werner von Braun zu dem Verein. Zwischen 1929 und 1932 experimentierte diese Gruppe mit Raketenmodellen in der Nähe von Berlin. Das deutsche Heereswaffenamt wurde auf die Versuche aufmerksam und sah in den Raketen potentielle Kriegswaffen. Es richtet für die fähigen Hobbyforscher eine technische Versuchsanstalt auf der Ostseeinsel ein, wo aus den Experimentalflugkörpern bald die ersten Großraketen entstehen (→ 3. 10. 1942).

△ *Diskussions-»Hauptquartier« der Raketentechniker auf Usedom: Das »Seemannsheim« auf der Greifswalder Oie; hier werden Pläne erarbeitet und Versuchsergebnisse besprochen*

◁ *Maximilian Valier erlebt die Gründung der Heeresversuchsanstalt in Peenemünde nicht mehr; er starb am 17. Mai 1930 durch eine Explosion bei einem seiner Paraffinversuche; Valier war Mitbegründer des »Vereins für Raumschiffahrt« (1927)*

Kunststoffamilie der Polyurethane

1936. Der deutsche Chemiker Otto Bayer arbeitet an einem neuen System, polymere Kunststoffe herzustellen, der Polyisocyanat-Polyaddition (→ 1936). Die daraus resultierende neue Kunststofffamilie sind die Polyurethane. Im Folgejahr beginnt das Werk Leverkusen der I. G. Farben (später Bayer Leverkusen) mit anwendungstechnischen Arbeiten auf dem Gebiet dieser neuen Kunststoffe in Form von Weich- und Hartschäumen.

Zu unterscheiden ist je nach der Struktur der Makromoleküle zwischen linearen und vernetzten Polyurethanen. Lineare Polyurethane schmelzen zwischen 150 und 190 °C und sind den Polyamiden (→ 1936) ähnlich. Deshalb verarbeitet man sie zunächst als Faserrohstoffe. Später fertigt man daraus hauptsächlich Borsten, Angelruten, Tennissaiten usw. Vernetzte Polyurethane sind sehr abriebfest und finden als Lackrohstoffe, Klebstoffrohstoffe, Formmassen, synthetischer Kautschuk und vor allem als Schaumkunststoffe Verwendung.

Die Chemiefasern setzen sich durch

1936. Die Gummiindustrie beginnt, klassische Naturgummiprodukte mit Einlagen zunehmend durch Produkte aus Chemiefasern zu ersetzen: Autoreifen (→ 1933), Keilriemen, Planen, Schläuche usw. Der Sammelbegriff Chemiefasern faßt verschiedenartige Materialien zusammen, die sich grob in zwei Klassen einteilen lassen: In Synthesefasern, die aus synthetisch, also künstlich hergestellten Materialien gesponnen werden, und in Zellulose(regenerat)fasern, die aus aufgelöster und beim Spinnen in einem Bad wieder ausgefällter Zellulose bestehen. 1846 entdeckte Christian Friedrich Schönbein die Löslichkeit der natürlichen Zellstoffe. Aber erst 1891 erzeugte Hilaire Beruigaud Graf von Chardonnet de Grange (→ 1921) in Frankreich erstmals Kunstseide in industriellem Maßstab. Und erst → 1912 experimentierten Chemiker der I. G. Farben mit vollsynthetischen Fasern aus Polyvinylchlorid. Doch die große Zeit der Chemiefaser beginnt erst mit dem Nylon (→ 1935).

Das Zeitalter der Kunststoffe bricht an

Gegen Ende der 1930er Jahre sind die meisten wesentlichen Verfahren zur Herstellung von Kunststoffen bekannt.

Unter den rund hundert chemischen Elementen zeichnet sich der Kohlenstoff durch ganz besondere Verbindungsfreudigkeit aus. Hunderttausenden von Kohlenstoffverbindungen stehen nur 50 000 aller anderen Elemente gegenüber. Noch eine zweite Eigenschaft ist für den Kohlenstoff charakteristisch: Hunderte oder gar Hunderttausende seiner Atome können sich zu langen Kettenmolekülen zusammenschließen, an denen sich seitlich andere Atome, z. B. Wasserstoff oder Chlor, anlagern lassen. Diese Riesenmoleküle haben im einfachsten Fall Fadenform, sie können aber auch verzweigt oder räumlich vernetzt sein. Mit der Gestaltung und der Ordnung der Makromoleküle ändern sich die chemischen und physikalischen Eigenschaften.

Die Chemiker kennen verschiedene Wege, Kohlenstoffketten aufzubauen. Sie können viele kleine »ungesättigte« Moleküle (z. B. Äthylen-Moleküle, die aus zwei Kohlenstoff- und vier Wasserstoffatomen bestehen) einfach zu langen Fäden zusammenfügen. Dieser Vorgang heißt Polymerisation. Das Produkt ist ein Polymer. Die bekanntesten Polymere (→ 1922) sind das Polyäthylen (→ 1933; 1953), das Polyvinylchlorid (→ 1912; 1935), das Polystyrol (→ 1950), das Polypropylen und das Acrylglas (→ 1928).

Manchmal ist es nötig, von den kleinen Grundmolekülen noch kleinere Moleküle – z. B. Wassermoleküle – abzuspalten, bevor sie sich zu langen Ketten vereinigen lassen. Dann spricht man von Polykondensation. Das Produkt heißt Polykondensat.

Die bekanntesten Polykondensate sind die Polyamide und die Polyester (→ 1929). Schließlich lassen sich auch verschiedenartige Grundmoleküle ohne Abspalten von Nebenprodukten zu Großmolekülen vereinen. Dieser Prozeß heißt Polyaddition und gewinnt mehr und mehr an Bedeutung. Kunststoffe, die so entstehen, nennen sich Polyaddukte. Die wichtigsten sind das Polyurethan (→ 1936) und die Epoxidharze (→ 1946).

Auf dem Verpackungssektor konkurrieren besonders Polypropylen, Polyäthylen und Polyvinylchlorid mehr und mehr mit Papier, Pappe und Glas; geschäumtes Polystyrol und Polyurethan verdrängen Holzwolle und Wellpappe. Polyäthylen ersetzt Holz und Blech. Im Textilbereich wetteifern Chemiefasern aus Polyacrylnitril, Polyester und Polyamiden mit Wolle und Baumwolle. Acrylglas dringt im Baugewerbe und in der Optik in den Glasmarkt ein. Im Baugewerbe ersetzt Polyvinylchlorid als Fußbodenbelag, bei Türen oder Rolläden das Holz, als Dachschindel oder Fensterbank den Stein. Polyurethan hat weitgehend den Gummi als Werkstoff für Dichtungen, Schuhsohlen oder Schwämme verdrängt.

So lassen sich die wichtigsten gebräuchlichen Kunststoffe verwenden:

Polyäthylen (PE): Verpackungsfolien, Flaschen, Eimer, Schüsseln, Kanister, Isolierungen, Säcke, Rohre, Armaturen

Polypropylen (PP): Verpackungsmaterial, Tanks, Teile für Elektrogeräte, gewebte Säcke, Koffer, Spielzeug, Gehäuse

Polyamid (PA): Heizöltanks, Benzinbehälter, Chemiefasern, Rohre, Ventile, Zahnräder

Polyurethan (PU): Maschinenteile, Lacke, Dichtungen, Isolierungen, Kunstleder; Weich- und Hartschaumstoffteile

Polyacetalharz (POM): Pumpenteile, Federn, Schnappelemente, Gleitlager, Zahnräder, Schrauben, Muttern, Möbelbeschläge, Gardinenröllchen, Ventile

Acrylglas (PMMA): Verglasungen, Reklameschilder, Waschbecken, Linsen, Schutzbrillen

Polystyrol (SB, PS): Lebensmittelverpackungen, Phonogerätegehäuse, Telefonapparate, Becher; geschäumt als Schall- und Wärmedämmstoffe, Verpackungen, Blumenkästen

Polyvinylchlorid (PVC): Fassadenverkleidungen, Rohre, Innenauskleidungen für Kraftfahrzeuge, Folien, Verpackungsmaterial, Rolläden, Fußbodenbeläge, Polsterbezüge, Pumpen, Puppen, Dichtungen, Schläuche, Kunstleder, Bälle

Polyester: Lagertanks, Großbehälter, Balkonverkleidungen, Sportboote, Verkehrsschilder, Folien, Wurstdärme, Tonbänder, Schrauben, Rollen, Ketten, Chemiefasern

So lassen sich die wichtigsten gebräuchlichen Kunststoffe erkennen:

1. Schwimmt und brennt ohne zu rußen, bricht nicht:
1.1. läßt sich mit dem Fingernagel ritzen: Polyäthylen
1.2. läßt sich mit dem Fingernagel nicht ritzen: Polypropylen (PP)
2. schwimmt nicht:
2.1. brennt ohne zu rußen
2.1.1. riecht nach dem Verlöschen nach verbranntem Horn, bricht nicht: Polyamid (PA)
2.1.2. riecht nach dem Verlöschen stechend, bricht nicht: Polyurethan (PU)
2.1.3. riecht nach dem Verlöschen stechend, bricht zäh mit weißen Bruchstellen: Polyacetalharz (POM)
2.1.4. riecht nach dem Verlöschen fruchtartig, bricht spröde: Acrylglas (PMMA)
2.2. brennt mit rußender Flamme und riecht nach Styrol (süßlich)
2.2.1. bricht zäh mit weißen Bruchflächen
2.2.1.1. löst sich in Tetrachlorkohlenstoff: schlagfestes Polystyrol (SB)
2.2.1.2. löst sich nicht in Tetrachlorkohlenstoff: Acrylnitril-Butadien-Styrol (ABS)
2.2.2. bricht spröde
2.2.2.1. löst sich in Tetrachlorkohlenstoff: Standard-Polystyrol (PS)
2.2.2.2. löst sich nicht in Tetrachlorkohlenstoff: Styrol-Acrylnitril (SAN)
2.3. verlöscht nach Entfernen der Flamme und riecht dann stechend, bricht zäh mit weißen Bruchstellen: Polyvinylchlorid (PVC).

Farbfilm für subtraktive Farbmischung

1936. Mit dem »Agfacolor«-Farbfilm entwickelt der Agfa-Chemiker Koslowsky in Wolfen ein bahnbrechendes Verfahren der Farbfotografie auf der Grundlage der subtraktiven Farbmischung (→ 1710). Additiv arbeitende Farbmaterialien stellt das Unternehmen bereits seit 1916 her (→ 1932). Nur wenig später kommt in den USA der »Kodachrome«-Farbfilm auf den Markt, der ebenfalls subtraktiv arbeitet und im Prinzip dem »Agfacolor« sehr verwandt ist.

Entwicklung des Fotofilms

1816: Joseph Nicéphore Niepce fotografiert auf einer mit lichtempfindlichem Asphalt (»Judenpech«) beschichteten Zinnplatte (→)
1838: Louis Jacques Daguerre entwickelt nach Ideen von Nicéphore Niepce die Daguerreotypie auf versilberten, mit Joddämpfen behandelten Kupferplatten (→)
1839: William Henry Fox Talbot beschreibt seine »Kalotypie«, den ersten Negativ-Positiv-Prozeß auf Papier (→ 1838)
1850: Frederick Scott Archer entwickelt das »nasse Kolodiumverfahren« mit Glasplatten (→)
1871: Trockenplatten mit Gelatinebeschichtung kommen auf (→)
1889: George Eastman bringt den Rollfilm aus Zelluloid auf den Markt (→ 1890)
1907: Die Brüder Lumière stellen ihr seit 1903 entwickeltes »Autochrome«-Farbfilmverfahren auf Glasplatten vor (→)
1916: Agfa bringt erste additiv arbeitende Farbfilme auf den Markt

Mit den neuen Filmen bietet die Fotoindustrie erste wirklich befriedigende Farbfilme für die Herstellung von Diapositiven an. Der alte Satz »Steigerung der Empfindlichkeit ist stets mit einer Vergröberung des Korns verbunden« ist durchbrochen. Die ersten Stufen zu einem Feinkornfilm waren 1932 mit dem Erscheinen des Agfa Isochrom-Feinkornfilms erreicht, der allerdings nicht für Rot sensibilisiert war. Er wurde 1934 weiter verbessert, während noch im selben Jahr der Agfa Isopan-Film eine Empfindlichkeit von 16° DIN erreichte und alle Farben wiedergab. Der wahrhaft große Wurf aber, der

Subtraktive Farbmischung

Additive Farbmischung

© Harenberg

Subtraktive Farbmischung: Werden Farbstoffe gemischt oder Filter hintereinandergeschaltet, so erleidet hindurchtretendes Licht spektrale Veränderungen, die der Addition der Einzelwirkungen entsprechen (jedes Filter subtrahiert einen Spektralanteil)

Additive oder optische Farbmischung: Die physiologische Wirkung entsteht hier durch die gleichzeitige oder in raschem Wechsel erfolgende Reizung derselben Netzhautstelle durch unterschiedliche Farbreize (Übereinanderprojektion von Grundfarben)

den alten Lehrsatz endgültig widerlegt, gelingt Koslowsky mit der Entdeckung des sog. Goldeffektes. Durch den Einbau von Goldverbindungen in die Emulsion wird es möglich, die Empfindlichkeit ohne Kornvergrößerung auf das Vierfache zu steigern bzw. bei gleicher Empfindlichkeit das Halogensilberkorn entsprechend feiner zu machen. Kleinste Mengen Gold in der Emulsion genügen, um diesen Effekt hervorzurufen, für einen normalen Kleinbildfilm z. B. 0,001 mg. Das Verfahren bleibt bis 1945 streng gehütetes Firmengeheimnis.

Das berühmte Kabarett-Theater Moulin Rouge in Paris, aufgenommen auf einem Kleinbild-Diapositivfarbfilm der Marke »Agfacolor« im Jahr 1937

In Dresden laufen plastische Filme

1936. Erstmals werden in Dresden dreidimensional wirkende Kinofilme vorgeführt.
Der Wunsch, bei der Filmprojektion die räumliche Tiefe zu vermitteln, ist alt. Dreidimensionale Fotos – »Stereobilder« – gab es schon zu Louis Jacques Daguerres Zeiten (→ 1862). 1927 nahm der Franzose Abel Gance seinen historischen Film »Napoleon« mit drei Kameras gleichzeitig auf und projizierte die drei Streifen dann mit drei Projektoren auf drei nebeneinander liegende Leinwände, um damit einen »plastischen« Eindruck zu schaffen. Das Experiment mißlang. Bei dem Dresdener Verfahren nimmt eine zweiäugige Stereo-Filmkamera die Handlung durch zwei räumlich versetzte Objektive auf. Beide Streifen werden durch Projektoren mit um 90° gegeneinander versetzten Polarisationsfiltern abgespielt. Die Zuschauer betrachten das Doppelbild durch Brillen mit zwei ebenfalls polarisierten Filtern mit rechtwinklig zueinander verdrehter Wellendurchlaßebene. Jedes Auge sieht so nur eine Aufzeichnung.

Neue Röhre für das Radar erfunden

1936. Die amerikanischen Elektronikingenieure G. F. Metcalf und W. C. Hahn entwickeln bei der Firma General Electric eine neue Elektronenröhre, das »Klystron«, das sich bald als überaus nützlich für die Verwendung in Radaranlagen (→ 1904; 1931) erweist.
Das Klystron ist eine sog. Laufzeitröhre (→ 1921), d. h. es nutzt technisch für seinen erwünschten Effekt die endliche Laufzeit der Elektronen, die es zeitlich durch geeignete Maßnahmen verlängert. Das geschieht beim Klystron durch den Energieaustausch zwischen Elektronen und stehenden elektrischen Feldern in zwei oder mehreren Hohlraumresonatoren. Das Klystron ist eine Verstärkerröhre, wird aber durch Rückkopplung (→ 1927) zu einer Oszillatorröhre für Frequenzen über etwa 300 MHz.
Durch entsprechende Abstimmung der Resonanzfrequenzen des zweiten (bzw. letzten) Resonators läßt sich ein Klystron auch als Frequenzvervielfacher betreiben.

1937

Der deutsche Ingenieur Konrad Zuse baut den ersten automatischen elektromechanischen Ziffernrechner Z 1 (→ 1936).

In den USA kommen die ersten Heizlüfter auf den Markt.

Der Amerikaner Grote Reber baut das erste Radioteleskop, um Radiowellen aus dem Weltall aufzunehmen. →

Dem italienischen Physiker Emilio Segrè gelingt die Herstellung des ersten künstlichen Elements: »Technetium« (→ 1938).

Der ungarische Physiker Leo Szilard sagt die Möglichkeit des Baus einer nuklearen Bombe voraus (→ 1939; 1945).

Auf dem US-amerikanischen Zerstörer »Leahry« werden erste Versuche mit Funkortung beweglicher Objekte (Radar) ausgeführt.

Das katalytische Kracken von Rohöl wird perfektioniert. →

In San Francisco ist die Golden-Gate-Bridge fertiggestellt. →

Der deutsche Flugzeugkonstrukteur und Weltmeister im Kunstflug Gerhard Fieseler baut ein erstes Langsamflugzeug (»Fieseler Storch«).

Heinrich Focke entwickelt den ersten funktionstüchtigen Hubschrauber. →

Der französische Automobilhersteller Renault baut den »Juvaquatre«, eines der ersten Autos mit selbsttragender Karosserie.

12. 4. Das erste Turbinen-Luftstrahltriebwerk der Welt, gebaut in Großbritannien von Frank Whittle, wird erprobt.

6. 5. Bei der Landung in Lakehurst in den USA ereignet sich der größte Luftschiffunfall. Die LZ 129 »Hindenburg« explodiert. →

27. 10. Chester Carlson meldet seine Erfindung des Xerox-Verfahrens für Trockenkopiergeräte zum Patent an. →

GESTORBEN:

29. 4. Philadelphia: Wallace Hume Carothers (* 27. 4. 1896, Burlington), US-amerikanischer Chemiker.

20. 7. Rom: Guglielmo Marchese Marconi (* 25. 4. 1874, Bologna), italienischer Physiker und Ingenieur.

19. 10. Cambridge: Ernest Lord Rutherford of Nelson (* 30. 8. 1871, Nelson/Neuseeland), britischer Physiker.

9. 12. Stockholm: Nils Gustaf Dalén (* 30. 11. 1869, Stenstorp), schwedischer Ingenieur.

GEBOREN:

18. 7. Zloczew/Polen: Roald Hoffmann, polnisch-US-amerikanischer Chemiker.

Neue Verfahren in der Petrochemie

1937. Neu entwickelte Verfahren führen zu einer Perfektionierung des katalytischen (→ 1811; 1901) Krackens (→ 1890) von Rohöl. Das gibt der Petrochemie, die nicht zuletzt im Rahmen der zunehmenden Kunststoffsynthesen (→ 1936) ständig an Bedeutung gewinnt, einen beachtlichen Auftrieb.

Die Petrochemie ist der Bereich der chemischen Großindustrie, der sich mit der Herstellung von Chemierohstoffen aus Erdöl und Erdgas befaßt. Diese Zwischenprodukte können gasförmig (Synthesegas, Acetylen) oder flüssig (Olefine, Aromaten, Paraffine) sein. Sie werden im allgemeinen nicht allein durch Methoden der Destillation (→ 1771), sondern durch Krackprozesse gewonnen. Aus diesen »Primärprodukten« gewinnt man durch verschiedene chemische Verfahren »Sekundärprodukte« wie Polyäthylen, Vinylchlorid, Styrol, Phenol, Methanol, Ammoniak (→ 1909). Aus diesen Substanzen schließlich werden die chemischen Endprodukte, etwa Kunststoffe, Chemiefasern, Lacke und Klebstoffe, Lösungsmittel oder Kunstdünger produziert.

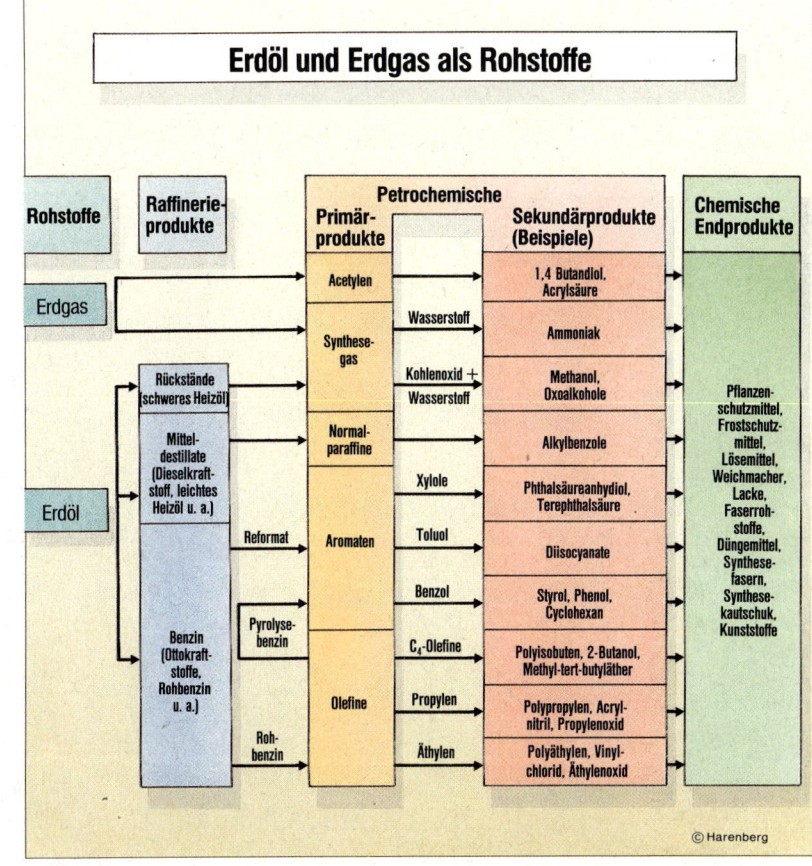

Erdöl und Erdgas als Rohstoffe

© Harenberg

Hubschrauber von Heinrich Focke

1937. *Der mit zwei gegenläufig drehenden Rotoren ausgestattete Hubschrauber (Abb.) des Bremer Konstrukteurs Heinrich Focke ist das erste praktisch einsatzfähige Drehflügelflugzeug der Welt. Seine längste Flugzeit beträgt 93 Minuten. Die zwei Rotoren verhindern eine Drehung des Rumpfes um die eigene Achse. Vergebliche Versuche, senkrecht operierende Hubschrauber zu bauen, reichen bis auf ein Dampfmodell von 1842 zurück (→ 1877; 1907).*

Funker baut erstes Radioteleskop

1937. *Der US-amerikanische Amateurfunker Grote Reber, der Karl Janskys Bericht über rätselhafte elektromagnetische Wellen aus dem Zentrum der Milchstraße (→ 1932) im Gegensatz zu den Astronomen der Zeit ernst nimmt, will das Phänomen selbst ergründen und baut das erste Radioteleskop der Welt. Den optimalen Richtempfang besorgt eine von ihm konstruierte Parabolantenne. Später entstehen Großanlagen (Abb.: Pico Veleta) dieser Art.*

Luftschiff »Hindenburg« explodiert in Lakehurst

6. Mai 1937. *Bei der Landung des Luftschiffs »Hindenburg« im US-amerikanischen Lakehurst ereignet sich der größte Unfall der Luftschiffahrts-Geschichte.*

Nach nur einem Jahr Einsatz im Transatlantikdienst bricht beim Landeanflug im oberen Teil des Achterschiffs Feuer aus. Innerhalb von Sekunden brennt das riesige, mit Wasserstoff gefüllte Schiff (Abb.). Wie durch ein Wunder können sich 62 der 97 an Bord befindlichen Menschen retten.

Die »Hindenburg« (»LZ 129«) war ein Schwesterluftschiff der »Graf Zeppelin« der Zeppelin-Werke (→ 1900) und zugleich das größte Starr-Luftschiff der Welt mit 245 m Länge, 46,8 m Maximaldurchmesser und rund 200 000 m³ Gasvolumen. Ausgelegt war es für 75 Passagiere und 25 Mann Besatzung.

Die Tragödie von Lakehurst beendet die seit dem Ersten Weltkrieg bestehenden internationalen Bemühungen, ein weltweites Luftschiff-Liniennetz aufzubauen.

Golden Gate Bridge: Größte Spannweite

1937. *Im Zuge des US-Highway 101 wird für 35 Millionen Dollar die Golden-Gate-Brücke (Abb.) fertiggestellt, die San Francisco mit dem nördlichen Kalifornien verbindet und dabei die Golden-Gate-Meerenge überquert.*

Die Stahlbeton-Hängebrücke ist von zwei riesigen, 227 m über das Wasser aufragenden Stahltürmen abgehängt. Die Hauptöffnung überspannt 1280 m frei. Damit besitzt die Brücke die derzeit größte freie Spannweite der Welt. Die sechsspurige Fahrbahn liegt in Brückenmitte 67 m hoch über dem Wasserspiegel. Die Gesamtlänge der Brücke beträgt 2824 m.

Das für den Techniker beeindruckendste Detail: Die Legierung der hochwertigen Nickel-Chrom-Spezialstähle, aus der die 90 cm dicken Kabelstränge der Tragseile gefertigt sind. Sie besitzen eine vorgeschriebene Mindestzugfestigkeit von 155 kg/mm² ihres Querschnitts. Das entspricht der Qualität bester Werkzeugstähle.

Trockenkopieren im Xerox-Verfahren

27. Oktober 1937. Der US-Amerikaner Chester Carlson meldet das Xerox-Verfahrenspatent an. Im Jahr 1938 kopiert er »10-22-38 ASTORIA« auf einem inzwischen gebauten Gerät auf Wachspapier.

Chester Carlson

Mit dem Xerox-Verfahren läßt sich erstmals auf normales, unbeschichtetes Papier kopieren. Auf einer Trommel oder Platte im Gerät befindet sich eine Schicht des Fotohalbleiters Selen (→ 1873). Eine Hochspannungsanlage lädt diesen Belag positiv auf und macht ihn dadurch lichtempfindlich. Ein Spiegel überträgt das Bild der Vorlage als latentes Ladungsbild auf diese Schicht. Bei der Bewegung der Trommel oder Platte rieselt Entwickler auf das Ladungsbild, der aus einem feinen schwarzen Pulver (»Toner«) und einem gröberen Trägerpulver besteht. Durch Reibung laden sich beide Pulver entgegengesetzt auf. Der Toner wird dadurch vom Ladungsbild angezogen. An ihm wird jetzt das ebenfalls aufgeladene Normalpapier vorbeigeführt, das das Tonerbild aufnimmt. In einer Hochspannungsanlage wird es entladen. Mit Hilfe einer Heizung wird schließlich das Tonerbild in das Papier eingebrannt.

Xerox-Kopierer des US-amerikanischen Erfinders Chester Carlson

1938

In den USA kommen die ersten Klimaanlagen auf den Markt (→ um 1938).

Der US-Amerikaner Roy Plunkett entwickelt das Polytetrafluoräthylen, einen extrem resistenten und stark selbsttrennenden Stoff (später als Teflon bezeichnet). →

In Berlin wird das erste funktionstüchtige Tonbandgerät (Magnetophon) vorgestellt.

Die Brüder Ladislaus und Georg Biro aus Ungarn erfinden den Kugelschreiber.

Der deutsch-US-amerikanische Physiker Hans Albrecht Bethe und sein deutscher Fachkollege Carl Friedrich von Weizsäcker entwickeln unabhängig voneinander eine Theorie der Wasserstofffusion (auf der Sonne). →

Den beiden Chemikern Otto Hahn und Friedrich Wilhelm Straßmann gelingt am Kaiser-Wilhelm-Institut für Chemie die künstliche Kernspaltung. →

Im Golf von Mexiko wird erstmals in Off-Shore-Technik Rohöl gewonnen, d. h. es wird Öl aus dem Meeresboden des Shelfgebietes gefördert. →

Über das Teufelstal bei Jena wird eine Autobahnbrücke aus Stahlbeton von 138 m Spannweite gebaut.

Im Werk Mückenberg der Wacker-Chemie GmbH geht der größte Karbidofen Europas (33 000 kW) in Betrieb.

Paul Schlack, Leiter der Abteilung Faserforschung bei der Farbwerke Hoechst AG, erfindet die Perlonfaser.

3. 7. Mit nahezu 203 km/h stellt die von dem britischen Ingenieur Nigel Cresley konstruierte »Mallard« in England den Geschwindigkeitsweltrekord für Dampflokomotiven auf.

10. 8. Als erstes Landverkehrsflugzeug bewältigt die viermotorige FW 200 »Condor« der Focke-Wulf GmbH die Strecke Berlin – New York ohne Zwischenlandung. →

26. 8. Die transiranische Bahn vom Kaspischen Meer über Teheran bis zum Persischen Golf ist fertiggestellt. →

20. 9. Der deutsche Chemiker Otto Roelen erhält ein Patent auf die Oxo-Synthese zur großindustriellen Herstellung von sauerstoffhaltigen Verbindungen. →

27. 9. In Clydebank bei Liverpool läuft das größte bisher gebaute Passagierschiff der Welt, die »Queen Elizabeth« (83 673 BRT), vom Stapel.

GESTORBEN:

13. 6. Paris: Charles Édouard Guillaume (* 15. 2. 1861, Fleurier), französisch-schweizerischer Physiker.

Rekonstruktion des Arbeitstisches, an dem Otto Hahn und Friedrich Wilhelm Straßmann die erste Kernspaltung gelingt

Spaltung von Atomkernen gelungen

1938. Am Kaiser-Wilhelm-Institut in Berlin gelingt es den Deutschen Otto Hahn und Fritz Straßmann durch Neutronenbeschuß, erstmals Urankerne zu spalten. Die österreichische Physikerin Lise Meitner und ihr Neffe Otto Robert Frisch deuten 1939 als erste das Ergebnis richtig als Kernspaltung.

1934 begann der Italiener Enrico Fermi, Atomkerne mit Neutronen zu beschießen. Dabei stellte sich heraus, daß vor allem die langsamen Neutronen in den Atomkernen »steckenbleiben«, d. h. in diese eingebaut werden. Durch ihre Aufnahme nimmt die Massenzahl des getroffenen Atoms um eins zu, während die Ordnungszahl gleichbleibt. Es entsteht also ein energiereicheres Isotop (→ 1932) desselben Elements. So wird etwa aus Rhodium-103 (45 Protonen, 58 Neutronen) Rhodium-104 (45 Protonen, 59 Neutronen). Dieses aber ist instabil. Ein Neutron zerfällt in ein Proton und ein Elektron. Das Elektron wird als Beta-Teilchen abgegeben. Damit ändert sich das Element in das stabile Palladium-104 (46 Protonen, 58 Neutronen). Fermi fragte sich, was beim Neutronenbeschuß des schwersten bekannten Elements, des Urans (92 Protonen, 146 Neutronen) geschehen würde. In der Tat entsteht das Element Neptunium mit der Ordnungszahl 93 (1939 eindeutig nachgewiesen). Es ist das erste vom Menschen erzeugte künstliche Transuranelement. Dieses Neptunium (93 Protonen, 146 Neutronen) ist aber selbst instabil. Es gibt ein Beta-Teilchen ab und wird dadurch zu einem noch schwereren – in der Natur ebenfalls nicht vorkommenden – radioaktiven Element, dem Plutonium (94 Protonen, 145 Neutronen), das 1941 eindeutig identifiziert wird. Durch Neutronenbombardement von Molybdän gelang Fermis Mitarbeiter Emilio Segrè 1937 auch die Erzeugung eines leichteren, in der Natur unbekannten – da instabilen – radioaktiven Elements: Des Technetiums mit der Ordnungszahl 43.

In Deutschland vollzieht Otto Hahn Fermis Experimente nach. Er versucht, die neu gewonnenen Transurane als Elemente zu isolieren, um deren Existenz eindeutig nachzuweisen. Dabei stellt sich heraus, daß beim Beschuß des Urans mit Neutronen nicht nur Neptunium und Plutonium entstehen, sondern u. a. auch Barium und Krypton. Das überrascht zunächst sehr, denn die Ordnungszahlen dieser Elemente – 56 und 36 – sind weit von jener des Urans (92) entfernt. Allerdings addieren sie sich zu dieser. Was Otto Hahn vermutet, spricht wenig später seine in Dänemark im Exil arbeitende Mitarbeiterin Lise Meitner offen aus: Der Urankern nimmt Neutronen auf, wird extrem instabil und zerfällt durch Spaltung. Dabei werden erhebliche Mengen von Energie freigesetzt.

Die Entdecker der Kernspaltung
Otto Hahn (Abb.) wurde am 8. März 1879 in Frankfurt am Main geboren. Er wuchs in München auf und studierte in London und in Montreal. 1912 kehrte er nach Deutschland zurück und arbeitete am Kaiser-Wilhelm-Institut, dessen Leiter er später wurde. 1913 wurde die 35jährige Physikerin Lise Meitner seine Mitarbeiterin. Zunächst als Österreicherin in Deutschland sicher, mußte sie 1938 nach der Machtübernahme der Nationalsozialisten in Österreich wegen ihrer jüdischen Abstammung nach Dänemark emigrieren. Statt ihrer wurde der 36jährige Chemiker Friedrich Wilhelm Straßmann neuer Mitarbeiter von Otto Hahn. Durch Korrespondenz bleibt Hahn jedoch mit Lise Meitner eng verbunden.

Kernfusion liefert Energie der Sonne

1938. Der deutschamerikanische Physiker Hans Albrecht Bethe und sein deutscher Kollege Carl Friedrich von Weizsäcker entwickeln unabhängig voneinander das physikalische Konzept der Wasserstoffusion und erklären damit den energieliefernden Prozeß der Sonne.

1920 wies der englische Physiker und Chemiker Francis William Aston nach, daß die mittelgroßen Atomkerne am dichtesten gepackt sind. Daraus folgt, daß Kernenergie sowohl durch Spaltung (→ 1938) größerer Kerne in mittelgroße wie auch durch Verschmelzung (»Fusion«) kleinerer Kerne freigesetzt wird. Exakte Berechnungen der Umwandlung von Materie in Energie (→ 1905) im subatomaren Bereich ergaben sogar, daß die Kernfusion weitaus mehr Energie liefert als die Spaltung: Ein Gramm Wasserstoff, das zu Helium fusioniert, setzt etwa 15mal soviel Energie frei wie ein Gramm Uran, dessen Kerne gespalten werden. Ebenfalls 1920 vermutete der englische Astronom Arthur Stanley Eddington, daß der Freisetzung der Sonnenenergie nukleare Reaktionen zugrunde liegen müssen. 1926 berechnete Ed-

dington, daß im Zentrum der Sonne Temperaturen zwischen 15 und 20 Millionen Grad Celsius herrschen. Bei diesen hohen Temperaturen und unter dem gewaltigen Gravitationsfeld der Sonne verlieren die Atome fast alle ihre Elektronen. Sie bestehen aus kaum mehr als nackten Atomkernen (→ 1932). Diese kommen einander so nahe und kollidieren so oft, daß »thermonukleare« Reaktionen stattfinden. 1929 bestimmte der amerikanische Astronom Henry Norris Russel den Wasserstoffanteil der Sonne auf 60 Volumenprozente (nach heutigen Berechnungen sind es rund 80%). Aus den bekannten Fakten schließen Bethe und von Weizsäcker jetzt, daß die einzige in großem Stil mögliche Kernreaktion auf der Sonne die Wasserstoffusion ist, bei der jeweils vier Wasserstoffkerne (Protonen) zu einem Heliumkern (zwei Protonen und zwei Elektronen) verschmelzen und dabei zwei Beta-Teilchen (Elektronen) abgeben. Dieses physikalische Modell erklärt, warum die Sonne durch Jahrmilliarden unvermindert Energie abstrahlt. Dennoch ist nach irdischem Maßstab die solare Energiebilanz unvorstellbar: 650 Millionen Tonnen Wasserstoff verschmelzen pro Sekunde zu Helium. Dabei verwandeln sich 4,6 Millionen Tonnen Materie in Energie.

Der deutsche Physiker und Philosoph Carl Friedrich von Weizsäcker, aufgenommen 1957 anläßlich seiner Ernennung zum Inhaber des Lehrstuhls für Philosophie an der Universität München; zuvor Honorarprofessor in Göttingen, folgt Weizsäcker in München dem emeritierten Aloys Wenzel

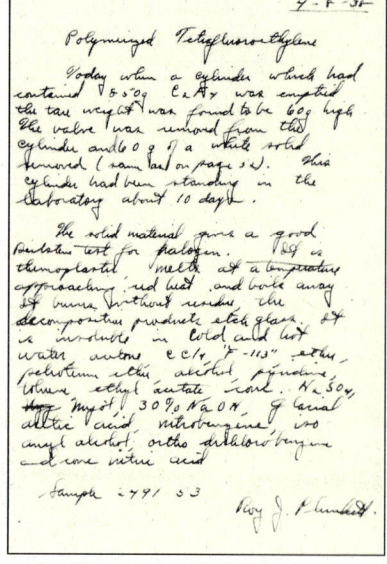

Laboreintrag Roy Plunketts zu seiner Teflon-Erfindung (1938)

Neuer resistenter Kunststoff: Teflon

1938. Der amerikanische Chemiker Roy Plunkett entwickelt das Polytetrafluoräthylen (»Teflon«), einen extrem chemikalien- und hitzebeständigen (bis 250 °C) Kunststoff, der sich – da er nicht unzersetzt schmilzt – nur durch Pressen oder Sintern formen läßt.

Teflon brennt nicht und besitzt sehr gute Gleit- und Trenneigenschaften. Es wird im Apparatebau und später u. a. auch für die Beschichtung von Bratpfannen verwendet.

Oxosynthese liefert Waschmittelalkohol

20. September 1938. Der deutsche Chemiker Otto Roelen erhält ein Patent auf die Oxosynthese (oder sog. Hydroformylierung).

Die Reaktion, die zuerst zur Produktion von Waschmittelalkoholen eingesetzt wird, erweist sich bald als wichtiger Prozeß, nach dem später auch Butanole und Äthylhexanol hergestellt werden.

In Gegenwart von Kobaltverbindungen als Katalysatoren (→ 1811) reagieren Olefine (→ 1937) mit Kohlenmonoxid und Wasserstoff zunächst zu Aldehyden, wobei die Gase (CO und H_2) an Doppel- oder Dreifachbindungen (→ 1860) angelagert werden. Die entstehenden Oxoaldehyde werden zu Alkohol u. a. verarbeitet. Die Reaktion spielt sich bei 100 bis 160 °C und 200 bis 300 Atmosphären ab.

Klimaanlagen in den USA

Um 1938. In den USA kommen die ersten modernen Klimaanlagen auf den Markt. Sie passen die klimatischen Verhältnisse in Innenräumen

Klimaanlage älterer Bauart in Mekka (Saudi-Arabien)

unabhängig von den meteorologischen Gegebenheiten den physiologischen und hygienischen Anforderungen des Menschen an.

Die Raumtemperatur läßt sich über Thermostate in einem Bereich von etwa 20 bis 26 °C, die relative Luftfeuchtigkeit zwischen etwa 35 und 65% regeln. Die Klimaanlagen wärmen, kühlen, be- und entfeuchten die Luft aber nicht nur, sie reinigen sie außerdem.

Erste Versuche der Raumklimatisierung gehen auf das Ende des 19. Jahrhunderts zurück, als man Luft über Eisblöcke leitete, um sie zu kühlen. Ein erstes Klimaanlagenpatent erhielt 1902 der Amerikaner Willis H. Carrier, der die Luft bereits befeuchtete. 1906 gab es erste Klimaanlagen mit Staubfiltern. Der Amerikaner Stuart W. Cramer baute sie speziell für Textilfabriken.

Rohölförderung vor der Küste Mexikos

1938. Im Golf von Mexiko wird Erdöl erstmals in »Offshore«-Technik, also aus dem Meeresuntergrund vor der Küste, gefördert.

Die Flachwasserzonen vor den Küsten, die sogenannten Shelf-Gebiete, bergen oft große Erdölvorkommen. Aber noch fehlt es an speziellen Techniken (Hubinseln, Halbtauchern usw., → 1971), um sie zu erschließen. So wendet man die vom Land her bekannten Techniken mit mehr oder weniger umfangreichen Abänderungen an. Man stellt z. B. Bohrtürme auf künstliche Plattformen im flachen Wasser. Im Golf von Mexiko beginnt man aber auch bereits, den Einsatz von speziellen Bohrschiffen zu erproben. Sie können notfalls monatelang unabhängig von einer Versorgung operieren.

Passagierflugzeug Focke-Wulf FW 200 »Condor«, gelandet nach dem ersten Nonstopflug von Berlin nach New York

Nonstop- und Fernflüge in aller Welt

10. August 1938. Das viermotorige Passagierflugzeug Focke-Wulf FW 200 »Condor« fliegt als erstes Landverkehrsflugzeug ohne Zwischenlandung von Berlin nach New York. Die Flugzeit beträgt 24 Stunden 54 Minuten. Der Rückflug gelingt am 13. August sogar in nur 19 Stunden 54 Minuten. Der Transatlantikflug im Auftrag der Deutschen Lufthansa ist einer der seit 1926 unternommenen Pionierflüge, die dazu beitragen sollen, ein weltweites Liniennetz aufzubauen.

Vom 23. Juli bis 26. September 1926 flog für die Lufthansa eine Junkers »G 24« die 20 000 km lange Strecke von Berlin nach Peking und zurück über Sibirien. Am 12./13. April 1928 überquerte der Nachtflugleiter der Lufthansa, Hermann Köhl, erstmals den Atlantik von Osten nach Westen nonstop in 36 1/2 Stunden. Vom 27. August bis 2. September 1928 beflogen zwei Lufthansapiloten die 12 300 km lange Strecke Berlin – Irkutsk – Berlin mit einer Junkers »W 33« in 76 Stunden 15 Minuten. Am 7./8. September 1929 legte ein Schnellpostflugzeug vom Typ Arado »V1« in 15 Stunden die 2591 km lange Strecke Berlin – Mar-

seille – Sevilla zurück. Und im selben Jahr fand mit demselben Maschinenmodell ein Postexpreßflug von Berlin nach Istanbul und zurück (je 1820 km in etwas mehr als 10 Stunden) statt. Im Mai und September 1933 schickte die Lufthansa drei Junkers »W 34« von Berlin über Moskau, Swerdlowsk, Urumtschi,

die Wüste Gobi und Nanking nach Schanghai zur Verstärkung der Luftflotte der Eurasia-Gesellschaft. Am 6. Oktober 1935 nahm die Lufthansa die erste regelmäßige Luftpostverbindung nach Südamerika (Chile) auf, am 24. Mai 1938 die Postverbindung nach Bolivien, Brasilien und Peru.

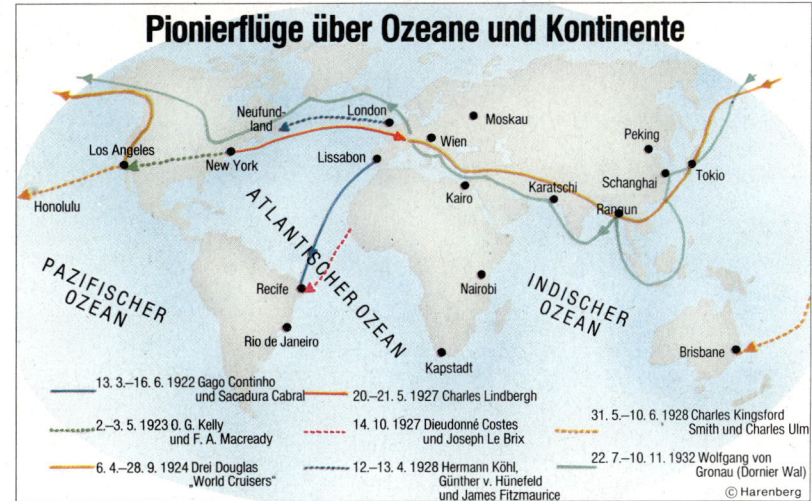

Die bedeutendsten Langstrecken-Pionierflüge aus den Jahren 1922 bis 1932; alle sind Premieren: So überflogen etwa Coutinho und Cabral erstmals den Atlantik von Europa nach Südamerika, Costes und Le Brix von Afrika nach Südamerika, Kelly und Macready den nordamerikanischen Kontinent

Eisenbahnlinien im Mittleren Osten

26. August 1938. Nach zehnjähriger Bauzeit wird die transiranische Eisenbahnstrecke über Teheran zum Persischen Golf dem Verkehr übergeben. Die Verbindung ist 1392 km lang und führt von Bandar e Shah im Norden nach Bandar e Shahpur im Süden.

Mit dieser Verbindung geht eine der ersten großen Bahnlinien im Gebiet zwischen der Türkei und Afghanistan in Betrieb. Die meisten Länder des Mittleren Ostens beginnen erst jetzt, nachdem die räumliche Entwicklung der Eisenbahnnetze in Europa praktisch abgeschlossen ist, eine Verkehrsinfrastruktur auf Schienen aufzubauen. Wüsten und praktisch unbewohnte öde Gebirgsregionen behinderten die Verkehrserschließung. Die verschiedenen, bisher von Karawanen aufrecht erhaltenen Fernverkehrssysteme ließen sich wirtschaftlicher mit Geländewagen weiterführen als mit der Eisenbahn. Allenfalls das Erdöl (→ 1927) mußte befördert werden, doch dafür wurden Pipelines angelegt.

In den Nahen Osten stoßen bisher als Hauptlinie nur die bereits zwischen 1903 und 1915 unter deutscher Leitung als Anschluß an das europäische Netz gebaute Bagdadbahn von Konia in der Türkei über Adana und Samarra nach Bagdad sowie einige Nebenlinien dieser Strecke vor. Aber die Strecke ist wegen politischer Auseinandersetzungen zwischen der Türkei und Syrien um ein 4700 km großes Gebiet am Golf von Iskenderun noch nicht in voller Länge ausgebaut und befahrbar. Der erste durchgehende Zug von Bagdad nach Istanbul-Haidar Pasha verkehrt am 17. Juli 1940.

Bauabschnitte der Bagdadbahn

1904: Konia – Bulgurlu
1911: Bulgurlu – Ulukischla
1912: Ulukischla – Karapunar; Dorak – Venidsche – Adana – Mamure; Radju – Djerablus
1914: Djerablus – Tel Ebiad; Samarra – Bagdad
1915: Islahie – Radju; Tel Ebiad – Rasulain
1917: Mamure – Islahie; Rasulain – Derbizie
1918: Karapunar – Dorak; Derbizie – Nisibin
1940: Nisibin – Samarra.

Die beiden französischen Kernphysiker Irène und Frédéric Joliot-Curie entdecken die Möglichkeit der nuklearen Kettenreaktion.

Der Amerikaner William C. Huebner erfindet die Fotosetzmaschine.

Auf der New Yorker Weltausstellung werden die ersten Leuchtstoffröhren (Fluoreszenzlichtröhren) vorgestellt.

Walter Schottky beschreibt den Effekt des pn-Übergangs, die Elektronenleitung beim Metall-Halbleiterkontakt, die u. a. für Transistoren wichtig ist. →

Rose und Lams entwickeln das Orthikon, eine verbesserte elektronische Fernsehröhre.

Die französische Radiochemikerin Marguerite Perey entdeckt das Element Francium.

Auf der Weltausstellung in New York werden der gehende und sprechende Roboter »Electro« und sein Hund »Sparko« ausgestellt.

Der US-amerikanische Automobilkonzern Chrysler geht im Kfz-Bau den ersten Schritt auf dem Weg zum automatischen Getriebe, als er das Fluid-Drive-System einführt. →

Die Badische Anilin & Soda Fabrik (BASF) beginnt mit der Herstellung von Polyamiden auf Lactam-Basis (Perlon bzw. Nylon 6).

Mit der Entdeckung der insektiziden Wirkung von DDT leitet der Schweizer Chemiekonzern Geigy eine neue Ära der Schädlingsbekämpfung ein. →

Januar. Die österreichische Physikerin Lise Meitner und ihr Neffe Otto Robert Frisch deuten als erste das Experiment von Otto Hahn als Kernspaltung (→ 1938).

20. 6. Das erste Raketenflugzeug der Welt, die »He 176«, geht auf Jungfernflug. →

2. 8. Albert Einstein schreibt einen Brief an US-Präsident Franklin Delano Roosevelt über die mögliche Entwicklung einer Atombombe. →

27. 8. Der Erstflug der Heinkel »He 178«, des ersten Düsenflugzeugs der Welt, findet statt (→ 20. 6. 1939).

GESTORBEN:
4. 2. St. Moritz: Sir Henri Wilhelm August Deterding (* 19. 4. 1866, Amsterdam), niederländischer Industrieller.

30. 11. Berlin: Max Skladanowsky (* 30. 4. 1863, Berlin), deutscher Erfinder und Filmproduzent.

23. 12. New York: Anthony Herman Gerard Fokker (* 6. 4. 1890, Kediri/Java), niederländischer Flugzeugkonstrukteur.

Raketen- und Strahlturbinenantriebe

20. Juni 1939. Das erste Flüssigkeitsraketenflugzeug der Welt, die Heinkel »He 176«, startet in Peenemünde. Gesteuert wird sie von Flugkapitän Erich Warsitz. Derselbe Pilot fliegt am 27. August auch erstmals die »He 178«, das erste Düsenflugzeug der Welt.

Wernher von Braun (→ 1936) war es gelungen, den Flugzeugbauer Ernst Heinkel für seine Raketenversuche

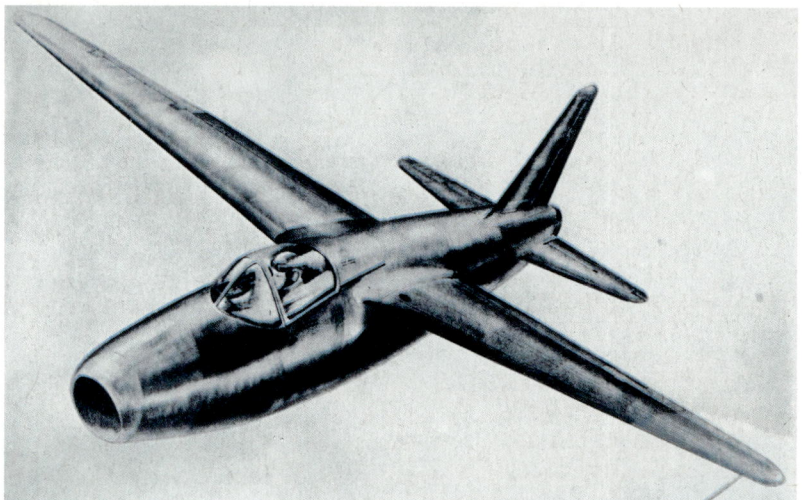

Die »He 178«, das erste Flugzeug der Welt mit Turbinenluftstrahl-Triebwerk

Das erste Flugzeug mit Flüssigkeitsraketen-Antrieb: Die »He 176«

zu interessieren. Heinkel baute vor allem Militärflugzeuge und war technischen Experimenten mit neuen Maschinen gegenüber sehr aufgeschlossen. Mit der »He 50« hatte er das erste deutsche Sturzkampfflugzeug gebaut. Seine »He 111« von 1934/35 wurde in 6460 Exemplaren in zahlreichen Varianten vom zweimotorigen Schnellverkehrsflugzeug »Doppelblitz« bis zum fünfmotorigen Schleppflugzeug für Lastensegler gebaut. Der 1935 entstandene Jagdeinsitzer »He 100« errang den Geschwindigkeitsweltrekord für Landflugzeuge mit

634,73 km/h, den am 30. März 1939 eine »He 100 V8« mit 746,6 km/h verbesserte. Weitere Heinkel-Maschinen stellten zusammen mehr als ein Dutzend internationaler Geschwindigkeitsrekorde in ihren Klassen auf.

Dem Firmenziel, schnelle Maschinen zu bauen, kam Wernher von Brauns geplantes Raketentriebwerk durchaus entgegen. Schon im

Ernst Heinkel, weltbekannter deutscher Flugzeugkonstrukteur

Sommer 1937 stattete Heinkel einen Jäger vom Typ »He 112« mit einer zusätzlichen Flüssigkeitsrakete im Heck aus. Die Versuche verliefen erfolgreich. 1939 entsteht zunächst ein freitragender Ganzmetall-Tiefdecker mit nur 5 m Spannweite und einer geschlossenen Pilotenkabine, die sich als Rettungskapsel absprengen läßt. Das Raketentriebwerk »RI-203« konstruierte Hellmuth Walter. Es entwickelt 690 Kilopond Schub. Diese »He 176 V1« ist das erste wirklich leistungsfähige Raketenflugzeug der Welt. Parallel zu ihr bereitet Heinkel ein zweites »He-176«-Modell mit einem noch wesentlich stärkeren Von-Braun-Raketentriebwerk vor. Diese Maschine ist für Geschwindigkeiten von über 1000 km/h geplant und sollte ebenfalls schon 1939 fliegen, doch wegen des Kriegsausbruchs werden die Arbeiten abgebrochen. Bereits 1935 begann Heinkel mit den vorbereitenden Arbeiten für ein Flugzeug mit Strahltriebwerk. Die technischen Grundgedanken lieferten der Physiker Hans Pabst von Ohain und dessen Assistent, der Oberingenieur Hahn. Auf dem Prüfstand lief ein erstes Strahltriebwerk bereits 1937 (→ 1930). Nachdem die Versuche erfolgreich ausgefallen waren, ließ Ernst Heinkel von Karl Schwärzler und den Brüdern Günter umgehend ein für diesen Antrieb geeignetes kleines Spezialflugzeug entwickeln, die »He 178«. Es ist ein aerodynamisch hochwertiger Schulterdecker, der durch seinen zentralen Lufteinlauf für das Strahltriebwerk auffällt. Die Gasturbine, mit der das Flugzeug ausgestattet wird, ist eine inzwischen noch wesentlich verbesserte Radial-Turbine mit der Typenbezeichnung »HeS 38«. Sie entwickelt 495 Kilopond Standschub. Die »He 178 V1« fliegt auf Anhieb erfolgreich und bewährt sich in vielen Demonstrationsflügen. Sie erweist sich als wegweisend für die moderne Luftfahrt.

Anfang 1939 beginnen auch BMW und Junkers erfolgreich mit der Entwicklung von Strahlturbinen, und so erteilt das Technische Amt des Luftfahrtministeriums den Firmen Heinkel und Messerschmitt schließlich Entwicklungsaufträge für Turbo-Jagdeinsitzer. Am 2. April 1941 startet die »He 280 V1«, das erste zweistrahlige Flugzeug der Welt, zu ihrem Jungfernflug.

Agrochemikalien gegen Schädlinge

1939. Mit der Entdeckung der insektiziden Wirkung des 1939 von Peter Hermann Müller entwickelten »DDT« (Dichlor-diphenyl-trichloräthan) leitet die Firma Geigy eine neue Ära der Schädlingsbekämpfung ein. Das Schweizer Unternehmen stellt die ersten organisch-synthetischen Agrochemikalien her.

Das DDT wirkt für zahlreiche Insektenarten als Kontaktgift. In kleinen Dosen ist es für den Menschen relativ ungefährlich. 0,7 g führen zu leichten Vergiftungssymptomen, die tödliche Dosis liegt bei 20 g. Als Pflanzenschutzmittel gelangt DDT bald großflächig vor allem in Monokulturen zur Anwendung. Als sehr beachtlich erweisen sich später die Erfolge dieses Giftes bei der Bekämpfung von krankheitsübertragenden Insekten. Durch den DDT-Einsatz gehen z. B. auf Ceylon die Malariafälle drastisch zurück. Hauptnachteil ist, daß DDT vom menschlichen und tierischen Organismus nicht abgebaut, sondern im Fettgewebe gespeichert wird.

Erforschung der Halbleiter

1939. Der deutsche Physiker Walter Schottky beschreibt den Effekt des pn-Übergangs in Halbleitern und legt damit die theoretische Basis für die gezielte Herstellung von elektronischen Halbleiterbauelementen wie Dioden, Transistoren oder integrierten Schaltungen.

Halbleiter sind Festkörper, deren spezifischer elektrischer Widerstand bei Raumtemperatur mit 10^{-2} bis 10^9 Ωcm zwischen dem von Metallen (etwa 10^{-6} Ωcm) und dem von Isolatoren (über 10^{14} Ωcm) liegt. Es sind kristalline Stoffe wie Silicium, Germanium, Selen oder Tellur. Je nach »Dotierung« (Einbau geringster Fremdsubstanzmengen in den Kristall) leiten sie bevorzugt negative (Elektronen) oder positive (»Defektelektronen« oder »Löcher«, → 1928) Ladungsträger. Die Elektronenleiter heißen auch n-Leiter, die Löcherleiter p-Leiter. Durch die Kombination von p- und n-Schichten entstehen Sperrschichten, in denen es zu einem starken Konzentrationsgefälle der Ladungsträger kommt. Bei Anlagen positiver oder

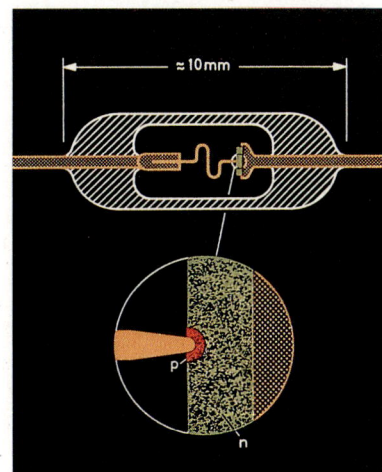

Punktkontakt-Halbleiterdiode; unten: Metallspitze am Halbleiter

negativer äußerer Spannung kann aus überaus komplexen materialphysikalischen Gründen dennoch ein Ladungsträgeraustausch über die Sperrschicht hinweg stattfinden, der sich in weiten Bereichen steuern läßt wie der Strom in einer Triode (→ 1906) durch die Gittervorspannung.

Erster Schritt zum Automatik-Getriebe

1939. Die amerikanische Chrysler-Gruppe geht im Automobilbau den ersten Schritt zum automatischen Getriebe. Sie führt das sogenannte Fluid-Drive-System ein.

Der Grundgedanke, den Übersetzungswechsel zwischen Motor und Achsenantrieb zu automatisieren und damit die Motordrehzahl dem Lastbereich anzupassen, geht schon auf die Jahrhundertwende zurück. Bereits um 1906 experimentierte man mit derartigen Getrieben. Doch damals kam es nicht zu Serienmodellen. Auch jetzt – 1939 – greift Chrysler mit seinem Fluid-Drive der allgemeinen Entwicklung vor. Im großen Stil setzen sich Automatik-Autos erst nach dem Zweiten Weltkrieg durch.

Das Automatik-Getriebe schaltet drehzahlabhängig selbsttätig. Dabei spielt es keine Rolle, ob das Schalten unbelastet oder unter voller Last erfolgt. Der Fahrer wählt nur noch bestimmte Fahrbereiche wie vorwärts und rückwärts, langsam und normale Fahrt vor.

Einstein an Roosevelt: Atombombe möglich

2. August 1939. In einem Brief informiert Albert Einstein den US-Präsidenten Franklin Delano Roosevelt über die neuesten Erkenntnisse auf dem Gebiet der Kernspaltung (→ 1938).

Er berichtet, daß es aufgrund neuester Forschungsarbeiten von Enrico Fermi und Leo Szilard in den USA und von Irène und Frédéric Joliot-Curie in Frankreich fast sicher sei, daß sich schon sehr bald nukleare Kettenreaktionen auslösen ließen, wobei gewaltige Energien frei würden. Auf diese Weise ließen sich auch neuartige Bomben herstellen. Eine einzige derartige Bombe, von einem Schiff in einen Hafen gebracht, könne den gesamten Hafen und weite Teile des umliegenden Gebiets zerstören.

Albert Einstein

Faksimile des berühmten Einstein-Briefs an den Präsidenten der USA

Einstein weist sodann auf die geringen Uranvorräte der USA und auf die bekannten Vorkommen in der ehemaligen Tschechoslowakei und im belgischen Kongo hin. Er empfiehlt dem Präsidenten die Zusammenarbeit mit Fachwissenschaftlern und der Industrie zur möglichst raschen Entwicklung der Bombe. Er weist darauf hin, daß Deutschland bereits die Uranverkäufe aus den tschechischen Minen, die das Reich übernommen hat, gestoppt habe, vielleicht – so mutmaßt er –, weil sich der Physiker von Weizsäcker am Kaiser-Wilhelm-Institut mit Kernspaltungsversuchen befaßt.

Die Sorgen Albert Einsteins in bezug auf einen drohenden Atomkrieg resultieren aus seiner guten Kenntnis der Forschung in Europa. 1933 emigrierte er aus Deutschland in die USA.

Aus dem Brief Albert Einsteins

»Jüngste Arbeiten von E. Fermi und L. S. Szilard ... führen mich zu der Annahme, daß das Element Uran ... zu einer neuen und bedeutenden Energiequelle werden kann ... Während der letzten vier Monate wurde es wahrscheinlich, daß eine nukleare Kettenreaktion in einer großen Uranmenge möglich wird, die gewaltige Energiemengen und große Mengen neuer radiumartiger Elemente erzeugt ... Dieses neue Phänomen würde auch zur Bombenkonstruktion führen ... In Anbetracht dieser Situation könnten Sie es für wünschenswert halten, einen gewissen permanenten Kontakt zwischen der Regierung und einer Physikergruppe, die in Amerika an der Kettenreaktion arbeitet, unterhalten zu lassen. Ein möglicher Weg, das zu erreichen, könnte es für Sie sein, diesen Auftrag einer Person Ihres Vertrauens ... zu übertragen. Ihre Aufgabe könnten folgendes einschließen: ... Die Sicherung der Uranversorgung der Vereinigten Staaten ... die Beschleunigung der experimentellen Arbeiten ... die Beschaffung von Geldmitteln ...«

Auftragsforschung im Zeitalter der Hochtechnologien

1940 bis heute

Neue Schwerpunkte der Forschung

Herrschte seit dem Ende des 19. Jahrhunderts in Europa und auch in den USA ein eher zweckfreier wissenschaftlicher Erkenntnisdrang, ja sogar eine regelrechte Wissenschaftseuphorie – beflügelt von den raschen und zugleich fundamentalen Fortschritten vor allem auf physikalischen Gebieten – so brachte der Zweite Weltkrieg (1939 – 1945) einen einschneidenden Wandel hin zu stärker anwendungsorientierter Forschung, vor allem angestoßen durch militärische Aufträge. Im Vergleich dazu bedeutete der Erste Weltkrieg für Technik und Wissenschaft nicht viel mehr als eine zeitlich begrenzte Zäsur. Allenfalls der Luftfahrt, dem Rundfunk und der chemischen Industrie (Ammoniaksynthese, Giftgas) gab er Entwicklungsimpulse. Anders der Zweite Weltkrieg: Er stellte nicht nur für die Kapazitäten der technischen Fertigungsbetriebe und ihre Ingenieure eine Herausforderung dar, sondern auch für die naturwissenschaftliche Grundlagenforschung. Geschickt sondierten Militärs schon während der 1930er Jahre das Spektrum der wissenschaftlichen Interessen und lenkten durch gezielte Projektfinanzierungen und andere Maßnahmen, zu Beginn des Kriegs auch durch massiven Druck, die Arbeiten auf jene Ziele, die sie selbst interessierten. Ein Großteil der wissenschaftlichen und industriellen Militäraktivitäten entfiel auf Deutschland, aber die anderen europäischen Großmächte und die Vereinigten Staaten standen bei diesem Treiben nicht weit zurück.

Die neu entstandenen Schwerpunkte in Forschung und Technik überdauerten allerdings den Krieg. Nur wenige Wissenschaftler fanden nach 1945 zu der Unbekümmertheit zweckfreier Grundlagenforschung zurück. Zwar änderten sich die Blickwinkel erneut, aber die wissenschaftliche Euphorie der ersten Jahrzehnte des 20. Jahrhunderts mit ihrer nachgerade scheinbar unerschütterlichen Zukunftsgläubigkeit war ein für allemal dahin. Forschung und Technik wurden weiterhin z. T. durch militärische Ziele bestimmt. Aus den Ende der 1930er und Anfang der 1940er Jahre in aller Eile eingeleiteten militärischen Technologievorhaben entwickelten sich schon bald eine breite, rein militärische Grundlagenforschung und Rüstungsgroßindustrie, die in allen Industrienationen bis heute einen Großteil des Wissenschaftsbudgets verschlingen. Und selbst die wieder aufgenommenen physikalischen und physikalisch-technischen Vorkriegsvorhaben – besonders die Fortführung der Atomphysik und die geplante Erkundung des Weltalls – gerieten in das Schlepptau internationaler Rivalitäten. Schon vor Kriegsende entstand aus dem rein wissenschaftlich-friedlichen Unterfangen kernphysikalischer Grundlagenforschung nicht nur der erste Kernreaktor, sondern auch die erste Atombombe. Die weitere Entwicklung dieser Technologie bis zum tausendfachen sog. »Overkill-Potential« der modernen Atommächte ist zur Genüge bekannt. Dieselben Männer, die vor dem Krieg in Berlin ihre ersten Raketen – damals noch bessere Feuerwerkskörper – poetisch »Frau Luna« und ähnlich tauften, zeichneten während des Kriegs für die Fernlenkwaffen vom Typ V-2 verantwortlich und ließen sich nach dem Krieg in ein paramilitärisches Prestigewettrennen der Supermächte um die nicht nur friedliche Eroberung des erdnahen Weltraums ein.

Der elektronischen Steuer- und Regeltechnik gelangen die technisch faszinierendsten Entwicklungen nicht mehr zuerst bei der Automation von Fabrikationsanlagen, sondern bei der Fernlenkung und Selbststeuerung von Torpedos, Interkontinentalraketen mit atomaren Sprengköpfen, superschnellen Kampfflugzeugen und Panzern, deren Geschützrohre trotz schnellster Fahrt im freien Gelände stets exakt auf feindliche Ziele gerichtet bleiben. Genauso verhält es sich mit den erheblichen Fortschritten in der Halbleitertechnik nach 1957, in der Mikroelektronik und der Lasertechnik, in der modernen Materialwissenschaft bei der Entwicklung von hochbeständigem Spezialkunststoff, aufwendigen exotischen Metallegierungen, neuartigen Gläsern usw. Im Rahmen militärtechnischer Projekte entstanden die subtilsten modernen Meßtechniken, aber auch die jeweils fortschrittlichsten schnellen Großrechenanlagen. Ein Kind dieser zweckgebundenen Forschung und Entwicklung ist schließlich die Mikroelektronik bis hin zum Hochleistungsmagnetspeicher und zum programmierbaren Computer-Chip.

Die Hochtechnologiegesellschaft

Die Errungenschaften der zum größten Teil aus militärischer Forschung und den Raumfahrtprojekten erwachsenen modernen Höchsttechnologien haben in den Industriestaaten im zweiten bis vierten Jahrzehnt nach dem Zweiten Weltkrieg – das erste stand weitgehend im Zeichen des Wiederaufbaus – den Lebensstil tiefgreifend verändert. Dieser Wandel hat keineswegs nur negative Aspekte. An Entwicklungen während des Krieges knüpften der moderne Straßen- und Automobilbau sowie die moderne Luftfahrtindustrie an, und beide führten zu einer weltweiten Mobilität, wie sie zuvor nicht einmal einer dünnen Oberschicht vorbehalten war. War schon Enrico Fermis erste Kernreaktoranlage in Chicago im Zuge der Entwicklung der US-amerikanischen Atombombe gebaut worden, so ging aus dieser Technologie die gesamte friedliche Kernkraftnutzung hervor, ohne die sich heute eine ausreichende Energieversorgung in vielen Industrienationen nur schwer vorstellen ließe.

Aus den Fortschritten der Elektronik – vor allem der Halbleitertechnik aus den 1950er Jahren – entsprangen neben den Massenmedien und Massenkommunikationsmitteln (Fernsehen, Computer-Verbundnetze, Datenbanken, Telekommunikation, ein weltweites Telefonnetz, Computersatz und Laserdruck usw.) moderne

Sicherheitstechnologien im Verkehr (Flugsicherheit, städtische Verkehrsleitsysteme, Pkw-Elektronik, Navigation bei ungenügender Sicht usw.), leistungsgesteuerte Haushaltsgeräte (Waschautomaten, Multifunktionsküchen- und Heimwerkergeräte, Mikrowellenherde usw.), die gesamte EDV (von der elektronischen Büroorganisation und industriellen Fertigungssteuerung bis zum Personal Computer und Taschenrechner für jedermann), klinische Diagnose- und Therapiezentren und vieles andere mehr (Bankautomaten, Supermarktkassen, Lichtorgeln, Synthesizer, elektronische Dimmer usw.).

Eine wahre Innovationsflut in fast allen Bereichen von Alltag und Freizeit löste auch die nach dem Krieg einsetzende intensive Werkstofforschung aus. Sie hatte verschiedene Wurzeln. Zum Teil entsprang auch sie der militärischen Forschung (Schaumstoffe, hochtemperaturresistente Kunststoffe, Speziallegierungen usw.); zum Teil entwickelte sie sich fast zwangsläufig aus den zu Anfang des Jahrhunderts gemachten Erkenntnissen der Makromolekularchemie, die schließlich durch die großindustriellen Verfahren der Polymerisation, Polyaddition und Polykondensation zu einem explosiven Anwachsen der Petrochemie und ihrer Produktpalette führte; zum Teil entsprang sie der Atomphysik, die mit ihren spezifischen Methoden schon vor dem Krieg neue Wege zur Festkörperforschung erschloß; und schließlich ist die Raumfahrt ein wichtiger Promotor für die Erforschung und Entwicklung neuer Werkstoffe. Zum einen sind die Raumfahrzeuge selbst auf Elemente aus Materialien mit ganz bestimmten Eigenschaften angewiesen, zum anderen bieten Experimente unter Schwerelosigkeit im Weltall die Voraussetzung zur Erforschung neuer Substanzen.

Auch die kommerzielle Nutzung der Raumfahrt veränderte das Leben in der Industriegesellschaft in vielfältiger Weise. Kommunikationssatelliten führten und führen weiterhin zu einem Zusammenrücken der Weltbevölkerung. Daneben waren und sind es vor allem die Rohstoffprospektion, die Kartographie und Fernerkundung, die Navigation, die Wetterprognose (besonders für die Landwirtschaft und den Flug- und Seeverkehr) und die Schadensfrüherkennung in der Landwirtschaft (großflächiger Insektenbefall, Forstschäden, Waldbrände usw.), die von einigen der bis jetzt rund 4000 Satelliten im Erdorbit profitierten. Ein Großteil davon dient freilich wiederum militärischen Aufgaben, erfreulicherweise aber auch bio- und astrophysikalischen Forschungsprojekten.

Großforschung – getragen von Konzernen und Staaten

In der Industrie trug die immer umfangreicher werdende Grundlagenforschung (für Verfahrenstechnik, Fertigungsprozesse, Produktverbesserungen und neue Produkte) vor allem nach den 1950er Jahren zur verstärkten Konzernbildung bei. Kleinere Einzelunternehmen konnten sich eigene Forschung oder den Erwerb von Know-how oft nicht mehr in dem Maße leisten, der sie konkurrenzfähig erhalten hätte. Die Großkonzerne aber treiben die Forschung in eigenen Instituten mit Macht voran. Allein der Fotokonzern Kodak investiert heute weltweit täglich über zwei Millionen US-Dollar in Grundlagenforschung. Den Maßstab industrieller Forschung wiederum sprengen die fachübergreifenden angewandten und die zweckfreien wissenschaftlichen Großforschungsvorhaben (Kernkraft, neue Energiekonzepte, Raumfahrt, Festkörperforschung, Atomphysik, Astro- und Geophysik, Ozeanographie, Lagerstättenprospektion, Polarforschung usw.) bei weitem. Sie beanspruchen nationale Budgets. Staatliche oder halbstaatliche multidisziplinäre Forschungszentralen entstanden, in der Bun-

desrepublik z. B. das Kernforschungszentrum Jülich (das keineswegs nur Kernforschung betreibt), das Deutsche Elektronensynchrotron DESY, das Max-Planck-Institut für Plasmaforschung (und andere Max-Planck-Institute) oder die Kernforschungsanlage Karlsruhe. Wo auch diese Großforschungseinrichtungen nicht mehr in der Lage sind, Größtprojekte allein durchzuführen, schließen sie sich auf internationaler Ebene zu gemeinsamer Arbeit an Forschungsvorhaben oder Forschungsgebieten zusammen.

Einflüsse auf die Umwelt

Daß die technischen Aktivitäten des Menschen nicht ohne Einflüsse auf die Natur bleiben, ist keine Erkenntnis der beiden letzten Jahrzehnte. Ansätze dieses Denkens fanden sich im klassischen Griechenland ebenso wie im Römischen Weltreich. Selbst das Mittelalter und die Renaissance kannten zahlreiche Verbote mit dem Ziel planvollen Umweltschutzes. So durfte trotz des um sich greifenden Raubbaus an den Wäldern – vor allem durch die Glashütten und den Schiffsbau – in vielen europäischen Staaten lange Zeit keine Steinkohle verbrannt werden. So wurden die Beweidung der Niederwälder durch Schweine, Schafe und Ziegen streng reglementiert, die einst bedeutende Waldimkerei hier und da völlig untersagt, die Anlage von Bannwäldern in den Alpen oder von Frostschutzwäldern in den rheinischen Weinbaugebieten gefordert. Im frühindustriellen England verlangten einflußreiche Bürger so etwas wie ein Nullwachstum, weil mit der steigenden Produktion und dem sich rasch ausbreitenden Handel der Pferdewagenverkehr derart zunahm, daß man fürchtete, in wenigen Jahrzehnten würden die britischen Städte in meterhohen Lagen von Pferdemist ertrinken.

Es ist bezeichnend, daß die Zeit zwischen etwa 1910 und 1965 derartige Vorbehalte kaum noch kannte, obwohl gerade in dieser Epoche Umweltschäden jeglicher Art (Fluß- und Grundwasservergiftung, Gewässerüberhitzung, Luftverpestung, Staub und Rauch, Pestizide in der Landwirtschaft, Ölverseuchung der Weltmeere, wilde Müllkippen, Verkehrslärm usw.) in der industrialisierten Welt bisher am stärksten in Erscheinung traten. Zwei Weltkriege und der jeweilige anschließende Wiederaufbau lenkten offenbar ebenso davon ab wie die Euphorie des industriellen Wachstums, des »Wirtschaftswunders«, um jeden Preis. Erst in den 1960er und verstärkt in den 1970er Jahren, als erstmals in der Menschheitsgeschichte in vielen Ländern – vor allem in der Bundesrepublik – das Phänomen einer Technikmüdigkeit (nicht Technikfeindschaft, die gab es schon früher) auftrat, lenkte sich die Aufmerksamkeit wie von selbst wieder auf die Umweltfolgen der Technik. Und das mit vollem Recht. Zwar sind noch längst nicht für alle Schäden Lösungen in Sicht, geschweige denn praktisch durchgeführt, aber im großen und ganzen hat sich aufgrund des neuerwachten Umweltbewußtseins die Situation der ökologischen Belastung in den höchstentwickelten, den reichen Ländern innerhalb der vergangenen zwei Jahrzehnte sukzessive erheblich verbessert, und weitere Fortschritte in dieser Richtung zeichnen sich ab. Aber auch dieser Trend führt nicht von einer weiteren Technisierung fort, sondern eher zu einer solchen hin. Die Lösung heißt saubere Höchsttechnologien anstelle der Fortführung aus der Frühzeit der Industrie überkommener abfallträchtiger Verfahren, Rohstoff-Recycling, sparsamste Energienutzung durch Verbesserung der Wirkungsgrade bei Kraftwerken, Energieübertragung und Endverbrauchern und Verzicht auf unnötigen Überfluß (Verpackung u. a.). Inwieweit dieses Konzept greifen wird, ist allerdings fraglich.

Die Alliierten bauen die erste brauchbare Dechiffriermaschine.

Das 343-Zeilen-Farbfernsehsystem des ungarisch-US-amerikanischen Ingenieurs Peter Carl Goldmark nimmt tägliche Versuchssendungen auf.

Die DC-3 Dakota ist das erste Passagierflugzeug, das über Kabinen mit Druckausgleich verfügt.

Der russische Physiker Pjotr L. Kapiza stellt die Theorie der Suprafluidität derjenigen der Supraleitfähigkeit zur Seite (→ 1885; 1911).

In den USA, England, Frankreich, Deutschland und Japan ist die Radartechnik durch getrennte Entwicklungen zur technischen Reife gelangt. →

Die US-amerikanischen Physiker Dale Raymond Corson, Kenneth Ross Mackenzie und Emilio Gino Segrè entdecken das Element Astat.

Die US-Physikochemiker Edwin Mattison McMillan und Philip Hauge Abelson entdekken das Element Neptunium, Glenn Theodore Seaborg, McMillan u. a. das Element Plutonium.

In der Sowjetunion wird erstmals Kohle in situ, d. h. »an Ort und Stelle«, also unter Tage, vergast (→ 1867).

In den deutschen Lichtspieltheatern läuft der erste Spielfilm der Welt (»Frauen sind doch bessere Diplomaten«) nach dem Farb-Negativ-Positiv-Verfahren (Agfacolor-Film). Das bisher angewandte Technicolorverfahren (→ 1917; 1930) arbeitete mit farbig-transparent bedruckten Zelluloidstreifen.

GESTORBEN:

5. 4. Genf: Robert Maillart (* 6. 2. 1872, Bern), schweizerischer Ingenieur.

26. 4. Heidelberg: Carl Bosch (* 27. 8. 1874, Köln), deutscher Chemiker.

17. 6. London: Sir Arthur Harden (* 12. 10. 1865, Manchester), britischer Chemiker.

24. 8. Berlin: Paul Gottlieb Nipkow (* 22. 8. 1860, Lauenburg/Pommern), deutscher Ingenieur.

30. 8. Cambridge: Sir Joseph John Thomson (* 18. 12. 1856, Cheetham Hill/Manchester), britischer Physiker.

7. 9. Neu Pollow/Rostock: Edmund Rumpler (* 4. 1. 1872, Wien), österreichisch-deutscher Flugzeugbauer.

GEBOREN:

4. 1. Cardiff/Wales: Brian David Josephson, britischer Physiker.

Empfangsanlage einer Radar-Bodenstation; von Anlagen dieser Art werden britische Nachtflieger bei ihren Bombeneinsätzen beobachtet und gelenkt

Radaranlagen im Einsatz

1940. In England, Frankreich, Deutschland, den USA und Japan arbeiten stationäre und mobile Radaranlagen (→ 1931) verschiedener Bauart und Leistungsfähigkeit, um die immer schneller werdenden feindlichen Flugkörper rechtzeitig orten und ihre Manöver verfolgen zu können.

Entwicklung des Radars

1904: Christian Hülsmeyer erhält ein Patent auf das Telemobiloskop zur Verkehrskontrolle durch Funkwellenechos (→ 1904).

1922: Guglielmo Marconi schlägt vor, Schiffe bei schlechter Sicht mit Funkwellenechos zu orten.

1931: Die Engländer W. A. S. Butement und P. E. Pollard bauen eine Versuchsradaranlage zum Orten von Schiffen (→ 1931).

1936: Der französische Passagierdampfer »Normandie« verwendet ein erstes einfaches Radargerät zur Eisbergwarnung. Es wird erstmals »Radar« (Radio Detecting and Ranging) genannt.

Schon zu Beginn des Zweiten Weltkriegs ist an der Ost- und Südostküste Englands eine Kette von Radargeräten im Einsatz, deren Antennen auf 120 m hohen Masten montiert sind. Sie können Flugzeuge bereits in 160 km Entfernung erkennen. Die Radaranlagen ermitteln direkt zwei Daten: Die Entfernung und die Richtung eines Flugzeugs. Die Richtung ergibt sich unmittelbar aus der eingestellten Position der Peilantenne, die Entfernung errechnet sich aus der Laufzeit des Radar-Funkimpulses von der Antenne zum Objekt und – von diesem reflektiert – zurück zur Antenne. Aus Entfernung und Anstellwinkel der Antenne läßt sich auch die Flughöhe ermitteln. Mehrere Messungen nacheinander ergeben Informationen über die Flugrichtung und die Fluggeschwindigkeit. In genau gleicher Weise arbeiten die sogenannten Funkmeßgeräte der deutschen Wehrmacht. Sie sollen die nachts angreifenden britischen Bombenflugzeuge ausmachen. Die deutschen Radaranlagen sind in zwei Kategorien aufgeteilt: Frühwarngeräte vom Typ »Freya« und Präzisionsradaranlagen vom Typ »Würzburg«. Während die »Freya«-Geräte gegnerische Maschinen bereits in größerer Entfernung wahrnehmen, besitzen die »Würzburg«-Geräte eine geringere Reichweite, orten die Flugzeuge aber genauer. Zugleich leiten die »Würzburg«-Funkpeilanlagen die deutschen Abfangjäger an den Gegner heran.

Der nationale amerikanische Fernsehausschuß führt die 525-Zeilen-Norm mit 30 Bildern pro Sekunde ein. →

In England wird die synthetische Faser Terylene entwickelt. Es ist die erste Kunstfaser auf Polyesterbasis (→ 1936).

In den USA bringen T. L. Goodhue und W. N. Sullivan Insektengift erstmals in Sprühdosen auf den Markt. Erfunden wurde die Sprühdose im Prinzip bereits 1926 von dem Norweger Erik Rotheim. →

Das Isotop Plutonium-239 wird entdeckt.

Auf Grandpa's Knob, einem 650 m hohen Berg in Vermont, wird der Prototyp eines Putnam-Windkraftwerks (geplant sind 1 MW Leistung) in Betrieb genommen.

Als zweiter Rohstoff aus dem Meerwasser wird Magnesium gewonnen. Bereits → 1926 begann die Gewinnung von Brom.

Die am Zweiten Weltkrieg beteiligten Nationen entwickeln schwere Kriegsschiffe. →

Im Hause Siemens wird die 1934 begonnene Entwicklung der Autopilot-Flugzeugkurssteuerung abgeschlossen. →

2. 4. Als erstes mit zwei Strahltriebwerken ausgerüstetes Flugzeug startet in Rostock mit Werkpilot Schäfer die Heinkel »He 280« zum Jungfernflug (→ 20. 6. 1939).

12. 5. Der deutsche Ingenieur Konrad Zuse stellt seinen digitalen Rechenautomaten, den »Zuse Z3« vor, der als erster praktisch verwendbarer programmgesteuerter Rechenautomat der Welt gilt. →

5. 9. Die erste Gasturbinen-Lokomotive legt auf der Strecke Basel–Romanshorn ihre Jungfernfahrt zurück.

2. 10. Der deutsche Pilot Heini Dittmar überschreitet nach dem Start bei der Heeresversuchsanstalt in Peenemünde mit dem Raketenflugzeug Me 163 mit 1003 km/h erstmals die 1000-km/h-Grenze.

17. 10. Der deutsche Raketenforscher und Raumflugtechniker Eugen Sänger unternimmt erstmals – terrestrische – Versuche mit Strahlentriebwerken. Sie sind auf dem Dach eines Lieferautos montiert und werden erst bei höherer Geschwindigkeit gezündet.

GESTORBEN:

14. 8. Toulouse: Paul Sabatier (* 5. 11. 1854, Carcassone), französischer Chemiker.

18. 11. Muskau/Oberlausitz: Walther Nernst (* 25. 6. 1864, Briesen/Westpreußen), deutscher Physiker.

Internationales Wettrüsten zur See

1941. Mit der Dienstaufnahme des japanischen Schlachtschiffs »Yamato« im Jahr 1941 findet eine Entwicklung den Höhepunkt, die Mitte der 1920er Jahre einsetzte und ab 1937 dann beschleunigt verlief: Das Wettrüsten zur See.

Nach Ende des Ersten Weltkriegs einigten sich – am 6. Februar 1922 – in Washington in einer Abrüstungskonferenz die USA, England, Japan, Frankreich und Italien auf ein Flottenabkommen, das Flottenstärken im Verhältnis 5:5:3:1,75:1,75 festlegte. Es galt bis zum 31. Dezember 1936. Zugleich wurde der Bau von Schlachtschiffen – je drei für Frankreich und Italien und zwei für England ausgenommen – verboten. Doch bald begann die Wiederaufrüstung: Im Rahmen der Ausnahmegenehmigung baute England 1927 die beiden 33 950 t großen und 23,5 Knoten schnellen Schiffe »Nelson« und »Rodney« mit neun 40,6-cm-Kanonen – die stärksten Schlachtschiffe der Welt.

Für das Deutsche Reich als Verlierer des Ersten Weltkriegs galt eine Sonderreglung: Die Versailler Verträge von 1919 setzten die Höchstgrenze für deutsche Schiffe auf 10 000 t und das Kaliber der Schiffsartillerie auf 28,0 cm fest. Die alliierten Siegermächte sahen innerhalb dieser technischen Grenzen allenfalls leidlich gepanzerte, nicht übermäßig bewaffnete Küstenschiffe als möglich an. Doch die drei Panzer-

schiffe der »Deutschland«-Klasse von 1933, 1934 und 1936 widerlegten diese Annahme: Sie waren mit 28 Knoten schneller als jedes stärkere Schiff und stärker als jedes schnellere Schiff anderer Staaten. Die deutschen Konstruktionen riefen französische Schiffsneubauten der 26 500 t großen, 29,5 Knoten schnellen »Dunkerque«-Klasse auf den Plan. Deutschland reagierte wiederum mit zwei 31,5 Knoten schnellen Schlachtschiffen der »Scharnhorst«-Klasse.

Als Ende 1936 das Washingtoner Flottenabkommen auslief, begann

eine explosive Entwicklung, in der neben Frankreich, England und Deutschland auch Italien, Rußland, die USA und Japan mithielten. Großbritannien baute fünf Schlachtschiffe der »King-George-V«-Klasse (36 727 t) und zwei Einheiten der »Lion«-Klasse (40 550 t). Deutschland zog mit der »Bismarck«-Klasse (42 900 t) nach. Frankreich baute die auf Offensivkraft ausgelegten Schiffe der »Richelieu«-Klasse. Jetzt übertrifft Japan alles Bisherige mit dem schwer bewaffneten und massiv gepanzerten »Yamato« (62 316 t).

Deutscher 10 000-Tonnen-Kreuzer »Prinz Eugen« (Baujahr 1938); die Alliierten wollen ihn gegen Kriegsende im Pazifik mit einer Atombombe zerstören

Die 263 m lange und 39 m breite japanische »Yamato«, das größte im Zweiten Weltkrieg gebaute Schlachtschiff

Siemens-Autopilot steuert Flugzeuge

1941. Die Berliner Firma Siemens schließt die seit 1934 betriebene Entwicklung einer Autopilot-Flugzeugkurssteuerung ab.

Versuchsweise arbeiteten verschiedene Konstrukteure schon seit → 1912 an Autopilotsystemen. Die Aufgabe bestand zunächst darin, das Flugzeug unabhängig von Turbulenzen und Trimmänderungen auf einem geraden Horizontalkurs zu halten. Einen festen Bezug zum Raum schafft dabei ein Kreiselkompaß, dessen Lage relativ zum Flugzeug elektrisch abgetastet wird. Die neuen Konstruktionen der letzten Jahre aber korrigieren nicht nur unerwünschte Störungen, sie steuern das Flugzeug auch bei beabsichtigten Manövern, z. B. beim exakten Kurvenflug. Sie befolgen Kompaßkurse oder halten vorgegebene Richtgeschwindigkeiten ein.

Rechenautomat mit Programmsteuerung

12. Mai 1941. Der deutsche Ingenieur Konrad Zuse führt seinen Digitalrechenautomaten »Zuse Z3« vor. Es ist der erste programmgesteuerte Rechner, der in jeder Hinsicht einwandfrei arbeitet.

Der Zuse Z3 besitzt ein duales Rechenwerk (→ 1936) mit etwa 600 Relais als bistabilen Schaltelementen und ein Speicherwerk mit etwa 1400 Relais. Sein Speichervermögen beträgt 64 Zahlen zu je 22 Dualstellen. Die Zahlenwerte werden dezimal über eine Tastatur eingegeben. Als Datenausgabe zeigt ein Lampenfeld die Rechenergebnisse an. Das Rechenprogramm ist in einen Kinofilm gelocht. Verzweigungen im Programmablauf sind allerdings noch nicht möglich.

Neben den vier Grundrechenarten (Addition, Subtraktion, Multiplikation und Division) beherrscht der Rechner auch die Multiplikation mit fest eingegebenen Faktoren und das Ziehen quadratischer Wurzeln. Die Ausführung einer Multiplikation oder Divison oder die Berechnung einer Quadratwurzel benötigt etwa drei Sekunden.

Zuse baute den Z3 größtenteils aus alten Telefonrelais und mechanischem Altmaterial. Sofort nach der Fertigstellung beginnt Zuse mit den Arbeiten an einem Modell Zuse Z4.

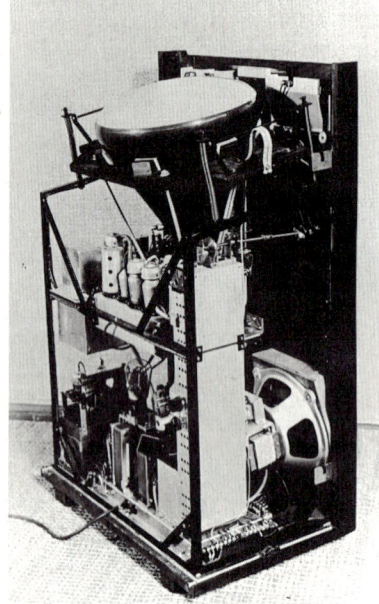

Telefunken-Fernsehempfänger »FE VI« von 1938; das 21 × 26 cm große Bild ist aus 441 Zeilen aufgebaut; die Röhre hat 35 cm Schirmdurchmesser

US-Fernsehen: 525 Zeilen

1941. Der nationale US-amerikanische Fernsehausschuß führt die 525-Zeilen-Norm mit 30 Bildern pro Sekunde ein.

In den 30er Jahren setzte sich international das elektronische Fernsehen gegenüber dem elektromechanischen (→ 1928; 1931) durch. 1936 ging in New York nach dem System Zworykin eine Station mit Sender auf dem Empire State Building (→ 1931) in Betrieb, die seit dem 30. April 1939 regelmäßig Programme ausstrahlt. In Berlin laufen Versuche mit dem elektronischen Fernsehen seit 1931. In Paris eröffnete 1938 der Postminister einen Fernsehsender auf dem Eiffelturm. Die Japaner standen vor Kriegsausbruch vor der Inbetriebnahme eines Fernsehsenders. Legt man in den USA 525 Zeilen fest, so arbeitet man später in Europa mit 625 Zeilen und 25 Bildern (→ 1952) pro Sekunde. Die Bilderzahl entspricht der halben Netzstromfrequenz in den jeweiligen Ländern, denn wegen des Zeilensprungverfahrens werden die Bilder aus zwei Halbbildpaaren mit verschachtelten Zeilen geschrieben, so daß sich für den Halbbildtakt 60 bzw. 50 pro Sekunde ergeben.

Insektizid aus Sprühdosen

1941. Die US-Amerikaner T. L. Goodhue und W. N. Sullivan bringen ein Insektizid auf den Markt, das sich als Spray aus Sprühdosen fein zerstäuben läßt.

Die Sprühdose wird hier zwar erstmals praktisch verwendet, erfunden hat sie indes bereits 1926 der Norweger Erik Rotheim, der entdeckte, daß sich der flüssige Inhalt einer Dose besonders fein vernebeln läßt, wenn die Dose zusätzlich eine Flüssigkeit oder ein Gas unter Druck enthält.

Weitere zehn Jahre später, um 1950, erobern Spraydosen mit einer Vielzahl von Produkten vom Haarspray bis zum Lack die privaten Haushalte. Treibgas ist meist Freon.

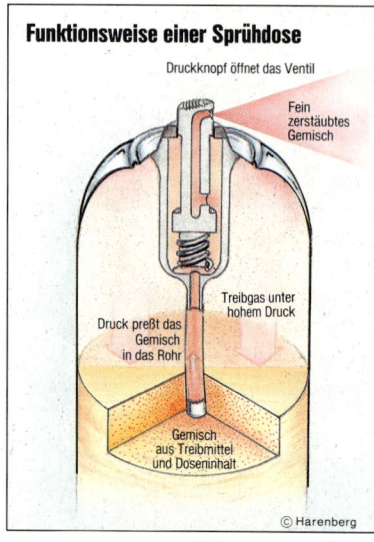

Funktionsweise einer Sprühdose

Druckknopf öffnet das Ventil

Fein zerstäubtes Gemisch

Druck preßt das Gemisch in das Rohr

Treibgas unter hohem Druck

Gemisch aus Treibmittel und Doseninhalt

© Harenberg

1942

Der Holländer Willem Johan Kolff entwickelt die »künstliche Niere« (Dialyse-Apparat). →

Die Firma Agfa bietet Farbabzüge auf Papier von fotografischen Aufnahmen an. →

Die Produktion des im Jahre 1900 von dem englischen Chemiker Frederic Stanley Kipping entwickelten Silikon wird aufgenommen. →

Die Physiker Wladimir Kosma Zworykin, J. Hillier und Snyder entwickeln in den Vereinigten Staaten das Rasterelektronenmikroskop, das eine Auflösung von 500 Ångström erzielt. →

Der US-amerikanische Chemiker Glenn Theodore Seaborg und andere Wissenschaftler stellen erstmals das Isotop Uran-233 her. →

Der Amerikaner John V. Atanasoff stellt die erste funktionsfähige elektronische Rechenanlage in Röhrentechnik fertig. →

Maschinengewehre erreichen eine Feuergeschwindigkeit von 1000 Schuß in der Minute. →

Das deutsche 18-cm-Eisenbahngeschütz »Dora«, gebaut von der Firma Krupp, wird fertiggestellt. →

Der Schleudersitz wird entwickelt. Am 13. Januar 1943 erprobt ihn der Pilot Schenk in der Praxis. →

7.–9. 5. Das Seegefecht in der Korallensee geht als erste Flugzeugträger-Schlacht in die Kriegsgeschichte ein.

3. 10. Als erste Rakete erreicht die von der deutschen Heeresversuchsanstalt in Peenemünde gebaute A 4 den Weltraum. Der später V 2 genannte Flugkörper steigt bis auf 90 km Höhe. →

2. 12. Im Sportstadion der Universität von Chicago wird unter Leitung von Enrico Fermi der erste Kernreaktor der Welt kritisch (nukleare Kettenreaktion). →

GESTORBEN:

22. 2. Berlin: August von Parseval (* 5. 2. 1861, Frankenthal/Pfalz), deutscher Ingenieur.

12. 3. Stuttgart: Robert August Bosch (* 23. 9. 1861, Albeck/Ulm), deutscher Industrieller.

12. 3. London: Sir William Henry Bragg (* 2. 7. 1862, Wigton/Cumberland), britischer Physiker.

17. 4. New York: Jean-Baptiste Perrin (* 30. 9. 1870, Lille), französischer Physikochemiker.

3. 8. Muralto/Locarno: Richard Willstätter (* 13. 8. 1872, Karlsruhe), deutscher Chemiker.

6. 8. New York: Valdemar Poulsen (* 23. 11. 1869, Kopenhagen), dänischer Radiotechniker.

Hochauflösendes Mikroskop erfunden

1942. Die Wissenschaftler Wladimir Zworykin, J. Hillier und Snyder entwickeln in den USA eine Abart des Elektronenmikroskops (→ 1931), das Rasterelektronenmikroskop, das eine Auflösung bis zu 500 Ångström (= 0,00005 mm) erzielt.

Die bisherigen Elektronenmikroskope arbeiten mit einem Elektronenstrahl, der maximal 10^{-4} mm starke Objekte durchstrahlt und auf einen Bildschirm oder eine Fotoplatte projiziert. Beim Elektronenrastermikroskop tastet ein scharf gebündelter Elektronenstrahl zeilenweise ein Objekt ab. Die austretenden Elektronen werden durch einen Kollektor gesammelt, der einen in einer Elektronenstrahlröhre (→ 1897) synchron laufenden Elektronenstrahl steuert. Dieser fällt auf einen Leuchtschirm und erzeugt dort ein vergrößertes Projektionsbild des Objekts.

Das Rasterelektronenmikroskop liefert Bilder großer Tiefenschärfe. Es ermöglicht zugleich die Untersuchung der chemischen Struktur der betrachteten Objekte.

»Künstliche Niere« entgiftet das Blut

1942. Der Holländer Willem Johan Kolff entwickelt den Dialyse-Apparat, die »künstliche Niere«.

Die Nieren entziehen dem Blut die Endprodukte des Eiweißstoffwechsels – Harnstoff und Harnsäure – sowie für den Körper überschüssige Salze. Sie halten im Blut eine ganz bestimmte Salzkonzentration aufrecht. Versagen sie, dann ändert sich die Blutzusammensetzung bald lebensgefährlich. Die künstliche Niere übernimmt die Funktion der »Blutwäsche« außerhalb des Körpers. Das Blut wird durch den Apparat gepumpt, der ihm auf dialytischem Weg die Stoffwechselprodukte und Überschußsalze entzieht. Die Dialyse geschieht durch Zurückhalten größerer Moleküle bei der Passage des Bluts durch eine semipermeable (halbdurchlässige) Membran, durch die das Blutplasma, die Blutkörperchen und kleinere gelöste Moleküle passieren können. Problematisch bei der Blutdialyse ist, daß nicht nur die Ballaststoffe, sondern auch lebenswichtige Substanzen entzogen werden.

Das Zeitalter der Kernenergie beginnt

2. Dezember 1942. Um 15.45 Uhr Ortszeit setzen in den USA emigrierte europäische Kernphysiker unter Leitung des Italieners Enrico Fermi die erste von Menschen eingeleitete nukleare Kettenreaktion in Gang. Der sehr einfach aufgebaute Kernreaktor steht unter der Tribüne des Football-Stadions der Universität von Chicago.

Die Vorbereitungen wurden unter strengster Geheimhaltung getroffen. Ziel ist die Untersuchung einer – zunächst gesteuerten – Kettenreaktion zur Erforschung einer möglichen Atombombenentwicklung (→ 1939; 1945). Technisch erforderlich war eine ausreichende Menge spaltbaren Materials (das Uran-Isotop 235, das zu nur 0,7% im Natururan enthalten ist). Übersteigt sie die »kritische Masse«, dann entstehen durch Kernspaltung stets mehr Neutronen, als aus der Masse gleichzeitig entweichen können (= Kettenreaktion). Erforderlich sind außerdem Regelstäbe – man verwendet Cadmium –, die eingefahren werden und überschüssige Neutronen einfangen, wenn die Kettenreaktion sich aufzuschaukeln droht. Und erforderlich ist ein »Moderator« – z. B. schwerer Wasserstoff (→ 1931) oder Kohlenstoff –, um die entstehenden schnellen Neutronen zu bremsen. All diese Voraussetzungen sind bei dem Chicago-Reaktor gegeben. Die Regelstäbe werden vorsichtig gezogen, und die Kettenreaktion setzt ein. Der erste Kernreaktor der Welt arbeitet.

△ *Das Gemälde stellt die Szene am 2. Dezember 1942 dar, als unter der Tribüne des Chicagoer Universitätsstadions der erste Kernreaktor der Welt die Kettenreaktion aufnimmt; das Original, 1957 von Gary Sheahan von der »Chicago Tribune« nach viermonatigen Recherchen gemalt, ist heute im Besitz der Chicago Historical Society*

◁ *Die Wissenschaftler von Chicago (hinten von l. nach r.: Norman Hilberry, Samuel Allison, Thomas Brill, Robert G. Nobles, Warren Nyer, Marvin Wilkening; Mitte: William Sturm, Harold Lichtenberger, Leona W. Marshall, Leo Szilard; vorne: Enrico Fermi, Walter H. Zinn, Albert Wattenberg; H. Agnew und H. L. Anderson fehlen)*

Der Weg zur ersten Kettenreaktion

1930: Die deutschen Physiker Walter Bothe und Herbert Becker beschießen Beryllium mit Alpha-Teilchen und entdecken eine Sekundärstrahlung, die sie für Gammastrahlen halten (→ 1931).

1932: Das Ehepaar Joliot-Curie wiederholt die Experimente Bothes und stellt erstaunt fest, daß die »Gammastrahlen« Protonen aus Atomkernen schießen können. James Chadwick entdeckt, daß es sich nicht um Gammastrahlen, sondern um Neutronenstrahlen handelt. Werner Heisenberg entwickelt die Theorie des Atomkern-Aufbaus aus Protonen und Neutronen (→ 1932).

1934/35: Die Physiker Enrico Fermi und Julius Robert Oppenheimer bombardieren Atomkerne mit Neutronen, was zu Neutronenabsorption in den Kernen führt.

1938: Otto Hahn, Friedrich Straßmann und Lise Meitner entdecken, daß beim Beschuß von Urankernen mit Neutronen nicht nur Transurane entstehen, sondern manche Kerne gespalten werden. Sie sagen die nukleare Kettenreaktion voraus (→ 1938).

1939: Albert Einstein empfiehlt dem US-Präsidenten F. D. Roosevelt die Entwicklung der Atombombe (→ 1939).

Farbvergrößerung von Fotografien

1942. Nachdem die Fotofirma Agfa in Leverkusen bereits → 1936 ein bahnbrechendes Verfahren zur fotografischen Aufnahme von farbigen Diapositiven auf den Markt gebracht hatte, bietet sie jetzt farbige Vergrößerungen auf Papier an.

Die Vorarbeiten reichen zwei Jahre zurück. Bereits im Juni 1940 fertigten die Agfa-Chemiker Versuchsgüsse und Typmaterial in zwei Gradationen an.

Auf der Tagung der Deutschen Gesellschaft für photographische Forschung in Dresden vom 1. bis 4. Oktober 1942 stellt der Agfa-Chemiker Raths zahlreiche Agfacolor-Papierbilder vor.

Großrechenanlage in Röhrentechnik

1942. Der Amerikaner John V. Atanasoff stellt die erste funktionsfähige elektronische Rechenanlage in Röhrentechnik fertig. Den Plan faßte Atanasoff bereits 1937. Er war der Überzeugung, daß digitale Verfahren und die Verwendung dualer Zahlen (→ 1936) für den Bau von Rechenmaschinen am geeignetsten seien. Er verwirklichte seine Ideen von einem elektronischen Digitalrechner zunächst in einem Muster, das er 1939 zusammen mit Clifford Berry baute, dann – 1941 – in einer größeren elektronischen Anlage, die jetzt, nach der Fertigstellung von Peripheriegeräten, einwandfrei arbeitet (→ 1945).

Silikon-Kunststoff in Massenproduktion

1942. Die großindustrielle Produktion (→ 1900) der von dem englischen Chemiker Frederic Stanley Kipping entwickelten Silikon-Kunststoffe wird aufgenommen. Grundbaustein der Silikon-Kunststoffe ist das aus normalem Quarzsand gewonnene Silizium. Damit unterscheiden sie sich prinzipiell von allen anderen Kunststoffen, die auf Kohlenstoffbasis aufgebaut sind. Aus dieser chemischen Besonderheit resultiert u. a. das wohl wichtigste Merkmal der flüssigen und gummielastisch festen Silikone, nämlich daß sie ihre Eigenschaften über einen großen Temperaturbereich kaum verändern.

Neues Uranisotop künstlich erzeugt

1942. Glenn Theodore Seaborg und anderen Kernphysikern gelingt durch Neutronenbombardement (→ 1938) von Thorium-232 die Erzeugung des in der Natur unbekannten radioaktiven Uran-233.

Uran-233 besitzt eine Halbwertszeit von 162 000 Jahren und läßt sich als Kernbrennstoff nutzen. Die Thorium-232-Kerne absorbieren ein Neutron und werden zu instabilen Thorium-233-Kernen. Sie geben zwei Beta-Teilchen (Elektronen) ab und werden auf diese Weise erst zu Proactinium-233, dann zu Uran-233. Die Thorium-Reserven der Welt lassen sich auf diese Weise in Kernbrennstoff verwandeln (→ 1932).

Die erste Rakete fliegt in den Weltraum

3. Oktober 1942. Der von der deutschen Heeresversuchsanstalt in Peenemünde (→ 1936) entwickelten Rakete A 4 (der späteren V 2) gelingt erstmals ein Flug bis in 90 km Höhe und damit über die Atmosphäre hinaus in den Weltraum.

A 4 – Flüssigtreibstoff-Rakete

Während militärische Raketen wegen der problemloseren Massenstart-Vorbereitungen meist als Feststoffraketen konzipiert sind, fliegt die A 4 mit Flüssigtreibstoff, den sie in zwei getrennten Tanks mit sich führt: Äthylalkohol und Flüssig-Sauerstoff. Das hat seinen Grund darin, daß ihre Konstrukteure als langfristiges Ziel Raumflugkörper und keine Fernwaffen im Sinn haben. Für die Raumfahrt sind Flüssigtreibstoffraketen weitaus vorteilhafter, weil sie sich während des Flugs leichter steuern lassen. Die Treibstoffzufuhr zur Brennkammer läßt sich durch Ventile regeln und auch vorübergehend ganz abschalten. Die Tatsache, daß Raketen für den Verbrennungsprozeß auch Sauerstoff mitführen, macht sie als einzige Flugapparate von der Atmosphäre unabhängig und damit raumfahrttauglich. Die 14 m lange A 4 wird durch eine Dreiachsen-Kreiselkurssteuerung (→ 1912) mit Hilfe von Strahlrudern und aerodynamischen Rudern an den Heckflossen gelenkt. Die Rakete hat eine maximale Reichweite von 320 km und ein Startgewicht von 12 500 kg, davon etwa 1000 kg Nutzlast.

Die Ingenieure und Physiker feiern den Erfolg allerdings nicht als militärisches Ereignis, sondern als bedeutenden Schritt auf dem Weg zur Raumfahrt. So ziert das Heck der erfolgreichen A 4 als Symbol für den Vorstoß des Menschen zu anderen Gestirnen eine schlanke Mondsichel, auf der ein junges Mädchen sitzt. Wernher von Braun über den gelungenen Raketenflug: »Der einzige Fehler dieses erfolgreichen Flugs besteht darin, daß die Rakete auf dem falschen Planeten gelandet ist.« Die Aussage ist zu euphorisch. Die Rakete flog nämlich nicht mehr als 200 km weit über die Ostsee. Dabei erreichte sie allerdings mit 5400 km/h mehr als die fünffache Schallgeschwindigkeit.

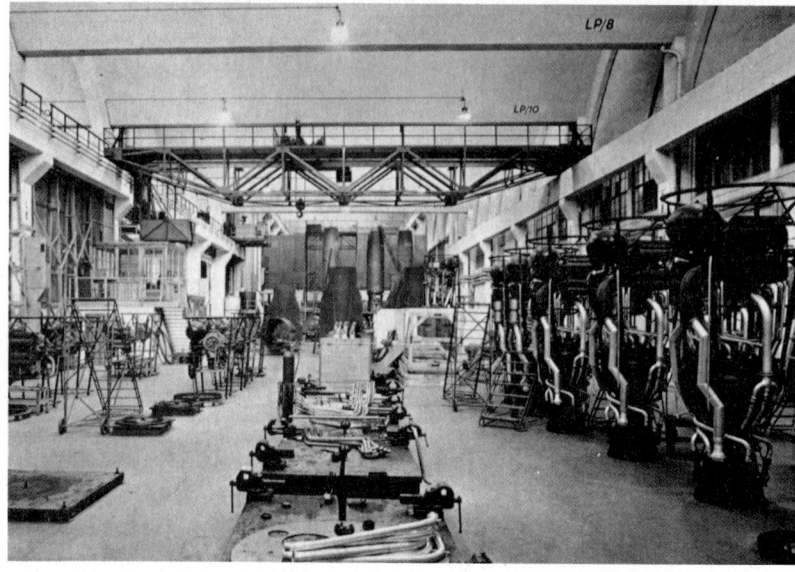

△ *Montagehalle des Versuchsserienwerks auf dem Gelände der Heeresversuchsanstalt in Peenemünde auf der Ostseeinsel Usedom*

◁ *Erfolgreicher Start einer Flüssigtreibstoff-Rakete vom Typ A 4 im Oktober 1943 vom Startplatz bei Peenemünde; nach dem sehr langsamen Abheben innerhalb der ersten Sekunden erreicht die Rakete bald hohe Geschwindigkeiten; bereits nach 63 s sind ihre Treibstoffvorräte erschöpft, sie hat dann eine Höhe von 29 km erreicht und in horizontaler Richtung 24 km zurückgelegt; der A-4-Start vom 3. Oktober 1942 ist der vierte Versuch; drei Starts scheiterten im selben Jahr: Zwei Raketen explodierten, eine erreichte lediglich 5000 m Höhe*

Eine A 4 kurz vor dem Abheben; nach dem Erfolg von 1942 setzt die nationalsozialistische Führung schon 1943 alles daran, die A 4 in Serie herzustellen

Der Entwicklungsleiter des A-4-Projekts, Walter Dornberger, umschrieb das Ziel vor dem Bau so: »Die Rakete A 3, die wir damals entwickelten, war nicht dazu eingerichtet, Nutzlast mitzunehmen. Sie war ein reines Versuchsgerät. Da wir immer und immer wieder den Chef der Heeresleitung um Geld für die Weiterentwicklung angingen, erhielten wir die Antwort, nur für eine Entwicklung von Raketen, die große Nutzlasten mit guter Treffsicherheit auf weite Entfernungen zu schleudern in der Lage sind, könnten die erforderlichen Geldmittel zur Verfügung gestellt werden. In jugendlichem Eifer versprachen wir alles und ahnten nicht, welche Schwierigkeiten sich dadurch vor uns auftürmen würden ... – Ich hatte mir als erstes Ziel für eine Großrakete ein Geschoß vorgestellt, das eine Tonne Sprengstoff auf 250 Kilometer Entfernung schleudern konnte ... Neben einer Reihe von militärischen Forderungen verlangte ich, daß die 50prozentige Längenund Breitenstreuung nur 2 bis 3 Promille der Entfernung betragen solle ... Die äußeren Maße beschränkte ich dahin, daß das Gerät unzerlegt zum Transport auf Straßen geeignet sei und die für Straßenfahrzeuge vorgeschriebene maximale lichte Weite nicht überschreiten dürfe ...«

Nach dem geglückten Start resümiert Dornberger: »Wir haben mit unserer Rakete in den Weltraum gegriffen und zum ersten Male, auch das werden die Annalen der Technik verzeichnen, den Weltraum als Brücke zwischen zwei Punkten auf der Erde benutzt. Wir haben bewiesen, daß der Raketenantrieb für die Raumfahrt brauchbar ist. Neben Erde, Wasser und Luft wird nun auch der unendliche leere Raum Schauplatz kommenden, kontinenteverbindenden Verkehrs werden und als solcher politische Bedeutung erlangen können ...«

Pilot rettet sich mit dem Schleudersitz

1942. Der Schleudersitz wird entwickelt. Erstmals erprobt wird er im Januar des Folgejahres durch den deutschen Piloten Schenk.

Bei Geschwindigkeiten über 320 km/h kann der Pilot einer defekten Maschine aus eigener Kraft gegen den Fahrtwind nicht aus dem Flugzeug freikommen. Auch bei Notausstiegen bis 120 m Flughöhe ist ein einfacher Fallschirmabsprung unmöglich. Der Schirm hat keine Zeit, sich voll zu öffnen. Für derartige Notfälle wurde der Schleudersitz entwickelt. Nach dem Ziehen eines Handgriffs wird zunächst die Cockpithaube abgesprengt. Eine Explosionsladung schleudert den Sitz in Führungs-

»Dora« – mit 1350 Tonnen Masse das größte Geschütz aller Zeiten

1942. Die Firma Krupp stellt zwei Exemplare der größten Kanone aller Zeiten, des 80-cm-Eisenbahngeschützes »Dora« (Abb.), fertig.
Die »Dora« wird auf drei Sonderzügen mit 60 Spezialwaggons transportiert. Zum Eisenbahnkonvoi gehören außerdem drei Bauzüge. Die Riesenwaffe wiegt 1350 t, ist 42,97 m lang, 11,60 m hoch und 7 m breit. Ihr Rohr mißt 32,48 m. Die Kanone, zu deren Aufstellung *und Bedienung 4370 Mann erforderlich sind, kann 7 t schwere Panzergranaten bis zu 38 km weit verschießen. Am Ziel durchschlagen die Projektile 1 m starken Panzerstahl oder 8 m dicken Eisenbeton. In gewachsenen Fels dringen sie bis zu 32 m tief ein. Der Reaktionsdruck auf die Kanonen-Doppelgleise ist beim Abschuß so stark, daß sich selbst verfestigter Untergrund bis zu 5 cm setzt.*

1000 Schuß in der Minute

1942. Maschinengewehre (→ 1914) erreichen eine Feuergeschwindigkeit von 1000 Schuß in der Minute. Zum Vorläufer aller späteren, leichten automatischen Infanteriewaffen wird das deutsche Sturmgewehr 44, von dem sich bald auch der russische Maschinenkarabiner AK 47 »Kalaschnikow« ableitet. Als etwas schwerere, universell einzusetzende Automatikwaffe bürgert sich das deutsche MG 42 ein.

Flugzeugträger in Schlacht verwickelt

7. bis 9. Mai 1942. Als erste Flugzeugträgerschlacht geht das Seegefecht in der Korallensee in die Kriegsgeschichte ein.

Am 7. Mai entdecken japanische und US-amerikanische Flottenverbände einander durch ihre Aufklärungsflugzeuge. Am 8. Mai kommt es zum ersten offenen Seegefecht, in dem die gegnerischen Flotten keinen Sichtkontakt haben. Flugzeuge ersetzen als weitreichende Angriffswaffen die konventionelle Artillerie der schweren Kriegsschiffe. Von den amerikanischen Trägern »Lexington« und »Yorktown« starten 80, von den japanischen Trägern »Shokaku« und »Zuikaku« 90 Flugzeuge fast gleichzeitig.

Die »Shokaku« erhält drei Bombentreffer. Doch die japanischen Torpedoflugzeuge sind noch effektiver. Sie treffen die »Lexington« zweimal. Der zweite Treffer löst eine Benzinexplosion aus. Die »Lexington« sinkt. Die »Yorktown« wird durch einen schweren Treffer erheblich beschädigt.

Schleudersitz nach einem Absprung; der Öffentlichkeit vorgestellt in einem Pressebericht der »Frankfurter Illustrierten« (1954)

schienen nach oben. Dann zündet ein Raketenmotor, der ihn weiter beschleunigt. Nach einer kurzen Zeit der Verzögerung stößt der Sitz einen kleinen Stabilisierungsfallschirm aus, der sich öffnet und dabei seinerseits den mit dem Piloten verbundenen Hauptfallschirm aus einem Behälter zieht. Ein Mechanismus löst die Anschnallgurte. Der Sitz fällt getrennt ab.

Die Beschleunigungen sind beachtlich. Schon in der ersten Zehntelsekunde erreicht der Sitz mit dem Piloten eine Steiggeschwindigkeit von 25 m/s. Damit ist die mechanische Belastungsgrenze vor allem der menschlichen Wirbelsäule fast erreicht. Die Folge von Schleudersitzausstiegen sind Rückenschmerzen, gelegentlich auch gestauchte Bandscheiben oder Wirbel.

Das Maschinengewehr »M 42«, nach dem Zweiten Weltkrieg eines der Hauptausrüstungsstücke des deutschen Bundesgrenzschutzes

PVC (Polyvinylchlorid) wird durch Zusatz von Weichmachern zum Weich-PVC. Dadurch läßt sich seine Flexibilität in weiten Grenzen, von hart bis weichgummiartig, beliebig einstellen. Als Weichmacher kommen verschiedene Substanzen in Frage, wobei sowohl Art wie Menge – bis zu etwa 50 % – einen Einfluß auf den Weichheitsgrad haben. Wichtig ist der Unterschied zwischen flüchtigen und nichtflüchtigen Weichmachern. Während etwa Heizöltank-Auskleidungen aus Weich-PVC mit – flüchtigen – ölbeständigen Weichmachern hergestellt werden, kommen z. B. für Kabelisolierungen, die thermisch bis zu 100 °C belastet werden, nur nichtflüchtige Weichmacher in Frage. →

Erstmals werden Unterwasser-Telefonkabel mit Zwischenverstärkern ausgestattet. Die Verstärker werden in das Kabel selbst integriert und verfügen über eine eigene Stromversorgung, die ebenfalls durch das Kabel geführt ist.

Emile Gagnan entwickelt den Lungenautomaten für Taucher. Diese Entwicklung entsteht in erster Linie auf Grund des Bedarfs an professionellen Tauchern für den militärischen Einsatz während des Zweiten Weltkriegs (»Froschmänner«). →

Die deutsche Marine entwickelt einen Torpedo mit akustischem Zielsuchgerät. Er orientiert sich an den Schraubengeräuschen des anzugreifenden Schiffes und steuert das so geortete Ziel automatisch an. →

Der Zürcher Professor Franz Fischer entwickelt die Eidophor-Fernsehgroßprojektion. →

In Berlin wird der seit sieben Jahren regulär arbeitende Fernsehsender »Paul Nipkow« ausgebombt (→ 1935).

11. 6. Der deutsche Ingenieur Henning Schreyer meldet ein Patent auf ein vollelektronisches Speicher- und Rechenwerk mit Glimmröhren an. Schreyer hatte sich seit 1937 zusammen mit Konrad Zuse (→ 1941) mit der Entwicklung von Röhrenschaltungen für die Datenverarbeitung beschäftigt. Jetzt entwickelt er Gedanken zum Bau eines vollelektronischen Rechenautomaten. Allerdings fehlen während des Krieges in Deutschland die Mittel zur Realisierung seiner Pläne.

GESTORBEN:

14. 2. Göttingen: David Hilbert (* 23. 1. 1862, Königsberg), deutscher Mathematiker und Physiker.

9. 10. Amsterdam: Pieter Zeeman (* 25. 5. 1865, Zonnemaire), niederländischer Physiker.

Neue Torpedos mit Zielsuchautomatik

1943. Die deutsche Marine entwickelt einen Torpedo mit automatischem Zielsuchgerät.

Die modernen Torpedos (→ 1860) sind in sechs Abschnitte unterteilte zigarrenförmige, 1200 bis 1600 kg schwere Unterwasserkampfmittel, die von Unterseebooten, schnellen und wendigen Torpedobooten oder auch von tieffliegenden Torpedoflugzeugen abgeschossen oder abgeworfen werden können. Sie besitzen eine eigene Antriebsanlage mit Verbrennungsmaschine oder Elektromotor. Unmittelbar hinter einem akustischen Zielsuchkopf, der sich am Schraubengeräusch des angegriffenen Schiffes orientiert, befindet sich der Gefechtsteil, der neben der Sprengstoffladung einen Zündmechanismus enthält. Der Zünder reagiert auf Zielberührung oder löst die Explosion bereits dann aus, wenn sich der Torpedo in Zerstörreichweite eines Schiffes befindet. Im dritten Abschnitt befindet sich der Speicher für die Antriebsenergie. Das können Druckbehälter mit Preßluft, Brennstoff und Wasser (für Dampfturbinen) oder elektrische Akkumulatoren (für Elektromotoren) sein. Dahinter folgt als vierter Abschnitt die Steuereinheit mit Kreiselkompaß (→ 1912) und

Matrosen der Reichsmarine nehmen einen »Aal« – so die umgangssprachliche Bezeichnung für die Torpedos bei der Marine – an Bord ihres Schiffes

Tauchtiefenregler, die mit dem akustischen Zielsuchkopf korrespondiert. Dahinter wiederum liegt das Antriebsaggregat. Das kann eine Brennkammer sein, in der der Flüssigtreibstoff (Alkohol) mit der Preßluft verbrannt wird und aus dem Wasser Dampf unter Überdruck erzeugt. Der Dampf treibt eine Turbine und diese über ein Reduktionsgetriebe die Antriebsschraube und den Kreiselkompaß der Steuerungseinheit. In dieser fünften Sektion kann aber auch ein Elektromotor nebst Getriebe liegen. Im Schwanzbereich schließlich befinden sich außer einer oder zwei Antriebsschrauben die Stabilisierungsflossen und Ruder des Torpedos sowie – bei Antrieb mit einer Verbrennungskraftmaschine – der Auspuff.

Während sich die Torpedos mit Turbinenantrieb durch eine Abgas- und Dampfblasenspur an der Wasseroberfläche erkennen lassen, kann man die Bahn elektrisch angetriebener Torpedos ohne technische Suchgeräte nicht verfolgen.

Lungenautomat versorgt Taucher

1943. Der Franzose Emile Gagnan entwickelt den Lungenautomaten für Taucher.

Initiator ist der Marineoffizier Jacques Cousteau, der eine Zeitlang mit allen möglichen Konstruktionen experimentierte. Sie alle lieferten die Atemluft nicht mit dem richtigen Druck. Dieser nämlich muß sich dem äußeren Wasserdruck beim Tauchen – er steigt je 10 m Tauchtiefe um eine Atmosphäre – anpassen, sofern der Taucher kein Lungenödem erleiden soll. Gagnan, Experte auf dem Gebiet steuerbarer Ventile, entwickelt für Cousteau in Anlehnung an die Druckminderventile von Gasherden den Lungenautomaten, der seinen Druck und die zur Verfügung gestellte Luftmenge automatisch der Atemtätigkeit des Tauchers – und damit indirekt dem umgebenden Wasserdruck – anpaßt. Das Gerät befreit den Taucher von Luftschläuchen.

Polyvinylchlorid wird vielseitiger

1943. Durch den Zusatz von Weichmachern gelingt es, den → 1912 von deutschen Chemikern durch Polymerisation (→ 1936) aus Vinylchlorid entwickelten Kunststoff Polyvinylchlorid (PVC) ganz erheblich zu verbessern.

Durch Weichmacher läßt sich – in Abhängigkeit von ihrer Beschaffenheit und Menge – die Flexibilität von Polyvinylchlorid in weiten Grenzen, von hart bis weichgummiartig, einstellen.

Reines PVC ist sehr hart und spröde und läßt sich nur äußerst schwer formen. Das Weich-PVC wird im Krieg zunächst in großem Umfang als Isoliermaterial für Kabel aller Art verwendet. Später fertigt man daraus Rohre, Schläuche, Platten, Fußbodenbeläge, Folien u. a. Wegen seiner Unempfindlichkeit gegenüber vielen Chemikalien findet es auch Eingang in den Bau chemietechnischer Apparate und Anlagen.

Fernsehbilder in Großprojektion

1943. Der Zürcher Franz Fischer entwickelt das »Eidophor«-Verfahren zur Großprojektion elektronisch übertragener Fernsehbilder auf flache Leinwände.

Ähnlich wie in einer Bildröhre baut ein Elektronenstrahl zeilenweise ein Bild auf, hier aber als elektrisches Ladungsraster auf der Oberfläche einer zähen Flüssigkeit, des Eidophors (Öl, geschmolzenes Paraffin u. a.). Die lokal unterschiedliche Ladung bewirkt Feldkräfte, die die Oberfläche des Eidophors örtlich deformieren und so dessen Lichtbrechung beeinflussen. Das Eidophor liegt zwischen zwei Balkengittern. Licht kann nicht geradlinig durch beide Gitter hindurchfallen, sofern es nicht von der Eidophorfläche abgelenkt wird. Licht von einer Bogenlampe (→ 1848), das durch beide Gitter, ein Linsensystem und das Eidophor gelangt, bildet das Ladungsbild optisch ab.

1944

Das auf Erfindungen des deutschen Ingenieurs Hans Ohain und des britischen Konstrukteurs Frank Whittle zurückgehende Strahltriebwerk für Flugzeuge ist voll entwickelt. Am Zweiten Weltkrieg beteiligte Länder nützen es für ihre Kampfflugzeuge. →

Enrico Fermi berechnet die notwendige Temperatur für eine Wasserstoff-3-Fusion mit 50 Millionen und für eine Wasserstoff-2-Fusion mit 400 Millionen Grad Celsius. →

Der ungarisch-amerikanische Mathematiker und Chemiker John von Neumann beginnt mit der Konzeption des ersten speicherprogrammierten Rechenautomaten, »EDVAC« (Electronic Discrete Variable Automatic Computer). Bei dem Gerät werden der Programmablauf wie die zu verarbeitenden Daten codiert und in der Maschine gespeichert. Das aus einer Folge von Einzelbefehlen bestehende Programm enthält bedingte Befehle, die Rückwärts- und Vorwärtsverzweigungen ermöglichen. Jeder Programmbefehl kann von der Maschine selbst wie jeder andere Operand geändert werden. – Mit dieser Arbeitsweise ist die Maschine allen bisherigen Rechnern mit fest verdrahteten oder auf Programmtafeln gesteckten Programmsteuerungen weit überlegen.

Die US-amerikanischen Naturwissenschaftler Glenn Theodore Seaborg, Albert Ghiorso, James und Morgan entdecken die Elemente Americium und Curium.

Die deutsche Wehrmacht führt die »Panzerfaust« ein. →

Japan baut die »Shinano«, den bisher größten Flugzeugträger der Welt.

Juni. Die Briten bringen schwimmfähige Spezialpanzer bei der Landung in der Normandie zum Einsatz. →

7. 8. Der Physiker Howard Hathaway Aiken nimmt an der Harvard University den ersten Hochleistungs-Digitalrechner in Betrieb. Er arbeitet noch mit elektromechanischen Relais. Der Rechner – er heißt MARK I oder ASCC (Automatic Sequence Controlled Computer) – hat gewaltige Dimensionen und ist der erste programmgesteuerte Rechenautomat der USA. Neben dem Rechenwerk verfügt das Gerät über die Dateneingabe, einen Datenspeicher, ein Steuerwerk und eine Datenausgabe.

GESTORBEN:

23. 10. Edinburgh: Charles Glover Barkla (* 7. 6. 1877, Widnes/Lancashire), britischer Physiker.

Britische »Halifax«-Bomber über den Wolken; solche Maschinen können auch schwerste Bomben transportieren

Militärflugzeuge im Zweiten Weltkrieg

1944. Das auf Erfindungen des Deutschen Hans Ohain und des Engländers Frank Whittle zurückgehende Strahltriebwerk (→ 20. 6. 1939) für Flugzeuge ist voll entwickelt. Es macht die Militärmaschinen schneller.

Deutsche und britische Jäger

Die erste große Luftschlacht des Zweiten Weltkriegs lieferten sich von Juli bis September 1940 575 km/h schnelle deutsche Messerschmitt-Bf-109-Jäger mit vier 7,9-mm-Maschinengewehren und zwei 20-mm-Kanonen und britische Jagdflugzeuge der Typen Spitfire (580 km/h) und Hurricane (520 km/h) mit je acht 7,5-mm-Maschinengewehren auf den Flügeln.

Zum Abfangen nächtlicher Bombenflieger entwickeln Deutschland und England spezielle mit Radar (→ 1931) ausgestattete Nachtjäger. Die Amerikaner schützen ihre Bombengeschwader mit Langstreckenjägern, die ihre leeren Flügeltanks abwerfen können.

Ab 1944 fliegen Düsenjäger: In Deutschland die 870 km/h schnelle Messerschmitt »Me 262«, in England die Gloster Meteor (795 km/h).

Aber nicht nur der technische Fortschritt bestimmt die Entwicklung der Militärflugzeuge, sondern in erster Linie strategische Überlegungen. Der italienische Luftkriegstheoretiker General Giulio Douhet hatte in seinem Buch »Die Luftherr-

schaft« die Zerstörung »des Materials und des moralischen Rückhalts eines Volks« durch Bombenflugzeuge als Hauptziel der Kriegsführung aus der Luft genannt. Darin sind sich sowohl die deutschen wie die alliierten Militärs im Zweiten Weltkrieg einig. Unterschiedlich sind dennoch die Konzepte, die zu diesem Ziel führen sollen. Eine entscheidende Rolle spielt immer das Bombenflugzeug. Es kann als Horizontalbomber eingesetzt werden, der Bombenteppiche für eine flächendeckende Vernichtung legt, als Sturzkampf- oder Jagdbomber, der gezielt einen Punkt anfliegen und mit einer Bombe belegen kann, oder als Torpedoflugzeug, das selbstgesteuerte Unterwasserwaffen über dem Meer (→ 1943) abwirft.

Immer ist eine gut organisierte Zusammenarbeit zwischen Bodenverbänden und der Luftwaffe erforderlich, um das Material optimal einzusetzen. Seitens des deutschen Heeres operieren an der Front meist Sturzkampfflieger (»Stukas«) gemeinsam mit Panzern.

Die technische Ausstattung der Luftstreitkräfte hängt nicht zuletzt von taktischen Überlegungen ab. So arbeiten z. B. die Engländer und die Amerikaner »arbeitsteilig«: Während die Briten schnelle nächtliche Überraschungsangriffe fliegen und demgemäß leichte Maschinen einsetzen, die zu ihrer Verteidigung mit je acht Maschinengewehren (→ 1942) ausgestattet sind, operieren die Amerikaner tagsüber mit schwerstbewaffneten »fliegenden Festungen« vom Typ Boeing »B 17«.

Das erste strahlgetriebene Serienkampfflugzeug der Welt, die Messerschmitt »Me 262«, im Flug; die 6396 kg schwere Maschine ist 870 km/h schnell

Ein Gruppe britischer Schwimmpanzer; sie sind mit einem aufblasbaren Canvas-Gürtel umgeben (hier luftleer), der die Fahrzeuge über Wasser trägt

Spezialpanzer im Einsatz

Juni 1944. Die Briten setzen bei der Landung in der Normandie schwimmfähige Spezialpanzer ein. Während des Zweiten Weltkriegs entwickeln die meisten an den kriegerischen Auseinandersetzungen beteiligten Staaten Allzweckpanzer, die zwar stark gepanzert und schwer bewaffnet, trotzdem aber sowohl auf der Straße wie im Gelände sehr beweglich sind. Zu ihnen gehören der deutsche »Tiger« der amerikanische »Sherman« und der russische »T 34«. Sie besitzen Panzerungen von 77 bis 100 mm und Geschütze von 75 bis 88 mm. Daneben entwickeln vor allem die Briten Spezialpanzer, wie die wasserdichten

Geräte, die sie in der Normandie einsetzen. Große »Wasserflügel« tragen diese Panzer. Zum Einsatz kommen auch Panzer mit einem Flammenwerfer und Minenräumpanzer. Der letztere führt vor sich ein weit herausragendes, rotierendes Minensuchgerät.

Obwohl die Panzer gegen herkömmliche Armeewaffen weitgehend geschützt und zum Teil sogar giftgasdicht sind, lassen sie sich mit neuen Waffen doch erfolgreich angreifen. Minen, panzerbrechende Geschosse aus Panzerfäusten und Raketen zerstören sie und werden deshalb zu den wichtigsten Waffen der Panzerabwehr.

Panzerfaust gegen Stahlarmierungen

1944. Das deutsche Heer setzt als erste Armee die Panzerfaust zur Panzerabwehr ein.

Sie ist ein Panzernahbekämpfungsmittel, das ein Soldat allein bedienen kann. Im Prinzip handelt es sich dabei um ein leichtes Raketenrohr oder ein Projektil, das aus einem rückstoßarmen Leichtgeschütz abgefeuert wird. Verwendet werden meist Geschosse mit Hohlladung oder mit sogenanntem Quetschkopf. Sie durchschlagen durch scharf gebündelte Energiefreigabe die massive Stahlwand des Ziels. Geschosse mit großer kinetischer Energie haben sich im Nahkampf weniger bewährt.

Fermi berechnet Fusionstemperatur

1944. Enrico Fermi berechnet die Reaktionstemperatur für die Wasserstoffusion (→ 1938).

Im Falle der Vereinigung von Tritium-Kernen ermittelt der italienische Physiker 50 Millionen Grad, für Deuterium 400 Millionen Grad. Tritium ist ein Wasserstoffisotop (→ 1932), dessen Kern ein Proton und zwei Neutronen enthält. Der Deuterium-Kern (→ 1931) setzt sich aus je einem Proton und einem Neutron zusammen.

Mit seinen Berechnungen verbindet Fermi sowohl Gedanken an die Möglichkeit einer Wasserstoffbombe wie an die friedliche Nutzung der Fusionsenergie.

1945

An der Universität von Pennsylvania geht der erste vollelektronische digitale Computer »ENIAC« (Electronic Numerical Integrator and Computer) in Betrieb. →

Zigarettenfeuerzeuge mit Flüssiggasfüllung kommen in den Handel. →

Der amerikanische Science-fiction-Autor Arthur C. Clark schlägt erstmals Radio- bzw. Fernmeldesatelliten vor.

Der deutsche Ingenieur Konrad Zuse beendet die Arbeiten an seiner Rechenanlage »ZUSE Z4«. Der Computer ist eine Weiterentwicklung des Vorgängertyps Z3 und verfügt über eine wesentlich größere Leistungsfähigkeit als dieser. Er enthält Lochstreifenleser für die Eingabe von Unterprogrammen und einen Magnetkernspeicher. Das Gerät erweist sich später – nach Kriegsende – als so zuverlässig, daß es die Nächte hindurch ohne Aufsicht in Betrieb bleiben kann (→ 12. 5. 1941; 1945).

Die US-amerikanischen Physiker Jacob A. Marinsky, L. E. Glendenin und Charles DuBois Coryell stellen erstmals das Element Promethium (Ordnungszahl 61), das in der Natur nicht existiert, künstlich her. →

14. 3. Über deutschem Reichsgebiet wird erstmals eine »Grand Slam«-Bombe abgeworfen. Gewicht: 9980 kg. →

16. 7. In Alamogordo im US-Bundesstaat New Mexico wird – zu Versuchszwecken – die erste Atombombe der Welt gezündet (→ 6./9. 8. 1945).

6. 8. Die japanische Stadt Hiroshima wird das erste Ziel eines Atombombenangriffs. 200 000 Menschen werden getötet. →

9. 8. Die zweite im Krieg eingesetzte Atombombe fällt über der japanischen Stadt Nagasaki. Auch sie wird von einem US-Flugzeug aus abgeworfen. →

Dezember. Ein Moskauer Sender nimmt den ersten regulären Fernsehbetrieb in der Sowjetunion auf.

GESTORBEN:

31. 3. München: Hans Fischer (* 27. 7. 1881, Höchst am Main), deutscher Chemiker.

10. 8. Baltimore: Robert Hutchins Goddard (* 5. 10. 1882, Worchester/Massachusetts), US-amerikanischer Physiker.

24. 9. Potsdam: Hans (Johannes) Geiger (* 30. 9. 1882, Neustadt an der Weinstraße), deutscher Physiker.

20. 11. Cambridge: Francis William Aston (* 1. 9. 1877, Birmingham), britischer Chemiker.

11. 12. Paris: Charles Fabry (* 11. 6. 1867, Marseille), französischer Physiker.

Bomben erzeugen künstliche Erdbeben

14. März 1945. Ein englischer Bombenflieger wirft über deutschem Reichsgebiet erstmals eine »Grand Slam«-Bombe ab. Sie wiegt 9980 kg. Wie die 5450 kg schweren, ebenfalls von den Alliierten über Deutschland abgeworfenen »Talboys« sind auch die »Grand Slams« Konstruktionen des britischen Ingenieurs Barnes Neville Wallis. Sie sind so konzipiert, daß sie tief in die Erde eindringen, bevor sie explodieren. Dadurch lösen sie künstliche Erdbeben aus, die in weitaus größerem Umkreis Gebäude zum Einsturz bringen, als das eine normale Bombe mit derselben Sprengstoffmenge könnte.

Ein neues Element künstlich erzeugt

1945. Den amerikanischen Kernphysikern L. E. Glendenin, Jacob A. Marinsky und Charles DuBois Coryell gelingt bei den Entwicklungsarbeiten an der Atombombe (→ 1939; 1945) die Entdeckung des bisher unbekannten Elements Promethium. Es hat die Ordnungszahl 61 und entsteht als Spaltprodukt aus Uran. Da alle seine Isotope radioaktiv und kurzlebig sind, kommt es wie das Technetium (→ 1938) in der Natur nicht vor. Technetium und Promethium sind die einzigen Elemente mit Ordnungszahlen unterhalb der des Urans, von denen nur radioaktive Isotope existieren.

Feuerzeuge mit Flüssiggasfüllung

1945. Zigarettenfeuerzeuge mit Flüssiggasfüllung kommen auf den Markt. Die ersten Feuerzeuge mit künstlichem Feuerstein und Stahlreibrad brachte 1909 der österreichische Chemiker und Erfinder Carl Freiherr von Auer von Welsbach heraus, nachdem er bereits 1904 den künstlichen Feuerstein erfunden hatte. Die Auerschen Feuerzeuge sind mit Benzin gefüllt. Bei ihnen zündet der Funke einen getränkten Docht. Sie haben sich auf dem Markt gut eingeführt. Die neuen Gasfeuerzeuge benötigen keinen Docht, bei ihnen öffnet sich vor dem Reiben ein Ventil. Das austretende Gas kann direkt gezündet werden.

US-Atombomben zerstören Hiroschima und Nagasaki

6./9. August 1945. Die japanischen Städte Hiroschima und Nagasaki werden die ersten – und bis heute einzigen – Ziele von Atombomben. Nur wenige Tage früher, am 16. Juli, hatten amerikanische Wissenschaftler in Alamogordo (New Mexico) die neue, nukleare Waffe in einem Test erprobt.

Die Voraussetzungen für den Bau einer Atombombe, an der während des Zweiten Weltkriegs – erfolglos – auch russische Physiker unter Igor Wassilijewitsch Kurtschatow arbeiteten, sind enger gesteckt als die für einen erfolgreich arbeitenden Kernreaktor. Während der erste »Atommeiler« in Chicago (→ 1942) ohne hochangereichertes Uran-235 auskam, muß bei der Bombe der Anteil des spaltbaren Uranisotops am gesamten Uranvorrat erheblich erhöht werden. In der Natur stehen 99,3% nicht spaltbarem U-238 nur 0,7% U-235 gegenüber. Wollte man aus Natururan eine Atombombe bauen, dann müßte die Uranmenge so gewaltig sein, daß sich die Bombe nicht mehr transportieren ließe. Die amerikanischen Kernphysiker entwickelten deshalb nach dem Chicagoer Versuch zunächst eine geeignete Technik, das U-235 hoch anzureichern.

Jede nukleare Kettenreaktion wird einfach dadurch ausgelöst, daß Neutronen, die in dem radioaktiven Material durch Spontanzerfall frei werden, andere Atomkerne treffen und diese spalten. Dabei werden zwei neue Neutronen frei. Aber nicht jedes freigesetzte Neutron spaltet einen weiteren Atomkern. Eine Kettenreaktion kommt nicht zustande, wenn das Volumen spaltbaren Materials so klein ist, daß zuviele Neutronen ungenutzt daraus entweichen. Eine »kritische« Mindestmasse ist also erforderlich. Sie wird bei der Atombombe dadurch erreicht, daß zwei unterkritische Massen durch eine Initialladung herkömmlichen Sprengstoffs zu einer überkritischen Masse vereinigt werden. Die Kettenreaktion setzt dann explosionsartig ein. Die bei der Detonation freiwerdende Energie teilt sich in etwa 35% thermische Strahlung, 50% Druckwirkung und 15% Kernstrahlung auf. Dabei entstehen Temperaturen von bis zu 14 Millionen Grad Celsius. Die Hiroschima-Bombe setzt 23,2 Millionen Kilowattstunden Energie frei.

△ *Typischer Explosionspilz einer Atombombe (Aufnahme von einem US-amerikanischen Versuch)*
▽ *Die Auswirkungen einer 20-Kilotonnen-Atombombe vom Hiroschima-Typ: Die freigesetzte Leistung tritt in drei Energiearten auf, etwa 35% in Form von Wärmestrahlung, 15% als verschiedene Kernstrahlungen und 50% in Form einer Druckwelle. Alle drei Energiearten haben räumlich und zeitlich unterschiedliche zerstörerische Wirkungen, die wiederum vom Ort der Detonation abhängig sind. Die Grafik zeigt die Folgen der drei Energiearten auf Anlagen und Menschen in der Höhe des Erdbodens. Die thermische Strahlung geht aus einem zunächst optischen Phänomen (Lichtblitz) hervor und wirkt nur etwa 10 s lang. In dieser Zeit zerstört sie in einem Umkreis von rund 1000 m fast alles Material durch Schmelzen, im Umkreis von rund 2500 m das brennbare Material. Die Kernstrahlung unterteilt sich in die sofort freigesetzte Strahlung und die Sekundärstrahlung von radioaktiv verseuchtem Material. Die Anfangsstrahlung wirkt etwa 1 min lang und setzt sich aus Alpha-, Beta- und Gammastrahlen sowie aus Neutronenstrahlen zusammen. Die sekundäre Strahlung wirkt über Jahrzehnte und besteht aus neutroneninduzierter Alpha-, Beta- und Gammastrahlung. Beide Strahlenarten zerstören keine Gebäude, töten aber Organismen. Die Druckwelle der Explosion schließlich wirkt bis zu 30 s und führt bis in etwa 3 km Umkreis zu Zerstörungen.*

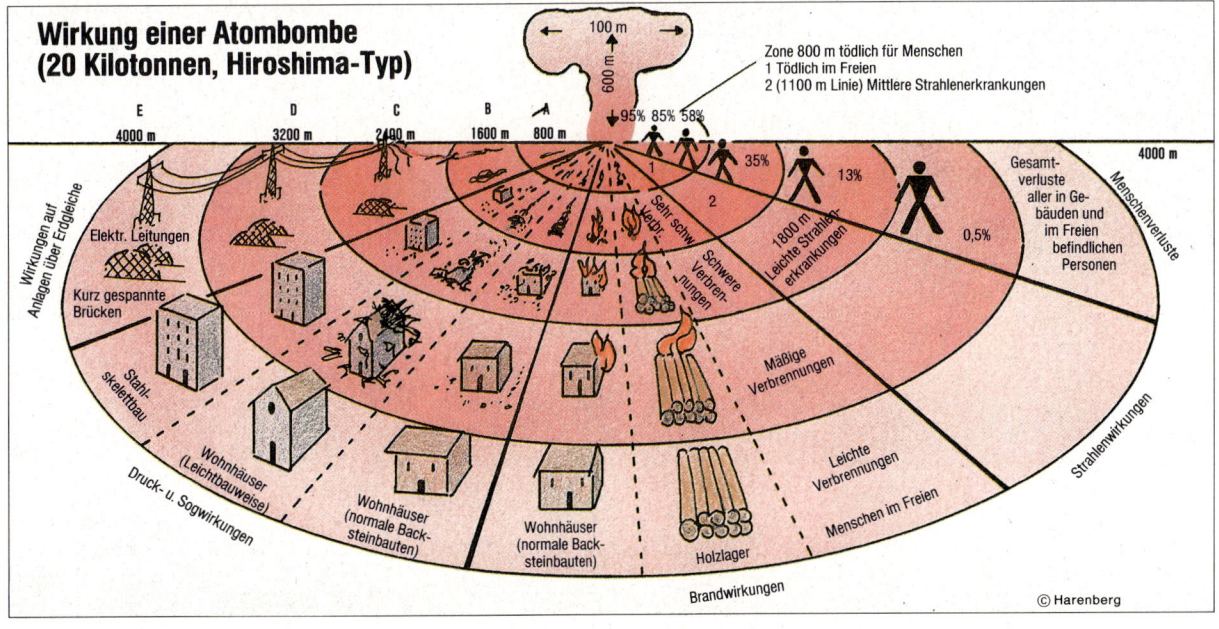

Wirkung einer Atombombe (20 Kilotonnen, Hiroshima-Typ)

Zone 800 m tödlich für Menschen
1 Tödlich im Freien
2 (1100 m Linie) Mittlere Strahlenerkrankungen

E 4000 m D 3200 m C 2400 m B 1600 m 800 m 100 m 600 m 95% 85% 58% 35% 13% 0,5% 4000 m

Wirkungen auf Anlagen über Erdgleiche
Elektr. Leitungen
Kurz gespannte Brücken
Stahlskelettbau
Druck- u. Sogwirkungen
Wohnhäuser (Leichtbauweise)
Wohnhäuser (normale Backsteinbauten)
Wohnhäuser (normale Backsteinbauten)
Holzlager
Brandwirkungen
Sehr schw. Schäden
Schwere Verbrennungen
1800 m Leichte Strahlenerkrankungen
Mäßige Verbrennungen
Leichte Verbrennungen
Menschen im Freien
Leichte Strahlenerkrankungen
Gesamtverluste aller in Gebäuden und im Freien befindlichen Personen
Menschenverluste
Strahlenwirkungen

© Harenberg

Der erste speicherprogrammierte Rechenautomat der USA, ASCC, wird auch als »Harvard Mark I« bekannt; er ist seit dem 7. 8. 1944 in Betrieb

Erste elektronische Großrechenanlage

1945. An der Universität von Pennsylvania geht die erste elektronische Großrechenanlage der Welt, ENIAC (Electronic Numerical Integrator and Computer), in Betrieb. Gebaut wurde sie von John Presper Eckert und John William Mauchly. Bis sie in allen Teilen voll funktionsfähig sein wird, vergehen noch zwei Jahre. Der Großrechner ist mit Elektronenröhren bestückt und rechnet etwa 2000mal so schnell wie ein Computer mit elektromechanischen Relais (→ 1941).

Der ENIAC bedeckt eine Grundfläche von 140 m², besitzt mehr als 18 000 Elektronenröhren und 1500 Relais und nimmt 150 Kilowatt Leistung auf. Um die Störanfälligkeit zu verringern, betreibt man die Röhren mit nur 25% ihrer normalen Heizleistung. Dadurch reduziert sich die Ausfallrate auf nur zwei bis drei Röhren pro Woche. Die gesamte Rechenanlage wiegt 30 t.

Die Programme sind sehr einfach, die Programmierung selbst allerdings ist höchst kompliziert. Das Programm muß auf einer Schalttafel mit zahllosen Leitungen und Drähten zusammengestellt werden. Bedingte Befehle, die Verzweigungen oder Sprünge auslösen, sind nicht möglich. Die Dateneingabe erfolgt durch Lochkarten oder 300 dekadische Drehschalter.

Der Rechner arbeitet dekadisch. Die dezimalen Zahnräder alter mechanischer Rechner (→ 1930) werden dazu einfach durch zehn Röhren-Flip-Flops (→ 1919) für die Ziffern 0 bis 9 ersetzt.

Typisch für die frühen Großrechenanlagen – im Bild der US-amerikanische »Electronic Numerical Integrator and Computer«, kurz »ENIAC« genannt – sind die zahlreichen äußeren Kabelsteckverbindungen; sie sind nicht Bestandteile der Anlage selbst, sondern der »Software«, also des jeweilig bearbeitenden Rechenprogramms

Die Elektronik löst noch Skepsis aus

Noch während der Bauphase des Computers ENIAC meldeten prominente Rechnerexperten aus den USA Zweifel am Konzept an.

Im Oktober 1943 schrieb Samuel Caldwell: »Schon 1939 stellten wir fest, daß wir eine Maschine für elektronische Rechnungen bauen könnten. Aber obwohl es möglich war, eine solche Maschine herzustellen und auch möglich, sie zum Arbeiten zu bringen, zogen wir das praktisch nicht in Erwägung. Die Zuverlässigkeit elektronischer Einrichtungen verlangte wesentliche Verbesserungen, bevor man sich ihrer mit Zuversicht für Rechenzwecke bedienen konnte...« – Und Georg Stibitz führt aus: »Ich sehe keinen Grund dafür, anzunehmen, daß sich die Relais-Anlage RDAPB (elektromechanischer Computer) weniger breit einsetzen läßt als der ENIAC, da beides numerische Rechner sind . . . Aber ich bin sehr sicher, daß die Entwicklungszeit für die elektronische Anlage gewiß sechsmal so lang sein wird wie für die Relais-Anlage.«

1946

Der Ingenieur Delmar S. Harder bei General Motors prägt den Begriff Automatisierung für den Einsatz automatischer Übergabemaschinen bei den industriellen Fertigungsstraßen. Es handelt sich dabei noch nicht um die später als Industrieroboter (→ 1977) bezeichneten Maschinen. Die Übergabemaschinen im Sinne von Harder sind am eigentlichen Fertigungsprozeß nicht beteiligt. Sie sorgen nur für die Weiterleitung in Fertigung befindlicher Teile von einem Arbeitsplatz zum anderen. Es handelt sich dabei also etwa um Greifer, jegliche Art von Transportbändern und Ketten, Schrauben- und Kleinteilesortier- und Zuführgeräte usw. Fertigungsautomaten sind praktisch noch unbekannt. Typisch für die Übergabemaschinen im Sinne der Automation ist im allgemeinen deren Spezialisierung auf bestimmte, ganz konkrete Fertigungsanlagen.

Der Franzose Michel Wibault konstruiert ein erstes senkrecht startendes Düsenflugzeug.

Der amerikanische Physiker Willard Frank Libby findet das Prinzip der Atomuhr. →

Die Firma DuPont beginnt mit der Produktion des Kunststoffes »Teflon«. Teflon ist ein Markenname für Polytetrafluoräthylen, den später am meisten verwendeten Fluorkunststoff. Wie für alle Fluorkunststoffe ist auch für Teflon die außerordentliche Hitze- und Chemikalienbeständigkeit bezeichnend. Allerdings sind diese Kunststoffe relativ schwer zu verarbeiten und auch von den Rohstoffen her teuer. Deshalb finden sie nur in speziellen Fällen Verwendung, etwa bei der Herstellung von Dichtungen, Ventilsitzen, Lagern, Kolbenringen und Laborgeräten oder für Auskleidungen und Überzüge in der chemischen Industrie. Teflon fällt bei der Herstellung als weißes, wachsartiges Pulver an, das sich besonders gut zum Beschichten metallischer Teile (z. B. Bratpfannen) eignet. Auf Spezialmaschinen läßt es sich auch extrudieren. Ferner wird es zu Farben und Lacken verarbeitet. Es ist ein guter elektrischer Isolator (Isolierfolie, Kabelmantel).

Die Schweizer Firma Ciba bringt den Zweikomponentenkleber »Araldit« auf den Markt. →

Der italienische Fahrzeughersteller Enrico Piaggio stellt den Prototyp des Motorrollers (Vespa) vor. →

GESTORBEN:

4. 6. Bexhill/Sussex: John Logie Baird (* 13. 8. 1888, Helensburgh/Schottland), britischer Fernsehpionier.

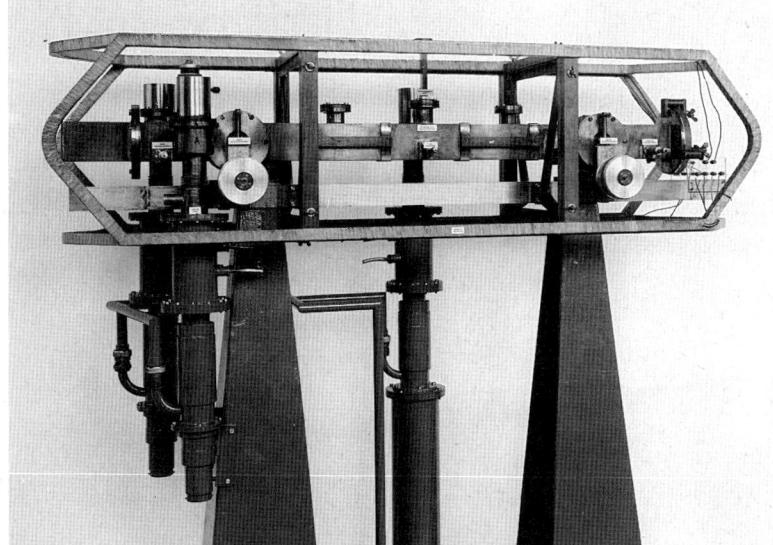

Die Atomuhr des Physikers Willard Frank Libby aus dem Jahr 1946; im Vergleich zu späteren Zeitmessern dieser Art ist sie noch recht groß

Die präziseste aller Uhren

1946. Der amerikanische Physiker Willard Frank Libby erfindet die Atomuhr. Ein erster Zeitmesser dieser Art wird zwei Jahre später für das National Bureau of Standards (das nationale amerikanische Normungsinstitut) in der Bundeshauptstadt Washington gebaut.

Die Uhr arbeitet durch Zählen der Eigenschwingungen von Cäsiumatomen. Diese Schwingungen werden in den Atomen des im Vakuum verdampften Metalls angeregt durch die Einstrahlung einer künstlich erzeugten Vergleichsfrequenz, die sich z. B. durch Vervielfachung der Frequenz einer Quarzuhr (→ 1929) erzeugen läßt. In den Cäsium-133-Atomen findet dann durch Reso-

nanz ein rhythmischer Hyperfeinstrukturübergang statt. Die Resonanzfrequenz liegt sehr scharf bei 9 192 631 770 Hz. Durch ein geeignetes elektronisches Verfahren wird diese Frequenz gemessen und bis auf 1 Hz geteilt. Eine elektronische oder mechanische Einrichtung schaltet die Uhr sekundenweise weiter. Die Ganggenauigkeit liegt bei weniger als einer Sekunde Abweichung in 300 000 Jahren.

1967 wird die aus der Cäsiumschwingung bestimmte Sekundendauer international als neue Zeiteinheit festgelegt. Bis dahin gilt eine Definition, die die Sekunde als 86 400sten Teil des mittleren Sonnentages festlegt.

Der Motorroller als neuer Zweiradtyp

1946. Der italienische Fahrzeughersteller Enrico Piaggio stellt mit der von ihm auf den Markt gebrachten »Vespa« einen neuen Typ des motorisierten Zweirads vor: Den Motorroller.

Wichtigstes Merkmal ist die Einheit aus Frontschild und Trittbrett. Sie bietet wirksamen Schutz beim praktischen Gebrauch des Fahrzeugs auf Europas zum großen Teil noch nicht asphaltierten Straßen vor Staub, Schlamm und Split. Originell ist der Direktantrieb ohne Kette oder andere Kraftübertragungselemente vom Motor über das Getriebe auf das Antriebsrad.

Ein Superkleber aus zwei Komponenten

1946. Die Schweizer Firma Ciba bringt den Zweikomponentenkleber »Araldit« auf den Markt.

Araldit ist ein Epoxidharz und gehört damit zu den Duroplasten. Hergestellt wird es aus Epichlorhydrin und Bisphenol-A. Der Kleber eignet sich besonders für Metalle. Er wird in zwei zähflüssigen Komponenten geliefert, die erst kurz vor dem Verarbeiten vermischt werden und dann miteinander reagieren. Sie härten fast schwundfrei aus. Die fertige Verklebung zeichnet sich durch Beständigkeit gegenüber atmosphärischen Einflüssen sowie Was-

Ciba-Präsident M. Staehelin

ser, Säuren, Laugen, Ölen, Benzin, Benzol und anderen Chemikalien aus. Sie wirkt als guter Isolator. Weil sie beim Aushärten nicht schrumpfen, lassen sich Epoxidharze auch als Vergußmassen, etwa zum Isolieren von Spulen und Kondensatoren, oder zum Einbetten von biologischen und auch anderen Präparaten verwenden. Als Laminierharze eignen sie sich für die Herstellung von Booten, Rohren, Behältern, Karosserien und Gehäusen sowie von maßgenauen und hoch beanspruchbaren Teilen im Werkzeugbau, im Flugzeugbau und in der Raumfahrt.

Prototyp der Vespa Nr. 1; er entspricht bereits in allen wesentlichen Details den späteren Motorrollertypen, u. a. im Hinterrad-Direktantrieb

Nach einem Patent des amerikanischen Physikers Chester Carlson aus dem Jahre 1938 kommen jetzt die ersten Fotokopiergeräte in den Handel (→ 27. 10. 1937).

Der amerikanische Physiker Edwin Herbert Land stellt die von ihm erfundene Polaroid-Sofortbildkamera vor. →

Willard Frank Libby aus Chicago entwickelt die Radiocarbondatierung (C-14-Datierung). →

Die Produktion der amerikanischen Rakete »Firebird«, der ersten konventionellen Luft-Rakete, beginnt.

Der deutsche Elektroingenieur Robert Warnecke baut den ersten Magnetron-Wanderwellenverstärker (→ 1921). Dabei trifft ein aus einem Strahlerzeugungssystem austretender Elektronenstrahl durch ein Feld verzögert auf einen Röhrenkollektor. Der Verzögerungsleitung wird kathodenseitig die zu verstärkende Spannung zugeführt. An ihrem anderen Ende wird die verstärkte Leistung entnommen.

Der englische Physiker Cecil Frank Powell entdeckt in der kosmischen Strahlung (→ 1911; 1936) die »Pi-Mesonen«. →

H. Billing entwickelt in Göttingen eine Magnettrommel als Speicher für numerische Rechenmaschinen.

In den Vereinigten Staaten wird die Rechenanlage »Mark II« in Relaistechnik fertiggestellt (→ 1945).

Die britische Firma Rover beginnt mit der Entwicklung eines Turbinenautos (fertiggestellt Anfang der 50er Jahre).

Der erste Landrover, ein allradgetriebenes Geländefahrzeug, kommt auf den Markt. →

Die US-Firma IBM baut den Computer »SSEC« mit 12 500 Röhren und 21 400 Relais. Er ist lochstreifengesteuert. Erstmals ist bei diesem Rechenautomaten das Eingreifen in Programmabläufe möglich.

Im Golf von Mexiko beginnt die intensive Offshore-Ölprospektion (→ 1971).

14. 10. Der US-amerikanische Pilot Charles Yeager durchbricht mit der Bell »X-1« erstmals die Schallmauer. →

GESTORBEN:

7. 4. Detroit: Henry Ford (* 30. 7. 1863, Dearborn/Michigan), US-amerikanischer Automobilindustrieller.

20. 5. Messelhausen (= Königshofen/Main-Tauber-Kreis): Philipp Lenard (* 7. 6. 1862, Preßburg), deutscher Physiker.

4. 10. Göttingen: Max Planck (* 23. 4. 1858, Kiel), deutscher Physiker.

Die Bell »X-1«; mit ihr durchbricht der US-amerikanische Pilot Charles Yeager zum ersten Mal die Schallgrenze

Jagdflugzeug durchbricht Schallmauer

14. Oktober 1947. Mit einer Jagdmaschine vom Typ Bell »X-1« erreicht der amerikanische Pilot Charles Yeager erstmals Überschallgeschwindigkeit. Die Maschine verfügt über einen Raketenantrieb und ist nicht allein startfähig. Sie wird unter der Tragfläche eines Bombers auf Höhe geschleppt und dann ausgeklinkt.

Bei Geschwindigkeiten in der Größenordnung der Schallgeschwindigkeit wird die Funktion der Tragflügel von neuen Faktoren beeinflußt, die mit der Verdichtbarkeit der Luft zusammenhängen. Im Unterschallbereich verursacht ein Flugzeug ständig sich kugelförmig ausbreitende Wellen in der Luft. Beim Erreichen der Schallgeschwindigkeit können diese nicht mehr nach vorn entweichen. Das Flugzeug ist ebenso schnell wie die Wellenfront. Die Einzelwellen addieren sich zu einem Druckstau. Durchbricht das Flugzeug diese »Schallmauer«, dann geht von ihm nur noch ein nach hinten geöffneter Druckwellenkegel aus, dessen unterer Teil die Erde berühren kann und dort als starker Knall wahrgenommen wird. Diese Schockwellen gleichen physikalisch in etwa der Bugwelle eines Schiffes. Um sie möglichst schwach zu halten, müssen Überschallflugzeuge entsprechend konstruiert werden. Sie besitzen einen extrem schlanken spitzkegeligen Rumpf sowie messerscharfe Flügelvorder- und -hinterkanten. Außerdem haben die Flügel von Überschallflugzeugen meistens Pfeilform.

Lärmteppich eines Überschallflugzeugs

1 Flugrichtung
2 Kegelförmige Kopfwelle (Machscher Kegel)
3 Grundspur
4 Seitliches Intensitätsprofil
5 Lärmkorridor

© Harenberg

Allradfahrzeug für schwieriges Terrain

1947. In England kommt ein allradgetriebenes Geländefahrzeug auf den Markt, das nur wenig größer ist als ein Pkw: Der Landrover. Die technische Philosophie des Fahrzeugs ist nicht nur auf optimale Fahreigenschaften in schwierigem Gelände von Schlamm über Sand bis zu Geröll und Fels ausgerichtet, sie hat als Ziel auch eine möglichst geringe Störanfälligkeit und einfachsten Service unter extremen Einsatzbedingungen. So sind alle Scheiben völlig plan und lassen sich notfalls gegen Fensterglas auswechseln usw.

Altersbestimmung mit Kohlenstoff-14

1947. Willard Frank Libby aus den USA entwickelt die Radiocarbon- oder C-14-Datierungsmethode. Auf eine Billion nicht aktiver Kohlenstoff-12-Atome kommt im Kohlendioxid der Atmosphäre ein radioaktives C-14-Atom. Wird der Kohlenstoff durch Assimilation in das Pflanzengewebe aufgenommen, dann zerfällt im organischen Material in 5730 Jahren die Hälfte des C-14. Das Verhältnis von C-14 zu C-12 verschiebt sich langsam. Daraus läßt sich das Alter von Substanzen bis etwa 70 000 Jahre auf ±100 Jahre genau bestimmen.

Neue Teilchen aus dem All entdeckt

1947. Der englische Physiker Cecil Frank Powell entdeckt in der kosmischen Strahlung (→ 1911) die sogenannten Pi-Mesonen.
Die Pi-Mesonen sind subatomare Elementarteilchen. Bisher waren als solche nur Elektronen (→ 1891), Protonen (→ 1910) und Neutronen (→ 1932) bekannt. Schon seit langem aber vermuten manche Atomphysiker auch andere Elementarteilchen. In den 30er Jahren forderte der Japaner Hideki Yukawa Teilchen von $1/7$ bis $1/9$ Protonenmasse. Derartige Teilchen sind die jetzt entdeckten Pi-Mesonen.

Fotos in Minutenschnelle

1947. Edwin Herbert Land aus Bridgeport (US-Bundesstaat Connecticut) entwickelt das fotografische Polaroid-Verfahren, das innerhalb weniger Minuten nach der Belichtung fertige Papierbilder liefert. Das spezielle Sofortbildmaterial wird in besonderen »Einminutenkameras« belichtet. Zur Einleitung der Entwicklung wird das Material beim Ausstoß aus der Kamera durch ein Walzenpaar gequetscht. Dabei wird ein an der Kante des Materials befindlicher Folienbeutel aufgebrochen und die in ihm enthaltene Entwicklerpaste durch die Walzen gleichmäßig zwischen den Schichten des Materials verteilt. Die Entwicklung der Schwarzweißbilder geschieht im sogenannten Diffusionskopierverfahren. Dabei wird in einer fotografischen Schicht zunächst ein Negativbild entwickelt, indem ein Silberhalogenidlösungsmittel im Fixierentwickler das unbelichtete Silberhalogenid auflöst. Das gelöste Halogenid diffundiert anschließend in eine auf der Negativschicht liegende Bildempfangsschicht, die Keime für eine positive Entwicklung, z. B. kol-

Edwin Herbert Land aus den USA demonstriert ein Sofortbildfoto

loidales Silber, enthält. In dieser Schicht entsteht ein positives Silberbild. Das Verfahren des Diffusionskopierers ist älter als die Sofortbildfotografie von E. H. Land. Es wurde bereits 1941/42 entwickelt und zunächst in den sogenannten Copyrapid-Bürokopiergeräten genutzt. Ab 1963 entwickelt Land auch Polaroidmaterial für farbige Sofortfotografien.

Unter dem Markenzeichen »Polaroid« erlangen die speziell entwickelten Sofortbildkameras von Edwin Herbert Land Berühmtheit in aller Welt

Um 1948. GFK (glasfaserverstärkter Kunststoff) wird zu einem beliebten Konstruktionswerkstoff. →

1948. Im Rahmen des modernen Straßen- und Autobahnnetzes bürgern sich weltweit Kastenträgerbrücken ein.

Dennis Gábor, britischer Physiker ungarischer Herkunft, erfindet die Holographie. →

Der amerikanische Architekt Richard Buckminster Fuller erfindet die sogenannte geodätische Kuppel. →

Mit seinem Buch »Cybernetics, or Control of Communication in Animal and Machine« begründet der US-amerikanische Mathematiker Norbert Wiener die Kybernetik. →

Kunststoffschallplatten verdrängen die alten Schellackscheiben. – Die US-Firma Columbia bringt die erste Langspielplatte aus Vinylharz auf den Markt. →

In Großbritannien fährt der »Jet 1«, das erste Auto mit Gasturbinenantrieb. →

Die vor etwa 100 Jahren begründete Binäralgebra des englischen Mathematikers George Boole (→ 1854) erlangt in der elektronischen Datenverarbeitung praktische Bedeutung. →

Claude E. Shannon veröffentlicht sein Werk »Mathematische Theorie der Nachrichtenübertragung«. →

Der Mathematiker John W. Tukey prägt den Begriff »bit« (binary digit). →

Der IBM 604 ist der erste lochkartengesteuerte Großrechner.

Ein internationaler Schiffssicherheitsvertrag schreibt allen Schiffen über 1600 BRT einen Funkpeiler vor.

Unter dem Markennamen Koerzit kommen die ersten hochwertigen gesinterten ALNiCo-Dauermagneten auf den Markt. →

21. 6. Die Elektroingenieure Sir Frederic Calland Williams und Tom Kilburn stellen an der Universität Manchester einen elektronischen Computer fertig und erhalten darauf ein Patent.

30. 6. Die Bell Laboratories stellen der Weltöffentlichkeit in New York erstmals den Spitzentransistor vor (→ 1948).

GESTORBEN:

30. 1. Dayton/Ohio: Orville Wright (* 19. 8. 1871, Dayton/Ohio), US-amerikanischer Flugpionier.

6. 6. Bandol/Var: Louis Jean Lumière (* 5. 10. 1864, Besançon), französischer Physiker und Industrieller.

1. 12. München: Franz Fischer (* 19. 3. 1877, Freiburg im Breisgau), deutscher Chemiker.

Brücke zwischen Technik und Natur

1948. Der amerikanische Mathematiker Norbert Wiener veröffentlicht sein Buch »Cybernetics, or Control of Communication in Animal and Machine«. Er begründet damit die fachübergreifende Wissenschaftsdisziplin der Kybernetik. Im Grunde ist Wieners Kybernetik nichts Neues. Sie wendet die Erkenntnisse der Rückkopplung (→ 1927) in der Steuerungs- und Regelungstechnik (»kybernetos« ist griechisch und heißt »gesteuert«) lediglich auf alle nur erdenklichen »sinnvollen« Vorgänge in Technik und Natur zu deren Erklärung und mathematischen Behandlung an.

Wiener, der den Begriff »Kybernetik« prägt, geht von der empirischen Erkenntnis von Parallelen zwischen organischen und technischen Regelsystemen aus. Zunächst verfolgt er Probleme der Nachrichtenübertragung bei informationsverarbeitenden Maschinen, weitet dann aber bald die zu deren Bearbeitung sinnvoll erscheinenden mathematisch-statistischen Modelle auf die Beschreibung auch anderer Vorgänge an.

In der Folgezeit wird die Beschäftigung mit Kybernetik geradezu eine Modeerscheinung in zahlreichen Wissenschaftsgebieten von der Biologie über die Medizin, die Ökologie, die Städte- und Verkehrsplanung, die Energiewirtschaft usw. bis hin zur Musik und Sprachforschung. Aus den verschiedenen Ansätzen entwickelt sich später u. a. die Lehre von den »vernetzten Systemen«.

Norbert Wiener, Mathematiker und Vater der sog. Kybernetik

Transistor wird technisches Bauelement

1948. Nach rund 20jähriger weltweiter Forschung auf dem Gebiet der Halbleitertechnologie (→ 1934) gelingt es den amerikanischen Wissenschaftlern John Bardeen, Walter Houser Brattain und William Shockley im Labor der Bell Company in den USA, den Transistor als technisch einsetzbares Verstärkerbauelement zu entwickeln.

Die Prinzipidee ist bereits 1947 ausgereift und in Experimenten erprobt. Im Folgejahr arbeiten die ersten Transistoren. Es sind dünne Plättchen des halbleitenden Materials Germanium. Als die Wissenschaftler am 22. Dezember 1947 erstmals ein solches Element statt einer Elektronenröhre in einen Musikverstärker einbauten, zeigte sich der praktische Erfolg. Der Transistor hat gegenüber der Verstärkerröhre (→ 1906) wesentliche Vorteile. Er ist viel kleiner und langlebiger, und er kommt mit einem Bruchteil der Energie aus. Die Röhren mit ihren Emissions-Glühkathoden müssen schließlich geheizt werden. Wie die Röhren lassen sich Transistoren nicht nur als Verstärker, sondern auch als elektronische Schalter (→ 1919) verwenden.

Als technisches Prinzip nutzt der Transistor den pn-Übergang (→ 1939) aus. Zwei kristalline Halbleiterschichten werden chemisch so

Die Herstellung dieses Prototyps eines Transistorverstärkers gelang den US-Amerikanern Bardeen, Brattain und Shockley bereits am 22. Dezember 1947; die Bezeichnung »Transistor« für das neue Halbleiterelement wählen sie auf Anregung ihres Fachkollegen John Pierce

behandelt (mit Fremdatomen »dotiert«), daß die eine nur die negativen Elektronen (n-Leiter), die andere nur positive Ladungsträger (p-Leiter) leitet. Der »normale« (bipolare) Transistor besteht aus drei aufeinanderliegenden Schichten, einer p-, einer n- und wieder einer p-leitenden Zone (auch npn ist möglich). Die äußeren Schichten werden als Kollektor (C) und Emitter (E) (entsprechend der Anode und der Kathode der Triode) bezeichnet, die mittlere Schicht heißt Basis (B) (entsprechend dem Röhrengitter). Die Basis ist wesentlich dünner als die

beiden anderen Schichten. Ist sie nicht vorgespannt, dann sperrt der Transistor den Stromfluß zwischen Emitter und Kollektor wegen der Ladungsverhältnisse an den pn-Übergängen. Legt man an die Basis eine Spannung, dann ändern sich die Feldverhältnisse in den pn-Übergängen, und der Transistor wird – in Abhängigkeit von der Spannungshöhe – leitend. Da der Basisstrom durch Ladungsträgerverluste äußerst gering ist, sind hohe Stromverstärkungswerte (über 500) möglich. Transistoren gewinnen zunächst als Schalter Bedeutung.

Holographie nimmt Bilder räumlich auf

1948. Der ungarisch-britische Physiker Dennis Gábor stellt der Öffentlichkeit sein schon 1947 erfundenes Verfahren der Holographie vor. Während die normale Fotografie lediglich Hell-Dunkel-Kontraste wiedergibt, lassen sich mit dem Hologramm raumgetreue, dreidimensionale Bilder herstellen.

Das Verfahren beruht auf der Verwendung von kohärentem (gleichphasig schwingendem) Licht. Da der Laser (→ 1958), der derartiges Licht ausstrahlt, noch nicht erfunden ist, behilft sich Gábor mit dem Herausfiltern kohärenter Lichtbündel aus herkömmlichen Lichtquellen. Das Objekt wird damit beleuchtet und das an seiner Oberfläche gestreute oder durch das Objekt durchfallende Lichtbündel mit einem Referenzlichtbündel derselben Quelle überlagert. Das entstehende Interferenzwellenbild wird fotogra-

fisch auf einer Platte festgehalten. Diese Aufnahme enthält Informationen nicht nur über die Intensität (wie bei der normalen Fotografie) des vom Objekt kommenden Lichts, sondern auch über dessen Phasenlage. Zur Wiedergabe wird das Hologramm wiederum mit kohärentem

Licht beleuchtet. Durch Beugung an den geschwärzten Partien entstehen dabei zusätzlich zum direkten Lichtbündel zwei Beugungsbündel, von denen eines ein virtuelles, das andere ein reelles dreidimensionales Bild des aufgenommenen Objekts liefert.

Gibt den räumlichen Eindruck wieder: Hologramm des Wortes »Holography«

»Bit« als Quantum der Information

1948. Im Zuge der Entwicklung von elektronischen Rechenanlagen, bei denen sich zunehmend das Arbeiten mit Dualzahlen (→ 1936) durchsetzt, gelangt die vor rund einem Jahrhundert begründete Boolsche Algebra (→ 1854) zu praktischer Bedeutung. Sie arbeitet mit binären Unterscheidungen »Ja/Nein« bzw. »0/1«. Diesen »Binärschritt« bezeichnet jetzt der Mathematiker John W. Tukey als »bit« (binary digit).

Das bit wird die Nachrichteneinheit in der Datenverarbeitung. Da man alle logischen Entscheidungen auf eine Reihe von Elementarentscheidungen vom Typ »Ja/Nein« zurückführen kann, ist ein bit zugleich die kleinste denkbare Nachrichteneinheit, sozusagen ein Nachrichtenquantum. Mit einem n bit langen Binärwort läßt sich ein Zeichenvorrat von 2^n Symbolen mathematisch eindeutig aufschlüsseln.

Shannons Theorie der Nachrichten

1948. Der US-Mathematiker Claude Elwood Shannon veröffentlicht ein epochales Werk mit dem Titel »Mathematische Theorie der Nachrichtenübertragung«. Von besonderer Bedeutung in dieser Arbeit ist eine als »Shannon-Formel« bekannt werdende Beziehung, die aus statistischen Erhebungen den Entropiegehalt eines Nachrichtenelements zu berechnen gestattet. Nachrichten sind im allgemeinen Folgen von Symbolen aus einem endlichen Symbolvorrat, bei übertragenen Texten also z. B. eine Folge einzelner Buchstaben. Die Nachricht bleibt oft auch dann verständlich, wenn einzelne Symbole entfallen (»dr Alkool« statt »der Alkohol«). Der Prozentsatz entbehrlicher Symbole heißt Redundanz, der tatsächlich informative Gehalt der Nachricht Entropie. Sie läßt sich in bit (→ 1948) messen. Shannon ermittelt für die geschriebene englische Sprache einen Entropiewert von etwa 1 bit/Buchstabe. 1962 ermitteln Heinz R. Mindt und Horst Schüler in Darmstadt für die geschriebene deutsche Sprache etwa 1,3 bit/Buchstabe. Die Zahlen sind von Interesse für Nachrichtenübertragungssysteme.

Kunststoff wird mit Glasfasern armiert

Um 1948. Ende der 40er Jahre setzen sich glasfaserverstärkte Kunststoffe (»GFK«) als beliebte Konstruktionswerkstoffe in Industrie und Handwerk durch.

GFK-Werkstoffe zeichnen sich durch sehr hohe Festigkeitswerte, hohe Wärmeformbeständigkeit und geringes Gewicht aus. Sie lassen sich leicht ver- und bearbeiten. Verstärkt werden mit Glasfasern (→ 1930) sowohl Duroplaste wie Thermoplaste (→ 1936). Den weitaus größten Anteil haben dabei Polyester (→ 1929) und Epoxidharze (→ 1946). GFK eignet sich insbesondere auch für die handwerkliche Anwendung oder die Fertigung von Einzelstücken, z. B. Modellen von Booten oder Kraftfahrzeugkarosserien. Dazu wird eine Form aus Holz o. a. einfach lagenweise mit Epoxidharz ausgestrichen. Zwischen die Schichten wird eine Glasseidenmatte aus verfilzten Fasern oder regelrechtem Gewebe (Köper oder Roving) mit eintapeziert.

Die Anwendungsgebiete von GFK sind überaus vielseitig. Sie reichen von Lichtmasten, Schornsteinen, Karosserien und Sitzmöbeln bis zu Sturzhelmen, Sportgeräten (Ski, Hochsprungstäbe, Angelruten), Spültischen, Badewannen, Tanks, Gehäusen oder Verkehrszeichen.

Dauermagneten aus gesintertem Metall

1948. Unter dem Markennamen Koerzit kommen die ersten hochwertigen gesinterten AlNiCo-Dauermagneten auf den Markt. »AlNiCo« steht für die Grundmaterialien Aluminium, Nickel und Cobalt, aus denen sie bestehen.

Der permanent- oder »hart«magnetische neue Werkstoff unterscheidet sich von den »weich«magnetischen Materialien wie Dynamoblech, Weicheisenlegierungen mit Nickel, Cobalt, Molybdän oder Kupfer dadurch, daß er sich zwar wesentlich schwerer magnetisieren läßt, seine magnetische Feldstärke aber weitaus beständiger gegenüber äußeren Einflüssen (Magnetfelder, Erwärmung usw.) ist. AlNiCo-Magnete finden bald in verschiedenen elektrischen Maschinen, Lautsprechern, Mikrophonen, Meßinstrumenten usw. Anwendung.

Geodätische Kuppel bereichert Architektur

1948. Der amerikanische Ingenieur und Architekt Richard Buckminster Fuller erfindet die sogenannte geodätische Kuppel.
Eine geodätische Linie ist die kürzeste Verbindung zweier Punkte auf einer ebenen oder gekrümmten Fläche, z. B. ein Großkreisbogen auf einer Kugel. Fuller baut seine Kuppeln aus Oktaedern und Tetraedern auf, die von solchen Linien eingeschlossen sind. Das Ergebnis sind sehr stabile Leichtbauten (Abb.: Montage einer 43-m-Kuppel).

Musikkonserven als Langspielplatten

1948. In der Phonoindustrie verdrängen Kunststoffschallplatten die bisherigen Platten aus Schelllack (→ 1892). Die ersten Langspielplatten kommen auf den Markt.

Nicht nur der größere Plattendurchmesser bestimmt die Spieldauer. Wesentlich ist auch die Schreibdichte. Der Kunststoff erlaubt es, schmalere Rillen einzuritzen und diese dichter nebeneinanderzusetzen. Zugleich kann die Information in Rillenlängsrichtung enger geschrieben werden, ohne die Wiedergabequalität negativ zu beeinflussen. Das bedeutet natürlich ein langsameres Abspielen. Drehte sich die Schallplatte bisher 78mal in der Minute, so haben die neuen von der amerikanischen Gesellschaft Columbia 1948 erstmals verkauften »unzerbrechlichen« Kunststoffplatten eine Drehzahl von nur 33 1/3 pro Minute. Jede Seite läuft deshalb bis zu 23 Minuten lang.

Im selben Jahr bringt die amerikanische Radio Corporation (RCA) eine Mikrorillenplatte auf den Markt, die mit 45 Umdrehungen pro Minute abgespielt wird.

Das Material der neuen Platte ist Polyvinylchlorid (→ 1943) oder Polyvinylacetat (→ 1924) mit Füllstoffen, Weichmachern und schwarzen Farbpigmenten.

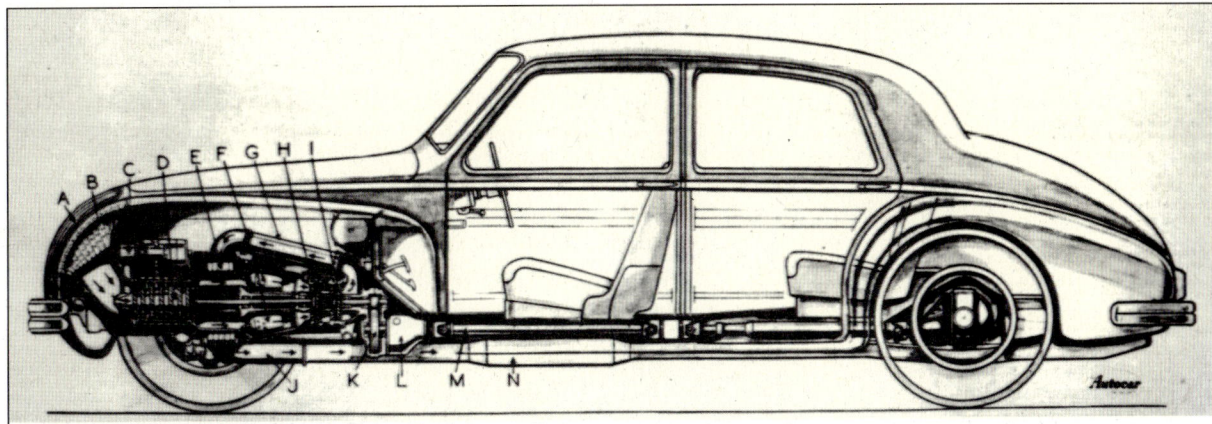

In Großbritannien erstes Auto mit einem Gasturbinenantrieb gebaut

1948. In England wird der »Jet 1« gebaut, das erste Auto mit Gasturbinenantrieb (Abb.).
Als Flugzeugtriebwerke haben sich Gasturbinen schon seit Jahren bewährt (→ 1939). Für den Einbau in Kraftfahrzeugen waren sie bisher zu groß und – in erster Linie – wesentlich zu laut. Auch der »Jet 1« fährt nicht gerade geräuscharm. Günstig dagegen wirkt sich der Gasturbinenantrieb auf die Abgaszusammensetzung aus. Sie ist im Gegensatz zum Otto- *oder Dieselmotor wegen der kontinuierlichen Verbrennung wesentlich umweltfreundlicher.*
Entwicklungsgeschichtlich sind die Gasturbinen noch relativ jung. Zwar im Prinzip schon 1791 in England erfunden, arbeiteten die ersten wirtschaftlichen stationären Anlagen erst in den 20er Jahren des 20. Jahrhunderts, und Mitte bis Ende der 30er Jahre flogen im Deutschen Reich und Großbritannien die ersten Gasturbinenflugzeuge.

EDSAC mit flexiblem Speicherprogramm

1949. An der Universität von Manchester (England) wird unter Leitung von Maurice V. Wilkes der erste speicherprogrammierbare Röhrenrechner EDSAC (Electronic Delay Storage Automatic Computer) nach dreijähriger Bauzeit fertiggestellt. Um dieselbe Zeit nimmt die IBM in New York unter Leitung von John Presper Eckert ebenfalls eine speicherprogrammierbare Anlage, den SSEC (Selective Sequence Electronic Calculator), in Betrieb.

Der EDSAC arbeitet mit 4500 Elektronenröhren, der SSEC mit 12 500 Röhren und 21 400 Relais. Das Neuartige an diesen Computern ist, daß erstens der Programmablauf wie die zu verarbeitenden Daten kodiert in der Maschine gespeichert werden, zweitens das Programm bedingte Befehle enthält, die Rückwärts- und Vorwärtsverzweigungen ermöglichen, und drittens jeder Programmbefehl mit Operations-Adreßteil (»Speichern in Adressen«) von der Maschine selbst geändert werden kann.

Das Konzept für diese Computer lieferte bereits 1944 der US-amerikanische Mathematiker ungarischer Abstammung John von Neumann, der selbst seit dieser Zeit am Bau einer elektronischen Großrechenanlage arbeitet. Doch geht sein Gerät EDVAC (Electronic Discrete Variable Automatic Computer) erst im Jahr 1952 in Betrieb.

Neumanns Ideen stehen jedoch nicht allein. 1945 formulierte z. B. Konrad Zuse (→ 1941) in seinem »Plankalkül« eine allgemeine algorithmische Formelsprache, die alle denkbaren Varianten der Speicherprogrammierung berücksichtigte. Ein Beispiel soll den Unterschied der Arbeitsweise zwischen herkömmlichen Rechnern und den neuen Computern verdeutlichen: Die Aufgabe sei, die unter den Speicheradressen 1 bis 100 abgelegten Zahlen x_1 bis x_{100} solange zu addieren, bis die Summe S größer als der Wert W ist. Bei starrer Programmausführung geht der Rechner von Speicherplatz zu Speicherplatz und addiert jeweils die nächste gefundene Zahl zur bisherigen Zwischensumme. Alle Zwischensummen müssen ausgegeben werden, und erst der Benutzer entscheidet, an welcher Stelle der Wert W erstmals überschritten ist. Das Programm benötigt 100 Additionsbefehle. Bei intern gespeicherter Programmsteuerung sind nur drei Befehle erforderlich: Addiere den neuen Speicherwert. Wenn Summe größer als W, gehe zum Programmende und drucke aus. Wenn Summe kleiner als W, gehe zum nächsten Speicherplatz und dann zurück zum Programmanfang.

Flußdiagramme für Computerprogrammierung

speicherprogrammierbare Rechner

Start → Dateneingabe (Speicherung von X_1 bis X_{100}) → Operation ($S_n = S_{n-1} + X_n$) → Entscheidung $S_n > W$? — ja → Datenausgabe ($S_n = \ldots$) ; nein → Entscheidung $n = 100$? — ja → Datenausgabe ($S_{100} = \ldots$) → Ende ; nein → zurück

nicht speicherprogrammierbare Rechner

Start → Dateneingabe (Speicherung von X_1 bis X_{100}) → Operation 1 ($S_1 = 0 + X_1$) → Datenausgabe ($S_1 = \ldots$) → Operation 2 ($S_2 = S_1 + X_2$) → Datenausgabe ($S_2 = \ldots$) → Operation 100 ($S_{100} = S_{99} + X_{100}$) → Datenausgabe ($S_{100} = \ldots$) → Ende

© Harenberg

Erste Schaltungen werden gedruckt

Um 1949. Ende der 1940er Jahre kommen in der Elektrotechnik gedruckte Schaltungen auf.

Die Leiterbahnen werden mit säurefestem Lack auf eine kupferkaschierte dünne Isolierstoffplatte aus Schichtpreßstoff (Epoxidharz o. a.) gedruckt. Das geschieht meist im Siebdruckverfahren (→ 1904). Die nicht bedruckten Teile der Kupferschicht werden mit Säure weggelöst. Bei anderen Verfahren werden auf einer nicht beschichteten Isolierplatte die Leiterbahnen mit einem Leitlack aufgedruckt und dann galvanisch verstärkt.

Pertinax-Platte mit gedruckter Schaltung; an bestimmten Stellen wird die Platte in den Leiterbahnen durchbohrt, um hier Bauteile einzulöten

Zweistufenrakete bricht Höhenrekord

24. Februar 1949. Nach vier mißglückten Startversuchen mit zweistufigen Flüssigtreibstoffraketen vom Typ »Bumper« erreicht die zweite Stufe einer derartigen Raketenkombination jetzt eine Höhe von 392 km und übertrifft damit die bisher größte Gipfelhöhe einer Rakete (A4) von 205 km (→ 1942).

Die Bumper-Höhenraketen sind Kombinationen der während des Zweiten Weltkriegs in Deutschland entwickelten A4-Rakete (→ 1942) mit einer US-amerikanischen Rakete vom Typ »WAC Corporal«. Das Projekt Bumper geht auf einen Vorschlag von Martin Summerfield vom Jet Propulsion Laboratory zurück, den Frank Malina in der Ausgabe Juli/August 1946 des »Army Ordnance Journal« veröffentlichte. Nach Berechnungen Summerfields sollte sich mit einer derartigen Zweistufenrakete eine Scheitelhöhe von maximal 600 km erreichen lassen. Zwar waren die in den USA entwickelte WAC-Corporal-Rakete und die deutsche A4 – ihre geistigen Väter waren nach dem Krieg zum Teil in die USA ausgewandert – technisch bekannt und vielfach erprobt, doch hatte es bisher noch nie eine zweistufige Flüssigkeitsraketenkombination gegeben. Sie brachte zahlreiche neue, zum Teil erhebliche technische Probleme mit sich. Die Beschleunigung der A 4 vom Boden aus ist unproblematisch, doch die WAC Corporal hat im Augenblick der Stufentrennung eine große Beschleunigung, während ihr

Deutsche V2-Rakete; sie ist die erste Stufe der Bumper-Rakete

wenig später zündender Raketenmotor sie zunächst nur langsam weiter beschleunigt. Ungelöst waren das Verhalten der Flüssigtreibstoffe (Alkohol und Flüssigsauerstoff) und deren Zündmechanismen unter diesen Bedingungen. Um den Schub der A 4 voll auszunutzen, ist die Stufentrennung in etwa 30 km Höhe vorgesehen, zu dem Zeitpunkt, zu dem die Treibstoffvorräte dieser Trägerrakete fast erschöpft sind. Sie ist dann rund 5500 km/h schnell. Die WAC Corporal beschleunigt sich dann selbst weiter bis auf eine Geschwindigkeit von rund 8300 km/h.

Vorgesehen waren acht Starts, von denen die ersten vier 1948 aus verschiedenen technischen Gründen fehlschlugen. Erst der fünfte Start ist ein voller Erfolg. Doch der sechste – am 21. April 1949 – wird wieder zu einem Versager. Die Starts sieben und acht im Jahr 1950 verlaufen wieder erfolgreich.

Start fünf gibt als Erkenntnis u. a., daß UKW-Funkverbindungen mit Erdstationen auch über die Ionosphäre hinaus möglich sind. Das ist für zukünftige Raumfahrtprojekte von großer Bedeutung.

Synthesegas jetzt aus Kohlenstaub

1949. Die deutsche Heinrich Koppers GmbH baut die erste Kohlenstaubvergasungsanlage »Bauart Koppers-Totzek« zur Erzeugung von Synthesegas.

Gegenüber anderen Kohlevergasungsverfahren (→ 1935) bringt der Einsatz von Kohlenstaub als Ausgangsmaterial eine Anpassung an den mechanischen Kohlenabbau mit sich und macht das Verfahren von der Qualität der Kohle unabhängig. Umgesetzt wird die Kohlesubstanz mit Sauerstoff oder Wasserdampf zu Brenn- und Synthesegas. Während als Brenngase Kohlenmonoxid und Wasserstoff in Frage kommen, die sich in Reaktionen der Art $2\,C + O_2 \rightarrow 2\,CO$ (exotherm) oder $C + H_2O \rightarrow CO + H_2$ (endotherm) bei Temperaturen über 700 °C für Braunkohle und 900 °C für Steinkohle erzeugen lassen, ist als Synthesegas für die Industrie besonders Methan (CH_4) gefragt. Es entsteht in einer exothermen Reaktion: $C + 2\,H_2 \rightarrow CH_4$.

Vollelektronisches Farbfernsehen

1949. Elektroniker der amerikanischen Rundfunkfirma RCA entwickeln die Schatten- oder Lochmaskenröhre, die die Wiedergabe vollelektronischer Fernsehbilder in Farbe gestattet. Erstmals können drei Bilder in den Grundfarben Rot, Grün und Blau gleichzeitig auf den Bildschirm projiziert werden. Durch Farbmischung (→ 1710) ergeben sie ein buntes Bild.

Um diesen Effekt zu erreichen, enthält ein Leuchtschirm hinter der Schattenmaske mehrere hunderttausend Farblichtpunkte in drei Farben. Die drei bilderzeugenden Elektronenstrahlen (für jede Grundfarbe einer) werden gleichzeitig so durch die Löcher der Schattenmaske geführt, daß jeder Strahl beim Bildaufbau nur die ihm zugeordneten Farbpunkte trifft.

Das Hauptproblem bei dieser Art Farbfernsehen ist ein kommerzielles. Die in Millionen Haushaltungen betriebenen Schwarzweißgeräte können das Farbprogramm nach der neuen Technik nicht empfangen, und die teuren neuen Farbfernseher können die Schwarzweißsendungen nicht wiedergeben.

200-Zoll-Teleskop auf dem Mount Palomar

1949. Im US-amerikanischen Observatorium auf dem Mt. Palomar (Abb.) wird ein neues Riesenspiegelteleskop mit einem 200-Zoll-Spiegel (rund 5 m) eingeweiht.

Das Problem, einen derart großen Spiegelträger herzustellen, liegt in der Glasqualität. Der mächtige Glasblock muß spannungsfrei sein, darf keine Blasen oder Schlieren enthalten und muß einen extrem kleinen Temperaturausdehnungskoeffizienten besitzen.

Ins Auge faßte der Initiator des Projekts, George Ellery Hale, 1928 reines Quarzglas (→ 1839). Der erste Versuch, einen Quarzglasspiegelträger in den USA zu erschmelzen, scheiterte 1931 nach jahrelangen Vorbereitungen.

Der Spiegelträger für das jetzt eingeweihte große Instrument wurde am 25. März 1934 von den Corning-Glaswerken aus rund 17 t Glas gegossen.

1950

Ferritkerne speichern Informationen

1950. Die ersten Ferritkernspeicher für elektronische Datenverarbeitungsanlagen (→ 1949) kommen auf den Markt.

Ferrit (→ 1933) ist ein magnetisierbares Keramikmaterial. Es wird als hartmagnetischer Werkstoff zur Herstellung von Permanentmagneten und als weichmagnetisches Material, das sich leicht ummagnetisieren läßt, produziert. Als Datenspeicher kommt die zweite Variante in Frage.

Ein winziger Ring aus diesem Material kann ein Bit (→ 1948) speichern, wobei sein magnetisierter Zustand in der einen Richtung als »Eins«, in der anderen als »Null« betrachtet wird. Das Funktionsprinzip des Ferritkernspeichers ist folgendes: Jedem Binärwort entspricht eine Matrix aus Ferritkernen, deren Anzahl der Wortstellenlänge gleicht. Die Kerne sind wie ein Schachbrett in einem Koordinatenraster angeordnet. Durch alle Kerne einer jeden Zeile führt je ein gemeinsamer Draht, durch alle Kerne einer jeden Spalte führt ebenfalls je ein Draht. Schließlich wird noch ein einzelner

Größenvergleich von Ferritspeicherkernen mit einer Bleistiftspitze

Draht durch sämtliche Kerne geschlauft. Soll beispielsweise in den Kern an der Kreuzung der ersten Zeile mit der zweiten Spalte die Information »Eins« geschrieben werden, dann schickt man durch den ersten Zeilendraht und den zweiten Spaltendraht jeweils den halben zur Magnetisierung des Kerns bis zu seiner Sättigung nötigen Strom.

Soll die im selben Kern gespeicherte Information gelesen werden, dann schickt man durch die beiden Drähte negative Ströme der gleichen Größe. Dadurch kommt es zu einer Ummagnetisierung im Kern, die in dem durch alle Kerne verlaufenden Draht einen Stromstoß induziert. Am Ende dieses Drahts fällt also ein Signal an, das den gespeicherten Wert als »Eins« ausweist. War der Kern negativ magnetisiert, dann löst der negative Strom keine Ummagnetisierung aus. Es kommt zu keiner Strominduktion im gemeinsamen Draht und folglich an dessen Ausgang zum Signal »Null« (kein Strom). Durch das Auslesen eines Speicherkerns wird dessen Information gelöscht. Soll die Information im Speicherkern auch nach dem Lesen noch vorhanden sein, dann muß man durch eine geeignete Schaltung dafür sorgen, daß dem Auslesen im Fall des Signals »Eins« unmittelbar eine neue Magnetisierung des betreffenden Kerns folgt. In der Praxis werden z. B. Matrizen aus 32 Zeilen und 32 Spalten gebaut.

Neue Fernsehröhre kleiner und besser

1950. Unter der Bezeichnung Vidikon entwickeln Ingenieure der Radio Corporation of America (RCA) eine neue, kleine Fernseh-Bildaufnahmeröhre.

Die Röhre konkurriert mit dem »Superorthikon«, das aus Zworykins »Ikonoskop« (→ 1923) hervorging. Zunächst entstand das Orthikon, das dem Ikonoskop gleicht, aber zum Abtasten der Mosaik-Fotokathode einen langsameren Elektronenstrahl verwendet. Als Superorthikon besitzt es zusätzlich einen Bildwandler (der das elektronische Bild in einen anderen Frequenzbereich umsetzt) und einen Elektronenvervielfacher (eine Verstärkerröhre für kleine Fotoströme). Auch im Vidikon tastet ein Elektronenstrahl eine Halbleiter-Speicherplatte mit einem virtuellen Ladungsbild ab. Im Unterschied zum Superorthikon wird hierbei aber der innere Fotoeffekt ausgenutzt, der auftritt, wenn elektromagnetische Wellen auf bestimmte Kristalle fallen, die dadurch lokal elektrisch leitend werden.

UKW-Empfänger in Großserienfertigung

1950. *Als erste europäische Firma fertigt der Radio-Vertrieb Fürth RVF, Meister & Co. (später »Grundig«) UKW-Radioempfänger (Abb.: Grundig Weltklang-Super mit 6 Kreisen und 4 Röhren) in großer Stückzahl. Für zahlreiche europäische Länder wird 1950 der »Kopenhagener Wellenplan« aktuell, der eine Frequenzabgrenzung für Rundfunksender darstellt und die sofortige allgemeine Einführung von UKW-Sendern (→ 1935) vorsieht. Max Grundig reagiert sofort. Schon Anfang 1950 bringt er ein Vorsatzgerät auf den Markt, das mit jedem Mittelwellenradio den UKW-Empfang ermöglicht. Im Juni des Jahres steht ein erster vollwertiger UKW-Empfänger zur Verfügung.*

Magnetbänder statt Lochstreifen

1950. Als sogenannter Peripheriespeicher für elektronische Rechenanlagen (→ 1949) ersetzt das Magnetband (→ 1928) erstmals den Lochstreifen bzw. die Lochkarte. Programmierbare Rechenmaschinen arbeiten mit einem inneren und einem oder mehreren peripheren Speichern. Der innere Speicher enthält u. a. das auszuführende Rechenprogramm. Die peripheren Speicher enthalten z. B. Programme, die in den internen Speicher des Rechners geladen werden sollen, oder einzulesende Daten. Bisher verwendete man für den externen Speicher Lochstreifen oder Lochkarten (→ 1909). Optisch-elektrische Lochkartenleser und vom Computer gesteuerte Lochkartenstanzer bildeten die Vermittlungseinheit zwischen Datenspeicher und Rechner. Diese Systeme sind in der Regel recht langsam. Die jetzt einsetzende Verwendung von Magnetbändern als Speichermaterial macht die Kommunikation zwischen Rechner und peripherem Speicher schneller.

Mikroskop für den Molekularbereich

1950. Der deutsche Ingenieur Erwin Wilhelm Müller entwickelt das Feldelektronenmikroskop. Das Instrument arbeitet ohne aufwendige elektronenoptische Systeme (→ 1926) und ist deshalb wesentlich einfacher und billiger als klassische Elektronenmikroskope (→ 1931).
Das Feldelektronenmikroskop ist ein Spezialgerät, das lediglich Elektronen emittierende Metallspitzen stark vergrößert abbildet. Es arbeitet mit einer Vakuumröhre, in der sich eine sehr feine Wolframdrahtspitze als Kathode befindet. Ihr gegenüber liegt ein Zinksulfid-Leuchtschirm. Wird an den Anodenbelag der Röhre Hochspannung gelegt, dann treten aus der Kathodenspitze Elektronen aus. Sie fliegen zum Leuchtschirm, wo sie ein vergrößertes Bild der Emissionsverteilung der Kathode zeichnen. Das Auflösungsvermögen reicht von etwa 0,000002 mm bis in den molekularen Bereich. Mit ihm läßt sich die Emissionsverteilung einzelner auf die Wolframkathode aufgebrachter Moleküle untersuchen.

10 Millionen Bilder in der Sekunde

1950. *Hochgeschwindigkeitskameras erreichen erstmals Bildfolgen von bis zu zehn Millionen Aufnahmen in der Sekunde. Mit Momentaufnahmen in einer derart dichten zeitlichen Folge lassen sich Bewegungsabläufe (Abb.: elektrische Wanderfunken) dokumentieren, die zu schnell für die Erfassung durch das menschliche Auge sind: Etwa der Auf- und Durchschlag von Geschossen, oder das Materialverhalten bei Überschallbelastung oder Explosionen. Sofern die zu fotografierenden Objekte nicht selbst leuchten, arbeitet man mit Funkenblitzgeräten, die bei offenem Kameraverschluß und kontinuierlich durchlaufendem Film in schneller Folge extrem kurze aber lichtstarke Blitze abgeben. Typische Belichtungszeiten liegen im Bereich von 10^{-3} bis 10^{-9} Sekunden. Bei selbstleuchtenden Objekten arbeitet man (später) mit ultraschnellen Kameraverschlüssen.*

Tiefgekühltes jetzt auch in Europa

Um 1950. Die Tiefkühltechnologie verändert in den USA bereits seit Ende des Zweiten Weltkriegs, in Europa ab etwa 1950 die Struktur der Nahrungsmittelindustrie.
Das Gefrieren von Lebensmitteln zur Frischhaltung bei Temperaturen unter −18 °C war für die Bewohner arktischer Zonen seit jeher selbstverständlich. Industriell konnte die Kälte aber erst nach der Einführung der Kälte-Kompressormaschine durch Carl von Linde (→ 1875) verwendet werden. Um 1880 entstanden die ersten Kühlhäuser. Kühlschiffe brachten um diese Zeit auch schon Gefrierfleisch aus Südamerika und Australien nach England. Um die Jahrhundertwende begann man in den USA Fisch, Eier und Obst industriell einzufrieren. 1916 veröffentlichte Rudolf Plank die ersten Forschungsergebnisse über das Tiefgefrieren von Fisch. Ab 1919 lieferte der Amerikaner Clarence Birdseye tiefgefrorene Lebensmittel in Kleinpackungen direkt an den Verbraucher. 1930 kamen in den Vereinigten Staaten erste Einzelhandelspackungen auf den Markt. Ab diesem Zeitpunkt begann die eigentliche Entwicklung der industriellen Tiefkühlkost. 1932 entwickelte der Deutsche Heinrich Heckermann den ersten Gefriertunnel zum Serientiefgefrieren. Der Zweite Weltkrieg unterbrach die Entwicklung. Erst 1948 begannen wieder einige Produzenten, Tiefkühlkost herzustellen. Der Absatz erwies sich zunächst als äußerst mühsam, da die notwendige Tiefkühlkette noch nicht aufgebaut war. Sie entsteht um 1950.

Herstellung von »Eis am Stiel« für die Tiefkühltruhe von Supermärkten; die Speiseeismasse wird hier in Formen gegossen, und der Stiel wird eingesteckt

»Talgo« – Gelenkzüge einachsiger Eisenbahnwaggons verkehren auf Spaniens Schienen

1950. *Die spanischen Staatsbahnen nehmen zwei in den USA gebaute Gelenkzüge vom Typ »Talgo« (Abb. l.) in Betrieb. »Talgo« steht für »Tren Articulado Ligero Goicoechea Oriol« (leichter Gelenkzug G. O., wobei G. und O. die Namen des Konstrukteurs und der Finanziersfamilie sind).*

Der von dem spanischen Armeeoberst Alejandro Goicoechea konstruierte und bereits Anfang 1942 zwischen Madrid und Leganes demonstrierte Zug besteht aus extrem leichten Wagen mit nur jeweils einer Achse, die von einer Diesellokomotive gezogen werden. Jeder Wagen stützt sich auf dem Ende des vorhergehenden ab. Der wesentliche Vorteil dieser Bauart liegt in dem im Verhältnis zur Sitzzahl extrem geringen Zuggewicht. Ein Nachteil ist die Unmöglichkeit des Rückwärtsfahrens. Originell ist das – 1969 realisierte – Konzept, die Spurweite der Wagen in wenigen Minuten in einer automatisch arbeitenden Schleuse (Abb. r.) von der spanischen Breitspur auf die mitteleuropäische Normalspur zu wechseln.

Neue Kunstfaser für textile Stoffe

1950. In den USA werden erstmals Kunstfasern aus Polyacrylnitril hergestellt und unter dem Markennamen »Orlon« verkauft. Ähnliche Textilfasern kommen später in der Bundesrepublik unter der Bezeichnung »Dralon« u. a. auf den Markt. Polyacrylnitril wird durch Polymerisation (→ 1936) aus Acrylnitril hergestellt. Dieser Ausgangsstoff ist eine farblose Flüssigkeit.

Als fester Kunststoff spielt Polyacrylnitril keine Rolle. Das liegt an seiner molekularen Struktur. In seinen Kettenmolekülen gibt es Kohlenstoff-Stickstoff-Gruppen, die stark polarisiert sind. Das bewirkt eine kräftige Anziehung der Kettenmoleküle untereinander. Auf das physikalische Verhalten des an sich thermoplastischen Kunststoffs wirkt sich das so aus, daß man das Material nicht schmelzen kann, ohne daß es sich dabei zersetzt. Daher läßt es sich nicht auf herkömmliche Weise sinnvoll verarbeiten (Spritzguß, Pressen usw.). Die einzige Möglichkeit der Formgebung ist durch Auflösen in stark polaren Lösungsmitteln gegeben. Die Lösung läßt sich durch feine Düsen zu Fäden spritzen.

Das Stranggußverfahren

1950. Durch die Entwicklung des Stranggußverfahrens, das in der Stahlindustrie jetzt bei der Herstellung langer Profile den Barrenguß ablöst, wird die Produktion von zahlreichen Stahlerzeugnissen rationeller gestaltet.

Das flüssige Metall wird aus der Gießpfanne zunächst in einen Verteiler gegossen, aus dem es durch eine Öffnung im Boden in gleichmäßigem Strom in eine wassergekühlte Kokille fließt. Hier erstarrt es kontinuierlich zu einem Knüppel, der durch Walzenpaare nach unten abgezogen wird. Der Strang läuft zunächst vertikal abwärts. Halberstarrt wird er in die Horizontale umgelenkt. In dieser Laufrichtung gelangt er – noch rotglühend – in eine Profilwalzenstraße, in der ihm gegebenenfalls das gewünschte definitive Profil gegeben wird. Produkte sind z. B. U-Eisen.

Automatisch arbeitende Stranggießanlage zum Abguß sogenannter Vorbrammen für die Herstellung von Edelstahl und Blech; der aus der Gießanlage laufende Strang mit rechteckigem Querschnitt wird hier sofort nach seinem Austritt in die quaderförmigen Vorbrammen zerschnitten

Ein Leichtgewicht aus Polystyrol

1950. Der deutsche Chemiekonzern BASF entwickelt ein Verfahren zur Herstellung eines harten, sehr leichten Schaummaterials aus Polystyrol. Es wird unter der Bezeichnung »Styropor« vermarktet. Während Standard-Polystyrol glasklar, durchsichtig und sehr steif und dabei auch spröde ist, wird Styropor aus einem speziellen, zunächst in kleinen Perlen von 0,2 bis 2,5 mm Durchmesser gefertigten Polystyroltyp hergestellt. Bei Erhitzen schäumen diese Perlen auf und vergrößern ihr Volumen auf das 20- bis 80fache. Dieser Prozeß heißt Vorschäumen. Anschließend bringt man die Schaumstoffteilchen in eine geschlossene Form, wo sie wiederum erhitzt werden, weiter expandieren und zu Formkörpern verbacken. Diese Formkörper sind extrem leicht (15 bis 50 kg/m³). Sie sind geschlossenporig und daher hervorragende Wärme-Isolatoren. Daneben zeichnen sie sich durch hohe Elastizität aus. Man verwendet Styropor deshalb im Bauwesen als Wärmedämm- und Frostschutzplatten oder als Trittschalldämpfer, im Verpackungswesen zum Schutz hochwertiger Teile usw.

1951

Charles Ginsburg entwickelt im Auftrag der Firma Ampex den Videorecorder, ein Gerät für die magnetische Aufzeichnung von Bild- und Tonsignalen. →

Der Nordwestdeutsche Rundfunk in Köln richtet das erste Studio für elektronische Musik ein. Als erster Komponist elektronischer Musik ist hier Karlheinz Stockhausen tätig.

Der englische Physiker Alan Alfred Ware unternimmt die ersten Versuche mit »magnetischen Flaschen«. – Der amerikanische Physiker Lyman Spitzer Jr. erfindet den »Stellarator«, eine Spezialform der magnetischen Flasche. →

W. N. Papian entwickelt in Cambridge, Massachusetts, den ersten Magnetkernspeicher für Elektronenrechner.

Die bundesdeutsche Firma Vacuumschmelze in Hanau entwickelt Bandringkerne, magnetische Schaltelemente für amerikanische Rechner.

Die weitgehend in Röhrentechnik ausgeführte Rechenanlage »MARK III« in der Harvard-Universität in Cambridge arbeitet erstmals mit einem Magnetband als peripherer Datenspeichereinrichtung. →

Der Nachrichtentheoretiker Walter Sprick entwickelt eine Methode, maschinell handschriftliche Zeichen zu lesen. →

In London wird der mit 110 m Durchmesser (Aluminiumbauweise) bisher größte Kuppelbau errichtet, der »Dome of Discovery«.

Ein in den Vereinigten Staaten errichteter Sonnenofen erreicht 2000 °C (→ 1969).

Die Heinrich Koppers GmbH baut die erste Entschwefelungsanlage für Koksöfen.

Die französischen Staatsbahnen experimentieren bei der Elektrifizierung der Eisenbahn in großem Stil mit einer Frequenz von 50 Hertz.

Die transarabische Pipeline fördert Rohöl vom Persischen Golf zum Mittelmeer. →

20. 12. Der Brutreaktor in Arco (Idaho) liefert als erster Reaktor der Welt elektrische Energie. →

GESTORBEN:

31. 1. Stuttgart: Ferdinand Porsche (* 3. 9. 1875, Maffersdorf/Böhmen), deutscher Automobilkonstrukteur.

3. 2. Münchberg: August Horch (* 12. 10. 1868, Winningen/Koblenz), deutscher Automobilkonstrukteur und Industrieller.

26. 4. München: Arnold Sommerfeld (* 5. 12. 1868, Königsberg), deutscher Physiker.

Kernreaktor erzeugt Brennstoff selbst

20. Dezember 1951. Der erste Brutreaktor der Welt, EBR-I, wurde im August 1951 in Arco (Idaho) kritisch (d. h. die Kettenreaktion setzte ein). Jetzt liefert er – ebenfalls als Weltpremiere für einen Reaktor (gleich welcher Bauart) – elektrischen Strom.

Als »Brennmaterial« für die energieliefernde Kernspaltung (→ 1938) kommen wirtschaftlich nur vier radioaktive Isotope (→ 1932) in Frage, die in größerer Menge verfügbar sind: Uran-233, Uran-235, Plutonium-239 und Plutonium-241. Nur Uran-235 kommt in der Natur vor. Um die anderen Isotope herzustellen, sind Ausgangselemente erforderlich, die durch Neutronenbeschuß umgewandelt werden. Dafür kommen Thorium-232, Uran-238 und Plutonium-240 in Frage, aus denen durch Neutroneneinfang über Zwischenstufen Uran-233, Plutonium-239 und Plutonium-241 werden. Thorium-232 und Uran-238 kommen in der Natur vor.

Der Brutreaktor arbeitet in etwa wie ein normaler Kernreaktor (→ 1942), jedoch mit Uran-233 oder einem Plutoniumisotop als Brennstoff. Ein Teil seiner produzierten Neutronen wird dazu verwendet, Uran-238 in Plutonium-239 oder Thorium-232 in Uran-233 zu verwandeln. Neben der Energielieferung erzeugt (»erbrütet«) dieser Reaktortyp wesentlich mehr Brennstoff, als er selbst verbraucht.

Aufnahme des Brutreaktors EBR-I in der Nacht vom 27. zum 28. Dezember 1951; seit einer Woche liefert er als erster Strom in ein elektrisches Netz

Versuche mit magnetischen Flaschen

1951. Der Engländer Alan Alfred Ware unternimmt die ersten Versuche mit magnetischen Flaschen (→ 1934). Ebenfalls 1951 erfindet der Amerikaner Lyman Spitzer Jr. den »Stellarator«, einen besonderen Typ dieser Plasmagefäße.

Hans Albrecht Bethe und Carl Friedrich von Weizsäcker hatten → 1938 herausgefunden, daß die Sonne ihre Energie aus der Wasserstoffusion bezieht. Wissenschaftler beginnen jetzt, diese Art der Energieerzeugung für die Nutzung durch den Menschen zu erwägen.

Um normale Wasserstoffkerne zu fusionieren – ein Prozeß, der sich auf der Sonne bei 15 Millionen Grad Celsius abspielt –, braucht man unter irdischen Gravitationsverhältnissen mehr als eine Milliarde Grad. Deuterium (→ 1931) fusioniert »schon« bei 400 Millionen und das Wasserstoffisotop Tritium bei 50 Millionen Grad Celsius. Das Deuterium der Weltmeere könnte der Menschheit 500 Milliarden Jahre lang Energie liefern.

Zu den Voraussetzungen der Fusion gehören neben den extrem hohen Temperaturen extrem hohe Dichten des Wasserstoffs. Der britische Physiker John David Lawson findet 1957 heraus, daß das Produkt aus Teilchendichte und Reaktionszeit größer als 1014 s/cm³ sein muß. Bei den erforderlichen hohen Temperaturen sind die Wasserstoffatome des größten Teils ihrer Elektronen beraubt. Sie liegen als Plasma vor.

Wie sich Plasma in einer »magnetischen Flasche« durch den Pinch-Effekt zusammenhalten läßt, erkannte → 1934 der Amerikaner Willard Harrison Bennett. Jetzt unternimmt Ware erste Versuche, derartige magnetische Flaschen praktisch auszuführen. Ihm folgen bald andere Physiker in Großbritannien, aber auch in den USA und in der Sowjetunion. Der Amerikaner Spitzer Jr. ermittelt dabei, daß eine magnetische Flasche in der Form einer 8 aus theoretischen Erwägungen große Vorteile bietet. Dieser Typ heißt später »Stellarator«.

Plasmaexperiment »Cucumber« des Lawrence Livermore Laboratory der Universität von Kalifornien von 1955; das von Elektromagneten umgebene Plasmagefäß hat eine – ungewöhnliche – lange Röhrenform; in der Röhre laufen die geladenen Teilchen, magnetisch »gespiegelt«, hin und her

Datenverarbeitung à la Howard H. Aiken

1951. An der Harvard-Universität in Cambridge (Massachusetts) nimmt der Mathematiker Howard H. Aiken seinen Großrechenautomaten MARK III in Betrieb. Das Gerät ist eine Weiterentwicklung der beiden Vorläufer MARK I und MARK II, an denen Aiken schon ab 1939 gebaut hatte.

MARK I, der am 7. August 1944 in Betrieb ging, war der erste programmgesteuerte Rechenautomat Amerikas. Er wurde auch unter der Bezeichnung ASCC (Automatic Sequence Controlled Computer) bekannt. Das Gerät arbeitete noch elektromagnetisch – mit Relais. Es lehnte sich in seiner Konstruktion weitgehend an das Konzept von Charles Babbage von 1833 (→ 1930) an und besaß neben dem Rechenwerk eine Dateneingabe, ein Speicherwerk, ein Steuerwerk und eine Datenausgabe. Zum Eingeben der Daten diente ein Lochstreifen- und Lochkartenleser. Die Ausgabe erfolgte per Kartenlocher und elektrischen Schreibmaschinen (→ 1902).

Der MARK I rechnete mit dezimal arbeitenden Lochkartenmaschinen-Baugruppen, Lochstreifengeräten und anderen mechanischen Einrichtungen. Seine Hauptbauteile waren Relais, Zählräder, Zahnstangen und elektromagnetische Kupplungen. Er bestand aus rund 700 000 Einzelteilen, darunter mehr als 3000 Kugellagern. Verschaltet war er mit rund 80 km Leitungsdraht. Der 16 m lange und 2,5 m hohe Koloß

Der von Howard H. Aiken entwickelte Großrechenautomat »MARK III« an der Harvard-Universität in Cambridge füllt einen größeren Institutsraum

wog nicht weniger als 35 t. Für eine Addition benötigte der Großrechner etwa 0,3 Sekunden, für eine Multiplikation zweier zehnstelliger Zahlen etwa sechs Sekunden und für eine Division etwa elf Sekunden. Dafür aber war die Maschine kaum störanfällig.

Als die geringe Rechengeschwindigkeit und die mangelhafte Speicherkapazität von MARK I lästig wurden, bekam Aiken den Auftrag – finanziert von der US-Regierung und unterstützt vom IBM –, sein Rechnerkonzept weiterzuentwickeln. Einige Jahre später entstand der ebenfalls noch elektromechanisch arbeitende MARK II.

Doch Aiken mußte feststellen, daß sich eine wesentliche Steigerung der Rechengeschwindigkeit nur mit elektronischen Anlagen erreichen ließ. So entwickelte er den MARK III, der neben 2000 Relais über ungefähr 5000 Elektronenröhren und 1300 Dioden verfügt. Daten und Programme werden von einem Magnetband (→ 1950) eingegeben. Als Speicher arbeitet ein Magnettrommelwerk (→ 1932) aus acht Trommeln mit 4200 Speicherplätzen. Die Datenausgabe besorgen fünf magnetbandgesteuerte Schreibmaschinen. Bei einer Taktfrequenz von 28 kHz benötigt MARK III für eine Addition nur noch vier, für eine Multiplikation zwölf Millisekunden. Wenig später baut Aiken den ersten vollständig in Röhrentechnik ausgeführten Computer MARK IV.

Magnetband für die Bildaufzeichnung

1951. Charles Ginsburg entwickelt im Auftrag der Ampex Corporation in Kalifornien den Videorecorder. Auf den Markt kommen derartige magnetische Bildaufzeichnungsgeräte etwa fünf Jahre später. Das Bildbandgerät zeichnet auf einem Magnetband (→ 1928) die elektrischen Bildsignale ähnlich auf, wie ein Tonbandgerät tonfrequente magnetische Informationen. Für Bildaufzeichnungen aber ist ein größerer Speicherraum nötig, und der Informationsfluß ist sehr viel dichter. Ginsburg arbeitet deshalb mit einem zwei Zoll (5,08 cm) breiten Band, das mit einer Geschwindigkeit von 38,1 cm/s läuft.

Unter der Typbezeichnung »BK 100« bringt die deutsche Elektrofirma Grundig in Nürnberg in den 50er Jahren den ersten deutschen Videorecorder heraus

Pipeline quer durch Arabische Halbinsel

1951. Auf der Arabischen Halbinsel geht eine Pipeline (→ 1865) in Betrieb, die arabische Ölquellen am Persischen Golf mit dem Mittelmeer verbindet.

Die Rohrleitung von knapp 1 m Durchmesser geht über mehr als 1800 km, zum größten Teil überirdisch, diagonal durch den Nordosten der Wüstenhalbinsel. Das Öl bewegt sich darin mit einer Fließgeschwindigkeit von etwa 3 m/s.

Die transarabische Pipeline verbindet die mächtigen Ölquellen am Persischen Golf mit der Hafenstadt Saida im Libanon, südlich von Beirut. Sie verläuft auf einer langen Strecke parallel zur saudiarabisch-irakischen Grenze, dann über jordanisches und syrisches Gebiet in den Libanon.

Das Pipeline-Öl kommt von den Ölfeldern Uthma-ni-yah, Ghawar, Shedgum u. a., in denen jährlich über 100 Millionen Tonnen Rohöl gefördert und zum großen Teil in den Raffinerien von Ra's at Tannurah und Sitrah verarbeitet werden.

Handschrift-Zeichen maschinell gelesen

1951. Der Nachrichtentheoretiker Walter Sprick entwickelt eine Methode, mit der handschriftlich geschriebene Zeichen maschinell gelesen werden können.

Das maschinelle Lesen von Belegen, wie es sich später besonders im Bankverkehr, aber auch bei der Postsortierung einbürgert, geht im allgemeinen von gedruckten Zeichen aus, die optisch abgetastet werden und deren erfaßtes Muster dann mit den Vorgaben aus einem Referenzzeichensatz auf Übereinstimmung verglichen wird.

Spricks Methode geht aber von Zeichen – vor allem Ziffern – aus, die, da sie handgeschrieben sind, innerhalb weiter Streugrenzen in ihrer Form variieren können. Er legt zunächst die Größe des Zeichens durch ein Rechteck fest, in das es gerade hineinpaßt. In dieses Rechteck legt Sprick mehrere optimal gewählte Linien (»Sonden«) und tastet ab, ob und wie oft jede Linie das Schriftzeichen schneidet. Die Ergebnisse lassen sich in einen Zahlenwert umrechnen, der eindeutig auf das Zeichen hinweisen soll.

1952

1952

Die europäischen Fernsehanstalten einigen sich auf eine Zeilennorm von 625 Bildzeilen. →

Der amerikanische Arzt Paul M. Zoll setzt einem Patienten erstmals einen Herzschrittmacher ein. →

In den Bell Laboratories wird die Technik der Zonenreinigung von Siliziumkristallen entwickelt. So entsteht das reinste Material der Welt (Reinheitsgrad 99,99999 %). →

Der Engländer G. W. A. Dummer vom Royal Radar Establishment entwickelt den Grundgedanken der integrierten Schaltung mit elektronischen Bauelementen. →

R. Zwobada entwickelt die ersten Millimeterwellen-Magnetrons und -Klystrons. →

Mit einer Atlantiküberquerung in einem aufblasbaren Boot (Alain Bombard) kommt die Entwicklung moderner Schlauchboote in Gang.

Im Brookhaven National Laboratory auf Long Island wird der Teilchenbeschleuniger »Cosmotron« in Betrieb genommen.

Der US-amerikanische Physiker Donald Arthur Glaser erfindet die Blasenkammer. – Die Schott-Glaswerke fertigen für das Atomforschungszentrum CERN in Genf das größte Blasenkammerfenster der Welt mit 2 m Durchmesser. →

Howard H. Aiken nimmt in den USA die erste vollständig in Röhrentechnik ausgeführte Rechenanlage (»MARK IV«) in Betrieb (→ 1951).

Thomson, Ghiorso u. a. entdecken das Element Einsteinium.

Das Massachusetts Institute of Technology stellt ein Verfahren vor, mit dem die Daten einer technischen Zeichnung räumlich umgesetzt und damit unmittelbar Werkzeugmaschinen gesteuert werden können. →

In New York wird das 24geschossige »Lever-House« in Glas-Stahl-Bauweise erstellt. →

An der Rhône in Frankreich wird das bisher größte europäische Wasserkraftwerk (jährlich 2 Mrd. kWh) in Betrieb genommen.

Die Landesfernwahl, seit 1923 von Siemens technisch vorbereitet, wird postamtlich in der Bundesrepublik Deutschland eingeführt. →

April. Mit den von den Bell Laboratories entwickelten NIKE-Ajax-Raketen beginnt eine neue Ära der elektronischen Kriegsführung.

1. 11. US-Wissenschaftler zünden auf dem Eniwetok-Atoll im Pazifik die erste Wasserstoffbombe. – Auch die Sowjetunion zündet noch 1952 eine Wasserstoffbombe (Kernfusion). →

Wasserstoffbomben-Test

1. November 1952. Eine Gruppe führender US-amerikanischer Kernphysiker unter Leitung von Edward Teller zündet auf dem Eniwetok-Atoll die erste thermonu-

1. Hundertstelsekunde: Lichtblitze

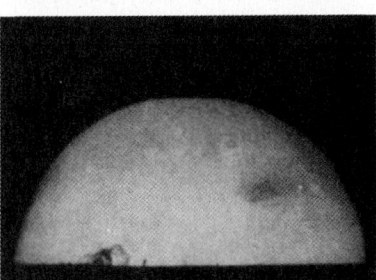

Der Feuerball kühlt sich bald ab

kleare Bombe (»Wasserstoffbombe«). Sie hat eine Sprengkraft von 10 Megatonnen (eine Megatonne ist das explosive Äquivalent von einer Million Tonnen TNT, → 1863). Das gesamte Atoll wird zerstört.

Bereits im Oktober 1949 hatten US-amerikanische Wissenschaftler von der Möglichkeit der Herstellung einer Wasserstoffbombe berichtet, aber gehofft, daß sich der Bau einer derartigen Superwaffe durch Absprachen mit der Sowjetunion vermeiden ließe. Am 31. Januar 1950 ordnete Präsident Harry S. Truman an, das Projekt zu verfolgen. Die Wasserstoffbombe arbeitet mit explosiver Fusion (→ 1938) der Kerne der Schwerwasserstoffisotope Deuterium (→ 1931) und Tritium nach den Reaktionsgleichungen $D + D \rightarrow He^3 + n + 3,2$ MeV, $D + D \rightarrow T + H + 4,0$ MeV und $D + T \rightarrow He^4 + n + 17,6$ MeV. Dabei sind D Deuterium, T Tritium, H Wasserstoff, He Helium und n Neutronen. Ein MeV (Megaelektronenvolt) ist $4,44 \cdot 10^{-20}$ kWh. Um die für Wasserstofffusion erforderlichen hohen Temperatu-

Edward Teller – oft als »Vater der Wasserstoffbombe« apostrophiert

ren und Drücke (→ 1944) zu erreichen, wird in der thermonuklearen Bombe zunächst eine konventionelle Atombombe (→ 1945) gezündet. Die freigesetzte Energie der auf dem Eniwetok-Atoll gezündeten Wasserstoffbombe entspricht rund 700 Hiroschimabomben.

Blasenkammer macht Teilchen sichtbar

1952. Der Amerikaner Donald Arthur Glaser erfindet die Blasenkammer, in der ionisierte Teilchen sichtbare Spuren hinterlassen.

Die Blasenkammer arbeitet ähnlich wie die Nebelkammer von Charles Thomson Rees Wilson (→ 1912), doch wird statt eines Gases eine Flüssigkeit als Spurenmedium verwendet. Sehr schnelle Teilchen können durch eine Nebelkammer fliegen, ohne irgendeine Reaktion auszulösen. Um die Wahrscheinlichkeit einer Reaktion zu erhöhen, muß das Medium, durch das sich die Teilchen bewegen, dichter sein. Flüssigkeiten besitzen eine 100- bis 1000mal so große Dichte wie Gase.

In Nebelkammern dient sauberer, unterkühlter Dampf als Spurenmedium. An Kondensationskeimen, die eine physikalische Unregelmäßigkeit in dem Dampf darstellen, kondensiert er sofort. So kommt die Teilchenspur zustande.

Die Blasenkammer arbeitet umgekehrt. Sie enthält eine unter Druck überhitzte und dann entspannte Flüssigkeit (etwa flüssigen Wasserstoff), die zum Verdampfen neigt. Auch die Dampfblasenbildung wird

durch Unregelmäßigkeiten ausgelöst. So beginnt z. B. die Blasenbildung in einem Topf mit kochendem Wasser zunächst nicht in der Flüssigkeit selbst, sondern an den Topfwänden und am Boden. Das Metall wirkt hier als Unregelmäßigkeit. Die durch die Kammer fliegenden subatomaren Teilchen – etwa aus der Höhenstrahlung (→ 1911) oder von Teilchenbeschleuniger-Anla-

gen (→ 1930) – wirken ebenfalls als Unregelmäßigkeiten und lösen längs ihres Wegs durch die Kammer eine Blasenbahn aus, die von verschiedenen Seiten mit mehreren Stereokameras fotografiert wird. Schon 1952 fertigen die Glaswerke Schott ein Blasenkammerfenster von 2 m Durchmesser für das im Folgejahr entstehende europäische Atomforschungszentrum CERN in Genf.

Die 2 m große Blasenkammer im europäischen Kernforschungszentrum CERN in Genf ist mit flüssigem Wasserstoff gefüllt; die Anlage ist zur Wartung geöffnet: links die eigentliche Kammer, in Bildmitte der sie normalerweise umgebende Vakuummantel zur thermischen Isolierung

Die Elektronik soll kompakter werden

1952. G. W. A. Dummer vom britischen Royal Radar Establishment entwickelt erstmals – von den frühen Versuchen mit Elektronenröhren einmal abgesehen (→ 1930) – den Grundgedanken einer integrierten Schaltung mit elektronischen Bauelementen.

Dummers Ziel ist es, durch dichtere Packung der passiven (Widerstände, Kondensatoren) und aktiven (Transistoren) Bauelemente die elektronischen Schaltungen zu verbessern. Das reduziert deren Platzbedarf und den Herstellungspreis. Am wichtigsten aber sind die besseren technischen Eigenschaften. Die Elektronenlaufzeit in den gegen Null gehenden Verbindungsleitungen wird erheblich verringert, was z. B. in Computern zu wesentlich kürzeren Rechenzeiten führt. Außerdem entfallen unliebsame Leitungswiderstände, Leitungskapazitäten und Leitungsinduktivitäten. Praktisch führt die Entwicklung zunächst zu »Hybridschaltungen«, die sich von den späteren monolithischen Schaltkreisen (→ 1966) in der Herstellungstechnik unterscheiden. Auf ein Trägerplättchen werden in Dünnfilm- oder Dickfilmtechnologie Widerstandsschichten aufgebracht, die – noch – über gedruckte Leiterbahnen mit anderen diskreten Bauelementen verbunden sind. Diese Schaltungen sind zwischen gedruckten (→ 1949) und voll integrierten Schaltkreisen oder Chips (→ 1958) einzuordnen.

Größenvergleich: Röhre, Transistoren, integrierte Schaltungen

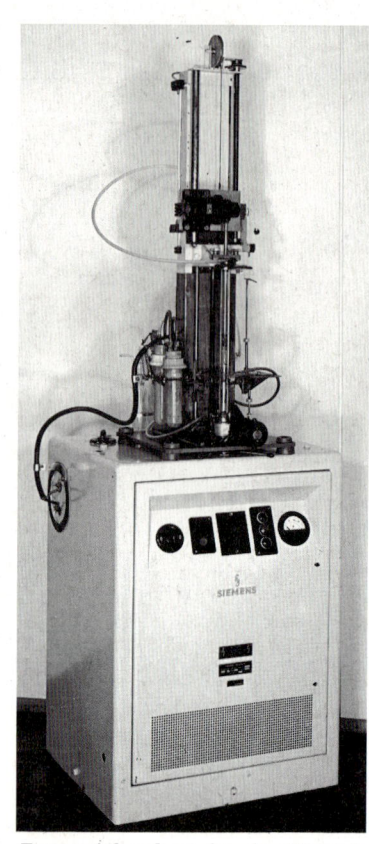

Zonenziehanlage für die Herstellung von Silizium-Einkristallen

Silizium-Kristalle für superreine Halbleiter

1952. In den amerikanischen Bell Laboratories wird ein Verfahren zur zonenweisen Reinigung von Silizium-Kristallen für die Halbleitertechnik entwickelt. Es arbeitet durch Aufschmelzen und Rekristallisation.

Die so für die Verwendung in der Halbleitertechnik »gezüchteten« Silizium-Einkristalle sind das reinste Material der Welt. Ihr Reinheitsgrad erreicht bis zu 99,99999 %. Derartig saubere Halbleiter sind erforderlich, um Transistoren mit präzise reproduzierbaren Daten in Serie fertigen zu können. Bei dem Verfahren wird ein durch Sintern hergestellter polykristalliner Silizium-Stab vertikal durch einen Ofen geschoben, so daß jeweils eine schmale Zone aufschmilzt. Beim anschließenden Abkühlen rekristallisiert das Material in dieser Zone monokristallin. Da ein Tiegel fehlt, kommt es nicht zur Verunreinigung der Kristalle durch Tiegelmaterial.

Elektronenröhren für Mikrowellen

1952. Der Ingenieur R. Zwobada entwickelt die ersten Magnetrons (→ 1921) und Klystrons (→ 1936), die im Frequenzbereich bis zu 300 GHz (1 GHz oder Gigahertz bedeutet eine Milliarde Schwingungen pro Sekunde) arbeiten. Das entspricht der Länge elektromagnetischer Wellen im Millimeterbereich.

Man spricht hier von Mikrowellen. Mikrowellen liegen an der Grenze zwischen Radiowellen und Infrarotstrahlung. Mikrowellen breiten sich noch lichtähnlicher als UKW aus, d. h. geradlinig und praktisch nur im Sichtbereich.

Im Mikrowellenbereich versagen die üblichen elektronischen Schaltelemente; die Dimensionen der Bauteile liegen in der Größenordnung der Wellenlänge. Auch übliche Leitungen sind ungeeignet; man verwendet Hohlleiter.

Eine Anwendung finden Mikrowellen zunächst bei Richtstrahlern mit scharfer Bündelung und im Radarbereich. Bald kommen Mikrowellenwärmegeräte (Herde → 1953, Therapiegeräte usw.) dazu.

Der Herzschrittmacher hilft überleben

1952. Der amerikanische Arzt Paul M. Zoll setzt einem 72jährigen Patienten erstmals einen Herzschrittmacher ein.

Der Schrittmacher ist ein kleiner elektronischer Apparat, der von einem physiologisch neutralen Material umgeben ist, das vom Körpergewebe des Patienten nicht abgestoßen wird. Das Gerät wird mit Batteriestrom gespeist. Es enthält einen Kondensator, der sich auflädt und beim Erreichen einer gewissen Spannung einen Entladungsstromstoß an den Herzmuskel abgibt. Sodann lädt sich der Kondensator erneut auf. Ein Regelkreis sorgt für die Aufladung im natürlichen Herzrhythmus, wobei allerdings die Stromstöße des Schrittmachers in einer geringfügig schnelleren Folge als der des natürlichen Herzschlags erfolgen, um ein Konkurrieren zwischen natürlichem und künstlich angeregtem Zusammenziehen des Herzmuskels zu vermeiden.

Der Schrittmacher sorgt für eine einwandfreie Herztätigkeit bei starken Arhythmien oder bei zeitweiligem Herzaussetzen.

Bei den ersten Geräten sichert ein Batteriesatz nur einen zuverlässigen Betrieb von etwa zwei Jahren. Danach muß der in die Brust des Patienten implantierte Schrittmacher operativ entfernt, mit neuen Batterien bestückt und wieder implantiert werden. Spätere Modelle enthalten äußerst langlebige Plutoniumbatterien oder Vorrichtungen wie piezoelektrische Kristalle (→ 1880), die eine Aufladung des Kondensators durch die Herzmuskeltätigkeit selbst herbeiführen.

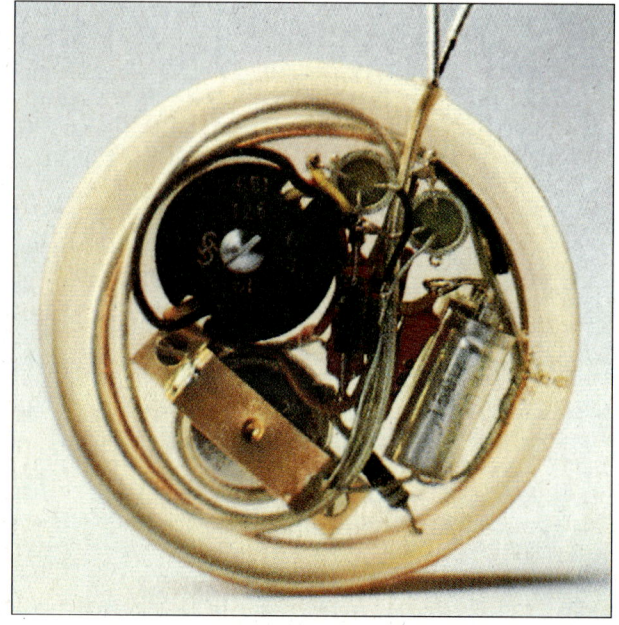

Moderner Herzschrittmacher aus den 1980er Jahren; erste Versuche mit nicht implantierten Schrittmachern unternahmen 1927 und 1932 die Medizintechniker Hyman und Gould; ihr Stromunterbrecher, ein Federmotor, mußte alle sechs Minuten aufgezogen werden; nur eine bipolare Nadelelektrode führte zum Herzen

Vollautomatische Werkzeugmaschinen

1952. In den USA stellt das Massachusetts Institute of Technology (MIT) die ersten sogenannten NC-Maschinen (Numerical Controlled Machines) her. Das sind Werkzeugmaschinen, die in Zusammenarbeit mit einem elektronischen Zeichnungslesegerät fungieren.

Die aus einer technischen Zeichnung abgelesenen Maße werden von einem Rechner räumlich umgesetzt und über ein Steuergerät auf die Maschine übertragen. Durch geeignete Bewegungen des Werkzeugs oder der Werkstückhalterung formt die Maschine – Drehbank, Fräsmaschine u. a. – das Werkstück ohne menschlichen Eingriff.

Die abgelesenen Steuerbefehle werden durch Zahlen ausgedrückt, die meist binär (→ 1936) verschlüsselt sind. Sie werden durch Steuerschaltungen ausgewertet.

Wird, wie bei späteren Maschinen dieser Art, die Steuerung durch einen extern angeschlossenen Computer unterstützt, spricht man von CNC (Computerized Numerical Control). Bei dieser Anordnung wird die Leistungsfähigkeit der

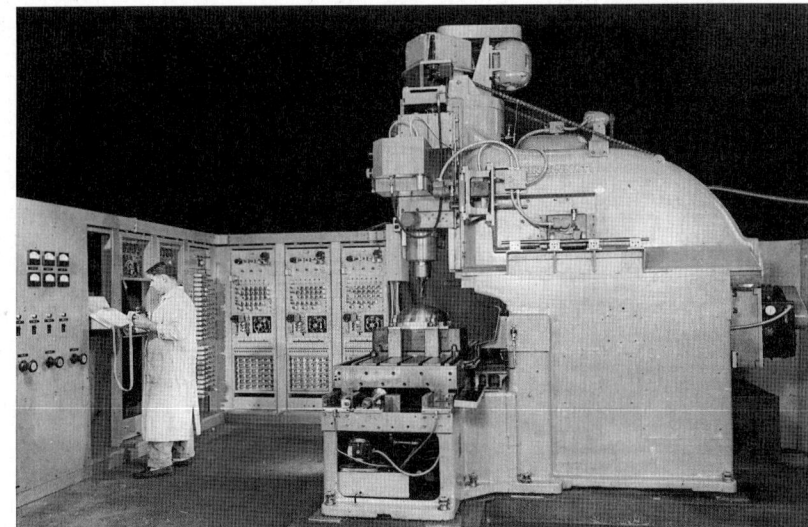

Numerisch gesteuerte Fräsmaschine (MIT) aus dem Jahr 1957; die Steuerschränke sind dem Stand der Computertechnik entsprechend noch recht groß

Werkzeugmaschinen noch dadurch gesteigert, daß man die Werkstückformen nicht in Zeichnungen vorgeben, sondern unmittelbar als Computerprogramme beschreiben kann. CNC-Werkzeugmaschinen eignen sich besonders, um Einzelstücke zu fertigen, etwa bei der Herstellung von Werkzeugen oder der Formgebung von Prototypen. Vor allem dreidimensional frei ansteuerbare Fräsmaschinen bieten in Verbindung mit dieser neuartigen Technologie die Möglichkeit, selbst ausgesprochen komplexe Körper automatisch zu formen.

Eine Zeilennorm für das Fernsehbild

1952. Die europäischen Fernsehanstalten einigen sich in den vom CCIR (Comité Consultatif International des Radiocommunications) festgelegten Richtlinien für das Fernsehen auf eine Zeilennorm von 625 Bildzeilen. Daneben werden drei weitere Normen mit 405, 525 und 819 Zeilen für das Schwarzweißfernsehen festgelegt.

Im Rahmen der sogenannten Gerber-Norm (625 Zeilen) werden auch zahlreiche technische Details für den Bildaufbau festgelegt: Die Bildabtastfrequenz, die Modulationsart, die Frequenzbreite des Übertragungskanals, die Lage der Bild- und Tonträger zueinander im Kanal, die Höhe der einzelnen Pegel usw. Für die Gerber-Norm gelten als Videobandbreite 5 MHz, als gesamte Kanalbreite 7 MHz. Innerhalb des Gesamtbandes sind Ton- und Bildträger 5,5 MHz voneinander getrennt. Die Zeilenfrequenz des Bildes liegt bei 15 625 Hz, die Bildfrequenz bei 25 Hz. Das Format des Fernsehbildes wird durch das Seitenverhältnis 4:3 (Breite:Höhe) festgelegt.

Telefonfernwahl in der Bundesrepublik

1952. In der Bundesrepublik wird damit begonnen, die bereits seit 1923 von der Firma Siemens technisch vorbereitete landesweite Telefonfernwahl einzuführen. Bisher wurden Gespräche, die über den Ortsbereich hinausgingen, noch immer handvermittelt.

Bis ein flächendeckendes automatisches Fernsprechnetz arbeitet, vergehen allerdings noch weitere 20 Jahre. Erst 1972 läuft der nationale Fernsprechbetrieb vollkommen automatisch ab.

Einen ersten Versuchsbetrieb für die Fernwahl nahm bereits 1923 die Netzgruppe Weilheim in Oberbayern auf. Verwendet wurde dabei ein Kabeltyp, wie er schon zwischen 1912 und 1921 als »Rheinlandkabel« im Westen Deutschlands für Telefonübertragungen verlegt wurde. Inzwischen technisch und hinsichtlich seiner Mehrfachausnutzung auch wirtschaftlich verbessert, wird der gleiche Kabeltyp auch ab 1952 eingesetzt. Er wird zum Muster für das gesamte Fernsprechnetz in den Ländern Westeuropas.

Lever Building – neuer Hochhaustyp

1952. In New York werden die Arbeiten an dem vom Architekturbüro Skidmore, Owings and Merrill konzipierten Lever-Hochhaus (Abb.) abgeschlossen.

Der nur 21 Stockwerke hohe Wolkenkratzer wird zum Vorbild für unzählige Bauten in aller Welt. Die Architekten weichen mit ihrem Konzept vom Klischee der engen Straßenschluchten zwischen himmelstürmenden Gebäuden ab. Sie stellen den turmartigen Hochbau auf eine großzügig gestaltete zweigeschossige Bauplattform, die ihrerseits einen offenen Vorplatz umschließt. Auf eine optimale Ausnutzung des Grundstücks wird zugunsten von Offenheit und Helligkeit verzichtet.

Das eigentliche Hochhaus ist ein äußerst funktioneller Bauquader aus Stahl und vorgehängten Glasfassaden. Dabei liegen die durchsichtigen Fensterfronten in einer Ebene mit den undurchsichtigen Fassadenpartien.

1953

Um 1953. In Kernreaktoren werden die Neutrinos entdeckt. →

1953. Als Gegenmaßnahme zur Konkurrenz Fernsehen entwickelt die Filmindustrie das Breitwandverfahren (Cinemascope) mit stereophonem Ton (Twentieth Century-Fox).

Der amerikanische Chirurg John Heynsham Gibbon führt die erste Operation mit Hilfe einer Herz-Lungen-Maschine durch. →

Die amerikanische Raytheon Manufacturing Company in Newton, Massachusetts, erhält ein Patent auf den Mikrowellenherd.

Der deutsche Chemiker Karl Ziegler entwickelt aus dem Äthylen das Polyäthylen (→ 1933). Der italienische Chemiker Giulio Natta verbessert die Produktionsmethode. →

Nach der Entdeckung der sogenannten induzierten Emission durch den amerikanischen Physiker Charles Hard Townes und die russischen Physiker Nikolai G. Bassow und Alexandr M. Prochorow baut Townes jetzt einen Mikrowellenverstärker (»Maser«).

Philips bringt die ersten Magnettonköpfe aus Ferrit auf den Markt.

Die Firma Sonotone baut die erste transistorisierte Hörhilfe. →

In München wird weltweit erstmals die »grüne Welle« im Straßenverkehr realisiert.

Die erste Automobilkarosserie aus Kunststoff wird gefertigt. →

Das US-amerikanische Raketen-Flugzeug Bell »X-I A« erreicht eine Geschwindigkeit von 2570 km/h. →

Die Firma Bayer bringt den hochwertigen thermoplastischen Chemiewerkstoff »Makrolon« auf den Markt. →

25. 7. Der Welt größtes Tankschiff und zugleich ein Superlativ aller Frachtschiffe, die »Tina Onassis« (25 010 BRT), geht bei der Hamburger Deutschen Werft AG vom Stapel. →

30. 9. Auguste Piccard und sein Sohn Jacques tauchen in der Bathysphäre »Trieste« in der Nähe von Neapel in eine Tiefe von rund 3150 m. →

17. 12. Die US-Funküberwachungsbehörde gibt das Farbfernsehen nach dem NTSC-Standard frei.

GESTORBEN:

15. 8. Göttingen: Ludwig Prandtl (* 4. 2. 1875, Freising), deutscher Physiker.

19. 12. Pasadena: Robert Andrews Millikan (* 22. 3. 1868, Morrison/Illinois), US-amerikanischer Physiker.

Kleinstwagen beleben den Automarkt

Um 1953. Auf dem europäischen – besonders dem deutschen – Automarkt besteht ein großes Interesse an billigen und wirtschaftlichen Kleinstwagen, die unter Hintanstellung jeglichen Komforts lediglich als zuverlässige Fortbewegungsmittel dienen sollen.

Bereits 1948 brachte der deutsche Ingenieur Hermann Holbein das Miniauto »Champion 250« mit 250 cm³ Hubraum und nur 6 PS Leistung heraus. 1951 vergrößerte er den Hubraum auf 400 cm³. Ab 1950 lieferte Carl F. W. Borgward den »Lloyd 300« mit 75 km/h Höchstgeschwindigkeit, der auf 100 km 5,5 l Benzin verbrauchte. Der Wagen hatte eine kunstlederüberzogene Holzkarosserie. Ab 1952 läuft der Lloyd mit 400-cm³-Motor. 1952 liefert Fritz Fend einen dreirädrigen Kabinenroller (»Messerschmitt-Kabinenroller«, weil in der ehemaligen Flugzeugfabrik Messerschmitt hergestellt) zunächst für Körperbehinderte, ab 1955 mit 191-cm³-Maschine auch für nichtbehinderte Käufer. BMW übernimmt einen italienischen Kleinstwagen, die »Isetta« mit Fronttür, in Lizenz und liefert das Gefährt ab 1955 mit einem Einzylinder-Motorradmotor. Hans Glas bereitet das »Goggomobil« vor, das ebenfalls 1955 auf den Markt kommt. Es läuft wahlweise mit 250- oder 300-cm³-Motor. Daneben kommen zahlreiche ähnliche Modelle auf den Markt.

Die Kombi-Version des »Leukoplastbombers«: Der »Lloyd LS 300«; ab 1953 wird die Holzkarosserie mit Kunstlederbezug durch Stahlteile verstärkt

Der Kleinwagen »BMW 600« mit einem Einzylinder-Motorradmotor zeichnet sich wie die von BMW in Lizenz gefertigte »Isetta« durch eine Fronttür aus

Vorstoß in die Meerestiefe

30. September 1953. Zusammen mit seinem Sohn Jacques taucht der fast 70jährige schweizerische Physikprofessor Auguste Piccard (→ 1932) bei Neapel mit der von ihm entworfenen Tauchkugel (Bathysphäre) »Trieste« bis auf den Boden des Mittelmeers in eine Meerestiefe von 3150 m ab.

Den bisherigen Tiefseerekord hielten – seit dem 14. August 1953 – zwei französische Offiziere der Unterwasser-Versuchsanstalt Toulon. Sie erreichten mit dem ebenfalls von Piccard konzipierten Tauchschiff »F.N.R.S. 3« 2100 m.

Der Druck auf die kugelförmige Kabine an der Unterseite des Tauchschiffs »Trieste« – das selbst nicht druckdicht gebaut ist – beträgt 315 Atmosphären.

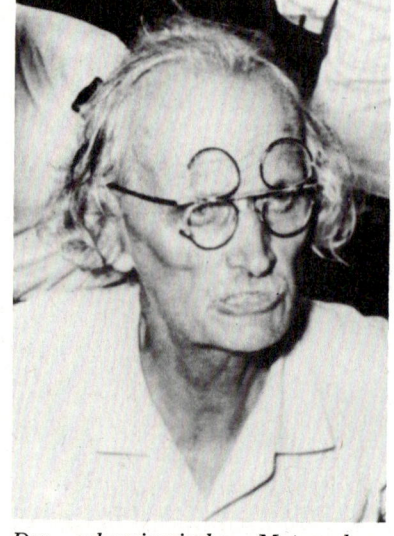

Der schweizerische Meteorologe und Physiker Auguste Piccard

Rekordflüge mit Spezialmaschinen

1953. Als Höhenflugrekord für Düsenflugzeuge werden 19 400 m registriert, eine Höhe, die bisher nur Maschinen mit Raketenantrieb erreichten, darunter die Bell »X-1«, mit der am → 14. Oktober 1947 Major Charles Yeager den ersten Überschallflug vollbrachte.

Ein Raketenflugzeug vom gleichen Typ – es wird wiederum von einem Bombenflugzeug in die Höhe getragen und ausgeklinkt – erreicht 1953 mit 2570 km/h mehr als die doppelte Schallgeschwindigkeit. Der Flug unterstreicht die Vermutung, daß – sobald die Schallmauer durchbrochen ist – bei weiterer Steigerung der Geschwindigkeit keine weiteren aerodynamischen Grenzen mehr zu überwinden sind.

Die Autokarosserie aus Polyesterharz

1953. Automobil-Konstrukteure versuchen erstmals, Kraftwagen-Karosserien vollkommen aus Kunststoff zu fertigen. Verwendet werden glasfaserverstärkte Polyesterharze (→ 1948).

Kunststoffe im Karosseriebau sind dann besonders sinnvoll, wenn nur kleine Serien produziert werden sollen – etwa bei Renn- oder Rallyefahrzeugen oder Nutzfahrzeugen mit Sonderaufbauten.

Sinnvoll ist der Einsatz von Kunststoffen im Karosseriebau auch dann, wenn besonderer Wert auf geringes Gewicht, auf Wartungsfreiheit und absolute Korrosionsbeständigkeit gelegt wird.

Zwei neue Kunststoffe

1953. Der deutsche Chemiker Karl Ziegler stellt aus Äthylen erstmals Polyäthylen bei niedrigem Druck her. – Die Firma Bayer bringt den thermoplastischen Chemiewerkstoff »Makrolon«, ein Polycarbonat, auf den Markt.

Niederdruckpolyäthylen hat andere Eigenschaften als das schon → 1933 in England bei den Imperial Chemical Industries entdeckte und ab 1939 in Massen gefertigte Hochdruckpolyäthylen. Es ist härter, fester und dichter. Hergestellt wird es unter Einwirkung organischer Aluminiumverbindungen als Katalysatoren (→ 1901). Dadurch entstehen größere Moleküle.

Der italienische Chemiker Giulio Natta führt Zieglers Arbeiten fort, indem er mit anderen Katalysatoren experimentiert und so ein Polymerisationsverfahren findet, das sich auch auf andere Kunststoffarten anwenden läßt. Die beiden Chemiker bekommen für ihre Erkenntnisse 1963 den Nobelpreis.

Der neue Werkstoff »Makrolon« von Bayer zeichnet sich durch hohe Lichtdurchlässigkeit (bis 90%), große Härte, Steifigkeit und Schlagzähigkeit, Witterungsbeständigkeit, gute elektrische Isoliereigenschaften und Resistenz gegen Öl, Fette und Benzin aus. Er hält kurzzeitig Temperaturen bis 150 °C aus und wird auch bei extrem tiefen Temperaturen nicht spröde.

Glasklare Flaschen aus dem neuartigen Werkstoff »Makrolon«

Werften bauen gigantische Frachter

25. Juli 1953. Der Welt bislang größtes Tankschiff und zugleich ein Superlativ im Frachtschiffbau, die 25 010 BRT große »Tina Onassis«, läuft bei der Hamburger Deutschen Werft AG vom Stapel.

Der Trend zu immer größeren Tankschiffen ist zunächst noch wirtschaftlich. Der 45 242 t Ladung tragende Tanker benötigt gegenüber den im Zweiten Weltkrieg üblichen amerikanischen Standardtankern »T2« nur acht bis zehn Mann mehr Besatzung, besitzt aber etwa die dreieinhalbfache Transportleistung. Die »Tina Onassis« verbraucht bei 17 Knoten Geschwindigkeit täglich 95 t Brennstoff. Ein nur 14,5 Knoten schneller Tanker vom Typ T2 benötigt 50 t. Zudem sind die Riesentanker preisgünstiger in der Anschaffung. Bezogen auf ihre Tragfähigkeit kosten sie gegenüber T2-Tankern nur 70%.

Mit der »Tina Onassis« beginnt der Trend zu immer größeren Tankern und zugleich zu Spezialschiffen unter den Frachtern. Die größeren Abmessungen der Schiffe ziehen eine Lawine von Änderungen auch im Hafenbau und in der Anlage der Werften nach sich.

In den Häfen werden tiefere Fahrrinnen, längere Kais und größere Tanklager erforderlich. Schon in weiteren sechs Jahren werden die ersten Tanker über 100 000 Tonnen Deadweight (das ist die Nutzlast plus Treibstoff und Proviant) gebaut. Und auch damit wird die Tonnage – entgegen Erwartungen von

Fachleuten – bis auf weiteres noch kein Limit finden.

Die Werften müssen nicht nur größer werden, sie müssen auch rationeller arbeiten, um die Riesenschiffe in sinnvollen Zeiten herstellen zu können. Während der eigentliche Schiffskörper im Dock oder auf der Helling (»Helling« ist niederländisch und bedeutet »Schräge«) entsteht, werden komplette andere Einheiten – z. B. die Brücke oder das Deckhaus – parallel an anderen speziellen Montageplätzen hergestellt. Erst nach dem Ausdocken bzw. nach dem Stapellauf des Schiffskörpers werden die verschiedenen Einheiten von gewaltigen Schwimmkränen an Deck gehievt.

Großwerft »Bremer Vulkan«; typisch ist der mächtige Portalkran

Bezeichnend für die Großwerften sind ihre riesigen Krananlagen; den Höhepunkt finden sie 1969 in diesem Bockkran von 140 m Spannweite in Belfast

Mikrowellen für die Küche genutzt

1953. Die amerikanische Raytheon Manufacturing Company in Newton, Massachusetts, erhält ein Patent auf den Mikrowellenherd. Mikrowellen (→ 1952) sind elektromagnetische Wellen mit Frequenzen zwischen jenen von Radiowellen und infraroten Lichtwellen. Sie haben die Eigenschaft, Moleküle zu polarisieren. Weil sie selbst ständig ihre Richtung ändern (bei Herden 2425 bis 2475 Milliarden Schwingungen pro Sekunde) bewegen sich mit ihnen auch die Moleküle in der – elektrisch leitenden – Nahrung, wodurch Reibungswärme entsteht, die zum Erhitzen oder Garen der Speisen genutzt wird.

»Grüne Welle« für Münchens Ampeln

1953. In München wird erstmals die grüne Welle für Ampelanlagen im Straßenverkehr praktiziert. Hierbei sind alle Ampeln im Verlauf von besonders frequentierten Straßenzügen in ihren Schaltphasen voneinander abhängig. Fahren die Verkehrsteilnehmer mit etwa konstanter Geschwindigkeit – z. B. 50 oder 60 km/h –, dann können sie an jeder Ampelkreuzung freie Fahrt erwarten. Dadurch werden Verkehrsstaus durch ständiges Bremsen und Anfahren vermieden und – bezogen auf den gesamten Straßenverkehr – große Treibstoffmengen eingespart. Das führt zur Abgasreduktion.

Maschine ersetzt Herz und Lunge

1953. Der amerikanische Chirurg John Heynsham Gibbon führt die erste Operation mit Hilfe einer Herz-Lungen-Maschine durch.

Bei Herz- oder Lungenerkrankungen, besonders aber bei Herzoperationen, kann ein lebensgefährlicher Sauerstoffmangel auftreten. Schon 1885 versuchten Ärzte, das Blut von Patienten in solchen Fällen künstlich mit Sauerstoff zu sättigen. Erstmals gelang das im Jahr 1931 im Tierversuch. Die jetzt von Gibbon verwendete Herz-Lungen-Maschine übernimmt als Pumpe sowohl die Herzfunktion wie auch die Funktion der Lunge, das Blut mit Sauerstoff anzureichern.

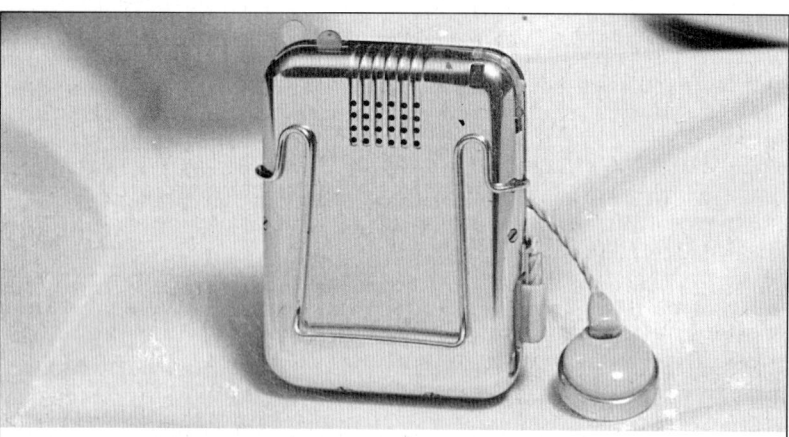

Neues Hörgerät mit Transistorverstärker

1953. Die britische Firma Sonotone bringt die erste elektronische Hörhilfe (→ 1906) mit Transistorverstärker auf den Markt (Abb.: Ähnliches Gerät aus Dänemark). Das Gerät verfügt über ein winziges Mikrophon, einen Kopfhörer sowie einen Verstärker, der Dank der Transistortechnik (→ 1948) sehr klein und sparsam in der Leistungsaufnahme ist und sich mit dem Strom einer kleinen Batterie betreiben läßt.

Entdeckung der Neutrinos

Um 1953. In Kernreaktoren werden die Neutrinos entdeckt.

Neutrinos sind subatomare Teilchen, die in sechs Arten vorkommen, als E-Neutrino, Mü-Neutrino und Tau-Neutrino und in Form der entsprechenden Antimaterieteilchen (→ 1955). E-Antineutrinos entstehen in Kernreaktionen beim Beta-Zerfall (→ 1902) von Atomkernen. Sie werden jeweils zusammen mit einem Elektron ausgesandt. Ihre Existenz forderte bereits 1931 der Kernphysiker Wolfgang Pauli, um die Gültigkeit der Energie- und Spinerhaltung (→ 1924) beim Beta-

Zerfall nicht in Frage zu stellen. Erste Anzeichen für die tatsächliche Existenz der Neutrinos ergeben sich in der ersten Hälfte der 50er Jahre. Mit Sicherheit werden sie erst 1956 nachgewiesen, als ein in einem Kernreaktor entstandenes Antineutrino mit einem Proton reagiert und dabei ein Neutron und ein Positron (→ 1928) entstehen. Neutrinos finden sich auch in der kosmischen Strahlung (→ 1911).

Während in Kernreaktoren nur Antineutrinos entstehen, liefern die Kernprozesse in der Sonne Neutrinos. Sie gelten 1953 als masselos.

Magnettonkopf aus Ferrit hergestellt

1953. Die niederländische Elektronikfirma Philips bringt die ersten Magnettonköpfe aus Ferrit (→ 1932) auf den Markt.

Tonköpfe dienen dem Löschen, Beschreiben und Abhören von Magnettonbändern (→ 1928). Sie bestehen aus einem ringförmigen weichmagnetischen Kern mit feinem Spalt. Sie sind von einer Spule umwickelt, durch die der hochfrequente Lösch-, der tonfrequente Schreib- oder der induzierte Abhörstrom fließt. Die Kerne selbst verhalten sich dabei wie Elektromagneten. Bisher stellte man sie aus weichem Eisen her. Ferrit gewährleistet aber bessere Tonqualität.

Die Europäische Rundfunk-Union gründet die Eurovision.

In Großbritannien hat das »fliegende Bettgestell«, der erste praktikable Senkrechtstarter, seinen Jungfernflug.

Die amerikanische Firma Regency bringt das erste Transistorradio auf den Markt. →

Die Entwicklung der Fernsehröhre Plumbicon setzt ein.

In den USA wird am Bell Telephone Laboratory die Silizium-Solarzelle entwickelt, die Lichtenergie unmittelbar in elektrische Energie umwandelt. →

Die ersten leichten Nuklearbatterien werden hergestellt (Plutonium-238 u. a.). →

An der Universität von Kalifornien in Berkeley geht der Teilchenbeschleuniger »Bevatron« in Betrieb (→ 1930).

J. W. Backus entwickelt die Programmiersprache FORTRAN. Wissenschaftler können jetzt ohne Programmierer arbeiten. →

Die deutsche Elektrofirma Grundig in Nürnberg bringt das »Heinzelmann«-Schaltuhren-Radio, Vorläufer der späteren Sono-Clocks, auf den Markt.

Rundfunksender in der Bundesrepublik Deutschland und anderen Ländern Europas beginnen mit der Ausstrahlung stereophoner Programme. →

Die bundesdeutsche Firma Bayer bringt die vielseitige Acrylfaser »Dralon« auf den Markt.

Fiat entwickelt den ersten Turbinenwagen auf dem europäischen Kontinent.

In Jodrell Bank (Manchester) ist das 250-Fuß-Radioteleskop fertiggestellt. →

21. 1. Das erste US-Unterseeboot mit Atomantrieb, die »Nautilus«, läuft vom Stapel. →

7. 2. Der erste Starfighter macht seinen Jungfernflug. →

Juni. Als erstes Atomkraftwerk der Welt liefert ein Reaktor bei Obninsk in der UdSSR Strom in das elektrische Netz. →

15. 7. Der Prototyp der Passagiermaschine Boeing 707 geht auf Jungfernflug. →

GESTORBEN:

1. 2. New York: Edwin Howard Armstrong (* 18. 12. 1890, New York), US-amerikanischer Elektrotechniker.

7. 3. Kiel: Paul Otto Hermann Diels (* 23. 1. 1876, Hamburg), deutscher Chemiker.

14. 8. Friedrichshafen: Hugo Eckener (* 10. 8. 1868, Flensburg), deutscher Luftfahrtpionier.

28. 11. Chicago: Enrico Fermi (* 29. 9. 1901, Rom), italienischer Physiker.

Elektrischer Strom aus Sonnenlicht

1954. Am Bell Telephone Laboratory in den USA wird die Silizium-Solarzelle entwickelt. Sie verwandelt die einfallende Strahlungsleistung des Sonnenlichts direkt in elektrische Leistung.

Diese sogenannten Photoelemente bestehen aus dotierten (mit Fremdatomen angereicherten) Siliziumkristallen, wobei zwei Halbleiterschichten (→ 1939) aneinandergrenzen. Durch die Lichteinstrahlung bilden sich in den Halbleitern Elektronen-Loch-Paare. An der Sperrschicht findet eine Trennung von Elektronen und Löchern statt. So entsteht ein elektrisches Potential, die Photospannung.

Nuklearbatterien liefern Energie

1954. Die ersten leichten Nuklearbatterien werden hergestellt.

Viele radioaktive Substanzen (z. B. Plutonium-238 oder Strontium-90) sind Beta-Strahler, sie geben ständig Elektronen ab. Nuklearbatterien sind beidseitig geschlossene evakuierte Metallröhren, in denen ein zentral montierter Stab mit einem derartigen radioaktiven Isotop beschichtet ist. Der elektrisch leitende Stab ist durch einen Isolator nach außen geführt. Ihm gegenüber ist das Metallgehäuse der Batterie elektrisch negativ, denn darauf sammeln sich die fortwährend von dem Isotop ausgesandten Elektronen. Zwischen dem Stab und dem Gehäuse läßt sich also elektrische Spannung abgreifen.

Erster Atomstrom in der Sowjetunion

Juni 1954. Als erster Atomreaktor der Welt liefert ein russisches Kernkraftwerk bei Obninsk Strom in das elektrische Verbundnetz.

Elektrischen Strom hatte auch bereits → 1951 ein amerikanischer Brutreaktor erzeugt. Doch handelte es sich dabei um eine Versuchsanlage, die noch keinen kommerziellen Betrieb aufrecht erhielt. Sie versorgte nur lokal elektrische Verbraucher. Der russische Kernreaktor hingegen ist in die elektrische Energieversorgung des Landes mit eingebunden.

Der »Starfighter« bei einem Bodentest in der Edwards Air Force Base in Kalifornien; der Nachbrenner der Maschine liefert den langen Lichtschweif

Boeing 707 beim Ausschleppen aus einem Hangar am Frankfurter Rhein-Main-Flughafen; sie ist die wirtschaftlichste Passagiermaschine ihrer Zeit

Starfighter und Boeing 707 fliegen

1954. Am 7. Februar startet die Lockheed F-104 »Starfighter« zu ihrem Erstflug. Am 15. Juli hebt zum ersten Mal ein Prototyp der Passagiermaschine Boeing 707 ab. Während der Starfighter mit einem klassischen Strahltriebwerk arbeitet, verfügt die Boeing 707 als eine der ersten Maschinen über ein sogenanntes Fan-Triebwerk, das im Unterschallbereich wirtschaftlicher arbeitet. Es wurde zunächst Anfang 1952 in einer französischen »Gemaux«-Maschine mit zwei Rümpfen ausgetestet.

Geschichte der Strahltriebwerke

1941 unternahm der Raketenspezialist Eugen Sänger erste Versuche mit dem Staustrahlrohr und realisierte damit eine Idee des Franzosen René Lorin von 1908. Das Triebwerk ist nichts anderes als ein Rohr mit wechselndem Innendurchmesser. Bei schneller Längsbewegung staut sich im Vorderteil Luft. Diese strömt komprimiert in den zweiten Abschnitt, die »Brennkammer«. Hier wird radial durch Düsen Treibstoff eingespritzt und kontinuierlich verbrannt. Durch die freigesetzte Energie wird das Abgas mit Vehemenz durch den letzten Abschnitt des Staurohrs getrieben und liefert den Rückstoßantrieb. Maschinen mit Staustrahlrohr können nicht selbst starten. Sie müssen angeschleppt werden.

Bereits im Jahr → 1939 flog in Gestalt der Heinkel He 178 das erste Düsenflugzeug der Welt. Es arbei-tete mit Strahltriebwerk. Dessen Funktion liegt, einfach gesagt, zwischen dem Staustrahlrohr und dem Propellerantrieb. Verdichtet wird die von vorn einströmende Luft hier nicht durch den Rohrquerschnitt, sondern durch einen vom Abgasstrom über eine Turbine angetriebenen rotierenden Verdichter. Treibt die Turbine außer dem Verdichter noch einen Propeller, dann spricht man von einer Propellerturbine.

Das 1952 entwickelte Fan- oder Frontgebläse ist eine Kombination zwischen Strahltriebwerk und Propellerturbine. Die Turbine treibt hier neben dem Propeller noch ein Gebläse an, das die in der Brennkammer nicht verbrauchte Luft am Triebwerk vorbei direkt in die heißen Abgase bläst.

Die Eigenschaften der Triebwerke

Kolbenmotor mit Luftschraube: Geschwindigkeit bis etwa 700 km/h, hoher Kraftstoffverbrauch.

Propellerturbine: Geschwindigkeit bis etwa 800 km/h, gute Start- und Steigeigenschaften.

Strahlturbine: Über 800 km/h schnell; günstigste Reiseflughöhe in der Stratosphäre über 11 000 m.

Fan-Triebwerk: Über 800 km/h schnell; leise und wirtschaftlich, besonders für große Passagiermaschinen.

Staustrahlrohr: Für mehrfache Schallgeschwindigkeit geeignet; kein eigener Start möglich; keinerlei bewegte Teile.

Unterseeboot mit nuklearem Antrieb

21. Januar 1954. In den Vereinigten Staaten läuft das erste Unterseeboot mit Kernreaktorantrieb, die »Nautilus«, vom Stapel.

Das 98 m lange und 8,5 m breite Schiff wird von zwei Schrauben mit 15 000 Wellen-PS getrieben und erreicht max. 20 Knoten unter Wasser. Es hat 109 Mann Besatzung. 1955/56 legt das Schiff rund 100 000 km zurück, ohne seinen Brennstoffvorrat ergänzen zu müssen. Im Jahr → 1958 untertaucht die »Nautilus« als erstes U-Boot der Welt die nordpolare Eiskappe.

Das erste nuklear angetriebene Unterseeboot der Welt, die US-amerikanische »Nautilus«, auf Fahrt im Atlantik

Computersprache für Wissenschaftler

1954. J. W. Backus entwickelt die Programmiersprache FORTRAN (Formula translator). Sie ermöglicht den Dialog zwischen Wissenschaftlern und Datenverarbeitungsanlagen ohne Einschaltung eines Maschinenprogrammierers.

FORTRAN ist eine höhere Programmiersprache, die sich nicht maschinenorientierter Befehle bedient, sondern in ihrer Struktur weitgehend an die bekannten wissenschaftlich-technischen Formelzeichen angelehnt ist. Der Gebrauch aus der Mathematik und Physik entlehnter Symbole macht FORTRAN zu einer problemorientierten Programmiersprache.

Riesenradioteleskop in England gebaut

1954. In Jodrell Bank, Manchester, wird ein gewaltiges Radioteleskop von 76 m Antennendurchmesser fertiggestellt. Das Instrument soll Radiowellen aus dem Weltall (→ 1932; 1937) empfangen. Um den Ursprung der oft nur schwachen Strahlung orten zu können, müssen die Empfindlichkeit und die Richtwirkung des Instruments groß sein. Man erreicht das durch einen mächtigen, die Strahlung sammelnden Parabolspiegel, der zudem in allen Achsen frei und sehr präzise positioniert werden kann. Im Brennpunkt des Spiegels liegt das eigentliche Antennensystem, dem ein Verstärker nachgeschaltet ist.

Stereophones Radiohören

1954. Rundfunktechniker machen die ersten Experimente mit Raumtonaufnahmen und -wiedergaben. Zunächst werden durch zwei räumlich getrennte oder verschieden gerichtete Mikrophone gleichzeitig unterschiedliche Bereiche einer räumlich ausgedehnten Schallquelle aufgenommen und durch zwei getrennt aufgestellte Lautsprecher wiedergegeben, was stereophones Hören ermöglicht.

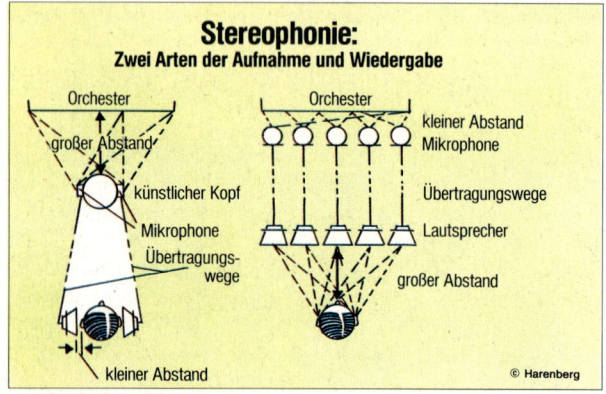

Stereophonie:
Zwei Arten der Aufnahme und Wiedergabe

Orchester — großer Abstand — künstlicher Kopf — Mikrophone — Übertragungswege — kleiner Abstand

Orchester — kleiner Abstand Mikrophone — Übertragungswege — Lautsprecher — großer Abstand

© Harenberg

Stereophone Tonaufzeichnung von räumlichen Schallquellen und Simulation bei der Wiedergabe: Mit nur zwei Mikrophonen und zwei Lautsprechern oder mit Mikrophon- und Lautsprecherzeilen

Das erste Transistorradio

1954. Die amerikanische Firma Regency bringt den ersten Radioapparat mit einem Transistorverstärker auf den Markt.

Damit ist der erste Schritt in eine neue Richtung der Gebrauchselektronik getan, die zu wesentlich kleineren, zuverlässigeren und zugleich billigeren Geräten führt.

Bisher wurden Radioempfänger mit Röhrenverstärkern (→ 1918) betrieben. Die Röhren werden jetzt durch Transistoren (→ 1948) ersetzt. Diese Halbleiterbauteile sind an sich schon wesentlich kleiner als Elektronenröhren. Eine weitere Verkleinerung des Gesamtgeräts rührt daher, daß die Transistoren kaum eine Heizung benötigen und größere Kühleinrichtungen oder entsprechende Freilufträume entfallen können. Damit sinkt aber auch die Betriebsleistung, wodurch wiederum das Netzteil wesentlich kleiner wird oder – bei tragbaren Geräten – mit kleinerem Batterievolumen gearbeitet werden kann. Gegenüber den Röhrengeräten sind die Transistorradios auch langlebiger. Insbesondere bei Erschütterungen gibt es jetzt praktisch keine Ausfallquote mehr.

Um 1955. Die Sowjetunion nimmt ein Solarenergie-Forschungsprogramm auf und errichtet in einer Wüste in Armenien eine Großanlage mit 1300 beweglichen, dem Sonnenstand kontinuierlich nachführbaren Spiegeln (→ 1983).

Auf dem Markt erscheinen die ersten hochpräzisen Steuerungselemente wie Servomotoren, Temperaturregler, Druckregler, Flußregler. →

1955. Der Brite Narinder S. Kapany erfindet den Glas-Lichtleiter. →

Der englische Ingenieur Christopher Cockerell erhält ein Patent auf das Schwebefahrzeug Hovercraft (→ 1959). →

Harry Olson und Herbert Belar entwickeln den Musik-Synthesizer. →

Die englische Firma EMI stellt die ersten Scanner her. →

Albert Ghiorso, Glenn Theodore Seaborg u. a. entdecken das Element Mendelevium. →

Die Polaroid-Sofortbildkamera kommt auf den Markt (→ 1947). →

In den USA werden erstmals synthetisch Industriediamanten hergestellt. →

Oxidkeramische Hartstoffe werden entwickelt. →

In der Bundesrepublik Deutschland werden erstmals schlauchlose Reifen eingesetzt. →

Im »New Yorker Magazine« erscheint ein Persiflage-Gedicht des US-amerikanischen Physikers Harold P. Furth über Materie und Antimaterie. →

Xerox baut das erste automatisch arbeitende xerographische Gerät, das auf Normalpapier kopiert (→ 1937). →

Der Deutsche Erwin Müller erfindet das Ionenfeldmikroskop, mit dem erstmals Atome sichtbar werden. →

19. 3. Der erste Transistorrechner der Welt (»TRADIC«) wird bei den Bell Telephone Laboratories unter Leitung von J. H. Felker fertiggestellt. Bald kommen auch die mit Transistoren bestückten Computer (»7090« von IBM und »Gamma 60« von Bull) auf den Markt. →

1. 10. Die US-Marine nimmt die »Forrestal« in Dienst, einen Superflugzeugträger, von dem aus bis zu 100 schwere Düsenbomber operieren können. →

GESTORBEN:

18. 4. Princeton/New Jersey: Albert Einstein (* 14. 3. 1879, Ulm), deutsch-US-amerikanischer Physiker.

12. 8. Buffalo/New York: James Batcheller Sumner (* 19. 11. 1887, Canton/Massachusetts), US-amerikanischer Biochemiker.

Steuerungstechnik für Automatisierung

Um 1955. In den 50er Jahren werden auf dem internationalen Markt die ersten hochpräzisen Steuerungselemente wie Servomotoren, Temperaturregler, Druckregler oder Flußregler angeboten.

Diese Bauteile sind eine Folgeerscheinung zweier technischer Entwicklungsrichtungen, die sich seit Jahrzehnten vervollkommnet haben. Theoretisch-technische Basis ist die Regelungstechnik, die im Umfeld der Kybernetik (→ 1932; 1948) angesiedelt ist und praktisch in erster Linie mit den Prinzipien der Rückkopplung (→ 1927) oder des »Feedback« arbeitet.

Für die technische Realisierung derartiger rückgekoppelter Regelkreise wurden präzise Meßwertaufnehmer und Meßwertgeber entwik-

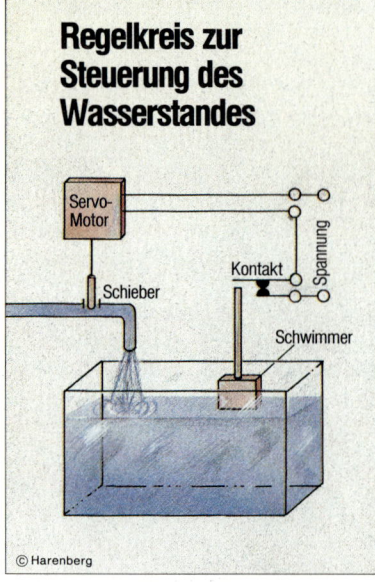

Regelkreis zur Steuerung des Wasserstandes

Servo-Motor — Schieber — Kontakt — Spannung — Schwimmer

© Harenberg

kelt. Sie erfassen die rückzukoppelnden Größen – Temperatur, Länge, Flüssigkeits- oder Gasdruck, Kraft, Durchfluß u. a. – (Meßwertaufnehmer) und setzen sie in ein elektrisches (oder auch pneumatisches oder hydraulisches) Signal um (Meßwertgeber). Dieses Meßsignal wird mit einem angestrebten Sollwert der entsprechenden physikalischen Größe verglichen und die Abweichung in geeigneter Form (z. B. als proportionaler Strom) dem eigentlichen Steuerungselement zugeführt. Diese Elemente arbeiten meist mit Präzisionsgetriebe- oder Schrittmotoren, die äußerst exakt Schieber, Klappen, Ventile oder andere Stellglieder bewegen.

Erwin Müller macht Uranatom sichtbar

1955. Der deutsche Physiker Erwin Wilhelm Müller erfindet das Feldionenmikroskop, mit dem er erstmals ein einzelnes Atom – ein Uranatom – sieht.

In der Funktionsweise ist das Feldionen- oder Ionenfeldmikroskop mit dem Feldelektronenmikroskop (→ 1950) verwandt. Es besitzt weder

eine Linsen- noch eine Elektronenoptik, sondern arbeitet nach dem Prinzip der Projektion durch direkte Abstrahlung. Es macht die atomare Struktur einer extrem feinen Metallspitze sichtbar, die auf die Temperatur von flüssigem Helium oder Wasserstoff (→ 1878) abgekühlt ist und an der positive

Hochspannung liegt. Der Krümmungsradius der Metallspitze liegt unter 0,0001 mm. Die Spitze befindet sich in Edelgas von sehr geringem Druck. In dem starken elektrischen Feld vor ihr werden Gasatome ionisiert (»Feldionisation«). Sie wandern rechtwinklig von der Metallspitze fort zu einem als Kathode wirkenden Bildschirm. Dieser Ionenstrom hängt in seiner räumlichen Struktur von der Ordnung der Atome in der Metallanodenspitze ab. Durch die Projektion der Ionen auf die flache Kathode wird deshalb die Struktur der Metallspitze extrem vergrößert wiedergegeben. Das Feldionenmikroskop liefert millionenfache Vergrößerungen und macht damit sogar einzelne Atome sichtbar. Der Vergrößerungsmaßstab V berechnet sich aus dem Krümmungsradius r der Metallanode und deren Entfernung a von der Kathode. Er gleicht dem Verhältnis des Schirmabstands zum Krümmungsradius. Für a = 50 mm und r = 0,0001 mm ergibt sich z. B. V = 500 000.

Das Feldelektronenmikroskop (1936), Vorläufer des Feldionenmikroskops

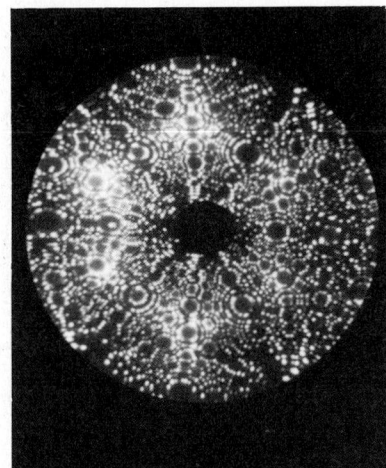

Feldionenbild der Spitze einer Nadel aus kristallinem Wolfram

Gebogene Glasfaser überträgt Bilder

1955. Der Brite Narinder S. Kapany erfindet den Glas-Lichtleiter. Kapany knüpft an Experimente seines Landsmanns, des Physikers John Tyndall, aus dem Jahr → 1870 an. Dieser hatte entdeckt, daß Licht aus einem laminaren bogenförmigen Wasserstrahl seitlich nicht austreten kann, weil sich wegen der verschiedenen Brechzahlen von Wasser und Luft an der inneren Oberfläche des Wasserstrahls eine Totalreflexion der Lichtstrahlen ergibt, sofern das Licht diese Oberfläche unter einem Winkel trifft, der kleiner ist als der sogenannte Grenzwinkel.

Kapany nimmt gleichartige Experimente mit gebogenen Glasstäben vor und stellt denselben Effekt fest. Darüber hinaus beobachtet er, daß sich die Relation der einzelnen Lichtwellenzüge zueinander auch bei der Passage durch den beliebig gebogenen Glasstab nicht ändert. Die praktische Bedeutung liegt darin, daß sich durch den Stab trotz dessen Biegungen unverzerrt ein am anderen Ende befindliches Bild betrachten läßt (→ 1966).

Elektronischer Abtaster

1955. Die englische Firma EMI stellt die ersten Scanner her – elektronische Bildabtaster mit integriertem Computer.

Beim Abtasten wird ein zu untersuchendes oder zu speicherndes Objekt oder Bild zeilenweise von einem Licht- oder Elektronenstrahl überstrichen. Dabei wird in jeder Zeile Punkt für Punkt die Änderung des reflektierten Strahls durch einen Sensor, z. B. eine Fotozelle (→ 1873), ermittelt und im Speicher

des Computers registriert. Dort lassen sich die gewonnenen Daten weiterverarbeiten. Praktische Bedeutung gewinnt der Scanner überall dort, wo es um automatische Bildauswertung geht, in der Fernsehtechnik ebenso wie etwa in der Fernerkundung, im Druckwesen oder in der Medizin.

Besonderer Stellenwert kommt den Scannern in den späteren landvermessenden Satelliten zu, die Daten zur Auswertung zur Erde funken.

Elektronischer Bildabtaster »Chromograph« zum Erfassen von Farbbildern auf Filmen bis zum Format 204 × 254 mm (Baujahr 1965); das Gerät ist mit einem Vierkanal-Farbrechner und zusätzlichem Oszilloskop für Buch-, Offset- und Tiefdruck versehen

Transistorisierter Rechenautomat

19. März 1955. In den Bell Laboratories in den USA geht der erste transistorbestückte Rechenautomat der Welt – »TRADIC« von J. H. Felker – in Betrieb.

Die mit Transistoren (→ 1948) statt Elektronenröhren ausgestatteten Rechenautomaten werden als »Computer der zweiten Generation« bekannt. Ihre Vorteile – Kleinheit, geringe Ausfälle, geringer Stromverbrauch, Billigkeit – verhelfen dem Computer zum entscheidenden Durchbruch in Forschung, Industrie, Handel und Verwaltung. Wie die bisher verwendeten Trioden (→ 1906) und Relais arbeiten die Transistoren in den Rechenautomaten als reine Schaltelemente. Ist die Basisspannung negativ, so kann ein Basisstrom fließen. Der Transistor wirkt wie ein geschlossener Schalter. Unterschreitet die negative Basisspannung einen bestimmten Wert, dann sperrt der Transistor. Damit kennt er die für die Datenverarbeitung wichtigen Schaltzustände »0/1« (→ 1948).

Elektronische Musik aus dem Computer

1955. Harry Olson und Herbert Belar entwickeln den ersten Musik-Synthesizer.

Das Grundelement des Musikcomputers ist – wie bei jedem Musikinstrument – ein Schwingungserzeuger im Tonfrequenzbereich. Während klassische Instrumente unmittelbar Schallwellen hervorbringen, erzeugt der Synthesizer zunächst tonfrequente Wechselströme. Sie schwingen als reine Sinuswellen, d. h. sie entsprechen reinen Tönen wie jenen der Tonleitern. Durch geeignete elektronische Verstärker und Mischschaltungen lassen sie sich so überlagern, daß sie die Klangbilder (Oberwellenbestandteile) von Musikinstrumenten imitieren oder einen neuartigen »Sound« hervorrufen.

Die frequenzbestimmenden Elemente sind typische elektrische Schwingkreise (→ 1898), die aus Induktivitäten, Kapazitäten und Widerständen gebildet werden. Elektronisch arbeiten die Verstärker- und Mischschaltungen. Gesteuert werden die ersten Synthesizer durch Lochstreifen.

Neue Werkstoffe aus Oxidkeramik

1955. In der Industrie kommt eine neue Gattung von sehr harten und verschleißarmen Werkstoffen in Gebrauch: Oxidkeramik. Es handelt sich um gesinterte Metalloxide, vor allem Aluminiumoxid (Al_2O_3), Zirkonoxid (ZrO_2), Berylliumoxid (BeO) und Magnesiumoxid (MgO). Diese neuen Werkstoffe sind gute elektrische Isolatoren, zugleich aber gute Wärmeleiter. Gegenüber aggressiven Chemikalien zeichnen sie sich durch hohe Resistenz aus. Verwendet werden sie vor allem als abriebfeste bewegte Teile, als Sinterwerkstoffe mit besonderen dielektrischen und magnetischen Eigenschaften in der Elektrotechnik und als Schneidstoffe bei der spanenden Formgebung.

Hergestellt werden sie durch Sintern, also durch Verdichten und Verbacken pulverförmigen, in Formen gepreßten Rohmaterials unter dem Einfluß hoher Temperaturen.

Die Synthese von Diamanten gelingt

1955. In den Vereinigten Staaten werden erstmals synthetische Industriediamanten hergestellt.

Chemisch sind Diamanten reiner Kohlenstoff und damit substanzidentisch mit Ruß und Graphit. Um Graphit in Diamant zu verwandeln, bedarf es sehr hoher Drücke und Temperaturen. Realistische Werte sind etwa 35 000 bis 50 000 Atmosphären (3,5 bis $5 \cdot 10^9$ Pa) und 1200 bis 1600 °C. Dabei wird Graphit in flüssigen Schwermetallen, Nickel, Eisen oder Tantal, gelöst. Die Metalle wirken als Katalysatoren ($\rightarrow$ 1901). Innerhalb etwa einer Minute bilden sich unter diesen Bedingungen synthetische Diamanten von 0,01 bis 1,2 mm.

Zunächst gelingt nur die Herstellung von sogenannten Industriediamanten, also Steinen, die keine Schmuckqualität besitzen. Später werden auch Schmuckdiamanten synthetisch hergestellt. Die Industriediamanten sind meist polykristallin. Sie werden hauptsächlich zum Läppen und Polieren von Edelsteinen, Hartmetallen und Hartstoffen verwendet und kommen auch als Besatzmaterial von Erdbohrkronen, Steinsägen, Glasschneidern u. a. Schneidwerkzeugen in Frage.

Neuer Flugzeugträger »Forrestal« – Stützpunkt für schwere Bomber

1. Oktober 1955. *Die US-Marine nimmt den Superflugzeugträger »Forrestal« (Abb.) in Dienst, ein Schiff, von dem aus bis zu 100 schwere Düsenbomber operieren können. Die auf dem Schiff stationierten Flugzeuge eignen sich auch für den Einsatz von Kernwaffen. Die Flugdecks, die sich dank der ausgezeichneten Stabilisierung des Schiffes bei fast jeder Wetterlage und selbst bei schwerer See nutzen lassen, haben eine Fläche von 18 000 m^2. Sie erlauben gleichzeitige Start- und Landevorgänge. Die »Forrestal« hat eine Wasserverdrängung von 59 650 t.*

In den Folgejahren laufen für die US-amerikanische Marine zwei Schwesterschiffe der gleichen Klasse vom Stapel: Die »Nimitz« und die »John F. Kennedy«.

Werbung für die neuen schlauchlosen Reifen der Firma Continental

Neue Autoreifen ohne Schläuche

1955. In Deutschland kommen erstmals schlauchlose Autoreifen auf den Markt. Bei ihnen dichtet die Reifendecke unmittelbar gegen den Felgenrand ab. Die Reifeninnenseite ist mit einer luftdichten Gummischicht versehen.

Schlauchlose Reifen sind unempfindlicher als konventionelle Reifen. Da die Reibung zwischen Schlauch und Decke fortfällt, besitzen sie zugleich eine größere Lebensdauer. Sie setzen aber besonders geformte Felgen voraus.

Physiker spottet über Antimaterie

Edward Teller

1955. Das »New Yorker Magazine« veröffentlicht ein satirisches Gedicht des Physikers Harold P. Furth, das auf eine Publikation des US-amerikanischen Physikers Edward Teller, des »Vaters der Wasserstoffbombe« (→ 1952), über Materie und Antimaterie (→ um 1953) und deren gegenseitige Vernichtung unter Umwandlung in Energie anspielt:

Perils of Modern Living

»Well up beyond the tropostrata
There is a region stark and stellar
Where, on a streak of anti-matter,
Lived Dr. Edward Anti-Teller.
Remote from Fusion's origin,
He lived unguessed and unawares
With all his antikith and kin,
And kept macassars on his chairs.
One morning, idling by the sea,
He spied a tin of monstrous girth
That bore three letters: A. E. C.
Out stepped a visitor from Earth.
Then, shouting gladly over the sands,
Met two who in their alien ways
Were like as lentils. Their right hands
Clasped, and the rest was gamma rays.«

Hier der Inhalt: Gefahren des modernen Lebens – In einer kahlen Sternenregion jenseits der Troposphäre lebte in einem Streifen Antimaterie Dr. Edward Anti-Teller. – Weit weg vom Ursprung der Fusion lebte er, ohne daß jemand von ihm wußte, mit all seinen Anti-Freunden und -Verwandten und ließ den lieben Gott einen guten Mann sein. Eines Morgens entdeckte er bei einem Strandbummel eine gewaltige Blechdose mit der Aufschrift A. E. C. (»Atomic Energy Comission«, die oberste amerikanische Atomenergiebehörde). Aus ihr stieg ein Besucher von der Erde. Sie trafen sich fröhlich über den Strand rufend zwei, die sich, fremdartig wie sie waren, glichen wie zwei Linsen. Ihre rechten Hände vereinigten sich, und der Rest waren Gamma-Strahlen.

1956

Bei einigen Pkw-Modellen (Citroën, Triumph, Jensen) löst die Scheibenbremse die Trommelbremse ab. →

Der amerikanische Physiker Hal Anger erfindet die Gammastrahlen-Kamera zur Aufnahme von Radiogrammen (Diagnosefotografie). →

Die amerikanische Firma CBS stellt den »VR 1000«, das erste für den Konsumenten bestimmte Videoaufnahmegerät, her.

Das erste transatlantische Unterwasser-Telefonkabel wird zwischen Schottland und Neufundland verlegt.

Emilio Segrè, US-amerikanischer Physiker italienischer Herkunft, entdeckt am Bevatron in Berkeley das Antiproton (→ um 1953).

Die Schott-Zwiesel-Glaswerke AG entwickelt die ersten Maschinen zum mechanischen Blasen von Trinkgläsern.

Die deutsche Firma Zuse KG nimmt die Serienfertigung von Rechengeräten (»ZUSE Z11«) auf (→ 12. 5. 1941).

Der erste voll transistorisierte Computer, »Leprechaun«, wird in den Bell Laboratories fertiggestellt (→ 19. 3. 1955).

In Calder Hall in Cumberland, Nordengland, nimmt der erste Kernreaktor mit Gaskühlung und Graphitmoderation seinen Betrieb auf. →

Die IBM (International Business Machines Corporation) baut den ersten Computer mit Magnetplattenspeicher.

Der Straßenbau wird durch die Entwicklung der Vollwand-Deckenbrücke bereichert.

In der Bundesrepublik Deutschland werden das Kernforschungszentrum Karlsruhe, die deutsche Kernreaktorbau- und Betriebsgesellschaft und die Kernforschungsanlage Jülich begründet.

Das US-amerikanische Raketenflugzeug Bell »X-2« erreicht eine Geschwindigkeit von mehr als 3000 km/h (→ 1953).

Egon Stahl entwickelt die Dünnschicht-Chromatographie.

Der deutsche Physiker Nikolaus Laing und der Ingenieur Bruno Eck erfinden gemeinsam den Tangentiallüfter. →

GESTORBEN:

17. 3. Paris: Irène Joliot-Curie (* 12. 9. 1897, Paris), französische Kernphysikerin.

22. 9. Brighton: Frederick Soddy (* 2. 9. 1877, Eastbourne), britischer Chemiker.

28. 9. Puget Sound/Washington: William Edward Boeing (* 1. 10. 1881, Detroit), US-amerikanischer Flugzeugkonstrukteur.

Die Reaktoranlage von Calder Hall verfügt über vier Kernreaktoren des Typs »Magnox« mit Gaskühlung und Graphitmoderation (jeweils 200 Megawatt)

Neuer Reaktortyp gebaut

1956. In Calder Hall (Nordengland) nimmt der erste Kernreaktor mit Gaskühlung und Graphitmoderation seinen Betrieb auf.

Kernreaktoren setzen ihre nukleare Energie als Wärme frei. Bei den bisherigen Typen wird sie durch Kühlwasser aus dem Zentrum des Reaktors, dem sogenannten Core, abgeführt. In einem Wärmetauscher gibt das radioaktive Kühlwasser seine Wärme an den Sekundärkreislauf zur weiteren Nutzung ab. Beim Calder-Hall-Typ wird das Reaktorcore mit Gas statt Wasser gekühlt. In konventionellen Reaktoren dient das Kühlwasser als Moderator. Es bremst die schnellen in der Kettenreaktion (→ 1930) entstehenden Neutronen auf ein für weitere Kernreaktionen geeignetes Geschwindigkeitsniveau. Diese Funktion übt das Gas nicht aus. Statt dessen verwendet man Graphitstäbe.

Pkw mit Scheibenbremsen

1956. Bei einigen Pkw-Modellen (Citroën, Triumph, Jensen) löst die Scheibenbremse die bisher übliche Trommelbremse ab.

Wie die Trommelbremse gehört die Scheibenbremse zum verbreitetsten Typ der Reibungs- oder Backenbremse. Bei der Trommelbremse werden Außen- oder Innenbacken von außen oder innen gegen einen ringförmigen Bremskranz oder unmittelbar gegen das Rad gedrückt. Sie wirken radial auf das Rad ein. Bei der Scheibenbremse dagegen drücken die Bremsbacken von der Seite her gegen eine am Rad befindliche Bremsscheibe.

Technisch ist die Scheibenbremse keineswegs neu. Erste Ausführungen waren schon 1906 im Einsatz.

Die Porsche Spider-Typen RS/RSK aus der Mitte der 50er Jahre sind mit Scheibenbremsen ausgestattet

Das Tangentialgebläse

1956. Dem Physikalisch-technischen Entwicklungsinstitut Nikolaus Laing in Aldingen bei Stuttgart gelingt es, ein Lüfterprinzip technisch zu realisieren, das bisher als physikalisch wenig sinnvoll galt, das Tangential- oder Querstromgebläse. Das Laing-Gebläse besteht im wesentlichen aus einem hohlzylindrischen Rotor, dessen Mantel aus zahlreichen, schräg zum Radius angeordneten, langen schmalen Schaufelblättern aufgebaut ist, und einem Gehäuse, das den Rotor weitgehend umfaßt und strömungstechnisch wie dieser optimiert ist.

Gegenüber allen bekannten Kleingebläsen zeichnet sich der Tangentiallüfter vor allen durch extrem niedrige Laufgeräusche und hervorragendes Regelverhalten aus. Darüber hinaus läßt er sich fertigungstechnisch gut beherrschen und ist infolgedessen auch sehr preiswert. Der Tangentiallüfter erobert dann auch rasch große Märkte und ist in knapp zwei Jahrzehnten in irgendeiner Form (Föhn, Heizlüfter, Entlüftungsgebläse für Nachtspeicherheizungen usw.) in praktisch jedem Haushalt in den Industrieländern vertreten.

Laing-Tangential- oder Querstromgebläse in einem handlichen Haarföhn; das kleine Gerät fördert 12 Liter Luft pro Sekunde und arbeitet zweistufig

Bilder von Gammastrahlen

1956. Der amerikanische Physiker Hal Anger erfindet die Gammastrahlenkamera zur Aufnahme von Radiogrammen. Sie wird ein wichtiges Hilfsmittel in der klinischen Diagnose.

Wie Lichtstrahlen lösen auch ionisierende Strahlungen – Röntgen-, Gamma- und Protonenstrahlen – chemische Veränderungen in fotografisch empfindlichen Schichten aus, die sich zur Bildgewinnung nutzen lassen. Die so erhaltenen Abbildungen heißen Radiogramme. Angers Gammastrahlenkamera ist speziell dafür gedacht, durch Radiogramme das Innere des menschlichen Körpers sichtbar zu machen. Mit den → 1895 entdeckten Röntgenstrahlen läßt sich der Körper zwar durchleuchten, aber sie liefern

in erster Linie ein Bild des Knochengerüsts. Die inneren Organe zeigen sie nur dann deutlich, wenn diese mit einem geeigneten Kontrastmittel, etwa Bariumbrei, gefüllt sind. Derartige Stoffe lassen sich ohne besondere Schwierigkeiten in den Magen und den Darm einbringen, nicht aber etwa in den Blutkreislauf und die von ihm durchströmten Organe. Das wiederum gelingt problemlos mit geringen Mengen von Radionukliden, z. B. Kobaltisotopen. Sie geben ständig Gammastrahlen ab, die durch den Körper nach außen dringen und entweder auf einem Leuchtschirm ein sichtbares Bild erzeugen oder sich als Radiographie registrieren lassen. Diese spezielle Technik wird auch als Gammagraphie bekannt.

In Shippingport (Pennsylvania) arbeitet der erste wirtschaftliche Druckwasserreaktor. →

Der Elektrotechniker Henri de France entwickelt das SECAM-Farbfernsehsystem. →

N. Seidel, Georg Feher und D. Scovil entwickeln den Rubin-Maserverstärker. →

In Leningrad werden Tragflächenboote im Stadt- und Vorortverkehr eingesetzt. →

Der US-amerikanische Kernphysiker John David Lawson erarbeitet die Voraussetzungen (Zeit und Temperatur) für einen Fusionsreaktor. →

In Gedser (Dänemark) geht eine 1955 von Jakob Juul konstruierte Windturbine mit 200 kW Leistung in Betrieb. →

Als erstes nuklear betriebenes Handelsschiff der Welt läuft der sowjetische Eisbrecher »Lenin« vom Stapel (1959 in Dienst gestellt). →

Die Firma Hamilton fertigt elektrische Armbanduhren. →

Die Deutsche Bundesbahn nimmt als erste mit Siliziumgleichrichtern ausgerüstete Lokomotive der Welt die E 80 01 in Dienst. →

Das Teleskop in Jodrell Bank wird zum größten vollbeweglichen Radioteleskop der Welt ausgebaut (→ 1954).

Der Physiker Nikolaus Laing entwickelt die Nachtstrom-Speicherheizung. →

1. 1. Dem deutschen Ingenieur Felix Wankel gelingt ein erster Probelauf seines Drehkolbenmotors. →

16.–18. 1. Amerikanische Düsenflugzeuge umrunden im Nonstopflug die Erde. →

Oktober. Die Sowjetunion baut ihre erste Interkontinentalrakete, die SS 6. Mit ihr wird der erste künstliche Satellit (Sputnik 1) in die Umlaufbahn gebracht (→ 4. 10. 1957).

10. 10. Am englischen Kernreaktor in Windscale ereignet sich ein schwerer Unfall. →

3. 11. Der russische Satellit Sputnik 2 mit der Versuchshündin »Laika« an Bord startet. →

GESTORBEN:

8. 2. Heidelberg: Walter Bothe (* 8. 1. 1891, Oranienburg), deutscher Physiker.

8. 2. Washington: John von (Johann Baron von) Neumann (* 28. 12. 1903, Budapest), US-amerikanischer Mathematiker.

5. 8. München: Heinrich Otto Wieland (* 4. 6. 1877, Pforzheim), deutscher Chemiker.

16. 8. Falmouth/Massachusetts: Irving Langmuir (* 31. 1. 1881, New York), US-amerikanischer Physiker und Chemiker.

Halbleiter für die Starkstromtechnik

1957. Die Firma Siemens baut erste Elektrolokomotiven mit Siliziumgleichrichtern für die Deutsche Bundesbahn und für die UdSSR.

Die erste Lokomotive dieses Typs ist eine umgebaute Rangierlok E 80 01 von 1929 mit Gleichstromfahrmotor, der aus einem Batterienetz gespeist wurde. Er ließ sich aus dem Wechselstromnetz der Bundesbahn bisher über einen Quecksilberdampfgleichrichter betreiben. Ende der 30er Jahre hatte man diese Gleichrichter schon versuchsweise gegen Selengleichrichter ausgewechselt. Jetzt bringt die Silizium-Halbleitertechnologie (→ 1939) eine Wende in der Starkstromtechnik. Aufgrund der guten Erfahrungen mit der Probelok in Deutschland ordert die UdSSR 20 schwere Güterzugloks mit derselben Gleichrichtertechnik. Wenige Jahre später wird der steuerbare Silizium-Starkstromgleichrichter, der Thyristor (→ 1962), die neue Technologie weiter vorantreiben.

Wellenverstärkung in Festkörpern

1957. Die amerikanischen Physiker N. Seidel, Georg Feher und D. Scovil entwickeln den Rubin-Maser (Microwave Amplification by Stimulated Emission of Radiation) zur Mikrowellenverstärkung.

Moleküle, Atome, Ionen usw. besitzen definierte Energiezustände. Von einem zum anderen Energieniveau können sie nur sprunghaft durch Aufnahme oder Abgabe eines elektromagnetischen Schwingungsquants (→ 1930) gelangen. Dies kann u. a. durch Stimulation durch schon vorhandene Quanten geschehen. Es gibt Substanzen, in denen solche Quanten frei existieren. Geraten sie in ein elektromagnetisches Wechselfeld (elektromagnetische Welle), dann wird dieses je nach Energieniveau der vorhandenen Teilchen gedämpft oder verstärkt. Gelangen die Teilchen dabei auf ein höheres Energieniveau, dann nennt man diesen Vorgang »Pumpen«. Im Festkörper-Maser geschieht das durch Mikrowellen (→ 1952). Die Teilchen fallen danach in den Grundzustand zurück und geben dabei den sogenannten Maser-Strahl ab (→ 1962).

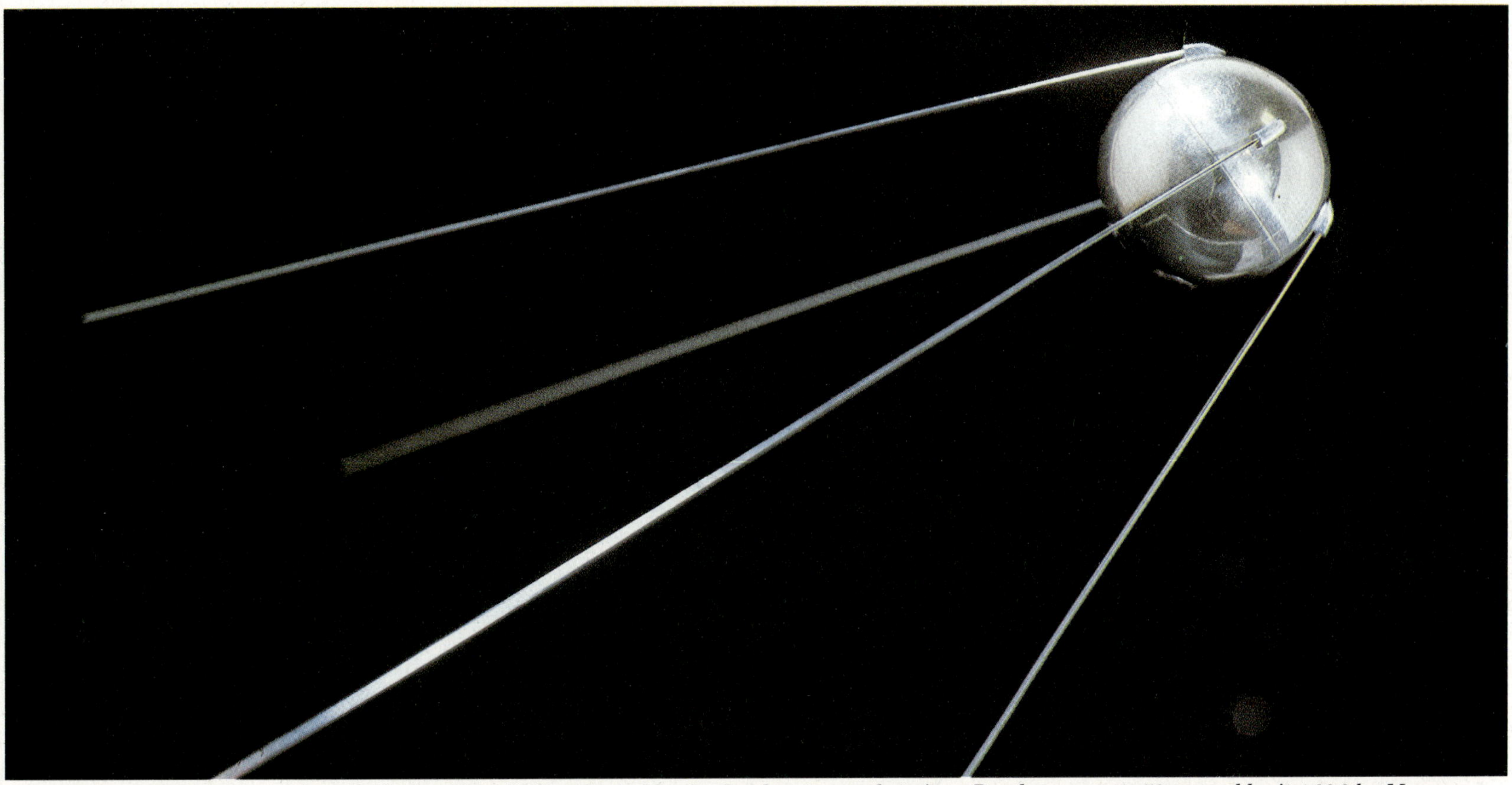

»Sputnik 1«, der erste künstliche Satellit der Welt; die Kugel mit den vier Sendeantennen hat einen Durchmesser von 58 cm und besitzt 86,3 kg Masse

»Sputnik« – ein künstlicher Satellit umrundet die Erde

4. Oktober 1957. Der erste künstliche Satellit, »Sputnik 1«, umkreist die Erde in 900 km Höhe. In seine Umlaufbahn brachte die kugelförmige Gerätezelle eine sowjetische Interkontinentalrakete vom Typ Wostok (im Westen SS-6 genannt). Die Wostok-Rakete ist die erste russische Interkontinentalrakete. Auch sie entwickelte sich wie die zweitufige amerikanische Bumper-Rakete (→ 1949) aus der deutschen A 4 (→ 1942). Bis zum Beginn der 50er Jahre arbeiteten an diesem Projekt deutsche Raketenspezialisten in der UdSSR mit. Die Flüssigkeitsrakete Wostok flog erstmals am 3. August 1957. Sie besitzt insgesamt 20 Haupttriebwerke sowie zwölf Lenktriebwerke. Alle zusammen bringen 510 t Schub auf. Nach dem Sputnik-Start kreist die ausgebrannte, immer noch 4 t schwere Rakete zusammen mit dem Satelliten um die Erde.

Sputnik selbst hat 58 cm Durchmesser und 86,3 kg Masse und beginnt seine Umlaufbahn in 230 km Höhe. Dort wird er von der Rakete getrennt und auf 28 000 km/h beschleunigt. Er beschreibt eine Ellipsenbahn mit einem erdnächsten Punkt (Perigäum) von 229 und einem erdfernsten Punkt (Apogäum) von 964 km Höhe. Die Bahn ist gegenüber der Äquatorebene um 65° geneigt. Sputnik pendelt zwischen 68° nördlicher und 56° südlicher Breite hin und her und umrundet die Erde in 96 Minuten. Er strahlt 21 Tage lang auf den Frequenzen 20 und 40 Megahertz (entsprechend den Wellenlängen 15 und 7,5 m) Signale ab. Diese Frequenzen widersprechen den für das Internationale Geophysikalische Jahr abgesprochenen Daten von 108 MHz bzw. 2,78 m Wellenlänge, doch können sich selbst Funkamateure innerhalb kürzester Zeit auf die unerwarteten Frequenzen einstellen. In aller Welt wird das »Piep-Piep« verfolgt.

Übereilte Reaktion der Amerikaner

»Wir wußten, daß sie es tun würden«, kommentiert erschüttert Wernher von Braun gegenüber US-Verteidigungsminister Neil E. McElroy den sowjetischen Satellitenstart. »Mr. McElroy, geben Sie uns eine Chance! Wir können einen Satelliten binnen 60 Tagen starten!« General Medaris korrigiert: »90 Tage!«

Verfrüht kündigt das Weiße Haus am 9. Oktober einen ersten amerikanischen Satellitenstart noch für Dezember 1957 an. Es soll ein reines Prestigeprojekt werden. Der geplante Erdtrabant soll nur 16 cm Durchmesser haben, keine Instrumente enthalten und nur ein Erkennungssignal abgeben. Der für den 4. Dezember geplante Start wird abgebrochen und auf den 6. Dezember verschoben. Zwei Sekunden nach dem Abheben explodiert die Jupiter-Rakete.

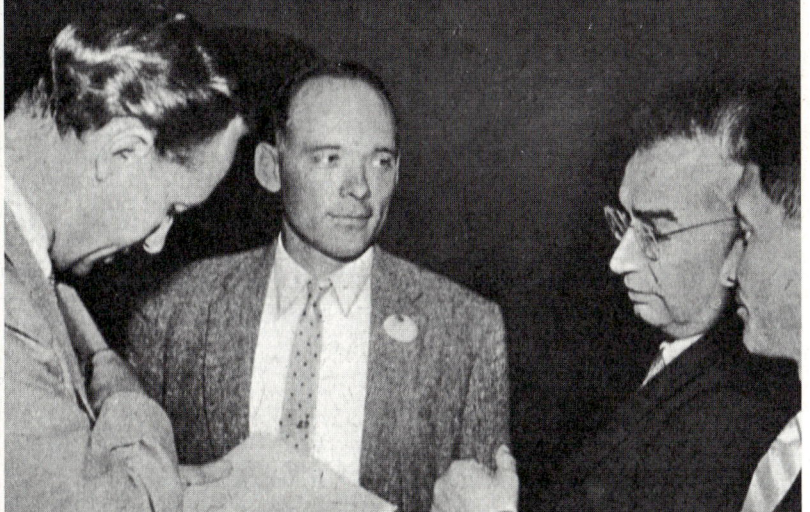

Leonid I. Sedow (2. v. r.), der als »Vater des roten Mondes« bezeichnete Leiter des »Sputnik«-Projekts auf einem internationalen Kongreß in Barcelona

Wankel entwickelt Drehkolbenmotor

Felix Wankel

1. Januar 1957. Dem deutschen Ingenieur Felix Wankel gelingt der erste Probelauf eines von ihm erfundenen neuen Verbrennungsmotors mit rotierendem Kolben. Alle bisherigen Gas-, Benzin- oder Dieselmotoren arbeiten mit hin- und herbewegtem Kolben. Sie erzeugen also nicht unmittelbar eine Drehkraft, sondern eine translatorische Kraft, die erst über Pleuelstangen auf eine Kurbelwelle übertragen werden muß. Der Wankelmotor treibt die Welle direkt an. Das war bisher bei Verbrennungsmaschinen allenfalls im Strahltriebwerk (→ 1930; 1954) gelungen.

Der Kolben des Wankelmotors hat den Querschnitt eines gleichseitigen Dreiecks mit konkav gekrümmten Seiten. In seinem Zentrum befindet sich ein kreisrunder Durchbruch mit Zähnen an seinem Umfang. Dieser Drehkolben rotiert exzentrisch zu einer Welle in einem Gehäuse. Bewegt wird er durch einen Viertaktprozeß, wobei sich in drei Kammern zwischen Kolbenseiten und Gehäusewand Ansaug-, Kompressions-, Zünd- und Ausstoßvorgänge abspielen. Die Welle greift mit einem Zahnrad in die Kolbeninnenverzahnung.

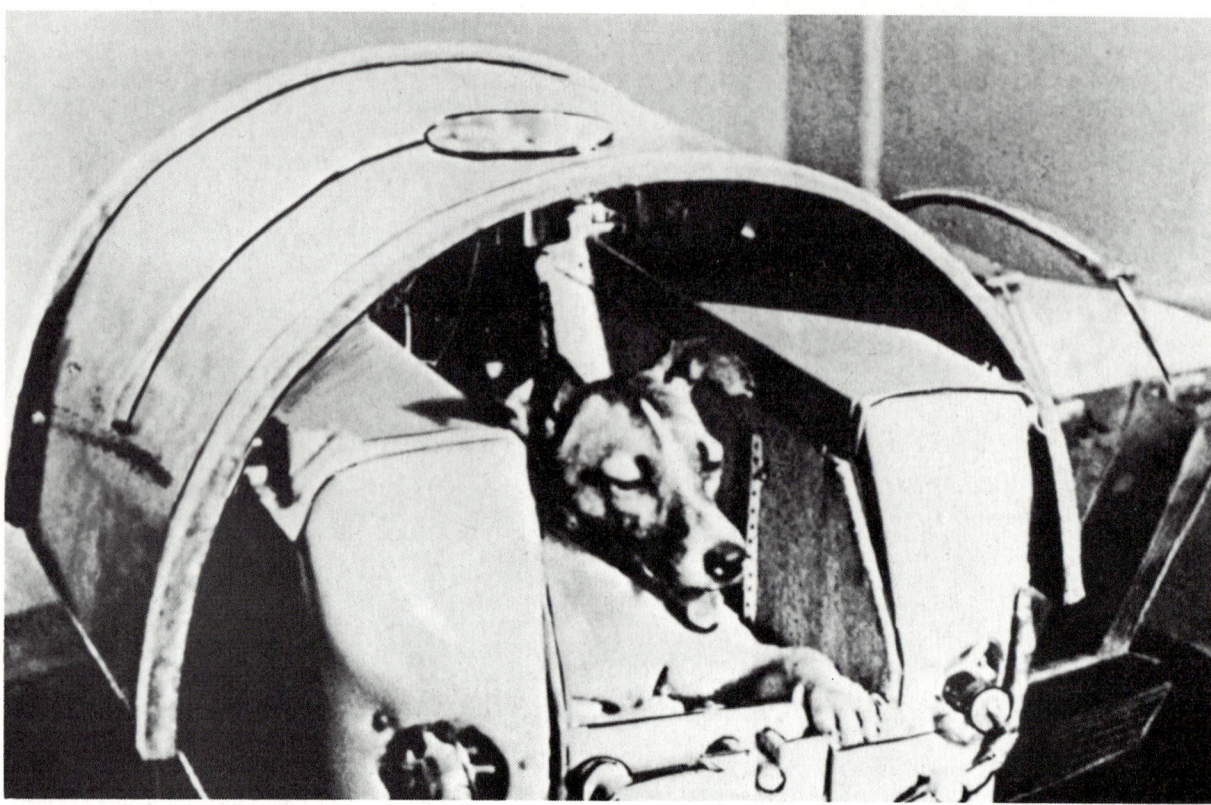

Laika in der Satellitenkapsel »Sputnik 2«, Versuchstier für den Einfluß der Schwerelosigkeit auf Organismen

Sowjets schicken Hund in den Weltraum

3. November 1957. Der zweite Satellit in der Raumfahrtgeschichte, der russische »Sputnik 2«, geht mit einem Hund an Bord in die Erdumlaufbahn.

Hatte schon der erfolgreiche Start von »Sputnik 1« einen Monat zuvor (→ 4. 10. 1957) die Raumfahrtexperten, die Militärs und die Öffentlichkeit in der westlichen Welt schockiert, so löst die Mission von Sputnik 2 eine regelrechte Hysterie aus. Schließlich beweisen damit die Sowjets einen klaren Vorsprung in der Trägerraketenentwicklung. Ausschlaggebend für den Neid im Westen sind vor allem die Dimensionen der beförderten Nutzlast. Der kegelförmige Satellit ist rund 4 m hoch und hat einen Basisdurchmesser von 1,7 m. Er hat eine Masse von 508 kg und ist mit der 3 t schweren Raketenendstufe fest verbunden. Er umkreist die Erde in einer elliptischen Bahn in 224 bis 1661 km Höhe. Der Satellit enthält neben Meßinstrumenten und einem Funksender einen hermetisch abgeschlossenen zylindrischen Behälter von etwa 100 cm Länge und 80 cm Durchmesser. In ihm liegt die Polarhündin Laika. Sie wird vom Bordsystem mit Atemsauerstoff sowie auch Futter und Wasser versorgt.

Sieben Tage lang funkt der Satellitensender Daten über den Gesundheitszustand der Hündin sowie über Innen- und Außentemperatur und Strahlung, außerdem Sonnenmeßwerte und andere physikalische Daten zur Erde. Der Hündin schadet der Aufenthalt im Weltraum nicht. Alle Körperfunktionen sind normal. Erst als der Sender nach einer Woche seine Funktion einstellt, stirbt das Tier offenbar schmerzlos. Der Atemsauerstoffvorrat war zu Ende gegangen.

Den Tierversuch deuten westliche Raumfahrtexperten als Hinweis darauf, daß die UdSSR auf bemannte Raumfahrtprojekte hinarbeitet. Es geht beim Sputnik-2-Start in erster Linie um die Erforschung des Einflusses der Schwerelosigkeit auf Säugetiere.

Probleme mit der Schwerelosigkeit im All

Der zweite russische Satellitenstart soll ergründen, wie sich die Schwerelosigkeit im All auf Säugetiere auswirkt.

Untersuchungen zum Einfluß von Kräften, die der mehrfachen Erdanziehung entsprechen, auf den Organismus, ließen sich schon bisher mühelos durchführen. In Amerika werden diese beim Start von Raketen auftretenden Belastungen durch Zentrifugen, Raketenschlitten usw. simuliert. 1958 wird John Paul Stapp bei solchen Experimenten im Extremfall mit der 50fachen Erdbeschleunigung belastet. – Anders ist es mit Versuchen, die den Einfluß der Schwerelosigkeit ergründen sollen. In der westlichen Welt gelangen bisher in Parabelflügen von Höhenraketen mit Tieren nur Schwerelosigkeitsphasen von wenigen Minuten, in Sturzflügen von bemannten Düsenflugzeugen solche von maximal einer Minute. Die ersten Versuche dieser Art führte schon 1937 der Deutsche Heinz von Diringshofen durch.

Am längsten wirkte die Schwerelosigkeit bislang auf Major Joseph Kittinger ein, der am 2. Juni 1957 im Raumanzug mit einem Fallschirm in 29 644 m Höhe aus einer Ballongondel absprang.

Geöffneter Wankelmotor mit dem typischen dreieckigen Drehkolben

Britischer Kernreaktor gerät in Brand

10. Oktober 1957. Im englischen Kernreaktor in Windscale (heute: Sellafield) ereignet sich ein erster schwerer nuklearer Unfall. Der Reaktor gerät in Brand, und radioaktives Material wird frei.

Der Reaktor ist kein Kernkraftwerk zur Energieerzeugung, sondern ein spezieller Typ zur Plutonium-Produktion. Der Unfall wird von der britischen Öffentlichkeit nicht weiter ernst genommen.

Die bei Reaktorunfällen möglicherweise freigesetzten radioaktiven Isotopen sind im Hinblick auf die Umweltbelastung sehr unterschiedlich zu bewerten. Von Bedeutung ist neben der Art der Strahlung, die sie abgeben (Alpha-, Beta- oder Gammastrahlen) und der Intensität, mit der sie strahlen, vor allem ihre Halbwertszeit. Dieser Wert sagt aus, wie lange es dauert, bis die Hälfte des strahlenden Materials zerfallen ist. Sie ist je nach Isotop sehr unterschiedlich und schwankt

Der britische Kernreaktor Windscale in Cumbria; der Name – verbunden mit einer ganzen Reihe von Reaktorpannen – wird später in Sellafield geändert

zwischen weniger als einer Millionstelsekunde und mehr als einer Trillion Jahren. Für die bei Reaktorunfällen zu befürchtenden Radionuklide liegt sie zwischen 2,3 Stunden für Jod-132 und 28,6 Jahren für Strontium-90. Am langlebigsten sind Plutonium-283 (87,7 Jahre) und Plutonium-239 (24 100 Jahre), die jedoch als Feststoffe – selbst bei einem gigantischen Unfall – kaum in die Umwelt gelangen dürften.

(→ 1951)

Voraussetzungen für die Kernfusion

1957. Der US-amerikanische Physiker John David Lawson erarbeitet die exakten Voraussetzungen für die Wasserstoff-Kernfusion, die bisher nur größenordnungsmäßig bekannt war (→ 1951).

Lawson berechnet die notwendige Größe für das Produkt aus Dichte und Einschlußzeit der für die Kernfusion bestimmten Teilchen im Plasma eines Fusionsreaktors. Er bestimmt einen Wert, bei dessen Überschreitung derartige Anlagen einen technisch nutzbaren Energieüberschuß liefern. Dieser Wert – er heißt hinfort »Lawson-Zahl« – ist temperaturabhängig. Bei für die Fusion günstigen und technisch realistischen Werten von einigen Hundertmillionen Kelvin liegt die Lawson-Zahl für die Fusion von Deuteriumkernen zu Helium bei etwa 1016 s/cm³, für die Fusion von Deuterium- und Tritiumkernen zu Helium bei etwa 1014 s/cm³.

Druckwasserreaktor in USA

1957. In Shippingport (Pennsylvania) arbeitet der erste moderne Druckwasserreaktor wirtschaftlich.

Der Druckwasserreaktor ist vom Prinzip her ein Leichtwasserreaktor. Er arbeitet mit normalem Wasser (im Gegensatz zu Schwerwasser, → 1931) als

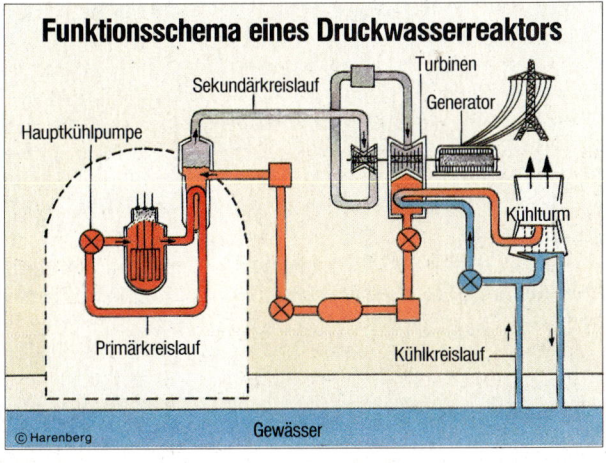

Funktionsschema eines Druckwasserreaktors

Sekundärkreislauf — Turbinen — Generator — Hauptkühlpumpe — Kühlturm — Primärkreislauf — Kühlkreislauf — © Harenberg — Gewässer

Kühlmittel und Moderator (→ 1956). Leichtwasserreaktoren – neben dem Druckwasserreaktor gehören auch Siedewasserreaktoren dazu – entwickeln sich zum weltweit meist verbreiteten Reaktortyp. Der Kernreaktor liefert die bei der Kernspaltung (→ 1938) freiwerdende Energie als Wärme von rund 300 °C. Das Kühlwasser nimmt sie auf und führt sie ab. Während das Wasser im Siedewasserreaktor sich bei dieser Temperatur in Dampf verwandelt, geschieht das im Druckwasserreaktor nicht. Hier herrscht im Primärkreislauf ein Überdruck von rund 150 bar. Wie in einem Druck-

kochtopf bleibt das Wasser flüssig. Eine Kühlmittelpumpe treibt es im Kreislauf durch das Reaktorcore und einen Wärmetauscher. Im Core nimmt es Wärmeenergie auf, im Wärmetauscher gibt es diese Energie an Wasser in einem sekundären Kreislauf ab, das unter geringerem Druck verdampft. Der Dampf treibt die stromerzeugenden Turbinen-Dynamosätze an. Primär- und Sekundärkreislauf sind hermetisch voneinander getrennt. Der durch die Turbine genutzte Dampf wird in einem Kühlkreislauf kondensiert und dann in den Wärmetauscher zurückgeführt.

Windkraftwerke im Test

1957. In Dänemark wird in Gedser eine im Jahr 1955 von Jakob Juul konstruierte Windturbinenanlage errichtet, die 200 kW elektrischer Leistung abgibt. Außerdem baut der deutsche Ingenieur Ulrich Hütter im selben Jahr in Stötten (Schwäbische Alb) eine Windturbine für 100 kW Leistung.

Die dänische Anlage folgt einem Vorbild aus der Zeit um die Jahrhundertwende, als der Physiker Paul La Cour ein Jahrzehnt lang mit erheblichen staatlichen Mitteln vergeblich die Elektrifizierung der weit gestreut liegenden dänischen Bauernhöfe durch Windgeneratoren zu erreichen versuchte. Auch die von Juul konstruierte Anlage bleibt ein Unikat.

Die deutsche Anlage hat ebenfalls Vorbilder. In den 30er Jahren hatte hier Hermann Honeff gigantische Windkraftprojekte konzipiert, die im windreichen Nordseeküstengebiet oder sogar auf verankerten Pontons im Meer arbeiten sollten. Gebaut wurden sie nie.

Hütters Anlage ist vom technischen Ansatz her realistisch. Sie wird bis 1966 zufriedenstellend arbeiten. Allerdings erweist auch sie sich nicht als konkurrenzfähig gegenüber Heizkraftwerken.

Die Großwindkraftwerke arbeiten nur bei mittleren Windgeschwindigkeiten zufriedenstellend. Bei Windstärken unter etwa 3 der Beaufortskala erbringen sie gar keine oder nur eine geringe Leistung, während sie bei Windstärken von 8 und mehr aus dem Wind gedreht werden müssen, um ihre Zerstörung durch die Kraft des Sturmes zu vermeiden.

Windkraftwerk nach U. Hütter bei Stötten auf der Schwäbischen Alb

Erster Kernreaktor für ein Handelsschiff

1957. *Als erstes nuklearbetriebenes Handelsschiff der Welt läuft der sowjetische Eisbrecher »Lenin« (Abb.) vom Stapel. In Dienst geht das Schiff 1959. Die »Lenin« hat beladen eine Wasserverdrängung von 19 240 t. Sie zeichnet sich durch praktisch unbegrenzte Reichweite aus.*

Die »Lenin« wird von drei Druckwasserreaktoren (→ 1957) angetrieben, die ihr eine Schraubenleistung von 56 000 PS verleihen. Das Schiff erzielt eine Geschwindigkeit von 18 Knoten. Obwohl es als reines Handelsschiff deklariert ist, bedient sich seiner doch in erster Linie die Kriegsmarine.

In den USA ist der Bau eines nuklearangetriebenen Handelsschiffes, des Atomfrachters »Savannah«, bereits seit 1954 geplant, wird aber erst 1959 begonnen.

Mit drei Bombern nonstop um die Erde

16. bis 18. Januar 1957. Drei Bomber des Modells Boeing B-52 umrunden den Globus im Nonstopflug. Sie benötigen für diese spektakuläre Aktion 45 Stunden 19 Minuten.

Die mit jeweils acht Strahltriebwerken (→ 1930; 1954) ausgestatteten Maschinen folgen der Route Kalifornien – Marokko – Dharan – Indien – Ceylon – Guam – Kalifornien.

Die gesamte Flugstrecke beträgt 39 147 km. Unterwegs werden die Maschinen viermal in der Luft aufgetankt. Jedes der drei Flugzeuge hat statt der üblichen sechs Mann Besatzung eine neunköpfige Crew. Mit dieser Maßnahme soll einer Übermüdung der Mannschaft vorgebeugt werden.

Bereits 1949 hatte – erstmals – ein Flugzeug den Erdball nonstop umrundet: Eine Boeing B-50 »Superfortress« mit Kolbentriebwerken. Sie folgte der Strecke Kalifornien – Azoren – Saudiarabien – Philippinen – Hawaii – Kalifornien. Auch sie wurde unterwegs viermal in der Luft aufgetankt. Die Maschine hieß »Lucky Lady II.« und legte im Durchschnitt nur 378,35 km/h zurück. Für die 36 225 km lange Gesamtstrecke brauchte sie deshalb mehr als doppelt soviel Zeit wie die drei Boeing-B-52-Modelle.

Schnelle Tragflächenboote

1957. Auf den Gewässern Leningrads werden Tragflächenboote im Stadt- und Vorortverkehr eingesetzt. Sie haben Platz für 50 bis 100 Passagiere und sind über 30 Knoten (55 km/h) schnell.

Erfunden wurde das Tragflächenprinzip schon 1861, als der Engländer Thomas Moy im Ärmelkanal unter Wasser die Auftriebseigenschaften von Flügeln für eine Flugzeugkonstruktion erforschen wollte. Die unter einem Boot montierten Tragflächen hoben das Gefährt schon bei mäßigen Geschwindigkeiten aus dem Wasser. Um 1900 konstruierte der Italiener Enrico Forlanini gezielt Tragflügelboote. Ab 1937 verkehrte ein Tragflächenboot auf dem Rhein.

Um 1957 experimentieren auch amerikanische Schiffsbauer mit Tragflügelbooten, die bis zu 70 Knoten (rund 130 km/h) erreichen.

Tragflächenboot auf der Newa in Leningrad; es hat die Funktion einer »Straßenbahn«, bietet über 50 Fahrgästen Platz und ist 55 km/h schnell

Farbfernsehen ist technisch ausgereift

1957. Henri de France entwickelt in Frankreich das Farbfernsehsystem SECAM (Système électronique couleur avec mémoire), das wie das 1954 in den USA entwickelte NTSC-System mit dem Schwarzweißempfang kompatibel ist, aber nicht die Mängel des amerikanischen Verfahrens – Farbfehler bei der Wiedergabe – aufweist.

Vom Prinzip gleicht das Farbfernsehen der elektronischen Übertragung von Schwarzweißbildern (→ 1911). Aufgenommen und wiedergegeben werden aber zeitgleich drei Bilder in den Farbauszügen Rot, Grün und Blau, die zusammen ein naturgetreues Buntbild liefern. Übertragen werden die drei Farben nicht nebeneinander. Sie werden in geeigneter Form im Sender kodiert und als drei neue Signale ausgestrahlt. Das eine ist das sogenannte Synchronsignal für die Dekodierung im Empfänger. Die anderen beiden sind Farbdifferenzsignale; sie setzen sich aus roter Farbspannung minus Leuchtdichtesignal bzw. blauer Farbspannung minus Leuchtdichtesignal zusammen. Im Empfänger werden sie entschlüsselt. Bei SECAM wird zeilenweise abwechselnd nur ein Farbdifferenzsignal übertragen.

Billiger heizen mit Nachtstromspeicher

1957. Das Physikalisch-technische Entwicklungsinstitut Laing bei Stuttgart entwickelt Nachtspeicherheizgeräte zur Raumheizung. Der Elektrizitätsbedarf seitens der Kraftwerkskunden ist erheblichen tageszeitlichen Schwankungen unterworfen. Tagsüber liegt der Verbrauch generell höher als nachts. Kraftwerke amortisieren sich aber dann, wenn sie rund um die Uhr ausgelastet sind. Ihre Betreiber sind deshalb daran interessiert, auch nachts – zu günstigeren Preisen – Strom zu verkaufen. Das nutzen die Nachtstrom-Speichergeräte.

In ihnen wird mit dem billigen Nachtstrom eine gut isolierte Wärmespeichermasse aufgeheizt. Tagsüber durchströmt – von einem geräuscharmen Tangentiallüfter (→ 1956) gefördert – Raumluft den Wärmespeicher und entlädt ihn je nach Heizwärmebedarf.

Armbanduhren mit Elektroantrieb

1957. Die Firma Hamilton stellt die ersten elektrischen Armbanduhren her. Sie werden von kleinen Batterien – sogenannten Knopfzellen – mit Strom versorgt und arbeiten mit winzigen Schrittschaltwerken, die den Sekundenzeiger sprunghaft weiterschalten, während Minuten- und Stundenzeiger durch übliche Zahnradgetriebe langsamer bewegt werden.

»Hamilton Electric«, die erste elektrische Armbanduhr der Welt

---

1958

Nach sechsjährigen Arbeiten beendet der Engländer Alastair Pilkington seine Entwicklungsarbeiten an der Floatglas-Herstellung. →

Charles Hard Townes und Arthur L. Schawlow entwerfen einen optischen »Maser« oder »Laser«. →

Die ersten Stereo-Schallplatten erscheinen auf dem Markt. →

Erstmals liefert ein amerikanischer Kernreaktor Strom in das öffentliche Netz (Shippingport/Pennsylvania; → 1957).

Der US-amerikanische Chemiker Glenn Theodore Seaborg entdeckt zusammen mit seinem Landsmann Albert Ghiorso das Element Nobelium. →

Rudolf Mößbauer entdeckt den nach ihm benannten Effekt. →

Die Programmiersprache ALGOL wird entwickelt. →

Xenonlampen von 20 kW kommen für die Straßenbeleuchtung zum Einsatz. →

Epoxydharze werden erstmals als Vergußmittel und Klebstoffe verwendet (»Zweikomponenten-Kleber«).

31. 1. Der erste US-Satellit geht in den Orbit (→ 1958).

1.–5. 8. Das amerikanische Atom-U-Boot »Nautilus« (→ 1954) unterquert das arktische Eis am Nordpol. →

Oktober. Dem Amerikaner Jack S. Kilby gelingt es, auf einem Germanium-Chip Germanium-Mesatransistoren, Widerstände und Kondensatoren unterzubringen (erste integrierte elektronische Schaltung). →

11. 10. Die erste US-Raumsonde, »Pioneer 1«, startet (→ 1958).

18. 12. Der erste Versuchs-Kommunikationssatellit (»SCORE«, USA) geht in den Orbit (→ 1958).

GESTORBEN:

30. 1. Stuttgart: Ernst Heinrich Heinkel (* 24. 1. 1888, Grunbach/Weiblingen), deutscher Flugzeugkonstrukteur.

1. 2. Charlottesville/Virginia: Clinton Joseph Davisson (* 22. 10. 1881, Bloomington/Illinois), US-amerikanischer Physiker.

20. 6. Köln: Kurt Alder (* 10. 7. 1902, Königshütte), deutscher Chemiker.

14. 8. Paris: Frédéric Joliot-Curie (* 19. 3. 1900, Paris), französischer Physiker.

27. 8. Palo Alto/Kalifornien: Ernest Orlando Lawrence (* 8. 8. 1901, Canton/South Dakota), US-amerikanischer Physiker.

15. 12. Zürich: Wolfgang Pauli (* 25. 4. 1900, Wien), österreichisch-US-amerikanischer Physiker.

Die US-Raumfahrt beginnt

1958. Nach dem übereilten Fehlversuch eines Demonstrations-Satellitenstarts im Dezember → 1957 wickeln die US-Raumfahrtorganisationen jetzt erste Programme ab, u. a. den Start der ersten amerikanischen Interkontinentalrakete, »Atlas«, und der ersten Raumsonde, »Pioneer 1« (11. 10.). Der erste US-Satellit, »Explorer 1« (31. 1.), führt zur Entdeckung der Van-Allen-Strahlungsgürtel. Und der erste Nachrichtensatellit, »SCORE« (18. 12.), nimmt seinen Betrieb auf.

Die Rakete, die den »Explorer 1« in seine Umlaufbahn bringt, ist eine vierstufige modifizierte »Jupiter C«, die als Satellitenträger »Juno I« getauft wird. Sie startet nach wetterbedingten Verzögerungen am 31. Januar. Nach einer Stunde und 53 Minuten hat der Satellit, die 2 m lange und 14 kg schwere vierte Stufe der Rakete, bereits einmal die Erde umrundet. Aus Messungen des Satelliten ermittelt James Alfred Van Allen zwei die Erde umgebende torusförmige Zonen, in denen elektrisch geladene Teilchen in einem Magnetfeld eingefangen sind und zwischen den magnetischen Polen hin- und herpendeln.

Februar und März bringen zwei Satellitenfehlstarts. Erfolgreiche Starts der Satelliten »Explorer 3« und »Vanguard 1« (beide im März) folgen. »Vanguard 1« bezieht erstmals Energie aus Solarbatterien. Am 17. August versucht die Luftwaffe vergeblich, mit einer Thor-Able-Rakete erstmals ein Projektil

Erreicht den Mond nicht: US-Rakete (Thor-Able) beim Start (17. 8. 1958)

auf den Mond zu schießen. Am 11. Oktober gelingt dafür der Start der Raumsonde »Pioneer 1« bis in 113 760 km Höhe; das ist ein Drittel des Weges zum Mond. Und am 18. Dezember schließlich schickt die Luftwaffe mit einer Atlas-B-Rakete einen ersten, 68 kg schweren Nachrichtensatelliten, »SCORE«, in einen elliptischen Orbit. Er überträgt am Weihnachtsabend eine Botschaft von US-Präsident Dwight D. Eisenhower.

»Vanguard 1« auf der noch nicht abgedeckten Trägerrakete; der mit Solarzellen ausgerüstete US-Satellit (Start: 17. 3. 1958) liefert bis 1965 Daten

Integrierte Schaltung als Chip gebaut

Oktober 1958. Jack S. Kilby bei der US-amerikanischen Firma Texas Instruments fertigt den ersten Chip, die erste integrierte Halbleiterschaltung. Auf einem Germaniumplättchen bringt er Germanium-Mesatransistoren, Widerstände und Kondensatoren unter.

Unabhängig von Kilby formulierte bereits → 1952 der Engländer G. W. A. Dummer vom Royal Radar Establishment, daß es die Erfindung des Transistors (→ 1948) und der Stand der Halbleitertechnik ermöglichen würden, elektronische Geräte als massive Blocks ohne Leitungsdrähte herzustellen. So ein Block – meinte Dummer – könne

aus mehreren Schichten isolierender, leitender, gleichrichtender, verstärkender oder als passive Bauelemente wirkender Halbleitermaterialien bestehen. Die Verbindung der elektrischen Einzelfunktionen zu einer Gesamtschaltung ließe sich dadurch realisieren, daß man die verschiedenen Schichten aus unterschiedlichen Zonen aufbaue. Um Dummers Gedanken in die Praxis umzusetzen, arbeitete das Royal Radar Establishment mit der britischen Firma Plessey zusammen und fertigte 1957 erstmals ein Modell an, das dem von Kilby bereits ähnelte, ohne allerdings dessen technische Qualität zu erreichen.

Kilby ist der Auffassung, daß sich nur Halbleiter zur Schaltungsintegration eignen würden, daß man die passiven Bauelemente (Widerstände und Kondensatoren) also aus demselben Material fertigen müsse wie die aktiven (Transistoren). Als sinnvoll betrachtet er es, die einzelnen Elemente einer Schaltung in situ, also an Ort und Stelle, auf dem Chip, herzustellen und auf diese Weise zu einer funktionsfähigen Schaltung zu integrieren. Im Oktober 1958 stellt er so den ersten – mit einem Germaniumtransistor, Widerständen und Kondensatoren bestückten Chip her. Zur Hilfe kam Kilby bei seiner Chip-Entwicklung, daß bereits vor Jahren verschiedene Firmen festgestellt hatten, daß sich aus Halbleitern diskrete Widerstände und Kondensatoren fertigen lassen. Vier Monate nach der Herstellung seines ersten Chips meldet Kilby die integrierte Halbleiterschaltung zum Patent an. Doch das Schutzrecht wird sofort angefochten, denn in der Zwischenzeit hat der Amerikaner Robert Noyce ein Verfahren herausgefunden, die Bauelemente innerhalb eines Chips mit der Technik der sogenannten Planardiffusion noch viel einfacher miteinander zu verbinden. Noyce entwickelt alle Grundlagen für die Mengenfertigung von Chips: Die Fotomaske und die Fotolithographie, die Passivierung der Halbleiteroberfläche und das Aufdampfen von Metallwiderständen und Metallanschlußkontakten.

Gedruckte Leiterplatine, bestückt mit »Chips«, Bauelementen in integrierter Halbleiterschaltung; sie ersetzen zahlreiche einzelne Transistoren

Rudolf Mößbauer, 1961 ausgezeichnet mit dem Nobelpreis für Physik

Kernphysikalischer Effekt entdeckt

1958. Der deutsche Physiker Rudolf Mößbauer entdeckt den später nach ihm benannten Effekt, die praktisch rückstoßfreie Emission oder Absorption von Gammaquanten durch Atomkerne, die starr in das Kristallgitter eines Festkörpers eingebettet sind.

Nicht so starr eingebundene Atomkerne erleben beim Aussenden oder Einfangen eines Gammaquants einen Rückstoß. Unter Berücksichtigung des Mößbauer-Effekts lassen sich viele atomphysikalische Größen wie Atomkernradien oder magnetische Kernkräfte präziser bestimmen, nukleare Energien z. B. auf 15 Dezimalstellen genau.

Laser erzeugt hochenergetisches Licht

1958. Charles Hard Townes, der → 1957 den ersten Mikrowellenverstärker nach dem Prinzip der induzierten Emission (Maser) gebaut hatte, entwickelt jetzt zusammen mit seinem Schwager Arthur L. Schawlow einen optischen Maser, der statt Mikrowellen verstärktes optisches Licht abstrahlt. Das ist die Grundlagenerfindung des Lasers (Light amplification by stimulated emission of radiation).

Sichtbares Licht hat erheblich kürzere Wellenlängen, etwa ein Zehntausendstel der Mikrowellen. Der Maser-Resonator, in dem die Verstärkung stattfindet, mißt wenige Millimeter. Für Licht dürfte er nur ein Zehntausendstel davon messen.

Den Ausweg aus diesem technischen Problem finden die beiden Physiker durch die Idee, einen längeren Stab mit verspiegelten Enden zu wählen, in dem die Lichtwellen ständig hin- und herwandern, bevor sie genügend verstärkt sind, um durch den Halbspiegel auf einer Stabseite als Laserstrahl auszubrechen.

Das erste Gerät

nach diesem Konzept, einen Rubin-Laser, baut 1960 Theodore H. Maiman in den USA (→ 1962; 1966).

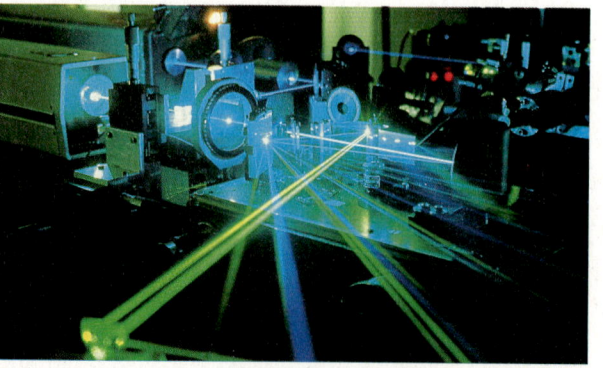

Im verdunkelten Labor macht der Rauch einer Zigarette die Strahlen einer Laseranlage deutlich sichtbar

Hochsprache für das Rechenwesen

1958. Die Programmiersprache ALGOL (Algorithmic Language), eine Computerhochsprache, wird entwickelt. Wie FORTRAN (→ 1954) ist sie problemorientiert, aber noch mehr als diese auf die technisch-wissenschaftliche Anwendung spezialisiert.

ALGOL baut auf der algorithmischen (also in einer Folge logischer Anweisungen kontinuierlich fortschreitenden) Beschreibung von algebraischen oder logischen Problemen auf und bedient sich numerischer, alphabetischer und alphanumerischer Symbole sowie standardisierter Wortsymbole wie GOTO, READ, PRINT oder END.

Xenon-Lampen als Straßenbeleuchtung

1958. Für die Straßenbeleuchtung kommen erstmals Xenon-Lampen mit Leistungen von 20 kW zum Einsatz. Die mit dem Edelgas Xenon gefüllten Lampen sind Gasentladungslampen, die unter sehr hohem Innendruck stehen. Da ihr Entladungsgefäß äußerst heiß wird (1000 bis 1200 °C), muß es aus dem gegen Temperaturwechsel beständigen Quarzglas (→ 1839) gefertigt werden. Für die Stromzuführung werden Molybdän-Folien oder Wolframstäbe verwendet. Um den Ausdehnungsunterschied zwischen Quarzglas und Wolfram zu überbrücken, schmilzt man an das Quarzglas zwei oder drei Zwischengläser an, wobei das Glas mit dem höchsten Ausdehnungskoeffizienten mit dem Wolfram verbunden ist.

Das Licht der Xenon-Lampe entspricht in seinem Spektrum weitgehend dem Tageslicht. Es besitzt ausgeprägte ultrarote (→ 1800) und ultraviolette (→ 1801) Anteile. Die Lichtausbeute liegt mit bis zu 50 Lumen pro Watt über der vieler anderer Lampen.

U-Boot untertaucht die polare Eiskappe

1. bis 5. August 1958. Das erste atomar angetriebene Schiff der Welt, das amerikanische Unterseeboot »Nautilus« (→ 1954), unterquert die arktische Eiskappe und passiert dabei auch den geographischen Nordpol. Damit wird der Traum vom echten Unterwasserschiff, das nicht nur gelegentlich für kurze Strecken untertaucht, Realität.

Schon vor drei Jahren, im Mai 1955, bewies das Schiff erstmals seine besonderen Fähigkeiten, als es die 2400 km lange Strecke zwischen New London und San Juan auf Puerto Rico in 84 Stunden mit einer Durchschnittsgeschwindigkeit von 12 Knoten ausschließlich unter Wasser zurücklegte.

1958 laufen auch in der UdSSR die ersten U-Boote mit Kernreaktorantrieb vom Stapel. Diese Schiffe der »November«-Klasse verdrängen 5000 t Wasser und sind durchweg mit einem Druckwasserreaktor (→ 1957) ausgestattet. Erste Erfahrungen mit nuklearen Schiffsantrieben sammelten die Sowjets mit dem Eisbrecher »Lenin« (→ 1957).

Schallplatten für Raumton

1958. Die ersten Stereoschallplatten erscheinen auf dem Markt.

Das Verfahren, für die stereophone Musikwiedergabe (→ 1954) auch die Schallplatte als Speichermedium zu nutzen, hatte schon in den 30er Jahren der Engländer Alan Dower Blumlein theoretisch behandelt. Wegen technischer Probleme ließ es sich aber bisher nicht in die Praxis umsetzen. Jetzt gelingt das in kommerziellem Maßstab.

Bei stereophonen Aufnahmen wird mit zwei Mikrophonen gearbeitet, von denen jedes die Tonquelle (etwa ein Orchester) aus einem anderen Winkel »belauscht«. Dementsprechend entstehen zwei elektrische Signale, die später, bei der Wiedergabe, zwei getrennt stehenden Lautsprechern zugeführt werden, um das Raumklangerlebnis zu reproduzieren. Beide Informationen müssen gleichzeitig, aber inhaltlich getrennt, auf der Schallplatte aufgezeichnet werden.

Zugleich besteht die Forderung, daß die Platte »mono-kompatibel« ist, sich also auch auf Einkanalplattenspielern abspielen läßt, wobei dort

Vorderseite eines Werbeprospekts für Stereo-Langspielplatten

beide Kanäle gemeinsam abgespielt werden sollen. Während auf einer Monoschallplatte die V-förmige Rille überall gleich tief und gleich breit ist und die tonfrequenten Informationen nur in seitlichen Abweichungen von ihrer Hauptrichtung gespeichert sind, enthält bei der Stereoplatte jede Rillenflanke die Information eines Kanals. Dadurch variiert nicht nur die Rillenrichtung sondern auch die Rillenbreite. Die Nadel des Plattenspielers wird also zugleich seitlich und vertikal abgelenkt.

Neues Flachglas mit Präzisionsflächen

1958. Nach sechsjährigen Arbeiten beendet der Engländer Alastair Pilkington seine Entwicklung an der Floatglas-Herstellung.

In einem 4 bis 8 m breiten und bis zu 60 m langen beheizten Trog befindet sich unter Schutzgas – gegen die Oxidation – flüssiges Zinn. Auf dieses Metall wird kontinuierlich Glasschmelze geleitet, die auf dem Zinn in gleichmäßig dicker Schicht schwimmt. Die Schichtstärke läßt sich zwischen 1,5 und 20 mm einstellen. Mit zunehmender Entfernung von der Glaszufuhr sinkt die Temperatur des Zinnbades von anfänglich 1000 °C auf etwa 600 °C ab. An dieser Stelle ist das Glas bereits so fest, daß es sich durch Spezialwalzen vom Zinnbad abheben und in einem Tunnel weiter kühlen läßt.

Das Floatglas ist das erste Tafelglas mit derart planer Oberfläche, daß es sich ohne weitere Bearbeitung – Schleifen und Polieren – als hochwertiges Spiegelglas verwenden läßt. Die neue Technik erlaubt billige Massenproduktion, vor allem von Spiegel- und Fensterglas.

Konkurrenz zwischen Luft- und Wasserweg

1958. Erstmals überqueren während eines Jahres mehr Passagiere im Flugzeug als im Schiff den Atlantik.

Am 19. Dezember 1957 wurden die ersten regelmäßigen Transatlantikreisen von London nach New York mit dem Flugzeug (mit Luftschiffen schon früher) von der britischen Fluggesellschaft BOAC angeboten.

Am 28. Februar 1958 startet von Hamburg mit einer Zwischenlandung in Frankfurt am Main die erste Lockheed Super Star, die mit voller Nutzlast auch bei starkem Gegenwind nonstop von Deutschland nach den USA fliegen kann. Ab dem 1. April finden zwischen New York und der Bundesrepublik täglich Nonstopflüge in beiden Richtungen statt. Gegenüber dem Vorjahr erhöht sich das Transportvolumen für Personen-, Luftpost- und Frachtverkehr um etwa 60 Prozent.

Gegen Jahresende bietet allein die Deutsche Lufthansa wöchentlich 30 Nordatlantikflüge an. Mehrmals wöchentlich werden von Europa aus auch die sechs größten südamerikanischen Zentren – Rio de Janeiro, São Paulo, Porto Alegre, Montevideo, Buenos Aires und Santiago – angeflogen. Am 4. Oktober nimmt die de Havilland »Comet 4« als erstes Düsenverkehrsflugzeug linienmäßig den Passagierverkehr zwischen Europa und Amerika auf.

Die »Comet 4«, das erste Düsenflugzeug im Transatlantiklinienzdienst

Der erste Prototyp eines wirtschaftlich arbeitenden sog. schnellen Brüters, eines Kernreaktors, der mehr Brennstoff selbst erzeugt, als er verbraucht, arbeitet in Dounreay in Schottland. →

Amerikanische Rüstungsbetriebe bauen die erste Luft-Boden-Rakete zur Zerstörung von Einzelzielen, die »Bullpup«.

Der sowjetische Eisbrecher »Lenin« wird als zweites Nuklearschiff (→ 1958) der Welt in Dienst gestellt.

In Genf wird das Protonensynchrotron PS des Forschungszentrums CERN eingeweiht. →

Das Trierer Walzwerk der Hoesch AG bringt den Verbundwerkstoff »Platal«, einen kunststoffbeschichteten Stahl, auf den Markt.

Der durch Atombombenexplosionen entstandene künstliche Strahlungsgürtel in der Atmosphäre in 400 km Höhe wird nachgewiesen.

In Japan läuft das erste Frachtschiff mit über 100 000 tdw (106 190 tdw), die »Universe Apollo«, vom Stapel.

Eine Jury aus den 100 bekanntesten Designern wählt die Schreibmaschine »Lettera 22« von Olivetti zum besten Industrieprodukt der letzten 100 Jahre. →

Das Interferenzmikroskop wird entwickelt. →

2. 1. Die Sowjets bringen die Mondsonde »Lunik 1« in den Weltraum. →

3. 3. Die USA schicken den ersten Satelliten in eine Umlaufbahn um die Sonne. →

25. 4. Der St.-Lorenz-Seeweg wird eingeweiht. →

11. 6. Das erste Luftkissenfahrzeug »Hovercraft SR. N1« wird vorgeführt. →

12. 9. Erstmals schlägt eine unbemannte Mondsonde, »Lunik 2«, nach 34 Stunden Flugzeit auf dem Mond auf (zuvor gab es sechs amerikanische und russische Fehlversuche). →

4. 10. Die Mondsonde »Lunik 3« liefert beim Umfliegen des Erdtrabanten erste Aufnahmen von der Mondrückseite. →

GESTORBEN:

15. 2. Alton/Hampshire: Sir Owen Williams Richardson (* 26. 4. 1879, Dewsbury/Yorkshire), britischer Physiker.

9. 6. Göttingen: Adolf Otto Reinhold Windaus (* 25. 12. 1876, Berlin), deutscher Chemiker.

15. 11. Carlops/Edinburgh: Charles Thomson Rees Wilson (* 14. 2. 1869, Glencorse/Edinburgh), britischer Physiker.

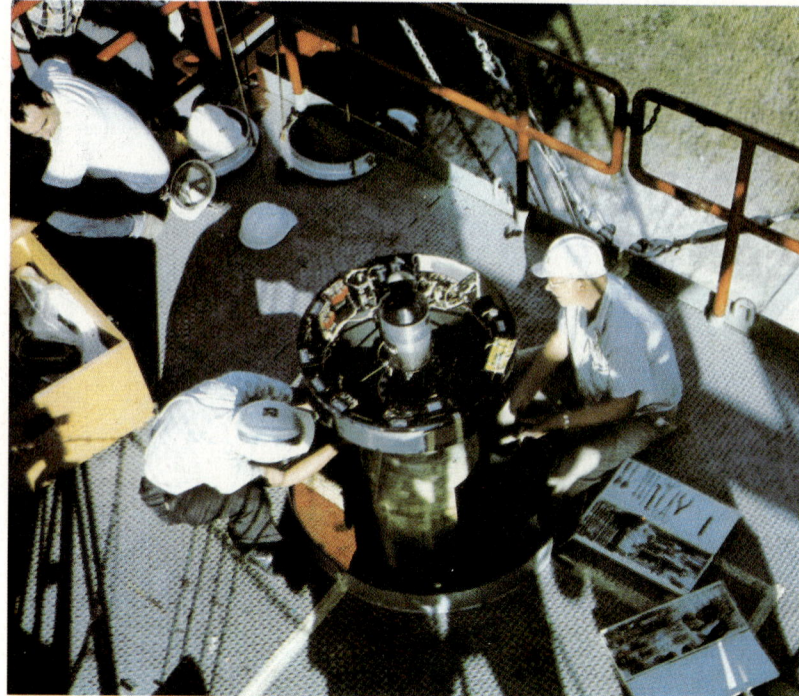

»Pioneer 1« (erste US-Raumsonde, 1958) wird auf die Trägerrakete montiert

Der Wettlauf zum Mond

1959. Nachdem 1958 die amerikanischen Raumfahrtbehörden mit Thor-Able- und Juno-Raketen versuchten, den Mond und den interplanetaren Raum zu erreichen, nehmen auch die Sowjets derartige Projekte in Angriff.

Am 2. Januar startet die UdSSR mit einer zweistufigen Standardrakete die Mondsonde »Lunik 1«. Sie erreicht den Erdtrabanten nicht, fliegt in 5600 km Entfernung mit etwas zu hoher Geschwindigkeit am Mond vorbei und gerät in das Schwerefeld der Sonne. »Lunik 1« wird zum künstlichen Planetoiden. Am 3. März schießen auch die USA einen Satelliten, »Pioneer 4«, in eine Solarumlaufbahn. Er passiert den Mond gewollt in 60 000 km Entfernung. Am 12. September startet die Sowjetunion »Lunik 2«. Diese Sonde erreicht als erster irdischer Raumflugkörper den Mond nach 34stündigem Flug. Wissenschaftliche Daten übermittelt sie nicht. Schon am 4. Oktober folgt »Lunik 3«. Nach seinem Start umfliegt der Satellit zunächst den Erdtrabanten wie eine interplanetarische Raumsonde, wird aber von dessen Schwerefeld um 180° umgelenkt und in eine Erdumlaufbahn verwiesen. Dieses Experiment beweist immense technische Präzision. Die Sonde ist mit einem Bildübertragungssystem ausgestattet. Sie nimmt erstmals Bilder von der Rückseite des Mondes auf und überträgt diese später – in Erdnähe zurückgekehrt – zu den sowjetischen Bodenstationen.

Die Bilder sind keine elektronisch gespeicherten Aufnahmen, sondern echte Fotografien. Sie werden im Satelliten in einem Behälter automatisch entwickelt, fixiert und getrocknet. Danach gelangen sie in einen zweiten Behälter, von dem aus die elektronische Fernsehübertragung zur Erde erfolgt.

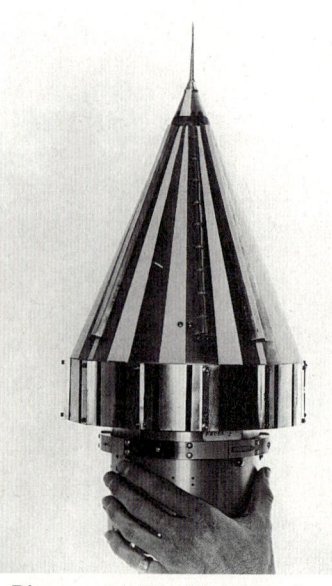

»Pioneer 4«: Die Nutzlast des US-Satelliten für den Sonnenumlauf

Britischer Prototyp des Brutreaktors

1959. In Dounreay in Schottland arbeitet nach vierjähriger Bauzeit der erste sogenannte schnelle Brüter als Versuchsreaktor.

Als erster Brutreaktor der Welt gilt der → 1951 in Betrieb genommene EBR-I in Arco (Idaho). Er war von grundlegender wissenschaftlicher Bedeutung, im Prinzip aber kaum mehr als ein größeres physikalisches Experiment, das die Realität des nuklearen Brutvorgangs bestätigte. Von einem wirtschaftlichen Brüterkraftwerk trennten ihn noch umfangreiche Entwicklungsarbeiten. Der schottische Brüter ist dagegen der erste Prototyp eines wirtschaftlichen Brutreaktors. Während EBR-I nur einige Glühbirnen mit Strom versorgte, liefert er Strom in der Größenordnung eines mittleren Kraftwerks.

CERN-Synchrotron nimmt Arbeit auf

1959. In Genf wird am europäischen Atomforschungszentrum CERN das Protonensynchrotron »PS« in Betrieb genommen.

CERN ist ein multinationales Großlaboratorium für Teilchenphysik, an dem sich die zwölf Mitgliedsstaaten Belgien, Bundesrepublik Deutschland, Dänemark, Frankreich, Griechenland, Großbritannien, Italien, Niederlande, Norwegen, Österreich, Schweden und Schweiz beteiligen. Das Synchrotron ist ein Protonenbeschleuniger, ein Zyklotron (→ 1928) zur Erzeugung so hoher Teilchenenergien, daß die relativistischen Massenänderungen (→ 1905) beginnen, eine Rolle zu spielen. Es verlangt deshalb einen besonderen technischen Aufbau. Beim PS von CERN sind um einen Ring von 200 m Durchmesser 100 Magnete aufgebaut, die die Protonen in einem schmalen Vakuumrohr auf ihrer Umlaufbahn halten. Bevor die Protonen in den Hauptring gelangen, werden sie in einer linearen Strecke – »Linac« – auf 50 MeV (Megaelektronenvolt, → 1967) vorbeschleunigt. Im Ring selbst lassen sie sich bis auf 800 MeV weiter beschleunigen. Die schnellen Protonen werden aus dem Ring ausgeschleust und dienen atomphysikalischen Experimenten (→ 1967).

Zwei Luftkissen-Wasserfahrzeuge »Hovercraft« bei einer Versuchsfahrt; unter den Schiffen bildet sich ein etwa 20 cm starkes Luftpolster aus

Hovercraft auf Luftkissen

11. Juni 1959. Der Engländer Christopher Cockerell führt das erste Luftkissenfahrzeug nach seinen Konstruktionen von 1955 vor. Das 7 t große Hovercraft »SR. N1« (»Hovercraft« bedeutet »Schwebefahrzeug«) wird von einem 20 cm starken Druckluftpolster, das aus Düsen im Schiffsboden gespeist und durch eine Gummischürze am seitlichen Entweichen gehindert wird, getragen. Es läßt sich amphibisch einsetzen, fährt also auch auf festem Untergrund – etwa Sandstrand oder Betonflächen – und entwickelt aufgrund geringer Boden- bzw. Wasserreibung Geschwindigkeiten bis zu 60 Knoten (110 km/h).

St.-Lorenz-Seeweg wird eingeweiht

25. April 1959. Nach nur fünfjähriger Bauzeit ist das größte nordamerikanische Ingenieurbauprojekt, die Schiffbarmachung des St.-Lorenz-Seewegs für hochseegängige Schiffe, praktisch abgeschlossen. Die ersten Schiffe können den neuen Seeweg befahren. Er verbindet die mächtigen Erzlagerstätten des unwirtlichen Labradors über die großen kanadischen Seen mit dem Atlantik. In sieben Großschleusen – fünf kanadischen und zwei US-amerikanischen – überwinden Hochseeschiffe bis zu 9000 t und Binnenschiffe bis zu 27 000 t Nutzlast insgesamt einen Höhenunterschied von 73 m. Der Seeweg hat eine Mindesttiefe von rund 8 m.

In Verbindung mit dem St.-Lorenz-Seeweg steht der 27 Meilen lange Welland-Kanal zwischen dem Ontario- und dem Eriesee mit weiteren acht Großschleusen (1932 vollendet). Das gesamte Schiffahrtsnetz (Flüsse, Seen und Kanäle) zwischen dem Atlantik und Chicago mißt 2250 Meilen und weist einen Höhenunterschied von 175 m auf. Haupttransportgüter sind neben Eisenerzen Holzprodukte, Getreide und Kohle.

Neuer Mikroskoptyp wird entwickelt

1959. Auf der Basis des 1933 von dem deutschen Physiker W. Linnik erfundenen Mikrointerferometers entwickelt die deutsche Industrie das Interferenzmikroskop. Es gestattet die Erzeugung und Begutachtung von optischen Interferenzen im oder auf dem vergrößerten Objekt (etwa eines Kristalls oder eines Vitalpräparates), besonders dessen Oberflächentopologie.

Interferenzmikroskop der bundesdeutschen Firma Carl Zeiss (1959)

Schreibmaschine als bestes Industrieprodukt gefeiert

1959. Eine Jury aus den 100 bekanntesten Designern wählt die Schreibmaschine »Lettera 22« der italienischen Firma Olivetti zum besten Industrieprodukt der vergangenen 100 Jahre. Sie unterstreicht mit dieser Wahl nicht nur die funktionelle Aufgabe industrieller Erzeugnisse, sondern in erster Linie auch deren »Styling«.

Mit folgenden Worten (aus dem Englischen übersetzt) äußert sich die Kritik zu der schon 1950 von dem italienischen Industriedesigner Nizzoli gestalteten Maschine: »Bei der tragbaren Schreibmaschine Lettera 22, die für den einfachen Transport und die einfache Unterbringung leicht und in ihrer Form kompakt ist, hat der Designer klar das Erscheinungsbild einer Schachtel gewahrt. Dieses Bild wird von einer subtilen Integration der Teile betont. Hierbei wird die einheitliche Cremebeigefarbe durch einen überaus effektiven Akzent – eine einzige Tabulatortaste in leuchtendstem Rot – unterstrichen. Die Tasten selbst sind wie flache Schalen gestaltet, eine Form, die sowohl die Augen wie die Finger einlädt.« Nizzoli: »Alle Bedienungselemente ... sind recht einfach gehalten, wobei die jeweilige Form aus einer speziellen Studie der direkten Handbewegung erwächst ...«

Die Art und Weise, in der Designer und Jury sich einem industriell gefertigten Gebrauchsgegenstand nähern – und hierhin ist diese Schreibmaschine kein Einzelfall –, ist ein Zeichen dafür, daß nach einer langen Ära technischen Zweckdenkens versucht wird, die Entfremdung zwischen Kunst und Gebrauchsgegenstand, die mit der Industrialisierung einsetzte, zu überwinden.

Die preisgekrönte Schreibmaschine »Lettera 22«

Olympia-Büroschreibmaschine aus der Zeit um 1960

Der amerikanische Physiker Theodore H. Maiman baut das erste Rubin-Lasergerät (→ 1958). – D. R. Herriott, All Javan und William Ralph Bennett fertigen den ersten Gaslaser.

Der englische Ingenieur und Chirurg John Charnley setzt erstmals einem Patienten ein künstliches Hüftgelenk ein. →

Die neue Laser-Technologie gestattet die Realisierung der → 1948 von dem ungarisch-britischen Physiker Dennis Gábor entdeckten Hologramm-technik.

Der schweizerische Physiker Jean A. Hoerni (Fairchild) entwickelt den Planartransistor.

Die Programmiersprache COBOL (Common Business Oriented Language) wird entwickelt. COBOL arbeitet mit relativ vielen Wortsymbolen und ist infolgedessen recht speicheraufwendig.

Das US-amerikanische Atom-U-Boot »Triton« umfährt die Erde unter Wasser. →

Die USA führen die Interkontinentalrakete »Minuteman« ein.

Der Firma Krupp Maschinen- und Stahlbau gelingt die seitliche Verschiebung einer 4500-t-Brücke um 18 m. →

23. 1. Der Schweizer Tiefseeforscher Jacques Piccard und Donald Walsh, ein US-amerikanischer Marineoffizier, erreichen mit ihrem Tiefseetauchboot im Marianengraben eine Tiefe von 10 970 m. →

11. 3. Der Satellit »Pionier 5« startet zu einer Flugbahn um die Sonne. →

1. 4. Die USA bringen den ersten meteorologischen Satelliten (Wolkenbilder) »Tiros 1« in den Orbit. →

13. 4. Der erste militärische Navigationssatellit »Transit 1 B« (USA) wird gestartet. →

Juni. Die Bell Company entwickelt die Methode der Epitaxie zur kommerziellen Reife. →

12. 8. Die zivile nationale Luft- und Raumfahrtbehörde der USA (NASA) bringt den ersten Ballonsatelliten, »Echo 1«, in den Orbit. →

24. 9. Der erste nuklear angetriebene Flugzeugträger, die »Enterprise«, läuft in den USA vom Stapel (→ 1961).

4. 10. Der erste aktive Kommunikationssatellit »Courier 1 B« (USA) geht in den Orbit. →

15. 11. In den USA werden die »Polaris«-Feststoffraketen getestet, die von U-Booten aus gestartet werden. →

GESTORBEN:
24. 4. Berlin: Max von Laue (* 9. 10. 1879, Koblenz), deutscher Physiker.

Satellitenstarts werden zur Routine

1960. Nach den ersten geglückten Satellitenstarts durch die Sowjets im Jahr → 1957 und amerikanische Raumfahrtinstitutionen im Jahr → 1958 nehmen die Satellitenmissionen rapide zu.

Die Zahlen der gelungenen Projekte entwickeln sich so: 1957 zwei russische Satelliten, 1958 ein russischer und sieben amerikanische Satelliten, 1959 drei russische und elf amerikanische, 1960 sechs russische und 16 amerikanische Satelliten.

Daneben nimmt die Zahl der Mondsonden nur langsam zu, und es kommt hier vorwiegend zu Fehlstarts: Die ersten vier amerikanischen Projekte (»Thor-Able 1« und »Pioneer 1« bis »3«) führten 1958 wegen Fehlstarts und Vorbeiflügen nicht zum Mondaufschlag. Auch »Lunik 1« und »Pioneer 4« erreichten 1959 den Mond nicht. Dann waren die Sowjets zweimal erfolgreich: Mit »Lunik 2« (Mondaufschlag) und »Lunik 3« (Mondumfliegung; → 1959). Ein amerikanischer Fehlstart (»Pioneer 4«) folgte im selben Jahr, zwei weitere ereignen sich 1960 (»Atlas-Able 5A« und »B«). Dafür sind 1960 die Amerikaner mit einer Sonnensonde (»Pioneer 5«) erfolgreich, die das Tagesgestirn innerhalb der Erdbahn umfliegt und aus einer Entfernung von der Erde bis zu 45 Millionen km Daten über Energieausbrüche auf der Sonne und vom Sonnenwind liefert.

Die Satelliten differenzieren sich rasch in zahlreiche Typen. Grundsätzlich sind zwei Kategorien zu unterscheiden: Forschungs- und Anwendungssatelliten. Beide können eine Fülle sehr verschiedener Aufgaben erfüllen. Forschungssatelliten erfassen beispielsweise geophysikalische und astrophysikalische Daten: Raumtemperaturen und Strahlungsverhältnisse; interplanetarische Materie und Meteoritenhäufigkeit; atmosphärische Dichte und Temperatur; Erdgestalt; irdisches und solares Magnetfeld; Wolkenbilder. Forschungssatelliten können aber auch rein raumfahrttechnische Fragestellungen beantworten: Sonnenbatterien und Antriebssysteme werden erprobt, Doppelstarts und Huckepackverfahren ausgetestet usw.

Nicht viel kleiner ist das Spektrum der Anwendungssatelliten. Im Laufe der Zeit wird es über 100 verschiedene Satellitentypen geben. Die ersten Anwendungssatelliten verfolgen Aufgaben der Kommunikationstechnik – wie »SCORE« (→ 1958) –, militärische Missionen (Spionage, Früherkennung von Angreifern, Erkennen von Atombombentests usw.) oder liefern meteorologische Daten.

So übermittelt der am 1. April 1960 gestartete US-Satellit »TIROS 1« als erster meteorologischer Satellit bis zum 17. Juni 1960 22 962 Wolkenbilder. »Echo 1« (ab 12. 8. 1960) ist der erste – amerikanische – passive Nachrichtensatellit. Er wirkt wie ein Funkwellenspiegel. »Courier 1B« (ab 4. 10. 1960) ist der erste – ebenfalls amerikanische – aktive Nachrichtensatellit. Er arbeitet mit Verstärker und Sender.

Künstliche Erdtrabanten für die Kartographie, Rohstoffprospektion, Waldbrand- und Eisbergbeobachtung, Funknavigation und viele andere Zwecke folgen in den nächsten Jahren und Jahrzehnten.

»Echo 1« (gestartet am 12. 8. 1960) ist von allen künstlichen Erdtrabanten wohl der Satellit, den mit bloßem Auge die meisten Menschen gesehen haben

Der erste Wettersatellit, »TIROS 1«, gestartet von den USA am 1. April 1960, liefert bis 17. Juni 1960 Bilder

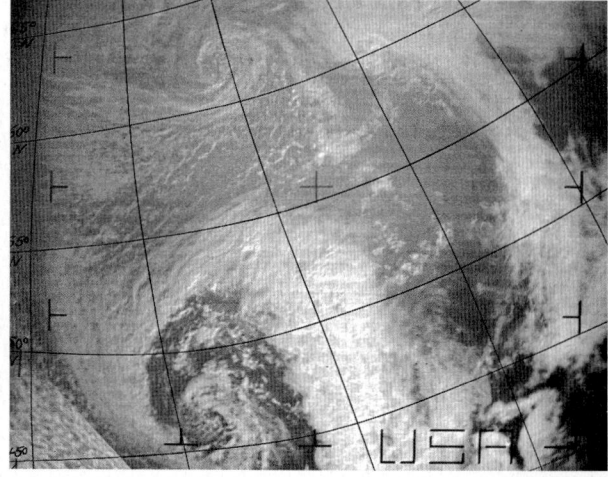

Zwei Tiefdruckwirbel, aufgenommen vom Satelliten ESSA 8 am 31. 1. 1974 um 1.40 Uhr MEZ aus 1450 km Höhe

Unterseeboot mit Raketen bewaffnet

15. November 1960. Das erste mit Raketen bewaffnete U-Boot, die »George Washington«, läuft in den Vereinigten Staaten vom Stapel. Ausgerüstet ist das Kriegsschiff mit 16 Polaris-Raketen.

Die Polaris-Raketen können mit nuklearen Sprengköpfen ausgestattet werden und besitzen eine Reichweite von fast 5000 km. Sie können unter Wasser abgefeuert werden. Diese neuen Raketenwaffen sind eine Bedrohung, gegen die es kaum Abwehr gibt. Als echte Interkontinentalraketen tragen sie mit dazu bei, einen eskalierenden Rüstungswettlauf einzuleiten. Später werden die Großmächte – neben den USA und der Sowjetunion auch Großbritannien und Frankreich – über ganze U-Bootflotten mit Atomraketen verfügen.

4500-Tonnen-Brücke seitlich versetzt

1960. Der Firma Krupp Maschinen- und Stahlbau gelingt es, eine 4500 t schwere Stahlbrücke, die in Mülheim über die Ruhr führt, um 18 m seitlich zu verschieben.

Die 146 m lange und 24 m breite Brücke wird zunächst neben der alten steinernen Schloßbrücke montiert und bereits während der Abbrucharbeiten an der alten Brücke für den Verkehr freigegeben. Nachdem die Abbrucharbeiten beendet sind, muß die neue Brücke an die Stelle des alten Flußübergangs verbracht werden. Sie wird als Ganzes bewegt.

Hüftgelenk durch Prothese ersetzt

1960. Der englische Ingenieur und Chirurg John Charnley setzt erstmals einem Patienten ein künstliches Hüftgelenk ein.

Der Kugelkopf des Gelenks besteht aus einer Edelstahllegierung. Er ist an einem Stahlstift befestigt, der in die Knochenmarksröhre des Oberschenkels eingesetzt wird. Als Lagerpfanne für die Kugel kleidet Charnley die abgenutzte Gelenkpfanne mit einer Plastikschicht aus. Die Gelenkprothesen werden später hinsichtlich des Materials noch erheblich verbessert.

Piccard erreicht den Grund der Tiefsee

1960. In einer Reihe neuer Tauchunternehmen erreicht der Schweizer Jacques Piccard, Sohn und Mitarbeiter des Physikers Auguste Piccard (→ 1932; 1953), immer größere Wassertiefen, bis er schließlich zum tiefsten Punkt der Weltmeere vorstößt.

Das Tauchgefährt ist eine von Auguste Piccard konstruierte, aus Chrom-Nickel-Molybdän-Stahl gefertigte Kugel, die Bathysphäre »Trieste«, die an einem nicht druckkompensierten Schwimmkörper hängt. Mit Donald Walsh taucht Jacques Piccard zunächst im Challenger-Tief im Marianen-Graben im westlichen Pazifik bis in eine Tiefe von 10 970 m auf den Meeresgrund ab. Im selben Jahr gelingt es, in der Nähe die tiefste Stelle der Weltmeere – 11 521 m – zu erreichen.

Das naturgetreue Modell der Tauchkugel von Piccard auf einer Messe

Bessere Fertigung in der Elektronik

Juni 1960. Wissenschaftler der Bell Company (USA) entwickeln die Epitaxie zur kommerziellen Reife. Epitaxie ist das Aufwachsen einer Kristallschicht auf eine Kristalloberfläche aus der flüssigen oder der Gasphase bei langsamer Abkühlung. Dabei lassen sich die physikalischen Eigenschaften des Materials – Widerstand, Dicke, Homogenität usw. – gezielt in weiten Grenzen verändern. So können unterschiedliche elektronische Bauteile in einer integrierten Schaltung (→ 1958) realisiert werden.

Der deutsche Ingenieur Walter Bruch entwickelt das PAL-Farbfernsehsystem. →

In den USA werden die ersten Radiosendungen stereophon ausgestrahlt. →

Albert Starr und M. Lowell Edwards entwickeln die erste praktisch verwendbare künstliche Herzklappe. →

Die Firma IBM (International Business Machines Corporation) realisiert bei der Schreibmaschine eine Idee aus dem 19. Jahrhundert, den Kugelkopf. →

Eine internationale Physiker- und Chemikerkommission legt die Atommasse von Kohlenstoff mit exakt 12 als Standard fest. →

Der US-amerikanische Elektroingenieur Albert Ghiorso u. a. entdecken das Element Lawrencium. →

Die IBM Deutschland stellt ihr Verfahren »Tele-Processing« vor. Telefonisch angelieferte Daten können im Computer verarbeitet werden. →

Der nuklearbetriebene Flugzeugträger »Enterprise« (280 000 PS) wird in Dienst gestellt. →

Auf der Hannover-Messe stellt Krupp eine über 60 m lange und 14 m hohe Traglufthalle vor. →

Das deutsche Maschinenbauunternehmen M·A·N baut die größte Rohrbogenbrücke der Welt mit 278 m Stützweite (Tjörnbrücke).

M·A·N baut das Radioteleskop »Australien« mit einem Spiegeldurchmesser von 64 m.

12. 2. Die Venussonde »Venus 1« wird gestartet. Sie führt den ersten sowjetischen interplanetaren Flug durch. Sie fliegt in 100 000 km Entfernung an der Venus vorbei. →

12. 4. Der 27 Jahre alte Juri Alexejewitsch Gagarin fliegt als erster Mensch in das Weltall und umkreist die Erde in 108 Minuten. →

5. 5. Alan Shepard fliegt auf einer ballistischen Bahn als erster amerikanischer Astronaut in das Weltall. →

12. 7. Die USA starten »Midas 3«, den ersten erfolgreichen Frühwarnsatelliten. →

GESTORBEN:

4. 1. Wien: Erwin Schrödinger (* 12. 8. 1887, Wien), österreichischer Physiker.

30. 6. Hollywood: Lee De Forest (* 26. 8. 1873, Council Bluffs/Indiana), US-amerikanischer Radiopionier.

20. 8. Randolph/New Hampshire: Percy Williams Bridgman (* 21. 4. 1882, Cambridge/Massachusetts), US-amerikanischer Physiker.

Frühwarnsatellit »Midas 3« gestartet

12. Juli 1961. In den USA wird der erste erfolgreiche Frühwarnsatellit, »Midas 3«, in den Orbit gebracht.

Die »Midas«-Satelliten 1 und 2 (Missile Defense Alarm System) wurden schon im Vorjahr erprobt. Der erste Start fand am 24. Mai 1960 statt. Allen Erwartungen gerecht wird aber erst »Midas 3«.

Der Satellit dient der Früherkennung feindlicher Fernraketen. Er arbeitet u. a. mit Meßgeräten, die auf Wärmestrahlung ansprechen und angreifende Raketen während ihrer Antriebsperiode orten.

Mit »Midas 3« bahnt sich eine militärische Präsenz im Weltall an, die schon im selben Jahr die politischen Verhandlungen zur Weltraum-Rüstungskontrolle zwischen den Supermächten USA und Sowjetunion beeinflussen.

Computer arbeiten über das Telefon

1961. Die IBM Deutschland stellt ihr Verfahren »Tele-Processing« vor. Damit lassen sich telefonisch übertragene Daten unmittelbar per Computer weiterverarbeiten.

Mit der Möglichkeit, Computer über das Telefonnetz miteinander zu verbinden, erreicht die elektronische Datenverarbeitung eine neue Dimension. Informationstechnik im nationalen, ja im weltweiten Verbund läßt sich erahnen.

Das Prinzip ist einfach. Jeder Computer arbeitet von Haus aus mit sogenannten Peripheriegeräten zusammen. Zu ihnen gehören Eingabe- und Ausgabeeinheiten. Die Eingabeeinheiten können z. B. eine Tastatur, Lochkarten- oder Magnetbandleser sein. Als Ausgabegeräte kommen Drucker, Bildschirme, Kartenlocher oder Magnetbandgeräte in Frage. An das Rechenwerk sind diese Peripheriegeräte über sogenannte Schnittstellen angeschlossen, die die Daten parallel oder seriell übermitteln. Schnittstellen lassen sich so einrichten, daß sie über Adapter (Modems) einen Datenfluß in das Telefonnetz einspeisen oder aus diesem – auf der anderen Seite der Verbindung – übernehmen. Damit sind die bilaterale Zusammenschaltung von Computern wie auch der Verbund zu größeren Datennetzen möglich.

Menschen verlassen erstmals die Erde

1961. Viermal verlassen in diesem Jahr Menschen die Erde: Am 12. April Juri A. Gagarin, am 5. Mai Alan Shepard, am 21. Juli Virgil Grissom und schließlich am 6. August German S. Titow.

Bereits am 31. Januar unternehmen die Amerikaner einen Versuch mit dem Raketentyp, der den ersten Menschen ins Weltall tragen soll: In einer »MERKUR«-Kapsel wird der Schimpanse Ham auf einer ballistischen Flugbahn 253 km hoch ins All getragen und 212 km von der Abschußstelle entfernt wieder sicher geborgen. Für die ersten bemannten »MERKUR«-Flüge sind die Astronauten John Glenn, Virgil Grissom und Alan Shepard sorgfältig trainiert. Vier ballistische Flüge sind geplant, dann soll eine Erdumkreisung folgen. In die Vorbereitungen bricht am 12. April die sowjetische Meldung herein, der 27jährige Kosmonaut Juri Gagarin habe soeben in einer »WOSTOK«-Raumkapsel in einer Stunde 48 Minuten die Erde umrundet und sei um 10.55 Uhr Moskauer Zeit 30 km südwestlich der Stadt Engels bei dem Dorf Smelowka im Gebiet von Saratow wieder gelandet. Seine Flugbahn habe ihn 237 km weit von der Erde fortgeführt. Gagarin ist der erste Mensch mit Weltraumerfahrung.

Erst am 5. Mai startet Alan Shepard als erster Amerikaner ins Weltall, und das auch nicht für eine Erdumrundung, sondern nur für einen ballistischen Flug von 187,5 km Gipfelhöhe und 486 km Weite, die er in 15 Minuten 22 Sekunden absolviert. Um das Prestigedefizit der USA gegenüber der UdSSR etwas zu kompensieren, verkündet Präsident John F. Kennedy am 25. Mai nicht Amerikas bisherige Absicht, mit dem »MERKUR-REDSTONE«-Programm drei Erdumkreisungen zu erreichen, sondern präsentiert als Ziel eine Mondlandung vor dem Ende des Jahrzehnts.

Doch zunächst folgt noch ein ballistischer Astronautenflug: Am 21. Juli erreicht Virgil Grissom mit »MERKUR-REDSTONE 4« auf einem 490 km weiten Flug 190,4 km Höhe. Erst am → 20. Februar 1962 umrundet dann John Glenn als erster Amerikaner die Erde dreimal. Doch auch diesem Erfolg kommen die Sowjets zuvor: Am 6. August 1961 bleibt ihr Kosmonaut Titow volle 24 Stunden im Orbit.

Das Raumschiff »WOSTOK«, mit dem der Kosmonaut Juri A. Gagarin den ersten Raumflug unternimmt, auf der UdSSR-Industrieschau in Düsseldorf

Umrundet als erster die Erde in einer Raumkapsel: Juri A. Gagarin

Hauptmann Virgil Grissom, der zweite US-Amerikaner im Weltraum

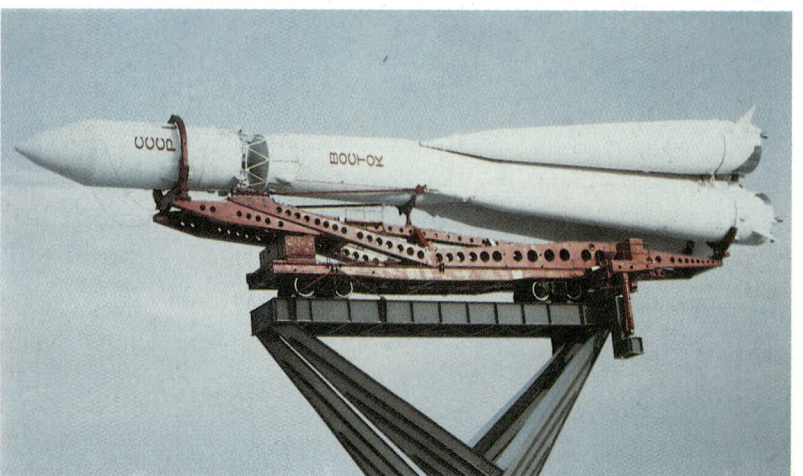

Raumrakete »WOSTOK« vor dem Ingenieur-Pavillon auf dem »Ausstellungsgelände der volkswirtschaftlichen Errungenschaften« in Ostankino (UdSSR)

Vorbereitung auf die Raumfahrt

Die Weltöffentlichkeit erfährt die Meldungen von den sowjetischen und amerikanischen Erfolgen im Weltall als Sensationen, die ein hektisches Wettrennen mit raschen Entschlüssen und viel Improvisation vermuten lassen.

Tatsächlich bezieht sich das Wettrennen nur auf die letzte Phase von langer Hand sorgfältig vorbereiteter Unternehmungen. Wichtigster Gesichtspunkt neben der reinen Raumfahrzeugentwicklung war und ist dabei die Raumfahrtmedizin. In den USA organisierte bereits im November 1948 General Armstrong an der Schule für Luftfahrtmedizin der amerikanischen Luftwaffe in Randolph Field, Texas, ein Diskussionstreffen über »luftfahrtmedizinische Probleme des Raumflugs«. Ein Jahr später gründete er an diesem College die Abteilung für Raumfahrtmedizin. Damals begannen Tierversuche mit Höhenraketen, führte man gründliche raumfahrtmedizinische Humanuntersuchungen am Boden und in Flugzeugen durch. Bedeutende Wissenschaftler machten sich um die Raumfahrtmedizin verdient: Paul Campbell, John Marbarger, der deutschstämmige, als »Vater der Raumfahrtmedizin« apostrophierte Heinz Haber, Hubertus Strughold u. a.

Wenig später begann im Holloman Air Force Base in New Mexico Harald von Beckh, Menschenaffen auszubilden, die in ballistischen Flugversuchen den menschlichen Astronauten vorausgehen sollten.

Ende der 50er Jahre setzte dann eine Ära von Höhenballonflügen ein, um Erfahrungen mit der Atemversorgung, hinsichtlich der Wärme- und Kälteeinwirkungen, psychologischer Effekte in kleinen Kapseln usw. zu sammeln.

Ab 1959 wählte die NASA gezielt zukünftige Astronauten unter den Luftwaffenpiloten aus und trainierte sie sorgfältig in Raketenschlitten, Zentrifugen und schnellen Jets.

Das Farbfernsehen wird perfektioniert

1961. Der deutsche Ingenieur Walter Bruch entwickelt das PAL-Farbfernsehsystem.

Wie das SECAM-Farbfernsehsystem (→ 1957) ist PAL eine Abwandlung und Weiterentwicklung des in den USA entstandenen, mit Farbfehlern behafteten NTSC-Systems. Übertragen werden auch bei PAL (Phase Alternation Line) nicht die drei Farbsignale (Rot, Blau und Grün) einzeln, sondern ein Farbsynchronsignal und zwei Farbdifferenzsignale, die aus roter Farbspannung minus Leuchtdichtesignal und blauer Farbspannung minus Leuchtdichtesignal zusammengesetzt sind. Während bei SECAM die beiden Farbdifferenzsignale in schneller Folge abwechselnd übertragen werden, geschieht das bei PAL, das ab 1967 in der Bundesrepublik und den meisten westeuropäischen Ländern eingeführt wird, gleichzeitig. Bei PAL werden im Sender und im Empfänger die mit den Farbsignalen modulierten Farbträger von Zeile zu Zeile in der Phase um ± 90° umgeschaltet. Dadurch wirken sich Übertragungsfarbfehler von Zeile zu Zeile entgegengesetzt aus und heben sich auf diese Weise im auf dem Schirm gezeigten Bild auf.

Prinzip des Farbfernsehens (Schema)

In der Farbfernsehkamera zerlegen Prismen (1) das aufgenommene Bild in je einen Grün-, Blau- und Rot-Auszug. Die Aufnahmeröhren (2) tasten die Farbauszüge Punkt für Punkt ab und verwandeln die Farbwerte in elektrische Schlüsselsignale. Aus den drei Impulsen stellt ein "Mischer" (3) ein einheitliches Farbsignal her, während ein zweiter "Mischer" ein gesondertes Helligkeitssignal, das den Bildempfang auf Schwarzweißgeräten ermöglicht. Der Sender (4) strahlt beide Signale zusammen aus.
Im Empfänger wird das Funksignal in seine Farbanteile zerlegt (5) und in elektrische Impulse umgewandelt. Drei Elektronenkanonen (6) projizieren die Farbimpulse auf den Bildschirm. Die Konvergenzspulen (7) steuern das Zusammenspiel der Elektronenstrahlen. Die Ablenkspule (8) steuert die Strahlen Zeile für Zeile über den Bildschirm.

Der Erfinder des PAL-Farbfernsehsystems (»Phase Alternation Line«), Walter Bruch, bei Arbeiten im Fernsehlabor der Firma Telefunken AG in Hamburg

Chirurg implantiert Kunstherzklappe

1961. Der US-amerikanische Chirurg Albert Starr und sein Kollege M. Lowell Edwards entwickeln die erste praktisch verwendbare künstliche Herzklappe.

Herzklappen sind Rückschlagventile, die verhindern, daß das von dem Herzen geförderte Blut gegen die Pumprichtung zurückströmt. In der Technik realisiert man die Rückschlagventile oft als Kugelventile. So arbeitet auch die künstliche Herzklappe. Sie besteht aus einer Plastikkugel in

Kunstherzventil

einem Käfig aus Edelmetall. Übt das Herz bei der Kontraktion einen Druck aus, dann preßt das Blut die Kugel des Einlaßventils gegen einen kreisförmigen Sitz, während die Kugel des Auslaßventils von ihrem Sitz abgehoben wird.

Neue Bezugsgröße für Atommassen

1961. Eine internationale Physiker- und Chemikerkommission legt die Atommasse von Kohlenstoff-12 mit exakt 12,00...0 als Standard fest. Die neue Regelung tritt am 1. Januar 1962 in Kraft.

Früher hatte man die relativen Atommassen – man sprach von Atomgewichten – auf das Wasserstoff-Isotopengemisch bezogen, dem man das Atomgewicht 1,00...0 zuordnete. Aus praktischen Gründen ging man später dazu über, den Sauerstoff mit dem Atomgewicht 16,00...0 zugrunde zu legen. Nach der Entdeckung der Isotopen (→ 1932) befriedigte diese Definition nicht mehr, da man wußte, daß sich die ermittelten Werte nicht auf reine Atomtypen bezogen. Ein verfeinerter Begriff wurde eingeführt, das physikalische (statt bisher chemische) Atomgewicht. Es wurde zunächst für das Sauerstoffisotop O-16 mit 16,00...0 festgelegt. Die Kommission ändert die Basis für die Atommasse jetzt auf 12,00...0 für das Kohlenstoffisotop C-12 ab.

Kugelkopf für die Schreibmaschine

1961. Die Firma IBM realisiert bei der elektrischen Schreibmaschine eine Idee aus dem 19. Jahrhundert: Den Kugelkopf. Die Maschine hat keine Typenhebel, ihre Typen sind auf einer um zwei Achsen drehbaren Kugel angeordnet, die sich relativ zum Papier bewegt.

Der IBM-Kugelkopf für eine neue Generation von Schreibmaschinen

Raumsonde fliegt an Venus vorbei

12. Februar 1961. Sowjetischen Raumfahrtexperten gelingt es nach einem Fehlversuch mit »Sputnik 7« erstmals, eine Raumsonde zu einem anderen Planeten zu schicken. Der Raumflugkörper heißt »Venus 1«.

Die Sonde wird aus einer Erdumlaufbahn gestartet, die sie zusammen mit dem Erdsatelliten »Sputnik 8« erreichte.
Das Unternehmen ist zwar hinsichtlich der Einhaltung der vorausbestimmten Flugbahn erfolgreich, doch versagt die Elektronik. Nach 7 1/2 Millionen Flugkilometern reißt die Funkverbindung zur Erde ab. Die Sonde fliegt am 19. Mai in 100 000 km Entfernung ohne Signale zu senden an der Venus vorbei. Dem in seinem Ziel mißlungenen Venus-Projekt gingen zwei sowjetische Versuche voraus, den Mars zu erreichen oder eine Raumsonde an ihm vorbeizuschicken. Eine erste Marssonde fiel am 10. Oktober 1960 durch Fehlstart aus, eine zweite versagte auf dieselbe Weise nur vier Tage später.

»Enterprise«: Flugzeugträger mit Atomantrieb

1961. In den USA wird der gewaltige, nuklear betriebene Flugzeugträger »Enterprise« (Abb.) in Dienst gestellt. Das Schiff verfügt über eine Antriebsleistung von 280 000 Wellen-PS.

Der 89 600 t große Flugzeugträger hat acht Kernreaktoren an Bord und ist zu seiner Zeit das größte Kriegsschiff der Welt. Er kann bis zu 84 Kampfflugzeuge aufnehmen, die in 15-Sekunden-Intervallen durch Dampfkatapulte gestartet werden können.

Traglufthalle vorgestellt

1961. Auf der Industriemesse in Hannover präsentiert die Firma Krupp eine über 60 m lange und 14 m hohe Traglufthalle.

Die wie ein Ballon aufgeblasene Halle besteht aus leichtem, luftdicht beschichtetem Nylongewebe (→ 1935). Sie wird von nur geringem Luftüberdruck im Inneren getragen und läßt sich problemlos auf- und abbauen sowie transportieren. Der Innendruck wird durch große, langsam laufende Propellerverdichter erzeugt, die über einen Druckwächter im Inneren der Halle automatisch gesteuert sind. Um ein Entweichen der Innenluft durch die Ein- bzw. Ausgänge zu vermeiden, sind diese als Druckschleusen in Form von Drehtüren gestaltet.

Die Traglufthalle der Essener Firma Krupp auf der Industriemesse in Hannover; der Ballon ist 60 m lang und hat eine Höhe von 14 m

1962

Um 1962. Mit der Einführung des Thyristors, des steuerbaren Siliziumgleichrichters, vollzieht sich ein bedeutsamer Entwicklungsschritt in der Starkstromtechnik. →

1962. Der amerikanische Ingenieur Nick Holonyak fertigt die erste Leuchtdiode. →

Das National Bureau of Standards in den USA entwickelt das Laser-Telemeter zur kontaktlosen Präzisionsentfernungsmessung. →

Der erste Gaslaser, der einen kontinuierlichen Lichtstrahl im sichtbaren Bereich erzeugt, wird gebaut. →

Transistoren in Salzkorngröße führen bei elektronischen Rechen- und Datenverarbeitungsanlagen zu höheren Geschwindigkeiten (dritte Computergeneration).

Als erste Fluggesellschaft setzen die American Airlines ein internationales Flugreservierungssystem mit Datenfernverarbeitung ein.

In Venezuela wird die Brücke über die Maracaibo-See (mit 8679 m die längste Spannbetonbrücke der Welt) fertiggestellt.

Im rheinischen Braunkohletagebau wird der größte Schaufelradbagger der Welt in Betrieb genommen (Förderleistung 120 000 m³ pro Tag).

Die Entwicklung des Sol-Gel-Verfahrens bei den Glaswerken Schott führt zur Herstellung von »Glas aus der Flasche«. →

7. 1. Die Société Bertin in Frankreich unternimmt erste Versuchsfahrten mit einem Luftkissenzug (→ 1965).

20. 2. Dem Astronauten John Glenn gelingt der erste bemannte Raumflug der Vereinigten Staaten in der »MERKUR 6«. →

10. 7. Der Nachrichtensatellit »Telstar« geht in den Orbit. Er ermöglicht weltweite Direktübertragungen (→ 20. 7. 1962).

20. 7. Erstmals wird ein Fernsehbild per Satellit von den USA (Andover) nach Europa (Pleumeur-Bodou in Frankreich) übertragen. →

13. 12. Der Fernsehsatellit »Relay 1« geht in den Orbit (→ 20. 7. 1962).

GESTORBEN:

15. 3. Berkeley/Kalifornien: Arthur Holly Compton (* 10. 9. 1892, Wooster/Ohio), US-amerikanischer Physiker.

25. 3. Lausanne: Auguste Piccard (* 28. 1. 1884, Lutry/Waadt), schweizerischer Physiker.

18. 11. Kopenhagen: Niels Hendrik David Bohr (* 7. 10. 1885, Kopenhagen), dänischer Physiker.

Halbleiter in der Leistungselektronik

Um 1962. Anfang der 60er Jahre wird der Thyristor, der steuerbare Siliziumgleichrichter (→ 1957), als ein bedeutsamer Entwicklungsschritt in der Starkstromtechnik eingeführt.

Ein Thyristor ist aus vier Halbleiterschichten aufgebaut, die abwechselnd p- und n-Leitung (→ 1939) aufweisen. Er hat eine »Anode« an der äußeren p-leitenden Schicht, eine »Kathode« an der äußeren n-leitenden Schicht und ein »Gate« an einer der Innenschichten. Über Spannungssteuerung am Gate läßt er sich auf Stromdurchgang schalten oder sperren, er arbeitet also wie ein Transistor als elektronischer Schalter. Im Gegensatz zum normalen Transistor (→ 1948) ist er für hohe Leistungen bzw. für Ströme von wenigen Ampere bis zu etwa 1000 Ampere ausgelegt.

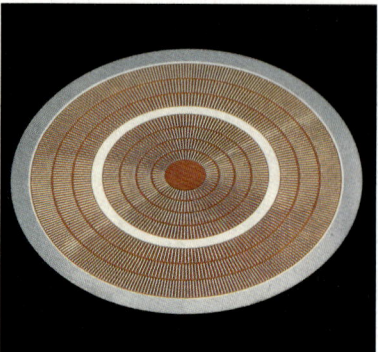

Siliziumscheibe eines Thyristors für 2500 Volt und 2000 Ampere aus parallelgeschalteten Segmenten

Leuchtende Diode in der Elektronik

1962. Der amerikanische Ingenieur Nick Holonyak erfindet die Leucht- oder Luminiszenz-Diode (LED). Dabei handelt es sich um ein Halbleiterbauelement mit einem pn-Übergang (→ 1939), in dem bei Durchlaßbetrieb Elektronen aus dem n-Gebiet und Löcher aus dem p-Gebiet zum Grenzbereich wandern und dort rekombinieren. Es wird Energie in Form von sichtbarem oder ultrarotem Licht frei. Leuchtdioden können stecknadelkopfgroß oder etwa als Rasterfelder einer Matrix gestaltet werden. Sie entwickeln sich zu viel verwendeten elektronischen Anzeigeelementen in Uhren, Rechnern usw.

Erster US-Amerikaner in Erdumlaufbahn

20. Februar 1962. Nachdem bereits im Vorjahr (→ 1961) russische Kosmonauten die Erde im Orbit umkreisten, gelingt es jetzt auch der amerikanischen Raumfahrtbehörde NASA, einen Menschen, den Astronauten John Glenn, in eine Satellitenbahn zu befördern und wieder zurückzuholen.

Glenn startet mit einer »MERKUR-ATLAS«-Rakete und fliegt zwischen 161 und 261 km Höhe dreimal um die Erde. Vier Stunden 55 Minuten lang ist er dabei der Schwerelosigkeit (→ 1957) ausgesetzt. Er landet in seiner Kapsel – 64,5 km vor dem berechneten Auftreffpunkt – im Atlantik. Weil sich nach einem ballistischen Raumflug im Vorjahr der Astronaut Virgil Grissom nach dem Öffnen der gewässerten Kapsel durch Schwimmen retten mußte – die Kapsel ging unter –, wartet Glenn auf seine Bergung in der geschlossenen Kapsel. Dazu werden 24 Schiffe, 126 Flugzeuge und 26 000 Mann Personal aufgeboten!

Start des Raumfahrzeugs »MERKUR-ATLAS 6« am 20. 2. 1962 mit John Glenn an Bord; der US-Astronaut umrundet in fast fünfstündigem Raumflug die Erde dreimal auf einer Flugbahn mit einem Perigäum (erdnächster Punkt) von 161 km und einem Apogäum (erdfernster Punkt) von 261 km; nur 64,5 km von ihrem vorgesehenen Landepunkt entfernt geht die Kapsel danach im Atlantik nieder

Lasertechnik jetzt in der Anwendung

1962. Das → 1958 von Charles Hard Townes und A. L. Schawlow theoretisch entwickelte und 1960 von Maiman in Form des Rubin-Lasers erstmals technisch realisierte Laser-Prinzip findet jetzt die ersten praktischen Anwendungen.

Dem Rubin-Laser, einem typischen Feststoff-Laser, folgte noch im selben Jahr – also 1960 – der von den Amerikanern D. R. Herriott, A. Javan und W. R. Bennett in den Bell Laboratories entwickelte Gas-Laser. Jetzt konstruiert das National Bureau of Standards in den USA ein Laser-Telemeter zur kontaktlosen Präzisionsentfernungsmessung.

Parallel zu dieser Entwicklung bauen US-Wissenschaftler den ersten Gas-Laser, der einen kontinuierlichen Lichtstrahl im sichtbaren Bereich erzeugt. Und ihn wiederum benutzen die Amerikaner Elmeth Laith und Juris Upatnicka, um das erste Laser-Holographiegerät (→ 1948) zu bauen.

Satellit überträgt erste Fernsehbilder

20. Juli 1962. Der amerikanische Nachrichten- und TV-Satellit »TELSTAR«, der sich seit zehn Tagen in einer Erdumlaufbahn befindet, überträgt erstmals Fernsehbilder zwischen den USA (Bodenstation Andover) und Frankreich (Bodenstation Pleumeur-Bodou nahe der nordfranzösischen Atlantikküste). Im selben Jahr übermittelt »TELSTAR« auch die ersten über Satellit gefunkten Telefonate über den Atlantischen Ozean.

Am 13. Dezember geht dann der Fernsehsatellit »RELAY 1«, der die Kapazität von »TELSTAR« ergänzt, in den Orbit.

Bereits der im Dezember 1958 gestartete Satellit »SCORE 1« war zwar ebenfalls ein Nachrichtensatellit, wurde aber nur für militärische Experimente genutzt.

Am 12. August 1960 ging der Ballonsatellit »ECHO 1« in die Umlaufbahn, eine Mylar-Kugel von 30,5 m Durchmesser. Seine Hauptaufgabe war die Information über Dichte und Dichteschwankungen der höchsten Atmosphärenschicht sowie über den Strahlungsdruck der Sonne. Zugleich fungierte er als erster passiver Nachrichtensatellit, also quasi als Spiegel für Funksignale.

Und noch ein weiterer Kommunikationssatellit ging »TELSTAR« voraus, der am 4. Oktober 1960 gestartete »COURIER 1-B«, der aber nur 17 Tage lang arbeitete.

Erst »TELSTAR« bringt den von der Öffentlichkeit begeistert aufgenommenen großen Durchbruch. In einer großangelegten Ringsendung übermittelt er erstmals life Fernsehbilder von Europa in die USA und umgekehrt.

»TELSTAR« ist noch kein geostationärer Fernsehsatellit. Er umrundet die Erde in zweieinhalb Stunden und fällt deshalb immer wieder stundenweise für die Nutzung aus. Kontinuierliche Fernseh-Übertragungen erlaubt er nur für jeweils 30 bis 45 Minuten.

»TELSTAR 1«, der erste kommerzielle Nachrichtensatellit, während der letzten Überprüfung auf der Startplattform bei Houston (Start 10. 7. 1962)

Glasherstellung im Sol-Gel-Verfahren

1962. Wissenschaftler der Glaswerke Schott in Mainz entwickeln das Sol-Gel-Verfahren, nach dem Glas nicht mehr durch Erstarren aus der Schmelze (→ um 3000 v. Chr.) hergestellt werden muß, sondern sich über Komplexbildung, Hydrolyse und Kondensation – grob gesagt entspricht das einem Gelierungsprozeß – aus einem Sol herstellen läßt. Ein Sol ist eine kolloidale Lösung, ein Kolloid wiederum eine Dispersion winzigster Teilchen. Dieses »Glas aus der Flasche«, das für seine Entstehung nur Temperaturen benötigt, die rund 1000° unter den Schmelztemperaturen liegen (also z. B. 600 °C statt 1600 °C), eignet sich einmal besonders zum Aufbringen extrem dünner, gleichmäßiger Glasschichten – z. B. Sonnenreflexionsgläser –, zum andern zur Erzeugung von Gläsern mit exotischen chemischen Zusammensetzungen, die sich nicht wie üblich aus der Schmelze durch Erstarren herstellen lassen, weil die Masse kristallisieren würde. Das Sol-Gel-Verfahren kommt auch dort in Frage, wo die Herstellung von Gläsern aus hochreinen Materialien, wie Quarzglas, erwünscht ist.

1963

Computergesteuerte mechanische Hand, eine spätere Entwicklung des Massachusetts Institute of Technology; sie läßt sich bereits frei programmieren

Ein Erdsatellit mit eigenem Antrieb

1. November 1963. Die sowjetischen Raumfahrtbehörden starten das erste Exemplar eines neuartigen Satellitentyps, POLJOT 1. Es verfügt über einen eigenen Antrieb. Wenige Stunden nach dem Erreichen einer Satellitenbahn mit einem erdfernsten Punkt von 592 km wird POLJOT 1 durch sein Bordtriebwerk in einen Orbit mit einem Apogäum von 1437 km Höhe umgelenkt. Damit ist POLJOT 1 der erste ferngesteuerte manövrierbare Satellit. Solche Satelliten gewinnen später etwa beim »Einparken« in eine geostationäre Position oder bei Satellitenkopplungen zu Raumstationen an Bedeutung.

Roboter übernimmt gefährliche Arbeit

1963. Die amerikanische Firma Unimation bringt die ersten einfachen Industrieroboter, Typ »Unimat«, auf den Markt. Die Geräte finden bald international Nachahmer. So setzt bereits ein Jahr später auch ein europäisches Unternehmen – eine schwedische Gießerei – einen Industrieroboter ein.

Die ersten Maschinen dieser Art sind nur in der Lage, grobe Bewegungsabläufe auszuführen. Sie können Werkstücke oder ähnliches mit einer zangenförmigen Vorrichtung greifen, drehen, heben und senken und translatorisch bewegen. Zunächst setzt man Roboter dazu ein, schwere, schmutzige oder gefährliche Arbeiten zu erledigen. So entweicht aus den Gießformen, die der Roboter in Schweden anhebt und in eine Kühlvorrichtung stellt, giftiger und aggressiver Rauch.

Andere Maschinen übernehmen bald Arbeiten wie Farbspritzen oder Lichtbogenschweißen.

Die Bezeichnung »Roboter« leitet sich vom tschechischen Wort »Robota« ab und bedeutet »Zwangsarbeit«. Es stammt aus einem Bühnenwerk, einer utopischen Tragikomödie des tschechischen Dramatikers Karel Čapek aus dem Jahr 1921, wo es mechanische Monstren bezeichnete. Die ersten Industrieroboter bestehen aus pneumatisch angetriebenen schwenk- und ausziehbaren Teleskoparmen mit zwei Greiffingern am Ende.

Deutsche und britische Flugzeuge starten und landen vertikal

10. April 1963. *Der von den deutschen Firmen Messerschmitt, Heinkel und Bölkow seit 1957 entwickelte Senkrechtstarter VJ 101 C-X1 (Abb.: Das Nachfolgemodell VJ 101 C-X2, links beim Start, rechts mit horizontal geschwenkten Gondeltriebwerken) hebt erfolgreich vertikal zu seinem ersten Schwebeflug ab. Ein Jahr später wird die Maschine bei Ingolstadt mit Mach 1,4 nach* *einem Senkrechtstart Überschallgeschwindigkeit erreichen. Die Entwicklung von senkrechtstartenden Flugzeugen begann bereits 1940 mit dem praktisch erprobten deutschen Abfangjäger »Natter«. Jetzt arbeiten auch andere Nationen an entsprechenden Modellen. Besonders erfolgreich ist 1963 die britische Hawker-Siddeley-Maschine P 1127 »Kestrel«.*

Leichte Werkstoffe jetzt hochbelastbar

1963. Die Forschungsingenieure des britischen Royal Aircraft Establishment entwickeln die Kohlefaser-Armierung von Werkstoffen. Die Wissenschaftler fanden heraus, daß sich die langen parallelen Molekülketten bestimmter Chemiefasern (Viskose- oder Acrylfasern) bei Hochtemperaturbehandlung in Ketten reinen Kohlenstoffs verwandeln lassen. Diese Kohlefasern (sie werden auch als Kohlenstoff-Fasern, Carbon- oder Graphitfasern bekannt) lassen sich ebenso durch Abscheiden von Graphit aus der Gasphase erzeugen. Sie sind lang und zugleich elastisch genug, um zu Fäden versponnen zu werden. Zunächst bietet sich ihre Verwendung zur Verstärkung von Kunststoffen an. In Analogie zum glasfaserverstärkten Kunststoff (GFK; → 1948) spricht man vom Carbonfaser-Kunststoff (CFK).

Carbonfasern besitzen gegenüber den Glasfasern erhebliche Vorteile: Sie sind leichter und zugleich reißfester und elastischer. Außerdem lassen sie sich bis zu Temperaturen von 3000 °C einsetzen. Bei gleichem Gewicht besitzen Kohlefasern die vierfache Festigkeit wie hochwertiger Stahl.

Neben der Verwendung als Verstärkungsfasern von Kunststoffen lassen sich die Kohlefasern auch anders zu festen Werkstoffen verarbeiten: Man beschichtet die Fasern oder auch längere versponnene Fäden mit Metallen, verpreßt und sintert sie. Auf diese Weise hergestellte Werkstoffe sind viel höheren Temperaturen gewachsen als CFK-Materialien, in denen die Kunststoffkomponente die Temperaturgrenze bestimmt.

Aufgrund ihrer hohen Festigkeit und Steifigkeit bei geringer Dichte eignen sich kohlefaserverstärkte Werkstoffe hervorragend überall dort, wo mechanisch und/oder thermisch hochbelastete Teile sehr leicht sein müssen. Das ist der Fall in der Luft- und Raumfahrt – etwa bei Hochgeschwindigkeitsflugzeugen – oder bei Tieftauchbooten. Auch sehr heiß werdende, schnell rotierende Teile, die also hohen Fliehkräften gewachsen sein müssen, lassen sich vorteilhaft aus Kohlefaserwerkstoffen herstellen, z. B. Turbinenschaufeln oder Teile in Strahltriebwerken.

Nach vier Jahren Bauzeit eröffnet: Brücke über den Fehmarnsund, Teil der »Vogelfluglinie«

Neue Brücke über den Fehmarnsund

30. April 1963. Eine Straßen- und Bahnbrücke in Kastenträgerbauweise, die das norddeutsche Festland mit der Insel Fehmarn verbindet, wird dem Verkehr übergeben.

Die 963 m lange Brücke, die zusammen mit der Fährverbindung zwischen Puttgarden und dem dänischen Rødbyhavn ein Teilstück der sogenannten »Vogelfluglinie« zwischen der Bundesrepublik und Skandinavien bildet, ist ein Musterbeispiel für die Kastenträger- oder Cantilever-Autobahnbrücken, wie sie seit 1948 gebaut werden.

Die beiden die Brückendecke tragenden Kastenträger sind Röhren mit rechteckigem Querschnitt. Sie sind etwa 3 m breit und besitzen eine Versteifung durch Innenwände. Bei der Fehmarnsund-Brücke sind sie aus Stahl gefertigt. Sie können auch aus Stahl- oder Spannbeton bestehen. Die Träger liegen in – meist regelmäßigen – Abständen auf Betonpfeilern auf. Sie sind in ihrem Querschnitt höher als breit. Dieser Brückentyp ist die Standardbrücke im modernen Autobahnbau. Sie läßt sich gut aus Normteilen fertigen und eignet sich sowohl als Tal- wie als Hangbrücke.

Das Mittelteil der Brücke ist ein eingespannter Brückenträger; links und rechts setzen Kastenträger an

Supereisenbahn für Japan

1963. In Japan wird die 515 km lange Tokaido-Eisenbahnlinie zwischen Tokio und Osaka in Betrieb genommen. Die supermodernen Züge dieser Linie verkehren mit einer Reisegeschwindigkeit von 210 km/h. Die günstige Verkehrsentwicklung auf der modernsten Schnellbahnstrecke der Welt führt zur Planung weiterer »Shinkansen«, wie die Japaner diese Art der Neubahnstrecken nennen.

Schnellzug auf der Tokaido-Eisenbahnlinie zwischen Tokio und Osaka; die Japaner nennen die neue Hochgeschwindigkeitsstrecke »Shinkansen«

Rätselhafte Objekte im fernen Weltall

Um 1963. Mit den Mitteln der Radioastronomie (→ 1932) gelingt die Entdeckung der Quasare.

Quasare – »quasistellare Radioquellen« – sind astronomische Objekte, die wie Sterne aussehen, aber extrem starke Radiowellen ausstrahlen. Außerdem zeichnen sie sich durch eine starke Rotverschiebung der Spektrallinien aus.

Den ersten Quasar, OQ 172, entdeckte 1960 Allen R. Sandage.

Wird die Rotverschiebung durch den Doppler-Effekt (→ 1842) erklärt, ergibt sich eine sehr hohe Fluchtgeschwindigkeit und in ihrer Folge eine Entfernung von mehr als 15 Milliarden Lichtjahren. Doch könnte sich die Rotverschiebung auch über relativistische Gravitationseffekte (→ 1915) erklären lassen. In diesem Fall lägen die Quasare der Milchstraße weit näher.

Neu zur Berliner Funkausstellung 1963: Ein Fernseh-empfänger von Nordmende mit Sensortasten-Bedienung

Die Kofferradios werden leistungsfähiger: SABA-Transeuropa, ein Gerät für zahlreiche Wellenbereiche

Die Elektronik beherrscht die Unterhaltung

1963. Zwei Schritte vorwärts macht die Elektronik im Alltag: Zum einen wird die MOS-Technologie entwickelt, zum anderen kommt der Kassetten-Recorder auf den Markt.

Die MOS-Technologie ist ein Verfahren zur Halbleiterherstellung mit Metalloxiden (MOS = Metal Oxid Semiconductor), das sich hervorragend zur billigen Produktion integrierter Schaltungen (→ 1958) mit hoher Komplexität und Packungsdichte eignet und damit zur Miniaturisierung elektronischer Bauelemente beiträgt. MOS-Bauelemente, in erster Linie die MOS-Feldeffekttransistoren (→ 1934) erobern bald elektronische Alltagsgeräte wie Taschenrechner (→ 1971), elektrische Uhren usw., finden aber auch in die sogenannte Unterhaltungselektronik Eingang, deren Geräte dadurch kleiner und billiger werden.

Für die reine Unterhaltung bedeutend ist der Schritt vom Tonbandgerät (→ 1935) zum Kassetten-Recorder, den erstmals die Firma Philips auf der Berliner Funkausstellung 1963 vorstellt. Mit dem Kassetten-Recorder, der bald der Schallplatte (→ 1892; 1948) erhebliche Konkurrenz machen wird, erhalten zum ersten Mal sogar technisch völlig unbedarfte Amateure die Möglichkeit zum Mitschneiden von Rundfunksendungen oder zum Speichern akustischer Eindrücke des Alltags.

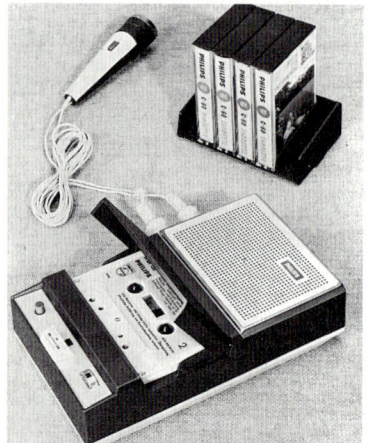

Der erste Kassetten-Recorder, 1963 auf den Markt gebracht

Mehr und mehr Menschen nutzen täglich die elektronischen Unterhaltungsmedien Rundfunk, Tonband bzw. Kassette und Fernsehen. Besonders das Fernsehen stellt durch das neue Richtstrahl- und Kabelnetz (in den USA) – beide sorgen für den flächendeckenden Programmempfang –, durch die Einrichtung der Eurovision (seit 1954) und durch Satellitenübertragungen (→ 1962) Infrastrukturen zur Verfügung, die Alltagsgewohnheiten prägen. Über 200 Mio. Zuschauer verfolgten am 23. Juli 1962 den ersten Fernsehprogramm-Austausch zwischen Europa und den USA.

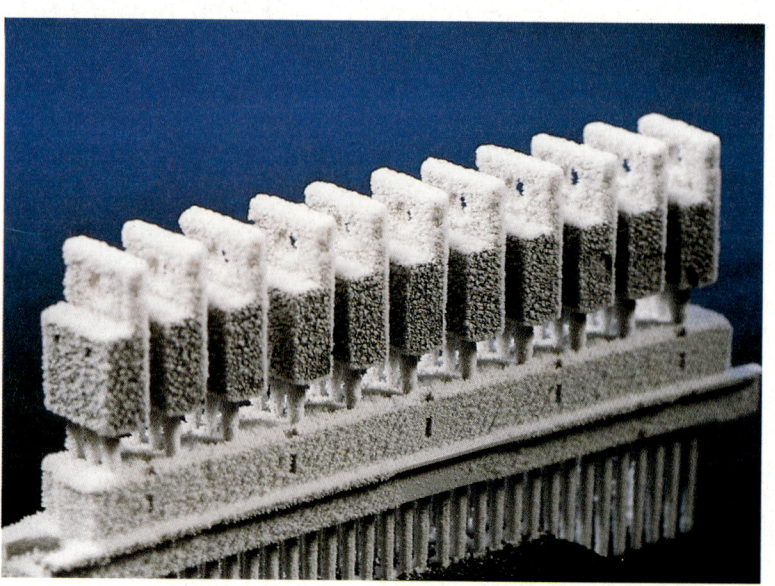

Hohe Anforderungen an Bauelemente: MOS-Transistoren im Kältetest

Schnelldrucker für Computerbetrieb

1963. Die Firma IBM baut einen für den Betrieb mit Computern geeigneten schnellen Kettendrucker, »IBM 1403«, der 600 Zeilen pro Minute schreibt und damit den Rechnern gerechter wird.

Neu an dem Gerät ist die Anordnung der Typen. Sie sind auf einer endlosen, ständig umlaufenden Kette quer zu deren Laufrichtung angebracht. Die Kette bewegt sich horizontal vor dem zu bedruckenden Papier. Abschlagmagneten drücken die einzelnen Lettern dann über ein Farbband gegen die Druckfläche, wenn die vom Computer jeweils geforderte Type mit der Stellung der Kette übereinstimmt.

Sofortbilder jetzt sogar auch in Farbe

1963. Edwin H. Land bringt sein Polaroidverfahren (→ 1947) jetzt auch für Farbbilder auf den Markt. In den Spezialkameras wird Filmmaterial mit drei Silberhalogenidschichten belichtet, die für rotes, grünes und blaues Licht sensibilisiert sind und farbgebende Substanzen enthalten. Diese werden nach der Belichtung bei der automatisch eingeleiteten Entwicklung dem Bild entsprechend freigesetzt und diffundieren in eine Bildempfangsschicht, die an der lichtempfindlichen Schicht anliegt. Wenige Minuten später lassen sich beide Schichten voneinander trennen.

Mit Spikes sicher auf Winterstraßen

1963. Die Krupp Widia-Fabrik (→ 1926) entwickelt Hartmetallspikes für Autoreifen.

Mehrere Millimeter starke Metallstifte sind mit breiten flachen Köpfen in eigens geformten Löchern in den Profilen von Autoreifen verankert. Bei einer Fahrgeschwindigkeit von 30 km/h auf Eis verkürzen die Spikes den Bremsweg von 51 auf nur 23 m. Die Spikes bewähren sich auch bei Schneeglätte.

Obwohl die Spikes in Europa bald jeden Winter Tausende von Menschenleben vor dem Unfalltod retten, werden sie später wegen der Fahrbahnschäden, die sie verursachen, verboten.

1964

In den USA beginnt die Telemedizin, nachdem die Einrichtung von Satellitenfunkkanälen möglich geworden ist. →

Im Montefiore Hospital in New York wird die erste Operation mit einem Laserskalpell vorgenommen.

Die Firma IBM stellt die erste elektrische Speicherschreibmaschine vor. →

Dubna in der UdSSR entdeckt das Element 104 (Unnilquadium).

Die US-Amerikaner Arnold Allen Penzias und Robert Woodrow Wilson, Astrophysiker bei den Bell Laboratories, entdecken die Weltraumhintergrundstrahlung. →

Als erstes größeres Elektronensynchrotron geht »DESY« in Hamburg in Betrieb. →

Am Brookhaven National Laboratory auf Long Island wird das Omega-Teilchen entdeckt.

In Algerien wird die erste Erdgasverflüssigungsanlage in Betrieb genommen. →

Die beiden US-amerikanischen Atomphysiker Murray Gell-Mann und George Zweig stellen das Quark-Modell auf. →

Die deutsche Maschinenfabrik Augsburg-Nürnberg (M·A·N) baut die erste deutsche Satelliten-Nachrichten-Antenne in Raisting. →

13. 6. Das erste deutsche Nuklearschiff, die »Otto Hahn«, läuft vom Stapel (in Dienst gestellt am 1. Februar 1968). →

4. 9. Der erste geophysikalische Forschungssatellit, »Ogo 1« (USA), geht in den Orbit. →

12. 10. Die sowjetische Raumkapsel »Woschod 1«, die erste Dreimann-Raumkapsel, wird gestartet.

GESTORBEN:

10. 2. Berlin: Eugen Sänger (* 22. 9. 1905, Preßnitz/Komotau), deutscher Raumflugtechniker.

18. 3. Stockholm: Norbert Wiener (* 26. 11. 1894, Columbia/Missouri), US-amerikanischer Mathematiker.

21. 5. Göttingen: James Franck (* 26. 8. 1882, Hamburg), deutscher Physiker.

30. 5. San Diego: Leo Szilard (* 11. 2. 1898, Budapest), ungarisch-US-amerikanischer Physiker.

6. 11. Stockholm: Hans Karl August Simon von Euler-Chelpin (* 15. 2. 1873, Augsburg), deutsch-schwedischer Chemiker.

17. 12. Mount Vernon/New York: Victor Franz Hess (* 24. 6. 1883, Schloß Waldstein bei Peggau), österreichischer Physiker.

Quark-Modell für Materieteilchen

1964. Die Atomphysiker Murray Gell-Mann und George Zweig entwickeln das Quark-Modell.
Quarks sind fundamentale Bausteine der Materie, die sich bisher nicht als freie Elementarteilchen nachweisen lassen. Sie existieren sehr wahrscheinlich nur als gebundene Bestandteile der sogenannten Hadronen (Protonen, Neutronen usw.). Gell-Mann beschreibt als Grundbausteine der Materie drei Quarks (»Up«, »Down« und »Strange«). Dazu kommen noch die entsprechenden Antiquarks, die aus Antimaterie (→ 1955) bestehen. Nach 1974 werden noch drei weitere Quarks entdeckt.

Synchrotron DESY wird eingeweiht

1964. Als erstes größeres Elektronen-Synchrotron (→ 1928) der Welt nimmt DESY (Deutsches Elektronen-Synchrotron) in Hamburg seinen Betrieb auf. Die Kreisbahn, auf der die Elektronen auf eine maximale Energie von 7,5 GeV (Giga-Elektronenvolt) beschleunigt werden, besitzt 100 m Durchmesser.
Die Energie wird den bis zu $5 \cdot 10^{11}$ umlaufenden Elektronen durch elektrische Wechselfelder aufgeprägt. Dem Einschuß in die Kreisbahn geht eine Beschleunigung in einem Linearbeschleuniger voraus.
Das Hamburger Forschungszentrum baut später weitere Teilchenbeschleuniger (→ 1974; 1979).

Die kalte Strahlung aus dem Weltall

1964. Die Astrophysiker Arnold Allen Penzias und Robert Woodrow Wilson entdecken eine aus allen Richtungen mit gleicher Stärke einfallende elektromagnetische kosmische Strahlung. Sie wird als Hintergrund- oder Drei-Kelvin-Strahlung bekannt. Ihr Spektralbereich (Wellenlänge 1 bis 100 mm) entspricht der Strahlung eines schwarzen Körpers von 2,7 Kelvin (= −270,5 °C).
Die Strahlung wird als durch die Ausdehnung des Alls »verdünnter« Rest jener Wärmestrahlung gedeutet, die anläßlich des Urknalls freigesetzt wurde, mit dem die Entstehung der Welt verbunden gewesen sein könnte.

Deutsches Atom-Frachtschiff

1964. *Bei den Kieler Howaldtswerken läuft das 16 870 BRT große Massengutfrachtschiff »Otto Hahn« (Abb.) vom Stapel. Es ist das erste nuklear angetriebene Schiff der Bundesrepublik, die damit nach den USA und Rußland als drittes Land der Welt ein Atomreaktor-Schiff betreibt.*
Für die »Otto Hahn« wurde eigens ein neuer Kernreaktortyp entwickelt, der sich besser an die Möglichkeiten des wettbewerbsfähigen Handelsschiffs anpassen soll. Zum einen arbeitet der Reaktor mit liegenden – statt mit stehenden – Brennstäben. Dadurch ist er flacher gebaut und führt bei dem Schiff zu einem geringeren Tiefgang. Zum anderen arbeitet das System mit einem Einwegkessel, der einen gewissen Grad von Überhitzung erzeugt. Der Dampfgenerator liegt innerhalb des Druckwassergehäuses (→ 1957). Der 190 t schwere Stahlkessel wird von halbmeterdicken Betonmauern abgeschirmt. Der Reaktor faßt 2,95 t Urandioxid. Zum Schutz gegen Havarien besitzt das Schiff einen Doppelboden.

Satellitenstation in Oberbayern

1964. *Die deutsche Firma M·A·N baut die erste deutsche Nachrichtensatelliten-Empfangsantenne im oberbayerischen Raisting. Bis 1980 wird die Anlage zur größten Erdfunkstelle der Welt ausgebaut (Abb.: In den 70er Jahren installierte Antennen).*
Die Antenne Raisting I ist in einem für Funkwellen durchlässigen kugelförmigen Bau untergebracht, um den gewaltigen Parabolspiegel, der die Wellen sammelt, vor Witterungseinflüssen zu schützen und um die Anlage klimatisieren zu können. Temperaturbedingte Materialdehnungen würden die Empfangseigenschaften verändern. Der Spiegel der Antenne ist nachführbar konstruiert; er läßt sich auf jeden beliebigen Punkt des Himmels ausrichten und damit auf die Position von Nachrichtensatelliten einstellen. Die Antenne kann manuell und automatisch gesteuert werden. Die Anforderungen an die Verstärkereigenschaften sind immens. Auf die Antennenfläche entfällt nur ein Milliardstel Promille (10^{-12}) der vom Satelliten ausgesandten Strahlung.

Geophysik aus der Weltallperspektive

4. September 1964. Die USA bringen den ersten von sechs OGO-Satelliten in seine Umlaufbahn. »OGO« steht für Orbiting Geophysical Observatory; die Satelliten sind also um die Erde kreisende geophysikalische Observatorien. Ihre Aufgabe ist es, physikalische Fragen im Zusammenhang mit der Erde durch gezielte Messungen lösen zu helfen. Untersucht werden von ihnen u. a.: Die Atmosphäre und die Ionosphäre der Erde, die Sonneneinstrahlung auf die Erdatmosphäre und deren chemische und physikalische Auswirkungen, das irdische und das interplanetare Magnetfeld, das Nachtleuchten (Zodiakallicht) und die Polarlichter, elektrische Felder und Materie im interplanetaren Raum. Während OGO 1 und andere Satelliten der Serie auf elliptischen Bahnen in rund 400 bis 1000 km Höhe die Erde umlaufen, beschreiben spätere OGO-Satelliten Bahnen, deren Apogäum bis zu 120 000 km weit ins All hinausreicht. Die geophysikalischen Trabanten besitzen Kastenform von 1,8 m Länge. Sie sind mit 15 m langen Fühlern ausgestattet, an deren Enden sich Meßgeräte befinden. Elektrisch versorgt werden sie aus Solarzellen, Sonnensegeln mit über sechs Meter Spannweite, die 560 Watt liefern. Im

Satelliten beobachten die Erde aus dem Weltall und registrieren zahlreiche geographische und geophysikalische Daten: Meteosat-Aufnahme (1979)

Flug werden die OGO-Satelliten durch Kaltgasdüsen und Schwungräder stabilisiert.

Zu den physikalischen Ergebnissen der OGO-Satelliten gehört u. a. die erste Beobachtung von Polarlichtern während des Tages, also bei vollem Sonnenschein. Mit OGO-Satelliten wird außerdem eine magnetische Schockwelle entdeckt, die die Erde auf ihrer Bahn um die Sonne begleitet.

Im Umfeld des Kometen Bennett weisen OGO-Meßgeräte eine Wasserstoffwolke von zwölf Millionen km Durchmesser nach.

Telemedizin über Satellitenfunk

1964. In den USA werden die Universitätsklinik von Nebraska, das Psychiatrische Institut von Omaha und das Norfolk Hospital über einen Satellitenfunkkanal kommunikatorisch zusammengeschlossen. Damit beginnt die Telemedizin.

Der Grundgedanke ist es, das hoch qualifizierte und auch sehr spezialisierte Wissen von Fachärzten nicht nur einer Klinik verfügbar zu machen, sondern einem Netz von Diagnose- und Therapiezentren.

Die Satellitenschaltung verbindet die angeschlossenen Kliniken in Ton und Bild. Patienten einer Klinik können auf diese Weise Experten in einem anderen Landesteil am Bildschirm – ohne Zeitverlust und Transportrisiko – vorgestellt werden. Zudem sind auch etwa Bildschirmberatungen während eines operativen Eingriffs möglich.

Erdgas wird nicht mehr abgefackelt

1964. In Algerien wird die erste Erdgasverflüssigungsanlage in Betrieb genommen.

Viele Lagerstätten fossiler Energieträger liefern nicht nur Erdöl, sondern zugleich Erdgas, das nach der Erschließung der Quelle oft unter hohem Druck entweicht. Bisher ließ es sich nicht verwerten. Es wurde einfach abgefackelt. Das bedeutet eine große Verschwendung – bei manchen Quellen erreicht der vernichtete Heizwert jenen des geförderten Rohöls – und stellt eine gewaltige Umweltbelastung dar. Der entstehende fette Ruß bedeckt das Umfeld der Förderanlagen quadratkilometerweise in oft zentimeterdicken Schichten.

Die neue Anlage verflüssigt das Erdgas unter hohem Druck. So läßt es sich der Energiewirtschaft oder der Petrochemie zuführen.

Schreibmaschine mit Textspeicher

1964. Die Firma IBM bringt die erste elektrische Schreibmaschine mit elektronischem Textspeicher auf den Markt.

Die Maschine schreibt während des Tippens den Text zunächst nicht nur auf Papier, sondern registriert ihn einschließlich des Umbruchs auch elektronisch kodiert auf einem Magnetband. Läßt man das Band die Aufzeichnung wiedergeben, dann schreibt die Maschine den gleichen Text ein zweites Mal.

Dabei lassen sich leicht Korrekturen vornehmen: Man hält das Band an der fehlerhaften Textstelle an, verbessert durch Tippen von Hand und läßt das Band dann einfach weiterlaufen. Formelhaft wiederkehrende Textpassagen brauchen nicht jedesmal neu geschrieben zu werden, sie lassen sich aus dem Speicher abrufen.

Um 1965. In den USA setzt sich der Eisenbahn-Containerverkehr immer mehr durch. →

1965. Der Kieler Rudolf Hell erfindet den computergesteuerten fotoelektronischen Lichtsatz. →

Dem amerikanischen Physiker Leon Max Lederman und seinen Mitarbeitern gelingt die Verbindung eines Antiprotons mit einem Antineutron zu einem Antideuteron.

Die französische Société Bertin baut den ersten Luftkissen-Versuchszug der Welt. →

Im Bundestagswahlkampf erstellen erstmals Computer für das Fernsehen Ergebnis-Hochrechnungen. →

In Berlin wird der erste europäische Verkehrsrechner zur Optimierung der Verkehrsregelung in Betrieb genommen. →

Seit sechs Jahren untersuchen 40 Forschungsschiffe aus 23 Staaten ozeanographisch den Indischen Ozean. →

Die bislang größte Eisenbahn-Drehbrücke der Welt wird bei Al Ferdan über den Sueskanal gebaut (drehbares Mittelteil: 167 m).

Die Firma Honeywell führt mit dem »Auto-Strobonar« einen ersten elektronischen Fotoblitz mit automatischer Belichtungssteuerung ein. →

18. 3. Alexei Archipowitsch Leonow verläßt erstmals im Weltall eine Raumkapsel (»Woschod 2«). →

6. 4. In den Vereinigten Staaten wird der Satellit »Early Bird« gestartet, der als erster kommerzieller Fernseh- und Fernmeldesatellit gilt. →

23. 4. Der erste sowjetische Kommunikationssatellit, »Molnija 1 A«, geht in den Orbit.

14. 7. Amerikanischen Wissenschaftlern gelingt mit der Sonde »Mariner 4« erstmals ein Mars-Vorbeiflug in 9844 km Entfernung mit Bildübertragung. →

16. 7. Die sowjetische »Sonde 3« geht erstmals in eine Sonnenumlaufbahn.

4. 12. Die US-amerikanischen Astronauten Frank Bormann und James Arthur Lovell stellen mit 13 Tagen, 18 Stunden und 35 Minuten einen Längenrekord für Raumflüge auf.

GESTORBEN:

21. 4. Edinburgh: Sir Edward Victor Appleton (* 6. 9. 1892, Bradford), britischer Physiker.

21. 5. London: Sir Geoffrey de Havilland (* 27. 7. 1882, Woburn/ Buckinghamshire), britischer Flugzeugbauer.

8. 9. Freiburg i. Br.: Hermann Staudinger (* 23. 3. 1881, Worms), deutscher Chemiker.

Raumsonde liefert Bilder vom Mars

14. Juli 1965. Der US-amerikanische Raumflugkörper »MARINER 4«, gestartet am 28. November 1964, passiert in weniger als 10 000 km Entfernung den Planeten Mars und überträgt per Funk 21 Bilder von der Planetenoberfläche zur Erde. Außerdem übermittelt die Raumsonde physikalische Daten über die Marsatmosphäre.

MARINER 4 ist eine von zehn Raumsonden der MARINER-Serie, die zwischen 1962 und 1974 die Planeten Venus, Mars und Merkur besuchen oder besuchen sollen. MARINER 1, gestartet am 22. Juli 1962, mußte wegen eines Raketendefekts in 161 km Höhe gesprengt werden. MARINER 2, gestartet am 27. August 1962, flog am 14. Dezember desselben Jahres in 34830 km Abstand an der Venus vorbei und übertrug wissenschaftliche Daten zur Erde. Er meldete die Oberflächentemperatur dieses Planeten mit 430 °C, stellte fest, daß die Venusatmosphäre keinen Wasserdampf enthält und daß der Planet weder über ein Magnetfeld noch über einen Strahlungsgürtel verfügt.

Die Missionen von MARINER 3 und 4 gelten dem Mars. Dieser Planet interessiert die Wissenschaftler und auch die breite Öffentlichkeit in sofern besonders, als die Möglichkeit

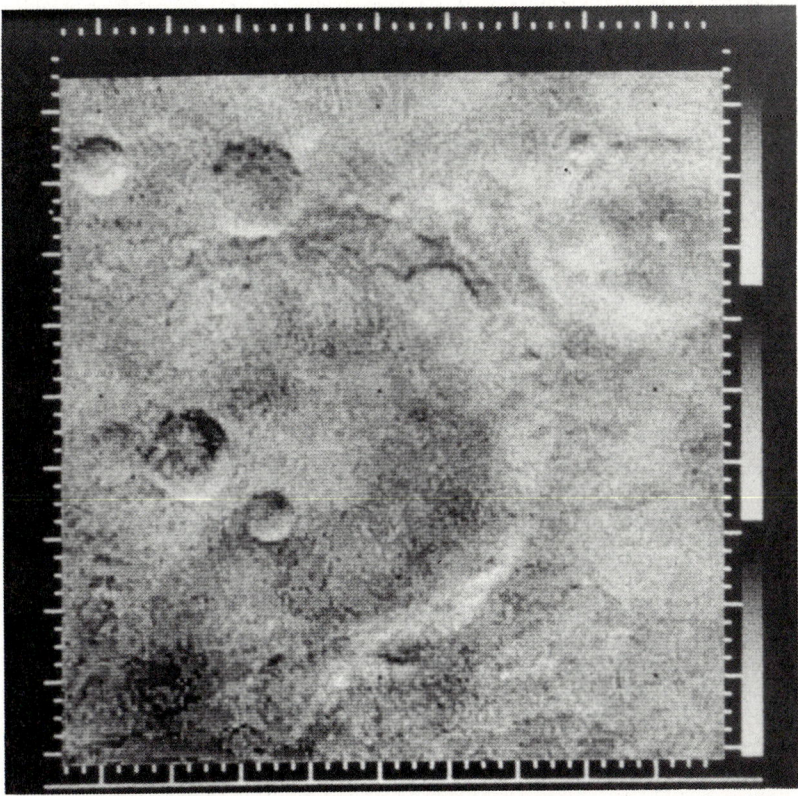

Elektronisch rekonstruiertes Bild von der Marsoberfläche; die vom Satelliten »MARINER 4« kommenden Signale wurden vom Computer interpretiert

besteht, auf dem Mars lebende Organismen zu finden. Der erste amerikanische Versuch, den Mars mit MARINER 3 zu erreichen, endete am 5. November 1964 mit einem Fehlschlag. Zwar flog die Sonde am Mars vorbei, doch löste sich ihre Schutzkappe nicht ab, was eine

Kommunikation mit der Erde unmöglich machte. Erfolglos verliefen übrigens auch fünf russische Versuche zwischen 1960 und 1962, am Mars vorbeizufliegen oder dort zu landen. Erst MARINER 4 liefert Informationen aus der Nähe des roten Planeten.

Ein geostationärer Satellitenorbit

6. April 1965. Als erster künstlicher Erdtrabant geht der kommerzielle Kommunikationssatellit »Early Bird« für Telefon-, Fernseh- und Datenübermittlung in eine geostationäre Umlaufbahn.

Der Satellit bewegt sich in einer annähernd kreisförmigen Bahn in 34 993 bis 36 577 km Höhe mit einer Umlaufgeschwindigkeit von 1436,4 Minuten (das sind 23 Stunden 56 Minuten und 24 Sekunden). Seine Bahn ist gegenüber dem Äquator um nur 0,1 Grad geneigt. Damit entspricht seine Umlaufzeit der Dauer der täglichen Erdrotation. Er hat also keine Relativbewegung zur Erdoberfläche. Auf diese Weise wird er für die Zwecke der Kommunikation besonders wertvoll, denn die Funkverbindungen brauchen nicht – wie bei früheren Kommunikationssatelliten (→ 1962) – unterbrochen zu werden. Außerdem erübrigt sich ein Nachführen der Satellitenfunkantenne in den Erdstationen (→ 1964).

Die Bahnhöhe geostationärer Satelliten von rund 36 000 km läßt sich genauso wenig variieren wie ihre in der Äquatorebene liegende Bahnebene. Die Umlaufgeschwindigkeit hängt nämlich wegen der Fliehkräfte unmittelbar mit dem Bahnradius zusammen.

Kosmonaut Alexei A. Leonow schwebt frei im Weltall

18. März 1965. Erstmals verläßt ein Mensch, der sowjetische Kosmonaut Alexei A. Leonow, eine Raumkapsel und schwebt, nur durch eine dünne Versorgungsleitung mit dem bemannten Satelliten verbunden,

in einem Raumanzug im Weltall. Der Satellit, von dem aus dieses Experiment stattfindet, heißt WOSCHOD 2 und ist mit Pawel Beljajew und Alexei Leonow bemannt. Die Kapsel umkreist die Erde in 172

bis 495 km Höhe 17mal. Während des zweiten Umlaufs steigt Leonow durch eine Luftschleuse aus und fliegt zehn Minuten lang, von einer Fernsehkamera festgehalten, sich teilweise lebhaft bewegend, neben

der Kapsel her. Zwar kommt es zu kleineren unvorhergesehenen Störungen, doch im großen und ganzen ist das Experiment ein voller Erfolg. Es demonstriert anschaulich die Kompensation von Gravitation und Fliehkraft zur Schwerelosigkeit im luftleeren Raum: Ohne atmosphärischen Widerstand rast ein Mensch quasi als lebender Satellit 28 000 km/h schnell durch das All, ohne daß ihm das den geringsten Schaden zufügt.

Die Weltöffentlichkeit nimmt den »Weltraum-Spaziergang« des Kosmonauten bewundernd als erneuten Beweis der russischen Überlegenheit im Raumflug zur Kenntnis. Die NASA plant daraufhin für ihren nächsten bemannten Raumflug – mit GEMINI 4 – am 3. Juni 1965 ebenfalls ein Ausstiegmanöver. Astronaut Edward White verläßt die Raumkapsel für 21 Minuten.

Alexei A. Leonow ist aus der Raumkapsel WOSCHOD 2 ausgestiegen und bewegt sich als erster Mensch frei im All

Der US-Astronaut Edward White bei seinem 21 Minuten dauernden »Weltraumspaziergang« am 3. Juni 1965

In Frankreich fährt der erste Luftkissenzug der Welt bis zu 200 Stundenkilometer schnell

1965. *Das französische Luftfahrtunternehmen Société Bertin baut den ersten Luftkissen-Versuchszug der Welt.*
Die Gesellschaft bemüht sich, eine Schnellbahn für die Zukunft zu entwickeln, ohne sich dabei in technisches Neuland vorzuwagen. Der Antrieb, ein Heckpropeller, ist dem Flugzeugbau entlehnt. Das Luftkissenprinzip, das unlängst bei dem Wasserfahrzeug Hovercraft (→ 1959) von dem Briten Christopher Cockerell realisiert wurde, ist theoretisch schon seit rund einem Jahrhundert bekannt. Bertins Chefkonstrukteur Louis Duthion

stieß anläßlich der Konstruktion von Schalldämpfern für Flugzeuge darauf. Erste Testfahrten unternahm ein 3 t schwerer Versuchsträger bereits am 7. Januar 1962 auf einer 3 km langen Strecke. Ende 1965 erreicht der im Maßstab 1:2 gebaute »Aerotrain experimental 01« Geschwindigkeiten von 200 km/h, später sogar von 345 km/h. Auf der Versuchsstrecke legt er 25 000 km zurück und befördert dabei mehr als 6000 Personen.
Mitte 1973 rüstet die Société de l'Aerotrain eines ihrer Luftkissen-Versuchsfahrzeuge (Abb.) mit Gasturbinenantrieb aus.

Computer im Großeinsatz

1965. Neue Anwendungsgebiete für den Computer bringen die elektronischen Rechenanlagen der Öffentlichkeit ins Bewußtsein: In Berlin wird der erste europäische Verkehrsrechner zur Verkehrsregelung in Betrieb genommen. Und anläßlich der Bundestagswahlen ermitteln Computer vor der Stimmauszählung Wahlergebnisprognosen und während der Auszählung Hochrechnungen. Verkehrscomputer dienen dazu, im innerstädtischen Verkehr die Straßenkapazitäten durch Optimierung des Verkehrsflusses und durch Minimierung von Staus so gut wie möglich zu nutzen. Über Induktionsschleifen (→ 1831), die in den Fahrbahnboden eingelegt sind, erhalten die Rechner z. B. Daten darüber, ob und von welcher Seite sich einer Ampelkreuzung Fahrzeuge nähern. Je nach Fahrzeugaufkommen schaltet der Rechner die Ampelphasen. Verkehrsrechner können auch von der Polizei fixe Verkehrsaufkommensdaten eingegeben bekommen, die sie berücksichtigen, etwa zur Anpassung der Ampelphasen an den Berufsverkehr. Die Wahlcomputer arbeiten nach statistischen Grundlagen der Demoskopie mit der Verallgemeinerung der Vorabergebnisse aus repräsentativen Wahlkreisen.

IBM-Rechner 1440 bei der »Wahlparty« am 19. 9. 1965; der Computer erstellt Hochrechnungen und Wahlanalysen

Container-Umschlag im Hamburger Überseehafen; die großen Metallbehälter wurden vom Schiff entladen und werden jetzt auf Eisenbahnpritschen gesetzt

Container für Eisenbahnen

Um 1965. Mitte der 60er Jahre entwickelt sich in den USA rapide der Eisenbahn-Containerverkehr. Besonders optimistische Prognosen sagen voraus, daß es bald keine regulären Güterwaggons mehr geben wird und daß an ihre Stelle die riesigen quaderförmigen Transportbehälter, die Container, die sich freizügig auf der Bahn, mit dem Schiff und auf Lkw befördern lassen, treten werden. Beim Wechsel des Verkehrsmittels braucht ihr Inhalt nicht umgeladen zu werden.
Erste Versuche mit Containern gab

es bereits 1921 bei der New York Central und 1927 bei der London Midland & Scottish Railway. Die Anregung zur internationalen Einführung von Containern kam 1930 von Silvio Crespi, dem Präsidenten des Königlichen Automobilclubs von Italien. Experimente führte 1933 mit rund 200 Containern die Deutsche Reichsbahn durch.
1967 wird sich nach den amerikanischen Erfolgen die europäische Gesellschaft INTERCONTAINER in Brüssel mit elf angeschlossenen Bahngesellschaften etablieren.

Lichtsatz für die Textdruckereien

1965. Der Kieler Rudolf Hell erfindet das Digiset-System und damit den computergesteuerten fotoelektronischen Lichtsatz.

Das Prinzip lehnt sich an die Bildschirm-Textausgabe an. Durch eine Tastatur mit vielen Sonderzeichen und Tasten für Satzanweisungen werden in den Speicher eines Rechners die Texte sowie die Informationen über Schriftgröße, Schriftart (z. B. normal, gesperrt, kursiv), für Unterstreichungen, Fettschrift usw. eingegeben. Zur Kontrolle erscheint der Text auf dem Bildschirm, mit dessen Hilfe sich Umbrucharbeiten vornehmen lassen. Anschließend projiziert eine bildschirmartige Kathodenstrahlröhre (→ 1897) die Textseite auf fotografisch empfindliches Papier. Nach dessen Entwicklung erhält man eine Druckvorlage für den Offset-Druck (→ 1904).

Fotoblitzgerät mit Lichtsteuerung

1965. Die Firma Honeywell führt mit dem »Auto-Strobonar« einen ersten elektronischen Fotoblitz mit Belichtungssteuerung ein.

Elektronenblitzgeräte sind mit Xenon oder Quecksilberdampf gefüllte Entladungsröhren (→ 1904). Die elektrische Energie für ihre Zündung, die im allgemeinen weniger als $1/500$ Sekunde beträgt, wird von einem zuvor aufgeladenen Kondensator geliefert. Damit der Fotoblitz den Film korrekt belichtet, muß je nach Aufnahmeentfernung, Filmempfindlichkeit und Lichtmenge des Blitzes eine entsprechende Blende gewählt werden. Besonders für Aufnahmen im Nahbereich befriedigt dieses Verfahren nicht, weil es bei hohen Leitzahlen – sie sind abhängig vom Blitzgerät und von der Filmempfindlichkeit – zu großen Objektivöffnungen und damit zur geringer Schärfentiefe führt. Das Computerblitzgerät von Honeywell geht deshalb den umgekehrten Weg. Man stellt am Blitz die gewünschte Blende ein, und der Blitz berechnet die erforderliche Lichtmenge. Eine Fotozelle im Blitzgerät mißt das vom Objekt zurückgeworfene Licht und schaltet den Blitz sofort ab, wenn die berechnete Lichtmenge erreicht ist.

Zur Erforschung der Meerestiefen hat Kodak einen Spezialfilm entwickelt, der das Wasser durchdringt und die Struktur des Meeresbodens zeigt (Gemini-Falschfarbenaufnahme des Persischen Golfs vom 12. November 1966)

Entdeckungskampagne unter Wasser

1965. Eine 1959 begonnene groß angelegte internationale Forschungsaktion zur Erkundung des Indischen Ozeans geht zu Ende. An dem Projekt beteiligten sich 40 Forschungsschiffe aus 23 Ländern.

Weiter vorangetrieben werden indes ozeanographische Arbeiten im Roten Meer. Hier entdecken Wissenschaftler in einer Spaltzone große Mengen an Eisen-, Mangan-, Zink- und Kupfererzen in Form sog. Schlämme und Seifen.

Die Erforschung des Indischen Ozeans, der durch den Wechsel der Monsune eine Sonderstellung unter den Weltmeeren einnimmt, wird von der IOC (Intergovernmental Oceanographic Commission) der UNESCO in Paris koordiniert, der später 90 Staaten angehören.

Eines der wichtigsten Ziele der Forschungsarbeiten im Indik wie im Roten Meer ist die Ergründung der wirtschaftlichen Nutzung der Meere: Die Suche nach Mineralien, Metallen und anderen Rohstoffen, die Prospektion unterseeischer Erdöl- und Erdgasvorkommen, die Ausnutzung der Gezeitenbewegungen, die Nutzung der großen Gewässer als unentbehrliche Nahrungsquelle durch Seetierfang und den möglichen Aufbau mariner Aquakulturen usw. Daneben stehen rein wissenschaftliche ozeanographische Fragen auf der Liste der maritimen Forschungsvorhaben: Die Untersuchung und Vermessung der Meeresböden, die Wasserzusammensetzung, Temperaturen und Bewegungen von Meeresströmungen, Verdunstung, Wellenentstehung und -ausbreitung, meeresbiologische Themen usw.

1966

Nach ihrer weichen Landung auf dem Erdtrabanten übermittelt die unbemannte US-Raumsonde »Surveyor 1« (Modell) 12 150 Farbbilder zur Erde

Auf dem Mond gelandet

3. Februar 1966. Nachdem die sowjetische Raumfahrtorganisation 1965 viermal erfolglos versuchte, eine Raumsonde weich auf dem Mond zu landen, gelingt ihr dies erstmals mit der Sonde »LUNA 9«, die am 31. 1. 1966 startete und genau 79 Stunden später weich auf dem Mond aufsetzt. Drei Tage lang übermittelt »LUNA 9« Bilder zur Erde.

Neben dem Einsatz von fünf um den Mond kreisenden Sonden, die Daten zur Erde senden, gelingt den Sowjets 1966 noch eine zweite weiche Mondlandung: Nach einem Start am 21. Dezember landet die Sonde »LUNA 13« weich auf dem Mond, nimmt dort automatisch Bodenproben und funkt deren Analyse zur Erde.

Im selben Jahr setzt auch eine amerikanische Sonde weich auf der Mondoberfläche auf. »SURVEYOR 1« landet 63 Stunden 36 Minuten nach ihrem Start am 30. Mai.

»SURVEYOR 1« übermittelt in zweieinhalb Monaten 12 150 Aufnahmen von der Mondoberfläche. »SURVEYOR 2«, am 20. September gestartet, schlägt hart auf.

Sowjetische Sonde auf Planet Venus

1. März 1966. Die am 16. November 1965 gestartete sowjetische Raumsonde »VENUS 3« erreicht den Planeten Venus und schlägt hart auf dessen Oberfläche auf. Auch während ihres Abstiegs durch die Venus-Atmosphäre liefert die Sonde weder Bilder noch Daten, da die Funkanlage ausgefallen ist; doch ist das Erreichen der Venus selbst schon ein Erfolg.

Seit 1960 bemühen sich die Sowjets, seit 1962 auch die Amerikaner vergeblich, Sonden auf Mars oder Venus zu landen. Alle Experimente verliefen bisher erfolglos. Zunächst entwickelten die Sowjets »SPUTNIK 7« als Startplattform für eine Venussonde. Doch löste sich die Sonde im Erdorbit nicht von der Plattform. Neben Fehlstarts auf amerikanischer und sowjetischer Seite kam es zu Explosionen im Orbit, zu Fehlsteuerungen, die die Sonden in den Erdumlauf zwangen, oder zu Vorbeiflügen an den Planeten. Auch die geplanten Vorbeiflüge an Venus und Mars waren mit einer Ausnahme Fehlschläge; die Funksysteme fielen aus.

Insgesamt unternahmen die Sowjets bis 1966 sieben erfolglose Mars- und zehn erfolglose Venus-Missionen. Den Amerikanern mißlang ein Mars-Vorbeiflug, während 1965 »MARINER 4« aus 9844 km Entfernung vom Mars immerhin 21 Nahaufnahmen lieferte. Außerdem schlugen zwei amerikanische Venus-Missionen fehl.

Kopplungsmanöver im Weltall geglückt

16. März 1966. Die amerikanischen Astronauten Neil Armstrong und David Scott führen das erste Kopplungsmanöver zweier Raumfahrzeuge in der Erdumlaufbahn durch. Im Rahmen der Mission »GEMINI 8« klinken die Raumfahrer ihre Kapsel an eine »AGENA«-Rakete an. Dabei kommt es zu einer Notsituation. Die Fahrzeuge beginnen zu pendeln und schließlich zu rotieren. Aus eigener Initiative meistern die beiden Piloten die lebensgefährliche Situation.

Dem Manöver ging im Dezember 1965 ein Weltraum-Rendezvous voraus, als sich die amerikanischen Raumfahrzeuge GT 6 und GT 7 einander auf zwei Meter annäherten.

Die Raumfahrzeuge »Gemini 6« und »Gemini 7« begegnen sich über Cape Kennedy im Orbit; das Bild ist eine Fotomontage mit zwei Satellitenmodellen

Telefongespräch durch Glasfaser

1966. Der US-Wissenschaftler Charles Kao verwendet erstmals Lichtleitfasern zur Übermittlung von Telefongesprächen.

Die Eigenschaften von homogenen Glasfasern, Licht unverzerrt zu leiten, hatte schon → 1955 der Engländer Narinder S. Kapany entdeckt. Kao leitet statt sichtbaren Lichts unsichtbare elektromagnetische Wellen durch extrem dünne Glasfasern. Dabei zeigt sich, daß die Fasern nach der gleichen physikalischen Gesetzmäßigkeit der Totalreflexion ein breites Frequenzspektrum übertragen. Daraus wiederum folgt, daß sich – etwa bei der Übermittlung von Telefonströmen – zahlreiche Gespräche gleichzeitig in verschiedenen Frequenzen fortleiten lassen.

Die Glasfaser ist ein Breitbandkabel. Eine einzige Faser von nur einem tausendstel Millimeter Stärke kann ohne weiteres 30 000 bis 40 000 Telefonate, ein kugelschreiberdickes Faserbündel bereits eine Milliarde Telefonate oder 200 000 Fernsehprogramme zeitgleich fortleiten.

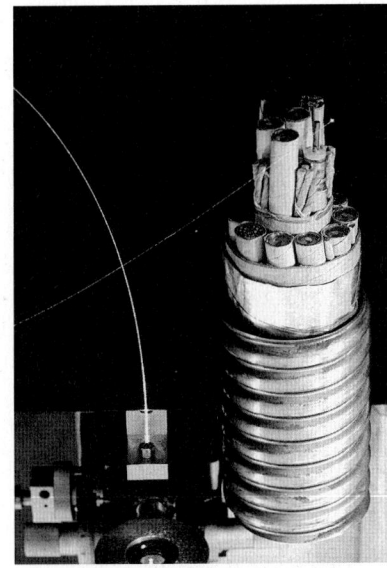

Glasfaserkabel (l.) im Vergleich zum üblichen Koax-Nachrichtenkabel

Ein normales Zweileiter-Kupferkabel bringt es dagegen auf nicht mehr als 63, ein Koaxialkabel (→ 1935) auf einige tausend Gespräche. Voraussetzung für die Totalreflexion im Glaskabel ist ein zweischichtiger Aufbau. Die Seele des Fadens besteht aus einem andersbrechenden Glas als der ihn umgebende Mantel.

Standardschaltkreis in der Datentechnik

1966. Die TTL-Schaltkreise werden erfunden. »TTL« steht für Transistor-Transistor-Logik. Bei dieser Schaltungsart, die sich bald zur gebräuchlichsten aller digitalen Schaltkreisfamilien entwickelt, werden sämtliche logischen Verknüpfungsfunktionen sowie alle Verstärkerfunktionen durch die direkte Kopplung bipolarer Transistoren (→ 1948) realisiert. Im Gegensatz zur TTL werden z. B. in der DTL (Dioden-Transistor-Logik) oder in der RTL (Widerstands-Transistor-Logik) die Verstärkerfunktionen durch Transistoren erfüllt, während die logischen Verknüpfungen durch Dioden bzw. Widerstände vorgenommen werden. Wegen der Uniformität der Schaltungselemente eignet sich die TTL besonders zur Herstellung als integrierte Schaltung (→ 1958).

Die verwendeten bipolaren Transistoren (mit zwei entgegengesetzten pn-Übergängen, → 1939) sind allerdings in der Fertigung aufwendiger als Transistoren in MOS-Technologie (→ 1963).

Blasenspeicher für große Datenmengen

1966. Der Magnetblasenspeicher für elektronische Datenverarbeitungsanlagen wird erfunden.

Der Speicher besteht aus einer 1 μm starken, mit Eisen dotierten Granatschicht, die durch Epitaxie (→ Juni 1960) auf nichtmagnetischem Granat aufgebracht ist. In dieser Schicht lassen sich durch ein äußeres Magnetfeld kleine Bereiche von wenigen μm Durchmesser magnetisieren. Die Magnetisierung eines bestimmten Speicherplatzes wird als »1«, das Fehlen der Magnetisierung als »0« gewertet (→ 1948). Durch Anlegen magnetischer Wanderfelder lassen sich diese »Magnetblasen« verschieben. Dadurch ist ein rasches Speichern, Umspeichern und Löschen der Information möglich. Die Informationen bleiben selbst bei Ausfall der Versorgungsspannung erhalten. Außerdem ist der Speicher sehr klein.

In Labormodellen werden Speicherdichten von 10 000 bis 100 000 Bit/mm^2 (→ 1948) erreicht. Die Zugriffszeiten zu den Daten liegen bei 10^{-4} bis 10^{-6} Sekunden.

Belegleser kann Schrift entziffern

1966. Die Firma IBM stellt ihren Mehrfunktions-Belegleser »IBM 1287« vor, der als erstes Gerät in der Lage ist, Maschinen- und Handschriften zu entziffern (→ 1951).

Die Aufgabe der Maschine ist es, Datenträger, die Informationen im Klartext (Buchstaben und/oder Zahlen) enthalten, auszuwerten. Es handelt sich dabei um Formulare, bei denen die Informationen stets an der gleichen Stelle in vorgedruckte Felder eingetragen sind, z. B. Schecks, Zahlungsanweisungen oder Reisepässe.

Der Belegleser kommuniziert meist mit einem Computer, dem er die erkannten Informationen zuführt, und der dann die eigentliche Belegverarbeitung vornimmt. Dabei kann es sich um Buchungsvorgänge oder um den Vergleich von Daten handeln. Oft arbeitet der Belegleser auch mit einem Belegsortierer und einem Belegdrucker zusammen, wenn etwa ein Scheck dem Postfach eines Kontoinhabers zugeordnet und ein Verrechnungsbeleg beigefügt werden soll.

Japanische Schiffswerften bauen Supertanker zum Transport von Rohöl

1966. *Mit dem Bau der 153 685 t (dead weight) großen »Tokyo Maru« überschreiten japanische Schiffsbauer erstmals die 300-m-Grenze in der Schiffslänge. Der Supertanker mißt 306,50 m. Er verkehrt zwischen Japan und dem Persischen Golf und befördert Rohöl. Mit der 150 000-t-Klasse habe, so heißt es international unter Experten, die Größenentwicklung der Tankschiffe ihren Abschluß gefunden. Aber noch im selben Jahr läuft in Japan der erste VLCC (Very Large Crude Carrier) vom Stapel, die 213 360 t große* »Idemitsu Maru«. *Obwohl das Riesenschiff zunächst erhebliche technische Probleme mit sich bringt, bereiten japanische, bundesdeutsche und französische Werften den Bau von noch größeren Tankern vor. Bald folgen Schiffe der 300 000-t-Klasse, und um 1973 werden Halbmillionentonner in Dienst gehen. Die geplanten Millionentonner werden allerdings nicht gebaut. Parallel mit der Entwicklung riesiger Tankschiffe geht der Bau immer größerer Containerschiffe (Abb.: Die bundesdeutsche »Frankfurt Expreß«) einher.*

Fritz Peter Schäfer, einer der beiden Erfinder des Farbstoff-Lasers; unabhängig von ihm entdeckt der US-Amerikaner Peter Sorokin das Prinzip

Farbstoff-Laser erfunden

1966. Unabhängig voneinander erfinden Peter Sorokin in den USA und Fritz Peter Schäfer in der Bundesrepublik den Farbstoff-Laser. Obwohl nur sechs Jahre nach der Herstellung des ersten (Rubin-)Lasers (→ 1958) schon einige hundert verschiedene Lichtverstärker-Materialien bekannt sind, suchten die Wissenschaftler noch immer nach einem Laser, dessen Wellenlänge sich in einem möglichst großen Bereich verändern läßt. Ihn entwickeln jetzt die beiden Erfinder in Amerika und Deutschland. Ein solcher Laser mit abstimmbarer Frequenz ist ein ideales Instrument zur Untersuchung des Atom- und Molekülaufbaus, zur Auslösung und Steuerung von chemischen Reaktionen und zum Nachweis kleinster, unwägbarer Substanzmengen aus großen Entfernungen. Denn das Licht eines derartigen Lasers läßt sich in seiner Frequenz so einstellen, daß es in Resonanz mit den Eigenschwingungen von Molekülen oder Atomen gebracht werden kann – eine Tatsache, die sich z. B. am Aufleuchten angestrahlter Teilchen bemerkbar macht, die sonst kein Licht aussenden.

Als aktives Lichtverstärker-Medium in den neuen Farbstoff-Lasern wirken synthetisch hergestellte organische Farbstoffe.

Erfreulicher Nebeneffekt der Farbstoff-Laser: Mit ihnen lassen sich extrem kurze Lichtblitze erzeugen; der Rekord liegt bei acht Femto-Sekunden, das sind acht Millionstel einer Milliardstelsekunde.

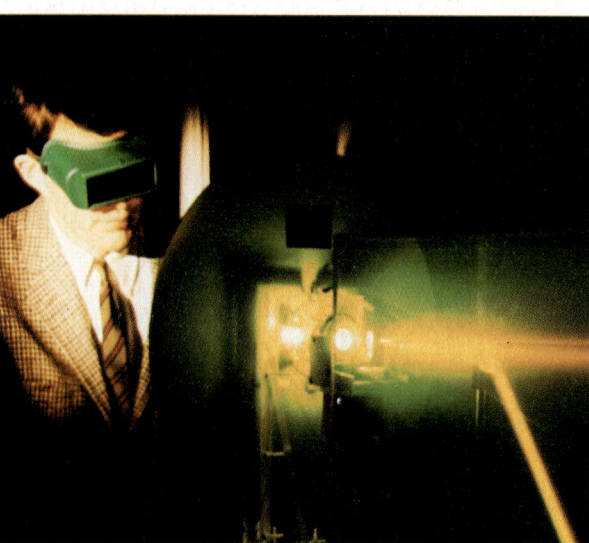

P. Sorokin mit dem von ihm entwickelten Farbstoff-Laser im Labor der IBM; die in Impulsen von 2,5 Mikrosekunden abgestrahlte Lichtleistung liegt bei 100 Kilowatt; der Laser benutzt übliche flüssige Farbstoffe und ist mit 25 bis 1000 US-Dollar Herstellungskosten sehr preiswert

1967

In der »Trident 2« der BEA wird das Instrumentenlandesystem (ILS) bei Verkehrsflugzeugen eingeführt. →

Die Zeiteinheit Sekunde wird über die Schwingungszahl des Cäsiumatoms neu definiert. →

In Cornell (USA) wird ein 12-GeV-Elektronensynchrotron, in Serpuchow (UdSSR) ein 70-GeV-Protonensynchrotron in Betrieb genommen. →

Josselyn Bell und Antony Hewish entdecken den ersten Pulsar. →

Das phototrope Glas wird bei der Firma Corning in den USA entwickelt. →

Die Firma Ciba-Geigy meldet den optischen Aufheller »Tinopal CBS« zum Patent an. →

Bei Schott wird erstmals durchsichtige Glaskeramik gefertigt, die praktisch keine Wärmedehnung besitzt. →

Der erste elektronische Tischrechner wird von Norman Kitz entwickelt. →

10. 2. Der Erstflug des ersten senkrecht startenden Transportflugzeugs der Welt, der Dornier Do 31-E 1, findet statt.

16. 2. Der Hubschrauber Bölkow BO 105 V 2 startet zu seinem ersten Flug. →

17. 4. »Surveyor 3« wird gestartet. Die US-Sonde landet weich auf dem Mond und nimmt Bodenanalysen vor.

3. 10. W. J. Knight erreicht mit dem Raketen-Flugzeug North American X-15 eine Geschindigkeit von 7279 km/h. →

18. 10. Die sowjetische Sonde »Venus 4« landet auf der Venus und überträgt Daten. →

19. 10. Die amerikanische Venussonde »Mariner 5« fliegt in 3990 km Entfernung an der Venus vorbei. →

4. 12. Das Gezeitenkraftwerk in St. Malo liefert erstmals Strom in das französische Netz. →

GESTORBEN:

16. 1. Boston/Massachusetts: Robert Jemison van de Graaff (* 20. 12. 1901, Tuscaloosa/Alabama), US-amerikanischer Ingenieur und Physiker.

18. 2. Princeton: Julius Robert Oppenheimer (* 22. 4. 1904, New York), US-amerikanischer Physiker.

31. 7. Heidelberg: Richard Kuhn (* 3. 12. 1900, Wien), deutsch-österreichischer Biochemiker.

18. 9. Cambridge: Sir John Douglas Cockcroft (* 27. 5. 1897, Todmorden), britischer Atomphysiker.

9. 10. London: Sir Cyril Norman Hinshelwood (* 19. 6. 1897, London), britischer Chemiker.

Große Synchrotrone in UdSSR und USA

1967. In Cornell (USA) geht ein Elektronen-Synchrotron (→ 1928) für 12 GeV (Gigaelektronenvolt) Leistung in Betrieb, in der Sowjetunion ein 70-GeV-Protonen-Synchrotron in Serpuchow.

Die beiden Anlagen sind die zu dieser Zeit leistungsfähigsten ihrer Art in der Welt. Doch darf ihre Größe nicht über die tatsächlich auftretenden Energiemengen hinwegtäuschen. Die kinetische Energie bewegter Teilchen ist $1/2 mv^2$, wobei m die Teilchenmasse und v dessen Geschwindigkeit ist. Sind auch die errechneten Geschwindigkeiten extrem hoch, so bleibt doch die Energie gering, da die Teilchenmassen äußerst klein sind. Ein GeV ist die Energie, die ein Elektron beim Durchlaufen einer Potentialdifferenz von einer Milliarde Volt im leeren Raum gewinnt. Sie entspricht nicht mehr als $1,6 \cdot 10^{-10}$ Wattsekunden. Ein typischer Teilchenstrahl von zehn Milliarden Elektronen hat bei 70 GeV ungefähr soviel Energie wie eine halbe Tasse lauwarmen Kaffees (0,0016 kWh).

Neue Radioquellen im Kosmos entdeckt

1967. Die britischen Radioastronomen Josselyn Bell und Antony Hewish entdecken den ersten Pulsar, eine neuartige Radioquelle im Weltall, die regelmäßige – pulsierende – elektromagnetische Strahlungsimpulse von jeweils sehr kurzer Dauer aussendet.

Nach dieser Entdeckung finden die Astrophysiker mit Hilfe der Radioteleskope (→ 1937) bald weitere Pulsare. Die Perioden ihrer Pulse schwanken zwischen 0,0016 und mehreren Sekunden. Die Wissenschaftler erklären sich die Pulsare als Überreste von Supernova-Ausbrüchen. Theoretische Überlegungen interpretieren sie als äußerst schnell rotierende Neutronensterne. Das sind Himmelskörper von nur 10 bis 14 km Durchmesser mit extremer Dichte (1014 bis 1015 g/cm³), die aus dicht gepackten Neutronen bestehen. Sie verfügen über außergewöhnlich hohe Magnetfelder, die die von diesen Sternen abströmenden Protonen- und Elektronenwolken fast auf Lichtgeschwindigkeit beschleunigen.

Erste Daten aus der Venus-Atmosphäre

18./19. Oktober 1967. *Am 18. Oktober landet die russische Raumsonde »VENUS 4« (Abb.: Die Sonde auf einer Ausstellung in Helsinki) hart auf dem Nachbarplaneten der Erde. Einen Tag später passiert die amerikanische Sonde »MARINER 5« die Venus in nur 3990 km Entfernung.*
»VENUS 4« war am 12. Juni, »MARINER 5« am 14. Juni 1967 gestartet. Beide Sonden übermitteln zahlreiche Daten aus der Venus-Atmosphäre, die ein recht genaues Bild vom Umfeld des zwischen 41 und 257 Millionen km von der Erde entfernten Planeten ergeben. Zu den Resultaten gehört, daß die Venus von einer dichten Wolkenschicht umgeben ist und daß sie wie die Erde eine Ionosphäre, also elektrisch leitende Schichten, besitzt.
Spätere Venus-Missionen ergeben 1969/70 die Atmosphärenzusammensetzung aus 93 bis 97 Prozent Kohlendioxid und nur 0,4 Prozent Sauerstoff.

Die Einheit der Zeit wird neu definiert

1967. Als neue Norm wird auf der 13. Generalkonferenz für Maß und Gewicht (→ 1800) die Sekunde über die Schwingungszahl des Cäsiumatoms definiert.
Bisher war die Sekunde der 86 400ste Teil des mittleren Sonnentags. Jetzt ist sie als »das 9 192 631 770fache der Periodendauer der dem Übergang zwischen den beiden Hyperfeinstrukturniveaus des Grundzustandes von Atomen des Nuklids Cs-133 entsprechenden Strahlung« verbindlich definiert (→ 1946).
Mit einer Unsicherheit von nur 10^{-13} ist die Sekunde damit der genaueste Standard unter allen physikalischen Basiseinheiten. Er übertrifft sogar die hohe Präzision der Definition der Länge des Meters (seit 1960 das 1 650 763,73fache der vom Krypton-86 ausgesandten Strahlung im Vakuum) um mehr als vier Größenordnungen. Benötigt werden derart präzise Zeitstandards u. a. in der Radioastronomie (→ 1932), in der Nachrichtentechnik und für Navigationssysteme.

Weißer als weiß durch Aufheller

1967. Die Firma Ciba-Geigy meldet den optischen Aufheller »Tinopal CBS« zum Patent an.
Optische Aufheller oder Weißtöner sind fluoreszierende organische Verbindungen, die ultraviolettes Licht absorbieren und dessen Strahlungsenergie im sichtbaren Frequenzbereich – als blaues Licht – wieder abgeben. Chemisch handelt es sich dabei um Abkömmlinge von Stilben, Cumarin oder Pyrazolin. Mit Weißmachern behandelte Stoffe oder Papier geben mehr sichtbares Licht ab, als normale weiße Flächen bei gleicher Beleuchtung reflektieren. Sie wirken »hellweiß«. Ihnen gegenüber erscheinen normale weiße Flächen etwas gelblich. Mit optischen Aufhellern werden Textilgewebe – z. B. Oberhemden – bereits vom Hersteller wie mit Farbstoffen behandelt. Solche Substanzen werden aber auch Waschmitteln zugesetzt. Wegen gesundheitlicher Bedenken – Kontakt der Weißmacherchemikalien mit der Haut – wird die Verwendung in den USA verboten.

Gezeitenkraftwerk in Nordfrankreich

4. Dezember 1967. In St. Malo an der nordfranzösischen Atlantikküste liefert ein Gezeitenkraftwerk erstmals Strom in das elektrische Verbundnetz.
Für die Anlage des Kraftwerks hat man die breite Mündung des Flusses Rance durch einen 750 m langen Damm gegenüber dem offenen Meer abgesperrt. Bei Flut läßt man das auflaufende Wasser durch Schleusen in die Flußmündung ein-, bei Ebbe ausströmen. In den Schleusenöffnungen liegen reversierbare Turbinen. Sie gehen auf eine in den 40er Jahren in Deutschland entwickelte Abwandlung der Kaplanturbine (→ 1924) zurück. Die in Frankreich konstruierten neuen Aggregate liefern 2410 Megawatt elektrische Leistung. Voraussetzung für das wirtschaftliche Funktionieren von Gezeitenkraftwerken ist neben der geographischen Gegebenheit einer Flußmündung oder Bucht ein besonders hoher Tidenhub von 6 m oder mehr. An der nordfranzösischen Küste ist die zweite Bedingung durch einen Gezeitenstau im Ärmelkanal erfüllt.

Damm des Gezeitenkraftwerks an der Rance-Mündung bei St. Malo in Nordfrankreich; links die Turbinenschleusen

Werkstoff zwischen Glas und Keramik

1967. Die Glaswerke Schott in Mainz fertigen erstmals Glaskeramik mit kaum meßbarer thermischer Ausdehnung.

Während Glas eine homogene, erstarrte Flüssigkeit darstellt, ist Keramik ein regelrechter Festkörper, der sich aus zahllosen winzigen Kristallen aufbaut. Glaskeramik verbindet beides miteinander. Bei ihr sind in einer glasigen Grundsubstanz dicht an dicht submikroskopische Kristalle aufgewachsen. Dichte und Größe dieser Kristalle lassen sich in weiten Grenzen einstellen, also verändern.

Die technische Besonderheit der Glaskeramik liegt darin, daß sich ihre Eigenschaften durch die Zusammensetzung weitgehend vom Hersteller bestimmen lassen. Glaskeramik ist also ein Werkstoff nach Maß. Vereinigt man z. B. Glas positiver Wärmeausdehnung mit Kristallen negativer Wärmeausdehnung, so ergibt sich eine Glaskeramik, die über Temperaturbereiche von vielen hundert Grad praktisch vollkommen formstabil bleibt. Man-

che Materialien der Glaskeramik-Familie lassen sich bohren, fräsen oder drehen, andere äußerst präzise ätzen. So stellt Schott später versuchsweise Rasterplatten mit 800 feinen, präzise positionierten geätz-

ten Löchern pro Quadratzentimeter her. Die Anwendungsbereiche der Glaskeramik reichen von der Kochplatte über riesige Teleskop-Spiegelträger bis zu Mikrofiltern oder knochenersetzenden Implantaten.

Guß eines 26-t-Spiegelträgers von 3,6 m Durchmesser aus Glaskeramik für ein Teleskop; er muß monatelang abkühlen, um spannungsfrei zu werden

Chemiekonzern baut Kunststoffauto

1967. Der deutsche Chemiekonzern Bayer in Leverkusen stellt auf der Industriemesse in Hannover ein Auto mit einer komplett aus Kunststoff gefertigten Karosserie vor.

Für die Produktion eines Autos sind hinsichtlich der Materialwahl drei Faktoren besonders entscheidend: Funktionserfüllung (z. B. Gewicht, Festigkeit, Zuverlässigkeit), Herstellbarkeit (z. B. Tiefziehfähigkeit, mögliche Automation, Fertigungstoleranzen), Wirtschaftlichkeit (Material- und Fertigungskosten).

Der erste Faktor beschränkt den Einsatz von Kunststoffen weitgehend auf Karosserie und Innenausstattung des Fahrzeugs (davon 70% Karosserie), was immerhin 44% des Gewichts aus-

macht, sowie auf Nebenaggregate wie Abdeckungen, Leitungen, Behälter, Dichtungen usw. Im übrigen Bereich (Geräusch- und Wärmeisolierung, Polsterung, Innenverkleidung, Dichtungen, Armlehnen, Sonnenblenden usw.) ersetzen PVC, Kunststoffschäume, Methacrylat und Vinylbutyrat herkömmliche Materialien wie Textilien, Gummi, Holz und Glas, wäh-

rend Thermoplaste sowie Duroplaste, glasfaserverstärkte Polyester und verstärkte Phenolharze Metalle verdrängen. Für die Karosserie selbst eignet sich besonders glasfaserverstärktes Polyester (→ 1948). Schon vor dem von Bayer ausgestellten Kunststoffauto wurden Fahrzeugkarosserien aus GFK (→ 1953) gefertigt. Doch handelte es sich bei ihnen nicht um Schrittmacher für eine Großserienproduktion von Kunststoff-Fahrzeugen, während das Bayer-Fahrzeug für entsprechende Fertigungsverfahren konzipiert ist. Sie fanden allenfalls bei Sonderfahrzeugen in Kleinstserien Verwendung, etwa bei Sportwagen-Einzelanfertigungen, Buggy-Aufbauten, Geländewagen und anderen Hobbyfahrzeugen. Versuche, für Serienfahrzeuge Teile der Karosserie aus Thermoplasten zu spritzen, unternimmt erst jetzt Honda (für den Heckdeckel). Versuche, aus gering schrumpfenden Polyesterharzen Frontverkleidungen herzustellen, laufen in den USA an. Und Citroën in Frankreich formt im Vakuum Karosserieteile aus eingefärbtem ABS-Polymerisat.

Pkw mit komplett aus Kunststoff gefertigter Karosserie des deutschen Chemiekonzerns Bayer in Leverkusen

Sonnenbrillenglas paßt sich Licht an

1967. Die Glaswerke Corning in den USA entwickeln sogenanntes phototropes Glas.

Es hat die Eigenschaft, bei Bestrahlung mit ultraviolettem oder kurzwelligem sichtbarem Licht die Durchlässigkeit im sichtbaren und UV-Spektralbereich reversibel erheblich zu vermindern. Dadurch eignet es sich u. a. hervorragend zur Herstellung von Sonnenbrillen, die ihre Lichtabsorption von selbst den Lichtverhältnissen anpassen. Diese »Phototropie« genannte Eigenschaft der lichtabhängigen Pigmentierung verdanken die Gläser silberhalogenidhaltigen, glasigen oder kristallinen Ausscheidungen submikroskopischer Größe und einer Konzentration von etwa 1:2000. Das Zeitverhalten der phototropen Gläser variiert. So erfolgt die Dunkelfärbung im Licht rascher als das Wiederaufhellen bei Dunkelheit. Auch verläuft der Spielwechsel bei lange im Dunkel gelagerten Gläsern deutlich langsamer als bei regelmäßig benutzten.

Elektromotor ohne Welle und Lager

1967. Einen völlig neuen Elektromotor entwickelt der Deutsche Nikolaus Laing. Der kalottenförmige Rotor der Maschine schwebt, von einem magnetischen Drehfeld bewegt, praktisch berührungslos in einer Pfanne. Alle Motorprobleme mit Wellendurchführungen, Lagern usw., die zu Laufgeräuschen und Verschleiß führen, entfallen damit.

Aufgeschnittener Laing-Motor: Der Rotor ist hier zugleich Pumpenrad

Die Benzineinspritzung wird optimiert

1967. Die Volkswagenwerke bauen erstmals serienmäßig Autos mit elektronisch gesteuerter, optimaler Benzineinspritzung. Die verwendete sogenannte D-Jetronic wurde seit 1958 von der Firma Robert Bosch in Stuttgart entwickelt und geht auf Patente der Firma Bendix in den USA aus der Mitte der 1950er Jahre zurück.

Die Vorteile der Benzineinspritzung – beim Dieselmotor mechanisch schon seit 1927 praktiziert – liegen beim Ottomotor in einer Leistungssteigerung, in besseren Abgaswerten und darüber hinaus in geringerem Treibstoffverbrauch.

Das Grundprinzip der elektronischen Einspritzung ist einfach: Die Elektronik eignet sich besonders gut dazu, zeitlich kurze Prozesse sehr genau zu steuern. Sie öffnet ein Magnetventil genau so lange, bis eine bestimmte, exakt zugemessene Kraftstoffmenge herausfließt. Das dauert nur einige Millisekunden. Getaktet werden die Magnetventile durch einen Kontakt im Zündverteiler. Das ist der einzige Antrieb, den

das System braucht. In weiterentwickelten Modellen wird später die Menge des eingespritzten Benzins nach dem vom Motor angesaugten Luftvolumen bestimmt. Außer dem Durchfluß regelt die D-Jetronic über eine Rollzellpumpe auf 2 bar genau auch den Benzindruck. Über die Auslösung pro Arbeitsspiel des Motors erhält man gleichzeitig die Information über die Motordrehzahl, und zwar sehr genau und unbeeinflußt von Störungen. Eine weitere Steuergröße für den Lastzustand des Motors folgt dem Prinzip des Unterdruckreglers. Dabei mißt

eine Barometerdose (→ 1849) den absoluten Druck im Saugrohr, wodurch sich eine Höhenkorrektur erübrigt. Die Lastkennlinie wird vom Steuergerät aus der Impulsfolge elektronisch nachgebildet.

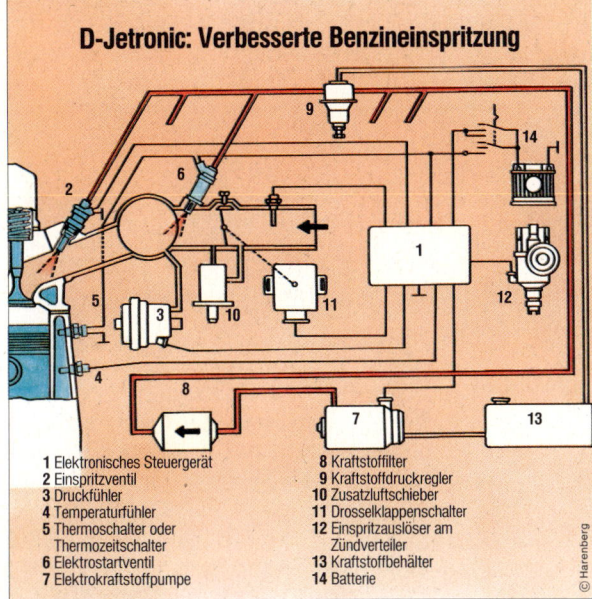

D-Jetronic: Verbesserte Benzineinspritzung

1 Elektronisches Steuergerät
2 Einspritzventil
3 Druckfühler
4 Temperaturfühler
5 Thermoschalter oder Thermozeitschalter
6 Elektrostartventil
7 Elektrokraftstoffpumpe
8 Kraftstofffilter
9 Kraftstoffdruckregler
10 Zusatzluftschieber
11 Drosselklappenschalter
12 Einspritzauslöser am Zündverteiler
13 Kraftstoffbehälter
14 Batterie

© Harenberg

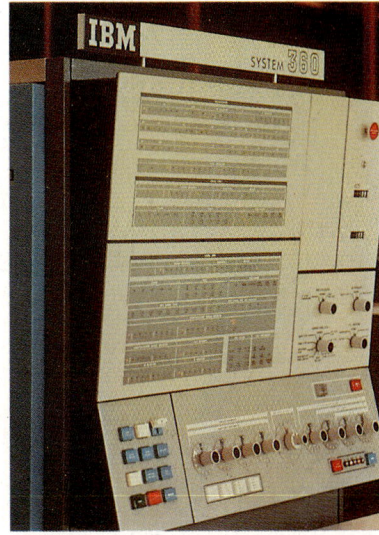

Der große Bruder des Tischrechners: IBM System 360 in Monolithtechnik

Raketenflugzeug erreicht 7279 km/h

3. Oktober 1967. Mit dem Raketen-Versuchsflugzeug »X-15« der North American Aviation erreicht der Pilot W. J. Knight eine Geschwindigkeit von 7279 km/h.

Die Maschine ist um ein Flüssig-Raketentriebwerk herumgebaut, das einen Schub von 27 215 kp liefert. Um Treibstoff zu sparen, verzichtet man auf einen konventionellen Start. Die Maschine wird von zwei zu Trägerflugzeugen umgebauten Boeing »B-12« in die Luft getragen und in großer Höhe ausgeklinkt, bevor ihr Triebwerk zündet. Mit einer Spannweite von nur 6,70 m bei leicht gepfeilten, trapezförmigen Tragflächen hat die »X-15« eine Startmasse von 14 060 kg, wovon 8165 kg auf flüssige Raketentreibstoffe entfallen.

Ihren Erstflug absolvierte die Maschine mit etwas mehr als doppelter Schallgeschwindigkeit (Mach 2,3) bereits am 17. September 1959. Kontinuierlich wurde ihre Geschwindigkeit gesteigert, bis sie jetzt in rund 100 km Flughöhe Mach 6,72, also die 6,72fache Schallgeschwindigkeit, erreicht.

Hubschrauber wird kunstflugtauglich

16. Februar 1967. Der von Messerschmitt-Bölkow-Blohm entwickelte Hubschrauber »BO 105« Modell »V 2« vollführt seinen Erstflug. Neu ist der gelenklose Rotorkopf, der diesem Flugzeug eine bei Helikoptern bisher nicht erreichte Stabilität und Wendigkeit verleiht. Die Maschine ist kunstflugtauglich.

Die Grundlagenentwicklung für diesen Hubschrauber begann bereits 1955, als Ludwig Bölkow in Echterdingen im Windkanal das Modell eines Schwenkflügelrotors mit Blättern aus Faserverbundwerkstoff erprobte.

Der kunstflugtaugliche Hubschrauber »BO 105« von Ludwig Bölkow

Sichere Landung nach Instrumenten

1967. In der »Trident 2« der British European Airways wird erstmals das Instrumentenlandesystem für Verkehrsflugzeuge eingesetzt.

Das Verfahren wurde bereits in den 30er Jahren von Lorenz entwickelt und seitdem mehrfach verbessert. Bisher wurde es im Linienpassagierdienst nicht eingesetzt.

Zwei Sender weisen das landende Flugzeug ein: Der Landekurssender auf der Verlängerung der Anfluggrundlinie der Landebahn und der Gleitwegsender, dessen Antenne seitlich der Landebahn einen Leitstrahl mit einer Erhöhung in der Regel bis zu 3° von der Waagrechten in Anflugrichtung abstrahlt. Außerdem befinden sich längs des Anflugwegs zwei oder drei Markierungsfunkfeuer, die eine vorzeitige Bodenberührung verhindern sollen. Im Cockpit zeigt ein Instrument dem Piloten die Lage seiner Maschine in bezug auf den Gleitpfad und den Landekurs an. Der Pilot braucht nur die Zeiger seines Kreuzzeigerinstruments auf der Mittelposition zu halten, um das Flugzeug sicher zu landen.

Der elektronische Schreibtischrechner

1967. Der Engländer Norman Kitz verwirklicht mit dem »Anita Mark 8« den ersten elektronischen Tischrechner.

Die Entwicklung von Kitz wurde durch eine Neuerung aus den USA von 1965 möglich. Dort baute IBM die erste elektronische Rechenmaschine (System 360) in Monolith-Technik, also unter Verwendung von integrierten Schaltungen (→ 1958). Damit war der Weg zum Bau kleiner, leistungsfähiger Rechner gewiesen. Mit der Erfindung der LED-Ziffernanzeige, d. h. der Zifferndarstellung mit Leuchtdioden-Segmenten (→ 1962) ist auch eine für kleine Rechenmaschinen sinnvolle Art des »Display« gegeben, wie sie bald (→ 1971) auch für Taschenrechner gebräuchlich wird. Elektronische Tischrechner zeichnen sich durch besondere Vorteile gegenüber den bisher üblichen Bürorechenhilfen, Rechenschiebern und elektromechanischen Rechenmaschinen, aus. Die ersten Geräte dieser Art, wie der »Anita Mark 8«, beherrschen kaum mehr als die vier Grundrechenarten. Bald kommen aber Geräte mit einprogrammierten höheren mathematischen Funktionen – Wurzeln, Exponentialfunktionen, Logarithmen, Kreisfunktionen usw. – auf den Markt. Durch ihre extrem schnelle weltweite Verbreitung wird von Anfang an Massenfertigung möglich, was die Preise senkt und so den Absatz weiter fördert. Rechenschieber und Logarithmentafeln werden verdrängt.

Um 1968. Zur Erhöhung der Daten-Präzision werden Halbleiter mit Ionen dotiert. →

1968. Der amerikanische Physiker Stanford R. Ovshinsky erkennt die Schnellschalt- und Speichereigenschaften von Halbleitergläsern. →

Mit der Einführung von integrierten Schaltkreisen in Miniaturausführung beginnt die vierte Computergeneration. →

Auf der Halbinsel Kola wird bei Kislogub in der Sowjetunion ein kleines Gezeitenkraftwerk errichtet.

Die Great Canadian Oil Sand Ltd. gewinnt erstmals Öl aus Ölsand nach dem sogenannten Flotationsverfahren. →

Der Assuan-Staudamm in Ägypten ist vollendet. Im Rahmen der Arbeiten wurde der 3200 Jahre alte Felsentempel von Abu Simbel versetzt. →

Der Amerikaner Peter E. Glaser schlägt den Bau von Solarkraftwerken im Weltraum vor. →

»Calorex«-Sonnenreflektionsgläser für den Hochbau werden bei Schott im Tauchverfahren beschichtet. →

Bei den Glaswerken Schott wird Glas für Ultraschallverzögerungsleitungen in Farbfernsehgeräten entwickelt. →

Die Hamburgischen Elektricitätswerke nehmen erstmals eine prozeßrechnergeführte Leitstelle für ein deutsches Höchstspannungsnetz in Betrieb.

Neu bei der professionellen Elektronik ist ein Schmalbandbildübertragungsverfahren, bei dem ein Fernsehbild per Telefonleitung abrufbar ist und innerhalb einer Minute als fotografische Aufzeichnung zur Verfügung steht. →

15.−21. 9. Erstmals kehrt ein Raumflugkörper nach Umrundung des Mondes sicher zur Erde zurück. Die sowjetische »Sonde 5« wird aus dem Indischen Ozean geborgen.

Dezember. Die erste bemannte Mondumfliegung (Frank Bormann, James Arthur Lovell, William Anders) findet statt.

31. Dezember. Das erste Überschall-Verkehrsflugzeug der Welt (Tupolew Tu-144) startet zu seinem Jungfernflug.

GESTORBEN:

1. 4. Moskau: Lew Dawidowitsch Landau (* 22. 1. 1908, Baku), sowjetischer Physiker.

28. 7. Göttingen: Otto Hahn (* 8. 3. 1879, Frankfurt am Main), deutscher Chemiker.

27. 10. Cambridge: Lise Meitner (* 7. 11. 1878, Wien), österreichisch-schwedische Physikerin.

Computer in ihrer vierten Generation

1968. Mit der Einführung von integrierten Schaltkreisen (→ 1958) in Miniaturausführung in der Rechen- und Datentechnik beginnt die vierte Computergeneration. Entscheidend für diesen Fortschritt ist die Ablösung der sogenannten Hybrid-Technik durch die Monolith-Technik. In Hybrid-Technik hergestellte integrierte Schaltungen (IS, englisch IC) in Dickfilm- oder Dünnfilmtechnologie enthalten neben dem Trägerplättchen und verbindenden Leiterbahnen Widerstandsschichten und Einzelbauelemente, die in ihrer Kombination eine bestimmte Funktion erfüllen. Bei der Dickfilmtechnologie werden auf ein als Träger dienendes Keramikplättchen Leiterbahnen, Widerstände und Kondensatoren aus pastösen Mischungen von Metalllegierungen durch das Siebdruckverfahren (→ 1904) aufgebracht und eingebrannt. Diskrete Halbleiterbauelemente (Dioden, Transistoren) werden als fertige, aber ungekapselte Chips in die Schaltung eingesetzt. Bei der Dünnschichttechnologie werden die Leiterbahnen, Widerstände und Kondensatoren dagegen aufgedampft.

Die so erzeugten Hybrid-Schaltkreise haben gegenüber monolithischen IS den Vorteil, daß sie sich wirtschaftlich auch in kleinen Stückzahlen und in sehr speziellen Konfigurationen herstellen lassen. Die monolithischen IS, die in ihrem Inneren keine eingesetzten diskreten Bauelemente enthalten, sind nur bei Großserienfertigung rationell, führen dann aber zu einer weiteren dramatischen Verkleinerung der Elektronik. Ganze Schaltkreise lassen sich jetzt in einem einzigen Siliziumplättchen, einem »Chip«, unterbringen.

Computeranlage »IBM System 360« in Monolithbauweise; mit dieser Bauart wird der Vielzweckrechner möglich, der sowohl wissenschaftliche und technische wie kaufmännische Aufgaben löst; r. die zentrale Recheneinheit

Generationen der Computertechnik

1943 versuchte man erstmals, in den Rechenautomaten die elektromechanischen Relais durch Elektronenröhren zu ersetzen. Die Maschinen wurden wesentlich schneller. Die dabei entstandenen Computer der ersten Generation waren noch sehr störanfällig.

1955 löste der Transistor (→ 1948) die Elektronenröhre ab. Die Computer der zweiten Generation verbrauchten weniger Energie, waren kleiner und erheblich robuster.

1962 kamen Rechenautomaten mit Transistoren und Dioden in Salzkorngröße auf. Diese Geräte der dritten Generation besaßen eine höhere Leistungsfähigkeit und waren kleiner als ihre Vorgänger. Später arbeiteten sie mit Schaltkreisen in sogenannter Hybrid-Technik.

1968 lösen Monolith-Schaltkreise die Minitransistoren und Hybrid-IS ab. Die vierte Computergeneration beginnt. Während Computer der zweiten Generation in der Sekunde 1300 Additionen und die der dritten 160 000 Additionen ausführten, bewältigen die neuen Geräte bereits über 300 000.

Halbleitergläser erforscht

1968. Der amerikanische Physiker Stanford R. Ovshinsky erkennt die Schnellschalt- und Speichereigenschaften von Halbleitergläsern.

Die elektrische Leitfähigkeit von Gläsern hängt üblicherweise von ihrem Gehalt an Alkali-Ionen ab. Normale Gläser sind mit spezifischen Widerständen von 10^{12} bis 10^{20} Ωcm gute Isolatoren. Es gibt jedoch auch alkalifreie Gläser (z. B. Vanadium-Phosphatgläser), die nur 10^4 bis 10^{10} Ωcm aufweisen. Hier handelt es sich um Elektronenleiter, wobei die Elektronen von Ion zu Ion springen. Dabei treten typische Halbleitereffekte (→ 1939) auf. Mit einigen dieser Gläser (halbleitende Oxidgläser) lassen sich Lichtverstärker, sogenannte Sekundärelektronen-Vervielfacher, bauen. Legt man an die Enden eines dünnen Röhrchens aus solchem Glas eine Spannung von rund 500 V pro Zentimeter Rohrlänge, so fließt ein Elektronenstrom im Glas. Fallen Lichtstrahlen auf die Glaswand, dann schlagen sie Sekundärelektronen heraus, die durch das Feld beschleunigt werden und weitere Sekundärelektronen auslösen. Am Ausgang des »Mikrokanals« kommen millionenmal so viele Elektronen heraus, wie auf der Eingangsseite einfallen. Solche Effekte erlauben den Bau von Bildverstärkern, aber auch – unter gewissen Voraussetzungen – von elektronischen Halbleiterschaltern und -speichern. Schalter aus Halbleiterglas arbeiten sehr schnell.

Präzise Halbleiter mit Ionendotierung

Um 1968. Ende der 60er Jahre werden Halbleiter zur Erhöhung der Präzision ihrer technischen Daten mit Ionen dotiert.

Unter Dotierung versteht man die Zugabe geringer Mengen von Fremdatomen zu reinen Halbleitermaterialien. Bisher geschah das schon während des Kristallzüchtens aus der Schmelze oder – vor allem – durch Hineindiffundieren bei Temperaturen um 1200 °C für Silizium und 800 °C für Germanium. Bei der Ionendotierung werden aus einem Ionenbeschleuniger Atome in genau kontrollierbarer Menge mit bisher unerreichter Homogenität bis in die gewünschte Tiefe in die Kristalle hineingeschossen.

Gläser verzögern Ultraschallwellen

1968. Die Glaswerke Schott in Mainz entwickeln Gläser für Ultraschallverzögerungsleitungen in Farbfernsehgeräten.

Bei der elektronischen Signalübertragung ist es in manchen Fällen erforderlich, Signale mit exakt definierten Verzögerungen, die sich auf rein elektrischem Weg kaum realisieren lassen, weiterzuleiten. Diese Aufgabe stellt sich z. B. beim Erzeugen von Farbbildern in Fernsehröhren. Die drei Elektronenstrahlsysteme für die Farbkomponenten Rot, Grün und Blau müssen im zeitlichen Abstand von 64 Mikrosekunden, der für das Abtasten einer Zeile nötig ist, synchronisiert werden. Im Vergleich zur Laufzeit elektrischer Signale ist das eine sehr lange Verzögerung. Um sie zu erreichen, wandelt man das elektrische Signal in ein Ultraschallsignal um. Dazu dient eine kleine Glasplatte mit mehreren parallelen Seitenflächen. An einer davon wird das Signal durch einen elektromechanischen Wandler erregt. Nach mehreren Zick-Zack-Reflexionen im Glas wird es an der Austrittsfläche wieder in ein elektrisches Signal rücktransformiert.

Die Forderung geringer Ultraschalldämpfung und zugleich minimaler Temperaturabhängigkeit wird durch einige Bleigläser spezieller Zusammensetzung weit besser erfüllt, als das mit anderen bekannten Werkstoffen möglich ist.

Reflexionsgläser für Hochhäuser

1968. Die Glaswerke Schott entwickeln Sonnenlicht reflektierende Glasbeschichtungen für den Hochbau. Tafelglas erhält durch Tauchen oder Besprühen mit Lösungen metallische und/oder oxidische Schichten, die dann eingebrannt werden. Auch Vakuumaufdampfung ist möglich.

Diese Gläser reflektieren den Wärmeanteil der Sonnenstrahlung zu 40 bis 60%. Der Effekt beruht teils auf der hohen Reflektivität von Edelmetallen, teils auf Interferenzvorgängen an hochbrechenden Schichten, deren Dicke meist bei einem Viertel der mittleren Wellenlänge der Wärmestrahlung liegt. Der Markenname der Gläser ist »Calorex«.

Pläne für ein Solarkraftwerk im Orbit

1968. Peter E. Glaser, der die amerikanische Arthur D. Little Incorporation leitet, entwickelt Pläne für ein Solarkraftwerk im Erdumlauf. Die drei US-Unternehmen Grumman, Textron und Raytheon beginnen mit der technischen Grundlagenarbeit für dieses Mammutprojekt. Die amerikanische Weltraumbehörde NASA sowie das Komitee für Wissenschaft und Astronautik im Repräsentantenhaus der USA zeigen ebenfalls Interesse an Glasers Plan.

Glaser erklärt das Projekt so: »Alle irdischen Solarenergieanwendungen stoßen auf grundsätzliche Grenzen. Sie sind an so unabänderliche und ewige Gegebenheiten gebunden wie den Wechsel zwischen Tag und Nacht, die Wolken, die am Himmel herumziehen und die Sonne verdecken, und die Witterungsschäden an den Solarspiegeln. Finden Sie einen Ort, wo die Sonne immer scheint und wo es keine Wolken und keinen Wetterwechsel gibt, und Sie haben die Endlösung gefunden. – So einen Ort gibt es. Er liegt in einer Umlaufbahn, 36 000 km über der Erdoberfläche [→ 6. 4. 1965]. Für Nachrichtensatelliten hat er sich schon als wirkungsvoller ›Nistplatz‹ erwiesen; und wie die irdische Kommunikation dadurch einfacher geworden ist, daß sie den Weg ins All fand, so scheint es auch vorteilhaft, Energie für den irdischen Gebrauch im All zu erzeugen. Denn dort brauchen wir nur etwa ein Zehntel [hier verschätzt sich Glaser: Ein Drittel trifft zu] der Fläche zum Einfangen der Sonnenstrahlen wie im sonnigen Arizona.« Kleine Photozellen verwendet man bereits in der unbemannten Raumfahrt, um einen endlosen Fluß von Informationen zur Erde zu schicken. Das für → 1973 geplante Weltraumlabor Skylab wird mit Solarzellen ausgerüstet sein, die 25 kW erzeugen. Diese Methode läßt sich grundsätzlich auch bei einem weitaus größeren Satelliten anwenden, auf dem Sonnenzellen Licht in Elektrizität verwandeln. Der Strom fließt dann in Mikrowellenerzeuger

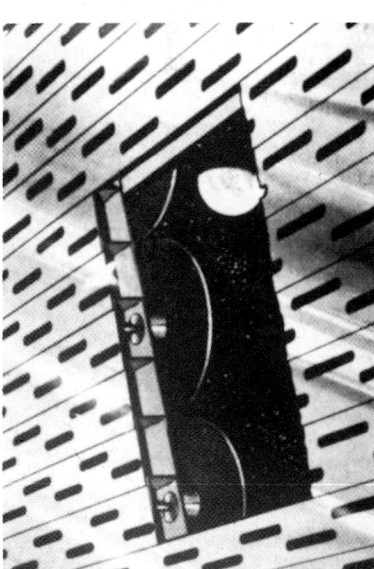

Die Mikrowellengeneratoren auf der Sendeantenne des Solarkraftwerks

(→ 1952), die Bestandteile einer Übertragungsantenne sind. Sie richten den Mikrowellenstrahl zur Erde. Der Energiestrahl ist so weich, daß ihn sogar Flugzeuge durchqueren können. Auf der Erde verwandelt eine Empfangsantenne schließlich den Strahl sicher in nutzbare elektrische Leistung zurück. Typische Satelliten dieser Art können ein 4,3 × 11,7 km großes und 193 m dickes »Sonnensegel« besitzen, in dessen Mitte eine runde Antenne von 1 km Durchmesser Mikrowellenenergie gebündelt abstrahlt. Sie können nach Glaser 5 bis 15 Millionen Kilowatt liefern, genug, um eine Stadt von der Größe New Yorks zu versorgen. Das ist die Leistung von 5 bis 15 modernen Großkraftwerken.

Konzept des geostationären Energiesatelliten nach Peter Glaser, der aus Sonnenlicht gewonnenen Strom als Mikrowellenenergie zur Erde schicken soll

Rohölgewinnung aus Sand und Schiefer

Bildübertragung über das Telefon

1968. Die Great Canadian Oil Sand Ltd. gewinnt erstmals Öl aus Ölsand nach dem sogenannten Flotationsverfahren.

In Kanada und den Vereinigten Staaten, zum Teil auch in Nordeuropa, liegen bisher so gut wie ungenutzte, an Sand und Schiefer gebundene Ölreserven, die sich im Umfang mit den bekannten Erdölvorräten der ganzen Welt (1968 sind das rund 300 Milliarden Tonnen) messen können. Der Boden der kanadischen Provinz Alberta birgt in den Ölsandfeldern von Athabaska allein über 100 Milliarden Tonnen Rohöl, und in Wyoming, Colorado und Utah sind es zwischen 120 und 190 Milliarden Tonnen. Rund die Hälfte dieser Vorräte ist mit dem Flotationsverfahren abbauwürdig.

Die Abbaubedingungen sind extrem: Um, wie das schon wenige Jahre später in Kanada geschieht, täglich 8000 t Öl zu gewinnen, müssen 100 000 t Sand abgetragen, zur Aufbereitungsanlage gefördert, mit Heißdampf gewaschen und schließlich wieder abgeräumt werden. Dabei treibt das Unternehmen den Tagebau bis in Tiefen von 100 m voran. Landverwüstungen gewaltigen Ausmaßes und Seen von Abwasser sind die unvermeidlichen Folgen.

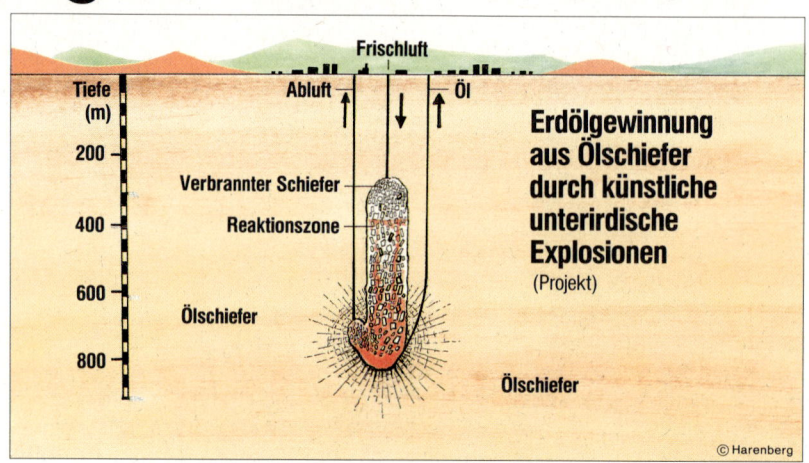

US-Konzept zur Ölgewinnung aus Ölschiefer: Durch eine unterirdische Sprengung werden 8,4 Millionen Tonnen Schiefer zerkleinert; durch Teilverbrennung werden 700 Millionen Liter Rohöl dünnflüssig und abpumpbar

Das riesige Teersandvorkommen am Athabaska-Fluß erstreckt sich über rund 25 000 km², und es läßt sich voraussehen, daß die recht umweltbewußt denkende kanadische Regierung den erst langsam einsetzenden Raubbau an der Natur nicht allzulange dulden wird, wenngleich Experten davon sprechen, daß um 1990 in 10 oder 15 riesigen Anlagen auf die geschilderte Weise täglich 150 000 t Öl gewonnen werden sollen. (Nach der Energiekrise 1973/74 werden die kanadischen Anlagen vorübergehend auf Hochtouren arbeiten, wenige Jahre danach aber kaum noch konkurrenzfähig sein und schon deshalb stagnieren).

Mit dem Öl- bzw. Teersand verwandt sind die Ölschieferfelder, die ebenfalls gewaltige Vorräte an Rohöl bergen. In den USA sucht man Verfahren, sie zu nutzen, was aber noch nicht gelingt. Das einzige Ölschiefervorkommen der Welt, aus dem einige Jahrzehnte lang Öl gewonnen wurde, liegt in der Nähe von Darmstadt in Hessen.

1968. Die bundesdeutsche Elektronikfirma Grundig aus Nürnberg stellt ein Schmalbandbild-Übertragungsverfahren vor, mit dem sich ein Fernsehbild per Telefonleitung abrufen und innerhalb von einer Minute als fotografische Aufzeichnung gewinnen läßt.

Das Verfahren findet bald Anwendung in der Bildübermittlung durch Presseagenturen, durch die Polizei (Fahndungsbilder), durch den Wetterdienst (Wolkenbilder von Satelliten) u. a. Übertragen werden Halbtonbilder, also z. B. Schwarzweißfotografien. Im Prinzip ähnelt die Bildübertragung, die als Bildtelegraphie bekannt wird, dem Fernsehverfahren. Im Sender tastet ein Lichtpunkt zeilenweise das auf eine Trommel gespannte Original ab. Das durch die unterschiedlichen Grauwerte des Bildes verschieden stark reflektierte Licht wird in einer Photozelle in ein elektrisches Signal umgewandelt, das sich per Telefon übertragen läßt. Im Empfänger wird durch eine schnell arbeitende Glimmlampe bzw. Kerr-Zelle die Intensität des Lichtschreibstrahls gesteuert, der das lichtempfindliche Papier auf einer Trommel photooptisch belichtet.

3200 Jahre alte Felsentempel von Abu Simbel in fünf Jahren etwa 200 Meter weit versetzt

1968. In Oberägypten sind Bauarbeiten abgeschlossen, deren Ziel es war, die 3200 Jahre alten Felsentempel von Abu Simbel zu versetzen. Die Arbeiten nahmen fünf Jahre in Anspruch. Der Grund für diese spektakulärste Bauwerkversetzung der Ingenieurgeschichte lag in der Bedrohung der Tempelanlage durch die steigenden Fluten des Assuan-Stausees. Unter der Ägide der UNESCO wurden die riesigen Tempel einschließlich der Kolossalstatuen des ägyptischen Gottkönigs Ramses II. nach Plänen von Ingenieuren aus fünf Ländern von der deutschen Hochtief-Baugesellschaft in 1050 Teile zersägt und über 200 m entfernt auf einer höheren Ebene wieder zusammengesetzt. Viele der Blocks waren bis zu 33 t schwer. Die gesamte Tempelanlage wurde aus einem Felsmassiv herausgelöst (Abb. l.) und gegen eine Stützkonstruktion wieder aufgemauert (Abb. r.).

1969

Cragon entwickelt in den USA den ersten LSI-Computer. →

Der Amerikaner Edward Hoff erfindet den Siliziumchip (→ 1968).

In Frankreich wird der Sonnenofen von Odeillo gebaut. →

Das amerikanische Marineforschungslaboratorium baut eine Atomuhr auf der Basis der Schwingungszählung des Ammoniakatoms. Gangabweichung: Eine Sekunde in 1,7 Millionen Jahren (→ 1967).

Die japanische Firma Sony führt Videokassettensysteme in Kunststoffkästchen ein. →

Der Sowjetunion gelingt es, in ihrem »Tokamak-3« Wasserstoff-Plasma auf einige Dutzend Millionen Grad aufzuheizen und für eine Hundertstelsekunde einzuschließen. →

Die deutsche Firma Krauss-Maffei baut das erste Eisenbahn-Funktionsmodell mit elektromagnetischer Abstützung (→ 11. 10. 1971).

Im Zusammenhang mit dem Apollo-Mondflug-Programm hat die Computerindustrie sogenannte Datenbank-Systeme entwickelt. →

14. 1. »Sojus 4« wird gestartet. Dem Kosmonauten Wladimir A. Schatalow gelingt die erste Kopplung zweier bemannter Raumkapseln (mit »Sojus 5«).

9. 2. Die Boeing 747 absolviert ihren ersten Flug. →

2. 3. Das britisch-französische Überschall-Verkehrsflugzeug Concorde hat seinen Jungfernflug. →

29. 5. In Spanien geht ein »Talgo«-Eisenbahnmodell (→ 1950) in Betrieb, das an der Grenze zwischen Spanien und Frankreich einen vollautomatischen Spurwechsel vornimmt.

20./21. 7. Die US-amerikanischen Astronauten Edwin Eugene Aldrin und Neil Armstrong betreten als erste Menschen die Mondoberfläche. →

8. 11. Der erste bundesdeutsche Satellit, »Azur 1«, geht in den Orbit.

14. 11. Im Rahmen des Apollo-Programms startet »Apollo 14« zur zweiten bemannten Mondlandung der Amerikaner. →

GESTORBEN:

9. 8. Bei Bellano/Comer See: Cecil Frank Powell (* 5. 12. 1903, Tonbridge/Kent), britischer Physiker.

18. 8. Berkeley/Kalifornien: Otto Stern (* 17. 2. 1888, Sohrau/Schlesien), deutsch-amerikanischer Physiker.

5. 12. Zug/Schweiz: Claude Dornier (* 14. 5. 1884, Kempten/Allgäu), deutscher Flugzeugkonstrukteur.

Astronauten auf dem Mond gelandet

20./21. Juli 1969. Die amerikanischen Astronauten Edwin Aldrin und Neil Armstrong betreten als erste Menschen den Mond.

Die Rakete, die neben den beiden Mondbesuchern auch Michael Collins im Rahmen des »APOLLO-11«-Projekts in Richtung Erdtrabant führt, startet am 16. Juli 1969. Die ganze Mission dauert 8 Tage, 3 Stunden und 18 Minuten.

Dem eigentlichen Mondlandevorhaben gingen neben zahlreichen Mondmissionen seit 1958 in der letzten Zeit zwei »Generalproben« voraus. Im März 1969 fand unter dem Projektnamen »APOLLO 9« ein Erprobungsflug mit dem »APOLLO«-Raumfahrzeug und der Mondfähre in der Erdumlaufbahn statt. Im Mai folgte als Mission »APOLLO 10« mit der Mondfähre an Bord eine Mondumkreisung. Dabei wurden Mondfähre und Raumfahrzeug im Mondorbit voneinander getrennt, und Astronaut Thomas Young blieb in 111 km Höhe über dem Mond in einer kreisförmigen Umlaufbahn, während seine Kollegen Eugene A. Cernan und Thomas P. Stafford mit der Mondfähre in eine Ellipsenbahn um den Mond einschwenkten und sich dabei dem Erdtrabanten bis auf 14,5 km näherten. Das Ereignis wurde mit beeindruckenden Bildern im Fernsehen übertragen.

Der Flug von »APOLLO 11« beginnt wie üblich in Cape Kennedy in Gegenwart von rund einer Million Schaulustigen. Drei Tage nach dem Start, am 19. Juli, schwenkt das »APOLLO«-Raumfahrzeug in den Mondorbit ein. Am 20. Juli trennen die Astronauten die Mondfähre und das Raumfahrzeug voneinander. In der Fähre befinden sich Armstrong und Aldrin. Collins verbleibt im Kommandofahrzeug »COLUMBIA« und damit im Mondumlauf. Die Mondfähre, sie heißt »ADLER«, landet weich im »Meer der Ruhe« (Mare Tranquillitatis) auf einer mit Steinbrocken übersäten Ebene um 15.17 Uhr Houstener und 21.17 Uhr mitteleuropäischer Zeit. Mehr als 500 Millionen Menschen in aller Welt erleben das spektakuläre Ereignis live am Fernsehschirm mit. Noch steigen die beiden Astronauten nicht aus. Sie überprüfen die technischen Einrichtungen des Landefahrzeugs und legen eine Ruhepause ein. Danach ziehen sie ihre speziell für diese Mission entwickelten Raumanzüge an und schnallen Tornister um, die für den Aufenthalt auf dem atmosphärelosen Mond Versorgungsgeräte enthalten. Als nächstes wird die Landefährenkabine entlüftet und die Luke geöffnet. Am 21. Juli 1969 um 3.56 Uhr mitteleuropäischer Zeit (bzw. am 20. Juli um 22.56 Uhr in Houston) betritt Armstrong als erster Mensch den Mond. Er kommentiert: »Dies ist ein kleiner Schritt für einen Menschen, aber ein großer Sprung vorwärts für die Menschheit.« Aldrin folgt kurz darauf.

Auf dem Mond halten sich die beiden Astronauten 135 Minuten auf. Sie stellen die amerikanische Flagge, wissenschaftliche Meßgeräte und eine Fernsehkamera auf, probieren die Fortbewegung unter Schwerelosigkeit, fotografieren die Mondoberfläche und sammeln 21 kg Mondgestein für die Analyse in irdischen Labors ein.

Nach der Rückkehr in die Mondlandefähre »ADLER« hebt diese programmgemäß durch eigene Triebwerke von der Mondoberfläche ab und koppelt wenig später wieder an das »APOLLO«-Raumfahrzeug an. Nach dem Umstieg der Astronauten wird das Landefahrzeug abgeworfen. Es wird nicht mehr gebraucht. Das Triebwerk der »COLUMBIA« zündet, von der Erde nicht zu beobachten, auf der Mondrückseite und katapultiert sich in die Rückkehrbahn zur Erde. Am 24. Juli 1969 um 17.50 Uhr mitteleuropäischer Zeit landet das Raumfahrzeug wohlbehalten im Pazifik.

Das Mondlandefahrzeug »Eagle« (Adler) ist auf dem Erdtrabanten angekommen: Edwin Aldrin auf der untersten Stufe der ausgefahrenen Leiter

Abbildung S. 518/519:
Auf dem Mond: US-Astronaut ▷
Edwin Aldrin neben dem von ihm und Neil Armstrong aufgepflanzten Sternenbanner (US-Flagge)

Die Apollo-11-Astronauten fotografierten den Boden des Mondes aus nächster Nähe mit einer 35-mm-Stereokamera; jeder der drei Bildausschnitte ist etwa 75 × 75 mm groß; links: Staub mit glasigem Material; Mitte: mehrfarbiger verklumpter Mondstaub; rechts: etwa 64 mm großer Stein, in Mondstaub eingebettet

Mondgestein liefert wissenschaftliche Erkenntnisse

26. Juli 1969. Obgleich die »APOLLO«-Flüge 11, 12 und 14 (13 ist ein Fehlschlag) per Definition der NASA noch in erster Linie technische Missionen sind und die wissenschaftlich begründeten Reisen zum Erdtrabanten erst mit »APOLLO 15« im Juli 1971 beginnen sollen, verhelfen die von den beiden ersten Mondbesuchern Edwin Eugene Aldrin und Neil Armstrong mitgebrachten reichlich 21 kg Gestein den Wissenschaftlern doch schon zu ersten Forschungsergebnissen.

»Als wir die erste Schachtel mit Mondgestein öffneten« berichtet wenig später der NASA-Geologe Robin Brett, »glich die erregte, erwartungsvolle Atmosphäre im Lunar-Empfangslabor, glaube ich, der in einem mittelalterlichen Kloster, als die Mönche die Ankunft von Fragmenten des wahren Kreuzes erwarteten.« Als die Wissenschaftler in Chirurgenkleidung mit Kappe und Gasmaske am 26. Juli erstmals durch das Glasfenster der Vakuumkammer mit dem Mondgestein se-

hen, scheint die Aufregung zunächst nicht gerechtfertigt: Das Material wirkt wie ein Haufen Holzkohle. Die Steine sind dick mit dunkelgrauem Staub bedeckt. Erst nach ihrer Reinigung zeigen sie ihr wahres Gesicht, und das ist voller Überraschungen. Wenige Wochen später liegen erste Ergebnisse vor: Mondstaub gefährdet das irdische Leben nicht. Er enthält weder Krankheitserreger noch sonstige Spuren von Leben, auch keine fossilen. Um den Staub auf pathogene

Keime zu untersuchen, impfen Biologen 200 keimfrei großgezogene Mäuse, die kaum über Immunkräfte verfügen, mit fein gemahlenem Mondmaterial. Die Tiere zeigen keinerlei Reaktion.

Das Alter des Mare Tranquillitatis ergibt sich aufgrund erster Bestimmungen des Zerfalls radioaktiven Kaliums zu Argon – einer Methode, die im Prinzip der C-14-Methode (→ 1947) ähnelt: Es liegt bei ungefähr drei Milliarden Jahren. Der Riesenkrater ist also wesentlich älter als bisher vermutet.

Das Gestein ist bei Temperaturen von über 1200 °C entstanden. Es war geschmolzen. Doch ob es seinen Ursprung vulkanischer Hitze oder Meteoriteneinschlag verdankt, ist weiterhin ungewiß.

Der Mond ist – zumindest im Landegebiet – über und über mit Glasteilchen bedeckt. Sie machten etwa die Hälfte der mitgebrachten Proben aus. Rund fünf Prozent davon sind kugelig oder tropfenförmig und zeigen schöne braune, grüne, weinrote oder zitronengelbe Schattierungen. Erosionsprozesse (durch Minimeteoriten-Schauer?) haben wie ein Sandstrahlgebläse das Mondgestein geglättet und abgerundet. Daneben zeigen die meisten Steine kleine glasig umrandete Dellen oder glasige Stellen. Wasser dagegen gibt es im Mare Tranquillitatis nicht einmal in Spuren. Die Steine weisen darüber hinaus auch keine nennenswerten Mengen chemisch gebundenen Wassers auf.

Edwin Aldrin stellt seismographische Instrumente auf

Gesamtansicht der installierten lunaren Meßbasis

Von den Astronauten zur Erde mitgebrachtes kleinkörniges Mondmaterial (»Mondstaub«); die meisten der Partikel haben eine glasige Struktur

0,5 mm

Ein im Rahmen der Apollo-11-Mission gesammelter Brocken Mondgestein

Das historische Gespräch Erde — Mond

20./21. Juli 1969. Rund ein Viertel der Weltbevölkerung erlebt per Fernsehen die wohl sensationellste Funkverbindung der Geschichte mit. Die Gespräche verlaufen über 384 000 km zwischen Houston, dem Mare Tranquillitatis auf dem Mond und dem um den Erdtrabanten kreisenden Fahrzeug »COLUMBIA«: Armstrong (Ar): »Houston, hier Tranquillity Base. Der ›Adler‹ [›Eagle‹] ist gelandet.«
CapCom (Kapselkommunikator, Astronaut Charles M. Duke in Houston; CC): »Roger, Tranquillity, wir schneiden Sie am Boden mit. Sie brachten einen Haufen Jungs dazu, blau zu werden. Wir atmen wieder. Vielen Dank.«
Collins (in »COLUMBIA«; Co): »Phantastisch!« Ar: »Houston, das mag wie eine sehr lange Endphase erschienen sein. Das automatische Landesystem führte uns direkt in einen . . . Krater, mit einer Menge großer Felsbrocken und Steine . . . und es war nötig, . . . manuell über das Steinfeld zu fliegen, um ein halbwegs vernünftiges Gebiet zu finden.«
CC: »Roger, wir schneiden mit. Es war von hier aus wundervoll, Tranquillity. Over.«
Aldrin (Al): »Wir werden zu den Einzelheiten dessen, was hier in der Umgebung los ist, kommen, aber es sieht aus wie eine Sammlung von fast jeder Spielart an Formen – kantig, körnig, fast jede Variante von Steinen . . . die Farbe – nun . . . hier scheint es nicht zuviel von so etwas wie einer Hauptfarbe zu geben; jedenfalls sieht es so aus, als ob einige der Steine und Felsbrocken selbst eine interessante Eigenfarbe haben. Over.«
CC: »Rog, Tranquillity. Lassen Sie sich sagen, es gibt eine Menge lächelnder Gesichter in diesem Raum und in aller Welt. Over.«
Ar: »Zwei davon gibt es hier oben.«
Co: »Und vergessen Sie nicht eines in der Kommandokapsel . . . und danke dafür, daß Sie mich verbunden haben, Houston. Ich versäumte die ganze Handlung.«
CC: »Rog, COLUMBIA . . . Sagen Sie was. Sie sollten Sie hören können . . .«
Co: »Roger, Tranquillity Base, es klang wirklich großartig von hier oben. Ihr Burschen habt phantastische Arbeit gemacht.«
Ar: »Danke. Halte nur diese Basis dort oben im Orbit für uns bereit . . .«
CC: »Tranquillity Base . . . Houston. All Ihre Verbrauchswerte sind in Ordnung [normaler Verbrauch an Brennstoff und Sauerstoff]. Sie sehen in jeder Hinsicht gut aus . . . Alles ist fulminant. Over.«
Ar: »Es könnte Sie interessieren, zu erfahren, daß ich nicht glaube, wir haben irgendwelche Schwierigkeiten, uns an ein Sechstel g [g = Erdanziehung] zu gewöhnen; natürlich wenigstens, um uns unmittelbar in dieser Umgebung zu bewegen.«
CC: »Roger, Tranquillity. Wir schneiden mit. Over.«
Ar: »Vor dem Fenster ist eine ziemlich flache Ebene, durchlöchert mit einer ziemlich großen Zahl von Kratern der Fünf- bis Fünfzig-Fuß-Spielart und ein paar kleiner Kraterränder, 20, 30 Fuß hoch, schätze ich, und buchstäblich Tausende kleiner Ein- und Zwei-Fuß-Krater in der ganzen Umgebung. Wir sehen ein paar kantige Blöcke, ein paar hundert Fuß vor uns, die wahrscheinlich zwei Fuß groß sind und scharfe Kanten haben. Wir sehen auch einen Hügel, gerade . . . vor uns, schwer zu schätzen, aber es könnte eine halbe Meile oder eine Meile sein.«
Vorbereitungen für den Ausstieg aus dem Landefahrzeug folgen. Dann, sechseinhalb Stunden nach der Landung, melden sich Armstrong und Aldrin und beschreiben das Öffnen der Klappe und Armstrongs Abstieg auf der Leiter zum Mond.
Ar: »Ich bin am Fuß der Leiter. Die LM [lunar module]-Füße drücken nur ein oder zwei Zoll in die Oberfläche ein, obwohl sie sehr sehr feinkörnig wirkt, wenn man sich ihr nähert. Sie ist fast wie Puder. Hier und da ist sie sehr fein. Ich steige jetzt vom LM herunter. Das ist ein kleiner Schritt für einen Mann, aber ein großer Sprung vorwärts für die Menschheit.«
Der erste Mensch steht auf dem Mond: Neil Armstrong.

Fortschritte in der Luftfahrt mit Düsenmaschinen

1969. Zwei Meilensteine in der Entwicklungsgeschichte der Düsenverkehrsmaschinen wirken sich unmittelbar auf die zivile Luftfahrt aus: Der erste Flug des Großraumflugzeugs Boeing 747, des ersten sogenannten Jumbo-Jets, am 9. Februar und der Jungfernflug des zweiten Überschallverkehrsflugzeugs der Welt, der britisch-französischen Concorde, am 2. März.

Die Entwicklung des Linienverkehrs mit Düsenmaschinen reicht bis in das Jahr 1942 zurück, als sich im Dezember in England unter dem Vorsitz von Lord Brabazon der sogenannte Brabazon-Ausschuß konstituierte. Er machte Pläne für die Entwicklung ziviler Verkehrsflugzeuge für die Nachkriegszeit. Neben zahlreichen empfohlenen Propellermaschinentypen machte der Ausschuß auch bereits konkrete Entwürfe für ein Transatlantik-Düsenverkehrsflugzeug mit der Bezeichnung »Brabazon Type IV«. Geplant war außerdem ein Kurzstrecken-Propellerturbinenflugzeug unter dem Namen »Brabazon Type II B«. In der Tat verfolgte man in England nach dem Krieg die Konstruktion der beiden Typen. Die Konzepte wurden natürlich nicht nur weiter ausgearbeitet,

sondern grundlegend verbessert. Der »Type IV« mauserte sich dabei schließlich zum ersten Düsenverkehrsflugzeug der Welt, der de Havilland »Comet« (→ 1954). Die reine Düsenmaschine »Comet 1« fliegt mit de Havilland-»Ghost«-Triebwerken und bietet 36 Passagieren Platz. Als in den Jahren 1953/54 drei dieser Maschinen in der Luft auseinanderbrachen, war die Laufbahn der »Comet 1« beendet.

Aus dem »Type II B« ging zunächst die Armstrong Whitworth »Apollo« hervor, von der nur zwei Maschinen gebaut wurden, und schließlich die Vickers-Armstrong »Viscount«, die sich sehr gut bewähren sollte. Sie machte ihren Erstflug schon am 16. Juli 1948. Angetrieben wurde sie

Sechs Überschall-Passagiermaschinen vom Typ »Concorde« geben sich ein Stelldichein; am 2. März 1969 fliegt die erste Maschine dieser Bauart

von vier Propellerturbinen vom Typ Rolls-Royce »Dart« und Vierblattluftschrauben. Ab 29. Juli 1950 ging sie in Liniendienst. Wenig später vergrößerte Rolls-Royce die Leistung des »Dart«-Triebwerks, und Vickers vergrößerte das Flugzeug selbst von 47 auf 60 Sitzplätze. Maschinen dieses Typs verkehren noch 1969.

Von »Comet 1« bis »Jumbo-Jet«

Die folgende Übersicht nennt Erstflugdaten und Aufnahme des Liniendienstes der wichtigsten Düsenverkehrsmaschinen bis 1969. In Klammern die Passagierplatzzahl:

16. 7. 1948 / 29. 7. 1950: Vickers-Armstrong »Viscount« (32)
27. 7. 1949 / 2. 5. 1952: De Havilland »Comet 1« (36)
16. 8. 1952 / 1. 2. 1957: Bristol »Britannia 102« (90)
15. 7. 1954 / Oktober 1958: Boeing »707« bzw. Prototyp »367 – 80« (179)
27. 5. 1955 / Mai 1959: Sud-Est SE. 210 »Caravelle« (80, später 128)
24. 11. 1955 / 28. 9. 1958: Fokker F.27 »Friendship« (48/56)
30. 5. 1958 / 18. 9. 1959: Douglas »DC 8« (177, später 259)
– / 4. 10. 1958: De Havilland »Comet 4« (81)
– / 15. 5. 1960: Convair »CV-880« (130)
24. 6. 1960 / –: Hawker Siddeley »748«
1. 12. 1960 / März 1961: Vickers-Armstrong »Vanguard« (139)
– / 1961: Canadair »L-44 J« (214)
8. 1. 1962 / 1. 4. 1964: Havilland 121 »Trident« (88, später bis zu 115)
– / März 1962: Convair »CV-990« (»Coronado«) (158)
30. 8. 1962 / April 1965: »NAMC YS-11« (Japan) (46 – 60)
9. 2. 1963 / Februar 1964: Boeing »727« (70 – 114)
20. 8. 1963 / April 1965: British Aircraft Corp. »One-Eleven« (89, später 109)
29. 3. 1964: Vickers-Armstrong »VC-10« (139)
25. 2. 1965 / 8. 12. 1965: Douglas »DC-10« (80)
9. 4. 1967 / Anfang 1968: Boeing »737« (99, später bis zu 135)
9. 5. 1967 / 28. 3. 1969: Fokker F.28 »Fellowship« (65, später bis 85)
9. 2. 1969 / 22. 1. 1970: Boeing »747« (385)

Großraum-Düsenflugzeug Boeing 747, Modell F: Beladung der Frachtmaschinenversion des »Jumbo-Jets« in Frankfurt

Verkehrsflugzeug für Überschallbereich

2. März 1969. *Als zweites Überschallverkehrsflugzeug geht die britisch-französische »Concorde« (Abb.) nur zwei Monate nach der sowjetischen Überschallpassagiermaschine »Tupolew Tu-144« auf Jungfernflug.*

Im Gegensatz zur sowjetischen Konkurrenz – die 1973 einen Absturz zu verzeichnen hat und ihre Flüge 1978 völlig einstellen wird – erweist sich die Concorde langfristig als technisch erfolgreich.

Die Maschine ist ein schlanker Deltaflügler und wird von vier Strahltriebwerken Rolls-Royce/ SNECMA »Olympus« 593 Mk 602 mit Nachverbrennung von je 17 260 kp (169 kN) Schub angetrieben. Sie hat bei 62 m Länge und 25,4 m Spannweite eine maximale Flugmasse von 181,4 t. Die Concorde befördert bis zu 144 Passagiere und ist (bisher) bis zu Mach 2 schnell. Am 21. Januar 1976 geht sie in Liniendienst. Mit Überschallgeschwindigkeit darf sie nur über dem Meer fliegen.

Der »Jumbo-Jet« für 385 Passagiere

9. Februar 1969. *Der »Jumbo-Jet«, Boeing 747 (Abb.), unternimmt seinen Jungfernflug.*

Nachdem sich zwischen 1960 und 1966 die Zahl der Fluggäste aller Gesellschaften (die Sowjetunion und China ausgenommen) von 106 auf nahezu 200 Millionen verdoppelt hatte, wurde im April 1966 das Konzept einer neuen Generation von Großraumflugzeugen geboren. Die Fluggesellschaft »Pan American« bestellte bereits in der Entwurfsphase 25 Maschinen.

Das Ergebnis ist das bisher größte Verkehrsflugzeug der Welt mit vier Pratt-&-Whitney-Triebwerken vom Typ JT9D mit jeweils 22 680 kp (222 kN) Schub. Die Boeing 747 ist in der ersten Version 70,5 m lang, hat eine Spannweite von 59,6 m und kann 385 Passagiere befördern. Sie fliegt 930 km/h schnell und erreicht eine Dienstgipfelhöhe von 13 700 m. Ihre Reichweite liegt bei 8000 km. Das maximale Startgewicht beträgt 351,530 t.

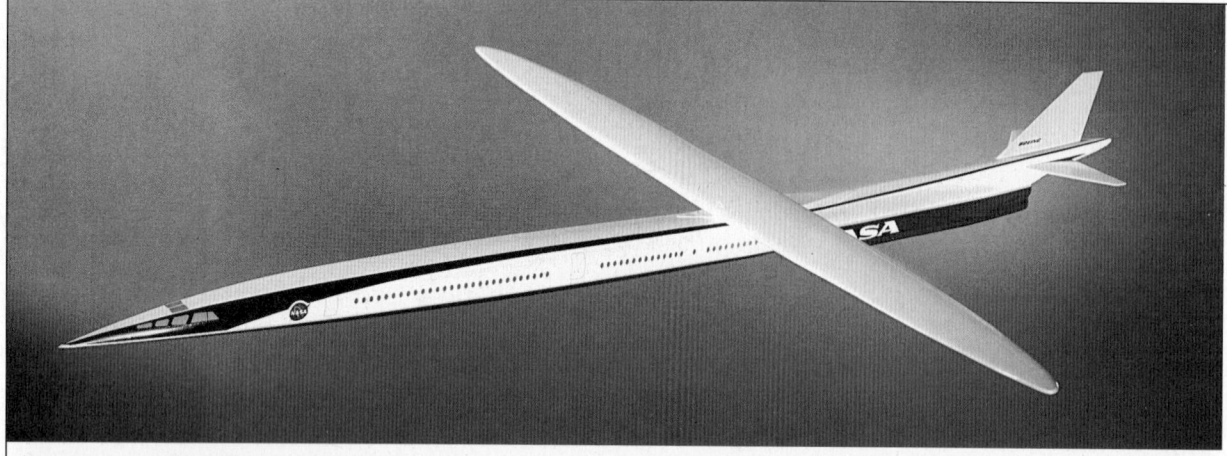

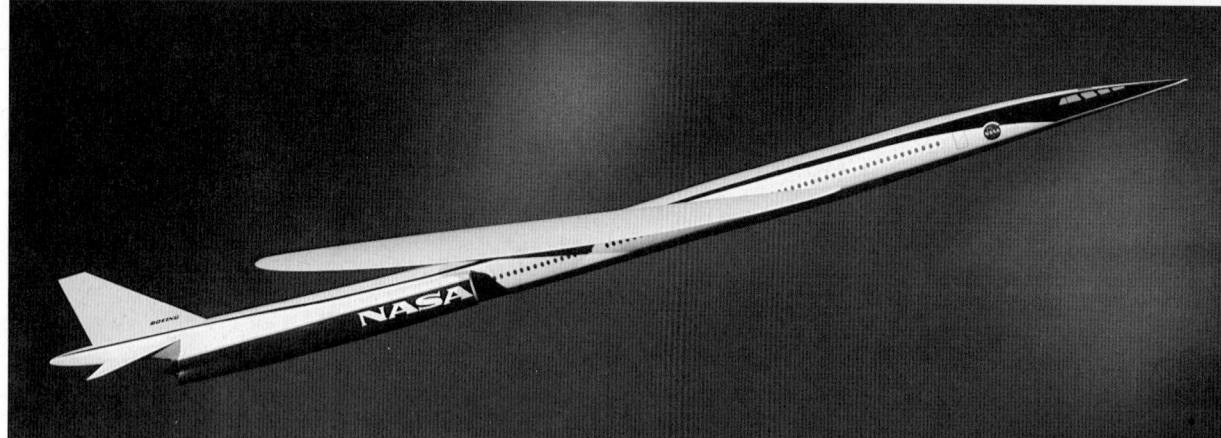

Flugzeugkonzepte für Überschall

Um 1969. *In den USA entstehen bei Flugzeugbauunternehmen, an Universitäten und in staatlichen Forschungsinstitutionen Konzepte für Überschall-Verkehrsflugzeuge, die schneller sein sollen als die Concorde (→ 2. 3. 1969). Die Gesetze der Strömungslehre fordern, daß die Maschinen um so schlanker sein müssen, je höher die Mach-Zahl (→ 1953) ist. Die gleichen Gesetze besagen aber auch, daß Flugzeuge mit schmalen, schräg nach hinten gerichteten Tragflächen bei niedrigen Geschwindigkeiten keinen guten Auftrieb besitzen. Ein ideales Flugzeug müßte also während des Reiseflugs aussehen wie ein Pfeil (Abb. unten) und sich in Pistennähe in einen Vogel großer Spannweite verwandeln (Abb. oben). Derartige Modelle mit schwenkbaren Flügeln entstehen in verschiedener Gestalt auf den Reißbrettern der amerikanischen Flugzeugbauer, u. a. auch bei der US-Raumfahrtbehörde NASA.*

Datenbank für das Mondflugprogramm

1969. Im Zusammenhang mit dem amerikanischen »APOLLO«-Mondflug-Programm entwickelt die Computerindustrie das erste sogenannte Datenbank-System.

Die Datenbank ist ein zentral verwalteter großer Datenspeicher, in dem wichtige Informationen aus einem umfassenden Arbeits- oder Fachgebiet abgelegt sind. Mit Hilfe von Datenverarbeitungsanlagen lassen sie sich immer auf dem neuesten Stand halten. Bei Bedarf sind sie leicht zugänglich. Das System umfaßt neben den eigentlichen Dateien mit der Sachinformation Programme für die Benutzung. Die einzelnen Benutzer können verschiedene Prioritäten besitzen, die sie z. B. durch die Eingabe von Kennwörtern vor der Benutzung dokumentieren müssen. So sind z. B. manchen Benutzern nur Teile der gespeicherten Daten zugänglich, andere können alle beliebigen Daten abrufen, wieder andere sind berechtigt, neue Daten einzuspeichern, Daten zu löschen oder gar das Programm zu ändern.

Plasmaforschung mit dem Tokamak

1969. In Verfolgung der Wasserstoff-Fusionsforschung (→ 1951; 1957) gelingt es sowjetischen Wissenschaftlern erstmals, Wasserstoffplasma zu erzeugen, das einemillionmal so dicht ist wie Luft, dieses Plasma auf einige Dutzend Millionen Grad aufzuheizen und für eine Hundertstelsekunde in diesem Zustand zu halten.

Das verwendete Großgerät heißt »Tokamak-3«. Der Tokamak ist eine Spezialform der magnetischen Flasche. Er besteht aus einem Torus (Kreisring mit kreisförmigem Querschnitt) längs dessen Seele das Plasma durch Magnetfeldlinien geführt wird, die von den Torus umgebenden Hauptfeldspulen erzeugt werden. Auf die Kammerwand zu wird das Plasma durch ein Feld stabilisiert, das von einem im Plasma induzierten Strom herrührt. Dieser Strom heizt das Plasma zugleich auf. Damit unterscheidet sich der Tokamak vom Stellarator (→ 1951), bei dem die Stabilisierung ausschließlich durch äußere Felder erzielt wird.

Bildaufzeichnung auf Video-Kassetten

1969. Die japanische Firma Sony führt erstmals Video-Kassettensysteme ein, bei denen das Bildaufzeichnungsband (→ 1951) fest in Kunststoffkästchen eingeschlossen ist. Für die magnetische Bildspeicherung haben diese Video-Kassetten in etwa die gleiche Funktion wie Tonbandkassetten (→ 1935).

Zunächst sind die Kassetten allerdings nicht für den Gebrauch durch jedermann gedacht – dazu sind sie noch zu unhandlich und zu teuer –, sondern zur Verwendung in Schulen, in Behörden und in der Industrie. Erst sechs Jahre später wird Sony unter der Bezeichnung »Betamax« (→ 1975) ein erstes Heimsystem auf den Markt bringen. Die Kassetten sind dann kleiner, und sie enthalten ein 12,5 mm (1/2 Zoll) breites Magnetband, das mit einer Geschwindigkeit von 3,81 cm/s läuft. Das System wird nur kurzlebig sein und Anfang der 80er Jahre vom ebenfalls japanischen, aber bei Philips in den Niederlanden entwickelten »Video 2000« und schließlich von »VHS« abgelöst.

Großintegration für Geo-Computer

1969. Für Anwendungen im Bereich der Geophysik entwickelt der EDV-Ingenieur Cragon in den USA den ersten sogenannten LSI-Computer. Hinter »LSI« verbirgt sich Large Scale Integration, also etwa »Integration in großem Maßstab«. Bei integrierten Schaltungen (→ 1958) gibt der Integrationsgrad Auskunft über die Anzahl von Bauelementen pro Flächeneinheit. Üblicherweise wird er mit Transistorfunktionen pro Chip angegeben. Man unterscheidet SSI (Single Scale Integration) mit bis zu 50 Transistorfunktionen pro Chip, MSI (Medium S.I.) mit bis zu 500 Transistorfunktionen, LSI (Large S.I.) mit bis zu 5000 Transistorfunktionen und später auch VLSI (Very L.S.I.) mit 50 000 und mehr Transistorfunktionen pro Chip. In den 80er Jahren werden 100 000 erreicht und etwa eine Million angestrebt. Der Integrationsgrad hat nicht nur für die Dimensionen des Bauelements eine entscheidende Bedeutung, er bestimmt auch unmittelbar dessen Arbeitsgeschwindigkeit.

Sonnenofen kann Stahl schmelzen

1969. In den französischen Pyrenäen, im Bergdorf Odeillo, wird der größte und leistungsstärkste solar beheizte Schmelzofen der Welt in Betrieb genommen. Die Anlage dient materialwissenschaftlichen Zwecken. Ihr Ziel ist es, sehr hohe Schmelztemperaturen (ca. 3800 °C) zu erreichen und die zu schmelzenden Materialien nicht zu verunreinigen, wie das bei den meisten anderen Schmelzverfahren der Fall ist.

Der technische Aufwand ist überaus groß. 63 Planspiegel von jeweils über 30 m² Fläche sind reihenweise in einem gestaffelt ansteigenden Array so aufgebaut, daß sich jeder einzelne von einem Computer gesteuert dem Sonnenstand nachführen läßt. Die oberflächenverspiegelten Scheiben reflektieren die Sonnenstrahlen auf einen 2000 m² großen Parabolspiegel, der die Wandverkleidung einer Seite eines rund 45 m hohen Büro- und Laborgebäudes bildet. Der Hohlspiegel besteht aus 8570 einzelnen Elementen, die das auf sie fallende Sonnenlicht auf den eigentlichen Sonnenofen in einem kleinen turmförmigen Gebäude fokussieren. Soll die Anlage, die nur während konkreter Experimente arbeitet, abgeschaltet werden, dann dreht man einfach die Heliostaten – das sind die Planspiegel – so, daß sie das Sonnenlicht nicht auf den Parabolspiegel lenken.

Der im Ofen einfallende, überaus energiereiche Licht- und Wärmestrahl ist in der Lage, z. B. durch eine zentimeterdicke Stahlplatte in einer Minute ein 30 cm weites Loch zu schmelzen.

Odeillo – kein Solarkraftwerk

Ein Vorbild für die kommerzielle Sonnenenergienutzung, wie später vielfach von Verfechtern alternativer Energiequellen behauptet wird, ist der Solarofen von Odeillo nicht. Anlagen dieser Art sind nur in wolkenarmen Gebieten mit mehr als 2400 Sonnenscheinstunden pro Jahr sinnvoll, und ihre Energieerzeugungskosten liegen gegenüber normalen Heizkraftwerken bei einem Vielfachen. Odeillo ist keine kommerzielle Energieerzeugungsanlage und kein Prototyp einer solchen. Der Ofen dient rein wissenschaftlichen Zwecken (→ 1975).

Der Sonnenofen von Odeillo in den französischen Pyrenäen, eine wissenschaftliche Hochtemperatur-Forschungsanlage

1970

Das sowjetische Laborautomobil »Lunochod 1« beim Einsatz auf dem Mond; nach Beendigung seiner Mission wird es zur Erde zurückgeholt

Labor-Mobil auf dem Mond

10. November 1970. In der UdSSR startet eine Rakete, die die Raumsonde »Luna 17« auf den Mond befördert. In der Sonde befindet sich das automatisch arbeitende und fahrende Labor »Lunochod 1«, das die Sonde über eine Rampe verläßt und ein Jahr lang wissenschaftliche Arbeiten im »Regenmeer« (Mare Imbrium) ausführt. Es sammelt Informationen über die Struktur, die physikalischen Eigenschaften und die chemische Zusammensetzung des Mondgesteins, mißt die Röntgenstrahlung verschiedener Gestirne sowie die kosmische Hintergrundstrahlung (→ 1911) und nimmt unzählige Fotografien auf. Die Gesteinsproben holt das fahrende Labor an 500 verschiedenen Punkten von der Mondoberfläche, aber auch aus bis zu metertiefen Bohrungen. Alle Ergebnisse werden zur Erde gefunkt. Neben Fahrzeugsteuer- und Funkeinrichtungen verfügt das Mondauto über Meßgeräte, Probennehmer und ein vollautomatisches Analyselabor. Nach seiner Mission wird es zur Erde zurückgeholt.

Magnetohydrodynamik

1970. Während der schwedische Physiker Hannes O. G. Alfvén einen Nobelpreis für seine Verdienste auf dem Gebiet der Magnetohydrodynamik (MHD) erhält, beschäftigen sich in den USA Arthur Kantrowitz und Avco Rosa mit der Umsetzung dieser schon seit langem bekannten Technologie in die Praxis, und in der Sowjetunion entsteht ein erster großer MHD-Generator »U-25«, der ab 1971 etwa 1000 Kilowatt elektrische Leistung in das Moskauer Stromversorgungsnetz liefert.

Beim MHD-System werden die heißen Abgase – z. B. bei der Kohleverbrennung – durch einen Trick elektrisch geladen (ionisiert). Dann läßt man sie als Strahl mit Schallgeschwindigkeit durch ein zu ihrer Richtung senkrecht verlaufendes Magnetfeld strömen. Senkrecht zu beiden (Gasstrom und Magnetfeld) ist ein Elektrodenpaar angeordnet, auf dem sich durch Feldkräfte (»Lorenzkraft«) Ladungsträger sammeln. Es entsteht zwischen ihnen eine nutzbare elektrische Spannung. Danach strömt das heiße Gas in klassische Turbinen-Dynamo-Aggregate.

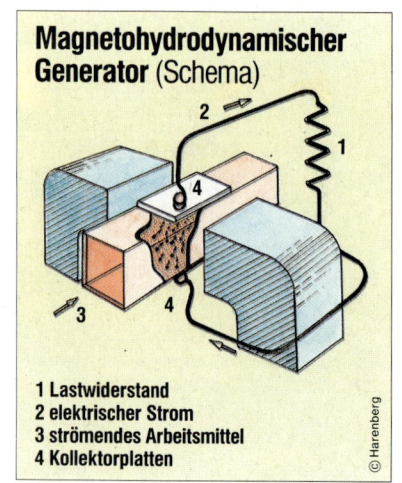

Magnetohydrodynamischer Generator (Schema)

1 Lastwiderstand
2 elektrischer Strom
3 strömendes Arbeitsmittel
4 Kollektorplatten

Mikroskop zeigt Atomstrukturen

1970. In Frankreich, Japan und in den USA wird der Vergrößerungsmaßstab der Elektronenmikroskope (→ 1931) so weit gesteigert, daß erstmals Atomstrukturen – Kern und Elektronenhülle – sichtbar werden. Die Auflösungsgrenze eines Elektronenmikroskops liegt bei der Wellenlänge des abbildenden Strahls. Diese hängt von der Energie der Elektronen ab und damit vom Spannungspotential, mit dem die Elektronen beschleunigt werden. Für 100 000 V – ein bisher üblicher Wert – ergibt sich eine Wellenlänge von $4 \cdot 10^{-12}$ m (0,004 µm). Gaston Dupouy in Frankreich und – als Nachahmer – die japanische Firma Hitachi bauen jetzt Mikroskope mit drei Millionen Volt Beschleunigungsspannung, woraus sich eine Wellenlänge des Elektronenstrahls von nur rund $7 \cdot 10^{-13}$ m ergibt. Damit gelangt man in die Größenordnung großer Atome.

In Chicago entwickelt Albert V. Crewe das sog. STEM (Scanning Transmission Electron Microscope = Durchstrahlungs-Rasterelektronenmikroskop, → 1942), das mit dem 2 bis $3 \cdot 10^{-10}$ m feinen Strahl aus einer Feldeffekt-Elektronenkanone (→ 1950) die Objekte zeilenweise abtastet (→ 1955) und dabei ebenfalls einzelne Atome zeigen kann.

Neue Legierung für die Supraleitung

1970. In den Bell Telephone Laboratories und an der Universität von Kalifornien wird eine neue Legierung aus Niobium, Aluminium und Germanium entdeckt, die extrem widerstandsfähig gegenüber sehr hohen Magnetfeldern ist.

In der Praxis unterscheidet man bei supraleitenden Materialien (→ 1885; 1911) zwischen drei Leiterarten. Supraleiter der ersten Art zeigen unterhalb der sogenannten kritischen magnetischen Feldstärke vollständige Feldverdrängung. Bei Leitern der zweiten Art dringen sehr starke Magnetfelder teilweise in das Innere ein. Große Bedeutung für technische Anwendungen haben Leiter der dritten Art, die auch in starken Magnetfeldern noch hohe Ströme widerstandsfrei leiten. Hier läßt sich die neue Legierung verwenden.

Schwenkbares 100-m-Radioteleskop fertig

1970. *Auf dem Effelsberg bei Bad Münstereifel wird vom Max-Planck-Institut ein Radioteleskop (→ 1937) mit einer im Durchmesser 100 m weiten Parabolantenne (Abb.) fertiggestellt. Die Antenne empfängt Signale von bis zu 12 Milliarden Lichtjahren entfernten Objekten. Das Instrument ist das größte Radioteleskop, dessen Reflektor sich frei in zwei Ebenen schwenken und damit auf jedes Himmelsgebiet positionieren läßt. Um die Stabilität des millimetergenau gebauten Parabolspiegels bei gleichzeitig geringer bewegter Masse zu gewährleisten, ist der Reflektor mit einem feingegliederten Metallgitterwerk hinterlegt.*

Kernreaktor arbeitet mit Brennstoffkugeln

1970. *In Hamm-Schmehausen beginnt der Bau eines Thorium-Hochtemperaturkernreaktors (THTR) nach Plänen von Rudolf Schulten. Sein Kern, ein zylindrischer Behälter aus Graphit und Kohlestein mit konischem Boden, enthält 675 000 Brennstoffkugeln in loser Schüttung (Abb.). Die Kugeln haben 6 cm Außendurchmesser, einen etwa zentimeterstarken Graphitmantel als Moderator (→ 1956) und im Inneren nuklearen Brennstoff in Form von »Coated particles«, die Spalt- und Brutstoffe (Thorium; → 1951) enthalten. Die abgebrannten Kugeln werden unten abgeführt und oben durch neue ersetzt.*

Breitbandverkehr durch Hohlkabel

1970. Französische Ingenieure verlegen die erste, 10 km lange Hohlkabelversuchsstrecke der Welt für Breitbandkommunikation.
Die Übertragung breiter Frequenzbänder zur gleichzeitigen Übermittlung zahlreicher Telefon- oder Fernsehkanäle ist auf die Nutzung hoher Frequenzen angewiesen. Im Lichtbereich ist Breitbandkommunikation z. B. durch die Übertragung in gläsernen Kabeln (→ 1966) möglich. Sehr hochfrequente elektrische Ströme lassen sich durch herkömmliche Stromkabel, etwa Telefondrähte, nicht übertragen. Es treten dabei Effekte auf, die den Stromfluß zur Leiteroberfläche hin verdrängen, während das Leiterinnere stromfrei bleibt, bis sich schließlich die ganze Energie außerhalb des Leiters in Form elektromagnetischer Wellen bewegt. Diese sind technisch schwer zu beherrschen und bringen hohe Verlustströme mit sich. Statt dessen leitet man elektromagnetische Wellen durch Hohlleiter, in denen sie sich regelrecht kanalisiert ausbreiten. Das

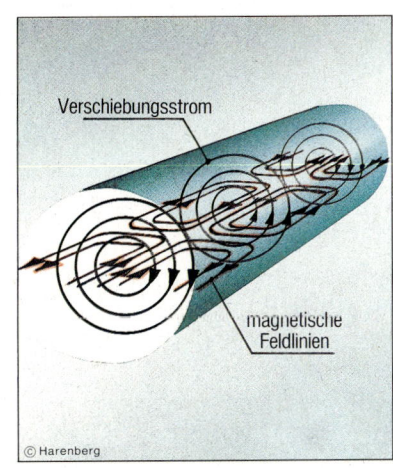

Ausbreitung elektromagnetischer Wellen in einem runden Hohlleiter

sind metallische Röhren mit rundem oder rechteckigem Querschnitt, in denen sich magnetische und elektrische Wellen jeweils mit Feldkomponenten in Ausbreitungsrichtung und transversal dazu verlaufenden Feldlinien fortpflanzen. Die Hohlleitertechnik arbeitet im Mikrowellenbereich (→ 1952) und erfordert spezielle Schaltelemente. Verzweigungen, Leitungsanpassungen, Widerstände usw. lassen sich nicht mit den Mitteln herkömmlicher Elektronik realisieren.

Gesetz legt Einheiten fest

5. Juli 1970. In der Bundesrepublik Deutschland treten ein neues »Gesetz über Einheiten im Meßwesen« und die dazugehörigen Ausführungsverordnungen in Kraft. Das Gesetz erzwingt unter Androhung von Strafen im geschäftlichen und amtlichen Verkehr die Anwendung der in ihm festgelegten Basisgrößen und Basiseinheiten sowie der ebenfalls gesetzlich festgelegten abgeleiteten Einheiten. Es sieht für einzelne Größen und Einheiten Übergangsregelungen (bis 31. 12. 1974 und 31. 12. 1977) vor.
Die verbindlichen Basisgrößen und Basiseinheiten sind: Länge in Meter (m), Masse in Kilogramm (kg), Zeit in Sekunden (s), elektrische Stromstärke in Ampere (A), thermodynamische Temperaturen in Kelvin (K), Stoffmenge in Mol (mol), Lichtstärke in Candela (cd). Die genauen Definitionen gibt das Gesetz an. Neben den Basisgrößen und -einheiten werden atomphysikalische Einheiten für Masse und Energie festgelegt: Die atomare Masseneinheit (u) ist der zwölfte Teil der Masse eines Atoms des Nuklids 12C. Die atom-

physikalische Einheit der Energie ist das Elektronenvolt (eV).
Dezimale Vielfache und Teile von Einheiten können durch Vorsetzen von Vorsilben (Vorsätzen) vor den Namen der Einheit bezeichnet werden. Vorsätze und Vorsatzzeichen sind für das:
- Billionenfache (Faktor 10^{12}) Tera (T)
- Milliardenfache (Faktor 10^9) Giga (G)
- Millionenfache (Faktor 10^6) Mega (M)
- Tausendfache (Faktor 10^3) Kilo (k)
- Hundertfache (Faktor 10^2) Hekto (h)
- Zehnfache (Faktor 10) Deka (da)
- Zehntel (Faktor 10^{-1}) Dezi (d)
- Hundertstel (Faktor 10^{-2}) Zenti (c), für das Tausendstel (Faktor 10^{-3}) Milli (m)
- Millionstel (Faktor 10^{-6}) Mikro (μ)
- Milliardstel (Faktor 10^{-9}) Nano (n)
- Billionstel (Faktor 10^{-12}) Piko (p)
- Billiardstel (Faktor 10^{-15}) Femto (f)
- Trillionstel (Faktor 10^{-18}) Atto (a).
Die zahlreichen abgeleiteten Einheiten finden sich im Anhang.

Videotext für mehr Informationen

1970. Britische Ingenieure finden einen Weg, im Rahmen der normalen Fernsehübertragung zusätzliche Informationen zu senden – etwa Untertitel zu einem Film für Hörgeschädigte, Texte in Fremdsprachen oder Nachrichten verschiedener Art. Diese Informationen lassen sich durch ein Zusatzgerät am gewöhnlichen Fernsehempfänger, einen Decoder, auf den Bildschirm bringen.

Das System verdankt seine Entstehung den vor 1970 immer wieder auftretenden Verwechslungen von Programmbeiträgen durch die Studiotechniker. Sie legten deshalb Wert auf eine »Adressierung« der Beiträge auf ihren Monitoren. Diese Adresse fand Platz in der sogenannten Austastlücke. Der Schreibstrahl, der zeilenweise das Fernsehbild aufbaut, läuft vom Ende des Bildschirms (rechts unten) zum Anfang (links oben) zurück. Dabei vergeht eine Zeit, die »Austastlücke«, in der sich etwa 20 weitere Bildzeilen übertragen lassen. Hier senden die englischen Ingenieure jetzt die »Adressen« der Sendebeiträge. Aus der Noterfindung wird eine Tugend, indem man den sendefreien Raum auch für den Fernsehteilnehmer nutzbar machen will. Die Zusatzinformation wird »Videotext« genannt und ab 1974 in England, ab 1977 in der Bundesrepublik probeweise angeboten.

Videobilder auf Platten gespeichert

1970. In Großbritannien und der Bundesrepublik werden erste Bildplatten und zugehörige Wiedergabesysteme entwickelt.

Wie die Schallplatte (→ 1948; 1958) in mechanischer Form Informationen über Tonereignisse enthält, sind auf der Bildplatte mechanisch Bildfolgen gespeichert, die sich mit einem geeigneten Wiedergabegerät lesen und über ein Fernsehgerät zeigen lassen. Da die Bildplatte, die zugleich auch den akustischen Anteil eines Tonfilms enthält, pro Zeiteinheit wesentlich mehr Informationen aufweist als eine Schallplatte, wird sie – um bei technisch sinnvollen Abmessungen zu bleiben – wesentlich dichter beschrieben.

1970 stellen die Firmen AEG-Telefunken in Deutschland und Decca (Teldec) in England Schwarzweißgeräte vor, die zunächst mit mechanisch abgetasteten Bildplatten aus dünnem, flexiblem Kunststoffmaterial arbeiten. Sie weisen eine zwölfmal so hohe Rillendichte auf wie normale Schallplatten. Die Platten schweben beim Abspielen auf Luftkissen und rotieren 45mal so schnell wie Schallplatten.

Weil sich die extrem feinen Rillen kaum mit üblichen Schneidwerkzeugen herstellen lassen, erzeugt man sie mit Laserstrahlen (→ 1958). Auch zum Abtasten verwendet man später Laserlicht. Dieses optische Verfahren hat zugleich den Vorteil, daß die Bildplatten mit glas-

Wiedergabe einer Spielfilmszene von einem Bildplattengerät auf Monitor

klaren Kunststoffoberflächen versiegelt werden können und damit vor mechanischen Beschädigungen geschützt bleiben.

Die Bildplatten werden später noch verbessert. Während die ersten Rillenplatten wie die klassischen Schallplatten die Informationen analog den akustischen oder optischen Originalen verzeichnen, kodiert man bei den neuen Bildplatten (und auch bei Schallplatten, → 1981) die Information digital und schreibt mit Laserstrahlen keine durchlaufenden Rillen mehr, sondern winzige längliche Vertiefungen (Pits), deren Länge und gegenseitiger Abstand auf einer spiraligen Bahn die Information enthalten.

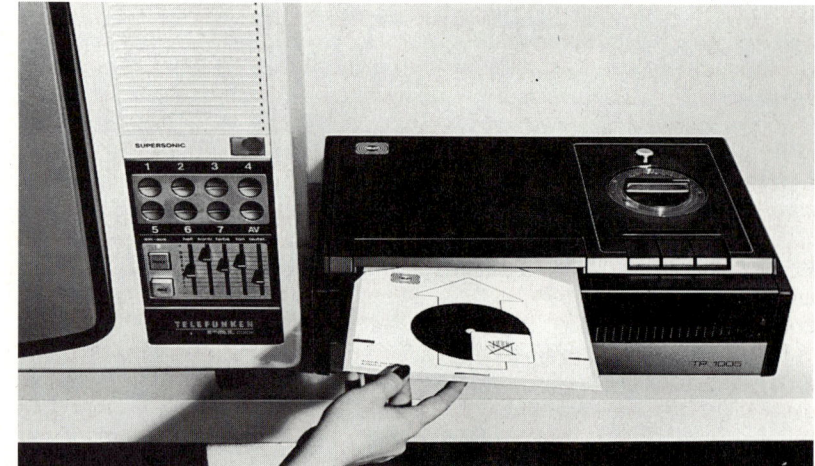

Flexible Bildplatte und Abspielgerät nach dem von einem internationalen Firmenkonsortium entwickelten TED-System (Telefunken/Teldec/Decca)

Ein Jahrhundert des rasanten Fortschritts

1870–1970. Während der vergangenen 100 Jahre veränderten sich durch technische Errungenschaften alle Gebiete des täglichen Lebens mit einer derartigen Geschwindigkeit, wie es in der gesamten Menschheitsgeschichte bisher nicht der Fall war. Die Fortschritte der Technik veränderten das Leben der Menschen in beinahe jeder Hinsicht grundlegend. Der Verkehr ist davon ebenso betroffen wie etwa die Energietechnik und die Rohstoffversorgung, der Maschinenbau und die industrielle Fertigung, die Verfügbarkeit neuer Werkstoffe, der Hoch- und Tiefbau oder etwa die weltumfassende Kommunikation.

Landverkehr:
1870 standen dem Landverkehr – neben Pferde- und Ochsengespannen, vereinzelten Dampfstraßenwagen und dürftigen Fahrrädern mit Vorderrad-Tretkurbelantrieb – als schnellere Transportmittel nur die Dampfeisenbahnen zur Verfügung. In Europa gab es Ende 1870 104 914 km Eisenbahnschienen, weltweit waren es 1880 rund 371 000 km. – 1970 überzieht ein Schienennetz von rund zwei Millionen km die Welt.

Von Null an entwickelte sich in den vergangenen 100 Jahren die Zahl der Automobile auf 230 321 400. Die Automobilisierung nahm besonders rasch in der jüngsten Vergangenheit zu.

Noch 1950 verkehrten weltweit »nur« 63 200 500 Kraftfahrzeuge.

Schiffahrt:
1870 beherrschte das Segelschiff die Weltmeere. Zögernd kam neben ihm das Dampfschiff auf. 1880 unterhielten alle europäischen Handelsflotten zusammen 127 170 Segel- und 13 858 Dampfschiffe. Die Tonnagen lagen mit wenigen Ausnahmen weit unter 1000 BRT. Die ersten Tankschiffe wurden gebaut. Noch 1935 lag die Weltjahresablieferung an neuer Tankertonnage bei 313 795 BRT. Um 1970 hat diese Größe ein einziger neugebauter Tanker. Angetrieben werden die neuen Ozeanriesen mit Turbinentriebwerken. Die Welttonnage liegt bei 304 Millionen BRT.

Luftfahrt:
Im Jahr → 1783 stiegen Jean-François Pilâtre de Rozier und François

L. d'Arlandes in einem Heißluftballon der Brüder Montgolfier als erste Menschen (für 25 Minuten) in die Luft.

1970 wird der erste Jumbo-Jet mit maximal 490 Sitzplätzen in Dienst gestellt. 1977 befördern allein die 109 der internationalen Luftverkehrsvereinigung IATA angeschlossenen Gesellschaften 343 Millionen Fluggäste. Dabei legen ihre rund 4200 Maschinen etwa 13,5 Milliarden Flugkilometer zurück. Erste Passagierflugzeuge verkehren im Überschallbereich. Der Mensch schickt Sonden ins All und landet auf dem Mond.

Energietechnik:
1870 förderten – seit elf Jahren – die ersten Bohrtürme Rohöl. Aber noch gab es kaum einen Markt für

Zeitmultiplex und Telefondirektwahl

1970. Im Januar wird erstmals auf der ganzen Welt eine elektronische Zeitmultiplex-Vermittlung im öffentlichen Telefonnetz verwendet. Und ab März sind Europa und die USA durch Telefondirektwahl miteinander verbunden.

Der Selbstwählbetrieb zwischen den Kontinenten wird 42 Jahre nach den ersten handvermittelten transatlantischen Telefongesprächen eingeführt. Er bedient sich der Telesatelliten (→ 1965). – 1979 werden 90 Prozent aller internationalen Verbindungen automatisch arbeiten. Das Zeitmultiplex-System ist ein Verfahren zur besseren Ausnutzung der Fernsprechkanäle. Hierbei werden jeweils mehrere gleichartige Signale derart gebündelt, daß sie sich zeitlich »geschachtelt« auf ein und demselben Übertragungsweg fortleiten lassen. Am Empfangsort werden sie von entsprechenden Schaltungen wieder »entschachtelt«. Man spricht dabei von »Selektion«. Das Zeitmultiplex-System ist eine Ergänzung zum sog. Frequenzmultiplex, bei dem sich die gemeinsam übertragenen Signale verschiedener Telefonate durch unterschiedliche Trägerfrequenzen auszeichnen. Dazu werden die Sprachsignale aus ihrem Grundfrequenzbereich von 300 bis 3400 Hz durch Modulation und Frequenzumsetzung in höhere Frequenzbereiche gebracht.

Laser-Show im Münchner Opernhaus: Das eindrucksvolle, im Rhythmus der Musik bewegte farbige Lichtspektakel begleitet W. A. Mozarts »Zauberflöte«

Laserspektakel in der Oper

1970. Bei den Münchner Opernfestspielen erzeugen Laser (→ 1958) interferierende farbig-bewegte Lichtfiguren zur Gestaltung der Bühnenbilder.

Die Laserlichtschau ist eine konsequente Weiterentwicklung der Lichtorgel, bei der verschiedenfarbige Lampen automatisch im Takt der Musik gesteuert werden. Das Tonfrequenzspektrum der Musik wird dazu durch elektronische Filter in mehrere Bänder (z. B. tiefe, mittlere und hohe Töne) unterteilt, innerhalb derer die Amplitude (Lautstärke) die Lichtstärke je einer Lampengruppe steuert. Bei den musikgesteuerten Lasereffekten handelt es sich um Laserlichtstrahlen, die die Bühnendekoration nicht nur in unterschiedlichen Farben wechselnder Intensität beleuchten, sondern zugleich eine verwirrende Vielfalt an Formen erzeugen können – z. B. bewegte Lissajous-Figuren (→ 1855) oder diffuse Lichtbanden. Form und Dynamik dieser Figuren werden von Computern erzeugt, die die Laserlampen steuern. Die Rechner verwenden als Gestaltungsbasis Klangfarbe, Rhythmik und Lautstärke der Musik.

Elementarteilchen bekommen Farbe

1970. Die Teilchenphysiker Murray Gell-Mann und Harald Fritzsch stellen die Theorie der Quantenchromodynamik auf.

Die moderne Physik weiß, daß die Hadronen – etwa Protonen (→ 1910) oder Neutronen (→ 1931) – keine kleinsten Bestandteile der Materie sind, sondern sich aus »Quarks« zusammensetzen (→ 1964). Die Quantenchromodynamik ist ein Modell, das die Wechselwirkungen zwischen den Quarks beschreibt. Dazu wird den Quarks ein neuer Freiheitsgrad zugesprochen, die »Farbe«. So kann jedes der verschiedenen Quarks drei unterschiedliche Zustände, »Rot«, »Blau« und »Grün«, annehmen. Wird ein Gluon – das ist ein Bindungsteilchen, das die Quarks in den Hadronen zusammenhält – abgegeben oder aufgenommen, dann wird zwischen diesem und dem Quark eine »Farbeinheit« ausgetauscht. Das führt zu einer abstandsabhängigen Kopplung der Quarks aneinander. Mit zunehmendem Abstand wird diese Kopplung intensiver, was erklären könnte, warum sich Quarks bisher nicht isoliert, sondern nur im Verband in einem Hadron nachweisen ließen. Man spricht von Quark-Taschen, aus denen die Quarks nicht entweichen können. Taschen mit drei Quarks nennt man Baryonen, solche mit einem Quark und einem Antiquark Mesonen.

---

das Produkt. Allenfalls verwendete man es als rußendes Lampenöl. Der Energiebedarf wurde durch Verbrennen von Holz und Kohle gedeckt. Die Verbrennung sorgte für Wärme, für Dampfkraft und für Licht. Elektrizität gab es nur im Labor.

1970 decken Erdöl und Erdgas knapp zwei Drittel des Weltenergiebedarfs. Dazu werden in diesem Jahr 2336 Millionen Tonnen Rohöl und 1074 Milliarden Kubikmeter Erdgas gefördert. – Ende 1972 erzeugen weltweit 123 Kernkraftwerke 30 Milliarden Kilowatt elektrische Energie.

Werkstoffe:
1870 waren die wichtigsten Industriewerkstoffe Eisen, Stahl und Holz. Als einziger Kunststoff war

das vor einem Jahr erfundene Zelluloid bekannt.

1970 dominieren mengenmäßig in der Industrie noch immer Eisen und Stahl. Aber statt Holz und zahlreicher anderer natürlicher Werkstoffe (Glas, Keramik, Textilfasern) haben die Kunststoffe große Märkte erobert. Bei einem jährlichen Zuwachs von über 100 Prozent liegt die Weltkunststoffproduktion 1970 bei 29 Millionen Tonnen. Daneben sind – vor allem durch die Elektronik – moderne Sonderwerkstoffe getreten (Silizium, Germanium, Schwermetalle, Radionuklide usw.).

Maschinenbau:
1870 zeigte der Schwermaschinenbau, der sich der Dampfkraft als Antriebsenergie bediente, erste

Ansätze großindustrieller Fertigungsmethoden. Dampfhämmer bearbeiteten Eisen und Stahl. Daneben ragte besonders die Textilindustrie durch weitgehende Mechanisierung ehemals handwerklicher Prozesse hervor. Mühlen für zahlreiche Arbeitsgebiete arbeiteten vorwiegend noch mit Wasserkraft.

1970 arbeiten hoch spezialisierte Werkzeugmaschinen mit Computersteuerung, sind erste Industrieroboter in der Fertigung tätig, werden in gefährdeten Bereichen Teleoperatoren eingesetzt. Die Serienherstellung ist vielfach teilautomatisiert.

Kommunikation:
1870 gab es neben dem Briefverkehr nur den Telegraphen mit Morsezeichen. Er war an Kabellei-

tungen gebunden, denn der Funk war noch unbekannt. Neun Jahre zuvor hatte Philipp Reis das Telefon erfunden, das aber erst 1876 durch Graham Bell technisch verwendbar wurde.

1970 läßt sich die weltweite Kommunikationsszene nur mit dem Begriff »total« umschreiben: Telefon, Fernschreiber und Fernkopierer, Rundfunk, Fernsehen und Funkverkehr sind generell eingeführt. Das Telefonnetz ist dabei, im Selbstwählverfahren Ozeane zu überbrücken. Datennetze arbeiten, und der Funkverkehr schließt Weltraumverbindungen ein. Völlig neu entwickelt hat sich die maschinelle Datenverarbeitung, die → 1886 mit Hermann Holleriths Maschine ihren mechanischen Anfang hatte.

Elektronik in der Kleinbildfotografie

Um 1970. In den 70er Jahren dringt die Elektronik auch in die Kleinbildfotografie ein. Zahlreiche elektronische Funktionen sind bereits jetzt in die Kameras integriert, oder sie befinden sich in den Labors der Fotoindustrie in der Entwicklungsphase, um in wenigen Jahren zum Einsatz zu kommen.

Wichtigstes Element ist der automatische Belichtungsmesser. Er steuert elektronisch die Blende oder die Belichtungszeit. Auch der Zeitgeber für den Verschluß arbeitet jetzt elektronisch getaktet. Bald wird automatische Fokussierung möglich sein. Die Objekt-Entfernung wird durch Ultraschall- oder Infrarotechos abgetastet.

Nach → 1971 hält der Mikroprozessor Einzug in die Kameras. Er steuert dann Funktionen wie Filmtransport, Einstellen auf die Filmempfindlichkeit, Blenden- und Verschlußbewegungen. Eingebaute Elektronenblitze (→ 1965) liefern automatisch das nötige Zusatzlicht. Den Filmtransport besorgt ein Kleinstmotor.

Spiegelreflex-Kamera Pentax »Spotmatic« (um 1972)

Spiegelreflex-Kamera Leica »R 3« aus dem Jahr 1976

Canon »AE-1« mit Elektronenblitz (um 1977)

Kunststoffe dominieren alle Bereiche der Verpackung

Um 1970. Das Verpackungswesen ist ein hoch komplexes technischwissenschaftliches Spezialgebiet geworden, und ein ganzer Industriezweig stellt – zum Teil sehr komplizierte – Verpackungsmaschinen her. Diese Anlagen sind spezialisiert auf Einzel- und Serienverpackungen, auf dünnflüssige, pastose, teigige und zähe Flüssigkeiten,

Schüttgüter, Einzelteile, feste Teile, Pakete usw. Den mengenmäßig größten Anteil am Packmaterial stellen neben Papier, Kartonagen und Glas die verschiedenen Kunststoffe, besonders Polyäthylen. Aufwendige Verpackung ist zum Teil unnötiger Luxus, häufig aber dient die Verpackung der tatsächlichen Erhöhung des Lebensstandards –

etwa bei aromadichten oder fettbeständigen Folien –, der Transportvereinfachung, dem Schutz vor Verderben oder als bedruckter Informationsträger. Zudem hilft sie als Präsentationspackung in Supermärkten, Verkäufer einzusparen. Nach dem Bauwesen wird um 1970 die Verpackungsindustrie zum zweitgrößten Kunststoffabnehmer.

In den USA verbraucht sie 20 Prozent der Kunststoff-, 50 Prozent der Papier- und Papp- und über 90 Prozent der Hohlglasproduktion. In der Bundesrepublik werden 1971 von 800 000 t Polyäthylen 530 000 t zu Tüten, Beuteln, Verpackungsfolien, Säcken, Flaschenkästen, Flaschen, Fässern, Verschlüssen, Kästen, Dosen und Hülsen verarbeitet.

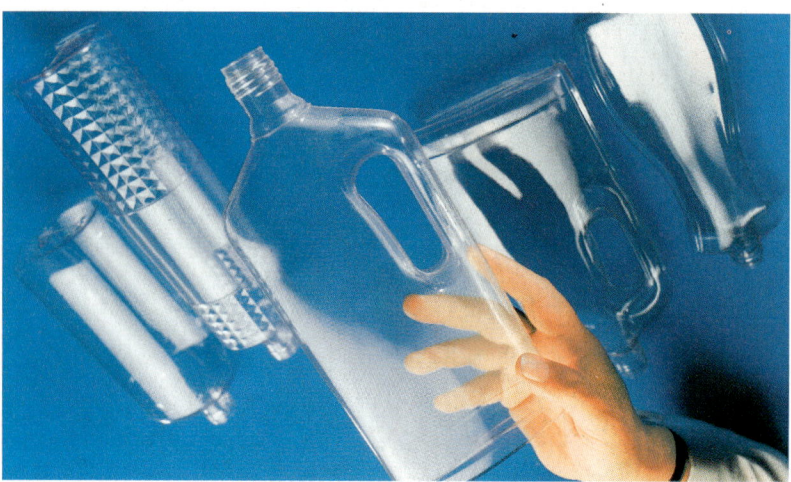

»Vinuran KR 3814«, ein modifiziertes Polyvinylchlorid (PVC) der BASF, liefert sehr bruchfeste, vollkommen wasserklare Kunststoffflaschen

»Styropor«, ein geschlossenporig geschäumtes Polystyrol von BASF, hat in der Verpackungsbranche große Bedeutung; hier in der Fischindustrie

1971

Der schweizerische Chemie-konzern F. Hoffmann La Roche und Brown, Boveri & Cie. stellen die erste Flüssigkristallanzeige (LCD) her. →

Texas Instruments baut den ersten Taschenrechner auf einem einzigen Chip auf. →

Norwegen gewinnt erstmals Nordsee-Erdöl aus dem »Eko-fisk«-Erdölfeld. →

Quarz-Armbanduhren kommen in den Handel.

Auf Puerto Rico wird ein 340-m-Radioteleskop eingeweiht. →

Rank Xerox führt den Teleko-pierer auf dem Markt ein. →

Mit dem Film Agfacontour führt die Firma Agfa die Äquidensiten-Fotografie ein. →

Die Leica M5 ist der erste Spiegelreflex-Fotoapparat mit Belichtungsmessung durch das Objektiv (→ um 1970).

19. 4. Die UdSSR bringt die Weltraumstation »SALJUT 1« auf die Erdumlaufbahn. →

26. 7. »APOLLO 15« wird gestartet. Während der fünften amerikanischen Mondexpedition unternehmen David Scott und James Irwin eine Fahrt mit dem Mondauto. →

11. 10. Das deutsche Fahrzeug- und Maschinenbauunternehmen Krauss-Maffei demonstriert in München-Allach das magnetgetragene Versuchsfahrzeug »Transrapid 02«. →

November. In den USA entsteht der erste Mikroprozessor der Welt, der MCS-4 (PMOS) der Firma Intel. →

13. 11. Die amerikanische Raumsonde »Mariner 9« geht als erster Satellit in eine Marsumlaufbahn.

27. 11. Eine versuchte sowjetische Marslandung schlägt durch Absturz der Raumsonde »MARS 2« fehl.

GESTORBEN:

26. 2. Koppaberg: The (Theodor) Svedberg (* 30. 8. 1884, Valbo), schwedischer Chemiker.

8. 4. Sankt Moritz: Fritz von Opel (* 4. 5. 1899, Rüsselsheim), deutscher Industrieller und Raketenpionier.

12. 4. Moskau: Igor Jewgenjewitsch Tamm (* 8. 7. 1895, Wladiwostok), sowjetischer Physiker.

15. 6. Salamanca: Wendell Meredith Stanley (* 16. 8. 1904, Ridgeville/Indiana), US-amerikanischer Biochemiker.

1. 7. Ipswich/Suffolk: William Lawrence Bragg (* 31. 3. 1890, Adelaide), britischer Physiker.

29. 10. Uppsala: Arne Wilhelm Kaurin Tiselius (* 10. 8. 1902, Stockholm), schwedischer Chemiker.

»Saljut 1«, Montagetest auf der Erde; die sowjetische Raumstation wird im Weltraum aus zwei getrennt in den Orbit beförderten Einheiten montiert

Raumstation in Erdumlauf

19. April 1971. Mit SALJUT 1 bringt die Weltraumbehörde der UdSSR die erste bemannte Weltraumstation in den Erdorbit. Die Station verbleibt ständig im Umlauf und kann mit SOJUS-Raketen angeflogen werden.

Die Vorbereitungsflüge für die SALJUT-Mission begannen schon am 23. April 1967 mit dem neuen Raumfahrzeug SOJUS 1. Nach 18 Erdumläufen wurde der Pilot Wladimir Komarow vorzeitig zurückbeordert. Bei der Landung versagte in 6,5 km Höhe der Bremsfallschirm. Der Kosmonaut kam ums Leben. Von Oktober 1968 bis Juni 1970 folgten die Starts von SOJUS 2 bis 9 mit zahlreichen erfolgreichen vorbereitenden Experimenten für SALJUT. Rendezvous-, Kopplungs- und sonstige

Manöver zwischen verschiedenen Raumkapseln fanden statt.

Drei Tage nach dem Start von SALJUT 1 befördert SOJUS 10 die drei Kosmonauten Schatalow, Jelissejew und Rukawischnikow zur neuen Raumstation. Sie docken dort für fünfeinhalb Stunden an, ohne die Station zu betreten, und fliegen zurück. Am 6. Juni legen dann mit SOJUS 11 Georgi T. Dobrowolski, Wladislaw Wolkow und Viktor Patsajew an SALJUT 1 an und führen dort 21 Tage lang Experimente durch. Während der Rückkehr zur Erde am 30. Juni ereignet sich ein tragischer Unfall. Beim Eintritt in die Atmosphäre versagt ein Ventil, die Luft entweicht aus dem Raumfahrzeug. Die drei Kosmonauten kommen ums Leben.

Ziele bemannter Raumstationen

Während die USA noch das APOLLO-Mondflugprogramm durchführen, setzt die UdSSR auf die Arbeit im erdnahen Weltall, ein Vorhaben, das wenige Jahre später auch die Amerikaner mit der Raumstation SKYLAB (→ 14. 5. 1973) einleiten werden.

Die mit den bemannten Raumstationen verfolgten Ziele sind äußerst vielfältig. Neben zahlreichen Vorhaben zur wissenschaftlichen Erforschung geo- und astrophysikalischer Phänomene stehen vor allem Projekte in Verbindung mit der Schwerelosigkeit (→ 1957). Hierbei ist das Spektrum groß: Wichtig ist noch immer die Erforschung des Einflusses der Schwerelosigkeit auf den Körper und die Psyche des Menschen. Daneben nimmt die pflanzenbiologische Grundlagenforschung einen breiten Raum ein. Chemische, physikalische und metallurgische Experimente ergründen die Möglichkeiten, neuartige Werkstoffe im All herzustellen – etwa Schaumstahl, Aluminium-Blei-Legierungen oder Metallgläser. Verfahrenstechnische Experimente bereiten Fertigungsanlagen im Orbit für superreine und/oder superhomogene Substanzen wie Halbleitereinkristalle vor.

Astronauten mit »Rover« auf dem Mond

26. Juli 1971. Während der fünften amerikanischen Mondexpedition vom 26. Juli bis zum 7. August unternehmen die Astronauten David Scott und James Irwin auf dem Erdtrabanten Fahrten mit einem eigens für diesen Zweck gebauten Mondauto. Der bei der APOLLO-15-Mission auf den Mond transportierte »Lunar Rover« wird mit Batterien betrieben und hat eine Reichweite von 92 km. Er besitzt eine Masse von 209 kg und ist recht fragil aufgebaut. Unter den irdischen Schwerkraftbedingungen würde er vom Gewicht des Fahrers zusammengedrückt. Auf dem Mond hat der Fahrer nur ein Sechstel seines irdischen Gewichts.

»Lunar Rover Vehicle« auf dem Mond: Apollo-15-Astronaut James Irwin prüft die Ausrüstung des Mondfahrzeugs; im Hintergrund der St.-Georg-Krater

Mikroprozessor wird zur Zentraleinheit im Computer

1971. Nach einer Entwicklung des Ingenieurs M. Edward Hoff aus dem Jahr 1969 stellt die amerikanische Firma Texas Instruments erstmals Mikroprozessoren her.

Viele Anwendungsgebiete

Neben dem Einsatz in Mikrocomputern – der erste Taschenrechner mit Mikroprozessor wird noch im selben Jahr entwickelt – finden die Mikroprozessoren bald Eingang in viele verschiedene Arbeitsgebiete. Sie werden in wenigen Jahren Uhren, Fotoapparate, Haushaltsgeräte, Heizungs-, Klima- und Alarmanlagen steuern, medizinische Geräte, Werkzeugmaschinen, Industrieroboter, Büromaschinen, Registrierkassen, Waagen verschiedenster Art, Automobile, Verkehrsüberwachungs- und -lenkungsanlagen kontrollieren, komplette Fertigungsabläufe überwachen und steuern, elektronische Textverarbeitungssysteme betreuen und am Aufbau ganzer neuartiger Kommunikationssysteme beteiligt sein.

Der Mikroprozessor ist eine integrierte Schaltung (→ 1958) in LSI (Large Scale Integration) oder VLSI (Very Large Scale Integration), d. h., er vereinigt in sich die Funktionen von 5000 bis 100 000 Transistoren (→ 1969). Er erfüllt die Aufgabe der sogenannten zentralen Einheit (CPU oder Central Processing Unit) eines Computers. Diese Einheit, auch Prozessor genannt, besteht aus verschiedenen Registern (Akkumulatoren, Datenregister, Instruktionsregister, Statusregister, Hilfsregister), dem Rechenwerk mit Arithmetik- und Logikeinheit, dem Steuer- oder Leitwerk mit dem Befehlsregister und der Ablaufsteuerung sowie einem internen Datenbus (einem Leitungssystem zur parallelen Übertragung von Operanden und Befehlen). Die CPU nimmt die zentrale Ablaufsteuerung und Koordination des gesamten Computersystems vor und führt darüber hinaus (meist) sequenziell die einzelnen Befehle des gespeicherten Programms aus. Diese im Mikroprozessor zusammengefaßte Funktionseinheit ist nur ein Teil des gesamten Mikrocomputers. Er arbeitet mit weiteren integrierten Schaltungen zusammen, z. B. Speichern, Ein- und

Mikroprozessor des US-amerikanischen Herstellers Texas Instruments unter dem Mikroskop; der Prozessor übt im Computer die Funktion der zentralen Recheneinheit aus und arbeitet dabei mit weiteren Mikrochips zusammen

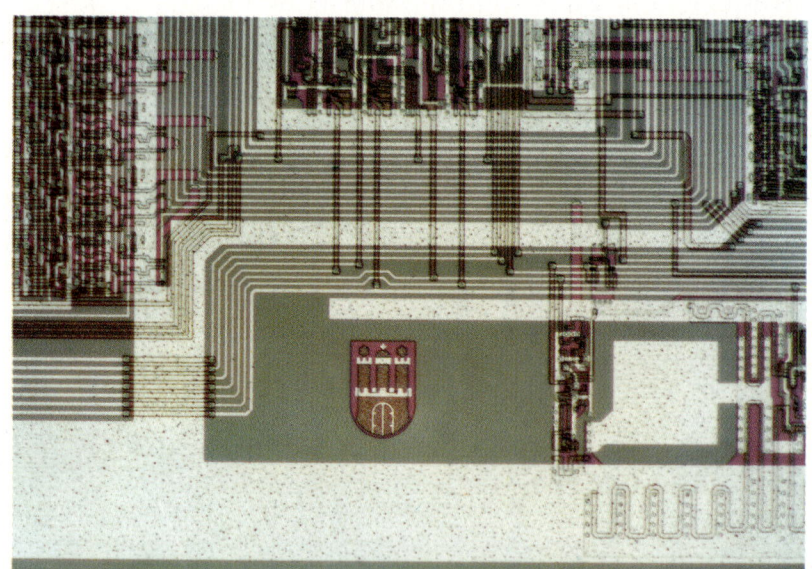

Mikroprozessor mit zusätzlichen Schreib/Lese- und Programmspeichern sowie Ein- und Ausgabeschaltung; das ganze Element ist 3,07 × 4,23 mm groß

Ausgabeeinheiten und Taktgeneratoren. Im Gegensatz zu den Zentraleinheiten großer Computer verarbeiten die Mikroprozessoren zunächst nur kürzere binäre Worte mit Längen von vier, acht, zwölf oder 16 Bit (→ 1948) gegenüber 64 Bit. Dafür ist ihre Rechenzeit durch die geringen Elektronenlaufzeiten in Folge der Mikrominiaturisierung extrem kurz. Für die Addition zweier Zahlen oder einen Schreib-Lese-Zyklus benötigen Mikropro-

zessoren eine sogenannte Zykluszeit von nur rund 1 bis 2 µs. Aufgebaut sind die Mikroprozessoren als Chips in genormten, langgestreckt flachen Gehäusen, sog. Dual-in-line-Gehäusen, mit bis zu 64 Anschlußstiften (»Pins«). Die Stifte sind senkrecht nach unten geführt und lassen sich in Stecksockel einführen. Hergestellt werden die Mikroprozessoren wegen des hohen erreichbaren Integrationsgrades (→ 1958) meist in MOS-Technologie.

Die Zukunft der Miniaturisierung

1968 äußerten Optimisten, in absehbarer Zeit würden sich möglicherweise in integrierter Technik (→ 1958; 1966) 50 oder mehr Einzelbauelemente vereinigen und wesentlich billiger als ein klassischer Transistor fertigen lassen.

Diese Erwartungen sind schon im Mikroprozessor weit übertroffen. Die erste Hälfte der 70er Jahre bringt etwa 150 000 Transistorfunktionen pro Chip mit jährlicher Verdopplung der erreichbaren Werte bei gleichzeitiger Verringerung der Kosten. Dieser Trend wird sich zwar verlangsamen, aber eine technische Grenze der Entwicklung läßt sich auch Ende der 80er Jahre noch nicht abschätzen. Eine theoretische Grenze setzen die Strukturdimensionen von Kristallgittern. Für die Zeit um 1990 rechnen Experten mit 10^8, für die Jahrtausendwende mit 10^{10} Transistoren je Chip. Zum Vergleich: Das menschliche Gehirn liegt dann nochmals um einen Faktor 10^{14} darüber.

Der erste Taschenrechner arbeitet mit einem Mikrochip

1971. Mit den im eigenen Hause produzierten ersten Mikroprozessoren (s. nebenstehende Seite) realisiert die amerikanische Firma Texas Instruments den ersten Taschenrechner.

Das technische Funktionsprinzip des Taschenrechners mit Mikroprozessor gleicht grundsätzlich demjenigen größerer Computer. Die Unterschiede liegen lediglich in geringerer und eingeschränkter Leistung, in kleineren Dimensionen, weniger und einfacheren Peripheriegeräten und – natürlich – im geringeren Anschaffungspreis des Taschenrechners.

Dem ersten von Texas Instruments hergestellten Rechner folgt innerhalb weniger Monaten eine ganze Palette derartiger Geräte vom winzigen Einfachrechner, der nicht mehr als die Grundrechenarten und das Prozentrechnen beherrscht, bis zum wissenschaftlichen Rechner mit zahlreichen Sonderfunktionen.

Der Taschenrechner enthält neben dem Mikroprozessor als zentraler Recheneinheit weitere integrierte Schaltkreise, u. a. Speicher. Darüber hinaus besitzt er eine Eingabetastatur, ein Display – zunächst mit Leuchtdioden (→ 1962), bald aber auch mit Flüssigkristallen (s.

Erster elektronischer Tischrechner von Texas Instruments (USA) aus dem Jahr 1967, ein Vorläufer der mit Mikrochips arbeitenden Taschenrechner; erst die Miniaturisierung der Bauelemente, vor allem der Chips, macht die Herstellung von kleinformatigen Rechnern möglich; führend auf diesem Gebiet ist Texas Instruments

unten) und eine Batteriestromversorgung. In späteren Jahren gibt es programmierbare Taschenrechner (→ 1974), Rechner mit eingebauten oder anschließbaren Magnetkartenlesern, Thermodrucker und andere Modelle.

Differenzieren werden sich bei den Taschenrechnern von Anfang an zwei unterschiedliche Systeme der algebraischen Operation. Generell üblich ist die normale algebraische Notation, die sich der klassischen mathematischen Formelschreibweise bedient (z. B. $5 + 7 = \ldots$). Zum Auslösen der Rechenoperation ist am Rechner die »=«-Taste zu drücken. Diese Notation kennt auch bei vielen Rechnern die in der algebraischen Schreibweise übliche Klammerhierarchie.

Daneben bürgern sich eine klammerfreie Notation, die sogenannte polnische Notation nach dem Philosophen und Logiker Jan Łukasiewicz und die umgekehrte polnische Notation (UPN) ein, bei der die Eingabereihenfolge »Operant-Operant-Operator« ist (zum Beispiel 5 ENTER $7+$). Hier werden die Rechenvorgänge durch Betätigen der »Enter«-Taste ausgelöst. Diese klammerfreie Notation führt zu kürzeren und übersichtlicheren Rechenprogrammen.

Flüssigkristalle für die Rechneranzeige

1971. Der schweizerische Chemiekonzern F. Hoffmann La Roche stellt gemeinsam mit der Elektrofirma Brown, Boveri & Cie. die erste Flüssigkristallanzeige (LCD oder Liquid Cristal Display) her.

Die Flüssigkristalle entdeckte bereits → 1889 Otto Lehmann. Es sind homogene, meist organische Flüssigkeiten, bei denen im Temperaturbereich zwischen der normalen flüssigen und der festen Phase ein flüssiger Zustand gegeben ist, bei dem sich die Moleküle in mindestens einer räumlichen Richtung (nematische Phase) oder zusätzlich in Schichten (smektische und cholestrische Phase) einheitlich orientieren. Die einzelnen Schichten sind gegeneinander und in sich verschieb- und drehbar. Die Gesamtheit dieser Phasen zwischen isotroper Flüssigkeit und Festkörper heißt Mesophase. Wie in einem Kristall führt die Ordnung der Moleküle hier zu optischen Effekten (Doppelbrechung, Polarisation des Lichtes usw.).

Beim LCD wird durch Anlegen elektrischer Felder die Molekülstruktur in der Mesophase so beeinflußt, daß sich die Lichtbrechung der Flüssigkristalle im Vergleich zu deren Umgebung reversibel ändert. Optisch wirkt sich das unter bestimmten Betrachtungswinkeln als Helligkeitskontrast aus, wodurch eine Anzeige – etwa von Ziffern oder Buchstaben – möglich wird. Der Vorteil: Die Flüssigkristallanzeige benötigt geringste elektrische Leistung (wenige $\mu W/cm^2$).

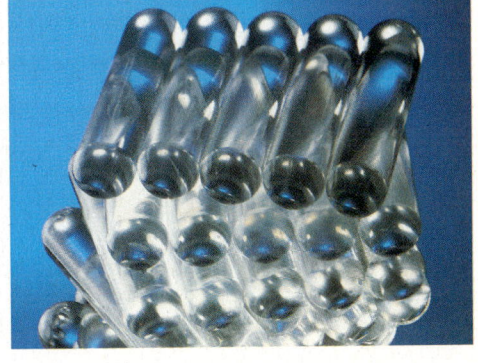

△ *Anordnung von flüssigen Kristallen in der Mesophase (Modell); sie sind hier durch das Anlegen eines äußeren elektrischen Feldes über alle Ebenen hinweg um 180° verdreht*

◁ *Ungestörte Lagerung flüssiger Kristalle*

Neu: Terminals für Datenverbundnetze

1971. Die amerikanische Firma IBM entwickelt Datensichtstationen, die über Fernleitungen mit einer EDV-Zentrale gekoppelt sind, sogenannte Terminals.

Die Terminals, die im wesentlichen über einen Monitor (Bildschirm) und eine Ausgabe-Tastatur verfügen, erlauben zahlreichen geographisch getrennten Benutzern den Zugriff zu einer zentralen Rechenanlage. Die dort gespeicherten Daten werden über die Terminaltastatur abgerufen.

Meist sind die Terminals nicht nur passive Datensichtanlagen, sondern gestatten auch aktiven Zugriff zu den Datenverarbeitungsfunktionen des Computers.

Ein typisches Beispiel sind die Buchungsterminals von Fluggesellschaften, die sich bald entwickeln. In jeder Filiale einer Gesellschaft erlaubt das Terminal sofortige Auskunft über Flugpläne, Flugplanänderungen, Platzbuchungsverhältnisse, Flugpreise usw.

Erdölförderung aus dem Nordseeboden

1971. Norwegische Ölgesellschaften fördern im »Ekofisk«-Feld vor ihrer Küste erstmals Rohöl aus dem Meeresboden der Nordsee.

Prospektoren haben unter der Nordsee in den vergangenen Jahren fast drei Dutzend Erdölfelder und 50 Erdgaslagerstätten entdeckt. Einige davon zählen zu den Mammutvorkommen der Welt.

Die größten Erdölfelder liegen nördlich der englisch-schottischen Grenze bis über die Shetland-Inseln hinaus etwa in der Mitte zwischen den Britischen Inseln und Südnorwegen. Viele von ihnen enthalten zugleich Erdgas.

Die größten und zahlreichsten Erdgasvorkommen befinden sich zwischen Mittelengland und den nördlichen Niederlanden.

Da die Nordsee ein sehr stürmisches Gewässer ist, lassen sich die Lagerstätten der Fossilenergieträger nicht so einfach erschließen wie jene im Schelf vor Mexiko bzw. in der Karibik (→ 1938). Neue Offshore-Techniken werden entwickelt, darunter das Halbtaucher-System, bei dem auf drei oder vier röhrenförmigen Beinen von über 40 m Höhe die eigentliche Bohrplattform liegt. Unten stehen die Beine auf hohlen Schwimmkörpern. Ein Regelsystem steuert deren Auftrieb so, daß die Beine stets zur Hälfte untergetaucht sind. Dadurch liegen weder die Schwimmkörper noch die Arbeitsplattform im Wellenbereich.

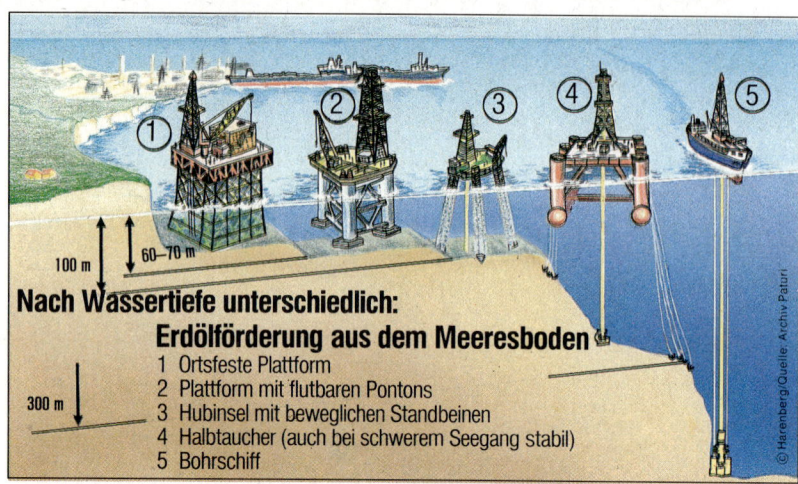

Nach Wassertiefe unterschiedlich:
Erdölförderung aus dem Meeresboden
1 Ortsfeste Plattform
2 Plattform mit flutbaren Pontons
3 Hubinsel mit beweglichen Standbeinen
4 Halbtaucher (auch bei schwerem Seegang stabil)
5 Bohrschiff

Erdöl-Produktionsplattform für das Offshore-Feld »Brent« in der Nordsee kurz vor ihrer Fertigstellung im Stavanger-Fjord; die Plattform wird schwimmend zu ihrem Bestimmungsort geschleppt und dort geflutet; aufgrund ihres hohen Gewichts von 165 000 t braucht sie nicht verankert zu werden

Trinkwasser aus der Osmose-Anlage

1971. Als erste Stadt der Welt setzt Greenfield in Iowa (USA) eine große Osmose-Anlage zur Trinkwasseraufbereitung ein.

Verschmutztes oder salziges Wasser – etwa Brackwasser – läßt sich auf verschiedene Weise in Trinkwasser verwandeln: Feste Verunreinigungen kann man herausfiltern, gelöste Salze werden durch verschiedene Verdampfungsverfahren, durch Kristallisationsverfahren (Gefrieren) oder durch Membranverfahren zurückgehalten. Zu den Membranverfahren gehört außer der Elektrodialyse die sogenannte umgekehrte Osmose. Beim Osmoseverfahren wird Süßwasser aus Salzlösungen durch eine Membran abgetrennt, wobei die Druckdifferenz zwischen beiden Membranseiten höher sein muß, als der osmotische Druck. Dieser Druck kommt dadurch zustande, daß das salzfreie Wasser ständig versucht, durch die Membran zurückzuwandern, um die dort anstehende Salzlösung zu verdünnen. Der Wirkungsgrad der Osmose-Anlagen (eingesetzte Energie zu entsalzener Wassermenge) ist gegenüber anderen Verfahren hoch, der Anlagenaufbau sehr einfach. Mit den ersten Osmose-Anlagen läßt sich bislang nur Brackwasser mit einem Salzgehalt von maximal etwa einem Prozent zu Trinkwasser (Salzkonzentration 0,03 bis 0,04 Prozent) aufbereiten.

Schwimmende Kernreaktoren in Serienproduktion geplant

1971. Angesichts der schnell zunehmenden Energieerzeugung in Kernreaktoren in den USA etabliert sich die Offshore Power Systems Gesellschaft als Zusammenschluß der größten Reaktorbaufirma der Welt (Westinghouse) und der größten Schiffswerft der USA (Tenneco).

Das Unternehmen will baugleiche Standardkraftwerke in Serie herstellen, die unter völlig gleichen Einsatzbedingungen arbeiten sollen: Auf 120 × 120 m großen schwimmenden Plattformen, rund 5 km vor der Küste hinter künstlichen Wellenbrechern. Die Leistung je Reaktorblock soll 1150 Millionen Watt betragen.

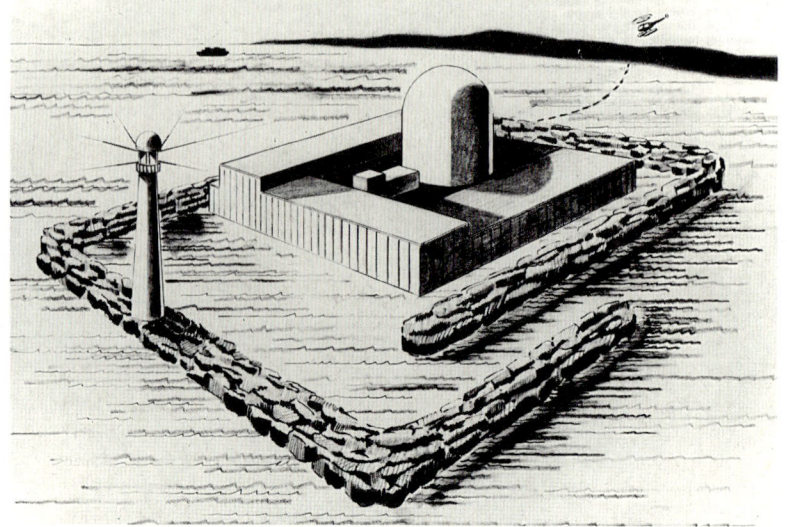

Entwurfszeichnung für ein nukleares Offshore-Kraftwerk; an Ort und Stelle – etwa 5 km vor der Küste in der Nähe eines Ballungsgebiets von Stromverbrauchern – soll im Flachwasser nur die Wellenbrecheranlage fest aufgebaut werden; das Kraftwerk selbst wird zuvor in einer Werft auf einem großen Ponton montiert und von Schleppern an seinen Einsatzort gebracht; Kernreaktoren dieser Bauart wären technisch sehr sicher, da sie nicht von Fall zu Fall neu konstruiert werden müssen, sondern in Serien baugleich sind; dennoch kommt es nicht zur Realisierung des Typs, da im Kriegsfall Torpedoangriffe drohen

Die Künstlermontage mehrerer realer Luftaufnahmen faßt eindrucksvoll die Schadstoffemissionen und Raumzerstörungen durch Verkehrsmittel, Industrie, Kraftwerke, Wohngebiete und chemotechnische Landwirtschaft zusammen

Technik bedroht die natürliche Umwelt

Um 1971. Aufgrund geeigneter Gegenmaßnahmen ist die Umweltbelastung durch die Technik in den Industrienationen seit Anfang der 70er Jahre auf vielen Gebieten stark rückläufig. Andere Faktoren geben aber zur Besorgnis Anlaß und lassen sich nur schwer in den Griff bekommen. Hier gilt es bereits als Erfolg, eine explosive Ausweitung der Schadstoffemission zu verhindern. Betroffen sind Luft, Oberflächen- und Grundwasser sowie die Böden. Die wichtigsten Schadstoffquellen sind Heizkraftwerke, Verbrennungsmotoren und -anlagen, chemische und andere industrielle Prozesse und Abwärmeerzeuger.

Die bedeutendsten Schadstoffe

Schwefeldioxid (SO_2) stammt zu über 90 Prozent aus Verbrennungsabgasen, reizt die Schleimhäute und greift zusammen mit Schwebstaub die Atemwege an. Es schädigt die Vegetation.

Stickoxide (NO_x) entstehen ebenfalls hauptsächlich in Verbrennungsanlagen, besonders im Verkehrssektor. Auch sie reizen die Schleimhäute und die Atemwege. In Ballungsgebieten führen sie zu Smog und kreislaufgefährdenden Inversionswetterlagen. Pflanzenschäden sind wahrscheinlich.

Kohlenmonoxid (CO) ist neben Kohlendioxid mengenmäßig der bedeutendste Luftverunreiniger. Es entsteht bei unvollständiger Verbrennung. CO ist ein ausgesprochenes Blutgift. Die Vegetation schädigt es nicht.

Kohlendioxid (CO_2) ist ebenfalls ein Verbrennungsabgas. Der CO_2-Gehalt der Luft steigt aber auch drastisch durch Waldrodung und Bodenverbauung, weil die CO_2-Verbraucher dezimiert werden. CO_2 kann weltweite Klimaveränderungen bewirken, deren Folgen noch nicht abzusehen sind.

Kohlenwasserstoffe, andere organische Verbindungen und Schwermetallverbindungen stammen hauptsächlich aus Fabrikationsanlagen sowie aus Müllverbrennungsanlagen. Die Zahl der Verbindungen läßt sich nicht überschauen. Viele sind sehr gesundheitsschädlich, z. B. karzinogen.

Staubniederschlag stammt hauptsächlich aus Industrieanlagen, Kraftwerken und Hausbrand. Staub belästigt den Menschen nicht nur, er gefährdet ihn auch über die Nahrungskette: Pflanzen und Tiere in staubreichen Gebieten enthalten oft Schwermetalle und andere langlebige Giftstoffe.

Schwebestaub stammt aus denselben Quellen wie Staubniederschlag, ist aber viel feiner. Deshalb dringt er leicht in die Lungen ein und verursacht zusammen mit Schwefeldioxid Erkrankungen der Atemwege. Je nach seiner Zusammensetzung kann er äußerst giftig sein.

Phosphate stammen hauptsächlich aus Waschmittelrückständen in den Abwässern sowie aus landwirtschaftlicher Überdüngung. Sie belasten vor allem Oberflächengewässer bis zum biologischen Umkippen durch Sauerstoffverarmung.

Salze und Schwermetalle stammen in erster Linie aus dem Bergbau, der chemischen Industrie und der winterlichen Straßenstreuung. Sie vergiften in Form zahlreicher verschiedener Verbindungen das Grundwasser und die Oberflächengewässer bis hin zu den Weltmeeren.

Kurzzeitmessung bis zur Pikosekunde

1971. Ein am Bell Telephone Laboratory in Murray Hill entwickelter Laser (→ 1958) gestattet die Erzeugung von Lichtblitzen von nur einer Pikosekunde (10^{-12} Sekunden bzw. eine Billionstelsekunde).

Technisch lassen sich derart kurze Lichtblitze mit geeigneten Maßnahmen zur Ultrakurzzeitmessung oder zur zeitlichen Auflösung und Fotografie sehr schnell ablaufender Prozesse verwenden.

Interessant ist etwa die Untersuchung äußerst schneller Vorgänge bei der Umwandlung von Licht in organischen Molekülen. Später werden auf die gleiche Weise Rekorde bis zu 8 Femtosekunden erreicht. Das sind acht Millionstel einer Milliardstelsekunde.

In dieser winzigen Zeitspanne kommt das Licht, das die größtmögliche Geschwindigkeit von 300 000 km/s besitzt und die Strecke Erde – Mond in eineinviertel Sekunden zurücklegt, nur 2,5 tausendstel Millimeter, das ist etwa ein zwanzigstel Haarbreite, weit.

Fotografie zeichnet Dichtewerte auf

1971. Mit dem Agfacontour-Film führt die Firma Agfa die Äquidensiten-Fotografie ein. Der Film registriert Linien gleicher Dichte (Schwärzung, Wärmedichte u. a.) oder Helligkeit und eignet sich dadurch für physikalische Untersuchungen verschiedenster Phänomene, etwa der Wärme- oder Lichtverteilung auf Körperoberflächen.

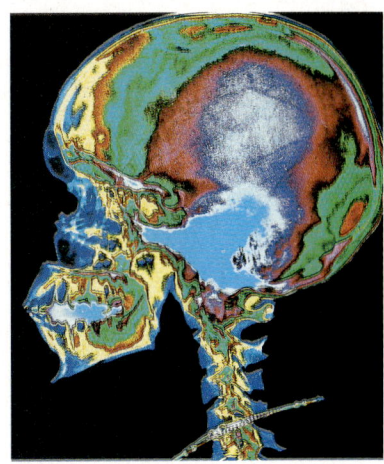

Durch einen Contourfilm von Agfa-Gevaert in Äquidensitendarstellung umgesetztes Schädel-Röntgenbild

Radioteleskop funkt Botschaft ins All

1971. Auf der Karibikinsel Puerto Rico wird bei Arecibo ein gewaltiges Radioteleskop (→ 1937; 1970) von 340 m Durchmesser eingeweiht. Es ist zu dieser Zeit die größte Anlage dieser Art auf der Welt.

Es soll nicht – wie andere Radioteleskope – allein der Radioastronomie dienen. Die Wissenschaftler wollen damit auch Radionachrichten in das Weltall senden. Das dafür verwendete Zweitonsignal wird das stärkste sein, das auf Erden je erzeugt wurde: 25mal so leistungsstark wie alle Elektrizitätswerke der Welt zusammengenommen und vergleichsweise so »hell« wie eine Million Sonnen. Das knapp dreiminütige, aus einzelnen kurzen Impulsen zusammengesetzte Sendesignal wird fortlaufend wiederholt und enthält eine kodierte Nachricht an mögliche außerirdische Intelligenzen in einem 24 000 Lichtjahre fernen Sternhaufen, »Messier 13«. Die Nachricht wird auf rund 300 000 Sternen zu empfangen sein. Die Wahrscheinlichkeit einer intelligenten Zivilisation im Zielgebiet liegt nach Ansicht der Wissenschaftler bei 1:2. Die Botschaft läßt sich leicht in ein Bild aus 23 Spalten und 73 Zeilen umsetzen, das symbolhafte Darstellungen von Zahlen, den chemischen Bestandteilen der Desoxyribonukleinsäure des Menschen und der Arecibo-Antenne zeigt. Erstmals ausgesandt wird die Botschaft 1974.

Parabolreflektor der Radioteleskop-Antenne von Arecibo auf der Karibikinsel Puerto Rico; das Teleskop wird von der Cornell Universität betrieben

Hoch über dem Parabolspiegel aus Leichtmetallplatten ist in dessen Brennpunkt – mit Stahlseilen abgespannt –, die eigentliche Antenne fixiert

Zwei Magnetkissenbahnen im Versuch

11. Oktober 1971. Die Firma Krauss-Maffei demonstriert in München-Allach das magnetgetragene Versuchsfahrzeug »Transrapid 2«. Am 6. Mai stellte Messerschmitt-Bölkow-Blohm in Ottobrunn bei München das erste Prinzipfahrzeug der Welt mit magnetischem Trag- und Führungssystem sowie einen Linearmotor vor.

Beide Fahrzeuge sind spurgeführt und werden von starken elektromagnetischen Feldern getragen. Ein derartiges System ist an sich nicht stabil, weil die Elektromagneten das Fahrzeug bis gegen die Führungsschiene hochziehen würden, was aber durch elektronische Regelung vermieden wird, so daß man einen Schwebezustand erreicht.

Das Magnetkissenversuchsfahrzeug »Transrapid 2«, entwickelt von der bundesdeutschen Firma Krauss-Maffei (München), bei einer Testfahrt

Mit Videokassetten gegen Schriftkultur

1971. Auf der Internationalen Funkausstellung in Berlin werden erstmals farbige Videokassetten (→ 1969) vorgestellt. Dazu werden die entsprechenden Heim-Wiedergabegeräte angeboten.

Das bald sprunghaft wachsende Sortiment dieser Kassetten ergänzt das Medium Fernsehen zu einem Bild-Ton-Angebot, das durch seine Präsentationsmöglichkeiten für den Verbraucher die Grenzen zwischen Realität und Fiktion verschwimmen läßt. Was Medienexperten aber besonders beunruhigt: Die Bild-Tonträger verdrängen die Schriftkultur. – Schon in wenigen Jahren bestätigen sich ihre Prognosen eines »funktionalen Analphabetentums« in erschreckender Weise: 1980 können 25 Millionen erwachsene US-Bürger überhaupt nicht mehr und zusätzliche 35 Millionen kaum noch lesen. Das sind 34 Prozent der amerikanischen Erwachsenen. 45 Prozent der Amerikaner lesen keine Zeitung mehr, 37 Prozent der weniger als 22jährigen keine Bücher. Dazu kommt ein galoppierendes Nichtinformiertsein: Nicht einmal die Hälfte der erwachsenen Amerikaner weiß, daß ihre Nation bisher als einzige Atombomben eingesetzt hat. Sicherlich eine Ursache: Der realitätsbezogene Informationsgehalt der Videokassetten geht gegen Null; Fernsehnachrichtenbeiträge umfassen in den Vereinigten Staaten maximal 120 Worte.

Rank Xerox führt Telekopierer ein

1971. Ein erstes Telekopiergerät nach dem Flachbettverfahren bringt Rank Xerox auf den Markt. Im Gegensatz zu der älteren Bildtelegraphie (→ 1890; 1968) wird beim Flachbettsystem die Vorlage zeilenweise auf eine Diodenleiste projiziert und dort elektronisch abgetastet. Die erhaltenen Signale werden per Telefon übertragen und im Empfänger – ebenfalls zeilenweise – auf einen Elektrodenkamm geschaltet, der das Trägerpapier je nach Bildinformation elektrostatisch auflädt. Der weitere Vorgang entspricht in etwa dem im üblichen Normalpapiergerät (→ 1937). Auch im Fernkopierer wird dabei mit Toner-Pulver gearbeitet.

1972

Um 1972. Die Röntgenstrahl-Lithographie wird entwickelt. →

Bei Fernsehgeräten setzt sich die servicefreundliche Modulbauweise durch. →

1972. Die ersten Quadrophonie-Schallplatten erscheinen auf dem Markt. →

Bushnell, der Gründer von Atari, erfindet das erste elektronische Spiel (Computerspiel) »Pong«. →

Die Firma Schott entwickelt das erste hochbrechende Leichtgewichtsglas für Brillen. →

In der Sahara wird ein 100 km langes Förderband zum Transport von Erzen an die Küste eingeweiht. →

Auf dem Olympiagelände in München wird das bisher größte Dach der Welt (Fläche: 74 800 m²) fertiggestellt. →

Zwei Physikern gelingt es, Albert Einsteins Zwei-Uhren-Paradoxon im Experiment nachzuweisen. →

In den USA geht ein 200-Milliarden-eV-Beschleuniger in Batavia in Betrieb. Er liefert neue Erkenntnisse über den Aufbau der Materie.

2. 3. In den USA startet die Raumsonde PIONEER 10 zur Erforschung der äußeren Planeten des Sonnensystems. →

11. 3. Die europäische Organisation zur Erforschung des Weltraums, ESRO, startet den Satelliten TD-1A, einen astronomischen Forschungssatelliten, das größte und komplexeste in Westeuropa je gebaute Raumfahrzeug.

17. 5. Der Flugzeugkonstrukteur Marvin D. Taylor (Boeing Company) präsentiert die Möglichkeit eines »Airlift«-Konzepts für den Flüssiggastransport durch Riesenflugzeuge. →

September. Die Firma Krauss-Maffei in der Bundesrepublik unternimmt erste Versuche mit dem »Transrapid 03« (Luftkissenfahrzeug und Magnetschwebeversion). →

28. 10. Der Airbus »A 300« geht in Toulouse auf Jungfernflug. →

19. 12. Das APOLLO-Mondflugprogramm ist nach der Rückkehr von APOLLO 17 zur Erde abgeschlossen. →

GESTORBEN:

20. 2. San Diego/Kalifornien: Maria Goeppert-Mayer (* 28. 6. 1906, Kattowitz), deutsch-US-amerikanische Physikerin.

26. 10. Easton/Connecticut: Igor Sikorski (* 25. 5. 1889, Kiew), sowjetisch-US-amerikanischer Flugzeugkonstrukteur.

23. 12. Moskau: Andrej Nikolajewitsch Tupolew (* 29. 10. 1888, Pustomazowo/Kalinin), sowjetischer Flugzeugkonstrukteur.

US-Mondlandeprogramm abgeschlossen

19. Dezember 1972. Mit der Rückkehr der drei Astronauten Eugene A. Cernan, Harrison H. Schmitt und Ronald Evans von der bisher längsten Mondlandemission im Rahmen von APOLLO 17 ist das US-amerikanische APOLLO-Mondflugprogramm abgeschlossen. Die Vereinigten Staaten wollen sich anderen Projekten zuwenden und für wenigstens zwei Jahrzehnte in der Mondforschung pausieren.

Der Mission APOLLO 17 ging 1972 die Mondlandeaktion von APOLLO 16 vom 16. bis 27. April voraus. An Bord waren bei diesem Mondbesuch Commander John W. Young, Mondlandepilot Charles M. Duke und Kommando-Modul-Pilot Thomas K. Mattingly II. Die Mondlandefähre setzte in der »Cayley-Ebene« in den südlichen Mondgebirgen nahe des großen Kraters »Descartes« auf. Dort erwartete man viel vulkanisches Gestein, fand aber überraschenderweise kaum solches Material. Die Astronauten installierten mehrere Meßinstrumente, die in Funkkontakt mit der Erde stehen. Sie sammelten auf drei Exkursionen mit dem »Lunar Rover« (→ 1971) 111 kg Mondgestein und Erde. Die letzte APOLLO-Mission dauert vom 7. bis zum 19. Dezember und ist zugleich die längste. Der Landeplatz der Mondfähre »Challenger« ist ein knapp 10 km breites Tal in der Nähe des »Littrow«-Kraters in den »Taurus«-Bergen wo – so glauben die Wissenschaftler – vor 100 bis 3000

Modelle ausgewählter US-Weltraumraketen im Größenvergleich mit den Türmen der Münchener Frauenkirche im Deutschen Museum der Technik (von links: Thor Delta [1960], Thor Delta DSV-3E, Thor Delta DSV-3A, Atlas Mercury [1962], Atlas Agena B [1961], Atlas Centaur [1963], Titan II [1965], Titan III C [1965], Saturn IB [1967], Saturn V [1967])

Millionen Jahren die Vulkanausbrüche des Mondes stattgefunden haben sollen. In anderen Gebieten der Taurus-Berge erwartete man, bis zu vier Milliarden Jahre altes Gestein zu finden. Als vielleicht wichtigsten Fund bezeichnen Geologen die Entdeckung eines Bandes von schmutzig-orangefarbenem Boden am Rande eines Kraters. Es ist der erste konkrete Beweis für Mondvulkanismus. Zugleich entdeckt Evans aus dem Mondorbit Vulkankrater auf der Mondrück-

seite. Mit dem »Lunar Rover« legen Cernan und Schmitt 31,8 km zurück und sammeln dabei 117 kg Mondgestein, was die Gesamtausbeute aller APOLLO-Missionen auf 381,7 kg bringt. NASA-Sprecher bezeichnen die letzte Mission als die wissenschaftlich ergiebigste. Sie zeichnet sich auch durch technische Superlative aus: Die längste Dauer (12 Tage 13 Stunden 52 Minuten), die längste APOLLO-Flugbahn (3 377 600 km), den längsten Mondaufenthalt (74 Stunden 59 Minuten).

US-Amerikaner auf dem Mond – APOLLO-Missionen in Stichworten

Mission	Dauer	Gesamtflugzeit	Zeit auf dem Mond	Astronauten
APOLLO 11	16. 7. – 24. 7. 1969	195 h 18'	21 h 36'	Armstrong, Aldrin, Collins
APOLLO 12	14. 11. – 24. 11. 1969	244 h 36'	31 h 30'	Bean, Conrad, Gordon
APOLLO 13	11. 4. – 17. 4. 1970	142 h 54' 2 Erdorbits	1 Mondumkreisung	Lovell, Haise, Swigert
APOLLO 14	31. 1. – 9. 2. 1971	215 h 34'	33 h 30'	Shepard, Mitchell, Roosa
APOLLO 15	26. 7. – 7. 8. 1971	294 h 12'	66 h 5'	Irwin, Scott, Worden
APOLLO 16	16. 4. – 27. 4. 1972	265 h 51'	71 h 2'	Young, Duke, Mattingly II.
APOLLO 17	7. 12. – 19. 12. 1972	301 h 52'	74 h 59'	Cernan, Evans, Schmitt

Sonde mit Ansichtskarte für Außerirdische

2. März 1972. *Die US-amerikanische Raumsonde PIONEER 10 (Abb.) startet. Sie passiert den Mars und fliegt am 4. Dezember 1973 an Jupiter, am 11. Juli 1979 an Uranus und 1987 – 15 Jahre nach dem Start – an Pluto vorbei, bevor sie das Sonnensystem verläßt.*
Die Raumsonde hat eine Bildbotschaft für mögliche extraterrestrische Intelligenzen an Bord. Sie zeigt einen nuklearen Zeitmaßstab (→ 1957), die Sonde selbst, Mann und Frau und das Sonnensystem.

Leichtes Spezialglas für starke Brillen

1972. Die Glaswerke Schott in Mainz entwickeln ein hoch brechendes optisches Spezialglas. Haupteinsatzgebiet für das neue Material sind Brillengläser zur Korrektur starker Sehfehler.

Die normalen Gläser für sehr kurzsichtige Brillenträger sind so stark konkav geschliffen, daß das Material an den Rändern oft mehr als fünf Millimeter stark sein muß. Solche Gläser sind naturgemäß sehr schwer. Das neue Schwerflintglas zeichnet sich durch hohe Brechzahlen (z. B. 1,652 statt üblicherweise 1,523) und zugleich sehr niedrige Werte der Abbeschen Zahl aus. Letzteres bedeutet eine geringe Differenz der Brechzahlen für Licht verschiedener Wellenlängen. Brillen aus diesem Glas brauchen bei gleicher Sehfehlerkorrektur weniger stark geschliffen zu werden. Ihre Gläser sind deshalb wesentlich dünner und leichter als jene herkömmlicher starker Brillen.

User-Terminal einer IBM-Rechenanlage System 370, Modell 135

Multi-User-System bürgert sich ein

Um 1972. Anfang der 70er Jahre bürgert sich in der elektronischen Datenverarbeitung international das Multi-User-System ein.

Das auch als Teilnehmersystem bekannt werdende Prinzip betrifft die Software (also den Programmteil) von Computeranlagen, genauer gesagt, deren Betriebssystem. Das Betriebssystem eines Computers ist ein Programmpaket, das die Abwicklung von Benutzerprogrammen (Anwendungsprogrammen) auf einem Rechner steuert und überwacht. Es enthält üblicherweise Programme zum Hochfahren des Rechners (Loader), zum allgemeinen Betrieb (Monitor), zum Kopieren, Kompilieren, Ändern und Bearbeiten von Programmen. Dieses Betriebssystem kann für die »interaktive« Nutzung einer Rechenanlage ausgelegt sein. Dadurch bekommen mehrere Teilnehmer über verschiedene, oft räumlich getrennte Terminals (→ 1971) Zugriff zu ein und demselben Rechner. Das System teilt die Rechnerkapazität in kurze Zeiteinheiten (»Zeitscheiben«) unter den verschiedenen Teilnehmern für ihre jeweilige Arbeit auf. Ihre Programme werden auf diese Weise zeitlich geschachtelt schrittweise bearbeitet. Verbunden mit dem Multi-User-System kann eine Prioritätsregelung sein. Sie räumt gewissen Benutzern Sonderrechte ein bzw. sperrt manche Computerfunktionen für bestimmte Teilnehmer.

Modulbauweise erleichtert den Service

Um 1972. Anfang der 70er Jahre bürgert sich bei Phono- und vor allem bei Fernsehgeräten die sogenannte Modulbauweise ein.

Module sind elektronische Baugruppen, die eine oder mehrere Funktionen ausüben und als geschlossene Einheiten in Geräte eingesetzt werden. Oft geschieht das einfach über Steckkontakte. Von der Bauform her können Module recht unterschiedlich in Erscheinung treten. Üblich sind u. a. kleine, in Metallgehäusen gekapselte Einheiten, bei denen äußerlich nur Anschlußkabel oder Kontaktstifte erkennbar sind.

Weit verbreitet sind aber vor allem Steckkarten. Das sind mit elektronischen Bauteilen bestückte Kunststofftafeln mit aufgedruckten Schaltungen (→ 1949), bei denen die für den externen Anschluß erforderlichen Leiterbahnen parallel bis an den Plattenrand geführt sind. Mit der Stirnseite, die die Anschlußleiter aufweist, läßt sich die Steckkarte einfach in einen Kontaktsockel im Gerät einführen.

Ein Hauptmerkmal der Module ist, daß sie sich leicht als ganze Einheit austauschen lassen. Dadurch werden modular aufgebaute Geräte wesentlich servicefreundlicher. Zum einen wird die Fehlersuche vereinfacht. Zum anderen wird die Reparaturzeit drastisch verkürzt. Und drittens reduziert sich die Gefahr von Reparaturschäden.

Daneben bringt die Modulbauweise noch einen weiteren Vorteil mit sich: In modulbestückten Geräten können zukünftige Funktionen (etwa Breitbandempfang in einem Fernsehgerät oder Zusatzspeicher in einem Computer) eingeplant werden, die aber technisch noch nicht ausgeführt sind. Das Gerät weist nur entsprechende Steckkontaktleisten auf, in die sich im Bedarfsfall ein oder mehrere weitere Module einstecken lassen, um seine Funktionen zu erweitern.

Größenvergleich verschiedener Steckeinheiten – sog. Module – für den Einbau in elektronische Geräte; unterschiedlich sind u. a. die Kontakte

Rohstoffbilanz und Müllprobleme führen zum Recycling

Um 1972. Manche Experten befürchten die Verknappung zahlreicher Rohstoffe – besonders der Buntmetalle – innerhalb weniger Jahrzehnte.

Das führt u. a. zur forcierten Wiederaufbereitung von Abfallmaterial. Zu diesem als Recycling (Rezyklieren = wieder in den Kreislauf bringen) bekannt werdenden Procedere drängt auch das Überhandnehmen von Abfällen.

Dies sind die wichtigsten Recyclingrohstoffe:

Eisen und Stahl: Nicht nur die Altmaterialien selbst werden erneut zu Rohstoffen. Von den rund 140 m³ Wasser, die zur Herstellung einer Tonne Rohstahl erforderlich sind, fließen 1972 115 m³ gereinigt in die Produktion zurück. 200 Millionen Tonnen Hochofenschlacken wandern jährlich in den Straßenbau, den Hüttensand verarbeitet die Zementindustrie. Phosphorreiche Schlacken werden zu Düngemitteln verarbeitet.

Nichteisenmetalle: Im Gegensatz zu Eisen und Stahl kommen Kupfer, Nickel, Blei, Zinn, Zink usw. meist in sehr komplizierter Form in den Handel (Kabel, Akkumulatoren u. a.). Entsprechend kompliziert ist ihr Recycling.

Organische Chemie: Die Zahl der praktizierten und in Entwicklung befindlichen Recyclingverfahren der chemischen Industrie sind immens. Sehr wichtig ist u. a. die Verwertung der Abfallprodukte bei der Schwefelgewinnung. Dabei fallen z. B. Eisen, Kupfer und sogar Edelmetalle an. Schlacken und Schlämme – letztere zu Ziegel gebrannt – finden im Bausektor Verwendung.

Kunststoffe, Papier und Pappe, Textilien und Glas: Diese Materialien werden in der Industrie meist an Ort und Stelle wiederverwendet. Die größten Altstoffmengen stammen aber aus dem Hausmüll (s. unten). Hier sind neben Sammelaktionen für Papier und Glas in Sondercontainern Hausmüllsortieranlagen (→ 1980) in Entwicklung. Müllkompostwerke, die organische Abfallstoffe zu hochwertigem Düngetorf verarbeiten, sind bereits in Betrieb.

Autowracks für den Shredder

Endmaterial: Eisenfeinschrott

Maßnahmen zur Müllentlastung der natürlichen Umwelt

Um 1972. Die Belastung der Böden und der Gewässer mit Abfallstoffen wächst stärker als jene der Luft (→ 1971).

Während sich der Ausstoß von gas- und staubförmigen Abfallstoffen bereits seit rund einem Jahrzehnt für viele Substanzen in den Industrieländern drastisch reduziert hat und Anfang der 70er Jahre weiter reduziert, nimmt die Belastung der Gewässer und der Böden im allgemeinen weiterhin zu.

Der Müllausstoß wächst: So führt der Rhein stellenweise täglich bis zu 30 000 t Salze, 3000 t Arsen und 450 kg Quecksilber mit sich! 100 Millionen Kubikmeter bzw. 20 Millionen Tonnen Hausmüll fallen jährlich allein in der Bundesrepublik an. Dazu kommen der kommunale und industrielle Müll. Die Summe beläuft sich auf rund 65 Millionen Tonnen (1985 werden es 100 Millionen sein). Davon sind 20 Millionen Tonnen Hausmüll, zwei bis vier Millionen Tonnen Küchenabfälle, sechs bis neun Millionen Tonnen Druck- und Packpapier, drei Millionen Tonnen Glas und Steine, zwei bis sieben Millionen Tonnen Asche, Sand und andere Feinteile, 0,7 bis 1,5 Millionen Tonnen Kunststoffe, Metalle, Textilien, Leder und Holz und knapp zwei Millionen Tonnen Autowracks. Das verbleibende knappe Drittel des Mülls sind Industrieabfälle vom Altöl über Reste der Kunststofffertigung bis zum Rotschlamm.

Anfang der 70er Jahre ergreift man die ersten Großmaßnahmen zur sinnvollen Kanalisierung der Müllflut, die noch immer vielerorts auf wilden Müllkippen landet, dort verbrennt und giftige Abgase entwickelt oder das Grundwasser verseucht. Mehr und mehr Müllverbrennungsanlagen entstehen, die bei sehr hohen Temperaturen auch die Abgase bis zu harmlosen kleinmolekularen Verbindungen weiter verbrennen. Geordnete, gegen das Grundwasser abgedichtete Mülldeponien werden eingerichtet, Sanierungsprogramme für die Gewässer eingeleitet.

Beispielhaft ist das weltgrößte Gewässerbelüftungsprojekt des biologisch umkippenden Tegeler Sees in Berlin. Hier belüftet im Jahr 1972 das erste von 15 »Limno«-Geräten das Wasser in 12 m Tiefe mit – später – täglich 93 000 Kubikmetern Frischluft, entsprechend 4,5 t Sauerstoff.

Ein besonderes Problem stellt sich in Form des radioaktiven Abfalls der Kernkraftwerke. Es fallen gasförmige, flüssige und feste Substanzen an, die verschieden behandelt werden müssen. Ein befriedigendes generelles Entsorgungskonzept liegt noch nicht vor. Pläne gehen dahin, radioaktive Gase (soweit verflüssigbar) und Flüssigkeiten an Beton oder Glas zu binden und sie zusammen mit den Feststoffen in unterirdischen Salzstöcken »endzulagern«.

Limnogerät für die Seebelüftung

Kraftwerks-Entschwefelungsanlage

Airbus – europäischer Jet auf Jungfernflug

28. Oktober 1972. *In Toulouse geht der Airbus »A 300« auf Jungfernflug. Der wirtschaftliche und geräuscharme Jet ist eine Produktion deutscher, französischer, britischer, niederländischer und spanischer Flugzeugfirmen. Er kann bis zu 336 Passagiere befördern, hat eine Spannweite von 44,8 m und eine Länge von 53,6 m und wird von zwei Fan-Triebwerken (→ 1954) mit 226,38 kN (23 100 kp) Schub angetrieben (Abb.: Airbus-Montagehalle in Frankreich).*

Das »Airlift«-Projekt: Flugzeug kontra Pipeline

17. Mai 1972. *Der Boeing-Flugzeugkonstrukteur Marvin D. Taylor präsentiert als Alternative zur geplanten Alaska-Pipeline (→ 1977) das Projekt »Airlift«. Eine Flotte von 37 bis 51 Riesenjets (Abb.: Ein 1974 gebautes Modell des Flugzeugs) mit je zwölf Triebwerken (Länge 103 m, Spannweite 146 m, Startgewicht 1600 t) mit drei auswechselbaren zigarrenförmigen Doppelgroßtanks von je 8 m Durchmesser soll im täglichen 20-Stunden-Einsatz Flüssig-Erdgas (→ 1964) transportieren.*

Staudamm-Bauten der Superlative

Um 1972. Anfang der 70er Jahre zeichnet sich eine neue Ära der Dammbauten in den Ländern der Dritten Welt ab. Die Rückhaltebauwerke für Wasserspeicher nehmen gigantische Dimensionen an.
Ziele sind neben der Wasserversorgung für neu zu erschließende landwirtschaftliche Gebiete in erster Linie riesige Kraftwerksanlagen. Als Beispiel für zahlreiche Großprojekte in Afrika, Asien und Südamerika seien hier nur zwei Dammbauwerke behandelt. Der Staudamm von Cabora Bassa (Moçambique) im Sambesi und das Dammsystem am oberen Indus und seinen Nebenflüssen in Pakistan. Beide Vorhaben befinden sich 1972 noch im Bau. Die im Winter 1969/70 begonnenen Arbeiten in Cabora Bassa sollen 1979 beendet sein. Errichtet wird hier eine 160 m hohe Betonmauer, die den Sambesi zu einem rund 250 km langen See aufstauen soll. Das Bauvolumen beträgt eine halbe Million Kubikmeter Beton. Zusammen mit der Dammanlage entsteht die größte je geschaffene Kaverne als Turbinenhalle für ein Großkraftwerk, das zwei Milliarden Watt liefern soll. Das auf 1,55 Milliarden DM veranschlagte Bauvorhaben wird von 15 Großunternehmen aus fünf Ländern durchgeführt.
Das Flußsystem des Indus bewässert ein Gebiet von der Größe Mitteleuropas. Durch eine Reihe von Stauwehren und acht Kanälen von 640 km Gesamtlänge sollen die Wasser neu verteilt werden. Kernstücke sind der Mangla- und der Tarbela-Damm. Letzterer wird als Schüttdamm 142 Millionen Kubikmeter Bauvolumen besitzen und damit nach der Chinesischen Mauer (→ 212 v. Chr.) zum zweitmächtigsten Bauwerk der Welt werden. Er wird 2740 m lang und 145 m hoch sein. Zwölf Turbinensätze sollen später zwei Milliarden Watt liefern.

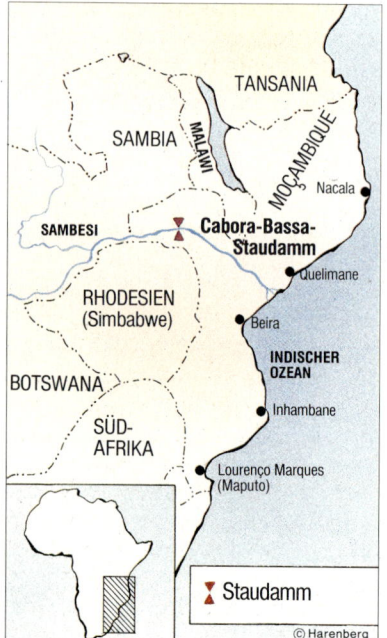

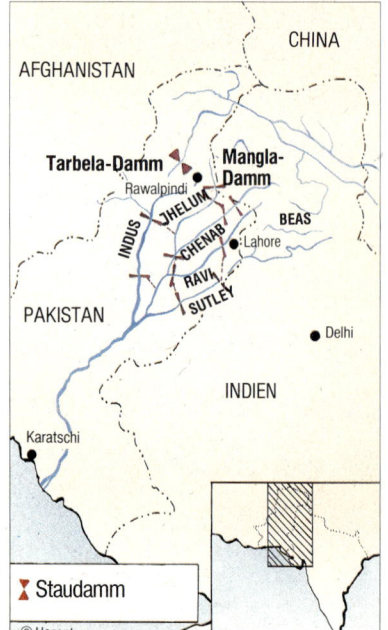

100-km-Förderband

1972. *Die deutsche Firma Krupp Industrie- und Stahlbau (später Krupp-Industrietechnik) erstellt in der Sahara eine 100 km lange Förderbandanlage (Abb.).*
Das gesamte Transportband besteht aus elf einzelnen Förderbändern mit Längen zwischen 7 und 12 km. Die Anlage befördert stündlich 2000 t Phosphate aus einer Mine im Herzen der Wüste.
Weil die Strecke durch Dünengebiete führt, in denen es häufig zu Sandstürmen kommt, wurde der Lagertechnologie – den Walzenlagern, über die das Band läuft – besondere Aufmerksamkeit gewidmet.

Luftkissenfahrzeuge in der Entwicklung

Um 1972. *Nach den Versuchen mit dem »Aerotrain« (→ 1965) widmen sich in den USA (Abb.: Aerotrain von Rohr Industries) und Frankreich, Großbritannien und der Bundesrepublik zahlreiche Unternehmen der Entwicklung von Schienenfahrzeugen, die von Luftkissen getragen werden. Antriebe sind Gasturbinen oder Linearmotoren. Ins Auge gefaßt werden Maximalgeschwindigkeiten von 275 bis 700 km/h. Die Projekte konkurrieren mit Magnetkissenfahrzeugen (→ 11. 10. 1971).*

»People-Mover« für den Kommunalverkehr

Um 1972. *Rund 200 Einzelprojekte in Europa und den USA befassen sich mit der Entwicklung von Kabinentaxis (Abb.: US-Konzept) oder »People-Movers«. Dabei handelt es sich um spurgebundene, führerlose Kabinen für vier bis etwa zehn Fahrgäste. Sie sollen entweder fahrplanmäßig verkehren oder – vorzugsweise – computergesteuert auf Anforderung durch den einzelnen Fahrgast nach Bedarf. Über eine Tastatur an Haltestellen lassen sich die Kabinentaxis rufen.*

Kabelfernsehen in den USA eingeführt

1972. In den Vereinigten Staaten sind die ersten 2839 Kabel-TV-Anschlüsse eingerichtet.

Während bisher Fernsehsendungen ausschließlich über Funk verbreitet wurden – die Gründerzeit des Fernsehens ausgeschlossen (→ 1890) –, geht man in den USA dazu über, Kabelfernsehnetze zu verlegen. Diese Netze haben gegenüber dem Funk erhebliche Vorteile. Zum einen ist die Empfangsqualität wesentlich höher, weil atmosphärische Störungen, Antennenprobleme, Wellenechos an Bergen, Hochhäusern usw. keine Rolle spielen. Zum zweiten lassen sich durch den Funk nur mit erheblichem Zusatzaufwand (etwa durch Richtstrahler) erreichbare Empfangsgebiete – z. B. in engen Bergtälern – durch Kabel erschließen. Drittens wird das Programmangebot für den Zuschauer erheblich erweitert, weil sich in Kabelnetze zahlreiche Programme einspeisen lassen, die parallel übertragen werden. Dafür bedient man sich spezieller Breitbandkabel (→ 1935; 1966). Durch die Breitbandkommunikation reduziert sich die Zahl der regionalen Fernsehsendeanlagen erheblich.

Elektroniksysteme als Spielpartner

1972. Der US-amerikanische Elektronikingenieur Bushnell erfindet das erste Computerspiel.

Elektronische Rechenanlagen können logische Probleme lösen. Die Computerspiele lassen sich in Hinsicht auf die ihnen zugrunde liegende Logik in zwei Kategorien einteilen: Geschicklichkeitsspiele und Strategiespiele.

Im ersten Fall gibt der Computer auf dem Bildschirm – hierfür kommt auch über den Antenneneingang der Fernsehschirm in Frage – eine Bewegungssituation vor, in die der Spieler mit einer Tastatur oder einem Steuerhebel (»Joystick«) eingreifen kann, um – meist unter Zeitdruck – bestimmte Aufgaben zu lösen.

Im zweiten Fall entsteht ein Dialog zwischen Computer und Mensch in der Art eines Partnerspiels, zunächst in Form einfacher Brettspiele wie Tic-Tac-Toe, später in anspruchsvollerer Form (Schach, Backgammon u. a.). Hierfür enthält der Computer in einem Microchip (→ 1958) u. a. ein Verzeichnis mit Bewertungskriterien für zahlreiche Spielsituationen und zugehörige optimale strategische Maßnahmen.

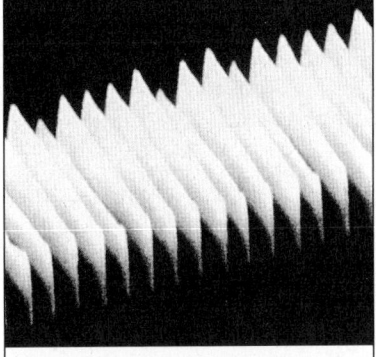

Röntgenfertigung

Um 1972. *In verschiedenen Großforschungseinrichtungen wird die Röntgenstrahl-Lithographie entwickelt.*

Im Zuge der Subminiaturisierung in der Elektronik ist es erforderlich, die immer kleineren Strukturen (Abb.: Plattenabstand 1 μm) äußerst präzise herzustellen. Bis zu einer gewissen Größenordnung geschieht das mit den Methoden der fotooptischen Verkleinerung. Wo die Lichtwellenlänge im Verhältnis zu den Dimensionen der Strukturen so groß wird, daß sie keine saubere Abbildung erlaubt, bedient man sich kurzwelligerer Strahlen, der Röntgenstrahlen.

Der Raumton soll verbessert werden

1972. Die ersten Quadrophonie-Schallplatten werden angeboten.

Die Quadrophonie ist eine Spielart der Stereophonie (→ 1958), wobei man statt mit zwei mit vier Mikrophonen bei der Aufnahme und vier Lautsprechern bei der Wiedergabe zur Verbesserung der akustischen Raumwirkung arbeitet.

Für die Übertragung der Quadrophonie gibt es zwei unterschiedliche Systeme: Die getrennte Fortleitung der Signale aller vier Kanäle und die sogenannte Matrix-Übertragung, die nur zwei Kanäle erforderlich macht. Im ersten Fall – der diskreten (getrennten) Übertragung, System 4 – 4 – 4 (vier Mikrophone, vier Kanäle, vier Lautsprecher) – stößt man bei der Schallplatte auf technische Schwierigkeiten, da hier nur zwei Signale aufgezeichnet werden. Japanische Hersteller helfen sich durch das Registrieren von zwei Summensignalen, überlagert von zwei Differenzsignalen. – Bei der Matrix-Übertragung, System 4 – 2 – 4, werden die ursprünglich vier Kanäle über eine Matrix (das ist ein Kodierungsnetzwerk) zu nur zwei Kanälen kombiniert und auf der Platte aufgezeichnet.

Zeltdach aus PVC-beschichtetem Polyestergewebe über dem Sportstadion für die Olympischen Sommerspiele 1972 in München; es überspannt 74 800 m²

Riesenzelt für Olympiade

1972. Für die Olympischen Spiele in München wird aus Kunststoff das größte Dach der Welt mit einer Fläche von 74 800 m² errichtet. Das Zeltdach über dem Riesenstadion auf dem Oberwiesenfeld wurde vom deutschen Architekten Frei Otto entworfen. Es besteht aus einem PVC-beschichteten Polyesterge- webe (→ 1929), das unabhängig von einem untergehängten tragenden Stahlnetz aufgehängt ist. Die Hauptkabel sind an Masten befe- stigt, die die Spannung des Hänge- dachs abfangen. Während die Hauptmasten senkrecht stehen,

sind die Abspannmasten am Rande der Konstruktion schräg gestellt, um die in sie eingeleiteten Kräfte axial aufzunehmen.

Das Olympiadach ist zwar hinsicht- lich seiner gewaltigen Dimensionen neu, ihm gingen aber bereits klei- nere Konstruktionen ähnlicher Art voraus. Sie hatten gezeigt, welche Möglichkeiten solche wirtschaft- lichen Dächer mit großen Spann- weiten bieten. Das Gesamtstadion ist nur einseitig überdacht, wäh- rend die sich anschließenden Sport- arenen und die Schwimmhalle völ- lig überdacht sind.

Einsteins Zwei-Uhren-Paradoxon bewiesen

1972. Eine der merkwürdigsten Behauptungen der allgemeinen Relativitätstheorie (→ 1915) Albert Einsteins sagt, daß sich un- ter bestimmten Vorausset- zungen die Zeit kontrahiert.

Dieses Phänomen wurde als Zwei-Uhren-Paradoxon bekannt. Die Theorie sagt aus, daß eine sehr schnell bewegte Uhr langsa- mer läuft als eine identische Uhr, die sich in Ruhe befindet.

Diese Behauptung fand in zahl- reichen Science-fiction-Erzäh- lungen ihren Ausdruck, etwa im Fall von Weltraumreisenden, die lange Zeit nahezu mit Lichtge- schwindigkeit unterwegs sind und kaum gealtert heimkehren. Einen praktischen Beweis für das

tatsächliche Zutreffen des Zwei- Uhren-Paradoxons liefern jetzt erstmals die Physiker J. C. Hafele von der Washington Universität und Richard E. Keating vom U. S. Naval Observatory.

Sie bewegen bis auf Nanosekun- den (→ 1970) genaue Uhren in schnellen Flugzeugen in entge- gengesetzten Richtungen um die Erde. Gegenüber Bodenuhren verliert die ostwärts geflogene Uhr 59, die westwärts geflogene gewinnt 273 Nanosekunden.

Die Unterschiede sind durch die Erdrotation bedingt, mit der sich die Bodenvergleichsuhr bewegt. Beide Zahlen entsprechen recht genau den von Einstein gemach- ten Vorhersagen.

1973

Der britische Elektroingenieur Godfrey N. Hounsfield erfin- det den Scanner, der mit Rönt- genstrahlen das Innere des menschlichen Körpers zeilen- weise abtastet. →

K. W. Boer an der Universität von Delaware, USA, baut das erste Solarhaus der Welt. →

Der Amerikaner Aden B. Mei- nel und der Deutsche Nikolaus Laing entwickeln strahlungs- aktive (superschwarze und superweiße) Oberflächen zur Solarenergienutzung. →

Der Amerikaner Banks an der Berkeley-Universität erfindet den Nitiol-Motor. →

Die französische Firma Gédes baut am Persischen Golf die bis- her größte Meerwasser-Entsal- zungsanlage. →

Alejandro Zaffaroni entwickelt in den USA technische Thera- piesysteme zur Pharmaka-Ap- plikation. →

In den USA und zum Teil auch in Europa wird mit der Modul- bauweise für große Wohnhaus- komplexe experimentiert. →

Das Lawrence Livermore Labo- ratory in den USA unternimmt ein großangelegtes Kernfu- sionsexperiment mit einer gigantischen Laseranlage. →

Die Erfinder Oskar Heil und Lincoln Walsh bringen unab- hängig voneinander neuartige Lautsprechersysteme auf den Markt, die sich durch hohe Klangtreue und hohen Wir- kungsgrad auszeichnen. →

21. 3. Die Kattwykbrücke über den Schiffahrtsweg Süderelbe- Köhlbrand bei Hamburg wird fertiggestellt. Sie ist mit nahezu 54 m Durchfahrtshöhe die größ- te Hubbrücke der Welt. →

14. 5. Die erste US-Raumsta- tion, »SKYLAB«, geht in den Orbit. →

Oktober. Gegen Israel wird die sowjetische SAM-6-Rakete im Jom-Kippur-Krieg eingesetzt. Sie arbeitet mit Infrarot-Selbst- steuerung. →

4. 12. Die US-Raumsonde »PIO- NEER 10« passiert den Jupiter in 130 300 km Abstand und lie- fert Bilder (→ 2. 3. 1972).

GESTORBEN:

11. 2. Heidelberg: Johannes Hans Daniel Jensen (* 25. 6. 1907, Hamburg), deutscher Kernphysiker.

14. 3. Saint Louis: Howard Hathaway Aiken (* 8. 3. 1900, Hoboken/New York), US-ameri- kanischer Mathematiker.

11. 8. Mülheim a. d. Ruhr: Karl Waldemar Ziegler (* 26. 11. 1898, Kassel), deutscher Chemiker.

11. 11. Helsinki: Artturi Ilmari Virtanen (* 15. 1. 1895, Helsin- ki), finnischer Biochemiker.

Wasserentsalzung am Persischen Golf

1973. Die französische Firmen- gruppe Gédes baut in Shuaiba (Ku- wait) am Persischen Golf die bisher größte Meerwasserentsalzungsan- lage der Welt. Sie liefert täglich rund 150 000 m³ Trinkwasser. Das ist das Sechsfache der Leistung der bisher größten Anlagen.

Die mit Wasserverdampfung arbei- tende Riesenanlage besteht in der Hauptsache aus 2500 km verschlun- genen Kupferrohren, durch die ge- waltige Pumpen täglich mehr als anderthalb Millionen Kubikmeter Wasser treiben. Die verarbeitete Kupfermenge liegt bei 4000 t. Weit weniger als ein Viertel des geförder- ten Meerwassers wird in Süßwasser verwandelt. Der Rest fließt, um 10 °C wärmer und mit einem höheren Salzgehalt, zurück ins Meer. Trotz des Wärmeenergieverlusts, der dem Elektrizitätsverbrauch von West- berlin entspricht, arbeitet die Anla- ge wirtschaftlich. Ein Kubikmeter Süßwasser kostet nur rund 40 Pfen- nig. Sechs Jahre zuvor war der Preis für das Trinkwasser aus dem Meer noch doppelt so hoch. Prognosen sa- gen voraus, daß um 1990 Riesenan- lagen mit Kernreaktor-Prozeß- wärme arbeiten werden, von denen jede täglich fast vier Millionen Ku- bikmeter frisches Wasser zu einem Preis unter 15 Pfennigen liefern. Die Produktion einer einzigen solchen Anlage liegt über der Weltwasser- entsalzung von 1973.

Kriegsraketen mit Selbststeuerung

Oktober 1973. Im Jom-Kippur- Krieg werden von arabischer Seite russische SAM-6-Raketen einge- setzt. Es sind die ersten Kriegsrake- ten mit Infrarot-Selbststeuerung. Gesteuerte Raketen sind wesentlich treffgenauer als rein ballistische Raketen, deren Ziel nur durch die Abschußrichtung bestimmt wird. Die übliche Fernsteuerung setzt je- doch Einsicht in die Flugbahn oder deren exakte Kenntnis voraus. Raketen mit Infrarot-Selbststeue- rung sind mit Detektoren ausge- stattet, die ihre Ziele aus größerer Entfernung aufgrund deren Wär- mestrahlung (industrielle Prozeß- wärme, Kraftwerke, laufende Ma- schinen usw.) erkennen und danach die Raketen lenken.

Astronaut Edward G. Gibson im Dezember 1973 an Bord von »Skylab«; die 35 380 kg schwere US-Raumstation umkreist bis zum 11. Juli 1979 die Erde

Probleme mit »Skylab«

1973. Am 14. Mai bringt die NASA das Himmelslabor »Skylab« in eine Umlaufbahn in 435 km Höhe. Das Labor ist eine Raumstation mit 316 m³ Lebens- und Arbeitsraum. Beim Transport in den Orbit kommt es zu erheblichen technischen Schwierigkeiten. Als am 25. Mai die Astronauten Charles Conrad, Joseph Kerwin und Paul Weitz mit einer Saturn-1-B-Rakete die Station erreichen, müssen sie zunächst innerhalb und außerhalb des »Skylab« mehrere Reparaturen durchführen. Während 28 Tagen (bis 22. 6.) nehmen die drei Astronauten

dann zahlreiche verschiedene wissenschaftliche Experimente vor und machen 7460 Erdaufnahmen. Eine zweite Mannschaft besucht das »Skylab« im Juli. Trotz erneuter Pannen geht auch diese Mission (28. 7. – 25. 9.) planmäßig zu Ende, ebenso wie der 84tägige Besuch dreier weiterer Astronauten (16. 11. 1973 – 8. 2. 1974). Die Resultate der drei Forschungsaufenthalte schlagen sich in 80 km Magnetbandaufzeichnungen, 40 000 Bildern von der Erdoberfläche, 182 000 Sonnenfotos sowie physikalischen und technischen Erkenntnissen nieder.

Fusionsexperiment mit Riesenlasern

1973. Das amerikanische Lawrence Livermore Laboratory bereitet ein Großexperiment zur Kernfusion (→ 1957) vor. Statt das

Plasma magnetisch (→ 1951) einzuschließen, arbeitet man mit zwölf 50 m langen Hochleistungslasern, mit denen man einen gebündelten

Energieblitz von 10 000 Wattsekunden auf eine stecknadelkopfgroße Kugel aus gefrorenem Deuterium (→ 1931) und Tritium lenken will.

Wärmekraftmotor mit Nitiollegierung

1973. Ein US-amerikanischer Ingenieur namens Banks erfindet an der Berkeley-Universität den Banks- oder Nitiol-Motor.

Nitiol ist eine Nickel-Titan-Legierung, die ein Formgedächtnis (Memory) besitzt. Ein kalter Nitioldraht läßt sich leicht in beliebige Formen biegen. Wärmt man ihn aber um nur wenige Grad auf, dann springt er augenblicklich wieder in seine ursprüngliche Form zurück. Genauso verhalten sich Bleche oder Formteile aus diesem Material.

Im Banks-Motor stehen solche Nitiol-Teile unter Spannung. Kommen sie mit kaltem Wasser in Berührung, dann werden sie elastisch, geben der Spannung nach und verbiegen sich. Wärmt man sie wieder auf, dann schnellen sie auch gegen große äußere Kräfte in ihre ursprüngliche Position zurück. Durch diese Bewegung treiben sie den Motor an. Schon ein Temperaturunterschied von 6 °C reicht für die Bewegungen aus. Seine volle Leistungsfähigkeit erreicht der Banks-Motor bei einer Differenz von 23 °C.

Im einfachsten Fall arbeitet ein Nitiol-Motor als Endlosdrahtschlaufe, die um zwei Riemenscheiben gelegt ist, wobei die untere Scheibe in warmes Wasser eintaucht. Auf der Abtriebseite wird der Nitiol-Draht durch das Warmwasser gestreckt, danach wird er in der kühleren Luft wieder weich.

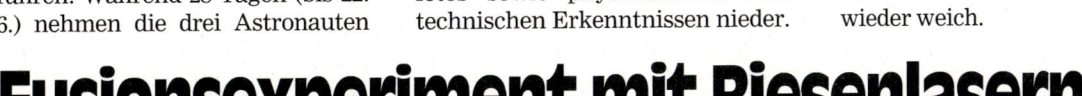

Nitiolklammer in der Medizin: Erwärmt klammert sie Knochenbruch

Pharmaka werden gezielt verabreicht

1973. Ein System zur räumlich und zeitlich gezielten Freisetzung von pharmazeutischen Wirkstoffen im menschlichen Organismus entwickelt die US-Firma ALZA von Alejandro Zaffaroni.

Das neue therapeutische System soll dagegen angehen, Drogen ungezielt durch Mund (Tabletten), Anus (Zäpfchen), Haut (Salben) oder Blut (Injektion) aufzunehmen und damit neben dem zu behandelnden Organ den ganzen Körper zu überschwemmen. Es arbeitet mit semipermeablen Membransäckchen, die Medikamente in Lösung enthalten und die dort eingesetzt werden, wo der Körper die Wirkstoffe benötigt (unter dem Augenlid, im Uterus usw.), und die zeitlich dosiert ihre Inhaltsstoffe abgeben.

Röntgen-Scanner für die Diagnose

1973. Der britische Elektroingenieur Godfrey Newbold Haunsfield entwickelt einen Scanner (→ 1955), der zu untersuchende Bereiche des menschlichen Körpers mit Röntgenstrahlen zeilenweise abtastet.

Darstellen lassen sich mit dem Scanner – wie auch im Röntgenbild – in erster Linie Skelettpartien sowie mit Röntgen-Kontrastmitteln gefüllte innere Organe, besonders des Magen-Darm-Traktes.

Gegenüber der klassischen Röntgenfotografie oder Schirmbilduntersuchung erweist sich der Röntgen-Scanner als flexibler im Einsatz und besser in den Resultaten. Der fein abtastende Strahl hat ein höheres Auflösungsvermögen, er zeigt also mehr Details als Röntgenbilder.

Laserkernfusionsanlage; vom Lawrence Livermore Laboratory im Auftrag der USAEC (US Atomic Energy Commission) aufgebaut; im Zentrum der Laser-»Spinne« (rechts) befindet sich die gefrorene Schwerwasserkugel (Modell)

Erstes Solarhaus der Welt in den USA

1973. *Nach Plänen von K. W. Boer baut die Universität von Delaware ein erstes durch Sonnenenergie versorgtes Haus (»Solar one« [Abb.]). Während sonniger Tage sammeln sich über Dachkollektorelemente in den elektrischen und thermischen Batterien des Hauses Vorräte für die kommende Nacht und für regnerische Zeiten. Die Klimaanlage und alle Elektrogeräte des 130 m² großen Einfamilienhauses arbeiten mit Sonnenenergie. Nur in Schlechtwetterperioden muß das E-Werk einspringen. 80% der verbrauchten Gesamtenergie sind Solarenergie.*

Größte Hubbrücke führt über den Elbkanal

21. März 1973. *Die Kattwykbrücke (Abb.) über den Schiffahrtsweg Süderelbe-Köhlbrand bei Hamburg wird fertiggestellt.*
Mit 54 m lichter Durchfahrtshöhe im Mittelteil ist diese Straßenbrücke die größte Hubbrücke der Welt. Das Mittelteil wird von vier an seinen Endpunkten ansetzenden Seilen über Rollen am oberen Ende von zwei Portalkonstruktionen in die Höhe gezogen, wenn dies die Aufbauten eines den Kanal passierenden Schiffs erforderlich machen. Voraussetzung ist die verkantungsfreie Gleichlaufsteuerung der Winden.

»High Fidelity« erobert den Phonomarkt

1973. Die Ingenieure Oskar Heil und Lincoln Walsh bringen unabhängig voneinander neuartige Lautsprechersysteme auf den Markt, die sich durch besonders hohe Klangtreue und hohe Wirkungsgrade auszeichnen. Mit diesen Anlagen ist das letzte Glied in der Kette der Tonwiedergabe qualitativ so verbessert, daß das menschliche Ohr die akustische Reproduktion nicht mehr vom Original zu unterscheiden vermag.

Die mit derart hoher Wiedergabequalität arbeitenden neuen Phonoanlagen werden auf dem Markt unter der Bezeichnung High-Fidelity-Geräte oder, kurz, HiFi-Geräte (Aussprache »Haifi«) bekannt. Der Begriff stammt aus dem Angloamerikanischen und steht für »hohe (Original-)Treue«.

Die Mindestanforderungen an HiFi-Geräte werden in der Bundesrepublik Deutschland wenig später unter DIN 45 500 genormt. Die Norm gilt für Rundfunkempfänger, Plattenspieler, Tonbandgeräte, Verstärker, Lautsprecheranlagen und deren Bestandteile, also etwa auch Tonträger wie Schallplatten, Tonbänder und Kassetten.

Ein Maß für die Qualität der Geräte einer Tonwiedergabeanlage ist ein möglichst konstanter Wirkungsgrad (Verhältnis zwischen abgestrahltem Schalldruck und elektrischer Eingangssignalleistung) im gesamten Tonfrequenzbereich, also etwa zwischen 30 und 20 000 Hz. Bei Lautsprechern läßt sich das selbst mit den neuen Typen in der Praxis nur durch Kombination mehrerer Lautsprecher erreichen. Die sogenannten HiFi-Boxen enthalten deshalb mindestens zwei oder drei Lautsprechersysteme, die jeweils für die tiefen sowie die mittleren und hohen Frequenzen optimiert sind. Als Hochtonlautsprecher kommen in erster Linie Kugellautsprecher oder Lautsprecher mit sogenannten Klangzerstreuern in Frage, um eine zu starke Bündelung der hohen Frequenz zu vermeiden. Zur Verbesserung der Wiedergabe der Baßlautsprecher werden diese an der Schallwand eines Gehäuses befestigt, das als zusätzlicher Resonanzkörper fungiert.

Eine optimale Anpassung an die akustischen Eigenschaften eines Wiedergaberaums erlauben die »aktiven« Lautsprecherboxen. Bei ihnen besitzt jedes Lautsprechersystem einen eigenen Verstärker, der sich getrennt einstellen läßt.

Hochtonlautsprecher (Heil) für den Einsatz in High-Fidelity-Anlagen

Modulbauweise für Gebäudekomplexe

Um 1973. In den USA und teilweise in Europa experimentieren Architekten mit sogenannten Wohnmodulen für den Einsatz in größeren Gebäudekomplexen.

Die Module sind in erster Linie typische Apartment-Wohnungen, können aber auch die Größe von Familienwohnungen erreichen. Es sind komplett vorgefertigte Einheiten aus ein oder zwei Zimmern, einer Küchenzelle und einer Naßzelle für Bad und WC, die als Ganzes in Fabriken gefertigt und mit schwerem Gerät zur Baustelle transportiert werden. Dort setzt sie ein Großkran an Ort und Stelle in den Wohnkomplex ein, der nur in Form eines Stahlgitterskeletts errichtet ist.

Das Skelett enthält die sanitäre und elektrische Basisinstallation einschließlich Telefon- und Fernsehanschlußleitungen sowie Heizungsrohre. In den Wohnmodulen sind die erforderlichen Leitungen und Rohre bereits in die Wände eingearbeitet. Sie werden nur noch durch Standardkupplungen mit dem System im Bauskelett verbunden.

1974

Die US-amerikanische Elektronikfirma Hewlett-Packard führt den ersten programmierbaren Taschenrechner ein. →

An der Universität Gießen beginnt die Entwicklung von Ionentriebwerken.

Porsche stellt den 911 Turbo (Typ 930) vor, den ersten Seriensportwagen der Welt mit Turboaufladung. →

1973 und 1974 werden mehrere bedeutende schnelle Brutreaktoren hochgefahren: Phenix (Frankreich), Prototyp in Großbritannien, BOR-60 und BR-350 in der UdSSR.

Die Commodore John Barry Bridge über den Delaware Fluß zwischen Chester und Bridgeport (USA), größte Autobahn-Cantilever-Brücke der Welt, wird dem Verkehr übergeben.

Der US-Amerikaner Steven Weinberg entwickelt eine Theorie zur Verbindung schwacher Kernkräfte und der elektromagnetischen Kraft. →

Amerikanischen und sowjetischen Wissenschaftlern gelingt unabhängig voneinander die Synthese des Elements 106.

In den USA werden erstmals Hotelzimmerschlüssel durch programmierbare Magnetkarten ersetzt. →

März. Einem Wissenschaftlerteam an der Ann Arbor University in Michigan gelingt die erste holographische Aufnahme vom Inneren eines Atoms.

29. 3. Die amerikanische Merkursonde »MARINER 10« passiert in 703 km Abstand den Merkur.

Juni. Der für die RWE gebaute größte Kernkraftwerksblock der Welt, Biblis bei Worms, geht auf Vollast. →

August. In Idaho, USA, wird der erste natriumgekühlte Brutreaktor in Betrieb genommen. →

November. Am Hamburger Speicherring DORIS wird das Elementarteilchen J/psi entdeckt. →

11. 11. Am Beschleuniger SLAC bei San Francisco gelingt die Entdeckung des Elementarteilchens Psi. Dies ist die Entdeckung des ersten Charms. →

2. 12. Die Sonde »PIONEER 11« fliegt in 42 800 km Abstand an Jupiter vorbei und liefert mehrere tausend Fernsehbilder.

GESTORBEN:

13. 7. London: Patrick Maynard Stuart Blackett, Baron of Chelsea (18. 11. 1897, London), britischer Physiker.

23. 7. Pinehurst/Cambridge: Sir James Chadwick (* 20. 10. 1891, Manchester), britischer Physiker.

Bild der Elementarteilchen erweitert

1974. Mit der Entdeckung des Elementarteilchens Psi, des ersten sogenannten »Charms«, bei San Francisco am 11. November und am zu DESY (→ 1964) gehörenden neuen Hamburger Speicherring DORIS im November sowie mit der von Steven Weinberg an der Harvard Universität entwickelten Theorie zur Verbindung schwacher Kernkräfte und elektromagnetischer Kräfte erweitert sich das Bild von den Elementarteilchen.

Neben den schon seit langem bekannten Elektronen (→ 1891), Protonen (→ 1910) und Neutronen (→ 1931) wurden und werden in Beschleunigeranlagen (→ 1964; 1967) zahlreiche weitere subatomare Partikel (Elementarteilchen) entdeckt. Mitte der 80er Jahre sind es rund 200. Dazu zählen auch Teilchen, aus denen sich die – wie man inzwischen weiß – nicht elementaren Protonen und Neutronen aufbauen, die sog. Quarks (→ 1964).

Um die Elementarteilchen physikalisch voneinander unterscheiden zu können, wählen die Atomphysiker zahlreiche für jedes Teilchen typische meßbare Merkmale: Ihre Masse, ihren Spin (den Eigendrehimpuls), die sogenannte Eigenparität, die mittlere Lebensdauer, die elektrische Ladung Q, die elektronische Ladung L_e, die myonische Ladung L_u, die tauonische Ladung L_t, die baryonische Ladung B, das magnetische Moment und bei den sogenannten Hadronen (u. a. Protonen und Neutronen) zusätzlich den sogenannten Isospin, Strangeness S, Charm C und Beauty b.

Die Elementarteilchen werden in Materieteilchen (Hadronen und Leptonen) und Bindungsteilchen unterschieden. Die Bindungsteilchen werden für die verschiedenartigen Wechselwirkungen zwischen den Materieteilchen verantwortlich gemacht. Die Hadronen wiederum sind aus Quark-Teilchen zusammengesetzt. Man geht davon aus, daß die Quarks und die Leptonen die kleinsten Teilchen der Materie sind (in den 80er Jahren entstehen Hypothesen, daß die Quarks ihrerseits aus »Rishonen« o. a. aufgebaut sind). 1974 sind vier (später sechs) verschiedene Quarks und ebenso viele Antiquarks bekannt.

Nebenstehende Tafel und Graphik geben den Stand nach den Kenntnissen um 1985 wieder.

Widerstehen den »starken Wechselwirkungen«: Stabile Elementarteilchen

Klasse		Name	Zeichen	Masse in MeV	Lebensdauer (s)
Photon		Photon	γ	0	∞
Leptonen		e-Neutrino	ν_e	< 35 eV	∞?
		e-Antineutrino	$\overline{\nu}_e$		
		μ-Neutrino	ν_μ	< 570 keV	∞?
		μ-Antineutrino	$\overline{\nu}_\mu$		
		τ-Neutrino	ν_τ	< 250 MeV	∞?
		τ-Antineutrino	$\overline{\nu}_\tau$		
		Elektron	e^-	0,511006	∞
		Positron	e^+	± 0,000002	
		Myon	μ^-	105,659	2,2000·10^{-6}
			μ^+	± 0,002	±2,017
		Tauon	τ^-	rd. 1800	rd. 10^{-12}
			τ^+		
Hadronen	Mesonen	Pion	π^-	139,579	2,602·10^{-8}
			π^+	± 0,014	± 0,004
			π^0	139,975 ± 0,015	0,89·10^{-16} ± 0,18
		Kaon	K^+	493,82	1,235·10^{-8}
			K^-	± 0,11	± 0,003
			K_0	497,82	50% K_S
			$\overline{K}_0$	± 0,16	+ 50% K_L
		kurzlebiges K^0	$K_S \equiv K^0_1$	–	0,880·10^{-10} ± 0,017
		langlebiges K^0	$K_L \equiv K^0_2$	–	5,77·10^{-8} ± 0,59
		Eta-Meson	η	548,6 ± 0,4	ca. 10^{-20}
	Nukleonen	Proton	p	938,256	∞?
		Antiproton	$\overline{p}$	± 0,005	
		Neutron	n	939,550	904
		Antineutron	$\overline{n}$	± 0,005	
	Baryonen / Hyperonen	Lambda-Teilchen	Λ	1115,58	2,53·10^{-10}
			$\overline{\Lambda}$	± 0,10	± 0,05
		Sigma-Teilchen	Σ^+	1189,47	0,810·10^{-10}
			$\overline{\Sigma}^+$	± 0,08	± 0,13
			Σ^0	1192,56	< 1,0·10^{-14}
			$\overline{\Sigma}^0$	± 0,11	
			Σ^-	1197,44	1,65·10^{-10}
			$\overline{\Sigma}^-$	± 0,09	± 0,3
		Xi-Teilchen	Ξ^0	1314,7	3,0·10^{-10}
			$\overline{\Xi}^0$	± 1,0	± 0,5
			Ξ^-	1321,2	1,75·10^{-10}
			$\overline{\Xi}^-$	± 0,2	± 0,05
		Omega-Teilchen	Ω^-	1674 ± 3	1,5·10^{-10}
			$\overline{\Omega}^-$?		± 0,5

Von den rund 200 bekannten Elementarteilchen gelten die aufgeführten als »stabil«.

Physikalische Meßgeräte	Aufbrechenergie	Abmessung	Elementarteilchen		
Van de Graaff-Generator, Zyklotron, Betatron, Synchrotron	~ 1000 eV	10^{-9} cm	Atomhülle (Elektronen [e^-]) Atomkern (Protonen [p], Neutronen [n])		ATOME
	Mio eV (MeV)	10^{-12} cm	Elemente Isotope		ATOM-KERNE
Großbeschleuniger (DESY, CERN, SLAC, ...) Speicherringe (DORIS, PETRA, ...)	Mrd eV (GeV)	~ 10^{-13} cm	Proton Neutron		HADRONEN
	Mrd eV (GeV)	< 10^{-16} cm	QUARKS (u, d, c, s, b, [t])	punktförmig LEPTONEN (e^-, ν_e, μ^-, ν_μ, τ^-, ν_τ)	ELE-MENTAR

© Harenberg

Größter Kernreaktor der Welt in Biblis

Juni 1974. *In der westdeutschen Gemeinde Biblis bei Worms geht der bisher größte Kernkraftwerksblock – Biblis A – ans Netz. Er liefert bei Vollast 1200 MW elektrische Leistung. Es handelt sich um einen Leichtwasser-Druckwasser-Reaktor (→ 1957). Das Kraftwerk arbeitet mit einem Wirkungsgrad von 33,2%. In seinem Kern befinden sich 193 Brennelemente (Abb.) à 236 Brennstäbe von 3,9 m Länge und 10,75 mm Außendurchmesser. Sie enthalten Urandioxid mit 3% spaltbarem Uran-235. Der Gesamtbrennstoffeinsatz ist 99,2 t Uran. Je Kilogramm beträgt die abgegebene Leistung 35 kW.*

Energiekrise führt zur Reservenbilanz

Saurer Regen greift die Vegetation an

1974. Im Winter 1973/74 kommt es zu einer sogenannten weltweiten Energiekrise, nachdem politisch und wirtschaftlich einflußreiche Kreise in den USA und einigen ölfördernden Ländern – wie sich später nachweisen läßt – aus taktischen Gründen eine baldige Verknappung der fossilen Rohstoffe vorgetäuscht und eine künstliche Eskalation der Ölpreise herbeigeführt hatten. Die Reaktionen sind weltweite Sofortmaßnahmen mit dem Ziel des Energiesparens, aber auch die sorgfältige Überprüfung der fossilen Energieträgerreserven. Die Ergebnisse dieser Bilanz sind überraschend und beruhigend. Hier soll nur von Erdöl- und Erdgas die

Lagerstättenprospektion in aller Welt: Ein Tieflader-Sattelschlepper der Ölgesellschaft Shell transportiert hier schwere Explorationsgeräte in Japan; im Hintergrund der schneebedeckte Gipfel des Fudschijama

1974. Drei bisher unbekannte Auswirkungen der Technologiegesellschaft auf die Umwelt werden erkennbar: Die Zerstörung der Ozonschicht, saurer Regen und die Abgabe von Vinylchlorid aus der Kunststoffproduktion.

Alle drei Faktoren sind in erheblichem Maße umweltgefährdend. Sie bedrohen vor allem die Vegetation. Der saure Regen geht auf die Übersäuerung der Luft besonders durch Verbrennungsabgase zurück, die verschiedene Säurebildner (Kohlenmonoxid, Kohlendioxid, Schwefeldioxid usw.) in teilweise großen Mengen enthalten. Die Säuren greifen das Chlorophyll in grünen Pflanzen an und wirken dadurch wachstumshemmend.

Die Zerstörung der Ozonschicht läßt sich ursächlich noch nicht ergründen (später wird man sie u. a. auf Aerosole aus Spraydosen zurückführen, → 1976). Aber die Auswirkungen lassen sich ansatzweise ahnen: Ozon (→ 1839) hält einen Teil der UV-Strahlung von der Sonne zurück. Weniger Ozon bedeutet höhere UV-Einstrahlung und damit Reduktion des Pflanzenwachstums sowie Störungen in der Wärmebilanz der Atmosphäre.

Vinylchlorid ist ein schwach süßlich riechendes Gas, das organische Schäden bei Pflanzen, Tieren und Menschen hervorrufen kann. Es gilt u. a. als karzinogen.

Rede sein, da die Kohlevorräte der Welt für die nächsten Jahrtausende ohnehin ausreichen.

Zum ersten Mal seit nahezu 30 Jahren geht 1974 der Energiekonsum der Welt zurück. Rund drei Prozent weniger als im Vorjahr werden verbraucht. Darin spiegelt sich vor allem die Reaktion der Energieverbraucher auf den Preisanstieg auf dem internationalen Energiemarkt wider, der durch die Rohölpreiserhöhung der Förderländer ausgelöst wurde. Der Ölverbrauch der Welt erreicht rund 2,66 Milliarden Tonnen, etwa 89 Millionen Tonnen weniger als im Vorjahr. Der stärkste Rückgang ist in den Industrieländern der westlichen Welt zu verzeichnen. In Westeuropa sinkt der Ölverbrauch um fast neun Prozent, in Nordamerika um mehr als drei und im Fernen Osten/Australien

um gut zwei Prozent. Einen Zuwachs verzeichnen dagegen die Ostblockländer und die Volksrepublik China (+6,5 Prozent). Die Ölförderung der Welt bleibt mit 2,87 Milliarden Tonnen gegenüber dem Vorjahr fast unverändert. Sie liegt damit um etwa 200 Millionen Tonnen bzw. sieben Prozent über dem Verbrauch. Die bekannten Ölreserven der Welt liegen trotz der Förderung Ende 1974 mit 97,3 Milliarden Tonnen um knapp zwölf Milliarden Tonnen oder rund 14 Prozent höher als im Vorjahr.

Die Erdgasförderung der Welt steigt 1974 um rund 3,5 Prozent auf 1313 Milliarden Kubikmeter. Dennoch erhöhen sich auch die bekannten Erdgasreserven gegenüber dem Vorjahr um 9670 Milliarden Kubikmeter oder rund 17 Prozent auf 67 580 Milliarden Kubikmeter.

Jahr	Erdölförderung in Mio Tonnen	Erdölreserven in Mio Tonnen
1965	1547	48 140
1970	2336	83 351
1973	2848	85 366
1974	2870	97 336

Jahr	Erdgasförderung in Mrd m³	Erdgasreserven in Mrd m³
1965	703	24 130
1970	1078	44 978
1973	1268	57 910
1974	1313	67 580

1975

Autoindustrie plant Elektrofahrzeuge

1974. Daimler-Benz und andere Firmen nehmen die Entwicklung von Elektroautos (→ 1881) auf.

Die Konzepte entstehen überstürzt unter dem Eindruck der in das Bewußtsein der Öffentlichkeit gelangten Umweltbelastung (→ 1972) durch den Straßenverkehr. Das Elektromobil ist technisch wie wirtschaftlich allerdings nicht gerade sinnvoll. Zum einen verfügen die übermäßig teuren Kleinfahrzeuge nur über einen sehr beschränkten Aktionsradius. Vor allem aber müßte der Batterieladestrom mit schlechtem Wirkungsgrad in Kraftwerken erzeugt werden, die die Umwelt noch weit stärker belasten würden, als die ersetzten Verbrennungsmotoren.

Turboauflader in Serie

1974. Als serienmäßigen Pkw mit Turboaufladung bringt die deutsche Firma Porsche ihr Sportwagenmodell 911 (Typ 930) heraus. Der Turbolader ist eine Abgasturbine, die die wegen unvollständiger Expansion in den Abgasen des Verbrennungsmotors noch vorhandene Energie nutzt. Er wird verwendet, um das Frischluft-Kraftstoff-Gemisch vor der Verbrennung im Motor zu dessen Leistungssteigerung zu verdichten (»aufzuladen«). Die Turbolader-Technologie hebt den Wirkungsgrad der Maschine.

Porsche 911 mit Turboaufladung

Magnetkarte als Zimmerschlüssel

1974. In amerikanischen Hotels ersetzen erstmals programmierbare Magnetkarten Zimmerschlüssel.

Die Plastikkarten haben Scheckkartengröße und auf ihrer Rückseite einen durchlaufenden Magnetbandstreifen. In einem Programmiergerät mit magnetischem Lösch- und Schreibkopf läßt sich auf diesem Magnetstreifen ähnlich wie auf einem Tonbandgerät (→ 1935) ein Code schreiben.

Neben jeder Hotelzimmertür befindet sich ein Lesegerät, das ebenfalls auf den entsprechenden Code programmierbar ist. Stimmen beide Codes überein, dann öffnet das Lesegerät über ein Magnetsystem die Türverriegelung.

Brutreaktor mit Natriumkühlung

August 1974. In Idaho in den Vereinigten Staaten geht der erste natriumgekühlte schnelle Brutreaktor (→ 1951), EBR-2, zehn Jahre nach seinem Baubeginn in Betrieb. Er demonstriert erstmals die Möglichkeit der Flüssigmetallkühlung für diesen Reaktortyp.

Im Vergleich zu wasserdampfgekühlten Brutreaktoren zeichnen sich natriumgekühlte Typen durch eine um den Faktor 1,2 bis 1,5 höhere Brutrate aus. Außerdem versprechen sich die Kernkraftexperten für sehr große Einheiten im Grundlastbetrieb höhere Wirtschaftlichkeit als bei jeder anderen bekannten Energiequelle. Dem steht die Gefährlichkeit des flüssigen Metalls entgegen.

Programmierbarer Taschenrechner

1974. Mit dem Modell »HP-65« bringt die amerikanische Elektronikfirma Hewlett-Packard den ersten programmierbaren Taschenrechner (→ 1971) auf den Markt.

Zum Lieferumfang gehört ein über 100 Seiten starkes Bedienungshandbuch. Neben der Erklärung der Arbeitsweise werden die zahlreichen mathematisch-wissenschaftlichen Funktionen erläutert, die in dem Rechner fest einprogrammiert sind. Darüber hinaus gibt das Handbuch eine Einführung in das Programmieren von Kleinrechnern und mehrere Programmbeispiele. Wie große Rechner bewältigt das Gerät logische Funktionen, besonders bedingte Programmverzweigungen.

Die UdSSR beginnt mit der Entwicklung eines Hochleistungslasers zur Ausschaltung von Satelliten.

Die japanische Firma Sony bringt das erste Heim-Videosystem (»Betamax«) auf den Markt. →

International setzt die systematische Suche nach Tiefsee-Erzen (Manganknollen) ein. →

Der HST, ein britischer Hochgeschwindigkeitszug, nimmt den Liniendienst zwischen London und Glasgow auf.

Der Laser-Schnelldrucker IBM 3800 kann pro Stunde bis zu 8580 DIN-A4-Seiten drucken. →

In der Sowjetunion werden versuchsweise Kanäle mit Kernexplosionen gesprengt. In USA läuft seit längerem ein Parallelprojekt: »Plowshare«. →

Bei Lüneburg am Elbeseitenkanal wird das größte Schiffshebewerk der Welt fertiggestellt. →

Beim Großkraftwerk Hamm-Schmehausen wird der erste Trockenseilnetzkühlturm der Welt (180 m Höhe) fertiggestellt. →

Die italienischen Staatsbahnen nehmen den »Pendolino« mit gleisbogenabhängiger Wagenkastensteuerung in Betrieb.

Das erste elektrostatische Drucksystem (Xerox 9200) kommt auf den Markt.

Zwischen dem Wasserkraftwerk Cabora Bassa (Moçambique) und der Republik Südafrika wird von einer Arbeitsgemeinschaft AEG/BBC/Siemens die erste mit Thyristoren ausgerüstete Hochspannungs-Gleichstrom-Übertragung (HGÜ) der Welt errichtet. →

An der Universität von Pennsylvania gelingt die Synthese eines Polymers aus Schwefel und Stickstoff, das metallische Eigenschaften zeigt.

22. 10. Die sowjetische Raumsonde »Venus 9« landet auf der Venus und übermittelt erste Bilder von der Venusoberfläche.

GESTORBEN:

3. 2. Schenectady/New York: William David Coolidge (* 23. 10. 1873, Hudson/Massachusetts), US-amerikanischer Physiker.

8. 2. Great Missenden/London: Sir Robert Robinson (* 13. 9. 1886, Bufford/Chesterfield), britischer Chemiker.

10. 9. Cambridge: Sir George Paget Thomson (* 3. 5. 1892, Cambridge), britischer Physiker.

30. 10. Ost-Berlin: Gustav Hertz (* 22. 7. 1887, Hamburg), deutscher Physiker.

Trockenkühlturm für Großkraftwerk

1975. Das Großkraftwerk Hamm-Schmehausen nimmt den ersten Trockenseilnetzkühlturm der Welt in Betrieb. Der Turm hat die beachtliche Höhe von 180 m.

Bisher wurde zum Kondensieren des Turbinendampfes in Heiz- und Kernkraftwerken Kühlwasser aus Flüssen entnommen. In einem Wärmetauscher gab das Kraftwerk seine Abwärme an dieses Wasser ab, das anschließend erwärmt in die Flüsse zurückgeführt wurde. Die Grenzen dieses Systems sind durch bedrohliche Annäherung an die höchstzulässige Wärmebelastung der großen Flüsse erreicht. Luftkühltürme sollen in Zukunft die Überschußwärme an die Atmosphäre abgeben.

Luftkühlturm eines Kraftwerks

Energieübertragung durch Gleichstrom

1975. Zwischen dem Wasserkraftwerk Cabora Bassa in Moçambique (→ 1972) und der Republik Südafrika wird die erste mit Thyristoren (→ 1957) ausgerüstete Hochspannungs-Gleichstrom-Übertragung (HGÜ) der Welt installiert.

Die neue Technologie soll dazu beitragen, auf der 1450 km langen Strecke die Übertragungsverluste im Vergleich zur üblichen Wechselspannungsfernleitung niedriger zu halten. Verlegt werden zwei parallele Leitungen, die für jeweils 533 000 V ausgelegt sind. Besonders die eigens für dieses Projekt konstruierten großen Thyristorventile feiern eine in Fachkreisen aufsehenerregende Premiere.

Suche nach alternativen Energiequellen

1975. Auf die künstlich herbeigeführte sogenannte Energiekrise im Winter 1973/74 (→ 1974) reagiert die Weltöffentlichkeit einschließlich führender Politiker der meisten westeuropäischen Staaten mit massiver Angst vor dem Versiegen der fossilen Energiequellen in wenigen Jahrzehnten.

Daher setzt jetzt allenthalben eine fieberhafte Suche nach neuen, sich selbst regenerierenden Energiequellen ein. Manche Wirtschaftskreise setzen auf den forcierten Ausbau der Kernenergie, doch gerät diese zunehmend unter den Beschuß der sich etablierenden Gruppen von Kernkraftgegnern.

Zur Diskussion stehen folgende Alternativen: Solarenergie einschließlich der von der Sonneneinstrahlung abhängigen Wasserkraft, Wind-, Meereswellen- und Meerwärmeenergie, Gezeitenenergie und geothermische Energie.

Die Problematik besteht in der Entwicklung geeigneter Nutzungstechnologien. Es fehlt im Rahmen einer regelrechten »Alternativen«-Euphorie nicht an einer Flut von Prinzipvorschlägen, doch erweisen sich im Laufe der Folgejahre fast alle Pläne als gar nicht oder nur äußerst schwer realisierbar. Technisch durchführbare Projekte stellen sich zudem oft als noch wesentlich umweltbedrohlicher als die etablierten Energieerzeugungspraktiken heraus, die hinsichtlich ihrer Schadstoffemission durchaus nicht als harmlos gelten können.

Modell einer 1973 für Arizona geplanten »Sonnenfarm« für ein Wärmekraftwerk; auf einer etwa quadratkilometergroßen Fläche sollen zahlreiche Zeilen von Solarkollektoren – das sind oberflächlich schwarze, wasserdurchflossene Paneele – aufgestellt werden

Solarenergienutzung wird in Form von Großkraftwerken (»Solarfarmen«) nach dem »Turmkonzept« (→ 1969) erwogen oder in Form dezentraler Wärmeerzeugung über Kollektoren auf Hausdächern.

Zur Nutzung der Windkraft werden riesige Turbinenanlagen in ganzen Wäldern bis zu 100 m hoher Türme vorgeschlagen.

Wellenkraftwerke sollen in kilometerlangen Anlagen vor den Küsten die Kräfte des Weltmeers mittels Großdynamos in Elektrizität verwandeln.

In riesigen Plantagen in warmen Gebieten sollen schnell wachsende Grünpflanzen geerntet und zu Bioalkohol als Brennstoff und Kraftstoff vergoren werden.

Große Wasserkraftwerke (→ 1972) sollen forciert gebaut werden. Die Pläne betreffen sowohl die Anlage von riesigen Stauseen wie von einschneidenden Flußbegradigungen. Nach dem Vorbild des Gezeitenkraftwerks an der Rance (→ 1967) stehen Ebbe-und-Flutturbinenanlagen zur Diskussion.

Und schließlich verfolgt man in geothermischen Gebieten der westlichen USA, Italiens, Islands, der Tschechoslowakei und Ungarns, der Sowjetunion, Neuseelands und anderer Staaten Projekte zur Nutzung der Erdwärme.

Es fehlt 1975 nicht an ersten Versuchsanlagen: Die NASA baut in Ohio ein 100-kW-Windkraftwerk. In Kalifornien ist eine 10-MW-Solarfarm geplant, zahlreiche Solarhäuser (→ 1973) entstehen.

Die Kehrseite der Alternativen

Dammbrüche in immer größeren Wasserkraftanlagen bedrohen Millionen von Menschen. Landschaften und Biotope werden durch Stauseen zerstört. Laufkraftwerke führen durch Grundwassersenkung zu großräumigen Versteppungen. – Gezeitenkraftwerke lassen sich nur weit entfernt von den Energieverbrauchszentren realisieren. – Wellenkraftwerke und Meerwärme nutzende Anlagen erweisen sich als wirtschaftlich unrealistisch. – Erdwärme läßt sich nur an wenigen Punkten der Welt nutzen. Ihre Folge sind Abwasserfluten voller giftiger Chemikalien (Borsäure usw.), Bodensenkungen und Erdbebengefahr. – Solarkraftwerke zerstören die Landschaft großräumig, und die Dampfspeicher größerer Solarkraftwerke übertreffen im Energieinhalt die Atombombe von Hiroschima. – Noch größere Landschaftsgebiete zerstören Bioalkohol-Monokulturen. – Solarhäuser sind unwirtschaftlich teuer und können allenfalls in einem halben Jahrhundert einen nennenswerten Energiebeitrag liefern. – Windkraftwerke sind laut und führen in der Masse zu Inversionswetterlagen durch Energieentzug der bewegten Atmosphäre.

Die Solar-Kraftwerksinsel (Projekt) nach Laing nutzt Sonnenwärme, maritimes Kühlwasser und einen Unterwasserdom als Wärmespeicher

Die Maschinenhalle des Wasserkraftwerks Cabora Bassa ist die größte Kaverne der Welt; sie hat das 18fache Volumen des Buckingham-Palastes

Der Welt größtes Schiffshebewerk

1975. Bei Lüneburg am Elbeseitenkanal wird das größte bislang gebaute Schiffshebewerk vollendet. Die mit leistungsstarken Antriebseinheiten ausgestattete Anlage vermag Binnenschiffe bis 1350 t in nur drei Minuten über eine Höhendifferenz von 38 m zu heben oder zu senken. Sie überbrückt damit eine Höhenstufe im Gelände, die der stark frequentierte 115 km lange Schifffahrtsweg überquert, der die Elbe bei Hamburg mit dem Mittellandkanal bei Wolfsburg verbindet.

Das Großhebewerk verfügt über zwei wassergefüllte, breite und flache Tröge, in die die zu hebenden oder senkenden Binnenschiffe einschwimmen können.

Die Tröge laufen mit Zahnstangenführung an vier mächtigen Türmen auf und ab und dienen einander als Gegengewichte: Wenn sich der eine Trog senkt, hebt sich der andere (→ 1840).

Atombomben statt Baumaschinen

1975. In der Sowjetunion werden versuchsweise Kanäle mit Kernexplosionen gesprengt. Ähnliche Experimente laufen seit rund zwei Jahrzehnten unter der Bezeichnung Projekt »Plowshare« (= »Pflugschar«) in den USA.

Bei dem Vorhaben geht es darum, Großkanäle für die Umleitung sibirischer Flüsse, zur Anlage neuer Schifffahrtswege, als Bahn- oder Straßenpaßscheisen in Bergzügen nicht mehr mit Erdbewegungsmaschinen, sondern durch ganze Reihen gleichzeitig gezündeter Atom- oder Wasserstoffbomben (→ 1945; 1952) auszuheben. Eine der ersten amerikanischen Superversuchssprengungen (Experiment »SEDAN«, 1962) mit einer 100-Kilotonnen-Bombe produzierte dabei den größten von Menschen je geschaffenen Bombenkrater. Die 192 m tief unter der Erde gezündete Wasserstoffbombe warf rund fünf Millionen Kubikmeter Fels und Erde aus und hinterließ ein Loch von 290 m Tiefe und 1100 m Durchmesser.

Die nuklearen Bodenbewegungsarbeiten größten Ausmaßes werden später wegen der sie begleitenden radioaktiven Verseuchung der Umgebung eingestellt.

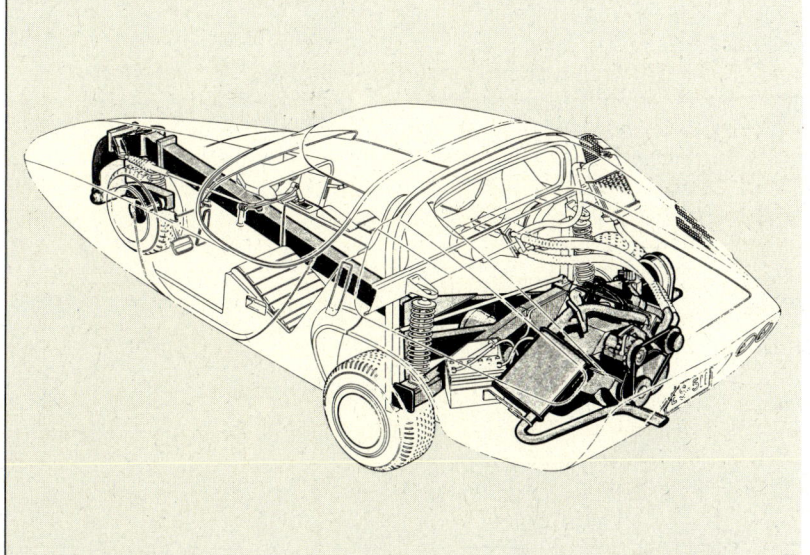

Neue Autoantriebe zum Energiesparen

1975. Angeregt durch die sogenannte Ölkrise im Winter 1973/74 (→ 1974) beschäftigen sich zahlreiche Automobilhersteller mit der Entwicklung neuartiger Kraftfahrzeugantriebe (oben, von links: Benzin-elektrisch, elektrisch, Benzin; unten: Benzinsparmodell).

Zur Diskussion stehen auf Gas umgestellte Benzinmotoren, Ottomotoren mit Abgasnachverbrennung, Dieselmotoren mit Vor-, Neben- oder Wirbelkammern oder Direkteinspritzung, Gasturbinenkonzepte (für Lkw) und völlige Exoten. Wiederbelebt wird auf den Zeichentischen der Stirling-Motor aus dem 19. Jahrhundert, der mit kontinuierlicher Verbrennung und einem hermetisch gekapselten Heliumbehälter arbeitet, der wechselweise in eine heiße und eine kalte Zone gebracht wird und dabei Expansionsarbeit leistet. Eine große Chance scheinen zunächst Dampfmotoren zu besitzen, doch droht der Hochdruck-Dampfspeicher bei Unfällen zur Bombe zu werden.

Ein sinnvolles Konzept entsteht im Stuttgarter Laing-Institut, wo ein Versuchsfahrzeug mehrere neuartige technische Ideen in sich vereint: Einen Torusbrenner mit sehr hoher Brennstoffausnutzung, einen Filmverdampfer, der bei Bedarf nur geringe Dampfmengen liefert usw.

Manganknollen: Metallerz aus dem Meer

1975. Hand in Hand mit der intensiven Suche nach neuen Fossilenergielagerstätten (→ 1974) geht die weltweite Suche nach neuen Rohstoffressourcen. Sie weitet sich um 1975 vor allem auf die Meeresböden aus. Besonderes Interesse kommt dabei den sogenannten Manganknollen zu, die im Atlantik und vor allem im Pazifik in Meerestiefen um 5000 m stellenweise riesige Bodenflächen bedecken.

Allein die pazifischen Vorkommen haben einen Roherzgehalt von schätzungsweise 1700 Milliarden Tonnen. Sie enthalten 150mal soviel Kupfer, 1500mal soviel Nickel, 5000mal soviel Kobalt und 4000mal soviel Mangan wie sämtliche kontinentalen Vorkommen der Welt zusammen. Im Südostpazifik finden die Sowjets Vorkommen mit einer Erzdichte von 40 bis 45 kg pro Quadratmeter Meeresboden und an anderer Stelle sogar zwischen 50 und 75 kg. Die genauen Fundorte werden streng geheimgehalten.

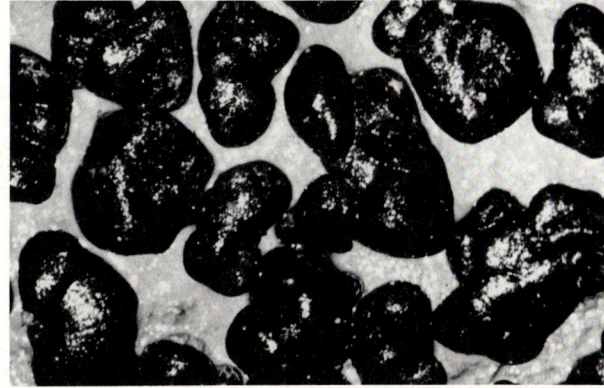

Manganknollen bedecken den Grund vieler Tiefseegebiete in einer gleichmäßigen, einlagigen Decke; die schwarzen Erzknollen sind mehrere Zentimeter groß und haben einen schaligen Aufbau

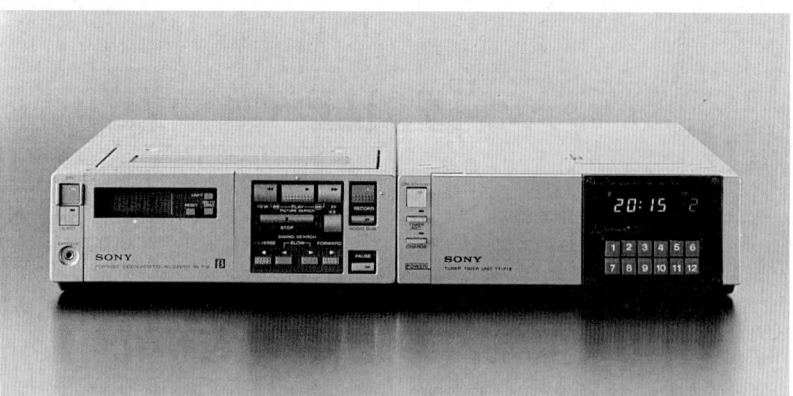

Das »Betamax«-System der japanischen Firma Sony; links der eigentliche Rekorderteil, rechts ein Tuner, der den Empfang von TV-Programmen erlaubt

Neu: Das Betamax-System

1975. Nach der Entwicklung der ersten Videorekorder zur magnetischen Aufzeichnung von Bildern im Jahr → 1951 bringt jetzt die japanische Firma Sony ein wesentlich verbessertes Heimsystem unter der Bezeichnung »Betamax« auf den Markt. Es ist weder mit dem älteren VCR-System noch mit dem später erscheinenden »VHS« (Video Home System) aus Japan und dem »Video-2000«-System aus den Niederlanden kompatibel.

Die Betamax-Kassetten sind kleiner als die bisher bekannten. Ihr Band ist nur 0,5 Zoll (12,5 mm) breit und bewegt sich mit einer Geschwindigkeit von 3,81 cm/s.

Die Videobandaufzeichnung läßt sich zwar erst jetzt in technisch wie wirtschaftlich sinnvoller Weise realisieren, doch reicht die ihr zugrunde liegende Erfindung bereits 20 Jahre zurück, als der Japaner Shiro Okamura eine Bandaufnahmetechnik entwickelte, bei der die Schreibdichte wesentlich höher war als beim Tonbandgerät.

IBM-Hochleistungs-Drucker

1975. Die amerikanische Firma IBM bringt einen Laserdrucker, Typ »IBM 3800«, heraus, der in der Stunde bis zu 8580 DIN-A4-Seiten bedrucken kann.

Das rund 2400 Schreibmaschinenseiten umfassende, mit dem Textverarbeitungssystem eines Personal Computers (→ 1983) geschriebene Manuskript der vorliegenden »Chronik der Technik« würde dieser Drucker in knapp 17 Minuten einmal ausdrucken.

Der Drucker arbeitet nicht mechanisch, sondern fotooptisch. Er erreicht etwa die zehnfache Druckleistung der schnellsten mechanischen Maschinen.

Die zu druckenden Zeichen liegen nicht als Typen vor. Sie werden jeweils als Matrix von maximal 18 × 24 sich überlappenden Punkten dargestellt. Der Strahl eines Helium-Neon-Lasers (→ 1958) wird durch einen mit 3000 Umdrehungen pro Minute rotierenden Polygonspiegel horizontal abgelenkt und gleichzeitig von einem elektronisch gesteuerten akusto-optischen Ablenker in mehrere Teilbündel aufgespalten. Dieser Strahl bildet bereits vor seiner Ablenkung die Form der Zeichen nach. Durch die Ablenksysteme werden sie auf eine rotierende, mit amorphem, fotoleitfähigem Material beschichtete Trommel projiziert. Wo der Laserstrahl auftrifft, entlädt er lokal die zuvor elektrostatisch positiv aufgeladene Trommel. Dadurch entsteht auf dieser ein elektrostatisches Negativbild der Zeichen. Das Bild, das eine ganze Seite umfaßt, wird anschließend mit den Methoden, wie sie von Xerox-Fotokopiergeräten (→ 1937) her bekannt sind, auf normalem Schreibpapier mit Toner wiedergegeben und durch Einbrennen fixiert. Die Trommel wird danach durch eine totale Belichtung vollkommen entladen, von anhaftenden Staubteilchen gereinigt und neu aufgeladen. Sie ist damit für die nächste Druckseite vorbereitet. Der Gesamtprozeß spielt sich während einer einzigen Trommelumdrehung ab.

Der zu druckende Text wird in einem elektronischen Speicher im Drucker zwischengespeichert und der Druckgeschwindigkeit entsprechend von einem Mikroprozessor (→ 1971) abgerufen.

Europas Züge werden schneller

Um 1975. Nach Versuchen mit Luftkissenzügen und magnetisch getragenen Schienenbahnen (→ 1971; 1972) besinnen sich die Eisenbahntechniker in aller Welt jetzt wieder auf das konventionelle Rad-Schiene-System.

In zahlreichen klassischen Eisenbahnländern Europas – darunter Frankreich, Großbritannien, die Bundesrepublik Deutschland, Italien und Schweden – werden neuartige Systeme zur Steigerung der Reisegeschwindigkeit erarbeitet. Dabei verfolgt man zwei unterschiedliche Wege, die sich auch kombinieren lassen: Zum einen Veränderungen an den Zügen für den Verkehr auf den alten Schienennetzen, zum anderen neue Gleisunterbauten und Streckenführungen für den Verkehr mit dem alten Maschinenpark.

Schon in den späten 60er Jahren fehlte es nicht an Vorversuchen. Sie folgten dem japanischen Beispiel des Tokaido-Express (→ 1963)

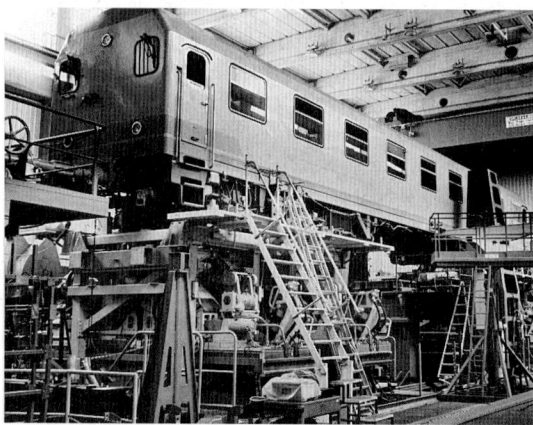

Hochgeschwindigkeitsrollprüfstand der Bundesbahn mit dem Versuchsfahrzeug VF1 von Krupp

Der neue italienische Experimentalzug »Pendolino« kann sich elektronisch gesteuert in die Kurven legen

und wurden nicht nur in Europa, sondern auch in den Vereinigten Staaten, in Kanada und Japan selbst durchgeführt.

Mit Ausnahme zweier amerikanischer Konzepte, die Maximalgeschwindigkeiten von 400 bzw. 480 km/h erreichen wollen, und dem sowjetischen Kiew-Eisenbahnprojekt, das Züge von 300 bis 400 km/h Geschwindigkeit zum Ziel hat, die mit Linearmotoren an-

getrieben werden sollen, streben praktisch alle anderen Länder, die Eisenbahnforschung betreiben, zunächst Reisegeschwindigkeiten von rund 200 km/h, Großbritannien auch 240 und Frankreich 300 km/h an.

Als Antriebsaggregate stehen vorrangig Gasturbinen und Elektromotoren zur Diskussion. Die Briten ziehen auch eine Diesellok in Erwägung, und Schweden experi-

mentiert mit einem zentralen Dieselkompressor in der Lokomotive, der den Druck für kleine Hydraulik-Antriebsmotoren auf jeder einzelnen Radachse des ganzen Zuges liefern soll.

Ein originelles Konzept verfolgen Italien und Großbritannien mit dem »Pendolino« bzw. dem »APT«. Die Wagenkästen dieser Züge legen sich, elektronisch gesteuert, regelrecht in die Kurven.

1976

Die neue ECL-Technik (Emitter Coupled Logic) ermöglicht bei der Firma Motorola die Entwicklung des Mikroprozessors Typ 10 800, einer extrem leistungsstarken integrierten Schaltung. →

Erste Bildschirmspiele kommen auf den Markt.

Sparkassen und Banken installieren die ersten Geldautomaten.

Bei der europäischen Organisation für Kernforschung CERN in Genf ist der stärkste Protonen-Beschleuniger der Welt, SPS (Durchmesser 2,2 km, Energie bis 500 Milliarden Elektronenvolt), fertiggestellt.

Im amerikanischen Forschungszentrum SLAC in Kalifornien wird der Aufbau des Protons aus drei Quarks bekannt. →

Als erste Grube Europas ist die Grube Ensdorf im Saarland vollständig mit Schildausbau ausgerüstet. →

Wissenschaftler diskutieren darüber, ob Aerosole aus Sprühdosen der Ozonschicht in der Stratosphäre verändern. →

Die Physiker sind von der Existenz superschwerer Elemente (z. B. mit der Ordnungzahl 126) und deren früherer Existenz auch in der Natur überzeugt.

21. 1. Das Überschall-Passagierflugzeug »Concorde« nimmt seinen regelmäßigen Liniendienst auf (→ 2. 3. 1969).

1. 4. Mit dem Beschleuniger UNILAC am GSI in Darmstadt gelingt erstmals die Beschleunigung eines schweren Ions (U-238) auf 6,7 MeV. Das ist ein Markstein in der Schwerionenforschung.

20. 7. Die US-amerikanische Sonde »Viking 1« landet weich auf dem Mars. Sie übermittelt Bilder und Meßdaten zur Erde.

3. 9. Die Marssonde »Viking 2« (USA) setzt ein Gas-Chromatographie-Gerät auf dem Mars ab, das nach Spuren organischer Substanzen sucht.

GESTORBEN:

1. 2. München: Werner Karl Heisenberg (* 5. 12. 1901, Würzburg), deutscher Physiker.

31. 5. Cannes: Jacques Lucien Monod (* 9. 2. 1910, Paris), französischer Biochemiker.

26. 9. Mammern/Thurgau: Leopold Ružička (* 13. 9. 1887, Vukovar), kroatisch-schweizerischer Chemiker.

5. 10. Coral Gables/Florida: Lars Onsager (* 27. 11. 1903, Oslo), norwegisch-US-amerikanischer Physikochemiker.

24. 12. Paris: Louis Victor Duc de Broglie (* 15. 8. 1892, Dieppe), französischer Physiker.

Die ECL-Technik für schnelle Elektronik

1976. Mit der Entwicklung der sogenannten ECL-Technik gelingt es der Firma Motorola, einen neuen Mikroprozessor (→ 1971), den Typ 10 800, herzustellen, der alle bisherigen integrierten Schaltungen (→ 1958; 1966) an Arbeitsgeschwindigkeit übertrifft.

Die ersten integrierten Schaltungen waren alle vom bipolaren Typus, d. h., sie waren in RTL- oder DTL-Logik aufgebaut. Sie mußten inzwischen fast ausnahmslos dem TTL-Typus (Transistor-Transistor-Logik) weichen. TTL-Schaltungen enthalten Transistoren mit mehreren Emittern (→ 1948), die auf eine gemeinsame Basis und einen gemeinsamen Collector wirken. Diese Mehremitter-Transistoren steuern Schalttransistoren, die ihrerseits ein System von drei Endtransistoren steuern. Die ECL-Technik (»Emitter Coupled Logic«) ist eine Variante der TTL.

Physiker entdecken weitere Teilchen

1976. Das Jahr 1976 bringt eine Fülle neuer Entdeckungen auf dem Gebiet der Elementarteilchen (→ 1974) mit sich.

Bisher war es nicht gelungen, Quarks (→ 1964) unmittelbar zu beobachten. Nach der Entdeckung des Psi-Teilchens weisen theoretische Überlegungen auf die mögliche Existenz eines »Charmonium« genannten Teilchens hin, das aus einem bestimmten Quark (Charm-Quark) und dessen Antiquark aufgebaut sein muß. Von diesem Charmonium wurden verschiedene Zustände postuliert, wobei das Psi-Teilchen als Grundzustand betrachtet wurde. 1976 gelingt am Deutschen Elektronensynchrotron (→ 1964) die Entdeckung mehrerer weiterer Charmonium-Zustände. Und am SLAC-Beschleuniger in den USA gelingt die Beobachtung der Charm-Mesonen, Kombinationen aus Charm-Quark und Antiquark.

Treibgas-Sprühdose als Gefahr erkannt

1976. Wissenschaftler ziehen in Betracht, daß die Treibgase aus Spraydosen (→ 1941) die Ozonschicht in der Stratosphäre zerstören können.

Als gefährlich angesehen werden die chemisch außerordentlich stabilen Chlor-Fluor-Kohlenwasserstoffe (CFK), die vorwiegend als Treibgas verwendet werden. Ihre Reaktionsträgheit macht sie langlebig, was zu einer Anreicherung in der Luft führt. Die Gase dringen bis in die Stratosphäre vor, wo ihre Moleküle von der Ultraviolettstrahlung zertrümmert werden. Dabei wird Chlor frei, das sich mit atomarem Sauerstoff aus dem Ozon zu Chlormonoxid verbindet.

Der Ozonverlust ließ sich 1974/75 bereits erstmals über der Antarktis messen. Wenn er sich ausweitet, ist mit einer gefährlichen Änderung der UV-Strahlungsbilanz auf der Erde zu rechnen.

Größere Sicherheit im Bergbau durch den Schildausbau

1976. *Als erstes Bergwerk Europas ist die Steinkohlegrube Ensdorf im Saarland vollständig im Schildausbau ausgeführt.*

Bisher hatte man die Kohlenstrebe (das sind die Abbaustrecken am Flöz) mit Grubenholzstempeln oder Bogenprofilen aus Stahl offengehalten. Beim Schildausbau frißt sich vollautomatisch ein Schrämlader oder ein Kohlenhobel auf einer etwa 200 m breiten Front Schicht für Schicht in das Kohlenflöz hinein, die Schrämmaschine je Durchgang etwa 60 cm, der Hobel etwa 5 cm weit. Die dabei abgeräumte Kohle wird von den Maschinen automatisch auf Panzerförderer geladen, die sie aus dem Streb schaffen. Über *der abgebauten Kohle bleibt an der Strebdecke das »Hangende« stehen, das abgestützt werden muß, da sein Einsturz die im Streb arbeitenden Bergleute und Anlagen bedrohen würde. Dieses Abstützen geschieht im Schildausbau mit schweren Stahlplatten, die längs der Strebdecke hydraulisch dem zurückweichenden Flöz nachgeführt werden. Auf diese Weise arbeiten die Bergleute gleichsam in einem einseitig – zum Flöz hin – offenen Stahltunnel. Dieser Tunnel folgt dem Flöz, während hinter ihm üblicherweise das Hangende herunterbricht. Man spricht bei dieser Arbeitsweise auch vom Schreitausbau. Die Abbildung zeigt Schrämlader, Panzerförderer und Stahlschild.*

Die USA haben die Neutronenbombe entwickelt. →

Zwischen Long Beach und Artesia in Kalifornien wird die erste öffentliche, 9 km lange Glasfaser-Telefonleitung in Betrieb genommen.

In New Mexico wird versuchsweise ein Solar-Tower-Kraftwerk betrieben.

Das Protonen-Supersynchrotron von CERN erreicht eine Energie von 400 GeV (Gigaelektronenvolt).

In den USA sind mehr als 30 000, in der Bundesrepublik 5000 und in Schweden 2000 datengesteuerte Maschinen in Betrieb. →

Die ersten Flüssignaturgas-Tanker laufen vom Stapel. →

Der neue Gotthard-Straßentunnel, der längste Straßentunnel der Welt, wird in Betrieb genommen.

In den USA glückt eine Kernfusion mit Laserstrahlen (Lawrence Livermore; → 1973).

Krupp Industrie- und Stahlbau entwickelt ein Verfahren zur Fettkristallisation, eine Methode, Nahrungsmittelprodukte ohne Kühlung sehr lange haltbar zu machen.

Am Speicherring DORIS in Hamburg entdeckt man das Teilchen »Y«.

Polaroid führt das erste Sofortbildcine-System (»Polavision«) auf Super-8-Material ein.

Das von den Glaswerken Schott hergestellte Brandschutzglas »Pyran« setzt neue Maßstäbe im baulichen Brandschutz. →

Von einem Forschungsflugzeug aus entdecken Astronomen das Ringsystem des Uranus.

In der klinischen Medizin wird die Computer-Tomographie mit Röntgenstrahlen (Röntgenschichtaufnahme) eingeführt.

Die Physiker W. M. Fairbank und G. S. LaRue an der Stanford University entdecken, daß das kleinste elektrische Ladungsquantum nicht der Elektronenladung entspricht, sondern etwa ein Drittel davon beträgt.

10. 3. Indonesien setzt mit dem Satelliten »Palapa 2« den Aufbau eines Kommunikationsnetzes fort, das das gesamte Inselreich verbinden soll. →

April. Aus einem Leck auf der norwegischen Bohrinsel »Bravo« strömen Tausende von Tonnen Erdöl aus. →

20. 6. Die 1280 km lange Alaska-Pipeline geht in Betrieb. →

GESTORBEN:

16. 6. Alexandria/Virginia: Wernher Freiherr von Braun (* 23. 3. 1912, Wirsitz/Posen), deutsch-US-amerikanischer Physiker.

Die Neutronenbombe

1977. In den Vereinigten Staaten wird unter Präsident Jimmy (James Earl) Carter die sogenannte Neutronenbombe entwickelt.

Der spontan von Journalisten geprägte Begriff ist insofern irreführend, als es sich dabei nicht um eine reine Neutronenwaffe handelt. Die korrekte Bezeichnung lautet »verbesserte Strahlungswaffe« (»enhanced radiation weapon«).

Die Neutronenbombe ist ein atomarer Sprengkopf für Artilleriegeschosse und Mittelstreckenraketen. Sie besteht aus einer sehr kleinen Wasserstoffbombe (→ 1952), die von einer Plutonium-Atombombe (→ 1945) gezündet wird. Die Neutronenbome ist so konstruiert, daß sie bei ihrer Detonation nur eine schwache Druckwelle erzeugt und wenig Hitze freisetzt. Den größten Teil ihrer Energie gibt sie in Form harter Neutronenstrahlung ab. Aufgrund dieser Eigenschaften zerstört die Neutronenbombe Gebäude und andere technische Einrichtungen kaum, während sie Leben in jeder Form vernichtet.

Die durch eine Fusion von Deuterium- (→ 1931) und Tritiumkernen entstehenden schnellen Neutronen besitzen eine Energie von rund 14 MeV (→ 1967), was sie dazu befähigt, fast alle Materialien in den üblicherweise in Bauten verwendeten Stärken zu durchdringen. Einen wirkungsvollen Schutz bieten allenfalls 30 cm starke Blei- oder 60 cm starke Stahlbetonplatten. Auch 30 cm dicke Wasser- bzw. 10 cm dicke Paraffinschichten wären ein effizienter Schutz, weil die in ihnen enthaltenen Wasserstoffatome die Neutronen durch elastische Stöße »moderieren« oder abbremsen, ihnen also ihre Energie nehmen.

Die biologische Wirkung der harten Neutronenstrahlen beruht darauf, daß die Neutronen die etwa gleich großen Wasserstoffatome aus den organischen Verbindungen herausschießen und die Moleküle dabei zerstören. Zugleich werden die Wasserstoffkerne zu energiereichen Protonen, die ihrerseits weitere Schäden auslösen. Die Körperzellen gehen durch die Schädigung der sie aufbauenden Moleküle zu Grunde, was zu Krankheit und Tod führt.

Diskussionen um die neue Bombe

Die Entwicklung der Neutronenbombe und ihre ins Auge gefaßte Stationierung in Europa löst heftige Diskussionen aus. Der Kerngedanke der Befürworter der neuen Waffe ist es, im Falle eines sowjetischen Vorstoßes nach Westeuropa diesen auf deutschem Gebiet unter Einsatz von atomaren Sprengkörpern zurückzuschlagen. Geschähe das mit klassischen Kernwaffen, dann wäre der Schaden an den Gebäuden, der Industrie und der Infrastruktur ein beinahe totaler. Die Neutronenbombe läßt sich gezielt gegen Truppen einsetzen, ohne die technische Strukturen zu beschädigen.

Die Gegner der Neutronenbombe argumentieren damit, daß eine Strahlungswaffe gerade dadurch, daß sie sich kalkulierbar einsetzen läßt, gefährlich würde. Die Gefahr ihres tatsächlichen Einsatzes würde zunehmen.

Die Industrieroboter setzen sich durch

1977. In den USA arbeiten mehr als 30 000, in der Bundesrepublik rund 5000 und in Schweden etwa 2000 datengesteuerte Maschinen und zahlreiche Industrieroboter in Großbetrieben (→ 1952; 1983).

Befürchtungen grassieren, daß die computerisierten Fertigungsmaschinen zur Massenarbeitslosigkeit führen werden. Das deutsche Institut für Arbeitsmarkt und Berufsforschung rechnet für die Bundesrepublik mit einem »Substitutionspotential für Handhabungsgeräte« von 400 000 Stück. In Wirklichkeit wird die Entwicklung weit weniger stürmisch verlaufen. Die datengesteuerten Maschinen ersetzen praktisch überhaupt keine menschlichen Arbeitsplätze, sie substituieren fast ausnahmslos veraltete mechanische Fertigungseinrichtungen. Rund 40 Prozent aller Industrieroboter hingegen verdrängen im Durchschnitt je vier Fabrikarbeiter. Die restlichen Fertigungsroboter (60%) treten allenfalls nur an die Stelle älterer Maschinen. Aber auch diese Entwicklung führt nach Meinung einiger Wirtschaftsforschungsinstitute langfristig nicht zu Arbeitslosigkeit, sondern zum Gegenteil, zu Wachstumsbranchen mit steigenden Beschäftigungszahlen. Mit dem Einsatz der computergesteuerten Fertigungsgeräte wächst außerdem zugleich die Komplexität der neu konstruierten Produkte. Aus dieser Sicht wird die Gesamtzahl der Arbeitsplätze eher wachsen als sinken. Dazu kommt schließlich, daß auch die roboterproduzierende Industrie selbst neue Arbeitsplätze schafft.

Industrieroboter übernehmen die Montage in einer Fertigungsstraße für Pkw; ein einziger Mann kontrolliert zentral diese Anlage; in der Kraftfahrzeugindustrie ist der Einsatz der »automatischen Kollegen« am weitesten fortgeschritten; ihr folgen die Textilindustrie und bestimmte Bereiche des Maschinenbaus

Eine Pipeline durch Dauerfrostboden

20. Juni 1977. Mit vierjähriger Verspätung geht die 1280 km lange Alaska-Pipeline in Betrieb. Für die Verlegung der 1¼ m starken Rohrleitung wurden eigens Spiralschweißanlagen angefertigt, in denen Rohrstücke hergestellt werden. Für die Verlegearbeiten standen 320 Spezialtraktoren, 250 Bulldozer, 600 Lastwagen und 650 Montage-Schweißeinrichtungen zur Verfügung, die meisten davon eigens für den Einsatz unter Polarbedingungen konstruiert, bei denen normaler Stahl spröde und brüchig wird. Aus klimatischen Gründen wurde das dicke Rohr im Dauerfrostbereich unterirdisch verlegt. Die Maschinen, die im starr gefrorenen arktischen Gelände rationell genug entsprechende Gräben aushoben, waren Spezialkonstruktionen.

Allein die Anlage der riesigen Camps stellen eine Ingenieurleistung dar. Die Camps lagen alle mehr als 1500 km von jeder Versorgungsquelle für Lebensmittel, Wasser, Brennstoff, Elektrizität usw. entfernt und mußten in jeder Hin-

Über unsicherem Boden ist die Alaska-Pipeline aufgeständert

sicht autark aufgebaut werden. Sie hatten die Größe von Kleinstädten mit jeweils 8000 Einwohnern.

Von der Prudehoe Bay zum Endpunkt in Valdez ist das Öl rund acht Tage lang unterwegs. Geplant ist zusätzlich eine Pipeline zum Transport von Erdgas von der arktischen Prudehoe Bay durch Kanada bis in die Vereinigten Staaten.

Riesentankschiffe für Flüssig-Erdgas

1977. Die ersten beiden Flüssignaturgas-Tankschiffe, bekannt als LNG-Carrier (Liquid Natural Gas), laufen in Kiel vom Stapel. Jedes der beiden Riesenschiffe hat eine Tank-Kapazität von 125 000 m³ verflüssigtem Erdgas.

Die Supertanker sollen dazu dienen, Flüssiggas von den Naturgasfeldern in der Nordsee zum europäischen Festland zu bringen. Der Laderaum der 95 700 BRT großen Schiffe ist in fünf gigantische Tankkugeln von jeweils mehr als 35 m Innendurchmesser aufgeteilt. Die Kugeln sind thermisch hervorragend isoliert, weil das Flüssiggas in ihrem Inneren auf −163 °C gekühlt bleiben muß. Entwickelt wurde dieses neuartige Kugeltankkonzept von Moss und Rosenberg.

Die Flüssignaturgas-Tankschiffe laufen 20,5 Knoten schnell und gelten als die ersten Exemplare einer ganzen Flotte, die vor allem in der Region zwischen Mittelengland und den nördlichen Niederlanden verkehren soll, um die dort liegenden Erdgasfelder zu bedienen.

Erdölunfall auf Nordsee-Bohrinsel

April 1977. Die norwegische Bohrinsel »Bravo« im Ekofisk-Offshore-Ölfeld (→ 1971) explodiert. Innerhalb von acht Tagen strömen 24 000 t Erdöl aus und fließen in die Nordsee. Die gewaltige auf dem Meer treibende Öllache breitet sich auf ein Gebiet von 450 bis 650 km² aus.

Die Maßnahmen, das Großleck abzudichten, werden durch heftige Stürme erschwert. Sie nehmen über eine Woche in Anspruch und sind außerordentlich kostspielig.

Der bisher größte Ölunfall löst Zweifel aus, ob die technischen Voraussetzungen bereits ausgereift genug sind, um große Offshore-Ölfelder sicher zu erschließen. Experten befürchten, daß die Exploration zu rasch voranschreitet.

Pläne für Versuchsbohrungen in den fischreichen Gewässern vor den Küsten Nordnorwegens werden nach dem Unfall vorübergehend abgeblasen. Eine Entscheidung über die Vergabe weiterer Konzessionen zur Erschließung von Nordsee-Ölfeldern wird von der norwegischen Regierung verschoben.

Neue Maßstäbe im baulichen Brandschutz

1977. Die Glaswerke Schott in Mainz stellen ein neu entwickeltes Brandschutzglas für den Hochbau vor. Es heißt »Pyran«.

Bisher ließ sich der Zusammenbruch von Glasscheiben bei direkter Beflammung nur durch ein eingelegtes Drahtgeflecht verhindern. Das »Pyran« ist ein thermisch gehärtetes Borosilicat-Fensterglas, das als 1×1 m große Scheibe offenen Flammen wenigstens zwei Stunden lang bruchfrei widersteht, bevor es infolge Erweichung schließlich plastisch deformiert und soweit fließt, daß es den Flammendurchtritt erlaubt. Andere Flachglashersteller bringen um die gleiche Zeit Doppelscheiben-Feuerschutzgläser auf den Markt, die in der Hitze der Flammen aufschäumen und als thermische Isolierung wirken. Solche Gläser halten einem Brand 30 bis 90 Minuten lang stand.

Wie andere Baumaterialien werden auch Brandschutz-Verglasungen entsprechend ihrem Verhal-

»Pyran«-Brandschutzglas im Test; die Ofentemperaturen liegen etwas über jenen bei direkter Beflammung; der Test begann um 12.00 Uhr

ten im international festgelegten Brandtest den sog. Feuer-Widerstandsklassen G und F zugeordnet. Verglasungen, die bei diesem Test den Flammen- und Brandgasdurchtritt mindestens 30 bzw. 60, 90, 120 oder 180 Minuten verhindern, werden den Klassen G 30 bzw. G 60, G 90, G 120 oder G 180 zugeteilt. Analog gelten die Klassen F 30 bis F 180 für Verglasun-

gen, die den Durchtritt von Hitzestrahlung mindestens 30, 60, 90, 120 oder 180 Minuten verhindern und auf der dem Feuer abgekehrten Seite sich um nicht mehr als 140 °C über die Anfangstemperatur erwärmen.

Zusätzlich müssen solche speziellen Verglasungen auch bestimmte Festigkeitsprüfungen mit einer stoßenden Stahlkugel bestehen.

Satellit integriert riesiges Inselreich

10. März 1977. Indonesien komplettiert mit dem Nachrichtensatelliten »Palapa 2« das bereits im Vorjahr mit »Palapa 1« eingeleitete, das ganze Inselreich verbindende Kommunikationsnetzwerk.

Die beiden Satelliten zusammen integrieren das aus über 3000 bewohnten, zum Teil weit auseinanderliegenden Inseln bestehende Südseereich. Jeder der beiden 575 kg schweren Satelliten kann zeitgleich 5000 Telefongespräche oder zwölf Fernsehkanäle übertragen.

Ganz generell stellen im Jahr 1977 die nationalen Kommunikationssatelliten mit Abstand den größten Anteil an den gestarteten künstlichen Erdtrabanten. Allein die Sowjetunion schickt acht nationale Nachrichtensatelliten in den Orbit. Italien plaziert am 25. August den Experimental-Kommunikationssatelliten SIRIO-I mit Hilfe einer amerikanischen Rakete in einer geostationären Position.

Weitere Telesatelliten starten die USA (INTELSAT IV A-F4) und Japan (CS, mit US-Rakete).

Am Speicherring SLAC in Palo Alto wird ein neues Lepton, »Tau«, entdeckt (→ 1979).

Das Lawrence Livermore Laboratory in Kalifornien nimmt die neue gigantische Laseranlage »Shiva« mit 20 Terawatt Leistung für Kernfusionsversuche in Betrieb. →

Das Röntgenteleskop »Einstein« des gleichnamigen Satelliten-Observatoriums übertrifft die Auflösung aller vorhergehenden Instrumente dieser Art um den Faktor 1000 (→ 25. 4. 1981).

Der deutsche Physiker Nikolaus Laing stellt erstmals nichtalternde Latentwärmespeicher (sie speichern Wärmeenergie ohne Temperaturerhöhung des Speichers durch Umkristallisation) sowie ein Kalt-Fernwärmesystem auf Latentspeicherbasis vor.

In Hamburg arbeitet der Elektron-Positron-Speicherring »PETRA« (Positron-Elektron-Tandem-Ringanlage). →

In Nowosibirsk (UdSSR) arbeitet der Elektron-Positron-Speicherring »VEPP«.

Nach einem Jahr Bauzeit geht bei der Firma Krupp Industrie- und Stahlbau der modernste Edelstahlschmelzofen Europas in Betrieb. →

Krupp Industrie- und Stahlbau liefert den größten Schaufelradbagger der Welt mit 240 000 m³ Tagesleistung in das rheinische Braunkohlenrevier. →

24. 1. In Kanada stürzt in einem einsamen Waldgebiet ein sowjetischer Satellit mit Nuklearmotor ab. →

10. 3. Die sowjetischen Kosmonauten Juri Romanenko und Georgi M. Gretschko kehren nach einem Rekordaufenthalt im Weltraum von 96 Tagen und 10 Stunden mit »SOJUS 28« auf die Erde zurück.

5. 12. Die Sonde »Pionier-Venus 1« schwenkt in einen Orbit um die Venus ein. →

9. 12. Die erste US-amerikanische Venuslandung gelingt mit »Pionier-Venus 2«. →

GESTORBEN:

7. 6. Cambridge: Ronald George Wreyford Norrish (* 9. 11. 1897, Cambridge), britischer Physikochemiker.

15. 9. München: Willy Messerschmitt (* 26. 6. 1898, Frankfurt am Main), deutscher Flugzeugbauer.

26. 9. Stockholm: Karl Manne Georg Siegbahn (* 3. 12. 1886, Örebro), schwedischer Physiker.

11. 12. White Plains/New York: Vincent du Vigneaud (* 18. 5. 1901, Chicago), US-amerikanischer Biochemiker.

Hamburg: Neuer Teilchenbeschleuniger

1978. Am deutschen Elektronensynchrotron DESY in Hamburg (→ 1964) wird die neue Teilchenbeschleunigeranlage »PETRA« (Positron-Elektron-Tandem-Ringanlage) in Betrieb genommen.

Zugleich wird der Positron-Elektron-Speicherring »DORIS«, ein bereits 1974 fertiggestellter Teilchenbeschleuniger, von 3,5 auf 5 Milliarden Elektronenvolt (eV) Strahlenergie umgebaut. Die beim Zusammenstoß der in dieser Anlage beschleunigten Elektronen und Positronen (→ 1928) erzielte Gesamtenergie von zehn Milliarden eV (→ 1967) ist bis August 1978 die höchste jemals in einem solchen Prozeß erreichte Energie.

In den Speicherringen DORIS und PETRA werden Elektronen und Positronen (Antielektronen) in einem luftleeren Ring fast auf Lichtgeschwindigkeit beschleunigt. Gleichzeitig werden sie so gesteuert, daß sie an gewissen Punkten innerhalb der Experimentierhalle frontal aufeinanderstoßen. Dabei können neuartige Teilchen freigesetzt werden. Die untersuchten Teilchen sind kleiner als der milliardste Teil eines Millionstelzentimeters.

Die Hamburger Anlage hat auch beachtliche »Nebeneffekte«: So wurden hier die bisher stärksten Hochleistungssenderöhren entwickelt, der Kältetechnik neue Impulse gegeben, die Supraleitforschung (→ 1911) vorangetrieben.

Deutsches Elektronensynchrotron (DESY); orange: Speicherring HERA, rot: Speicherring PETRA; innerhalb von PETRA im Gebäude der Ring DESY

Atomphysikalisches Großexperiment »JADE« am Speicherring PETRA

Installation der Experimentanlage »CELLO« am Speicherring PETRA

Ein Riesenlaser für Fusionsexperimente

1978. Das Lawrence Livermore Laboratorium nimmt eine neue Kernfusions-Laseranlage (→ 1973) mit Namen »Shiva« in Betrieb.

Die 20 Laserkanonen von »Shiva« erzeugen gemeinsam 20 Terawatt (→ 1970) und erhitzen ein Kügelchen aus gefrorenem Schwerwasserstoff auf 60 Millionen Grad. Die Wissenschaftler hoffen, mit der bereits geplanten, noch größeren Laseranlage »Nova« den Durchbruch zur kontrollierten Kernfusion im Experiment zu erreichen.

Ebenfalls 1978 entstehen vier neue Tokamak-Anlagen (→ 1969) für die Fusionsforschung in Japan, in der Sowjetunion, in den USA und in Großbritannien durch ein paneuropäisches Gremium.

Bohrarbeiten in den Böden der Tiefsee

1978. Das internationale Vorhaben zur Erforschung der Meeresböden, das »Deep Sea Drilling Project« (DSDP), wird zur Großunternehmung »International Phase of Ocean Drilling« (IPOD) erweitert.

In diesem Rahmen werden vor allem vom Forschungsschiff »Glomar Challenger« aus dem Boden des Pazifischen Ozeans an verschiedenen Stellen Bohrproben entnommen. Man findet dabei u. a. heraus, daß die japanische Hauptinsel Honshu nur der kleine Rest einer einst viel größeren Landmasse ist, wie sich der Westrand der Philippinischen Platte durch die Plattentektonik verändert, wie dabei Erdbeben ausgelöst werden und neue Meeresbekken entstehen können.

105 Tonnen Stahl in 111 Minuten

1978. Die deutsche Firma Krupp Industrie- und Stahlbau nimmt bei der Krupp Stahl AG nach einem Jahr Bauzeit den modernsten Edelstahlschmelzofen Europas in Betrieb. Die Anlage erzeugt in 111 Minuten 105 t Stahl.

Der Schmelztiegel des sogenannten UHP-Ofens (ultra high power) ist zylindrisch, über 4 m hoch und hat einen Durchmesser von mehr als 7 m. In seinem Inneren wird das Material induktiv erhitzt und geschmolzen. Dabei entsteht die Wärme direkt in der leitenden Substanz. Der Heizstrom wird durch Induktion (→ 1831) auf das Material übertragen, ein Prozeß, der einer Transformation im Kurzschlußbetrieb entspricht.

Vier Raumsonden erreichen die Venus

1978. Im Mai und August starten die USA zwei Raumsonden, PIO-NIER-VENUS-ORBITER und PIO-NIER-VENUS-LANDER. Ebenfalls im Sommer schicken die Sowjets die Sonden VENUS 11 und 12 ab. Alle vier erreichen ihr Ziel im Dezember, wobei der ORBITER in eine Umlaufbahn geht und die anderen drei Sonden auf der Venus landen. Die Sonden liefern Daten über die Venus-Atmosphäre und die Wolken, die offenbar aus Reaktionen zwischen Schwefelwasserstoff und Schwefeloxiden entstehen und hauptsächlich aus Sauerstoff, Wasserdampf und Schwefelverbindungen bestehen.

Kernkraft-Satellit stürzt auf Kanada

24. Januar 1978. Über dem kanadischen Nordwest-Territorium stürzt der sowjetische Aufklärungssatellit KOSMOS 954 ab. Er löst sich beim Eintritt in die Atmosphäre in zahlreiche Einzelteile auf, die in weitem Streukreis in den kanadischen Wäldern niedergehen. Da der Satellit einen Nuklearmotor zur Energieerzeugung an Bord hatte, sind die in Kanada aufschlagenden Einzelteile radioaktiv verseucht. Das Ereignis führt zu Verstimmungen zwischen Kanada, den USA und der UdSSR.

Schaufelradbagger der Spitzenklasse

1978. Für das rheinische Braunkohlenrevier liefert die Firma Krupp Industrie- und Stahlbau (später Krupp Industrietechnik) den größten Schaufelradbagger der Welt. Die Riesenanlage räumt totes Material und Braunkohle im Tagebau ab. Ihre Tagesförderleistung liegt bei 240 000 m³ Steinen und Erden bzw. Kohle.
Der auf Ketten laufende mobile Stahlgigant ist 84 m hoch und 225 m lang. Insgesamt 110 Motoren steuern die Vielzahl seiner Bewegungen. Die totale Antriebsleistung liegt bei 16 000 kW.
Die in den rheinischen Tagebaugebieten großflächig zerstörte Landschaft wird nach dem Kohleabbau umgehend wieder regeneriert.

Raumflugkörper erforschen die Planeten

1960 bis 1978. In 29 Venus-Projekten, 22 Mars-Missionen, mit vier Jupitersonden und einer Merkursonde versuchten zwischen 1960 und 1978 US-amerikanische und sowjetische Wissenschaftler, Raumflugkörper in die Nähe der vier Planeten zu bringen oder auf ihnen hart oder weich zu landen.
Im Falle der Venus-Missionen kam es zu einem Fehlstart (MARINER 1, 1962), zehn Sonden kamen nicht aus dem Orbit frei, vier erreichten zwar ihr Ziel, wurden aber wegen Funkausfalls wertlos, und 14 erfüllten ihre Mission erwartungsgemäß.

Im Fall der Mars-Missionen ist die Ausbeute noch schlechter. Drei Fehlstarts ereigneten sich, dreimal konnte die Erdumlaufbahn nicht verlassen werden. Zwei Sonden verfehlten ihr Ziel und gelangten in Umlaufbahnen um die Sonne. Drei Flugkörper erreichten zwar den Mars oder dessen Orbit, funkten aber keine Daten zur Erde. Vier Sonden erreichten den Mars-Orbit und lieferten Daten, stürzten aber bei der geplanten Landung ab. Und nur sechs Missionen gelangen nach Plan.

Sowohl bei den Venus- wie bei den Mars-Projekten erzielten die Amerikaner im großen und ganzen höhere Erfolgsquoten als ihre sowjetischen Kollegen. Die Vielzahl der Fälle, in denen Sonden nicht aus dem Erdorbit gelangten, betrafen sowjetische Missionen. Erfolgreich waren vier US-amerikanische Jupitermissionen.

Venus-Sonden	Start	Ankunft	Mission	Nation
SPUTNIK 7	4. 2. 61	–	gescheitert	UdSSR
VENUS 1	12. 2. 61	19. 5. 61	gescheitert	UdSSR
MARINER 1	22. 7. 62	–	gescheitert	USA
SPUTNIK 19	25. 8. 62	–	gescheitert	UdSSR
MARINER 2	27. 8. 62	14. 12. 62	Vorbeiflug 34 830 km	USA
SPUTNIK 20	1. 9. 62	–	gescheitert	UdSSR
SPUTNIK 21	12. 9. 62	–	gescheitert	UdSSR
KOSMOS 21	11. 11. 63	–	gescheitert	UdSSR
KOSMOS 27	27. 3. 64	–	gescheitert	UdSSR
SONDE 1	2. 4. 64	–	gescheitert	UdSSR
VENUS 2	12. 11. 65	27. 2. 66	gescheitert	UdSSR
VENUS 3	16. 11. 65	1. 3. 66	gescheitert	UdSSR
KOSMOS 96	23. 11. 65	–	gescheitert	UdSSR
VENUS 4	12. 6. 67	18. 10. 67	harte Landung	UdSSR
MARINER 5	14. 6. 67	19. 10. 67	Vorbeiflug 3990 km	USA
KOSMOS 167	17. 6. 67	–	gescheitert	UdSSR
VENUS 5	5. 1. 69	16. 5. 69	harte Landung	UdSSR
VENUS 6	10. 1. 69	17. 5. 69	harte Landung	UdSSR
VENUS 7	17. 8. 69	15. 12. 70	weiche Landung	UdSSR
KOSMOS 359	22. 8. 70	–	gescheitert	UdSSR
VENUS 8	27. 3. 72	22. 7. 72	weiche Landung	UdSSR
KOSMOS 482	31. 3. 72	–	gescheitert	UdSSR
MARINER 10	3. 11. 73	5. 2. 74	Vorbeiflug 5760 km	USA
VENUS 9	8. 6. 75	22. 10. 75	weiche Landung	UdSSR
VENUS 10	14. 6. 75	25. 10. 75	weiche Landung	UdSSR
PIONIER-VENUS 1	20. 5. 78	5. 12. 78	Venus-Umlauf	USA
PIONIER-VENUS 2	8. 8. 78	9. 12. 78	weiche Landung	USA
VENUS 11	9. 9. 78	21. 12. 78	?	UdSSR
VENUS 12	14. 9. 78	25. 12. 78	?	UdSSR

Mars-Sonden	Start	Ankunft	Mission	Nation
unbenannt	10. 10. 60	–	gescheitert	UdSSR
unbenannt	14. 10. 60	–	gescheitert	UdSSR
SPUTNIK 22	24. 10. 62	–	gescheitert	UdSSR
MARS 1	1. 11. 62	–	gescheitert	UdSSR
SPUTNIK 24	4. 11. 62	–	gescheitert	UdSSR
MARINER 3	5. 11. 64	–	gescheitert	USA
MARINER 4	28. 11. 64	14. 7. 65	Vorbeiflug 9844 km	USA
SONDE 2	30. 11. 64	6. 8. 65	gescheitert	UdSSR
SONDE 3	18. 7. 65	–	Testflug um Mond	UdSSR
MARINER 6	24. 2. 69	31. 7. 69	Vorbeiflug 3411 km	USA
MARINER 7	27. 3. 69	5. 8. 69	Vorbeiflug 3524 km	USA
MARINER 8	8. 5. 71	–	gescheitert	USA
KOSMOS 419	10. 5. 71	–	gescheitert	UdSSR
MARS 2	19. 5. 71	27. 11. 71	harte Landung	UdSSR
MARS 3	28. 5. 71	2. 12. 71	Mars-Umlauf	UdSSR
MARINER 9	30. 5. 71	13. 11. 71	Mars-Umlauf	USA
MARS 4	21. 7. 73	10. 2. 74	Vorbeiflug statt Landung	UdSSR
MARS 5	25. 7. 73	12. 2. 74	Mars-Umlauf	UdSSR
MARS 6	5. 8. 73	12. 3. 74	harte Landung	UdSSR
MARS 7	9. 8. 73	9. 3. 74	gescheitert	UdSSR
VIKING 1	20. 8. 75	19. 6. 76	Umlauf	USA
		20. 7. 76	weiche Landung	
VIKING 2	9. 9. 75	7. 8. 76	Umlauf	USA
		3. 9. 76	weiche Landung	

Jupiter-Sonden	Start	Ankunft	Mission	Nation
PIONIER 10	3. 3. 72	4. 12. 73	Vorbeiflug 130 300 km, Weiterflug zu Uranus (11. 7. 79)	USA
PIONIER 11	5. 4. 73	2. 12. 74	Jupiter-Passage 42 800 km	USA
		1. 9. 79	Saturn-Passage 21 000 km	
VOYAGER 2	20. 8. 77	10. 7. 79	Jupiter-Passage	USA
		26. 8. 81	Saturn-Passage	
		März 86	Uranus-Passage	
VOYAGER 1	1. 9. 77	5. 3. 79	Jupiter-Passage	USA
		12. 11. 80	Saturn-Passage	

Merkur-Sonde	Start	Ankunft	Mission	Nation
MARINER 10	3. 11. 73	29. 3. 74	3 Passagen	USA

Neue Wege auf der Suche nach Erzen

Um 1978. Neben den konventionellen Untersuchungen wie Schürfgräben, Schürfschächten und Tiefbohrungen stehen den Erzlagerstättensuchenden jetzt die hochentwickelten Feldmethoden der Geophysik und der Geochemie zur Verfügung, deren Anteil an den Neuentdeckungen in 20 Jahren von etwa 20 auf mehr als 60% angestiegen ist.

Die Geophysik stellt vor allem folgende Methoden: Das magnetische Verfahren (es findet Erdfeldstörungen durch Erzlager auf), die Gravimetrie (sie mißt Schwerkraftstörungen), seismische Verfahren (sie ermitteln die Elastizität von Gesteinen), geoelektrische Verfahren (sie messen die Gesteinsleitfähigkeit) und die Radiometrie (zum Auffinden strahlender Erze). Die Geochemie weist in erster Linie Dispersionshöfe in der Umgebung von Erzkörpern nach, das sind Gebiete mit schwacher Konzentration der Lagerstätten-Metalle.

Kosten für moderne Explorationsarbeiten

Methode	Einsatzbereich R = regional E = Erzzone L = Lagerstätte	Kosten pro Quadratmeile in US-Dollar	Quadratmeilen pro Tag (1 Einheit)	Methode	Einsatzbereich R = regional E = Erzzone L = Lagerstätte	Kosten pro Quadratmeile in US-Dollar	Quadratmeilen pro Tag (1 Einheit)
Geophysik				**Geochemie**			
Flugzeug: Radioaktivität	R, E	3 – 60	80 – 800	Wasserproben	R, E	7 – 500	<1 – 8
Flugzeug: Magnetik	R, E	4 – 50	60 – 600	Bodenproben, kleines Gebiet	E, L	200 – 2000	<1
Flugzeug: Elektromagnetik	E, L	20 – 100	60 – 500	**Luftbild-Karten**			
Hubschrauber: Elektromagnetik und Magnetik	L	80 – 800	50 – 500	Schwarzweißfotos, großes Gebiet	R	1 – 8	500 – 1000
Pkw: Radioaktivität	R, E, L	1 – 20	30 – 100	Schwarzweißfotos, kleines Gebiet	E, L	5 – 50	20 – 500
Radioaktivität allgemein	E, L	30 – 300	<1 – 5	Farbfotos, kleines Gebiet		8 – 80	20 – 400
Pkw: Magnetik	E, L	3 – 70	30 – 100	Konturenkarte von Fotos	R, E	1 – 50	30 – 300
Magnetik	E, L	50 – 800	<1 – 5	Topographische Karte von Fotos	L	50 – 500	<1 – 3
Eigenpotentialmessung	E, L	40 – 700	<1 – 2	**Geologie**			
Widerstandsmessung	L	60 – 900	<1 – 2	Büro, Datenauswertung	L	<1 – 70	1 – 50
Elektromagnetik	L	200 – 5000	<1	Fotogeologie	E, L	5 – 50	5 – 40
Messung d. induzierten Potentials	E, L	300 – 7000	<1 – 2	Geologische Kartierung, kleiner Maßstab	E, L	10 – 90	2 – 10
Schweremessung	R, E, L	9 – 800	<1 – 10	Geologische Kartierung, großer Maßstab	L	40 – 900	≤1
Seismik, geringe Teufe	E, L	500 – 5000	<1 – 3	Mineralogische und petrogr. Studien	L	90 – 9000	≤1

Die moderne Technik verändert die Welt des Sportes

Um 1978. In den 70er Jahren wächst zunehmend der Einfluß der modernen Technik auf den Sport. – Technik im Sport macht sich überall dort besonders bemerkbar, wo es auf spezielle Materialeigenschaften, vor allem Verschleißfestigkeit, Elastizität, Biege- und Zugfestigkeit, Gleiteigenschaften, geringes Gewicht und Wasserfestigkeit ankommt. Sportarten, die von neuartigen Materialien – z. T. aus der Raumfahrt – profitieren, sind u. a.:

▷ Wassersport (Surfbretter aus armiertem Kunststoff, Segel aus Glastextil, nicht verrottende pflegeleichte Bootskörper, Neopren-Tauchanzüge usw.)

▷ Bergsport (bis 3 t zugfeste Leichtmetall- und Hohlstahlkarabiner von Doppelbriefgewicht, armierte Leichtsteinschlaghelme, Hochleistungs-Leichtbergseile, Reibungskletterschuhe, atmende oder regendichte Textilien usw.)

▷ Skisport (bruchfeste Ski mit Gleitsohle, Schaumstoff-Innenschuhe mit schlagfester Außenschale usw.).

Kunststoff-Sportboote auf der Ausstellung »boot« in Düsseldorf; der Bootskörper dieser leichten (deshalb vergleichsweise problemlos transportierbaren) und dennoch sehr stabilen Wasserfahrzeuge besteht aus laminiertem Polyesterharz mit eingelegten Gewebematten aus Glasseide

Sowohl Bespannung als auch Rahmen des noch jungen Hanggleiters (»Drachen«) bestehen aus hochbelastbarem Synthetikmaterial

Surfbretter sind aus Hartschaum aufgebaut und von einer geschlossenen Kunststoffhaut umgeben; sie sind damit sehr belastbar

Bergsteiger im Himalaja-Gebirge; atmende, regendichte Kleidung sowie Geräte aus Leichtmaterialien gehören zur Ausrüstung

Skischuh aus schlagfesten Plastikschalen; im Inneren sorgt Schaumstoff für die Anpassung des Schuhs an die Form des Fußes

1979

In Hawaii geht »OTEC«, der Welt erstes Kraftwerk, das die thermische Energie des Ozeans nutzt, in Betrieb (50 kW).

Die japanische Firma Matsushita erhält ein Patent für einen Flüssigkristall-Fernsehbildschirm. →

D. A. B. Miller und S. D. Smith in Großbritannien und H. M. Gibbs in den USA beschreiben die Möglichkeit, optische Transistoren (Transphasoren) herzustellen.

Die US-amerikanischen Raumsonden »Voyager 1« und »2« fliegen an Jupiter vorbei (5. 3. 1979 bzw. 10. 7. 1979).

Bei Experimenten werden am Hamburger Teilchenbeschleuniger DESY Hinweise auf Gluonen gefunden. →

In Cornell (USA) arbeitet der Elektron-Positron-Speicherring »CESR« (→ 1978).

Die Geyserkraftwerke im Imperial Valley (USA) liefern rund eine Milliarde Watt aus Erdwärme (→ 1904).

Am SPEAR-Ring in Kalifornien gelingt der Nachweis des Eta-c-Teilchens (→ 1974).

Die Firma Walther & Cie. führt das Sprinkler-System für den stationären Brandschutz in Europa ein.

Krupp Atlas Elektronik liefert das erste Antikollisionsradarsystem aus. →

23. 3. Im Kernkraftwerk »Three Mile Island« bei Harrisburg (USA) ereignet sich ein nuklearer Unfall. →

3. 6. Im Golf von Campeche in Mexiko entläßt die Ölquelle »Ixtoc I« unkontrolliert ein großes Quantum Rohöl. →

12. 6. Der Radsportler Bryan Allen überfliegt mit dem Tretkurbelflugzeug Gossamer Albatross den Ärmelkanal.

24. 12. Der Start der Europa-Rakete »Ariane« gelingt. →

GESTORBEN:

9. 2. London: Dennis Gábor (* 5. 6. 1900, Budapest), ungarisch-britischer Physiker.

25. 2. Bremen: Heinrich Focke (* 8. 10. 1890, Bremen), deutscher Flugzeugkonstrukteur.

2. 5. Bergamo: Giulio Natta (* 26. 2. 1903, Imperia), italienischer Chemiker.

8. 7. Tokio: Schinitschiro Tomonaga (* 31. 3. 1906, Kioto), japanischer Physiker.

8. 7. Cambridge/Massachusetts: Robert Burns Woodward (* 10. 4. 1917, Boston), US-amerikanischer Chemiker.

22. 9. Cambridge: Otto Robert Frisch (* 1. 10. 1904, Wien), österreichisch-britischer Physiker.

Elementarteilchen Gluon

1979. Eine Entdeckung von der Kategorie einer physikalischen Weltsensation gelingt am Hamburger Teilchenbeschleuniger PETRA (→ 1978). Dort finden sich erstmals konkrete Spuren eines Gluons. Die Gluonen (es werden deren sechs verschiedene angenommen) waren bisher hypothetische Teilchen im Inneren von Hadronen (→ 1974). Experimente, die am amerikanischen Teilchenbeschleuniger SLAC durchgeführt wurden, wiesen auf sie hin: Man beschoß Protonen (→ 1910) mit Elektronen und stellte durch deren Streuung fest, daß die elektrischen Ladungen innerhalb eines Protons nicht homogen verteilt, sondern auf punktförmige Stellen konzentriert sind. Diese Punkte identifizierten die Wissenschaftler als Quarks (→ 1964), als Bauteile der Protonen. Erstmals gelang es so, die Quarks zu »sehen«. Zugleich wurde es aber auch möglich, ihre Geschwindigkeiten – genauer gesagt ihren Beitrag zum Ge-

samtimpuls eines schnell bewegten Protons – zu messen. Es war zu erwarten, daß der Impuls des Protons gleich der Summe der Impulse seiner Komponenten, der Quarks, sein müsse. Erstaunlicherweise ergab jedoch die Summe der Quarkimpulse nur etwa die Hälfte des Protonenimpulses. Es gab nur eine sinnvolle Erklärung: Protonen mußten außer den Quarks noch weitere Elementarteilchen enthalten, die beim Elektronenbeschuß nicht aufgefallen waren, weil sie keine Ladung trugen. Man schloß auf deren Existenz und nannte sie »Gluonen«. »Glue« bedeutet im Englischen »Kleber«, und der Name »Gluonen« sollte darauf hinweisen, daß diese Teilchen die Quarks im Proton zusammenhalten. Das theoretische Modell befriedigte die Atomphysiker, war aber durch nichts praktisch bewiesen, bis 1979 in Hamburg die tatsächliche Existenz eines Gluons im Experiment nachgewiesen werden kann.

Weg zum Flachbildschirm

1979. Die japanische Firma Matsushita erhält ein Patent für einen Flüssigkristall-Fernsehbildschirm. Beim flachen Bildschirm müssen im Gegensatz zur Zifferanzeige mit Flüssigkristallen (LCD, → 1971)

nicht nur relativ großflächige Segmente, sondern Zehntausende winziger Bildpunkte einzeln angesteuert werden. Außerdem muß die Anzeige bei bewegten Bildern viel schneller arbeiten.

Kleinstfernsehgeräte mit LCD-Bildschirmen; die kompakte Bauweise ist einmal der hochgradigen Integration der Elektronik zu verdanken, zum zweiten aber der Flüssigkristallanzeige, die nicht nur selbst extrem wenig Raum benötigt, sondern auch einen sehr geringen Leistungsbedarf hat und mit Niederspannung arbeitet, wodurch ein großes Netzteil entfällt

Start der europäischen Trägerrakete ARIANE in Kourou (1981)

Europäer starten eigene Raumrakete

24. Dezember 1979. Die seit 1974 von der europäischen Weltraumorganisation ESA (European Space Agency) unter französischer Federführung entwickelte erste europäische Trägerrakete ARIANE unternimmt ihren Jungfernflug. Sie startet in Kourou in Französisch-Guayana.

Die 202 t schwere Rakete ist dreistufig und für eine maximale Nutzlast von 1700 kg ausgelegt. Diese Masse kann sie allerdings nur auf ballistischen Flügen bis auf rund 200 km Höhe befördern. Nutzlasten bis zu 900 kg lassen sich von ARIANE aber auch bis in eine geostationäre Umlaufbahn (um die Erde) in etwa 36 000 km Höhe tragen.

Die erste Stufe hat 140 t Masse und wird von vier Triebwerken vom Typ VIKING II mit insgesamt 2720 kN Schub bewegt. Ihr Treibstoff besteht aus einer Mischung von UDMH (unsymmetrisches Dimethylhydrazin) und Stickoxid (N_2O_4). Die zweite Stufe hat 33 t Masse und wird von einem Raketentriebwerk VIKING IV mit etwa 710 kN Schub bewegt. Das Treibstoffgemisch ist das gleiche wie bei Stufe eins.

Stufe drei hat 8 t Masse. Ihr Triebwerk vom Typ HM7 entwickelt rund 60 kN Schub und verbrennt Flüssigwasserstoff mit Flüssigsauerstoff zu Wasser. Über den drei zusammen 38,735 m langen Antriebsstufen befindet sich die 8,653 m lange und leer 310 kg schwere Nutzlastverkleidung.

Ölpest gefährdet die Weltmeere

3. Juni 1979. Zur bisher größten Ölkatastrophe der Geschichte kommt es im Golf von Campeche in Mexiko, als aus der Ölquelle »Ixtoc I« unkontrolliert ein großes Quantum Rohöl ausströmt, das sich über weite Meeresgebiete ausdehnt.

Mitte August bedecken über 378,5 Millionen Liter Öl einen 1600 km langen Meeresstreifen bis an die Küsten von Texas und Louisiana. Die ökologischen Schäden lassen sich nicht im entferntesten abschätzen. Wirtschaftlich erleiden vor allem die Fischerei und die Touristikbranche Schäden in Millionenhöhe.

Unfälle durch Ölquellen (→ 1977) sind nicht die einzigen Ursachen der als »Ölpest« apostrophierten um sich greifenden Verseuchungen der Weltmeere. So kollidieren beispielsweise am 21. Juli 1979 in der östlichen Karibik nördlich der Insel Tobago zwei große Öltankschiffe und fangen Feuer. Nur sofortige Rettungsmaßnahmen bei günstigen Wetterverhältnissen verhindern ein größeres Ölunglück als jenes im Golf von Campeche.

In den großen Industrienationen beginnen Entwicklungsarbeiten für technische Projekte zur Bekämpfung der Ölpest. Zu den geplanten mobilen Anlagen gehören große Absaugtrichter, schwimmende Deiche zum Eindämmen von Öllachen, Spezialschiffe mit deltaförmig aufspreizbarem Rumpf für das Zusammenschieben und Absaugen schwimmender Öldecken usw.

Neues Radarsystem gegen Kollisionen

1979. Die Firma Krupp Atlas Elektronik liefert das erste Antikollisions-Radarsystem aus.

Das Gerät besteht aus einer speziellen Radaranlage und einer mit dieser zusammenarbeitenden Computereinheit. Es ist für den Einsatz auf Schiffen vorgesehen und meldet automatisch Kollisionsgefahren. Darüber hinaus kann es Ausweichmanöver berechnen und durch Steuerung der Ruder und der Schiffsmaschine auch automatisch durchführen. Leitet der Schiffsführer seinerseits ein Ausweichmanöver ein, so kann er dessen Auswirkungen vor der Ausführung von dem Gerät simulieren lassen.

Nuklear-Unfall in den USA

23. März 1979. In einem Kernkraftwerk bei Harrisburg (Pennsylvania) ereignet sich ein Unfall, bei dem radioaktive Isotope der Edelgase Xenon und Krypton freiwerden. Der Reaktorblock 2 arbeitet mit 98 Prozent seiner Maximalleistung, als sich um 4.00 Uhr morgens der Turbinenwasserkreislauf abschaltet. Damit fällt die Kühlung des Primärkreislaufs (→ 1957) aus. Die Überhitzung im Core führt zur Drucksteigerung im Primärkreislauf und durch diese über das Sicherheitssystem zum Einfahren der Regelstäbe, um den Reaktor automatisch abzuschalten. Zusätzliches Kühlwasser wird für die Notkühlung herangeführt. Doch bleiben die Ventile zu den Dampfgeneratoren noch acht Minuten lang fehlerhaft geschlossen. Durch das in offener Stellung klemmende Überdruckventil entweicht weiteres Primärkühlwasser. Der verantwortliche Kontrollingenieur verliert die Übersicht, schaltet die Automatik ab und verwechselt Meßinstrumente. Nach weiteren Pannen strömt radioaktiv verseuchtes Wasser in das den Reaktor umgebende Containment-Gebäude. Dabei werden radioaktive Gase frei. Daneben fließen große Mengen schwach aktiven Wassers in den Fluß.

30 000 Menschen im Umkreis von 8 km werden einer Bestrahlung von etwa 17 millirem (gegenüber 100 millirem natürlicher jährlicher Belastung) ausgesetzt.

Die Luftkühltürme des Kernkraftwerks Harrisburg in Pennsylvania, das auf einer Insel im Susquehanna-Fluß liegt; auch das Flußwasser wird verseucht

Optische Transistoren

1979. Etwa gleichzeitig, aber unabhängig voneinander beschreiben D. A. B. Miller und S. D. Smith in Großbritannien und H. M. Gibbs in den USA die Möglichkeit, optische Transistoren – sogenannte Transphasoren – herzustellen.

In ihrer Funktion entsprechen diese Bauelemente den Transistoren, nur daß sie keinen Elektronenstrom, sondern einen Photonenstrom schalten. Die Briten – in Edinburgh – verwenden als Photohalbleiter Indiumantimonid, Gibbs bei der Bell Company Galliumarsenid. Beide Substanzen verbinden hohe Elektronenleitfähigkeit mit interessanten optischen Eigenschaften und gestatten deshalb die Herstellung von miniaturisierten optoelektronischen Bauelementen wie elektroluminiszierenden Dioden, Lasern, optischen Schaltern, Photodetektoren, Phototransistoren usw. Diese Bauteile lassen sich hoch integrieren (→ 1969), indem beispielsweise ein optischer Generator, Detektoren, Verstärker und Schalter auf einem einzigen, winzigen Chip untergebracht werden können.

Die Transphasoren sind ein erster Schritt zur Entwicklung optischer Datenübertragungssysteme und optischer Computer. Ihre Arbeitsgeschwindigkeit wird deutlich über jener von elektronischen Systemen liegen, weil sich Photonen schneller als Elektronen bewegen.

Um 1980. Systeme zur automatischen Hausmüllsortierung werden entwickelt.

1980. Britische Ingenieure bringen den ersten Homecomputer (Sinclair ZX-80) für weniger als 500 DM auf den Markt.

Eine neue Telekommunikationssatelliten-Generation, »Intelsat V«, wird von den USA vorgestellt. Damit können 13 000 Gespräche gleichzeitig übertragen werden. →

Die japanische Werft Nippon Kokan fertigt seit einem halben Jahrhundert erstmals wieder besegelte Frachtschiffe. →

Der Laserspeicher wird in mehreren Ländern entwickelt. →

Physiker der Cornell University (USA) finden einen Hinweis auf die Existenz von B-Mesonen (Elementarteilchen; → 1974).

Die ersten Taschencomputer kommen auf den Markt. →

Mit dem Walther-Verfahren steht ein Rauchgasentschwefelungsverfahren für den großtechnischen Einsatz zur Verfügung. →

Die Firma Bayer stellt ein neues biologisches Verfahren zur Abwasserreinigung vor. →

5. 2. Der deutsche Physiker Klaus von Klitzing entdeckt in Grenoble den quantisierten Hall-Effekt. →

Juni. Nachdem ein Mikrochip in der nordamerikanischen Luftverteidigungszentrale defekt wird, gibt es innerhalb von drei Tagen mehrfach Falschmeldungen über einen angeblichen Atomraketen-Angriff. →

22. 8. Der US-amerikanische Staatssekretär Harold Brown gibt die Entwicklung eines »unsichtbaren«, also mit derzeit bekannten elektronischen, optischen oder Infrarot-Techniken nicht zu ortenden Flugzeugs (»Stealth«) bekannt. →

November. Am Tegeler See in Berlin beginnt die bisher größte Gewässersanierungsaktion mit 15 Limno-Seebelüftungsaggregaten (→ um 1972).

GESTORBEN:

2. 2. New York: William Howard Stein (* 25. 6. 1911, New York), US-amerikanischer Biochemiker.

22. 4. Mainz: Friedrich Wilhelm Straßmann (* 22. 2. 1902, Boppard), deutscher Chemiker.

8. 9. Los Angeles: Willard Frank Libby (* 17. 12. 1908, Grand Valley/Colorado), US-amerikanischer Chemiker und Geophysiker.

27. 10. Cambridge/Massachusetts: John Hasbrouck Van Vleck (* 13. 3. 1899, Middletown/Connecticut), US-amerikanischer Physiker.

Computer jetzt auch im Taschenformat

Speicherkapazität von Chips erhöht

1980. Japanische Firmen – Sharp, Casio, Sanyo und Panasonic – und das US-amerikanische Unternehmen Tandy bringen die ersten Taschencomputer auf den Markt.

Die »handheld«-Geräte verfügen im Grunde über alle wesentlichen Eigenschaften größerer Computer. Lediglich ihre Kapazität ist hinsichtlich der Rechenspeichergröße geringer und die Geräte arbeiten langsamer als große Computer.

Die Taschencomputer enthalten fest einprogrammierte Rechenfunktionen von den Grundrechenarten bis zu einer unterschiedlichen Zahl komplexer mathematischer Funktionen. Daneben aber sind sie in einer höheren Computersprache frei programmierbar. Meist handelt es sich dabei um eine vereinfachte Version der sehr verbreiteten mathematisch-naturwissenschaftlich orientierten Sprache BASIC.

Die Geräte kooperieren über eine Schnittstelle im allgemeinen mit externen Programmspeichern und mit Druckern. Sie besitzen oft kleine LCD-Bildschirme oder nutzen Fernsehmonitore.

1980. Die modernsten Speicherchips des Jahres sind in der Lage, 64 000 Bits (→ 1948) zu verzeichnen. Diese hochintegrierten Chips (→ 1958) finden in verschiedenen Arten Verwendung: ROM (read only memory) enthalten durch die Herstellung feste Speicherdaten. Sie lassen sich im Computer lediglich lesen. PROM (programmable ROM) lassen sich vom Anwender einmal in einem speziellen Programmiergerät beschreiben. Danach bleibt der Inhalt permanent erhalten. EPROM (erasable PROM) unterscheiden sich von den PROM dadurch, daß sie sich durch Bestrahlung mit UV-Licht wieder löschen und neu beschreiben lassen. EAROM (electrically alterable ROM) werden durch elektrische Signale gelöscht. Neben den ROM gibt es RAM (random access memory), die sich im Computer selbst beschreiben, lesen, löschen und neu beschreiben lassen. Während die ROM bei Stromausfall ihre Information erhalten, geht diese in den RAM dabei verloren.

Casio-Taschencomputer, Modell Fx-802 P (1980); das Gerät ist in vereinfachtem »BASIC« programmierbar

Taschencomputer von Sharp; wie im Casio-Modell sind viele mathematische Funktionen fest programmiert

Was ist was in der Halbleitertechnik

CMRR	(common mode rejection ratio) Art der Gleichtaktverstärkung
CROM	(control read only memory) lesbarer Kontrollspeicher
CRT	(cathode ray tube) Fernsehröhre zur Zeichenanzeige
DCO	(digitally controlled oscillator) digital kontrollierter Oszillator
DIE/DICE	Chip (→ 1958) vor der Montage in sein Gehäuse
DIODE	elektronischer Einweggleichrichter
DIP	(dual in-line package) Standard IC-Gehäuse
DMOS	(double diffused MOS) siehe MOS
DPDT	(double pole double throw) Schaltertyp
DTL	Dioden-Transistor-Logik (→ 1969)
ECL	(emitter-coupled logic) emitter-gekoppelte Logikschaltung
EFL	Emitterfolge-Logik
EMI	(electro magnetic interference) Störung durch elektrische Felder
EPROM	(erasable programmable read-only memory) Speichertyp (→ s. o.)
FET	Feldeffekttransistor (→ 1934)
FF	Flip-Flop (→ 1919)
GND	(ground) Masse
HMOS	(high density MOS) MOS hoher Dichte (siehe MOS)
IC	(integrated circuit) integrierte Schaltung (→ 1958)
LCD	(liquid crystal display) Flüssigkristallanzeige (→ 1971)
LED	(light emitting diode) Leuchtdiode (→ 1962)
LPS	(low power Schottky) sehr schnelle Schaltkreistechnologie
LSI	(large scale integration) Großintegration (→ 1969)
MNOS	(metal nitride oxide semiconductor) Halbleitertyp
MOS	(metal oxide semiconductor) Technik zur IC-Herstellung (→ 1963)
MOSFET	Feldeffekttransistor (→ 1934) in MOS-Technologie
MSI	(medium scale integration) mittlerer Integrationsgrad (→ 1969)
NMOS	(N-channel MOS) bestimmte LSI-Technologie
n-p-n	Transistor mit einem positiven Substrat (→ 1939)
O/C	(open collector) offener Kollektor eines Transistors
PAL	(programmable array logic) maskenprogrammierte Schaltung
PC	(printed circuit) gedruckte Schaltung (→ 1949)
PCB	(printed circuit board) gedruckte Schaltungsplatte
PCM	Pulscode-Modulation
PGD	(planar gas discharge display) Anzeigetechnologie
PIO	(programmable input-output chip) Schnittstellenchip
PIT	(programmable interval timer) Chip mit getrenntem Taktgeber
pixel	Bildelement auf einem Graphikbildschirm
PMOS	(p-channel metal oxide semiconductor) MOS-Typ
p-n-p	Transistortyp (→ 1948)
PROM	(programmable read-only memory) Speichertyp (→ s. o.)
PWB	(printed wire board) Platte mit gedruckten Leiterbahnen
QUIP	(quad in-line package) IC-Gehäusetyp
RAM	(random access memory) Speichertyp (→ s. o.)
R-C	(resistor-capacitor) Widerstands-Kondensator-Oszillatorkreis
RFI	(radio-frequency interference) Funkstörung
ROM	(read only memory) Speichertyp (→ s. o.)
RPROM	(reprogrammable read only memory) PROM-Typ
SCR	(silicon controlled rectifier) Thyristor (→ 1957)
SLSI	(super large scale integration) sehr hohe Integration (→ 1969)
SNR	(signal to noise ratio) Signal-Rauschverhältnis
SOS	(silicon-on-sapphire) IC-Technologie auf Saphirsubstrat
SS	(solid state) Halbleiter
SSI	(small scale integration) geringe Integration (→ 1969)
TTL	Transistor-Transistor-Logik (→ 1969)
VLSI	(very large scale integration) sehr hohe Integration (→ 1969)

Was ist was in der Computertechnik

A/D	Wandlung eines Signals von analog nach digital
ACC	(accumulator) Register von Ergebnissen von ALU-Operationen
ACK	(acknowledge) Bestätigung bei Datenübertragung
ADC	Analog-Digital-Wandler
ALGOL	höhere Programmiersprache (→ 1958)
ALU	(arithmetic logic unit) führt Rechenoperationen im Prozessor aus
APL	höhere Programmiersprache
ARQ	(automatic request for repeat) automatische Aufforderung zur Datenwiederholung
ASCII	Zeichencode zur Darstellung von Informationen
ASR	(automatic send receive) automatisches Schreib-/Lese-Terminal
AU	= ALU
BASIC	höhere mathematisch orientierte Programmiersprache
BAUD	Anzahl von BITs, die pro Sekunde übertragen werden
BCD	(binary coded decimal) 4 BIT-Darstellung der Ziffern 0 bis 9
BCP	(Byte control protocol) Protokoll für Datenübertragung
BIOS	Eingabe-Ausgabe-System des CP/M-Betriebssystems
BIT	(binary digit) Binärziffer (→ 1948)
BPI	(bits per inch) Datenspeicherdichte auf Magnetspeichern
BS	Betriebssystem
BUS	Verbindung für Signalverkehr
BYTE	Gruppe von acht BITs
COBOL	höhere Programmiersprache für kommerzielle Anwendungen
CP/M	populäres Einbenutzer-Betriebssystem für PC
CPS	(charakters per second) Zeichen pro Sekunde
CPU	(central processing unit) zentrales Rechenwerk im Computer
CU	(control unit) Modul zum Holen und Dekodieren von Anweisungen
D/A	Wandlung von digital nach analog
DMA	(direct memory access) direkter Speicherzugriff
DOS	(disk operating system) Betriebssystem für Arbeit mit Plattenspeicher
EDP	(electronic data processing) = EDV
EDV	elektronische Datenverarbeitung
EOT	(end of transmission) Datenübertragungsende
ESC	(escape) Zeichen zur Definitionsänderung folgender Zeichen
ETX	(end of text) Textende bei Zeichenübertragung
HEX	(hexadezimal) spezielle Kodierungsform für Zeichen
INT	(interrupt) Unterbrechungsanschluß bei manchen Mikroprozessoren
IPL	(initial program load) Laden des Betriebssystems in den Rechner
KB	(kilo-Byte) 1024 Bytes
LF	(line feed) Zeilenvorschub
LP	(line printer) Zeilendrucker
LPM	(lines per minute) Zeilen pro Minute
MODEM	(modulator/demodulator) Verbindungseinheit zwischen Computer und Telefon
MP/M	Betriebssystem für Multi-User-Betrieb (→ 1972)
MPU	(microprocessor unit) Mikroprozessor (→ 1971)
OS	(operating system) Betriebssystem
PASCAL	höhere wissenschaftliche Programmiersprache
PC	(personal computer) Heim- oder Bürocomputer (→ 1983)
PL/M	(programming language/microprocessors) Programmiersprache für MPU
RTC	(real-time clock) Zähler für die Länge eines Ereignisses
R/W	(read/write) Lesen und Schreiben eines Speichers
SMI	(static memory interface) Schnittstelle für statische Speicher
SR	Status-Register
STX	(start of text) Textbeginn bei Zeichenübertragung
TDM	(time-division) Zeitmultiplex
TTY	(teletype) Fernschreiber
WOM	(write only memory) nur zu beschreibende Speicher

Nicht erkennbares Kampfflugzeug

22. August 1980. Der amerikanische Staatssekretär Harold Brown gibt die Entwicklung eines »unsichtbaren«, also mit elektronischen, optischen oder Infrarot-Techniken nicht zu ortenden Flugzeugs – »Stealth« – bekannt.

Um das technisch sehr hoch gesteckte Ziel zu erreichen, werden zum einen neue Materialien vor allem für die Flugzeugaußenhaut verwendet, die Radarstrahlen weitgehend absorbieren sollen. Zum anderen aber zielen die Entwicklungen auch darauf ab, die üblichen Radar- und Infrarot-Erkennungssysteme zu unterfliegen. Mit langsamen Maschinen, die dann aber optisch leicht zu erkennen sind, wird dies schon seit langem praktiziert. Bei Flugzeugen mit mehrfacher Schallgeschwindigkeit war das Unterfliegen bisher nicht möglich.

Die amerikanischen Ingenieure arbeiten an Systemen, die derart schnelle Militärmaschinen mit elektronischer Steuerung exakt den Geländeformen folgend in geringer Höhe über dem Boden bewegen.

Laserlicht speichert Daten

1980. Für die Datenverarbeitung werden in mehreren Industrienationen Laserspeicher entwickelt. Aufgezeichnet werden bei diesem Speichertyp Daten mit Laserstrahlen in Form von Hologrammen (→ 1948). Dazu setzt ein Dateneingabewandler die gespeicherten elektrischen Signale in ein rasterförmiges Muster transparenter und nicht transparenter Punkte um.

Dieses Rasterbild wird mit den üblichen Mitteln der Holographie durch Überlagerung eines Objektlaserstrahls und eines Referenzlaserstrahls in ein Interferenzbild verwandelt, das auf einem Datenträger aufgezeichnet wird. Als Datenträger eignen sich fotografische Platten oder Metallschichten, die dort verdampfen, wo sie vom Laserlicht getroffen werden.

Diesen in ihrer Information nicht mehr veränderbaren Festspeichern stehen als Schreib-Lese-Speicher dünne Halbleiterschichten gegenüber, die mit dem Laserlicht lokal vom amorphen in den kristallinen Zustand überführt werden können. Der Vorgang ist reversibel. Auch

Bildplatten-Wiedergabegerät mit Laserstrahl-Abtastung (Prototyp)

photochrome Filme, deren Farbabsorption sich bei Belichtung ändert, stehen zur Diskussion.

Speicherdichten von 107 bis 108 MBit/mm³ (→ 1948) lassen sich mit dreidimensionalen Hologrammen im Inneren von Kristallen erreichen. Diese Informationsdichte übertrifft alles bisher Bekannte um mehrere Größenordnungen.

Fehlalarm täuscht Atomkrieg vor

Juni 1980. In der nordamerikanischen Luftverteidigungszentrale wird ein Mikrochip (→ 1958) in einem Früherkennungssystem defekt. Das hat zur Folge, daß innerhalb von drei Tagen mehrfach Falschmeldungen über einen vermeintlichen gegnerischen Atomraketenangriff ausgelöst werden.

Die Struktur des amerikanischen Frühwarnsystems ist äußerst komplex. Um gegnerische Flugzeuge, Fernlenkwaffen oder Raumwaffen möglichst frühzeitig zu erkennen, ihre Bewegungen zu beobachten und zugleich Daten für die Führungssysteme der Luftverteidigung zu erarbeiten, liefern bodengebundene Radarsysteme an den eigenen Landesgrenzen und in verbündeten Ländern, ständig patrouillierende Frühwarnflugzeuge und mit optischen und Infrarotsensoren ausgerüstete Satelliten permanent eine Fülle von Daten, die von Computeranlagen auf wichtige Informationen überprüft werden. Dabei lassen sich technische Pannen fatalerweise nicht ausschließen.

2170 künstliche Erdtrabanten

1957–1980. Seit dem ersten künstlichen Erdtrabanten, SPUTNIK 1 (→ 1957), wurden international bis 1980 insgesamt 2170 Satelliten in den Orbit gebracht. Es handelt sich um Flugkörper mit den unterschiedlichsten Aufgaben von der wissenschaftlichen Forschung über Kommunikationsvermittlung bis zur militärischen Aufklärung.

Die Gesamtzahl unterteilt sich auf die einzelnen Raumfahrtnationen wie folgt: UdSSR 1365, USA 701, Japan 18, Frankreich 18, Westeuropa gemeinsam 16, Großbritannien 12, Kanada 9, China 7, BRD 5, Italien 5, NATO 5, Australien 2, Indien 2, Indonesien 2, Niederlande 1, Spanien 1, ČSSR 1.

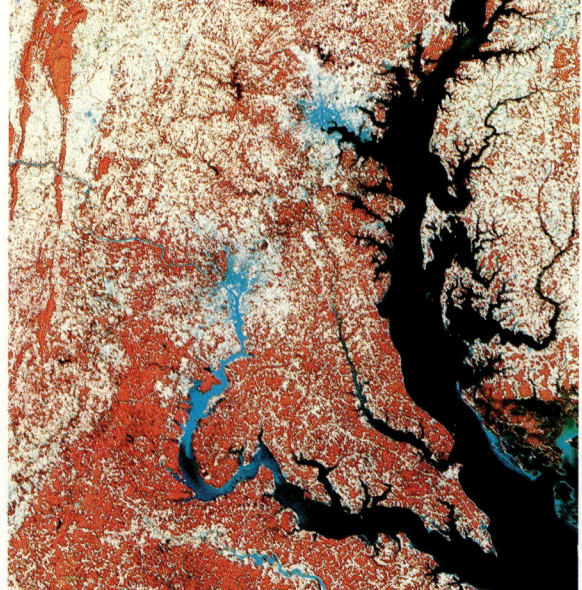

Gebiet um Washington (Infrarotaufnahme, ERTS 1, 1974)

ESRO-Forschungssatellit HEOS A-2

COSMOS-B (Forschung, ESA)

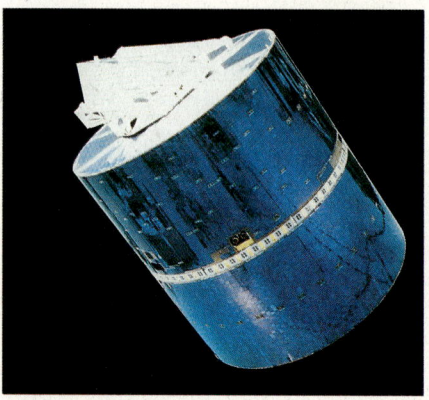

NATO 3 (militärische Beobachtung)

INTERKOSMOS 4 (Forschung)

Eine neue Naturkonstante

5. Februar 1980. Der deutsche Physiker Klaus von Klitzing entdeckt im Magnetlabor des Max-Planck-Instituts für Festkörperphysik in Grenoble den »quantisierten Halleffekt« – eine neue Naturkonstante und ein Grundmaß für den elektrischen Widerstand.

Von Klitzing wollte herausfinden, wie weit die elektrischen Eigenschaften eines Halbleiter-Kristalls von den unterschiedlichen Bedingungen seiner Herstellung abhängen. Dabei stellt er fest, daß bestimmte waagerechte Abschnitte seiner Widerstandskurve nicht von äußeren Bedingungen abhängen, weder von den Dimensionen der Halbleiter, noch von Magnetfeldern. Er stößt damit auf das Phänomen des quantisierten Halleffekts. Die Widerstandsplateaus hatten er und andere Physiker schon früher gesehen. Jetzt findet von Klitzing heraus, daß die Quantensprünge im elektrischen Widerstand – bzw. in der elektrischen Leitfähigkeit – nur von zwei Naturkonstanten, dem Planckschen Wirkungsquantum »h« (→ 1900) und der Elektronenla-

dung »e« abhängen. Der gemessene Plateauwiderstand beträgt reproduzierbar exakt 25812,8 Ohm oder genau ganzzahlige Bruchteile dieses Wertes, also die Hälfte, ein Drittel, ein Viertel oder ein Fünftel davon. Er stellt also selbst eine neue Naturkonstante und zugleich ein elektrisches Widerstandsnormal dar.

Klaus von Klitzing (M.) im Labor für Festkörperphysik in Grenoble

Physikalische Grundkonstanten der Natur

Gravitationskonstante	$G = (6,6720 \pm 0,0041) \cdot 10^{-11}\ \mathrm{Nm^2 kg^{-2}}$
Vakuumlichtgeschwindigkeit	$c = (2,99792458 \pm 0,000000012) \cdot 10^8\ \mathrm{m\ s^{-1}}$
Magnetische Feldkonstante (früher: Induktionskonstante)	$\mu_0 = 1/\varepsilon_0 c^2 = 4\pi \cdot 10^{-7}\ \mathrm{H\ m^{-1}}$ $= 1,25663706 \cdot 10^{-6}\ \mathrm{H\ m^{-1}}$
Elektrische Feldkonstante (früher: Influenzkonstante)	$\varepsilon_0 = 1/\mu_0 c^2 = (8,85418782 \pm 0,00000007) \cdot 10^{-12}\ \mathrm{F\ m^{-1}}$
Ruhemasse des leichten Sauerstoffatoms	$m\ (^1\mathrm{H}) = (1,673559 \pm 0,0000085) \cdot 10^{-27}\ \mathrm{kg}$
Ruhemasse des Protons	$m_\mathrm{p} = (1,6726485 \pm 0,0000086) \cdot 10^{-27}\ \mathrm{kg}$
Ruhemasse des Neutrons	$m_\mathrm{n} = (1,6749543 \pm 0,0000086) \cdot 10^{-27}\ \mathrm{kg}$
Ruhemasse des Elektrons	$m_\mathrm{e} = (9,109534 \pm 0,000047) \cdot 10^{-31}\ \mathrm{kg}$
Verhältnis Ruhemasse des Protons zu Ruhemasse des Elektrons	$m_\mathrm{p}/m_\mathrm{e} = (1,83615152 \pm 0,00000070) \cdot 10^3$
Elementarladung	$e = (1,6021892 \pm 0,000046) \cdot 10^{-19}\ \mathrm{C}$
Planck-Konstante	$h = (6,626176 \pm 0,000036) \cdot 10^{-34}\ \mathrm{J\ s}$ $\hbar = h/2\pi = (1,0545887 \pm 0,0000057) \cdot 10^{-34}\ \mathrm{J\ s}$
Stefan-Boltzmann-Strahlungskonstante	$\sigma = (\pi^2/60) k^4/\hbar^3 c^2$ $= (5,67032 \pm 0,00071) \cdot 10^{-8}\ \mathrm{Wm^{-2}\ K^{-4}}$
Sommerfeld-Feinstrukturkonstante	$\alpha = \mu_0 c e^2/2h = (7,2973506 \pm 0,0000060) \cdot 10^{-3}$
Quantisierter Hallwiderstand	$h/e^2 = 25812,8\ \Omega$
Rydberg-Konstante	$R_\infty = \mu^2 \varrho m_e e^4 c^3/8h^3$ $= (1,097373177 \pm 0,000000083) \cdot 10^7\ \mathrm{m^{-1}}$
Bohr-Radius (des Wasserstoffatoms)	$a_0 = \alpha/4\pi R_\infty = (5,2917706 \pm 0,0000044) \cdot 10^{-11}\ \mathrm{m}$
(klass.) Elektronenradius	$r_e = \alpha^2 a_0 = (2,817938 \pm 0,000007) \cdot 10^{-15}\ \mathrm{m}$
Bohr-Magneton	$\mu_\mathrm{B} = e\hbar/2m_e = (9,274078 \pm 0,000036) \cdot 10^{-24}\ \mathrm{JT^{-1}}$
Kernmagneton	$\mu_\mathrm{N} = e\hbar/2m_\mathrm{p} = (5,050824 \pm 0,000020) \cdot 10^{-27}\ \mathrm{JT^{-1}}$
Compton-Wellenlänge des Elektrons	$\lambda_{\mathrm{C,e}} = h/m_e c = (2,4263089 \pm 0,0000040) \cdot 10^{-12}\ \mathrm{m}$
Avogadro-Konstante	$N_\mathrm{A} = (6,022045 \pm 0,000031) \cdot 10^{23}\ \mathrm{mol^{-1}}$
Atommassenkonstante	$m_\mathrm{u} = 1\ \mathrm{u} = (10^{-3}\ \mathrm{kg\ mol^{-1}})/N_\mathrm{A}$ $= (1,6605655 \pm 0,0000086) \cdot 10^{-27}\ \mathrm{kg}$
Universelle (molare) Gaskonstante	$R = (8,31441 \pm 0,00026)\ \mathrm{Jmol^{-1}\ K^{-1}}$
Boltzmann-Konstante	$k = R/N_\mathrm{A} = (1,380662 \pm 0,000044) \cdot 10^{-23}\ \mathrm{JK^{-1}}$
Molares Volumen des idealen Gases	$V_\mathrm{m} = RT_0/p_0$ $= (2,241383 \pm 0,000070) \cdot 10^{-2}\ \mathrm{m^3\ mol^{-1}}$
Loschmidt-Konstante	$n_0 = N_\mathrm{A}/V_\mathrm{m} = (2,686754 \pm 0,000086) \cdot 10^{25}\ \mathrm{m^{-3}}$
Faraday-Konstante	$F = N_\mathrm{A} e = (9,648455 \pm 0,000027) \cdot 10^4\ \mathrm{Cmol^{-1}}$

Künstliche Satelliten für wissenschaftliche Erkenntnisse und praktisch nutzbare Informationen

Die Abkürzungen bedeuten: ESA = Europäische Weltraum-Organisation, ESRO = Europäische Weltraumforschungsorganisation (Vorläufer der ESA), F = Frankreich, K = Kanada, I = Italien, D = BRD, J = Japan, GB = Großbritannien, NL = Niederlande

Die wichtigsten internationalen Forschungssatelliten:

Geophysikalische Forschung/Atmosphärenforschung:
Sputnik 1 (4. 10. 1957, UdSSR)
Vanguard 1 (17. 3. 1958, USA)
Vanguard 2 (17. 2. 1959, USA)
Alouette 1 (29. 9. 1962, K)
Elektron 1 + 2 (30. 1. 1964, UdSSR)
OGO 1 (4. 9. 1964, USA)
San Marco (15. 12. 1964, I)
Aurora (3. 10. 1968, ESRO/NASA)
Heos 1 (5. 12. 1968, ESRO/NASA)
Azur 1 (8. 11. 1969, D)
Kosmos 500 (10. 7. 1972, UdSSR)
Aeros 1 (16. 12. 1972, D)
Lageos 1 (4. 5. 1976, USA)
Geos 1 (20. 4. 1977, ESA/USA)
Kyokko (4. 2. 1978, J)

UME 2 (16. 2. 1978, J)
HCMM (26. 4. 1978, USA)
Geos 2 (14. 7. 1978, ESA)
Solwind (24. 2. 1979, USA)

Solarforschung:
Sputnik 2 (3. 11. 1957, UdSSR)
Solrad (27. 6. 1960, USA)
OSO 1 (7. 3. 1962, USA)
Ariel 1 (26. 4. 1962, GB)
Interkosmos 1 (14. 10. 1969, UdSSR)
Prognos 1 (14. 4. 1972, UdSSR)
ISEE 2 (22. 10. 1977, ESA)
ISEE 3 (12. 8. 1978, USA)

Interplanetarer Raum:
Explorer 1 (1. 2. 1958, USA)
Sputnik 3 (15. 5. 1958, UdSSR)
Samos 2 (31. 1. 1961, USA)
Kosmos 1 (16. 3. 1962, UdSSR)
Pegasus 1 (16. 2. 1965, USA)

Astronomische Forschung:
Proton 1 (16. 7. 1965, UdSSR)
OAO 1 (8. 4. 1966, USA)
ANS (30. 8. 1974, NL)
Aryabhata (19. 4. 1975, Indien)
COS-B (9. 8. 1975, ESA/NASA)
HEAO 1 (12. 8. 1977, USA)

IUE 1 (26. 1. 1978, ESA)
HEAO 2 (13. 11. 1978, USA)

Die wichtigsten Anwendungssatelliten:

Kommunikation/Navigation:
Score (18. 12. 1958, USA)
Echo 1 (12. 8. 1960, USA)
Courier 1B (4. 10. 1960, USA)
Oscar 1 (12. 12. 1961, USA)
Telstar (10. 7. 1962, USA)
Syncom 2 (26. 7. 1963, USA)
Echo 2 (25. 1. 1964, USA)
Early Bird (6. 4. 1965, USA)
Molnija 1A (23. 4. 1965, UdSSR)
Intelsat 2B (11. 1. 1967, USA)
Intelsat 3F-2 (18. 12. 1968, USA)
Intelsat 4F-2 (26. 1. 1971, USA)
Meteor 8 (17. 4. 1971, UdSSR)
Anik 1 (10. 11. 1972, K)
Westar 1 (13. 4. 1974, USA)
Symphonie 1 (19. 12. 1974, F/D)
CTS (19. 2. 1976, K)
Oscar 8 (5. 3. 1978, USA)
Kosmos 1000 (31. 3. 1978, UdSSR)
BSE 1 (7. 4. 1978, J)
OTS 2 (11. 5. 1978, ESA)
Comstar 1C3 (29. 6. 1978, USA)

Radio 1 (26. 10. 1978, UdSSR)
Telesat 4 (16. 12. 1978, K)
Horizont (19. 12. 1978, UdSSR)
ESC (6. 2. 1979, J)
Ekran (21. 2. 1979, UdSSR)
Intelsat 5 (1980, USA)

Wetterbeobachtung:
Tiros 1 (1. 4. 1960, USA)
Nimbus 1 (28. 8. 1964, USA)
ESSA 1 (3. 2. 1966, USA)
ATS 1 (6. 12. 1966, USA)
Meteor 1 (26. 3. 1969, UdSSR)
ITOS 1 (23. 1. 1970, USA)
EOLE 1 (16. 8. 1971, F)
SMS 1 (17. 5. 1974, USA)
GOES 1 (16. 10. 1975, USA)
Meteosat 1 (23. 11. 1977, ESA)
GOES 3 (16. 6. 1978, USA)

Erderkundung:
ERTS 1 (23. 7. 1972, USA)
Lansat 3 (5. 3. 1978, USA)
Seasat 1 (26. 7. 1978, USA)
SAGE (18. 2. 1979, USA)

Daneben wurden vor allem zahlreiche Satelliten für militärische Aufgaben gestartet.

Blick in das Innere eines Bio-Hochreaktors der Hoechst AG; das Wasser wird durch Umwälzen belüftet

Zwei Bio-Hochreaktoren der Hoechst AG zur rationellen Industrieabwasser-Reinigung mit Mikroorganismen

Entschwefelung von Rauchgas gelöst

1980. Mit dem von der deutschen Buckau-Walther AG entwickelten Walther-Verfahren zur Rauchgasentschwefelung von Öl- und Kohlekraftwerksabgasen gilt diese bisher als großtechnisch problematisch angesehene Aufgabe als gelöst. Schwefeldioxid in den Abgasen ist eine die Umwelt erheblich belastende Substanz. Es verbindet sich mit dem Wasseranteil der Luft zu schwefliger Säure und Schwefelsäure und bildet damit einen Bestandteil des »sauren Regens« (→ 1974). Bisherige Verfahren, um das Schwefeldioxid aus Rauchgasen abzuscheiden – z. B. Absorption in Kalkmilch –, waren entweder sehr energieaufwendig oder lieferten erhebliche Mengen schwefelhaltiger Abwässer. Das Walther-Verfahren arbeitet energiesparend und trocken. Es wandelt den anfallenden Schwefel in Ammoniumsulfat um, das als Trockendünger verwendet werden kann.

Abwasser-Reinigung mit Bakterien

1980. Die großen deutschen Chemiekonzerne Bayer und BASF nehmen bei der Entwicklung modernster Abwasserkläranlagen die Natur als Vorbild. Sie bauen turmförmige Abwasserreaktoren, in denen sich ähnliche Prozesse abspielen wie bei der natürlichen Selbstreinigung von Flüssen und Seen, nur in wesentlich »rationellerer« Form. Unzählige Mikroorganismen ernähren sich von den organischen Schmutzstoffen im Wasser und wandeln sie bei Zuführung von Sauerstoff in Kohlendioxid und andere Stoffwechselprodukte um. Durch Vermehrung entstehen fortlaufend neue Bakterien (Belebtschlamm). In den biologischen Kläranlagen wird dieser Prozeß der natürlichen Selbstreinigung auf engem Raum konzentriert und zeitlich stark verkürzt, indem man in das Abwasser große Mengen Bakterienschlamm hineingibt und diese Mischung künstlich mit Sauerstoff versorgt. Der modernen Industrieforschung in den Chemiekonzernen ist es gelungen, den zum biologischen Abbau erforderlichen Sauerstoff aus der Luft in besonders energiesparender Weise in das Gemisch aus Abwasser und Belebtschlamm einzuleiten. Dabei ersetzen bis zu 30 m hohe, geschlossene Zylindertanks die konventionellen großflächigen offenen Klärbecken. In solchen Türmen wird der Sauerstoff der Luft besonders gut ausgenutzt. Es fällt entsprechend weniger Abluft an, die man in den Türmen leicht sammeln und nachbehandeln kann, wodurch sich auch Geruchsbelästigungen vermeiden lassen.

In einer zweiten Stufe wird der Belebtschlamm vom gereinigten Abwasser getrennt. Der in großen Mengen anfallende Klärschlamm wird auf seine ökologische Unbedenklichkeit überprüft und anschließend auf Deponien verbracht.

Ein Comeback der Segelfrachtschiffe

1980. Erstmals seit einem halben Jahrhundert verläßt wieder ein Segelfrachtschiff eine Werft, die japanische »Shin-Aitoku-Maru«.

Es ist ein Frachter, der neben einem konventionellen Schraubenantrieb zwei besegelte Masten aufweist. Die Besinnung auf das Segelschiff wurde durch das Energiedebakel vom Winter 1973/74 (→ 1974) verursacht. In seiner Folge untersuchten zahlreiche Ingenieure in den Industrienationen mögliche Methoden zum Energiesparen. Eine davon bot sich im Windantrieb für Frachtschiffe an. Experten errechneten, daß eine weltweite mit Zusatzsegeln ausgerüstete Handelsflotte zu Erdöleinsparungen von rund 140 Millionen Tonnen pro Jahr führen würde. Rein äußerlich unterscheiden sich die modernen Segelfrachtschiffe – auch im Westen gibt es dafür Entwürfe – drastisch von den alten Großseglern. Die meist metallischen Segelflächen sind vertikale Schaufeln mit zum Mast parallelen Außenkonturen. Sie lassen sich computergesteuert in den Wind stellen und ebenso einholen, wobei sie einfach senkrecht um den Mast gefaltet werden.

Wertstoffe aus dem Hausmüll gewinnen

Um 1980. In der Bundesrepublik und anderen Industrienationen entwickeln Forschungsinstitute in großen Modellversuchen Systeme zur automatischen Hausmüllsortierung. Sie sollen aus dem Müll verwertbare Substanzen wie Papier, leichte Kunststoffe und Textilien, schwere Kunststoffe, Eisen- und Nichteisenmetalle sowie Glas – aufgeteilt in farbloses, grünes und braunes Glas – heraussortieren.

Dazu kommen in einer seriell arbeitenden Anlage zahlreiche unterschiedliche Sortierprinzipien zum Einsatz: Rüttelsieben, Zerkleinern, Windsichten, Aufstromsortieren, magnetisches Abscheiden, Dichtesortierung und optisch-mechanische Verfahren.

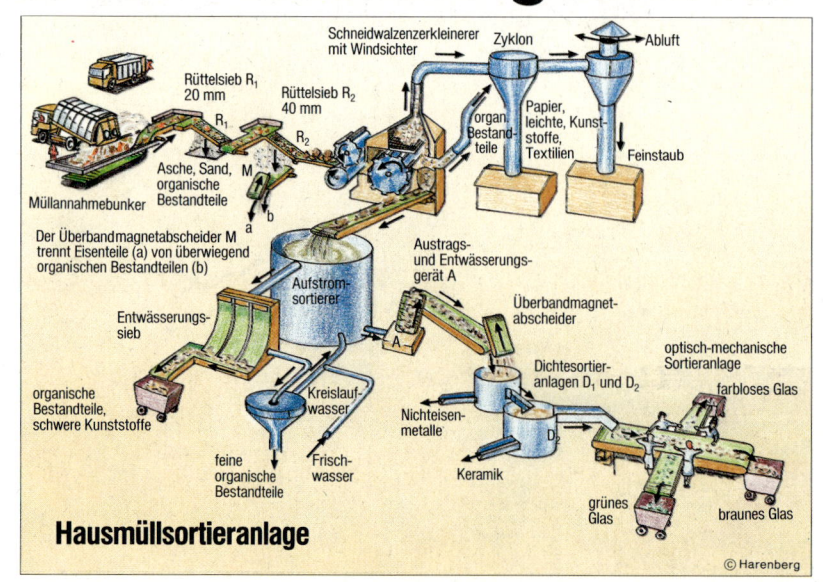

Hausmüllsortieranlage

© Harenberg

Kommunikationsformen mit Breitband

Um 1980. Die Einführung der Breitbandtechnologien, insbesondere der Breitband-Übertragungswege (→ 1935; 1966), führen zu zahlreichen neuen Kommunikationsformen, die auch unter der Bezeichnung Telekommunikation bekannt werden. Im Gegensatz zu den klassischen Fernschreib-, Telefon- und Hörfunknetzen, in denen Signale von einigen kHz Bandbreite übertragen werden, liegt jetzt die Bandbreite bei mehreren MHz.

Im Fernsprechnetz lassen sich Fernsprechkonferenzen realisieren. Über dasselbe Netz oder über spezielle Datennetze werden Fernsteuer- und Fernüberwachungsanlagen betrieben. Zwischen Computern ist durch spezielle Erweiterungen der Fernsprech-, Fernschreib- und Datennetze Teledatenkommunikation möglich. Kodierte Textnachrichten lassen sich als elektronische Bürofernschreiben, auch in Form von Fernschreibkonferenzen, schriftlich oder über Videotext und Bildschirmtext (→ 1970) per Monitor übermitteln.

In der Festbildkommunikation ist es möglich, über das Fernsprech- oder das Fernsehverteilnetz schriftliche Nachrichten – auch Halbtonbilder – zu übertragen. Das kann beim Fernkopieren auf Papier erfolgen (→ 1971), bei der Faksimile-Zeitung als Papierkopie oder mittels der Bildschirmausgabe.

Auch die Kombination von Text- und Festbildkommunikation ist möglich. Das geschieht in der elektronischen Briefübermittlung (Telebrief) über das Fernsprech- oder Fernschreibnetz.

In der Bewegtbild-Kommunikation sind über feste Fernsehverbindungen Video-Konferenzen möglich. Auf ähnliche Weise lassen sich Video-Überwachungsdienste einführen, die unter Verwendung fester Fernsehverbindungen in Sammelnetzen von einer Zentrale aus verschiedene Objekte bewachen. Auch das Bildtelefon läßt sich so verwirklichen. Schließlich werden mobile Dienste eingeführt, etwa die Funktelefonie über das Funkverteilnetz, verschiedene Sprechfunkdienste (»öffentlicher beweglicher Landfunkdienst« öbL) über ein neugestaltetes öbL-Funkdialognetz, sowie die Daten-, Bild- und Textübertragung mittels Funk durch entsprechende Endgeräte.

Bildschirmtextsystem »Btx VC« für Textgestaltung; die Komponenten: Bildschirmtext-Decoder, Diskettenlaufwerke, Bildschirmtext-Computer; ein unterstützender Rechner läßt sich noch zuschalten

Videotext (Vtx) liefert in der vertikalen Austastlücke des regulären Fernsehbildes Zusatzinformationen in Form von Text oder Zeichnungen, die sich durch einen Decoder empfangen lassen

Mit dem Kabelfernsehen, bei dem der Empfänger die Sendesignale aus einer Kabelleitung statt der Antenne erhält, lassen sich Dutzende von TV-Programmen in hoher Qualität empfangen; hier ein Signalkonverter für 32 Programme

Bildfernsprechen in Farbfernsehqualität; für den Systemversuch errichtet die Deutsche Bundespost 1983 in Hannover und Düsseldorf je ein Netz für 28 Teilnehmer; über dem Telefonbildschirm ist die Fernsehkamera zu erkennen

Um 1981. Die ersten CD-Plattenspieler und CD-Platten kommen auf den Markt. →

1981. Das »VLA« (Very Large Array), ein großflächiges Radioteleskop, in New Mexico bei Socorro ist einsatzbereit. →

Der Amerikaner MacCready überquert mit seinem Solarflugzeug »Solar Challenger« den Ärmelkanal.

Die Telekommunikations-Industrie beschäftigt sich mit dem Thema »Telematik«, der Zusammenkopplung des Dreigespanns Telefon, Computer und Fernseher. →

In der UdSSR findet die erste Tiefbohrung über 10 000 m statt.

Am Institut der Gesellschaft für Schwerionenforschung GSI in Darmstadt wird das Element 107 entdeckt.

In Genf nimmt der Antiproton-Proton-Speicherring »SPS CERN« seinen Betrieb auf.

In Raisting in Oberbayern wird die größte Erdefunkstelle der Welt in Betrieb genommen. →

Auf der Plataforma Solar bei Almería werden Forschungs-Solarkraftwerke nach dem Turm- und Farmprinzip eingeweiht.

In den USA werden erstmals Automobile mit mikroprozessorgesteuerten Zylinderventilen zur gestuften Zylinderabschaltung gebaut.

An der GSI in Darmstadt wird eine vierte Art der radioaktiven Umwandlung entdeckt: die Protonenradioaktivität. →

Februar. Der französische Hochgeschwindigkeitszug TGV erreicht im Probebetrieb eine Weltrekord-Geschwindigkeit für Schienenfahrzeuge von 380 km/h (→ 1981).

April. Das über 40 ha große Zeltdach des neuen Flughafens in Dschidda (Pilgerterminal) wird eingeweiht. →

12. 4. In den Vereinigten Staaten startet erstmals die Raumfähre Columbia. →

25. 4. Das »Einstein-Satellitenobservatorium HEAO-0« beendet seine Mission. →

Mai. Bei Adrano auf Sizilien liefert Eurelios, das erste europäische Solarkraftwerk, erstmals Strom ins Netz.

GESTORBEN:

6. 1. La Jolla/Kalifornien: Harold Clayton Urey (* 29. 4. 1893, Walkerton/Indiana), US-amerikanischer Physiker.

13. 5. Oslo: Odd Hassel (* 17. 5. 1897, Oslo), norwegischer Chemiker.

8. 9. Kioto: Hideki Jukawa (* 23. 1. 1907, Tokio), japanischer Physiker.

VLA-Radioteleskop in New Mexico

1981. Bei Socorro im US-Staat New Mexico wird ein neuartiges Radioteleskop in Betrieb genommen. Es ist nach dem Prinzip des »Very Large Array« (VLA, engl. »sehr große Anordnung«) aufgebaut.

Wie präzise ein Radioteleskop (→ 1937; 1970) die Radioquellen im Weltall lokalisieren kann, hängt von seinem Spiegeldurchmesser ab. Man baute daher seit Jahrzehnten immer größere Anlagen, zuletzt ein starres Teleskop in der Sowjetunion mit nicht weniger als 600 m Spiegeldurchmesser.

Das VLA-System geht davon aus, daß mehrere, über eine große Fläche verteilt aufgestellte kleine Radioteleskope, die über einen Computer wie Teileelemente einer einzigen gewaltigen Anlage zusammengeschaltet sind, gleiche Ergebnisse erzielen wie ein technisch sonst nicht zu realisierendes Riesenteleskop. Das neue VLA verfügt über 27 bewegliche Parabolantennen von je 25 m Durchmesser, die in Form eines Y mit Armlängen von 21, 21 und 19 km angeordnet sind und längs der Y-Arme bewegt werden können. Die Radioteleskop-Anlage erreicht dieselbe Auflösung wie eine hypothetische Parabolantenne von rund 35 km Durchmesser.

CD-Plattenspieler in einem Personenkraftwagen; die Compact Disc (CD) liegt in einem Einschub

Funktionsprinzip des Tonabnehmers eines CD-Players; im schwenkbaren Tonkopf unter der Platte liegt die Laseroptik

Digitale Schallplatte mit Laserabtastung

Um 1981. Die ersten digital arbeitenden Plattenspieler und zugehörigen Schallplatten (CD-Platten) kommen auf den Markt. Sie werden u. a. von der niederländischen Firma Philips und der japanischen Firma Sony gefertigt.

In dem neuen Konzept sind zwei unterschiedliche neue technische Prinzipien realisiert. Zum einen erfolgt die Aufzeichnung der Tonsignale nicht wie bei herkömmlichen Schallplatten (→ 1892; 1958) analog, d. h. proportional zur Frequenz und zur Lautstärke, sondern digital. Die Tonfrequenzsignale werden digitalisiert und auf der Platte nicht in Form einer spiraligen Rille, sondern in Gestalt kleiner länglicher Vertiefungen, deren gegenseitige Lage und deren Länge die Information enthalten, aufgezeichnet. Die zweite grundsätzliche Neuheit besteht in der Form der Abtastung. Sie erfolgt nicht mechanisch mit einer Plattennadel, sondern berührungsfrei mit einem Laserstrahl. Dadurch hat die Platte, deren Oberfläche mit einem durchsichtigen Kunststoff versiegelt ist, praktisch keinen Verschleiß. Auch beeinflussen Staubkörner, Haare, oberflächliche Kratzer usw. die Wiedergabequalität nicht. Die CD-Platten haben einen Durchmesser von nur 11,5 cm. Sie lassen sich vorerst nur einseitig benutzen (Spieldauer etwa eine Stunde).

Der Welt größte Erdefunkstelle

1981. Die Satellitenkommunikationsstelle im oberbayerischen Raisting (→ 1964) wird zur weltgrößten Erdefunkstelle ausgebaut.

Die Station besitzt eine in einem kugelförmigen Gehäuse untergebrachte und vier freistehende Parabolspiegelantennen zur Nachrichtenkommunikation über Satelliten. Die Spiegel besitzen jeweils rund 25 m Durchmesser und lassen sich auf ein hundertstel Grad genau positionieren. Sie sind empfangsgünstig in einer Bodenmulde von mehreren Kilometern Durchmesser aufgestellt. Die extrem schwache Empfangsleistung in der Größenordnung von 1 pW (10^{-12} Watt) wird mit Spezialverstärkern – es handelt sich um flüssiggasgekühlte Maser (→ 1957) – ausgewertet.

Die Station in Raisting ist eine von weltweit über 150 Erdefunkstellen in 107 Ländern.

Drei Parabolspiegelantennen (die vordere in einer sphärischen Kunststoffkuppel) der weltgrößten Erdefunkstelle im bayerischen Raisting

Satellit entdeckt Röntgen-Quasare

25. April 1981. Das »Einstein-Satellitenobservatorium HEAO-2« der USA beendet seine Mission.

Der mit dem bisher größten Röntgenteleskop ausgestattete Satellit entdeckte mehr als 100 neue Röntgen-Quasare.

Der zweite HEAO-Satellit (High Energy Astronomical Observatory) erreichte im November 1978 eine Umlaufbahn in 521 bis 541 km Höhe. Wie sein Vorgänger, HEAO-1, der seit August 1977 in 207 km Höhe kreist, untersuchte er gezielt ausgefallene astronomische Objekte wie Pulsare (→ 1967), Röntgen-Quellen im fernen Weltall und schwarze Löcher. Insbesondere die Röntgen-Sterne und Röntgen-Quasare (→ 1963) sind von großem Interesse, weil sie als relativ junge Himmelsobjekte möglicherweise Hinweise auf den Entstehungsmechanismus von Sternen liefern.

Jungfernflug der Raumfähre Columbia

12. April 1981. Mit zwei Tagen Verspätung startet die amerikanische Raumfähre »STS-1« Columbia zu ihrem ersten – zweitägigen – Flug. Sie leitet eine neue Generation in der Raumfahrt ein.

Als erstes wiederverwendbares Raumfahrzeug soll sie eine wesentlich kostengünstigere Alternative zu den teuren »Einwegraketen« darstellen. Die Columbia, die Erdsatelliten in ihren Umlauf bringen oder zurückholen soll und auch komplette Laboratorien (Spacelab, → 1985) in den Orbit transportieren wird, ist ein Orbiter, verbunden mit einem mächtigen Treibstofftank und zwei Feststoffraketen. Bei ihrem Vertikalstart wird sie von einem Raketenmotor angetrieben, der seinen Treibstoff aus dem Tank bezieht. Zugleich zünden die Feststoff-Starthilfsraketen. Sie werden in etwa 40 km Höhe abgeworfen und zur Wiederverwendung geborgen. Bevor der Orbiter in einigen hundert Kilometern Höhe in eine Erdumlaufbahn einschwenkt, ist sein Treibstofftank leer und wird ebenfalls abgeworfen. Er geht als einziges Teil verloren. Von nun an bewegt sich der Orbiter nur noch mit kleinen Manövriertriebwerken, die ihn nach Missionsende auch in die Gleitbahn zur Erde steuern.

Erster Start der »Columbia«; außer dem Feuerstrahl vom gezündeten Haupttriebwerk fallen mächtige Wasserdampfwolken auf; sie rühren vom Kühlwasser her, mit dem der Flammenreflektor am Boden unterhalb des Startgerüstes vor und während der Startphase überschüttet wird, um Verbrennungen zu vermeiden; hinter der wiederverwendbaren Weltraumfähre sieht man drei große zylindrische Tanks; der größte (mittlere) enthält Flüssigtreibstoff, die beiden seitlichen festen Treibstoff

Die vierte Form der Radioaktivität

1981. Wissenschaftler der Gesellschaft für Schwerionenforschung in Darmstadt entdecken eine vierte Form radioaktiver Umwandlung: Die Protonenradioaktivität.

Bisher waren nur radioaktive Prozesse unter Aussendung von Alpha-, Beta- oder Gammastrahlen bekannt (→ 1902). Die neu entdeckte Kernumwandlung läßt sich nur bei schweren Atomkernen mit hohem Protonenüberschuß beobachten. Sie senden beim Zerfall ein Proton aus, wobei sich ihre Ordnungszahl um eins verringert (→ 1984).

Erfahrungen mit Super-Schnellzügen

1981. In Frankreich geht der Hochgeschwindigkeitszug TGV (Train à grande vitesse) zwischen Paris und Lyon bzw. Genf in Betrieb. Er erreicht im Probebetrieb Weltrekordgeschwindigkeiten von 380 km/h. Anwohner der neuen schnurgeraden Schienenstrecken beklagen allerdings die Auswirkungen der von dem Zug ausgehenden elektrischen Felder: Telefonwählimpulse werden simuliert, Computer verlieren ihre gespeicherten Daten, Fernsehbildstörungen treten auf usw.

Riesenzeltdach als Flughafenterminal

1981. *Während der Pilgerzeit der Muslime wird in Dschidda ein neues, bereits 1980 fertiggestelltes Flughafenterminal eingeweiht, das von einem riesigen, von Pylonen abgehängten Zeltdach (Abb.) überspannt ist.*

Mehr als 500 000 der fast zwei Millionen Pilger, die z. Z. jährlich den heiligsten Ort des Islams, das Gebiet von Mekka, besuchen, benutzen den Luftweg über Dschidda. Rund 50 000 halten sich dort meist gleichzeitig auf. Ein Gebäude, das zweimal für wenige Tage im Jahr (bei der Ankunft und beim Abflug) derartige Menschenmengen beherbergt, wäre zu teuer und schwer zu klimatisieren. Statt dessen überdeckt das luftige Dach aus 210 Einzelzelten in rund 15 m Höhe eine Fläche von 40 Hektar.

Dreidimensionale Bilder aus dem Körper

1982. Die Kernspintomographie oder NMR-Tomographie (nuclear magnetic resonance), ein neuartiges Untersuchungsverfahren, mit dem sich z. B. Weichteilstrukturen des menschlichen Körpers direkt auf dem Bildschirm darstellen lassen, wird erstmals vorgestellt.

Das revolutionierende Diagnoseverfahren bezieht seine Informationen aus magnetischen Eigenschaften der Atomkerne des menschlichen Organismus. Es erlaubt, das Körperinnere Schicht für Schicht in zeilenweise aufgebauten Bildern abzutasten, ohne den Körper wie die Röntgenuntersuchung mit Strahlen zu belasten.

Auf die Atomkerne – bei der klinischen Untersuchung verwendet man die Wasserstoffatome – wird zunächst durch ein äußeres Magnetfeld ein ordnender Zwang ausgeübt, unter dem sich ein bestimmtes energetisches Gleichgewicht einstellt. Dann stört man diesen Zustand durch Zufuhr von Energie und beobachtet anschließend die mit der Aussendung von Radiowellen verbundene Rückkehr der angeregten Kerne in ihre Gleichgewichtslage. Um zu flächigen Bildern aus dem Körperinneren zu gelangen, verändert man das äußere Magnetfeld in geeigneter Weise so, daß seine Stärke im Körper von Ort zu Ort variiert. Damit erfaßt man zunächst ein Gebiet, innerhalb dessen sich bestimmte Ebenen durch die Frequenzwahl ausmessen lassen. Die Detailauflösung liegt bei rund einem Millimeter.

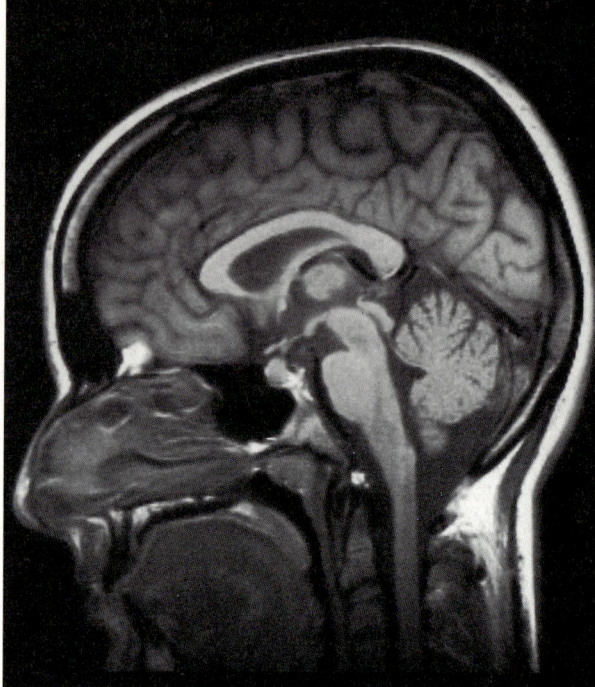

◁ *Mit Hilfe eines Kernspintomographen angefertigte Aufnahme eines Kopfes; physiologische Nebenwirkungen der Computer-Tomographie sind – im Gegensatz zum Röntgen – nicht bekannt*

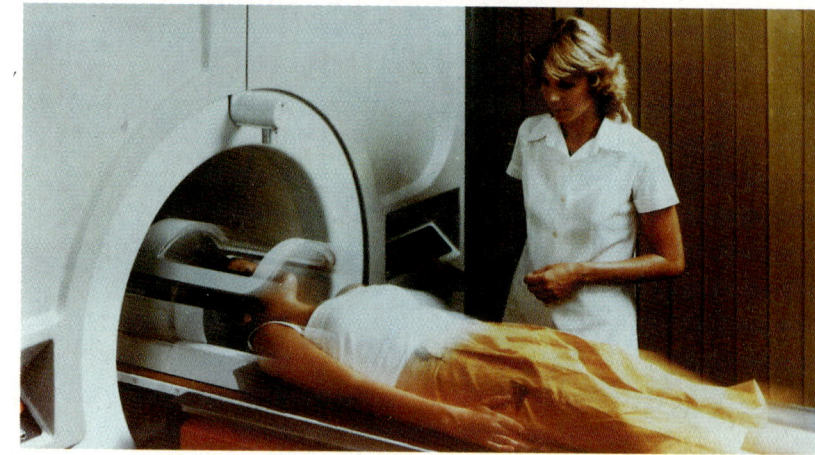

▽ *Kernspintomograph; für die Aufnahme wird der Patient in einen Tunnel geschoben, wo er dem Feld eines Elektromagneten ausgesetzt ist*

Superschweres Elementarteilchen vermutet

14. Februar 1982. Physikern am amerikanischen Stanford-Institut ist möglicherweise die Beobachtung eines magnetischen Monopols gelungen.

Es handelt sich dabei um einen isolierten magnetischen Nord- oder Südpol mit der magnetischen Ladung g. Seine Existenz hatte bereits 1931 der Physiker Paul Adrien Maurice Dirac postuliert, um in den Maxwellschen Gleichungen (→ 1865) rein mathematisch eine Symmetrie zwischen elektrischen und magnetischen Größen zu erreichen. Elektrische Monopole mit der Ladung e sind schon länger bekannt. Nach der Quantenfeldtheorie (→ 1930) läßt sich der Zusammenhang formulieren $e \cdot g = n \cdot h$, wobei h das Plancksche Wirkungsquantum (→ 1900) ist und n die Zahlenwerte $\pm 1, \pm 2, \pm 3 \ldots$ annehmen kann.

Nach derselben Theorie sind die anziehenden Kräfte zwischen einem magnetischen Nord- und einem magnetischen Südpol wenigstens um einen Faktor 5000 größer als anziehende Kräfte zwischen entgegengesetzten elektrischen Elementarladungen.

Aus theoretischen Erwägungen folgt, daß magnetische Monopole rund 1016 Protonenmassen besitzen müssen. Das schließt ihre Erzeugung in Teilchenbeschleunigern (→ 1967) ebenso aus wie ihre derzeitige Bildung im Weltall. Sie könnten aber während des kosmischen Urknalls entstanden und vereinzelt noch in der kosmischen Strahlung vorhanden sein.

In dieser Strahlung vermuten die Physiker des Stanford-Instituts mit hoher Wahrscheinlichkeit, jetzt ein derartiges Teilchen nachgewiesen zu haben.

Moderne Tunnelbautechnik mit Rundumarmierung in lockerem Boden oder stark wasserführendem Untergrund

Baustelle Landrückentunnel bei Kassel; mit 10 748 m Länge entsteht hier der längste deutsche Eisenbahntunnel

Neue Tunnel für den Eisenbahnverkehr

1982. Drei bedeutende neue Eisenbahntunnel werden in diesem Jahr eingeweiht: Am 25. Juni der mit 15 442 m längste Schmalspurtunnel der Welt, der Furka-Basistunnel; am 15. November der generell längste Eisenbahntunnel der Welt, der 22 228 m lange Daishimizu-Tunnel zwischen Omiya und Niigata in Japan; am 17. Dezember der Landrücken-Eisenbahntunnel bei Fulda, der mit 10 748 m längste deutsche Schienentunnel.

Besonders der japanische Tunnelbau erregt seit Jahren in der internationalen Fachwelt Aufsehen. Im Zuge der Eisenbahnstrecke von Tokio über Osaka nach Fukuoka wurde schon im März der 16 250 m

lange Rokko-Tunnel fertiggestellt und im Frühjahr 1975 der damals weltlängste, 18 560 m lange Kanmontunnel vollendet, der unter dem Meer die Inseln Hondo und Kiushu miteinander verbindet. Das Forschungsinstitut der Japanischen Eisenbahnen hatte dafür eine neue Baumethode entwickelt, weil das Gestein des Meeresuntergrundes sehr bröckelig ist und zudem wegen geologischer Verwerfungen unter Spannung steht. Man verwendete ein nur ein Meter langes Abbaugerät mit einem öldruckbewegten Kolben, der in einem Zylinder Wasser unter 700 bar Druck setzte, das dann aus einer Düse mit Überschallgeschwindigkeit aus-

strömte und das Gestein praktisch erschütterungsfrei zertrümmerte. – Dem 1982 fertiggestellten Daishimizu-Tunnel wird der seit Oktober 1971 im Bau befindliche Saikan-Tunnel zwischen der japanischen Hauptinsel Hondo und der großen Nordinsel Hokkaido den Rang des weltlängsten Tunnels abnehmen. Er sollte zwar schon 1981 fertiggestellt sein, wird aber nicht vor 1988 auf ganzer Länge – 53 850 m – vollendet sein. 23 300 m des Tunnels liegen dann unter Wasser.

Ebenfalls 1982 treten in Madrid mehr als 300 Tunnelbauexperten zusammen: Sie beraten die Unterquerung der Straße von Gibraltar durch einen 32 km langen Tunnel.

Neue Mittelstreckenrakete »Pershing II«

1982. In den Vereinigten Staaten wird die neue Mittelstreckenrakete »Pershing II« entwickelt – eine Boden-Boden-Rakete mit zweistufigem Feststoff-Raketenantrieb, die sich für den Abschuß von mobilen Startrampen eignet.

Gegenüber der 1962 eingeführten »Pershing I« hat sie eine höhere Treffgenauigkeit. Dadurch genügt ein kleinerer nuklearer Sprengkopf, so daß die Rakete mehr Treibstoff aufnehmen kann. Das wiederum erhöht die Reichweite von 800 km bei »Pershing I« auf jetzt 1500 bis 1800 km. Die »Pershing II« gilt als westliche Antwort auf die sowjetische »SS 20«-Mittelstreckenrakete.

Pershing-II-Rakete auf einem Transportfahrzeug; die zweistufige Feststoffrakete von 1500 bis 1800 km Reichweite trägt einen Atomsprengkopf

Fernschreibsystem Teletex eingeführt

Um 1982. Im deutschsprachigen Raum, in Großbritannien und in Schweden kommt das neuartige schnelle Fernschreibsystem »Teletex« in Gebrauch.

Es handelt sich dabei um ein digitales Nachrichtenübertragungsverfahren im Rahmen der neuen Breitbandkommunikation (→ 1981). Teletex ermöglicht einen direkten Nachrichtenaustausch von Schreibmaschine oder Textautomat zu Schreibmaschine mit einer Übertragungsgeschwindigkeit von 1200 Bit/s (→ 1948).

Im Gegensatz zum zentralen Fernschreiber, wie er bisher üblich war, können die Teletex-Endgeräte wie Telefone am Arbeitsplatz aufgestellt werden. Das System verbindet die Vorteile des Telefons – leichte Verfügbarkeit – mit denen des klassischen Fernschreibsystems – schriftliche Dokumentation.

SUSAN führt und simuliert Schiffe

3. September 1982. In Hamburg wird Europas modernste Schiffsführungs- und Simulationsanlage (SUSAN) eingeweiht. Sie soll die Schiffahrt weltweit sicherer und wirtschaftlicher machen.

Ab sofort werden hier jährlich rund 200 Ingenieure, Kapitäne, nautische Offiziere und Lotsen aus- und weitergebildet. Außerdem wird SUSAN auch für nautische Forschungsarbeiten eingesetzt.

Zentraler Leitstand der Anlage ist eine 7 m breite und 6,3 m tiefe, voll instrumentierte Kommandobrücke innerhalb eines Szenarios von 9 m Durchmesser mit Brückenfenstern, die eine Rundsicht von 250° bieten. Ein hydraulisches Bewegungssystem unter dem Brückenhaus realisiert die typischen Roll- und Stampfbewegungen eines Schiffes. Ein weiteres Kernstück von SUSAN ist ein Zentralrechner, der zusammen mit sechs Steuerrechnern und elf TV-Farbgroßbildprojektoren für eine perfekte Simulation und Illusion sorgt. SUSAN kann das Verhalten unterschiedlich konstruierter Schiffstypen unter verschiedenartigsten äußeren Bedingungen (Hochsee, Hafengewässer, Seegang, Schlepper, Tag und Nacht usw.) nachahmen.

In Culham bei London geht die europäische Fusionsforschungsanlage JET in Betrieb. →

Zwischen Hamburg und Hannover arbeitet das erste »Breitbandige Integrierte Glasfaser-Fernnetz« (Bigfern). Es hat eine Länge von 9600 km.

Dem europäischen Atomforschungszentrum CERN in Genf gelingt der Nachweis zweier Elementarteilchen, der W- und Z-Bosonen. →

Das erste deutsche und zugleich größte europäische Solarkraftwerk geht auf der Insel Pellworm in Betrieb. →

Die US-amerikanische Buick Motor Car Company baut das futuristische Auto »Questor«, das die Pkw-Entwicklung der Zukunft demonstrieren soll. →

Der Verbrauch an Kunststoffen überflügelt weltweit volumenmäßig erstmals den Verbrauch an Eisen. →

Die Deutsche Bundesbahn baut bei Gemünden über den Main die mit 135 m bisher am weitesten gespannte Eisenbahnbrücke aus Spannbeton. →

In Birmingham (England) nimmt auf der 620 m langen Strecke zwischen dem Bahnhof und dem Air-Terminal die erste Magnetbahn ihren Dienst auf. →

Eine international zusammengesetzte Kommission definiert die Längeneinheit Meter neu als den 299 792 458sten Teil einer Lichtsekunde. →

Der Kugelhaufenreaktor des als Prototyp gebauten 300-MW-Kernkraftwerks Schmehausen (THTR) wird erstmals kritisch (geht in Betrieb; → 1970).

Das Volkswagenwerk in Wolfsburg nimmt die Endmontagehalle 54 (weitgehend mit Industrierobotern ausgestattet) in Betrieb. →

3. 1. Die Firma Apple stellt den Bürocomputer »Lisa« vor, der erstmals mit einer »Maus« ausgerüstet ist (→ um 1983).

27. 1. Der Pilotstollen zum geplanten längsten Eisenbahntunnel der Welt, dem »Saikantunnel« (53 850 m) von der japanischen Hauptinsel Hondo zur Nordinsel Hokkaido, wird fertiggestellt.

16. 6. Der erste kommerzielle Start der Europa-Rakete »Ariane« findet in Französisch Guayana statt (→ 24. 12. 1979).

27. 10. Das Magnetschwebefahrzeug »Transrapid 06« unternimmt auf der Versuchsanlage im Emsland seine erste Fahrt (→ 1983).

GESTORBEN:

10. 9. Zürich: Felix Bloch (* 23. 10. 1905, Zürich), schweizerisch-US-amerikanischer Physiker.

Personal Computer erobern die Büros

Um 1983. Hinsichtlich Hard- und Software immer perfekter werdende Schreibtischcomputer finden zunehmende Verbreitung in Büros. Typisch für diese Entwicklung ist, daß die Preise der Geräte ständig drastisch sinken und daß spezielle anwenderorientierte Softwarepakete (im Gegensatz zur Hardware, den Geräten, bezeichnet der Begriff Software die Programme einer Computeranlage) die Benutzung für EDV-Laien verschiedenster Berufe leicht machen. So gibt es große Programmpakete für Buch- und Lagerhaltung, für Personalverwaltung, für Textverarbeitung, für die Lösung statistischer Aufgaben und vieles andere. Als Kunden kommen neben der Industrie zunehmend auch Handwerksbetriebe, Geschäftsleute und Freiberufler in Frage, z. B. Kfz-Werkstätten, Apotheken, Ärzte, Juristen, Steuerberater, Journalisten, Schriftsteller, Architekten usw.

Die als Personal Computer (PC) oder Bürocomputer bekannt werdenden Geräte verfügen grundsätzlich über eine zentrale Recheneinheit, eine Tastatur, einen Bildschirm und Anschlußmöglichkeiten für Drucker, Telefon-MODEM (→ 1961) und andere Peripheriegeräte. Ein Netzteil versorgt die Gesamtanlage mit den erforderlichen unterschiedlichen Spannungen. Die Vermittlung zwischen zentraler Recheneinheit und dem Monitor erfolgt über einen speziellen Graphikteil, der den Bildschirmaufbau gestaltet. Der Zentraleinheit sind je nach Größe des PC unterschiedlich große elektronische Datenspeicher zugeordnet. Über diese internen Speicher hinaus verfügen die PC über äußere Speichereinheiten. Das können bei sehr kleinen Geräten integrierte Minimagnetband-Kassetten oder über eine Schnittstelle und einen externen Rekorder verfügbare normale Tonbandkassetten sein. Im allgemeinen werden aber sogenannte Disketten (→ um 1983) verwendet, die in eingebauten Diskettenlaufwerken beschrieben und gelesen werden. Auch werden zuweilen eingebaute Festplattenspeicher für große Datenmengen angeboten.

Apple »Lisa«, der erste Bürocomputer mit einem Bedienungselement (»Maus«), das beim Arbeiten am Bildschirm teilweise die Tastatur ersetzt

Floppy Disks als Standarddatenspeicher

Um 1983. Als periphere Standarddatenspeicher für Personal Computer (→ um 1983) bürgern sich in stark zunehmendem Maß magnetbeschichtete Disketten, sogenannte Floppy Disks, ein.

Jede Diskette besteht aus der flexiblen Magnetplatte selbst und aus einer flexiblen oder starren Hülle, auf deren Innenseite für die Selbstreinigung und die Verbesserung des Drehmoments der Magnetplatte ein Vlies befestigt ist. Die Magnetplatte hat 3,5 Zoll (etwa 90 mm), 5,25 Zoll (etwa 130 mm) oder 8 Zoll (etwa 200 mm) Durchmesser. Die Diskette ist in der Mitte gelocht und wird mit diesem Loch im Diskettenlaufwerk wie eine Schallplatte zentriert. Durch einen länglichen radialen Ausschnitt in der Diskettenhülle hat der Schreib- und Lesekopf des Laufwerks Zugang zu der mit einer Magnetbeschichtung versehenen runden Kunststoffscheibe. Mit ihm lassen sich in konzentrischen Spuren ein- oder beidseitig Daten auf die Diskette schreiben und wieder lesen. Die Zugriffszeiten liegen im Bereich von etwa 100 Millisekunden. Das Speichervolumen ist unterschiedlich. Bei 5,25-Zoll-Disketten liegt es zwischen 0,08 und 1,3 Megabytes (entspricht 0,64 bis 10,4 Millionen Bits; → 1948), je nachdem, wie dicht die Diskette beschrieben wird und ob man sie ausschließlich ein- oder beidseitig verwendet.

Laufwerk von BASF für sogenannte Mini-Disks (5,25-Zoll-Disketten) in platzsparender Flachbauweise zum direkten Einbau in einen Personal Computer

100-kW-Solaranlage mit punktfokussierenden Paraboloidkollektoren in Sulaibiyah (Kuwait), die Energie für die Entsalzung von Meerwasser liefert

»Plataforma Solar« bei Almería in Südspanien, ein von mehreren europäischen Ländern als Pilotanlage gebautes solarthermisches Kraftwerk

Versuchs-Solarkraftwerke liefern Elektrizität ins Netz

1983. Auf der Nordseeinsel Pellworm geht das erste deutsche Solarkraftwerk in Betrieb. Es ist zugleich die größte Anlage zur Nutzung der Sonnenenergie in Europa.

Von anderen europäischen Solarkraftwerken – es sind in den letzten Jahren zehn Anlagen mit Leistungen zwischen 30 und 100 kW in sechs Ländern entstanden – unterscheidet sich das Kraftwerk auf Pellworm dadurch, daß es nicht mit thermischen Solarenergiesammlern arbeitet, sondern die Lichtenergie in Siliziumzellen unmittelbar in Elektrizität umwandelt. Die Solarenergieanlage auf der sonnenreichen Nordseeinsel kostete elf Millionen DM und wurde zum größten Teil aus Mitteln der Europäischen Gemeinschaft finanziert. Sie bedeckt eine Fläche von zwei Fußballplätzen und liefert maximal 300 kW. Das genügt allenfalls zur Versor-

gung des lokalen Kurzentrums. Die Anlage kann weder beweisen, daß sich Solarenergie wirtschaftlich nutzen läßt, noch daß es sich dabei um eine umweltfreundliche Energieform handelt. Der Flächenbedarf

steht in einer ungünstigen Relation zur Leistungsabgabe. Um wirtschaftlich zu sein, müssen die Kosten der photovoltaischen Energiewandler noch um etwa einen Faktor 20 bis 30 sinken, womit sich even-

tuell Mitte der 1990er Jahre rechnen läßt. Nicht günstiger schneiden solarthermische Energieerzeugungsanlagen ab, wie sie in Südspanien auf der Plataforma Solar und in Sizilien arbeiten.

Solardorf in Indonesien; bundesdeutsches Pilotprojekt zur lokalen Stromversorgung in Entwicklungsländern

Auf der Zugspitze ist Solarstrom der billigste: Funkübertragungsstelle Garmisch der Deutschen Bundespost

Neudefinition der Längeneinheit Meter

1983. Eine international zusammengesetzte Kommission schlägt eine Neudefinition der Längeneinheit Meter als 299 792 458sten Teil einer Lichtsekunde vor.

1960 wurde das Meter als das 1 650 763,73fache der Wellenlänge der von den Atomen des Kryptonnuklids Kr-86 bei einer bestimmten Zustandsänderung ausgesandten Strahlung definiert. Wegen einer inzwischen erkannten kleinen Asymmetrie in der Kryptonspektrallinie besitzt diese Definition eine Ungenauigkeit von 4×10^{-7}%.

CERN: Bosonen entdeckt

1983. Am europäischen Atomforschungszentrum CERN in Genf erbringen Carlo Rubbia und Simon van der Meer den Nachweis der Existenz von W- und Z-Bosonen. 1984 erhalten die beiden Wissenschaftler aus Italien und den Niederlanden für diese Entdeckung den Nobelpreis für Physik.

Die entdeckten Bosonen sind sehr kurzlebige Elementarteilchen, deren Existenz man vermutet hatte: Sie erleichtern eine physikalisch konsistente Beschreibung subatomarer Prozesse. Z. B. stellt man sich den Beta-Zerfall (→ 1902) so vor, daß

ein in den Atomkern eindringendes Neutron sich in ein Proton verwandelt, indem es ein W-Boson abgibt. Dieses zerfällt anschließend sofort in ein Elektron und ein Antineutrino. Aus ähnlichen Vorstellungen ergab sich die Suche nach einem Z-Boson. Beide Teilchen sind recht schwer. Genau ließ sich ihre Masse aber bisher nicht ermitteln. Gemeinsam ist den Bosonen, daß ihr Spin (→ 1924) ganzzahlig ist. Die beiden Teilchen gelten als Mittler der in der Atomphysik bekannten sogenannten schwachen Wechselwirkung.

Erste Magnetbahn verkehrt in England

1983. Die erste im Liniendienst verkehrende Magnetschwebebahn (→ 1934) nimmt in Birmingham (Großbritannien) auf der 620 m langen Strecke zwischen dem Bahnhof und dem Air-Terminal ihren Betrieb auf. Sie fungiert als kleines Pendelverkehrsfahrzeug.

Am 27. Oktober 1983 macht auch in der Bundesrepublik die Magnetbahnforschung Fortschritte. Auf einer Versuchsstrecke im Emsland startet das Magnetkissen-Schwebefahrzeug »Transrapid 06« zu seiner ersten Fahrt (→ 11. 10. 1971).

Mehr Kunststoff als Eisen verbraucht

1983. Der Verbrauch an Kunststoffen überflügelt weltweit volumenmäßig erstmals den Verbrauch an Eisen. Betragen der Kunststoff- und Eisenverbrauch 1983 je rund 125 Millionen Kubikmeter, so erwartet man für das Jahr 2000 sogar Umsätze von 287 Millionen Kubikmetern Eisen und 1480 Millionen Kubikmetern Kunststoff.

Auf dem Weg zum Topwerkstoff der Welt sind noch zahlreiche Probleme zu lösen: Die Materialien werden technisch in Richtung größerer Steifigkeit, Festigkeit und Hitzebeständigkeit weiterentwickelt oder durch entsprechend neue Kunststoffe ergänzt. Verbundmöglichkeiten zwischen Kunststoff und anderen Werkstoffen sind auszuschöpfen. Neue Kunststoffverarbeitungsmaschinen werden entwickelt. Im Rahmen des Umweltschutzes müssen neue Methoden zur Kunststoffabfallbeseitigung gefunden werden. Im selben Maße, in dem diese und ähnliche Aufgaben gelöst werden, eröffnen sich den Kunststoffen neue Perspektiven: Sie werden noch weit mehr als bisher kon-

Korrosionsbeständige Kühlturmrohre mit etwa 7 m Durchmesser aus glasfaserverstärktem Palatal A 430, einem Vinylesterharz, hergestellt von BASF

ventionelle Werkstoffe ersetzen. Besonders in der Verpackungsindustrie werden sie Papier und Glas noch weiter zurückdrängen. In der Weltraumfahrt, im Flugzeugbau und in der Reaktortechnik werden Kunststoffe ebenso wie in der Medizin – etwa bei der Herstellung künstlicher Organe und Glieder – zunehmend an Bedeutung als

Werkstoffe nach Maß gewinnen. Gebrauch von Kunststoffen könnte auch die Landwirtschaft machen, etwa als bodenverbessernde Hartschäume, die an Ort und Stelle ausgebracht werden und bereits eingearbeitete Nährsalze und Saatgut besitzen können. Mittelfristig hat auch das Kunststoffauto (→ 1967) Chancen für die Serienfertigung.

Chemische Strukturformeln der gebräuchlichsten Kunststoffe

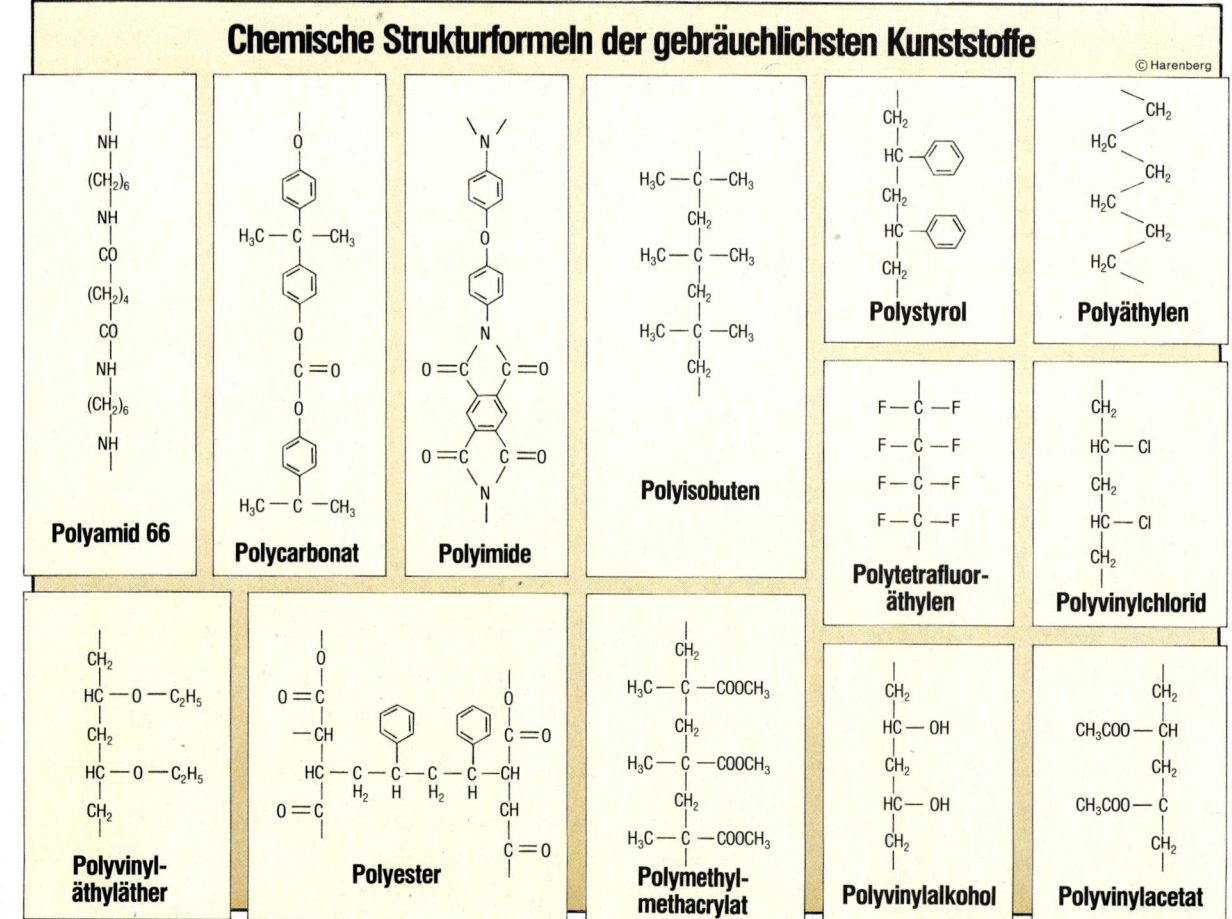

Polyamid 66

Polycarbonat

Polyimide

Polyisobuten

Polystyrol

Polyäthylen

Polytetrafluoräthylen

Polyvinylchlorid

Polyvinyläthyläther

Polyester

Polymethylmethacrylat

Polyvinylalkohol

Polyvinylacetat

Auf dem Weg zum Auto der Zukunft

1983. Der amerikanische Automobilhersteller Buick baut den »Questor«, einen sogenannten »Dreamcar«, der die möglichen Eigenschaften des Personenautos der Zukunft zusammengefaßt demonstriert.

Derartige »Traumautos« sind Mittel der Autoindustrie, Wege zu konstruktiven Verbesserungen im Automobilbau zu finden. Wie ein realistisches Auto für die Praxis mit modernen ingenieurwissenschaftlichen Methoden entwickelt wird, zeigt anhand einzelner Phasen die nebenstehende Bildserie des deutschen Herstellers BMW.

Was die Zukunft bringen könnte, faßt »Questor« zusammen: Als Wagenschlüssel dient ein winziges Lasergerät. Trifft sein Strahl aus einiger Entfernung den Empfänger am Wagen, dann hebt sich die Karosserie um 15 cm, um das Einsteigen zu erleichtern. Die Türverriegelungen lösen sich, und die Fahrertür springt auf. Ein persönliches Signal des Schlüsselbesitzers löst eine individuelle Einstellung des Fahrersitzes durch Servomotoren aus. Nach dem Einsteigen senkt sich die Karosserie wieder. Mit dem Laserschlüssel startet der Fahrer den Wagen. Bevor der Motor anläuft, führt einer von 14 Mikroprozessoren einen »preflight check« durch: Er überprüft Kühlwasser, Batteriespannung, Ölstand, Scheibenwaschwasser, Bremsbeläge usw. Ein Monitor im Cockpit des »Questor« zeigt die ermittelten Werte an. Läuft der Motor, dann übernimmt das Display andere Funktionen. Es zeigt z. B. an, was sich hinter dem Wagen abspielt. Eine elektronische Kamera ersetzt dabei den traditionellen Rückspiegel. Zugleich wird ein »Navigationcenter« aktiv, das alle Betriebsdaten sowie Landkarten und Streckenempfehlungen anzeigt. Sensoren messen die Straßenverhältnisse (Trockenheit, Nässe, Eis, Oberflächenqualität), die ebenfalls auf dem Monitor angezeigt werden. Geschwindigkeitsabhängig hebt sich das Heck, um die aerodynamische Form des Autos zu verbessern.

Der erste Schritt zum neuen Pkw-Modell: Styling-Studien (BMW 7er-Reihe)

Front des Fahrzeugs, in verschiedenen Ansichten in Originalgröße konstruiert

Nach den Konstruktionszeichnungen der Karosserie entsteht in der Modellwerkstatt ein Gipsmodell des zu entwickelnden Fahrzeugs

Entwicklung der Sitze: Ergonomischer Test der verschiedenen Sitzpositionen

Einer von zahlreichen Schritten bei der Entwicklung der Antriebsmaschine für das neue Modell: Kontrolle der Zylinderbohrungen

Alle Einzelteile des Prototyps sind von Hand gefertigt; hier werden sie montiert

Im schalltot ausgekleideten Akustiklabor wird das neue Modell hinsichtlich seiner Geräuschentwicklung getestet

Eine fahrbare Barriere testet den Insassenschutz und das Deformationsverhalten

Wasserempfindlichkeitstest auf der werkseigenen Meßstrecke bei München

Weltgrößte Fusionsforschungsanlage geht in Betrieb

1983. In Culham bei London geht die bisher größte Fusionsforschungsanlage der Welt in Betrieb, der Joint European Torus (JET). Öffentlich eingeweiht wird sie am 9. April 1984.

JET ist vom Prinzip her ein Tokamak (→ 1969) und gehört damit zu dem weltweit am weitesten fortgeschrittenen Fusionsexperimenttyp. Es ist aber nicht sicher, ob er auch die geeignete Basis für einen Fusionsreaktor darstellt. Um Fehlentwicklungen zu vermeiden, müssen daher auch andere Fusionskonzepte weiter verfolgt werden. Von diesen ist der Stellarator (→ 1951) am aussichtsreichsten und am weitesten entwickelt. Das europäische Programm sieht vor, daß seine Möglichkeiten vom deutschen Max-Planck-Institut für Plasmaphysik untersucht werden.

JET ist ein Gemeinschaftsexperiment der in EURATOM, der paneuropäischen Atomenergie-Institution, zusammengeschlossenen Nationen. Die Organisation plant, dem Großexperiment JET das noch größere Vorhaben NET (Next European Torus) folgen zu lassen, das bereits die Vorstufe eines Demonstrationsfusionsreaktors sein könnte.

Wie in jeder magnetischen Flasche (→ 1951) vom Typ Tokamak wird auch im JET das Plasma durch ein toroidales Magnetfeld eingeschlossen, das durch äußere Magnetfeldspulen erzeugt wird und dem sich das Feld eines im Plasma selbst fließenden Stromes überlagert. Der Plasmaring des Experiments hat einen Umfang von 20 m, eine Höhe von mehr als 4 m und einen Durchmesser von 2,5 m.

Der Plasmastrom wird zunächst mit Gleichspannungsentladungen aufgeheizt, was von Anfang an zu hervorragenden Ergebnissen führt. Pulsierender Gleichstrombetrieb kann aber nicht der Sinn eines kontinuierlich arbeitenden Fusionsreaktors sein. Man entwickelt deshalb stufenweise Zusatzheizungen mit physikalischen Kunstgriffen wie der sogenannten Neutralinjektion oder Ionen-Zyklotronwellen, um Plasmazustände (→ 1957) zu erreichen, die für ein Brenngemisch aus den Schwerwasserstoffen Deuterium und Tritium wenigstens einige Megawatt an nutzbarer Heizleistung aus den Fusions-Alphateilchen erwarten lassen.

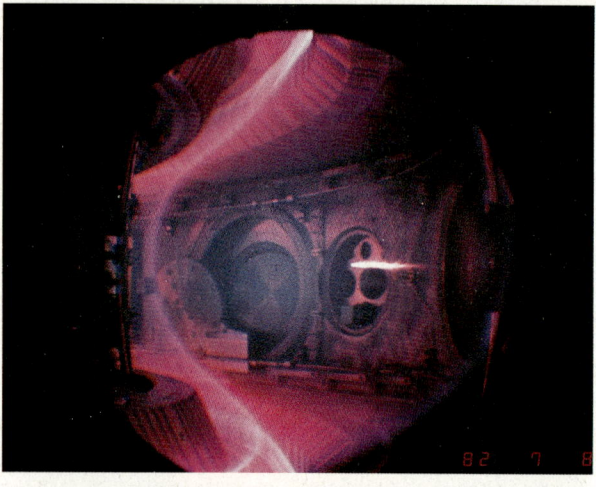

△ *Magnetisches System von JET; die Magnetspulen umgeben gewaltige Eisenkerne, in deren Spalten sich der Torus mit dem Plasma befindet*

◁ *Schwach leuchtendes Plasma, eingeschlossen in der magnetischen Flasche*

Der Torus mit den ihn umgebenden Magnetspulen der Kernfusionsversuchsanlage des Max-Planck-Instituts für Plasmaphysik in Garching bei München; im Gegensatz zur Tokamak-Anlage JET in Culham wird in Garching das Stellarator-Konzept untersucht

Fusionsforschung in Westeuropa

1983 arbeiten außer am JET-Projekt, für das 200 Wissenschaftler tätig sind, in Westeuropa rund 1100 Experten an Programmen im Zusammenhang mit der Kernfusion. Die Zentren ihrer Tätigkeit (Anzahl der Wissenschaftler in Klammern) sind:

▷ FOM, Amsterdam und Nieuwegein, Niederlande (80)
▷ Culham Laboratory, Großbritannien (180)
▷ Etat Belge, Brüssel, Belgien (45)
▷ CEA in drei Labors in Frankreich (170)
▷ CNR, Mailand und Padua, Italien (50)
▷ ENEA, Frascati, Italien (80)
▷ NSB in drei Labors in Schweden (30)
▷ Risø, Roskilde, Dänemark (15)
▷ KFA, Jülich, BRD (85)
▷ IPP, Garching, BRD (215)
▷ ISPRA, Varese, Italien (30)
▷ CRPP, Lausanne, Schweiz (30)
▷ KfK, Karlsruhe, BRD (70).

Das Zeitalter der Roboter beginnt

1983. Das Volkswagenwerk in Wolfsburg nimmt die neu eingerichtete Endmontagehalle 54 in Betrieb, in der vorwiegend Industrieroboter (→ 1977) tätig sind. Die Halle erlangt in Fachkreisen rasch Weltruhm. VW ist der größte Industrieroboterhersteller Deutschlands und verwendet seine Produkte weitgehend in der eigenen Fertigung.

Was ein Industrieroboter ist, definierte der Verein deutscher Ingenieure (VDI) im Dezember 1981: »Industrieroboter sind universell einsetzbare Bewegungsautomaten mit mehreren Achsen, deren Bewegungen hinsichtlich Bewegungsfolge und -wegen bzw. -winkeln frei programmierbar (d. h. ohne mechanischen Eingriff veränderbar) und ggf. sensorgeführt sind. Sie sind mit Greifern, Werkzeugen oder anderen Fertigungsmitteln ausrüstbar und können Handhabungs- und/oder Fertigungsaufgaben ausführen.« Außerhalb dieser Definition liegen also beispielsweise Einlegegeräte, die vorgegebene Bewegungsabläufe nach einem festen Programm durchführen oder Telemanipulatoren.

Hauptherstellerländer für Industrieroboter sind Japan, die USA, die Bundesrepublik und Schweden. 1983 sind in Japan 14 250 oder 62,7% aller Industrieroboter der Welt installiert. Es folgen die USA mit 4100 Stück bzw. 18,1%, die Bundesrepublik mit 1420 (6,2%), Schweden mit 940 (4,1%), Frankreich mit 600 (2,6%), Großbritannien mit 371 (1,6%), Italien mit 353 (1,5%) und Kanada mit 250 (1,1%).

Die Industrieroboter haben sich nicht so schnell durchgesetzt, wie ursprünglich erwartet wurde. Ihr Einsatz konzentriert sich noch auf wenige Gebiete. Dabei wird zwischen Werkzeug- und Werkstückhandhabung unterschieden. Am weitaus häufigsten übernehmen Industrieroboter in der Fertigung derzeit Schweißarbeiten. Als weiteres Anwendungsgebiet folgt das »Beschichten« (Spritzlackieren). Anwendungen in rund 100 anderen Fertigungsaufgaben sind dagegen untergeordnet. Häufigste Anwendung in der Werkstückhandhabung ist das Be- und Entladen von Maschinen. Branchenmäßig liegen die Auto-, Elektro- und Maschinenbauindustrie vorn.

In der Endmontagehalle 54 des Volkswagenwerks montiert ein Industrieroboter das Abschlußblech eines VW-Golf

Selbst Vorgänge wie das Einlegen des Reserverades in den Kofferraum des Fahrzeugs erfolgen vollautomatisch

Der deutsche Physiker Nikolaus Laing proklamiert das Solarmarin-Konzept, das wohl einzige wirtschaftlich sinnvolle Konzept eines solaren Großkraftwerks. Es geht davon aus, daß bei Festland-Solarkraftwerken die Relation zwischen Energieausbeute und Flächenverbauung ökologisch und wirtschaftlich nicht vertretbar ist und sieht deshalb viele Quadratkilometer große schwimmende Offshore-Solarinseln vor, die sich kostengünstig aus Kunststoffen fertigen lassen. Sie sind mit Solarkollektoren – ebenfalls aus Kunststoff – belegt. Das gewonnene Warmwasser wird im Zentrum der künstlichen Inseln in einer das Sonnenlicht fokussierenden Zone (flache Fresnel-Linsen) überhitzt und in Kraftwerksdampf umgewandelt. Als Kühlwasser für das Kraftwerk dient Tiefenwasser, als Wärmespeicher Meerwasser in einer von der Insel abgehängten Folienglocke.

Das ABS-Bremssystem kommt auf den Markt. →

Die Glaswerke Schott fertigen das weltgrößte optische Glasfilter (400 kg).

Allein die Deutsche Bundesbahn verfügt über rund 45 000 heizbare Weichen (Elektrizität, Propangas, Warmwasser, Dampf).

Bei der Gesellschaft für Schwerionenforschung GSI in Darmstadt läuft ein Experiment zur spontanen Erzeugung von Positronen (Antimaterie) durch Schwerionenstoß. →

Bei der GSI in Darmstadt wird das Element 108 entdeckt. →

Am Deutschen Elektronen-Synchroton DESY in Hamburg beginnt der Bau des Speicherringsystems »HERA« (Hadron-Elektron-Ring-Anlage), in dem 1989 Elektronen und Protonen mit der höchsten je erreichten Energie frontal aufeinanderstoßen sollen (→ 1964; 1978).

Mitte des Jahres finden sich bei CERN in Genf Anzeichen für das sechste Quark. →

22. 1. Der französische Hochgeschwindigkeitszug TGV (→ 1981) nimmt seinen Liniendienst zwischen Paris und Lausanne auf.

27. 12. Zum ersten Mal wird mit Hilfe eines Satelliten ein sichtbarer künstlicher Komet (über Peru) erzeugt. →

GESTORBEN:

14. 10. Cambridge: Sir Martin Ryle (* 27. 9. 1918, Brighton), britischer Astrophysiker.

20. 10. Tallahassee/Florida: Paul Adrien Maurice Dirac (* 8. 8. 1902, Bristol), britischer Physiker.

Elemente am Ende des Periodensystems

März 1984. Wissenschaftlern der Gesellschaft für Schwerionenforschung (GSI) in Darmstadt gelingt die Erzeugung von Atomen des chemischen Elements mit der Ordnungszahl 108 und der Massenzahl 265 (→ 1961). Das Element schließt eine Lücke zwischen den bereits zuvor im selben Institut erzeugten superschweren Elementen 107 mit der Massenzahl 262 (im Februar 1981) und 109 mit der Massenzahl 266 (im August 1982).

Die Erzeugung dieser instabilen, in der Natur nicht vorkommenden Transuranelemente gelingt durch die Vereinigung schwerer Atomkerne. Dazu werden in dem gesellschaftseigenen Schwerionenbeschleuniger UNILAC größere Atomkerne ebenso beschleunigt wie etwa Elektronen, Protonen usw. in den klassischen Elementarteilchenbeschleunigern (→ 1928). Natürlich sind die erforderlichen Energien wegen der weitaus größeren Teilchenmassen hier viel größer. Allerdings dürfen die Atomkerne nicht zu schnell aufeinandergeschossen werden, da sie sich sonst nicht zu großen Kernen vereinigen, sondern zerstört würden. Das Element 108 erzeugt die GSI-Anlage z. B. durch Vereinigung von Bleiatomen (Ordnungszahl 82) mit Eisenatomen (Ordnungszahl 26).

Großexperimentieranlage im Institut der Gesellschaft für Schwerionenforschung (GSI) in Darmstadt; hier wurde erstmals die spontane Entstehung von Materie aus dem Nichts (es entstanden Elektronen-Positronen-Paare) beobachtet

Erfolge der Darmstädter Gesellschaft für Schwerionenforschung

Mit dem Schwerionenbeschleuniger UNILAC gelang nicht nur die Erzeugung der superschweren Elemente 107, 109 und 108. Auch zahlreiche andere wissenschaftliche Ergebnisse sind von großer physikalischer Bedeutung. Erzeugung und Untersuchung neuer Atomkerne: Bis 1984 wurden mit UNILAC über 100 neue Isotope entdeckt, darunter zwei Isotope, die eine neue Art radioaktiver Umwandlung zeigen, die Protonenradioaktivität (→ 1981). Reaktionen zwischen Atomkernen: Aufklärung der zu Beginn ablaufenden Vorgänge bei Kernzusammenstößen; Entdeckung der sogenannten schnellen Spaltung; Entdeckung der sogenannten »Coulomb-Spaltung«. Erzeugung und Untersuchung neuer Atomhüllen: Bisher wurden über 17 Quasiatome mit Ordnungszahlen bis zum Doppelten natürlicher Atomhüllen erstmals untersucht. Dabei wurde erstmals die Entstehung von Materie aus dem Nichts – es bildeten sich Elektronen-Positronen-Paare – beobachtet. Reaktionen zwischen Atomhüllen: Entdeckung von praktisch ruhenden, völlig isolierten Atomkernen.

Zukunftsprojekte der Schwerionenforschung

Mit zunehmenden Ordnungszahlen werden die Atomkerne immer größer und damit immer instabiler, d. h. kurzlebiger. Das haben Rechnungen vorhergesagt, in denen man bisher bekannte Fakten der Zerfallsmechanismen und des Atomschalenmodells extrapoliert hatte, und das beweisen auch die praktischen Erfahrungen mit den neuen superschweren Elementen der Gesellschaft für Schwerionenforschung (GSI). Andererseits erwarten die Wissenschaftler im Bereich um die Ordnungszahl 114 eine Insel mit Elementen relativer Stabilität, die »Insel der Hoffnungen« im »Meer der Instabilitäten«. Mit 114 wäre die Protonenschale abgeschlossen, mit 184 wäre auch die Neutronenschale abgeschlossen. Kerne mit ungefähr diesen Protonen- und Neutronenzahlen sollten besonders hohe Überlebenschancen gegen Spaltung besitzen. Trotz weltweiter intensiver Suche in der Natur und Versuchen in Laboratorien ließen sie sich bisher aber nirgends nachweisen. Zwar fehlen vom Element 109 aus nur fünf Protonen, jedoch 27 Neutronen, um ins Zentrum der Insel überschwerer Elemente vorzustoßen. Doch ist mit keiner zur Zeit zugänglichen Kombination von Atomkernen durch Verschmelzung dieses Ziel erreichbar. Alle bekannten Kerne haben zuwenig Neutronen.

Besonders große Hoffnungen setzt man auf ein Experiment, das die GSI und die Berkeley-Universität in Kalifornien gemeinsam durchführen: Die Reaktion von Calcium-48 mit Curium-248. Das Ergebnis wäre ein Kern mit 116 Protonen und 180 Neutronen. Bisher waren die Versuche erfolglos. Jetzt will man es mit Calcium-48 und Einsteinium-254 versuchen. Die damit zu erzielenden Kerne hätten 183 Neutronen, was in unmittelbarer Nähe des Schalenabschlusses von 184 liegt, doch die Protonenzahl läge mit 119 schon weit jenseits der gewünschten 114. Nicht nur in Berkeley und Darmstadt sucht man nach der »Insel der Hoffnungen«. Entsprechende Großforschungsvorhaben laufen auch an Schwerionenbeschleunigern in Orsay und Lyon (Frankreich) und in Dubna (UdSSR). Die Suche nach den superschweren Elementen ist atomphysikalische Grundlagenforschung.

Sechstes Quark entdeckt?

1984. Mitte des Jahres finden Wissenschaftler am internationalen europäischen Kernforschungszentrum CERN Anzeichen für das seit langem gesuchte sechste Quark (→ 1964).

Die Existenz dieses »top«-Quarks hatten die Wissenschaftler in Genf aus Analogiegründen zu sechs Elektronen- und Neutrino-Arten angenommen.

Die Masse des jetzt möglicherweise gefundenen sechsten Quarks, dessen Existenz sich nur aus charakteristischen Zerfallsspuren herauslesen läßt, kann vorläufig zu etwa 30 bis 50 Protonenmassen bestimmt

werden. Das läßt hoffen, daß die im Bau befindlichen großen Beschleunigeranlagen (→ 1928) HERA bei DESY (→ 1964) in Hamburg und LEP bei CERN (→ 1959) in der Lage sein werden, top-Quarks aus dem Zusammenstoß von Protonen und Elektronen bzw. Elektronen und Positronen zu erzeugen. Dann wird man ihre Eigenschaften statistisch erforschen können.

Zusammen mit dem top-Quark sind jetzt folgende Quarks und ihre zugehörigen Antiteilchen bekannt: u (Up), d (Down), s (Strange), c (Charm), b (Beauty or Bottom), t (Truth) oder top).

Künstlicher Komet über dem Pazifik

27. Dezember 1984. Im Rahmen des internationalen AMPTE-Weltraumprojekts wird in rund 110 000 km Höhe über dem Pazifik vor der Küste Perus ein erster künstlicher Komet gezündet. Dabei werden 1,25 kg Bariumdampf freigesetzt. Die Metalldampfwolke leuchtet anfangs grün und, als das Sonnenlicht ihre Atome ionisiert, violett.

Ziel der Mission ist, durch Wechselwirkung mit den Bariumionen das ständig von der Sonne ausgehende Plasma zu untersuchen.

Der künstlich erzeugte Komet

Bremsen ohne Blockieren

1984. Unter der Bezeichnung ABS (Antiblockiersystem) kommt eine elektronisch geregelte und hydraulisch gesteuerte neuartige Kraftfahrzeug-Bremsanlage auf den Markt, deren Sinn es ist, jegliches Blockieren der Räder beim Betätigen des Bremspedals – auch bei einer Vollbremsung auf Glatteis – zu verhindern, um die Seitenführung und damit die Manövrierfähigkeit des Autos zu erhalten. Gleichzeitig soll die von der rollenden Reibung zwischen Rad und Straße abhängige größtmögliche Bremsverzögerung erreicht werden.

Das ABS arbeitet mit Sensoren für die Rotationsgeschwindigkeit der Räder und einem elektronischen Regelgerät, das die Raddrehzahl mit einem festen Grenzwert vergleicht. Der Regler steuert Magnetventile an, die den Bremsdruck kurz vor dem Blockieren eines Rades verringern und nach Wiederbeschleunigung automatisch wieder erhöhen.

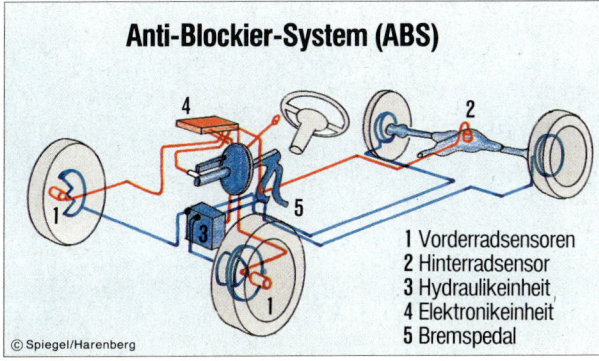

Anti-Blockier-System (ABS)

1 Vorderradsensoren
2 Hinterradsensor
3 Hydraulikeinheit
4 Elektronikeinheit
5 Bremspedal

© Spiegel/Harenberg

Um 1985. Schiffe, Flugzeuge, Raketen usw. navigieren mit Hilfe von Navigationssatelliten (u. a. mit dem in der Bundesrepublik hergestellten Satelliten-Navigator MX 1142). →

1985. Weltweit werden etwa 2,5 Millionen Taschencomputer verkauft.

Der Weltmarkt auf dem Gebiet der modernen elektronischen Bürokommunikation hat einen Umfang von etwa 25 Milliarden US-Dollar. →

In Peking geht ein 50-GeV-Protonensynchrotron in Bau, in Batavia (USA) ein solches von 100 GeV (»Tevatron«). →

In Genf wird der 2 × 50-GeV-Elektron-Positron-Speicherring »LEP« in Bau genommen und die Errichtung eines 2 × 400-GeV-Proton-Proton-Speicherrings (Super ISR CERN) geplant. →

In Brookhaven (USA) geht der 2 × 400-GeV-Proton-Proton-Speicherring »Isabelle« in Bau. →

Mit einem Aufwand von 25 Millionen DM stellt die Daimler-Benz AG in Berlin-Marienfelde einen Großsimulator für die Autoentwicklung fertig. →

Die ersten Pkw-Modelle mit Bordcomputer werden ausgeliefert. →

In der Bundesrepublik werden lebhafte Diskussionen über das Katalysator-Auto geführt. →

Am Forschungsreaktor in Garching bei München werden oberflächennahe Tumore erstmals mit Neutronenstrahlung behandelt.

Bundesforschungsminister Heinz Riesenhuber präsentiert der Öffentlichkeit das Modell der europäischen Raumstation »Columbus«, die 1993/94 in den Weltraum verbracht werden soll.

Februar. In Australien werden erstmals Zwillinge geboren, die aus tiefgefrorenen Embryonen stammen.

März. In einer Straßburger Klinik wird erstmals ein von der Astronomiestudentin Martine Kempf entwickeltes sprachgesteuertes Mikroskop bei einer mikrochirurgischen Operation erfolgreich eingesetzt.

Mai. Anläßlich des 150jährigen Jubiläums der deutschen Eisenbahn geht der »Intercity-Experimental« mit einer Höchstgeschwindigkeit von 350 km/h auf Probefahrt.

25.–29. 6. Die Schweizer Vereinigung für Sonnenenergie (SSES) veranstaltet die erste Rallye für Solarmobile.

30. 10. Die Amerikaner starten die Raumfähre »Challenger«. Sie befördert das Raumlabor »Spacelab« in den Orbit. →

Navigation nach Satellitenfunk

Um 1985. Mitte der 80er Jahre navigieren Schiffe, Flugzeuge, Raketen usw. mit Hilfe geostationärer Navigationssatelliten und eigens entwickelter Satelliten-Navigationsinstrumente, z. B. dem in der Bundesrepublik hergestellten Navigator MX 1142.

Gegenüber den herkömmlichen Navigationsmethoden ist die erreichbare Genauigkeit wesentlich höher. Außerdem können die Bordfunker von Flugzeugen und Schiffen über satellitenvermittelten Sprechfunk in ständigem Kontakt mit den Bodenstationen bleiben.

Die präzisere Positionsermittlung hat in der Luftfahrt einen direkten Einfluß auf den Sicherheitsabstand. Durch sie ist eine dichtere Höhen- und Seitenstaffelung der Maschinen auf stark frequentierten Routen, besonders über dem Nordatlantik, möglich. Verbunden damit sind nicht nur kürzere Warte- und Flugzeiten, sondern auch erhebliche Treibstoffersparnis. Diese resultiert zum einen aus kürzeren Warteflügen, vor allem aber aus der Wahl für den Treibstoffverbrauch günstigerer Flughöhen.

Neben zivilen Satelliten-Navigationsnetzen haben die USA und die UdSSR rein militärische Netze dieser Art aufgebaut.

Leistungsfähigere Speicherringe

1985. Im Zuge immer komplexerer Forschungsziele im Zusammenhang mit subatomaren Prozessen und dem Bemühen folgend, immer neue Elementarteilchen zu entdekken (über 200 sind bereits bekannt), entstehen ständig neue, größere und leistungsstärkere Beschleunigeranlagen (→ 1928).

1985 sind international u. a. folgende Riesenanlagen im Bau:

▷ 50-GeV-Protonensynchrotron in Peking

▷ 100-GeV-Protonensynchrotron (»Tevatron«) in Batavia (USA)

▷ 2 × 50-GeV-Elektron-Positron-Speicherring (»LEP«) in Genf

▷ 2 × 400-GeV-Proton-Proton-Speicherring (»Isabelle«) in Brookhaven (USA)

▷ 50 – 800-GeV-Hadron-(Proton)-Elektron-Speicherring (»HERA«) in Hamburg (→ 1978).

Weltraumlabor im Orbit

30. Oktober 1985. Mit Hilfe der wiederverwendbaren Raumfähre »Challenger« bringt die US-Raumfahrtbehörde NASA das europäische Weltraumlabor »Spacelab« in den Erdumlauf. Die Mission, auf der in erster Linie deutsche Forschungsprojekte durchgeführt werden, läuft unter der Bezeichnung »D1«.

Die erste »Spacelab«-Mission generell fand nach fast dreijähriger Startverzögerung im November 1983 mit der Raumfähre »Columbia« (→ 1981) statt. Damals wurden in elf Tagen 72 Experimente auf den Gebieten der Werkstoffkunde, Verfahrenstechnik, Biowissenschaften, Geophysik, Solar- und Astrophysik und Plasmaforschung ausgeführt. An den Arbeiten waren Wissenschaftler aus 14 europäischen Ländern, den Vereinigten Staaten, Kanada und Japan beteiligt. An Bord des Weltraumlabors befand sich u. a. der bundesdeutsche Wissenschaftsastronaut Ulf Merbold.

Die Mission D1 begleiten zwei deutsche Wissenschaftler, Ernst Willi Messerschmid und Reinhard Furrer, sowie der Niederländer Wubbo Ockels. Bei den D1-Experimenten geht es u. a. um Grundlagenforschung in Bereichen wie physikalische Grenzflächen- und Transportphänomene, physikalische Chemie, Medizin, Biologie und Verfahrenstechnik und Erforschung neuer Verbundwerkstoffe. Darüber hinaus zeigt die Mission zukünftigen »Spacelab«-Nutzern die Vorteile industriell orientierter Forschung im Orbit auf, denn die Missionsergebnisse liefern wissenschaftlichen und privaten Nutzern verbesserte Entscheidungsgrundlagen (Kosten-Nutzen-Analysen).

Daten zu »Spacelab«:

SPACELAB:

Modul-Länge	
– Kurz-Modul	4,27 m
– Doppel-Modul (DM)	6,96 m
Modul-Durchmesser	4,06 m
Paletten-Länge (P)	2,88 m
Konfigurationen	
– max. Länge	16,23 m
– max. Masse (DM + 2P)	7875 kg
– Missionsdauer	30 Tage
– Lebensdauer	10 Jahre
– Einsatzfähigkeit	50 Flüge
– Mannschaft	2 – 4 Pers.

SPACE SHUTTLE (ORBITER):

Länge	37,4 m
Höhe	14,5 m
Laderaum:	
– Länge	28,3 m
– Durchmesser	4,6 m
Besatzung	3 Pers.
Einsatzfähigkeit	100 Flüge
Umlaufbahnhöhe	200 – 500 km
Leergewicht	75,6 t
Startgewicht (max.)	109,9 t
Nutzlast	
– Start (max.)	29,3 t
– Landung (max.)	14,5 t

FESTSTOFFRAKETEN:

Länge	45,7 m
Durchmesser	8,4 m
Leergewicht	38,3 t
Startgewicht	739,7 t

US-Raumfähre »Challenger« beim Start zur Weltraum-Mission D1

Wissenschaftsastronaut Ulf Merbold bei physiologischen Experimenten mit Sonnenblumen (1983)

Der Blick aus dem Cockpit der »Columbia« zeigt das Spacelab auf der offenen Raumfähre (1983)

V. r.: Ernst Messerschmid und Reinhard Furrer an Bord des Weltraumlabors »Spacelab« (1985)

Atomraketen-Abwehrsystem im Weltall

1985. Die Vereinigten Staaten geben in diesem Jahr 1,4 Milliarden Dollar (1986: 2,5 Mrd. Dollar) für die Entwicklung eines teilweise im erdnahen Weltall stationierten Atomraketenabwehrsystems aus. Es handelt sich dabei um das sogenannte SDI-Projekt (Strategic Defense Initiative). Steigende Budgetbeiträge werden von der US-Regierung in Washington für die kommenden Jahre beantragt.

SDI soll einen weitreichenden Schutz der Vereinigten Staaten vor einem Atomraketenangriff gewährleisten. Dazu sieht es zahlreiche geostationäre Aufklärungssatelliten mit supersensiblen Sensoren (→ 1961) vor, die feindliche Raketen aus vielen tausend Kilometern Entfernung bereits während der Brennphase ihrer Triebwerke (Aufstiegsphase) erkennen, orten und ihre Bahn verfolgen. Dies ist nur innerhalb weniger Minuten möglich. In der folgenden, etwa halbstündigen Flugphase ist eine Ortung undurchführbar. Allenfalls in der Endanflugphase von rund drei Minuten

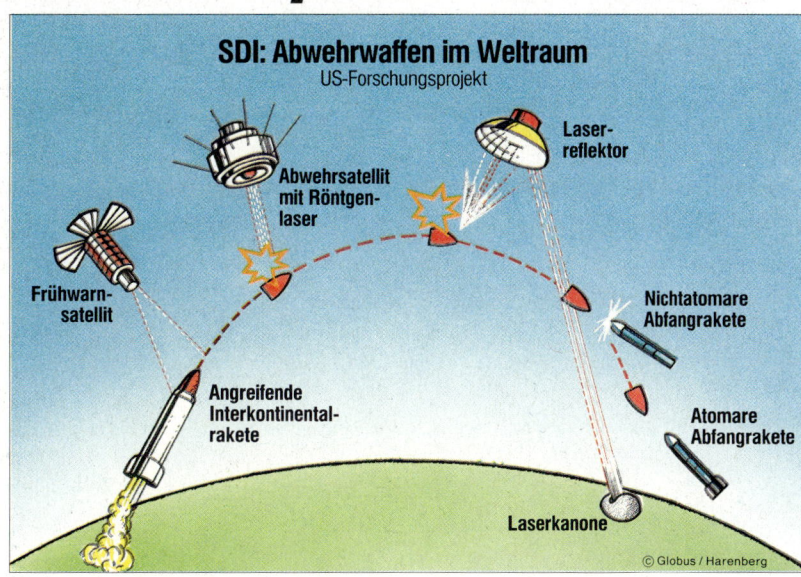

SDI: Abwehrwaffen im Weltraum
US-Forschungsprojekt

Laserreflektor
Abwehrsatellit mit Röntgenlaser
Frühwarnsatellit
Nichtatomare Abfangrakete
Angreifende Interkontinentalrakete
Atomare Abfangrakete
Laserkanone

© Globus / Harenberg

Dauer lassen sich die Fernraketen – nach ihrem Eintritt in die Atmosphäre – wieder orten.

Der Erkennung muß die eigentliche Abwehr folgen. Dazu sind Hochleistungslaserwaffen vorgesehen, die permanent einsatzbereit sind und ihre Energie aus Kernexplosionen

beziehen sollen. Diese Waffen sollen in Form von Kampfsatelliten ebenfalls im Orbit stationiert werden. Entwickelt sind sie noch nicht. Extreme Probleme stellen sich bei der weltumspannenden Computerüberwachungssteuerung des gesamten SDI-Systems.

Massive Kritik am sog. »SDI«-Projekt

Zahlreiche Physiker und Politiker in der westlichen Welt kritisieren das SDI-Vorhaben. Viele Wissenschaftler vertreten die Auffassung, daß die Arbeiten an dem Vorhaben der Verschwendung von Milliardenbeträgen gleichkämen, weil sich das Projekt technisch nicht realisieren ließe. Besonders Computerexperten halten die Anforderungen für technisch nicht zu bewältigen.

Die politischen Einwände gegen SDI basieren größtenteils darauf, daß das Projekt eine neue Phase des Wettrüstens einleiten würde, da es sich nicht nur als Verteidigungssondern auch als Erstschlagsystem einsetzen ließe. Selbst wenn sie Unrecht hätten, ließe sich ein nuklearer Erstschlag der USA mit nicht im Weltraum stationierten Waffen im Schutz des SDI-Schirms risikoloser durchführen.

Aufwendigster Fahrzeugsimulator der Welt in Betrieb

1985. Nach siebenjähriger Bauzeit geht im Daimler-Benz-Werk in Berlin-Marienfelde der modernste Fahrzeugsimulator der Welt in Betrieb. Die Investitionssumme liegt bei 25 Millionen DM.

Ähnlich wie bei einem Flugsimulator oder dem Hamburger Schiffssimulator (→ 1982) werden die beim realen Fahrzeug auftretenden Längs- und Querbeschleunigungen und Neigungswinkel auf die Attrappe übertragen. Zu diesem Zweck wird die 3,7 t schwere, im Durchmesser 7,4 m große Fahrerkuppel von sechs kräftigen Hydraulikbeinen im Schweben gehalten. Diese können die Kuppel in sechs Freiheitsgraden bewegen – z. B. um fast 2,5 m hochstemmen, kippen und drehen.

Der Fahrer blickt auf ein nahtloses, 180 Winkelgrad breites Fahrbild von Straße und umliegender Landschaft, das von einem Bildrechner erzeugt und von 80 Projektionsröhren auf einen Bildschirm geworfen wird. Wie der Simulator mit seinen Bewegungen den Befehlen des Fahrers folgen muß, errechnet der Fahrdynamik-Computer 100mal je

Sekunde nach einem System von 2000 mathematischen Gleichungen. Der Bildrechner baut 50mal pro Sekunde das Bild, wie es sich aus der Fahrgeschwindigkeit, der Straßenführung und den Lenkbewegungen ergibt, neu auf. Dabei greift er auf eine in seinem Speicher registrierte

Landschaft von 515 × 515 km Fläche mit Stadt- und Überlandfahrten zurück. Das Bild ist zwar synthetisch erzeugt, aber naturgetreu genug, um die Illusion von wirklichem Fahren zu vermitteln. Ergänzt wird die Kulisse durch ein Programm, das andere Verkehrsteilnehmer in

allen nur denkbaren Situationen simuliert. Auch unterschiedliche Wetter- und Straßenverhältnisse liefert ein Rechner. Und die Fahrgeräusche werden ebenfalls simuliert. Die aufwendige Anlage in Berlin dient sehr vielseitigen Verkehrssicherheitsstudien.

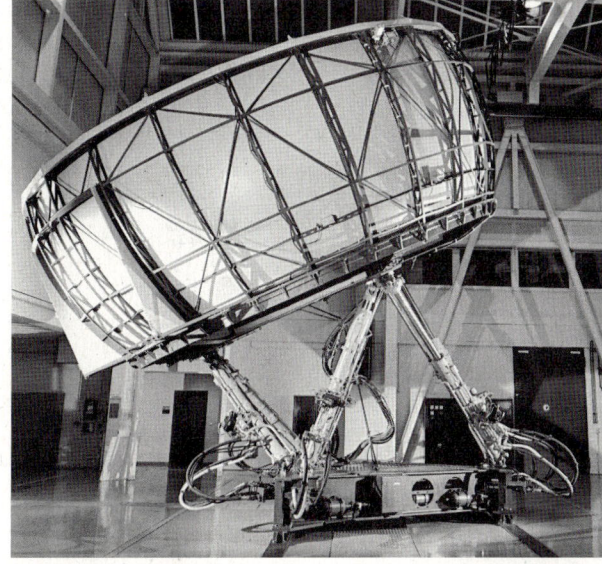

Der Fahrzeugsimulator der Daimler-Benz-Werke in Berlin, ein Großforschungsgerät für die Verkehrssicherheit

Simulationsgerät für das Rollverhalten (Walkkräfte, Abrieb usw.) von Autoreifen (Max-Planck-Gesellschaft)

Elektronik im Büroalltag

Um 1985. Mitte der 80er Jahre hat sich ein Großteil der Büros auf das Arbeiten mit elektronischen Geräten umgestellt.

Geräte im modernen Büro:

▷ Speicherschreibmaschine bzw. -automat oder Bürocomputer
▷ ggf. Terminal (→ 1971) eines zentralen Hauscomputers
▷ Matrixdrucker als schnelles Computer-Ausgabegerät
▷ Typenraddrucker als Schönschreibdrucker
▷ ggf. Laserdrucker (→ 1975)
▷ Diskettenarchiv (→ 1983)
▷ ggf. Festspeicher als externer Computerspeicher
▷ ggf. Teletexgerät als Bürofernschreiber (→ 1982)
▷ MODEM (→ 1961) für die Telefon-Datenkommunikation
▷ Telefon mit Nummernspeicher und Wählautomat.

Die erforderliche Zusatzausbildung der Arbeitskräfte beschränkt sich – sofern nicht im Einzelfall Programmierfähigkeiten erwartet werden – meist auf eine kurze Einarbeitungsphase von wenigen Tagen oder Wochen. Die Arbeitsplätze ändern sich kaum. Auf dem Schreibtisch steht statt der Schreibmaschine ein Schreibautomat mit oder ohne Bildschirm oder ein kleines Computerterminal. Allenfalls die Beleuchtung muß der Arbeitsweise mit den Bildschirmen angepaßt werden. Die Hauptänderungen liegen im Park elektronischer Geräte, der den Büros zur Verfügung steht. Im allgemeinen sind das für die Grundausrüstung eines normalen Schreibbüros, Postbüros oder Sekretariats bereits keine Speicherschreibmaschinen (→ 1964) oder Schreibautomaten mehr, sondern Bürocomputer (→ 1983).

◁ *Bürocomputer erlauben nicht nur die Verarbeitung von Texten*

▽ *Bürocomputer sind leise und klein; die notwendige Energie beziehen sie einfach aus der Steckdose*

Pkw-Armaturenbrett mit Computerdisplay unter den klassischen Instrumenten; angezeigt wird u. a. die Reichweite mit dem restlichen Benzin

Computer-Cockpit im Pkw

1985. Erste Personenautos mit Bordcomputer kommen in Europa und Japan auf den Markt.

Die üblichen Anzeigeinstrumente im Blickfeld des Fahrers werden durch eine LCD-Tafel (Flüssigkristallanzeige, → 1971) ersetzt. Sie zeigt die konventionellen Betriebsdaten des Wagens in Form von Ziffern, Balken- oder Sektorengraphiken an. Daneben lassen sich wahlweise zahlreiche, durch einen Mikroprozessor (→ 1971) errechnete Kennwerte zur Anzeige bringen. Das können z. B. sein: Die Tageskilometerleistung, die Durchschnittsgeschwindigkeit, durchschnittlicher und momentaner Benzinverbrauch, vermutlich verbleibende Reisezeit bis zum Ziel.

Über den Rechner läßt sich das Fahrverhalten nach bestimmten Gesichtspunkten (Sparsamkeit, Tempo u. a.) optimieren.

Fortgeschrittene Modelle werden bald einen kompletten Lotsenservice für Fernstrecken und Ballungsgebiete anbieten. Über einen optischen Lasergriffel läßt sich auf speziellen Land- und Straßenkarten ein Zielcode abtasten. Das Ortungssystem des Bordcomputers ermittelt über das magnetische Erdfeld oder Funkpeilsignale die Ist-Position des Fahrzeugs, vergleicht sie mit der Zielposition und gibt auf der Anzeige graphisch die jeweils zu wählende Fahrtrichtung und verbleibende Luftlinienentfernung zum angegebenen Ziel an.

Katalysator reinigt Abgase

1985. In Europa kommen erste Pkw mit Abgaskatalysatoren auf den Markt. In den USA sind sie bereits seit vielen Jahren eingeführt. Die Abgase müssen in einem Temperaturbereich von 100 bis 300 °C den Katalysator (→ 1901) – meist 0,1 bis 0,2 Prozent Platin (oder Palladium) auf einem Aluminiumoxid-Wabenrohr – passieren. Dabei werden organische Gase (Kohlenwasserstoffe, Aldehyde usw.) und Kohlenmonoxid zu Kohlendioxid und Wasser verbrannt. Das setzt die Verwendung von bleifreiem Benzin voraus, da Bleialkyle und Alkylhalogenide den Katalysator untauglich machen. Die Einführung des Katalysatorautos macht also eine flächendeckende Versorgung mit bleifreien Kraftstoffen erforderlich.

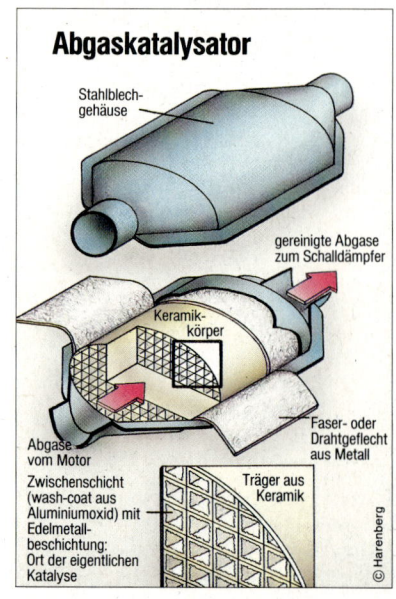

Abgaskatalysator

Stahlblechgehäuse

gereinigte Abgase zum Schalldämpfer

Keramikkörper

Faser- oder Drahtgeflecht aus Metall

Abgase vom Motor

Zwischenschicht (wash-coat aus Aluminiumoxid) mit Edelmetallbeschichtung: Ort der eigentlichen Katalyse

Träger aus Keramik

© Harenberg

1986

Für biotechnologische und medizinische Anwendungen entwickeln die Glaswerke Schott in Mainz ein poröses Spezialglas, von dem ein Gramm die (innere) Oberfläche eines Tennisplatzes hat. Es hat hervorragende Mikrofiltereigenschaften.

Die Glaswerke Schott stellen das dünnste maschinengezogene Flachglas der Welt (0,04 mm) und die kleinsten optischen Glaslinsen (0,8 mm⁰) her.

In Hamburg geht der Elektron-Proton-Speicherring »HERA« in das Experimentalstadium.

Die US-amerikanische Marine benutzt ein Navigationsverfahren, das in der Positionsbestimmung die extreme Genauigkeit von einem Meter ermöglicht.

Der VDO-Citypilot steht kurz vor der Markteinführung. Das Instrument wird es Autofahrern erlauben, mit einem Lesestift aus einer Straßenkarte das dort codiert abgedruckte Fahrtziel zu entnehmen und in einen Bordcomputer einzugeben. Der Computer gibt dem Fahrer auf einem Display während der gesamten Strecke die jeweilige Fahrtrichtung an (→ 1985).

Januar. Die amerikanische Raumsonde »Voyager 2« passiert den Uranus (im August den Neptun). Im Jahr 1990 wird sie an Pluto vorbeifliegen.

28. 1. Kurz nach dem Start der Raumfähre »Challenger«, die das Weltraumlabor »Spacelab« befördert, explodiert der Haupttreibstofftank des Raumfahrzeugs. Bei dem Unfall kommen die sieben mitfliegenden Astronauten ums Leben. →

6.–14. 3. Fünf Raumflugkörper, »Wega-1«, »Wega-2« (UdSSR), »Sakigake« und »Suisei« (Japan) sowie »Giotto« (Europa) passieren den Kometen Halley und sammeln Daten (→ 13./14. 3. 1986).

7. 3. In Berlin (West) wird nach einem entsprechenden Experiment in den USA ein künstliches Herz implantiert.

25./26. 4. Im Kernkraftwerk von Tschernobyl in der Ukraine ereignet sich eine folgenschwere Reaktorkatastrophe.

8. 8. Wissenschaftlern in Princeton (USA) gelingt es, für 0,2 Sekunden ein Plasma auf 200 Millionen Grad Celsius zu erhitzen (→ 1983).

GESTORBEN:

25. 9. Moskau: Nikolai Nikolajewitsch Semjonow (* 15. 4. 1896, Saratow), sowjetischer Chemiker.

31. 10. Arlington/Virginia: Robert Sanderson Mulliken (* 7. 6. 1896, Newburyport/Massachusetts), US-amerikanischer Physiker.

Das sowjetische Kernkraftwerk »RBMK 1000« von Tschernobyl bei Kiew in der Ukraine nach dem Unfall im April 1986

Kernreaktor-Unfall in der Sowjetunion

25./26. April 1986. Im sowjetischen Kernkraftwerk von Tschernobyl in der Ukraine ereignet sich im Block 4 der größte anzunehmende Unfall (GAU).

Hier das Protokoll der Ereignisse: 25. April, 1.00 Uhr morgens: Elektroingenieure veranlassen wegen eines geplanten Tests das Einfahren der Regelstäbe in das Core des leichtwassergekühlten, graphitmoderierten Druckwasserreaktors (→ 1957) mit der sowjetischen Bezeichnung »RBMK 1000«. Die thermische Leistung sinkt dabei von normalerweise 3200 MW auf 1600 MW. Leistungsbedarf tritt ein, und aus Bequemlichkeit wird um 2.00 Uhr das Notkühlsystem abgeschaltet, das selbst Leistung verbraucht. Damit wird das erste von zahlreichen Sicherheitsrisikos eingegangen.

Um 23.10 Uhr werden die Monitorsysteme auf geringe Leistungsstufen umgestellt, aber der Operator versäumt, den Computer umzuprogrammieren, um 700 bis 1000 thermische MW aufrechtzuerhalten. Die Leistung sinkt auf das gefährlich niedrige Niveau von 30 MW. Die meisten Regelstäbe werden wieder ausgefahren, um die Leistung zu erhöhen. Aber in den Brennstäben hat sich bereits das Spaltprodukt Xenon gebildet. Es »vergiftet« die Reaktion. Entgegen den Sicherheitsvorschriften werden in einer kopflosen Handlung alle Regelstäbe ausgefahren. Die Leistung steigt.

Am 26. April um 1.03 Uhr macht die ungewöhnliche Kombination von geringer Leistung und hohem Neutronenfluß zahlreiche manuelle Eingriffe in die Reaktorregelung erforderlich. Die Operatoren stellen die Notabschaltungssignale ab.

Um 1.22 Uhr zeigt der Computer Überschußradioaktivität an, aber die Operatoren entschließen sich, den Test zu beenden. Sie machen das letzte Sicherheitssignal in dem Augenblick unwirksam, als die Sicherheitsvorrichtung den Reaktor abschalten will.

Am 26. April um 1.23 Uhr beginnt der geplante Test. Die Leistung steigt. Bei dem gefährlich niedrigen Leistungsniveau löst jede noch so kleine Leistungssteigerung eine sofortige weitere – gewaltige – Leistungssteigerung aus. Die Operatoren reagieren mit Fehlhandlungen, und die Leistung erreicht sprunghaft die 100fache Reaktorkapazität.

Der Uranbrennstoff zerfällt, bricht durch die Hüllrohre und kommt in Kontakt mit dem Kühlwasser. Eine gewaltige Dampfexplosion sprengt das Reaktordruckgefäß und die Betonwände der Reaktorhalle und schleudert brennende Graphit- und Brennstoffblocks ins Freie. Radioaktiver Staub steigt hoch in die Atmosphäre. Von den freigesetzten radioaktiven Isotopen sind besonders Jod-131 (Halbwertszeit 8,04 Tage) und Cäsium-137 (Halbwertszeit etwa 30 Jahre) gefährlich, von denen jeweils etwa die Hälfte der im Reaktor befindlichen Menge ins Freie gelangt. Die Strahlenbelastung der Bevölkerung in der unmittelbaren Umgebung ist äußerst bedrohlich; im Gebiet der westlichen UdSSR und Skandinaviens erhalten die meisten Einwohner zusätzliche Strahlendosen von über 0,01 Sievert (10 Millirem), die Bewohner Mitteleuropas werden mit 0,001 bis 0,01 Sievert (1 bis 10 Millirem) belastet. Als tödlich gilt eine akute Dosis von 6 Sievert. Die jährliche natürliche Strahlendosis liegt bei 1 Sievert, eine Torso-Röntgenaufnahme belastet mit 0,02 Sievert, ein Transatlantikflug mit etwa 0,005 Sievert.

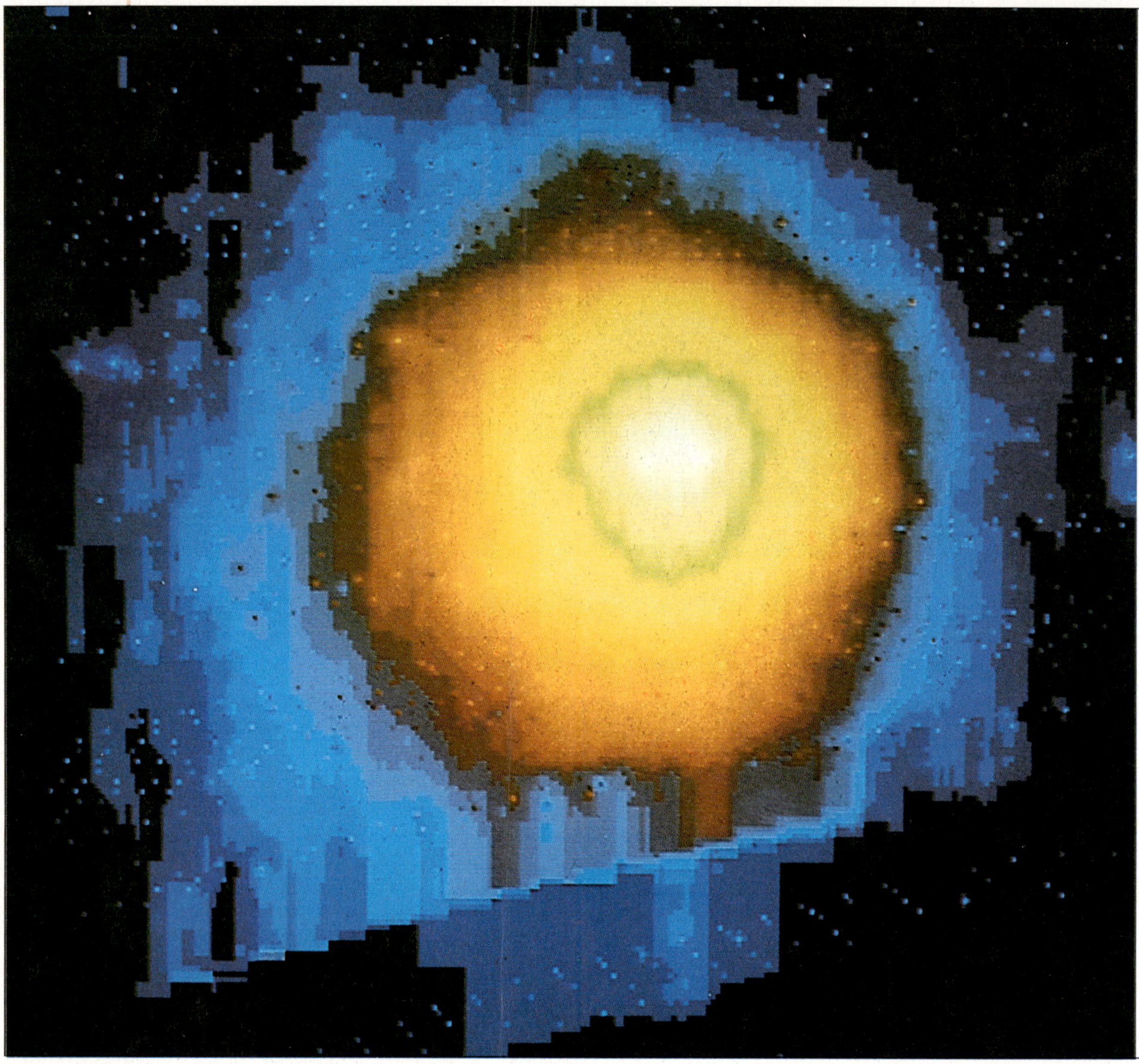

Raumsonde »Giotto« trifft auf Halley-Komet

13./14. März 1986. *Die europäische Raumsonde »Giotto« nähert sich dem Kometen Halley (Abb.: Der von einer Wolke aus Gas umgebene Kometenkopf), der alle 76 Jahre in Erdnähe erscheint, durchfliegt dessen Schweif und erreicht am 14. März um 1.11 Uhr mitteleuropäischer Zeit seine größte Annäherung an den Kometenkern (etwa 500 km). Das Zusammentreffen findet bei einer Geschwindigkeit der Sonde von fast 250 000 km/h in 150 Millionen km Entfernung von der Erde statt. »Giotto« ist eine von fünf Kometensonden. Sie kommt dem Kometenkern am nächsten.*

Zehn Meßgeräte der Sonde registrieren physikalische Daten und funken sie zur Erde. Die Ergebnisse füllen 150 Magnetbänder. Eine gegen superschnelle Teilcheneinschläge geschützte Kamera liefert Falschfarbenfotografien, die zahlreiche neue wissenschaftliche Erkenntnisse vermitteln.

Das Überraschendste: Der Kometenkern zählt zu den dunkelsten Körpern im Sonnensystem.

»Giotto« soll umgelenkt, in Erdnähe zurückgebracht und dort später eingefangen werden. Wenn das gelingt, stehen irdischen Labors Kometenpartikelchen zur Auswertung zur Verfügung.

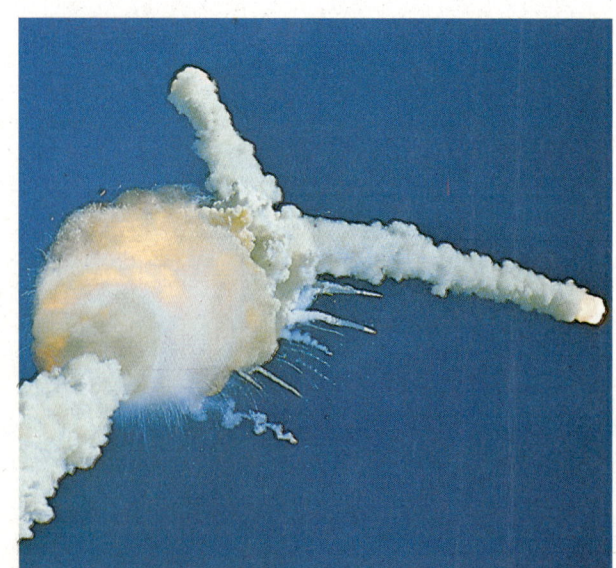

Explosion der US-amerikanischen Raumfähre »Challenger« 73 Sekunden nach dem Start vom Weltraumbahnhof Cape Canaveral (Florida) in 17 km Höhe; Millionen von Fernsehzuschauern werden zu Augenzeugen des Unfalls

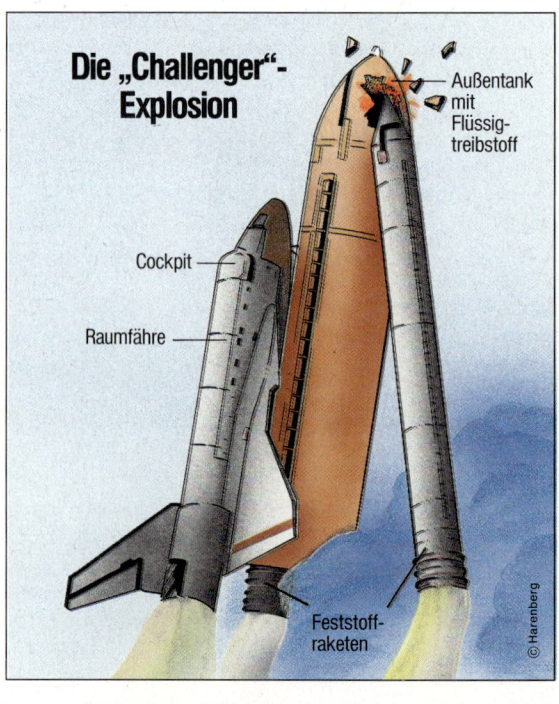

Die „Challenger"-Explosion

Außentank mit Flüssigtreibstoff

Cockpit

Raumfähre

Feststoffraketen

© Harenberg

»Challenger«-Unfall stoppt Raum-Projekte

28. Januar 1986. Ein Unfall überschattet das US-amerikanische und damit auch das daran gekoppelte europäische Programm für »Spacelab«-Missionen (→ 1985).

Die NASA vernachlässigte aus Zeit- und Kostengründen die Sicherheitssysteme ihrer Raumtransporter. Als es kurz nach dem Start der Raumfähre »Challenger« (→ 1981) zu einer Explosion der Treibstofftanks kommt, wird die Kapsel mit sieben Astronauten an Bord herausgeschleudert. Da ein Notbergungssystem fehlt, stürzt die Fähre ab, und alle Insassen kommen ums Leben.

Die 45 noch bis 1989 vorgesehenen bemannten NASA-Raumflüge werden – als Reaktion auf diesen Unfall – zunächst verschoben.

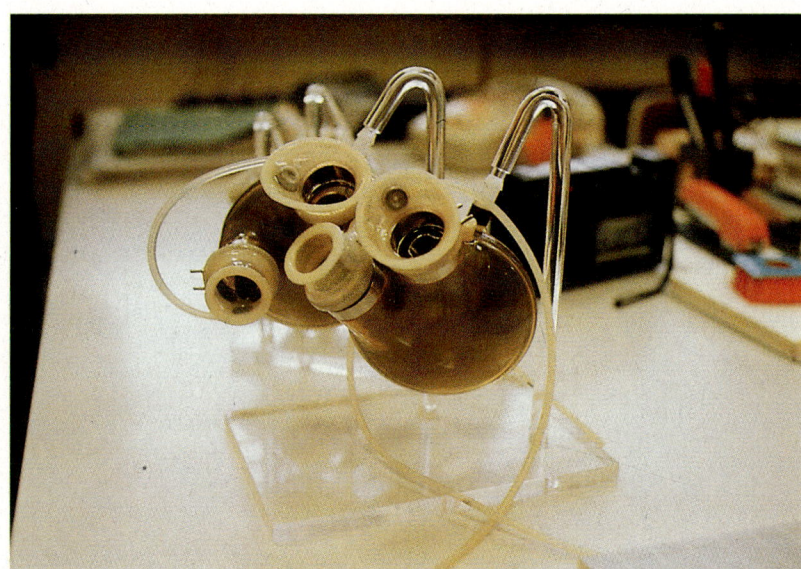

Ein Kunstherz, wie es der Herzspezialist Emil Bücherl im Berliner Westend-klinikum in Charlottenburg einem 39jährigen Patienten implantiert

Kunstherz implantiert

7. März 1986. Der deutsche Herzspezialist Emil Bücherl implantiert im Westend-Krankenhaus in Berlin (West) einem herzkranken Patienten die Pumpsysteme eines künstlichen Herzens. Der 39jährige Patient stirbt am 13. März.

Das System besteht aus zwei pneumatisch angetriebenen Mehrmembranpumpen, die die Tätigkeit der rechten und der linken Herzkammer übernehmen. Nur diese Pumpen befinden sich im Körperinneren. Zum Gesamtsystem gehören aber auch zwei Antriebe anstelle der Herzmuskulatur, ein komplexes Steuerungs- und Regelsystem, das die hämodynamischen Gegebenheiten und die metabolischen Ansprüche berücksichtigt, und eine Energiequelle, die den Stoffwechsel im Myokard ersetzt. Diese Funktionseinheiten befinden sich außerhalb des Patientenkörpers und sind mit den beiden Pumpen durch Übertragungsleitungen verbunden, für die eigens eine Hautdurchführung entwickelt wurde, die mit einem Spezialkunststoff (Dacron-Velour) beschichtet ist. Alle Werkstoffe des Systems, die mit Körpergewebe oder mit dem Blut in Kontakt kommen, müssen physiologisch in jeder Hinsicht unbedenklich sein und eine Mikrooberflächenstruktur aufweisen, die keine Blutgerinnsel begünstigt. Daneben müssen die Materialien vor allem der Pumpen, die ja ständig Walkbewegungen ausführen, mechanisch sehr alterungsbeständig sein. Als am besten geeig-

net erwiesen sich Polyurethane. Die Anschlußelemente bestehen aus rostfreiem Stahl und sind mit Silikonkautschuk beschichtet. Unter zahlreichen, während der vergangenen Jahrzehnte erprobten Antriebssystemen fiel die Wahl auf einen pneumatischen Antrieb für die Membranpumpen. Der Druck wird von einem elektropneumatischen Antriebssystem außerhalb des Körpers geliefert. Die Regelung des künstlichen Herzens erfolgt manuell oder automatisch und berücksichtigt als Steuergröße vor allem die pulsierende Luftdruckkurve. Zweck des Einsatzes von künstlichen Herzen ist es in erster Linie, schwer herzkranke Patienten, die auf ein Spenderherz für eine Transplantation warten, während der Wartezeit am Leben zu erhalten. Daneben indizieren schwere Herzinsuffizienzen in bestimmten Fällen auch dann die Anwendung eines Kunstherzens, wenn ein Patient die organischen Voraussetzungen für eine Herztransplantation nicht mehr mitbringt.

Versuche, künstliche Herzen zu realisieren, gehen auf die Amerikaner Alexis Carrel und Charles Lindbergh zurück, die 1930 ein Glasherz entwickelten. Zwischen 1957 und 1981 wurden wiederholt Tierversuche mit Kunstherzen vorgenommen. 1969 und 1981 versorgte Denton Cooley in Houston Menschen jeweils einige Tage mit einem Kunstherzen, 1982 der Arzt De Vries in Salt Lake City vier Monate lang.

Die Kavernenanlage des internationalen Sonnen-Neutrinodetektors »Gallex« in den Abbruzzen (Italien) geht in Bau. →

Mit einem System von Navigationssatelliten, das in den USA aufgebaut wird, soll die Erde neu vermessen werden. →

Bei Erbendorf in der Oberpfalz beginnen die Bohrarbeiten für ein 3000 m tiefes Loch in die Erdkruste. →

Am Californian Institute of Technology (»Caltech«) beginnen Wissenschaftler mit einer neuen optischen Durchmusterung des nördlichen Sternenhimmels. Auf neuartigem, superempfindlichem Filmmaterial sollen dabei erstmals Sterne aufgezeichnet werden, die nur ein Fünftel der Lichtstärke jener Sterne besitzen, die sich bisher fotografisch registrieren ließen.

Die deutsche Firmengruppe Krupp stellt einen neuartigen 50-Tonnen-Pfannenofen zum Schmelzen von Schrott und zum Beheizen von flüssigem Stahl vor. →

Die Hoechst AG stellt einen Großfermenter von 60 000 l Inhalt auf, in dem erstmals in großindustriellem Maßstab gentechnisch veränderte Bakterien Humaninsulin produzieren werden. →

Im Rahmen des Schwerpunktprogramms »Integrierte Optik« der Deutschen Forschungsgemeinschaft entwickeln Wissenschaftler mit optoelektronischen Computern eine Technik, die in wenigen Jahrzehnten konventionelle Computer ablösen kann. →

24. 2. Astronomen entdecken in der »nur« 170 000 Lichtjahre entfernten Großen Magellanschen Wolke das Entstehen einer Supernova. Sie erhält die Bezeichnung 1987 A.

14. 9. Auf dem Pico Veleta in Südspanien geht die im Millimeterwellenbereich leistungsfähigste Radio-Sternwarte der Welt offiziell in Betrieb. Bereits eine Woche zuvor gelang hier eine sensationelle Entdeckung: Die einfachste Substanz Methanol (Methyl-Alkohol) wurde außerhalb der Milchstraße nachgewiesen. →

10. 12. Georg Bednorz (BRD) und Alexander Müller (Schweiz) erhalten den Physik-Nobelpreis für die Entdeckung eines neuen Supraleiters. →

GESTORBEN:

27. 5. Arizona: John Howard Northrop (* 5. 7. 1891, Yonkers/New York), US-amerikanischer Biochemiker.

26. 8. Heidelberg: Georg Wittig (* 16. 6. 1897, Berlin), deutscher Chemiker.

Neuer Werkstoff: Spezielle Keramik

1987. Als neueste Werkstoffgeneration des 20. Jahrhunderts zeichnet sich nach den Kunststoffen und den Halbleitern jetzt die sog. Hochleistungskeramik ab.

Es handelt sich dabei nach einem Zitat des deutschen Werkstoff-Wissenschaftlers Günter Petzow, einem der Schrittmacher dieser neuen Materialien, »um nichtmetallische, anorganische Werkstoffe, deren innerer Gefügeaufbau durch werkstoffwissenschaftliche Maßnahmen für bestimmte Anwendungen optimiert wurde. Es sind vor allem Oxide, Nitride, Carbide, Boride sowie deren Mischungen.«

Diese Stoffe haben mit den landläufigen, klassischen Keramiken wie Steingut, Porzellan oder feuerfesten Materialien kaum etwas gemein. Sie zeichnen sich durch sehr große Festigkeit, gutes Verhalten gegen Verschleiß und Korrosion – vor allem auch bei hohen Temperaturen – aus; manche besitzen zudem besondere elektrische, magnetische oder optische Eigenschaften.

Allerdings haben auch diese Sonderwerkstoffe – wie alle Keramiken – einen Nachteil: Sie sind spröde. In dieser Beziehung sind aber entscheidende Verbesserungen zu erwarten, denn noch ist eine Fülle von Mischungen keramischer Verbindungen untereinander unerforscht.

Die Erde wird aus dem All vermessen

1987. In den Vereinigten Staaten wird ein neues System von Navigationssatelliten im Rahmen eines GPS (Global Positioning System) genannten Erdvermessungsprojekts aufgebaut. Dabei arbeiten Vertragswissenschaftler aus zahlreichen westlichen Staaten mit. Im Endausbau um 1990 sollen 18 Satelliten in 20 000 km Bahnhöhe geodätische Meßdaten liefern.

Erfaßt wird durch die Vermessung die gesamte Erdoberfläche. Bereits 1987 zeigt sich, daß in bezug auf die Landesvermessung und Höhenbestimmung bei gleichzeitigem Einsatz mehrerer GPS-Satelliten die Koordination eines lokalen Netzes von 3 bis 10 km Punktabstand innerhalb weniger Minuten Meßzeit mit einer Genauigkeit von besser als 1 cm bestimmt werden können.

Eine neue Generation von Supraleitern

10. Dezember 1987. Dem deutschen Physiker Georg Bednorz und seinem schweizerischen Kollegen Alexander Müller, beide Forscher am IBM Zürich Research Laboratory, wird für ihre Entdeckung eines neuen Supraleiters der Nobelpreis für Physik verliehen.

Die Supraleitung als solche ist seit → 1885 bekannt und wurde insbesondere → 1911 eingehend erforscht. Sie entsteht, wenn ein geeignetes Material bis zur sog. kritischen Temperatur abgekühlt wird. Diese Temperatur lag für alle bisher bekannten Supraleiter in der Nähe des absoluten Temperaturnullpunkts. Der Effekt zeichnet sich aus durch völliges Verschwinden des elektrischen Widerstandes im Leiter und durch gleichzeitige Verdrängung magnetischer Felder aus dem supraleitenden Material. Um Supraleitung zu erreichen, mußten bislang Metalle oder Metallegierungen in flüssigem Helium mit einem Siedepunkt von −269 °C gekühlt werden. 1973 gelang ein kleiner Fortschritt mit einer Legierung, die schon bei −250 °C supraleitend ist. Die diesjährigen Nobelpreisträger

Die Nobelpreisträger: Georg Bednorz (l.) promovierte 1982 am ETH-Zentrum in Zürich, Alexander Müller promovierte 1958 am ETH-Zentrum; wie Bednorz arbeitet er am IBM Zürich Research Laboratory

fanden 1986 ein Oxidmaterial, das Supraleitung bereits bei −238 °C aufweist. Diese Entdeckung war aber kein gradueller, sondern ein prinzipieller Durchbruch: Erstmals arbeiteten hier Physiker nicht mit Metallen oder Metallegierungen, sondern mit keramischen Supraleitern, also einer ganz neuen Art von Materialien. Ihr Erfolg löste sofort weltweite Forschungsaktivitäten aus, die besonders in den USA, in Japan, China, der Bundesrepublik und der Schweiz lawinenartig neue Ergebnisse nach sich zogen. So wurden bereits Anfang 1987 Oxide bekannt, die ab −171 °C supraleitend sind, sich also gut mit flüssigem Stickstoff kühlen lassen. Neue Berichte aus den USA sprechen sogar von Supraleitung bei etwa +30 °C, doch konnte dieser Wert bisher nicht reproduziert werden und erscheint unzuverlässig. Wie umfangreich die technischen Anwendungen der neuen Supraleiter werden, kann noch nicht gesagt werden, doch sind Auswirkungen ähnlich jenen der Erfindung des Halbleiters nicht auszuschließen.

Prinzipdarstellung des Drehstromplasma-Pfannenofens von Krupp

Neue Pfannenöfen mit Plasmatechnik

1987. Eine neue Art metallurgischer Öfen schafft die deutsche Firma Krupp mit der Drehstromplasmatechnik. Verflüssigt wird Stahl hierbei nach dem Lichtbogenprinzip (→ 1849). Der neue Pfannenofen arbeitet geräuschärmer, energiesparender und mit höherer Ausbringung als bisherige Gießöfen.

Gentechnisch umprogrammierte Mikroorganismen

1987. Das deutsche Chemieunternehmen Hoechst AG stellt in Frankfurt am Main einen 60 000 Liter fassenden Großfermenter auf, in dem gentechnisch umprogrammierte Mikroorganismen Humaninsulin erzeugen werden. Mit diesem und ähnlichen Großprojekten in der Bundesrepublik und anderen hoch technisierten Nationen gelangt die Gentechnik in eine Phase praktischer industrieller Anwendung.

Es ist den Gentechnikern gelungen, bei einfachen Organismen (Einzellern) Teile des Codes aus dem genetischen Informationsträger – der berühmten DNS (Desoxyribonukleinsäure-Helix) – herauszuschneiden und durch andere, im Labor erzeugte Teile zu ersetzen. Man kann sich das ungefähr so vorstellen wie das Austauschen einer Szene in einem Film. Diese »Genchirurgie« geschieht chemisch mit auftrennenden und verbindenden Enzymen. Das Ergebnis sind neue Mikroorganismen. Man stellt sie her, weil sie das können, was der Mensch industriell bisher gar nicht oder nur mühsam schaffte: Die Produktion komplizierter Eiweißverbindungen »nach Maß«. So ist es gelungen, einem Darmcoli-Bakterium gentechnisch den Auftrag zu erteilen, sonst nur vom Menschen im Körper erzeugtes Insulin – das Mittel gegen Zuckerkrankheit – aufzubauen. Ein ähnliches Beispiel ist der Impfstoff gegen die lebensbedrohende Hepatitis B. Er ließ sich bisher nur in kleinsten Mengen aus der Körperflüssigkeit chronisch erkrankter Patienten gewinnen. Gentechnisch umprogrammierte Mikroorganismen produzieren ihn in Großkulturen en masse. Die Liste möglicher gentechnischer Produkte umfaßt u. a. Hormone, Wuchs- und Impfstoffe, Bluteiweiße, Antibiotika und darüber hinaus sogar Antikörper. Die Mikrobiologen sind sich sicher, auf diese Weise bald neue Heilmittel gegen Dutzende bisher kaum behandelbarer Krankheiten, darunter Lepra, Malaria, Schlafkrankheit, Bilharziose, Tetanus, Karies und Aids, gewinnen zu können.

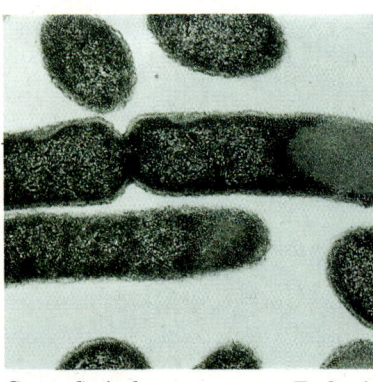

Gentechnisch gewonnene Escherichia-Coli-Bakterien, die im Großfermenter Humaninsulin erzeugen

Kristall des von den gentechnisch umprogrammierten Coli-Bakterien erzeugten Humaninsulins

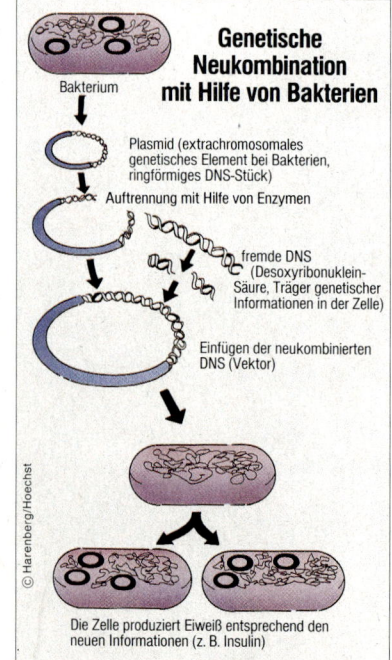

Genetische Neukombination mit Hilfe von Bakterien

Bakterium

Plasmid (extrachromosomales genetisches Element bei Bakterien, ringförmiges DNS-Stück)

Auftrennung mit Hilfe von Enzymen

fremde DNS (Desoxyribonukleinsäure, Träger genetischer Informationen in der Zelle)

Einfügen der neukombinierten DNS (Vektor)

© Harenberg/Hoechst

Die Zelle produziert Eiweiß entsprechend den neuen Informationen (z. B. Insulin)

Rechnen mit Licht: Optische Computer

1987. Im Rahmen eines Schwerpunktprogramms der Deutschen Forschungsgemeinschft beschäftigen sich Wissenschaftler mit der Entwicklung optoelektronischer Computer. Derartige Systeme können in wenigen Jahrzehnten die bisherige Computertechnik ablösen. Grundmaterial der heutigen Computerelektronik ist Silizium. Seine elektrischen Eigenschaften gestatten die Herstellung von Bauelementen, in denen zwischen leitendem und nichtleitendem Zustand umgeschaltet werden kann. Aus zahllosen solcher Schalter bauen sich logische Schaltungen auf. Die Optoelektronik benutzt Lichtschalter, die keinen Elektronenfluß, sondern einen Photonenfluß (Laser-Licht) als Informationsträger verwenden.

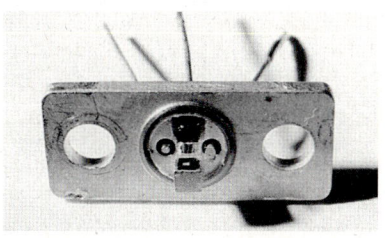

Halbleiterlaser aus Galliumarsenid; der Laserchip selbst ist nur so groß wie ein Zuckerkörnchen; solche Chips sollen später Bauelemente optischer Rechner sein

Tiefstes Loch der Welt für Geoforscher

1987. *Bei Erbendorf im Norden Bayerns beginnen die Bohrarbeiten im Rahmen des »Kontinentalen Tiefbohrprogramms der Bundesrepublik« (Abb.: Vermutetes geologisches Profil am Bohrort). Unter der Mitwirkung von rund 350 Wissenschaftlern – Geologen, Geophysikern und Ingenieuren – soll hier in etwa achtjähriger Arbeit das tiefste Loch der Welt niedergebracht werden. Es wird rund 14 000 m senkrecht in die Erdkruste vorstoßen.*

Der 1990 beginnenden Hauptbohrung geht zunächst eine Probebohrung voraus, die dazu Gelegenheit geben soll, die erforderlichen Bohrtechniken und Meß- und Beobachtungsinstrumente für den Einsatz bei den erwartenden Temperaturen um 300 °C zu entwickeln und auszutesten.

Die Geowissenschaftler versprechen sich von dem Projekt wichtige Erkenntnisse zur Entstehung der kontinentalen Schollen, die in derartigen Tiefen bisher nur mit indirekten Methoden – etwa mit Echoloten – erforscht werden konnten. Es geht u. a. auch darum, bestehende wissenschaftliche Hypothesen zu bekräftigen oder zu widerlegen.

Sonnenforschung tief unter der Erde

1987. In 1200 m Tiefe unter dem Gran-Sasso-Massiv in den italienischen Abruzzen beginnen die Bauarbeiten zu einem von deutschen, italienischen, französischen und israelischen Wissenschaftlern gemeinsam getragenen Großforschungsprojekt. Nachgewiesen und beobachtet werden sollen hier die sehr wahrscheinlich bei der Energieerzeugung vom Inneren der Sonne ausgesandten Neutrinos.

Ihr Nachweis soll den ersten experimentellen Beweis dafür liefern, wie die Sonne »funktioniert«. Als einzige »Zeugen« der Vorgänge im Zentrum der Sonne können diese Elementarteilchen nämlich sofort nach ihrer Entstehung den Sonnenball ungehindert verlassen, während die gleichzeitig freigesetzten Lichtquanten dafür mindestens eine Million Jahre brauchen. Bisher sind die Energieerzeugungsprozesse im Inneren der Sonne ausschließlich theoretisch bekannt. Trotz ihres häufigen Vorkommens – in jeder Sekunde durchqueren 66 Milliarden Neutrinos jeden Quadratzentimeter der Erde – lassen sich die masselosen Teilchen nur mit großem Aufwand messen. Zu diesem Zweck soll im Inneren des Massivs ein mit 30 t Gallium (das ist die Hälfte der jährlichen Weltproduktion) gefüllter Detektor installiert werden. Erwartet wird pro Tag lediglich eine einzige Reaktion eines Neutrinos mit einem Gallium-Atomkern.

Geplanter Neutrinodetektor „Gallex" unter dem Gran-Sasso-Bergmassiv (Abruzzen)

Konvektionszone
Photonen (Licht)
Kern der Sonne
150 Mio km
Flugzeit 8 min
GALLEX-Anlage
92 m
Zähllabor
Neutrinos
Straßentunnels
© Harenberg/MPG

Radioteleskop für Millimeter-Wellen

14. September 1987. Auf dem Pico Veleta in Südspanien nimmt das deutsch-französische »Institut für Radioastronomie im Millimeter-Wellen-Bereich« die leistungsfähigste Radiosternwarte der Welt für Millimeter-Wellen aus dem Weltall offiziell in Betrieb.

Das 30-Meter-Radioteleskop soll es erlauben, besonders die Chemie der interstellaren Materie in Sternentstehungsgebieten zu erforschen.

Das Großinstrument ermöglicht Beobachtungen aus dem Inneren von sog. Dunkelwolken, in denen sich unter dem Einfluß der Schwerkraft Gase und Staub zu Sternen zusammenballen. Allein in der Milchstraße bilden sich so durchschnittlich fünf neue Sonnen im Jahr. In diesen Sternentstehungsgebieten zeigen sich u. a. auch neuartige organische Moleküle.

Forschung und Technik in der Welt von morgen

Explosion des Wissens

Wäre die Flut des technikhistorischen Stoffes seit den ersten primitiven Geröll-Abschlagwerkzeugen, die der Mensch vor rund drei Millionen Jahren benutzte, bis heute im vorliegenden Buch nicht nach Entwicklungsperioden gegliedert, sondern wäre der Autor dem tatsächlichen Umfang des Neuerwerbs an technischem Wissen zu jeder Zeit gerecht geworden, dann müßte der auf den Seiten 568 bis 583 abgehandelte Zeitraum (1983–1987) ebensoviel Platz einnehmen, wie alle Texte auf den Seiten 8 bis 567 zusammengenommen. Zur Zeit verdoppeln sich nämlich die naturwissenschaftlichen und technischen Kenntnisse etwa alle fünf Jahre. Was immer die Menschen seit Anbeginn bis zum Jahr 1983 an Wissen erworben haben, 1988 verfügen sie über doppelt so viele Kenntnisse, und 1993 wird sich der Wissensstand gegenüber 1988 wiederum verdoppelt haben. Vielleicht beträgt dieser Verdopplungszeitraum nicht genau fünf Jahre. Vielleicht sind es sechs oder sieben; manche Experten sprechen aber sogar von nur drei bis 3,5 Jahren. Dieses Intervall wird offenbar ständig kleiner.

Fraglich ist, ob und wie der Mensch in der Lage bleibt, die fortwährend wachsende Flut neuer Erkenntnisse und Erfahrungen überhaupt zu überblicken, geschweige denn sinnvoll zu nutzen. In den letzten Jahrzehnten haben sich einige neue Wege für die Aufbereitung der gewaltigen Materialfülle abgezeichnet. Von zentraler Bedeutung sind dabei einmal die schnelle Datenverarbeitung, zum anderen die Datenspeicherung auf kleinstem Raum und schließlich der möglichst unverzügliche Zugriff zu den gespeicherten Daten und der globale Datentransfer. Zur Zeit arbeiten EDV-Spezialisten in Europa, den USA, der UdSSR und Japan daran, Computersysteme und -programme zu entwickeln, die selbständig Schriften lesen und nach informativen Stichwörtern aufgeschlüsselt elektronisch katalogisieren können. Auf diese Weise ließen sich alle neuen wissenschaftlichen Arbeiten übersichtlich in Datenbanken speichern. Zugleich könnten derartige Systeme auch ältere Schriften lesen und aufbereiten. Die hohen Kosten für die Benutzung solcher Datenbanken oder Zugangssperren könnten andererseits die Kluft zwischen »Wissenden« und »Unwissenden« noch vergrößern – sowohl innerhalb einer Gesellschaft wie auch unter den Staaten – und damit zu einem weiteren Anwachsen der Entwicklungsunterschiede von hochindustrialisierten Nationen und den Ländern der Dritten und Vierten Welt beitragen.

Allerdings ist das heute oft zitierte Phänomen der Wissensverdoppelung innerhalb weniger Jahre differenziert zu betrachten. Dazu ein Beispiel: Alle mit den Mitteln theoretischer und praktischer wissenschaftlicher Forschung für den Menschen überhaupt jemals zugängliche Kenntnisse sind mit Sicherheit endlich; denn auch das Universum selbst – zumindest jenes, in dem wir leben – ist offenbar endlich in Zeit und Raum. Es ist daher zulässig, alles vom Menschen Erforschbare und technisch Realisierbare als eine begrenzte Fläche aufzufassen und beispielsweise mit dem Areal Europas zu vergleichen. Der Begriff »Wissensverdoppelung« bezeichnet jetzt nichts anderes, als das immer detailliertere Kennenlernen dieses Kontinents. Begnügte sich z. B. der Steinzeitmensch mit ungezielten Streifzügen durch einzelne Länder; begann der Vertreter der frühen Hochkulturen, erste geographische Großräume in ihrer Struktur zu beschreiben; stellte der Mensch der Antike etwa Spekulationen über die Entstehung der Gebirgszüge und Gewässer an; kartographierte man vielleicht in der Renaissance Städte, Ortschaften und Flurstücke, so sind wir heute dabei, jedes einzelne Wohnhaus Europas in unseren Katasterämtern exakt zu erfassen. Die Wissensverdoppelung bedeutet also – vereinfacht dargestellt – nichts anderes als eine immer feinere Auflösung innerhalb des Gesamtbildes. Sie bedeutet einen quantitativen Gewinn an Daten, aber nicht unbedingt qualitativ neue Erkenntnisse. Hat sich z. B. innerhalb der vergangenen fünf Jahre das technische Detailwissen der Flugzeugkonstrukteure verdoppelt, so bedeutet das für den Fluggast einen weitaus geringeren praktischen Wandel als die – gemessen an der modernen Wissenszunahme Zehntausender von Spezialisten – in ihrem Informationsvolumen vollkommen unbedeutenden Arbeiten etwa der Brüder Wright, die »lediglich« den gesteuerten Motorflug realisierten. Ob und inwieweit die Wissensverdoppelung in immer kürzeren Intervallen den technischen Alltag oder gar das Alltagsleben des Menschen überhaupt beeinflußt, hängt heute maßgeblich nicht mehr von der immer genaueren Kartographierung eines fiktiven Raumes des möglichen Gesamtwissens ab, sondern in erster Linie davon, ob es auf dieser Landkarte noch größere »weiße Flecken« gibt. Nur in solchen Gebieten läßt sich die Zukunft des Menschen mit technischen Mitteln grundlegend beeinflussen. In der Tat scheint es zahlreiche derartige Regionen zu geben. Als um 1900 die Physiker davon überzeugt waren, daß der Gesamtbereich ihrer Fachgebiete (Optik, Akustik, Mechanik, Wärmelehre, Elektrotechnik) abgesteckt sei und »nur noch« im Detail ausgelotet werden könne, tat sich unvermutet die Tür zur Atom- und Quantenphysik auf. Als die Chemiker glaubten, alle möglichen Stoffreaktionen zumindest grob klassifiziert zu haben, eröffnete sich ihnen das Gebiet der molekularen Chemie. Derartige weiße Räume auf der Landkarte des menschlichen Wissens werden die Forscher und Techniker mit Sicherheit auch in Zukunft noch entdecken.

Energietechnik

Eines der Merkmale der schnell wachsenden Bevölkerung der Erde – 1987 erreichte sie fünf Milliarden Menschen – ist ihr steigender Energiebedarf. Zwar ist es durch Energiesparmaßnahmen einerseits und durch Wirkungsgradverbesserungen bei der Energieumwandlung andererseits in den letzten Jahren gelungen, den Energiekonsum in den hochindustrialisierten Ländern konstant zu halten oder sogar zu drosseln, doch weltweit gesehen ist selbst bei Fortführung dieser Strategie mittelfristig schon deshalb mit einer gewaltigen Steigerung des Energiebedarfs zu rechnen, weil es in den Ländern der Dritten Welt, in denen der größte Teil der Bevölkerung lebt, ein riesiges Nachholbedürfnis gibt. Aller Voraussicht nach werden zur Deckung dieses Bedarfs mehrere Wege eingeschlagen werden: Zum einen werden die fossilen Energiequellen verstärkt in Anspruch genommen werden, wobei sich innerhalb des letzten Jahrzehnts herausgestellt hat, daß ihre Vorräte weitaus größer sind als früher angenommen. So werden nach heutigen Kenntnissen die klassischen Ölvorkommen erst in rund einem Jahrhundert erschöpft sein, Öllagerstätten in Sand und Schiefer aber – bei der Entwicklung neuer geeigneter Gewinnungsmethoden – wenigstens weitere hundert Jahre ausreichend Rohöl zur Energieversorgung und als Grundlage der Petrochemie liefern. Die irdischen Kohlevorkommen könnten sogar ein Jahrtausend oder mehr überbrücken helfen. Kritisch ist bei der Nutzung aller fossilen Brennstoffe die Freisetzung vor allem von Kohlendioxid in die Atmosphäre. Da sich dieses Gas nur sehr langsam abbaut, können wegen des Treibhauseffekts langfristig noch nicht vorhersehbare globale Klimaänderungen eintreten.

Weiter ausgebaut wird mit Sicherheit in Zukunft in den Ländern der Dritten Welt die Nutzung der Wasserkraft. In Südamerika, Afrika und Asien werden gigantische Anlagen entstehen, deren Dimensionen Stauseen in der Größe der mächtigsten natürlichen Seen der Erde erforderlich machen werden. Das wird zur Vernichtung großflächiger Biotope führen und zugleich ebenfalls Klimaverschiebungen mit sich bringen.

Mit der Nutzung der Solarenergie in nennenswerten Ausmaßen ist in naher Zukunft nicht zu rechnen. Zum einen sind die entsprechenden Anlagen wirtschaftlich noch nicht konkurrenzfähig, zum zweiten fällt die Hauptmenge der eingestrahlten Sonnenenergie in Gebieten an, die weitab von den großen Verbraucherzentren liegen, und schließlich würde die Solarenergienutzung in großem Stil die Vernichtung gewaltiger Naturflächen mit sich bringen. In mittlerer oder fernerer Zukunft kann sich aber sehr wohl ein Aufschwung der Solarenergienutzung ergeben. Drei Wege zeichnen sich hier ab: Einmal die Produktion des leicht transportierbaren Energieträgers Wasserstoff mit Hilfe von Sonnenenergie in Wüstengebieten, was allerdings die Entwicklung eines technisch sicheren Umgangs mit Wasserstoff voraussetzt; zum anderen die Verlagerung vieler Quadratkilometer großer Solarkraftwerke auf die Weltmeere. Schwimmende Solarinseln, wie sie unter der Bezeichnung »Solarmarin« der deutsche Physiker Nikolaus Laing schon vor einigen Jahren vorgeschlagen hat, vernichten nicht nur keine Biotope auf dem Festland, sie lassen sich auch kostengünstig aus schwimmenden Folien aufbauen, könnten im Falle eines solaren Heizkraftwerks Tiefenwasser als Kühlwasser nutzen und sich zugleich billiger Energiespeicher in Form abgehängter Foliendome im Meer bedienen, in denen sich heißes Wasser in thermisch stabiler Schichtung befindet. Ein dritter Weg zur zukünftigen Solarenergienutzung ist die – im Gegensatz zu Solarkraftwerken dezentrale – Bestückung von Hausdächern mit solarelektrischen Wandlern. Es zeichnen sich hier Wege ab, Solarzellen mit weitaus höherem Umwandlungswirkungsgrad und zu weitaus geringeren Kosten als heute produzieren zu können.

Zu erwarten ist innerhalb der nächsten Jahrzehnte vor allem auch ein Durchbruch auf dem Gebiet der Kernfusion. Fusionsreaktoren – sei es nach dem Prinzip der magnetischen Flasche oder nach dem Laserkanonenprinzip – erzeugen Energie auf demselben Wege, wie dies in der Sonne geschieht. Sie könnten die Menschen über viele Jahrzehntausende mit Energie versorgen. Reaktorunfälle wie bei der klassischen Kernspaltung sind hier nicht zu befürchten, weil sich in solchen Anlagen kein großes radioaktives Inventar befindet. Der Brennstoff ist Schwerwasser in geringsten Mengen. Bedenklich ist bei einer Kernfusion in großindustriellem Maßstab aber, daß bei diesem Prozeß u. a. nicht komprimierbare radioaktive Gase anfallen, die sich nicht endlagern lassen, sondern in die Atmosphäre entweichen.

Rohstoffversorgung

Die wachsende Weltbevölkerung und der Nachholbedarf in der Dritten Welt bedeuten nicht nur wachsenden Energie-, sondern auch wachsenden Rohstoffbedarf. Als äußerst kritisch zu betrachten ist derzeit die rücksichtslose Nutzung des Holzes in den Tropen. Während die Wälder der kalten und gemäßigten Zonen einerseits »nachhaltig« bewirtschaftet werden, d. h. daß nicht mehr Holz entnommen wird, als im selben Zeitraum nachwächst, vollzieht sich in den Tropen heute eine großflächige totale Abholzung. Während sich entwaldete Flächen in den gemäßigten Breiten mühelos wieder aufforsten lassen, ist dies in den Tropen nicht möglich, da dort wegen des rapiden Pflanzenwachstums praktisch alle Nährstoffe des Lebensraums Wald in den Pflanzen gebunden und nicht vorwiegend im Boden gespeichert sind wie in kälteren Regionen. Der immer massiver um sich greifende Raubbau an den tropischen Wäldern bedeutet also ihre definitive Vernichtung.

Im Gegensatz zur Holznutzung ist bei der Nutzung mineralischer Rohstoffe fast immer dann, wenn sie verknappen, im Zuge steigender Preise ein wirtschaftliches Recycling möglich. Die Zukunft wird vermehrt Wiederaufbereitungstechnologien vor allem für die Buntmetalle und – aus Gründen des Umweltschutzes – auch für die Schwermetalle mit sich bringen. Auch das Kunststoffrecycling dürfte in mittlerer Zukunft an Bedeutung gewinnen. Eine der wichtigsten Voraussetzungen ist die Entwicklung großindustriell arbeitender Müllsortieranlagen. In mehreren Modellversuchen wurde während des vergangenen Jahrzehnts bewiesen, daß sich selbst stark gemischter Hausmüll mit vertretbarem Aufwand in seine einzelnen Materialkomponenten zerlegen läßt.

Biotechnik

Die wohl bedeutendsten technisch-wissenschaftlichen Fortschritte – nur vergleichbar mit der Entwicklung der Halbleiterelektronik oder der Kunststoffe – werden sich in naher und mittlerer Zukunft auf den verschiedenen Gebieten der Biotechnik abspielen. Drei große Arbeitsfelder stehen dabei im Vordergrund: Der Biocomputer, der nicht mehr primär elektronische Vorgänge für die Datenverarbeitung nutzt, sondern sich biochemischer Prozesse bedient, was eine weitere wesentliche Verkleinerung bei Rechnern und Speichern mit sich bringen könnte und zugleich wahrscheinlich eine Steigerung der Rechengeschwindigkeit; die Anlage großer Zellkulturen für verschiedenste Zwecke, u. a. für die Proteinversorgung von Tier und Mensch, für die energietechnische Alkoholproduktion, für die großindustrielle Erzeugung von Pharmaka einschließlich komplexer organischer Substanzen wie Hormonen oder Immunstoffen; und nicht zuletzt die Gentechnik im weitesten Sinne.

Anhang

Größen und Einheiten in der Meßtechnik

Viele Verwirrungen hat in der langen Geschichte der Technik und Naturwissenschaften die zeitliche und örtliche Anwendung unterschiedlicher Größen und Einheiten zur quantitativen Bezeichnung von Meßwerten gestiftet. Da gab und gibt es Längenangaben in Metern, yards, Ellen, Zoll, Ångström, See- und Landmeilen, Punkt, Werst, Werschock, Lichtjahren usw., Energieangaben in Kilowattstunden, Meterkilopond, Kalorien, PS-Stunden, Joule, Newtonmetern oder etwa Elektronenvolt. Um dem Wirrwarr wenigstens national ein Ende zu bereiten, erließ die deutsche Bundesregierung am 2. Juli 1969 das »Gesetz über Einheiten im Meßwesen«, dem am 6. Juli 1973 das »Gesetz zur Änderung des Gesetzes über Einheiten im Meßwesen« folgte. Ergänzt wird es durch die »Ausführungsverordnung über Einheiten im Meßwesen« vom 26. Juli 1970 und die »Verordnung zur Änderung der Ausführungsverordnung über Einheiten im Meßwesen« vom 27. November 1973.

Das Gesetzespaket schreibt den verbindlichen Gebrauch der sogenannten SI-Einheiten vor und trägt damit zugleich zur internationalen Vereinheitlichung der Maße und Einheiten im Meßwesen bei. SI-Einheiten sind die im Internationalen Einheitensystem (Système International d'Unités) festgelegten sieben SI-Basiseinheiten sowie alle von diesen Basiseinheiten kohärent (d. h. ohne einen von 1 abweichenden Zahlenfaktor) abgeleiteten Einheiten. Dazu kommen die sogenannten erweiterten SI-Einheiten, die sich als dezimale Vielfache oder dezimale Teile von SI-Einheiten ableiten lassen und durch entsprechende Vorsätze (Centi-, Kilo-, Mega- usw.) gekennzeichnet werden. Neben den Basiseinheiten und den abgeleiteten Einheiten akzeptierte die elfte Generalkonferenz für Maß und Gewicht, auf deren Empfehlung das deutsche Einheitengesetz aufbaut, 1960 eine dritte Gruppe von SI-Einheiten, die sogenannten ergänzenden Einheiten. Dabei handelt es sich um die beiden SI-Einheiten Radiant und Steradiant.

In der vorliegenden »Chronik der Technik« wurde bewußt nicht vom SI-Einheitensystem Gebrauch gemacht. Das hätte zu Anachronismen geführt, und zahlreiche Umrechnungen von besonders alten Maßen und Gewichten in SI-Einheiten wären gar nicht möglich gewesen, weil die frühen Natur- oder Körpermaße (Spanne, Handbreit usw.) nur Ungefährmaße waren. Wenig sinnvoll erschien es auch, etwa die Motorenleistung der ersten Autos in Kilowatt statt – wie damals generell üblich – in PS oder den Druck früher Schmiedepressen in Pascal statt in Atmosphären anzugeben. Für das Gewicht wurden – dem Gebrauch der jeweiligen Zeit entsprechend – oft das »Gewichts-Kilogramm« oder die »Gewichts-Tonne« verwendet und nicht, wie der Gesetzgeber dies heute vorschreibt, das Newton. Doch lassen sich alle historischen Maßangaben anhand der folgenden Tabellen in die heute rechtskräftigen umrechnen.

Die Basisgrößen und die zugehörigen Basiseinheiten des SI-System sind:
1. Die Basisgröße Länge mit der Basiseinheit Meter (Einheitenzeichen: m),
2. die Basisgröße Masse mit der Basiseinheit Kilogramm (Einheitenzeichen: kg),
3. die Basisgröße Zeit mit der Basiseinheit Sekunde (Einheitenzeichen: s),
4. die Basisgröße elektrische Stromstärke mit der Basiseinheit Ampere (Einheitenzeichen: A),
5. die Basisgröße thermodynamische Temperatur mit der Basiseinheit Kelvin (Einheitenzeichen: K),
6. die Basisgröße Stoffmenge mit der Basiseinheit Mol (Einheitenzeichen: mol),
7. die Basisgröße Lichtstärke mit der Basiseinheit Candela (Einheitenzeichen: cd).

Die Basiseinheiten sind folgendermaßen definiert:
Die Basiseinheit 1 Meter ist das 1 650 763,73fache der Wellenlänge der von Atomen des Nuklids ^{86}Kr beim Übergang vom Zustand $5d_5$ zum Zustand $2p_{10}$ ausgesandten, sich im Vakuum ausbreitenden Strahlung.
Die Basiseinheit 1 Kilogramm ist die Masse des Internationalen Kilogrammprototyps.
Die Basiseinheit 1 Sekunde ist das 9 192 631 770fache der Periodendauer der dem Übergang zwischen den beiden Hyperfeinstrukturniveaus des Grundzustandes von Atomen des Nuklids ^{133}Cs entsprechenden Strahlung.

Die Basiseinheit 1 Ampere ist die Stärke eines zeitlich unveränderlichen elektrischen Stroms, der, durch zwei im Vakuum parallel im Abstand 1 Meter voneinander angeordnete, geradlinige, unendlich lange Leiter von vernachlässigbar kleinem, kreisförmigem Querschnitt fließend, zwischen diesen Leitern je 1 Meter Leiterlänge elektrodynamisch die Kraft $2 \cdot 10^{-7}$ Newton hervorrufen würde.
Die Basiseinheit 1 Kelvin ist der 273,16te Teil der thermodynamischen Temperatur des Tripelpunktes des Wassers (etwa 0,01 °C).
Die Basiseinheit 1 Mol ist die Stoffmenge eines Systems, das aus ebensoviel Einzelteilchen besteht, wie Atome in $^{12}/_{1000}$ Kilogramm des Kohlenstoffnuklids ^{12}C enthalten sind. Bei Verwendung des Mol müssen die Einzelteilchen des Systems spezifiziert sein und können Atome, Moleküle, Ionen, Elektronen sowie andere Teilchen oder Gruppen solcher Teilchen genau angegebener Zusammensetzung sein.
Die Basiseinheit 1 Candela ist die Lichtstärke, mit der $^{1}/_{600 000}$ Quadratmeter der Oberfläche eines Schwarzen Strahlers bei der Temperatur des beim Druck 101 325 Newton pro Quadratmeter erstarrenden Platins senkrecht zu seiner Oberfläche leuchtet.
Zusätzlich zu den SI-Basiseinheiten sieht das bundesdeutsche Einheiten-Gesetzeswerk die Verwendung zweier atomphysikalischer Einheiten für Masse und Energie vor. Das sind zwei sehr kleine Einheiten, deren Anwendung im atomaren Bereich sinnvoll ist:
Atomphysikalische Einheit der Masse für die Angabe von Teilchenmassen ist die atomare Masseneinheit (Einheitenzeichen: u). Eine atomare Masseneinheit ist der zwölfte Teil der Masse eines Atoms des Nuklids ^{12}C. Atomphysikalische Einheit der Energie ist das Elektronenvolt (Einheitenzeichen: eV). Ein Elektronenvolt ist die Energie, die ein Elektron bei Durchlaufen einer Potentialdifferenz von 1 Volt im Vakuum gewinnt.
Die folgenden dezimalen Vielfachen und Teile von Einheiten können durch Vorsetzen von Vorsilben (Vorsätze) vor den Namen der Einheit bezeichnet werden. Vorsätze und deren Vorsatzzeichen sind:

Für das Billionenfache der Einheit (1 000 000 000 000 oder 10^{12}fache): Tera (Vorsatzzeichen: T),
für das Milliardenfache (1 000 000 000 oder 10^9fache) der Einheit: Giga (Vorsatzzeichen: G),
für das Millionenfache (1 000 000 oder 10^6fache) der Einheit: Mega (Vorsatzzeichen: M),
für das Tausendfache (1000 oder 10^3fache) der Einheit: Kilo (Vorsatzzeichen: k),
für das Hundertfache (100 oder 10^2fache) der Einheit: Hekto (Vorsatzzeichen: h),
für das Zehnfache (10 oder 10^1fache) der Einheit: Deka (Vorsatzzeichen: da),
für das Zehntel (0,1 oder 10^{-1}fache) der Einheit: Dezi (Vorsatzzeichen: d),
für das Hundertstel (0,01 oder 10^{-2}fache) der Einheit: Zenti (Vorsatzzeichen: c),
für das Tausendstel (0,001 oder 10^{-3}fache) der Einheit: Milli (Vorsatzzeichen: m),
für das Millionstel (0,000 001 oder 10^{-6}fache) der Einheit: Mikro (Vorsatzzeichen: μ),
für das Milliardstel (0,000 000 001 oder 10^{-9}fache) der Einheit: Nano (Vorsatzzeichen: n),
für das Billionstel (0,000 000 000 001 oder 10^{-12}fache) der Einheit: Piko (Vorsatzzeichen: p),
für das Billiardstel der Einheit (0,000 000 000 000 001 oder 10^{-15}fache): Femto (Vorsatzzeichen: f),
für das Trillionstel der Einheit (0,000 000 000 000 000 001 oder 10^{-18}fache): Atto (Vorsatzzeichen: a).
Zur Bezeichnung des dezimalen Vielfachen oder Teils einer Einheit darf nicht mehr als ein Vorsatz benutzt werden (verboten ist z. B. Mkg, also Megakilogramm).
Der Vorsatz ist ohne Zwischenraum vor den Namen der Einheit, das Vorsatzzeichen ohne Zwischenraum vor das Einheitenzeichen zu setzen.
Hochzeichen (Potenzexponenten) bei derart zusammengesetzten Kurzzeichen müssen sich auf das ganze Kurzzeichen beziehen (mm^2 bedeutet Quadratmillimeter und nicht Milli-Quadratmeter).
In den folgenden Tabellen sind neben den SI-Einheiten auch veraltete sowie im (angelsächsischen) Ausland heute noch gebräuchliche, vom SI-System abweichende Einheiten aufgeführt.

Größe	Einheit			Beziehung	Anmerkung
	Name	Zeichen	SI		
Raummaße					
Länge	Meter	m	ja	SI-Basiseinheit	
	inch (USA)	in	nein	1 in = 25,40005080 mm	1 in = $^1/_{36}$ yd
	inch (GB)	in	nein	1 in = 25,399978 mm	1 in = $^1/_{36}$ yd
	foot (USA)	ft	nein	1 ft = 0,30480061 m	1 ft = $^1/_3$ yd
	foot (GB)	ft	nein	1 ft = 0,30479974 m	1 ft = $^1/_3$ yd
	yard (USA)	yd	nein	1 yd = 0,91440183 m	
	yard (GB)	yd	nein	1 yd = 0,91439921 m	
	mile (GB)	mile	nein	1 mile = 1,6093426 km	1 mile = 1760 yd
	statute mile (USA)	mi	nein	1 mi = 1,6093472 km	1 mi = 1760 yd
	nautical mile (USA)		nein	= 1,853181 km	= $^{6080}/_3$ yd
	internationale Seemeile		nein	= 1,852 km	auch »international nautical mile«
	Ångström	Å	nein	1 Å = 10^{-10} m	
	typographischer Punkt	p	nein	1 p = 0,376 mm	Druckerei-Satzmaß
	Lichtjahr	Lj	nein	1 Lj = $(9,46051 \pm 0,00009) \cdot 10^{12}$ km	Weg, den das Licht in einem tropischen Jahr im Vakuum zurücklegt
Fläche	Quadratmeter, Meterquadrat	m²	ja		
	Ar	a	ja	1 a = 10^2 m²	Flurmaß
	Hektar	ha	ja	1 ha = 10^4 m²	Flurmaß
	Morgen		nein	= 2500 m²	1 Morgen = 25 a = $^1/_4$ ha (schwankt regional zwischen 0,255 und 0,388 ha)
	square inch (USA)	sq in	nein	1 sq in = 6,4516258 cm²	1 sq in = $^1/_{1296}$ sq yd
	square inch (GB)	sq in	nein	1 sq in = 6,4515888 cm²	1 sq in = $^1/_{1296}$ sq yd
	square foot (USA)	sq ft	nein	1 sq ft = 929,03412 cm²	1 sq ft = $^1/_9$ sq yd
	square foot (GB)	sq ft	nein	1 sq ft = 929,02879 cm²	1 sq ft = $^1/_9$ sq yd
	square yard (USA)	sq yd	nein	1 sq yd = 0,83613070 m²	
	square yard (GB)	sq yd	nein	1 sq yd = 0,83612591 m²	
	acre (USA)	acre	nein	1 acre = 4046,8726 m²	1 acre = 4840 sq yd
	acre (GB)	acre	nein	1 acre = 4046,8494 m²	1 acre = 4840 sq yd
	square mile (USA)	sq mi	nein	1 sq mi = 2,5899985 km²	
	square mile (GB)	sq mi	nein	1 sq mi = 2,5899836 km²	
	Barn	b	nein	1 b = 10^{-28} m²	Wirkungsquerschnitt in der Atom- und Kernphysik
Volumen	Kubikmeter	m³	ja		
	Liter	l	ja	1 l = 1 dm³ = 10^{-3} m³	
	cubic inch (USA)	cu in	nein	1 cu in = 16,387162 cm³	1 cu in = $^1/_{46656}$ cu yd
	cubic inch (GB)	cu in	nein	1 cu in = 16,387021 cm³	1 cu in = $^1/_{46656}$ cu yd
	cubic foot (USA)	cu ft	nein	1 cu ft = 28,317916 m³	1 cu ft = $^1/_{27}$ cu yd
	cubic foot (GB)	cu ft	nein	1 cu ft = 28,316773 m³	1 cu ft = $^1/_{27}$ cu yd
	cubic yard (USA)	cu yd	nein	1 cu yd = 0,76455945 m³	
	cubic yard (GB)	cu yd	nein	1 cu yd = 0,76455287 m³	
	fluid ounce (USA)	fl.oz.	nein	1 fl.oz. = 29,573707 cm³	1 fl.oz. = $^1/_{128}$ gal
	fluid ounce (GB)	fl.oz.	nein	1 fl.oz. = 28,4131 cm³	1 fl.oz. = $^1/_{160}$ gal
	pint (USA)	liq pt	nein	1 liq pt = 473,17931 cm³	1 liq pt = $^1/_8$ gal
	pint (GB)	liq pt	nein	1 liq pt = 568,261 cm³	1 liq pt = $^1/_8$ gal
	quart (USA)	liq qt	nein	1 liq qt = 0,9463586 dm³	1 liq qt = $^1/_4$ gal
	quart (GB)	liq qt	nein	1 liq qt = 1,13652 dm³	1 liq qt = $^1/_4$ gal
	gallon (USA)	gal	nein	1 gal = 3,7854345 dm³	1 gal = 231 US cu in
	gallon (GB)	gal	nein	1 gal = 4,54609 dm³	
	petroleum barrel		nein	= 158,76 dm³	petrochemisches Hohlmaß
	dry pint (USA)	dry pt	nein	1 dry pt = 0,5506138 dm³	1 dry pt = $^1/_{64}$ bu
	dry quart (USA)	dry qt	nein	1 dry qt = 1,1012275 dm³	1 dry qt = $^1/_{32}$ bu
	bushel (USA)	bu	nein	1 bu = 35,239282 dm³	1 bu = 2150,42 US cu in
	dry barrel (USA)	bbl	nein	1 bbl = 0,11562782 m³	
reziproke Länge	reziprokes Meter	1/m	ja		
	Dioptrie	dpt	ja	1 dpt = 1/m	nur für den Brechwert optischer Systeme
Dehnung	Meter pro Meter	m/m	ja		in der Praxis oft in %
Winkel					
(ebener) Winkel	Radiant	rad	ja	1 rad = 1 m/m	1 rad ist gleich dem ebenen Winkel, der als Zentriwinkel eines Kreises vom Radius 1 m aus dem Kreis einen Bogen der Länge 1 m ausschneidet
	Vollwinkel		ja	= 2π rad	
	rechter Winkel	∟	nein	$1^∟ = {}^\pi/_2$ rad	
	Grad	°	ja	$1° = {}^\pi/_{180}$ rad	
	Minute	'	ja	$1' = {}^{1°}/_{60}$	
	Sekunde	''	ja	$1'' = {}^{1'}/_{60}$	
	Gon	gon	nein	1 gon = $^\pi/_{200}$ rad	
	Neugrad	g	nein	1 g = 1 gon	
	Neuminute	c	nein	$1^c = {}^\pi/_{20000}$ rad	
	Neusekunde	cc	nein	$1^{cc} = {}^\pi/_{2000000}$ rad	
räumlicher Winkel (Raumwinkel)	Steradiant	sr	ja	1 sr = 1 m²/m²	

Größen und Einheiten

Größe	Einheit Name	Zeichen	SI	Beziehung	Anmerkung
Masse					
Masse	Kilogramm	kg	ja	SI-Basiseinheit	
	Gramm	g	ja	$1\,g = 10^{-3}\,kg$	
	Tonne	t	ja	$1\,t = 10^{3}\,kg$	
	atomare Masseneinheit	u	ja	$1\,u = 1{,}66053 \cdot 10^{-27}\,kg$	
	metrisches Karat	Kt	ja	$1\,Kt = 0{,}2 \cdot 10^{-3}\,kg$	nur für Edelsteine
	grain	gr	nein	$1\,gr = 64{,}79892\,mg$	$1\,gr = {}^{1}\!/_{7000}\,lb$
	ounce	oz	nein	$1\,oz = 28{,}349527\,g$	$1\,oz = {}^{1}\!/_{16}\,lb$
	pound (USA)	lb	nein	$1\,lb = 0{,}4535924277\,kg$	
	pound (GB)	lb	nein	$1\,lb = 0{,}45359243\,kg$	
	hundredweight	cwt	nein	$1\,cwt = 50{,}802352\,kg$	122 lb
	short ton (USA)	sh tn	nein	$1\,sh\,tn = 907{,}18486\,kg$	
	ton (GB)	tn	nein	$1\,tn = 1016{,}0470\,kg$	$1\,tn = 2240\,lb$
	long ton (USA)	l tn	nein	$1\,l\,tn = 1016{,}0470\,kg$	$1\,l\,tn = 2240\,lb$
	pennyweight	dwt	nein	$1\,dwt = 1{,}5551740\,g$	$1\,dwt = {}^{24}\!/_{7000}\,lb$
längenbezogene Masse	Kilogramm pro Meter	kg/m	ja		
	Tex	tex	ja	$1\,tex = 1\,g/km$	nur für textile Fasern und Garne
flächenbez. Masse	Kilogramm pro Quadratmeter	kg/m²	ja		
Dichte	Kilometer pro Kubikmeter	kg/m³	ja		
spezifisches Volumen	Kubikmeter pro Kilogramm	m³/kg	ja		
Massenmoment 2. Grades (Massenträgheitsmoment)	Kilogramm-Quadratmeter	kgm²	ja		
Zeit					
Zeit	Sekunde	s	ja	SI-Basiseinheit	
	Minute	min	ja	$1\,min = 60\,s$	
	Stunde	h	ja	$1\,h = 3600\,s$	
	Tag	d	ja	$1\,d = 86\,400\,s$	
	Jahr	a	nein		In der Energiewirtschaft: 1 Jahr = 8760 Stunden
Frequenz	Hertz	Hz	ja	$1\,Hz = {}^{1}\!/_{s}$	
Drehzahl, Kreisfrequenz	reziproke Sekunde	1/s	ja		
	reziproke Minute	1/min	ja	$1/min = {}^{1}\!/_{(60\,s)}$	nur Drehzahl
Geschwindigkeit	Meter pro Sekunde	m/s	ja		
	Kilometer pro Stunde	km/h	ja	$1\,km/h = {}^{1}\!/_{3,6}\,m/s$	
Beschleunigung	Meter pro Sekundenquadrat	m/s²	ja		
	Gal	Gal	nein	$1\,Gal = 10^{-2}\,m/s^2$	nur bei Angabe von Fallbeschleunigungen
Winkelgeschwindigk.	Radiant pro Sekunde	rad/s	ja		
Winkelbeschleunigung	Radiant pro Sekundenquadrat	rad/s²	ja		
Volumenstrom (Volumendurchfluß)	Kubikmeter pro Sekunde	m³/s	ja		
Massenstrom (Massendurchfluß)	Kilogramm pro Sekunde	kg/s	ja		
Diffusionskoeffizient	Quadratmeter pro Sekunde	m²/s	ja		
Kraft, Energie, Leistung					
Kraft	Newton	N	ja	$1\,N = 1\,kgm/s^2$	
	Dyn	dyn	nein	$1\,dyn = 10^{-5}\,N$	
	Kilopond	kp	nein	$1\,kp = 9{,}80665\,N$	
	poundal		nein	$= 0{,}1382549\,N$	
	pound-weight	lb wt	nein	$1\,lb\,wt = 4{,}448221\,N$	
	short ton-weight	sh tn wt	nein	$1\,sh\,tn\,wt = 8896{,}44\,N$	$1\,sh\,tn\,wt = 2000\,lb\,wt$
Impuls	Newtonsekunde	Ns	ja	$1\,Ns = 1\,kgm/s$	
Druck, mechanische Spannung	Pascal, Newton pro Quadratmeter	Pa, N/m²	ja	$1\,Pa = 1\,N/m^2$	
	Bar	bar	ja	$1\,bar = 10^5\,Pa$	nur für Druckmessung
	physikalische Atmosphäre	atm	nein	$1\,atm = 101\,325\,Pa$	
	technische Atmosphäre	at	nein	$1\,at = 98\,066{,}5\,Pa$	$1\,at = 1\,kp/cm^2$
	Torr	Torr	nein	$1\,Torr = 133{,}3224\,Pa$	$1\,Torr = {}^{1}\!/_{760}\,atm$
	Millimeter Quecksilbersäule	mm Hg	nein	$1\,mm\,Hg = 133{,}3224\,Pa$	$1\,mm\,Hg = 1{,}00000014\,Torr$
	Meter Wassersäule	m WS	nein	$1\,m\,WS = 9{,}80638\,Pa$	

Größe	Einheit Name	Zeichen	SI	Beziehung	Anmerkung
Energie, Arbeit, Wärmemenge	Joule	J	ja	$1\ J = 1\ Nm = 1\ Ws = 1\ kgm^2/s^2$	
	Kilowattstunde	kWh	ja	$1\ kWh = 3{,}6\ MJ$	
	Elektronenvolt	eV	ja	$1\ eV = 1{,}60219 \cdot 10^{-19}\ J$	
	Erg	erg	nein	$1\ erg = 10^{-7}\ J$	
	PS-Stunde	PSh	nein	$1\ PSh = 2{,}64779 \cdot 10^6\ J$	
	internationale Kilokalorie	kcal	nein	$1\ kcal = 4{,}18684 \cdot 10^3\ J$	
	British Thermal Unit	BTU	nein	$1\ BTU = 1{,}05579 \cdot 10^3\ J$	
	Meterkilopond	mkp	nein	$1\ mkp = 9{,}80665\ J$	
Moment einer Kraft, Biegemoment, Drehmoment	Newtonmeter, Joule	Nm, J	ja	$1\ Nm = 1\ J = 1\ Ws$	
Drehimpuls	Newtonsekundemeter	Nsm	ja	$1\ Nsm = 1\ kgm^2/s$	
Leistung, Energiestrom, Wärmestrom	Watt	W	ja	$1\ W = 1\ J/s = 1\ Nm/s = 1\ var$	Die Einheit Watt wird bei Angabe von elektrischen Scheinleistungen auch Voltampere (Einheitenzeichen VA), bei Angabe von elektrischen Blindleistungen auch Var (Einheitenzeichen var) genannt
	Pferdestärke	PS	nein	$1\ PS = 7{,}3550 \cdot 10^2\ W$	
	Horsepower	h.p.	nein	$1\ h.p. = 7{,}4570 \cdot 10^9\ W$	
	Meterkilopond pro Sekunde	m kp/s	nein	$1\ m\ kp/s = 9{,}80665\ W$	

Viskosimetrische Größen

Größe	Einheit Name	Zeichen	SI	Beziehung	Anmerkung
dynamische Viskosität	Pascalsekunde	Pas	ja	$1\ Pas = Ns/m^2 = 1\ kg/(sm)$	
	Poise	P	nein	$1\ P = 0{,}1\ Pas$	
kinemat. Viskosität	Quadratmeter durch Sekunde	m^2/s			
	Stokes	St	nein	$1\ St = 10^{-4}\ m^2/s$	

Temperatur und Wärme

Größe	Einheit Name	Zeichen	SI	Beziehung	Anmerkung
Temperatur	Kelvin	K	ja	SI-Basiseinheit	
	Grad Celsius	°C	ja	$x\ °C = X - 273{,}15\ K$	Der Grad Celsius ist der besondere Name für das Kelvin bei der Angabe von Celsius-Temperaturen
	Grad Kelvin	°K	nein	$1\ °K = 1\ K$	
	Grad	grd	nein	$1\ grd = 1\ K$	
	Grad Fahrenheit	°F	nein	$x°C = (^9/_5\ y + 32)\ °F$	
	Grad Réaumur	°R	nein	$x°C = (^4/_5)\ y\ °R$	
	Grad Rankine	°Rank	nein	$xK = (^9/_5)\ y\ °Rank$	Die Rankine-Skala mißt die Temperatur in Fahrenheit-Teilung und beginnt beim absoluten Temperaturnullpunkt
Temperaturleitfähigkeit	Quadratmeter durch Sekunde	m^2/s	ja		
Entropie, Wärmekapazität	Joule durch Kelvin	J/K	ja		
Wärmeleitfähigkeit	Watt durch Kelvinmeter	W/(Km)	ja		
Wärmeübergangskoeffizient	Watt durch Kelvin-Quadratmeter	$W/(Km^2)$	ja		

Elektrische und magnetische Größen

Größe	Einheit Name	Zeichen	SI	Beziehung	Anmerkung
elektrische Stromstärke, magnetische Spannung	Ampere	A	ja	SI-Basiseinheit	
	Gilbert	Gb	nein	$1\ Gb = (^{10}/_{[4\pi]})\ A$	nur magnetische Spannung
elektrische Spannung, elektrische Potentialdifferenz	Volt	V	ja	$1\ V = 1\ W/A$	
elektrischer Leitwert	Siemens	S	ja	$1\ S = 1\ A/V$	
elektrischer Widerstand	Ohm	Ω	ja	$1\ \Omega = 1/S$	
Elektrizitätsmenge, elektr. Ladung	Coulomb	C	ja	$1\ C = 1\ A\ s$	
	Amperestunde	Ah	ja	$1\ Ah = 3600\ As$	
elektrische Kapazität	Farad	F	ja	$1\ F = 1\ C/V$	
elektr. Flußdichte, Verschiebung	Coulomb durch Quadratmeter	C/m^2	ja		
elektr. Feldstärke	Volt durch Meter	V/m	ja		

Größen und Einheiten

Größe	Einheit			Beziehung	Anmerkung
	Name	Zeichen	SI		
Elektrische und magnetische Größen (Fortsetzung)					
magnetischer Fluß	Weber, Voltsekunde Maxwell	Wb, Vs M	ja nein	$1\ Wb = 1\ Vs$ $1\ M = 10^{-8}\ Wb$	
magnet. Flußdichte (Induktion)	Tesla Gauß	T G	ja nein	$1\ T = 1\ Wb/m^2$ $1\ G = 10^{-4}\ T$	
Induktivität, magnet. Leitwert	Henry	H	ja	$1\ H = 1\ Wb/A$	
magnet. Feldstärke	Ampere durch Meter Oersted	A/m Oe	ja nein	$1\ Oe = (^{10}/_{[4\,\pi]})\ A/cm$	
Lichttechnische Größen					
Lichtstärke	Candela Hefner-Kerze	cd HK	ja nein	SI-Basiseinheit $1\ HK = 0{,}903\ cd$	
Leuchtdichte	Candela pro Quadratmeter Nit Stilb Apostilb lambert foot-lambert	cd/m² nt sb asb la ft la	ja nein nein nein nein nein	 $1\ nt = 1\ cd/m^2$ $1\ sb = 10^4\ cd/m^2$ $1\ asb = 1/\pi\ cd/m^2$ $1\ la = 10^4/\pi\ cd/m^2$ $1\ ft\ la = 3{,}426\ cd/m^2$	
Lichtstrom	Lumen	lm	ja	$1\ lm = 1\ cd\ sr$	
Beleuchtungsstärke	Lux	lx	ja	$1\ lx = 1\ lm/m^2$	
Radiologische Größen					
Aktivität einer radioaktiven Substanz	Becquerel Curie	Bq Ci	ja nein	$1\ Bq = 1/s$ $1\ Ci = 3{,}7 \cdot 10^{10}\ 1/s$	
Energiedosis, Äquivalentdosis	Joule pro Kilogramm Rad Rem	J/kg rd rem	ja nein nein	 $1\ rd = 10^{-2}\ J/kg$ $1\ rem = 10^{-2}\ J/kg$	
Energiedosisrate, Äquivalentdosisrate (Dosisleistung)	Watt pro Kilogramm	W/kg	ja		
Ionendosis	Coulomb pro Kilogramm Röntgen	C/kg R	ja nein	 $1\ R = 258 \cdot 10^{-6}\ C/kg$	
Ionendosisrate (Dosisleistung)	Ampere pro Kilogramm	A/kg	ja		
Stoffmengengrößen					
Stoffmenge	Mol	mol	ja	SI-Basiseinheit	
stoffmengenbezogene (molare) Masse	Kilogramm pro Mol	kg/mol	ja		
Stoffmengenkonzentration (Molarität)	Mol pro Kubikmeter	mol/m³	ja		
Äquivalentleitfähigkeit	Siemens-Quadratmeter durch Mol	Sm²/mol	ja		

Nobelpreisträger für Chemie

1901
Jacobus Henricus van't Hoff (1852–1911), Niederlande

»als Anerkennung des außerordentlichen Verdienstes, das er sich durch die Entdeckung der Gesetze der chemischen Dynamik und des osmotischen Drucks in Lösungen erworben hat.«
Nachdem sich van't Hoff zunächst durch seine Lehre von der Asymmetrie des Kohlenstoffatoms als Begründer der Stereochemie hervortat, arbeitete er auf dem Gebiet der chemischen Kinetik. Er wendete bekannte mechanische und thermodynamische Prinzipien auf chemodynamische Prozesse an und wurde damit zum Mitbegründer der physikalischen Chemie. Schließlich befaßte er sich intensiv mit den Gesetzen des osmotischen Drucks und deren Auswirkungen in Physiologie und Medizin sowie allgemein mit dem Mechanismus chemischer Reaktionen in Lösungen.

1902
Emil Fischer (1852–1919), Deutsches Reich

»als Anerkennung des außerordentlichen Verdienstes, das er sich durch seine synthetischen Arbeiten auf dem Gebiet der Zucker- und Puringruppen erworben hat.«
Fischer befaßte sich wissenschaftlich mit der Synthese organischer Substanzen und erforschte die molekularen Strukturen der Zuckerarten. Er synthetisierte u. a. den Traubenzucker. Besonders verdient machte er sich um die Eiweißforschung, als deren wichtigster Begründer er zu betrachten ist. Fischer fand viele Wege der Synthese und zahlreiche Zusammenhänge im Stoffwechselgeschehen lebender Organismen. Ferner erkannte er die Zusammensetzung zahlreicher Substanzen der Harnsäuregruppe, darunter des Koffeins und des Theobromins.

1903
Svante August Arrhenius (1859–1927), Schweden

«als Anerkennung des außerordentlichen Verdienstes, das er sich durch seine Theorie über die elektrolytische Dissoziation um die Entwicklung der Chemie erworben hat.«
In seiner Theorie der elektrolytischen Dissoziation beschrieb Arrhenius den von ihm entdeckten Zerfall gelöster Elektrolyte (Säuren, Basen, Salze) in Ionen. Die zunächst in der Fachwelt skeptisch betrachtete Theorie wurde später zu einer Hauptgrundlage der physikalischen Chemie. Neben seinen chemischen Forschungen tat sich Arrhenius durch astrophysikalische Arbeiten hervor. So schrieb er 1903 ein »Lehrbuch der kosmischen Physik« und später »Das Werden der Welten«, »Die Vorstellung vom Weltgebäude im Wandel der Zeiten« und »Das Schicksal der Planeten«.

1904
Sir William Ramsay (1852–1916), Großbritannien

»als Anerkennung des Verdienstes, das er sich durch die Entdeckung der indifferenten gasförmigen Grundstoffe in der Luft und die Bestimmung ihres Platzes im periodischen System erworben hat.«
Zusammen mit John William Strutt, Baron Rayleigh (Nobelpreis für Physik 1904) entdeckte Ramsay das erste Edelgas, also ein elementares Gas, das keinerlei chemische Verbindungen eingeht. Er nannte es Argon. 1885 gelang ihm der Nachweis eines zweiten Edelgases, des Heliums. Helium war zwar aus Spektralanalysen von der Sonne her bekannt, Ramsays Verdienst war es, dieses Gas auch in der irdischen Atmosphäre nachzuweisen. 1898 entdeckte Ramsay auch die noch fehlenden Edelgase Neon, Krypton und Xenon.

1905
Adolf Ritter von Baeyer (1835–1917), Deutsches Reich

»als Anerkennung des Verdienstes, das er sich um die Entwicklung der organischen Chemie und der chemischen Industrie durch seine Arbeiten über die organischen Farbstoffe und die hydroaromatischen Verbindungen erworben hat.«
Baeyer arbeitete vielseitig auf dem Gebiet der organischen Chemie. Eine seiner Hauptleistungen liegt in der Synthese des Indigos, eines blauen Farbstoffes, der sich bisher nur auf sehr kompliziertem und teurem chemischen Wege in wechselnder Qualität aus einer subtropischen Pflanze gewinnen ließ. Nach Baeyers Erfindung verdrängte ab 1897 sein synthetischer Indigo den Naturfarbstoff vollständig vom Markt. Baeyer wurde so zum Mitbegründer der deutschen Farbenchemie.

1906
Henri Moissan (1852–1907), Frankreich

»als Anerkennung des großen Verdienstes, das er sich durch seine Untersuchung und Isolierung des Elements Fluor sowie durch die Einführung des nach ihm benannten elektrischen Ofens in den Dienst der Wissenschaft erworben hat.«
1886 gelang es Moissan, das Element Fluor aus dem Flußspat zu isolieren und dessen Eigenschaften zu untersuchen. Den in der Nobelpreisbegründung besonders hervorgehobenen elektrischen Ofen, der Temperaturen von 3500 °C erreichte, entwickelte er 1893. Damit gelang es Moissan, die Verbindungen zahlreicher Elemente mit Kohlenstoff, Bor und Silizium zu erforschen. Zugleich gelang ihm mit seinem Ofen die Herstellung künstlicher Diamanten aus in Eisen oder Silber gelöstem Kohlenstoff.

1907
Eduard Buchner (1860–1917), Deutsches Reich

»für seine biochemischen Untersuchungen und die Entdeckung der zellfreien Gärung.«
Das Hauptverdienst Buchners liegt in dem Nachweis, daß die alkoholische Gärung durch ein spezielles, in Hefezellen vorkommendes Enzym bewirkt wird und nicht, wie man zuvor glaubte, durch die Lebensfunktionen der Hefeorganismen. Buchner zeigte, daß das Enzym auch isoliert seine Wirkung behält. Er preßte Hefezellen aus und führte den Gärungsprozeß mit dem zellfreien Saft durch. Schließlich gelang ihm die völlige Isolierung des Gärungsenzyms. Er bezeichnete es als Zymase. Seine Arbeiten dokumentierte Buchner u. a. in »Alkoholische Gärung ohne Hefezellen« (1897) und zusammen mit seinem Bruder Hans 1903 in seinem Hauptwerk »Die Zymasegärung«.

1908
Ernest Rutherford (1871–1937), Großbritannien

»für seine Untersuchungen über den Zerfall der Elemente und die Chemie der radioaktiven Stoffe.«
Das Hauptverdienst Rutherfords liegt in der Erkenntnis, daß sich die Umwandlung der Elemente bei radioaktiven Vorgängen nicht in den Molekülen, sondern in den Atomen abspielt. Damit war erwiesen, daß die Atome keine unveränderlichen Urbausteine des Universums sind.
1911 schuf Rutherford ein Atommodell, nach dem sich die Atome aus einem elektrisch positiven Atomkern und diesen Kern umgebenden, elektrisch negativen Elementarteilchen, den Elektronen, aufbauen. Das bald berühmte Modell wurde zur Grundlage praktisch aller späteren Entwicklungen der Kernphysik.

1909
Wilhelm Ostwald (1853–1932), Deutsches Reich

»als Anerkennung für seine Arbeiten über die Katalyse sowie für seine grundlegenden Untersuchungen über chemische Gleichgewichtsverhältnisse und Reaktionsgeschwindigkeiten.«
Die Arbeiten Ostwalds auf dem Gebiet der Katalyse gingen von Beobachtungen aus, die erwiesen, daß der Säureoder Alkaligehalt von Lösungen eine wichtige Rolle bei der Beschleunigung oder Verzögerung bestimmter chemischer Reaktionen spielt.
Ostwald erkannte die Funktion der Wasserstoffionen als Katalysatoren. Sie beschleunigen chemische Reaktionen, ohne an diesen selbst beteiligt zu sein. Diese Art der Katalyse ist wesentlich bei chemischen Prozessen in lebenden Organismen.

1910
Otto Wallach (1847–1931), Deutsches Reich

»als Anerkennung des Verdienstes, das er sich um die Entwicklung der organischen Chemie und der chemischen Industrie durch seine bahnbrechenden Arbeiten auf dem Gebiet der alicyklischen Verbindungen erworben hat.«
Wallach untersuchte eingehend die sogenannten ätherischen Öle im Hinblick auf eine Klassifizierung. Er fand heraus, daß die meisten dieser Stoffe miteinander chemisch eng verwandt sind und zur Gruppe der Terpene gehören. Ihre Gemeinsamkeit besteht im Aufbau aus gesättigten Kohlenstoffringen, die Unterschiede liegen in der Zahl der Ringe, aus denen sich die jeweiligen Moleküle zusammensetzen, sowie in den an die Ringe angelagerten Seitengruppen.

1911
Marie Curie, geb. Skłodowska (1867–1934), Frankreich

»als Anerkennung des Verdienstes, das sie sich um die Entwicklung der Chemie erworben hat durch die Entdeckung der Elemente Radium und Polonium, durch die Charakterisierung des Radiums und dessen Isolierung in metallischem Zustand und durch ihre Untersuchungen über die Natur und die chemischen Verbindungen dieses wichtigen Elements.«
Zusammen mit ihrem Ehemann (Heirat 1895) Paul Curie erforschte Marie Curie die radioaktiven Stoffe, was zur Entdeckung des Radiums und des Poloniums führte. Nach dem Tode ihres Mannes (1906) übernahm Marie Curie dessen Funktionen an der Pariser Universität. Hier gelang ihr die Isolation von Radium und die Gewinnung von Polonium in hoher Konzentration.

1912
Victor Grignard (1871–1935), Frankreich; Paul Sabatier (1854–1941), Frankreich

Grignard erhält den Nobelpreis »für das von ihm aufgefundene sogenannte Grignard'sche Reagenz, das in den letzten Jahren in hohem Grad den Fortschritt der organischen Chemie gefördert hat«, Sabatier »für seine Methode, organische Verbindungen bei Gegenwart fein verteilter Metalle zu hydrieren, wodurch der Fortschritt der organischen Chemie in den letzten Jahren in hohem Grade gefördert worden ist.«
Das Gridgnardsche Reagenz ist wichtig im Zusammenhang mit organischen Syntheseprozessen. – Sabatier fand einen neuen Weg zur katalytischen Hydrierung von Kohlenstoffverbindungen.

1913
Alfred Werner (1866–1919), Schweiz

»auf Grund seiner Arbeiten über die Bindungsverhältnisse der Atome im Molekül, wodurch er ältere Forschungsgebiete geklärt und neue erschlossen hat, besonders im Bereich der anorganischen Chemie.«
Mit seiner wissenschaftlichen Arbeit über »Stereochemie der stickstoffhaltigen Moleküle«, die den räumlichen Aufbau dieser Moleküle beschreibt, führte Werner die von Jacobus Henricus van't Hoff (Nobelpreis für Chemie 1901) begründete Stereochemie in die anorganische Chemie ein.
Werners Hauptverdienst liegt in seiner Koordinationslehre, die den räumlichen Aufbau von Verbindungen höherer Ordnung behandelt. Er führte die Begriffe der Koordinationszahl, der Nebenvalenz und der direkten sowie der indirekten Bindung ein.

1914 (verliehen 1915)
Theodore William Richards (1868–1928), USA

»Als Anerkennung seiner genauen Bestimmungen des Atomgewichts von zahlreichen chemischen Elementen.«
Das Atomgewicht (später als Atommasse bezeichnet) gibt an, wie groß das Gewicht eines Atoms im Vergleich zum Atomgewicht des Wasserstoffs (später andere Relationen) ist. Die exakte Er-

mittlung der Atomgewichte von nicht weniger als 21 Atomarten war für Richards lange Zeit Lebensinhalt. Mit dieser Arbeit begann er bereits 1886 im Alter von 18 Jahren, als er die Atomgewichte von Sauerstoff und Kupfer ermittelte. 1909 publizierte er sein Hauptwerk »Untersuchungen über Atomgewichte«, das seine gesamten Arbeiten auf diesem Gebiet zusammenfaßte. Danach befaßte sich Richards mit anderen Problemen der physikalischen Chemie.

1915
Richard Willstätter (1872–1942), Deutsches Reich

»für seine Untersuchungen der Farbstoffe im Pflanzenreich, vor allem des Chlorophylls.«
Willstätters Arbeiten über pflanzliche und tierische Pigmente gingen Strukturanalysen und Synthesen von pflanzlichen Alkaloiden wie Atropin und Kokain und später der Chinone voraus, stark gefärbter organischer Verbindungen, die bei der Oxidation von aromatischen Kohlenwasserstoffen entstehen. Von 1912 bis 1914 führte er seine bahnbrechenden Untersuchungen über den grünen Pflanzenfarbstoff Chlorophyll, über den roten Blutfarbstoff Hämoglobin sowie über verschiedenen Farbstoffen in Blüten und Früchten durch.

1916
nicht verliehen

1917
nicht verliehen

1918 (verliehen 1919)
Fritz Haber (1868–1934), Deutsches Reich

»für die Synthese von Ammoniak aus dessen Elementen.«
Das stechend riechende, farblose Gas Ammoniak, das in der chemischen Industrie und in Kältemaschinen eine wichtige Rolle spielt, setzt sich aus Stickstoff und Wasserstoff (NH_3) zusammen. Habers Verdienst ist es, durch die Anwendung hoher Drücke und hoher Temperaturen in Gegenwart bestimmter Katalysatoren Ammoniak unmittelbar aus atomsphärischem Stickstoff und Wasserstoff zu synthetisieren. Damit war der Weg zur Mengenproduktion vorbereitet. In der Folgezeit – nach 1913 – gewann der Ammoniak eine große Bedeutung für die weltweite Herstellung von Stickstoffkunstdüngern. Daneben ist er Ausgangsstoff für die Erzeugung von Sulfonamiden, Chemiefasern usw.

1919
nicht verliehen

1920 (verliehen 1921)
Walther Nernst (1864–1941), Deutsches Reich

»als Anerkennung für seine thermochemischen Arbeiten.«
Als Mitbegründer der physikalischen Chemie war Nernst sehr vielseitig tätig. Er formulierte u. a. das »Nernstsche Wärmetheorem« und den neuen dritten Hauptsatz der Thermodynamik, der davon ausgeht, »daß in der Nähe des absoluten Temperaturnullpunkts die Wärmeentwicklung ein Maß der chemischen Verwandschaft ist«. Diese Er-

kenntnis ermöglicht es, aus der Wärmebilanz bei chemischen Reaktionen chemische Affinitäten zu bestimmen oder bei noch unbekannten Reaktionen Reaktionsgleichgewichte vorauszuberechnen.

1921 (verliehen 1922)
Frederick Soddy (1877–1956), Großbritannien

»für seine Beiträge zur Kenntnis der Chemie der radioaktiven Stoffe und seine Untersuchungen über das Vorkommen und die Natur der Isotope.« Die chemischen Eigenschaften eines Elements resultieren aus dessen atomarer Struktur. Bedeutend ist die Kernladung, denn diese bestimmt die Zahl der Elektronen in der Atomhülle und damit deren chemisches Verhalten. Soddy entdeckte die Isotope, Atome mit chemisch gleichem Verhalten aber unterschiedlichen Atommassen. Zwar ist bei ihnen die Zahl der Ladungsträger im Kern (Protonen) gleich, doch enthalten die Kerne danebenen unterschiedliche Zahlen von Neutronen. Soddy, der sich auch über die Erzeugung von Isotopen bewußt war, schlug vor, verschiedene Isotope ein und desselben Elements im periodischen System auf denselben Platz zu verweisen.

1922
Francis William Aston (1877–1945), Großbritannien

»für seine Endeckung einer großen Zahl von Isotopen in mehreren nichtradioaktiven Elementen mit Hilfe seines Massenspektrographen sowie für seine Entdeckung des sogenannten Gesetzes der Ganzzahligkeit.«
1919 erfand Aston den Massenspektrographen, mit dem es möglich ist, die chemisch gleichartigen Atome eines Elements aufgrund ihrer unterschiedlichen Massen in die verschiedenen Isotope zu trennen. Es gelang Aston, von 30 Elementen nachzuweisen, daß sie sich jeweils aus zwei oder mehr Isotopen zusammensetzen. Im Zusammenhang mit der Entdeckung der Neutronen und Protonen ergab sich daraus für Aston, daß alle Atomgewichte ganzzahlige Vielfache des Atomgewichts des Wasserstoffs als kleinster Einheit sein müssen.

1923
Fritz Pregl (1869–1930), Österreich

»für die von ihm entwickelte Mikroanalyse organischer Substanzen.« Pregl schuf nichts prinzipiell Neues. Er verbesserte aber die von Justus Liebig und dessen Zeitgenossen entwickelte chemische Analyse zur Mikroanalyse weiter, so daß dadurch neuartige Forschungsarbeiten möglich wurden. Pregl konstruierte neue Spezialinstrumente, die es gestatteten, die für chemische Analysen notwendigen Stoffmengen drastisch – z. T. bis auf ein Fünfzigstel – zu reduzieren, ohne einen Verlust an Exaktheit bei der Ergebnissen hinnehmen zu müssen. Damit ließen sich erstmals auch extrem seltene Substanzen wirtschaftlich analysieren. Insofern förderte er die Arbeit der reinen Wissenschaft und der industriellen Forschung.

1924
nicht verliehen

1925 (verliehen 1926)
Richard Zsigmondy (1865–1929), Deutsches Reich

»für die Aufklärung der heterogenen Natur kolloidaler Lösungen sowie für die dabei angewandten Methoden, die grundlegend für die moderne Kolloidchemie sind.«
Zum Gebiet der Kolloidchemie gelangte Zsigmondy durch seine Beschäftigung mit der Herstellung von Lüsterfarben für Glas und Porzellan. Ein Hilfsmittel für seine Forschung war das von ihm und Henry Friedrich Wilhelm Siedentopf 1903 konstruierte Ultramikroskop, das er 1913 zum Immersions-Ultramikroskop weiterentwickelte. Damit konnte er erstmals die winzigen, fein verteilten Bestandteile von Kolloiden in der Größenordnung von 10^{-3} bis 10^{-6} sichtbar machen.

1926
The (Theodor) Svedberg (1884–1971), Schweden

»für seine Arbeiten über disperse Systeme.«
Die Arbeiten Svedbergs waren nur möglich aufgrund einer Entwicklung des Vorjahres-Nobelpreisträgers für Chemie, Richard Adolf Zsigmondy. Mit dessen Ultramikroskop untersuchte Svedberg die Braunsche Molekularbewegung, eine Arbeit, die ihn wiederum zur Entwicklung der Ultrazentrifuge führte. Hierin liegt eines seiner Hauptverdienste. Mit dem neuen Instrument entwickelte er einen neuartigen Weg zur Molekulargewichtsbestimmung chemischer Verbindungen. Das Verfahren wurde zu einem wichtigen Hilfsmittel bei der Untersuchung hochmolekularer organischer Substanzen. Seine Vorteile liegen im geringen Zeitaufwand und den schonenden Analysebedingungen.

1927 (verliehen 1928)
Heinrich Wieland (1877–1957), Deutsches Reich

»für seine Forschungen über die Zusammensetzung der Gallensäure und verwandter Substanzen.«
Die relativ lapidare Begründung des Nobelpreises läßt die umfassende Bedeutung der wissenschaftlichen Arbeit Wielands nur ahnen, denn seine Erforschung der Gallensäure zog die gesamte Chemie der Sexualhormone nach sich. Darüber hinaus führte sie zur Entdeckung des Kortisons, das bald weltweit als Chemotherapeutikum bei rheumatischen Krankheiten bekannt wurde. Strukturell verwandt mit der Gallensäure ist auch das antirachitische Vitamin D, dessen Synthese in enger Zusammenarbeit mit Wieland dessen Freund und Kollegen Adolf Windaus (Nobelpreis für Chemie 1928) gelang.

1928
Adolf Windaus (1876–1959), Deutsches Reich

»für seine Verdienste um die Erforschung des Aufbaus der Sterine und ihres Zusammenhanges mit den Vitaminen.«
Windaus arbeitete eng mit dem Vorjahres-Nobelpreisträger für Chemie, Heinrich Otto Wieland, zusammen, mit dem er befreundet war. Es gelang ihm, in sehr umfangreichen Untersuchungen

nachzuweisen, daß das Cholesterin als Vertreter der sogenannten Sterine strukturell mit der von Wieland bearbeiteten Gallensäure verwandt ist. Ausgehend von dieser Einsicht gelangte Windaus zu weitreichenden Erkenntnissen der Vitaminforschung. Von besonderer Bedeutung ist ein Verfahren zur Synthese des Antirachitis-Vitamins D in dem von Windhaus zusammen mit Wieland entwickelten Präparat »Vigantol«.

1929
Arthur Harden (1865–1940), Großbritannien
Hans von Euler-Chelpin (1873–1964), Schweden

»für ihre Forschung über die Zuckervergärung und den Anteil der Enzyme an diesem Vorgang.«
Harden erforschte zunächst die chemischen Auswirkungen von Bakterien und beschäftigte sich ab 1903 mit der alkoholischen Gärung. Dabei fand er heraus, daß sich das von Eduard Buchner (Nobelpreis für Chemie 1907) entdeckte Ferment Zymase aus zwei Komponenten, der eigentlichen Zymase und der Cozymase, zusammensetzt, die nur gemeinsam Gärung bewirken. Von Euler-Chelpin gelang es, die Vorgänge bei der Zuckergärung mit Hilfe der Methodik der physikalischen Chemie zu erklären.

1930
Hans Fischer (1881–1945), Deutsches Reich

»für seine Arbeiten über den strukturellen Aufbau der Blut- und Pflanzenfarbstoffe und für die Synthese des Hämins.«
Fischer untersuchte den strukturellen Aufbau der Blut-, Gallen und Blattfarbstoffe sowie die Chemie der Pyrrole generell. Er zeigte, daß die farbgebende Komponente des Hämoglobins, das Hämin, ein Porphyrin-Ringsystem mit einem Eisenatom als Zentrum ist; dieser Ring setzt sich aus vier miteinander verknüpften Pyrrol-Ringen zusammen. Nach dieser Erkenntnis gelang es Fischer 1929, das Hämin zu synthetisieren. Die Laudatio würdigt seine Arbeiten über die Farbstoffe des Blutes und des Blattes als »eine Leistung, die nicht anders als eine chemische Großtat zu bezeichnen ist.«

1931
Carl Bosch (1874–1940), Deutsches Reich;
Friedrich Bergius (1884–1949), Deutsches Reich

»für ihre Verdienste um die Entdeckung und Entwicklung der chemischen Hochdruckverfahren.«
Ein Verdienst von Bosch ist es, die von Fritz Haber (Nobelpreis für Chemie 1918) entwickelte Methode der Ammoniaksynthese zu einem großtechnischen Verfahren, der »Haber-Bosch-Synthese«, weiterentwickelt zu haben. Das gelang ihm durch Reaktionsgefäße, die bei 500 °C und 200 Atmosphären Druck arbeiten konnten. Diese Hochdruck-Reaktionsmethode war zugleich die Voraussetzung für die kommerzielle Nutzung der von Bergius erfundenen und von ihm und Bosch entwickelten Kohleverflüssigung.

1932
Irving Langmuir (1881–1957), USA
»für seine Entdeckungen und Forschungen im Bereich der Oberflächenchemie.«
Langmuir näherte sich der Behandlung chemischer Probleme ausgehend von der Vakuumtechnik und der Vakuumphysik. Er untersuchte in weitgehend luftleeren Räumen die atomaren und molekularen Mechanismen chemischer und physikalischer Phänomene an den Oberflächen von Körpern. Die Schwerpunkte dieser Arbeiten lagen bei der Erforschung adsorbierender – also Gase oder feste Stoffe anlagernder – Oberflächenfelder und bei der Untersuchung elektrischer Entladungen im Hochvakuum sowie in Gasen bei niedrigen Drücken. Langmuir betrat mit seinen Arbeiten Neuland. Er wurde zum Begründer der Oberflächenchemie.

1933
nicht verliehen

1934
Harold Clayton Urey (1893–1981), USA
»für seine Entdeckung des schweren Wasserstoffs.«
Urey, der im Grenzgebiet zwischen Physik und Chemie arbeitete und 1930 ein Buch mit dem Titel »Atome, Moleküle, Quanten« verfaßte, entdeckte 1932 das schwere Wasserstoffisotop Deuterium. Der Nachweis gelang ihm durch destillatives Anreichern bei –250 °C und die elektrolytische Isolation von »schwerem Wasser« (D_2O).
Nach der Entdeckung des Deuteriums widmete er sich weitgehend der Erforschung von dessen Eigenschaften, besonders des Dampfdrucks, sowie der Gleichgewichtskonstanten bei der Austauschreaktion zwischen normalem Wasserstoff und Deuterium.

1935
Frédéric Joliot-Curie (1900–1958), Frankreich
Irène Joliot-Curie (1897–1956), Frankreich
»für ihre gemeinsam durchgeführten Synthesen von neuen radioaktiven Elementen.«
Irène, Tochter der Nobelpreisträger Pierre und Marie Curie, entdeckte gemeinsam mit ihrem Ehemann (verheiratet seit 1926) Frédéric Joliot, daß beim Beschuß von Atomkernen mit Alpha-Teilchen u. a. instabile neue Atome (z. B. radioaktiver Stickstoff oder Phosphor) entstehen. Die auf diese Weise künstlich erzeugten radioaktiven Isotope mit Halbwertszeiten von wenigen Sekunden bis zu mehreren Jahren gewannen u. a. Bedeutung als chemische Indikatoren und Radiotherapeutika.

1936
Peter Debye (1884–1966), Niederlande
»für seine Beiträge zu unserer Kenntnis der Molekularstrukturen durch seine Forschungen über Dipolmomente, über die Beugung von Röntgenstrahlen und an Elektronen in Gasen.«
Debye gelang der Nachweis, daß sich fast alle Moleküle und Ionen gegenseitig so beeinflussen, daß sie zu regelmäßigen Strukturen zusammentreten. Diese Strukturen haben die Eigenschaft, Röntgenstrahlen nach festen Gesetzen zu beugen. Debye wies darüber hinaus nach, daß zahlreiche Moleküle den Charakter elektrischer Dipole besitzen, weil sich die elektrischen Ladungen innerhalb der Moleküle auf deren einzelne Atome bzw. Atomgruppen ungleichmäßig verteilen.

1937
Walter Norman Haworth (1883–1950), Großbritannien
Paul Karrer (1889–1971), Schweiz
Haworth erhält den Nobelpreis »für seine Forschungen über Kohlehydrate und Vitamin C«, Karrer »für seine Forschungen über die Karotinoide und Flavine sowie über die Vitamine A und B_2.«
Haworth erbrachte den Nachweis der zyklischen Molekularstruktur der Kohlehydrate vom einfachen Zucker bis zu komplizierten Substanzen wie Disacchariden und Zellulose. Auch erkannte er die Struktur des Vitamin C. Molekularstrukturen erforschte auch Karrer, u. a. jene des Karotins, einer Vorstufe des Vitamins A, sowie der Flavine (Laktoflavin, Ovoflavin).

1938 (verliehen 1939)
Richard Kuhn (1900–1967), Deutsches Reich
»für seine Arbeiten über Karotinoide und Vitamine.«
Kuhn knüpfte unmittelbar an die wissenschaftlichen Erkenntnisse von Paul Karrer (Nobelpreis für Chemie 1937) über die Vitamine der B-Gruppe an. Er entdeckte acht bisher unbekannte Karotinoide, stellt sie rein dar und erforschte ihre Molekularstruktur.
Seine chemischen Forschungen weitete er auf physiologisches und biologisches Gebiet aus. Er fand die Bedeutung des Karotins für das Wachstum höherer Tiere sowie als Regulativ für den Zustand der Schleimhäute. Des weiteren gelang Kuhn die Isolation und die Strukturanalyse von Riboflavin und die Isolation des Vitamins B_6, das der Entstehung bestimmter Hautkrankheiten entgegenwirkt.

1939
Adolf Friedrich Johann Butenandt (* 1903), Deutsches Reich;
Leopold Ružička (1887–1976), Schweiz
Butenandt erhält den Nobelpreis »für seine Arbeiten über Sexualhormone«, Ružička »für seine Arbeiten an Polymethylenen und höheren Terpenen.«
Butenandt gelang es 1929, aus über 1000 Litern Urin schwangerer Frauen wenige Milligramm des Sexualhormons Follikulin oder Östron zu isolieren. Später entdeckte und isolierte er noch weitere Sexualhormone, u. a. die weiblichen Östriole und Progesterone und die männlichen Androsterone. Ružičkas Arbeitsschwerpunkt lag bei der Strukturanalyse höherer Terpene.

1940
nicht verliehen

1941
nicht verliehen

1942
nicht verliehen

1943 (verliehen 1944)
George de Hevesy (1885–1966), Ungarn
»für seine Arbeiten über die Anwendung der Isotope als Indikatoren bei der Erforschung chemischer Prozesse.«
De Hevesy ging von der Erkenntnis aus, daß sich die verschiedenen Isotope eines Elements, auch die radioaktiven, chemisch vollkommen gleich verhalten und nur physikalisch unterscheiden. Er mischte deshalb strahlende Isotope in geringen Mengen unter ihre nicht strahlenden Verwandten und benutzte die Mischungen für chmische Reaktionen. Durch Strahlendetektoren konnte er anschließend den Verbleib der radioaktiven Reaktionspartner festellen und dadurch neue Aufschlüsse über den Verlauf chemischer Reaktionen gewinnen. So gelang es ihm auch, den Weg von markierten Nährstoffen in lebenden Organismen zu verfolgen.

1944 (verliehen 1945)
Otto Hahn (1879–1968), Deutsches Reich
»für seine Entdeckung der Kernspaltung von Atomen.«
Otto Hahn und seine Mitarbeiterin Lise Meitner griffen auf die Arbeiten von Enrico Fermi (Nobelpreis für Physik 1938) zurück und beschossen Uranatome mit Neutronen, um durch deren Aufnahme in die Urankerne neue, schwere Elemente, sogenannte Transurane, zu erzeugen. 1938 fand Hahn zusammen mit Friedrich Straßmann heraus, daß beim Neutronenbeschuß von Uranatomen u. a. Barium entsteht, dessen Atome viel kleinere Kerne besitzen als Uran. Er berichtete 1939 in diesem Zusammenhang über »Experimente, die allen vorherigen Resultaten der Kernphysik widersprachen«. Was Hahn und Straßmann beobachtet hatten, war nichts anderes als eine Kernspaltung. Der Kern von Uran-235 nimmt beim Beschuß ein Neutron auf und wird zu einem Uran-236-Kern. Das Element Uran-236 ist instabil und zerfällt unter hoher Energieabgabe in zwei Atome mit etwa gleich großen Kernen, z. B. in Barium- und Jodisotope.

1945
Artturi Ilmari Virtanen (1895–1973), Finnland
»für seine Untersuchungen und Entdeckungen auf dem Gebiet der Agrikultur- und Nahrungsmittelchemie, insbesondere für seine Methode der Konservierung von Futtermitteln und Futterpflanzen.«
Virtanen arbeitete auf dem Gebiet landwirtschaftlicher Forschung. Im Mittelpunkt seiner Untersuchungen standen die Auswirkungen von Enzymen, Aminosäuren, Karotinen, Vitaminen, Wachstumshormonen und Bakterien in pflanzlichen Organismen und im Erdboden. Dabei beschränkte sich Virtanen nicht nur auf die Beobachtung der biologischen Vorgänge, er griff auch durch die Entwicklung wissenschaftlicher Methoden aktiv in die Landwirtschaft ein, z. B. mit einem Verfahren zur nährstofferhaltenden Konservierung von Futtermitteln.

1946
James Sumner (1887–1955), USA;
John Howard Northrop (1891–1987), USA;
Wendell Meredith Stanley (1904–1971), USA
Sumner erhält den Nobelpreis »für seine Entdeckung der Kristallisierbarkeit von Enzymen«, Northrop und Stanley »für ihre Darstellung von Enzymen und Virus-Proteinen in reiner Form.«
Sumner gelang es erstmals 1926, ein Enzym, die Urease, in reiner kristalliner Form darzustellen. Northrop stellte andere Enzyme (Pepsin, Tripsin u. a.) rein dar. Stanley schließlich gelang die Kristallisation von Virus-Protein.

1947
Sir Robert Robinson (1886–1975), Großbritannien
»für seine Untersuchungen über biologisch wichtige Pflanzenprodukte, insbesondere Alkaloide.«
Robinson arbeitete auf dem Gebiet der pharmazeutischen Chemie. Er synthetisierte Chemotherapeutika gegen Malaria und wirkte bei der Penicillinsynthese mit. Er klärte die molekulare Struktur des Morphiums und des Strychnins auf und erhellte strukturelle Details in den Molekülen zahlreicher weiterer Alkaloide. Diese Stofffamilie umfaßt verschiedene basische pflanzliche Substanzen, die auf den menschlichen Organismus meist giftig oder berauschend wirken. Zu ihnen gehören so bekannte Stickstoffverbindungen wie Nikotin, Kokain, Koffein oder Chinin. 1951 gelingt es Robinson, Cholesterin zu synthetisieren.

1948
Arne Tiselius (1902–1971), Schweden
»für seine Arbeiten über die Analyse mit Hilfe von Elektrophorese und Adsorption, insbesondere für seine Entdeckung über die komplexe Natur von Serum-Proteinen.«
Tiselius befaßte sich im wesentlichen mit chemischen Untersuchungen an Proteinen. Dazu bediente er sich der Methode der Elektrophorese, die er entscheidend verbesserte. Es handelt sich dabei um ein Analyseverfahren, bei dem Stoffgemische auf Filterpapier einem elektrischen Feld ausgesetzt werden, unter dessen Einfluß die einzelnen Komponenten des Gemischs verschieden schnell wandern. Auf diese Weise lassen sie sich voneinander trennen. Hervorgehoben wird in der Laudatio die große Vielseitigkeit von Tiselius.

1949
William Francis Giauque (1895–1982), USA
»für seinen Beitrag zur chemischen Thermodynamik, insbesondere seine Untersuchungen über die Eigenschaften bei extrem tiefen Temperaturen.«
Giauque knüpfte an den von Walther Nernst (Nobelpreis für Chemie 1920) formulierten dritten Hauptsatz der Thermodynamik an. Er untersuchte experimentell die relativen Entropien bei der Auskristallisation von Glycerin und von Gläsern. Durch diese Arbeit erhärtete er den Nernstschen Lehrsatz als ein

Grundgesetz der Natur. Außerdem entdeckte Giauque die Sauerstoffisotope 17 und 18 in der Erdatmosphäre und entwickelte die adiabatische Entmagnetisierungsmethode, mit der sich Temperaturen in der Nähe des absoluten Nullpunkts (−273,16 °C) erzeugen lassen.

1950
Otto Diels (1876–1954), Bundesrepublik Deutschland
Kurt Adler (1902–1958), Bundesrepublik Deutschland
»für ihre Entdeckung und die Entwicklung der Dien-Synthese.«
Unter »Dien« versteht der Chemiker einen Kohlenwasserstoff mit zwei in Konjugation stehenden Doppelbindungen. Die Dien-Synthese ist die Anlagerung eines Diens an ein geeignetes ungesättigtes System. Diese Art der Synthese ist von großer Bedeutung für die gesamte moderne Chemie. Durch sie entstehen u. a. Alkaloide oder Duftstoffe und wichtige Insektizide. – Außerdem taten sich Diels u. a. auf dem Gebiet der Steroidforschung, Adler durch die Polymerisation des Butadiens zu Synthesekautschuk hervor.

1951
Edwin Mattison McMillan (* 1907), USA;
Glenn Theodore Seaborg (* 1912), USA
»für ihre Entdeckungen in der Chemie der Transurane.«
Seit 1934 war McMillan an der Entwicklung des Zyklotrons (→ 1930) beteiligt, zu dessen Technik er insbesondere 1939/40 durch sein prämiertes Prinzip der »Phasenstabilität« maßgeblich beitrug. Dieses Prinzip gestattet das Arbeiten mit extrem hohen Spannungen. Gemeinsam und einzeln entdeckten die beiden Nobelpreisträger zahlreiche sogenannte Transuranelemente: Darunter Neptunium (93), Plutonium (94), Americium (95), Curium (96), Berkelium (97), Californium (98) und die Elemente 99 bis 193.

1952
Archer Martin (* 1910), Großbritannien;
Richard Laurence Millington Synge (* 1914), Großbriannien
»für ihre Erfindung der Verteilungs-Chromatographie.«
Die Chromatographie ist ein chemisches Analyseverfahren, mittels dessen Gemische chemischer Verbindungen dadurch in ihre Bestandteile zerlegt werden, daß diese an Adsorptionsmitteln verschieden stark anhaften. Die 1944 von Martin und Synge entwickelte Papierchromatographie benutzt Filterpapier als Adsorptionsmittel. Dieser Technik – so wird in der Laudatio des Nobelkomitees besonders hervorgehoben – komme deshalb eine große Bedeutung zu, weil sich mit ihr die Strukturen von Riesenmolekülen erkennen ließen.

1953
Hermann Staudinger (1881–1965), Bundesrepublik Deutschland
»für seine Entdeckungen auf dem Gebiet der makromolekularen Chemie.«
Staudinger entdeckte und erforschte die Makromoleküle. Ihre Existenz hatte er bereits 1920 postuliert, war mit dieser zunächst rein theoretisch begründeten Annahme aber auf heftigen Widerspruch seiner Fachkollegen gestoßen. Molekulargewichte in der Größenordnung von Millionen erschienen seinerzeit noch undenkbar. Derartige Riesenmoleküle liegen aber z. B. im Kautschuk vor. Die Röntgenkristallographie bestätigte Staudinger.
Die Entdeckung der Makromoleküle war eine der wesentlichsten Voraussetzungen für die Entwicklung plastischer Kunststoffe und damit zum gewaltigen Aufschwung der chemischen Industrie.

1954
Linus Pauling (* 1901), USA
»für seine Forschung über die Natur der chemischen Bindung und ihre Anwendung zur Aufhellung der Struktur komplexer Substanzen.«
Pauling befaßte sich mit der Erforschung der Strukturen von Kristallen und Molekülen. Er stellte eine Klassifizierung auf, die drei Verbindungstypen unterscheidet: Ionenverbindungen, konvalente Verbindungen und metallische Verbindungen. Die ersteren sind wenigstens zum Teil durch elektrostatische Kräfte bestimmt, die zweiten durch zwei unterschiedliche Elektronenzustände in zwei Atomen, die miteinander korrespondieren. Die dritte Art der Verbindung schließlich ist als regelmäßige Wiederholung konvalenter Verbindungen in allen Punkten des Atomgitters zu verstehen.

1955
Vincent du Vigneaud (1901–1978), USA
»für seine Untersuchungen der biochemisch bedeutsamen Schwefelverbindungen, besonders für die erste Synthese eines Polypeptidhormons.«
Du Vigneaud erforschte in erster Linie die organischen Schwefelverbindungen (z. B. das Insulin oder das Biotin) sowie die Hormone und die Sekrete der Zirbeldrüse. Er analysierte die Zusammensetzung der Hormone Oxytocin (es löst die Preßwehen bei der Geburt aus) und Vasopressin (es erhöht den arteriellen Blutdruck und spielt eine wichtige Rolle bei der Urinausscheidung). Beide Hormone sind Polypeptide, die aus jeweils einem Ring von acht Aminosäuren und einem Schwefelatom aufgebaut sind. Erstmals gelang du Vigneaud die Synthese eines polypeptischen (Verdauungs-) Hormons, des Oxytotins.

1956
Sir Cyril Norman Hinshelwood (1897–1967), Großbritannien;
Nikolai N. Semjonow (1896–1986), UdSSR
»für ihre Forschung über die Mechanismen chemischer Reaktionen.«
Hinshelwood und Semjonow trugen unabhängig voneinander wesentlich zur Erforschung der Kinetik chemischer Reaktionen bei. Es handelte sich um Untersuchungen der mechanischen Kräfte, die im Verlauf chemischer Prozesse eine Rolle spielen. Bei ihren Arbeiten fanden die beiden Preisträger heraus, daß zahlreiche Reaktionen – etwa die explosionsartige Verbrennung – als Kettenreaktionen ablaufen, d. h. daß im Verlauf der Reaktion instabile Zwischenverbindungen auftreten, die den weiteren Reaktionsvorgang beeinflussen.

1957
Sir Alexander Todd (* 1907), Großbritannien
»für seine Arbeiten über Nukleotide und Co-enzymnukleotide.«
Todds Arbeitsschwerpunkt lag auf dem Gebiet jener organischen chemischen Substanzen, die für die Biologie von Bedeutung sind, in erster Linie auf dem Gebiet der Nukleotide und Nukleotidenzyme sowie der Vitamine B_1, B_{12} und E, mehrerer Schimmelstoffe und Insektenfarbstoffe.
Todd und seinen Mitarbeitern gelang die vollständige Aufklärung der Prinzipien, die der Bildung von Polynukleotiden zu Grunde liegen. Todd war wesentlich an der Entdeckung der Nukleotidketten beteiligt, die als Makromoleküle aus Tausenden von Gliedern unzählige Kombinationsmöglichkeiten aufweisen und wesentlich für die Formenvielfalt des Lebens verantwortlich sind.

1958
Frederick Sanger (* 1918), Großbritannien
»für seine Arbeiten über die Struktur der Proteine, besonders des Insulins.«
Daß sich die Proteine strukturell aus Ketten von Aminosäureresten zusammensetzen, war schon vor 1943 bekannt. Ab diesem Jahr widmete sich Sanger intensiv der Erforschung der Reihenfolge dieser Reste in den Proteinmolekülketten. Er löste das Problem dadurch, daß er die Eiweißverbindungen mit Dinitrofluorbenzol behandelte, das mit Aminosäuren die sogenannten DNS-Verbindungen bildet. Er zersetzte die Proteine durch Säuren und/oder Enzyme und untersuchte die entstehenden Substanzen elektrophoretisch und chromatographisch. Zum ersten Mal gelang ihm so beim Insulin die Entdeckung der exakten Struktur eines Proteins.

1959
Jaroslav Heyrovský (1890–1967), Tschechoslowakei
»für seine Entdeckung und Entwicklung der polarographischen Methoden der Analyse.«
Heyrovský läßt durch eine Kapillare pro Minute 20 bis 40 Tropfen Quecksilber in die Testlösung in einer Glasampulle fallen. Der Boden der Ampulle ist ebenfalls mit Quecksilber bedeckt, das mit dem positiven Pol einer Gleichspannungsquelle verbunden ist. Der negative Pol steht mit dem Quecksilber in der Kapillare in Verbindung. Der gemessene Strom wächst, wenn in der Testlösung Metallionen zugegen sind, die mit den Quecksilbertropfen oberflächlich reagieren. Aus der Stromstärke bei unterschiedlichen Spannungen lassen sich die in der Testlösung vorhandenen Metallionen qualitativ wie quantitativ bestimmen.

1960
Willard Frank Libby (1908–1980), USA
»für seine Methode der Anwendung von Kohlenstoff 14 zur Altersbestimmung in Archäologie, Geologie, Geophysik und anderen Zweigen der Wissenschaft.«
Das radioaktive Kohlenstoffisotop C 14 entsteht in der Atmosphäre infolge des Beschusses durch kosmische Strahlung. Es oxidiert zu radioaktivem Kohlendioxid. Es hat eine Halbwertzeit von rund 8000 Jahren. Durch Zerfall und Neuentstehung besteht ein Konzentrationsgleichgewicht des Isotops in der Atmosphäre, im Wasser und in lebenden Organismen. Da abgestorbene Organismen keinen Kohlenstoff-14-Nachschub erfahren, führt hier der Zerfall zu einer Konzentrationsminderung. Daraus läßt sich das Alter bestimmen.

1961
Melvin Calvin (* 1911), USA
»für seine Forschungen über die Kohlensäure-Assimilation der Pflanzen.«
Grundsätzlich war die Kohlensäure-Assimilation oder Photosynthese ein Prozeß, bei dem grüne Pflanzen unter Ausnutzung der Energie des Sonnenlichts Kohlenstoff aus dem Kohlendioxid der Luft gewinnen und diesen in die körpereigene Substanz einbauen, schon vor Calvin bekannt. Calvin fand unter Anwendung der von Archer Martin und Richard Laurence Millington Synge (Nobelpreis für Chemie 1952) entwickelten chromatographischen Trennung heraus, wie sich die Photosynthese abspielt: Das Kohlendioxid verbindet sich mit 1,5-Ribulosediphosphat, das dann in eine Verbindung mit sechs Kohlenstoffatomen verwandelt wird, die ihrerseits in zwei Glycerophosphorsäure-Moleküle zerfällt.

1962
Max Ferdinand Perutz (* 1914), Großbritannien
John Cowdery Kendrew (* 1917), Großbritannien
»für ihre Studien über Strukturen der Globulinproteine.«
Mit der Chemienobelpreisverleihung an Hans Fischer (1930) für Strukturanalysen der Farbstoffe des Blutes und des grünen Blattes erwachte Interesse an diesen Stoffen. Verbesserte Analysetechniken gestatteten eingehende Strukturuntersuchungen besonders des Hämoglobins und des Myoglobins.
Perutz untersuchte um 1938 die Hämoglobin-Kristalle mit Röntgenstrahlbeugung und konnte ihre Struktur vollkommen ermitteln. Kendrew gelang 1957 die Anfertigung eines räumlichen Myoglobinmodells.

1963
Karl Ziegler (1898–1973), Bundesrepublik Deutschland
Giulio Natta (1903–1979), Italien
»für ihre Entdeckungen auf dem Gebiet der Chemie und der Technologie der Hochpolymere.«
Ziegler arbeitete ursprünglich auf dem Gebiet der aluminiumorganischen Verbindungen. Sein Hauptverdienst ist die Entdeckung der Niederdruck-Polyäthylen-Synthese (→ 1953). Das kettenförmige Hochpolymer ist ein thermoplastischer Kunststoff. Natta war neben anderer Forschung auf dem gleichen Gebiet wie Ziegler tätig, wobei seine Arbeit der Erforschung der stereospezifischen Polymerisation galt. Er entdeckte u. a. neuartige Polymere.

1964
Dorothy Crowfoot Hodgkin (* 1910), Großbritannien

»für ihre Strukturbestimmung biologisch wichtiger Substanzen mit Röntgenstrahlen.«

Dorothy Hodgkin beschäftigte sich sowohl mit chemischer, archäologischer und Metallforschung, um schließlich auf dem Gebiet der Sterine zu arbeiten. Das sind organische Verbindungen, zu denen das bekannte Cholesterin zählt. Sterin-Derivate sind u. a. die Geschlechtshormone und die Hormone der Nebennierenrinde, das Vitamin D, Ester, Glykoside und die Gallensäuren. Die Nobelpreisträgerin bestimmte die Strukturen zahlreicher Sterine sowie anderer biologisch wichtiger Moleküle wie Insulin, Penicillin und Vitamin B. Das wichtigste Instrument ihrer analytischen Arbeiten war die Röntgenstrukturanalyse.

1965
Robert Burns Woodward (1917–1979), USA

»für seine Arbeiten auf dem Gebiet der Naturstoff-Synthesen.«

Woodward war auf dem Gebiet der organischen Chemie vielseitig tätig. Wissenschaftlich am bedeutendsten sind die zahlreichen Synthesen von Naturstoffen, die ihm gelangen. Zu den wichtigsten dieser Substanzen gehören das Chinin (ein Alkaloid der Chinarinde, das schon früh als Arzneimittel gegen Malaria eingesetzt wurde, synthetisiert 1944), das Strychnin (ein sehr giftiges, farbloses Alkaloid aus dem Samen von Strychnos-Arten, z. B. der Brechnuß, synthetisiert 1954), des Chlorophylls und der C-Tetracycline (synthetisiert 1960). Darüber hinaus erforschte der Laureat die Strukturen des Giftes des japanischen Kugelfischs Fugo und des Nervengifts Tefrodotoxin (1964).

1966
Robert Sanderson Mulliken (1896–1986), USA

»für seine grundlegende Arbeiten über die chemischen Bindungen und die Elektronenstruktur der Moleküle mit Hilfe der Orbital-Methode.«

In der physikalischen Chemie gibt es den Begriff der Molekülbahnen. Er bezeichnet das Phänomen, daß zwei in einem Molekül miteinander verbundene Atome ein gemeinsames Elektronenpaar besitzen. Die beiden Elektronen führen in einer solchen Bindung zusätzlich zu ihren jeweiligen charakteristischen Schwingungen eine neue, überlagernde Schwingung aus. Mulliken beschäftige sich eingehend mit dieser Erscheinung und eröffnete damit der Erforschung der Mikromoleküle einen neuen Weg. Wegen ihrer Kleinheit sind diese Moleküle der experimentellen Forschung nicht zugänglich.

1967
Manfred Eigen (* 1927), Bundesrepublik Deutschland; Ronald Norrish (1897–1978), Großbritannien; George Porter (* 1920), Großbritannien

»für ihre Untersuchungen von extrem schnellen chemischen Reaktionen, die durch Zerstörung des Gleichgewichts durch sehr kurze Energieimpulse ausgelöst werden.«

Diese Untersuchungen verlangen Ultrakurzzeitmessungen und die extrem schnelle Auslösung der Reaktionen. Norrish und Porter gelang letzteres durch Lichtblitze, Manfred Eigen arbeitete mit momentanen Druckerhöhungen, elektrischen Feldern, Temperaturschocks und Schallwellen. Er untersuchte u. a. auch solche Reaktionen, die in der belebten Natur von Bedeutung sind.

1968
Lars Onsager (1903–1976), USA

»für die Entdeckung der nach ihm benannten reziproken Beziehungen, die grundlegend für die Thermodynamik der irreversiblen Prozesse sind.«

Onsager formulierte das »Onsager-Gesetz« bzw. den »vierten Satz der Thermodynamik«. Der Lehrsatz erklärt exakt, was sich abspielt, wenn sich Wärme gleichzeitig in mehreren Richtungen ausbreitet.

Die Laudatio feiert Onsagers Gesetz als eines der wichtigsten Grundgesetze der Natur, aus dessen Befolgung sich auch technischer Nutzen ziehen läßt. In der theoretischen Forschung wurde Onsagers Erkenntnis wichtiger für die Entwicklung der Thermodynamik und ganz allgemein der Erforschung irreversibler Prozesse in Physik, Chemie und Biologie.

1969
Derek Harold Richard Barton (* 1918), Großbritannien; Odd Hassel (1897–1981), Norwegen

»für ihre Arbeit an der Entwicklung des Konformationsbegriffes und dessen Anwendung in der Chemie.«

Hassel benutzte für seine Forschung exemplarisch das Zykolhexan, einen Ring aus sechs Kohlenstoffatomen. Er zeigte, daß dieser durch Verdrehen, Verzwirbeln und Beugen verschiedene Formen annehmen kann, von denen einige durch die Energiesituation innerhalb der Moleküle bevorzugt eingenommen werden. – Die exakte Kenntnis der Struktur und Bewegung komplexer Moleküle (»Konformation«) erlaubte Barton die Synthese von Naturstoffen wie Sexualhormonen, des Cholesterins und der Steroide.

1970
Luis Leloir (* 1906), Argentinien

»für die Entdeckung der Zucker-Nukleotide und ihrer Funktion in der Biosynthese von Kohlehydraten.«

Die Arbeiten Leloirs trugen wesentlich zum Verständnis der chemischen Reaktionen bei, die sich im Rahmen der Biosynthese von Polysacchariden abspielen. Sie entstehen durch Polykondensation, also durch Aneinanderlagerung einfacher Zuckermoleküle unter Wasserabspaltung. Zur Gruppe der Polysaccharide gehören u. a. die Stärke, die Zellulose, das Inulin und das Glykogen. Stärke und Glykogene sind in lebenden Organismen wichtige Speicherstoffe für Traubenzucker, der in diese Polysaccharide umgewandelt wird und sich bei gesteigertem Energiebedarf rasch wieder freisetzen und für die Verbrennung bereitstellen läßt.

1971
Gerhard Herzberg (* 1904), Kanada

»für seine Arbeiten über die Elektronenstruktur und die Geometrie bei den Molekülen, insbesondere freier Radikale.«

Herzberg gelang die genaue Beschreibung der Energieverhältnisse in Molekülen, ihrer Dreh- und Vibrationsbewegungen und ihrer Elektronenstrukturen. Damit schuf er die Basis für die exakte Bestimmung der geometrischen Formen der Moleküle und der Atomabstände in ihrem Gefüge.

Seine Untersuchunsmethoden wandte Herzberg in den 50er Jahren auf zahlreiche Radikale an – also mehratomige Molekülteilstücke, die in chemischen Reaktionen wirksam sind. Er bediente sich dabei der blitzphotolytischen Methode, für die Ronald Norrish und George Porter 1967 den Nobelpreis für Chemie erhielten.

1972
Christian Boehmer Anfinsen (* 1916), USA; Stanford Moore (1913–1982), USA; William Howard Stein (1911–1980), USA

Anfinsen erhält den Nobelpreis »für seine Arbeiten über Ribonuklease, insbesondere die Verbindung zwischen Aminosäurereihen und biologisch wirksamen Konformationen«; Moore und Stein werden ausgezeichnet »für ihren Beitrag zum Verständnis der Verbindung zwischen chemischer Struktur und katalytischer Tätigkeit des aktiven Zentrums der Ribonuklease-Moleküle.«

Die drei Preisträger erforschten sowohl die Entstehung wie die biologische Wirkungsweise des Enzyms Ribonuklease.

1973
Ernst Otto Fischer (* 1918), Bundesrepublik Deutschland; Geoffrey Wilkinson (* 1921), Großbritannien

»für ihre bahnbrechenden unabhängig voneinander geleisteten Arbeiten über die Chemie der metallorganischen sogenannten Sandwich-Verbindungen.«

Fischer und Wilkinson erforschten die Verbindungen der Metallatome mit organischen Molekülen. Derartige Verbindungen wurden als »Sandwich-Verbindungen« bekannt, eine Bezeichnung, die auf ihre typische Struktur anspielt. Fischer konnte erstmals eine – unerwartet stabile – Sandwich-Verbindung von Benzolmolekülen mit Chrom darstellen.

1974
Paul John Flory (* 1910), USA

»für seine grundlegenden Leistungen, sowohl theoretisch als auch experimentell, in der physikalischen Chemie der Makromoleküle.«

Flory knüpfte an die Erkenntnisse von Hermann Staudinger (Nobelpreis für Chemie 1953) an. Anfang der 50er Jahre untermauerte er die Ergebnisse der experimentellen Arbeiten Staudingers theoretisch. In diesem Rahmen gelang es ihm, die vielen Erkenntnisse über Struktur und Verhalten von Makromolekülen systematisch zu ordnen. Florys Arbeiten haben auf die Kunststoffherstellung einen großen Einfluß, da sich die Kunststoffe aus Makromolekülen aufbauen. Flory erkannte Zusammenhänge zwischen Molekülstrukturen und den physikalischen Eigenschaften der Polymere.

1975
John Warcup Conforth (* 1917), Australien; Vladimir Prelog (* 1906), Schweiz

Cornforth erhält den Nobelpreis »für seine Arbeiten über die Stereochemie von Enzym-Katalyse-Reaktionen«, Prelog »für seine Forschungen in der Stereochemie organischer Moleküle und Reaktionen.«

Die Stereochemie befaßt sich mit der räumlichen Anordnung von Molekülen. Cornforth erforschte in dieser Hinsicht speziell das Verhalten von Molekülen in den biochemischen, durch Enzyme gesteuerten Reaktionen. Prelog tat sich vor allem durch die Entwicklung der RS-Nomenklatur hervor, einer Klassifikation einander in ihrer Raumstruktur spiegelbildlich gleicher Moleküle.

1976
William Nunn Lipscomb jun. (* 1919), USA

»für seine Arbeiten über die Struktur der Borane und der damit zusammenhängenden Probleme betreffend der Natur chemischer Bindungen.«

Der Nobelpreisträger erforschte die Verbindungen von Bor mit Wasserstoff. Warum der Zusammenschluß von Bor und Wasserstoffatomen zu Boranen sehr fest ist, fand Lipscomb durch die eingehende Untersuchung dieser Form der Elektronenmangelverbindung heraus. Er legte damit einen wichtigen Grundstein zur Entwicklung der Borchemie, die bald auch für die Technik von herausragender Bedeutung wurde, denn das Element Bor zeichnet sich durch die Kombination großer Härte mit großer Hitzebeständigkeit aus. Auf dem Weg über die Borane gelang die Herstellung borhaltiger Kunststoffe.

1977
Ilya Prigogine (* 1917), Belgien

»für seinen Beitrag zur irreversiblen Thermodynamik, insbesondere zur Theorie der ›dissipativen Strukturen‹.«

Die Erforschung irreversibler Prozesse der Thermodynamik fördert in hohem Maße das Verständnis chemischer Vorgänge in der belebten Natur. Erschlossen wurde dieses Arbeitsgebiet durch Lars Onsager (Nobelpreis für Chemie 1968), der thermodynamische Gleichgewichtssysteme untersuchte. Prigogine dehnte die Thermodynamik erstmals auf Systeme aus, die vom Gleichgewichtszustand weit entfernt sind. Er zeigte, daß unter den dort herrschenden Bedingungen völlig neuartige geordnete Strukturen entstehen, die er als »dissipativ« bezeichnete.

1978
Peter Dennis Mitchell (* 1920), Großbritannien

»für seinen Beitrag zum Verständnis biologischer Energieübertragung durch Entwicklung der chemieosmotischen Theorie.«

Das Forschungsgebiet Mitchells wurde auch als »Bioenergetik« bekannt. Die »chemieosmotische Theorie« befaßt sich mit den chemischen Prozessen, auf denen die Energieversorgung der lebenden Zellen beruht. Sie gilt heute als ein Grundprinzip der Bioenergetik. Im Mittelpunkt steht dabei die Energieübertragung von Zelle zu Zelle. Mitchell führte zu ihrer Beschreibung in Anlehnung an die »Eleketrizität« den Begriff der Übertragungs-»Protizität« ein. Sie spielt beim Energieaustausch der Zellen untereinander wie auch bei energetischen Prozessen innerhalb der Zelle eine Rolle.

1979
Herbert Charles Brown (* 1912), USA;
Georg Wittig (1897—1987), Bundesrepublik Deutschland
»für ihre Entwicklung von Bor- bzw. Phosphorverbindungen in wichtigen Reagenzien innerhalb organischer Synthesen.«
Die von Brown und Wittig eingeschlagenen Wege eröffneten vollkommen neue Arten der Synthese in der Natur unbekannter organischer Substanzen, besonders solcher, die für die Pharmazie von Interesse sind. Brown hat für diese Synthese Reagenzien auf der Basis von Borverbindungen geschaffen. Wittig arbeitete vor allem auf dem Gebiet der metallorganischen Verbindungen und der Vitaminsynthesen.

1980
Paul Berg (* 1926), USA;
Walter Gilbert (* 1932), USA;
Frederick Sanger (* 1918), Großbritannien
Berg erhält den Nobelpreis »für seine grundlegenden Arbeiten über Nukleinsäuren-Biochemie, unter besonderer Berücksichtigung von Hybrid-DNS«, Gilbert und Sanger »für ihre Beiträge die Bestimmung von Basissequenzen in Nukleinsäuren betreffend.«
Alle drei Preisträger erforschten die Struktur der Nukleinsäuren, aus denen sich die Desoxyribonukleinsäure (DNS) aufbaut, die Trägersubstanz der genetischen Informationen.

1981
Kenidschi Fukui (* 1918), Japan;
Roald Hoffmann (* 1937), USA
»für ihre unabhängig voneinander entwickelten Theorien über den Verlauf chemischer Reaktionen.«
Etwa gleichzeitig fanden beide Preisträger bestimmte Prinzipien molekularer Reaktionen heraus. Die von ihnen entdeckten Gesetzmäßigkeiten macht sich seit Anfang der 70er Jahre die chemische Industrie, vor allem die pharmazeutische Branche zunutze. Die Laudatio: »Die Theorien Fukuis und Hoffmanns sind ein Meilenstein in der Entwicklung unseres Verstehens des Ablaufs chemischer Reaktionen.«

1982
Aaron Klug (* 1926), Großbritannien
»für die Entwicklung kristallographischer Verfahren zur Entschlüsselung biologisch wichtiger Nukleinsäure-Protein-Komplexe.«
Klug entwickelte Verfahren zur Erkennung wichtiger Molekülverbindungen mit scharfer Trennung. In erster Linie machte er sich verdient durch die Untersuchung von Komplexen zwischen Nu-

kleinsäuren – den Grundbausteinen der genetischen Information – und Proteinen. Diese Komplexbildung ist insofern biologisch bedeutend, als sich die aus Nukleinsäuren aufgebaute Desoxyribonukleinsäure (DNS) in den Chromosomen des Zellkerns zu großen Einheiten mit bestimmten Eiweißen zusammenfindet. Klugs kristallographische Verfahren erlauben die Erforschung der genauen Struktur dieser Komplexe, was einen wichtigen Schritt in der biochemischen Erbforschung bedeutet.

1983
Henry Taube (* 1915), USA
»für seine Arbeiten über die Reaktionsmechanismen der Elektronenübertragung, insbesondere bei Metallkomplexen.«
Taube ging ursprünglich bei seinen Arbeiten von der anorganischen Chemie aus. Er entwickelte Modelle der Elektronenübertragung bei chemischen Reaktionen, also bei der Umkombination der Atome verschiedener Moleküle zu anderen Molekülen. Mit diesen Hypothesen schuf er eine Grundlage für das Verständnis des dynamischen Verhältnisses anorganischer Verbindungen. Bald blieben Taubes Erkenntnisse aber nicht allein auf die anorganischen Reaktionen beschränkt, sondern bewiesen ihre Bedeutung auch auf dem Gebiet organischer Prozesse, besonders auch solcher in lebenden Organismen.

1984
Robert Bruce Merrifield (* 1921), USA
»für seine einfache und geniale Methode zur Herstellung von Peptiden und Proteinen.«
Wie die Laudatio rühmt, haben Merrifields Arbeiten in »hohem Grade zu Fortschritten in der Biochemie, Molekularbiologie, Pharmakologie und Medizin« angeregt. Er entwickelte eine wichtige Methode zur chemischen Synthese an fester Matrix. 1962 fand er einen Weg zur besonders einfachen Synthese von Polypeptiden (Eiweißstoffen) aus Aminosäuren. Um die Aminosäuren in der richtigen Reihenfolge zu Großmolekülen zu verbinden, sättigte er ein reaktionsfähiges Ende vorübergehend mit einem Kunststoffkügelchen (einem polymeren Träger) ab, während er vom anderen Ende der Aminosäure ausgehend die Polypeptidkette aufbaute.

1985
Herbert Aaron Hauptman (* 1917), USA;
Jerome Karle (* 1918), USA
»für ihre entscheidenden Einsätze bei der Entwicklung direkter Methoden zur Kristallstrukturbestimmung«.
Strukturbestimmung bedeutet die Festlegung eines dreidimensionalen Bildes der Lage der Atome. Das Bild ist eine Karte der Elektronendichte in den Kristallen. Hauptman und Karle haben ein Gleichungssystem aufgestellt, das auf den gemessenen Intensitätswerten aufbaut und deren Begrenzungen beschreibt. Sie haben darüber hinaus ein Verfahren zur Lösung der Gleichungen ausgearbeitet.
Honoriert wird hier eine Methodik aufgrund ihrer großen Bedeutung für die chemische Forschung.

1986
Dudley Robert Herschbach (* 1932), USA;
Yuan Ise Lee (* 1936), USA;
John Charles Polanyi (* 1929), USA
»für ihre Beiträge zur Dynamik chemischer Elementarprozesse«.
Herschbach entwickelte die »Methodik der gekreuzten Molekülstrahlen«, die Lee vervollkommnete; Polanyi erfaßt mit seiner »infraroten Chemilumineszenz« das äußerst schwache Licht neugebildeter Moleküle. Damit tragen die Laureaten entscheidend zum Verständnis des Ablaufs chemischer Reaktionen bei, was für das neue Gebiet »Reaktionsdynamik« wichtig ist.

1987
Donald J. Cram (* 1919), USA;
Jean-Marie Lehn (* 1939), Frankreich;
Charles J. Pedersen (* 1904), USA
»für Synthesen von Molekülen, die wichtige biologische Prozesse imitieren.«
Die Preisträger entwickelten und verwandten Moleküle mit sog. strukturspezifischer Wirkung von hoher Selektivität, d. h. Moleküle, die einander erkennen und selektiv wählen können, mit welchen anderen Molekülen sie Komplexe bilden wollen. Solche Moleküle passen zueinander »wie ein Schlüssel in ein Schloß«.

Nobelpreisträger für Physik

1901
Wilhelm Conrad Röntgen (1845–1923), Deutsches Reich
»als Anerkennung des außerordentlichen Verdienstes, das er sich durch die Entdeckung der nach ihm benannten Strahlen erworben hat.«
Röntgen entdeckte die Strahlen, die er selbst X-Strahlen nannte, 1895. Bald bürgerte sich dafür aber der Begriff Röntgenstrahlen ein, den auch das Nobelkomitee übernimmt. Physikalisch handelt es sich um elektromagnetische Wellen mit kürzeren Wellenlängen als denen des sichtbaren Lichts. Röntgenstrahlen zeigen im Gegensatz zum Licht ein hohes Durchdringungsvermögen für die meisten Stoffe und lassen sich deshalb u. a. zum »Durchleuchten« von technischen Materialien und auch des lebenden Körpers einsetzen.

1902
Hendrik Antoon Lorentz (1853–1928), Niederlande;
Pieter Zeeman (1865–1943), Niederlande
»als Anerkennung des außerordentlichen Verdienstes, das sie sich durch ihre Untersuchungen über den Einfluß des Magnetismus auf die Strahlungsphänomene erworben haben.«
Lorentz entwickelte die Maxwellsche Theorie der elektromagnetischen Phänomene weiter, indem er kleinste geladene Partikel postulierte. Diese »Elektronen« erklärte er als subatomare Teilchen, Bestandteile der Atome.
Zeeman untersuchte die Beziehungen zwischen Magnetismus und Lichtstrahlung und wies 1896 die Aufspaltung der Spektrallinien unter dem Einfluß von Magnetfeldern nach.

1903
Antoine Henri Becquerel (1852–1908), Frankreich;
Pierre Curie (1859–1906), Frankreich;
Marie Curie, geb. Skłodowska (1867–1934), Frankreich
Becquerel erhält den Preis »als Anerkennung des außerordentlichen Verdienstes, das er sich durch die Entdeckung der spontanen Radioaktivität erworben hat.« Er fand 1896 die Strahlung beim Uranzerfall.
Marie und Pierre Curie werden geehrt »als Anerkennung des außerordentlichen Verdienstes, das sie sich durch ihre gemeinsamen Arbeiten über die von H. Becquerel entdeckten Strahlungsphänomene erworben haben.« Das Ehepaar entdeckte die Elemente Polonium und Radium.

1904
John William Strutt Rayleigh (1842–1919), Großbritannien
»für seine Untersuchungen über die Dichte der wichtigsten Gase und seine im Zusammenhang damit gemachte Entdeckung des Argons.«
Lord Rayleigh widmete seine wissenschaftliche Arbeit in erster Linie der bisher kaum erforschten Dichte von Gasen. Bei diesen Untersuchungen entdeckte er gemeinsam mit William Ramsay, der ebenfalls 1904 den Nobelpreis (für Chemie) erhält, das erste Edelgas, Argon, als ein gasförmiges Element, das meist vermischt mit Stickstoff vorkommt. Das farb- und geruchlose Gas ist mit 0,93 Volumenprozent in der Luft enthalten. Lord Rayleighs Forschungen führen zu einer beachtlichen Erweiterung der physikalischen Kenntnisse vom Zustand der Materie.

1905
Philipp Lenard (1862–1947), Deutsches Reich
»für seine Arbeiten über die Kathodenstrahlen.«
Lenard widmete sich in seiner wissenschaftlichen Arbeit intensiv den 1858 von dem deutschen Physiker Julius Plücker entdeckten Kathodenstrahlen, ihrer magnetischen Ablenkbarkeit und ihren elektrostatischen Eigenschaften. Er lieferte wichtige Grundlagen für die Übermikroskopie und die Funktechnik. Kathodenstrahlen sind Elektronenstrahlen, die beim Auftreffen von Ionen auf die Kathode einer Gasentladungsröhre entstehen oder von der Kathode durch Glühemission abgegeben werden können. Eines von Lenards Verdiensten ist es, die Strahlen durch Aluminiumfolien (»Lenard-Fenster«) aus der Gasentladungsröhre austreten zu lassen.

1906
Joseph John Thomson (1856–1940), Großbritannien
»als Anerkennung des großen Verdienstes, das er sich durch seine theoretischen und experimentellen Untersuchungen über den Durchgang der Elektrizität durch Gase erworben hat.«
Thomson gelang es erstmals, die Natur der Kathodenstrahlen zu erklären. Er erkannte diese Strahlen als Ströme freier Elektronen. Von epochaler Bedeutung sind seine Untersuchungen zur Entladung der Elektrizität in Gasen und zur chemischen Gasanalyse mittels positiv-elektrischer Strahlen. Vom Nobelkomitee besonders gerühmt wird, daß es Thomson gelungen ist, einen Weg zu finden, um die von jedem Atom mitgeführte Elektrizitätsmenge zu berechnen und die Zahl der Moleküle pro Kubikzentimeter zu bestimmen.

1907
Albert Abraham Michelson (1852–1931), USA
»für seine optischen Präzisionsinstrumente und die damit ausgeführten spektroskopischen und metrologischen Untersuchungen.«
Michelsons erste große Leistung war 1878 die Messung der Lichtgeschwindigkeit zu 299 910 km/s mit einer Toleranz von 60 km/s. Drei Jahre später wies er im sogenannten Michelson-Versuch nach, daß die Lichtgeschwindigkeit von der Erdbewegung unabhängig ist, eine Erkenntnis, die 1905 Bedeutung für die Entwicklung der Relativitätstheorie durch Albert Einstein erlangte.
Auch nach der Nobelpreisverleihung zeichnet sich Michelson durch wissenschaftliche Leistungen aus. So gelingt ihm 1923 die absolute Bestimmung der Durchmesser von Fixsternen.

1908
Gabriel Lippmann (1845–1921), Frankreich
»für seine auf dem Interferenzphänomen begründete Methode, Farben fotografisch wiederzugeben.«
Lippmann arbeitete in verschiedener Hinsicht auf den Gebieten der Physik und der Fotochemie. Als sein Hauptverdienst würdigt das Nobelkomitee seine Erfindung der Farbfotografie von 1891. Lippmann entwickelte dafür ein später nach ihm benanntes Verfahren, das sich das Interferenzphänomen – also die Überlagerung mehrerer Lichtwellen und die daraus resultierende Addition und Subtraktion von Amplituden – zunutze macht. Die Lippmannsche Methode der Farbfotografie ist zu ihrer Zeit ebenso eindrucksvoll wie bedeutend, wird aber später durch die völlig anderen Methoden der modernen Farbfotografie technisch verdrängt.

1909
Guglielmo Marchese Marconi (1874–1937), Italien;
Karl Ferdinand Braun (1850–1918), Deutsches Reich
»als Anerkennung ihrer Verdienste um die Entwicklung der drahtlosen Telegraphie.«
Marconi entwickelte mit den von Heinrich Hertz entdeckten elektromagnetischen Wellen die drahtlose Telegraphie. 1899 verband er damit Großbritannien mit Frankreich, 1901 funkte er über den Atlantik. Wichtig dabei waren sein abgestimmter Schwingungskreis und die gekoppelte Antenne.
Braun entdeckte 1874 den Gleichrichter-Effekt in Halbleitern, der später für die Transistorentwicklung bedeutend wurde. Und er erfand die Braunsche Röhre, auf deren Prinzip die spätere Fernsehröhre basiert.

1910
Johannes Diderik van der Waals (1837–1923), Niederlande
»für seine Arbeiten über die Zustandsgleichung der Gase und Flüssigkeiten.«
Die Leistung, aufgrund derer van der Waals geehrt wird, geht auf das Jahr 1873 zurück, als er die Zustandsgleichung für reale Gase aufstellte, die Druck, Volumen und Temperatur miteinander verknüpft. Mit ihr wurde das Druck- und Temperaturverhalten von Gasen und Flüssigkeiten vorhersehbar, was einen großen Fortschritt nicht nur für die theoretische Physik, sondern auch für die Technik bedeutete.
Van der Waals veröffentlichte über seine Zustandsgleichung hinaus 1880 eine »Molekulartheorie einer Substanz, die aus zwei verschiedenen Arten von Materie zusammengesetzt ist« und 1890 »Die thermodynamische Theorie der Kapillarität«.

1911
Wilhelm Wien (1864–1928), Deutsches Reich
»für seine Entdeckung betreffend die Gesetze der Wärmestrahlung.«
Wien beschäftigte sich ab 1890 wissenschaftlich intensiv in Theorie und Praxis mit Untersuchungen über die Gesetze der Wärmestrahlung und mit Untersuchungen zur Messung sehr hoher und sehr niedriger Temperaturen. Seine wichtigste Erkenntnis ist das 1893 gefundene sogenannte Verschiebungsgesetz. Es besagt, daß sich das Intensitätsmaximum der von einem idealen schwarzen Körper ausgesandten Wärmestrahlung mit steigender Temperatur zu immer kürzeren Wellenlängen verschiebt. 1896 schlug er einen wichtigen Versuch vor, die spektrale Energieverteilung der Strahlung eines schwarzen Körpers zu berechnen, was ihm allerdings selbst nicht gelang.

1912
Nils Gustaf Dalén (1869–1937), Schweden
»für seine Erfindung selbstwirkender Regulatoren, die in Kombination mit Gasakkumulatoren zur Beleuchtung von Leuchttürmen und Leuchtbojen verwendet werden.«
Die mit dem Nobelpreis gewürdigte Erfindung machte Dalén 1906, als er das Dalén-Blinklicht entwickelte. Bei diesem öffnet und schließt sich die Gaszufuhr automatisch abwechselnd, so daß es zu periodischen Lichtblitzen von 0,1 s Dauer kommt, die von 0,9 s langen Dunkelphasen unterbrochen werden. Neben vielen anderen Erfindungen Daléns ist ein pneumatischer Akkumulator (Druckgassammler) für Acetylen (1901) zu erwähnen, der mit einer porösen Füllmasse arbeitet. Die Masse ist mit einem Stoff getränkt, der das Acetylen verflüssigt und dadurch Explosionen verhütet.

1913
Heike Kammerlingh Onnes (1853–1926), Niederlande
»aus Anlaß seiner Untersuchungen über die Eigenschaften von Körpern bei niedrigen Temperaturen, die unter anderem zur Darstellung von flüssigem Helium führten.«
Nach zahlreichen Untersuchungen zur Verflüssigung von Gasen bei tiefen Temperaturen richtete Kammerlingh Onnes in Leiden ein eigenes Kältelaboratorium ein. 1907 gelang es dem Wissenschaftler, die Zustandsgleichung der Gase bei tiefer kritischer Temperatur anzugeben. 1908 verflüssigte er erstmals Helium. 1911 fand Kammerlingh Onnes bei Experimenten in der Nähe des absoluten Temperaturnullpunkts (−273 °C) die Supraleitfähigkeit von Quecksilber, Blei und anderen Metallen. Bekannt war dieser Effekt prinzipiell aber schon früher (→ 1885).

1914
Max von Laue (1879–1960), Deutsches Reich
»für seine Entdeckung der Beugung von Röntgenstrahlen beim Durchgang durch Kristalle.«
Der Versuch, die Wellenlänge von Röntgenstrahlen zu messen, beschäftigte vor Laue zahlreiche Physiker, scheiterte aber stets daran, daß sich technisch keine genügend feinen Gitter herstellen ließen. Laues Idee war es 1912, hierfür nicht technische Strukturen, sondern die in der Natur vorhandenen Kristallgitter heranzuziehen. Er wies an den Kristallen Beugungserscheinungen der Röntgenstrahlen nach und berechnete aus diesen die exakten Wellenlängen. 1911 schrieb Max von Laue die erste umfangreiche, international beachtete zu-

sammenfassende Darstellung über die 1905 von Albert Einstein entwickelte spezielle Relativitätstheorie.«

1915
William Henry Bragg (1862−1942), Großbritannien; William Lawrence Bragg (1890−1971), Großbritannien

»für ihre Verdienste um die Erforschung der Kristallstrukturen mittels Röntgenstrahlen.«
William Henry Bragg widmete sich der Elektronenforschung, bis ihm die von Max von Laue (Nobelpreis für Physik 1914) entdeckte Beugung von Röntgenstrahlen an Kristallgittern bekannt wurde. Zusammen mit seinem Sohn William Lawrence Bragg untersuchte er dieses Phänomen gründlichst. Dabei entwickelten die beiden Physiker die »Drehkristallmethode«, die neben der Messung der Wellenlänge der Röntgenstrahlen vor allem auch neue Erkenntnisse über den Feinbau der Kristalle mit sich brachte.

1916
nicht verliehen

1917 (verliehen 1918)
Charles Glover Barkla (1877−1944), Großbritannien

»für seine Entdeckung der charakteristischen Röntgenstrahlung der Elemente.«
Lange Zeit widmete sich Barkla Untersuchungen über die Fortpflanzungsgeschwindigkeit elektromagnetischer Wellen in Drähten (veröffentlicht 1901). 1905 entdeckte er dann die »Eigenstrahlung« der chemischen Elemente. Er verstand darunter die sekundäre Röntgenstrahlung, die sie nach Auftreffen von Strahlung in einer Röntgenröhre aussenden. Barkla stellte fest, daß ihre Wellenlänge (ihre »Härte«) ebenso charakteristisch für die strahlenden Elemente ist, wie deren Spektren im Bereich des sichtbaren Lichts.

1918 (verliehen 1919)
Max Planck (1858−1947), Deutsches Reich

»als Anerkennung des Verdienstes, das er sich durch seine Quantentheorie um die Entwicklung der Physik erworben hat.«
Im Rahmen seiner eingehenden Untersuchungen über Strahlungsvorgänge fand Max Planck 1900 eine Formel für die Energieverteilung in der Wärmestrahlung des idealen schwarzen Körpers. Die Formel eröffnete zugleich den Zugang zur Quantentheorie, die das physikalische Verhalten der Teilchen im subatomaren Bereich beschreibt. Die Theorie besagt, daß Atome Energie nicht kontinuierlich, sondern in Quanten aufnehmen oder abgeben. Diese ließen sich in Form einer universellen Naturkonstanten, des Planckschen Wirkungsquantums, messen. Auf der Quantentheorie bauen u. a. Albert Einstein und Werner Heisenberg auf.

1919
Johannes Stark (1874−1957), Deutsches Reich

»für seine Entdeckung des Doppler-Effekts bei Kanalstrahlen und der Zerlegung der Spektrallinien im elektrischen Feld.«
Stark gelang es 1905, den Doppler-Effekt (→ 1842) bei Kanalstrahlen nachzuweisen – das sind Strahlen positiver Ionen, die bei Niederdruck-Gasentladungen durch eine Bohrung (Kanal) in der Kathode austreten.
1913 entdeckte Stark den sogenannten Stark-Effekt, der in der Aufspaltung von Spektrallinien durch elektrische Felder besteht. Dieses Phänomen erwies sich als experimentelle Bestätigung der Quantentheorie. Stark dokumentierte seine Forschungsergebnisse in bedeutenden Publikationen wie »Die elektrischen Quanten«, »Die elementare Strahlung« und »Die Elektrizität im chemischen Atom«.

1920
Charles Édouard Guillaume (1861−1938), Frankreich

»als Anerkennung des Verdienstes, das er sich durch die Entdeckung der Anomalien bei Nickelstahllegierungen und die Präzisionsmessungen in der Physik erworben hat.«
Wichtigstes Resultat der Forschertätigkeit Guillaumes war die Entwicklung von Stahl-Nickel-Legierungen, die in der Uhren- und Feinmeßtechnik große Bedeutung erlangten. Diese Werkstoffe zeichnen sich durch extrem niedrige Wärmeausdehnungen aus und sind größtenteils sehr alterungsbeständig. Schon vor der Verleihung des Nobelpreises wurde der Metallurg 1915 dadurch ausgezeichnet, daß man ihn zum Direktor des Internationalen Büros für Maße und Gewichte (Bureau International des Poids et Mesures) in Paris berief.

1921 (verliehen 1922)
Albert Einstein (1879−1955), Deutsches Reich

»für seine Verdienste um die theoretische Physik, besonders für seine Entdeckung des Gesetzes des photoelektrischen Effekts.«
In der Laudatio wird zwar betont »Am meisten besprochen ist seine Relativitätstheorie«, doch wird diese nicht explizit zur Begründung des Nobelpreises herangezogen. Diese beruht sich auf Einsteins Entdeckung des photoelektrischen Effekts, die Max Plancks »Quantentheorie in hohem Grade vollendet«, wie es in der Laudatio heißt.
Der photo- oder lichtelektrische Effekt ist ein quantenmechanischer Vorgang, bei dem Lichteinwirkung zur Herauslösung von Elektronen aus ihrer atomaren Bindung führt und sie auf diese Weise für den elektrischen Ladungstransport verfügbar macht.

1922
Niels [Hendrik David] Bohr (1885−1962), Dänemark

»für seine Verdienste um die Erforschung der Struktur der Atome und der von ihnen ausgehenden Strahlung.«
Bohr verband 1913 die Quantentheorie von Max Planck (Nobelpreis für Physik 1918) mit dem Atommodell von Ernest Rutherford (Nobelpreis für Chemie 1908) zu einem neuen Modell, das zur Grundlage der modernen Atomtheorie wurde. Bohr entwickelte die Vorstellung, daß die Elektronen, die um den Atomkern kreisen, sich nur in solchen Bahnen bewegen können, die bestimmten Quantenbeziehungen entsprechen. Mit diesem Modell gelang Bohr die zutreffende Erklärung des Wasserstoffspektrums. Das Ergebnis beseitigte auch die letzten Zweifel an der Richtigkeit der Quantentheorie für Vorgänge im subatomaren Bereich.

1923
Robert Andrews Millikan (1868−1953), USA

»für seine Arbeiten über die elektrische Elementarladung sowie den photoelektrischen Effekt.«
1909 entwickelte Millikan die sogenannte Öltröpfchenmethode. Er verlangsamte und beschleunigte dabei den Fall mikroskopisch kleiner Tröpfchen durch den Einfluß elektrischer Ladungskräfte. Aus den Meßwerten gelang ihm die sehr genaue Bestimmung des Elementarquantums der elektrischen Ladung. Darüber hinaus befaßte sich Millikan mit dem photoelektrischen Effekt und bestimmte auch hier äußerst genau das elementare Wirkungsquantum. Die Laudatio schließt: » . . . wenn diese Untersuchungen von Millikan ein anderes Resultat ergeben hätten, das Gesetz von Einstein wäre ohne Wert und die Theorie von Bohr ohne Stütze.«

1924 (verliehen 1925)
Karl Manne Siegbahn (1886−1978), Schweden

»für seine röntgenspektroskopischen Entdeckungen und Forschungen.«
Seit 1914 widmete sich Siegbahn der Erforschung der Röntgenstrahlen mit Instrumenten, die er eigens dafür entwickelt hatte. Er entdeckte zahlreiche neue Serien charakteristischer Röntgenstrahlung der chemischen Elemente und bestimmte den Grad ihrer Absorption durch verschiedenartige Materie. Durch die Absorptionsspektren der Röntgenstrahlen gelangte Siegbahn zu Einsichten über die Struktur der Elektronenwolken der Atome und über die Gesetze, die den Änderungen der Elektronenenergiezustände bei der Aussendung der Strahlung zu Grunde liegen. 1924 gelang es Siegbahn und seinen Mitarbeitern, die Brechung der Röntgenstrahlen in einem Prisma nachzuweisen. Von besonderer Bedeutung sind Siegbahns Präzisionsmeßmethoden.

1925 (verliehen 1926)
James Franck (1882−1964), Deutsches Reich; Gustav Hertz (1887−1975), Deutsches Reich

»für ihre Entdeckung der Gesetze, die bei dem Zusammenstoß eines Elektrons mit einem Atom herrschen.«
Die ersten Untersuchungen über Elektronenstöße führte Philipp Lenard (Nobelpreis für Physik 1905) durch, doch haben Franck und Hertz »Lenards Methode so ausgebildet und verfeinert, daß sie zu einem Werkzeug für die Erforschung der Struktur der Atome, Ionen, Moleküle und Molekülgruppen geworden ist . . . Sie haben auf diesem Gebiet, das ununterbrochen von den Sturzfluten der Hypothesen überspült wird, einen festen Punkt, einen sicheren Boden für die zukünftige Forschung geschaffen.«

1926
Jean-Baptiste Perrin (1870−1942), Frankreich

»für seine Arbeiten über die diskontinuierliche Struktur der Materie, besonders für seine Entdeckung des Sedimentationsgleichgewichts.«
Perrin befaßte sich intensiv mit der Erforschung der Braunschen Molekularbewegung (→ 1827), einer einem Zittern gleichenden statistischen Bewegung kleinster Suspensionspartikel in einer Flüssigkeit. Die Teilchen bewegen sich aufgrund fortwährender Stöße der Flüssigkeitsmoleküle, die eine Wärmebewegung ausführen. Perrins Leistung besteht darin, daß er das sich unter dem Einfluß sowohl der Schwerkraft wie der Braunschen Bewegung einstellende Sedimentationsgleichgewicht meßtechnisch erfaßte und aus der Höhenverteilung der Dichte die Größe der beteiligten Atome berechnen konnte.

1927
Arthur Holly Compton (1892−1962), USA; Charles Thomson Wilson (1869−1959), Großbritannien

Compton erhält den Nobelpreis »für die Entdeckung des nach ihm benannten Effektes«, Wilson »für die Entdeckung der Methode, durch Dampfkondensierung die Bahnen elektrisch geladener Partikel wahrnehmbar zu machen.«
Der Compton-Effekt besteht darin, daß an Elektronen gestreute Röntgenstrahlung nicht nur abgelenkt wird, sondern zugleich ihre Frequenz ändert, was für Korpuskularstrahlung bezeichnend ist. So gelang der Nachweis der Wesensgleichheit von Röntgenstrahlen und sichtbarem Licht.
Wilson gelang es 1911/12 erstmals, in der von ihm erfundenen Nebelkammer (→ 1912), die Kondensationsspuren ionisierender Teilchen zu fotografieren.

1928 (verliehen 1929)
Owen Williams Richardson (1879−1959), Großbritannien

»für seine Arbeiten über die Phänomene an Thermo-Ionen und besonders für die Entdeckung des nach ihm benannten Gesetzes.«
Das 1902 gefundene Richardsonsche Gesetz beschreibt die Temperaturabhängigkeit der Glühemission beim Austritt von Elektronen aus erhitzten Metalloberflächen. Richardson entwickelte ab 1909 die »Thermo-Ionik«. In der Praxis wird das Richardsonsche Gesetz bedeutend für die Entwicklung der Glühkathodenröhren und damit für die Elektronik und speziell die Funktechnik.
Neben dem Gegenstand seiner Auszeichnung befaßt sich Richardson mit Forschungen u. a. auf den Gebieten kreiselmagnetischer Effekte, der Photo-Elektrik, der Spektroskopie und der Röntgenstrahlung.

1929
Louis Victor Prinz von Broglie (1892−1987), Frankreich

»für die Entdeckung der Wellennatur der Elektronen.«
Seine wichtigen wissenschaftlichen Erkenntnisse formulierte de Broglie bereits 1924 in seiner Dissertation mit dem Titel »Recherches sur la théorie des quanta« (Untersuchungen über die

Quantentheorie) sowie in deren Weiterführung in »Ondes et mouvements« (Wellen und Bewegungen). De Broglie ging von der bekannten Theorie aus, daß Strahlungsquanten eine bestimmte Energie besitzen, die von der Frequenz (bzw. der Wellenlänge) der Strahlung abhängt. Er folgerte, daß eine ähnliche Gesetzmäßigkeit auch die Teilchen in der festen Materie beherrschen müsse und stellte die Theorie der »Broglie-Wellen« auf, die zur Basis der Wellenmechanik wurde.

1930
Sir Chandrasekhara Venkata Raman (1888–1970), Indien

»für seine Arbeiten über die Diffusion des Lichtes und die Entdeckung des nach ihm benannten Effekts.«
Raman wies 1928 praktisch den bereits fünf Jahre zuvor von Adolf G. Smekal theoretisch geforderten Raman-Effekt nach. Dieser besteht darin, daß bei der Streuung von Licht einheitlicher Wellenlänge an einer festen, flüssigen oder gasförmigen Verbindung das gestreute Licht neben der Spektrallinie des einfallenden Lichtes schwache sogenannte Raman-Linien enthält. Sie entstehen durch Energieaustausch mit den schwingenden und rotierenden Molekülen des streuenden Mediums. Der Raman-Effekt läßt sich zur Erforschung der verschiedenen Energiezustände heranziehen, die ein Molekül im Rahmen der Dispersion erfährt.

1931
nicht verliehen

1932 (verliehen 1933)
Werner Heisenberg (1901–1976), Deutsches Reich

»für die Begründung der Quantenmechanik, deren Anwendung zur Entdeckung der allotropen Formen des Wasserstoffs geführt hat.«
Zusammen mit Max Born (Nobelpreis für Physik 1954) und Pascual Jordan begründete Werner Heisenberg 1925 die Quantenmechanik, die im Einklang mit der von Max Planck (Nobelpreis für Physik 1918) 1900 aufgestellten Quantentheorie die Mechanik der Atomelektronen beschreibt. Auf die Untersuchung von Spektren der Atome und Moleküle angewandt, brachte Heisenbergs Quantenmechanik die Entdeckung der sogenannten allotropen Modifikationen (Zustände) des Wasserstoffs mit sich.

1933
Erwin Schrödinger (1887–1961), Österreich;
Paul Adrien Maurice Dirac (1902–1984), Großbritannien

»für die Entdeckung neuer produktiver Formen der Atomtheorie.«
Schrödinger begründete 1926, aufbauend auf Louis Victor Prinz von Broglies Wellenvorstellung (Nobelpreis für Physik 1929) die eigentliche Wellenmechanik, ein mathematisches Gebäude, das trotz völlig anderer Ansätze äquivalent mit der weitaus abstrakteren Quantenmechanik Heisenbergs ist.
Dirac entwickelte 1928 eine relativistisch-quantenmechanische Elektronen-Theorie, die insbesondere quantenmechanisch den Spin der Elektronen zu bestimmen erlaubt. Diracs Erkennt-

nisse wurden grundlegend für die Theorie der Elementarteilchen.

1934
nicht verliehen

1935
James Chadwick (1891–1974), Großbritannien

»für die Entdeckung des Neutrons.«
Chadwick, ein Schüler und Mitarbeiter von Ernest Rutherford (Nobelpreis für Chemie 1908) ging von der 1921 von seinem Lehrer geäußerten Vermutung aus, daß sich in den Atomen ungeladene Teilchen, »Neutronen«, befinden könnten. Chadwick suchte diese Teilchen systematisch und entdeckte sie 1932. Neben dem positiv geladenen Proton ist das Elementarteilchen Neutron ein Baustein der Atomkerne. Seine Entdeckung ist für die weitere Entwicklung der Kernphysik von grundlegender Bedeutung. Sie leitet die Möglichkeit der Umwandlung von Atomkernen durch Neutronenbeschuß ein.

1936
Victor Franz Hess (1883–1964), Österreich;
Carl David Anderson (* 1905), USA

Hess erhält den Nobelpreis »für die Entdeckung der kosmischen Strahlung«, Anderson »für die Entdeckung des Positrons«.
Hess stellte die kosmische oder Höhenstrahlung erstmals 1913 bei Höhenballonflügen fest. Da sie mit der Höhe über der Erde zunahm, konnte ihre Quelle nicht auf der Erde selbst liegen. Die Strahlung setzt sich aus sehr energiereichen Protonen und leichten Atomkernen zusammen.
Bei der Untersuchung der Höhenstrahlung in der Nebelkammer entdeckte Anderson 1932 das Positron. Anderson befaßte sich auch mit Energiemessungen der kosmischen Strahlung.

1937
Clinton Joseph Davisson (1881–1958), USA;
George Thomson (1892–1975), Großbritannien

»für ihre experimentelle Entdeckung der Beugung von Elektronen durch Kristalle.«
Unabhängig voneinander entdeckten 1927 Davisson und Thomson Beugungs- und Interferenzerscheinungen bei der Durchstrahlung dünner Kristallschichten mit Elektronen. Damit erbrachten sie die experimentelle Bestätigung der von Louis Victor Prinz von Broglie (Nobelpreis für Physik 1929) aufgestellten Theorie der Materiewellen. Zugleich erschloß ihre Methode neue Gebiete physikochemischer Forschung.
Nach 1930 widmete sich Davisson intensiv elektronenphysikalischen Untersuchungen.

1938
Enrico Fermi (1901–1954), Italien

»für die Bestimmung von neuen, durch Neutronenbeschuß erzeugten radioaktiven Elementen und die in Verbindung mit diesen Arbeiten durchgeführte Entdeckung der durch langsame Neutronen ausgelösten Kernreaktionen.«

Um 1932 bombardierte Fermi erstmals schwere Atomkerne (Uran) mit Neutronen. Durch Moderation der schnellen Neutronen (Abbremsen in Wasserstoff) erreichte er eine ganz wesentliche Erhöhung der nuklearen Reaktionsrate. Diese Erkenntnis wurde zu einer fundamentalen Voraussetzung der Entwicklung der Kerntechnik.
1939 emigriert Fermi in die USA, wo er zusammen mit anderen Wissenschaftlern → 1942 den ersten Kernreaktor in Chicago in Betrieb nimmt.

1939
Ernest Orlando Lawrence (1901–1958), USA

»für die Erfindung und Entwicklung des Zyklotrons und die dadurch erzielten Ergebnisse, insbesondere im Hinblick auf künstliche radioaktive Elemente.«
Ein erstes kleines Zyklotron baute Lawrence → 1930. In der Folgezeit verbesserte er es fortwährend. Es gelang ihm, mit dem Gerät eine größere Anzahl künstlicher – in der Natur nicht vorkommender – radioaktiver Isotope zu erzeugen.
Das Zyklotron ist ein Elementarteilchenbeschleuniger, der die geladenen Teilchen magnetisch in eine Kreisbahn zwingt, in der sie durch ein elektrisches Hochfrequenzfeld ständig beschleunigt werden.

1940
nicht verliehen

1941
nicht verliehen

1942
nicht verliehen

1943 (verliehen 1944)
Otto Stern (1888–1969), USA

»für seine Beiträge zur Entwicklung der Molekularstrahlmethode und die Entdeckung des magnetischen Moments des Protons.«
Stern befaßte sich eingehend mit der praktischen Untersuchung der kinetischen Gastheorie. Diese Lehre setzt u. a., daß die Durchschnittsgeschwindigkeit der Gasmoleküle unmittelbar von der Gastemperatur abhängig ist. 1920 begann Stern, diese Theorie dadurch zu überprüfen, daß er die Geschwindigkeitsverteilung der Gasmoleküle maß. Dazu entwickelte er die Molekularstrahlmethode: Er isolierte Molekülstrahlen, indem er die Gase durch feine Öffnungen in ein Vakuum strömen ließ. An diesen Strahlen gelang ihm 1933 erstmals die Messung des magnetischen Feldes des Protons.

1944
Isidor Isaac Rabi (* 1898), USA

»für die von ihm zur Aufzeichnung der magnetischen Eigenschaften von Atomkernen entdeckte Resonanzmethode.«
Rabi verbesserte die von Otto Stern (Nobelpreis für Physik 1943) entwickelte Molekularstrahlmethode entscheidend. Er stellte dafür eine Theorie auf, die auf der Beobachtung von Resonanzen basiert und die Meßgenauigkeiten gegenüber den Ergebnissen Otto Sterns um den Faktor 100 steigerte. Die Molekularstrahlresonanzmethode Rabis gestat-

tete die hochpräzise Messung der magnetischen Momente zahlreicher verschiedener Atomkerne. Die magnetischen Momente der Atome rühren von Bahnumdrehungen und/oder der Eigenrotation der Elektronen (Spin) in den die Atomkerne umgebenden Elektronenwolken her.

1945
Wolfgang Pauli (1900–1958), Österreich

»für die Entdeckung des als ›Pauli-Prinzip‹ bezeichneten Ausschlußprinzips.«
Pauli befaßte sich mit der Relativitäts- und der Quantentheorie und formulierte 1925 das Ausschlußprinzip (»Pauli-Verbot«). Es besagt, daß niemals zwei Elektronen eines Atoms in allen vier Quantenzahlen (bezeichnende Größen der möglichen diskreten Zustände von Elementarteilchen) übereinstimmen. Diese Erkenntnis vermittelt ein genaueres Bild vom Schalenaufbau der Elektronenhülle der Atome. Allgemein läßt sich das Pauli-Verbot so formulieren, daß sich in einem abgeschlossenen System von Elementarteilchen zwei Fermionen (Teilchen mit halbzahligem Spin) nicht in genau dem gleichen Zustand befinden.

1946
Percy Williams Bridgman (1882–1961), USA

»für die Erfindung eines Apparats zur Erzeugung von extrem hohen Drücken und für seine Entdeckung, die er mit diesem auf dem Gebiet der Hochdruckphysik machte.«
Bridgman beschäftigte sich bereits seit seiner Studienzeit mit der Erforschung der Zustandsänderungen der Materie bei hohen Drücken. Zunächst stellte er eine Grenze der Kompressibilität bei 3000 Atmosphären fest. Später verbesserte er seine Versuchsapparatur durch die Erfindung eines neuartigen, sich mit steigendem Druck selbst verbessernden Dichtverfahrens für zylindrische Kolben erheblich und erreichte auf diese Weise Drücke bis zu 425 000 Atmosphären.

1947
Sir Edward Victor Appleton (1892–1965), Großbritannien

»für seine Forschungen auf dem Gebiet der Physik der oberen Schichten der Atmosphäre, insbesondere für die Entdeckung der nach ihm benannten ionisierten Schicht.«
Die Ausbreitung der Rundfunkwellen um den Erdball (statt tangential von diesem fort) ließ Appleton wie andere Physiker vermuten, daß sich in der Atmosphäre in 80 bis 400 km Höhe elektrisch leitende, ionisierte Schichten befinden müßten. Appleton untersuchte die Ionosphäre und entdeckte dabei nicht nur eine, sondern mehrere derartige Schichten in etwa 90 km und die nach ihm benannte Appleton-Schicht in etwa 230 km Höhe. Seine Meßmethode bestand darin, die Ionosphärenschichten mit Funkechos auszuloten.

1948
Patrick Maynard Stuart Blackett (1897–1974), Großbritannien

»für die Weiterentwicklung der Anwendung der Wilsonschen Nebelkammer und seine damit gemachten Entdeckungen auf dem Gebiet der Kernphysik und der kosmischen Strahlung.«

Zusammen mit dem italienischen Physiker Giuseppe Occhialini vervollkommnete Blackett die Nebelkammer von Charles Thomson Rees Wilson (Nobelpreis für Physik 1927) durch eine Zählrohrsteuerung. Sie gestattete es, die Energieverteilung der Strahlungsteilchen quantitativ zu erfassen, und sie ermöglichte eine Selbstauslösung von Fotografien der Teilchenspuren.

1933 gründeten die beiden Wissenschaftler gemeinsam eine Schule zur Erforschung der kosmischen Strahlung, die u. a. mit der Methode des Radars Meteoritenspuren untersuchte.

1949
Hideki Jukawa (1907−1981), Japan
»für seine auf der Theorie der Kernkräfte beruhende Vorhersage der Existenz der Mesonen.«

Jukawa beschäftigte sich mit Elementarteilchentheorien und stellte in diesem Zusammenhang selbst eine neue Feldtheorie der nuklearen Kräfte auf. In deren Rahmen forderte er aus theoretischen Erwägungen 1935 die Existenz von schweren Elementarteilchen, die etwa die 200fache Elektronenmasse in sich vereinen sollten.

Er nannte diese Teilchen, die er für das Zustandekommen der Kernkräfte mitverantwortlich machte, Mesonen. Jukawa postulierte ihre Entstehung in energiereichen Elementarprozessen. Sie sind kurzlebig und zerfallen spontan. Jukawas Theorie lieferte zahlreiche neue Denkanstöße zum Verständnis der Atombausteine.

1950
Cecil Frank Powell (1903−1969), Großbritannien
»für die Entwicklung der fotografischen Methode zur Untersuchung der Kernvorgänge und die damit verbundene Entdeckung der Mesonen.«

Powell entdeckte 1947 die von Hideki Jukawa (Nobelpreis für Physik 1949) 1935 vorausgesagten Pi-Mesonen. Er beobachtete ihre Spuren in den Emulsionen fotografischer Platten. In der lichtempfindlichen Schicht lösten die in harten Strahlungen (kosmische Strahlung) vorhandenen Teilchen Kernzertrümmerungen aus. Powell entwickelte die Beobachtungsmethode dieses Vorganges zu einer ausgefeilten Technik weiter, die es ihm gestattete, die Mesonen zu entdecken und viele ihrer Eigenschaften zu erforschen. Daneben gelang ihm die Erhöhung der Empfindlichkeit der Emulsionen.

1951
Sir John Douglas Cockcroft (1897−1967), Großbritannien; Ernest Walton (* 1903), Irland
»für ihre Pionierarbeit auf dem Gebiet der Atomkernumwandlung durch künstlich beschleunigte atomare Partikel.«

Cockcroft und Walton konstruierten 1932 eine Beschleunigeranlage von 700 kV, mit der sie Protonen derart beschleunigten, daß diese in die Kerne leichter Elemente eindringen konnten. Ihr Ziel war es, nukleare Reaktionen auch ohne die Verwendung seltener radioaktiver Substanzen beobachten zu können. Die Preisträger leiteten die weltweite Entwicklung der Teilchenbeschleuniger ein. In ihrer Anlage erzeugten sie u. a. bis dahin unbekannte Atomkerne.

1952
Felix Bloch (1905−1983), USA; Edward Mills Purcell (* 1912), USA
»für ihre Entwicklung vereinfachter Methoden zur Messung magnetischer Kraftfelder im Atomkern.«

Die Wissenschaftler entwickelten Methoden zur äußerst präzisen Messung der magnetischen Eigenschaften der Atomkerne fester, flüssiger und gasförmiger Substanzen bei geringsten Materiemengen. Sie bedienten sich einer verbesserten Resonanzmethode, wie sie Isidor Isaac Rabi (Nobelpreis für Physik 1944) erfunden hatte. Damit gelang es ihnen, die Stärke magnetischer Felder zu bestimmen und das Vorhandensein selbst kleinster Feldstörungen im Experiment nachzuweisen.

1953
Frits Zernike (1888−1966), Niederlande
»für die von ihm angegebene Phasenkontrastmethode, im besonderen für seine Erfindung des Phasenkontrastmikroskops.«

Das Phasenkontrastmikroskop und die ihm zugrunde liegende Phasenkontrastmethode erfand Zernike 1932. Weltbekannt wurden in Fachkreisen aber auch die Untersuchungen, die er mit dem von ihm entwickelten Instrument anstellte. Seine Erfindung führte über die im wesentlichen von Ernst Abbe begründete klassische Theorie des Mikroskops weit hinaus. Das seinem Verfahren zugrunde liegende Prinzip ist es, daß an einer metallischen Oberfläche reflektiertes Licht in Abhängigkeit vom Einfallswinkel und der Art des beleuchteten Materials unterschiedliche Phasenverschiebungen erfährt.

1954
Max Born (1882−1970), Großbritannien; Walter Bothe (1891−1957), Bundesrepublik Deutschland
Born erhält den Nobelpreis für seine grundlegenden Forschungen in der Quantenmechanik, besonders für seine statistische Interpretation der Wellenfunktion«, Bothe »für seine Koinzidenzmethode und seine mit deren Hilfe gemachten Entdeckungen.« Born trug 1925 entscheidend zur Entwicklung der mathematischen Formel für die Beschreibung der von Werner Heisenberg (Nobelpreis für Physik 1932) entwickelten Quantenmechanik bei.

Bothe synchronisierte u. a. Messungen mit mehreren räumlich verteilten Geiger-Müller-Zählrohren, um damit längere Bahnen harter Strahlen verfolgen zu können.

1955
Willis Eugene Lamb (* 1913), USA; Polykarp Kusch (* 1911), USA
Lamb erhält den Nobelpreis »für seine Entdeckung über die Feinstruktur des Wasserstoffspektrums«, Kusch »für seine genaue Bestimmung des magnetischen Moments im Elektron.«

Mit der von Felix Bloch (Nobelpreis für Physik 1952) verbesserten Resonanzmethode erklärte Lamb Abweichungen in der Feinstruktur des Wasserstoffspektrums von der durch Paul Dirac (Nobelpreis für Physik 1933) aufgestellten atomaren Theorie.

Kusch stellte fest, daß das magnetische Moment des Elektrons geringfügig stärker ist, als es der Dirac-Theorie entspricht und fand dafür eine Erklärung.

1956
William Shockley (* 1910), USA; John Bardeen (* 1908), USA; Walter Houser Brattain (1902−1987), USA
»für ihre Untersuchungen über Halbleiter und ihre Entdeckung des Transistoreffekts.«

Gemeinsam entdeckten die drei Preisträger 1948, daß sich in halbleitenden Schichten, die in bestimmter Weise mit Elektronen verbunden werden, elektrische Spannungen bzw. Ströme nicht nur gleichrichten, sondern auch verstärken lassen. Das ist das Grundprinzip des Transistors, der Elektronenröhren bei weitaus geringerem Leistungsbedarf ersetzt.

1957
Chen Ning Yang (* 1922), China; Tsung Dao Lee (* 1926), China
»für ihre grundlegenden Forschungen über die Gesetze der sogenannten Parität, die zu wichtigen Entdeckungen über die Elementarteilchen führten.«

Yang und Lee befaßten sich anläßlich experimenteller Untersuchungen zum spontanen Zerfall von K-Mesonen mit dem bisher als gültig angesehenen Gesetz der Parität, das davon ausging, daß in den grundlegenden Naturgesetzen bis in den atomaren und nuklearen Bereich das Prinzip der Symmetrie erhalten bleibt. Die beiden Nobelpreisträger kommen zu einem Ergebnis, das gegen das Gesetz der Parität im subatomaren Bereich spricht.

1958
Pawel A. Tscherenkow (* 1904), UdSSR; Ilja Frank (* 1908), UdSSR; Igor Tamm (1895−1971), UdSSR
»für die Entdeckung und Interpretation des Tscherenkow-Effekts.«

Den Tscherenkow-Effekt bzw. die bläuliche Tscherenkow-Strahlung entdeckte der namensgebende Wissenschaftler 1934. Frank und Tamm fanden 1937 eine theoretische Erklärung für dieses Phänomen. Die Strahlung entsteht, wenn ein geladenes Teilchen eine Flüssigkeit oder einen Kristall schneller durchfliegt, als es der Lichtgeschwindigkeit in dieser Substanz entspricht.

1959
Emilio Segrè (* 1905), USA; Owen Chamberlain (* 1920), USA
»für ihre Entdeckung des Antiprotons.« 1932 war es Carl David Anderson (Nobelpreis für Physik 1936) gelungen, das Positron, das positiv geladene Gegenstück zum Elektron, zu entdecken. Seither suchten die Kernphysiker ein entsprechendes Pendant zum Proton. Doch erst 1954 gelang es Segrè und Chamberlain mit den ersten Protonenbeschleuniger mit einer Energie bis zu sechs Milliarden Elektronenvolt, dem »Bevatron«, das Antiproton nachzuweisen. Die Entdeckung bedeutete einen erheblichen Fortschritt für die Entwicklung des atomphysikalischen Weltbildes.

1960
Donald Arthur Glaser (* 1926), USA
»für die Erfindung der Blasenkammer«. Glaser beschäftigte sich mit der Weiterentwicklung der Wilsonschen Nebelkammer, um nukleare Phänomene der Partikel mit höheren Ladungen zu studieren. 1952 gelang ihm die Erfindung der Blasenkammer. Sie enthält eine überhitzte Flüssigkeit, die den Weg energiereicher Teilchen so abbremst, daß ihr Weg fotografiert werden kann.

1961
Robert Hofstadter (* 1915), USA; Rudolf Mößbauer (* 1929), Bundesrepublik Deutschland
Hofstadter erhält den Nobelpreis »für seine bahnbrechenden Studien über elektrische Schwingungen im Atomkern und für die dabei erzielten Entdeckungen über die Struktur der Nukleonen«; Mößbauer wird der Preis verliehen »für seine Forschungen über die Resonanzabsorption der Gamma-Strahlung und seine damit verbundene Entdeckung, die den Namen ›Mößbauer-Effekt‹ trägt.«

Hofstadter erforschte als erster Physiker den Schalenaufbau der Atomkerne, der vor ihm unbekannt war.

Mößbauer entdeckte 1957 die Emission extrem schmaler Gamma-Spektrallinien durch Atomkerne bei sehr niedrigen Temperaturen.

1962
Lew D. Landau (1909−1968), UdSSR
»für seine bahnbrechenden Theorien über kondensierte Materie, besonders das flüssige Helium.«

Nachdem sein Landsmann Pjotr L. Kapiza (Nobelpreis für Physik 1978) die Superfluidität beim Helium entdeckte, befaßte sich der auf allen Gebieten der theoretischen Physik tätige Preisträger mit umfangreichen Untersuchungen dieses Phänomens. Er gelangte dadurch zu einer vollständigen Theorie der sogenannten »Quantenflüssigkeiten« bei sehr niedrigen Temperaturen.

Die Laudatio hebt hervor, daß Landaus Leistungen deshalb so bedeutend sind, weil sie dazu dienen, die Eigenschaften der Flüssigkeiten ebenso vollständig festzustellen, wie dies bei denen der Kristalle und Edelgase gelungen sei.

1963
Eugene Paul Wigner (* 1902), USA; Maria Goeppert-Mayer (1906−1972), USA; Hans Daniel Jensen (1907−1973), Bundesrepublik Deutschland
Wigner erhält den Nobelpreis »für seine Beiträge zur Theorie des Atomkerns und der Elementarteilchen, besonders durch die Entdeckung und Anwendung

fundamentaler Symmetrie-Prinzipien«; Goeppert-Mayer und Jensen »für die Entdeckung der nuklearen Schalenstruktur.«
Wigners Untersuchungen der Elementarteilchen sind außerordentlich weit gefaßt. Die Hypothesen der beiden anderen Laureaten gelten als umstritten.

1964
Charles Hard Townes (* 1915), USA;
Nikolai G. Bassow (* 1922), UdSSR;
Alexandr M. Prochorow (* 1916), UdSSR
»für grundlegende Arbeiten auf dem Gebiet der Quantenelektronik, die zur Konstruktion von Oszillatoren und Verstärkern auf der Basis des Maser-Laser-Prinzips führten.«
Townes erfand → 1951 den Maser und entwickelte ihn zum Laser (→ 1958) weiter. Bassow und Prochorow entwickelten Maser- und Lasersysteme ausgehend von molekularen Oszillatoren unter Anwendung von Ammoniakstrahlen. Sie machten sich besonders um die Festkörperlaser verdient.

1965
Schinitschiro Tomonaga (1906−1979), Japan;
Julian Schwinger (* 1918), USA;
Richard Phillips Feynman (1918−1988), USA
»für ihre fundamentale Leistung in der Quantenelektrodynamik, mit tiefgehenden Konsequenzen für die Elementarteilchenphysik.«
Der Quantentheorie von Max Planck folgte die Quantenmechanik von Werner Heisenberg, Erwin Schrödinger u. a. Die Preisträger erweitern diese Quantenbetrachtungsweise auf elektromagnetische Vorgänge zur Quantenelektrodynamik und erklären die physikalische Wechselwirkung zwischen elektrisch geladenen Teilchen und elektromagnetischen Feldern.

1966
Alfred Kastler (1902−1984), Frankreich
»für die Entdeckung und Entwicklung der optischen Methoden beim Studium der Hertz-Resonanzen in Atomen.«
Die mit dem Nobelpreis gewürdigten Methoden Kastlers sind die Voraussetzung für das während der 50er Jahre entwickelte Laser-Prinzip. Ihm zugrunde liegt das sogenannte optische Pumpen. Das ist die Änderung der einzelnen Energiezustände im Inneren von Atomen durch die Einwirkung von Lichtstrahlung. Kastler verwendete zirkularisiertes Resonanzlicht. Es überträgt sein Drehmoment auf die Atome, die dadurch eine Orientierung einnehmen und deren Absorptionsfähigkeit für das Licht abnimmt. Zugleich ändern sich die Intensität und die Polarisation des Resonanzlichts. Kastler fand verschiedene Grade der Polarisation.

1967
Hans Albrecht Bethe (* 1906), USA
»für seinen Beitrag zur Theorie der Kernreaktionen, insbesondere seine Entdeckung über die Energieerzeugung in den Sternen.«

Bethe hat keine Einzelleistung erbracht, sondern, wie Carl Friedrich Freiherr von Weizsäcker anläßlich der Verleihung des Nobelpreises formuliert, »ein ganzes Gebirge dahingestellt, ein Gebirge mit vielen hohen Gipfeln«. 1938 publizierte Bethe eine bedeutende astrophysikalische Arbeit, die erstmals eine Erklärung dafür enthält, welche kernphysikalischen Prozesse sich in Fixsternen abspielen und die bekannten ungeheuer großen Energiemengen freisetzen.
Von 1943 bis 1946 arbeitete Bethe in Los Alamos (USA) maßgeblich an der Entwicklung der Atombombe und später auch der Wasserstoffbombe mit.

1968
Luis Walter Alvarez (* 1911), USA
»für seinen entscheidenden Beitrag zur Elementarteilchenphysik, insbesondere seine Entdeckung einer großen Anzahl von Resonanzzuständen, ermöglicht durch seine Entwicklung von Techniken mit der Wasserstoffblasenkammer und Datenanalysen.«
Alvarez entwickelte eine spezielle Methode zur Anwendung der 1952 von Donald A. Glaser (Nobelpreis für Physik 1960) erfundenen Blasenkammer und zugleich eine neuartige Meßdatenanalyse. Auf diesem Weg fand er zahlreiche unterschiedliche Resonanzzustände der subatomaren Elementarteilchen.
An der Universität von Chicago war er maßgeblich an hochrangigen Forschungsprojekten wie der Entwicklung des Radars, der Atombombe und des Zyklotrons beteiligt.

1969
Murray Gell-Mann (* 1929), USA
»für seine Beiträge und Entdeckungen betreffend der Klassifizierung der Elementarteilchen und deren Wechselwirkungen.«
Gell-Mann ordnete die in immer größerer Zahl entdeckten subatomaren Elementarteilchen in Klassen ein. Dabei ging er einen von Grund auf anderen Weg als Werner Heisenberg (Nobelpreis für Physik 1932), der ebenfalls eine Klassifizierung anstrebte. Während Heisenberg eine mathematische Ordnung auf der Grundlage einer »Weltformel« suchte, ging Gell-Mann von den Eigenschaften und Reaktionen der Teilchen aus. Unabhängig von dem israelischen Physiker Yuval Ne'eman, der auf demselben Gebiet arbeitete, gelang Gell-Mann 1961 die Vorhersage des Omega-Minus-Teilchens.

1970
Hannes Alfvén (* 1908), Schweden;
Louis Néel (* 1904), Frankreich
Alfvén wird ausgezeichnet »für seine grundlegenden Leistungen und Entdeckungen in der Magneto-Hydrodynamik mit fruchtbaren Anwendungen in verschiedenen Teilen der Plasmaphysik«; Néel erhält den Nobelpreis »für seine grundlegenden Leistungen und Entdeckungen betreffend des Antiferromagnetismus und des Ferrimagnetismus, die zu wichtigen Erkenntnissen in der Festkörperphysik geführt haben.«
Alfvén ging in seinen wissenschaftlichen Arbeiten insbesondere der Frage nach, wie sich Plasma bewegt. Néel leitete mit seinen Arbeiten über

Eisen- und Antieisenmagnetismus Fortschritte auf den Gebieten der Telegraphie, des Rundfunks und moderner Kommunikationstechnologien ein.

1971
Dennis Gábor (1900−1979), Großbritannien
»für seine Erfindung und Entwicklung der holographischen Methode.«
Gábor entwickelte das mit dem Nobelpreis honorierte Verfahren schon 1947. Mit kohärentem (im Gleichtakt in einer Schwingungsebene schwingendem) Licht, das er aus der Strahlung konventioneller Lichtquellen herausfilterte, beleuchtete Gábor ein zu holographierendes Objekt und nahm die reflektierten Strahlen, überlagert von mit diesen interferierenden, direkt von der Lichtquelle kommenden Referenzstrahlen, auf. Mit der Entdeckung des Laserprinzips in den 50er Jahren eröffneten sich für holographische Verfahren neue und vielfältige Möglichkeiten. Das Ergebnis sind raumgetreue, dreidimensionale Bilder, während die herkömmliche Fotografie nur Flächenprojektionen aufzeichnet.

1972
John Bardeen (* 1908), USA;
Leon N. Cooper (* 1930), USA;
John Robert Schrieffer (* 1931); USA
»für ihre gemeinsam entwickelte Theorie des Supraleitungsphänomens, auch BSC-Theorie genannt.«
Die BSC-Theorie erklärt erstmals theoretisch das Verschwinden des elektrischen Widerstands in Leitern bei extrem tiefen Temperaturen, verbunden mit einer Verdrängung des elektrischen Feldes aus diesen Leitern. Die Theorie eröffnet neue systematische theoretische und experimentelle Forschungsansätze auf dem Gebiet der Supraleitung.

1973
Leo Esaki (* 1925), Japan;
Ivar Giaever (* 1929), USA;
Brian David Josephson (* 1940), Großbritannien
Esaki und Giaever erhalten den Nobelpreis »für ihre experimentellen Entdeckungen betreffend das Tunnel-Phänomen in Halb- bzw. Supraleitern«, Josephson »für seine theoretische Vorhersage von Eigenschaften bei einer Suprastrømung durch eine Tunnelbarriere, insbesondere jene Phänomene, die allgemein als Josephson-Effekt bekannt sind.«
Der Josephson-Effekt erlaubt magnetische und elektrische Messungen mit bisher unerreichter Genauigkeit.

1974
Sir Martin Ryle (1918−1984), Großbritannien;
Antony Hewish (* 1924), Großbritannien
»für ihre bahnbrechenden Arbeiten in der Radioastrophysik: Ryle für seine Beobachtungen und Erfindungen, insbesondere der Öffnung technischer Synthesen und Hewish für seine entscheidende Rolle in der Entdeckung der Pulsare.«
Ryle war während des Zweiten Weltkriegs an der Entwicklung des Radars beteiligt und nutzte seine Erfahrungen für die Verbesserung der radioastrono-

mischen Technologien (Very Large Arrays bei Radioteleskopen). Hewish fing 1967 zufällig periodisch wiederkehrende Radiosignale aus dem All auf und entdeckte so die rotierenden Neutronensterne oder Pulsare.

1975
Aage Bohr (* 1922), Dänemark;
Benjamin Mottelson (* 1926), Dänemark;
James Rainwater (* 1917), USA
»für die Entdeckung der Verbindung zwischen kollektiver und Teilchen-Bewegung in Atomkernen und die Entwicklung der Theorie von der Struktur der Atomkerne basierend auf dieser Verbindung.«
Das Atommodell von Niels Bohr (Nobelpreis für Physik 1922) wurde von Hans Daniel Jensen und Maria Goeppert-Mayer (Nobelpreis für Physik 1963) verbessert. Nach wichtigen Vorarbeiten von Rainwater fanden im Jahr 1953 Aage Bohr und Mottelson ein noch zutreffenderes Modell.

1976
Burton Richter (* 1931), USA;
Samuel Chao Chung Ting (* 1936), USA
»für ihre führenden Leistungen bei der Entdeckung eines schweren Elementarteilchens neuer Art.«
Unabhängig voneinander entdeckten beide Preisträger 1974 ein Elementarteilchen mit ungewöhnlichen Eigenschaften. Es war besonders massenreich und langlebig. Teilchen mit derartigen Eigenschaften waren unbekannt und ließen sich nur erklären, wenn man den drei von Murray Gell-Mann (Nobelpreis für Physik 1969) vorhergesagten Quarks (→ 1964) ein viertes, das »Charm-Quark«, zugesellte. Dieses theoretisch geforderte Quark konnte im Sommer 1976 am »Deutschen Elektronen-Synchroton« (DESY; → 1964) in Hamburg nachgewiesen werden.

1977
Philipp Warren Anderson (* 1923), USA;
Sir Nevill Francis Mott (* 1905), Großbritannien;
John Hasbrouck Van Vleck (1899−1980), USA
»für die grundlegenden theoretischen Leistungen zur Elektronenstruktur in magnetischen und ungeordneten Systemen.«
Die drei Preisträger haben durch ihre Arbeiten die theoretische Festkörperphysik erheblich bereichert und die Ergebnisse experimenteller Untersuchungen vorhergesagt. Auf ihren Arbeiten fußen u. a. praktische Entwicklungen wie die des Lasers und moderner technischer Gläser mit speziellen Eigenschaften.

1978
Pjotr Kapiza (1894−1984), UdSSR;
Arno Allen Penzias (* 1933), USA;
Robert W. Wilson (* 1936); USA
Kapiza erhält den Nobelpreis »für seine grundlegenden Erfindungen und Entdeckungen in der Tieftemperaturphysik«, Penzias und Wilson »für ihre Entdeckung der kosmischen Mikrowellen-Hintergrundstrahlung.«

Kapiza gelang u. a. 1938 der Nachweis, daß sich »Helium 2« durch »Suprafluidität« auszeichnet.

Die von Penzias und Wilson entdeckte kosmische Hintergrundstrahlung gilt als »fossiler Rest von der Geburt des Universums«.

1979

Sheldon Lee Glashow (* 1932), USA;

Abdus Salam (* 1926), Pakistan; Steven Weinberg (* 1933), USA

»für ihre Mitwirkung an der Theorie der Vereinigung schwacher und elektromagnetischer Wechselwirkung zwischen Elementarteilchen, einschließend u. a. die Voraussage von schwacher neutraler Strömung.«

Alle drei Wissenschaftler arbeiteten unabhängig voneinander und gelangten zu neuen Erkenntnissen auf dem Gebiet der Elementarteilchenphysik. Sie schufen mathematische Modelle zur Vereinigung von zwei der vier Grundkräfte der Natur.

1980

James Watson Cronin (* 1931), USA;

Val Logsdan Fitch (* 1923), USA

»für die Entdeckung von Verletzungen fundamentaler Symmetrieprinzipien im Zerfall von neutralen K-Mesonen.«

Die beiden Forscher aus den USA erzeugten im Protonenbeschleuniger einen Strahl neutraler Elementarteilchen und fanden bei der Beobachtung des Zerfalls der Teilchen einen Weg, sicher zwischen Materie und Antimaterie zu unterscheiden. Beim Zerfall von K-Mesonen, die sich ihrerseits aus Quarks aufbauen, stellten sie Asymmetrien fest, die darauf schließen lassen, daß bei der Entstehung des Universums unmittelbar nach dem Urknall möglicherweise geringfügig mehr Materie als Antimaterie entstand.

1981

Nicolaas Bloembergen (* 1920), USA;

Arthur Leonard Schawlow (* 1921), USA;

Kai Manne Siegbahn (* 1918), Schweden

Die US-amerikanischen Preisträger erhalten den Nobelpreis »für ihren Beitrag zur Entwicklung der Laserspektroskopie«, der Schwede Siegbahn wird ausgezeichnet »für seinen Beitrag zur Entwicklung der hochauflösenden Elektronenspektroskopie.«

Die Wissenschaftler widmeten sich, fußend auf den Arbeiten von Max Planck, Albert Einstein und Gustav Hertz, der stimulierten Emission von Strahlung zur Mikrowellen-Verstärkung. Dabei erklärten sie u. a. Molekülstrukturen.

1982

Kenneth G. Wilson (* 1936), USA

»für seine Theorie über kritische Phänomene bei Phasenumwandlungen.«

Unter Phasenumwandlungen sind in der Physik Übergänge wie das Verdampfen oder Kondensieren, das Schmelzen und Gefrieren oder das Sublimieren zu verstehen. U. a. gehört auch der Verlust der Magnetisierbarkeit magnetischer Materialien beim Über-

schreiten »kritischer Punkte« dazu. Die Laudatio hebt hervor, daß es Wilson gelungen ist, »durch einen hervorragenden theoretischen Ansatz einen Weg zur Lösung des Problems zu finden.« Nach seiner Methode habe sich die Fragestellung »in eine Sequenz von Teilproblemen« aufgelöst, die sich nunmehr einzeln behandeln lassen. Dieser als »Renormalisierungs-Gruppentheorie« bekannt gewordene Ansatz entstand in den 50er Jahren.

1983

Subrahmanyan Chandrasekhar (* 1910), USA;

William A. Fowler (* 1911), USA

Chandrasekhar erhält den Nobelpreis »für seine theoretischen Studien der physikalischen Prozesse, die für die Struktur und Entwicklung der Sterne von Bedeutung sind«; Fowler wird ausgezeichnet »für theoretische und experimentelle Studien der Kernreaktionen, die für die Bildung der chemischen Elemente im Weltall von Bedeutung sind.« Beide Wissenschaftler verfolgten die Frage nach der Entstehung des Universums. Chandrasekhar befaßte sich vor allem mit den »Weißen Zwergen«, Sternen aus »zusammengebrochener« Materie. Fowler beschäftigte sich mit Kernreaktionen in den Sternen im Zeitraum ihrer Entstehung.

1984

Carlo Rubbia (* 1934), Italien; Simon van der Meer (* 1925), Niederlande

»für ihre entscheidenden Einsätze bei dem großen Projekt, das zur Entdeckung der Feldpartikel W und Z, Vermittler schwacher Wechselwirkungen, geführt hat.«

Rubbia und van der Meer leiteten eine Gruppe von mehr als 100 Wissenschaftlern, die 1983 am Europäischen Kernforschungszentrum CERN (→ 1959) die theoretisch seit langem geforderten Elementarteilchen »W-Plus«, »W-Minus« und »Z-Null« nachweisen konnten. Die Teilchen sind Vermittler der sogenannten schwachen Kraft, die bei der Erklärung des radioaktiven Zerfalls und der Energiefreisetzung der Sonne von Bedeutung ist.

1985

Klaus von Klitzing (* 1943), Bundesrepublik Deutschland

»für die Entdeckung des quantisierten Hall-Effektes«.

Leitet man elektrischen Strom durch eine Metallplatte und legt quer dazu ein Magnetfeld an, so weichen die Elektronen zu einer Plattenkante aus, und man erhält einen Spannungsunterschied quer zum Strom. Das ist der Hall-Effekt (1879 entdeckt von dem US-Physiker Edwin Herbert Hall). Von Klitzing untersuchte ihn erstmals in einem zweidimensionalen Elektronensystem und fand dabei neue Phänomene, darunter als wichtigstes, daß die sog. Hall-Leitfähigkeit sich bei Magnetfeldänderungen nicht kontinuierlich, sondern in Stufen ändert. Sie ist also quantisiert. Die Höhe eines Quantensprungs ermittelte von Klitzing zu e^2/h (e = Elektronenladung, h = Plancksches Wirkungsquantum) und fand so eine neue Naturkonstante.

1986

Ernst Ruska (* 1906), Bundesrepublik Deutschland; Gerd Binnig (* 1947), Bundesrepublik Deutschland; Heinrich Rohrer (* 1933), Schweiz

Ernst Ruska erhält den Preis »für seine fundamentalen elektronenoptischen Arbeiten und die Konstruktion des ersten Elektronenmikroskops«, Gerd Binnig und Heinrich Rohrer erhalten ihn »für ihre Konstruktion des Raster-Tunnel-Mikroskops.«

Ruskas Ende der 1920er Jahre gemachte Grundkenntnis war, daß eine Magnetspule wie eine Sammellinse für Elektronenstrahlen wirkt. Beim Raster-Tunnel-Mikroskop wird die atomare Struktur einer Fläche mit einer Nadel abgetastet.

1987

Johannes Georg Bednorz (* 1950), Bundesrepublik Deutschland; Karl Alex Müller (* 1927), Schweiz

»für die Entdeckung eines neuen supraleitenden Materials.«

Supraleitung entsteht, wenn geeignetes Material bis zur sog. kritischen Temperatur (nahe dem absoluten Nullpunkt von −273,15 °C) abgekühlt wird. Dabei fließt elektrischer Strom ohne jeden Widerstand, und Magnetfelder durchdringen das Material nicht oder nur teilweise. Müllers und Bednorz' Verdienst ist es, daß sie als erste nicht mit Metallegierungen, sondern mit keramischen Materialien (Oxiden) arbeiteten und damit Supraleitung bereits bei −238 °C erreichten. Das löste eine lawinenartige Entwicklung neuer Supraleiter in aller Welt aus.

Naturwissenschaftler von A–Z

Die Daten über Leben und Werk der vorgestellten Naturwissenschaftler und Ingenieure ergänzen – ohne Anspruch auf Vollständigkeit – die Beiträge des Hauptteils. Daten der Nobelpreisträger für Chemie und Physik ab Seite 591.

Ernst Abbe

deutscher Physiker und Sozialreformer
* 23. Januar 1840, Eisenach
† 14. Januar 1905, Jena

Abbe trat 1867 als wissenschaftlicher Leiter in die optischen Werkstätten des Universitätsmechanikers → Carl Zeiss in Jena ein, wurde 1875 Teilhaber von Zeiss und 1889 Alleininhaber des Unternehmens, das er zu Weltruhm führte. Zugleich hatte Abbe (ab 1870) eine Professur für Physik in Jena inne und leitete ab 1878 auch die dortige Sternwarte. Er entwickelte erstmals eine geschlossene Theorie der optischen Abbildung in Mikroskopen und konstruierte auf dieser Basis zusammen mit Zeiss 1873 ein neues, sehr leistungsstarkes Mikroskop. Wichtig für die Fortschritte in der Mikroskopie waren vor allem die zahlreichen neuen optischen Meßinstrumente, die Abbe erfand: Das Fokometer (zum Messen der Brennweite), der Komparator (ein mikroskopisches Feinmeßgerät für Längenmessungen), das Refraktometer (zur Messung der Lichtbrechung und Zerstreuung in Flüssigkeiten und in festen Körpern). Große optische Fortschritte stellten auch seine Apochromate – sehr scharfe, farbfehlerfreie Objektive – und seine Prismenfeldstecher dar.

Georgius Agricola

(eigentl. Georg Bauer)
deutscher Naturforscher
* 24. März 1494, Glauchau
† 21. November 1555, Chemnitz

Agricola studierte Philosophie, Theologie und Medizin und arbeitete als Arzt in St. Joachimsthal und Chemnitz. In diesen vom Bergbau lebenden Städten befaßte er sich eingehend mit den tradierten mineralogischen Heilmitteln. Er erweiterte seine Forschungen bald auf die Mineralogie und die Lehre von den Erzen im allgemeinen sowie auf die Technik des Bergbaus. 1556 wurde sein bis ins 18. Jahrhundert gebräuchliche Standardwerk über Mineralogie, Bergbau- und Hüttenwesen: »De re metallica« veröffentlicht.

Albertus Magnus

(Albert der Große)
deutscher Theologe, Naturforscher und Philosoph
* um 1200, Lauingen/Donau
† 15. November 1280, Köln

»Albert der Große« war einer der bedeutendsten Universalgelehrten des Mittelalters. Er war ab 1229 (1223?) Dominikaner und lehrte an den Hochschulen von Paris (1244–48) und Köln. 1253–56 fungierte er als Provinzialoberer seines Ordens für das deutsche Sprachgebiet, 1260–62 als Bischof von Regensburg, später als päpstlicher Legat und Kreuzzugsprediger. Er erschloß klassisches und darüber hinaus überliefertes arabisches Wissen neu.

Seiner Zeit voraus war Albertus Magnus besonders auf den Gebieten der Naturwissenschaften, vor allem der Botanik. Er überwand zahlreiche mythologische Vorstellungen durch die nüchternen Ergebnisse wissenschaftlicher Forschung. Als früher Empirist erwarb er umfassende Kenntnisse auf den Gebieten der Physik, der Chemie und der Mechanik und wurde deshalb vielen seiner Zeitgenossen als »Magier« suspekt. Am 16. Dezember 1931 erklärte die katholische Kirche Albertus Magnus zum Patron der Naturwissenschaften.

Jean Le Rond d'Alembert

französischer Mathematiker, Philosoph und Schriftsteller
* 16. November 1717, Paris
† 29. Oktober 1783, Paris

D'Alembert, von seinen Eltern ausgesetzt, wurde als Findelkind groß. Er studierte Theologie, Jura, Medizin und Mathematik. Seine naturwissenschaftlichen Leistungen lagen vor allem auf den Gebieten der Mathematik und der Mechanik. Er entdeckte Gesetzmäßigkeiten im Bereich der Hydrodynamik und trug zur Differential- und Integralrechnung sowie zur Funktionen- und Zahlentheorie bei. Daneben befaßte er sich mit astronomischen Beobachtungen und Berechnungen, mit historischen und musikwissenschaftlichen Fragen sowie naturwissenschaftlich-philosophischen Problemen. Bekannt wurde vor allem das »d'Alembertsche Prinzip«, eine Art der mathematischen Beschreibung beschleunigender Kräfte, die es erlaubt, dynamische Aufgaben nach dem Vorbild statischer Gleichgewichtsaufgaben zu lösen.
Zusammen mit Denis Diderot gab d'Alembert von 1751–80 die 33bändige französische »Encyclopédie« heraus.

Alkuin

angelsächsischer Gelehrter
* um 732, York
† 19. Mai 804, Tours

Als universell gebildeter Mensch, Lehrer, Dichter und Theologe adliger Herkunft gelangte Alkuin 782 als Leiter der »Akademie« an den Hof von Karl dem Großen. Um ihn formierte sich ein Kreis von Gelehrten, der die Wissenschaften des Altertums wiederbelebte und damit zur Keimzelle der karolingischen Renaissance wurde. 796 gründete Alkuin als Abt von St. Martin in Tours eine wissenschaftliche Schule. Schwerpunkte seiner Lehren lagen auf den Gebieten der »sieben freien Künste«: Grammatik, Rhetorik, Dialektik, Arithmetik, Geometrie, Astronomie und Musik.

Guillaume Amontons

französischer Physiker
* 31. August 1663, Paris
† 11. Oktober 1705, Paris

Amontons war in erster Linie Experimentalphysiker und Konstrukteur. Er erfand und entwickelte u. a. verschiedene Barometer und Hygrometer, ein Luftthermometer und einen optischen Telegraphen, eine Rotationspumpe und eine Heißluft-Kraftmaschine.
Aus seiner Beobachtung, daß sich Gase proportional zur Temperatur ausdehnen, schloß er folgerichtig auf die Existenz eines absoluten Temperaturnullpunktes. Amontons entdeckte das Gesetz, nach dem die gleitende Reibung bei konstanter Masse eines bewegten Körpers unabhängig von der Größe der reibenden Fläche ist. Ab 1697 war Amontons Mitglied der französische Akademie der Wissenschaften.

André Marie Ampère

französischer Mathematiker und Physiker
* 22. Januar 1775, Polémieux/Lyon
† 10. Juni 1836, Marseille

Ampère war als Professor für Physik und später auch Astronomie und Philosophie in Paris tätig und wurde schließlich sogar Generalinspekteur der französischen Universitäten. Auf naturwissenschaftlichem Gebiet wirkte er vielseitig: Er bereicherte die Wahrscheinlichkeits- und Differentialrechnung, untersuchte Probleme der Affinität und der Gasvolumina in der Chemie und erforschte vor allem die elektromagnetischen Phänomene. In zahlreichen Publikationen behandelte er die Theorie der elektrischen »Molekularströme« zur Erklärung des Magnetismus. Er entdeckte die Gesetzmäßigkeit der Kraftwirkung stromdurchflossener Leiter aufeinander (Ampèresches Gesetz) und formulierte die Ampèreschen Regeln über die Ablenkung von Magneten im elektrischen Feld. So wurde er zum Mitbegründer der Elektrodynamik.

Anaxagoras

griechischer Naturphilosoph
* um 500 v. Chr., Klazomenai/Izmir
† 428 v. Chr., Lampsakos/Kleinasien

Anaxagoras betrieb naturwissenschaftliche Forschung und Lehre und widmete sich auch der Philosophie. Er verwarf die Auffassung von den vier Elementen Feuer, Wasser, Luft und Erde und ging statt dessen von einer Unzahl kleinster Partikel (Homöomerien) aus, die durch eine kosmische Vernunft – Nus – belebt werden. In ihnen sah er die unveränderlichen und unvergänglichen Urbausteine der Materie. Sie bilden nach seiner Lehre durch Mischungen und Wirbelbewegungen alles Stoffliche, das durch ihre Trennung wieder zerfällt. In etwa nahm Anaxagoras damit ein atomistisches Weltbild vorweg.
Für astronomische Phänomene (Sonnen- und Mondfinsternisse, Meteore) fand er natürliche Erklärungen. Er sah in den Gestirnen keine Götter, sondern glühende Gesteinsmassen. Wegen dieser Lästerung vor Gericht gestellt, konnte nur sein Freund, der athenische Staatsmann Perikles, ihn vor der Todesstrafe retten.

Archimedes

griechischer Mathematiker, Physiker und Erfinder
* um 285 v. Chr., Syrakus
† 212 v. Chr., Syrakus

Archimedes war der vielseitigste Techniker seiner Zeit. Er befaßte sich vor allem mit der Mechanik und ihren Gesetzen und beschrieb Grundprinzipien des Maschinenbaus: Den Hebel, die schiefe Ebene und die Rolle. Bekannt wurde sein Ausspruch zur Hebelwirkung: »Gebt mir einen festen Punkt außerhalb der Erde, und ich werde sie aus den Angeln heben.« Seinen theoretischen Untersuchungen folgten praktische Konstuktionen. Aus der schiefen Ebene entwickelte er die Schraube und speziell die Wasserschnecke (Archimedische Schraube) zum Wasserheben. Mehrere Rollen vereinigte er zum Flaschenzug. Durch die Kombination unterschiedlicher mechanischer Konstruktionen gelangte er zu komplexen Geräten wie Belagerungs- oder Wurfmaschinen oder einem hydraulischen Planetarium. Archimedes fand das »Archimedische Prinzip«, das den Auftrieb schwimmender oder untergetauchter Körper beschreibt. Er formulierte die Gesetze des Schwerpunkts, definierte das spezifische Gewicht und führte zahlreiche geometrische Berechnungen durch.

Aristoteles

griechischer Philosoph
* 384 v. Chr., Stagira/Thrakien
† 322 v. Chr., Chalkis/Euböa

Aristoteles gilt als der Begründer der wissenschaftlichen Philosophie. Er war bis 347 v. Chr., also bis zum Todesjahr Platos, Mitarbeiter an dessen Akademie in Athen. Er widmete sich vor allem der Naturforschung und entwickelte einen auf Stoff und Form gegründeten Realismus.
Ab 342 v. Chr. wirkte Aristoteles als Erzieher des makedonischen Kronprinzen (Alexander der Große), nach 335 lehrte er wiederum in Athen und errichtete dort eine Schule (Peripatos), ein Museum für Naturgeschichte sowie eine Bibliothek. Von naturwissenschaftlicher Relevanz sind seine grundlegenden Schriften über wissenschaftliche Logik, die er in die Teilgebiete Urteilsbildung, Schlußfolgerung und Begriffsbestimmung (Kategorien) unterteilte. Aristoteles befaßte sich auch mit Naturphilosophie, Fragen von Raum, Zeit und Bewegung, den Elementen und der Zweckmäßigkeit der Natur. Daneben verfaßte er zahlreiche Bücher über Metaphysik, Ethik, Politik und Poetik.

Svante [August] Arrhenius

schwedischer Physikochemiker
* 19. Februar 1859, Wyk/Uppsala
† 2. Oktober 1927, Stockholm

Arrhenius verfaßte 1883/84 eine wichtige Habilitationsschrift über Elektrolyte, die seinerzeit unterbewertet wurde und nicht zu seiner Zulassung zum akademischen Lehramt führte. Dieses erschloß ihm erst eine zweite Arbeit und zwar über die elektrolytische Dissoziation, d. h. die Zerlegung gelöster Substanzen in Kationen und Anionen durch elektrischen Strom. Das 1887 zu Ende geführte Werk brachte ihm nicht nur 1895 eine Professur in Stockholm, sondern auch 1903 den Nobelpreis für Chemie ein. 1905 wurde Arrhenius sogar Direktor des Nobelinstituts für physikalische Chemie.
Arrhenius erbrachte weitere wissenschaftliche Leistungen: 1889 formulierte er die »Arrhenius-Gleichungen« über die Abhängigkeit chemischer Reaktionen von der Temperatur. Er arbeitete auch auf den Gebieten der Aktivierungsenergie, der Serumtherapie und der Astrophysik. Er erkannte die Bedeutung des Strahlungsdrucks der Sonne für die Entstehung der Kometen-

schweife und verfaßte u. a. die Werke »Das Werden der Welten« und »Das Schicksal der Planeten«.

Carl Freiherr von Auer von Welsbach
österreichischer Chemiker und Erfinder
* 1. September 1858, Wien
† 4. August 1929 Schloß, Welsbach/Kärnten

Auer war ein Schüler → Robert Wilhelm Bunsens, der ihn zur Erforschung der seltenen Erden (das sind Oxidgemische mehrerer spezieller Metalle) ermunterte. 1885 entdeckte Auer in diesem Bereich zwei bisher unbekannte Elemente: Das Neodym und das Praseodym. 1905 und 1907 fand er – unabhängig von und gleichzeitig mit dem Franzosen Georges Urbain – das Ytterbium und das Lutetium.

Bei seinen Arbeiten über spezielle Metalloxide entdeckte Auer deren Leuchtwirkung und daraufhin 1885–92 das »Auerlicht«, einen Glühstrumpf aus Baumwollgewebe, das mit einer Lösung von 99% Thorium und 1% Cernitrat getränkt ist und in der Gasflamme hell aufleuchtet. Diese Erfindung hob den Wirkungsgrad des Gaslichtes um ein Vielfaches.

Als die aufkommenden elektrischen Glühbirnen seinem Gaslicht Konkurrenz machten, erfand Auer 1897 die elektrische Osmiumlampe, die der Kohlefadenlampe von → Thomas Alva Edison weit überlegen war.

Auers dritte wichtige Erfindung war 1907 die des »Auermetalls« oder Feuersteins aus 30% Cereisen und 70% Eisen. Auer arbeitete auch wissenschaftlich-theoretisch, etwa auf dem Gebiet der Spektralanalyse.

Amedeo Avogadro Graf von Quaregna und Ceretto
italienischer Physiker und Chemiker
* 9. August 1776, Turin
† 9. Juli 1856, Turin

Avogadro hatte eine Professur für mathematische Physik in Turin inne. Er widmete sich vor allem Forschungen auf dem Gebiet der Atom- und Molekularphysik und -chemie. So gehen die genauen Definitionen der Begriffe Atom, Molekül und Äquivalent auf ihn zurück. Er erforschte die elektro-chemische Spannungsreihe und deren Zusammenhang mit der Affinität (Verwandschaft) der chemischen Elemente untereinander. Er ermittelte die spezifische Wärme zahlreicher fester, flüssiger und gasförmiger Körper und entdeckte bei der Untersuchung der Atom- und Molekularvolumina 1811 das »Avogadrosche Gesetz«: Gleiche Volumina idealer Gase enthalten bei gleichem Druck und gleicher Temperatur die gleiche Anzahl von Atomen oder Molekülen. Die nach Avogadro benannte Konstante (auch: Loschmidtsche Zahl) gibt die Anzahl der Atome oder Moleküle an, die in einem Mol eines Stoffs enthalten sind: $NA = 6{,}022 \cdot 10^{23}$/mol. Die Avogadro-Zahl bezeichnet die Anzahl der Moleküle in cm³ eines idealen Gases unter Normalbedingungen ($2{,}687 \cdot 10^{19}$/cm³).

Adolf Ritter von Baeyer
deutscher Chemiker
* 31. Oktober 1835, Berlin
† 20. August 1917, Starnberg

Baeyer lehrte ab 1868 als Professor in Berlin und ab 1872 in Straßburg Chemie

und wurde 1875 Nachfolger von → Justus von Liebig in München. Sein vorrangiges Forschungsgebiet war die synthetische Farbstoffherstellung, da es in der Industrie angesichts des längst nicht mehr gedeckten Bedarfs an Naturfarben auf diesem Sektor Engpässe gab. Baeyer gelang 1878 die Vollsynthese des Indigos, eines seit rund vier Jahrtausenden verwendeten licht- und wasserfesten Pflanzenfarbstoffes. 1883 fand Baeyer auch die Strukturformel des Indigos und legte damit die Basis zur Synthese auch anderer Farbstoffe. Seine Arbeiten zogen unmittelbar ein rasches Aufblühen der Farbenindustrie und der chemischen Industrie im allgemeinen nach sich.

Baeyer widmete sich nicht zuletzt der Untersuchung der ringförmigen Kohlenwasserstoffe und fand dabei ein Grund für deren chemische Beständigkeit, eine Entdeckung, die in seiner Spannungstheorie ihren Niederschlag fand und für die Herstellung beständiger Farbstoffe wichtig wurde. Für seine Leistungen wurde Baeyer 1905 mit dem Nobelpreis für Chemie geehrt.

Johann Bayer
deutscher Astronom und Jurist
* 1572, Rain/Bayern
† 7. März 1625, Augsburg

Bayer tat sich durch zahlreiche akribische Himmelsbeobachtungen hervor. Seine Arbeit baute auf den Sternkarten von → Tycho Brahe auf und ergänzte diese durch eigene Messungen, darunter erstmals auch solche des südlichen Sternhimmels. Er verfaßte 51 genaue und umfangreiche Sternkarten, die er 1603 als Gesamtwerk in seinem Sternatlas »Uranometria« publizierte. Neu waren dabei seine Einteilung der Sterne in Helligkeitsklassen sowie ihre Zuordnung zu Sternbildern, die er mit griechischen und teilweise auch lateinischen Buchstaben bezeichnete.

Neben seiner astronomischen Tätigkeit wirkte Bayer als Rechtsanwalt in Augsburg.

Antoine Henri Becquerel
französischer Physiker
* 15. Dezember 1852, Paris
† 25. August 1908, Le Croisic

Becquerel wirkte als Physikprofessor am Polytechnicum sowie am Naturhistorischen Museum in Paris. Er befaßte sich mit der Optik und entdeckte 1873 die infraroten Bandenspektren des Sonnenlichts und die Drehung der Polarisationsebene des Lichts im Magnetfeld. Er fand heraus, daß Licht in Kristallen von einzelnen Molekülen absorbiert wird. Ab 1891 beschäftigte sich Becquerel mit dem Phänomen der Phosphoreszenz und entdeckte bei verschiedenen Mineralien eine bisher unbekannte Radioaktivität. Er fand später heraus, daß diese Strahlung gleiche Eigenschaften besaß, wie die 1895 von → Wilhelm Conrad Röntgen entdeckte, technisch erzeugte Röntgenstrahlung: Sie ionisiert Luft und durchdringt feste Körper. Becquerel machte das mit ihm befreundete Ehepaar → Pierre Curie und Marie Curie auf seine Entdeckung aufmerksam, das auf diesem Gebiet weiterforschte. Zusammen erhielten die drei Wissenschaftler 1903 den Nobelpreis für Physik. 1908 wurde Becquerel Präsident der französischen Akademie der Wissenschaften.

Carl [Friedrich] Benz
deutscher Ingenieur und Industrieller
* 25. November 1844, Karlsruhe
† 4. April 1929, Ladenburg

Benz begann ein Studium des Maschinenbaus, konnte es aber wegen des frühen Todes seines Vaters nicht vollenden und absolvierte statt dessen eine Schlosserausbildung. 1883 gründete er eine eigene kleine Werkstatt zur Entwicklung und Fertigung ortsfester Gasmotoren, nachdem ihm schon Ende 1878 der Bau eines Zweitaktmotor-Prototypen gelungen war.

Benz plante den Bau eines motorisch angetriebenen Straßenwagen. 1884 realisierte er ein selbstfahrendes Dreirad mit einem elektrisch gezündeten Einzylinder-Viertaktmotor von 1 PS Leistung. Dieses erste regelrechte Benzinauto der Welt besaß bereits einen Kühler und ein Differential-Ausgleichgetriebe. Es entstand unabhängig von der Konstruktion → Wilhelm Maybachs und → Gottlieb Daimlers und unterschied sich von deren Fahrzeug insbesondere dadurch, daß Benz nicht nur ein Pferdefuhrwerk motorisiert hatte, sondern auch eine eigene automobilgerechte Karosserie konstruierte.

1926 fusionierte die »Benz & Cie. Gasmotorenfabrik« mit der »Daimler-Motoren-Gesellschaft« zur »Daimler-Benz AG«.

Friedrich Bergius
deutscher Chemiker
* 11. Oktober 1884, Goldschmieden/Breslau
† 30. März 1949, Buenos Aires

Bergius kam schon in Kinderjahren in der chemischen Fabrik seines Vaters mit der Chemie in Berührung. Er studierte dieses Fachgebiet in Hannover und richtete nach seiner Habilitation 1909 ein eigenes Labor für industrielle Forschung ein. Gezielt entwickelte er die technische Kohleverflüssigung, d. h. die Gewinnung von Benzin aus Steinkohle. Matthias Pier vervollkommnete 1926 das von Bergius erarbeitete Verfahren. Während des Zweiten Weltkriegs wurde im Deutschen Reich, dem Rohölimporte kaum mehr möglich waren, in mehreren Großanlagen benutzt.

Ab 1926 trieb Bergius erfolgreich auch die Holzhydrolyse voran. Er gewann durch Aufschluß des Holzes mit Salzsäure Traubenzucker als Rohstoff für die Alkoholproduktion und als Futtermittel. Gemeinsam mit → Carl Bosch erhielt Bergius für diese Arbeit 1931 den Nobelpreis für Chemie. Nach dem Zweiten Weltkrieg wurde er als Regierungsberater in Argentinien tätig.

Jakob Bernoulli
Schweizer Mathematiker und Physiker
* 6. Januar 1655, Basel
† 16. August 1705, Basel

Bernoulli studierte auf väterlichen Wunsch Philosophie und Theologie und entgegen den väterlichen Vorstellungen Mathematik und Astronomie. 1687 erhielt er die Professur für Mathematik in Basel. Zusammen mit seinem Bruder Johann (1667–1748), der ebenfalls als Naturwissenschaftler tätig war, legte er die Fundamente der Infinitesimalrechnung und löste mit dem so geschaffenen Instrumentarium ab 1690 zahlreiche geometrische Einzelprobleme. Er behandelte mit funktionentheoretischen Methoden u. a. die Isochrone, die Kettenlinie und die logarithmische Spirale. 1689–1704 schrieb er fünf Arbeiten über

die mathematische Reihenlehre und darüber hinaus zahlreiche andere mathematische Traktate.

Mit der Einführung des Integralbegriffs sowie mit der Lösung der »Bernoullischen Differentialgleichung« und der Entwicklung eines Systems der Wahrscheinlichkeitsberechnung wirkte er mathematisch bahnbrechend.

Jöns Jacob Freiherr von Berzelius
schwedischer Chemiker
* 20. August 1779, Väfversunda Sörgård bei Linköping
† 7. August 1848, Stockholm

Berzelius studierte zunächst Sprachen und Medizin, widmete sich aber schon während seines Studiums mehr und mehr der chemischen Forschung. 1807 wurde er Professor für Medizin und Pharmazie, 1808 Mitglied der schwedischen Akademie der Wissenschaften.

Berzelius erforschte insbesondere den Charakter chemischer Verbindungen. Ausgehend vom Studium galvanischer Phänomene stellte er die später bestätigte Theorie auf, daß sich alle chemischen Verbindungen aus elektrisch entgegengesetzt geladenen Bausteinen zusammensetzen; in Lösungen ionisiert treten sie als negativ und positiv geladene Atome oder Moleküle in Erscheinung. Berzelius schloß in seine Theorie auch organische Verbindungen ein, die seiner Auffassung nach in erster Linie aus Kohlenstoff und Wasserstoff bestehen sollten. Er führte für sie die noch heute übliche Symbolik ein.

Durch sorgfältige Analysen bestätigte Berzelius seine Vermutung, daß das Molekulargewicht einer Verbindung gleich der Summe der Atomgewichte sei. Im Rahmen seiner ungewöhnlich exakten Analysen entdeckte er die Elemente Cer (1803), Selen (1817) und Thorium (1828).

Sir Henry Bessemer
britischer Ingenieur und Erfinder
* 19. Januar 1813, Charlton bei Hitchin
† 15. März 1898, London

Bessemer war einer der vielseitigsten Erfinder. Ihm verdankt die Industrie nicht weniger als 117 verwertbare Patente. Bessemer finanzierte seine konstruktiven Arbeiten selbst. Seine ersten nennenswerten Einkünfte bezog er aus der Verwertung einer Maschine zur Herstellung von Bronzestaub für Oberflächenbeschichtungen mit Goldeffekt. Neue Konstruktionen für die Typengießerei, für Eisenbahnbremsen, die Glasindustrie usw. folgten. Einen seiner wichtigsten technischen Beiträge leistete Bessemer für die Stahlherstellung durch die Entwicklung des »Bessemer-Verfahrens«. Dieses → 1855 erfundene Verfahren, das die Herstellungszeiten für Stahl auf ein 72stel verkürzte und damit erstmals die preiswerte großindustrielle Massenproduktion ermöglichte, verbesserte er ab 1860 kontinuierlich in dem von ihm gegründeten Stahlwerk »Henry Bessemer & Co.«. Er ergänzte sein Unternehmen durch ihm entwickelte Walzwerke. 1871 wurde Bessemer Präsident des nationalen britischen »Eisen- und Stahlinstituts«.

Niels [Hendrik David] Bohr
dänischer Physiker
* 7. Oktober 1885, Kopenhagen
† 18. November 1962, Kopenhagen

Als Post-graduate-Stipendiat arbeitete Bohr zwei Jahre lang in Großbritannien und kam dort u. a. mit → Ernest Rutherford in Kontakt, dessen Atommodell er mit Hilfe der → Max Planckschen Quantentheorie entscheidend verbesserte. Während Rutherford den Elektronen, die um den Atomkern kreisen, keine bestimmten Bahnen zugeschrieben hatte, wies Bohr derartige, von der Aufnahme oder Abgabe von Energiequanten abhängige Bahnen nach.

1926/26 formulierte Bohr zusammen mit → Werner Heisenberg die sogenannte »Kopenhagener Deutung« der Quantentheorie, nach der die elektromagnetische Strahlung sowohl als Welle wie als Korpuskularstrahlung aufzufassen ist. Nach der Entdeckung der Kernspaltung durch → Otto Hahn entwickelte Bohr eine dieses Phänomen erklärende physikalische Theorie. Beruflich hatte Bohr ab 1916 eine Professur für theoretische Physik in Kopenhagen inne. Ab 1920 leitete er das dortige Physikinstitut. 1943 wanderte Bohr in die USA aus, wo er sich am Atombombenprojekt beteiligte. Nach dem Ende des Zweiten Weltkriegs kehrte er nach Kopenhagen zurück. 1922 erhielt er für die Erforschung der Atomstruktur den Nobelpreis für Physik.

Ludwig Boltzmann
österreichischer Physiker
* 20. Februar 1844, Wien
† 5. September 1906, Duino/Triest

Boltzmann war Anhänger der atomistischen Hypothese und führte als solcher die Thermodynamik auf die Mechanik der kleinsten Materieteilchen zurück, wobei er sich zu deren Beschreibung der Gesetze der Statistik bediente. Er begründete so die kinetische Gastheorie, die steigende Temperaturen mit der zunehmenden Geschwindigkeit der Gasmoleküle erklärte.

1872 gelang ihm – 15 Jahre vor der faktischen Entdeckung der elektromagnetischen Wellen durch → Heinrich [Rudolf] Hertz – die Bestätigung der umstrittenen Hypothesen James Clerk Maxwells auf dem Gebiet der Elektrodynamik. 1884 bewies Boltzmann das von seinem Lehrer Josef Stefan experimentell gefundene Gesetz über die Gesamtstrahlung physikalisch schwarzer Körper (»Stefan-Boltzmannsches Strahlungsgesetz«).

Boltzmann fungierte an verschiedenen Universitäten als Professor für Mathematik sowie für theoretische und experimentelle Physik.

George Boole
britischer Mathematiker und Physiker
* 2. November 1815, Lincoln/England
† 8. Dezember 1864, Ballintemple/Irland

Boole war mathematischer Autodidakt. Nach jahrelangem Selbststudium wurde er 1852 als Mathematikprofessor an die Universität von Cork berufen. Ausgehend von der reinen Mathematik, die von Inhalten und praktischer Anwendung unabhängig ist, wandte er diese Freiheit von praktischen Bezügen auch auf die Logik generell an und schuf damit äußerst konsequente Formen des folgerichtigen Denkens.

In der Logik führte er mathematische Symbole und formelhafte Gesetzmäßigkeiten ein. Zunächst schuf er feststehende logische Begriffe und logische Verknüpfungsformalismen. Auf diese Weise entwickelte er ein mathematisches Logikkalkül von strenger Beweis-

kraft und begründete damit die mathematische Logik schlechthin, die er in seinem Werk »Die mathematische Analyse der Logik« 1847 abhandelte. Das Buch ist die fundamentale Beschreibung der »Booleschen Algebra«, die später für die Datenverarbeitung von elementarer Bedeutung werden sollte. In seinem Hauptwerk »Eine Untersuchung der Gesetze des Denkens, auf denen sich die mathematischen Theorien der Logik und Wahrscheinlichkeit gründen« vertiefte er 1854 seine Lehren.

Max Born
deutscher Physiker
* 11. Dezember 1882, Breslau
† 5. Januar 1970, Göttingen

Born war auf dem Gebiet der theoretischen Festkörperphysik tätig und hier vielseitig aktiv. Er verfaßte 20 Fachbücher und mehr als 300 Beiträge für wissenschaftliche Zeitschriften und wirkte ab 1914 als Professor an mehreren deutschen Universitäten. 1933 in seinem Lehramt suspendiert, emigrierte er und lehrte von 1936 – 53 in Großbritannien. Zu seinen Studenten zählen u. a. Pascual Jordan und → Werner Heisenberg, mit denen er ab 1922 gemeinsam Forschungen auf den Gebieten der Quantentheorie, der Gittertheorie der Kristalle, der Relativitätstheorie und der elektromagnetischen Wellentheorie des Lichts betrieb. Mit seiner Erforschung der mikrophysikalischen Gesetzmäßigkeiten atomarer Vorgänge bereitete er die »Kopenhagener Deutung« der Quantentheorie durch → Niels Bohr und Werner Heisenberg vor. Gemeinsam mit → Walter Bothe erhielt Born 1954 den Nobelpreis für Physik.

Carl Bosch
deutscher Chemiker
* 27. August 1874, Köln
† 26. April 1940, Heidelberg

Bosch studierte Chemie und nahm 1899 bei der Badischen Anilin- & Soda-Fabrik AG (BASF AG) Entwicklungsarbeiten im Zusammenhang mit der Ammoniakproduktion auf. Dabei kam ihm ab 1909 das von Fritz Haber in diesem Jahr im Labor entdeckte Verfahren zur Ammoniaksynthese zugute, das Bosch in langjähriger Arbeit soweit vervollkommnete, daß es sich für die großindustrielle Anwendung eignete. Bosch schuf so die Grundlage für die Produktion von Stickstoffmineraldünger und damit für eine weltweite landwirtschaftliche Revolution. Für dieses Hochdruckverfahren zur Ammoniaksynthese, das unter der Bezeichnung »Haber-Bosch-Verfahren« bekannt wurde, erhielt Bosch 1931 zusammen mit → Friedrich Bergius den Nobelpreis für Chemie.

Anknüpfend an dieses Verfahren gelang auch die industrielle Synthese anderer wichtiger Rohstoffe, u. a. Methanol, Synthesekautschuk und Benzin aus Kohle.

Robert Bosch
deutscher Erfinder und Industrieller
* 23. September 1861, Albeck/Ulm
† 12. März 1942, Stuttgart

Bosch absolvierte nach einer Schlosserlehre ein Ingenieurstudium an der Technischen Hochschule Stuttgart, studierte in den USA weiter und gründete 1886 eine Werkstatt für Feinmechanik und Elektrotechnik, die 1937 zur »Robert Bosch GmbH« umfirmierte.

Hauptanliegen des Konstrukteurs Bosch waren kraftfahrzeugtechnische Entwicklungen, besonders auf dem Gebiet der Autoelektrik. Er ging von der Erfindung der Magnetzündung durch → Nikolaus Otto aus und vervollkommnete diese u. a. durch die Herstellung der ersten Zündkerze für schnelllaufende Verbrennungsmotoren. Eine seiner Glanzleistungen war die Entwicklung der Dieseleinspritzpumpe.

In seinem Unternehmen wirkte der pragmatische Christ Bosch als Sozialreformer. Er zahlte überdurchschnittliche hohe Löhne, führte den Achtstundentag ein und gründete ab 1920 mehrere Wohlfahrtseinrichtungen.

Walter Bothe
deutscher Physiker
* 8. Januar 1891, Oranienburg/Berlin
† 8. Februar 1957, Heidelberg

Vor 1930 leitete Bothe das Labor für Radioaktivität an der Physikalisch-Technischen Reichsanstalt in Berlin und ab 1934 das Institut für Physik am Kaiser Wilhelm-Institut für medizinische Forschung. Dort entdeckte er die künstliche Anregung von Atomkernen. 1929 gelang ihm der Nachweis, daß es sich bei der Höhenstrahlung um eine Korpuskularstrahlung handelt. Er bewies die Erhaltung der Energie- und Impulssätze im subatomaren Bereich für die elastischen Stöße zwischen Lichtquanten und Elektronen. 1954 erhielt Bothe zusammen mit → Max Born den Nobelpreis für Physik.

Johann Friedrich Böttger
deutscher Alchimist
* 4. Februar 1682, Schleiz
† 13. März 1719, Dresden

Böttger befaßte sich als Apothekerlehrling in Berlin mit Alchimie und kam in den Ruf, Gold machen zu können. Der preußische König Friedrich I. wollte ihn deshalb in seine Dienste zwingen, doch entzog sich Böttger 1701 durch Flucht nach Wittenberg, wo er ein Medizinstudium begann. Dort aber ereilte ihn König August I., der Starke, von Sachsen und ließ ihn nach Dresden bringen, wo er unter haftähnlichen Bedingungen Gold herstellen sollte. Er arbeitete mit dem Mathematiker und Physiker Ehrenfried Walter Graf von Tschirnhaus zusammen und entdeckte bei einem Experiment 1707 zufällig einen Weg zur Herstellung von rotem Porzellan (Steingut), aus dem er ein Jahr später das erste weiße Hartporzellan Europas entwickelte. Daraufhin wurde ihm 1710 in völliger Freiheit die Leitung der neu gegründeten Dresdner Porzellanmanufaktur anvertraut. Das Unternehmen wurde bald nach Meißen verlegt und erlangte Weltruhm. Böttger verriet später Werksgeheimnisse und wurde gefangengesetzt.

Robert Boyle
englischer Naturforscher
* 25. Januar 1627, Lismore/Irland
† 30. Dezember 1691, London

Boyle genoß als Sohn eines reichen Earls eine umfassende Bildung. Ein Gotteserlebnis bewog ihn zum Studium der biblischen Sprachen und zu eigenen literarischen Auseinandersetzungen mit theologischen Fragen.

Als brillanter analytischer Denker wurde er zum Mitbegründer der Royal Society (Königliche Gesellschaft) der

Wissenschaften. Für seine naturwissenschaftlichen Forschungen unterhielt er ein privates Laboratorium. Seine präzisen Naturbeobachtungen, verbunden mit prägnanten theoretischen Formulierungen überwanden insbesondere die mittelalterliche Alchimie und begründeten die moderne chemische Forschung.

1662 entdeckte er das »Boyle-Mariottesche Gesetz«, das die Konstanz des Produkts aus Druck und Volumen idealer Gase zum Inhalt hat. Anläßlich seiner Beschäftigung mit medizinischen und theoretischen Fragen führte er den Begriff »Pharmakologie« ein.

Tycho Brahe
dänischer Astronom
* 14. Dezember 1546, Knudstrup/Schonen
† 24. Oktober 1601, Prag

Brahe studierte zunächst Rhetorik, Philosophie und Jurisprudenz. Während seines Studiums erlebte er eine Sonnenfinsternis, was ihn zu Studien der Astronomie und eigenen Himmelsbeobachtungen anregte. Nachdem er 1572 im Sternbild der Kassiopeia eine Nova (veränderlicher Stern) entdeckt hatte, widmete er sich gänzlich der astronomischen Forschung. Auf diesem Gebiet machte er sich einen solchen Namen, daß ihm der dänische König Friedrich II. die Sundinsel Ven zum Lehen gab und dort die Observatorien »Uranienborg« und »Stjernborg« nach Brahes Angaben einrichten ließ. Die beiden Sternwarten verfügten über die größten Instrumente (noch keine Fernrohre) der Zeit. Brahe stellte einen ersten umfangreichen Fixsternkatalog mit rund 1000 Sternörtern auf.

1597 verließ Brahe Dänemark und wurde 1599 Hofastronom bei Kaiser Rudolf II. in Prag. Er revolutionierte die Himmelsphysik durch die Erkenntnis, daß sich die Kometen außerhalb der Erdatmosphäre bewegen; er hielt aber am geozentrischen Weltbild fest, wonach die Erde der Mittelpunkt des gesamten Weltalls ist.

Karl Ferdinand Braun
deutscher Physiker
* 6. Juni 1850, Fulda
† 20. April 1918, New York

Braun wirkte ab 1876 als Professor für Physik an mehreren deutschen Universitäten, zuletzt, ab 1895, in Straßburg. Er forschte in erster Linie auf dem Gebiet der Elektrotechnik. 1875 entdeckte er die Gleichrichtereigenschaften der Sulfide. Er schlug diese Stoffe daraufhin als Detektoren für den Empfang elektromagnetischer Wellen vor. 1891 erfand er das »Braunsche Elektrometer«, 1897 die »Braunsche Röhre«, eine Kathodenstrahlröhre mit Leuchtschirm, aus der sich sowohl die Oszillographenröhre wie die Radar- und Fernsehbildröhren entwickelten.

Ebenso epochal wie seine Kathodenstrahlröhre ist der 1898 von Braun erfundene gekoppelte Sender, der mit zwei Schwingkreisen arbeitet und weitaus größere Reichweiten erzielt als die Sender → Guglielmo Marchese Marconis. Braun entwickelte auch den Kristalldetektorempfänger und 1913 die Rahmenantenne, die den Richtfunk ermöglichte.

Braun betätigte sich auch industriell. Auf ihn gehen das Unternehmen »Telefunken« sowie die deutsche Firma für

Meß- und Regeltechnik Hartmann & Braun zurück.

Werner Freiherr von Braun

deutsch-US-amerikanischer Physiker und Raumfahrtpionier
* 23. März 1912, Wirsitz (heute Wyrzysk)
† 16. Juni 1977, Alexandria/Virginia

Braun schloß eine Maschinenbaulehre bei den Borsig Werken ab und absolvierte anschließend ein Physikstudium. 1930 wurde er Assistent des Raketenforschers Hermann Oberth, dessen Buch »Die Rakete zu den Planetenräumen« (→ 1923) ihn fasziniert hatte. Er baute erste eigene Raketen und wurde im Alter von nur 20 Jahren ziviler Mitarbeiter im Heereswaffenamt. 1934 promovierte er über Flüssigkeitsraketen. Zu dieser Zeit erreichten seine Zwillingsraketen A 1 bereits eine Höhe von 2200 m. Nach der Gründung der Heeresversuchsanstalt Peenemünde (1937) wurde Braun technischer Direktor des Raketenwaffen-Projekts. Er entwickelte die V 1 und die »Wunderwaffe« V 2, die erste automatisch gesteuerte Flüssigkeitsrakete. Nach Kriegsende arbeitete Braun in den USA weiter und leitete ab 1956 die Raketenversuchsanstalt der USA in Huntsville. Dort entwickelte er Pläne für die bemannte Raumfahrt und für Mars-Expeditionen. Im 1960 gegründeten Space Flight Center wickelte Braun als Leiter das Apollo-Mondprogram ab. 1970 wurde er stellvertretender Direktor der US-Raumfahrtbehörde NASA.

Louis Victor Prinz von Broglie

französischer Physiker
* 15. August 1892, Dieppe
† 19. März 1987, Paris

Broglie, der an der Pariser Universität Sorbonne neben Physik auch Geschichte und Philosophie studierte, forschte von 1919 – 27 im privaten physikalischen Labor seines Bruders Maurice de Broglie auf dem Gebiet der Röntgenstrahlen und der Spektroskopie. 1928 trat er mit einer Fundamentaltheorie zum Dualismus Welle/Korpuskularstrahlung an die Öffentlichkeit. Er begründete mit ihr die Lehre von den Materiewellen, die es ihm gestattete, die → Bohrschen Quantenbedingungen für die Elektronen in Atomen zu erklären. Auf Broglies Arbeiten basiert u. a. Erwin Schrödingers Wellenmechanik (→ 1930). Broglie erhielt 1929 den Nobelpreis für Physik.
1932 – 62 wirkte Broglie auf dem Gebiet der theoretischen Physik als Professor an der Sorbonne.

Giordano (Filippo) Bruno

italienischer Naturphilosoph
* 1548, Nola/Neapel
† 17. Februar 1600, Rom

Der 15jährige Filippo Bruno erhielt bei seinem Eintritt in das Dominikanerkloster Neapel den Ordensnamen Giordano. Zehn Jahre später empfing er die Priesterweihe. Seine naturwissenschaftlichen Erkenntnisse gefährdeten den Bestand kirchlicher Dogmen, was eine Anklage zur Folge hatte. 16 Jahre lang zog er forschend und lehrend von Universität zu Universität durch Europa.
Bruno schuf ein neues kosmisches Weltbild, das sowohl mit der Lehre des → Aristoteles wie mit der christlichen Kosmologie brach. Dabei ging er davon aus, daß ein unendlicher Gott nur ein unend-

liches und kein begrenztes Weltall geschaffen haben könne. In Schriften, die er zwischen 1583 und 1585 in London verfaßte, lehrte er die Existenz außerirdischer Weltensysteme im Universum, die möglicherweise belebt sein könnten. Sein Weltbild war heliozentrisch, und er sah in den Fixsternen weitere Sonnen als Zentren anderer Sonnensysteme. Wegen seines Weltbildes wurde er von der Inquisition verfolgt und nach siebenjähriger Haft in Rom als Ketzer verbrannt.

Robert Wilhelm Bunsen

deutscher Chemiker
* 30. März 1811, Göttingen
† 16. August 1899, Heidelberg

Bunsen war einer der vielseitigsten und kreativsten Naturwissenschaftler des 19. Jahrhunderts. Er lehrte bis in sein 78. Lebensjahr als Professor an zahlreichen deutschen Universitäten, zuletzt, ab 1852, in Heidelberg. Besonders bekannt wurde der nach ihm benannte »Bunsenbrenner«, den er 1855 erfand und der durch Vermischung des Brenngases mit Luft eine vollständige Verbrennung gewährleistet und dabei Temperaturen zwischen 300 und 1500° C liefert.
1834 fand Bunsen ein Mittel gegen Arsenvergiftungen, indem er arsenige Säure unlöslich durch Eisenhydroxid ausfällte. 1841 widmete sich Bunsen einem Problem der physikalischen Chemie: Er ersetzte im gebräuchlichen Grove-Element, einem von Sir William Robert Grove 1839 entwickelten elektrochemischen Element, das teure Platin durch Kohle und schuf damit die Zink-Kohle-Batterie. Bunsen legte die Basis für die elektrolytische Produktion von Aluminium und Magnesium in industriellem Maßstab, untersuchte 1845 die chemischen Vorgänge im Hochofen und verbesserte diesen erheblich.
1851/52 entwickelte Bunsen die Jodometrie und damit ein präzises quantitatives Titrations-Meßverfahren für die chemische Forschung. 1859 schuf er zusammen mit Gustav Robert Kirchhoff die Spektralanalyse. Außerdem er fand er ein Dampfkalorimeter für Wärmemessungen.

Geronimo (Girolamo) Cardano

italienischer Mathematiker, Arzt und Naturforscher
* 24. September 1501, Pavia
† 20. September 1576, Rom

Cardano lehrte als Professor in Mailand, Pavia und Bologna. Er vertrat die Auffassung, daß alle Dinge aus einem von der »Weltseele« belebten Urstoff hervorgehen.
Die großen naturwissenschaftlichen Leistungen Cardanos liegen auf dem Gebiet der Mathematik. Er fand 1545 die »Cardanische Formel« zur Lösung kubischer Gleichungen. Auch löste er – wie andere Mathematiker vor ihm – algebraische Gleichungen 4. Grades. Als erster befaßte er sich mit der mathematischen Wahrscheinlichkeitsrechnung. Auf dem Gebiet der Mechanik verbreitete er durch mehrere Abhandlungen die nach ihm benannte – aber schon früher bekannte – Kardanische Aufhängung (z. B. des Schiffskompasses und anderer empfindlicher Instrumente) sowie die – ebenfalls nicht neue – »Kardanwelle« zur Kraftübertragung.
Cardano befaßte sich auch mit Astrolo-

gie, an deren Berechnungen er so blind glaubte, daß er sich zu Tode hungerte, um das Zutreffen seiner Vorhersage über sein Todesjahr zu beweisen.

Edmund Cartwright

britischer Erfinder
* 24. April 1743, Marnham/Nottinghamshire
† 30. Oktober 1823, Hastings

Hauptberuflich war Cartwright Geistlicher und als Pfarrer und Domherr an der Kathedrale von Lincoln tätig. In seiner Freizeit widmete sich der technisch Interessierte mechanischen Konstruktionen. Er knüpfte an die Erfindung von Sir Richard Arkwright an, eine Baumwollspinnmaschine, die billige Massenproduktion von Garnen ermöglichte. Um diese rasch in ebenso großem Umfang weiterverarbeiten zu können, konstruierte Cartwright 1784 den ersten automatischen Webstuhl. 1786 gründete er eine eigene Manufaktur mit 20 Webstühlen. Angetrieben wurden sie zunächst durch einen Ochsengöpel, später von einer Dampfmaschine. Es kam zu Maschinenstürmereien durch aufgebrachte Handwerker. Langfristig setzten sich Cartwrights Automaten durch, zu denen auch eine Wollkämmaschine und eine Seilwickelmaschine zählten.

Anders Celsius

schwedischer Astronom
* 27. November 1701, Uppsala
† 25. April 1744, Uppsala

Celsius wies 1736/37 zusammen mit Pierre Louis Moreau de Maupertuis auf einer geophysikalischen Lappland-Expedition durch Erdvermessungen die Richtigkeit der Newtonschen Hypothese über die Erdabplattung nach. Ab 1740 leitete er das von ihm gegründete astronomische Observatorium in Uppsala. Dort gelang ihm u. a. der Nachweis des Zusammenhangs zwischen sogenannten Polarlichtern und dem erdmagnetischen Feld.
1742 entwickelte er ein Quecksilberthermometer, das er nach der von ihm gewählten Celsius-Skala eichte. Ihr Nullpunkt lag beim Siedepunkt, ihr 100-Grad-Punkt beim Gefrierpunkt des Wassers auf Meereshöhe. Die Skala gab also zunehmende Grad-Werte mit fallender Temperatur und wurde erst später umgekehrt.

Henry Cort

britischer Eisenindustrieller
* 1740, Lancaster
† 23. Mai 1800, London

Cort hatte als Schiffsmakler ein Vermögen angesammelt, das er 1775 in die Anlage eines Hammer- und Walzwerks investierte. In diesem Metier beschäftigte er sich selbst erfinderisch. 1784 entwickelte er das Puddelverfahren für die Eisen- und Stahlindustrie. Dabei werden die Flammöfen mit eisenoxidhaltigem Material ausgekleidet. Das kohlenstoffhaltige Roheisen wird in ihnen unter Umrühren mit Stangen gefrischt, d. h. die in ihm enthaltenen unerwünschten Bestandteile wie Kohlenstoff, Silizium, Phosphor und Mangan werden oxidiert und das Eisen so in Stahl verwandelt. Dieses inzwischen veraltete Verfahren leitete die Massenproduktion von Schmiedeeisen bzw. Schmiedestahl ein und begründete im wesentlichen die britische Schwerindustrie. Der Puddelstahl wurde in Corts Walzwerk weiterverarbeitet.

Charles Augustin de Coulomb

französischer Physiker
* 14. Juni 1736, Angoulême
† 23. August 1806, Paris

Der mathematisch und physikalisch ausgebildete Coulomb arbeitete im französischen Staatsdienst, z. T. als Ingenieuroffizier in der Kolonie Martinique, z. T. im Mutterland. Seit dem Jahr 1802 hatte er die Aufsicht über das neu zu organisierende Unterrichtswesen Frankreichs inne.
Coulomb war einer der bedeutendsten Physiker des 18. Jahrhunderts. Er fand zahlreiche Zusammenhänge auf den Gebieten der Festigkeitslehre, der Statik sowie der Gleit- und Haftreibung. Ausführlich befaßte er sich mit der »Theorie der einfachen Maschinen«. Ein Werk dieses Titels publizierte er 1779.
Coulomb erfand die Torsions- oder Drehwaage, mit der er Präzisionsmessungen elektro- und magnetostatischer Kräfte ausführte. Auf diesem Wege entdeckte er 1785 das nach ihm benannte elektrostatische Grundgesetz.
Coulomb erkannte die Polarisation elektrischer Ladungen. Ihm zu Ehren heißt die elektrische Ladungseinheit »Coulomb« (1 C = 1 Amperesekunde).

Marie Curie

französische Chemikerin und Physikerin
* 7. November 1867, Warschau
† 4. Juli 1934, Sancellemoz/Savoyen

Die geborene Marie Skłodowska verließ 1891 Polen, wo sie als Lehrerin tätig war, und reiste nach Paris, um bei → Antoine Henri Becquerel zu studieren. 1895 heiratete sie → Pierre Curie, mit dem sie bis zu dessen Tod (1906) gemeinsame Forschungen auf dem Gebiet der neuentdeckten Radioaktivität betrieb. 1898 fand sie die Aktivität des Thoriums und im selben Jahr zusammen mit ihren Ehemann die bisher unbekannten Elemente Polonium und Radium. Um sie in reiner Form zu isolieren, verarbeiteten die Curies in jahrelangen Bemühungen viele Tonnen Pechblende. Marie Curie erforschte die physikalischen, chemischen und biologischen Eigenschaften der radioaktiven Strahlen und begründete damit die Radiochemie und den medizinischen Einsatz von Röntgenstrahlen.
Als bisher einzige erhielt Curie zwei Nobelpreise: 1903 für Physik und 1911 für Chemie. Nach dem Tod ihres Mannes übernahm sie 1906 dessen Lehrstuhl für Physik an der Sorbonne und 1914 die Leitung des Pariser Radiuminstituts. Curie starb an Strahlenfolgeschäden.

Pierre Curie

französischer Physiker
* 15. Mai 1859, Paris
† 19. April 1906, Paris

Bereits als Student entdeckte Curie 1880 gemeinsam mit seinem Bruder Paul Jacques die Piezoelektrizität. Nach seinem Studium widmete er sich zunächst der Erforschung des Dia-, Para- und Ferromagnetismus und fand in diesem Zusammenhang das Curiesche Gesetz. 1894 formulierte er das Symmetrieprinzip bei Ursache und Wirkung physikalischer Vorgänge. Zusammen mit seiner Ehefrau Marie Skłodowska (Heirat 1895) untersuchte er die Radioaktivität von Uranerzen. Er beschäftigte sich insbesondere mit den physikalischen Eigenschaften der verschiedenen Strahlungsarten. Je nach ihrer Ablenkbarkeit im Magnetfeld schloß er auf elektrisch geladene oder neutrale Teilchen. Gemeinsam entdeckte das Wissenschaftlerehepaar 1898 die radioaktiven Elemente Polonium und Radium. Pierre und → Marie Curie erhielten zusammen mit → Antoine Henri Becquerel 1903 den Nobelpreis für Physik. Von 1904 bis zu seinem Tod war Curie Physikprofessor an der Sorbonne.

Louis Jacques Mandé Daguerre
französischer Maler und Erfinder
* 18. November 1787, Cormeilles-en-Parisis
† 10. Juli 1851, Bry-sur-Marne

Daguerre machte sich einen Namen als Dekorations- und Illusionsmaler und vor allem durch seine Dioramen, die sich je nach wechselnder Ausleuchtung zu bewegen schienen. Im Rahmen seiner Bilderproduktion bediente er sich der Camera obscura, deren Abbildungen er mit der von → Joseph Nicéphore Niepce gemachten Erfindung auf silberjodidbeschichteten Kupferplatten festhalten konnte. Ab 1835 verwandte Daguerre, der mit Niepce zusammenarbeitete, Quecksilberdampf zum Entwickeln der Aufnahmen; einige Jahre später gelang auch deren Fixierung. In der Öffentlichkeit wurden die weitgehend von Niepce erfundenen Fototechnologien größtenteils Daguerre zugeschrieben und die Fotografien als Daguerreotypien bekannt. Abzüge ließen sich von ihnen noch nicht herstellen.

Gottlieb [Wilhelm] Daimler
deutscher Ingenieur und Industrieller
* 17. März 1834, Schorndorf
† 6. März 1900, Bad Cannstatt (Stuttgart)

Als gelernter Schlosser und nach Abschluß einer Ingenieurschulausbildung begann Daimler seine berufliche Laufbahn in der von → Nikolaus Otto und Eugen Langen gegründeten »Gas-Motoren-Fabrik Deutz AG«. Dort arbeitete er mit dem hochbegabten Konstrukeur → Wilhelm Maybach zusammen. Als Daimler 1882 eine eigene Werkstatt zur Weiterentwicklung des Ottomotors zu einem schnellaufenden Fahrzeugmotor gründete, zog er Maybach in diese Firma nach. Die konstruktiven Leistungen Daimlers werden generell erheblich überschätzt. Maybach war es, der unter Daimlers oft ausgesprochen starrköpfiger und unternehmerisch harter Regie praktisch alle technischen Glanzleistungen vom Bau des ersten Fahrzeugmotors bis zu den weltberühmten »Daimler-Autos« erbrachte. Daimler fiel eher die Rolle des ständigen Antreibers zu, ohne den Maybach offenbar nicht so fruchtbar gewesen wäre. 1885 stellte das ungleiche Paar das erste Motorrad der Welt und ein Jahr später das erste brauchbare vierrädrige Benzinauto vor.

John Dalton
britischer Naturforscher
* um den 6. September 1766, Eaglesfield/Cumberland
† 27. Juli 1844, Manchester

Dalton war naturwissenschaftlicher Autodidakt. Er arbeitete zunächst auf dem Gebiet der Meteorologie, wandte sich dann aber der Erforschung der Physik der Gase zu. 1803 fand er das Partialdruckgesetz, nach dem sich der Gesamtdruck eines Gasmisches aus der Summe der Drücke aller einzelnen Gaskomponenten zusammensetzt.

Im selben Jahr entwickelte Dalton eine chemische Atomtheorie, wonach alle Atome eines Elementes gleich schwer sind, die Atomgewichte sich aber von Element zu Element unterscheiden. Er formulierte die »Daltonschen Gesetze« zur Bestimmung der Mengenverhältnisse von Elementen in chemischen Verbindungen. 1808–27 verfaßte Dalton in drei Teilen die Abhandlung »A new system of chemical philosophy«, in der er seine Forschungsergebnisse zusammenfaßte.
Erstmals beschrieb Dalton die Rot-Grün-Farbenblindheit (»Daltonismus«), die er an sich selbst beobachtete.

Peter [Josephus Wilhelmus] Debye
US-amerikanischer Physiker und Physikochemiker niederländischer Herkunft
* 24. März 1884, Maastricht
† 2. November 1966, Ithaca

Debye hatte seit 1911 Professuren an mehreren europäischen Universitäten inne, bevor er 1940 einem Ruf an die Cornell University In Ithaca, USA, folgte. Seine Forschungsschwerpunkte waren die spezifische Wärme fester Körper, Molekularstrukturen im elektrischen Feld, das Temperaturverhalten der Dielektrizitätskonstante sowie die Dissoziation starker Elektrolyte. Besonders auf dem Gebiet der Erforschung der Molekülstrukturen machte er sich einen Namen. 1936 erhielt er den Nobelpreis für Chemie.

René Descartes
(Renatus Cartesius)

französischer Naturwissenschaftler und Philosoph
* 31. März 1596, La Haye-Descartes/Touraine
† 11. Februar 1650, Stockholm

Descartes besuchte die Jesuitenschule in La Flèche und zog nach dem Schulabschluß (1614) 15 Jahre lang – meist in Militärdiensten Bayerns und Nassaus – durch ganz Europa. Dann setzte er sich in den Niederlanden zur Ruhe und widmete sich naturwissenschaftlichen und philosophischen Arbeiten. Seine erkenntnistheoretischen Überlegungen führten ihn zu seiner bekannten Äußerung: »Cogito ergo sum« (»Ich denke, also bin ich«). Zur Überwindung des Zweifels forderte er als Ideal mathematische Klarheit und Exaktheit.
Auf naturwissenschaftlichem Gebiet fand Descartes durch logisches Folgern den Hauptsatz der Energie und die Theorie der Korpuskularbewegung (Bewegung der Teilchen) aller Materie. Die Mathematik bereicherte er mit seiner graphischen Methode zur Lösung von Gleichungen, indem er ihre Kurven im Koordinatensystem darstellte. Er erklärte das Phänomen des Regenbogens und trug damit zur Entdeckung des Brechungsgesetzes des Lichtes bei.
Obwohl er zahlreiche wissenschaftliche Werke verfaßte, publizierte Descartes viele seiner Erkenntnisse überhaupt nicht, abgeschreckt durch das Schicksal → Galileo Galileis, der seinen Erkenntnissen vor der kirchlichen Inquisition abschwören mußte.

Rudolf Diesel
deutscher Ingenieur und Erfinder
* 18. März 1858, Paris
† 29. September 1913, ertrunken im Ärmelkanal

Der Maschinenbauingenieur Diesel begann seine berufliche Laufbahn als Mitarbeiter des Kältetechnikers → Carl von

Linde und konstruierte in dessen Auftrag u. a. Wärmekraftmaschinen. Erste Experimente mit Ammoniakdampf – einem in der Kältetechnik gebräuchlichen Stoff – schlugen fehl. Ab 1893 verbesserte Diesel den von → Nikolaus Otto entwickelten Verbrennungsmotor so, daß die Zündung des Kraftstoffgemisches nicht mehr notwendig war, sondern durch die Zufuhr hoch verdichteter und also erhitzter Luft von selbst zur Explosion gelangte. Damit ließen sich bei geringem Verbrauch billige Öle als Treibstoff verwenden. Sowohl hinsichtlich der Kraftstoff-Literkosten wie hinsichtlich seines hohen Wirkungsgrades wurde der Dieselmotor zur wirtschaftlichsten Verbrennungskraftmaschine.
Die weitere Entwicklung des Dieselmotors zum kompakten Lkw- und Lokomotivenantrieb verlief wegen mehrerer Patentprozesse schleppend. Durch die ständigen Rechtsstreitigkeiten psychisch stark belastet, suchte Diesel auf einer Überfahrt nach Großbritannien vermutlich den Freitod.

Christian Doppler
österreichischer Mathematiker und Physiker
* 29. November 1803, Salzburg
† 17. März 1853, Venedig

Doppler hatte nacheinander Mathematikprofessuren in Prag und Schemnitz (Banská Štiavnica) inne und wurde 1850 erster Direktor des neuen physikalischen Instituts in Wien.
Er befaßte sich u. a. mit astronomischen Beobachtungen und machte dabei 1842 eine Entdeckung, die ihm Weltruhm eintrug. In seiner Schrift »Über das farbige Licht der Doppelsterne« beschrieb er die von ihm beobachtete Farbverschiebung in den Spektren bewegter Sterne. Da Doppelsterne umeinander rotieren, entfernen und nähern sich ihre beiden Partner der Erde abwechselnd. Doppler fand, daß das Licht sich entfernender Sterne langwelliger (Verschiebung zum roten Ende des Spektrums hin) und das Licht sich nähernder Sterne kurzwelliger (Verschiebung zum blauen Ende des Spektrums hin) wird. Diesen »Doppler-Effekt« erklärte er mathematisch. Die gefundene Formel erlaubt die Geschwindigkeitsbestimmung der Lichtquellen. Sie ist auch auf Schallquellen anwendbar, bei denen sich je nach Bewegung Tonhöhenverschiebungen messen lassen.

Karl Freiherr Drais von Sauerbronn
deutscher Erfinder
* 29. April 1785, Karlsruhe
† 10. Dezember 1851, Karlsruhe

Drais war staatlich beamteter Forstmeister, hatte aber seit jungen Jahren ausgeprägte technische Interessen. Er befaßte sich mit zahlreichen Konstruktionen. U. a. entwickelte er eine Typenhebel-Schreibmaschine mit binärer Zeichenanlage sowie ein Spiegelperiskop. 1817 erfand er das Laufrad mit beweglichem Vorderrad, den Vorläufer des Fahrrads.
Drais beabsichtigte zunächst den Bau drei- oder vierrädriger Muskelkraftwagen, wählte dann aber, der durchweg schlechten Straßenverhältnisse seiner Zeit wegen, zwei hintereinander angeordnete Räder; mit einem einspurigen Fahrzeug ließ sich leicht die bestbefahrbare Partie des Weges ansteuern. In

Deutschland und besonders in seiner Heimatstadt Karlsruhe verspottet, erfreute sich die »Draisine« vor allem in Frankreich und wenig später auch in Großbritannien (»Dandy horse«) als Pferd des kleinen Mannes großer Beliebtheit.

John Boyd Dunlop
irischer Tierarzt und Erfinder
* 5. Februar 1840, Dreghorn/Ayrshire
† 23. Oktober 1921, Dublin

Dunlop erfand 1888 den luftgefüllten Gummireifen ein zweites Mal. Schon 1845 hatte der Brite Robert William Thompson den Luftdruckreifen realisiert, doch war dessen Erfindung, die sich praktisch nicht durchgesetzt hatte, inzwischen in Vergessenheit geraten. Während Thompson die Bereifung von Wagen im Sinn hatte, entwickelte Dunlop seine Luftreifen für das Fahrrad seines Sohnes, um dessen Federung zu verbessern und um das Fahrrad schneller zu machen.
1889 gründete Dunlop in London die Dunlop Rubber Company Ltd., die zunächst Fahrrad- und Autoreifen, später auch andere Gummiwaren herstellte. Dunlop revolutionierte mit seiner Erfindung bald weltweit die Bereifung von Straßenfahrzeugen.

George Eastman
US-amerikanischer Erfinder und Industrieller
* 12. Juli 1854, Waterville/New York
† 14. März 1932, Rochester/New York

Eastman befaßte sich mit der Verbesserung der fotografischen Techniken. 1880 richtete er eine kleine Firma zur Herstellung von Trockenplatten ein und begann mit Versuchen, flexible Emulsionsträger zu entwickeln. Seine Bemühungen waren neun Jahre später von Erfolg gekrönt, als er den transparenten Zelluloid-Rollfilm auf den Markt brachte, der sich in der von ihm eigens konstruierten Kodak-Box-Kamera Nr. 1 belichten ließ. Der Apparat hatte gegenüber der konventionellen Plattenfotografie zwei entscheidende Vorteile: Der ständige Plattenwechsel entfiel, und mit ihm waren erstmals Aufnahmen ohne Stativ möglich. Das öffnete den Fotomarkt für Amateure. Im selben Jahr – 1889 – gründete Eastman die Eastman Company (ab 1901 Eastman Kodak Company), die rasch zum weltgrößten Film- und Kamerawerk wurde.
In den 1920er Jahren trieb Eastman die industrielle Entwicklung von Kleinbildfilmmaterial voran. 1932 beendete er sein Leben durch Freitod.

Thomas Alva Edison
US-amerikanischer Erfinder und Ingenieur
* 11. Februar 1847, Milan/Ohio
† 18. Oktober 1931, West Orange/New Jersey

Edison, einer der bedeutendsten Erfinder, war technischer Autodidakt. Als Neunjähriger begann er, sich mit Gelegenheitsarbeiten und als Telegraphist durchzuschlagen und nebenbei zu basteln. Mit 21 Jahren meldete Edison sein erstes Patent an, eine Verbesserung des Telegraphen. Ihm folgte die Entwicklung eines neuartigen Telegraphen, die ihm 40 000 US-Dollar einbrachte. Mit dem Geld gründete er 1870 in Newark eine elektrische Fabrik. Sechs Jahre später richtete er in Menlo Park ein Forschungslaboratorium ein. Dort erfand er 1877 das – noch heute verwendete – Kohlekörnermikrophon für das Telefon und konstruierte den ersten Phonographen. 1879 entwickelte Edison die erste langlebige Kohlefadenglühlampe mit Schraubfassung. Um sie in großem Stil einsetzen zu können, konstruierte der Erfinder u. a. dampfgetriebene Generatoren, abgesicherte Leitungsnetze und elektrische Leistungsmesser. 1882 errichtete er in New York das erste öffentliche Elektrizitätswerk, das wenig später 5000 Straßenlampen versorgte. 1883 entdeckte Edison den glühelektrischen Effekt, der den Weg zur Elektronenröhre wies. 1889 baute er eine Laufbildkamera, mit der er selbst schon wenig später den ersten Tonfilm realisierte.

Als Edison 1931 starb, hatte er mehr als 2000 Geräte und Verfahren erfunden und bis zur Patentreife entwickelt.

Albert Einstein

deutsch-US-amerikanischer Erfinder
* 14. März 1879, Ulm
† 18. April 1955, Princeton/New Jersey

Einstein revolutionierte das Weltbild der klassischen Physik. Seine fundamentalen Hypothesen der speziellen (1905) und der allgemeinen Relativitätstheorie (ab 1907) beschreiben physikalische Phänomene losgelöst von der bisherigen »stationären« Betrachtungsweise erstmals in Abhängigkeit von variablen Raum- und Zeitstrukturen und in Abhängigkeit von der Gravitation. Die konsequenten Folgerungen erschienen selbst der Fachwelt zunächst widersinnig, wurden aber später, soweit im Experiment möglich, als zutreffend bewiesen. Zu ihnen gehören folgende Fakten: Die Lichtgeschwindigkeit (c) läßt sich nicht überschreiten. Die Masse wächst mit der Geschwindigkeit. Masse (m) und Energie (E) sind einander äquivalent (die berühmte Formel $E = m \cdot c^2$ entstand 1907).

Einstein bestätigte mit seiner Theorie der Brownschen Molekularbewegung die korpuskulare Natur der Materie und mit seiner Lichtquantenhypothese auch den Korpuskularcharakter der elektromagnetischen Strahlung.

Einstein arbeitete von 1902 – 09 am Patentamt in Bern, war anschließend Professor für theoretische Physik in Zürich und Prag und ab 1914 Direktor des Kaiser Wilhelm-Institutes in Berlin. 1933 emigrierte er, als Jude im Deutschen Reich angefeindet, in die USA, wo er als überzeugter Pazifist, aber in Sorge um die deutsche Aufrüstung, den Bau der Atombombe befürwortete. 1921 erhielt er den Nobelpreis für Physik.

Leonhard Euler

Schweizer Mathematiker
* 15. April 1707, Basel
† 18. September 1783, Petersburg (heute Leningrad)

Euler studierte Mathematik, Medizin, Theologie und orientalische Sprachen und wurde mit nur 20 Jahren zum Professor für Logik und Mathematik an der Petersburger Akademie der Wissenschaften ernannt.

Nach einer vorübergehenden Professur in Berlin – wohin ihn Friedrich II., der Große, berief – kehrte er nach Petersburg zurück und begründete mit seinen Arbeiten auf den Gebieten der Mathematik, Physik und Astronomie den Weltruf der dortigen Akademie. Von fundamentaler Bedeutung sind seine

Erkenntnisse über die Analysis des Unendlichen, seine Entwicklungen im Bereich der Variations- und Differenzrechnung sowie der Zahlentheorie und der Differentialgeometrie. Euler wurde zum Mitbegründer der wissenschaftlichen Strömungslehre. Insgesamt verfaßte er neben 750 Traktaten 28 umfangreiche Werke, wobei das Spektrum seiner Publikationen neben naturwissenschaftlichen Themen auch solche auf den Gebieten der Musiktheorie und der Philosophie umfaßt.

Daniel Gabriel Fahrenheit

deutscher Physiker
* 24. Mai 1686, Danzig
† 16. September 1736, Den Haag

Fahrenheit schloß zunächst eine kaufmännische Lehre ab und ließ sich nach ausgiebigen Reisen 1717 in Amsterdam nieder. Als Glasbläser und Naturforscher widmete er sich dort der Herstellung wissenschaftlicher Meßinstrumente, darunter Präzisionsbarometer, Höhenmesser und Thermometer. Ihm gelang erstmals die Produktion von Weingeist- und Quecksilberthermometern, die als Serieninstrumente völlig übereinstimmende Meßwerte zeigten. Er eichte sie nach der von ihm entwickelten Fahrenheit-Skala mit drei Fixpunkten. Die Mischungstemperatur von Eis mit Wasser und Salmiak setzte er gleich 0°, den Gefrierpunkt des Wasser gleich 32° und dessen Siedepunkt gleich 212°. Der Abstand zwischen Siede- und Gefrierpunkt des Wasser unterteilte er so in 180 gleiche Einheiten. Diese Temperaturskala ist noch heute in einigen angelsächsischen Ländern in Gebrauch. Zur Celsius-Temperatur ergeben sich die Umrechnungen: $x \,°C = (9/5 \cdot x + 32)°F$; $x \,°F = 5/9 \,(x-32)°C$.

Michael Faraday

britischer Physiker und Chemiker
* 22. September 1791, Newington/London
† 25. August 1867, Hampton Court/London

Faraday begann seine Karriere 1813 als Buchbinder und Laborgehilfe in der Royal Institution in London. Der hochintelligente Autodidakt wurde 1825 Nachfolger Sir Humphry Davys als Laboratoriumsdirektor und zwei Jahre später Chemieprofessor.

Um 1818 entwickelte er nichtrostende Stahllegierungen. Als erstem gelang ihm die Druckverflüssigung von Chlor und anderen Gasen. 1825 entdeckte Faraday bei Ölanalysen das Benzol. Seine wichtigsten Forschungsarbeiten galten der Elektrizität. Er postulierte die Möglichkeit der Umwandlung elektrischer Energie in andere Energieformen wie Magnetismus, Licht oder Wärme und nahm damit im Prinzip den Energieerhaltungssatz vorweg. Faraday entdeckte die elektromechanische Induktion und damit das Dynamoprinzip. 1833 formulierte er das nach ihm benannte Elektrolyse-Gesetz.

1845 entdeckte Faraday die Drehung der Polarisationsebene des Lichts im Magnetfeld, ein Phänomen, das zur Entwicklung von Hochgeschwindigkeits-Kameraverschlüssen führte. Der von ihm entdeckte »Faradaysche Käfig« ist ein durch Metallgitter gegen elektrische Ströme und Felder abgeschirmter Raum.

Faraday bereicherte die physikalische Fachsprache durch Grundbegriffe wie »Kraftlinie« oder »Magnetfeld«.

Enrico Fermi

italienischer Physiker
* 29. September 1901, Rom
† 28. November 1954, Chicago

Fermi wirkte als Professor für theoretische Physik in Rom, gab diese Tätigkeit aber 1938 aufgrund der faschistischen Rassengesetze auf und emigrierte in die USA. Dort arbeitete er auf dem Gebiet der Kernforschung und erkannte parallel zu → Otto Hahns Entdeckung der Kernspaltung durch Neutronenbeschuß, daß sich diese bei Verwendung abgebremster (moderierter) Neutronen in Form einer Kettenreaktion aufrechterhalten ließ. Für diese Erkenntnis erhielt Fermi 1938 den Nobelpreis für Physik. Sie führte 1942 zum Bau des ersten, experimentellen Kernreaktors in Chicago. 1944 – 46 war Fermi an der Entwicklung der Atombombe in Los Alamos beteiligt.

Schon vor seinen weltberühmten Arbeiten hatte sich Fermi wissenschaftlich profiliert: 1926 entwickelte er eine Quantenstatistik für subatomare Teilchen, aus der er zwei Jahre später ein Verfahren zur Berechnung der Elektronendichte in Atomen ableitete.

Heinrich Focke

deutscher Flugzeugkonstrukteur und Industrieller
* 8. Oktober 1890, Bremen
† 25. Februar 1979, Bremen

1924 war Focke als Mitunternehmer an der Gründung der Focke-Wulf-Flugzeugbau AG in Bremen beteiligt. Für sie konstruierte er 1932 – 37 den ersten praktisch verwendbaren, senkrecht startenden Hubschrauber (»FW 61«). Daneben entwickelte er neuartige Segel-, Motor- und Militärflugzeuge. Nach 1945 war Focke in mehreren europäischen Ländern und auch in Brasilien tätig. 1953 übernahm er eine Professur an der Technischen Hochschule Stuttgart. Focke trat darüber hinaus auch als Autor von mehreren Fachbüchern über Flugtechnik hervor.

Henry Ford

US-amerikanischer Automobilindustrieller
* 30. Juli 1863, Dearborn/Michigan
† 7. April 1947, Detroit

Ford begann seine berufliche Laufbahn als Maschinist und später als leitender Ingenieur bei der → Edison Illuminating Company in Detroit. 1892 konstruierte er sein erstes Automobil, das er vier Jahre später wesentlich verbesserte. 1903 gründete er eine eigene Fertigungsgesellschaft, die das inzwischen nochmals verbesserte Kraftfahrzeug als »Tin Lizzie« in den Handel brachte. 1908 – 27 baute und verkaufte die Gesellschaft davon mehr als 15 Millionen Stück.

Ford wirkte als industrieller Neuerer ersten Ranges. 1913 führte er das erste Montagefließband ein. Durch rigorose Rationalisierungsmaßnahmen gelang es ihm, die Arbeitsplätze fertigungstechnisch zu optimieren und dabei zugleich die körperlichen Anforderungen an die Arbeiter zu senken, die Löhne zu heben und die Arbeitszeit zu verkürzen, die Produkte qualitativ zu verbessern und deren Preise zu senken. Gewinne reinvestierte er weitgehend.

Ford schuf zahlreiche Sozialeinrichtungen und finanzierte mit seinen Gewinnen 1936 die »Ford-Foundation« für Friedenssicherung.

Léon Foucault

französischer Physiker
* 18. September 1819, Paris
† 11. Februar 1868, Paris

Foucault genoß eine Ausbildung als Mediziner, betätigte sich aber in erster Linie als Autodidakt auf dem Gebiet der Physik. Ab 1845 arbeitete er als Wissenschaftsredakteur für das »Journal des Débats«, ab 1855 als Physiker an der Pariser Sternwarte. 1865 wurde er Mitglied der Akademie der Wissenschaften.

Berühmt machte ihn sein Pendelversuch, mit dem er 1850 die Erdrotation erstmals unmittelbar demonstrieren konnte. Gemeinsam mit dem Physiker Hippolyte Fizeau entwickelte er das Drehspindelverfahren zur Messung der Lichtgeschwindigkeit in verschiedenen Medien. Er bestätigte damit die Wellentheorie des Lichts und wies nach, daß sich Licht im Wasser langsamer fortpflanzt als in Luft. Schließlich erforschte Foucault die nach ihm benannten elektrischen Wirbelströme in Metallen sowie Phänomene auf den Gebieten der Wärmelehre und des Magnetismus.

Jean-Baptiste Joseph Baron de Fourier

französischer Mathematiker und Physiker
* 21. März 1768, Auxerre
† 16. Mai 1830, Paris

Fourier war einer der genialsten Mathematiker seiner Zeit. Er befaßte sich mit angewandter Mathematik, vor allem auf dem Gebiet der Physik. 1822 verfaßte er seine »Analytische Theorie der Wärme«, in der er für die mathematische Behandlung periodischer Funktionen die Fourier-Reihen, für unperiodische Funktionen des Fourier-Integral einführte. Diese mathematische Glanzleistung machte ihn zum Mitbegründer der theoretischen Physik. Darüber hinaus erweiterte Fourier die Wahrscheinlichkeitsrechnung, die mathematische Statistik und außerdem die Theorie der Gleichungen.

Fourier, der sich in erster Linie autodidaktisch gebildet hatte, wurde mit 28 Jahren Professor für Analyse am neuen Polytechnikum in Paris. 1827 übernahm er nach dem Tod seines Vorgängers, → Pierre Simon Marquis de Laplace, die Leitung dieser Lehranstalt. 1817 wurde Fourier Mitglied und 1822 ständiger Sekretär der Akademie der Wissenschaften.

Joseph von Fraunhofer

deutscher Optiker und Physiker
* 6. März 1787, Straubing
† 7. Juni 1826 München

Fraunhofer trat als gelernter Spiegelmacher und Glasschleifer 1806 in das mechanisch-optische Institut in Benediktbeuren ein und wurde 1813 dessen Leiter, kurze Zeit später Teilhaber. Er stellte die Produktion auf hochwertige optische Instrumente (Spektrometer, Fernrohre usw.) um und machte das Unternehmen weltbekannt. Er verbesserte in vielfacher Hinsicht die Herstellung und Bearbeitung optischer Gläser, u. a. durch ein Verfahren zum Guß größerer Stücke und durch neuartige Schleif- und Prüfmethoden für Präzisionslinsen. Daneben widmete er sich intensiv der optischen Forschung. Er bestätigte die Wellennatur des Lichts. 1814 entdeckte er die dunklen Absorptionslinien im Spektrum des Sonnenlichts (»Fraunhofersche Linien«), wenig später gelang ihm, an Beugungsgittern die absoluten Wellenlängen von Spektrallinien zu bestimmen. 1817 wurde der wissenschaftliche Autodidakt Mitglied der Bayerischen Akademie der Wissenschaften, 1819 erhielt er eine Professur.

Augustin Jean Fresnel

französischer Ingenieur und Physiker
* 10. Mai 1788, Broglie/Eure
† 14. Juli 1827, Ville d'Avray (Paris)

Fresnel arbeitete als staatlich beamteter Chefingenieur im Straßen- und Brückenbau sowie in der Kommission für Leuchttürme. Durch Erfindung der Ring- oder Stufenlinse (»Fresnel-Linse«) vergrößerte er die Leuchtweite dieser optischen Seezeichen wie der Scheinwerfer. Im Rahmen seiner Erforschung des Lichts mit verschiedenen Spiegelversuchen, einem von ihm entwickelten Spezialprisma sowie Beugungs-, Interferenz- und Polarisationsversuchen gelang ihm der endgültige Nachweis des Transversalwellencharakters des Lichtes. Zugleich fand er neue Wege zur sehr genauen Messung der Lichtwellenlänge. Er entwickelte die Fresnel-Gleichung für die Lichtintensität bei Reflexion und Brechung.
1823 wurde Fresnel Mitglied der Akademie der Wissenschaften.

Galileo Galilei

italienischer Naturwissenschaftler
* 15. Februar 1564, Pisa
† 8. Januar 1642, Arcetri/Florenz

Galilei war in erster Linie ein theoretisch arbeitender Physiker und Astronom, dem es weniger um neue praktische Beobachtungen ging, als darum, erkannte Phänomene logisch zu erklären, wodurch er mit der Lehre der christlichen Kirche in Konflikt geriet. Soweit er seine Theorien durch naturwissenschaftliche Beobachtungen untermauern mußte, legte er Wert auf exakte Messungen. Dafür entwickelte er 1586 eine hydrostatische Waage zur Dichtemessung fester Körper und später in seiner eigenen feinmechanischen Werkstatt zahlreiche weitere Instrumente, u. a. ein verbessertes astronomisches Fernrohr. Er entdeckte damit die ersten vier Jupitermonde, die Saturnringe und die Venusphasen.
Galilei fand die Isochronie des Pendels und leitete daraus seine Pendelgesetze ab. 1609 formulierte er rein mathematisch das Gesetz des freien Falls.
Als Hofmathematiker des Großherzogs der Toscana geriet er mit der katholischen Kirche wegen seines heliozentrischen Weltbilds in Konflikt. 1633 schwor er seinen »Irrtum« zwar ab, wurde aber dennoch mit Hausarrest bestraft. Bis zu seinem Lebensende befaßte er sich – ab 1637 erblindet – mit Mathematik und Physik.

Carl Friedrich Gauß

deutscher Mathematiker, Physiker und Astronom
* 30. April 1777, Braunschweig
† 23. Februar 1855, Göttingen

Nach einem Studium an der Universität Göttingen veröffentlichte Gauß bereits als 24jähriger seine »Untersuchung über höhere Mathematik«, die zur Grundlage der modernen Zahlentheorie wurden. Arbeiten über die Theorie unendlicher arithmetischer und geometrischer Reihen, über die hypergeometrische Differentialgleichung, numerische

Methoden und der Fundamentalsatz der Algebra schlossen sich an.
Als Professor für Astronomie und Direktor der Göttinger Sternwarte berechnete Gauß den Sternort des noch nicht lokalisierten Planetoiden Ceres; dieser war 1801 entdeckt worden, trotz zahlreicher Versuche konnte er aber lange Zeit nicht wiedergefunden werden. Dabei bediente er sich der von ihm entwickelten Methoden der astronomischen Bahnberechnung, die er in seinem astronomischen Hauptwerk »Theorie der Bewegung der Himmelskörper« 1809 publizierte. Ab 1816 widmete er sich in Hannover Aufgaben der Landesvermessung, verbesserte dabei die geodätischen Verfahren, erfand das Instrument Heliotrop und entwickelte neue Kartenprojektionen. Zusammen mit dem befreundeten Physiker Wilhelm Weber installierte Gauß in Göttingen 1833 einen ersten elektromagnetischen Telegraphen. Ferner erarbeitete er neue Erkenntnisse in der Mechanik, der geometrischen Optik und auf dem Gebiet des Geomagnetismus.

Joseph Louis Gay-Lussac

französischer Chemiker und Physiker
* 6. Dezember 1778, Saint-Léonard-de-Noblat
† 9. Mai 1850, Paris

Neben seiner Bedeutung in der Politik hatte Gay-Lussac eine Professur für Physik (ab 1808) an der Sorbonne sowie für Chemie (ab 1809) am Pariser Polytechnikum inne.
Er erforschte besonders die physikalischen und chemischen Eigenschaften der Gase und fand 1802 und 1820 die nach ihm benannten Gesetze über deren Wärmeausdehnung und 1805–08 über die Volumenverhältnisse von Gasen bei Verbindungen untereinander. Er untersuchte auch das Jod und die Cyanwasserstoffsäure sowie das Steinkohlengas. 1835 entwickelte er ein Verfahren für die Schwefelsäureproduktion in dem von ihm erfundenen Gay-Lussac-Turm. Durch seine chemischen Präzisionsmessungen und seine exakte Arbeitsweise gelangen ihm die Darstellung zahlreicher Elemente und die Begründung der Maßanalyse als eigene chemische Fachrichtung.
Auf dem Gebiet der Physik tat sich Gay-Lussac durch zwei Ballonaufstiege in 7000 m Höhe hervor, während derer er die obere Atmosphäre und den Himmelsmagnetismus untersuchte.

Hans (Johannes) Geiger

deutscher Physiker
* 30. September 1882, Neustadt an der Weinstraße
† 24. September 1945, Potsdam

Geiger war von 1906–12 Mitarbeiter von → Ernest Rutherford in Manchester und wirkte dann als Professor für Experimentalphysik in Kiel, Tübingen und Berlin. Durch Rutherford mit der Erforschung der radioaktiven Strahlung konfrontiert, widmete er sich vor allem der Untersuchung von Alphastrahlen. Er formulierte die »Geiger-Nutall-Beziehung« und fand heraus, daß die Ordnungszahl eines Elements gleich der Kernladungszahl seiner Atome ist. 1913 erfand Geiger den nach ihm benannten Spitzenzähler (»Geiger-Zähler«) zum Zählen von Beta-Teilchen. 1928 entwickelte er zusammen mit Walter Müller das Geiger-Müller-Zählrohr, das ionisierende Quanten registriert.

Robert [Hutchins] Goddard

US-amerikanischer Physiker
* 5. Oktober 1882, Worchester/Massachusetts
† 10. August 1945, Baltimore

Schon als Jugendlicher begeisterte sich Goddard an dem Gedanken, eine Weltraumrakete zu bauen. 1914 wurde er Professor für Physik an der Clark University in Worchester. Im selben Jahr meldete er die Patente für zwei Raketenprototypen an, und 1919 publizierte er ein erstes Buch über Raketentechnik: »A Method of Reaching Extreme Altitudes«.
1926 begann Goddard mit intensiven Studien. Er experimentierte erfolgreich mit ersten Flüssigkeitsraketen. Als er 1929 eine erste größere Rakete mit wissenschaftlichen Instrumenten an Bord abschoß, forderte ihn die von Bürgern alarmierte Polizei auf, in Massachusetts keine derartigen Experimente mehr vorzunehmen. Durch Vermittlung von Charles Lindbergh erhielt Goddard schließlich 10 000 Dollar Forschungsgelder von dem Industriellen und Mäzen Daniel Guggenheim. Er gründete daraufhin eine Versuchsstation in der Wüste Mew Mexicos, wo er mit bis zu 800 km/h schnellen Raketen Höhen bis 2,4 km erreichte. 1935 gelang ihm der Bau einer Überschallrakete. Goddard erhielt rund 200 Raketenpatente, gelangte aber zu seinen Lebzeiten nicht zu besonderem Ansehen. Die Bedeutung seiner Arbeit wurde erst nach seinem Tod im Zeitalter der Raumfahrt anerkannt.

Charles Nelson Goodyear

US-amerikanischer Chemiker und Techniker
* 29. Dezember 1800, New Haven/Connecticut
† 1. Juli 1860, New York

Goodyears Hauptverdienst war die Erfindung der Vulkanisation des Kautschuks. Naturkautschuk wird bei Kälte brüchig und bei Hitze klebrig. 1839 führten seine Experimente, in deren Verlauf er zufällig eine gut durchgeknetete Mischung aus Rohgummi, Schwefel und Bleiweiß stark erhitzte (er warf das Gemenge ins Feuer), zum vulkanisierten Gummi, der sich durch große Elastizität und weitgehende Temperaturunempfindlichkeit auszeichnete. In den USA fanden sich für diese Erfindung keine Interessenten, wohl aber in Großbritannien, wo Goodyear allerdings um die Nutzung seines »Vulkanisierungsverfahrens« betrogen wurde. 1852 gelang Goodyear erstmals die Herstellung von Hartgummi. Die seinen Namen tragende »The Goodyear Tire & Rubber Company« wurde erst 38 Jahre nach seinem Tod gegründet.

Otto von Guericke

deutscher Politiker und Naturwissenschaftler
* 20. November 1602, Magdeburg
† 11. Mai 1686, Hamburg

Von Guericke widmete sich juristischen, mathematischen und technischen Studien und wurde 1630 Stadtbaumeister und später Bürgermeister von Magdeburg. Bekannt wurde er besonders durch seine 1654 erfundene Luftpumpe und das damit vor Friedrich Wilhelm, dem Großen Kurfürsten, durchgeführte Vakuumexperiment mit den »Magdeburger Halbkugeln« (→ 1654), die, vom äußeren Luftdruck zusammengepreßt, auch von 16 Pferden

nicht auseinander gezogen werden konnten. Obwohl schon → Evangelista Torricelli ein Vakuum erzeugt hatte, wurde dessen reale Existenz auch noch von → René Descartes geleugnet.
Von Guericke stellte es spektakulär unter Beweis. 1661 konstruierte er eines der ersten Manometer sowie ein Wassersäulenbarometer, mit dessen Hilfe er Luftdruckschwankungen registrierte und Wettervorhersagen vornahm.
Bei Experimenten mit einer Schwefelkugel entdeckte er den elektrischen Funken, ohne ihn jedoch physikalisch erklären zu können.

Johannes Gutenberg

(eigentl. Gensfleisch zur Laden)
deutscher Buchdrucker
* um 1397, Mainz
† 3. Februar 1468, Mainz

Sein als Edelsteinschleifer und Spiegelmacher in Straßburg erworbenes Vermögen investierte Gutenberg in die Realisierung seiner Erfindung, mit beweglichen Lettern dem Buchdruck neue Wege zu erschließen. Als diese Mittel nicht ausreichten, beteiligte er 1450 in Mainz den Kreditgeber Johannes Fust an der Auswertung seiner Idee. Er baute eine leistungsstarke Presse und begann nach einem Probedruck 1452 mit praktischen Arbeiten. Als erstes großes Werk legte er seine berühmte »Gutenberg-Bibel« auf, die aus 299 beweglichen, stets wiederverwendbaren Lettern aus Metall gesetztes und gedrucktes Buch. Von den 1455 fertiggestellten Exemplaren sind noch 47 erhalten, davon zwölf als Pergamentdrucke.
1455 entzweite sich Gutenberg mit Fust und verlor seine Werkstatt. Wenige Jahre später wurde er durch Kurfürst Adolf von Nassau aus Mainz verbannt, kehrte aber schließlich 1463 verarmt dorthin zurück.

Otto Hahn

deutscher Chemiker
* 8. März 1879, Frankfurt am Main
† 28. Juli 1968, Göttingen

Hahn begann mit seinen wissenschaftlichen Arbeiten auf dem Gebiet der organischen Chemie, widmete sich aber ab 1904 der Erforschung der Radioaktivität. Zusammen mit der österreichischen Physikerin → Lise Meitner entdeckte er zahlreiche radioaktive Isotope. Gemeinsam entwickelten die beiden Wissenschaftler die Emanationsmethode zur Oberflächenuntersuchung und verbesserten die radioaktive Tracertechnik. Zusammen mit Friedrich Straßmann gelang Hahn 1938 erstmals die Spaltung von Atomen (des Urans) durch Neutronenbeschuß. Er legte damit die Basis für die friedliche wie für die militärische Nutzung der Kernenergie. 1945 erhielt Hahn dafür den Chemienobelpreis des Jahres 1944.

Ernst [Heinrich] Heinkel

deutscher Flugzeugkonstrukteur und Industrieller
* 24. Januar 1888, Grunbach/Rems-Murr-Kreis
† 30. Januar 1958, Stuttgart

Der Ingenieur Heinkel begann seine Karriere als begeisterter Flieger, der eine seiner ersten Maschinen, einen Doppeldecker, selbst baute. Ab 1911 arbeitete er als Chefkonstrukteur bei mehreren Flugzeugfirmen.
1922 gründete er die »Ernst-Heinkel-

Flugzeugwerke« in Warnemünde. Sein Unternehmen entwickelte zahlreiche neuartige Flugzeugtypen, darunter 1932 das erste europäische Schnellverkehrsflugzeug (»Heinkel-Blitz«), sowie Hochleistungs-Kampf- und Jagdflugzeuge. 1939 baute Heinkel das erste Flugzeug mit Flüssigraketenantrieb (»He 176«) sowie die erste Maschine mit Turbinen-Strahltriebwerk (»He 178«). Damit leitete er die Ära der Düsenflugzeuge ein. Nach dem Zweiten Weltkrieg baute Heinkel vorübergehend Motoren und Kabinenroller, bevor seine neue Firma, die »Heinkel AG«, wieder Flugzeuge produzieren durfte.

Werner [Karl] Heisenberg
deutscher Physiker
* 5. Dezember 1901, Würzburg
† 1. Februar 1976, München

Heisenberg war Schüler von → Max Born und → Niels Bohr und lehrte ab 1927 als Professor im Deutschen Reich (Leipzig), den USA, Japan und anderen Ländern. Von 1941–45 leitete er das Kaiser Wilhelm-Institut für Physik in Berlin, ab 1946 das als Nachfolgeinstitution neu gegründete Max-Planck-Institut für Physik und Astrophysik in Göttingen. 1958–70 hatte er eine Professur für Physik in München inne.
Heisenbergs Hauptarbeitsfeld knüpfte an die → Plancksche Quantentheorie an. Bereits 1925 schrieb er »Über quantentheoretische Umdeutung kinematischer und mechanischer Beziehungen«. Er entwickelte die Quantenmechanik und formulierte 1927 die »Heisenbergsche Unschärferelation«, für die er 1932 den Nobelpreis für Physik erhielt. Im selben Jahr entdeckte er, daß die neugefundenen Neutronen mit den Protonen wesensgleich und wie diese Bestandteile der Atomkerne sind. Nach der ersten Beobachtung der Uranspaltung durch → Otto Hahn im Jahr 1938 leitete Heisenberg das deutsche Kernenergieprojekt und begann mit der Konstruktion von Reaktoren.
Erfolglos suchte Heisenberg die sogenannte »Weltformel«.

Hermann von Helmholtz
deutscher Naturwissenschaftler
* 31. August 1821, Potsdam
† 8. September 1894, Charlottenburg (Berlin)

Helmholtz war ursprünglich als Militärarzt und Dozent für Anatomie tätig, erhielt 1849 eine Professur für Physiologie und Physik und wurde 1888 Präsident der Physikalisch-Technischen Reichsanstalt in Charlottenburg. Der vielseitige Wissenschaftler arbeitete auf den Gebieten der Mathematik, der Musik, der Psychologie und der Philosophie.
Anläßlich der Erforschung der Muskeltätigkeit fand Helmholtz 1847 eine Bestätigung des Gesetzes von der Erhaltung der Energie. 1852 gelang es ihm, die Reizleitungsgeschwindigkeit in Nervenzellen zu messen. Das Studium der optisch-physiologischen Aspekte des Sehens führte Helmholtz zur Entwicklung mehrerer augenoptischer Untersuchungsinstrumente (Augenspiegel usw.). Ebenfalls auf optischem Gebiet ermittelte er die theoretische Leistungsgrenze des Lichtmikroskops.
Helmholtz befaßte sich auch mit Forschungen zu Hydro-, Elektro- und Thermodynamik sowie Potential- und Wellentheorie. Daneben begründete er

durch die physikalisch fundierte Beobachtung von Naturphänomenen die wissenschaftliche Meteorologie.

Peter Henlein
deutscher Erfinder
* um 1480, Nürnberg
† zwischen 1. und 14. September 1542, Nürnberg

Henlein war Schlosser und Feinmechaniker und tat sich durch genial einfache Erfindungen hervor. Um 1510 konstruierte er mit Hilfe von Schweineborsten die »Unruh« der Uhr und damit einen ersten lageunabhängigen Gangregler. Die Erfindung öffnete den Weg von der großen, ortsgebundenen Standuhr zur Taschenuhr. Zunächst jedoch baute Henlein die üblichen Standuhren in stark verkleinerten Ausführungen. Schließlich fügte er sie in meist kunstvoll dekorierte Metalldosen ein, die sich an einer Kette um den Hals tragen ließen. Die ersten dieser Sack- oder Taschenuhren hatten ein 40-Stunden-Federwerk und nur einen einzigen Zeiger, zeichneten sich aber bereits durch ein die Stunden akustisch angebendes Schlagwerk aus.

Heraklit (Herakleitos) von Ephesus
griechischer Naturphilosoph
* um 550 v. Chr.
† um 480 v. Chr.

Heraklit war der wohl bedeutendste antike griechische Denker. Er gilt als »der Dunkle«, da die nur fragmentarisch erhaltenen Schriften des menschenscheuen Einzelgängers oft rätselhaft wirken und schwer verständlich sind. Heraklit förderte das naturwissenschaftliche Denken seiner Zeit dadurch, daß er sich energisch gegen jeden Aberglauben und gegen die Hörigkeit gegenüber bisherigen geistigen Autoritäten wandte. Er sah im Weltfeuer den Ursprung aller Materie und im Logos (Weltgeist) das Prinzip, das die Materie zum spannungs- und gegensatzgeladenen Kosmos formt. Diese Welt der Erscheinungen unterliegt einem ewigen Gesetz des Werdens und Vergehens. Der ewige Rhythmus gleicht einem permanenten Kampf, woraus Heraklit schloß: »Der Krieg ist der Vater aller Dinge.«

Heinrich [Rudolf] Hertz
deutscher Physiker
* 22. Februar 1857, Hamburg
† 1. Januar 1894, Bonn

Hertz war ein Schüler von → Hermann von Helmholtz, wirkte als Physikprofessor in Karlsruhe und Bonn und widmete sich vorwiegend der Elektrodynamik. Experimentell und theoretisch befaßte er sich mit der → Maxwellschen Theorie der elektromagnetischen Wellen, deren tatsächliche Existenz er mit Hilfe eines Dipols im Experiment nachweisen konnte. Er verifizierte die Lehren James Clerk Maxwells und gab dessen Gleichungen ihre definitive Form. Hertz bestimmte die Ausbreitungsgeschwindigkeit und die Frequenz elektromagnetischer Wellen und entdeckte deren Reflexion – eine Erkenntnis, die später zur Entwicklung des Radars führte –, ihre Brechung, ihren transversalen Charakter und ihre Polarisation. 1887 beobachtete Hertz erstmals den Fotoeffekt, das Herauslösen von Elektronen aus Festkörpern durch kurzwelliges Licht. Darüber hinaus erforschte er die Kathoden-

strahlen und die Induktion und arbeitete auf dem Gebiet der Festkörperphysik. Auf seinen Erkenntnissen baut u. a. die spätere Funktechnik auf.

Robert Hooke
englischer Naturforscher
* 18. Juli 1635, Freshwater/Isle of Wight
† 3. März 1703, London

Bekannt wurde Hooke vor allem durch sein »Hookesches Gesetz« von 1678, das für elastische Verformung die Proportionalität von auslenkender Kraft und Auslenkung zum Ausdruck bringt. Hooke war ab 1665 Professor für Geometrie am Gresham-College in London. Neben seinem Lehrfach befaßte er sich vor allem mit der Mikroskopie. Sein Hauptwerk auf diesem Gebiet, »Micrographia«, entstand 1665. In seinen physikalischen Forschungen nahm er zum Teil die späteren Erkenntnisse der Wellentheorie vorweg.
Hooke war in zahlreichen naturwissenschaftlichen Disziplinen zu Hause: Als erster deutete er die Fossilien als versteinerte Überreste von Tieren und Pflanzen und die Mondkrater als Folgen von Meteoriteneinschlägen. Er empfahl den Schmelzpunkt des Eises als Nullpunkt für die Temperaturskala und konstruierte zahlreiche physikalische und technische Instrumente.

Christiaan Huygens
niederländischer Naturforscher
* 14. April 1629, Den Haag
† 8. Juli 1695, Den Haag

Huygens arbeitete als vielseitiger Naturwissenschaftler zunächst in Den Haag und von 1666 bis 1681 an der Akademie der Wissenschaften in Paris. Er befaßte sich u. a. mit der Wahrscheinlichkeits- und Infinitesimalrechnung. Er verbesserte die Zeitmessung durch die Erfindung der Pendeluhr (1656/57), deren Prinzip er 1675 zusammen mit der Theorie des physikalischen Pendels eingehend beschrieb. Er konstruierte auch eine Uhr mit Spiralfeder und Unruh, ein Prinzip, für das aber der Engländer → Robert Hooke Priorität beanspruchte. Huygens formulierte die Stoßgesetze und publizierte 1690 seine bedeutenden »Abhandlungen über das Licht«, in denen er mit dem »Huygenschen Prinzip« die Wellentheorie des Lichts begründete. Mit den von ihm gebauten optischen Instrumenten entdeckte er u. a. den ersten Mond des Saturns (Titan) und den Orionnebel.

Frédéric Joliot-Curie
französischer Physiker
* 19. März 1900, Paris
† 14. August 1958, Paris

Joliot-Curie begann seine berufliche Karriere 25jährig als Mitarbeiter von → Marie Curie am Pariser Radiuminstitut. Er heiratete ihre Tochter, die Physikerin Irène, mit der er hinfort zusammenarbeitete. Während Joliot-Curie zahlreiche bedeutende wissenschaftliche Ämter bekleidete – u. a. war er von 1946–50 Hoher Kommissar der französischen Atomenergiekommission – wurde seine Frau wegen ihrer aktiven Mitgliedschaft in der kommunistischen Partei von derartigen Positionen ausgeschlossen. Die Joliot-Curies betrieben wichtige kernphysikalische Grundlagenforschung, bereiteten die Entdeckung des Neutrons durch James Chadwick (1932) vor und entdeckten die

künstliche Radioaktivität durch Kernumwandlung gewonnener Isotope. Sie erzeugten zahlreiche neue instabile Isotope und erforschten deren Anwendung in Biochemie und Medizin. Dafür erhielten sie 1935 gemeinsam den Nobelpreis für Chemie.

Irène Joliot-Curie
französische Physikerin
* 12. September 1897, Paris
† 17. März 1956, Paris

→ Frédéric Joliot-Curie

James Prescott Joule
britischer Physiker
* 24. Dezember 1818, Salford/Manchester
† 11. Dezember 1889, Sale/London

Joule betrieb eine Brauerei und betätigte sich nebenher als Privatgelehrter auf dem Gebiet der Physik. Er knüpfte mit seinen Arbeiten an das 1842 gefundene Gesetz von der Erhaltung der Energie an und bestimmte 1843 das mechanische Wärmeäquivalent. Mit dem Jouleschen Gesetz kam er drei Jahre zuvor die Relation von Wärmemenge (Q), Strom (I), elektrischem Widerstand (R) und Zeit (t) in stromdurchflossenen Leitern mathematisch beschrieben: $Q = I^2 R \cdot t$
Ab 1852 arbeitete Joule mit William Thomson (ab 1892: → Lord Kelvin) zusammen und fand mit diesem gemeinsam den »Joule-Thomson-Drosseleffekt«, der die Druckverminderung in Strömungen an Verengungsstellen erfaßt. Seine praktische Anwendung führte später zur Gasverflüssigung.
Auf dem Gebiet des Magnetismus entdeckte Joule den »Joule-Effekt« oder die Magnetostriktion, die sich darin äußert, daß die Länge ferromagnetischer Materialien von deren Magnetisierungszustand abhängt.
Nach Joule benannt ist die Einheit der Energie, das Joule (J), definiert als 1 N·m (Newtonmeter) und identisch mit der Wattsekunde.

Hugo Junkers
deutscher Flugzeugkonstrukteur und Industrieller
* 3. Februar 1859, Rheydt
† 3. Februar 1935, Gauting/München

Junkers genoß eine Ausbildung als Maschinenbauingenieur. Er verbesserte den Gasmotor und begann mit der Erfindung des Kalorimeters zur Wärmemengenmessung seine Arbeiten auf dem Wärmesektor. 1895 richtete er eine eigene Fertigung für Gasdurchlauferhitzer und Gasraumheizungen ein. 1897–1912 lehrte er auf dem Gebiet der Wärmetechnik an der Technischen Hochschule Aachen. Dort erfand er 1907 den Doppelkolbenmotor, den er wenig später zum Schweröltriebwerk für Flugzeuge weiterentwickelte. Für seine Erprobung baute er 1910 das erste Nurflügelflugzeug. In Dessau gründete er 1915 eine Forschungsanstalt für Flugzeuge, die bald das erste Ganzmetallflugzeug der Welt aus Wellblech und mit freitragenden Flügeln vorstellen konnte. 1916 ging die Maschine in Serienproduktion. 1919 richtete Junkers ein eigenes Flugzeugwerk ein, das bald mit dem ersten Ganzmetall-Verkehrsflugzeug (»F 13«) Weltruhm erlangte. Die Maschine wurde zum Vorbild aller späteren Passagierflugzeuge. Ihr folgten mehrere andere Neuheiten, darunter 1931 das berühmte Verkehrsflugzeug »Ju 52«.

William Lord Kelvin of Largs, [bis 1892: Sir William Thomson]

britischer Physiker
* 26. Juni 1824, Belfast
† 17. Dezember 1907, Nethergall/Largs

Der Physikprofessor Kelvin arbeitet ab 1846 in Glasgow und widmete sich besonders der Forschung auf den Gebieten der Thermodynamik und der Elektrizität. Durch theoretische Erwägungen fand er zur Theorie des »Kältetodes« bei −273,15 °C, dem absoluten Temperaturnullpunkt. Folgerichtig schuf Kelvin 1848 eine neue Temperaturskala, die in einer der Celsius-Skala entsprechenden Teilung am Temperaturnullpunkt beginnt. Die Einheit war das Grad Kelvin (heute gesetzlich zulässig nur »Kelvin«, »K«).

Zusammen mit → James Prescott Joule entdeckte Kelvin 1853 den »Drosseleffekt« und 1856 den thermoelektrischen »Thomsoneffekt«, der die Wärmebildung in stromdurchflossenen Leitern betrifft. Unabhängig von Rudolf Clausius fand er den zweiten Hauptsatz der Thermodynamik.

Auf elektrotechnischem Gebiet zeichnete sich Kelvin durch die Einführung neuer Meßverfahren und -instrumente, durch die Verbesserung der Kabeltelegraphie und durch die Verlegung des ersten funktionierenden Seekabels durch den Nordatlantik aus.

Johannes Kepler

deutscher Astronom
* 27. Dezember 1571, Weil/Württemberg
† 15. November 1630, Regensburg

Der ausgebildete Theologe Kepler unterrichtete ab 1594 in Graz Mathematik und beschäftigte sich ab dieser Zeit zunächst rein spekulativ mit Kosmologie. 1600 zog er nach Prag, wurde Mitarbeiter von → Tycho Brahe und widmete sich ab dieser Zeit seinem Hauptinteressensgebiet seriöser. Nach Brahes Tod (1601) wurde Kepler kaiserlicher Hofastronom und -mathematiker bei Rudolf II. in Prag. Zwischen 1605 und 1619 stellte er die drei nach ihm benannten Planetengesetze auf (→ 1618), die mathematisch exakten Beschreibungen der elliptischen Bahnen der Sonnentrabanten. Kepler teilte das heliozentrische Weltbild von → Nikolaus Kopernikus, das er in seinen Schriften »Neue Astronomie« (1609), »Weltharmonie« (1619) und dem siebenbändigen Werk »Abriß der Kopernikanischen Astronomie« (1618–22) ausführlich beschrieb. 1627 veröffentlichte Kepler die »Rudolphinischen Tafeln« mit den exakten Standorten der Planeten.

Kepler beschäftigte sich auch mit der Optik, formulierte optische Gesetze und konstruierte 1611 ein astronomisches Fernrohr.

Athanasius Kircher

deutscher Jesuit und Gelehrter
* 2. Mai 1602, Geisa/Fulda
† 27. November 1680, Rom

Kircher, seit dem 16. Lebensjahr Jesuit, wurde bereits mit 27 Jahren Professor in Würzburg. Er lehrte dort sowie in Avignon und ab 1634 in der päpstlichen Universität in Rom. Kircher befaßte sich neben Sprachstudien mit beinahe allen Zweigen der Naturwissenschaften. Er konstruierte eine Rechenmaschine, stellte Karten von Meeresströmungen auf und kartierte die Mondoberfläche. Er beschrieb erstmals die »Laterna Magica« und die Fluoreszenz. Daneben nahm er mikroskopische Blutuntersuchungen vor. Kircher unterhielt einen regen geistigen Austausch mit führenden Persönlichkeiten seiner Zeit.

Nikolaus Kopernikus

Astronom
* 19. Februar 1473, Thorn
† 24. Mai 1543, Frauenburg

Der im deutsch-polnischen Ermland geborene Kopernikus studierte 1491–95 in Krakau und 1496–1500 in Bologna Philosophie und Naturwissenschaften, ab 1501 in Rom, Padua und Ferrara noch Medizin und Jura. 1506 wurde er Leibarzt und Sekretär seines Onkels, des Bischofs von Ermland, 1512 Domherr in Frauenburg. Dort widmete er sich neben seiner administrativen Tätigkeit astronomischen Studien, die ihm Weltruhm eintrugen. Kopernikus überwand das gängige geozentrische Weltbild und entwickelte, zunächst in Anlehnung an Aristarchos von Samos, ein heliozentrisches System. Danach kreist die Erde zusammen mit den anderen Planeten um die Sonne und dreht sich zugleich um sich selbst. Er veröffentlichte seine Erkenntnis in dem Werk »De revolutionibus orbium coelestium«.

Alfred Krupp

deutscher Industrieller
* 26. April 1812, Essen
† 14. Juli 1887, Essen

Als 14jähriger übernahm Krupp die kleine väterliche Eisenwerkstatt, die er zusammen mit seiner Mutter und zwei Arbeitern leitete und zu einem Unternehmen von Weltrang ausbaute. Das gelang ihm nicht allein durch geschicktes Ausnutzen der günstigen internationalen Wirtschaftslage, sondern in erster Linie durch die Einführung modernster Techniken (Bessemer- und Siemens-Martin-Verfahren, → 1855; → 1864) sowie zahlreiche eigene Erfindungen. Krupps Unternehmen machte sich weltweit auf beinahe allen Gebieten der Eisen- und Stahlherstellung und -verarbeitung einen Namen. Besondere Bedeutung erlangte für die Firma der Eisenbahnbau. Auf diesem Gebiet revolutionierte Krupp die Technik durch seine Erfindungen der nahtlosen Eisenbahn-Radreifen von 1854. Drei derartige Reifen bilden seit dieser Zeit das Firmenemblem.

Furore machten die Kruppschen Stahlwerke auf der Weltausstellung von 1851 in London mit einem Stahlblock aus Tiegelguß. Einen weiteren Aufschwung brachten dem Unternehmen Rüstungsaufträge für den Deutsch-Französischen Krieg (1870/71).

Durch Erwerb von Kohle- und Erzgruben expandierten die Krupp-Werke noch zu Lebzeiten Alfreds zu einem Imperium von rund 21 000 Mitarbeitern.

Joseph de Lagrange

französischer Mathematiker
* 25. Januar 1736, Turin
† 10. April 1813, Paris

Der naturwissenschaftlich hoch begabte Lagrange wurde bereits im Alter von 19 Jahren Professor in seiner Heimatstadt Turin. 1766–87 leitete er die mathematische Fakultät der preußischen Akademie der Wissenschaften in Berlin. Danach folgte er einem Ruf an die neugegründete polytechnische Hochschule in Paris.

Er bereicherte die reine und angewandte Mathematik durch zahlreiche neue Erkenntnisse, vor allem auf den Gebieten der Variationsrechnung, der algebraischen Gleichungen, der Funktionenanalyse und der analytischen Mechanik. Mehrere Gesetze, Formeln und Rechenverfahren sind nach ihm benannt. Lagrange widmete sich ebenso der nüchternen Zahlentheorie wie wissenschaftlichen Spekulationen über die kosmische Ordnung.

Pierre Simon Marquis de Laplace

französischer Mathematiker und Astronom
* 28. März 1749, Beaumont-en-Auge/Calvados
† 5. März 1827, Paris

Laplace arbeitete sich, aus einfachen Verhältnissen stammend, zu höchsten Ämtern empor. Er war Professor in Paris, Mitglied der Akademie der Wissenschaften, Innenminister und Kanzler des Senats und wurde geadelt. Besonders tat er sich jedoch als Astronom hervor.

1796 schrieb Laplace eine zweibändige »Darstellung des Weltsystems«, in der er eine Theorie von der Entstehung des Planetensystems entwickelte. Danach sollten sich die Sonne und die Planeten nacheinander aus dem kosmischen Urnebel gebildet haben. In seinem fünfbändigen Hauptwerk »Die Mechanik des Himmels« von 1799–1825 ergänzte er die Berechnungen → Sir Isaac Newtons. Als erstem gelang es ihm, die Stabilität der Planetenbahnen mathematisch nachzuweisen.

Außer zur Lösung astrophysikalischer Probleme arbeitete Laplace zu Fragen der Mathematik und der Physik. Er stellte die nach ihm benannte Differentialgleichung auf, verbesserte die Wahrscheinlichkeitsrechnung und die Kombinatorik und fand Gesetze der Wärmelehre und der Kapillarität.

Max von Laue

deutscher Physiker
* 9. Oktober 1879, Pfaffendorf (Koblenz)
† 24. April 1960, Berlin

Laue promovierte 1903 bei → Max Planck und habilitierte sich 1909 in München, wo er in Kontakt mit → Wilhelm Conrad Röntgen kam. Er wählte daraufhin die Röntgenstrahlung zu seinem Hauptforschungsgebiet. 1912 konnte er zeigen, daß diese Strahlen an Kristallgittern gebeugt werden, wofür er 1914 den Nobelpreis für Physik erhielt. Das von ihm entdeckte Phänomen ließ sich praktisch zum Nachweis der Wellennatur der Röntgenstrahlung und zu Untersuchungen von Kristallgittern einsetzen. Über diese Erkenntnis hinaus befaßte sich Laue wissenschaftlich mit der Relativitätstheorie und der Supraleitung.

Laue hatte nacheinander Professuren in Zürich, Frankfurt am Main, Berlin und Göttingen inne und leitete ab 1951 das Max-Planck-Institut für physikalische Chemie und Elektrochemie in Berlin.

Antoine Laurent de Lavoisier

französischer Chemiker
* 26. August 1743, Paris
† 8. Mai 1796, Paris

Lavoisier wurde bereits im Alter von 25 Jahren in die französische Akademie der Wissenschaften aufgenommen. Er erneuerte die Chemie von Grund auf, indem er das streng quantitative Arbeiten bei allen Experimenten einführte. So gelang es ihm u. a., die damals allgemein akzeptierte Phlogiston-Theorie zu widerlegen, die von der Existenz eines Feuerstoffes, des »Phlogistons« ausging, der bei allen Verbrennungen beteiligt sein sollte. Statt dessen wies er die Bedeutung des Sauerstoffs für die Verbrennung nach.

1789 verfaßte Lavoisier ein grundlegendes neues Lehrbuch der Chemie, in dem er nicht nur seine Methoden des exakten Messens und Wägens beschrieb, sondern auch ein neues System der chemischen Elemente vorschlug.

Neben seiner wissenschaftlichen Tätigkeit leitete Lovoisier die königliche Pulverfabrik und übte das Amt eines Generalsteuerpächters aus. Im Gefolge der französischen Revolution wurde er deswegen hingerichtet.

Gottfried Wilhelm Leibniz

deutscher Philosoph und Universalgelehrter
* 1. Juli 1646, Leipzig
† 14. November 1716, Hannover

Leibniz, der sich ab dem sechsten Lebensjahr autodidaktisch universell bildete, ging mit 15 Jahren an die Leipziger Universität und studierte Jura, Philosophie und Naturwissenschaften. Als 20jähriger promovierte er zum Dr. jur. Diplomatische Aufgaben für den Mainzer Kurfürsten brachten ihn 1672–76 nach Paris. 1676 wurde er Hofbibliothekar in Hannover.

Leibniz konstruierte Windpumpen zur Entwässerung der Grubensohlen in den Harzer Bergwerken sowie andere technische Geräte. 1700 setzte er in Analogie zur »Académie des sciences« (Akademie der Naturwissenschaften) die Gründung der Berliner »Societät der Wissenschaften« durch, deren erster Präsident er wurde.

Seiner Zeit weit voraus war Leibniz auf dem Gebiet der mathematischen Logik. U. a. baute er eine Rechenmaschine für die vier Grundrechenarten. Er ist der Vater des Dualsystems und entwickelte unabhängig von → Sir Isaac Newton die Differential- und Integralrechnung.

Während seine mathematischen Leistungen zu seiner Zeit noch keine Anerkennung fanden, machte er sich besonders durch seine »Monadenlehre«, eine spektakuläre Kosmologie und Schöpfungslehre, einen Namen. Großen Einfluß auf den Zeitgeist übte Leibniz' Gottesrechtfertigung aus.

Philipp Lenard

deutscher Physiker
* 7. Juni 1862, Preßburg
† 20. Mai 1947, Messelhausen (Königshofen)/Main-Tauber-Kreis

Lenard war als Professor für Physik in Heidelberg und Kiel tätig und befaßte sich u. a. mit der Phosphoreszenz sowie mit den Kathodenstrahlen. Er entwickelte ein erstes einfaches Atommodell, an das → Ernest Rutherford anknüpfte. Mit Untersuchungen zum Fotoeffekt legte er eine Grundlage für → Albert Einsteins Lichtquantentheorie.

Mit dem Nobelpreis für Physik 1905 international ausgezeichnet, erwies sich Lenard als nationalistisch verbohrt und engstirnig. So polemisierte er gegen die 1905 von Einstein entwickelte spezielle Relativitätstheorie als »jüdisch« und forderte eine »Deutsche Physik«. Ein vierbändiges Werk dieses Titels veröffentlichte er 1936/37.

Naturwissenschaftler von A – Z

Leonardo da Vinci

italienisches Universalgenie
* 15. April 1452, Vinci/Florenz
† 2. Mai 1519, Château de Cloux/Amboise

Leonardo da Vinci tat sich ebenso als Künstler (Zeichner, Maler und Bildhauer) wie als Kunsttheoretiker, Baumeister, Naturforscher, Ingenieur und Erfinder hervor.
Er war der uneheliche Sohn eines Notars und wuchs bei seinem Vater auf. Mit 15 Jahren trat er bei dem Florentiner Maler Andrea del Verrocchio in die Lehre, 1472 wurde er Mitlied der städtischen Malerzunft.
1482 kam Leonardo da Vinci an den Hof des Herzogs von Mailand, Ludovico il Moro, wo er sich neben der Kunst zunehmend der Architektur widmete und eine Lehrlingswerkstatt leitete. Dort machte er auch erste wissenschaftliche Aufzeichnungen. 1500 nach Florenz zurückgekehrt, widmete er sich vorwiegend technischen Problemen und naturwissenschaftlichen (auch anatomischen) Studien. Er erfand und konstruierte zahlreiche Maschinenelemente und ganze Maschinen. Seine Ideen gingen zum Teil der Realisierbarkeit in seiner Zeit weit voraus (U-Boot, Flugzeug, Fallschirm usw.). Nach weiteren Aufenthalten in Mailand und Rom nahm Leonardo da Vinci 1516 eine Einladung von König Franz I. nach Frankreich an. Dort verfaßte er u. a. eine Kosmologie.

Justus Freiherr von Liebig

deutscher Chemiker
* 12. Mai 1803, Darmstadt
† 18. April 1873, München

Liebig studierte in Bonn, Erlangen und Paris und wurde bereits im Alter von 21 Jahren Professor für Chemie in Gießen. In rund 30jähriger Amtszeit machte er die dortige Universität durch seine Forschertätigkeit zum europäischen Zentrum der wissenschaftlichen Chemie. Liebig entwickelte die Methode der chemischen Analyse konsequent fort und schuf dabei zahlreiche neue Verfahren und Geräte. Er entdeckte u. a. das Chloroform, das Chloral und die Hippursäure; er erfand die Galvanoplastik, die Silberverspiegelung von Glas und führte den – nicht von ihm erfundenen – »Liebig-Kühler« in die Laborchemie ein. Wegweisend wurden seine Arbeiten auf dem Gebiet der organischen und der physiologischen Chemie. Seine Erforschung des tierischen und menschlichen Stoffwechsels zog zahlreiche neue Entwicklungen in der Ernährungswissenschaft, der Pharmazie und der Landwirtschaft nach sich. Letztere befruchtete er durch seine Erfindung des Mineraldüngers. Liebig entwickelte Verfahren zur Gewinnung von Fleischextrakt, Backpulver, Babynahrung und Pharmazeutika.
1860 wurde Liebig in München Präsident der Bayerischen Akademie der Wissenschaften.

Otto Lilienthal

deutscher Ingenieur und Flugpionier
* 23. Mai 1848, Anklam/Pommern
† 10. August 1896, Berlin

Lilienthal widmete sein Leben dem Fliegen. Er begann systematisch mit jahrelangen theoretischen und experimentellen Untersuchungen der Aerodynamik, die ihren ersten Niederschlag 1889 in seinem Buch »Der Vogelflug als Grundlage der Fliegekunst« fanden. Den Studien am Schreibtisch und in der Werkstatt folgten – zusammen mit seinem Bruder Gustav – praktische Flugversuche. 1891–96 gelangen Lilienthal als erstem Mensch Gleitflüge von 25 bis schließlich 300 m Weite. Im Verlauf seiner Versuche mit ständig verbesserten Modellen gelangte er vom starren Gleiter zum Schlagflügelflugzeug. Er baute Ein- und Zweidecker, die er allein durch die Gewichtsverlagerung seines Körpers steuerte. Die Arbeiten des Flugpioniers Lilienthal, der im Alter von 48 Jahren tödlich abstürzte, führten u. a. die Gebrüder Orville und → Wilbur Wright in den USA fort. In Österreich knüpfte Ignaz Etrich mit »Zanonia«-Gleitflugmodellen und seiner »Taube« an Lilienthals Versuche an.
Neben seinen flugtechnischen Entwicklungen konstruierte Lilienthal kleine Motoren und einen Röhrenkessel und schuf den seinerzeit berühmten Anker-Steinbaukasten.

Carl von Linde

deutscher Ingenieur und Industrieller
* 11. Juni 1842, Berndorf/Oberfranken
† 16. November 1934, München

Linde war 1868–78 und 1892–1910 Professor für Maschinenbau am Münchner Polytechnikum. Unterstützt von der Brauereiindustrie entwickelte er mechanisch arbeitende »Eis- und Kühlmaschinen«. 1873–76 entstand mit Ammoniak als Kältemittel die nach dem Verdichterprinzip arbeitende Kältemaschine. 1879 gründete Linde für die Serienproduktion seiner Entwicklung in Wiesbaden die »Gesellschaft für Linde's Eismaschinen AG« (später »Linde AG«). 1895 gelang Linde die Verflüssigung der Luft. Ab 1901 entwickelte er ein Verfahren zur Darstellung von reinem Sauerstoff und reinem Stickstoff.

Michail Wassiljewitsch Lomonossow

russischer Universalgelehrter
* 19. November 1711, Denissowka/Archangelsk (heute Lomonossow)
† 15. April 1765, Petersburg (heute Leningrad)

Als 19jähriger verließ der Sohn eines sibirischen Fischers heimlich sein Elternhaus und ging nach Moskau, wo er sich unter schwierigen Umständen universell bildete. 1736–41 studierte er in Marburg und im sächsischen Freiberg Philosophie, Chemie, Mathematik und Mineralogie. Ab 1745 war er in Petersburg an der Akademie der Wissenschaften als Chemieprofessor tätig, ab 1755 richtete er als Hauptinitiator die Moskauer Universität ein.
Lomonossow führte in Rußland zahlreiche neue Zweige der naturwissenschaftlichen Forschung ein, darunter die Geographie, die Geologie und die Meteorologie. Er erkannte die Notwendigkeit, chemische Reaktionen wissenschaftlich-theoretisch zu erklären und schuf ein komplexes mathematisch-physikalisches Gebäude der Wärmelehre. 1761 entdeckte er die Atmosphäre der Venus.
Neben seinen vielseitigen naturwissenschaftlichen Arbeiten wirkte er als Verfasser lyrischer und dramatischer Werke sowie durch sprachtheoretische Arbeiten entscheidend auf die Entwicklung der modernen russischen Sprache ein.

Louis Jean Lumière

französischer Chemiker und Industrieller
* 5. Oktober 1864, Besançon
† 6. Juni 1948, Bandol/Var

Gemeinsam mit seinem älteren Bruder Auguste (* 19. Oktober 1862, Besançon; † 10. April 1954, Lyon) entwickelte Lumière die Fotografie technisch in vielfacher Hinsicht weiter.
1883 gründeten die Brüder eine Fabrik für fotografische Platten und Papiere in Lyon. 1895 entwickelte Lumière den Kinofilm mit einem seitlich perforierten Zelluloidband als Bildträger und einen geeigneten Projektionsapparat für die Wiedergabe von 16 Bildern pro Sekunde. 1903 erfand er die trichrome Autochromplatte für das sogenannte Lumière- oder Kornrasterverfahren, ein erstes brauchbares Fotomaterial für die Aufnahme von Farbbildern.

Ernst Mach

österreichischer Physiker, Philosoph und Psychologe
* 18. Februar 1838, Turany/Mittelslowakisches Gebiet
† 19. Februar 1916, Haar/München

Mach wirkte ab 1864 als Mathematikprofessor in Graz und von 1867–95 als Professor für Experimentalphysik in Prag. In der Optik, der Akustik und der Thermodynamik beschritt er Neuland. Grundlegend wurde seine Arbeit, in der er sich mit der → Newtonschen Mechaniklehre auseinandersetzte und diese teilweise widerlegte. Seine Thesen gaben wichtige Denkanstöße und bereiteten die Relativitätstheorie vor.
Mach befaßte sich u. a. mit der Aerodynamik im Überschallbereich und entdeckte die »Machsche Welle«, eine kegelförmige Druckwelle, die von Körpern ausgeht, die sich mit Überschallgeschwindigkeit bewegen. Die Relation von Körperbewegung zur jeweiligen Schallgeschwindigkeit erkannte er als physikalisch wichtigen Faktor. Es wird nach ihm »Mach-Zahl« genannt. »Ma 2,7« bedeutet beispielsweise die 2,7fache Schallgeschwindigkeit.
Als Naturphilosoph lehnte Mach jegliche Metaphysik und Religiosität strikt ab und wurde damit zu einem Exponenten des sogenannten Positivismus.

Reinhard Mannesmann

deutscher Techniker und Industrieller
* 13. Mai 1856, Remscheid
† 20. Februar 1922, Remscheid

Mannesmanns Vaters betrieb die erste deutsche Fabrik für Spezialwerkzeuge. Schon er hatte versucht, nahtlose Stahlrohre zu fertigen, die hohen Drücken gewachsen sein sollten. Dies gelang 1884 Reinhard Mannesmann zusammen mit seinem Bruder Max. Mannesmann hatte festgestellt, daß beim Schrägwalzen von Rundstangen diese in ihrer Seele Materialrisse aufwiesen. Er förderte durch geeignete konstruktive Maßnahmen den Effekt noch wesentlich und entwickelte schließlich das Pilgerschrittverfahren (→ 1885), das es gestattet, nahtlose Rohre aus dem vollen Material zu walzen. Die Gebrüder nutzten ihre Erfindung industriell in mehreren Werken, die sie 1890 in der »Mannesmann AG« zusammenschlossen. Mannesmann meldete neben dem Pilgerschrittverfahren außerdem noch zahlreiche weitere Patente an, die er international in verschiedenen Unternehmungen nutzte.

Guglielmo Marchese Marconi

italienischer Physiker und Ingenieur
* 25. April 1874, Bologna
† 20. Juli 1937, Rom

Marconi begann seine weltverändernde Tätigkeit mit physikalischen Untersuchungen der von → James Clerk Maxwell theoretisch beschriebenen und von → Heinrich Hertz praktisch entdeckten elektromagnetischen Wellen. Er experimentierte mit den bereits bekannten Sendern und Antennen und verbesserte sie erheblich. 1896 zog Marconi nach Großbritannien, wo seine Arbeiten staatlich subventioniert wurden. 1897 gründete er dort »Marconi's Telegraph Company«. Er verstand es in publikumswirksamen Aktionen immer wieder, die Weltöffentlichkeit auf seine Arbeit aufmerksam zu machen: 1899 funkte er erstmals über den Ärmelkanal, 1901 überwand er mit seiner drahtlosen Telegraphie den Atlantik (→ 1897). Dieses Vorhaben hatten viele Naturwissenschaftler für unmöglich gehalten, weil sie glaubten, die sich geradlinig ausbreitenden Radiowellen könnten der Erdkrümmung nicht folgen. Auch Marconi selbst konnte sich seinen Erfolg nicht erklären: Ionisierte Schichten in der hohen Atmosphäre hatten die Wellen reflektiert.
1909 wurde Marconi zusammen mit → Karl Ferdinand Braun mit dem Nobelpreis für Physik ausgezeichnet.

James Clerk Maxwell

britischer Physiker
* 13. Juni 1831, Edinburgh
† 5. November 1879, Cambridge

Das Naturwissenschaftsgenie Maxwell begann im Alter von 13 Jahren ein Universitätsstudium. Mit 15 Jahren verfaßte er eine bedeutende Arbeit auf dem Gebiet der Mechanik. Als 25jähriger wurde er Professor in Aberdeen, danach in London und 1871 in einem eigens für ihn eingerichteten Institut in Cambridge. Neben seiner beruflichen Tätigkeit widmete er sich privaten Studien auf seinem ererbten schottischen Landgut. Maxwell begründete die moderne Elektrodynamik und die kinetische Gastheorie. Er fand die »Maxwellschen Gleichungen«, fundamentale Beziehungen zwischen elektrischen und magnetischen Schwingungen, die zugleich die Ausbreitung der elektromagnetischen Wellen beschreiben. Maxwell sagte aufgrund dieser Formel theoretisch die Existenz der elektromagnetischen Wellen voraus, die nach seinen Überlegungen denselben Charakter wie die Lichtwellen besitzen mußten. → Heinrich Hertz bestätigte Maxwells fundamentale Thesen später im Experiment.
1859 stellte Maxwell den thermodynamischen Satz auf, der den Zusammenhang der Temperatur eines Gases mit der kinetischen Energie seiner Moleküle beschreibt.

Wilhelm Maybach

deutscher Konstrukteur und Erfinder
* 9. Februar 1846, Heilbronn
† 29. Dezember 1929, Stuttgart

Maybach war von 1872–82 als Chefkonstrukteur bei der von → Nikolaus Otto und Eugen Langen gegründeten »Gas-Motoren-Fabrik Deutz AG« tätig, wo er u. a. mit → Gottlieb Daimler zusammenarbeitete. Gemeinsam mit diesem gründete er anschließend in Cannstatt eine

Werkstatt zur Entwicklung von Kraftfahrzeugmotoren. Sieht man von der grundlegenden Idee Daimlers ab, einen kleinen leistungsstarken, schnelllaufenden Benzinmotor als Kraftfahrzeugantrieb zu verwirklichen, dann fallen praktisch alle Verdienste um die Entwicklung des ersten Automobils nicht Daimler, sondern Maybach zu. Die Schlüsselpatente wurden jedoch auf den Namen des über weitaus stärkeres Durchsetzungsvermögen verfügenden Daimler registriert.

Ab 1895 leitete Maybach, der u. a. den modernen Vergaser, den Bienenwabenkühler und das Wechselgetriebe erfand, als technischer Direktor die »Daimler-Motoren-Gesellschaft«. 1907 schied er aus dieser Firma aus und gründete 1909 zusammen mit seinem Sohn Karl unter Beteiligung von → Ferdinand Graf von Zeppelin die spätere »Maybach-Motorenbau-GmbH«.

(Julius) Robert von Mayer
deutscher Mediziner
* 25. November 1814, Heilbronn
† 20. März 1878, Heilbronn

Der Mediziner Mayer unternahm 1840/41 als Schiffarzt eine Ostindienreise. Auf Java entdeckte er, daß in den Tropen der Farbunterschied zwischen arteriellem und venösem Blut kleiner ist als in den gemäßigten Breiten. Er erklärte diese Erscheinung mit der geringeren Oxidation der Nahrung im Körperinneren zur Aufrechterhaltung der Körpertemperatur in heißen Klimazonen. Im Blut ist der Sauerstoff an das Hämoglobin gebunden, das für die Blutfarbe verantwortlich ist. Ausgehend von der Äquivalenz von Wärme- und Bewegungsenergie, die er seinen Überlegungen zu Grunde legte, begann Mayer 1842 das »Wärmeäquivalent« quantitativ zu bestimmen, was ihm 1845 gelang. Im selben Jahr formulierte der Nichtphysiker das Gesetz von der Erhaltung der Energie. Als fachlicher Laie von den etablierten Physikern verspottet, angegriffen und gedemütigt, mußte er längere Zeit in einer Heilanstalt zubringen, bevor die Fachwelt seine Leistungen anerkannte.

Lise Meitner
österreichisch-schwedische Physikerin
* 7. November 1878, Wien
† 27. Oktober 1968, Cambridge

Meitner war bis 1938 Mitlied des Kaiser Wilhelm-Instituts für Chemie und Professorin in Berlin. Sie arbeitete dort zusammen mit → Otto Hahn. 1938 emigrierte sie, wegen ihrer jüdischen Abstammung im Deutschen Reich verfolgt, nach Dänemark und später nach Schweden. Sie wurde Professorin für Physik in Stockholm. Ihr Hauptarbeitsgebiet war die Kernphysik und besonders die Radioaktivität. Zusammen mit Otto Hahn, mit dem sie auch nach ihrer Emigration in Kontakt blieb, entdeckte sie zahlreiche radioaktive Isotope und erforschte natürliche Zerfallsreihen. 1939 lieferte sie zusammen mit Otto Robert Frisch die theoretische Erklährung für die von Hahn und Friedrich Straßmann entdeckte Uran-Kernspaltung. Meitner wies nach, daß Gamma-Strahlen erst nach der Kernumwandlung freigesetzt werden und daß bei der Paarerzeugung Positronen entstehen. 1949 erhielt sie die Max-Planck-Medaille, 1966 den Enrico-Fermi-Preis.

Dmitri I. Mendelejew
russischer Chemiker
* 8. Februar 1834, Tobolsk
† 2. Februar 1907, Petersburg (heute Leningrad)

Mendelejews Vater mußte seinen Beruf als Gymnasiallehrer wegen Erblindung aufgeben, als Dmitri noch im Kindesalter war. Die Mutter eröffnete eine Glasmanufaktur, um die Familie zu unterhalten, doch fiel das kleine Unternehmen bald einem Brand zum Opfer. Mit ihrem besonders begabten jüngsten Sohn Dmitri zog sie nach Petersburg, um diesem dort ein Studium zu ermöglichen. Mendelejew studierte Fremdsprachen (Deutsch und Französisch) und Chemie und wurde in Petersburg Universitätsprofessor. Sein Hauptwerk war die systematische Klassifikation der chemischen Elemente in dem 1869 von ihm geschaffenen periodischen System. Allein aus dieser Systematik prognostizierte Mendelejew die Existenz noch nicht entdeckter Elemente wie Gallium, Scandium und Germanium. Wie Julius Lothar Meyer fand auch Mendelejew Zusammenhänge zwischen den Atomgewichten und den physikalischen Eigenschaften der Elemente. Berühmt wurde Mendelejew auch durch sein Lehrbuch »Die Grundlagen der Chemie«, das in der UdSSR noch heute als bester Text gilt, den ein Chemiker je geschrieben hat.

Willy Messerschmitt
deutscher Flugzeugkonstrukteur und Industrieller
* 26. Juni 1898, Frankfurt am Main
† 15. September 1978, München

Messerschmitt gründete bereits während seines Ingenieurstudiums an der Technischen Hochschule München 1923 in Bamberg die »Messerschmitt-Flugzeugbau-Gesellschaft«. 1927 promovierte er zum Dr.-Ing., wurde Chefkonstrukteur der Bayerischen Flugzeugwerke und 1937 auch Professor an der Technischen Hochschule München. Er entwickelte zahlreiche richtungsweisende Segel-, Motor- und Düsenflugzeugtypen, darunter das neuartige Ganzmetallflugzeug »M 18« (1926), die superschnellen Jagdflieger »Me 109« und »Me 209« (1934), das erste serienmäßig gefertigte Raketenflugzeug »Me 163« (1943) und die düsengetriebene »Me 262« (1944).

Nach dem Krieg produzierte Messerschmitt Nähmaschinen und Fertighäuser und ab 1955 erneut Flugzeuge. Seine Firma fusionierte 1968 mit der Bölkow GmbH und ging in die Messerschmitt-Bölkow-Blohm GmbH auf.

Étienne Jacques de Montgolfier
französischer Erfinder
* 6. Januar 1745, Vidalon-lès-Annonay
† 1. August 1799, Serrières/Ardèche

Montgolfier unterhielt zusammen mit seinem vier Jahre älteren Bruder Michel Joseph eine Papierfabrik. Ab 1782 widmeten sich die Brüder in ihrer Freizeit physikalischen Versuchen, nachdem sie beobachtet hatten, daß Ascheteile zusammen mit der heißen Luft über dem Feuer aufsteigen. Sie experimentierten mit heißluftgefüllten Papiertüten und entwickelten daraus den Heißluftballon, die »Montgolfière«. Am 5. Juni 1783 traten die Brüder mit einem papiergefütterten Stoffballon von 33 m Durchmesser in Annonay erstmals an

die Öffentlichkeit. Der durch ein Strohfeuer mit Heißluft gefüllte Ballon fuhr fast 2000 m weit. Noch im selben Jahr wurden in Frankreich die ersten bemannten Ballonfahrten der Welt durchgeführt (21. 11. 1783).

Samuel Morse
US-amerikanischer Erfinder
* 27. April 1791, Charlestown/Massachusetts
† 2. April 1872, Poughkeepsie bei New York

Morse, Sohn eines Geistlichen, begann seine Laufbahn als Maler, der Landschaftsmotive, Porträts und Historienmalerei bevorzugte und in New York eine Künstlervereinigung gründete. 1832 besuchte er Europa. Auf der Schiffspassage zurück in seine Heimat hörte er Gespräche über Telegraphie, die ihn zu eigenen Konstuktionen auf diesem Gebiet anregten. Er gab 1839 die Malerei auf und meldete seine erste Erfindung des Morse-Alphabets, das die Buchstaben, Ziffern und Satzzeichen als Folge von Punkten und Strichen kodierte, sowie ein geeignetes Übertragungsgerät zum Patent an. Von der Öffentlichkeit ernst genommen wurden seine Erfindungen erst, als 1844 mit einem Morseapparat ein politisches Wahlergebnis von Baltimore nach Washington übertragen wurde und dadurch die Bedeutung der Telegraphie für das Nachrichtenwesen augenfällig wurde.

Sir Isaac Newton
englischer Mathematiker, Physiker und Astronom
* 4. Januar 1643, Woolsthorpe/Grantham
† 31. März 1727 Kensington (London)

Der in seinen schulischen Leistungen eher schwache, aber naturwissenschaftlich begabte Newton studierte als Cambridge-Stipendiat Mathematik und Naturwissenschaften. 1669 wurde er Nachfolger seines Mathematikprofessors, Isaac Barrow, 1672 Mitglied der Royal Society und 1703 deren Präsident. Ab 1696 arbeitete er als staatlicher Münzprüfer. Er befaßte sich mit zahlreichen Fachgebieten, neben Mathematik, Physik und Chemie auch mit Theologie. Die Physik bereicherte er durch die drei »Newtonschen Axiome«: Das Trägheitsgesetz, das Beschleunigungsgesetz und das Wechselwirkungsgesetz, die er 1687 zugleich mit dem ebenfalls von ihm stammenden Gravitationsgesetz veröffentlichte.

Newton konstruierte ein Spiegelteleskop, entdeckte die Spektralfarben des Lichts und das Wesen der »Newtonschen Ringe«, beschäftigte sich mit Strömungs- und Schwingungsvorgängen und fand zahlreiche Gesetzmäßigkeiten in der Aerodynamik und Akustik. Auf dem Gebiet der Mathematik entwickelte er unabhängig von → Gottfried Wilhelm Leibniz die Differential- und Integralrechnung.

Joseph Nicéphore Niepce
französischer Erfinder
* 7. März 1765, Chalon-sur-Saône
† 5. Juli 1833, Gras/Chalon-sur-Saône

Nachdem sich der Offizier Niepce 1811 vom Militärdienst zurückzog, begann er mit physikalischen, vor allem fotooptischen Experimenten. 1824 entwickelte er ein Verfahren der Asphaltfotografie (»Niepcotypie«), mit dem es ihm gelang, Bilder einer Camera obscura auf lichtempfindlichem Bitumen zu konservieren. 1826 nahm er auf diese Weise mit

der von ihm konstruierten Fotokamera bei achtstündiger Belichtung die Aussicht vom Fenster seines Arbeitszimmer auf. Die Entwicklungsarbeiten von Niepce bilden die Grundlage der durch → Louis Jacques Mandé Daguerre eingeführten fotografischen Verfahren.

Alfred Nobel
schwedischer Chemiker und Industrieller
* 21. Oktober 1833, Stockholm
† 10. Dezember 1896, San Remo

Nobel war der Sohn eines Erfinders. Seinem Vater ist u. a. das Sperrholz zu verdanken. Die Unternehmerfamilie lebte in Petersburg (später Leningrad), wo Nobels Vater Aufträge für die russische Rüstung bearbeitete. Nach Beendigung des Krimkrieges (1853–1856) zog die Familie in ihre schwedische Heimat zurück. Nobel übernahm nach dem Tod des Vaters dessen chemisches Laboratorium. Er erfand dort die Initialzündung mit Zündkapseln und 1867 das Dynamit. Später verbesserte er diesen für die kriegstechnische Anwendung zu gefährlichen Sprengstoff mit Nitrozellulose (Schießbaumwolle) zu rauchlosen Pulvergemischen.

Sein Vermögen, das er durch die industrielle Verwertung seiner Erfindung angesammelt hatte, brachte er als Legat in die Nobelstiftung ein. Sie verleiht ab 1901 alljährlich aus den anfallenden Zinsen hoch dotierte Nobelpreise für hervorragende Leistungen auf den Gebieten Physik, Chemie, Medizin, Literatur und für Verdienste um den Frieden.

Georg Simon Ohm
deutscher Physiker
* 16. März 1789, Erlangen
† 6. Juli 1854, München

Ohm war Mathematik- und Physiklehrer an der Berliner Kriegsschule. Ab 1833 war er am Polytechnikum Nürnberg, ab 1854 als Professor an der Universität München tätig. Forschend befaßte er sich vorwiegend mit der Elektrotechnik, der Akustik und der Optik. 1826 fand er bei Versuchen mit Thermoelementen das »Ohmsche Gesetz«, das besagt, daß der durch einen Leiter fließende Stroß gleich dem Quotienten aus der angelegten Spannung und dem Leiterwiderstand ist. Ohm untersuchte die spezifischen Widerstände zahlreicher Leiter, weswegen die Einheit des elektrischen Widerstands später ihm zu Ehren »Ohm« benannt wurde.

1840 erforschte er die Grund- und Oberschwingungen im Bereich der physiologischen Akustik (»Ohm-Helmholtzsches Gesetz«). Ab 1852 widmete er sich der Untersuchung optischer Interferenzphänomene. Ohm veröffentlichte mehrere Bücher zu physikalischen Themen.

Hans Christian Ørstedt
dänischer Physiker und Chemiker
* 18. August 1777, Rudkøbing
† 9. März 1851, Kopenhagen

Ørstedt war Professor der Physik und Chemie und ab 1829 Leiter der Technischen Hochschule in Kopenhagen. Er befaßte sich theoretisch und praktisch mit dem Magnetismus. 1820 fand er, angeregt durch Gedanken des deutschen Physikers Johann Wilhelm Ritter, die Wechselwirkung zwischen Elektrizität und Magnetismus, als er beobachtete, wie eine Magnetnadel durch das von einem elektrischen Strom in einem Leiter ausgehende Feld abgelenkt wurde. Er legte damit den Grundstein zur Lehre vom Elektromagnetismus und begründete damit die Elektrodynamik.

Auf mechanischem Gebiet erfand Ohm ein Meßinstrument für die Kompressibilität von Flüssigkeiten. Ørstedt tat sich auch als Autor natur- und geisteswissenschaftlicher Schriften hervor.

Nikolaus [August] Otto

deutscher Ingenieur
* 14. Juni 1832, Holzhausen a. d. Haide
† 26. Januar 1891, Köln

Otto begann seine berufliche Laufbahn als Kaufmann, widmete sich aber bald der Konstruktion von Verbrennungskraftmaschinen. So baute er den von dem Franzosen Étienne Lenoir entwikkelten Gasmotor nach und vervollkommnete ihn. 1864 gründete er zusammen mit dem Ingenieur und Finanzier Eugen Langen eine Motorenfabrik, die 1872 zur »Gas-Motoren-Fabrik Deutz AG« umfirmierte.

1876 realisierte Otto erstmals das Viertakt-Prinzip für Gasverbrennungsmotoren. Er schuf damit eine zunächst stationär arbeitende Kraftmaschine, aus der sich später der weltweit verbreitete Ottomotor als Antriebsaggregat für Kraftwagen, Schienenfahrzeuge, Schiffe und Flugzeuge entwickelte und der zugleich die Grundlage für die Erfindung des Dieselmotors bildete.

Denis Papin

französischer Naturforscher und Erfinder
* 22. August 1647, Chitenay bei Blois
† zwischen 1712 und 1714

Papin studierte Medizin und arbeitet danach als Assistent von → Christiaan Huygens in Paris und von → Robert Boyle in London.

1680 erfand er den »Papinschen Topf«, einen ersten Überdruck-Dampfkochtopf zum schnelleren Garen von Speisen. Der Topf, der erst im 20. Jahrhundert kommerziell genutzt wurde, besaß bereits ein – von Papin entwickeltes – Überdruckventil.

Als Hugenotte in Frankreich nicht geduldet, wirkte er ab 1687 als Professor in Marburg und ab 1695 in Kassel. 1690 baute er die erste atmosphärische Kolbendampfmaschine. Er stellte auf dieser Basis einen Schiffsantrieb her und fuhr mit einem selbstgeschaffenen Schaufelradboot von Kassel fuldaabwärts. Er wollte auf dem Wasserwege England erreichen, doch wurde sein Boot in Münden von aufgebrachten Schiffern zerstört. Papin zog nach England, wo sich seine Spuren verlieren.

Blaise Pascal

französischer Schriftsteller und Naturwissenschaftler
* 19. Juni 1623, Clermont-Ferrand
† 19. August 1662, Paris

Pascal galt als mathematisches Wunderkind. Als 16jähriger überraschte er mit einer Arbeit über Kegelschnitte. Wenig später konstruierte er eine Rechenmaschine. 1647 entdeckte er das Prinzip der kommunizierenden Röhren und die Möglichkeit der Höhenmessung mit einem Barometer. 1654 beschrieb er das von ihm entwickelte »Pascalsche Dreieck« im Rahmen einer Arbeit über mathematische Kombinatorik und Wahrscheinlichkeitsrechnung. Nach einem Gotteserlebnis widmete sich Pascal zunehmend religiös-mystischen Er-

fahrungen und verbrachte ab 1654 Jahre der Meditation im Kloster Port Royal. Dabei setzte er sich in scharfer Form mit der kirchlichen Bigotterie und besonders der Doppelzüngigkeit der Jesuiten auseinander. Dem Verstand stellte er die »Logik des Herzens« gegenüber. Sie sah er als eine Möglichkeit, unmittelbar, ohne Analyse und Definitionen allein durch göttliche Gnade zu Erkenntnis und innerer Sicherheit zu gelangen. Seine mystischen Erfahrungen beschrieb er mit sprachlicher Meisterschaft und mit der Prägnanz des naturwissenschaftlichen Denkers.

Wolfgang Pauli

schweizerisch-US-amerikanischer Physiker österreichischer Herkunft
* 25. April 1900, Wien
† 15. Dezember 1958, Zürich

Pauli war zunächst Physikprofessor in Hamburg und ab 1928 an der Eidgenössischen Technischen Hochschule in Zürich. Von 1940 an war er zugleich Mitarbeiter des Forschungsinstituts in Princeton/USA. 1946 erhielt er die US-amerikanische Staatsbürgerschaft.

Von Pauli gesammelte neue physikalische Erkenntnisse verhalfen der → Einsteinschen Relativitätstheorie und der Quantenmechanik zum Durchbruch. In Fachkreisen berühmt wurde er 1925 durch die Formulierung des Pauli-Prinzips (→ 1924). Aufgrund dieses Naturgesetzes gelangen weitreichende Folgerungen in der Kernphysik, die Begründung des Periodensystems der Elemente und die Entdeckung des Neutrinos (Elementarteilchen).

1945 erhielt Pauli den Nobelpreis für Physik.

Auguste Piccard

Schweizer Physiker
* 28. Januar 1884, Lutry
† 25. März 1962, Lausanne

Der Maschinenbauingenieur Piccard wirkte als Professor in Zürich und Brüssel. Seine technisch-wissenschftlichen Pionierleistungen lagen auf dem Gebiet extremer, expeditionsartiger Forschungsprojekte. 1931 stieg er als erster Mensch in einer luftdichten Druckkabine an einem Ballon bis in die Stratosphäre in 15 781 m Höhe auf, ein Jahr später bis in 16 940 m. Er sammelte dort für die Raumfahrt wichtige Daten über die Höhenstrahlung. 21 Jahre später tauchte Piccard mit der selbst konstruierten Stahlkugel »Bathyscaph« im Thyrrhenischen Meer auf die bis dahin unerreichte Tiefe von 3150 m ab. Sein Sohn Jacques setzte später die Tieftauchversuche im Marianengraben fort.

Max Planck

deutscher Physiker
* 23. April 1858, Kiel
† 4. Oktober 1947, Göttingen

Planck war zunächst als Physikprofessor in Kiel (1885–89) und anschließend in Berlin tätig, übte von 1912–38 das Amt eines Sekretärs der Preußischen Akademieder Wissenschaften und parallel dazu von 1930–37 das des Präsidenten der »Kaiser Wilhelm-Gesellschaft zur Förderung der Wissenschaften« (der späteren »Max-Planck-Gesellschaft«) aus. Die »Max-Planck-Gesellschaft« leitete Planck 1945/46 in Göttingen.

Planck verfaßte mehrere Standardwerke über theoretische Physik. Sein Hauptarbeitsgebiet betraf die Strahlen-

theorie und die Thermodynamik. Bei Forschungen auf diesem Sektor fand er 1899 das »Plancksche Wirkungsquantum«, eine Naturkonstante, die im theoretischen Gebäude der von Planck begründeten Quantentheorie die zentrale Größe darstellt. Er formulierte das »Plancksche Strahlungsgesetz«, das als quantenphysikalisches Grundgesetz eine neue Ära in der theoretischen Physik einleitete. Es sagt implizit aus, daß im subatomaren Bereich die Gesetze der klassischen, in allen Vorgängen als kontinuierlich aufgefaßten Physik keine Gültigkeit mehr besitzen. Auf Plancks Quantentheorie bauen u. a. die wissenschaftlichen Lehrgebäude → Albert Einsteins, → Niels Bohrs und Werner Heisenbergs auf.

Als Planck sich unter nationalsozialistischer Herrschaft im Deutschen Reich (1933–1945) gegen den Antisemitismus wandte, wurden ihm bis zum Kriegsende sämtliche Arbeitsmöglichkeiten entzogen.

Ferdinand Porsche

deutscher Automobilkonstrukteur
* 3. September 1875, Maffersdorf/Böhmen
† 30. Januar 1951, Stuttgart

Porsche war ausgebildeter Spengler und Autodidakt auf dem Gebiet der Elektrotechnik. Als Mitarbeiter einer Wiener Wagenfabrik konstruierte er für die Pariser Weltausstellung von 1900 ein transmissionsloses Elektroauto. Als erfolgreichem Automobilbauer wurde ihm 1906 die technische Leitung der österreichischen Daimler-Werke übertragen. 1917 wurde er deren Generaldirektor und ab 1923 im deutschen Stammwerk in Stuttgart-Untertürkheim leitend tätig. 1931 begründete er ein eigenes Automobilkonstruktionsbüro, das über 1000 Patente auf dem Kraftfahrzeugsektor hervorbrachte. Höhepunkte der Aktivitäten dieses Büros waren ein Fünf-Liter-Kompressor-Rennwagen für die Auto Union, der deutsche Volkswagen mit seinem luftgekühlten Heckmotor und der berühmte Porsche-Sportwagen.

Joseph Priestley

britischer Naturforscher und Theologe
* 13. März 1733, Fielhead/Yorkshire
† 6. Februar 1804, Northumberland/Pennsylvania

Priestley betätigte sich naturwissenschaftlich wie politisch gleichermaßen revolutionär. Als Anhänger der Aufklärung im ausgehenden 18. Jahrhundert gründete er 1780 in Birmingham eine von der Staatskirche abweichende Unitarier-Gemeinde. 1794 emigrierte er, von den Behörden verfolgt, in die USA.

Auf dem Gebiet der Chemie widmete sich Priestley vor allem der Erforschung der Gase, wofür er sich eigens neue Geräte und Verfahren entwickelte. Unabhängig von → Carl Wilhelm Scheele fand er 1774 den Sauerstoff. Außerdem entdeckte er die Gase Ammoniak, Chlorwasserstoff, Schwefeldioxid, Kohlenmonoxid und Lachgas.

Claudius Ptolemäus

alexandrischer Astronom, Mathematiker und Geograph
* um 100 in Ägypten
† nach 160

Ptolemäus war der letzte bedeutende Naturwissenschaftler der Antike. Er faßte die naturwissenschaftlichen Er-

kenntnisse seiner Zeit, insbesondere seine eigenen Beobachtungen und jene von Hipparchos von Nizäa in einem 13bändigen mathematisch-astronomischen Werk in griechischer Sprache zusammen. Überliefert wurde diese Lehrbuchsammlung in Europa in ihrer arabischen Übersetzung als »Almagest«. Wichtiger Teil des Werkes ist die Erklärung des »Ptolemäischen Weltbildes«. Ptolemäus sah die kugelförmige Erde als Weltmittelpunkt an, um den Sonne, Mond und Planeten kreisen. Dieses Weltbild behielt in Europa bis in die Neuzeit Gültigkeit. Dann wurde es durch das heliozentrische Bild des → Nikolaus Kopernikus abgelöst. Eine weitere Arbeit von Ptolemäus ist die »Einführung in die Geographie«, ein Standardwerk der Kartographie, das u. a. für 8000 Orte die Längen- und Breitengrade angibt.

Ptolemäus stellte neue mathematische Formeln auf und entdeckte die Brechungsgesetze des Lichtes.

William John Macquorn Rankine

britischer Ingenieur und Physiker
* 5. Juli 1820, Edinburgh
† 24. Dezember 1872, Glasgow

Rankine sammelte praktische Erfahrungen als Ingenieur beim Eisenbahnbau. 1855 wurde er in Glasgow Professor für Ingenierbau und Mechanik. Er befaßte sich theoretisch und praktisch mit der Dampfmaschine und publizierte 1859 »A manual of the steam engine and other prime movers«. Im Zentrum seiner Arbeit stand die Umwandlung von Wärmeenergie in kinetische Arbeit, wodurch Rankine zu einem Pionier der Thermodynamik wurde. Nach ihm benannt ist die Rankine Temperaturskala, mit der die Temperatur in Grad Fahrenheit-Teilung ausgehend vom absoluten Temperaturnullpunkt (−273,16 °C) gemessen wird.

John William Strutt Rayleigh

britischer Physiker
* 12. November 1842, Longford/Essex
† 30. Juni 1919, Witham/Essex

Rayleigh wirkte als Physikprofessor von 1879–84 in Cambridge und ab 1887 am »Königlichen Institut« in London und war von 1905–08 Präsident der »Royal Society« der Naturwissenschaften. Er war auf allen Gebieten der Physik gleichermaßen versiert, beschäftigte sich aber besonders mit Akustik und Strahlungsphänomenen. Er fand auf diesen Gebieten neue Gesetzmäßigkeiten und neue Meßmethoden. Anläßlich von Dichtemessungen an Gasen entdeckte er das Edelgas Argon und damit das erste bekannte Edelgas überhaupt. Das führte zu einer Erweiterung des periodischen Systems der Elemente. Zusammen mit Sir William Ramsey erhielt Rayleigh für diese Leistung 1904 den Nobelpreis für Physik.

René Antoine Ferchault de Réaumur

französischer Naturwissenschaftler
* 28. Februar 1683, La Rochelle
† 18. Oktober 1757, Schloß Bermodière/Mayenne

Réaumur war in erster Linie Zoologe und Jurist, betätigte sich darüber hinaus aber auch auf technischem Gebiet. U. a. entwickelte er neue Fertigungsverfahren für Seile, Papier, Porzellan, Draht, Gußeisen und Stahl. 1730 definierte er die Réaumur-Temperaturskala, deren Nullpunkt beim Gefrierpunkt des Wassers auf Meereshöhe liegt, während der Siedepunkt – ebenfalls auf Meereshöhe – 80 °R beträgt. Als Zoologe veschäftigte sich Réaumur vorwiegend mit niederen Meerestieren, bei denen er die Schalen- und Perlenbildung erforschte, sowie mit der Beziehung zwischen Insekten und Pflanzen. Darüber hinaus entwickelte er Methoden zum künstlichen Ausbrüten von Vogeleiern. Aufgrund seiner zoologischen Leistungen wurde er bereits als 25jähriger Mitglied der französischen Akademie der Wissenschaften.

Regiomontanus
(eigentl. Johannes Müller)

deutscher Mathematiker und Astronom
* 6. Juni 1436, Königsberg/Bayern
† Juli 1476, Rom

Regiomontanus beschäftigte sich bereits im Alter von elf Jahren in Leipzig mit mathematisch-astronomischen Studien, die er später in Wien weiterführte. Ab 1461 übersetzte er in Rom Teile des »Almagest« von → Claudius Ptolemäus. Zugleich erarbeitete er seine Dreieckslehre »De triangulis omnimodius libri quinque«, in der er die trigonometrische Tangens-Funktion definierte. Mit ihr führte er die Mathematik über ihren Stand in der Antike hinaus.
Nach einem Aufenthalt in Ungarn (1467–71) lebte Regiomontanus in Nürnberg, wo ein Patrizier für ihn eine Druckerei und eine Sternwarte einrichtete. Dort publizierte er Ephemeriden, astronomische Tafeln, die für die Navigation auf See Bedeutung erlangten. 1475 wurde Regiomontanus Bischof von Regensburg, zog aber wenig später nach Rom, um an der Kalenderreform unter Papst Sixtus IV. mitzuwirken.

Johann Philipp Reis
deutscher Physiker
* 7. Januar 1834, Gelnhausen
† 14. Januar 1874, Friedrichsdorf

Reis begann seine berufliche Laufbahn als Angestellter in einem Farbengeschäft. Er bildete sich autodidaktisch auf dem Gebiet der Naturwissenschaften, vor allem der Physik, und versuchte experimentell, akustische Schwingungen in elektrische Impulse umzuwandeln. Im Alter von 19 Jahren nahm er neben seiner Arbeit ein Mathematik- und Physikstudium auf. Danach wurde er Privatlehrer in Friedrichsdorf. Dort entwickelte er ein Gerät, mit dem sich Schallwellen nicht nur in elektromagnetische Schwingungen umsetzen, sondern zugleich auch über 100 m weit als Strom fortleiten ließen. Er nannte diese Einrichtung »Telephon«. 1861 führte er sie dem Physikalischen Verein in Frankfurt und 1864 an der Universität Gießen vor. In der Praxis stieß seine Erfindung allerdings noch auf kein Interesse.

Adam Riese
(eigentl. Ries)

deutscher Rechenmeister
* um 1492, Staffelstein
† 30. März 1559, Annaberg

Riese war als Rechenmeister in Zwickau, Erfurt und Annaberg tätig, wo er 1528 Bergbeamter wurde. Ausgehend vom kaufmännischen Rechnen beschäftigte er sich zunehmend mit allgemeiner Mathematik und verfaßte mehrere Rechenbücher in deutscher Sprache. Die Bücher, die bald und für lange Zeit zur Grundlage des Rechenunterrichts in deutschen Schulen wurden, waren sehr praxisnahe. Sie behandelten in zahlreichen Beispielen u. a. das Kaufmännische Rechnen, Maße und Gewichte, das Eichen und Peilen. Im Rahmen seiner Werke führte Riese neue, vereinfachende und vereinheitlichende Formelzeichen in das Rechnen ein, u. a. das Wurzelzeichen.
»Nach Adam Riese« wurde schon recht bald zu einer sprichwörtlichen Bezeichnung für direkt und exakt ermittelte Rechenergebnisse.

Wilhelm Conrad Röntgen
deutscher Physiker
* 27. März 1845, Lennep/Remscheid
† 10. Februar 1923, München

Röntgen studierte Maschinenbau, befaßte sich später aber hauptsächlich mit theoretischer Physik. Als Professor wirkte er in Hohenheim, Straßburg, Gießen, Würzburg und München. Auf beinahe allen Gebieten der Physik, namentlich aber in der Wärmelehre und Elektrotechnik gelangte er zu neuen Einsichten. Seine wichtigste Entdeckung waren die nach ihm benannten »Röntgenstrahlen«, die er selbst als »X-Strahlen« bezeichnete. Sie führten nicht nur zu einer weitgespannten technischen Anwendung (medizinische Diagnose und Therapie, Materialprüfung usw.), sondern auch zum neuen wissenschaftlichen Fachgebiet der Atomphysik. Röntgen entdeckte die berühmten Strahlen 1895 in Würzburg zufällig bei Experimenten mit einer evakuierten Gasentladungsröhre (→ 1854). Er studierte und beschrieb die neuentdeckten Strahlen ausführlich.
1901 erhielt Röntgen für seine Leistungen den ersten Nobelpreis für Physik. Einen ihm angetragenen Adelstitel wies er jedoch zurück.

Sir Benjamin Thompson Graf von Rumford
britisch-US-amerikanischer Naturwissenschaftler
* 26. März 1753, North Woburn/Massachusetts
† 21. August 1814, Auteuil/Paris

Als 23jähriger emigrierte der konservativ eingestellte Rumford während des amerikanischen Unabhängigkeitskriegs nach Großbritannien, für das er als Offizier und Kolonialbeamter tätig wurde. 1784 zog er nach Bayern weiter, trat in den Dienst des Kurfürsten Karl Theodor und zeichnete sich dort durch vielseitige Tätigkeiten aus: Er modernisierte als Kriegsminister das bayerische Heer, leitete Schulneubauten und die Errichtung von Fabriken und Armenhäusern, organisierte Massenspeisungen, führte den Kartoffelanbau ein, legte in München den Englischen Garten an und erfand Sparöfen. Etwa um 1800 zog sich Rumford ins Privatleben zurück. Er hielt sich abwechselnd in London, Paris und München auf und widmete sich vorwiegend phsikalischer Forschung, besonders auf dem Gebiet der Energie- und Wärmelehre. Er erfand ein Kalorimeter und ein Photometer.
1799 wurde er Mitbegründer der Gelehrtengesellschaft »Royal Institution of Great Britain« in London.

Edmund Rumpler
österreichischer Ingenieur
* 4. Januar 1872, Wien
† 7. September 1940, Tollow/Rostock

Rumpler, der seine berufliche Karriere als Konstukteur bei den Adler-Automobilwerken begann, gründete 1908 in Berlin die »Rumpler Luftfahrzeugbau GmbH«. Zusammen mit dem Flugpionier Ignaz Etrich entwickelte er eines der ersten berühmten Motorflugzeuge, die »Taube«. Während des Ersten Weltkriegs produzierte das Unternehmen Militärmaschinen, daneben konstruierte Rumpler das erste Kabinenflugzeug und den ersten V-Flugmotor. Nach dem Krieg beschäftigte sich Rumpler wieder mit dem Automobilbau und übernahm dabei aerodynamische Konzepte aus dem Flugzeugbau. 1921 erregte er mit einem stromlinienförmig verkleideten »Tropfenauto« Aufsehen, das nicht nur hinsichtlich seiner äußeren Gestalt grundlegende Neuheiten aufwies: Es besaß auch schon einen Heckmotor, Vorderradantrieb und Schwingachsen.

Ernest Rutherford, Lord Rutherford of Nelson
britischer Physiker
* 30. August 1871, Nelson/Neuseeland
† 19. Oktober 1937, Cambridge

Rutherford studierte in Neuseeland Physik und bekleidete ab 1898 als Professor einen Lehrstuhl im kanadischen Montreal. 1907 siedelte er nach Großbritannien über, lehrte in Manchester und ab 1919 in Cambridge. Dort leitete er zugleich das Cavendish-Laboratorium. Mit seinen Arbeiten zur Atomphysik bereitete Rutherford die Nutzung der Kernenergie vor. Seine erste wichtige Entdeckung geht auf das Jahr 1897 zurück, als er beim Uran die – von ihm so bezeichneten – Alpha- und Betastrahlen unterschied. 1902 erkannte er in der Radioaktivität die kernphysikalische Umwandlung der chemischen Elemente und äußerte zunächst als Hypothese das atomare Zerfallsgesetz. 1911 stellte er das Rutherfordsche Atommodell auf, bei dem er von einem schweren, positiv geladenen Kern und wesentlich leichteren, elektrisch negativen Außenteilchen ausging. 1919 gelang ihm durch den Beschuß von Stickstoffkernen mit Alphateilchen die erste künstlich herbeigeführte Kernreaktion. 1908 erhielt er den Nobelpreis für Chemie.

Eugen Sänger
deutscher Raumflugtechniker und Raketenforscher
* 22. September 1905, Preßnitz/Komotau
† 10. Februar 1964, Berlin

Sänger widmete sich schon als Student in Graz und Wien gezielt der Luftfahrttechnik. An der technischen Hochschule Wien experimentierte er erfolgreich mit Flüssigkeitsraketen. Ab 1936 arbeitete Sänger im Deutschen Reich, während des Zweiten Weltkriegs in Instituten in Berlin, Braunschweig, Trauen und Ainring. Er entwickelte zu dieser Zeit in erster Linie Raketenbrennkammern und Staustrahltriebwerke. 1954 baute er ein Forschungszentrum für Strahltriebwerke in Stuttgart auf. 1957 wurde er Professor in Stuttgart, ab 1963 war er in Berlin tätig. Von 1956 an leitete Sänger die »Deutsche Gesellschaft für Raketentechnik und Raumfahrt«.

Carl Wilhelm Scheele
schwedischer Chemiker deutscher Herkunft
* 9. Dezember 1742, Stralsund
† 21. Mai 1786, Köping

Scheele war Pharmazeut und beschäftigte sich in der eigenen Apotheke intensiv mit chemischen Experimenten. 1771/72 entdeckte er zahlreiche bisher unbekannte chemische Elemente. Unabhängig von → Joseph Priestley fand er den Sauerstoff, darüber hinaus das Chlor, den Stickstoff und das Mangan. Er entdeckte das Glycerin und eine Reihe von Säuren (Milch-, Wein-, Zitronen-, Blau- und Arsensäure). Als erster fand er heraus, daß bei der Verbrennung (von Holzkohle) Gase entstehen. Eine seiner wichtigsten Entdeckungen war jene des planzlichen Eiweißes.

Christoph Scheiner
deutscher Mathematiker, Physiker und Astronom
* 25. Juli 1575, Markt Wald/Mindelheim
† 18. Juli 1650, Neisse

Scheiner erwarb herausragende Verdienste auf den Gebieten der Astronomie und der Optik. 1611 entdeckte er die Sonnenflecken unabhängig von → Galileo Galilei, mit dem es zu einem Prioritätsstreit kam. Ihm gelang im selben Jahr die Bestimmung der Rotationsgeschwindigkeit der Sonne. Beide Beobachtungen machte er mit einem nach den Angaben → Johannes Keplers selbstgebauten astronomischen Fernrohr. Die Ergebnisse seiner Sonnenforschung faßte Scheiner, der seit 1623 das Jesuitenkolleg in Neisse leitete, 1626–30 in seinem Werk »Rosa ursina, sive Sol« zusammen.
Bereits 1603 hatte Scheiner ein Gerät zum maßstäblichen Verkleinern und Vergrößern von Zeichnungen erfunden, den Pantographen oder Storchschnabel. Neben seinen astronomischen, mathematischen und physikalischen Arbeiten beschäftigte sich Scheiner mit Physiologie. Er entdeckte den seitlichen Austritt des Sehnerven aus dem Augapfel und stellte fest, daß auf der Netzhaut umgekehrte Bilder entstehen.

Werner von Siemens
deutscher Erfinder und Unternehmer
* 13. Dezember 1816, Lenthe/Hannover
† 6. Dezember 1892, Berlin

Siemens, dem aus finanziellen Gründen ein Studium versagt blieb, wurde 1838 preußischer Artillerieoffizier. Er glänzte schon während seines Militärdienstes durch zahlreiche Erfindungen auf dem Gebiet der Elektrotechnik.
1841 entwickelte er ein Galvanisierungsverfahren, 1846 einen Zeiger- und Drucktelegraphen und die Isolation elektrischer Kabel durch Guttapercha-Umhüllung, was in der Praxis zum Seekabel führte.
Zusammen mit dem Mechaniker Johann Georg Halske gründete er 1847 die »Telegraphen-Bauanstalt Siemens & Halske« in Berlin, die zur Keimzelle der späteren Weltfirma »Siemens AG« wurde. Unternehmerisch erfolgreich, verließ Siemens 1849 die Armee und widmete sich nur noch technischen Entwicklungen.
1866 realisierte er die elektrische Dynamomaschine und leitete damit die Ära der industriellen Nutzung der elektrischen Energie ein. Weltweit verlegte seine Firma Telegraphenleitungen und Seekabel. 1879 baute er den Prototyp ei-

ner elektrischen Lokomotive, 1880 einen elektrischen Fahrstuhl, 1881 einen elektrischen Straßenbahntriebwagen. 1887 wirkte Siemens an der Gründung der »Physikalisch-Technischen Reichsanstalt« mit. Ein Jahr später wurde er geadelt.

George Stephenson

britischer Ingenieur
* 9. Juni 1781, Wylam/Northumberland
† 12. August 1848, Chesterfield

Stephenson arbeitete wie sein Vater im Kohlenbergbau, bildete sich aber autodidaktisch auf technischem Gebiet und wurde 1812 Maschinenmeister. Ab 1813 entwickelte er eine Dampflokomotive, die bereits ein Jahr später zum Kohlentransport eingesetzt wurde.
1821–25 leitete er den Bau der 39 km langen ersten öffentlichen Dampfeisenbahnstrecke für Personenverkehr von Stockton nach Darlington. 1823 gründete er zusammen mit seinem Sohn Robert in Newcastle upon Tyne eine eigene Lokomotivenfabrik, die beim ersten bedeutenden Eisenbahnwettbewerb auf der Strecke Liverpool-Manchester 1829 die siegreiche Lokomotive »Rocket« stellte. Mit Stephensons Firmengründung begann die britische und damit zugleich die europäische Eisenbahnindustrie.

William Henry Fox Talbot

britischer Physiker und Chemiker
* 11. Februar 1800, Melbury House/Dorset
† 17. September 1877, Lacock Abbey/Wiltshire

Talbot machte sich einen Namen als Pionier der Fotografie. 1834 erfand er ein Negativ-Positiv-Verfahren mit Chlorsilberpapier, das als »Talbotypie« bekannt wurde. 1840 benutzte Talbot erstmals Gallussäure als Entwickler. Damit wurde das Kopieren und Vergrößern von Fotos möglich.
Talbot befaßte sich auch mit anderen Gebieten der Optik. So erkannte er, daß rasch aufeinanderfolgende Lichtblitze vom menschlichen Auge als kontinuierliche Beleuchtung gedeutet werden. Diese Entdeckung gewann für die spätere Entwicklung des Films grundlegende Bedeutung.
Ein spezielles Interesse hegte er für das Entziffern babylonischer und assyrischer Keilschrift.

Thales von Milet

griechischer Philosoph und Mathematiker
* um 625 v. Chr., Milet/Kleinasien
† um 547 v. Chr.

Das Leben des »Ahnherrn der Philosophie« liegt weitgehend im Dunkel. Er gilt als der erste der sogenannten Sieben Weisen des Altertums. Seine Lebensphilosophie basierte auf der Annahme, daß die Quelle allen Seins und die Wurzel speziell des beseelten Lebens das Wasser ist.
Thales beschäftigte sich eingehend mit Naturerscheinungen und fand Erklärungen für Phänomene wie Sonnenfinsternisse, die jährlichen Nilüberflutungen, Magnetismus und Erdbeben. Besonders bekannt wurde er durch seine geometrischen Gesetze, allen voran den »Satz des Thales«. Dieser besagt, daß alle Winkel, deren Scheitel auf einem (Halb-)kreis liegen und deren Schenkel durch die Schnittpunkte eines Kreisdurchmessers mit dem Kreis gehen, rechte Winkel sind. So heißt denn auch

der Kreisbogen, der bei einem rechtwinkligen Dreieck die Spitzen der Basiswinkel überspannt, Thales-Kreis.

Sir Joseph John Thomson

britischer Physiker
* 18. Dezember 1856, Cheetham Hill/Manchester
† 30. August 1940, Cambridge

Thomson war seit 1884 als Professor für Physik am renommierten Cavendish Laoratory in Cambridge tätig und wurde 1915 Präsident der Royal Society. Wissenschaftliches Hauptverdienst Thomsons sind seine Arbeiten zur Erforschung der Kathodenstrahlen. Er entdeckte ihre magnetische Ablenkbarkeit und berechnete deren Gesetze. In den Teilchen der korpuskularen Kathodenstrahlung erkannte Thomson Grundbausteine der Materie und entdeckte so das Elektron. Für seine wissenschaftliche Leistung erhielt er 1906 den Nobelpreis für Physik und 1908 den Adelstitel.

Evangelista Torricelli

italienischer Physiker und Mathematiker
* 15. Oktober 1608, Faenza
† 25. Oktober 1647, Florenz

Torricelli studierte in Rom Mathematik und wirkte ab 1641 als Mitarbeiter → Galileo Galileis. Ein Jahr später wurde er dessen Nachfolger als Hofmathematiker. Sein Schaffensschwerpunkt lag in der Physik. Er formulierte die Ausflußgesetze für Flüssigkeiten, stellte erstmal ein Vakuum her und erfand 1644 bei dem Versuch, ein Thermometer zu konstruieren, das Quecksilberbarometer. Als Mathematiker behandelte Torricelli die Ballistik sowie Probleme der Zykloide und der Kegelschnitte.

Alessandro Graf Volta

italienischer Physiker
* 18. Februar 1745, Como
† 5. März 1827, Como

Volta leitete 1774–1804 das Lehramt für Physik zunächst in Como, dann in Pavia. Er erforschte vor allem das noch sehr junge Gebiet der Elektrizitätslehre. 1755 erfand er den »Elektrophor«, eine einfache Influenzmaschine zum Trennen von Ladungen und damit sowohl zur Erzeugung wie zur Speicherung von Elektrizität. 1783 entwickelte er den Plattenkondensator. Ab 1792 widmete sich Volta Untersuchungen des Galvanismus und entdeckte dabei die Leitung in Metallen und Elektrolyten sowie die Kontaktelektrizität bei der gegenseitigen Berührung unterschiedlicher Metalle. Dies führte ihn zur Ermittlung der Voltaschen Spannungsreihe. Um die Spannung zu messen, erfand er das elektrolytisch arbeitende »Voltameter«. 1780 entwickelte er die »Voltasche Säule«, eine erste brauchbare Batterie für höhere Spannungen.

Johannes Diderik van der Waals

niederländischer Physiker
* 23. November 1837, Leiden
† 8. März 1923, Amsterdam

Waals war von 1877 bis 1908 Professor für Physik in Amsterdam. Sein Hauptarbeitsgebiet umfaßte die Erforschung der flüssigen und gasförmigen Aggregatzustände der Materie. 1873 formulierte Waals die nach ihm benannte thermodynamische Zustandsgleichung für reale Gase. Zugleich entwickelte er Theorien über korrespondierende Zu-

stände, binäre Gemische, die Thermodynamik der Oberflächenspannung von Flüssigkeiten sowie deren Kapillarität. 1910 wurde Waals mit dem Nobelpreis für Physik ausgezeichnet.

James Watt

britischer Ingenieur und Erfinder
* 19. Januar 1736, Greenock/Strathclyde
† 19. August 1819, Heathfield/Birmingham

Das Leben Watts war der Dampfmaschine gewidmet. Ab 1765 entwickelte er die Newcomensche Maschine kontinuierlich weiter. 1775 gründete der gelernte Feinmechaniker für den Fabrikanten Matthew Boulton in Soho bei Birmingham eine Dampfmaschinenfabrik. Arbeiteten die bisherigen Dampfmaschinen durch Kondensation und den atmosphärischen Druck als treibende Kraft, so nutzte Watt die Dampfkraft selbst und verlegte die Kondensationsphase aus dem Zylinder hinaus in einen getrennten Kondensator. Über den Schwungrad setzte er die translatorischen Bewegungen der Maschine in eine Rotationsbewegung um. 1782–84 konstruierte Watt die doppeltwirkende Dampfmaschine, deren Kolben wechselweise von beiden Seiten durch die Dampfkraft beaufschlagt wird. Darüber hinaus trug er durch zahlreiche Einzelerfindungen (Parallelogrammführung des Kolbens, Fliehkraftregler, Planetengetriebe usw.) zur Dampfmaschinenentwicklung bei.

Sir Charles Wheatstone

britischer Physiker und Erfinder
* 6. Februar 1802, Gloucester
† 19. Oktober 1875, Paris

Ab 1834 hatte Wheatstone am King's College in London eine Professur für Physik inne. Er beschäftigte sich zunächst mit Akustik, besonders mit Fragen der Schallübertragung, der Erforschung stehender Wellen und der Physik der Musikinstrumente. Schon 1828 hatte er das »Konzertina«, ein harmonikaartiges Instrument, erfunden.
Nach wissenschaftlichen Arbeiten auf dem Gebiet der Optik – Wheatstone erfand das Spiegelstereoskop – widmete er sich der Elektrotechnik, die sein fruchtbarstes Arbeitsfeld wurde. Wheatstone maß erstmals die Stromfortpflanzungsgeschwindigkeit in metallischen Leitern, untersuchte die Spektrallinien von Funken und erfand 1840 den Rheostaten, einen stufenlosen elektrischen Regelwiderstand. Unter Anwendung des von ihm bestätigten → Ohmschen Gesetzes und dieses besonderen Rheostaten entwickelte er die Wheatstone-Brücke, eine Schaltung zur rückwirkungsfreien Messung elektrischer Widerstände.

Orville Wright

US-amerikanischer Flugpionier
* 19. August 1871, Dayton/Ohio
† 30. Januar 1948, Dayton/Ohio

→ Wilbur Wright († 30. Mai 1912, Dayton/Ohio)

Wilbur Wright

US-amerikanischer Flugpionier
* 16. April 1867, Millville/Indiana
† 30. Mai 1912, Dayton/Ohio

Wilbur Wright arbeitete mit seinem Bruder Orville (* 19. August 1871, Dayton/Ohio; 30. Januar 1948, Dayton/Ohio) zusammen. Gemeinsam unterhielten sie eine Fahrradfabrik. In ihrer Freizeit widmeten sie sich der Entwicklung der

Flugtechnik. Als erste nach → Otto Lilienthal gingen sie die Probleme mit systematischen, theoretischen und praktischen Studien an. Obgleich der Deutsch-Amerikaner Gustave Whitehead 1901 schon wenige Monate vor den Brüdern Wright den ersten Motorflug der Geschichte absolvierte, wurden diese zu den erfolgreichsten Pionieren des Motorflugs. 1901 gelangen ihnen mit einem Doppeldecker erste Gleitflüge, 1903 flog ihr 355 kg schweres Motorflugzeug »Flyer I« sicher längere Strecken geradeaus. 1904 absolvierten sie auch Kurvenflüge, und 1905 unternahmen die Brüder Streckenflüge bis 45 km. Ab 1908 führten die Wrights ihre Maschinen auch in Europa vor. Mit der gezielten Ausbildung von Piloten legten sie den Grundstein für die spätere kommerzielle Luftfahrt.

Carl Zeiss

deutscher Mechaniker und Unternehmer
* 11. September 1816, Weimar
† 3. Dezember 1888, Jena

Als Universitätsmechanikus begründete Zeiss mit 30 Jahren in Jena eine eigene feinmechanische Werkstatt, in der er rund 20 Jahre lang Mikroskope und Linsen für die naturwissenschaftliche Abteilung der Universität fertigte. 1867 gewann er → Ernst Abbe als Teilhaber und wissenschaftlichen Mitarbeiter, mit dessen Unterstützung er sein Unternehmen zu internationaler Geltung führte. Später entwickelte es sich zum weltgrößten Konzern für optische Geräte. Zusammen mit dem Chemiker und Glasschmelzer Otto Schott gründete Zeiss als Tochtergesellschaft 1882 das »Jenaer Glaswerk« (heute »Glaswerke Schott«), das sich zu einem der international bedeutendsten Hersteller technischer und wissenschaftlicher Gläser entwickelte. Nach dem Tod von Zeiss wurde sein Unternehmen in eine Stiftung umgewandelt.

Ferdinand Graf von Zeppelin

deutscher Flugpionier
* 8. Juli 1837, Konstanz
† 8. März 1917, Berlin

Zeppelin genoß eine Ingenieurausbildung, schlug aber eine militärische Laufbahn ein. 1891 verließ er die Armee als Generalleutnant und widmete sich der Konstruktion eines gasgefüllten, starren Luftschiffs, das, benzinmotorgetrieben und lenkbar, der Personen- und Frachtbeförderung auf Langstrecken sowie militärischer Aufklärung dienen sollte. Den Antrieb entwickelten → Wilhelm Maybach und dessen Sohn Karl. 1900 ging der Protoyp LZ 1 (Luftschiff Zeppelin 1) am Bodensee auf Jungfernfahrt. Das vierte Modell, LZ 4, explodierte bei Stuttgart und brachte Zeppelin um sein gesamtes Vermögen. Aufgrund einer Volksspende in Höhe von sechs Millionen Reichsmark konnte der Graf sein Werk fortsetzen und die »Luftschiffbau Zeppelin GmbH« in Friedrichshafen gründen. Dort entstanden unter Mitarbeit von Hugo Eckener ab 1905 weitere Luftschiffe. Die Entwicklung führte bis zu transatlantischen Linendiensten. Erst 1937 setzten ein großes Zeppelin-Unglück im US-amerikanischen Lakehurst (→ 6. 5. 1937), bei dem das Luftschiff »Hindenburg« (LZ 129) explodierte, und die Konkurrenz der Flugzeuge dem kommerziellen Einsatz der Luftschiffe ein Ende.

Personenregister

Personenregister

Sachregister

Bildquellenverzeichnis

ADN, Berlin (Ost) 1
AEG, Frankfurt 3
Agfa Gevaert, Leverkusen 2
Agfa Foto Historama, Köln 1
AP, Frankfurt 2
Apple Computer, München 1
Archiv der Daimler-Benz, Stuttgart 18
AT Verlag, Aarau 10
Audio int'e, Frankfurt 1
BASF, Ludwigshafen 3
Bavaria Bildagentur, Gauting bei
  München 25
Bayer, Leverkusen 2
Bayerische Zugspitzbahn,
  Garmisch-Partenkirchen 1
BBC Brown Boveri, Mannheim 1
Berliner Post- und Fernmeldemuseum,
  Berlin 2
Bibliothèque national, Paris 10
Bildarchiv Paturi, Rodenbach 191
Bildarchiv Paturi/Schott 8
Bildarchiv Paturi/FAG 3
Bildarchiv Paturi/AEG-Telefunken ·10
Bildarchiv Paturi/Linotype 2
Bildarchiv Paturi/Kodak 6
Bildarchiv Paturi/MAN 3
Bildarchiv Paturi/Daimler-Benz 7
Bildarchiv Paturi/Merck 4
Bildarchiv Paturi/Lufthansa 7
Bildarchiv Paturi/ Bosch 4
Bildarchiv Paturi/Porsche 2
Bildarchiv Paturi/FIAT 1
Bildarchiv Paturi/Miele 1
Bildarchiv Paturi/Siemens 9
Bildarchiv Paturi/NA 2
Bildarchiv Paturi/Hochtief 1
Bildarchiv Paturi/IBM 7
Bildarchiv Paturi/Ford 4
Bildarchiv Paturi/BP 4
Bildarchiv Paturi/Hoechst 5
Bildarchiv Paturi/VAG 2
Bildarchiv Paturi/Grundig 2
Bildarchiv Paturi/Krupp 5
Bildarchiv Paturi/NASA 3
Bildarchiv Paturi/Air France 1
Bildarchiv Paturi/Atlas Copco 1
Bildarchiv Paturi/Airbus Ind. 1
Bildarchiv Paturi/DESY 3
Bildarchiv Paturi/Holzmann 2
Bildarchiv Paturi/BASF 1
Bildarchiv Paturi/MBB 3
Bildarchiv Paturi/BMW 9
Bildarchiv Paturi/MPP 2
Bildarchiv Paturi/GSI 1
Bildarchiv Paturi/MPG 2
Bildarchiv Paturi/DFG 1
BMW, München 3
Borsig, Berlin 2
Bosch, Stuttgart 1
Braun, Kronberg 1
British Museum, London 1
British Nuclear Fuels plc, Risley
  Warrington Cheshire 1
British Tourist Authority, Frankfurt 2
Werner Büdeler, Thalham 2

Bundesbahndirektion Hamburg
  Hochbaugruppe, Hamburg 2
Burda, München 1
Bureau international des poids et
  messures, Sèvres 1
Canon Euro-Photo, Willich 1
Casio Computer, Hamburg 1
CERN, Genf 1
Ciba-Geigy, Basel 1
Continental, Hannover 1
Dachstein, Putzbrunn 1
Department of Energy,
  Washington 1
Deutsche Bundesbahn/
  Bundesbahndirektion, Nürnberg 1
Deutsche Bunsengesellschaft,
  Frankfurt 1
Deutsches Bergbaumuseum,
  Bochum 1
Deutsches Museum, München 59
Deutsches Röntgenmuseum,
  Remscheid 2
Dornier, Friedrichshafen 1
DPA, Frankfurt 47
Archiv Drachenfliegermagazin,
  München 1
Emschertalmuseum Herne 3
Erdölmuseum, Wietze 1
Esso, Hamburg 4
Norbert Fischer, Dietzenbach 8
Forschungsinstitut Hohenheim,
  Bönnigheim 1
Fraunhofer-Gesellschaft, München 2
Wolfgang Fuchs, Hamburg 1
Germanisches Nationalmuseum,
  Nürnberg 1
Geers-Hörgeräte, Dortmund 2
Gevetex-Textilglas, Aachen 1
Gustav-Weißkopf-Museum,
  Leutershausen 2
Gutenberg-Museum /Popp, Mainz 1
Hahn-Meitner-Institut, Berlin 2
Hapag-Lloyd, Bremen 1
Hapag-Lloyd, Hamburg 1
Harenberg Kommunikation,
  Dortmund 414
Harvard University, Cambridge,
  Massachusetts 1
Museum Haus Marsfeld, Schwelm 1
Rudolf Hell, Kiel 1
Herzforschungszentrum, Hannover 2
Herzog-Anton-Ulrich-Museum,
  Braunschweig 1
Historia Photo, Hamburg 27
Historisches Archiv Fried. Krupp,
  Essen 15
Hoch Tief, Essen 2
IBM Deutschland, Stuttgart 10
Imperial War Museum, London 2
Institut für Flugzeugbau/Universität,
  Stuttgart 1
Japanische Botschaft, Bonn 1
Kepler-Haus, Weil der Stadt 1
Keystone, Hamburg 14

Anne Kirchbach, Starnberg 1
Kodak, Stuttgart 2
Gerd Koshofer, Köln 1
Knirps, Solingen-Weyer 1
Krauss-Maffei, München 3
Krupp-Stahl, Bochum 2
Kulturgeschichtliches Bildarchiv
  Hansmann, Stockdorf 1
Kunstsammlung der Veste Coburg,
  Coburg 2
Gerald Krysta, Fulda 1
Kunstmuseum, Düsseldorf 2
Laenderpress, Düsseldorf 1
Landessternwarte, Heidelberg 1
Langnese-Iglo, Hamburg 1
Wolfgang Lauter, München 3
Leitz, Wetzlar 2
London Transport Museum, London 6
Löwe-Opta, Kronach 1
Walter Lüden, Wyk auf Föhr 1
M·A·N Gutehoffnungshütte GmbH,
  Werkarchiv und Historische Schau,
  Oberhausen 1
M·A·N Roland Druckmaschinen,
  Augsburg 2
Mars-Städler, Nürnberg 1
Leonard von Matt, Buochs 1
Mauser-Werke, Oberndorf 1
Max-Planck-Institut für Astronomie,
  Heidelberg 2
Max-Planck-Institut für
  Radioastronomie, Bonn 1
Messerschmitt-Bölkow-Blohm,
  München 1
Melitta-Werke Bentz & Sohn,
  Minden 1
Miele, Gütersloh 1
MIT-Museum, Cambridge 4
Mobil Oil, Hamburg 1
Motoren- und Turbinen-Union,
  Friedrichshafen 1
Musée d'Orsay, Paris 4
Musée historique, Besançon 1
Musée Nicéphore Niepce, Paris 1
NASA, Houston/Texas 4
National Army Museum,
  Washington 1
National Maritim Museum,
  Greenwich 6
National Portrait Gallery, London 4
Nationalarchiv der Richard-Wagner-
  Stiftung / Richard-Wagner-
  Gedenkstätte, Bayreuth 3
Deutsche Olivetti, Frankfurt 1
Olympia, Wilhelmshaven 1
Optische Speicher GmbH, Dortmund 1
Osram, München 3
Österreichische Nationalbibliothek,
  Wien 2
Österreichische Salinen, Hallstatt 4
Pegedo, Dortmund 1
Pelizaeus-Museum, Hildesheim 1
Pentax, Hamburg 1
Philips and Du Pont Optical
  Deutschland, Hannover 3

Philips, Hamburg 2
Philips International B.V.,
  Eindhoven 1
PTT-Museum, Bern 3
Polaroid, Offenbach 2
Polygram, Hamburg 1
Porsche, Stuttgart 1
Rank-Xerox, Düsseldorf 2
Robert de la Rive Box, Seon 1
Röhm, Darmstadt 2
Roemer-Museum, Hildesheim 1
Römisch-Germanisches Museum,
  Köln 1
Wilhelm Rogge, Lünen 14
Günther D. Roth, München 1
Saarbergwerke, Saarbrücken 1
Schott-Glaswerke, Mainz 5
Science-Museum Library, London 33
Sharp Elektronik, Hamburg 1
Siemens, München 1
Siemens-Museum, München 16
Sigloch-Verlagsarchiv, Künzelsau 3
Singer-Spezialnadelfabrik, Würselen 1
Sirius Bildarchiv/ Hehl, Künzelsau 7
Société Français de Photographie,
  Paris 1
Sony Deutschland, Köln 1
Peter Sorokin, Yorktown Heights 1
Space-Press, Egling 1
D. Spielhoff, Dortmund 1
Staatsarchiv, Hamburg 3
Staatliches Spanisches
  Fremdenverkehrsamt, Düsseldorf 1
Staatliches Mexikanisches
  Fremdenverkehrsamt, Frankfurt 1
Stadtarchiv, Bonn 1
Stadtarchiv, Duisburg 1
Stadtarchiv Scheveningen 1
Städtische Galerie, Frankfurt/Main 1
Stiftung Deutsche Kinemathek,
  Berlin 2
Sulzer, Winterthur 2
Technisches Museum, Wien 2
Alfred Teves, Frankfurt 1
Texas Instruments, Freising 2
Traktor- und
  Landmaschinen-Veteranen, Wietze 1
Transglobe Agency, Hamburg 1
Universität München 1
U. S. Information Service, Bonn 20
Valvo, Hamburg 4
Verkehrsmuseum Nürnberg 7
Vespa, Augsburg 1
VW, Wolfsburg 3
Felix Wankel, Lindau 1
Wuppertaler Uhrenmuseum,
  Wuppertal 3
Optisches Museum der Zeiss-Werke,
  Oberkochen 6
Zentralbibliothek Zürich 2

Karten und Grafiken:
Harenberg Kommunikation,
  Dortmund 67
Günther Radtke, Uetze 1